Die elektrolytischen Metallniederschläge

Lehrbuch der Galvanotechnik
mit Berücksichtigung der Behandlung
der Metalle vor und nach dem
Elektroplattieren

von

Dr. W. Pfanhauser

Direktor d. Langbein-Pfanhauser-Werke
Aktien-Gesellschaft

Siebente Auflage

Mit 383 in den Text gedruckten
Abbildungen

Springer-Verlag Berlin Heidelberg GmbH

ISBN 978-3-662-36133-7   ISBN 978-3-662-36963-0 (eBook)
DOI 10.1007/978-3-662-36963-0
Springer-Verlag Berlin Heidelberg 1928
Ursprünglich erschienen bei Julius Springer in Berlin 1928.
Softcover reprint of the hardcover 7th edition 1928

Vorwort zur VII. Auflage.

> „Nimm Dir Arbeit vor, als wenn
> Du noch hundert Jahre zu leben
> hättest und arbeite so, als müßtest
> Du schon morgen sterben."

Gelegentlich der letzten Auflage dieses Werkes wies ich darauf hin, daß sich die Galvanotechnik in der Weise entwickeln dürfte, daß neben der Ausgestaltung der verschiedenen galvanotechnischen Verfahren insbesondere die Anwendung maschineller Hilfsmittel durchdringen muß, um die vielfach noch verschwenderisch benutzten menschlichen Arbeitskräfte durch maschinelle Hilfsmittel zu ersetzen. Es ist in dieser Beziehung in den letzten Jahren unstreitig viel geleistet worden und war für die gesamte Industrie Amerika in solchen Modernisierungen richtunggebend. Die aufstrebende deutsche Industrie hat sich vielfach die in Amerika gemachten Erfahrungen zunutze gemacht, so daß wir heute, gerade in der Galvanotechnik, bei der anerkannten deutschen Gründlichkeit entschieden einen wahrnehmbaren Vorsprung errungen haben. Auch in der Ausgestaltung verschiedener galvanotechnischer Verfahren ist vieles geleistet worden, ich erinnere nur an das heute bedeutende Gebiet der elektrolytischen Verchromung, dem ich in dieser Auflage bereits ein bedeutendes Kapitel widmen konnte, an die Schnellvernicklung, Schnellversilberung usf.

Ich war deshalb genötigt, besonders im praktischen Teil dieses Werkes viel Neues mit aufzunehmen und hat dadurch der Umfang meines Werkes eine nicht unwesentliche Vermehrung erfahren. Die Gesamtdarstellung habe ich aber meinem früheren Prinzipe getreu in der Form eines Lehr- und Nachschlagebuches belassen und hoffe damit dem Interesse meiner Fachgenossen am besten zu dienen. Der innige Kontakt mit der einschlägigen Industrie des In- und Auslandes, den ich dauernd zu unterhalten Gelegenheit habe, hat sich als besonders nützlich erwiesen, denn im dauernden Gedankenaustausch mit meinen in der Praxis stehenden Fachgenossen, wodurch mir die Bedürfnisse der Praxis fortgesetzt unterbreitet werden, ist es nur möglich, ein für die Praxis in erster Linie bestimmtes derartiges Werk zu schaffen. Auf diese Zusammenarbeit lege ich auch fernerhin den größten Wert und hoffe, daß solcher Art auch in der Zukunft der Entwicklung der Galvanotechnik gedient werden wird.

Leipzig, im März 1928.   Dr. W. Pfanhauser.

Systematisches Inhaltsverzeichnis.

Vorwort.

I. Theoretischer Teil.

II. Praktischer Teil.

III. Galvanoplastik.

IV. Anhang.

Zeichenerklärungen und Abkürzungen.

mm	= Millimeter.	
cm	= Zentimeter.	
dm	= Dezimeter.	
m	= Meter.	
qmm	= Quadratmillimeter.	
qcm	= Quadratzentimeter.	
qdm	= Quadratdezimeter.	
qm	= Quadratmeter.	
cbmm	= Kubikmillimeter.	
cbcm	= Kubikzentimeter.	
cbdm	= Kubikdezimeter.	
cbm	= Kubikmeter.	
l, L	= Längen.	
q, Q	= Querschnitte.	
t	= Zeit.	
sek	= Sekunde.	
min	= Minute.	
St	= Stunde.	
Σ	= Summe.	
° C	= Grad Celsius.	
Cal	= Kalorie.	
gCal	= Grammkalorie.	
g	= Gramm.	
kg	= Kilogramm.	
s	= spezifisches Gewicht.	
$\varnothing$	= Durchmesser.	
$+$	= positiv.	
$-$	= negativ.	
A	= Ampere.	
V	= Volt.	
Ω	= Ohm.	
i, J	= Stromintensität, Stromstärke.	
e, E	= Spannung.	
ξ	= Polarisationsspannung.	
w, W	= Widerstände.	
W_B	= Badwiderstand.	
W_S	= spezifischer Widerstand.	
σ	= Stromausbeute.	
K	= elektrische Leitfähigkeit.	
α	= Temperaturkoeffizient.	
W_a	= äußerer Widerstand.	

W_i	= innerer Widerstand.
EMK	= elektromotorische Kraft.
SE	= Siemenseinheit.
ND_{100}	= Stromdichte pro qdm-Fläche.
ASt	= Amperestunde.
si, E J	= Watt, Voltampere.
WSt	= Wattstunde.
HW	= Hektowatt = 100 Watt.
HWSt	= Hektowattstunde.
KW	= Kilowatt = 1000 Watt.
KWSt	= Kilowattstunde.
PS	= Pferdestärke.
PSSt	= Pferdekraftstunde.
Ae	= elektrochemisches Äquivalent.
WV_h	= stündlicher Wattverlust.
WV_j	= jährlicher Wattverlust.
C	= Kapazität eines Akkumulators.
AM	= Amperemesser.
VM	= Voltmesser.
AS	= Ausschalter.
HA	= Handausschalter.
AA	= Automatischer Ausschalter.
U	= Umschalter.
VU	= Voltumschalter.
BS	= Bleisicherung.
SRZ	= Stromrichtungszeiger.
NR	= Nebenschlußregulator.
BR	= Badstromregulator.
Acc	= Akkumulator.
DM	= Dynamomaschine.
MW	= Magnetwicklung.
EM	= Elektromotor.
EB	= Elektroplattierbad.
γ	= Wirkungsgrad.
AW	= Amperewindungszahl.
N	= Kraftlinienzahl.
Z	= Drahtzahl.
v	= Geschwindigkeit.
n	= Tourenzahl.
η	= Stromausbeute.

I.
Theoretischer Teil.

Chemische Grundbegriffe.

Entstehen aus einem Körper durch irgendeinen Vorgang solche von anderer Beschaffenheit, so sagt man, der Körper ist zersetzt worden. Die so erhaltenen Produkte nennt man Zersetzungsprodukte. Wird z. B. Silberoxyd in einem Glasrohr erhitzt, so wird sich das Silberoxyd in Silber und Sauerstoff zerlegen, was man daran erkennt, daß ein in das Rohr gebrachter glimmender Span durch den die Verbrennung begünstigenden Sauerstoff entzündet wird. Wir erhalten demnach bei der Zersetzung von Silberoxyd die Zersetzungsprodukte Silber und Sauerstoff; diese sind durch keinen Prozeß weiter zerlegbar; sie sind Grundstoffe, Elemente. Zwei oder mehrere solcher Elemente können sich durch geeignete Prozesse zu chemischen Verbindungen vereinigen.

Beispiel: Leitet man über metallisches Kupfer, das man in Pulverform in ein Glasrohr aus schwer schmelzbarem Glas bringt und darin erhitzt, gasförmigen Sauerstoff, so wird eine Vereinigung der beiden Elemente stattfinden, es wird sich Kupferoxyd bilden.

Diese eben besprochenen Vorgänge, Trennung von Elementen und Vereinigung derselben zu chemischen Verbindungen, bezeichnet man allgemein als chemische Prozesse.

Jeder chemische Körper ist teilbar; zerstoßen wir die Kristalle von Kupferchlorid zu einem feinen Pulver, so erhalten wir schließlich so kleine Teilchen, daß sie mechanisch nicht mehr verkleinert werden können; diese kleinsten Teilchen sollen uns etwa das vorstellen, was der Chemiker ein „Molekül" nennt. Jedes solches Molekül, in unserem Fall jedes Kupferchloridmolekül besteht aber noch immer aus zweierlei Elementen, und zwar aus Kupfer und Chlor. Die in einem Molekül enthaltenen kleinsten Teilchen von Elementen nennt man „Atome"; so besteht das Molekül Kupferchlorid aus Kupfer- und Chloratomen.

Während ein Molekül frei für sich existieren kann, was schon aus der früher angegebenen Definition durch Teilung hervorgeht, ist dies bei den Atomen nicht der Fall. Zu einem existenzfähigen Teilchen, das nur aus einem Element zusammengesetzt ist, sind, damit es existenzfähig wird, mindestens zwei Atome nötig; so besteht das kleinste Teilchen metallischen Kupfers, das Molekül Kupfer, aus zwei Kupferatomen. Bei Metallen speziell liegen gewichtige Gründe zur Annahme vor, daß es auch einatomige Individuen gibt. Zur abgekürzten Bezeichnung der Elemente, wie für die einfachere Bezeichnung von Verbindungen hat man in der Chemie für jedes Element ein Symbol gewählt, und zwar zumeist den Anfangsbuchstaben des Namens des Elementes. Da es nun öfters vorkommt daß zwei oder mehrere Elemente den gleichen Anfangsbuchstaben besitzen, so hat man mitunter den Anfangsbuchstaben der lateinischen Bezeichnung gewählt oder dem ersten Buchstaben der deutschen Bezeichnung einen charakteristischen zweiten Buchstaben angefügt (siehe Tabelle S. 2).

Jedes Atom der verschiedenen Elemente hat ein bestimmtes Gewicht, das gleichzeitig die Zahl angibt, in welchem Gewichtsverhältnis es sich mit einem anderen Element verbindet. Man nennt diese die „Atomgewichte", und hat als Gewicht I das Gewicht des Wasserstoffes gewählt; hat also ein Atom das Atomgewicht 100, so heißt das, es verbinden sich 100 Gewichtsteile dieses Elementes mit einem Gewichtsteil Wasserstoff.

Tabelle der Symbole und Atomgewichte der Elemente.
Bezogen auf Sauerstoff = 16.

Ag	Silber	107.88	Mo	Molybdän	96.0
Al	Aluminium	27.1	N	Stickstoff	14.008
Ar	Argon	39.9	Na	Natrium	23.00
As	Arsen	74.96	Nb	Niobium	93.5
Au	Gold	197.2	Nd	Neodym	144.3
B	Bor	10.90	Ne	Neon	20.2
Ba	Barium	137.4	Ni	Nickel	58.68
Be	Beryllium	9.1	O	**Sauerstoff**	**16.000**
Bi	Wismut	209.0	Os	Osmium	190.9
Br	Brom	79.92	P	Phosphor	31.04
C	Kohlenstoff	12.00	Pb	Blei	207.2
Ca	Calcium	40.07	Pd	Palladium	106.7
Cd	Cadmium	112.4	Pr	Praseodym	140.9
Ce	Cerium	140.25	Pt	Platin	195.2
Cl	Chlor	35.46	Ra	Radium	226.0
Co	Kobalt	58.97	Rb	Rubidium	85.5
Cr	Chrom	52.0	Rh	Rhodium	102.9
Cs	Caesium	132.8	Ru	Rhuthenium	101.7
Cu	Kupfer	63.57	S	Schwefel	32.07
Dy	Dysprosium	162.5	Sb	Antimon	120.2
Em	Emanation	222	Sc	Scandium	45.10
Er	Erbium	167.7	Se	Selen	79.2
Eu	Europium	152.0	Si	Silicium	28.3
F	Fluor	19.00	Sm	Samarium	150.4
Fe	Eisen	55.84	Sn	Zinn	118.7
Ga	Gallium	69.9	Sr	Strontium	87.6
Gd	Gadolinium	157.3	Ta	Tantal	181.5
Ge	Germanium	72.5	Tb	Terbium	159.2
H	Wasserstoff	1.008	Te	Tellur	127.5
He	Helium	4.0	Th	Thorium	232.1
Hg	Quecksilber	200.6	Ti	Titan	48.1
Ho	Holmium	163.5	Tl	Thallium	204.0
In	Indium	114.8	Tu	Thulium	169.4
Ir	Iridium	193.1	U	Uran	238.2
J	Jod	126.92	V	Vanadium	51.0
K	Kalium	39.10	W	Wolfram	184.0
Kr	Krypton	82.92	X	Xenon	130.2
La	Lanthan	139.0	Y	Yttrium	88.7
Li	Lithium	6.94	Yb	Ytterbium	173.5
Lu	Lutetium	175.0	Zn	Zink	65.37
Mg	Magnesium	24.32	Zr	Zirkonium	90.6
Mn	Mangan	54.93			

Die Elemente verbinden sich untereinander zu Verbindungen nach einem bestimmten Gesetz, und zwar nach der Größe ihrer atombildenden Kraft, die man Valenz oder Wertigkeit nennt. Als Einheit dieser Kraft gilt diejenige, welche ein Atom Wasserstoff festhalten kann. Elemente, welche eine solche Größe der Wertigkeit besitzen, nennt man einwertige Elemente. Besitzen sie zwei-, drei oder mehrere solcher Einheiten, so sind sie zwei-, drei- oder mehrwertig. Nachfolgend sind die Elemente nach ihrer Valenz geordnet:

Einwertige Elemente:

Wasserstoff, Chlor, Brom, Jod, Fluor, Kalium, Natrium, Lithium, Rubidium, Caesium, Silber.

Zweiwertige Elemente:

Sauerstoff, Schwefel, Selen, Tellur, Calcium, Strontium, Baryum, Magnesium, Beryllium, Cer, Lanthan, Didym, Yttrium, Erbium, Zink, Cadmium, Blei, Kupfer, Quecksilber.

Zwei- und dreiwertige Elemente:

Eisen, Mangan, Kobalt, Nickel, Chrom.

Drei- und fünfwertige Elemente:

Stickstoff, Phosphor, Arsen, Antimon, Wismut, Vanadium, Tantal, Niobium.

Dreiwertige Elemente:

Bor, Scandium, Thallium, Gold.

Vierwertige Elemente:

Kohlenstoff, Silicium, Aluminium, Indium, Gallium, Zinn, Titan, Zirkonium, Thorium, Germanium, Platin, Palladium, Iridium, Rhodium, Osmium, Ruthenium.

Sechswertige Elemente:

Wolfram, Molybdän, Uran.

Zwei Elemente, welche gleiche Wertigkeit besitzen, sind zueinander gleich-wertig, äquivalent; gleichwertige Gewichtsmengen zweier Elemente bezeichnet man als äquivalente Mengen. So ist das einwertige Silber äquivalent mit dem einwertigen Chlor, es verbindet sich daher ein Atom Silber mit einem Atom Chlor zu einem Molekül Chlorsilber, oder 107,88 Gewichtsteile Silber geben mit 35,46 Gewichtsteilen Chlor = 107,88 + 35,46 = 143,34 Gewichtsteile Chlorsilber, der Chemiker sagt: 107,88 Gewichtsteile Silber sind mit 35,46 Gewichtsteilen Chlor äquivalent. Betrachten wir hingegen die Verbindung des zweiwertigen Magnesiums mit dem einwertigen Chlor, so zeigt es sich, daß wir auf je ein Atom Magnesium, da es die Wertigkeit 2 besitzt, je zwei Atome Chlor, also auf 24,32 Ge-wichtsteile Magnesium = 2 × 35,46 = 70,93 Gewichtsteile Chlor brauchen.

So wie man für die einzelnen Elemente Symbole geschaffen hat, um nicht den ganzen Namen schreiben zu müssen, in ähnlicher Weise hat man auch den Verbindungen Symbole gegeben, einfach dadurch, daß man die Symbole der Elemente, aus denen die chemischen Verbindungen bestehen, aneinanderreihte. Um beim Schreiben derartiger Symbole für die Verbindungen oder »Formeln«, wie man sie besser bezeichnet, die Zahl der Atome anzugeben, welche sie mit einem anderen Atom vereinigt, oder auch die Zahl der Atomgruppen, die mit einer anderen Atomgruppe, Atom oder einer Anzahl derselben in Reaktion treten, hat man rechts unten an das betreffende Symbol die zugehörige Zahl in Form eines Index geschrieben.

Beispiel: Zwei Atome Silber verbinden sich mit einem Atom Sauerstoff zu einem Molekül Silberoxyd, für welches nach eben Gesagtem die chemische Formel Ag_2O ist. Ebenso drückt man auch einen chemischen Prozeß durch Symbole aus, indem man vor die Formeln der an dem betreffenden chemischen Prozeß teilnehmenden Substanzen die Zahl setzt, mit welcher Anzahl von Mole-külen sie an der Reaktion teilnehmen. Durch Gleichsetzung der durch Symbole und die chemischen Formeln ausgedrückten, an dem chemischen Prozeß teil-nehmenden und dabei entstehenden Elemente oder Verbindungen kommt man zu den chemischen Gleichungen.

Beispiel: Wir haben früher von einem Zerlegen des Silberoxydes durch Er-hitzen gesprochen; hierbei wird bekanntlich das Silberoxyd in Silber und Sauer-stoff zerlegt. Die chemische Gleichung für diesen Prozeß ist:

$$\underset{\text{Silberoxyd}}{Ag_2O} = \underset{\text{Silber}}{Ag_2} + \underset{\text{Sauerstoff}}{O}$$

Es würde zu weit führen, in die chemischen Verhältnisse näher einzugehen, wir werden immer, wo derartige chemische Reaktionen durch Formeln ausge-drückt sind, unter diese gleichzeitig die Bezeichnungen in Worten setzen.

Der elektrische Strom.

Unter den Naturerscheinungen sind diejenigen, die wir als elektrisch bezeichnen, die geheimnisvollsten und trotzdem wir heute die Wirkungen der Elektrizität vollkommen beherrschen und sie für die verschiedensten Zwecke verwenden, konnte man sich dennoch lange Zeit über das Wesen der Elektrizität keine genaue, allen Gesichtspunkten entsprechende Erklärung geben.

Es hat sich gezeigt, daß sich zwei Körper, welche mit positiver und negativer Elektrizität behaftet sind, einander anziehen, daß sich hingegen zwei Körper, welche nur mit einer dieser beiden Elektrizitätsarten versehen sind, gegenseitig abstoßen.

Man gab daher den einzelnen Arten, um sie kurz voneinander zu unterscheiden, die Bezeichnungen „positive" (+) und „negative" (—) Elektrizität und stellte bald das Gesetz auf: Gleichartige Elektrizitäten stoßen sich ab, ungleichartige ziehen sich an.

Am Ende des 18. Jahrhunderts gelang es Alexander Volta in Pavia durch Aneinanderlegen von Kupfer- und Zinkplatten, zwischen denen sich ein mit verdünnter Schwefelsäure getränktes Tuch befand, den ersten andauernden elektrischen Strom herzustellen; schon vor Volta hatte Galvani in Bologna nachgewiesen, daß durch Kontakt verschiedener Metalle ein mehr oder minder kräftiger Strom entsteht, den er Kontaktstrom nannte. Zum Unterschied von der Elektrizität, die wir durch Reiben von Glas oder Harz erhalten, wollen wir die durch Volta und Galvani entdeckte Elektrizitätsart im nachfolgenden immer als »elektrischen Strom« bezeichnen. Obwohl sich die Reibungselektrizität von dem elektrischen Strom dem Wesen nach nicht unterscheidet, so ist für elektrochemische Zwecke der elektrische Strom bisher allein verwendbar gewesen. Die Reibungselektrizität stellt einen momentanen Ausgleich der entgegengesetzten Elektrizitäten, ein außerordentlich rasches Abfließen des erzeugten elektrischen Stromes dar, während der galvanische Strom nach Art der Stromquelle eine mehr oder minder konstante, anhaltende Strömung von Elektrizität bietet. Wir werden in der Folge nur mehr den elektrischen „Strom" in den Kreis unserer Betrachtungen ziehen, und vor allem uns zu erklären suchen, wodurch und wie ein solcher elektrischer Strom zustande kommt. Maxwell hat die magnetischen und elektromagnetischen Wechselwirkungen auf rein mechanischem Wege zu erklären gesucht, wogegen die heute maßgebende Elektronentheorie die verschiedensten elektrischen Erscheinungen, wie das Leitvermögen für elektrische Ströme aller Art, die Elektrolyse, die Kathodenstrahlen usf. auf rein elektromagnetischer Grundlage löst und erklärt.

Man sieht die Elektronen als äußerst kleine mit negativer oder positiver Ladung behaftete, bewegliche Teilchen an, welches jedes für sich der Ausgangspunkt für je ein elektromagnetisches Feld bilden. Die negativen Elektronen sollen nach der Elektronentheorie nur eine scheinbare elektromagnetische „Masse" besitzen, deren Wert von der Geschwindigkeit des Elektrons abhängt. Man muß zugeben, daß alle Annahmen, welche die Elektronentheorie macht, kompliziert sind, und es ist daher begreiflich, daß gerade seit Auftreten dieser Theorie, welche wie alle Theorien lückenhaft ist, viele Forscher nach neuen, umfassenderen Hypothesen suchten. Alle diesbezüglichen, bekannt gewordenen Arbeiten sehen im Weltäther die Triebkraft für alle Naturerscheinungen und erklären sie auf rein mechanischem Wege aus den Schwingungen des Weltäthers. Während die Elektronentheorie annimmt, daß der Weltäther die Räume zwischen den Elektronen durchdringt und die Elektronen ebenfalls durchsetzt, so daß eben gerade dadurch im Innern des Elektrons ein magnetisches Feld entsteht, wird nach neueren Hypothesen angenommen, daß der Weltäther sich selbst bewegt und daß nur die Form oder Art dieser Bewegung der ungemein kleinen Ätherteilchen dafür bestimmend ist, ob wir z. B. von einem elektrischen Strom, einem magnetischen Feld usw. sprechen können.

In dieser Hinsicht haben sich durch eingehendstes Studium und Publikationen P. Angelo Secchi, ferner Januschke, Sahulka sowie Sir Oliver Lodge hervorgetan. Allgemein wird angenommen, daß der das ganze Weltall durchsetzende Weltäther, dessen Atome die Minimalgröße von 10^{-7} mm Durchmesser haben, sich mit Lichtgeschwindigkeit, d. i. 300000 km pro Sekunde, fortbewegt. Dabei gibt man dem Äther eine enorme Dichte, nämlich eine Billion Gramm gleich 1 Million kg pro cbcm. Bei der errechenbaren enormen Energie der Ätherteilchen von je 19,214 mkg beträgt der Ätherdruck $1,25661 \times 10^{21}$ Atm. Der Äther vermag daher auch in die Metalle einzudringen, bzw. sie zu durchfluten, wobei sie je nach Verschiedenheit des durchsetzten Materials, eine verschiedenartige Geschwindigkeitseinbuße erleiden.

Die Elektrizität ist darnach nur aus Äther bestehend, dessen Teilchen molekulare Bewegungen ausführen, und ein elektrischer Strom nichts anderes, als ein Ätherstrom, dessen Teilchen sich (je nach Geschwindigkeitseinbuße bei der Durchströmung) annähernd mit 300000 km pro Sekunde fortbewegen. Das oft genannte elektrische Potential eines elektrisch geladenen Körpers ist die Energie, welche die Masseneinheit des Äthers an der betreffenden Stelle besitzt und ist gleich dem halben Quadrat der molekularen Geschwindigkeit, welche die Ätherteilchen an der betrachteten Stelle besitzen.

Wer sich näher für die neueste Auffassung der Naturerscheinungen interessiert, sei auf das Werk Dr. Johann Sahulka, Erklärung der Gravitation, der Molekularkräfte, der Wärme, des Lichts, der magnetischen und elektrischen Erscheinungen aus gemeinsamer Ursache auf rein mechanischem, atomistischem Wege 1907 verwiesen. Diese dort gegebenen Erklärungen der verschiedensten Erscheinungen sind größtenteils plausibel, weshalb es Verfasser für angebracht hielt, an dieser Stelle auf diese neueren Hypothesen hinzuweisen.

Entstehung elektrischer Ströme. Ein elektrischer Strom entsteht, wenn einem elektrischen Körper Gelegenheit geboten wird, die seinem eigenen Zustand entgegengesetzte Elektrizität aufzunehmen, die ihm innewohnende Elektrizität mit der entgegengesetzten eines anderen Körpers zu verbinden. Nennen wir den Zustand eines Körpers, dem ein gewisses Maß + oder — Elektrizität innewohnt, das elektrische Potential des Körpers, so können wir auch sagen: Der elektrische Strom ist das Fließen eines Fluidums von einem Punkt mit höherem Potential (+) nach einem Punkt mit niedrigerem Potential (—), sofern durch eine geeignete Leitung das Abfließen der Elektrizitäten von einem nach dem anderen Punkt möglich gemacht wird. Berzelius hat das große Verdienst, die auf der Erde vorkommenden Elemente durch geeignete Versuche in der Weise geordnet zu haben, daß er mit dem Element mit niederstem Potential, mit dem elektronegativsten Element Sauerstoff beginnend eine Reihe bildete, in der das einem Element in der Richtung nach der positiven Seite nachfolgende Element jeweilig das verhältnismäßig positivere ist, während sich das ihm vorhergehende Element negativ zu ihm verhält. Den Schluß bildete das durch die Versuche ermittelte elektropositivste Element, Kalium.

Die so erhaltene Reihe nannte Berzelius die elektrische Spannungsreihe der Elemente, und diese ist nach seiner Anordnung folgende:

— O, S, N, Cl, Br, J, P, As, Cr, B, C, Sb, Si, H, Au, Pt, Hg, Ag, Cu, Bi, Sn, Pb, Ni, Fe, Zn, Mn, Al, Mg, Ca, Sr, Ba, Na, K +.

Betrachten wir die Spannungsreihe von der Seite des O aus (Sauerstoff), also von der elektronegativen Seite, so wird sich jedes Element dem nachfolgenden gegenüber elektronegativ verhalten, zum vorhergehenden elektropositiv sein.

So ist zum Beispiel:

O elektronegativ zu K	K elektropositiv zu O
Ag „ „ Fe	Fe „ „ Ag
Ni „ „ Na	Na „ „ Ni.

Tauchen wir in eine Kupfervitriollösung ein Stück Eisen, so wird sich letzteres mit einer Kupferschicht überziehen. Die Notwendigkeit dieser Abscheidung geht aus einer allgemeinen Regel hervor, welche lautet:

Das elektropositivere Element wird bestrebt sein, das elektronegativere aus seinen Lösungen abzuscheiden. Die Ursache der Ausscheidung des Kupfers aus seiner Lösung durch metallisches Eisen ist zu suchen in der Wirkung eines durch das Eintauchen (die Berührung) des Eisens in die Kupfersulfatlösung entstandenen elektrischen Stromes.

Die Ausscheidung von Kupfer wird noch kräftiger werden, wenn wir eine Kupfer- und eine Eisenplatte in eine Kupfersulfatlösung tauchen und die beiden Platten durch eine metallische Verbindung außerhalb der Lösung miteinander in Berührung bringen. Wir haben so einen elektrischen Strom erzeugt, indem wir den durch die Differenz der Potentiale von Eisen und Kupfer bedingten Ausgleich der Elektrizitäten durch eine metallische Verbindung zwischen ihnen ermöglichten. Der elektrische Strom ist zu vergleichen mit einem Wasserstrom, denn so wie das Wasser von der Höhe in die Tiefe fließt und man die Richtung des abfließenden Wassers als Flußrichtung bezeichnet, ebenso kann man beim elektrischen Strom von einer Richtung sprechen. Der elektrische Strom fließt außerhalb des Stromerzeugers vom Punkt mit höherem Potential zum Punkt mit niedrigerem Potential. Die beiden Punkte, welche die Verbindung des Stromerzeugers mit der äußeren Leitung ermöglichen, nennt man die Pole des Stromerzeugers und heißt sie + Pol und — Pol.

Der elektrische Strom durchfließt jeden elektrischen Apparat in der Richtung vom + Pol zum — Pol, und man nennt allgemein die Eintrittsstelle des elektrischen Stromes in einen Apparat den + Pol, die Austrittsstelle den — Pol.

Je weiter die zwei zur Verwendung gelangenden Elemente in der elektrischen Spannungsreihe voneinander entfernt sind, je größer also die Differenz ihrer Potentiale ist (Potentialdifferenz), desto größer wird die Wirkung des dadurch hervorgerufenen elektrischen Stromes sein.

Diese eben besprochene Stromerzeugung durch chemische Vorgänge mit Hilfe der Potentialtheorie und der elektrochemischen Spannungsreihe wird durch die Theorie von Nernst verdrängt. Danach wird ein elektrischer Strom durch den in Lösungen bestehenden Lösungs- und osmotischen Druck bewirkt.

Bringen wir einen Körper in ein Lösungsmittel desselben, so wird dieser das Bestreben haben, sich darin aufzulösen; wir bezeichnen dieses Bestreben als Lösungsdruck. Dem Lösungsdruck wirkt der osmotische Druck entgegen. Wenden wir das eben Gesagte für die elektropositiven Metalle an, so finden wir folgendes: Tauchen wir Zink in Wasser, das wir als chemisch rein annehmen wollen, so haben wir das Bestreben des Zinkes zu verzeichnen, sich darin aufzulösen, man pflegt zu sagen, das Zink geht in den Ionenzustand über. Wenn das eingetauchte Zink Ionen bildet, so sind diese mit + Elektrizität geladen. Da die Zinkplatte anfänglich nach außen unelektrisch war, so mußte, den frei werdenden Zinkionen entsprechend, am Zink eine gleichgroße — Elektrizitätsmenge auftreten (Fig. I).

Tauchen wir nun Zink in eine Lösung von Zinksulfat ($ZnSO_4$), so ist zu berücksichtigen, daß nach dem Gesetz der Dissoziation das im Wasser gelöste Zinksulfat zum größten Teil in die Ionen Zn und SO_4 gespalten ist, von denen die Zn-Ionen mit + Elektrizität, die SO_4-Ionen mit — Elektrizität geladen sind. Es sind also schon + Zinkionen in der Lösung vorhanden und es fragt sich, können noch weitere + Zinkionen von der Zinkplatte in die Lösung treten? Nun, die in der Lösung vorhandenen + Zinkionen besitzen einen bestimmten osmotischen Druck, welcher dem Lösungsdruck des Zinkes, also der weiteren Bildung von Zinkionen aus der Zinkplatte entgegenwirkt. Der Lösungsdruck des Zinkes überwiegt jedoch den osmotischen Druck der + Zinkionen, so daß so lange + Zinkionen in die Lösung getrieben werden, bis sich osmotischer Druck der freien Zinkionen und Lösungsdruck des Zinkes das Gleichgewicht halten.

Stellen wir dieselbe Betrachtung für die elektronegativeren Metalle an, so finden wir etwa für Kupfer folgendes: Durch Eintauchen von Kupfer in Wasser

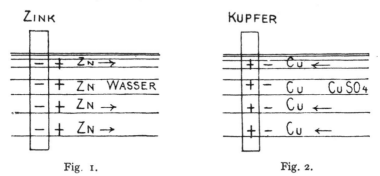

Fig. 1.   Fig. 2.

erzielen wir ebenfalls eine Jonisierung des Kupfer; es gehen + Kupferionen in die Lösung, während an der Kupferplatte selbst, wie im vorigen Fall, negative Elektrizität frei wird. Tauchen wir aber Kupfer in eine Kupfersulfatlösung, so wird eine andere Erscheinung auftreten (Fig. 2), und zwar:

Die in der Kupfersulfatlösung enthaltenen +Kupferionen besitzen einen osmotischen Druck von bestimmter Größe, der dem Entstehen neuer Kupferionen entgegenwirkt. Während beim Zink der Lösungsdruck den osmotischen Druck überwand, wodurch es möglich wurde, daß weitere Zinkionen in die Lösung gelangten, überwiegt beim Kupfer der osmotische Druck den Lösungsdruck, was zur Folge hat, daß + Kupferionen aus der Lösung auf die Kupferplatte getrieben werden, wodurch die Kupferplatte +, die Flüssigkeit dementsprechend — elektrisch wird.

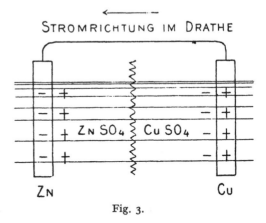

Fig. 3.

Kombinieren wir nun diese beiden Erscheinungen, stellen also, wie man sich in der Elektrochemie auszudrücken pflegt, aus Kupfer, Kupfersulfat, Zinksulfat, Zink eine galvanische Kette oder Element her, das unter dem Namen Daniell-Element bekannt ist, indem wir die beiden Metallplatten in die entsprechenden Salzlösungen tauchen, die voneinander durch eine poröse Scheidewand getrennt sind (Fig. 3), so läßt sich die Entstehung eines elektrischen Stromes nach Nernsts Theorie auf folgende Weise klarmachen:

Besteht keine metallische Verbindung zwischen Kupfer- und Zinkplatte, so stellt sich, sobald wir die beiden Platten in die zugehörigen Lösungen eintauchen, ein stationärer Zustand ein, es werden gerade so viele + Zinkionen in die Lösung gehen als dem Überwiegen des Lösungsdruckes über den osmotischen Druck entspricht. Die Zinkplatte wird dadurch — elektrisch, die Flüssigkeit am Zink + elektrisch. Anderseits wird durch das Überwiegen des osmotischen Druckes über den Lösungsdruck an der Kupferplatte Kupfer ausgeschieden, die + geladenen Kupferionen geben ihre + Ladung dabei ab, werden, da sie in den molekularen Zustand übergehen, unelektrisch, während die Kupferplatte, die diese Ladungen aufnimmt, + elektrisch wird. Die Kupfersulfatlösung wird dabei — elektrisch, die Zinksulfatlösung hingegen + elektrisch.

Verbinden wir nun (Fig. 3) Zink- und Kupferplatte miteinander außerhalb der Lösung, dann wird die auf der Kupferplatte angesammelte + Elektrizität durch Verbindung der beiden Platten nach dem Zink wandern und sich mit der dort vorhandenen — Elektrizität vereinigen, sie werden ihre Elektrizitäten austauschen. Sobald aber von der Zinkplatte — Elektrizität verschwindet, sinkt die Potentialdifferenz zwischen Zinkplatte und der Zinksulfatlösung, daher kann der Lösungsdruck von neuem wirken, es werden neuerdings Zinkionen in die Lösung übergehen. Ebenso wird, wenn von der Kupferplatte + Elektrizität abfließt, das Gleichgewicht zwischen Lösungsdruck und osmotischem Druck an der Kupferplatte gestört, der osmotische Druck kann wieder seine Wirkung äußern, er wird von neuem Kupferionen aus der Kupfersulfatlösung auf die Platte treiben können, wodurch diese wieder + elektrisch wird. Es kann jetzt abermals ein Strom abfließen, was solange fortgesetzt werden kann, bis entweder die Kupfersulfatlösung keine Kupferionen mehr enthält oder aber sämtliches Zink der Zinkplatte in Ionen übergeführt worden ist. Man sagt dann: das Element ist aufgebraucht, erschöpft.

Wir sehen also, daß die Ursache für das Fließen eines Stromes in einem galvanischen Element in den verschiedenen Verhältnissen des osmotischen Druckes an den beiden Platten zu suchen ist.

Ostwald definiert das galvanische Element als eine Maschine, die durch den osmotischen Druck betrieben wird.

Elektrischer Stromkreis. Von der im vorigen Kapitel besprochenen Erzeugung eines elektrischen Stromes hat man in den galvanischen Elementen Gebrauch gemacht, deren praktische Ausführung und Wirkungsweise in dem späteren Kapitel „Die galvanischen Elemente" erörtert werden wird. An dieser Stelle sei bloß das ursprüngliche einfache Voltasche Element erwähnt, welches wir zu unsern weiteren Betrachtungen als Stromquelle benutzen wollen.

Das Voltasche Element, nach seinem Erfinder „Volta" so genannt, besteht aus zwei Metallplatten, und zwar aus einer Kupfer- und einer Zinkplatte, welche in verdünnte Schwefelsäure tauchen. Verbinden wir die beiden durch die Metallplatten dargestellten Pole des Elementes miteinander durch einen Kupferdraht, so ist dadurch dem elektrischen Strom ein Weg geschaffen, der im Element erzeugte elektrische Strom kann nun von dem + Pol an der Kupferplatte austretend, indem er durch den Draht zum — Pol, zur Zinkplatte fließt, zum Element zurückkehren. Wir erhalten somit einen andauernden Kreislauf des Stromes, sprechen daher von einem elektrischen Stromkreis. Um einen Stromkreis zu bilden, müssen wir daher die beiden Pole eines Stromerzeugers durch einen geeigneten Leiter des Stromes in Verbindung bringen.

Man unterscheidet gute und schlechte Leiter des elektrischen Stromes, je nachdem das Material, aus dem die Leitung hergestellt ist, dem Fließen des Stromes mehr oder weniger Widerstand entgegensetzt. Ist die Fähigkeit des Materiales, den Strom fortzuleiten, so gering, daß fast kein Strom mehr durch dasselbe hindurchfließen kann, so nennt man es ein Isolationsmaterial; solche schlechte Leiter oder Isolatoren sind Glas, Porzellan, Harze, Öle, Fette, die meisten Gesteine, Schwefel, Luft und tierische Substanzen, wie Haare, Wolle, Federn usw.

Gute Leiter des Stromes, kurzweg als Leiter bezeichnet, sind die Metalle, einige Metalloxyde und Minerale, außerdem Kohle und Flüssigkeiten.

Die festen dieser guten Leiter werden als Leiter I. Klasse bezeichnet, während Lösungen und geschmolzene chemische Verbindungen, die auch als gute Leiter des elektrischen Stromes bezeichnet werden, zum Unterschied von den oben angegebenen festen Leitern, als flüssige Leiter oder Leiter II. Klasse benannt werden (Elektrolyte).

Verbinden wir die Pole des Voltaschen Elementes oder irgendeiner anderen Stromquelle durch einen Leiter I. Klasse, so stellt uns dieses System einen elektrischen Stromkreis vor. Die einzelnen Teile dieses Stromkreises sind folgende:

Der Leiter II. Klasse ist die zwischen den beiden Platten befindliche verdünnte Schwefelsäure, daran schließt sich, wenn wir in der Richtung des Stromes fortschreiten, die Kupferplatte, der + Pol des Elementes, sie ist ein Leiter I. Klasse. Der die Verbindung der beiden Pole bewirkende Draht ist ein Leiter I. Klasse, etwa ein Kupferdraht. Wir gelangen dann zur Zinkplatte, zum — Pol des Elementes, und damit zum Element selbst zurück. Der Strom fließt also im Kupferdraht vom + zum — Pol, im Inneren des Elementes dagegen vom — zum + Pol, was nicht zu verwechseln ist mit dem Gesetz, daß der Strom von dem elektropositiveren Zink zum elektronegativeren Kupfer fließt. Die Bezeichnung der Pole kennzeichnet also nur die Richtung des Stromes in der äußeren Verbindung der beiden Polplatten.

Man nennt einen Stromkreis geschlossen, wenn alle Teile des Stromkreises gute Leiter sind; ein Stromerzeuger, auch Stromquelle genannt, ist kurzgeschlossen, wenn die Verbindung der beiden Pole in der Weise erfolgt, daß dadurch dem Überströmen des elektrischen Stromes fast gar kein Widerstand entgegengesetzt wird. Verbinden wir etwa im Voltaschen Element die Pole durch einen langen dünnen Eisendraht, so haben wir, allgemein gesprochen, dadurch den Stromkreis geschlossen. Verbinden wir dagegen die beiden Pole des Elementes durch eine kurze dicke Kupferstange, so haben wir das Element praktisch kurzgeschlossen. Welche Einflüsse ein derartiger Kurzschluß auf den Stromkreis ausübt, werden wir später, wenn wir die Wirkungen des elektrischen Stromes betrachten, kennen lernen.

Ein Stromkreis ist geöffnet, unterbrochen, wenn in demselben ein Isolator (Nichtleiter) eingeschaltet ist. Ein Öffnen, Unterbrechen von Stromkreisen erfolgt durch die Anbringung von Ausschaltern. Dadurch, daß wir (Fig. 4 und 5) den Hebel H des Ausschalters in der gezeichneten Pfeilrichtung bewegen, trennen wir den messerartigen Teil M des Ausschalterhebels von dem Federkontakt a und schalten dadurch zwischen beide, also zwischen M und a eine Schicht Luft, einen Isolator ein.

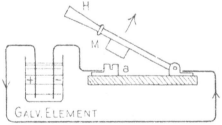

Fig. 4.

Der Strom vermag nicht durch die Luft hindurch zu gehen, die Leitung ist somit unterbrochen, wir haben den Stromkreis geöffnet. Durch Einlegen des Messerkontaktes M zwischen die Federkontakte a wird eine durchwegs metallische Verbindung zwischen den beiden Polen

Fig. 5.

hergestellt, wir haben durch Einlegen des Hebels den Stromkreis geschlossen.

Bei jedem Stromkreis unterscheidet man ferner einen inneren und einen äußeren Teil. Der innere Teil ist derjenige, den der Strom im Inneren der Stromquelle zu durchlaufen hat, also von einem Pol zum anderen; der äußere Teil, naturgemäß derjenige, welchen der Strom außerhalb der Stromquelle vom + bis zum — Pol zu durchfließen hat.

Verbinden wir zwei elektrische Apparate (es seien dies zwei Stromquellen oder zwei Leitungsstücke oder irgend zwei andere Apparate) in der Weise, daß der elektrische Strom zuerst den einen Apparat und dann den zweiten durchfließt, so nennen wir diese Verbindungsart „Hintereinanderschaltung" oder „Serienschaltung", weil der Strom nacheinander zuerst den einen Teil und dann den zweiten usf. des Stromkreises durchfließt. So sind in Figur 6 zwei galvanische Elemente E und E_1 mit einer Drahtspirale S und einem Ausschalter A hintereinander geschaltet.

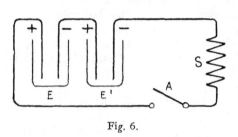

Fig. 6.

Verbinden wir hingegen mehrere Apparate oder Stromquellen usw. so, daß sich der in den Stromquellen erzeugte Strom derart verteilt, daß er die verschiedenen Teile des Stromkreises gleichzeitig durchfließt, so sprechen wir von einem „Parallelschalten" der Stromquellen, Apparate usf.

In Figur 7 sind auf diese Art zwei Stromquellen nach dem System der Parallelschaltung verbunden, und zwar sind zwischen die äußere Leitung zwei parallel geschaltete Drahtspiralen S und S' gelegt.

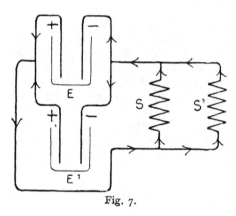

Fig. 7.

Die eingezeichneten Pfeile zeigen die Richtung des in den einzelnen Teilen fließenden Stromes an. Wir werden später sehen, welch große Bedeutung die Wahl und Ausführung dieser zwei verschiedenen Schaltungsweisen auf die elektrischen Verhältnisse hat und wie die Art der Schaltung durch bestimmte Größen an Stromquellen und Apparaten gegeben ist.

Wirkungen des elektrischen Stromes. Wie bereits dargetan wurde, erzeugen wir im galvanischen Element den elektrischen Strom dadurch, daß wir chemische Energie auf geeignete Art umwandeln, und zwar ist Regel, daß wir aus chemischer Energie immer dann elektrische Energie erhalten, wenn wir die aufeinander reagierenden Substanzen nicht in direkte Berührung miteinander bringen. Wir haben schon über die Entstehung elektrischer Ströme gesprochen und drängt sich uns nun die Frage auf: woran erkennen wir das Vorhandensein solcher Ströme, wie äußert sich ein solcher? Die Antwort hierauf ist einfach: Wir erkennen das Vorhandensein eines elektrischen Stromes an seinen Wirkungen.

Nach dem Gesetz von der Erhaltung der Energie ist immer die für einen Prozeß aufgebrauchte Energie irgendeiner Energieart ihrem Wert nach gleich der Summe der Werte der durch den Prozeß entstandenen Arten neuer, umgewandelter Energieformen. Z. B.: Wir verwandeln in der gewöhnlichen Petroleumlampe chemische Energie in Licht und Wärme. Die Summe der Werte dieser beiden Energieformen Licht und Wärme ist nach diesem Gesetz gleich der durch die Zersetzung des Brennstoffes (des Petroleums) aufgebrauchten chemischen Energie.

Ebenso sind die Wirkungen, die der elektrische Strom hervorruft, ein Maß für die aufgebrauchte elektrische Energie; allgemein gesprochen, wir konstatieren die Größe eines elektrischen Stromes durch die Größe seiner Wirkungen. Verbinden wir die beiden Pole einer Stromquelle durch einen dünnen Eisendraht, so wird, vorausgesetzt, daß die angewandte Stromquelle einen genügenden Strom liefert, eine Erwärmung des Drahtes, ja sogar ein Erglühen und Abschmelzen desselben eintreten. Der elektrische Strom erwärmt also die Leiter beim Durchfließen.

Legen wir eine vom Strom durchflossene Drahtschleife um eine Magnetnadel, siehe Figur 8, so wird diese aus ihrer Ruhelage dauernd abgelenkt. Umwinden wir einen Stab aus weichem Eisen mit einem stromdurchflossenen Draht, siehe Figur 9, so wird der Eisenstab die Eigenschaften eines Magnets annehmen, jedoch nur so lange, als Strom durch die Drahtwicklung fließt; der elektrische Strom übt also magnetisierende Wirkungen aus (auch die später besprochenen Induktionserscheinungen gehören hierher). Verbinden wir die beiden Pole einer Stromquelle E mit den beiden Klemmen K und K_1 eines Wasserzersetzungsapparates (Fig. 10) und schicken einen elektrischen Strom durch, so werden wir, solange der Strom durch letzteren hindurchgeht, eine Zersetzung des Wassers in seine Bestandteile, H (Wasserstoff) und O (Sauerstoff), wahrnehmen.

Fig. 8.

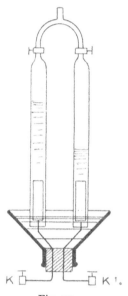

Fig. 10.

Der Strom übt also auch chemische Wirkungen aus. Von dieser Wirkung des Stromes ist in der Elektrolyse, speziell in der Galvanotechnik erfolgreich Gebrauch gemacht worden, so daß es heute einen ganzen Industriezweig gibt, der sich nur mit diesen Wirkungen des elektrischen Stromes beschäftigt. Die Anwendung der angeführten Stromwirkungen ist nachstehend übersichtlich zusammengestellt.

Wärmewirkung: Elektrische Beleuchtung, Beheizung, elektrische Schmelzöfen, Zündung u. a.

Fig. 9.

Magnetische Wirkungen: Telegraphie, Telephonie, elektrische Meßapparate, Dynamomaschinen, Elektromotoren usf.

Chemische Wirkungen: Elektrochemie, Elektroanalyse, Galvanotechnik.

Praktische Maßeinheiten des elektrischen Stromes. Mit der fortschreitenden Verwendung des elektrischen Stromes für die industriellen und wissenschaftlichen Zwecke machte sich bald das Bedürfnis geltend, für die Größe des Stromes und das Quantum desselben, sowie für dessen Kraft Einheiten zu schaffen, womit man die, für die bestimmten Zwecke verbrauchte elektrische Energie in praktischer Weise messen und daraus die Kosten des damit Erreichten berechnen kann. Man hat zu diesem Zweck die elektrischen Größen, welche einen elektrischen Strom charakterisieren, in praktische Einheiten gebracht, welche die zu Paris in den Jahren 1881 und 1889 tagenden Kongresse als die praktischen elektrischen Maßeinheiten festsetzten. Die Größen, um die es sich hier handelt, sind die Stromstärke (die Strommenge), die Stromspannung und der elektrische Widerstand, den ein Leiter dem Strom entgegensetzt.

Auf besagtem Kongreß gab man der Einheit der Stromstärke den Namen „Amper", und definierte als 1 Amper diejenige Stromstärke, welche imstande ist, in einer Stunde 1,186 g Kupfer aus einer Lösung von Kupfersulfat abzuscheiden.

Mit Strommenge, deren Einheit man das „Coulomb" nannte, bezeichnete man die in einer Sekunde durch einen Leiter fließende Strommenge, wenn die Stromstärke 1 Amper betrug.

Die Einheit der Stromspannung oder der elektromotorischen Kraft nannte man „Volt", welche Einheit ungefähr der elektromotorischen Kraft eines Daniell-Elementes entspricht (1 Daniell = 1,1 Volt).

Als Einheit des elektrischen Widerstandes nahm man den Widerstand eines Quecksilberfadens von 1 qmm Querschnitt und 106,3 cm Länge, die man 1 „Ohm" nannte. Die früher im Gebrauch gewesene Siemenseinheit war der Widerstand eines Quecksilberfadens von gleichem Querschnitt und 100 cm Länge; es ist demnach 1 Ohm = 1,063 Siemenseinheiten, und man definierte nun die Einheit der Stromspannung das „Volt" als diejenige elektromotorische Kraft, welche imstande ist, durch den Widerstand von 1 Ohm die Stromstärke 1 Ampre zu treiben. Als Bezeichnung für diese praktischen Einheiten wählt man folgende:

$$\text{Amper} = \text{A} \qquad \text{Volt} = \text{V} \qquad \text{Ohm} = \Omega.$$

Das Produkt V × A (Voltamper) nannte man Watt und ist dies die Einheit bei der Messung elektrischer Energie.

Um uns über die Bedeutung der Größen: Stromstärke, elektromotorische Kraft und elektrischen Leitungswiderstand ein Bild zu machen, wollen wir den elektrischen Strom mit einem Wasserstrom vergleichen, und die Analogie zwischen beiden ableiten. Die Stromstärke, auch Intensität des Stromes genannt, ist vergleichbar mit der in einem Flußbett fließenden Wassermenge. Je mehr Wasser durch ein Flußbett strömt, desto größer ist also der Strom; je größer die durch einen Leiter fließende elektrische Stromstärke ist, desto stärker sind die Wirkungen des elektrisches Stromes, gerade so wie ein größerer Strom durch seine Wassermenge mehr Arbeit leisten kann als ein kleinerer.

Die elektromotorische Kraft eines elektrischen Stromes ist ihrer Bedeutung nach dem Druck gleich, unter welchem das Wasser eines Flusses von einem höheren Punkte nach einem tiefer gelegenen abfließt.

Der elektrische Widerstand eines Leiters ist dem Rohrwiderstand einer Wasserleitung ähnlich; je enger das Rohr ist, desto weniger Wasser wird bei sonst gleichem Druck durch das Rohr fließen können. Ähnlich ist die Sache beim elektrischen Strom; je größer der Widerstand eines Leiters ist, desto geringer wird die Stromstärke sein, die bei gleicher elektromotorischer Kraft durch den Leiter fließen kann.

Es hat sich gezeigt, daß der elektrische Widerstand eines Körpers proportional seiner Länge wächst und im gleichen Verhältnis zu seinem Querschnitt abnimmt. Bezeichnen wir mit w den Widerstand eines Leiters, mit l dessen Länge und mit q seinen Querschnitt, so ist die Beziehung zwischen w, l und q aus der Gleichung

$$w = \frac{l}{q}$$

ersichtlich. Da man gute und schlechte Leiter unterscheidet, so war man bestrebt, bestimmte Beziehungen über die Fähigkeit einer Substanz, den Strom fortzuleiten, für die verschiedenen Leiter aufzustellen. Zur Vergleichung dieser Fähigkeit wählte man bestimmte Einheiten und nannte den Widerstand eines solchen Leiters „spezifischen Leitungswiderstand". Als solche Einheiten wurde für die Leiter I. Klasse der Widerstand eines Metallfadens von 1 m Länge und 1 qmm Querschnitt gewählt, für die Leiter II. Klasse der Widerstand eines Flüssigkeitswürfels von 1 dm oder 1 cm Seitenlänge.

Auf diese Weise erhielt man die in der nachfolgenden Tabelle angegebenen spezifischen Widerstände von Leitern I. Klasse; die in der dritten Kolumne angegebenen Werte für die spezifischen Leitfähigkeiten sind die reziproken Werte der spezifischen Widerstände; die spezifische Leitfähigkeit berechnet sich also immer nach der Gleichung:

$$k = \frac{1}{w_s}$$

wenn k der Ausdruck für die spezifische Leitfähigkeit ist und w_s der spezifische Widerstand.

Die in der Tabelle angegebenen spezifischen Widerstände und spezifischen Leitfähigkeiten ermöglichen es uns, für einen Leiter von gegebener Dimension den elektrischen Widerstand zu berechnen, sobald das Material bekannt ist, aus dem er hergestellt ist. Ist k die spezifische Leitfähigkeit des Materiales, so berechnet sich der Widerstand w einer daraus hergestellten Leitung von der Länge 1 m und dem Querschnitt q qmm aus der Gleichung:

$$w = \frac{1}{k \times q}$$

Beispiel: Für einen Leiter aus Blei mit 1,5 m Länge und 2 qmm Querschnitt errechnet sich der Widerstand zu:

$$w = \frac{1,5}{4,6 \times 2} = 0,163 \ \Omega.$$

Ebenso können wir auch den spezifischen Widerstand zur Berechnung verwenden; selbstredend kommt dann dasselbe Resultat zustande, denn es ergibt sich auch hierfür der Widerstand:

$$w = \frac{w_s \times 1}{q} \qquad w = \frac{0,217 \times 1,5}{2} = 0,163 \ \Omega.$$

Tabelle der spezifischen Widerstände und Leitfähigkeiten von Leitern I. Klasse bei Zimmertemperatur:

Metall	Spez. Widerstand in Ohm	Spez. Leitvermögen k
Silber.	0,0169	59,0
Kupfer	0,0182	55,0
Blei	0,217	4,6
Antimon	0,475	2,1
Wismut.	1,25	0,8
Gold	0,0243	41,0
Quecksilber	1,02	0,984
Platin	0,154	6,5
Messing.	0,10 bis 0,071	10 bis 14
Zink	0,0667	15,0
Eisen	0,167 bis 0,1	6 bis 10
Stahl	0,5 bis 0,167	2 bis 6
Neusilber	0,415 bis 0,167	2,4 bis 6
Nickelin.	0,435	2,3
Manganin	0,455	2,3
Konstantan	0,525	1,9
Gaskohle	50,0	0,02

Der Widerstand eines Leiters ist überdies abhängig von der Temperatur und es gilt im allgemeinen der Satz: Bei Leitern I. Klasse nimmt der Widerstand (Kohle ausgenommen) mit steigender Temperatur zu, nach der Formel:

$$w_t = w_0 \ (1 + \alpha t),$$

worin w_t der Widerstand bei einer bestimmten Temperatur t, w_0 der Widerstand bei 0° C, α ein Koeffizient, der sogenannte Temperaturkoeffizient des Materiales, t die Anzahl der Grade Celsius bedeutet. Der Widerstand der Leiter II. Klasse, also der Widerstand von Flüssigkeiten (auch der von Kohle folgt demselben Gesetz) nimmt mit steigender Temperatur ab; es besteht die Beziehung:

$$w_t = w_{18} \, (\mathrm{I} - \alpha \, t),$$

worin die einzelnen Buchstaben wieder dieselbe Bedeutung haben wie im ersteren Fall. Der Temperaturkoeffizient α ist bei den einzelnen Elektroplattierbädern jeweilig angegeben.

I. Beispiel: Es ist der Widerstand eines Drahtes aus Neusilber zu berechnen, wenn die Größen gelten:

Spezifische Leitfähigkeit: k = 2,4,
Länge des Drahtes: I = 4 m,
Querschnitt des Drahtes: q = 2 qmm,
Temperatur des Drahtes: t = 50° C,
Temperaturkoeffizient: α = 0,0004.

Es errechnet sich der Widerstand des Drahtes bei 0° C zu

$$w_0 = \frac{1}{k \times q} = \frac{4}{2,4 \times 2} = 0,834 \ \Omega,$$

bei 50° C aber wird der Widerstand größer sein, und zwar:

$$w_{50} = w_0 \, (\mathrm{I} + \alpha \, t) = 0,834 \, (\mathrm{I} + 0,0004 \times 50) = 0,8507 \ \Omega.$$

2. Beispiel: Für eine Lösung von nachstehend gegebenen Dimensionen sei der Widerstand bei einer Temperatur von 21° C zu berechnen. Es sei:

Spezifischer Widerstand bei 18° C: w_s = 2,75 Ω,

Temperaturkoeffizient: α = 0,0136,
Querschnitt der Lösung: q = 2 qdm,
Länge der Flüssigkeitssäule: I = 3 dm,
Temperatur der Lösung: t = 21° C.

Es berechnet sich der Widerstand dieser Flüssigkeitssäule vorerst bei 18° C

$$w_{18} = \frac{1 \times w_s}{q} = \frac{3 \times 2,75}{2} = 4,125 \ \Omega,$$

bei einer Temperatur von 21° C sinkt der Widerstand nach der Formel:

$$w_{21} = w_{18} \, (\mathrm{I} - \alpha \, t) = 4,125 \, (\mathrm{I} - 0,0136 \times 3) = 3,96 \ \Omega.$$

Von besonderer Wichtigkeit ist es nun zu wissen, wie Stromstärke, Spannung und Widerstand voneinander abhängen, in welcher Beziehung sie zueinander stehen; die elektromotorische Kraft, die den elektrischen Strom zum Fließen bringt, ist sozusagen die Triebfeder in einem Stromkreis.

Verbinden wir die Pole einer Stromquelle, von der wir, um Komplikationen auszuweichen, hier annehmen wollen, daß sie eine stets gleichbleibende Spannung liefere, durch eine Leitung mit einem Widerstand = I Ω, so wird die Stromquelle imstande sein, eine bestimmte Stromstärke durch die Leitung hindurchzuschicken. Vergrößern wir aber den Widerstand der Leitung auf das Doppelte, auf den Widerstand 2 Ω, so wird die Stromquelle nur die halbe Stromstärke durch diese neue Leitung schicken können; wollten wir aber dennoch die ursprüngliche Stromstärke durch den Widerstand 2 Ω fließen lassen, so müßten wir eine Stromquelle anwenden mit der doppelten elektromotorischen Kraft. Diese Abhängigkeit der Stromstärke von der elektromotorischen Kraft (wir wollen in der Folge für die elektromotorische Kraft stets die Abkürzung EMK benutzen) und dem Widerstand der Leitung ist durch das Ohm'sche Gesetz in eine immer geltende Beziehung gebracht worden; das Ohm'sche Gesetz lautet:

Die in einem Stromkreis fließende Stromstärke ist proportional der Summe der darin wirkenden EMK und umgekehrt proportional der Summe der den Stromkreis bildenden Widerstände.

Ist J die Stromstärke, bezeichnen wir ferner mit Σe die Summe der EMK und mit Σw die Summe der Widerstände, so lautet das Ohm'sche Gesetz in seiner allgemeinsten Form:

$$ J = \frac{\Sigma e}{\Sigma w} . $$

Beispiel: Verwenden wir ein Daniell-Element mit einem inneren Widerstand von 0,5 Ω und einer EMK von 1,1 V, setzt sich ferner der äußere Widerstand zusammen aus dem Widerstand des Leitungsdrahtes $w_1 = 2\ \Omega$ und dem Widerstand einer Salzlösung $w_2 = 1\ \Omega$, dann ist die im Stromkreis zirkulierende Stromstärke

$$ J = \frac{e}{w_1 + w_2 + w} = \frac{1,1}{2 + 1 + 0,5} = 0,314\ \text{A}. $$

Es wird also ein Strom von 0,314 A durch den Stromkreis fließen. Die durch einen Widerstand fließende Stromstärke erzeugt im Widerstand stets einen Abfall von Spannung, Spannungsabfall genannt; von besonderer Wichtigkeit ist die Berechnung des Spannungsabfalles in den Stromquellen selbst, damit wir ermitteln können, mit welcher Spannung der Strom die Stromquelle verläßt, wenn eine bestimmte Stromstärke durch diese hindurchgeht. Dieser Spannungsabfall, wir wollen ihn mit e bezeichnen, berechnet sich nach dem Ohm'schen Gesetz zu

$$ e = J w_i $$

wobei w_i der innere Widerstand der Stromquelle ist.

So ist für unser letztes Beispiel, da der innere Widerstand des Elementes 0,5 Ω betrug, der Spannungsabfall im Inneren des Elementes

$$ e = 0,314 \times 0,5 = 0,157\ \text{V}. $$

Der elektrische Strom wird daher in diesem Fall das Daniell-Element mit einer Spannung von

$$ E - e = 1,1 - 0,157 = 0,943\ \text{V} $$

verlassen, welche Spannung man als Klemmenspannung des Elementes (der Stromquelle) bezeichnet.

Technische Meßinstrumente und deren Einschaltung.

Um sich bei Verwendung elektrischer Ströme von deren Vorhandensein überhaupt, wie von deren Beschaffenheit zu überzeugen, verwendet man besondere Meßinstrumente. Diese sind die Stromanzeiger oder Galvanoskope und die Strommeßapparate: „Voltmesser und Ampermesser".

Das Galvanoskop besteht aus einer Magnetnadel, um die eine oder mehrere Drahtwindungen gelegt sind; leitet man durch die Drahtwindungen einen Strom, so wird die Nadel abgelenkt. Das Galvanoskop gibt nur an, ob ein Strom im Stromkreis fließt, ferner auch die Richtung des Stromes, indem einmal die Nadel nach einer Seite ausschlägt, bei Umkehr des Stromes nach der anderen Seite. Durch Übung kann man aus der Größe des Ausschlages auf die Größe der Stromstärke schließen, da ein größerer Strom eine größere Ablenkung bewirkt. Eine absolute Messung der Stromstärke ist aber durch das Galvanoskop nicht möglich. Dazu dienen besonders konstruierte Ampermesser. Bei diesen zeigt ein über einer Skala schwingender Zeiger die wirkliche Stromstärke in Amper an. Die Funktion dieser Instrumente beruht auf den magnetischen Wirkungen des Stromes.

Fig. 11 zeigt schematisch und Fig. 12 bildlich einen Ampermesser nach dem elektromagnetischen System. Es ist eine von dem zu messenden Strom durchflossene Drahtspirale D auf eine Hülse, etwa auf Messing aufgewickelt; der durchfließende Strom wirkt auf einen innerhalb des Solenoides aufgehängten Eisenkörper E ein; durch die magnetisierende Wirkung der Drahtspirale (man nennt solche Drahtspiralen „Solenoide") wird der Eisenkörper gegen die Wandung der Spule gezogen, wodurch der Zeiger eine Bewegung längs einer Skala macht und dabei diejenige Stromstärke anzeigt, welche nach vorhergegangener Eichung dieser Anziehung des Eisenkörpers entspricht.

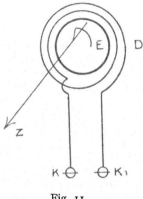

Fig. 11.

In ähnlicher Weise sind zum Messen der zwischen zwei Punkten eines Stromkreises herrschenden Spannungsdifferenz bestimmten Voltmesser konstruiert, siehe Fig. 13. Der Unterschied in der Konstruktion eines Ampermessers und eines Voltmessers liegt in der Art des Solenoides; während die Spule des Ampermessers je nach der Größe der zu messenden Stromstärke aus mehreren starken Windungen, bei ganz großen Stromstärken sogar nur aus einer einzigen aus einem

Fig. 12.

Fig, 13.

Kupferbarren hergestellten Windung besteht, besteht die Spule des Voltmessers aus vielen Windungen eines dünnen Drahtes. Die Verbindung mit der Leitung geschieht durch die beiden Klemmen K und K_1. Ein anderes Konstruktionsprinzip von Meßinstrumenten beruht auf der Wechselwirkung zwischen Magneten und stromdurchflossenen Leitern. Schickt man durch einen Leiter, welcher in einem magnetischen Feld, etwa zwischen den beiden Polen eines Hufeisenmagnets aufgehängt ist, einen elektrischen Strom, so wird der Leiter abgelenkt; auf dieser Ablenkung beruhen die nach dem System Deprez-d'Arsonval konstruierten Meßapparate, sogenannte Präzisions- oder aperiodische Meßinstrumente (Fig. 16 u. 17).

Soll mit einem Meßinstrument eine Messung vorgenommen werden, so sind die Klemmen desselben in der richtigen Weise mit dem Stromkreis zu verbinden. Die Einschaltung eines nach dem elektromagnetischen Prinzip konstruierten Ampermessers erfolgt nach folgendem Grundsatz: Ein Ampermesser, wie er uns in Figur 11 und 12 dargestellt ist, muß, damit er auch wirklich den wahren Strom anzeigt, vom ganzen Strom durchflossen werden; er wird daher nach dem Prinzip der Hintereinanderschaltung als Teil des Stromkreises eingeschaltet. In Figur 14 ist E die Stromquelle, AM der Ampermesser, welcher uns die in dem Stromkreis herrschende Stromstärke anzeigt. Handelt es sich darum, den gesamten in einem verzweigten Leitungsnetz fließenden Strom zu messen, seine Stärke in Amper anzugeben, so muß der Ampermesser stets vor der Verzweigungsstelle eingeschaltet werden; dort fließt noch der Gesamtstrom, während in jedem der Zweige nur ein Teil des Stromes fließt. So zeigt in Figur 15 der Ampermesser AM die gesamte Stromstärke J, die Ampermesser AM_1, AM_2, AM_3 die in den Leitern 1, 2 und 3

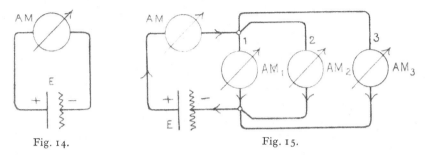

Fig. 14. Fig. 15.

fließenden Teilströme an. Die Summe der Angaben der Ampermesser AM_1, AM_2, AM_3 gleicht natürlich der Angabe des Haupt-Ampermessers AM.

Betrug etwa die Angabe in den Ampermessern

$$AM_1 = 20\ A,$$
$$AM_2 = 40\ A,$$
$$AM_3 = 90\ A,$$

so zeigt der Hauptampermesser eine Stromstärke von $20 + 40 + 90 = 150$ A an.

Die sogenannten Präzisions-Meßinstrumente haben wesentliche Vorzüge gegenüber elektromagnetischen, den technischen Meßinstrumenten und bei dem tatsächlich geringen Preisunterschied, der heute noch zwischen diesen Systemen besteht, sollte man wirklich nur noch die Präzisions-Instrumente benutzen. Eine nicht zu unterschätzende Annehmlichkeit ist die „Dämpfung", mit der diese Instrumente versehen sind, d. h. der Zeiger stellt sich sofort ein. Ferner haben diese Instrumente einen außerordentlich geringen Stromverbrauch, was besonders bei Goldbädern sehr wichtig ist, die oft nur Bruchteile eines Ampers aufnehmen, während ein technisches Voltmeter bei 5—6 Volt sehr leicht schon 0,3 Amp. Strom verbraucht.

Die Präzisions-Ampermesser werden mit Nebenschlüssen (Shunts) versehen, d. h. es fließt nur ein Teilstrom durch das Instrument selbst, weshalb man das Instrument selbst nur mit ganz schwachen Leitungsschnüren anzuschließen braucht, während der zu messende Hauptstrom lediglich durch den Shunt hindurchgeht (vgl. Figur 16). Diese Anschlußmethode für Ampermesser ist ganz besonders vorteilhaft für die Verlegung von Leitungen, die höhere Stromstärken aufzunehmen haben, weil man die starken Kupfer

Fig. 16.

stangen nicht erst zu den Meßinstrumenten zu leiten braucht, sondern lediglich den „Shunt" in die Leitung zu legen hat, was, wie Figur 16 lehrt, mit Leichtigkeit auszuführen ist. Ein Präzisions-Voltmesser ist in Figur 17 bildlich dargestellt. Wie aus der Abbildung ersichtlich, ist die Teilung vollkommen gleichmäßig. Dies liegt im Prinzip dieser Meßmethode.

Für die Einschaltung, besser gesagt für den Anschluß der Voltmesser, ist das Prinzip der Parallelschaltung (Nebenschluß) maßgebend. Der Voltmesser hat, wie gesagt, die Spannungsdifferenzen zwischen zwei Punkten anzugeben, es ist daher nötig, daß wir die beiden Drähte, die zu den Klemmen des Instrumentes führen, von denjenigen Punkten des Stromkreises abzweigen müssen, zwischen

denen man die Spannungsdifferenz zu messen wünscht. Die Verbindung dieser Punkte mit dem Voltmesser kann durch ganz dünnen, etwa 1 mm Kupferdraht geschehen, da die durch den Voltmesser fließende, die magnetische Wirkung ausübende Stromstärke nur sehr klein ist und da die Spiralen der Voltmesser stets einen großen elektrischen Widerstand besitzen im Vergleich zur Zuleitung.

Zum Verständnis des Prinzipes der Spannungsmessung durch die Voltmesser diene folgendes:

Fig. 17.

Wir nehmen an, wir hätten eine Stromquelle zur Verfügung, deren EMK durch irgendeine Vorrichtung konstant gehalten wird; a und b seien in Figur 18 die beiden Pole dieser Stromquelle; die an denselben herrschende Spannungsdifferenz (Klemmenspannung) betrage stets 4 V; verbinden wir a und b durch einen äußeren Widerstand von 2 Ω, so fließt nach dem Ohmschen Gesetze ein Strom

$$i = \frac{4}{2} = 2\,A$$

durch den Stromkreis. Dieser äußere Widerstand setze sich aus zwei getrennten Teilen w_1 und w_2 zusammen, und zwar reiche der Widerstand w_1 von a bis c, w_2 von c bis b. Die einzelnen Spannungsdifferenzen in diesem Stromkreis, also die zwischen a und c und diejenige zwischen c und b, können nach früher Gesagtem durch die

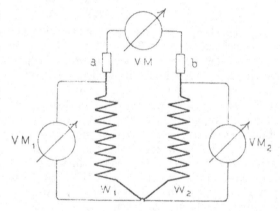

Fig. 18.

eingezeichneten Voltmesser VM_1 und VM_2 gemessen werden; die Summe der beiden Angaben ist der zwischen a und b herrschenden Spannungsdifferenz, die durch das Voltmesser VM gemessen wird, gleich. Beträgt etwa der Teilwiderstand $w_1 = 1,5\,\Omega$, $w_2 = 0,5\,\Omega$, so berechnen sich die an den Enden dieser beiden Widerstände herrschenden Spannungsdifferenzen, wenn die Stromstärke im Stromkreis 2 A ist, nach dem Ohmschen Gesetz wie folgt:

$$e_1 = i \times w_1 = 2 \times 1,5 \qquad = 3\,V \text{ (Angabe von } VM_1)$$
$$e_2 = i \times w_2 = 2 \times 0,5 \qquad = 1\,V \text{ (} \quad ,, \qquad ,, \quad VM_2)$$
$$e = i \times (w_1 + w_2) = 2 \times (1,5 + 0,5) = 4\,V \text{ (Angabe von } VM)$$

d. h. es ist e, die Klemmenspannung, gleich der Summe der Spannungsdifferenzen der Teilstrecken des äußeren Widerstandes.

Die Summe der Angaben der nach besprochener Schaltung an eine Leitung angeschlossenen Voltmesser gibt uns die ganze Spannungsdifferenz zwischen den beiden Klemmen, von denen der Stromkreis abgezweigt ist, an. Der Begriff Spannungsabfall im engeren Sinn des Wortes sei durch den Vergleich mit der

Abnahme des Wasserdruckes in einer Rohrleitung erklärt. Wenn wir durch eine Rohrleitung eine Wassermenge fortleiten, um sie am Ende derselben zu irgend einem Zweck zu benützen, so wird durch den Rohrwiderstand der Druck des ausfließenden Wassers verringert werden. Ähnlich steht es mit der Spannungsänderung in einer elektrischen Leitung; leiten wir einen Strom von bestimmter Stärke durch eine Leitung von bekanntem Widerstand, so wird die Größe der den elektrischen Strom treibenden EMK von Punkt zu Punkt geringer werden, die Spannung an den verschiedenen Punkten der Leitung wird, je weiter diese von der Stromquelle entfernt liegen, abnehmen (abfallen), der Spannungsabfall gegenüber dem Anfangspunkt der Leitung wird immer größer werden.

In Figur 19 stellen uns a und b die Klemmen einer Stromquelle dar, von welcher aus die zum elektrischen Apparat EA führenden, die Stromstärke J fortleitenden Verbindungs- oder Leitungsdrähte gezogen sind. J ist die Stromstärke, die für den elektrischen Apparat EA gebraucht wird. Je weiter wir von dem Pol unserer Stromquelle gegen die Verbrauchsstelle EA vorrücken, desto geringer wird die ermittelte Spannung sein und an EA werden wir selbst nur mehr eine Spannungsdifferenz e_3 erhalten, während die Klemmenspannung e

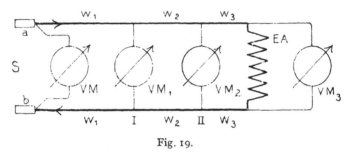

Fig. 19.

betrug. Sind die Widerstände eines Leitungsdrahtes von S bis I $= w_1$, von I bis II $= w_2$, von II bis EA $= w_3$, so errechnet sich der Spannungsabfall für jede Strecke der Leitung einfach nach der Gleichung:

$$\xi = J \times 2\,w.$$

Man hat 2 w zu nehmen, da der Strom J sowohl durch die + Leitung von a bis I, II und EA fließt, als auch zurück durch die — Leitung nach b von EA über II und I. Die Widerstände der Abschnitte auf den Leitungen sind jeweilig einander gleich, man setzt daher mit Recht 2 w_1 für den ganzen Widerstand von S bis I usf. ein.

Es beträgt sonach der Spannungsabfall von der Stromquelle

S bis I : $\xi_1 = J \times 2\,w_1$
S bis II : $\xi_2 = J \times 2\,(w_1 + w_2)$
S bis EA: $\xi_3 = \xi = J \times 2\,(w_1 + w_2 + w_3)$

der Wert von 2 $(w_1 + w_2 + w_3)$ ist aber der gesamte Leitungswiderstand. War in unserem Beispiel:

$$w_1 = 0{,}005\ \Omega$$
$$w_2 = 0{,}003\ \Omega$$
$$w_3 = 0{,}002\ \Omega,$$

so werden die einzelnen Spannungsabfälle:

$$\xi_1 = 100 \times 2\,(0{,}005) = 1\ \text{V}$$
$$\xi_2 = 100 \times 2\,(0{,}005 + 0{,}003) = 1{,}6\ \text{V}$$
$$\xi = \xi_3 = 100 \times 2\,(0{,}005 + 0{,}003 + 0{,}002) = 2\ \text{V}.$$

War die Klemmenspannung der Stromquelle S = 4 V, so beträgt die an den Klemmen des elektrischen Apparates herrschende Spannung 4 — 2 = 2 V. Wir werden in dem Kapitel über elektrische Leitungen noch sehen, wie die Spannungsabfälle zu berücksichtigen sind. Die Methode, wie man mit Hilfe des Voltmessers den Spannungsabfall an einer Leitung ermittelt, ist aus der Figur 19 leicht ersichtlich. Es ist die Differenz der Angaben der Voltmesser VM und VM_1, bzw. VM und VM_2 und VM und VM_3 die Größe des Spannungsabfalles von dem Anfangspunkt S der Leitung bis I, II und EA.·

$$(VM — VM_1) + (VM_1 — VM_2) + (VM_2 — VM_3) = E.$$

Die Summe dieser Differenzen ist also gleich dem totalen Spannungsabfall zwischen S und EA. Auf diese Weise ist es dem Praktiker möglich, seine Leitung auf Spannungsabfall zu untersuchen. Er verfahre zu diesem Zweck folgendermaßen: Die Stromquelle wird durch den äußeren Stromkreis so belastet, daß die maximal von der Stromquelle zu leistende Stromstärke durch die Leitung fließt. Indem er nun einmal den Voltmesser an die Klemmen der Stromquelle und dann an das Ende der Leitung anlegt, konstatiert er die Differenz, den totalen Spannungsabfall, den die maximale Stromstärke beim Durchfließen der ganzen Leitung hervorruft.

Leitungen und Schaltungen.

Stromverteilung. Wie man in einer' Wasserleitung das zufließende Wasser durch eine geeignete Verzweigung der Leitungsrohre auf verschiedene Konsumstellen verteilen kann, ebenso kann man den elektrischen Strom teilen, indem man zwei oder mehrere Drähte von einer Leitung abzweigt. Die Leitung bis zu dem so entstehenden Knotenpunkt heißt Hauptleitung, die einzelnen Abzweigungen Zweigleitungen.

Der elektrische Strom verteilt sich nach Maßgabe des Leitvermögens der einzelnen Zweigleitungen in denselben: die Summe der durch die Zweigleitungen fließenden Teilströme ist dem Wert nach gleich dem unverzweigten Hauptstrom. Die Richtigkeit dieses Satzes kann durch die in die einzelnen Haupt- und Zweigleitungen eingeschalteten Amperemesser bewiesen werden; siehe Figur 15.

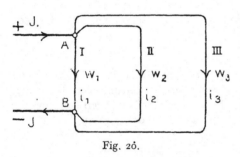

Fig. 2ó.

Der Strom durchfließt die einzelnen Zweigleitungen, wie bereits gesagt wurde, nach Maßgabe ihres Leitvermögens, und da die Größe des Leitvermögens der reziproke Wert des Leitungswiderstandes ist, kann man auch sagen, die Stromstärke in einer verzweigten Leitung verteilt sich auf die einzelnen Zweigleitungen im umgekehrten Verhältnis zu deren Widerständen.

Es verteilt sich in Figur 20 die Hauptleitung + und — bei A und B (Knotenpunkte) in drei Teile, in die Zweigleitungen I, II und III; sind die einzelnen Widerstände in den Leitungen w_1, w_2 und w_3, die entsprechenden Stromstärken i_1, i_2 und i_3, so besteht die Beziehung:

$$i_1 : i_3 : i_3 = \frac{1}{w_1} : \frac{1}{w_2} : \frac{1}{w_3}$$

oder wenn man für $\frac{1}{w_1}$, $\frac{1}{w_2}$, $\frac{1}{w_3}$ die Leitfähigkeiten k_1, k_2, k_3 setzt

$$i_1 : i_2 : i_2 = k_1 : k_2 : k_3.$$

Der in der Hauptleitung fließende Strom J hat sich in die Teilströme i_1, i_2, i_3 geteilt, welche in der gezeichneten Pfeilrichtung die Zweigleitungen durchströmen.

Die Summe der von einem Knotenpunkt abfließenden Ströme ist gleich der Summe der ihm zufließenden Ströme (Kirchhoffsches Gesetz). Geben wir den abfließenden Strömen das Vorzeichen —, den zufließenden Strömen das Vorzeichen +, dann können wir in unserem Beispiel schreiben:

$$+ J - i_1 - i_2 - i_3 = 0$$

oder anders geschrieben:

$$+ J = + (i_1 + i_2 + i_3),$$

d. h. die algebraische Summe der in einem Knotenpunkt zusammentreffenden Ströme ist null, es fließt ebenso viel ab als zu.

Beispiel: In Figur 21 ist S eine Stromquelle von konstanter Spannung, der wir eine Stromstärke $J = 90$ A entnehmen. Diesen Gesamtstrom leiten wir bis zu den Knotenpunkten A und B, von wo aus sich die Hauptleitung in zwei Zweigleitungen I und II verteilt. Die Widerstände der einzelnen Zweigleitungen seien:

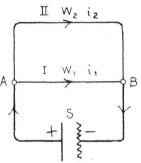

$$w_1 = 4 \ \Omega$$
$$w_2 = 2 \ \Omega,$$

der Hauptstrom J verteilt sich daher nach der Proportion:

$$i_1 : i_2 = \frac{1}{w_1} : \frac{1}{w_2},$$

Fig. 21.

Wir berechnen daraus:

$$\frac{1}{w_1} = \frac{1}{4} = 0,25,$$

$$\frac{1}{w_2} = \frac{1}{2} = 0,5.$$

Es verhält sich also:

$$i_1 : i_2 = 0,25 : 0,5.$$

Mithin verhält sich der Zweigstrom i_2 zum Gesamtstrom J wie die Leitfähigkeit des Leiters II zur Leitfähigkeit der ganzen Leitung, das ist die Summe der Leitfähigkeiten der beiden Zweigleitungen:

$$i_2 : J = \frac{1}{w_2} : \left(\frac{1}{w_1} + \frac{1}{w_2} \right)$$

daraus ist:

$$i_2 = \frac{J \times \dfrac{1}{w_2}}{\dfrac{1}{w_1} + \dfrac{1}{w_2}}$$

Setzen wir die unserem Beispiel zugrunde gelegten Werte ein, so erhalten wir:

$$i_2 = \frac{90 \times 0,5}{0,5 + 0,25} = 60 \ \text{A}.$$

und analog:

$$i_1 = \frac{90 \times 0,25}{0,5 + 0,25} = 30 \ \text{A}.$$

Es ist $J = i_1 + i_2$; 90 A = 60 A + 30 A, d. h. wir sehen gleichzeitig den Satz bestätigt, daß die Summe der zufließenden Ströme gleich der Summe der abfließenden Ströme ist.

Die elektrischen Leitungen. Die Fortleitung eines Stromes von einer Stromquelle bis zu derjenigen Stelle, an welcher elektrische Energie verbraucht wird, wird durch die elektrischen Leitungen bewerkstelligt. Die elektrischen Leitungen werden zumeist aus Kupfer hergestellt, in neuester Zeit auch aus Aluminium, seltener aus Messing oder Siliciumbronze. Man unterscheidet blanke und isolierte Leitungen, und zwar besteht der Unterschied zwischen beiden, wie schon die Bezeichnung sagt, darin, daß letztere mit einem Isolationsmaterial umgeben sind. Man wendet isolierte Leitungen überall dort an, wo Gefahr vorhanden ist, daß zwischen dem + und dem — Leiter eine Verbindung (Kurzschluß) entstehen könnte, oder wo Gefahr vorhanden ist, daß Feuchtigkeit oder saure Dämpfe das Leitungsmaterial schädlich beeinflussen würden. Für gewöhnlich kommt aber nur der erstere Umstand in Betracht; man isoliert die Leitungen nur, um Kurzschluß zwischen denselben zu vermeiden. Die elektrischen Leitungen werden in Form von Drähten, Stangen oder Schienen angefertigt; die für elektrotechnische Starkstromanlagen geeignetste und gebräuchlichste Form ist, wie nachfolgende Prinzipien uns lehren, die Schienenform. Verbindungsstücke oder Leitungen, welche biegsam sein sollen, werden aus Kupferkabeln hergestellt; die Kabel bestehen aus einer Anzahl von Drähten, welche zu einem Seil zusammengedreht werden, entweder blank oder mit einer Isolation umgeben, als isolierte Kabel in Verwendung kommen. Die elektrische Leitungsanlage ist einer der wesentlichsten und wichtigsten Teile einer galvanotechnischen Anlage. Von ihrer richtigen und fachgemäßen Dimensionierung und Form hängt zum großen Teil der wirtschaftliche Erfolg ab und müssen daher elektrische Leitungen nach bestimmten Gesichtspunkten ausgeführt werden. Im allgemeinen gelten die drei Punkte:

a) Sicherheit der Leitungsanlage gegen Feuersgefahr,
b) technische Brauchbarkeit der Leitungsanlage,
c) Dimensionierung der Leitung vom wirtschaftlichen Standpunkt aus.

Diese drei Punkte sind gleich wichtig, was zur Genüge erkennen läßt, daß die Montierung und Herstellung der elektrischen Leitungsanlage dem Fachmann zu überlassen ist. Selbstmontierte Leitungen, die nach eigenem Ermessen dimensioniert sind, werden vielleicht gerade noch dem ersten Punkt, der Feuersicherheit, entsprechen, die Punkte b) und c) werden aber zumeist unberücksichtigt oder doch zum mindesten mangelhaft in Rechnung gezogen worden sein. Was die Sicherheit einer Leitungsanlage betrifft, so besteht sie darin, daß die Leitung so hergestellt und dimensioniert sein muß, daß der fortzuleitende Strom das Leitungsmaterial nicht so stark erwärmen kann, daß dadurch benachbarte, feuergefährliche Gegenstände in Brand geraten können oder gar die Leitung selbst zum Abschmelzen käme. Zwecks größerer Sicherheit sind auch fachgemäß ausgeführte Leitungen für höhere Spannungen durch Bleischmelzsicherungen zu sichern, welche durch Abschmelzen eines Bleistreifens eine Unterbrechung der Leitung herbeiführen, wenn die Stromstärke größer geworden sein sollte, als es die Feuersicherheit einer Anlage erlaubt. Die Stelle, wo zwei Leitungsstücke aneinander geklemmt, also angestückt werden, nennt man Verbindungsstelle oder Kontakt. Auf guten Kontakt ist besonders zu achten, da durch jede unsaubere oder zu kleine Kontaktfläche ein neuer Widerstand in der Stromleitung entsteht (Übergangswiderstand oder Kontaktwiderstand), wodurch eine Erwärmung der Kontaktflächen herbeigeführt wird. Es ist Grundsatz, daß jeder Kontakt durch eine Auflagefläche von 1,5 bis 2 qmm pro fortzuleitendes Amper gesichert wird; man verlötet schwächere Drähte miteinander, stärkere Leitungen aus Kupferschienen hingegen verbindet man durch geeignete Schienenstücke, indem man die kleineren Unebenheiten und Zwischenräume zwischen den den Kontakt bildenden Schienenstücken durch Metallfolien ausfüllt und die Schienenstücke übereinander fest verschraubt. Ebenso hat die Verbindung von Leitungen und Schalt-, Meß- und Regulierapparaten stets durch feste Verschraubung oder gute Verlötung zu geschehen und soll die Kontaktfläche rund doppelt so groß sein als der Querschnitt der Leitung. Es darf sich die Kontaktstelle nicht stärker erwärmen als die übrige Leitung, so daß keine Lockerung in der Verbindung zweier Leitungsstücke möglich wird. Schwache Leitungen löte man nie mit Lötwasser, sondern nur mit Kolophonium oder einem ähnlichen Harz. Die Sicherheit der Leitungsanlage erfordert ferner eine gute isolierende Befestigung der Leitung an den Wänden oder Leitungsträgern und die Anbringung von Befestigungsklemmen, so daß eine gefahrbringende Durchbiegung der Leitung, wodurch eventuell ein Kurzschluß entstehen könnte, ausgeschlossen ist. Es sind mit Rücksicht auf diese Punkte, speziell auf Kontakte, die elektrischen Leitungen einer galvanotechnischen Anlage jährlich einmal auf Spannungsabfall zu untersuchen und sind Mißständen, wie Lockerung von Verbindungsstücken, schlechten Kontakten usf., abzuhelfen.

Die technische Brauchbarkeit einer Leitungsanlage ist bedingt durch die Größe des elektrischen Widerstandes der Leitung und den dadurch entstehenden Spannungsverlust in Volt, wenn ein Strom von bestimmter Stärke fortgeleitet werden soll. Wir brauchen in der Galvanotechnik an den Verbrauchsstellen nur Spannungen zwischen 4—10 Volt; liefert uns die Stromquelle eine bestimmte Spannung, so muß die Leitung so bemessen sein, daß durch die durch Leitung und Kontaktbildung entstehenden Spannungsverluste die Verringerung der Klemmenspannung nicht so groß wird, daß die übrigbleibende Spannung dem Zweck nicht mehr genügt.

Beispiel: Haben wir an einer Dynamomaschine 4 Volt Spannung, beträgt ferner der totale Spannungsverlust in der Leitung 1,5 Volt und brauchen wir an den Elektroplattierbädern eine Spannung von 3 Volt, so ist die Leitung technisch unrichtig dimensioniert, weil die übrigbleibende Spannung, das ist $4 - 1,5 = 2,5$, kleiner als der notwendige Wert geworden ist.

Der Spannungsverlust, der in einer Leitung vom Widerstande w auftritt, wenn eine Stromstärke i durch dieselbe fließt, ist nach dem Ohmschen Gesetz durch den Ausdruck gegeben

$$\xi = i \times w \text{ Volt},$$

wobei ξ der Spannungsverlust in Volt ist. Da sich der Widerstand w eines Leiters aus der Formel

$$w = \frac{l}{k \times q}$$

berechnen läßt, wenn wir l in m Länge der Leitung, q in qmm Querschnitt derselben ausdrücken und das Leitvermögen k für Kupfer bei gewöhnlicher Temperatur mit 55 annehmen, so wird der Spannungsverlust in Volt gefunden, wenn wir die angeführten Dimensionen der Leitung und die fortgeleitete Stromstärke im Amper einführen. Es ist dann

$$\xi = \frac{i \times l}{k \times q} \text{ Volt}.$$

Dieser Wert ist, wenn wir die einfache Entfernung der Stromquelle von der Verbrauchsstelle messen, noch mit 2 zu multiplizieren, um den gesamten, durch Hin- und Rückleitung verursachten Spannungsverlust zu erhalten.

Beispiel: Wir haben in einer Elektroplattieranlage eine Maschine im Betrieb, deren Klemmenspannung 4 Volt betrage. Wir versorgen mit dem Strom dieser

Maschine etwa ein Nickelbad, welches eine Stromstärke von 100 Amper benötigt. Dieses Bad ist 11 m von der Maschine entfernt und mit ihr durch eine Leitung verbunden, deren Querschnitt q = 100 qmm beträgt. Es errechnet sich aus diesen Angaben der Spannungsverlust mit

$$\xi = \frac{100 \times 11}{55 \times 100} = 0,2 \ \text{V}.$$

Somit tritt ein Gesamtspannungsverlust von 2 × 0,2 = 0,4 V ein. Es gehen also durch Stromleitung 0,4 V verloren und bleibt demnach für das Nickelbad am Ende der Leitung nur noch eine Spannung von 4 — 0,4 = 3,6 V.

Die elektrischen Leitungen für unsere Zwecke werden in der Regel so berechnet und dimensioniert, daß der Spannungsverlust in denselben 10% der Maschinenspannung nicht überschreitet.

Auf die verschiedenen Formen der anwendbaren elektrischen Leitungen und deren Berechnungsmethoden näher einzugehen, erachtet Verfasser für überflüssig. Dies ist Sache der installierenden Firma, welche den Umständen gemäß die geeignetste Form und Dimensionierung der Leitung vorzuschreiben hat.

Hand in Hand mit der technischen Brauchbarkeit einer elektrischen Leitungsanlage geht deren Bemessung vom wirtschaftlichen Standpunkt aus. Durch Stromleitung geht stets elektrische Energie verloren, und zwar berechnet sich dieser Verlust aus der Differenz der an der Stromquelle erzeugten und an den Verbrauchsstellen nutzbar abgegebenen Energie. Die Erzeugung von elektrischer Energie durch mechanische Kraft sowohl, wie aus chemischer Energie in den galvanischen Elementen ist mit mehr oder minder großem Kostenaufwand verbunden, je nach der Kraftquelle, die zum Betrieb verwendet wird. Es wird daher die Größe des Energieverlustes durch Stromleitung ein sehr wichtiger Faktor sein, mit dem ganz besonders gerechnet werden muß, da er gerade bei größeren Betrieben mit Dynamomaschinen die Wirtschaftlichkeit einer Anlage bedeutend beeinflussen würde.

Der Verlust an elektrischer Energie (man verwechsle nicht Spannungsabfall mit Energieverlust) stellt sich dar als das Produkt aus der durch die Leitung fließenden Stromstärke und der Größe des Spannungsverlustes, welcher in der Leitung auftritt. Wir drücken den Energieverlust in Watt aus, können sonach den stündlichen Verlust in Wattstunden angeben. Ist uns bekannt, was uns die Pferdekraftstunde (PSSt) des Betriebes kostet, so sind wir leicht imstande, die jährlichen Verluste durch Stromleitung zu berechnen, beziehungsweise die Leitung zu berechnen, wenn von einem nicht zu überschreitenden jährlichen Energieverlust durch Stromleitung ausgegangen wird.

Ist ξ_1 = Gesamtspannungsverlust in Volt,
    i = mittlere Betriebsstromstärke in Amper,
    t = Zeit des Betriebes in Stunden,
dann ist W^h = Wattverlust pro Stunde.

$$W^h = \xi_1 \times i \times t \ \text{Watt}.$$

Nehmen wir das Jahr mit 300 Arbeitstagen, den Arbeitstag mit 10 Arbeitsstunden an, ist ferner γ der Wirkungsgrad der Stromquelle, dann wird der jährliche Wattverlust w_j in PSSt ausgedrückt den Betrag erreichen:

$$w_j = \frac{\xi_1 \times i \times 300 \times 10 \times \gamma}{736} \ \text{PSSt}.$$

Beispiel: Wir hätten in einer Anlage eine Stromquelle mit einer Klemmenspannung von 4 V zur Verfügung, die uns durch eine Dynamomaschine dargestellt sei. Durch die Leitung entstehe ein Gesamtspannungsverlust ξ_1 = 0,4 V, es bleiben also 3,6 V für den Betrieb der Anlage übrig. Ist die mittlere Betriebsstromstärke 1000 A und ist der Wirkungsgrad der Maschine $\gamma = 0{,}78$, ferner die Entfernung der Stromquelle von den Bädern einfach gemessen 16,5 m, dann muß der Querschnitt nach früher Gesagtem

$$q = \frac{1000 \times 16{,}5}{55 \times 0{,}2} = 1500 \text{ qmm}$$

sein. Wir rechneten dabei 0,2 V Spannungsabfall, weil nur die einfache Entfernung der Stromquelle von den Bädern in Rechnung gezogen wurde. Es beträgt für unser Beispiel der jährliche Energieverlust in PSSt

$$w_J = \frac{0{,}4 \times 1000 \times 3000 \times 0{,}78}{736} = 1270 \text{ PSSt.}$$

Kostet die Pferdekraftstunde für den Betrieb der Kraftmaschine etwa 1 Mark, dann betragen die Kosten für diesen Energieverlust pro Jahr 1270 Mark. Nun soll nachfolgend gezeigt werden, welchen Einfluß eine zu schwach dimensionierte Leitung auf die Stromleitungsverluste ausübt. Es betrage wieder die Stromstärke 1000 A, der Betrieb erfordere abermals 3,6 V Spannung und auch der Wirkungsgrad der Maschine sei 0,78.

Nun aber sei die Leitung derartig dimensioniert, daß sie bloß einen Querschnitt von 800 qmm besitze, dann beträgt der Spannungsverlust bei gleichbleibender Entfernung (16,5 m)

$$\xi = \frac{1000 \times 16{,}5}{55 \times 800} = 0{,}376 \text{ V.}$$

Also für die ganze Stromleitung das Doppelte, das sind 0,752 V. Wir müssen dann auch schon eine größere Maschine haben, da wir die Annahme machten, daß wir auch hier wieder 3,6 V an den Bädern benötigen, und zwar muß die Spannung der Maschine bei der mittleren Betriebsstromstärke von 1000 A

$$3{,}6 + 0{,}752 = 4{,}35 \text{ V}$$

sein. Der jährliche Energieverlust in PSSt beträgt nun in diesem Fall, da $\xi_1 = 0{,}752$ geworden ist

$$w_J = \frac{0{,}752 \times 1000 \times 3000 \times 0{,}78}{736.} = 2400 \text{ PSSt.}$$

und die Kosten für diesen Verlust betragen 2400 Mark, also fast das Doppelte.

Man nennt das Verhältnis $\frac{i}{q}$, das ist die auf 1 qmm der Leitung entfallende Stromstärke, die Stromdichte pro qmm; es ist Regel, daß man keine größere Stromdichte als 1 A pro qmm für blanke Leitungen anwendet. Kabel können stärker belastet werden.

Wird eine bestehende Anlage vergrößert, indem weitere Bäder aufgestellt werden und daher zumeist auch wieder neue Stromquellen erforderlich sind, so muß stets durch einen Elektrotechniker die alte Leitung auf ihre weitere Verwendbarkeit untersucht, zumeist aber der Vergrößerung der ganzen Anlage entsprechend umgestaltet werden; anderenfalls treten die oben besprochenen Energieverluste auf, was einem unrationellen Arbeiten gleichkommt.

Regulieren des Stromes. Nicht immer, ja sogar nur selten, wird ein elektrischer Strom, wie ihn eine Stromquelle liefert, für den Zweck geeignet erscheinen, für den man ihn verwenden will. Speziell in der Elektroplattierung kommt es sehr darauf an, die Spannung des Stromes regulieren zu können oder dauernd auf einer bestimmten Höhe zu erhalten. Um dies leicht und schnell bewerkstelligen zu können, bedient man sich der Drahtwiderstände, auch Rheostate oder Stromregulatoren genannt. Die Rheostate ermöglichen es, durch eine einfache Drehung

des Hebels einen beliebigen Spannungsabfall hervorzurufen, so daß der Strom
diejenigen Größen besitzt, die für den gewünschten Zweck am geeignetsten sind.
Ein Stromregulator hat also, allgemein gesprochen, den Zweck, die Stromspannung
in einem Stromkreis zu regulieren. Das Konstruktionsprinzip eines Strom-
regulators wird leicht verständlich werden, wenn wir uns der Bedingungen erinnern, unter denen ein Strom von bestimmter Stromstärke einen mehr oder
minder großen Spannungsabfall in einer Leitung verursacht. Haben wir eine

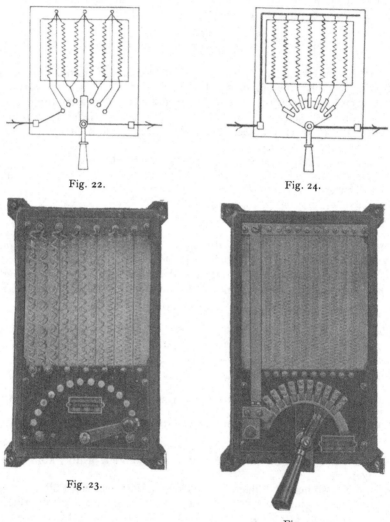

Fig. 22.   Fig. 24.

Fig. 23.

Fig. 25.

Drahtspirale, welche dem Durchfließen des Stromes den Widerstand 1 entgegensetzt, hat also eine bestimmte Stromstärke beim Durchfließen dieser Spirale den
Spannungsabfall 1 erzeugt, so wird, wenn wir zwei solcher Spiralen hintereinanderschalten, der Widerstand doppelt so groß geworden sein, nämlich 2; der Spannungsabfall hat sich also ebenfalls verdoppelt. Auf diesem Prinzip der Änderung des
Spannungsabfalles durch Drahtwiderstände beruht die Konstruktion der Stromregulatoren.

Auf einem Rahmen aus Eisen sind isoliert Drahtspiralen befestigt, welche,
wie Figur 22 und 23 zeigen, auf der einen Seite in Kontaktknöpfe endigen, be-

ziehungsweise durch Kupferdrähte mit diesen in Verbindung stehen. Ein Kontakthebel schleift über diese Knöpfe und schaltet, immer von links nach rechts nach
und nach neue Drahtspiralen ein, wodurch ein immer größerer Abfall der Spannung
erzielt wird.

Da eine größere Stromstärke einen größeren Abfall an Spannung in einer
solchen Drahtspirale hervorruft als eine kleinere, so ist es klar, daß man für größere
Stromstärken weniger Spiralen einschalten wird, um einen gewünschten Spannungsabfall zu erzielen als bei kleinen Stromstärken. Wir erreichen bei der eben besprochenen Konstruktion eine Änderung des Spannungsabfalles durch Veränderung
der Anzahl der Widerstandsspiralen. Für große Stromstärken ist diese Art der
Konstruktion unpraktisch, weil man zu große Drahtquerschnitte und damit auch
sehr umfangreiche Rheostate erhielte. Man wendet für diesen Zweck die Parallelschaltung der einzelnen Spiralen an. Es wird damit die Widerstandsänderung
und damit die Änderung des Spannungsabfalles durch Variation des Gesamt-
leitungsquerschnittes im Rheostat erzielt. Durch die sukzessive Einschaltung der
Spiralen wird der Leitungsquerschnitt stetig vergrößert, damit sinkt aber auch
der Widerstand und bei gleichbleibender Stromstärke der Spannungsabfall.
Während wir in Figur 22 und 23 einen größeren Spannungsabfall dadurch erzielten, daß wir mehr Drahtspiralen hintereinander einschalteten, wird bei den
in Figur 24 und 25 gezeichneten Rheostaten durch Parallelschaltung mehrerer
Spiralen der Spannungsabfall vermindert, indem wir den Kontakthebel nach
und nach mit den Spiralen verbinden.

Die elektrische Energie, die durch die Rheostate vernichtet wird, äußert
sich in einer Erwärmung der Spiralen, die aus diesem Grunde so dimensioniert
sein müssen, daß die Erwärmung der Drähte eine bestimmte Temperatur nicht
überschreitet. Für gewöhnlich nimmt man als äußerste Grenze der Erwärmung
120° C an. Auf jedem Stromregulator muß die
Stromstärke angegeben sein, welche maximal durch
die Drahtspiralen geschickt werden darf. Größere
Stromstärken können die Drahtspiralen zum Ab-

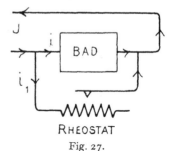

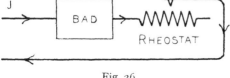

Fig. 26.   Fig. 27.

schmelzen bringen, wodurch selbstredend der Regulator unbrauchbar wird.

Die Rheostate können in zweifacher Weise in einen Stromkreis eingeschaltet
werden je nach der Aufgabe, die sie zu erfüllen haben. Man schaltet sie entweder
nach dem Schema der Serien- oder Hintereinanderschaltung (Fig. 26) oder nach
dem Schema der Parallelschaltung (Fig. 27) ein.

Im ersten Falle (Fig. 26) hat der Rheostat die Aufgabe, die Spannung zu vermindern oder an der Verbrauchsstelle eine bestimmte Höhe der Spannung
konstant zu erhalten, indem er der Verbrauchsstelle vorgeschaltet ist; es geht die
gleiche Stromstärke durch den Rheostat wie durch die Verbrauchsstelle selbst.
Im zweiten Falle (Fig. 27) obliegt ihm nach dem Gesetz der Stromverteilung nach
Maßgabe der Größe seines Widerstandes die Anteilnahme an der Stromleitung,
es wird eine bestimmte, dem Widerstand des Rheostaten entsprechende Stromstärke i_1 durch denselben fließen, während der andere Teil des Gesamtstromes J,
das ist der Zweigstrom i, durch die Verbrauchsstelle selbst fließt (siehe Kapitel
Stromverteilung). Es ist selbstverständlich

$$i + i_1 = J.$$

Man achte stets darauf, daß die Kontaktstellen der Stromregulatoren metallisch blank bleiben, damit nicht Übergangswiderstände entstehen. Aus dem Vorhergehenden ist ersichtlich, daß für jeden bestimmten Zweck ein bestimmter Stromregulator gebraucht wird, dessen Berechnung jeweilig nach der ihm zufallenden Aufgabe zu erfolgen hat.

Die Berechnung der Badstromregulatoren, welche nach Vorgesagtem vor jedes einzelne Bad geschaltet werden müssen, ist durchaus keine nebensächliche Arbeit, sie muß vielmehr jeweils ganz genau erfolgen, wenn man auf die Wirtschaftlichkeit seiner Anlage Wert legt. Dies ist natürlich Sache des Fachmannes. Besonders wichtig ist diese Art der Vorausbestimmung des geeigneten Vorschaltewiderstandes, wenn man direkt den Strom einer Stadt-Zentrale für den Betrieb einzelner Bäder verwenden will, wo es sich also darum handelt, die Netzspannung von 110 oder 220 Volt Gleichstrom bis auf die für den Betrieb der betreffenden galvanischen Bäder notwendige Badspannung herabzudrosseln. Wird z. B. für ein galvanisches Bad 3 Volt Badspannung verlangt und ist die Netzspannung 110 Volt, so muß der Vorschaltewiderstand 107 Volt aufnehmen. Der Widerstand, den der Vorschaltewiderstand aufweisen muß, richtet sich dann nicht nur nach der maximal durch den Regulator hindurchzuschickenden Stromstärke, sondern vor allem nach der Minimalstromstärke, die man in dem betreffenden Bade anwenden will. Der Maximalwiderstand, den so ein Regulatorwiderstand aufzuweisen hat, wird bestimmt durch die Größe

$$W_{max} = \frac{e \; max}{i \; min} \; Ohm.$$

Beispiel: An eine 110 Volt-Leitung soll ein Goldbad angeschlossen werden, welches maximal 1 Amp. erfordert. Die ausgerechnete Minimalstromstärke wird voraussichtlich 0,05 Amp. betragen, wie groß muß der Widerstand dieses Vorschaltewiderstandes sein? Badspannung 3 Volt.

$$W_{max} = \frac{107}{0.05} = 2140 \; Ohm.$$

Man besorge demnach für diese Zwecke einen Widerstand, welcher mindestens 2140 Ohm besitzt, aber eine maximale Strombelastung von 1 Amp. zuläßt.

Stromquellen.

Ein elektrischer Strom kann auf die verschiedenste Art und Weise erzeugt werden, und zwar dadurch, daß wir irgend eine Energieform in elektrische Energie überführen. Die auf der Erde vorkommenden Erscheinungen werden in fünf Energieformen eingeteilt; diese sind:

mechanische Energie,
chemische Energie,
Wärme-Energie,
strahlende Energie,
elektrische Energie.

Jede einzelne dieser Energieformen läßt sich auf geeignete Weise in eine jede der anderen Energieformen umwandeln. Theoretisch geht nichts an Energie verloren, die bei Umwandlungen entstehenden neuen Energieformen sind in der Summe ihrer Werte dem Wert der angewandten Energieform gleich, was in dem Satz von der Erhaltung der Energie bereits früher an einem Beispiel erörtert worden ist.

Verwandeln wir chemische Energie in elektrische, so wird von letzterer stets eine bestimmte Menge erzeugt, während nebenbei auch andere Energieformen meist in nicht unbeträchtlicher Menge auftreten. Ebenso ist es der Fall bei Umwandlung von mechanischer in elektrische Energie. Von der Größe der nutzbar erzeugten elektrischen Energie aus einer der anderen Energieformen hängt die praktische Verwendbarkeit eines solchen Umwandlungsprozesses ab; man spricht von einem Wirkungsgrad, beziehungsweise Nutzeffekt und versteht darunter das Verhältnis der erzeugten elektrischen Energie zur Menge der aufgewandten Energie einer beliebigen anderen Energieform, die durch den Prozeß umgewandelt wird.

Wir wissen aus Versuchen und Berechnungen, daß 736 Watt, das sind 736 Voltamper elektrischer Energie, theoretisch gleich einer mechanischen Pferdekraft (PS) sind. Haben wir z. B. fünf mechanische PS aufgebraucht, um vier elektrische PS nutzbar zu erhalten, so ist der Wirkungsgrad dieser Umwandlung

$$\gamma = \frac{4}{5} = 0.8,$$

der Nutzeffekt 80% vom Gesamteffekt. Die älteste Methode, elektrische Energie zu erzeugen, bestand in der Umwandlung der chemischen Energie in elektrische. Den Apparat, in dem diese Umwandlung vollzogen wird, nennt man ein galvanisches Element oder eine elektrische Kette. Eine Anzahl solcher, in bestimmter Art und Weise miteinander verbundener, galvanischer Elemente nennt man eine Batterie. Da man wußte, wie gering der auf diese Weise erzielte elektrische Nutzeffekt ist, war man bestrebt, eine andere, rationellere Methode zur Erzeugung elektrischer Ströme ausfindig zu machen.

Im Jahre 1822 machte Seebeck, ein deutscher Physiker, die Entdeckung, daß ein konstanter elektrischer Strom dann entsteht, wenn man die Lötstellen zweier verschiedener Metalle erhitzt; die dadurch erzeugte EMK ist angenähert der Temperaturzunahme proportional. Den Apparat, der uns diese Stromerzeugung möglich macht, nennt man eine Thermokette oder Thermoelement; verbindet man mehrere solcher Thermoelemente hintereinander, so entsteht die Thermosäule. Die so erzeugte Strommenge ist für größere Betriebe noch nicht praktisch verwendbar, da die auf diese Weise erzeugte elektrische Energie noch zu kostspielig ist, die Thermosäulen außerdem durch die große Wärme, die ihnen zugeführt werden muß, bald reparaturbedürftig werden. Für kleinere Arbeiten, wie in Versuchsanstalten, Laboratorien u. ä., sind die Thermosäulen jedoch immerhin empfehlenswert, da sie rasch betriebsfähig sind, indem das Aufdrehen eines Gashahnes genügt, um die Thermosäulen in Funktion zu setzen.

Die wichtigste und jetzt allgemein gebräuchliche Erzeugung elektrischer Ströme beruht aber auf der Umwandlung mechanischer Energie in elektrische. Die Umwandlung wird durch Dynamomaschinen bewirkt, wodurch wir Ströme von beliebiger Stärke und Spannung erzeugen können. Die Erklärung der Wirkungsweise und die Konstruktionsprinzipien der Dynamomaschinen sind im Kapitel „Die Dynamomaschinen" ausführlich angegeben.

Galvanische Elemente. Die erste Vorrichtung, elektrische Ströme aus den Einwirkungen chemischer Substanzen aufeinander zu erzielen, wurde durch Volta im Jahre 1800 erfunden. Er tauchte in ein Glasgefäß, das mit verdünnter Schwefelsäure gefüllt war, je eine Kupfer- und eine Zinkplatte und nannte diese Anordnung „Becherelemente", welche Anordnung ihm für kurze Zeit einen ziemlich kräftigen elektrischen Strom lieferte. Er vergrößerte die Wirkung dadurch, daß er mehrere solcher Elemente derartig miteinander verband, daß er die Kupferplatte des einen Elementes mit der Zinkplatte des nächsten und so fort in Kontakt brachte.

Auf diese Weise wird die Wirkung der einzelnen Elemente summiert; die beiden übrigbleibenden Platten, nämlich einerseits die äußerste Kupferplatte, anderseits die äußerste Zinkplatte, nannte er Pole, ähnlich wie die beiden Enden eines Magneten, wo bekanntlich die Wirkung am stärksten ist. Bekannter als das Voltasche Becherelement ist die nach seinem Erfinder benannte Voltasche Säule.

Diese in Fig. 28 abgebildete Stromquelle kann man sich dadurch herstellen, daß man auf eine Holzgrundplatte säulenförmig die Bestandteile des früher erwähnten Voltaschen Elementes aufbaut; zu unterst liegt eine mit einem angelöteten Kupferdraht versehene Kupferplatte, welche einen tassenförmig umgebogenen Rand besitzt und den + Pol der Säule bildet. Zwischen diese Kupferplatte und die im Voltaschen Element angewandte Zinkplatte kommt ein

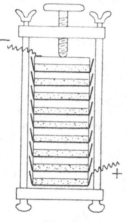

in verdünnter Schwefelsäure getränktes Stück Tuch. So hätten wir das erste Element unserer Säule aufgebaut: man setzt nun wiederholt solche Elemente übereinander, so daß schließlich die oberste Zinkplatte den — Pol der Säule darstellt. Drei Glasstangen geben den einzelnen Metallplatten festen Halt, während durch geeignete Verschraubung von oben die Platten aufeinander gepreßt werden. Dieses, sowie andere Elemente, welche bald darauf von anderen Forschern zusammengestellt wurden, hatten den großen Nachteil, daß sie sich sehr bald erschöpften, das heißt, sie gaben nach kurzem Gebrauch fast keinen oder nur mehr sehr schwachen Strom. Man war daher bemüht, diese „inkonstanten" Elemente zu verbessern und versuchte „konstante" Elemente zu konstruieren, von denen man verlangte, daß sie durch längere Zeit einen gleichbleibenden starken Strom abgeben sollten.

Fig. 28.

Ein galvanisches Element ist als konstant zu betrachten, wenn der durch die Funktion des Elementes am + Pol auftretende Wasserstoff durch geeignete Mittel (Depolarisationsmittel) weggeschafft wird. Um den schädlichen Einfluß des Wasserstoffes, der die rasche Abnahme der Wirkung des Elementes verursacht, zu verstehen, wollen wir einmal die Vorgänge im Voltaschen Becherelement, welches als inkonstant zu bezeichnen ist, untersuchen. Figur 29 stellt uns ein solches dar. Wie der elektrische Strom darin entsteht, wissen wir bereits: er fließt durch den äußeren Stromkreis vom Kupfer zum Zink, im Inneren des Elementes vom elektropositiveren Zink nach dem elektronegativeren Kupfer.

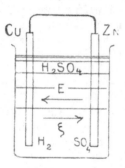

Fig. 29.

In diesem ganzen Stromkreis ist das Element die treibende Maschine, welche den elektrischen Strom ähnlich wie eine Pumpe das Wasser durch den ganzen Stromkreis treibt. Wie uns ein späteres Kapitel zeigen wird, das die chemischen Wirkungen des elektrischen Stromes behandelt, zersetzt der elektrische Strom beim Durchgang durch Lösungen diese in ihre Bestandteile, so hier im Voltaschen Becherelement die Schwefelsäure in ihre Bestandteile H_2 (Wasserstoff) und SO_4 (Schwefelsäurerest), und zwar entsteht H_2 an der Kupferplatte, SO_4 an der Zinkplatte. Nachfolgendes Schema zeigt diese Zersetzung:

Stromrichtung

Cu | ← — H_2 | SO_4 — → | Zn

Kupfer   Wasserstoff   Schwefelsäure   Zink

SO_4 aber wirkt auf das Zink ein unter Bildung von schwefelsaurem Zink (Zinkvitriol) und an der Kupferplatte entweicht der Wasserstoff in Gasform. Welche Wirkung der so entstehende gasförmige H_2 ausübt, sei in einer Versuchsbeobachtung dargestellt. Verbinden wir die Pole des Voltaschen Becherelementes mit einem Voltmesser, so wird uns letzterer, vorausgesetzt daß seine Windungen einen großen Widerstand besitzen, eine bestimmte Spannung, etwa 0,8 V anzeigen, welche Spannung lange Zeit hindurch konstant bleibt. Verbinden wir hingegen die' beiden Pole des Elementes durch einen kleineren Widerstand, so werden wir an dem noch in derselben Weise angeschlossenen Voltmesser eine viel kleinere Spannung und ein rasches Fallen dieser Spannung wahrnehmen, gleichzeitig eine starke Gasentwicklung an den Polen des Elementes beobachten. Die Erklärung dieser Tatsache gibt uns die elektrische Spannungsreihe; Zink ist elektropositiv zu Kupfer, daher fließt, wie Figur 29 zeigt, ein Strom der EKM E vom Zink zum Kupfer; der an der Kupferplatte auftretende H_2 aber ist elektropositiv zu dem an der Zinkplatte sich bildenden SO_4, dadurch entsteht ein Strom der elektromotorischen Kraft ξ, welche der elektromotorischen Kraft E selbst entgegenwirkt; dieser letztere Strom heißt Polarisationsstrom, die Erscheinung Polarisation. Es fließt daher durch den Stromkreis nur mehr der der Differenz der EMK E und ξ entsprechende Strom. Es ist für die Konstruktion eines konstanten Elementes Bedingung, das Auftreten des Polarisationsstromes tunlichst zu verhindern, was man dadurch erreicht, daß man den an dem $+$ Pol auftretenden H_2 in seinem Entstehungszustand wegschafft, ihn in zweckdienlicher Weise unschädlich macht. In den konstanten Elementen geschieht dies durch sogenannte Depolarisatoren, das sind zumeist Flüssigkeiten, welche chemisch den H_2 binden, oder man schafft den H_2 auch durch physikalische Mittel weg wie schwammförmiges Platin oder Kohle. Wie die einzelnen Forscher diese Aufgabe lösten, werden wir bei den verschiedenen Elementen, die stets nach ihrem Erfinder benannt werden, sehen. Von den unzähligen, mehr oder minder guten Konstruktionen seien das Smee-, Daniell- und Bunsen-Element erwähnt. Die ganze Reihe der anderen Konstruktionen der galvanischen Elemente in einem Buch über Elektroplattierung anzuführen, hält Verfasser für nicht angezeigt, da sie für den Elektroplattierer von keinerlei Interesse sind.

Das Daniell-Element. Das erste brauchbare und bis in die Jetztzeit verwendete konstante Element wurde im Jahre 1838 von Daniell konstruiert. Daniell machte den an der $+$ Platte auftretenden H_2 dadurch unschädlich, daß er die $+$ Platte in eine Lösung von Kupfervitriol tauchte, aus der der H_2 bei seiner Entstehung das darin enthaltende Kupfer nach nachstehender Gleichung ausfällt:

$$CuSO_4 \ + \ H_2 \ = \ H_2SO_4 \ + \ Cu$$
Kupfersulfat　　Wasserstoff　　Schwefelsäure　　Kupfer

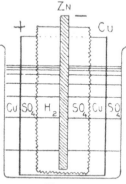

Fig. 30.

Das Kupfer schlägt sich an der als $+$ Platte verwendeten Kupferplatte nieder, somit ist die Polarisation verhindert, die Kupfervitriollösung ist also die Depolarisationsflüssigkeit. Daniell umgab das Zink, das er als $-$ Pol benutzte, mit verdünnter Schwefelsäure und mußte daher die beiden Flüssigkeiten räumlich voneinander trennen, jedoch derart, daß die Stromzirkulation nicht verhindert wird. Zu diesem Zweck verwendete Daniell eine poröse Tonzelle, in welche, wie Figur 30 zeigt, das Zink mit der dasselbe umgebenden Schwefelsäure gebracht wird, während in dem Raum zwischen dem äußeren Glasgefäß und der Tonzelle ein zylinderförmig gebogenes Kupferblech, das in eine Lösung von Kupfervitriol taucht, untergebracht ist. Der chemische Vorgang, der sich bei der Betätigung des Elementes in demselben abspielt, ist aus folgendem Schema ersichtlich:

$$CuSO_4 + H_2 = Cu \ + \ H_2SO_4 \qquad Zn + SO_4 \qquad = ZnSO_4$$
Kupfersulfat　Wasserstoff　Kupfer　Schwefelsäure　　　　Zink　　Schwefelsäurerest　　Zinksulfat

Der an der Kupferplatte entstehende Wasserstoff geht mit der Kupfervitriollösung die oben erwähnte Umsetzung ein, während der Schwefelsäurerest
gegen das Zink wandert und dort Zinkvitriol bildet. Diese chemischen Reaktionen
entsprechen einer elektromotorischen Kraft von 1,1 V, welche als die EMK des
Daniell-Elementes bezeichnet wird. Lassen wir dieses Element länger im Betrieb,
so wird sich, wie aus den chemischen Gleichungen ersichtlich ist, durch die Stromwirkung des Elementes nach und nach die Zinkplatte auflösen, die Kupferplatte
hingegen wird stetig durch das ausgeschiedene Kupfer stärker werden, wodurch
die Kupfervitriollösung an Kupfer verarmt. Ist die Verarmung der Kupfervitriollösung einmal so weit vorgeschritten, daß der an der + Platte entstehende H_2
nur mehr sehr wenig Kupfersulfatmoleküle an der + Platte vorfindet, so wird
ein Teil davon gasförmig entweichen, man sagt dann, das Element wird inkonstant,
da der Depolarisator nur mehr ungenügende Wirkung ausübt. Man kann in diesem
Fall den ursprünglichen Zustand leicht wieder dadurch herbeiführen, daß man
die Kupfervitriollösungen mit festem Kupfervitriol nachsättigt, die Lösung aus
der Tonzelle entfernt und durch neue Schwefelsäure ersetzt.

Das Smee-Element. Der von Daniell eingeschlagene Weg wurde bald
auch von anderen Forschern betreten; eine Neuerung auf dem Gebiete der konstanten Elemente brachte Smee im Jahre 1840, indem er den H_2 an der + Pol-
platte durch schwammförmiges Platin, das als Platinmoor bekannt ist, entfernte.
Eine mit diesem Platinmoor überzogene Platin- oder der Ersparnis wegen auch
Silberplatte hat die Fähigkeit, den Wasserstoff abzustoßen, wodurch eine Art
Depolarisation hervorgerufen wird. Das Element besteht ähnlich wie das Becherelement von Volta aus einer in verdünnte Schwefelsäure tauchenden Zinkplatte
als — Pol und der platinierten Silberplatte, die den + Pol des Elementes bildet.
Wegen der geringen depolarisierenden Wirkung des Platinmoores ist es angezeigt,
dem Smee-Element nur schwache Ströme zu entnehmen, wobei dann dieses als konstantes Element anzusehen ist und recht gute Dienste leistet. Wegen der höheren
Anschaffungskosten aber ist das Smee-Element ganz verdrängt worden, so daß
es nur noch vereinzelt und dann nur für kleinen Strombedarf Anwendung findet.

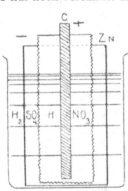

Fig. 31.

Das Bunsen-Element. Das gebräuchlichste und am meisten ver-
breitete ist das wegen seiner großen
Leistungsfähigkeit und Konstanz
beliebte Bunsen-Element (Fig. 31
u. 32). Bunsen verwendete an Stelle
des Platins eine eigens präparierte
poröse Kohle (Gaskohle), welche
ähnlich wie das Platin den Wasserstoff von der Oberfläche wegschafft.
Außer dieser an und für sich schon
ziemlich depolarisierenden Wirkung
verwendete aber Bunsen noch eine
separate Depolarisationsflüssigkeit,
mit der er die + Platte, die Kohle

Fig. 32.

umgab und so ein äußerst kräftiges Element schuf. Zur Depolarisation verwendete Bunsen die Salpetersäure, welche durch den H_2 größtenteils in Stickstoffoxyd umgesetzt, der Wasserstoff dabei zu Wasser oxydiert wird; der
sich hierbei abspielende chemische Vorgang ist folgender:

$$3\,H_2 \quad + \quad 2\,HNO_3 \quad = \quad 2\,NO \quad + \quad 4\,H_2O$$
Wasserstoff   Salpetersäure   Stickstoffoxyd   Wasser

Das Stickstoffoxyd verbindet sich mit dem Sauerstoff der Luft zu Stickstoffperoxyd, welches sich in Form brauner, stechender Dämpfe unangenehm
bemerkbar macht.

Das Zink in Form eines Zylinders ist der — Pol und taucht in verdünnte Schwefelsäure; die Kohle in Prismaform bildet den + Pol und ist mit der Depolarisationsflüssigkeit, der Salpetersäure, umgeben. Es tritt somit wieder die Notwendigkeit zutage, durch eine poröse Zelle (Diaphragma) die Mischung der beiden Flüssigkeiten zu verhindern, wodurch wieder zwei voneinander getrennte Räume entstehen.

Das Auflösen des Zinkes im stromlosen Zustand sowie die Mehrauflösung des Zinkes bei Stromwirkung, als der theoretischen Menge entspricht (Lokalaktion), hat man zu verhindern gewußt, indem man die Zinkelektroden mit Quecksilber amalgamiert, d. h. sie mit einer dünnen Quecksilberschicht überzieht und außerdem noch der Erregerflüssigkeit für das Zink, der verdünnten Schwefelsäure, eine Quecksilberpräparatlösung zusetzt, wodurch stets Quecksilber auf der Zinkelektrode ausgeschieden und diese vor unnötiger Abnützung geschont wird.

Das Bunsen-Element liefert eine EMK von 1,8 bis 1,9 V und ist, wie schon gesagt, das für unsere Industrie bestgeeignete galvanische Element.

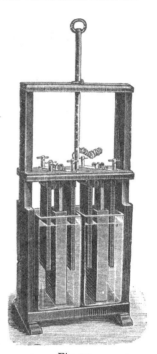

Es ist nicht zu leugnen, daß die braunen stechenden Stickstoffperoxyddämpfe, welche die Bunsen-Elemente entwickeln, sowohl für den Menschen als auch für Maschinen und alle Metallgegenstände schädlich sind. Diesem Übelstand begegnet man aber dadurch, daß man diese Elemente in einem abgeschlossenen Raum unter einem gut ziehenden Kamin unterbringt, so daß die Dämpfe in das Freie abgeleitet werden und nicht belästigen können.

Ist man mangels eines geeigneten Raumes zur Unterbringung der Bunsen-Elemente gezwungen, die Batterie im Arbeitsraum oder in einem Wohnraum aufzustellen, so bedient man sich mit Vorteil der Bunsen-Tauchbatterie.

Die Bunsen-Tauchbatterie (Figur 33) besteht aus einer Anzahl von Elementen nach dem Bunsenschen Prinzip aus Kohle und Zink, aber beide in Plattenform; die Zinkelektrode als — Pol taucht in eine mit verdünnter Schwefelsäure gefüllte poröse Zelle; diese steht zwischen zwei Kohlenplatten, die den + Pol bilden

Fig. 33.

und mit Chromsäure als Depolarisationsflüssigkeit umgeben sind. Nach Dupré verwendet man anstatt flüssiger Chromsäure vorteilhaft eine Mischung von

      600 Tl. Wasser,
      400 „ konz. Schwefelsäure 66° Bé,
      500 „ Natronsalpeter,
      60 „ doppeltchromsaures Kali.

Auch das Chromeisenpulver nach Langbein, welches mit konz. Schwefelsäure behandelt wird, die Lösung hierauf vorsichtig mit Wasser verdünnt, bietet eine vorzügliche Füllung im Diaphragma. Durch eine passend angebrachte Hebevorrichtung, sei es durch ein Schraubengewinde oder einen geeigneten Schnurzug, ist man imstande, sämtliche Platten auf einmal aus der Flüssigkeit zu heben oder sie mehr oder minder tief einzutauchen, je nachdem es die Umstände erfordern.

Dadurch, daß sämtliche Elemente auf einer gemeinsamen Holzplatte montiert, auf deren oberer Fläche Polklemmen angebracht sind, ist sowohl eine Schaltung der Elemente (über die uns das nachfolgende Kapitel Aufschluß gibt) leicht ausführbar, als auch ein Ansetzen von Metallsalzen oder Zerstören der Klemmen, wie es bei anderen Elementen störend auftritt, vermieden; gleichzeitig können wir durch geringeres oder tieferes Einsenken der Elemente in die Erregerflüssigkeiten den inneren Widerstand der Batterie beliebig variieren; Bunsens Tauchbatterie gestattet uns also, die Stromverhältnisse den Anforderungen entsprechend zu regulieren, wie es mit anderen Elementen nicht so leicht ausführbar ist.

Auch die Stromleistung der Bunsen-Tauchbatterie ist nicht minder als jene der mit Salpetersäure gefüllten Bunsen-Elemente gleicher Größe, nur die Wirkungsdauer und Konstanz ist bei diesen anhaltender als bei jenen, was aber durch Verstärken oder öfteres Erneuern der Erregerflüssigkeiten ausgeglichen werden kann.

Kupron-Element. Das ursprünglich von Lallande erfundene Kupferoxyd-Element wurde von **Umbreit und Matthes** verbessert und besteht aus den positiven Kupferoxyd-Platten und den negativen Zinkplatten. Als Füllung wird 20%-ige Ätznatronlauge verwendet. Der elektrochemische Vorgang bei der Stromentwicklung läßt sich durch folgendes Schema erklären:

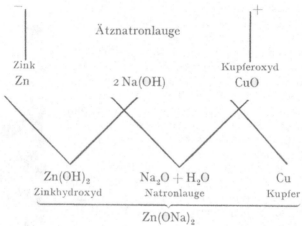

Ätznatronlauge

Zink   Kupferoxyd
Zn   2 Na(OH)   CuO

Zn(OH)$_2$ Na$_2$O + H$_2$O   Cu
Zinkhydroxyd   Natronlauge   Kupfer

Zn(ONa)$_2$
durch Umsetzung erhaltenes Zinkoxydnatron.

In Figur 34 ist ein solches Kupron-Element zur Abbildung gebracht und kann man schon aus dieser erkennen, daß diese Elemente sehr kompendiös sind.

Durch die Tätigkeit des Elementes bei der Stromentwicklung werden also einerseits die Zinkelektroden gelöst, anderseits die Kupferoxydplatten reduziert. Es wird hierbei eine elektromotorische Kraft von 0,8 Volt entwickelt, und da die Elemente kein Diaphragma besitzen, und die planparallelen Platten ähnlich wie die Akkumulatorenplatten eng aneinanderstehen und nur durch eine sehr gut leitende Elektrolytschicht getrennt sind, kann man, ohne die Klemmenspannung der Elemente besonders herabzudrücken, recht bedeutende Ströme aus relativ kleinen Elementen auf längere Zeit herausholen.

Fig. 34.

Hat sich das Element erschöpft, dann wird die Lösung durch frische Ätznatronlösung ersetzt und die reduzierten Kupferoxydplatten sind neu zu oxydieren. Alles Nähere ist aus nachstehender Betriebsvorschrift ersichtlich.

Diese Elemente werden in 4 Größen I—IV in den Handel gebracht und wie folgt behandelt:

a) Füllung 1. Die Kupron-Elemente erhalten zur Füllung folgende Mengen

Ätznatron:
Nr. I	II	III	IV
0,2	0,4	0,8	1,6 kg

. Das Ätznatron muß außerdem 1%

unterschwefligsaures Natron enthalten, um die Zinkplatten vor ungleichmäßiger

Abnutzung zu schützen und das Absetzen harter Krusten auf dem Boden der Glasgefäße zu verhindern.

2. Die Auflösung des Ätznatrons kann sowohl in einem größeren Gefäße für mehrere Elemente gemeinsam als auch in jedem Elementglas direkt erfolgen.

Beim Auflösen des Ätznatrons in den Glasgefäßen müssen die letzteren vorher $3/4$ mit Wasser gefüllt sein und die Lösung beständig mit einem Holz- oder Glasstabe gerührt werden, bis sämtliches Natron gelöst ist. Dann hebt man die Elementsysteme in die Lösung und gießt evtl. bei jedem Elemènte so viel Wasser nach, daß die Lösung 3 bis 5 mm über allen Platten steht.

Beim Auflösen des Ätznatrons in einem größeren Gefäße für mehrere Elemente gleichzeitig nimmt man pro Element $\dfrac{\text{Nr. I \quad II \quad III \quad IV}}{3/4 \quad 1\,1/2 \quad 3\,1/2 \quad 6 \text{ Liter Wasser}}$ und verteilt die erkaltete Lösung gleichmäßig in alle Glasgefäße. Es muß auch hierbei noch Wasser nachgefüllt werden, so daß die Lösung 3 bis 5 mm über allen Platten steht.

Beim Arbeiten mit Ätznatronlauge etc. ist Vorsicht nötig, da dieselbe die Farbe der Kleider und Fußböden angreift.

Als „Wasser" kann jedes reine verwendet werden, beim „harten" Wasser scheiden sich nach dem Erkalten Flocken aus, welche mit der Zeit zu Boden sinken und vollständig unschädlich sind.

3. Zum Schutze gegen schädigende Einflüsse der Kohlensäure der Luft gießt man auf die Lösung jedes Elementes noch eine 5 bis 8 mm hohe Schicht helles Vaselinöl. Auch Petroleum dient diesem Zwecke, nur verdampft dieses mit der Zeit und muß danach erneuert werden.

4. Beim Kauf von Ätznatron verlange man „hochgrädiges", denn nur dieses ist befähigt, eine gute Stromerzeugung zu sichern.

b) Kupferplatten. 5. Die schwarzen Kupferoxydplatten werden durch die Entladung zu roten Kupferplatten reduziert. Man erkennt sonach schon an der Farbe der Platten, wenn die Entladung beendet und eine Wiederholung (Regeneration) nötig ist. Zu letzterem Zwecke schraubt man die Kupferplatten vorsichtig (denn sie sind durch die Entladung etwas weicher geworden) aus den Systemen, wickelt sie zusammen in Papier und legt das Paket einige Tage an einen trockenen, warmen Ort. Durch eine Temperatur von 100 bis 150°, wie z. B. im Kochofen, läßt sich die Oxydation schon in einigen Stunden erzielen.

6. Wenn die entladenen Kupferplatten längere Zeit in mit Zink gesättigter Lauge gestanden haben, füllen sich die Hohlräume derselben (Poren) oft mit einer weißen Masse (Zinkoxyd), welche einer guten Oxydation hinderlich ist.

In diesem Falle legt man die Platten vor der Oxydation einige Stunden in frische Natronlösung und oxydiert erst dann (die Lösung kann dann zur nächsten Füllung benutzt werden).

7. Wenn der Betrieb eine Unterbrechung von einigen Tagen nicht gestattet, ist es ratsam, einen Satz Reserveoxydplatten anzuschaffen. Während der eine Satz entladen wird, hat der andere genügend Zeit, gut zu oxydieren.

8. Geben frisch gefüllte Elemente nicht sofort Strom, so sind schlechte Kontakte oder Überoxydation der Kupferoxydplatten die Ursache. Zur Beseitigung der Überoxydation schließt man die Batterie durch direkte Verbindung der Endpole mit einem Metalldraht einige Minuten kurz.

c) Zinkplatten. 9. Die Zinkplatten sind von der Fabrik aus amalgamiert und hält sich das Quecksilber zum größten Teil auf der Platte, bis sie verbraucht ist. Es ist daher eine nochmalige Amalgamierung bei Wiederfüllung nicht nötig. Ebenso ist eine besondere Reinigung nur dann angebracht, wenn die Zinkplatten infolge weitgehender Ausnutzung der Lauge mit harten Kristallen belegt sind.

d) Verschiedenes. 10. Beim Zusammensetzen der Elemente ist streng darauf zu achten, daß alle Platten gut parallel zueinander stehen und sonach eine Berührung (innerer Schluß) vermieden wird. Auch ist streng darauf zu achten, daß alle Schrauben und Verbindungen gut angezogen sind.

11. Frisch gefüllte Elemente haben anfangs eine etwas höhere Spannung (1 bis 1,1 Volt). Diese sogenannte Überspannung rührt von dem in den Poren der Kupferplatte okkludierten Sauerstoff her. Man nützt diese Überspannung dadurch aus, daß man anfangs weniger Elemente einschaltet.

12. Der Verbrauch der Lösung tritt gleichzeitig mit der Entladung der Oxydplatten ein. Die Lösung ist also jedesmal mit der Oxydation der Kupferplatten zu erneuern. Man erkennt den Verbrauch der Lösung auch, wenn sich innerhalb der Glasgefäße Kristalle an den Wänden absetzen.

13. Die Glasgefäße sind vor jeder Füllung mit reinem Wasser zu spülen. Das Entfernen etwaiger festhaftender Niederschläge (Kristalle) ist nicht nötig, da diese Arbeit von der nächsten Lauge besorgt wird.

Auf die übrigen galvanischen Elemente einzugehen, hält Verfasser für überflüssig, da sich diese für den Betrieb galvanischer Bäder durch ihre Inkonstanz (rasches Erschöpfen) nicht eignen, im übrigen die galvanischen Elemente heute in der Galvanotechnik nur noch in vereinzelten Fällen Anwendung finden, da sie durch wirtschaftlichere Stromquellen verdrängt worden sind.

Leistung der Elemente. Die Leistung eines galvanischen Elementes hängt vor allem davon ab, welche Stromstärke dasselbe liefert. Ein Bunsen-Element, es sei groß oder klein, hat immer eine EMK von ungefähr 1,88 V; ein Daniell-Element, man mag es noch so günstig dimensionieren, wird nie eine höhere EMK als 1,1 V erreichen; wir können diese EMK eines Elementes angenähert dadurch messen, wenn wir die Pole desselben mit einem Voltmesser verbinden, dessen Widerstand mehrere 100 Ω beträgt, so daß durch diese Stromschließung nur ein äußerst geringer Strom dem Element entnommen wird. Beansprucht man das Element mit einer bestimmten Stromstärke, so verursacht diese beim Durchfließen des Elementes gemäß des inneren Widerstandes einen Spannungsabfall und stets einen nie zu vermeidenden, bei guten konstanten Elementen nur geringen Polarisationsstrom. Dadurch wird die Höhe der EMK vermindert, wir sprechen von einer Klemmenspannung des Elementes und sagen, das Element gibt uns eine Klemmenspannung von so und so viel Volt, wenn wir es mit dieser oder jener Stromstärke beanspruchen.

Die Leistungsfähigkeit eines galvanischen Elementes ist außerdem bedingt durch seinen Ohmschen Widerstand, welcher durch auftretende Polarisation scheinbar größer wird. Dieser Widerstand eines Elementes ist abhängig von der Zusammensetzung der Lösungen, die darin verwendet werden, sowie von deren Konzentration und Temperatur, ferner abhängig von der Größe der im Element verwendeten Polplatten und deren Entfernung voneinander. Bei den Elementen, in denen aus bekannten Gründen poröse Tonzellen oder Tondiaphragmen, wie man sie auch nennt, in Anwendung gebracht werden, beeinflußt auch der Diaphragmenwiderstand den inneren Widerstand des Elementes. Da die Tonzellen nicht immer in der gleichen Stärke und Durchlässigkeit hergestellt sind, so variiert der innere Widerstand bei einem und demselben Element bei Verwendung verschiedener Tonzellen leicht bis zu 20% und mehr. Aus den Dimensionen des Elementes, aus der Beschaffenheit der Lösung und deren Temperatur und dem Diaphragmenwiderstand ließe sich zwar der innere Widerstand eines Elementes berechnen, einfacher jedoch ermittelt man denselben durch eine geeignete Meßmethode.

Kennt man die EMK eines Elementes, sie sei etwa E, und schließt das Element kurz, so wird die größte dem Element entnehmbare Stromstärke J, die Kurzschlußstromstärke, erhalten werden, die wir an einem Präzisionsampermesser ablesen können. Die Klemmenspannung des Elementes muß in diesem Fall o sein. Der innere Widerstand des Elementes W_i errechnet sich dann aus dem Spannungsabfall im Element zu

$$W_i = \frac{E}{J}.$$

Dieser so ermittelte innere Widerstand ändert sich mit der Zeit, weil durch die fortgesetzte Benutzung des Elementes speziell die Lösungen in ihrer Konzentration und Zusammensetzung geändert werden und auch mit der Zeit die depolarisierende Wirkung der Depolarisationsflüssigkeit geschwächt, somit der innere Widerstand des Elementes scheinbar vergrößert wird. Der Einfachheit wegen wollen wir im nachfolgenden stets mittlere innere Widerstände benutzen, das heißt, den Widerstand des Elementes, welcher sich während der Zeitdauer der annähernd konstanten Wirkung nur bis höchstens 10% ändert. Aus der EMK eines Elementes und dessen innerem Widerstand läßt sich nach dem Ohmschen Gesetz leicht die bei einem bestimmten äußeren Widerstand erreichbare Stromstärke berechnen. Es ist

$$i = \frac{\Sigma EMK}{\Sigma W}.$$

Als Widerstand in einem Stromkreis sind die Summen sämtlicher Widerstände in Rechnung zu ziehen, also sowohl die inneren Elementwiderstände sowie die äußeren Widerstände, aus denen der Stromkreis zusammengesetzt ist.

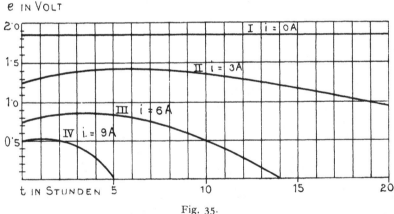

Fig. 35.

Beispiel: Wir verwenden ein Bunsen-Element von der EMK = 1,8 V, das einen inneren Widerstand von 0,045 Ω besitze; schließen wir das Element durch einen äußeren Widerstand von 0,1 Ω, so erhalten wir eine Stromstärke

$$i = \frac{1,8}{0,045 + 0,1} = 12,4\,\text{A}.$$

Sobald wir aber diese Stromstärke dem Element entnehmen, sinkt die Klemmenspannung desselben; die Ursache hiervon ist zu suchen in dem schon erwähnten Spannungsabfall, der sich in unserem Fall nach der Formel berechnet:

$$\xi = i \times W. = 12,4 \times 0,045 = 0,56\,\text{V}.$$

Je größer die Stromstärke ist, die wir dem Element entnehmen, desto größer wird der Unterschied zwischen der berechneten und der beobachteten Klemmenspannung.

Wir berechnen daher die Klemmenspannung des Elementes für obiges Beispiel, da der Spannungsabfall 0,56 V beträgt, zu

$$e = 1,8 - 0,56 = 1,24 \text{ V.}$$

Wir sehen, daß je kleiner der äußere Widerstand ist, desto größer die Stromstärke wird, daß die Klemmenspannung hingegen sinkt. Es ist klar, daß wir die
Beanspruchung eines Elementes nicht bis ins unendliche treiben können; wie
weit wir aus praktischen Gründen damit gehen können, zeigen uns die Leistungskurven, die für jedes Element für verschiedene Stromstärken aufgestellt werden.
Durch die Leistungskurven ist die Abhängigkeit der Klemmenspannung von
der dem Element entnommenen Stromstärke durch einen Linienzug übersichtlich
zum Ausdruck gebracht. Tragen wir die Klemmenspannung als Ordinaten (auf
der vertikalen Linie) auf, die diesen Klemmenspannungen jeweilig entsprechenden
Stromstärken als Abszissen (auf der horizontalen Linie), so erhalten wir, wenn

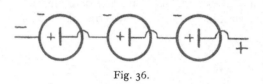

Fig. 36.

wir die Punkte miteinander verbinden, welche durch die Schnitte
der Linien gebildet werden, die
von zwei zugehörigen Werten ausgehend für Klemmenspannung und
Stromstärke unter einem Winkel
gegeneinander zu ziehen sind,
eine ununterbrochene Linie, welche Leistungskurve heißt. Wichtiger als diese
Linie ist für die Beurteilung der Güte eines galvanischen Elementes die Leistungskurve, welche uns die Abhängigkeit der Klemmenspannung von der Zeitdauer
der Inanspruchnahme ausdrückt, während welcher wir eine im Mittel konstante

Fig. 37.

Stromstärke dem Ele-
ment entnehmen. Zu
diesem Zweck tragen wir
in einem Koordinaten-
system die Zeit in Stun-
den auf der horizontalen,
die Klemmenspannun-
gen in Volt auf der ver-
tikalen Achse auf und
erhalten so folgende Lei-
stungskurven (Fig. 35),
etwa für ein kleines
Bunsen-Element.

Wir sehen in Figur 35
vier Linien: I zeigt uns
die Abhängigkeit der
Klemmenspannung bei
einer Stromentnahme 0,

das heißt sie bleibt immer dieselbe, sie ist konstant 1,85 V, die Klemmenspannung des Bunsen-Elementes. II zeigt die Abhängigkeit der Klemmenspannung von der Zeit bei einer mittleren Stromentnahme von 3 A. Diese Kurve
zeigt, daß die Klemmenspannung nach etwa sechs Stunden das Maximum von

Kurve	Amper	Volt	Zeit der Konstanz	Wattstundenleistung
I	0	1,85	∼	—
II	3	1,25	15	56,25
III	6	0,75	7	31,5
IV	9	0,5	2	9,0

1,4 V erreicht hat, dann aber langsam sinkt, bis nach 24 Stunden dieselbe nur mehr 0,4 V beträgt. Während der ersten 15 Stunden ist die Klemmenspannung als nahezu konstant anzusehen. Kurve III zeigt die Abhängigkeit der Klemmenspannung von der Zeit bei im Mittel 6 A Stromentnahme. Kurve IV bei 9 A.

Daraus geht hervor, daß die Ausnutzung eines Elementes um so rationeller ist, je geringer man das Element beansprucht. Da in der Elektroplattierung zumeist ein Element nicht ausreicht, so ist es wichtig, über die Art und Weise der Verbindung der Elemente zu Batterien unterrichtet zu sein. Jedes Element besitzt bekanntlich zwei Pole, einen + und einen — Pol; der Strom geht im äußeren Stromkreis vom + zum — Pol; verbindet man den + Pol des einen Elementes mit dem — Pol des zweiten, so addieren sich die beiden EMK der Elemente, der innere Widerstand verdoppelt sich jedoch. Diese Verbindungsart heißt Serienschaltung, Hintereinanderschaltung der Elemente oder Schaltung auf Spannung. Verbindet man die beiden + Pole sowohl wie die beiden — Pole miteinander, so verringert sich der innere Widerstand, die EMK bleibt jedoch die gleiche; man nennt diese Verbindungsart Parallelschaltung oder Schaltung auf Stromstärke. Nun gibt es noch eine dritte Art, Elemente zu einer Batterie zu verbinden, die Gruppenschaltung. Man verbindet zwei oder mehrere Elemente auf Stromstärke und zwei oder mehrere solcher Elementgruppen auf Spannung. Wir werden bei den einzelnen Schaltungsweisen in den nun folgenden Kapiteln

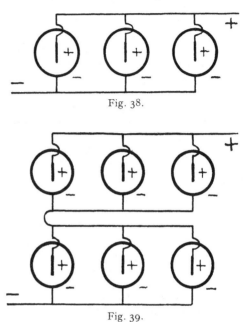

Fig. 38.

Fig. 39.

sehen, wie die erforderliche Anzahl der nach einer bestimmten Art zu verbindenden Elemente berechnet wird, wenn gewisse Stromverhältnisse erreicht werden sollen. An dieser Stelle jedoch sei darauf hingewiesen, daß man zur Zusammenstellung von Batterien nur Elemente gleichen Systems und gleicher Leistungsfähigkeit benutzen soll, niemals solche verschiedener Größe oder gar verschiedener Systeme, da sie sich im letzteren Fall gegenseitig beeinflussen.

Die Art der Schaltung geht aus den Fig. 37 bis 39 zur Genüge hervor.

Reicht die Parallelschaltung für bestimmte Zwecke nicht mehr aus, weil man höhere Spannungen benötigt bei entsprechend großen Stromstärken, so greift man zur Gruppenschaltung.

Hierzu werden mehrere Elemente auf Stromquantum verbunden und mehrere solcher auf Stromquantum verbundenen Elementgruppen auf Spannung, das ist hintereinandergeschaltet.

Die Berechnung der erforderlichen Elementzahl sowie die durch eine bestimmte Gruppenschaltung erzielte Klemmenspannung und Stromstärke schließt sich im Prinzip ganz an die beiden ersteren Schaltungsweisen an, es sind einfach die beiden ersten Methoden kombiniert.

Figur 39 zeigt eine solche Gruppenschaltung.

Die Dynamomaschinen. Die heute gebräuchlichste Art der Erzeugung stärkerer elektrischer Ströme beruht auf der Umwandlung von mechanischer in elektrische Energie. Der Apparat, der diese Umwandlung vollzieht, ist die

Dynamomaschine, bisher die bequemste, reinlichste und dabei rationellste Stromquelle. Es würde zu weit führen, alle vorkommenden Maschinentypen sowie die Entwicklungsgeschichte der Dynamomaschine anzuführen, das Prinzip, wie aus mechanischer Energie elektrische erzeugt wird, ist ja immer dasselbe, ob die Maschine eine Nebenschluß-, Hauptstrom-, Compoundmaschine oder eine Maschine mit separater Felderregung ist. Es sei nur erwähnt, daß die in der Elektroplattierung gebräuchlichen Maschinen dem Gleichstromsystem angehören und nach der Type der Nebenschlußmaschine gebaut sind. Zum Verständnis der angeführten Energieumwandlung mögen die drei nachfolgenden Kapitel über Elektromagnetismus, Induktion und elektromagnetische Wechselwirkungen dienen.

Elektromagnetismus. Es ist allgemein bekannt, daß ein Eisenstab, der durch Streichen mit einem starken Magnet magnetisch geworden ist, ebenfalls die Fähigkeit besitzt, Eisenteile anzuziehen. Untersucht man einen solchen Magnetstab genau, so findet man, daß die von demselben auf Eisen ausgeübte Anziehungskraft an zwei Punkten des Stabes besonders stark ist, und zwar liegen die beiden Punkte, die man Pole nennt, nahezu an den beiden Stabenden, **man nennt sie den Südpol und den Nordpol.** Hängt man einen Magnetstab in seinem Schwerpunkt auf, so daß er in einer horizontalen Lage schwingen kann, und nähert seinem Pol einen anderen Magnet, so findet man, daß der eine Pol des freien Magneten das eine Ende (Pol) des aufgehängten Magnetstabes abstößt, während der andere Pol des freien Magnetes dasselbe Ende des aufgehängten Stabes anzieht. Es gilt als Regel:

Ungleichnamige Pole ziehen sich an, gleichnamige Pole stoßen sich ab. Es wird also ein Nordpol einen anderen Nordpol abstoßen, ebenso werden sich zwei Südpole abstoßen, hingegen werden sich je ein Nordpol und ein Südpol anziehen.

Aber auch auf andere Weise läßt sich ein Magnet erzeugen, und zwar nimmt man die magnetisierende Wirkung des elektrischen Stromes zu Hilfe. Legen wir um ein Stück weiches Eisen mehrere Windungen aus isoliertem Kupferdraht und schicken durch letzteren einen stets in einer Richtung fließenden elektrischen Strom, so wird das Eisen die Fähigkeit erhalten, Eisenmassen festzuhalten, es wird magnetisch werden. Vergrößern wir die Stromstärke in den Drahtwindungen oder vermehren wir bei gleichbleibender Stromstärke die Anzahl der um das Eisen geführten Drahtwindungen, so wird dadurch die magnetische Anziehungskraft des Eisens vergrößert. Wir sprechen daher von einer magnetisierenden Kraft des elektrischen Stromes und charakterisieren seine Größe durch das Produkt aus Drahtwindungszahl und Stromstärke, welche die das Eisen umgebenden Windungen durchfließt.

Das Produkt heißt Amperwindungszahl AW, und man schreibt:

$$AW = z \times J,$$

wobei z die Windungszahl, J die Stromstärke in den Drahtwindungen bedeutet und in Amper gemessen wird. Die so erzeugten Magnete nennt man Elektromagnete; sie besitzen nur so lange eine magnetische Kraft, als Strom durch die Drahtwindungen fließt; wird der Strom unterbrochen, so läßt die magnetische Kraftwirkung des Eisens fast, allerdings nicht ganz, nach, denn es bleibt eine gewisse Menge Magnetismus im Eisen zurück, welche von der Beschaffenheit des Eisens abhängt und „remanenter Magnetismus" heißt. Auch die Elektromagnete besitzen Pole, und zwar entstehen sie nach ganz bestimmten Regeln, je nach der Richtung, in welcher elektrischer Strom die den Magnetismus erregenden Drahtwindungen durchströmt. Die Regel, die uns darüber Aufschluß gibt, ist die Amperische Regel und lautet:

Denkt man sich mit dem Strom schwimmend, in der Weise, daß der Strom bei den Füßen ein-, bei dem Kopfe austritt, das Gesicht dem zu magnetisierenden

Eisenstück zugewendet, so zeigt der ausgestreckte linke Arm nach dem Nordpol. (Vergleiche Fig. 40.)

So wie man sich über das Wesen der Elektrizität Aufschluß zu geben suchte, war man auch bestrebt, die Ursachen der magnetischen Wirkung von Eisenmagneten zu ergründen. Durch die Anwendung von Elektromagneten wurde man in die Lage versetzt, genauere Gesetzmäßigkeiten ausfindig zu machen und so dem Ziele, die Ursache und das Wesen des Magnetismus zu erfassen, nähergebracht. Heute nimmt man allgemein die Hypothese der Kraftlinien an und erklärt sich damit alle magnetischen Erscheinungen. Man schreibt nach der Kraftlinientheorie die magnetische Anziehungskraft von Eisenkörpern dem Strömen eines dem elektrischen ähnlichen Fluidums zu, was man als Kraftlinienströmung bezeichnet. Nach den bei der Erklärung des Wesens der Elektrizität mitgeteilten neueren modernen Ansichten ist das Wesen des Magnetismus mit dem der Elektrizität auf das innigste verwandt. Verschieden von der elektrischen Leitfähigkeit verschiedener irdischer Körper ist die eigenartige magnetische Leitfähigkeit, und beim Durchströmen der Ätherteilchen durch magnetisch leitfähige Körper erfährt der Ätherdruck in diesen Körpern eine bedeutende Verminderung seiner absoluten Größe, und die Differenz des Ätherdrucks beim Verlassen der magnetischen Kraftlinien aus den magnetischleitenden

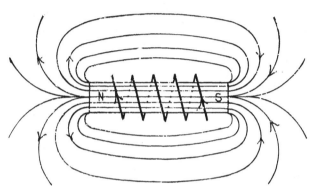

Fig. 40.

Körpern gegenüber dem Ätherdruck an der Eintrittsstelle, wo sie gleich ist mit dem normalen Ätherdruck, stellt die Energie dar, mit welcher sich 2 magnetisierbare Körper, z. B. Eisenteile, anziehen. Diese Energie kann, angesichts des an sich enormen Ätherdruckes, ganz bedeutend werden und ähnelt in dieser Hinsicht vielfach der Energie, mit der sich elektrisch geladene Metallkörper oder allgemein gesprochen „elektrische Ladungen" verschiedener Polarität anziehen oder abstoßen.

Aus der Ähnlichkeit der elektrischen Erscheinungen mit den magnetischen, wenn man dieselben auf die ähnlichen Verhältnisse zurückführt (vgl. die weiter vorn gegebenen Erklärungen der elektrischen Erscheinungen) läßt sich mit einiger Überlegung auch der Zusammenhang der elektromagnetischen Wechselwirkungen erklären. Wissenschaft und Technik haben nun rechnerische Methoden ermittelt, nach denen heute präzise die Leistungen der Dynamos, Motoren und aller elektrischen Apparate vorausbestimmt werden, und wir können nun, um uns nicht unnötigerweise mit theoretischen Erwägungen und Hypothesen zu belasten, dazu übergehen, an Hand der Erfahrungen die Wirkungsweise unserer maschinell arbeitenden Stromquellen weiter zu betrachten. Legt man auf einen Magnetstab, etwa auf den in Fig. 41 gezeichneten Elektromagnet NS, eine Glasplatte und bestreut sie mit feinen Eisenfeilspänen, so werden sich letztere, nachdem man durch einen leisen Schlag an den Rand der Platte diese in Schwingung versetzt hat, nach bestimmten Linien, wie sie Figur 40 zeigt, gruppieren. Wir sehen geschlossene Linien von dem Nordpol nach dem Südpol sich ziehen und sagen daher, die Kraftlinien fließen, indem sie vom Nordpol austreten, durch die Luft zum Südpol, vereinigen sich dort wieder und durchsetzen den Eisenstab bis zum Nordpol. An den beiden Enden, wo die Kraftlinien am meisten Raum zur Ausdehnung haben, ist die Wirkung nach außen am größten. Die ganze Sphäre, in der eine magnetische Wirkung ausgeübt wird, bezeichnet man als das magnetische Feld des betreffenden Magneten. Die Stärke eines magnetischen Feldes drückt man aus durch die Anzahl der auf 1 qcm des Flächenquerschnittes entfallenden Kraftlinienzahl, was man kurz als Feldinduktion (Flux) bezeichnet. Ähnlich wie beim elektrischen Strom von Stromstärke, Stromspannung und elektrischem Widerstand gesprochen wurde, können wir beim Magnetismus und Elektromagnetismus von einer Feldstärke, magnetomotorischen Kraft und einem magnetischen Widerstand sprechen; das elektrische Leitvermögen ist in Analogie zu setzen mit der magnetischen Leitfähigkeit oder Permeabilität. Die Stromstärke ist zu vergleichen mit der Feldstärke eines Magneten, die elektromotorische Kraft oder Stromspannung mit der magnetomotorischen Kraft einer Magnetisierungsspirale, die durch die Amperwindungszahl gemessen wird. Der elektrische Widerstand eines Elektrizitätsleiters ist analog mit dem magnetischen Widerstand von Eisensorten, Nickel, Kobalt usw. und von Luft.

Während Luft für normale elektrische Ströme als Isolator gilt, durchsetzen sie die magnetischen Kraftlinien, wenn auch der magnetische Widerstand der Luft bedeutend größer ist als der der Eisensorten. Diejenigen Kraftlinien, welche in einem sie leitenden Medium wie Eisen oder Luft geradlinig verlaufen, bezeichnet man als homogenes Kraftlinienfeld, die auf 1 qcm des Leitungsquerschnittes entfallende Kraftlinienzahl oder Kraftliniendichte ist dort überall gleich. Ist aber der Verlauf der Kraftlinien (in Luft) durch gekrümmte Linien gekennzeichnet, so spricht man von einem Streufeld, von einer Streuung der Kraftlinien; die magnetische Induktion in solchen Streufeldern ist nicht überall gleich, das Feld ist nicht mehr homogen. Je weiter wir mit der Messung der magnetischen Induktion in einem solchen Streufeld von dem homogenen Kraftlinienfeld weggehen, um so geringer finden wir die Induktion, was an Hand eines Versuches ähnlich wie in Figur 42 leicht nachzuweisen ist.

Induktion. Wir haben gesehen, wie wir dadurch, daß wir um einen unmagnetischen Eisenkörper eine stromdurchflossene Drahtspule legen, einen Magnet erhalten; wir können nun diesen Vorgang auch umkehren, wobei sich folgendes ergibt: Schieben wir in eine Drahtspule einen Magnetstab hinein, so entsteht, solange diese Bewegung andauert, in den Windungen der Drahtspirale ein elektrischer Strom von bestimmter Richtung und von bestimmter elektromotorischer Kraft; es fließt aber dieser Strom nur solange, als die Bewegung des Magneten anhält, sobald der Magnetstab zur Ruhe kommt, hört auch das Fließen des elektrischen Stromes auf. Ziehen wir den Magneten wieder aus der Spirale heraus, so entsteht abermals ein Strom, aber von entgegengesetzter Richtung. Umgekehrt entsteht ein elektrischer Strom in einem stromlosen Leiter, wenn wir in einem benachbarten Leiter plötzlich einen Strom hervorrufen; dessen Richtung ist umgekehrt, wenn wir den Strom aus dem benachbarten Leiter plötzlich wieder verschwinden lassen. Auch hier hält das Fließen des so erzeugten Stromes nur so lange an, bis der im benachbarten Leiter erzeugte elektrische Strom einen stationären Zustand erreicht hat, etwa ein Maximum, oder ganz daraus verschwunden ist; jede Verstärkung oder Schwächung des Stromes bewirkt einen neuen Stromimpuls im Leiter. Die auf diese Weise erzeugten elektrischen Ströme nennt man Induktionsströme, die Erscheinung selbst Induktion. Man nimmt an, daß jeder vom Strom durchflossene Leiter ein magnetisches Feld erzeugt, dessen Kraftlinien in konzentrischen Kreisen um den Leiter verlaufen. Bringt man nun in eine Spirale aus stromlosen Windungen einen Magnet, so wird, solange sich die von dem Magnet ausgesandten Kraftlinien um die einzelnen Leiter stetig vermehren und letztere schneiden, in diesen einzelnen Leitern oder Windungen der Spirale ein elektrischer Strom erzeugt. Die elektromotorische Kraft dieses Induktionsstromes ist proportional der Änderung der Kraftlinienzahl.

Erzeugen wir einen Induktionsstrom in einem Leiter dadurch, daß wir in einem benachbarten Leiter einen Strom entstehen lassen, so entsteht in letzterem ein magnetisches Feld, der Leiter wirkt also dann wie ein Magnet, der seine Kraftlinien radial von sich wellenförmig aussendet. Ist der Verlauf dieser Wellenbewegung vorüber, tritt also keine Änderung der Kraftlinienzahl an dem stromlosen Leiter ein, so ist auch keine Ursache mehr für ein weiteres Entstehen eines elektrischen Stromes vorhanden. Je weiter die beiden Leiter voneinander entfernt sind, desto geringere Kraft wird die auslaufende Kraftlinienquelle haben, sie ist bereits verflacht, die Kraftlinienänderung ist nur noch sehr klein, daher die erzeugte elektromotorische Kraft im Leiter gering. Maßgebend für das Entstehen eines Stromes durch Induktion ist also die Änderung des Zustandes zwischen dem Leiter und dem magnetischen Feld. Wir sagen daher zusammenfassend: Man erhält einen Induktionsstrom, wenn man das gegenseitige Verhältnis zwischen dem Stromleiter und dem magnetischen Feld ändert; der entstehende Induktionsstrom erzeugt selbst wieder ein magnetisches Feld, wirkt also der magnetischen Kraftwirkung entgegen, er sucht das ursprüngliche Verhältnis aufrecht zu erhalten.

Wir wollen nun den speziellen Fall der Induktion betrachten, der uns für das spätere Verständnis der Wirkung der Dynamomaschine unbedingt nötig ist.

Auf irgendeine Weise stellen wir uns ein magnetisches Feld her, das z. B. zwischen den Polen eines hufeisenförmig gebogenen Magneten entsteht, siehe Figur 41.

Es strömen vom Nordpol nach dem Südpol Kraftlinien über, deren Gesamtheit uns das magnetische Feld darstellt. Wir bezeichnen die Richtung der Kraftlinien vom Nordpol nach dem Südpol in der Richtung des Pfeiles als + Richtung

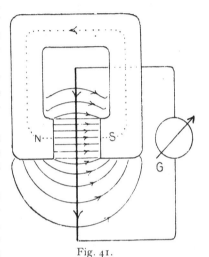

Fig. 41.

der Kraftlinien. Bewegen wir durch dieses magnetische Feld zwischen den beiden Polen einen Leiter derart, daß er die Richtung der Kraftlinien senkrecht durchschneidet, also senkrecht zur Papierebene sich bewegt, so entsteht in dem Leiter ein elektrischer Strom, wir haben einen Strom induziert, der an dem Ausschlag der Magnetnadel eines empfindlichen Galvanometers G nachgewiesen werden kann. Bewegen wir den Leiter in umgekehrter Richtung durch das magnetische Feld, so schlägt die Nadel des Galvanometers nach der anderen Seite aus, was uns andeutet, daß ein Strom von entgegengesetzter Richtung im Leiter entstanden ist. Es wird nun unsere nächste Aufgabe sein, uns über das Gesetz zu orientieren, das uns über die Richtung des Stromes im bewegten Leiter Aufschluß gibt, wenn die + Richtung der Kraftlinien bekannt ist und ebenso die Bewegungsrichtung des Leiters.

Die elektromagnetischen Wechselwirkungen. Zwischen den Faktoren: Bewegung, Stromleiter und Magnetfeld besteht eine innige Beziehung, die unter der Bezeichnung „die elektromagnetischen Wechselwirkungen" bekannt ist. Die gegenseitige Beeinflussung dieser Faktoren folgt einem Gesetz, das sich mit Hilfe einer einfachen Gedächtnisregel leicht einprägt. Man stelle sich durch die drei ausgestreckten Finger der rechten Hand, siehe Figur 42, Daumen, Zeigefinger, Mittelfinger ein dreiachsiges, rechtwinkeliges Koordinatensystem dar.

Wir merken uns dann: Der ausgestreckte Daumen gibt die Richtung der Bewegung an, der ausgestreckte Zeigefinger die + Richtung der Kraftlinien,

der ausgestreckte Mittelfinger die +Richtung des Stromes. Ist die Bewegungsrichtung des Leiters durch den Daumen und die + Richtung der Kraftlinien
durch den Zeigefinger festgestellt, dann fließt der Strom im Stromleiter in der
Richtung des Mittelfingers. Steht hingegen der Leiter still, und ist außerdem
ein magnetisches Feld vorhanden von bekannter Kraftlinienrichtung, und lassen
wir im Leiter plötzlich einen Strom entstehen, welcher in der Richtung des ausgestreckten Mittelfingers verläuft, so wird eine Bewegung des Leiters erzeugt,
welche in der Richtung des Daumens erfolgt. So entsteht in dem Leiter (Fig. 41)
ein Strom in der gezeichneten Pfeilrichtung, wenn wir bei dem vorhandenen
magnetischen Feld, dessen + Kraftlinienströmung durch die Pfeile angedeutet
ist, den Leiter senkrecht in die Papierebene hineinbewegen. Kehren wir die
Bewegungsrichtung um, dann wird der Strom, wie man sich durch eine einfache
Umstellung der Hand erklären kann, in der entgegengesetzten Richtung verlaufen.

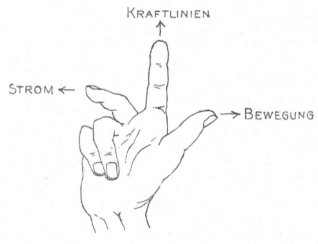

Fig. 42.

Vergrößern wir nun aber die Bewegungsgeschwindigkeit des Leiters durch das
magnetische Feld, so zeigt die Nadel einen größeren Ausschlag an, verringern wir
sie, so wird der Ausschlag der Nadel des Galvanometers kleiner sein. Wir schließen
daraus: Die im Leiter durch Induktion erzeugte EMK ist proportional der Geschwindigkeit, mit der ein Leiter durch ein magnetisches Feld bewegt wird.
Vergrößern wir die Länge des Leiters zwischen beiden Polen des Magneten etwa
durch geeignete Vermehrung der zwischen den Polen bewegten Leiterstücke,
so wird bei gleichbleibender Bewegungsgeschwindigkeit des Leiters die in ihm
erzeugte EMK seiner Länge proportional sein. Verstärken wir aber das magnetische Feld, das ist die gesamte Kraftlinienzahl, welche von dem Leiter während
der Bewegung geschnitten wird, so wird bei gleichbleibender Leiterlänge und
gleicher Bewegungsgeschwindigkeit desselben die durch Induktion bewirkte
EMK der Kraftlinienzahl proportional sein. Die Größe der erzeugten EMK ist
von dem Winkel abhängig, unter welchem die Kraftlinien geschnitten werden,
und zwar gilt das Gesetz, daß bei sonst gleichen Umständen die induzierte EMK
dem Sinus des Winkels proportional ist, unter dem der Leiter die Kraftlinien
schneidet.

Die EMK erreicht also ein Maximum, wenn der Sinus = 1 ist, das heißt der
Winkel, unter dem der Stromleiter die Kraftlinien schneidet, 90° beträgt; mit
anderen Worten, wenn die Kraftlinien vom Leiter senkrecht geschnitten werden.

Bezeichnen wir die durch Induktion erzeugte EMK durch E (in Volt ausgedrückt), bedeutet ferner:

N = gesamte Kraftlinienzahl, welche der Leiter schneidet,

v = Bewegungsgeschwindigkeit des Leiters in m gemessen (per Sekunde),

l = Länge des Leiters,

α = Winkel, unter dem die Kraftlinien vom Leiter geschnitten werden,

dann ist die erzeugte EMK im Leiter:

$$E = N \times v \times l \times \sin \alpha \times 10^{-8} \text{ V.}$$

Die so erzeugte EMK (E) erreicht bei sonst gleichbleibenden Verhältnissen, wie uns bereits bekannt ist, ein Maximum, wenn der Winkel, unter dem die Kraftlinien geschnitten werden, 90° beträgt. Es vereinfacht sich dann obige Gleichung in folgender Weise:

$$E = N \times v \times l \times 10^{-8} \text{ V.}$$

Um eine EMK durch Induktion zu erzeugen, ist für die Bewegung des Leiters ein mechanischer Effekt nötig, denn wir wissen, daß die erzeugte EMK den ursprünglichen Zustand des Leiters aufrecht zu erhalten sucht. Es entspricht der erzeugten elektrischen Energie der mechanische Effekt, den wir anwenden müssen, um diese Gegenwirkung zu überwinden, also den Leiter zu bewegen. Es sind theoretisch 736 Watt elektrischer Energie einer mechanischen Pferdekraft äquivalent.

$$736 \text{ Watt} = 1 \text{ PS.}$$

Diese elektromagnetischen Wechselwirkungen haben eine der sinnreichsten Anwendungen in unseren modernen elektrischen Maschinen, in den Dynamos und Elektromotoren gefunden.

Wirkungsweise der Dynamomaschinen. Je nachdem die Stromrichtung der von den Dynamomaschinen erzeugten Ströme konstant bleibt oder aber in be-

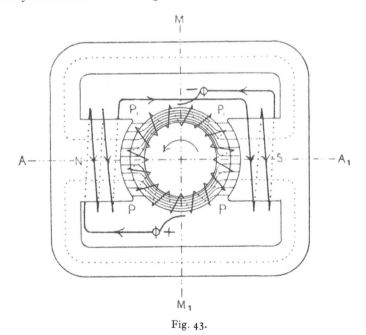

Fig. 43.

stimmten Intervallen wechselt, unterscheidet man Gleichstrom- und Wechselstrommaschinen. In der Galvanotechnik verwendet man ausschließlich Gleichstrommaschinen, da aus späteren Auseinandersetzungen zu ersehen ist, daß nur durch Gleichstrom aus Metallsalzlösungen Metalle abgeschieden werden können. Das Konstruktionsprinzip von Dynamomaschinen ist kurz folgendes:

Zwischen den genau zylindrisch ausgebohrten, eisernen Polmagneten N und S (siehe Fig. 43) wird ein aus Eisenblechscheiben zusammengesetzter Eisenring gedreht, der auf seiner Oberfläche mit geeigneten Drahtwindungen umgeben ist; je nach der Art und Weise, wie diese Drahtwindungen über den Eisenring geführt werden, nennt man diesen rotierenden Teil, welcher „Anker" der Maschine genannt wird, **Ringanker** oder **Trommelanker.**

Bei einem Ringanker sind die Drahtwindungen in einer fortlaufenden Spirale um den Eisenkörper gewickelt, beim Trommelanker bilden die Drähte einen Knäuel, der um den eisernen Ring, der den Kern bildet, gewickelt ist.

Der zwischen den Polen rotierende Eisenkörper hat eine zweifache Aufgabe: er trägt erstens die Kupferwindungen des Ankers, und zweitens sammelt er die Kraftlinien, die vom Nordpol austreten, und führt sie bis zum Südpol. Die Kraftlinien durchströmen also das Magnetgestelleisen, legen zwei kleine Strecken in der Luft zurück, und der magnetische Stromkreis wird durch das Ankereisen vervollständigt. Da das Eisen die Kraftlinien besser leitet als die Luft, so wird nur ein sehr verschwindend kleiner Teil derselben durch den inneren Teil des Ringes seinen Weg zum Südpol nehmen, der Hauptteil der Kraftlinien wird sich vielmehr auf die beiden Ankerhälften verteilen; wie aus der Figur 43 zu ersehen,

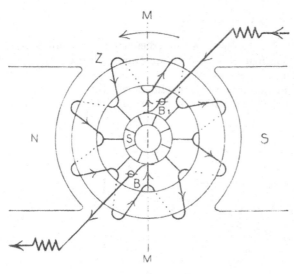

ist die Kraftliniendichte im Anker in der Richtung MM_1 am größten und nimmt gegen AA_1 erst langsam, dann aber immer schneller ab, bis die Kraftliniendichte in der Richtung AA_1 selbst null geworden ist.

Mit der Änderung der Dichte ändert sich auch die totale Kraftlinienzahl, die durch die einzelnen Windungen der Ankerwicklung bei der Bewegung des Ankers in der gezeichneten Pfeilrichtung umfaßt wird. Die Änderung der Kraftlinienzahl ist in dem Teil, der den Polflächen PP_1 gegenüberliegt, am größten, es wird also dort

Fig. 44.

hauptsächlich die EMK der Maschine erzeugt, während der Teil zwischen den Polen N und S (das sind die Strecken P_1, P_1 und P, P) keinen Strom induziert oder nur einen sehr geringen Teil, weil dort (siehe Fig. 43) an jeder Stelle, an der wir die Dichte der Kraftlinien untersuchen mögen, diese stets die gleiche oder aber nur sehr geringen Änderungen unterworfen ist. Wenn wir die früher besprochene und erläuterte Gedächtnisregel (siehe Fig. 42) anwenden, so finden wir (siehe Fig. 44), wenn uns der Pfeil die Rotationsrichtung des Ankers angibt, daß in dem Teil des Ankers, der dem Nordpol gegenübersteht, die Stromrichtung die entgegengesetzte ist wie in dem, der dem Südpol gegenübersteht. In der Linie MM_1 ist aber die Zone, wo diese beiden Ströme zusammentreffen, und in dieser Zone haben die Bürsten B und B_1 am Kollektor zu schleifen. Figur 44 zeigt uns schematisch diese Verhältnisse eines Ringankers einer zweipoligen Dynamomaschine.

Die Windungen Z bilden eine fortlaufende Spirale, jede dieser Windungen (statt einer einzelnen Windung können auch mehrere Windungen, die man dann als Ankerspule bezeichnet, in Betracht kommen) ist mit je einem Kollektorsegment S in Verbindung, so daß der Anfang einer Spule mit dem Ende der nächsten durch das Kollektorsegment verbunden wird. Wir sehen aus der Zeichnung, daß in der mittleren Zone MM_1 sowohl aus der rechten wie aus der linken Ankerhälfte die induzierten Ströme durch die Ableitungsdrähte zum Kollektor, respektive vom Kollektor in die Wicklung zurückgehen. Bei der Bürste B vereinigen sich die beiden Zweigströme des Ankers, werden von ihr vereint aufgenommen, haben beide gleiche Richtung in dieser Leitung und werden durch die äußere Leitung von der + Bürste der Maschine zur — Bürste geführt. Diese Bürste B_1 steht der Bürste B radial gegenüber und verteilt sich der Strom durch das Kollektorsegment wieder auf die beiden Ankerhälften rechts und links. Es werden demnach durch die Bürsten mit Hilfe des Kollektors oder Kommutators die beiden einzelnen Stromteile des Ankers gleichgerichtet und parallel geschaltet.

Es ist nun aber zur Erzeugung eines elektrischen Stromes in einer Dynamomaschine vor allem Bedingung, daß ein magnetisches Feld vorhanden ist; es muß, kurz gesagt, ein Magnet vorhanden sein, der stark genug ist, um die bei einer gewissen Touren- (Umdrehungs-) und Drahtzahl erforderliche EMK zu erzeugen. Bei älteren Maschinen verwendete man zu diesem Zweck starke Hufeisenmagnete, die aber die Maschine unnötigerweise groß machen, weshalb man besser zu Elektromagneten griff. Man erzeugt Elektromagneten in Dynamomaschinen dadurch, daß man die um das Magnetgestell gewickelten Erregerwindungen (Magnetspulen) entweder durch eine separate Stromquelle mit Strom versorgt (Maschinen mit Fremderregung), oder man benutzt den von der Maschine selbst erzeugten Strom zur Erregung des nötigen Magnetismus (Selbsterregung). Es sind dreierlei Fälle möglich, den

Fig. 45.

Maschinenstrom für die Felderregung nutzbar zu machen, immer aber muß die durch die Erregerwicklung (Magnetspulen) gehende Stromstärke, multipliziert mit der Anzahl der Windungen, aus denen die Magnetwicklung besteht, diejenige Amperwindungszahl ergeben, welche als magnetomotorische Kraft des magnetischen Stromkreises eine bestimmte Kraftlinienzahl N durch denselben zu treiben imstande ist.

Führt man den gesamten, von der Maschine erzeugten elektrischen Strom, bevor man ihn in den äußeren Stromkreis leitet, durch die Erregerwindungen der Magnete, so heißt man diese Maschine Hauptstrommaschine, man hat eben den ganzen Strom, den Hauptstrom, zum Erregen der Feldmagnete verwendet. Die gebräuchlichste und auch in der Elektroplattierung allein angewendete Maschine ist die Nebenschlußmaschine, siehe Figur 45. Diese stellt eine zweipolige Type dar mit einer Leistung von 4 Volt 500 Amper. Je höher die Leistung dieser Maschinen in Amper sein soll, um so höher wird die Polzahl gewählt, da sonst die Laufflächen der Kollektoren allzu groß werden müßten. Man verwendet daher auch für höhere Amperleistungen Maschinen mit 2 Kollektoren, die miteinander parallel geschaltet werden. Siehe Fig. 46.

Die Nebenschluß-Dynamo hat ihren Namen daher, weil in dieser Maschine nur ein kleiner Teil des von ihr erzeugten Stromes zur Erregung der Feldmagnete benutzt wird, während der größere Teil von den Bürsten der Maschine direkt an den Hauptstromkreis der Maschine abgegeben wird.

Der Stromkreis der Feldmagnete ist also dem Hauptstromkreis parallel geschaltet, man sagt, er ist im Nebenschluß. Wird außer dieser Nebenschlußwicklung noch der gesamte Hauptstrom in einigen wenigen Windungen um die Feldmagnete geführt, so entsteht die Compoundmaschine; wir haben dann zweierlei Magnetwicklungen, eine Hauptstrom- und eine Nebenschlußwicklung, die sich in ihren magnetomotorischen Wirkungen unterstützen. Im nachfolgenden sollen doch nur mehr die Nebenschlußmaschinen besprochen, deren Wirkungsweise aber ausführlich erklärt werden.

Für den Betrieb einer Nebenschlußmaschine ist vor allem ein gewisser Magnetismus vorausgesetzt, der der Maschine immer bleibt, wenn das Eisen des Magnetgestelles einmal magnetisiert worden ist. Bei der Herstellung der Dynamomaschine wird dieser Magnetismus durch Fremderregung geschaffen und heißt der remanente Magnetismus. Dadurch ist stets, auch wenn kein Strom durch die Magnetwicklung fließt, ein magnetisches Feld vorhanden, welches genügt, um in Gemeinschaft mit den rotierenden Ankerdrähten durch die elektromagnetische Wechselwirkung im Anker einen Strom von geringer EMK hervorzurufen. Sobald aber dieser vorhanden ist, fließt auch ein Teil des elektrischen Stromes durch die Magnetwicklung, wodurch das magnetische Feld verstärkt und damit auch die EMK der Maschine größer wird; so vermehrt sich die EMK der Maschine sehr rasch bis zu ihrem Maximum, das durch die magnetische Sättigung des Magnetgestelleisens bestimmt ist. Schon bei den elektromagnetischen Wechselwirkungen haben wir die Formel aufgestellt:

$$E = N \times v \times 1 \times \sin\alpha \times 10^{-8} \; V,$$

das heißt die EMK einer Maschine ist proprtional der Kraftlinienzahl N, proportional der sekundlichen Geschwindigkeit v, mit welcher die Ankerdrähte die Kraftlinien schneiden, proportional der Gesamtlänge m der Ankerdrähte und dem Sinus des Schnittwinkels. Bei den Dynamomaschinen ist α durchweg rund als 90° anzunehmen, wenn auch die Ankerdrähte nicht ganz parallel zur Rotationsachse am Anker angebracht sind; dies hat andere konstruktive Ursachen. Die Geschwindigkeit v der Ankerdrähte läßt sich bei den Dynamomaschinen aus der Zahl der Umdrehungen des Ankers berechnen. Ist die Umdrehungszahl per Minute n, so ist die sekundliche Tourenzahl

$$n_1 = \frac{n}{60}.$$

Wir können auch sagen, die EMK einer Dynamomaschine ist proportional der Tourenzahl. Setzen wir in die Gleichung für die EMK einer Dynamomaschine den Wert für v ein, berücksichtigen wir ferner, daß der Schnittwinkel als 90° angenommen wird, so erhalten wir als Gleichung für die EMK einer Dynamomaschine:

$$E = \frac{N \times z \times n}{60} \times 10^{-8} \; V,$$

z bedeutet darin die Anzahl der Drähte, welche am Ankerumfang liegen. Die EMK ist, wie wir dies in ähnlicher Weise bereits bei den galvanischen Elementen gesehen haben, in dieser Größe E nur dann erhältlich, wenn die Maschine unbelastet ist, wenn ihr also kein Strom entnommen wird. Sobald wir der Maschine einen Strom J dadurch entnehmen, daß wir ihre Pole mit einem äußeren Widerstand w_a in Verbindung setzen, so tritt durch diese Stromstärke J beim Durchfließen der Ankerwicklung ein Spannungsabfall ξ ein. Es ist außerdem zu bemerken, daß bei Nebenschlußmaschinen der für die Erregung der Feldmagnete nötige Strom i_1 ebenfalls einen Spannungsverlust, wir wollen ihn ξ_1 nennen, verursacht. Ist R_1 der Widerstand der Ankerwicklung, so ist die EMK der Maschine, wenn bei der Stromentnahme von J Amper für den äußeren Stromkreis eine Klemmenspannung e vorhanden ist,

$$E = e + J R_1 + i_1 R_1 = e + R_1 (J + i_1).$$

Die Spannungsverluste $\xi = J \times R_1$ und $\xi_1 = i_1 \times R_1$ bilden im Verein mit den entsprechenden Stromstärken J und i_1 Wattverluste $\xi \times J$ und $\xi_1 \times i_1$, die sich in Wärme umsetzten. Es erwärmen sich die Ankerdrähte dadurch, gleichzeitig vergrößert sich der Ankerwiderstand. Gute Dynamomaschinen sind stets so berechnet, daß der durch die eben angeführten Verluste erzeugten Wärmemenge genügend Ausstrahlungsoberfläche geboten wird. Der Anker wird eben schon so dimensioniert, daß auf je 1 Watt Verlust 3 bis 5 qcm Abkühlungsoberfläche entfallen. Außer diesen Verlusten („Kupferverluste" genannt) sind aber noch die Verluste durch Ummagnetisierung des Ankerbleches, die sogenannten Hysteresisverluste und Verluste durch Wirbelströme im Eisen zu berücksichtigen, die durch die sogenannte Steinmetzsche Formel ebenfalls in Watt ausgedrückt werden können. Da aber die letztgenannten Verluste um so größer werden, je höher die Tourenzahl ist, so sehen wir, daß man tunlichst die Tourenzahl beibehalten muß, für die die Maschine berechnet ist. Belasten wir eine Maschine über die normale Leistung, entnehmen ihr also eine größere Stromstärke, so wird dadurch der Spannungsabfall in der Maschine, mithin auch der Kupferverlust größer werden. Die Ankerdrähte werden sich stärker erwärmen, wodurch auch der Ankerwiderstand und damit abermals der Spannungsverlust größer wird, bis endlich die Maschine einen stationären Zustand erreicht hat; sie wird schließlich warm, ja sogar sehr heiß werden, arbeitet dabei unrationell und läuft außerdem Gefahr, durch diese übermäßige Erwärmung Schaden zu leiden. Mit dem Sinken der Klemmenspannung e der Maschine durch die größere Belastung wird die Stromstärke, welche durch die Wicklung der Feldmagnete geht, sinken, denn je kleiner die EMK in einem Stromkreis bei gleichbleibendem Widerstand desselben ist, desto geringer wird nach dem Ohmschen Gesetz auch die Stromstärke sein, welche durch den Stromkreis getrieben wird. Sobald wir aber die Maschine stärker beanspruchen und dadurch die Klemmenspannung herabdrücken, wird auch die Stromstärke i_1 in den Feldmagneten sinken, was aber zur Folge hat, daß das Produkt Magnetwindungszahl × erregende Stromstärke kleiner wird, es durchsetzen weniger Kraftlinien den magnetischen Stromkreis, da die magnetomotorische Kraft kleiner geworden ist. Infolgedessen sinkt die Klemmenspannung der Maschine aufs neue, da ja einer der Faktoren, von denen die Höhe der Maschinenspannung abhängt, reduziert worden ist.

Die Maschinen, welche für die Galvanotechnik Verwendung finden, müssen daher stets so berechnet sein, daß bei maximaler, der Maschine zu entnehmender Stromstärke noch diejenige Klemmenspannung vorhanden ist, welche die Leistungsdaten angeben. Selbstredend wird bei einer guten Maschine vorausgesetzt, daß sie sich dabei nicht übermäßig erwärme und den Strom funkenlos abgebe. Ist z. B. eine Maschine angegeben mit der Leistung 1000 A und 4 V bei 1000 Touren, so heißt dies, bei 1000 Umdrehungen in der Minute ist der Maschine ein Strom von 1000 A zu entnehmen und beträgt dabei die Klemmenspannung der Maschine gerade 4 V.

Wird der Maschine ein größerer Strom als 1000 A entnommen, so sinkt die Klemmenspannung unter 4 V und man müßte die Maschine rascher laufen lassen, um wieder die frühere Klemmenspannung von 4 V zu erhalten. Nach früher Gesagtem ist das aber nicht angängig, da sich dadurch die Eisenverluste der Maschine sowohl wie die Kupferverluste vermehren, die Maschine unverhältnismäßig mehr Kraft bedarf, also unrationell arbeitet, sich übermäßig erwärmt und betriebsunfähig werden kann. Kleine Tourenänderungen von 5 bis 10 % mehr sind jedoch der Maschine noch nicht gefährlich und beeinträchtigen auch noch nicht merklich ihren Wirkungsgrad.

Wenn wir durch mechanische Kraft in den Dynamomaschinen elektrische Ströme erzeugen, so wird nicht, wie dies nach der theoretischen Beziehung zwischen diesen beiden Energieformen stattfinden müßte, für je eine der Maschine zugeführte mechanische Pferdestärke eine elektrische Energie von 736 Watt erzeugt, sondern je nach der Größe und Güte der Maschine nur 60 bis 90 % dieses Betrages. Bei ganz kleinen Maschinen ist dieser so nützlich abgegebene Effekt mitunter noch geringer, und das Maximum des nützlichen Effektes, das bei ganz großen Maschinen zu erhalten, überschreitet nie den Wert von 93 bis 94 %. Das Verhältnis der erzeugten elektrischen Energie zur aufgewandten mechanischen, beide in demselben Einheitsmaß, entweder beide in Watt oder beide in Pferdestärken ausgedrückt, nennt man den Wirkungsgrad γ der Maschine.

Ist e die Klemmenspannung einer Maschine bei einer Stromleistung von J Amper, so ist der Wirkungsgrad der Maschine, wenn hierzu P mechanische Pferdestärken aufgewendet werden müssen,

$$\gamma = \frac{\dfrac{e \times J}{736}}{P}$$

Der Wirkungsgrad einer Maschine ist übrigens abhängig von der Beanspruchung derselben. Am größten ist der Wirkungsgrad bei guten Maschinen bei der normalen, bei jeder Maschine anzugebenden Leistung.

Sinkt diese oder wird sie durch Unwissenheit größer genommen, so sinkt der Wirkungsgrad sehr rasch. Es ist daher ratsam, die Maschine immer voll, nie aber zu hoch zu belasten. Es liefere eine Maschine bei 1000 Touren (n = 1000) einen Strom J von 1000 A bei einer Klemmenspannung e = 4 V. Braucht diese Maschine zum Betriebe etwa eine mechanische Energie von 7,5 PS, dann ist der Wirkungsgrad der Maschine

$$\gamma = \frac{\dfrac{1000 \times 4}{736}}{7,5} = 0,725 ,$$

das heißt der Nutzeffekt ist 72,5 %, es werden 72,5 % von der angewendeten mechanischen Energie in nützlich abgegebene elektrische Energie umgewandelt. Die übrigen 27,5 % gehen durch Reibung, Strom- und Hysteresisverluste (Verluste durch Ummagnetisierung) in Wärme über. Wird eine Dynamomaschine von der Transmission aus durch Riemen angetrieben, so entsteht dadurch außerdem ein Verlust von 2 bis 4 %, der für den Betrieb der Dynamomaschine nötigen mechanischen Energie. Es ist daher zweckmäßig, die Übertragung der mechanischen Energie auf die Riemenscheibe der Dynamomaschine durch Riemen tunlichst zu vermeiden, und man verwendet daher, wo dies nur möglich ist, zum Antrieb der Dynamomaschine besondere Elektromotoren, denen aus einer elektrischen Leitung, die an das Netz einer größeren Zentrale angeschlossen ist, elektrischer Strom zugeführt wird, wodurch die Motoren in Bewegung gesetzt werden. Es findet bei den Elektromotoren die umgekehrte Wirkung statt wie bei den Dynamomaschinen, die, zum Unterschiede von den Motoren, Generatoren genannt werden. Die Wirkung der Motoren beruht auf denselben Prinzipien wie die Generatoren, welche bereits im Kapitel über die elektromagnetischen Wechselwirkungen behandelt worden sind.

Werden Elektromotoren zum Antrieb der Dynamomaschinen benutzt, so vereinigt man Generator und Motor am vorteilhaftesten direkt miteinander in der Weise, daß man die beiden Maschinenwellen unmittelbar verbindet (verflanscht), wodurch eine Riemenübertragung wegfällt und Energieverlust vermieden wird. Will man ein solches System in Bewegung setzen, so muß man den Strom sukzessive in die Ankerwicklung des Motors einleiten, vorher aber das magnetische Feld des Motors erregt haben. Beide Aufgaben sind durch die Anlaßwiderstände erfüllt, die vor die Anker der Motoren geschaltet sind und, aus Drahtspiralen bestehend, die Spannung des Stromes nach und nach auf den Betrag der Netz- oder Betriebsspannung bringen. Würde man plötzlich, also ohne Anlaßwiderstand den Elektromotor an die Netzleitung schalten, so könnte der Fall eintreten, daß die Isolierung der Ankerdrähte infolge des hohen, durch Induktion entstehenden Induktionsstromes durchgeschlagen, die Maschine dadurch unbrauchbar und reparaturbedürftig würde.

Man verwendet in der Galvanotechnik, falls nicht besonders großer Fabrikbetrieb vorherrscht, Maschinen mit einer Klemmenspannung von 1,5 bis 5 V. Maschinen, wie sie zur Erzeugung des elektrischen Lichts gebraucht werden, sind in der Elektroplattierung nicht verwendbar, da deren Klemmenspannung gewöhnlich 65, 110 oder 220 Volt beträgt; es müßte die hohe Klemmenspannung durch große Drahtwiderstände erst auf kleine Spannung gebracht werden, was aber bei größerem Stromverbrauch in Amper sehr unrationell wäre, da dann der nützliche elektrische Effekt nur etwa 5 bis 6 % des mechanisch aufgewendeten betragen würde. Die für die Galvanotechnik notwendigen Maschinen haben für gewöhnlich große Stromstärken bei kleiner Klemmenspannung zu liefern, während für elektrische Beleuchtung große Spannungen bei verhältnismäßig kleinen Stromstärken verlangt werden.

Einer der wichtigsten Teile einer Niederspannungsdynamo ist die Bürstenapparatur. Der von der Dynamo erzeugte Strom wird vom Kollektor, der bei modernen Maschinen stets aus hart gezogenem Kupfer besteht, durch Kupferkohlebürsten abgenommen. Diese Kohlen unterscheiden sich ganz wesentlich von den Kohlen, welche an Elektromotoren benutzt werden, denn angesichts der kleinen Spannung, welche von den Niederspannungs-Dynamos geliefert werden, muß man auf einen tunlichst kleinen Verlust durch Übergangswiderstand zwischen Kollektor und Bürsten Bedacht nehmen. Bis vor einigen Jahren hatte man daher fast durchwegs bei Niederspannungsdynamos sogenannte Kupfergewebebürsten verwendet, das waren Stromabnehmer, welche aus feinmaschigem Kupfergewebe hergestellt waren. Mitunter, besonders bei höheren Spannungen verwendete man anstatt Kupfergewebe ein hartes Messinggewebe, welches einen höheren Widerstand besitzt, wodurch die „Kommutierung" besser vor sich ging und das bei größeren Stromstärken und Spannungen von beispielsweise 6—10 Volt leicht vorkommende Feuern der Bürsten vermieden wurde. Auch benutzte man sogenannte Metallblätterbürsten (Boudreaux-Bürsten) aus ganz dünnen Kupferfolien und auch solche aus dünnem Messingblech und brachte Graphit zwischen die einzelnen Blätter, um dadurch einen größeren Querwiderstand in der einzelnen Bürste zu erzeugen, was bekanntlich für die funkenfreie Kommutierung der Dynamos von Bedeutung ist.

Die neueren Maschinen werden aber mit den obenerwähnten Kupfer-Kohlebürsten ausgestattet und zwar sind dies Klötze aus einem nach besonderem Verfahren hergestellten Gemisch von Kohle und Kupfer. Im allgemeinen dürfen diese Kupferkohlebürsten per qcm Querschnitt nicht höher als mit 25 Amp. belastet werden und ist vor Inbetriebnahme neuer Bürsten stets besonderer Bedacht darauf zu legen, daß die Lauffläche dieser Bürsten vollkommen der Kollektoroberfläche angepaßt ist, was man durch Einschleifen mit Bimstein erreicht. Wie dies vor sich zu gehen hat, sagen die jeder solchen Maschine beizulegenden

Betriebsvorschriften. Nicht jede Kupferkohlenbürste ist aber ohne weiteres für eine Niederspannungsdynamo brauchbar und man benütze immer nur die von der liefernden Firma bestimmten Kupferkohlebürsten, weil es zur funkenfreien Kommutierung genau darauf ankommt, daß die Kohle in ihrer Zusammensetzung, welche die besonderen Widerstandsverhältnisse bedingt, verwendet wird, welche bei der Berechnung der Dynamo in Rücksicht gezogen wurde.

Maschinen mit höheren Ampereleistungen erhalten sehr oft sogenannte „Kommutierungskohlen" neben den gewöhnlichen Stromabnehmerkohlen und erkennt man diese daran, daß sie einen höheren Graphitgehalt aufweisen, was schon an dem dunkleren, weniger metallischen Aussehen zu erkennen ist. Zudem sind diese Kohlen in der Drehrichtung des Kollektors voreilend angebracht, und bei Ersatz dieser Kohlen ist stets darauf zu achten, daß an diese vorgeschobenen Kohlenhalter auch die richtigen „Kommutierungskohlen" eingesetzt werden.

Regulierung der Klemmenspannung bei Dynamomaschinen. Wir haben gesehen, daß mit zunehmender Belastung eines Generators seine Klemmenspannung sinkt. Es ist in der Elektroplattierung vor allem aber notwendig, eine konstante Klemmen- oder Netzspannung zu bekommen, wie sich auch die Stromentnahme gestalten möge.

Für den Fall, daß wir stets die normale Belastungsstromstärke J entnehmen, für welche die Maschine gebaut ist, wäre auch die Klemmenspannung immer dieselbe. Da sich aber bei dem Betrieb einer Elektroplattieranstalt nie vermeiden läßt, daß bald große, bald kleine Stromstärken der Maschine entnommen werden müssen, so ist die Anbringung einer Reguliervorrichtung unumgänglich notwendig, die die Klemmenspannung der Maschine bei jeder beliebigen Stromstärke konstant erhält. Dieser Regulierapparat wird uns durch den Nebenschlußregulator dargestellt. Der Nebenschlußregulator ist ein aus einzelnen Drahtspiralen hergestellter künstlicher Widerstand, der in die Nebenschlußwicklung der Maschine eingeschaltet wird. Ist die Spannung durch geringere Stromentnahme über die normale Klemmenspannung gestiegen, so führt man die ursprüngliche Klemmenspannung, das heißt diejenige, welche man bei der normalen Belastung haben würde, dadurch wieder herbei, daß man die Stromstärke im Nebenschluß verringert. Dies geschieht durch Vergrößerung des Widerstandes des Nebenschlußstromkreises, indem man eine oder mehrere Spiralen des Nebenschlußregulators einschaltet, was in einfacher Weise durch Drehen eines Kontakthebels erreicht werden kann. Hat man den ganzen Widerstand des Nebenschlußstromkreises derart vergrößert, daß die höhere Spannung doch nur diejenige Stromstärke durch die Magnetwicklung schicken kann, welche der Erzeugung der normalen Klemmenspannung entspricht, so ist der verlangte Zweck erreicht. Hat man nun aber so mehrere Spiralen des Nebenschlußregulators eingeschaltet und wird eine höhere Stromstärke entnommen, so muß man wieder entsprechend viel Spiralen abschalten, man verringert dann den Widerstand des Nebenschlußstromkreises, wodurch auch wieder eine höhere Stromstärke durch diesen Stromkreis fließt. Durch entsprechende Regulierung kann dann die Spannung wieder leicht auf den gewünschten Betrag gebracht werden. Durch Vergrößerung der Erregerstromstärke wird also die Klemmenspannung der Maschine erhöht, im umgekehrten Fall herabgedrückt. Zu bemerken ist jedoch, um Enttäuschungen vorzubeugen, daß Klemmenspannungen, die höher sind als die normale Bestriebsspannung durch den Nebenschlußregulator allein nicht erreicht werden können; die Maschine müßte dann schon für erhöhte Spannungen berechnet sein, bei welchen die Magnetwicklung reichlicher dimensioniert sein muß, als es die normalen Betriebsverhältnisse erfordern würden. Es ist in diesem Fall bei normalem Betrieb stets ein Ballastwiderstand in den Nebenschlußstromkreis eingeschaltet. Schaltet man diesen aus oder verringert ihn, so wird dadurch die Spannung der Maschine über den normalen Betrag gesteigert.

Oft wird von Niederspannungsmaschinen verlangt, daß man bei gleichbleibender Belastung in Amperes die Klemmenspannung bedeutend reduzieren könne, ohne daß dabei die Maschine funkt oder gar die Spannung verliert. Dies ist aber, wenn eine einigermaßen bedeutende Verminderung an Klemmenspannung gewünscht wird, nur durch Einbau sogenannter „Wendepole" zwischen die gewöhnlichen Maschinenpole möglich, wodurch sich allerdings der Preis einer solchen Maschine nicht unbedeutend erhöht. Derartige Maschinen sind aber in bezug auf Funkenbildung ungemein unempfindlich.

Auch bei Motoren werden mitunter Nebenschlußregulatoren verwendet und haben dann nur den Zweck, die Tourenzahl innerhalb bestimmter, nicht zu großer Grenzen zu variieren.

Jede Dynamomaschine besitzt eine sogenannte Poltafel, auf welcher die Ableitungskabel von der Bürstenapparatur herkommend münden und in Anschlußklemmen endigen. Ferner besitzt diese Poltafel auch die Klemmen, mit welchen der Nebenschlußregulator zu verbinden ist. Solange an diesen Verbindungen nichts geändert wird, gibt die Dynamo stets den Strom gemäß der Polbezeichnung auf dieser Poltafel, d. h. es geht der Strom vom Pluspol aus, mit dieser Klemme sind die +Leitungen (Anodenleitung) zu verbinden, während mit dem — Pol die negativen Leitungen (Warenleitung) zu verbinden sind. Es kommt nun aber vor, zumal wenn einerseits der Nebenschlußregulator ausgeschaltet wird und damit die Magnetwicklung der Dynamo ohne Erregung bleibt und anderseits die Maschine sogenannten Rückstrom (Polarisationsstrom) von solchen Bädern erhält, welche, wie wir später sehen werden, einen Polarisationsstrom erzeugen, daß dann die Maschine ihre Polarität umkehrt, was natürlich sich höchst unliebsam dadurch bemerkbar macht, daß bei Wiederbeginn der Arbeit in den Bädern, wenn man die Polarität indessen nicht wieder richtiggestellt hat, die Gegenstände nicht nur keinen Metallüberzug erhalten, sondern im Gegenteil als Anoden wirken, d. h. aufgelöst werden. Dadurch können wertvolle Bäder leicht Schaden nehmen, wenn man dieses Verkehrtarbeiten der Dynamo nicht sofort bemerkt. Bei Verwendung von aperiodischen Meßinstrumenten, den Präzisionsinstrumenten, sieht man dies verkehrte Arbeiten der Maschine sofort daran, daß die Zeiger der Instrumente verkehrt ausschlagen, weil die Drehspuhlinstrumente nur bei richtiger Polarität des Stromdurchganges nach der geeichten Seite ausschlagen.

Man kann die Maschine nun leicht wieder umpolen, wenn man beide Verbindungen des Nebenschlußregulators löst und mit Fremdstrom z. B. aus einer Akkumulatorenbatterie oder aus einem starken galvanischen Element Strom in die Magnetwicklung schickt, während die Maschine läuft. Man braucht dann nur die Ausschläge des Präzisionsvoltmessers zu beobachten und es genügt ein solches Erregen mit Fremdstrom auf einige Sekunden, um der Dynamo wieder die richtige Polarität zu verschaffen. Die Verbindungen der Nebenschlußwicklungsdrähte auf der Poltafel müssen natürlich dann wieder richtig vorgenommen werden; die Drähte werden dann probeweise an die Nebenschlußklemmen der Poltafel angehalten und erst dann wieder verschraubt, wenn man sich solcherart vom richtigen Anschluß und der wieder richtigen Polarität der Dynamo überzeugt hat.

Wahl des Aufstellungsortes für die Dynamomaschinen und Wartung der Maschinenanlage. Die Dynamomaschine ist die Triebfeder einer Elektroplattieranstalt, es ist daher deren Behandlung und Wartung besondere Sorgfalt zuzuwenden. Die nachfolgend angeführten Vorschriften sind so zusammengestellt, wie sie ein tadelloser Betrieb einer Anlage erfordert.

Die Maschine soll womöglich von der übrigen Anlage, speziell aber von den Räumen für Schleiferei, Beizerei und Dekapierung abgesondert sein. Am besten bringt man die Maschinenanlage in einem abgeschlossenen Raum unter, der entweder in der Nähe des Bäderraumes oder im Bäderraum selbst sein kann, wenn man in letzterem Fall einen Teil desselben für die Maschinenanlage bestimmt und durch einen passenden Verschlag abschließt, aber so, daß man stets dazu gelangen kann und auch Licht genug vorhanden ist, um alle Vorgänge an den Maschinen verfolgen zu können. Nicht unzweckmäßig ist es, die Dynamomaschine oder, wenn diese mit einem Elektromotor gekuppelt ist, das ganze Aggregat in einen verglasten Verschlag einzuschließen, falls die Trennung der anderen oben angeführten Räume von der Dynamomaschinenanlage nicht möglich ist. Man hält so Staub und Unreinlichkeit von der Maschine fern. Der Verschlag mit der Dynamomaschine kann dann entweder in einer Ecke des Bäderraumes oder in der Mitte der Bäderreihe aufgestellt werden; das ist Sache der installierenden Firma und richtet sich lediglich nach der Leitungsanlage.

Der Antrieb der Dynamomaschine erfolgt entweder durch Riemenübertragung von einer Transmission (man vermeide zu steile und kurze Riemenzüge), oder durch direkte Kupplung mit einer eigenen Kraftmaschine. In Städten, wo sich elektrische Zentralen befinden, oder in größeren Fabriksanlagen, die ihre eigene elektrische Zentrale besitzen, verwendet man vorteilhaft die direkte Kupplung mit Elektromotoren, ein Aggregat, siehe Figur 46.

Wie schon einmal erwähnt, hat man.dabei den Vorteil, die Verluste durch Riemenübertragung beseitigt zu haben und über die Kosten der Stromerzeugung sich leicht ein Bild zu machen, indem der von der betreffenden Zentrale zu liefernde Elektrizitätszähler (Wattstundenzähler) genau die vom Motor verbrauchten Wattstunden angibt. Man kann sich daraus, mit Hilfe des für jede Stadt festgesetzten Preises der Hektowattstunde (100 Wattstunden), leicht und schnell die Kosten berechnen, die die Stromerzeugung verursacht.

Außerdem erreicht man dadurch eine stets konstante Tourenzahl und vermeidet die lästigen Schwankungen der Klemmenspannung, die bei Antrieb durch Riemen von einer allgemeinen Transmission stets auftreten, wenn Belastungsschwankungen der Hauptkraftmaschine entstehen.

In unmittelbarer Nähe der Dynamomaschine oder der ganzen elektrischen Anlage hat man die Hauptschalttafel anzubringen, auf welcher die für die Maschine, eventuell Motor- und Akkumulatorenbatterie nötigen Schalt-, Regulier- und Meßapparate angebracht sind. Derartige Schalttafeln werden zumeist aus Marmor, für kleinere Niederspannungs-Dynamos häufig auch aus Holz hergestellt.

Der Wärter der Maschinenanlage, der auch in der kleinsten Anlage mit Dynamomaschinenbetrieb nicht fehlen soll, weil zumindest ein bestimmter Mann dauernd damit betraut sein soll, hat dafür zu sorgen, daß der Voltmesser, mit welchem sowohl die Maschinenspannung wie auch die Netzspannung gemessen wird (mittels Voltumschalters), stets den gewünschten Normalwert angibt. Bei zu hohen Werten, die dadurch entstehen, daß geringere Belastungen der Dynamomaschinen ein Steigern der Klemmenspannung der Maschine bewirken, ist mittels des Nebenschlußregulators die Klemmenspannung wieder auf den normalen Stand zu regulieren, im anderen Fall zu erhöhen. Der auf der Hauptschalttafel angebrachte Hauptstromamperemesser, der die totale in den Bäderraum strömende Stromstärke anzeigt, darf niemals einen höheren Wert angeben als die maximale Stromstärke, für welche die Maschine gebaut ist; bei guten Dynamomaschinen sind jedoch Überleistungen von 10 bis 15 % für die Maschine noch gefahrlos und tritt bei guter Bauart der Dynamo dann auch noch keine nennenswerte Funkenbildung an den Bürsten ein. Ein Sinken der Klemmenspannung bei solcher Überlastung ist dann aber unvermeidlich und ist in der „Charakteristik" der Nebenschluß-Maschine begründet.

Auf der Hauptschalttafel kann überdies ein Hauptausschalter und Bleisicherungen für die Dynamomaschine angebracht sein, wodurch die Maschinenanlage vor allzu großer Überlastung, wie etwa durch einen zufälligen Kurzschluß geschützt wird.

Ist einmal eine Bleisicherung abgeschmolzen, so ist dadurch die Stromleitung unterbrochen, man setze an deren Stelle eine neue, vorrätig zu haltende Sicherung ein. Jeden Morgen und Mittag hat der Maschinenwärter den Hauptausschalter

Fig. 46.

vor Ingangsetzung der Dynamomaschine einzulegen und am Schluß jeder Arbeitsperiode nach dem Abstellen der Maschine die Zuleitung zu den Bädern durch Auslegen des Ausschalterhebels zu unterbrechen, wodurch ein mögliches „Umpolen" der Maschine vermieden wird.

Bei kleineren Anlagen kann man zwar von einigen Apparaten absehen, das heißt sie sind zur Ausführung der Arbeiten nicht unumgänglich notwendig; will man aber eine Kontrolle des angewandten Stromes haben, wie dies bei richtigem und rationellem Betrieb geboten ist, so sind diese Apparate unerläßlich und ein gebildeter Galvanotechniker wird damit kaufmännische und technische Vorteile erzielen.

Mit der Wartung der Maschinenanlage soll nur ein in die Verhältnisse der Dynamomaschinenkonstruktion eingeweihter und mit deren Wirkungsweise vertrauter Mann beauftragt werden, dem außer den genannten Obliegenheiten auch die Einhaltung der Betriebsvorschrift für Dynamomaschinen, die von jedem Lieferanten beigegeben werden soll, obliegt.

Von der Größe der Entfernung der Dynamomaschine vom Bäderraum ist die Dimensionierung der Leitung abhängig, wie dies in einem früheren Kapitel bereits dargetan wurde.

Zwecks Bestimmung der Leitungsanlage und deren Dimensionierung sind bei Projektierung einer Elektroplattieranstalt stets Skizzen der Räumlichkeiten vorzulegen und ist sorgfältig zu erwägen, wie und wo die Maschinenanlage untergebracht werden soll.

Es kann nicht oft genug darauf hingewiesen werden, daß die Anlage der Hauptleitung mit zu den wichtigsten Teilen der Anlage gehört und daß von ihrer richtigen und zweckmäßigen Ausführung der kaufmännische und technische Erfolg beeinträchtigt wird.

Parallelschaltung von Dynamomaschinen. Es wird nicht selten der Fall eintreten, daß eine bestehende Anlage durch Neuanschaffung einer zweiten oder weiteren Dynamomaschine vergrößert wird und diese neuen Maschinen, mit den alten vereint, auf ein und dasselbe Leitungsnetz arbeiten sollen. Zu diesem Zweck werden die Dynamomaschinen parallel geschaltet.

Ist ein eigener Raum vorhanden, in welchem die Dynamomaschinenanlage untergebracht wird, so wird man zumeist die Leitungsanlage der größeren Stromleistung entsprechend umgestalten müssen; ist die Maschinenanlage jedoch überhaupt nicht zentralisiert, sollen vielmehr die neu aufgestellten Dynamomaschinen auf eine oder mehrere getrennte Bädergruppen oder Bäder arbeiten, so wird ja ohnedies eine neue Leitung erforderlich werden und damit das Bedürfnis einer Veränderung der alten Leitungsanlage wegfallen.

Für den Fall der Parallelschaltung mehrerer Maschinen auf ein gemeinsames Netz gilt folgendes Prinzip:

Die neue Dynamomaschine D_1 in Figur 47 wird mit ihrem + Pol an die + Leitung, mit ihrem — Pol an die — Leitung des Netzes geschaltet. Um nun den Betrieb mit der neuen Maschine D_1 in Gemeinschaft mit der alten Maschine D zu eröffnen, wird zuerst die eine von beiden, etwa D_1 in Betrieb gesetzt, wie dies bereits erklärt ist.

VM zeigt dann die erforderliche Betriebsspannung an. Nun erregt man die Maschine D_1, wobei der Ausschalter HA_1 offen sein muß, sonst würde von D nach D_1 Strom fließen, was zunächst einem Kurzschluß der Maschine D gleichkommt, und D_1 als Motor laufen, der seinen Strom von D bekommt. Ist die Erregung der Maschine D_1 so stark geworden, daß der Voltmesser VM_1 dieselbe Spannung zeigt wie VM, dann kann der Ausschalter HA_1 eingelegt werden. Es fließt aber jetzt noch kein Strom in das Netz von D_1 aus; dies wird erst dadurch erreicht, daß man die Maschine mit Hilfe des Nebenschlußregulators NR_1 weiter erregt, bis im Amperemeter AM_1 die auf die Dynamomaschine D_1 entfallende, an das Netz abzugebende Stromstärke angezeigt wird.

Aus dem Gesagten geht hervor, daß man bei der Parallelschaltung von Dynamomaschinen wohl ganz gut Maschinen mit verschiedener Ampereleistung, niemals aber solche mit verschiedener Klemmenspannung verwenden kann.

Läßt sich der nach Aufstellung neuer Dynamomaschinen vergrößerte Betrieb derart gestalten, daß man Bäder hintereinander schaltet (siehe Kapitel: Anschluß der Bäder an die Hauptleitung), dann wird man, falls die neuen Maschinen den gleichen inneren Widerstand des Ankers besitzen wie die alten, also für gleiche Stromstärke gebaut sind, die Maschinen auch hintereinander schalten können.

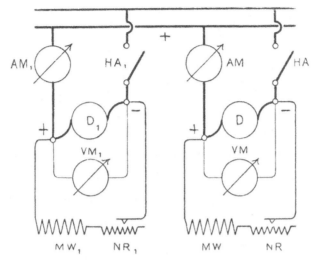

Fig. 47.

Fig. 48.

Dabei ist die alte Leitungsanlage beizubehalten, jedoch die Bäderanlage umzugestalten. Das Prinzip der Hintereinanderschaltung ist wohl durch Analogie mit der Hintereinanderschaltung von Elementen bereits als bekannt anzusehen.

Gleichstrom-Einankerumformer. Die Elektrotechnik hat neben den durch Riemenscheiben anzutreibenden Dynamos zur Erzeugung von Niederspannungsstrom auch Maschinen konstruiert und in die Praxis eingeführt, welche Dynamo und Elektromotor auf einem Anker und in einem Magnetgehäuse vereint haben und ihnen, weil es sich also um eine direkte Umformung von Hochspannungsstrom in Niederspannungsstrom handelt, die Bezeichnung „Einanker-Umformer" beigelegt. Natürlich kann man mit diesen Maschinen nur Gleichstrom von 65, 110 oder 220 Volt (auch 440 Volt) in niedergespannten Gleichstrom umwandeln, und da der eigentliche Antriebsmotor bei diesen Maschinen bereits auf dem Anker der Maschine eingebaut ist, erübrigt sich jede Transmission und Riemenzug, die Maschine läuft wie ein Elektromotor und kann daher bequem überall, selbst auf einem Tisch, aufgestellt werden. Fig. 48 zeigt die Bauart solcher Einanker-Umformer, die selbst für größere Stromstärken von mehreren 100 Amp. gebaut werden. Man spricht dann bei solchen Maschinen von einer Primär- und einer Sekundärleistung und meint unter Primärspannung die Spannung des betreffenden Leitungsnetzes der Zentrale, an welche diese Maschine als Motor angeschlossen werden muß, mit der Sekundärleistung wird diejenige umgeformte Energie bezeichnet, welche aus der Maschine für die verschiedenen Zwecke nutzbar entnommen werden soll.

Aggregate. Zur Umformung größerer Energiemengen, wie sie in größeren galvanotechnischen Betrieben erforderlich sind, greift man aber zu sogenannten Maschinenaggregaten, das sind Maschinenkombinationen aus separatem Antriebsmotor, direkt durch starre oder flexible Kupplungen verbunden mit der stromliefernden Dynamo. Siehe Fig. 46.

In diesen Fällen muß natürlich die Dynamo genau die gleiche Tourenzahl des Antriebsmotors aufweisen, weshalb im allgemeinen keine beliebigen Antriebsmotoren benutzt werden können, sondern es muß am besten von ein und derselben Firma sowohl Motor als Dynamo genau zueinander passend berechnet und konstruiert und zusammengebaut werden. Damit die Funktion solcher Maschinenaggregate einwandfrei sei, werden sie auf gemeinsamen gußeisernen Grundplatten, mitunter auch auf Profileisen-Konstruktionen, zusammengebaut und befestigt und auf einem gemauerten Fundament montiert. Es lassen sich auf solche Art und Weise nicht nur Aggregate schaffen, bestehend aus Dynamo und Gleichstrommotor, sondern man kann mit der Dynamo ebenso gut auch Drehstrom- oder Wechselstrommotoren kuppeln, schließlich kann man auch Benzinmotoren oder Dampfmaschinen auf solche Weise direkt mit größeren Dynamos kuppeln. Bei Verwendung von Wechselstrom-Antriebsmotoren ist bei Beschaffung solcher kombinierter Aggregate auf die Periodenzahl des Leitungsnetzes sowie auf die Netzspannung in Volt zu achten, denn dadurch wird die Tourenzahl dieser Maschinen von vornherein festgelegt. Die gebräuchlichen Wechselstrom- oder Drehstromnetze arbeiten gewöhnlich mit 50 Perioden, es kommen aber auch 40, 42 und andere Periodenzahlen in Frage. Je höher die Periodenzahl des Netzes ist, desto höher wird unter sonst gleichen Verhältnissen die Tourenzahl des Motors. Für 50 Perioden ist es nur möglich, Tourenzahlen von ca. 1450 (bei 4 poliger Wicklung des Antriebsmotors) zu erreichen oder 1000 Touren (bei 6 poliger Wicklung), 750 Touren (bei 8 poliger Wicklung) und ebenso ca. 2800 Touren (bei 2 poliger Wicklung). Ist die Periodenzahl verschieden von 50, so ändert sich annähernd prozentual die Tourenzahl entsprechend der Periodenzahl.

Wirkungsgrad der Umformung. Bei den Dynamomaschinen haben wir bereits den Begriff Wirkungsgrad und Nutzeffekt kennengelernt und können wir uns an dieser Stelle deshalb bereits über die Berechnung des Wirkungsgrades einer Umformereinrichtung, sei es nun eines Gleichstrom-Einanker-Umformers oder eines beliebigen Maschinenaggregates, unterhalten. Wird z. B. in einer solchen Umformermaschine primär Gleichstrom von 220 Volt verwendet und sekundär 4 Volt 100 Amp. erzeugt und entnommen, so wird nicht etwa auch primär aus der Kraftzentrale für den Motorantrieb 400 Watt verbraucht, sondern dem Wirkungsgrade der Maschine entsprechend mehr. Um diesen Primärstromverbrauch zu errechnen, sofern er von der liefernden Firma nicht direkt angegeben wird, muß man den Wirkungsgrad des Antriebsmotors in Rechnung ziehen. Bei Gleichstrommotoren und bei kleineren Wechsel- und Drehstrommotoren ist der Wirkungsgrad allgemein 0,65 bis 0,8. Von etwa 5 PS an steigt der Wirkungsgrad solcher Motoren bereits auf 0,85 und wird bei Motoren von mehr als 25 PS 0,88 bis 0,9. Der Gesamtwirkungsgrad eines Maschinenaggregates wird bestimmt durch Multiplikation der Wirkungsgrade der einzelnen Maschinen und zwar beträgt etwa der Wirkungsgrad des Motors 0,8, der der Niederspannungsdynamo 0,75, so ist der Gesamtwirkungsgrad der Umformung durch solche kombinierte Maschinen

$$\eta = 0.8 \times 0.75 = 0.6,$$

d. h. es werden von den primär aufgewendeten Kilowatt nur 60 % auf der Sekundärseite nutzbar in Form von Niederspannungsstrom wieder abgegeben.

Direkte Verwendung des Stromes städtischer Zentralen. Die vorerwähnten maschinellen Umformer-Vorrichtungen werden immer dort angewendet, wo es sich um nennenswerten Strombedarf in galvanischen Anlagen handelt. Es kommen aber auch Fälle vor, wo nur Bruchteile eines Ampers oder nur wenige Amper zum Betrieb kleiner galvanischer Bäder Anwendung finden, und da wäre die Aufstellung eines rotierenden Maschinenumformers unrentabel. Man kann sich in solchen Fällen auch direkt den Gleichstrom aus städtischen Zentralen zunutze machen, indem man den hochgespannten Strom entsprechend herabdrosselt, was auf verschiedene Art und Weise geschehen kann.

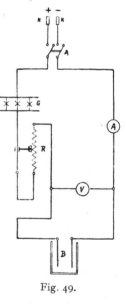

Der einfachste Weg ist der, eine Glühlampenbatterie vor das Bad zu schalten und außerdem einen feinstufigen Drahtwiderstand nach folgender Skizze einzuschalten.

Fig. 49 zeigt die Ausführung der Schaltung. An die Klemmen KK_1 der Gleichstromleitung von beispielsweise 220 Volt Spannung wird die Glühlampenbatterie G und der Gleitdrahtwiderstand R vor das galvanische Bad geschaltet, ein entsprechendes Ampermesser AM und ein Voltmesser VM in bekannter Weise damit verbunden. Ein doppelpoliger Hebelschalter A nebst

Fig. 49.

Sicherungen vervollständigen eine solche Einrichtung für kleinste Strombedarfe.

Eine normale Glühlampe von etwa 25 Kerzenstärke erfordert etwa 0,2 Amp., wenn sie mit voller Lichtstärke leuchtet, sie läßt also durch den ganzen mit ihr verbundenen, an das Netz angeschlossenen Badstromkreis höchstens diese 0,2 Ampere hindurch. Sei W_G der Widerstand der Glühlampenbatterie, W_R der des Gleitdrahtwiderstandes, W_B der Badwiderstand, so besteht nach dem Ohmschen Gesetz die Beziehung

$$i = \frac{e}{W_G + W_R + W_B},$$

wobei e die Netzspannung, also in unserem Falle 220 Volt, ist.

Der Spannungsverlust, der durch den Betrieb einer Glühlampe bei voller Lichtstärke, also bei z. B. 220 Volt verursacht wird, ist nur dann zu erreichen, wenn in dem betreffenden Stromkreis, in welchen diese Glühlampe eingeschaltet ist, nicht noch ein weiterer Widerstand zugeschaltet ist. Er ist dann eben

$$E = i \cdot W_G,$$

wenn W_G der Widerstand des Glühlampenfadens bedeutet. Daraus wird

$$W_G = \frac{E}{i}$$

Der Spannungsabfall in der Glühlampe ist somit gleich der Netzspannung, und der Widerstand der Lampe würde sich bei den gemachten Annahmen zu

$$\frac{220}{0,2} = 110 \text{ Ohm}$$

errechnen. Wird der Widerstand des Gesamt-Stromkreises durch Einschaltung weiterer Widerstände W_B und W_R vermehrt, so sinkt die Stromstärke i, die durch den ganzen Stromkreis und also auch durch die Lampe fließt, nach der Gleichung

$$i = \frac{220}{110 + W_B + W_R}$$

Den Widerstand W_R stellt zumeist ein äußerst feinstufiger, sogenannter Gleitdrahtwiderstand dar, dessen maximaler Widerstand vom projektierenden Elektrotechniker einerseits mit dem vorhandenen Strombedarf des betreffenden Bades, andererseits mit der Größe der Glühlampenbatterie in Einklang zu bringen ist.

Fig. 50.

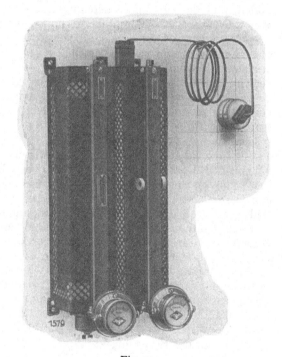

Fig. 51.

Die Vermehrung des dem Bade zuzuführenden Stromes aus dem städtischen Netz über 0,2 Ampere hinaus würde also dadurch erfolgen, daß man anstatt einer Lampe mit 0,2 Ampere Strombedarf 2, 3 oder mehr Lampen gleicher Größe oder aber einfach Lampen mit größerem Strombedarf einschaltet, was auf einfache Weise dadurch bewerkstelligt wird, daß man in die Glühlampenfassungen normaler Art nach und nach dem größeren Strombedarf entsprechend mehrere solcher Lampen einschraubt. Die Feineinstellung der vorgeschriebenen Badspannung, die an einem Präzisionsvoltmesser kontrolliert wird, geschieht dann mittels des obenerwähnten Gleitdrahtwiderstandes.

Anstelle der Verwendung einer Glühlampenbatterie werden für kleinere Betriebsstromstärken und zwar bis zu 5 Ampere auch einfache Vorschaltewiderstände in Form sogenannter Gleitdrahtwiderstände benutzt, wie Fig. 50 zeigt. Durch entsprechende Dimensionierung des ganz eng aufgewickelten Widerstandsdrahtes kann man je nach Länge der Spule ganz bedeutende Widerstände erzielen, so daß man den Netzstrom einer elektrischen Zentrale von 110 oder 220 Volt Gleichstrom solcherart direkt verwendet, wenn man die dabei sich ergebenden Verluste an elektrischer Energie in Kauf nimmt. Bei kleinerem Strombedarf spielt dieser Energieverlust meist keine Rolle, deshalb werden solche Vorschaltewiderstände auch immer nur für kleine Stromstärken gebaut. Die Einregulierung erfolgt durch Betätigung des Schiebers, der die aufgewickelte Widerstandsspirale entlang läuft und eine äußerst feine Einstellung ermöglicht. Diese Vorschaltewiderstände werden auch mit kleinen Volt- und Amperemetern ausgerüstet, eine Leitungsschnur mit Stecker ermöglicht den einfachen Anschluß an die Lichtleitung. Die Abbildung Fig. 51 zeigt einen Doppel-Röhrenwiderstand mit Stecker und Meßinstrumenten.

Man kann bei geeigneter Wahl des Gleitdrahtwiderstandes auf diese Weise direkt unter Benutzung des Stromes städtischer Zentralen ganz kleine Gegenstände vergolden, versilbern, vernickeln, wie Broschen, ja sogar ganz kleine Flächen, wie Nadelöhre, vergolden, und werden solche Anlagen speziell für Goldarbeiter, Versuchsanstalten und ähnliche Zwecke ausgeführt.

Wechselstrom-Gleichrichter. Steht anstatt Gleichstrom von städtischen Zentralen nur Wechselstrom zur Verfügung, so kann man für kleineren Stromkonsum, ähnlich wie im vorhergehenden Kapitel besprochen, auch an solche Lichtleitungsnetze mit Wechselstrom kleinere galvanische Bäder anschließen, nur muß auf geeignete Weise dieser Wechselstrom zuerst in Gleichstrom umgewandelt werden. In diesen Fällen handelt es sich also nicht um die Kupplung eines Wechselstrom- oder Drehstrommotors mit der Niederspannung liefernden Gleichstromdynamo, sondern um ganz spezielle elektrotechnische Apparate, welche diese Umwandlung des Wechselstroms in Gleichstrom besorgen.

Schon vor vielen Jahren wurde diese Umwandlung des Wechselstroms in Gleichstrom durch die Grisson-Gleichrichter bewerkstelligt und zwar in der Weise, daß aus mehreren unipolaren elektrolytischen Zellen, deren Elektroden so geschaltet sind, daß der an sie angeschlossene Wechselstrom an der Austrittsstelle als Gleichstrom erscheint. Solche elektrolytische Gleichrichterzellen bestehen aus einem Glasgefäß, einer bipolaren Bleielektrode, einer unipolaren Aluminiumelektrode, einer Kühlschlange und einem Deckel mit Polklemmen. Die Bleielektrode liegt am Boden des Gefäßes, die Aluminiumelektrode darüber, die beiden Zuleitungsdrähte im Inneren des Gefäßes werden mit Isolationsrohren überzogen. Die Zelle selbst wird mit einem speziellen Elektrolyt gefüllt und zwar so weit, daß die Kühlschlange vollständig mit Elektrolyt bedeckt ist. Für Wechselstrom von 110 Volt kommen stets 4 solcher Zellen, bei Drehstrom 6 in Anwendung. Für die regelrechte Umwandlung des Wechselstroms in Gleichstrom ist eine besondere Art der Zusammenschaltung dieser 4 bzw. 6 Zellen erforderlich und der solcherart erzielte Gleichstrom ist ein pulsierender Strom, der sich für alle Arten von elektrolytischen Arbeiten ausgezeichnet eignet. Da durch den elektrolytischen Vorgang in diesen Gleichrichterzellen ziemlich viel Wärme erzeugt wird, sind Kühlschlangen angeordnet, um den Elektrolyt dauernd zu kühlen. Man kann Ströme bis zu 25 Ampere aus solchen Zellen entnehmen.

Diese Gleichrichter wurden aber durch die mechanischen oder Relais-Gleichrichter verdrängt, zumal deren Anschaffungskosten niedriger sind, aber auch ihr Betrieb sich einfacher gestaltet. Fig. 52 und 53 zeigen diese Relaisgleichrichter

und zwar Fig. 52 den eigentlichen Apparat selbst, während in Fig. 53 die ganze
Kombination eines solchen Gleichrichters auf einer Marmorschalttafel, mit allen
zur Stromregulierung und Messung erforderlichen Apparaten versehen, dargestellt
ist. Die Umwandlung des Wechselstroms in Gleichstrom erfolgt hierbei dadurch,
daß ein schwingender Kontakt während der Dauer einer halben Periode, d. h.
eines Polwechsels den einen, während der Dauer der anderen halben Periode,
d. h. des zweiten Wechsels den anderen Kontakt schließt. Jeder Apparat besteht aus einem Transformator und einem Kontaktsystem und ist der Kontakthebel mit einem durch permanenten Magneten oder Wicklung gleichnamig
polarisierten Eisenanker verbunden, welcher in einem Streufeld des Trans-
formatoreisenkerns leicht drehbar angeordnet ist. Schaltet man den Wechselstrom ein, so gerät dadurch der Anker in Schwingungen, die nicht nur der

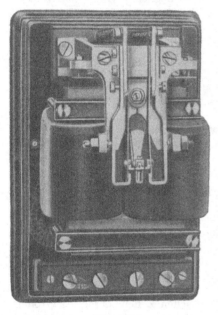

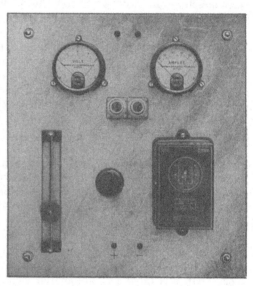

Fig. 52.   Fig. 53.

Periodenzahl, sondern bei entsprechender Kontakteinstellung auch in Phase
genau mit denen des Wechselstroms übereinstimmen. Der Wirkungsgrad eines
solchen Gleichrichters schwankt je nach dem Transformationsverhältnis zwischen
Wechselstromspannung und gewünschter Gleichstromspannung von 0,6 bis 0,9,
d. h. mit anderen Worten, es werden bei dieser Transformation schlimmstenfalls
nur 40% an Energie eingebüßt. Der Anschluß galvanischer Bäder an solche
Gleichrichter darf nur unter Benutzung von Gleitdrahtwiderständen und unter
Benutzung von Präzisions-Instrumenten nach dem Drehspulprinzip vorgenommen
werden, wenn man ein unzulässiges Ansteigen des Stromes verhindern will. Diese
Apparate werden für Spannungen des Wechselstroms bis zu 250 Volt gebaut
und können Ströme von 2—8 Volt und Stromstärken von 5 bis 25 Ampere
daraus entnommen werden. Maßgebend ist für die Ermittlung des geeigneten
Gleichrichters neben der gewünschten Sekundärleistung stets die Spannung und
Periodenzahl des primär verwendeten Wechselstromes oder Drehstromes. Es
leuchtet ein, daß solche Gleichrichter-Anlagen so gut wie keine Wartung erfordern
und sind deshalb für kleine Werkstätten sehr zu empfehlen.

Die Akkumulatoren (Stromsammler).

Wie schon die Bezeichnung dieser Apparate erkennen läßt, handelt es sich bei den Akkumulatoren um eine Ansammlung, Aufspeicherung von elektrischer Energie. Es tritt öfters das Bedürfnis zutage, größere Mengen elektrischer Energie zur Verfügung zu haben, ohne dabei mechanische Kraftmaschinen zu betätigen, was namentlich für den nächtlichen Betrieb maßgebend ist, und man nicht einen an eine städtische Zentrale anschließbaren Umformer oder Aggregat zur Verfügung hat. Zu diesem Zweck werden in den Elektroplattieranlagen die Akkumulatoren verwendet. Die Akkumulatoren oder Sekundärelemente, wie sie auch genannt werden, speichern tagsüber durch Zuführung elektrischer Energie letztere auf, und man kann diese dann den Akkumulatoren nachts wieder entnehmen, wobei die Akkumulatoren wie galvanische Elemente mit guter Depolarisation wirken; auch ihre Schaltungsweise geschieht nach denselben Prinzipien wie jene der galvanischen Elemente.

Der Vorteil der Akkumulatoren gegen galvanische Elemente besteht darin, daß Akkumulatoren rationeller arbeiten als diese, weil kein Verbrauch an chemischen Substanzen auftritt, was bekanntlich bei galvanischen Elementen den hohen Preis der Stromlieferung verursacht.

Die Akkumulatoren werden durch Maschinenstrom geladen, speichern die ihnen zugeführte elektrische Energie auf und können sie zu beliebiger Zeit wieder abgeben.

Die in den Akkumulatoren sich vollziehende Aufspeicherung von elektrischer Energie geschieht aber nicht etwa so wie das Laden einer Leidener Flasche, sondern es wird dabei ein Umweg eingeschlagen und zwar über die chemische Energie. Die Platten der Akkumulatoren werden durch den Strom chemisch verändert, ebenso wie die die Stromleitung zwischen den Platten übernehmende verdünnte Schwefelsäure.

Man führt elektrische Energie zu, bewirkt dadurch eine chemische Reaktion, und sobald man wieder elektrische Energie entnehmen will, wird durch die sich nun umkehrenden Prozesse wieder elektrische Energie erzeugt.

Natürlich treten bei dieser Umwandlung Verluste auf, es wird nicht die ganze aufgebrachte elektrische Energie bei der Stromentnahme wieder zurückgewonnen werden können.

Die Wirkungsweise der Bleiakkumulatoren erklärt sich folgendermaßen:

Taucht man zwei Bleiplatten in verdünnte Schwefelsäure und verbindet sie mit den Polen einer Stromquelle, so nimmt die mit dem + Pol der Stromquelle verbundene Platte eine rotbraune, die mit dem — Pol derselben verbundene eine blaugraue Farbe an. Sehr bald nach Stromschluß tritt nebenbei an der + Platte die Entwicklung von Sauerstoffgas, an der — Platte die von Wasserstoffgas auf. Unterbricht man die Stromzufuhr und verbindet die beiden so veränderten Platten mit einem Galvanoskop, so zeigt die Nadel desselben einen Ausschlag an, der langsam zurückgeht, ein Zeichen dafür, daß ein Strom durch den Stromkreis floß, der nach und nach abnahm, bis er schließlich ganz aufhörte.

Verfasser ist allerdings gezwungen, etwas vorzugreifen, um die Erklärung dieser Erscheinungen schon hier geben zu können, obwohl sie eigentlich schon in das Gebiet der Elektrolyse gehören.

Die beiden Platten in Figur 54 sind mit den Polen der Stromquelle E verbunden. Der die chemische Änderung der Platten und der verdünnten Schwefelsäure (H_2SO_4) verursachende Strom fließt von der + Platte durch die verdünnte Schwefelsäure

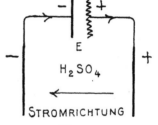

Fig. 54.

zur — Platte, zersetzt dabei den Elektrolyten (H_2SO_4), und zwar wird der an + Platte SO_4 (Schwefelsäurerest), an der — Platte H_2 (Wasserstoff) ausgeschieden.

Der Wasserstoff reduziert das an der — Platte etwa vorhandene PbO (Bleioxyd) zu metallischem, schwammförmigem Blei:

$$PbO \; + \; H_2 \; = \; H_2O \; + \; Pb$$
Bleioxyd   Wasserstoff   Wasser   Bleischwamm

Dies ist also der Vorgang an der — Platte.

An der + Platte reagiert der ausgeschiedene Schwefelsäurerest in seinem Entstehungszustande mit Blei unter Bildung von Bleidisulfat[1]).

$$Pb \; + \; 2\,SO_4 \; = Pb{<}^{SO_4}_{SO_4}$$
Blei   Schwefelsäurerest   Bleidisulfat

Bleidisulfat ist aber in Wasser unbeständig und zersetzt sich nach der Gleichung:

$$Pb{<}^{SO_4}_{SO_4} \; + \; {}^{H_2O}_{H_2O} \; + \; PbO_2 \; + \; 2\,H_2SO_4$$
Bleidisulfat   Wasser   Bleisuperoxyd   Schwefelsäure

Es geht dieser Vorgang in diesem Fall nicht vollständig vor sich, es werden nebenbei auch Schwefelsäureionen entladen, die dann Wasser zersetzen und Sauerstoff abscheiden.

$$2\,SO_4 \; + \; 2\,H_2O = 2\,H_2SO_4 \; + \; O_2$$
Schwefelsäurerest   Wasser   Schwefelsäure   gasförmiger Sauerstoff.

Ebenso entweicht auch an der — Platte gasförmiger Wasserstoff (H_2), sobald sämtliches vorhandene Bleioxyd zu Bleischwamm reduziert worden ist.

Wir haben nun nach Unterbrechung des Stromes die galvanische Kette:

$$\begin{array}{c|c|c} + & & - \\ PbO_2 & H_2SO_4 & Pb \end{array}$$
Bleisuperoxyd | Schwefelsäure | Bleischwamm

Durch Verbindung der beiden Platten + und — erhalten wir den im Galvanoskop beobachteten elektrischen Strom, der im äußeren Stromkreis von der Bleisuperoxydplatte zur Bleiplatte fließt, im Inneren der galvanischen Kette aber von der Bleiplatte zur Bleisuperoxydplatte und er dauert so lange, bis die an den beiden Platten veränderte Oberfläche wieder gleichartig geworden ist.

Das schwammförmige Blei an der — Platte verwandelt sich dabei wieder in Bleisulfat, das Bleisuperoxyd wird zu Bleioxyd reduziert, das mit der vorhandenen Schwefelsäure ebenfalls Bleisulfat bildet. Ist also die ganze Menge veränderter Substanz in Bleisulfat verwandelt, dann hört auch die Stromwirkung auf.

Dieser Vorgang ist demnach als Entladung des Akkumulators zu bezeichnen, während der erstere Prozeß als Ladung zu bezeichnen ist. Durch öftere Wiederholung des Lade- und Entladungsprozesses ist es Planté gelungen, stärkere Schichten solcher aktiver Masse auf den Platten zu erzeugen, so daß die Entladung auf eine immer länger werdende Periode ausgedehnt werden konnte.

Die Bildung dieser Schichten von aktiver Masse an Akkumulatoren nach der Methode Plantés, von deren Stärke einzig und allein die Stromlieferungsfähigkeit, „Kapazität", eines Akkumulators abhängt, heißt Formierung der Platten und ist nach der Plantéschen Methode ein sehr langwieriger, teurer Prozeß. Da die so erzeugten Akkumulatorenplatten den großen Nachteil haben, daß sie nach kurzer Zeit wieder unbrauchbar werden, da die nur sehr locker auf der Platte

---

[1]) Nach Elbs.

sitzende aktive Masse abfällt, so versuchte man diese Herstellungsmethode von aktiver Masse zu umgehen. Der erste, der den neuen Weg einschlug, war F a u r e , welcher von vornherein Bleioxyd auf beide Platten brachte und durch einmaliges Durchleiten des Stromes durch die Formierungszelle die Masse auf der + Platte zu Bleisuperoxyd, an der -- Platte zu schwammigem Blei reduzierte.

In der letzten Zeit sind vielfach Verfahren zur Herstellung von aktiver Masse sowie neuere Träger der aktiven Masse patentiert worden, die alle den Zweck verfolgten, in möglichst kurzer Zeit die Formierung der Platte zu bewerkstelligen und das nutzlose Plattengewicht zu verringern.

In den käuflichen Akkumulatoren sind die Platten bereits formiert, man braucht bloß die einzelnen Platten zusammenzustellen, die verdünnte Schwefelsäure einzufüllen und die Akkumulatoren sind zur Ladung bereit. Wird aus einem geladenen Akkumulator Strom entnommen, der Akkumulator also entladen, so spielt sich folgender Vorgang ab (Fig. 55):

$$Pb + SO_4 = PbSO_4 \qquad PbO_2 + H_2 = PbO + H_2O$$

Blei Schwefel- Bleisulfat   Bleisuperoxyd Wasserstoff Bleioxyd Wasser
säurerest

$$PbO + H_2SO_4 = PbSO_4 + H_2O$$

Bleioxyd Schwefelsäure Bleisulfat Wasser

Die aktive Masse wird also in Bleisulfat verwandelt, wodurch Schwefelsäure gebunden wird, daher zeigt sich bei zunehmender Entladung eine Abnahme der Konzentration der Schwefelsäure.

Die zu dieser Umsetzung nötigen chemischen Substanzen werden durch den Strom selbst aus der verdünnten Schwefelsäure gebildet. Es entsteht stets an der Austrittsstelle des elektrischen Stromes aus einem Elektrolyten der elektropositive Bestandteil desselben (siehe Kapitel „Die Elektrolyse"), hier also der H_2 (Wasserstoff), an der Eintrittsstelle immer der elektropositive Bestandteil, hier also SO_4 (Schwefelsäurerest). Letzterer bildet mit dem dort vorhandenen Blei $PbSO_4$ (Bleisulfat) und der an der + Platte bei der Entladung entstehende H_2 (Wasserstoff) reduziert das PbO_2 (Bleisuperoxyd) zu PbO (Bleioxyd) nach oben angeführter Gleichung. PbO wird dann durch die vorhandene H_2SO_4 (Schwefelsäure) ebenfalls in $PbSO_4$ (Bleisulfat) verwandelt.

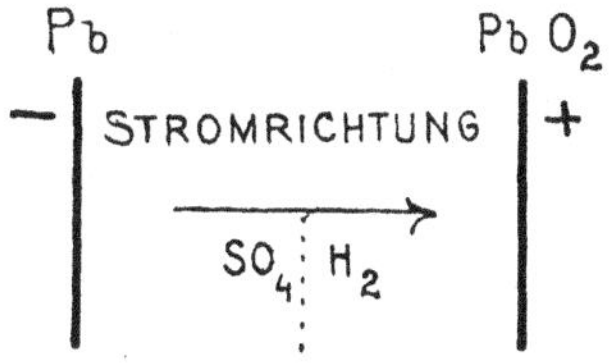

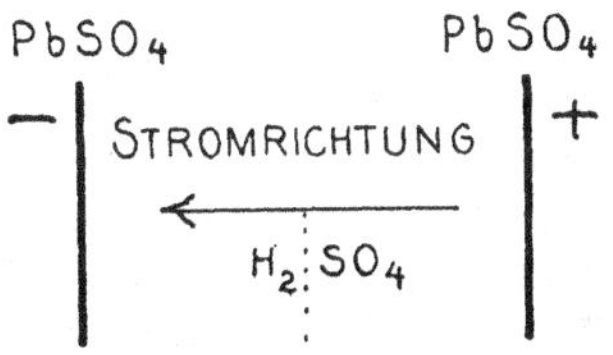

Ist einmal die ganze aktive Masse in $PbSO_4$ verwandelt, so hört die Stromwirkung auf und der Akkumulator muß wieder geladen werden.

Fig. 55.

Fig. 56.

Hierzu verbindet man die frühere + Platte mit dem + Pol der Stromquelle, die — Platte mit dem — Pol und läßt den Strom wieder auf die Zelle einwirken; es wird nun geladen.

Der elektrochemische Vorgang ist dabei folgender (Fig. 56):

$$PbSO_4 + H_2 = Pb + H_2SO_4 \qquad PbSO_4 + SO_4 = Pb\!\!\big\langle{}^{SO_4}_{SO_4}$$

Bleisulfat Wasserstoff   Blei Schwefelsäure   Bleisulfat Schwefelsäurerest   Bleidisulfat

$$Pb\!\!\big\langle{}^{SO_4 + H_2O}_{SO_4 + H_2O} = Pb\!\!\big\langle{}^{O}_{O} + 2H_2SO_4$$

Bleidisulfat Wasser Bleisuperoxyd Schwefelsäure

Es wird also die den Ladestrom leitende verdünnte Schwefelsäure zersetzt, wobei an der — Platte H_2 (Wasserstoff) abgeschieden (besser gesagt entladen) wird und so die nötige Energie besitzt, um aus Bleisulfat wieder schwammiges Blei zu bilden, wobei freie Schwefelsäure entsteht. An der + Platte entsteht wieder Bleidisulfat, das mit dem Lösungswasser die bekannte Reaktion eingeht, es bildet sich unter Freiwerden von Schwefelsäure Bleisuperoxyd.

So ist der Akkumulator wieder geladen. Führt man aber nach vollendeter Ladung noch weitere elektrische Energie zu, so wird nur noch die verdünnte Schwefelsäure zersetzt und es entwickelt sich an der + Platte O (Sauerstoff) an der — Platte H_2 (Wasserstoff), die in Form von Gasblasen entweichen.

Aus den eben besprochenen Vorgängen bei der Ladung ist es erklärlich, daß die bei der Entladung aufgebrauchte H_2SO_4 (Schwefelsäure) bei der Ladung wieder frei wird, die Lösung wird dabei reicher an Schwefelsäure, was durch ein zwischen die Platten eingetauchtes Aräometer konstatiert werden kann und als Kontrolle für die fortschreitende Ladung dient.

Leistung der Akkumulatoren. Zu einer Akkumulatorenzelle gehören zum mindesten zwei formierte, in verdünnte Schwefelsäure tauchende Platten. Die Leistungsfähigkeit einer Akkumulatorenzelle hängt bekanntlich von der totalen

Fig. 57.

Menge der aktiven Substanz ab; ist einmal alles Bleisuperoxyd an der + Platte, ebenso alles schwammige Blei der — Platte in Bleisulfat verwandelt, so hört die Stromwirkung auf, der Akkumulator ist entladen. Will man einer Akkumulatorenzelle längere Zeit hindurch einen bestimmten starken Strom entnehmen, so verbindet man mehrere + Platten einer Zelle, ebenso mehrere — Platten derselben miteinander und erhält so eine größree Plattenoberfläche, eine größere Menge aktiver Masse, verringert dadurch den inneren Widerstand der Zelle und erhält durch lange Zeit hindurch einen kräftigen, andauernden Strom bestimmter Stärke; man spricht dann von einer größeren Kapazität, das ist eine größere Stromleistungsfähigkeit der Zelle. In Figur 57 und Figur 58 ist eine solche allgemein gebräuchliche Anordnung der Platten abgebildet. Die in Figur 58 schematisch gezeichnete Zelle besteht aus vier + Platten von gleicher Dicke und aus fünf — Platten, wovon drei gleich dick, die beiden äußeren jedoch, das sind die Platten a, schwächer gehalten sind. Die Leistung des Akkumulators ist abhängig von der Anzahl der Platten sowie von deren Belegung mit aktiver Masse und von der EMK der Zelle. Die EMK der gebräuchlichsten Blei-Akkumulatoren ist im Mittel 2 V, welche Dimensionen auch die Zelle haben mag. Anders verhält es sich mit der Klemmenspannung; entnehmen wir einer Zelle einen elektrischen Strom von J Ampere, so entsteht infolge des inneren Widerstandes W_i ein Spannungsabfall $J \times W_i$, der die EMK E der Zelle vermindert. Es ist die Klemmenspannung

$$e = E - J \times W_i.$$

Nun beträgt der Widerstand der Akkumulatorenzelle je nach der Größe derselben nur 0,01 bis 0,001 Ω, woraus ersichtlich ist, daß auch bei großen Stromentnahmen die Klemmenspannung nicht viel von der EMK der Zelle abweicht. Man nimmt, ohne einen großen Fehler zu begehen, bei Berechnungen die Klemmenspannung einer Akkumulatorenzelle stets mit 1,9 bis 1,95 V an. Wollen wir jedoch den Akkumulator laden, so müssen wir dem inneren Widerstand W_i und der Ladestromstärke J_1 entsprechend eine größere Spannung e_1 als die EMK der Zelle anwenden, und zwar

$$e_1 = E + J_1 \times W_i.$$

Die Stromleistung eines Akkumulators heißt seine Kapazität C und wird in Amperestunden (ASt) ausgedrückt; das ist das Produkt aus der Zeit t in Stunden und einer bestimmten Stromstärke J in Ampere, welche während dieser Zeit einer Zelle entnommen werden kann.

Also $C = J \times t$.

Das Produkt $J \times t$ wächst mit abnehmender Entladestromstärke, das heißt, die Akkumulatoren sind rationeller ausgenutzt, wenn man sie geringer beansprucht.

Zu große Überlastung schadet den Platten, da sie sich dadurch erwärmen, krümmen, wodurch die aktive Masse aus dem gitterförmigen Bleigerüst herausfällt.

Beispiel der Leistungsfähigkeit einer Akkumulatorenbatterie:

Wir hätten eine Akkumulatorenbatterie zur Verfügung, welche eine Kapazität von 1600 ASt besitzt, dies heißt, wir können der Batterie während 16 Stunden einen konstanten Strom von 100 A entnehmen. Haben wir die Akkumulatorenbatterie tagsüber geladen und wird der Betrieb in der Anstalt um 4 Uhr abends unterbrochen, so leistet die Akkumulatorenbatterie bis 8 Uhr früh, also immerhin bis zur Wiedereröffnung des Tagbetriebes, eine Stromstärke von 100 A. Die Batterie hat eben eine Kapazität von $16 \times 100 = 1600$ ASt.

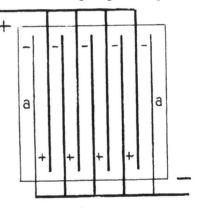

Fig. 58.

Würden wir uns mit einer kleineren Entladestromstärke als 100 A, etwa mit 80 A begnügen, so würden wir laut Angabe der Akkumulatorenfabriken die Entladung auf

$$\frac{1800}{80} = 22^1/_2 \text{ Stunden}$$

ausdehnen können, da nach Angabe dieser Fabriken die Kapazität bei 20 stündiger Entladung auf 1800 ASt steigt. Die zur Ladung nötige Energie ist aber dabei dieselbe geblieben. Würden wir die Entladung in 6 Stunden bewerkstelligen wollen, dann würde die Kapazität etwa auf 1200 ASt sinken, die Entladestromstärke wäre dann

$$\frac{1200}{6} = 200 \text{ A}.$$

Zur angenäherten Schätzung der Leistungsfähigkeit einer Akkumulatorenbatterie dient der Satz: Die Kapazität C eines Akkumulators in ASt erhält man, wenn man das Gewicht G der Bleiplatten in kg mit 4 multipliziert. Es ist also:

$$C = 4 \times G.$$

Beispiel: Eine Akkumulatorenbatterie habe ein gesamtes Plattengewicht $G = 400$ kg, es errechnet sich daraus die ungefähre Kapazität von

$$C = 4 \times 400 = 1600 \text{ ASt}.$$

5*

Diese Zahlen sind hauptsächlich für solche Berechnungen gegeben, wo es sich darum handelt, für eine bestimmte verlangte Kapazität das Gewicht der Batterie zu berechnen, woraus man Schlüsse auf die Beanspruchung der Aufstellungsfläche ziehen kann, um darnach die Gestelle zu konstruieren. Das Gewicht ist:

$$G = \frac{C}{4} \text{ kg.}$$

Dieses so errechnete Gewicht G ist nur dann gültig, wenn wir eine Klemmenspannung von 2 V benötigen, also nicht Zellen hintereinander schalten. Erfordert der Betrieb eine Hintereinanderschaltung der Zellen oder Zellengruppen, so ist das Gewicht der Batterie dadurch erhältlich, daß man das Gewicht der parallel geschalteten Zellen mit der Anzahl der auf Spannung verbundenen Zellen oder Zellengruppen multipliziert.

Beispiel: Wir brauchen für den Nachtbetrieb einer Elektroplattieranlage eine Kapazität von 1600 ASt bei einer Klemmenspannung von 4 V. Nach obiger Auseinandersetzung beträgt das Gewicht der Akkumulatorenbatterie $G_1 = 2 \times G$, wenn G das Gewicht sämtlicher parallel geschalteter Zellen ist. War dieses Gewicht

$$G = 1600 : 4 = 400 \text{ kg,}$$

so ist das Gesamtgewicht der Batterie $G_1 = 2 \times 400 = 800$ kg.

Der Edison-Akkumulator. Edison gebührt das Verdienst, einen leichteren Akkumulator erfunden zu haben. Er verwendet an Stelle des schweren Bleies als Masseträger vernickelten Stahl und belegt die Platten mit Nickelsuperoxyd bzw. mit fein verteiltem Eisen, als Elektrolyt verwendet er Ätznatronlösungen. Leider ist die elektromotorische Kraft dieses Akkumulators nur 1,2 Volt, doch ist er außerordentlich unempfindlich gegen Überanstrengung beim Laden oder Entladen, selbst vorübergehendes Kurzschließen der Zellen kann keinen Schaden anrichten. Der Hauptvorteil dieses Akkumulators liegt aber in seiner Unempfindlichkeit gegen mechanische Beanspruchung, so daß er für transportable Zwecke die besten Dienste leistet.

Ladung und Entladung der Akkumulatoren. Die chemischen Vorgänge beim Laden und Entladen eines Akkumulators sind bereits erwähnt. Wir haben dabei gesehen, daß sich der Gehalt der Flüssigkeit an Schwefelsäure während der Ladung und Entladung ändert, welche Änderung proportional der bereits zugeführten, respektive der bereits abgegebenen Strommenge verläuft. Kennt man die Grenzen dieser Konzentrationsänderungen bei der Ladung und Entladung, so kann man aus den jeweiligen Angaben eines zwischen den Platten eingesenkten Aräometers, das uns den Säuregehalt in Gewichtsprozenten oder in Graden Baumé angibt, auf den Stand der Ladung oder Entladung schließen. Füllt man, wie dies zumeist geschieht, die Zellen mit verdünnter Schwefelsäure von 20° Bé, das sind 1,162 spezifisches Gewicht oder 21,23% Gehalt, so wird das Aräometer am Ende der Entladung 18° Bé zeigen, was einem Säuregehalt von 19,94% entspricht. Das Ende der Ladung, das sich nebenbei durch starke Gasentwicklung bemerkbar macht, zeigt auch das Aräometer an, welches dann etwa 20° Bé = 22,51% Säuregehalt angibt. Wollen wir einen Akkumulator laden oder entladen, so können wir mit den dabei angewendeten Stromstärken nicht bis ins unendliche gehen, sondern es sind gewisse, durch die Plattenkonstruktion und durch die Dimensionen der Zelle bestimmte maximale Stromstärken nie zu überschreiten; anders gesagt, wenn man die auf den qdm Plattenfläche entfallende Stromstärke, die sogenannte Stromdichte, in Berücksichtigung bringt, so darf eine gewisse Stromdichte nicht überschritten werden, da sonst sowohl die Haltbarkeit der Platten herabgedrückt wird wie auch größere Umwandlungsverluste auftreten. Nennt man das Verhältnis

$$\frac{\text{angewandte Stromstärke}}{\text{Gesamtoberfläche in qdm der + Platten}} = \text{Stromdichte,}$$

so besteht das Gesetz: Die maximale Ladestromdichte beträgt 0,4 bis 0,6 A pro
qdm, die maximale Entladestromdichte 0,3 bis 0,7 A. Es ist damit nicht gesagt,
daß man mit keiner kleineren Stromdichte laden soll, dies ist immer zulässig,
nur wird man wegen Zeitersparnis trachten, möglichst rasch die Ladung fertig-
zustellen, und auch bei der Entladung wird man, wenigstens im technischen
Betrieb, mit kleinen Stromdichten nicht gerne rechnen, weil dann die Anlage
unnötigerweise groß dimensioniert werden müßte.

Zu bemerken wäre noch, daß die Akkumulatorenfabriken zweierlei Zellen
bauen, nämlich für kurze Entladungsdauer = 3,5 Stunden, und solche für lange
Entladungsdauer = 10 Stunden. Selbstredend sind die letzteren für den Elektroplattierer günstiger, gerade dann, wenn die Akkumulatoren den Nachtbetrieb
zu führen haben. Im Anschluß hieran sei die technische Ausführung des Ladens
und Entladens erörtert.

Das Laden der Akkumulatoren geschieht in der Weise, daß man pro
Zelle, sofern es sich um deren Hintereinanderschaltung handelt, als Anfangsspannung 2 V gibt. Die Spannung steigert man dann ziemlich schnell auf 2,1,

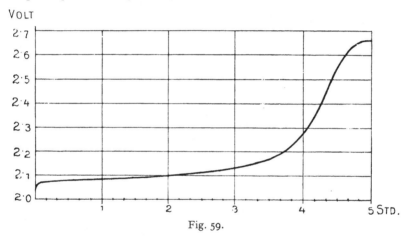

Fig. 59.

dann aber langsamer, wie das auf dem Ladediagramm in Figur 59 ersichtlich ist,
auf 2,2 V. Setzt man die Ladung noch weiter fort, so beginnt an den Platten
die Gasentwicklung, womit auch die Klemmenspannung rasch bis zu einem
Maximum von 2,6 V steigt. Diese obere Ladungsgrenze von 2,6 V braucht aber
nicht bei jeder Ladung erreicht zu werden, sondern nach Angabe der Fabriken
am besten nur monatlich einmal oder dann, wenn die Akkumulatorenbatterie
durch Unachtsamkeit oder einen Unfall über die erlaubte Grenze hinaus entladen wurde.

Die Entladung der Akkumulatoren erfolgt nach einem ähnlichen
Diagramm, das uns Figur 60 zeigt. Bei Einhaltung der früher genannten Ent-
ladestromdichten beträgt die Anfangsspannung an den Klemmen einer einzelnen
Zelle ungefähr 2 V und sinkt dann mit fortschreitender Entladung bis auf den
Betrag von 1,85 V. Sobald der Wert von 1,8 V erreicht ist (man messe die EMK
und nicht die Klemmenspannung), sinkt die EMK immer rascher; man soll aber
immer verhüten, diese untere Grenze von 1,8 V für die EMK zu unterschreiten,
sondern höre dann mit der Entladung auf, um den Akkumulator vor Beschädigung
zu schützen. Die in den beiden Diagrammen angegebenen Verhältnisse sind
natürlich nicht zahlenmäßig auf alle Konstruktionen von Akkumulatorenzellen
anzuwenden. Sie veranschaulichen bloß die Abhängigkeit der Spannung von der
Zeit, denn je nachdem man die Lade- oder Entladezeit ändert, werden sich auch
die Kurven der Diagramme ändern.

Zum Laden der Akkumulatoren werden besondere Dynamomaschinen verwendet, welche mit Hilfe eines besonderen Nebenschlußregulators (siehe „Regulierung der Klemmenspannung bei den Dynamomaschinen") gestatten, die Ladespannung in gewünschter Weise zu erhöhen. Zweckmäßig werden in Elektroplattieranstalten besondere Maschinen hierzu verwendet; man kann aber auch die Dynamomaschine dazu verwenden, welche den für die Elektroplattierbäder nötigen Strom liefert, diese muß aber dann mehr als doppelt so groß in ihrer Leistung bemessen sein, um beiden Aufgaben, nämlich Aufrechterhaltung des Tagesbetriebes und gleichzeitige Stromabgabe für den Ladeprozeß, gerecht zu werden.

Haben wir eine Akkumulatorenzelle während der Zeit t Stunden mit J Ampere entladen, so muß die zur Ladung aufzuwendende Stromstärke, wenn die Entladezeit dieselbe, also t Stunden ist,

$$J_1 = 1{,}1 \times J$$

sein; wir müssen demnach um 10 % mehr Strom zuführen, als wir der Zelle entnommen haben.

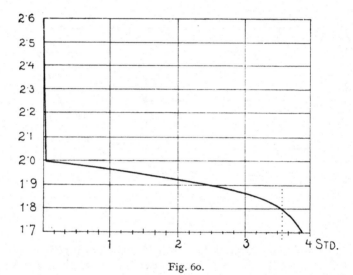

Fig. 60.

Laden wir etwa eine Akkumulatorenbatterie während 10 Stunden mit einer Stromstärke von 100 A, so haben wir

$$10 \times 100 = 1000 \text{ ASt}$$

zugeführt. Entnehmen wir aber bei der Entladung der Zelle wieder 100 A, so werden wir finden, daß sich schon nach 9 Stunden, nach früher besprochenen Anzeichen, das Ende der zulässigen Entladung erkennen läßt. Wir konnten also bloß

$$9 \times 100 = 900 \text{ ASt}$$

der Batterie entnehmen.

Das Verhältnis der Anzahl abgegebener ASt zur Zahl der aufgeladenen heißt das Güteverhältnis, bezogen auf die Amperestundenleistung.

Bedeutet ASt_2 die bei der Entladung erhaltenen, abgegebenen Amperestunden, ASt_1 die bei der Ladung zugeführten Amperestunden, so ist das Güteverhältnis

$$G = \frac{ASt_2}{ASt_1}.$$

Will man den elektrischen Wirkungsgrad eines Akkumulators ermitteln, so muß man das Verhältnis der abgegebenen zur zugeführten Energie in Wattstunden bilden, wozu man als den Wert für die Stromstärke die mittlere Lade-, beziehungsweise Entladestromstärke annimmt und als Wert für die Spannung die mittlere Entladespannung von 1,9 Volt und für die Berechnung der bei der Ladung aufgebrauchten Energie die mittlere Ladespannung von 2,2 V.

Sind J und J_1 die Entlade- und Ladestromstärke, t und t_1 die entsprechenden Zeiten, so ist der elektrische Wirkungsgrad

$$\frac{J \times 1,9 \times t}{J_1 \times 2,2 \times t_1} = \gamma$$

Beispiel: Es erfolge bei einer bestimmten Batterie die Ladung durch 171 A (im Mittel) in 9 Stunden, die mittlere Ladespannung ist 2,2 V. Die Entladung erfolge durch 14 Stunden mit einer mittleren Stromstärke von 100 A. Es sind dann die elektrischen Größen G und γ

$$G = \frac{100 \times 14}{171 \times 9} = 0,91,$$

hingegen

$$\gamma = \frac{100 \times 1,9 \times 14}{171 \times 2,2 \times 9} = 0,785.$$

Für die praktische Berechnung der Kosten des Akkumulatorenbetriebes kommt jedoch nur der Wert für γ in Betracht, man rechnet gewöhnlich, um gleichzeitig anderen Verlusten Rechnung zu tragen, nur mit $\gamma = 0,75$, das heißt man rechnet mit einem Energieverlust von 25%, der durch die Energieumwandlungen in den Akkumulatoren entsteht.

Die Instandhaltung der Akkumulatoren. Unter diesem Titel will Verfasser dem mit Akkumulatoren arbeitenden Elektroplattierer die für den kontinuierlichen und rationellen Betrieb mit Akkumulatoren nötigen wichtigsten Vorschriften vorführen.

Vor allem ist die Ladung, der ja bereits ein besonderer Abschnitt gewidmet wurde, ein Hauptfaktor, der bei der Lebensdauer einer Akkumulatorenbatterie mitspricht. Es wurde zwar in neuerer Zeit der Vorschlag gemacht, die Akkumulatoren direkt mit größeren Stromstärken zu laden, wobei es sich gezeigt habe, daß die Kapazität durchaus nicht beeinträchtigt werde. Verfasser will aber weder die eine noch die andere Lademethode allein empfehlen (sie sind jedenfalls beide gleich gut verwendbar!) und überläßt es ganz dem Vertrauen des Akkumulatorenbesitzers in die eine oder die andere Methode.

Es gibt aber noch eine Reihe weiterer Vorschriften, die jedermann, der auf den Betrieb mit einer Akkumulatorenbatterie angewiesen ist, zu beobachten hat, und zwar:

Die Akkumulatoren dürfen ungeladen nie länger als 24 Stunden stehen bleiben, sondern sollen womöglich gleich nach der Entladung von neuem geladen werden. Ist einmal eine Akkumulatorenbatterie aus irgendwelcher Ursache entladen geblieben, so hat man mehrere Überladungen nacheinander vorzunehmen, damit die ursprüngliche Kapazität wieder hergestellt werde.

Längeres Stehenlassen im geladenen Zustand ist den Akkumulatoren nicht schädlich, doch soll etwa alle 14 Tage eine neue Nachladung bis zur Gasentwicklung vorgenommen werden. Am günstigsten wird sich die Akkumulatorenbatterie bei normalem Betrieb verhalten, sie hält dann 10 bis 20 Jahre lang. Die meisten Fabriken leisten sogar schon eine mehrjährige Garantie für ihre Zellen, und es ist zweckdienlich, die Akkumulatoren jährlich einmal nachsehen zu lassen, um etwaige Fehler sofort zur Reparatur zu bringen.

Die Zellen werden, wie schon erklärt, mit verdünnter Schwefelsäure von 1,162 spezifischem Gewicht oder 20° Bé gefüllt. Dieser Gehalt an Schwefelsäure ist stets einzuhalten und laut Angabe des Aräometers eventuell zu korrigieren. Die Säure soll 1 cm hoch über den Platten stehen; hat sich der Stand der Säure durch Verdunstung erniedrigt, so ist neue Säure bis zur erwähnten Höhe nach-zugießen.

Was die Aufstellung der Zellen anbelangt, so gilt als erste Regel: Man stelle die Akkumulatorenzellen so nahe wie möglich an die ladende Dynamomaschine und den Bäderraum, halte sie jedoch von der Maschine sowohl als von den Bädern abgeschlossen.

Man ventiliere dauernd den Akkumulatorenraum, da die durch die Gasblasen mit in die Luft gerissenen Säureteilchen alle metallischen Gegenstände angreifen, auch das entstehende Gemisch von Wasserstoff und Sauerstoff (Knallgas) ge-fährlich werden könnte.

Die Verbindung der einzelnen Zellen untereinander oder mit den Drähten zu den Schalt- und Meßapparaten sowie mit der Leitung selbst geschieht am besten durch Verlötung. Klemmenverbindungen sind deswegen unzweckmäßig, weil leicht eine Oxydation des Metalles an der Kontaktstelle vorkommt, wodurch ein Übergangswiderstand geschaffen wird und sich dadurch die Stromentnahme verringert.

Vor Beendigung der Ladung sind die Zellen zu revidieren und ist nachzu-sehen, ob alle Zellen gleichförmig Gas entwickeln. Falls die eine oder die andere Zelle oder in einer Zelle ein einzelnes Plattenpaar keine Gasentwicklung zeigt, ist zu untersuchen, ob nicht irgendeine Verbindung zwischen denselben vorliegt, was dann sofort zu beheben ist. Verbindungen in den Zellen zwischen den Platten durch abgefallene Masse findet man leicht durch Durchleuchten der Zellen, so-fern die Gefäße aus Glas hergestellt sind, oder auch durch Zwischenstreifen mit einem Glasstab.

Verfasser empfiehlt die Anlage eines Buches, in welchem die einzelnen Zellen registriert sind und sämtliche Erscheinungen und Beobachtungen bei der Ladung und Entladung verzeichnet werden. Im übrigen sei auf die von den Akkumu-latorenfabriken jeder Lieferung beigegebene Betriebsvorschrift verwiesen.

Betrieb mit Akkumulatoren. Für gewöhnlich liegt den kombinierten Anlagen mit Dynamomaschine und Akkumulatoren die Absicht zugrunde, auch nachts den Betrieb aufrecht zu erhalten, ohne daß in dieser Zeit ein Bedienungspersonal not-wendig wird.

Für kleinere Betriebe wird es unter Umständen angängig sein, dieselbe Maschine, welche tagsüber den Betrieb zu führen hat, gleichzeitig zum Laden der Akkumulatoren zu benutzen.

Man kann dabei auf zwei Arten verfahren: Entweder, und das ist vorteil-hafter, man schaltet beim Laden die Akkumulatoren sämtlich parallel und legt zwischen Dynamomaschine und die Akkumulatorenzellen einen Vorschaltwider-stand, mit dessen Hilfe man die zum Laden der Akkumulatoren mit fortschreiten-der Ladung zu steigernde Spannung reguliert; oder aber, dies ist der kompliziertere Fall, man wählt die Dynamomaschine so, daß die Akkumulatorenzellen in zwei Gruppen hintereinander direkt geladen werden, und die Maschine muß dann für eine höhere Spannung gebaut sein. (Siehe Kapitel: Regulierung der Klemmen-spannung bei Dynamomaschinen.) Der Steigerung der Spannung bei fortschrei-tender Ladung entsprechend, muß dann durch einen gemeinsamen Vorschalt-widerstand die gesamte Netzspannung für den Bäderraum auf der für den Betrieb vorgeschriebenen Höhe erhalten werden, was in den Wirkungskreis des Maschinen-wärters fällt.

Bequemer und jedenfalls ökonomischer ist jedoch eine Anlage, bei welcher zum Laden der Akkumulatoren eine besondere Lademaschine vorhanden ist. In Städten, wo sich eine elektrische Zentrale befindet, ist außerdem der Nacht-betrieb auch sehr vorteilhaft dadurch erreichbar, daß man ein Aggregat aus

Elektromotor und Dynamomaschine an das städtische Leitungsnetz anschließt
und sowohl Tag wie Nacht mit derselben Maschine mit Umgehung der Akkumulatoren arbeiten kann.

Im nachfolgenden soll ein Beispiel für eine Betriebsführung einer derartigen
kombinierten Anlage gegeben, das heißt die Reihenfolge der Handgriffe angeführt
werden, die der Maschinenwärter während der einzelnen Betriebsphasen auszuführen hat. Fig. 61 zeigt das Schaltungsschema sämtlicher (schematisch dargestellten) Nebenapparate, die zu diesem Betrieb unerläßlich sind.

A und A_1 sind zwei auf Spannung verbundene Akkumulatorzellen, welche
die verlangte Kapazität besitzen und welche zusammen ungefähr eine Klemmenspannung von 3,9 V liefern. Die zum Laden der Akkumulatoren bestimmte

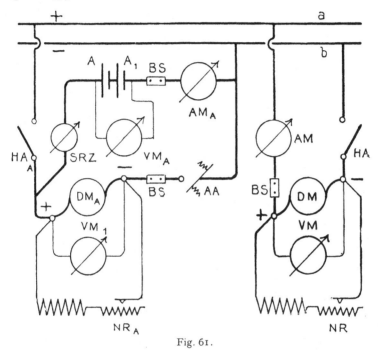

Fig. 61.

Dynamomaschine DM_A ist eine Nebenschlußmaschine, NR_A der zur Regulierung
der Ladespannung nötige Nebenschlußregulator. SRZ ist der Stromrichtungszeiger, welcher anzeigt, ob Strom aus den Akkumulatoren in die Leitung fließt
oder Strom von der Ladedynamo in die Zellen strömt. VM_D ist der Maschinenvoltmesser, der uns die jeweilige Maschinenspannung anzeigt, die bekanntlich
mit fortschreitender Ladung gesteigert werden muß. Sind die Akkumulatoren
nahe an der Lademaschine DM_A, so kann von diesem Voltmesser abgesehen
werden. AA ist ein automatischer Ausschalter (Minimalausschalter), der den
Zweck hat, den Stromkreis zu unterbrechen, sobald durch irgendein Ereignis
(etwa Maschine stromlos) Strom aus den Akkumulatoren in die Maschine fließen
könnte. Gewöhnlich sind die Minimalausschalter so eingestellt, daß sie dann schon
in Funktion treten, wenn der Strom einen gewissen Wert erreicht. AM_A ist ein
in die Akkumulatorenleitung eingeschalteter Amperemesser, der sowohl die Lade-
wie Entladestromstärke in Ampere zeigt. (Man beachte immer die Angabe
von SRZ.) HA_A ist ein einpoliger Handausschalter, welcher durch den Maschinenwärter einzulegen ist, wenn auf Nachtbetrieb geschaltet wird, das heißt, wenn
die Netzleitung a b an die Akkumulatoren angeschlossen werden soll. Die an der
Dynamomaschine DM (welche für den Tagesbetrieb bestimmt ist) angebrachten

Apparate sind von früher bekannt. BS sind Bleisicherungen für die beiden Maschinen und für die Akkumulatorenbatterie, a b ist die Netzleitung für die Bäderanlage.

Die Betriebsführung dieser kombinierten Anlage ist nun die folgende:

Der Maschinenwärter hat morgens die Akkumulatorenbatterie vor Eröffnung des Tagesbetriebes auszuschalten, indem er den Handausschalter HA_A öffnet; dadurch ist Stromabgabe in die Bäderleitung von der Akkumulatorenbatterie unterbrochen. Nun legt er den Handausschalter HA der Maschine DM ein und läßt diese Dynamomaschine anlaufen, reguliert hierzu mit dem Nebenschlußregulator dieser Maschine so lange, bis der Voltmesser VM die nötige Spannung anzeigt, die dann während des Tages konstant zu halten ist. Durch diese Manipulation ist der Tagesbetrieb mit der Maschine DM eröffnet, und es kann zum Nachladen der Akkumulatoren geschritten werden. Hierzu wird die Maschine DM_A in Bewegung gesetzt und erregt. Da die Leitung von der Akkumulatorenbatterie nach der Haupt- oder Netzleitung durch den Handausschalter HA_A unterbrochen ist, so kann von hier aus kein Strom in das Netz fließen. Die Zuführung des Ladestromes zu den Akkumulatoren geschieht dann durch Einlegen des automatischen Ausschalters, welcher so lange mit der Hand angehalten wird, bis durch die Erregung der Maschine DM_A letztere diejenige Ladestromstärke erzeugt, welche genügt, um den Eisenanker des automatischen Ausschalters festzuhalten. Die weitere Regulierung der Ladespannung ist bereits besprochen worden.

Wird der Antrieb der Dynamomaschine DM_A etwa durch einen Elektromotor bewirkt, so kann die Ladung auch während der Mittagspause fortgesetzt werden. Erfolgt hingegen der Antrieb von der Transmission, so wird in dem Augenblick, als die Transmission stillsteht, der automatische Ausschalter selbsttätig die Zuleitung zu den Akkumulatoren unterbrechen, damit ist auch die Ladung unterbrochen, und es kann weder aus den Akkumulatoren ein Strom in die Bäderleitung noch zurück in die Lademaschine fließen[1]).

Bei Wiedereröffnung des Betriebes nach der Mittagspause wird der automatische Ausschalter in bekannter Weise wieder eingelegt, nachdem die Maschine vorher erregt worden ist. Es wird nun die Ladung der Akkumulatoren fortgesetzt, und zwar so lange, bis die an den Platten der Akkumulatoren auftretende starke Gasentwicklung das Ende der Ladung anzeigt.

Soll der Nachtbetrieb mit Akkumulatoren beginnen, so wird folgendermaßen manipuliert: Die Dynamomaschine DM_A wird abgestellt, der Nebenschlußregulator der Lademaschine DM_A ausgeschaltet, die Leitung von der Dynamomaschine DM zur Hauptleitung durch Ausschaltung des Handausschalters HA unterbrochen. Der automatische Ausschalter AA ist bereits aus den Kontakten gefallen. Der Anschluß der Akkumulatorenbatterie an die Hauptleitung erfolgt dann lediglich durch Einschalten des Handausschalters HA_A.

Damit beginnt der Nachtbetrieb, und SRZ zeigt auf Entladung. Am nächsten Morgen vollzieht sich dann wieder die gleiche, bereits besprochene Manipulation.

Man achte darauf, daß die durch den Amperemesser AM_A angezeigte Entladestromstärke nicht diejenige überschreitet, welche für die Dauer des Nachtbetriebes gerade ausreicht. (Siehe Kapazität der Akkumulatoren bei verschiedenen Entladestromstärken im Kapitel „Leistung der Akkumulatoren".)

Für größere Anlagen, bei denen große Akkumulatorenbatterien vorgesehen werden müssen, ladet man die Akkumulatoren in der Weise, daß man für die

---

[1]) Man kann auch anstatt des automatischen Ausschalters einen (billigeren) Handausschalter anwenden, muß aber dann stets vor Unterbrechung des Betriebes (Ladens) die Zuleitung zu den Akkumulatoren ausschalten. Immerhin ist aber die Ausstattung mit dem Minimalausschalter vorteilhafter, weil auch gegen zufällige Störungen darin eine Sicherheitsmaßregel gegeben ist.

Ladung eine Anzahl von Zellengruppen hintereinander schaltet und bei der Entladung in der Weise durch geeignete Schaltapparate verbindet (Reihenschalter), daß die erforderliche Klemmenspannung erzielt wird. Man hat dabei den Vorteil, daß man zur Ladung der Batterie Maschinen mit höherer Spannung verwenden kann, welche stets ökonomischer arbeiten als Maschinen mit kleiner Klemmenspannung und auch die Leitungsanlage etwas billiger wird.

Auch Ströme von Stadtzentralen oder von eigenen Licht- und Kraftzentralen können zum Laden von Akkumulatoren gebraucht werden, falls es sich um größere Kapazitäten handelt. In diesem Fall werden die Akkumulatoren hintereinander geladen und behufs Entladung durch einen Reihenschalter parallel geschaltet.

Es kann auch der Fall eintreten, daß man von den Akkumulatoren verlangt, daß sie nur als Reservestromquelle dienen sollen. Man hat dann dafür zu sorgen,

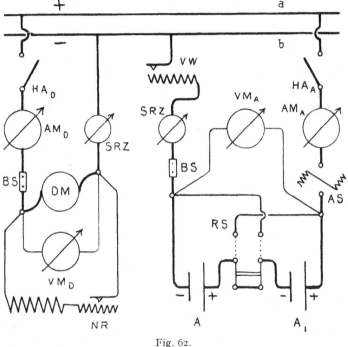

Fig. 62.

daß die Batterie immer gebrauchsfertig ist, sich also immer im geladenen Zustand befindet, um im Bedarfsfall mit der Maschine zusammen zu arbeiten. Verfasser macht darauf aufmerksam, daß diese Methode eine ziemlich heikle ist, denn es ist klar, daß die beiden Spannungen, Klemmenspannung der Maschine und Klemmenspannung der Akkumulatoren, bei Parallelbetrieb beider annähernd gleich sein müssen. Sind sie voneinander verschieden, so wird diejenige der beiden Stromquellen, welche eine höhere Klemmenspannung aufweist, einen größeren Teil der Leistung übernehmen als der andere. Gerade die Akkumulatoren sind aber sehr empfindlich gegen allzu große Entladestromstärken, und da man zumeist mit zwei hintereinander geschalteten Gruppen von Akkumulatorenzellen arbeitet, deren Gesamtanfangsspannung über 4 V beträgt, so ist es klar, daß die anfängliche Entladestromstärke bedeutend werden wird im Vergleich zur Stromleistung der Dynamomaschine, wenn deren Klemmenspannung nicht auf denselben Betrag gebracht werden kann. Aus diesem Grunde wird auch häufig der Betrieb geteilt; indem der Akkumulatorenbatterie ein besonderes Leitungsnetz, respektive ein besonderer Teil der bestehenden, stromkonsumierenden

Anlage zur Speisung übertragen wird. Wollen wir aber dennoch einen Parallel-betrieb haben, von Akkumulatoren und Maschine zusammen auf ein gemeinsames Leitungsnetz, so haben wir die nachfolgend angegebene Vorschrift für den Betrieb einzuhalten. Das Schema in Figur 62 zeigt uns die Schaltungsweise mit den nötigen Nebenapparaten. Das Schaltungsschema ist ohne weiteres klar. Die Akkumulatoren AA, die uns schematisch parallel geschaltete Akkumulatoren-gruppen darstellen mögen, werden parallel geladen, unter Zuhilfenahme des Vor-schaltwiderstandes VM und unter Beobachtung der richtigen Ladespannung, wozu der Voltmesser VM_A dient.

Durch Ausschalten des Handschalters HA_A sind die Akkumulatoren nach beendigter Ladung ausgeschaltet. Braucht man sie dann einmal, so stellt man den Reihenschalterhebel auf die unteren Kontakte, wodurch die Zellen hinter-einander geschaltet sind. Nun wird der Hebel des Vorschaltwiderstandes so lange verschoben, bis der Voltmesser VM_A die gleiche Spannung anzeigt, wie der die Klemmenspannung der Dynamomaschine messende Voltmesser VM_D. Aus der Stellung der Nadel des Stromrichtungszeigers SRZ wird man sehen, ob bereits Strom von den Zellen an das Netz abgegeben wird, und der Amperemesser AM_A zeigt die betreffende Entladestromstärke an. Durch Regulieren mit dem Vor-schaltwiderstand läßt sich dann auch die Entladestromstärke regulieren. Sollen etwa einmal die Akkumulatoren allein den Betrieb übernehmen, so wird der Handausschalter HA_D der Dynamomaschine ausgeschaltet. Der Amperemesser AM_D zeigt stets nur die von der Dynamomaschine geleistete Stromstärke an. Auch für die Dynamomaschine ist es zweckmäßig, einen Stromrichtungszeiger zu verwenden, wenn man nicht (was besser ist) statt des Handausschalters HA_D einen Minimalausschalter verwenden will. Die in dem Schema angegebenen Be-zeichnungen sind aus dem früheren Schmea bereits klar und bedürfen wohl keiner weiteren Erklärung.

Grundbegriffe der Elektrolyse.

Die Leiter der Elektrizität werden bekanntlich in zwei große Gruppen ein-geteilt, in Leiter I. Klasse und in Leiter II. Klasse. Während die Leiter I. Klasse den Strom fortleiten, ohne dabei eine Veränderung in ihrer chemischen Zusammen-setzung zu erleiden, zersetzen sich die Leiter II. Klasse, wenn ein elektrischer Strom durch sie hindurchgeht, weshalb sie als Elektrolyte bezeichnet werden. Der Vorgang der Zersetzung durch den elektrischen Strom wird Elektrolyse genannt. Die Stromzuführung von der Elektrizitätsquelle in Figur 63 geschieht durch Leiter I. Klasse, welche in den Elektrolyten eintauchen, etwa durch die beiden Platten a und b, die durch Kupferdrähte mit den Polen der Stromquelle verbunden sind. Die in den Elektrolyten eintauchenden Stromzuführungs-platten nennt man Elektroden, und zwar heißt die + Elektrode „Anode", die — Elektrode „Kathode".

Füllen wir das in Figur 63 abgebildete Gefäß mit HCl (Salzsäure), so stellt uns letztere den Elektrolyten vor. Wir tauchen nun zwei Platinbleche in den Elektrolyten und verbinden sie durch Kupferdrähte mit der Stromquelle. Durch den elektrischen Strom, der nun durch den Stromkreis fließt, wird die Salzsäure eine Zersetzung erleiden, man sagt, sie wird elektrolysiert. An jeder Elektrode treten Zersetzungsprodukte auf, und zwar an der Kathode der elektropositive Bestandteil der Salzsäure, das ist H (Wasserstoff), und an der Anode der elektro-negative Bestandteil Cl (Chlor). Jeder Elektrolyt besteht aus zwei solchen Teilen, die man „Ionen" nennt, und zwar sind die an der Kathode auftretenden Be-standteile die Kationen, die an der Anode entstehenden die Anionen. Man be-trachtet die Ionen als die Träger und Leiter des elektrischen Stromes innerhalb des Elektrolyten und nimmt an, daß die Elektrolyte, auch wenn kein Strom

durch sie hindurchgeht, zum größten Teile in diese ihre Bestandteile, Ionen,
zerlegt sind (dissoziert). Man denkt sich, daß jedes dieser Ionen mit einer gewissen Elektrizitätsmenge geladen ist, und zwar die Anionen mit —, die Kationen
mit + Elektrizität und stellt sich vor, daß sich diese frei in der Lösung bewegen.
Sobald aber ein elektrischer Strom durch den Elektrolyten, also auch durch die
Elektroden geschickt wird, tritt plötzlich eine Kraftwirkung auf die Ionen ein.
Die + geladene Anode zieht die — geladenen Anionen, die — geladene Kathode
die + geladenen Kationen an. Es findet also eine Wanderung der einzelnen
Ionen nach zwei Richtungen hin zu den Elektroden statt und man spricht daher
allgemein von einer Wanderung der Ionen. So sehen wir bei der Zersetzung von
HCl (Salzsäure) durch den elektrischen Strom, daß an der Kathode H (Wasser-
stoff), an der Anode Cl (Chlor) auftritt, beide in Gasform und an ihren chemischen
Eigenschaften erkennbar. Wir sprachen in dem Kapitel von den chemischen
Grundbegriffen davon, daß Atome von Elementen nicht sichtbar sind, da sie
uns den kleinsten Teil von chemischen Substanzen darstellen. Um sich die
Bildung von Gasblasen, respektive von festen
Substanzen, die sich bei der Elektrolyse bilden,
zu erklären, denke man sich folgendes: Die an
den Elektroden nach ihrer Wanderung ankommenden Ionen besitzen nur eine geringe elektrische Ladung gegenüber der der Elektroden.
Sobald nun die Ionen, die für das Auge unsicht-
bar sind, an den Elektroden ankommen, geben
sie ihre Elektrizität ab, werden vielmehr nun mit
entgegengesetzter Elektrizität, mit der den Elektroden anhaftenden Elektrizität geladen, mit
letzteren also gleichnamig elektrisch und somit
wieder abgestoßen. So wird zum Beispiel ein
+ geladenes Wasserstoffion (Atom H) an der
— geladenen Kathode seine + Elektrizität ab-

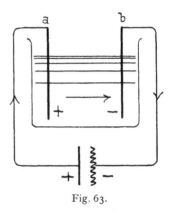

Fig. 63.

geben und — geladen werden. In demselben Augenblick wird es aber wieder
abgestoßen und ist so im Begriff, eine Wanderung nach der + geladenen Anode
zu beginnen. Auf dem Wege dahin aber stößt es sehr bald mit einem Wasserstoffion zusammen, welches noch + geladen ist und sich auf dem Wege zur
Kathode befindet. Diese beiden Ionen tauschen nun ihre ungleichnamigen Elektrizitäten aus und es entweicht ein unelektrisches Wasserstoffmolekül, deren
mehrere zusammen eine Wasserstoffgasblase bilden.

In ähnlicher Weise läßt sich die Abscheidung von festen Metallen aus den
Metallsalzlösungen erklären.

Es fragt sich nun, gibt es allgemeine Grundsätze, welche Ionen + und welche
— sind? Positiv sind alle Metallionen und jene Elemente und Elementgruppen,
welche imstande sind, in chemischen Verbindungen an Stelle der Metalle ein-
zutreten. Negative Ionen sind die übrigbleibenden Reste der Verbindungen,
aus denen die früher als + bezeichneten Ionen ausgetreten sind. So ist im
$ZnSO_4$ (Zinksulfat) Zn (Zink) das + Ion oder Kation und scheidet sich bei der
Elektrolyse an der Kathode aus; die Gruppe SO_4 (Schwefelsäurerest) hingegen,
der übrigbleibende Teil des Elektrolyten, ist das — Ion, das Anion, das an der
Anode zur Abscheidung gelangt.

In den später folgenden Darstellungen der Vorgänge bei der Elektrolyse von
wässerigen Lösungen wollen wir immer in der Weise die Bildung der Ionen aus
den Elektrolyten ersichtlich machen, indem wir die Verbindungen durch einen
vertikalen Strich in die beiden Teile trennen, welche dann als Ionen auftreten.
Die Richtung, nach welcher die Ionen bei der Elektrolyse wandern, wollen wir
immer durch kleine Pfeile andeuten.

Figur 64 stellt uns eine solche symbolische Darstellung des Vorganges bei der Elektrolyse von ZnSO$_4$ dar. Wir elektrolysieren dasselbe zwischen den beiden Elektroden a (— Pol) und b (+ Pol). Das + Ion, das Zn, wandert nach der Kathode a, das — Ion SO$_4$ nach der Anode b. Es ist klar, daß die an beiden Elektroden auftretenden Ionen sowie alle Elemente und Elementgruppen die Fähigkeit besitzen können, mit ihrer Umgebung chemische Reaktionen, Umsetzungen einzugehen, und zwar unterscheidet man bei der Elektrolyse zweierlei Möglichkeiten. 1. Die Ionen wirken auf die Elektroden ein, oder 2. die Ionen wirken auf die Elektrolyte ein. Verwenden wir zum Beispiel, um den ersten Fall zu charakterisieren, statt der durch die Schwefelsäure unangreifbaren Platinelektroden metallisches Zink als Anode, so wird das ausgeschiedene Ion SO$_4$ auf die Zinkanode lösend einwirken und sich mit dem Metall zu Zinksulfat verbinden, welches sich im Wasser wieder löst. Es wird demnach durch die Elektrolyse die Anode nach und nach aufgezehrt werden, während sich an der Kathode metallisches Zink niederschlägt. Die von der Anode weggelöste Zinkmenge entspricht (theoretisch) genau der an der Kathode abgeschiedenen Zinkmenge. Ein Beispiel für den zweiten Fall ist die Elektrolyse von Na$_2$SO$_4$ (Glaubersalz).

Wir zersetzen Glaubersalz in einem Zersetzungsgefäß unter Verwendung von Platinelektroden. Die Zersetzung findet nach dem in Figur 65 angegebenen

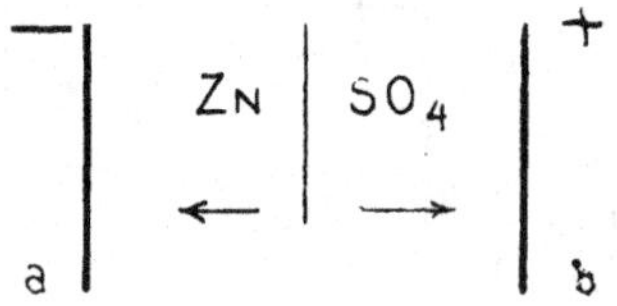

Fig. 64. 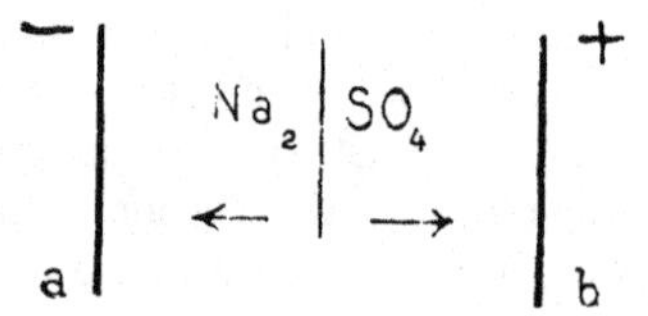   Fig. 65.

Schema statt. Das an der Kathode a auftretende Metall Na (Natrium) ist jedoch in Wasser nicht existenzfähig, es geht mit dem Lösungswasser eine Zersetzung ein, nach der Gleichung

$$2\,Na + 2\,H_2O = 2\,NaOH + H_2$$
Natrium   Wasser   Ätznatron   Wasserstoffgas

Wir beobachten auch in der Tat bei der Elektrolyse von Glaubersalz an der Kathode eine Entwicklung von Wasserstoffgas, während die Bildung von Ätznatron bei geeigneter Anordnung des Versuches durch rote Lackmustinktur, die bekanntlich durch Ätznatron blau gefärbt wird, demonstriert werden kann; man hat dazu bloß Anode und Kathode durch eine poröse Tonzelle (Diaphragma) derart voneinander zu trennen, daß eine Vermischung der beiden an den Elektroden auftretenden Zersetzungsprodukte verhindert wird. Bei der Zersetzung von Glaubersalz wird durch den elektrischen Strom an der Anode SO$_4$ entladen, welches sich, da das Platin durch Schwefelsäure nicht angegriffen wird, mit dem Lösungswasser umsetzt, indem es letzteres zersetzt. Diese Wasserzersetzung findet nach folgender Gleichung statt:

$$SO_4 + H_2O = H_2SO_4 + O$$
Schwefelsäurerest   Wasser   Schwefelsäure   Sauerstoff

Es entsteht also an der Anode Sauerstoff, während in der Lösung, falls ein Diaphragma angewendet wurde, die Bildung von Schwefelsäure nachgewiesen werden kann (Rotfärbung von blauer Lackmustinktur). Die auf diese eben besprochene Weise entstehenden Zersetzungsprodukte Wasserstoff und Sauerstoff nennt man sekundäre Produkte, da sie sekundär, das heißt erst in zweiter Linie durch die chemische Wirkung der primär ausgeschiedenen Zersetzungsprodukte Natrium und Schwefelsäurerest auf das Lösungswasser entstanden sind. Wir

werden noch öfters in den technischen Methoden der Metallniederschläge auf
sekundäre Wirkungen in der Elektrolyse zurückkommen, es sei aber hier bemerkt,
daß die Ionen um so reaktionsfähiger sind, in je kleinerer Konzentration sie zur
Ausscheidung kommen, während sie, wie dies durch hohe Stromdichten vorkommt,
auch Neben-Reaktionen auszuüben imstande sind, wie etwa der Fall beweist,
daß Ammonium, das primäre Kation in einem Nickelbad, bestehend aus Nickelammonsulfat, auch Wasser zersetzen kann, wenn es eben in so großer Dichte ausgeschieden wird, daß es nicht mehr genügend Ni-Salzmoleküle vorfindet.

Elektronen. Die eben besprochene Stromleitung in Leitern II. Klasse war
der Ausgangspunkt einer langen Reihe von Forschungsarbeiten, deren Endziel es
war, die eigentliche Natur der Stromleitung, ihren Mechanismus zu erforschen.
Die moderne Wissenschaft hat sich hierbei sinnreicher Methoden bedient, und
wir müssen hier einige physikalische Gebiete streifen, die an sich recht abseits
von dem eigentlichen Inhalt des Werkes liegen, für das Verständnis der Sache
aber von großer Bedeutung sind und manchem Leser die gewünschte Klärung
über die Natur dieser Vorgänge verschaffen wird.

Fällt das Licht einer leuchtenden Flamme, z. B. einer Gasflamme oder eines
leuchtenden Auerlicht-Glühstrumpfes, durch ein Glasprisma, so wird es gebrochen,
d. h. es wird aus der geraden Richtung abgelenkt und gleichzeitig in seine Grund-
farben (Regenbogenfarben) zerlegt. Man beobachtet dann in einem dunklen
Raum, wenn dort das zerlegte Licht in Form seiner einzelnen Farbenbündel
auf eine Wand geworfen wird, eine ununterbrochene Reihe der Regenbogenfarben von Rot durch Gelb, Grün, Blau bis zum Violett. Ein solches Band von
Farben des Lichtes nennt man Spektrum u. z., weil diese Farben kontinuierlich
ineinander übergehen, spricht man von einem zusammenhängenden oder kontinuierlichen Spektrum. Allgemein fand man, daß glühende Stoffe, ob sie fest
oder flüssig sind, ein solches kontinuierliches Spektrum geben.

Beobachtet man dagegen das Spektrum glühender Gase oder Dämpfe, so
z. B. Salze wie Chlornatrium, in einer nichtleuchtenden Bunsenflamme, so findet
man in einem dunklen Gesichtsfeld des bekannten Spektrums einzelne lichte
Stellen und wir sprechen in diesem Falle von einem diskontinuierlichen Spektrum.
Man unterscheidet zwei Arten diskontinuierlicher Spektren und zwar Banden- und
Linienspektren; letztere sind aus einzelnen, voneinander getrennten Linien gebildet, welche durch dunkle Zwischenräume voneinander getrennt sind. Dagegen treten in den Bandenspektren helle, ziemlich scharf gezeichnete Kanten
vor, die durch besonders lichtstarke Linien erzeugt werden, deren Intensität zur
nächsten Linie hin langsam abnimmt. Wenn man solche Banden durch ein stark
zerstreuendes Instrument untersucht, so entdeckt man, daß solche Banden aus
vielen feinen Linien zusammengesetzt sind.

Jedes unserer sogenannten Elemente besitzt ein besonderes, nur ihm zu-
kommendes Bild dieser Art bzw. eine besondere Anordnung solcher Linien
oder Banden. Daß die Kenntnis dieser Linienbilder zu der von Bunsen und
Kirchhoff eingeführten „Spektralanalyse" führte, um aus selbst äußerst geringen Mengen die Anwesenheit einzelner Elemente festzustellen, sei hier nur
nebenbei erwähnt. Bemerkt sei auch, daß zur Untersuchung von Stoffen, die bei
gewöhnlicher Temperatur gasförmig sind, Geißlersche Röhren verwendet werden,
in denen sich das zu untersuchende Gas in äußerst verdünntem Zustande befindet. Die Enden dieser Röhren tragen je eine Elektrode, welche mit einem
Ruhmkorff-Apparat verbunden sind, und das von diesen Röhren ausgestrahlte
Licht wird im Spektroskop untersucht.

Läßt man nun auf die Spektrallinien-Lichtbündel starke Magnetfelder einwirken, so findet man, daß sie in zwei, drei oder mehrere Komponenten zerlegt
werden. Nach dem Entdecker dieser eigenartigen Erscheinung heißt dies der
Zeemann-Effekt. Diese Zerlegung erklärt sich dadurch, daß sich in den Atomen

elektrisch geladene Teilchen vorfinden, welche mit Elektronen bezeichnet wurden, und es werden nach der genannten Untersuchungsmethode in allen Elementen als gemeinschaftliche Bestandteile solche Elektronen nachgewiesen. Diese Hypothese wurde durch das Studium der Kathodenstrahlen und durch die äußerst exakten Untersuchungen über radioaktive Elemente ganz besonders gestützt. Es wurde konstatiert, daß die Kathodenstrahlen aus einem Strom negativer Elektronen bestehen, d. h. aus einem Strom negativ geladener Teilchen, welche von der Kathode in stark verdünnten Räumen durch die Entladungen eines Induktoriums mit ungeheurer Geschwindigkeit (mehrere tausend Kilometer p. Sek.) fortgeschleudert werden.

Wir haben also damit die Teilbarkeit der Elemente dokumentiert und die von den altgriechischen Philosophen stammende Annahme, daß sich alle Stoffe von einer Ursubstanz ableiten lassen, gewinnt dadurch neue Berechtigung. Besonders durch die Entdeckung des periodischen Systems der Elemente wurde diese Idee einer Urmaterie gestärkt, denn die Periodizität der Eigenschaften der Elemente und deren Abhängigkeit von den Atomgewichten, wie sie das periodische System behauptet, zwingt uns zur Annahme eines solchen Grundstoffes, der allen Elementen eigen ist. Die bekannten Elemente wären darnach nichts anderes als in den verschiedenen Zeitabschnitten der Entstehung der Welt aus der Urmasse kondensierte Körper, die das Gepräge ihrer Entstehungsmomente weiter tragen, wovon einzelne auch heute noch in Umwandlung begriffen sind, sich abbauen (radioaktive Elemente), während wir andere wieder mit unseren irdischen Hilfsmitteln nicht zu zerlegen vermögen. Durch Untersuchungen wurde genügend Material zur Annahme geschaffen, daß die chemischen Atome unserer heutigen Elemente in noch weit kleinere Teilchen zerlegbar sind, die man Elektronen nennt, deren Masse etwa $^1/_{2000}$ der Masse eines Wasserstoffatoms ist. Solche Elektronen finden wir nicht nur in den Kathodenstrahlen oder in den Strahlen radioaktiver Substanzen, wir finden sie auch in den Elektrolyten, in festen Metallen und anderen Körpern und sie sind stets mit den Elektronen identisch, die wir durch Magnetismus beim Zeemann-Effekt kennen lernten.

Wir müssen also modern denkend, zwischen Ionen und Elektronen in unseren Elektrolyten unterscheiden. So besteht beispielsweise das ionisierte Chlorkalium im Elektrolyten aus den Ionen K' und Cl'. Das Anion Cl besteht demnach aus einem Atom Cl und einem Elektron, das man wissenschaftlich durch das Zeichen Θ ausdrückt. Die Kationen im Elektrolyten bilden sich durch Abgabe von Elektronen aus den Atomen.

Für die Bildung der Ionen Cl' und K' gilt demnach die Gleichung

$$Cl' = Cl + \Theta$$
$$K' = K - \Theta$$

und für die Ionisierung des K Cl in Wasser schreibt man

$$K\,Cl\,aq = (K - \Theta)\,aq + (Cl + \Theta)\,aq.$$

Über die Art der Stromleitung in Metallen haben wir früher bereits gesprochen und man darf dafür gleicherweise die Annahme machen, daß die Stromleitung in Metallen durch Vermittlung von ionisierten Metallatomen, also positive Metallionen, und durch frei sich zwischen den Atomen bewegende negative Elektronen vor sich geht. Bei dieser Stromleitung verbinden sich negative Elektronen mit positiven Metallionen zu elektrisch neutralen Atomen, wogegen stets wieder neue Atome elektrisch dissoziieren.

Wenn nun der Strom durch einen metallischen Leiter geschickt wird, so überwiegen die Elektronenverschiebungen in der der Stromrichtung (vom + Pol zum — Pol) entgegengesetzten Richtung. Jeder elektrische Strom kann als ein Strom von sehr rasch sich fortbewegenden elektrischen Teilchen angesehen werden, und es wurde schließlich durch sinnreiche Versuchsanordnungen dargetan, daß die Elektrizität eine Masse besitzt, so daß man Materie und Elektrizität identifiziert hat. Die Elektronen wurden nicht mehr als elektrisch geladene Masseteilchen definiert, vielmehr als elektrische Ladungen selbst, ohne an Meaterie gebunden zu sein.

Gleichgewichts- und Abscheidungspotentiale der Metalle. Von ganz besonderer Bedeutung für die Metallabscheidung, wie für jeden elektrolytischen Vorgang, ist die Zersetzungsspannung bzw. das Abscheidungspotential der Lösung, bzw. der Ionen. Wir haben im Kapitel über die Entstehung elektrischer Ströme in galvanischen Elementen die Begriffe Lösungsdruck der Metalle und osmotischer Druck von Lösungen kennen gelernt und bauen hierauf weiter. Diskutiert man diese beiden Begriffe, so findet man, daß für ein Metallsalz z. B., dessen Kation in der Lösung den osmotischen Druck p äußert, wenn sein Lösungsdruck P ist, folgendes: Entweder ist der Lösungsdruck größer als der osmotische Druck, also

$$P > p$$

dann erhält das Metall, wenn es in seine Metallsalzlösung taucht, durch fortgesetztes Abstoßen neuer Kationen die Konzentration in der Lösung. Die Lösung wird dadurch + geladen, das betr. Metallstück nimmt negative Ladung an.

Ist P > p, so können Potentialdifferenzen zwischen Metall und Lösung nicht eintreten. Wird P < p, d. h. der osmotische Druck übersteigt den Lösungsdruck, so schlagen sich Kationen auf dem eintauchenden Metallstück nieder und laden es negativ, entsprechend nimmt dafür die Lösung eine + Ladung an. Diese Potentialdifferenzen E (in Volt ausgedrückt) stehen mit den Werten von P und p in einem von Nernst aufgefundenen Zusammenhang, der durch die Gleichung festgelegt ist

$$E = + \frac{RT}{n} l \cdot \frac{P}{p}$$

Darin bedeutet R die Gaskonstante ($0{,}861 \times 10^{-4}$), T die absolute Temperatur ($273{,}09 + t$), n die Wertigkeit der Ionengattung und l den natürlichen Logarithmus. Die Gaskonstante muß in dieser Gleichung mit $0{,}861 \times 10^{-4}$ eingesetzt werden. Will man mit den normalen Briggschen Logarithmen rechnen, muß man mit 2,3925 multiplizieren. Die Nernstsche Gleichung wäre dann zu schreiben

$$E = \frac{0{,}861 \times 10^{-4} \times 2{,}3925\, T}{n} \log \frac{P}{p}.$$

Da aber $0{,}861 \times 10^{-4} \times 2{,}3925$ rund 2×10^{-4} ergibt, kann man mit hinreichender Genauigkeit die Gleichung schreiben

$$E = \frac{2 \cdot 10^{-4} \cdot T}{n} \log \frac{P}{p}.$$

Setzt man nach dem Vorschlage Nernsts den Potentialwert einer mit Wasserstoff von Atmosphärendruck bespülten platinierten Platinelektrode, die in eine Lösung taucht, welche in bezug auf H-Ionen I-normal ist, gleich Null, so erhalten wir die Potentialwerte der edlen Metalle als positive Werte, die der unedleren dagegen als negative Werte. So finden wir folgende Reihenfolge für die Einzel- oder Gleichgewichtspotentiale verschiedener Metalle gegenüber ihren Metallsalzlösungen, in denen die Metallionenkonzentration I-normal ist

Mn	— 1,075		Ni	— 0,232
Zn	— 0,770		Pb	— 0,148
Cd	— 0,420		H	0,000
Fe	— 0,344		Cu	+ 0,320
Co	— 0,232		Hg	+ 0,753
			Ag	+ 0,771

Zersetzt man nun eine Metallsalzlösung durch den elektrischen Strom, indem man am negativen Pol das Metall zur Abscheidung bringt, etwa zwischen zwei unlöslichen Elektroden (Platin), so setzt sich die vom Strom hierbei zu leistende Arbeit aus den beiden an den beiden Elektroden zu überwindenden Einzelarbeiten zusammen, die wir experimentell durch Messen der Einzelpotentiale bei Stromdurchgang durch das Bad ermitteln können. Will man einen konstanten, dauernden Stromdurchgang durch ein derartiges Bad mit unlöslichen Elektroden erhalten, so muß die an die Pole des Bades angelegte Badspannung mindestens ebenso groß sein als die Summe dieser gemessenen Einzelpotentiale bei Stromdurchgang. Die Summe dieser beiden Werte nennen wir Polarisationsspannung. Um Metall an der Kathode abzuscheiden, fand man, daß man an der Kathode mindestens das Potential haben muß, das dem Gleichgewichtspotential des abzuscheidenden Metalls entspricht. Metallabscheidung kann nur erfolgen, wenn der Kathode ein etwas niedrigeres negatives Potential aufgedrückt wird (von außen her) als dem Eigenpotential der Kathode entspricht. Der Unterschied zwischen Eigenpotential und dem tatsächlichen Kathodenpotential ist bestimmend für die Stromstärke, welche durch die Elektrode in den Elektrolyten austritt. Mit steigender Stromdichte steigt natürlich auch die Größe des Kathodenpotentials.

Die Anwendung dieser theoretischen Verhältnisse gelingt ohne weiteres auch für die Elektrodenmetalle. Ist in einer Metallsalzlösung osmotischer Druck der Ionen dem Lösungsdruck des Elektrodenmetalls gleich, so kann sich zwischen Elektrode und Elektrolyt keine Spannungsdifferenz, kein Potential der Elektrode ausbilden, das Elektrodenmetall zeigt der angewendeten Lösung gegenüber das absolute Potential Null. Wird der osmotische Druck der Ionen größer als der Lösungsdruck des Elektrodenmetalls, so entsteht ein Ausgleich der sich solcherart ausbildenden Spannung in der Weise, daß Ionen aus der Lösung auf die Elektrode herausgetrieben werden, die Elektrode dadurch positiv laden, und man spricht dann von einem positiven Potential des Elektrodenmetalls gegenüber dem Elektrolyten. Umgekehrt kann ein Überwiegen des Lösungsdrucks der Elektrodenmetalle gegenüber dem Lösungsdruck der Ionen der Elektrode ein negatives Potential aufdrücken.

Setzt man in der Nernstschen Formel den osmotischen Druck p als konstanten Wert ein und zwar der Ionenkonzentration von 1 Mol des gelösten Metalls per Liter, so kommt man zu Werten der Potentiale für alle Metalle, die, von der Wertigkeit abgesehen, einzig und allein in ihrem Werte von dem Lösungsdruck der betreffenden Metallionen abhängen. Diese Potentiale nennt man Normal-Potentiale, und wenn man diese der Reihe nach ordnet, gelangt man zur Spannungsreihe der Elemente, in welcher Reihe jedes nächste Metall einen größeren Lösungsdruck der Ionen aufweist als das vorhergehende, d. h. es kann dieses aus seinen Lösungen verdrängen und zur Abscheidung veranlassen. Der Wasserstoff nimmt in dieser Spannungsreihe gewissermaßen eine mittlere Stellung ein, und man bezieht deshalb die Potentiale auf das Potential des Wasserstoffs, das dieser gegenüber seiner einfach normalen Ionenkonzentration zeigt und das man gleich Null setzt. Dann kann man zwischen edlen und unedlen Metallen unterscheiden, und zwar nennt man edle Metalle diejenigen (positiven Metalle), deren Lösungsdruck kleiner ist als der des Wasserstoffs, unedle Metalle diejenigen, deren Lösungsdruck größer ist als der des Wasserstoffs (negative Metalle) und die sich infolge dieses Unterschiedes des Ionenlösungsdruckes in Säuren unter Austreibung von Wasserstoff zu lösen vermögen.

Nach der Nernstschen Formel kann man berechnen, daß durch Änderung der Konzentration der Ionen um das Zehnfache beispielsweise für ein einwertiges Metall nur eine Potential-Änderung von 0,058 Volt entsteht. In Lösungen von Komplexsalzen, in denen zumeist nur eine minimale Metallionenkonzentration besteht, zeigen die Metalle demzufolge und in guter Übereinstimmung mit der Nernstschen Formel unedlere Potentiale als gegenüber ihren einfachen Salzen.

Das Studium dieser Verhältnisse führt den Elektrochemiker und Galvanotechniker zu schönen Resultaten speziell bei der Elektrolyse solcher Lösungen, aus denen man Legierungen mehrerer Metalle abscheiden will, und ist es z. B. aus genannten Verhältnissen erklärlich, daß man aus einem Gemisch von Kupfersulfat und Zinksulfat, wenn man die angewendete Zersetzungsspannung niedrig genug hält, Kupfer allein ohne Zink abscheiden kann.

Daß natürlich unliebsamerweise auch z. B. Wasserstoff neben Metallen wie Eisen, Kupfer, Zink usw. gleichzeitig abgeschieden werden kann und den jedem Galvanotechniker geläufigen Wasserstoffgehalt der Metallniederschläge bedingt, ist eine Tatsache, die ihre Erklärung ebenfalls aus dem Vorhergesagten findet.

Die Stromdichtepotentialkurven. Das Kathodenpotential ändert sich durch Änderung der Ionenkonzentration in der mehrfach diskutierten Formel Nernsts nur wenig, da hierfür nur der Logarithmus für p ausschlaggebend ist. Man muß also schon ganz bedeutende Veränderungen der Ionenkonzentration vornehmen, um eine meßbare Änderung des Kathodenpotentials herbeizuführen. Infolge eintretender Verdünnung der Lösungsschichten um die Kathode bei gesteigerter Stromdichte, wodurch eine geringfügige Ionenkonzentration der Metallionen eintritt, wird also das Kathodenpotential um Weniges steigen. Trägt man in einem Koordinatensystem, wie es Figur 66 zeigt, auf der Abszisse (horizontale Koordinate) die Potentiale, auf der Ordinate (vertikale Koordinate) die Stromdichten auf, so bekommt man steile Kurven, welche wir die Stromdichte-Potentialkurven nennen.

Wir wollen für drei verschiedene Metalle an Hand der Figur 66 die Verhältnisse genauer beurteilen und tragen z. B. in den Kurven AA', BB', CC' für die drei untersuchten Metalle die beobachtete Abhängigkeit des Potentials von der angewendeten Kathodenstromdichte ein. Die Punkte bei ABC geben die Gleichgewichtspotentiale der drei Metalle an, wenn also kein Strom durch die untersuchten Kathoden fließt. Das Metall A ist dabei das edelste, C das unedelste der drei Metalle. Die maximal zulässige Stromdichte an den Kathoden entspräche der Linie S S'.

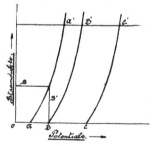

Fig. 66.

Die verwendete Lösung enthalte alle 3 Ionengattungen der 3 Metalle in solcher Konzentration, wie sie den gefundenen Werten der Potentiale entsprechen, dann kann eine gleichzeitige Abscheidung z. B. zweier der untersuchten Metalle nur dann eintreten, wenn die beiden Kurven nahe aneinander liegen, d. h. wenn in der untersuchten Lösung die Eigenpotentiale nur wenig voneinander abweichen. Ziehen wir eine Senkrechte B S', so schneidet diese die Linie A A' bei S', und wir können aus dieser Linienführung den Schluß ziehen, daß bei Anwendung von Stromdichten, die unterhalb der Linie S S' liegen, nur das Metall A abgeschieden wird, während bei einer Stromdichte S bereits Spuren von dem Metall B mit abgeschieden werden können. Bei der maximal zulässigen Stromdichte wird bereits ein größerer Teil des Metalles B mit abgeschieden werden können, jedoch vom Metall C noch keine Spur.

Vermindern wir die Ionenkonzentration in der Lösung, so wird der Wert für das Potential positiver, d. h. das Metall wird unedler, d. h. die Kurve wird in unserem Bilde nach rechts verschoben.

Um nun 2 oder mehrere Metalle aus einer Lösung nebeneinander abzuscheiden, muß man die Ionenkonzentration des edleren Metalles oder der edleren Metalle

Amp. pro qdm	Cu : 1 n CuSO₄ bei 20°	Cu : 0,1nCuCN+0,2nKCN bei 20°	Cu : 0,1nCuCN+0,2nKCN bei 75°	Cu : 0,1nCuCN+0,6nKCN bei 20°	Zn : 1 n ZnSO₄ bei 20°	Zn:0,1nZn(CN)₂+0,2nKCN bei 20°	Ag : 0,1n AgCN+0,2nKCN bei 18°	Co : 1 n CoSO₄ bei 20°	Co : 1 n CoSO₄ bei 75°	Ni : 1 n NiCl+0,5n BO₃ bei 16°
0,0	+ 0,308	— 0,610	—	— 1,072	— 0,790	— 1,033	— 0,39	— 0,29 bis — 0,33	—	— 0,24
0,0113	—	—	—	—	—	—	—	—	—	—
0,014	—	—	—	—	—	—	—	— 0,374	—	— 0,462
0,026	+ 0,297	—	—	—	—	—	—	—	—	— 0,479
0,045	+ 0,290	—	—	—	— 0,823	—	—	—	—	—
0,05	—	—	—	—	—	—	— 0,41	— 0,39	—	—
0,091	+ 0,274	—	—	—	— 0,828	—	—	—	—	—
0,10	—	— 0,77	— 0,77	— 1,30	—	— 1,12	— 0,42	—	—	—
0,113	—	—	—	—	—	—	—	— 0,40	—	—
0,116	—	—	—	—	—	—	—	—	—	— 0,537
0,227	+ 0,267	—	—	—	— 0,835	—	—	— 0,408	— 0,326	—
0,30	—	— 1,12	— 0,81	— 1,33	—	— 1,25	— 0,43	—	—	—
0,45	+ 0,255	—	—	—	— 0,848	—	—	— 0,424	— 0,336	— 0,601
0,50	—	— 1,17	— 0,84	— 1,35	—	— 1,40	— 0,44	—	—	—
0,75	—	— 1,20	—	—	—	— 1,46	—	—	—	—
0,91	+ 0,239	—	—	—	— 0,877	—	—	— 0,449	— 0,351	— 0,645
1,00	—	— 1,21	—	—	—	— 1,52	—	—	—	—
1,82	—	—	—	—	—	—	—	— 0,493	— 0,385	— 0,693
2,00	—	— 1,26	—	—	—	—	—	—	—	—

so stark vermindern, daß die Kurven nahe aneinander kommen, und das erzielt man dadurch, daß man der Lösung sogenannte Komplexbildner zusetzt, d. s. Salze, welche in Verbindung mit den Metallsalzen sogenannte Komplexsalze bilden, in welch letzteren das Metall in einem komplexen Anion enthalten ist, wogegen das Metallion als freies Kation fast vollständig verschwindet. Vollkommen gelingt dies nicht, weil sich stets ein Gleichgewichtszustand zwischen dem Komplexion und dem Metallion in solchen Lösungen ausbildet.

Wird z. B. eine Silbernitratlösung mit Zyankalium versetzt, so bildet sich ein komplexes Ion

$$Ag\,(CN)'_2,$$

welches nach der Gleichheitsformel

$$Ag\,(CN)'_2 \;\rightleftarrows\; Ag^{\cdot} + 2\,CN'$$

zerfällt, aber in nur ganz geringfügiger Menge. Je mehr Zyankalium einer solchen Lösung zugesetzt wird, um so mehr wird dieser Zerfall des komplexen Silberions zurückgedrängt, d. h. die Konzentration der freien Ag-Ionen wird durch steigenden Zyankaliumgehalt immer geringer, mit anderen Worten, das Silber wird in

Ni : 1 n NiCl + 0,5 nBO_3 bei 52°	Ni : 1 n NiCl + 0,5 nBO_3 bei 75°	Ni : 1 n NiCl + 0,5 nBO_3 bei 95°	Fe : 1 n$FeSO_4$ schwach sauer bei 20°	Azidität der 1 n$FeSO_4$ Lösung	Fe : 1 n$FeSO_4$ schwach sauer bei 75°	Fe : 1 n$FeSO_4$ + 0,5 nBO_3 bei 20°	Fe : 1 n$FeSO_4$ + 0,5 nB_2O_3 bei 75°	Fe : 1 n$FeCl_2$ + 0,5 nB_2O_3 bei 20°	Fe : 1 n$FeCl_2$ + 0,5 nB_2O_3 bei 75°
—	—	—	— 0,46	—	—	—	—	—	—
—	—	—	—	—	—	— 0,594	— 0,486	— 0,603	— 0,505
—	—	—	—	—	—	—	—	—	—
— 0,344	—	—	—	—	—	—	—	—	—
—	—	—	—	—	—	— 0,624	— 0,538	—	—
—	—	—	—	—	—	—	—	—	—
—	—	—	—	—	—	— 0,63	— 0,544	— 0,675	— 0,598
— 0,366	—	—	—	—	—	—	—	—	—
—	—	—	— 0,67	— 0,002	— 0,540	— 0,644	— 0,550	—	— 0,544
—	—	—	—	—	—	—	—	—	—
— 0,421	— 0,295	— 0,246	— 0,685	— 0,005	— 0,545	—	— 0,556	— 0,698	— 0,551
—	—	—	—	—	—	—	—	—	—
— 0,444	— 0,317	— 0,251	— 0,70	— 0,007	— 0,550	—	— 0,568	— 0,715	— 0,559
—	—	—	—	—	—	—	—	—	—
— 0,475	— 0,345	— 0,275	— 0,72	— 0,01	— 0,57	—	—	—	—
—	—	—	—	—	—	—	—	—	—

solchen Lösungen immer unedler, die Potentialkurven rücken immer mehr nach rechts.

Setzt man einer Metallsalzlösung, wie z. B. Zinnchlorürlösungen, solche Komplexbildner zu, mit denen das betr. Metallsalz keine komplexen Salze bildet, welche also in der Lösung ganz in ihre Komponenten zerfallen, so kann man das Potential solcher Metalle wie z. B. das des Zinns in solchen Lösungen nicht verändern, dagegen hat man damit die Möglichkeit, aus einer gemischten Lösung von Zinn- und Kupfersalzen eine gemeinsame Abscheidung der beiden Metalle, die sonst schwer möglich ist, dadurch herbeizuführen, daß man das Kupfer durch die Bildung eines sehr beständigen Komplexsalzes unedler macht, d. h. die Potentialkurve des Kupfers derjenigen des Zinns so nahe rückt, daß bei praktisch zulässigen Stromdichten eine gemeinsame Abscheidung der beiden Metalle als Bronze in verschiedener Zusammensetzung ermöglicht wird. Ähnlich verhält es sich bei der gleichzeitigen Abscheidung von Kupfer und Zink in Form von Messing oder von Silber mit Nickel, Silber mit Zink, Kadmium etc.

Für die verschiedenen Stromdichten und eine ganze Reihe von Metallen hat Kremann vorstehende Tabelle zusammengestellt, aus der die Abhängigkeit der Stromdichtepotentialkurven verschiedener Metalle in Lösungen ihrer einfachen Salze oder durch Zusätze von Komplexbildnern bei Berücksichtigung verschiedener Temperaturen hervorgeht.

Wenn sich durch Vermehrung der Stromdichte eine Erhöhung des Kathodenpotentiales bemerkbar macht, so hat dies seinen Grund darin, daß sich aus den Komplexionen nur mit einer maximalen Geschwindigkeit die zur Abscheidung erforderlichen Metallionen nachbilden können. Beim komplexen Zyansilberion ist die Geschwindigkeit der Nachbildung der Silberionen beim Abscheiden außerordentlich groß, daher die geringfügige Änderung des Stromdichtepotentials. Durch Erhöhung der Temperatur wird die Reaktionsgeschwindigkeit gesteigert, es bilden sich die Ionen rascher nach und die Potentialkurven zeigen demzufolge bei erhöhter Temperatur einen steileren Verlauf.

Die Wasserstoffabscheidung und die Überspannung. Das Eigenpotential des Wasserstoffs ist an platinierten Platinelektroden bestimmt, bei Verwendung anderer Elektroden erhält man dagegen andere Werte. An anderen Metallelektroden findet man für das Potential des Wasserstoffs unedlere Potentiale, d. h. man muß höhere Potentiale anwenden, um Wasserstoff abzuscheiden. Diese Verschiedenartigkeit drückt sich durch folgende Zahlenwerte aus: An Platin ist das Potential 0, an Nickel — 0,14, an Kupfer — 0,19, an Quecksilber — 0,44, an Gold — 0,05. In neutralen Lösungen, wo schon eine wesentlich verringerte Konzentration an Wasserstoffionen existiert, verschiebt sich das Potential des Wasserstoffs nach rechts, der Wasserstoff wird dort unedler, wird also weniger leicht abgeschieden; wird dagegen die Lösung alkalisch gemacht, so wird die Konzentration der Wasserstoffionen ganz besonders reduziert und wir finden eine weitere Verschiebung des Potentials nach der unedlen Seite zu. Diese Eigenschaft des Wasserstoffes, an verschiedenen Metallelektroden höhere Potentiale zu zeigen, die von der Natur dieser Metalle abhängen, wird „Überspannung" genannt. Ähnlich wie beim Wasserstoff finden wir aber auch bei Metallen solche Überspannungserscheinungen, die das Abscheidungspotential der Metalle an anderen Metallen oft ganz bedeutend alterieren.

Quantitative Verhältnisse bei elektrolytischen Vorgängen. Die Mengen der bei der Elektrolyse ausgeschiedenen Substanzen, sei es aus wässerigen oder feurig flüssigen Elektrolyten, sind durch das Faradaysche Gesetz bestimmt. Dies lautet in seiner allgemeinsten Form:

Zur Ausscheidung beziehungsweise Lösung von 1 Grammäquivalent einer Substanz sind 96540 Coulomb erforderlich.

Wir wissen bereits, daß man das Äquivalent eines Körpers diejenige Zahl nennt, welche man erhält, wenn man sein Atomgewicht, respektive Molekulargewicht, durch seine Wertigkeit dividiert. 1 Grammäquivalent sind nun so viele Gramme dieser Substanz, als sein Äquivalent angibt. So ist das Grammäquivalent von Silber, da sein Atomgewicht 107,88 und seine Wertigkeit gleich 1 ist,

$$\frac{107,88}{1} = 107,88$$

und es sind daher ein Grammäquivalent Silber 107,88 g. Ein Coulomb ist bekanntlich diejenige Elektrizitätsmenge, welche einen Leiter, ob nun I. oder II. Klasse, in der Sekunde durchfließt, wenn die Intensität des Stromes 1 Ampere beträgt.

So braucht man also nach dem Faradayschen Gesetz zur Abscheidung von 1 Grammäquivalent Silber = 107,88 g Ag, 96540 Coulomb und man sagt, 1 Grammäquivalent eines Elektrolyten transportiert 96540 Coulomb.

Es läßt sich aus dieser Zahl leicht die geläufigere Amperestundenzahl ermitteln. Da 1 St. = 60 × 60 = 3600 sek sind, so sind 96540 Coulomb

$$\frac{96540}{3600} = 26,805 \text{ ASt.}$$

Es werden also durch 26,8 ASt 107,88 g Ag aus seinen Lösungen ausgeschieden, demnach durch 1 A

$$\frac{107,88}{26,805} = 4,026 \text{ g Ag}$$

Faraday fand, daß die ausgeschiedene Menge einer Substanz von der Temperatur der Lösung und deren elektrischem Leitungswiderstand und Konzentration unabhängig ist. Als weitere Gesetzmäßigkeit gilt ferner der Satz: Die durch Elektrolyse ausgeschiedenen, beziehungsweise gelösten Substanzen sind proportional der Intensität des Stromes und der Zeitdauer der Elektrolyse.

Bezeichnet man die in 1 ASt ausgeschiedene Menge eines Körpers als sein elektrochemisches Äquivalent Ae, so gibt die Gleichung für die Berechnung des von einer beliebigen Stromstärke i Ampere in der Zeit von t Stunden ausgeschiedenen Gewichtes G in Grammen eines Körpers:

$$G = Ae \times i \times t$$

Aus dem Faradayschen Gesetz folgt ohne weiteres der Satz: Der elektrische Strom scheidet Äquivalente (chemisch genommen) der verschiedenen Körper aus. Folgendes Beispiel diene zur Erläuterung dieses Satzes:

Wir haben drei Gefäße, I, II und III, mit verschiedenen Elektrolyten in einem Stromkreis hintereinander geschaltet.

Im Gefäß   I befinde sich eine Lösung von Zinnchlorid.
 ,,   ,,   II   ,,   ,,   ,,   ,,   ,, Natriumchlorid.
 ,,   ,,   III   ,,   ,,   ,,   ,,   ,, Eisenchlorür.

Wir elektrolysieren nun diese drei Lösungen, indem wir den Stromkreis schließen, und lassen die Elektrolyse so lange dauern, bis im Gefäß II gerade 23,00 g Natrium abgeschieden werden (es wird dabei Natrium als Ätznatron vorhanden sein und kann mit Normalsalzsäure bestimmt werden. (Siehe Alkalimetrie in Miller und Kilians quantitativer Analyse). Untersucht man die übrigen Zersetzungsprodukte nach ihrem Gewicht, so findet man, daß

im Gefäß	An der Anode wurden ausgeschieden	An der Kathode wurden ausgeschieden
I	35,46 g Cl	29,62 g Sn
II	35,46 g Cl	23,00 g Na
III	35,46 g Cl	27,9 g Fe

die ausgeschiedenen Mengen äquivalent sind. Denn es ist für das Gefäß I:

Das Atomgewicht des Sn (Zinnes) = 118,7 seine Valenz 4, daher sein chemisches Äquivalentgewicht

$$\frac{118,7}{4} = 29,62 \, .$$

Das Atomgewicht des Chlors ist 35,46, seine Valenz 1, daher sein chemisches Äquivalentgewicht

$$\frac{35,46}{1} = 35,46 \, .$$

Auf diese Weise erklären sich die Zahlen für die Gefäße II und III.

Da für das Gefäß II die ausgeschiedene Natriummenge 23,00 g ist, was einem Grammäquivalent Natrium gleichkommt, so mußten 96540 Coulomb = 26,805 Amperestunden aufgewendet worden sein. Da die Gefäße hintereinander geschaltet waren, so mußte überall die gleiche Strommenge aufgewendet worden sein, woraus die obenangeführten Zahlen folgen.

Nun wird es bei den Elektrolysen, die in der Elektroplattierung praktische Anwendung finden, vorkommen, daß die Zersetzungsprodukte auf ihre Umgebung die früher besprochenen Wirkungen ausüben können, und es fragt sich, wie verhält sich das Faradaysche Gesetz dann?

Beispiel: Wir zersetzen (Fig. 67) $CuSO_4$ (Kupfersulfat) zwischen zwei Elektroden aus Kupfer und fügen der Lösung etwa H_2SO_4 (Schwefelsäure) zu. Es wird sich also Kupfer an der Kathode, Schwefelsäurerest an der Anode abscheiden, besser gesagt, nach diesen Elektroden hin wandern; auch die Schwefelsäure leitet den Strom, muß daher eine Zersetzung erleiden, es wird sich ebenfalls Schwefelsäurerest an der Anode entladen, hingegen Wasserstoff an der Kathode entstehen.

Es nehmen also beide Teile des Elektrolyten an der Stromleitung teil und zwar nach dem Kirchhoffschen Gesetz, das wir bereits kennen gelernt haben, das heißt, nach Maßgabe ihres Leitungsvermögens. Wenn wir die Elektrolyse in geeigneter Weise vor sich gehen lassen (nicht zu starken Strom), dann werden wir aber keine Bildung von Wasserstoffgas an der Kathode bemerken, es wird dann die abgeschiedene Kupfermenge der nach dem Faradayschen Gesetz berechneten theoretischen Menge entsprechen.

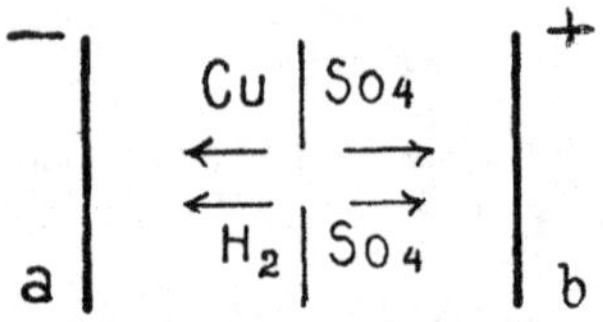

Fig. 67.

Der durch Elektrolyse von Schwefelsäure gebildete Wasserstoff reduziert die Kupfersulfatlösung nach der Gleichung:

$$CuSO_4 \quad + \quad H_2 \quad = \quad H_2SO_4 \quad + \quad Cu$$
Kupfersulfat Wasserstoff Schwefelsäure   Kupfer

dies ist also sekundäres Kupfer, während das durch die Elektrolyse des Kupfersulfates gebildete Kupfer als primäres Kupfer zu bezeichnen ist. Haben wir genau 96540 Coulomb, das sind rund 26,8 ASt, verbraucht, so wird genau 1 Gramm äquivalent $= \dfrac{63,6}{2} = 31,8$ g Kupfer abgeschieden worden sein. Davon wird so viel primäres und so viel sekundäres Kupfer sein, als nach der Leitfähigkeit der beiden Bestandteile der Flüssigkeit primär Kupfer und primär Wasserstoff abgeschieden wurde. Der Wasserstoff wirkt also rein chemisch ein, es kann aber trotzdem aus solchen sekundären Abscheidungen auf die primär gebildeten Produkte geschlossen werden.

Hat in unserem Beispiel etwa das Kupfersulfat ⅓, die Schwefelsäure ⅔ der Stromleitung übernommen, so wird die Schwefelsäure während der Elektrolyse $64360 = \dfrac{96540 \times 2}{3}$ Coulomb, das Kupfersulfat $32180 = \dfrac{96540 \times 1}{3}$ Coulomb befördert haben; zusammen also 96540 Coulomb.

Den 32180 Coulomb, welche auf das Kupfersulfat entfallen, entsprechen aber

$$96540 : 32180 = 31,8 : x$$

$x = 10,6$ g primäres Kupfer und den 64360 Coulomb der Stromleitung der Schwefelsäure entsprechen nach der Proportion:

$$96540 : 64360 = 31,8 : y$$

$y = 21,2$ g sekundär abgeschiedenes Kupfer.

Zusammen sind also:

10,6 g primäres
21,2 g sekundäres
—————————
31,8 g Kupfer

abgeschieden worden, was auch der Tatsache und dem Faradayschen Gesetze entspricht. Ebenso verhält es sich mit der an der Anode abgeschiedenen Gruppe SO_4. Es werden nach dem Faradayschen Gesetze 48,03 g SO_4 in derselben Zeit an der Anode abgeschieden wie 31,8 g Cu an der Kathode. Diese 48,03 g SO_4 vermögen aber nach den stöchiometrischen Gesetzen 31,8 g Kupfer aufzulösen, also ebensoviel, als abgeschieden wurden. Die meisten Elektroplattierbäder sind so zusammengesetzt, daß diese Gleichheit von Abscheidung und Auflösung von Metall fast genau eingehalten ist, wodurch die Elektrolyten dauernd in ihrer ursprünglichen Zusammensetzung bleiben müßten.

Es ist leider in der Praxis nicht immer möglich, die theoretischen Niederschlagsmengen oder Lösungsmengen einzuhalten. Es entwickeln sich zumeist kleine Mengen von Gasen an den Elektroden, was einem Verlust an Niederschlag, beziehungsweise einem geringeren Lösen des Anodenmetalles entspricht. Die Folge davon ist, daß die Bäder ihre ursprüngliche Zusammensetzung ändern, denn wenn sich beispielsweise bei der Elektrolyse von $NiSO_4$ (Nickeloxydsulfat) zwischen zwei Nickelplatten anstatt der theoretischen Menge SO_4 infolge Sauerstoffentwicklung weniger zur Nickellösung darbietet, so wird die Lösung metallärmer werden; das Gleiche kann eintreten, wenn die Ausscheidung von SO_4 zu rasch und zu stark vor sich geht, was dann vorkommt, wenn man in einem Vernicklungsbad kleine Flächen gewalzter (schwer löslicher) Nickelanoden verwendet. Die SO_4-Ionen treten eben unter diesen Umständen in zu großer Dichte an der Anode auf, werden entladen, bevor sie sich noch gelöst haben und sind dann für die Lösung des Metalls größtenteils verloren.

Das Verhältnis der praktisch erzielten Niederschlagsmengen zu den theoretisch berechneten heißt die Ausbeute an Strom (Stromausbeute), das heißt für den gewünschten Prozeß wird nur ein (allerdings zumeist der größte) Teil des Stromes nutzbar gemacht, der Rest bildet Nebenprodukte, wie freie Säure, freies Alkali und Gase. So wird man in der Praxis auch nie die theoretischen Mengen an niederzuschlagendem Metall erhalten, sondern je nach der Stromausbeute 75 bis 100 % der berechneten Menge.

Für den Praktiker von Wichtigkeit ist zu wissen, wie er sich die Zeit t berechnet, die er benötigt, um einen Metallniederschlag von bestimmter Stärke auf seinem zu elektroplattierenden Gegenstand zu erzielen, oder er stellt sich die Aufgabe, die Stromstärke i im voraus zu ermitteln, die ihm in einer bestimmten Zeit t einen Metallniederschlag von gewünschter Stärke bewirkt usf.

Hierzu dient folgende Berechnungsmethode: Es gelten die Bezeichnungen:

G = Gewicht des niedergeschlagenen Metalles in Gramm,
Ae = elektrochemisches Äquivalent des Metalles, bezogen auf Amperestunden,
i = angewandte Stromstärke in Ampere,
t = Zeitdauer der Elektrolyse in Stunden,
s = spezifisches Gewicht des Metalles, das niedergeschlagen werden soll,
O = Oberfläche des zu plattierenden Gegenstandes in Quadratdezimeter,
D = Dicke der Schicht des niedergeschlagenen Metalles in Millimeter,
σ = Stromausbeute in Prozenten der theoretischen Niederschlagsmenge,

Es berechnet sich das in einer bestimmten Zeit t bei einer Stromstärke i erhaltene Gewicht an niedergeschlagenem Metall

$$G = Ae \times i \times t \times \frac{\sigma}{100}$$

und die damit erzielte Niederschlagsschicht auf dem Gegenstand von O qdm Oberfläche

$$D = \frac{Ae \times i \times t \times \sigma}{s \times O \times 1000} \, mm = \frac{Ae \times ND_{100} \times t \times \sigma}{s \times 1000} \, mm.$$

Will man die Zeitdauer (in Stunden) berechnen, welche nötig ist, um bei einer Stromdichte ND_{100} Ampere in der Zeit t Stunden eine Dicke des Niederschlages von D mm zu erhalten, so gilt die Formel

$$t = \frac{D \times s \times 1000}{Ae \times ND_{100} \times \sigma} \text{ St.}$$

Und für den Fall, daß die Stromstärke zu berechnen ist, die man anzuwenden hat, um in einer bestimmten Zeit t die gewünschte Dicke des Niederschlages zu erhalten, benutzt man die Formel

$$i = \frac{D \times s \times O \times 1000}{Ae \times t \times \sigma} A.$$

Beispiel: Auf einer Tasse, die in einem Silberbade elektroplattiert werden soll, will man eine Silberschicht von 0,5 mm Dicke herstellen. Die Tasse besitze eine gesamte, zu versilbernde Oberfläche von 5,6 qdm. Welche Stromstärke ist nötig, um dies in 24 Stunden fertig zu bringen?

Es sind also hier die Werte maßgebend:

$$Ae = 4,026$$
$$i \ \ = ?$$
$$t \ \ = 24$$
$$s \ \ = 10,5$$
$$O \ \ = 5,6$$
$$D \ \ = 0,5$$
$$\sigma \ \ = 98\% \text{ (für ein beliebig gewähltes Silberbad).}$$

Es berechnet sich hieraus die anzuwendende Stromstärke zu:

$$i = \frac{0,5 \times 10,5 \times 5,6 \times 1000}{4,026 \times 24 \times 98} = 3,1 \ A.$$

Das Verhältnis des Gewichts an niedergeschlagenem Metall zum anodisch gelösten nennt man den Wirkungsgrad eines elektrolytischen Bades der Galvanotechnik, und es wird stets angestrebt, den Wirkungsgrad von 1,0 zu erreichen, d. h. man trachtet die Arbeitsweise so zu regeln, daß ebensoviel Metall kathodisch ausgefällt wie anodisch gelöst wird. Der Wirkungsgrad schwankt aber, und zwar ist er meist kleiner als 1,0, doch gibt es auch Bäder, wo er größer als 1,0 ist, das hängt von der Stromausbeute an der Kathode und der Anode ab.

In der nachstehenden Tabelle sind für diesen Zweck die elektrochemischen Äquivalente, bezogen auf Amperestunden für die in der Elektroplattierung vorkommenden Metallsalze, angegeben, ebenso die entsprechenden Werte von s für die abgeschiedenen Metalle.

Metallverbindungen	Ae	s
Kupferoxydsalze	1,186	8,9
Kupferoxydulsalze	2,372	8,9
Ferrosalze	1,045	7,8
Ferrisalze	0,696	7,8
Chromsäure	0,320	6,5
Nickeloxydulsalze	1,095	8,8
Bleisalze	3,859	11,4
Zinksalze	1,219	7,0
Cadmiumsalze	2,097	8,6
Zinnoxydulsalze	2,218	7,3
Zinnoxydsalze	1,109	7,3
Kobaltoxydulsalze	1,099	8,5
Silbersalze	4,026	10,5
Goldoxydsalze	2,453	19,5
Goldoxydulsalze	7,35	19,5

Wanderbäder. Bei den „Durchzugs-Galvanisierungsmethoden", wie solche beim Galvanisieren von Drähten oder Bändern vorkommen, ist die Bemessung des Durchzugstempos abhängig von

1. der anzuwendenden Stromdichte pro qdm,
2. von der Badlänge bzw. von der wirklich der Stromwirkung ausgesetzten effektiven Kathodenlänge in dm,
3. von der gewünschten Metallauflage in gr pro qdm,
4. von dem für den angewendeten Elektrolyten maßgebenden elektrochem. Äquivalent des niederzuschlagenden Metalles,
5. von der zulässigen Querschnittsbelastung des Leiters der Kathoden,
6. von der Art der Stromzuführung,
7. von der Reißfestigkeit der Drähte oder Bänder unter Berücksichtigung der durch diverse Einrichtungen an der Galvanisierungs-Vorrichtung entstehenden Zugbelastung.

Der Zusammenhang, der zwischen den vorstehenden Punkten 1—4 besteht, ist formelmäßig ausdrückbar durch die Gleichungen:

$$Q = \frac{ND \cdot Ae \cdot L}{T \cdot 60}$$

wobei:

$$\text{oder} \quad T = \frac{ND \cdot Ae \cdot L}{Q \cdot 60}$$

$$ND = \frac{Q \cdot T \cdot 60}{Ae \cdot L}$$

$$L = \frac{Q \cdot T \cdot 60}{ND \cdot Ae}$$

Q = Metallauflage in gr pro qdm.
ND = Stromdichte pro qdm.
L = effekt. Länge der expon. Kathod. im Bade in Metern.
T = Durchzugstempo in m pro Min.

Ist also z. B. für einen derartigen Galvanisierungsprozeß die gewünschte Metallauflage Q pro qdm gegeben, ebenso die anzuwendende Stromdichte in Amp. pro qdm, ferner die Badlänge und damit auch die aus der Konstruktion der Badarmatur ausmeßbare effektive Länge der der Elektrolyse ausgesetzten Kathodenlänge in Metern, so kann man das Durchzugstempo in Metern pro Min. berechnen aus der Formel

$$T = \frac{ND \cdot Ae \cdot \eta \cdot L}{Q \cdot 60}$$

z. B. in einer Drahtverzinkungsanlage seien gegeben

Q = 0,6 g pro qdm (= 60 g pro qm)
ND = 10 Amp.
L = 9 m
Ae = 1,2 g pro Stunde
η = 1,00

so wird man das Durchzugstempo T wie folgt errechnen:

$$T = \frac{10 \cdot 1,2 \cdot 1 \cdot 9}{0,6 \cdot 60} = 3 \text{ m pro Minute.}$$

Wir haben hier aber eine meist experimentell ermittelte Stromdichte als Basis angenommen, von welcher man in der Praxis ohne triftigen Grund nicht abgehen wird, denn die Einhaltung der geeigneten Stromdichte ist bei einer kontinuierlichen Galvanisierung z. B. von Drähten oder Bändern maßgebend für die Erzielung eines marktfähigen Produktes, weil von deren Einhaltung nicht bloß die Erzielung bestimmter Effekte wie Farbe des Niederschlagmetalles, reiner Glanz, Biegsamkeit, Adhärenz etc. etc. abhängt, sondern auch die Konstanterhaltung der Badzusammensetzung, die Erwärmung des Elektrolyten und der Leitungsarmatur mit den Kontaktstellen in innigstem Zusammenhange steht.

Badflüssigkeit (Elektrolyt). Die Badflüssigkeiten, welche in den galvanischen Bädern Verwendung finden, enthalten Metallsalze und geeignete Nebensalze, welche mit an der Stromleitung teilnehmen und Leitsalze heißen. Die Lösungen müssen so zusammengestellt sein, daß die zur Erzielung eines allen Ansprüchen entsprechenden Niederschlages, von dem man Schönheit des Farbentones, Festigkeit, Homogenität etc. verlangt, aufzuwendende elektrische Energie möglichst gering und damit auch die Betriebskosten nicht zu hoch werden. Durch die Eigentümlichkeit der einzelnen Salzlösungen ist man in elektrotechnischer Hinsicht bezüglich der elektrischen Größen an zwei Grenzwerte gebunden, welche für jedes einzelne Bad verschieden sind.

Wir haben bereits vom spezifischen Widerstand von Elektrolyten gesprochen und haben gesehen, wie der Gesamtwiderstand einer beliebigen Flüssigkeitssäule vom spezifischen Widerstand abhängt. Um nun ohne Störungen einen möglichst gleichmäßigen Betrieb zu erzielen, ist es vor allem Grundbedingung, daß sich der spezifische Badwiderstand nicht allzusehr von seinem normalen Wert entferne, weil nur für diesen die bei den einzelnen Bädern angegebenen elektrischen Größen Gültigkeit haben.

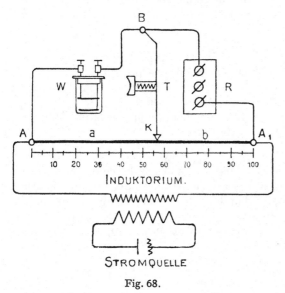

Fig. 68.

Die Messung und stetige Kontrollierung des spezifischen Widerstandes der Badflüssigkeiten wird nun aber nicht jedem die Elektroplattierung gewerbsmäßig treibenden Praktiker möglich sein. Es sind hierzu besondere Apparate notwendig, die nachstehend in aller Kürze beschrieben und gleichzeitig die Methode der Messung daran erklärt werden soll.

Ein ausgespannter Draht (Fig. 68) AA_1, aus Konstanten, der mit einer Skala versehen ist (mm-Skala), dient als Meßdraht. Von A aus ist eine Leitung zum Meßgefäß W abgezweigt, welches die zu messende Flüssigkeit enthält und bei B mit einem Stöpselrheostat R in Verbindung steht. Zwischen dem Punkt B und dem Kontakt K ist die Leitung nach einem Bellschen Hörtelephon (T) abgezweigt, welches durch den im Induktorium erzeugten Wechselstrom zum Tönen kommt, solange ein Strom durch die Telephonleitung fließt. Durch geeignete Stöpselung von Widerständen im Stöpselrheostat R und Verschiebung des Kontaktes K kann man den Strom in der Telephonleitung zum Verschwinden bringen, das Telephon verstummt, die einzelnen Teile dieser Schaltung, die als Wheatstonsche Brückenschaltung bekannt ist, sind in ihren Widerständen abgeglichen.

Es verhalten sich dann die Widerstände

$$a : b = W : R$$

wenn a und b die Strecken A—K respektive K—A_1 sind. Man kann für die Widerstände der Drahtstücke A—K und K—A_1 direkt die Strecken in Zentimeter wählen, weil ja doch nur das Verhältnis der beiden in Betracht kommt.

Daraus errechnet sich der unbekannte Widerstand W, das ist der durch die Badflüssigkeit zwischen den beiden Elektroden des Apparates W gebildete Widerstand zu

$$W = \frac{a}{b} \times R$$

R ist in Ω gegeben, a und b sind Strecken in Zentimetern, die auf der Skala des Drahtes (der dann 1 m lang ist) AA_1 abzulesen sind.

Durch eine geeignete Eichung des Meßgefäßes ist man imstande, aus den Werten für W den spezifischen Widerstand der Badflüssigkeit zu ermitteln, das ist der Widerstand eines Würfels von 1 dm Seitenlänge.

Wie gesagt, nicht jeder Elektroplattierer wird einen solchen Apparat zur Verfügung haben; man hilft sich auf andere Weise, um die Zu- und Abnahme der Konzentration, was ja im allgemeinen auf die Veränderung des spezifischen Badwiderstandes schließen läßt, zu beobachten, und zwar bedient man sich des Aräometers, der durch ein mehr oder minder tiefes Einsinken in die Lösung an einer Skala eine bestimmte Konzentration (gemessen in Graden Baumé) angibt, indem die Oberfläche der Flüssigkeit auf den betreffenden Teilstrich der Skala zu stehen kommt.

Die Badflüssigkeit wird durch längeres Stehen und Verdunsten des Wassers an Salzen verhältnismäßig reicher werden, der Widerstand wird sich verringern, das Aräometer zeigt dann einen höheren Gehalt an, indem es weniger tief einsinkt.

Man kann dann solange Wasser nachgießen, bis die ursprüngliche Angabe des Aräometers wieder hergestellt ist.

Ist die Badflüssigkeit durch nie zu vermeidende Unregelmäßigkeiten im Betrieb an Metallsalzen stark verarmt, so ist die erforderliche Menge des Badsalzes wieder hinzuzugeben, im gegenteiligen Fall Wasser zuzusetzen.

Von Einfluß auf die Wirkungsweise eines Bades ist auch seine Temperatur. Die günstigste Temperatur für die meisten Bäder liegt zwischen 15 und 20° C. Da aber mit abnehmender Temperatur der Lösungen der Widerstand wächst, so ist klar, daß man bei kalten Lösungen höhere Spannungen anwenden muß, um die bei normalen Verhältnissen herrschende Stromstärke durch dieselben hindurchzuschicken. Man sorge daher im Winter für richtige Temperatur der Bäder, was ja gerade in gut eingerichteten Anstalten nicht allzu schwer fallen kann, da man sowohl durch kontinuierliche Beheizung des Bäderraumes dies erreichen kann oder auch dadurch, daß man einen Teil der Badflüssigkeit in Behälter schöpft (die durch Erwärmen nicht springen und von der Lösung nicht angegriffen werden), auf einem geeigneten Herd erwärmt und dann dem Bad wieder zusetzt; so lassen sich die vorgeschriebenen geeignetsten Temperaturen einhalten. Höhere Temperaturen schaden den Bädern selten, die aufzuwendende Spannung wird dann kleiner sein als bei normaler Temperatur, um dieselben Stromverhältnisse zu erreichen.

Theoretisch müßte jedes Elektroplattierbad seine ursprüngliche Zusammensetzung unbegrenzt lange beibehalten; denn verfolgt man das Faradaysche Gesetz für ein bestimmtes Bad, so zeigt sich, daß stets diejenige Menge Metall von der Anode (die bekanntlich immer aus dem Metall besteht, welches sich an der Kathode abzuscheiden hat) gelöst wird, welche sich an der Ware niederschlägt. Praktisch ist dies jedoch unerreichbar, da sich der Elektroplattierprozeß (die Elektrolyse) nie so glatt vollzieht. Die an den Elektroden herrschende Stromdichte ist bald groß, bald klein, es treten an der Anode Oxydationsvorgänge auf, an der Kathode Reduktionsvorgänge; die Zusammensetzung der Bäder ändert sich infolgedessen, und es ist Pflicht eines jeden technischen Leiters einer Elektroplattieranstalt, sich von der richtigen Zusammensetzung seiner Bäder zu überzeugen, indem er die nötigen chemischen Analysen macht oder machen läßt und die ursprüngliche Zusammensetzung der Bäder durch entsprechende Korrekturen wieder herstellt[1]).

Verfasser macht darauf aufmerksam, daß durch die Lösungsvorgänge an der Anode, wenn die Badflüssigkeit ruhig bleibt, die schwere Flüssigkeit, die an der Anode durch das Lösen von Anodenmetall entsteht, zu Boden sinkt, dort also dichter wird, während an der Kathode durch Ausscheidung von Metall die Lösung an Metallsalzen verarmt, daher dünner wird. Bliebe ein Bad lange Zeit während des Betriebes in dieser Weise ruhig, so würde sich bald die Verdünnung der Lösung bemerkbar machen; es würde der Niederschlag ungleichmäßig werden, an den unteren Teilen des Gegenstandes stärker als an den oberen, außerdem der Strömung der dünneren Flüssigkeit entsprechende Streifen bilden, die zumeist dunkler gefärbt sind. Man bewege daher (bei längere Zeit dauernden Elektroplattierungen) die Ware öfters in der Lösung oder rühre mit einem Holz- oder Glasstab die Lösung durcheinander, damit sich die unten befindliche dicke, konzentrierte Schicht mit der oberen dünnen, salzarmen wieder ausgleiche. Bei sehr langandauernden Arbeiten, wie sie namentlich in der Kupfer- oder Silber-Galvanoplastik vorkommen, greift man selbst zur Zirkulation der Elektrolyte, um die störenden Einflüsse der Konzentrationsänderungen zu vermeiden.

Im allgemeinen gilt noch, daß man die Wannen 10 bis 20 cm tiefer wählt, als die voraussichtlich tiefst eintauchenden Gegenstände hängen, damit auch diese Teile in reine Lösung eintauchen (falls sich ein Bodensatz gebildet haben sollte). Am besten ist es, wenn man die Badflüssigkeit von Zeit zu Zeit filtriert oder mittelst eines Glashebers von den unten befindlichen Verunreinigungen abzieht.

Allgemeines über die Veränderungen der Bäder. Es wurde bereits gesagt, daß bei jedem elektrolytischen Prozeß, wie sich diese in den Elektroplattierbädern abspielen, Nebenreaktionen auftreten, die durch die Stromverhältnisse bedingt sind. Einen dieser Nebenprozesse haben wir bereits kennen gelernt, es ist dies die Wasserstoffentwicklung an der Kathode, und wir finden darin die Ursache der geringeren Metallausscheidung, als dem Faradayschen Gesetze entspricht. Das Verhältnis der tatsächlich erhaltenen Metallmenge zur theoretisch berechneten nannten wir Stromausbeute und drückten damit in Prozenten die Ausnutzung des elektrischen Stromes für die Erzeugung der gewünschten Reaktion aus.

Wir unterscheiden in der Elektroplattierung im allgemeinen folgende Gattungen von Bädern, an denen wir dann einzeln die auftretenden Veränderungen behandeln wollen.

I. Neutrale Bäder.

II. Saure Bäder.

III. Alkalische Bäder.

IV. Zyankalische Bäder.

I. Die neutralen Bäder. Die Veränderungen, denen das Bad unterworfen ist, können folgende sein:

1. Es kann ammoniakalisch, respektive alkalisch werden (dabei unter Umständen metallreicher).

2. Es kann mineralsauer werden (schwefelsauer), gleichzeitig metallärmer. Betrachten wir etwa ein Nickelbad der Zusammensetzung:

Wasser . . . . . . 1000 g

Nickelsulfat . . . 35 g

Ammonsulfat . . 40 g

---

[1]) Die galvanischen Bäder, Alfred Wogrinz, Verlag M. Krayn, Berlin W.

Die in der Lösung vorhandenen Ionen sind $\overset{++}{Ni}$, $\overset{+}{NH_4}$, $\overset{--}{SO_4}$ und $\overset{--}{Ni(SO_4)_2}$.
Es spalten sich demnach die beiden Salze nach folgender Weise:

$$\overset{++}{Ni} \quad \overset{--}{SO_4}$$
$$\overset{+}{} $$
$$(NH_4)_2 \quad \overset{--}{SO_4}$$

Die Ionen $\overset{++}{Ni}$ und $\overset{+}{NH_4}$ wandern nach der Kathode, die $\overset{--}{SO_4}$-Ionen nach der Anode. Es wird also aus dem $NiSO_4$ primär Nickel ausgeschieden; aber auch das an der Kathode auftretende Kation $\overset{+}{NH_4}$ verursacht eine Nickelausscheidung, indem es auf das Nickelsulfat reduzierend einwirkt, sich selbst aber zu Ammonsulfat oxydiert und dabei metallisches Nickel zur Ausscheidung bringt.

Der Vorgang ist dabei folgender:

$$\underset{\text{Nickelsulfat}}{NiSO_4} + \underset{\text{Ammonium}}{2\,NH_4} = \underset{\text{Ammonsulfat}}{(NH_4)_2SO_4} + \underset{\text{Nickel}}{Ni}$$

Das so ausgeschiedene Nickel ist sekundären Ursprungs. Die Ammoniumionen wirken aber nur unter der Bedingung reduzierend gegenüber Nickelsulfat, wenn sie in kleiner Konzentration zur Abscheidung kommen, wenn also die Stromdichte an der Kathode klein ist, das heißt, wenn durch die an der Kathode entstehende Verdünnung, die um so fühlbarer wird, je größer die Stromdichte ist, so weit gediehen ist, daß nicht mehr genug Ni-Salzmolekeln vorhanden sind, so werden NH_4-Ionen das Lösungswasser zersetzen. Wird aber die Kathodenstromdichte größer, so steigert sich damit der Teil der Ammoniumionen, welcher nicht Nickelsulfat reduziert, dagegen sich als Ammonium entlädt, dabei das Wasser der Lösung nach folgender Gleichung zersetzend:

$$\underset{\text{Ammonium}}{(NH_4)_2} + \underset{\text{Wasser}}{2\,H_2O} = \underset{\text{Ammoniumhydroxyd}}{2\,NH_4OH} + \underset{\text{Wasserstoffgas}}{H_2}$$

Es geht dadurch ein Teil der Stromstärke für die Nickelabscheidung verloren (vergleiche Stromausbeute), daher wird unter sonst gleichen Umständen mit steigendem Gehalt an freiem Ammoniumhydroxyd die Lösung nickelreicher werden, sofern dieses nicht durch das entstehende Ammonium gefällt oder zur bekannten tiefblauen Lösung gelöst wird.

Ob das Bad ammoniakalisch oder auch alkalisch geworden ist, konstatiert man durch die blaue Färbung von rotem Lackmuspapier. Wenn nun an der Anode durch Einhaltung der richtigen Stromdichte immer die theoretische Menge von Metall in Lösung geht, an der Kathode aber weniger ausgeschieden und der Überschuß nicht gefällt wird (was öfter der Fall ist), so muß eine Anreicherung an Metallsalz eintreten; wird hingegen das Plus an gelöstem Anodenmetall durch das an der Kathode entstandene freie Alkali gefällt, so kann die Lösung an Metallsalz gleichbleiben. Ist das Bad alkalisch geworden, so ist es mit freier Säure (aus der das Metallsalz besteht) zu neutralisieren, bis weder blaues noch rotes Lackmuspapier eine Farbenveränderung zeigen. Wir sagen also zusammenfassend: Durch zu große Stromdichten an der Kathode werden neutrale Bäder ammoniakalisch beziehungsweise alkalisch.

Es kann aber auch der zweite Fall eintreten, nämlich das früher neutrale Bad wird sauer. Forschen wir nach der Ursache dieser Veränderung, so kommen wir zu folgender Erscheinung. Wenn die Stromdichte an der Anode zu groß ist, dann werden die SO_4-Ionen (Schwefelsäureionen), da sie in großer Menge auf einem kleinen Raum ausgeschieden werden, nicht bloß Nickel von der Anode lösen, also Nickel zu Nickeloxydsulfat oxydieren, sich selbst dabei reduzierend, sondern es wird ein Teil der SO_4-Ionen an der Anode entladen und dann das

Lösungswasser zersetzen können unter Bildung von freier Schwefelsäure und Entwicklung von Sauerstoffgas.

Die Umsetzung erfolgt nach der Gleichung:

$$SO_4 \quad + \quad H_2O \; = \; H_2SO_4 \quad + \quad \quad O$$

Schwefelsäurerest   Wasser   Schwefelsäure   Sauerstoffgas

Es verarmt somit das Bad an Metallsalz, sobald es die durch die Bildung von freier Säure bedingte saure Reaktion (Rotfärbung von blauem Lackmuspapier) zeigt.

Bei ganz großen Stromdichten an der Anode tritt der Fall ein, daß dann, wenn die Lösung Salze enthält, welche oxydierbar sind, auch diese oxydiert werden, so die Nickeloxydulsalze zu höheren Nickeloxydsalzen; es tritt dann der Fall ein, daß die so gebildeten höheren Stufen der Oxydsalze nicht immer existenzfähig sind, sie zersetzen sich dann und bilden auf der Anode einen Anodenbelag, der zumeist Metalloxyd sein dürfte. (Bei Nickelbädern besonders dann, wenn keine Säure im Bad oder letzteres gar alkalisch geworden ist.) So entsteht bei der Elektrolyse von Nickelsalzen bei Anwendung großer Stromdichten und kalter konzentrierter Bäder Nickeloxyd nach folgenden Gleichungen:

$$Ni(SO_4)_2 \quad + \quad NiSO_4 \quad = \quad Ni_2(SO_4)_3$$

Nickelschwefelsäurerest   Nickeloxydulsulfat   Nickeloxydsulfat.

Nickeloxydsulfat ist aber eine in Wasser sehr unbeständige Verbindung, sie zersetzt sich unter Bildung von Schwefelsäure.

$$Ni_2(SO_4)_3 \quad + \quad 3\,H_2O \; = \; Ni_2O_3 \quad + \quad 3\,H_2SO_4$$

Nickeloxydsulfat   Wasser   Nickelsuperoxyd   Schwefelsäure.

II. Saure Bäder. Das Bad kann neutral, sogar alkalisch werden, was gleichbedeutend ist mit einer Anreicherung an Metallsalz; wird aber das Bad einmal sogar alkalisch, so kann wieder der Fall eintreten, daß sich unlösliche Metallhydroxyde durch das an der Kathode entstandene freie Alkali bilden. Man prüfe die Bäder auf ihren Säuregehalt und bringe sie nach Konstatierung ihrer Konzentration mit Hilfe des Aräometers wieder auf ihre ursprüngliche Zusammensetzung. Das Bad kann aber auch noch saurer werden, etwa zitronensaure Nickelbäder können schwefelsauer werden, was durch entsprechende Reagenzien (Kongopapier wird blau, auch Tropäolin usf. werden angewendet) zu erkennen ist.

III. Alkalische Bäder. Verfasser will in dieses Kapitel nicht die für gewöhnlich auch als alkalisch bezeichneten zyankalischen Bäder einreihen, sondern nur diejenigen Elektroplattierbäder behandeln, welche freies Ätznatron oder Ätzkali enthalten. (Es sind deren nur sehr wenige im Gebrauch.) Die Bäder können durch die Zersetzung von mineralsauren Leitsalzen durch zu hohe Stromdichte an der Anode ihre alkalische Eigenschaft einbüßen, indem die entstehende freie Säure etwas Alkali neutralisiert. Die Oxydationswirkungen an der Anode treten auch hier auf und sind durch Analogie leicht zu finden. Eine Einbuße an freiem Alkali ist hier das Zeichen für Metallsalzverarmung des Elektroplattierbades. Durch Abnahme des Gehaltes an freiem Alkali kann in solchen Bädern aber auch ein Teil des Metalles gefällt werden, wie z. B. in Zinnbädern, wo zur Löslichkeitshaltung stets Alkali in bestimmter Menge nötig ist.

IV. Zyankalische Bäder. Betrachten wir ein Bad, welches Zyankupferkalium enthält, so finden wir bei der Elektrolyse nachstehende Erscheinungen:

Es wird primär K als + Ion gebildet (siehe Figur 69), welches bei nicht zu großer Stromdichte und entsprechender Konzentration an Kupfersalz noch auf Zyankupferkalium reduzierend wirken kann, indem es mit letzterem bildet:

$$KCuCy_2 \quad + \quad K \; = \; Cu \; + \; 2\,KCy$$

Cyankupferkalium   Kalium   Kupfer   Cyankalium.

Wir bemerken also keine Wasserstoffgasentwicklung an der Kathode, hingegen die Bildung von freiem Zyankalium. Sehen wir nach, was bei normalen Stromdichten an der Anode vor sich geht, so finden wir wieder einen Oxydationsvorgang; das primäre Ion $CuCy_2$ (Kupferzyanid) wirkt auf das Anodenkupfer oxydierend, indem sich ersteres in Kupferzyanür verwandelt nach der Gleichung:

$$CuCy_2 + Cu = 2\,CuCy$$

Kupfercyanid Kupfer Kupfercyanür.

Bei genauer Einhaltung der zu dieser Umsetzung nötigen Anoden- und Kathodenstromdichten läßt sich der Elektrolysierprozeß so leiten, daß an der Anode ebensoviel Kupferzyanür entsteht, wie an der Kathode freies Zyankalium. Das Kupferzyanür bildet an der Anode einen weißen schlammartigen Belag, der durch Umrühren im stromlosen Zustand in dem an der Kathode entstandenen freien Zyankalium wieder gelöst wird.

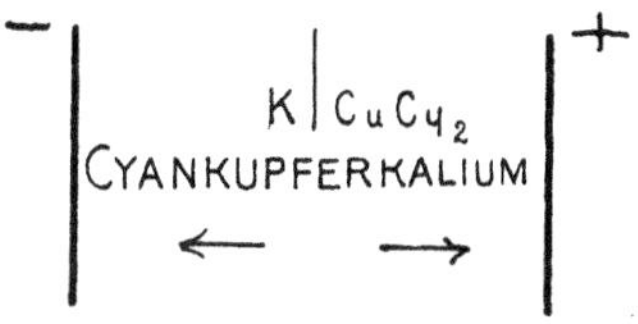

$$-\quad \left. K \right| CuCy_2 \quad +$$
CYANKUPFERKALIUM
$$\longleftarrow \qquad \longrightarrow$$

Fig. 69.

Ist aber die Stromdichte an der Kathode zu groß, was sich alsbald durch heftige Gasentwicklung bemerkbar macht, so tritt der Fall ein, daß das primäre Kaliumion nicht mehr reduzierend wirkt, sondern als Molekül Kalium zur Entladung kommt und dann mit dem Lösungswasser die chemische Reaktion:

$$K_2 + 2\,H_2O = 2\,KOH + H_2$$

Kalium Wasser Ätzkali Wasserstoff

bewirkt. Dadurch geht freies Zyankalium verloren, welches sich bei der Elektrolyse an der Kathode bilden sollte, und es ist erklärlich, daß dann nicht mehr das (wenn auch bei richtiger Anodenstromdichte) an der Anode gebildete Kupferzyanür alles gelöst werden kann, es bleibt ein Schlamm rückständig, der als Bodensatz auftritt. Man löst ihn durch Zusatz von etwas freiem Zyankalium. Ist an der Anode die Stromdichte zu hoch, so wird molekulares Kupferzyanid entladen, was sich als grüner Schlamm bemerkbar macht, indem er sich mit dem Lösungswasser zu einem basischen Kupferzyanid verbindet. Der Prozeß vollzieht sich nach der Gleichung:

$$CuCy_2 + H_2O = Cu{<}^{OH}_{Cy} + HCy$$

Kupfercyanid Wasser bas. Cyanid Blausäure.

Diese Blausäure polymerisiert sich dann und bildet Parazyan, das ein stromisolierendes kakaobraunes Präparat ist, welches sich an der Anode festlegt.

Freies Zyankalium löst auch dieses erstgenannte basische Zyanid, man sorge aber dafür, daß nicht zuviel Zyankalium in das Bad gelange. Mit der Bildung von ungelöstem auf dem Boden der Wanne liegenden Schlamm von Zyanmetall verarmt die Lösung an Metallsalz, so daß das öftere Nachgeben von Zyandoppelsalzen unumgänglich notwendig wird.

Das freie Ätzkali, das durch Wasserzersetzung seitens der entladenen Kaliumionen gebildet wird, kann die an der Anode entwickelte Blausäure neutralisieren. Es kann aber ebensowohl ein Überschuß an Ätzkali entstehen, den man durch wenig freie Säure neutralisiert, es kann aber auch freie Blausäure entstehen, die man durch Zugabe von Ätznatron oder Ätzkali abstumpft, neutralisiert.

Verwendet man in zyankalischen Bädern auch Leitsalze, dann werden die daraus gebildeten Kationen, indem sie auf Zyankupferkalium zersetzend einwirken, Kupfer abscheiden und gleichzeitig wird Alkalizyanid entstehen. Die Anionen zerlegen ebenfalls (bei geeigneter Anodenstromdichte) das dort befindliche Zyankupferkalium, indem sie Kupferzyanid bilden, das sich mit dem Anodenkupfer in bekannter Weise umsetzt. Werden die aus Leitsalzen ausgeschiedenen

Anionen in kleiner Dichte ausgeschieden, dann können sie die größere und schwierigere Reaktion der direkten Kupferauflösung bewirken; sie bilden dann mineralsaure Kupferoxydsalze, die bei ungenügendem Zyankaliumgehalt des Bades eine Blaufärbung der Lösung verursachen, was besonders an der Anode bemerkt wird. (Eine Blaufärbung der Lösung kann aber auch durch Zersetzung von Zyankalium entstehen.)

Im allgemeinen werden bei richtigen Elektrodenstromdichten ebenso viele Atome Kupfer ausgeschieden, als durch die Vorgänge an der Anode neu gebildet werden, und es bilden sich ebenso viele Moleküle Zyankupferkalium zurück, als durch die Elektrolyse zersetzt wurden. Es ist somit auch bei diesen Bädern die Richtigkeit des Faradayschen Gesetzes und seine Anwendbarkeit auf die Elektrolyse bewiesen.

Die Vorgänge an der Anode bei zyankalischen Bädern sind nach Vorhergesagtem sehr komplizierter Natur, und es muß der Erfahrung des Elektroplattierers überlassen bleiben, bei Eintreten irgendwelcher Erscheinungen und Übelstände stets die richtige Abhilfe zu finden.

Es ist noch zu bemerken, daß das in der Technik benützte Zyankupferkalium bei der Analyse zeigt, daß es aus zwei Salzen zusammengesetzt ist, die sich auch durch ihre Kristallform sowie Löslichkeit unterscheiden; das käufliche Produkt ist also ein Gemisch zweier Salze, deren Zusammensetzung folgende ist:

$$KCuCy_2 \text{ und } K_3CuCy_4,$$

so daß man öfters auch von dem Additionsprodukt $K_4Cu_2Cy_6$ als dem wirksamen Salz spricht. Durch die Arbeiten von Hittorf aber wurde gezeigt, daß die Konstitution des Salzes $KCuCy_2$ ist, was er durch die Überführungen[1]) bestimmte und fand, daß das Salz in Ionen K und $CuCy_2$ gespalten ist, woraus sich auch die sekundäre Kupferabscheidung erklärt. Das Salz K_3CuCy_4 scheint in Lösung zu zerfallen in $KCuCy_2 + 2 KCy$, was namentlich bei der üblichen Lösung dieses Salzes in warmem Wasser vor sich geht und ein Abkochen des fertigen Bades überflüssig erscheinen läßt.

Allgemeine Schlußfolgerung: Man verhüte nach Möglichkeit die Nebenreaktionen an den Elektroden, das heißt die Gasentwicklung, Schlammbildung usw. Tritt an der Kathode Gasentwicklung auf, so schwäche man den Strom mit dem Badstromregulator ab oder hänge Anodenfläche zu den Kathoden, um so entweder die Fläche zu vergrößern bei gleichbleibender Stromstärke oder die Stromstärke bei gleichbleibender Fläche zu vermindern, wodurch in beiden Fällen die Stromdichte verringert wird. Die Nebenreaktionen an den Anoden sind durch zu große Stromdichten bedingt. Die Bildung von unlöslichen, die Stromzirkulation hemmenden Nebenprodukten ist durch zu große Anodenstromdichte bei kalter, konzentrierter Lösung verursacht, die Gasentwicklung an der Anode oder bei zyankalischen Bädern die Bildung von Zyanverbindungen der Metalloxyde durch zu große Stromdichten an der Anode. Die bei den einzelnen Elektroplattierungen angegebenen Stromverhältnisse sind die Resultate von Untersuchungen, denen die größtmögliche Stromausbeute bei möglichst konstant bleibender Badzusammensetzung zugrunde lagen, und bei denen gleichzeitig die Metallniederschläge allen an sie gestellten Anforderungen Genüge leisteten.

Durch entsprechende Änderungen der Stromdichten lassen sich bei manchen Bädern viele und ganz feine Nuancierungen in den Eigenschaften der Niederschläge erzielen; behufs rascherer Elektroplattierung läßt sich auch überall eine viel höhere Stromdichte anwenden, was aber nach Vorhergesagtem immer eine

---

[1]) Siehe Ostwalds Klassiker der exakten Wissenschaften, über die Wanderungen der Ionen während der Elektrolyse von W. Hittorf (1853—1859) I. und II. Hälfte.

viel raschere Veränderung der Badzusammensetzung verursacht und geringere Stromausbeuten gibt.

Zu bemerken wäre schließlich an dieser Stelle, daß Verfasser bestrebt war, nach Möglichkeit die Lösungen so herzustellen, daß die Ausscheidung des Metalls sekundär erfolgt. Zu diesem Zweck wurden zumeist Doppelsalze gewählt, die in konzentrierten Lösungen größtenteils in komplexe Ionen gespalten zu sein scheinen. Um die Dissoziation (das ist die Spaltung der Elektrolyte in die Ionen für das Doppelsalz) zurückzudrängen, wurden die Leitsalze zugesetzt, die immer einen größeren Dissoziationsgrad (annähernd gekennzeichnet durch die leichtere Löslichkeit) besitzen und so den Dissoziationsgrad des Doppelsalzes so herabdrücken, daß tunlichst nur komplexe Ionen entstehen, wodurch eben die Metallausscheidung sekundär erfolgt.

Stromdichte, Badspannung und Polarisation.

Zur Erzielung von brauchbaren Metallniederschlägen auf den zu plattierenden Gegenständen ist eine durch Versuche bestimmte, stets innezuhaltende Stromdichte erforderlich.

Unter Stromdichte ist die auf 1 qdm entfallende Stromstärke in Ampere zu verstehen. Haben wir eine Kathodenfläche (Warenfläche) von q qdm in einem Bad zu elektroplattieren und zeigt das Amperemeter nach Einhängen der Ware in das Bad einen Strom von J Ampere an, so ist die angewandte Stromdichte

$$ND_{100} = \frac{J}{q} A;$$

ND_{100} ist als Abkürzung für „Normaldichte auf 100 qcm" gewählt.

Bei den meisten Bädern, die in der Elektroplattierung oder Galvanoplastik zur Erzielung festhaftender, polierfähiger und zäher Metallniederschläge Verwendung finden, schwankt die erforderliche Stromdichte, besser gesagt, die anwendbare Stromdichte, zwischen 0,3 und 0,6 A. Nur selten und in ganz bestimmten Fällen sind Stromdichten von 1—1,5 A teils zulässig, teils erforderlich, z. B. bei der Kupfergalvanoplastik; es kommen aber auch Stromdichten bis zu 15 A in Anwendung, so bei der Schnellgalvanoplastik.

Aus der Stromdichte (die bei den einzelnen Elektroplattierbädern stets angegeben ist) und der Größe der Warenfläche, die elektroplattiert werden soll, berechnet sich die notwendige Stromstärke für ein Bad. Sind die Gegenstände groß und gestaltet sich die Bestimmung der Warenoberfläche (die ja nur angenähert auszuführen ist) einfach, wie bei Blechen und anderen flachen Gegenständen, so ist der anzuwendende Badstrom J, wenn die Warenoberfläche q qdm und die nötige Stromdichte ND_{100} beträgt:

$$J = ND_{100} \times qA,$$

mit Worten: Der Badstrom ist gleich dem Produkte aus Stromdichte und Warenfläche in Quadratdezimetern.

Hat man kleine Gegenstände zu elektroplattieren, die dann meist auf geeignete „Warenhalter" im Bad den Anoden gegenüber gehängt werden, so rechnet man als Oberfläche, je nachdem die Gegenstände dicht oder zerstreut angebracht sind, nur einen gewissen Prozentsatz der durch Multiplikation von Länge l und Breite b der Aufhängevorrichtung erhaltenen Fläche. Es wird diese Fläche zwischen 20 und 50 % der Fläche b × l schwanken.

Dieser Wert

$$b \times l = q$$

muß natürlich in Quadratdezimetern gemessen und zur Rechnung gebracht werden.

Sind mehrere Elektroplattierbäder von einer Stromquelle zu betreiben, so gibt die Summe der in eben geschilderter Weise berechneten Strombedarfe die Ampereleistung der Stromquelle.

Beispiel: In einer Elektroplattieranstalt seien drei Bäder vorhanden, welche sämtlich zur Vernicklung von Eisenwaren bestimmt sind.

Die erforderliche Stromstärke sei 0,5 A, die vorgeschriebene Badspannung 2,5 V. In jedem Bad sollen maximal 80 qdm gleichzeitig vernickelt werden. Welche Stromleistung in Ampere muß die erforderliche Dynamomaschine haben?

Da drei Bäder zu 80 qdm betrieben werden sollen und jedes

$$80 \times 0,5 = 40 \text{ A}$$

zur Speisung braucht, so hat die Dynamomaschine

$$40 \times 3 = 120 \text{ A}$$

zu leisten.

Die zweite, bei elektrolytischen Prozessen in Betracht zu ziehende Größe ist die Badspannung, das ist diejenige Spannungsdifferenz, die zwischen den Elektroden eines Elektroplattierbades herrschen muß, um die erforderliche Stromstärke durch die Badflüssigkeit zu schicken. Da die Stromdichte für jedes Bad gegeben ist, so ist die Badspannung nur noch von folgenden Faktoren abhängig:

I. Vom spezifischen Badwiderstand, bekanntlich der Widerstand eines Würfels von 1 dm Seitenlänge;

II. von der Größe der elektromotorischen Gegenkraft im Bad, die durch Polarisation hervorgerufen wird.

Bezeichnet man mit:

W_s = spezifischen Badwiderstand bei 18° C,

q   = zu elektroplattierende Oberfläche der Ware in Quadratdezimetern,

l   = Elektrodenentfernung (Kathode und Anode) in Dezimetern (von der Polarisation sei hier vorerst abgesehen), dann ist der Widerstand der Badflüssigkeit:

$$W_B = \frac{W_s \times l}{q}.$$

Ist ferner die anzuwendende Stromstärke J Ampere, so ist, um diese Stromstärke durch den Badwiderstand W_B zu treiben, an und für sich eine Spannungsdifferenz:

$$E = J \times W_B = \frac{J \times W_s \times l}{q} \text{ V}$$

aufzuwenden.

Beispiel: In einem Silberbad, welches eine fast zu vernachlässigende Polarisation besitzt, seien Gegenstände mit einer Oberfläche von q = 50 qdm zu versilbern. Zur Berechnung der Badspannung gelten die Werte:

$$W_s = 0,8 \; \Omega$$
$$\alpha = 0,036$$
$$l = 1,5 \text{ dm}$$
$$ND_{100} = 0,4 \text{ A}$$
$$t = 18°;$$

folglich ist J = 0,4 × 50 = 20 A der erforderliche Badstrom.

Der Widerstand der Badflüssigkeit zwischen den Elektroden beträgt:

$$W_B = \frac{0,8 \times 1,5}{50} = 0,024 \; \Omega$$

Es wäre demnach die erforderliche Badspannung:

$$E = 20 \times 0,024 = 0,48 \text{ V}.$$

Wäre die Temperatur des Bades nicht die angegebene, sondern etwa 21°
gewesen, dann wäre eine geringere Badspannung nötig. Es wäre dann (siehe
Kapitel: Praktische Maßeinheiten des elektrischen Stromes) der spezifische Badwiderstand bei 21°:

$$W_s = 0.8 \, (1 - 0.036 \times 3) = 0.714 \, \Omega,$$

mithin der Badwiderstand:

$$W_B = \frac{0.714 \times 1.5}{50} = 0.0214 \, \Omega$$

und die Badspannung dementsprechend:

$$E = 20 \times 0.0214 = 0.429 \, V.$$

Nun aber tritt bei der Berechnung des totalen Badwiderstandes aus dem
spezifischen Widerstand und den Abmessungen des Bades noch eine Komplikation ein, das ist die Beeinflussung der Größe des Badwiderstandes durch die
auftretende Streuung der elektrischen Stromlinien.

Stromlinienstreuung. Es ist interessant, über diesen Einfluß, den die Stromlinienstreuung, wie sie Verfasser nennt, besondere Betrachtungen anzustellen,
nicht allein, um sich über die Veränderung der Badspannung Rechenschaft zu
geben, die durch Verzerrung des homogenen Stromlinienfeldes zwischen Anode
und Kathode entsteht, sondern vor allem um die Tiefenwirkung der galvanischen
Bäder zu ergründen, ein Faktor, der heute im Vordergrund des Interesses steht
und für die praktische Ausführung galvanischer Arbeiten äußerst wichtig ist,
weil man von einer guten Galvanisierung verlangt, daß die aufgetragene Metallschicht möglichst an allen Stellen des galvanisierten Gegenstandes gleich stark
sein soll.

Vorerst sei der Begriff der elektrischen Stromlinien noch näher erläutert.

So wie wir uns die Wirkung eines Magneten durch die Annahme der bereits
erklärten Kraftlinien vor Augen führten und mit magnetischer Induktion die
auf 1 qcm entfallende Anzahl solcher Kraftlinien bezeichneten, gerade so können
wir mit dem Begriffe der elektrischen Stromlinien den Ausdruck Stromdichte
sowie den Verlauf des Stromes in seinen Leitern erklären.

Aus früher Gesagtem wissen wir, daß man mit Ampere die Stromeinheit, das
Maß für die Stärke des Stromes, bezeichnet. Man versteht darunter eine bestimmte, bisher in noch keine Größe gekleidete Anzahl elektrischer Stromlinien,
mit Stromdichte die auf 1 qdm der Elektrodenfläche entfallende Anzahl derselben. Es liegt die Annahme sehr nahe, daß der Verlauf dieser beiden Fluida,
wie sie der magnetische und elektrische Strom sind, ebenso wie ihre Äußerungen
ähnlich sind, auch der Verlauf ihrer Strömung denselben Gesetzen unterliegt.
Man kann demnach annehmen, daß der Übergang der Stromlinien durch Elektrolyte sich ebenso vollzieht wie derjenige der Kraftlinien durch die Luft oder andere
Gase, zumal die Elektrolyte (allgemein die Salzlösungen) den Gasgesetzen gehorchen.

Man vergleiche bloß den Magnetstab mit dem Leitungsdraht des elektrischen
Stromes, die Luftschicht, die sich zwischen den beiden Polen eines Hufeisenmagneten befindet, mit dem zwischen den beiden Elektroden liegenden Elektrolyten.

Nehmen wir einen langen Magnetstab, so verläuft der magnetische Strom
in einem großen Teil desselben geradlinig, die Induktion B des Magnetismus ist

$$B = \frac{N}{q},$$

wenn N die gesamte durch den Magnetstab strömende Kraftlinienzahl, q der
Eisenquerschnitt in qcm ist.

Ebenso verläuft der elektrische Strom im kupfernen Leiter. Man spricht auch von einer „Stromdichte" und sagt, es soll für Leitungen von starken Strömen die auf 1 qcm entfallende Stromstärke 100 A nicht überschreiten. Eine andere Gestalt zeigt das Bild der Kraftlinien zwischen zwei Polen eines Hufeisenmagneten oder zwischen den beiden ungleichnamigen Polen zweier Stabmagnete, die mit diesen ungleichnamigen Polen einander gegenübergestellt werden.

Jedermann ist der Versuch bekannt, daß man auf einer Glasplatte, die man über zwei derartige Magnetstäbe gelegt und mit Eisenfeilspänen bestreut hat, eigentümliche Linienbilder erhält, die man als Kraftlinienbilder bezeichnet.

Die Kraftlinien treten nicht zwischen den Polflächen über, sondern auch seitlich aus den Magnetstäben aus, immer größere Bogen bildend und so den Übergang des Fluidums von einem zum andern Pol herstellend. Nur zwischen den parallelen und gleich großen Polflächen ist der Übergang geradlinig.

Man spricht beim Magnetismus von einer Streuung der Kraftlinien, und Verfasser will annehmen, daß man ebenso von einer Streuung der elektrischen Stromlinien in Elektrolyten sprechen kann, gestützt durch Beobachtungen an Elektrolyten.

Eine schon durch das Auge wahrnehmbare Erscheinung ist das eigenartige ungleichmäßige Auflösen von Anoden in den Elektroplattierbädern. Jedermann, der längere Zeit mit denselben Anoden gearbeitet hat, wird wahrnehmen, daß diese am unteren Teil und an den Rändern stärker angegriffen werden als auf den oberen Stellen, welche nahe an der Badoberfläche liegen; selbst die Rückseite der Anoden wird angegriffen und läßt sich aus der Größe der angegriffenen Fläche auf die Größe der Streuung schließen. Ebenso ist die stärkere Abnutzung von Zinkplatten in galvanischen Elementen an den unteren Rändern nicht nur dadurch bedingt, daß die schwerere Lösung untersinkt, dort besser leitet, also auch mehr Stromlinien ihren Übergang finden, sondern größtenteils durch die Streuung der elektrischen Stromlinien!

Durch Messungen des Widerstandes, der Stromdichten und Badspannungen an Elektroplattierbädern hat Verfasser gefunden, daß die Streuung der Stromlinien mit der Elektrodenentfernung wächst, hingegen mit größer werdenden Elektrodenflächen prozentual abnimmt.

Gerade diese Beobachtung gab zur Behauptung Veranlassung, daß der Stromdurchgang ebenso verläuft wie der Übergang der magnetischen Kraftlinien durch die Luft.

Für Elektroden gleicher Größe (also homogenes Stromlinienfeld) und je einer Fläche von 25 qdm bei einer Entfernung von 5—10 cm beträgt die Streuung durchschnittlich 10—20 %, je nach der Badzusammensetzung.

Der Nutzen, der aus dieser Tatsache gezogen werden kann, ist aus folgendem sofort klar.

Durch die Streuung der Stromlinien wird der Querschnitt der Flüssigkeit, die den Strom zu leiten hat, größer in der Formel:

$$W_B = \frac{W_s \times 1}{q},$$

also q größer, der Wert W_B kleiner.

Beispiel: Es sei für ein Elektroplattierbad

$$W_s = 2{,}5 \ \Omega$$
$$t = 18°,$$

die Elektrodenentfernung betrage 1 dm und der gesamte Querschnitt q der Kathode = 2 qdm. Der Einfachheit wegen sei ferner angenommen, daß die Anodenfläche gleich der Warenfläche sei.

Würde keine Streuung stattfinden, dann würde sich der Widerstand berechnen zu:

$$W_B = \frac{2.5 \times 1}{2} = 1.25 \,\Omega \ .$$

Die Messung jedoch ergab $W_B = 1.04 \,\Omega$.

Die Differenz: $1.25 - 1.04 = 0.21 \,\Omega$ mußte also dem Wert der Streuung entsprechen, es mußte der Querschnitt im Mittel größer gewesen sein als angenommen.

Es war also q nicht mehr den angenommenen 2 qdm gleich, sondern:

$$2 \times \frac{1.25}{1.04} = 2.404 \text{ qdm},$$

mithin

$$W_B = \frac{2.5}{2.336} = 1.04 \,\Omega.$$

Einen recht passenden Vergleich der Stromlinienstreuung möchte Verfasser in der magnetischen Luftinduktion einer Dynamomaschine geben. Die in einer Dynamomaschine pro Polpaar wirksame Kraftlinienzahl, die von einem Schenkel des Magnetgehäuses zum Anker übertritt, ist bekanntlich nur in dem Teil des Luftzwischenraumes gleichmäßig verteilt, der vom Polschuh der Maschine und den Ankerblechen gebildet wird; an den Rändern dieses Zwischenraumes treten die Kraftlinien in einem Bogen aus, Pol und Ankereisen miteinander magnetisch verbindend. Dadurch wird der aus den Maschinenabmessungen errechenbare magnetische Leitungsquerschnitt in Luft um etwa 20% (in normal gebauten Maschinen) vergrößert, die mittlere Induktion dementsprechend verringert. Die Analogie ist nun leicht zu finden. Die Elektroden stellen Pol und Ankerblech vor, der Elektrolyt zwischen den Elektroden entspricht dem Luftzwischenraum in der Dynamomaschine. Die Ränder der Anoden und Kathoden erhalten eine höhere Stromliniendichte resp. Stromlinienzahl, weil sich der elektrische Leitungsquerschnitt dort vergrößert, und ist das stärkere Anwachsen der Metallfällungen einerseits, eine stärkere Auflösung der Anodenränder anderseits erklärlich. Von dieser Tatsache läßt sich nun aber in der Galvanotechnik vielfach Gebrauch machen und sei nur auf die Verstärkung der Auflageflächen der Eßbestecke in der Gewichtsversilberung verwiesen, wo durch nichtleitende, zwischengelegte Blenden die Stromlinien in gewünschter Weise auf die Kathodenpartien verteilt werden. Handelt es sich hingegen darum, z. B. eine ebene Fläche gleichmäßig stark zu elektroplattieren, so hat man ein homogenes Stromlinienfeld zu schaffen dadurch, daß man einen Rahmen aus nichtleitendem Material vor die zu plattierende Fläche hängt, den Rahmenausschnitt so regelt, daß der verbleibende Zwischenraum zwischen dem der direkten geradlinigen Stromlinienwirkung entzogenen Fläche und dem Blendenrahmen den Stromlinienweg in der Weise vergrößert (in bezug auf die durch den Rahmen gedeckten Kathodenteile), daß das Potentialgefälle Rahmen-Innenrand und Kathodenflächen-Außenrand gleich dem Potentialgefälle wird, welches dem homogenen Stromlinienfeld zwischen der abblendenden Rahmenfläche und Kathodenfläche zukommt. Auch durch Herumlegen eines Metallstückes entsprechender Form um den Warenrand, wodurch die gestreuten Stromlinien nach außen verlegt werden, ist der gleiche Zweck zu erreichen.

Das Bestreben des Verfassers war seit langem darauf gerichtet, eine Erklärung für die Erscheinung der Stromlinienstreuung zu finden und ließ die Materialsammlung eine plausible Anschauung schaffen, die nachstehend zusammengefaßt sei. Es war die Tatsache auffallend, daß saure Lösungen schlechter streuten als neutrale oder alkalische bzw. zyankalische und lag die Annahme nahe, den Wasser-

stoffionen eine bestimmte Modifikation der Metallausscheidung zuzuschreiben.
Verfassers Ansicht geht dahin, die Größe der Entladepotentialdifferenz als ein
Maß für die Stromlinienstreuung anzusehen und er fand diese Ansicht an der
Hand der Erscheinungen bestätigt. Ist p$\varkappa'$ das Entladepotential der abzuschei-
denden Metallionen, p$\varkappa''$ das der Leitsalzkationen, so ist die in Frage kommende
Differenz

$$\varDelta\, p\varkappa = p\varkappa'' - p\varkappa'$$

Ist der Badwiderstand der Lösung W und die zur Überwindung Ohmschen
Widerstandes nötige Potentialdifferenz p$_0$, so streut die Lösung auf eine solche
Strecke in den Hohlraum von Kathoden resp. um eine solche Strecke, welche
der Kathoden-Entladepotentialdifferenz gleichkommt. Es besteht somit der
Gleichgewichtszustand

$$\varDelta\, p\varkappa = i\, W = p_0,$$

und die gestreuten Stromlinien auf einem bestimmten Flächenstück, für die der
Totalwert i einzuführen wäre, ist

$$i = \frac{\varDelta\, p\varkappa}{W} = \frac{p\varkappa'' - p\varkappa'}{W}.$$

Nachdem der Badwiderstand W sich aus der Elektrodenentfernung l in Dezimeter und dem spezifischen Badwiderstand W$_s$ in Ohm berechnen läßt mit

$$W = \frac{W_s \cdot l}{q},$$

worin q der Leitungsquerschnitt in Quadratdezimetern ist, so ist die an jedem
einzelnen Flächenstück jeweilig herrschende Stromliniendichte

$$\frac{i}{q} = ND = \frac{\varDelta\, p\varkappa}{W \cdot q} = \frac{\varDelta\, p\varkappa}{l \cdot W_s},$$

d. h. es entfallen um so mehr gestreute Stromlinien auf ein Flächenstück, je größer
die Differenz der Kathoden-Entladepotentiale ist, je kleiner die Elektrodenentfernung resp. das Verhältnis der Elektrodenentfernungen (bezogen auf den der
Anode entferntesten Punkt und den ihr nächstliegenden Punkt der Kathode)
und je kleiner der spezifische Badwiderstand ist. Nachdem aber die Elektrodenentfernung aus praktischen Gründen nicht überall so klein, als nötig wäre, zu
nehmen ist, hat man in der Art der Ionisierung und der Art der Bestandteile einer
Lösung sowie in der Größe des spezifischen Badwiderstandes ein Mittel, die
Streuung voraus zu bestimmen.

Die Rand-Stromlinienstreuung darf man aber nicht verwechseln mit der
Tiefenwirkung eines Bades beim Elektroplattieren. Vertieft liegende Teile erhalten stets weniger Metallniederschlag als vorspringende, den Anoden näher-
liegende Warenpartien. Man beobachtet ferner, daß diese Tiefenwirkung nicht
bei allen Metallen, vor allem aber nicht bei allen Bädern die gleiche ist. Bäder
mit komplexen Metallsalzen haben gewöhnlich eine größere Tiefenwirkung als
saure oder neutrale Bäder, und da kann man nur eine Erklärung im Kathodenpotential bzw. Abscheidungspotential des betreffenden Metalles suchen bzw.
in der Überspannung des Metalles an der betreffenden Kathode. Die Metallabscheidung begegnet nämlich genau wie die Wasserstoffabscheidung einem
ganz verschiedenen Hemmnis je nach der Art der Kathodenmetalle, so läßt sich
Blei an Eisen mit kleinerer Spannung abscheiden als an Kupfer, Zink auf Zinn oder
Quecksilber leichter als auf Eisen, speziell in Lösungen, in denen sich die Stellung
des Abscheidungsmetall-Ions zum Wasserstoff unedler erweist. In solchen Fällen
kann der Fall eintreten, daß bei kleiner Stromdichte überhaupt kein Schwermetall zur Abscheidung gelangt, wenn man nicht die zur Überwindung der Über-

spannung des Schwermetalls an dem betreffenden Kathodenmetall nötige höhere Spannung anwendet.

Interessant ist die Verringerung dieser Tiefenstreuung in Nickelbädern durch geringe Zusätze freier Mineralsäure, was durch das Auftreten von Wasserstoffionen erklärlich wird, welche sich leichter entladen als die Nickelkationen, demnach in vertieften Stellen die Nickelausscheidung gänzlich vereiteln. Eine große Rolle spielt endlich bei der Stromlinienstreuung auch noch die elektrische Leitfähigkeit des Niederschlagsmetalles im Verhältnis zu der des Materiales, das elektrolytisch mit dem anderen Metall überzogen werden soll. So z. B. macht sich diese Erscheinung ganz besonders bei der Galvanoplastik auf Wachsformen und dergleichen fühlbar. Diese Formen überziehen sich um so gleichmäßiger mit dem Niederschlagsmetall, je kleiner die Potentialdifferenz zwischen der leitend gemachten Oberfläche der Form und dem Niederschlagsmetall ist. Man muß dort mit kleinen Stromdichten arbeiten, wenn man erreichen will, daß sich Metall auch in den tiefer liegenden Partien der Form abscheiden soll. Um einen Ausgleich der Verhältnisse herbeizuführen, wird daher in solchen Formen die „Fühler-Zuleitung", das sind die den Strom vermittelnden Drähte, nach einem tiefer liegenden Punkt der Form geleitet, damit der Niederschlag von der Tiefe heraus nach außen wächst. Aus dem gleichen Grunde pflegt man auch in der Schallplattentechnik die „Shells" vom Zentrum aus wachsen zu lassen. Schlägt man den umgekehrten Weg ein, legt also die Stromzuleitung rings herum und läßt das Kupfer auf der leitenden Wachsplatte von außen nach innen wachsen, dann kommt es sehr leicht vor, daß der Niederschlag in den zentral gelegenen Teilen der Wachsplatten nicht „zugeht" oder nur sehr schwach und unregelmäßig; das Kupfer erhält dann dort ein körniges kristallinisches Gefüge, die Ursache vieler Nebengeräusche, die sich an den fertigen, von solchen Matrizen gewonnenen Schallplatten höchst unliebsam bemerkbar machen.

Seit Erscheinen meiner ersten Mitteilungen über die Stromlinienstreuung ist von verschiedenen Seiten die Analogie der Stromlinienfelder mit den magnetischen Kraftlinienfeldern auch experimentell bestätigt worden.

H. Bohn (Leitfaden d. Physik, Verlag Quelle & Meyer) hat diesen experimentellen Nachweis der Richtigkeit meiner Anschauung über die Stromlinien auf folgende sinnreiche Weise erbracht. Er trägt auf ungeleimtem Papier eine Zinksalzlösung auf, legt 2 Elektroden verschiedenster Form darauf und bestreut nun das angefeuchtete Papier mit Zinkfeilspänen. Hierauf elektrolysiert er mit 80 Volt und erhält in 3 bis 5 Minuten jedesmal das Bild der Stromlinien. Mittels dieser Methode kann man für alle Lösungen und Elektrodenformen die Ermittlung des Verlaufs der Stromlinien zwischen 2 solchen Elektroden sehr hübsch vornehmen.

Auf dem Gebiete der Stromlinienstreuung bezw. Ermittlung der Einflüsse, welche für die Erreichung besserer Tiefenwirkung galvanischer Bäder maßgebend sind, haben sich in den letzten Jahren verschiedene Forscher betätigt und verdanken wir eine schöne Zusammenstellung aller diesbezüglichen Arbeiten Dr. J. Hausen[1]). Quantitative Messungen der Streukraft oder Tiefenwirkung führten zuerst Horsch und Fuwa[2]) aus. Sie benutzten zu ihren Messungen Zinkbäder, bei denen bekanntlich die Tiefenwirkung nur gering ist und stellten einer planen Anode 3 Kathodenbleche gleicher Größe gegenüber, und zwar im rechten Winkel zur gemeinsamen Anode. Die 3 Kathodenbleche wurden parallel geschaltet und die auf den einzelnen Kathodenblechen abgeschiedenen Metallmengen analytisch gewogen und die 3 erhaltenen verschiedenen Gewichtsmengen an Metallniederschlag im Verhältnis zur erhaltenen Gesamt-Niederschlagsmenge

---

[1]) Vergl. Schleifen und Polieren, Coburg, 1927 Heft 1 bis 3.
[2]) Trans, Amer. Electrochem. Soc. 41, 363 ff.

(in Prozenten) ergab entsprechende Werte für die Streukraft oder Tiefenwirkung der untersuchten Bäder. Horsch und Fuwa sagten sich ganz richtig, daß gute Tiefenwirkung eines Bades nichts anderes bedeutet als eine durch besondere Maßnahmen bei Bereitung der Bäder veranlaßte Vereinheitlichung des Stromlinienfeldes zwischen der Anode und den verschiedenen Flächeneinheiten einer profilierten Kathode. Sie gehen von der Erwägung aus, daß der Widerstand, der sich in einem galvanischen Bade dem Stromdurchgang entgegensetzt, nicht nur von dem eigentlichen Ohmschen Badwiderstand abhängig ist, sondern auch von dem Widerstand des Kathodenfilms, d. i. der die Kathode unmittelbar umgebenden Elektrolytschicht (Katholyt). Diesen zu zweit genannten Widerstand kennen wir aber als Polarisation in einem Bade, hervorgerufen durch Verringerung der Ionenkonzentration bei der Metallfällung an der Kathode, wodurch sich gegenelektromotorische Kräfte in Form sogenannter Konzentrationsketten ausbilden. Schwach dissoziierte Metallsalzlösungen, wie wir sie in den komplexen Zyandoppelsalzen vorliegen haben, liefern nur wenige Metallionen, bei der Metallabscheidung bilden sich daher auch stets nur wenige Metallionen aus solchen Komplexsalzen, und je höher die angewandte Stromdichte war, desto höher wird an diesen Punkten höherer Stromdichte die Polarisationsspannung sein. Es entsteht also automatisch an den Stellen höherer Stromdichte an der Kathode ein scheinbar größerer Widerstand und demnach ein Ausgleich in der Stromverteilung, weshalb man in Komplexsalzlösungen bessere Tiefenwirkung beobachtet als in Lösungen einfacher Salze. Die Erhöhung des Filmwiderstandes an der Kathode kann man nun auch beeinflussen durch Zusätze von Kolloiden, welche zur Kathode wandern, oder von Stoffen, welche an der Kathode adsorbiert werden. Tatsächlich kann man auch beobachten, daß die Tiefenwirkung in sonst schlecht streuenden galvanischen Bädern durch Zusatz solcher Stoffe ganz bedeutend verbessert wird. So setzt man aus diesem Grunde Leim, Gelatine, Agar agar, Eugenol u. dgl. zu.

Daß außer dem Ohmschen Badwiderstand auch die Größe der bei der Elektrolyse auftretenden Gegenspannung für die Streukraft der Bäder von Wichtigkeit ist, haben auch Arndt und Clemens bestätigt gefunden. Horsch und Fuwa nennen Streukraft eines Bades das Verhältnis

$$\frac{\text{Gewicht des Metallniederschlages auf der ersten Platte}}{\text{Gewicht des Metallniederschlages auf der dritten Platte}}$$

Haring und Blum[1]), denen die Galvanotechnik bereits manche äußerst präzise Forschungsreihe verdankt, haben sich ebenfalls mit dieser Materie befaßt und ihre Ansichten wie folgt niedergelegt:

Man hat zu unterscheiden zwischen Stromverteilung und Metallverteilung, der Unterschied zwischen diesen beiden ist von kathodischer Stromausbeute abhängig. Sie unterscheiden 1. zwischen der primären Stromverteilung, die nur von der Elektrodenform und der Größe abhängig ist und in polarisationsfreien Bädern nur vom spezifischen Badwiderstand abhängt und konstant anzusehen ist, 2. der sekundären Stromverteilung, einer Funktion der Badzusammensetzung, 3. der Metallverteilung, veranlaßt durch die sekundäre Stromverteilung und die kathodische Stromausbeute.

Zur Erläuterung ihrer Anschauungsweise führen sie an: In Figur 70 seien n und f zwei räumlich voneinander entfernte Flächen einer Kathode, welche ein gewisses Profil besitzt. Die an diesen zwei Flächen herrschenden Stromdichten seien J_n und J_f, die entsprechenden Ohmschen Badwiderstände R_n und KR_n, wobei K ein Multiplikationsfaktor ist, der angibt, wie viel mal weiter der Weg zwischen Anode und der Fläche n ist bis zur Fläche f. Die während der Elektrolyse herr-

---

[1]) Trans. Amer. Electrochem. Soc. 44. 313 ff.

schende Potentialdifferenz ist an allen Punkten der Kathode gleich und setzt
sich für alle Flächen der Kathode jeweils zusammen aus Anodenpotential
+ Spannungsabfall durch Ohmschen Widerstand — Potential an n Anodenpotential + Spannungsabfall durch Ohmschen Widerstand zu f-Potential an f.

Da man das konstante Anodenpotential hierbei weglassen kann, so wird,
wenn man

E_n = Spannungsabfall bis Fläche n setzt,
E_f = Spannungsabfall bis Fläche f,
e_n = Potential an Fläche n und
e_f = Potential an Fläche f bezeichnet

$$E_n - e_n = E_f - e_f \qquad (1)$$

Da nun Spannungsabfall im Bade durch Ohmschen Widerstand gleich ist
Stromstärke × Widerstand, so wird

$$\frac{J_n}{J_f} = K \left(1 - \frac{e_f - e_n}{E_f} \right) \qquad (2)$$

Hierbei sollen J_n und J_f die Stromdichten bezeichnen, welche an den Flächen n
und f herrschen. Das Verhältnis dieser Stromdichten an n und f gilt dann als
Maß für die sekundäre Stromverteilung und ist = primäre Stromverteilung

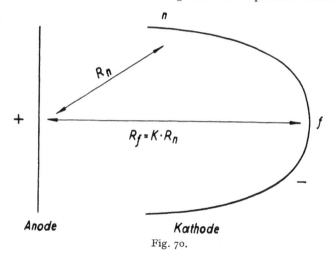

Fig. 70.

minus einem Korrektionsfaktor. Dieser Faktor bestimmt im Verein mit der
Kathodenwirksamkeit die Tiefenwirkung. Stromverteilung und Metallverteilung
sind dann proportional, wenn die kathodische Stromausbeute oder die Kathodenwirksamkeit 100% beträgt bzw. an allen Punkten der Kathode gleich ist. Um
die Metallverteilung zu ermitteln, ist die Beziehung zwischen Stromdichte und
kathodischer Stromausbeute aufzustellen, um durch Multiplikation von jewei-
liger Stromausbeute und Stromdichte die sogenannte „effektive Stromdichte"
zu finden.

Es seien

M_n das Gewicht des bei n abgeschiedenen Metalls,
M_f das Gewicht des bei f abgeschiedenen Metalls,
D_n die kathodische Stromausbeute bei n und
D_f die kathodische Stromausbeute bei f,

dann ist

$$\frac{M_n}{M_f} = \frac{J_n \cdot D_n}{J_f \cdot D_f}$$

Bezeichnet man nach Haring und Blum als Streukraft eines Bades die Abweichung der aktuellen Metallverteilung von der primären, die Metallabscheidung verursachende Stromverteilung, so würde die Angabe, ein Bad besitzt 20% Streukraft, heißen, daß, sofern sich auf dem entfernten Punkte f nur ein Minimum von Metall abscheidet, auf dem Punkte n 20% weniger Metall abgeschieden werden, als wenn das Bad keine Streukraft hätte.

Ist an n und f die kathodische Stromausbeute gleich, so wird die Streukraft S

$$S = 100 \left(\frac{e_f - e_n}{E_f} \right) \tag{3}$$

Ist die kathodische Stromausbeute an n und f verschieden, so wird

$$S = 100 \left(1 - \frac{D_n}{D_f}\right) \left(1 - \frac{e_f - e_n}{E_f}\right) \tag{4}$$

Wird das Verhältnis $\frac{D_f}{D_n} = 1$, so geht die Gleichung (4) in die Gleichung (3) über.

Gleichung (3) kann man auch schreiben:

$$S = 100 \left(\frac{e_f - e_n}{E_f} \right) = 100 \left(\frac{e_f - e_n}{J_f \cdot KR_n} \right) = 100 \left(\frac{e_f - e_n}{J_f} \cdot \frac{1}{KR_n} \right)$$

und man kann daraus die Faktoren erkennen, von denen die Streukraft eines Bades abhängt. Dies sind also:

1. die Einzelpotentialdifferenz an den zwei beobachteten Punkten n und f,
2. die Stromdichte an dem entfernteren Punkte f,
3. der Badwiderstand und
4. die Konstante K.

Zur Ermittlung des Verhältnisses $\frac{e_f - e_n}{J_f}$ bedient man sich am besten der bekannten Stromdichtepotentialkurven. Je größer der Zähler bzw. je kleiner der Nenner dieses Bruches, der dieses Verhältnis angibt, ist, desto besser ist die Streukraft des betreffenden Bades. Die Streukraft steigt auch mit Verringerung des Badwiderstandes R.

Haring[1] hat insbesondere die Streukraft an Nickelbädern untersucht und eine ganze Reihe interessanter Kurvenbilder für die verschiedenen Bäder entwickelt. Haring faßt seine Resultate zusammen mit der Bemerkung, daß auf die Streukraft die kathodische Ausbeute besonderen Einfluß hat und daß jede Verbesserung der Nickelbäder von einer Erhöhung der Kathodenwirksamkeit (kathodische Stromausbeute) ausgehen müsse. Diese sei abhängig von

1. den Gleichgewichtspotentialen des Metalls und des Wasserstoffs,
2. von den effektiven Konzentrationen der Metall- und Wasserstoffionen im Kathodenfilm und
3. der Überspannung des Wasserstoffs am Metall.

Polarisation. Der nächste Faktor, der die Badspannung beeinflußt, ist die Gegenkraft, die durch Polarisation an den beiden Elektroden entsteht.

Man braucht zur Zersetzung eines Elektrolyten zwischen unlöslichen Elektroden eine bestimmte Minimalspannung, da die ausgeschiedenen Ionen, bevor sie entladen und in den molekularen Zustand übergehen, das Bestreben haben, sich wieder zu vereinigen.

Bei dieser Vereinigung wird, sofern sie stattfinden kann, ebensoviel Energie in Form von Elektrizität erzeugt, als zu ihrer Zersetzung nötig war.

---

[1] Trans. Amer. Electrochem. Soc. 46, 107 (1924).

Zersetzt man etwa zwischen Elektroden aus Platin oder Kohle eine Lösung von CuSO$_4$ (Kupfersulfat), so wird das an der Kathode ausgeschiedene Kupfer bestrebt sein, sich mit dem an der Anode ausgeschiedenen Schwefelsäurerest zu vereinigen, um wieder Kupfersulfat zu bilden; diese Kraft, die sich als eine dem Zersetzungsstrom entgegenwirkende elektromotorische Kraft äußert und elektromotorische Kraft der Polarisation genannt wird, muß durch den Zersetzungsstrom überwunden werden, damit überhaupt eine Entladung der beiden Ionen $\overset{++}{Cu}$ und $\overset{--}{SO_4}$ erfolgen kann; erst dann wird metallisches Kupfer an der Kathode ausgeschieden werden, erst dann erfolgt, wenigstens bei CuSO$_4$ (Kupfersulfatlösung), die Zunahme der Stromstärke mit zunehmender Spannungsdifferenz.

Man unterscheidet in der Chemie exothermische und endothermische Prozesse; erstere sind solche, bei deren Verlauf Wärme frei wird, letztere solche, bei denen Wärme aufgebraucht (gebunden) wird. Man nennt die Einheit der Wärmemenge Kalorie und bezeichnet mit Grammkalorie diejenige Wärmemenge, welche nötig ist, um 1 g Wasser von 0° C auf 1° C, allgemein um 1° C zu erwärmen. So sind bei der Bildung von CuSO$_4$ (Kupfersulfat) aus Kupfer und Schwefelsäure 55 960 gCal nötig. Man braucht daher, um 63 g Kupfer in Kupfersulfat überzuführen, 55 960 gCal, eine Wärmemenge, welche ausreichen würde, um 55 960 g Wasser um 1° C zu erwärmen.

Die Zahl 55 960 nennt man die Wärmetönung des Kupfersulfates und notiert diesen Bildungsvorgang durch die Schreibweise:

$$(Cu, O, SO_3 \, aq) = + \, 55 \, 960.$$

Aus der Wärmetönung, das ist also aus der zur Bildung aufgebrauchten oder bei derselben entstandenen Wärme-Energie kann man die zur Zersetzung nötige elektrische Spannung E ebenfalls berechnen, indem man die Wärmetönung $\varLambda$ durch das Produkt aus der Zahl 23 067 und der Anzahl a der vom Strom zu lösenden chemischen Valenzen (Bindungseinheiten) dividiert.

So löst der Strom bei der Zersetzung von Kupfersulfat zwei Bindungseinheiten

$$Cu \overline{} SO_4$$

es ist also a = 2, und die nötige Zersetzungsspannung E berechnet sich zu:

$$E = \frac{\varLambda}{a \times 23067} \quad \frac{+ \, 55\,960}{2 \times 23067} = + \, 1{,}21 \text{ V.}$$

So stehen die Verhältnisse bei Anwendung unlöslicher Anoden. Ganz anders ist dies bei Verwendung löslicher Anoden, wie dies in der Elektroplattierung der Fall ist.

Es sollen bei geeigneten Betriebsverhältnissen die Anionen an der Anode überhaupt nicht frei werden. Sie bleiben also im Ionenzustand und wirken als Ionen mit der ihnen anhaftenden Energie auf das Anodenmetall lösend ein, sobald die Anode mit dem ausgeschiedenen Anion eine im Wasser lösliche Verbindung geben kann. Bei Kupfersulfat wird, wenn als Anode Kupferblech gebraucht wird, durch die SO$_4$-Ionen Kupfer gelöst, unter Bildung von Kupfersulfat, wobei 55 960 Cal frei werden. Die Anionen sind auf diese Weise unschädlich gemacht, man sagt, die Polarisation ist beseitigt. Wenn nun aber ebensoviel Energie zur Zersetzung von Kupfersulfat verbraucht wird, als beim Lösen der Kupferanode wieder erzeugt wird, so müßte die Zersetzungsspannung null sein, und es müßte sich für alle Elektroplattierbäder, welche lösliche Anoden haben, die Badspannung aus Badwiderstand und Stromstärke berechnen lassen.

Dies ist aber nicht der Fall, denn es läßt sich niemals die Polarisation ganz vermeiden; sie tritt immer, wenn auch mitunter in nur sehr geringem Maße auf und wächst mit steigender Stromdichte. Auch die einzelnen Metalle, die als Kathoden eingehängt sind, sind für die Größe der Polarisation maßgebend, und

Name	Thermochemische Beziehung
Ammoniak	$(N, H_3) = + 11896$
Chlorkali	$(K, Cl) = + 105610$
Eisenchlorid	$(Fe_2, Cl_6, aq) = + 255420$
Eisenchlorür	$(Fe, Cl_2, aq) = + 99950$
Ferrosulfat	$(Fe, O, SO_3, aq) = + 93200$
Ferrisulfat	$(Fe_2, O_3, 3 SO_3, aq) = + 224880$
Glaubersalz	$(Na_2, O, SO_3, aq) = + 186640$
Goldchlorid	$(Au, Cl_3, aq) = + 27270$
Kalilauge	$(K, O, H) = + 105610$
Kaliumsulfat	$(K_2, O, SO_3, aq) = + 195850$
Kochsalz	$(Na, Cl) = + 97690$
Kobaltsulfat	$(Co, O, SO_3, aq) = + 88070$
Kupferchlorid	$(Cu, Cl_2, aq) = + 65750$
Kupferchlorür	$(Cu_2, Cl_2, aq) = + 62710$
Kupfernitrat	$(Cu, O, N_2O_5, aq) = 52410$
Kupfersulfat	$(Cu, O, SO_3, aq) = + 55960$
Natronlauge	$(Na, O, H) = + 102030$
Nickelchlorid	$(Ni, Cl_2, aq) = + 93700$
Nickelsulfat	$(Ni, O, SO_3, aq) = + 86950$
Salpetersäure	$(N, O_3, H) = + 41510$
Salzsäure	$(H, Cl) = + 22000$
Schwefelsäure	$(S, O_4, H_2) = + 192910$
Silbernitrat	$(Ag_2, O, N_2O_5, aq) = + 1678$
Wasser	$(H_2, O) = + 68360$
Zinkvitriol	$(Zn, O, SO_3, aq) = + 160090$
Zinnchlorid	$(Sn, Cl_4, aq) = + 157160$
Zinnchlorür	$(Sn, Cl_2, aq) = + 81140$

läßt sich die in einem Bad auftretende Polarisation ξ angenähert dadurch bestimmen, daß man das Bad mit einem Voltmesser von hohem Widerstand verbindet und die Zuleitung des Stromes zum Bad plötzlich unterbricht, wobei der Voltmesser für kurze Zeit die Polarisationsspannung angibt. Die Größe dieser elektromotorischen Gegenkraft ist von der angewendeten Fläche und Elektrodenentfernung unabhängig, und hat man in den verschiedenen Elektroplattierbädern die Größe ξ für alle Stromdichten experimentell bestimmt (am besten in Kurvenform gebracht), so läßt sich die für beliebige Stromdichten, alle Metalle und alle Elektrodenentfernung nötige Badspannung nach der Formel:

$$E = J \times W_B + \xi$$

leicht berechnen. In Fällen, in denen der Elektrolyt oxydierbare oder reduzierbare Salze enthält, ist überdies eine Oxydationskette vorhanden, welche die Polarisationswirkung des Elektrodenmetalls unterstützt.

Es bedeutet:

E = Badspannung,
J = Totaler Badstrom,
W_B = Totaler Badwiderstand mit Berücksichtigung der Streuung der elektrischen Stromlinien,
ξ = Polarisation (für jedes Metall und Stromdichte zu bestimmen).

Die bei den verschiedenen Elektroplattierbädern angegebenen Werte für ND_{100} und E sind für gleiche oder angenähert gleiche Elektrodenflächen bestimmt (Anoden = $\frac{1}{2}$ Warenfläche oder umgekehrt geben noch gleiche Resultate) und sind als Mittelwerte anzusehen. Die Stromausbeute ist jedoch nur bei angegebener Stromdichte richtig.

Die Ursache dieser Polarisation, besser gesagt, gegenelektromotorischen Kraft ξ ist jedenfalls zu suchen in den Oxydationen, denen manche Salzlösungen unterworfen sind, außerdem in den Konzentrationsänderungen an den Elektroden.

So dürfte der Wert der gegenelektromotorischen Kraft in Nickeloxydulsalz-lösungen zwei Werten entsprechen.

1. der zu überwindenden EMK der Kette (chemische Kette):

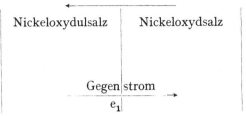

und 2. dem Betrag der EMK der Konzentrationskette:

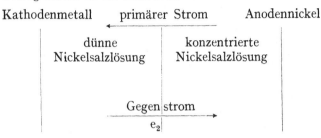

Nachfolgend stellt Verfasser diese elektromotorischen Kräfte graphisch zusammen, um dem Leser zu zeigen, in welchem Verhältnis diese zueinander stehen.

Die beiden gegenelektromotorischen Kräfte e_1 und e_2 summieren sich in ihrer Wirkung und stehen in ungefähr dem Verhältnis, wie dies die Zeichnung in Figur 71 veranschaulicht.

Es ist also

$$AB + BC = \xi,$$

das sind die durch die Experimente des Verfassers ermittelten Werte. Bei Bädern, welche solche Salze enthalten, welche nicht weiter oxydiert werden können, erscheint A—B als null und ist die Polarisationsspannung offenbar lediglich durch das Vorhandensein der Konzentrationskette bedingt; je höher die Stromdichte, um so größer werden die Konzentrationsänderungen und desto größer auch die elektromotorische Kraft der Konzentrationskette werden.

Fig. 71.

Noch einfacher, zum mindesten durchsichtiger gestaltet sich die Berechnung der Badspannung, wenn man die Stromdichte einführt.

Wir sehen in der Formel

$$E = J \times W_B + \xi,$$

wie sich die Größe der Badspannung E als die Summe zweier Spannungen darstellt. Die Polarisationsspannung ξ ist für eine gegebene Stromdichte unabhängig von der Größe der Elektrodenflächen und deren Entfernung voneinander, sie ist bloß für die verschiedenen Metalle verschieden und steigt dabei bekanntlich mit wachsender Stromdichte.

Nun ist der Badwiderstand für eine beliebige Elektrodenentfernung und Elektrodenfläche

$$W_B = \frac{W_s \times 1}{q},$$

folgt also dem Ohmschen Gesetz, er ist dem Querschnitt q der stromleitenden Badflüssigkeit umgekehrt, der Länge des darin zurückzulegenden Weges l direkt proportional, ebenso wie dem spezifischen Badwiderstand W_s. Wir können also auch schreiben:

$$E = \frac{J \times W_s \times l}{q} + \xi.$$

Betrachten wir den ersten Wert der Summe, so finden wir bald, daß sich die Gleichung in der Weise vereinfachen läßt, daß wir für $\frac{J}{q}$ den bekannten Ausdruck Stromdichte setzen können, schreiben daher die Formel anders:

$$E = ND_{100} \times W_s \times l + \xi.$$

Beispiel: Für ein Bad mit dem spezifischen Widerstand $W_s = 2,5\ \Omega$, sei die anzuwendende Stromdichte $ND_{100} = 0,5$ A und die Elektrodenentfernung $l = 30$ cm $= 3$ dm. Die Polarisation sei bei dieser Stromdichte:

$$\xi = 2,1 \text{ V}.$$

Da wir das Beispiel als für die Temperatur 18° C durchführen wollen, entfällt jede Korrektion des spezifischen Badwiderstandes.

Es wird also die Badspannung einen Wert erreichen

das ist
$$E = 0,5 \times 2,5 \times 3 + 2,1,$$
$$E = 3,75 + 2,1 = 5,85 \text{ V}.$$

Zu bemerken ist auch da wieder, daß in Wirklichkeit durch die Streuung der Stromlinien der spezifische Badwiderstand scheinbar sinkt, etwa um 10 %, daher sich eine Badspannung von

$$E = 0,5 \times 2,25 \times 3 + 2,1 = 5,47 \text{ V}$$

ergibt, wobei sich der Wert 2,25 durch Verminderung des Wertes 2,5 um 10 %, also 2,5—0,25, erklärt.

Somit ist eine theoretische Methode gegeben, um für alle Fälle leicht und rasch die Badspannung im voraus festzustellen.

Die Natur der Metallabscheidung, ein Kristallisationsvorgang.

Zweifellos sehen wir in den elektrolytischen Metallniederschlägen eine kristallinische Metallansammlung vor uns. Jedes durch den elektrolytischen Vorgang zur Abscheidung gelangende Metallatom bzw. -Molekül wird sich an dem Punkte ansetzen, wo die von der Anode ankommende Stromlinie an der Kathode auftrifft. Gerade so, wie nun beim Kristallisationsvorgang um so größere Kristallindividuen sich ausbilden, wenn der Kristallisationsvorgang langsam und aus Lösungen geeigneter Konzentrationen vor sich geht, kleinere Kriställchen dagegen bei plötzlichem Ausfallen der den Kristall bildenden Teilchen fester Substanz entstehen, wird auch beim elektrolytischen Ausfällen der Metalle aus ihren mehr oder minder konzentrierten Lösungen ein gröberer oder feinerer kristallinischer Kristallbelag entstehen. Für gewöhnlich, d. h. bei den in unseren galvanischen Bädern gebräuchlichen Stromdichten sind die Kristalle mikroskopisch klein, und man kann eigentlich nur aus mancherlei physikalischem Verhalten solcher Metallniederschläge zurückschließen, daß ein solcher Belag aus einzelnen, mit der einen Kristallachse in der Richtung der Stromlinien zur Anode wachsenden Kristallansammlung besteht. Es läßt sich nun beobachten, daß die Kristallindividuen um so größer werden, je langsamer ihre Ausfällung vor sich geht. Im allgemeinen wird man die Ausscheidungsgeschwindigkeit, die vermutlich mit der Wanderungsgeschwindigkeit der zur Kathode wandernden Kationen, wenn man nicht verschiedenartige Metallsalze zu diesen Versuchen heranzieht, zusammenhängt, nicht besonders variieren können. Es ist jedoch außer Zweifel, daß in Lösungen, in denen die Wanderungsgeschwindigkeit der Kationen, die ausgeschieden werden, verschieden groß ist, auch die einzelnen Kristallindividuen bei gleicher Metallkonzentration an der Kathode verschiedenartig sind. Ein merkbarer Unterschied tritt nun aber sofort ein, wenn man Lösungen verschiedener Metallkonzentration untereinander in ihren Resultaten vergleicht. Aus konzentrierter Lösung werden die Kristalle allgemein kleiner, aus dünner Lösung größer. Man kann erreichen, daß z. B. aus dünner Kupfersulfatlösung bei Einhaltung mäßiger Stromdichten schöne flimmernde Kupferkristalle ausfallen. Man muß aber vermeiden, die durch die gesetzmäßig auftretende Verdünnung der Metallkonzentration an der Kathode sich bildende metallarme Schicht zu schnell mit der umgebenden Lösung zu vermengen, denn sofort würde dann ein feines Kristallgefüge entstehen.

Will man also ein feines Kristallgefüge erhalten, so muß man für konzentrierte Lösung, hohe Wanderungsgeschwindigkeit des Kations und gute Durchmischung eventuell Erwärmen der Lösung Sorge tragen.

Grobe Kristalle werden im allgemeinen entstehen, wenn die Ausscheidung aus verdünnter Lösung erfolgt, wenn die Lösung vollkommen in Ruhe belassen wird, wenn sie nicht zu zäh ist, und wenn die Faktoren ausgeschaltet werden, die zu einer Durchmischung oder Strömung der die Kathode umspülenden Flüssigkeit beitragen könnten. Selbstredend spielt dann auch die Stromdichte eine bedeutende Rolle, denn je höher die an der Anode oder Kathode angewandte Stromdichte ist, um so mehr wird sich eine Strömung den Elektroden entlang bemerkbar machen, die ebenfalls die Diffusion unterstützen würde.

Eine weitere Möglichkeit, die Abscheidungsgeschwindigkeit wenigstens relativ zu verlangsamen, um große Kristallindividuen zu erzeugen, kann in rein chemischen Vorgängen gesucht werden. Kann das sich ausscheidende Metall mit der die Kathode umgebenden Metallsalzlösung chemisch reagieren, d. h. kann das sich ausscheidende Metall die Lösung der in der Oxydstufe befindlichen Metalle zur Oxydulstufe reduzieren, indem es sich selbst wieder löst, dann entstehen ebenfalls große Kristalle. So hat Verfasser aus einer Lösung, die Zinnchlorür neben Zinnchlorid enthielt, Zinnkristalle bis zu 5 cm Länge erhalten.

Metallschwamm. Die Bildung des Metallschwammes ist nach Ansicht des Verfassers keiner speziellen Ursache zuzuschreiben, die keinesfalls bei allen Lösungen oder Metallen typisch zu sein braucht. Der Metallschwamm im eigentlichen Sinne des Wortes darf nicht verwechselt werden mit tendritischen Metallfällungen, wie solche durch übermäßig hohe Stromdichte entstehen. Am meisten untersucht wurde die Schwammbildung in Zinkbädern, aber auch bei allen anderen weichen Metallen begegnen wir der gleichen Erscheinung. Der Metallschwamm stellt eine Metallansammlung mit besonders feinem verästeltem Gefüge dar und gleicht in seinen Eigenschaften einer durch besondere Vorgänge aufgelockerten Substanz.

Da die Metallschwammbildung besonders den Metallen mit niedrigem Schmelzpunkt eigen ist bzw. den Metallen mit kleiner absoluter Härte, so dürfte die Annahme berechtigt erscheinen, der Metallschwammbildung das Entstehen einer Metallegierung mit Alkalimetallen zuzuschreiben, welche sich speziell bei den vorgenannten Metallen in wässeriger Lösung leicht bilden kann. Diese, z. B. Natriumlegierungen der Metalle Zink, Blei, Zinn, Quecksilber usw. sind in wässeriger Lösung sehr unbeständig, sie geben das Alkalimetall (z. B. mit abgeschiedenem Natrium!) unter Bildung von Ätzalkali leicht ab und lockern dabei den abgeschiedenen Niederschlag auf. Um diese Metallschwammbildung bei solchen Metallelektrolyten zu vermeiden, muß man aber nach Tunlichkeit den

Zusatz von Alkalisalzen mit hohem Leitvermögen vermeiden bzw. solche Metallsalze verwenden, aus denen das Metall selbst unter Anwendung eines kleineren
Potentiales möglich ist gegenüber dem Potential, das zur primären Entladung
des Alkali-Metallions an der Kathode erforderlich ist.

Aus sauren Lösungen wird nach vorstehendem begreiflicherweise weit weniger
leicht Metallschwamm entstehen wie aus alkalischen oder neutralen Lösungen.
Es ist ferner noch die Annahme möglich, daß ein schwammiger Metallniederschlag durch kathodische Reduktion von an die Kathode gewandertem Metall-
hydroxyd entsteht, doch neigt Verfasser mehr zur erstausgesprochenen Anschauung, da ihm diese Ansicht zur Zeit mehr als jede andere verschiedene Beobachtungen erklärt, die er in seiner Praxis gemacht hat. Speziell über die
Bildung von schwammförmigen Zinkabscheidungen haben Mylius und Fromm,
sowie Foerster und Günther eingehende Arbeiten ausgeführt und hierbei den
Beweis geführt, daß diese Schwammbildung durch Zn (OH)$_2$ veranlaßt wird.

Die Form pulveriger Metallabscheidungen scheint eine andere zu sein als
die der vorerwähnten Schwammbildungen. Bei der pulverigen Ausscheidung des
Nickels oder Eisens usw. aus alkalisalzfreien Elektrolyten konnte analytisch stets
ein ganz bedeutender Gehalt an Gasen festgestellt werden und neigt Verfasser
zur Ansicht, daß es sich hier um verhältnismäßig langsam geplatzte Metall-
ansammlungen handelt, die natürlich ein verästeltes lockeres Gefüge haben. Man
beobachtet auch stets, daß nach längerem Betriebe auch dieses pulverige Metall-
gefüge gefestigt wird, weil nach Ansammlung größerer Mengen solchen Metall-
pulvers die Kathodenoberfläche zunimmt, während die Stromdichte relativ wieder
sinkt. Das zuerst pulverig abgeschiedene Metall wird dann mit einem unter
wieder normal gewordenen Stromdichten abgeschiedenen Metall überzogen. Ein
für galvanotechnische Zwecke brauchbarer Niederschlag ist es aber nicht mehr,
denn eine Glättarbeit, wie z. B. das Polieren, das ist das Abschleifen vorstehender
Metallkristallspitzen, verträgt eine solche Metallablagerung nicht mehr.

Einfluß der Kolloide. Es steht fest, daß Kolloide sowohl in neutralen wie in
alkalischen oder sauren Lösungen zur Glanzbildung beitragen, indem sie die
Wachstumsgeschwindigkeit der Metallkristalle vermindern. Schon Milward hat
die Wirkung von Schwefelkohlenstoff, der den zyankalischen Silberbädern bei der
Firma Elkington zugesetzt wurde, gefunden und damit bewiesen, daß man kolloidale Substanzen in alkalischen Elektrolyten mit Erfolg verwenden kann. Die
klassischen Untersuchungen Hübels an sauren Kupferbädern der Galvanoplastik
haben zum erstenmal gezeigt, daß auch in sauren Bädern eine Adsorption durch
Kolloide bei der Elektrolyse stattfindet. Später fand man, daß allgemein Kolloide, sofern sie positiv sind, also zur Kathode wandern, wenn der Elektrolyt unter
Strom steht, die Bildung kleinster Kristalle begünstigen, und man kam zur Anwendung aller möglichen, bis dahin niemals verwendeten Zusätze zu galvanischen
Bädern wie Gelatine (Betts), Hydrochinon (Glaser), Gummi arabicum, Eiweiß,
Stärke, Phenol, Eugenol, Glykoside (letztere nach Classen), alle Zuckerarten,
aber auch Nikotin u. a. Die Menge der Zusätze an solchen adsorbierbaren Stoffen
richtet sich ganz nach der angewendeten Stromdichte, der Badtemperatur und
der Konzentration an Metallsalz. Bei manchen dieser Stoffe geht man bis zur
maximalen Löslichkeit derselben im Elektrolyten, bei anderen dagegen muß man
äußerst vorsichtig dosieren, um das Ergebnis nicht wieder zu gefährden. Neben
den vorgenannten organischen Kolloiden werden aber auch anorganische Kolloide
verwendet, wie z. B. die basischen Salze des Zinks oder Eisens. Jeder Galvanotechniker weiß, daß Nickelniederschläge aus Bädern, welche mit Ammonsalzen
angesetzt sind, bei Gegenwart von Eisensalzen im Bade glänzende Nickelniederschläge liefern, welche dann die Eigenschaft besitzen, leicht abzurollen und spröde
sind. Die Verwendung von Aluminiumsalzen bei neutralen Zinkbädern bewirkt
ebenfalls eine gewisse Glanzbildung und wirkt hierbei das hydrolytisch gespaltene

Aluminiumsalz mit seinem basischen Aluminiumsalz als Kolloid. Wir wissen aus Erfahrung, daß bei Zinkbädern mit Zusätzen von Aluminiumsulfat, speziell bei hoher Stromdichte, Glanzbildung auftritt, und dies rührt eben daher, daß Aluminium an der Kathode bei hohen Stromdichten entladen wird und sich dort in erhöhtem Maße das basische Aluminiumsalz bildet.

Da sich, wie Verfasser früher erwähnte, bei dem Zusatz von Kolloiden gewissermaßen eine der Kathode vorgelagerte Diaphragmenschicht dadurch ausbildet, daß die positiven Kolloide durch den Strom zur Kathode getragen werden, so leuchtet es ein, daß die Wirkung der Kolloide es erfordert, daß die betreffenden Elektrolyte nicht zu stark bewegt werden dürfen, daß also weder eine Zirkulation der Lösung durch Pumpen Platz greifen darf, noch, daß die Elektrolyte zu sehr erwärmt werden, weil dadurch die Diffusion dieser Kolloidansammlung in unmittelbarer Nähe der Kathode entgegengewirkt werden würde. Auch die angewandte Stromdichte würde störend wirken, wenn nicht durch gesteigerte Konzentration des Bades bei erhöhter Stromdichte, ein richtiger Ausgleich zwischen der Bewegung des Elektrolyten durch die Strömung verursacht, mit entsprechend erhöhter Zähigkeit der Lösung durch erhöhte Konzentration geschaffen wird. Wir werden im praktischen Teil bei den einzelnen Bädern noch auf diese Kolloidwirkung zurückzukommen haben.

Nicht zu verwechseln mit reiner Kolloidwirkung ist übrigens die Wirkung sogenannter kapillaraktiver Stoffe, wie Mäkelt festgestellt hat, wobei dieser fand, daß diese eine „glättende" Wirkung speziell bei an sich weichen Metallen wie Blei, Zinn und Zink ausüben. Er fand ferner, daß das Maximum der Wirkung sich dann einstellt, wenn der Zusatz solcher kapillaraktiver Stoffe bis zum Maximum ihrer Löslichkeit im Elektrolyten gebracht wird, doch ist man in diesem Falle an die Einhaltung einer bestimmten Grenzstromdichte gebunden.

Daß man schließlich glänzende Niederschläge auch durch Anwendung geschmolzener Elektrolyte erhalten kann, wenn man die Temperatur der Elektrolyte mindestens bis zum Schmelzpunkt des Niederschlagsmetalls treibt, ist verständlich und eröffnet dies der Galvanotechnik ein bislang noch nicht genügend erschlossenes Arbeitsfeld, speziell zur Veredlung von Gegenständen mit Zinn u. ä. Metallen, welche sich bei dieser Arbeitsweise gleichzeitig einwandfrei mit der Unterlage legieren, da ja das Niederschlagsmetall gleich in geschmolzenem Zustande abgeschieden wird und alle Eigenschaften zeigt, die ein geschmolzenes Metall wie z. B. geschmolzenes Zinn sonst bietet.

Allgemein gültige Grundsätze, welche wie die Zusammensetzung der Elektrolyte, die Resultate hinsichtlich der mechanischen Beschaffenheit der Metallniederschläge beeinflussen, sind bisher nicht aufgefunden worden. Es liegen viele Untersuchungen wissenschaftlicher Art darüber vor, wie die einzelnen Metalle aus ihren verschiedenartigsten Lösungen ausfallen, aber stets sind nur für eine beschränkte Anzahl von Metallen Analogien aufgedeckt worden, verallgemeinern ließen sie sich nicht. Eine der genauesten Untersuchungen dieser Art sind die Arbeiten von A. Sieverts und W. Wippelmann (Struktur elektrisch erzeugter Kupferniederschläge Z. f. anorgan. Chemie Bd. 91 u. 93, 1915). Sie fanden, wenn sie die Kupferniederschläge aus saurer Lösung untersuchten, die nach verschiedenen Grundsätzen hergestellt worden waren, daß sich bei Beginn der Elektrolyse stets eine dünne Schicht äußerst fein kristallinischen Metalls abscheidet, während später annähernd senkrecht zur Kathodenfläche V förmige Kristallite in den Elektrolyten hineinwachsen, die bei zunehmender Stromdichte an Größe abnahmen, dagegen bei weiterer Steigerung derselben größer werden. Das Gefüge wird dann gleichzeitig unregelmäßig. Durch Ausgleichen der Konzentrationsunterschiede an der Kathode läßt sich die Stromdichte steigern, ohne dadurch die Kristallgröße zu vermehren. Ähnlich sind die Wirkungen durch Erhöhung des Schwefelsäurezusatzes oder anderer Zusätze wie Glyzerin oder anorganischer Salze, wenn dadurch die Zähigkeit der Lösung erhöht wurde. Zusätze von Kolloiden, über welche wir in diesem Kapitel noch sprechen werden, sofern sie nur gering sind, verändern die Kristallstruktur nicht, werden aber solche Zusätze weiter getrieben, so werden die Kristallindividuen kleiner. In alkalischen Lösungen fanden die beiden Forscher, daß die Kristallindividuen auf ein Minimum kamen, vermutlich durch Adsorption von kolloidalen Kupferverbindungen.

Interessant sind die Beobachtungen dieser beiden Forscher über die Lagerung der Kristallite. Für ebene Kathodenflächen fanden sie eine parallele Lagerung der Kristallite im Querschnitt des Niederschlages, während dieselben an winkeligen oder gebogenen Flächen zueinander geneigt wachsen, was jedenfalls mit dem Verlauf der Streulinien zusammenhängt und uns zeigt, daß das Gefüge der Niederschläge mit der Art der Stromlinienverteilung im Elektrolyten eng zusammenhängt.

Wir haben weiter oben gesehen, daß die Gegenwart von Salzen der Oxydstufe auf die Bildung großer Kristallgebilde von Einfluß ist, und sei hier bemerkt, daß demnach die Wahl der Anionen in einem Elektrolyten der Galvanotechnik für das Kristallgefüge des Niederschlags von Einfluß ist. Wir können aus Blei- oder Zinnlösungen nur dann feinkristallines Metall erhalten, wenn wir lediglich die Ionen der Metalloxydulstufe in der Lösung haben, wogegen bei Vorhandensein von Ionen höherer Wertigkeit des betreffenden Metalles sofort die Form der Abscheidung verschlechtert wird.

Glänzende Niederschläge kann man nur unter ganz besonderen Bedingungen erhalten. Es ist dies ein Kapitel, welches von vielen Erfindern (vgl. die diesbezügliche Patentliteratur) auf die intensivste Weise bearbeitet wurde, denn es war naheliegend, das kostspielige Nacharbeiten der matt aus den Bädern kommenden stärkeren Niederschläge mit Poliermitteln dadurch zu ersparen oder doch zumindest zu verbilligen, daß man direkt aus dem Bade die Niederschläge schon mit entsprechendem Glanz erhält. Die im letzten Kapitel gegebenen Bedingungen zur Bildung kleiner Kristallite bringen uns nun leicht zu den Arbeitsbedingungen, welche ein solches Resultat ermöglichen, wenn wir also die Bedingungen schaffen, unter denen glänzende Metallfällungen erfolgen. Die Stromdichte spielt dabei die Hauptrolle, aber auch die geeignete Wahl der Salze im Elektrolyten selbst ist hierbei tonangebend. Was die Ursache dieser Glanzbildung ist war lange Zeit nicht klar und alle einschlägigen Erfindungen waren meist Zufalls-Erfindungen oder rein empirisch gefunden. Heute wissen wir, daß die Glanzbildung bei galvanischen Metallniederschlägen fast ausschließlich durch Adsorption, durch Anlagerung von kolloidal gelösten Stoffen während des Niederschlagsprozesses verursacht wird, so daß dadurch die Bildung von kleinsten Kristalliten herbeigeführt wird. Die Bedingungen für die mögliche Adsorption hier anzuführen, wäre zu weit ausgeholt und begnügen wir uns daher mit der Feststellung der Tatsachen.

Über das Festhaften der elektrolytischen Metallniederschläge.

Während in der Galvanoplastik, d. h. in der Anwendung der Elektrolyse zur Herstellung selbständig für sich bestehender metallischer Körper, die elektrolytischen Niederschläge auf nichtmetallischer Unterlage hergestellt werden oder von leitend gemachten Unterlagen abgelöst werden und deshalb alle Vorkehrungen zu treffen sind, um das Loslösen der Niederschläge von der Unterlage zu erleichtern, wird bei den galvanostegischen Verfahren, wie bei der Vernickelung, Versilberung etc. stets besonderer Wert darauf gelegt, daß diese Niederschläge auf der Unterlage möglichst gut haften oder sich sogar damit legieren.

Legierungen im allgemeinen entstehen bekanntlich vorzugsweise dann, wenn Metalle in geschmolzenem Zustande zusammenkommen und zwar in dem Mengenverhältnis, das der gewünschten Legierung entspricht. Es ist demnach der flüssige Aggregatzustand der Metalle für die Möglichkeit der Legierungsbildung eine fast ebenso wichtige Vorbedingung hierzu wie das Vorhandensein eines flüssigen Lösungsmittels bei der Herstellung von Salzlösungen.

Es steht nun aber ganz außer Zweifel, daß Metalle, wenn für deren innige Berührung gesorgt wird, Legierungen zumindest an solchen Berührungsflächen bilden, wenn die Temperatur der sich berührenden Metalle noch weit von deren Schmelzpunkt entfernt ist. Je näher nun die Temperatur der beiden Metalle an den Schmelzpunkt des einen bzw. an den Schmelzpunkt ihrer Legierungen rückt (die oft weit unter dem Schmelzpunkt jedes einzelnen Metalles liegen kann), um so größer wird die Tendenz zur Legierungsbildung.

Schon eine relativ kleine Temperaturzunahme wird für ein Metall, dessen Schmelzpunkt (bzw. Schmelzpunkt der Legierung mit dem Unterlagsmetall) verhältnismäßig niedrig liegt, eine stark steigende Tendenz zur Legierungsbildung bedeuten.

Man muß vor allem berücksichtigen, daß unser thermometrischer Eispunkt bereits 273° C über dem sog. absoluten Nullpunkt liegt, d. h. der wirkliche Nullpunkt, wie wir ihn z. B. im kalten Weltenraum annehmen müssen, liegt 273° C tiefer als der Gefrierpunkt des Wassers.

Sagt man z. B., wir befinden uns bei einer Temperatur von 10° Kälte oder — 10° C, so entspricht dies noch immer einer absoluten Temperatur von 273 — 10 = 263°. Erst bei 273° C unter dem Gefrierpunkte des Wassers tritt eine völlige Erstarrung aller unter normalen Verhältnissen flüssig oder gasförmig bekannten Stoffe (Atmosphärendruck vorausgesetzt) ein.

Betrachten wir einmal das uns wohlbekannte Bleimetall unter diesem Gesichtswinkel, so finden wir, daß Blei bei 0° C, also bei einer absoluten Temperatur von 273° C schon recht nahe an seinen Schmelzpunkt kommt. Blei schmilzt bekanntermaßen bei einer Temperatur, die 330° C über dem Gefrierpunkt des Wassers liegt, also bei einer absoluten Temperatur von 273 + 330 = 603°. Bei einer mit unseren üblichen Thermometern gemessenen Temperatur von etwa 28,5° C ist also das Blei bereits am halben Wege zur Verflüssigung. Jede weitere Temperatursteigerung bringt eine weitere Auflockerung des Gefüges zuwege, sie bringt den Aggregatzustand des Metalles seinem Verflüssigungspunkt immer näher, bis endlich beim Schmelzpunkt selbst die das feste Gefüge bestimmenden, die einzelnen Moleküle des Metalles zusammenhaltenden Kräfte der (die lockeren Moleküle der Bleimasse nach dem Gesetz der Schwere bewegenden) Schwerkraft nicht mehr standhalten können. Das Metall wird bei diesem Punkte angelangt flüssig, es schmilzt.

Wir kennen nun alle die sich außerordentlich leicht bildenden Legierungen des Quecksilbers, die Amalgame. Quecksilber ist nun schon bei normaler Zimmertemperatur flüssig, denn es schmilzt schon bei 39° C unterhalb des Gefrierpunktes des Wassers, also bei einer absoluten Temperatur von 273 — 39 = 234° C. Bei einer Temperatur z. B. von 50° C unter unserem Eispunkt würde die Tendenz zur Bildung von Legierungen (Amalgamen) mit anderen Metallen wie Gold, Silber, Kupfer, Ammonium etc. ungefähr ebenso groß sein wie die des Bleies etwa bei der Temperatur des siedenden Wassers (100° C).

Ähnlich wie beim Blei oder Quecksilber liegen nun auch die Verhältnisse bei den anderen Metallen. Grundbedingung für die Möglichkeit einer Legierungsbildung überhaupt ist eine metallisch innige Berührung der eine Legierung bildensollenden Metalle. Bei der Herstellung von Legierungen auf dem Wege des Schmelzens ist also z. B. jeder nicht rein metallische Überzug wie Oxyde, Carbonate etc. schädlich.

Will man nun auf elektrolytischem Wege durch Auftragen eines Metalles auf ein Grundmetall an ihrer Berührungsfläche ein Legieren, „Verschweißen", also Festhaften erzielen, so muß man vor allem auf eine absolut reine metallische

Fläche des zu überziehenden Metalles bedacht sein. Spuren von Fett, oxydische Anläufe u. dgl. sind ungemein schädlich und verhindern das Festhaften, also das Legieren.

Schlägt man z. B. auf einer vollkommen rein metallischen Eisenunterlage elektrolytisch Zink nieder, so tritt schon bei gewöhnlicher Zimmertemperatur ein teilweises Ineinanderwachsen der durch den Strom an der reinen Eisenfläche ausgeschiedenen Zinkkristalle mit den feinen Eisenkristallen der Unterlage ein. An geeignet ausgeführten Schliffen lassen sich mikroskopisch diese Tatsachen sehr hübsch veranschaulichen. Auch bei der Vernicklung des Eisens, Kupfers etc. tritt diese Erscheinung auf, natürlich wird sich z. B. auf dem gleichzeitig duktileren und gleichzeitig mit niedrigerem Schmelzpunkt ausgerüsteten Kupfer diese Legierungsmöglichkeit schon bei kleinerer Temperatur ergeben als z. B. bei der Vernicklung des Eisens oder gar des Stahles.

Schon lange hat man die Tatsache erkannt, daß durch Erhitzen elektrolytisch mit Metallen überzogener Metallgegenstände ein intensives Festhaften, ein Verbinden der beiden Metalle stattfindet, und aus Vorstehendem ist ja ohne weiteres der Schluß zu ziehen, warum dem so ist. Nachstehend seien die Metalle in einer Tabelle nach ihrem Schmelzpunkt geordnet, und zwar sind in der 1. Spalte die Schmelztemperaturen bezogen auf den Gefrierpunkt des Wassers angeführt; in Spalte 2 auf den absoluten Nullpunkt; Spalte 3 gibt die Verhältniszahl

$$\frac{\text{Metalltemperatur bei } 18° C}{\text{Schmelzpunkt bezogen auf den absoluten Nullpunkt.}}$$

Je größer dieser Wert für ein Metall oder eine Legierung ist, um so größer wird (andere Verhältnisse ganz außer acht lassend) bei gleicher Duktilität (Härte) einem anderen Metall gegenüber seine Tendenz sein, sich mit einem anderen Metall, welches elektrolytisch abgeschieden wurde, oberflächlich zu legieren.

Metall	Schmelzpunkt über dem Gefrierpunkt des Wassers	Schmelzpunkt, bezogen auf den absoluten Nullpunkt	Bei + 18° C ist die erreichte Schmelztension[1])
Quecksilber	— 39	+ 234	124 %
Selen	217	490	59 %
Zinn	232	505	57,5%
Wismut	268	541	53,5%
Thallium	290	563	51,5%
Cadmium	320	593	49 %
Blei	330	603	48 %
Zink	415	688	42 %
Antimon	425	698	41,5%
Arsen	600 (?)	873	33 %
Aluminium	654,5	927,5	31,5%
Magnesium	750	1023	28,5%
Silber	954	1227	23,5%
Gold	1035	1308	22 %
Kupfer	1054	1327	21,8%
Eisen	1400	1673	17,4%
Nickel	1450	1723	16,8%
Palladium	1500	1773	16,4%
Platin	1780	2053	14,2%
Kobalt	1800	2073	14 %
Mangan	1900	2173	13,4%
Osmium	2500	2773	10,5%

Es sollen nun noch zwei Tabellen über die Härte (Duktilität) der Metalle folgen und so kann man sich an manchem Beispiel selbst ein Bild darüber machen, wie man verfahren muß, um einen Gegenstand aus beliebigem Material durch

---

[1]) Entsprechend dem Verhältnis $\frac{\text{Zimmertemperatur}}{\text{Schmelztemperatur}}$ absolut.

geeignete Zwischenlage anderen Metalles mit einem beliebigen Metallüberzug (festhaftend) zu überziehen.

Härtenummern der Metalle
aus der Tabelle von Rydberg.

Chrom.	9,0	Aluminium.	2,9
Osmium	7,0	Silber	2,7
Silicium	7,0	Wismut	2,5
Mangan	5,0	Zink.	2,5
Palladium	4,8	Gold	2,5
Eisen	4,5	Cadmium	2,0
Platin	4,3	Selen	2,0
Arsen	3,5	Magnesium.	2,0
Kupfer	3,0	Zinn.	1,8
Antimon.	3,0	Blei.	1,5

Tabelle der absoluten Härte der Metalle[1]),

d. h. Eindringungsfestigkeit für eine Linse von 1 mm Radius und eine ebene Fläche des gleichen Stoffes in kg pro qmm der durch die Deformation entstandenen Druckfläche oder näher bezeichnet derjenige Grenzdruck, bei welchem in spröden Körpern der erste Sprung auftritt resp. an den sich plastische Körper anpassen:

Blei	10	Messing	107
Zinn.	11	Bronze.	127
Aluminium.	52	Kupfer, gehärtet	143
Silber	91	Stahl, weich	280
Kupfer	95	,, mittel	360
Gold	97	,, hart.	500

Die zu überziehende Oberfläche eines Metallgegenstandes soll nun nicht aber bloß metallisch rein sein, damit das Festhaften, also die Legierungsbildung erleichtert wird, sondern man muß auch für eine möglichst große und keinesfalls spiegelblanke Unterlage Sorge tragen. Es ist klar, daß, je größer die Berührungsfläche ist, um so größer die Adhärenz werden wird. Am besten sind also aufgerauhte Unterlagen oder auf galvanischem Wege hergestellte rauhe Zwischenlagen.

Man darf nun nicht annehmen, daß stets unbedingt vollkommen reine Metalle elektrolytisch ausgeschieden werden, sondern die Verhältnisse werden leicht dadurch kompliziert, daß mit dem aus wässeriger Lösung abzuscheidenden Metall hauptsächlich Wasserstoff mitfällt, der dem Niederschlagsmetall eine weit größere Härte verleiht, als dem reinen Metall entspricht. Es ist einleuchtend, daß man darauf bedacht sein muß, wenn man auf ein Festhaften des Metallniederschlages auf seiner Unterlage reflektiert, möglichst reine Metalle auszuscheiden und vor allem sich solcher Lösungen bzw. Präparate zu bedienen, die nach wissenschaftlichen Grundsätzen derart bereitet sind, daß bei der Elektrolyse möglichst wasserstoffreie Metalle ausfallen. Nur zu oft hört man die Klage, daß die elektrolytischen Niederschläge nicht genügend haften, und fast immer rührt der Übelstand daher, daß den galvanischen Bädern Präparate zugesetzt wurden, ohne daß man sich über die dadurch heraufbeschworenen Übelstände auch nur annähernd ein Bild machen konnte.

Daß sich solche metallische feste Lösungen mehrerer Metalle durch Diffusion in festem Zustande wirklich bilden, haben G. Bruni und D. Meneghini dadurch gezeigt, daß sie auf elektrolytischem Wege die verschiedensten Metalle durch Erwärmung bis unter die Schmelztemperatur miteinander vereinigen konnten.

Zu diesem Zwecke benutzten sie fast durchweg Proben von Drähten, die sie auf elektrolytischem Wege mit anderen Metallen abwechselnd überzogen und zwar in dem Mengenverhältnis, wie dies die erwartete Legierung aufweisen sollte. Daß durch solche Erwärmung bis unter die Schmelztemperatur der niedrigst schmelzenden möglichen Legierung dennoch sich diese betreffende Legierung in

---

[1]) Nach F. Auerbach, Landold-Börnstein, Physikalisch-chemische Tabellen S. 56.

noch festem Zustande der beiden Komponenten ausbildete, bewiesen sie durch die elektrischen Leitvermögen einerseits und durch mikroskopische Untersuchungen der Schnittflächen anderseits.

Schließlich sei noch darauf hingewiesen, daß selbstredend die Legierungsbildung auch der schwerst miteinander auf kaltem Wege zu vereinenden Metalle durch Erhitzen bis über die Schmelztemperatur ohne weiteres herbeigeführt werden kann. Solcherart wurden bereits nickelplattierte Stahl- und Kupferbleche durch Behandlung der stark vernickelten Rohbleche mit nachfolgender Erhitzung in Muffelöfen oder Glühöfen erhalten, aber auch eine innige Legierung kleinerer Teile unter Benutzung solcher Glühprozesse ist denkbar und praktisch ausführbar und die heutige Metallindustrie hat sich bereits mehrfach dieser Möglichkeit einer innigen Verbindung von elektrolytisch aufgetragenen Metallschichten auf metallischer Unterlage für besonders festhaftende Überzüge bedient.

Über die Ausscheidung von Metall-Legierungen durch Elektrolyse.

Es würde weit den Rahmen dieses Buches überschreiten, wollte der Verfasser die wissenschaftlichen Ansichten über kathodenpotentiale Beeinflussung der Dissoziation zweier oder mehrerer Metall-Salzlösungen in einem Gemisch derselben und die damit zusammenhängenden Erscheinungen bei der Ausscheidung von Metall-Legierungen bestimmter Zusammensetzung auf elektrolytischem Wege eingehend behandeln. Wir wollen uns daher mit einer dem Zweck dieses Buches entsprechenden kurzen Besprechung der einschlägigen Verhältnisse begnügen. An anderer Stelle wurde bereits der Begriff „Zersetzungsspannung" von Salzlösungen behandelt und sei wiederholt, daß die zur Zersetzung einer bestimmten Salzlösung in seine Anionen und Kationen erforderliche Minimalspannung für jedes Metall und für jeden Säurerest, der an das Metallkation angelagert ist, feststeht. Die Differenz in der Zersetzungsspannung des Zinksulfates und des Kupfersulfates beruht z. B., da die Energie, die zur Abscheidung des Schwefelsäurerestes für beide Salze die gleiche ist, lediglich in der Ungleichheit der zur Abscheidung des Zinkes bzw. des Kupfers erforderlichen Energie. Es werden also nur solche Metalle nebeneinander glatt auszuscheiden sein, für welche die gleiche Stromarbeit an der Kathode erforderlich ist. Man greift daher vielfach in der Galvanostegie zu komplexen Salzen, d. h. zu Salzen, in denen das abzuscheidende Metall nicht direkt gemäß der Dissoziation des Metallsalzes in Schwermetallkationen und Säureanionen zur Entladung an der Kathode kommt, sondern in denen das Metall in einem Anionenkomplex enthalten ist, während das wandernde, primär zur Entladung kommende Kation ein Leichtmetall ist, das sekundär die Schwermetalle aus den die Kathode umgebenden Lösungsschichten abscheidet. So kann man durch geeignete Zusammensetzung eines Messingbades unter Zuhilfenahme der Zyankalium-Doppelsalze des Kupfers und Zinks erreichen, daß das an der Kathode ankommende K (Kaliumion) in ganz bestimmten Verhältnissen Kupfer und Zink als Messing oder Tombak abscheidet.

Je nachdem, ob ein sich entladendes Kaliumion mehr Kupfersalz als Zinksalz in der Nähe der Kathode vorfindet oder umgekehrt, wird die erzielte Niederschlagslegierung mehr Kupfer oder mehr Zink vorfinden und die Farbe der Legierung demgemäß schon variieren.

Ähnlich verhält es sich bei Legierungen von Nickel und Kupfer oder Nickel und Zinn, Zink und Kadmium in schwachsaurer Lösung. In diesen Fällen spielt aber das Verhältnis der angewendeten Salzmengen innerhalb des Lösungsgemisches noch eine ganz wesentliche Rolle und es gehört mit zu den schwierigsten Aufgaben des Elektrochemikers, die Mischungsverhältnisse der Metallsalze neben geeigneten Leitsalzen zu bestimmen, bei welchen unter Anwendung bestimmter Stromdichten und Erhaltung gewisser Temperaturgrenzen mit Sicherheit eine bestimmte Legierung zweier oder mehrerer Metalle ausfällt.

Zu den Metall-Legierungen zählen wir nun auch die Legierungen der elektrolytisch sich ausscheidenden Metalle mit dem gasförmigen Wasserstoff. Wasserstoff verhält sich, obschon in normalem Zustande nur als Gas bekannt, doch wie ein Metall, wir können es als das leichteste und mit dem niedrigsten Schmelzpunkt behaftete Metall ansprechen, kein Wunder daher, daß es sich nur zu leicht mit den Metallen legiert, und fast alle elektrolytisch niedergeschlagenen Metalle enthalten oft nicht unbedeutende Mengen Wasserstoff. Eigentümlich ist die Tatsache, daß solche Wasserstoff-Legierungen sich durch besondere Härte auszeichnen und die Duktilität des mit ihm legierten Metalles ganz bedeutend vermindern, anders gesprochen: der Wasserstoffgehalt einer solchen Legierung steigert die absolute Härte des Metalls ganz bedeutend.

Reines wasserstofffreies Eisen (durch Glühen bei ca. 800° C aus Elektrolyteisen hergestellt) hat eine absolute Härte von ca. 60. Mit geringen Mengen Wasserstoff legiertes Elektrolyteisen hat eine absolute Härte von 95 und mit dem Maximum von Wasserstoff legiertes Eisen (durch Elektrolyse hergestellt) kann bis zu einer absoluten Härte von 220 bis 250 gebracht werden. Diese außerordentliche Härte hat den elektrolytischen Eisenniederschlägen den Namen „Stahl" verschafft, ohne daß diesem „Stahl" das den Stahl charakterisierende Quantum Kohlenstoff innewohnt.

Ebenso wie Elektrolyteisen nehmen nun auch alle anderen Metalle Wasserstoff auf und macht sich diese Wasserstofflegierung hauptsächlich bei solchen Metallen unliebsam bemerkbar, welche an und für sich schon eine bedeutende absolute Härte besitzen, wie z. B. das Nickel. Aber auch Kupfer und Messing, Zink, Zinn usw. nehmen ganz bedeutende Mengen davon auf, und da die galvanischen Metallniederschläge um so schlechter haften, je weniger duktil sie sind bzw. je größer ihre absolute Härte ist, so muß man natürlich darauf bedacht sein, die Aufnahme von Wasserstoff tunlichst zu verringern.

Die Langbein-Pfanhauser Werke A.-G. Leipzig, bringen nun z. B. präparierte Nickelsalze nach dem D. R. P. 134736 in den Handel, die neben anderen wichtigen Metall- und Leitsalzen äthylschwefelsaure Salze enthalten. Es hat sich herausgestellt, daß der Äthylschwefelsäure-Rest zu seiner Abscheidung ein kleineres Spannungsgefälle benötigt (er hat ein kleineres Anodenpotential) als der gewöhnliche Schwefelsäurerest. Außerdem besitzt das in den Nickelbädern angewendete Nickelammonsulfat gegen Nickelmagnesiumäthylsulfat ein weit schwereres Anionenkomplex. Es übernimmt dort also das Kation $\overset{+}{NH_4}$ den Hauptteil des Leitvermögens. Es hat ferner eine relativ größere Wanderungsgeschwindigkeit und es wird aus all dem resultieren, daß unter sonst gleichen Verhältnissen in den gewöhnlichen Nickelbädern mehr Ammoniumionen an der Kathode zur Entladung kommen, gegenüber primärer Nickelabscheidung. Daß solche Niederschläge besonders gut auf der Unterlage haften bleiben, erhellt wohl aus dem bisher Gesagten, denn die größere Duktilität solcher wasserstofffreier Niederschläge kommt einer kleineren absoluten Härte gleich, was wiederum die Legierungsbildung mit der Grundlage erleichtert.

Besonders auffallend liegen die Verhältnisse bei der normalerweise in elektrolytischen Eisenbädern erzielten Legierung von Eisen mit Wasserstoff. Die Entladepotentiale von Eisen und Wasserstoff liegen in den heutigen Elektrolyten durchweg so nahe beisammen, daß es nur durch ganz besondere Maßnahmen gelingt, welche fast an „Kunstkniffe" erinnern, wasserstoffarme Eisenniederschläge herzustellen. Daß das Eisen ganz besonders leicht mit Wasserstoff zusammen abgeschieden wird, kann man daraus ermessen, daß z. B. Eisendrähte oder Eisenbleche, welche kathodisch in einer während der Elektrolyse reichlich Wasserstoff abscheidenden Säurelösung oder Salzlösung behandelt werden, sofern man die Stromdichte entsprechend hoch treibt, nach kurzer Zeit so viel Wasser-

stoff in sich aufnehmen, daß man die vorher biegsamen duktilen Eisendrähte
ähnlich wie gehärteten Stahl brechen kann.

Die theoretische Seite der gleichzeitigen Abscheidung mehrerer Metalle an
der Kathode eines Bades haben wir früher, gelegentlich der Besprechung der
Abscheidungspotentiale, bereits genügend beleuchtet. Der wissenschaftlich arbeitende Galvanotechniker hat eine reiche Auswahl von Mitteln, um für gegebene
Verhältnisse die Möglichkeit der gleichzeitigen Abscheidung oft ganz verschiedener Metalle auf exakte Weise im Laboratorium zu verfolgen und seine
Elektrolyte so einzustellen, daß die theoretische Möglichkeit solcher Legierungsbildungen zutrifft. Die praktischen Ergebnisse in dieser Richtung werden wir
bei den einzelnen Elektroplattiermethoden antreffen.

Eine eigenartige Methode der Herstellung von Legierungen auf elektro-
lytischem Wege ist die abwechselnde Bildung von übereinandergelagerten
Schichten einzelner Metalle, die man durch späteres Glühen zu einer einheitlichen
Legierung vereinigt. So schlagen Hille & Müller abwechselnd Kupfer und
Nickel nieder und glühen diese lamellierten Niederschläge, um Neusilber zu
erhalten. Auch Gold mit Kupfer wird auf diese Weise legiert.

Eine eigenartige Legierungsbildung will Jacobs (siehe Z. f. Elektrochemie
1906, S. 17) durch sein sogenanntes Dreiphasenplattiersystem herbeiführen.
Nach dieser Methode braucht man zur Bildung einer Legierung auch zweier ganz
verschieden edler Metalle keine Annäherung der Kathodenpotentiale, sondern
er will z. B. Zink und Kupfer aus sauren Sulfatlösungen sogar dadurch miteinander während der Elektrolyse legieren, daß er den Niederschlag auf rotierenden Kathoden bilden läßt und einfach 2 Anoden, die eine aus Zink und die andere
aus Kupfer, mit je einer Stromquelle verbindet und auf die gemeinsame rotierende
Kathode arbeiten läßt. Vor jede dieser beiden Anoden schaltet er einen besonderen Regulator und stellt die Spannung an diesen Anoden so ein, daß gleichzeitig von der einen Seite sich Kupfer und von der anderen Zink abscheidet.
Natürlich kann man solcherart doch nur immer ganz dünne Metallschichten übereinander abscheiden, die sich miteinander verbinden, so daß sich schließlich die
Legierungsverhältnisse der gewünschten Verhältniszahl einstellen. Praktisch für
die Galvanotechnik will dem Verfasser eine solche Methode nicht erscheinen.

Abhängigkeit von Stromdichte, Badspannung und deren Konstant-
haltung durch den Badstromregulator.

Wir wissen, daß sich die Badspannung ganz allgemein aus zwei Werten
summarisch zusammensetzt, nämlich der elektromotorischen Kraft, die zur
Überwindung der Polarisation nötig ist, und derjenigen zur Überwindung des
Ohmschen Widerstandes im Bad unter Berücksichtigung der Streuung der
Stromlinien.

Da Spannung, Widerstand und Stromstärke durch das Ohmsche Gesetz in
einfache Beziehung zueinander gebracht wurden, so ist es leicht, auch für Badspannung und Stromdichte eine gültige Abhängigkeit zu finden, womit dem Bedürfnis der Praxis, die Bestimmung der Warenoberfläche zu vereinfachen oder
ganz zu umgehen, entsprochen wird.

Es ist bekannt, daß eine bestimmte Stromdichte eingehalten werden muß,
wenn man immer den gleichen Niederschlag erhalten will, denn nur bei einer
bestimmten Stromdichte (10 bis 20 % nach auf- und abwärts schaden noch
nicht) erfolgt die elektrolytische Abscheidung so, wie es die weitere Bearbeitung
erfordert.

Es läßt sich ja aus den Angaben eines Amperemessers, wenn die zu plattierende
Warenfläche bekannt ist, leicht die Stromdichte ermitteln, man braucht eben
dann nur in jede Badleitung einen Amperemesser einzuschalten und den Strom
derart zu regeln, daß der Amperemesser die richtige Amperezahl angibt. Besitzt

aber der zu plattierende Gegenstand eine kompliziertere Form, so daß die Flächenmessungen mit Schwierigkeiten verknüpft sind, so muß man zu anderen Mitteln greifen, um die richtige Stromdichte zu schaffen, und da greift die Beziehung zwischen Stromdichte und Badspannung helfend ein.

Im Voltmesser, der die Badspannung leicht zu messen gestattet, ist uns ein Instrument gegeben, das die auf der Ware herrschende Stromdichte unter sonst bestimmten Verhältnissen kontrolliert; zeigt der Voltmesser die bei den Bädern angegebene Badspannung, dann herrscht auf der Ware auch die verlangte Stromdichte, was durch nachfolgenden Beweis klargelegt werden möge.

Angenommen, wir hätten ein Bad zwischen zwei Elektroden, welche 1 dm voneinander entfernt sind und welche je 1 qdm Oberfläche besitzen; schicken wir durch das Bad eine Stromstärke von 1 A, so ist dies in unserem Fall auch gleichzeitig die Stromdichte, da wir ja 1 qdm Fläche eingehängt haben. Der Widerstand der Badflüssigkeit zwischen den beiden Elektroden ist gleichzeitig auch der spezifische Badwiderstand, da gerade ein Würfel von 1 cbdm als Widerstand vorhanden ist.

Vergrößern wir nun die Elektrodenflächen auf je 2 qdm, lassen aber die Stromdichte sich gleich bleiben (1 A), so brauchen wir 2 A, denn dann ist wieder:

$$ND_{100} = \frac{J}{q} = \frac{2}{2} = 1\,A.$$

die Stromdichte (ND_{100}) ist also gleich geblieben. Haben wir dabei die Entfernung der Elektroden gleich gelassen, so wurde durch Verdopplung der Flächen der totale Badwiderstand auf die Hälfte herabgesetzt, denn es bietet sich jetzt dem Stromdurchgang der doppelte Elektrolytenquerschnitt dar. War der spezifische Badwiderstand z. B. 3 Ω, so war im ersteren Fall auch der Badwiderstand 3 Ω, im zweiten Fall wird der Badwiderstand die Hälfte, das sind:

$$\frac{3\,\Omega}{2} = 1{,}5\,\Omega$$

geworden sein, wenn wir der Einfachheit wegen von der Streuung der Stromlinien absehen wollen.

Im ersteren Fall brauchten wir zur Überwindung des Ohmschen Widerstandes eine Spannung von:

$$E = J \times W_B = 1 \times 3 = 3\,V.$$

Im zweiten Fall:

$$E = J_1 \times W_{B1} = 2 \times 1{,}5 = 3\,V,$$

wenn W_B den ganzen Badwiderstand bezeichnet.

Da die elektromotorische Gegenkraft der Polarisation bei gleicher Stromdichte gleich bleibt, so sehen wir, daß durch Konstanthalten der Badspannung bei gleichbleibender Elektrodenentfernung die Stromdichte auf dem gleichen Betrag erhalten wird.

Erhöhen wir die Badspannung, so wird die Stromdichte wachsen, was natürlich schädlich ist, sobald die maximal zulässige Stromdichte überschritten wird.

Die Vergrößerung der Stromdichte mit wachsender Badspannung erhellt aus folgender Überlegung:

Verwenden wir die gleichen Werte wie im früheren Beweis, so wissen wir, daß wir bei einer Badspannung von 3 V, einer Elektrodenentfernung von 1 dm und einer Elektrodenfläche von je 1 qdm bei angewandter Stromstärke von 1 A die Stromdichte = 1 A erhielten. Steigern wir nun aber die Badspannung auf 6 V, so wird bei gleichbleibendem Badwiderstand 3 Ω die Stromstärke anwachsen und zwar nach dem Ohmschen Gesetz:

$$J = \frac{W}{E} = \frac{6}{3} = 2\,A.$$

Da aber die Elektrodenflächen gleich groß (1 qdm) geblieben sind, so hat sich durch Verdopplung der Badspannung auch die Stromdichte verdoppelt. Praktisch wird die Stromdichte nicht genau den doppelten Wert erreichen, da ja mit wachsender Stromdichte auch die Polarisation etwas (allerdings nicht sehr bedeutend) größer wird.

Aus alledem geht hervor, daß ein Regulierwiderstand für jedes Elektroplattierbad notwendig ist, der es ermöglicht, diejenige Badspannung, welche die gewünschte Stromdichte bewirkt, bei allen möglichen großen und kleinen Flächen auf der gleichen Höhe zu erhalten. Somit ist die Frage der Kontrolle der Stromdichte in einem Elektroplattierbad durch Anwendung des Voltmessers und eines Badstromregulators, wie man diese zu nennen pflegt, gelöst.

Es kann diesem Badstromregulator im allgemeinen nur die Aufgabe zufallen, die Badspannung auf einen bestimmten Wert zu regulieren, wenn die Netzspannung, das ist die in der Hauptleitung der Anlage herrschende Spannung, durch den Nebenschlußregulator der Dynamomaschine (siehe Regulierung der Klemmenspannung bei Dynamomschinen) oder bei Elementbetrieb durch den Hauptstromregulator konstant gehalten wird.

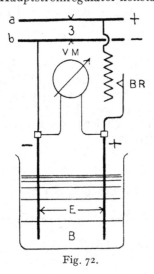

Fig. 72.

Würde dies nicht geschehen, würde man die Klemmenspannung der Stromquelle sich steigern lassen, dann müßten die Badstromregulatoren von vornherein für größere Regulierbereiche konstruiert werden, was aber eine Erhöhung der Anlagekosten verursachen würde.

Während nun, wie bereits mehrmals darauf hingewiesen wurde, die Konstanthaltung der Netzspannung dem Maschinenwärter oder in kleineren Anlagen dem mit der Maschinenwartung betrauten Arbeiter zufällt, haben die im Bäderraum angestellten Arbeiter, denen die Beaufsichtigung und Beschickung der Bäder obliegt, die Aufgabe, die Badspannung mit Hilfe des Badstromregulators auf dem für jedes Bad vorgeschriebenen Wert zu erhalten.

Man ersieht daraus, daß es für einen rationellen Betrieb Erfordernis ist, jedes Bad mit einem Badstromregulator zu versehen und zur Ablesung der Badspannung mit einem Voltmesser in Verbindung zu setzen. Es ist zweckmäßig, jedes Bad mit einem eigenen Voltmesser zu verbinden, man kann aber auch sparsamerweise für je zwei oder mehrere Bäder einen Voltmesser anbringen, muß aber durch einen geeigneten „Voltumschalter" das Instrument nach Belieben an jedes einzelne Bad anlegen können. Der besseren Übersicht wegen ist anzuraten, für jedes Bad einen besonderen Voltmesser zu verwenden, der dann nach Figur 72 mit dem Bad verbunden wird. Es bedeuten:

a b die beiden Leitungsstangen der Netz- oder Hauptleitung,

B R den Badstromregulator (schematisch),

B das Elektroplattierbad,

V M den Voltmesser, der die Badspannung angibt.

Die Wirkungsweise der Badstromregulatoren ist die gleiche, wie wir sie im Kapitel „Regulieren des Stromes" besprochen haben; sie haben lediglich den Zweck, die Netzspannung E derart zu verringern, daß die zur Erreichung der verlangten Stromdichte nötige Badspannung E_1 erzielt wird. Die Stromstärke, die durch das Elektroplattierbad, mithin auch durch den Badstromregulator fließt, im Verein mit der zu vernichtenden Spannung gibt uns eine elektrische

Energie, welche dadurch, daß sie von den Drahtwindungen des Regulators vernichtet werden soll, in diesen in Wärme umgesetzt wird.

Wird daher ein solcher Badstromregulator durch die Vernichtung einer größeren Energie, besser gesagt, Umwandlung einer größeren elektrischen Energiemenge in Wärmeenergie stärker beansprucht, als für die er berechnet war, so wird Gefahr vorhanden sein, daß sich die Erwärmung der Drahtverbindungen bis zum Abschmelzen der Drähte steigert.

Der in Badstromregulatoren auftretende Energieverlust ist:

$$J\ (E\text{—}E_1),$$

wobei J der Badstrom, E die Netzspannung und E_1 die Badspannung ist. Wird also die Größe $(E\text{—}E_1)$ dadurch vergrößert, daß man die Netzspannung ansteigen läßt, was ja bei Dynamomaschinen, wenn sie bedeutend geringer als mit Maximalleistung beansprucht werden, geschieht, sofern nicht mit dem Nebenschlußregulator die Erregung des magnetischen Feldes geschwächt wird, so tritt die eben besprochene Gefahr der Zerstörung der Widerstandsdrähte ein. Verfasser will an dieser Stelle nochmals auf die Wichtigkeit hinweisen, die Maschinenwartung und Regulierung der Netzspannung auf einen konstanten Wert einem verläßlichen, mit der Dynamomaschine und den Nebenapparaten vertrauten Mann zu übertragen.

Selbstredend sind für ganz kleine Elektrodenflächen oder für große Mißverhältnisse zwischen Anoden- und Warenfläche die bei den einzelnen Elektroplattierbädern angegebenen Badspannungen nicht anwendbar, da dann die Streuung der Stromlinien so bedeutend wird, daß der Voltmesser keine Kontrolle mehr für die richtige Stromdichte ist.

Bei ganz kleinen Gegenständen, wie Nadeln und ähnlichen, wird durch die gleiche Badspannung eine bedeutend größere Stromdichte erzielt; denn verringert sich durch eine große Streuung bei diesen kleinen Flächen der Badwiderstand, so wird bei gleicher Badspannung die Stromdichte höher werden. Auch bei Gegenständen wie Scheren, Messern usw. wird oft wahrgenommen, daß bei richtiger allgemeiner Stromdichte die Schneiden unschön elektroplattiert werden, „sie brennen an" sagt der Praktiker. Auch diese Erscheinung läßt sich durch Streuung der Stromlinien erklären, es herrscht eben dort eine verhältnismäßig höhere Stromdichte als an den anderen glatten Flächen, man muß die ganze Stromdichte verringern, so weit, bis an den Kanten und Schneiden trotz der auftretenden Streuung die Stromdichte noch nicht das zulässige Maß überschreitet; dies erreicht man durch Herabsetzung der Badspannung.

Der Stromdichten-Messer. Die Fälle, wo die in den Bädern herrschende Stromdichte aus Kathodenfläche und Stromstärke einfach zu ermitteln ist, werden in der Praxis nur selten eintreten, dagegen überwiegen die Fälle, wo die Kompliziertheit der Form der zu galvanisierenden Warenstücke derart ist, daß auch die Voltmeterangabe kein verläßliches Maß für die kathodisch herrschende Stromdichte ist. Bei der enormen Wichtigkeit, die zur Aufrechterhaltung eines geordneten Betriebes einzustellende Stromdichte zu kontrollieren und um auch die mit der Stromdichte in so engem Zusammenhang stehenden Niederschlagsdicken von vornherein mit Bestimmtheit zu erreichen, hat es sich Verfasser zur Aufgabe gemacht, ein Meßgerät zu konstruieren, das in einfacher Weise Aufschluß über die faktisch an den im Bade hängenden Kathoden (Waren) herrschende Stromdichte gibt. Figur 73 zeigt ein solches Instrument, welches durch Eintauchen in das betreffende galvanische Bad, für welches es geeicht ist, die Stromdichte an derjenigen Stelle der Kathoden anzeigt, in deren Nähe es ist. Das Prinzip dieses Instrumentes basiert auf der Erkenntnis der Stromleitung in den Elektrolyten einerseits und in festen Leitern anderseits. Es besteht aus 2 Hilfselektroden, welche voneinander isoliert sind, so daß die auf der den Anoden zugekehrten Hilfselektrode eintreffenden Stromlinien über ein zwischen diese beiden Hilfselektroden geschaltetes kleines Amperemeter zur anderen Hilfselektrode, welche den Kathoden zugekehrt ist, geleitet werden, um von dieser Hilfselektrode, welche dann als Anode wirkt (erstere erscheint als Kathode) durch den Elektrolyten zur eigentlichen Kathode (Ware) geleitet werden.

Gibt man nun beispielsweise diesen Hilfselektroden die Größe von 1 qdm, so wird das kleine Amperemeter die Stromdichte anzeigen, welche an dieser Stelle des Elektrolyten und damit auch an der betreffenden Kathodenstelle, in deren unmittelbarer Nähe sich das Meßinstrument befindet, herrscht.

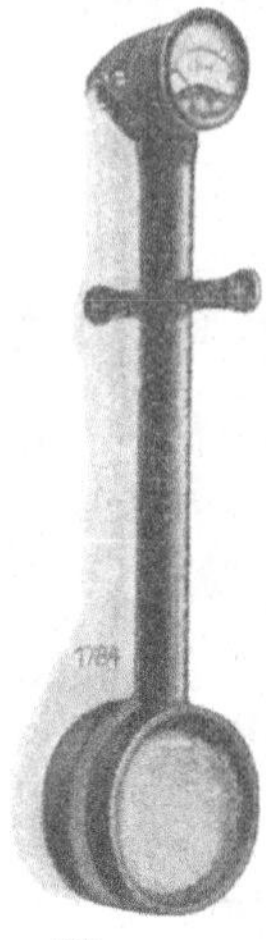

Beim Messen hat man also dafür zu sorgen, daß das Meßgerät möglichst nahe an die zu kontrollierende Kathodenstelle herangebracht wird. Das Instrument zeigt nun zwei Stromlinienschirme, welche die Hilfselektroden umschließen, und deshalb kann man die eine Hilfselektrode ganz nahe an die zu prüfende Kathodenstelle heranbringen, ohne eine direkte Berührung mit dieser herbeizuführen. Wählt man die Oberfläche der Hilfselektroden kleiner, etwa ½ oder ¼ qdm oder noch kleiner, so kann man mit einem solchen Instrument auch die an Schneiden und Spitzen der zu galvanisierenden Gegenstände herrschenden Stromdichten ermitteln. Je kleiner diese Hilfselektroden sind, desto genauer muß die Eichung des kleinen Amperemeters sein.

Fig. 73.

Es liegt nun auf der Hand, daß die Angabe des Amperemeters nur für diejenigen galvanischen Bäder direkt die Stromdichte ablesen läßt, welche polarisationsfrei arbeiten, wie z. B. galvanoplastische Kupferbäder, heiße Nickelbäder, saure Zinkbäder, saure Zinnbäder, Bleibäder mit saurem Charakter, auch Silberbäder u. dgl. Haben wir es dagegen mit Bädern zu tun, welche anodische Polarisation zeigen, wie die meisten zyankalischen Bäder, alkalische Zink- oder Zinnbäder, Nickelbäder unter 70° C etc., so muß durch besondere Eichmethoden auf dem kleinen Amperemeter des Stromdichtemessers eine Angabe ermittelt werden, welche der wirklich in dem betreffenden Bade herrschenden Stromdichte gleichkommt. Die Hilfselektroden werden am besten aus demjenigen Metall hergestellt, für welche dieses Instrument bestimmt ist, d. h. man wählt praktisch für ein Nickelbad die Elektroden aus Nickel, für ein Kupferbad aus Kupfer etc., obschon man auch unlösliche Elektroden ohne weiteres bei entsprechender Eichung anwenden könnte.

Man kann ferner die Skala solcher Stromdichten-Messer so ausgestalten, daß gleichzeitig auch die Zeitdauer ablesbar ist, die man bei der betreffenden Stromdichte braucht, um entweder pro qm eine bestimmte Metallmenge in g abzuscheiden oder etwa, welche Zeit erforderlich ist, um eine bestimmte Niederschlagsdicke zu erzielen. Besonders für die moderne Verchromung ist dieses Instrument ein unentbehrliches Hilfsmittel dadurch, daß man mit Hilfe dieses Instrumentes die für eine bestimmte Badzusammensetzung und für sonstige festgelegte Arbeitsbedingungen maßgebende Niederschlagszeit ermitteln kann, um z. B. eine Einheitsschichtdicke von etwa 0,001 mm zu bekommen.

Jede Badkategorie erfordert einen besonderen Stromdichten-Messer, insbesondere dann, wenn man die Doppeleichung wünscht, d. h. wenn man außer der Angabe der Stromdichte die Niederschlagszeiten für eine bestimmte Niederschlagsdicke ablesen will. Der Stromdichten-Messer besitzt einen Stromrichtungsweiser, welcher angibt, in welcher Stellung das Instrument zwischen Anoden und Kathoden einzusetzen ist. Natürlich ist die Angabe nur dann genau, wenn die Hilfselektroden die Stromlinien senkrecht auftreffend empfangen, bei Schrägstellung im Bade tritt der Sinus des Einfallwinkels hinzu, der die Angaben des Instrumentes als zu klein erscheinen ließe.

Für besondere Zwecke läßt sich natürlich auch das Instrument so bauen, daß die Hilfselektroden senkrecht zum Halterohr abgebogen sind, um z. B. zwischen horizontal liegenden Elektroden durch Eintauchen des Instrumentes von der Badoberfläche aus, die Messung zwischen den Elektroden vornehmen zu können.

Anschluß der Bäder an die Hauptleitung.

Für gewöhnlich werden die Elektroplattierbäder nach dem Prinzip der Parallelschaltung an die Hauptleitung angeschlossen. Man zweigt von einer gemeinsamen Hauptleitung sämtliche Bäder in der Weise ab, daß man alle Anodenstangen der Elektroplattierbäder mit der positiven (+) Leitungsschiene, alle Warenstangen mit der negativen (—) verbindet. Man hat dabei zu beachten, daß man womöglich nur Bäder von annähernd gleicher Badspannung in dieser

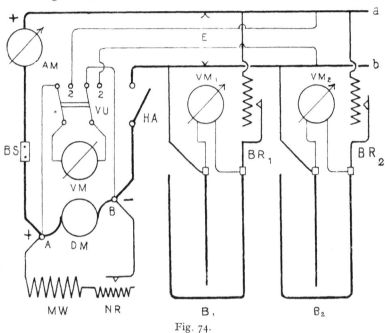

Fig. 74.

Weise an eine Stromquelle anschließt, während man eine eventuelle andere Gruppe, die bedeutend geringere oder höhere Badspannungen benötigt, einer separaten Stromquelle zuweist. Hat man zwei oder mehrere solcher Bäder, die beispielsweise eine niedrigere Badspannung als die übrigen verlangen, so läßt sich eine kombinierte Anlage einrichten. Man schaltet dann je zwei oder drei Bäder hintereinander, was später noch besprochen werden wird.

Es ist ohne weiteres klar, daß man ein einzelnes kleines Bad mit einer niedrigen Badspannung (etwa ein Silberbad) auch ganz gut an dieselbe Hauptleitung wird anschließen können, da doch die Kosten der Stromverluste noch geringere sind als die für eine Anlage mit einer besonderen Stromquelle. Man wird in diesem Fall einfach einen Badstromregulator verwenden, der die Netzspannung auf die richtige Badspannung abschwächen kann.

Der Anschluß mehrerer Elektroplattierbäder an eine gemeinsame Strom-quelle erfolgt nach dem Prinzip der Parallelschaltung in folgender Weise (siehe Figur 74):

DM die Dynamomaschine gibt mittels ihrer Bürsten A B den Strom ab, der durch die Hauptleitungen a und b fortgeleitet wird, die je nach der Stromstärke dimensioniert werden müssen. VM ist der Maschinenvoltmesser,

der dem Maschinenwärter die Maschinenspannung angibt; ist die Maschinenanlage vom Bäderraum über 10 m entfernt, so wird durch den Voltumschalter VU
durch Stellung des Hebels auf den Kontakt 2 die Netzspannung im Bäderraum
kontrolliert werden können, die dann als die maßgebende, konstant zu erhaltende
Spannung gilt. Der Amperemesser AM gibt den gesamten Strom an, der von der
Maschine in den Bäderraum fließt, BS ist die vorgeschriebene Bleisicherung,
HA ein Handausschalter, der nach beendigtem Betrieb die Maschinenanlage
vom Bäderraum zu isolieren erlaubt. B_1 und B_2 sind zwei Elektroplattier-
bäder, die Badspannungen werden durch die Voltmesser VM_1 und VM_2 gemessen.
Mit Hilfe dieser Voltmesser und der Badstromregulatoren BR_1 und BR_2 wird die
Kontrolle und Einstellung der erforderlichen Stromdichte ermöglicht.

Bei großen Betrieben und gleichartigen Bädern wird es kommen, daß gleichzeitig jedes Bad mit annähernd gleichgroßer Warenfläche beschickt werden

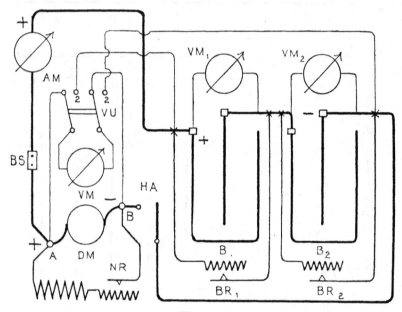

Fig. 75.

kann; man wird dann, um an Leitungsmaterial zu sparen, wodurch ja auch die
Anlagekosten vermindert werden, die Bäder nach dem Prinzip der Hintereinanderschaltung (auch Serienschaltung genannt) anordnen.

Die Stromquelle hat dann bloß diejenige Ampereleistung zu besitzen, welche
ein Bad erfordert, hingegen eine so hohe Klemmenspannung zu liefern, welche
der Summe sämtlicher Badspannungen plus dem gesamten Leitungsverlust
gleichkommt.

In diesem Fall erfordert jedes Bad zur Konstanthaltung der Badspannung,
falls nicht (und es wird ja praktisch selten vorkommen) alle Bäder stets mit
gleichgroßer Warenfläche beschickt werden, einen Badstromregulator, der nach
dem Kirchhoffschen Gesetz immer so viel Strom aufnehmen muß, daß die Summe:
$$\text{Badstrom} + \text{Nebenanschlußstrom}$$
im Regulator derart verteilt ist, daß in der Tat nur diejenige Stromstärke durch
das Elektroplattierbad fließt, welche die richtige Stromdichte liefert.

Dieser Badstromregulator muß dann, wie aus dem eben Gesagten hervorgeht,
im Nebenschluß zum Bad liegen. Figur 75 zeigt eine derartige Schaltungsweise.

Die Bezeichnungen sind analog denen im früheren Beispiel: VM_1 und VM_2
sowie VU haben denselben Zweck wie bei der Parallelschaltung der Bäder.

II.
Praktischer Teil

Fig. 76. Galvanische Anlage.

Einleitung.

Wir unterscheiden in der Galvanotechnik zwei große Gebiete, die sich mit der elektrolytischen Metallabscheidung für industrielle Zwecke befassen und zwar die Elektroplattierung und die Galvanoplastik. Im nachfolgenden Abschnitte dieses Lehrbuches befassen wir uns nun zunächst mit der Elektroplattierung, doch sind viele der angeführten Kapitel ebensogut auch für die Galvanoplastik maßgebend und sollen die allgemein gültigen Grundsätze der Einrichtung von industriellen und gewerblichen Anstalten für die Galvanotechnik und die verschiedenen Arbeiten zunächst in diesem Kapitel behandelt werden.

Die Elektroplattierung umfaßt das ganze große Gebiet der Metallniederschläge aus wässerigen Lösungen, soweit dieselben zur Veredlung von Metallgegenständen dienen, also alle Arbeiten, mittels deren man verhältnismäßig nur dünne Metallauflagen auf entsprechend vorbereiteten metallischen Unterlagen herstellt zum Zwecke einer dauernden und möglichst festen Verbindung dieser Veredlungsüberzüge mit dem Grundmetall. Die Galvanoplastik unterscheidet sich ganz wesentlich von diesem Zwecke, denn mit der eigentlichen Galvanoplastik will man stets für sich existenzfähige, meist weit dickere Niederschläge durch Elektrolyse herstellen, die man im allgemeinen von der Unterlage, auf der sie abgeschieden wurden, trennt, doch kommen auch Arbeiten in der Galvanoplastik vor, bei denen nicht unbedingt eine Ablösung der erzielten Niederschläge von der Unterlage gewünscht wird, wie z. B. beim Überziehen von Gips und anderen keramischen Materialien mit Kupfer oder anderen Metallen, stets sind aber in solchen Fällen weit stärkere Metallauflagen erwünscht und demzufolge werden auch ganz andere Badzusammensetzungen für die galvanoplastischen Arbeiten gegenüber den Elektroplattier-Arbeiten angewendet.

Wir finden schon im Mittelalter Anwendungen der Elektrolyse wie z. B. das Versilbern des Kupfers durch Eintauchen in eine Silberlösung durch den Alchimisten Paracelsus, wie damals überhaupt schon das Überziehen von Metallen mit anderen durch Eintauchen in entsprechende Metallsalzlösung geläufig war. 1789 entdeckte Galvani die Wirkungen eines Kontaktstromes. Zehn Jahre später gelang es Alexander Volta, Licht in die bis dahin ganz unklaren Erscheinungen zu bringen, und mit der Entdeckung der Voltaischen Säule war der Anfang zur Lieferung nennenswerter Ströme geschaffen. Im Jahre 1800 zerlegten Nicholson und Carlisle bereits Wasser durch Elektrolyse und 1803 gelang es Cruishanks, die verschiedenen Metallsalzlösungen zu zerlegen und deren Metalle abzuscheiden.

Die Erfindung der galvanischen Elemente, vor allem des Daniell-Elementes, brachte die Möglichkeit, diese Arbeiten praktisch zu verwerten, und als man in der Mitte des 19. Jahrhunderts dynamoelektrische Maschinen konstruierte, entstanden ganz bedeutende Werke wie Elkington in England und Christofle & Co. in Paris, welche schon industriell die Elektroplattierung anwendeten.

Alfred Roseleur in Paris schrieb 1873 ein für damalige Zeit hervorragendes Werk über Vergoldung und Versilberung mit einem Anhang über Galvanoplastik, welchem im Jahre 1885 ein ebenfalls französisches Werk von Hippolyte Fontaine folgte, welches neben der Vergoldung und Versilberung auch die Vernicklung und Verkupferung behandelte.

Aber auch in Österreich und Deutschland war man nicht müßig geblieben, und so erschien 1878 die erste Auflage über das Galvanisieren von Metallen von Wilh. Pfanhauser in Wien, welcher 1881 eine bereits wesentlich verbesserte 2. Auflage folgte. Pfanhauser sen. erkannte vor allem den Wert der galvanischen Vernicklung und brachte diesen heute so wichtigen Industriezweig unbestritten zu ganz bedeutender Vollkommenheit, was ihm auch seine französischen Fachkollegen, wie Hippolyte Fontaine durch das Prädikat „Grand Partisan des dépôts de nickel" bestätigten. Langbein in Leipzig schrieb im Jahre 1886 sein erstes Handbuch der galvanischen Metallniederschläge, und durch die entstandene Konkurrenz in Deutschland entwickelte sich die Galvanotechnik nach und nach zu einer eigenen Wissenschaft, welche der deutschen Industrie ungemein wertvolle Arbeitsmethoden verschaffte und heute ein unentbehrliches Hilfsmittel der Metallindustrie geworden ist. Fortgesetzt wird an der Entwicklung der galvanotechnischen und galvanoplastischen Arbeitsmethoden weiter gearbeitet, und die führende Fachfirma auf diesem Gebiete, die Langbein-Pfanhauser Werke A.-G. in Leipzig und Wien mit ihren vielen Filialen in Deutschland und im Ausland, sind laufend bemüht, Neues zu schaffen und Bestehendes zu vervollkommnen. Wie in allen Wissenschaften, so auch in der Elektrochemie und in ihrem bedeutendsten Zweigfach, der Galvanotechnik, wird aber stets das Experiment von ausschlaggebender Bedeutung bleiben. Ohne Experiment ist die Galvanotechnik undenkbar, denn nur durch kritische Schlußfolgerung aus einer genügend langen Reihe von Versuchen auf wissenschaftlicher Basis kann Neues geschaffen werden, und alle unsere heutigen Badvorschriften für die verschiedensten Zwecke der Galvanotechnik sind auf diese Weise, nicht nur rein empirisch, entstanden, sondern unter Benutzung moderner wissenschaftlicher Anschauungen. Besonders verdient in dieser Hinsicht haben sich Förster und Le Blanc gemacht, welche in viele oft unentwirrbar scheinende Vorgänge Licht und Klarheit gebracht haben.

Da wie erwähnt, ohne wissenschaftliche Grundlage weder Neues geschaffen werden kann noch erfolgreich praktisch gearbeitet werden kann, hat Verfasser im ersten Teil des vorliegenden Werkes auf die unbedingt wissenswerten wissenschaftlichen Grundsätze hingewiesen und richtet sich hier nochmals an seine Leser mit der Aufforderung, das vorliegende Werk nicht lediglich als Rezeptenbuch oder Nachschlagewerk zu verwenden, sondern wirklich der Absicht des Verfassers zu folgen und das Werk als Lehrbuch zu betrachten und den ersten theoretischen Teil einer genauen Durchsicht zu unterziehen; die Vorteile werden demjenigen, der auch diesen ersten Teil richtig aufgenommen hat, im praktischen Betrieb klar werden.

Einrichtung galvanotechnischer Anlagen.

Wer die Absicht hat, sich galvanotechnischen Arbeiten zu widmen oder eine galvanische Anstalt seinem Betriebe anzugliedern, muß sich von vornherein darüber im klaren sein, daß heute nur etwas Vollkommenes bestehen kann und daß man mit halben Mitteln niemals das erreichen kann, wozu andere sich moderner Einrichtungen bedienen. Heute ist der Konkurrenzkampf mehr denn je entbrannt, und jeder Gewerbetreibende oder Fabrikant muß darauf bedacht sein, seine Einrichtungen so zu treffen, daß er seine Arbeitskräfte auf das Mindestmaß beschränkt und vor allem Handarbeit nach Tunlichkeit durch billige Maschinenarbeit ersetzt. Man möge die galvanische Anstalt in einem kombinierten Betriebe, bei welchem eine solche Anstalt als notwendiges Glied eingereiht werden muß, nicht als Stiefkind betrachten und, wie dies leider vorkommt, diese Anstalt in einem abgelegenen Winkel der Fabrik unterbringen, sondern gerade diesem

Teil der Fabrikation einen hellen Raum, richtig gelegen, zuweisen und einem wirklichen Fachmann zur Leitung des Betriebes übergeben. Es ist einleuchtend, daß die zu veredelnde Ware nicht hin und her geschleppt werden soll, um z. B. aus der in galvanischen Betrieben notwendigen Schleiferei in die Bäderräume gebracht zu werden und von dort auf Umwegen in die Poliererei, sondern man wähle den Platz für die ganze Veredlungsanstalt so, daß die vorgeschliffene Ware direkt ohne Zeitverlust und ohne erst durch Transport an ihrer Beschaffenheit zu leiden, in den Bäderraum und von dort direkt in die Poliererei und zum Packraum gelangt. Dadurch erspart man sich Ausschuß und Arbeitskräfte, was wieder auf die Gestehungskosten Einfluß hat.

Verfasser will an dieser Stelle besonders darauf hinweisen, daß die von den Fachfirmen empfohlenen Hilfsinstrumente und Apparate durchaus nicht entbehrlich sind, diese Instrumente und Apparate sind aus dem Bedürfnis der Praxis entsprungen und dienen zur Sicherung eines geregelten Betriebes und zur Unterstützung der Kalkulation der Gestehungskosten der Fertig-Fabrikate. Die Wahl der geeigneten Bäder überlasse man ruhig dem Ermessen der Fachfirma und scheue nicht höhere Anschaffungskosten für teurere Bäder mit besonderen Eigenschaften. Der Fachmann kann einzig und allein beurteilen, wie sich z. B. schneller arbeitende Bäder gegenüber langsam arbeitenden Bädern rentieren, denn es spielt hierbei nicht nur der Anschaffungspreis eine Rolle, sondern man muß auch die Verzinsung der wertvollen Anodenmetallvorräte, den Raumbedarf und so manches andere ins Kalkül ziehen, wenn man die größte Rentabilität eines solchen Betriebes erreichen will.

Der Appell an die Praxis, veraltete Einrichtungen baldigst durch modernere zu ersetzen, entspricht der Absicht des Verfassers, die Errungenschaften der Technik zum Wohle der Industrie nutzbringend einzuführen, um so die Galvanotechnik zu dem wichtigen Hilfsmittel der Metallindustrie zu gestalten, wozu sie geschaffen wurde.

Wer nicht von Anfang an die Absicht hat, die Elektroplattierung vollkommen einzurichten und seine Anlage ununterbrochen rationell zu betreiben, möge in Erwägung ziehen, ob es nicht vorteilhafter sei, es ganz zu unterlassen und seine Arbeiten einem tüchtigen Elektroplattierer außer Haus zu übergeben, der sie tadellos schön, solid und wohl auch billiger ausführen wird. Es sei darauf aufmerksam gemacht, daß in den allermeisten Fällen mit der Einrichtung für Elektroplattierung auch eine Einrichtung zum Glanzschleifen, Polieren der Metalle ganz unentbehrlich ist; bei der herrschenden Mode der meist mit Hochglanz in den Handel kommenden Metallwaren ist es nicht zu umgehen, daß eine Elektroplattieranstalt auch Glanzschleiferei betreibt, und zwar mit Motorkraft; mit Fuß- oder Handbetrieb können allenfalls ganz kleine Artikel poliert werden, und diese nur notdürftig und in nicht zu großen Mengen; für größere Metallobjekte reicht die menschliche Kraft als Betriebskraft nicht aus bzw. der Betrieb ist dann nicht konkurrenzfähig. In Städten, wo Glanzschleifereien als selbständige Gewerbe existieren, kann der Elektroplattierer seine Metallwaren außer Haus schleifen lassen, aber bequem wird es nicht sein und es wird diese Arbeit stets teurer zu stehen kommen als in eigener Regie.

Die Lokalität und ihre Einteilung. Über die Einreihung einer galvanischen Anstalt in einen größeren Betrieb haben wir bereits im Vorhergehenden gesprochen und wollen jetzt auf die besonderen Momente eingehen, welche bei der Einrichtung einer galvanischen Anstalt zu beachten sind.

Das Lokal für die galvanische Anstalt muß in erster Linie genügend und reines reflexfreies Licht haben, um sowohl die Farbe der Metallniederschläge wie auch vorkommende Mängel bei der Arbeit leicht und sicher beurteilen und erkennen zu können. Es ist bekannt, daß jede Farbe die verschiedensten Schattierungen zeigt, die nur bei ganz einwandfreier, reflexfreier Beleuchtung zu unter-

scheiden sind; Vernickelung z. B. ist weiß, aber sehr verschieden weiß, mit gelb-
lichem Stich oder bläulich oder mit grauem Anflug; Vergoldung und Vermessingung fallen mehr oder weniger rötlich oder grünlich aus; speziell in der Vergoldung
kann man Nuancen nach Hunderten unterscheiden, und es gehört mit zu den
schwierigsten Aufgaben des Galvanotechnikers, ein größeres Quantum Ware
ganz gleichmäßig zu vergolden. Verkupferung variiert von Rosarot bis Braun,
selbst bei reinstem Licht ist es oft schwierig, die feinen Farbenunterschiede zu
erkennen, und doch ist dies sehr wichtig. Aus dem gleichen Grund ist das Elektroplattieren bei künstlichem Licht eine mißliche Sache, weil Farbton und Elektro-
plattiermängel nicht leicht bemerkbar sind, meist nachträglich an der fertigen
Ware erst erkannt werden, so daß die ganze Arbeit nochmals wiederholt werden
muß. Oberlicht ist für das Elektroplattierlokal am günstigsten.

Reine Luft, frei von Staub, Säure- und Wasserdämpfen, ist im Elektroplattierlokal von größter Wichtigkeit. Nicht nur, daß die mit großer Sorgfalt
vorbereiteten und mühevoll gereinigten (dekapierten) Waren in unreiner Luft
wieder anlaufen und eine tadellose Elektroplattierung derselben dadurch unmöglich würde, leiden auch die fertig elektroplattierten Waren ebenso wie die
Bäder, Maschinen, Werkzeuge, Apparate und auch das Arbeitspersonal. Das
Arbeitslokal muß daher gut ventiliert sein, alle Manipulationen, die Säuren- oder
Wasserdämpfe entwickeln, wie Gelbbrennen, Beizen, das Aufstellen elektrischer
Batterien, das Glanzschleifen u. ä. sind vom Elektroplattierlokal fernzuhalten.
Beim Reinigen des Lokales sind die Bäder, Maschinen und Apparate zu bedecken,
damit sie nicht verunreinigt werden.

Temperatur im Elektroplattierlokal. Im Winter ist das Lokal Tag
und Nacht gleich warm zu halten; es ist von größter Wichtigkeit für den ungestörten Gang des Elektroplattierprozesses, daß die Bäder eine Zimmertemperatur
von 15 bis 20° C besitzen, denn kalte Bäder funktionieren schlecht oder versagen
vollständig. Dampfheizung ist sehr zweckmäßig; wenn solche nicht vorhanden,
empfehlen sich Dauerbrandöfen. Das direkte Einleiten von Dampf in die Bäder
ist nicht zu empfehlen, weil dieser von den geölten Maschinenbestandteilen Fett
mitführt, wodurch die Lösungen verdorben werden. Fenster und Türen mit
Doppelverschluß sollen gegen Eindringen der Kälte schützen.

Wasser, viel Wasser ist im Elektroplattierlokal ein unentbehrliches Bedürfnis, wenn rationell gearbeitet werden soll. Peinlichste Reinlichkeit ist Grundbedingung für das sichere Gelingen der Arbeit; die Ware muß sowohl vor als
während und nach dem Elektroplattieren immer und wiederholt in stets reinem
Wasser abgespült werden.

Fließendes Wasser ist daher in jeder gut eingerichteten Werkstätte unbedingt erforderlich; dieser Umstand bringt es mit sich, daß das Lokal auch mit
einer wasserdichten Pflasterung zu versehen ist; am zweckmäßigsten bewährt
sich ein Asphaltpflaster mit Neigung zu einem direkten Ablauf in den Kanal.
Damit die Waren rasch trocknen, werden sie zumeist in heißes, reines Wasser getaucht, bis sie dessen Temperatur angenommen haben. Der letzte Rest anhaftenden Wassers verdampft dann beim Abreiben mit Sägespänen sehr schnell. Es
ist daher auch für Heißwasser vorzusorgen.

Die Größe des Elektroplattierlokales ist so reichlich zu bemessen,
daß zwischen den Bädern je ein Zwischenraum von mindestens ¾ m als Mani-
pulationsraum bleibt, ferner ein Zugang zu den Dynamomaschinen, Regulierapparaten und Leitungen. Ferner brauchen wir mehrere Tische entsprechender
Größe für Warenvorräte und zum Aufbinden derselben auf Draht oder andere
Vorrichtungen, womit sie in die Bäder eingehängt werden; einen Dekapiertisch
mit Wasserleitung zum Reinigen der Waren vor dem Einhängen in die Bäder,
ein oder zwei große Gefäße mit reinem Wasser mit kontinuierlichem Wasserzu-
und Ablauf zum Abspülen der aus den Bädern entnommenen Waren und einen

überdachten Kochherd mit eingemauertem Eisenkessel für reines kochendes Wasser wie vorhin erwähnt (mit einem Abzug der Wasserdämpfe in den Rauchkamin) zum letzten Abspülen und Erwärmen der fertig elektroplattierten Waren

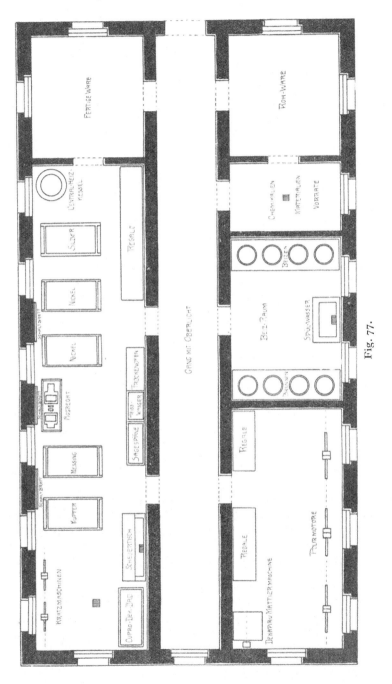

Fig. 77.

vor dem Abtrocknen, wenn man die Herstellung von Heißwasser nicht durch Erhitzen mit Dampfschlangen bewirken kann. Endlich sind eine oder zwei geräumige Kisten mit reinen, staub- und harzfreien Sägespänen erforderlich, wenn möglich mit einer Vorrichtung zum Wärmen und Trockenhalten derselben,

etwa mittels eines unten vorbeilaufenden Dampfrohres oder sonst einer Wärme-
quelle zum Abtrocknen der fertig elektroplattierten Waren. Sehr vorteilhaft ist
noch ein ventilierter Trockenofen mit Heizung (gemauert oder aus Eisenblech)
zum Nachtrocknen der elektroplattierten Waren, um den Rest der in den Poren
oder Fugen oder Inneräumen zurückgebliebenen Feuchtigkeit vollends auszutreiben, als Sicherung gegen deren schädliche Nachwirkung. Entsprechende praktische Ausführungsformen solcher Einrichtungen werden wir später kennen lernen.

Die Kratzvorrichtung, welche teils zum Reinigen roher Gußwaren, hauptsächlich aber zum Blankkratzen mattgewordener Niederschläge bei Vermessingung,
Verkupferung, Versilberung, Vergoldung, Verzinkung usf. unentbehrlich ist,
wenn solid gearbeitet wird, muß gleichfalls im Elektroplattierlokal in unmittelbarer Nähe der Bäder untergebracht werden.

Dieses „Kratzen", dessen Zweck und Ausführung später in dem betreffenden
Kapitel erklärt wird, ist rationell mit Maschinen auszuführen, von der Trans-
mission oder mit Elektromotor betrieben; jede Kratzmaschine erfordert eine
Bodenfläche von etwa 1 m im Quadrat, verursacht außer Wasserspritzen keinerlei
Verunreinigung. Ein verschließbarer Kasten zum Aufbewahren der Chemikalien-
vorräte ist gleichfalls Bedürfnis einer gut eingerichteten Elektroplattierwerkstätte.

An das Elektroplattierlokal anstoßend ist erforderlichenfalls der Raum zum
Beizen und eventuell Gelbbrennen der Metalle zu etablieren, jedoch durch eine
Tür von jenem abgeschlossen, damit die daselbst sich entwickelnden Säure- und
Wasserdämpfe nicht eindringen können. Diese sind vielmehr durch einen gut
ziehenden Kamin oder besondere Abzugseinrichtungen rasch ins Freie zu befördern oder unschädlich zu machen. In diesem Raum befindet sich praktischerweise auch z. B. der Herd mit den kochenden Entfettungslaugen und Wasser-
kesseln, die Säuren zum Beizen und Gelbbrennen und unter einer Wasserleitung die
Waschgefäße mit viel und stets reinem Wasser, überhaupt alles, was zum Reinigen
und Vorbereiten der zu elektroplattierenden Waren erforderlich ist. Gestattet
die Natur der betreffenden Objekte eine elektrolytische Dekapierung, so empfiehlt
es sich, diese Einrichtung im Galvanisierraum unterzubringen, jedoch ist ein Dunstauffangdach über diesen elektrolytischen Dekapierbädern oder eine andere
Lüftungseinrichtung dringendes Bedürfnis, da bei der erforderlichen Anwendung
hoher Stromdichten eine nicht unbedeutende Gasentwicklung auftritt, wobei
Flüssigkeitspartikelchen in die Luft mitgerissen werden und einerseits das Personal
dadurch belästigt werden kann, anderseits solche mit in die Luft gerissene Elek-
trolytpartikelchen manchem galvanischen Bade schädlich werden können oder
selbst Knallgasexplosionen entstehen.

Wir brauchen ferner einen Raum zum Schleifen und Polieren der Metallwaren, eine sehr wichtige Einrichtung; dieser Raum ist gleichfalls möglichst in
der Nähe des Elektroplattierlokales einzurichten, aber von diesem wieder durch
eine Tür abgeschlossen, weil die Manipulation des Polierens und Schleifens viel
Staub und Schmutz verursacht, selbst wenn durch geeignete Entstaubungsanlagen das meiste entfernt wird. Bei Bemessung der Größe des Polierlokales ist
ein Raum von etwa $1\frac{1}{2}$ qm Bodenfläche per Poliermaschine anzunehmen. Die
Einrichtung zum Polieren wird in dem betreffenden Kapitel erklärt.

Die Anschaffung einer Dekapier- und Mattiermaschine mit Sandstrahl ist
für eine vollkommen eingerichtete Elektroplattieranstalt sehr zu empfehlen,
sowohl zum Blankscheuern von rohem Metallguß (die rationell vorteilhafteste
Dekapierung roher Gußwaren, wenn es sich um große Mengen und fabrikmäßigen
Betrieb handelt) als auch zur Erzeugung eines sehr effektvollen Mattgrundes
auf feinen Metallwaren. Diese Maschine, sie wird später eingehend beschrieben
werden, wird am vorteilhaftesten vollkommen abgeschlossen in einem besonderen
Raum aufgestellt, selbst wenn es sich um Gebläse mit geschlossenem Kasten
handelt. Die für die Bearbeitung größerer Stücke anzuwendenden sogenannten

Freistrahlgebläse, welche eine bedeutende Staubentwicklung verursachen, werden entweder in einem solchen besonderen, gut ventilierten Raum oder noch besser im Freien untergebracht. In Betrieben, in denen Massenartikel plattiert werden, macht sich zumeist eine Rollfaß-Einrichtung unentbehrlich. Hierfür ist, da meist auch noch getrommelt wird, ein besonderer Raum mit asphaltiertem Boden vorzusehen, der an den Bäderraum unmittelbar anschließend anzuordnen ist.

Damit wäre der Entwurf einer rationell eingerichteten Anlage für Elektroplattierung in groben Zügen gegeben, nebenstehende Planzeichnung, Figur 77, mag als Vorschlag für eine solche Anlage dienen, selbstredend nur als Beispiel; in Wirklichkeit muß deren Ausführung den lokalen Verhältnissen und den Anforderungen der Fabrikation entsprechend angepaßt werden. Fig. 76 zeigt die Ansicht einer musterhaften galvanischen Anstalt mit allen modernen Einrichtungen.

In vielen Fällen, besonders in Großbetrieben, wird heute bereits aus Gründen der Wirtschaftlichkeit auch die Ausführung galvanischer Arbeiten mit allen dazugehörigen Vor- und Nacharbeiten am Band, nach dem sogenannten System der Fließarbeit, ausgeführt. Natürlich muß für solche Fälle der projektierende Fachmann besondere Aufmerksamkeit auf die Raumdisposition legen und die einzelnen Arbeitsgänge nach Zeit und Menge der zu liefernden Werkstücke genau studieren, ehe er eine bestimmte Raumeinteilung trifft. Vor allem muß er die einzelnen Teilanlagen solcher Art nebeneinander oder hintereinander unterbringen, daß der Transportgang nicht etwa unterbrochen wird, sondern die Werkstücke möglichst durch ein Förderband den einzelnen, oft ganz automatisch arbeitenden Anlagen zugeführt werden. Normen ganz allgemeiner Art lassen sich hier nicht geben, fast jede Anlage erfordert andere Dispositionen, und da heute meist veraltete Anlagen nach dem System der Fließarbeit umzustellen sind, stellt gerade diese Arbeit die allergrößten Anforderungen an den Konstrukteur und den Scharfsinn des Fachmannes, und nur besonders mit der ganzen Materie und mit allen einschlägigen Details der Ausführung galvanotechnischer Arbeiten Vertraute sind berufen, solche Modernisierungsvorschläge auszuarbeiten und auszuführen.

Die Stromquellen und deren Bedienung, Dynamos, Elemente usw. Eine zweckentsprechende Stromquelle, welche die galvanischen Bäder der Anstalt mit genügendem und konstantem Strom versorgt, ist eine der wichtigsten Teile einer galvanischen Einrichtung. Man muß von vornherein gerade auf diesen Teil sein besonderes Augenmerk richten, damit der Betrieb sicher und wirtschaftlich geführt wird und die Fertigware nicht durch zu hohe Stromkosten unnötig verteuert, durch mangelhafte Stromquellen die Leistungsfähigkeit unliebsam beeinträchtigt wird. Es sei hier nochmals darauf hingewiesen, daß wir in der Galvanotechnik stets mit niedriger Spannung, aber mit hohen Stromstärken zu tun haben und daß daher der elektrische Strom, wie er für Beleuchtung verwendet wird, für die Zwecke galvanotechnischer Arbeiten in größerem Stile keineswegs anwendbar ist, sondern daß hierzu sogenannte Niederspannungs-Stromquellen erforderlich sind. Nur für ganz kleine Bäder kann man mittels Vorschaltewiderständen aus Gleichstromnetzen städtischer Zentralen oder von Fabrikzentralen den zum Betriebe solcher Bäder notwendigen Strom einstellen, für größere Bäder bzw. größere Gegenstände ist aber immer eine besondere Niederspannungsstromquelle aufzustellen.

Der Strombedarf galvanischer Bäder. Wie groß die betreffende Stromquelle sein muß, um den Betrieb einer galvanischen Anstalt regelrecht führen zu können, hängt von der Art der verwendeten Bäder und der in den Bädern exponierten Warenfläche ab. Ferner ist für die Bestimmung der Leistung der Stromquelle die erforderliche Badspannung an den einzelnen Bädern von Bedeutung und spielen hierbei die verschiedensten Umstände mit, welche die erforderliche Badspannung beeinflussen. In sogenannten ruhenden Bädern kommt man im allgemeinen mit Spannungen von 3 bis 3,5 Volt aus, dagegen benötigt man für Apparate zur Massengalvanisierung Spannungen von 6 bis 10 Volt und darüber. Man unterteilt in einem Betrieb, in welchem solche ruhende Bäder neben Massengalvanisierapparaten Verwendung finden, die Stromquelle und benutzt für die ruhenden Bäder eine Dynamo von 4—5 Volt, je nach Art der Bäder, für die Massengalvanisierapparate eine separate Dynamo von 10 Volt oder mehr bei entsprechender Ampereleistung.

Für ruhende Bäder rechnet man folgenden Strombedarf:

für Vernicklung von		Strombedarf per 1 qdm Warenfläche	Badspannung
	Eisen und Messing (ungef.)	0,5 A	2,5—3,5 V
	Zink ,,	1,0 ,,	4—5 ,,
Verkupferung	,,	0,3 ,,	3 ,,
Vermessingung	,,	0,3 ,,	3 ,,
Verzinkung	,,	1—4 ,,	2,5—3,5 ,,
Verzinnung i. alk Bäd.	,,	0,5 ,,	2—3 ,,
Verzinnung i. saur. Bäd.	,,	1,0 ,,	2—2,5 ,,
Versilberung	,,	0,3 ,,	1 ,,
Vergoldung	,,	0,1 ,,	1—4 ,,
Vergoldung kl. Gegenst.	,,	0,25 ,,	10—12 ,,
Kupfergalvanoplastik	,,	1,5 ,,	1,5 ,,
Schnellgalvanoplastik	,,	5 ,,	5—10 ,,

Man braucht sich nun nur die Frage zurechtzulegen, wie groß die exponierte Maximalwarenfläche in jedem der zu betreibenden Bäder in Quadratdezimetern sein wird (bei Zweifeln lieber etwas mehr angenommen), es ist dann leicht auszurechnen, wieviel Ampere Stromstärke die Dynamomaschine leisten muß, um die projektierte oder vorhandene Anlage damit zu betreiben. Praktischerweise wird man immer eine Maschine mit etwas höherer Leistung anschaffen, um für voraussichtliche Vergrößerung der Anlage vorzusorgen. Die Klemmenspannung der Dynamomaschine muß bei maximaler Stromleistung der höchsterforderlichen Badspannung entsprechen, zuzüglich des Spannungsverlustes in der Leitung zwischen Dynamo und den Bädern.

Es können die verschiedenartigsten Bäder gleichzeitig mit einer gemeinschaftlichen Dynamomaschine betrieben werden; nur muß bei jedem Bad ein separater Stromregulator vorgeschaltet sein, dessen Widerstand so berechnet wird, daß er wohl die für das betreffende Bad erforderliche Stromstärke (Ampere) durchläßt, aber die Badspannung (Volt) so regelt, daß er den von der Dynamo erzeugten Spannungsüberschuß aufnimmt und dem betreffenden Bade die für den Betrieb günstigste Badspannung zuführt.

Es kommt vor, daß Dynamomaschinen mit höheren Klemmenspannungen verwendet werden, als die Bäder es erfordern; in diesem Fall müßten, um rationell zu arbeiten, die Bäder „hintereinandergeschaltet" werden, und zwar deren so viel in einer Gruppe, bis die zum Betrieb derselben erforderliche Spannung jener der Klemmenspannung der Dynamo annähernd gleichkommt. Derartige Anlagen bedingen aber gleichartige Bäder mit gleichgroßen Elektrodenflächen, wie es etwa bei hüttenmännischer Reinmetallgewinnung oder in Verzinkereien oder sehr großen Instituten für Erzeugnisse der Galvanoplastik, in Versilberungsfabriken usw. durchführbar ist. In der Elektroplattierindustrie ist solche Hintereinanderschaltung der Bäder äußerst selten anzuwenden, weil die Warenflächen in den Bädern fortwährend variieren, bald wird mehr, bald weniger Ware, bald werden größere, bald kleinere Gegenstände eingehängt, wir sind also zumeist auf die „Parallelschaltung" der Bäder angewiesen.

Bei Anschaffung einer Dynamomaschine oder eines Umformers bzw. eines Aggregats für eine große Anzahl und für verschiedenartige Bäder ist in Erwägung zu ziehen, ob es vorteilhafter ist, nur eine gemeinschaftliche größere Maschine für den ganzen Betrieb anzuschaffen oder den Betrieb zu teilen und zwei oder mehrere Dynamos aufzustellen. Verfasser ist der Ansicht, daß letzteres, also ein geteilter Betrieb, unbedingt vorteilhafter ist, und zwar aus folgenden Gründen:

1. Wenn viele und verschiedenartige Bäder mit sehr verschiedenen Badspannungen zu betreiben sind, so ist es rationell, die Bäder mit annähernd gleichen Badspannungen zusammenzustellen und jede Gruppe mit einer Dynamo mit der entsprechenden Klemmenspannung zu bedienen, um nicht zwecklos zu große Spannungsüberschüsse durch künstliche Widerstände (Regulatoren) vernichten zu müssen; es wären demnach Nickel-, Messing-, Kupfer-, Zink- und Goldbäder normal mit 4-voltigen Dynamos, Silber- und Kupferplastikbäder mit 1,5- bis 2,5-voltigen Maschinen zu betreiben.

2. Bei großen Anlagen mit sehr vielen Bädern ist mit dem Umstand zu rechnen, daß die Leitung sehr lang wird, womit auch der Spannungsverlust wächst, das ist aber Stromverlust bzw. verlorene Energie. Um dies zu verhindern, müßte der Querschnitt der Leitung vergrößert werden, damit erhöhen sich aber erheblich deren Kosten, so daß sich schon dadurch die Anschaffung einer zweiten oder vielleicht mehrerer Dynamomaschinen verlohnt.

3. Ist zu erwägen, daß auch die Dynamomaschinen mit der Zeit reparaturbedürftig werden und dadurch der Betrieb eine Störung erleidet. Solid konstruierte Maschinen funktionieren zwar viele Jahre, wenn sie gut gehalten werden; Verfasser hat Maschinen im Betrieb gesehen, die schon vor 25 Jahren geliefert wurden und die heute noch zur vollsten Zufriedenheit der Besitzer tadellos und ungeschwächt tätig sind; aber deren Pflege und Erhaltung ist leider nicht immer so, wie sie sein soll, und dadurch werden früher oder später Reparaturen notwendig. Auch die Kollektoren müssen stets nach einer gewissen Zeit erneuert werden und andere unvorhergesehene Ereignisse oder Versehen können eine Betriebsstörung verursachen. Bei solchen Anlässen ist ein mit mehreren Dynamos versehener geteilter Betrieb sehr erwünscht, um doch teilweise fortarbeiten zu können und den Betrieb nicht gänzlich einstellen zu müssen.

Es ist nicht möglich, hier allen vorkommenden Verhältnissen Rechnung zu tragen und kann nur jedem Interessenten, der sich eine galvanische Anlage neu beschafft oder eine bestehende Anlage wesentlich vergrößern will, geraten werden, einen fachkundigen Spezialisten bestimmen zu lassen, wie die Anlage ausgeführt werden soll. Man wende sich aber stets an wirkliche Fachfirmen, denn dazu gehört nicht nur ein umfassendes Wissen, sondern auch eine langjährige praktische Erfahrung, um das Richtige zu treffen.

Behandlung der Dynamos. Obschon jede Elektrizitätsfirma, die sich mit dem Bau und der Lieferung geeigneter Dynamos für elektrolytische Zwecke befaßt, genaue Vorschriften für die Aufstellung und den Betrieb der Dynamos gibt, so soll nachstehend in aller Kürze das Wesentliche über diesen Gegenstand besprochen werden.

Wenn es sich irgendwie machen läßt, empfiehlt es sich, den Antrieb der Dynamo von einem besonderen Motor bewerkstelligen zu lassen, wie dies früher bereits erwähnt wurde, denn nur solcherart erhält man einen gleichmäßigen Strom, wie er für die Erzielung dauernd gleichguter Galvanisierungsresultate unerläßlich ist. Muß die Dynamo aber durch Riemen angetrieben werden, so sorge man wenigstens dafür, daß der Riemenzug nicht zu steil und nicht zu straff ist, denn dadurch würde die Dynamo mechanisch leiden.

Man verwende weiche, geleimte oder gutgenähte Riemen und bediene sich der Spannschienen, die ja von den Spezialfirmen, die sich mit dem Bau der Niederspannungs-Dynamos befassen, heute zu äußerst billigen Preisen geliefert

werden. Der Antrieb von einer Transmission aus, die gleichzeitig auch Schleif-
und Poliermaschinen betreibt, ist zu vermeiden, da durch die schwankende Belastung der Transmission beim Schleifen und Polieren stets grobe Tourenzahlschwankungen der Dynamo veranlaßt werden.

Die Fundamente der Maschinen müssen, soweit es die örtlichen Verhältnisse
zulassen, nach den Fundamentzeichnungen ausgeführt werden, die zu jeder Maschine geliefert werden. Die Fundamentmauerungen müssen abgebunden haben,
bevor die Aufstellung der Maschine erfolgt. Die Maschinen selbst müssen genau
mit der Wasserwage nach der antreibenden Welle ausgerichtet aufgestellt werden.
Bei Verwendung von Spannschienen sind dieselben Vorschriften in bezug auf
diese zu beobachten.

Inbetriebsetzung. Vor der Inbetriebsetzung sind die Lager, falls durch Staub
verunreinigt, zunächst mit Petroleum oder Benzin auszuwaschen, alsdann sind
die Ölbehälter mit gereinigtem, nicht allzu dünnflüssigem Motorenöl zu füllen.
Nachdem nachgesehen ist, ob sämtliche Klemmenverbindungen sowie Anschlüsse
an der Maschine metallisch rein und fest verschraubt, die Schaltungen nach
dem Schaltungsschema sorgfältig kontrolliert sind, ferner die Bürsten sich in
richtiger Stellung befinden, so daß sich die roten Marken am Bürstenstern und
Lagerhals decken, können die Maschinen in Betrieb gesetzt und nach ¼ stündigem Leerlauf belastet werden. Während der ersten Betriebsstunden sind die
Maschinen zu beobachten, insbesondere ist von Zeit zu Zeit zu untersuchen, ob
keine unzulässige Lagererwärmung auftritt und ob die Bürsten funkenlos laufen.
Bei Belastungszunahme müssen die Bürsten im Sinne der Drehrichtung, bei
Belastungsabnahme in der entgegengesetzten Drehrichtung auf dem Kollektor-
umfange verschoben werden, bis kein Funken mehr auftritt. Die rote lange
Marke gibt die Bürstenstellung bei Vollbelastung und die kurze bei Leerlauf an.
Maschinen mit Wendepolen haben keine Bürstenverschiebung und tragen daher
nur eine einzige rote Einstellmarke.

Täglich vor Inbetriebsetzung ist die Maschine in allen Teilen gründlich von
Schmutz zu reinigen, insbesondere ist der Metallstaub sehr sorgfältig mittels
Borstenpinsels, Universal-Reinigers oder Blasebalges, dessen Spitze mit einem
Gummischlauch zu überziehen ist, damit keine Beschädigung der Wickelung
erfolge, zu entfernen. Die Schleif- und Stirnflächen der Kollektoren müssen mit
einem reinen Lederlappen sauber abgewischt werden. Die Kollektoroberfläche
ist mit feinstem Karborundumpapier mehrmals täglich zu überstreichen,
damit dieselbe stets glatt und blank bleibe.

Zur Schmierung darf nur bestes säurefreies, nicht zu dünnflüssiges Öl verwendet werden. Vor jedesmaliger Inbetriebsetzung ist zu kontrollieren, ob die
Ölringe genügend Öl fördern, was daran leicht zu erkennen ist, wenn dieselben
sich langsam und ruhig drehen. Ist dieses nicht der Fall, so ist Öl nachzufüllen,
aber stets mit genügender Vorsicht ‚damit nicht zu viel Öl in das Lager kommt
und nach außen abfließt, wodurch eventuell stromführende Maschinenteile mit
Öl beschmutzt und im Laufe der Zeit Störungen verursacht werden können.
Ist das Öl im Behälter dick oder schmutzig geworden, so muß dasselbe abgelassen
werden. Das Lager ist dann gründlich mit Benzin oder Petroleum auszuwaschen
und mit neuem Öl zu füllen.

Den Bürsten muß überhaupt die größte Beachtung geschenkt werden, denn
von der guten und richtigen Behandlung des Bürstenapparates hängt die gute
Funktion und die Lebensdauer der Dynamo ab. Man achte darauf, daß die
Maschine niemals funkt, und sollte einmal ein Feuern an den Bürsten eintreten,
dann forsche man nach der Ursache und stelle unverzüglich den Fehler ab. Das
Feuern an den Bürsten ist nicht bloß mit einem zu raschen Konsum des Bürsten-
materials verbunden, sondern es wird auch der Kollektor dabei konsumiert und ist
die Erneuerung dieses Teils immer mit einer nicht unbedeutenden Ausgabe verknüpft.

Eine gute Dynamomaschine darf auch bei ununterbrochenem Dauerbetrieb, gute Wartung vorausgesetzt, nicht feuern. Tritt starke Funkenbildung auf, dann kann dies folgende Gründe haben:

1. die Bürsten haben eine unrichtige Stellung am Kollektor;
2. der Kollektor ist unrund oder stellenweise angegriffen;
3. die ganze Maschine vibriert oder die Lager sind ausgelaufen und der Anker läuft nicht mehr zentrisch;
4. die Maschine ist überlastet;
5. die Maschine ist zu schwach erregt.

Besonders letzter Punkt wird seitens der Praktiker viel zu wenig beachtet, und manche glauben, der Maschine jede ihnen beliebige Regulierung zumuten zu können. Maschinen mit Wendepolen sind in dieser Hinsicht allerdings recht unempfindlich; man kann sie von 4 Volt beispielsweise bis auf 1 Volt herabregulieren, ohne daß sich die funkenfreie Stromabgabe irgendwie gestört zeigt. Bei gewöhnlichen Maschinen aber, die diese moderne Konstruktion nicht zeigen, muß sofort ein starkes Feuern eintreten, wenn die normale Klemmenspannung, für welche die Dynamo gebaut ist, mittels des Nebenschluß-Regulators allzu weit unter das Normale heruntergedrückt wird. Bei solchen Maschinen müssen unbedingt die im theoretischen Teil gegebenen Vorschriften für die Regulierung der Nebenschluß-Dynamos für Elektrolyse eingehalten werden.

Die jetzt mit Kupferkohlen ausgerüsteten Niederspannungs-Dynamos erfordern selbstredend nicht minder eine aufmerksame Wartung. Besonders ist darauf zu achten, daß der Kollektor rein erhalten wird und daß die Kohlen gut auf der Kollektoroberfläche eingeschliffen sind. Werden einmal neue Kohlen eingesetzt, weil die alten verbraucht sind, so darf man der Maschine nicht eher Strom entnehmen, als bis die Kohlen wirklich mit ihrem ganzen Querschnitt satt am Kollektor aufliegen.

Ist der Kollektor rissig, furchig oder unrund geworden, so nehme man den Anker aus der Maschine heraus, drehe vorsichtig den Kollektor ab und verfahre beim Wiederaufsetzen der Kupferkohlebürsten genau so wie beim Einsetzen neuer Bürsten, d. h. man passe die Lauffläche der Kupferkohlebürsten genau dem Kollekterumfang an.

Werden neue Kohlen aufgesetzt, so sind dieselben zunächst der Kollektoroberfläche genau anzupassen. Dieses geschieht in der bekannten Weise, indem man einen Streifen Schmirgelleinen unter jeder einzelnen Kohle auf der Kollektoroberfläche so lange hin und her zieht, bis die Kohle die Rundung des Kollektors angenommen hat. Schneller erreicht man dieses Ziel mit Hilfe von Kohlen-Einschleifstein. Diesen drückt man an den Kollektor an, wobei sich feiner Staub absetzt, welcher das Einlaufen in kurzer Zeit vollkommen besorgt. Nach erfolgtem Einschleifen sind die Kohlen aus den Haltern zu entfernen und beides, Kohlen wie Halter, aufs sauberste von Staub und Schmutz zu reinigen. Besondere Sorgfalt ist natürlich hierbei auf die Auflagefläche der Kohle zu legen. Der Kollektor selbst ist mit Karborundumleinen blank zu reiben, ehe die Kohlen wieder aufgesetzt werden. Es ist darauf zu achten, daß die Kohlen in der Führung nicht klemmen.

Bei Ausrüstung moderner Dynamos für Niederspannungszwecke mit Kupferkohlebürsten ist es durchaus nicht gleichgültig, welche Sorte von solchen Kupferkohlebürsten in die Kohlenhalter eingesetzt wird. Jede derartige Niederspannungsdynamo erfordert nach ihren inneren Eigenschaften, der Berechnung der elektrischen Verhältnisse entsprechend, eine Kohle von ganz bestimmten Eigenschaften, um einen funkenfreien Gang einerseits zu gewährleisten, anderseits, um auch die beim Probelauf der Dynamo bestimmte Maximalleistung auch wirklich im dauernden Betrieb zu erhalten. Die Qualität dieser Kupferkohlebürsten, die heute von verschiedenen Firmen hergestellt werden, weichen in ihren Eigenschaften ungemein voneinander ab, und wer einmal die Probe gemacht hat und auf eine solche Dynamo andere, als die dafür ausprobierte Kohlensorte verwendet hat, wird beobachten müssen, wie weit die Leistungsfähigkeit seiner Dynamomaschine und die Haltbarkeit dieser Kohlebürsten und des Kollektors auf solche Weise schädlich beeinflußt werden. Größere Niederspannungsdynamos mit höheren Ampereleistungen zeigen oftmals eine ganz eigenartige Staffelung der Stromabnehmerkohlen. Diese Staffelung ist durchaus nicht nebensächlich, sondern liegt in der Berechnung begründet, welche die Überdeckung einer gewissen Lamellenzahl mit Kohlenbürsten vorzusehen pflegt. Da man nun nicht übermäßig breite Kohlenklötze verwenden will, die sich nur sehr schwierig auf den Kollektorumfang einschleifen lassen würden und dann immer noch eine unsichere Auflage bieten würden, unterteilt man praktischerweise diese notwendige Überdeckung auf mehrere gegeneinander verstellte Kohlen und pflegt dann meist eine oder 2 der in der Drehrichtung am meisten vorgeschobenen Kohlen aus besonderem Material zu verwenden, welches einen größeren Übergangswiderstand in elektrischer Hinsicht bietet, wodurch eine funkenfreie Stromabgabe erreicht wird. Diese Kohlen heißen „Kommutierungskohlen" zum Unterschiede von den anderen, welche die eigentliche Stromabnahme bewerkstelligen müssen. Man darf niemals bei erforderlicher Neubelegung einer Bürstenapparatur mit neuen Kohlen die beiden Kohlensorten miteinander verwechseln, sondern muß die für die betreffende Maschine bestimmte Anzahl von Kommutierungskohlen, die sich durch schwärzere Farbe (geringeren Kupferpulver-Gehalt) gegenüber den Stromabnehmer-Kohlen auszeichnen, wieder verwenden und in die für diese Kommutierungskohlen bestimmten Kohlenhalter (vorgeschobene Kohlenhalter) einsetzen, denn andernfalls würde kein einwandfreies Arbeiten der Dynamo zu erwarten sein.

Schaltungsweise der Dynamomaschinen. Alle unsere in der Galvanotechnik verwendeten Niederspannungsmaschinen sind Nebenschlußmaschinen und zwar mit ein oder zwei Kollektoren ausgerüstet, je nach der Stromstärke, welche die Maschine leisten soll. Da man natürlich bei Dimensionierung der Kollektoren an gewisse mechanische Grenzen bei der Konstruktion gebunden ist, kann man Dynamos mit einem Kollektor bei den üblichen Klemmenspannungen von 3, 4 und mehr Volt (höchstens werden 10 Volt Maschinen verwendet) nur mit Stromstärken bis zu ca. 1000 Ampere bauen. Für größere Stromstärken wählt man meist Maschinen mit 2 Kollektoren.

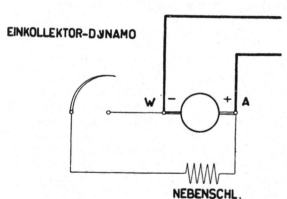

EINKOLLEKTOR-DYNAMO

W − + A

NEBENSCHL.

Fig. 78.

Die Verbindung der Klemmen für die Hauptleitung, sowie der Nebenschlußleitung erfolgt bei Maschinen ohne Wendepole nach Fig. 78. W ist der Pol für die Warenleitung und gewöhnlich ist am Polbrett der Dynamo ein — Zeichen dort vermerkt. A ist der Pol für die Anodenleitung und bekommt normalerweise die Bezeichnung +. Der links in Fig. 78 gezeichnete Bogen stellt schematisch die Kontakt-Bahn des Nebenschlußregulators dar. Bei größeren Maschinen, welche zur Schonung der Kollektoren und der teuren Bürsten stets mit Wendepolen ausgerüstet werden sollten, da hierbei, wie schon erwähnt, keinerlei Nachstellen der Bürstenbrücke bei wechselnder Belastung erforderlich ist, wird der ganze Strom, den die Maschine abgibt, zunächst durch Hilfspole, die zwischen den Hauptpolen angeordnet sind, mittels stark dimensionierter Kupferwicklungen, geleitet und zeigt Fig. 79 schematisch die Verbindung der Klemmen, analog der Maschine ohne Wendepole, jedoch unter Berücksichtigung der in die Hauptleitung ein-

geschalteten Wendepole. Man baut auch kleinere Dynamos unter 1000 Ampere Leistung dann mit Wendepolen, wenn während des Betriebes starke und plötzliche Belastungsänderungen vorkommen, welche den Maschinenwärter außer Stand setzen, sofort die notwendige Nachstellung der Bürstenapparatur vorzunehmen oder in solchen Fällen, wo der Betrieb eine weitgehende Regulierung der Klemmenspannung bei gleichbleibender Amperebelastung erfordert, was bei Maschinen ohne Wendepole ein Feuern an den Bürsten verursachen würde.

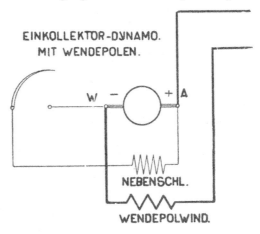

Fig. 79.

Aggregate. Der Betrieb der Elektroplattierung mittels Aggregate ist der ideal vollkommenste, schon deswegen, weil er einen absolut gleichmäßigen konstanten Strom sichert, ein in vielen Beziehungen ganz eminenter Vorteil für die Elektroplattierarbeiten. Es ist auch die Installation mittels Aggregates die einfachste und wohl auch die billigste; keine Transmission, keine Fundamentierung der Maschinen, die daher in jedem Stockwerk aufgestellt werden können; kein Schmutz, keine Erschütterung, das Aggregat ist vom übrigen Fabrikbetrieb

Fig. 80.

ganz unabhängig, kann jeden Moment in und außer Tätigkeit gesetzt werden; die Umdrehungsgeschwindigkeit und damit die Stromstärke lassen sich innerhalb bestimmter Grenzen nach Belieben vermindern oder vergrößern, auch des Nachts kann damit gearbeitet werden, ein Umstand, der in größeren Fabrikbetrieben für besonders starke Niederschläge von Wichtigkeit ist.

Natürlich können solche Aggregate auch mit Gleichstrommotoren ausgerüstet werden, bei Beschaffung solcher Aggregate ist eben der Lieferfirma anzugeben, welche Stromart seitens der Zentrale, an welche diese Aggregate angeschlossen werden sollen, zur Verfügung steht. Bei Gleichstrom ist maßgebend die Spannung in Volt, mit welchem das betreffende Stromnetz von der Gleichstrom-Zentrale aus gespeist wird, bei Wechselstrom und Drehstrom ist neben der Spannung in Volt auch die Periodenzahl von Wichtigkeit.

Das vorstehend abgebildete kleine Aggregat mit Gleichstrom-Antriebsmotor zeigt, daß jeder Riemenzug entfällt, es ist nur für solche Aggregate noch eine Marmorschalttafel nötig, welche die erforderlichen Nebenapparate zur Inbetriebsetzung und Kontrolle der Stromleistung auf der sogenannten „Primärseite" (Motorseite) und auf der „Sekundärseite" (Dynamoseite) enthält. Solche Apparate und Instrumente sind: Der Anlasser für den Motor nebst Schmelzsicherungen, welche den Motor vor Überlastung schützen, sowie der passende Ausschalter, eventuell auch ein Amperemeter und ein Voltmeter, um den aufgenommenen Strom messen zu können und für die Dynamoseite der zum Regulieren des Dynamostromes stets notwendige Nebenschlußregulator und ebenfalls ein Amperemeter und ein Voltmeter von genügendem Meßbereich, um beurteilen zu können, ob die Dynamo bereits ihren maximal zulässigen Strom abgibt oder ob noch Reserve in der Dynamo enthalten ist.

Solche Aggregate werden entweder auf steinernen Fundamenten montiert und mittels Fundamentbolzen (mit dem Fundament vergossen) befestigt oder, wenn es sich um kleinere derartige Aggregate handelt, können sie auf Wandkonsolen montiert werden, nur muß man beim Montieren auf solche Weise, wenn man diese Montage in bewohnten Gebäuden vornimmt, auf schallfreie Befestigung achten, weil sich das summende Geräusch leicht durch solche Wandkonsole den Mauern mitteilt und dann selbst in anderen Stockwerken störend wirken könnte. Man legt dann einfach stärkere Filzplatten unter die Grundplatte, wodurch alle Schwingungen und Geräusche aufgenommen werden und selbst empfindliche Mitbewohner der betreffenden Gebäude nicht mehr gestört werden können.

Einanker-Umformer. Die direkte Verwendung des Gleichstromes von 110 oder 220 Volt aus städtischen oder Privatzentralen kann nur für ganz kleine und nur selten in Betrieb kommende Bäderanlagen in Betracht kommen, weil man notwendig dazu gezwungen ist, die 110 oder 220 Volt bis auf die zumeist angewendete kleine Badspannung von 2 bis 4 Volt, wie sie an den gebräuchlichsten Bädern herrscht, herabzudrücken, was entweder durch Vorschaltung eines entsprechend berechneten Drahtwiderstandes oder einer Lampenbatterie geschieht. Man muß aber z. B. bei 220 Volt Netzspannung, wenn man etwa nur 3 Volt praktisch benötigt, 217 Volt vernichten, das ist aber eine Stromvergeudung, die natürlich nur ganz ausnahmsweise, durch besondere ·Verhältnisse bedingt, in Betracht kommen kann. Wenn ein einigermaßen größerer Strombedarf für elektrolytische Zwecke vorliegt, wird man zum rotierenden Einanker-Umformer oder zum vorerwähnten Aggregat greifen.

In diesen Einanker-Umformern, die jedoch nur an Gleichstromnetze angeschlossen werden können, wird Gleichstrom höherer Spannung, wie er zu Beleuchtungs- oder Kraftzwecken verfügbar ist, in Gleichstrom von niederer Spannung transformiert. Bei diesen Umformern sind in einem Magnetgehäuse beide Ankerwicklungen vereinigt. Der Anker trägt einerseits die Motorwicklung, anderseits die Dynamowicklung. Diese Umformer besitzen naturgemäß nur zwei Lager und die Magnetwicklung für eine Maschine, so daß ein maximaler Wirkungsgrad (je nach der Größe der Maschine) von 0,5 bis 0,85 resultiert.

Der Vorteil solch kleiner Umformermaschinen ist der gleiche, der bei den Aggregaten besprochen wurde. Die Umformer unterscheiden sich von den eben besprochenen Aggregaten hauptsächlich dadurch, daß sie für Motor und Dynamo nur ein gemeinschaftliches Gehäuse und infolgedessen auch nur einen gemeinsamen Anker besitzen. Die beiden Wicklungen am Anker sind natürlich sehr gut gegeneinander isoliert und es geben solche Maschinen eben deshalb den denkbar günstigsten Wirkungsgrad, da die Momente, die den Nutzeffekt bei zwei direkt miteinander gekuppelten Gleichstrommaschinen beeinflussen, nur einfach vorhanden sind, wie z. B. der erforderliche Wattverbrauch für die Magnetwicklung, die Verluste durch Lagerreibung usw. Gleich den Elektromotoren nehmen diese Umformer jeweilig nur so viel elektrische Energie aus dem Netz, an das sie angeschlossen sind, auf, als der auf der sekundären Seite zu leistenden Energie an Niederspannungsstrom entspricht.

Die Wartung solcher Einanker-Umformer geschieht nach ganz denselben Grundsätzen, die wir bei den Dynamos und Aggregaten kennen gelernt haben, ebenso wird die Montage dieser Maschinen analog der bei den auf gemeinsamer Grundplatte gekuppelten Aggregaten vorgenommen. Einanker-Umformer können bis zu Stromstärken von 500 Amp. erfolgreich gebaut werden, natürlich auch für größere Stromstärken, doch ist dann bei größeren Leistungen der Anschaffungspreis kaum wesentlich niedriger als für die Aggregate, weshalb man als obere Grenze für die Ampereleistung 500 Ampere annimmt.

Akkumulatoren und Elemente. Für Tagbetrieb werden Akkumulatoren wohl in den seltensten Fällen zur Verwendung kommen; wenn aber die Bäder auch während der Nachtzeit funktionieren sollen (für sehr starke Niederschläge in der Kupfer- und Silbergalvanoplastik, ferner für spezielle Zwecke der Nickel- und Stahlgalvanoplastik), dann ist, wenn kein Aggregat oder Einanker-Umformer vorhanden, die Verwendung von Akkumulatoren vorteilhaft. Im theoretischen Teil dieses Werkes wurde alles Wissenswerte hierüber eingehend erklärt; Verfasser beschränkt sich daher hier nur darauf, nochmals zu wiederholen, daß zum Laden der Akkumulatoren während der Tageszeit bei kleinen Anlagen die gemeinschaftliche Dynamomaschine benutzt werden kann, welche gleichzeitig die Elektroplattierbäder betreibt. Bei größeren Anlagen dagegen ist es vorteilhafter, eine ausschließlich zur Ladung bestimmte Dynamo zu verwenden; es vereinfacht dies die Anlage sowohl als auch den Betrieb. Auch sei hier nochmals bemerkt, daß eine für Lichtstrom bestimmte Akkumulatorenbatterie für unsere Elektroplattierarbeiten direkt nicht zu verwenden ist; es müßten die einzelnen Zellen „parallel" umgeschaltet werden, und das wird niemals praktisch sein; das Entladen einzelner Zellen aus einer größeren Batterie heraus ist dagegen für die ganze Batterie gefährlich, da Akkumulatorenbatterien nur dann längere Zeit halten, wenn alle Zellen gleichartig entladen und wieder gleichartig aufgeladen werden.

Wenn keine Motorkraft vorhanden ist, ist man leider darauf angewiesen, den zum Betrieb der Elektroplattierung erforderlichen Strom mit galvanischen Elementen zu erzeugen; es leuchtet ein, daß der Betrieb mit Elementen weniger rationell ist als mit der Dynamomaschine, ferner daß größere Einrichtungen mit Elementbetrieb überhaupt ein Unding sind, weil derartige Anstalten niemals mit solchen mit Dynamomaschinen betriebenen in Konkurrenz treten können, da sie nicht das zu leisten vermögen, weder in der Tagesproduktion noch in den Produktionskosten und in der Solidität der Arbeit, wie die mit Dynamomaschinen rationell eingerichteten Elektroplattieranstalten.

Jedesmal bei Beginn der Arbeit müssen die Elemente erst instand gesetzt, die Kontakte gereinigt, die Füllungen ganz oder teilweise erneuert werden, das erfordert Zeit und Arbeit; erfahrungsgemäß rechnet man für ein mittelgroßes Bunsen-Element für Verbrauch an Chemikalien, Konsum der Bestandteile, für Arbeitslohn, für Instandhaltung usf. per Woche heute etwa 5 Mark.

Die Stromleistung der Elemente ist nicht konstant; frisch gefüllt wirken sie am kräftigsten, lassen aber allmählich nach, und das ist für den Betrieb der Elektroplattierung speziell bei größeren Betrieben recht unbequem.

Von den verschiedenen galvanischen Elementen können für unsere Industrie praktisch nur die Bunsen-Elemente in Betracht gezogen werden, da diese die leistungsfähigsten und ausdauerndsten sind, deren Säuredämpfe (sofern die Original-Bunsenfüllung in Frage kommt) jedoch ihre Aufstellung im Arbeitsraum ausschließt, weil sowohl die Arbeiter in ihrer Gesundheit leiden als auch Werkzeuge und Waren Schaden nehmen würden.

Dem Übelstand der lästigen Entwicklung von Säuredämpfen begegnet man dadurch, daß man die Elemente an einen Ort stellt, von wo die Ausdünstungen direkt ins Freie geleitet werden, etwa unter einen gut ziehenden Abzug (am besten außerhalb des Elektroplattierlokales) und den Strom durch isolierte Leitungsdrähte zu den Bädern leitet. Die Art und Weise der Zusammenstellung der Elemente zu Batterien sowie die Wahl der Größe und Anzahl derselben entsprechend der in das Bad eingehängten Warenfläche haben wir bereits im theoretischen Teil kennen gelernt.

Hier sei nur bemerkt, daß dem unvermeidlichen Nachlassen der Strom-

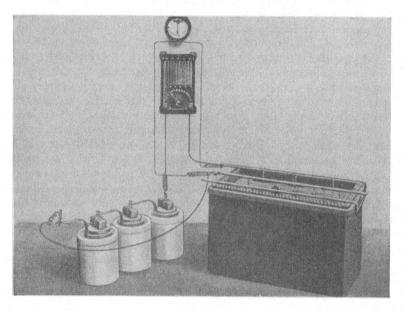

Fig. 81.

wirkung dadurch vorgebeugt werden kann, daß man je nach der Schaltungsart ein Element oder eine auf Stromquantum verbundene Elementgruppe auf Spannung zuschaltet; selbstverständlich wird man die dadurch anfänglich erreichte zu hohe Spannung durch einen geeigneten Stromregulator abschwächen und beim Nachlassen der Stromwirkung der Batterie den Regulatorwiderstand je nach Bedarf mehr oder weniger ausschalten.

Die Bunsen-Elemente bestehen bekanntlich aus einem Außentopf oder Glas, worin ein Zinkzylinder eingestellt ist, in diesen eine poröse Zelle mit einem Kohlenprisma.

Das Außengefäß wird mit der nachfolgend angegebenen Zinkerregerlösung gefüllt, die poröse Zelle normalerweise mit 40-gradiger Salpetersäure.

Die Zinkerregerlösung stellt man sich in größeren Quantitäten her, um stets Vorrat davon zu haben; deren Zusammensetzung ist folgende:

Wasser . . . . 10 l

Schwefelsäure 66° . . . . 1 kg

Amalgamiersalz. . . . . 100 g.

Obige Reihenfolge ist bei der Bereitung einzuhalten, die Lösung vor dem Gebrauch erkalten zu lassen. Das beigegebene Amalgamiersalz hat den Zweck, die Zink-elektrode mit Quecksilber fortdauernd zu überziehen, um sie vor der Lokalaktion zu schützen.

Die zu einer Batterie zusammengestellten Elemente müssen gleich groß, alle gleich hoch gefüllt und die Füllung von gleicher Beschaffenheit sein. Bei jedesmaligem Zusammenstellen der Elemente sind die Kontaktflächen der Klem-men mit einer Flachfeile oder durch einfaches Gelbbrennen metallblank rein zu machen, damit der Strom ungehindert zirkulieren kann. Eine ausführliche Er-klärung der Füllung und Behandlung der Elemente wird übrigens von den be-treffenden Firmen bei Lieferung solcher Elemente beigefügt und sei auch auf solche Anleitungen verwiesen.

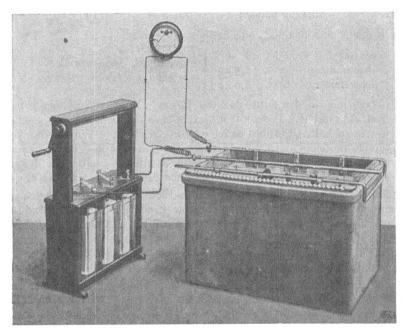

Fig. 82.

Die Verbindung der Batterie mit dem Bad geschieht in der Weise, daß der freibleibende Zinkpol (— Pol) mit der Warenleitung, der freibleibende Kohlenpol (+ Pol) mit der Anodenleitung des Bades mittelst isolierten Kupferdrahtes ver-bunden wird, wie Fig. 81 zeigt.

Die Wirkungsdauer der Elemente hängt natürlich von deren Inanspruch-nahme ab; bei größerem Stromverbrauch erschöpfen sie sich begreiflicherweise rascher als bei kleinen Stromentnahmen.

Für kleine Bäder bis zu etwa 100 l empfehlen sich die zusammengestellten Tauchbatterien, weil bei diesen die lästige Säureausdünstung dadurch vermieden ist, daß statt der Salpetersäure die Chromsäure verwendet wird. Wenn auch nicht zu leugnen ist, daß die Tauchbatterien einen weniger lang anhaltenden Strom geben als die mit Originalfüllung versehenen Bunsenelemente, so läßt sich das dadurch ausgleichen, daß man die Erregerlösungen öfter erneuert; deren Preis ist ja nur sehr gering.

Diese Tauchbatterien bieten den Vorteil, daß sie unmittelbar beim Bad im Arbeitsraum aufgestellt werden können, daß sie jederzeit betriebsbereit, bequem zu handhaben sind und die Stromregulierung durch mehr oder weniger tiefes

Eintauchen der Elektroden und durch die leicht zu bewerkstelligende Schaltung der Elemente auch ohne Stromregulator ausgeführt werden kann.

Fig. 82 zeigt die Zusammenstellung eines Bades mit Tauchbatterie nach Pfanhauser.

Die Verbindung ist die gleiche wie bei Bunsenelementen: freier Zinkpol (— Pol) der Batterie mit der Warenleitung, freier Kohlenpol (+ Pol) mit der Anodenleitung des Bades.

Die Tauchbatterien werden ebenso wie die Bunsenelemente mit zwei voneinander getrennten Erregerlösungen gefüllt, und zwar dient für die Zinkelektroden die gleiche Lösung wie bei den Bunsenelementen:

> Wasser . . . . 10 l
> Schwefelsäure 66°. . . . . 1 kg
> Amalgamiersalz . . . . 100 g

für die Kohlenelektroden folgende Erregerlösungen:

> Wasser . . . . . . 10 l ⎫
> Chromnatron . . . 1,5 kg ⎬ umrührend lösen, vor der
> Schwefelsäure 66° . 6,0 ,, ⎭ Verwendung erkalten lassen.

Im allgemeinen sei bemerkt, daß der Raum, in dem die Elemente untergebracht sind, eine mittlere Temperatur von 15 bis 20° C besitzen muß, denn haben die Elemente zu kalt, so erhöht sich nicht nur der innere Widerstand, sondern es sinkt auch die depolarisierende Wirkung der Chromsäure bzw. Salpetersäure, mit einem Wort, die Elemente wirken weniger intensiv; haben sie dagegen zu warm, so erschöpfen sie sich bald, es steigt die Lokalaktion am Zink.

Auch für den mit Elementen arbeitenden Elektroplattierer ist es von großem Wert, zumindest einen Voltmesser zu verwenden, der je nach der im Bad hängenden Warenfläche die Badspannung anzeigt. Diese kleine Ausgabe wird sich durch Vermeidung von Mißerfolgen lohnen. Die Einschaltung des Voltmessers ist im theoretischen Teil sowohl als auch in den vorhergehenden Darstellungen Fig. 81 und 82 ersichtlich gemacht.

Ausführung der elektrischen Leitungen (Schalttafeln). Verfasser hatte während seiner Praxis viel Gelegenheit zu beobachten, daß in den allermeisten Fällen bei Einrichtungen mit Dynamomaschinen diese wohl mit richtigen, oft sogar mit unnötig hohen Stromleistungen angeschafft wurden, aber die Leitungsanlagen wurden unrichtig ausgeführt, meist mit zu geringem Querschnitt oder mangelhaften Kontakten. In unzweckmäßiger Sparsamkeit werden oft die geringen Kosten gescheut, welche durch die Zuziehung eines verständigen Fachmannes verursacht werden; man hält die Leitung für nebensächlich, glaubt diese selbst ausführen zu können oder überläßt es einem oft nicht eingeweihten Galvaniseur, der in seinem Fach recht tüchtig sein kann, von dem aber nicht zu verlangen ist, daß er die erforderlichen Leitungsquerschnitte berechnen und die Folgen einer mangelhaften Leitungsanlage beurteilen könne.

Verfasser hat erfahren, daß selbst Beleuchtungs- und Telegraphentechniker bei Leitungsanlagen für galvanische Anlagen Fehler begingen; Verfasser ist weit entfernt, ihnen einen Vorwurf machen zu wollen, denn jedes spezielle Fach hat eben seine eigene Erfahrung und eigenen Normen. Sowohl der Telegraphen- als auch der Beleuchtungstechniker sind beide an Leitungen mit geringerem Querschnitt gewöhnt; ersterer hat überhaupt nur mit minimalen Stromstärken zu rechnen, letzterer mit höheren Stromspannungen, die selbst bei großen Entfernungen keine besonders starken Leitungen erfordern. Wir dagegen arbeiten mit großen Stromstärken bei niederer Spannung (meistens 4 bis 5 V), und dieser Umstand ist es, der stark dimensionierte Leitungen fordert, um unnötigen Spannungsverlust zu vermeiden.

Grobe Fehler werden auch mit Verwendung ungeeigneter Stromregulatoren gemacht, die ja auch einen Bestandteil der Leitung bilden, daher besprochen sein müssen. Der Zweck der Regulatoren ist, einen vorhandenen Spannungsüberschuß aufzunehmen, zu vernichten und eine bestimmte Stromstärke durchzulassen; ist der Widerstand eines Regulators zu gering, so wird die Reguliergrenze zu groß; bei geringem Strombedarf wird man nicht regulieren können; ist der Widerstand des Regulators zu groß, so kann bei größerem Strombedarf nicht genügend Strom durch und das ist der gröbere Fehler, der Regulator hemmt in diesem Falle anstatt zu nützen. Es ist daher die Wahl eines Regulators keineswegs so nebensächlich, wie oft angenommen wird, sondern es ist sogar sehr wichtig, daß dessen Widerstände von einem gebildeten Elektrotechniker den Anforderungen entsprechend berechnet und bestimmt werden.

Solange nicht die volle Leistung der Elektrizitätsquelle beansprucht wird, ist die Mangelhaftigkeit einer unrichtig angelegten Leitung wenig fühlbarer; wird aber der Vollbedarf der maximalen Stromleistung beansprucht, dann zeigen sich die nachteiligen Folgen; es fehlt an Strom in den Bädern, obwohl die Dynamomaschine genügend zu leisten imstande wäre; die mangelhafte Leitung läßt den Strom nicht durch, die Leistung der Elektrizitätsquelle kann nicht ausgenützt werden.

Nachfolgende Erklärungen mögen dazu dienen, bei vielen schon bestehenden Anlagen diese Mängel zu erkennen und abzuhelfen, bei Neueinrichtungen gegen ähnliche Fehler zu schützen.

Die Leitung, welche von der Dynamo ausgeht, den Bädern entlang an der Wand oder Decke geführt wird, nennen wir ,,Hauptleitung"; die Abzweigungen von der Hauptleitung in die einzelnen Bäder nennen wir die ,,Zweigleitungen oder Badleitungen".

Wir nehmen als normale Leitungslänge, das ist die Länge der Leitung von der Elektrizitätsquelle (sagen wir von der Dynamo) bis zum entferntest stehenden Bad, bis 10 m an; da rechnen wir bei 4 V Spannung per 1 A zirkulierender Stromstärke einen erforderlichen Querschnitt der Leitung bei Verwendung kupferner Leitungsstangen oder Schienen von rund 1 qmm; jede Leitung, wenn nicht über 10 m lang, muß also rund so viel Quadratmillimeter Querschnitt besitzen, als Ampere maximaler Stromstärke zirkulieren sollen. Nehmen wir beispielsweise an, wir betreiben sechs Bäder, deren Gesamtstrombedarf 500 A beträgt, mit einer Dynamo, die bei 4 V 500 A leistet.

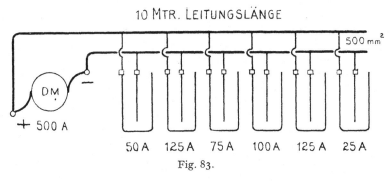

Fig. 83.

Für die Bestimmung des Querschnittes der Hauptleitung sind nun folgende von den lokalen Verhältnissen bedingte Umstände in Betracht zu ziehen

Entweder wird die Dynamo seitlich der Bäder aufgestellt, wie Fig. 83 zeigt, in diesem Fall zirkuliert in der 10 m langen Hauptleitung die ganze Stromleistung der Dynamo von 500 A bei 4 V, diese muß daher mit 500 qmm Querschnitt dimensioniert sein. Oder die Dynamo wird in Mitte der Bäder aufgestellt wie

Fig. 84; in diesem Falle wird man die Bäder auf beiden Seiten so verteilen, daß jede Seite 250 A zugeführt bekommt, es genügt demnach ein Leitungsquerschnitt von nur 250 qmm und wir können auf jeder Seite 10 m weit leiten, gewinnen also eine Aufstellungslänge für die Bäder von zusammen 20 m.

Es ergibt sich weiter von selbst, daß wir bei Aufstellung der Dynamo in Mitte der Bäder diese auch nach vier Richtungen je 10 m weit verteilen können; dann müssen die Bäder so verteilt sein, daß jede Gruppe 125 A beansprucht, die Leitungen erfordern jede nur 125 qmm Querschnitt und die gesamte Aufstellungslänge für die Bäder beträgt 40 m.

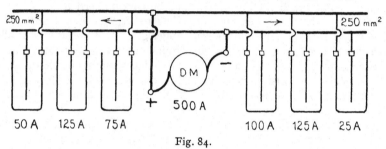

Fig. 84.

Bei Betrieb einer großen Anzahl kleiner Bäder dürfte diese konzentrische Anordnung der Stromverteilung der vergrößerten Bäderaufstellungslänge wegen erwünscht sein, wenn es die lokalen Verhältnisse zulassen oder andere spezielle Verhältnisse, wie z. B. die Zirkulation der Elektrolyte usw., eine solche Aufstellung wünschenswert erscheinen lassen.

Auch für die Bestimmung der Querschnitte für die Zweigleitungen (von der Hauptleitung in die Bäder) gilt die gleiche Norm. Werden Leitungen länger angelegt oder sind anormale Stromverhältnisse, so muß ein gebildeter Elektrotechniker zu Rate gezogen werden, der die Dimensionierung und Anlage der Leitung bestimmen wird; bei der Verschiedenheit der in der Praxis so sehr variierenden Verhältnisse ist es nicht möglich, ganz allgemeine Vorschriften zu geben.

Die mangelhaften Kontakte in der Leitung sind auch ein Umstand, der sehr oft nicht beachtet wird und Ursache ist, daß die vorhandene Stromquelle nicht das zu leisten vermag, was sie bei guten Kontakten leisten könnte. Wir bezeichnen als Kontakte alle jene Stellen in der Leitung, wo Strom abgezweigt oder weitergeleitet wird, so die Stelle der Abzweigung von der Elektrizitätsquelle, die Stelle des Anschlusses an das Bad oder an die Hauptleitung, die Stellen der Abzweigungen von der Hauptleitung in die Bäder oder der Anschlüsse an die Strommeßapparate (Amperemesser), an die Regulatoren, an die Bäderleitung, überhaupt alle „Verbindungsstellen" in der Stromleitung. Alle diese Kontaktstellen müssen möglichst große metallreine Berührungsflächen und innige Berührung besitzen; mangelhafte Kontakte verursachen Widerstände in der Stromleitung, das ist Stromverlust; gerade bei unseren Stromverhältnissen (große Stromstärken bei geringer Spannung) machen sich schlechte Kontakte ungemein fühlbar. Es empfiehlt sich, alle Kontakte (Verbindungs-, Ableitungs-, Weiterleitungsstellen) zu verlöten, wenn sie nicht auseinander genommen werden müssen; das Verlöten ist das sicherste, verläßlichste Mittel, um dauernd einen innigen Kontakt zu sichern und Leitungsstörungen und Stromverluste zu vermeiden. Diejenigen Kontaktstellen, die öfters auseinander genommen werden, wie die Verbindungen mit den Anoden- und Warenleitungen der Bäder u. ä., pflegt man zu verschrauben. Die bisher üblich gewesenen sogenannten Muffen-Klemmen ohne Verlötung sind nicht praktisch, weil sie, meist auf runde Stangen gesteckt, größer gebohrt sein müssen, also durchaus keinen innigen Kontakt bieten. Man verwendet besser sogenannte Kabelösen, das sind kurze Rohre, die in eine flache Öse enden; die eine Kabelöse wird an die runde Kupferstange (Waren- oder Anodenträger der Bäder) angelötet, die zweite an das Verbindungskabel, beide mit einer Mutterschraube verbunden und fest verschraubt, das bietet eine solide Verbindung, die leicht auseinander genommen werden kann.

Auch die bisher üblich gewesenen runden Kupferstangen den Bädern entlang als Hauptleitung zu verwenden, ist nicht das Zweckmäßigste, weil man zur Abzweigung nur auf hohl aufsitzende Klemmen mit ungenügendem Kontakt angewiesen ist, die leicht Stromverluste verursachen. Solche runde Stangen sind nur bei kleineren Stromstärken angängig und dort praktisch, wo nicht ein fachkundiger Monteur die Leitungsanlage ausführt. Man verwendet jetzt für die Hauptleitungen bei größeren Stromstärken flache Kupferschienen, mit isolierten Holzträgern oder Porzellan-Isolatoren an die Wand befestigt, und macht die Ableitungen mit satt anliegenden und fest angeschraubten Kabelösen; zur Verbindung und Weiterleitung dienen praktischerweise weiche biegsame, aus ganz dünnen Kupferdrähten angefertigte Kabel mit entsprechendem Leitungsquerschnitt, welche den Vorteil der Nachgiebigkeit und bequemeren Montierungsmöglichkeit bieten. Die Kabel werden in die Kabelösen eingelötet, zur Sicherung des dauernden ungestörten Kontaktes. Fig. 85 zeigt eine solche Hauptleitung mit Abzweigungen.

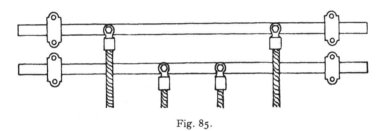

Fig. 85.

Wie im theoretischen Teil bereits ausführlich erklärt, ist die Anwendung von Strommeßapparaten für den rationell arbeitenden Elektroplattierer eine nicht zu umgehende Notwendigkeit. Ein gemeinschaftlicher Amperemesser, welcher unmittelbar bei der Dynamomaschine vor der Abzweigung in die Bäder in die Hauptleitung eingeschaltet ist, zeigt uns den von der Dynamomaschine gelieferten Strom an und dient zur Kontrolle für die Belastung der Maschine, welche nicht über die angegebene Leistungsfähigkeit gesteigert werden darf. Es empfiehlt sich, zur Bequemlichkeit des Bedienungspersonales auf der Skala des Amperemessers einen auf große Entfernung sichtbaren roten Strich zu machen, welcher die Maximalleistung der Dynamomaschine markiert, gerade so wie dies bei Manometern der Dampfkessel allgemein üblich ist, um den nachteiligen Folgen der Überlastung vorzubeugen.

Von größtem praktischen Wert neben dem Amperemesser ist für den Elektroplattierer der Voltmesser!

Der Voltmesser, der bei leerem Bad die Spannung der Außenleitung anzeigte, wird beim Beschicken des Bades sofort die Badspannung anzeigen, welche ein Maß ist und eine Kontrolle für die auf die Ware des betreffenden Bades entfallende Stromdichte, die Grundbedingung für die Qualität des Niederschlages, somit die Sicherung für das unfehlbare Gelingen der Arbeit.

Es geht wohl an, für sämtliche Bäder und die Stromquelle nur einen gemeinschaftlichen Voltmesser zu gebrauchen und diesen mittelst eines Voltumschalters dort einzuschalten, wo man die Spannung zu wissen wünscht, siehe schematische Darstellung Fig. 86.

Aber praktisch bewährt sich dies insbesondere bei größeren Anlagen nicht, weil die Übersichtlichkeit und die Handhabung der Meß- und Regulierapparate

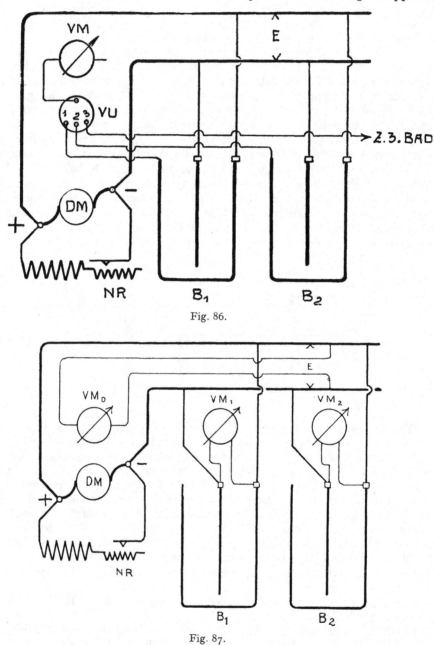

Fig. 86.

Fig. 87.

erschwert ist, da die Regulatoren, der Voltmesser und der Voltumschalter zu weit voneinander entfernt sind. Überdies wird der Fall eintreten, daß sich die Arbeiter an den Bädern beim Regulieren des Stromes gegenseitig im Weg stehen; der Vorgang beim Beschicken der Bäder ist ja der, daß der Arbeiter beim Einhängen jeder größeren Partie Ware sofort die vorgeschriebene Badspannung zu regulieren hat, wobei er die Nadelstellung des Voltmessers im Auge haben muß. Haben nun mehrere Arbeiter nur einen gemeinschaftlichen Voltmesser zur Verfügung, so muß jeder mit der Beschickung seines Bades so lange warten, bis der andere fertig ist. Daraus ergibt sich das Bedürfnis, für jedes Bad sowie auch für die Stromquelle, respektive das Netz, je einen eigenen Voltmesser zu besitzen. In Fig. 87 ist eine derartige Anlage schematisch dargestellt.

Im Interesse der Haltbarkeit der Meß-, Regulier- und Schaltapparate, die bei einer Anlage mit Dynamomaschine unerläßlich sind, montiert man die Apparate auf sogenannte Schalttafeln, auch Schaltbretter genannt (siehe Fig. 88). Man erleichtert und vereinfacht sich dadurch nicht allein die unbedingt notwendige sichere Montierung der Apparate an der Wand, sondern es gewinnt die ganze Anlage an Übersichtlichkeit, Schönheit und Vollkommenheit. Man unterscheidet zwischen Zentral-Schalttafeln für die Stromquelle und Bäder-Schalttafeln, welch letztere nur die zur Stromregulierung und Kontrolle der richtigen Stromverhältnisse erforderlichen Apparate wie Badstrom-Regulator, Ampere- und Voltmesser mit dem für das betreffende Bad nötigen Meßbereich zu enthalten pflegen.

Die Schalttafel wird stets in unmittelbarer Nähe der Maschinenanlage bzw. in unmittelbarer Nähe des betreffenden Bades anzubringen sein. Sind die Verbindungen der Apparate mit den Leitungen auf der Vorderseite der Schalttafel ausgeführt, dann kann man die Schalttafel durch mehrere starke Schrauben direkt an der Wand befestigen. Führt man aber die Verbindungen auf der Rückseite aus, dann muß diese leicht zugänglich sein, um

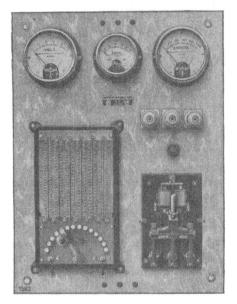

Fig. 88.

bei eventuell vorkommenden Störungen die Kontakte und Leitungen nachsehen zu können. Man läßt in solchen Fällen bei großen Zentral-Schalttafeln so viel Raum zwischen Schaltbrett und Wand frei, daß ein Mann dazwischen noch Platz hat, um mit den Werkzeugen manipulieren zu können. Aus Schönheitsrücksichten verkleidet man den bleibenden Zwischenraum seitlich mit Holz und macht zweckmäßigerweise (bei größeren Schalttafeln) auf der einen Seite eine verschließbare Tür.

Für Elektroplattieranlagen, in denen die Dynamomaschine von einer Transmission durch Riemen angetrieben wird, wo also nur die Apparate und Leitungen für die niedere Klemmenspannung der Dynamomaschine am Schaltbrett untergebracht werden, verwendet man im allgemeinen Schalttafeln aus Holz, schraubt die verschiedenen Apparate darauf und verbindet sie mit den zugehörigen Leitungen, dem jeweiligen Schaltungsschema entsprechend, wobei man ebenfalls die früher besprochenen Gesichtspunkte für Leitungsanlagen im Auge behalten muß, also neben der Feuersicherheit der Anlage für möglichst geringe Übergangs- und Leitungswiderstände Sorge zu tragen hat.

Für Aggregate, überhaupt für Anlagen, bei denen Maschinen oder Motoren mit höherer Klemmenspannung zur Verwendung kommen, verwendet man meist die feuersicheren Marmorschalttafeln; aber auch Schalttafeln aus Holz sind verwendbar, wenn die Montierung feuersicher und richtig ausgeführt wird.

Alle zusammengehörigen Apparate müssen auf der Schalttafel so angeordnet sein, daß der Maschinenwärter diese gleichzeitig gebrauchen kann. So wird man den Nebenschlußregulator nicht zu weit vom Maschinenvoltmesser anbringen, sondern so, daß der Maschinenwärter während des Regulierens mit dem Nebenschlußregulator gleichzeitig die Nadelstellung des Voltmessers beobachten kann. Noch wichtiger wird diese Vorschrift, sobald Parallelbetrieb mehrerer Dynamomaschinen oder der Betrieb von Dynamomaschinen neben Akkumulatoren verlangt wird, wo also mehrere Regulierapparate und Voltmesser gleichzeitig zur Verwendung gelangen.

Stromregulatoren. Es können die verschiedenartigsten Bäder gleichzeitig mit einer gemeinschaftlichen Dynamomaschine betrieben werden; nur muß bei jedem Bad ein separater Stromregulator vorgeschaltet sein, dessen Widerstand so berechnet wird, daß er wohl die für das betreffende Bad erforderliche Stromstärke (Ampere) durchläßt, aber die Stromspannung (Volt) regelt, das heißt, den von der Dynamo erzeugten Spannungsüberschuß aufnimmt und dem betreffenden Bade die für den Betrieb günstigste Badspannung zuführt.

Wenn wir, um dies praktisch zu erklären, mit einer Dynamomaschine oder sonst einer Stromquelle, deren Netzspannung beim Bad 4 V beträgt, ein Nickelbad betreiben mit einem maximalem Strombedarf von 50 A bei 2,5 V Badspannung, ferner ein Silberbad mit einem maximalen Strombedarf von 15 A bei 1 V und ein Kupferplastikbad mit einem maximalen Strombedarf von 30 A bei 1,5 V, so muß der Stromregulator für das Nickelbad 1,5 V Spannung aufnehmen und 50 A durchlassen, der für das Silberbad muß 3 V aufnehmen und 15 A durchlassen, der für das Kupferplastikbad muß 2,5 V aufnehmen und 30 A durchlassen, vom Spannungsverlust in der Leitung der Einfachheit halber ganz abgesehen.

Werden ausschließlich nur Bäder mit kleiner Badspannung betrieben, wie Silberbäder oder Kupferplastikbäder, so wird man praktischerweise keine Dynamomaschine mit 4 V, sondern eine solche mit nur 1,5 bis 2,5 V Klemmenspannung wählen, um nicht einen Spannungsüberschuß vernichten zu müssen, die nie gebraucht wird, wodurch die Dynamo sowohl in der Anschaffung als auch im Betrieb verteuert würde.

Aus dieser Darlegung erhellt auch, daß es sehr unrationell ist, Dynamomaschinen mit wesentlich höheren Klemmenspannungen anzuschaffen, als sie die Bäder erfordern, vorausgesetzt, daß die Entfernung zwischen Dynamo und den Bädern nicht gar zu groß, normal nicht mehr als etwa 10 m und die Leitung entsprechend dimensioniert ist. Nur im Fall einer übermäßig langen Leitung müßte der dadurch entstehende Spannungsabfall durch eine entsprechend höhere Klemmenspannung der Dynamo ausgeglichen werden, wenn nicht die Leitung stärker dimensioniert werden soll.

Wahl der Badgefäße. Das für die galvanischen Bäder zu verwendende Wannenmaterial richtet sich ganz nach der Natur des Bades und der für den Betrieb des Bades anzuwendenden Temperatur. Oftmals ist aber auch die Form und Größe der aufzustellenden Behälter maßgebend für die Auswahl des Materiales, aus welchem man das betreffende Gefäß herstellen soll. Für kleine Wannen, in denen kalte Lösungen verwendet werden, bedient man sich des Glases oder Steingutes, denn beide Materialien halten sowohl gegen saure wie gegen alkalische Lösungen Stand. Glasgefäße sind wegen ihrer Zerbrechlichkeit nur bis zu bestimmten Größen zulässig, man wird wohl selten über 10 bis 15 Liter Inhalt hinausgehen. Solche Glaswannen in runder oder viereckiger Form können auch ohne weiteres für verschiedene

Fig. 89.

Bäder nacheinander benutzt werden, da sie sich leicht auswaschen lassen und
keine Gefahr besteht, daß in Poren der Wandung Reste der früher verwendeten Flüssigkeit zurückbleiben, die das nächstfolgende Bad schädlich beeinflussen können. Fig. 89 zeigt eine solche viereckige kleine Glaswanne.
Für die Bäder von mehreren 100 Litern Inhalt gibt es ausgezeichnete Wannen
aus Steinzeug, zumeist viereckig aus dicken Tonscherben durch intensives
Brennen und nachträgliches Glasieren, mit Rillen an der Oberkante zum Einlegen
der Leitungsstangen hergestellt. Diese Wannen eignen sich ebenfalls für alle Arten

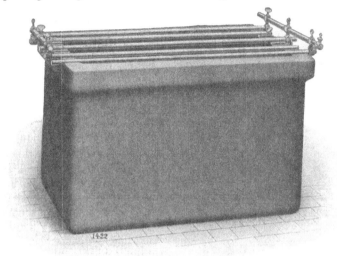

Fig. 90.

von Bädern, ausgenommen borfluß-saure oder kieselfluß-saure Bäder (z. B. Bleibäder), weil diese Säuren die Glasur angreifen und dann durchlässig machen.
Natürlich vertragen solche Wannen keine plötzliche Temperaturänderung, vor
allem keine plötzliche Erwärmung, so daß eine Erwärmung mittelst Dampf-

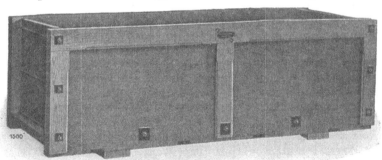

Fig. 91.

schlangen, die am Boden der Gefäße zu liegen kommen, unbedingt ausgeschlossen
erscheint. Eine solche komplette Wanne zeigt Fig. 90.

Will man die Bruchgefahr sowohl beim Transport bis zur Gebrauchsstelle und
im Betrieb selbst (durch Hineinfallen schwerer Gegenstände) vermeiden, so bedient man sich sowohl für schwach saure wie für alkalische Bäder Wannen aus
Pitchpineholz oder Lärchenholz oder anderer Holzgattungen, welche durch ihre
Beschaffenheit ein wirkliches Abdichten der Wandung auf lange Zeit hinaus
sichern. Diese Wannen (siehe Fig. 91) werden aus starken Bohlen mit Nut und

Feder aneinandergereiht hergestellt und alle Wände untereinander durch durchgehende starke Eisenschrauben gehalten und verankert. Alle anderen Hölzer geben leicht schädliche Substanzen an die galvanischen Bäder ab und können nur allzu leicht teure große Bäder vollkommen verderben.

Die Holzwannen müssen sofort nach Ankunft ganz eben aufgestellt werden, und es empfiehlt sich, unter die Wanne 2 bis 3 Vierkant-Auflagehölzer von wenigstens 5 cm Höhe unterzulegen, damit die Holzbohlen, wie es bei direkter Auflage auf feuchtem Boden eintreten könnte, nicht faulen. Außerdem sind sämtliche Ankerschrauben kräftig nachzuziehen, und zwar zuerst die die Längsbohlen zusammenziehenden Schrauben und dann erst die übrigen Schrauben, die die Dichtung der einzelnen Wannenwände miteinander bewirken. Auf nachstehender Zeichnung (Fig. 92) ist die Konstruktion derartiger selbstdichtender Wannen ersichtlich, und es geht daraus hervor, daß zunächst die mit a und an der Wanne durch roten Pfeil bezeichneten Schrauben und hierauf die Schrauben b anzuziehen sind.

Sind sämtliche Ankerschrauben kräftig nachgezogen, so füllt man die Wanne mit Wasser (am besten warmem Wasser), damit die Fugen dicht verquellen, und

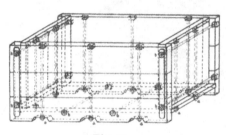

Fig. 92.

beläßt das Wasser so lange darin, bis die Wanne vollkommen dicht geworden ist. Würde man vor völligem Dichtquellen galvanische Bäder in die Wanne füllen, so wäre nachträglich ein Dichten der Wanne nicht mehr möglich, da in diesem Falle zwischen den Fugen Salze (aus den galvanischen Bädern herrührend) auskristallisieren, die selbst beim stärksten Zusammenziehen der Ankerschrauben ein völliges Dichtwerden der Wanne verhindern.

Wird eine Wanne zeitweise entleert, so soll sie niemals längere Zeit trocken, sondern stets mit Wasser gefüllt, stehen bleiben, damit ein Austrocknen der Bohlen und damit verbundenes Undichtwerden der Wanne vermieden wird.

Für große Bäder, insbesondere solche, welche stark saure Lösungen enthalten oder deren Lösungen erwärmt werden müssen, empfiehlt es sich, Holzwannen aus Pitchpine, Lärche oder Fichte zu verwenden, welche innen mit Bleiblech ausgelegt werden, die Nähte mittels Knallgasgebläse und mit Blei verlötet, keinesfalls darf aber das Verlöten der Wände untereinander mit Zinn erfolgen, weil dadurch nicht nur die Haltbarkeit der Wanne gefährdet würde, sondern auch leicht der Badinhalt durch Auflösen des Zinns in seiner Qualität leiden würde. Um ein Leckwerden der Bodenfläche durch Hineinfallen schwerer oder spitzer Stücke beim Galvanisieren zu vermeiden, belegt man den Boden der Bleiwandung mit einem Rost aus Lärchenholz, und ebenso kann man auch die Seitenwände innen noch mit einem Einsatz von Holz (Pappelholz oder Lärchenholz) auskleiden, um das lästige Anwachsen von Metall an der Bleiwandung den Anoden gegenüber solcherart zu vermeiden. Natürlich müssen diese Wannen auf der Oberseite noch mit einem Holzrahmen versehen werden, damit die Anoden- und Warenstangen voneinander isoliert auf dem Wannenrand aufzulegen sind, da andernfalls durch die übergebördelte Bleieinlage solcher Wannen Kurzschluß zwischen den Leitungsstangen entstehen würde.

Besonders bei Holzwannen, ob nun mit oder ohne Bleiauskleidung, ist auf ein sattes Aufliegen auf dem Boden zu achten, damit sich bei größeren Wannen durch den Druck der darin enthaltenen Flüssigkeit nicht die Wände verziehen und die Wanne undicht wird. Kleinere Holzwannen stellt man auf Holzböcke oder Tische, damit die Oberkante für die Arbeiten handlich zugängig ist.

Solche ausgekleidete Wannen (man kann solche natürlich auch mit Eisenblech auskleiden) eignen sich selbstredend auch für kalte wie für heiße Bäder größten Stiles. Kommen nur kleinere Bäder in Frage, welche erwärmt werden müssen, so verwendet man als Wannenmaterial entweder gewöhnlichen Eisenguß (für alkalische Bäder) oder Schmiedeeisen oder emaillierte Eisenwannen aus Gußeisen oder Blech mit säurebeständiger oder auch alkalibeständiger Emaillierung, je nach Verwendungszweck. (Fig. 93).

In den letzten Jahren sind besondere Gefäße aus Quarzglas in den Handel gebracht worden, die sich dadurch auszeichnen, daß sie auch gegen ganz plötzliche Temperaturunterschiede ganz unempfindlich sind, solche Gefäße kann man sogar auf einem Gasrechaud direkt mit Gas erhitzen, ohne zu befürchten, daß sie zerspringen, doch ist es vorteilhafter, sie indirekt in einem Wasserbade oder Ölbade anzuwärmen, weil sie gegen Stoß ungemein empfindlich sind. Bei dem späteren Kapitel über das Erwärmen der Bäder werden wir auf diese Gefäße noch zurückkommen.

Für ganz große Bäder baut man sich Behälter aus Beton und kann diese Wannen ebenfalls mit Bleiblech ausschlagen oder aber mit glasierten Kacheln unter Verwendung eines Spezialkittes belegen oder mit Lacken oder Wasserglas bestreichen, um jeden Einfluß des Badinhaltes auf den Zement zu vermeiden.

Die Form der verwendeten Badgefäße richtet sich stets nach dem Verwendungszweck, wir finden daher außer viereckigen und runden Wannen auch lange Behälter, brunnenartig tiefe Gefäße, je nachdem, welche Gegenstände darin untergebracht werden müssen und je nach-

Fig. 93.

dem, welche Vorrichtungen zur Erreichung besonderer Ziele an den Gefäßen angebaut oder angebracht werden müssen.

Instandhaltung der Badgefäße. Ist eine Steinzeugwanne einmal durch irgendeinen Unglücksfall gesprungen und deshalb an einer Stelle durchlässig, so kann man nach Mitteilungen der „Keramischen Rundschau" derartige Risse, wie auch Kühlrisse, das sind Risse oder Sprünge, die durch Auslösung von Spannungen, die sich im Scherben befinden, entstehen, meist wieder reparieren. Die Risse sind oft haarfein und gibt es allerdings ein Dichtungsmittel dafür nicht und man kann sich nur dadurch helfen, daß man die betreffende Wanne mit einem Mantel, aus Holzbrettern bestehend, umkleidet und die Zwischenräume zwischen Steinzeugwanne und dem etwa ringsum 2 cm abstehenden Holzmantel mit Zement ausgießt. Ebenso kann man verfahren, wenn eine Wanne durch fehlerhafte Glasur gegen Salze durchlässig wird, so daß die Lösung durch die Poren des Tonscherben nach außen ausschwitzt und Salzkristalle an der Außenseite der Wanne absetzt.

Handelt es sich dagegen um Brandrisse, dann kann man diese mit Wasserglas und Feldspat oder Ton kitten und zwar durch ein fein verriebenes Gemisch von Wasserglas und Feldspatmehl in Sirupdicke, wobei sorgfältig jeder Überschuß abgewischt wird und nach dem Erhärten alle Stellen mit Salzsäure nachzupinseln sind. Die kolloidale Kieselsäure, die hierbei zunächst aus dem Kitt ausgetrieben wird, verdichtet ihn leimartig und macht ihn gegen weitere Angriffe unempfindlich.

Man kann ferner defekt gewordene Behälter aus Steinzeug für weitere Verwendung dadurch wieder herrichten, indem man ein Email als Überzug auf die
haarrissige Glasur aufglasiert oder aufpinselt. Nachdem der an der Luft ungefähr 2 Stunden vorgetrocknete Überzug etwas gehärtet ist, findet eine weitere
Trocknung von einer Stunde Dauer bei etwa 60 Grad Celsius statt; hierauf steigert
man innerhalb einer Stunde die Temperatur von 60 auf 150 Grad C und zwar so,
daß das Email mindestens eine halbe Stunde auf der Temperatur von 150 Grad C
verbleibt. Das glashart aufgetragene Email ist von größter Widerstandsfähigkeit
nicht nur heißen Säuren gegenüber, sondern auch unempfindlich gegen mechanische Einflüsse. Zu diesem Zwecke geeignete Emaillen liefert die Firma
Junghähnel & Taegtmeyer, Glasurenfabrik in Meißen i. Sa.

Holzwannen, welche ohne metallische Auskleidung dichtend gemacht werden
müssen, kann man praktisch mit einem Überzug von Neutralit, d. i. eine Mischung
von Pech und Kolophonium, innen auskleiden. Zu diesem Zwecke werden die
Behälter mit der zu überziehenden Wand horizontal gelegt, ein Holzbrettchen
in der Höhe über den Rand der Wand gelegt, welche belegt werden soll und dann
das heiße Neutralitgemisch auf die Wand innen aufgegossen. So wird eine Wand
nach der anderen, schließlich auch der Boden der Wanne überzogen und derartige
Wannen widerstehen selbst starken Säuren auch dann, wenn die Wandung außen
trocken wird und schrumpft, weil diese Pechmischung ziemlich elastisch ist.

Neu angefertigte Holzwannen aus Pitchpineholz oder Lärchenholz werden
von der Lieferfirma stets in selbstdichtender Ausführung geliefert. Steht aber
eine solche Wanne einmal längere Zeit ungefüllt an einem heißen Ort, so kann es
vorkommen, daß die Wanne beim probeweisen Einfüllen, was der definitiven
Füllung jedesmal vorangehen muß, um sich von der Dichtheit der Wanne zu
überzeugen und Verluste von Badflüssigkeit zu vermeiden, dennoch durchlässig
wurde, weil die Holzbohlen geschrumpft sind. Man zieht dann zunächst die
Verankerungen, die quer durch die Bohlen hindurchgehen, allseitig mit einem
Schraubenschlüssel nach, füllt die Wanne mit Wasser bis zum Rand und läßt sie
einige Tage lang so stehen, wobei das Holz etwas quillt und die Wanne wieder
vollkommen dicht wird. Schließlich wird dann nochmals allseitig nachgeschraubt,
und die Wanne kann dann ohne weiteres mit der hierzu bestimmten Lösung gefüllt werden. Mit der Lösung selbst darf dieses Quellen nicht versucht werden,
denn die Salzlösungen, aus denen unsere galvanischen Bäder bestehen, scheiden
in den Fugen Salze ab, die dort auskristallisieren, und die sich dort festsetzenden
Kristalle verhindern ein weiteres Quellen der Fugstellen und müßten solche
unrichtig präparierte Wannen, um sie wieder dicht zu bekommen, ganz auseinander genommen, die Zwischenstellen der Bohlen durchwegs abgewaschen
werden, worauf man die Wannen wieder zusammensetzt, verschraubt und das
Quellenlassen in vorbeschriebener Weise ausführt.

Gasabsaugevorrichtungen. Bei verschiedenen galvanotechnischen Prozessen
entstehen durch Anwendung hoher Stromdichten gesundheitsschädliche Badnebel
oder auch Gase, die, wenn sie nicht radikal entfernt werden, auch zu Knallgasexplosionen Anlaß geben können. Speziell der oft kathodisch entwickelte Wasserstoff ist gefährlich, wenn er durch hohe kathodische Stromdichten in größerer
Menge erzeugt wird. Oft genügt ein Öffnungsfunke beim Ablösen des Einhänge-
drahtes, mit dem die Waren an die Kathodenstangen z. B. eines elektrolytischen
Entfettungsbades gehängt werden, um den noch vorhandenen Wasserstoff, der
sich mit dem Luftsauerstoff sofort mischt, zur Explosion zu bringen. Auch die
beim Arbeiten an erwärmten zyankalischen Bädern auftretende Blausäure muß
sofort entfernt werden, wenn man das an solchen Bädern oder in deren Nähe
arbeitende Personal nicht Schaden nehmen lassen will. Früher half man sich
einfach in der Weise, daß man über solche Bäder ein Dunstauffangdach anordnete,
an dessen oberem Ende man einen Exhaustor anbrachte. Solche Vorrichtungen

sind aber beim Arbeiten ungemein störend, sie behindern beim Ein- und Ausheben der Ware und verunzieren auch das Gesamtbild einer Anlage. Nach den Patenten des Verfassers wird, wie Fig. 94 zeigt, jede Warenstange auf ihrer Unterseite mit einem beim Einhängen der Ware nicht störenden Abzugskanal versehen, der je nach Art des Bades aus Eisen, Blei, Aluminium u. dgl. bestehen kann. Oberhalb dieser schmalen Absaugekanäle befinden sich die Warenstangen, so daß auch diese selbst und die Kontaktstellen für Waren und Anoden von etwa durch starke Gasentwicklung mitgerissenen Flüssigkeitsteilchen gar nicht verunreinigt werden können. Die entwickelten Gase können gar nicht bis zum Rand der Wanne oder

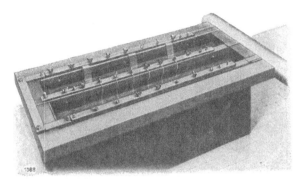

Fig. 94.

gar darüber hinaus gelangen, weil das Abzugsrohr an einen stark genug wirkenden Exhaustor angeschlossen wird, der schädliche Gase u. dgl. sofort entfernt. Ganz lange Bäder werden oftmals mit 2 Exhaustoren versehen, damit auf die ganze Badlänge genügende Wirkung der Absaugung herbeigeführt wird. Die unterhalb der Leitungsarmatur sitzenden Absaugekanäle werden dann praktischerweise in der Mitte unterteilt und jede Hälfte für sich durch getrennte Exhaustoren bedient. Solche Vorrichtungen sind insbesondere auch bei der modernen Verchromung sowie bei der elektrolytischen Entfettung usw. unerläßlich und werden von den Gewerbeaufsichtsbehörden vorgeschrieben. Sie werden beim Verchromen außerdem mit einer Anlage verbunden, welche dazu dient, die beim Verchromen sich bildenden Nebel der immerhin teuren Badflüssigkeit wieder zu gewinnen, wozu sogenannte Chromnebel-Abscheider dienen, das sind erweiterte Teile der Absaugeleitung, wo sich die mitgerissenen Badteilchen absondern können. Solcherart kann man Verluste, die sonst durch das Absaugen an Badflüssigkeit entstehen würden, vermeiden.

Die Leitungsarmatur auf den Bädern. Um die in ein galvanisches Bad einzuhängenden Waren und Anoden mit der Stromquelle zu verbinden, werden über den Wannenrand passende Zuleitungsstangen oder in speziellen Fällen auch von oben eintauchende Zuleitungsvorrichtungen für den Strom angeordnet, die wir allgemein Leitungsarmatur nennen. Diese Leitungsarmatur besteht für gewöhnlich, wenn man die zu galvanisierenden Gegenstände einzeln an Drähten oder sonstigen, oft komplizierten, den betreffenden zu galvanisierenden Gegenständen angepaßten Vorrichtungen aus Draht etc. einhängt, aus metallisch gut leitendem Gestänge aus Kupfer, Messing oder auch Eisen mit Messing überzogen.

Die Festigkeit, also auch die Dimensionierung dieser Gestänge oder Leitungsarmatur bestimmt sich hinsichtlich der zulässigen Durchbiegung nach dem Gesamtgewicht der auf einer solchen Armaturstange oder Rohr anzuhängenden Gegenstände, einerlei ob es sich nun um die Anoden, die meist aus schweren Platten bestehen oder ob es sich um die zu galvanisierenden Waren handelt. Die Gesetze der Statik verlangen natürlich für lange und breite Wannen, welche

solcherart mit einem Gestänge zum Einhängen der Waren und Anoden versehen
werden müssen, stärkere Profile der Stangen, Schienen oder Rohre als für kleinere
Wannen, selbst wenn in letzteren schwere Gegenstände untergebracht werden.
Im allgemeinen wird vollen Rundkupferstangen der Vorzug gegeben, doch verwendet man heute fast allgemein hart gezogene Messingstangen, welche ein genügendes elektrisches Leitvermögen besitzen und dabei gegen Durchbiegung große
Widerstandsfähigkeit aufweisen.

Diese Stangen oder Rohre legt man quer oder der Länge nach über den Wannenrand und verbindet alle Anodenstangen durch Klemmen mit einer gemeinsamen

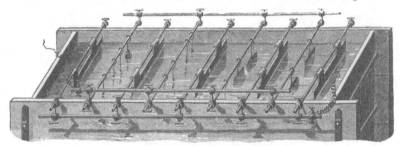

Fig. 95.

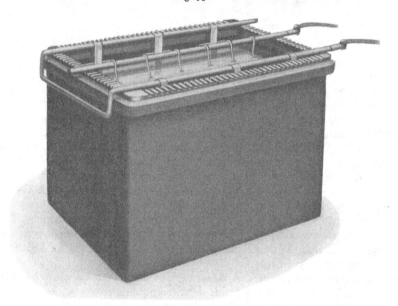

Fig. 96.

Anodenverbindungsstange und ebenso alle Warenstangen mit einer gemeinsamen
Warenverbindungsstange. Mittels Klemmen unter Zuhilfenahme flexibler Kabel
wird dann die gemeinsame Anodenleitung und ebenso die gemeinsame Warenleitung mit der Hauptleitung, welche von der Niederspannungsstromquelle
kommt, über den Badstromregulator und eventuell das Bad-Amperemeter verbunden. Fig. 95 zeigt eine solche gebräuchliche Anordnung.

Diese Art der Verbindung ist sehr praktisch insofern, weil leicht ausein-
anderzunehmen, wenn man Veränderungen in der Elektrodenentfernung vornehmen will, hat aber den Nachteil, daß bei großen Bädern mit großen Warenflächen und großem Strombedarf es leicht vorkommen kann, daß infolge ungenügender Kontakte in den Klemmenlöchern nicht genügend Strom zirkulieren

kann und die im Bad zu elektroplattierenden Waren oder Anoden, selbst wenn der Voltmesser die vorgeschriebene Badspannung anzeigen sollte, zu wenig Strom erhalten würden. Es ist daher praktischer für Bäder, in denen nur mit zwei Anoden- und einer Warenreihe gearbeitet wird, die zwei Anodenstangen aus einem Stück zu machen, seitlich gekröpft, wie Fig. 96 zeigt.

Diese Art der Montierung ist allerdings nur dann verwendbar, wenn es sich um eine bestimmte unveränderliche Elektrodenentfernung handelt.

Wird die Elektrodenentfernung veränderlich gewünscht (wenn „abwechselnd" sehr große voluminöse Körper und kleine oder flache Gegenstände zur Elektroplattierung kommen), so muß auch die Leitungsmontierung der Wanne leicht veränderlich sein.

In diesem Fall kann man auch so verfahren, daß die Waren- und Anodenstangen je auf einer kupfernen Querschiene flach und satt aufliegen, also durch die eine Querschiene sämtliche Warenstangen, durch die andere alle Anodenstangen leitend miteinander verbunden sind, selbstverständlich die Waren- und Anodenleitung voneinander leitend getrennt (isoliert). In Fig. 97 ist diese Art der Leitungsmontierung ersichtlich.

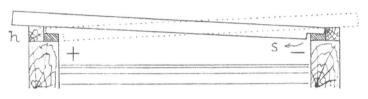

Fig. 97.

Diese Leitungsmontierung ist wohl die einfachste und bequemste für veränderliche Elektrodenentfernung, nur muß darauf geachtet werden, daß stets genügender Leitungskontakt an den Stellen vorhanden ist, wo die Waren- und Anodenstangen auf den querlaufenden Kontaktschienen aufliegen. Die Auflagflächen müssen also vor allem stets metallblank rein sein, flach und satt aufliegend und genügend groß, damit der erforderliche Strom zirkulieren kann (1 qmm pro 1 A zirkulierender Stromstärke).

Die zum Aufhängen der Waren und Anoden dienenden Kupferstangen werden meist rund gewählt, des möglichst vollkommenen Kontaktes wegen, da der Einhängedraht der Waren um diese Stangen gewickelt wird und auch die Metallbänder der Anoden rund gebogen darauf gehängt werden. Für billige Einrichtungen kann man auch Messingstangen oder Kupfer- bzw. Messingrohre mit Eisenkern verwenden. Verfasser rät aber entschieden zur Verwendung massiver Kupferstangen, denn diese behalten ihren Wert und gewährleisten eine gleichmäßige Stromverteilung auf den an selbst langen Kathodenstangen hängenden Waren.

Daß die + Leitung der Anoden und die — Leitung der Waren streng voneinander getrennt (isoliert) sein müssen, sich nirgends berühren dürfen, ist selbstverständlich, sonst würde der Strom außerhalb des Bades zirkulieren, im Bad keiner, demnach auch kein Niederschlag erzielt werden. Obwohl selbstverständlich, sei doch aufmerksam gemacht, daß ein gewissenhafter Elektroplattierer jedesmal vor Beginn der Arbeit die Leitungsmontierung der Bäderwannen mit Schmirgelleinen blank putzt, um die ungestörte Stromzirkulation zu sichern.

Die Verbindung der Waren- und Anodenleitung der Bäder mit der Stromquelle wird je nach der zirkulierenden Stromstärke mit Kupferdraht oder Kupferkabel vermittelt, und zwar hat man bei der Dimensionierung für je 1 A zirkulierender Stromstärke einen Leitungsquerschnitt von 1 qmm zu rechnen. Auch diese Verbindungen müssen vollkommen metallblank und mit verläßlichem

Kontakt ausgeführt werden, um Stromverlust zu vermeiden. Leitungsarmaturen
für spezielle Zwecke werden wir später noch besprechen.

Anordnung der Anoden und Waren im Bad. Wie man Anoden und Waren
im Bad anordnet, ist von der Form der zu elektroplattierenden Gegenstände und
der Art und Weise abhängig, wie die Elektroplattierung ausgeführt werden soll.

Betreffs der Form der Ware ist zu berücksichtigen, ob diese flach oder
voluminös, ob es kleine Gegenstände oder solche von größeren Dimensionen sind;
danach richtet sich nicht nur die Elektrodenentfernung (das ist der Abstand
der Anoden von der Ware im Bad), sondern auch die Zahl der Warenreihen, die
man zwischen zwei Anodenreihen einhängen kann. Was die Art der Plattierung
anbelangt, so haben wir zwischen starker und schwacher Elektroplattierung zu
unterscheiden, ferner den Umstand in Betracht zu ziehen, ob ein- oder allseitig
ein elektrolytischer Metallniederschlag gewünscht wird.

Für die Elektroplattierung von Metallgegenständen, falls sie allseitig stattfinden soll, wird man nur eine Warenreihe zwischen zwei Anodenreihen anordnen,
siehe Fig. 98; eine Ausnahme hiervon kann bloß bei einer leichten Elektroplattierung ganz kleiner Objekte gemacht werden, die man in zwei Reihen
zwischen zwei Anodenreihen in das Bad hängen kann (Fig. 99).

Bei Bädern bis zu 1 m Länge pflegt man Anoden und Waren der Länge nach

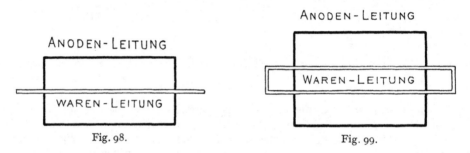

Fig. 98.   Fig. 99.

einzuhängen, also die Anoden und Warenstangen auf die beiden schmalen Wände
aufzulegen, wie aus Figur 96 ersichtlich ist.

Bei längeren Bädern ist dies nicht mehr gut durchführbar, weil sich die Stangen, wenn sie auch noch so dick wären, schon durch ihr eigenes Gewicht und erst
recht unter der Last der darauf hängenden Waren biegen würden; in diesem
Fall macht man diese Anordnung über quer, falls die Gegenstände dies zulassen,
siehe Fig. 95 und 97. Will man dennoch die Stangen der Länge nach anbringen, so muß man für eine passende und starke Unterstützung an einem
oder mehreren Punkten sorgen, was beispielsweise durch Eisenschienen erreicht
werden kann, die mit Holz überdeckt sind.

Von Einfluß auf die Anordnung der Anoden und Waren im Bad ist die Art,
wie ein Gegenstand elektroplattiert werden soll. Wenn z. B. eine Tasse auf beiden
Seiten gleich stark versilbert werden soll, so darf nur eine Reihe Tassen zwischen
zwei Anodenreihen eingehängt werden; will man aber nur eine Seite stark versilbern, so kann man zwei Reihen solcher Tassen zwischen zwei Anodenreihen
hängen, muß aber selbstredend die stark zu plattierenden Flächen nach außen
hängen und den Anoden zukehren. Soll überhaupt nur eine Seite eines Gegenstandes einen elektrolytischen Niederschlag erhalten, wie die graphitierten Matrizen
einer Galvanoplastik, so hängt man eine Anodenreihe zwischen zwei Warenreihen,
die Anode wird dann auf beiden Seiten gelöst, daher selbstredend rascher aufgebraucht, als wenn sie nur gegen eine Seite wirkt.

Daß eine gleichmäßig solide Elektroplattierung nicht stattfinden kann,
wenn zwei Reihen Waren zwischen zwei Anodenreihen eingehängt sind, ist leicht
verständlich, weil immer die den Anoden zugekehrte Seite der Objekte stärker

elektroplattiert wird als die entgegengesetzte von der zweiten Warenreihe gedeckte Fläche.

Aus demselben Grunde sind die Gegenstände tunlichst von den Anoden überall gleichweit entfernt zu hängen, weil der elektrische Strom sich den Weg sucht, der ihm den geringsten Widerstand entgegensetzt. Man hat daher behufs gleichmäßiger Elektroplattierung die Ware zwischen den beiden Anodenreihen genau in die Mitte einzuhängen, das heißt die Abstände zwischen Ware und Anoden tunlichst überall gleichgroß zu halten.

Im Kapitel Stromdichte, Badspannung und Polarisation haben wir bereits von der Art des Stromüberganges in Form von Stromlinien gesprochen, ebenso die Wirkung der sogenannten „Stromlinienstreuung" kennen gelernt. Verfasser macht hier noch auf eine Erscheinung aufmerksam, die als „Schirmwirkung" bezeichnet wird und die aus nachfolgender Auseinandersetzung klar werden dürfte.

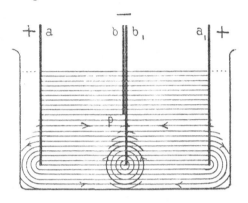

Fig. 100.

In der in Fig. 100 gezeichneten Darstellung bedeuten a und a_1 zwei Anodenplatten, b und b_1 zwei zum Elektroplattieren eingehängte Bleche. Der elektrische Strom geht in der durch die beiden Pfeile angedeuteten Richtung von den Anoden zu den Blechen, an letzteren das betreffende Metall ausscheidend. Das Blech b_1 aber wird nur bis zum Punkt p auf der der Anode a zugekehrten Seite einen Niederschlag erhalten, weil das Blech b schirmartig die Stromlinien, die von a kommen, auffängt. Ebenso wird das Blech b auf der der Anode a_1 zugekehrten Seite keinen Niederschlag erhalten können, weil diese Seite gänzlich von dem Blech b_1 gedeckt ist. Von dieser Erscheinung macht man praktischen Gebrauch, wenn es sich um einseitige Elektroplattierung von Blechen u. dgl. handelt; diese werden dann einfach mit den unplattiert bleibenden Rückseiten anliegend paarweise eingehängt.

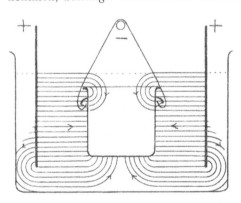

Fig. 101.

Beim Elektroplattieren hohler Gegenstände hat man die „Schirmwirkung" ebenfalls zu berücksichtigen. Sollen z. B. einseitig geschlossene Gefäße (Kochgeschirre, Becher u. ä.) auch innen elektroplattiert werden und man würde diese in der in Fig. 101 gezeichneten Weise einhängen, so ist klar, daß die inneren Flächen gar nicht oder nur teilweise (höchstens der obere Rand) innen elektroplattiert werden, weil die Stromlinien durch die Wandungen größtenteils aufgefangen werden. Solche Objekte wird man also, um einen einigermaßen gleichmäßigen Niederschlag auch an den Innenflächen zu erzielen, so einhängen, daß die Öffnung einer Anodenfläche parallel zugekehrt ist, wenn man nicht den Ausweg einschlagen will, in den inneren Hohlraum auch eine Anode einzuhängen, was aber jedenfalls umständlich, für kleinere Gegenstände unrationell, bei größeren Gegenständen solcher Art dagegen unerläßlich ist.

Die oben angeführten Anordnungen von Anoden und Waren können nur auf flache oder nicht gar zu große voluminöse Gegenstände bezogen werden; handelt es sich darum, abnorm große Objekte wie große Lüster u. ä. zu elektroplattieren, die man nicht zerlegen kann, so muß die Anordnung der Anoden dem zu elektroplattierenden Gegenstand gemäß erfolgen, man wird eventuell die Anoden kreisförmig anordnen, um alle Teile des Objektes gleichmäßig zu überziehen, bei sehr großen hohlen Gegenständen, z. B. Kesseln, Töpfen u. ä., wird man Anoden in den Hohlraum hängen, diese letzteren nennt man dann Innenanoden.

Spezielle Einrichtungen an den Bädern.

Ruhende Bäder. Für die gewöhnlichen Zwecke der Galvanisierung werden die sogenannten ruhenden Bäder verwendet, deren Einrichtung wir bereits im vorhergehenden Kapitel kennen lernten und wollen wir uns nunmehr mit der Methode der Bedienung solcher Bäder näher befassen.

Um einen tadellosen Niederschlag zu erzielen, ist nebst richtig geregelten Stromverhältnissen und richtiger Badtemperatur der innige Kontakt zwischen der äußeren Stromzuleitung und den im Bad hängenden Objekten eine nennenswerte Bedingung.

Das Einhängen der Waren in das Elektroplattierbad geschieht meist mittelst Kupfer-, Nickel- oder Messingdraht und zwar von solcher Stärke, daß die für das betreffende Objekt nötige Stromstärke (½ bis 1 qmm Leitungsquerschnitt pro 1 A) zirkulieren kann. Das Objekt wird auf einem oder wenn nötig auf zwei Drähten aufgebunden auf die Warenstange gehängt, wie Fig. 102 und 103 veranschaulicht.

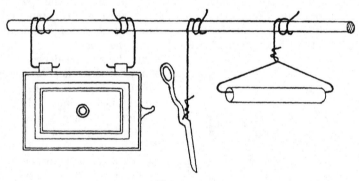

Fig. 102.

Beim Aufbinden der Gegenstände auf Draht ist dieser so anzubringen, daß ein inniger Leitungskontakt besteht. Begreiflicherweise wird sich an den Stellen, wo der Einhängedraht am Objekt fest anliegt, kein Niederschlag ansetzen können; man ändert daher während des Elektroplattierens öfter die Lage des Drahtes, um ein gleichmäßiges Elektroplattieren auch dieser Kontaktstellen zu ermöglichen, oder befestigt ihn an solchen, natürlich metallblanken Stellen, wo es nicht schadet, wenn der Niederschlag fehlt.

Die Stelle auf der Warenstange, wo man den Einhängedraht herumwickelt und befestigt, pflegt man gewohnheitsgemäß mit dem Draht selbst nach dem Aufhängen abzureiben, um etwaige Unreinheit dadurch zu entfernen und einen guten, innigen Kontakt zu sichern.

Selbstverständlich muß man stets darauf achten, daß nirgends zwischen Anoden- und Warenleitung eine metallische Verbindung stattfinde, also weder die beiden Leitungsdrähte der Stromquelle sich irgendwo berühren noch zwischen der Waren- und Anodenleitung außen oder im Bade eine Berührung oder Verbindung vorkommt. Es geschieht z. B. sehr oft, daß ein zu langer Einhängedraht der Ware die Anodenstange berührt oder im Bad ein Objekt an einer Anode anliegt. Das wäre ein sogenannter „Kurzschluß", eine Störung im Elektroplattierprozeß!

Gar nicht unwesentlich ist es, die zu elektroplattierenden Gegenstände gleich beim Einhängen in das Bad mit der Stromleitung in Verbindung zu setzen, so daß sie nicht etwa einige Zeit ohne Strom im Bade hängen. Namentlich beim Elektroplattieren von Zink und anderen Weichmetallen ist dies sehr zu beachten, weil diese Metalle von den Lösungen leicht angegriffen werden und der elektrolytische Niederschlag dann schlecht haftet.

Man mache sich zur Gewohnheit, den Gegenstand im Moment des Einhängens auch gleichzeitig mit der Warenleitung zu verbinden, etwas zu bewegen oder im Bad zu schütteln, um etwa anhaftende Gasblasen zu entfernen.

Ebenso mache man sich zur Gewohnheit, die im Bad hängenden Waren während des Elektroplattierens so oft als möglich zu schütteln, zu wenden, große, tief reichende, voluminöse Gegenstände oder Platten ganz umzudrehen, von unten nach oben, damit der Niederschlag an allen Punkten gleich stark werde. Das fleißige Schütteln der im Bad hängenden Objekte hat nebst Entfernung der sich anlegenden Gasblasen (Wasserstoff) auch noch den Vorteil, daß durch die dabei entstehende Bewegung des Bades die den Kathoden anliegenden Flüssigkeitsschichten, welche

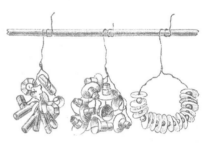

Fig. 103.

begreiflicherweise zunächst ihres Metallgehaltes beraubt wurden, durch neue Lösungsschichten ersetzt werden; es ersetzt diese Manipulation bis zu gewissem Grade die Bewegung des Bades durch besondere Rührvorrichtungen.

Die Entfernung zwischen Waren und Anoden, was wir „Elektrodenentfernung" nennen, sei normal 15 cm für flache Objekte ohne wesentliche Erhöhungen oder Vertiefungen; in Ausnahmefällen kann sie bei solchen sogar bis auf 5 cm verringert werden bei gleichzeitig entsprechender Verringerung der Badspannung, sofern es der Gegenstand zuläßt oder eine Regelung des Abstandes zwischen Waren und Anoden durch geeignete Einrichtungen erreicht wird.

Voluminöse Gegenstände oder solche mit bedeutenden Erhöhungen oder Vertiefungen muß man weiter von den Anoden entfernen, damit der Niederschlag an allen Stellen der Oberfläche möglichst gleichzeitig und gleichmäßig erfolge; man macht den Zwischenraum so groß, daß das äußerste Ende des Gegenstandes noch mindestens um den Durchmesser (Volumenbreite) desselben von den Anoden entfernt bleibt.

Hat man z. B. einen kugelförmigen Körper von 20 cm Durchmesser zu elektroplattieren, so müßte von dem den Anoden zugekehrten Ende des Körpers bis zu den Anoden im Bad eine Entfernung von wenigstens 20 cm eingehalten werden, die Warenstange von den Anodenstangen demnach einen Abstand von 20 + 10 (Halbmesser des Körpers) = 30 cm haben, es ergibt sich somit eine Elektrodenentfernung (die Entfernung der + und — Stange über dem Bade) von 30 cm. Daß in solchen Fällen der Vergrößerung der Elektrodenentfernung über die normale (15 cm) auch die Badspannung entsprechend erhöht werden muß, um die vorgeschriebene Stromdichte zu erzielen, wurde im theoretischen Teil bereits besprochen.

In den späteren Bädervorschriften ist meist die bei Änderung der Elektrodenentfernung über oder unter die normale Entfernung von 15 cm erforderliche Erhöhung oder Verminderung der Badspannung für je 5 cm angegeben.

Nehmen wir z. B. an, wir haben für ein Bad eine Badspannung von 3 V vorgeschrieben, um 0,3 A Stromdichte zu erzielen, und sehen weiter vorgeschrieben: „Änderung der Badspannung für je 5 cm Änderung der Elektrodenentfernung = 0,3 V", so müßten wir im obigen Fall der vergrößerten Elektrodenentfernung auf 30 cm die Badspannung um 3 × 0,3 = 0,9 V, demnach auf 3,9 V erhöhen, um die vorgeschriebene Stromdichte von 0,3 A auch trotz der vergrößerten Elektrodenentfernung einzuhalten.

Hat man hohle Gegenstände einzuhängen, so sorge man dafür, daß alle Luft aus den Hohl- und Innenräumen vom Bad verdrängt werde, sonst würde sich an diesen mit Luft erfüllten Stellen kein Niederschlag bilden.

Einhängevorrichtungen für verschiedene Gegenstände. Die einfachste Methode der Einhängung der zu galvanisierenden Gegenstände in die ruhenden Bäder ist die des Aufbindens derselben an dünnen Drähten, wozu gewöhnlich Kupfer- oder Messingdrähte benutzt werden. Da sich aber im Laufe der Zeit an diesen Einhängedrähten wie an allen Einhängevorrichtungen das Niederschlagsmetall stark ansetzt, so benutzt man insbesondere für Vernicklung gern Reinnickeldrähte und zwar deshalb, weil dann diese Drähte oder Haken u. dgl. nach langem Gebrauch, wenn sie stark mit reinem Nickel überzogen sind, einen bedeutenden Materialwert darstellen und solche leicht und zu gutem Preis (Altmaterialpreis für Reinnickel) an Metallhandlungen oder an diejenigen Firmen wieder verkauft werden können, welche sich mit dem Herstellen der Nickelanoden befassen.

Verwendet man aber aus unrichtiger Sparsamkeit zum Einhängen der Waren Kupferdrähte oder gar Eisendrähte in den Nickelbädern, so bleibt nichts anderes übrig, als die dicken Nickelniederschläge mühsam mittels scharfer Instrumente oder durch Hämmern schalenförmig von diesen Kupfer- oder Eisendrähten abzulösen, wenn man einen einigermaßen akzeptablen Preis für solche Nickelabfälle erzielen will, denn solche Nickelreste in Verbindung mit Fremdmetallen sind für die Zwecke der Anodenherstellung ganz und gar ungeeignet, da durch Kupfer oder Eisen oder gar Messing der Guß der Nickelanoden zu einem für die Galvanotechnik vollkommen ungeeigneten Anodenmaterial führen würde. Die Nickelanoden liefernden Firmen nehmen daher solche mit Fremdmetallen verunreinigte Nickelreste fast überhaupt nicht zurück, wogegen solche Einhängevorrichtungen, wenn sie aus Reinnickel hergestellt wurden, zu einem Preis entgegengenommen werden, der bis zu 30 % des Preises für die reinen Nickelanoden ausmacht.

Welche Form man nun diesen Einhängevorrichtungen gibt, hängt von dem Gewicht und der Größe der zu galvanisierenden Gegenstände einerseits und von der Form der Warenstangen auf den Bädern anderseits ab. Die Form der Warenstangen ist ja nun wohl zumeist kreisrund, da für gewöhnlich Rundkupfer- oder Rundmessingstangen oder runde Rohre als Warenstangen an den Bädern verwendet werden. Daher zeigen solche Einhängevorrichtungen an der oberen Seite gewöhnlich eine hakenartige Rundung, mit welcher diese Vorrichtungen an die runden Warenstangen aufgehängt werden. Hat man bei größeren Bädern mit großer Ausladung oder deshalb, weil man sehr schwere Gegenstände in die Bäder hängt, Kupferschienen mit viereckigem Profil als Kathoden-(Waren-)Stangen verwendet, so gibt man der Aufhängestelle dieser Einhängevorrichtungen ein dem Profil dieser Schienen angepaßtes Profil in Hakenform oder man befestigt diesen oberen Teil mittelst Flügelschrauben seitlich oder von oben (bei flach liegenden Kupferschienen) auf diesen Warenschienen, um auch einen sicheren Kontakt neben einer sicheren Aufhängung zu erreichen.

Bei vielen gleichartigen Artikeln, die in großer Menge gleichzeitig in die Bäder eingehängt werden, konstruiert man sich, um das Einhängen einzelner Teile zu ersparen und damit auch Arbeitskräfte für das Einhängen oder Festbinden an den Warenstangen zu sparen, gitterartige oder traubenförmige Vorrichtungen, aus Draht oder aus Blechstreifen angefertigt, an denen diese Gegenstände einfach angehängt werden. Vielfach trifft man auch federnde Einhängevorrichtungen für solche Gegenstände, welche, wie z. B. Uhrenschalen, infolge ihrer Rundung nicht gut angebunden werden können. Man vereinfacht sich dadurch nicht ·nur die Arbeit, sondern vermeidet dadurch gleichzeitig, daß sich der Bindedraht an solche Stellen der zu galvanisierenden Waren anlegt, welche galvanisiert werden sollen. Überall dort, wo ein solcher Draht über eine metallische Oberfläche gelegt wird, wird die Stromlinienwirkung abgeblendet, die gedeckte Stelle erhält dann weniger Strom als die freien Stellen oder bei festem Aufliegen können solche Stellen ganz ungalvanisiert bleiben, was gleichbedeutend mit Ausschuß ist.

Durch solche Spezialvorrichtungen, die sich jeder Galvaniseur für seine speziellen Warengattungen selbst baut, wird auch die Badtiefe besser ausgenutzt, und gleichzeitig erhält man eine gleichmäßigere Ware beim Galvanisieren und gleichmäßigere Anodenausnutzung. Solche Vorrichtungen bringen nicht nur die genannten Vorteile im galvanischen Bad selbst, sondern man kann dieselben schon für die Laugerei, Beizerei, elektrolytische Entfettung und schließlich zum Abspülen nach der Galvanisierung benutzen. In besonders großen Betrieben wird es ein findiger Techniker verstehen, sich seine Einhängevorrichtungen für einen speziellen Artikel so auszugestalten, daß er die ganze Warenstange sogar maschinell aus dem Bade hebt, es wird sich wohl auch Transporteinrichtungen zu schaffen wissen, welche die Ware auf einer solchen transportablen Warenstange aus dem Entfettungsbad ins Spülbad, von da ins Galvanisierbad und von da wieder ins Spülbad und schließlich in die Trockeneinrichtung automatisch transportieren, um solcherart Arbeitslöhne zu sparen und anderseits zwangsweise eine Gleichmäßigkeit des Fabrikates herbeizuführen. Gerade in diesem maschinellen Arbeiten einer galvanischen Anlage wird sich der Erfindungsgeist denkender Techniker bewähren können, Hilfsmittel besitzt ja die moderne Technik hierfür gerade genug, und wir kommen auf diese Weise dem Ideal der Wanderbäder mit Vermeidung menschlicher Hilfskräfte bereits nahe.

In manchen Betrieben, wo es auf eine besondere Gleichmäßigkeit der Galvanisierung ankommt, wie z. B. bei der Versilberung von Eßbestecken, Tafelgeräten u. dgl. werden die Warenstangen durch Exzenter hin und her bewegt, vgl. das Kapitel „Versilberung der Eßbestecke" oder es werden die zu galvanisierenden Waren voluminöser Art, wie Lampenkörper, Vasen u. ä., welche mit planen Anoden bei unbewegten Waren eine ungleichmäßige Galvanisierung zeigen würden, durch maschinelle Vorrichtungen während des Betriebs in Rotation versetzt, wozu sich leicht für jeden derartigen Spezialartikel geeignete Apparaturen schaffen lassen, die natürlich gleich an den betreffenden Bädergefäßen fest angeordnet sein müssen.

Platten und Bleche werden mittelst Klemmeinrichtungen, deren Spitzen eben noch in die Badflüssigkeit eintauchen, an die Warenstangen gehängt, und zwar verwendet man für kleinere Stücke eine solche Klemme, für größere Stücke 2 bis 3, letztere werden dann gewöhnlich auf einem gemeinsamen Traggestell anmontiert.

Stromlinienblenden. Wir haben in einem früheren Kapitel gesehen, wie sich die sogenannten gestreuten Stromlinien bei der Berechnung der Badspannung auswirken, indem sie sich auch über den durch die Elektrodengröße begrenzten Teil des Elektrolyten ausbreiten. Wir haben also zwischen Ware und Anode niemals ein ganz homogenes Stromlinienfeld, wenn man nicht etwa in einem viereckigen Gefäß 2 Elektroden einander so gegenüberhängt, daß die Wände des Gefäßes und der Boden gleichzeitig die Elektroden begrenzen. Hängen Elektroden in einem galvanischen Bade derart, daß ihre Abmessungen kleiner sind als die Badabmessungen, so kann sich die Streuung der Stromlinien so auswirken, daß die Ränder der Kathoden eine wesentlich höhere Stromdichte erhalten und dies

kann so weit gehen, daß die Ränder sogar „anbrennen". Um diese allgemein bekannte, lästige Erscheinung zu vermeiden, bedient man sich sogenannter „Stromlinienblenden", das sind metallische Vorrichtungen, welche mit der zu galvanisierenden Ware gleichzeitig an die Kathodenstange befestigt werden, die zu
galvanisierende Ware ganz oder teilweise umfassen, so daß die gestreuten Stromlinien von diesen Blendstreifen aufgefangen werden, wodurch innerhalb dieses
Blendrahmens beispielsweise ein homogenes Stromlinienfeld entsteht. Dort, wo ein
Bad mit Ware ganz voll beschickt wird, wie dies in größeren Betrieben stets der
Fall ist, haben wir von selbst eine gewisse Homogenität des Stromlinienfeldes
durch die gleichmäßige Badbeschickung erreicht. Wenn aber eine Warenstange
erst nach und nach mit Ware beschickt wird, so sind die erst eingehängten Gegenstände der Gefahr ausgesetzt, daß gestreute Stromlinien einen übermäßigen
starken Metallbelag verursachen bzw. daß die Stromdichte an den Rändern übermäßig hoch ansteigt und die Arbeit des Galvanisierens an diesen ersten Teilen

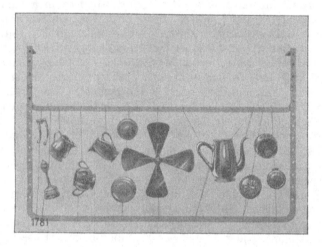

Fig. 104.

mißlingt. Eine Gleichmäßigkeit kann man nur erhalten, wenn man für ein homogenes Stromlinienfeld während der Arbeit sorgt, und dazu dienen Spezialvorrichtungen, die z. B. auch für besondere Arbeiten wie beim heutigen Verchromen,
gesetzlich geschützt sind[1]).

Fig. 104 zeigt eine solche Vorrichtung. Zwischen 4 verstellbar miteinander
verbundenen Schienen aus Kupfer oder Messing u. dgl. werden die zu galvanisierenden Waren mit feinen Drähten festgebunden. Sie erhalten auf diese Weise
durch Vermittlung der starken umgebenden Schienen von mehreren Seiten her
guten Kontakt, sind zudem in ihrer Lage vorher genau fixiert, und wenn der ganze
Rahmen mit den darauf befestigten Gegenständen in das galvanische Bad gebracht wird, erhalten alle Teile gleichzeitig den ihnen zufallenden Strom. Es ist
also für ein homogenes Stromlinienfeld vorgesorgt, es kann also kein Gegenstand
mit Strom überlastet werden. Speziell beim Verchromen hat sich diese Stromlinienblende als äußerst nutzbringend erwiesen.

Vorrichtungen zum Galvanisieren von Massenartikeln.

Hat man größere Mengen von kleinen Massenartikeln zu galvanisieren, so
ist das Auffädeln auf Aufhängedrähte meist zu zeitraubend, oft auch infolge
der Form dieser Gegenstände so gut wie gar nicht ausführbar, denn man kann

---

[1]) D.R.G.M. der Langbein-Pfanhauser-Werke A.-G.

z. B. Nägel oder glatte kleine Stifte u. dgl. niemals so befestigen, daß nicht ein Teil zumindest beim Einhängen auf den Boden des Badgefäßes fallen würde. Für solche kleine Artikel muß man besondere Einhänge-Methoden schaffen, die, wenn eine Bewegung solcher Artikel deswegen untunlich erscheint, weil sie sich beim Bewegen gegenseitig scheuern und verkratzen würden, nur im ruhenden Zustande eine Elektroplattierung gestatten.

Siebe. Man verwendete in früherer Zeit für solche Zwecke Körbe aus nicht-leitendem Material, zumeist aus Steinzeug in Siebform mit durchlochter Wandung, wie solche Steinzeugsiebe auch zum Beizen und Gelbbrennen kleiner Gegenstände dienen (siehe Gelbbrennen). Damit nun aber diese Gegenstände Strom erhalten, muß in ihre Mitte ein Zuleitungskontakt, der mit der Warenstange in Verbindung gebracht wird, eingeführt werden, was man entweder mit einem Blechstreifen oder Draht oder einer Drahtspirale erreichen kann. Oftmals wird eine gering-fügige Bewegung mittelst dieser Stromzuführung selbst herbeigeführt, indem man den Blechstreifen oder diese Drahtspirale von Hand eine rührende Bewegung ausführen läßt, wodurch die kleinen Gegenstände durcheinandergerührt werden und der Auflagekontakt genügend gewechselt wird, damit nicht ungalvanisierte Stellen an den Gegenständen bleiben.

Man kam dann später auf die Galvanisier- oder Elektroplattiersiebe, Vor-richtungen, welche entweder aus Drahtgeflecht angefertigt wurden mit seitlichem Rand aus Drahtgeflecht oder aus Blech gegen das Heraus-fallen der Gegenstände, oder später noch auf die Benutzung von Sieben aus perforiertem Holz oder Zelluloid, deren Innenfläche entweder mit Drahtzuleitungen versehen oder innen galvanoplastisch mit Kupfer belegt wurden, welcher Belag eine sichere Stromzuführung an allen Teilen dieser Elektroplattierkörbe sicherte. Fig. 105 zeigt einen solchen Elektroplattierkorb

Fig. 105.

aus Zelluloid. Natürlich sind solche Siebe immer nur ein Notbehelf, aber man kann in diesen Körben sehr gut arbeiten, für manche Zwecke, wie Nähnadeln oder Stecknadeln, sind sie sogar fast unentbehrlich. Es ist bei Verwendung solcher Siebe stets darauf zu achten, daß nicht zuviel Ware eingelegt wird, weil sonst der Strom nicht bis ins Innere der Beschickung wirken könnte und dann ein guter Teil der Gegenstände mißfarbig oder ganz unplattiert ausfallen müßte.

Solche Siebe oder Körbchen sollen nach Tunlichkeit aus nichtleitendem Material bestehen, weil sonst, wenn metallische Geflechte oder Netze verwendet werden, diese den hauptsächlichsten Strom aufnehmen, sich stark mit Metall überziehen, weil ja in solchen Fällen stets mit höherer Badspannung von min-destens 5 V. gearbeitet wird, wogegen die im Innern solcher Metallkörbe liegende, zu elektroplattierende Ware nur verschwindend wenig Strom erhält, sich demzufolge nur unvollkommen und schwach und zudem nur sehr langsam plattiert. Wendet man Zelluloid oder andere Materialien als Siebwandung an, welche in heißem Wasser weich werden und sich deformieren, so darf man solche Siebe oder Körbe natürlich nur in kalten Bädern verwenden, keinesfalls also in heißen Goldbädern oder heißen Zinnbädern, wie solche häufig vorkommen. Da man in solchen, ruhig in den Bädern hängenden Sieben oder Körbchen die Ware, um eine möglichst gleichmäßige Elektroplattierung der kleinen Massenartikel zu bekommen, öfters von Hand oder mit einem Stab umrühren muß, ist diese Ein-richtung immerhin primitiv zu nennen.

Maschinelle Trommelapparate. Das Bedürfnis für solche maschinell arbeitende Apparate bei der Galvanisierung größerer Mengen von Massenartikeln reicht weit zurück, und schon vor zwanzig Jahren wurden mehr oder weniger glücklich kon-

struierte Apparate in Form von rotierenden Trommeln verwendet. Ein wunder
Punkt bei all diesen älteren Konstruktionen war die Stromversorgung der in diese
Trommeln eingefüllten Gegenstände. Metallische Wandungen solcher rotierender
Apparate waren schon aus dem Grunde als unpraktisch bald verlassen worden,
weil sich das niederzuschlagende Metall vorwiegend an die Trommel selbst ansetzte und die Gegenstände nur verschwindend wenig Anteil an der Exposition
als negative Elektrode nahmen. Es ist dies ohne weiteres erklärlich, wenn
man berücksichtigt, daß bei den zumeist kleinen Kontaktflächen, die sich zwischen
der leitenden Trommelwand und den lose
darauliegenden Waren ausbildeten, ganz
gewaltige Übergangswiderstände störend
einstellen mußten. So kam es, daß sich
vorwiegend das Niederschlagsmetall an
der Trommel ansetzte, wodurch ein enormer Mehrverbrauch an Anodenmaterial
eintreten mußte, als er für die Plattierung
der Gegenstände notwendig gewesen und
eingetreten wäre, wenn dieselben an
Drähten eingehängt worden wären.

Fig. 106.

Natürlich war es grundfalsch, die
Anoden bei Verwendung metallischen
Materiales für die Trommel außen um
die Trommel herum anzuordnen, doch begegnen wir auch solchen Konstruktionen, die begreiflicherweise rasch aus der Technik verschwanden.

Man konstruierte dann Trommelapparate, die im Innern die Anoden trugen,
mußte aber bald konstatieren, daß sich in diesem Fall sehr leicht Kurzschlüsse
zwischen Waren und den darüberhängenden Anoden bildeten, oder man mußte
die Erfahrung machen, daß beim Rotieren der Trommel Gegenstände in die
Höhe getragen wurden, anstatt, wie man dies wollte, darin herumzukollern.
Es fielen solche hochgehobene Stücke auf die im Innern der Trommel auf
der Welle isoliert und mit
besonderer, oft recht kompliziert ausgeführter Zuleitung
versehenen Anoden und wurden solcherart nicht nur der
Niederschlagsarbeit entzogen,
sondern anodisch vom Strom
wie das Anodenmaterial selbst
aufgelöst. Die Folge davon
war ein vorzeitiges Versagen
und eine weitgehende Verunreinigung der Bäder.

Auch die Verwendung von
Aluminium als Trommel-
material kann nicht als glück-

Fig. 107.

lich bezeichnet werden, weil erstens das Aluminium in sauren Lösungen, wie
z. B. Nickel- oder Zinkbädern, den Stromübergang zu den Waren erschwert,
anderseits für alkalische Bäder durch die Löslichkeit des Aluminiums in Alkalien
solches von selbst ausschaltet.

Eine der besten Konstruktionen ist in den Fig. 106 und 107 veranschaulicht.
Es ist dies der vom Verfasser stammende Apparat, der sich nebst Güte und Einfachheit der Konstruktion durch seinen verhältnismäßig billigen Preis auszeichnet.

Abbildung Fig. 107 zeigt den Apparat zusammengebaut mit einer Spülwanne,
in welche die eigentliche Trommel nach erfolgter Plattierung zwecks rascher

Spülung der elektroplattierten Gegenstände, was zur Erhaltung des reinen Farbtones der aufgetragenen Metallniederschläge ungemein wichtig ist, mittels einer Vorrichtung aus Schneckenrad und Schnecke gekurbelt werden kann, während gleichzeitig der Antrieb von der Vollscheibe aus weiter läuft und die Waren gut durcheinander geschüttelt werden, während die Spülung im Spülbottich vor sich geht.

Diese Apparate haben gewöhnlich einen Trommeldurchmesser von 500 mm und eine Trommellänge von ebenfalls 500 mm. Die Anoden hängen außerhalb zu beiden Seiten der Trommel und zwar meist in plattenförmigem Zustande. Für gewisse Bäder ist die Anwendung halbkreisförmig gebogener Anoden, die die Trommel an ihrer Unterseite umgeben, praktisch, weil man auf diese Weise eine größere Anodenfläche erzielt. (Für alle alkalischen Bäder empfehlenswert!)

Die Trommel wird durch eine Kette angetrieben und besitzt eine Voll- und eine Leerscheibe mit Riemenrücker. Je nach den Artikeln, die in diesen Trommeln galvanisiert werden sollen, wird die Zuführung des negativen Stromes eingerichtet.

Fig. 108.

Die Trommelwand kann in allen Perforationen geliefert werden und erfordert der Apparat im allgemeinen 8 bis 10 V. Betriebsspannung bei einem Stromverbrauch, je nach Art der auszuführenden Elektroplattierung, von 80 bis 200 A. pro Trommel. Das zulässige Beschickungsquantum pro Charge schwankt je nach dem zu plattierenden Artikel zwischen 10 und 30 kg. Von den Langbein-Pfanhauser-Werken wird außer diesen größeren Trommelapparaten für die gleichen Zwecke ein kleinerer einfacher gebauter Apparat gebaut, wie ihn die Fig. 108 und Fig. 109 darstellen. In diesen kleineren Trommeln von etwa nur 50 cm Länge und 20 bis 25 cm Durchmesser kann man je 5 bis 10 kg kleiner Massenartikel auf einmal exponieren.

Fig. 109.

Die Wandungen dieser Trommeln bestehen im allgemeinen aus Zelluloid, die Wände sind entweder mit runden Löchern oder mit schmalen Schlitzen von 1 bis 2 mm perforiert, die Art der Perforierung wird durch die Natur der Gegenstände bestimmt. Diese Apparate sind wegen des verwendeten Materiales natürlich auch nur für kalte Lösungen zulässig, da in heißen Lösungen die Zelluloidwandung weich würde und sich deformieren würde.

Es wird von genannten Werken auch eine Anordnung für zwei, drei oder mehr Trommeln in einer gemeinsamen Wanne ausgeführt: Jede Trommel ist separat ausrückbar, was einen großen Vorteil für solche Betriebe bedeutet, die verschiedene Artikel galvanisieren und darauf bedacht sind, daß sich die verschiedenen Artikel nicht vermengen.

Eine nähere Beschreibung erübrigt sich wohl. Alles Nähere ist ja aus den Abbildungen zu ersehen. Je nach Art des Artikels, der galvanisiert werden soll, wird jede dieser Trommeln mit 5 bis 10 kg Ware beschickt. Die Objekte bleiben je nach gewünschter Metallauflage ¼ bis 1 Stunde im Bade. Die Kosten der Galvanisierung in solchen Trommelapparaten sind ganz von den zu galvanisierenden Objekten abhängig und soll die nachstehende Aufstellung nur ein ungefähres Bild der Galvanisierungskosten pro 100 kg veredelter Ware bieten.

Man kann folgende Gestehungskosten[1]) annehmen unter Anwendung der Trommelapparate:

Vernickelung . .	von	100 kg	Ware	M.	20.—	bis	60.—
Vermessingung .	,,	100 kg	,,	M.	16.—	,,	50.—
Verkupferung. .	,,	100 kg	,,	M.	16.—	,,	50.—
Verzinkung. . .	,,	100 kg	,,	M.	12.—	,,	40.—
Verzinnung. . .	,,	100 kg	,,	M.	20.—	,,	60.—
Verbleiung . . .	,,	100 kg	,,	M.	12.—	,,	40.—

In diesen Gestehungskosten sind inbegriffen:

1. der Metallanodenverbrauch,
2. der Kraftverbrauch für den Antrieb des Apparates und für die Stromerzeugung,
3. Bedienungspersonal.

Während der vorher erwähnte größere, in den Fig. 106 und 107 abgebildete Apparat infolge der Trommelabmessungen einerseits und infolge des Gewichtes der Trommel samt Inhalt anderseits eine mechanisch arbeitende Hebevorrichtung erforderlich macht, kann die kleine Trommel von Hand aus dem Apparat herausgehoben werden. Die Füllung und Entleerung der Trommel kann selbstredend nur dann vorgenommen werden, wenn durch den Riemenrücker die Trommel stillgesetzt wurde. Der kleine Trommelapparat eignet sich für diejenigen Artikel, die auch im großen Apparat galvanisiert werden können, speziell geeignet ist er zur Galvanisierung längerer sperriger Artikel wie Speichen u. dgl. Man muß darauf achten, daß man die galvanisierten Gegenstände baldigst abspült, nachdem man den Strom unterbrochen hat und dann trocknet.

Die Bäder für die Trommelapparate müssen bei allen derartigen Apparaten sehr metallreich und von hoher elektrischer Leitfähigkeit sein, denn es wird stets mit ganz bedeutenden Stromdichten gearbeitet, und man muß demzufolge dafür sorgen, daß die bei erhöhter Stromdichte immer mehr in die Erscheinung tretende Metallverarmung in der Nähe der Kathode durch Zuführung von neuem Metallsalz wettgemacht werde. So muß speziell bei der Vermessingung in solchen Apparaten eine nach speziellen Prinzipien zusammengesetzte Lösung zur Anwendung kommen, und Verfasser hat mit solchen Elektrolyten dauernd die denkbar besten Resultate erzielt. Es liegt in der Natur der Sache, daß sich solche angestrengt arbeitende Bäder in ihrer Zusammensetzung bald verändern, jedenfalls rascher als gewöhnliche Bäder, und man wendet sich daher bei Beschaffung der zu den Apparaten erforderlichen Bäder am zweckmäßigsten an die Firma, die den Apparat geliefert hat, weil natürlich dieser die größte Erfahrung hierin zu Gebote steht und jederzeit dem Interessenten wird sagen können, wie er sein Bad in Ordnung bringen kann, wenn es einmal nach längerer Zeit weniger gut arbeitet.

---

[1]) Diese Angaben schwanken je nach der Metallauflage und den für solche Kalkulationen dienenden einzelnen Positionen. Auch der Artikel ist insofern von Einfluß, als dünnwandige Objekte höhere Kosten verursachen als schwere bzw. massive.

Die Anoden werden in solchen Apparaten der angewendeten höheren Strom-dichte entsprechend rascher angegriffen, als dies bei gewöhnlichen ruhenden Bädern unter Anwendung schwächerer Ströme der Fall ist, natürlich wird dafür aus einem solchen Bade viel mehr herausgearbeitet. Man muß daher leichtlösliche Anoden verwenden, am besten solche aus Gußmetall. Nur bei der Verzinkung ist die Anwendung gewalzter Anoden vorzuziehen, doch sorge man wie stets in diesem Fall auch für eine möglichst große Anodenfläche, um nicht eine allzu rasche Ver-änderung der Badzusammensetzung zu erfahren.

Eine ebenfalls verbilligte und den Bedürfnissen der Praxis entsprungene Konstruktion zeigt der von den Langbein-Pfanhauser-Werken hergestellte

Fig. 110.

Apparat Type SZ (Fig. 110) mit ganz in die Wanne eintauchender Trommel mit Zahnradantrieb. Dieses in die Lösung eintauchende Antriebszahnrad besteht aus Holz, das Gegenrad, welches außerhalb der Badlösung sich befindet, ist ein mit auswechselbaren Rollen versehenes Rad, welches nach dem Prinzip der „Punkt-verzahnung" gebaut ist, so daß das Holzrad geschont wird, so daß keinerlei schäd-licher Einfluß auf die Badflüssigkeit eintreten kann. Die eckig ausgestaltete Trommel aus einzelnen perforierten Zelluloidplatten ruht mit dem ganzen Kamm-radantrieb in einem hochkurbelbaren Schlittengestell; die Fig. 110 zeigt die hoch-gekurbelte Trommel. Während man bei den früher erwähnten kleineren Trommeln diese samt dem ganzen Inhalt nach erfolgter Elektroplattierung aus der Apparatur heraushebt und sie in das Spülgefäß taucht, bleibt bei dem letzterwähnten Apparat die Trommel stets in der Vorrichtung, zumal ja diese Trommeln weit schwerer und größer gehalten werden (bis zu einer Trommellänge von 80 cm) und von Hand die Trommel nicht mehr zu transportieren wäre, wenn etwa der normale

Inhalt von 25 bis 35 kg Ware darin enthalten ist. Von verschiedener Seite wurde diese bewährte Konstruktion dadurch zu vereinfachen gesucht, daß man anstatt des Kammradantriebes einen Gurtantrieb wählte, indem man den Antriebsgurt zur Bewegung der Trommel um dieselbe herumlegte; diese Konstruktion ist aber für uns heute denn doch etwas zu primitiv, und Verfasser meint, daß man in derartigen Anschaffungen nicht kleinlich sein darf und nicht maschinelle Einrichtungen sich zulegen sollte, welche gegenüber den allgemein üblichen Konstruktionen wie eine Robinsonade anmuten. Diese Antriebsgurte werden sehr bald unbrauchbar und mürbe, verunreinigen leicht die Bäder und die ganze Handhabung des Apparates wird dadurch unbequem und zeitraubend.

Je nach der Art der zu galvanisierenden Massenartikel müssen solche Trommelapparate verschiedenartige Perforierung der Trommelwände erhalten, und zwar soll der Gesamtquerschnitt aller Durchbrechungen der Trommelwandung ein Maximum sein, um dem Stromdurchgang keinen zu großen Widerstand entgegenzusetzen, weil ja durch die unvermeidliche Trommelwandung eine Verringerung des Leitungsquerschnittes des Elektrolyten, der sich zwischen den meist außerhalb

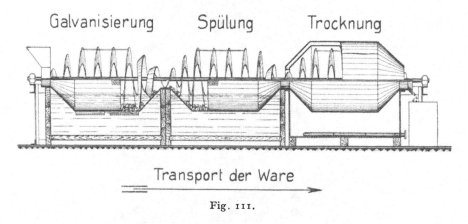

Fig. 111.

der Trommeln befindlichen geraden oder rund gebogenen Anoden und der im Trommelinnern befindlichen Ware befindet, platzgreift. Schon aus diesem Grunde braucht man daher für Galvanisierungsarbeiten in Trommelapparaten eine wesentlich höhere Badspannung als in anderen Bädern. Die Anordnung von Anoden im Innern der Trommel ist nur bei größerem Trommeldurchmesser möglich, hat aber wieder verschiedene Nachteile, wie das Abfallen des Anodenschlammes auf die im Trommelinnern befindliche Ware, Kurzschluß mit der Ware selbst, auch wenn Schutzeinrichtungen getroffen werden. Ferner ist die Innenanordnung von Anoden stets unbequem, so daß man heute solchen Konstruktionen gar nicht mehr begegnet.

Die Versorgung der Ware in den Trommelapparaten mit Strom geschieht meist durch die Welle der Trommel, welche im Trommelinnern entweder schaufelartige Kontaktstücke trägt oder durch in unmittelbarer Nähe der Trommel angeordnete Kontaktbänder oder -Drähte. Diese Kontakte können auch an den Stirnseiten im Innern der Trommel angebracht sein oder an der Trommelwand oder in diese direkt anliegend oder versenkt befestigt sein. Bei den verschiedenen Konstruktionen wird neuerdings besonderer Wert darauf gelegt, daß die Metallniederschläge von diesen Kontakten nicht auf die Trommelwandung zu rasch übergreifen, so daß die perforierten Wände sich ganz mit dem Niederschlagsmetall versetzen würden. Je länger die Trommelwandung frei von Metallbelagen durch Niederschlag bleibt, um so billiger stellt sich der Galvanisierungsprozeß, allerdings sind solche Trommeln stets dem Verschleiß unterworfen und muß ein entsprechender Betrag für Amortisierung einkalkuliert werden.

Für besondere Zwecke, wie z. B. für gestreckte Drahtteile, wie lange Stricknadeln oder insbesondere für Fahrradspeichen u. dgl., werden von den Fachfirmen besondere Konstruktionen von Trommelapparaten herausgebracht, welche meist eine diesen Teilen angepaßte Ausführung zeigen, indem der Trommeldurchmesser verringert wird, damit beim Rotieren diese Teile nicht zu einem Knäuel durcheinanderfallen.

Für große fortlaufende Fabrikationen wird ferner das Arbeiten im Trommelapparat ebenfalls automatisch nach dem Fließsystem durchgeführt. Es läßt sich in dieser Beziehung je nach Art der zu behandelnden Massenartikel ohne weiteres eine Konstruktion der gesamten Anlage so treffen, daß die zu veredelnde Ware automatisch durch eine Trommel mit Schneckenförderung beim Galvanisieren hindurchwandert, automatisch in ein dahinterliegendes Spül- und schließlich in ein Trockengefäß wandert, so daß an einer Stelle die rohe Ware der Apparatur zugeführt und am anderen Ende fertig galvanisiert und getrocknet entnommen werden kann (Fig. 111).

Schaukelapparate. Während wir in den vorhergehend beschriebenen Trommelapparaten die exponierte Ware durch Rotation der Trommel eine fortgesetzte Lageveränderung ausführen lassen, kann man, wenn man eine weniger intensive Durchschüttlung der zu elektroplattierenden Gegenstände wünscht, um deren Oberfläche entweder vor Zerkratzen zu schützen oder ein Verflechten sperriger Gegenstände zu verhindern, Apparate mit schaukelnder Bewegung mit Vorteil an ihrer Stelle zur Anwendung bringen.

Der erste derartige Apparat stammt von Langbein, doch wurde in neuerer Zeit dieser Apparat durch die Konstruktion eines eigenartigen Kontaktsystemes ganz wesentlich verbessert und sei dieser Apparat, der in Fig. 112 u. 113 veran-

Fig. 112.

schaulicht ist, ganz speziell für solche Massenartikel empfohlen, welche infolge ihres Charakters in rotierenden Trommelapparaten nicht vorteilhaft genug galvanisiert werden können. Besonders für Ketten ist dieser Apparat in jeder Beziehung der bestgeeignete, denn durch die verhältnismäßig langsame Schaukelbewegung während der Elektrolyse wird ein Verflechten und Verwirren selbst der längsten Ketten vermieden.

Der eigentliche, bewegliche Warenträger bei diesem Apparat ist ein aus nichtleitendem Material bestehender sechs- oder achtkantiger Kasten, dem am Boden der negative Strom durch Kontaktschienen zugeführt wird. Die Gegenstände werden nach vorheriger Reinigung in diesen um seine Achse sich langsam hin- und herbewegenden Kasten gelegt, während die Metallanode, die im Innern der Schaukel zu liegen kommt, die sogenannte Innenanode, auf einem kupfernen Tragbalken der beweglichen Schaukel mittels Einhängelaschen und mit einem flexiblen Kabel verbunden, angehängt wird. Außen um die Schaukel herum wird gewöhnlich eine halbkreisförmige Außenanode mit starken Tragbändern zwischen Flachkupferschienen und mittels Klemmschrauben festgehalten. Diese Außenanode besitzt eine weit größere Oberfläche als die Innenanode und wird mit der Innenanode parallel geschaltet.

Die Wand der Schaukel besteht entweder aus Holz mit Perforierung oder aus Zelluloid, man kann sogar unperforierte Metallwandung benutzen, da ja in diesem Falle auch nur mit einer Innenanode gearbeitet werden kann und demzufolge von außen gar kein Strom zugeführt werden muß. Doch ist die Perforierung für die Entleerung einerseits und für einen erhöhten Stromdurchgang durch den ganzen Apparat anderseits vorteilhaft, weil ja von der angewendeten Stromstärke die in einer bestimmten Zeit niedergeschlagene Menge an Metall abhängt, und deshalb verwendet man die große Außenanode und perforiert die Wand der Schaukel.

Die zu plattierenden Gegenstände, ebenso die Anoden, bleiben stets im Bade während des Plattierprozesses, und durch die Bewegung der Schaukel kollern die Gegenstände infolge der Form der Schaukel über sogenannte Übersturzleisten, die am Boden der Schaukel angebracht sind, überstürzen sich langsam, ohne sich zu zerkratzen, wechseln dadurch ununterbrochen die Auflagefläche, und man erzielt dadurch eine glänzende und einwandfreie gleichmäßige Plattierung der Massenartikel.

Fig. 113.   Fig. 114.

Nimmt man die Schaukelwand aus Holz oder Metall, so kann man in solchen Apparaten auch heiße Bäder, wie Zinkbäder, die zu erwärmen sind, oder heiße Zinnbäder u. a. verwenden, gleichzeitig wird man dann solche Apparate mit ausgebleiten Wannen anwenden, damit auch bei Verwendung stark saurer Bäder die Lösung nicht auf die Holzwandung des Apparates und die durch die Bohlen der Wannen hindurchgehenden Verschraubungen einwirken kann.

Die Leistungsfähigkeit des Schaukelapparates ist natürlich von der Größe des schaukelnden Kastens abhängig. Die Beschickung kann je nach dem Artikel und der Natur der zu bearbeitenden Waren bis zu 30 kg pro Charge angenommen werden. Es genügt im allgemeinen eine Expositionszeit von $\frac{1}{2}$ bis 1 Stunde, um eine solide Plattierung herbeizuführen.

Die Schaukelapparatur inklusive des sinnreich konstruierten Bewegungsmechanismus mit einer selbsttätig sich steuernden Reversiervorrichtung erfordert bei voller Beschickung an Kraft für die Bewegung selbst kaum mehr als $\frac{1}{4}$ PS für das große Modell (Fig. 112 und Fig. 113). Je nach der Menge der im Apparat befindlichen Artikel und der Natur des Elektrolyten konsumiert der Apparat im Betrieb 50—250 A. bei 5—10 V. Badspannung[1]) und erreicht damit im

---

[1]) Je nach Beschaffenheit und Temperatur des Bades und je nach der Anordnung der Anoden!

allgemeinen den Stromkonsum der anderen im Gebrauch befindlichen rotierenden Massengalvanisiereinrichtungen.

Für kleinere Betriebe oder für solche Betriebe, wo nicht genügend Material jeweilig vorhanden ist, um die Schaukel genügend mit einheitlichem Material zu beschicken, wird von den Langbein-Pfanhauser-Werken ein kleiner, billiger Apparat auf den Markt gebracht, wie ihn die Abbildung Fig. 114 zeigt. Das Prinzip ist dasselbe wie das dem vorher beschriebenen größeren Apparat zugrunde liegende. Dieser Apparat ist besonders gut geeignet zur Vernickelung und Verzinkung und überall dort mit dem denkbar größten Erfolg anzuwenden, wo eine intensive Bewegung der zu galvanisierenden Artikel erforderlich ist und eine starke Metallauflage verlangt wird.

Es würde allzu weit führen, eine Zusammenstellung der übrigen mehr oder minder gut konstruierten Apparate für die Galvanisierung von Massenartikeln zu geben; Verfasser verweist diesbezüglich auf die recht lückenlose Zusammenstellung der Patentliteratur in der Monographie von Dr. Schlötter, Die Galvanostegie Band I und II[1]).

Glockenapparate. Oftmals bedingt aber die Größe und Form der zu elektroplattierenden Gegenstände die Anwendung besonderer Vorrichtungen, welche keine perforierten Wandungen oder auch keine irgendwie gearteten Inneneinlagen besitzen, wie dies bei den Trommeln oder Schaukeln stets der Fall ist. Die Stromzuleitung der Trommel- und Schaukelapparate geschieht stets entweder durch Kontaktscheiben, welche an der Stirnwand der Trommel oder Schaukeln angeordnet sind, oder durch parallel zur Achse an der Peripherie der Apparate eingeniete Kontaktstreifen. Nun sind aber diese Streifen z. B. einerseits niemals so fest an der Trommelwand anzubringen, daß sich nicht durch das Rotieren der kleinen Gegenstände im Innern der Trommel kleinere Partien zwischen Zelluloidwand und diesen Kontaktstreifen einschieben und dort hängen bleiben, anderseits gibt es aber keine Möglichkeit, für ganz kleine und schmale Gegenstände wie kleine Plättchen, Flitter, Nadeln u. ä. eine Perforierung auszuführen, welche fein genug wäre, um das Durchfallen oder teilweise Festsetzen in der Perforierung oder durch dieselbe hindurch zu verhindern.

Für solche Spezialzwecke hat die Technik einen schräg stehenden glockenartigen Apparat konstruiert, wie ihn Fig. 115 u. 116 zeigen. Auf einem gußeisernen Fuß ist eine Glocke aus Holzbohlen oder aus Steinzeug mittelst Flanschen befestigt, welche im Innern Kontakte besitzt, welche von außen durch eine besondere Kollektoreinrichtung den negativen Strom der Stromquelle an die eingelegten kleinen Massenartikel vermitteln. Die Langbein-Pfanhauser-Werke Leipzig und Wien haben diese Einrichtung nach Art eines Kollektors deshalb eingeführt, weil die an diesem ringartigen Kollektor aufliegende Stromzuleitungsbürste, wenn letztere verstellbar angeordnet wird, gestattet, jeweils nur diejenigen Kontakte im Innern der Elektroplattierglocke mit Strom zu versorgen, die gerade mit Ware bedeckt sind, so daß die nicht mit Ware überdeckten hochliegenden Kontakte stromlos werden und sich nicht unnötigerweise mit Niederschlagsmetall überziehen können. Dadurch wird ungemein an Niederschlagsmetall, also auch an Anoden, gespart, und diese Apparate haben daher rasch ihre Überlegenheit im praktischen Betriebe gegenüber allen anderen Apparaten ähnlicher Bauart bewiesen. Die Anode liegt in Form einer horizontal gelagerten Platte, die mittels Metallstreifen aus demselben Metall wie die Anode selbst bestehen müssen, über den durch die langsame Drehung der Glocke sich überschlagenden kleinen Gegenständen ohne jede Zwischenwand und vermittelt daher den Stromübergang zu den Gegenständen ohne jedes Hemmnis ungeschwächt, weshalb man bei solchen Glockenapparaten auch mit kleinerer Badspannung

---

[1]) Verlag von Wilh. Knapp in Halle a. S.

als bei den Trommelapparaten auskommen kann. Fig. 116 zeigt einen solchen
Glockenapparat in Arbeitsstellung mit eingesetzter Anode. Die Glocke wurde
vorher mit Ware beschickt, hierauf die betreffende Lösung eingefüllt, die Anode
an dem am Apparat selbst angebrachten Anodenträger so in die Lösung getaucht,
daß sie etwas unterhalb des Badniveaus taucht, und dann wird der Apparat in Rotation versetzt.

Die Schrägstellung der Glocke soll ungefähr 45 Grad betragen, weil bei
dieser Stellung der Glocke die Waren am besten kollern. Soll nach genügender
Zeitdauer die Ware aus der Glocke entnommen werden, so wird zunächst die
Anode herausgenommen, hierauf ein Gefäß unter die Glockenkante gestellt und
der Badinhalt durch Schwenken der Glocke bis zum Auslaufen entleert, wobei
man praktischerweise auch ein Sieb unterstellen kann, damit nicht einzelne Teile
etwa mit ins Bad des Untersatzgefäßes fallen, was zu vermeiden ist. Fig. 115

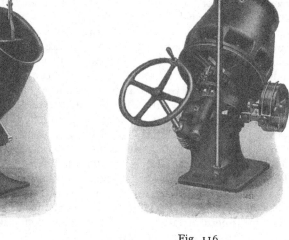

Fig. 115   Fig. 116.

zeigt den Apparat in der Stellung bei der Entleerung mit abgenommener Anode
und gekippter Glocke.

Aus welchem Material man die Glocke wählt, hängt vom Verwendungszweck des Apparates und von der Natur und Temperatur der anzuwendenden Badlösung ab. Allgemein werden die Steinzeugglocken bevorzugt, weil sie sich
bequem reinigen lassen und ein solcher Apparat ebenso gut einmal für ein Nickelbad und dann nach erfolgter Reinigung für ein beliebiges anderes, selbst zyankalisches Bad verwendbar ist, während Glocken aus Holz sich stets mit der betreffenden Badflüssigkeit imprägnieren und die Verwendung anderer Bäder
abwechselnderweise unmöglich machen, denn es geht nicht an, daß man in eine
Holzglocke, welche mit zyankalischem Messingbad imprägniert ist, weil dauernd
Messingbad darin verwendet wurde, plötzlich Nickelbad einfüllt, selbst wenn
man die Holzglocke vorher mit noch so viel heißem Wasser auswäscht. Es steht
aber einer Innenauskleidung solcher Holzglocken mit Blei nichts im Wege, nur
wird dadurch das Eigengewicht der Glocke übermäßig groß und die Glocke erhält
bei der Schrägstellung dadurch leicht ein übermäßiges Übergewicht und dürfte
dann nicht mehr so steil eingestellt werden.

Diese Glockenapparate können in verschiedener Größe ausgeführt werden, der Inhalt der Glocke wird sich nach Größe der Glocke richten. Je größer der Glockeninhalt ist, desto konstanter wird die verwendete Badlösung sich verhalten, jedenfalls verändern sich solche Glockenbäder unbedingt rascher als z. B. die Bäder in Trommelapparaten oder Schaukelapparaten, weil ja begreiflicherweise die im Glockenapparat verwendete Anode nur klein ist und deshalb sehr rasch das im Apparat verwendete Bad an Metall verarmt bzw. seine Reaktion verändert. Man muß daher bei jedesmaliger Beschickung mit Ware und bei Einfüllung des Bades hierauf Rücksicht nehmen und tunlichst ein größeres Badquantum vorrätig halten, nicht etwa nur gerade das zur Füllung des Apparates notwendige Quantum von 50 bis 100 Liter. Das Vorratsquantum an Bad stellt man in unmittelbarer Nähe des Apparates in einer Holzwanne oder Steinzeugwanne bereit und schöpft von dort das bei jeder Füllung notwendige Badquantum in den Glockenapparat und gießt ebenso das ausgeschüttete Badquantum nach Vollendung einer Elektroplattierungscharge wieder in dieses größere Vorratsgefäß zurück, um dort das veränderte Bad mit unverändertem Bad zu vermischen und nicht jedesmal erst wieder das kleine, nötige Badquantum in seiner Zusammensetzung untersuchen und regenerieren zu müssen.

Fig. 117.

Hat ein größerer Betrieb eine größere Anzahl solcher Glockenapparate in Benutzung, so wird das Ein- und Ausschöpfen des Glockeninhaltes in ein Zentral-Vorratsgefäß für die Badlösung nicht von Hand aus erfolgen, sondern durch Saugleitungen mit Schlauchanschluß, das Wiedereinfüllen wird durch entsprechende Rohrleitungen aus Hartblei oder anderem geeigneten Material vom Vorratsgefäß aus an die einzelnen Glockenapparate zu geschehen haben. Zu diesem Zwecke wird das Gefäß mit der vorrätigen Badlösung erhöht aufzustellen sein, damit genügend Druck vorhanden ist und das Einlaufen der Lösung in die Glocke nicht zu viel Zeit erfordert. Durch das Absaugen des Badinhaltes aus den Glocken erspart man sich auch viel Flüssigkeit, da bei nicht genügender Geschicklichkeit des Bedienungspersonals leicht beim Kippen der Glocken Lösung verschüttet wird, wogegen beim Absaugen fast der letzte Rest von Bad aus der Glocke entfernt werden kann und der Raum, in welchem die Apparate aufgestellt werden, durch Fortfallen der Untersatzgefäße für die Entleerung weit übersichtlicher und reinlicher gehalten werden kann.

Der Strombedarf solcher Glockenapparate hängt in erster Linie von der Natur und dem Widerstand des Bades und von der Größe des Glockeninhaltes, sowie von der Entfernung der Waren von der Anode ab. Im allgemeinen kommt man mit 4—8 V Betriebsspannung aus, kann aber auch schon mit 3½ bis 4 V arbeiten. Die nötige Stromstärke per Apparat schwankt zwischen 40 und 100 A je nach dem verwendeten Bad und dessen Temperatur für den abgebildeten großen Apparat. Für kleinere Apparate kann man einen Stromverbrauch von sogar nur 5 bis 15 A bei Badspannungen von 3 bis 5 V annehmen.

Zur Konstanthaltung des Metallgehaltes der in Glockenapparaten verwendeten Galvanisierungsbäder empfiehlt es sich, in diesen Apparaten sogenannte Großoberflächen-Anoden zu verwenden. Diese können entweder durch Gießen hergestellt werden, indem man Rippen aus Metall formt, oder man kann sich aus reinen Abfällen durch Pressen solche Anoden selbst herstellen.

Für kleinere Betriebe oder dort, wo jeweils nur kleine Mengen einheitlicher Massenartikel zu galvanisieren sind, werden ganz kleine Glockenapparate gebaut, wie sie Fig. 117 zeigt. Das Prinzip ist das gleiche, wie früher beschrieben, nur werden der Einfachheit halber diese Glocken samt Inhalt aus dem auf einem Arbeitstisch befestigten Fuß samt Ware und Badinhalt herausgehoben, die Badflüssigkeit wird nach fertiger Galvanisierung in ein Vorratsgefäß gegossen und die Ware gleich in der Glocke mit Wasser gespült. Solche kleine Glockenapparate werden jetzt auch mit emaillierten Glocken gebaut, um Bäder verwenden zu können, welche während der Galvanisierung geheizt werden müssen. Die Apparate dieser Art tragen dann gleichzeitig einen Gasbrenner zum Erwärmen der Lösung.

Für das Galvanisieren kleiner Schräubchen, Schreibfedern u. dgl. sind solche kleine „Tisch-Glocken-Apparate" direkt unentbehrlich. Das Galvanisieren von Massenartikeln in Glockenapparaten hat unbedingt den Vorteil gegenüber der Behandlung in Trommelapparaten, daß man die Ware während der Galvanisierungsarbeit dauernd beobachten kann und Gelegenheit hat, an dem betreffenden Bade eine Korrektur vorzunehmen, während man beim Arbeiten in Trommeln einen eventuellen Mißerfolg erst bemerkt, wenn die Ware eigentlich fertig entnommen werden soll.

Galvanisiervorrichtungen für Großbetriebe.

Halbautomaten oder Wanderbäder. In Großbetrieben, wo oft enorme Mengen von Gegenständen täglich einer galvanischen Behandlung unterworfen werden müssen, sind derzeit noch vielfach die sogenannten ruhenden Bäder und zwar oft in bedeutender Anzahl in Anwendung, so daß nicht nur räumlich sehr umfangreiche Anlagen nötig sind, sondern auch eine bedeutende Anzahl von Arbeitern und Hilfskräften tätig, um diese großen Warenmengen nach den vorgeschriebenen Arbeitsmethoden zu behandeln und zu transportieren. Wenn nun auch in den letzten Jahren die Schnellbäder eingeführt wurden, wodurch zunächst etwas an Raum gespart werden konnte, die einzelnen Bäder gedrängter untergebracht werden konnten, so entsprach dies noch immer nicht den Bedürfnissen der Industrie, speziell dann nicht, wenn solche Großbetriebe auf dem Weltmarkt mit Industrien konkurrieren mußten, welche sich auf einen bestimmten Gegenstand spezialisiert hatten und ihre Betriebe bereits rationalisiert hatten. Oftmals handelt es sich bei solchen Rationalisierungen darum, Ersparnisse in der Fabrikation einzuführen, um bei jedem Artikel minimale Beträge zu ersparen, in der Gesamtheit aber bedeuten solche Ersparnisse enorme Beträge, so daß Firmen, welche in dieser Beziehung rückständig blieben, aus dem Konkurrenzkampf ausscheiden mußten.

Vorbildlich in dieser Beziehung ist nun einmal Amerika und gedrängt durch die amerikanischen Erfolge auf dem Weltmarkt, mußten auch die anderen Länder versuchen, die amerikanischen Arbeitsmethoden zu kopieren, wenn sich die nichtamerikanischen Industrien behaupten wollten. Auf dem Gebiete der Galvanotechnik sind nun gerade in den letzten Jahren Neuerungen und Verbesserungen, welche rationellere Arbeitsweisen bringen sollten, geschaffen worden und zwar unter Auswertung der galvanischen Schnell-Methoden, indem maschinelle Hilfsmittel in die Galvanotechnik eingeführt wurden. Das Endziel ist dabei die Automatisierung, welche letzten Endes menschliche Arbeitskraft nur noch dort anwenden soll, wo Maschinenarbeit versagt.

Der wichtigste Schritt war getan mit Einführung der „Wanderbäder" oder wie sie der Amerikaner nennt „Ketten-Conveyer". Es sind dies galvanische Bäder, durch welche die Ware in gleichmäßigem Tempo durchwandert, hierbei jeden Gegenstand gleichartig mit Strom versorgend, so daß eine wirklich ganz gleichmäßige Galvanisierung herbeigeführt wird. Solche Bäder erhalten Längen von 3, 5 und mehr Metern und werden gewöhnlich für fließende Arbeit verwendet, indem die durch ein Transportband zugebrachte vorbereitete Ware von einer Hilfsperson dem Bande entnommen und der über dem Bade angebrachten Transportkette übergeben wird. Der Antrieb der Bewegungsvorrichtung wird praktischerweise durch Stufenscheibe bewirkt, um verschiedene Durchgangsgeschwindigkeiten einstellen zu können, je nachdem man stärkere oder schwächere Galvanisierungen auszuführen hat und je nachdem der Zutransport der zu galvanisierenden Ware vor sich geht. Fig. 118 zeigt die Gesamtansicht eines solchen

Fig. 118.

5 m langen Wanderbades, an dessen einem Ende der Bedienungsmann steht, der nur die ihm zugebrachte Ware in das Bad einzuhängen hat, um sie, wenn die Kettenführung die Ware durch das Bad hin- und zurückgeführt hat, am selben Punkte, wo sie ins Bad kam, wieder herauszuheben. Jedes Warenstück wird durch diese Durchführung durch das Wanderbad gleichartig mit Strom versorgt, es ist dabei ganz belanglos, ob etwa die eine oder andere Anode besseren oder schlechteren Kontakt hat u. dgl.; denn jedes Stück wandert an sämtlichen Anoden vorbei, ist ganz gleichmäßig lang exponiert und erhält deshalb bei konstanter Stromstärke im Bade auch die gleiche Niederschlagsdicke. Es können natürlich Waren ganz verschiedener Größe, auch aus verschiedenem Metall bestehend, auf geeigneten Gestängen vorher montiert, behandelt werden, und je voller das Bad beschickt ist, um so besser ist dies für das Resultat.

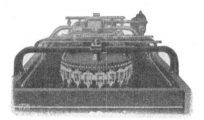

Fig. 119.   Fig. 120.

Das Durchzugstempo, mit dem die Ware durch solche Wanderbäder geführt wird, soll natürlich ein Maximum sein, denn je rascher die Transportkette, die auf kleinen Tragwagen hängende Ware transportiert, um so größer ist die Stundenleistung an fertig galvanisierter Ware. Zur Vermittlung eines sicheren Kontaktes für diese Transportwagen laufen diese auf einer genau unterhalb der Transportkette angebrachten Gleitkontakt-Schiene aus starkem Profilkupfer, so daß die Transportkette selbst entlastet ist. Fig. 119 zeigt diese Anordnung in deutlicher Weise. Die Transportkette selbst ist über entsprechend große Kettenräder

Fig. 121.

geführt, so daß zwischen der Ware und den Außenanodenreihen ein gleichmäßiger Abstand von 15 oder 20 cm verbleibt. Eine dritte Anodenreihe, welche auf einer Anodenstange hängt, etwa in der Mitte von Kettenrad einer Seite zur Mitte Kettenrad der gegenüberliegenden Seite, sorgt für die Bestrahlung mit Strom von der Rückseite der Ware her. Wanderbäder entsprechen also etwa gewöhnlichen Bädern mit dreiteiliger Leitungsarmatur. Zur Beschleunigung der Niederschlagsarbeit wird in Bädern, bei denen Luftzufuhr nichts schadet, wie in allen sauren oder neutralen Bädern, durch einen, meist direkt am Bade angebrachten kleinen Luftkompressor Luft vom Boden der Wanne her zugeführt, so daß die Badflüssigkeit ununterbrochen in Wallung ist und die Lösungsschichten um die im Bade hängende Ware dauernd erneuert werden. Für zyankalische oder alkalische Bäder ist dieses Einblasen von Druckluft untunlich, weil die Lösung dadurch karbonisieren würde. Vielfach wird außerdem die Badflüssigkeit durch Heizschlangen erwärmt, um eine weitere Steigerung der Niederschlagsgeschwindigkeit herbeizuführen. Fig. 120 zeigt den Antrieb eines Wanderbades, im Vordergrunde sieht man den angebauten Luftkompressor, der gleichzeitig auch zur Betätigung einer Filtrationsvorrichtung dient. Die energische Niederschlagsarbeit erheischt selbstredend ein peinliches Reinhalten der Flüssigkeit von schlammartigen Teilchen, die ja allzu leicht bei der beschleunigten Niederschlagsarbeit mit in den Niederschlag einwachsen könnten und den Metallbelag rauh machen würden. Für große Bäder verwendet man daher, wie dies aus Fig. 121 ersichtlich ist, separate große Filtergefäße, in welche die Lösung von einer Zirkulationspumpe hineingepumpt wird, unten eintretend, oben wieder austretend. Eine besondere Methode der Langbein- Pfanhauser-Werke A.-G. besteht darin, das Filter in diesem separaten Filtrierapparat so anzuordnen, daß die Flüssigkeit von außen nach innen läuft, damit sich der Badschlamm außen am Filter ablagert, wodurch eine leichtere und einfachere Reinigungsmöglichkeit besteht. Die Zirkulationspumpe saugt dann aus dem Innern des Filters die klare Badflüssigkeit an und preßt sie unter Druck ins Bad zurück, wodurch an sich schon eine bedeutende fortgesetzte Bewegung der Badflüssigkeit entsteht.

Eine recht anschauliche Gesamtdarstellung eines solchen Betriebes mit Wanderbad gibt Fig. 121.

Solche Wanderbäder oder, wie sie in der Praxis genannt werden, „Halbautomaten", sind vorzugsweise für die Vernickelung, Vermessingung und Verzinkung in Gebrauch. Auch die Versilberung hat sich dieses Prinzip angeeignet, doch sind die Bäder für diesen Zweck modifiziert und von kleinerer Abmessung, und wird hierüber im Kapitel über Versilberung zu sprechen sein. Auch für die Vergoldung sind solche Bäder kleinster Abmessung in Verwendung, um speziell die Gleichmäßigkeit der Goldauflage, welche vorher bestimmt wurde, auf größere Warenmengen wie Uhrschalen, Fingerringe u. dgl. zu gewährleisten.

Um die mit einem Wanderbad zu erzielende Tagesproduktion zu berechnen, hat man zunächst die Stundenleistung zu ermitteln. Diese ist abhängig vom Durchzugstempo und der Anzahl Kontaktwagen, welche gleichzeitig mit Ware beschickt werden können. Nehmen wir an, in einem Wanderbad von 5 m Länge seien in Abständen von etwa 10 cm 2 aufeinanderfolgende Kontaktwagen angeordnet und die wirksame Kettenlänge über dem Bade sei 9 m, so entfallen auf die ganze Kettenlänge 90 besetzbare Kontaktwagen. Bei einmaligem Durchlauf sind dann 90 Einhängevorrichtungen mit Ware besetzt durch das Bad gelaufen. Wenn man beispielsweise auf einer solchen Einhängevorrichtung 3 Kettenräder, wie sie für Fahrräder gebraucht werden, übereinander aufhängt und läßt die Ware bei 2 A/qdm eine halbe Stunde lang zwecks Vernicklung der Stromwirkung aussetzen, so heißt dies für den vorliegenden Fall, daß in einer halben Stunde 90 × 3 = 270 solcher Kettenräder vernickelt werden, stündlich demnach

540 und täglich ca. 4000 Stück. Da die Beschickung sukzessive erfolgt bei Beginn der Arbeit und auch bei Arbeitsschluß die Ware, so wie sie der Kettentransport zubringt, entnommen wird, so geht bei 8 stündigem Betrieb eine halbe Stunde für die Durchschnittsproduktion verloren, sofern man nicht den Bedienungsmann eine halbe Stunde länger arbeiten läßt. Um die gleiche Leistung bei ruhenden oder sogenannten Hängebädern zu erreichen, sind 6 bis 8 je 2 m lange Hängebäder erforderlich. Man kann daraus schon ersehen, welche wirtschaftlichen Vorteile durch die Halbautomaten oder Wanderbäder erreicht werden.

Vollautomatische Galvanisierungsanlagen. Die eben beschriebenen Wanderbäder lassen sich sowohl für alle Arten von Galvanisierungen anwenden, wie auch für elektrolytische Entfettung, ebenso lassen sich Vorrichtungen schaffen, um die von Hand auf die Aufhängegestelle aufgehängte Ware auf maschinellem Wege den Wanderbädern zuzuführen. Die Vollautomatisierung galvanischer Arbeiten mit allen vorbereitenden und Fertigstellungsarbeiten wurde aber für die Großbetriebe nach und nach Bedürfnis, und so hat sich speziell die Firma Langbein - Pfanhauser - Werke A.-G. damit befaßt, eine Konstruktion zu finden, welche mit Sicherheit diese Automatisierung ermöglicht. In den nachstehenden Abbildungen Fig. 122 bis Fig. 125 sehen wir die einzelnen Details einer solchen Anlage, mit der beliebige größere Gegenstände, aber auch kleinere Gegenstände, nebeneinander durch die Galvanisierungsanlage geschickt werden können.

Fig. 122.

Das Prinzip der fließenden Arbeit ist hierbei konsequent durchgeführt. Wir sehen (vgl. Fig. 122 und 123) als Transportmittel 2 parallel und gemeinsam angetriebene endlose Transportketten, welche oben Einkerbungen in gleichmäßigem Abstand aufweisen. In diesen Einkerbungen ruhen die Tragbalken von genügender Stabilität, welche isoliert vom ganzen Gestell und der ganzen Eisenkonstruktion die Warenaufhänger enthalten, in einer Form, wie sie bei den Wanderbädern üblich ist. Die Warenträger sind mit einem Schleifkontakt seitlich versehen, der auf Kupferschienen seitlich der Wannen gleitet und einen sicheren Kontakt vermittelt. Durch die Verlegung dieser Kontaktschienen außerhalb des Wannenrandes wird ein Bespritzen und demnach ein Oxydieren der Kontakte vermieden. Nach einem besonderen Verfahren, welches unter Patentschutz steht, wird diese Kontaktschiene fortgesetzt mit Wasser bespült, um die Kontakte blank zu erhalten. Unabhängig von der eigentlichen Vorwärtsbewegung durch die Transportketten, welche in endloser Ausführung oberhalb der Bäder zur Ausgangsstation zurückkehren, ist die Vorrichtung zum Überheben der Tragbalken angetrieben. Das Überheben muß die manuelle Arbeit ersetzen und muß mit größerer Geschwindigkeit vor sich gehen als die Vorwärtsbewegung der Ware innerhalb der Längsrichtung. Würde die Ware etwa mit dem gleichen Tempo aus einem Gefäß ins nächstfolgende übergeleitet werden, so würde ein Antrocknen und nebstbei ein Anlaufen der reinen Oberfläche stattfinden, die Galvanisierung also Gefahr laufen, mangels genügend dekapierter Oberfläche abzuspringen.

Das Überheben selbst geschieht durch sogenannte Paternoster-Überheber in durchaus sicherer Art und Weise. Trotzdem sind, um bei etwaigen Störungen im Überheben die Apparatur zu sichern und die Störungsstelle sofort zu erkennen, besondere Signaleinrichtungen in Form von roten Lampen angebracht, welche im Falle einer Störung die betreffende Stelle von weitem erkennen lassen. Diese Signaleinrichtungen sind gleichzeitig mit Ausschaltvorrichtungen in Verbindung. Tritt eine Störung ein, so schaltet die Antriebsvorrichtung von selbst aus. Durch Druckknopfschalter, die sich an verschiedenen Stellen der Anlage befinden, kann die Anlage nach einfacher Behebung der Störung (es genügt das richtige Wiedereinlegen der Transport-Tragbalken in die entsprechenden Einkerbungen der Transportketten) sofort von jeder Stelle der Anlage aus wieder in Betrieb gesetzt werden. Gewöhnlich ist eine solche Anlage mit Tragbalken für eine oder mehrere Warenreihen so bestückt, daß alle 30 cm ein Tragbalken zu liegen kommt. Man kann also Waren mit einer Breite von ca. 25 bis 26 cm oder entsprechende Aufhängegestelle dieser Breite pro Tragbalken an die Anlage hängen, ohne daß sich benachbarte Tragbalken beim Transport oder beim Überheben behindern. Kommen größere Gegenstände vor, dann besetzt man nur jeden zweiten Tragbalken.

Fig. 123.

Die besonderen Einrichtungen, wie wir sie bei den verschiedenen Galvanisierungsbädern etc. kennen lernten oder noch sehen werden, sind bei solchen Vollautomaten naturgemäß ebenfalls anzuwenden, wie z.B. Rüttelvorrichtungen zum Abstoßen sich ansetzender Wasserstoffbläschen, Filtrationseinrichtungen innerhalb der Bäder durch sogenannte Saugheber mit Druckluftbetrieb, Badbewegung durch eingelassene Druckluft, Heizschlangen zum Erwärmen der Elektrolyte etc. Die Funktion einer derartigen vollautomatischen Anlage für Vernicklung mit vorheriger starker Unterkupferung gestaltet sich dann beispielsweise wie folgt:

Ein vor der Anfangsstation postierter Mann übernimmt die bereits auf den Gestängen aufgereihten und vorentfetteten Gegenstände und hängt sie an die in gleichmäßigem Tempo auf ihn zukommenden Transport-Tragbalken. Dieser Mann hat genügend Zeit, um eine dreireihige Anlage zu bestücken. Der erste Überheber hebt die so aufgehängte Ware ins elektrolytische Entfettungsbad, welches meist 2 m lang ist. Die bekannten Einrichtungen zur Oberflächenreinigung sind praktischerweise auch bei diesen Entfettungsbädern anzubringen, auch ist eine Bewegung der Lösung empfehlenswert, um die sich abscheidenden Fettmassen vom anderen Ende des Entfettungsbades wegzubefördern, damit beim Herausheben der entfetteten Ware eine fettfreie Badoberfläche vorhanden ist. Andernfalls würde die an sich entfettete Ware wieder durch Fett, welches an der Badoberfläche des Entfettungsbades sich befindet, verunreinigt werden. Der folgende Überheber bringt die entfettete Ware in ein mit Druckluft bewegtes Spülgefäß, eine weitere Überhebestation hebt die Ware in ein Säuregefäß, wo die letzten Spuren alkalischer Badflüssigkeit, aus dem Entfettungsbade stammend,

neutralisiert werden. Durch einen weiteren Überheber gelangt die Ware in ein Wasser-
spülgefäß, bevor der nächste Überheber ·die Einbringung in das Vorverkupferungsbad bewirkt. Diese Spülgefäße sollen 800 bis 1000 mm lang sein. Das Ver-
kupferungsbad, etwa 4 bis 8 m, je nach der Stärke des Kupferbelages, den man
vor der Vernicklung auftragen will. Das Vorverkupferungsbad ist natürlich eine
zyankalische Lösung, wenn man Eisen- und Stahlgegenstände zu verarbeiten
hat, und muß die Zusammensetzung dieses Bades derart sein, daß eine möglichst
glatte Verkupferung resultiert, weil ein Kratzen vor der Vernicklung in dieser
Anlage nicht möglich wäre. Die Kupferbäder sind zu diesem Zwecke schwach
angewärmt. Hinter dem Kupferbad sind wieder 2 Wasserspülgefäße und zwischen
beiden ein Säurebottich angeordnet, jedes Bad wieder mit einer Überhebestation versehen. Das nun folgende Nickelbad hat meist eine Länge von 10
bis zu 20 m und muß mit den modernsten Nickelelektrolyten gefüllt sein, welcher
möglichst hohe Stromdichten zuläßt. Hinter dem Nickelbad folgt dann ein Kalt-

wasser- und ein Heißwasser-
spülgefäß und schließlich
übergibt der letzte Über-
heber die Ware dem Trockenofen, wie wir ihn in Fig. 125
bei der Endstation erkennen.

Bei der Endstation sitzt
wieder ein Mann, der die
Ware übernimmt und dem
Transportband, welches die
trockene Ware der Poliererei
zuführt, übergibt. Daß im
Trockenofen, der gewöhnlich
mit überhitztem Dampf ge-
speist wird, eine Temperatur
über 100° C herrschen muß,
ist selbstverständlich; denn
es müssen auch hohle Gegen-

Fig. 124.

stände, wie Fahrradlenker u. ä. im Innern trocken sein. Das lästige Behandeln
mit Sägespänen ist also hierbei ganz eliminiert. Die Tragbalken bleiben von
hier ab dauernd auf den Transportketten sitzen und wandern zurück an die
Anfangsstation. An den Bädern, welche mit Strom versorgt werden müssen,
sind natürlich entlang dieser Bäder die Kontaktschienen angebracht. Diese
Kontaktschienen lassen sich aber auch unterteilen, damit man beispielsweise
zu Beginn der Galvanisierung mit höherer oder niedrigerer Stromdichte arbeiten
kann. Zu diesem Zwecke wird an jedes solche Teilstück der Kontaktschiene ein
Stromregulator angeschaltet. Man kann solcherart erreichen, daß beispielsweise
bei der Vernicklung anfänglich mit kleinerer oder größerer Stromdichte gedeckt
wird, während für den übrigen Teil der Durchlaufzeit die normale Stromdichte
in Anwendung kommt. Auch eine Stromumkehrung läßt sich auf diese Weise
erreichen, wenn dies zur Durchführung eines bestimmten elektrolytischen Prozesses erforderlich ist.

Die Länge solcher Vollautomaten schwankt je nach Leistung und je nach
dem gewünschten Metallbelag zwischen 15 und 50 m, und man wählt, wo irgend
möglich, die Form der geraden Anordnung; doch kann man bei entsprechender
Konstruktionsänderung auch eine Anordnung im Winkel oder etagenförmig
durchführen. Die Ersparnisse an Arbeitskräften sind natürlich ganz enorm. In
einer Anlage, welche für 1000 Fahrradgarnituren im Tag von den Langbein-
Pfanhauser-Werken A.-G. errichtet wurde, betrug die Ersparnis an Löhnen
jährlich mehr als die Anlagekosten betrugen. Der findige Betriebsmann wird

ohne weiteres, speziell wenn er mit Arbeiten am Band vertraut ist, leicht Vorrichtungen selbst finden, welche schließlich noch die beiden bei der Anfangsund Endstation benötigten Arbeitskräfte ersetzen, indem er das Übernehmen und Abgeben der Ware vom zulaufenden und weiter transportierenden Hauptbande auch noch automatisiert. Die gebräuchlichste Durchgangsgeschwindigkeit durch solche Vollautomaten beträgt per Minute etwa 0,5 bis 1,0 m, womit aber nicht gesagt sein soll, daß für spezielle Zwecke nicht noch wesentlich schneller gearbeitet werden kann.

Ähnlich wie für solche größere Arbeitsstücke lassen sich vollautomatisch arbeitende Anlagen, welche das Reinigen, Galvanisieren, Spülen und Trocknen durchführen, auch für kleine Massenartikel bauen. Hierbei wird nicht durch Überheber der Transport der Ware von einem Gefäß ins nächstfolgende bewerkstelligt, sondern am besten durch Transportschnecken. Derlei Einrichtungen können für Artikel wie Schrauben, Nägel, Nieten, kleinere Stanzteile u. dgl. mit

größtem Erfolg immer dann verwendet werden, wenn größere Mengen solcher Ware zu bearbeiten sind.

Je nach dem Verwendungszweck und dem Gewicht der durch solche Anlagen laufenden Waren müssen die Einzelteile der Konstruktion dimensioniert sein. Man spare nicht mit Material, um eine genügende Stabilität der Anlage zu bekommen, sonst treten Eigenschwingungen in der Anlage, Vibrationen oder sonstige Hemmungen ein, die das Gegenteil von dem ergeben,

Fig. 125.

was man erreichen wollte. Störungen müssen von allem Anfang an tunlichst ausgeschaltet werden, damit ein sicherer, ungestörter Betrieb ermöglicht ist. Die einzelnen Bäder, soweit sie mit Strom versorgt werden müssen, dürfen untereinander keine elektrische Verbindung haben, dann kann man auch mit einer gemeinsamen Niederspannungsmaschine verschiedene Bäder gleichzeitig speisen, ohne Gefahr zu laufen, daß durch vagabundierende Ströme Störungen im elektrolytischen Prozeß auftreten. Diesbezüglich sei auf die darauf abzielenden Schutzrechte der Langbein-Pfanhauser-Werke verwiesen.

Bewegungsbäder für Bleche, Bänder u. dgl. Über die quantitativen Verhältnisse der Metallabscheidung in sogenannten Bewegungsbädern haben wir bereits im theoretischen Teil Gelegenheit gehabt zu sprechen, und soll an dieser Stelle nur noch einiges über besondere Einrichtungen solcher Bäder in technischer Hinsicht erörtert werden.

Bewegungsbäder nennen wir in der Galvanotechnik alle diejenigen Bäder, durch welche im Durchzugsverfahren oder durch gleichmäßige Hindurchbewegung der zu elektroplattierenden Waren eine zwangsweise ganz gleichmäßige Elektroplattierung aller Teile der Ware infolge Gleichmäßigkeit der Durchgangsgeschwindigkeit durch das Bad herbeigeführt wird. Naheliegend ist die Anwendung solcher Einrichtungen für Drähte und Blechbänder aller Dimensionen, und schon seit Jahrzehnten finden wir in der Industrie der Vergoldung und Versilberung feiner Kupferdrähte, in der leonischen Drahtindustrie, solche Einrichtungen kleinster Dimension in Verwendung. Vgl. das Versilbern und Vergolden leonischer Drähte.

Die moderne Technik hat sich aber diese Bäder auch für größere Industrien zu eigen gemacht und so sehen wir heute in der Großindustrie bedeutende Anlagen zum Elektroplattieren von Eisen- und Stahldrähten, hauptsächlich zum Verzinken, aber auch das Verzinnen von Kupferdrähten für die elektrotechnische Industrie gewinnt bereits an Ausdehnung. Die Veredlungsindustrie für Zink- und Stahlbänder wird immer ausgedehnter und diese Arten von Elektroplattierungen, bei denen es stets auf einen ganz gleichmäßigen Metallüberzug von ganz bestimmter Auflage pro Meter oder auf das kg Ware bezogen ankommt, können nur in solchen Bewegungsbädern ausgeführt werden.

Die speziellen Einrichtungen solcher Bäder für die Draht- und Bandgalvanisierung werden in einem speziellen Abschnitt noch besprochen werden, hier sei kurz erwähnt, daß man die Drähte oder Bänder über geeignete Rollensysteme führt, die in sinnreicher Weise an und in die Bädergefäße eingebaut werden, so daß die Drähte und Bänder zwischen den Anoden durch die Bäder von genau voraus zu bestimmender Länge hindurchgeführt werden und gemäß der angewendeten Durchzugsgeschwindigkeit, der angewendeten Stromdichte pro Flächeneinheit und der Badlänge die voraus bestimmte und genau errechenbare Metallauflage erhalten.

Das Elektroplattierbad als solches.

Bestimmung der Größe des Elektroplattierbades. Um die Größe eines Elektroplattierbades zu bestimmen, richtet man sich nach dem größten zu plattierenden Gegenstand und nach der Anzahl der Gegenstände, die man jeweilig gleichzeitig in das Bad einhängen muß. Wie viele solcher Gegenstände eine Charge der etwa gewünschten Tagesproduktion im 8 stündigen Betrieb ausmachen sollen, wird durch die notwendige Zeitdauer der Elektroplattierung bestimmt, und diese hängt wieder ab von den anzuwendenden Stromverhältnissen, hauptsächlich der Stromdichte, welche das Bad zufolge seiner elektrochemischen Eigenschaften zuläßt und der gewünschten Metallauflage.

Je rascher das Bad arbeitet, d. h. je höhere Stromdichten, d. i. die Stromdichte pro Quadratdezimeter Warenfläche, die Verhältnisse des Bades zulassen, desto eher wird man auf einem Gegenstand die gewünschte Menge Niederschlagsmetall auftragen können, und um so kleiner kann man demnach die Badanlage machen. Es erhellt daraus, wie ungemein wichtig die Wahl des geeigneten Bades ist und daß man nicht einfach ein beliebiges Badrezept wählen soll, sondern sich von einem Fachmann beraten lassen soll, weil in der ersten richtig gewählten Einrichtung der Grundstock für das laufende Ergebnis eines solchen Betriebes begründet liegt.

Bekanntlich dienen zum Einhängen der Gegenstände und ebenso der Metallanoden Stangen aus Kupfer oder Messing, und zwar wird immer eine Reihe von Waren zwischen 2 Anodenreihen angeordnet. Als erforderliche Entfernung zwischen Anoden und Waren rechne man bei glatten oder kleineren Gegenständen 12 bis 15 cm, bei voluminösen eine entsprechend größere Entfernung. Ist man sich darüber klar, wie viel Warenreihen man einhängen will und wie viel Objekte in einer Reihe, so ist es leicht, die Länge und Breite des Bades festzustellen.

Bei Bestimmung der Tiefe kommt zunächst die vertikale Höhe der in das Bad zu hängenden Waren in Betracht; dazu rechnet man bei ganz kleinen Bädern mindestens 5 cm Abstand vom Boden, bei größeren Bädern 10 bis 20 cm, um den in den Lösungen meist vorhandenen Bodensatz während des Elektroplattierens nicht aufzuwühlen; man berücksichtigt ferner, daß die eingehängten Gegenstände 5 bis 10 cm von der Lösung bedeckt sein müssen, einen entsprechenden Raum muß die Wanne leer bleiben und zwar je nach der Größe, bei kleineren Bädern doch mindestens 3 bis 5 cm, bei größeren entsprechend mehr, weil durch das Einhängen der Waren die Badoberfläche steigt. Allerdings gibt es Fälle, wo man genötigt ist, mit der Streuung der Stromlinien zu rechnen, z. B. bei Herstellung dickerer Niederschläge in der Galvanoplastik und dann gelten wieder ganz andere Gesichtspunkte.

Wären z. B. Lampenkörper mit einem Durchmesser von 20 cm zu elektroplattieren und sollen jeweilig 20 Stück derselben in das Bad eingehängt werden, so würde man diese 20 Lampenkörper in vier Reihen einhängen, also fünf Stück in jeder Reihe, und müßte in Anbetracht des namhaften Volumens der Lampenkörper eine Entfernung von den äußersten Punkten der Warenoberfläche von 20 cm annehmen. Der Abstand vom Boden betrage für dieses ziemlich große Bad 15 cm, 10 cm hängen die Gegenstände unter die Badoberfläche und 15 cm soll man die Wanne vor dem Beschicken des Bades leer lassen, damit beim Einhängen dieser 20 voluminösen Körper für das Steigen der Flüssigkeitsoberfläche Raum bleibt.

Es ergeben sich daraus folgende Wannendimensionen:

4 Reihen mit Lampenkörpern zu 20 cm Durchmesser . . . . . . = 80 cm
8 Zwischenräume zwischen Anoden und Wasser von 20 cm . . . . = 160 ,,

Länge der Wanne . . . . . = 240 cm

Die Breite der Wanne ergibt sich aus der Aneinanderreihung von

5 Lampenkörpern zu 20 cm . . . . = 100 cm
6 Zwischenräume zwischen den einzelnen Objekten und den Wannenwänden reichlich mit je 10 cm angenommen, um dem Strom die Möglichkeit zu geben, auch an den gegeneinander hängenden Warenpartien eine nennenswerte Metallauflage zu veranlassen . . . . = 60 cm

Breite der Wanne . . . . . . = 160 cm

Die Tiefe der Wanne:

Durchmesser der Lampenkörper . . . . = 20 cm
Abstand der Objekte vom Boden der Wanne . . . . = 15 ,,
eingehängt unter die Badoberfläche . . . . = 10 ,,
von der Badoberfläche bis zum Wannenrand leer gelassen . . . . = 15 ,,

Tiefe der Wanne . . . . . . = 60 cm

Um den Badinhalt in Litern zu bestimmen, multipliziert man Länge, Breite und Tiefe des Bades (nicht der Wanne) in Zentimetern, dividiert durch 1000; wir haben demnach im obigen Beispiel das Bad 240 cm lang, 160 cm breit und 45 cm tief, der Badinhalt beträgt demnach:

$$\frac{240 \times 160 \times 45}{1000} = 1728 \ l$$

Werden Wannen mit Bleiauskleidung verwendet, so wähle man den Wanneninhalt stets größer, damit genügend Raum zwischen der Bleiwand und den der Wand zunächst liegenden Anoden bleibt, denn sonst tritt leicht der Fall ein, daß die Bleiwand als Mittelleiter Strom führt, auch wenn kein direkter Kurzschluß mit den Leitungsstangen oder den Anoden vorhanden ist, was zu sehr unangenehmen Störungen beim Arbeiten führen kann. Zwischen solchen Bleiwänden und den Anoden lasse man jeweils mindestens 10 cm freien Raum, ebenso zwischen den Kanten der Anoden und den Schmalseiten, so daß nirgends die Anoden näher an der Bleiwandung zu hängen kommen; das Gleiche gilt für die eingehängten Waren.

Abisolieren der Dampfschlangen. Wannen, welche mit Dampfschlangen aus Blei oder aus anderem Metall erhitzt werden, sind ebenfalls von dem gleichen Gesichtspunkte aus zu dimensionieren, die Bleischlange soll keinesfalls zu nahe an den Anoden hängen, sonst leitet sie den Strom selbst, oxydiert in schwachsauren oder sauren Bädern und bedeckt sich mit Bleisuperoxyd, ähnlich wie eine positive Platte eines Bleiakkumulators und wirkt dann als Bleisuperoxyd-Anode

äußerst störend während der Elektroplattierung, kann sogar die ganze Arbeitsweise eines Bades unmöglich machen. Werden solche Bleischlangen oder z. B.
in alkalischen Bädern eiserne Dampfschlangen verwendet, die zumeist mit ihren
Rohren am Boden der Wanne auf Rosten zu liegen kommen, so wähle man auch
die Badtiefe dementsprechend größer, damit nicht auch tief hängende Anoden
unten eine gefährliche Nähe zu den Heizschlangen erhalten können. Als Mindest-
abstand zwischen Unterseite der Anoden und Heizschlangen am Boden belasse
man 25 cm. Es empfiehlt sich außerdem, die Heizschlangen pro Bad mit einem
Isolationsstück aus Gummi (Schlauchstück) zu versehen, um bei gleichzeitigem
Anschlusse mehrerer Bäder das Auftreten vagabundierender Ströme hintanzuhalten.

Isolationszwischenstücke aus Gummi in Form starker Schläuche sind meist
nicht sicher genug, um bei größerem Dampfdruck eine dauernde sichere Ver-

Fig. 126.

bindung zwischen der Dampfrohrleitung und den Heizschlangen in den Bädern zu bieten. Man hat dafür die
isolierende Verbindungsmuffe geschaffen, wie sie Fig. 126
im Schnitt zeigt. Diese Muffe besteht aus zwei ineinander
verschraubten Außenteilen aus Eisen, Messing u. dgl., in
denen sich zwei mit Gewinde versehene isolierte Rohrstücke befinden, die einerseits mit der außerhalb des
Bades befindlichen Rohrleitung für Dampf oder Druckluft,
Wasser etc. verbunden werden, anderseits mit der im Bade
liegenden metallischen Rohrschlange. Diese Art Verbindung ist am sichersten.

Das Lösungswasser. Wie alle chemischen Vorgänge eine gewisse Genauigkeit und Reinlichkeit erfordern, speziell das Vorhandensein fremder Substanzen
einen Prozeß schädlich beeinflussen kann, so ist es auch bei der Bereitung der
Elektroplattierbäder. Vor allem sei dem zum Lösen der Chemikalien verwendeten
Wasser besondere Aufmerksamkeit gewidmet. Wasser, welches mineralische
oder organische Substanzen enthält, verwende man lieber nicht. Regenwasser,
wenn es wirklich rein gesammelt werden kann, wäre recht verwendbar, doch
wird diese Bedingung selten erreichbar sein, weil es von den Dächern und Dach-
rinnen alle Unreinheit aufnimmt oder auch bei längerem Stehen in den Sammelgefäßen verunreinigt wird.

Sehr oft entsteht, besonders in Nickelbädern, infolge Verwendung faulen
Regenwassers oder überhaupt faulen Wassers Schimmelbildung in den Bädern,
was derart um sich greifen kann, daß sich ganze gallertartige Klumpen davon
bilden, die, auch wenn sie herausgefischt werden, immer wieder in ihren kleinen
Resten die Ursache weiterer Vermehrung bilden und auch in kleinen Flecken sich
leicht an die Ware ansetzen können. Man muß daher auch zum Reinigen der
Badgefäße, vor allem von Holzgefäßen, mit wirklich reinem Wasser arbeiten, und
ist man hinsichtlich der Qualität des verwendeten Holzmaterials der Wanne,
die etwa schon lange Zeit teilweise mit faulem Wasser gefüllt war, um nicht undicht zu werden, nicht vollkommen sicher, so brühe man diese Wannen vor Einfüllung der Badlösung zuerst mit kochendem Wasser mehrmals aus, um wenigstens
auf diese Weise die Keime der Schimmelpilze zu töten. Selbst bei Beachtung
dieser Vorsichtsmaßregel schimmeln manchmal Nickelbäder, und die ahnungslose,
unerfahrene Bedienungsmannschaft an den Bädern, die ratlos dieser Schimmelbildung gegenübersteht, ist oft nur zu leicht geneigt, den zum Ansetzen der Bäder
verwendeten Chemikalien die Ursache dieser Schimmelbildung zuzuschreiben.
Wirklich reines, destilliertes Wasser ist das ideal reinste Wasser, aber als solches
wird es in größeren Mengen etwas kostspielig sein, und erfahrungsgemäß wird
auch oft gewöhnliches Kondenswasser der Dampfmaschinen als destilliertes
Wasser verkauft, vor dem am meisten zu warnen ist, weil es oft Fett enthält und
dann nicht einmal als Spülwasser zu empfehlen wäre.

Aus dem gleichen Grunde ist auch die in Fabriken übliche Verwendung des heißen Wassers aus den Vorwärmern und Dampfkesseln zu vermeiden.

Reines Trinkwasser entspricht unserem Zweck ganz gut. Schwefelwasserstoff- oder jodhaltige Gewässer sind ganz unbrauchbar, selbst auch zum Abspülen der fertig elektroplattierten Waren, weil sie besonders versilberte, verkupferte oder vermessingte Metallobjekte schwärzen; man hüte sich aber auch vor eisen- oder kalkhaltigem Wasser.

Ansetzen der Bäder. Im allgemeinen werden die galvanischen Bäder durch Auflösen der für das betreffende Badquantum bestimmten Mengen von Salzen, eventuell unter Hinzufügen der noch außerdem notwendigen chemischen anorganischen oder manchmal auch organischen Präparate, hergestellt. Die in den einzelnen Kapiteln über die verschiedenen Galvanisierungsmethoden angeführten Badrezepte werden praktischerweise stets per Liter Bad ausgedrückt und kennt man den Inhalt der Wanne, welche man mit einer bestimmten Badlösung füllen wird, so ist die Angabe des Rezeptes per Liter einfach mit der Literzahl des aufzustellenden Bades zu multiplizieren, um die für das betreffende Bad aufzulösenden Chemikalien zu ermitteln.

Manche Rezepte schreiben eine gewisse Reihenfolge der Chemikalien vor, die nacheinander aufzulösen sind, und man darf deshalb bei solchen Badrezepten keineswegs dies außer acht lassen und die einzelnen Produkte nicht etwa auf einmal zusammen auflösen, indem man sie alle zusammen etwa in heißes oder kaltes Wasser wirft und versucht, durch Umrühren diese Salzmischung nun einfach zu lösen. Bei komplizierteren Badrezepten ist die Einhaltung der Reihenfolge des Auflösens der einzelnen Teile deshalb von Bedeutung, weil vorwiegend bei zyankalischen Bädern Umsetzungen der Einzelbestandteile eines Bades erst herbeigeführt werden müssen, die gestört werden können, wenn man eine andere Reihenfolge der Chemikalien beim Auflösen wählen würde, ja es könnte ein solches willkürlich zusammengemischtes Bad sogar gänzlich unbrauchbar und kaum regenerierbar sein. Um allen diesen Schwierigkeiten aus dem Wege zu gehen, weil doch letzten Endes der Praktiker kein theoretischer Chemiker sein kann, haben die Fachfirmen heute fertig präparierte Bäder in den Handel gebracht, die zumeist ein einheitliches Produkt darstellen und ohne weiteres durch einfaches Auflösen in warmem, heißem oder sogar kaltem reinen Wasser ein gebrauchsfertiges gutes Bad liefern.

Bei kleinen Bädern kann man das Auflösen der Chemikalien direkt in emaillierten Eisentöpfen in der Weise ausführen, daß man erst das ganze Wasserquantum auf eine ziemlich hohe Temperatur erwärmt, die betreffenden Produkte in der vorgeschriebenen Reihenfolge umrührend vollständig löst, das fertige Bad erkalten läßt und in die dafür bestimmte Wanne gießt.

Bei großen Bädern würde dies wegen der großen Flüssigkeitsmengen Schwierigkeiten machen; man wird das Wasser in einem reinen Eisen- oder Kupferkessel erwärmen und die Lösung der Salze (jedes einzeln) in einem reinen Holzgefäß vornehmen, aus diesem in die Wanne gießen.

Die Bereitung der Bäder mit dem heißen Wasser aus den Dampfkesseln oder durch Einleiten von Dampf ist insofern gefährlich, weil beide meist fetthaltig sind, das Bad unbrauchbar machen würden.

Hat man die gegebenen Vorschriften bei der Badbereitung eingehalten, so wird man stets ein gebrauchsfertiges Bad haben, das gleich von Anfang an gute Resultate liefert. Das übliche, noch jetzt manchmal empfohlene Abkochen der Bäder bei der Bereitung hat keinen Zweck, wenn man bei der Badbereitung darauf gesehen hat, daß alle Salze richtig gelöst wurden; es könnte ja nur bezwecken, einen etwaigen Rückstand an ungelösten Salzen zur Lösung zu bringen. Auch die Vorschrift, neue Bäder vor dem Gebrauch erst vom Strom durcharbeiten zu lassen, hält Verfasser für veraltet, denn dank der Fortschritte auf dem Gebiet

der Elektrochemie war es möglich, die Zusammensetzungen der Bäder so zu regeln,
daß die Nachhilfe des Stromes vermieden werden kann, da richtig zusammengesetzte Bäder von vornherein sofort nach der Bereitung gut funktionieren müssen,
sofern man nur dem Bad Zeit gelassen hat, sich auf die angegebene Temperatur
abzukühlen. Man rühre während des Erkaltens einigemale um, damit eine gleichmäßige Konzentration im Bade herrsche und fange mit Vertrauen zu arbeiten an.
Das Abkochen mancher Bäder mit oxydierenden Substanzen, wenn ein Bad
einmal schlecht arbeitet, hat natürlich seinen guten Zweck und hat mit dem
Abkochen beim Neuansetzen eines Bades nichts gemein.

Eine große Hauptsache, die sehr oft übersehen wird, ist die vollständige
Auflösung aller Chemikalien, es darf kein ungelöster Rückstand am Boden bleiben,
sonst hat das Bad eine unrichtige Zusammensetzung. Viele unserer Chemikalien
sind schwer löslich, daher wird auch bei den meisten Zusammensetzungen vorgeschrieben, warmes Wasser zu verwenden, Chemikalien, die in großen Stücken
vorkommen, erst zerkleinern (mit Ausnahme des ohnedies leicht löslichen Zyankaliums) und insbesondere durch fleißiges und energisches Umrühren mit einem
Holzstab die vollständige Lösung zu begünstigen. Trübe Lösungen beeinträchtigen stets die Reinheit des Niederschlages, speziell bei stärkeren Metallauflagen
wird der Niederschlag aus nicht klaren Lösungen leicht rauh und knospig, infolge
Einwachsens von in der Lösung suspendierter Partikelchen.

Beschaffenheit der Chemikalien. Die Chemikalien, wenn auch gleichen
Namens, sind nicht immer und nicht überall gleich. Ein und dasselbe chemische
Produkt wird z. B. für Färberei, Bleicherei, Photographie, Pharmazie etc. anders
bereitet, als es für unsere Zwecke erforderlich ist. Unsere chemischen Lösungen
sind nicht nur für momentanen Bedarf, sondern sollen uns gewöhnlich jahrelang
dienen. Gerade dieser Umstand ist es, der uns zu ganz besonderer Vorsicht bei
der Wahl unserer Chemikalien veranlaßt.

So kommt z. B. das für unsere Bäder so wichtige Zyankalium in den verschiedensten Reinheitsgraden im Handel vor und hängt davon sowohl der Preis
desselben als auch das Quantum, welches man zur Bereitung der Elektroplattierbäder braucht, ab.

Es sei von vornherein bemerkt, daß man nur das reinste Zyankalium
verwenden soll, welches ohne Beimengung fremder Produkte mit einem praktisch
erreichbaren Gehalt von ca. 98% KCN-Gehalt erzeugt wird und dieses bezeichnet man als ,,Zyankalium 100%".

Zyankalium ist ein Produkt, welches sehr bald im Gehalt zurückgeht, wenn es mit Luft
in Berührung kommt, insbesondere wenn es Feuchtigkeit anzieht; es ist daher in einem
hermetisch schließenden Gefäß luftdicht verschlossen an einem trockenen Ort aufzubewahren
und jeweilig nur für etwa einen Monat Vorrat zu halten.

Außer dem reinen 95—99prozentigen Zyankalium wird solches auch mit nur 80, 70,
60, 50, 40 30% Gehalt erzeugt, und zwar durch Versetzen mit kohlensaurem Natron (Soda)
oder kohlensaurem Kali (Pottasche); es wäre aber unökonomisch, solche mindere Zyankaliumsorten zu verwenden, da die beigemengte Soda, respektive Pottasche auch als Zyankalium, also teuer bezahlt werden muß, weil ferner im Verhältnis zum Mindergehalt ein
entsprechend größeres Quantum verbraucht wird und weil (was das Schlimmste ist) mit
diesen Minderprodukten unsere Bäder mit Soda respektive Pottasche übersättigt werden.

Der wirkliche Zyankaliumgehalt läßt sich nur durch genaue Analyse bestimmen, was
in jedem Laboratorium besorgt wird.

Die moderne Zyankaliumproduktion erzeugt natriumfreies und natriumhaltiges Zyankalium; es ist nicht zu behaupten, daß das eine oder das andere für Anwendung in unserer
Industrie vorteilhafter oder weniger vorteilhaft sei, nur im Fall der Gehaltsbestimmung
ist der Unterschied maßgebend, denn ein natriumhaltiges Zyankalium mit einem für natriumfreies Produkt gestellten Titre titriert, wird irreführend einen viel höheren Gehalt an Zyankalium nachweisen als tatsächlich vorhanden ist.

Heute wird vielfach Zyannatrium in der Galvanotechnik verwendet, weil
es billiger ist als reines, natriumfreies Zyankalium und man kann sich daraus
ohne weiteres seine Elektroplattierbäder herstellen, ausgenommen Goldbäder.

zu deren Bereitung man unbedingt reines Zyankalium ohne jeden Natriumgehalt verwenden muß. Da aber Zyannatrium einen Gehalt von wirksamem Zyan enthält, welches pro kg Zyannatrium gleichwertig ist dem Gehalt von ca. 1,2 bis 1,25 kg natriumfreiem Zyankalium, so muß man, wenn man Zyannatrium anstatt Zyankalium verwendet, in diesem Verhältnis weniger Zyannatrium beim Ansetzen der Bäder verwenden, um einen oft unliebsamen Überschuß von Alkalizyanid in den Bädern zu vermeiden.

Außer Zyannatrium, welches sich durch pulverförmige Struktur (oft auch brikettiert) kennzeichnet, findet man im Handel viel sogenanntes „Zyandoppelsalz", d. i. ein Gemisch von Zyannatrium mit Pottasche, dadurch hergestellt, daß man der Schmelze von Zyannatrium Pottasche zusetzt, zusammen erkalten läßt und dann in Stücke schlägt. Der Nichtfachmann kann dieses Zyandoppelsalz von wirklich natriumfreiem Zyankalium niemals unterscheiden und gewissenlose Händler machen sich dies zunutze, indem sie dieses Zyandoppelsalz als Zyankalium anpreisen und zu Preisen verkaufen, welche dem des reinen Zyankaliums nahe kommen oder gar erreichen. Der ungeübte Chemiker, der mit ungeeigneten analytischen Mitteln dieses Produkt untersucht, findet, wenn er sich auf die einfache Titriermethode beschränkt, tatsächlich 98 % Zyankalium, wenn er das Produkt als Zyankalium auffaßt und seine chemische Berechnung danach einrichtet. Das Zyandoppelsalz ist nämlich aus Bequemlichkeitsgründen für die Praxis, die mit den Rezepten für wirklich reines 98 %iges Zyankalium zu operieren gewohnt ist, so mit Pottasche versetzt, daß der wirksame Zyangehalt des Zyannatriums bis auf den Gehalt von 98 % herabgedrückt ist. Das Gleiche könnte aber erreicht werden, wenn man einfach anstatt 1 kg Zyandoppelsalz ca. 0,8 kg Zyannatrium und 0,2 kg Pottasche verwenden würde, wenn man nicht vorzieht, überhaupt nur diese 0,8 kg Zyannatrium anstatt 1,0 kg natriumfreiem Zyankalium zu gebrauchen und die Pottasche, die doch nur zur Verdickung des Bades dient, ganz wegzulassen.

Am vorsichtigsten sei man bei Verwendung von Produkten, die unter ähnlich klingendem Namen gehandelt werden, aber in der Zusammensetzung und Verwendbarkeit ganz verschieden sind.

Es gibt z. B.:

„neutral schwefelsaures Natron", das ist kristallisiert, geruchlos, wird für Goldbäder verwendet;

„saures schwefligsaures Natron", das ist in Pulverform, riecht intensiv nach schwefliger Säure, wird für Kupfer- und Messingbäder verwendet.

„unterschwefligsaures Natron", kristallisiert, kommt in unserer Industrie sehr wenig in Verwendung, mehr in der Photographie, viel in der Textil- und Papierindustrie;

„schwefelsaures Natron", kommt kristallisiert im Handel unter der Bezeichnung Glaubersalz vor; in unserer Industrie wird es wasserfrei (kalziniert) in Pulverform manchen Bädern zugesetzt, um deren Leitvermögen zu erhöhen, ist aber ein von dem schwefligsauren Natron ganz verschiedenes Produkt, daher mit diesem nicht zu verwechseln;

„doppelt (oder zweifach) schwefelsaures Natron" wird in unserer Industrie gar nicht verwendet.

„Soda", das ist kohlensaures Natron, kommt sowohl kristallisiert (wasserhaltig) als auch kalziniert (wasserfrei) im Handel vor; irrtümlich wird auch das doppeltkohlensaure Natron im Handel oft als Soda bezeichnet. Wir verwenden für unsere Bäderzusammensetzungen stets kohlensaures Natron, und zwar am besten kalziniert, im Handel unter dem Namen Ammoniaksoda bekannt.

Daß im großen Massenhandel chemische Produkte in allen möglichen Qualitäten chemisch und mechanisch verunreinigt vorkommen, ist ja bekannt: Ätzkali wird mit Salpeter gemischt und zusammengeschmolzen; Ätznatron und kohlensaures Natron (Soda) gibt es in allen möglichen Gradationen, ersteres mit Soda, letzteres mit Glaubersalz verunreinigt; Chlorgold mit Chlornatrium oder Chlorkalium gemischt, findet in der Photographie Verwendung; Grünspan und Weinstein werden mit Schwerspat, Kalk oder Gips gefälscht, Kupfervitriol wird mit Eisenvitriol zusammenkristallisiert, Salmiak (Chlorammon) wird mit Kochsalz (Chlornatrium) gemischt, Chlorzink und Chlorzinn kommen in den verschiedensten Beschaffenheiten im Handel vor, je nach deren Verwendungsart usf. Die große Konkurrenz bringt es mit sich, daß auf Kosten der Reinheit mit den Qualitäten manipuliert wird, um möglichst billig zu sein und dabei viel Gewinn zu erzielen. Wenn daher der Elektroplattierer bei Bezug von Chemikalien von deren Reinheit und richtigen Eignung nicht überzeugt ist, möge er einen gewissenhaften Chemiker zu Rate ziehen und kann nur immer wieder geraten werden, sich beim Bezug von Artikeln für elektrolytische Bäder an die Spezialfirmen zu wenden und tunlichst den Verwendungszweck des betreffenden beorderten Präparates anzugeben, um das geeignete Produkt zu erhalten.

Bei Ankauf sogenannter präparierter Salze für galvanische Bäder, welche ohne weiteres fertige Bäder liefern sollen, erkundige man sich stets nach dem Metallgehalt der Präparate, denn es gibt eine Reihe von Firmen, welche bewährte Präparate von Fachfirmen mit gleichem Namen benennen, aber etwas ganz Anderes, entweder zu billigeren Preisen liefern, um sich dadurch auf unerlaubte Weise geschäftliche Vorteile zu sichern, oder aber sie liefern solche ähnlich lautende minderwertige Produkte zu fast denselben Preisen, was einem direkten Betrug gleichkommt. Verfasser hatte Gelegenheit, in seiner geschäftlichen Praxis unter dem von den Langbein-Pfanhauser-Werken A.-G. eingeführten Namen der Metalldoppelsalze für Vermessingung oder Verkupferung „Messingdoppelsalz“ und „Kupferdoppelsalz“, welche 17 bis 25 % Metall enthalten sollen, Konkurrenzprodukte, die etwa $1/3$ billiger im Preise waren, zu untersuchen, welche nur 5 bis 8 % und manchmal noch weniger Metallgehalt aufwiesen. Wenn man also solche fertige Präparate kauft, wende man sich stets nur an wirkliche serieuse Fachfirmen, denen man das Vertrauen schenkt, reell zu sein. Auch Produkte wie Zyankupferkalium und Zyanzinkkalium werden oft in unerhörter Weise mit billigen Fremdsubstanzen „verschnitten“, die den Bädern wohl direkt nichts schaden, aber beim vergleichsweisen Gebrauch merkt dann der Galvaniseur, leider meist zu spät, daß diese Produkte nur $1/3$ so ausgiebig waren als die früheren reinen Produkte, so daß er genötigt ist, von solchen Produkten das 3-fache dessen zu verwenden, was er bei reinen Produkten notwendig gehabt hätte.

Sehr schnell merkt der Praktiker derartige unlautere Lieferungen, wenn es sich um präparierte Nickelsalze handelt; wenn der betreffende Lieferant weniger Metallsalze und meist extra noch billige Leitsalze zum Verschneiden gebraucht hat, weil solche Bäder sehr bald den Dienst versagen, die Nickelniederschläge abblättern, spröde werden und durch solche „verdünnte“ Zusätze ein früher gutes Nickelbad gänzlich verdorben werden kann.

Die Chemikalien der Galvanostegie[1]). Einem Bedürfnis der Praxis entsprechend, sollen im Folgenden die charakteristischen Eigenschaften der in der Galvanotechnik Verwendung findenden hauptsächlichsten Chemikalien und Präparate besprochen und die einfachen Erkennungsmethoden angegeben werden, welche auch dem Nichtchemiker bei der Beurteilung der ihm zur Verfügung gestellten Chemikalien dienen können.

Es kommt ja in der Praxis sehr häufig vor, daß die Etiketten der Vorratsgefäße, wie Büchsen und Flaschen, sich ablösen oder unleserlich werden, so daß sich eine Feststellung des Inhaltes der Gefäße erforderlich macht; wo die nach-

---

[1]) Nach Langbein.

folgend ausgeführten, von jedem Laien anzustellenden Reaktionen bzw. Untersuchungsmethoden nicht ein klares Resultat zeitigen, muß dann selbstredend die Hilfe eines Chemikers einsetzen.

I. Säuren.

I. **Schwefelsäure**; lat.: acidum sulphuricum, franz.: acide sulfurique, engl: sulphuric acid. Die Säure findet sich im Handel als rauchende und als englische Schwefelsäure. Erstere ist eine dicke, ölige Flüssigkeit, welche manchmal durch organische Substanzen gelblich gefärbt ist und an der Luft dichte, weiße Dämpfe ausstößt. Ihr spezifisches Gewicht ist 1,87 bis 1,89; sie findet nur Verwendung mit Salpetersäure gemischt zum Entsilbern versilberter Gegenstände.

Die englische Schwefelsäure hat ein spezifisches Gewicht von 1,84 und dient mit Wasser verdünnt zur Füllung der Bunsen-Elemente und als Beize für Eisen; in konzentriertem Zustande findet sie Verwendung zur Darstellung der Gelbbrennen und als Zusatz zum Kupferbade der Galvanoplastik. Die rohe Säure des Handels ist meistens arsenhaltig und sollte man deshalb stets, mit Ausnahme für Beizen, reine Säure verwenden. Behufs Verdünnung der konzentrierten Säure mit Wasser muß die Säure zum Wasser gegossen werden, nicht umgekehrt, da bei der Vermischung eine starke Erhitzung stattfindet und infolgedessen ein explosivartiges Verspritzen eintritt, wenn man das Wasser in die Säure gießt. Die konzentrierte Säure greift alle organischen Stoffe stark an, weshalb man sie in Flaschen mit Glasstöpsel aufzubewahren und eine Berührung derselben mit der Haut zu vermeiden hat.

Erkennung: 1 Teil Säure mit der 25fachen Menge destilliertem Wasser vermischt, gibt, mit einigen Tropfen einer Chlorbariumlösung versetzt, einen weißen Niederschlag von schwefelsaurem Baryt.

2. **Salpetersäure**; lat.: acidum nitricum, franz.: acide azotique, engl.: nitric acid.

Die Säure ist im Handel in verschiedenen Stärken erhältlich; meistens finden diejenigen von 40⁰ und 36⁰ Bé in der galvanischen Werkstatt Verwendung. Die Säuren sind gewöhnlich mehr oder weniger gelblich gefärbt und häufig chlorhaltig. Die Dämpfe, welche die Salpetersäure ausstößt, sind giftig, zum Husten reizend und von charakteristischem Geruche, so daß sich die konzentrierte Säure hierdurch leicht von anderen Säuren unterscheiden läßt. Sie findet Verwendung zur Füllung der Bunsen-Elemente (Kohle in Salpetersäure), zu den Gelbbrennen (in Verbindung mit Schwefelsäure und Chlor). Salpetersäure erzeugt auf der Haut gelbe Flecken.

Erkennung: Erhitzt man die nicht zu verdünnte Säure mit Kupfer, so entwickeln sich braunrote Dämpfe. Will man eine verdünnte Salpetersäure als solche erkennen, so gibt man einige Tropfen einer Eisenvitriollösung hinzu, welche an der Berührungsstelle eine schwarzbraune Färbung erzeugt.

3. **Salzsäure**; Syn.: Chlorwasserstoffsäure; lat.: acidum hydrochloricum oder muriaticum, franz.: acide hydrochlorique, engl.: hydrochloric acid.

Die reine Säure ist eine farblose Flüssigkeit, welche an der Luft stark raucht und einen stechenden Geruch besitzt, durch den sie sich leicht von anderen Säuren unterscheiden läßt. Das spezifische Gewicht der stärksten Salzsäure ist 1,2; die rohe Säure des Handels ist meistens durch Eisen gelblich gefärbt und arsenhaltig. Sie findet Verwendung in Verdünnung mit Wasser zum Dekapieren des Eisens und Zinks.

Erkennung: Setzt man zu der mit destilliertem Wasser stark verdünnten Säure einige Tropfen einer Lösung von salpetersaurem Silber in destilliertem Wasser, so bildet sich ein weißer, schwerer Niederschlag, welcher sich unter Einfluß des Lichtes schwärzt.

4. Zyanwasserstoffsäure, Blausäure; lat.: acidum hydrocyanicum, franz.: acide cyanhydrique oder prussique, engl.: hydrocyanic acid.

Diese im höchsten Grade giftige Säure ist eine Lösung von Zyanwasserstoff in Wasser und findet Anwendung zur Darstellung von Goldbädern zur Sudvergoldung und zur Zersetzung der Pottasche in alten Silberbädern. Die Einatmung der Dämpfe dieser Säure kann tödlich wirken, ebenso wenn die Säure mit Wunden in Berührung kommt. Sie ist eine farblose, bewegliche Flüssigkeit, besitzt einen bittermandelähnlichen Geruch, welcher im Schlunde ein eigentümliches Kratzen erzeugt.

Erkennung: Durch den bittermandelähnlichen Geruch oder man versetzt mit Kalilauge, bis blaues Lackmuspapier nicht mehr rot gefärbt wird, fügt eine Lösung von Eisenvitriol, die durch Stehen an der Luft teilweise oxydiert ist, hinzu und säuert mit Salzsäure an. Es bildet sich ein Niederschlag von Berliner Blau.

5. Zitronensäure; lat.: acidum citricum, franz.: acide citrique, engl.: citric acid.

Klare farblose Kristalle von 1,542 spezifischem Gewicht, welche in ¾ Teilen kaltem Wasser löslich sind; die Lösung findet häufig Anwendung zum Ansäuern von Nickelbädern, ferner in Verbindung mit Natrium als zitronensaures Natron zur Darstellung von Nickelbädern, Platinbädern und Zinkbädern.

Erkennung: Kalkwasser, mit wässeriger Zitronensäurelösung versetzt, bleibt in der Kälte klar, scheidet aber beim Kochen einen Niederschlag von zitronensaurem Kalk ab. Dieser Niederschlag ist löslich in Chlorammoniumlösung, fällt aber beim Kochen wieder aus und ist dann unlöslich in Salmiak.

6. Borsäure; lat.: acidum boricum, franz.: acide borique, engl.: boric acid.

Diese Säure bildet schuppige, durchscheinende Blättchen, die sich fettig anfühlen; aus Lösungen, durch Verdunsten derselben erhalten, bildet sie farblose Prismen. Das spezifische Gewicht ist 1,435, sie ist in kaltem Wasser schwer löslich (1 T. Borsäure braucht bei 18° C 29 T. Wasser), leichter löslich in kochendem Wasser (1 T. Borsäure erfordert 3 T. Wasser von 100° C).

Nach Westons Vorschlage wird Borsäure als Zusatz zu Nickelbädern und anderen Bädern verwendet, ihr Natronsalz, der Borax, zum Löten.

Erkennung: Versetzt man eine Lösung von Borsäure in Wasser mit etwas Salzsäure und taucht Curcumapapier in das Gemisch, so bräunt sich dieses und es nimmt die Färbung beim Trocknen zu. Alkalien erteilen dem Curcumapapier eine ähnliche Färbung, welche jedoch verschwindet, wenn man das Papier in verdünnte Salzsäure taucht.

7. Arsenige Säure; weißer Arsenik; lat.: acidum arsenicosum, franz.: acide arsenieux, engl.: arsenious acid.

Sie findet sich im Handel als weißes Pulver und als harte, porzellanartige Stücke; für galvanische Zwecke wird fast ausschließlich das weiße Pulver verwendet. Es ist wenig löslich in kaltem Wasser, leichter löslich in heißem Wasser und in Salzsäure. Beim Vermischen mit Wasser sinkt trotz der größeren spezifischen Schwere (3,7) nur ein Teil des Pulvers zu Boden, während ein anderer Teil durch demselben anhaftende Luftbläschen auf der Oberfläche des Wassers gehalten wird.

Die arsenige Säure dient in geringer Menge als Zusatz zu Messingbädern, ferner zur Darstellung der sogenannten Schwarzbäder (Arsenbäder) und zu Schwarzbeizen für Kupferlegierungen.

Erkennung: Wird etwas arsenige Säure auf eine glühende Kohle geworfen, so wird ein knoblauchähnlicher Geruch wahrnehmbar; versetzt man eine durch Kochen von arseniger Säure mit Wasser dargestellte Lösung mit einigen Tropfen einer ammoniakalischen Lösung von salpetersaurem Silber, welche durch Zugeben von Ammoniak zu einer Lösung von salpetersaurem Silber bis zum Verschwinden des anfänglich entstandenen Niederschlags erhalten wird, so entsteht ein gelber Niederschlag von arsenigsaurem Silber.

8. Chromsäure; lat.: acidum chromicum, franz.: acide chromique, engl.: chromic acid.

Sie bildet scharlachrote Nadeln und kommt auch als rotes Pulver im Handel vor; leicht löslich in Wasser zu einer roten Flüssigkeit.

Erkennung: Die Chromsäure ist kaum mit anderen Chemikalien, welche der Galvanotechniker gebraucht, zu verwechseln; ihre stark verdünnte Lösung gibt nach dem Neutralisieren mit Ätzkali oder Ätznatron auf Zusatz einiger Tropfen einer Lösung von salpetersaurem Silber einen purpurroten Niederschlag von chromsaurem Silber.

9. Fluorwasserstoffsäure; Flußsäure; lat.: acidum hydrofluoricum, franz.: acide fluorhydrique, engl.: hydrofluoric acid.

Farblose ätzende Flüssigkeit von scharfem, stechendem Geruch; die konzentrierte Säure stößt an der Luft weiße Dämpfe aus. Die Flußsäure dient zum Ätzen des Glases und zum Mattweißbeizen des Aluminiums. Beim Arbeiten mit Flußsäure ist Vorsicht geboten, da nicht nur die wässerige Lösung, sondern auch die Dämpfe auf die Haut und Atmungsorgane äußerst ätzend wirken.

Erkennung: Bedeckt man ein Platinschälchen, welches Flußsäure enthält, mit einer fettfreien Glasplatte, so zeigt sich letztere nach einer halben Stunde matt geätzt.

II. Alkalien und alkalische Erden.

10. Ätzkali; Syn.: Kalihydrat, Kaliumhydroxyd; kaustisches Kali; lat.: kalium hydricum; kali causticum, franz.: potasse caustique, engl.: caustic potash oder potassium hydrate.

Es findet sich in verschiedenen Stadien der Reinheit im Handel, entweder in Stücken oder in Stangen; es zerfließt an der Luft, ist in Wasser und Alkohol leicht löslich, zieht aus der Luft Kohlensäure an und verwandelt sich dadurch in kohlensaures Kali (Pottasche). Zwischen den Fingern fühlt sich die Lösung seifenartig an, ein Gefühl, welches durch die Zerstörung der Haut infolge der stark ätzenden Wirkung hervorgerufen wird. Alle Ätzalkalien sind gut verschlossen aufzubewahren. Das reine Ätzkali dient zur Darstellung von Zinkbädern, als Zusatz zu Goldbädern usw.; für Entfettungszwecke wird das unreinere technische Ätzkali verwendet.

11. Ätznatron; Syn.: Natronhydrat, Natriumhydroxyd, kaustisches Natron; lat.: natrium hydricum, natrium causticum, franz.: soude caustique, engl.: caustic soda oder sodium hydrate.

Es kommt ebenfalls in verschiedenen Qualitäten, sowohl in Stücken als in Stangen im Handel vor. Das Natronhydrat ist wie Kalihydrat stark ätzend und muß, da es unter Bildung von kohlensaurem Natron aus der Luft Kohlensäure und Wasser anzieht, gut verschlossen gehalten werden.

Es findet Verwendung zur Entfettung, zur Herstellung alkalischer Zinn-, Zinkbäder usw.

12. Ammoniak; Syn.: Ätzammoniak, Salmiakgeist; lat.: liquor ammonii caustici, franz.: alcali volatil, engl.: caustic ammonia.

Farblose, stark riechende Flüssigkeit, die Lösung des Ammoniakgases in Wasser, aus welcher schon bei Zimmertemperatur Ammoniakgas entweicht, weshalb die Flaschen gut verschlossen zu halten sind. Im Handel finden sich gewöhnlich vier Sorten und zwar Ammoniak von 0,910 spezifisches Gewicht (24,2% Ammoniakgas enthaltend), 0,920 (21,2%), 0,940 (15,2%) und 0,960 (9,72%).

Es findet Verwendung zum Neutralisieren zu saurer Nickel- und Kobaltbäder, zur Darstellung von Knallgold, als Zusatz zu einigen Kupfer- und Messingbädern.

Erkennung: Durch den Geruch.

13. **Ätzkalk;** Syn.: gebrannter Kalk; lat.: calcium causticum, franz.: chaux caustique, engl.: caustic lime.

Es bildet harte, weiße bis graue Stücke, welche nach Anfeuchten mit Wasser unter Selbsterhitzung zu feinem Pulver (Kalkhydrat) zerfallen. Der Wiener Kalk ist ein sandfreier magnesiahaltiger Ätzkalk.

Das Kalkhydrat dient als Entfettungsmittel und wird zu diesem Zwecke mit Kreide und Wasser zu einem dünnflüssigen Brei vermischt, mit dem die zu entfettenden Waren gebürstet werden; der Wiener Kalk findet ausgedehnte Verwendung als Poliermittel in Verbindung mit Stearinöl.

III. Schwefelverbindungen.

14. **Schwefelwasserstoff;** lat.: hydrogenium sulfuratum, franz.: hydrogène sulfuré, engl.: sulphuretted hydrogen.

Farbloses, nach faulen Eiern riechendes, sehr giftiges Gas, welches an der Luft beim Anzünden mit blauer Flamme unter Bildung von schwefliger Säure und Wasser verbrennt. Wasser löst bei gewöhnlicher Temperatur ungefähr sein dreifaches Volumen Gas auf, die Lösung bezeichnet man als Schwefelwasserstoff-wasser.

Der Schwefelwasserstoff dient zum Metallisieren von Formen, wie dies später beschrieben werden wird.

Erkennung: Durch den penetranten Geruch; ferner an der Schwärzung eines mit Bleizuckerlösung benetzten Papierstreifens, den man in die schwefel-wasserstoffhaltige Lösung oder Atmosphäre bringt.

15. **Schwefelkalium;** Syn.: Schwefelleber; lat.: kalium sulfuratum oder Hepar sulfuris, franz.: sulfure de potassium, engl.: potassium sulphide.

Es bildet eine grüngelbe bis hellbraune harte Masse mit muscheliger Bruch-fläche, welche sehr leicht Feuchtigkeit anzieht, dabei zerfließt und nach Schwefel-wasserstoff riecht.

Es wird zum Schwarzfärben des Kupfers und Silbers verwendet.

Erkennung: Mit Säuren übergossen, entwickelt es unter Aufbrausen Schwefelwasserstoff bei gleichzeitiger Abscheidung von Schwefel.

16. **Schwefelammonium;** lat.: ammonium sulfhydricum, franz.: sulfure d'ammonium, engl.: ammonium sulphide.

Frisch bereitet ist die Flüssigkeit klar und farblos, nach Ammoniak und Schwefelwasserstoff riechend; beim Stehen wird sie gelb und scheidet später Schwefel ab.

Das Schwefelammonium findet die gleiche Verwendung wie Schwefelkalium.

17. **Schwefelkohlenstoff;** Syn.: Kohlenstoffsulfid; lat.: alcohol sulfuris, franz.: sulfure de carbone, engl.: carbon bisulphide.

Der reine Schwefelkohlenstoff ist eine wasserhelle, stark lichtbrechende und sehr flüchtige Flüssigkeit von einem unangenehmen, an faule Rettiche erinnern-den Geruch.

Er findet Verwendung zum Metallisieren von Formen nach dem Verfahren von Parkes als Lösungsmittel für Phosphor und Kautschuk; diese Lösung ist mit Vorsicht zu behandeln.

18. **Schwefelantimon;** lat.: stibium sulfuratum, franz.: sulfure d'antimoine, engl.: antimony sulphide.

a) Schwarzes Schwefelantimon kommt als schwere, graue und glanzlose Stücke oder als schwarzgraues, schwach glänzendes, feines Pulver im Handel vor; es dient zur Bereitung von Antimonbädern und zur Schwarzbeize für Kupfer-legierungen.

b) Rotes Schwefelantimon, Goldschwefel, Stibium sulfuratum aurantiacum, bildet ein zartes, orangerotes Pulver ohne Geruch und ohne Geschmack, welches in Wasser unlöslich, dagegen löslich in Schwefelammonium, Salmiakgeist, Kali-

und Natronlauge ist; es dient zum Braunfärben des Messings in Verbindung mit Schwefelammonium oder Ammoniak.

19. Schwefelarsen; Syn: Auripigmentum, Operment, Rauschgelb. Es kommt als natürliches und künstliches in den Handel. Ersteres findet sich meist in nierenförmigen Massen von zitronengelber Farbe; das zweite mehr in orangeroten Massen oder auch als mattes, gelbes Pulver. Spezifisches Gewicht 3,46. Löslich in den Alkalien und in Salmiakgeist.

20. Schwefeleisen; lat.: ferrum sulfuratum, franz.: sulfure de fer, engl.: ferric sulphide.

Harte, schwarze Massen, meist in flachen Platten, welche nur zur Entwickelung von Schwefelwasserstoff Verwendung finden.

IV. Chlorverbindungen.

21. Chlornatrium; Syn.: Kochsalz, Steinsalz; lat.: natrium chloratum, franz.: chlorure de soude, engl.: sodium chloride.

In Würfeln kristallisierendes, farbloses Salz von 2,2 spezifischem Gewicht, leicht löslich in Wasser, in heißem Wasser nicht viel löslicher als in kaltem Wasser.

Es dient in der Galvanotechnik als Leitungssalz für einige Goldbäder, als Bestandteil der Anreibeversilberung, zum Ausfällen des Silbers aus silberhaltigen Lösungen als Chlorsilber.

Erkennung: Die wässerige Lösung, mit einigen Tropfen Höllensteinlösung versetzt, liefert einen käsigen, weißen Niederschlag, welcher sich am Lichte schwärzt und auf Zusatz von Salpetersäure nicht verschwindet, dagegen von überschüssigem Ammoniak gelöst wird.

22. Chlorammonium; Syn.: Salmiaksalz, Ammoniumchlorid; lat.: ammonium chloratum, franz.: chlorure d'ammoniaque, engl.: ammonium chloride.

Es findet sich als sublimierter Salmiak in durchscheinenden faserigen und zähen Rinden; aus seiner gesättigten heißen Lösung wird es in kleinen Kristallen erhalten. Es ist in Wasser unter Temperaturerniedrigung leicht löslich, beim Erhitzen ohne zu schmelzen als weiße Nebel sich verflüchtigend.

Es dient zum Löten und Verzinnen und als Leitungssalz für viele galvanische Bäder.

Erkennung: Durch die Verflüchtigung beim Erhitzen; gibt man zu einer gesättigten Lösung des Salzes einige Tropfen Platinchloridlösung, so entsteht ein gelber Niederschlag von Platinsalmiak.

23. Chlorantimon; Syn.: Antimontrichlorid, Spießglanzbutter; lat.: stibium chloratum, franz.: chlorure d'antimoine, engl.: antimony trichloride.

Kristallinische Masse, leicht zerfließlich an der Luft. Ihre Lösung in Salzsäure gibt den Liquor Stibiichlorati, auch flüssige Antimonbutter genannt, welche gelblich gefärbt ist und beim Vermischen mit Wasser einen reichlichen weißen, in Salzsäure löslichen Niederschlag liefert. Die Lösung dient zum Stahlgraufärben des Messings, zum Braunfärben der Gewehrläufe.

24. Chlorarsen; Syn.: Arsentrichlorid; lat.: arsenicum bichloratum, engl.: arsenious chloride.

Dicke, ölige Flüssigkeit, welche an der Luft unter Ausstoßung weißer Nebel verdampft.

25. Chlorkupfer; Syn.: Kupferchlorid; lat.: cuprum bichloratum, franz.: perchlorure de cuivre, engl.: copper chloride.

Grüne, leicht lösliche Kristalle. Die konzentrierte Lösung ist grün, die verdünnte blau. Beim Verdampfen zur Trockne bildet sich braungelbes Kupferchlorid.

Es findet zu Kupfer- und Messingbädern, wie auch zum Patinieren Verwendung.

26. Chlorzinn;

a) Einfach Chlorzinn, Zinnchlorür, Zinnsalz; lat.: stannum chloratum, franz.: protochlorure d'étain, engl.: stannous chloride.

In Nadeln kristallisiertes Salz, welches sich in Wasser mit weißer Trübung leicht löst; auf Zusatz von Salzsäure wird die Lösung klar. Wird das kristallisierte Salz geschmolzen, so verliert es sein Kristallwasser und bildet eine feste, undurchsichtige, leicht gelb gefärbte Masse, das geschmolzene Zinnsalz.

Das kristallisierte wie auch das geschmolzene Salz dient zur Herstellung von Bronze- und Zinnbädern, Zinnsuden und Weißsuden.

Erkennung: Übergießt man eine kleine Menge Zinnsalz mit Salzsäure und fügt Kalichromatlösung zu, so erfolgt eine grüne Färbung der Lösung; versetzt man eine verdünnte Zinnchlorürlösung mit etwas Chlorwasser und fügt einige Tropfen Goldchloridlösung hinzu, so entsteht eine Fällung von Goldpurpur, in sehr verdünnten Lösungen eine purpurrote Färbung.

b) Zweifach Chlorzinn, Zinnchlorid; lat.: stannum bichloratum, franz.: bichloride d'étain, engl.: stannic chloride.

Es bildet im wasserfreien Zustande eine schwere, gelbliche, höchst ätzende Flüssigkeit.

27. Chlorzink; Syn.: Zinkchlorid; lat.: zincum chloratum, franz.: chlorure de zinc, engl.: zinc chloride.

Weißes, kristallinisches Salz oder geschmolzene Masse, welche Feuchtigkeit anzieht und zerfließt. Das durch Eindampfen hergestellte Salz enthält meistens etwas Zinkoxychlorid und gibt deshalb keine ganz klare Lösung; in jedem Verhältnisse in Wasser löslich.

Es dient zur Bereitung der Messing- und Zinkbäder, der Zinksude; seine Lösung zur Sudvernickelung, zum Löten usw.

Erkennung: Ätzkalilösung fällt weißes, voluminöses Zinkhydroxyd, welches sich im Überschusse des Ätzkalis wieder auflöst; leitet man in eine mit Essigsäure angesäuerte Lösung von Zinksalz Schwefelwasserstoff, so entsteht eine Fällung von weißem Schwefelzink.

28. Chlorzink-Chlorammonium; lat.: ammonio-zincum chloratum, franz.: chlorure de zinc et d'ammoniaque, engl.: chloride of zinc and ammonia.

Dieses Salz ist eine Verbindung des Chlorzinks mit Salmiak und bildet leichtlösliche Kristalle; seine Lösung in Wasser dient zum Löten und zur Kontaktverzinkung.

29. Chlornickel; Nickelchlorür; lat.: niccolum chloratum, franz.: chlorure de nickel, engl.: nickel chloride.

Es findet sich im Handel als kristallisiertes Salz von tiefgrüner Farbe und als gelbgrünes Pulver; letzteres enthält weit weniger Wasser und weniger freie Säure als die kristallisierte Ware und wird für galvanostegische Zwecke dem kristallisierten Chlornickel vorgezogen. Die Nickelchlorürkristalle lösen sich sehr leicht in Wasser auf, das Pulver etwas langsamer; setzt letztere Lösung einen gelblichen Niederschlag ab, ein basisches Nickelchlorür, so ist dieses durch Zusatz von etwas Salzsäure in Lösung zu bringen.

Das Chlornickel findet Verwendung zu Nickelbädern.

Erkennung: Versetzt man die grüne Lösung des Salzes mit etwas Salmiakgeist, so bildet sich ein Niederschlag, der sich in einem Überschusse von Salmiakgeist mit tiefblauer Farbe löst.

30. Chlorkobalt; Syn.: Kobaltchlorür; lat.: cobaltum chloratum, franz.: chlorure de cobalte, engl.: cobalt chloride.

Es bildet kleine rosenrote Kristalle, welche beim Erhitzen das Kristallwasser abgeben und in eine blaue Masse übergehen. Die Kristalle sind in Wasser leicht löslich, das wasserfreie blaue Pulver langsam löslich.

Das Chlorkobalt dient zur Bereitung von Kobaltbädern.

Erkennung: Ätzkali fällt aus der Lösung von Chlorkobalt ein blaues basisches Salz, welches allmählich sich in rosenrotes Hydrat verwandelt und bei Luftzutritt in grünbraunes Kobaltoxyduloxydhydrat übergeht; die wässerige Lösung gibt mit einer Lösung von gelbem Blutlaugensalz einen blaß-graugrünen Niederschlag.

31. Chlorsilber; Syn.: Silberchlorid; lat.: argentum chloratum, franz.: chlorure d'argent, engl.: silver chloride.

Es bildet ein weißes, schweres Pulver, welches vom Sonnenlichte erst blaugrau, dann violett und schließlich schwarz wird. Bei seiner Ausfällung aus Silberlösungen scheidet es sich als käsiger Niederschlag ab. Es schmilzt bei 260° ohne Zersetzung zu einer gelblichen Flüssigkeit, die beim Erkalten zu einer hornähnlichen, durchscheinenden, zähen Masse erstarrt. Das Chlorsilber ist vollständig unlöslich in Wasser, leicht löslich aber in Salmiakgeist und in Zyankaliumlösung.

Es dient zur Bereitung von Silberbädern, Silbersuden, Anreibeversilberung.

Erkennung: Löslichkeit des Chlorsilbers in Ammoniak, aus welcher Lösung eingetauchte blanke Kupferstreifen metallisches Silber pulverförmig abscheiden.

32. Chlorgold; Syn.: Goldchlorid; lat.: aurum chloratum, franz.: chlorure d'or, engl.: gold chloride.

Es findet sich im Handel als kristallisiertes Chlorgold von orangegelber Farbe und als braune kristallinische Masse, die man als neutrales oder säurefreies Chlorgold bezeichnet, während das kristallisierte Chlorid stets säurehaltig ist und deshalb für Goldbäder weniger Verwendung findet. Das Goldchlorid ist an der Luft zerfließlich, beim gelinden Erhitzen bildet sich gelblich-weißes Goldchlorür, bei stärkerer Hitze zerfällt es zu metallischem Golde und Chlorgas.

Versetzt man die wässerige Lösung mit Ammoniak, so entsteht ein gelbbrauner Niederschlag von Knallgold; im trocknen Zustande ist dasselbe durch Stoß, Reibung und Erhitzen heftig explodierbar, weshalb man das Knallgold, welches man zur Bereitung der Goldbäder aus Goldchloridlösung ausfällt, stets noch feucht weiter verarbeitet.

Erkennung: Durch die Bildung des Knallgoldniederschlages beim Versetzen der Goldchloridlösung mit Ammoniak: durch die Ausfällung von braunem, metallischem Goldpulver beim Vermischen der Chloridlösung mit einer Lösung von Eisenvitriol.

33. Chlorplatin; Syn.: Platinchlorid; lat.: platinum bichloratum, franz.: chlorure de platine, engl.: platin chloride.

Kristallinische, zerfließliche, rotbraune Masse; leicht löslich in Wasser mit rotgelber Farbe. Es bildet mit Chlorammonium den Platinsalmiak, welcher ebenso wie das Chlorid zu Platinbädern Verwendung findet. Die Lösung des Platinchlorids dient auch zum Färben des Silbers, Zinns, Messings und anderer Metalle.

Erkennung: Durch die Bildung des Niederschlages von gelbem Platinsalmiak beim Vermischen einer konzentrierten Platinchloridlösung mit einigen Tropfen einer gesättigten Lösung von Salmiaksalz.

V. Zyanverbindungen.

34. Zyankalium; Syn.: Kaliumzyanid, blausaures Kali; lat.: kalium cyanatum, franz.: cyanure de potassium, engl.: potassium cyanide.

Das Zyankalium findet sich im Handel mit verschiedenem Gehalte; für galvanotechnische Zwecke werden verwendet das reine Zyankalium mit 98 bis 99%, das 80, 70 und 60%ige und zum Dekapieren mitunter das 45%ige Zyankalium. Das Zyankalium ist ohne Zweifel eines der wichtigsten Präparate für den Galvanotechniker. Das reine Produkt von 98 bis 99% ist eine weiße, durchscheinende, kristallinische Masse, auf dem Bruche deutlich kristalline Struktur erkennen lassend, welche im trocknen Zustande geruchlos ist, sobald sie aber etwas Feuchtigkeit angezogen hat, stark nach Blausäure riecht. Es ist leicht löslich in Wasser und darf nur in kaltem Wasser gelöst werden, da Zyankalium, in heißes Wasser geschüttet, partiell zersetzt wird, was der dabei auftretende Ammoniakgeruch erkennen läßt; dagegen kann die auf kaltem Wege hergestellte Zyankaliumlösung kurze Zeit gekocht werden, ohne eine wesentliche Zersetzung zu erleiden.

Zyankalium muß gut verschlossen aufbewahrt werden, weil es an der Luft zerfließt und durch die Kohlensäure der Luft zersetzt wird, wobei sich kohlensaures Kali bildet, während Blausäure entweicht. Es ist eines der stärksten Gifte, weshalb beim Manipulieren mit Zyankalium mit Umsicht zu verfahren ist.

Zyankalium von 80, 70, 60 und 45 % bildet eine grauweiße bis weiße, auf dem Bruche porzellanähnliche Masse; eine leichte graue Färbung ist kein Beweis für Unreinheiten, sondern Folge etwas hoher Temperatur beim Schmelzen und deshalb nicht zu beanstanden. Diese Sorten kommen in Stücken und Stangen vor; die Verwendung der letzteren bietet keinen Vorteil.

Das Verhalten der geringgrädigen Sorten gegen Luft und beim Lösen ist dasselbe wie beim reinen Zyankalium.

Erkennung: Durch den Geruch der Lösung nach bitteren Mandeln; versetzt man eine Lösung von Zyankalium mit Eisenchlorid und dann mit Salzsäure, bis letztere stark vorwaltet, so bildet sich ein Niederschlag von Berliner Blau.

Das reine, pottaschefreie Salz braust auf Zusatz einer sehr verdünnten Säure so gut wie nicht auf, während dies die geringeren pottaschehaltigen Sorten tun. —

Um die Verwendung eines gerade zur Hand befindlichen Zyankaliums anderen Gehaltes zu erleichtern, wenn die Vorschrift zur Bereitung von Bädern für ein Zyankalium mit verschiedenem Gehalte lautet, diene nachstehende Tabelle:

Zyankalium von

98%	80%	70%	60%	45%
1 Gew.-T.	= 1,230 Gew.-T.	= 1,400 Gew.-T.	= 1,660 Gew.-T.	= 2,180 Gew.-T.
0,820 „	= 1 „	= 1,143 „	= 1,333 „	= 1,780 „
0,714 „	= 0,875 „	= 1 „	= 1,170 „	= 1,550 „
0,615 „	= 0,740 „	= 0.857 „	= 1 „	= 1,450 „
0,460 „	= 0,562 „	= 0,643 „	= 0,750 „	= 1 „

35. Zyankupfer; lat.: cuprum cyanatum, franz.: cyanure de cuivre, engl.: copper cyanide.

Es existiert ein Kupferzyanür und ein Kupferzyanid; das in der Galvanotechnik verwandte Präparat ist ein Gemenge von Zyanürzyanid; es ist ein grünliches Pulver, dem man nicht alle Feuchtigkeit entzieht, weil das getrocknete Zyankupfer sich nicht so leicht in Zyankalium löst wie das feuchte.

Es findet hauptsächlich als Doppelsalz Zyankupferkalium, d. i. eine Verbindung von Zyankupfer mit Zyankalium, Verwendung zu Kupfer-, Messing-, Tombak- und Rotgoldbädern.

Erkennung: Ein erbsengroßes Stück Zyankupfer oder die Lösung mit Salzsäure auf dem Wasserbade zur Trockne verdampft (Dämpfe nicht einatmen!) und den Rückstand mit Wasser gelöst, gibt eine grünblaue Lösung, die auf Zusatz von überschüssigem Ammoniak tief blau wird.

36. Zyanzink; lat.: zincum cyanatum, franz.: cyanure de zinc, engl.: zinc cyanide.

Weißes, in Wasser leicht lösliches Pulver, löslich in Zyankalium, Ammoniak und Alkalisulfiten; je frischer das Zyanzink dargestellt ist, desto leichter löst es sich, während sich getrocknetes Zyanzink schwer löst.

Seine Lösung in Zyankalium bildet das Zyanzinkkalium, welches zu Messingbädern benützt wird.

Erkennung: Das Zyanzink oder dessen Lösung mit Salzsäureüberschuß im Wasserbade verdampft, hinterläßt Chlorzink, welches durch die bei Chlorzink angegebenen Reaktionen als solches zu erkennen ist.

37. Zyansilber; Syn.: Silberzyanid; lat.: argentum cyanatum, franz.: cyanure d'argent, engl.: silver cyanide.

Weißes Pulver, wenig lichtempfindlich, daher sich nur sehr langsam am Lichte schwärzend, unlöslich in Wasser und verdünnten kalten Säuren; es schmilzt bei 400° zu einer dunkelroten Flüssigkeit, die beim Erkalten zu einer gelben, auf dem Bruche körnigen Masse erstarrt.

Es löst sich leicht in Zyankalium, ist aber wenig löslich in Ammoniak und unterscheidet sich hierdurch von Chlorsilber.

Das Zyansilber bildet mit Zyankalium die Doppelverbindung Zyansilber-kalium und dient als solche zur Bereitung der Silberbäder.

38. Ferrozyankalium; Syn.: Kaliumeisenzyanür, gelbes Blutlaugensalz, eisenblausaures Kali; lat.: ferro-kalium cyanatum, franz.: cyano-ferrure de potassium, engl.: potassium ferrocyanide.

Große zitronengelbe, quadratische Säulen oder Tafeln, welche, ohne Geräusch zu verursachen, sich zerbrechen lassen. In der Wärme verwittert es, unter Verlust seines Kristallwassers zerfällt es zu einem gelblich-weißen Pulver. Das gelbe Blutlaugensalz löst sich in 4 T. Wasser von mittlerer Temperatur, die Lösung ist blaßgelb; sie fällt fast alle Metallsalze aus ihren Lösungen, einige Niederschläge sind im Überschusse des Fällungsmittels löslich. Dieses Salz ist nicht giftig.

Es dient zur Darstellung von Silber- und Goldbädern, seine Anwendung bietet aber vor derjenigen von Zyankalium keine Vorteile, wenn man nicht die Nichtgiftigkeit als Vorteil betrachtet.

Erkennung: Die gelbe Lösung mit Eisenchlorid versetzt, bildet einen Niederschlag von Berliner Blau; durch eine Lösung von Kupfervitriol wird ein braunroter Niederschlag erhalten.

VI. Kohlensaure und doppeltkohlensaure Salze.

.39. Kohlensaures Kali; Syn.: Kaliumkarbonat, Potasche; lat.: kalium carbonicum, franz.: carbonate de potasse, engl.: potassium carbonate.

Es findet sich im Handel teils als grauweiße, bläuliche, gelbliche Stücke, deren Färbungen durch geringe Mengen verschiedener Metalloxyde bedingt sind, teils als rein weißes Pulver oder in erbsengroßen Stückchen. Das Salz ist leicht zerfließlich, deshalb gut verschlossen aufzubewahren. Es ist leicht löslich und muß die Lösung in destilliertem Wasser klar sein, wenn das Salz rein war.

Es dient als Zusatz zu einigen Bädern und im unreinen Zustande zum Entfetten.

Erkennung: Die Lösung braust beim Zusatz von Salzsäure auf; die mit Salzsäure neutralisierte Lösung gibt mit Platinchlorid einen schweren gelben Niederschlag von Kaliumplatinchlorid, vorausgesetzt, daß die Lösung nicht zu verdünnt war.

40. Doppeltkohlensaures Kali; Syn.: Kaliumbikarbonat; lat.: kalium bicarbonicum, franz.: bicarbonate de potasse, engl.: potassium bicarbonate.

Farblose, durchscheinende Kristalle, die sich in 4 T. Wasser mittlerer Temperatur klar lösen. Es ist nicht zerfließlich, seine Lösung verliert beim Kochen Kohlensäure und enthält dann einfachkohlensaures Kali.

Es findet nur geringe Verwendung zu Goldsuden nach französischer Vorschrift.

41. Kohlensaures Natron; Syn.: Natriumkarbonat, Soda; lat.: natrium carbonicum, franz.: carbonate de soude, engl.: sodium carbonate.

Es findet sich in verschiedenen Graden der Reinheit als kristallisierte und als kalzinierte Soda im Handel.

Die kristallisierte Ware bildet wasserhelle, an der Oberfläche häufig verwitterte Kristalle oder Kristallmassen; sie verwittert sehr rasch an der Luft und zerfällt zu weißem Pulver. Durch Glühen verliert sie das Wasser und es bleibt ein weißes Pulver, die kalzinierte Soda, zurück. Die Soda löst sich leicht in Wasser, sie dient als Zusatz zu Kupfer und Messingbädern, zur Darstellung der kohlensauren Metalloxyde und als gewöhnliche, unreine Soda zum Entfetten.

Die Vorschriften für die Zusätze von kohlensaurem Natron zu Bädern beziehen sich sehr oft auf kristallisiertes Salz; will man statt dessen kalzinierte Soda verwenden, so ist für je 1 Gewichtsteil kristallisierte Soda 0,4 Gewichtsteile kalzinierte zu verwenden.

42. Doppeltkohlensaures Natron; Syn.: Natriumbikarbonat; lat.: natrium bicarbonicum, franz.: bicarbonate de soude, engl.: sodium bicarbonate.

Mattweißes Pulver, löslich in 10 T. Wasser von 20° C. Die Lösung verliert beim Kochen die Hälfte der Kohlensäure und enthält dann Natriumkarbonat.

43. Kohlensaurer Kalk; Syn.: Kalziumkarbonat, Marmor, Kreide; lat.: calcium carbonicum, franz.: carbonate de chaux, engl.: calcium carbonate.

Er bildet rein ein schneeweißes, kristallinisches Pulver, gelbliche Färbung deutet auf Eisengehalt; unlöslich in Wasser, löslich unter Aufbrausen in Salzsäure, Salpetersäure, Essigsäure. Natürlich findet sich der kohlensaure Kalk als Marmor, Kalkstein, Kreide.

Als geschlämmte Kreide findet er Verwendung zur Beseitigung eines Säureüberschusses in sauren Kupferbädern, ferner mit Ätzkalk gemischt unter der Bezeichnung „Kalkbrei" als Entfettungsmittel, mit welchem die zu galvanisierenden Waren gebürstet werden.

44. Kohlensaures Kupferoxyd; Syn.: Kupferkarbonat, Bergblau; lat.: cuprum carbonicum basicum, franz.: hydrocarbonate de cuivre, engl.: copper carbonate.

Das natürlich sich findende kohlensaure Kupfer, das Bergblau, ist eine Verbindung von kohlensaurem Kupfer mit Kupferoxydhydrat und bildet ebenso wie das künstlich dargestellte ein lazurblaues, in Wasser unlösliches, in Säuren unter Aufbrausen lösliches Pulver.

Das aus einer Kupferlösung durch kohlensaure Alkalien gefällte kohlensaure Kupfer hat eine grünliche Farbe.

Es findet Verwendung zu Kupfer- und Messingbädern, zur Schwarzbeize für Messing, zur Beseitigung des Säureüberschusses in sauren Kupferbädern.

Erkennung: Löst sich in Säuren unter Aufbrausen; beim Eintauchen eines Streifens von blankem Eisenblech in die Lösung scheidet sich auf diesem Kupfer ab. Die Lösung, mit Ammoniak im Überschuß versetzt, gibt eine tiefblaue Färbung.

45. Kohlensaures Zinkoxyd; Syn.: Zinkkarbonat; lat.: zincum carbonicum, franz.: carbonate de zinc, engl.: zinc carbonate.

Weißes Pulver, unlöslich in Wasser. Das durch Fällung eines Zinksalzes mit kohlensauren Alkalien erhaltene Produkt ist eine Verbindung von kohlensaurem Zink mit Zinkhydroxyd.

Es dient zu Messingbädern in Verbindung mit Zyankalium, mit dem es Zyanzinkkalium bildet.

Erkennung: In salzsaurer Lösung, die sich unter Aufbrausen bildet, nach den unter Chlorzink angegebenen Reaktionen.

46. Kohlensaures Nickeloxydul; Syn.: Nickelkarbonat; lat.: niccolum carbonicum, franz.: carbonate de nickel, engl.: nickel carbonate.

Hellgrünes Pulver, unlöslich in Wasser, löslich unter Aufbrausen in Säuren.

Es findet Verwendung zum Neutralisieren sauer gewordener Nickelbäder.

Erkennung: Es löst sich unter Aufbrausen in Salzsäure zu einer grünen Flüssigkeit, aus der wenig Ammoniak Nickeloxydulhydrat fällt, welches bei Zugabe eines Ammoniaküberschusses mit blauer Farbe wieder in Lösung geht.

47. Kohlensaures Kobaltoxydul; Syn.: Kobaltkarbonat; lat.: cobaltum carbonicum, franz.: carbonate de cobalte, engl.: cobalt carbonate.

Rötliches Pulver, unlöslich in Wasser, löslich in Säuren zu einer roten Flüssigkeit.

VII. Schwefelsaure und schwefligsaure Salze.

48. Schwefelsaures Natron; Syn.: Natriumsulfat, Glaubersalz; lat.: natrium sulfuricum, franz.: sulfate de soude, engl.: sodium sulphate.

Klare, an der Luft verwitternde Kristalle von kühlendem, bitterlich-salzigem Geschmack; leicht löslich in Wasser. Die Kristalle schmelzen beim Erwärmen in ihrem Kristallwasser und hinterlassen beim Glühen kalziniertes Glaubersalz.

Es findet Verwendung als Zusatz zu einigen Bädern.

49. Schwefelsaures Ammon; Syn.: Ammoniumsulfat; lat.: ammonium sulfuricum, franz.: sulfate d'ammoniaque, engl.: ammonium sulphate.

Es bildet rein ein neutrales, farbloses Salz, welches luftbeständig ist, sich leicht in Wasser löst und beim Erhitzen sich verflüchtigt.

Das schwefelsaure Ammon dient als Leitungssalz für Nickel-, Kobalt- und Zinkbäder.

Erkennung: Durch die Verflüchtigung beim Erhitzen; die konzentrierte Lösung mit Platinchlorid versetzt, gibt einen gelben Niederschlag von Ammoniumplatinchlorid; die mit einigen Tropfen Salzsäure versetzte Ammoniumsulfatlösung gibt mit Chlorbaryum einen weißen Niederschlag von schwefelsaurem Baryt.

50. Schwefelsaures Kalium-Aluminium; Syn.: Alaun, Kalialaun; lat.: kalio-aluminium sulfuricum, franz.: sulfate de potasse et d'aluminium, engl.: aluminium potassium sulphate.

Farblose Kristalle oder Kristallstücke von säuerlich zusammenziehendem Geschmack, welche schwer löslich in kaltem, leicht löslich in heißem Wasser sind und deren Lösung schwach sauer reagiert. Beim Erwärmen schmelzen die Kristalle unter Aufschäumen und verwandeln sich in eine weiße, schwammige Masse, den gebrannten Alaun.

Der Kalialaun dient zur Bereitung von Zinkbädern und zum Avivieren der Goldfarbe.

Erkennung: Die Lösung wird auf Zusatz von phosphorsaurem Natron gallertartig gefällt, das gefällte Tonerdephosphat ist in Ätzkali löslich, unlöslich in Essigsäure.

51. Schwefelsaures Ammonium-Aluminium; Syn.: Ammoniakalaun; lat.: ammonio-aluminium sulfuricum, franz.: sulfate d'ammoniaque et d'aluminium, engl.: ammonium-alum.

Sie gleicht dem Kalialaun im Äußern vollkommen, beim Glühen verliert sie aber das schwefelsaure Ammonium und hinterläßt reine Tonerde.

Diese Verbindung wird verwendet zur Darstellung eines Zinnsudes für Eisen und Stahl.

Erkennung: Wie bei Kalialaun; erhitzt man den zerriebenen Ammoniakalaun mit Ätzkalilauge, so macht sich ein Ammoniakgeruch bemerkbar.

52. Schwefelsaures Eisenoxydul; Syn.: Eisenoxydulsulfat; Eisenvitriol; lat.: ferrum sulfuricum, franz.: sulfate de fer, engl.: iron protosulphate.

Der reine Eisenvitriol bildet bläulich-grüne, durchsichtige Kristalle von süßlich zusammenziehendem Geschmacke, die in Wasser leicht löslich sind und an der Luft verwittern und oxydieren. Der rohe Eisenvitriol bildet grüne, oft mit gelbem Pulver überzogene Brocken und enthält gewöhnlich neben schwefelsaurem Eisenoxydul auch die Sulfate von Kupfer und Zink, sowie schwefelsaures Eisenoxyd.

Er dient zur Bereitung von Eisenbädern und zur Reduktion von Gold aus seinen Lösungen.

Erkennung: Versetzt man die grüne Lösung mit einigen Tropfen konzentrierter Salpetersäure, so bildet sich an der Berührungsstelle ein schwarzblauer Ring; die lauwarme Lösung, mit Goldchlorid versetzt, scheidet Gold als braunes Pulver ab, welches beim Reiben Goldglanz annimmt.

53. Schwefelsaures Eisenoxydul-Ammon; Syn.: Ammoniumferrosulfat; at.: ammonio-ferrum sulfuricum, franz.: sulfate de fer ammoniacal, engl.: iron-ammonium sulphate.

Grüne, luftbeständige Kristalle, welche sich nicht so leicht oxydieren, wie der Vitriol; leicht löslich in Wasser.

Es findet wie der Vitriol zu Eisenbädern Verwendung.

54. Schwefelsaures Kupferoxyd; Syn.: Kupfersulfat, Kupfervitriol, blauer Vitriol; lat.: cuprum sulfuricum, franz.: sulfate de cùivre, engl.: copper sulphate.

Große, blaue, durchsichtige Kristalle, oberflächlich verwitternd, in 4 Teilen kaltem Wasser löslich. Kupfervitriol von nicht reiner blauer Farbe, sondern mit grünlichem Schimmer, ist mit Eisenvitriol verunreinigt und für galvanische Zwecke zu verwerfen.

Der Kupfervitriol dient zur Bereitung von alkalischen Kupfer- und Messingbädern, sauren Kupferbädern, zur Kupferbeize.

Erkennung: Durch das Aussehen; kaum mit etwas anderem zu verwechseln. Einen Eisengehalt erkennt man, wenn man Kupfervitriollösung mit etwas Salpetersäure kocht und mit Salmiakgeist im Überschuß versetzt; braune Flocken zeigen Eisen an.

55. Schwefelsaures Zinkoxyd; Syn.: Zinksulfat, Zinkvitriol, weißer Vitriol; lat.: zincum sulfuricum, franz.: sulfate de zinc, engl.: zinc sulphate.

Es bildet kleine farblose Prismen von herbem, metallischem Geschmacke, die oberflächlich leicht verwittern und leicht löslich sind. Beim Erhitzen schmelzen die Kristalle, beim Glühen zerfällt es in entweichende schweflige Säure und Sauerstoff, während Zinkoxyd als Rückstand bleibt.

Es dient zu Bereitung von Messing- und Zinkbädern sowie zu Mattbrennen.

Erkennung: Versetzt man Zinkvitriollösung mit Essigsäure und leitet Schwefelwasserstoff ein, so bildet sich ein weißer Niederschlag von Schwefelzink. Ein geringer Eisengehalt, der sich dadurch zu erkennen gibt, daß die mit Ammoniak alkalisch gemachte Zinkvitriollösung mit Schwefelammonium keinen rein weißen, sondern etwas gefärbten Niederschlag gibt, ist nicht zu beanstanden, da er bei der Verwendung keine Nachteile bringt.

56. Schwefelsaures Nickeloxydul; Syn.: Nickelsulfat, Nickelvitriol; lat.: niccolum sulfuricum, franz.: sulfate de nickel, engl.: nickel sulphate.

Schön dunkelgrüne Kristalle, mit grüner Farbe leicht in Wasser löslich, die beim Erhitzen über 280° gelbes wasserfreies Nickelsulfat hinterlassen.

Es dient wie das folgende Doppelsalz zur Bereitung von Nickelbädern und zum Färben des Zinks.

Erkennung: Versetzt man die Lösung mit Ammoniak, so geht die grüne Farbe in blau über; kohlensaures Kali fällt blaßgrünes basisch-kohlensaures Nickeloxydul, welches auf Zusatz von überschüssigem Ammoniak mit blauer Farbe in Lösung geht. Einen Kupfergehalt erkennt man durch die Abscheidung von schwarzbraunem Schwefelkupfer beim Einleiten von Schwefelwasserstoff in die stark mit Salzsäure angesäuerte erwärmte Lösung.

57. Schwefelsaures Nickeloxydul-Ammon; Syn.: Nickelammoniumsulfat, Nickelsalz, Nickel-Ammon, lat.: niccolum sulfuricum ammoniatum, franz.: sulfate de nickel ammoniacal, engl.: nickel ammonium sulphate.

Bildet blaugrüne Kristalle von etwas hellerer Farbe als der Nickelvitriol und ist in Wasser schwieriger löslich als dieser.

Die Verwendung und Erkennung ist die gleiche, wie bei Nickelvitriol angegeben. Zur Unterscheidung von Nickelvitriol diene folgende Reaktion: Erhitzt man letzteren in konzentrierter Lösung mit dem gleichen Volumen starker Kali- oder Natronlauge, so zeigt sich kein Geruch von Ammoniak, während das schwefelsaure Nickeloxydul-Ammon Ammoniakgas entwickelt, das an einem mit Salzsäure befeuchteten Glasstabe starke Nebel bildet.

58. Schwefelsaures Kobaltoxydul; Syn.: Kobaltsulfat, Kobaltvitriol; lat.: cobaltum sulfuricum, franz.: sulfate de cobalte, engl.: cobalt sulphate.

Es kristallisiert in luftbeständigen, karmoisinroten Kristallen von stechend metallischem Geschmacke, die sich leicht in Wasser mit roter Farbe lösen. Beim Erhitzen verlieren die Kristalle das Kristallwasser, ohne zu schmelzen und werden undurchsichtig und rosenrot.

Es findet Verwendung zu Kobaltbädern mit Strom und zur Kontaktverkobaltung.

Erkennung: Ätzkali fällt bei Abwesenheit von Ammoniaksalzen blaues basisches Salz, das beim Erwärmen in rosenrotes Kobaltoxydulhydrat und bei längerem Stehen an der Luft in grünbraunes Oxydulhydrat übergeht. Versetzt man eine konzentrierte, mit Essigsäure stark angesäuerte Lösung des Salzes mit einer Lösung von salpetrigsaurem Kali, so bildet sich ein rötlichgelber Niederschlag von salpetrigsaurem Kobaltoxydkali.

59. Schwefelsaures Kobaltoxydul-Ammon; Syn.: Kobaltammoniumsulfat, Kobalt-Ammon; lat.: cobaltum sulfuricum ammoniatum, franz.: sulfate de cobalte et d'ammoniaque, engl.: cobaltammonium sulphate.

Das Salz bildet Kristalle von gleicher Farbe wie der Kobaltvitriol, die etwas weniger leicht in Wasser löslich sind.

60. Schwefligsaures Natron;

a) Einfach schwefligsaures Natron; Syn.: Neutrales schwefligsaures Natron, Natriumsulfit; lat.: natrium sulfurosum, franz.: sulfite de soude, engl.: sodium sulphite.

Klare, farblose und geruchlose Kristalle, welche an der Luft oberflächlich verwittern und leicht löslich in Wasser sind. Die Lösung reagiert schwach alkalisch.

Es dient zur Bereitung von Goldbädern, Kupfer- und Messingbädern, zur Eintauchversilberung usw.

Erkennung: Die Lösung zeigt nach dem Versetzen mit verdünnter Schwefelsäure einen Geruch nach brennendem Schwefel (schwefliger Säure).

b) Doppeltschwefligsaures Natron; Syn.: Saures schwefligsaures Natron, Natriumbisulfit; lat.: natrium bisulfurosum, franz.: bisulfite de soude, engl.; sodium bisulphite.

Kleine Kristalle oder häufiger ein leicht gelblich gefärbtes Pulver, stark nach schwefliger Säure riechend und leicht löslich in Wasser. Die Lösung reagiert stark sauer und läßt schweflige Säure entweichen.

Es dient zur Bereitung der alkalischen Kupfer- und Messingbäder.

Sowohl das einfache wie das doppeltschwefligsaure Natron müssen vor Lufteinfluß geschützt und in gut verschlossenen Büchsen aufbewahrt werden, da sie an der Luft sich in schwefelsaures Natron verwandeln.

61. Schwefligsaures Kupferoxyd-Oxydul; Syn.: Cupricuprosulfit; lat.: cuprum sulfurosum, franz.: sulfite de cuivre, engl.: copper sulphite.

Rotes, kristallinisches Pulver, in Wasser fast unlöslich, leicht löslich in Zyankalium mit nur ganz schwacher Zyanentwickelung.

Es dient zur Bereitung von alkalischen Kupferbädern an Stelle des Grünspans, Kupfervitriols oder des Kupferoxyduls.

VIII. Salpetersaure Salze.

62. Salpetersaures Kali; Syn.: Kaliumnitrat, Kalisalpeter; lat.: kalium nitricum, franz.: nitrate de potasse, engl.: potassium nitrate.

Es bildet große gestreifte, gewöhnlich hohle, prismatische Kristalle und kommt im Handel auch noch als grobes Salzpulver vor, in 4 Teilen Wasser von mittlerer Temperatur löslich. Die Lösung besitzt einen bitter-salzigen Geschmack und reagiert neutral. Der Kalisalpeter schmilzt bei Glühhitze und erstarrt beim Erkalten zu einer undurchsichtigen kristallinischen Masse.

Er dient zu Entsilberungsbeizen, zum Mattieren von Gold und Vergoldung und kann für diese Zwecke durch den billigeren Natronsalpeter ersetzt werden.

Erkennung: Ein Stückchen Kohle, auf schmelzenden Salpeter geworfen, verbrennt mit großer Heftigkeit; die nicht zu verdünnte Lösung des Salpeters gibt beim Versetzen mit einer bei gewöhnlicher Temperatur gesättigten Lösung von doppeltweinsaurem Natron einen kristallinischen Niederschlag von Weinstein.

63. Salpetersaures Natron; Syn.: Natriumnitrat, Natronsalpeter, Chilesalpeter; lat.: natrium nitricum, franz.: nitrate de soude, engl.: sodium nitrate.

Farblose, feucht aussehende Kristalle, welche leicht löslich sind und deren Lösung neutral reagiert.

Es findet die gleiche Verwendung wie der Kalisalpeter.

64. Salpetersaures Quecksilberoxydul; Syn.: Quecksilberoxydulnitrat; lat.: hydrargyrum nitricum oxydulatum, franz.: nitrate de mercure, engl.: Mercurous nitrate.

Es bildet kleine farblose, ziemlich durchsichtige Kristalle, die an der Luft schwach verwittern; sie schmelzen beim Erhitzen und verwandeln sich unter Entwickelung gelbroter Dämpfe in gelbrotes Quecksilberoxydul, das sich beim weiteren Erhitzen vollständig verflüchtigt. Mit wenig Wasser liefert es eine klare Lösung, die sich bei weiterem Wasserzusatz durch Abscheidung eines basischen salpetersauren Quecksilbersalzes milchig trübt; auf Zusatz von Salpetersäure verschwindet die Trübung.

Es dient zum Verquicken der Zinke der Elemente, der Waren vor dem Versilbern und zum Avivieren (mit darauffolgendem Erhitzen) der Vergoldung. Für die gleichen Zwecke findet auch Verwendung

65. Salpetersaures Quecksilberoxyd; Syn.: Quecksilberoxydnitrat.

Es ist nur schwierig kristallisiert zu erhalten und bildet in dem Zustande, in dem es vom Galvanotechniker verwendet wird, eine ölige, schwere, leicht gelb gefärbte Flüssigkeit, die mit Wasser ebenfalls ein basisches Salz abscheidet und auf Zusatz von Salpetersäure wieder klar wird.

Erkennung: Ein blanker Kupferstreifen in die Lösungen des salpetersauren Quecksilberoxyduls und Quecksilberoxyds eingetaucht, überzieht sich mit weißem Amalgam, welches beim Erhitzen verschwindet.

66. Salpetersaures Silberoxyd; Syn.: Silbernitrat, Silbersalpeter, Höllenstein; lat.: argentum nitricum, franz.: nitrate d'argent, engl.: silver nitrate.

Es findet sich im Handel kristallisiert und geschmolzen in Stangenform. Für unsere Zwecke sollte ausschließlich nur die reinste, säurefreie kristallisierte Ware Verwendung finden. Die Kristalle sind farblose, durchsichtige Tafeln, die sich leicht in Wasser lösen und ätzend giftig wirken, bei Berührung mit der Haut und allen organischen Substanzen diese schwärzend. In der Hitze schmelzen die Kristalle zu einer farblosen, öligen Flüssigkeit, die beim Erkalten kristallinisch erstarrt.

Es dient zur Darstellung von Chlorsilber und Zyansilber für die Silberbäder, wie es auch zu diesem Zwecke direkt mit Zyankalium zu Zyansilberkalium gelöst werden kann; die alkoholische Lösung wird verwendet zum Metallisieren von nichtleitenden Formen für galvanoplastische Niederschläge.

Erkennung: Salzsäure und Kochsalzlösung bewirken in der Lösung des Silbernitrates die Ausfällung von Chlorsilber, das sich am Lichte schwärzt und in Ammoniak löslich ist.

IX. Phosphorsaure und pyrophosphorsaure Salze.

67. Phosphorsaures Natron; Syn.: Natriumphosphat; lat.: natrium phosphoricum, franz.: phosphate de soude, engl.: sodium phosphate.

Große, klare, leicht verwitternde Kristalle, deren Lösung in Wasser alkalisch reagiert. Es dient zur Bereitung von Goldbädern, zur Darstellung von Metallphosphaten, zum Löten.

Erkennung: Die verdünnte Lösung gibt, mit salpetersaurem Silber versetzt, einen gelben Niederschlag von phosphorsaurem Silber.

68. Pyrophosphorsaures Natron; Syn.: Natriumpyrophosphat; lat.: natrium pyrophosphoricum, franz.: pyrophosphate de soude, engl.: sodium pyrophosphate.

Es bildet weiße, nicht verwitternde Kristalle, löslich in 6 T. Wasser mittlerer Temperatur zu einer alkalisch reagierenden Flüssigkeit; es findet sich überdies auch als wasserfreies, weißes Pulver im Handel, doch sei bemerkt, daß die Vorschriften für die Bereitung der Bäder auf das kristallisierte Salz bezogen sind.

Findet Verwendung zu Gold-, Nickelbronze- und Zinnbädern.

Erkennung: Die verdünnte Lösung wird durch salpetersaures Silber nicht gelb, sondern weiß gefällt.

69. Phosphorsaures Ammoniak; Syn.: Ammoniumphosphat; lat.: ammonium phosphoricum, franz.: phosphate d'ammoniaque, engl.: ammonium phosphate.

Farbloses Kristallpulver oder Salzmehl, welches sich ziemlich leicht in Wasser löst; die Lösung soll möglichst neutral sein. Ein nach Ammoniak riechendes Salz ist ebenso wie ein sauer reagierendes zu verwerfen.

Es dient zur Bereitung von Platinbädern nach Roseleurs Vorschrift.

X. Salze der organischen Säuren.

70. Doppelt weinsteinsaures Kali; Syn.: Weinstein, Cremor Tartari; lat.: kalium bitartaricum, franz.: bitartrate de potasse, engl.: potassium bitartrate.

Das reine Salz bildet kleine, durchsichtige, säuerlich schmeckende, im kalten Wasser sehr schwer lösliche Kristalle oder weiße Kristallkrusten; der rohe Weinstein bildet graue oder schmutzigrote Kristallkrusten. Im feingepulverten Zustande wird der gereinigte Weinstein als Weinsteinrahm, Cremor Tartari, bezeichnet.

Der Cremor Tartari findet Verwendung zur Bereitung der Silber- und Zinn-Weißsude, der Anreibeversilberung und zum Kratzen verschiedener Niederschläge.

71. Weinsteinsaures Kali-Natron; Syn.: Natriumkaliumtartrat, Seignettesalz; lat.: natro-kalium tartaricum, franz.: tartrate de potasse et de soude, engl.: potassium sodium tartrate.

Größere wasserhelle, farblose und luftbeständige Kristalle, von bitterlichsalzigem, kühlendem Geschmack, in 2,5 T. Wasser von mittlerer Temperatur löslich; die Lösung reagiert neutral.

Es dient zur Bereitung von zyanürfreien Kupferbädern, sowie von Nickel- und Kobaltbädern nach Waren, die im einfachen Zellenapparate zersetzt werden.

Erkennung: Die Lösung läßt auf Zusatz von Essigsäure reichlich Weinstein fallen.

72. Weinsaures Kali-Antimonoxyd; Syn.: Brechweinstein; lat.: stibiokalium tartaricum, franz.: tartrate de potasse et d'antimoine, engl.: antimony potassium tartrate.

Es bildet kleine, wasserhelle, glänzende Kristalle, die allmählich trübe und weiß werden; schwer löslich in kaltem, leicht löslich in heißem Wasser, die Lösung reagiert schwach sauer.

Seine einzige Verwendung ist zur Bereitung von Antimonbädern.

Erkennung: Schwefelsäure, Salpetersäure, Oxalsäure geben einen weißen, im Überschusse der kalten Säure nicht löslichen Niederschlag; Schwefelwasserstoff färbt die verdünnte Lösung rot. Salzsäure bewirkt einen im Überschusse der Säure wieder löslichen Niederschlag.

73. Essigsaures Kupferoxyd; Syn.: Kupferazetat, Grünspan; lat.: cuprum aceticum, franz.: acétate de cuivre, engl.: copper acetate.

Es findet sich im Handel ein sauer reagierendes kristallisiertes Salz, der kristallisierte Grünspan und ein pulverförmiges neutrales Salz, der neutrale raffinierte Grünspan.

Das kristallisierte essigsaure Kupferoxyd bildet dunkelgrüne, undurchsichtige Prismen, die leicht verwittern und sich dabei mit einem hellgrünen Pulver bedecken; schwer löslich in Wasser, leicht löslich in Ammoniak mit blauer Farbe, sowie in Zyankalium und Alkalisulfiten.

Das neutrale essigsaure Kupferoxyd bildet ein blaugrünes kristallinisches Pulver, welches in Wasser schwer und unter Abscheidung eines basischeren Salzes nur partiell löslich ist, von Ammoniak aber ebenfalls leicht zu einer blauen Flüssigkeit gelöst wird.

Das essigsaure Kupferoxyd dient zur Darstellung von Kupfer- und Messingbädern, zur Erzeugung künstlicher Patinas, zum Färben der Vergoldung usw.

Erkennung: Beim Übergießen mit Schwefelsäure tritt ein starker Geruch nach Essigsäure auf; blaue Lösung durch Ammoniak.

74. Essigsaures Bleioxyd; Syn.: Bleiazetat, Bleizucker; lat.: plumbum aceticum, franz.: acétate de plomb, engl.: lead acetate.

Farblose, glänzende Prismen oder Nadeln, von widerlich süßem Geschmack und giftig. Die Kristalle verwittern an der Luft, schmelzen schon bei 40° C und sind leicht löslich in Wasser, damit eine leicht getrübte Lösung gebend. Bei höherer Temperatur als dem Schmelzpunkte entweicht Essigsäure bzw. Azeton.

Der Bleizucker dient zur Bereitung von Bleibädern (Nobilische Farbenringe) und von Buntbädern zum Färben von Kupfer und Messing.

Erkennung: Versetzt man essigsaures Bleioxyd in Lösung mit einer Lösung von chromsaurem Kali, so bildet sich ein schwerer gelber Niederschlag von chromsaurem Bleioxyd.

75. Zitronensaures Natron; Syn.: Natriumzitrat; lat.: natrium citricum, franz.: citrate de soude, engl.: sodium citrate.

Farblose, feucht aussehende Kristalle, leicht löslich in Wasser; die Lösung soll neutral reagieren.

Es findet Verwendung zum Platinbade nach Böttgers Vorschrift, als Leitungssalz zu Nickel- und Zinkbädern.

Reinhaltung der Bäder. Die Elektroplattierbäder sollen klar und rein sein. Abgesehen davon, daß man die Objekte während des Elektroplattierens im Bad gern deutlich sehen und beobachten will, ist es ein unheimliches Gefühl der Unsicherheit, mit einem schmutzigen, trüben Bad arbeiten zu müssen, und es kann auch sehr leicht vorkommen, daß sich die im Bad schwebenden Partikelchen, welche die Trübung verursachen, an die ruhig und bewegungslos eingehängten Objekte ansetzen und den elektrolytischen Niederschlag beeinträchtigen oder sonstwie störend einwirken.

Um also reine Bäder zu haben, läßt man sie am einfachsten einige Zeit ruhig stehen (klären) und sondert dann den Bodensatz durch Abgießen oder Abziehen der klaren Lösung ab.

Man kann bei den meisten Praktikern beobachten, daß sie sich ungemein viel Mühe geben, ihre Lösungen durch Filtrieren zu reinigen. Das Filtrieren ist eine sehr langweilige Beschäftigung; abgesehen davon, daß es sehr häufig vorkommt, daß gegen Ende der Filtration das Filter reißt und wieder von vorn angefangen werden muß, filtrieren unsere meist dichten Elektroplattierlösungen etwas langsam. Verfasser schlägt daher vor, sich auf das „Absetzenlassen" und Abziehen der Lösungen zu beschränken; damit erreicht man ja ganz denselben Zweck wie durch das Filtrieren. Während der Sonntagsruhe haben die Bäder Zeit, sich zu klären; das Abziehen des Bades ist, solange der Bodensatz noch unaufgerührt am Boden liegt, mit einem höchstens 1 cm weiten Glasheber oder Gummischlauch auszuführen, und zwar: um nicht mit dem Mund den Heber ansaugen zu müssen, was bei unseren oft giftigen Lösungen sehr gefährlich wäre, fülle man den Heber vorerst mit reinem Wasser ganz voll, halte beide Öffnungen desselben fest zu, so daß nichts herausfließt, tauche zuerst das kürzere Heberohr in das Bad und lasse aus dem längeren Auslaufrohr in ein bereitstehendes, tiefer gestelltes Gefäß ablaufen. Mit diesem Heber darf man aber dem Bodensatz nicht zu nahe kommen, sonst zieht sich dieser mit durch und der Zweck des „Reinabziehens" wäre vereitelt. Wenn die Flüssigkeit fast ausgelaufen ist, dann vertausche man den weiten Heber mit einem dünnen, dessen Öffnung etwa nur 5 mm im Durchmesser hat; mit diesem kann man bei einiger Vorsicht fast bis zum Bodensatz abziehen, ohne daß letzterer mitgezogen wird. Den übrigbleibenden Rest filtriere man; das ist dann aber nicht mehr viel, hält also auch nicht so lange auf. Jedenfalls wird auf diese Art die Reinigung des Bades viel rascher durchgeführt, als wenn das ganze Quantum filtriert worden wäre.

Nach längerer Gebrauchszeit setzt sich am Boden eines jeden Elektroplattierbades ein Schlamm ab, welcher nebst mechanischen Unreinigkeiten, die ins Bad fallen, meist aus den Rückständen der durch den elektrolytischen Prozeß sich zersetzenden Anoden besteht. Dieser Schlamm ist meist metallischer Natur, es sind Metallkristalle, die beim Auflösen der Anoden durch den Strom gewissermaßen von den Anoden abgesprengt werden und zu Boden fallen und sich dort mit manchmal größeren abreißenden Anodenstücken ansammeln. Werden die Metallanoden nach und nach dünner, so fehlt schließlich die Festigkeit des Gefüges und es reißen einzelne Partien, oft in Handflächengröße ab. Neben den metallischen Bestandteilen dieses Bodensatzes finden wir aber auch z. B. bei Nickelbädern basische Salze, besonders dann, wenn das betreffende Nickelbad zeitweise alkalische Reaktion zeigte. Es fallen dann in erster Linie Eisensalze aus, aber auch basische Nickelsalze sind in diesem Schlamm mit enthalten. Solche Schlämme basischer Salze stellen bei Nickelbädern keinen besonderen Wert dar, anders ist es bei zyankalischen Kupfer- oder Messingbädern. Wir beobachten in solchen Bädern fast durchwegs ein Belegen der Kupfer- oder Messinganoden mit grünlichem oder weißgrünem Schlamm, der mitunter mehrere Millimeter stark bis zu ganzen Wulsten anwächst und dann bei der leisesten Berührung der Anoden, vorwiegend aber dann in größeren Mengen abfällt, wenn man die Anoden zwecks Reinigung ihrer Oberfläche aus den Bädern hebt. Diese Schlämme in zyankalischen Bädern sind Metallzyanide und stellen einen für den Betrieb immerhin nicht unbedeutenden Wert dar und sollten stets in einem eigenen Gefäß beim Reinigen der Bäder gesammelt und mit Zyankalium oder Zyandoppelsalz bzw. Zyannatrium aufgelöst werden, um die solcherart sich bildenden Metalldoppelzyanide, nämlich Zyankupferkalium und Zyanzinkkalium zum Auffrischen des Metallgehaltes der zyankalischen Kupfer- bzw. Messingbäder wieder zu benutzen. Es wäre schade, diesen Schlamm unbenutzt am Boden der Gefäße liegen zu lassen oder ihn beim Reinigen der Gefäße gar wegzuwerfen.

Man schöpfe aus diesen zyankalischen Bädern beim Reinigen der Wanne nach Abziehen der klaren Lösung den ganzen Schlamm inklusive des metallischen Teiles in ein besonderes Gefäß, übergieße den Schlamm mit wenig Wasser und setze etwas Zyankalium oder Zyannatrium zu. Dann löst sich, auch bei ruhigem Stehen, der größte Teil dieses Schlammes zu wertvollem Regenerierungssalz auf und schließlich bleibt der metallische Bestandteil zurück, welcher nach gutem Spülen mit reinem Wasser getrocknet und an eine Metallschmelze verkauft werden kann.

Analog kann man aus Nickelbädern solchen Bodensatz verwerten, nur tut man gut, den Bodensatz mit verdünnter warmer Schwefelsäure in ausgebleiten Vorratsgefäßen oder in Steinzeugschalen oder Steinzeugtöpfen zu behandeln, um die basischen Salze in Lösung zu bringen. Man verwende dazu ca. 50° C warme Schwefelsäure 1:5, mit der man diese ausgeschöpften Bodensätze behandelt und läßt, wenn sich beim Umrühren des Ganzen zeigt, daß alle in Säure löslichen basischen Salze sich gelöst und demnach eine klare Lösung entstanden ist, diese grünliche Lösung ablaufen (eine Wiederverwertung ist wegen des meist zu hohen Eisengehaltes ausgeschlossen), wäscht dann den metallischen Bodensatz, aus kristallinischem Nickel (sogenanntem Nickelgruß) und größeren Nickelpartikelchen bestehend, mehrmals aus und trocknet ihn scharf auf einer Herdplatte oder durch Liegen an der Sonne in eisernen oder Tonschalen. Solche Nickelabfälle, welche von den lästigen basischen Salzen befreit sind, können ebenfalls an Schmelzereien wieder verkauft werden.

Daß man bei Edelmetallbädern, wie Silber- und Goldbädern ganz besonders vorsichtig bei Verwertung der Bodensätze der Bäder verfahren muß, ist einleuchtend, natürlich haben solche Bodensätze metallischer Natur ganz besonderen Wert, aber auch nichtmetallische Bodensätze sind aus solchen Bädern nicht wegzuschütten, sondern wenn man sich über den Wert derselben nicht im klaren ist, lasse man ihn lieber erst in einem chemischen Laboratorium untersuchen, denn es ist keine schwierige Sache, den Edelmetallgehalt solcher Schlämme festzustellen, und man kann sich dann entscheiden, ob die Aufarbeitungskosten, die zwar nicht gering sind, mit dem Wert und der Menge dieser Bodenschlämme in Harmonie zu bringen sind.

Filtrieren der Bäder vor und während der Arbeit. Beim Ansetzen neuer Bäder beobachtet man sehr oft, daß trotz Verwendung rein erscheinenden Lösungswassers, beim Auflösen der Chemikalien für ein Elektroplattierbad eine trübe, also durchaus nicht klare Lösung entsteht. Man tut gut, von Anbeginn an darauf zu achten, klare Lösungen zu haben und gerade der beim ersten Auflösen sich bildende Schlamm ist störend, weil sich dieser nur sehr schwer absetzt, aus feinen Partikeln besteht, die durch Reaktion der Chemikalien mit den gelösten Unreinheiten des Lösungswassers entstehen und immer wieder in der Lösung suspendiert bleiben und eine dauernde Trübung des Bades verursachen. Man filtriert daher solche Lösungen, wenn man nicht etwa destilliertes Wasser zum Auflösen benutzt hat, wobei solche Schlämme vermieden werden und zwar in der Weise, daß man bei kleineren Flüssigkeitsmengen unter 100 Liter die zu filtrierende Lösung möglichst heiß durch ein Faltenfilter aus Filterpapier (ungeleimtes Papier) in ein daruntergestelltes Gefäß laufen läßt. Am einfachsten steckt man den Trichter mit seinem Unterteil in den Hals einer Flasche entsprechender Größe, wie es Fig. 127 veranschaulicht und gießt nach Einlegen des Faltenfilters die Lösung durch und füllt den Trichter immer wieder, sobald der Inhalt abgelaufen ist. Größere Mengen filtriert man über starke Filtertücher, die man auf einem Holzrahmen mit Nägeln aufspannt, so daß sie eine kleine Aussackung nach unten zulassen (Fig. 128). Man gießt erst reines heißes Wasser auf die ausgespannten Tücher, nachdem man ein Gefäß unter die Filtriereinrichtungen gebaut hat, damit sich die Gewebe mit Wasser ansaugen, denn dadurch filtiert ein solches Tuchfilter besser, als wenn man in das trockene Filtertuch die Flüssigkeit, die man filtrieren will, direkt einlaufen ließe. Hat man dicke Schlämme zu filtrieren oder sehr trübe Lösungen, so wird man bemerken, daß zunächst etwas trübe Lösung durch das Filtertuch hindurchgeht, deshalb pflegt man das erste ablaufende Quantum wieder auf das Filter zu bringen, bis sich die feinen Maschen des Gewebes etwas zugesetzt haben, worauf die Filtration einwandfrei vor sich geht. Man kann auf solche Weise mehrere derartige Filtertücher auf Holzrahmen auf den Wannenrand der Wanne legen, in welche man die zu filtrierende Flüssigkeit einzufüllen hat, so daß man schneller zum Ziele kommt. Sind die Filtertücher stark mit Schlamm versetzt, so fließt naturgemäß die Lösung langsamer durch, dann entleere man den Inhalt dieses betreffenden Filters in das Gefäß, in welchem sich die unreine Flüssigkeit befindet, spritze das Filtertuch mit heißem Wasser ab, damit der die Maschen versetzende Schlamm entfernt wird und beginne die Filtration mit diesem so gereinigten Filter aufs neue. Die Lösung wird dann wieder schneller durchfließen.

Größere Flüssigkeitsmengen, wie sie in Großbetrieben etwa in Form von Durchzugsbädern vorhanden sind, muß man in Klärgruben absitzen lassen, um sie von festen Verunreinigungen zu befreien. Solche Klärgruben legt man tunlichst in unmittelbarer Nähe der Bäderanlage an, damit der Elektrolyt entweder durch Schläuche oder durch fest angebrachte Rohre mit Ablaßhähnen nach unten

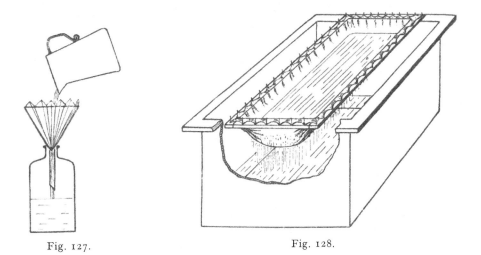

Fig. 127.   Fig. 128.

ablaufen kann. Eine Zentrifugalpumpe kann dann in verhältnismäßig kurzer Zeit die klar abgesetzte Lösung wieder in die Badgefäße hochpumpen.

Moderne Schnellgalvanisierungen werden von den installierenden Firmen in richtiger Einschätzung des Vorteils der dauernden Filtration der Bäder während des Betriebes mit besonderen Filtriereinrichtungen geliefert. Um auch bereits bestehende Bäderanlagen älterer Ausführung in bequemer Weise filtrieren zu können, dient die in Fig. 129 abgebildete Einrichtung. Diese Einrichtung eignet sich zum sukzessiven Filtrieren mehrerer Bäder, möglichst gleicher Natur. Das Filtriergefäß wird möglichst zentral zwischen den zu filtrierenden Bädern aufgestellt, die zum Betrieb dienende Pumpe dicht daneben, um die Rohrleitung zwischen Pumpe und Filtergefäß nicht unnötig zu verlängern. Für das Absaugen der Badflüssigkeit in das Filtriergefäß und für die Rückleitung des reinen Elektrolyten in die Bäder dienen Schläuche von etwa je 3 m Länge, die durch Giersbergverschlüsse zusammengefügt werden können. Die Pumpe zieht die Badflüssigkeit in das hochgestellte Filtriergefäß, der Rücklauf der klaren Flüssigkeit erfolgt selbsttätig. Durch einfaches Überhängen der Schlauchleitungen in ein anderes Bad kann eine beliebige Anzahl Bäder gleicher Gattung mit derselben Einrichtung nach und nach filtriert werden. Durch das Zusammenkuppeln einer beliebigen Anzahl von Einheitsschläuchen läßt sich die Schlauchleitung so verlängern, daß auch weiter entfernte Bäder mit

der gleichen Einrichtung filtriert werden können. Das Absaugen der Badflüssigkeit erfolgt praktischerweise durch einen Saugkorb aus vernickeltem
Messing, um das Einziehen größerer im Bade befindlicher Anodenreste und anderer Festkörper zu verhindern.

Das Filtrieren kann man aber auch ununterbrochen während des Betriebes
durch direkt an jedem einzelnen Bad oder in jeder Wanne direkt angebrachte
Filtereinrichtungen bewerkstelligen. Man bedient sich hierzu sogenannter Saugheber oder Injektoreinrichtungen. Diese Einrichtungen werden mit Druckluft
von etwa 0,5 bis 0,6 A Druck betrieben. Die Saugheber ziehen die Badflüssigkeit
vom Boden der Wanne hoch, befördern sie in kräftigem Strahl in das am Bade
oder im Bade selbst hängende Filtergefäß, welches mit Seidengaze oder besser
mit Wollflanell bezogen ist und die klare von feinen Schlämmen befreite Badflüssigkeit läuft in die Wanne zurück. Fig. 130 zeigt eine solche Einrichtung
mit einem kleinen Kompressor und Windkessel. Dort, wo Druckluft bereits vorhanden ist, erübrigt sich natürlich ein solcher Luftkompressor und genügt dann
die Einrichtung mit Saugheber und Filterkasten, wie dies Fig. 131 zeigt. Durch
solche Saugfilter werden pro Minute ganz gewaltige Mengen Badflüssigkeit

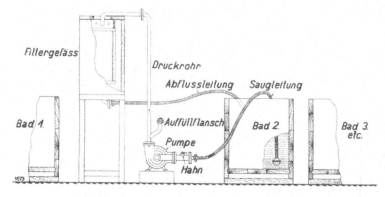

Fig. 129.

filtriert, ein Bad von etwa 2 cbm Inhalt wird durch solche Druckluft-Saugheber
täglich etwa 6 bis 10mal erneuert. Bei längeren Wannen empfiehlt es sich, das
untere Ende der Saugleitung bis zur Mitte der Wanne zu führen und das am Boden
der Wanne ruhende Ende zu perforieren, damit ein möglichst gleichartiges Absaugen der Badflüssigkeit stattfindet. Bei Bädern über 2 m Länge wird man aber
schon an beiden Stirnseiten zugleich filtrieren, wie man überhaupt nicht mehr
als wie etwa 1 cbm Inhalt mit je einem Saugheber-Filtrationsapparat bedienen
sollte. Diese Filtrationsvorrichtungen werden dort, wo die Zuführung ins Bad
nichts schadet, jedoch eine Bewegung der Badflüssigkeit gewünscht wird, mit
Lufteinblaseleitungen kombiniert, wie dies in Fig. 131 veranschaulicht ist.
Die Luftschlange wird im Gegensatz zur Filtrationsansaugeleitung etwa 10 cbm
über dem Wannenboden angebracht, damit keinesfalls am Boden der Wanne
etwa vorhandener Anodenschlamm durch die eingeblasene Luft aufgewirbelt
wird. Die Luftschlange wird mit Löchern im Abstand von etwa 100 mm voneinander versehen, und zwar an der Seite, wo die Luft eintritt, mit 1 mm Bohrung
beginnend, während die Löcher gegen das Schlangenende zu immer größer
werden sollen, aber nicht über 2½ mm Durchmesser. Die Injektor-Ansaugeleitung
verlegt man so, daß sie unterhalb der mittleren Anodenstange zu liegen kommt,
die Lufteinblaseleitung besteht dann aus zwei Strängen, welche U-förmig verbunden sind; jeder Strang liegt dann unterhalb der beiden Warenleitungen, so daß
die aufsteigenden Luftblasen an die im Bade hängenden Waren gelangen, nicht

aber an die Anoden. Werden solche Einrichtungen zum Bewegen mit Druckluft in die Bäder eingelegt, so empfiehlt es sich, sofern man erwärmte Bäder
verwendet, die Anoden einzuhüllen, damit auch der Anodenschlamm, der von
den Injektoren nicht hochgezogen werden kann, aus dem Bade ferngehalten
wird. Man darf nur wirklich fettfreie Luft solchen Filtrations- und Luftbewe-
gungsschlangen zuführen und muß deshalb, am besten gleich hinter dem Luftkompressor, Luftreiniger einbauen, d. s. kleine Filtrationsvorrichtungen, welche
die in der Druckluft etwa enthaltenen, mitgerissenen Fette oder feste Bestandteile zurückhalten. Die in den Bädern verlegten Rohrschlangen, einerlei ob sie
für die Zwecke der Badbewegung oder für die Injektoren dienen, müssen mit
Regulier- und Absperrhähnen versehen sein und mit Isoliermuffen, damit
nicht etwa vagabundierende Ströme von einem Bad ins andere gelangen können.
Die Druckluft für die Injektoren zur Filtrationsanlage sind so einzustellen, daß
der Flüssigkeitsstrahl in gleichmäßig ruhigem Tempo in die Filterkästen läuft;

Fig. 130. Fig. 131.

keinesfalls darf so viel oder so hochgespannte Druckluft zugeführt werden, daß
Badflüssigkeit zerstäubt. Für alle Fälle ist es gut, die Enden der Injektoren unterhalb des Badniveaus einzuleiten, dann kann ein Zerstäuben und damit eine Belästigung des Bedienungspersonals überhaupt nicht stattfinden. Um aber den
Zulauf der Badflüssigkeit in die Filterkästen dennoch beobachten zu können,
lassen sich Schaugläser in Form von Glasrohren an die Auslaufleitung der meist
aus Blei bestehenden Injektoren einbauen.

Wahl des Badrezeptes. Der Fachmann weiß heute bereits in jedem ihm
vorkommenden Spezialfall, welche Zusammensetzung er seinem Elektroplattierbad geben muß, um diejenigen Niederschläge von bestimmter Eigenschaft und
vor allem von der mechanischen Beschaffenheit und Stärke zu erhalten, die er
von der fertig plattierten Ware verlangen muß und erwartet. Schwieriger ist
dies bei denjenigen Gewerbetreibenden oder die Elektroplattiermethoden ein-
führenden Industriellen, welche noch keine Erfahrung auf diesem Gebiete haben
und deshalb genötigt sind, sich auf den Rat und die Erfahrung der Fachfirmen
zu verlassen, welche sich mit der Einrichtung solcher Anlagen befassen.

Auch hier, bei der Anschaffung und erstmaligen Einrichtung eines Elektroplattierbades ist der gewöhnliche Zweck ausschlaggebend und je genauer man
seine Wünsche der Fachfirma gegenüber zum Ausdruck bringt, um so eher wird
diese in der Lage sein, in richtiger Weise die geeignete Wahl des anzuwendenden
Badrezeptes zu treffen. In erster Linie muß die Frage geklärt sein, welche Gegenstände in einem Elektroplattierbad behandelt werden sollen, wie groß diese sind,

von welcher Form und aus welchem Material. In zweiter Linie entscheidet die gewünschte Arbeitsschnelligkeit, also die Zeit, innerhalb welcher man einen Niederschlag bestimmter Dicke erhalten will.

Wir finden in den verschiedenen Büchern über Galvanotechnik, ebenso in Fachzeitschriften eine solche Fülle von Vorschriften über das Zusammensetzen geeigneter galvanischer Bäder, daß es schier unmöglich scheint, sich zurecht zu finden und doch sind diese Vorschriften letzten Endes von gemeinsamen Gesichtspunkten aus zu beurteilen, von obskuren Ratschlägen von Gelegenheitsmachern ganz abgesehen. Man verlangt von einem guten Elektroplattierbad stets, daß es schnell „anschlägt", d. h. daß sich der Niederschlag gleichmäßig, auch in tiefer liegenden Partien der zu plattierenden Ware gleichzeitig bilde, daß der Niederschlag möglichst fest auf der Unterlage hafte, beim nachträglichen Weiterbearbeiten durch Kratzen und Polieren, Löten u. dgl. nicht abspringe, abblättere oder Blasen ziehe und daß er keine allzulange Zeit erfordere zu seiner Bildung in solcher Stärke, welche eine dauerhafte und solide Plattierung bieten soll.

Da kommen nun Fragen wie die Temperatur bei dem angegebenen Rezept, Konzentration der Chemikalien per 100 Liter Bad, Metallgehalt der Lösung, elektrischer Leitungswiderstand der Lösung aufs Tapet, alles muß miteinander passend gemacht werden. Schließlich darf das Verhalten der endgültig bestimmten Lösung auf das verwendete Anodenmaterial nicht vergessen werden. Es kann ein Bad recht gute Niederschläge anfänglich liefern, doch kann es vorkommen, daß das Rezept derartig gewählt ist, daß die Anode nicht so gelöst wird, wie es den Abscheidungsverhältnissen an den Waren entspricht; es wird leicht weniger Metall anodisch gelöst als an den Waren abgeschieden wird, die Folge davon ist ein frühzeitiges Verarmen des Bades an Metall. Um das Richtige zu treffen, gehört eine lange Erfahrung des Galvanotechnikers dazu; er muß diejenigen Leitsalze wählen, welche bei richtigen Streuungsverhältnissen das Minimum an elektrischer Energie für den Abscheidungsprozeß erfordern, doch müssen diese Leitsalze anderseits so gewählt sein, daß die Anodenlöslichkeit in reichlichem Maße gewahrt wird, um eine möglichst gute Konstanz der Badzusammensetzung zu gewährleisten. Verfasser hat deshalb bei den einzelnen Elektroplattiermethoden auf verschiedene ausgeprobte Rezepte hingewiesen, nicht allzuviele angeführt, um den suchenden Praktiker nicht zu verwirren und für Spezialfälle auf Besonderheiten hingewiesen, die den Praktiker der Sorge entheben sollen, erst lange herumzuprobieren. Verfasser warnt wiederholt vor hochtrabenden Namen angeblich besonders guter Präparate zum Bereiten der Bäder, wie diese oft von Unberufenen angeboten werden; wir treffen da eine Menge schöner Namen wie Goldmessingbad, Schnellplattierbad, Sparbad etc. bei manchmal verlockenden Preisen. Setzt aber der Praktiker ein solches Bad an, so merkt er meist zu spät, daß er irregeführt wurde, der Betreffende kann ihm dann keinen Rat erteilen, wie er den verlangten Zweck nun wirklich erreichen kann und man geht dann reuig zum Fachmann, dem es dann natürlich sehr schwer fällt, die ihm ganz unbekannte Badzusammensetzung zu erforschen und Abhilfe für die schlechten Resultate mit diesen „Wunderbädern" zu schaffen. Weiß der Fachmann, aus welchen Präparaten das verwendete Bad besteht, so ist es ihm meist sehr leicht, in Störungsfällen durch einfache Mittel Abhilfe zu bringen, im anderen Falle ist meist die Anschaffung einer neuen Lösung nötig, was Zeit und Geld kostet.

Die Natur des Grundmetalles, welches elektroplattiert werden soll, ist bei der Wahl des Bades von ganz besonderer Bedeutung, weil die Reaktion des Bades einerseits schon möglicherweise auf das zu plattierende Grundmetall Einfluß üben kann, wie z. B. eine saure Kupfervitriollösung, wie sie etwa in der Kupfergalvanoplastik gebraucht wird, niemals zur Verkupferung von Eisen oder gar Zink dienen kann, sondern es muß für solche Metalle ein Bad benutzt werden, welches säurefrei ist und da greift man zu zyankalischen oder auch Bädern mit freiem

Alkali. Wir wissen, daß in sauren Kupferbädern sich Kupferionen neben Wasserstoff-Ionen vorfinden, wogegen in zyankalischer Lösung das Kupfer in einem komplexen Ion, dem Anion enthalten ist und nur sekundär abgeschieden wird. Aus solchen zyankalischen Lösungen ist eine Verkupferung von Eisen und Stahl, ebenso eine Verkupferung von Zink, Zinn, Kadmium etc. möglich.

Anderseits kann man wieder aus alkalischen und zyankalischen Lösungen Aluminium nicht verkupfern, weil sich Aluminium in freiem Alkali oder Zyankalium löst, hierfür nimmt man praktischerweise wieder saure Lösungen wie schwefelsaure oder salpetersaure Lösungen.

Eine besondere Auswahl der Badrezepte kommt bei der Vernicklung der verschiedenen Metalle in Frage, insofern, als man bekanntlich bei der Vernicklung von Zink mit hohen Stromdichten arbeiten muß (mindestens 1 Amp. per Quadratdezimeter) und dementsprechend muß man für diese Zwecke ein Nickelbad mit hoher elektrischer Leitfähigkeit wählen, um bei einigermaßen kleiner Badspannung schon eine solche hohe Stromdichte an den zu vernickelnden Zinkgegenständen zu erzielen. So beeinflußt Zinn ebenfalls die Wahl des Badrezeptes; man muß dort für saure Nickelbäder Sorge tragen, wenn man eine haltbare direkte Vernicklung von Zinngegenständen erhalten will, ebenso gilt dies für Bleigegenstände, die zu vernickeln sind. Die Vernicklung von Eisen und Stahlgegenständen bedingt dagegen möglichst chloridfreie Nickelbäder, wogegen Messing und Kupfer und alle anderen Legierungen des Kupfers sehr gut mit chloridhaltigen Bädern vernickelt werden können.

Was nun die Form der Gegenstände anbelangt, so muß sich das Badrezept auch darnach richten; je profilierter der zu plattierende Gegenstand ist, desto mehr Streuungsvermögen muß das Bad aufweisen, weil man sonst in den tieferen Partien der zu plattierenden Waren keinen oder nur ungenügenden Niederschlag erhalten würde. Bei Verwendung von Sieben oder den früher besprochenen Massen-Galvanisierungsmaschinen, wie Trommeln und Schaukeln mit perforierter Wand zwischen den Massenartikeln im Innern dieser Apparate und den außenhängenden Anoden muß nicht nur ein besonders leitfähiges Bad zwecks tunlichster Verringerung der anzuwendenden Badspannung gewählt werden, sondern das Bad muß gleichzeitig auch sehr metallreich sein, weil auch die angewandten Stromdichten hoch gewählt werden und gleichzeitig muß das Bad genügendes Lösungsvermögen für die oft räumlich begrenzten Anoden aufweisen, um eine Konstanz der Badzusammensetzung und ein dadurch bedingtes möglichst langes gleichmäßiges, ungestörtes Arbeiten bei meist geringem Badquantum zu ermöglichen.

Man sieht also, daß die verschiedensten Umstände auf die richtige Wahl der Badzusammensetzung einwirken, doch bestehen dafür heute so ausprobierte Vorschriften und praktisch durchgekostete Badrezepte, daß man sich dieser ruhig bedienen kann, wenn nicht besondere Verhältnisse vorliegen, für welche die moderne Galvanotechnik aber stets in kürzester Zeit Rat zu schaffen weiß.

Konzentration der Bäder und deren Einfluß. Wir messen die Konzentration unserer Elektroplattierlösungen mit dem Beauméschen Aräometer, das ist eine 10 bis 30 cm lange, an beiden Enden zugeschmolzene Glasröhre, ganz ähnlich einem Glasthermometer, ebenso wie diese in Grade eingeteilt, an dem einen Ende mit Bleischrot oder Quecksilber gefüllt. Um die Dichte einer Lösung zu messen, gießt man sie in einen der Länge des Aräometers entsprechend hohen Glaszylinder, senkt den Aräometer (mit dem schweren Ende nach unten) ein, wie Fig. 132 zeigt und liest an der Oberfläche der Flüssigkeit den Grad ab, bis zu welchem der frei schwimmende Aräometer eingesunken ist. Diesen Grad nennt man den Konzentrationsgrad der geprüften Lösung.

Auf die gleiche Art wird auch die Stärke unserer Säuren (Salpetersäure, Schwefelsäure etc.) bestimmt.

Laien sind vielfach der Ansicht, daß mit dem Aräometer der Metallgehalt eines Elektroplattierbades ermittelt werden kann. Dies ist ein Irrtum, denn die Dichte einer Lösung
hängt von der Gesamtheit der gelösten Salze, also nicht allein von dem Gehalt an Metallsalzen, sondern auch von den enthaltenen übrigen Leit- und Beisalzen ab. Es kann ganz
gut vorkommen, daß ein Bad trotz zu geringen Metallgehaltes eine erhebliche Überkonzentration zeigt; wieviel Metall es enthält, muß durch eine chemische Analyse der Lösuug
bestimmt werden, was nur Sache eines erfahrenen Chemikers ist.

Sehr zu beachten ist aber bei der Messung des Konzentrationsgrades einer
Lösung mit Aräometer die gleichzeitig herrschende Lösungstemperatur. Wo bei
den einzelnen Badvorschriften nichts besonderes angegeben ist, versteht sich die
Angabe des Bé-Grades bei Zimmertemperatur. Man muß berücksichtigen, daß
die Angaben des Aräometers bei höherer Temperatur niedriger ausfallen als bei
niedrigerer Temperatur. Warme Lösungen und allgemein warme Flüssigkeiten
sind spezifisch leichter als kalte Lösungen oder Flüssigkeiten.

Die Beachtung der Konzentration der Lösungen,
deren Prüfung mit dem Aräometer, ist bei neuen Bädern
ganz überflüssig; wenn diese nach Vorschrift bereitet
wurden, besitzen sie bei normaler Temperatur die dafür
angegebene Konzentration und für diese gelten die bestimmten Daten.

Weil aber alle Bäder teils durch den elektrolytischen
Prozeß, teils und weit mehr durch unrichtige Behandlung
mit der Zeit Veränderungen erleiden, insbesondere deren
Konzentration durch fortgesetzte Zusätze steigt, müssen
wir auch dieser einige Aufmerksamkeit widmen.

Fig. 132.

Eine Zunahme der Konzentration unserer Bäder durch
den elektrolytischen Prozeß wird insbesondere bei den
zyankalischen Lösungen fühlbar, in welchen durch Zersetzung des Zyankaliums
Ätzkali bzw. Ätznatron vorzugsweise entsteht, die (aus der Luft Kohlensäure
anziehend) sich hauptsächlich in Pottasche bzw. Soda umsetzen. Auch durch den
Kontakt der Zyankaliumlösungen mit der in der Luft enthaltenen Kohlensäure
wird kohlensaures Kali bzw. Natron gebildet, indem die stärkere Kohlensäure die
schwächere Blausäure austreibt, daher der in unseren Werkstätten wahrnehmbare
Blausäuregeruch. Aber diese beiden Vorgänge vollziehen sich sehr langsam, werden
erst bei Bädern fühlbar, die schon mehrere Jahre in Verwendung stehen. Viel
rascher wird eine Überkonzentration zyankalischer Lösungen durch Verwendung
minderwertiger Zyankaliumsorten verursacht, welche bis zu 75 % Pottasche bzw.
Soda enthalten können, womit also dann die Bäder nicht nur zwecklos, sondern
auch störend übersättigt werden; dem ist leicht vorgebeugt, wenn laut Vorschrift
nur „reines Zyankalium 99 bis 100 %" verwendet wird.

Alte zyankalische Bäder, welche mit Pottasche oder Soda übersättigt sind,
können durch Versetzen mit Zyanbarium korrigiert werden, welches mit dem
Kali- oder Natronkarbonat Zyankalium bzw. Zyannatrium und kohlensauren
Baryt bildet; ersteres bleibt in Lösung, letzterer scheidet sich aus, wird abfiltriert und beseitigt.

Konzentrationszunahme verursachen ferner die Salzbildungen bei Regenerierung der Bäder; wenn bei eintretender Metallverarmung z. B. eines Zyan-
kupferbades immer Kupfervitriol oder essigsaures Kupfer, in ein Messingbad
nebst diesen noch Chlorzink oder Zinkvitriol, in ein Silberbad jedesmal Chlorsilber oder Silbernitrat eingeführt werden, so müssen sich im ersten schwefelsaures bzw. essigsaures Kali, im zweiten nebst diesen noch Chlorkali, im dritten
Chlorkali bzw. Kaliumnitrat als zwecklose Nebenprodukte zu einer störenden
Menge ansammeln.

Alle zyankalischen Bäder sind zur Vermeidung dessen, wenn Metallarmut
eintritt, nur mit den entsprechenden Zyanmetallsalzen zu regenerieren. Ebenso

ist es bei Nickelbädern; wenn diese bei Nickelverarmung immer mit den zum Ansetzen des ursprünglichen Bades präparierten Vernickelungssalzen versetzt werden, welche nur zur Bereitung neuer Bäder dienen und stets neben dem eigentlichen Nickelpräparat auch sogenannte Leitsalze in dem Maße enthalten, wie sie das neue Bad erfordert, so müssen sie bald überkonzentriert werden und dann den Dienst versagen. Nur spezielle Nickelpräparate (je nach der chemischen Beschaffenheit des Bades: sogenannte Auffrischsalze oder Regeneriersalze) sollen zur Metallvermehrung verwendet werden. Es ist überhaupt ein arger Fehler, in fertige Bäder noch fortgesetzt sogenannte Leitungssalze einzuführen, die ja, bei der Bereitung schon zugesetzt, fast immer unverändert vorhanden bleiben, kaum verschwinden; ein neuerlicher Zusatz solcher Leitungssalze (wie Borsäure, Natronzitrat, Chlorammon u. a. in Nickelbäder, saures schwefligsaures oder kohlensaures Natron u. a. in Zyanbäder etc. ohne besonderen Grund zugesetzt) verursacht nur störende Überkonzentrierung der Elektroplattierlösungen. Solche mit fremden Salzen überkonzentrierte, meist alte Lösungen sind nur durch Verdünnen mit Wasser auf die normale Konzentration zu bringen; selbstredend wird dadurch auch der Metallgehalt vermindert. Sollte dieser weit unter den normalen Stand gesunken sein, so müßte er durch Zusatz des geeigneten Metallsalzes wieder richtiggestellt werden; es ist aber zu erwägen, ob sich dies bei solchen, meist schon alten, vielgebrauchten Bädern noch verlohnt. Am besten tut man, solche Bäder der Spezialfirma, von der sie geliefert wurden, zur Untersuchung (es genügt meist eine Probe von 1 Liter!) einzusenden, damit auf Grund des wissenschaftlich ermittelten Tatbestandes die Korrektur in richtiger Weise besorgt werden kann.

Die Nachteile der überhandnehmenden Überkonzentration der Bäder sind folgende:

In alten, mit fremden Salzen übersättigten Bädern wird der Niederschlag meist streifig oder körnig rauh ausfallen und in tiefen Bädern werden die eingehängten Waren auf den unteren Partien mehr Niederschlag ansetzen als auf den oberen, die Folge der Flüssigkeitsdichte und der verschiedenen Konzentrationsschichten, bzw. die Folge der größeren Zähigkeit der Lösung.

Ein weiterer, insbesondere in der kalten Jahreszeit in alten Bädern mit sehr hoher Konzentration und niederer Temperatur auftretender Übelstand ist der, daß Salzkristalle sich ausscheiden, die sich an die Wannenwände und besonders an die Anoden, selbst aber auch an die eingehängten Waren ansetzen und den Gang der Elektroplattierung stören oder beeinträchtigen. Auch in neuen Bädern, wenn sie mit zu wenig Wasser bereitet wurden, zeigt sich diese Erscheinung. In diesem Fall muß die Lösung mit Wasser verdünnt werden, die Salzkristalle sind mit erwärmtem Bad aufzulösen und deren Lösung demselben wieder zuzuführen.

Die gleiche Erscheinung kann auch auftreten durch nicht beachtete Verdunstung des Wassers aus dem Bad, wenn dies nicht durch Nachgießen reinen Wassers im Verhältnis regelmäßig wieder ersetzt wurde, eine eigentlich ganz selbstverständliche Manipulation.

Für die Funktion ist die Konzentration der Elektroplattierbäder, solange diese nicht gar übermäßig überhandnimmt, nicht gar so eminent gefährlich, als vielfach angenommen wird.

Bei kleinen Konzentrationsschwankungen von 10 bis 20 % über oder unter die normale kann die vorgeschriebene Badspannung ohne empfindlichen Nachteil für die Brauchbarkeit des Niederschlages eingehalten werden. Manche Bäder, allerdings ist der Fall selten, sind auch bei Änderung der Konzentration bis 50 % über oder unter normal noch funktionsfähig, aber „die Badspannung muß dann entsprechend dem veränderten Badwiderstand geändert werden".

Mit der veränderten Konzentration der Salzlösungen ändert sich nämlich auch deren spezifischer Widerstand und fordert eine im Verhältnis geänderte

Badspannung, um die bestimmte, einen guten Niederschlag sichernde Stromdichte wieder einzuhalten.

Der Übelstand, der für den Praktiker daraus erwächst, ist nur der, daß er
sich bei wesentlichen Konzentrationsänderungen nicht mehr an die vom Verfasser
für den normalen Zustand des Bades vorgeschriebene Badspannung halten
kann, sondern sie dann selbst bestimmend ändern muß. Mangels der erforderlichen Instrumente ist er aber nicht in der Lage, den Widerstand seiner veränderten Bäder zu messen und die den neuen Verhältnissen anpassende Badspannung zu berechnen; er kann also die geänderten Stromverhältnisse nur durch
exakte Beobachtung und nur empirisch bestimmen.

Es ist daher geraten, um mit den vorgeschriebenen Stromverhältnissen
sicher fortarbeiten zu können, von Zeit zu Zeit die Konzentration der Bäder zu
kontrollieren und diese bei wesentlichen Veränderungen wenigstens annähernd
wieder auf den ursprünglichen Stand zu stellen. Bei leichten Elektroplattierungen
ist es weniger heikel, aber wenn es sich um starke Niederschläge handelt, wenn
die Ware mehrere Stunden elektroplattiert wird, werden darartige Veränderungen
schon fühlbar.

Eine Abnahme der Konzentration eines Bades kann wohl nur durch Zugießen von zu viel Wasser verursacht sein, wäre also durch Zusatz des betreffenden
Metallsalzes und des oder der dazugehörigen Leitsalze auszugleichen, was sich
aber nur bei sonst noch guten Lösungen verlohnen wird, keinesfalls bei alten
vielgebrauchten Bädern.

Wenn die Bäder gut erhalten werden, wenn nicht sinnlos ohne Bedürfnis
Salze zugesetzt werden, die nicht hineingehören, wenn nicht unrichtige oder
schlechte Chemikalien in Verwendung kommen, werden die Bäder die Konzentration nicht so bald ändern.

Im wissenschaftlichen Teil des Werkes haben wir bereits gesehen, wie durch
den Stromdurchgang in einem Bade an der Kathode, also an den Waren, die man
elektroplattiert, eine Verarmung an Metall eintritt. Wir müssen also in einem
Elektroplattierbad stets dafür sorgen, daß in unmittelbarer Nähe der Waren
genügend Metall in Lösung sich befindet, um eine gute Stromausbeute, d. h.
eine genügend starke Metallfällung in einer bestimmten Zeit herbeizuführen.
Deshalb also muß man schon von vornherein für eine genügende Metallkonzentration im Bade sorgen, durch Verwendung hochprozentiger Metallsalze.
Anderseits läßt sich der Verarmung an Metall im Bade durch Diffusion entgegen-
treten und da hilft sich das Bad selbst, indem die Diffusion, das Nachströmen
von Metallsalz in verdünnte Lösungen, dort am meisten stattfindet, wo die
Konzentration am kleinsten ist. Wird durch zu starken Strom lokal die Lösung
an Metall stellenweise zu sehr verdünnt, so kann pulverige oder schwammförmige
Metallabscheidung eintreten, deshalb wird bei Anwendung hoher Stromdichten,
also starken Stromes zur Beschleunigung der Niederschlagsarbeit, die Lösung
bewegt oder die zu plattierende Ware im Bade bewegt, was gleichbedeutend ist.

Allgemein kann man den Grundsatz gelten lassen, daß sich die Niederschläge
um so mehr forcieren lassen, je höher die Metallkonzentration im Bade ist
oder je mehr man alle Momente bei der Arbeit ausschaltet, welche eine Metallverarmung in unmittelbarer Nähe der zu elektroplattierenden Gegenstände
verhindern.

Welchen Einfluß die Konzentration auf die Struktur des Kristallgefüges
eines Niederschlages hat, aus dem doch eigentlich ein elektrolytischer Metallniederschlag besteht, haben wir im theoretischen Teil eingehend erörtert
und sei auf diesen Teil wiederholt verwiesen.

Die Elektroplattierung wird für gewöhnlich so vollzogen, daß das Metall erst
durch einen sekundären Prozeß zur Ausscheidung gelangt. Dies erreicht man
dadurch, daß man die Lösungen von Doppelsalzen wählt, welche in konzen-

trierteren Lösungen komplexe Anionen bilden, das sind solche, welche das niederzuschlagende Metall im Anion enthalten, während das Kation gewöhnlich ein Alkalimetall ist, das erst sekundär aus dem in der Umgebung der Kathode befindlichen gelösten Doppelsalz das Schwermetall abscheidet.

Verfasser hat experimentell an einigen Doppelsalzen festgestellt, daß mit steigender Verdünnung ein wachsender Zerfall des Doppelsalzes in seine Einzelsalze stattfindet, die ihrerseits wieder Ionen in die Lösung schicken, so daß in verdünnteren Lösungen neben der sekundären Metallausscheidung auch eine primäre vor sich geht, und zwar ist das Verhältnis dieser zueinander bestimmt durch die Anteilnahme der einzelnen Ionen an der Stromleitung.

Es ist nun aber bekannt, daß an der Kathode eine Verdünnung der Lösung, an der Anode ein Wachsen der Konzentration Platz greift und gerade die Verdünnung der Elektrolyte an der Kathode fordert zur Überlegung auf und gibt meist die Erklärung mancher Erscheinungen. Verdünntere Lösungen sind spezifisch leichter als konzentriertere, es werden daher bei unbewegtem Elektrolyten die durch die Konzentrationsänderung entstandenen dünneren Lösungen nach der Oberfläche der Elektrolyte steigen und sich dort ansammeln, falls nicht durch eine gleichzeitige ausreichend heftige Gasentwicklung ein Mischen der Lösung bewirkt wird. In diesen dünneren, weniger konzentrierten Lösungen ist aber das Doppelsalz mehr in seine Komponentensalze zerlegt als in der tiefer befindlichen konzentrierteren und daher schwereren Lösung. Man kann sich nun leicht vorstellen, wie mit abnehmender Konzentration gegen die Oberfläche des Elektrolyten zu eine steigende primäre Metallausscheidung vor sich geht. Tatsächlich bemerkt man des öfteren bei größer dimensionierten Gegenständen und längerer Elektroplattierdauer eine pulverige oder doch zum mindesten unschöne Metallausscheidung an den der Oberfläche des Bades näher gelegenen Teilen der Ware. Man sorge daher bei länger andauernden Elektroplattierungen für öfteres Durchmischen der Bäder, wodurch dieser störende Einfluß vermieden wird; dies Durchmischen kann entweder durch Rührwerke oder durch Zirkulation des Elektrolyten oder endlich durch Durchblasen von Luft geschehen (Siehe Galvanoplastik).

Ein anderer Fall, wie sich die verschiedene Konzentration an einem eingehängten, zu elektroplattierenden Gegenstand bemerkbar macht, ist folgender: Durch die bahnbrechende Nernstsche Theorie galvanischer Ketten unter Zugrundelegung des osmotischen Druckes und des Lösungsdruckes oder der Lösungstension von Metallen ist eine Erklärung gegeben, wie es möglich ist, daß ein bereits gebildeter Niederschlag sich wieder auflöst. Nernst lehrt uns, daß durch verschiedene Konzentrationsschichten einer Lösung an deren Berührungsstellen der Sitz von Potentialsprüngen zu suchen ist, wodurch die elektromotorische Kraft einer sogenannten Konzentrationskette erklärt wird.

Wir sprachen bereits davon, daß beim Elektrolysieren nicht bewegter Metallsalzlösungen in den unteren Teilen eine konzentriertere, in den oberen Teilen eine verdünntere Lösung sich vorfindet, und es ist somit die Konzentrationskette von unten ausgehend:

abgeschiedenes Metall auf der Kathode	konzentrierte Lösung	verdünnte Lösung	abgeschiedenes Metall auf der Kathode

Es geht nun ein Strom im Elektrolyten von der verdünnten zur konzentrierten Lösung (siehe Pfeilrichtung); das Element, wenn wir es so nennen wollen, oder die Konzentrationskette ist durch die Kathode selbst, welche beide Pole dieser Kette abgibt, kurzgeschlossen; es kann nun leicht der Fall eintreten, daß durch diesen Strom von einer Stelle der Kathode mehr Metall abgelöst wird, als der Badstrom, der von einer äußeren Stromquelle zugeführt wird, dort niederschlagen

kann; es kann sogar der Fall eintreten, daß, wenn die Ware stromlos im Bad
hängen bleibt, das Metall der Ware stellenweise angegriffen wird. Auch hier
wird die Zähigkeit der Lösung die Hauptrolle spielen und man wird Mittel und
Wege ergreifen, die eine Verringerung der Zähigkeit der Lösung bedingen,
andererseits das Durchmischen der Lösung begünstigen.

Widerstand der galvanischen Bäder. Es ist im theoretischen Teil im Kapitel
„Die Badflüssigkeit" die Methode erläutert worden, nach welcher der Elektrotechniker durch Messung die spezifischen Badwiderstände ermittelt. In einem
weiteren Kapitel wurde eine Berechnungsformel aufgestellt, nach welcher die an
den einzelnen Bädern aufzuwendenden Badspannungen berechnet werden können.
Im elektrochemischen Laboratorium der Langbein-Pfanhauser-Werke A.-G.
wurden die Werte für den spezifischen Widerstand der betreffenden Bäder
ermittelt und auch die wichtigsten Salze, die zum Ansetzen der galvanischen
Bäder dienen, in bezug auf Leitvermögen bei den verschiedensten Konzentrationen untersucht.

Die Metallsalze und die angewendeten Leitsalze unterscheiden sich untereinander in ihrem elektrischen Leitvermögen ganz außerordentlich und es bleibt
natürlich Sache des Elektrochemikers, die galvanischen Bäder mit Rücksicht
auf den schließlich zu erzielenden spezifischen Badwiderstand auf Grund solcher
genauen Messungen der einzelnen Komponenten zusammenzusetzen. Bei gleich
guten Metallniederschlägen wird selbstredend das Bad vorzuziehen sein, das den
kleineren Badwiderstand hat, denn die zur Erzielung von etwa 1 kg Metallniederschlag aufzuwendende elektrische und mechanische Energie hängt unmittelbar mit dem spezifischen Badwiderstand zusammen. Im Anhang hat
Verfasser Tabellen über die spezifischen Widerstände und Leitfähigkeiten angeführt, die dem Praktiker ein Bild davon geben sollen, welchen Einfluß der Zusatz der verschiedensten Salze bzw. Substanzen (auch Säuren und Alkalien)
auf den spezifischen Badwiderstand ausübt.

Ähnlich (aber nur entfernt ähnlich) wie sich bei der Parallelschaltung zweier
oder mehrerer Widerstände von metallischen Leitern, sogenannten Leitern
I. Klasse, die kombinierten Widerstände finden lassen, ist dies auch bei den
Leitern II. Klasse, bei den gelösten Salzen im Elektrolyten der Fall. Annähernd
gilt auch hier für das Vermischen von z. B. zwei Salzen in der Lösung die Formel:

$$W_g = \frac{W_s' \times W_s''}{W_s' + W_s''} .$$

Hierein bedeutet:

W_g den spezifischen Widerstand des Gemisches,
W_s' ,,   ,,   ,,   einen Salzes,
W_s'' ,,   ,,   ,,   anderen Salzes.

Alle diese Widerstände sind auf einen Flüssigkeitswürfel von 1 dm Seitenlänge bezogen. Der reziproke Wert des spezifischen Widerstandes ist die spezifische Leitfähigkeit. Es besteht also zwischen diesen beiden Werten die Beziehung:

$$K = \frac{1}{W_s} \quad \text{oder} \quad W_s = \frac{1}{K} ,$$

wenn K die Leitfähigkeit bedeutet. Die Gesamtleitfähigkeit eines Gemisches
mehrerer Salze usw. setzt sich dann aus den einzelnen Leitfähigkeitswerten der
Komponenten zusammen, so daß ebenfalls wieder annähernd die Formel gilt:

$$K_g = K_1 + K_2 + K_3 \text{ usw.},$$

wobei K_g die Leitfähigkeit des Gemisches bedeutet. Genau stimmt diese Formel
jedoch nicht und zwar aus dem Grunde, weil sich in einem Gemisch die Leitfähigkeitswerte der einzelnen Komponenten beeinflussen. Durch Vermischen

der Salze verringern sich beide Leitfähigkeitswerte, so daß das Resultat stets kleiner ausfällt, als sich durch Addition der vollen Werte ergeben würde; die Salze sind weniger dissoziiert, d. h. weniger in ihre Ionen gespalten, wenn die Konzentration der Lösung vergrößert wird. Substanzen mit gutem Leitvermögen werden dadurch weniger betroffen als solche mit schlechtem Leitvermögen, und es ist daher erklärlich, wie vorsichtig man z. B. mit dem Zusatz von gut leitenden Leitsalzen und Säuren bzw. gut leitenden Alkalien zu galvanischen Bädern sein muß. Durch übermäßiges Zusetzen solcher Substanzen kann das ganze Bild in einer Weise verschoben werden, daß schließlich die gute Funktion des Bades gefährdet wird.

Temperatur der Bäder und ihr Einfluß. Die Temperatur unserer Elektroplattierbäder (genau wie die der Beizen und Gelbbrennen) ist von größter Wichtigkeit. Die Temperatur derjenigen Bäder, welche bei normaler Zimmertemperatur arbeiten sollen und für welche Verfasser die bei den Bädern angegebenen elektrolytischen Daten für die Zimmertemperatur von $18°$ C bestimmt hat, darf nicht unter $15°$ C sinken, braucht aber durchaus nicht höher gehalten zu werden, wenn nicht besondere Gründe dazu Anlaß geben. Ein Thermometer nach Celsius zum Messen der Temperatur der Lösungen ist daher ein ganz unentbehrlich wichtiges Gerät, das in unseren Werkstätten nicht fehlen darf. Bäder mit zu niederer Temperatur funktionieren schlecht oder versagen vollständig; der Elektroplattierer hat daher im Winter mit Schwierigkeiten zu kämpfen, die er im Sommer gar nicht kennt. Bei Beginn der kalten Jahreszeit muß die Temperatur der Bäder stets erst auf die normale Sommertemperatur von 15 bis $20°$ C gestellt werden, bevor diese in Verwendung kommen; kleine Bäder wird man in einem emaillierten Eisentopf erwärmend auf die richtige Temperatur bringen, bei großen Bädern erzielt man dies durch Einführung von Heizschlangen, keinesfalls aber durch direktes Einleiten von Dampf, welcher meist Fett mitführt, das die Lösungen verderben würde. Ein gut eingerichtetes Elektroplattierlokal soll im Winter überhaupt Tag und Nacht gleich warm gehalten werden, um die Bäder in richtiger Temperatur zu erhalten und das lästige Vorwärmen derselben vor Beginn der Arbeit zu ersparen.

Daß in zu kalten Bädern leicht Kristallausscheidungen vorkommen, daß diese vor Beginn der Arbeit erst aufgelöst und dem Bad wieder zugeführt werden müssen und daß solche Bäder, wenn sie an Überkonzentration leiden mit Wasser zu verdünnen seien, wurde im vorigen Kapitel bereits bemerkt.

Ein weiterer Übelstand einer zu niederen oder zu hohen Badtemperatur ist der, daß im ersten Fall der spezifische Badwiderstand sich erhöht, im zweiten sich vermindert, also die vorgeschriebenen Stromverhältnisse nicht stimmen und die Sicherheit der Arbeit verloren geht.

Mit steigender Temperatur nimmt die spezifische Leitfähigkeit der Elektrolyte zu, mit sinkender Temperatur dagegen ab. Wir führen einem Bade durch Erwärmung Wärmeenergie zu und diese wird größtenteils dazu verwendet, um den in der kalten Lösung noch nicht dissoziierten Teil des Salzes noch weiter in Ionen zu spalten, so daß wir durch die Erwärmung in der Lösung eine größere Anzahl Ionen im warmen Zustande des Elektrolyten besitzen, als wir hätten, wenn derselbe kalt ist. Da aber das Leitvermögen einer Flüssigkeit von der Anzahl der freien Ionen abhängt, so ist selbstredend bei höherer Temperatur das Leitvermögen von Lösungen größer, was auch im Temperaturkoeffizienten zum Ausdruck kommt, welcher uns in den Stand setzt, die Leitfähigkeitszunahme für jedes Temperaturintervall annähernd zu berechnen. (Die bei vielen, später folgenden Bädern angegebenen Temperaturkoeffizienten gelten bloß annähernd zwischen 10 und 50° C.)

Mit steigender Temperatur scheint auch die Streuung der Stromlinien zu steigen, so daß man in warmen Bädern Arbeiten ausführen kann, die in kalten nur schwierig, oft auch gar nicht möglich sind, namentlich das Elektroplattieren von solchen Gegenständen (z. B. das Verzinken hohler Gegenstände), welche nach allen drei Raumrichtungen ausgedehnt sind. Es hat sich auch gezeigt, daß in warmen Bädern Metallniederschläge von bedeutender Stärke sich erzielen lassen, als dies in kalten Bädern möglich ist; dies betrifft namentlich Nickelbäder. Auch der Lösungsvorgang an den Anoden wird durch Steigerung der Badtemperatur in hohem Maße günstig beeinflußt, so daß die schwerlöslichen gewalzten Metallanoden in Bädern von über 40° C meist glatt in Lösung gehen.

Durch die Erwärmung der Bäder und infolge der dadurch erhöhten elektrischen Leitfähigkeit der Lösungen gelingt es einerseits die Badspannung herabzudrücken, da zur Erzielung der gleichen Stromdichte bei geringerem spezifischen Badwiderstand eine kleinere Badspannung an sich nach dem Ohmschen Gesetz schon möglich ist. Gleichzeitig wird aber verschiedentlich durch Erhöhung der Badtemperatur der Anodeneffekt, die Polarisationserscheinungen an den Anoden verringert und wir erhalten dadurch eine verringerte Gegenspannung durch Polarisation, ebenso verringern sich durch die infolge Temperatursteigerung begünstigte Diffusion auch die an den Elektroden sich ausbildenden Konzentrationsketten mit all ihren Begleiterscheinungen, schließlich wird durch die Temperatur das Abscheidungspotential ganz merklich beeinflußt; in vielen Bädern rücken die Abscheidungspotentiale des Abscheidungsmetalls und Wasserstoffs so weit auseinander, daß schließlich nur noch in ganz unbedeutendem Maße sich Wasserstoff mit dem eigentlichen Niederschlagsmetall zusammen abscheidet, dadurch also die Qualitäten der Niederschläge sich wesentlich verbessern. Wir finden z. B. in heiß gemachten Nickelbädern solcherart eine derart verringerte Gegenspannung durch Polarisation, indem die Nickelanode in der heißen Lösung immer unedler wird, daß man mit einer Polarisation von fast Null bei 70 bis 80° heißem Nickelbade rechnen kann, trotzdem man hohe Stromdichten anwendet, so daß es gelingt, mit der fast 10fachen Arbeitsschnelligkeit zu arbeiten, infolge derartig gesteigerter Stromdichte, ohne daß die dazu nötige Badspannung wesentlich zu erhöhen wäre. Gleichzeitig wird der Nickelniederschlag aus solchen heißen Bädern wesentlich duktiler, da er praktisch frei von okkludiertem, mitabgeschiedenem Wasserstoff ist.

Reaktion der Bäder (die Wasserstoffzahl). Das Prüfen der Nickelbäder auf ihre Azidität durch Reagenzpapiere ist nur ein roher Behelf, die Azidität eines solchen Bades zu ermitteln, denn die Verfärbung eingetauchter Lackmuspapierstreifen ist für manche Augen schon nicht mehr genau unterscheidbar, außerdem findet man vielfach Reagenzpapiere, welche nicht scharf genug reagieren, oft auch durch Leimung des Papieres an und für sich schwer zu befeuchten sind, daher lange in den Lösungen verbleiben müssen, ehe man die Reaktion erkennen kann. Man suchte daher schon lange nach einer besseren Methode, den Gehalt an freier Säure bzw. freier Basen in einem Bade an dem Gehalt der Lösungen an Gramm-Mol. Wasserstoff, zu bestimmen. Das kann man entweder durch Potentialmessungen, welche für die Praxis zu umständlich sind, tun oder durch Indikatoren. Wasser besteht bekanntlich aus den zwei Bestandteilen Wasserstoff und Sauerstoff, doch sind in dieser neutral reagierenden Flüssigkeit stets zwei Arten von Ionen enthalten, nämlich H˙ und OH˙, was heißen will, daß positiv geladene Wasserstoffatome und negativ geladene Hydroxylgruppen, die man mit H˙ und OH′ bezeichnet, nebeneinander bestehen. Wasser ist also, wenn auch in nur geringem Maße, dissoziiert und zwar beträgt die Wasserstoffionen-Konzentration im Wasser nur 1 Zehnmillionstel Gramm-Atom. Die Wasserstoffionen-Konzentration in reinem Wasser ist also, logarithmisch ausgedrückt, $H^{\cdot} = 10^{-7}$, die OH'-Konzentration ebenso hoch. Das Produkt beider muß also in reinem Wasser 10^{-14} sein. Eine Lösung wird man als sauer reagierend bezeichnen, wenn die H-Konzentration größer als 10^{-7} ist und basisch, wenn sie kleiner als 10^{-7} ist. Die Wasserstoffionen-Konzentration wird also stets eine sehr kleine Zahl bedeuten, und man ist daher dazu übergegangen, den Begriff der „Wasserstoffzahl" einzuführen, mit der Bezeichnung p_H. Die Definition von p_H geht aus der Gleichung hervor:

$$p_H = \log \frac{1}{\text{konz.} \, H^{\cdot}}$$

Wenn konz. $H^{\cdot} = 0,00001$, so ist $p_H = 5$. $p_H = 7$ ist hierbei als neutral angenommen, weil ja in reinem Wasser, welches man als neutrale Flüssigkeit ansprechen kann, gemäß obiger Ausführung

$$\text{konz.} \, H^{\cdot} = 0,000\,000\,1 = 10^{-7}$$

ist.

Diese Definition für die Azidität einer Lösung durch Nennung der Wasserstoffzahl p_H ist sehr bequem, nur muß man sich daran gewöhnen, daß also mit steigender Azidität einer Lösung die Wasserstoffzahl sinkt.

Für die meisten Nickelbäder soll p_H zwischen 5,7 bis 5,9 liegen. Ist die ermittelte Wasserstoffzahl größer als 5,9, so heißt das, das betreffende Nickelbad ist zu alkalisch bzw. zu wenig sauer und man hätte anzusäuern. Wäre die ermittelte Wasserstoffzahl kleiner als 5,7, so wäre die Azidität zu groß, man müßte durch Zuführung von OH' in Form einer alkalischen Flüssigkeit, wie Ammoniaklösung oder Ätznatronlösung die in zu hoher Konzentration vorhandene $H^{\cdot}$ z. T. elektrisch neutralisieren.

Die Wasserstoffzahlen von $p_H = 1$ bis 7 bezeichnen also Säuregrade, diejenigen von 7 bis 14 basische Reaktion der Lösung. Die bekannten Indikatoren, wie Lakmus oder Kongo sind Körper, welche sich dadurch auszeichnen, ihre Farbe mit dem p_H einer Lösung, in der sie sich befinden, zu ändern. In Lösungen, in denen p_H größer als 6 ist, färbt sich Lakmus blau, dagegen in Lösungen, deren p_H kleiner als 6 ist, welche also Säurecharakter tragen, rot. Kongorot-Farbstoff färbt sich in Lösungen, in denen p_H den Wert von 4 überschreitet, blau. Mit diesen beiden Indikatoren prüfte man seither seine Nickelbäder, und man kann ermessen, wie roh seinerzeit diese Aziditätsermittlung war, wenn man heute weiß, daß p_H für ein gutes Nickelbad nur zwischen den Werten 5,7 und 5,9 schwanken soll. Durch Verwendung sogenannter Standardlösungen, welche mit Indikatoren versetzt sind, kann man jetzt auf rein optische Art und Weise durch Farbenvergleich die Wasserstoffzahl einer beliebigen Lösung feststellen. Die Methode ist hierbei die folgende:

In ein Glasrohr genau bestimmten Querschnittes füllt man etwa 5 ccm Wasser, gibt einen Tropfen Indikator und einen Tropfen Säure zu, dann erscheint also der Indikator, wie er dem sauren Charakter dieser Lösung entspricht. Füllt man dann etwa in ein gleichdimensioniertes Glasrohr wieder 5 ccm Wasser, einen Tropfen Indikator und einen Tropfen Lauge, so wird der Indikator die Färbung der alkalischen Reaktion entsprechend annehmen. Wenn diese beiden Glasröhrchen nun hintereinander gestellt werden und durch eine kleine Glühlampe durchleuchtet werden, so erscheint der Indikator in der Farbe, die er zeigen müßte, wenn die Hälfte alkalische und die andere Hälfte saure Reaktion zeigen würde. Bereitet man sich weiter ein solches Glasröhrchen mit einer Lösung, welche in 5 ccm 9 Tropfen Indikator und 1 Tropfen Säure enthält und schaltet dieses mit

---

[1]) Vgl. Die Deutsche Metallwaren-Industrie, H. 22 v. 15. Nov. 1925: „Eine bessere Bestimmungsmethode des Säuregrades von Galvanisierbädern".

dem Röhrchen hintereinander, welches in 5 ccm Wasser 1 Tropfen Indikator und 1 Tropfen Lauge enthielt, so beobachtet man eine Indikatorfarbe, als wenn von dem ganzen Indikator, der in den Röhrchen vorhanden ist, $1/_{10}$ alkalische und $9/_{10}$ saure Reaktion anzeigen würde.

Diese nunmehr festgestellte Farbe kommt dieser bestimmten Wasserstoffzahl zu. Man stellt sich nun eine Reihe solcher Gemische in Form entsprechender gleichdimensionierter Proberöhrchen her und kann durch entsprechende Farbenvergleiche die Wasserstoffzahl eines Nickelbades mühelos und exakt ermitteln. Fig. 133 zeigt eine solche Apparatur (Bild rechts). Im linken Bild ist die Sammlung solcher Vergleichsröhrchen gezeigt. Die Lieferfirmen bringen übrigens eine leicht verständliche Anleitung zum Gebrauch dieser sinnreichen ·kleinen Apparate, welche heute in keiner Vernicklungsanstalt fehlen sollten, besonders dort, wo man mit Schnellnickelbädern arbeitet, bei denen die Einhaltung einer ganz bestimmten Säurekonzentration im Bade die Abscheidung porenfreier Nickelniederschläge bedingt.

Es sei betont, daß p_H durchaus nicht etwa den totalen Säuregehalt eines

Fig. 133.

Bades angibt, sondern nur eine Bezeichnung für den Säuregrad ist. Nun gestattet der Zusatz einer gewissen Menge Borsäure zu einem Bade die Anwesenheit einer nicht unbedeutenden Menge von Alkali, ohne daß sich p_H ändert, da die undissoziierte Borsäure (Borsäure ist bekanntlich eine sehr schwache Säure und daher in wässerigen Lösungen nur sehr schwach dissoziiert, spaltet also wenig H˙ ab!) das Alkali einfach neutralisiert, so daß sich die Wasserstoffzahl sehr lange Zeit konstant hält. Solche Präparate, wie Borsäure, nennt man Puffersubstanzen. Einen ganz ähnlichen Einfluß üben Fluoride aus, welche obendrein den Vorzug haben, daß sie äußerst mikrokristalline Nickelniederschläge liefern. Während aber Borsäure unstreitig eine gewisse Härtung der Nickelniederschläge herbeiführt, bedingt der Zusatz von Fluoriden weiche Niederschläge.

Die Wasserstoffzahl hat aber nicht etwa nur für Nickelbäder Bedeutung, man kann diese Methode der Ermittlung einer genau definierten Azidität oder Alkalität auch für alle anderen galvanischen Bäder anwenden. Besonders bei Bädern, welche direkt als saure Bäder bezeichnet werden, ist oft kein genügend genaues Merkmal für die Azidität gegeben, wenn man nicht etwa durch Analyse der freien Säure den Aziditätsgrad nachprüft.

Nachstehend seien für einige Arten galvanischer Bäder, bei denen es ganz besonders auf den Säuregehalt ankommt, die günstigsten Wasserstoffzahlen angeführt.

Art des Bades	Günstigste Wasserstoffzahl p_H
Normale Nickelbäder	5,6—6,0
Trommel-Nickelbäder	6,0—6,4
Nickel-Galvanoplastikbad	4,0
Schwarznickelbad	5,8—6,2
Zinkbad (saures)	4,0—4,2
Kupfer-Schnellplastikbad	2,8
Kupfer für Glasspiegelverkupferung	4,0
Eisengalvanoplastikbad	2,9—3,3
Verstählungsbad	5,8—6,2

Einfluß der Stromdichte. Mehr als die Badkonzentration kommt die Konzentration der zur Entladung gelangenden Ionen, auf die Flächeneinheit der Elektrolyten bezogen, in Betracht, gerade dort, wo es sich um die oxydierende Wirkung der Anionen oder die reduzierende Wirkung der Kationen handelt. Als allgemeiner Grundsatz gilt: Die Oxydations-, respektive Reduktionsvorgänge in galvanischen Metallbädern vollziehen sich um so glatter, je geringer die angewandte Stromdichte ist. Betrachten wir die Vorgänge an der Kathode, so finden wir folgendes:

Wir elektrolysieren etwa eine Nickelsulfatlösung, welche mit Ammonsulfatlösung gemischt ist, so daß sich das Salz Nickelammonsulfat in der Lösung bildet. In der konzentrierten Lösung, wie sie gewöhnlich angewendet wird, sind die Ionen dieses Elektrolyten größtenteils

$$\overset{+}{(NH_4)} \ \overset{+}{(NH_4)} \ \text{und} \ \overset{- \ -}{Ni(SO_4)_2}.$$

Ist die Stromdichte so gering, daß durch Diffusion immer wieder so viel Doppelsalz in die Umgebung der Kathode gelangt, als durch die Stromwirkung, dem Faradayschen Gesetz entsprechend, NH_4-Ionen dort zur Entladung kommen, so finden diese genügend reduzierbares Salz vor und werden das Doppelsalz zersetzen, indem sie Nickel daraus reduzieren nach der Gleichung:

$$(NH_4)_2Ni(SO_4)_2 + 2\,NH_4 = 2\,(NH_4)_2SO_4 + Ni.$$

Nickelammonsulfat Ammonium Ammonsulfat Nickel

Nickel wird molekular abgeschieden und ist festhaftend auf der Unterlage. Ist aber die entladene Menge Ammoniumionen größer als die Anzahl Moleküle Nickelammonsulfat, die durch Diffusion an die Kathode kommen, so werden sich je zwei derjenigen Ammoniumionen, welche zur Reduktion kein Doppelsalzmolekül vorfinden, zu einem Molekül Ammonium vereinigen, und da dieses nicht beständig ist, das Lösungswasser zersetzen unter Bildung von freiem Ammoniak nach der Gleichung:

$$(NH_4)_2 + 2\,H_2O = 2\,NH_4OH + H_2.$$

Ammonium Wasser Ätzammoniak Wasserstoff

Bemerkenswert ist die Tatsache, daß sich infolge der Wasserstoffentwicklung an der Kathode die Flüssigkeitsschicht, die sich bekanntlich dort sehr verdünnt, mit der benachbarten mischt und so wieder neue Substanz der Kathodenumgebung zuführt, woraus erklärlich ist, daß die Stromausbeute nicht umgekehrt proportional der Stromdichte sinkt, sondern immer noch etwas darüber bleibt, wie überhaupt die sogenannte „Strömung" der Lösung den Elektroden entlang außerordentlich wichtig für den Austausch der Lösungsschichten an den Elektroden ist. Hauptsächlich beeinflußt aber die angewendete Stromdichte in den Bädern an den Waren die Arbeitsschnelligkeit des galvanischen Prozesses, indem sich die Elektroplattierung um so rascher vollzieht, je größer an den Kathoden die Stromdichte, die Stromstärke pro qdm ist. Wird die Stromdichte aber über ein für das betreffende Bad zulässiges Maß hinaus erhöht, so kann eine solche Steigerung der Stromdichte zu den unliebsamsten Erscheinungen führen, er wird, wie der Praktiker sagt, „anbrennen", pulverig, schwammig erscheinen und nicht die Eigenschaften zeigen, welche für die nachträgliche Bearbeitung solcher Niederschläge gewünscht wird. Durch Steigerung der Stromdichte über ein zulässiges Maß hinaus kann auch der Wasserstoffgehalt des Niederschlages sehr hoch werden, diesem dann eine solche Härte erteilen, daß der Niederschlag abrollt und überhaupt zu hart wird, so daß die Legierungsbildung mit der Unterlage dadurch vollkommen unmöglich gemacht wird.

Anodisch ist die Stromdichte auch von Einfluß insofern, als durch Steigerung der Stromdichte jede Anode schwerer löslich wird, indem sich Anodeneffekte ausbilden durch Oxydation der Metallsalze zu höheren Oxydstufen, welche eine

erhöhte Polarisation im Bade veranlassen, die erforderliche Badspannung in die
Höhe treiben, den Stromdurchgang erschweren, damit also alles in allem die
Schnelligkeit der Niederschlagsbildung beeinträchtigen. Ist aber durch Oxydation
der Lösung in einem Bade ein Teil der Salze verändert worden, so muß ein Teil
der Stromarbeit in der Zukunft wieder für Reduktion dieser veränderten Salze
des Bades an der Kathode, wo wir den Niederschlag erzeugen, benutzt werden.
Dadurch geht ein Teil der Stromwirkung für die nützliche Arbeit der Niederschlagsbildung verloren, es sinkt die Stromausbeute. Hand in Hand mit solchen
Oxydationserscheinungen an den Anoden geht natürlich meist eine Verarmung
der Bäder an Metall, und der Praktiker soll daher niemals die Stromdichte an der
Anode außer acht lassen und sie der Beobachtung an seinen Waren gleichstellen,
denn es hängt von dieser ganz wesentlich die Dauerhaftigkeit der Bäder und
der ungestörte Betrieb ab.

Apparate zur Bestimmung der Kathodenstromdichte. Kennt man die Oberfläche der zu galvanisierenden Gegenstände, welche in einem Bade hängen, und
mißt man die Arbeits-Stromstärke durch ein in die Badleitung eingeschaltetes
Amperemeter, so ist die im Bade herrschende Stromdichte

$$ND_{100} = \frac{J}{O}$$

wenn J die Badstromstärke und O die ausgemessene totale Niederschlagsoberfläche der eingehängten Gegenstände ist. Ist diese Oberfläche in Quadratdezimetern ermittelt, so ist der Wert $\frac{J}{O}$ gleichzeitig die Stromdichte per Quadratdezimeter. Bei komplizierter geformten Gegenständen wird aber diese Berechnung der Oberfläche häufig große Schwierigkeiten machen, wogegen bei glatten
Blechen die Rechnung einfach ist. Für solche schwieriger liegende Fälle läßt
sich nun leicht eine Vorrichtung schaffen, um die an den Kathoden herrschende
Stromdichte zu messen, indem man ein etwa 1 qdm großes Vergleichs-Blech oder
eine Kugel von dieser Oberfläche oder einen Zylinder etc. an die Kathodenstange
des Bades neben die gewöhnliche Badbeschickung hängt und zwischen Kathodenstange und dieser Vergleichsfläche ein genaues, geringe Stromstärken anzeigendes
Amperemeter schaltet. Solche Apparate in handlicher Form sind bereits im
Handel. Bei Benutzung solcher Stromdichtenprüfer wird man sofort feststellen, wie ungleich sich die Stromstärke entlang einer längeren Kathodenstange eines Bades verteilt, wenn nicht für ein sogenanntes homogenes
Stromlinienfeld gesorgt wird. Nur wenn man für richtige Stromverteilung
innerhalb eines galvanischen Bades sorgt, indem man die Anoden- und
Warenfläche gleichmäßig verteilt, wird man ein solches homogenes Stromlinienfeld herbeiführen. Hängt beispielsweise ein solcher Stromdichtenprüfer
für sich allein, weit abseits von der an der gleichen Kathodenstange befindlichen Ware, so wird sich die Wirkung der „gestreuten" Stromlinien durch
Anzeige einer höheren Stromdichte, die man nun ablesen kann, bemerkbar
machen. Hängt man den Prüfapparat dagegen zwischen die zu galvanisierenden
Waren, dann wird sich eine dort herrschende kleinere durchschnittliche Stromdichte ergeben; diese ist aber die für den vorliegenden Galvanisierungsprozeß
maßgebende und an den Waren also im Durchschnitt tatsächlich vorhandene
Stromdichte.

Einfluß der Anordnung der Waren im Bad. Bereits im theoretischen Teil
wurde davon gesprochen, daß man die Ware zwischen zwei Anoden einhängen
solle, niemals zwei oder mehr Warenreihen zwischen zwei Anodenreihen. Nur
bei ganz kleinen Objekten könnte man eine Ausnahme machen. Der Grund für
diese Vorschrift liegt in folgender Tatsache: die Stromleitung im Elektrolyten,
die im theoretischen Teil analog den Kraftlinien in magnetischen Stromkreisen,

in Form von Stromlinien veranschaulicht wurde, wählt selbstredend die Wege, die der Stromleitung den geringsten Widerstand entgegensetzen. Haben wir aber etwa einmal eine Anordnung wie die in Fig. 134 gezeichnete von Waren und Anode in einem Bad, so wird der Strom in Form von Stromlinien zum Objekt A, vor allem aber nur bis zur Fläche a—b, die der Anode gegenübersteht, übertreten, die Metallionen von der Anode bis zu dieser Fläche a—b transportieren, dort werden sie sich entladen und als molekulares Metall auftreten. Nun erfolgt die Stromleitung zum Gegenstand B in der Weise, daß der Strom von der Fläche a—b bis zur Fläche c—d des Körpers A, vom Metall dieses Gegenstandes metallisch geleitet und erst von der Fläche c—d aus wieder bis zum Gegenstand B elektrolytisch fortgeleitet wird. Nun wirkt die Fläche c—d des Körpers A als Anode, während B Kathode ist. Die Folge davon ist, daß von c—d Metall gelöst wird, falls die Anionen des Elektrolyten mit dem betreffenden Metall lösliche Verbindungen bilden können. Kurz gesagt, es wird dort nicht nur kein Metall ausgeschieden, sondern die Ware wird an diesem Teil angegriffen.

Ein weiterer Grundsatz, insbesondere bei der Elektroplattierung größer dimensionierter flacher oder voluminöser Gegenstände ist der, daß im Interesse eines allseitig gleichmäßig erfolgenden Niederschlages die Ware von den Anoden überall gleich weit abstehen soll.

Man wird also bei flachen Gegenständen, wie z. B. bei Blechen u. ä., die Anoden annähernd so tief einhängen, als der eingehängte Gegenstand reicht, und die Anoden gegenüber der großen Warenfläche gleichmäßig verteilen. Bei voluminösen großen Objekten müßte man den Anoden eine der Waren-

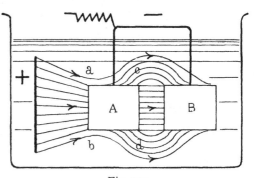

Fig. 134.

oberfläche entsprechende Form geben, beispielsweise bei Elektroplattierung einer Kugel die Anode kugelförmig krümmen.

Weil dies aber praktisch nicht leicht durchführbar ist und gewöhnlich Anoden in Plattform verwendet werden, so behilft man sich in der Weise, daß man die Anoden möglichst weit von dem zu plattierenden Gegenstand weghängt und diese Entfernung um so größer macht, je größer der Unterschied in der Unebenheit des Gegenstandes ist. Auch wendet man solche Gegenstände oder dreht sie automatisch, um Differenzen in der Metallauflage auszugleichen. Selbstredend gelten dann die bei den einzelnen Elektroplattiermethoden angegebenen Werte für die Badspannung nicht mehr, sondern man hat dann bei vergrößerter Elektrodenentfernung eine höhere Badspannung zu verwenden, um bei dieser größeren Entfernung wieder die verlangte Stromdichte zu erreichen. Die Methode, wie man sich diese Badspannung aus den gegebenen Werten errechnet, ist im Kapitel „Stromdichte, Badspannung und Polarisation" angegeben.

Bei den einzelnen Bädern wurde die Badspannung für normale Betriebsverhältnisse und für die Elektrodenentfernung von 15 cm angegeben, ebenso die Änderung der Badspannung für je 5 cm Änderung der Elektrodenentfernung. Die Berechnung, die vielleicht manchem der Leser aus dem theoretischen Teil allein nicht genügend verständlich ist, sei hier an einem Beispiel nochmals (in einfacherer Weise) klargelegt.

Bei einem Elektroplattierbad sei als Badspannung für Eisen und ähnliche Metalle für eine Elektrodenentfernung von 15 cm = 2,9 V angegeben, als Än-

derung der Badspannung für je 5 cm Änderung der Elektrodenentfernung
= 0,4 V. Will man sich die Badspannung für eine Elektrodenentfernung von
10 cm berechnen, so hat man von der normalen Badspannung 0,4 V abzuziehen.
Die Badspannung für eine Elektrodenentfernung von 10 cm wird sonach 2,9—0,4
= 2,5 V betragen müssen.

Hat man Metallgegenstände zu elektroplattieren, welche an und für sich den
Strom schlecht leiten, infolge geringer spezifischer Leitfähigkeit des Materiales
oder welche, wie dies bei Ketten oder dünnen Drähten der Fall ist, einen größeren
Leitungswiderstand besitzen, so muß man dementsprechend höhere Badspannungen anwenden; dasselbe gilt für das Elektroplattieren kleiner Massenartikel, die
entweder im Elektroplattierkorb oder zu einem Bündel zusammengefaßt oder
in rotierenden Apparaten elektroplattiert werden. Man hat in diesen Fällen für
ein öfteres Umschütteln der Gegenstände resp. Umhängen derselben im Bad
Sorge zu tragen, um das früher besprochene stellenweise Auflösen der Metallobjekte zu vermeiden, wodurch nicht bloß die Elektroplattierung schlecht aus-
fiele, sondern auch das Bad durch die aufgelösten Fremdmetalle verunreinigt
würde. Zu dieser Umhängung oder Umschüttelung der Objekte benützt man
auch rotierende Siebe, welche als negativer Pol fungieren. Man nehme möglichst
grobmaschiges Drahtgeflecht zur Herstellung dieser Siebe, welche gerade noch
ausreichen, um ein Durchfallen der Gegenstände zu verhüten. Ganz kleine
Massenartikeln (etwa Stahlfedern), die sich ineinander legen können, breitet man
am besten auf solchen Sieben vorsichtig aus und wählt solche Drahtsiebe, welche
genügend stark gespannt oder durch Versteifungsrippen stramm gehalten werden,
so daß jedenfalls ein Ineinanderrollen der Objekte vermieden bleibt.

Einfluß des Metalles der zu plattierenden Waren. Im Kapitel „Badspannung,
Stromdichte und Polarisation" ist erklärt, welchen Einfluß die durch die Art
der Metalle bedingte Polarisation oder gegenelektromotorische Kraft auf die
anzuwendende Badspannung ausübt, wenn es sich darum handelt, eine bestimmte
Stromdichte zu erhalten. Die Größe der gegenelektromotorischen Kraft ist von
der elektromotorischen Kraft eines galvanischen Elementes bedingt, das durch
das Anodenmetall und das Metall der eingehängten Ware mit dem Elektrolyten
des Bades gebildet wird. Je weiter das zu elektroplattierende Metall von dem
Anodenmetall seiner Stellung in der elektrochemischen Spannungsreihe nach der
positiven Seite zu steht, um so höher ist die elektromotorische Kraft des Gegenstromes; dies deutet darauf hin, daß das Elektroplattieren der positiveren Metalle,
wie Zink, Blei u. dgl. gewöhnlich eine bedeutend höhere Badspannung erfordert.

Es ist wohl aus dem im theoretischen Teil Gesagten erklärlich, daß das
gleichzeitige Einhängen mehrerer sehr verschiedenartiger Metalle in ein und
dasselbe Bad deswegen untunlich ist, weil die an der gemeinsamen Warenstange
hängenden verschiedenartigen Metalle leicht den Elektroplattierprozeß störende
Strömungen hervorrufen können. Man trifft deshalb in der Praxis die Einteilung
so, daß jeweilig ein Bad nur mit Gegenständen aus gleichem Metall beschickt
wird.

Ein anderer Umstand, der bei der Elektroplattierung der Metalle wohl zu
beachten ist, ist das direkte Aufsetzen eines Metallniederschlages auf die betreffende Ware oder der Umweg über ein anderes Metall. Besonders bei der
Elektroplattierung elektropositiver Metalle mit bedeutend elektronegativeren ist
dies zu berücksichtigen, weil letztere, direkt auf jene niedergeschlagen, schlecht
haften würden. Dies erklärt sich wieder vorwiegend durch die Annahme einer
galvanischen Kette, die aus Grundmetall und Niederschlagsmetall mit Spuren
von Feuchtigkeit, die sich zwischen diesen beiden befindet, gebildet wird.

So stellt uns, wenn wir etwa Eisen direkt versilbern würden, das Eisen die
Lösungs- oder Oxydationselektrode dar, es bildet sich Rost unter der Silberschicht,
die dann natürlich nur schlecht haften wird. Praktischerweise schafft man zu

diesem Zweck eine Zwischenlage und zwar eines solchen Metalles, welches die Oxydation des Grundmetalles verhindert und gegen das Niederschlagsmetall, das die oberste Schicht zu bilden hat (in unserem Beispiel Silber), nicht zu sehr elektropositiv ist.

Wir werden daher Eisen vor dem Versilbern am besten zuerst vermessingen; das im Messingniederschlag enthaltene Zink verhindert, da es elektropositiver als Eisen ist, eine höhere Lösungstension besitzt, eine Oxydation des Eisens; das Kupfer des Messingniederschlages dagegen ist ein Metall, das von den unedlen Metallen in seinen elektrochemischen Eigenschaften dem Silber am nächsten steht, daher mit diesem eine galvanische Kette von nur ganz geringer elektromotorischer Kraft bildet.

Solche Zwischenlagen werden häufig, besonders beim Versilbern und Vergolden durch Überziehen mit Quecksilber auf einfach chemischem Wege durch Verquicken hergestellt und haben den gleichen Zweck wie das eben besprochene Vermessingen. Daß man fast allgemein vor dem Versilbern oder Vergolden verquickt, hat seinen Grund darin, daß Quecksilber, sofern es überhaupt auf dem Grundmetall auszuscheiden ist, infolge seiner günstigen Stellung in der Spannungsreihe zu den genannten Edelmetallen und seiner amalgamierenden Wirkung die größte Gewähr für einen solid festhaftenden Niederschlag bietet. Im übrigen sei auf die theoretischen Betrachtungen über das Festhaften der Niederschläge und über Legierungsbildung im theoretischen Teil hingewiesen.

Vorrichtungen zum Erwärmen der Bäder. Um galvanische Bäder anzuwärmen, entweder für den Fall, daß im Winter etwa während der Nacht die Temperatur im Elektroplattierbad übermäßig gesunken ist und dementsprechend auch die Badtemperatur gesunken ist oder aber, um sie überhaupt über Zimmertemperatur zu bringen, können verschiedene Wege eingeschlagen werden. Handelt es sich um kleinere Bäder von einigen Litern Inhalt, kann man das Anwärmen in einem emaillierten Eisentopf aus Blech oder Gußeisen mit guter sachgemäßer Emaillierung auf einem Gasrechaud oder aber durch direkte Herdfeuerung bewerkstelligen. Man füllt für diese Zwecke eben einen Teil des Badinhaltes in das Erwärmungsgefäß, bringt den Inhalt bis nahe auf Kochtemperatur und setzt diese heiße Lösung der kalten Lösung wieder zu, erzielt damit eine Mischtemperatur, die so weit getrieben wird, bis das ins Bad eingetauchte Thermometer die gewünschte Badtemperatur anzeigt.

Größere Badinhalte können auf solche Weise nicht auf Temperatur gebracht werden, man erhitzt solche größere Bäder durch Dampfschlangen, die ins Bad eingelegt werden, zu welchem Zwecke in geordneten größeren Betrieben jedes derartige Bad eine eigene permanente Heizschlange besitzt mit einem Regulier-Absperrhahn. Der durch solche Dampfschlangen hindurchgehende Dampf wird bei der Anwärmung des Bades selbst abgekühlt und es kondensiert der Dampf zu Wasser, deshalb sorge man dafür, daß dieses Kondenswasser bequem aus der Dampfschlange entfernt werden kann in der Weise, daß man den Austritt des Dampfrohres am Boden der Wanne mit guter Dichtung vornimmt, keineswegs einfach wieder die Schlange hochzieht und dem Kondenswasser nach oben den Austritt aus den tieferen Partien der Heizschlange machen läßt. Durch solche falsche Führung der Ableitung für das Kondenswasser können die zumeist aus Hartblei bestehenden Heizschlangen einen übermäßigen Druck erhalten und platzen. Die Abflußleitung solcher Dampfheizschlangen führt man zunächst in einen Kondenstopf, von wo aus das Kondenswasser in eine Schleuße abgeleitet wird. Die Dampfheizschlangen werden für saure Bäder aus Hartblei hergestellt, für alkalische oder cyankalische Bäder aus Eisen.

In Großbetrieben, wo man eine bestimmte Temperatur der Bäder dauernd einstellen will und muß, wird die Erwärmung, wenn es auf genaue Einhaltung einer bestimmten Badtemperatur ankommt, dadurch bewerkstelligt, daß man den

Inhalt der Bäder durch ein Pumpwerk in Zirkulation bringt und an einer zentralen Stelle, die außerhalb der Bäder liegt, in geeigneter Weise durch Herdfeuerung oder durch Dampf vornimmt und von dort aus die erwärmte Lösung wieder in die Bäder in solchem Tempo ablaufen läßt, daß sie beim Verlassen des letzten Bades eben noch die äußerst zulässige niedrigste Temperatur aufweist. Mit solchen Zirkulationseinrichtungen und gleichzeitiger Erwärmungseinrichtung kann man meist auf bequeme Weise eine Filtrationseinrichtung in Verbindung bringen, wie wir solche kennen gelernt haben.

Fig. 135 bringt ein schematisches Bild einer solchen zentralen Erwärmungs-einrichtung und zwar ist W hierbei die zentral gelegene Heizwanne, in welche durch die Pumpe vermittels einer Rohrleitung die Badflüssigkeit durch die Bäder 1 bis 6 gepumpt wird. Von W aus läuft die Badflüssigkeit zunächst in das Bad 1 und von da nacheinander in die Bäder 2 bis 6, so daß die Flüssigkeit oben eintritt und unten austritt, um beim nächsten Bad wieder oben zugeführt zu werden. Mit dieser Führung der Flüssigkeit erreicht man gleichzeitig eine gute Bewegung des Elektrolyten und muß die Pumpe in dem Tempo arbeiten, daß die Erneuerung des Badinhaltes so schnell erfolgt, daß beim Verlassen der Badflüssigkeit aus dem Bad 6 die Badtemperatur eben noch die unterste Grenze behält. Im Erhitzungsgefäß W wird die Temperatur dann wieder einige

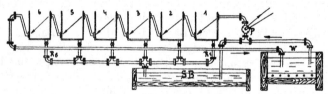

Fig. 135.

Grade über die gewünschte Temperatur gebracht und zwar, wenn man die Er-neuerung der gesamten Badinhalte etwa halbstündlich berechnet und, wie in unserem Beispiele 6 Bäder nacheinander von der erwärmten Flüssigkeit durch-strömt werden, genügt zumeist eine Übertemperatur von 20 bis 25 % derjenigen, mit welcher man in den Bädern arbeiten will.

Wird beispielsweise in einer Kupfergalvanoplastik-Anlage mit 50° Bad-temperatur zu einem bestimmten Zwecke gearbeitet, werden, wie die Fig. 135 es zeigt, 6 Bäder durchflossen, so müßte die Temperatur im Erhitzungsgefäß W auf ca. 60 bis 62° C gebracht werden und würde beim Verlassen des Bades 6 eben noch ca. 50° warm sein, vorausgesetzt, daß man das Durchströmungs-tempo so gewählt hat, daß die Bäder halbstündig ihren Inhalt erneuert haben. Betrug der Inhalt pro Wanne etwa 600 Liter, der Gesamtinhalt aller 6 Wannen demnach 3600 Liter, so müßte die Pumpe in einer halben Stunde 3600 Liter fördern und bewegen und da die Pumpenleistungen gewöhnlich in Litern der Stunde angegeben werden, brauchte man also eine Pumpe mit einer Leistungs-fähigkeit von 7200 Litern per Stunde.

Die Ermittlung der erforderlichen Oberfläche der Heizrohre ist zumeist Sache eines mit den Verhältnissen wohlvertrauten Heizungstechnikers, der die Dimension der Heizschlange für genau bestimmte Verhältnisse berechnet. Für rohe Berechnungen, bei denen die Abkühlungsbedingungen der Wandung der Heizwannen sowie der Abkühlungsoberfläche der einzelnen Bäder, der Verbin-dungsrohrleitungen (die man mit Wärmeschutz-Umhüllungen versehen muß) nicht Berücksichtigung gefunden hat, kann die Formel gelten:

$$Q = L \cdot W_s \cdot t \text{ Kalorien}$$

worin Q die erforderliche Wärmemenge in Wärmeeinheiten oder Kalorien, L den Literinhalt der zu erwärmenden Flüssigkeit, W_s die spezifische Wärme der

Flüssigkeit (Wasser gleich 1 gesetzt) und t die gewünschte Temperaturerhöhung in Graden Celsius per Stunde bedeutet.

Will man beispielsweise 750 Liter Badflüssigkeit von 15° auf 90 ° in einer Stunde erhitzen, ist die spezifische Wärme dieser Flüssigkeit etwa 0,9, so braucht man dazu

$$Q = 750 \cdot 0{,}9 \cdot 75 = \text{ca. } 51\,000 \text{ Kalorien.}$$

Verwendet man nun metallische (etwa eiserne Dampfschlangen), so rechnet man mit einer Wärmeabgabe pro Quadratmeter Rohroberfläche bei Dampf von ca. 2 Atmosphären von 25 000 Wärmeeinheiten, deshalb wären für unser Beispiel ca. 2,04 qm Rohroberfläche für diesen Zweck erforderlich. 1 m Rohr von 32 mm Durchmesser hat ca. 0,152 qm Oberfläche, für die verlangte Rohroberfläche von 2,04 qm wären daher 13,5 laufende Meter solcher Heizrohre erforderlich.

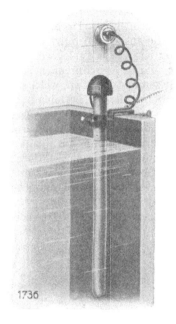

Fig. 136.

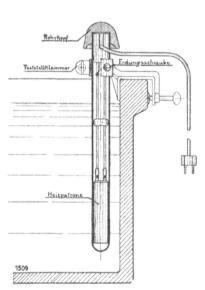

Fig. 137.

Über die Menge des Dampfverbrauches je nach angewendeter Spannung des Dampfes in Atmosphären findet man genaue Angaben in der „Hütte" oder ähnlichen Nachschlagewerken und sei auf diese verwiesen. Zur Vornahme genauer Kalkulationen ist diese Berechnung des Dampfverbrauches unerläßlich, doch muß der Galvanotechniker nicht außer acht lassen, daß ihm die Stromwärme in seinen galvanischen Bädern, besonders bei hohen Stromdichten sehr zu statten kommt, da auch die Joulesche Wärme eine bedeutende Erwärmung der Bäderinhalte bewirkt, so daß durch die äußere Wärmezufuhr nur die Differenz zwischen der durch Joulesche Wärme und der aufzubringenden Gesamtwärmemenge herbeizuführen ist.

Häufig handelt es sich in galvanischen Betrieben, wo keine Dampfheizung eingerichtet ist, darum, im Winter das Abkühlen der Bäder während der Nacht zu vermeiden und häufig tritt der Wunsch an die Fachleute heran, etwa vorhandenen Strom elektrischer Zentralen für solche Zwecke nutzbar zu machen. Hierfür gibt es nun einfache und billige „elektrische Badwärmer" wie sie Fig. 136 in Ansicht darstellt. Querschnittsansicht zeigt Fig. 137. Vorwiegend Nickelbäder verlangen eine solche Temperierung, ohne etwa besonders über Zimmer-

temperatur erwärmt zu werden, und da leisten diese Badwärmer, die gerade genügen, um den Badinhalt nachts auf Zimmertemperatur zu erhalten, gute
Dienste. Diese Apparate bestehen aus einem Bleimantel bzw. für alkalische Bäder
aus einem Eisenmantel, in dessen Inneren eine elektrische Heizspirale eingebaut
ist. Solche Badwärner werden für verschiedene Badtiefen in verschiedener
Rohrlänge und zwar von 300, 450 und 600 mm Länge hergestellt. Im Innern befindet sich der Heizwiderstand in Form einer auswechselbaren Patrone von 15 cm
Länge, die durch Abschrauben leicht ausgewechselt werden kann. Die An-
bringungsart der Badwärmer geht aus Fig. 137 ohne weiteres hervor. Der Strom
aus der elektrischen Leitung darf aber erst dann eingeschaltet werden (Einsetzen
des Steckers in den Steckkontakt!), nachdem man den Badwärmer mittels der
Feststellklammer in die Badflüssigkeit eingetaucht hat. Nach Gebrauch bleibt
der Badwärmer mindestens so lange im Bade, bis die Heizpatrone abgekühlt
ist. Selbstverständlich dürfen Badwärmer nur an solche Netzspannungen angeschlossen werden, für welche die Heizpatrone berechnet ist. Da der Mantel
des Badwärmers bei längerem Gebrauch Salzkristalle ansetzt, so putzt man am
besten wöchentlich einmal den Mantel mittels einer Kratzbürste rein, weil sonst
lokale Überhitzungen eintreten können und der Mantel durchbrennen kann.
Nicht zu verwenden sind solche Badwärmer für Beizen und Brennen, welche aus
einem Gemisch von Salzsäure, Salpetersäure und Schwefelsäure bestehen, auch
nicht für Salzsäure oder Salpetersäure allein. Auch zur Bereitung von kochendem Wasser im Dauerbetrieb sind sie nicht geeignet. Natürlich sind Badwärmer
sowohl für Gleichstrom wie für Wechselstrom verwendbar und zwar für Spannungen von 110 bis 120, 150 und 220 bis 240 Volt. Man baut die Heizspiralen für 440,
550 und 800 Watt. Ein Badwärmer von 800 Watt Stromaufnahme erwärmt in
1 Stunde 100 Liter Badflüssigkeit um ca. 5 bis 6° C. Wärmeverluste durch Ab-
strahlung sind hierbei nicht berücksichtigt.

Die Berechnung der zur Erwärmung eines galvanischen Bades erforderlichen
Zeit erfolgt nach der Formel:

$$t = \frac{1}{864} \cdot \frac{t^0 \cdot g}{Kw \cdot \eta}$$

wobei   t = Zeit in Stunden,
           l = Literzahl des Bades,
         t° = Temperatur in Grad Celsius,
         g = spez. Gewicht der Lösung,
      Kw = Kilowatt,
        η = Wirkungsgrad

bedeutet. Soll z. B. ein Bad von 100 Litern vom spezifischen Gewicht g = 1
mittels eines elektrischen Badwärmers von 800 W Stromaufnahme um 8° C in
seiner Temperatur erhöht werden, so ergibt sich

$$t = \frac{100 \cdot 8 \cdot 1}{864 \cdot 0 \cdot 8 \cdot 0 \cdot 9} = 1 \cdot 29 \text{ Stunden} = 1 \text{ Std. } 17 \text{ Min.}$$

wobei der Wirkungsgrad des Badwärmers mit 0,9 angenommen ist. Kleine
Korrekturen für spezifische Wärme der Badflüssigkeit, Ausstrahlungsverlust der
Badoberfläche und der Wannenwand bleiben dabei unberücksichtigt.

Für größere Bäder oder dort, wo man rascher eine gewisse Temperaturzunahme durch Betätigung solcher Badwärmer erzielen will, verwendet man
eben zwei oder mehrere Badwärmer gleichzeitig, die man dann an solchen Stellen
der Wanne anordnet, wo sie nicht stören und möglichst aus dem Bereich der
Mittelleitung sich befinden.

Es darf aber nicht verschwiegen werden, daß das Beheizen größerer galvanischer Bäder mit Hilfe solcher Badwärmer einen gewissen Kostenaufwand
verursacht, speziell wenn die elektrische Energie aus einer städtischen Zentrale

entnommen wird. Man bedient sich daher solcher Badwärmer vorzugsweise dort, wo eine eigene Zentrale zur Verfügung steht oder wenn man fremden Kraftstrom benutzt, so beschränkt man sich darauf, das Anwärmen der Bäder mit solchen Badwärmern nur in kalten Nächten auszuführen, gewissermaßen, um die Temperatur der Bäder bis zum Arbeitsbeginn dadurch auf einem gewissen Minimum zu erhalten.

Wo man mit höheren Stromdichten arbeitet, genügt oftmals die Joulesche Wärme, um die Badtemperatur konstant zu halten. Das heißt die Temperaturzunahme durch Stromwärme hält der Ausstrahlung der Wannenwände und der Badoberfläche gerade die Wage. Wo keine elektrische Energie zwecks Speisung der Badwärmer mit Strom zur Verfügung steht und auch keine dauernde Heizanlage mit Dampf verfügbar ist, stellt man sich kleine Heizkessel auf, wovon es verschiedene sehr brauchbare Konstruktionen gibt; es würde zu weit führen, auch diese Details des näheren auszuführen.

Infolge dauernder Benutzung der Badwärmer kann nach geraumer Zeit der Fall eintreten, daß die Heizpatronen durchbrennen. Man hält praktischerweise 1 bis 2 solcher Patronen für Ersatzzwecke auf Lager. Das Auswechseln ist sehr einfach durchzuführen, indem man den halbrunden Rohrkopf durch Linksdrehung abschraubt, das Gestänge aus dem Rohr herauszieht und die Patrone vom Gestänge abnimmt. Man schraubt eine Ersatzpatrone an, die man vorher probiert, ob sie warm wird, indem man für etwa eine Viertelminute Strom anschließt und fühlt, ob sie warm wird. Öfters beobachtet man, daß das Bedienungspersonal beim Hineinlangen in die mittels Badwärmer erwärmten Bäder elektrische Schläge erhält. Dies rührt daher, daß durch Temperaturschwankungen beim Erhitzen und Abkühlen des Rohrinnern der Badwärmer feuchte Luft ins Innere der Badwärmer gelangt, sich dort kondensiert und auch in die Isolation der Heizpatrone eindringt. Beim Wiedereinschalten des Stromes entsteht dann ein leichter Körperschluß, und es kann dann, besonders bei Drehstrom mit geerdetem Nulleiter, der das betreffende Bad Bedienende einen leichten Schlag verspüren. Um diesem Übelstand abzuhelfen sind die Feststellklammern mit dem Badwärmer metallisch verbunden. Die Klammer trägt zudem eine Erdungsschraube, an welche ein etwa 2 mm starker verzinkter Eisendraht mit der Wasserleitung, Dampfleitung oder sonstwie erdend verbunden wird.

Vorrichtungen zum Bewegen der Elektrolyte. Die bequemste und sicherste Methode der Bewegung des Elektrolyten ist unstreitbar die Zirkulation mit Hilfe einer Pumpe, wozu man sowohl rotierende Pumpen, wie Kolbenpumpen oder Membranpumpen verwenden kann. Diese Pumpen kann man aus allen möglichen Materialien bauen, entweder aus Hartblei oder Eisen oder mit Hartgummi ausgekleidet oder aber ganz aus Steinzeug. Als Rohrverbindungen wählt man je nach der Natur der zu bewegenden Lösung Eisen, Blei oder Steinzeug. Läßt man die Lösung mehrerer parallel an eine gemeinsame Hauptleitung elektrisch angeschlossenen Bäder der Reihe nach vom Elektrolyten durchströmen, ähnlich wie wir dies im vorhergehenden Abschnitt besprochen haben, so muß man hierbei die Möglichkeit der Entstehung vagabundierender Ströme von einem Bad ins andere berücksichtigen, da durch die Rohrverbindungen elektrische Verbindungen in Form von Flüssigkeitskanälen größerer oder kleinerer Länge und entsprechenden Querschnittes, der von dem Innendurchmesser der Rohre abhängt, hergestellt werden. Die Größe solcher vagabundierender Ströme hängt von dem elektrischen Widerstand der Flüssigkeitssäule ab, welche sich in diesen Verbindungsrohren zwischen zwei benachbarten Wannen befindet und kann, wenn man den spezifischen Badwiderstand kennt, aus dem Verhältnis

$$W = \frac{1 \cdot W_s \cdot}{p}$$

berechnet werden. Es bedeutet darin W den Widerstand dieser Flüssigkeitssäule, l die Länge des Rohres in Metern, W_s den spezifischen Badwiderstand
und q den Rohrquerschnitt. Sind alle Maße in Quadratdezimetern bzw. Dezimetern ausgedrückt, so bekommt man für W direkt den Wert in Ohm und die
Größe der vagabundierenden Ströme zwischen den zunächst liegenden Elektroden
zweier benachbarter Gefäße kann man aus der Beziehung

$$J = \frac{E}{W}$$

berechnen. Dabei ist E die Badspannung und W der aus vorhergehender Formel
berechnete Widerstand der Rohrverbindung bzw. der in dieser Rohrverbindung
enthaltenen Flüssigkeitssäule, sofern das Verbindungsrohr wenigstens innen
isoliert ist, oder sofern es aus nichtleitendem Material wie Glas, Porzellan, Hartgummi, Steinzeug u. dgl. hergestellt wurde. Hat man aber metallische Verbindungsrohre gewählt, so schaltet der Widerstand der darin enthaltenen Flüssigkeit
ganz aus, da eine direkte metallische Verbindung zwischen den beiden Wannen
besteht, wodurch die Größe des vagabundierenden Stromes, entsprechend dem
verringerten Widerstand dieser metallischen Verbindung anwächst, auch wenn
man die Rohre gegenüber der Wanne durch Zwischenlagen von Gummi oder dgl.
isolieren würde. Um über all diese Schwierigkeiten hinwegzukommen, verwendet
man daher am besten Steinzeug- oder Hartgummirohre.

Eine häufig angewendete Methode, die Flüssigkeit in den Bädern zu bewegen, um reichliche Metallionen in die Nähe der Waren zu bringen und die
Niederschlagsschnelligkeit durch Anwendung höherer Stromdichte steigern zu
können, besteht in der Anwendung von Luftkompressoren, mit denen man Luft
in die Bäder einbläst. Zu diesem Zwecke legt man perforierte Rohre auf den

Boden oder nahe des Bodens (um den Schlamm
nicht aufzuwühlen) der Wanne und läßt Luft
durch die Badflüssigkeit hindurchperlen. Diese
Methode kann natürlich nur in solchen Bädern
angewendet werden, deren Natur die Zufuhr
von Luft gestattet, wo man also nicht Gefahr
läuft, daß durch den Luftsauerstoff eine Oxydation der Metallsalze oder der Leitsalze des
Bades herbeigeführt wird. Für zyankalische
Bäder scheidet diese Bewegungsmethode aus,
sie kann im allgemeinen nur bei sauren Kupfer-
galvanoplastikbädern mit Schwefelsäurezusatz

Fig. 138.

oder in sauren Zinkbädern, Nickelbädern etc. Anwendung finden. Fig. 138
zeigt das Modell eines kleinen derartigen Kompressors. Diese Kompressoren
müssen während des Betriebes geölt werden und, um ein Eindringen von Öl mit
dem Luftstrom in die Badflüssigkeit zu vermeiden, werden entweder Windkessel
oder kombinierte Windkessel mit Ölfilter zwischen Kompressor und Bad geschaltet.

Die Bewegung der Badflüssigkeit mittels Druckluft haben wir schon in einem
früheren Kapitel kennen gelernt. Dennoch wird in Fig. 139 nochmals das Prinzip
dieser Art Elektrolytbewegung demonstriert. Es sei wiederholt, daß die Aufstellung eines kleinen Kompressors mit Windkessel und Luftfilter unterbleiben
kann, sofern eine Druckluftleitung in dem betreffenden Betriebe, wo sich die
galvanischen Bäder befinden, schon existiert. Ebenso ist es einleuchtend, daß
ein solcher Kompressor auch mehrere Bäder zugleich betreiben kann; es ist
daher nicht etwa nötig, in größeren Betrieben mit mehreren Galvanisierungsbädern, jedes Bad mit einer kompletten derartigen Ausrüstung zu versehen.
Der gemeinsame Kompressor mit Windkessel und Luftfilter wird dann an die

gemeinsame Druckluftleitung angeschlossen und die einzelnen Luftschlangen der galvanischen Bäder mit Isoliermuffen an die gemeinsame Druckluftleitung angeschaltet.

Man kann auch rein mechanische Konstruktionen am Badbehälter, wie z. B. durch mittels Exzenter angetriebene Glasstäbe, mit Erfolg ausführen und erforderlichen Falles mehrere Bäder durch eine und dieselbe Transmissionswelle betreiben. Solche Rührvorrichtungen sind z. B. in der Druckerei für Wertpapiere der Österreich-ungarischen Bank in Wien in Betrieb.

Eine mechanische Rührvorrichtung zeigt Fig. 140.

Nach amerikanischen Vorschlägen wird zwischen Anoden und Kathoden ein aus Kupferstangen (besser ist wohl ein Gestänge aus nichtleitendem Material!) gebildeter Rahmen vermittels eines Exzenters in der Lösung auf und ab bewegt. Die Kupferstangen werden mit Isolierband umwickelt und überdies mit Asphaltlack gestrichen, damit sie keinen Mittelleiter zwischen den Elektroden abgeben und eventuell durch anodisches Lösen frühzeitig zerstört werden.

Werden zwei oder mehr Kathodenreihen in einem Bade angeordnet, so pflegt man nach amerikanischem Muster die Auf- und Abwärtsbewegung der zwei bzw. drei usw. Kupferstangenrahmen derart durchzuführen, daß

Fig. 139.

der Exzenter nicht alle Rahmen gleichzeitig hebt oder senkt, sondern zyklisch fortschreitend, indem die betreffenden Antriebsstangen auf zwei oder mehreren Exzenterscheiben in gleichen Abständen voneinander angeordnet werden. Die Vorrichtung macht pro Minute ca. 30 bis 35 Touren, das heißt, jeder Rahmen wird in der Minute 30 bis 35mal gehoben.

Bewegen der zu plattierenden Gegenstände während der Arbeit. Ebenso wie man den Austausch verarmter Lösungsschichten in unmittelbarer Nähe der zu plattierenden Gegenstände durch Bewegung der Badflüssigkeit bewerkstelligen kann, um dorthin immer wieder neue metallreiche Flüssigkeitsschichten hinzuführen, kann man auch die Gegenstände in den Bädern selbst hin und her bewegen oder rotieren lassen, um sie in immer neue, unverbrauchte, mit Metallsalz gesättigte Badschichten zu bringen. Die häufigste Anwendung dieser Arbeitsweise finden wir in der Vergoldungsindustrie, wo man gewöhnt ist, die Gegenstände auf Drähten aufgereiht nur einige Sekunden ins Goldbad zu tauchen, indem man sie mit dem Einhängedraht an die Warenstangen bringt und den Draht von Hand in den Bädern öfters hin und her bewegt. Um eine gleichmäßige Metallauflage zu erhalten, bei feststehenden Stromverhältnissen und bei einmal festgelegter Metallauflage, bedient man sich auch maschinell angetriebener rotierender Vorrichtungen, an welche die zu plattierenden Gegenstände aufgehängt werden und stets mit gleichbleibender Geschwindigkeit im Bade rotieren und an den Anoden gleichartig vorbeigeführt werden, so daß man bei gleichbleibenden Stromverhältnissen für ein und dieselbe Warenkategorie bei gleich langer Exposition in den Bädern immer wieder das gleiche Resultat hinsichtlich der Metallauflage wie auch besonders bei Vergoldung hinsichtlich der Gleichmäßigkeit der erzielten Farbe des Niederschlages erhalten kann. Gerade bei der Vergoldung, welche meist auf vorhergehende Verkupferung oder Rotgoldunterlage aufgetragen wird, kommt es sehr darauf an, wie man die Zeitdauer für die reine Vergoldung nachher wählt, weil immer etwas von der Farbe des Untergrundes die Farbe des Feingoldniederschlages beeinflußt, hauptsächlich dann, wenn man die Schichte von reinem Gold schwächer oder stärker wählt. Will man eine ganz gleichmäßige Farbe der Vergoldung größerer Mengen gleichartiger Gegenstände erzielen, so muß man die Vergoldungszeit und die Bedingungen, unter denen man „ausvergoldet", ganz genau einhalten, sonst erhält man gemischte Resultate.

Überall dort, wo man die Lösung als solche nicht bewegen will, setzt man nun die Waren, welche man plattieren will, in Bewegung, um eine Gleichmäßigkeit des Niederschlages zu erhalten. Hauptsächlich finden wir diese Methode bei der Versilberung, weil die teure zyankalische Silberlösung weder eine Zirkulation, noch das Einblasen von Luft zwecks Bewegung der Lösung zuläßt. Fig. 141 zeigt eine solche maschinelle Bewegungsvorrichtung des ganzen Rahmens mit allen Kathodenstangen eines Versilberungsbades mittels Exzenter-Antrieb, wo-

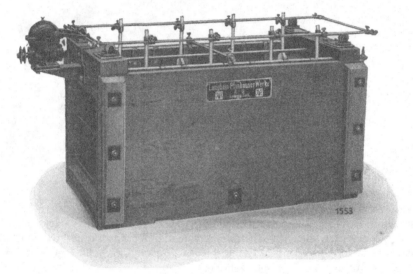

Fig. 140.

durch die Warenstangen mit den daran aufgehängten Waren in langsamem Tempo im Bade hin und her bewegt werden. Zumeist werden mehrere solcher Vorrichtungen von einer gemeinsamen Welle aus betrieben, und es ist die Konstruktion so ausgebildet, daß man jedes einzelne Bad für sich ausschalten kann, wenn man z. B. das eine oder andere Bad zum Zwecke der Entnahme der fertig plattierten Waren stillsetzen muß. Die Bewegungsvorrichtung wird praktischerweise durch einen separaten Motor mit Kammradvorgelege und mit Schneckenrad und Schnecke an der Hauptwelle des Antriebes bedient, um vom übrigen Betrieb ganz unabhängig zu sein und jeden Riemenzug aus dem Bäderraum auszuschalten.

Auch andere derartige Einrichtungen zum Bewegen der Gegenstände während der Plattierung sind dem Verfasser in seiner Praxis schon untergekommen, oft sehr sinnreiche und praktische Apparate, welche sich die Praxis für spezielle Zwecke konstruiert hat und verdienen, daß sie öfters angewendet werden.

Es gibt aber auch Galvanisierungsmethoden, wie die Vernicklung des Aluminiums, wobei höhere Stromdichten angewendet werden müssen, um das Festhaften auf der Unterlage zu gewährleisten, und in solchen Fällen ist es nicht ratsam, die Warenstangen mit den daran hängenden Gegenständen zu bewegen, weil der Aufhängekontakt leiden würde. Dennoch ist ein rascher und intensiver Austausch der die Kathodenstücke umgebenden Flüssigkeitsschichten nötig, um stets mit genügend Metallionen versehene Badflüssigkeit an der Kathode verfügbar zu halten. Für solche und ähnliche Fälle bewegt man durch Schaufelrührer aus Holz oder einem anderen in der betreffenden Badflüssigkeit unangreifbarem Material, die auf einem durch Exzenterantrieb bewegten Schlittenapparat sitzen. Fig. 140 und 141 sind ein Beispiel für solche Ausführungsformen.

Die sogenannten Karussel- oder Ringbäder sind ähnliche Konstruktionen, die man aber nicht etwa mit Wanderbädern verwechseln kann, denn hierbei ist eben nur die Bewegung der Ware im Bade vorhanden. Dort werden die zu galvanisierenden Gegenstände meist nach Stillegung der Bewegungsvorrichtung auf kreisrunde Leitungsgestänge aufgereiht; wenn das Bad voll beschickt ist, wird durch einen geeigneten Antrieb die Leitungsarmatur in kreisende Bewegung gesetzt und nach entsprechend langer Zeit die Apparatur abgestellt, um die galvanisierte Ware entnehmen zu können. Kreisrunde Bäder erfordern aber stets unverhältnismäßig mehr Bodenfläche als viereckige und kann deshalb kein Grund dafür gefunden werden, anstatt der eckigen Form bewegter Bäder die kreisrunde Form anzuwenden.

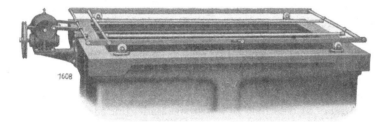

Fig. 141.

Fehler der Anfänger. Die größte Mehrzahl der Anfänger will es nicht glauben, daß die als Grundbedingung guter Resultate so oft empfohlene „Reinigung (Dekapierung) der Objekte vor dem Elektroplattieren" wirklich gar so heikel sei; sie begnügen sich, die Gegenstände einigermaßen blank zu machen, etwas abzuwischen oder mit Kalkbrei oder Petroleum oder Benzin oder Spiritus flüchtig abzubürsten und glauben, damit die gründliche Reinigung durchgeführt zu haben und ohne weiteres die Elektroplattierung ausführen zu können. Wenn auch in manchen Fällen, z. B. bei kurz vorher polierten Metallobjekten ein Entfetten mit Spiritus, Kalkbrei oder reinem Benzin (Petroleum keinesfalls) für eine leichte Elektroplattierung genügen mag, verläßlich ist es nie, schon deswegen nicht, weil die Gegenstände vorher mehr oder weniger beschmutzt wurden, kürzere oder längere Zeit an der Luft gelegen, an ihrer Oberfläche weniger oder mehr oxydiert sind (für das Auge oft gar nicht wahrnehmbar); die Folge ist dann, daß die Elektroplattierung entweder gar nicht gelingt oder unschön mißfarbig ausfällt oder nicht hält, abblättert, unbrauchbar ist.

Die in dem Kapitel „Reinigen der Metallobjekte vor dem Elektroplattieren (Dekapieren)" gegebenen Vorschriften sind daher ohne Schädigung der Resultate nicht zu umgehen.

Ein anderer Fehler ist folgender: In der Furcht, etwas zu verderben, pflegen Anfänger bei den ersten Versuchen nur einzelne und ganz kleine Gegenstände in das Bad einzuhängen; man will erst einen kleinen Versuch machen, um zu sehen, wie es geht. Derartige kleine Erstlingsversuche werden meist mißlingen, die Elektroplattierung wird (selbst bei ganz tadelloser vorheriger Dekapierung) mißfarbig, schwarz oder mindest dunkel, rauh oder gar pulverig — unbrauch-

bar — ausfallen, weil die Warenfläche viel zu klein, die Stromwirkung viel zu
stark ist; man wird an der im Bad hängenden Ware ein heftiges Emporsprudeln
kleiner Glasbläschen (wie kochend!) wahrnehmen, das Zeichen der zu starken
Stromwirkung.

Wenn die vorbereitende Entfettung und Dekapierung der Ware gewissenhaft, gründlich und richtig durchgeführt wurde, so mag man mit Vertrauen die
Bäder mit Ware vollhängen, die Stromverhältnisse entsprechend reguliert, wird
ein vollkommen befriedigendes Resultat erzielt werden.

Ist nicht genügend Warenfläche vorhanden, so hilft man sich in der Weise,
daß man „Anoden" zur Ware hängt und dann noch mit dem Badstromregulator
bis zur vorgeschriebenen Badspannung, die der Voltmesser anzeigt, abschwächt.

Daß bei allzu kleiner Warenfläche die vom Voltmesser angezeigte Badspannung nicht
mehr im richtigen Verhältnis zur Stromdichte steht, sondern diese in solchem Fall zu hoch
wird, wurde im theoretischen Teil im Kapitel „Badspannung, Stromdichte und Polarisation"
eingehend erklärt.

Gewöhnlich pflegt der Anfänger jeden Mißerfolg ohne weiteres einem fehlerhaften Zustand des Bades zuzuschreiben; die erhaltenen Korrekturvorschriften,
die nur für ein schon längere Zeit im Gebrauch gewesenes Bad gelten sollten,
werden voreilig bei der noch ganz neu angesetzten Lösung sofort in Anwendung
gebracht; es werden Chemikalien zugesetzt, es wird an dem Bad laboriert und
dieses erst dadurch verdorben! Wenn ein Bad mit den richtigen Chemikalien
richtig zusammengesetzt wurde, so ist die Ursache von Mißerfolgen niemals
im Bad, sondern immer wo anders zu suchen, zunächst immer wieder in der ungenügenden Dekapierung der Objekte oder in unrichtigen Stromverhältnissen
oder in Mängeln der Stromleitung!

Wenn schon das Bad in Verdacht gebracht wird, so ist in der kalten Jahreszeit die Temperatur desselben zu beachten. Bäder mit zu niedriger Temperatur
arbeiten schlecht oder versagen ganz; im Winter hat der Elektroplattierer tatsächlich wegen der herrschenden niederen Temperatur mit Schwierigkeiten zu
kämpfen, die er im Sommer gar nicht kennt. Es ist daher von besonderer Wichtigkeit, die Temperatur des Bades stets auf 15 bis 20° C zu halten (die eingetauchte
Hand darf nicht kalt fühlen).

Anfänger übersehen häufig die Reinhaltung der Leitungen und Kontakte,
und doch ist dies von ganz besonderer Wichtigkeit für die Stromzirkulation und
infolgedessen für die Niederschlagsarbeit. Jeden Morgen vor Beginn der Arbeit
müssen die Kontakte besonders bei den Bädern gereinigt werden; Anoden- und
Warenstangen sind abzuschmirgeln, die Verbindungsklemmen an den Kontaktstellen metallblank zu machen, die Einhängekontakte der Anoden (Metallstreifen)
mit einer Rundfeile oder Schmirgelleinen zu reinigen; die Anoden, wenn sie mit
Schlamm überdeckt sind (bei zyankalischen Bädern) sind mit langstieligen
Borsten oder Metallbürsten im Bad (ohne herauszunehmen) abzubürsten.

Sehr häufig wird auch übersehen, daß die Stromzuleitungen zu den Anoden
und Waren in den Bädern nicht genügen; die Anoden werden mit Drähten eingehängt, eine an und für sich schon sehr unpraktische Gepflogenheit, weil diese
Einhängdrähte sehr geringen Leitungskontakt bieten. Die Anoden sind mittels
breiter, fest angenieteter Metallstreifen aus dem gleichen Metall der Anoden
einzuhängen, damit der erforderliche Strom unbehindert zirkulieren könne.
Auch bei der Wahl der Stärke der Einhängdrähte für die Waren ist dies zu berücksichtigen; wir brauchen per 1 A zirkulierender Stromstärke eine Kontakt-
= Auflagefläche von 1 bis 2 qmm. Auch alte Praktiker, noch an ihre ungenügenden alten Stromquellen (Elemente) gewöhnt, begehen hierin Fehler; wenn
sie mit Dynamomaschinen arbeiten, behalten sie die gewohnten schwachen
Leitungen bei und beklagen sich, daß sie trotz Dynamomaschine, welche genügend
starken Strom liefert, in den Bädern zu wenig Strom haben, die Elektroplattierung

sich zu langsam vollzieht. Bei kleinen Objekten werden derartige Mängel weniger fühlbar, wohl aber bei großflächigen Gegenständen.

Viele Anfänger sind der Ansicht, daß eine rauhe, rohe Metallfläche durch Elektroplattierung geglättet oder gar geglänzt werde, etwa wie durch geschicktes Auftragen eines Lacküberzuges! Dem ist nicht so, sondern der elektrolytische Niederschlag beläßt dem Metallgegenstand den Charakter seiner Oberfläche. Wird z. B. ein roher poröser Eisenguß vernickelt, so wird er nachher wie ein roher poröser Nickelguß aussehen; wurde der Guß vorher abgefeilt, so werden die Feilstriche auch nach dem Vernickeln sichtbar bleiben.

Wenn also gewünscht wird, daß die elektroplattierte Oberfläche eines Metallobjektes ein glattes Aussehen zeige, so muß diese entsprechend vorbereitet werden, entweder glatt abgedreht oder mit Schmirgel geschliffen werden. Im entgegengesetzten Fall, wenn eine geglänzte (polierte) Metallfläche elektroplattiert wird, geht der Polierglanz verloren und die Fläche wird matt, wenn die Elektroplattierung solid, in stärkerer, widerstandsfähiger Schichte ausgeführt wurde; in solchem Fall muß die elektroplattierte Fläche wieder nachpoliert werden, wenn sie Polierglanz zeigen soll. Ausführliches hierüber ist in der Abhandlung über „Polieren der Metallwaren" zu finden.

Die Anoden in galvanischen Bädern.

Wahl des Materiales. Der Strom, der zur Elektroplattierung dient, wird am positiven Pol dem Bade durch die sogenannten „Anoden" zugeführt. Diese bestehen bei den Elektroplattierbädern fast durchwegs aus dem Metall, welches man aus der Badflüssigkeit auf den zu plattierenden Gegenständen niederschlagen will und muß unbedingt vollkommene Reinheit aufweisen, also frei sein von allen solchen Substanzen, welche entweder durch den Strom mit aufgelöst werden können oder beim Lösungsvorgang bei Stromdurchgang zu Komplikationen während der Arbeit Anlaß geben können. Dem Verhalten der Anoden und ihrer Wartung während des Betriebes wird noch immer nicht die genügende Aufmerksamkeit geschenkt und viele Praktiker glauben, sich damit begnügen zu können, die Arbeitsweise der Bäder lediglich danach beurteilen zu sollen, wie sich die Plattierung an den Waren vollzieht, während sie sich um das Verhalten der Anoden so gut wie gar nicht kümmern. Kommt dann über kurz oder lang, gerade infolge fehlerhaften Arbeitens der Anoden, entweder durch Wahl ungeeigneten Anodenmateriales oder durch unsachgemäße, unaufmerksame Wartung der Anoden, ein Mißerfolg, so sind viele Praktiker geneigt, in erster Linie der Badzusammensetzung die Schuld zuzuschieben, was sie eigentlich von selbst beurteilen sollten, wenn ein Bad so und so lange gut gearbeitet hat und dadurch gewöhnlich bewiesen wäre, daß der Grund für ein plötzliches Versagen des Prozesses wo anders zu suchen ist. Nur in einzelnen Spezialfällen verwendet man unlösliche Anoden, so häufig bei der Vergoldung, selten bei der Versilberung, dagegen ausschließlich für Arsen- und Antimonniederschläge, ferner für besondere Bäder wie Schwarznickelbäder und elektrolytische Entfettungsbäder.

Verwendet man lösliche Anoden, die also dem Verbrauch an Metall entsprechend der Niederschlagsarbeit an den Waren, das dem Bade durch den Strom entzogene Metall gewissermaßen automatisch wieder laufend ersetzen sollen, so muß man ebenso wie man dies für die Plattierung an der Kathode macht, auch für die Anoden alle elektrischen Bedingungen einhalten, welche ein glattes Inlösunggehen der Anoden gewährleisten. Da ist in erster Linie die Stromdichte an den Anoden zu beachten. Je härter das Anodenmetall ist, um so schwerer geht es in Lösung, desto kleiner müßte die Anoden-Stromdichte gewählt werden oder desto größer die dem Strom ausgesetzte Oberfläche sein. Man wählt aus dem Grunde, um eine gleichmäßige Stromlinienverteilung auf den Waren zu erhalten,

die Oberfläche der Anoden gewöhnlich annähernd ebenso groß wie die zu plattierende Warenfläche, und im allgemeinen wird die Löslichkeit der Anoden bei
solcher Dimensionierung der Anodenfläche im Vergleich zur Warenfläche auch
keine Schwierigkeiten bereiten. Dies trifft für die ruhenden Bäder zu, auch wenn
man z. B. durch Erhöhung der Badtemperatur oder durch Zirkulation der Lösung
eine Erhöhung der Stromdichten herbeiführt. Läßt das betreffende Bad diese
Erhöhung der Stromdichte an der Kathode zu, so wird sich auch die Anode nicht
ungünstig dieser Steigerung gegenüber verhalten.

Anders liegt die Sache bei Massengalvanisiermaschinen, wo man meist eine
großoberflächige Beschickung mit starkem Strom versorgen muß und wo die
Dimensionierung der Anoden nicht Schritt halten kann. Da muß man besonders
gut leitende Bäder mit solchen Leitsalzen verwenden, welche das Anodenmaterial
radikal zu lösen imstande sind, andernfalls würde Polarisation an den Anoden
durch Anodeneffekte eintreten, gleichbedeutend mit Verringerung der Stromstärke, die durch eine solche Anordnung hindurchgeht, Verringerung der Leistung
und letzten Endes Verarmung des Bades an Metallsalz. Die billigste Regenerierung
eines Bades ist aber immer die automatische, durch das anodische Lösen von
Metall herbeigeführte Ergänzung des Metallgehaltes; muß man fertige Metallsalze zur Erhöhung des Metallgehaltes zusetzen, so ist der Preis für 1 kg Metall
in solchen Salzen immer höher, als der Preis für 1 kg Anodenmetall.

Wir finden unser Anodenmaterial in Form von Gußmaterial oder in Form
von gewalztem Material. Verfasser erhält sehr oft die Frage vorgesetzt, ob Guß-
oder Walzanoden besser seien. Allgemein mag man annehmen, daß sich Gußmaterial als weicheres Material leichter löst, demnach die Konzentration eines
Bades an Metall besser konstant hält, während gewalztes Material härter ist und
sich schwieriger auflöst, weshalb Walzanoden, die neben Gußanoden in einem
Bade hängen, stets länger standhalten als die Gußanoden. Gußanoden haben
dagegen den Nachteil gegenüber gewalzten Anoden, daß, speziell in sauren Bädern, der Lösungsvorgang der Anoden im Bade stets mit einem Abbröckeln von
Metallkriställchen begleitet ist, nur bei zyankalischen Bädern sind Gußanoden
in dieser Hinsicht den Walzanoden gleich.

Besteht eine Anode aus einer Legierung mehrerer Metalle, wie z. B. bei
Messing-, Tombak, Bronze etc., so muß das Bad solche Anionen abspalten, welche
die voneinander verschiedenen Metalle gleichzeitig und in dem Maße zu lösen
vermögen, wie sich diese Legierung an den Waren abscheidet. Enthalten Anoden,
wie z. B. Nickelanoden andere leicht lösliche Metalle wie Eisen, so wird das
Bad an Nickel nach und nach verarmen müssen, weil ein Teil des Stromes anodisch
auch zum Lösen dieses zweiten Metalles verwendet wird, das sich aber an der
Kathode nicht in dem Maße abscheidet, weshalb dem Bade mehr Nickel entzogen wird, als an den Anoden gelöst wurde; man muß daher solchen
Bädern häufiger als es sonst notwendig wäre, Nickelsalze zusetzen, um den
Gehalt an Nickel im Bade zu erhalten. Arbeitet man mit ganz unlöslichen
Anoden, so wird durch den Strom an der Anode entweder freie Säure gebildet
oder es bilden sich an den Anoden unlösliche Präparate, die man allerdings nur
durch Zusatz entsprechender Präparate in Lösung bringen kann, mit denen
diese Produkte wieder lösliche Metallsalze zu bilden vermögen. Stets aber wird
bei Anwendung unlöslicher Anoden dem Bade das Metall laufend entzogen und
muß, um eine Konstanz des Metallgehaltes aufrecht zu erhalten, laufend das betreffende Metallsalz zugesetzt werden, wie wir dies beim Vergolden oder beim
Verchromen etc. gewöhnt sind.

Auf einen wichtigen Umstand beim Verhalten der Anoden während der Elektrolyse sei besonders hingewiesen, d. i. der Einfluß des Gefüges einer Legierung,
welche man als Anode verwendet. Berücksichtigten muß man dabei noch das
Mengenverhältnis der miteinander legierten Bestandteile. Da es nur stets die

an die Lösung angrenzenden Oberflächenschichten sind, deren Potential für den Lösungsvorgang maßgebend ist, so wird nur solange der unedlere Legierungsbestandteil sich lösen, solange die Lösung eine Angriffsmöglichkeit hierfür findet.

Abhängig ist dies von der Menge dieses unedleren Bestandteiles, aber auch vom Gefüge der Legierung. Durch das Herauslösen des unedleren Bestandteiles entstehen Kanäle in der Anode, welche schließlich eine poröse Schicht des edleren Bestandteiles veranlassen, je mehr der unedlere Bestandteil herausgelöst wurde. Die Form dieses netzartigen Überzuges, der sich solcherart ausbildet, ist nun von dem Gefüge der Anode abhängig, die Kanäle werden weiter oder enger z. B. bei Nickelanoden, die aus Nickel mit Kupfer und Eisen, aber auch mit Magnesium, das zur Herstellung duktilen Nickels beim Gießen unerläßlich ist, sich zusammensetzen, und schließlich finden wir ein Netz von Nickelkristallen der Legierung, die meist 99% Reinnickel, neben 0,2% Magnesium, 0,1 bis 0,2% Kupfer, etwas Eisen, Silizium und Kohlenstoff enthält. Die Kanäle, die sich bei dem Lösungsprozeß ausbilden, können weiter oder enger werden, je nach der Art der Legierung. Bei geringfügigen Mengen anderer unedlerer Metalle wird die Schichtdicke an solchem porösen edleren Metall, in unserem Beispiel Nickel, so groß werden, daß bald eine Diffusion in ihr Inneres aufhört, es bilden sich dann in den Poren neutrale Lösungen aus, unterfressen seitlich die schwammartige Oberfläche bzw. die vorstehenden Kristallindividuen, bis zum Abtrennen von dem Kernstück der Anode. Erst dann wird die Oberflächenschicht das Potential des edleren Metalles, des Nickels, annehmen und die Oberfläche wird sich am Lösungsvorgang mit beteiligen, die Kristallindividuen werden auch der Tiefe nach angegriffen und gelöst, doch sind dann die Kristalle schon fast Nadeln geworden, die sich bei dem geringsten Anlaß von der eigentlichen Anode lösen, in dem in den Poren gebildeten schwarzen Schlamm von Nickelsuperoxyd eine Zeitlang eingebettet bleiben und der ganzen Anode das Aussehen eines Schwammes geben.

Einhängen der Anoden. Man wird die Anoden, deren Gesamtfläche im Verhältnis zur Warenfläche später bei den verschiedenen Bädern stets vorgeschrieben werden wird, so einhängen, daß die Objekte, welche elektroplattiert werden sollen, auf allen Seiten möglichst gleichmäßig von den Stromlinien getroffen werden, wodurch ein gleichmäßiger Niederschlag erhalten werden muß.

Das Einhängen der Anoden geschieht oftmals noch mittels Draht; es ist dies aber schlecht, weil die Berührungsfläche zwischen dem Draht und der Anodenstange so klein ist, daß sich dadurch die Stromwirkung vermindert, da der Widerstand vergrößert wird und auch sehr leicht eine Unterbrechung des Stromes entstehen kann, wenn, was in der Praxis leicht vorkommt, die Anodenstangen mit dem Bad bespritzt werden, wodurch die Salze zwischen Stange und Anodenaufhängedraht ankristallisieren und schlechten Kontakt verursachen.

Fig. 142.

Es empfiehlt sich, zum Einhängen der Anoden breite Metallstreifen aus dem gleichen Metall der Anoden zu verwenden, welche zum Aufhängen auf die Anodenstangen oben umgebogen werden, Fig. 142. Diese Streifen werden mittels Nieten (gleichfalls aus dem Metall der Anoden) angenietet. Diese Aufhängvorrichtung sichert schon einen besseren Kontakt, nur muß man darauf achten, daß deren Innenfläche, mit der sie auf der Anodenstange anliegt, stets blank rein sei, ebenso die Stange an der Berührungsstelle, damit der Strom ungehindert zirkulieren könne.

Anodenklemmen aus Messing, Fig. 143, welche an die Anoden angeschraubt, auf die Leitungsstangen gesteckt und darauf festgeschraubt werden, sichern den Kontakt natürlich sehr gut, haben aber den Nachteil, daß sie ein Hindernis sind, die Anoden rasch aus dem Bad zu nehmen, was oft erwünscht ist; sie werden daher nur dort verwendet, wo eine lang anhaltende Elektrolysierarbeit vorgenommen wird, die also nur selten und zwar erst nach vielen Stunden unterbrochen wird.

Bei Verwendung der Anodenklemmen achte man darauf, daß diese nicht etwa mit dem unteren Teil, wo die Anoden angeschraubt sind, in das Bad eintauchen, was namentlich in dem Fall leicht geschehen kann, wenn große voluminöse Körper in das Bad eingehängt werden und die Badoberfläche (Niveau) infolgedessen steigt; denn, würden die Klemmen vom Bade berührt, so würden sie das Schicksal der Anoden teilen, ebenso wie diese aufgelöst und es würde das Bad mit Messing verunreinigt werden, was z. B. bei Nickelbädern einem Verderben des Bades gleichbedeutend wäre.

Es ist zweckmäßig, die Anoden nicht vollständig in das Bad unterzutauchen, sondern so einzuhängen, daß der obere Teil derselben immer einige Zentimeter außerhalb des Bades bleibe. Beim Einhängen der Anoden mittels Metallstreifen, wenn die Anoden vollständig untertauchen, zeigt sich der Übelstand, daß die Einhängestreifen vom Strom abgefressen werden und die Anoden in die Bäder fallen. Da diese Einhängestreifen durch den Auflösungsprozeß weich und mürbe

werden, sind sie dann gewöhnlich nicht mehr brauchbar, weil sie zerbröckeln und zerfallen. Läßt man dagegen den oberen Teil der Anoden über den Flüssigkeitsspiegel herausragen, so kommt dieser Fall nicht vor, sondern die Anoden können dann ruhig hängen bleiben, bis sie vollständig abgenützt sind. Der außerhalb des Bades gewesene kleine Streifen bleibt allerdings als kleiner Abfall, ist aber kein nennenswerter Verlust, weil ja das Metall als solches immer wieder verwertbar ist.

Fig. 143.

In großen Betrieben insbesondere, aber auch im Interesse der Sparsamkeit vorwiegend in kleineren Betrieben, werden vielfach auch Anodenkästen aus nichtleitendem Material wie Hartgummi, Zelluloid, auch Holz u. dgl. verwendet, in welche man Anodenabfälle, die sich nicht mehr gut mit einzelnen Drahthaken verwenden lassen, einfüllt und einen Zuleitungsstreifen aus dem Anodenmetall, der ringsum von solchen Anodenabfällen umgeben ist, mit der Anodenstange in Verbindung bringt. Diese Anodenkasten können so groß gewählt werden, wie es die tiefst in das Bad eintauchenden, zu galvanisierenden Gegenstände erfordern, und die Wände dieser Anodenkasten sind natürlich allseits perforiert, um nicht zu hohen Widerstand zu bieten. In sauren Bädern kann man aber auch solche Anodenkasten aus Blei verwenden, weil Blei in schwefelsauren Lösungen so gut wie nicht in Lösung geht. Die Anodenkasten müßten an den Anodenstangen durch umgelegte Tragbänder aus nicht angreifbarem Metall oder mit starkem Bindfaden aufgehängt sein und nur der im Innern der Kastenfüllung befindliche Anodenmetall-Zuleitungsstreifen vermittelt den Kontakt des positiven Pols mit den kleinen, aufzulösenden Anodenresten.

Von einigen Seiten wurden, speziell für die Zwecke der Vernicklung, sogenannte „Sparnickelanoden" empfohlen, wohl aus Verlegenheit, weil man das Gießen oder Walzen guter Nickelanoden nicht verstand. Diese Firmen wollten Würfel-, Kugel- oder Granaliennickel direkt als Anodenmaterial in Nickelbädern verwenden, indem sie diese Rohmaterialien in solche Anodenkasten einpackten. Dieses Material ist aber als Anodenmaterial durchaus ungeeignet, es ist durchaus nicht sparsam, denn diese nicht zusammenhängenden Materialien verbrauchen sich ungemein schnell und der Hauptteil der Metallmasse fällt als feiner Kristallschlamm metallisch auf den Boden der Wanne und wird nicht ausgenutzt. Verfasser konnte ermitteln, daß solche Anoden nur zu ca. 55% ausgenutzt wurden — also keinerlei Ersparnis gegenüber den durch den Schmelz- und Walzprozeß teureren, handelsüblichen Nickelanoden zeigten. Die Anoden- kasten sind nur ein Notbehelf, um nach Tunlichkeit gutes Anodenmaterial bis auf das letzte kleine Stück anodisch verwerten zu können.

Da es beim Herausnehmen der elektroplattierten Objekte aus dem Bad un- vermeidlich ist, daß die Leitungsstangen mit der Lösung bespritzt werden, was ein Ansetzen von Kristallen verursacht, so ist es recht zweckmäßig, um den Anoden den erforderlich guten Leitungskontakt mit den Kupferstangen zu sichern, diese mit Holz oder Blei zu überdachen, um sie gegen das Bespritzen zu schützen.

Umhüllung der Anoden. Die Beobachtung, daß alle Metallanoden bei ihrem Auflösen in den Bädern Metallschlamm oder Salzschlämme absetzen, hat vielfach die Praxis veranlaßt, diese Verunreinigung der Bäder durch Trübung und speziell beim Bewegen des Elektrolyten von den Waren dadurch fernzuhalten, indem die Anoden eingewickelt werden, entweder mit Geweben oder durch Umstellen mit Diaphragmen. Bis zu gewissem Grade ist dies auch zulässig, doch muß für genügende Durchlässigkeit dieser Umhüllungen gesorgt werden, damit die sich anreichernde Salzmenge an den Anoden sich mit dem übrigen Wanneninhalt vermischen kann. Die Umhüllung darf also nur so dicht gewählt werden, daß sie eben noch die metallischen Bestandteile zurückhält, aber die sich bildende konzentrierte Salzlösung hindurchdiffundieren läßt. Andernfalls würde bald ein Auskristallisieren der Salzlösung in diesen Umhüllungen Platz greifen, die Salze würden vor allem sich an die Anoden ansetzen und dann den ungehinderten Stromdurchgang beeinflussen, bis schließlich solche Anoden über- haupt keinen Strom mehr abzugeben in der Lage wären.

Als solche Materialien für Umhüllungen kann man ausgewaschene Rohseide, auch gut ausgewaschene, von Appretur befreite Nesseltücher oder Asbestgewebe verwenden. Je höher die Stromdichte an den Anoden gewählt wird, desto durch- lässiger müssen diese Umhüllungen sein, und da man meist solche höhere Strom- dichten nur in heißen Bädern verwendet, wird eine solche Zwischenwand um die Anoden immer weniger störend, je heißer die Bäder sind, weil die Diffusion durch gesteigerte Temperatur erhöht wird. So kann man in heißen Nickelbädern sogar Umhüllungen aus Pergamentpapier verwenden, weil in heißer Lösung Nickel- sulfat, das sich an den Anoden bildet, in hohem Maße löslich ist. In sauren Kupferbädern sind solche Umhüllungen dagegen kaum verwendbar, weil die Kupferanoden, auch bei erwärmtem Bade, polarisieren.

Eine Trennungswand, welche in größeren Betrieben sogar aus porösen Ton- platten, die fest um die Anoden eingebaut sind, bestehen kann, wird praktischer- weise nur in Verbindung mit ausreichender Lösungs-Zirkulation angewandt, um eine lokale Überkonzentration in den Anodenräumen hintanzuhalten, und pflegt man den Betrieb so zu führen, daß man in solchen Fällen die Lösung der Anoden- räume für sich zirkulieren läßt und ebenso die Lösung der Kathodenräume extra, wobei man gleichzeitig eine ausreichende Filtration während des Be- triebes einschalten kann. Durch jede derartige Umhüllung der Anoden wird natürlich der Badwiderstand erhöht, es steigt dadurch die anzuwendende Bad- spannung je nach dem Widerstand, den eine solche Zwischenwand bei der an- gewandten Stromdichte dem Stromdurchgang entgegensetzt und muß bei der Kalkulation berücksichtigt werden, ebenso bei der Vorausberechnung der er- forderlichen Badspannung auf Grund angenommener Stromverhältnisse in Ver- bindung mit dem spezifischen Badwiderstand.

Behandlung der Anoden. Gute Wartung der Anoden zu Beginn ihrer Verwen- dung sowohl wie während ihrer Verwendungszeit überhaupt ist eine unerläßliche Bedingung für gleichmäßigen Verbrauch und beste Ausnutzung in ökonomischer Beziehung. Metallanoden besitzen entweder, wenn es sich um gegossene Anoden handelt, eine harte Gußhaut, die je nach Art des Gießprozesses mit Schichten von Sand oder Imprägnierungen aller Art versetzt ist, gewalzte Anoden weisen auf ihrer Oberfläche immer eine härtere Walzhaut auf, die sich schwerer löst als das darunterliegende Metall. Werden neue Anoden in die Bäder gebracht, die noch nicht wie bei Gußanoden vorher mittels Sandstrahl behandelt wurden, so ist nach einigen Tagen Betriebsdauer die obere härtere Haut durch intensives Kratzen mit Stahldraht-Kratzbürsten unter Mitbenutzung von Sand oder Bimsstein zu entfernen, damit das gleichmäßige, leicht lösliche Metall zum Vorschein kommt. Nach einigen Tagen Verwendung neuer Anoden kann man bereits diese harte Haut beobachten und verschiedentlich löst sie sich sogar ganz leicht von der eigentlichen Anode, so daß man diese Haut leicht von Hand wegheben kann. Sie ist dem Gewicht nach nur ein kleiner Bruchteil des Gesamtgewichtes und besitzt keinen wesentlichen Wert. Nach Entfernung dieser Haut spült man die Anoden ab und hängt sie in das Bad zurück, und können sie dann ohne weitere Bearbeitung ruhig bis zur endgültigen Lösung im Bade verbleiben.

Anoden für zyankalische Bäder, vor allem Kupfer- und Messinganoden belegen sich in den Bädern mitunter beim Fehlen von Cyankalium oder wenn zu hohe Stromdichten an den Anoden angewendet wurden, mit einem pelzartigen weißen oder grünlichweißen Schlamm von Metallzyaniden. Diese Schlämme kann man entweder mittels einer weichen Abkalkbürste direkt ins Bad bürsten, wo sie auf den Boden des Badgefäßes sinken und bei Vorhandensein genügend freien Cyankaliums sich wieder lösen, besonders wenn man das Bad nachts oder über Sonntag in Ruhe läßt oder man hebt die Anoden aus dem Bade heraus und sammelt den Zyanidschlamm in einer Schale, wo man ihn mit freiem Cyankalium oder Cyannatrium möglichst warm behandelt, um diese Cyanide in lösliche Doppelzyanide überzuführen, wodurch man eine klare Lösung dieser Salze erhält, die man wie eine Lösung von Metalldoppelsalz zwecks Verstärkung dieser Bäder verwenden kann.

Kohlenanoden, wie sie für Schwarznickelbäder oder Arsenbäder (sogenannte Altdeutschoxydbäder) in Gebrauch sind, werden vor ihrer Verwendung mit Wasser gewaschen, damit nicht etwa leicht abspringende Partikelchen der Retortenkohle ins Bad gelangen; man kann solche Kohlenanoden auch mit feinen Stahldraht-Kratzbürsten kratzen, um alles leicht entfernbare Material der Oberfläche wegzubürsten. Werden Bäder mit derartigen Kohlenanoden längere Zeit nicht benutzt, so empfiehlt es sich, diese Anoden aus den Bädern herauszuheben, sie zunächst gut mit reinem Wasser zu spülen und zu trocknen, und sie erst wieder bei eintretendem Bedarf in die Bäder einzuhängen. Andernfalls zermürben solche Kohlenanoden leicht, wenn sie stromlos unbenutzt zu lange Zeit in den Bädern verbleiben.

Zinkanoden, die in zyankalischen oder sauren Zinkbädern gebraucht werden, lösen sich auch bei stromlosem Zustande der Bäder immer etwas, wenn auch nur langsam in der Badflüssigkeit durch „Lokalaktion". Wenn also in Zinkbädern nicht gearbeitet wird, hebt man die Anoden aus dem Bade, spült mit Wasser und läßt sie trocken stehen. Durch stromloses Hängen der Zinkanoden in Zinkbädern verbraucht sich besonders in sauren Bädern sehr rasch der geringe Überschuß von freier Säure, was nicht nur die Funktion des Zinkbades beeinflußt, sondern oft auch zur Abscheidung basischer Salze in den Zinkbädern führt, durch Trübung der Bäder bis zur Bildung gallertartiger Massen (hydrolytisch gespaltene Zinksalze oder Leitsalze) führen kann, die bei Wiederbeginn der Arbeit oft nur sehr schwer, stets aber nur langsam durch Zusatz von Säure wieder in Lösung gebracht werden können.

Stromausbeute der Anoden. In den vorhergehenden Kapiteln über die Anoden sind mehrfach Andeutungen gemacht worden, daß man der Wirkung des Stromes an den Anoden sein Augenmerk zuwenden muß, weil sich dort bei der Elektrolyse ähnliche Vorgänge abspielen, wie bei der Metallabscheidung an den Waren. Ähnlich wie wir bei der kathodischen Metallabscheidung von einer Stromausbeute sprechen und damit das Verhältnis zwischen der faktisch erzielten Niederschlagsmenge per Amp.-Stunde zur theoretisch erwarteten Menge ausdrücken, können wir auch für den Lösungsvorgang der Anoden eine solche Stromausbeute experimentell ermitteln. An den Anoden werden die Anionen zur Abscheidung gebracht, und diese vermögen das Anodenmetall zu lösen. Nach dem Faradayschen Gesetz ist für jedes Anion das Abscheidungsäquivalent genau zu errechnen wie für die Kationen und muß hierbei genau so wie für die Kationen die Wertigkeit in Rechnung gezogen werden.

Für das Anion $\overline{SO}_4$ berechnet sich das Molekulargewicht mit 96, die Wertigkeit ist 2, demnach werden

$$\frac{96}{2} = 48 \text{ Gramm SO}_4$$

per Amp.-Stunde abgeschieden. Stöchiometrisch ist nun leicht zu berechnen, daß diese 48 g Schwefelsäurerest gleichbedeutend sind mit $\dfrac{63,6}{2} = 31,8$ g Kupfer und da zur Abscheidung von 31,8 g Kupfer 26,8 Amp.-Stunden erforderlich sind, werden also durch denselben Strom, der kathodisch 31,8 g Kupfer fällt, anodisch 48 g Schwefelsäurerest abgeschieden, welche ihrerseits wieder genau 31,8 g Kupfer lösen, also ebensoviel, als an der Kathode abgeschieden wurde. Die Badlösung erfährt also theoretisch keine Veränderung. Sobald aber diese Löslichkeit an der Anode nicht dem theoretischen Werte entspricht, sondern wie dies zumeist der Fall ist, hinter diesem zurückbleibt, sprechen wir von einer geringeren anodischen Stromausbeute von etwa 90% oder weniger. Durch diese Minderstromausbeute verarmt die Lösung an Metall, und es ist der begreifliche Wunsch der Galvanotechnik dahingehend, Bäder und Anoden zu schaffen, welche konstant bleiben, bzw. bei Anoden das Material in Verbindung mit der Badzusammensetzung so zu wählen, daß die anodische Stromausbeute mit der kathodischen Schritt hält, mit ihr gleich wird, und wir nennen das Verhältnis der beiden Stromausbeuten zueinander den Wirkungsgrad des Bades.

Wirtschaftlichkeit des Betriebes. Das Anodenmaterial, sofern man lösliche Metallanoden benutzt, stellt heute einen ganz bedeutenden Wert dar und muß bei der Ermittlung der Gestehungskosten einer Elektroplattierung das Anodenmaterial bzw. dessen Anschaffungskosten in Form von Zinsen für die im Bade hängenden Werte eingesetzt werden. Es ist durchaus nicht gleichgültig, ob man dünne oder dicke Anoden anschafft, denn der Kalkulationsfaktor Zinsen für angeschafftes Anodenmaterial erfährt schon eine ganz bedeutende Verschiebung, weil es oft monatelang dauert, bis starke Anoden gänzlich verbraucht sind. Anderseits darf man nicht vergessen, daß jede Metallanode einen nicht zu vermeidenden Abfall an Anodenmaterial ergibt, der nur mit Verlusten an den Altmetallhändler oder an eine Metallschmelze veräußert werden kann. Man muß stets bei löslichen Metallanoden mit einem solchen Rest von etwa 8 bis 10% rechnen und einige Prozent kommen noch für abbröckelndes Material hinzu, das sich am Boden der Bäderwannen ansammelt und auch nur noch Altmaterialwert hat. Dieser Prozentsatz sinkt aber mit zunehmender Dicke der Anoden, und deshalb greift man gerne zu dickeren Anoden, geht aber nicht über 6 bis 10 mm bei Kupfer, Messing, Nickel, Zinn und Zink hinaus. Nur für Edelmetalle spielt dies eine besondere Rolle, für Silberbäder geht man kaum über eine Anodenstärke von 2 mm hinaus, in Goldbädern sogar nicht über 0,5 bis höchstens 1 mm.

Damit sich die Anoden auch wirklich ganz auflösen können, muß man sie richtig in die Bäder hängen, nicht etwa größere Partien aus dem Bade herausragen lassen, um etwa die Aufhängestreifen mit ihren Nieten zu schonen. Um dieses Zerfressen zu vermeiden, hat man nur nötig, die Aufhängestreifen mit Guttapercha oder einem sicheren Lackanstrich zu versehen, und dann kann man die Anoden ganz untertauchen und voll ausnutzen. Sind einzelne Anoden durch Inanspruchnahme teilweise abgefressen, also zu kurz geworden, so kann man den übrigen Teil mit anderen ähnlichen Stücken unter Verwendung von reinen Metallnieten aus gleichem Material (Nickelanodenreste werden nur mit Nickelnieten zusammengenietet) wieder vereinen und erhält dann Anoden genügender Länge, die sich wieder weiter benutzen lassen, bis sie schließlich so durchlöchert und verbraucht sind, daß man sie getrost zum Altmaterial legen kann, weil dieser Rest dann unterhalb des zulässigen und kalkulierten 10%igen Abfalles liegt. Daß man Reste in Anodenkasten noch bis zuletzt verwenden kann, haben wir früher bereits besprochen, dieses Hilfsmittel gehört also mit ins Kapitel wirtschaftliche Betriebsführung.

Wanderanoden. Unter dieser Bezeichnung versteht man in der Galvanotechnik Anoden, welche von Hand über den zu plattierenden Gegenstand geführt werden. Man kann auf solche Weise sogar ganz große Gegenstände mit verhältnismäßig einfachen Mitteln elektroplattieren, da man ja nur stellenweise plattiert und wie beim Bemalen oder Anstreichen eines Gegenstandes vermittels solcher Wanderanoden die Plattierung gewissermaßen aufpinselt. Hierzu bedient man sich pinsel- oder bürstenartiger Träger für das Bad, in deren Innerem man eine stiftförmige Anode einbettet, während als Badbehälter das Pinsel- oder Bürstenmaterial dient, das sich mit dem zu verwendenden Elektrolyten tränkt und also ein Miniaturbad darstellt. Die im Innern befindliche Anode kann sowohl aus dem betreffenden Metall sein, das man abzuscheiden wünscht, oder aber aus unlöslichem Material wie Platin, Kohle u. dgl. Die Anode ist mit dem positiven Pol der Stromquelle verbunden, der zu plattierende Gegenstand erhält an geeigneter Stelle, wo es nicht weiter stört, den Anschluß an den negativen Pol. Berührt man nun mit dem mit Elektrolyt getränkten Pinsel die zu plattierende Fläche bei gleichzeitigem Stromschluß, so scheidet sich dort, wo der Pinsel auf dem Gegenstand aufliegt, Metall ab. Man streicht dann mit diesem Pinsel oder wie wir ihn nennen wollen, „Wanderanode" auf dem Gegenstand so lange hin und her, bis die gewünschte Menge niederzuschlagenden Metalles sich auf dem Gegenstand abgesetzt hat. Für Ziervergoldung oder Versilberung wird diese Apparatur zuweilen in Form eines Röhrchens ausgeführt, dessen Inneres mit Elektrolyt gefüllt wird, während die Unterseite durch einen Filzpfropfen oder durch Borsten, Watte u. dgl. nur halbwegs gegen das Auslaufen der Badlösung geschlossen ist. Durch den Druck der im Innern des Röhrchens befindlichen Flüssigkeit sickert stets genügend Menge an Elektrolyt auf diese Abschlußmasse und erhält dieses Rohr immer mit metallreichem Elektrolyt gefüllt. Die Anode befindet sich im Innern des Röhrchens. Solche Wanderanoden eignen sich sehr gut zum Dekorieren von Kunstgegenständen, welche man nur teilweise vergolden will und bei denen man ein „Abdecken" mit Decklack nicht in Anwendung zu bringen wünscht. Man kann aber solche Wanderanoden bis zu beträchtlicher Dimension ausgestalten und es werden mit solchen Wanderanoden sogar Schiffsrümpfe außen verzinkt, verbleit etc., also Arbeiten ausgeführt, die man an solchen fertigen großen Gegenständen gar nicht auf andere Weise ausführen könnte.

Verfasser will diesem Verfahren durchaus nicht das Wort reden, denn es bleibt dieses Verfahren stets dazu verurteilt, sich höchstenfalls auf Reparaturarbeiten zu beschränken, da es ganz unmöglich ist, größere Flächen auf solche Weise mit einem überall gleichmäßigen Metallüberzug zu versehen. Man könnte sich ja wohl eine maschinelle Vorrichtung ausdenken, welche derartige Wanderanoden in gleichmäßigem Tempo über die zu plattierenden Gegenstände führt und die Anoden so ausgestalten, daß stets die gleiche Stromstärke pro Flächeneinheit herrscht, indem man für gleichmäßigen Auflagedruck und dauernd gute Elektrolyterneuerung sorgt, doch dürfte sich in der Praxis eine einwandsfreie Konstruktion, die allen Verhältnissen gerecht wird, schwerlich finden lassen.

Einen Vorteil hat diese Wanderanode dennoch, d. i. die Schnelligkeit der Niederschlagsbildung, denn man kann bei genügendem Tempo, mit welchem man die Anode über den Gegenstand führt, bedeutende Stromdichten anwenden, ja bei derartiger Wahl des Umhüllungsmateriales für die Anode, daß gleichzeitig eine scheuernde Wirkung auf den eben gebildeten Metallniederschlag stattfindet, auch einen schönen Glanz erzielen.

Beizen und Brennen.

Beizen mit Säuren. Rohe Gußwaren oder stark durch Zunder unansehnlich gewordene Gußstücke, ebenso verzunderte Blechgegenstände aus Eisen und Stahl, Gußeisen oder Kupfer, Messing etc. werden vor der Elektroplattierung durch Beizen behandelt, um diese Zunderschicht oder Gußhaut zu entfernen und auch deshalb, um beim nachträglichen Schleifen, wenn man nicht die Gegenstände teilweise oder ganz roh plattieren will, weniger Arbeit zu haben und die Schleifscheiben zu schonen. Für solche Gegenstände wendet man das Beizen in Säuren an. Säuren wie Schwefelsäure, Salzsäure oder Salpetersäure vermögen nicht nur Metalle aufzulösen, sondern auch die Metalloxyde, aus denen solcher Guß- oder Walzzunder besteht, nur muß man für jedes Metall die geeignete Zusammensetzung der Beize, wie die anzuwendende Temperatur wählen und einhalten.

Eisen, Stahl kann man in verdünnter Schwefelsäure oder Salzsäure blankbeizen, auch Kupfer und dessen Legierungen kann man darin beizen, wenn man nur die Oxydschichte dadurch entfernen will. Zinkgegenstände sind meist nur unwesentlich bei der Bearbeitung durch Gießen mit abbeizbaren Belegen behaftet und diese Belege meist so weich, daß ein Beizen mit Säuren nicht erforderlich wird. Ebenso braucht Blei, Zinn und deren Legierungen nicht oder kaum gebeizt zu werden; wenn es der Fall ist, beizt man Blei in verdünnter Salpetersäure, Zinn in Salzsäure. Aluminium kann in Salzsäure gebeizt werden, doch achte man bei all diesen weichen Metallen darauf, daß die Beize nicht zu stark verwendet wird, weil sonst, besonders bei Gegenständen aus Blech, leicht ein Zerfressen stattfindet und durch zu langes Beizen zu viel von dem Metall selbst verloren geht. Am häufigsten kommt das Beizen von Stahl- und Eisengegenständen sowie gußeiserner Gegenstände vor, deshalb wollen wir diese vorweg behandeln.

Alle Eisensorten neigen zur Rostbildung und der häufigste Fall der Säurebehandlung läuft auf die Entfernung dieses Rostansatzes hinaus. Um das Angreifen des metallischen Eisens beim Beizen zu verhindern, schlägt Bucher eine Lösung vor, bestehend aus

1 l Wasser

2,5 g Weinsäure

und setzt dieser Lösung eine Zinkchloridlösung 1:10 (1 Teil Zinkchlorid auf 10 Teile Wasser) zu und zwar ebenfalls 1 l dieses Gemisches. Diese Beize wird wegen ihres hohen Preises nur für feine Eisen- und Stahlwaren angewendet, für billigere Gegenstände aus Eisen und Stahl benutzt man verdünnte Schwefelsäure der Zusammensetzung

Wasser . . . . 10 l

Schwefelsäure roh . . . . . . 1 kg

Damit die Säure gut angreifen kann, müssen die Gegenstände tunlichst frei von größeren Fettmengen sein und glüht man solche am besten aus, um das Fett zu

entfernen oder man entfettet mit einem der später beschriebenen Entfettungsmittel. Die zu beizenden Gegenstände legt man in den Beiztrog, der entweder
für kleinere Beizanlagen aus Steinzeug besteht oder bei größeren Anlagen für
größere Gegenstände aus Holzgefäßen, die mit Bleiblech ausgelegt sind, die
Nähte der Einlagebleche gut mit Blei unter Zuhilfenahme eines Knallgebläses
verlötet. Am Boden dieser Beizgefäße werden Steine aus Ton eingelegt, am besten
Ziegelsteine, damit die eingelegten eisernen Gegenstände durch Unachtsamkeit
oder durch das Eigengewicht nicht den Beiztrog zerschlagen oder bei ausgebleiten Wannen, nicht die Bleiblecharmierung verletzen können. Meist wird
diese Beize angewärmt, was man am besten durch eingelegte Schlangen aus
Hartblei besorgt, die in dieser Schwefelsäurebeize nicht angegriffen werden.
Je nach der Verzunderung oder je nach Stärke des anhaftenden Rostbelages
bleiben die Gegenstände 10 bis 24 Stunden lang in der Beize; handelt es sich nur
um die Entfernung von Rost, so genügt bei angewärmter Beize eine 1½-stündige
Beizdauer. Hat man dickere Zunderschichten zu entfernen, so ist es besser,
die Beize nicht wärmer als 20 bis 25° C warm zu verwenden, weil ja die Zunderschicht meist verschieden stark ist, sich deshalb auch verschieden schnell löst
und an denjenigen Stellen, wo der Zunder frühzeitig abgebeizt wurde, ein Zerfressen des Eisens selbst eintreten, die Oberfläche der Gegenstände dadurch
narbig würde.

Oftmals ist die Zunderhaut besonders hartnäckig zu entfernen, dann erwärmt
man die Beize, nimmt die Gegenstände des öfteren aus der Beize heraus, zu
welchem Zwecke man sie einzeln oder in Bündeln mit Eisendrähten umwickelt,
um nicht mit der Hand in die scharfe Beize hineingreifen zu müssen, und bearbeitet sie auf einem Werktisch mit Lattenrost mit Sand, Bimsstein und Kratzbürsten, kann aber auch Scheuertücher mit Sand, Bimsstein oder auch Schmirgel
hierzu vorteilhaft anwenden. Dieses Scheuern lockert die Zunderschicht. Für
weniger verrostete oder nur schwach mit Zunder versehene Gegenstände kann
man die Beize auch dünner ansetzen, etwa

> **Wasser** . . . . 20 l
> **Schwefelsäure roh**. . . . . . . 1 kg

Gußeisen darf nur vorsichtig gebeizt werden, sofern man nicht überhaupt vorzieht, die Gußhaut durch Behandlung mit Sandstrahl zu beseitigen. Durch das
Beizen des oft mit Phosphor legierten Gußeisens entstehen Zersetzungsprodukte,
die später der Plattierung hinderlich sind, und es bedarf dann stets einer tüchtigen
Kraftaufwendung, um die Oberfläche der gebeizten Gußeisenfläche sauber und
für den Niederschlag aufnahmefühig zu machen. Gußeisen wird von der Schwefelsäurebeize, auch von Salzsäure, wenn man solche verwendet, stärker angegriffen,
als Schmiedeeisen und Stahl, und man muß daher sorgsam über die Temperatur wachen, damit die Säure nicht durch den Beizvorgang sich übermäßig erwärmt. Beizen für Gußeisen werden daher häufig mit Kühlschlangen,
durch welche Wasser hindurchgeleitet wird, gekühlt, um die durch den Beizvorgang frei werdende Wärme wegzuführen und die Temperatur der Beize auf
Zimmertemperatur zu erhalten.

Gußeisen enthält stets größere Mengen Kohlenstoff, der beim Auflösen des
Gußeisens an die Oberfläche gelangt und dem gebeizten Gußeisen ein kohliges
Aussehen gibt. Dieser Kohlenstoff muß durch intensives Behandeln der gebeizten Gußeisenteile nach energischem Spülen mit fließendem Wasser fort-
geschafft werden. Der poröse Guß hält aber nach dem Beizen und Spülen mit
Wasser immer noch Reste von Säure zurück, die beim nachträglichen Plattieren
häufig den Niederschlag verhindern oder wenigstens in den tiefer liegenden Partien der gebeizten Teile das Ansetzen des Niederschlages erschweren. Dem hilft
man ab, indem man nach dem Kratzen der Oberfläche die Gußeisenstücke ent-

weder in heißer Lauge behandelt, um die Spuren von Säure in den Poren zu neu-
tralisieren, oder man hängt sie in das Kuprodekapierbad (siehe elektrolytische
Entfettungsbäder), wobei sich die Gußeisengegenstände langsam mit einem
Kupferüberzug überziehen, der erst dann überall anschlägt, wenn wirklich die
Säure aus den Poren entfernt ist. Diese Vorverkupferung im Kuprodekapierbad
ist eine gute Probe auf die Entfernung der Säurereste. Ist die Oberfläche
allseitig in diesem Bade verkupfert, so kann man die weitere Plattierung in jedem
Bade vor sich gehen lassen, ohne fürchten zu müssen, daß sich Blasen bilden oder
der Niederschlag stellenweise schadhaft wird.

Um Eisengegenstände vor der Verzinkung zu beizen, wird sehr oft eine
Behandlung der schon in Schwefelsäure gebeizten Gegenstände mit konzentrierter
oder nur ganz schwach verdünnter Salpetersäure angewendet, wodurch erreicht
wird, daß sich der Zinkniederschlag gleichmäßig auch auf den vertiefer liegenden
Partien der Gegenstände bildet, während bei Außerachtlassung dieser Vorsichtsmaßregel leicht unverzinkte Stellen bleiben würden oder der Niederschlag sich
punktförmig bildet. Als Wannenmaterial für solche Salpetersäurebeizen kommen
nur Steinzeuggefäße oder Betongefäße mit innerer Auskleidung von Glasplatten oder Kacheln u. dgl. in Betracht. Natürlich muß die Beize vor der
Galvanisierung vollkommen durch reichliches Spülen mit reinem Wasser entfernt werden.

Gelbbrennen. Wie schon der Name sagt, kommt das Gelbbrennen nur für
Messinggegenstände in Frage. Messinggnß oder Messingblech in jeder Form
wird, wenn die Oberfläche etwa durch die Bearbeitungsweise matt und unansehnlich wurde oder wenn die rohe Gußhaut noch auf den Messinggußstücken
sitzt, durch die Gelbbrenne gezogen, um ihre Oberfläche blank und, wenn man
die Glanzbrenne verwendet, sie gleichzeitig auch glänzend zu gestalten. Die
Gelbbrenne ist ein verhältnismäßig teures Säuregemisch und um hiervon tunlichst zu sparen, werden stark verzunderte Messinggußteile oder Messingblech-
teile, aber auch Kupferstücke und alle Objekte aus Kupferlegierungen im
allgemeinen vorgebeizt in einer Säure bestehend aus

Wasser . . . . **10 l**
Schwefelsäure 66 Bé. . . . . . **1 kg**

Beim Zusammenmischen gießt man stets die Schwefelsäure zum Wasser,
nie umgekehrt. Sind die Gegenstände mit Zunder (Glühspan) behaftet, wie es
fast immer bei ausgeglühten Metallen der Fall ist, so läßt man sie solange in der
verdünnten Schwefelsäure, bis der schwarze Zunder eine braune Färbung zeigt.
Dieser Zunder ist namentlich bei roh gegossenen Gegenständen oft sehr hartnäckig,
widersteht selbst dem nachfolgenden Gelbbrennen. In diesem Fall muß der ab-
gebeizte Gegenstand vor dem Gelbbrennen noch in 40 gradige Salpetersäure
getaucht werden; weicht der Zunder dann noch immer nicht, so muß man ihn mit
einer scharfen Eisendrahtbürste oder mit Sand und Wasser bearbeiten und
wiederholt abbeizen, erforderlichenfalls sogar abschmirgeln oder abfeilen, um
ihn zu entfernen, bevor man gelbbrennt, um nicht die teure Gelbbrenne unnötig
abzunützen oder das Metall zu „verbrennen". Wenn man nämlich zu oft gelbbrennt, so wird das Metall anstatt brillant glänzend, ganz unansehnlich lehmig
matt und das nennt man in der Praxis „verbrennen"! Auch der Formsand,
welcher sehr häufig rohem Metallguß fest anhaftet, muß vor dem Abbeizen mit
einer scharfen Kratzbürste beseitigt werden.

Ist kein Zunder vorhanden, so genügt es, die Gegenstände wenige Minuten
in der Schwefelsäurebeize liegen zu lassen. In beiden Fällen wird nach dem Abbeizen in reinem Wasser tüchtig abgespült und nachher gelbgebrannt.

Jene Säuremischung, worin Messing, Bronze, Neusilber, Kupfer, überhaupt
kupferhaltige Legierungen blank gemacht werden, heißt die Gelbbrenne.

Die einfachste Gelbbrenne besteht aus einer Mischung von einem Teil Salpeter-säure und zwei Teilen Schwefelsäure mit etwas Kochsalz und Schornsteinpech (Glanzruß). Die Metalle werden in diese Gelbbrenne einige Sekunden eingetaucht, darin geschüttelt, dann in mehreren reinen, überhaupt in viel Wasser abgespült und müssen dann ganz rein, metallblank aussehen, speziell dann, wenn sie zum darauffolgenden Elektroplattieren geeignet sein sollen.

Besser ist eine doppelte Gelbbrenne und kann Verfasser dieselbe aus Er-fahrung empfehlen, weil die Objekte solcherart viel gründlicher von Oxyd und Anlauf befreit werden.

Diese doppelte Gelbbrenne besteht 1. aus der **Vorbrenne**[1]):

Salpetersäure	2 l
Salzsäure	20 ccm

und 2. aus der eigentlichen **Glanzbrenne**:

Salpetersäure	1 l
Schwefelsäure	1 l
Salzsäure	20 ccm
Glanzruß	10 g

Glanzbrennen werden von vielen Praktikern sehr verschieden zusammen-gesetzt und soll daher das genannte Rezept durchaus kein für alle Gegenstände und alle Legierungen einzig und allein maßgebendes Rezept sein. Vielmehr variiert man den Gehalt an Schwefelsäure und an Salpetersäure sehr stark, je nachdem man Teile aus gewalztem Material oder aus Guß zu behandeln hat.

Vermessingte oder verkupferte Teile kann man natürlich auch durch Be-handeln mit Glanzbrennen glänzen, besonders wenn man diese Vermessingung und Verkupferung mit zyankalischen Bädern ausgeführt hat, wobei immerhin schon eine gewisse Glätte des Niederschlages herbeigeführt wird, so daß durch die Glanzbrenne von besonderer Zusammensetzung das Matt, das durch die Niederschlagsarbeit in einiger Stärke stets auftritt, wieder aufgeglänzt wird.

So z. B. gelingt es, selbst dünne gestanzte Eisen- und Stahlteile, die man im zyankalischen Kupferbade verkupfert hat, auf folgende Weise glanzzubrennen. Man bereitet eine Mischung von

Konz. rohe Schwefelsäure . . .	75 ccm
Konz. techn. Salpetersäure 36°	75 ccm
Wasser	140 ccm

Durch das Zusammenmischen wird die Lösung warm; solange sie noch etwa 50° C warm ist, fügt man ein Gemisch von

Natriumnitrit	3 g
Kochsalz	1,5 g

unter Umrühren zu, läßt die Brenne hierauf vollends auskühlen und läßt sie einige Zeit zugedeckt stehen (mindestens über Nacht). Das spezifische Gewicht der Brenne ist dann bei 15° C ca. 35 bis 37 Bé. Die Brenne arbeitet tadellos auf solchen nur mit Kupfer elektroplattierten Gegenständen, ohne den Nieder-schlag übermäßig anzugreifen, nur muß man von Zeit zu Zeit etwas von dem genannten Gemisch aus Natriumnitrit und Kochsalz zusetzen und bei langsamem Arbeiten auch etwas von der konzentrierten Brenne, bestehend aus:

Konz. rohe Schwefelsäure . . .	75 ccm
Konz. techn. Salpetersäure 36°	75 ccm
Natriumnitrit	3 g
Kochsalz	1,5 g

Diese Glanzbrenne hat sich in der Schreibfederindustrie, wo die Federn mit

---

[1]) Für rohen Messingguß verwendet man einfach Salpetersäure, der man 2% Salzsäure zugesetzt hat. Für zarte Objekte wird die Vorbrenne mit $^{1}/_{3}$ Vol. Teil Wasser verdünnt.

Kupfer elektroplattiert werden, um entweder als glänzend verkupferte Federn in den Handel zu kommen, oder aber, um auf solchen glänzend mit Kupfer überzogenen Federn einen Goldniederschlag noch anzubringen, sehr bewährt und dürfte sich auch für ähnliche Artikel aus anderen Branchen anwenden lassen.

Auch die gewöhnliche Glanzbrenne wird zum Brennen zarter Objekte dünner angewendet und zwar wird dem vorstehenden Rezept ½ l Wasser zugesetzt und die Brenne recht kühl verwendet.

Beim Zusammenmischen der beiden Säuren gießt man immer zuerst die Salpetersäure in das Gelbbrenngefäß, dann die Schwefelsäure unter Umrühren langsam dazu, nie umgekehrt!

Die zum Gelbbrennen bestimmten Metallobjekte werden auf entsprechend starken Kupfer- oder Messingdraht aufgebunden, wenn dies nicht schon vorher zur Entfettung geschah, und zwar große Gegenstände einzeln, kleine in Bündeln. Ganz kleine Massenartikel, welche nicht auf Draht aufgebunden werden können, gibt man in sogenannte Gelbbrennkörbe aus Steinzeug (siehe Fig. 144), welche mit zahlreichen Löchern versehen sind, diese so groß, als die Artikel dies zulassen, ohne durchzufallen; zu kleine Löcher bringen den Nachteil, daß die Gelbbrennsäure zu langsam abfließt, auf die Metallobjekte zu lange einwirkt und diese zu intensiv angreift. An Stelle der Steinzeugkörbe werden jetzt in vielen Betrieben die recht haltbaren und dabei ungemein leichten Aluminium-Beizkörbe verwendet. Man achte aber darauf, diese nicht etwa in die Entfettungslaugen zu tauchen, weil sie sich darin sehr leicht auflösen. Ebenso wirkt reine Schwefelsäure oder Salzsäure zerstörend ein, sie sind demnach lediglich für Salpetersäure oder Gemische mit Salpetersäure, wie sie die Gelbbrennen darstellen, anwendbar.

Fig. 144.

Man hält die Objekte erst einige Sekunden in die Vorbrenne, schüttelt sie darin, zieht sie rasch heraus, schüttelt die anhaftende Gelbbrenne ab und bringt sie sofort ohne Zeitverlust in ein großes Gefäß mit reinem Wasser, worin man gründlich abspült; dann taucht man sie ein oder zwei Sekunden in die Glanzbrenne und spült sie nachher ebenso rasch und gründlich in viel reinem Wasser ab.

Das Abspülen in Wasser ist eine große Hauptsache; wenn man fließendes Wasser zur Hand hat, wird man am besten die gelbgebrannten Objekte darin so lange abwaschen, bis man vollständig sicher zu sein glaubt, daß keine Spur von Säure oder Gelbbrenne mehr daran haftet oder in den Poren, Innenräumen usw. zurückgeblieben sei. Hat man kein fließendes Wasser, so spült man in 3, 4, 5 (je mehr, desto besser) großen Gefäßen mit reinem Wasser ab, um den gleichen Zweck zu erreichen, um ja keine Säure in das Elektroplattierbad zu bringen, wodurch dieses bald verderben würde.

Auf einen Umstand sei hier besonders aufmerksam gemacht, der wohl zu beachten ist. Das Behandeln der aus Kupfer oder dessen Legierungen bestehenden Metallobjekte durch Gelbbrennen ist wohl gleichzeitig eine ganz verläßliche, sichere Reinigungsmethode der fettfreien Metallfläche, wenn die beim Gelbbrennen sich entwickelnden Säuredämpfe so rasch entfernt werden, daß sie nicht auf die gelbgebrannte, reine Metallfläche abermals reagieren und diese wieder oxydieren. Jedenfalls muß man diesen Umstand in Betracht ziehen, und es ist daher für alle Fälle geraten, die fertig gelbgebrannten, gewaschenen Objekte nochmals wie vorhin erwähnt, mit Rohweinstein und Wasser abzubürsten, um jede Spur von Oxyd sicher zu beseitigen. Selbstredend muß nachher auch wieder jede Spur des Weinsteins durch Abbürsten mit reinem Wasser vollständig entfernt werden, und nun kann man die Gegenstände in die Bäder einhängen; dies geschehe aber sofort, solange sie noch naß sind, ohne sie lange im Wasser liegen zu lassen.

Sind Messing- oder Kupferobjekte mit Zinn gelötet oder befinden sich Teile aus Eisen oder anderen Metallen daran, welche durch das Gelbbrennen schwarz geworden sind, so muß man diese Teile mit der Kratzbürste bearbeiten, um sie gleichfalls rein und blank zu bekommen.

Man darf das Gelbbrennen nicht übertreiben. Ist ein Objekt nach dem Gelbbrennen nicht rein und blank geworden, so ist die Gelbbrenne weniger schuld daran als wahrscheinlich die vorhergegangene Entfettung, oder es haftet ein Lacküberzug an, den die Gelbbrenne nicht zu entfernen vermag. Verfasser macht nochmals darauf aufmerksam, daß Fett oder Fingergriffe von schweißiger oder fetter Hand, Lack u. ä. durch die Gelbbrenne nicht entfernt werden, wie vielfach irrtümlich geglaubt wird, sondern dies ist nur durch eine wirkliche Entfettungsmethode möglich.

Sind Metallgegenstände mit Lack oder mit einer Ölfarbe überzogen, so entfernt man diese durch Abbürsten mit hochgradigem Alkohol oder Terpentingeist, je nach der Art des Lack- oder Farbüberzuges. Auch durch Eintauchen in unverdünnte Schwefelsäure werden Lacke und Ölfarben zerstört (verkohlt), der Rückstand muß nachträglich mit sehr scharfen Bürsten (etwa Metalldrahtbürsten) oder durch Abreiben mit scharfem Sand und Wasser entfernt werden, um das Metall blank und rein zu machen: — rein muß es sein — absolut rein, bevor man es weiter behandelt. Würde man ohne diese Vorbereitung fort gelbbrennen, so würde dadurch die Metallstärke nur unnütz geschwächt, ohne den Zweck zu erreichen, ja es könnte sogar der Fall eintreten, daß das Metall verbrannt wird, das heißt, anstatt blank und glänzend zu werden, seinen Metallglanz ganz verliert und unansehnlich matt, lehmig erscheint. In diesem Fall bliebe nichts anderes übrig, als das Metallobjekt abzufeilen oder abzuschmirgeln, wenn die Stärke desselben dies zuläßt, um es wieder blank zu erhalten.

Beim Zusammenmischen der Glanzbrenne findet eine bedeutende Erwärmung statt, und zwar dadurch, daß die Schwefelsäure den Wassergehalt der Salpetersäure gierig aufnimmt, die Salpetersäure vollständig entwässert und diese für den Prozeß des Gelbbrennens geeigneter macht. Durch die Reaktion der Salpetersäure auf das Metall wird die oxydierte Oberfläche desselben entfernt, das blanke reine Metall bloßgelegt.

Kochsalz, das ist Chlornatrium, fügt man der Glanzbrenne nur deshalb bei, um Chlor zu erzeugen, welches mit der Salpetersäure Königswasser bildet, die Reaktion auf das Metall fördert. Anstatt Kochsalz kann man auch Salzsäure verwenden.

Der Glanzruß hat nur den Zweck, die Salpetersäure zu reduzieren und salpetrige Säure zu bilden, welche die Entfernung der Metalloxyde begünstigt.

Man wird gut tun, das Zusammenmischen der Salpetersäure mit der Schwefelsäure nicht auf einmal durchzuführen, sondern nach und nach; wenn die Mischung anfängt, warm zu werden, läßt man sie erst wieder etwas erkalten, denn die Salpetersäure ist im warmen Zustand flüchtig, das gäbe also nur Verlust. Nach vollendeter Mischung der Brenne muß sie vor der ersten Anwendung unbedingt vollständig auskühlen, denn eine warme Brenne reagiert zu schnell auf das Metall, brennt nicht gut, nützt sich auch zu rasch ab; auch durch das Gelbbrennen selbst wird die Säuremischung rasch erwärmt. Gibt es viel zu tun, so muß das Quantum der Gelbbrenne ziemlich

Fig. 145.

groß sein, um die allzu rasche Erwärmung und Abnützung möglichst zu verhindern. Bei sehr regem Betrieb ist es sogar notwendig, eine zweite Gelbbrenne in Reserve zu halten, um immer einen Teil auskühlen lassen zu können.

Ist dagegen die Gelbbrenne zu kalt, wie das im Winter vorkommt, dann greift sie gar zu langsam, man erzielt nicht den gewünschten brillanten Metallglanz. Im Winter macht jeder Gelbbrenner diese Erfahrung; da wird gar oft ganz ungerechterweise dem Säurelieferanten die Schuld zugeschoben, daß er zu schwache Säure geliefert habe, während in der Tat nur die Kälte die Ursache des Mißerfolges ist.

Beim Gelbbrennen entwickeln sich gesundheitsschädliche rote Dämpfe (Stickstoffperoxyd), vor deren Einatmung man sich wohl hüten muß; man wird daher gut tun, dieses Geschäft unter einem gut ziehenden Kamin oder im Freien zu besorgen. Als Gefäße zum Gelbbrennen sind Steinzeuggefäße am zweckmäßigsten, welche von den Säuren nicht angegriffen werden. Diese Gefäße haben meist runde, zylindrische Form (Fig. 145) und werden mit einem Holzdeckel bedeckt, damit die Säure gegen hineinfallenden Schmutz geschützt wird. Deckel aus Steinzeug wären wohl am zweckmäßigsten, sind aber zu zerbrechlich.

Mattbrenne. Das Mattieren ist im allgemeinen nur auf Messing, Kupfer und dessen Legierungen anwendbar und geschieht durch das sogenannte Mattbrennen. Andere Metalle lassen sich allerdings auch durch Beizen mattieren, wie z. B. Eisen und Stahl, doch zieht man bei diesen Metallen meist die mechanische Mattierung wegen der sicheren Arbeitsweise der chemischen Matt-Behandlung vor. Nachdem man die Objekte in der Vorbrenne gelbgebrannt hat, taucht man sie in die Mattbrenne, bestehend aus:

Salpetersäure	3 kg
Schwefelsäure	2 kg
Kochsalz	15 g
Zinkvitriol	10 bis 15 g

Das Kochsalz dient zur Erzeugung freien Chlors. Je mehr Zinkvitriol, desto mehr matt werden die darin eingetauchten Messingobjekte (vgl. auch das Kapitel „Dekapieren etc.").

Man läßt die Gegenstände in dieser kalten Mattbrenne, kürzere oder längere Zeit, je nachdem man sie weniger oder mehr matt zu haben wünscht. Wenn man die Mattbrenne erwärmt, so ist die mattierende Wirkung eine raschere. Man wäscht, respektive spült die Objekte in mehreren Wassern tüchtig ab, sie sehen nun unschön, erdig, lehmig, glanzlos aus; man taucht sie dann in die Glanzbrenne, um den Metallschimmer zu erzielen; man nennt das „brillantieren", darf jedoch nicht zu lange eintauchen, sonst verschwindet das Matt wieder vollständig, und der Zweck wäre verfehlt.

Nachher spült man wieder tüchtig und recht gründlich in mehreren reinen Wassern ab, bevor man die Ware in das Elektroplattierbad bringt. Das Mattbrennen erfordert Übung, um den richtigen Effekt zu erzielen.

Die Französisch-Matt-Brenne. Einen ganz wunderbaren, eigentümlichen Matteffekt kann man mit einer weiter unten folgenden Vorschrift durch Mattbrennen erzielen, wenn man diese Lösung warm verwendet. Diese Mattbrenne ist auf alle Metalle anwendbar (auch Neusilber u. dgl.) und wird vorzugsweise dazu verwendet, auf Knöpfe für Militär und Marine und ähnliche Objekte den sammetfarbig glänzenden, dabei doch eigenartigen Matteffekt zu erzielen. Diese Gegenstände werden dann meist versilbert oder vergoldet evtl. nur verniert, und es ist diese Mattierung geeignet, durch stellenweise Bearbeitung mit dem Stahl oder Blutstein leicht Glanz anzunehmen; dieses Nebeneinander von Matt und Glanz ist besonders effektvoll.

Die Lösung stellt man wie folgt in der Praxis dar:

1 kg	Salpetersäure versetzt man mit
1 kg	Schwefelsäure, fügt dem Gemisch
50 g	Chlorammon in Stücken, ferner
50 g	Schwefelblüte und
50 g	Glanzruß zu.

In der Salpetersäure werden zuerst 50 g Zink gelöst, in die man die Schwefelsäure hineingießt.

Die Brenne füllt man in ein Steingutgefäß und setzt letzteres zwecks Erwärmung des Inhaltes in einen mit heißem Wasser gefüllten Eisentopf. Es braucht wohl nicht besonders erwähnt zu werden, daß man diese indirekte Erwärmung der Mattbrenne langsam bewerkstelligen muß, um ein Zerspringen des Steingutgefäßes zu vermeiden. Die Temperatur der Brenne soll ca. 50° C betragen.

Allgemein gilt, daß man durch Zusatz geringer Mengen von konzentrierter Schwefelsäure (Oleum) ein glänzenderes Matt, durch Zugabe von Salpetersäure ein stumpferes Matt erhält. Man hat es damit in der Haud, die Funktion der Mattbrenne nach Belieben zu stimmen.

Es gibt außer vorstehender Vorschrift noch verschiedene Rezepte zur Mattierung, doch ähnelt keines in der Wirkung der vorstehenden Methode. So verwendet man beispielsweise in manchen Industrien Lösungen von Chromsäure oder solche von Ferrichlorid, und der Geübte erreicht oft mit solchen Mitteln schöne Resultate.

Chromsäurebeize. Zum Mattbeizen von Messing, Kupfer und Legierungen des Kupfers wird vielfach auch eine Beize aus Chromsäure verwendet, welche wegen des Fehlens der nitrosen Dämpfe beim Beizen sehr beliebt ist. Vorwiegend benutzt man diese Beize zum Mattieren geätzter Metallschilder, wie sie auf Maschinen als Firmen- oder Leistungsschilder zu sehen sind. Die zuerst tief gebeizten bzw. geätzten Metallschilder, meist aus Messingblech bestehend, werden in einer Beize aus starker, kalter Chromsäure matt gebeizt und kommen dann in die gebräuchlichen Schwarzfärbebäder. Da der Grund nunmehr matt ist und ein feines Korn zeigt, wird auch die spätere Schwarzfärbung dieses matte Korn aufweisen, das auf solchen Ätzschildern gewünscht wird.

Solche Chromsäurebeizen werden auf verschiedene Weise zusammengesetzt; eine sehr gute Mattbeize, die den Namen „Goldmattbeize" trägt, setzt man sich aus

> **Wasser** . . . . 1 l
> **Chromsaures Kali**. . . . . . . 200 g
> **Schwefelsäure chem. rein** . . . 60 g
> **Kochsalz**. . . . . 1 g

zusammen. Zumeist wird diese Mattbeize nach vorheriger Ätzung von Messingblech verwendet, wie wir sie in der Herstellung von Metallschildern finden und geht diesem Goldmattbeizen das Ätzen in einer Lösung von

> **Wasser** . . . . 1 l
> **Eisenchloridlösung** . . . . . . 1000 g
> **Salzsäure konz.**. . . . . . . 300 g
> **Chlorsaures Kali** . . . . . . 30 g **voraus.**

Ätznatronbeize. Obschon es sich hierbei nicht um die Behandlung von Metallgegenständen mit Säuren handelt, soll dieser Beizmethode doch hier Erwähnung getan werden, weil sich manche Metalle in Ätznatron oder Ätzkali lösen und deshalb für Metalle wie Aluminium, Zinn, Blei etc. ein Beizvorgang auch mit konzentrierten Ätzkalien ausgeführt wird. Besonders Aluminium wird heute fast nur noch mit Ätznatronlösung gebeizt, welche dieses Metall rasch angreift und dem Aluminium ein schönes mattes Aussehen verleiht. Die Beize wird angesetzt

> **Wasser** . . . . 1 l
> **Ätznatron techn.** . . . . . . 200 g
> **Kochsalz**. . . . . 30 g

Meist wird die Beize, weil sie rascher wirkt, angewärmt verwendet, sie wirkt stürmisch unter Wasserstoffentwicklung auf Aluminium ein, und dünne Aluminiumteile können bei zu langer Beizdauer vollkommen in dieser Beize aufgelöst werden. Es genügt meist ein mehrsekundliches Eintauchen der Gegenstände in die etwa 50° C warme Beize, worauf man tüchtig abspült und nachträglich noch in konzentrierter Salpetersäure nachbeizt, um das Aluminium schön weiß zu erhalten. Fast jedes Aluminium enthält einen gewissen Prozentsatz von Fremdmetallen wie Blei, Zink, Kupfer etc., und gerade Kupfer löst sich bei der Behandlung in der alkalischen Beize nicht und bleibt in Form eines dunklen Belages oberflächlich auf der gebeizten Fläche zurück. Durch die Behandlung mit Salpetersäure werden diese Rückstände solcher Metalle gelöst, wogegen das Aluminium durch Salpetersäure nicht angegriffen wird. Die solcherart nachbehandelten Gegenstände werden also gewissermaßen weiß gebrannt.

Die Nachbehandlung mit Salpetersäure hat auch den großen Vorteil für sich, daß dadurch zwangsweise jeder Rest von Ätzkali von den gebeizten Metallflächen entfernt wird, die Säure neutralisiert die eventuell noch nicht einwandfrei entfernten Ätznatronschichten und damit verhindert man einen späteren Angriff des Ätznatrons auf das Aluminium. Sind auch nur Reste von Ätznatron auf dem Aluminium verblieben, so ziehen diese infolge ihres hygroskopischen Charakters stets Wasser an, die Fläche wird dadurch feucht und das Ätznatron verursacht dann auf den gebeizten Flächen Fleckenbildung, auch wenn die anfänglich gut aussehenden Gegenstände zaponiert wurden. Das Nachbehandeln mit Salpetersäure soll daher stets sehr sorgfältig erfolgen, besonders bei Gegenständen mit Hohlräumen, Überbörtelungen, kleinen Löchern u. dgl.

Das Gelbbrennlokal. Ein zweckmäßig eingerichtetes Gelbbrennlokal soll folgendermaßen beschaffen sein:

1. Ein nicht zu kleines, nicht zu niedriges, luftiges Lokal, nicht allzu weit entfernt vom Bäderraum, jedoch abgeschlossen von diesem sowie allen übrigen Arbeitsräumen, damit die Arbeiter von den Säuredämpfen nicht belästigt werden, Werkzeuge, Maschinen und Apparate nicht leiden oder rosten. Das Lokal darf im Winter nicht zu kalt, im Sommer nicht zu heiß sein.

2. Wasserleitung im Lokal, um die mit Wasser stets gefüllten, mit Zu- und Ablauf versehenen Waschgefäße, worin die zu dekapierenden Metallobjekte abgespült werden, kontinuierlich mit Wasser zu versehen.

3. Wasserdicht gepflastert, am besten asphaltierter Fußboden mit Wasserablauf in den Kanal.

4. Ein gemauerter sogenannter Gelbbrennherd, auf welchen die Gefäße mit den verschiedenen Gelbbrennen, Beizen, Abziehsäuren, Mattbrenne, die kochenden Entfettungslaugen, heißes Wasser usw. usw. gestellt werden.

Über diese ganze Vorrichtung ein gemeinsames, in den Kamin einmündendes Dunstauffangdach, so daß alle durch das Gelbbrennen entstandenen Säuredämpfe direkt durch den Kamin abziehen können.

5. Hauptsache ist ein sehr gut ziehender hoher Kamin mit großem Querschnitt, welcher die beim Gelbbrennen entwickelten schädlichen Säuredämpfe ansaugt und rasch ins Freie befördert. Um dies zu begünstigen, leitet man in den Kamin das Rauchrohr eines größeren Feuerherdes, dessen ausströmende Hitze die Luftsäule des Kamins stets warm und emporsteigend erhält, die absaugende Wirkung desselben ungemein erhöht.

Fig. 146 veranschaulicht ein nach modernen Grundsätzen eingerichtetes Gelbbrennlokal.

Eine recht praktische Vorrichtung zum Beizen, Gelbbrennen und Abspülen ist noch folgende:

Oftmals lassen es die örtlichen Verhältnisse nicht zu, daß für die Gelbbrenne oder wie sie kurz genannt wird „Beizerei" ein besonderer Raum ausgebildet wird, sondern man muß eine Gelbbrenneinrichtung schaffen, welche in dem Galvanisierraum untergebracht werden kann, ohne daß dadurch das Bedienungs-

personal belästigt wird. Es gibt nun Apparate aus Steinzeug, welche sich
hierfür verwenden lassen, wobei ein Steinzeug-Exhauster oder Holzexhaustor
für das Abziehen der sich bildenden nitrosen Gase sorgt. Die modernste und
bestens funktionierende Anlage ist aber unstreitig die Vorrichtung nach Fig. 147,

Fig. 146.

welche ganz aus geteertem Holz besteht und derartig arbeitet, daß an Ort und
Stelle die Abgase sofort absorbiert und unschädlich gemacht werden. Dadurch
fällt jede Belästigung der Nachbarschaft weg, welche stets eintritt, selbst wenn die
Gase in einen bis über die Dächer reichenden Schornstein geleitet werden. Diese

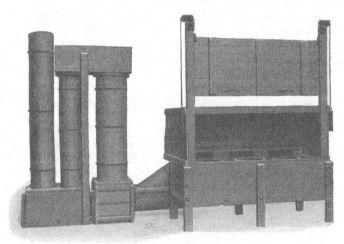

Fig. 147.

Gase sind aber spezifisch schwerer als Luft, sinken daher bei klarem Wetter
sogar wieder nach unten und in der Umgebung solcher Anlagen ist der sehr
unangenehme typische Geruch dieser Gase fühlbar. In größeren Städten würde
naturgemäß von Seiten der Gewerbebehörden gegen solche Anlagen eingeschritten

werden. Sind aber durch Absorptionsanlagen zunächst die Gase lokalisiert, so ist es ein Leichtes, das die Gase enthaltende Absorptionswasser durch Kalkgruben ganz unschädlich zu machen, so daß die Abwässer aus derlei Anlagen ohne weiteres in die Schleusen geleitet werden darf.

Die große Wanne wird Einstellwanne genannt und ist mit Wasser gefüllt, wodurch man eine gleichmäßige Temperierung der Gelbbrenne erreicht. Die meist aus Steinzeug bestehenden Gelbbrenngefäße werden in diese mit Wasser gefüllte Einstellwanne gesetzt, so daß der obere Rand der Gefäße nahe an die darüber befindlichen Absaugeschlitze des Saugbehälters, wo die Saugrohrleitung beginnt, zu liegen kommt. Über der Einstellwanne und dieser Saugkastenvorrichtung sitzt luftdicht die mit Klapp- oder Schiebetüren ausgerüstete Haube, damit keinerlei Gase in den umgebenden Arbeitsraum gelangen können, trotzdem aber bequem an den Gelbbrenngefäßen gearbeitet werden kann. In unmittelbarer Nähe der Türen befindet sich ein Frischwasser-Zuführungsrohr besonderer Konstruktion, welches gleichzeitig eine saugende Wirkung ausübt, so daß an dem die Anlage bedienenden Arbeiter stets frische Luft vorbeistreicht. Durch Druckwasserdüsen, welche in dem Saugbehälter eingebaut sind, erfolgt das eigentliche Absaugen der Gase, indem fein zerspritztes Wasser unter Druck ausströmt, wodurch schon eine teilweise Absorption der Gase erreicht wird. Je nach Anzahl der Beizgefäße wird der Saugbehälter mehrere Entlüftungsrohre erhalten müssen, die in ein gemeinsames Sammelrohr münden, welch letzteres tangential in das Steigrohr mündet. Hier arbeitet sich der noch nicht absorbierte Gasstrom in einem erweiterten Rohr hoch und wird wiederum tangential von der im Absorptionsturm befindlichen Saugdüse erfaßt, wodurch einerseits eine Beschleunigung in der Bewegung des Gasstromes, andererseits eine nochmalige Reinigung der mit Gasen durchsetzten strömenden Luft stattfindet.

Der Absorptionsturm endigt in einem luftdicht verschlossenen Auffangbehälter, an dem ein Abzugsrohr angebracht ist. Durch die auf dem Wege bis hierher stattfindende Vermengung der Gase mit Wasser gelingt es, alle Säurereste zurückzuhalten, so daß aus dem Abzugsrohr keine giftigen Gase mehr entweichen. Der Abzug kann dann noch durch ein Rohr mit einem Schornstein in Verbindung gebracht werden oder wo dies die örtlichen Verhältnisse nicht zulassen, einfach ins Freie geführt werden. Auch in letzterem Falle achte man darauf, daß der Abzug durch Dächer nicht behindert wird, sondern daß Zug in diesem Abzug herrscht, der die ganze Bewegung im Innern der Anlage begünstigt.

Der Betrieb der Saugdüsen erfolgt durch Druckwasser von mindestens 2 Atm. Druck, es muß reichlich Wasser zur Verfügung stehen, damit der Druck beim Betrieb nicht unter 2 Atm. sinken kann. Der Wasserverbrauch beträgt dann bei 10 stündiger Arbeitszeit pro Düse etwa 0,9 cbm. Das Betriebswasser muß frei von schwimmfähigen oder festen Teilen erhalten werden, damit sich die Düsen nicht verstopfen, deshalb baut man vorsichtigerweise geeignete Filter in die Druckwasserdüsen ein. Während des Beizens sind sämtliche Hähne für die Düsen zu öffnen. Bei Aufstellung solcher Anlagen, welche ganz aus Holz konstruiert sind und wegen ihres verhältnismäßig geringen Gewichtes pro Quadratmeter Bodenfläche überall aufgestellt werden können, achte man darauf, daß vor Inbetriebnahme alle ineinandergehenden Rohrteile sowie die Haube mit Hanf und Bergmannskitt gut abgedichtet werden, auch müssen alle Holzteile gut geteert sein, was auch nach einiger Zeit wiederholt werden kann, wenn die aus einzelnen Teilen bestehenden Holzrohre Fugen zeigen sollten.

Das in der Einstellwanne befindliche Wasser kann gleichzeitig zum Spülen der gelbgebrannten Gegenstände benutzt werden; deshalb hält man diese Einstellwanne in den Dimensionen reichlich, um neben den Gelbbrenngefäßen auch noch Platz zum Eintauchen der Gegenstände zwecks solcher Nachspülung zu behalten. Neben der an sich eigentlich vollkommen genügenden Absaugung der Gase durch die Druckwasserdüsen kann man aber noch unterstützend Exhaustoren aus Holz anwenden.

Die fehlerhaften Erscheinungen beim Brennen. Die Beizen verändern sich im Gebrauch stets, einesteils durch den Verbrauch der Säuren, anderseits dadurch, daß stets Spülwasser in die Säuremischungen gelangt, und man muß dann geeignete Korrekturen anbringen, um normale Beizresultate zu erhalten.

Nachstehend seien die wichtigsten der vorkommenden fehlerhaften Erscheinungen und deren Abhilfe angegeben:

Das Material wird sehr wenig und sehr langsam angegriffen: Die Beize enthält zu viel Wasser, d. h. man hat zu schwache Säure; man gießt Säure im angewendeten ursprünglichen Verhältnis zu.

Lichte Färbung des gebrannten Metalles, aber lehmig und matt. Eine geringe Säureschichte (die nach dem Herausziehen aus der Brenne am Objekt haften bleibt) greift bisweilen das Metall erst in einigen Sekunden an, nachdem es der freien Luft ausgesetzt ist, man muß rascher manipulieren, oder die Beize enthält zu viel Schwefelsäure; es ist Salpetersäure evtl. ein wenig Salzsäure zuzusetzen.

Immer dunkler oder brauner, ziemlich gleichmäßiger Anlauf: Die Beize enthält zu viel Salpetersäure, man muß Schwefelsäure zusetzen und abkühlen lassen.

Meistens glänzend, jedoch gleichmäßig brauner Anlauf, langsame Reaktion: Zu viel Salzsäure; wenn zu viel Salzsäure in der Beize ist, wird das Metall gar nicht angegriffen. Die Beize ist dann schwer korrigierbar, weil zu große Mengen Zusatz nötig wären, man kann sie als Vorbrenne noch gut verwenden, evtl. fortgießen und ganz erneuern.

Heftiges hörbares Brausen, die Beize erwärmt sich rasch: Die verwendeten Säuren sind zu stark, kommt bei sehr zarten Objekten auch in einer normalen Brenne vor. Man muß Wasser sukzessive zugeben und abkühlen lassen.

Brauner Anlauf der gebeizten Gegenstände: Vorausgesetzt, daß nicht zu viel Salzsäure vorhanden ist, ist ein Zeichen, daß zu wenig Schwefelsäure in der Beize enthalten ist.

Farbe hell, aber lehmig, bisweilen matte Flecken und Streifen: Die Beize enthält zu wenig Salpetersäure.

Alles normal, jedoch wenig Glanz und Feuer: Meist ist dies ein Zeichen von zu wenig Salzsäure. Man gießt solche vorsichtig in kleinen Portionen zu.

Elektrolytisches Beizen oder Entzundern. Das Beizen verschiedener Metalle kann man ohne weiteres auch auf elektrolytischem Wege bewerkstelligen, wenn man die betreffenden Gegenstände als Anoden in ein schwaches Säurebad einhängt und als Kathoden Bleche aus Blei, Kupfer oder Eisen benutzt. Da diese verdünnten Säuren durchweg gute Leiter sind, und weil anderseits das Inlösunggehen des zu beizenden Materiales stets ohne Polarisation vor sich geht, ist der Stromverbrauch für solche elektrolytische Beizen verhältnismäßig gering. Allgemein beizt man bei Anwendung hoher Stromdichte und beschleunigt den Vorgang auf diese Weise, man wählt Stromdichten an der zu beizenden Fläche von 10 A und darüber.

Vorteile bringt das anodische Beizen mit Strom aber erst dann, wenn man die Säuren mit neutralen oder gar alkalischen Salzen vertauscht, und in dieser Hinsicht gebührt der Vereinigten Elektrizitätsgesellschaft Wien-Budapest das Verdienst, einen brauchbaren Vorschlag nach dieser Richtung gemacht zu haben. Diese Gesellschaft schlug vor, eine 20%ige alkalische Lösung von Kochsalz oder Glaubersalz zu verwenden, das zu beizende Metall anodisch darin zu behandeln. Gleichzeitig kann man mit dieser Lösung auch entfetten, indem man so verfährt, daß man die Gegenstände zuerst kathodisch exponiert, wobei die ankommenden Natriumionen in hoher Konzentration freies Ätznatron bilden und den Verseifungsvorgang der Entfettung vornehmen, dann den Strom durch einen Stromwender umkehrt, so daß die Gegenstände anodisch behandelt werden und durch die an der Anode entstehenden Chlorionen und Schwefelsäure gebeizt werden. Auf diese Weise soll man in ½ Stunde auch größere Gegenstände, selbst Bleche, entfetten und beizen können.

Verfasser beobachtete gelegentlich seiner Versuche, die geeigneten Methoden der Vorbereitung von Eisengegenständen vor der elektrolytischen Verzinkung ausfindig zu machen, daß man auf eine Art elektrolytischen Beizens sehr gute Resultate bei Eisengegenständen erhält, wenn auf folgende Weise verfahren wird.

In das Beizgefäß mit verdünnter Schwefelsäure taucht man neben den Eisengegenständen auch Platten aus Kupfer ein und schließt diese Kupferplatten mit den Eisenblechen, wenn man etwa solche Bleche zu beizen hat, kurz. Das so entstehende Kurzschlußelement löst Eisen anodisch auf und gibt also ohne äußere Stromquelle den zum Beizen genügend starken Strom selbst. Als Elektrolyt verwendete Verfasser eine Lösung von

> Wasser . . . . 1 l
> Schwefelsäure roh. . . . . . 250 g

Die Beizdauer für Bleche betrug 1 bis 2 Stunden. Hierbei bedecken sich die Bleche mit einem braunen Anflug, der aber mit Sand oder Fiberbürsten leicht abzuwischen ist. Die Reinigung ist sehr gut, dürfte durch die Billigkeit der Einrichtung gewiß vor teuren elektrolytischen Spezial-Einrichtungen diesen Vorteil voraus haben.

Auf ähnliche Weise, wie man Eisen in verdünnten Säuren oder solchen Salzlösungen elektrolytisch anodisch behandeln kann, gelingt dies auch für Kupfer, dessen Legierungen und alle anderen Metalle, wenn man nur die geeignete Badzusammensetzung hierfür zu wählen versteht.

Metalloxyde, wie wir sie in den Zunderschichten oder in der angelaufenen Oberfläche geglühter Metallgegenstände vor uns haben, kann man auch kathodisch durch die Einwirkung naszierenden Wasserstoffs reduzieren, oder bei heftiger Gasentwicklung von der Metallfläche absprengen. Eine derartige Wirkung des an der Kathode bei hoher Stromdichte auftretenden Wasserstoffs hat eigentlich mit dem Beizen nichts zu tun, denn es sind dazu durchaus nicht nur Säuren anwendbar, sondern kann aus jeder Lösung, ob sauer, neutral oder alkalisch, an den Kathoden bei Stromdurchgang Wasserstoff abscheiden. Man verwendet aber gerne saure Lösungen, weil diese sich konstant halten, durch den Prozeß nicht trübe werden, kann aber auch Salze wie Chlornatrium, Glaubersalz, Chlorammon etc., welche gute Leitfähigkeit besitzen, anwenden, auch Ätznatronlösungen, Ätzkalilösungen, Pottasche und Soda, selbst Zyankalium sind geeignet und muß man nur immer das bestgeeignetste Anodenmaterial dazu wählen, welches anodisch diesen Lösungen gegenüber standhält.

Eine häufig angewendete Kombination ist die Verwendung einer Lösung von

> Wasser . . . . 1 l
> Schwefelsäure roh. . . . . . 0,25 kg

Als Anodenmaterial eignet sich hierbei Blei oder Kohle, und man arbeitet bei ca. 3 bis 5 Volt und dementsprechend bei einer Elektrodenentfernung von etwa 15 cm mit einer Stromdichte von 4 bis 6 Amp. und darüber. Sofort bei Stromschluß setzt bei den am negativen Pol eingehängten verzunderten Gegenständen eine intensive Wasserstoffentwicklung ein, die geeignet ist, in wenigen Minuten auch dickere Schichten von Zunder abzulösen, ohne das Grundmetall anzugreifen, dünnere Schichten von Oxyd werden in kürzester Zeit blank, und es genügt dann

gewöhnlich ein leichtes Abwischen mit Scheuertüchern und Sand oder ein Kratzen
mit Stahldrahtkratzbürsten. Schwach geglühte Bleche aus Eisen oder Kupfer,
Messing u. dgl. kann man nach erfolgter Entzunderung in einem solchen Bade
auch mit gewöhnlichen Abkalkbürsten und Sand oder Bimsstein blankputzen.

Die Verwendung von Ätzkalien für solche Entzunderungen hat gegenüber
der Verwendung von Säuren den Vorteil, daß damit gleichzeitig entfettet
wird, und empfiehlt Verfasser folgende Zusammensetzung:

$$\text{Wasser} \dots\dots\dots\dots\dots \quad \text{1 l}$$
$$\text{Ätznatron} \dots\dots\dots\dots \quad \text{0,3 kg}$$

oder eine Lösung von

$$\text{Wasser} \dots\dots\dots\dots\dots \quad \text{1 l}$$
$$\text{Soda kalz.} \dots\dots\dots\dots \quad \text{0,4 kg}$$
$$\text{Ätznatron} \dots\dots\dots\dots \quad \text{0,1 kg}$$

Eine Unterstützung des Entzunderungsvorganges kann man dadurch herbeiführen, daß man, speziell bei Anwendung saurer Lösungen, durch einen Luftkompressor Luft in die Lösung einbläst und Kieselgur in der Lösung suspendiert,
das durch die Luft in Wirbelung versetzt wird und ein Scheuern während des
Entzunderungsprozesses verursacht und dadurch das Blankputzen der Oberfläche beschleunigt.

Schleifen und Polieren.

Prinzip des Schleifvorganges. Schleifen der Metallgegenstände nennt man
das Glätten ihrer Oberfläche, die je nach der Herstellungsweise vom groben
Gußzustand bis zu feinkörniger Oberflächenbeschaffenheit sein kann. Wir finden
für diese Arbeit Gegenstände vor, welche entweder die Unebenheiten des Gusses,
sogar noch den Grat der Angüsse zeigen, ferner solche, welche durch Schmieden
hergestellt wurden und die Hammerschläge deutlich auf ihrer Oberfläche aufweisen oder gestanzte Blechgegenstände mit dem Grat, den die Werkzeuge hinterlassen, befeilte Gegenstände, zerkratzte und verbeulte Blecharticle u. dgl., und
alle müssen vor der Elektroplattierung geschliffen werden, wenn man nicht etwa
absichtlich den rohen Charakter der Arbeitsfläche auch nach der Elektroplattierung erhalten will. Der elektrolytische Metallniederschlag schmiegt sich haarscharf an alle Unebenheiten der Oberfläche an, und es würde demnach ein nicht
geschliffenes Gußstück alle Unebenheiten auch nach der Plattierung zeigen, die
es vorher besaß, die Grate gestanzter Artikel würden durch die Plattierung keinesfalls verschwinden, und doch verlangt man von einer schönen Elektroplattierung,
daß sie glänzend sei und gerade dadurch den betreffenden Gegenstand edler
erscheinen lasse.

Es ist eine vielverbreitete irrige Ansicht, daß durch einen starken elektrolytischen Metallniederschlag die Poren der plattierten Gegenstände gedeckt,
förmlich verschmiert würden oder sogar durch den Elektroplattiervorgang un-
dichte Stellen gedichtet werden können, wie man dies beispielsweise bei der
Verzinnung oder Verzinkung durch Eintauchen in geschmolzene Metalle erreichen
kann. Die elektrolytische Plattierung unterscheidet sich hierin ganz bedeutend
von diesen Aufschmelzveredlungen, die elektroplattierten Gegenstände zeigen
den gleichen Charakter der Oberfläche, den die betreffenden Gegenstände vorher aufwiesen.

Durch das Schleifen werden nun alle diese Unebenheiten auf den rohen Metallgegenständen geebnet, die verwendeten Schleifmittel sind derart gewählt, daß
man mit ihrer Hilfe die über eine bestimmte Fläche hinausragenden Unebenheiten durch scharfe Mittel unter Anwendung großer Geschwindigkeit, meist
auf rasch rotierenden Scheiben, fortschafft, die Oberfläche solcherart ebnet.

Gegenstände, die mit Hochglanz zur Verwendung kommen sollen, werden
entweder vor dem Elektroplattieren bis zu diesem höchsten Grad des Glanzes

gebracht, oder aber man begnügt sich damit, nur einen sogenannten Feinschliff anzubringen, darauf den Metallniederschlag anzubringen und den feinsten Schliff, den Hochglanz, durch Behandlung des fertig plattierten Gegenstandes zu bewirken. Manche Gegenstände sollen überhaupt nach dem Schleifen und Polieren nicht plattiert werden, wie z. B. die bekannten Cuivre-poli-Artikel, das sind alle Erzeugnisse der Kunstmetallindustrie aus Messing, Rotguß und ähnlichen Legierungen, welche, ohne plattiert zu werden, mit ihrem natürlichen Metallglanz als Nachahmung von Altertümern, als Zierobjekte oder Gebrauchsgegenstände dienen, wie Figuren, Leuchter, Schreibtischgarnituren.

Bei solchen Gegenständen wird das Schleifen vom rohen Stück bis zur feinsten Glanzpolierung getrieben, oft auch beläßt man einige Stellen in den Vertiefungen in dem rohen Matt des Gusses oder unpoliert, bearbeitet nur die erhabenen Teile, um diesen Gegenständen das Aussehen langen Gebrauches zu geben, wobei sich bekanntlich immer nur die hervorragenden Teile abscheuern und glänzend erscheinen.

Je nach dem Metall, dessen Oberfläche zu schleifen oder zu polieren ist, und verschieden nach den angewendeten Schleif- und Poliermitteln, ist die Schleifgeschwindigkeit der rotierenden Scheiben, auf denen die Schleifmittel aufgetragen werden, einzurichten. Je gröber das Korn des abschleifenden Mittels ist, und je härter die verwendete Scheibe, auf deren Peripherie sich dieses Mittel befindet, um so niedriger kann man die Schleifgeschwindigkeit der Scheiben halten und umgekehrt. Erfahrungsgemäß sind die wirksamsten Laufgeschwindigkeiten (Umfanggeschwindigkeiten der Schleif- und Polierscheiben) folgende:

Zum **Grobschleifen** oder **Feuern** von

Eisen, Stahl, Nickel, Neusilber. . . . . 20 m pro Sekunde

Messing, Kupfer, Bronze, Tombak, Silber . . . . 16 ,, ,, ,,

Zink, Zinn, Blei, Aluminium, Bleilegierungen . . . . 12—14 ,, ,, ,,

Zum **Feinschleifen** oder **Vorpolieren** ungefähr wie für das Feuern.

Zum **Hochglanzpolieren** von

Eisen, Stahl, Nickel, Neusilber. . . . . 30 m pro Sekunde

Messing, Kupfer, Bronze, Tombak, Silber . . . . 25 ,, ,, ,,

Zink, Zinn, Blei, Aluminium, Bleilegierungen . . . . . . 20 ,, ,, ,,

dementsprechend ergeben sich für die verschiedenen Scheibendurchmesser und die verschiedenen Metalle bei Anwendung von Holzschmirgelscheiben oder Scheiben aus Kork, Filz, Stoff (Tuch- oder Baumwoll-), Borsten oder Fiber ungefähr folgende Tourenzahlen:

Für Durchmesser der Schleifscheibe von	200 mm	250 mm	300 mm	350 mm	400 mm
Zum Polieren von Eisen, Stahl, Nickel	2850	2300	1880	1620	1440
,, ,, ,, Messing, Kupfer u. ä.	2400	1900	1590	1360	1190
,, ,, ,, Zink, Britannia u. ä.	1900	1530	1260	1090	960

Die verwendeten Schleifmittel und Fette. Wir haben den Schleifvorgang in 3 Stadien eingeteilt: in das Grobschleifen oder das Feuern, das Feinschleifen oder Vorpolieren und in das eigentliche Hochglanzpolieren, welch letzteres zumeist nach erfolgter Elektroplattierung vorgenommen wird. Die zur Erreichung der einzelnen Effekte dienenden Mittel sind dementsprechend verschieden, vor allem die anzuwendenden Schleifmittel müssen sich dem zu glättenden Metall und deren Oberflächenbeschaffenheit, vor allem dessen Härte, anpassen.

Das Feuern wird normalerweise mit Schmirgel oder Quarzsand, seltener mit Bimsstein bewerkstelligt. Diese Schleifmittel in gröberer oder feinerer Pulverform oder Korngröße werden mit Stearinöl oder einem Gemisch aus Vaseline mit Stearin, Talg oder anderen halbharten Fetten in heißem Zustande der Fette zusammengerührt und entweder auf die zu schleifenden Gegenstände mit einem Pinsel aufgetragen und damit behaftet unter die rasch rotierende Schleifscheibe gehalten, oder die Schleifscheiben werden mit diesen Mischungen imprägniert, meist durch Anhalten fertiger, derartiger Mischungen in Stangenform an die rotierende Scheibe.

Für schwere Grobschleifarbeiten benutzt man wohl auch den Schmirgel in Form schwerer Vollschmiergelscheiben, um das fortgesetzte Hinzufügen von solchen Fettmischungen zu beseitigen, was auch einem reinlicheren Arbeiten im Schleiflokal gleichkommt. Seltener verwendet man Schleifsteine aus gewachsenem Stein, nur die Messerindustrie benutzt noch heute solche Schleifsteine, die durchaus nicht nur zum Anschleifen der Schneiden dienen, sondern das Grobschleifen der gegossenen oder gepreßten Klingenteile, auch Scherenteile besorgen sollen. Diese Scheiben besitzen einen Durchmesser bis zu 2 m bei entsprechender Umfanggeschwindigkeit, die sich aus vorhergehender Tabelle berechnen läßt.

Das Feinschleifen oder Vorpolieren, wobei man also bereits vorbearbeitete, glattere Flächen vorfindet, bedingt dementsprechend feinere Körnungen der Schleifmittel, und man wählt hierzu feingekörnten Schmirgel, Quarzmehl, fein-

Fig. 148.

gepulvertes Eisenoxyd (Abbrand aus den Schwefelsäurefabriken), Caput mortuum und ähnliche Polierrote, sofern man harte Metalle, wie Eisen und Stahl, feinzuschleifen hat. Für weichere Metalle muß man auch sanftere Mittel zum Vorpolieren anwenden, und dazu dient vorzugsweise Tripelpulver, feinverteilte Kieselerde, Kreide u. dgl. Auch diese Vorpoliermittel werden mit Fetten und Ölen zusammengemischt verwendet, am besten in Form von Vorpolierpasten oder Vorpoliermassen, wie man sie heute von verschiedener Seite in guter Beschaffenheit zu billigen Preisen erhält. Diese Massen sollen stets so zusammengesetzt sein, daß sie verseifbare Fette ausschließlich enthalten, mindestens aber dem Konsumenten ermöglichen, eine wirkliche Entfettung nach deren Gebrauch vor der Elektroplattierung mit den ihm zu Gebote stehenden Mitteln ausführen zu können.

Zum Hochglanzpolieren wird schließlich fast nur Kalk, sogenannter Wiener Kalk (gebranntes Kalziumkarbonat), mit Stearin, Stearinöl, Talg oder ähnlichen Fetten verwendet, zur Polierung von Eisen und Stahl zieht man Polierrote vor, die aber von feinstem Korn sein müssen. Für die Polierung von Silber findet man auch Polierrote in Verbindung mit Alkohol in Verwendung, auch Flammruß mit Alkohol ist eine beliebte Kombination für die Silberpolierung auf rasch rotierenden Scheiben.

Solche fertige Schleif- und Polierkompositionen werden in Blöcken oder in Blech- oder Papphülsen in den Handel gebracht. Fig. 148 zeigt diese Polierkompositionen, wobei speziell die Packung in Hülsen auffällt. Diese wird stets dort verwendet, wo es darauf ankommt, das unvermeidliche Zerfallen der aus Kalk mit Stearin angefertigten Hochglanzmassen durch Luftzutritt zu verhindern.

Deshalb werden heute solche Polierkompositionen, um sie entweder längere Zeit ohne Gefahr des Zerfallens auf Lager zu legen, oder um sie längerem Transport aussetzen zu können, in Blech- oder Papphülsen, letztere luftdicht gesichert, verpackt.

Die verwendeten Schleifmittel müssen nicht nur härter sein als die zu schleifenden Flächen, sondern sie müssen auch einen bestimmten inneren Zusammenhalt besitzen, also bestimmte Kohäsionseigenschaften zeigen, ferner wird die Schleifleistung eines Schleifmittels auch von seiner Form abhängen. Harte, aber mit runder, kugeliger Oberfläche behaftete Schleifmittel werden niemals die gleiche Wirkung bei gleicher Härte aufweisen, wie spitze Körper mit scharfen Kanten. Spröde Schleifkörner zerreißen bei einigermaßen starker Beanspruchung während der Arbeit, während Schleifmittel, welche ein festes Gefüge haben, in der gleichen Zeit eine weitaus intensivere Schleifwirkung zeitigen. Es spielen also bei der Auswahl der Schleifmittel, welche auch heutzutage noch meist auf empirischem Wege ermittelt werden, viele Faktoren mit, und die wissenschaftliche Metallbearbeitung untersucht ihre Schleifmittel einerseits mit dem Mikroskop auf die Form und Korngröße und mit dem Skleroskop auf die Härte.

Als Ausgangsbasis wird bei der Beurteilung der Schleifmittel die Mohs'sche Härteskala benutzt, welche die Mineralien nach ihrer Härte in folgende Reihe bringt:

Talk	Härtegrad	1
Steinsalz	,,	2
Kalkspat	,,	3
Flußspat	,,	4
Apatit	,,	5
Orthoglas	,,	6
Quarz	,,	7
Topas	,,	8
Korund	,,	9
Diamant	,,	10

Die verschiedenen Eisensorten nehmen in dieser Skala die Härtegrade zwischen 3 und 8 ein, Kupfer und Messing und andere Kupferlegierungen 3 bis 5, weichere Metalle, wie Zink, Zinn, Aluminium 2—3 usw. Je härter das zu bearbeitende Metall ist, um so größer muß die Eigenhärte des Schleifmittels sein. Vorstehende Skala besagt aber durchaus nicht, daß z. B. Flußspat, absolut genommen, doppelt so hart ist wie Steinsalz, oder Korund dreimal so hart wie Kalkspat, die Mohs'sche Härteskala reiht nur ganz grob die Mineralien in diese Skala ein. Durch wissenschaftliche Meßmethoden gelang es Rosiwal (vgl. Verhandl. d. Geolog. Reichsanstalt 1896, S. 475) eine Härtevergleichsskala zu schaffen, welche ein klareres Bild in dieser Richtung schuf, indem Genannter die Härte der Korunds mit 1000 annahm und zu folgender Zusammenstellung kam:

Talk	Härte	0,03
Gips	,,	1,25
Kalkspat	,,	4,5
Flußspat	,,	5,0
Apatit	,,	6,5
Orthoglas	,,	37,0
Quarz	,,	120,0
Topas	.,	175,0
Korund	,,	1 000,0
Diamant	,,	140 000,0

Gebrannter Kalk reiht sich in dieser letzten Skala mit etwa 2,5 ein und Tripel amerikanischer Herkunft mit 3,1 bis 3,5.

Daraus geht hervor, daß man Kalk und Tripel nur für weichere Metalle zum Schleifen, desgleichen auch zum Polieren verwenden darf, denn schließlich ist für beide Arbeiten doch nur die abschleifende Wirkung ausschlaggebend. Für härtere Metalle, wie Eisen und Stahl, sind die scharfen Eisenoxyde oder Quarz, Bimsstein u. dgl. anzuwenden, welche in ihrer Härte zwischen 30 und 120 liegen. Je härter das Schleifmittel an sich ist, um so feiner muß es im Gefüge sein, desto feiner, mit anderen Worten, muß das Korn sein, wenn man eine polierende Wirkung erzielen will, weshalb für harte Nickelniederschläge, z. B. aus Borsäurebädern, nicht jede Hochglanzmasse aus gebranntem Kalk anwendbar ist, sondern es wird in diesem Falle nur hartgebrannter Kalk genügend scharf greifen, weil die Härte des Kalkspates (ungebrannt) über der Härte des Nickels liegt, während weichgebrannter Kalk darunter bleibt und also nur die Nickeloberfläche verschmieren würde, ohne eine Glanzwirkung zu äußern.

Schleifscheiben und Bürsten. Je nach der Beschaffenheit der zu bearbeitenden Metallfläche bedient man sich entweder der nur aus Schmirgelpulver und einem Bindemittel durch Pressen dargestellten Vollschmirgelscheiben oder der Holzscheiben mit Lederüberzug oder der Scheiben aus Kork, Filz, Stoff (Tuch oder Baumwollstoff), Borsten u. a.

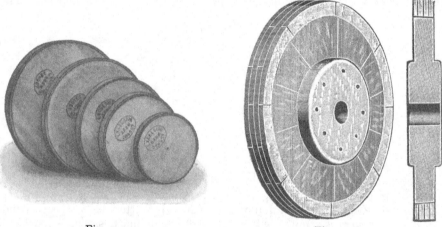

Fig. 149.   Fig. 150.

Die Vollschmirgelscheiben werden meist nur zum Vorschleifen ganz roher Metallflächen verwendet und erfordern insbesondere bei größerem Durchmesser eine sichere Schutzvorrichtung, weil es bei deren rascher Umdrehungsgeschwindigkeit leicht geschehen kann, daß die Schmirgelscheibe zerspringt, die herumgeschleuderten Bruchstücke die Arbeiter gefährden. Der Umstand, daß diese Vollschmirgelscheiben hart, daher unnachgiebig sind, bringt es mit sich, daß der Schleifer für feinere Arbeiten elastische Schleifscheiben vorzieht.

Eine solche elastische, billige, ziemlich allgemein gebrauchte Schleifscheibe ist die Holzscheibe, an der Schleiffläche mit Leder überzogen.

Diese Holzscheiben werden aus Fichten-, Erlen- oder Pappelholz angefertigt, entweder aus kreuzweise übereinandergeleimten Brettchen oder aus radial zu einer Scheibe zusammengesetzten und verleimten Holzkeilen. Weil das zentrische Laufen der Schleif- und Polierscheiben eine wesentliche Hauptsache ist, müssen dieselben vor der Verwendung sorgfältig zentriert werden, damit sie bei der Arbeit ja nicht schlagen oder vibrieren, was eine glatte Fläche höchstens wieder verderben könnte, ein Glanzschleifen damit unerreichbar wäre.

Man wird daher diese Holzscheiben erst auf einer Drehbank abdrehen (vorher mit einem entsprechend großen Aufsteckloch versehen!) und dann erst mit dem

Schleifleder überziehen, wozu man am vorteilhaftesten Walroßleder verwendet, das die Vorteile geeigneter Elastizität und größerer Dicke vereint. Das Beleimen der Holzscheibe mit Schleifleder geschieht in der Weise, daß man letzteres durch Einlegen in Wasser erst erweicht, die zu überziehende Holzfläche einigemal mit bestem Kölner Leim bestreicht, das erweichte Leder mit einem Tuche abtrocknet, ausdrückt, ebenfalls mit Leim bestreicht, möglichst ausgedehnt aufzieht und mit Weichholznägeln auf der Scheibe befestigt. Nach dem vollständigen Trocknen der Leimung und des Leders wird die Scheibe abermals genau zentriert. Meist werden diese Scheiben noch mit Schmirgelpulver beleimt; behufs dessen überzieht man die Schleiffläche des Leders mit recht gutem Kölner Leim, läßt etwas trocknen, wiederholt dies und trägt das Schmirgelpulver durch Walzen der beleimten Fläche in demselben reichlich auf; feinere Schmirgelsorten rührt man direkt in den gekochten Leim und trägt diesen Brei in mehreren Schichten auf.

Es sei bemerkt, daß die Verwendung der mit Leder überzogenen Holzscheiben insofern etwas gefährlich ist, weil es doch vorkommen kann und tatsächlich vorkommt, daß trotz guter Leimung und aller bei deren Anfertigung verwendeten Sorgfalt infolge der raschen Umdrehung der Scheibe der Leim ausläßt oder das Holz eintrocknet und der Riemen sich loslöst, den Arbeiter ernstlich verletzen kann. In neuerer Zeit werden Schleifscheiben aus Holzfurnieren erzeugt, die, auf der Schleifscheibe auch mit Leder bezogen und mit Schmirgelpulver beleimt, obigen Holzscheiben entschieden vorzuziehen sind; diese Scheiben (Exzelsiorscheiben) sind leicht im Gewicht und absolut gefahrlos (siehe Fig. 149).

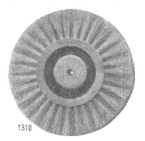  

1310 1311 1312

Fig. 151.

Sehr ökonomisch arbeitet die Schleifscheibe mit Lederkranz, welch letzterer aus hochkantig gestellten einzelnen Lederlamellen besteht, die innig miteinander verbunden sind und bis zu ca. 30 mm Höhe am Rand der Scheibe fest montiert sind, also ebensogut wirken wie etwa eine Scheibe, die ganz aus dickem Leder, wie Walroßleder, besteht, nur wesentlich billiger ist als solche (Fig. 150).

Zum Feinschleifen unebener Oberflächen, aber auch für einen bestimmten Stricheffekt an glatten Gegenständen eignen sich am besten rotierende Schleiffiberbürsten. Das Schleifmaterial in Form von 40 bis 80 mm langen Strähnen wird entweder, wie dies Fig. 151 links lehrt, in Holzkörper eingezogen oder aber, wie Fig. 151 rechts zeigt, aus einzelnen scheibenartigen Einzelringen mittels eiserner Ringe zusammengeflanscht und durch ein geteiltes Holzfutter mit Bohrung zusammengehalten. Die Bohrungen der Holzfutter müssen sich selbstverständlich an die Durchmesser der Wellenzapfen anpassen, auf welche diese Bürstenscheiben aufgesetzt werden. Analog wie die Bürstenkörper mit auswechselbaren Kratzbürstenbüscheln werden solche mit auswechselbaren Schleifbüscheln behandelt. Zum Feinschleifen verwendet man Scheiben aus losen Stoffblättern, aus altem Militärtuch oder Baumwollstoff (Köper oder Nessel) bestehend, sogenannte „Schwabbeln", die rotierend sich aufstellen, durch festes Andrücken des zu schleifenden, unebenen Gegenstandes in die Vertiefungen eindringen. Bei dieser Art des Schleifens wird der Schmirgel mit Öl oder geschmolzenem Unschlitt zu einem Brei angerührt, während der Arbeit in entsprechenden Partien auf die zu schleifende Fläche aufgetragen. Bequemer und reinlicher, dabei weit sparsamer arbeitet man mit den von den Spezialfirmen für Galvanotechnik und Metallschleiferei hergestellten Poliermassen in Blockform.

Für fassoniert gedrehte Gegenstände, wenn solche gleichartig in größerer Anzahl zu schleifen sind, wird es sich verlohnen, die Schleifscheiben, der Fasson der Gegenstände anpassend, gleichfalls zu fassonieren (siehe Fig. 152).

Dies geschieht mit einem Fassonmesser, mit dem man die Schleiffläche der Scheibe auf der Drehbank abdreht, der Fasson anpassend und nachher mit Schmirgel beleimt. — Vielfach verwendet man zum Schleifen und auch zum Polieren Scheiben aus Filz, und zwar sogenannte Wollfilze und Haarfilze, die sich durch ihre Weichheit oder Steifheit bzw. durch die Länge des verwendeten, zusammengeleimten Rohmateriales unterscheiden. Filzscheiben haben vor den Holzscheiben oder auch belederten Holzscheiben den Vorteil der Elastizität, das Werkstück liegt beim Andrücken an die rotierenden Filzscheiben elastisch auf, und besonders beim Grob- und Feinschleifen wird bei gut zentrisch laufenden Filzscheiben weit weniger die bekannte Moiree-Wirkung auf der bearbeiteten Oberfläche der Gegenstände zu beobachten sein, als bei den leicht vibrierenden harten Holzscheiben.

Fig. 152.

Um ein klagloses rundes Laufen der Filzscheiben herbeizuführen, müssen diese zunächst planlaufenden, senkrecht zwischen den genügend großen Flanschen der Schleif- und Poliermaschinen eingespannt sein und zuerst mit einem scharfen Instrument bei der vorgeschriebenen Tourenzahl, wie sie zum Bearbeiten der Werkstücke anzuwenden ist, vollkommen rund abgedreht werden. Das genau zentrisch gebohrte Loch darf keinesfalls zu groß gemacht werden, sonst gelingt es beim Auswechseln der Filzscheiben nie mehr, die Scheibe wieder zentrisch laufend zu bringen. Wird eine Filzscheibe mit Schmirgel, Karborund oder einem ähnlichen scharfen Schleifmittel beleimt, so geschieht dies wie folgt:

Die trockene Scheibe wird, nachdem sie vollkommen rund gedreht ist, mit einer mittelstarken Leimlösung heiß bestrichen und 2 Stunden trocknen gelassen. Nach dieser Zeit ist der Leim noch immer etwas weich, und die nunmehr folgende Auftragung der Mischung aus Schleifmittel und Leim wird gut halten und sich mit dem noch halbharten, erst aufgetragenen Leim sicher verbinden. Diese Mischung trägt man $1^1/_2$ bis 3 mm stark auf und läßt wieder trocknen, diesmal aber einen ganzen Tag, wenigstens 10 Stunden. Trägt man den Schmirgel mit Leim anders auf, so läuft man Gefahr, daß der Belag beim Arbeiten abspringt oder partienweise ausreißt, und nur zu oft kann man dann die unrichtige Behauptung des Schleifers hören, daß der Filz brüchig sei oder daß der Fabrikant verbrannten Filz geliefert habe.

Zum Aufleimen von Schmirgel verwende man nur allerbesten Wollfilz, denn je feiner der Filz ist, desto sicherer hält der Schmirgelbelag und desto intensiver kann man eine solche Filzscheibe beanspruchen, was für rationelles Arbeiten leichtbegreiflicherweise von eminenter Wichtigkeit ist. Man erspart sich dadurch nicht nur Material, wie Leim, Filz und Schmirgel, sondern auch manche überflüssige teure Arbeitsstunde und Arbeitsstörung, gleichbedeutend mit Verminderung der Leistung.

Für gewöhnlich wird die Stirnfläche der runden Filzscheiben zum Arbeiten verwendet, doch kann man, wenn man die Filzscheibe auf vertikal oder horizontal laufenden Stahlscheiben aufleimt, auch die plane Fläche zum Arbeiten gleicherweise benutzen, nur muß dann diese plane Fläche schön glatt bearbeitet sein, das Beleimen geschieht genau so wie das der Peripherie. Filzscheiben können bis zu ganz kleinem Durchmesser immer wieder verwendet werden; sind sie einmal durch mehrfaches Überdrehen sehr klein geworden, so werden sie meist auf den Spitzenspindeln der Schleifwellen aufgesteckt und dienen dann noch immer für Arbeiten, welche mit Vorteil an kleinen Scheiben ausgeführt werden müssen, sie stellen also bis zuletzt ein wertvolles Betriebsmittel dar und sollte niemals allzusehr auf den ersten Anschaffungspreis als auf die Qualität geachtet werden, weshalb nur bekannte Fabrikate gut renommierter Firmen bei ihrer Beschaffung herangezogen werden sollen. Das alte Sprichwort bewahrheitet sich hier ganz besonders, daß das Teuerste meist das Billigste im Betrieb ist!

Speziell zum Polieren von Silber oder versilberten Oberflächen müssen ganz feine, weiche Scheiben benutzt werden, und während die gewöhnlichen Schwabbelscheiben aus Nesseltuch, Köperstoff, Kattun, Leinwand u. dgl. angefertigt werden, verwendet man zum Silberpolieren eine Art Flanell, einseitig mit wolligen Fasern, ein Material, das der Engländer mit „Swansdowne" bezeichnet. Arbeitet man mit Bürsten, so benutzt man die in Fig. 153 abgebildeten Wollräder oder Wollfaserscheiben. Letztere stellen nichts anderes dar, als eine Bürste mit Wollfaserbezug auf der planen Seite einer Scheibe. Fig. 153 zeigt in der Mitte die Ansicht der Polierfläche einer solchen Scheibe, rechts die Rückseite.

  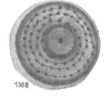

1316   1317   1308

Fig. 153.

Handpolierung. Das Handpolieren besteht in einem Glätten der rauhen Metallfläche mit der spiegelglatten Polierfläche des sehr harten Polierstahles oder -steines (Blutstein) durch energisch aufdrückendes Reiben.

Um das Glätten der Polierfläche des Werkzeuges zu begünstigen, wird diese fleißig mit Seifenwasser benetzt, wozu die sogenannte Venetianer Seife sehr gut dient. Es ist einleuchtend, daß vor allem die Polierfläche des Stahles oder Blutsteines (Hämatit) tadellos spiegelglatt gehalten werden muß, um den Zweck des Polierens erfüllen zu können; man wird von Zeit zu Zeit diese, wenn sie Spuren von Mattwerden zeigt, sofort aufpolieren müssen, was man auf folgende Weise erreicht:

Blutstein glänzt man durch Reiben auf einem mit Juchtenleder überzogenen Weichholzbrett unter Zuhilfenahme trockener Zinnasche; Polierstähle direkt auf einem Weichholzbrett mittels Wienerkalk und Spiritus.

Besonders Blutsteine erfordern eine genaue Erhaltung ihrer glatten rißfreien Oberfläche. Durch die Art der Arbeit ist es bedingt, daß häufig die Blutsteine verkratzt werden, und mit solchen ist natürlich keine einwandfreie Polierarbeit ausführbar. Man glänzt solche Poliersteine in folgender Weise nach: Der aufzufrischende Stein wird von Hand gegen feinstes Schmirgelpapier, sogenanntes blaues englisches C-Papier gedrückt, ein Papier, das mit allerfeinstem Polierschmirgel 00000 bedingt ist. Durch Hin-und-her-Bewegen des Steines gegen das Schmirgelpapier wird der größte Teil der Rauheiten entfernt. Man glänzt dann auf einem mit feinstem Pariser Rot beleimten Papier nach. Für gewöhnlich genügt zum Instandhalten der Blutsteine ein Streifen feinen, weichen Walroßleders, das oberflächlich mit feinstem Pariserrot bestrichen wurde, indem man es zuerst

mit etwas Spiritus zu einer Paste anreibt und dünn aufträgt. Mit dem Blutstein
fährt man einige Male über die so präparierte Lederfläche hin und her, bis der
gewünschte Erfolg eingetreten ist.

Das Handpolieren kann man selbstverständlich nur bei weicheren Metallen
anwenden, welche geeignet sind, durch einen mit der Hand ausgeübten Druck
geglättet zu werden, wie Gold, Silber, Messing, Kupfer und dessen Legierungen,
Zink, Zinn, Blei u. ä. und die Niederschläge dieser Metalle. Nickel ist mit der Hand

Fig. 154.

schwierig zu polieren; nur gut vernickeltes Messing oder Kupfer eignet sich allenfalls noch dazu, wenn der Nickelniederschlag von gut haftender, duktiler, das
heißt biegsamer, nicht spröder Beschaffenheit ist.

Je nach der Beschaffenheit der Oberfläche wird man auch entsprechende
Formen der Polierwerkzeuge wählen.

Es ist unvermeidlich, daß bei dieser Art des Polierens mit der Hand die
Metallfläche zwar Glanz zeigt, aber durch das Aufdrücken der Polierwerkzeuge

Fig. 155.

keine Unebenheiten (Rillen) zurückbleiben; diese müssen durch Überwischen mit
Rehleder und feinst geschlämmtem Polierrot oder auch mit Wienerkalkpulver
ausgeglichen werden, um einen vollendet gleichmäßigen Hochglanz zu erzielen.
Man kann das auch mittels rotierender, recht weicher Wollscheiben und mit den
gleichen Poliermitteln bewerkstelligen.

Zum Schleifen hohler Gegenstände, wie Becher, Kannen u. dgl., bedient man
sich der Hohlschleifbürsten, die man am konischen Gewindedorn der Schleif-

Fig. 156.

maschinenwellen aufschraubt. Diese Hohlschleifbürsten sind entweder mit
rundem oder eckigem Kopf ausgebildet, je nachdem man den planen Boden eines
Gefäßes neben der Wandung damit bearbeiten will, oder aber bei Bechern und
Kelchen auch runde Vertiefungen des Bodens. Diese Bürsten werden aus Schleiffiber oder Borsten hergestellt, wie sie Fig. 154 zeigt. Zum Polieren, ebenso zum
Feinschleifen solcher Hohlkörper werden aber auch solche Innenpolierbürsten
mit Filzbezug (Schleif- und Polierkegel Fig. 155) oder mit Wollfaserbezug in ver-

schiedenen Formen und Größen, genau den Formen der zu bearbeitenden Gegenstände angepaßt, in den Handel gebracht. Schließlich werden auch kleine Schwabbel für die Innenpolierung verwendet, wie sie Fig. 155 ganz rechts zeigt, und sind auch an den Enden der konischen Gewindedorne der Schleifwellen anzubringen. Speziell für das Polieren der Innenseite von Fingerringen oder von Ringen anderer Art und Größe bedient man sich der Ringriegel. Fig. 156 zeigt uns solche Ringriegel in allen möglichen Formen. Die eigentlichen Polierfilze sind genau zylindrisch gedreht auf einem Holzfutter mit Innengewinde aufgesetzt und passen genau auf den Dorn der Poliermaschine, so daß sie wirklich zentrisch laufen und nicht schlagen.

Maschinelles Schleifen und Polieren. Poliermaschinen. Jede Handarbeit ist mühsam und zeitraubend, besonders in dem Falle der Schleif- und Polierarbeit ist die Handarbeit ungeeignet, weil es bei dieser Arbeitsweise immer auf eine gewisse Kraftäußerung einerseits und eine ganz bedeutende Schleifgeschwindigkeit anderseits ankommt, zwei Momente, die menschliche Hand keinesfalls in dem erforderlichen Maßstabe erfüllen kann. Die ursprüngliche Glättarbeit gekratzter Silberniederschläge von Hand auszuführen, wurde sehr bald durch eine maschinelle Vorrichtung, die denselben Zweck erfüllte, ersetzt, und so finden wir in Fig. 157 eine Vorrichtung abgebildet, welche maschinell die gewöhnlichen Polierstähle oder Blutsteine zum Polieren versilberter Eßbestecke betätigt. Man benutzt stets eine Serie solcher Vorrichtungen, meist 4 Stück, wovon je eine Vorrichtung immer für einen bestimmten Arbeitsgang eingestellt ist, so z. B. besorgt die 1. Vorrichtung das Polieren der Außenseite der Löffelschale, die 2. besorgt die Bearbeitung der Innenfläche, die 3. den oberen Stilteil, die 4. den unteren Stilteil. Das Bearbeiten größerer runder Teile nach vorhergehender Versilberung ist ebenfalls bald auf maschinellem Wege aufgeführt worden, ein-

Fig. 157.

fach dadurch, daß sich die Galvaniseure Drehbänke mit einem Holzfutter zurechtbauten, auf welchem Holzfutter die versilberten Gegenstände aufgesteckt wurden, und auf dem Support wurde dann entweder von Hand oder durch eine Klemmvorrichtung der Polierstahl oder -stein gegen das rotierende, zu polierende Stück gehalten.

Eine eigenartige Vorrichtung, die sich in der Bauart an die letzterwähnte Einrichtung anschließt, ist die in Fig. 157a abgebildete Teilpolierbank. Diese Maschine bezweckt, solche versilberte oder allgemein galvanisierte Gegenstände, welche Henkel oder anders geartete Unterbrechungen einer Rotationsfläche aufweisen, auf den glatten Teilen dennoch maschinell mit einem gewöhnlichen Stahl oder Stein polieren zu können. Die Maschine ist so eingerichtet, daß die Gegenstände jedesmal dann eine reversierende Bewegung ausführen, wenn der Stahl oder Stein an die Stelle kommt, wo der Druck des Polierstahles nicht mehr ansetzen darf, wo etwa ein Monogramm oder eine feine Zeichnung erhalten werden soll oder aber auch, wenn der Stein an eine Stelle gelangt, wo, wie bei Anbringung eines Henkels oder eines Ausgusses, der Polierstahl oder Stein den Gegenstand bei weiterem Rotieren zerstören könnte. Ähnliche Einrichtungen werden besonders für die Polierung versilberter Gegenstände von einzelnen Spezialfirmen selbst gebaut, und Verfasser hat für alle erdenklichen Spezialfälle ganz wunderbar und oft kompliziert gebaute maschinelle Vorrichtungen angetroffen.

In Amerika sind für die Zwecke des Polierens versilberter Eßbestecke ganz kompliziert gebaute automatisch arbeitende Maschinen in Gebrauch, deren Anschaffungspreis allerdings ganz bedeutend ist. In Europa hat es an Bemühungen, den gleichen Effekt mit billigeren Mitteln zu erreichen, nicht gefehlt, und es gibt

Fig. 157a.

bereits verschiedene Patente auf geeignete Konstruktion solcher maschinell arbeitender Maschinen, welche aber alle auf das gleiche Prinzip hinauslaufen, die weichen Metallniederschläge, wie z. B. Silber, durch Druck zu glätten. Eine Konstruktion, die in dieser Beziehung als durchaus erprobt anzusprechen ist, wurde dem Schweden M. Waern geschützt. Hierbei wird ein rasch laufendes Polierrad, welches aus einzelnen federnden Polierstählen oder Poliersteinen besteht, gegen das zu polierende Arbeitsstück gedrückt, so daß gewissermaßen die Arbeit des Polierstahles, der sonst von Hand bedient wird, geleistet wird, nur daß hier die Wirkung ungleich rascher eintritt. In Besteckfabriken ist diese Einrichtung bereits eingeführt.

Die maschinelle Schleiferei und ebenso das maschinelle Polieren aller Metalle ist heute ausnahmslos in die Praxis eingeführt, und es gibt eine derartige Fülle verschiedenster Bauarten solcher Maschinen, daß es gar nicht denkbar ist, auf einzelne Spezialkonstruktionen einzugehen. Im großen und ganzen handelt es sich bei diesen Maschinen stets darum, eine genügend lange Schleifwelle genügender Stärke, solide gelagert, mittels Riemen in rasche Rotation zu versetzen und

Vorrichtungen an diesen Schleifwellen anzubringen, welche eine einfache Befestigung der anzuwendenden Schleif- und Polierscheiben gestatten. Die Hauptsache ist und bleibt bei diesen Maschinen die solideste Ausführung der rotierenden Teile, sauberste Bearbeitung der Wellen und Lager, ob letztere nun Gleitlager aus Phosphorbronze oder Lagermetall oder auch Gußeisenschalen sind, bei reichlicher und sicherer Schmierung oder Ölzufuhr. Gleitlager müssen mit Ring- oder Kettenschmierung versehen sein, Staufferbüchsenschmierung ist veraltet, da die rasch rotierenden Wellen oft bedeutender Dicke durch diese Schmierung nicht genügend Fett zugeführt erhalten, leicht heißlaufen und dann die Welle sowohl

Fig. 158.

wie das Lagermetall in Mitleidenschaft gezogen wird. Ist aber einmal eine Schleifwelle ausgelaufen, läuft sie im Lager locker, so vibriert die oft schwere Scheibe an

Fig. 159.

der Welle, was nicht nur nachteilige Folgen für das Arbeitsstück nach sich zieht, eine wellige Beschaffenheit des Schliffes hervorruft, sondern auch lebensgefährlich für die Bedienungsmannschaft werden kann, da besonders schwere Scheiben aus Schmirgel oder schwere Holzscheiben durch das Vibrieren zerreißen und bei der hohen Umfangsgeschwindigkeit Nahestehende erschlagen können. Man spare also bei Anschaffung der Schleif- und Poliermaschinen nicht in unrichtiger Weise, da man durch solche ganz unangebrachte Sparsamkeit das Leben seiner Arbeitnehmer in Gefahr bringt.

Die modernen Poliermaschinen werden zumeist mit Kugellagern ausgeführt. Da ist es nun auch wieder nicht einerlei, welche Konstruktion verwendet wird. Viele Firmen, welche nicht die genügende Erfahrung im Bau und in der Beanspruchung solcher Maschinen haben, lassen sich von dem Wunsche leiten, möglichst billig in Konkurrenz zu treten, und achten dann nicht auf die gerade bei diesen Maschinen so notwendigen Eigenschaften der verwendeten Materialien.

Minderwertige Kugellager laufen leicht aus, sie müssen der Beanspruchung entsprechend gebaut und dimensioniert, aber auch fachmännisch gelagert sein. Ölung der Kugellager ist ebenfalls erforderlich, und sind Maschinen bei Verwendung von Kugellagern auch daraufhin zu untersuchen, ob für genügende Ölung der Kugellager Vorsorge getroffen ist.

Jede Schleif- und Poliermaschine besitzt einen entsprechend starken Gußsockel, auf dem der eigentliche Schleifbock aufgebaut ist. Dieser muß in der Wandstärke massiv und solid konstruiert sein, damit die ganze Maschine nicht zittert, weil sich dieses Zittern auch auf die Welle überträgt und die oben bezeichneten Gefahren des Zerspringens (förmliches Explodieren) schwerer Scheiben veranlassen kann.

Fig. 160.

Bei Maschinen zur Bearbeitung schwerer Stücke mit Vollschmirgelscheiben, wie eine solche in Fig. 158 abgebildet ist, benutzt man an der Maschine fest oder verschiebbar angebrachte Auflagen, aber auch solide Schutzhauben aus Stahlguß oder Stahlblech, die gegen die Gefahr des Zerfliegens der Scheiben die Arbeiter schützen müssen. Maschinen für solche Zwecke sind ohne solche Schutzhauben behördlich untersagt. Bei den Schleifmaschinen für Betrieb mit Vollschmirgelscheiben muß man zwischen Naß- und Trockenbetrieb unterscheiden. Dementsprechend muß man auch die Schmirgelscheiben wählen, denn Scheiben, welche für Trockenarbeit hergestellt sind, eignen sich nicht für Naßbetrieb. Wird mit Wasserzufluß geschliffen, so müssen die Scheiben besonders überdacht sein, damit nicht Wasser herumspritzt; auch muß ein Gefäß im Unterteil des Maschinenfußes angebracht sein, in welchem das ablaufende Wasser gesammelt wird und das auf mechanischem Wege betätigt wird, um das Wasser wieder auf die Scheibe, tunlichst automatisch, hochzubringen. In Fig. 159 sehen wir eine solche Maschine für Naßschliff.

Eine besondere Maschine wird zum Schleifen von Stahlblechen verwendet. Bei diesen Maschinen wird das zu schleifende Blech auf einer Tischunterlage aufgelegt und meist von Hand zwischen diesem Tisch und der darüber gelagerten breiten Schleifwalze aus Holz mit Lederbezug und mit Schmirgel beleimt, durchgezogen. Mittels eines Handrades kann man die Welle, auf welcher die Schleifwalze gelagert ist, auf und ab bewegen und so einen größeren oder kleineren Druck der rotierenden Walze gegen die zu schleifende Oberfläche des Bleches einstellen. Fig. 160 zeigt die Ansicht einer Schleiferei für diese Zwecke mit solchen Maschinen ausgerüstet.

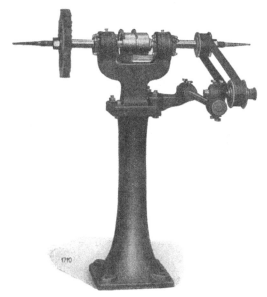

Fig. 161.

Zum Schleifen runder Gegenstände wird meist ein endloses Band verwendet, welches mit dem Schleifmittel imprägniert und das über Rollen geführt wird. Das Schleifen der runden Gegenstände, wie Lenkstangen, kürzere Rohrteile u. ä., geschieht hierbei in der Weise, daß diese Gegenstände auf das laufende Lederband (Riemen) aufgedrückt werden und daß man ihnen dabei mit der Hand eine drehende Bewegung erteilt. In Fig. 161 ist eine solche Maschine abgebildet mit einer Spannvorrichtung, welche gestattet, das schnell laufende Band, dessen Laufgeschwindigkeit ungefähr der einer rotierenden Schleifscheibe gleichkommt, auch während des Betriebes zu spannen, um den Schleifriemen stets straff zu halten.

Eine besondere Maschine, die zum Planschleifen, auch ganz schwerer Stücke, wie z. B. Plätteisen, zum Schleifen planer Flächen aller Art als Ersatz für Hobel- oder Fräsarbeit, dient, ist die Velox-Maschine, welche rasch rotierende Scheiben aus Stahlblech an den Enden trägt, während eine Seite, mit Schmirgelleinen oder Schmirgelpapier beleimt, die Arbeit des Schleifens übernimmt.

Diese Velox-Maschinen sind ein ungemein wertvolles Hilfsmittel und haben sich sehr in der Technik eingebürgert, man kann damit in kürzester Zeit, in wenigen Sekunden, Schichten von 1 mm auch vom härtesten Stahl wegschleifen,

auch Anschlageleisten an den Arbeitstischen anbringen, welche ein Profilschleifen
in bestimmtem Winkel gestatten, ohne daß das aufgeleimte Schmirgelpapier sich
übermäßig abnutzen würde, wie man auf den ersten Blick vermuten würde.
(Fig. 162 und Fig. 163.)

Fig. 162.

Wir wollen uns nun den für das Feinschleifen und Polieren verwendeten
Maschinen zuwenden, die in ihrer Bauart wenig voneinander abweichen und deshalb
auch Schleif- und Poliermaschinen genannt
werden. Diese zeigen in der Hauptsache eine
besonders lange Welle, an deren Enden
Flanschen sitzen, zwischen welchen die Schleif-
und Polierscheiben oder die Tuchschwabbel-
Scheiben eingespannt werden. An ihrem
äußersten Ende zeigen diese Schleifwellen
vielfach einen konischen Gewindedorn, um
dort ganz kleine Scheibchen bis zu wenigen
Zentimetern Durchmesser noch aufsetzen zu
können, auch verwendet man vielfach an
diesen Maschinen einschraubbar angeordnete
Spitzenspindeln oder sogenannte Stechzeug-
konusse. Auf diesen Spitzenspindeln kann
man auch die für Innenschliff oder Innenpolierung nötigen Hohlglanzbürsten oder
Kopfschwabbeln aufsetzen.

Fig. 163.

Die Wellen der Schleif- und Poliermaschinen zeigen die verschiedensten Formen, je nach Art der Befestigung der
Scheiben und deren Größe. Auch die Be-
schaffenheit der zu bearbeitenden Gegenstände beeinflußt die Ausführungsform
der Welle und ebenso des Sockels der Maschine, da man für voluminöse und
sperrige Gegenstände viel Platz zwischen der meist am Ende der Welle sitzenden

Scheibe und dem Maschinensockel braucht, damit man nicht mit den mühsam bearbeiteten, schön polierten Flächen der Gegenstände an den Sockel der Maschine kommt und dort nicht den Hochglanz oder Feinschliff wieder verkratzt. So sehen wir in Fig. 164 eine landläufige, kleine Schleif- und Poliermaschine mit Kugellagern, ohne hohen Sockeluntersatz, so daß man dieselbe auf Steinsockel bis zur gewünschten Arbeitshöhe, je nachdem ob die Arbeiter sitzend oder stehend daran arbeiten, montieren

kann. Ganz schwere Scheiben, wie große Filzscheiben oder große und starke belederte Holzscheiben, wird man an den näher an den Lagern dieser Maschinen befindlichen Flanschen anbringen, die außen befindlichen Flanschen dagegen nur für leichtere Scheiben, also solche kleineren Durchmessers.

Von ausschlaggebender Bedeutung für das gute Gelingen der Schleif- und

Fig. 164.

Polierarbeit ist das zentrische Laufen der auf den Wellen der Schleif- und Poliermaschinen sitzenden Scheiben oder Bürsten. Unrund oder nicht gut zentrierte Scheiben verursachen zunächst ein sofort wahrnehmbares starkes Geräusch der laufenden Maschine. Durch unrunde, nicht zentrisch laufende Scheiben, besonders wenn diese mit großer Umfanggeschwindigkeit arbeiten, kann eine derartig starke Beanspruchung der aus Gußeisen bestehenden Lagerarme entstehen, daß die Zerreißgrenze erreicht wird, so daß einzelne Teile der Gußsockel zerspringen.

Fig. 165.

Man benutzt, um ein zentrisches Laufen der Schleif- und Polierscheiben herbeizuführen, sogenannte Zentriervorrichtungen für die Scheiben, indem man sie ausbalanciert. Hierfür gibt es verschiedene Vorrichtungen, auf welche die Scheiben aufgesteckt werden, wobei kleine Ausbalanciergewichte in den Scheiben so angebracht werden, daß der Schwerpunkt im Zentrum der Scheiben zu liegen kommt. Oftmals werden aber auf ein und derselben Maschine verschiedene Scheiben, in oft rascher Folge, ausgewechselt, hierbei ist es nicht leicht, besonders bei ausgeleierten Scheibenlöchern im Zentrum, die an sich auszentrierten Scheiben zum ruhigen Laufen zu bringen. Da hilft die neue Patent-Zentrier-Flanscheneinrichtung, wie sie Fig. 165 zeigt. Es handelt sich hierbei um eine selbsttätige Zentrierung beim Festziehen der aufzusteckenden Scheiben zwischen

den Flanschen der Polierspindeln durch sogenannte Zentrierkonusse. Der Zentrierkonus sitzt direkt auf der Welle und wird durch eine im Innern der an der Lager-
bockseite befindlichen Flansche angebrachten Feder gegen die Feststellflansche
gedrückt. Fig. 166 zeigt die Ausführung dieser Vorrichtung an den Wellenenden
im Schnitt. Die Widerlager c erscheinen mit der Welle d fest verbunden. Sie
besitzen eine Höhlung c¹ mit der Feder f. In die Aussparung des Flansches c
ragt ein verschiebbarer Konus e. Die zu befestigende, gleichzeitig zu zentrierende
Scheibe wird zwischen die Flanschen c und g gesetzt, letztere durch die Schraube h
gegen den festsitzenden Flansch c gedrückt. Dabei zieht sich die Schleifscheibe,
die etwa von Haus aus auf der Achse Spielraum hatte, mehr oder weniger auf den
Zentrierkonus e von selbst auf, wodurch das Ausrichten vor sich geht. Wenn nun
der Spannflansch g angespannt wird, so drückt sich der bewegliche Konus e in
die Höhlung des Flansches c unter Zusammendrückung der Feder f, bis die
Stirnflächen der Schleifscheibe fest und achsensenkrecht gegen die Flanschen-
stirnflächen anliegen. Damit die Zentriervorrichtung richtig arbeitet, muß man

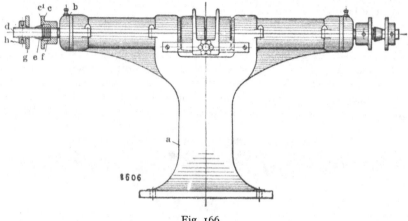

Fig. 166.

vorher jede Schleifscheibe auf der Schleifmaschine selbst abdrehen. Bei weiterer
Benutzung besorgt aber der Zentrierkonus das sofortige achsensenkrechte Einstellen einer neu aufgesetzten bzw. ausgewechselten Scheibe. Solche Vorrichtungen
können natürlich auch für jede beliebige vorhandene, ältere Schleifmaschine angefertigt werden, also ältere Maschinentypen solcher Art modernisiert werden.
Die Vorrichtung ist durch eine D. R. P. geschützt.

Weiche Schleif- und Polierscheiben aus Filz, Tuch, Leder, Kork u. ä. wird
man meist zwischen Flanschen befestigen. Polier- und Schleifscheiben, die oft
und rasch gewechselt werden müssen, pflegt man auf konisch verlaufende Wellen
aufzusetzen. Wenn es sich um das Schleifen schwerer und sehr harter Objekte
handelt, die mit großer Kraft an die Scheiben angedrückt werden müssen, wird
man die Schleif- und Polierscheiben stets einflanschen; für leichtere Arbeit benutzt man Konusse zum Aufstecken der Scheiben, und zwar halten begreiflicherweise die mit Gewinde versehenen Konusse die Scheiben fester als die glatten,
während diese wieder den Vorteil bieten, daß die Scheiben auch während des Lau-
fens der Wellen gewechselt werden können.

Sind die zu schleifenden Gegenstände mehr lang als voluminös, oder ist die
Schleifscheibe sehr schwer im Gewicht, wird man die Modelle wählen, bei denen
die Scheiben ganz nahe an den Lagern einzuflanschen sind; für voluminöse
Objekte wird man Modelle wählen, bei denen die Scheiben an den Enden der Wellen
eingeflanscht werden, wodurch ein größerer Bewegungsraum zum Manipulieren
mit dem voluminösen Gegenstand geboten ist.

Um das Gewicht auch bei schwereren Scheiben dennoch mäßig zu halten, werden die Kugellager ganz an das Ende der Welle hinausgebaut, so daß nur ein kleines Wellenende mit den Flanschen über die eigentliche Lagerung hinausragt, dadurch wird eine vibrationsfreie Rotation der Scheiben ermöglicht bei geringstem Gewicht der Maschine und kleinstem Lagerdruck (Fig. 167, 168).

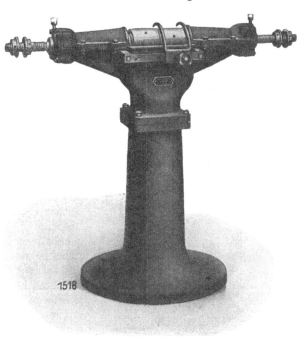

Das Glanzschleifen mit Maschinen für Fußbetrieb ist nur für kleine Metallgegenstände anwendbar und nur mit kleinen Schleifscheiben bis zu einem Durchmesser von höchstens 20 cm auszuführen. Eine besondere Leistungsfähigkeit ist beim Schleifen mit Fußbetrieb nicht zu verlangen; größere Objekte auf diese Weise zu bearbeiten, ist so ziemlich ausgeschlossen, jedenfalls sehr mühsam und anstrengend, weil die menschliche Kraft für die

Fig. 167.

bei größeren Beanspruchungen erforderlichen Leistungen unzureichend ist.

In Fig. 169 ist eine Schleif- und Poliermaschine für Fußbetrieb veranschau-

Fig. 168.

licht; diese ist mit Kugellagern konstruiert, wodurch ein sehr leichter Gang bei möglichster Schonung des Arbeiters erreicht wird.

Sehr wichtig ist die Montage der Poliermaschinen in einer jede Vibration
ausschließenden Weise; davon hängt sowohl die mehr oder weniger gute Schleifarbeit als auch die Leistungsfähigkeit und insbesondere die Haltbarkeit der Maschinen ab. Einleuchtend ist, daß man die Poliermaschinen nicht auf Holz
montieren soll, weil dieses, an und für sich nachgiebig federnd, eine Stabilität

nicht bietet, auch dem Einfluß der Witterung und Temperatur unterworfen ist;
man wird die Montage soliderweise entweder auf einem Sockel aus Stein oder
Zementmauerwerk ausführen.

Das Schleifen und Polieren der Bleche
hat sich zu einer ganz bedeutenden Industrie entwickelt; insbesondere Zinkbleche
werden mit Hochglanz poliert und vernickelt in großen Mengen in den Handel
gebracht. Das Schleifen und Polieren
solcher Bleche wird auf folgende Art betrieben: Die Bleche werden auf ein glatt-
gehobeltes Brett gelegt, womit der
Arbeiter das Blech mit den Knien an
die rotierende Bürste oder Scheibe an-
drückend bearbeitet. Sind die Bleche roh,
so erfordern sie ein vorheriges Ausschleifen
mit möglichst langen Borsten- oder Fiberbürsten mit feinem Schmirgel oder Bimsstein. Die zum Vernickeln bestimmten
Zinkbleche kommen zumeist schon recht
fein bearbeitet aus den Zinkwalzwerken,

Fig. 169.

brauchen nur mehr geglänzt zu werden, wozu eine Polierscheibe aus Tuch- oder
Baumwollstoff dient unter Zuhilfenahme von Kalk und Stearinöl, die man abwechselnd auf die Bleche aufträgt.

Fig. 170.

Fast ausschließlich wird zur Herstellung von Qualitätsarbeit die in Fig. 170
abgebildete Konstruktion verwendet, die sich in jahrzehntelangem, praktischem
Betrieb als vorzüglich bewährt hat.

Schleif- und Poliermotoren. Die vorbeschriebenen Schleif- und Poliermaschinen, die natürlich nur eine kleine Auswahl der bestehenden Modelle reprä-

sentieren, müssen durchschnittlich 1500—2000 Touren machen, um die zum Bearbeiten der einzelnen Metalle mit den passenden Schleifmitteln wünschenswerte Schleifgeschwindigkeit der Scheiben, die auf den Wellenenden aufgesetzt werden, zu erreichen. Dies bedingt die Anbringung je eines Vorgeleges für jede Schleifmaschine; dadurch wird der Betrieb ganz wesentlich verteuert. Durch die erforderliche Zwischenschaltung von Vorgelegen geht durchschnittlich 50 bis 75 % der an der Haupttransmission disponiblen mechanischen Energie verloren und jeder, der mit einem auch nur einigermaßen ausgedehnten Schleifereibetrieb zu tun hat, weiß, wieviel unnötige Kraft durch Vorgelege und Riemen verlorengeht.

Diesem Übelstand wird durch die elektrisch betriebenen, sogenannten Schleif- und Poliermotoren abgeholfen. Die Antriebsmotoren sitzen bei diesen Maschinen direkt auf der Schleifwelle und es wird auf diese Weise jedes Vorgelege mit seinen mechanischen Verlusten und ebenfalls jeder einen Kraftverlust verursachende Riemenzug vermieden. Besonders wertvoll sind diese Motoren da-

Fig. 171.

durch, daß sie wirklich nur so viel elektrische Energie aufnehmen, als zur effektiven Arbeitsleistung des Schleifens oder Polierens benötigt wird.

Wird die eine oder andere Poliermaschinenwelle nicht gebraucht, so wird der Motor mit Hilfe des direkt an seiner Säule an- oder in derselben eingebauten Anlaßapparates abgestellt, und man kann auf diese Weise an Betriebskosten ganz enorm sparen. Ein weiterer Vorteil beim Betrieb mit solchen Poliermotoren ist der Wegfall der Riemen selbst, wodurch der Schleif- und Polierraum heller und übersichtlicher wird. In Fig. 171 ist eine solche Maschine dargestellt, wie solche die Langbein-Pfanhauser-Werke in allen Leistungen und Tourenzahlen sowohl für Gleichstrom wie für Drehstrom und Einphasen-Wechselstrom bauen. Fig. 172 zeigt ein kleineres Modell mit abnehmbaren und leicht auswechselbaren Spitzenspindeln; letztere sind vorzugsweise für die Bearbeitung kleinerer Teile konstruiert. Die Motoren sind staubdicht gekapselt und äußerst solide konstruiert und haben sich durch langjährige Praxis als die besten erwiesen. Man benutzt zum Schleifen Motoren von 1400—1600 Touren, zum eigentlichen Polieren dagegen solche mit 2000—3000 Touren pro Minute. Man darf sich aber bei der Aufstellung der Schleif- und Poliermotoren durchaus nicht von kleinlichen Gesichtspunkten leiten lassen und aus verkehrter Sparsamkeit die Motorenleistungen zu knapp nehmen. Man unterschätzt zumeist die Kraftäußerung, die der Arbeiter speziell beim Schleifen ausüben kann. Für das Schleifen mittlerer Gegenstände, wenn mit Tourenzahlen von 1500—1600 gearbeitet wird, muß man pro Arbeiter bei Verwendung mittlerer Schleifscheiben von 300 mm Durchmesser mindenstens 2,5—3 PS annehmen. Wird mit Schleifbürsten dieser Größe gearbeitet, so kann ein Arbeiter bei einigermaßen intensivem Andrücken des Gegenstandes an die Maschine 3½—4 PS und noch mehr bremsen.

Werden ganz große Kraftleistungen beim Schleifen verlangt, so ist es praktischer, Maschinen mit Riemenantrieb zu verwenden, da bei Überlastung dann der Riemen einfach gleitet und so automatisch einen Ausgleich schafft, die Tourenzahl der Welle sinkt dadurch und damit auch die Kraftleistung, die man von der Schleifwelle verlangt. Nicht so ist es bei einem Schleif- und Poliermotor. Dieser nimmt, unbekümmert um die Bremswirkung, die oft seitens der Bedienungsmannschaft ins Maßlose getrieben wird, einfach der größeren Beanspruchung

entsprechend mehr Strom auf und erwärmt sich dann eben mehr, die Tourenzahl hält er aber konstant, und darin liegt der wirtschaftliche Vorteil der Verwendung solcher elektrisch angetriebenen Maschinen, weil man damit unbedingt höhere Leistungen in der Zeiteinheit erzielt.

Um die Schleif- und Poliermotoren vor unzulässiger Überlastung zu schützen, baut man Maximalausschalter in den Hauptstrom der Maschinen ein, welche automatisch den Strom unterbrechen, wenn eine gefährliche Überlastung einsetzt, gleichzeitig müssen solche Maschinen, wie jeder Elektromotor, durch geeignete Schmelzsicherungen gesichert sein.

Fig. 172.

Bei Beschaffung von Schleif- und Poliermotoren muß man sich über die verlangte PS-Leistung vollkommen klar sein und jederzeit bei Bestellung angeben, ob man vom Motor eine Dauerleistung von soundsoviel PS verlangt oder nur intermittierend. Die Bezeichnung „intermittierend" besagt, daß man nicht ununterbrochen die volle Leistung des Motors braucht, sondern nur minutenweise den Motor voll belastet, während er dann wieder minutenweise mit geringerer Last zu arbeiten hat. Eine Dauerleistung kommt bei solchen Motoren naturgemäß kaum in Frage, weil bei Bedienung von Hand immer Ruhepausen eintreten, während welcher sich der Motor wieder abkühlen kann; wenn irgend möglich, mache man Luftkanäle oder Ventilationsöffnungen in die Kapselung der Motoren, damit Luft zirkulieren kann und dadurch eine Abkühlung der durch den Betrieb sich erwärmenden Teile des Motorinnern stattfinden kann.

Werden solche Motoren an Drehstromnetze angeschlossen, so ist die Periodenzahl maßgebend für die mögliche Tourenzahl der Schleifwelle, die ja direkt vom Motor angetrieben wird. Bei 50 Perioden des Netzes sind nur Tourenzahlen von ca. 1500 oder 3000 möglich. Praktisch liegen sie stets etwas niedriger (1450 und 2800), aber es ist elektrisch undenkbar, Wechselstrom- oder Drehstrommotor für z. B. 2000 Touren zu bauen, wenn die Periodenzahl des Netzes 50 beträgt. Ist die Periodenzahl dagegen nur 40, so sinkt die Tourenzahl auf ca. 1200 bzw. aus 2150, ist sie höher als 50, so steigt sie im selben Verhältnis.

Eine Tourenzahlregulierung bei Poliermotoren ist im allgemeinen untunlich, weil vorgeschaltete Drahtwiderstände von bestimmtem Regulierbereich stets nur

bei einer bestimmten Stromaufnahme des Motors eine Tourenregulierung ermöglichen, soweit Gleichstrom in Frage kommt. Da aber eine konstante Stromaufnahme bei der Arbeit des Schleifens überhaupt nicht vorkommt, muß das
Regulieren der Touren außer Betracht bleiben. Im allgemeinen ist dies auch gar
nicht nötig, weil man ja mit einer vorausbestimmten Schleifgeschwindigkeit
rechnet, analog der Schnittgeschwindigkeit bei anderen Metallbearbeitungs-
maschinen. Ist man an eine bestimmte Tourenzahl entsprechend der Bauart des
Poliermotors gebunden, so läßt sich eine Regulierung der Umfangsgeschwindigkeit
der Scheiben bei konstanter Tourenzahl durch Veränderung der Scheibendurchmesser erreichen. Dies gilt gleichartig für Gleichstrom- wie für Drehstrom-
Poliermotoren. Bei Drehstrom wird aber oftmals unliebsam empfunden, daß man
nur an 2 mögliche Tourenzahlen gebunden ist, je nachdem der betreffende Motor
2- oder 4polig gewickelt ist. Ein Mittelding zwischen den 2 diesen beiden
Wicklungsarten entsprechenden Tourenzahlen ist nicht denkbar. Um nun mit
ein und derselben Maschine Schleifarbeit bei niedrigerer Tourenzahl und Polierarbeit bei höherer Tourenzahl ausführen zu können, werden von Spezialfirmen,
wie z. B. von den Langbein-Pfanhauser-Werken A.-G., Drehstrommotoren gebaut,
welche umschaltbar sind, so daß der Motor einmal als 2polig gewickelter Motor bei
50 Perioden mit 2800 Touren läuft und bei dieser Schaltung zum Polieren Verwendung finden kann, während er bei Umschaltung auf die 4polige Wicklung
mit 1450 Touren als Schleifmotor dient. Äußerlich unterscheiden sich solche Motoren nur dadurch von den gewöhnlichen, für eine Tourenzahl gebauten dadurch,
daß sie einen besonderen Anlasser besitzen und einen 3poligen Umschalter.
Jedenfalls muß zunächst ein solcher Motor auf 1450 Touren angelassen werden
und kann dann erst auf die höhere Tourenzahl umgeschaltet werden.

Automatische Maschinen zum Polieren. Unter dieser Bezeichnung sind in der
Technik Maschinen im Gebrauch, welche wohl nicht ohne jede Handarbeit
funktionieren, immerhin aber ein gutes Stück Handarbeit ersparen, wenn schon
auch für manche spezielle Artikel von praktischen Konstrukteuren ganz automatisch arbeitende Maschinen gebaut wurden, die ihren Zweck erfüllten. Diese
Ganzautomaten sind aber meist ungemein kompliziert und nur für einen bestimmten Gegenstand, meist sogar nur für eine bestimmte Größe gebaut, und
sind keine im Handel befindlichen Maschinen, sondern Eigenkonstruktionen
von Spezialfirmen, die die Konstruktion aus naheliegenden Gründen geheim-
halten. So gibt es Schleif- und Poliermaschinen für das Innenschleifen und
Polieren von Scheinwerfern aus Messing, und zwar zum Polieren der versilberten
Innenflächen, ferner Maschinen, welche das Polieren kleiner Hohlkörper, wie
Lampenfassungen, Messing-Schalterkappen u. ä., einwandfrei besorgen.
Im großen werden aber auch Halbautomaten für die Bearbeitung von Blechen
und Bändern verwendet, und besonders das Polieren von Blechen vor und nach
der Elektroplattierung hat eine ganze Reihe von Konstruktionen und Patenten
gezeitigt, weil diese Industrie sehr ausgedehnt ist und das früher beschriebene
Verfahren des Polierens von Blechen mit Handbedienung (vgl. Fig. 170) sehr
teuer kommt. Allerdings ist diese Methode durch die Arbeit einer automatisch
wirkenden Maschine nicht überholt; für Handelsware, wo es nicht auf erste
Qualität ankommt, ist aber das automatische Blechpolieren angängig und tatsächlich heute auch schon sehr verbreitet. Das verwendete Prinzip ist durchweg
das gleiche. Die Bleche werden unter einer oder mehreren rotierenden Schleif-
oder Polierwalzen hindurchgeführt, die Walzenachse ist meist in einem kleinen
Winkel zur Kante des durchlaufenden Bleches verstellt und die Arbeitsscheibe
oder Walzenschwabbel wird durch eine Exzentervorrichtung in gewissen kleinen
Zeitabschnitten hin und her bewegt, ersetzt so die Arbeitsweise, wie sie bei der
Handarbeit üblich ist. Der Unterschied gegenüber der Handarbeit ist der, daß
man nicht jedes Blech extra in die Hand nehmen muß, sondern daß man eine

Anzahl von Blechen auf einen durchgehenden Transporttisch aufspannen kann;
da aber jedes Blech gleichartig schnell die Maschine passiert und auch die
Schwabbel an solchen Stellen, die infolge ihrer Oberflächenbeschaffenheit eine
intensivere oder längere Bearbeitung erfordern würden, nicht stärkere oder
intensivere Arbeit leisten als im Durchschnitt, wird die Qualitätsware, die durch
individuelles Arbeiten von Hand geleistet wird, mit der Maschine nicht zu erhalten sein, es sei denn, daß man wirklich solche Bleche der Maschine zuführt,
welche in ihrer Gänze eine einheitlich gute, für die Arbeit der Maschine gleich
brauchbare Beschaffenheit aufweisen.

Die Maschine nach Zimmermann schließt sich in ihrem Grundgedanken an
diese Konstruktion an, verwendet aber einen Wandertisch, der aus einzelnen Platten
mit Einspannklammern besteht, deren jede ein Blech aufzunehmen geeignet ist.
Der Tisch macht eine kreisende Bewegung, und man kann einzelne Bleche, welche
nicht genügend bearbeitet erscheinen, ein zweites Mal durch die Polierwalzenanord-
nung laufen lassen und kommt so dem individuellen Arbeitsgang näher.

Fig. 173.

Der Kraftbedarf solcher Blechpoliermaschinen richtet sich nach der Größe
der verwendeten Schleif- und Polierwalzen, diese sind meist der Breite der Bleche
entsprechend bis zu 70 cm durch Aneinanderfügen von Tuchresten bis zur
Breite dieser Schleif- und Polierschwabbel zusammengesetzt und durch End-
flanschen festgehalten. Je breiter und größer diese Walzen sind und mit je
stärkerem Druck sie auf die Bleche aufdrücken, um so mehr Kraft erfordert die
Maschine. Im allgemeinen kann man mit dem mechanischen Antrieb als Kraftbedarf solcher Maschinen 15 bis 25 PS annehmen. Die Leistungsfähigkeit ist
aber auch bedeutend, man kann mit einer solchen Maschine pro 8 Stunden bis
zu 100 laufende Meter Zinkbleche von 50 cm Breite und etwa die Hälfte in Messing
vorpolieren. Diese Maschinen eignen sich aber auch zum Hochglanzpolieren fertig
elektroplattierter Bleche aller Art; auch vernickelte Stahl- und Weißbleche sind
mit diesen Maschinen schnell und sicher auf Hochglanz zu polieren. An Arbeits-
mannschaft erfordern diese Maschinen 1—2 Mann.

Eine Konstruktion, welche sich außerordentlich gut bewährt hat, ist die in
Fig. 173 dargestellte Poliermaschine zum Polieren von Blechen einheitlicher
Größe. Eine große Aufspanntrommel rotiert unter einem Schwabbelpaar mit

leicht einstellbarer Geschwindigkeit. Die zu plattierenden Bleche, z. B. Weißbleche oder Zinkbleche, Messingbleche usf., werden mit einer Kante auf einer
an der Oberfläche der Aufspanntrommel angebrachten Einklemmvorrichtung befestigt, während sich die Aufspanntrommel in gleichmäßigem Tempo weiter-
bewegt. Das Festziehen der Einspannvorrichtung geschieht selbsttätig. Nach
einmaligem Vorbeiführen der eingespannten Bleche unter den zwei Polier-
schwabbeln ist die Polierarbeit beendigt. Solche Maschinen werden ebensowohl
zum Vorpolieren wie zum Nachpolieren der Bleche nach erfolgter Galvanisierung
benutzt und leisten ganz Hervorragendes. Z. B. wird minutlich ein Quantum
von 5 Weißblechen vorpoliert. Der Kraftbedarf beträgt ca. 7 bis 8 PS.

Auf ganz ähnlichem Prinzip sind die Maschinen zum Schleifen und Polieren
langer Stahl- oder Zinkbänder gebaut. Das Schleifen der Bänder kann aber nie
in einem Arbeitsgang mit dem Polieren geschehen, sondern die Bänder beliebiger
Breite müssen in einer Vorrichtung zuerst geschliffen und aufgehaspelt werden
und gelangen von dort in die Poliervorrichtung, welche auch wieder mit einer
Abhaspel- und einer Aufhaspelvorrichtung versehen sein muß. Zum Schleifen
der Bänder werden entweder die Maschinen mit Holzscheiben oder walzenartigen
Filzscheibenrädern ausgerüstet, deren Peripherie mit Schmirgel beleimt ist,
oder man benutzt Eisenwalzen mit Schmirgelbelag unter Verwendung einer
Leimmischung und läßt auch diese Walzen auf den Bändern hin und her gleiten,
gleichzeitig durch einen von unten verstellbaren Tisch den Druck der Walze
gegen die zu schleifenden Bänder regulierend. Schließlich ist auch der Weg gangbar, die Bänder durch einen Trog laufen zu lassen, in welchem sich ein Brei von
Schmirgelpulver und Öl befindet und eine Schleifbürste aus Schleiffiber als
Schleifwalze zu benutzen, doch muß für Verhütung des dabei auftretenden
Schmutzens durch Verspritzen des Breies vorgesorgt werden, weshalb solche
Maschinen stets ganz in Blech eingekapselt erscheinen; trotzdem sehen aber noch
die Arbeitsräume meist sehr schmutzig aus. Die Durchgangsgeschwindigkeit
der Bänder richtet sich nach der Oberflächenbeschaffenheit, die ja in Verbindung
mit dem Korn des Schleifmittels, der Umfangsgeschwindigkeit der Schleifwalzen,
für die notwendige Arbeitsdauer maßgebend ist, denn man kann die Bleche oder
Bänder nur so langsam durch solche Maschinen hindurchlaufen lassen, daß die
Zeit genügt, um die Unebenheiten und Walzfehler, kleine Risse, Zunderflecke
u. dgl. auszuschleifen. Man rechnet beim Schleifen der Stahlbänder mit
einer Durchgangsgeschwindigkeit von ½ bis 2 m per Minute, für das Polieren etwa
1 bis 3 m per Minute.

Bei Anlagen mit solchen Maschinen zum Schleifen und Polieren von Blechen
und Bändern ist ein entsprechend langer Raum für die Unterbringung dieser
Maschinen vorzusehen. Besonders die Maschinen zum Schleifen und Polieren
von Blechbändern erfordern ziemlich lange Räume, weil meist mehrere Maschinen
nacheinander auf dasselbe Blech arbeiten, ferner der Raum für die Haspeleinrichtung vor und nach der Schleif- und Polierarbeit berücksichtigt werden muß.
Für gewöhnlich hat man mit einer Baulänge für die ganze Einrichtung von
ca. 15—20 m zu rechnen.

Leistung und Kraftbedarf der Schleif- und Polierarbeit. Die Gestehungskosten
für das Veredeln von Gegenständen durch Schleif- und Polierarbeit mit
folgender Elektroplattierung bestehen in der Hauptsache aus den Kosten für das
Schleifen und Polieren, weil diese Arbeit infolge ihrer Eigenart am meisten Kraft
einerseits erfordert, andererseits ohne Handarbeit, die heute sehr teuer ist, nicht
zu bewerkstelligen ist, während die einzelnen Elektroplattiermethoden mehr oder
weniger selbstverständlich vor sich gehen und nur verschwindend wenig Handarbeit erfordern. Alle anderen Nebenarbeiten, besonders aber das Schleifen und
Polieren muß genauest verfolgt werden, wenn man maßgebende Unterlagen für
die Kalkulation der fertigen Waren erhalten will. Da ist nun in erster Linie die an-

Tourenzahl der Scheibe pro Min.	Durchmesser der Scheibe mm	Aktive Breite der Scheibe mm	Druckäußerung des Arbeiters in kg pro 20 mm Scheibenbreite	Erforderliche Kraft pro Mann bei Anwendung	
				starkgreifender Schleifmittel PS	polierender Mittel PS
1250	250	20	2,5	0,65	0,5
			5,0	1,3	1,0
		30	2,5	0,975	0,75
			5,0	1,95	1,5
		40	2,5	1,3	1,0
			5,0	2,6	2,0
	300	20	2,5	0,78	0,6
			5,0	1,56	1,2
		30	2,5	0,98	0,9
			5,0	1,96	1,8
		40	2,5	1,56	1,2
			5,0	3,12	2,4
		20	2,5	0,91	0,7
			5,0	1,82	1,4
		30	2,5	1,37	1,05
			5,0	2,74	2,10
		40	2,5	1,82	1,4
			5,0	3,64	2,8
1500	250	20	2,5	0,78	0,6
			5,0	1,56	1,2
		30	2,5	1,17	0,9
			5,0	2,34	1,8
		40	2,5	1,56	1,2
			5,0	3,12	2,4
	300	20	2,5	0,94	0,725
			5,0	1,98	1,45
		30	2,5	1,18	0,91
			5,0	2,36	1,82
		40	2,5	1,88	1,45
			5,0	3,76	2,9
	350	20	2,5	1,09	0,84
			5,0	2,18	1,68
		30	2,5	1,64	1,26
			5,0	3,28	2,52
		40	2,5	2,18	1,68
			5,0	4,36	3,36
1750	250	20	2,5	0,91	0,7
			5,0	1,82	1,4
		30	2,5	1,37	1,05
			5,0	2,74	2,10
		40	2,5	1,82	1,4
			5,0	3,64	2,8
	300	20	2,5	1,09	0,84
			5,0	2,18	1,68
		30	2,5	1,64	1,26
			5,0	3,28	2,52
		40	2,5	2,18	1,68
			5,0	4,36	3,36
	350	20	2,5	1,27	0,98
			5,0	2,57	1,96
		30	2,5	1,92	1,48
			5,0	3,84	2,96
		40	2,5	2,54	1,96
			5,0	5,08	3,92

Touren-zahl der Scheibe pro Min.	Durch-messer der Scheibe mm	Aktive Breite der Scheibe mm	Druckäußerung des Arbeiters in kg pro 20 mm Scheibenbreite	Erforderliche Kraft pro Mann bei Anwendung	
				starkgreifender Schleifmittel PS	polierender Mittel PS
2000	250	20	2,5	1,05	0,81
			5,0	2,1	1,62
		30	2,5	1,58	1,22
			5,0	3,16	2,44
		40	2,5	2,1	1,62
			5,0	4,2	3,24
	300	20	2,5	1,25	0,96
			5,0	2,50	1,92
		30	2,5	1,87	1,29
			5,0	3,64	2,50
		40	2,5	2,5	1,92
			5,0	5,0	3,84
	350	20	2,5	1,46	1,13
			5,0	2,92	2,26
		30	2,5	2,2	1,70
			5,0	4,4	3,40
		40	2,5	2,92	2,26
			5,0	5,84	4,52
2500	250	20	2,5	1,3	1,0
			5,0	2,6	2,0
		30	2,5	1,95	1,5
			5,0	3,90	3,0
		40	2,5	2,6	2,0
			5,0	5,2	4,0
	300	20	2,5	1,56	1,2
			5,0	3,12	2,4
		30	2,5	1,96	1,8
			5,0	3,92	3,6
		40	2,5	3,12	2,4
			5,0	6,24	4,8
	350	20	2,5	1,82	1,4
			5,0	3,64	2,8
		30	2,5	2,74	2,1
			5,0	5,68	4,2
		40	2,5	3,64	2,8
			5,0	7,28	5,6
2750	250	20	2,5	1,43	1,1
			5,0	2,86	2,2
		30	2,5	2,15	1,66
			5,0	4,30	3,32
		40	2,5	2,86	2,2
			5,0	5,72	4,4
	300	20	2,5	1,72	1,33
			5,0	3,44	2,66
		30	2,5	2,57	1,98
			5,0	5,14	3,96
		40	2,5	3,44	2,66
			5,0	6,88	5,32
	350	20	2,5	2,0	1,54
			5,0	4,0	3,08
		30	2,5	3,0	2,3
			5,0	6,0	4,6
		40	2,5	4,0	3,08
			5,0	8,0	6,16

zuwendende Kraft zu berücksichtigen, welche nötig ist, um unsere Schleif- und Poliermaschinen zu betreiben, die Scheiben, mit denen wir arbeiten, in Rotation zu versetzen und die beim Arbeiten auftretende Bremswirkung zu überwinden. Für gewöhnlich kommen elektrische Antriebe in Frage, aber auch Dampfbetrieb wird vielfach angewendet und ist beim Kalkulieren natürlich stets nur der Preis für eine geleistete effektive PSSt maßgebend. Je nach Größe des elektrischen Antriebsmotors kann man pro PSSt effektive Leistung einen Stromverbrauch von 0,9 bis 1,0 KWSt rechnen.

Das Polieren mit der Schwabbel und unter Zuhilfenahme von Poliermassen erfordert im allgemeinen nur halb so viel Kraft wie das Schleifen des Gegenstandes. Je kleiner die Scheibe und je kleiner die Tourenzahl ist, desto geringer ist die Bremswirkung. Am besten wird man den Fachingenieur in solchen Fällen entscheiden lassen, welche PS-Leistung und Tourenzahl man für die aufzustellenden Schleif- und Poliermaschinen wählen soll. Nachstehende Tabelle mag eine ungefähre Übersicht über die Verhältnisse beim Schleifen und Polieren geben, die der Praxis entstammt, doch sind natürlich ganz genaue Zahlen niemals zu geben, weil zu viele verschiedene Momente dabei mitsprechen.

Die Leistungsfähigkeit der Arbeit des Schleifens und Polierens ist bedingt von der guten und zweckmäßigen Einrichtung, von der Verwendung richtig geeigneter und solid konstruierter Maschinen, vom Vorhandensein genügender Kraft, um bei gleichmäßigem Gang die erforderliche Umdrehungsgeschwindigkeit der Schleif- und Polierscheiben konstant zu erhalten.

Die Arbeitsleistung des Schleifens und Polierens ist abhängig von der Laufgeschwindigkeit der rotierenden Schleiffläche; unter der Bezeichnung „Laufgeschwindigkeit der Schleiffläche" versteht man, da ja doch meist mit der Peripheriefläche runder Scheiben gearbeitet wird, den Weg, den die Scheibe bei einer bestimmten Umdrehungszahl, auf einer planen Unterlage laufend, zurücklegen würde.

Weil der Umfang einer kreisrunden Scheibe im Verhältnis zum Durchmesser wächst, so ist es klar, daß eine Scheibe mit größerem Durchmesser, um den gleichen Weg in gleicher Weise zurückzulegen, weniger Umdrehungen zu machen braucht als eine solche mit kleinerem Durchmesser.

Die Anzahl der Umdrehungen, die eine Scheibe oder Welle in einer bestimmten Zeit macht, nennt man deren Tourenzahl in dieser Zeit; es ist in der Maschinentechnik allgemein üblich, diese Tourenzahl auf die Minute zu beziehen, und wir werden von nun an mit der Bezeichnung „Tourenzahl" auch immer die Anzahl der Umdrehungen per Minute bezeichnen.

Neben diesen Angaben über den ungefähren Kraftbedarf für den Betrieb sind nun aber auch durch genaues Studium der vorkommenden Arbeiten solche Werte festzustellen, welche sich auf die Leistung eines Arbeiters bei der Bearbeitung eines bestimmten Gegenstandes ergeben. Genau wie in einer Metalldreherei feststellbar ist, mit welcher Schneidegeschwindigkeit die Bearbeitung eines Werkstückes aus Gußeisen, Messing oder Stahl usw. vorzunehmen ist, läßt sich auch beim Schleifen und ebenso beim Polieren zahlenmäßig ermitteln, wie lange ein Arbeiter unter bestimmten Verhältnissen zum Grobschleifen eines Meters Länge bei einer Breite von etwa 1 dm braucht, wenn die Tourenzahl der Maschine beispielsweise 2000 pro Minute und die Schleifscheibe 300 mm Durchmesser und 40 mm Breite besitzt. Auf Grund solcher Ermittlungen werden in größeren Schleifereien auch die Akkorde für solche Arbeiten festgesetzt. Gut eingeschulte und gelernte Schleifer können leisten:

Grobschleifen von Gußeisen . . . . pro Stunde bis zu   5 qm
    „   „ Messing, Bronze . . . .   „   „   „   „   6 „
    „   „ Eisen und Stahl . . . .   „   „   „   „   7 „

Vorpolieren von Gußeisen . . . . pro Stunde bis zu 6 qm

,,   ,,   Messing- und Bronzeguß . . . . ,,   ,,   ,,   ,,   9 ,,

,,   ,,   Eisen und Stahl . . . . ,,   ,,   ,,   ,, 8—9 ,,

,,   ,,   Aluminium . . . . ,,   ,,   ,,   ,, 10 ,,

,,   ,,   Zinkblech oder Guß . . . . . ,,   ,,   ,,   ,, 10 ,,

Hochglanzpolieren von allen Metallen inklusive der

aufgetragenen Elektroplattierung . . . . . . ,,   ,,   ,,   ,, 15 ,,

Der Kraftbedarf und die Leistungsfähigkeit automatischer Maschinen ist hierbei natürlich nicht berücksichtigt, dort richten sich diese Zahlen ganz nach der Konstruktion der Maschine und der Geschicklichkeit der diese Maschine bedienenden Leute.

Es wurde ganz allgemein erwähnt, daß das Polieren etwa die halbe Kraft erfordert wie das Schleifen. Dies ist nur bis zu einem gewissen Grade richtig, insofern, als man normal beim Polieren weniger Druck anwendet als beim Schleifen. Arbeitet aber ein Polierer auf „Zeit", d. h. versucht er die Polierwirkung in möglichst kurzer Zeit herbeizuführen, wie dies bei Akkordarbeit selbstverständlich ist, so pflegt er den zu polierenden Gegenstand an seine Flatterscheibe, wie solche für diese Zwecke meist verwendet werden, besonders energisch anzudrücken, er äußert also ganz bedeutende Drucke gegen die rasch rotierende Polierscheibe, drückt die beweglichen Stofflappen dieser Scheiben auseinander, wodurch sich die Scheibenbreite vergrößert und womit gleichzeitig die Bremswirkung in demselben Verhältnis steigt, als die Scheiben breitevermehrt wird. Es werden deshalb nicht die ausmeßbaren Scheibenbreiten der Polierscheiben der Berechnung zugrunde gelegt, sondern diejenigen Scheibenbreiten, welche sich während der Polierens einstellen, und diese werden als „aktive Scheibenbreiten" bezeichnet.

So ist es erklärlich, daß beim Arbeiten mit einer aus losen Blättern bestehenden sogenannten „Flatterscheibe" bestehenden Polierscheibe von ausgemessen 20 mm Breite beim Arbeiten im forcierten Betrieb eine aktive Scheibenbreite von 50 mm und mehr entsteht, der Kraftbedarf beim Polieren also das Doppelte dessen erreichen kann, was man beim Schleifen mit einer Filzscheibe von 20 mm Breite, die sich beim Arbeiten nicht vergrößert, an Kraft verbraucht. Ganz besonders bei der Dimensionierung der Elektromotoren, wie sie bei den Schleif- und Poliermotoren verwendet sind, kann man diesem Umstand gar nicht genügend Aufmerksamkeit schenken, diese Motorenleistungen werden fast immer unterschätzt, die Folge davon ist, daß solche Motoren sehr heiß werden, die Sicherungen durchbrennen, wenn sie für die auf dem Leistungsschild dieser Motoren angegebenen Leistung entsprechend dimensioniert werden. Ein Polierer kann mit einer Scheibe von etwa 400 mm bei 2000 Touren ohne weiteres 4 PS und noch mehr abbremsen; arbeiten an einer solchen Maschinen mit zwei Wellenenden 2 Leute gleichzeitig mit derselben Energie, so müßte der betreffende Motor also für 8 PS gebaut sein. Dies ist aber niemals der Fall, weil man annimmt, daß der maximale Druck von beiden Leuten nicht gleichzeitig geäußert wird. Solche Maschinen können niemals stark genug gebaut sein, die gewöhnlichen Normalien für solche Motoren haben also für diese Schleif- und Poliermotoren keine Gültigkeit. Je schwerer solche Maschinen im Gewicht sind, um so eher wird man sie belasten oder überlasten können.

Die Kosten der Schleif- und Polierarbeiten. Es ist allgemein bekannt, daß beim Kalkulieren der Herstellungskosten galvanischer Arbeiten, bei welchen Schleif- und Polierarbeiten erforderlich sind, die Kosten für die Schleif- und Polierarbeiten diejenigen der eigentlichen Galvanisierungsarbeiten in den Bädern weit übertreffen. Im strengen Konkurrenzkampf muß demnach dieser Art Arbeiten im höchsten Maße das Interesse zugewendet werden, doch wird leider vielfach gerade die Schleif- und Polierarbeit äußerst stiefmütterlich bedacht und die entsprechenden Einrichtungen kranken in vielen Betrieben an einer ganz unverständlichen Unvollkommenheit. Wo immer nur verbesserte Arbeitsmethoden einführbar sind, sollte man sich solcher bedienen, die besten Maschinen sind dann gerade nur gut genug. Es ist auf leichten Gang der einzelnen Maschinen zu achten, ferner wohl zu überlegen, wie man die Maschinen antreibt, ob Gruppenantrieb oder Einzelantrieb. Letzterer ist unbedingt vorzuziehen, deshalb werden in modernen Betrieben fast ausschließlich die Schleif- und Poliermotoren benutzt, bei denen der Motor direkt auf der Schleifwelle sitzt. Nur dies verbürgt eine wirklich vorher bestimmte konstante Tourenzahl. Die Tourenzahl in Verbindung mit dem Scheibendurchmesser bedingt aber die Umfangsgeschwindigkeit beim Arbeiten, kommt also der Schneidgeschwindigkeit bei anderen Werkzeugmaschinen gleich. Werden dagegen solche Schleif- und Poliermaschinen einzeln oder gruppenweise durch Riemen von einer Transmission aus angetrieben, so findet beim Arbeiten stets Riemenrutsch statt, d. h. je mehr der oder die Arbeiter die zu behandelnden Gegenstände an die rotierenden Scheiben oder Bürsten andrücken, desto mehr sinkt die Tourenzahl, damit sinkt aber auch die Umfangsgeschwindigkeit der Scheiben und damit auch die Leistung der Arbeit. Man kann allerdings von Betriebsleitern oder auch Ingenieuren hören, daß der Einzelantrieb zu viel Kraft erfordere gegenüber dem Riemenantrieb; vergleicht man aber in beiden Fällen die Arbeitsleistung, so sind die mit Einzelantrieb durch Poliermotoren ausgestatteten Betriebe weit überlegen, denn nur mit solchen Maschinen kann man die kürzesten Bearbeitungszeiten erreichen und bestimmte Akkordzeiten durchführen.

Um in Schleifereien die Höchstleistung zu erreichen, muß man tunlichst jedem Arbeiter immer wieder die gleiche Arbeit zuteilen, damit er sich darauf spezialisieren kann, seine Schleifscheiben und sonstigen Hilfsmittel danach einrichtet. So wird in großen Fahrradfabriken z. B., wo auf Bruchteile eines Pfennigs kalkuliert wird, ein und derselbe Arbeiter nur Lenkstangen, ein anderer nur Pedale usf. bearbeiten. Kompliziertere Stücke läßt man von mehreren Leuten bearbeiten, indem man jedem immer die gleiche Teilarbeit zuteilt. Hat man z. B. Fahrradnaben zu schleifen, so läßt man den mittleren zylindrischen Teil von einem Manne ausführen, die seitlichen Flächen wieder von einem anderen usw. und kommt solcherart zu den niedrigsten Gestehungspreisen. Es wird interessieren, wie z. B. in einer Fahrradfabrik diese Arbeit honoriert wird, wobei man zwischen Vorschleifen und Nickelpolieren unterscheidet. Bei einigermaßen guter Einrichtung und Organisation benötigt man folgende Arbeitszeiten im Akkord:

	Vorschleifen	Nickelpolieren·
Fahrradlenker	30 Minuten	5 Minuten
Kettenräder	18 ,,	1½ ,,
Kurbeln	13 ,,	0,9 ,,
Sattelstützen	14 ,,	1,2 ,,
Bremshebel	22 ,,	1,3 ,,
Bremsschuhe	7½ ,,	0,9 ,,
Normale Nabe	6¾ ,,	0,6 ,,
Freilaufnabe	10 ,,	0,8 ,,

Das soll aber nicht etwa das Maximum darstellen, sondern durch gute Arbeitsorganisation und durch Verwendung der bestgeeigneten Maschinen, guter Schleifmaterialien u. dgl. können diese Arbeiten noch wesentlich rascher ausgeführt werden.

Die Arbeit am Band, wie sie in der modernen Fließarbeit üblich ist, läßt sich natürlich auch für die Schleif- und Polierarbeit anwenden. Der Betriebsleiter muß nur wissen, welche Zeit der einzelne Arbeiter bzw. der einzelne Arbeitsgang erfordert, um die nötige Anzahl Leute für eine bestimmte Arbeit anzustellen, so daß keine Stockung in der Leistung eintritt. Dort wo man die vorbereitenden Arbeiten in den galvanischen Bädern und das Galvanisieren selbst durch Bandarbeit ausführt, wird man ohne weiteres auch die Schleif- und Polierarbeiten am Bande ausführen lassen. Dies ist aber erst möglich, wenn vorher alle Details genauest studiert worden sind.

Staubabsaugung. Beim Arbeiten mit den rasch rotierenden Scheiben oder Schwabbeln ist ein nicht unbedeutender Verbrauch an Scheibenmaterial einerseits und an Schleif- und Poliermitteln anderseits zu beobachten. Das Material, das an die rasch laufenden Scheiben gebracht wird und dort möglichst lange festhaften soll, um unnötigen Materialverbrauch hintanzuhalten, wird immer durch die an die Scheiben angedrückten Gegenstände mit einem namhaften Teil des Scheibenmaterials wegfliegen und veranlaßt eine bedeutende Staubentwicklung, die den Lungen der Bedienungsmannschaft schädlich ist, denn besonders Kalkpulver wirkt gesundheitsschädlich, außerdem verschmutzt dieser herum-

Fig. 174.

fliegende Staub die Lokalität. Man hat daher von seiten der Gewerbeinspektionen sehr bald Vorschriften erlassen, Einrichtungen zum Absaugen des bei diesen Arbeiten auftretenden Staubes durch sogenannte Staubsaugevorrichtungen zu schaffen. Diese Einrichtungen bestehen in der Hauptsache aus einem Exhaustor, der mit allen Stellen der Schleiferei und Poliererei durch Rohrleitungen aus Blech in Verbindung steht. An jeder Schleif- und Poliermaschine wird dann eine Absaugehaube aus Blech über einen Teil der Scheibe angebracht, so daß der Exhaustor von dieser Staub entwickelnden Stelle sicher alle wegfliegenden Partikelchen absaugen kann. Fig. 174 zeigt uns diese Einrichtung, die ohne weiteres klar ist. Je mehr Maschinen gleichzeitig an einen Exhaustor gemeinsam angeschlossen sind, um so größer muß der Durchmesser des Saugrohres und der des Exhaustors sein. Die Absaugleitung soll aber nicht in einer gleichbleibenden Stärke bis zur letzten Maschine geführt werden, sondern setzt sich nach und nach ab, der Durchmesser dieser Saugleitung wird gegen das Ende der Anlage zu immer kleiner, sonst würde eine ungleichmäßige Wirkung eintreten, die Absaugung nicht exakt vor sich gehen. Hierfür gibt es Spezialfirmen, welche sich mit der Einrichtung derartiger Anlagen befassen, die für jeden Einzelfall eine genaue Berechnung der Querschnitte der Hauptsaugeleitung und der Abzweigeleitungen von dieser zu den einzelnen Absauge-stellen anzustellen haben. Praktischerweise stellt man zwischen Absaugestelle und der Hauptsaugeleitung Sammelgefäße für den abgesaugten Staub auf. In diesen Sammelgefäßen sammelt sich der Staub und kann von Zeit zu Zeit von dort herausgeholt werden. Man vermeidet dadurch, daß durch den Exhaustor der Staub ins Freie geblasen wird. Um die Umgebung der Ausblaseöffnungen der Exhau-storen staubfrei zu erhalten, werden meist auf den Dächern der Betriebsstätten Staubabscheider errichtet, das sind Blechgefäße mit großem Durchmesser und mit Zwischenwänden versehen, wo sich der Luftwirbel beruhigen kann und solcher-art den mitgerissenen feinen Staubteilchen Gelegenheit geboten wird, sich ab-zusetzen. Der Kraftbedarf solcher Exhaustoren ist nicht unbedeutend; wenn die Staubabsaugung verläßlich erfolgen soll, muß mit einem Kraftbedarf per Scheibe, an welche die Saugleitung angeschlossen ist, von $\frac{1}{4}$ bis zu 1 PS gerechnet werden. Bei der Kalkulation der Schleif- und Polierarbeit sind daher auch der Kraft-bedarf und die sonstigen Unkosten, die eine solche Staubabsaugeeinrichtung ver-ursacht, mit zu berücksichtigen.

Die wissenschaftliche oder technische Ausführung der Staubabsaugung er-fordert genaue Kenntnisse, und es liegen hierüber eingehende Arbeiten vor; es sei auf die einschlägige Literatur verwiesen, wie von Rietschel, Schwanecke, Brabbée usw., woraus hervorgeht, wie sich der Kraftbedarf einer Entstaubungs-anlage im voraus berechnen läßt.

Carl Kummer gibt als Formel für den Kraftbedarf einer Entstaubungs-anlage folgende an:

$$M = \frac{Q \cdot p_g}{75 \cdot \eta}.$$

In dieser Formel bedeutet Q die Luftmenge in der Sekunde, p_g den Gesamt-widerstand in mm Wassersäule und η den Wirkungsgrad des Exhaustors. Der Gesamtwiderstand p_g setzt sich zusammen aus dem statischen Widerstand oder dem Widerstand durch Reibung der Luft im Entstaubungsrohr p_{st} und der dynamischen Geschwindigkeitshöhe p_d und beträgt

$$p_g = p_{st} + p_d.$$

Beim Projektieren von Entstaubungsanlagen sind die Werte für p_{st} und p_d leicht berechenbar, und zwar ist

$$p_{st} = \frac{\xi \cdot l \cdot v^2}{d \cdot 2_g}$$

$$p_d = \frac{v^2 \cdot \gamma}{d \cdot 2_g}$$

ξ bedeutet darin einen Wert, der im Mittel 0,024 ist, l ist die Länge der Rohr-leitung in Metern, v die Luftgeschwindigkeit in m/sek, d ist der Rohrdurch-messer in mm, g = 9,81 und γ das spezifische Gewicht der Luft, im Mittel bei ge-wöhnlicher Temperatur = 1,23.

Wenn man bedenkt, daß beim Schleifen von Messern wie in der Rasiermesser-fabrikation ca. 15% des Gewichtes des verarbeiteten Stahles beim Hohlschleifen abgeschliffen wird, so ist die Notwendigkeit der Entstaubungsanlagen angesichts der Gefährlichkeit solcher fein verteilter Metallmengen für die Lungen der in den Schleifereien tätigen Arbeitskräfte ohne weiteres gegeben.

Das Kugeltrommel-Polierverfahren.

Zur Erzielung einer hochglanzpolierten Fläche sind in der Praxis zwei ver-schiedene Wege üblich. Bei dem einen wird der Hochglanzeffekt durch die be-kannte maschinelle Poliermethode erreicht, wobei die zu polierenden Gegenstände an schnell laufende Polierscheiben in Verbindung mit geeigneten, Hochglanz erzeugenden Poliermaterialien gebracht und auf diese Weise die Unebenheiten der Oberfläche weggenommen werden.

Man kann jedoch auch einen sehr guten Hochglanz durch das sogenannte Druck-Polierverfahren erzielen, wie es z. B. bei dem Silberpolieren üblich ist, bei dem die Oberfläche des betreffenden Gegenstandes mit einem drückenden Stahle oder Blutsteine verdichtet und geglättet wird, wodurch man eine hochglänzende Oberfläche erhält.

Diese Poliermethode läßt sich auch recht gut für Massenartikel verwenden, wenn man sich an Stelle des Polierstahles kleiner, gehärteter Stahlkugeln bedient, wobei man bei genügend hohem Druck einen ähnlich guten Polierglanz erzielen kann wie bei dem manuell geführten Polierstahl oder Blutstein. Es liegt auf der Hand, daß für das Polieren mit Stahlkugeln hauptsächlich Massenartikel in Frage kommen. Nachfolgend sollen speziell für diese Metall-Massenartikel die modernen Hilfsmittel und die praktischen Verfahren angegeben und beschrieben werden, deren sich die Technik jetzt allgemein bedient, um unter möglichster Ausschaltung von Arbeitskräften auf schnellstem und rationellstem Wege derartige Metallteile in Massen auf Hochglanz zu polieren.

In früheren Jahren verwendete man hierzu schnelllaufende Holzfässer, in denen das Poliergut unter Zusatz eines Poliermittels, wie Sägespäne, Lederabfälle, Polierrotpulver, Kalk u. dgl., getrommelt wurde. Da zur Erreichung des geforderten Hochglanzes mitunter ein ununterbrochenes tage-, ja wochenlanges Trommeln in derartigen Fässern notwendig war, beanspruchte dieses Polierverfahren bei einer großen Produktion naturgemäß eine recht umfangreiche Polieranlage, große Raumfläche und Bindung erheblicher Arbeitskräfte. Die fortschreitende Technik hat auch hier durch Einführung des Kugel-Polierverfahrens grundlegende Umwälzungen herbeigeführt, die zur raschen Umstellung veralteter Betriebe auf diese moderne Methode führen müssen.

Das Kugel-Polierverfahren beruht darauf, daß die in Säure oder Säuregemischen gebeizten, gelbgebrannten oder auch vorher gescheuerten (gerollten) Gegenstände — gut entfettet — in Holzfässern besonderer Form und Größe mit Stahlkugeln unter Zusatz eines Gleit- und Benetzungsmittels (Seifenemulsion, schaumbildende und oxydlösende Ingredienzien) je nach Oberflächenbeschaffenheit kürzere oder längere Zeit getrommelt werden.

Durch das Kugel-Polierverfahren können natürlich nicht roh gegossene, mit Grat oder Zunder behaftete, roh gefeilte oder mit tiefen Einkerbungen, Schleifstrichen oder Drehriefen behaftete Massenartikel eine rissefreie, hochglanzpolierte Oberfläche erhalten, sondern nur solche Metallteile, die an und für sich schon eine glatte Oberfläche besitzen. Für diese Massenartikel ist aber dann das Anwendungsgebiet des Kugel-Polierverfahrens zum Hochglanzpolieren fast unbeschränkt. Es eignet sich vor allen Dingen für kleine Massenartikel von runder oder abgerundeter Form und solche, die nicht zu dünnwandig sind oder keine scharfen Kanten, Schlitze oder feinen Gewinde besitzen, die beim Kugel-Polierprozeß unscharf oder verletzt werden könnten.

Das Kugel-Polierverfahren ist ebensogut zum Hochglanzpolieren von Massenartikeln aus Eisen, Stahl, Kupfer, Messing, Tombak, Bronze, Silber, Gold, Weißgold, Doublé, Platin als auch für weichere Metalle, wie Aluminium, Aluminiumlegierungen, Zink, Zinn und deren Legierungen sowie für galvanisierte Massenartikel geeignet.

Die Form, Größe und Beschaffenheit des vorliegenden Poliergutes ist bestimmend für die Wahl der geeigneten Trommeltype. Eine Hochglanzpolitur ist bei diesem Verfahren um so schneller und vollkommener zu erreichen, ein je größeres Kugelgewicht gleichmäßig auf das Poliergut wirken kann.

Wenn man die beiden Trommelquerschnitte in Fig. 175 betrachtet, so ist ohne weiteres zu erkennen, daß bei Trommelausführung I das Gewicht und demgemäß der Druck des Poliermateriales auf das Poliergut bedeutend größer ist als bei Ausführung II.

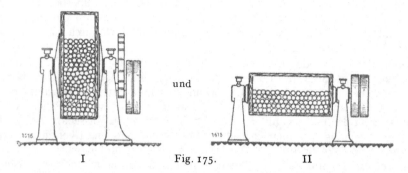

I   und   Fig. 175.   II

Die Konstruktion I bedingt allerdings wegen der großen Massenbewegung eine besonders schwere und solide Trommelkonstruktion und ein bedeutend größeres Polierkugelquantum gegenüber Konstruktion II, gewährleistet dafür aber die vollkommenste, schnellste und rationellste Hochglanzpolitur in kürzester Zeit.

Bei der Trommelkonstruktion II ist das Kugelgewicht kleiner und verteilt sich auf die ganze Trommellänge. Durch den geringeren Trommeldurchmesser ist das Kugelbett verhältnismäßig niedrig, so daß es, namentlich bei zu schnellem Rotieren der Trommel, öfters vorkommen dürfte, daß die zu polierenden Metallteile, aus dem Kugelbett an die Trommelwandung geschleudert, zurückfallen und auf diese Weise leichter zerkratzt, zerbeult oder sogar deformiert werden können.

Fig. 176.

Die Beantwortung der Frage, welche Trommelkonstruktion zum Kugelpolieren des betreffenden Massenartikels in Betracht zu ziehen ist, ist nach diesen Erörterungen ziemlich gegeben. Metall-Massenartikel aus einem weichen Metall oder einer weichen Metallegierung, galvanisch veredelte Massenteile, auch dünnwandige und solche, die nach Form und Beschaffenheit keinen allzu großen Kugeldruck zulassen, poliert man zweckmäßig in den Kugel-Poliertrommeln Type K 1 bis K 3 bzw. ZK 1 bis ZK 2 (Fig. 176), während für das Hochglanzpolieren aller anderen, vor allen Dingen massiver Massenartikel, trotz der höheren Anschaffungskosten für die Trommel und das Kugelquantum unter allen Umständen der modernen Konstruktion K 100 bis PK 600 (Fig. 177) der Vorzug gegeben werden sollte. Diese höheren Anschaffungskosten werden schnell durch bessere und kürzere Polierarbeit ausgeglichen, da eine solche moderne Kugel-Poliertrommel mit ihrer schnellen Polierarbeit mehrere Trommeln alter Konstruktion ersetzt.

Zweckmäßig wird man in den Fällen, wo verschiedene Metallartikel, die getrennt bleiben sollen, vorliegen, mehrere oder mehrkammrige Kugel-Poliertrommeln (Fig. 178) aufstellen, die jede Sorte für sich zu polieren gestatten. Auch empfiehlt es sich, dort, wo verschiedene Metalle, z. B. Eisen- und Messing-Massenartikel, hochglanzpoliert werden sollen, die Behandlung in getrennten Trommeln oder Trommelkammern auszuführen, da sonst durch die abgetrommelten Metallflitter des härteren Metalles auf dem weicheren ein Verfärben oder Verschmieren eintreten kann.

Besonders diffizile Metallteile oder solche, die sich in einer Trommel leicht deformieren, festklemmen oder festspießen, werden oft mit Vorteil in Polierglocken aus Holz, Zelluloid, Cellon od. dgl. kugelpoliert. Trommeln mit eisernen Wandungen sind für das Hochglanzpolieren mit Kugeln nicht geeignet Man verwendet entweder Trommeln aus Massivholz oder aus Eisen mit Hartholzausfütterung (Fig. 179).

Fig. 177.

Harz- und gerbsäurehaltiges Holz (Eichenholz) soll für diese Trommeln unter keinen Umständen verwendet werden, da Harz in Verbindung mit der Polier-

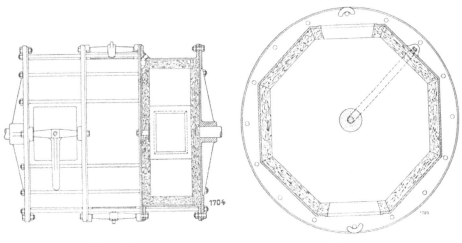

Fig. 178.   Fig. 179.

lösung ein Verschmieren, die Gerbsäure ein Anlaufen und Dunkelwerden des Poliergutes verursacht.

Poliermaterialien und deren Behandlung. Nicht gut gehärtetes Poliermaterial poliert nicht, sondern verschmiert durch abgelöste Metallflitter das Poliergut, welches dadurch fleckig und dunkel wird; gratiges oder kantiges und rauhes Poliermaterial zerkratzt dasselbe und erzeugt keine Hochglanzpolitur. Man verwende deshalb nur möglichst vollrunde, durch und durch gehärtete, riß- und gratfreie hochglanzpolierte, blanke und fettfreie Stahlkugeln und -stifte.

Dieses Poliermaterial wird in Packungen von etwa 2 kg bei kleineren Mengen, bei größeren in Holztrommeln, Faß oder Kistenverpackung in den Handel gebracht, und zwar sortiert in den Größen von ½ bis 8 mm Durchmesser (siehe Fig. 180).

Der Durchmesser der Stahlkugeln bzw. die Form und Größe des benutzten Polierstahl-Materiales wähle man so, daß die Kugeloberfläche an der ganzen Oberfläche des zu polierenden Körpers wirken und gleiten kann.

Ist das Poliergut von glatter Oberfläche ohne Einkerbungen und Rillen, so verwendet man Kugeln von größerem Durchmesser, da diese schon wegen ihres größeren Kugelgewichtes schnellere und bessere Polierarbeit leisten und geringere Anschaffungskosten verursachen.

Liegt dagegen reliefiertes, mit Einschnitten, Rillen, Einkerbungen und Löchern versehenes Poliergut vor, so sind die Polierkugeln in einem Durchmesser zu nehmen, daß sich die Kugeln nicht festklemmen,

Fig. 180.

feststecken oder Löcher versetzen können. Der Durchmesser ist also so klein oder groß zu wählen, daß die Kugeln auch in den tiefer liegenden Partien gleiten und dort polieren und sich nicht in die Löcher und Einkerbungen festklemmen, aus denen sie schwer und nur mit Verlust zu entfernen sind (siehe A u. B, Fig. 181).

In manchen Fällen wird man mehrere Kugelgrößen verwenden oder dem Kugelmaterial zweckmäßig Stahlstifte zumischen, die durch ihre Form besonders dazu geeignet sind, derartige enge Einschnitte zu bestreichen und zu polieren (siehe C, Fig. 181, Pfeilangabe).

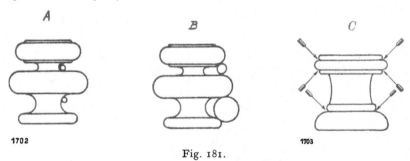

Fig. 181.

Um ein Zerkratzen, Zerschlagen oder Deformieren des Poliergutes an den Holzwänden der Trommel während des Rotierens derselben, überhaupt nach Möglichkeit ein Herausschleudern der Metallartikel aus dem Poliermaterial zu vermeiden, muß dasselbe in dem Stahlkugelmaterial gut eingebettet liegen; auch soll ein möglichst großes Gewicht dieser Kugeln gleichmäßig und allseitig auf das Beschickungsgut wirken können. Je größer und beweglicher das Kugelgewicht und je geringer die Lagenveränderung des Poliergutes im Kugelbett ist, um so vollkommenere und schnellere Polierarbeit wird geleistet, um so weniger Bruch und Deformation des Poliergutes wird vorkommen. Im Durchschnitt rechnet man auf 1 Volumenteil Beschickungsgut etwa 2 Volumenteile Polierkugeln bei ¾-Füllung der Trommel. Dieses Verhältnis wird sich natürlich zweckmäßig und nach praktischen Erfahrungen in den Fällen ändern, wo Massenartikel von besonderer Form und Beschaffenheit vorliegen.

Um das Poliermaterial stets in gutem und brauchbarem Zustande zu erhalten, erfordert es eine reinliche und sachgemäße Behandlung. Die Polierkugeln werden, wenn sie längere Zeit nicht gebraucht, entweder gut ausgetrocknet und eingefettet oder in Saponallösung oder Seifenlösung, der etwa 1 bis 2 g Zyankalium pro Liter zugesetzt wird, in Steinzeug- oder emaillierten Gefäßen so aufbewahrt, daß diese Flüssigkeit über den Kugeln steht. Die Kugeln dürfen nicht in feuchtem Zustand an der Luft liegen oder unter reinem Wasser aufbewahrt werden, da sie dann schon innerhalb kürzester Zeit rosten. Derartige mit Rostnarben behaftete Kugeln werden für den Kugel-Polierprozeß unbrauchbar.

Um den Kugeln den Hochglanz zu erhalten, empfiehlt es sich, sie in der gut mit Zynakaliumlösung gereinigten Trommel von Zeit zu Zeit ohne Poliergut mit verdünnter Saponal- oder Seifenlösung zu trommeln, wobei diese Lösung je nach Bedarf und sobald der Seifenschaum nicht mehr rein weiß, zu erneuern ist. Durch dieses Trommeln der Kugeln ohne Poliergut erreicht man gleichzeitig eine Reinigung der Trommel, deren Holzwände durch abgetrommelte Metallflitter mit der Zeit verschmiert werden. Auch ein kurzes Stehenlassen der Trommel mit verdünnter zyankalischer Lösung ist zu empfehlen.

Eingefettete neue Kugeln sind vor Ingebrauchnahme in einem Fettlösungsmittel, wie Benzin, Benzol oder Benzinol, zu entfetten, in warmer verdünnter Zyankaliumlösung (etwa 1:20) zu dekapieren und kürzere oder längere Zeit ohne Poliergut mit verdünnter Saponal- oder Seifenlösung, eventuell unter Erneuerung derselben je nach Bedarf, zu trommeln.

Als nichtrostendes Poliermaterial haben sich für dieses Kugel-Polierverfahren auch chromlegierte, also nichtrostende Stahlkugeln als recht geeignet erwiesen, die allerdings wegen ihres hohen Kostenpunktes nur in vereinzelten Fällen verwendet werden.

Zum Schluß sei noch kurz auf ein Kugelpolieren mit Kugeln hingewiesen, welche aus einem anderen Material als gehärtetem Stahl bestehen. Ähnlich wie man in der Galvanotechnik bei dem Galvanisieren von Massenartikeln in Massen-Galvanisierapparaten öfters Kugeln oder anders gestaltete Formen aus nichtleitendem Material, wie Achat, Glas, Quarz, Steinzeug u. dgl., zusetzt, um leicht aufeinander klebende Massenartikel besser zu trennen und den galvanischen Niederschlag während der Expositionsdauer im Trommelapparat gleichzeitig zu polieren, verwendet man beim Kugel-Polierverfahren in manchen Fällen zweckmäßig an Stelle von Stahlkugeln Kugeln aus Achat, Glas, Porzellan, Quarz, Steinzeug u. dgl., namentlich wenn zum Kugelpolieren Weichmetalle oder ein mit einem verhältnismäßig weichen und spröden galvanischen Niederschlag versehenes oder solches Material, welches keinen so schweren Kugeldruck aushält, in der Kugel-Poliertrommel poliert werden soll.

Polierflüssigkeit. Um ein Anlaufen und Verschmieren des Kugelmateriales und des Poliergutes zu vermeiden, bediene man sich nur bestbewährter Materialien, die unverschnitten und durch jahrelang erprobte Zusammensetzung von gut gleitender, schäumender und dabei reinigender Wirkung sind. Als besonders geeignet zur Herstellung der Polierlösung sind Poliersalze, Saponal, Polierseife I a pulv. und Polierkernseife. Das Auslösen soll in heißem und gemäß der weiter unten angeführten Mengenverhältnisse erfolgen, wobei darauf zu achten ist, daß nur weiches, abgekochtes Wasser (ölfreies Kondenswasser, filtriertes Regenwasser oder destilliertes Wasser) verwendet wird, da hartes Wasser infolge seines Kalkgehaltes bekanntlich unlösliche Kalkseifen bildet, die sich auf dem Poliermaterial und Poliergut abscheiden und es verschmieren.

Ferner ist darauf zu achten, daß die klare Polierflüssigkeit kalt oder wenigstens nicht zu warm in die Poliertrommel eingefüllt wird, da sich aus einer heißen Seifenlösung, wenn gesättigt, Seife ausscheidet, die die Kugeln und das Poliergut verschmieren würde.

Da nur dann ein guter Hochglanz zu erreichen ist, wenn Polierkugeln, Poliergut und Polierlösung frei von Schmutz, abgetrommelten Metallflittern und sonstigen Verunreinigungen sind, muß die Polierlösung öfters und dann ganz oder teilweise erneuert werden, wenn der Seifenschaum nicht mehr weiß ist. Falls die Polierlösung nicht zu sehr verschmutzt ist, genügt es in vielen Fällen, dieselbe in einem besonderen Gefäß (zweckmäßig Steinzeug) von dem abgetrommelten Polierstaub absetzen zu lassen und die geklärte, bräunlich gefärbte Lösung mit neu angesetzter Polierflüssigkeit zu versetzen.

Bei größeren Poliertrommel-Anlagen wird man zur bequemen Erneuerung bzw. Regenerierung der Polierflüssigkeit und Wiederfüllung der Trommeln oberhalb dieser Trommel-Apparatur ein Vorratsgefäß mit Polierflüssigkeit anordnen, von dem diese Lösung durch Verteilungsrohre den einzelnen Trommeln zugeführt wird. Auch kann man zweckmäßig die in die einzelnen, unter den Trommeln angeord-

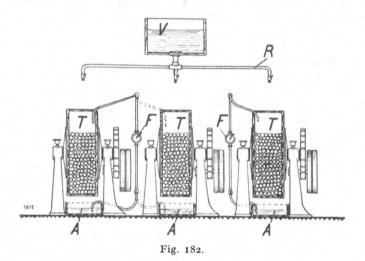

Fig. 182.

neten Auffangbehälter abgeflossene, noch brauchbare Polierlösung durch Flügelpumpen den Poliertrommeln ohne viel Arbeitsaufwand zuführen. Die Fig. 182 veranschaulicht schematisch eine derartige moderne Anlage, wobei V das Vorratsgefäß, R das Verteilungsrohr mit Abzapfstelle, T die Trommeln, A die Auffanggefäße und F die Flügelpumpen bedeuten.

Zur Herstellung geeigneter Polierlösungen nimmt man:

Für Artikel aus	auf 1 Liter weiches Wasser:
Eisen, Stahl, Nickel	10 g Poliersalz „Saponal" oder 10—20 g LPW-Polierseife pulv. oder 10—20 g LPW-Polierkernseife
Kupfer, Kupferlegierungen usw., Messing, Bronze, Alpaka, Platin, Gold und Silber	5—10 g Poliersalz „Saponal" und 1—2 g Zyankalium oder 5—10 g LPW-Polierseife pulv. und 1—2 g Zyankalium oder 5—10 g LPW-Polierkernseife und 1—2 g Zyankalium
Weichmetall, Aluminium, Zink, Zinn oder galvanisch veredelten Teilen	5—10 g Poliersalz „Saponal" oder 5—10 g LPW-Polierseife pulv.

Neuerdings werden sogenannte „Spezialpoliersalze" nach D. R. P. für den Prozeß des Polierens mit Stahlkugeln in den Handel gebracht, welche wirklich gegenüber anderen Poliermitteln ganz hervorragende Polierwirkung zeigen. Je nach dem zu polierenden Metall sind diese Poliersalze verschiedenartig präpariert. Man beachte folgende Spezialanwendungen:

Glanzpolieren von Eisen- und Stahlgegenständen mittels Eisen-Poliersalz D.R.P. Das Eisen-Poliersalz D.R.P. wird in kaltem Leitungswasser aufgelöst, und zwar in einer Konzentration von 20 g per Liter Polierflüssigkeit. Es ergibt eine n e u - t r a l e , nicht giftige Lösung von vorzüglicher Polierkraft. — Hat man bei gegebener Trommel erst einmal festgestellt, wieviel Liter Wasser nötig sind, um Kugeln und Ware zu bedecken, dann vereinfacht sich die Herstellung der Polierflüssigkeit, indem man einfach aus der über der Trommel angebrachten Leitung entsprechend viel Wasser zufließen läßt und das dazu erforderliche, einmal festgestellte Salzquantum in fester Form in die Trommel einwirft. Die Polierkugeln bleiben dann dauernd hochglänzend und liefern in kürzester Zeit eine hochglänzend polierte Ware, die nach dem Abspülen in fließendem Wasser direkt galvanisiert werden kann. Die Polierflüssigkeit läßt sich wiederholt verwenden, und zwar so lange, bis sie eine tiefdunkle Färbung angenommen hat. Spätestens nach 4—5 Stunden soll aber die Lösung durch frische ersetzt werden. B e i l e i c h t a n g e r o s t e t e n o d e r s c h w a c h v e r z u n d e r t e n Massenartikeln ist es meist nicht notwendig, bei Verwendung des LPW-Eisen-Poliersalzes D.R.P. ein V o r b e i z e n vorausgehen zu lassen. Liegen stark verzunderte Artikel vor, so kann man solche Teile zuerst in bereits gebrauchter Polierflüssigkeit vortrommeln (etwa 1—3 Stunden). Hierauf gießt man die schmutzige Lösung ab, wäscht die Kugeln und Ware mehrmals mit fließendem Wasser (Leitungswasser) ab und poliert dann nochmals mit frischer Polierflüssigkeit.

Bei einer aus LPW-Eisen-Poliersalz D.R.P. hergestellten Polierflüssigkeit muß jedoch besonders beachtet werden, daß w e d e r Ä t z k a l i n o c h S o d a - o d e r S e i f e n l ö s u n g d a m i t i n V e r b i n d u n g g e b r a c h t w e r d e n d a r f , w e i l s o n s t d i e P o l i e r s t a h l k u g e l n b l i n d w e r d e n u n d d i e i n d i e T r o m m e l e i n g e f ü l l t e n M a s s e n a r t i k e l k e i n e n G l a n z a n n e h m e n . Es müssen deshalb Poliertrommeln, in denen vorher mit alkalischen Flüssigkeiten, wie Poliersalzlösungen, Saponal, Seifenlösungen u. dgl., gearbeitet wurde, vorher gründlich gereinigt werden, ehe sie mit dem Poliersalz D. R. P. mit Erfolg benutzt werden können. Man läßt die Trommeln deshalb so lange mit frischem Wasser (das man öfters erneuert) und Stahlkugeln laufen, bis die Lösung rotes Lackmuspapier nicht mehr verfärbt. Bevor nicht alles Ätzkali aus der Trommel entfernt ist, wäre es zwecklos, darin das Polieren mit Eisen-Poliersalzlösung zu versuchen. Sollten trotz dieser Vorsicht in alten Trommeln, in denen bisher mit alkalischen Salzen oder mit Seife gearbeitet wurde, beim Einfüllen der Glanz-Poliersalzlösung die Kugeln blind werden oder gar verschmieren, so muß erst so lange mit LPW-Eisenpoliersalz D. R. P. gerollt werden, bis die Kugeln Spiegelhochglanz annehmen.

Bei Verwendung dieser neuen Eisen-Poliersalzlösung zum Polieren von Massenartikeln aus Eisen und Stahl ist es sogar angängig, an Stelle der sonst für diesen Zweck üblichen Holztrommeln oder mit Holz gefütterten Blechtrommeln, E i s e n b l e c h t r o m m e l n direkt, also ohne Holzauskleidung, zu benutzen. Man wird in diesem Falle neue Eisenblechtrommeln etwa 10 Stunden lang ohne Ware mit Stahlkugeln und der LPW-Eisen-Poliersalzlösung D. R. P. laufen lassen, um die Innenfläche der Trommeln von Rost und Zunder zu befreien, wobei man zwischendurch die Polierflüssigkeit einmal erneuert.

Glanzpolieren von Gegenständen aus Messing, Kupfer, Tombak, Neusilber, Nickel, Gold und Silber mit Messing-Polierpulver D. R. P. Für das Polieren vorstehender Massenartikel dürfen nur Trommeln aus Holz oder mit Holz verkleidete

Blechtrommeln verwendet werden. Nach der eingangs beschriebenen Reinigung der Trommel füllt man dieselbe etwa zur Hälfte mit hochglanzpolierten Stahlkugeln und gießt pro 10 Liter Fassungsvermögen der Trommel etwa ½—1 Liter Polierflüssigkeit hinzu, die man durch Auflösen von 50 g LPW-Polierpulver D. R. P. in kaltem oder lauwarmem Wasser erhält. Man füllt alsdann die zu polierenden Massenartikel ein, und zwar etwa 1—2 kg pro 15—20 kg Kugeln. Im allgemeinen erhält man schon nach ½—1 Stunde eine gute Politur, kann jedoch das Polieren nach Bedarf auch länger fortsetzen. Zeigt sich, daß bei längerem Polieren der ursprüngliche Glanz zurückgeht, so ist dies ein Beweis dafür, daß die Polierflüssigkeit verbraucht ist und durch eine frische Lösung ersetzt werden muß. Der Seifenschaum in der Trommel muß die ganze Trommel ausfüllen und soll beim Öffnen derselben nicht sofort wieder zusammenfallen. Bei zu dicker Seifenlösung wird der Schaum leicht zu konsistent, so daß kleine Kugeln darin schweben und nicht polieren können. In diesem Falle macht sich ein nachträglicher Zusatz von Wasser erforderlich. Färbt sich der Seifenschaum grau oder schwärzlich, so ist keine gute Politur mehr zu erwarten und die Trommel ist nach Beseitigung der aufgebrauchten Seifenlösung mit neuer Polierseifenlösung zu beschicken. Sollen die polierten Teile nicht weiter galvanisiert werden, so wird man dieselben ohne Abspülen, also mit dem anhaftenden Seifenschaum, mit trockenen Hartholzspänen in üblicher Weise trocknen und dabei für öftere Erneuerung der Sägespäne Sorge tragen.

Glanzpolieren von Massenartikeln aus Aluminium mit Aluminium-Polierpulver D. R. P. Derartige Massenartikel sollen vorher blankgebeizt werden, was man am einfachsten mittels der Aluminiumbeize vornimmt. Man arbeitet im übrigen wie oben beschrieben und beachtet, daß beim Polieren von Massenartikeln aus Aluminium Eisenteile, die sonst beim Polieren von Messing- und Kupferteilen u. dgl. nicht stören, ferngehalten werden, da sonst keine gute Politur erhalten werden kann und die zu polierenden Artikel sich grau färben. Zur Herstellung der Polierflüssigkeit für Aluminium ist das hierfür besonders präparierte LPW-Aluminium-Polierpulver D. R. P. zu verwenden, das in ungefähr gleicher Konzentration, wie früher angegeben, aufzulösen ist.

Füllen und Inbetriebsetzen der Trommeln zum Kugelpolieren. Vor Gebrauch müssen die Poliertrommeln mit warmem Wasser ausgespült und mit kaltem Wasser nachgespült werden. Zweckmäßig ist es, die Trommeln zunächst in warmem Wasser etwas dichtquellen zu lassen, da das Holz der Trommeln auf dem Transport vielfach eintrocknet.

Die Poliertrommel soll mindestens bis zur Hälfte mit hochglanzpolierten Polierkugeln (eventuell mit Stahlstiften gemischt) gefüllt sein, damit ein rationelles Arbeiten ermöglicht wird. Im allgemeinen rechnet man auf 10 kg Kugeln ca. 2 bis 3 kg Ware. Es ist zu beachten, daß die zu polierenden Gegenstände in den Stahlkugeln eingebettet sein müssen, so daß sich vorstehendes Verhältnis bei leichten, jedoch stark voluminösen Artikeln auch verschieben kann und mehr Kugeln im Verhältnis zu dem Gewicht der Ware erforderlich sein können.

Die Tourenzahl der Poliertrommeln soll betragen:

bei Trommeln von 17—20 cm Durchmesser ca. 30—50 Touren pro Minute,
bei Trommeln von 40—60 cm Durchmesser ca. 20—30 Touren pro Minute.

Beim Polieren von schweren oder massiven Artikeln sind auch höhere Tourenzahlen zulässig.

Polierdauer. Hierüber lassen sich keine ganz präzisen Angaben machen, vielmehr richtet sich die Polierzeit nach der Beschaffenheit der Artikel, nach den Anforderungen, die man an die Hochglanzpolitur stellt und nach der zur Verwendung kommenden Trommel. Immerhin mag folgende Aufstellung gewisse Richtlinien geben:

Polierdauer in Trommeltype	K 1 bis K 3 bzw. ZK 1 bis ZK 2	K 100 bis PK 600
Massenartikel aus Eisen und Stahl	5—10 Std.	3—6 Std.
Massenartikel aus Kupfer und dessen Legierungen . .	3—8 Std.	2—4 Std.
Massenartikel aus Nickel und dessen Legierungen . .	6—12 Std.	3—6 Std.
Massenartikel aus Silber und Gold	3—4 Std.	1—2 Std.
Massenartikel aus Weichmetall	$1/_2$—1 Std.	
Galvanisierte Massenartikel	2 Minuten bis $1/_2$ Std.	

Bei Massenartikeln von sehr rauher Oberfläche, besonders bei gegossenen Artikeln, werden die angegebenen Zeiten mitunter noch um das Doppelte überschritten werden müssen, um den gewünschten Hochglanz zu erreichen. Bei galvanisierten Massenartikeln (besonders verkupferten und vermessingten) ist der Trommelprozeß nur kurz zu bemessen, da sonst der an und für sich etwas spröde galvanische Niederschlag durch die aufdrückenden Kugeln gestreckt wird und sich durch diese Ausdehnung teilweise von der Unterlage losheben und abspringen kann.

Entleeren des Trommelinhaltes und Trocknen der Ware. Da nach beendetem Polierprozeß eine rasche Trennung der Stahlkugeln von dem eigentlichen Poliergut

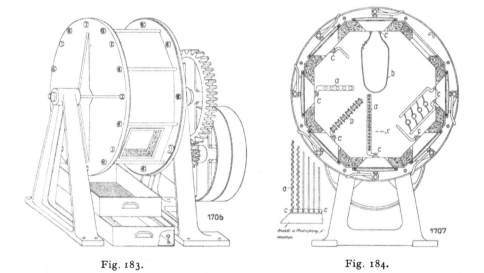

Fig. 183.   Fig. 184.

wünschenswert und erforderlich ist, entleert man den Trommelinhalt in ein untergestelltes Sieb mit Auffangkasten, dessen Maschenweite zweckmäßig so gewählt wird, daß entweder die Kugeln oder die polierten Artikel durch die Perforierung des Siebes in den Auffangkasten fallen können (siehe Fig. 183). Auch eine Scheidung von den Polierkugeln durch Magneten ist dann leicht durchführbar, wenn das Poliergut selbst unmagnetisch ist. Liegen für Kugelpolierzwecke Polierartikel vor, die sich nur schwer und mühsam von den Polierkugeln trennen, sich aber rasch und ohne viel Zeitaufwand an Drähten aufreihen oder an Gestängen haltbar befestigen lassen (z. B. auch Artikel mit feinen Gewinden, die durch das Einschrauben auf diese Weise gleichzeitig geschützt werden können) (siehe Fig. 184), oder besteht gar die Notwendigkeit, sie in diesem Zustand nach dem Polierprozeß zur Weiterverarbeitung oder zum Verkauf zu bringen, so wird man natürlich diese aufgereihten Schnüre oder bestückten Gestänge in die Poliertrommel bringen. Zweckmäßig verwendet man dann die polygonale Trommelkonstruktion PK 500 bis 600 mit möglichst vielen Verschlußdeckeln, die auf der Innenseite Aufhängevorrichtungen (siehe Fig. 184b) erhalten, an denen diese Schnüre oder Gestänge mit beweglichen Scharnieren (siehe Fig. 184c) befestigt und durch Herausnehmen des Deckels ohne weiteres von den Kugeln getrennt werden können. Natürlich kann man auch im Trommelinnern geeignete Befestigungsvorrichtungen anordnen, an. die man die auf Drähten aufgezogenen Artikel oder die bestückten Gestänge aufhängt.

Eine gleiche Anordnung wird man auch für das eventuell notwendige Scheuern in Scheuertrommeln vorsehen müssen, um zu vermeiden, daß die schweren eingefüllten Artikel sich gegenseitig zerkratzen oder verbeulen.

Die hochglanzpolierten Artikel sind natürlich nach Absieben und Trennen von den Stahlkugeln und der Polierlösung gut und gründlich, möglichst in fließendem Wasser oder durch scharfen Wasserstrahl zu spülen und dann sorgfältig zu trocknen. Bei umfangreichen Betrieben wird man, wenn es die Form und Art des Artikels zuläßt, das Austrocknen mit Heißluft-Zentrifugen vornehmen, oder man wird diese Teile noch kurz in trockenen, angewärmten, harz- und gerbsäurefreien Sägespänen austrocknen. Sehr geeignet sind hierfür die mit Gas oder Dampf heizbaren LPW-Sägespäne-Trockentrommeln, die auf maschinellem uud schnellstem Wege unter gleichzeitiger Wiedertrocknung der Sägespäne das Austrocknen vornehmen. Es ist unbedingt darauf zu achten, daß zum Austrocknen dieser hochglanzpolierten Massenartikel stets trockene, nicht etwa feuchte Hartholzspäne, die ein Anlaufen des Poliergutes zur Folge haben würden, verwendet werden.

Massenartikel, die nach dem Kugelpolieren sofort galvanisch veredelt werden sollen, brauchen natürlich nicht getrocknet zu werden, es ist im Gegenteil zu empfehlen, falls eiserne Artikel vorliegen, diese nach dem Herausnehmen aus der Kugel-Poliertrommel gut abzuspülen, durch verdünnte Schwefelsäure zu ziehen (um zurückgebliebene Polierlösungsreste zu neutralisieren) und sie dann sofort in die Galvanisiertrommel zu geben.

Kugelpolierte Massenartikel aus Kupfer und dessen Legierungen sind gut abzuspülen, in verdünnter Zyankaliumlösung nochmals zu dekapieren und nach dem Abspülen in Wasser sofort in die Massen-Galvanisiertrommel zu füllen.

Übersicht der Industriezweige, die sich mit Vorteil des Kugel-Polierverfahrens bedienen können. Wie schon am Anfang betont, eignet sich zum Polieren in der Kugel-Poliertrommel fast jeder Massenartikel, der nicht zu schwer und zu groß, zu roh in der Bearbeitung, zu dünnwandig oder in der Oberflächenbeschaffenheit zu diffizil ist.

Es dürfte kaum eine Industrie geben, die sich nicht direkt oder indirekt das fast unbeschränkte Anwendungsgebiet des Kugelpolier-Verfahrens zunutze machen könnte; aus der ungeheuren Menge sei nachfolgende Aufstellung gegeben, die nur einige Industrien auf die Anwendung des Kugel-Polierverfahrens für ihre Erzeugnisse hinweist.

Industriezweig:	Artikel:
1. Automobil- und allgemeine Maschinenbau-Industrie.	Kleine Metallmassenartikel, wie Bolzen, Federn, Haken, Kettenglieder, Muttern, Nieten, Schrauben, Splinte, Stifte, Unterlegscheiben usw.
2. Beleuchtungskörper-Industrie	Bolzen, Fassungen, Federn, Haken, Kettenglieder, Muttern, Stifte, Verbindungsstücke usw.
3. Bijouterie-Industrie	Ketten, Oeillets, Ringe, Scharniere, Stifte usw.
4. Bürobedarfsartikel-Industrie	Bleistifthülsen und Bleistiftspitzen, Briefwagenbestandteile, Minenhalter, Büroklammern, Füllfederhalterteile, Hängeetiketten, Heftklammern, Karthotekreiter, Musterbeutelklammern, Reißbrettstifte usw.

Industriezweig:	Artikel:
5. Chirurgische Instrumenten-Industrie	Bolzen, Federn, Haken, Nadelköpfe für Subkutanspritzen usw.
6. Elektrotechnische Industrie	Dosen- u. Fassungskontaktteile, Mutterschrauben, Nieten, Schalterteile, Schaltriegel, Sicherungselemente, Stifte usw.
7. Fahrradbau und Motorrad-Industrie	Kleine Metallmassenartikel, wie unter Automobil-Industrie, ferner Klappöler, Torpedoöler usw.
8. Feder-Industrie.	Federn, Federbolzen, Stifte usw.
9. Haushaltungsartikel-Industrie.	Dosenöffner, Drahtartikel, Flaschenverschlüsse, Metallkapseln usw.
10. Kartonnagen-Industrie	Beschlag- und sonstige Teile, wie Ecken, Griffe, Haken, Henkel, Klammern, Krampen, Metallverzierungen, Nieten, Ösen, Riegel, Rosetten, Schilder, Stifte, Unterlegscheiben usw.
11. Kinder- und Puppenwagen-Industrie	Teile wie unter 1.
12. Kleineisenwaren-Industrie	Anhängemarken, Beschläge jeder Art, Bolzen, Drahtartikel, Drahtnägel, Fasson-Drehteile, Federn, Gürtelschlösser, Haken, Hosenträgerschnallen, Keile, gedrückte, gestanzte und gezogene Massenblechteile, Muttern, Nieten, Ösen, Pfeifenbeschläge, Pinselringe, Polster- und Ziernägel, Rosetten, Schaufensterartikel, Schrauben, Strumpf- und Sockenhalter-Zubehörteile, Unterlegscheiben, Vorhanggarniturteile usw.
13. Knopf-Industrie	Hosenknöpfe, Knopfmechaniken, Uniform-Metallknöpfe, Schnallen usw.
14. Koffer-Industrie	Teile wie unter 10.
15. Korbmöbel-Industrie	Teile wie unter 10.
16. Korsett-Industrie	Haken, Nieten, Ösen, Schließen, Strumpfhalter usw.
17. Möbelbeschläge- und Möbelscharnier-Industrie	Teile wie unter 10.
18. Musikinstrumenten-Industrie	Teile wie unter 10.
19. Nadel-Industrie	Angelhaken, Gabelnadeln, Haarnadeln, Sicherheitsnadeln, Sicherheitsnadelklappen usw.
20. Nähmaschinen-Industrie	Teile wie unter 1.
21. Photographische Apparate-Industrie	Teile wie unter 1.
22. Pianoforte-Industrie	Mechanikteile.
23. Rechen- und Schreibmaschinen-Industrie	Teile wie unter 1, ferner Tastknöpfe für Schreibmaschinen usw.
24. Schaufenster-Ausstattungs-Industrie	Aufstellfüßchen, Haken, Stifte usw.
25. Schirmfurnituren-Industrie	Furnituren für Schirme usw.
26. Schloß-Industrie	Schloßmechanikteile, Schlüssel, Schlüsselringe usw.
27. Schuh-Industrie	Agraffen, Haken, Nieten, Ösen, Plattfußeinlagen, Schuhanzieher, Schuhknöpfer usw.
28. Spielwaren-Industrie	Massenartikel, wie Bolzen, ausgestanzte Metallteile, Rädchen, Stifte usw.

Industriezweig:	Artikel:
29 Sprechmaschinen-Industrie	Teile wie unter 1.
30. Taschen- und Porte-monnaie-Industrie	Teile wie unter 10.
31. Telephon-, Telegra-phen- und Radio-Zu-behörteile-Industrie	Teile wie unter 1.
32. Uhren-Industrie	Bolzen, Räder, Ringe, Stahlachsen, Wellen und sonstige Uhrenbestandteile.
33. Werkzeugmaschinen-bau-Industrie	Teile wie unter 1.

usw. usw.

Mit Einführung des Verfahrens, die Polierarbeit durch das Kugel-Druck-verfahren in rotierenden Trommeln unter Vermeidung von Handarbeit auszu-führen, ging man sofort dazu über, auch größere Gegenstände, vor allem Ro-tationskörper unter Zuhilfenahme dieses Verfahrens ebenfalls zu polieren, um die teure Handarbeit zu eliminieren. Das läßt sich nun auch ohne weiteres aus-führen, wenn das Material schon an und für sich glatt ist, so daß der Druck der vorbeigleitenden Kugeln den letzten Glanzeffekt überhaupt herbeiführen können. Es wurden zu diesem Zwecke Vorrichtungen konstruiert, um die mit Kugeln zu polierenden Gegenstände auf einer am besten senkrechten Welle in ein Kugelbett unter Zuhilfenahme der vorbeschriebenen Poliersalze, Seife u. dgl. zu bearbeiten, einzusetzen und entweder den Behälter mit den Kugeln, welche die zu behan-delnden Gegenstände allseitig umgeben, rotieren zu lassen oder den Behälter stillstehen zu lassen und die an einer drehbaren Achse anmontierten Gegenstände im Kugelbett zu drehen. Natürlich kann man auch beide Relativbewegungen miteinander kombinieren. Beobachtet man den Lauf der Polierkugeln während der Polierarbeit, so findet man, daß die Kugeln immer eine bestimmte Fall-bewegung in der um eine Horizontale sich drehenden Poliertrommel ausführen. Zur Erhöhung der Polierwirkung kann man nun die Trommeln selbst entweder exzentrisch lagern, wie dies vielfach auch bei Scheuerfässern üblich ist, oder man spannt die Kugelbehälter in einen Arm ein und verstellt den Behälter in diesem Lagerarm nach Belieben, wodurch man ganz verblüffende Mehrleistungen er-reichen kann. Solche Behälter werden oftmals auch mit Haltevorrichtungen im Innern ausgerüstet, an denen die polierenden Gegenstände starr befestigt oder be-weglich aufgehängt sind, so daß sich die Kugeln der Trommelfüllung an diesen Gegenständen während der Drehung der Trommel vorbeibewegen müssen, während sie sich, wenn die Gegenstände nur lose mit den Kugeln zusammen eingefüllt werden, mit den Gegenständen gleichartig bewegen, die Druck-äußerung demnach durch die geringere relative Vorbeiführung an den Gegen-ständen geringer ist, die Wirkung dadurch verzögert ist. Eine solche Ein-richtung zeigt Fig. 185.

Schließlich muß darauf hingewiesen werden, daß das Polierverfahren mit Kugeln auch die Einreihung der Polierarbeit in automatische Anlagen zur Be-handlung von Massenartikeln ermöglicht, wenn die Kugeln in offene Trommeln zusammen mit den Gegenständen gefüllt werden und der ganze Inhalt, also Poliergut und Poliermaterial, durch eine Transportschnecke durch die Trommel oder ein Muldenbett transportiert wird. In solchem Falle werden natürlichauch die Polierkugeln an einem Ende solcher Transportanlagen mit den Gegenständen zur Entleerung kommen, es lassen sich leicht Einrichtungen treffen, um das Kugelmaterial durch Siebe von den geförderten Gegenständen zu sondern und die Kugeln durch Hebvorrichtungen, wie Paternosterwerke und anderer Methoden, zusammen mit neu den Poliervorrichtungen zugeführten Gegenständen wieder in die Poliertrommel u. dgl. zu bringen. Macht man solche Vorrichtungen muldenförmig, so kann man sie beliebig lang gestalten, hat dabei stets die Möglichkeit, die Wirkung während der Arbeit zu kontrollieren, nur muß durch Überwurfeinrichtungen für ein Hochheben der Polierkugeln während des Vorwärtstransportes gesorgt werden.

Solche Poliereinrichtungen vor eine galvanische Massengalvanisierung eingeschaltet oder auch nach der galvanischen Behandlung gibt die Möglichkeit,

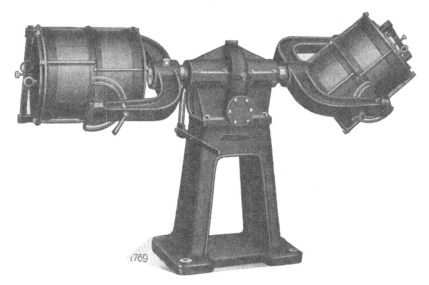

Fig. 185.

große Mengen von Massenartikeln automatisch ohne Einschaltung einer Handarbeit vom Anfang bis zur Trocknung zu reinigen, zu polieren, zu galvanisieren, zu trocknen und gegebenenfalls sie auch noch vor endgültiger Trocknung auf Glanz nachzupolieren.

Mattieren der Metallwaren.

Vielfach verlangt die Mode oder spezielle Wünsche der Abnehmer, daß die Gegenstände, ob nun roh oder elektroplattiert, ein mattes Aussehen haben, und muß man diesen Matteffekt, wenn eine nachträgliche Elektroplattierung stattfindet, vorher bereits auf die Oberfläche der Gegenstände durch geeignete Mattiermethoden auftragen. Hierzu gibt es nun verschiedene Wege, die zum Ziele führen und die sich durch die angewendeten Mittel voneinander unterscheiden.

Mattieren auf chemischem Wege. Die älteste Mattiermethode ist die des Mattbrennens unter Zuhilfenahme geeigneter Säuremischungen, die wir im Kapitel Gelbbrennen bereits kennengelernt haben, weshalb wir hier auf diese Methode nicht näher eingehen wollen. Die chemische Mattierung wird meist nur auf Blechartikel angewendet, während auf Gußartikel mechanische Mattiermethoden Anwendung finden.

Galvanoplastisches Mattieren. Dies wird auf die Weise ausgeführt, daß man die vorher gut dekapierten Gegenstände kathodisch mit einem galvanoplastischen Kupferniederschlag bei kleiner Stromdichte versieht.

Die hierzu verwendete Lösung besteht aus:

Wasser	1 l
Kupfervitriol	150 g
Schwefelsäure	30 g

Man arbeite mit einer Stromdichte von 0,5 bis 0,8 A auf 1 qdm, was man bei mittlerer Elektrodenentfernung, das ist die Entfernung der zu überziehenden Metallgegenstände von den eingehängten Elektrolytkupferanoden, bei einer Badspannung von 0,75 bis 1 V erreicht. Sollten ausnahmsweise auch Gegenstände aus Zink, Britannia u. ä. auf diese Weise mattiert werden, so verlangt es die Natur dieser Metalle, daß sie vorher in einem zyankalischen Kupferbad (siehe daselbst) verkupfert werden und das weiche Matt, wie es nur in dem sauren Kupferbad zu erhalten ist, durch nachheriges Einhängen der verkupferten Waren in dieses geschaffen wird.

Das galvanoplastisch erzeugte „Stockmatt" ist besonders effektvoll, und diese Methode wird, namentlich zum Mattvergolden von Knöpfen (Knöpfe für Uniformröcke) bei Zifferblättern, Stockgriffen usw. vielfach angewendet.

Sehr schöne Effekte erzielt man auch auf diese Weise bei der galvanoplastischen Mattierung, wenn man auf einer glänzenden Fläche diejenigen Teile, welche man glänzend erhalten will, abdeckt, wodurch man ganze Bilder oder Ornamente glänzend aussparen kann, die übrigen Teile galvanoplastisch mattiert, die Abdeckungsschicht dann entfernt und nun das ganze Objekt vernickelt, versilbert oder vergoldet. An Stelle des vorgenannten Kupferbades kann man auch ein brauchbares Eisenbad verwenden, und das im Eisenbad hergestellte Matt ist wieder anders in seiner Wirkung und sicherlich in manchen Fällen dem Matt, wie es aus dem Kupferbad erzeugt wird, vorzuziehen.

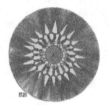

Fig. 186.   Fig. 187.

In gleicher Weise, wie man das Mattkorn des galvanoplastischen Kupferüberzuges benutzt, kann man auch andere Niederschläge, wie Nickel, ja auch Zinn, Zink und andere elektrolytische Metallfällungen, benutzen, wenn man nur das Oberflächengefüge, das bei den einzelnen Metallfällungen verschieden ist, als Matteffekt für darauffolgende weitere Überzüge benutzen will.

Mechanisches Mattieren. Die einfachste Methode ist die des sogenannten Mattschlagens mittels eigens dazu gefertigter Zirkularbürsten aus Stahl- oder Messingdraht (Mattierbürste). Selbstredend muß in diesem Fall der Draht der dazu verwendeten Bürste stets härter sein als das zu mattierende Metall; man wird also für Messing, Kupfer, Tombak, Neusilber, Silber usw. Mattierbürsten aus Stahldraht, für Britannia, Gold, Zink solche aus Messingdraht verwenden.

Die einzelnen Drahtbündel der Bürste sind bei den stärkeren Drahtsorten in Ringeln oder in Stiften frei beweglich, so daß sie während der Umdrehung der Bürste fliegen; wird die Mattierbürste aus ganz feinem Draht gemacht, wie z. B. für Mattierung feiner vergoldeter Teile (Goldmattierbürsten), so werden die Drähte fest eingezogen und nicht in fliegenden Bündeln verwendet. Mattierbürsten müssen stets lange Drahtbündel besitzen, wie dies in den beiden Modellen Fig. 186 und Fig. 187 ersichtlich ist. Verwendet man zu kurze Drahtbündel, so schleifen die Drähte und erzeugen mehr einen Glanzschliff als das gewünschte Matt.

Die Mattierbürste wird auf die Welle einer Kratzbank gesteckt, mit einer der Härte des zu mattierenden Metalles entsprechenden Tourenzahl (meist 300 bis 600, für grobes Korn auch über 1000 per Minute) in Tätigkeit gesetzt.

Der zu mattierende Gegenstand wird trocken vorgehalten, und zwar so, daß die Spitzen der Drahtborsten schleudernd aufschlagen, nicht schleifen oder kratzen, auf diese Weise eine Unzahl kleiner Vertiefungen in die Metalloberfläche einschlagend, die das Matt bilden.

Der Charakter des erzeugten Matt ist von der Drahtstärke bedingt; starker Draht gibt grobkörniges, feiner Draht ein feinkörniges Matt, desgleichen variiert die Körnung mit der Bürste. Bei hoher Tourenzahl geht das Matt mehr in eine Art Glanzschliff über.

Grainieren ist eine besondere Art des Matteffektes, wie er hauptsächlich in der Uhrenindustrie gewünscht wird, wo die kleinen Teile der Uhrwerksbestandteile ein eigentümliches mattes Korn aufweisen sollen. Dieses Grainieren wird in der Weise ausgeführt, daß die gleichartigen kleinen Teile in weiche Guttapercha eingebettet werden, die man in Form eines Kuchens auf ein Holzbrett gestrichen hat. Man läßt dann diese Kuchen mit den eingebetteten Teilen erkalten, bis die Guttapercha festgeworden ist und bringt sie dann unter die Mattierbank, d. i. eine Maschine mit einer Tourenzahl von 1000 bis 1200, auf deren Welle eine Mattierbürste mit langen Drahtbündeln (bis zu 12 cm Länge) bei Drahtstärken von ca. 0,15 bis 0,20 mm aufgesteckt ist. Man läßt seitlich der Bürste einen starken Wasserstrahl von Fingerdicke gegen die Brettchen mit den eingebetteten Gegenständen fließen und bewegt in raschem Tempo die eingebetteten Gegenstände nur einige Male unter der Bürste hin und her. Das Matt stellt sich nach wenigen Sekunden ein; die Arbeit darf nicht übermäßig lang ausgedehnt werden, sonst geht der gewünschte Effekt verloren, es gehört einige Übung dazu, dieses Grainieren sachgemäß auszuführen, der Arbeiter, der aber einmal die Methode herausgefunden hat, kann immer wieder dasselbe Resultat erhalten.

Sandstrahlgebläse. Die zweckmäßigste und rationellste Methode der Mattierung auf mechanischem Wege ist die Behandlung der Gegenstände mit dem Sandstrahl unter Zuhilfenahme der Sandstrahlgebläse-Maschinen, wie sie in Fig. 188 bis Fig. 189 abgebildet sind.

Diese Maschinen sind ungemein leistungsfähig, es können damit alle Metalle sehr rasch und in großen Mengen von den anhaftenden Unreinheiten, hauptsächlich auch von der Gußhaut gründlich befreit werden; in größeren Betrieben sind daher solche Maschinen geradezu unentbehrlich.

Die Einrichtung ist folgende: In einem oben oder unten in der Maschine angebrachten Behälter befindet sich Quarzsand, Glassand oder Schmirgelpulver gröberen oder feineren Kornes, je nach dem zu bearbeitenden härteren oder weicheren Metall oder je nach dem gewünschten Korn, das die Metallfläche zeigen soll. Dieser Sand rieselt durch ein Rohr und wird beim Austreten aus demselben von einem durch ein genügend starkes Gebläse erzeugten heftigen Luftstrahl auf die nebeneinander aufgelegten oder von Hand in den Sandstrahl gehaltenen Waren geschleudert. Anstatt des Luftstrahles kann man dieses Schleudern des Sandes bei größeren zu dekapierenden Objekten auch mittels eines Dampfstrahles in noch intensiverer Weise bewerkstelligen (Dampfsandstrahlgebläse).

Für kleinere Artikel hat man diese Sandstrahlgebläsemaschinen mit von unten blasender Düse ausgeführt (siehe Fig. 189). Für solche kleinere Leistungen, besonders wenn es sich nur um die Behandlung von weicheren Metallen unter Ausschluß von Stahl handelt, genügt ein guter Ventilator zur Erzeugung der Druckluft.

Größere Stücke, die nicht in eines der vorerwähnten Gebläse mit geschlossenem Sandkasten eingebracht werden können, werden, sofern eine Bearbeitung mit dem Sandstrahl wünschenswert erscheint, mit sogenannten „Freistrahlgebläsen" behandelt. Fig. 190 zeigt eine solche Einrichtung. Das zu bearbeitende Werkstück liegt am Boden (am besten werden solche Einrichtungen

wegen der bedeutenden Staubentwicklung im Freien aufgestellt!), und der Sandstrahl wird aus einer Düse, die der Arbeiter, in der Hand hält, auf das Werkstück
geleitet. Zur Betätigung dieser Einrichtung ist ein spezieller Luftkompressor
mit Windkessel erforderlich, damit der Sand mit der zur Bearbeitung solch
größerer Stücke nötigen Geschwindigkeit aus der Düse austritt. Bei der enormen
Staubentwicklung, die hierbei unvermeidlich ist, muß man entweder für eine gute
Staubabsaugung durch Ventilatoren sorgen oder noch besser, die ganze Einrichtung am besten im Freien placieren. In solchem Falle wird man den Kompressor
gedeckt montieren und nur die Rohrleitung vom Kompressor an und die übrigen
gegen Temperatureinflüsse weniger empfindlichen Teile ins Freie verlegen. Es

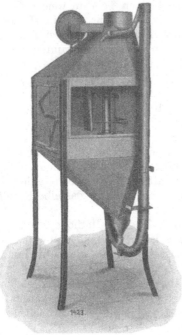

Fig. 188.   Fig. 189.

ist eine solche Montierung aber auch schon aus dem Grunde praktisch, weil man
größere Objekte, wie z. B. Gußstücke u. dgl., nicht erst in die Stockwerke eines
Fabrikgebäudes wird transportieren wollen und z. B. die Reinigung der ver-
staubten Arbeitsräume ebenfalls in Fortfall kommen kann. Die Verwendung
von Druckluftkompressoren ist selbstredend auch bei dem vorher beschriebenen
Gebläse Fig. 188 und Fig. 189 dann erwünscht, wenn man die Leistungsfähigkeit der Maschine steigern will und einen energischen Angriff des Metalles
durch den Sandstrahl wünscht.

Diese Maschinen eignen sich also gleicherweise für die Herstellung eines
mehr oder weniger intensiven Matteffektes wie für die Entzunderung auf mechanischem Wege und zur Entfernung aller Unreinheiten oder aller Substanzen,
welche bei der Elektroplattierung den Metallansatz schädlich oder störend beeinflussen könnten. Je nach dem Zweck, den man mit diesen Maschinen verfolgt,
wählt man feineren oder gröberen Sand.

Nach der Bearbeitung der Gegenstände mit dem Sandstrahl, wenn nicht etwa
mittels Dampf oder Wasserstrahl gearbeitet wurde, weisen die Gegenstände
eine staubige Oberfläche auf, und man darf daher, wenn man die so bearbeiteten

Gegenstände beispielsweise elektroplattieren will, dieselben keineswegs direkt vom Sandstrahlgebläse in die Bäder bringen, sondern man muß sie erst gründlich mit reichlicher Wasserzufuhr auf Kratzmaschinen mit Zirkularkratzbürsten putzen, um den Sand zu entfernen, auch wenn man z. B. direkt auf der mattierten Fläche zaponieren oder lackieren wollte, muß eine solche Kratzarbeit vorangehen, eventuell ohne Drahtbürstenbehandlung, wenn dadurch ein feinkörniges Matt leiden sollte, sondern in solchen Fällen mit Fiber- oder Borstenbürsten.

Fig. 190.

Der Kraftbedarf für die anzuwendenden Hochdruckbläser oder Kompressoren hängt von dem zu erzielenden Luftdruck ab. Kleine Gebläse arbeiten mit einem Druck, der einer Wassersäule von 100 bis 200 mm entspricht, und der Kraftbedarf ist dann, entsprechend einer Tourenzahl für die Hochdruckbläser von etwa 2500 bzw. 3500 ca. 0,2 bis 0,5 PS. Die großen Kompressoren für die Freistrahlgebläse brauchen natürlich mehr Kraft, doch kommt man auch dort zumeist mit 2,5 bis 5 PS aus.

Scheuertrommeln oder Rollfässer.

Wir haben für die Reinigung von Eisen und Stahl sowie gegossener oder mit Stanzgraten versehener Gegenstände das Beizen kennengelernt, damit man eine blanke Oberfläche erhält. Das nachträgliche Abwischen mit Sand oder Blankkratzen mit Bürsten ist nun für kleinere Artikel eine mühsame und zeitraubende Arbeit, und man vereinfacht sich dies durch Anwendung der Scheueroder Rollfässer, wie sie in Fig. 191 und Fig. 192 abgebildet sind. Verwendet man verdünnte Säuren, so wird man die Scheuerfässer entweder aus Eisenblech oder aus Holz mit innerer Blechauskleidung verwenden und für wasserdichten Verschluß sorgen. Rohe, kleine Gußteile oder verzunderte Schmiedeeisenteile, ebenso Messingteile u. ä. bringt man in diesen Trommeln mit Sand und verdünnter Schwefelsäure ein und läßt solche Trommeln 30 bis 60 Touren pro Minute machen.

Die gleichzeitig beizende und scheuernde Wirkung zeigt in kurzer Arbeit eine einwandfreie Reinigung. Die Trommeln müssen in einem Raum mit asphaltiertem oder betoniertem Boden Aufstellung finden, damit man dort gleichzeitig das Nachspülen nach Entleerung vornehmen kann. Viele Gegenstände sollen aber in solchen Trommeln auf trockenem Wege blank geputzt werden, und hierzu dienen meist hölzere Rollfässer.

Man kann das Scheuern und Blankputzen durch alle möglichen Scheuermittel unterstützen und gibt z. B. Schmirgel entsprechender Körnung oder Sand mit dem Scheuergut zusammen in die Trommel und läßt die Gegenstände oft mehrere Tage lang in diesen Trommeln laufen. Je länger sie darin verlaufen, desto mehr wird von dem Material weggescheuert und desto runder werden die Kanten und Flächen. Man ist deshalb

Fig. 191.

auch dazu übergegangen, nicht nur das Scheuern in solchen Trommeln oder Fässern vorzunehmen, sondern auch eine Polierwirkung damit auszuführen, indem man Polierrot oder auch Kalkpulver mit Lederabfällen oder Tuchabfällen zusammen mit den Gegenständen trommelt.

Bequemer als die mit Deckel verschließbaren Rollfässer sind die Scheuerglocken, wie sie Fig. 193 zeigt. Diese sind kippbar eingerichtet, und man kann das Einfüllen und Entleeren einfach durch die obere Öffnung der Glocke bewerkstelligen, die meist Rippen im Innern trägt, damit das Gut intensiver durcheinander geworfen wird. Die Neigung der Scheuerglocke kann nach Belieben eingestellt werden, gewöhnlich steht sie unter einem Winkel von 45 Grad am günstigsten.

Fig. 192.

In Spezialfabriken, die sich mit der Veredlung gegossener oder gestanzter Massenartikel befassen, wird ein besonderer Scheuerraum eingerichtet, in welchem oft eine große Anzahl solcher Apparate Aufstellung findet. Es wird dann eine Serie der Apparate zum Naß- oder Trockenscheuern verwendet und ein Teil zum Polieren mit den genannten Poliermitteln. Das Polieren geht allerdings ungleich langsamer vor sich als das Scheuern, weil hierbei die Geschwindigkeit der arbeitenden Poliermittel fehlt. Daher muß das, was an Poliergeschwindigkeit mangelt, an Zeit aufgeholt werden. Je länger die Gegenstände in den Poliertrommeln verbleiben, um so brillanter ist die Wirkung. Auch nach erfolgter Elektroplattierung, z. B. nach Vernicklung oder Vermessingung, kann man in diesen Apparaten eine schöne Glanzwirkung erzielen, doch darf man nicht glauben, daß innerhalb einiger Stunden die Wirkung zu erzielen ist; man braucht oft mehrere Tage dazu und muß eben von vornherein die Anlage mit entsprechend vielen solchen Trommeln ausrüsten.

Knopfmechaniks, Reisbrettstifte, Schuhösen, Sicherheitsnadeln, Federn u. dgl. m. werden auf solche Weise in großen Mengen in der Praxis bearbeitet. Das Polieren elektroplattierter Massenartikel wird mit Abfällen aus Tuch oder Nesselzeug vorgenommen und muß für unbedingte Trockenheit in den Trommeln oder Glocken gesorgt werden; deshalb dürfen Apparate, in denen man naß arbeitet, niemals auch für Polierzwecke benutzt werden oder durch unangebrachte Sparsamkeit etwa abwechselnd für diese grundverschiedenen Arbeiten in Gebrauch genommen werden.

Der Kraftbedarf dieser Trommeln oder Glocken ist minimal, man kann mit 1 PS eine ganze Anzahl solcher Apparate in Bewegung setzen.

Fig. 193.

Entfetten der Metallwaren.

Das Reinigen der Metallobjekte vor dem Elektroplattieren ist ein Kapitel, das wir ganz besonders ausführlich besprechen müssen, weil in der Hauptsache davon das Gelingen der Elektroplattierung abhängt. Wenn wir Metalle mit anderen Metallen festhaftend überziehen wollen, müssen wir deren Oberfläche vor allem metallblank und absolut rein machen, das heißt jede Spur von Zunder, Gußhaut, Oxyd, Fett usw. mit gewissenhaftester Sorgfalt entfernen.

Wird dies außer acht gelassen oder vernachlässigt, so erhält man entweder gar keinen Niederschlag, oder er fällt mißfarbig, unschön aus, haftet nicht fest, läßt sich bei der geringsten Reibung wieder entfernen; das nennt der Elektroplattierer das „Aufsteigen" des Niederschlages.

Die Fettlösungsmittel. Die Art der Reinigung der Metalle ist sehr verschieden und richtet sich nach der Natur der Metalle und der Vorbearbeitung derselben. Der weitaus größte Teil der Metallwaren wird der herrschenden Mode entsprechend mit Hochglanz versehen (geschliffen, glanzpoliert) in den Handel gebracht, wie Fahrräder, Schlittschuhe, chirurgische Instrumente, die meisten Objekte der Kunstmetallindustrie usw.

Alle Metallobjekte, wie sie aus der Hand des Arbeiters kommen, sind mehr oder weniger mit Fett behaftet, am allermeisten die glanzpolierten Gegenstände, weil ja bei der Manipulation des Polierens Fett verwendet wird. Vor allem muß also jede Spur von Fett entfernt werden. Dies geschieht entweder durch Verseifung in kochender Ätznatronlauge oder durch direktes Lösen des Fettes in geeigneten Lösungsmitteln, wie Spiritus, Benzin, Petroleum, Trichlorätylen u. ä., und zwar gibt man ersterer Methode allgemein den Vorzug, weil sie eine radikalere, verläßlichere Entfettung sichert, ist aber nur dann anwendbar, wenn es sich um Entfernung animalischer oder vegetabilischer Fette handelt, wie Talg, Stearin und Stearinöl, Pflanzenöle u. dgl.

Mineralfette, wie Vaselin, Paraffin, Petroleumrückstände u. dgl., lassen sich nicht verseifen; sind Metallgegenstände mit solchen behaftet, so ist man auf die Verwendung der oben genannten Lösungsmittel angewiesen, die auch die animalischen und regetabilischen Fette zu lösen vermögen.

Als besonders geeignetes Fettlösungsmittel hat sich Trichloräthylen erwiesen. Dieses Produkt, vollkommen ungefährlich, da es nicht wie Benzin explodiert, hat sich rasch eingebürgert, es ist schwerer wie Benzin, löst aber Fette in ganz bedeutendem Maße. Gleichartig verhält sich das im Handel befindliche Benzinol, dem Preis des Benzins ziemlich gleich, jedoch ökonomischer im Betrieb, weil es nicht so flüchtig und nicht brennbar ist und daher länger als Benzin oder Benzol verwendet werden kann. Andere Fettlösungsmittel sind noch Chloroform, Äther usw. Diese schalten aber in unseren Betrieben wegen ihrer Gefährlichkeit aus.

Entfetten mit Kalk von Hand oder mit Bürsten. Vielfach ist es üblich, glanzpolierte Gegenstände mittels Kalkbrei zu entfetten; es sei aber bemerkt, daß dies nur eine oberflächliche Entfettungsart ist, die allein angewendet nur bei leichterer Elektroplattierung zugelassen werden kann, es sei denn, daß eine vorherige Entfettung in anderen schärferen Mitteln bereits stattgefunden hat.

Der Kalkbrei wird bereitet, indem man zerstoßenen, frischgebrannten, sandfreien Maurerkalk (Wienerkalk) mit dem gleichen Volumen Wasser übergießt und so lange umrührt, bis der Kalk, vollständig zerfallen, einen Brei bildet, den man, wenn er zu konsistent sein sollte, noch mit Wasser verdünnt.

Dieser mit Wasser abgelöschte Kalk ist Ätzkali, wirkt ähnlich verseifend wie Ätznatron oder Ätzkali, setzt sich aber nach einigen Tagen in Kontakt mit der in der Luft enthaltenen Kohlensäure in kohlensauren Kalk um und ist dann wirkungslos. Man wird daher jeden Tag die erforderliche Menge frisch bereiten.

Recht empfehlenswert ist es, den Kalk vor dem Ablöschen mit der gleichen Menge zerstoßener Soda zu mischen, welche die Wirkungsdauer dieses Entfettungsbreies verlängert. Unter dem Namen Dekapierpulver bzw. Entfettungskomposition bringen die Langbein-Pfanhauser-Werke ein außerordentlich rasch wirkendes, dabei die Hände weniger angreifendes Präparat in den Handel, das rasch und einwandfrei entfettet und nicht mit anderen Surrogaten verglichen werden kann, denen alles erdenklich Schöne in den entsprechenden Prospekten nachgerühmt wird, das in der Praxis meist doch nicht erfüllt wird. Es sei vor solchen Mitteln, die fast immer jeder chemischen Grundlage entbehren, hier eindringlichst gewarnt.

Man darf ja nicht glauben, daß eine metallische Fläche fettfrei ist, wenn das Wasser an ihr, ohne Fettinseln zu bilden, glatt abläuft. Es gibt Extrakte, die auch an fetten Stellen die Metalle benetzen, der darauf sich bildende Niederschlag hat aber niemals Gelegenheit, sich mit der metallischen Unterlage zu verbinden, er haftet nicht, selbst wenn er sich augenscheinlich gut bildet, und steigt oft schon im Bade, mit Bestimmtheit aber beim Glänzen und Polieren auf, weil die Fettschichte nicht wirklich entfernt war und dann jede Legierungsmöglichkeit verhindert.

Mit den Entfettungskompositionen werden die zu entfettenden Gegenstände tüchtig abgebürstet, in reinem Wasser gespült, und wenn man überzeugt zu sein glaubt, daß sie vollständig rein und fettfrei sind, so kann man sie in die Elektroplattierbäder einhängen.

In keiner galvanischen Anstalt sollte ein nach Fig. 194 gebauter Abkalk- bzw. Entfettungstisch fehlen. Wie die Abbildung zeigt, besteht der kastenförmige Behälter, der meist auf Holzblöcken ruht, aus mehreren Abteilungen, und zwar dient der kleine mittlere Kastenabteil zur Aufnahme des Entfettungsmittels, wie z. B. des aus Entfettungskomposition mit Wasser angerührten Breies, gewöhnlich Kalkbrei o. a. Die beiden großen Abteilungen, die wie die mittlere ebenfalls mit mehreren Millimeter starkem Bleiblech dicht ausgelegt sind, dienen zur Aufnahme von Spülwasser und besitzen je ein Ablaufventil. Man legt praktischerweise Bretter über diese großen Abteilungen, und zwar 1 bis 2 auf jede Seite, je nachdem 2 oder 4 Leute an diesen Tischen arbeiten sollen. Die zu entfettenden Waren werden auf diese Bretter gelegt und unter Zuhilfenahme des im mittleren Abteil befindlichen Dekapiermittels von Hand mit Bürsten gereinigt.

Über den großen Abteilungen placierte Wasserbrausen liefern das reine Spülwasser zwecks endlicher Ab-brausung der entfetteten Gegenstände, ehe sie in die galvanischen Bäder gebracht werden.

Um ein intensiveres Abkalken als das von Hand unter Zuhilfenahme von Stielbürsten, z. B. bei Fahrradteilen u. a., zu erzielen ist, bedient man sich am besten der in Fig. 195 abgebildeten Abkalkmaschine.

Diese Spezialmaschine arbeitet sehr ökonomisch und schnell, vermeidet unnötigen Bürstenkonsum und arbeitet radikal in alle Fugen der Gegenstände. Die Maschine wird mit 1, 2, 3 oder noch mehr Bürsten gebaut. Jede Bürste hat eine Schutzhaube, damit das lästige Spritzen vermieden wird. Die dazu

Fig. 194.

verwendeten Bürsten halten sehr lange, auch kann man Bürsten mit auswechselbaren Büscheln (in Metallfuttern gelagert) hierbei verwenden.

Als allgemeines Kennzeichen der vollständigen Entfettung einer Metallfläche dient das Eintauchen in reines Wasser; sind noch Spuren von Fett vorhanden, so wird daselbst das Wasser ablaufen, sogenannte Fettinseln bilden. Nur eine vollkommen entfettete Metallfläche wird sich gleichmäßig mit Wasser

Fig. 195.

befeuchten; natürlich darf zu dieser Probe nur reines Wasser verwendet werden.

Sehr wichtig ist es, die polierten Metallobjekte sofort nach dem Polieren der Entfettungsmanipulation zu unterwerfen, damit das Fett nicht durch längeres Liegen an der Luft vertrockne, verdicke, Staub und Schmutz aufnehme, die Metalle angreife, wodurch die nachherige Entfettungs- und Reinigungsarbeit wesentlich erschwert werden würde. Bei allen Entfettungs- und Reinigungsmanipulationen ist mit besonderer Sorgfalt und Gewissenhaftigkeit darauf zu achten, daß aller Schmutz, Fett und Oxyd speziell aus den Vertiefungen, Hohlräumen, Löchern, Fugen, Sprüngen usf. der Gegenstände vollständig entfernt werde, was mit Bürsten wohl am besten erreichbar ist, denn diese, gewissermaßen heimlichen, leicht zu übersehenden Schlupfwinkel

der Unreinheiten sind vielfach die Ursache defekter Elektroplattierungen; solche
übersehene Mängel verursachen schwarze, von den unreinen Stellen ausgehende
Streifen oder glänzende Stellen im Niederschlag, die leicht aufsteigen oder
platzen. Diese Stellen bleiben sogar gewöhnlich ungedeckt und erfordern eine
nachträgliche, oft recht mühevolle Neubearbeitung.

Verfasser macht bei dieser Gelegenheit darauf aufmerksam, daß es nur in den
seltensten Fällen möglich ist, eine fehlerhafte Elektroplattierung durch nochmaliges Überplattieren auszubessern, da der neue Niederschlag auf dem ersten
meist nicht mehr haftet. Insbesondere bei glanzpolierten Metallgegenständen
ist eine mißlungene Elektroplattierung recht ärgerlich, weil meist nichts anderes
übrigbleibt, als den Niederschlag wieder abzuschleifen, den Gegenstand neu zu
polieren, zu reinigen, überhaupt die ganze Prozedur von neuem zu beginnen.

Wenn die Gegenstände bei diesen Manipulationen oder beim Einhängen in
die Bäder mit den Händen angefaßt werden müssen, was tunlichst vermieden
bleiben sollte, so geschehe dies nur mit reinen, mit Wasser befeuchteten Händen,
wo möglich unter Wasser, denn die trockene Arbeiterhand könnte leicht Fett
oder Schweißflecken auf den mühevoll gereinigten Metallflächen zurücklassen.

Daß bei diesen eben beschriebenen Reinigungsmethoden unvermeidlich der
Polierhochglanz der Metallwaren mehr oder weniger leidet, darüber mache man
sich keine Sorgen; der Hochglanz kann nach vollendeter Elektroplattierung durch
leichtes Überwischen mit einer weichen Polierscheibe, z. B. mit einer Wollscheibe
und einem sanften Poliermittel, etwa Wienerkalk, leicht wieder hergestellt
werden, und es muß dies im Interesse der sicheren Haltbarkeit des Niederschlages
sogar befürwortet werden, denn es ist sicher, daß auf einer spiegelglatten, hoch-
glänzenden Metallunterlage ein Niederschlag weniger gut haftet als auf einer
matten.

Entfetten mit Benzin u. ä. Diese Fettlösungsmittel kann man in ihrer Wirkung
selbstredend auch durch Hinzugabe von leichten Scheuermitteln, wie Kreide-
pulver oder Lenzin u. dgl., unterstützen, zumeist verwendet man sie aber nur zum
Auflösen des Fettes selbst, um dann separat nochmals mit scheuernden Ent-
fettungsmitteln, wie sie im Handel zu haben sind, die mechanische Entfernung
der letzten Fettinseln zu bewirken. Zum Lösen der Fette auf den metallischen
Oberflächen eignen sich am besten die Benzin-Wasch- und Spülkasten oder
-tische, wie in Fig. 196 abgebildet. Sie besitzen einen dichtschließenden Deckel, so
daß das Verdunsten des Lösungsmittels möglichst vermieden wird. Das Lösungsmittel wird in diesen Apparaten automatisch filtriert und für jede neue Arbeit
wieder gebrauchsfähig gemacht. Naturgemäß muß die Lösung von Zeit zu Zeit
erneuert werden, wenn sie große Mengen Öl und Fett in sich aufgenommen hat,
da letztere Bestandteile nur durch eine Destillation daraus entfernt werden können.

Der Spültisch besteht aus drei Hauptteilen: dem äußeren Gefäß, welches auf
einem Winkeleisenständer ruht, dem Waschtrog zur Aufnahme der zu reinigenden
Teile und dem im Innern befindlichen Filter. Das äußere Gefäß ist in zwei Teile
getrennt, und zwar ist in dem einen Teil das gebrauchte, unreine, in dem anderen
das reine Fettlösungsmittel. Die Trennungswand wird durch ein senkrecht
stehendes Filter gebildet. Die Böden sind schief, einerseits zum besseren Sammeln
des Schmutzes und anderseits, um möglichst den ganzen Inhalt des reinen
Lösungsmittels in den Waschtrog pumpen zu können. — Der zweite Teil, der Waschtrog, hängt auf einem Winkeleisenrahmen; die Gefäße sind luftdicht abgeschlossen.
In der rechten Ecke befindet sich eine Pumpe, die die reine Lösung vom Boden
hoch, in den Trog, hinaufdrückt. Im Trog selbst, der einen nach der Mitte hin
fallenden Boden behufs leichten Abflusses hat, liegt ein feingeschlitzter Rost,
auf den die zu bearbeitenden Teile gelegt werden. In der Mitte unter dem Trog
ist ein Klappventil angebracht, das von außen zu betätigen ist. Soll gewaschen
werden, so wird das Ventil geschlossen und das Lösungsmittel hochgepumpt.

Ist die Waschung beendet, so wird das Ventil gelöst, der schmutzige Inhalt fließt nach unten und sickert allmählich durch das Filter wieder zur Pumpe, um für die nächste Waschung wieder hochgepumpt werden zu können. Die Pumpe ist luftdicht mit Stopfbüchse versehen und die Mündung des Kugelrohres trägt ein Kugelrückschlagventil. Außerdem ist der Deckel des Apparates so eingerichtet, daß er beim Niederlegen nochmals das Ventil und auch den ganzen Apparat luftdicht abschließt. Der sich an der tiefsten Stelle unterhalb des Filters ansammelnde Schmutz läßt sich von Zeit zu Zeit durch einen Hahn ablassen.

Wenn hier, wie vorerwähnt, das Benzinol lediglich durch Filtration gereinigt

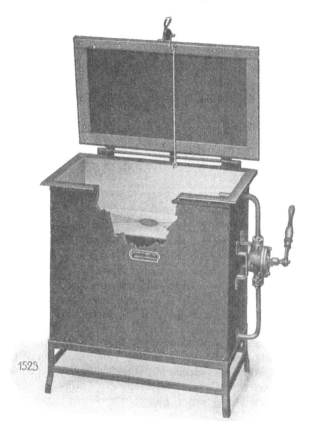

Fig. 196.

wird, so läßt sich natürlich auch das durch Auflösen von Fett und Öl angereicherte Produkt durch **Destillation** wieder gewinnen, wobei man zweckmäßig von einer Anordnung Gebrauch macht, wie sie nachfolgend kurz beschrieben ist.

Das Verfahren hat den Vorteil, daß die Entfettung dabei in der Hitze vorgenommen wird, wodurch die Reinigung der Metallteile wesentlich rascher wie in der Kälte vor sich geht, zumal auch für jede Operation stets frisch destilliertes Benzinol benutzt wird. Da die gesamte Apparatur geschlossen ist, ist das Arbeiten nahezu geruchlos und dürfte deshalb auch allen hygienischen Anforderungen entsprechen. Man benutzt entweder ein oder mehrere Waschgefäße, in die mittels geeigneter Siebe, Drahtkörbe od. dgl. die zu reinigenden Metallteile eingefüllt werden. Die Waschgefäße müssen mit doppeltem Boden versehen sein, damit nach dem Füllen mit Benzinol und Verschließen der Inhalt mittels einströmenden Dampfes einige Minuten erhitzt und nach dem Ablassen des Lösungsmittels in die Destillierblase die entfetteten Metallteile wieder aus dem Waschtrog entnommen werden können.

An Stelle des doppelten Bodens des Waschgefäßes kann naturgemäß auch eine Heizschlange mit doppeltem Anschluß für Dampf und Kühlwasser treten. Da das verunreinigte Benzinol aus der mit Dampf beheizten Destillierblase sich in dem Kühler wieder vollständig kondensiert und nach dem Sammelgefäß gelangt, so steht ständig völlig reines Lösungsmittel für die Wiederholung des Prozesses zur Verfügung. Auch die während des Kochens der zu reinigenden Metallteile im Waschgefäß entstehenden Dämpfe werden in dem Kühler verlustlos kondensiert und sammeln sich in dem Vorratsgefäß wieder an. Da der Siedepunkt des Benzinols nur 87° C beträgt, so läßt es sich innerhalb weniger Minuten zum Kochen erhitzen. Die Dämpfe lassen sich sehr leicht destillieren, und das darin gelöste Fett, Öl usw. bleibt, weil schwer flüchtig, in der Destillierblase zurück, aus der es von Zeit zu Zeit abgelassen werden kann.

Entfetten mit Ätznatronlauge. Die gewöhnliche Entfettungslauge für Waren aus Eisen, Stahl, Kupfer, Nickel, Messing und Neusilber besteht aus einer Lösung von

Wasser . . . . 10 l
Ätznatron . . . . 1 kg

Für Waren aus Zink, Zinn, Blei, Britannia und für weichgelötete Gegenstände benutzt man eine Lösung von

Wasser . . . . 20 bis 30 l
Ätznatron . . . . 1 kg

Letztere Metalle werden nämlich von der konzentrierten Entfettungslauge stark angegriffen, deshalb wird diese weniger konzentriert verwendet und dürfen solche Metallwaren auch nicht sehr lange Zeit der Einwirkung der ätzenden Lauge ausgesetzt werden. Da die mit der Entfettungslauge beabsichtigte Verseifung der Fette radikal bei höherer Temperatur erreicht wird, so pflegt man diese Art der Entfettung am besten in der Kochhitze auszuführen; es muß daher eine Einrichtung vorhanden sein, um diese Lauge kochend zu erhalten. In größeren Fabriken wird man gewöhnliche eiserne Kessel (eingemauert) mit Herdfeuerung verwenden oder, wenn leicht durchführbar, die Erwärmung mittels eingelegter eiserner Dampfschlangen bewerkstelligen. Die Langbein-Pfanhauser-Werke bauen hierfür Gefäße in jeder Größe mit eingelegten Rippenheizkörpern, die hier speziell empfohlen seien, weil die Erwärmung der Lauge mit diesen Heizkörpern außerordentlich schnell und unter günstigster Ausnutzung der Heizkraft des Dampfes vor sich geht. Bei kleineren Einrichtungen wird man sich eines kleinen Eisentopfes bedienen, die Erwärmung der Lauge auf einem Herd oder mittels Gas bewerkstelligen.

Die Manipulation bei dieser Art der Entfettung ist folgende: Um nicht mit der Hand in der ätzenden heißen Lauge manipulieren zu müssen, bindet man die zu entfettenden Gegenstände auf Messing- oder Kupferdraht entsprechender Stärke, mit dem sie nachher in die Elektroplattierbäder eingehängt werden.

Man bringt eine Partie der solcherart vorbereiteten zu entfettenden Waren in die kochende Lauge und beläßt sie darin, fleißig schüttelnd, je nachdem sie mehr oder weniger mit Fett behaftet sind, entsprechend lange Zeit (einige Minuten genügen in den meisten Fällen), spült dann in reinem Wasser und bürstet mit einem sanften Scheuermittel, wie Kalkbrei oder Schlämmkreide, oder wenn man nicht fürchtet, die polierten Gegenstände zu zerkratzen, noch drastischer mit feinem Bimsstein, allseitig tüchtig ab. Dieses Reinbürsten hat nicht nur den Zweck, die verseiften Fette vollständig zu entfernen, sondern zugleich auch den durch die kochende Lauge entstandenen „Anlauf" (eine leichte Oxydation des Metalles) zu beseitigen und jene absolute chemische Reinheit der Metalloberfläche zu erzielen, welche zur Erreichung eines tadellosen guten Niederschlages, besonders wenn er in bedeutenderer Stärke aufgetragen werden soll, unbedingt erforderlich ist.

Entfetten mit Betazinol. Ein ganz neues Mittel zum Entfetten, und zwar zum Abkochen der zu galvanisierenden Gegenstände, finden wir in dem mit dem Namen „Betazinol" versehenen anorganischen Produkt, welches heute allen anderen Entfettungslaugen zum Abkochen vorgezogen wird, weil es so gut wie gar nicht karbonisiert, d. h. es bildet sich kein kohlensaures Kali oder Natron aus dem Ätzkali oder Ätznatron der Entfettungslauge, so daß das Nachlassen der Entfettungswirkung, wie es bei allen mit Ätzalkalien bereiteten Abkochlaugen sehr bald zu bemerken ist, in Fortfall kommt. Betazinol behält seine emulgierende, entfettende Wirkung fast unbegrenzt lange, es genügen verhältnismäßig niedrig konzentrierte Lösungen, welche gewöhnlich bis zur Kochhitze temperiert Verwendung finden. Das Betazinol wird in eisernen Kesseln entweder durch eiserne Dampfschlangen oder wo Dampf fehlt auch durch direkte Herdfeuerung erwärmt. Es setzen sich daraus keine festen Substanzen ab, so daß ein Durchbrennen der Heizkessel nicht zu fürchten ist. Auf Eisen und Stahl benutzt man die Lösungen 1:10 bis 1:20 verdünnt, für Messing genügt schon 1:30. Die Gegenstände bleiben in der kochend heißen BetazinolLauge etwa 5—10 Minuten, werden mit Wasser abgespült, wobei man beobachten kann, daß alle Fettreste entfernt sind, und kann entweder direkt in die Bäder einhängen oder dekapiert noch, besonders bei Eisen- und Stahlgegenständen, mit 5—10%iger kalter Salzsäure, spült nochmals nach und hängt die Gegenstände in die Bäder. Dieses Entfettungsmittel Betazinol wird auch in Entfettungsapparaten vielfach benutzt, wie sie in Fig. 197 abgebildet sind, wobei große Mengen von zu entfettender Ware in Körbe eingelegt werden, die man durch die kochendheiße Betazinollauge durchführt. Um das Betazinol nicht unnötig zu verbrauchen, entfernt man die Hauptfettreste, wie sie etwa von der Schleiferei stammen,

Fig. 197.

durch Fettlösungsmittel oder indem man die mit Schleiffett behafteten Teile auf trockenen Schwabbeln ablaufen läßt oder in heißem Schmieröl die oft ganz steifen Schleifreste auflockert. Betazinol bewirkt dann die schließliche absolute Entfernung der letzten Fettspuren.

Maschinelle Vorrichtungen zum Entfetten. Das Entfetten der verschiedenen Gegenstände vor der Elektroplattierung ist immer ein Schmerzenskind der Praxis, weil es an maschinellen Einrichtungen fehlt, welche die Handarbeit ersetzen könnten. Man hat daher mehrfach die Vorrichtungen mit Fettlösungsmitteln dermaßen umgestaltet, daß man in geschlossenen Gefäßen das Lösen der Fette in erwärmten Lösungsmitteln durchführte und gleichzeitig das Fettlösungsmittel in Zirkulation brachte, gleichzeitig eine kontinuierliche Destillation durchführend, so daß immer wieder fettfreies Lösungsmittel in den eigentlichen Entfettungsbehälter gelangt und so nach kurzer Zeit die Gegenstände wirklich fettfrei aus dem Behälter entnommen werden können. Man vermied dadurch die Anwendung verschiedener Waschgefäße, bei deren Anwendung doch immer wieder, wenn auch geringe Reste von Fett, an der Ware blieben. Beim Verseifungsprozeß mit kochender oder heißer Ätznatronlauge oder aber, was vielfach bei heiklen Gegenständen aus Zinn oder Zink, Messing und anderen Kupferlegierungen zur Anwendung kommt, bei der Behandlung mit heißer Pottaschelösung oder Sodalösung, müssen die Gegenstände doch einzeln, an Drähten befestigt oder in Körben aus

Drahtgeflecht eingelegt, in die Lauge kommen und dann wieder einzeln herausgeholt werden. Dabei liegen die zu entfettenden Gegenstände mehr oder minder
lange unbeweglich in der Lauge, und das Fett, wenn es in dickeren Schichten an
den Waren haftet, wird nur unvollkommen entfernt. Man ging daher dazu über,
für diese Entfettungsmethode rotierende Behälter zu konstruieren, welche die
Gegenstände aufnehmen und dieselben durch die heiße Lauge hindurchführen.
Fig. 197 zeigt eine solche einfache Apparatur, die auf einer Welle eine sternförmige
Trageinrichtung für die Entfettungskörbe schwingend trägt. Der runde Behälter
wird mit der Lauge gefüllt, letztere durch eine eingelegte eiserne Dampfschlange
erwärmt. Nach mehrmaligem Durchlaufen der Lauge können die Körbe mit
ihrem Inhalt aus dem Apparat herausgenommen werden, kommen in ein Waschgefäß, durch welches fließendes Wasser hindurchgeleitet wird, und von dort gelangen die Gegenstände nach Aufreihung an Drähten in die Elektroplattierbäder.
Gleicherweise läßt sich auch ein Durchzugsentfettungsbad einrichten, welches
schon auf den transportablen Warenstangen der Elektroplattierbäder die Waren
trägt und diese vom Entfettungsbad zum Waschgefäß und von da zum Elektroplattierbad bringt, so daß die Waren gar nicht mehr mit den Händen berührt
werden müssen. Daß solche Einrichtungen ganz besonders verläßliche Arbeit
liefern und gleichzeitig Bedienung sparen, ist einleuchtend.

Eine sehr wirksame maschinelle Vorrichtung, die sich gut für Fließarbeit
eignet, stammt aus Amerika. Ein Typus dieser Vorrichtung ist die sogenannte
Crescent-Waschmaschine. Diese Vorrichtung kombiniert das mechanische
Reinigen mit der chemischen Entfettung, indem durch Düsen, aus denen das
Waschmittel, wie Sodalösung, Betazinol u. dgl., unter hohem Druck ausströmt,
wodurch infolge des Rückstoßes der ausströmenden Flüssigkeit die Düsen in
Rotation versetzt werden. Natürlich müssen die solcherart sich drehenden
Flüssigkeitsstrahlen sowohl von oben wie von unten auf die Ware geschleudert
werden und ein Verspritzen durch die Wände der Vorrichtung verhindert werden.
Die zu waschende oder zu entfettende Ware wird durch endlose Transport-Glieder-
tische durch die Waschmaschine geführt, ebenso kann man die Lösung anwärmen,
um die Wirkung zu erhöhen.

Elektrolytische Entfettung. Schon Mitte vorigen Jahrhunderts wurde diese
höchst einfache Methode, auf elektrolytischem Wege die Entfettung der Fett-
schichten von den zu plattierenden Gegenständen zu bewirken, ausgeführt.
So finden wir speziell in England die ersten Anfänge dieser naheliegenden Arbeits-
weise, und erst vor etwa 15 Jahren wurde die elektrolytische Entfettung auch in
Deutschland üblich. Zersetzt man elektrolytisch eine Lösung von Ätznatron oder
Soda, Pottasche, schließlich beliebiger Salze der Alkalien, so bildet sich an der
Kathode neben reichlicher Wasserstoffentwicklung stets freies, äußerst wirksames
Ätzkali, welches in erhöhtem Maßstabe verseifbare Fette zu verseifen in der
Lage ist. An den Anoden entwickeln sich nun, je nach der Natur der verwendeten
Salze, entweder Chlor, wenn man Chloride benutzte, oder Schwefelsäure, wenn
man Sulfate benutzte, oder Sauerstoff bei Verwendung von Ätzalkalien, Kohlensäure
bei Karbonaten usw. Dies natürlich immer unter der Voraussetzung, daß man mit
unlöslichen Anoden arbeitet. Setzt man den Bädern aber auch z. B. Zyankalium
zu, was in mehrfacher Hinsicht zu empfehlen ist, so kann man in den alkalischen
Elektrolyten auch Kupfer oder Messing und dergleichen Metalle in Lösung bringen
und vermeidet dadurch eine anodische Gasentwicklung.

Empfehlenswert sind als Anoden Kohle, besser aber Reinnickel oder stark mit
Nickel plattierte Stahlbleche. Reiner Stahl oder Eisen sind zwar auch zulässig,
doch löst sich in den Ätzalkalien stets etwas Eisen auf und scheidet sich alsbald
als grauer Belag an den Waren ab. Werden glanzpolierte Gegenstände auf elektrolytischem Wege entfettet, so würde, zumal bei Kupfer- oder Messinggegenständen, diese Eisenabscheidung stören, deshalb greift man besser zu Reinnickel-

anoden oder vernickelten Stahlanoden. Kohle zermürbt sehr bald und verunreinigt die Elektrolyte.

Die an den Waren anhaftenden Fettschichten werden durch doppelte Wirkung des Stromes entfernt. Da es sich stets um Salze der Alkalimetalle handelt, die man zum Ansetzen der Elektrolyte für solche Zwecke verwendet, so kommt bei der Verwendung der nicht unbedeutenden Stromdichten an den Kathoden Alkalimetall in hoher Konzentration zur Abscheidung. Diese Kationen setzen sich aber, wie wir dies im theoretischen Teil gesehen haben, da sie als solche in Wasser nicht existenzfähig sind, sofort zu Ätzalkalien um, sie bilden Ätznatron bzw. Ätzkali, und zwar in um so größerer Konzentration (direkt an den Kathoden), je höher die an den Kathoden angewendete Stromdichte war.

Die einfachen Gesetze der Diffusion von Salzen in Lösungen bringen uns nun sofort auf den Gedanken, den Prozeß durch geeignete Zusammensetzung des Elektrolyten so zu leiten, daß tunlichst das sich bildende hochkonzentrierte Alkali in der unmittelbaren Nähe des Metallgegenstandes bleibt, und das erreicht man am leichtesten dadurch, daß man die Lösung möglichst konzentriert verwendet. Je konzentrierter die Lösung ist, das heißt je „zäher" sie ist, desto schwieriger ist die Durchmischung der Lösung und desto intensiver erfolgt die verseifende Wirkung des sich bildenden Ätzalkalis. Nun ist aber nicht jedes Fett ohne weiteres verseifbar, und da kommt glücklicherweise eine zweite Wirkung der Elektrolyse der Entfettung zu Hilfe, das ist die mit der Bildung von Ätzkali Hand in Hand gehende Wasserstoffentwicklung an der Kathode. Der Wasserstoff hebt nämlich, indem er sich direkt an der Metallfläche durch Anwendung hoher Stromdichten stürmisch entwickelt, die an der Metallfläche liegende Fettschicht ab, und es entsteht eine Fettemulsion. Der Gegenstand kann nach kurzer Zeit schon entfettet aus der Lösung gehoben werden.

Da bei ruhigem Stehen die Fettemulsionen sich stets unter Abscheidung des Fettes zersetzen, so schwimmt gewöhnlich nach mehrstündigem ruhigem Stehen solcher Bäder das Fett oben auf der Lösung, und es müssen diese Fettschichten vor Inbetriebnahme dieser Bäder abgeschöpft werden, andernfalls würden die Gegenstände beim Herausheben wieder aufs neue mit Fett beschmiert und das Bad sich frühzeitig erschöpfen.

Das Streuungsvermögen dieser Entfettungsbäder ist an sich zwar ziemlich gut, doch wird bei profilierten Gegenständen immer eine bevorzugte Entfettung an vorspringenden Teilen stattfinden, während vertieft liegende Partien weit später, oft auch gar nicht entfettet erscheinen. Man verwendet die elektrolytische Entfettung daher vorwiegend für flache oder nur ganz wenig profilierte Gegenstände, ja selbst löcherige Gegenstände geben oftmals Anlaß zu schlechter Entfettung in den Löchern und muß sogar manchmal eine Nachbehandlung mit Kalkbrei in Anwendung kommen. Die Stromverhältnisse beim elektrolytischen Entfetten entsprechen der Absicht, in möglichst kurzer Zeit die maximale Wirkung zu erzielen, deshalb arbeitet man mit hohen Stromdichten (bis zu 5 A/qdm und mehr) und braucht, je nach Größe der Gegenstände, Badspannungen von 6 bis 10 V. Je stärkeren Strom man anwendet, desto energischer ist die Wirkung. Badstromregulatoren wie bei den Elektroplattierbädern braucht man daher für diese Bäder eigentlich überhaupt nicht, aber man nimmt gewöhnlich für die elektrolytische Entfettung eine eigene Dynamomaschine, um die übrigen galvanischen Bäder nicht der Gefahr auszusetzen, daß durch zu große Belastung in den Entfettungsbädern die Klemmenspannung der Dynamo zu sehr alteriert wird und an diesen nicht eine unerwünschte Schwankung auftritt. Hat man aber die Leistung der Dynamo reichlich gewählt, ist das Entfettungsbad mit seinem Strombedarf im Verhältnis zum Strombedarf der eigentlichen Elektroplattierbäder gering, so steht der gleichzeitigen Verwendung einer gemeinsamen Dynamo für den ganzen Betrieb nichts im Wege.

Die elektrolytischen Entfettungsbäder können normalerweise kalt verwendet werden, hat man die Möglichkeit, die Lösung anzuwärmen, so ist dies natürlich nur von Vorteil.

Kuprodekapierung. Für Eisen und Stahl, ferner für Metalle wie Blei, Zink, Zinn usw., die z. B. vor der Vernickelung vorteilhafterweise mit einem Kupferüberzug versehen werden, benutzt man das sogenannte „Kuprodekapier-Verfahren". Dieses ist im großen und ganzen ein elektrolytisches Entfettungsverfahren, nur wird neben der entfettenden Wirkung gleichzeitig eine gut haftende Verkupferung bewirkt. Die Lösung enthält zu diesem Zwecke auch Kupfersalze, sogenannten „Kupronit", der natürlich dem Bade von Zeit zu Zeit wieder zugeführt werden muß, da sich der Kupfergehalt der Lösung durch den Betrieb naturnotwendig nach und nach vermindert. Von einem französischen Erfinder wurde kürzlich die Verwendung von Kupferanoden vorgeschlagen, doch ist dies ohne nennenswerten Vorteil, da sich die Kupferanoden bei Gegenwart der Alkalikarbonate und bei Vorhandensein größerer Mengen von Ätzalkalien kaum lösen. Man verwendet daher besser Eisen- oder Nickelanoden, die auch bei der gewöhnlichen elektrolytischen Entfettung verwendet werden.

Man darf nun aber nicht glauben, daß die elektrolytische Entfettungsmethode bzw. die Kuprodekapierung für alle Arten von Metallgegenständen angewendet werden kann und sollten sich unsere Fachgenossen ruhig auf das Gutachten der erfahrenen Elektrochemiker verlassen, die diese Methode nur dort empfehlen werden, wo sie tatsächlich erfolgreich angewendet werden kann. Es hat sich eine Anzahl Unberufener bemüht, diese Entfettungsmethode infolge der bestrickenden Vorzüge, die sie im geeigneten Falle bietet, ganz allgemein anzubieten, und durch diese Unerfahrenen wurde mancher Industrielle arg enttäuscht, indem er sich zur Anschaffung derartiger Bäder verleiten ließ, ohne daß überhaupt die theoretische Möglichkeit zur Anwendbarkeit auf den speziellen Artikel vorlag. Ganz abgesehen davon, daß derartige „Künstler" solche Lösungen sinnlos präparierten, empfehlen sie solche für alle Gegenstände, während es in der Natur der Sache liegt, daß man nur wenig profilierte Gegenstände auf elektrolytischem Wege entfetten kann. Man arbeitet praktischerweise mit einer Kathodenstromdichte von 4 bis 5 A pro qdm Warenfläche, und es ist klar, daß bei solch hohen Stromdichten sich die ganze Stromwirkung bei profilierten Objekten auf die vorspringenden Partien der in den Bädern exponierten Waren konzentrieren wird. In Hohlräumen, in Scharnieren und ähnlichen Stellen kann die oben skizzierte Wirkung nicht oder nur schwach stattfinden. Diese Partien bleiben mangelhaft entfettet, und die Folge davon ist eine spätere fehlerhafte Plattierung.

Besondere Apparate zur elektrolytischen Entfettung. Obschon die elektrolytische Entfettung gegenüber der Handentfettung mit Kalkbrei oder der Entfettung mit Fettlösungsmitteln usw. eine wesentliche Vereinfachung darstellt, so hat man sich dennoch Vorrichtungen konstruiert, welche auch den elektrolytischen Prozeß sicherer gestalten. So wurden auch solche Bäder mit durch dieselben wandernden Gegenständen eingerichtet, vor allem aber trachtete man danach, die beim Verseifen durch den elektrolytischen Vorgang entstehenden Seifen und Fette aus dem eigentlichen Entfettungsbereich des Bades zu entfernen und sogar als Fett wiederzugewinnen.

Eine sehr einfache und heute vielfach angewendete Einrichtung ist der Einbau einer Scheidewand in die meist aus Eisenblech angefertigten Entfettungsbäder, wie Fig. 198 zeigt. Die Badflüssigkeit wird in diesem Falle bis zum oberen Rand dieser Scheidewand aufgefüllt. Scheidet sich beim Arbeiten mit solchen Bädern Seifenschaum bzw. Fette auf der Badoberfläche ab, so braucht man nur etwas Badflüssigkeit aus dem seitlichen Abteil, hinter dieser Scheidewand liegend, aus dem Ablaßhahn zu entnehmen und auf die Badoberfläche zu gießen. Es läuft dann dieser Überschuß an Badflüssigkeit über die Kante der Zwischenwand ab und nimmt die an der Badoberfläche schwimmenden Fetteilchen mit, so daß die Badoberfläche vollkommen rein ist und man beim Herausnehmen der Gegenstände nicht mehr Gefahr läuft, daß sich wieder Fette ansetzen. Diese Oberflächenreinigung kann man aber auch fortlaufend gestalten, indem man durch eine Pumpe oder durch Injektoren mit Druckluft aus diesem seitlichen Abteil Badflüssigkeit dauernd in gleichmäßigem Strahl auf die eigentliche Badoberfläche des arbeitenden Bades pumpt, wodurch ein regelmäßiges Ablaufen der mit Fett verunreinigten Oberflächenschicht stattfindet. Das Abziehen der Lösung aus dem separaten Abteil der Wanne muß aber stets so vor sich gehen, daß nur die unterhalb der Fettschicht (diese schwimmt immer oben) befindliche fettfreie Lösung abzieht und hochpumpt. Mitunter wird auch ein schwacher Luftstrom zur Unterstützung der Reinigung von unten in das Bad geblasen, so daß die Lösung etwas wallt und die Fette leichter über den Rand der Scheidewand fließen.

Da man beim elektrolytischen Entfetten stets mit hohen Stromdichten arbeitet, ist die Gasentwicklung entsprechend stark. Es bildet sich kathodisch Wasserstoff, anodisch Sauerstoff, ihr Gemisch ist bekanntlich explosibel. Um zu vermeiden, daß sich Knallgas entzündet, was durch Öffnungsfunken beim Herausnehmen der Ware von den Warenstangen allzu leicht eintritt, muß man bei größeren Bädern für gute Entlüftung oberhalb des Bades sorgen und rüstet daher solche Bäder mit Absaugevorrichtungen aus. Auch aus sanitären Gründen sind solche Absauge-

Fig. 198.

vorrichtungen sehr wünschenswert, weil die feinen Badnebel, die durch die starke Gasentwicklung mit nach oben gerissen werden, infolge ihrer ätzenden Wirkung auf die Schleimhäute für das arbeitende Personal sehr unangenehm sind.

Wahl der Entfettungsmethode je nach Gegenstand. Das Entfetten mit Fettlösungsmitteln, wie Benzin, Benzinol u. dgl., kann, wenn man nicht große Anlagen schafft, in denen selbst bei größeren Quantitäten zu entfettenden Waren für tunlichste Sparsamkeit beim Verbrauch der teuren Entfettungslösungen gesorgt wird, durch rationelle Apparate, welche eine Verdunstung des Fettlösungsmittels verhindern, allgemein nur für kleinere Gegenstände in Anwendung bringen, wo es sich um einzelne Teile handelt, bei denen es auf den Herstellungspreis nicht sehr ankommt. Mit Fettlösungsmitteln lassen sich naturgemäß alle Metalle entfetten, weil diese kein Metall angreifen.

Das Entfetten durch Behandlung mit kochenden Alkalilaugen kommt hauptsächlich für Eisen- und Stahlgegenstände in Betracht, doch empfiehlt sich dabei immer noch ein nachträgliches Abkalken, um die letzten Fettspuren durch mechanische Wirkung der Kalkteilchen zu entfernen. Alle Artikel der Fahrradindustrie, der Eisen- und Stahlindustrie im allgemeinen können mit dieser Laugemethode ganz vorzüglich entfettet werden, das Verfahren ist sicher und billig. Es kommt hierbei nicht auf die Größe der einzelnen Gegenstände an, kleine Gegenstände kann man auch in rotierenden perforierten Eisentrommeln mit solchen Laugen entfetten, wobei die mechanische Wirkung des gegenseitigen Scheuerns den Entfettungsvorgang sehr unterstützt.

Die elektrolytische Entfettung sollte nur dort Anwendung finden, wo es sich um wenig profilierte Gegenstände handelt, wo also alle Bedingungen für eine gleichmäßige Stromverteilung vorhanden sind, besonders wenn die Kuprodekapierung benutzt wird, weil sonst eine ungleichmäßige Wirkung erzielt würde. Verfasser empfiehlt der Praxis, die elektrolytische Entfettung stets bloß im Anschluß an eine der anderen Entfettungsmethoden anzuwenden, dann leistet sie

Hervorragendes, da es für ein elektrolytisches Entfettungsbad ein leichtes ist, die letzten Fettspuren rasch zu entfernen und da hierzu die Gegenstände einmal an Drähten oder Haken aufgehängt sind, um sie im Bade zu exponieren, kann man sie mit den gleichen Drähten oder Einhängevorrichtungen auch sofort nach Abspülen in die betreffenden Elektroplattierbäder bringen, ohne sie erst wieder mit der Hand anfassen zu müssen, was immer wieder neue Möglichkeiten für Fettansatz an den Waren in sich birgt, so daß auf diese Weise die Waren gewiß fettfrei in die Elektroplattierbäder kommen. Werden kleine Massenartikel in rotierenden Trommeln oder anderen Massen-Galvanisierapparaten entfettet, wozu die gebräuchlichen Apparate ohne weiteres anwendbar sind, so achte man darauf, daß nach erfolgter Entfettung die Gegenstände nicht mehr angefaßt werden, sondern einfach nach gründlichem Spülen mit fließendem Wasser aus der Entfettungstrommel sofort in die Galvanisiertrommel umgefüllt werden.

Eisen- und Stahlgegenstände laufen bei längerem Verweilen in den elektrolytischen Entfettungsbädern an, besonders wenn diese Bäder warm verwendet werden. Diese leichte Oxydierung auf der fettfreien Oberfläche schadet natürlich der späteren Galvanisierung, denn auf solchen Anlauf würden die galvanischen Niederschläge nicht haften. Man behandelt daher nach dem Entfetten die Gegenstände nach erfolgtem Spülen mit fließendem Wasser mit verdünnten Säuren, vorzugsweise verdünnter Salzsäure (kalt verwendet), und zwar hält man diese Säuerungsbäder nur schwach, 1:20, also eine 5%ige Säure genügt vollkommen. In solchen Säuerungsbädern verweilen die Gegenstände nur etwa 1 Minute und können nach abermaligem Spülen mit fließendem Wasser sofort in die Galvanisierungsbäder gelangen.

Verwendung der Aussparlacke.

Abdecken einzelner Teile. Nehmen wir an, es wäre eine Metallfläche stellenweise zu vergolden und zu versilbern, so wird man auf folgende Weise verfahren: Erst wird die ganze Metallfläche versilbert, nachher getrocknet; diejenigen Stellen, welche versilbert bleiben sollen, streicht man mit Decklack (Aussparlack) an, das heißt man deckt diese Stellen und läßt den Lack in erwärmter Luft vollständig trocknen, bis er den Eindruck des aufgedrückten Fingers nicht mehr annimmt. Die übrigen ungedeckten Stellen werden nun vergoldet und schließlich der Decklack mit Terpentingeist und nachträglich mit Spiritus oder noch besser mit Benzin wieder abgewaschen. Man kann auch den Decklack durch Eintauchen in konzentrierte Schwefelsäure oder Oleum (ohne Wasser zuzugeben) leicht abnehmen. Auch durch Behandlung mit kochender Ätznatronlauge unter Nachhilfe einer Bürste läßt sich der Lack wieder entfernen.

Es leuchtet ein, daß man auf diese Weise durch Decken mit dem Aussparlack beliebig viele und verschiedene Metallniederschläge auf ein und dasselbe Objekt auftragen und somit sehr schöne Effekte erzielen kann.

Alle Lacke werden von alkalischen Lösungen angegriffen und aufgelöst, und zwar um so rascher, je heißer die Lösung. Es ist dies beim Aussparen ein um so empfindlicherer Übelstand, weil das Decken mit Lack meist eine sehr mühevolle und kostspielige Arbeit ist, wenn es sich z. B. um Herstellung von Arabesken oder sonstigen feinen Zeichnungen in verschiedenen Farben oder Metallniederschlägen handelt. Unsere Vergoldungsbäder sind aber infolge des Cyankaliumgehaltes stets alkalisch; bringt man nun solch lackgedeckte Objekte behufs Vergoldung in das Bad, so wird nach kurzer Zeit der Lack gehoben und der beabsichtigte Effekt vereitelt. Wenn auch die zum ,,Decken, Aussparen'' bestimmten Lacke so bereitet sind, daß sie der Zerstörung durch Zyankalium möglichst widerstehen, so ist dies doch nur für eine ganz kurze Vergoldungsdauer zu verlangen, also nur eine leichte Vergoldung möglich; einer längeren Einwirkung einer alkalischen Lösung widersteht gar kein Lack!

Will man also auch auf solchen mit Lack gedeckten Objekten eine solide Vergoldung erzielen, so benütze man dazu eine Warmvergoldungslösung ohne Zyankalium oder noch besser ein kaltes Vergoldungsbad ohne Zyankalium. Allerdings sind auch diese beiden Lösungen infolge Zusatz von kohlensaurem Natron alkalisch, aber dieses Produkt wirkt doch nicht so ätzend und zerstörend auf den Lack wie das Zyankalium.

Handelt es sich um das Decken großer Flächen, so erreicht man dies sehr praktisch durch Eintauchen des vorher etwas erwärmten Gegenstandes in geschmolzenes Paraffin. Das hat den Vorteil, daß man den Paraffindeckgrund leicht wieder entfernen kann, wenn man den gedeckten Gegenstand in heißes Wasser von 40 bis 50° C taucht. Das Paraffin hebt sich bei dieser Wassertemperatur gleichmäßig in seiner ganzen Fläche von dem Metallgrund ab, ohne zu schmelzen.

Eine dritte, sehr rationelle Art des Deckens, auf flache Gegenstände anwendbar, welche in Massen in verschiedenen Farben elektroplattiert oder oxydiert werden sollen, ist folgende: Man druckt das zu deckende Muster auf irgendeine Art mit Buchdruckfarbe auf; bei großen Flächen, z. B. auf Blech, geschieht dies auf lithographischem Weg, bei kleineren Gegenständen mit Kautschukformen oder auch mittels Schablonen durch Überwalzen mit einer elastischen, mit der Buchdruckfarbe imprägnierten Walze. Solange die Farbe noch naß ist, streut man fein pulverisierten Asphalt oder auch Kolophonium darauf, welche auf der feuchten Farbe haften, während sie sich von den nichtbedruckten Stellen wegblasen oder abschütteln lassen.

Erwärmt man diese Gegenstände recht vorsichtig und sanft, so schmilzt der Asphalt oder das Kolophonium und bildet so eine fest haftende und gut deckende Schicht der bedruckten Fläche, während die unbedruckte blank bleibt, die man dann vorsichtig durch sanftes Abbürsten mit Weinsteinwasser reinigt und mit dem gewünschten Niederschlag versieht. Der Deckgrund ist durch Einlegen in Spiritus, Benzin, Terpentingeist oder in kochende Ätznatronlaugen leicht wieder abzunehmen.

Das Abdecken wird meist durch eine geeignete Lackierung oder wie oben beschrieben ausgeführt, um nur eine partienweise Elektroplattierung herbeizuführen. Durch Auflegen gut abschließender Gummischablonen kann man aber für gewisse Zwecke dasselbe erreichen und erspart sich auf diese Weise das immerhin zeitraubende und lästige Ablösen der Lack-Deckschicht, wobei leider immer auch der erzeugte Niederschlag verschmutzt wird, und es erfordert seine nachträgliche Reinigung sowie die Reinigung der gedeckten Oberfläche eine umständliche und gewissenhafte Nachbearbeitung, bis schließlich alle Spuren des Decklackes entfernt sind. Daher benutzt man auch, insbesondere für flache Gegenstände, Überzugsschablonen aus Weichgummi oder entsprechend ausgeschnittene paraffinierte Papierstreifen, mit Gummi oder auf andere Weise aufgeklebte Abdeckmittel aller Art. Ganz wirksam sind auch dünne Metallfolien aus Zinn oder Blei, die sich auch auf profilierten Oberflächen leicht aufkleben oder andrücken lassen. Solche metallische Deckschichten werden zwar auf ihren, den Anoden zugekehrten Seiten ebenfalls mit Metall überzogen, unter diesen Folien aber bleibt der Niederschlag aus. Daß man solche Deckschichten auch mittels Schablonen auftragen kann, wenn man z. B. mit Lack spritzt, um auf gleichartige Gegenstände immer wieder die gleiche Partie vor einem Niederschlag zu schützen, ist für solche Betriebe naheliegend, welche dauernd ein und denselben Gegenstand in gleichartiger Weise dekorieren wollen und zwei oder mehrere Metallüberzüge nebeneinander auf denselben Objekten herstellen müssen.

Praktisch finden diese Abdeckmethoden ausgedehnte Anwendung bei der Herstellung dessinierter Bleche, die durch das Umdruckverfahren mit bestimmten, oft feinen Dekorts versehen werden, ferner bei fertigen Gegenständen, welche teilweise angeätzt werden, wie bei der Tulaimitation und ähnlichen Verfahren, auf die wir noch näher einzugehen haben.

Dekapieren vor der Elektroplattierung.

Prinzip des Dekapierens. Kommen Metalle, einerlei ob sie vorher geglänzt wurden oder ob sie in rohem Zustande, etwa gegossen und gebeizt oder mattiert oder sonstwie vorbearbeitet wurden, mit Feuchtigkeit in Berührung, etwa indem sie an feuchter Luft liegen blieben oder ob sie aus Beizen, Laugen usw. entnommen wurden, so bildet sich auf ihrer Oberfläche stets ein hauchdünner Belag nichtmetallischen Charakters, indem entweder der Luftsauerstoff oder andere in der Luft enthaltene Gase, wie Schwefelwasserstoff, Kohlensäure usw. auf die metallische Fläche einwirken und das Metall in Oxyd oder Sulfid, Karbonat usw. überführen. Auf solchen nichtmetallischen Metallflächen kann man keine festhaftenden Metallniederschläge erhalten und man muß vor der Elektroplattierung diesen hauchdünnen Anflug zunächst entfernen. Dies erreicht man durch Eintauchen der angelaufenen Gegenstände in solche Lösungsmittel, welche lösliche Verbindungen mit diesen oxydischen oder sulfidischen Anflügen eingehen können. Möglichst wählt man nun diese Lösungsmittel derart, daß Spuren derselben ohne weiteres auch in die Elektroplattierbäder gelangen können, ohne diese in ihrer Wirkungsweise zu beeinträchtigen, d. h. man wählt unbedingt neutrale oder schwach saure Dekapierlösungen für saure Bäder wie für Nickelbäder, saure Zinnbäder, Zinkbäder u. dgl., dagegen alkalische Dekapiermittel für alle alkalischen Bäder oder zyankalischen Bäder, wie Messingbäder, Kupferbäder, Silber- oder Goldbäder, aber auch für Zinnbäder und Zinkbäder mit alkalischer Reaktion muß man alkalische Dekapiermittel anwenden, wenn man nicht nach erfolgter Dekapierung nochmals alle Spuren solch nichtpassender Dekapiermittel durch sorgsames Abspülen mit fließendem Wasser beseitigen kann.

Im großen und ganzen sind diese Dekapierlösungen nur schwach konzentriert, und wenn man nicht in Hohlräumen größere Mengen des Dekapiermittels mit den Waren in die späteren Elektroplattierbäder bringt, kann eine störende Beeinflussung der Bäder durch die Dekapierlösungen nicht eintreten. Unterschiedlich von dieser rein chemischen Dekapierung ist die mechanische Methode, die meist in Verbindung mit schwach chemisch wirkenden Dekapiermitteln angewendet wird. Diese gemischte mechanisch-chemische Dekapiermethode besteht in einem Abbürsten der zu dekapierenden Gegenstände mit Borsten- oder Fiberbürsten und unter Mitbenutzung eines flüssigen oder breiartigen chemischen Dekapiermittels. So z. B. wird häufig ein Weinsteinbrei verwendet, der an sich schon etwas scheuernde Wirkung durch die in ihm befindlichen unlöslichen Bestandteile gibt, den man auf die zu dekapierenden Gegenstände mit einer Bürste aufträgt und ihn dann durch Bürsten auf dem Gegenstand verreibt, so daß eine einwandfreie Entfernung aller Oxydanflüge von den vorbereiteten Waren kurz von der späteren Elektroplattierung herbeigeführt wird. Die Dekapierung mittels des trockenen Sandstrahles gehört auch hierher, doch wird gewöhnlich noch ein Kratzen der so vorbereiteten Gegenstände stattfinden müssen, um allen Sand von der Oberfläche der mit Sandstrahl behandelten Gegenstände fortzuschaffen, und dabei laufen die Gegenstände leicht wieder an, und es muß dann trotzdem noch eine der vorgenannten Methoden ergänzend zur Anwendung gelangen.

Dekapieren glanzpolierter Gegenstände. Um den Glanz vor der Elektroplattierung auf Hochglanz vorbearbeiteter Gegenstände durch die Dekapierung nach erfolgtem Entfetten in keiner Weise zu alterieren, darf man naturgemäß nur chemische Mittel anwenden. Die verwendeten Dekapierlösungen müssen aber für diesen Zweck frei von allen festen Bestandteilen sein, welche irgendwie zerkratzend auf die glatten Flächen wirken könnten, deshalb werden für besonders sorgsam vorpolierte Gegenstände sogar filtrierte Dekapierlösungen verwendet. Da dieses Hochglanzpolieren stets in größerem Umfange betrieben wird und die

Gegenstände auch in größeren Partien aus der Entfettung kommen, so muß man sich Gefäße anschaffen, in welche man die hochglanzpolierten Gegenstände mit der Dekapierlösung in Berührung bringt bzw. in denen man sie so lange liegen läßt, bis man sie ins Bad bringt. Dies erfordert meist, daß man die Gegenstände schon auf Drähten befestigt in diese Dekapiergefäße einlegt oder einhängt, damit man sie keinesfalls mehr vor Einhängen in die Plattierbäder mit den Händen anzufassen braucht. Sehr zu empfehlen ist für solche Gegenstände die früher unter dem Kapitel „Entfettung" erwähnte elektrolytische Entfettungsmethode mit gleichzeitiger Verkupferung, welche vom Verfasser aus dem Grunde mit dem Namen Kuprodekapierung belegt wurde, weil aus diesen Bädern die Gegenstände fett- und oxydfrei herausgeholt werden können. Die Gegenstände sind gleichzeitig überkupfert und erhalten dadurch eine nichtempfindliche Grundlage für die darauffolgende Elektroplattierung, die man nicht mehr zu dekapieren braucht, denn durch die Verkupferung ist gleichzeitig die Dekapierung erfolgt.

Müssen hochglanzpolierte Gegenstände nach der Entfettung längere Zeit liegen, ehe sie in die eigentlichen Elektroplattierbäder gelangen, so legt man sie praktischerweise in flache Schalen aus Porzellan, Glas oder Steinzeug, legt auf den Boden der Gefäße bei ganz empfindlichen Gegenständen sogar noch Filterpapier oder Nesselstoff, damit ja kein Verschrammen durch das Liegen stattfinden kann. Als geeignete Dekapierlösungen für solche Gegenstände eignet sich Weinsteinlösung 1:100 oder ebenso starke Zyankaliumlösung, aber auch verdünnte Schwefelsäure 1:25 bis 1:30 kann, je nach dem Gegenstand, hierzu dienen. Welche Dekapiermittel für die einzelnen Metalle anzuwenden sind, wollen wir nun näher erläutern.

Dekapieren von Eisen und Stahl. Wird Eisen oder Stahl nach der Schleifarbeit mit Fettlösungsmitteln, wie Benzin oder Benzinol usw., entfettet, so ist die Gefahr des Anlaufens nicht so groß, als wenn die Entfettung unter Zuhilfenahme starker Laugen vorgenommen wurde. Mit alkalischen Flüssigkeiten behaftet, bildet sich auf Eisen und Stahl sofort, sogar für das Auge wahrnehmbar, ein gelblicher Rostanflug, wenn die Gegenstände nur für kurze Zeit an der Luft liegen bleiben. Diesen Anflug entfernt man mit einer Lösung von verdünnter Schwefelsäure, und zwar 1 Teil Schwefelsäure oder Salzsäure auf 20 bis 25 Teile Wasser, oder wenn man die Gegenstände zunächst in ein zyankalisches Kupferbad oder Messingbad bringt, was sehr häufig gemacht wird, besser mit einer Lösung von 1 Teil Weinstein in 100 Teilen Wasser. Es genügt ein kurzes Eintauchen der Gegenstände in solche Dekapierlösungen; auch wenn der Anflug sehr stark sein sollte, genügt gewöhnlich ein Eintauchen von $\frac{1}{2}$ bis 1 Minute.

Dekapieren von Kupfer und dessen Legierungen. Sollen Kupfer, Messing, Tombak oder dergleichen stark kupferhaltige Legierungen dekapiert werden, so bedient man sich sehr gut der für die Eisengegenstände empfohlenen Weinsteinlösung, besonders dann, wenn man nachher vernickeln oder verstählen will. Sollen solche Gegenstände dagegen mit einem Niederschlag versehen werden, der aus zyankalischen oder alkalischen Bädern abgeschieden wird, wie bei der Versilberung, Vergoldung, teilweise auch bei der Verzinnung (im alkalischen Zinnbade), so bedient man sich einer dünnen Lösung von Zyankalium bzw. Zyandoppelsalz oder Zyannatrium. Allgemein genügt die Zusammensetzung 1:15 bis 1:20.

Dekapieren von Zink oder Aluminium. Zink, ebenso Aluminium bilden an der Luft sehr rasch weißes Zink- resp. Aluminiumoxyd. Dieses ist leicht in verdünnter Salzsäure 1:15 löslich, bei Zink genügt auch meistens schon eine Dekapierlösung von 1 Teil Schwefelsäure auf 20 Teile Wasser. Diese Oxyde sind in verdünnten Säuren ungemein leicht löslich und es genügt zum Dekapieren schon ein „Durchziehen" der Gegenstände durch solche Lösungen. Für diese beiden Metalle läßt sich aber auch eine dünne kalte Ätznatronlösung oder Ätzkalilösung 1:10 anwenden, weil auch diese Alkalien die Oxyde dieser Metalle leicht lösen.

Bei Aluminium muß man aber nachträglich noch kurz durch Salpetersäure ziehen, wozu man konzentrierte Salpetersäure verwenden kann, weil diese auch dann, wenn Spuren an dem betreffenden Gegenstand bleiben, keine schädliche Nachwirkung zeigt. Aluminium ist ungemein leicht oxydabel, doch sieht man mit freiem Auge solche Anflüge nicht, und an diesen Oxyden an Aluminiumgegenständen, die meist zu wenig beachtet werden und die sich blitzschnell einstellen, wenn Aluminium feucht mit Luft in Berührung kommt, scheitern die Versuche, Aluminium haltbar zu elektroplattieren. Deshalb benutzt man vielfach eine sogenannte Vorbeize vor dem Plattieren des Aluminiums, welche gleichzeitig mit der Dekapierung eine Verzinkung bewirkt, so daß durch den Zinküberzug die weitere Einwirkung auf das Aluminium verschwindet. Nach der Verzinkung mit solchen Vorbeizen sind aber solche Gegenstände noch durch Weinsteinlösung zu ziehen. Diese Dekapierlösung aus Weinstein, die den Zweck hat, die letzten Spuren der alkalischen Vorbeize zu zerstören bzw. zu neutralisieren, soll etwa 1 Teil Weinstein auf 100 Teile Wasser enthalten. Auch ganz schwach mit Salpetersäure angesäuertes Wasser ist als nachträgliche Dekapierlösung solcher vorverzinkter Aluminiumgegenstände empfehlenswert.

Dekapieren von Blei, Zinn und Britannia. Solche Gegenstände, die aus diesen Metallen bestehen, dekapiert man am besten ebenfalls mit einer zyankalischen Dekapierlösung, wie wir sie bei den Kupferlegierungen besprochen haben. Läßt aber die Natur der Gegenstände ein Scheuermittel zu, so ist eine gleichzeitige Behandlung mit Schlämmkreide und Bürsten zu empfehlen. Besonders bei Blei, Zinn und Britanniametall tut die Kuprodekapierung hervorragende Dienste, da diese Metalle vor der späteren Elektroplattierung doch fast allgemein verkupfert werden, wenn man nicht aus besonderen Gründen eine vorhergehende Vermessingung in Anwendung bringen will.

Kratzen der Gegenstände.

Kratzbürsten und Kratzmaterial. Das Abbürsten der Metalle mit Metalldrahtbürsten nennt man „Kratzen“.

Das Kratzen hat doppelten Zweck. Entweder dient es zur Ausbesserung einer mangelhaften Reinigung der Metalloberfläche oder als kategorisches Reinigungsmittel, z. B. bei Eisen, Zink, Blei, Britannia usw. Es dient auch dazu, um einen matt gewordenen elektrolytischen Niederschlag wieder glänzend zu machen, und das ist speziell bei solchen Elektroplattierungen nötig, die matt ausfallen und denen man dadurch vor dem Polieren einen gewissen Glanz verleihen will. Es ist das Kratzen so wichtig, daß wir näher darauf eingehen und uns damit wohlvertraut machen müssen. Das Kratzen ist für den gewissenhaften Elektroplattierer u. a. eine überzeugende Probe, daß der Niederschlag wirklich solid sei, dauernd und fest hafte; denn ist dies nicht der Fall, sei es infolge mangelhafter Reinigung der Metalloberfläche oder eines fehlerhaft bereiteten Bades, sei ein allzu schwacher Niederschlag, ein allzu starker Strom oder sonst ein Fehler oder Nachlässigkeit des Elektroplattierens die Ursache, so wird durch das Kratzen der Niederschlag sich wieder ablösen oder abblättern und das Grundmetall zum Vorschein kommen. Man wird sich also dann die immerhin kostspielige Polierarbeit, z. B. bei der Versilberung, ersparen und die Galvanisierung von neuem ausführen, wenn sie sich bei dieser Kratzarbeit als fehlerhaft erwiesen hat. Speziell weiche Metalle wie Zinn, Blei, Zink, Messing und Kupfer, erhalten außerdem durch das Kratzen einen metallischen Glanz, und oft ist dieser so erzeugte Glanz schon ausreichend, um die galvanisierte Ware marktfähig zu machen.

Das Werkzeug, welches zum Kratzen dient, nennt man die Kratzbürste, und diese hat je nach den verschiedenen Artikeln eine verschiedene Form und verschiedene Beschaffenheit.

Für kleine Metallobjekte bedient man sich der Pinselkratzbürste, einer Art stumpfen Pinsels aus Messingdraht, welche man wie einen Anstreichpinsel anfaßt, in senkrechter Stellung mit den Drahtspitzen auf der zu kratzenden Metallfläche rasch hin und her bewegt.

Die Kratzbürste sowohl als auch das zu kratzende Objekt muß man dabei stets angefeuchtet halten, und zwar bedient man sich sauren Bieres oder einer Mischung von Wasser mit Essig, oder benutzt Weinstein in Wasser gelöst oder, und zwar meistens, eine Abkochung von Seifenwurzel in Wasser, welche man nach einigen Tagen stets erneuern muß. Praktisch sind niedere breite Holzgefäße, über deren obere Öffnung ein schmales Brett gelegt ist, auf welches man das zu kratzende Metallobjekt auflegen kann und während des Kratzens sowohl das Objekt an der Spitze der Kratzbürste fleißig in das im Holzgefäß befindliche Kratzwasser eintaucht, Fig. 199.

Handelt es sich um die Reinigung von Metalloberflächen, so benutzt man als Kratzwasser meist das Weinsteinwasser; es wird dazu der billige rohe Weinstein verwendet, wie er aus den Fässern des Weißweines in den Kellereien ausgeklopft wird. Handelt es sich darum, einen mattgewordenen elektrolytischen Niederschlag wieder glänzend zu machen, so kratzt man mit Seifenwurzelwasser, welches gleitet und die allzu scharfe Wirkung der Drahtspitzen abschwächt.

Je nach den verschiedenen Metallen und Elektroplattierungen verwendet man Kratzbürsten von verschiedenen Drahtstärken und Härten. Auch Glasbürsten werden

Fig. 199.

hierzu verwendet, das sind nämlich pinselartige Bürsten aus fein gesponnenen Glasfäden.

Wenn es sich um Nachhilfe beim Dekapieren von Metallobjekten, die mechanisch gereinigt werden sollen, handelt, wählt man für Eisen und Stahl schärfere Drahtbürsten aus Stahldraht in der Stärke von 0,2 bis 0,4 mm, für weiche Metalle wie Zink, Britannia, Zinn, Blei u. ä. Bürsten aus feineren und weicheren Drähten in der Stärke von 0,05 bis 0,15 mm.

Fig. 200.   Fig. 201.   Fig. 202.

Um einen elektrolytischen Niederschlag zu kratzen, verwendet man Kratzbürsten aus feineren, sanftwirkenden Drähten, die nur das Entfernen der nichthaftenden Partien des Niederschlages und das Glänzen der festhaftenden vollziehen, ohne diese allzusehr zu schwächen, dabei werden nur die mikroskopischen Kristallspitzen, die auf der Oberfläche des Niederschlages liegen, abgekantet und dadurch erscheint nach dieser Behandlung der anfänglich matte Metallniederschlag metallisch glänzend. Für Vermessingung und Verkupferung benutzt man Messing- oder Eisendrahtbürsten, Drahtstärke 0,1 bis 0,2 mm, für Versilberung und Vergoldung Drahtstärke 0,05 bis 0,15 mm, als Drahtmaterial in diesem Fall meist feinsten Messing-, Stahl- oder Neusilberdraht.

Da sich die Drahtspitzen der Kratzbürste durch das Aufdrücken beim Kratzen, welches übrigens nur ganz leicht zu geschehen braucht, sehr bald umbiegen, verwickeln und zusammenballen, müssen sie fleißig wieder geradegestreckt werden. Man erreicht dies mittels eines gewöhnlichen scharfen Küchenreibeisens, indem man das verwickelte, zusammengeballte Kratzbürstenende über dasselbe in liegender Haltung energisch aufdrückend so lange stets nach einer und derselben Richtung hinwegzieht, bis die Drahtspitzen wieder geradegestreckt sind.

Sind die Drahtspitzen schon derart verbogen und unentwirrbar ineinander verwickelt, daß dieses Mittel nichts mehr nützt, so bleibt nichts anderes übrig,

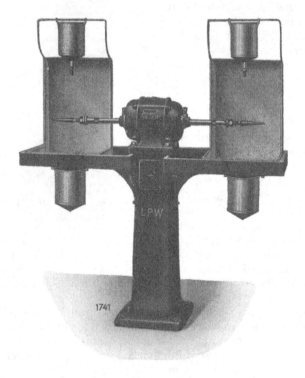

Fig. 203.

als den verwickelten Knoten mit einem scharfen Meißel auf einem Bleiklotz abzuhauen. Für große Metallflächen bedient man sich der Stielkratzbürste, Figur 200, oder ovalen Bürste, Figur 201.

Bei nur einigermaßen regem Betrieb reicht das Kratzen mit Handkratzbürsten nicht aus, es geht zu langsam; rationell und rasch kratzt man mittels Zirkularkratzbürsten, Fig. 202, mit eigens dazu konstruierten Kratzmaschinen für Motorbetrieb (siehe Fig. 203).

Die Zirkularkratzbürsten werden auf die Welle der Kratzmaschine aufgeflanscht, meist zwischen zwei Messingflanschen, welche die Drahtborsten bis zur ungefähr halben Länge einhüllen, um das Auseinanderlegen der Kratzbürstendrähte zu verhindern.

Die zu kratzende Metallfläche wird unter die rotierende Kratzbürste derart gehalten, daß die Drahtspitzen derselben darauf schleifen. Man darf nicht besonders stark andrücken, sonst gibt es Risse auf der gekratzten Fläche; Bürste sowohl als auch der Niederschlag würden zu sehr leiden.

Es ist ein fast allgemein verbreiteter Fehler, die Zirkularkratzbürsten viel zu rasch laufen zu lassen; man ist vom Glanzschleifen gewöhnt, daß die Welle per Minute 2000 bis 3000 Umdrehungen macht, und glaubt, die Kratzbürste müsse sich auch so rasch drehen, oder man glaubt, einfach die gewöhnliche Schleifspindel dazu verwenden zu können. Selbstverständlich geht dabei jede Kratzbürste sehr rasch zugrunde, die Drahtbürsten brechen an der Wurzel alsbald ab, auch der Bindfaden oder Binddraht, womit die Drahtbüschel eingezogen sind, scheuern sich infolge der allzu vehementen Federung derselben durch, und es fliegen dann die ganzen Drahtbündel heraus.

Wenn die Zirkularkratzbürste 500 bis 800 Umdrehungen per Minute macht, genügt dies vollkommen für den Zweck des Kratzens; auch für die Schonung des Niederschlages ist es nicht geraten, die Kratzbürste allzurasch laufen zu lassen. Bürsten mit gröberen Drähten wird man mit einer geringeren Tourenzahl laufen lassen, solche mit dünneren Drähten können etwas rascher laufen. Auch nach der Art des Niederschlages wird man die Tourenzahl der Kratzbürste regeln; weiche Metallniederschläge (Silber, Gold, Zink usw.) erfordern eine sanftere Behandlung mit einer geringeren Umdrehungsgeschwindigkeit der Bürste als härtere (Messing, Kupfer u. dgl.).

Fig. 204.

Sehr wichtig ist ferner, die Kratzbürsten, sofern sie in Holz gefaßt sind, auf zylindrische Dorne der betreffenden rotierenden Spindel aufzusetzen und durch seitliches Festflanschen die Befestigung der Zirkularbürsten zu bewirken. Das Aufsetzen von in Holz gefaßten Kratzbürsten auf konischen Dornen ist stets gefährlich für den Holzkern solcher Bürsten, da sie während des Betriebes allzu leicht zersprengt werden.

Bei den angegebenen Umdrehungszahlen vollzieht sich das Kratzen genügend rasch und die Bürsten bleiben geschont; eine raschere Umdrehung hat nicht nur keinen Zweck, sondern auch noch den Nachteil, daß der Niederschlag, anstatt nur blankgekratzt zu werden, größtenteils wieder weggeschliffen wird.

So wie beim Kratzen mit der Hand bedient man sich auch bei Zirkularkratzbürsten des sogenannten Kratzwassers behufs Abschwächung der allzu scharfen Wirkung der Drahtspitzen. Dieses Kratzwasser befindet sich in einem Behälter über der Kratzbürste, aus dem es durch ein mit einem Hahn versehenes Rohr auf dieselbe herabträufelt, wie in Fig. 203 ersichtlich ist.

Um das Zerstören der Bürste ganz zu beseitigen und um ferner die Bürste nach Abnutzung der Drähte nicht fortwerfen zu müssen, werden mit Vorliebe die in Fig. 204 abgebildeten, auswechselbaren Bürsten mit Patent-Metall-Bürstenkörpern verwendet. Je nach dem Durchmesser des Bürstenkörpers, der aus Rotguß besteht, werden 50 bis 100 der Einsatzbüschel eingesetzt. Diese Bürsten werden in den verschiedensten Durchmessern hergestellt und sowohl mit Büscheln von gestrecktem oder gewelltem Draht versehen; auch werden die Büschel in den verschiedensten Breiten geliefert und zwar von 10 bis 50 mm Breite. Sehr praktisch sind z. B. auch die aus einzelnen Ringen zusammengesetzten Bürsten (Fig. 205).

Zum Kratzen von Innenflächen, Höhlungen usw., in welche man mit den gewöhnlichen Zirkularkratzbürsten nicht hineinkommen kann, wie in die Innenflächen von Kannen, Bechern, Tassen, Kelchen u. ä., verwendet man sogenannte Hohlkratzbürsten, deren Drahtkegel man zusammengedrückt in die Hohlung einführt. Wenn es möglich ist, solche hohle Gegenstände auf die Drehbank zu spannen und so den zu kratzenden Gegenstand in Umdrehung zu versetzen, pflegt man eine Handkratzbürste zum Kratzen der Innenräume zu verwenden.

In Betrieben, wo elektrische Antriebskraft zur Verfügung steht, werden an Stelle der gewöhnlichen, von Transmissionen aus angetriebenen Kratzmaschinen die Kratzmotoren angewendet. Es sind dies vollkommen dicht gekapselte Motoren mit verlängerter Welle und gleichen im Äußeren den früher erwähnten Schleif- und Poliermotoren vollkommen. Sie unterscheiden sich von den letzteren nur durch die Tourenzahl, die im allgemeinen nicht über 800 pro Minute festgesetzt wird. Je nach der Beanspruchung wählt man die Leistung der Maschine zwischen $1/_4$ und 1 PS. Die Langbein-Pfanhauser-Werke bauen solche spezielle Motoren sowohl für Gleichstrom wie auch für Drehstrom. Die sogenannten Schleif- und Poliermotoren mit Tourenzahlen von 2000 und darüber sollten aber niemals auch zum Kratzen verwendet werden, denn der Betrieb wäre höchst unrationell, da man mittels spezieller und dabei recht kostspieliger Regulieranlasser (nur bei Gleichstrom möglich!) viel elektrische Energie vergeuden müßte, außerdem läuft man Gefahr, daß der Arbeiter darauf vergißt, die Regulieranlasser nur zum Kratzen zu verwenden. Wird einmal an einem derartigen, eventuell auch für die Kratzarbeit eingerichteten Motor durch ein Versehen der Anlasserhebel während der den Motor stärker belastenden Polier- oder Schleifarbeit auf einen Zwischenkontakt anstatt auf den letzten (den sogenannten Kurz-

1722

Fig. 205.

schlußkontakt) gestellt, dann brennen die Spiralen des Anlassers teilweise durch, was unangenehme Betriebsunterbrechungen und unnötige Reparaturausgaben im Gefolge hat.

Trocknen der Metallwaren.

Die Metalle laufen an der Luft, wenn sie mit Wasser oder Resten anderer Flüssigkeiten behaftet sind, an, überziehen sich mit einem Anflug von Oxyd, das der Oberfläche leicht einen ganz anderen Charakter verleihen kann; deshalb muß man Metallgegenstände, wenn man die durch geeignete Behandlung durch Beizen, Laugen, Plattierung etc. bewirkte Oberflächenbeschaffenheit erhalten will, raschestens trocknen.

Die gebräuchlichste und älteste Methode ist die des Absaugens der Flüssigkeitsreste durch trockene reine Sägespäne. Man verwendet Späne aus harzfreiem Holz, am besten jedoch eignen sich Späne aus Pappel- oder Lindenholz; Sägemehl aus Eichenholz oder Kastanienholz ist ganz ungeeignet, weil es die Metallflächen schwärzt.

Die zum Trocknen bestimmten Späne sollen stets trocken gehalten sein, damit sie leicht und sicher die Feuchtigkeit aufsaugen, gleichzeitig müssen sie staubfrei und rein von anderen Verunreinigungen, vor allem frei von Sand sein, damit beim Trocknen nicht ein Zerkratzen der feinen Oberfläche eintreten kann. Die Späne müssen vor Verwendung gesiebt werden und in reichlicher Menge in einem geräumigen Kasten aus Holz oder Blech aufbewahrt werden.

Trockenschänke. Man bedient sich zum Trocknen mit Vorteil der auch in Lackiererеien verwendeten Trockenschränke mit Gas- oder Dampfheizung, deren Inneres durch die Heizvorrichtung so warm gehalten wird, daß anhaftendes Wasser (vom Spülen der Gegenstände herrührend) sofort verdampft. Um dieses Verdampfen zu unterstützen, bringt man die Gegenstände nicht mit kaltem Wasser benetzt in die Trockenschränke, sondern man spült sie erst in kaltem reinen Wasser und taucht sie dann in heißes Wasser. In letzteres so lange, bis der Gegenstand wirklich heiß geworden ist, was je nach Volumen des betreffenden Gegenstandes einige Sekunden (höchstens 25 Sekunden) Zeit erfordert. Dann hat der Gegenstand so viel Wärme aufgenommen, daß er die Reste des anhaftenden heißen Wassers in kürzester Zeit verdampft, besonders, wenn die Wirkung eines geheizten Trockenschrankes dabei unterstützend hilft.

Dieses schärfere Trocknen in solchen Trockenschränken hat den großen Vorteil, daß durch längere Einwirkung der Wärme in diesen Schränken die Feuchtigkeit auch aus den Poren, hauptsächlich bei Gußgegenständen ausgetrieben wird und nicht nachträglich Fleckenbildung stattfindet. Auch bei hohlen Gegenständen ist ein solches schärferes Trocknen aus dem Grunde von Wichtigkeit, weil sich Spülwasser meist in den Hohlräumen noch befindet, auch wenn an der Außenseite bereits der Gegenstand trocken ist; solche versteckte Feuchtigkeit läuft dann auf die trockenen Stellen und verursacht von solchen Hohlräumen ausgehende Streifen oder Flecken auf der fertigen Ware.

Ein zweckmäßig konstruierter Trockenschrank sollte in keiner Elektroplattierwerkstätte fehlen. Man braucht denselben nicht nur zum Nachtrocknen der elektroplattierten Metallobjekte,

Fig. 206.

sondern auch zum Trocknen lackierter oder mit Sparlack gedeckter Gegenstände. Die Konstruktion eines Trockenschrankes ist sehr einfach, wohl jedem Metallarbeiter bekannt; Hauptsache ist ein guter Luftzug, um stets trockene, warme Luft zu haben. Ist Dampfheizung vorhanden, so führt man das Dampfrohr in Windungen durch den zum Trocknen bestimmten Raum, selbstverständlich ohne den Dampf im Trockenraum ausströmen zu lassen; diese Dampfheizung erzeugt sehr trockene Luft von ziemlich hoher Temperatur; ist noch für gute Ventilation gesorgt, so ist der Trockenraum vollkommen. In Ermangelung einer Dampfheizung unterhält man unter dem Trockenraum des dann speziell gebauten Trockenofens ein Herdfeuer, das durch Eisenplatten vom Trockenraum abgesondert ist; die Eisenplatten überdeckt man mit Schamotte, um die Wärme gleichmäßig zu verteilen. In der Tür bringt man unten Ventilationslöcher an, mit Schiebern verschließbar; im Trockenraum oben läßt man eine Öffnung in den Kamin einmünden, durch welche die feuchte Luft abzieht. Bei ganz kleinem Betrieb muß man sich in der Weise behelfen, daß man die zu trocknenden Gegenstände über einem Eisenofen oder Herd frei in der Luft, etwa auf ein in einiger Entfernung darüber angebrachtes Gitter legt.

Man kann solche Trockenschränke natürlich auch mit Transportvorrichtung versehen, welche die Waren, die man trocknen will, mittels endloser Bänder, die

über Rollen laufen, durch den entsprechend langen Trockenschrank hindurch-
führen, so daß beim Verlassen des Trockenschrankes eine vollkommen trockene
Ware geliefert wird. Derartige Trockenschränke werden für die Trocknung von
Blechen, Drähten, Bändern u. ä. mit bestem Erfolge angewendet.

Für die fortgesetzte Trocknung der Sägespäne, wenn man kleine Artikel
laufend zu trocknen hat, eignet sich sehr gut die in Fig. 206 dargestellte Säge-
spänetrockentrommel der Langbein-Pfanhauser-Werke A.-G.

Derartige Trommeln werden sowohl für Gasheizung wie für Dampfheizung ge-
baut und besitzen im Innern einen größeren Eisenzylinder, der durch Gas oder
Dampf erwärmt ist. Die beim Rotieren mit diesem heißen Zylinder ständig in
Berührung kommenden Sägespäne werden dadurch fortwährend getrocknet.
Seitliche Öffnungen der Stirnflächen sind dafür geeignet, die sich entwickelnden
Wasserdämpfe während dieses Trocknens aus dem Innern auszublasen.

Verwendet man die Sägespäne in offenen Sägespänekästen, so sollte man
durch direkte Dampferhitzung mit Dampfschlangen oder durch indirekte Gasheizung (doppelter Boden des Ge-
fäßes erforderlich) für eine sichere
Trocknung der Späne vorsorgen.

Trockenzentrifugen. Die vorbeschriebene Einrichtung der Säge-
spänetrommel entspringt dem Bedürfnis der Praxis, speziell für
kleine Massenartikel nach dem
Elektroplattieren eine einfache
und sichere Trocknungsmethode
zu finden. Jeder Galvanotechniker,
der sich mit der Plattierung kleiner
Massenartikel befaßt hat, weiß, daß
z.B. die Vernicklung, die im Massengalvanisier-Apparat meist sehr
brillant aussieht, durch den Trocknungsprozeß, wenn dieser nicht
schnell und richtig geleitet wird,
sehr an Aussehen verliert; die
Gegenstände erscheinen nach dem
Trocknen wesentlich dunkler, ja
sogar gelblich, schöne gelbe Vermessingung wird mißfarbig, während der Ton beim Verlassen der

Fig. 207.

Bäder tadellos war. Alle diese Erscheinungen haben ihren Grund in der Empfindlichkeit solch frischer reiner Metallflächen, wie sie die Elektroplattierung
produziert und muß gerade in diesen Fällen eine rasche, energische Trocknung
einsetzen. Die Technik hat nun für diese Zwecke ein sehr brauchbares Hilfsmittel
in den Heiß-Dampf-Zentrifugaltrocknern, wie sie Fig. 207 zeigt, geschaffen.

Diese Zentrifugen besitzen einen aushebbaren Einsatz mit perforiertem Mantel.
In dieses raschlaufende Gefäß werden die Gegenstände nach erfolgtem Spülen
in kaltem oder auch warmem Wasser eingefüllt, die Zentrifuge durch den Deckel
geschlossen und in Bewegung gesetzt. Dabei wird zuerst alles anhaftende Wasser
durch die perforierte Wand hindurch abgeschleudert, gleichzeitig wird durch einen
Ventilator Luft in das Zentrifugengehäuse und durch die rotierende Trommel
geblasen, welche vorher einen Heizkörper passiert, wo sie angeheizt wird, so daß
Heißluft durchströmt. Das Trocknen dauert nur wenige Minuten und es faßt eine
solche Zentrifuge je nach der Größe des rotierenden Teiles ganz bedeutende
Mengen kleiner und kleinster Gegenstände. Man muß nur das Bedienungspersonal

auf die Gefährlichkeit der Handhabung hinweisen und strenge Weisung geben, daß die Zentrifuge nicht eher geöffnet werden darf, als bis der rotierende Teil zum Stillstand gekommen ist, keinesfalls früher mit den Händen hineinfassen. Bei dieser Trocknungsmethode bleibt die Farbe der Plattierung vollkommen erhalten, die kleinen Teile sind nicht mit Sägemehl verunreinigt, sie stellt also für diese Zwecke unstreitbar das Vollkommenste dar, worüber wir verfügen.

Behandlung der Gegenstände kleinsten Umfanges.

Massenartikel und ihre Plattierung. Gelegentlich der Erörterungen über die der Galvanotechnik zu Gebote stehenden Mittel, kleine Gegenstände, die man nicht einzeln aufreihen will, zu plattieren, haben wir bereits die Elektroplattiersiebe, ebenso die Massengalvanisier-Apparate, wie solche mit ganz oder teilweise eintauchenden Trommeln, aushebbaren oder hochkurbelbaren Trommeln, ferner die Schaukel- und Glockenapparate kennen gelernt. Alle diese Vorrichtungen zum massenweisen Elektroplattieren werden nur dann angewendet, wo man nicht auf vollständige Erhaltung feiner Ornamente, wie solche z. B. auf den kleinen Teilen für die Uhrwerke u. dgl. vorkommen, reflektiert, oder wo es nicht auf die Erhaltung eines vorher erzeugten feinen Hochglanzes durch Umherkollern der Gegenstände in diesen Apparaten ankommt. Geringfügiges Verschrammen, auch wenn diese Apparate noch so gut gebaut sind, ist nicht zu verhindern, deshalb werden solche empfindliche Teile entweder in Elektroplattierkörben oder Sieben oder sogar einzeln aufgereiht plattiert.

Vorbereitende Arbeiten für Massenartikel. Auf besondere Artikel, wie sie am häufigsten in der Industrie vorkommen, wird später noch eingegangen werden, an dieser Stelle sollen allgemeine Richtlinien für die Vorbereitung der Massenartikel, die in vorgenannten Apparaten elektroplattiert werden sollen, gegeben werden.

Ein eventuelles Beizen der aus nicht entzundertem Blech oder auch gegossener, mit Gußhaut versehener Massenartikel erfolgt in Beizkörben aus Steingut, wenn als Beize Schwefelsäure oder Salzsäure verwendet wird, in Aluminiumsieben dann, wenn gelbgebrannt oder in reiner Salpetersäure gebeizt wird. Ein eventuell erforderliches Scheuern nach dem Beizen führt man in Scheuerfässern oder Scheuerglocken aus unter Beigabe von Sand oder außerdem schwach angesäuertem Wasser (siehe Scheuermethoden), hierauf folgt ein Abziehen der entleerten Scheuerfaß-Füllung, um den Sand abzuscheiden und dann ein Abspülen in fließendem Wasser, am besten in der Weise, daß man die Gegenstände auf ein Sieb bringt und unter einer Brause den überschüssigen, noch an den Gegenständen anhaftenden Sand abspült. Die Dekapierung vor der Elektroplattierung erfolgt entweder in der Weise, daß man die in Steinzeugkörben befindliche Ware durch ein bereitstehendes Dekapiergefäß zieht oder aber dadurch, daß man die Gegenstände in eine Steinzeugschale gießt und die Dekapierlösung darauf schüttet und so lange darin stehen läßt, bis der Apparat, in welchem die Elektroplattierung vor sich gehen soll, für die betreffende Charge bereit ist. Bei gut beschäftigten Betrieben läßt es sich meist einrichten, daß ein Mann diese vorbereitenden Arbeiten nacheinander ausführt, denn die erforderliche Zeit reicht gewöhnlich hin, um alle diese Arbeiten in der Zeit auszuführen, während welcher eine Charge im Massengalvanisier-Apparat plattiert wird. Bei besonders großer Leistung eines Betriebes muß aber eine Scheidung der Arbeitsgänge eingerichtet werden, so zwar, daß ein Teil der Belegschaft die vorbereitenden Arbeiten ausführt, das eigentliche Elektroplattieren dann dem Galvaniseur und eventuell dessen Hilfskräften überlassen wird.

Das Elektroplattieren der Massenartikel. Der eigentliche Metallüberzug auf die Massenartikel wird je nach Wunsch entweder nur ganz schwach ausgeführt, wenn auf solidere Plattierung weniger Wert als auf schönes Aussehen gelegt wird, und es richtet sich die Zeitdauer für die Plattierung nach der gewünschten Metallauflage. Soll beispielsweise nur eine schwache Verkupferung oder Vermessingung zum Zwecke der geeigneten Unterlage für eine Sudversilberung oder Sudverzinnung, Sudvergoldung etc. ausgeführt werden, so kann man sich mit einer Exponierungszeit von 15 bis 25 Minuten in den Massen-Galvanisierapparaten begnügen. Diese Zeit genügt ebenfalls, natürlich immer normale Stromverhältnisse vorausgesetzt, für schwache Vernicklungen. Die Verzinkung dagegen soll nicht unter 45 Minuten dauern. Zwecks Erzielung glänzender Niederschläge in Massen-Galvanisierapparaten wie Trommeln, Schaukeln oder Glocken, vorwiegend aber in den Trommelapparaten verwendet man neben den zu plattierenden Massenartikeln kleine Glaskugeln oder Flintsteine. Durch dieses Miteinfüllen derartiger Kugeln oder Steinchen bezweckt man, auch solche Gegenstände, die sich leicht ineinandersetzen wie Schnallen, Feder und dgl., getrennt zu halten, während durch mechanische Wirkung gleichzeitig die schon gebildeten Metallniederschläge einen gewissen Glanz annehmen. Man darf aber von solchen Kugeln oder Steinen nicht zu viel zusammen mit den Massenartikeln einfüllen, weil sonst der Kontakt unter den einzelnen Gegenständen verloren geht. Etwa 10% des Volumens der zu plattierenden Gegenstände soll diese Beigabe von Kugeln nicht überschreiten. Die Wahl des geeigneten Apparates muß reiflich überlegt werden, denn es ist z. B. ein Trommelapparat nicht für alle Massenartikel ohne weiteres geeignet. Die Vielseitigkeit der in der Praxis vorkommenden Artikel ist es ja gerade, welche die Galvanotechnik veranlaßt hat, verschiedene Konstruktionen der Apparate vorzusehen, und wer sich bei der Wahl der Apparatur nicht von vornherein auskennt, lasse lieber zunächst eine Probe mit seinen Artikeln in den verschiedenen Apparaten vornehmen. Für den einen Artikel, der z. B. leicht rollt, an sich eine gewisse Rundung besitzt, wird man im Trommelapparat sichere Resultate erhalten. Schwere Gegenstände, wie starke Schrauben, die man verzinken will und auf welche viel Strom entfallen soll, wird man unbedingt im Schaukelapparat mit Außen- und Innenanoden bearbeiten, flache gestanzte Blechstücke eignen sich wieder mehr für den Glockenapparat, der gleichzeitig gestattet, öfters von Hand die Gegenstände herauszuholen und also während des Prozesses den Fortgang der Arbeit zu kontrollieren, ohne den Apparat stillsetzen zu müssen.

Schwierig ist auch die Entscheidung, welche Badzusammensetzung für die verschiedenen Gegenstände heranzuziehen ist. Bei der Vernicklung spielt das Profil der kleineren Gegenstände eine große Rolle und die Frage ob man auch in kleine Hohlräume eine Vernicklung hineinbringen will und muß. Für solche Vernicklung ist unbedingt ein zitronensaures Bad oder ein Bad mit hohem Nickelgehalt, gleichzeitig aber hohem Widerstand, nötig, während für gewöhnlich die Trommel-Vernicklungsbäder einen kleinen Widerstand aufweisen. Bäder mit hohem Widerstand streuen besser in die Hohlräume, und wendet man solche an, so muß natürlich die Dynamomaschine mit reichlich hoher Klemmenspannung gebaut sein, um trotz des hohen Badwiderstandes noch genügend Strom durch den Apparat zu treiben.

Vielfach neigt eine größere Menge Massenartikel, wenn diese aus Draht oder aus gebogenem Blech angefertigt sind, zur Filzbildung; die Ware bildet dann besonders in Trommelapparaten einen Knäuel, der Strom wirkt dann nur auf die Außenseite des sich langsam im Trommelinnern herumwälzenden Knäuels und die zentral gelegenen Gegenstände werden gar nicht oder nur schwach und unvollkommen plattiert, an den Auflagestellen, wo sich die Gegenstände gegenseitig gewissermaßen verankert haben, erfolgt meist überhaupt kein Niederschlag. Solche schwierig zu behandelnde Gegenstände werden vorzugsweise in Schaukel- oder Glockenapparaten elektroplattiert.

Haben die Massenartikel ihre beabsichtigte Metallauflage erhalten, so sorge man dafür, daß sie auf schnellstem Wege aus den Galvanisierapparaten entleert, gespült und getrocknet werden, ein längeres stromloses Verweilen in den Trommeln oder sonstigen Apparaten verändert bei der Empfindlichkeit dieser reinen Metalle ungemein leicht ihr Aussehen. Deshalb sind nur wirklich gut durchkonstruierte Apparate zu empfehlen, bei denen man die Trommel rasch herausheben oder hochkurbeln kann, um nach Öffnung eines ebenfalls leicht zu öffnenden Deckels die Ware in ein daruntergeschobenes Sieb fallen zu lassen, während die überschüssige Badflüssigkeit in das Badgefäß zurückläuft. Die Bedienungsmannschaft muß also gut eingeübt, ja förmlich einexerziert sein, wenn man gleichmäßige Resultate erhalten will.

Behandlung großer Stücke.

Mit der Bezeichnung große Stücke sollen alle diejenigen Gegenstände verstanden sein, welche man je mit einer besonderen Leitungszuführung in ruhende Bäder auf Drähten entsprechender Stärke oder Haken mit dem für den Stromdurchgang genügenden Querschnitt in die Elektroplattierbäder einhängt. Je größer der zu plattierende Gegenstand ist, desto mehr Strom wird für seine Plattierung benötigt, deshalb muß der Einhängedraht auch so stark dimensioniert sein, daß er, ohne sich nennenswert zu erwärmen, die notwendige Stromstärke dem Gegenstand zuführt. Wäre der Einhängedraht oder Haken zu schwach oder aus zu schlecht leitendem Material (z. B. aus dem schlecht leitenden Eisen), so tritt schon in diesem Stück Draht ein bedeutender Spannungsverlust ein, der Draht entspricht also einem dem Gegenstand vorgeschalteten Widerstand, und trotz eingehaltener richtiger Badspannung, die man am Voltmeter abliest, würde man doch nicht die dieser Badspannung entsprechende Stromdichte und also auch nicht die erhoffte Niederschlagsgeschwindigkeit erhalten. Man muß sich also je nach Natur des Bades, dessen Stromverhältnisse bekannt sind, die gewünschte Stromstärke im voraus überschlagen und den Einhängedraht oder Haken oder, wenn deren mehrere zur Befestigung des fraglichen Stückes dienen, deren Gesamtquerschnitt berechnen und zwar, daß auf mindestens 1 qmm Querschnitt der Zuleitung 2 Amp. Stromstärke entfallen. Will man z. B. in einem Verzinkungsbade ein Stück mit einer zu verzinkenden Oberfläche von 50 qdm bei einer Stromdichte von 1 Amp. per qdm verzinken, so muß man bei Anwendung zweier Einhängedrähte den Querschnitt insgesamt mit 25 qmm dimensionieren, jeder Draht soll also ca. 12,5 qmm Querschnitt aufweisen. Dies entspricht einer Drahtstärke von ca. 4 mm Durchmesser.

Gußwaren und ihre spezielle Behandlung. Die Vorbereitung gegossener Stücke ist unterschiedlich, je nach dem Metall, welches vorliegt. Harte Metallgüsse wie Gußeisen, Temperguß, auch Kupferlegierungen in gegossener Form kommen mit scharfen, oft gebrochenen Kanten in die galvanische Anstalt und Schleiferei, um dort ihre Veredlung zu erfahren. Die Stellen, wo die Angüsse abgeschnitten wurden, erfordern ein Abschleifen auf Vollschmirgelscheiben, und zwar wird zunächst eine Scheibe mit grobem Korn und hierauf eine solche mit feinerem Korn verwendet. Hierauf gelangen die Stücke in die Beize, um den Guß-Sand zu lockern und die Gußhaut aufzulockern, denn eine gute Elektroplattierung ist auf einer solchen Gußhaut unausführbar. Nach dem Beizen erfolgt nun ein intensives Kratzen mit scharfen Stahldraht-Kratzbürsten, bei größeren Gußstücken wird mit groben Handkratzbürsten gearbeitet oder aber sogar nur mit Sand unter Zuhilfenahme von groben Lappen, eventuell beide Methoden gemischt. Kleinere Gußstücke, die man von Hand noch an die rotierende Zirkularkratzbürste anhalten kann, bearbeitet man mit solchen. Drahtstärke meist 0,17 bis 0,2 mm aus gestrecktem Stahldraht, Bürstendurchmesser bis zu 250 mm. Bei Verwendung solch großer Zirkularkratzbürsten mit starken Drähten darf man keinesfalls die Tourenzahl der Bürsten über 750 bis 800 treiben, weil sonst die Drähte ab-

brechen. Vielfach wird der Fehler begangen, diese Bürsten so rasch wie Schleifbürsten laufen zu lassen; die Folge davon ist dann, daß innerhalb weniger Stunden
diese oft recht kostspieligen Bürsten zerstört sind. Durch diese Bearbeitung mit
Bürsten wird die gelockerte Gußhaut abgetrennt, gleichzeitig pulverige Verunreinigungen, die sich beim Beizen gelockert haben, von der Oberfläche abgekratzt, so daß dann schon eine metallische Fläche für die Weiterverarbeitung
vorliegt. Nach einem eventuellen Vorschleifen oder Vorpolieren dieser Stücke,
wenn eventuell partienweise Glanz auf die Gußstücke aufgetragen
werden muß, gelangen dieselben zur Entfettung nach einer der früher beschriebenen Methoden.

Beim Elektroplattieren von Gußeisen wendet man allgemein eine vorherige
Verkupferung oder Vermessingung an, um nicht direkt z. B. die Nickelschicht
auf dem Gußeisen herzustellen. Man ist bei manchen Sorten Gußeisen, die oft
mit Phosphor legiert sind, nie sicher, daß die Oberfläche schon derart beschaffen
ist, daß der Nickelniederschlag direkt auf der vorbereiteten Fläche sicher haften
würde. Mißlingt der Nickelniederschlag dann nur stellenweise, so müßte der ganze
Gegenstand wieder von dem teilweise gut angesetzten Nickelniederschlag befreit
werden, was durch Entnickeln auf chemischem oder elektrolytischem Wege oder
durch vollständiges Abschleifen auf rein mechanischem Wege geschehen kann.
Waren stellenweise Fehler in der Oberfläche, so sieht man dies bei der Vorverkupferung oder Vorvermessingung, indem man die Gegenstände zwischenzeitlich
mehrmals aus den Bädern hebt, fehlerhafte Stellen auf der Kratzmaschine mit
scharfen Stahldrahtbürsten nachkratzt und weiter verkupfert oder vermessingt.
Sind die Gegenstände dann einmal allseitig gut mit Kupfer oder Messing gedeckt,
dann kann man sie getrost ins Nickelbad hängen. Bei der Verzinkung von
Gußeisen ist eine solche Zwischenbehandlung natürlich nicht nötig, weil man
auch bei fehlerhafter Plattierung die Gegenstände durchkratzen kann und
weiter plattiert, denn Zinn und Zink scheidet sich aus den gebräuchlichen Bädern
auch in mehreren Schichten übereinander, wenn der Strom mehrmals unterbrochen wurde, in festhaftender Schicht ab, was bei Nickel bekanntlich nicht der
Fall ist, weshalb für diesen Fall die Vorverkupferung oder Vorvermessingung
empfohlen wird, auf welcher die Vernicklung ohne Unterbrechung bis zur gewünschten Dicke des Nickelüberzuges erfolgen muß.

Bei der Plattierung von Gußeisenstücken in alkalischen Bädern muß man
vor der Plattierung sorgsam darauf achten, ja keine Reste von Beize in den
immerhin vorhandenen Poren zurückzulassen, man taucht die gebeizten Gegenstände daher stets noch in Lauge und spült diese dann ab, wodurch eine Neutralisation etwa vorhandener Beizreste herbeigeführt wird. Bleiben Spuren von
Beize in den Poren zurück, so reagieren diese Säurespuren mit den alkalischen
Bädern und heben den Niederschlag in Form kleiner Blasen ab.

Einhängemethoden für große Gegenstände. Vereinzelt kommen in galvanischen
Anstalten auch derart große Gegenstände zur Plattierung, daß man die üblichen
Einhängehaken oder Drähte hierfür nicht mehr in Anwendung bringen kann.
Einerseits würden dadurch die Warenstangen sich infolge des großen Gewichtes
unliebsam durchbiegen, andererseits ist das Hantieren mit solch schweren Gegenständen zu umständlich. In solchen Fällen muß man über dem betreffenden
Bad einen Flaschenzug anbringen und die Gegenstände daran mit Seilen befestigt langsam in die Bäder eintauchen, stets dabei beobachtend, daß nicht zu
viel Badflüssigkeit dadurch verdrängt wird, deshalb empfiehlt es sich, schon vorher ein dem Volumen des zu plattierenden schweren Gegenstandes entsprechendes Quantum Badflüssigkeit aus der Wanne abzuziehen. Die Kontaktgebung
kann dann durch Anbringung eines oder mehrerer Kupferdrähte an geeigneten
Stellen erfolgen, die man mit der Warenstange oder der negativen Zuleitung der
Hauptleitung nach dem Badstromregulator verbindet.

Gegenstände, für welche man kein genügend großes Badgefäß besitzt, plattiert man mit Wanderanoden durch Aufpinseln des Überzugsmetalls und setzt den Gegenstand am besten in eine Untersetztasse aus Metall oder Holz, damit nicht zu viel der verwendeten Lösung, mit der man diese Wanderanoden-Bürste dauernd benetzen muß, verloren geht.

Profilanoden. Eine gleichmäßige Plattierung kann man nur erreichen, wenn die Verteilung der Stromlinien möglichst gleichmäßig zwischen den Waren und Anoden vor sich geht. Je profilierter der Gegenstand ist, desto weiter muß man die Gegenstände von den Anoden weghängen, desto größer müßte also die Elektrodenentfernung gewählt werden. Dadurch aber steigt die anzuwendende Badspannung. Gegenstände bis zu einem Durchmesser von 200 bis 250 mm lassen sich bei einer Elektrodenentfernung von 30 cm in gewöhnlichen Bädern noch mit planen Anoden plattieren, zumal ja die Leitungsarmatur auf den ruhenden Bädern immer verschiebbar eingerichtet ist, d. h. man braucht nur die Klemmen der Waren- und Anodengestänge zu lockern, die Stangen voneinander abzurücken und an der richtigen Stelle wieder festzuschrauben. Hat man Bäder mit einer 5teiligen Leitungsarmatur, wo also auf 3 Anodenreihen 2 Warenreihen entfallen, kann man einfach die eine Warenreihe ganz ausschalten, ebenso die eine Anodenstange mit den Anoden entfernen und gewinnt so auf leichte Weise im selben Bad eine größere Elektrodenentfernung zwecks Plattierung solcher größerer Gegenstände.

Werden aber die Gegenstände einmal besonders kompliziert in ihrer Form, so genügt dieses Hilfsmittel der Vermehrung der Elektrodenentfernung nicht, weil doch die Wannendimensionen nicht bis ins Unendliche reichen. Dann hilft man sich mit Profilanoden, das sind Anoden von einem solchen Profil, das sich ungefähr der Form der zu plattierenden Gegenstände anlehnt. Im Kapitel „Verzinken von schmiedeeisernen Objekten, Trägern, Winkeln, T-Eisen etc." ist eine derartige Profilierung der Anoden abgebildet. In gleicher Weise kann man tiefere Höhlungen mit Innenanoden, die sich ungefähr dem Profil der Hohlräume anschmiegen, dergestalt elektroplattieren, daß die Außenseite ebenso stark plattiert wird wie die Innenseite. Hat man enge Hohlräume mit Profil- oder Innenanoden gleichzeitig mit Außen-Plattenanoden anzubringen und ist es nicht möglich, für beide Anodenanordnungen den gleichen Abstand von den Warenflächen innen und außen durchzuführen, so schaltet man in die Zuleitung zu den Profil-Hilfsanoden, deren Entfernung geringer ist als die der anderen z. B. Außenanoden, einen besonderen Regulierwiderstand ein, damit man auf diese Weise, durch sachgemäße, getrennte Stromregulierung in diesen beiden Anodenstromkreisen eine gleichmäßige Stromdichte auf die einzelnen Partien der Gegenstände, die zu plattieren sind, erhält. Welche Reguliergrenze diese Regulatoren haben müssen, ist von den einzelnen Elektrodenentfernungen und den elektrochemischen Verhältnissen für das betreffende Bad, wie Normal-Badspannung und spezifischen Widerstand des Bades, abhängig und unschwer zu berechnen.

Expositionsdauer. Die Dauer der Einwirkung des Badstromes auf die zu plattierenden Gegenstände ist zu berechnen aus der angewendeten Stromdichte und dem Gewicht an Metall, das man auf die eingehängten Gegenstände niederschlagen will. Die rechnerische Ermittlung der erforderlichen Zeit, um bei bestimmten Stromverhältnissen eine gewünschte Metallauflage zu erhalten, wurde im Kapitel „Quantitative Verhältnisse bei der Elektrolyse" eingehend besprochen und sei auf diese Stelle verwiesen. Man rechnet im allgemeinen für gute Vernicklung per qdm 1,2 bis 1,5 Gramm, per qm also 120 bis 150 Gramm. Die Verkupferung im zyankalischen Kupferbad, desgleichen die handelsübliche Vermessingung auf gewöhnliche Artikel beträgt per qm etwa 80 bis 100 Gramm, doch kommen auch starke Plattierungen besonders in Messing vor, bei denen man bis zu einer Messingauflage von 500 und 600 Gramm per qm geht. Bei Verzinkung

wendet man eine Zinkauflage von 150 bis 250 Gramm, bei Verzinnung eine solche
von 50 Gramm aufwärts an. Die Vergoldung und Versilberung rechnet naturgemäß mit weit geringeren Metallauflagen. Bei Vergoldung gilt eine Auflage von
2 bis 5 Gramm per qm als sehr viel, doch kann man ohne weiteres auch hierbei
Niederschläge von beliebiger Dicke, also auch bis zu Hunderten von Gramm
per qm auftragen. Die Versilberung wird zumeist nach Gewicht auf ein bestimmtes
Quantum Gegenstände hergestellt und betragen die Auflagen per qm gewöhnlich
30 bis 40 Gramm für leichtere Versilberung, dagegen bis zu 150 Gramm für sogenannte schwere Versilberung. Die Kontrolle der Metallauflage läßt sich durch
das Amperemeter ausführen oder durch Amperestundenzähler, durch Voltameter
oder durch besondere Amperestundenzähler, die man bereits nach Gramm-Ge-
wicht des niederzuschlagenden Metalls geeicht hat. Solche Instrumente werden
wir bei der Versilberung nach Gewicht kennen lernen, so wie dort kann man auch
für alle übrigen Elektroplattierungen derartige Instrumente in den Bäderstrom-

Fig. 208.   Fig. 209.

kreis einschalten, wenn man auf die Herstellung eines genau bestimmten Niederschlagsgewichtes per qm oder auf eine bestimmte Warenmenge Wert legt.

In größeren Betrieben, wo eine große Anzahl von Bädern aufgestellt ist,
ist es schwierig, genau zu kontrollieren, wann aus dem einzelnen Bad die Gegenstände als genügend stark plattiert entnommen werden sollen. Jedes Bad sollte
daher mit einer Nummer versehen sein und der Galvaniseur müßte ein Journal
führen, in welches er die Zeit einträgt an Hand einer Werkstättenuhr, wann z. B.
Bad 3 mit Ware beschickt wurde, wann Bad 4 etc.; wenn die Zeitdauer, angesichts einer festgelegten Niederschlagsmenge verstrichen ist, muß Weisung
gegeben werden, das betreffende Bad zu entleeren. Mit Hilfe der in Fig. 208
und Fig. 209 abgebildeten Uhr, die einen elektrischen Kontakt besitzt, kann man
sich diese Merkbücher erübrigen. Diese Kontrolluhren sind so eingerichtet, daß
ein von Hand verstellbarer Zeiger nach erfolgtem Beschicken des Bades mit Ware
auf die Stelle der Uhr eingestellt wird, welche den Zeitpunkt für die Entleerung
angibt. Hängt man beispielsweise die Gegenstände um ½ 10 Uhr in das Nickelbad und will man eine einstündige Vernicklung ausführen, so stellt man den verstellbaren Zeiger auf ½ 11 Uhr. Kommt der Minutenzeiger an diese Stelle, so
schließt sich ein Kontakt zwischen dem Minutenzeiger und dem verstellbaren Zeiger. Gleichzeitig kann man damit ein Glocken- oder Lichtsignal verbinden, das
der Bedienungsmannschaft von der Beendigung der Niederschlagsarbeit in diesem

Bad Kenntnis gibt. Solche Kontrolluhren wurden vom Verfasser in der Galvanischen Anstalt der Langbein-Pfanhauser-Werke Leipzig mit bestem Erfolge zuerst verwendet und können der Praxis wärmstens empfohlen werden.

Elektroplattieren von Blechen.

Die alte und heute zumeist noch angewendete Methode des Elektroplattierens von Blechen jeden Formates besteht darin, daß man die Bleche nach erfolgter Reinigung der Oberfläche mit Sandstrahl oder Beizen an Klammern befestigt, in die Bäder hängt und beidseitig mit planen Anodenplatten gleicher Größe mit Strom beschickt. Es wird allgemein verlangt, daß eine gute Elektroplattierung der Bleche eine gleichmäßige Metallauflage auf beiden Seiten der Bleche bewirkt, so zwar, daß an allen Partien der elektroplattierten Bleche eine vollkommen gleichmäßig dicke Schicht des aufgetragenen Metalles konstatiert werden kann. Sollen Bleche nur einseitig plattiert werden, so hängt man 2 Bleche zusammen in die Bäder zwischen 2 Anodenreihen und es kann dann der Strom nur an den den Anoden zugekehrten Flächen Metall abscheiden, die innen liegenden Flächen bleiben unplattiert. Vor allem muß bemerkt werden, daß, wie bei allen Elektroplattierungen, auch bei den Blechen, die Beschaffenheit der Blechoberfläche für den Ausfall der späteren Plattierung bestimmend ist, man kann also nicht durch die Plattierung ein rauhes, poriges Blech glätten und dem Blech Glanz verleihen durch die Elektroplattierung, wenn man nicht vorher die Oberfläche durch Schleifen und Polieren nach einer der angegebenen Methoden geglättet hat. Die auf elektrolytischem Wege plattierten Bleche unterscheiden sich daher gewöhnlich schon in ihrem Aussehen von den auf mechanischem Wege durch Schweißen und Aufwalzen oder durch Eintauchen in geschmolzene Metalle plattierten Blechen, doch ist hinsichtlich der möglichen Stärke der Metallüberzüge und deren Haltbarkeit auf dem Grundmetall prinzipiell kein Unterschied zu machen, da man es vollkommen in der Hand hat, die Plattierung so stark zu machen als man will und die modernen Plattiermethoden mit den ebenfalls zu Gebote stehenden Hilfsmitteln, die Adhärenz des Überzuges bis zu einem Legieren zu erhöhen, sind geeignet, auf rein elektrolytischem Wege ein Produkt zu liefern, das dem auf mechanischem Wege hergestellten mindest ebenbürtig ist. Über die einschlägigen Verfahren, auf rein elektrolytischem Wege Bimetallbleche herzustellen, wird im Kapitel Galvanoplastik noch näher eingegangen. An dieser Stelle wollen wir nur das Überziehen fertiger Bleche, wie solcher aus Eisen, Zink, Messing etc. erörtern. In der Hauptsache handelt es sich bei den elektrolytischen Plattiermethoden um das Vernickeln, Vermessingen, Verkupfern, Verzinken, Verzinnen und Verbleien, doch werden auch andere Veredlungen der Bleche heute im großen vorgenommen, wie die Überzüge von Schwarznickel, ja selbst Versilberungen, Platinierungen u. dgl.

Einhängemethoden. Eine sachgemäße Elektroplattierung von Blechen, wenn es sich um größere Blechdimensionen handelt, begegnet allerlei Schwierigkeiten. Zunächst hinterlassen die Einklemmvorrichtungen sogenannte ungedeckte Stellen, mindestens Fehlstellen, die den Gesamteindruck für das Blech verschlechtern. Wegen der auf größeren Flächen anzuwendenden Stromstärke bei dem verhältnismäßig kleinen Leitungsquerschnitt der Bleche aus Eisen oder Zink mit ihrem geringen elektrischen Leitvermögen, verteilt sich die Stromstärke auf die große Fläche nicht gleichmäßig, sondern es tritt von der Klemme oder von den Klemmstellen ausgehend, ein Spannungsabfall über die einzelnen, weiter von den Klemmen entfernt liegenden Partien ein, was eine abnehmende Stromdichte an diesen Stellen und damit eine ungleichmäßige Plattierung im Gefolge hat. Da man fast immer mit planparallelen Anodenplatten arbeitet, die zu beiden Seiten der Bleche zu hängen kommen, so tritt gemäß der Streuung der Stromlinien an den Seiten und an der Unterkante der Bleche ein Stromlinienfeld höherer Dichte auf und die Folge davon ist, daß an diesen Stellen die Bleche bedeutend mehr Metall aufnehmen, als auf den übrigen Teilen, eine weitere unerwünschte Ungleichförmigkeit des Niederschlages bildend. Diesem Übelstand kann man nun leicht dadurch abhelfen, daß man seitlich, wie dies Fig. 210 zeigt, Blendstreifen aus Anodenmetall in Form von schwachen Streifen von 1—2 cm Breite und der gleichen Länge der eingehängten Bleche anordnet. Diese werden in kurzem Abstand von den Blechrändern an die Kathodenstangen gehängt, nehmen die gestreuten Stromlinien auf und überziehen sich demzufolge stark

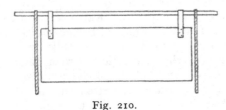

Fig. 210.

mit Metall, was aber nichts auf sich hat, weil diese Blendbleche immer wieder als Anoden oder mindestens als reinstes Altmetall verwertbar sind. Ähnlich kann man auch die untere Kante schützen, indem man beispielsweise einen ganzen Rahmen entsprechender Größe in die Wannen hängt, welcher die zu plattierenden Bleche gänzlich umrahmt.

Den gleichen Zweck kann man aber auch dadurch erreichen, daß man bei Verwendung von Holzgefäßen für die Bäder diese so eng wählt, daß die Bleche sowohl nahe an die Seitenwände dieses Badgefäßes reichen wie auch auf der Unterkante auf eine Holzleiste zu stehen kommen, die so breit ausgebildet ist, daß sie als Stromlinienblende wirken kann. In Fig. 211 bedeutet H solche Unterlegbalken aus Holz, die mit der Wanne fest verbunden sind und durch die ganze Wannenlänge hindurchgehen. Die Höhe dieses Balkens über dem Wannenboden braucht nur so gewählt zu werden, daß sich der Anodenschlamm genügend absetzen kann, ohne die Unterkante des Bleches B zu erreichen. Gleichzeitig werden solche Balken mit einem konischen Einschnitt versehen, wie dies die Abbildung zeigt, was den Zweck hat, gleichzeitig eine Führung der Bleche zwischen den Anoden herbeizuführen und die senkrechte Lage der Bleche zwischen den Anoden zu gewährleisten.

Werden die Bleche mit Klemmen eingehängt, die einfachste Art der Aufhängung, so benutzt man je nach der Länge der Bleche 2, 3 oder mehrere solcher Klemmen, die entweder mit Federn die Klemmung herbeiführen oder die man mittels Klemmschrauben anziehen kann. Jedenfalls sind solche Klemmen so zu konstruieren, daß die Scharniere oder die Schrauben und Gewinde außerhalb der Badlösung zu liegen kommen, damit sie sich nicht mit Metall überziehen, denn erstens würde dadurch der Umgebung der Bleche zu viel Metall entzogen, und

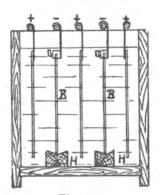

Fig. 211.

außerdem würden die Klemmen dadurch bald unbrauchbar und ihren Dienst versagen. Die Breite der Auflagefläche hält man so gering als nur irgend möglich, um die Fehlstellen möglichst klein zu machen. Die Klemmen müssen so gebaut sein, daß man sie leicht lockern kann, um sie entlang der Bleche bequem verschieben und den Aufhängekontakt etwa nach der halben Plattierungszeit wechseln zu können, um keine unplattierten Stellen zu lassen. Zwei dieser Klemmen sitzen stets nahe der Enden, die übrigen Klemmen gleichmäßig auf die Blechlänge verteilt.

Für schwächere Bleche wird gern eine Klemmvorrichtung benutzt, welche die einzelnen Klemmen fest auf einer gemeinsamen Stange trägt, so daß man, wenn die Bleche an dieses Gestänge angeklemmt sind, die Bleche, ohne sie zu deformieren, was bei längeren und schwächeren Blechen nur allzuleicht vorkommt,

rasch in die Bäder hängen kann (siehe Fig. 212). Mit diesem Gestänge werden
die Bleche beim Ausheben aus den Bädern etwas schräg gehalten, damit die
anhaftende Badlösung abtropfen kann, wodurch man bedeutend an der meist
kostbaren Badflüssigkeit spart.

Für stärkere Bleche, welche sich nicht so leicht verbiegen können, die aber
schon ein bedeutendes Gewicht haben, verläßt man die Klemmen und bringt
die Kathodenzuleitung seitlich der Bleche in einer Art Rinne an, welche gleichzeitig als Stromblende ausgebildet ist. Diese Blende schützt nicht nur die Bleche
vor den Randstromlinien, sondern verhindert auch ein übermäßiges Anwachsen
der im Bade unter Strom stehenden Kathodenzuleitung, so daß solche durch Blenden geschützte Zuleitungen sehr lange gebrauchsfähig bleiben, ehe sie mit Metall

überwachsen sind. Diese Füh-
rungs-, Blend- und Zuleitungs-
rinnen werden aus Holz oder
aber auch aus Metall angefertigt, in letzterem Falle werden sie mit nichtleitendem Material, wie Holz, Zelluloid, Hartgummi u. dgl., umgeben. In

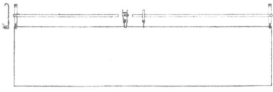

Fig. 212.

Fig. 213 und 214 ist eine solche Kontaktführung abgebildet. B ist das eingelegte Blech, $K K_1$ sind die in den seitlichen, schräg bearbeiteten Holz-
backen eingelegten metallischen, mit dem negativen Pol der Stromquelle
verbundenen Zuleitungs- und Führungskontakte. Die vorstehenden abgeschräg-
ten Kanten a der Führungsholzbalken schützen nicht nur die Bleche vor dem
unzulässigen Metallansatz an den Rändern, sondern verhindern auch das
übermäßige Ansetzen der Zuleitungskontakte $K K_1$ mit Niederschlagsmetall.

Abstandsregler. Es ist bekannt, daß
Bleche niemals ganz flach sind, wenigstens
dann nicht, wenn sie vor der Plattierung
alle möglichen vorbereitenden Arbeiten mit-
machen mußten, sie sind dann etwas wind-

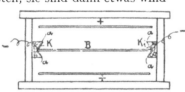

Fig. 213.

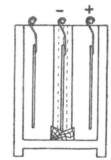

Fig. 214.

schief, und es ist so gut wie ausgeschlossen, die Bleche größerer Dimension
derart in die Bäder zu hängen, daß sie überall von den Anoden gleich weit
abstehen. Durch die seitlichen Führungsbalken oder durch am Boden der Wannen
angebrachte winklige Aufsatzbalken kann man schon einigermaßen auch die
Bleche in ihrer Lage gegenüber den Anoden fixieren. Wählt man dann auch
noch die Entfernung zwischen Anoden und Blechoberfläche groß genug, so
wird, trotz nicht ganz planer Fläche der Bleche, doch eine gewisse Gleichmäßigkeit bei der Plattierung zu verzeichnen sein. In der Blechplattierindustrie
handelt es sich aber meist um Bäder, die mit erhöhten Stromdichten arbeiten,
um in einem Bade von nicht zu großer Dimension in bestimmter Zeit tunlichst viele Bleche plattieren zu können, und je höher die angewendete Stromdichte ist, um so höher wird auch die Badspannung. Letztere hängt nun
wieder von der Elektrodenentfernung bei gegebenem spezifischen Badwiderstand ab, und da die Badspannung für die Kosten der Elektroplattierung
in erster Linie maßgebend ist, muß man notgezwungen dazu übergehen, die
Elektrodenentfernung zwischen Blechen und Anoden auf ein Mindestmaß zu

beschränken. Um bei solch verringerter Elektrodenentfernung die notwendige Konstanz des Abstandes der einzelnen Flächenpartien der Bleche von den Anoden einzuhalten, bedient man sich sogenannter Abstandsregler, das sind Vorrichtungen, die entweder zwischen die Bleche und Anoden eingefügt werden und aus nicht-leitendem Material bestehen müssen, oder man setzt sie in Stiftform in die Anoden selbst ein, ebenfalls aus Glas, Hartgummi oder Holz etc. bestehend. Die Columbus-Elektrizitäts-Gesellschaft hat sich unter Nr. 144548 ein D. R. P. auf solche spitze Abstandsregler erteilen lassen, mit der es gelingen soll, den Abstand der Bleche von den Anoden bis auf 5 cm zu verringern, doch meint Verfasser, daß diese Abstandsregler nur dann anwendbar sein können, wenn sie sich zunächst im Bade nicht in der Stellung befinden, die sie beim Plattierprozeß einnehmen müssen, sondern beim Einhängen der Bleche vollkommen zurückgezogen werden müssen, da sonst die Bleche an diesen Stiften hängen bleiben und das Einhängen mit zu viel Zeitaufwand nur möglich ist. Sind einmal die Bleche eingehängt, dann müßte durch eine Hebelvorrichtung die Abstandsregler-Apparatur eingestellt werden, die Bleche also zwischen solchen Spitzen von beiden Seiten gleichmäßig eingeklemmt werden. Dann erst wären solche Abstandsregler zweckentsprechend. Dies ist aber nur eine Konstruktionsfrage, der man sicherlich Herr werden kann. Verfasser schlägt vor, diese Abstandsregler wohl an den Anoden zu befestigen, die Anoden aber selbst verschiebbar zu halten und sie erst nach Einhängen der Bleche mit ihren spitzen Abstandsreglern gegen die Bleche anzudrücken und so fortzufahren, bis alle Bleche eines Bades eingehängt sind. Das Herausnehmen der Bleche geht dann ungestört vor sich, weil hierbei die Spitzen keinerlei Störung verursachen können. Eine andere Methode, den Abstand zwischen Blechen und Anoden zu regeln, besteht darin, die Bleche selbst mit Vorrichtungen, die an ihren Rändern angebracht sind, zu versehen und sie mit diesen zwischen die feststehenden Anoden einzuschieben. Dies bedingt aber auch wieder eine Verstellung solcher Abstandklemmen während der Plattierung, da Fehlstellen entstehen würden, wo diese Klemmen an den Blechen befestigt wurden.

Derartige Vorrichtungen zum Regeln des Abstandes der Bleche von den Anoden lassen sich für eine bestimmte Blechdimension ohne weiteres selbstkonstruieren, wenn man es immer wieder mit ein und derselben Blechdimension zu tun hat. Es darf dabei nur nicht die Arbeitsschnelligkeit außer Acht gelassen werden, weshalb die einfachste Vorrichtung, die gleichzeitig gewiß auch die geringsten Anschaffungskosten verursacht, meist die zuverlässigste ist.

Besondere Vorrichtungen zum gleichmäßigen Plattieren von Blechen. Alle Ungleichförmigkeiten, die durch welliges Blech, durch seitliche höhere Stromdichten, durch ungleiche Stromverteilung infolge ungenügender Kontakte, durch nicht genügende Elektrolyterneuerung in unmittelbarer Nähe der zu plattierenden Bleche etc. eintreten, kann man dadurch ausschalten, daß man die Bleche zwischen den Anoden in gleichmäßigem Tempo im Durchzugsverfahren durch das Plattierbad zieht. Dadurch werden alle Partien gleichartig von den Anoden bestrahlt, die stellenweise eintretende Verschiedenheit der Stromwirkung wird auf solche Weise ausgeglichen, da alle Blechpartien nacheinander und gleichmäßig auf die bevorzugten oder weniger günstigeren Punkte der ganzen Anordnung gelangen, wodurch eben gerade dieser Ausgleich ermöglicht wird.

Für Bleche von 50 cm Breite, wie sie beim Vernickeln von Zinkblechen in Längen von 2 Meter vorkommen, wurde seit langem eine Einrichtung getroffen, wonach die einzelnen Bleche aneinandergelötet, zu einem langen Bande vereinigt werden, welches in horizontaler Lage zwischen 2 horizontal gelagerten Anodenreihen durch die Bäder geführt wird. Zwischen der oberen Anodenreihe und dem darunter laufenden Blechband muß aber unbedingt ein Abstandsregler in Form eines Holzrahmens eingebaut sein, damit abfallende Anodenstücke nicht Kurzschluß mit den Blechen bilden und auch ein unzulässiges Sichnähern der oberen

Anodenreihe an das wandernde Blechband hintangehalten wird. Man hat es dann in der Hand, durch richtige Einstellung der Stromdichte mit Berücksichtigung der vorhandenen Badlänge und unter Anwendung des richtigen Durchzugstempos jede gewünschte Metallauflage in vollkommen gleichmäßiger Weise auf die Bleche aufzutragen.

Sind derartige Einrichtungen einmal geschaffen, so ist es nur zu natürlich, daß man auch dafür sorgt, daß die Bleche im gleichen Tempo vor der Plattierung gebeizt, gewaschen, eventuell sogar vorgeschliffen und nach der Plattierung auch solange noch getrocknet und nachbearbeitet werden, wie gekratzt, poliert etc. so daß man keine neuen Arbeitsgänge einzuschalten braucht und derart das Maximum an Ersparnis für Löhne der Bedienungsmannschaft erzielt.

An Vorschlägen, derartige kontinuierlich arbeitende Bädereinrichtungen zu konstruieren, hat es nicht gefehlt. So hat die bereits genannte Columbus-Elektrizitäts-Gesellschaft sich eine Vorrichtung patentieren lassen, mit welcher die zu plattierenden Bleche mittels eines endlosen Förderbandes, das

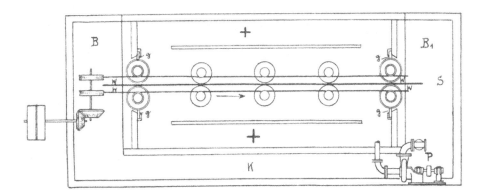

Fig. 215.

innerhalb des Bades über den Boden des Behälters geführt wird, hochkantig stehend durch das Bad transportiert werden und in ihrer senkrechten Lage durch Führungswalzen geführt und gleichzeitig gehalten werden. Der Kontakt wird dabei durch schleifende Federn am Rand der Bleche bewerkstelligt. Die D.R.P.-Schrift Nr. 125597 bringt eine genaue Zeichnung, aus der die Konstruktion einer solchen Einrichtung hervorgeht.

Bei der genannten Methode oder einer ähnlichen derartigen Transport-Vorrichtung, welche die Bleche hochkant stehend durch die Badflüssigkeit führt, wird stets der Antrieb außerhalb der Badlösung angebracht. Derartige Badbehälter müssen entsprechend lang ausgebildet sein, damit man nicht ein zu langsames Tempo für den Durchzug anschlagen muß. Die Konstruktion solcher Bäder verlangt ferner, daß die Bleche hochkant stehend am einen Ende des Bades eingesetzt und ebenso am Ende ausgehoben werden, was natürlich nur von Hand möglich ist.

Verfasser empfiehlt für solche Zwecke die Badbehälter an beiden Seiten gemäß Zeichnung Fig. 215 zu schlitzen, die Schlitze durch zwei zwangsweise gegeneinander laufende, mit Weichgummi umkleidete lange Walzen W tunlichst dicht abzuschließen und zwischen diesen Walzen die Bleche aus dem Bade austreten zu lassen. Die Abdichtung der beiden Walzen gegen den Badbehälter selbst wird man durch starke Gummistreifen G vornehmen. Da es nun nicht zu vermeiden ist, daß beim Durchzug der Bleche durch die seitlichen Öffnungen trotz Gummidichtung Flüssigkeit in nicht unbedeutender Menge durchsickert, muß die ganze Badanlage in einem genügend großen Auffangbehälter aufgebaut sein, der in Zeichnung mit BB_1 bezeichnet ist. Dieser Behälter muß den Inhalt des Bades selbst aufnehmen können, damit die Badflüssigkeit auch bei vollständigem Auslaufen, wenn die Pumpe P, die durch den Motor M angetrieben wird, nicht arbeitet, darin Platz findet. Die beiden Teile BB_1 dieses Auffangbehälters müssen durch den Kanal K miteinander in Verbindung stehen, die Pumpe P muß so stark sein, daß sie eben noch das durchsickernde Badquantum bei WW im gleichen Tempo als es abläuft wieder in den Badbehälter zurückschaffen kann. Sowohl die mit Gummi umkleideten dichtenden Walzen W wie die im Badbehälter innen angebrachten Transportwalzen werden durch zwei Triebwerke, durch Kegelräder und Schnecken-Übersetzung angetrieben und passieren die Bleche im Sinne des gezeichneten Pfeiles das Bad und können, bei

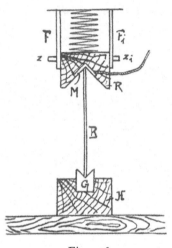

Fig. 216.

S austretend, durch ähnliche Transportwalzenführungen in ein Spülgefäß und von da in eine Trockeneinrichtung weiter transportiert werden. Derartige Anlagen sind aber nur dort anwendbar, wo es sich um steife Bleche wie Eisenbleche oder stärkere Messing- oder Zinkbleche, Weißbleche u. dgl. handelt, welche nicht knicken. Die Entfernung der Transportwalzen voneinander wird durch die Länge der Bleche bestimmt, die Walzen müssen soweit aneinander gerückt sein, daß immer mindestens zwei Walzenpaare das Blech fassen, andernfalls würden die Bleche nicht genau genug geführt werden und es kann eine Störung im Durchzug eintreten. Die Führung der Bleche, die ja doch nur von einer Höhe sind, kann durch am Boden der Wanne befindliche Rinnen aus Holz oder Glas und dgl. vor sich gehen, als Stromleitung empfehlen sich Schleif-Federn, die von oben in das Bad eintauchen und ohne weiteres so zu konstruieren sind, daß auch sie eine weitere Führung der Bleche bewirken. An Stelle von einer Reihe derartiger Schleiffedern läßt sich die Kontaktgebung auch durch einen Metallwinkel bewerkstelligen, der auch als Führungswinkel ausgebildet ist, der aber unbedingt ins Bad eintauchen muß und deshalb eine Schutzblende aus nichtleitendem Material erhalten muß (siehe Fig. 216).

Das Blech B wird also von oben durch den Metallwinkel M, der in einem Holzbalken R eingebettet ist, federnd nach der Unterlage G aus Glas gedrückt. Die Glasrinne G ihrerseits ruht in einem Holzbalken H. Diese Glasrinne einerseits, der Holzbalken R anderseits müssen das skizzierte Profil aufweisen und stellen demnach eine sichere Führungsrinne für die durchwandernden Bleche dar. Der Metallwinkel M wird mit einem flexiblen Kabel mit der negativen Zuleitung der Stromquelle verbunden. Der diesen Metallwinkel als Blende umgebende Holzbalken R ist an den Tragebändern FF_1, die geschlitzt sind, federnd eingelagert durch die Stifte zz_1, so daß der Zuleitungskontakt M immer satt auf der Blechkante aufliegt. Eine derartige Anlage scheint dem Verfasser als das Geeignetste, jedenfalls ohne besondere technische Schwierigkeiten durchführbar.

Die Blech-Galvanisiermaschine. Eine solche Maschine ist vom Verfasser konstruiert worden und ist natürlich für alle Arten von Galvanisierungen verwendbar.

Das Prinzip dieser Maschine basiert auf der Tatsache, daß bei heftiger Bewegung des Elektrolyten ganz enorm hohe Kathoden-Stromdichten zulässig sind, ohne daß das Metall pulverig ausfällt. Obschon nun diese Einrichtung für alle Blechgalvanisierungen anwendbar ist, sei sie an dieser Stelle speziell beschrieben, weil der leitende Gedanke bei der Konstruktion dieser Maschine zuerst der war, der Großindustrie für das elektrolytische Verzinken der Bleche und der breiteren Bänder ein sicher und rationell arbeitendes Hilfsmittel zu schaffen.

Die Galvanisiermaschine besteht im großen und ganzen aus folgenden Teilen:

1. Dem Traggerüst, unter welchem sich der Schöpftrog mit dem Elektrolytvorrat befindet, aus welchem ein Pumpwerk den Elektrolyten zu den Zutropfrohren schöpft,
2. dem System der Galvanisierwalzen, die paarweise übereinander in bestimmtem Abstand angebracht und verstellbar sind,
3. aus dem System der Transport- bzw. der Kontaktwalzen,
4. einer Wasch-, Kratz- und schließlich Trockeneinrichtung, so daß die Bleche in gut verzinktem, glänzendem Zustande trocken die Maschine verlassen, um sofort versandbereit zu sein.

Die eigentlichen Galvanisierwalzen, die praktischerweise aus nichtleitendem oder aus einem im betreffenden Elektrolyten unlöslichen Material bestehen, werden von einem Mantel umgeben, der imstande ist, reichlich Elektrolyt aufzusaugen, wozu besondere Gewebe, Filz u. ä. verwendet werden können. Zwischen der Walze und diesem Mantel befinden sich die löslichen Metallanoden in Form von Blechzylindern. Ein gut gewähltes Umhüllungsmaterial für die Anoden bürgt dafür, daß der die Lösung aufnehmende Anodenmantel entsprechend der Abnützung der Anoden stets an die Anodenflächen angepreßt wird, damit auch bei fast vollständigem Verbrauch des Anodenmateriales die Walzen noch rund laufen und die Reste der Anodenzylinder getragen werden. Alle diese Anodenwalzen werden mit einer gemeinsamen Anodenleitungsschiene verbunden. Die Kathodenzuleitung erfolgt durch die zwischen den Galvanisierwalzen liegenden Transportwalzen.

Zum Betrieb der Pumpe ist 1 PS-Motor ausreichend, während der eigentliche Antrieb der ganzen Maschine inklusiv der Kratz- und Trockenwalzen etwa 4 PS erfordert. Zur Kontrolle der Durchgangsgeschwindigkeit der zu galvanisierenden Bleche oder Bänder ist auf der Maschine ein geeichtes, mit den Transportwalzen in Verbindung stehendes Tachometer angebracht, das sofort anzeigt, mit welcher Geschwindigkeit in Metern pro Minute die zu galvanisierenden Objekte die Maschine passieren.

Zur Bestimmung der Metallauflage, die bei einer bestimmten Durchgangsgeschwindigkeit und bei einer gemessenen, dem Apparat zugeführten Stromstärke $\sum i$ Ampere pro 1 qm der zu galvanisierenden Fläche ergibt, gilt für doppelseitige Galvanisierung von Blechen folgende Formel:

$$M = \frac{\sum i \cdot Ae}{V_m \cdot 60 \cdot B \cdot 2}$$

Soll nur einseitig galvanisiert werden, so gilt folgende Formel:

$$M = \frac{\sum i \cdot Ae}{V_m \cdot 60 \cdot B}$$

In diesen beiden Formeln bedeutet:

M = Metallauflage pro qm Fläche in Gramm,
$\sum i$ = totale im Apparat angewandte Stromstärke in Ampere,
Ae = Menge des sich pro Amperestunde ausscheidenden Niederschlagsmetalles,
V_m = Durchgangsgeschwindigkeit in Metern pro Minute,
B = Breite des Bleches bzw. Bandes in Metern gemessen.

Als Bad dient beim Verzinken mit der Maschine ein nach praktischen Erfahrungen zusammengesetzter Elektrolyt höchsten Leitvermögens, dessen Leitfähigkeit durch entsprechende Erwärmung noch nach Tunlichkeit vergrößert
wird, so daß man B. beim Verzinken von Eisen und Stahlblechen mit ca. 3 Volt
arbeiten kann. Die Leistungsfähigkeit einer solchen Maschine ist im Verhältnis
zu ihrem Raumbedarf ganz bedeutend, und man erhält ein in jeder Beziehung
erstklassiges Produkt, das an allen Stellen mit tatsächlich gleichartiger Metallauflage versehen ist. Die Ersparnis an Bedienungspersonal ist endlich ein Faktor,
der bei der Kalkulation der Verzinkungskosten sehr ins Gewicht fällt. Die
Konstruktion solcher Maschinen für den praktischen Betrieb begegnet nun
mancherlei Schwierigkeiten. Zunächst wirken die laufenden Kanten der Bleche
insofern störend, als leicht, wenn die Ränder der Bleche nur etwas verbogen sind,
der die Anodenwalzen umgebende Bezug mit Filz u. dgl. zerrissen oder mindest
beschädigt wird. Kann man durch Aneinanderschweißen oder durch Aneinander-
klemmen die einzelnen Bleche zu einem fortlaufenden Bande vereinigen, so schaltet
die Möglichkeit einer Störung in dieser Richtung aus.

Eine bedeutende Komplikation erfährt die Konstruktion solcher Maschinen
dann, wenn man Bleche gleichzeitig doppelseitig elektroplattieren will, denn die
oberen und unteren Walzenpaare müssen je für sich hinsichtlich der Stromregulierung unabhängig sein.
Dies erreicht man nur durch
Verstellbarkeit der Walzen-
reihen, wodurch man in die
Lage kommt, den Auflagedruck
der aufsaugenden Umhüllung
auf die Blechoberfläche zu variieren und damit die Stromstärke
nach Wunsch einzustellen. Natürlich muß sowohl die obere
Walzenreihe wie die untere ein
eigenes Amperemeter verfügbar

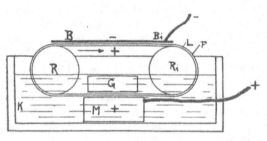

Fig. 217.

haben, welches den in die betreffende Walzenreihe fließenden elektrischen
Strom mißt.

Durch genügenden Zulauf von Elektrolyt von oben und unten hat man es
dann mit Hilfe des variablen Auflagedrucks der Walzen für jede der beiden
Seiten der Bleche in der Hand, den Strom so einzuregulieren, wie es entweder
eine ganz gleichmäßige Auflage beidseitig oder eine besonders gewünschte Ungleichheit der Metallauflagen der beiden Blechseiten erfordert.

Verschiedene Unzukömmlichkeiten, vor allem die Herstellung walzenförmiger
Gußzylinder als Anoden vermeidet Armin Rodeck unter Benutzung der
wesentlichen Momente der Konstruktion des Verfassers dadurch, daß er zwischen
Anode und Kathode Körper aus beliebigem Material, welches an seiner Oberfläche leitend sein muß, schaltet, welchen „Mittelleiter" er wie nach der Konstruktion des Verfassers mit einem Stoffüberzug (Filz, Tuch etc.) versieht und sich
bewegen läßt, wogegen die eigentliche Anode gegen die Umhüllung dieses Mittelleiters gedrückt wird. In Fig. 217 sehen wir eine solche Einrichtung schematisch
dargestellt. In einem Elektrolytbehälter K liegt beispielsweise eine Anodenplatte M und wird durch die Widerlager-Platte G gegen das über die beiden
Rollen RR_1 geführte Mittelleiterband L, das außen mit Filz F belegt ist, gepreßt.
Das auf seiner Unterseite zu plattierende Blech B wird mechanisch senkrecht zur
Pfeilrichtung, also senkrecht zur Fortbewegungsrichtung des Mittelleiterbandes über den Mittelleiter transportiert und mit dem negativen Pol der Stromquelle verbunden. Der positive Pol der Stromquelle wird an die Anodenplatte M
angeschlossen. Beim Stromdurchgang scheidet sich nun auf dem Mittelleiter-

blech, das aus Blei oder Eisen etc. bestehen kann, auf der Außenseite des endlosen Bandes der Platte M gegenüber Niederschlagsmetall ab. Beim Rotieren des Mittelleiterbandes kommt nun der mit dem Niederschlag versehene Mittelleiter zur Unterseite des Bleches BB_1 und wirkt nun dort als Anode. Da die Stoffumhüllung aber mit Elektrolyt getränkt ist, bzw. nach dem Erfinder genügend Elektrolyt besitzt, wird auf der Unterseite des Bleches BB_1 das Metall abgeschieden, das Mittelleiterband verläßt angeblich bei B_1 das Blech ohne eigenen Metallbelag, den es inzwischen an das Blech abgegeben hat. Theoretisch ist dies auch denkbar, aber praktisch verhält sich die Sache doch etwas anders. Rodeck vergaß wohl, daß der Wirkungsgrad der Elektroplattierbäder niemals 1,0 ist, daß also niemals ebensoviel Metall sich löst, wie an der Kathode abgeschieden wird. Es tritt also entweder der Fall ein, daß das Mittelleiterband schon von Niederschlag befreit ist, wenn es noch gar nicht bei B_1 angekommen ist, die Folge davon wäre, daß die dem Ende B_1 zu näherliegenden Teile des Bleches eine geringere oder gar keine Metallauflage erhalten oder aber eine solche Ungleichheit des Niederschlages dadurch entsteht, daß der Elektrolyt bei B zwar noch in genügender Menge in der Umhüllung des Mittelleiterbandes vorhanden ist, gegen B_1 zu aber immer weniger und daß sich auch aus diesem Grunde eine ungleichmäßige Stromverteilung über die ganze Fläche ergeben muß, denn der Strom an den einzelnen Teilen ist nicht nur abhängig von der einheitlichen polarisationsfreien Elektrode (Anode), sondern auch von dem Widerstand der zwischen den Elektroden sich befindenden Flüssigkeit und es ist klar, daß dort, wo weniger Flüssigkeit in der Filzumhüllung vorhanden ist, der Widerstand größer sein muß als dort, wo der Filz noch reichlich Elektrolyt aufgesaugt hat. Rodeck hat versucht, auch diese Schwierigkeiten zu überwinden, indem er die Bleche einfach hochkant stehend plattieren wollte, d. h. sie von oben nach unten an dem von rechts nach links oder umgekehrt laufenden Mittelleiterband vorbeiführte, die Flüssigkeit dann auf der ganzen Elektroplattierlänge gleichmäßig auf die Filzumhüllung auftropfen ließ oder sogar aufspritzte, aber soweit dem Verfasser bekannt, hat sich auch diese maschinelle Vorrichtung nicht durchsetzen können, es wäre aber wünschenswert, wenn man diese beiden an sich durchaus guten Gedanken experimentell weiter verfolgen würde, denn es steht außer Zweifel, daß diese Methoden berufen sind, die anderen Plattiermethoden für Bleche zu verdrängen, da sie tatsächlich maschinell arbeiten, so gut wie keine menschliche Arbeitskraft erfordern und bei gut durchgebildeter Konstruktion unbedingt gute Resultate zeitigen müssen.

Elektroplattieren von Bändern und Drähten.

Bänder und Drähte werden nach gleichen Grundsätzen in der Galvanotechnik behandelt und deshalb sei ihnen dieses gemeinsame Kapitel gewidmet. Die hauptsächlichen Plattierungen sind die Vermessingung, Verkupferung, Verzinnung und Verzinkung von Eisen, Stahl- und Kupferbändern oder Drähten, wogegen die Versilberung wie Vergoldung nur auf Kupferdrähten angewendet wird; für die Verzinnung der Kupferdrähte ist das Interesse erst neuerdings erwacht, seit man Elektrolyte in der Praxis eingeführt hat, welche die Anwendung hoher Stromdichten gestatten und schwammfreie Zinn-Niederschläge auch bei solchen notwendigen hohen Stromdichten liefern. Die Plattierungen werden fast ausschließlich zum Zwecke der Veredlung der Drähte oder Bänder ausgeführt, demzufolge wird, besonders bei Bändern in großer Länge, nach der Plattierung auch noch eine Polierung vorgenommen. Man vermessingt jedoch auch Eisendrähte oder Bronzedrähte, um für das weitere Ziehen ein „Schmiermittel" aufzutragen und hierbei ist es nicht so wichtig, daß alle Partien des Drahtes unbedingt gleichmäßig stark plattiert sind und man begnügt sich in diesen Fällen mit dem Vermessingen der ganzen Drahtbunde in gewöhnlichen ruhenden Bädern. Solche

Drahtbunde werden auf 1 Meter langen Kupfer- oder Messingstangen aufgehängt, die einzelnen Lagen gelockert, bis ein Bund sich auf diesen Meter verteilt, und die so mit Draht besetzten Stangen werden zwischen zwei Anodenreihen in das Messingbad gewöhnlicher Zusammensetzung gehängt und so behandelt, wie man es beim Vermessingen gewöhnlicher Gegenstände gewöhnt ist. Die für diese Zwecke notwendigen Stromverhältnisse gelten auch für solche Drähte, meist genügt eine Vermessingungsdauer von 15 bis 20 Minuten.

Bei allen anderen Veredlungsverfahren für Bänder und Drähte werden diese jedoch im kontinuierlichen Betrieb in gleichmäßigem Tempo durch die Beiz-, Reinigungs-, Scheuer-, Bad-, Spül- und Trocknungsgefäße gezogen, von einer Vorratshaspel ab- und am anderen Ende der ganzen oft sehr langen Anlage fertig getrocknet wieder aufgehaspelt.

Beizen, Dekapieren und Scheuern der Bänder und Drähte. Wir wollen immer von der Voraussetzung ausgehen, daß im kontinuierlichen Durchzugsverfahren gearbeitet wird und daß demnach für alle vorbereitenden Arbeiten sowie für die Plattierung selbst und die erforderlichen Nacharbeiten nach der Plattierung mit einem bestimmtem Tempo, das durch die elektrolytischen Verhältnisse hinsichtlich der Metallauflage bestimmt ist, gerechnet werden muß. Alle diese Vor- und Nacharbeiten müssen sich demnach in einem vorgeschriebenen Zeitabschnitt derart vollziehen, daß eine einwandfreie Ware resultiert. Für das Beizen und Entzundern roher Drähte, hauptsächlich der Eisen- und Stahldrähte, gibt es nun Glühmethoden, welche schon einen fast zunderfreien, dabei genügend weichen Draht ohne wesentliche Zunderschicht liefern. Die Glühöfen, die man praktisch direkt an die Veredlungsanlage anbaut, also vor der eigentlichen Plattieranlage einschaltet, erfordern meist schon selbst einen Raum von 5 bis 8 und mehr Metern, deshalb werden solche kontinuierliche Veredlungsanlagen sehr lang. Komplette Anlagen für Eisen- und Stahldrähte, wie sie z. B. für die Verzinkung in Betracht kommen, erfordern einen Gesamtraum von 35 bis 40 Metern Länge bei einer Breite, die von der Breite der Bäderanlage und der Glühofenanlage bedingt ist. Für gewöhnlich werden gleichzeitig eine ganze Anzahl gleichstarker Drähte durch die Anlage hindurchgezogen von 2, 3 bis zu 40 Drähten, während für Blechbänder kaum mehr als 10 Bänder parallel in Frage kommen. Bänder werden meist schon in blankem zunderfreien Zustand der Plattieranlage zugeführt, doch kann man bei diesen ohne eine, direkt an die Veredlungsanlage angebaute Reinigungsanlage mit gleichzeitiger Entfettungsanlage nicht auskommen, dagegen ist eine Schleiferei der Bänder vor der Veredlung stets separat zu halten, da diese Einrichtungen infolge der Eigenart der Betriebsführung viel Schmutz in die Bäder gelangen lassen würden, ganz abgesehen davon, daß der Gesamtzug in diesem Falle durch Einschaltung der Schleifereianlage zu hoch würde.

Die vorbereitende Reinigung der Bänder und Drähte soll sich also nur auf die Entfernung schwacher Oxydschichten, auf die Entfernung eventueller Fettschichten vor der Plattierung beschränken und hier behandelt werden.

Schwache Oxydschichten beseitigt man am schnellsten durch Behandeln mit warmer Schwefelsäure 1:5 bis 1:10, sowohl bei Bändern und Drähten aus Kupfer, Messing oder Eisen und Stahl. Die Beizwannen werden aus Steinzeug oder aus Holz gebaut, letztere werden im Innern mit 2—4 mm starkem Bleiblech ausgeschlagen, die Nähte im Knallgasgebläse mit Blei verlötet. Zum Erwärmen der Beize legt man in das Innere dieser Beizwannen Hartbleischlangen und erhitzt mit Dampf von 2 bis 4 Atmosphären Druck unter Einschaltung eines Regulier- und Absperrventiles. Die Bänder und Drähte werden von den Haspeln aus über einen eisernen Rechen dem Beizgefäß zugeführt und durch Steingutrollen an beiden Enden der Beizwannen durch den Beizbottich geführt. An Stelle der gewöhnlichen Beizerei mit Säure kann man auch eine elektrolytische Beize verwenden und ebensowohl anodisch wie kathodisch beizen, nur muß in diesem

Falle für dieses elektrolytische Beizen und Dekapieren eine eigene Stromquelle Verwendung finden, keinesfalls darf die gleiche Maschine, welche den Strom für die elektrolytischen Bäder liefert, auch gleichzeitig für diese Vorbehandlung benutzt werden. Wird elektrolytisch gebeizt und dekapiert, so wird dieses Bad mit metallischen Stromrollen versehen und zwar wird der Strom, der meist mit sehr hoher Dichte verwendet wird, um in möglichst kurzen Bädern bei der verfügbaren kurzen Zeit eine intensivste Wirkung zu zeitigen, von beiden Rollensystemen den Bändern und Drähten zugeführt. Diese Stromrollen müssen aus tunlichst unlöslichem Material sein, wie Bronze oder Kupfer und jede Rolle muß für sich beweglich sein, so daß jedes Band oder jeder Draht nur für sich durchgezogen werden kann und keine gegenseitigen Hemmungen beim Durchzugsvorgang entstehen können. Zwischen je zwei Bändern oder Drahtreihen werden die Gegenelektroden aus Eisen oder Blei, je nach Art der Beizmethode oder Dekapiermethode senkrecht in diese elektrolytischen Beiz- und Dekapierbäder gehängt mit einer Breite von 1,5 bis 2 Meter bei einer eintauchenden Tiefe von 10 bis 15 cm.

Das elektrolytische Beizen von Eisen- und Stahldrähten an der Kathode ist sehr gefährlich, weil der sich hierbei in reichlichem Maße entwickelnde Wasserstoff vom Eisen und Stahl aufgenommen wird und das Material brüchig macht; man muß daher alle Vorsorge treffen, daß der Wasserstoffgehalt wieder entfernt wird, wenn man nicht die anodische Behandlung mit verdünnter Säure oder mit den bekannten Neutralsalz-Elektrolyten vorzieht.

Th. A. Edison verwendet zum elektrolytischen Reinigen von dünnen Stahlbändern (D.R.P. 171472) eine 20%ige Zyankaliumlösung und entfettet und entoxydiert kathodisch bei 5 Volt Badspannung unter Benutzung eines tiefen Steinzeuggefäßes, welches zunächst das schmale dünne Band durch ein senkrecht eintauchendes Eisenrohr, welches als Anode dient, senkrecht in die Lösung führt. Das Band wird durch einen Träger, der am unteren Ende eine bewegliche Rolle trägt, in senkrechter Lage gehalten und verläßt durch eine aus Steinzeug bestehende Scheidewand das elektrolytische Bad, so daß eventuelle Fettschichten, die bei der Entfettung oben schwimmen, nicht mehr mit dem bereits entfetteten Band in Berührung kommen können. Die gewöhnliche Entfettung der Bänder und Drähte erfolgt am besten vor der Behandlung mit Säuren, weil die Säure erst dann die oxydlösende Wirkung ausüben kann, wenn die letzten Reste anhaftenden Fettes entfernt sind. Die Entfettung geschieht in einem eisernen Trog, der mit kochend heißer Ätznatron- oder Ätzkalilauge gefüllt ist. Eine die Entfettung und Beizung unterstützende Reinigung der Bänder und Drähte ist der Gegenstand eines Patentes der Siemens-Schuckertwerke G. m. b. H. (D. R. P. 156568), nach welchem ein Scheuern mittels einer Reihe Walzen, die mit Leder überzogen sind und die unter Zuführung eines Scheuermittels entgegen der Durchzugsrichtung der Bänder oder Drähte rotieren. Solche Vorrichtungen verschmutzen aber, da sie im Bäderraum Aufstellung finden müssen, den ganzen Raum und gefährden die Wirkungsweise der Bäder.

Die Langbein-Pfanhauser-Werke A.-G. verwenden deshalb in ihren Anlagen zur Veredlung von Bändern und Drähten vollständig ruhende Scheuergefäße, durch welche die Bänder ohne Schmutzentwicklung durchgezogen werden, ob sie nun elektrolytisch oder durch Behandlung mit Säuren gereinigt wurden und verwenden eigenartige Spannvorrichtungen, durch welche die Bänder oder Drähte hindurchlaufen müssen. Auf solche Weise werden am sichersten alle eventuell noch anhaftenden Oxydschichten, ebenso Rauhheiten der Bänder und Drähte einwandfrei entfernt und die so geschaffene fett- und oxydfreie Oberfläche bietet die sicherste Gewähr für ein tadelloses Festhaften und Aussehen der plattierten Bänder oder Drähte. Nach der Behandlung im Beiz- oder Dekapiergefäß müssen die Drähte und Bänder einen Waschprozeß durchmachen; hierzu werden sie ebenfalls über Leitrollen in ein Waschgefäß geführt, wo sie mit kaltem Wasser gewaschen werden, um von hier aus in die eigentlichen elektrolytischen Bäder zu gelangen.

Die Durchzugsbäder und die Schutzvorrichtungen. Es liegt eine große Anzahl von Methoden zur gleichmäßigen Plattierung von Bändern und Drähten vor und es soll nicht Sache dieses Werkes sein, erschöpfend die diesbezügliche Patentliteratur zu behandeln. Verfasser will sich darauf beschränken, nur auf die erprobten Methoden der Plattierung von Bändern und Drähten im Durchzugsverfahren einzugehen. Alle diejenigen Plattiermethoden, welche Bänder und Drähte senkrecht durch die Bäder ziehen wollen, brauchen Führungsgestänge mit doppelter Rollenführung, wovon eine Serie meist außerhalb des Bades liegt,

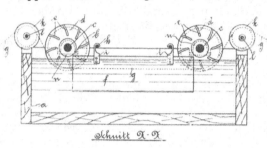

Schnitt X·X

Fig. 218.

wogegen eine Serie sich im Bad befindet. Schon die Tatsache, daß manche Plattierungen nicht gestatten, daß die Stromwirkung unterbrochen werde, weil sich sonst Schichtenbildung unliebsam im Niederschlagsgefüge bemerkbar macht, schalten solche Methoden z. B. für eine Vernicklung in haltbarer Form aus. Es ist ferner sehr gefährlich, bewegliche Rollen aus nichtleitendem Material, und nur solches kommt für solche im Bad befindliche Führungsrollen in Frage, ins Badinnere einzuführen und auch die Lagerung, die doch metallischer Natur sein muß, der Einwirkung des Bades einerseits und der Stromwirkung anderseits auszusetzen. Auch wenn solche Rollen und Lagerungen, wenn sie aus Metall bestehen, nicht direkt stromführend sind, tritt in gewissem Grade stets eine Mittelleitung ein, wobei sich die metallischen Teile stellenweise lösen müssen und dadurch wird der Elektrolyt nur zu rasch verunreinigt und der ganze Plattierprozeß in Gefahr gebracht. Man könnte ja nötigenfalls z. B. in einem Durchzugsbad für Vernicklungszwecke die ganze eintauchende Apparatur, soweit sie aus Metall bestehen muß, aus Reinnickel machen, aber das

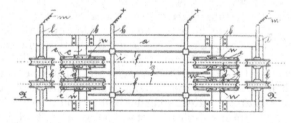

Fig. 219.

verteuert selbstredend die Einrichtung ganz bedeutend.

Praktisch wird heute durchweg so gearbeitet, daß die Bänder oder Drähte den Strom durch Stromrollen aus Metall, die außerhalb des Bades liegen, über den Wannenrand einer Führungsrolle zugeführt erhalten, welche derart gelagert ist und eine solche Größe besitzt, daß die Welle außerhalb des Bades zu liegen kommt, das zu plattierende Band oder der Draht dagegen so weit in das Bad eintaucht, daß er allseitig von Strom, der von senkrecht hängenden Anodenplatten ausgeht, beschickt werden kann und sich demzufolge gleichmäßig plattieren muß. Den Langbein-Pfanhauser-Werken A.-G. Leipzig ist auf diese Anordnung das D. R. P. 198158 erteilt worden. Nach diesem Patente werden die Führungsrollen aus Holz, Glas oder Porzellan oder aus Bronze mit Hartgummi umpreßt hergestellt und zeigen Fig. 218 und Fig. 219 diese Anordnung im Querschnitt bzw. Grundriß.

Solange es sich bei der Plattierung von Bändern nur um dünne Bänder bzw. um Bänder geringer Breite bis zu 10 mm Breite handelt, kann man die Anoden immer in Form von senkrecht in die Bäder tauchenden Platten anwenden. Werden aber die Bänder breiter, so muß man, da eine vertikale Durchführung, ein Hochkantstehen der Bänder im Bade untunlich ist, die Anoden horizontal in den Bädern liegend anordnen, d. h. man hängt sie oberhalb und unterhalb der Bänder in die Bäder ein und zieht die Bänder zwischen diesen Anodenpaaren hindurch. Bei dieser Anodenanordnung wird eine gute Isolation der Einhängestreifen, mit denen diese Anoden eintauchen, notwendig, man umhüllt deshalb in solchen Fällen die Anodenträger mit Hartgummi, Zelluloid oder Weichgummi oder versieht sie mit einem unangreifbaren, die Träger gegen den Stromangriff sicher schützenden Lacküberzug u. dgl. Dennoch kommt

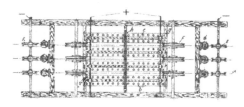

es leicht vor, daß bei solchen horizontal gelagerten Anodenplatten, diese, wenn sie stellenweise durchgefressen sind, abbrechen, und vorwiegend sind es dann die oberen Anoden, welche durch Herabfallen einzelner Stücke auf die durchlaufenden Bänder Kurzschluß im Bade verursachen. Deshalb baut man sich

Fig. 220.

Schutzvorrichtungen zwischen diese oberen Anoden und die Bänder aus Holz oder anderem Isolationsmaterial in Form von Stäben oder Rechen ein, auf welchen die oberen Anoden aufliegen.

Für Drähte kommt diese Gefahr allerdings etwas weniger in Betracht, dennoch hat die Praxis gelehrt, daß auch bei der Plattierung der Drähte solche Schutzvorrichtungen nicht unentbehrlich sind, weil bei den nicht unbedeutenden Zugbeanspruchungen infolge mehrfacher Rollenführung die Drähte reißen und dann an die Anoden gelangen und auf diese Weise Kurzschluß entsteht. Durch solchen Kurzschluß wird aber nicht nur der eine gerissene Draht gefährdet, sondern die ganze Garnitur von Drähten, wenigstens die Stücke, die oben in den Bädern sich befinden, werden dann hinsichtlich ihrer Metallauflage alteriert. Zumeist macht sich eine derartige Störung, die zum Reißen der Drähte führt, durch eine Bremswirkung und ein längeres Stillstehen der einzelnen Drähte bemerkbar

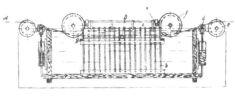

Fig. 221.

und hat sich F. A. Herrmann durch das D. R. P. 207559 eine Vorrichtung patentieren lassen, die das Ausglühen der Drähte und Bänder bei Kurzschluß oder bei bremsendem Stillstand zu hoher Stromdichte usf. verhindert. Aus Fig. 220 und Fig. 221 geht diese Einrichtung ohne weiteres klar hervor. Es werden hierbei beweglich angeordnete Leitrollen verwendet, die durch die Drähte oder Bänder, die während des Plattierprozesses straff gespannt sind, nach unten gedrückt werden, die aber durch Federwirkung oder auf andere mechanische Weise sofort nach oben schnellen, wenn die Straffheit durch Nachlassen der Spannung beim Reißen od. dgl. nachläßt, wobei die Bänder und Drähte in diesem Falle automatisch von den Stromrollen abgehoben werden, wodurch die sonst auftretenden Kraftverluste und Metallverluste in Fortfall kommen; dabei bleibt das schöne Aussehen der Bänder und Drähte erhalten, keinesfalls kann ein Durchglühen stattfinden. Die Anbringung der Schutzgitter zwischen den Anoden und den Bändern oder Drähten gestattet dabei, die Elektrodenentfernung auf ein Minimum zu reduzieren, was für die Ökonomie des Betriebes, durch Verringerung der an-

zuwendenden Badspannung angesichts der hohen Stromdichten ganz bedeutend
von Einfluß ist.

Kontaktgebung in den Bädern. Wie wir weiter unten sehen werden, erfordert
die elektrolytische Plattierung von Bändern und Drähten bedeutende Stromstärken, da man mit hohen Stromdichten zu arbeiten genötigt ist, wenn man den
Betrieb rentabel gestalten will und vor allem auf genügende Produktion Bedacht
zu nehmen hat. Nun aber ist die von einem Band oder Draht aufzunehmende
Stromstärke von seinem speziellen Leitvermögen und seinem Querschnitt in qmm
abhängig. Meist sind nun die elektrolytischen Bäder für diese Zwecke sehr lang
und wollte man den Kontakt für die Stromversorgung eines Bandes oder Drahtes
nur an einer einzigen Stelle, sei es am Ende des Bades oder, was schon praktischer
wäre, in der Mitte anbringen, so würde die pro Drahtlänge, die im Bade exponiert
ist, errechenbare Stromstärke derart hoch werden, daß z. B. der betreffende
Draht glühend werden kann. Man hilft sich dabei in der Weise, daß man pro
Draht oder Band den Kontakt auf mehrere Stellen, die nicht zu weit voneinander
entfernt sind, verteilt, so daß man etwa alle 5 Meter einen Kontakt anbringt, der
dann nach beiden Seiten von dieser Stelle aus bis zur halben Länge zwischen den
zwei benachbarten Kontakten den Strom zuzuführen hat. Haben wir beispielsweise auf ein Band von 100 mm Breite bei einer anzuwendenden Stromdichte
von 8 Amp. pro qdm und einer im Bad exponierten Länge von 10 Metern insgesamt demnach eine Stromstärke von 400 Amp. anzuwenden, so müßte z. B. ein

Eisenband angenommen, das Band bei einer Dicke von 0,5 mm pro qmm $\dfrac{800}{100 \cdot 0,5}$

= 16 Amp. aufnehmen, wenn man von einer einzigen Stelle aus den Strom für
dieses Band zuführt. Eisen glüht aber bereits aus, wenn es mit 7 Amp. pro qmm
belastet wird, demzufolge muß man mindestens unter dieser Strombelastung von
7 Amp. bleiben, um das Glühendwerden überhaupt zu verhindern. Daraus
erhellt, daß man, um z. B. nur mit 4 Amp. Strombelastung pro qmm zu rechnen,
3 Zuleitungen zu einem solchen Bande anbringen muß.

Die Kontakte liegen stets außerhalb des Bades, damit sich die Kontakte
nicht auch mit Niederschlagsmetall überziehen können; dieses würde Metall-
verlust einerseits und Verminderung der Leistungsfähigkeit der Anlage anderseits bedeuten. Die von mancher Seite vorgeschlagene Zuführung des Stromes
durch Schleifkontakte auf den Bändern oder Drähten im Bade selbst ist deshalb
ganz ungeeignet und zu verwerfen.

Die geeigneten Elektroplattierbäder für diese Zwecke. Nach den im theoretischen Teil dieses Werkes entwickelten Grundsätzen über die Wahl der Bäder
für spezielle Zwecke erhellt ohne weiteres, daß man für die Elektroplattierung
von Drähten und Bändern, wobei stets mit hohen Stromdichten gearbeitet
werden muß, zunächst metallreiche Bäder zur Anwendung kommen müssen,
damit immer eine mit Metallionen gesättigte Badflüssigkeit in unmittelbarer Nähe
der Kathodenfläche zugegen ist. Weiter geht aus dem früher Gesagten hervor,
daß man Bäder, um diese hohen Stromdichten zu ermöglichen, angewärmt,
ja sogar heiß benutzt, und daß nur solche Elektrolyte tauglich sind, welche bei
diesen Verhältnissen schwammfreies, duktiles Metall abzuscheiden geeignet sind.
Bei Verwendung von neutralen oder sauren Bädern, in denen Metallionen in
einfacher Form sich in genügender Menge vorfinden, wie in Zinkbädern, den
heißen Nickelbädern normaler Art, ferner in den meisten Zinnbädern, kann man
auch die höchsten Stromdichten anwenden und man greift deshalb vorzugsweise
zu solchen Elektrolyten, wenn man in Durchzugsbädern forciert arbeiten will.
Muß man aber zu Bädern mit Salzen greifen, in denen sich das Metall in einem
komplexen Anion befindet, so muß man den Elektrolyt so wählen, daß er die
notwendige Temperatur verträgt, welche die Diffusion und die Nachbildungs-

geschwindigkeit freier Ionen aus diesen Komplexen begünstigt. Leider sind wir zumeist auf die alkalischen oder zyankalischen Bäder angewiesen in Fällen, wo es sich um Vergoldung, Versilberung, Vermessingung u. dgl. Niederschläge handelt. Die Bäder mit freiem Alkali unterliegen bei höherer Temperatur einer baldigen Zersetzung, indem sich aus dem Alkali in Berührung mit Luft Karbonate bilden, wogegen das Zyankalium bei höherer Temperatur sich zersetzt und deshalb fortgesetzt eine oft nicht recht umständliche Regenerierung verlangt. Glücklicherweise spielt bei den Edelmetallniederschlägen dieser Punkt keine so entscheidende Rolle für die Gestehungskosten, weil das Endprodukt doch immer diese Spesen bei der Herstellung verträgt. Aber auch bei diesen Bädern muß man auf eine möglichst hohe Metallkonzentration im Bade achten und bei allen Bädern für diese Zwecke solche Leitsalze wählen, die ein glattes Inlösunggehen der Anoden ermöglichen. Mit steigender Stromdichte verschiebt sich nur allzuleicht der Wirkungsgrad des Bades und außerdem werden trotz Abstreifvorrichtungen beim Durchzugsbetrieb von den Bändern und Drähten namhafte Mengen Elektrolyt mitgeführt, die im anschließenden Spülbottich, wenn mit fließendem Wasser gearbeitet wird, ein für allemal aus dem Betrieb verschwinden. Bei Edelmetallbädern wird dem dadurch begegnet, daß man die Drähte, um die es sich zumeist handelt, zunächst in ein Gefäß laufen läßt, wo noch anhaftender Elektrolyt durch Verdünnen mit Spülwasser, das lange Zeit bis zur Aufarbeitung dieser Spüllösung verbleibt, verdünnt und gerettet wird. Diese mit Metallsalzen sich nach und nach anreichernden Spüllösungen werden einfach den Edelmetallelektrolyten im eigentlichen Plattiergefäß in dem Maße zugesetzt, als das Lösungswasser infolge Erwärmung verdampft. An Stelle des herausgeholten Spülwassers mit diesem geringen Metallgehalt versetzt man dann den Inhalt dieser ersten Spülwannen mit reinem Wasser und kann so ununterbrochen weiter arbeiten. Was aus diesem ersten Spülgefäß in das mit fließendem oder heißem Wasser gefüllte zweite Waschgefäß an Elektrolyt noch mitgeführt wird, ist derart wenig, daß man von einem nennenswerten Verlust kaum mehr sprechen kann.

Die Bäder für die Plattierung von Bändern und Drähten zeigen zumeist eine Konzentration, wie man sie im gewöhnlichen Betrieb der Galvanotechnik nicht kennt. So kann man die Konzentration solcher Bäder, zumal neutraler oder saurer Bäder, bis zu 30 und 35 Grad Bé steigern. Die angewendete Temperatur schwankt zwischen 30 und 80 Grad C. Auf die anzuwendenden Stromverhältnisse kommen wir weiter unten zu sprechen, bezüglich geeigneter Badvorschriften sei auf die bei den einzelnen Elektroplattiermethoden angeführten Rezepte verwiesen.

Die Qualität der Niederschläge, die nur von den Stromdichten und den elektrochemischen Verhältnissen der angewendeten Badzusammensetzung abhängt, sei derart, daß sie nicht nur glatt sind oder einen möglichst hohen Metallglanz aufweisen, sondern die Niederschläge müssen auch auf der gut vorbereiteten Unterlage so festhaften, daß ein Abplatzen bei einer Weiterverarbeitung durch Ziehen, Biegen u. dgl. nicht auftritt. Gerade ein späteres Ziehen der veredelten Drähte oder ein Stanzen oder Drücken der veredelten Bänder stellt die denkbar größten Anforderungen an die Qualität der Niederschläge, es muß nicht nur eine hohe Haftintensität auf der Unterlage vorhanden sein, sondern das Gefüge des Niederschlages muß äußerst fein kristallin sein, unbedingt frei von pulverigen oder schwammförmigen Metallteilen.

Das lästige Ansetzen von Metall an den Stromzuführungsvorrichtungen wird durch die mit Blendscheiben versehenen Stromabnehmerrollen nach F. A. Herrmann (D. R. P. 279043 und Z. P. 283042) in glänzender Weise vermieden. Fig. 222 I—IV zeigt diese Stromabnehmerrollen mit Blendscheiben in ihrer praktischen Anwendung, z. B. beim Galvanisieren von Drähten. Die diesbezügliche Patentschrift führt folgendes aus:

I Seitenansicht einer Stromabnehmerrolle nach der Erfindung.

II Schnitt nach 2-2 in I.

III Ansicht eines Galvanisierbades, das mit Stromabnehmern nach der Erfindung ausgestattet ist, und

IV Schnitt nach 4-4 in III.

Die Stromabnehmerrolle wird durch ein Speichenrad a aus säurefester Bronze gebildet, dessen Umfangfläche so schmal ist, daß der Querschnitt des Plattierguts gerade noch Platz findet. Auf die Nabe der Rolle a ist von beiden Seiten je eine Blendscheibe b aus nicht leitendem und von der Badflüssigkeit nicht angreifbarem Material aufgesetzt. Die Blendscheiben haben auf der Innenseite eine Ausdrehung, welche den Kranz der Rolle a flüssigkeitsdicht umfaßt, so daß noch

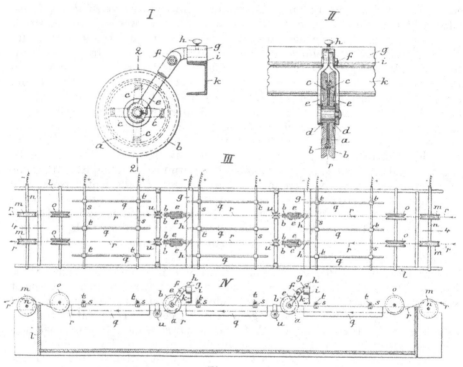

Fig. 222.

ein Teil der Umfangfläche der Rollen gegen das Bad abgedeckt wird. Beide Blendscheiben b stehen einander so nahe gegenüber, daß der Spalt am Rande den Querschnitt des Plattierguts gerade frei durchläßt.

Damit die Bindestellen anstandslos über die Rollen laufen, ist das Verhältnis der Durchmesser der Rolle a und der Blendscheiben b so gewählt, daß der Blendscheibenumfang die Drahtrichtung noch unter einem so spitzen Winkel schneidet, daß selbst im Falle des Einstechens von Spitzen und Kanten, die die Bindestellen etwa aufweisen können, ohne zu großen Kraftaufwand ein glattes Weiterdrehen der Rolle erhalten wird, wodurch die Bindestelle über den äußeren Umfang der Blendscheiben weggehoben wird. Damit hierbei die Bindestelle nicht seitlich abgleiten kann und die folgende Drahtlänge immer wieder sicher in den Spalt eingeführt wird und sofort nach dem Durchgang der Bindestelle von neuem Kontakt gibt, ist die Umfangfläche beider Blendscheiben b nach innen abgeschrägt, so daß sie zusammen eine konische Rille bilden, auf deren Höhe durch die Bindestelle selbst der Draht angehoben wird. Ebenso senkt sich dann der

Draht wieder auf die Kontaktfläche, nachdem die Bindestelle vorbeigelaufen ist. An den Innenseiten der Blendscheiben b sind Haken oder Knaggen c eingeschraubt, welche die Speichen der Stromabnehmerrollen a umfassen und in der gezeichneten Betriebsstellung die Blendscheiben mit den Rollen a fest verankern. Diese Befestigungsweise hat einerseits den Vorzug, daß keine Metallteile mit dem umgebenden Bade in Berührung kommen und anderseits gestattet sie, die Blendscheiben abzunehmen, ohne daß hierzu irgendein Werkzeug erforderlich wäre. Zu diesem Zweck braucht man nur die Blendscheibe gegenüber der Rolle im Sinne des Uhrzeigers zu drehen, bis die Haken c von den Speichen der Rolle a abgleiten, und kann sie dann radial abziehen. Durch Bronzeringe d, die am inneren Umfange der Blendscheiben eingepreßt sind, wird eine gute Führung der Rolle gesichert.

Die Nabe der Stromabnehmerrolle a läuft auf einem Bolzen, der von einer Gabel e aus Metall getragen wird. Ein Schenkel der Gabel e ist geschlitzt, so daß er um einen Bolzen f aufgeklappt werden kann, um die Rollen bequem aufstecken oder abziehen zu können. Der feststehende Schenkel der Gabel e ist mit Hilfe einer Klemmschraube h in einer stromführenden Kupferschiene g befestigt, die auf einer isolierenden Zwischenlage i auf einer Schiene k ruht. Sollen die Stromabnehmerrollen aus dem Galvanisierbade entfernt werden, so zieht man nach Lösung der Klemmschraube h den Bügel e aus der Schiene g heraus, dreht den aufklappbaren Schenkel um den Bolzen f und die Blendscheibe b etwas zurück. Die Stromabnehmerrolle a ist dann vollständig frei.

In III und IV ist l der Badbehälter, m die gebräuchlichen, außerhalb angebrachten stromableitenden Rollen, n deren metallene Wellen, durch welche der Strom zu der Dynamomaschine zurückgeleitet wird. Durch nichtleitende, in die Badflüssigkeit tauchende Rollen o werden die Drähte r ein- und ausgeführt und laufen zwischen den Anoden q hindurch. Den Anoden q wird durch Leitungsstangen s und Halter t der Strom zugeführt. Durch Leitrollen u werden die Drähte r von unten an die Stromabnehmer a gedrückt.

Durch die beschriebene Konstruktion der Stromabnehmer wird die Bildung eines Niederschlages fast vollständig verhindert, so daß selbst unter den ungünstigsten Verhältnissen, also Laufenlassen der stromleitenden Rollen a zwischen den Anoden, ohne daß überhaupt ein Draht darauf liegt, neben solchen Rollen, welche Draht führen, sich noch kein nennenswerter Metallniederschlag auf den Laufflächen der Rollen absetzt. Weiter vermindern sich die Unkosten durch Fortfall des öfteren Auswechselns und Ausbesserns der Rollen und der dadurch verursachten Betriebsstörungen sowie durch Ersparnisse an Isoliermaterial. Die Verletzung des Niederschlages auf den Drähten durch Funkenbildung wird fast vollständig vermieden, da eine Stromunterbrechung und somit Funkenbildung nur beim Durchlaufen der Bindestellen auftritt, wo eine Brandstelle nicht in Betracht kommt, da diese Stellen sowieso nicht verarbeitet werden können. Eine Beschädigung der Blendscheiben b ist durch ihre Form ausgeschlossen. Ebenso kann der Draht r nicht hängenbleiben und reißen.

Ein weiterer großer Vorteil der Erfindung besteht darin, daß bei Anwendung der beschriebenen Stromabnehmerrollen und bei der bisher gebräuchlichen Badspannung bedeutend höhere Stromdichten zugelassen werden können, als bisher möglich war, so daß bei gleichhoher Metallauflage wesentlich höhere Durchgangsgeschwindigkeiten oder unter Beibehaltung der bisher gebräuchlichen Durchgangsgeschwindigkeiten bedeutend höhere Metallauflagen erzielt werden. Dementsprechend kann man auch bei gleicher Produktion die erforderliche Länge der Anlage wesentlich herabsetzen.

Patent-Ansprüche:

1. Stromabnehmerrolle zum Galvanisieren von durchlaufenden Drähten, Bändern od. dgl., dadurch gekennzeichnet, daß eine Rolle, deren Umfangfläche

nur wenig breiter ist als der Querschnitt des Plattierungsguts, beiderseits mit Blendscheiben verkleidet ist, deren Durchmesser wesentlich größer ist als der Durchmesser der Rolle.

2. Stromabnehmer nach Anspruch 1, dadurch gekennzeichnet, daß die Umfangflächen der beiden Blendscheiben (b) nach innen abgeschrägt sind.

3. Stromabnehmer nach den Ansprüchen 1 und 2, dadurch gekennzeichnet, daß die Blendscheiben (b) auf der Innenseite mit Haken oder Knaggen (c) versehen sind, welche in der Arbeitsstellung die Speichen der Rollen (a) umfassen, durch Zurückdrehen der Blendscheibe (b) gegenüber der Rolle aber gelöst werden.

4. Stromabnehmer nach den Ansprüchen 1 bis 3, dadurch gekennzeichnet, daß der eine Arm der den Zapfen der Rolle (a) tragenden Gabel (e) geschlitzt und derart drehbar verspannt ist, daß er nach Lösung der Verspannung seitwärts ausgeschwenkt werden kann und alsbald ein Abziehen der Rolle von ihren Zapfen gestattet.

Glanzbildung während der Plattierung. Wir finden später in den Kapiteln über Vernicklung, Vermessingung, Verzinkung, Versilberung usw. Hinweise auf die Badzusammensetzungen, mit welchen sogenannte glänzende Niederschläge erzeugt werden können. Es ist nun zu bemerken, daß alle die Umstände, die in ruhenden Bädern zur Glanzbildung elektrolytischer Niederschläge beitragen, in den Bädern zur Plattierung von Bändern und Drähten durch die Konzentration der hierbei verwendeten Bäder sehr wirkungsvoll unterstützt werden, da die Zähigkeit dieser Bäder (auch schon ohne Zusätze von Kolloiden, welche bekanntlich in erster Linie die feinsten Kristallite veranlassen, den Niederschlägen also den größtmöglichen Glanz verleihen) eine Glättung der Oberfläche bewirkt. Glanzbildende Zusätze, welche gleichzeitig eine Härtung der Niederschläge verursachen, wie die bekannten Zusätze von Zyanzinkkalium, Zyankadmiumkalium, Zyannickelkalium u. dgl. m. zu Silberbädern, sind aber dort unstatthaft, wo man die Drähte mit diesen Niederschlägen einer starken Beanspruchung durch Zieh- oder andere Werkzeuge aussetzt; in diesen Fällen greife man lieber zu anderen Mitteln, wie kräftige Rührung, maximal zulässige Stromdichte, womit man, wenn auch nicht den gleichen Glanz, so doch aber eine gewisse Glättung bewirkt, die beim späteren Ziehen eine ganz geringe Abschürfung von Niederschlagsmetall verbürgt. Schließlich kann man eine Glättung während der Nieder-schlagsarbeit auch durch mechanische Hilfsmittel erreichen und empfiehlt Verfasser, die Drähte zwischen den Anoden durch perforierte Gerinne aus Zelluloid oder Holz und dergleichen nichtleitenden Materialien hindurchzuziehen, welche mit kleinen Glasperlen oder Kugeln oder Steinchen ausgefüllt sind und den Niederschlag dauernd glätten. Solche Glättungsvorrichtungen haben den Vorteil für sich, daß man auch Bindestellen von Drähten gefahrlos für die Apparatur durchziehen kann, weil diese kleinen Teile beweglich genug sind, um solchen Bindestellen auszuweichen, ohne herauszufallen oder den Durchgang zu hemmen.

Stromverhältnisse und Betriebsführung beim Plattieren. Der Fachmann, der solche Bäder für diese Zwecke bereitet, muß sich von vornherein an Hand angestellter Versuche im klaren sein, welche maximale Stromdichte er pro qdm Band- oder Drahtoberfläche anwenden kann. Wie bei allen Plattierungen, wird auch bei Drähten und Bändern die im Bade exponierte Oberfläche jeweils zu berechnen sein und ist die Stromregulierung in geeigneter Weise demzufolge vorzunehmen. Es ist natürlich in der Praxis nicht durchführbar, sich erst jedesmal eine Berechnung anzustellen, welche Oberfläche die im Bade exponierten Drähte oder Bänder insgesamt aufweisen, deshalb wird sich der Praktiker eine Tabelle anfertigen oder anfertigen lassen, worin für eine bestimmte Anzahl gleichzeitig durch die Bäder geführter Bänder oder Drähte bekannter Breite oder Stärke in mm Durchmesser (bei Drähten) die anzuwendende Stromstärke für das ganze Bad enthalten ist.

Solche Tabellen sind leicht aus Badlänge, Drahtquerschnitt und bekannter anzuwendender Stromdichte errechenbar und müssen gleichzeitig auch für alle gewünschten Metallauflagen und unter Berücksichtigung der verschiedenen momentan eingestellten Durchzugsgeschwindigkeiten aufgestellt sein. Am besten richtet man diese Tabelle so ein, daß die Verhältnisse auf je einen Draht oder auf je ein Band bezogen werden.

Die Langbein-Pfanhauser-Werke A.-G., die wohl das Verdienst für sich in Anspruch nehmen dürfen, auf diesem Gebiete tonangebend mit ihren vielen derartigen Anlagen gewirkt zu haben, sind zu dem Resultate gekommen, daß man derartige Anlagen immer nur für eine nicht zu große Unterschiedlichkeit in der Drahtstärke oder Bandbreite benutzen darf. Deshalb schreiben sie vor, daß man für Drähte von 0,5 bis 1,2 mm nur eine bestimmte Konstruktion der Apparatur verwenden kann, eine andere wieder für solche von 1,3 bis 3, höchstens 3,5 mm, wogegen stärkere Drähte wieder andere Einrichtungen erfordern. Ebenso verhält es sich mit feinen Drähten unter 0,5 mm Durchmesser. Feinere Drähte laufen allgemein weit schneller durch die Bäder, man wählt Geschwindigkeiten bis zu 30 m pro Minute und mehr, dagegen kommt man bei stärkeren Drähten, auch bei ganz langen Bändern, und reichlicher Kontaktgebung nicht viel über 6 bis 10 m pro Minute.

Je nach der Drahtstärke und der Festigkeit der Drähte gegen Zerreißen wählt man eine geringere oder größere Steighöhe an den Strom- und Führungsrollen, um das Abreißen beim Durchziehen hintanzuhalten; man ändert diesen Verhältnissen entsprechend auch die Anzahl der Gesamttrollenzahl, welche in Verbindung mit der angeführten Steighöhe die Gesamtzugbeanspruchung bestimmt. Naturgemäß hat auch das zu plattierende Material dabei ein wichtiges Wort mitzusprechen, die weichen Kupferdrähte müssen sorgsamer behandelt werden als die festeren Eisen- oder gar Stahldrähte.

Bei Bändern, besonders Eisen- und Stahlbändern, spielt die Reißgefahr nicht so mit wie bei Drähten, doch kommen auch weiche und weniger feste Zinkbänder in Frage, für welche das gleiche gilt wie für die weicheren Drähte, immerhin ist auch hierbei keine allzu große Gefahr, wenn es sich nicht um ganz schwache Banddimensionen, wie unter 0,2 mm, handelt.

Da man beim Plattieren von Drähten stets mit großen Anodenflächen gegenüber einer verhältnismäßig kleinen Kathodenoberfläche zu rechnen hat, unter Benutzung der Schutzeinrichtungen gegen das Ausglühen der Bänder und Drähte, außerdem auch mit kleinen Elektrodenentfernungen rechnet, so ist trotz Anwendung hoher Stromdichten die erforderliche Badspannung klein zu nennen. Man arbeitet bei Plattierung von Drähten mittleren Durchmessers kaum mit mehr als 5 bis 6 V, in Verzinkungs-, Verzinnungs- und Vermessingungsbädern, bei Vergoldungsbädern, die meist nur für ganz schwache Kupferdrähte in Betracht kommen, wird selten mit mehr als 10 V gearbeitet, bei Versilberung mit kaum mehr als 2 V bei Drähten bis zu ca. 1 mm, bei schwachen Drähten nicht über 5 V. Die angewendeten Stromdichten betragen dann je nach dem verwendeten Bad 5 bis max. 20 A pro qdm Oberfläche. Für Bänder wählt man kaum mehr als 10 A Stromdichte, und dieses auch nur bei schwächeren Bandstärken und geringen Breiten, bei Bänderbreiten über 3 cm geht man bis auf 5—6 A pro qdm herunter. Dies sind Erfahrungsziffern, die nur der langgeübte Praktiker zu werten und anzuwenden versteht, wer sich damit nicht genügend beschäftigt hat, ziehe lieber einen Fachmann zu Rate, der über die erforderlichen und unerläßlichen Erfahrungen verfügt.

In der Industrie gestaltet sich nun die Führung des Betriebes einer derartigen Durchzugsanlage mit kontinuierlichem Betrieb in der Weise, daß man die Bänder,

wenn sie nicht bereits in blankem, glänzend gewalztem Zustande vom Walzwerk
angeliefert werden, zunächst in die Bandschleiferei bringt, wo man auf maschinellem Wege, tunlichst mit automatisch arbeitenden Schleif- oder Bürstmaschinen
oder mit beiden Einrichtungen nacheinander auf Glanz schleift und vorpoliert.
Diese Arbeit wird möglichst in einem eigenen, von der Plattieranstalt abgesonderten Raum vorgenommen, das Abhaspeln und Aufhaspeln geschieht mit
den bekannten Haspeleinrichtungen. Die Arbeitsschnelligkeit richtet sich nach
dem Zustand der zur Bearbeitung vorliegenden Bänder; verzundert und mit Walz-
rissen versehene Stahlbänder laufen nicht rascher als höchstens $1\frac{1}{2}$ bis 2 m pro
Minute durch die Maschine, bei blank und gut gewalzten Stahlbändern geht man
bis auf ein Tempo von 5 m pro Minute. Schöne Zinkbänder, die man nur mit
Schwabbeln vorzupolieren braucht, laufen bis zu 10 m pro Minute durch die Vor-
poliermaschine. Die fertig vorgeschliffenen oder vorpolierten Bänder kommen nun
in den Galvanisierraum auf die Gestelle der Haspeleinrichtung, durchlaufen dann
in dem von der Plattierungsvorschrift vorgeschriebenen Tempo einen Entfettungs-
bottich mit Lauge oder laufen durch ein kontinuierliches elektrolytisches Entfettungsbad unter Anwendung maximal zulässiger Stromdichten, ohne dabei die
Bleche auszuglühen, werden dann in ein Spülgefäß mit kaltem Wasser geleitet,
passieren eine Abstreifungsvorrichtung aus Asbest oder Filz und kommen nun in
einen Scheuerbottich, der für Stahlbänder mit Quarzsand od. dgl. gefüllt ist,
um die Oberfläche noch vollkommen zu putzen und die letzten Reste von Fett oder
verseiftem Fett zu beseitigen, werden dann über Rollen zu einer Brause geführt
und abgebraust und gelangen über die ersten Stromrollen des eigentlichen
Plattierbades in dieses selbst. Beim Verlassen des Plattierbades wird wieder
eine Abstreifvorrichtung angebracht, um den Elektrolyten nicht zu vergeuden,
die Bänder werden über die letzte Führungsrolle und die letzte Stromrolle in das
Waschgefäß gebracht mit kaltem fließendem Wasser, von da in ein Heißwasser-
gefäß und wieder durch einen Abstreifer in einen Trockenschrank, womöglich mit
Dampfheizung, geführt, und von da zur Aufhaspelvorrichtung. Ist das Band fertig,
so gelangt es in die Poliervorrichtung, die am besten im gleichen Raume wie die
Vorschleiferei untergebracht ist, sofern man nicht anschließend an den Trockenschrank durch die Wandöffnung die plattierten trockenen Bänder, um ein Umspannen der Bunde auf eine andere Haspeleinrichtung und die damit verbundene
Arbeit zu sparen, in einen Polierraum mit einer automatisch arbeitenden Schwab-
belmaschine, die das Hochglänzen, wenn erforderlich, besorgt.

Eine solche Nachpolierung kommt natürlich nur bei vermessingten oder vernickelten Stahl-, Zink- oder Messingbändern vor, die verzinkten Bänder werden
meist nicht geglänzt; wird eine besondere Glanzwirkung verlangt, die diesen
verzinkten Bändern ein mehr metallisches, den auf heißem Wege verzinkten
Bändern ähnlicheres Aussehen geben soll, so läßt man diese Bänder anstatt durch
die Schwabbel-Poliermaschine, naß, vor dem Trocknen, durch eine rotierende
Walzenbürste mit gewelltem Neusilber- oder Messingdraht besetzt, laufen.

Die Drähte machen den gleichen Weg, nur wird dort zumeist eine energische
Beizung und reichlichere Scheuerung angewendet, wogegen ein Nachglänzen
stets in Wegfall kommt. Über das Verzinken von Drähten werden wir im Kapitel
,,Verzinkung`` noch näher im Speziellen eingehen.

Über Metallauflagen und deren Stärke. Die Metallauflage auf Bändern oder
Drähten kann man auf den qm oder auf das kg Fertiggewicht beziehen.
Letzteres ist das Üblichere. Man rechnet für eine gute Verzinkung pro qm Draht
15—60 g Zink, für Vermessingung 10 bis 40 g Messing, für Verzinnung schwanken die Auflagen je nach Zweck und Draht- oder Banddimension zwischen 10
und 30 g Zinn pro qm, wogegen bei Vergoldung und Versilberung allgemein die
Metallauflage pro kg Fertiggewicht angegeben wird und für Vergoldung

zwischen 1 und 5 g Gold, für Versilberung zwischen 5 und 30 g Silber pro kg veredeltem Draht schwankt.

Bei der Veredlung der Bänder rechnet man mitunter auch mit einem Prozentsatz Metallauflage auf das Gewicht bezogen und rechnet beispielsweise mit 1 bis 2,5 % Nickelauflage pro kg Stahlband, mit ca. 3 % Zinkauflage bei der Verzinkung von Eisen- oder Stahlbändern, aber auch diese Zahlen schwanken nach dem Verwendungszweck dieser Bänder und der Stärke der Bänder.

Bänder werden entweder einseitig oder beidseitig plattiert. In ersterem Falle läßt man 2 Bänder zusammen, mit einer Fläche aneinandergelegt, durch die Apparatur laufen, besonders wenn man schmale Bänder plattiert, dagegen werden breitere Bänder, wenn man sie einseitig plattieren will, nur einer, und zwar einer darunter liegenden Anodenreihe gegenübergestellt. Bei der Vernicklung von Stahlbändern wird ebenso wie bei der der Zinkbänder meist eine vorhergehende Verkupferung ausgeführt, oder aber mit dem Kuprodekapierbad, d. i. ein elektrolytisches Entfettungsbad mit gleichzeitiger Vorverkupferung, gearbeitet, um eine besondere Haftintensität der Vernicklung auf den Bändern zu erhalten. Bei der Veredlung von Weißblechbändern, die vereinzelt vorkommt, findet eine solche Vorverkupferung natürlich ebenfalls Anwendung. Über die Metallauflagen bei der Verzinkung von Drähten werden wir uns im Kapitel über Verzinkung noch eingehend befassen, denn hierbei sprechen alle möglichen Momente mit, welche die Metallauflage bestimmen, wie Rostsicherheit, Verarbeitungsmöglichkeit u. dgl. m. Ebenso werden wir die Vergoldung und Versilberung von Kupferdrähten, wie sie in der Industrie der leonischen Drähte für Geflechte, Gespinste usw. gebraucht wird, in einem besonderen Kapitel noch zu besprechen haben.

Ein anschauliches Bild über die Stärkenverhältnisse von Niederschlägen auf Eisendrähten verschiedener Durchmesser gibt die nachstehende Tabelle für Drähte von 0,1 bis 5 mm.

Durchmesser mm	Oberfläche p. 1 m in qdm	Anzahl Meter für 1 qm	Gewicht in g pro Meter	Gewicht des Draht., welcher 1 qm entspricht	Gewichtsprozente der Metallauflage f. Niederschlagsmengen p. qm von g				
					5	10	20	30	50
0,1	0,031	3240	0,057	180	2,7	5,3	10,8	14,2	21,8
0,2	0,062	1620	0,25	380	1,3	2,6	5,0	7,2	11,6
0,3	0,093	1075	0,57	608	0,8	1,57	3,2	4,7	7,6
0,4	0,124	803	1,00	800	0,56	1,23	2,45	3,6	5,9
0,5	0,155	623	1,56	1000	0,5	0,99	1,96	2,9	4,8
0,6	0,186	540	2,28	1230	0,4	0,8	1,6	2,4	4,0
0,8	0,248	403	4,05	1630	0,3	0,6	1,2	1,8	3,0
1,0	0,314	317	5,70	1800	0,27	0,55	1,1	1,65	2,7
1,2	0,376	265	9,03	2400	0,21	0,42	0,84	1,23	2,1
1,5	0,470	213	14,20	3030	0,16	0,33	0,65	0,98	1,63
1,8	0,562	178	20,5	3650	0,14	0,27	0,55	0,82	1,35
2,0	0,628	152	25,5	3800	0,13	0,26	0,51	0,78	1,3
2,5	0,791	128	39,2	5050	0,10	0,2	0,4	0,6	1,0
3,0	0,940	106	57,0	6080	0,08	0,16	0,32	0,48	0,8
3,5	1,100	90	78,6	7150	0,07	0,14	0,28	0,42	0,7
4,0	1,250	80	100,0	8000	0,06	0,12	0,25	0,38	0,61
4,5	1,400	71	126,0	8900	0,055	0,11	0,22	0,34	0,56
5,0	1,570	62	156,0	10000	0,05	0,10	0,20	0,30	0,5

Ganz analog kann man sich für Kupferdrähte diese Tabelle aufstellen, ebenso für alle anderen Drahtsorten, wenn man das spezifische Gewicht des Materiales hierbei berücksichtigt. Auch für Bänder beliebiger Breite und Dicke ist die Aufstellung solcher Übersichtstabellen zu empfehlen, um sich stets ein Bild zu machen, wie durch eine bestimmte Metallauflage pro qm das Fertiggewicht beeinflußt wird,

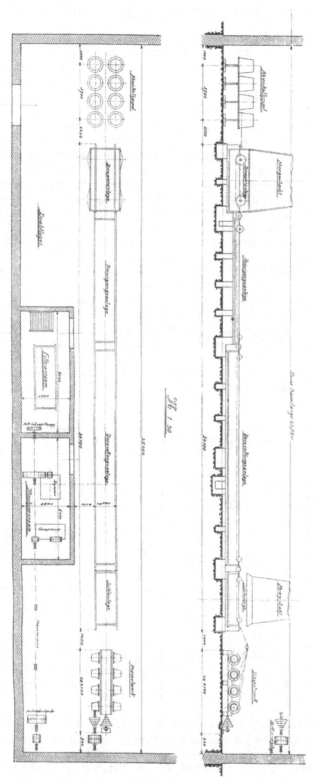

Fig. 223.

bzw. wieweit man mit der Metallauflage bei schwächeren und schmäleren Bändern heruntergehen kann, wenn man auf alle Dimensionen ungefähr den gleichen perzentuellen Aufschlag an Gewicht durch die Niederschlagsarbeit erzielen will. Jedenfalls gibt eine solche Tabelle dem Fachmann, der sie richtig zu lesen versteht, manchen Fingerzeig, wie er bei der Veredlung zu verfahren hat, und er wird die daraus gewonnenen Zahlen seinen Berechnungen über die anzuwendenden Stromverhältnisse, die Durchzugsgeschwindigkeiten usw. zugrunde legen.

Schema einer Anlage zum kontinuierlichen Plattieren von Drähten oder Bändern. Die Fig. 223 gibt die schematische Darstellung einer fertigen Anlage zum Plattieren von Drähten oder Bändern (letztere in schmalen Formaten) wieder. Die gebräuchliche Form der Haspeleinrichtungen ist derart, daß von einer Transmission aus ein Stufenvorgelege angetrieben wird, welches die einzelnen Drahtbunde auf den Aufhaspelapparaten in Drehung versetzt, und zwar ist jeder einzelne Bund am besten einzeln ausrückbar vorzusehen, damit bei Störungen, wie Reißen der Drähte, nicht die ganze Anlage stillgesetzt werden muß. Die Drähte werden der Reihe nach von den Abwickelrollen durch die Beize oder das elektrolytische Reinigungsbad gezogen, dann durch eine Wascheinrichtung, dann durch eine Scheuervorrichtung, abermals durch eine Abbrausevorrichtung, und dann erst gelangen sie in das lange Plattierbad von 5 bis 10 und mehr Meter Länge.

Zwischen Aufwickelhaspel und Bad wird eine Spülvorrichtung und Trockenvorrichtung eingebaut, über welche wir schon gesprochen haben. Die industriellen Anlagen werden bis zu max. 52 Drähten ausgeführt, die größten Anlagen für Bandveredlung sehen das gleichzeitige Durchziehen von max. 20 Bändern von 6 bis 20 mm Breite oder von 4 bis 6 Bändern von 50 bis 120 mm Breite vor.

Die Länge solcher kompletter Anlagen für die Plattierung von Bändern beträgt bis 35 m und erfordert für eine Produktion von ca. 500 kg in 8 stündigem Betrieb 12 bis 15 PS, die zugehörige Schleiferei-Anlage 20 bis 25 PS.

Elektroplattieren von Rohren.

Die Außenplattierung rohrförmiger Gegenstände. Wie ganz allgemein in der Galvanotechnik die ruhenden Hängebäder für größere Gegenstände in Anwendung sind, kann man solche Bäder auch dann zum Plattieren von Rohren verwenden, solange es sich nur um die Plattierung an der Außenseite von Rohren handelt. Es werden Eisen-, Stahl- und Messingrohre solcherart in jeder, nur einigermaßen gut eingerichteten galvanischen Anstalt vernickelt, versilbert oder vermessingt und sei nur an die bekannten Fahrradteile aus Rohren, ferner an die Rohrleitungen für Bierdruckapparate, welche außen vernickelt werden, erinnert. Etwas mehr Erfahrungen und besondere Einrichtungen erfordert dagegen schon das Verzinken von Eisenrohren, hauptsächlich dann, wenn man eine Rostsicherheit durch die Verzinkung bezweckt. Auch die Verbleiung der Außenseite begegnet keinen besonderen Schwierigkeiten, wenn nur das verwendete Bad als solches gute Resultate liefert. Alle Bäder, mit denen man Rohre plattiert, müssen so arbeiten, daß ein dichter, festsitzender und schwammfreier Niederschlag gewährleistet ist, der auch ein späteres Biegen der Rohre zuläßt, und schließlich müssen die elektrolytisch plattierten Rohre billiger herzustellen sein, als dies auf mechanischem Wege durch Auswalzen, Aufschweißen oder durch Eintauchen der Rohre in geschmolzene Metalle, wie Zinn, Blei und Zink, möglich ist.

In letzterem Falle hat nun sicherlich der elektrolytische Prozeß seine großen Vorteile gegenüber den anderen Verfahren, da man es durch genaue Beobachtung der angewandten Stromstärken in der Hand hat, den Metallniederschlag so zu bemessen, daß gerade nur so viel Metall hierzu verbraucht wird, als dem Zweck entspricht, wogegen bei den gewöhnlichen Methoden, vorwiegend aber bei den Methoden, welche mit geschmolzenen Metallbädern arbeiten, dies keineswegs der Fall ist; außerdem treten dort bedeutende Kosten in Form von durchgebrannten Pfannen, in denen sich die Metallbäder befinden, die Bildung von Legierungen des Überzugsmetalls mit dem eingetauchten Metall ein, welche den Prozeß außerordentlich verteuern, auch wenn man mit der endlichen gleichen Metallauflage rechnet. Im galvanischen Betriebe treten derartige Verluste nicht ein, es wird eben immer nur so viel Anodenmetall verbraucht, als man ungefähr auf die zu plattierenden Rohre aufgetragen hat, wogegen bei der Plattierung in geschmolzenen Metallen ein großer Prozentsatz an Hartmetall, das sich nicht mehr verwenden läßt und nur einen minimalen Verkaufswert besitzt, entsteht, der die Kalkulation in bedeutendem Maße erhöht.

Große Bedeutung hat die Vermessingung von Eisen- und Stahlrohren erlangt; man vermessingt oder vertombakt große Mengen solcher Rohre als vollkommener Ersatz für messingplattierte Eisenrohre in der Möbel- und Automobilindustrie, zumal man heute auch ganz starke Messingniederschläge in kurzer

Zeit mit besonderen Bädern erhalten kann, auf welche im Kapitel „Vermessingung" hingewiesen ist.

Apparate zum Elektroplattieren von Rohren. Die Technik verlangt von einem plattierten Rohr, daß der Metallüberzug nicht nur fest auf dem Rohr haftet und ein gutes einwandfreies Aussehen zeigt, sondern der Überzug muß an allen Stellen gleiche Stärke besitzen, und deshalb benutzt die Galvanotechnik bei längeren oder größeren Rohren nicht die ruhige Exposition in den normalen Bädern, sondern bewegt die Rohre während der Plattierung, ohne daß sie hierbei eine Kontaktunterbrechung erleiden. Meist handelt es sich um ein Rotieren der Rohre um ihre Achse, doch gibt es auch Apparate, bei denen die Rohre gleichzeitig schaukelnde Bewegungen ausführen. Verfasser will die mannigfachen Apparate, die meist durch Patente geschützt wurden, nicht näher beschreiben, verweist lediglich auf die bezüglichen Patentschriften, wie Walter Wright (Amerik. Pat. 615940), auf das ziemlich ähnliche Patent der Galvanostegie G. m. b. H. (D. R. P. 201926), welche Halter aus Metall mit entsprechenden Ausnehmungen zur Aufnahme der Rohrenden benutzen. Diese Ausnehmungen haben einen größeren Durchmesser als die Rohre, und daher kann man die Rohre leicht darin einführen; außerdem sind diese Halter auf der rotierenden Achse verschiebbar angeordnet, um Rohre verschiedener Länge im gleichen Apparat plattieren zu können. Die stromführenden Teile sind aber bei diesen Apparaten fortgesetzt im Bade und können zwar nicht vom Elektrolyt angegriffen werden, sondern sie veranlassen leicht Störungen dadurch, daß diese Teile, welche die Rohre tragen, zwischen den Anoden laufen und daher als Mittelleiter stellenweise anodisch und stellenweise kathodisch wirken und schon aus diesem Grunde einem raschen Verschleiß unterworfen sind.

Eine speziell in Amerika bei seiner großen Industrie zur Außenplattierung von Rohren verwendete Apparatur ist die von Potthoff (D. R. P. 181425). Nach dieser Methode werden die gleichmäßig langen Rohre oder ähnliche Werkstücke entlang einer horizontal in den Bädern oder vertikal angeordneten Bahn durch eine Transportvorrichtung mit Greifern den Anoden entlang geführt und nach Fertigplattierung automatisch aus den Bädern ausgeworfen. Dieser Apparat findet nur dort Anwendung, wo es sich um eine hohe Produktion gleichmäßig langer Rohre handelt, die aber doch nur außen plattiert werden können, da die im Patent beschriebene Gleitbahn, an der die durch die Rohre gesteckten Innenanoden mit ihren Enden gleiten sollen, im Bade liegt, sehr rasch schadhaft wird und auch keine sichere Kontaktgebung bewirken kann.

Die sicherste und vom Verfasser mehrfach ausgeprobte Plattiermethode ist unstreitig die, in einem entsprechend langen Bade bis zu 7 m auf 2 runden Gleitbahnen, welche kathodisch verbunden sind, eine bestimmte Anzahl von Rohren unter Benutzung einer Führungsgabel eine schaukelnde Bewegung ausführen zu lassen, die Anoden unterhalb dieser Gleitbahn anzubringen und durch eine einfache Konstruktion nach fertiger Plattierung der Rohre diese durch dieselbe Gabelführung aus dem Bade herauszubefördern.

Innenplattierung. Je länger die Rohre und je kleiner der Rohrdurchmesser ist, um so schwieriger gestaltet sich die Plattierung im Innern. Man muß schon ganz verläßliche Bäder anwenden, die garantiert keine Schwammbildung verursachen und hohe Stromdichten zulassen, um zu verhüten, daß sich im Innern stellenweise das Niederschlagmetall in pulveriger oder schwammiger Form abscheidet. Es ist ja so gut wie ausgeschlossen, während des Betriebes oder nach fertiger Plattierung zu konstatieren, ob das Innere der Rohre tadellos plattiert wurde. Zum Plattieren im Innern bedient man sich stabförmiger Hilfsanoden, die man ins Rohrinnere einführt, durch Sterne aus Weich- und Hartgummi oder aus Holz im Innern derart lagert, daß sich die Anoden nirgends mit der Rohrwandung berühren können. Sehr praktisch hat sich nach Aufstecken solcher Distanzregler in Sternform in Abständen von ¾ bis 1 m ein nachträgliches Festbinden mit Bindfaden erwiesen, weil sich bei den meist bewegten Rohrträgern diese Sterne andernfalls leicht verschieben und dann Kurzschluß im Rohrinnern eintritt, gleichbedeutend mit einem fehlerhaften Plattieren.

Da die Distanz zwischen Rohrwand außen und den Außenanoden eine andere ist als die zwischen Innenanoden und Innenrohrwandung, muß man für die Stromzufuhr im Innern eine besondere Reguliervorrichtung anbringen, welche gestattet, im Innern mit einer entsprechend reduzierten Badspannung gegenüber den Verhältnissen für die Außenseite zu arbeiten. Dadurch erhält man die Gleichmäßigkeit der Stromdichte und gleichmäßige Niederschlagsstärke.

Nach dem gelegentlich der Galvanisiermaschinen für Bleche beschriebenen Patente Rodeck lassen sich auch die Innenseiten der Rohre mittels eines durch das Rohr geführten Mittelleiters plattieren, gleichzeitig mit den Außenseiten. Rodeck verwendet für die Innenplattierung eine oder mehrere mit dem Elektrolytträger umhüllte Schnüre aus leitendem Material, wie Blei u. dgl., und führt diese mit ihrer Stoffumhüllung an passend gestalteten Anoden vorbei und dann in das Rohrinnere, so daß dadurch das von der Anode abgenommene Metall gewissermaßen fortlaufend dem Rohrinnern zugeführt wird. Praktisch erprobt ist dieser Erfindungsgedanke wohl kaum, wenigstens erscheint diese Einrichtung etwas zu unverläßlich und für die Praxis als zu kompliziert.

Reinigungsmethoden. Die Rohre werden vor der Plattierung gewöhnlich gebeizt, und zwar bedient man sich bei den stark verzunderten Eisenrohren einer Beize, welche 1 kg Säure auf 5 l Wasser enthält. Das Beizen muß aber stets warm vorgenommen werden und darf nicht zu lange ausgedehnt werden, weil sonst leicht angefressene Stellen entstehen, wenn die Beize an den schon entzunderten Stellen weiterwirken kann und an benachbarten, stärker verzunderten Stellen noch nicht genügend angegriffen haben sollte. Die Rohre sind deshalb öfters nachzusehen, evtl. mit Sand durch Scheuern oberhalb des Beizbottichs nachzuhelfen. Die Beize soll eine Temperatur nicht unter 30° C aufweisen; ist sie zu kalt, so beizen die Rohre zu langsam, ist sie dagegen wesentlich wärmer als 35°, so tritt die früher erwähnte Anfressung einzelner Stellen ein.

Eine sehr praktische Reinigungsmethode ist die von Hermann vorgeschlagene Reinigung unter Zuhilfenahme einer Einspannvorrichtung in nassem Sande. Hierzu werden die Rohre auf den in einem langgestreckten Gefäß befindlichen Sand gelegt und an einem Ende in ein Spannfutter, ähnlich dem einer Drehbank, eingespannt und durch einfachen Riementrieb in Rotation versetzt. Durch das rasche Drehen im Sand bei genügender Beizung vorher wird ein solcherart behandeltes Rohr in kürzester Zeit vollkommen auch von den letzten Resten Zunder befreit, gleichzeitig kann durch das Einführen einer Drahtbürste an entsprechend langen dünnen Stangen ins Innere, die Drehung der Rohre auch zur Innenreinigung mit Bürsten dienen; doch empfiehlt es sich, an dem der Einspannvorrichtung entgegengesetzten Rohrende eine Klemmvorrichtung anzubringen, welche das Schlagen des freien Rohrendes verhindert.

Nach wenigen Minuten (es genügen meist 2—3 Minuten) werden die Rohre aus dem Sandscheuerkasten ausgehoben, mit fließendem Wasser abgebraust und kommen von da sofort in die Plattierbäder. Zwei Mann können mit solchen Einrichtungen einfachster Bauart täglich bis zu 300 Rohre vom Durchmesser bis zu 80 mm für die Plattierung beizen und reinigen.

Stromverhältnisse beim Rohrplattieren. Die Stromverhältnisse liegen bei Rohren kleineren Durchmessers ähnlich wie bei der Plattierung von schmalen Bändern oder Drähten, jedenfalls hinsichtlich der Badspannung, da man immer mit einer weit größeren Anodenfläche im Verhältnis zur Warenfläche rechnen kann. Es sind stets nur die Halbseiten der Rohre den Anoden zugekehrt, und nur was an gestreuten Stromlinien noch auf die den Anoden abgekehrte Rohr-

hälfte entfällt, wirkt dort metallabscheidend, so daß der hauptsächlichste Stromanteil doch auf diese begünstigte Stelle der Rohre entfällt. Man arbeitet durchschnittlich bei der Außenplattierung mit Badspannungen von 4—5 V beim
Verzinken, 3 V beim Vermessingen im erwärmten Starkmessingbade, mit
ebenso hoher Spannung beim Vernickeln, mit 2 V beim Verzinnen. Die zugehörigen Stromdichten sind für die Plattierung in Zink 6—10 A, für die
Vermessingung 1,5 A, für die Verzinnung 1,2 A—1,5 A pro Quadratdezimeter. Die Innenwandung der Rohre, wenn diese gleichzeitig mit der Außenseite plattiert werden muß, soll meist die gleiche Metallauflage erhalten, und man
muß sich je nach Rohrdurchmesser die Innen- und die Außenfläche berechnen,
in die beiden separaten Anodenleitungen je ein Amperemeter einschalten und den
berechneten Oberflächen entsprechend durch die beiden Stromregulatoren der
beiden Stromkreise die beiden Stromstärken für die Innen- und Außenplattierung
derart regulieren, daß die gleiche Stromdichte innen und außen herrscht.
Ebenso hat man es in der Hand, die Auflagen zu variieren, kann also das Verhältnis der zugeführten Stromstärke diesem gewünschten Verteilungsverhältnis
der Gesamtmetallauflage entsprechend regulieren bzw. einstellen.

Vernickeln.

Geschichtliches. Während sich schon in der Mitte des vorigen Jahrhunderts
viele Chemiker und Forscher aller Art mit der Abscheidung des Kupfers und
des Silbers, auch anderer Metalle befaßten, ist das Nickel doch erst sehr
spät in den Dienst der Industrie gestellt worden, um die Metalle mit diesem
gewiß anerkannt hübschen und soliden Metallüberzug zu versehen. Das Nickel
kann schon aus seinen einfachen Salzen, ob nun Nickelchlorür oder Nickelsulfat, in dichter, zusammenhängender Form elektrolytisch abgeschieden werden,
doch waren reine Salze des Nickels lange Zeit im Handel nicht zu haben, zumal
das Nickel überhaupt auch sonst keinerlei Verwendungsmöglichkeiten bot.

Die ersten, welche Nickel aus ihren Lösungen abzuscheiden versuchten,
waren Smee im Jahre 1843; auch Ruoltz versuchte zu ungefähr gleicher Zeit
Metalle mit Nickel elektrolytisch zu überziehen, doch scheiterten seine Versuche an der Unreinheit der verwendeten Salze, die mit Eisen verunreinigt
waren und deshalb zu der von ihm beobachteten Erscheinung des Abrollens
der harten, mit Eisen verunreinigten Niederschläge führten.

Böttcher experimentierte erstmalig mit dem auch heute noch allgemein
angewendeten Doppelsalz des Nickelsulfats, mit Ammonsulfat, Roseleur konnte
1849 mit demselben Elektrolyten bereits praktisch Tafelgeräte vernickeln. Es
folgten nun rasch nacheinander bereits Patente auf die Verwendung geeigneter
Bäderzusammensetzungen für die Zwecke der galvanischen Vernicklung, so
wurde im Jahre 1869 Isaac Adams ein amerikanisches Patent auf die Benutzung
eines Elektrolyten von Nickelammonsulfat und Nickelammonchlorid erteilt. Eine
der wichtigsten Errungenschaften auf dem Gebiete der Vernicklung war die
Entdeckung Edwards Westons, daß die freie Borsäure in den Nickelbädern
der Vernicklung eine besonders weiße Farbe verleiht und gleichzeitig die notwendige Azidität auf lange Zeit hinaus konstant hält, was auf das geringe Leitvermögen der Borsäure, einer der schwächsten anorganischen Säuren, zurückzuführen ist.

1880 wurde Powell ein amerikanisches Patent auf die Verwendung von
Benzoesäure erteilt, nachdem Pfanhauser bereits früher die Zitronensäure
und deren Natronsalz bzw. zitronensaures Nickelsalz mit bestem Erfolg zur
Bereitung von Nickelbädern zur Erzielung weicher Nickelniederschläge von beliebiger Dicke, die keine Tendenz zum Abrollen zeigen, benutzte. Nach W. Pfanhauser sen., welcher die Vernicklung in die deutsche Industrie einführte,
arbeitete Langbein mit Erfolg auf demselben Gebiete weiter, und heute ver-

fügt die Technik, dank der Mitarbeit der wissenschaftlichen Institute, über eine große Anzahl von Badvorschriften, die aus dem wissenschaftlichen Studium der obwaltenden Verhältnisse hervorgegangen sind. Besonders hervorzuheben sind diesbezüglich die Arbeiten von Förster und seinen Schülern. Förster hat auf die Einflüsse der erhöhten Badtemperatur in Nickelbädern hingewiesen. Winteler und später Engemann brachten in Anlehnung an Försters Arbeiten genauen Einblick in die Verhältnisse bei der kathodischen Nickelabscheidung und Verfasser selbst hat sich in einer umfassenden Arbeit über alle einschlägigen elektrochemischen Verhältnisse bei der Abscheidung des Nickels sowohl wie auch betreffs des anodischen Verhaltens des Nickels in Nickelbädern eingehendst orientiert. Die späteren Arbeiten auf diesem Gebiete streben alle besonderen Zwecken zu, einerseits der Erreichung besonders gut streuender Nickelbäder oder der Erzielung weicher und leicht bearbeitbarer polierfähiger Nickelniederschläge, und gehören die Arbeiten Jordis und Langbeins hierher; ersterer verwendete Milchsäure als Basis der Nickelbäder, letzterer Äthylschwefelsäure. Die neuesten Arbeiten gehören sämtlich in das Gebiet der Galvanoplastik und Elektrometallurgie, weil sie entweder die Abscheidung dicker Schichten mit besonderen Eigenschaften oder aber die elektrolytische Gewinnung aus Erzen oder Lösungen im Großbetrieb bezwecken.

Eigenschaften des Nickels und der Nickelniederschläge. Das Nickel zeichnet sich durch seine eigenartig weiße, silberähnliche Farbe aus, gleichzeitig durch besondere Härte und durch seine Unangreifbarkeit gegen Gase, Alkalien, eine ganze Reihe von Säuren und andere chemische Agentien, die zusammen seine Popularität in der Industrie bewirkten. Vernickelte Gegenstände zeigen daher eine außerordentlich große Widerstandsfähigkeit gegen alle Art Abnutzung, und deshalb hat die Vernicklung fast alle anderen Metallüberzüge der Galvanotechnik, wiewohl deren Anwendung weit jüngeren Datums ist, bei weitem überholt, so daß es heute fast keine Metallwarenfabrik gibt, welche nicht auch zum Vernickeln eingerichtet ist.

Soweit die Vernicklung von Eisen und Stahl in Frage kommt, wird gleichzeitig mit der Veredlung für das Auge auch eine gewisse Rostsicherheit durch die Vernicklung herbeigeführt, obschon nach den elektrochemischen Begriffen Nickel auf Eisen und Stahl kein eigentlicher Rostschutz sein kann. Wird aber die Vernicklung in genügender Stärke ausgeführt, so bietet die Nickelschicht einen sicheren Schutz gegen die Abnutzung, das Eisen wird allseitig mit einem dichten und sicher aufliegenden Nickelbelag überzogen, der selbst nicht rosten kann, und bietet in solchem Falle ohne weiteres einen Rostschutz, ähnlich wie ihn ein Lacküberzug darstellt. Auf weichere Metalle als Nickel selbst, z. B. auf Kupfer, Messing, schließlich Zink, Blei, Zinn und Britanniamteall, soll der Nickelniederschlag eine Härtung der Oberfläche gegen mechanische Abnutzung gewährleisten, dies hat der Vernicklung nebst großen Anwendungsmöglichkeiten aller Art auch Eingang in die graphische Industrie verschafft, welche heute ausnahmslos ihre Stereotypieplatten, auch Kupferklischees, Zinkätzungen usw. mit einem Nickelüberzug von besonderer Härte versieht und dadurch erreicht, daß mit solchen Platten mehr als die 50fache Druckauflage hergestellt werden kann, ohne daß sich die letzten Drucke von den ersten durch geringere Schärfe unterscheiden würden.

Wenn nicht besondere Badzusammensetzungen gewählt werden, welchen man absichtlich Stoffe zusetzt, die ein Mattwerden der Niederschläge bei größerer Dicke verhindern und also glänzend arbeiten, so werden die Nickelniederschläge stets nach kurzer Zeit bereits matt, wogegen die ersten Schichten, natürlich nur dann, wenn die Unterlage ebenfalls glänzend war, immer Glanz zeigen. Die Struktur der Nickelniederschläge ist ebenso fein kristallin wie z. B. der elektrolytische Silberniederschlag aus cyankalischer Lösung, und infolge der Feinheit des Gefüges gelingt es auch so sehr leicht, matt vernickelte Gegenstände durch Polieren auf der Schwabbelscheibe auf Hochglanz zu bringen und den Gegenständen auf diese Weise das übliche Aussehen der weißglänzenden vernickelten Gegenstände zu erteilen.

Ähnlich wie wir es später beim Eisen kennenlernen werden, scheidet sich auch bei der Vernicklung in den schwach sauren Lösungen, die allgemein hierzu Verwendung finden, immer gleichzeitig auch Wasserstoff ab, der sich mit dem Nickel im Niederschlag legiert. Nach Römmler beträgt der Wasserstoffgehalt der gewöhnlichen Nickelniederschläge im min. 0,0008% und max. 0,013%. Dieser Wasserstoffgehalt des elektrolytisch abgeschiedenen Nickels ist nach eingehenden Untersuchungen Engemanns der Grund für das vielfach beobachtete Abrollen oder Aufreißen der Nickelniederschläge, wenn Bäder ungeeigneter Zusammensetzung zur Herstellung der Niederschläge dienen oder das betreffende Bad sich durch den Betrieb verändert hat, hauptsächlich dann, wenn es Eisen oder größere Mengen organischer Substanzen aufgenommen hat. Das Volumen des aufgenommenen Wasserstoffs kann das ca. 13,6fache des Volumens des Nickels betragen, und es steigt der Wasserstoffgehalt des Niederschlages mit der Stromdichte und mit der Azidität; doch sind auch Beispiele vorhanden, speziell bei höherer Temperatur, daß der Wasserstoffgehalt in neutralen Bädern größer wird, als wenn die Niederschläge aus schwach angesäuerten Lösungen gefällt werden. Wird der Elektrolyt erwärmt, so sinkt der Wasserstoffgehalt um Bedeutendes. Enthält ein Nickelbad nennenswerte Mengen von Eisen gelöst, so scheidet sich Eisen mit dem Nickel ab und gleichzeitig nimmt die Wasserstoffabscheidung erhöhten Anteil an dem gebildeten Niederschlag. Nun weiß man heute bereits, daß das Abblättern der Nickelniederschläge daher rührt, daß schichtenweise Spannungen durch den in den einzelnen Schichten enthaltenen Wasserstoff bedingt werden. Speziell an Stellen höheren Potentiales, also an den Rändern und sonstigen vom Strom bevorzugten Stellen der zu plattierenden Gegenstände, nimmt der Wasserstoffgehalt zu und biegt den Niederschlag konkav gegen die Anoden. Da diese Niederschläge gleichzeitig hart und wenig duktil sind, ferner auch gerade durch ihre Härte schlecht auf der Unterlage haften, reißt der Nickelniederschlag auf, was sogar bei größeren Dicken der gebildeten Niederschläge von lautem Geräusch begleitet sein kann.

Besonderen Einfluß auf die Struktur der Nickelniederschläge hat, wie F. Förster und F. Krüger[1]) gezeigt haben, die Wasserstoffionenkonzentration im Nickelbade. Diese bewiesen, daß bei einem Ansteigen der Wasserstoffzahl stets Abscheidung basischer Salze an der Kathode vor sich geht, welche im Niederschlag einwachsen. Diese Einschlüsse nehmen mit der Schichtdicke des Niederschlages zu, und die dadurch bedingten Volumänderungen erzeugen Spannungen, welche bei fortschreitend spröder werdendem Nickelbelag schließlich zum Zerreißen der erzeugten Nickelhaut führen.

Ebenso hängt das Auftreten der bekannten Wasserstoffporen in den Niederschlägen mit dem Ansteigen der Wasserstoffzahl, d. h. mit der Abnahme der Azidität zusammen. Je kleiner die Konzentration an Wasserstoffionen in einem Nickelbade ist, desto leichter scheiden sich Hydrate des Nickels ab, aber auch gelöstes Eisen hydrolysiert dann leicht, und diese ausfallenden Hydroxyde wandern zur Kathode, lagern sich dort an und bilden Schirme für die Stromlinien, so daß sich, indem sich rund herum Wasserstoffblasen anlagern, unterhalb dieser Schirme Löcher im Niederschlag, dessen Dickenwachstum dadurch unterbunden wird, ausbilden. Je höher die Konzentration an Nickelsulfat in einem Bade ist, desto empfindlicher ist dieses Bad gegen eine Steigerung von p_H und sollte dieser Wert bei Bädern über 250 g/l Nickelsulfat niemals über 5,8 ansteigen.

---

[1]) Z. f. Elektroch. 33, 10. 1927 S. 406ff.

Die Konstanz der Nickelbadzusammensetzung ist schließlich vom „Stromvolumen" abhängig, das ist der Ausdruck für die Menge Badlösung, welche mit einer bestimmten Amperestundenzahl belastet ist. Je größer der Badinhalt und je kleiner die Strombelastung, desto mehr Gewähr hat man, daß die ursprüngliche Azidität erhalten bleibt.

Die Nickelniederschläge besitzen zumeist ein äußerst feines Korn, ja sie können sogar bis zum Spiegelhochglanz gebracht werden, doch können auch grobe Kristalle gebildet werden, hauptsächlich durch Erhöhung der Temperatur und Steigerung der Azidität und der Stromdichte, so daß man die Kristalle sogar mit freiem Auge unterscheiden kann, indem solche Niederschläge einen Seidenglanz aufweisen, wie solche z. B. aus heißen Nickelsulfatlösungen ohne nennenswerte Leitsalzzusätze und bei kräftiger Ansäuerung bei Stromdichten von 3 bis 5 Agdm zu erhalten sind. Man strebt aber stets einem tunlichst feinen Gefüge zu und erreicht dies einerseits durch kleine Stromdichte, passende Leitsalze bei hohem Nickelgehalt und geringer Azidität und niedriger Temperatur. An solchen Zusatzsalzen haben sich nach den Erfahrungen des Verfassers besonders die Natriumsalze, auch Magnesiumsalze als am günstigsten erwiesen und vor allem das zitronensaure Natron, benzoesaure Natron und äthylschwefelsaure Magnesium.

Es ist für die Struktur ferner nicht ohne Bedeutung, ob man die Chloride des Nickels oder die Sulfate verwendet. Chloride geben stets gröbere Kristallgefüge als Sulfate und mag damit auch das in Bädern mit hohem Gehalt an Choriden bei der Vernicklung von Eisen und Stahl beobachtete Rosten der vernickelten Gegenstände zusammenhängen, weil eben in ein solch gröberes Kristallgefüge eher die Rost verursachenden Einwirkungen der Luft Eingang zum Eisen finden als durch ein feinkörniges, dichteres Gefüge.

Die Nickelanoden und ihr Verhalten während der Vernicklung. Wenn nicht ganz besondere Verhältnisse vorliegen, d. h. wenn nicht etwa aus besonderen Gründen die Verwendung von Anoden aus Reinnickel ausgeschlossen erscheint, werden in den Nickelbädern der Praxis stets Anoden aus Reinnickel mit 99% Reinnickelgehalt benutzt. Die löslichen Anoden aus Reinnickel sollen den Nickelbädern das an den Waren abgeschiedene Nickelmetall automatisch wieder zuführen, die Bäder also durch Auflösen des Anodenmetalls in ihrem Metallgehalt konstant halten. Es können nun aber Fälle eintreten, daß man zu unlöslichen Anoden in Nickelbädern greifen muß, etwa infolge Fehlens von Nickelmetall, wie dies während des Krieges der Fall war. In solchen Fällen kann man auch mit Kohlenanoden oder auch sogar mit in den gebräuchlichen Nickelbädern unlöslichen Bleianoden arbeiten, doch verursachen solche unlöslichen Anoden in erster Linie eine bedeutende Polarisation in den Bädern, die Badspannung muß daher bei solchen Betriebsverhältnissen wesentlich höher gehalten werden, um die gleichen Stromdichten an den Waren zu erhalten, als bei Verwendung löslicher Nickelanoden. Ein zweiter Umstand, der die Arbeitsweise bei Verwendung unlöslicher Anoden in Nickelbädern von der bei Anwendung löslicher Nickelanoden gewaltig unterscheidet, ist die Verarmung der Bäder an Nickelmetall und die damit Hand in Hand gehende Zunahme freier Säure im Bade. Aus den Ausführungen im theoretischen Teil erhellt, daß bei Verwendung unlöslicher Anoden in Nickelbädern die Schwefelsäure-Anionen an den unlöslichen Anoden entladen werden und dort freie Schwefelsäure und gleichzeitig Sauerstoff bilden. Arbeitet man also mit solchen unlöslichen Anoden, so muß man durch Zugabe von Nickelkarbonatbrei dauernd die gebildete freie Säure abstumpfen, womit man gleichzeitig den Nickelgehalt konstant hält, denn das Nickelkarbonat bildet in Verein mit der freien Säure Nickelsulfat und gasförmige Kohlensäure, welch letztere entweicht, während sich bei dieser Umsetzung genau so viel Nickelsulfat bildet, als sich bilden würde, wenn die Anionen der Schwefelsäure stets genügend lösliches Anodenmaterial vorfinden würden. Ist die gebildete freie Säure abgestumpft durch Zugabe genügender Mengen von Nickelkarbonat, so ist damit gleichzeitig auch das notwendige Nickelmetall dem Bade wieder zugeführt worden. Das ist natürlich nur ein Notbehelf, denn es ist klar, daß das Nickelmetall in Form von Anoden stets billiger kommt, als wenn man es in Form von Nickelkarbonat zusetzen muß.

Arbeitet man mit löslichen Nickelmetallanoden, so taucht die Frage auf, in welcher Form man das Anodenmetall anwenden soll. Die Technik verfügt über gegossene Nickelanoden und über gewalzte Nickelanoden sowie über Elektrolytnickelanoden gleichen Reinheitsgrades, und es ist oft für den Praktiker schwer zu entscheiden, welchem Anodenmaterial er den Vorzug geben soll.

Bestimmend für die anzuwendende Qualität des Anodenmateriales ist nun das Vermögen des verwendeten Nickelbadelektrolyten, die Anoden zu lösen. Wir wissen aus jahrelanger Erfahrung einerseits und aus genauen wissenschaftlichen Untersuchungen anderseits, daß Nickel in Sulfatlösungen leicht passiv wird und Oxydstufen eingeht. Verfasser hat darüber eingehende Untersuchungen angestellt und festgestellt, daß sich bei höheren Stromdichten, zumal aus dem Nickelsulfat, Nickelbisulfat bildet, das in neutraler Lösung sofort in Nickelsuperoxydhydrat zerfällt. Dies ist ein tiefschwarzes pulveriges Produkt, dessen Bildung mit einer anodischen Polarisation durch Bildung einer Oxydationskette parallel läuft, so daß Bäder, in denen sich dieser schwarze Belag an gegossenen oder gewalzten Anoden bildet, stets auch eine bedeutende Gegenspannung zeigen und höhere Badspannung erfordern. Chloride in der Lösung, wenn sie in einer solchen Konzentration vorhanden sind, daß ihre Anionen an der Anode zur Entladung kommen, begünstigen die Löslichkeit des Anodennickels, so daß man in Bädern mit höherem Chloridgehalt schon mit 1—2 V Badspannung arbeiten kann, während reine Sulfatbäder niemals unter 3 V arbeiten können. Mit Steigerung der Temperatur erhöht man die Lösungsgeschwindigkeit des Nickels, da sich dadurch die Reaktionswiderstände beim anodischen Lösungsvorgang verringern. Man kann deshalb in heißen Nickelbädern trotz hoher Stromdichten an den Anoden mit gewalzten Anoden arbeiten, obschon diese fast 3 mal so schwer löslich sind als gegossene Nickelanoden, sofern man bei Zimmertemperatur den Vergleich zieht.

Selbstredend darf man bei der Vernicklung nur mit wirklich einwandfreien reinsten Nickelanoden arbeiten, jeder Gehalt an Fremdmetallen, wie Kupfer, Eisen, ganz besonders aber Zink, sind von größter Gefahr für die Nickelbäder, denn diese Metalle lösen sich mit dem Anodennickel gleichzeitig, und wenn die Nickelbäder nur einen geringen Gehalt an Fremdmetallen aufweisen, werden die Nickelniederschläge mißfarbig, dunkel, ja sie können sogar ganz schwarz werden, zumal wenn Zink in nennenswerter Menge ins Bad gekommen ist. Man verwechsle niemals garantiertes Reinnickel mit Neusilber oder Packfong, diese Metalle sehen auch weiß aus, haben die Härte des Nickels, sind aber mit Kupfer und Zink in bedeutender Menge legiert und für Nickelbäder vollkommen unbrauchbar.

Es ist eine bekannte Tatsache, daß fast alle Nickelbäder bei gut eingestelltem Verhältnis der Warenfläche zur Anodenfläche auch bei normalen Stromverhältnissen bei Verwendung gewalzter Anoden sehr schnell sauer und gleichzeitig metallarm, bei Verwendung gegossener Anoden alkalisch bzw. ammoniakalisch werden; in den älteren Auflagen dieses Werkes wurde schon der Vorschlag gemacht, diesem Übelstand dadurch zu begegnen, daß teils gewalzte, teils gegossene Anoden nebeneinander zu verwenden seien, und manche Autoren haben bis heute noch streng daran festgehalten.

Die Untersuchungen des Verfassers in dieser Richtung haben aber gelehrt, daß diesem Übelstand auch durch entsprechende Regulierung der Anodenstromdichte abgeholfen werden kann.

Jeder Praktiker weiß aus Erfahrung, daß eine geringe Gasentwicklung (Wasserstoff) an der Ware niemals zu vermeiden ist, auch bei geregelten Stromverhältnissen stattfindet. Da nun (siehe „Allgemeines über die Veränderungen der Bäder") die Wasserstoffentwicklung nur unter gleichzeitiger Bildung von freiem Alkali vor sich geht, dieses aber alsbald das Bad störend verändern würde, so muß durch geeignete Regulierung der Stromdichte an der Anode dort so viel freie Säure gebildet werden, um das an der Ware entstehende Alkali zu neutralisieren. Da aber das Lösen des Nickels von der Anode in Bädern normaler Art nur dann regelrecht vor sich geht, wenn die Anodenstromdichte sehr klein ist (etwa ½ bis ⅓ der Warenstromdichte), so geht daraus hervor, daß die Anodenfläche bestimmt sein muß. Es ist nun ganz einerlei, ob man Walz- oder Gußanoden verwendet, wenn man die Anodenplatten so dimensioniert, daß deren wirksame Fläche in Verein mit der Badstromstärke diejenige Anodenstromdichte bewirkt, welche zur Erzeugung der erforderlichen Menge freier Säure behufs Neutralisation des an der Ware entstandenen Alkalis und zur Erreichung einer guten anodischen Stromausbeute nötig ist.

Aus Versuchen des Verfassers hat sich ergeben, daß die wirksame Oberfläche der Gußanoden ungefähr drei- bis viermal so groß ist als die der gewalzten.

Aus ökonomischen Gründen wird man demnach Gußanoden entschieden vorziehen, zu den Walzanoden nur dann greifen, wenn es sich um Nickelbäder handelt, die eben mit gewalzten Anoden ökonomischer arbeiten. Das gilt speziell von warmen Bädern oder von solchen, in denen mit höherer Stromdichte gearbeitet wird und die leicht zum Alkalischwerden neigen.

Eine außerordentlich klare und die Verhältnisse beim Lösen der Nickelanoden klärende Arbeit verdankt die Galvanotechnik F. Förster und F. Krüger[1]), welche an Hand einer langen Versuchsreihe die Verhältnisse studierten, welche für das Passivwerden der Nickelanoden maßgebend sind. Die jetzt wohl für den Galvanotechniker maßgebende kolorimetrische Bestimmung der Wasserstoffzahl gab bei diesen Versuchen wertvolle Anhaltspunkte über das verschiedenartige Verhalten der Nickelanoden, die unter den verschiedenen Verhältnissen erreichte anodische Stromausbeute, die Konstanz der Azidität der Bäder, so daß schließlich die bisher empirisch ermittelten Arbeitsbedingungen wissenschaftlich bestätigt erscheinen. Der Charakter des vorliegenden Werkes gestattet nicht, die von den genannten Forschern detailliert geführte Diskussion der Versuchsergebnisse wiederzugeben, jedem wissenschaftlichen Galvanotechniker möchte aber Verfasser das Studium der angeführten Arbeit dringend ans Herz legen.

Besondere Auswahl treffe man bei der Anschaffung gegossener Nickelanoden. Es ist eine anerkannte Tatsache, daß der richtige Guß reinen Nickels zu Anodenzwecken ungemein viel praktische Erfahrung und Sachkenntnis erfordert. Leider hat sich eine ganze Anzahl von Gießereien berufen gefühlt, sich im Gießen von Reinnickelanoden zu versuchen, und auf den ersten Blick kann man solche gegossene Anoden von brauchbarem, gutem Guß nicht unterscheiden. Bringt man aber ungeeignet gegossene Nickelanoden in die Nickelbäder, so sieht man in kürzester Zeit den gewaltigen Unterschied des Verhaltens gegenüber sachgemäß gegossenen Anoden. Während sich gute Gußanoden (normale schwach saure Reaktion der Nickelbäder vorausgesetzt!) glatt lösen und fast bis zur letzten Haut in zusammenhängender Form bleiben, zeigt schlechter Guß schon nach etwa 14 tägigem Betrieb einen dicken, schwarzen Schlammbelag von Nickelsuperoxyd, was viele Laien als Kohle bezeichnen und dann dem Anodenlieferanten den allerdings nicht angebrachten Vorwurf machen, er hätte ihnen Kohle und kein Nickel geliefert. Es ist ferner dieses Schwarzwerden der Anoden begleitet von einem Zermürben der Anodenplatten, die wohl die äußere Form beibehalten,

---

[1]) Z. f. Elektroch. 33, 10 1927 S. 406 ff.

aber sich so durchfressen, daß sich feine Kanäle ausbilden, bis zuletzt die Anode den Zusammenhang verliert und ganze Stücke oft knapp unterhalb der Aufhängevorrichtung, nachdem die Anode den Zusammenhang verloren hat, abreißen. Dieses Zermürben und Schwarzwerden der Anoden rührt von einem unrichtigen Gefüge durch unsachgemäßes Gießen der Anoden her. Man kann, wenn man solche schlecht gegossene Nickelanoden unter dem Mikroskop untersucht, feststellen, daß Nickelkristalle in einem Bett von mitgeschmolzenem Magnesium, einem unentbehrlichen Begleiter beim Gießen reinen Nickels, eingebettet sind. Für den Fachmann ist es nun auf der Hand liegend, daß sich das Magnesium leichter löst als das Nickel, deshalb entstehen die feinen Kanäle infolge Herauslösens des leicht löslichen Magnesiums, bis schließlich der einzelne Nickelkristall von der Unterlage vollkommen losgelöst ist und sich nur noch in dem gleichzeitig entstandenen schwarzen Nickelsuperoxydschlamm halten kann. In diesen so gebildeten feinen Kanälen kann sich aber die Oxydstufe des Nickels leicht bilden, weil dort gewiß die Lösung durch den anodischen Lösungsvorgang beim Auflösen des leicht löslichen Magnesiums neutral, ja sogar alkalisch werden muß, und bei ruhigem Verweilen solch neutraler Lösung in den engen Kanälen des Anodenmaterials sind eben dann die Bedingungen für die Oxydbildung gegeben.

Durch Zugabe von Chloriden zu Sulfatbädern kann man bei solchen schlechteren Gußanoden eine geringe Besserung des Verhaltens herbeiführen, indem man dadurch die Bildung des schwarzen Oxydschlammes verringert, aber den rascheren Verbrauch durch Ablösen großer Mengen von Nickelkristallen, die nutzlos auf den Boden der Gefäße fallen, kann man dadurch doch nicht verhindern. Daher empfiehlt Verfasser, um ein ökonomisches Arbeiten durch sparsamsten Nickelverbrauch, der wirklich nur dem verbrauchten Nickel an den Waren entspricht, zu ermöglichen, immer nur die besten, sachgemäß gegossenen Nickelanoden anzuwenden, sie kommen im Betrieb um wesentliches billiger als billiger erscheinende schlechte Gußnickelanoden.

Bei Anschaffung der Anoden ist darauf zu achten, daß sie nicht zu hart seien, weil solche begreiflicherweise dem elektrolytischen Lösungsprozeß mehr Widerstand entgegensetzen, also auch weniger leicht Nickel dem Bad zuführen als weiche.

Daß die Anoden nicht mit Draht eingehängt werden sollen, wie noch vielfach üblich, sondern mit breiten, mit Nickelnieten angenieteten Blechstreifen aus Hartnickel, oben zum Aufhängen umgebogen, wurde bereits ausführlich erklärt.

Daß immer zu beiden Seiten der Ware Anoden hängen sollen, daß letztere im Bad annähernd die gleiche Tiefe erreichen müssen wie die eingehängte Ware, daß die Anoden mit der äußeren Leitung in einem innigen Leitungskontakt stehen müssen, das heißt auf den Einhängestangen in einer, den guten Kontakt sichernden Weise aufgehängt seien, daß ferner je nach Form der zu vernickelnden Gegenstände die Entfernung zwischen diesen und den Anoden zu berücksichtigen sei, wurde alles bereits erörtert und auf die Übelstände aufmerksam gemacht, die man bei Nichtbeachtung zu gewärtigen hätte.

Die Nickelanoden können immer ruhig im Bad hängen bleiben, man hebt sie nur zeitweilig, solange sie neu sind, aus dem Bade und kratzt anfänglich die Anoden mit harten Stahldrahtkratzbürsten mehrmals **ab**, um die Walzhaut bzw. Gußhaut zu entfernen. Manchmal kommt es vor, wenn die Bäder überkonzentriert sind oder wenn sie in kalten Räumen stehen, daß sich Kristalle von Nickelsalzen an den Anoden ansetzen, die dann den Stromdurchgang sehr erschweren. In solchen Fällen hebt man die Anoden aus den Bädern und löst die Salze in heißem Wasser auf, gießt aber die Salzlösung wieder ins Nickelbad zurück, sorgt gleichzeitig für die notwendige Anwärmung des Bades, weil ja solch kalte Bäder ohnehin schlecht arbeiten.

Man beobachtet bei Nickelanoden, besonders wenn die Bäder deutlich sauer gehalten werden, daß sie sich bei stromlosem Stehen der Bäder mit einem roten Anflug bedecken. Verfasser hat solche rote Anflüge mehrmals auf ihre Natur untersucht und gefunden, daß es Spuren von Kupfer sind, die durch Kontaktwirkung mit Nickel aus der Umgebung der Anoden ausgefällt werden, wenn das Bad sauer genug ist. Ein geringer Kupfergehalt der Nickelbäder ist sehr leicht möglich, da auch bei sorgsamster Herstellung der Nickelanoden niemals Kupfer ganz zu eliminieren ist, obschon gute Anoden nie mehr als 0,1 bis 0,2 % Kupfer enthalten, selbst elektrolytisch hergestellte Nickelanoden enthalten geringe Mengen von Kupfer, die aber dem Vernicklungsbetrieb niemals schädlich werden können, wenn der Gehalt nicht übermäßig hoch steigt. Nimmt der Kupfergehalt der Nickelbäder durch Anreicherung aus den Anoden oder durch andere Umstände überhaupt zu, so entkupfert man seine Nickelbäder nach einer später angeführten Methode.

Nickelbäder und Rezepte. Man geht beim Ansetzen der Bäder für alle Zwecke der Vernicklung entweder vom einfachen Nickelsulfat (schwefelsaures Nickeloxydul) oder vom Doppelsalz des Nickelsulfates mit Ammonsulfat, dem Nickelammonsulfat, aus. Weniger häufig wird das Chlornickel angewendet, und zwar meist nur da, wo man von der größeren Leitfähigkeit und gleichzeitig größeren Löslichkeit dieses Salzes Gebrauch machen will, wie in der Vernicklung von Zink oder zur Bereitung von gutleitenden Bädern für die Massen-Galvanisierapparate, wo man mit hohen Stromdichten arbeitet und darauf Bedacht nehmen muß, daß die Badspannung nicht unökonomisch hoch wird. Je nach Verwendungszweck wird die Konzentration an einfachem Nickelsalz bis zu 200 g gewählt, für leichtere Vernicklung ist bereits eine Konzentration von 50 g Nickelsulfat pro Liter ausreichend. Außer diesen einfachen Nickelsalzen werden dem Elektrolyten Leitsalze zugesetzt, die einerseits den Badwiderstand verringern, anderseits für eine sekundäre Nickelabscheidung bei der Elektrolyse sorgen und so gewählt werden müssen, daß dadurch die Konzentration an freien Metallkationen des Nickels in unmittelbarer Umgebung der Kathoden nicht schädlich beeinflußt wird. Unerläßlich ist ferner in allen Nickelbädern die Aufrechterhaltung einer gewissen Azidität; der Säuregehalt muß vorwiegend in der Nähe der Kathoden herrschen, er darf ein bestimmtes Minimum nicht unterschreiten, wenn man verhindern will, daß sich an der Kathode oxydhaltige Nickelniederschläge bilden, die einen unbrauchbaren, abblätternden, dunkel gefärbten Niederschlag veranlassen. Dieser Gehalt an freier Säure darf aber auch nicht übermäßig steigen, da sonst bei der leichten Entladungsmöglichkeit des Wasserstoffs neben Nickel, der Nickelniederschlag zuviel Wasserstoff aufnimmt, wodurch einerseits die Stromausbeute sinkt, anderseits aber auch alle die Bedingungen sich einstellen, welche ein Abblättern und Sprödewerden der Niederschläge verursachen.

Als hauptsächlichste Leitsalze kommen Ammonsulfat, Chlorammon, Natriumchlorid, Natriumsulfat, Natriumzitrat, benzoesaures Natron, äthylschwefelsaures Natron, äthylschwefelsaures Magnesium, schwefelsaures Magnesium (Bittersalz) in Betracht. Salpetersaure Leitsalze sind streng zu vermeiden. Die Leitsalze müssen absolut rein sein, keine sogenannte Drogistenware, das sind chemische Produkte, die für andere Zwecke ganz gut geeignet sein können, aber infolge ihrer nicht genügenden Reinheit keinesfalls für die galvanischen Bäder verwendet werden dürfen. Zum Ansäuern begegnen wir zumeist der Borsäure, wobei es gleichgültig ist, ob diese in kristallisierter oder pulverisierter Form zur Anwendung kommt, aber auch Zitronensäure und Benzoesäure werden neben der Äthylschwefelsäure vielfach verwendet. Das Ansäuern mit Schwefelsäure ist ja ohne weiteres zulässig, wenn man den Säuregehalt genau einstellt und keinesfalls zuviel davon verwendet, stets genau mit Reagenzpapieren die richtige Wirkung eines Zusatzes beobachtend, aber es ist bekannt, daß sich gerade die durch Schwefelsäure eingestellte Azidität von Nickelbädern außerordentlich rasch verändert, weil die Schwefelsäure selbst außerordentlich gut leitet, deshalb an der Stromleitung bei der Vernicklung besonderen Anteil nimmt, sie wird beim Auflösen der Anoden deshalb in erster Linie verbraucht und verschwindet deshalb rasch aus der Lösung, indem sie allerdings den guten Zweck erfüllt, die Nickelbäder bald nickelreicher zu gestalten; beim Ansäuern mit Schwefelsäure muß täglich die Reaktion nachgeprüft werden, und man wird bei forciertem Betrieb beobachten können, daß auch das Ansäuern täglich zu erfolgen hat.

Heute werden fast nur noch die sogenannten Schnellnickelbäder angewendet, das sind solche, welche infolge ihrer höheren Konzentration, höherer Badtemperatur und aller anderen Momente, welche zur Erzielung höherer Stromdichten nötig sind, eine wesentlich kürzere Niederschlagszeit zur Erreichung der gewünschten Niederschlagsdicke erfordern. Nur in ganz wenigen Fällen werden heute noch die früheren Nickelbäder vorgezogen, bei denen mit kleineren Kathodenstromdichten gearbeitet wird, weil für besondere Zwecke der Vernicklung das Schnellverfahren noch nicht mit Erfolg durchzuführen ist. So z. B. gibt es Gußeisensorten, welche sich nur bei Anwendung kleiner Stromdichten haltbar vernickeln lassen; wollte man diese Eisensorten mit hohen Stromdichten vernickeln, so würde man Gefahr laufen, daß beim Nickelpolieren der Nickelniederschlag aufsteigt. Auch gehärtete Stahlteile werden heute bevorzugt noch mit kleinen Stromdichten und in kalten Bädern (d. h. in Bädern, welche bei Zimmertemperatur arbeiten) vernickelt, und zwar auch hier wegen der Gefahr des „Aufsteigens" der Nickelniederschläge beim Polieren.

Es sollen zunächst also nochmals die althergebrachten Badrezepte angeführt werden, wogegen der Schnellvernicklung ein besonderer Abschnitt gewidmet werden soll. Ein sehr einfaches Rezept, welches an sich einen guten Nickelniederschlag liefert, sofern man nicht etwa an Farbe u. dgl. besondere Ansprüche stellt, ist folgendes:

I. Wasser . . . . 1 l

Nickelammonsulfat . . . . . . 75 g

Badspannung bei 15 cm Elektrodenentfernung 3,5   Volt
Änderung der Badspannung für je 5 cm Änderung der Elektroden-
     entfernung 0,37   „
Stromdichte 0,3   Ampere
Badtemperatur: 15—20° C
Konzentration: 6½° Bé
Wasserstoffzahl: 5,6
Spez. Badwiderstand: 2,46 Ω
Temperaturkoeffizient: 0,0176
Stromausbeute: 91,5%
Niederschlagstärke in 1 Stunde: 0,0034 mm.

Dies ist die älteste und einfachste Zusammensetzung, wird für besonders große Bäder viel verwendet. Eignet sich sehr gut für Vernicklung von Eisen- und Stahlwaren (Fahrradbestandteile), gibt einen harten, polierfähigen Niederschlag, gestattet eine lange Einhängedauer, ist daher auch für starke Vernicklung sehr zu empfehlen.

Als Anoden verwende man für dieses Bad gegossene Nickelanoden, die Anodenfläche halb bis dreiviertel so groß als die Warenfläche.

Die Leitfähigkeit dieses Bades läßt sich durch Zusatz von Ammonsulfat (bis 10 g pro Liter) erhöhen, wenn es sich um Vernicklung großer, voluminöser Eisenobjekte (bei größerer Elektrodenentfernung) handelt.

II. Wasser. . . . . 1 l

Nickelsulfat . . . . 50 g

Chlorammon . . . . 25 g

Badspannung bei 15 cm Elektrodenentfernung . . . . 2,3 **Volt**

Änderung der Badspannung für je 5 cm Änderung der Elektroden-

entfernung . . . . 0,43 **Volt**

Stromdichte . . . . 0,5 **Ampere**

Badtemperatur: 15 bis 20° C

Konzentration: 5° Bé

Wasserstoffzahl: 5,6

Spez. Badwiderstand: 1,76 Ω

Temperaturkoeffizient: 0,025

Stromausbeute: 95,5 %

Niederschlagstärke in 1 Stunde: 0,0059 mm.

Wegen des geringen Widerstandes und großer Stromlinienstreuung eignet sich dieses Bad vorzüglich für voluminöse, große Körper aus Messing, Bronze, Kupfer u. dgl. und solche mit namhaften Vertiefungen oder Hohlräumen, auch für kleine Massenartikel, die in Bündeln oder im Elektroplattierkorb eingehängt werden; vernickelt sehr rasch, glänzend silberweiß und gestattet eine lange Vernicklungsdauer behufs starker Niederschläge.

Als Anoden sind gegossene Nickelanoden zu verwenden, die Anodenfläche nur halb so groß als die der eingehängten Waren.

Auch für Zinkvernicklung eignet sich diese Zusammensetzung sehr gut, selbst für direkte Vernicklung von Zinkwaren, die auch bei längerer Einhängdauer tadellos glänzend vernickelt ausfallen. Eine große Anwendung finden Bäder dieser und ähnlicher Zusammensetzung zur Vernicklung von Stereotypieplatten; man bezweckt durch eine solche Vernicklung, der praktischerweise eine ¼ bis ½ stündige Verkupferung im zyankalischen Kupferbade vorausgeht, um die zum Druck verwendete Oberfläche zu härten und das gegen manche Farbstoffe empfindliche Stereotypiemetall zu schützen. Von solcherart übernickelten Stereotypieplatten kann man anstandslos 300000 bis 500000 tadellose Drucke erhalten.

Für Zinkvernicklung sind jedoch gewalzte Nickelanoden zu verwenden, die Anodenfläche mindestens ebenso groß als die eingehängte Warenfläche (besser noch größer), und die Stromverhältnisse sind zu ändern wie folgt:

Badspannung bei 15 cm Elektrodenentfernung . . . . 3,6 **Volt**

Änderung der Badspannung für je 5 cm Änderung der Elektroden-

entfernung. . . . . 0,6 „

Stromdichte . . . . 1,0 **Ampere**

Wasserstoffzahl für Zinkvernicklung 6,0.

Dieses Nickelbad wird besonders in Lampenfabriken für Vernicklung gegossener Zinkguß-Lampenkörper viel verwendet.

Die soeben angegebenen höheren Stromverhältnisse gelten auch für Zinkobjekte, die vorher vermessingt oder verkupfert wurden, wenn sie nur leicht, aber rasch vernickelt werden sollen. Sollen sie jedoch solid vernickelt werden, so ist nach 2 bis 3 Minuten der Strom wie folgt zu regulieren:

Badspannung bei 15 cm Elektrodenentfernung . . . . 2,75 **Volt**

Änderung der Badspannung für je 5 cm Änderung der Elektroden-

entfernung . . . . 0,43 „

Stromdichte . . . . 0,5 **Ampere**

Bei der Zinkvernicklung ist eine Gasentwicklung unvermeidlich.

Von Wilh. Pfanhauser sen. stammt die Verwendung des zitronensauren Natrons für Nickelbäder. Die zitronensauren Bäder sind außerordentlich un-

empfindlich gegen falsche Reaktion der Lösung, und daher kommt es hauptsächlich, daß in solchen Bädern, deren Anschaffungspreis allerdings ziemlich hoch
ist, nur selten Ausschußware entsteht. Die zitronensauren Bäder zeichnen sich
vor allem durch einen dichten, porenfreien und leicht polierbaren Niederschlag
aus, der auch in ganz dicken Schichten nicht abrollt. Als Beispiel eines Rezeptes
sei genannt:

III. Wasser. . . . . 1 l
Nickelsulfat . . . . 40 g
Natriumzitrat. . . . . 35 g

Badspannung bei 15 cm Elektrodenentfernung . . . . 3,6 Volt
Änderung der Badspannung für je 5 cm Änderung der Elektroden-
    entfernung. . . . . 0,7 „
Stromdichte . . . . 0,27 Ampere
Badtemperatur: 15—20° C
Konzentration: 5½° Bé
Wasserstoffzahl: 5,8—6,0
Spez. Badwiderstand: 5,17 Ω
Temperaturkoeffizient: 0,0348
Stromausbeute: 90%
Niederschlagstärke in 1 Stunde: 0,00301 mm.

Dieses von Pfanhauser sen. vor 30 Jahren eingeführte Nickelbad ist gleichgut verwendbar für Eisen-, Stahl- und Messingwaren, die einzeln (nicht in Bündeln) eingehängt werden, leistet unübertreffliche Dienste für Vernicklung von
Objekten mit Spitzen, scharfen Kanten und Schneiden, wie Säbel, Messer, Scheren,
chirurgische Instrumente, Brillengestelle, Nadeln u. dgl., weil bei Einhaltung
der vorgeschriebenen Stromverhältnisse der Niederschlag auch bei langer Einhängedauer nie überschlägt, also für derartige sehr schwierig zu vernickelnde
Gegenstände eine beliebig starke Vernicklung erreicht werden kann. Der Niederschlag ist weich und duktil.

Als Anoden verwende man nur Walzanoden mit möglichst großer Fläche,
die Anodenfläche mindestens zweimal so groß als die eingehängte Warenfläche.

Dieses Bad löst auch das Anodenmaterial besonders glatt und arbeitet daher
in bezug auf Anodenverbrauch äußerst sparsam.

IV. Wasser . . . . 1 l
Nickelammonsulfat . . . . . 55 g
Borsäure. . . . . 40 g

Badspannung bei 15 cm Elektrodenentfernung . . . . 3,6 Volt
Änderung der Badspannung für je 5 cm Änderung der Elektroden-
    entfernung . . . . 0,52 „
Stromdichte . . . . 0,3 Ampere
Badtemperatur: 15—20° C
Konzentration: 5½° Bé
Wasserstoffzahl: 5,6—6,2
Spez. Badwiderstand: 3,39 Ω
Temperaturkoeffizient: 0,0257
Stromausbeute: 92,5%
Niederschlagstärke in 1 Stunde: 0,00345 mm.

Für besonders brillante silberweiße Vernicklung von Fahrradbestandteilen,
ferner für Eisen- oder Metallgußwaren, roh oder geschliffen, ist diese Badzusammensetzung sehr gut geeignet und vielfach im Gebrauch. Der Niederschlag ist
hart und polierfähig, in dickeren Schichten neigt er aber unleugbar zum Auf-

rollen und Abblättern, was damit zu erklären ist, daß infolge der abnorm sauren Reaktion der Lösung der Nickelniederschlag mit dem primär entladenen Wasserstoff sich legiert, wodurch er, wie jede Metallwasserstofflegierung, hart und spröde wird.

Daß alle mit Borsäure bereiteten Bäder einer baldigen Änderung ihrer chemischen Beschaffenheit unterworfen und korrekturbedürftig sind, ist Tatsache; diesem Übelstand begegnet man möglichst durch ausschließliche Verwendung weich gegossener Nickelanoden einerseits, anderseits durch das richtige Verhältnis der Anodenfläche zu jener der eingehängten Waren.

Eingehende Untersuchungen des Verfassers haben gezeigt, daß die borsäurehaltigen Bäder am längsten dann funktionieren, wenn die Anodenfläche ungefähr halb so groß ist wie die eingehängte Warenfläche.

$$
\begin{array}{ll}
\text{V. Wasser} & \text{I l} \\
\text{Nickelammonsulfat} & \text{49 g} \\
\text{Borsäure} & \text{20 g} \\
\text{Chlorammon} & \text{15 g}
\end{array}
$$

Badspannung bei 15 cm Elektrodenentfernung . . . . 2,8 Volt
Änderung der Badspannung für je 5 cm Änderung der Elektroden-
entfernung . . . . 0,5 „
Stromdichte . . . . 0,5 Ampere
Badtemperatur: 15—20° C
Konzentration: 5° Bé
Wasserstoffzahl: 5,6—6,2
Spez. Badwiderstand: 2,085 Ω.
Temperaturkoeffizient: 0,0156
Stromausbeute: 89,5 %
Niederschlagstärke in 1 Stunde: 0,00556 mm.

Diese Zusammensetzung empfiehlt Verfasser für Vernicklung von Zinn-, Blei- und Britanniawaren (Siphonköpfen, chirurgischen Apparaten aus Weichmetall u. ä.).

Als Anoden verwende man für dieses Bad gegossene Nickelanoden, die Anodenfläche halb so groß wie die der Waren.

Präparierte Vernicklungssalze. Die Chemie, die in unserer Branche mit die erste Rolle spielt, ist leider viel zu wenig in den Kreisen unserer Metallwarenfabrikanten und in den Kreisen derjenigen verbreitet, die sich mit galvanischen Arbeiten befassen. Die betreffenden Fabriken, in denen galvanische Arbeiten zur Veredlung der Fabrikate, wie es beispielsweise das Vernickeln darstellt, ausgeführt werden, bedienen sich daher durchweg spezieller Galvaniseure, die durch praktische langjährige Ausbildung zumeist über die Kenntnisse verfügen, die zur Leitung galvanischer Anstalten unentbehrlich sind. Leider geben sich heute viele Leute als Galvaniseure aus, die keine oder nur schwache Ahnung von den Vorgängen in galvanischen Bädern haben, und die Spezialfabriken für Galvanotechnik empfinden das Eindringen solcher schlecht instruierten Leute in die galvanischen Anstalten der Praxis außerordentlich störend. Nicht nur, daß solche Leute sich berufen dünken, eigene Rezepte zur Herstellung ihrer Bäder zu verwenden, die dann erst ein Fachmann mit vieler Mühe gebrauchsfähig gestalten muß, benennen sie die diversen zum Bereiten der Bäder notwendigen Salze mit ganz verkehrten Namen und verursachen Verwirrung und Schaden. Vor allem schaden solche Leute dem Ruf der geschulten, gebildeten und erfahrenen Galvaniseure.

Der erfahrene Galvaniseur weiß, daß von der richtigen Zusammensetzung seiner Nickelbäder die weitere ungestörte Arbeit abhängt, und es verschwinden daher immer mehr und mehr die ungeeigneten, unrichtig zusammengesetzten

Bäder und machen den Bädern aus sogenannten präparierten Nickelsalzen Platz. Oft wird der angeblich höhere Anschaffungspreis der Bäder aus präparierten Nickelsalzen gegen dieselben ins Treffen geführt, doch wird mancher davon (meist zu spät) überzeugt worden sein, daß er an verkehrter Stelle gespart hat, wenn er späterhin fortlaufend teure Zusätze als sich notwendig machende Ergänzungen oder Korrekturen seiner fehlerhaften Badzusammensetzung machen muß oder den größeren Anodenverbrauch oder den Schaden durch Ausschußware überblickt, sofern er sich seine Bäder nach unrichtigen Rezepten selbst ansetzen ließ.

Die präparierten Nickelsalze sind nach jahrzehntelangen Erfahrungen der Spezialfabriken hergestellt und besitzen die für die speziellen Zwecke bestgeeigneten Zusammensetzungen. Die Herstellung der Nickelbäder ist dann die denkbar einfachste, und schließlich weiß die betreffende Spezialfabrik in jedem einzelnen Falle, wo einmal besondere Erscheinungen in der Vernicklung auftreten, was die Ursache ist und wie man Abhilfe schafft, weil sie doch ihre Präparate und deren Eigenheiten genau kennt.

Wer also sicher und ökonomisch arbeiten will, bediene sich dieser Spezialpräparate.

Diese Präparate seien nachstehend summarisch angeführt und deren Charakteristik und Anwendbarkeit kurz angegeben. Sie sind ja derartig allgemein eingeführt, daß eine eingehendere Beschreibung gar nicht nötig ist. Eines der beliebtesten Bäder ist das

Nickelbad aus Brillant-Nickelsalz. Es besteht aus:

VI.   Wasser . . . . 1 l
        Nickelsalz „Brillant" . . . . . 100 g

Badspannung für 15 cm Elektrodenentfernung . . . . 3,5 Volt
Änderung der Badspannung für je 5 cm Änderung der Elektroden-
    entfernung . . . . 0,63 „
Stromdichte . . . . 0,5 Ampere
Badtemperatur: 15—20° C
Konzentration: 5½° Bé
Wasserstoffzahl: 5,6—6,2
Spez. Badwiderstand: 2,5 Ω
Anodenmaterial: Gegossene Anoden halb so groß wie die Warenfläche.

Dient vorwiegend zur Vernicklung von Fahrradartikeln, Nähmaschinenteilen, Gußeisen und liefert einen wunderbar weißen, leicht polierbaren Niederschlag.

Nickelbad aus Britannia-Nickelsalz, besteht aus:

VII.   Wasser . . . . 1 l
        Nickelsalz „Britannia" . . . . 100 g

Badspannung für 15 cm Elektrodenentfernung . . . . 2,5 Volt
Änderung der Badspannung für je 5 cm Änderung der Elektroden-
    entfernung . . . . 0,38 „
Stromdichte . . . . 0,5 Ampere
Badtemperatur: 15—20° C
Konzentration: 6° Bé
Wasserstoffzahl: 5,6—6,0
Spez. Badwiderstand: 1,5 Ω
Anodenmaterial: ⅓ Walzanoden, ⅔ Gußanoden.

Dient speziell zur festhaftenden Vernicklung von Gegenständen aus Messing oder Weichmetallen (Zinn, Blei, Britannia u. dgl.) nach vorhergegangener Verkupferung oder Vermessingung.

Das Bad streut ausgezeichnet in Hohlräume und ist schon infolge seines geringen spez. Badwiderstandes zur Vernicklung großer und voluminöser Objekte sehr geeignet, die man von den Anoden weit abhängen muß, da die anzuwendende Badspannung trotz Erhöhung der Elektrodenentfernung noch in normalen Grenzen bleibt.

Ein von Pfanhauser sen. stammendes Bad ist das
Nickelbad aus zitronensaurem Nickelsalz IA. Es besteht aus:

VIII. Wasser . . . . 1 l
Nickelsalz, zitronensaures IA. . 75 g

Badspannung bei 15 cm Elektrodenentfernung . . . . 3,5 Volt
Änderung der Badspannung für je 5 cm Änderung der Elektrodenentfernung . . . . 0,65 „
Stromdichte . . . . 0,3 Ampere
Badtemperatur: 15—20° C
Konzentration: 5½° Bé
Wasserstoffzahl: 5,6
Spez. Badwiderstand: 5 Ω
Anodenmaterial: Möglichst große Walzanoden.

Besonders geeignet für chirurgische Instrumente, für Scheren, Messer, Säbel und alle Objekte mit scharfen Schneiden, Kanten und Spitzen. Das
Nickelbad aus zitronensaurem Nickelsalz I, besteht aus:

IX. Wasser . . . . 1 l
Nickelsalz, zitronensaures I . . 100 g

Badspannung bei 15 cm Elektrodenentfernung . . . . 3,5 Volt
Änderung der Badspannung für je 5 cm Änderung der Elektrodenentfernung . . . . 0,7 „
Stromdichte . . . . 0,25 Ampere
Badtemperatur: 15—20° C
Konzentration: 6° Bé
Wasserstoffzahl: 5,8—6,0
Spez. Badwiderstand: 5,3 Ω
Anodenmaterial: Möglichst große Walzanoden.

Wird hauptsächlich zur besonders soliden gleichmäßigen Vernicklung von Artikeln, wie beim vorhergehenden Bad beschrieben, verwendet, wo z. B. direkt nach Gewicht 10 bis 24 Stunden lang vernickelt werden muß, ohne das Bad oder die Waren zu bewegen. Der Niederschlag bleibt trotz der großen Metallauflage immer leicht polierbar und hat keine Neigung zum Aufrollen, ist äußerst dicht und duktil, so daß stark vernickelte Waren mit dem Nickelüberzug nachträglich mechanisch und derb bearbeitet werden können.

Ein dem „Brillant"-Bade ähnliches Bad ist das
Nickelbad aus Nickelsalz „Original AI", bestehend aus:

X. Wasser . . . . 1 l
Nickelsalz „Original AI" . . . . 100 g

Badspannung bei 15 cm Elektrodenentfernung . . . . 3,5 Volt
Änderung der Badspannung für je 5 cm Änderung der Elektrodenentfernung . . . . 0,56 „
Stromdichte . . . . 0,5 Ampere
Badtemperatur: 15—20° C
Konzentration: 6° Bé
Wasserstoffzahl: 5,6—6,2
Spez. Badwiderstand: 2,23 Ω
Anodenmaterial: ¼ gegossene, ¾ gewalzte Rein-Nickelanoden.

Viel angewendet in allen Industrien, gleich gut geeignet für alle Massen-artikel der Fahrradindustrie und verwandter Industrien, liefert einen harten, silberweißen Niederschlag, der leicht polierbar ist. Besitzt hohen Metallgehalt und ist sehr haltbar, einfach in der Handhabung und leicht zu regenerieren. Vielfach wird mit diesem Bade mit einer kleineren Stromdichte gearbeitet, und man reicht dann mit 2,5 Volt Badspannung aus.

Nickelbad aus Nickelsalz „Rhenania" besteht aus:

XI.   Wasser . . . . 1 l

Nickelsalz „Rhenania". . . . . 100 g

Badspannung bei 15 cm Elektrodenentfernung . . . . **2,0 Volt**

Änderung der Badspannung für je 5 cm Änderung der Elektroden-entfernung . . . . **0,5 ,,**

Stromdichte . . . . **0,35 Ampere**

Badtemperatur: 15—20° C

Konzentration: ca. 6° Bé

Wasserstoffzahl: 5,6—6,2

Spez. Badwiderstand: 3,3 Ω

Anodenmaterial: ½ gegossene, ½ gewalzte Rein-Nickelanoden.

Das Nickelbad „Rhenania" ist außerordentlich viel verbreitet und gibt einen sehr schnell deckenden duktilen Niederschlag. Anwendbar auf alle Gegenstände mit Ausnahme von Zink. Das Bad arbeitet bei einiger Geschicklichkeit des Arbeitenden sogar als Nickelplastikbad auf Wachs- oder Guttaperchaformen mittlerer Größe und zeichnet sich besonders durch seine Billigkeit aus.

Der früheren Firma Dr. G. Langbein & Co. wurde die Anwendung äthyl-schwefelsaurer Salze für galvanische Bäder, speziell für Nickelbäder, patentiert. Die damit bereiteten präparierten Nickelsalze sind allerdings durch Verwendung dieses teuren Präparates etwas kostspieliger, zeichnen sich aber dagegen durch ein gleichmäßiges Arbeiten bei angestrengtester Dauerbelastung der Bäder aus, hauptsächlich dadurch bedingt, daß die Anoden besser als in anderen Nickel-bädern in Lösung gehen. Das glatte Lösen der Nickelanoden, wodurch einer-seits tatsächlich die Badreaktion tunlichst konstant erhalten und anderseits dem Bade genau so viel Nickelmetall zugeführt, als durch den Strom ausgeschie-den wird, ist ein eminenter Vorteil, den alle diejenigen Galvanotechniker zu schätzen wissen werden, welche durch mehrjährige Praxis Gelegenheit hatten zu beobachten, wie viele Zusätze die gewöhnlichen Nickelbäder erfordern und wieviel Anodenmaterial unnütz durch fehlerhaftes elektrolytisches Lösen der Nickelanoden verlorengeht. Den nebenbei nicht bedeutenden Mehrpreis für solch moderne Salze bzw. präparierte Nickelsalze kann man daher ohne weiteres in Kauf nehmen, da man auf der anderen Seite Ersparnisse größeren Stiles da-gegen eintauscht.

Nickelbad aus Nickelsalz „Lipsia" besteht aus:

XII.   Wasser . . . . 1 l

Nickelsalz „Lipsia" . . . . . . 100 g

Badspannung bei 15 cm Elektrodenentfernung . . . . **3,8 Volt**

Änderung der Badspannung für je 5 cm Änderung der Elektroden-entfernung . . . . **0,45 ,,**

Stromdichte . . . . **0,5 Ampere**

Badtemperatur: 15 bis 20° C

Konzentration: 7—7½° Bé

Wasserstoffzahl: 5,6—6,0

Spez. Badwiderstand: 2,15 Ω

Anodenmaterial: ⅓ gegossene, ⅔ gewalzte Rein-Nickelanoden.

Zum eventuellen Ansäuern des Bades ist verdünnte Äthylschwefelsäure 1:10 zu verwenden.

Das Bad arbeitet in alle Hohlräume von Artikeln aus Eisen, Stahl, Kupfer und Messing und gibt bei prachtvoller Weiße einen sehr duktilen, leicht zu polierenden Nickelniederschlag. Hauptzweck: zur Vernicklung von größeren Objekten aus Eisen und Stahl, speziell zur Vernicklung von rohem Guß.

Nickelbad aus Nickelsalz „Germania", besteht aus:

XIII. Wasser . . . . 1 l
Nickelsalz „Germania" . . . . 100 g

Badspannung bei 15 cm Elektrodenentfernung . . . . 2,75 Volt
Änderung der Badspannung für je 5 cm Änderung der Elektroden-
entfernung . . . . 0,5 „
Stromdichte . . . . 0,35 Ampere
Badtemperatur: 15—20° C
Konzentration: $6\frac{1}{2}$—$7\frac{1}{2}$° Bé
Wasserstoffzahl: 5,6—6,2
Spez. Badwiderstand: 3,18 Ω
Anodenmaterial: Gewalzte Rein-Nickelanoden.

Das Bad wird vorzugsweise für kleinere Artikel verwendet, auch für solche mit Schneiden und Spitzen. Sehr geeignet ist es zur glänzenden Vernicklung, hauptsächlich von Kupfer und Messing; es liefert einen besonders dichten, starken und silberweißen Niederschlag auf solche Metalle.

Soll schnell vernickelt werden (in 8 bis 10 Minuten), so kann hierzu die Spannung auf 5 Volt erhöht werden, wodurch die Stromdichte auf 1,2 Ampere pro Quadratdezimeter steigt. Zum Ansäuern des Bades, wenn die schwach saure Reaktion verlorengegangen sein sollte, ist verdünnte Äthylschwefelsäure 1:10 zu verwenden. Zum Entfernen eines eventuellen Säureüberschusses bedient man sich kohlensaurer Magnesia oder einer Paste aus kohlensaurem Nickel und Wasser.

Spezielle Bäder für direkte Zinkvernicklung. Es soll die direkte Vernicklung von Zink hier durchaus nicht empfohlen werden, weil die Nickelschicht, auf Zink direkt niedergeschlagen, niemals festhaftet, und es ist deshalb jedenfalls geratener, wenn nur irgend möglich, die Zinkobjekte vor der Vernicklung in speziell für Zink geeigneten Bädern zu verkupfern oder zu vermessingen. Dennoch wird der Billigkeit halber oft eine direkte Zinkvernicklung ohne Zwischenlage verlangt, und man kann dies unter Anwendung der nachstehend angeführten Spezialpräparate auch ausführen, doch nur auf solchen Gegenständen, die nicht allzu profiliert sind, und vor allem auf solchen Gegenständen, die nach erfolgter Vernicklung keiner mechanischen Behandlung wie Drucken, Falzen, Biegen oder Stanzen, ausgesetzt werden. Durch Erhitzen der direkt vernickelten Zinkgegenstände auf 200 bis 250° läßt sich aber ebenfalls ein intensiveres Legieren des Nickels mit dem Grundmetall herbeiführen.

Als solche Bäder gelten folgende bewährten Bäder, und zwar:

Nickelbad aus präpariertem Nickelsalz „Z". Es besteht aus:

XIV. Wasser . . . . 1 l
Präpariertes Nickelsalz „Z" . . 100 g

Badspannung bei 15 cm Elektrodenentfernung . . . . 3,5 Volt
Änderung der Badspannung für je 5 cm Änderung der Elektroden-
entfernung . . . . 0,52 „
Stromdichte . . . . 0,8 Ampere
Badtemperatur: 18° C
Konzentration: 7° Bé
Wasserstoffzahl: 6,0—6,3
Spez. Badwiderstand: 1,299 Ω

Als Anoden sind nur gewalzte Rein-Nickelanoden zu verwenden, deren Fläche ebenso groß wie die Warenfläche ist. Man achte darauf, die Reaktion des Bades tunlichst neutral zu halten, keinesfalls darf die Lösung sauer reagieren und wäre in solchem Falle sofort mit Nickelkarbonat zu neutralisieren. Sollen profilierte Objekte aus Zink direkt vernickelt werden, so muß man die Elektrodenentfernung um so größer wählen, je tiefer die Unebenheiten des betreffenden Artikels sind.

Ein Bad mit dem denkbar kleinsten spez. Badwiderstand erhält man aus dem präp. Nickelsalz „ZC". Dieses besitzt alle guten Eigenschaften des vorgenannten Bades aus Nickelsalz „Z", doch ist man entsprechend dem außerordentlich niedrigen spez. Widerstand von 0,85 Ω imstande, bei einer Badspannung von 3 V und bei normaler Elektrodenentfernung von 15 cm eine Stromdichte von 1 A pro qdm zu erhalten.

Nickelbad aus präp. Patent-Nickelsalz „Neptun". Dieses Bad, das einen sehr biegsamen Niederschlag auf Zink liefert, besteht aus:

> **XV. Wasser** . . . . 1 l
> Präp. Nickelsalz „Neptun" . . . 100 g

Badspannung bei 15 cm Elektrodenentfernung . . . . 4,5 **Volt**
Änderung der Badspannung für je 5 cm Änderung der Elektrodenentfernung . . . . 0,8 „
Stromdichte . . . . 1,0 **Ampere**
Badtemperatur: 18° C
Konzentration: 6,5° Bé
Wasserstoffzahl: 6,0—6,3
Spez. Badwiderstand: 1,59 Ω.

Das Bad ist überall dort mit größtem Erfolge anzuwenden, wo über eine genügend hohe Betriebsspannung verfügt wird, und gilt ganz allgemein das, was bei dem Nickelbad aus präp. Nickelsalz „Z" gesagt wurde. Da dieses Bad ebenfalls äthylschwefelsaure Salze enthält, soll zum Ansäuern bzw. zum Neutralisieren, wenn das Bad im Gebrauch alkalisch geworden sein sollte, verdünnte Äthylschwefelsäure 1:10 benutzt werden. Auch die Anwendung von Zitronensäure für solche Fälle ist zu empfehlen, da ein eventueller Überschuß hiervon der Arbeitsweise nicht schaden kann und sogar dann ein schöner heller Nickelniederschlag erhalten wird. Als Anoden dienen ebenfalls gewalzte Rein-Nickelanoden.

Bei der Vernicklung von Zink ist stets auf die leichte Löslichkeit des Zinks in selbst ganz schwach angesäuerten Bädern Rücksicht zu nehmen. Man muß bei dieser Art Vernicklung stets mit möglichst hoher Stromdichte den ersten Anflug von Nickel herbeiführen, um zu verhindern, daß die chemische Kette

> Nickel | Nickelbad | Zink,

in der stets Zink die Lösungselektrode bildet, in Wirksamkeit tritt. Dies drückt sich immer durch ein hohes Kathodenpotential aus, welches den Wert dieser chemischen Kette übersteigen muß. Andernfalls entstehen an Punkten zu kleinen Potentiales Lösungsschichten, die Zink enthalten, und aus solchen Lösungen fällt der Nickelniederschlag dunkel aus. Man beobachtet dann z. B. in Vertiefungen solcher Zinkobjekte schwarze Streifen oder ganze Flecke — ein Beweis dafür, daß die angewendete Badspannung zu klein war.

Die vorstehend angeführten Nickelbäder werden durchweg mit Wasser als Lösungsmittel angesetzt. Da sich im Wasser selbst stets freie Wasserstoffionen befinden, so neigen solche Elektrolyte naturgemäß dazu, neben Nickel auch Wasserstoff abzuscheiden, auch wenn die Azidität gering ist. Nun gibt es auch andere Lösungsmittel für Salze, die gute Elektrolyte abgeben, und da ist in erster Linie das Glyzerin anzuführen. Marino benutzt reines Glyzerin als

Lösungsmittel für seine Bäder und behauptet, nicht nur fest haftende und homogene, sondern gleichzeitig auch glänzende Niederschläge dadurch zu erhalten. So löst er z. B. in ca. 70° C warmem Glyzerin pro Liter 100 bis 120 g Nickelammonsulfat, man kann dem Bade noch bis zu 10 % Borsäure, dem Löslichkeitsmaximum der Borsäure in Glyzerin, zulösen. Diese Bäder können nach beliebigen Gesichtspunkten in ihrer Zusammensetzung geändert werden, Hauptsache bleibt eben immer der vollkommene Ersatz des Wassers durch Glyzerin. Die Bäder aus reinem Glyzerin, ohne Verdünnung durch Wasser hergestellt, arbeiten am besten bei höheren Temperaturen. Um die Temperatur normal halten zu können, genügt es, anstatt unverdünnten Glyzerins eine 15 % Glyzerin übersteigende Lösung von Glyzerin in Wasser zu benutzen und kann man dann die gleichen Resultate bei niedrigerer Temperatur erzielen.

Nach dem D. R. P. 254820 von Marino wird zur Herstellung guter Nickelbäder eine Lösung von Kalium- oder Natriumglyzerinborbenzoat neben dem zum Niederschlagen erforderlichen Metallsalz angewendet. Dieses Natriumglyzerinborbenzoat stellt man sich durch Mischen gleicher Gewichtsteile von Natriumborglyzerin und Natriumborbenzoat her. Den geeigneten Elektrolyt stellt man dann in der Weise her, daß man die eigentlichen Metallsalze, wie z. B. Nickelsulfat, in einer wässerigen Lösung von Natriumglyzerinborbenzoat auflöst, und zwar im Verhältnis ⅔ Metallsalz zu ⅓ genannter Lösung.

Schnellvernicklung. Wir wollen hier nicht etwa der unsoliden leichten Glanzvernicklung das Wort reden, sondern unter der Bezeichnung Schnellvernicklung die modernen Vernicklungsmethoden erwähnen, die es ermöglichen, durch Steigerung der Niederschlagsschnelligkeit bei tadelloser Beschaffenheit des Nickelniederschlages an Zeit und Raum einerseits und an Anlagekapital anderseits zu sparen. Sofern man die Niederschlagsschnelligkeit steigern kann, etwa um das Vierfache, so kann man anstatt 4 Nickelbäder bestimmten Inhaltes ein einziges aufstellen, und daß dadurch Raum gespart wird, liegt nahe. Anderseits erfordert ein Nickelbad nur ein Viertel des teuren, wochenlang in den Bädern hängenden Nickelanodenmaterials, natürlich verbraucht es sich bei rascheren Arbeiten des Bades auch entsprechend rascher, aber die Verzinsung für im Betriebe dauernd investiertes Kapital wird dadurch geringer.

Um eine solche Steigerung der Arbeitsschnelligkeit zu erreichen, muß man alle der Nickelfällung günstigen Momente vereinigen, und es müssen dann folgende Bedingungen gleichzeitig erfüllt werden:

1. Hoher Metallgehalt der Lösung.
2. Gesteigerte Badtemperatur.
3. Die Anwendung höherer Stromdichten.
4. Guter Austausch der Lösungsschichten in der Umgebung der Waren.
5. Gute Stromausbeute durch richtige Badzusammensetzung.
6. Gutes Streuungsvermögen des Bades, um eine gleichmäßig starke Metallauflage, auch bei profilierten Objekten, bei hoher Stromdichte zu bekommen.

Die ersten drei Bedingungen können ohne weiteres geschaffen werden, dagegen erfordern die Punkte 4 bis 6 spezielle Kenntnisse des Galvanotechnikers, und Verfasser muß es sich versagen, an dieser Stelle nochmals die einschlägigen theoretischen Erörterungen zu detaillieren, beschränkt sich dagegen darauf, im nachstehenden die üblichen Bäder, mit denen die besten Resultate in der Praxis erzielt wurden, aufzuführen.

Ein früher viel angewendetes Badsalz ist das Schnellvernicklungssalz „Mars", das sich speziell dadurch auszeichnete, daß die anzuwendende Temperatur nicht sehr hoch gehalten werden mußte. Es besteht aus:

Wasser . . . . 1 l
Schnellvernicklungssalz „Mars". 250 g

Badspannung bei 15 cm Elektrodenentfernung . . . . **4,2 Volt**
Änderung der Badspannung für je 5 cm Änderung der Elektroden-
   entfernung . . . . **1,2** „
Stromdichte . . . . **1,25 Ampere**
Badtemperatur: 30° C
Konzentration: 17° Bé bei 30° C
Wasserstoffzahl: 4,0

Spez. Badwiderstand: $\begin{cases} \text{bei } 20°\,C = 2{,}329\ \Omega \\ \text{bei } 25°\,C = 2{,}1\ \Omega \\ \text{bei } 30°\,C = 1{,}95\ \Omega \end{cases}$

Anodenmaterial: Gegossene Rein-Nickelanoden, möglichst große Oberfläche.

Bei der unter obengenannten Verhältnissen berechneten Stromausbeute von mehr als 95 % vollzieht sich die Vernicklung in ungefähr ⅓ der Zeit, die sonst in gewöhnlichen Bädern aufgewendet werden muß, um eine solide Vernicklung zu erhalten. Man kann aber schon in 10 Minuten einen prachtvoll polierfähigen, dabei außerordentlich duktilen und ungemein festhaftenden dichten Niederschlag erhalten. Das Bad enthält neben anderen wichtigen Komponenten speziell äthylschwefelsaures Nickeloxyd und äthylschwefelsaure Magnesia und streut in ganz bedeutendem Maße, so zwar, daß selbst tiefe Objekte in diesem Bade schön gleichmäßig vernickelt werden können.

Die Reaktion dieses Bades soll wie die der anderen Nickelbäder schwach sauer gehalten werden und dient zum Ansäuern eine Lösung von

1 Teil Äthylschwefelsäure in
10 Teilen Wasser

Das Bad erfordert besonders reine Nickelanoden, die leicht in Lösung gehen müssen und sind zur Schonung des Bades schlechte, zu hart gegossene Anoden mit harter Gußhaut zu vermeiden. Die Anoden müssen ein homogenes Gefüge aufweisen und stets annähernd ebensoviel Nickelmetall durch den anodischen Lösungsprozeß dem Bade wieder zuführen, als durch die Stromarbeit an den Waren ausgefällt wird. Da nun aber in diesem Bad dreimal so schnell vernickelt wird, d. h. in der gleichen Zeit dreimal so viel Nickel ausgeschieden wird wie in anderen Bädern, so ist es selbstverständlich, daß sich die Anoden dreimal so rasch aufbrauchen als in den gewöhnlichen Nickelbädern. Für die Technik jedoch bedeutet dies einen eminenten Vorteil, denn man erspart sich durch Aufstellung eines einzigen solchen Bades drei andere Bäder gleicher Größe und hat nur ⅓ des teuren Anodenmaterials jeweilig in den Bädern hängen, was wieder auf die Herstellungskosten der Vernicklung (geringere Verzinsung des investierten Kapitals an Anodenmaterial) von Einfluß ist.

Das „Mars“-Bad hat sich speziell in der Fahrrad- und Automobilindustrie rasch eingeführt, wo es besonders darauf ankommt, einen festhaftenden und dichten, dabei duktilen Niederschlag zu erzeugen. Die Ersparnis an Raum durch Fortfall einer größeren Anzahl von Bädern ist endlich noch zugunsten dieses Bades zu erwähnen.

Dieses alte Schnellnickelbad hat heute den modernen Präparaten der Langbein-Pfanhauser-Werke A.-G. „Autofix“ und „Autorapid“ Platz machen müssen. Diese Präparate sind nach modernsten galvanotechnischen Grundsätzen hergestellt, besitzen das richtige Verhältnis der Metallkonzentration zur Leitsalzkonzentration und lassen ganz bedeutende Stromdichten zu. Diese beiden Präparate werden meist so verwendet, daß man 25 kg Salze pro 100 l Bad auflöst. Der Bedienungsvorschrift hierzu entnimmt Verfasser einige wichtige Hinweise für die Bereitung und Bedienung dieser Bäder:

Das aufgelöste Nickelsalz in Form der fertigen Lösung kocht man etwa 1 Stunde lang gut durch und läßt die Flüssigkeit einige Tage klar absitzen, damit sich feine Schlämme in dieser Zeit absetzen können. Dann hebert man am besten die klare Badflüssigkeit auf eine über das Badgefäß, in welches diese Elektrolyte eingefüllt werden sollen, gelegte Filtriereinrichtung in Form eines Filterrahmens aus Holz mit Filterstoff belegt (ausgekochte Leinwandstoffe) und läßt die klare Flüssigkeit in das Badgefäß ablaufen. Da beim Kochen immer etwas Wasser verloren geht, setzt man, wenn alles durchfiltriert ist, das fehlende Quantum reinen Wassers zu, säuert nach der vorgeschriebenen p_H-Zahl an und rührt durch. Dieses richtige Ansäuern vor Inbetriebnahme ist äußerst wichtig, weil das Bad Substanzen enthält, welche zunächst beim Auflösen feine Suspensionen absichtlich veranlassen, damit diese alle Fremdstoffe, welche beim Lösen leicht in die Flüssigkeit gelangen, mitreißen und fortschaffen. Dadurch ändert sich aber die Wasserstoffzahl und sie muß dann nach besonderer Ansäuerungsvorschrift auf das vorgeschriebene Maß gebracht werden.

Der Elektrolyt zeigt dann bei 18° C eine Schwere von etwa 16° Bé und muß zum Zwecke der Vernicklung auf 30 bis 40° C erwärmt werden. Die anzuwendende Stromdichte kann von 2 bis 4 A betragen, die normale Badspannung 3 bis 5 V. Bewegt man diese Bäder während der Arbeit, bzw. bewegt man die eingehängten Waren, wie dies durch besondere, früher beschriebene Vorrichtungen leicht ausführbar ist, und filtriert man dauernd durch entsprechende Filtriereinrichtungen, so kann man die Stromdichte auch auf 5 A/qdm steigern. Bei Erhöhung der Temperatur auf 50° C und darüber ist eine weitere Steigerung der Stromdichte unter genannten Arbeitsbedingungen bis auf 10 A/qdm möglich, natürlich muß hierzu auch eine entsprechende höhere Badspannung angewendet werden.

Eine amerikanische Badvorschrift für Schnellnickelbäder, speziell für starke Nickelplattierung von Drähten, lautet:

> 1 l Wasser
> 245 g Nickelsulfat krist.
> 30 g Chlornickel
> 16 g Borsäure krist.

E. Richards, der diese Badvorschrift gibt, bemerkt, daß zur Erhöhung der Glanzwirkung, wie sie bei Drähten erwünscht ist, pro Liter 0,1 bis 0,3 g Kadmiumchlorid vorteilhafterweise zuzusetzen ist.

Eine andere amerikanische Vorschrift nach Schulte lautet:

> 1 l Wasser
> 170 g Nickelsulfat
> 14 g Nickelammonsulfat
> 85 g Natriumsulfat
> 22 g Essigsäure

Verfasser hat dieses Bad nachgeprüft und gefunden, daß es für normale Vernicklungszwecke zu harte Niederschläge liefert, jedoch für besondere Zwecke der Nickelgalvanoplastik sehr wohl anwendbar ist.

Eine in den amerikanischen Automobilfabriken verwendete Badlösung ist:

> 1 l Wasser
> 220 g Nickelsulfat krist.
> 21 g Chlornickel
> 21 g Borsäure

Dieses Bad kann mit Stromdichten von 0,5 bis 10 A/qdm arbeiten und ist die bekannte kritische Niederschlagsdicke von 0,025 mm bei etwa 4 bis 5 A/qdm in nicht ganz einer halben Stunde zu erreichen. Die Wasserstoffzahl für dieses Bad wird, sofern mit 6 A/qdm gearbeitet wird, mit $p_H = 5,8$, und bei einer Arbeitstemperatur von 38° C angegeben, während man bei 55° C mit

Stromdichten von 10 A arbeitet, wobei die Wasserstoffzahl p_H auf 4,8 gehalten wird.

Erst durch Einführung der Schnellvernicklung war man industriell und wirtschaftlich imstande, von den ruhenden Hängebädern zu Wanderbädern oder Halbautomaten, schließlich zu den vollautomatischen Vernicklungsanlagen zu schreiten. Im Kapitel: „Dicke der Nickelniederschläge und deren Herstellungszeiten" geht aus der dort befindlichen Tabelle klar hervor, welchen Einfluß die Anwendung höherer kathodischer Stromdichten auf die Einhängezeiten bzw. Vernicklungszeiten hat. Ist man imstande, eine Nickelschichte von bestimmter Dicke in kurzer Zeit entstehen zu lassen, so kann das Durchlaufen der Gegenstände durch ein Wanderbad mit entsprechend gesteigerter Geschwindigkeit vonstatten gehen, die Bäder werden also dann kürzer, die ganze Apparatur nimmt weniger Raum ein, und als Endresultat kann man auf einem gegebenen Raum eine Anlage unterbringen, in der man ein Maximum an Produktion erreicht.

Schnellnickelbäder erfordern aber unstreitig größere Aufmerksamkeit während des Betriebes und peinliche Einhaltung aller notwendigen günstigen Arbeitsbedingungen. Vor allem muß man reine Nickelanoden verwenden, denn mit Kupfer versetzte Nickelanoden können die Bäder bei der in solchen Betrieben herrschenden rascheren Auflösung sehr schnell verderben. 0,25 % Kupfer in den Nickelbädern ist bereits für eine gute Vernicklung schädlich, ebenso ein Eisengehalt von über 1 %. Man muß also sehr darauf achten, daß keine fremden Metalle, sei es von den Anoden, sei es durch Auflösen hineingefallener Gegenstände, ins Bad gelangen. Öfteres Reinigen der Bäder ist Grundbedingung für ein ungestörtes Arbeiten. Anodenschlämme in Form abfallender Nickelkristalle wirken sich bei den höheren Stromdichten sehr unangenehm in der Weise aus, daß solche metallische Schlämme, wenn sie aufgerührt werden, in den sich rasch bildenden Nickelniederschlag einwachsen und dadurch rauhe, schwer oder gar nicht mehr polierbare Niederschläge veranlassen. Man wickelt daher aus diesem Grunde die Nickelanoden in Pergamentpapier oder gut ausgekochtes Nesseltuch oder Wollflanell ein, wodurch der Badwiderstand bei erwärmten Bädern so gut wie gar nicht erhöht wird. Vielfach verwendet man besondere Klär- und Reinigungsgruben, in welche man die Bäder zwecks Reinigung ablaufen läßt, um sie dort der Reinigung durch Abkochen (um Eisen, Kupfer und andere metallische Verunreinigungen zu entfernen) zu unterwerfen. Eine Dauerfiltration bei dauernder Badbewegung muß für fortgesetztes Fernhalten fester Bestandteile, wie ausgefällte basische Nickel- oder Eisensalze, sorgen, da andernfalls sogenannte Wasserstoffblasen entstehen, welche poröse Niederschläge erzeugen.

Die besten und dichtesten, also porenfreien Nickelniederschläge erhält man aus Schnellnickelbädern, wenn die Niederschläge mit Halbglanz aus dem Bade kommen. Dieser Halbglanz ist ein Kennzeichen für mikrokristalline Struktur des abgeschiedenen Nickels. Diese besondere Form der Nickelniederschläge erhält man vorzugsweise durch Einblasen von Luft, ferner durch besondere Glanzbildner als Zusätze zu den Schnellnickelbädern, wie Kadmium u. dgl. Man hüte sich aber davor, diese Wirkungen zu übertreiben, weil mit steigender Glanzbildung auch die Härte des Niederschlags in unzulässiger Weise steigt, was wieder eine geringere Haftfestigkeit im Gefolge hat.

Bei der Schnellvernicklung muß aber stets die wirklich nötige Stromdichte, welche zur Erreichung der gewünschten Niederschlagsstärke in der vorgeschriebenen Zeit nötig ist, eingehalten werden. Kürzt man lediglich die Arbeitszeit für die Niederschlagsarbeit ab und stellt man nicht die richtige Stromdichte ein, so entstehen trotz Anwendung der Schnellnickelbäder doch Niederschläge zu geringer Stärke und man würde beim Nickelpolieren die Nickelschichte leicht durchpolieren. Es sind heute dank der vorbildlichen Studien des Bureau of Standards in Washington alle Bedingungen erforscht, welche erforderlich sind, um genügend starke, allen Anforderungen, insbesondere in bezug auf Rostschutz, der Abnutzung usw., widerstehende Nickelschichte zu erhalten. Das Bureau of Standards hat festgestellt, daß die Schutzwirkung der Nickelniederschläge ganz unverhältnismäßig schneller ansteigt, wenn die Nickelschicht nur um etwas verstärkt wird. Es sei an dieser Stelle auf die außerordentlich präzisen Untersuchungen von C. T. Thomas und W. Blum verwiesen[1]).

Nickel als Oberflächenschutz. Seit jeher galt die Vernicklung als Schutzüberzug insbesondere von Eisen- und Stahlgegenständen, um diesen einen Schutz gegen Rostbildung zu erteilen. Die bekannte Eigenschaft des reinen Nickels, sich an der Luft nicht zu oxydieren, wurde daher so gedeutet, daß Nickelüberzüge beispielsweise nicht nur dem betreffenden, mit Nickel überzogenen Gegenstand ein besseres Aussehen verleihen, sondern das Unterlagsmetall auch vor Korrosion, Eisen und Stahl vor Rost schützen. Ohne nun auf die Schichtdicke galvanischer Nickelüberzüge besonders zu achten, begnügte man sich damit, einen gerade noch polierfähigen Nickelniederschlag aufzutragen und ging dabei mit der Auflage so weit wie möglich herunter. Wenn nur der polierte Gegenstand die eigentümliche Farbe des Nickels nach der Polierung zeigte. Daß solche, mit allzu geringer Nickelauflage versehene Gegenstände keinerlei Widerstandsfähigkeit, Eisen- und Stahlgegenstände keinerlei Rostschutz zeigten, war klar. Schon seit langem empfahlen die Galvanotechniker, die vernickelten Eisen- und Stahlgegenstände daraufhin zu prüfen, ob denn auch wirklich die betreffenden Gegenstände, speziell nach der Polierung, noch allseitig die gewünschte Nickelauflage zeigen, d. h. ob nicht bei der scharfen Inanspruchnahme durch die rasch rotierenden Polierscheiben an den Rändern oder Kanten der Gegenstände das Unterlagsmetall frei liegt. Als einfaches Mittel zum Prüfen empfahl man, die Gegenstände, sofern sie aus Eisen oder Stahl bestanden, nach dem Nickelpolieren in eine 20%ige Kupfersulfatlösung zu tauchen. Dort, wo der Nickelbelag durchpoliert, das Eisen also bloßgelegt war, mußte sich ein roter Belag von Kupfer bilden, als Zeichen dafür, daß die Vernicklung nicht den verlangten Oberflächenschutz aufweisen konnte.

Diese Probe war natürlich nur eine ganz rohe. Man fand z. B. sehr oft, daß diese Bildung eines zusammenhängenden roten Belages von ausgeschiedenem Kupfer nach vorbeschriebener Prüfmethode nicht eintrat, dennoch wurde darüber geklagt, daß die vernickelten Gegenstände bald rosteten, oft schon beim Lagern, ohne daß eine mechanische Beanspruchung stattgefunden hätte. Ebenso erging es der Vernicklung auf Messing, Kupfer usw., nur daß hierbei nicht über Rostbildung zu klagen war, sondern darüber, daß sich die Nickelniederschläge zu schnell abnutzten und im Gebrauch stellenweise das Grundmetall in Form gelber oder roter Stellen zum Vorschein kam. Es war also sehr zu begrüßen, daß C. T. Thomas und W. Blum ihre eingehenden Versuche und Prüfungsmethoden veröffentlichten, wobei sie zu dem Ergebnis kamen, daß alle Nickelniederschläge mehr oder minder porös sind und daß die einzige und praktische Methode, diese Porosität zu vermeiden und deren schädliche Wirkung zu vermeiden, den Wert des Nickelüberzuges als Oberflächenschutz also zu vergrößern, in der Verwendung von dicken Niederschlägen besteht, und zwar nicht unter einer Stärke von 0,025 mm, ob nun diese Schichtdicke durch einen Niederschlag aus reinem Nickel erreicht wird oder durch die Summe mehrerer übereinander liegender Schichten von Kupfer plus Nickel oder sogar von Nickel plus Kupfer plus Nickel.

Zu ihren Proben verwendeten sie mit Nickel elektrolytisch plattierte Stahlbleche; sie versuchten die bekannten Nickelbäder, wobei sie allerdings nur Stromdichten bis zu 2 A/qdm anwendeten und machten Proben auf

---

[1]) Braß World and Plater's Guide Oktober 1925 Nr. 10.

1. Durchlässigkeit,
2. Adhäsionsproben,
3. Härteproben.

Daß Poren im Nickelniederschlag enthalten sein müßten, ergab sich aus der Erscheinung des Rostens der mit Nickel plattierten Eisen- und Stahlgegenstände, doch wußte man nicht, welche Bedingungen einzuhalten sind, um eine solche Porosität zu vermeiden. Ein an sich vollkommen gut deckender Nickelniederschlag muß durchaus nicht porenfrei sein. Selbst bei größerer Schichtdicke finden wir noch Poren im Niederschlag, welche erst durch scharfe Proben festgestellt werden können. Mit bloßem Auge kann man sehr oft schon Poren feststellen, welche durch die sogenannten Wasserstoffbläschen im Niederschlag sich kennzeichnen. Ganz besonders in Schnellnickelbädern kann man solche punktartige Vertiefungen nach dem Polieren, mitunter aber auch schon vor dem Polieren erkennen. Diese Vertiefungen endigen in kleinen Poren, die bis zum Grundmetall reichen, kein Wunder daher, daß von dort aus Korrosion bzw. Rostbildung einsetzt.

Diese beiden Forscher benutzten zur Feststellung der Durchlässigkeit galvanischer Nickelniederschläge

a) die Ferrizyankaliumprobe (F. P.) Diese Probe besteht darin, daß ein korrosionsförderndes Medium, z. B. eine Salzlösung, wenn sie mit Ferrozyankalium zusammenkommt, bei gleichzeitigem Zusammentreffen mit Eisen und einem anderen Metall von niedrigerer Lösungstension als Eisen, z. B. mit Nickel oder Kupfer, Korrosion des Eisens stattfindet und eine Blaufärbung erzeugt wird. Um diese Erscheinung recht deutlich zu gestalten, wird das Ferrizyankalium gewöhnlich in einer Lösung verwandt, die irgendein kolloidales Material, wie Agar, enthält, welches auf der Oberfläche eine gelatineartige Masse bildet. Zur Erhöhung des Wirkungsgrades wurde das Vorhandensein von Natriumchlorid für vorteilhaft befunden.

Die in diesen Proben verwandte Lösung enthielt:

10 g pro Liter (1,3 Unzen pro Gal.) Agar,
10 g pro Liter (1,3 Unzen pro Gal.) NaCl und
1 g pro Liter (0,13 Unzen pro Gal.) $K_3Fe(CN)_6$.

Sie wurde zubereitet durch Auflösen des Agar in kochendem Wasser und Zugabe der Salze. Beim Abkühlen bildete die Mischung eine gelatineartige Masse, die dann vor dem Gebrauch auf einem Dampfbad bis zum Flüssigkeitspunkt geschmolzen wurde. Das Muster wurde in die warme Lösung getaucht, schnell herausgezogen und in horizontaler Lage an einem kühlen Platz belassen. Die größte Anzahl blauer Flecke erschien nach 3 bis 5 Minuten. Für Vergleichszwecke wurde der Durchschnitt der Fleckenzahl auf beiden Seiten der Platte innerhalb eines Umkreises von 5 cm (2 Zoll) ⌀ in der Mitte der Platte beobachtet und notiert.

Da der Schutzwert der Plattierung wenigstens ungefähr umgekehrt proportional zu der Anzahl der Flecken ist, so muß man den reziproken Wert der Fleckenanzahl annehmen, um Werte zu erhalten, die mit denen anderer Proben verglichen werden können. Man fand, daß man beim Dividieren von 100 durch den Durchschnitt der Fleckenzahl auf beiden Seiten ein Ergebnis erhielt, welches denselben Wert hatte wie die bei anderen Proben erhaltenen Resultate. Wenn auf einer gegebenen Platte innerhalb des Umkreises von 5 cm (2 Zoll) auf einer Seite 19 Flecke und auf der anderen Seite 15 Flecke sind, so ist der Durchschnitt 17 Flecke und das Ferrizyankaliumergebnis = 100:17 = 5,9.

b) Salzspritzprobe (S. S.). Diese Probe ist sehr häufig bei Zinkniederschlägen angewandt worden, wo sie einen Anhalt über die Stärke und Verteilung des Metalles gibt, infolge der Tatsache, daß Zink durch die Salzlösung bis zu einem gewissen Grade aufgelöst wird. Die Versuche haben gezeigt, daß Bleche mit elektrolytisch erzeugtem Nickelniederschlag, die der Salzspritzprobe ausgesetzt wurden, keinen nennenswerten Verlust im Gewicht aufzuweisen hatten. Deshalb kann behauptet werden, daß die Salzspritzprobe in erster Linie dazu dient, die Porosität festzustellen, soweit sie auf Nickelniederschläge angewandt wird.

Die Probe wurde mit einer 20%igen Salzlösung ausgeführt, und zwar unter den Verhältnissen, die im Zirkular 80 des Bureau of Standard beschrieben sind. Wenn diese Probe auf Zinkniederschläge angewandt wird, auf welche sich das obige Zirkular hauptsächlich bezieht, so besagt das erste Auftreten von Rost, dort als ein Zeichen eines fehlerhaften Niederschlages angesehen, nicht, daß der Zinkniederschlag gerade durchdrungen wurde, sondern daß genügend davon aufgelöst wurde, um eine nennenswerte Fläche des Eisens bloßzulegen. Wie bereits oben erwähnt, dient die Probe bei Nickelniederschlägen jedoch hauptsächlich dazu, um Porosität aufzudecken; ein absolut undurchlässiger Nickelniederschlag würde Stahl fast unbegrenzt vor der Salzspritzprobe schützen. Die Tatsache, daß bei dieser Probe Rost zuerst nach verschiedenen Perioden auftritt und sich auf manchen Platten schneller bildet als auf anderen, entspricht wahrscheinlich Unterschieden in der Zahl, Größe und Form der Poren im Niederschlag. Das erste Auftreten von Rost ist deshalb kein gutes Kennzeichen des Wertes des Nickelniederschlages, und soweit bekannt wurde, ist es nie für diese Zwecke speziell empfohlen worden.

Die Erkenntnis der obigen Tatsachen führte E. M. Baker dazu, ein zahlenmäßiges System der Wertschätzung anzunehmen, welches auf dem Ergebnis beruhte, bei welchem die Platte in der Salzspritzlösung einen Zustand erreichte, den er mit „sehr deutlich gerostet" bezeichnete, d. h. eine Beschaffenheit, daß Rost bei einer Entfernung von 3 bis 4 Fuß deutlich erkennbar war. In dieser Untersuchung wurde dieselbe Beschaffenheit als Kennzeichen für fehlerhafte Beschaffenheit des Niederschlages auf der Platte verwandt, aber es wurde nicht versucht, die Resultate auf Grund der Beschaffenheit zu einer beliebigen Zeit vor der Feststellung dieser fehlerhaften Beschaffenheit zu differenzieren. Es ist anzunehmen, daß wenigstens die größten Differenzen im Schutzwert verschiedener Nickelniederschläge auf diese Weise unterschieden werden können. Rein für Vergleichszwecke sind die Resultate in Form von Sechs-Stunden-Perioden ausgedrückt, obwohl die Untersuchung ohne Unterbrechung vorgenommen wurde, mit Ausnahme der Zeit, die dafür benötigt wurde, Beobachtungen vorzunehmen.

c) Die intermittierende Eintauchprobe (I. E.) Die Probe, wie ausgeführt, ist eine Änderung der kürzlich von Farnsworth & Hocker zur Untersuchung von Zinkniederschlägen empfohlene. Die Platten wurden mittels Hartgummiklammern an die radialen Arme eines Rades von etwa 90 cm (3 Fuß) Durchmesser befestigt. Dieses Rad wurde mittels eines Motors und eines Reduziergetriebes in Umdrehung versetzt, so daß eine Umdrehung in 15 Minuten gemacht wurde. Wenn die Platten sich während der Umdrehung in der tiefsten Lage befanden, passierten sie in horizontaler Lage ein Hartgummibassin von ca. 60 cm (2 Fuß) Länge, welches mit einer Lösung gefüllt war, die 30 g pro Liter (4 Unzen pro Gal.) Natriumchlorid enthielt. Zum Durchlaufen der Salzlösung wurde ungefähr 1 Minute benötigt, die übrigen 14 Minuten waren die Platten der Luftwirkung ausgesetzt.

Das Auftreten von bei einer Entfernung von etwa 1 m (3,3 Fuß) deutlich erkennbaren Rostflecken wurde als Anzeichen von fehlerhafter Beschaffenheit angenommen. Die Resultate werden in Form von 15-Minuten-Umdrehungen ausgedrückt, die nötig sind, um fehlerhafte Beschaffenheit des Niederschlages nachzuweisen.

d) Atmosphärische Exponierung (A. E.). Jede Platte wurde an einer Ecke zwischen zwei dünnen Holzstreifen geklammert und auf dem Dach eines der Gebäude des Bureau of Standards in Washington exponiert. Die Gestelle liefen von Osten nach Westen, und die Platten waren nach dem Süden gerichtet, bei einem Winkel von 45° zur Horizontalen. Die fehlerhafte Beschaffenheit der Platten wurde, wie früher, durch das Auftreten von bei einer Entfernung von 1 m (3,3 Fuß) deutlich sichtbarem Rost definiert. Infolge der Tatsache, daß die Wetterverhältnisse mit den Jahreszeiten schwanken, sind die Resultate direkt vergleichbar nur unter den Platten, die gleichzeitig untersucht wurden. Die Resultate sind in Form von Wochen der Exponierung ausgedrückt.

Die Adhäsionsprobe (A. P.). Eine Anzahl der Platten wurde in der Erichsen-Penetrations-Maschine untersucht, in welcher ein Stahlkolben gegen die Platte gepreßt wird, bis Bruch eintritt, um festzustellen, ob der Nickelniederschlag sich vom Stahl loslöst, ehe letzterer durchstoßen wurde. Natürlicherweise können die Resultate dieser Probe nur dann verglichen werden, wenn Stahl von derselben Duktilität verwandt wird und der Bruch bei derselben Tiefe der Penetration stattfindet. Man fand, wie bei dieser Probe festgestellt wurde, daß die Adhäsion aller Nickelniederschläge gut war, ausgenommen in den Fällen, wo die Entfettung als unzulänglich bekannt gewesen oder wo eine große Menge Eisen im Bad und im Niederschlag vorhanden war. Wenn die anfängliche Adhäsion gut war, so wurde eine schlechte Beschaffenheit bei dieser Probe auch dann nicht beobachtet, wenn die Platten bis nahezu auf Rotglut (ca. 50° C oder 932° F) erhitzt, dann in kaltes Wasser getaucht und wieder untersucht wurden. Für Zwecke, wo ein sehr hoher Grad von Adhäsion verlangt wird, müssen möglicherweise ernstere Proben als die hier beschriebenen vorgenommen werden.

f) Die Härteproben (H. P.). Stoßmethoden, wie beim Skleroskop, und Penetrationsmethoden, wie die Brinell-Methode, sind nicht auf sehr dünne Metallniederschläge anwendbar, da die Niederschläge sehr durch die Eigenschaften des Grundmetalls beeinflußt werden. Wenn wir annehmen, daß die Hauptwichtigkeit der Härte eines elektrolytischen Niederschlages gewöhnlich in seiner Widerstandsfähigkeit gegenüber Abschürfung liegt, so erscheint es wahrscheinlich, daß Kratzhärteproben das Richtige sein werden.

Für diesen Zweck wurde ein Bierbaum-Apparat verwandt, bei welchem eine Saphirspitze von 90° über die Oberfläche bei einem Druck von 3 g gezogen wird. Die Breite des sich ergebenden Kratzrisses wurde mit 500facher Vergrößerung mittels eines Mikroskopes mit Skala gemessen. Die Resultate dieser Untersuchung wurden in Form der durchschnittlichen Breite in Mikronen ausgedrückt, die auf Grund von 10 Beobachtungen bei jedem Kratzriß berechnet wurden. Ein schmaler Riß bedeutet eine größere Härte als ein breiterer Riß, und umgekehrt. Was weitere Wechselbeziehungen zwischen der Kratzhärte und der Abschürfung beim Gebrauch betrifft, so hat es wenig Zweck, Vermutungen anzustellen, wie dies oft geschieht, z. B. daß die Härte im umgekehrten Verhältnis zum Quadrat der Breite des Kratzrisses steht. Die Resultate sind daher lediglich direkt auf Grund der physikalischen Messungen ausgedrückt.

Es zeigte sich, daß die verschiedenen Vorschläge, welche das Verhindern von Wasserstoffporen durch Zusätze von Chemikalien vorschreiben, mehr oder minder zwecklos sind. So ist der Vorschlag, zur Verhinderung der Poren durch Wasserstoffbläschen den Nickelbädern oxydierende Substanzen, wie Wasserstoffsuperoxyd, zuzusetzen, abwegig. Wenn durch einen solchen Zusatz auch der sich entwickelnde molekulare Wasserstoff wegoxydiert wird (gleiche Wirkung zeigt auch ein Zusatz von Kaliumpermanganat), so wird dadurch wieder die Tiefenwirkung solcher Nickelbäder, wie Haring gezeigt hat, reduziert. Zudem befördert die Gegenwart solcher Oxydationsmittel die Passivität der Nickelanoden.

Verfasser fand, daß die Bildung der Poren durch Wasserstoffbläschen ihre Hauptursache im Vorhandensein kleinster, oft kolloidaler Fremdkörper, wie feinstem Anodenschlamm oder basischer Salze, zu suchen ist, welche als positive

Kolloide oder mit positiver Ladung behaftet an die Kathode wandern, sich dort anlagern und entweder als Stromlinienschirm wirken oder die Entladung des Wasserstoffs begünstigen. Dagegen nützt nur ein Abkochen der Nickelbäder mit Substanzen, welche radikale Fällungen von Nickelkarbonat oder Nickelhydrat herbeiführen, wodurch solche kolloide Körper mitgerissen und aus der Lösung entfernt werden. Der Zusatz von Natriumzitrat oder Tartrat bzw. von Weinsäure oder Zitronensäure ist daher auch empfehlenswert, weil durch solche Zusätze keine Trübungen durch basische Nickel- oder Eisensalze möglich sind, da solche in diesen Präparaten löslich sind, also wieder verschwinden. Ein Dauerfiltrieren durch gute, dichte Filter hilft natürlich ebenfalls. Man vermeide aber, beim Präparieren der Schnellnickelbäder Salze, wie Aluminium- oder Magnesiumsulfat, in größeren Mengen zu verwenden, weil diese außerordentlich leicht hydrolysieren und solche die Wasserstoffporen begünstigenden kolloidalen Substanzen veranlassen.

Die Härte der Nickelniederschläge, welche durch die Kratzproben festgestellt wurden, zeigten wiederum, daß die Härte durch jeden Faktor gefördert wird, welcher feinere, also kleinere Kristalle erzeugt. So wird die Härte erhöht durch Steigerung der Stromdichte und Verwendung von Bädern mit hohem Sulfatgehalt. Solche Verhältnisse wären also günstig, wo Wert auf Widerstandsfähigkeit gegen Abschürfung gelegt wird. Anderseits wird durch Temperatursteigerung der Badflüssigkeit und durch Erhöhung der Nickelkonzentration des Elektrolyten die Härte des Niederschlages verringert. Solche Niederschläge sind dort erwünscht, wo man Wert darauf legt, einfach und rasch auf Hochglanz zu polieren.

Im allgemeinen sind die Versuchsergebnisse an Niederschlägen, die Kupferschichten enthalten, etwas besser als bei Nickelniederschlägen von derselben Gesamtstärke. Die Durchschnittsergebnisse bei Nickel und Kupfer sind wenigstens ebenso gut wie bei Nickel, Kupfer und Nickel. Der Vorteil des Kupferniederschlages ist in jedem Fall wohl hauptsächlich darauf zurückzuführen, daß auf Kupfer die Überspannung von Wasserstoff höher ist als auf Eisen oder Nickel, und daher hat der Wasserstoff weniger Bestreben, sich zu bilden und auf dem Kupfer festhaftende Bläschen anzusetzen, als auf der Eisenoberfläche. Außerdem äußert sich eine reinigende Wirkung, wenn das Kupfer direkt auf Stahl, also notwendigerweise aus einer alkalischen Lösung aufgetragen wird; dies tritt noch mehr hervor, wenn die Kupferlösung einen hohen Gehalt an freiem Zyankalium besitzt (wie bei den kombinierten Entfettungs- und Verkupferungsbädern). Außerdem hat die zyankalische Lösung eine gute Tiefenwirkung und kann man deshalb Kupfer in kleine Höhlungen oder auf fehlerhafte Flächen niederschlagen.

Zum Zwecke eines vermehrten Oberflächenschutzes wurden auch Zwischenlagen von Zink und Kadmium angewendet und untersucht. Infolge ihrer Stellung in der Spannungsreihe der Elemente müssen Zink und Kadmium einen guten Rostschutz auf Eisen bereits ohne Nickelbelag ergeben und besser als Kupfer schützen. Von Watts und de Verter wurde darauf hingewiesen und durch Experimente im Bureau of Standards bestätigt, daß die Gegenwart von Nickel auf dem Zinkniederschlag die Korrosion des letzteren beschleunigt und dessen Schutzwert verringert wird. Mit anderen Worten, Stahl nur mit Zink- oder Kadmiumniederschlag plattiert, wird ernsthaften korrosionsfördernden Verhältnissen länger widerstehen, als wenn Nickel noch auf den Zink- oder Kadmiumniederschlag aufgetragen ist.

Bei allen Proben, die in dieser Untersuchung mit derartigen Mustern vorgenommen wurden, fand man, daß in allen Fällen die Nickelniederschläge schnell anlaufen und sich dann mit einem weißlichen Film bedecken, welcher unansehnlich war, wenngleich weniger sichtbar als Eisenrost. Es ist deshalb zweifelhaft, ob die Verwendung von Nickelniederschlägen auf einen Zinkniederschlag auf Stahl immer wünschenswert erscheinen wird. Die Anwendung von Nickel auf Kadmium dagegen kann sich als vorteilhaft erweisen, da ein verhältnismäßig geringer Unterschied im Potential zwischen Kadmium und Nickel besteht und es deshalb leichter ist, einen festhaftenden Nickelniederschlag auf Kadmium zu erzeugen als auf Zink; auch korrodiert bei nachfolgendem Exponieren Kadmium nicht so schnell wie Zink.

Um verhältnismäßig starke Niederschläge rationell herzustellen, ist es wünschenswert, die Niederschlagsmenge zu erhöhen. Die Verhältnisse, welche für Anwendung hoher Stromdichten bei Vernicklung günstig sind, sind:

1. eine hohe Konzentration des Nickelsalzes und der Nickelionen;
2. eine höhere Konzentration der Wasserstoffionen (geringerer p_H) als für verdünntere Lösungen oder niedrigere Stromdichten;
3. mäßige mechanische Bewegung, z. B. durch Kathodenbewegung;
4. Freisein von suspendiertem Material;
5. relativ hohe Temperatur und
6. der Gebrauch von Rein-Nickelanoden.

Glänzende Vernicklung, leichte Glanzvernicklung. Will man das nach dem normalen Vernicklungsvorgang, sofern dadurch eine nennenswerte Nickelschichte geschaffen wurde, notwendige Hochglanzpolieren erübrigen, um sich diesen Arbeitsgang und die damit in Verbindung stehenden Kosten zu sparen, so kann man dies entweder dadurch erreichen, daß man solche Bäder verwendet, welche an sich schon glänzende Niederschläge liefern, oder man dehnt eben einfach die Vernicklungsdauer nicht allzulange aus, so daß sich der bildende Nickelniederschlag blank bildet und nicht matt wird.

Der erste Weg ist wohl der solidere, zumal es heute Nickelbäder gibt, die selbst nach 1- bis 2 stündiger Vernicklung noch immer glänzend arbeiten, doch darf nicht vergessen werden, daß diese Glanzbildung immer Hand in Hand geht mit einer Härtung des Überzuges, und je härter ein Metallniederschlag ist, desto geringer ist seine Legierungsbildung mit der Unterlage und desto leichter neigt er zum Abblättern. Auf Messing und Kupfer und anderen Kupferlegierungen kann man aber mit solchen Bädern dennoch eine genügend haltbare, direkt glänzend ausfallende Vernicklung erhalten und bedient sich hierzu verschiedener Zusätze von glanzbildenden organischen Stoffen, Kolloiden, wie Gelatine, Agar-Agar, Leim, Zucker, Süßholzextrakt, in geringen Mengen. Ein sehr verbreitetes Bad, das aber Zusätze anorganischer Natur in entsprechender Weise beim Präparieren der Nickelsalze berücksichtigt hat und dabei festhaftende Niederschläge liefert, ist das Para-Nickelbad. Es existieren aber außerdem eine ganze Anzahl ähnlicher präparierter Nickelsalze im Handel, die sich ähnlich verhalten. Von derartigen glänzendarbeitenden Nickelbädern muß unbedingt ein besonders gutes Streuungsvermögen verlangt werden, da sonst in tieferen Partien der Niederschlag wohl blank und glänzend bleibt, wogegen er bei unrichtiger Badzusammensetzung durch zu geringes Streuungsvermögen an den vom Strom bevorzugten Partien bereits in Matt übergehen würde. Es ist fast allgemein üblich, die Gegenstände vor dem Vernickeln zu polieren, das ist unzweifelhaft sehr bequem und billig, weil die Objekte nach dem Vernickeln den brillanten Polierhochglanz behalten, allenfalls nur noch etwas nachgeputzt werden, um sofort als fertig und brillant glänzend vernickelt abgeliefert werden zu können.

Dieser Vorgang ist nun gewiß nicht im Interesse der Solidität der Vernicklung. Es wird jedermann einleuchten, daß die Vernicklung, überhaupt jede Elektroplattierung, auf der spiegelglatten Polierfläche des Unterlagsmetales nicht so gut haften kann als auf einem mehr oder weniger rauhen Untergrund; überdies bietet die so wichtige Dekapierung solch polierter Objekte einige Schwierigkeit, weil sie nicht mit jener drastischen Rücksichtslosigkeit betrieben werden kann (ohne die Polierfläche zu alterieren) wie bei unpolierten Gegenständen. Man ist nur auf chemische Reinigung angewiesen, eigentlich nur auf Entfettung, und da kann es leicht vorkommen, daß die Metallfläche mit einem für das Auge allerdings nicht wahrnehmbaren, aber dennoch vorhandenen Oxyd behaftet ist, was man in der Praxis „Anlauf" nennt, und dieses Oxyd ist es, welches ein inniges Zusammenwachsen (Adhärenz) des elektrolytischen Niederschlages mit dem Grundmetall verhindert; das Metall wird sich zwar mit dem Niederschlag überziehen, dieser aber schlecht haften.

Von einer starken Glanzvernicklung kann bei vorher glanzpolierten Artikeln aus dem Grunde keine Rede sein, weil die Vernicklung wie jeder Niederschlag, sobald er eine gewisse Stärke erreicht, matt wird; dadurch wäre das vorherige Hochglanzpolieren ganz unnütz.

Die Behandlung polierter Objekte vor der Vernicklung ist folgende: Diese sollen nach dem Polieren nicht lange an der Luft oder im Wasser liegen, um ein Anlaufen (Oxydieren) der blankpolierten Oberfläche zu vermeiden, sondern womöglich direkt aus der Hand des Polierers (Schleifers) zur Entfettung und zur Vernicklung kommen.

Vor dem Vernickeln müssen sie selbstverständlich sorgfältigst entfettet und von jedem Anlauf (Oxyd) vollkommen befreit werden, und zwar geschieht dies entweder mit Fettlösungsmitteln oder Wienerkalkbrei.

Nach dem Entfetten wird die Ware sorgfältig rein gewaschen und sofort noch naß in das Nickelbad eingehängt. Die Vernicklungsdauer wird man für leichte Glanzvernicklung nicht über 30 Minuten ausdehnen können, ohne den Polierhochglanz zu beeinträchtigen, der bei zulange währender Vernicklung schleierig oder gar matt werden könnte, allerdings nachträglich durch Nachputzen mit Wienerkalkpulver oder Hochglanzmasse wieder herzustellen ist.

Meist wird für diese Art der Glanzvernicklung eine minder lange Vernicklungsdauer gebraucht, um dieses Nachglänzen auch noch zu ersparen, und begnügen sich manche Vernickler mit einer Einhängdauer von nur wenigen Minuten, gerade so viel, daß der Gegenstand mit Nickel gedeckt ist.

Je mehr solcher Zusätze von Glanz verursachenden Substanzen die Nickelbäder enthalten, desto glänzender wird der Nickelniederschlag, und es gelingt nun tatsächlich, selbst bei stärkerer Nickelauflage, die Niederschläge mit bedeutendem Glanz aus dem Bade zu bringen. Man wendet solche Niederschläge dort an, wo es die Eigenart der Gegenstände verbietet, daß man solche nach der Vernicklung poliert. Z. B. sind gestanzte Blechgegenstände, die man aus poliertem Blech anfertigte und welche viele Durchbrechungen aufweisen, wie Lampenbrennerteile u. ä., äußerst schwierig auf der Schwabbelscheibe zu behandeln; diese dünnen Blechteile verbiegen sich einerseits beim Polieren, anderseits reißt die rasch laufende Schwabbelscheibe an den Kanten der Durchbrechungen zu sehr ins Material ein, auch besteht die Gefahr, daß dem Schleifer der Gegenstand, in welchem sich die Fasern der Schwabbelscheiben festhängen, nur allzuleicht aus der Hand gerissen wird. Solche Gegenstände sind also das Gegebene für direkt glänzendarbeitende Nickelbäder.

Es ist aber unbestrittene Tatsache, daß das Nickelpolieren von Niederschlägen, welche an sich schon Halbglanz zeigen, weit weniger Zeit und Arbeit erfordert als das Polieren direkt matter Niederschläge. Man ist also in allen Industrien bestrebt, wo man hochglänzend polierte Nickelniederschläge benötigt, die Polierarbeit auf das unumgängliche Mindestmaß herabzudrücken, die Niederschläge also schon mit Halbglanz aus dem Bade zu bekommen, ohne daß Duktilität und Haftfestigkeit eine besondere Einbuße erleiden. Etwas geht durch diese Halbglanzbildung naturgemäß stets verloren, aber es gibt einen Mittelweg, und diesen zu beschreiten, erfordert eine vernunftgemäße Anwendung der dazu vorhandenen Arbeitsbedingungen. In erster Linie erreicht man dies durch Einblasen von Druckluft in die Bäder, doch darf man dies nicht übertreiben, zumal nicht bei erwärmten Bädern, da ein zu intensiver Luftstrom, der direkt an die Ware beim Vernickeln geführt wird, zwar glänzende Niederschläge veranlaßt, jedoch zu leicht Schlämme vom Boden der Wanne aufrührt und rauhe Niederschläge veranlaßt, die sich noch schwieriger polieren lassen. Wo man Druckluft in die Nickelbäder einleitet, darf dies nur bei gleichzeitiger Dauerfiltration erfolgen.

Nun sind aber auch besondere Badvorschriften ermittelt worden, welche glänzende Niederschläge liefern, welche mit Umgehung organischer Fremdsubstanzen, nur durch Zusatz anorganischer Beigaben, den gleichen Effekt ergeben. Eine amerikanische Vorschrift für ein solches Bad lautet:

> 1 l Wasser
> 211 g Nickelsulfat krist.
> 17 g Nickelammonsulfat
> 106 g Natriumsulfat kalz.
> 28 g Essigsäure.

Fast ebenso gut fand Verfasser die Vorschrift:

> 1 l Wasser
> 83 g Nickelsulfat
> 10 g Borsäure
> 83 g Natriumsulfat kalz.
> 14 g Chlorammon
> 0,07 g Kadmiumchlorid.

Für solche Bäder gilt die Einhaltung der Wasserstoffzahl $p_H = 5{,}4$ bis $5{,}8$. Gearbeitet wird in solchen Fällen bei Stromdichten von 1 bis 3 A/qdm und bei Badspannungen von 4 bis 5 V, normale Elektrodenentfernung von 15 cm vorausgesetzt, und bei einer Badtemperatur von 27° C.

Anstatt den Zusatz von Kadmiumchlorid in Form des löslichen Salzes zu machen, wird vielfach zur Erreichung glänzender Niederschläge in Nickelbädern so verfahren, daß man neben den Nickelanoden kleine Stäbe metallisch reinen Kadmiums anodisch verwendet, doch muß man hierbei scharf beobachten, daß nicht nach und nach ein zu hoher Kadmiumgehalt in die Bäder kommt und wird diese Stäbchen daher nur zeitweise anodisch auflösen lassen und sie wieder für einige Zeit aus den Bädern nehmen. Diese Glanzbildner werden auch häufig zum Vernickeln kleiner Massenartikel in Trommel- oder Glockenapparaten angewendet, auch beim Vernickeln von Fahrradspeichen ist diese Methode sehr beliebt, weil man dann die vernickelten Speichen nicht mehr nachzuglänzen hat, was eine recht mühsame Arbeit bedeuten würde.

Dicke der Niederschläge und deren Herstellungszeiten. Bezüglich der Dicke der üblichen Nickelniederschläge sind in Kreisen der Industrie vielfach ganz falsche Ansichten verbreitet, und man hört nur zu oft von Niederschlägen von ½ oder 1 mm Dicke sprechen. Wenn man sich ein Blech von 1 mm oder ½ mm Dicke vergegenwärtigt, so wird man sich bald darüber im klaren sein, daß derartig dicke Nickelniederschläge ein Unding sind, denn wenn man sie auch faktisch herstellen kann, so werden solche Stärken des Nickelbelages niemals gebraucht, ja sie wären sogar für viele Zwecke gänzlich unbrauchbar, da die so stark mit Nickel überzogenen Gegenstände gar nicht mehr im Kaliber passen würden.

Die Stärke der in einer gewissen Zeit gebildeten Nickelniederschläge ist bedingt durch die angewandte Stromdichte in Ampere pro Quadratdezimeter und der Zeit, während welcher diese Stromdichte wirkt, nebstbei auch abhängig von der kathodischen Stromausbeute des verwendeten Nickelbades. Letztere ist nun bei fast allen Nickelbädern zwischen 90 und 98% gelegen. Wir haben im theoretischen Teil die Methode besprochen, nach welcher aus den genannten Zahlenangaben die erreichte Dicke eines Niederschlages berechnet werden kann.

In nachstehender Tabelle sind für die gangbarsten Stromdichten bei einer angenommenen Stromausbeute von 90% die in bestimmten Niederschlagszeiten zu gewinnenden Niederschlagsstärken ausgerechnet und dürften für viele Zwecke einen erwünschten Anhaltspunkt geben.

Stromdichte A/qdm	Dicke des Nickelniederschlages in mm nach				
	½ Std.	1 Std.	2 Std.	3 Std.	5 Std.
0,2	0,0012	0,0024	0,0048	0,0072	0,012
0,3	0,0016	0,0037	0,0064	0,0096	0,016
0,4	0,0024	0,0048	0,0096	0,0144	0,024
0,5	0,003	0,006	0,012	0,018	0,030
0,75	0,0045	0,009	0,018	0,027	0,045
1,0	0,006	0,012	0,024	0,036	0,060
1,5	0,009	0,018	0,036	0,054	0,090
2,0	0,012	0,024	0,048	0,072	0,120

Die praktische untere Grenze für die Nickelschichte liegt bei 0,001 mm, geringere Nickelschichten können keinerlei Anspruch auf Haltbarkeit erheben, nach oben ist allerdings keine Grenze gezogen, doch wird selten über eine Nickelschichte von 0,3 mm gegangen, nur wenn besondere Umstände dies erfordern.

Je stärker man den Nickelniederschlag machen will, um so höhere Anforderungen werden an die Reinheit und Zusammensetzung des Bades zu stellen sein, da einerseits mit wachsender Niederschlagsdicke die Gefahr des Abplatzens steigt, anderseits die Polierfähigkeit um so heikler wird, je dicker und demzufolge je rauher der Niederschlag ausfällt. Rauhe Nickelniederschläge erfordern beim Polieren ganz bedeutende Kraftäußerungen, die Ware wird dabei heiß, und wenn der Nickelniederschlag nicht sehr fest haftet, schält sich der ganze Belag bei der auftretenden Erwärmung des Gegenstandes sehr leicht in seiner Gänze ab. Für stärkere Nickelniederschläge sind daher Bäder zu wählen, welche ein möglichst feines Korn des Niederschlages gewährleisten, das sind die Bäder mit Alkali- und Magnesiumsalzen und Bäder mit erhöhter Temperatur, erhöhtem Nickelgehalt und vor allem Bäder ohne Chloride.

Massenartikel, die in Massen-Galvanisierapparaten zur Vernicklung kommen, zeigen meist eine Nickelauflage in der Stärke von 0,002 mm. Hohle oder stark profilierte Gegenstände zeigen in ihrer Niederschlagsstärke je nach Streuungsvermögen Unterschiede bis zu 90% an den tiefst liegenden Stellen gegenüber den begünstigten Stellen. Wählt man dagegen Bäder mit großem Streuungsvermögen, so kann man dieses Verhältnis sehr zugunsten der tiefer liegenden Partien verschieben und hat Verfasser in dem Glanznickelbad nach Pfanhauser sen. bei Hohlgefäßen, die mit planen Anoden ohne Innenanoden bearbeitet wurden, eine Verminderung der tiefst liegenden Stellen gegenüber den Außenseiten dieser Gefäße von günstigstenfalls = 30% festgestellt. Man ersieht daraus, was eine gut zusammengesetzte Badlösung in dieser Hinsicht für Vorteile zu bieten imstande ist.

Stromverhältnisse. Obschon bei den einzelnen Badrezepten genaue Vorschriften für die Einstellung der erforderlichen Stromverhältnisse gegeben wurden, sei doch speziell darauf aufmerksam gemacht, daß die angeführten Badspannungen speziell nur dann gültig sind, wenn das bei den betreffenden Bädern angegebene Verhältnis der Anodenfläche zur Warenfläche im Bade auch tatsächlich vorhanden ist. Nun wird es in der Mehrzahl der Fälle schwierig sein, für Einhaltung dieses Verhältnisses der Elektroden dauernd vorzusorgen, meist wird die Anodenfläche größer sein, gerade wenn man sperrige Gegenstände vernickelt, die wohl viel Platz im Bade einnehmen, deren Fläche aber klein ist im Verhältnis zur Anodenfläche. Dann gelten die angegebenen Daten für die Badspannung nicht, diese muß dann sinngemäß verringert werden, weil ja die Streuung der Stromlinien den Leitungsquerschnitt im Bade zwischen Anoden und Kathoden vermehrt, auch wenn eine Elektrode kleiner ist als die andere. Es kann dies so weit führen, daß man z. B. in einem Bade, welches normal mit einer Stromdichte von 0,5 A/qdm arbeitet und hierbei bei 15 cm Elektrodenentfernung 2,8 V erfordert, schon bei 2,0 V die gleiche Stromdichte erhalten kann, wenn die Warenfläche nur halb so groß ist wie die Anodenfläche.

Um diese geeigneten Stromverhältnisse an jedem einzelnen Nickelbade bequem einstellen zu können, wird vor jedes Bad ein genau passender Badstromregulator geschaltet, dessen Regulierbereich so gewählt werden muß, daß die vorgeschriebene Badspannung bei allen Stromstärken, die für die jeweilige Belastung des Bades mit Ware einreguliert werden muß, konstant gehalten werden kann. Zumeist, wenn nicht besondere Reguliergrenzen vorgeschrieben werden, sind diese Badstromregulatoren derart gebaut und berechnet, daß die im Regulator aufzunehmende Spannung (Voltvernichtung) bis zu 10% der maximalen Belastung reicht. Wenn beispielsweise ein Nickelbad mit 2,5 V arbeiten soll, um die günstigste Stromdichte zu erhalten, so muß der Regulator, wenn die maximale Strombelastung etwa 50 A beträgt und die Klemmenspannung an der Maschine beispielsweise 4 V ist, auch noch bei 5 A Strombelastung im Bade diese Badspannung von 2,5 V herstellen. Die Spannungsaufnahme (Voltvernichtung) des Regulators muß $4-2,5 = 1,5$ sein, der anzuschließende Regulator demnach für 50 bis 5 A Belastung und 1,5 V Spannungsaufnahme gebaut sein.

Wird die Stromdichte in einem Nickelbade über das maximal zulässige Maß hinaus gesteigert, so tritt zunächst Wasserstoffentwicklung ein, was man an einem Brausen entlang den eingehängten Waren ersehen kann. Dauert diese Gasentwicklung und diese unzulässige Stromdichte längere Zeit, so wird der Nickelniederschlag dunkel, später sogar schwarz und pulverig. Kann man bei kleinen Warenflächen, die mit dem Badstromregulator nicht mehr auf die richtige Stromstärke eingestellt werden können, ein solches Brausen oder Gasen beobachten, so hilft man sich einfach dadurch, daß man die Warenfläche vergrößert, indem man einen Teil Anoden auf die Warenstangen hinüberhängt. Man sieht dann am Voltmeter bei gleichbleibender Stellung des Regulatorhebels sofort ein Sinken der Badspannung, weil eben durch die momentan eingeschalteten Drahtspiralen nunmehr eine größere Stromstärke fließt, die in dem vorgeschalteten Widerstand ein größeres Spannungsgefälle bewirkt als eine kleinere Stromstärke. Hängt gar keine Ware im Bade, so kann natürlich der Regulator nicht eine Drosselung der Badspannung herbeiführen. Oftmals glaubt der Ungeübte, daß er durch Verstellen des Regulatorhebels, ohne daß Ware im Bade ist, die Regulierfähigkeit des Regulators beurteilen kann, wenn er während des Verstellens des Regulatorhebels den angeschlossenen Voltmesser beobachtet. Da ein Voltmesser einen außerordentlich kleinen Strom konsumiert, so kann diese kleine Stromstärke im Regulator keinen Spannungsabfall nennenswerter Größe hervorrufen, der Voltmesser bleibt in seiner Stellung, die die Maschinen- bzw. Netzspannung anzeigt, fast unverändert, und erst wenn man an die Warenstange ein Stück in die Lösung eintauchen läßt, wird der Voltmesser eine Verminderung der Badspannung anzeigen, weil der eingehängten Fläche entsprechend nunmehr auch erst eine nennenswerte Stromstärke durch das Bad und den Regulator fließt.

Bei der Vernicklung kleiner Massenartikel in Sieben oder Trommeln bzw. anderen Massen-Galvanisierapparaten ist eine Regulierung des Stromes mit Badstromregulatoren nicht nötig, denn zumeist sind diese Apparate an die hierfür extra bestimmten Niederspannungsdynamos von 8, 10 oder 12 V angeschlossen, und es soll ja durch diese Apparate möglichst viel Strom hindurchgehen und daher die Badspannung tunlichst hoch gehalten sein.

Pflege der Nickelbäder. Vor allem sei immer wieder empfohlen, der Temperatur der Nickelbäder die nötige Aufmerksamkeit zu widmen, insbesondere in der kalten Winterszeit; unter 15° C dürfen die Bäder nie abkühlen, sonst arbeiten sie unregelmäßig oder gar nicht. Der Wichtigkeit der Temperatur halber soll ihr weiter unten ein spezielles Kapitel gewidmet werden. Die Konzentration der Nickellösungen hat auf den Vernicklungsprozeß nicht jenen großen Einfluß, wie vielfach angenommen wird; eine Badschwere zwischen 4 und 8° Bé wird bei den gewöhnlichen Bädern kaum je irgendeine nennenswerte Störung verursachen. Verfasser hat bei Zusammensetzung der Vernicklungslösungen jeweilig diejenige Konzentration festgestellt, wobei ein Auskristallisieren der Salze auch bei niederer Temperatur nicht stattfinden wird. Die Messung der Schwere der Bäder mittels des Aräometers soll immer bei der Temperatur vorgenommen werden, die in den Vorschriften als normal angegeben ist, denn die Angaben des Aräometers würden leicht falsch sein, wenn man eine Lösung, die normal bei 18° arbeitet, z. B. bei 50° C messen würde, die Konzentration würde zu niedrig angezeigt werden.

Alle Bäder „trocknen ein", d. h. das Lösungswasser derselben verdunstet, infolgedessen vermindert sich das Quantum, die Lösung wird immer konzentrierter. Man gieße zeitweise Wasser zu, um die ursprüngliche Badhöhe zu erhalten.

Wird durch das Herausnehmen der Ware aus dem Bad viel Lösung verschleudert, besonders bei Waren mit Höhlungen ist dies bedeutend, so wird dadurch die Lösung immer weniger; man wird stets etwas fertiges Bad im Vorrat halten, um diesen Abgang zu ersetzen oder durch Hinzulösen des seinerzeit verwendeten Präparates nach Auffüllen des Bades dieses wieder auf die normale Schwere bringen.

Viele Praktiker begehen den Fehler, daß sie alten Nickelbädern in dem Glauben, daß diese metallarm seien, nicht nur Nickelsalz, sondern auch Leitsalze zusetzen; ist ein Nickelbad wirklich metallarm geworden, so genügt der Zusatz eines einfachen Nickelpräparates (meist Nickelsulfat oder Nickelkarbonat); an Leitsalzen wird es nur selten fehlen, ein Zusatz derselben wird nur unnötig das Bad verdicken, und das ist für dessen Verwendbarkeit kein Vorteil.

Im allgemeinen sind die Nickelbäder nicht gar so empfindlich, als viele Praktiker fürchten; mit dem Korrigieren derselben möge man recht überlegt vorgehen, meist wird allzu vorzeitig und zuviel laboriert und gerade dadurch so manches Bad verdorben. Verfasser hat oft Gelegenheit, in der Praxis Nickelbäder zu sehen, die ganz trübe, mißfarbig und scheinbar sehr korrekturbedürftig sind, die aber trotzdem noch gut funktionieren; es soll damit nicht eine Vernachlässigung der Korrektur befürwortet, sondern nur darauf hingewiesen werden, daß der Vernickler im Fall eines Mißerfolges nicht immer sofort den Fehler im Bad suchen soll, sondern da, wo er in den meisten Fällen zu suchen sein dürfte, nämlich in der ungenügenden Dekapierung der Waren, unrichtigen Stromverhältnissen oder in der mangelhaften, vielleicht unterbrochenen Leitung usw.

Wenn die für jedes Bad vorgeschriebenen Stromverhältnisse, Anoden- und Warenflächenverhältnisse und die übrigen Daten streng genau eingehalten werden könnten, würde eine Veränderung der chemischen Beschaffenheit der Bäder nur selten eintreten und jegliche Korrektur erspart bleiben; weil dies aber in der Praxis ganz unmöglich ist, so ist es auch unvermeidlich, daß die Lösungen früher oder später Veränderungen erleiden und entsprechend korrigiert werden müssen. Die Ursache der Veränderungen der Elektroplattierbäder wurde bereits ausführlich klargelegt, Verfasser beschränkt sich hier darauf, nochmals zu wieder-

holen, daß bei Anwendung zu hoher Stromdichten an der Ware (zu kleine Warenflächen) die Nickelbäder „alkalisch" werden, bei zu hoher Stromdichte an den
Anoden (zu kleine Anodenflächen) „sauer". Diese beiden Reaktionsänderungen
verursachen, je nachdem sie mehr oder weniger intensiv auftreten, auch mehr
oder weniger fühlbare Mängel in der Qualität des Niederschlages.

Die Temperatur der Nickelbäder. Wie bei allen elektrolytischen Prozessen,
spielt natürlich bei der Vernicklung die Temperatur der Bäder eine besonders
wichtige Rolle. Nicht nur für die Arbeitsschnelligkeit und für das Verhalten
eines Bades während der Vernicklung ist die Badtemperatur maßgebend, sondern es können durch verschiedene Reaktionen, die durch die oxydierende Wirkung des Stromes eintreten können, manche Badzusammensetzungen dauernd
verändert werden, so zwar, daß es mitunter für den Fachmann fast unmöglich
wird, die ursprüngliche Natur des Elektrolyten wieder herzustellen.

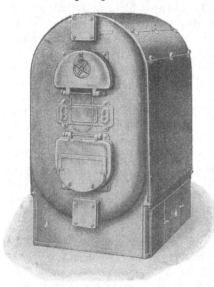

Fig. 224.

Die Erhöhung der Temperatur wirkt
fast allgemein nur fördernd auf den
Prozeß, denn mit steigender Temperatur wird einerseits das Anodenmaterial
leichter gelöst, andererseits die glatte
und wasserstofffreie Nickelfällung begünstigt. Die bessere Löslichkeit des
Anodenmaterials mit steigender Temperatur, bedingt durch die Verringerung
der Passivität des Nickels in wärmeren
Lösungen, bringt es mit sich, daß man
in warmen Nickelbädern von etwa 50
bis 70° C anstatt der sonst leichter
löslichen Gußnickelanoden solche aus
gewalztem Nickel verwenden kann,
ohne Gefahr zu laufen, daß eine Verarmung an Nickel und eine Anreicherung an freier Säure eintritt. Für den
Ausfall der Vernicklung selbst ist aber
eine höhere Badtemperatur ganz besonders wichtig, weil speziell aus nickelreichen Bädern bei höherer Temperatur
wasserstoffärmeres Nickel ausgefällt wird und es daher nur bei entsprechend
höherer Temperatur im allgemeinen möglich wird, Nickelniederschläge herzustellen, die auch in größerer Dicke noch duktil sind und nicht abrollen. Auch
für die zur Erzielung besserer Adhäsion des Niederschlages am Grundmetall maßgebende Legierungsbildung an der Berührungsfläche zwischen dem Niederschlage
und dem Grundmetall ist die höhere Temperatur von eminenter Wichtigkeit.

Begreiflich ist es nun, daß all diese günstigen Wirkungen der höheren Badtemperatur verschwinden, wenn man die Bäder zu kalt verwendet. Dagegen
stellen sich unliebsame Erscheinungen ein, die jedem Vernickler bekannt sind.
Bei Eintritt der kalten Jahreszeit, wenn die Bäder durch mangelhafte Erwärmung
des Galvanisierraumes unter die normale Zimmertemperatur von 18 bis 20° C
abkühlen, treten diese Erscheinungen auf. Die Niederschläge vollziehen sich nur
sehr langsam, sie springen leicht ab, werden glänzend, die Bäder arbeiten nicht
in die tieferen Hohlräume u. dgl. An den Anoden bemerkt man häufig einen
intensiven Geruch nach Ozon, in chloridhaltigen Bädern bei besonders tiefer
Temperatur mitunter sog. Chlorgeruch. Sehr leicht kommt es auch vor, daß
die in den Bädern gelösten Salze teilweise auskristallisieren und sich an den
Badgefäßwänden und insbesondere an den Anoden ansetzen. Da ja durch den
elektrolytischen Vorgang im Bade stets eine Konzentrationszunahme an den

Anoden eintritt, so wird allgemein das Ansetzen von Kristallen an den Anoden zuerst beobachtet. Man muß in diesem Falle sofort dafür sorgen, daß die Lösung auf die vorgeschriebene Temperatur gebracht wird, was am schnellsten durch Einleiten von Dampf mittels Erwärmungs-Dampfschlangen aus Hartblei geschieht.

Steht Abdampf nicht zur Verfügung, so empfiehlt es sich, besonders kleine Dampfentwickler (ein solcher ist in Außenansicht in Fig. 224 dargestellt) aufzustellen, die im Betrieb ganz ungefährlich sind und infolge geringen Brennstoffbedarfes sehr billig arbeiten. Fig. 225 und Fig. 226 zeigen die Schnitte durch solche „Strebelkessel", aus denen hervorgeht, in welcher Weise die Dampferzeugung vor sich geht. Das Anwärmen durch elektrische Heizapparate ist

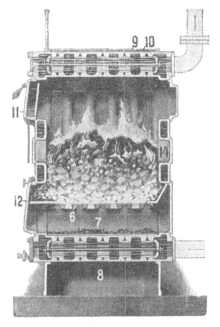

Fig. 225.

Fig. 226.

natürlich ebensogut durchführbar, wird auch mitunter ausgeführt, doch ist der Betrieb mit diesen elektrischen Heizvorrichtungen unvergleichlich teurer, wenn man nicht überflüssige elektrische Energie dazu verwenden kann.

Wirkt der Strom längere Zeit in kalten Bädern, so können chemische Reaktionen im Bade in einer Weise um sich greifen, die die obenerwähnte dauernde, schwer zu regenerierende Veränderung der Natur des Elektrolyten bedingen. Der Grund hierzu liegt in der Passivität des Nickels bei niedriger Temperatur des Elektrolyten. Selbst die sonst leicht löslichen gegossenen Nickelanoden verhalten sich dann fast wie unlösliche, unangreifbare Anoden. Die Anoden geben dann nicht nur wenig oder gar kein Nickelmetall an die Lösung ab, sondern es oxydieren sich die oxydierbaren Substanzen des Nickelbades (Spuren von Eisen- und Kobaltsalzen), und wir haben es dann mit einem Gehalt der Lösung an Ferri- und Kobalti- nebst Nikolisalzen zu tun, die sich, wie in einem früheren Kapitel über glänzende Niederschläge bereits erörtert wurde, an der Kathode auf Kosten des ausgeschiedenen Nickels teilweise reduzieren, indem sie wieder etwas Nickel, das eben ausgeschieden wurde, ablösen und dadurch die Glättung des Niederschlages bewirken. Dadurch sinkt aber nicht bloß die Stromausbeute, d. h. es wird pro Amperestunde mitunter nur 0,9 g Nickel und noch weniger ausgeschieden, sondern der Niederschlag wird weniger duktil, neigt leicht zum Abblättern und bekommt Risse.

Auch die sekundäre Ausfällung des Nickels durch an die Kathode gelangende Leitsalzkationen wird in der Kälte erschwert, es vollzieht sich dann leicht der einfachere Vorgang der Wasserzersetzung durch Ammonium- oder Natriumionen u. dgl. — wir beobachten eine gesteigerte Wasserstoffentwicklung, und die Niederschläge nehmen bedeutende Mengen von Wasserstoff auf, werden spröde und rollen schließlich unweigerlich ab.

Der Leser wird aus dem Vorstehenden entnehmen können, wie wichtig es ist, die Bäder warm zu halten und gilt das hier Gesagte ganz allgemein auch für alle anderen galvanischen Bäder mit wenigen Abweichungen.

Fehlerhafte Vernicklung. In jedem Betrieb kommen Fälle vor, daß die vernickelten Waren gewisse Fehler zeigen, was besonders dann auftritt, wenn Bäder längere Zeit nicht gearbeitet haben, sich indessen durch mancherlei Ursachen verändert haben oder aber auch durch Unachtsamkeit Fremdsubstanzen in die Bäder gelangten, welche die sonst tadellose Vernicklung störend beeinflussen und Fehler mit sich bringen. Die häufigst vorkommenden fehlerhaften Erscheinungen sollen im nachstehenden aufgeführt und die notwendigen Maßnahmen zur Abstellung erörtert werden.

Das Nickelbad arbeitet plötzlich dunkel:

Dies kann seinen Grund in einem Alkalischwerden des Bades haben, dadurch entstanden, daß die entfetteten Gegenstände, wenn sie mit Lauge oder im elektrolytischen, stark alkalischen Entfettungsbade entfettet wurden, nicht genügend abgespült wurden und daß dadurch nach und nach zuviel Alkali (Ätznatron, Ätzkali, Soda oder sogar Zyankalium) in das Bad gebracht wurde. Dies kommt hauptsächlich bei Vernicklung hohler Gegenstände vor, die man nicht genügend im Innern gewässert hat, bevor man sie ins Nickelbad bringt. Man stelle das Bad wieder schwach sauer durch Zusatz von verdünnter Schwefelsäure und nachträgliches Zufügen von etwa 5 g Borsäure pro Liter, löse aber die Borsäure in kochendem Wasser auf, da sich Borsäure im kalten Bade nur sehr schwer lösen würde. Ist das Bad nicht alkalisch und vernickelt es dennoch dunkel, so kann auch eine Verunreinigung durch Gelbbrenne oder Salpetersäure eingetreten sein; man achte auf gründliches Spülen nach dem Gelbbrennen! Kleinere Mengen von Gelbbrenne oder Salpetersäure im Nickelbade lassen sich durch Abkochen mit freier Schwefelsäure nach etwa 2stündigem Kochen einigermaßen entfernen, nach dem Abkühlen ist selbstredend die freie Schwefelsäure durch Salmiakgeist oder verdünnte Natronlauge oder durch einen wässerigen Brei von Nickelkarbonat bis zur Erreichung der normalen, schwach sauren Reaktion abzustumpfen.

Die Ware vernickelt sich gar nicht oder wird schwarz, oder die Vernicklung zeigt dunkle Streifen:

Wenn gar kein Nickelniederschlag erfolgt, so ist meist eine Störung in der Stromzirkulation die Ursache; man sehe nach, ob überhaupt im Bade ein Strom zirkuliert, ob die Leitung unterbrochen ist, ob die Stromquelle funktioniert. Wird die Ware im Bad schwarz, so ist sehr oft die Verbindung unrichtig (verkehrter Strom).

Zeigt sich diese Erscheinung beim Vernickeln von Zinkgegenständen, so ist zumeist zu schwacher Strom die Ursache, indem der Polarisationsstrom den ins Bad geschickten primären Badstrom überwindet, wodurch das Zink der Ware in Lösung geht. Man vergrößere die Badspannung oder hänge bei flachen Gegenständen die Objekte näher an die Anoden. Reicht auch dann die Spannung noch nicht aus, so vergrößere man die Fläche der Anoden oder sorge für deren günstigere Verteilung gegenüber der Ware. Bei geregelter Badspannung achte man auf den Einhängekontakt der Anoden und Ware.

Man beobachtet oft in der unmittelbaren Umgebung von Löchern, Hohlräumen oder Falzstellen der Waren schwarze Streifen; diese sind durch Unreinheiten verursacht, die in diesen Innenräumen, bei der Dekapierung zurückgeblieben, übersehen wurden. Bäder, in denen Zinkgegenstände vernickelt wurden, werden sehr bald zinkhaltig, die Vernicklung fällt dann schwarz gestreift aus; mit solchen zinkhaltigen Bädern ist für die Vernicklung von anderen Metallen nichts mehr anzufangen und sie sind durch neue zu ersetzen. Dunkle Streifen, welche vertikal an der Ware verlaufen, sind ein Anzeichen, daß das Bad alkalisch geworden ist oder Zink enthält; man neutralisiert mit Schwefelsäure, bis rotes Lackmuspapier nicht mehr blau gefärbt wird, blaues hingegen eine schwach rötliche Färbung zeigt..

Fleckiger Niederschlag, stellenweise bleiben die Objekte unvernickelt:

Die Ursache ist ungenügende Dekapierung, besonders dann, wenn die gereinigte und dekapierte Ware mit fetten Fingern angefaßt wurde. Man hilft diesem Übelstand dadurch ab, daß man die Objekte entnickelt, eventuell abschleift, nochmals entfettet und, ohne trocknen zu lassen, wieder ins Bad bringt. Will man dieses Abschleifen vermeiden, so kann man auch so verfahren, daß man nach gutem Spülen die Gegenstände im Zyanbade überkupfert, kratzt und dann, mit dieser Zwischenlage versehen, eine neue Nickelschicht aufbringt.

Bei guter Dekapierung untersuche man die Art der Badbeschickung, ob sich nicht größere Flächen benachbarter Waren decken, hänge nötigenfalls diese auseinander. Tiefer liegende Stellen vernickeln sich besonders dann schwieriger, wenn die Bäder zu sauer sind oder die Elektrodenentfernung zu klein ist.

Beim Polieren nach dem Vernickeln geht der Niederschlag stellenweise ab:

Die Ursache ist entweder ungleicher Niederschlag infolge unrichtiger Elektrodenentfernung oder Dekapiermängel an den betreffenden Stellen oder Zinnlötstellen; man schleife die Vernicklung ab, entfette von neuem, Zinnlötstellen kratze man mit einer feinen Kratzbürste blank, eventuell verkupfere oder vermessinge man vor der Vernicklung. Der Grund zum Abplatzen der Nickelschicht trotz vorhergehender Verkupferung oder Vermessingung kann aber auch im Kupfer- oder Messingbad liegen. Man prüfe, ob dieser verbindende Niederschlag spröde (wasserstoffhaltig) ist, und trachte, erst einmal das Vorbad zur einwandfreien Funktion zu bringen.

Die Objekte vernickeln sich anfänglich schön weiß, werden aber nach kurzer Zeit grau, matt und unschön:

Der Strom ist in diesem Falle zu stark, man verringere die Badspannung durch Abschwächung mit dem Regulator, oder, wenn das Grauwerden nur an den äußersten Rändern und Kanten auftritt, hänge man die Waren von den Anoden weiter weg, oder aber verringere die Anodenfläche. Namentlich bei der Vernicklung kleiner, einzeln eingehängter Gegenstände zeigt sich diese Erscheinung.

Die Vernicklung wird schwarzstreifig, stellenweise mit weißen Partien abwechselnd:

Dies ist stes ein Zeichen dafür, daß das Nickelbad Zink enthält. Solche Bäder können, wenn der Zinkgehalt nicht übermäßig groß ist, durch Abkochen mit Sodalösung regeneriert werden. Zu diesem Zwecke werden pro 100 Liter Bad 500 bis 700 g kalz. Soda für sich aufgelöst, dem Bade zugesetzt und das Bad dann 15 Minuten lang gekocht. Die zugesetzte Sodalösung fällt gleichzeitig auch Nickelkarbonat mit aus, was nicht zu ändern ist. Man läßt das Bad über Nacht absitzen und filtriert dann durch ein Tuchfilter, aber das Bad geht nur langsam durch, und es ist geraten, die klare obenstehende Lösung zunächst mit einem Heber abzuziehen und nur den Rest mit dem Bodensatz durch das Filter laufen zu lassen. Der schleimige Niederschlag, der im Filter zurückbleibt, ist wertlos und wird weggegossen.

Voluminöse Objekte vernickeln sich ungleich,
die den Anoden zugekehrten Partien überschlagen, während die entfernteren schwach oder gar nicht vernickelt sind : Der Grund ist darin zu suchen, daß die Elektrodenentfernung zu klein war, man vergrößere diese unter Anwendung größerer Badspannung oder verwende ein geeigneteres Bad.

Ein langsam, unregelmäßig sich vollziehender Niederschlag
deutet darauf hin, daß das Bad metallarm oder zu kalt ist ; auch zu schwacher Strom kann die Ursache sein und muß dementsprechend abgeholfen werden. Bei Metallarmut sättige man mit Nickelsulfat oder „Auffrischsalzen" nach.

Dunkler, fleckiger, dabei glänzender Niederschlag
zeigt meist an, daß das Bad alkalisch geworden ist; gleichzeitig überziehen sich die Anoden mit einem schwarzen Anflug von Nickeloxydhydrat, der nach erfolgtem Neutralisieren und entsprechendem Ansäuern bei Stromdurchgang sofort wieder ausbleibt. Ist die Badreaktion normal, dann ist das Bad sicherlich eisenhaltig, man muß dann das Eisen eventuell durch Abkochen mit Soda oder Ammonpersulfat entfernen oder ein neues Bad ansetzen. Zum Abkochen werden je nach der Badzusammensetzung auch andere Karbonate verwendet, auch Chlorkalk leistet hierbei gute Dienste, speziell bei Bädern, die Zitronensäure enthalten.

Gelblicher Ton des Nickelniederschlages
tritt zumeist nur in alkalisch gewordenen Bädern auf, die man durch Ansäuern mit verdünnter Schwefelsäure oder Borsäure bzw. Auffrischsalz wieder schwach sauer stellt. Auch durch überhandnehmenden Kupfergehalt in der Lösung kann der Ton des Niederschlages beeinflußt werden ; Abhilfe durch Entkupferung nach der früher angegebenen Methode. Bei Eisengußobjekten zeigt die Vernicklung einen gelblichen Ton, wenn mit zu schwachem Strom gearbeitet wurde ; der Praktiker muß, da so viele Argumente für das Gelbwerden des Niederschlages anzuführen sind, aus Erfahrung entscheiden können, in welcher Richtung er abzuhelfen hat. Oft erhalten die vernickelten Gegenstände, die schön weiß aus dem Bade kommen, erst nach dem Trocknen eine gelbliche Färbung. Man suche den Grund in unreinem Spülwasser ; handelt es sich um Eisenobjekte, dann kann auch eine zu schwache Nickelschicht schuld sein.

Der Niederschlag zeigt porenartige Vertiefungen:
Der Grund hierzu ist stets eine besondere Art der Wasserstoffentwicklung an der Kathode, die man durch geeignete Maßnahmen abstellen kann. Speziell in nickelarmen Lösungen oder in überkonzentrierten Bädern mit zu hohem Gehalt an Leitsalzen werden solche Poren beobachtet. Sie sitzen meist auf den der Badoberfläche abgekehrten Partien der in den Bädern exponierten Waren, aber auch an den vertikal hängenden Flächen kann man mitunter diese Erscheinung beobachten. Man hilft sich am besten durch geeignete Zusätze oder durch Verdünnung der Lösung oder aber durch Anwärmung der Lösung, so daß eben die Zähigkeit der Lösung verringert und das Entweichen der anhaftenden Gasblasen erleichtert wird. Auch durch öfteres Reinigen der Gegenstände oder durch Rühren der Bäder kann man dasselbe erreichen. Der Spezialist hat dafür aber auch besondere Präparate, deren Zusatz auf rein wissenschaftlicher Überlegung basiert. Die geeigneten Präparate, die man hier zusetzt, enthalten meist Zitronensäure

o. dgl. Radikale Abhilfe wird ferner durch Abkochen und Filtrieren der Bäder geschaffen, um die suspendierten Fremdkörper zu entfernen.

Der Nickelniederschlag zeigt stellenweise tiefe Narben:

Dies kommt hauptsächlich bei der Vernicklung poröser Gußwaren vor, die vorverkupfert oder vorvermessingt wurden. In den Poren dieser Teile bleiben leicht Teile des zyankalischen Kupferbades oder Messingbades zurück, die, sobald die damit behafteten Gegenstände in das Nickelbad kommen, an diesen Stellen die Bildung unlöslicher basischer Nickelsalze an den Waren verursachen, das Ansetzen des Nickels dort verhindern und solcherart tiefe Narben in der Vernicklung nach dem Polieren zeigen. Auch der in solchen Poren beim Schleifen und Vorpolieren zurückbleibende Schleifschmutz, der sich schwer aus diesen Poren entfernen läßt, kann die Ursache solcher Narben werden. Man achte daher auf möglichste Entfernung aller Fettreste aus solchen Poren, reinige nach dem Polieren vor der Galvanisierung mit Benzin oder Benzinol, scheuere dann mit einem guten Scheuermittel nach und vernickle direkt. Will man vorsichtshalber eine Vorvermessingung oder Vorverkupferung solcher poröser Gegenstände anwenden, so ziehe man nach erfolgter Verkupferung oder Vermessingung die Gegenstände nach reichlicher Wasserspülung vor dem Einhängen ins Nickelbad noch kurz durch eine Weinsteinlösung 1:5 bis 1:10. Dadurch werden mögliche Reste von zyankalischer Badlösung zerstört und die Gefahr einer Einwirkung alkalischer Flüssigkeiten auf das Nickelbad wird vermieden.

Stark glänzende, harte und zum Abplatzen neigende Niederschläge

treten dann auf, wenn das Bad durch Eisen oder andere Metalle verunreinigt wurde, die in der Badflüssigkeit zu Oxydsalzen oxydiert werden konnten. Man muß dann die betreffenden Bäder mit Soda, Ammoniak oder Alkalikarbonaten neutralisieren und zur Siedetemperatur erhitzen, hierauf die Lösung vom entstehenden Niederschlag abfiltrieren. Die Bäder arbeiten dann meist wieder normal.

Glänzende Niederschläge können aber dadurch entstehen, daß die Lösung organische Substanzen aufgenommen hat, und da hilft oft selbst das vorbeschriebene Abkochen nichts mehr und kann man solche Bäder nicht mehr retten.

Der Niederschlag zeigt sich brillant weiß, blättert jedoch ab:

Man untersuche, ob das Bad stark sauer reagiert, was gewöhnlich die Ursache davon ist, und neutralisiere bis zur schwach sauren Reaktion mit Ammoniak (Salmiakgeist) oder Nickelkarbonat. Ist das Bad stark sauer, so macht sich bei normalen Stromverhältnissen stets eine intensive Gasentwicklung an der Ware bemerkbar.

Ein Abblättern des Niederschlages in richtig reagierenden Nickelbädern und bei tadellos dekapierten Waren kann auch die Folge sein von zu langer Vernicklungsdauer bei zu starkem Strom oder schließlich die Folge allzu glänzender Unterlage, was unbedingt zu vermeiden ist.

Im allgemeinen sei bemerkt, daß man an einem Bad, solange es gut funktioniert, nichts korrigieren oder verbessern soll; man wird daher stets nur im äußersten Bedarfsfall zur Korrektur der Nickelbäder greifen, wenn man die Überzeugung hat, daß wirklich nur ein fehlerhafter Zustand der Lösung die Ursache einer fehlerhaften Vernicklung ist.

Bei guter Pflege können Nickelbäder recht lange funktionsfähig erhalten werden. Versagen sie endlich den Dienst, so wird man sich darüber nicht wundern dürfen, wenn man in Erwägung zieht, daß ein Nickelbad durch den elektrolytischen Prozeß nicht besser wird, daß ferner sich darin sowohl durch hineinfallenden Staub als auch durch das Einhängen der verschiedenen zu vernickelnden

Metalle und namentlich durch den in den Innenräumen derselben haftenden Schmutz immer mehr Unreinheiten sammeln.

Wenn man weiter in Erwägung zieht, daß bei dem Preis der Nickelsalze der Wert eines Nickelbades nicht so bedeutend ist, wenn man ferner berechnet, wieviel aus einem Nickelbad heraus vernickelt werden kann, wie glänzend sich ein solches rentiert hat, bis es endlich den Dienst versagt, so wird man wohl zu dem beruhigenden Schluß kommen, daß es das beste sei, sich darauf zu beschränken, das Bad in der erklärten Weise zu pflegen, damit so lange zu arbeiten, als es gut funktioniert; wenn es endlich den Dienst versagt, kann man es mit Beruhigung ohne jede Verschwendung durch ein neues Bad ersetzen. Je kleiner das angewendete Badquantum ist und je intensiver das Bad benutzt wird, um so eher verändert sich die Badzusammensetzung. Man muß daher alle Schnellnickelbäder oder solche, welche für Trommel- oder Schaukelapparate verwendet werden, möglichst oft auf ihre richtige Zusammensetzung prüfen.

Massenartikel, die in Trommelapparaten oder anderen Massengalvanisierapparaten vernickelt wurden, kommen brillant weiß aus dem Bade, nehmen aber nach dem Trocknen einen dunklen Ton an, der die Ware unansehnlich erscheinen läßt. Die Ursache dieser Farbenveränderung ist meist in der Trocknungsmethode zu suchen, hauptsächlich feuchte, kalte Sägespäne, die schon mehrmals gebraucht wurden, wirken auf die Farbe der vernickelten Massenartikel in dieser Richtung ein. Man spüle die Gegenstände nach dem Herausnehmen aus dem Apparate sorgfältig mit viel reinem, fließendem, kaltem Wasser ab und trockne entweder in einer Trockenzentrifuge oder mit erwärmten, reinen, harzfreien Sägespänen möglichst schnell. Je schneller der Trocknungsvorgang bewerkstelligt wird, um so mehr bleibt der ursprüngliche Effekt der Vernicklung erhalten. Geringfügige Alterationen des Effektes kann man durch Nachtrommelung in Poliertrommeln mit trockenen Sägespänen oder Lederabfällen, eventuell unter Zugabe von Wienerkalkpulver wieder ausbessern. Auch zu dünne Nickelniederschläge können Anlaß zu solcher Dunkelfärbung sein. Man sorge dann eben für stärkere Nickelauflagen. Ein oft gebrauchtes Mittel ist die Behandlung der vernickelten und gespülten Massenartikel mit Kalkwasser. 1 Löffel Kalkbrei auf 1 Liter Wasser.

Massenartikel, die in Sieben oder Körben in ruhenden Bädern vernickelt wurden, werden nicht einwandfrei vernickelt, sondern es bleiben Partien, hauptsächlich die im Innern der Masse liegenden, dunkel oder gar nicht vernickelt. Dies hat seinen Grund in ungenügendem Streuungsvermögen des Bades und außerdem in zu kleiner Stromstärke bzw. zu geringer Badspannung. Für solche Zwecke muß immer ein gut streuendes Bad mit Zitronensäure oder anderen gut streuenden Leitsalzen bei hoher Nickelkonzentration verwendet werden.

Sind solche Gegenstände teilweise schlecht vernickelt, so überkupfere man sie in einem zyankalischen Kupferbad oder vermessinge sie zunächst und wiederhole die Vernicklung mit richtig gestelltem Bade und geeigneteren Stromverhältnissen — stärkerem Strom.

Das Abkochen der Nickelbäder. Sind Nickelbäder mit Eisen verunreinigt, so daß die Niederschläge spröde ausfallen und zum Abblättern neigen, so muß dieser schädliche Eisengehalt entfernt werden. Man kann dies, wenn der Eisengehalt nicht beträchtlich ist, durch intensives Durcharbeiten mit kräftigem Strom erreichen, da sich Eisen aus einem Gemisch von Nickel- und Eisensalzen leichter als das Nickel abscheidet und bei genügend langem Durcharbeiten mit Strom ein solches Bad seinen Eisengehalt nach und nach verliert. Ist aber hierzu keine Zeit, oder scheut man den Verlust, der sich durch Mitabscheidung des Nickels einstellt, so kann man den Eisengehalt eines Nickelbades auch durch Abkochen der Bäder mit oxydierenden Substanzen, wie Ammonpersulfat, Chlorkalk u. dgl., entfernen. Zumeist werden Gemische solcher Sauerstoff abgebender Chemikalien unter dem Namen „Regenerierungssalz" verwendet, die das Eisensalz in unlösliche Oxydstufen überführen, so daß man nach erfolgter Ausscheidung aus der oxydierten Lösung das unlösliche Eisensalz durch Filtration vom Nickelbad trennen kann und eine eisenfreie Lösung erhält.

Die praktische Arbeitsweise bei diesem Abkochen vollzieht sich in folgender Weise: Das betreffende Nickelbad wird in einem ausgebleiten Gefäß oder bei kleineren Bädern in emaillierten Gefäßen durch direkte Feuerung (bei Emaillegefäßen) oder durch Einlegen von bleiernen Dampfschlangen (in ausgebleiten Holzgefäßen) bis zum Kochen erhitzt und dem Bade so viel 10 %ige Sodalösung zugefügt, bis die Lösung deutlich alkalisch reagiert, d. h. ein eingetauchter Streifen rotes Lackmuspapier sich deutlich blau färbt. Man gibt dann pro 100 Liter Badflüssigkeit 0,2 kg des Oxydationssalzes hinzu, und zwar in Form des trockenen Salzes, das man partienweise in die kochende Lösung einträgt. Hierbei entwickelt sich Sauerstoffgas, welches die Lösung zum Schäumen bringt, gleichzeitig färbt sich die Lösung durch ausgeschiedenes Eisenoxyd schwärzlich. Hat man alles Regenerierungssalz eingetragen, so läßt man die Flüssigkeit noch 20 Minuten weiterkochen, aber nicht bloß etwa heiß, sondern hält ein ununterbrochenes Kochen durch die Heizung aufrecht. Hierbei wird die Lösung immer saurer, man kontrolliert daher fortgesetzt mit blauem Lackmuspapier auf die Reaktion und gibt laufend Sodalösung zu, um die beim Abkochen notwendige alkalische Reaktion aufrechtzuerhalten. Nach 20 Minuten langem Abkochen in vorbeschriebener Weise läßt man das Bad auskühlen und den gebildeten schwarzbraunen Niederschlag absitzen und hebert, wenn sich der Niederschlag abgesetzt hat, die klare Lösung vorsichtig ab, ohne den Schlamm mit abzuziehen. Den im Abkochgefäß verbleibenden Bodensatz läßt man dann durch ein Filter aus Papier oder Tuch in das Badgefäß ablaufen. Die Lösung ist dann wieder mit verdünnter Schwefelsäure in gewohnter Weise anzusäuern, bis blaues Lackmuspapier die normale rötliche Färbung annimmt. In gleicher Weise lassen sich auch Kobaltbäder von einem Eisengehalt befreien, doch muß bei diesen Bädern während des Abkochens die Reaktion weniger alkalisch gehalten werden, weil sonst zuviel Kobalt mit oxydiert werden würde. Auch für Zinkbäder, die sich nach und nach mit Eisen, das man darin verzinkte, anreichern, ist diese Methode anwendbar.

Enthalten Nickelbäder neben Eisen auch Spuren von Zink, so gelingt es, das Zink ebenfalls bei dieser Gelegenheit mit zu entfernen, wenn man das Bad mit großem Überschuß von Soda versieht, wobei allerdings auch ein beträchtlicher Teil Nickel mit ausfällt; immerhin lassen sich auf diese Weise manche Bäder wieder in Ordnung bringen. Kupferhaltige Nickelbäder, welche eine gelbliche Vernicklung liefern, kann man von ihrem Kupfergehalt auf sehr einfache Weise befreien. Man hat nur nötig, an Stelle der zu vernickelnden Waren an die Kathodenstangen dünne Eisenbleche einzuhängen und mit einer Badspannung von etwa 0,8 bis 1,0 V mehrere Stunden die Bäder durcharbeiten zu lassen. Das in den Lösungen enthaltene Kupfer scheidet sich dann an den eingehängten Eisenblechen aus, ohne daß nennenswerte Mengen von Nickel mit ausgeschieden würden. Nach mehreren Stunden erneuert man die Eisenbleche und beobachtet zunächst, ob sich noch Kupfer abscheidet; ist dies nicht mehr der Fall, so kann das Nickelbad als entkupfert gelten, und man kann getrost wieder normal weitervernickeln. Man kann diese Kupferausfällung dadurch begünstigen, wenn man das Bad mit Schwefelsäure stark ansäuert, und zwar pro Liter Nickelbad etwa 3 g reinste Schwefelsäure zugibt, was eine vollkommene nickelfreie Kupferfällung bewirkt. Nach erfolgter Entkupferung muß naturgemäß diese freie Säure in bekannter Weise durch Alkali oder Nickelkarbonat wieder abgestumpft werden.

Ursache des Aufrollens der Nickelniederschläge. Förster und Engemann haben die Ursache dieser jedem Galvanotechniker geläufigen unliebsamen Erscheinung beim Vernickeln ausführlich ergründet und fassen ihre Ergebnisse in folgendem zusammen. Das Nickel bedarf zu seiner rein metallischen Abscheidung aus den Lösungen seiner einfachen Salze (Sulfat, Chlorür) einer Mindestkonzentration an Wasserstoffionen; diese nimmt ab einerseits mit steigender Nickelkonzentration und Temperatur, anderseits mit abnehmender Stromdichte. Zu geringe Konzentration an Wasserstoffionen bedingt Abscheidung von Nickelhydroxyd (grüner Schlamm an den Waren) und gleichzeitig ein Sprödewerden des Niederschlages.

Bei Anwesenheit von Eisen in der Nickellösung scheidet sich das Eisen stets leichter ab als das Nickel, und zwar sind die erst gebildeten Niederschlagsschichten an Eisen reicher als die folgenden. Diese Verschiedenheit des Eisengehaltes bewirkt das Abblättern des elektrolytisch abgeschiedenen Nickels. Bei Abwesenheit von Eisen in den Lösungen bleibt das Abblättern sowohl in neutraler wie in schwach saurer Lösung aus.

Kleine Mengen von Zink erzeugen bei gewöhnlicher Temperatur dunkle Flecken, bei hoher Temperatur starkes Abblättern. Ebenso verursachen kolloide organische Substanzen durch Kohlenstoffaufnahme des Nickelniederschlages ein Abblättern.

Die Erzeugung matter, gleichmäßig kristalliner Niederschläge wird begünstigt durch abnehmende Azidität, zunehmende Stromdichte, erhöhte Temperatur der Lösung, erhöhte Nickelkonzentration, ferner durch Zusatz von Alkalisalzen und Magnesiumsalzen. Die entgegengesetzten Bedingungen liefern blankes Nickel, welches zugleich zur Ausbildung einzelner Kristalle und zum nadligen Auswachsen neigt. Auch der Eisengehalt der Lösung fördert die Entstehung solcher Niederschläge. Zusatz von Ammonsalzen liefert blanke Niederschläge, bei hohen Stromdichten pulverige Abscheidungen. Das Nickel aus Chlorürlösungen ist bedeutend kristalliner als das aus Sulfatlösungen.

Die kathodische Stromausbeute nimmt ab mit zunehmender Azidität, mit abnehmender Stromdichte, Nickelkonzentration und Temperatur. Bei der die Oxydbildung gerade hindernden Azidität kann die Stromausbeute an Nickel bis auf Null herabsinken, wenn die Stromdichte sehr klein wird, und auch Nickelkonzentration und Temperatur mittlere oder kleine Beträge zeigen. In saurer Lösung bewirkt Zusatz von neutralen Salzen eine Verbesserung der Stromausbeute. Chlorürlösung liefert höhere Werte als Sulfatlösung.

Die Härte des Nickels ist verhältnismäßig wenig beeinflußt von der Natur des angewandten Salzes, ob Sulfat oder Chlorür. Sie nimmt unter sonst gleichen Arbeitsbedingungen zu mit der Azidität und wird durch Zusatz von Natriumsalzen vermindert. Die Biegsamkeit ist größer bei Nickel aus Sulfat- als aus Chlorürlösung. Zusatz von Natriumsalzen zeigt auch hier einen günstigen Einfluß auf das mechanische Verhalten des Nickels.

Entnicklung. Ist durch irgendeinen Umstand die Vernicklung mißlungen, ist der Niederschlag infolge zu starken Stromes schwarz, rauh geworden (überschlagen) oder blättert er stellenweise ab, rollt auf usw., so ist in der Regel, namentlich bei stärkeren Niederschlägen, dies nicht leicht auszubessern; man könnte zwar versuchen, von diesen fehlerhaften Stellen den Nickelniederschlag zu entfernen und durch nochmaliges Übernickeln auszubessern, aber gewöhnlich bleibt diese Ausbesserung sichtbar. Es ist in solchen Fällen am besten, den ganzen Niederschlag vollständig zu entfernen und die Vernicklung von neuem zu beginnen.

Die Entfernung des Nickelniederschlages geschieht entweder durch das sogenannte „Absprengen" oder durch elektrolytisches Loslösen. Bei polierten Artikeln bzw. dort, wo man wieder den geeigneten Vorschliff vor der Vernicklung erzielen muß, entfernt man den Niederschlag durch „Abschleifen". Das Absprengen" auf chemischem Wege geschieht durch Eintauchen in eine erwärmte Mischung von einem Teil Salpetersäure und zwei Teilen Schwefelsäure; in dieser warmen Säuremischung löst sich der Nickelniederschlag auf, doch muß man sehr vorsichtig zu Werke gehen, wenn man nicht Gefahr laufen will, auch den Gegenstand dadurch zu beschädigen.

Aber auch auf rein elektrolytischem Wege gelingt es, von vernickelt gewesenen Artikeln den Niederschlag wieder abzulösen, ohne daß das Grundmetall nennenswert angegriffen würde.

Diese elektrolytische Entnicklungsmethode bedient sich einer konzentrierten Schwefelsäurelösung von ca. 49° Bé, die in einem ausgebleiten Gefäß oder Steinzeuggefäß untergebracht wird. Ausgebleite Holzgefäße sind aber deswegen vorteilhafter, weil man keine Bruchgefahr hat, wogegen bei Verwendung von Steinzeuggefäßen im Falle eines Zerspringens die Gefahr besteht, daß die auslaufende konzentrierte Säure großen Schaden anrichtet. Die zu entnickelnden Gegenstände aus Eisen, Kupfer, Messing oder anderen Kupferlegierungen werden anodisch in diesem Bade einer eingehängten Kathode aus Bleiblech gegenübergehängt. Man arbeitet mit 5 bis 7 V Badspannung und bei Zimmertemperatur bei einer Anodenstromdichte (eingehängte, zu entnickelnde Fläche) von ca. 2 A pro Quadratdezimeter.

Je höher die angewendete Stromdichte ist, desto rascher vollzieht sich die Entnicklung. Man muß den zu entnickelnden Gegenstand öfters aus dem Bade heben und den Fortgang des Prozesses kontrollieren, um zu vermeiden, daß nach erfolgter Ablösung des aufgetragenen Nickelniederschlages das Grundmetall angegriffen wird.

Bei diesem elektrolytischen Entnicklungsverfahren müssen die Gegenstände, ähnlich wie bei der Vernicklung selbst, fettfrei eingehängt werden, damit der Strom auf alle Teile des Gegenstandes gleichmäßig einwirken kann.

Es empfiehlt sich, eine eigne Maschine für solche Entnicklungsbäder zu gebrauchen, weil sie ziemlich viel Strom benötigen und leicht den anderen Bädern, wenn ein solches Bad mit z. B. gewöhnlichen Vernicklungsbädern an eine gemeinsame Dynamo angeschlossen wird, zu viel Strom wegnehmen. Der Strombedarf eines Entnicklungsbades von ca. 100 × 50 × 100 cm erfordert eine Maschine mit einer Leistung von 250 A bei 7 V Spannung. Solche Bäder werden z. B. mit Vorteil in solchen Betrieben angewendet, wo man dauernd zu entnickeln hat, z. B. zur fortgesetzten Entnicklung von mitunter kostbaren Einhängevorrichtungen für die Waren. Läßt man die Nickelschichte nie sehr dick anwachsen, entnickelt man dagegen solche Einhängevorrichtungen täglich, so bleiben die teuren Vorrichtungen ununterbrochen gebrauchsfähig, die separate Anlage macht sich dadurch in kürzester Zeit bezahlt.

Die Entnicklungsbäder brauchen fast keine Wartung, es genügt, den Bädern zeitweise konzentrierte arsenfreie Schwefelsäure 66° Bé zuzusetzen. Zweckmäßig zieht man bei ununterbrochenem Gebrauch solcher Bäder zeitweise einen Teil der durch die eingehängten, zu entnickelnden Gegenstände verdünnt gewordenen Lösung ab und ersetzt diesen Teil des Entnicklungsbades durch reine arsenfreie, konzentrierte Schwefelsäure. Dadurch bleibt das Bad stets in guter Funktion. Verfasser hatte Gelegenheit, in einer Fabrik, welche Nähmaschinen-Unterteile vernickelte, eine solche Anlage einzurichten. Die Anlage diente lediglich zum Entnickeln der Einhängegestänge und gingen die Kosten für die notwendige Herstellung der für diese besonderen Teile erforderlichen Einhängevorrichtungen pro Jahr auf den dritten Teil zurück, weil nur eine einmalige Anfertigung der Gestänge pro Jahr erforderlich war, während man sie sonst jährlich drei bis viermal erneuern mußte.

Nach H. v. d. Linde kann man vernickelte oder verkupferte Eisengegenstände in einer Sodalösung durch anodische Behandlung bei ca. $\frac{1}{2}$ V von ihrem Metallüberzug befreien, ohne daß das darunter liegende Eisen irgendwie angegriffen wird.

Wiedervernicklung alter gebrauchter Gegenstände. Es kommt sehr häufig vor, daß alte Gebrauchsobjekte, die früher einmal vernickelt waren, durch den langen Gebrauch jedoch unansehnlich wurden, neu vernickelt werden müssen. Ist der Gegenstand aber lackiert gewesen, was mitunter als Komplettierung der Nickelauflage geschieht, so muß vor der Neuvernicklung zuerst der Lack entfernt werden. Man kocht den Gegenstand, wenn er die Kochhitze verträgt, am besten mit kochender Ätznatronlauge oder mit Betazinol und bürstet dann mit Bimstein oder Sand blank. Verträgt ein ehemals lackierter Gegenstand, der nunmehr vernickelt werden soll, die Kochhitze nicht, so entfernt man den Lack mit absolutem Alkohol, Terpentin oder Benzol.

Die weitere Manipulation hängt nun davon ab, welche Wirkung man durch die Vernicklung erreichen will. Soll eine prima starke und hochglänzende Vernicklung erzeugt werden, so unterwirft man den Gegenstand der normalen Schleifarbeit und Polierarbeit. War der Gegenstand früher schon einmal vernickelt, so kann man, wenn die Oberfläche des Gegenstandes sonst noch glatt ist und nur einzelne Fehlstellen vorhanden sind, sehr einfach übernickeln, indem man den entfetteten Gegenstand in ein zyankalisches Kupferbad bringt, dort gut unterkupfert und dann nach vorherigem Kratzen auf der Kratzmaschine wie einen anderen Gegenstand vernickelt. Durch diese Zwischenlage von Kupfer haftet der neue Nickelniederschlag genügend auf der Unterlage und ist ohne weiteres polierbar. Wenn man aber die Vernicklung vollkommen entfernen muß, etwa weil eine frühere Vernicklung mißlungen war, so bedient man sich am besten der elektrolytischen Entnicklungsmethode, poliert dann eventuell, wenn der Untergrund zu sehr angegriffen wurde, nochmals nach und vernickelt aufs neue.

Vernickeln von Grau- und Temperguß. Wird ein Gegenstand aus Grauguß oder Temperguß vorgeschliffen, so ist die darauffolgende Vernicklung eine sehr einfache Sache und unterscheidet sich von der Vernicklung gewöhnlicher Eisen- und Stahlwaren in keiner Weise. Anders ist es, wenn rohe Gußeisengegenstände oder solche, die nur partienweise vorgeschliffen wurden, wie z. B. Ofenteile, wie Türen, Scharniere u. dgl. vor der Vernicklung noch zu scheuern oder zu beizen sind, um eine metallisch blanke Fläche für eine einwandfreie Vernicklung zu schaffen. Besonders beim Beizen beobachtet man sehr leicht, daß die gebeizten Graugußgegenstände stellenweise überhaupt keinen Nickelniederschlag annehmen. Dies rührt daher, daß häufig der Grauguß mit Phosphor hergestellt wird. Beim Beizen entwickelt sich dann Phosphorwasserstoff, außerdem wird der Kohlenstoff (Graphit) im Gußeisen bloßgelegt, und es ist daher unbedingt geraten, nach dem Beizen die Eisengußgegenstände abzulaugen und dann mit scharfen Stahldrahtkratzbürsten zu kratzen, um die Fläche blank zu putzen. Trotz all dieser Vorsichtsmaßregeln kommen aber immer noch Fälle vor, wo das Gußeisen durchaus nicht den Nickelniederschlag annehmen will, und da ist regelmäßig die Zusammensetzung des Gußeisens schuld. Es bleibt dann nur die Vorverkupferung oder Vorvermessingung als letztes und sicherstes Auskunftsmittel übrig. Würde man bei solch schwierig zu vernickelndem Grau- oder auch Temperguß derartige Gegenstände direkt vernickeln, so würde man immer erst zu spät entdecken, daß stellenweise der Niederschlag nicht ansetzte und es bliebe dann nichts übrig, als die Gegenstände wieder zu vernickeln oder abzuschleifen. Verkupfert oder vermessingt man aber vor der Vernicklung, so kann man diejenigen Stellen, welche dem Ansetzen des galvanischen Niederschlages sich widersetzen, durch intensives Kratzen auf der Kratzmaschine oder auch mit Handkratzbürsten aus Stahldraht oder hartem Messingdraht nachputzen und weiter verkupfern oder weiter vermessingen, bis alle Partien gleichmäßig gedeckt sind; die darauffolgende Vernicklung wird sich dann tadellos vollziehen, Ausschuß demnach vermieden bleiben.

Zur Vernicklung von Gußeisen eignen sich am besten das LPW.-Marsbad oder die Zusammensetzung des präparierten Nickelsalzes Original AI bzw. Brillant, im allgemeinen solche Bäder ohne Chloride und mit Borsäure-Zusatz.

Vernickeln von Eisen- und Stahlgegenständen. Die ausgedehnteste Anwendung findet die Vernicklung unstreitbar in der Eisen- und Stahlindustrie.. Es werden heute fast alle besseren Industrie-Erzeugnisse dieser Art vernickelt verlangt, da erst durch die Vernicklung die Gegenstände das übliche schöne Aussehen erhalten und dauernd deren blanke Oberfläche erhalten bleibt. Mit Rücksicht auf die Wichtigkeit der Vernicklung für solche Gegenstände werden einzelne Repräsentanten dieser Industrie im folgenden separat behandelt werden. Ganz allgemein sei nur bemerkt, daß Eisen- und Stahlgegenstände vor der Vernicklung, speziell wenn ohne Zwischenschicht von Kupfer oder Messing gearbeitet wird, vor jedem oxydischen Anlauf bewahrt werden müssen, weil der Nickelniederschlag, da Nickel ein hartes Metall ist, das sich nur schwierig mit Eisen oder gar Stahl legiert, bei Anwesenheit ganz geringfügigen Oxydbelages auf dem Eisen nicht mehr haftet und schon beim Polieren abblättern würde. Der vielfach begangene Weg, größere Partien vorgeschliffener Eisen- und Stahlgegenstände einfach in reines Wasser zu legen, ehe man Zeit findet, sie in die Nickelbäder zu bringen, ist aus dem Grunde verwerflich, weil sich auch in reinem Wasser solche fettfreie blanke Eisengegenstände mit einem schwachen Anflug von Oxyd belegen, der mit freiem Auge gar nicht zu konstatieren ist. Wenn man schon größere Partien vorgeschliffener Gegenstände lagern muß, ehe man sie in die Nickelbäder bringen kann, so lege man sie keinesfalls in reines Wasser, sondern versetze dieses Wasser mit etwas Weinstein, es genügt, wenn man pro Liter 5 bis 8 g Weinstein (Cremor Tartari) auflöst und die Gegenstände in diese Lösung legt, sie werden sich dann nicht mit einem solchen Oxydanflug überziehen und die spätere Vernicklung wird festhaften.

Die Vernicklung in der Fahrradindustrie. Mit dem Aufschwung der Fahrradindustrie hat die Galvanotechnik hinsichtlich des Ausbaues des Vernicklungsverfahrens Schritt gehalten, und es gebührt der Galvanotechnik ein nicht zu gering zu veranschlagender Anteil an der kolossalen Entwicklung der Fahrradindustrie.

Fahrräder werden, wie alle Eisen- und Stahlfabrikate sowohl des Aussehens wegen vernickelt als auch zwecks möglichst langer Hintanhaltung der Rostbildung der einzelnen Teile. Die Fahrradteile werden stets hochglanzpoliert verlangt; es ist daher eine entsprechende Schleiferei- und Poliereianlage solchen Vernicklungsanstalten stets anzugliedern. Über die einschlägigen Schleif- und Poliermethoden wurde bereits ausführlich gesprochen, es sei nur noch ergänzend hinzugefügt, daß man den Schleiferei- und Polierbetrieb in größeren Fahrradfabriken nach den Einzelteilen unterteilt, d. h. für die einzelnen Kategorien von Bestandteilen bestimmte Maschinen mit günstigsten Wellen- und Scheibenausführungen wählt, so daß man auf ein und derselben Maschine immer nur einen bestimmten Teil bearbeitet. Runde Stangen z. B. bearbeitet man auf den Rundschleifmaschinen, Kettenräder bearbeitet man auf den gewöhnlichen Schleifmaschinen und beläßt nach Tunlichkeit die Scheiben ununterbrochen auf der Schleifwelle, um sich nicht durch Auswechslung der Scheiben der Gefahr des Schlagens der Scheiben auszusetzen.

Viele kleine Teile, wie Tempergußteile, werden in Scheuertrommeln oder Scheuerglocken gescheuert oder nach dem Kugelpolierverfahren poliert, wenn nicht eine feine Hochglanzpolierung unbedingt erforderlich ist. Bei der direkten

Vernicklung der Fahrradteile ist die sachgemäße Art des Vorschleifens Haupt-sache. Man vermeide es, die Eisen- und Stahlteile vor der Vernicklung schon fein auf Hochglanz auszuschleifen, die Teile sollen immer noch einen feinkörnigen Mattgrund zeigen, damit sich die starke, darauf anzubringende Nickelschicht wirklich fest verankern kann und nicht abplatzt. Auf spiegelblank vorgeschlif-fenen Stahlteilen wird die Vernicklung niemals so fest haften, auch wenn das Nickelbad vollkommen ordnungsgemäß funktioniert. Die vorbeschriebene matt-körnige, nur vorgeschliffene oder gebürstete Oberfläche läßt sich auch weit ro-buster entfetten, man kann drastischere Entfettungsmethoden anwenden, was ebenfalls für die spätere haltbare Vernicklung ausschlaggebend ist.

Nach amerikanischem Muster werden vielfach die Stahlteile vorvermessingt oder unterkupfert, neuerdings zuerst mit Cadmium überzogen und sei auf die späteren Kapitel verwiesen. Für die heute allgemein gewünschte starke Ver-nicklung der Fahrradteile wendet man konzentrierte Nickelbäder an, womit beliebig dicke Nickelüberzüge größter Duktilität hergestellt werden können.

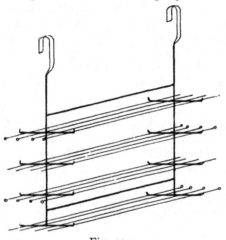

Die Fahrradfabriken erfordern zu-meist an sich schon große Bäder, um die Tagesproduktion bewältigen zu können; je schneller nun das Nickelbad arbeitet, um so weniger Bäder hat man nötig aufzustellen und die Raumfrage spielt heute eine große Rolle, weil sie in der Kalku-lation ein sehr wichtiges Wort mit-zureden hat. Die Dimensionen der Bäder dürfen keinesfalls zu klein-lich bemessen sein, vor allem nicht die Badtiefe. Stets soll eine Reihe Waren zwischen zwei Anodenreihen plaziert werden, damit die einge-hängte Ware von beiden Seiten gleichartig mit Strom versorgt wird.

Fig. 227.

Besondere Bäder werden für die Speichenvernicklung vorzusehen sein, denn diese erfordern nicht nur die stärkste, sondern gleichzeitig die biegsamste Nickelschicht, weil die Speichen am meisten gefährdet sind und weil sich dieselben bekanntlich am schwie-rigsten reinigen lassen, wenn sie einmal am Rade angebracht sind. Werden die Speichen in ruhenden Bädern normaler Zusammensetzung oder in Schnell-Vernicklungsbädern vernickelt, so empfiehlt sich eine Vorrichtung in der Form, wie in Fig. 227 dargestellt, mit welcher diese dünnen Drahtspeichen in einer bestimmten Anzahl pro Gestänge in die ruhenden Bäder eingehängt und durch zeitweises Schütteln ihre Lage geändert wird, so daß keine unver-nickelten Stellen entstehen können, was der Fall wäre, wenn ein solches Schütteln unterbleiben würde. Die skizzierte Einhängevorrichtung wird meist so konstruiert, daß man seitlich etwa 2 cm breite Blechstreifen anordnet, welche das seitliche Verschieben der Speichen begrenzen, das Herausfallen beim Ein-hängen verhüten und gleichzeitig eine gute Stromblende gegen das Anbrennen der vorstehenden Spitzen und Enden bilden.

Speziell zum Vernickeln der Fahrradspeichen wie ähnlicher stabförmiger Teile (auch Stricknadeln usw.) werden besondere Trommel-Apparate gebaut, welche sich durch eine schmale Trommel kennzeichnen, in deren Innern sich die Speichen nicht aufstellen können, deren Trommellänge ungefähr der Länge der Speichen angepaßt ist. Solche Trommeln werden mit 1 oder 2 Abteilungen ge-baut und faßt eine solche Trommel 5 bis 7½ kg solcher Speichen (ca. 500 Stück).

Man arbeitet mit einem hochkonzentrierten Trommel-Nickelbad, welches per Liter ca. 250 g Salz enthält bei 35 bis 40 A pro Trommel und einer Badspannung von ca. 10 bis 12 V. Bei Betrieb mit solchen Trommelapparaten achte man darauf, den Strom stets vorher zu unterbrechen, bevor man die Trommel zwecks Entleerung stillsetzt; läßt man den Strom weiter wirken, wenn die Trommel ruhig im Bade bleibt, so zeichnen sich bei der hohen Stromstärke sofort auf den der Trommelwandung nächstliegenden Speichen die Perforierungen der Trommelwand in Form matter Stellen ab, die sich nur schwer durch Polieren wieder beseitigen lassen, während andernfalls die ganze Charge ziemlich glänzend die Trommel verläßt.

Eine rostsichere Vernicklung der Speichen wird heute in der Weise durchgeführt, daß man von vorverzinkten Speichen ausgeht, welche zunächst glänzend

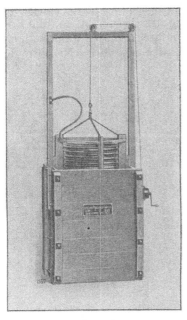

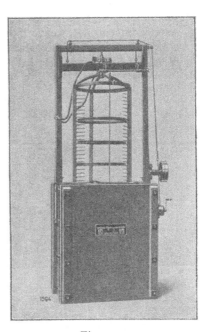

Fig. 228.   Fig. 229.

gebürstet, hierauf im zyankalischen Bade verkupfert und im Trommelapparat, wie vorher beschrieben, kalt vernickelt werden.

Das verwendete Nickelbad muß große Leitfähigkeit bei hohem Nickelgehalt haben und stets nur schwach schwefelsauer gehalten werden. Es empfiehlt sich, die Anodenfläche nicht zu groß zu wählen, damit die Anodenstromdichte entsprechend hoch wird, was eine automatische Ansäuerung des Nickelbades herbeiführt. Die Vernicklungsdauer beträgt etwa 1 Stunde. Das Bad, in welchem der Trommelapparat eintaucht, muß tief sein, damit sich die Lösung durch die intensive Beanspruchung nicht zu rasch verändert (großes Stromvolumen), man wählt das Bad trotz des kleinen Trommeldurchmessers praktischerweise mit einer Tiefe von 700 mm. Die vernickelten Speichen werden dann getrocknet und nötigenfalls in Bunden auf der Schwabbel auf Hochglanz poliert.

Für große Produktion an vernickelten Speichen werden heute besondere Apparate gebaut, welche für fließende Arbeit eingerichtet sind. Man kann solche Vorrichtungen so ausstatten, daß die Reinigung, Galvanisierung und Trocknung automatisch vor sich geht. Für solche Spezialfälle bedient man sich am besten eines durch die ganze Anlage laufenden Bandes, an welchem Kontakte für die

Stromzufuhr angebracht sind oder man verwendet Vorrichtungen, welche schritt-
weise immer eine bestimmte Partie von Speichen vorwärtsbewegt, wobei auch für
Änderung der Auflagestellen durch Schüttelvorrichtungen oder seitliche Füh-
rungsleisten gesorgt wird. In dieser Hinsicht sind dem Erfindungstalent des
Galvanotechnikers noch mancherlei Probleme vorbehalten.

Speziell zur Vernicklung von Fahrradfelgen und ähnlichen runden Teilen aus
Blech oder Draht in Kreisform bedient man sich der Felgenapparate. Fig. 229
zeigt einen vielgebrauchten derartigen Apparat, der zumeist zur gleichzeitigen
Vernicklung von 25 Fahrradfelgen eingerichtet ist, welche auf einem mittels
Drahtseil hochhebbarem Gestell eingelegt werden, welches Gestell an einzelnen
Punkten den Kontakt mit der negativen Leitung vermittelt. Je nachdem, ob
man nun die Felgen nur an der Innenseite oder auch an der Außenseite vernickeln
will, werden die Anoden nur innen auf einem kreisförmig gebogenen Anodenträger, der ständig im Bade bleibt, befestigt oder auch außen herum entsprechend
lange Anoden angeordnet, welche 1000 mm lang sind, bei 100 bis 200 mm Breite.
Für die auf der inneren Kathodenarmatur befindlichen Anoden wählt man meist
das Format 100 × 1000 mm und wird jede Anode mit einem starken Nickeltragband

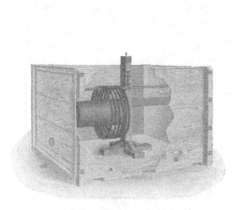 

Fig. 230.   Fig. 231.

versehen. Zur Füllung des Apparates dient ein Schnell-Nickelsalz, der Badinhalt ist ca. 1100 Liter. Diese Apparate werden für ruhende Einhängungsart oder
mit Rotationsvorrichtung gebaut, letztere Ausführung zeigt Fig. 230.

Der Apparat erfordert bei voller Beschickung mit 25 Normalfelgen von
625 mm ∅ je nach Bad 3 bis 4 V bei 75 bis 100 A Strombedarf.

Eine vereinfachte Apparatur ist in Fig. 230 und 231 abgebildet. Entgegen der
vorerwähnten Einhängemethode werden die Fahrradfelgen zentrisch um eine horizontal gelagerte, aus gegossenem Nickel angefertigte zylindrische Anode gehängt
und zwar hängen in diesem Falle die Felgen senkrecht im Bade. Die Stromzuführung
zu den Felgen erfolgt durch 2 Traggestänge, welche rechts und links auf einem Holzbock aus Pitchpineholz angebracht sind, welcher Träger für 10 bis 12 Felgen eingerichtet ist. Die Stromzuführung zur Anode erfolgt durch einen an die Anode angenieteten starken Nickelstreifen oder noch besser durch eine runde Nickelstange,
welche man praktisch an der Stelle mit Lack überzieht, wo sie vom Strom nicht
angegriffen werden soll. Das ganze Gestell wird in eine gewöhnliche rechteckige
Pitchpineholzwanne eingesetzt, und die Felgen werden an den Schmalseiten der
Wanne, ohne das Gestell herauszuheben, auf die Einhängegestänge einfach aufgereiht. Die Entleerung erfolgt in gleicher Weise, ohne daß man nötig hätte,
den Holzbock aus der Wanne zu heben. Natürlich ist diese Apparatur nur dazu
geeignet, die Vernicklung der Felgen auf den Innenseiten auszuführen, wogegen

die Laufflächen nur ganz schwach übernickelt werden. Die letztbeschriebene Vorrichtung hat aber den Vorteil, daß man speziell in Betrieben, wo man nicht andauernd Felgen zu vernickeln hat, die vorhandene entsprechend große Holzwanne auch als gewöhnliches Vernicklungsbad verwenden kann für alle anderen Arten von Vernicklungen, wenn man nur einfach den in Fig. 230 abgebildeten Holzbock mit den walzenförmigen Nickelanoden aus der Wanne heraushebt. Gesamtansicht eines solchen Apparates mit Rotationseinrichtung siehe Fig. 231.

Die bekannten Fahrradlampen mit kleinem Reflektor werden extra weiß vernickelt verlangt und sei der übliche Weg, der bei der Vernicklung dieser Lampen eingeschlagen wird, besonders aufgeführt.

Die aus dem Polierraum kommenden Teile, die an sich schon äußerst saubere Polierung zeigen müssen, werden, soweit es nötig ist, vorgereinigt, um den Hauptteil noch anhaftenden Polierschmutzes, der in den Vertiefungen als schwarzer Belag sitzen bleibt, zu entfernen. Hierzu bedient man sich dünner Holzstäbe, mit Tuch überzogen, welche von Frauenhand bedient werden und mit denen diese Polierreste herausgeholt werden. Hierauf kalkt man die Metallteile ab, indem man sie auf einem mit Leinwand überspannten Futter aufspannt (Holzfutter),

Fig. 232.

dieses rotieren läßt, Achse senkrecht stehend, während man von oben herab aus einem Blechbehälter Kalkbrei in dünnem Strahl herabtropfen läßt. Während der Rotation läßt man eine Borstenbürste oder Fiberbürste gegen die Metallteile drücken, was den Entfettungsvorgang beschleunigt, hierauf wird noch kurze Zeit elektrolytisch nachentfettet und abgespült und die Gegenstände in einem zitronensauren Nickelbade vernickelt, wo sie mit weißer Farbe das Bad verlassen und dann nochmals erforderlichenfalls auf Hochglanz poliert werden, wogegen bei schwächerer Vernicklung eine nachträgliche Behandlung auf der Polierscheibe sich erübrigt.

Als allgemeine Leistung der Schleiferei und Poliererei seien die in der Fahrradindustrie gebräuchlichsten Teile erwähnt und sind S. 290 die Zeiten angeführt, welche zu ihrer Bearbeitung erforderlich sind.

Die enormen Mengen von Einzelteilen, welche in den gigantischen Fahrradfabriken zu vernickeln sind, veranlaßten die galvanotechnischen Spezialfirmen, Einrichtungen zu schaffen, welche nach Tunlichkeit die Handarbeit eliminiert und gebührt den Langbein-Pfanhauser-Werken A.-G. unbestritten der Ruhm, mit ihren vollautomatischen Fließanlagen bahnbrechend in dieser Beziehung gewirkt zu haben. Verfasser verweist diesbezüglich auf die einschlägigen Abbildungen dieser Automaten Fig. 122 bis 125. Eine Totalansicht, welche den Typus solcher Anlagen zeigt, möge an dieser Stelle das Bild vervollständigen (vgl. Fig. 232).

Das Arbeiten mit solchen vollautomatischen Fließenanlagen stellt nach menschlichem Ermessen das Endstadium in der Entwicklung der Vernicklung in der Fahr-

radindustrie dar.   Solche Anlagen können naturgemäß für die verschiedensten
Arbeitsweisen eingerichtet werden, ob man nun die ganze Schutzschicht nur
durch eine entsprechend starke Nickelschicht von 0,025 mm bewirkt oder ob
man diese Schichtdicke des Schutzüberzuges durch Kombination einer Kupferunterlage mit einer Nickelauflage von zusammen 0,025 mm bewerkstelligt oder
die dreifache Auflage von Nickel—Kupfer—Nickel ausführt, ist mehr oder minder
Geschmackssache.   Im Interesse der Verbilligung der Produktion neigt Verfasser
für die einfache, genügend starke Nickelschicht, denn dadurch wird die Anlage
in ihrer Baulänge kürzer und billiger, wenn schon, was nicht verschwiegen werden
darf, die dreifache Aufeinanderfolge von Nickel, Kupfer und Nickel den maximalen Korrosionsschutz auf Grund genauer Untersuchungen, allerdings mit nicht
gerade besonderen Unterschieden, gezeigt hat. Grundbedingung für die Wirtschaftlichkeit bleibt ein möglichst schnelles Durchlaufen der Gegenstände durch diese
Anlagen, denn dadurch wird mit einem Minimum von Platzbedarf das Maximum an
Produktion erreicht, die Zeit, welche verstreicht, ehe der zu Beginn der Arbeit voll-
behängte erste Warenträger am Ende der Anlage greifbar wird, ist um so kleiner,
je kürzer die Anlage und je rascher das Durchlauftempo ist.   Man forciert daher
die Stromdichten in jedem Bade und wählt im elektrolytischen Entfettungsbad
eine Stromdichte von etwa 5 A/qdm, im Kupferbad eine solche von etwa
0,8 A/qdm bei gelinder Erwärmung des Zyankalium-Kupferbades und geht
beim Nickelbad praktisch bis zu Stromdichten von 4 bis 5 A/qdm.   Im letzteren Falle bedingt das Nickelbad eine Expositionszeit von ca. 25 Minuten.
Hält man das Nickelbad etwa 15 m lang, so darf das Durchzugstempo 15 : 25
= ca. 0,6 m/min betragen, wenn man die gewünschte Nickelauflage von 0,025 mm
erhalten will.   Legt man eine Kupferschicht unter die Nickelauflage, so wählt man
das Kupferbad gewöhnlich 8 m lang.   Da man bei dem Durchzugstempo von
0,6 m/min in einem solchen Kupferbade bei 80% Stromausbeute entsprechend
der Expositionszeit der Gegenstände im Kupferbad von 8 : 0,6 = ca. 13,6 min
bei der Stromdichte von 0,8 A/qdm eine Schichtdecke der Kupferunterlage
von etwa 0,004 mm bekommt, so braucht man, um die Gesamtstärke des Schutz-
belages von 0,025 mm zu erzielen, für den Nickelbelag nur noch 0,025—0,004
= 0,021 mm.   Bei 4 A Stromdichte erhält man diese Schichtdicke rechnerisch
schon in ca. 21 Minuten.   Bei einem Durchzugstempo von 0,6 m/min kann also
in diesem Falle das Nickelbad bloß 12,5 m lang sein.   Die Gesamtlänge solcher
vollautomatischer Anlagen wird aber immerhin, wenn man diese Standard-
Auflageschicht von 0,025 mm erhalten will, einschließlich aller Hilfsgefäße,
Spülgefäße und Trockenofen doch gegen 50 m, sofern man mit diesem vorerwähnten Tempo arbeiten will.   Wünscht man ein rascheres Durchlauftempo,
sofern die Arbeitsstromdichten gleich bleiben, so muß man die Baulänge vergrößern, man kann sie bei sonst gleichbleibenden Bedingungen verringern,
wenn man das Durchzugstempo verlangsamt.

Die einschlägigen Berechnungen sind dem vorgebildeten Galvanotechniker
natürlich ein Leichtes, er braucht nur Produktion, Arbeitstempo des Bandes
und verfügbare Raumlänge zu kennen, um ein solches Projekt auskalkulieren
und entwerfen zu können.

Elektrolytische Ablösung des Tauchlotes von Fahrradrahmen u. dgl.   Der
Vollständigkeit halber sei das neuerdings vielfach schon eingeführte Verfahren
der elektrolytischen Entmessingung tauchgelöteter Fahrradteile erwähnt. Dieses
Tauchlot wurde bis vor einiger Zeit unter Anwendung teurer Löhne für Feilen
oder Schleifen entfernt, um die Fahrradrahmen, Lenker u. dgl. zu glätten, speziell die Rahmen für die spätere Lackierung oder Emaillierung von dem anhaftenden Messinglot zu befreien.   Heute macht dies die Galvanotechnik elektrolytisch in einem sauren Bade, in welchem der Stahl passiv wird, das Messing
jedoch anodisch glatt gelöst wird.   Man kann diese Bäder in Steinzeug- oder

Pitchpineholzwannen unterbringen, versieht sie, da mit bedeutender Gasentwicklung an den eingehängten Messingkathoden gearbeitet wird, mit guten
Absaugevorrichtungen und betreibt den Lösungsprozeß mit etwa 8 V Badspannung. Das auf dem Stahlrohr sitzende Messinglot ist dann in 25 bis 30 Min.
entfernt, ohne daß der Elektrolyt zwischen die Lötnähte eindringt. Nach dem
Entmessingen wird in Betazinol neutralisiert und praktischerweise in heißer
Rostschutzbeize nachbehandelt. Fig. 233 stellt eine solche Anlage mit 2 Bädern
dar, wovon das größere für große Motorradrahmen u. ä., das kleinere für Lenker
usw., also für kleinere Teile benutzt wird. Die Ersparnisse an Löhnen für das
Feilen oder Schleifen, was nunmehr entbehrlich ist, sind bei Anwendung dieses
Verfahrens ganz enorm und betragen die Aufwendungen für die elektrolytische
Methode noch nicht den vierten Teil der bisherigen Handarbeitskosten.

Fig. 233.

Vernickeln von Kupfer und dessen Legierungen. Kupfer und dessen Legierungen können direkt vernickelt werden, einerlei ob es sich um gegossene oder
gewalzte Stücke handelt, nur auf stark nickelhaltigen Legierungen haftet der
Nickelniederschlag nicht, wenn man nicht eine Zwischenschicht durch Vorverkupferung aufträgt. Zur direkten Vernicklung dieser Legierungen sowie des
reinen Kupfers werden meist Bäder mit kleinem Widerstand verwendet, es eignen
sich aber für diese Zwecke alle anderen Nickelbäder ebensogut, doch vernickle
man in Bädern, in welchen man Kupfer oder Kupferlegierungen zu vernickeln
pflegt, nicht gleichzeitig auch Eisen und Stahl, sondern halte dafür separate
Bäder bereit.

Vernickeln von Zink (Die Zinkblechvernicklung). Unter Einhaltung hoher
Stromdichten ist die direkte Vernicklung von Zink möglich, es muß aber bei
neutralem Bade mindestens 0,8 A/qdm, bei schwach sauren Bädern mindestens 1,0 A/qdm zur Anwendung kommen.

Die unter XIV und XV bezeichneten Spezialelektrolyte für direkte Zinkvernicklung werden auch dann angewendet, wenn man, wie dies fast durchweg
geschieht, die Zinkgegenstände vor der Vernicklung verkupfert. Diese Vorverkupferung ist unerläßlich, wenn man Zinkbleche vernickelt, welche später ver-

arbeitet werden müssen, aber selbst bei vorheriger Verkupferung kommt es noch vor, daß beim Falzen oder Biegen und Stanzen die Nickelschicht losblättert, und rührt dies dann daher, daß entweder die Kupferschicht zu dünn war, oder daß mit einem hierfür ungeeigneten Kupferbade verkupfert wurde. Für diese Art Vorverkupferung sollte nur das Roseleursche Rezept des zyankalischen Kupferbades verwendet werden oder aber nur Bäder, welche mit essigsaurem Kupfer angesetzt wurden. Zur notwendigen Verstärkung derartiger Kupferbäder darf dann auch immer nur wieder essigsaures Kupfer in Verbindung mit Zyankalium verwendet werden, andernfalls würde man einen zu wasserstoffhaltigen Kupferniederschlag erhalten, der an sich zwar gut am Zink haftet, dem darauffolgenden Nickelniederschlag jedoch einen Teil des Wasserstoffs überträgt, so daß der Nickelniederschlag zu hart wird und dann mit dem Kupferhäutchen zusammen beim Biegen abrollt.

Die für die Zinkblech-Vernicklung geeigneten Bäder sind unter den zahlreichen früher angeführten Badvorschriften mit enthalten und seien die Rezepte Nr. II, XIV und XV besonders empfohlen. Die Zinkblechvernicklung, auch wenn mit vorheriger Verkupferung gearbeitet wird, verlangt immer die Einhaltung hoher Stromdichten; bei neutralem Bad darf man niemals unter 0,8 bis 0,9 A/qdm gehen, besser sogar steigert man die Stromdichte bis auf 2 und 2,5 A/qdm und erreicht diese hohe Kathodenstromdichte einerseits durch Erhöhung der Badkonzentration (bis zu 250 g pro Liter) und durch Steigerung der Badspannung auf 5,5 bis 6 V bei Zimmertemperatur.

Mit der Zinkblechvernicklung ist lange Jahre eine außerordentliche Geheimniskrämerei getrieben worden, weil die Fabriken, die sich mit der Herstellung der vernickelten Zinkbleche befaßten, ängstlich bemüht waren, ihre Fabrikations-Vorteile nicht bekannt werden zu lassen, zumal ihnen selbst die Erlangung der diversen Betriebsvorteile viel Lehrgeld kostete. Die Hauptgründe, weshalb viele, die sich darin nebenher versuchten, nicht den richtigen Erfolg erzielen konnten, liegt in der ganzen Art der Vorbehandlung der Bleche, in der richtigen Auswahl des zum Vernickeln bestgeeigneten Rohmateriales an Zinkblech und in der Ängstlichkeit bei der Anwendung hoher Stromstärken, die sich ja so ganz und gar von den üblichen Stromverhältnissen beim Vernickeln anderer Gegenstände unterscheidet.

Und doch stellt die Zinkblechvernicklung an die Intelligenz der Ausführenden keine größeren Ansprüche als irgendein anderer galvanischer Prozeß, sondern erfordert ebenso wie dieser nur eine genaue Erwägung der Verhältnisse zwischen dem elektrischen Verhalten des Zinks zum Nickel, folglich Kenntnis der Stärke des Gegenstromes, Kenntnis des chemischen Verhaltens des Zinks zu den Nickellösungen, die Zink mit Leichtigkeit aufzulösen vermögen. Abschätzung der richtigen Stromstärke für eine bestimmte Zinkfläche und, hiermit zusammenhängend, Abschätzung der richtigen Anodenfläche, sowie geeignete Zusammensetzung und Behandlung der Nickelbäder. Wird aber diesen Verhältnissen Rechnung getragen, so vollzieht sich die Zinkblechvernicklung ebenso sicher und tadellos, als wenn andere Metalle vernickelt werden, und man kann die Vorschläge, erst in einem Nickelbade mit starkem Strome zu decken und in einem zweiten Bade mit schwächerem Strome fertig zu vernickeln, ruhig ad acta legen, von dem nicht ernst zu nehmenden Vorschlage, Zink vor dem Vernickeln erst zu amalgamieren, gar nicht zu reden.

Die Art des Vorschleifens und Vorpolierens der Zinkbleche wurde gelegentlich der Behandlung der Bleche im allgemeinen schon erörtert, es sind aber beim Schleifen der Zinkbleche kleine Feinheiten zu berücksichtigen, die sich aus der Praxis ergeben haben und diese wollen wir im nachstehenden besonders hervorheben.

Das Vorpolieren oder Schleifen wird ausnahmslos auf breiten Schwabbeln von ca. 40 cm $\varnothing$ und, wenn von Hand geschliffen wird, bei einer Breite von ca. 30 cm vorgenommen. Die Herstellung dieser Schwabbeln, wozu meist Tuchabfälle aus Militärtuch verwendet werden, erfordert einige Übung, um die schweren Schwabbeln wirklich rund laufen zu bringen, ohne einseitigem Schwergewicht, wodurch die Schwabbeln leicht schlagen würden, was sich auf den weichen Zinkblechen durch immer wieder sichtbare Vertiefungen, auch nach dem Hochglänzen unliebsam bemerkbar macht. Diese gute Zentrierung der Schwabbel ist bei der Tourenzahl von ca. 2200 bis 2500 pro Minute außerordentlich wichtig.

Behufs Ausführung des Vorpolierens legt der Schleifer das Blech auf eine ganz glatt gehobelte Unterlage aus hartem Holze, die mit Eisenblech glatt überzogen ist und deren Größe meistens 100 × 50 cm beträgt, faßt die beiden Ecken der Unterlage nebst daraufliegendem Blech, die seinem Körper zunächst sind, mit beiden Händen an und übt mit den Ballen der Hand den nötigen Druck zum Festhalten des Blechs auf der Unterlage aus. Die untere, vom Körper entferntere Hälfte der Unterlage ruht auf den Knien des Schleifers und mit diesen drückt er das Blech an die Polierscheibe, während die Knie gleichzeitig eine beständige Bewegung von rechts nach links und dann wieder von links nach rechts und so fort in nicht zu langsamem Tempo machen. Vor Beginn des Schleifens einer Tafel Blech trägt man mittels Pinsels einen ca. 5 cm breiten Strich Stearinöl in der Mitte des Blechs und zwar in der ganzen Richtung der Sehlinie des Schleifers auf, hält dann ein großes Stück Wiener Kalk an die Schwabbel, so daß letztere sich mit Kalk imprägniert und beginnt das Schleifen der unteren Hälfte. Sind nun nach der oben angegebenen Methode $^3/_5$ des Bleches von der unteren Kante an nach dem Schleifer zu glanzgeschliffen, dreht man das Blech um, so daß die noch nicht polierte Hälfte nach unten zu liegen kommt und poliert nun auch diese, betrachtet dann das Blech genau, ob etwa schlierige oder matte Stellen vorhanden sind, und wenn dies der Fall ist, poliert man dieselben nochmals über, nachdem sie wiederum mit etwas Stearinöl befeuchtet und die Polierscheibe nochmals mit Wiener Kalk imprägniert wurde.

Wenn nun der Schliff genügend sauber ist, schreitet der Schleifer zum sogenannten Abglänzen. Es bezweckt dies die Entfernung des Öls und des schmierigen Polierschmutzes und wird dadurch erreicht, daß der Schleifer die Polierscheibe wieder mit genügend Wiener Kalk versieht und nun die Bleche nochmals trocken nachpoliert; er muß hierbei so viel Kalk verwenden, daß die Bleche nach dem Abglänzen keine Schmutz- und Öllinien mehr zeigen.

Das Entfetten der Zinkbleche geschieht am besten in zwei Operationen, erst trocken, dann naß. Zur trockenen Entfettung bedient man sich eines ganz weichen Tuchlappens (am besten wollenen Überziehertuches), taucht dieses in ganz staubfein pulverisierten und durch ein Haarsieb geschlagenen Wiener Kalk und überfährt damit die Bleche in einer zum Polierstriche rechtwinkligen Richtung unter Anwendung eines ganz gelinden Druckes. Ist dies erfolgt, so werden die Bleche naß entfettet, dadurch daß man diesmal einen nassen, weichen Tuchlappen oder weichen, sandfreien Schwamm in einen Brei aus feinst pulverisiertem Wiener Kalk, Schlämmkreide und Wasser taucht und die Bleche mit Sorgfalt überwischt, damit keine Stelle ungetroffen bleibe. Nun spült man das Blech unter einem kräftigen Wasserstrahle, am besten unter einer Brause ab, sorgt dafür, daß aller Kalk entfernt wird, wozu man nötigenfalls noch die Bleche mit einem nassen, weichen Tuchlappen übergeht, und beobachtet, ob sich alle Teile des Bleches gleichmäßig benetzt zeigen. Ist dies der Fall, so war die Entfettung vollständig, andernfalls muß nochmals mit Kalk entfettet werden.

Man legt nun zwei Bleche mit ihren nicht polierten Seiten (für einseitige Vernicklung) zusammen, befestigt sie an den zwei oberen Ecken mit Klemmschrauben, den sogenannten Blechklemmen, an welche ein 20 mm breiter Kupferstreifen zum Aufhängen der Bleche an die Warenstangen angelötet ist und schreitet sofort zum Galvanisieren, ohne die Bleche länger, als durch die be-

schriebenen Manipulationen nötig, an der Luft liegen zu lassen. Es muß ganz
besonders noch darauf geachtet werden, daß kein Kalk auf den Blechen zurückbleibt und eintrocknet, da dies Flecken hervorruft.

Bei Blechen von 50 × 50 cm genügen die angegebenen 2 Klemmen zum
Anhängen der Bleche an die Leitungsstangen, bei Blechen von 100 cm Länge
nimmt man gewöhnlich 3 Klemmen, bei Blechlängen von 150 cm 5 und bei
Längen von 200 cm 6 Klemmen bzw. so viele, daß der zur Vernicklung erforderliche Strom genügenden Querschnitt vorfindet.

Bevor man die gereinigten Zinkbleche vernickelt, müssen sie im zyankalischen
Kupferbade schwach verkupfert werden, eine Vermessingung ist natürlich ebensogut, doch wird der Verkupferung wegen der leichteren Bedienungsweise der
Vorzug gegeben. Ist die Verkupferung, wozu meist nur eine Zeitdauer von 4 bis
5 Minuten erforderlich ist, erfolgt, so spült man die Bleche in einem großen Wasser-
behälter, dessen Inhalt recht oft zu erneuern ist, ab und achtet darauf, daß auch
die Kupferbadlösung, die zwischen den aufeinanderliegenden Rückseiten der
Bleche verbleibt, entfernt wird, weil sonst durch solche Reste des zyankalischen
Kupferbades das Nickelbad rasch verdorben werden würde.

Die Zinkbleche werden dann unter Strom in die Nickelbäder gebracht, d. h.
der Strom ist bereits geschlossen, so daß sofort nach Einhängen der Bleche die
volle Stromwirkung in Tätigkeit treten kann und die Bleche auch keine Sekunde
stromlos im Bade bleiben. Läßt man diese Vorsichtsmaßregel außer acht, so
entstehen leicht schwarzstreifige Nickelüberzüge, diese Streifen zeichnen sich
auch nach der Polierung immer noch deutlich ab.

Die geeignetste Wannengröße für die Zinkblechvernicklung ist lichte Länge
2,2 m, lichte Breite 0,4 m bei einer Badtiefe von ca. 0,7 m, so daß man darin
bequem Bleche von 2 m Länge bei 50 cm Breite paarweise einhängen kann. Jedes
Bad faßt also 4 Bleche, wovon je 2 mit den Rückseiten gegeneinander eingehängt
werden, der Totalstrombedarf eines solchen Bades beläuft sich auf 400 bis
500 A bei 6 V.

Als Anoden verwendet man ausschließlich gewalzte Reinnickelanoden von
500 mm Länge bei 5 mm Stärke, und zwar deren so viele, daß die Badlänge zu
¾ besetzt ist.

Die zur Zinkblechvernicklung dienenden Bäder werden infolge des verwendeten starken Stromes bald alkalisch, bläuen also dann rotes Lackmuspapier;
es kennzeichnet sich die Alkalität auch im Betriebe dadurch, daß das Bad trübe,
die Vernicklung aber nicht rein weiß wird und das Bad muß dann mit einer
Lösung von Zitronensäure oder verdünnter Schwefelsäure wieder neutral gemacht
werden. Wenn die berüchtigten schwarzen Streifen oder Flecken auftreten,
so liegt der Grund entweder in zu schwachem Strome an und für sich oder in der
Schwächung des Stromes durch übermäßig großen Leitungswiderstand des
Nickelbades, eventuell durch ungenügende metallische Oberfläche der Nickelanoden, sei es, daß diese zu gering oder durch Beschlagen nicht hinreichend
metallisch ist, oder aber in der übergroßen Alkalität des Bades oder in ungenügendem Kontakte der Haken mit den stromführenden Leitungsstangen;
die Auffindung und Beseitigung der störenden Ursache ist also nicht schwer.

Von Zeit zu Zeit ist der Metallgehalt des Bades durch Zusatz von Nickelsalz
zu verstärken, das Bad auch in gewissen Pausen zu filtrieren und, wenn die
Leitungsfähigkeit nachläßt, durch Zugabe von Leitungssalz diese zu erhöhen.

Sind die Bleche genügend stark vernickelt, so läßt man sie abtropfen, taucht
sie in heißes Wasser, entfernt die Klemmen und trocknet durch sanftes Abreiben
mit feinen sandfreien Sägespänen, die zur Trennung von Holzstückchen durch
ein feines Sieb geschlagen werden. Bei allen Manipulationen mit den Blechen legt
man die Rückseiten zusammen, während zwischen die polierten resp. vernickelten
Seiten ein Stück weiches Papier von der Größe des Blechformates gelegt wird.

Es folgt nun die Hochglanzpolitur, die wiederum durch Andrücken der vernickelten Bleche auf glatten Unterlagen gegen die rotierenden Schwabbeln ausgeführt wird. Man befeuchtet hierbei die Bleche nur sehr mäßig mit Stearinöl, gibt auch nicht zu viel Wiener Kalk auf die Scheiben und poliert erst das Blech in einer Richtung, sodann in einer zur ersteren im rechten Winkel stehenden Richtung. Wenn nun alle beschriebenen Operationen sachgemäß ausgeführt wurden, so muß das fertige Blech, das man nach dem Hochglanzpolieren noch mit einem weichen Tuchlappen und feinstem Wiener Kalkpulver reinigt, eine rein weiße, hochglänzende, riß- und fleckenlose Vernickelung zeigen, und es muß sich mehrmals scharf umbiegen und wieder geraderichten lassen, ohne daß die Nickelschicht bricht oder abblättert.

Im Großbetrieb wird diese ganze Prozedur des Vorbereitens durch Abkalken, die Vorverkupferung, das Spülen nach der Verkupferung und das schließliche Vernickeln auch im kontinuierlichen Betrieb dadurch vorgenommen, daß die einzelnen Blechtafeln zu einem langen Band durch Verlöten oder Verklemmen vereinigt werden, wodurch man viele Hilfskräfte spart und zudem eine zwangsweise Gleichmäßigkeit in den einzelnen Phasen des Prozesses erzielt.

Vernicklung von Spritzguß (Zinkspritzguß). Dieses Material, welches sich in den letzten Jahren ganz besonders rasch einführte, begegnete lange Zeit großen Schwierigkeiten bei der Vernicklung. Die Vernicklung solcher Teile gelingt aber anstandslos, wenn man gewisse Bedingungen einhält wie:
Hohe Stromdichte an der Kathode von 1,5 bis 2 A/qdm bei flachen und 3,5 bis 4 A/qdm bei unregelmäßig geformten Stücken. Die Badspannung beträgt dabei ca. 3 bis 4 V. Die Gegenstände werden vor der Vernicklung im Kuprodekapierbade behandelt, wo sie eine dünne Kupferschicht bei gleichzeitiger genügender Entfettung erhalten. Vorteilhafterweise werden Rühreinrichtungen verwendet, damit ein reger Lösungsaustausch in unmittelbarer Umgebung der Kathode stattfindet, sonst „brennen" die Gegenstände leicht infolge der anzuwendenden hohen Stromdichten an. Temperatur des Bades nicht über 20° C.

Die Vernicklung der Weißbleche ist dem vorbeschriebenen Arbeitsgang bei der Zinkblechvernicklung sehr ähnlich, unterscheidet sich nur hinsichtlich der verwendeten Bäder. Die Weißblechvernicklungsbäder müssen stets schwach sauer gehalten werden, andernfalls springt die Vernicklung bei der späteren Verarbeitung der vernickelten Weißbleche ab. Auch Weißbleche müssen vorverkupfert werden, die Stromdichte wird dabei nicht so hoch gehalten wie bei der Zinkblechvernicklung, man geht niemals über eine Stromdichte von 0,8 bis 1,0 A/qdm hinaus.

Vernickelte Weißbleche dürfen nie zu lange lagern, da sich erfahrungsgemäß auch bei tadellos ausgeführter Vernicklung nach einigen Monaten die Nickelschicht lockert und die intensive Verarbeitung dann nicht mehr aushält.

Die Eisen- und Stahlblechvernicklung. Aus vernickelten Stahlblechen werden ebenfalls eine große Menge Galanteriewaren erzeugt.

Man verwende hierzu nur beste dekapierte Bleche, die nach dem Walzen durch Beizen von allem Zunder und Glühspan befreit, dann nochmals feingewalzt und schließlich dekapiert worden sind. Wenn es sich nicht um höchste Politur der vernickelten Bleche handelt, so genügt es, diese vor dem Vernickeln mittels einer großen und breiten Fiberbürste und Schmirgel Nr. 00 zu bürsten; in den meisten Fällen verlangt man aber hochfeine Politur und zur Erreichung derselben müssen die Bleche erst geschliffen werden.

Man bedient sich zum Feinschleifen solcher dekapierter Bleche breiter massiver Holzwalzen, welche abgedreht und direkt mit Schmirgel beleimt werden. Der Durchmesser dieser Scheiben ist 25 bis 30 cm, ihre Breite je nach dem Formate der Bleche 30 bis 50 und mehr Zentimeter. Die Scheiben werden zum ersten Schliff mit Schmirgel No. 100 bis 120, je nach dem Zustande der Bleche, beleimt, andere, zum Feinschleifen dienende Scheiben mit Nr. oo. Dem Schleifen folgt ein Bürsten, wie dies bereits beschrieben ist.

Nach beendeter Herstellung einer genügend glatten Fläche sind die Eisenbleche sofort mit einem Lappen, der mit Petroleum befeuchtet ist, abzureiben, oder wenn man dies vorzieht, mit einem Lappen und fein gepulvertem Wiener Kalk zu reinigen, worauf die nasse Entfettung in ähnlicher Weise wie bei den Zinkblechen erfolgt. Hierbei darf aber an Entfettungsmaterial nicht gespart werden, besonders dann nicht, wenn die Eisenbleche direkt, ohne vorherige Verkupferung, vernickelt werden, wie dies durchaus ratsam ist. Nach dem sorgfältigen Abspülen des Kalkbreies bringt man die Bleche ohne Zeitverlust ins Nickelbad.

Als Nickelbad ist unbedingt ein chloridfreies Bad zu verwenden, wenn man vor einem Rosten der Bleche sich schützen will. Die Stromdichte betrage im gewöhnlichen Bade 0,4 A, bei welcher die Bleche in ³⁄₄ Stunde einen genügend kräftigen Niederschlag erhalten; bei Verwendung kalter Schnellverinicklungsbäder läßt sich die gleiche Stärke des Niederschlages schon in 15 Minuten erzielen.

Es empfiehlt sich nicht, einen starken Niederschlag in kürzerer Zeit herstellen zu wollen, weil in diesem Falle der Niederschlag nicht dicht werden würde und die Dichte desselben wegen größerer Rostsicherheit ein Haupterfordernis für vernickelte Eisenbleche ist, welche für manche Zwecke als Ersatz für die durch Aufschweißen und Aufwalzen von Nickel erzeugten Nickelbleche dienen sollen.

Nach der Vernicklung spült man die Bleche mit reinem Wasser ab, taucht sie in heißes Wasser und trocknet durch Abreiben mit erwärmten Sägespänen oder läßt sie durch einen Dampftrockenofen laufen. Die endliche Polierung erfolgt auf den beschriebenen Poliermaschinen, wie diese auch für die Zinkbleche Verwendung finden, mit Wienerkalk und Stearinöl oder mit den im Handel befindlichen Hochglanz-Polierkompositionen.

Vernickeln von Siphonköpfen. In manchen Gegenden, wo die Sodawasserindustrie floriert, spielt die Vernicklung der Siphonköpfe eine große Rolle. Diese bestehen meist aus einer Legierung von Zinn, Blei und Antimon oder nach den hygienischen Vorschriften aus reinem Zinn.

Im allgemeinen wurde das Vernickeln dieser Metalle schon unter „Vernickeln der Weichmetalle" besprochen.

Vernickler, welche in diesem speziellen Fach der Vernicklung von Weichmetallen sehr geübt sind, werden die Siphonköpfe direkt vernickeln; weniger geübte werden der Sicherheit wegen vorziehen, erst zu verkupfern oder noch besser zu vermessingen, um Ausschuß möglichst zu vermeiden. Als bestgeeignetes Nickelbad hat sich erfahrungsgemäß die Badzusammensetzung V bewährt, Badspannung 2,8 V, Stromdichte 0,5 A.

Besonders wichtig ist das Vorpolieren und die Dekapierung dieses Artikels, die nicht in der für andere Metalle bereits beschriebenen Weise ausgeführt werden können. Das Vorpolieren der Weichmetalle erfordert überhaupt eine spezielle Übung, weil sie nicht so leicht Glanz annehmen wie die härteren Metalle; beim Dekapieren, speziell beim Entfetten, läßt sich mit fettverseifenden Laugen nicht viel anfangen, weil diese die Weichmetalle angreifen (oxydieren), die nachherige Reinigung erschweren.

Das Vorpolieren der Siphonköpfe wird am besten mittels Borstenzirkularbürsten und feinem Polierschmirgel (mit Öl zu einem Brei angerührt) ausgeführt, und zwar in der Weise, daß man von Zeit zu Zeit auf den zu schleifenden Gegenstand etwas Schmirgelbrei aufträgt und mit den rotierenden Bürsten verarbeitet, den Siphonkopf fleißig drehend und wendend, bis dessen Oberfläche allseitig gleichmäßig fein ausgeschliffen ist. Nach dem Feinschleifen wird, wenn das verwendete Schmirgelkorn nicht grob war, Striche oder Risse hinterließ (in welchem

Fall mit noch feinerem Schmirgel nachgeschliffen werden müßte), sofort auf Hochglanz poliert. Dies erzielt man mit Tuchschwabbeln und bester Tripelmasse. Kalk schwärzt sehr leicht alle Weichmetalle, eignet sich daher nicht gut zum Polieren derselben.

Die empfohlene Poliermasse wird an die rotierende Tuchscheibe angehalten, diese damit imprägniert; die Masse poliert trocken, ohne Staub und Schmutz zu verursachen.

Es sei bemerkt, daß die Siphonköpfe allgemein vor dem Elektroplattieren hochglänzend poliert werden. Nach dem Polieren wird entfettet, und zwar muß dies mit möglichster Schonung des feinpolierten Weichmetalles geschehen, um den Hochglanz nicht zu alterieren und ein Anlaufen (Oxydieren) dieses empfindlichen Metalles zu vermeiden; alle drastischen Entfettungsmethoden mit kochenden Laugen u. ä. sind daher ausgeschlossen, man ist daher auf das fettlösende Benzin oder Benzinol angewiesen. Selbstredend darf das Benzinbad nicht zu sparsam klein sein, um nicht mit diesem selbst wieder das bereits gelöste Fett auf den Gegenstand zu bringen; man wird zwei oder noch besser mehrere Benzinbäder verwenden, so daß die Objekte aus dem letzten ganz rein und fettfrei herauskommen. Nachträglich empfiehlt es sich noch, im Kuprodekapierbad nachzuentfetten.

Nach dem Entfetten werden die Siphonköpfe in reinen, harz-, fett- und staubfreien Sägespänen getrocknet, nachher in reinem Wasser gut abgespült und sofort, noch naß, entweder in das Nickelbad gebracht, wenn direkt vernickelt werden soll, oder in das Kupfer- oder Messingbad, wenn sie vorher verkupfert oder vermessingt werden. Wie schon bemerkt, ist das Vermessingen vorzuziehen.

Die Einhängedauer beim Verkupfern oder Vermessingen sei etwa zehn Minuten; bei richtigen Stromverhältnissen wird der Niederschlag im Messingbad glänzend bleiben; sollte dieser durch unrichtige Manipulation matt geworden sein, so müßte mit einer feinen Messingkratzbürste (Drahtstärke etwa 0,15 mm) überkratzt (brillantiert) werden, wobei der Hochglanz nicht viel zu leiden braucht, wenn die Kratzbürste nicht zu kurzborstig ist.

Selbstredend werden die Objekte nach dem Verkupfern oder Vermessingen wieder sorgfältig in reinem Wasser abgespült, um alle Spuren des zyankalischen Bades zu entfernen, und schließlich werden sie vernickelt.

Das Nickelbad V eignet sich für diesen Zweck sehr gut. Die Siphonköpfe werden mit etwa 3 mm starkem Kupfer- oder Messingdraht eingehängt, und zwar nur eine Warenreihe zwischen zwei Reihen Anoden; die Einhängedrähte werden S-förmig gebogen, die Siphonköpfe mit den herabgebogenen Auslauföhrchen auf den einen Hakenarm gesteckt, vertikal in das Bad eingehängt. Bei größeren Betrieben und entsprechend tiefen Bädern können mit einer entsprechenden Einhängevorrichtung auch mehrere Siphonköpfe übereinandergereiht eingehängt werden.

Als Anoden sind weichgegossene Nickelanoden zu verwenden, die Anodenfläche halb so groß als die der Waren. In Anbetracht der vorspringenden Teile dieses Artikels empfiehlt sich eine Elektrodenentfernung von 20 cm und dementsprechend eine Badspannung von 3,3 V (Stromdichte 0,5 A).

Bei solcher Stromstärke genügt eine Vernicklungsdauer von etwa 30 Minuten, um einen widerstandsfähigen Niederschlag zu erzielen.

Die fertig vernickelten Siphonköpfe werden behufs Erreichung eines brillanten Spiegelhochglanzes mit Baumwollschwabbeln aus Nesseltuch und Hochglanzmasse nachpoliert und schließlich noch von Hand mit weichstem Rehleder und trocknem Wienerkalkpulver geputzt.

Vernickeln der Weichmetalle (Zink, Zinn, Blei, Britannia u. ä.) läßt sich zwar auch direkt ausführen, macht aber einige Schwierigkeit, erfordert jedenfalls besondere Übung; insbesondere bei großflächigen oder voluminösen hohlen Gegenständen ergibt sich sehr leicht eine mangelhafte Vernicklung durch Bildung schwarzer Streifen oder stellenweise unvernickelt bleibender Partien infolge der schon erwähnten Polarisation (Gegenstrom) besonders dann, wenn mit nicht genügend starkem Strom (zu niedriger Badspannung) manipuliert wird; es geht eben zu leicht solches Weichmetall in Lösung und wird dann neben Nickel ausgeschieden. Der so kombinierte Niederschlag ist schwarz.

Am besten eignet sich für direkte Vernicklung der Weichmetalle für Zink das Vernicklungsbad „Neptun" mit der angegebenen hohen Badspannung von mindestens 4,5 V bei 15 cm Elektrodenentfernung und einer Stromdichte von 1 A pro 1 qdm Warenfläche; für Zinn, Blei, Britannia das Bad V mit 2,8 V Badspannung, 0,5 A Stromdichte.

Die direkte Vernicklung dieser Weichmetalle soll aber durchaus nicht im allgemeinen empfohlen werden, weil sich dabei doch leicht Ausschuß ergibt; es ist lediglich Verdienst des Vernicklers, wenn er befriedigende Resultate erzielt, weniger das der Badzusammensetzung.

Meistens werden die Weichmetalle vor dem Vernickeln verkupfert oder vermessingt, weil dadurch das nachherige Vernickeln ungemein erleichtert wird. Auch hier ist wieder als Zwischenlage ein Messingniederschlag zu wählen, weil dessen hellere Farbe weniger durchschlägt als Kupfer, wenn beim Gebrauch der Nickelniederschlag abgenutzt wird. Gleichwohl steht es im Belieben des Vernicklers, die zweifellos einfachere Verkupferung zu wählen, wenn er obige Befürchtung nicht hegt.

Das Verkupfern oder Vermessingen der zum Vernickeln bestimmten Weichmetallobjekte soll nicht zu schwach ausgeführt werden, so daß das Weichmetall allseitig vollständig gedeckt ist, dann wird es sich ebenso wie Kupfer oder Messing anstandslos vernickeln lassen, meist genügt schon eine dünne Schicht von Kupfer, wie sie durch die „Kuprodekapierung" entsteht.

Sehr ausgedehnte Anwendung findet die Vernicklung im graphischen Gewerbe, welches die Nickelschicht dazu benutzt, um die Stereotypieplatten nach vorheriger Verkupferung zu härten. Man muß nur bei diesem Prozeß mit weichen Bürsten und äußerst feinem Dekapiermittel arbeiten und wird bei besonders feinen Stereotypien anstatt der Entfettung mit Bürsten die elektrolytische Kuprodekapierung verwendet, um jeden Angriff durch etwaige Sandkörner u. dgl. ganz zu vermeiden. Durch den Nickelniederschlag erzielt man eine wesentliche Vermehrung der zulässigen Druckauflage, welche ohne Vernicklung auf höchstens 30 000 angenommen werden kann, bei feineren Bildern noch weit weniger, wogegen durch die Vernicklung die Haltbarkeit beim Druck auf das ca. 10fache gesteigert wird.

Die für die Haltbarkeit der späteren Nickelniederschläge maßgebende Unterkupferung geschieht meist mittels des Kupferbades nach dem Typus des Roseleurschen Bades bei Zimmertemperatur und bei mäßigen Stromdichten von etwa 0,3 bis 0,4 A/qdm. Die Vernicklung dagegen führt man unter Verwendung des sogenannten Hartnickelbades aus, wozu ein normales Nickelbad durch besondere Härtezusätze, wie Vanadiumchlorid (etwa 2 g pro Liter Bad), dient. Man arbeitet mit kleinen Stromdichten von 0,3 A/qdm und hält die Badtemperatur auf etwa 18 bis 20° C. Die Badspannung bei 15 cm Elektrodenentfernung ist 2,5 bis 2,8 V. Die Vernicklungsdauer genügt mit 30 Minuten.

Die planen oder gebogenen Rundstereotypieplatten werden durch besondere Plattenhalter in die Kupfer- und Hartnickelbäder gehängt, die Auflagekontakte während der Galvanisierung einmal gewechselt, damit sowohl der Kupferniederschlag wie der Nickelniederschlag allseitig sich bilden kann, Fig. 234 zeigt, eine derartige „Verhärtungsanlage". Fig. 235 stellt einen Kathodenhaken dar, wie solche zum Einhängen der schweren Platten verwendet werden. Die Anoden formt man den Stereotypieplatten entsprechend, man nimmt also rundgebogene Nickelanoden für Rundstereotypieplatten und flache Anoden für Flachstereotypieplatten. Ist die Vernicklung beendigt, so spült man die Platten mit heißem Wasser und trocknet mit warmen Sägespänen. Nach dem gründlichen Entfernen der Sägespäne bürste man die Druckfläche der Platte mit einer weichen Bürste und mit feiner Schlämmkreide ab und trocknet scharf, damit alle Feuchtigkeit aus den oft sehr porösen Platten verschwindet.

Besondere Schwierigkeiten verursachen hohle und voluminöse Gegenstände aus Weichmetall, wie Leuchter- oder Lampenfüße, Lampenkörper, Vasen, Becher u. ä.; deren Hohlräume müssen durch Hineinhalten einer Innenanode vernickelt werden, oder wenn sie unvernickelt bleiben können, wird man sie nach dem

Fig. 234.

Verkupfern oder Vermessingen mit Asphaltlack decken, den man nach dem Vernickeln mit Terpentingeist wieder entfernt.

Sowohl beim direkten als auch beim indirekten Vernickeln der Weichmetalle ist es sehr wichtig, diese nie ohne Strom in das Bad zu bringen, also schon außerhalb desselben mit der Warenleitung zu verbinden, so daß der Strom in dem Moment zu wirken beginnt, in dem man den Gegenstand einhängt und so lange wirkt, bis derselbe wieder aus dem Bad ist; ebenso wird man einen sicherer haftenden Nickelniederschlag erzielen, wenn der erste Anschlag mit etwas kräftigerem Strom erfolgt, den man natürlich sofort entsprechend reguliert, sobald die Ware allseitig mit dem ersten Nickelhauch gedeckt ist.

Infolge der vorgeschriebenen hohen Badspannung wird sich unvermeidlich an den eingehängten Waren eine heftige Gasentwicklung bemerkbar machen, welche entgegen der Vorschrift bei allen anderen Elektroplattierungen in diesem Fall als Zeichen der geeigneten, genügend starken Stromwirkung anzusehen ist; der Vernickler sei daher bei Wahrnehmung dieser Erscheinung nicht allzu ängstlich, achte nur darauf, daß die Stromstärke nicht bis zum „Überschlagen" des Niederschlages übertrieben werde.

Fig. 235.

Die für Weichmetalle bestimmten Nickelbäder dürfen unter keiner Bedingung schwefelsauer reagieren (keine freie Schwefelsäure enthalten), sonst würden sie ganz ungeeignet sein, die Weichmetalle rasch angreifen und vorzeitig verderben. Eine mit geringem Borsäurezusatz bewirkte, ganz schwach saure Reaktion ist im Interesse eines brillant weißen-Niederschlages zu empfehlen.

Nickelbäder, in denen Weichmetalle dauernd vernickelt werden, verderben stets nach einiger Zeit dadurch, daß sich die Weichmetalle nach und nach im Bade lösen, besonders wenn die Gegenstände aus Weichmetallen längere Zeit stromlos im Bade hängen oder wenn, entgegen den Vorschriften, mit zu schwachem Strom vernickelt wird. Solche Bäder sind dann so gut wie nicht mehr zu korrigieren und müssen durch neu angesetzte Bäder ersetzt werden.

Vernickeln sperriger Gegenstände (Drahtwaren). Bei der Vernicklung sperriger Gegenstände, wie z. B. die Gestänge der Schirme oder die Dachteile der Kinderwagen, ist lediglich etwas Überlegung nötig, um diese allseitig gut mit Nickel zu überziehen. Solche Gegenstände müssen besonders nach der Schleifarbeit in den Scharnieren gut gereinigt werden, was am einwandfreiesten durch Benzinol oder Benzin erfolgt. Bleiben Spuren von Fett in den Scharnieren zurück, so bilden sich im Nickelbade leicht Streifen, die von diesen Scharnierteilen ausgehen und auch nach dem Polieren sichtbar bleiben. Derartige Gestänge werden auch meist nach der Benzinwäsche mit dem Kuprodekapierverfahren behandelt, an den Stellen, wo sich solche Fettrückstände zeigen, vor der Vernicklung nochmals gekratzt und dann ohne Störung vernickelt. Das Einhängen solcher Teile ins Nickelbad erfolgt in halb geöffnetem Zustande, ein Herausnehmen nach halber Vernicklungsdauer ist aber nicht ratsam, weil dann die Nickelschicht, die sich in der zweiten Hälfte der Zeit bildet, auf der vorher gebildeten Nickelschicht nicht haftet.

Die heute oft vernickelt verlangten Schirmgestänge für Lampenschirme hängt man auf Messingstangen oder schwachen Nickelstangen in das Nickelbad, derart, daß die gleichgroßen Schirme nicht zu eng aneinander zu liegen kommen, und man wendet dann während der Vernicklung diese Teile öfters, damit alle Teile gleichartig von Strom getroffen werden. Dieses Umwenden macht man aber im Bade, ohne die Gegenstände herauszunehmen, unter peinlicher Vermeidung einer Stromunterbrechung.

Über die Vernicklung der Speichen haben wir im Kapitel über die Vernicklung der Fahrradteile bereits gesprochen. Drahtwaren, wie Flaschenverschlüsse, werden in großen Massen vernickelt.

Gewöhnlich werden die vernickelten Flaschenverschlüsse aus hartem Messingdraht angefertigt, weil sich dieses Material durch einfaches Glanzbrennen schon sehr hübsch vorbereiten läßt und die darauffolgende Vernicklung demnach schon eine glatte, glänzende Unterlage vorfindet, wogegen Stahldraht sich meist weniger gut vorbereiten läßt und die Vernicklung leicht matt ausfällt und dann nur sehr schwierig auf Hochglanz zu polieren ist. Man kann solche Flaschenverschlüsse in großen Trommelapparaten mit 50 cm Durchmesser bei 8 bis 10 V in einem gutleitenden zitronensauren Nickelbade mit hohem Nickelgehalt sehr schön vernickeln und erreicht pro Tag und Apparat eine Leistung von ca. 8000 Stück. Man kann aber auch in ruhenden Bädern arbeiten, indem man die Verschlüsse gleichmäßig auf grobmaschigen Sieben auflegt (Format der Siebe 40 × 12 cm). Jedes derartige Sieb faßt etwa 100 Verschlüsse. Man vernickelt dann bei 5 V Badspannung eine Viertelstunde lang in einem borsauren Bade und kann aus einer Wanne von 2½ m Länge, 90 cm Breite und 60 cm Tiefe täglich unter Verwendung von 2 Warenstangen und 3 Anodenstangen pro Bad, ferner unter Zuhilfenahme von insgesamt 8 Sieben ca. 3000 Stück vernickeln, welche blank aus dem Bade kommen. Bei guter Schulung und richtiger Arbeitseinteilung kann ein Mann pro Tag bis zu 20000 Verschlüsse solcherart vernickeln, doch muß der Vernickler die Messingteile bereits blank gebrannt und gespült zugebracht erhalten. Die Arbeit dieses Mannes besteht nur im Einlegen der Verschlüsse auf die Siebe, im Herausheben und Einsetzen in die Bäder sowie im Spülen und Trocknen nach der Vernicklung.

Ein Artikel, der sehr häufig in großen Mengen zu vernickeln ist, sind die Drahtklammern für Briefe, wie diese in Büros Verwendung finden. Diese Klammern werden stets aus blankgezogenem Stahldraht hergestellt, werden vor der Vernicklung gegebenenfalls noch in Rollfässern mit Lederabfällen und Polierrotpulver blank getrommelt, hierauf in heißer Lauge entfettet, gespült und dann im Trommelapparat bei 10 V Spannung vernickelt. Ein Trommelapparat von 50 cm Länge und einem Trommeldurchmesser von 25 bis 30 cm faßt pro Charge etwa 5 kg solcher Drahtklammern. Eine einstündige Vernicklung ist für diesen Artikel in allen Fällen ausreichend. Der Strombedarf pro Charge ist ca. 60 A.

Vernickeln von Steck- und Sicherheitsnadeln. Sicherheitsnadeln werden zuerst von Mädchenhand geschlossen und dann in Poliertrommeln mit Pappelholzsägemehl poliert. Das Hochglanzpolieren erfolgt in einer sechs- bis achtkantigen Holztrommel mit weichen Handschuhlederabfällen, die leicht mit Stearinöl getränkt werden. Die Reste des anhaftenden Stearinöles müssen dann durch nochmalige Trommelung mit Pappelholzsägemehl entfernt werden. Hierauf werden, wenn man, wie dies häufig der Fall ist, die Sicherheitsnadeln in Galvanisiersieben vernickelt, wieder von Mädchenhand die Nadeln geöffnet, in schwacher Ätznatronlösung entfettet, tüchtig abgebraust und ins Nickelbad gebracht. Legt man nicht allzu großen Wert auf gleichmäßige Vernicklung auch der Spitzen dieser Sicherheitsnadeln, so kann man, besonders wenn man ein zitronensaures Nickelbad mit größtem Streuungsvermögen benutzt, die noch geschlossenen Sicherheitsnadeln in Trommelapparaten vernickeln, doch müssen sie dann auch während des Entfettens geschlossen bleiben. In Trommelapparaten dürfen die Sicherheitsnadeln nie geöffnet sein, da sich sonst ein Knäuel bildet, der nicht mehr zu entwirren ist, außerdem die Nadeln sich nicht durcheinandermischen und eine ganz ungleichmäßige Vernicklung entstehen würde.

Als bestes Bad zur Vernicklung der Sicherheitsnadeln verwendet man das Trommelnickelbad LPW, und zwar auf 100 Liter Bad 25 kg des Salzes. Ein ebenfalls viel verwendetes Bad für diese Zwecke ist die mehrfach veröffentlichte Zusammensetzung:

$$
\begin{array}{rll}
100 & 1 & \text{Wasser} \\
15 & \text{kg} & \text{Nickelvitriol} \\
1,25 & \text{kg} & \text{Borsäure} \\
0,25 & \text{kg} & \text{Chlorammon} \\
3,0 & \text{kg} & \text{zitronensaures Natron}
\end{array}
$$

Trommelnickelbäder für diese Zwecke sollten niemals unter 13° Bé spindeln. Die Tourenzahl der Trommel soll ca. 25 pro Minute betragen.

Vernickeln von chirurgischen Instrumenten, Schneiden, Säbeln u. dgl. Verfasser widmet diesen Objekten eine spezielle Besprechung, weil das Vernickeln solcher Gegenstände mit scharfen Kanten, Schneiden und Spitzen insofern einige Schwierigkeit macht, als der Niederschlag an Spitzen, Schneiden und scharfen Kanten leicht grau, rauh, selbst pulverig matt ausfällt (überschlägt), während gleichzeitig die größeren Flächen dieser Artikel sich ganz tadellos übernickeln.

Die Ursache dieser Erscheinung liegt in der Stromlinienstreuung, wodurch an den scharfen Kanten, Schneiden und Spitzen eine höhere Stromdichte auftritt als an den glatten Flächen; die Stromlinien drängen sich an diesen Stellen zusammen (verdichten sich), eine ähnliche Erscheinung, wie wir sie bei magnetisierten spitzen Eisenstäben auch beobachten, welche man Eisenfeilspäne anziehen läßt; an den Spitzen sammeln sich die Späne zu strahlenförmigen Bündeln, infolge Verdichtung der magnetischen Kraftlinien, welche in gleicher Weise verlaufen wie die elektrischen Stromlinien.

Wir müssen für die Vernicklung derartiger Objekte ein Bad wählen, in welchem infolge seiner Zusammensetzung eine nur geringe Stromlinienzerstreuung auftritt und bei Vernicklung auch bei längerer Einhängdauer nicht so leicht überschlägt. Als solches eignet sich am besten das zitronensaure Nickelbad aus Nickelsalz I oder IA, mit Einhaltung der dort angegebenen Stromverhältnisse, bei deren Bestimmung auf die Vernicklung derartiger Gegenstände besonders Rücksicht genommen wurde.

Die Manipulation ist die gleiche wie beim Vernickeln der Fahrradbestandteile, nur empfiehlt es sich, solche Gegenstände mit Spitzen und Schneiden so in das Bad einzuhängen, daß die Spitzen und Schneiden von den Anoden abgewendet und nur die breiteren Flächen diesen zugekehrt sind, auf welchen das „Überschlagen" nicht so leicht eintritt.

Die Fabrikation chirurgischer Instrumente legt großen Wert darauf, auch die hölzernen Griffe ihrer Operationsinstrumente den antiseptischen Vorschriften entsprechend zu übernickeln; behufs dessen werden diese erst verkupfert. Die Art der Durchführung wird im Kapitel Galvanoplastik gelegentlich des Metallisierens von Holz u. dgl. beschrieben werden. Der galvanoplastische Kupferniederschlag muß vor dem Vernickeln noch fein vorgeschliffen und nachher wie ein Kupfergegenstand dekapiert werden, schließlich wird das ganze Instrument vernickelt und poliert.

Gilette-Rasierklingen erfordern, wenn sie überhaupt vernickelt werden, eine ganz feine Polierarbeit. Zunächst werden die blank geschlagenen Klingen auf Walroßlederscheiben von 12 bis 15 cm Durchmesser bei 1200 Touren auf einer Spitzenspindel vorgeschliffen unter Verwendung von auf die Lederscheiben aufgeleimtem Schmirgel Nr. 140. In das dazu verwandte Rüböl ist die gleiche Schmirgelsorte einzutragen, um ein Verbrennen der Scheiben zu verhindern. Das Leder zu diesen Scheiben muß der Kopfpartie, der härtesten Partie der Walroßlederhaut, entnommen sein. Dicke der Walroßlederscheiben 15 mm. Hierauf folgt das Vorpolieren mit Schmirgel Nr. 0 in genau der gleichen Weise wie vorbeschrieben und dann das Feinpolieren mit Schmirgel Nr. 00000. Der Hochglanz wird auf einer gleichgroßen Walroßlederscheibe unter Verwendung von Caput mortuum (feinstem Polierrotpulver) mit Spiritus vorgenommen. Die Scheibe, die zum Hochglanzpolieren dient, darf jedoch nur 600 Touren pro Minute machen, da sonst das Caput mortuum abgeschleudert würde.

Werden diese Klingen nach dem Hochglanzpolieren noch vernickelt, so darf die Vernicklung nur ganz dünn aufgetragen werden. Man bedient sich am besten des Para-Nickelbades, welches direkt glänzend ausfallende Nickelniederschläge erzeugt, die keinerlei Nacharbeit erfordern, oder eines anderen Bades unter Zusatz von Kolloiden, wie sie früher bereits bei den entsprechenden Nickelbädern für glänzende Niederschläge erörtert wurden.

Vernickeln von Schlittschuhen. Schlittschuhe werden stets in zerlegtem Zustand vernickelt, und zwar bedient man sich eines besonderen Bades zur Vernicklung der Läuferplatten und anderer für die Stegeplatten. Die Vernicklungsdauer beträgt ½ Stunde im borsauren Bade, stärkere Vernicklungen erhält man in den äthylschwefelsauren Bädern, wie es das im Handel befindliche Mars-Salz der Langbein-Pfanhauser-Werke A.-G. Leipzig darstellt. Der Niederschlag muß langsam ansetzen, damit besonders beim Polieren und Schleifen der Laufkanten der Nickelniederschlag nicht abspringt. Als geeignetste Badspannung hat sich eine solche von nur 2 V erwiesen bei normaler Elektrodenentfernung von 15 cm. Die Läufer- und Stegeplatten hängen hochkant nach unten im Bade, und als geeignetste Anodengröße hat sich das Format 300 × 100 mm herausgestellt.

Die Vorbereitung vor der Vernicklung erfolgt am besten in nachstehender Weise. Zunächst entfettet man die Läufer in Benzin oder Benzinol, um den

Schleifschmutz fortzuschaffen, und kollert sie noch etwas mit Benzin und Säge-spänen. Hierauf werden die Läufer einzeln mittels eines Tuchlappens mit feinst pulverisiertem Bimsstein tüchtig abgerieben und an Kupferdrähte auf-gehängt, damit man sie zunächst 15 Minuten lang in heiße Ätznatronlauge oder Ätzkalilauge eintauchen kann. Man spült darauf in klarem Wasser, kalkt mit einem Brei aus Kalk und Bimsstein, dem man genügend Wasser zugesetzt hat, ab und spült abermals mit fließendem Wasser. Die Stegeplatten werden analog bearbeitet, doch pflegt man gerade diese vor der Vernicklung noch in einer Schwefelsäurelösung 1:10 zu dekapieren, weil darauf die Vernicklung solider haftet.

Eine wichtige Vorsichtsmaßregel beim Vernickeln der Laufeisen ist, diese stets mit der Laufkante nach oben einzuhängen, so daß die eigentliche Kante mit dem Badspiegel fast abschneidet, andernfalls würde der Nickelniederschlag dort zu stark und würde schon durch geringfügige Beschädigung, etwa durch kleine Sandkörnchen auf dem Eise, abblättern. Hängt man die Lauffläche aber möglichst nahe an die Badoberfläche, so daß nur einige wenige Millimeter Bad-flüssigkeit darüber liegen, so kann niemals ein starker Niederschlag entstehen, und solch schwache Nickelniederschläge werden wohl leicht verletzt, sie rollen aber nicht weiter und der Schlittschuh behält sein schönes Aussehen.

Vernicklung voluminöser und hohler Körper macht keinerlei Schwierigkeit, wenn man die für das Elektroplattieren solcher Gegenstände wiederholt ge-gebenen Vorschriften beachtet, vor allem die Elektrodenentfernung dem Vo-lumen und den Unebenheiten der eingehängten Gegenstände entsprechend regelt, so daß die Vernicklung sich allseitig gleichmäßig vollzieht.

Je größer das Volumen der Gegenstände, je unebener deren Oberfläche, je tiefer und enger die Hohlräume sind, desto größer wird man den Abstand zwischen der Ware und den Anoden machen und dementsprechend die Badspannung erhöhen; es wurde diesem Umstand bei den einzelnen Bädern Rechnung getragen und angegeben, um wieviel die Badspannung für je 5 cm Änderung der Elektroden-entfernung über oder unter 15 cm Normalentfernung zu erhöhen oder zu ver-mindern ist.

Für solche Körper aus Eisen und Stahl empfiehlt sich speziell das Brillant-oder Lipsia-Bad, dagegen das Rhenania- oder Britannia-Bad für alle anderen Metalle.

Daß bei hohlen Objekten den Hohlungen und Innenräumen ganz besondere Aufmerksamkeit bei der vorhergehenden Dekapierung zu widmen ist, ist selbst-verständlich und bedarf keiner weiteren Erklärung; jede Vernachlässigung in dieser Richtung würde sich durch schlechte Resultate rächen. Sollen Hohlräume keinen Niederschlag erhalten, so wird man sie, wenn möglich, verschließen oder mit Asphaltlack decken, damit das Bad nicht eindringen kann; sollen sie aber auch vernickelt werden, so muß man dies wohl mit einiger Überlegung aus-führen, speziell der schon wiederholt erwähnten Stromlinienstreuung Rechnung tragen.

Man wird z. B. bei Vernicklung eines Topfes, den man unrichtig einhängt, sich nicht wundern dürfen, wenn der Innenraum des Topfes größtenteils un-vernickelt bleibt; die Ursache ist bereits früher erklärt worden.

Daß beim Einhängen hohler Gegenstände darauf gesehen werden muß, daß das Bad alle Luft aus den Höhlungen und Vertiefungen und Innenräumen ver-dränge, versteht sich wohl von selbst, denn solche mit Luft gefüllten Räume würden unvernickelt bleiben.

Ebenso selbstverständlich ist es, daß Metallobjekte, die vor dem Vernickeln verkupfert oder vermessingt werden, auch in den Hohlräumen ebenso voll-kommen mit dem vermittelnden Niederschlag gedeckt sein müssen wie die übrigen Flächen.

Je ungünstiger das Verhältnis der Tiefe der Höhlungen zum Durchmesser der Innenräume wird, desto größere Ansprüche werden an das Streuungsvermögen eines Nickelbades gestellt. Die weitaus beste Wirkung in dieser Beziehung konnte Verfasser stets mit Nickelbädern erhalten, welche Natronsalze als Leitsalze enthielten. Nun wäre das nächstliegende das Chlornatrium oder das Glaubersalz. An sich wirken Bäder mit diesen Leitsalzen in Verbindung mit hohem Nickelvitriolgehalt auch tatsächlich sehr gut, sind aber deshalb außerordentlich empfindlich, weil sich in diesen Bädern leicht basische Nickelsalze bilden, speziell bei Anwendung höherer Stromdichten, zu denen man schon deswegen gerne greift, um eine bessere Tiefenstreuung zu erreichen. Ein gutes Auskunftsmittel ist nun in der Verwendung von zitronensaurem Natron oder benzoesaurem Natron gegeben, denn diese Salze verhindern die Abscheidung der basischen Salze an den Kathoden, selbst wenn die Bäder neutral oder gar etwas alkalisch geworden sind, behalten dann aber dennoch ihr gutes Streuungsvermögen in tiefere Hohlräume.

Vernickeln von Massenartikeln. Massenartikel, welche nicht auf Draht aufgebunden werden können, wie Schrauben, Ösen u. ä., vernickelt man, wenn nur vorübergehend solche Pöstchen Ware zu vernickeln sind und sich die Anschaffung besonderer Trommel- oder Schaukelapparate nicht rentieren würde, in einem korbartig geformten, möglichst großmaschigen Drahtgewebe aus recht dünnem Draht oder in Vorrichtungen aus Zelluloid mit metallisiertem Boden. Diese nennt man dann Elektroplattierkörbe.

Die Lage der darin befindlichen Artikel wird durch fleißiges Schütteln möglichst oft geändert; man hat darauf zu achten, daß das Körbchen immer rein blank und fettfrei bleibe, damit es den elektrischen Kontakt zwischen der Warenstange und den zu vernickelnden Objekten gut vermittle. Wenn das Bad den Strom nur einigermaßen gut leitet, so vernickeln sich solche kleine Objekte im Elektroplattierkorb ganz gut.

In größeren Betrieben wird das Vernickeln von Massenartikeln, wenn es sich um große Quantitäten handelt, in rotierenden Elektroplattiertrommeln ausgeführt, die weiter vorne beschrieben wurden.

Die Nickelbäder, die man für solche Zwecke verwendet, müssen stets von besonders gutem Leitvermögen sein und sich durch einen hohen Metallgehalt auszeichnen, und es gehört zu den schwierigsten Aufgaben des Galvanotechnikers, für solche Zwecke die bestgeeigneten Verhältnisse zu bestimmen, um wirklich gute Resultate zu erhalten.

Die Bauart der verwendeten Apparate ist ebenfalls von ausschlaggebender Bedeutung, da vom inneren Widerstand solcher Apparate der erforderliche Stromdurchgang und die ungestörte Nickelausscheidung abhängt. Universalapparate, die für alle Arten von Gegenständen geeignet wären, gibt es nicht, es muß innerhalb gewisser Grenzen stets eine gewisse Konstruktionsänderung eintreten, und es wird immer Sache der galvanotechnischen Spezialfabriken bleiben, zu entscheiden, wie die Massen-Galvanisierapparate für den einen oder anderen Artikel am besten auszubilden sind.

Ähnlich wie bei voluminösen Körpern wird man beim Vernickeln dieser kleinen Massenartikel im Elektroplattierkorb oder in der -trommel die Anoden entsprechend weit weghängen und die Badspannung verhältnismäßig erhöhen.

Die fertig vernickelten und getrockneten kleinen Objekte, welche man natürlich nicht einzeln putzen kann, werden gewöhnlich in einem langen, starken Leinensack oder in einem Scheuerfaß mit Sägespänen und Wienerkalkpulver, eventuell mit Lederabfällen und einem Poliermittel in Massen blank gescheuert.

Die moderne Technik hat für die Massenartikel besondere Apparate, nicht nur für die Vorbereitung vor der Elektroplattierung, sondern auch für das schließliche Austrocknen geschaffen und sei an dieser Stelle besonders auf die Trockenzentrifugen aufmerksam gemacht, die weiter vorne in ihrer Bauart und Wirkungsweise beschrieben wurden. Die Sägespäne, deren man sich früher bediente, verursachen in den Betrieben stets eine sehr unangenehme Staubentwicklung, aber auch das Festsetzen von Sägespänen in Hohlräumen solcher kleiner Gegenstände bringt allerlei Unannehmlichkeiten mit sich, die ganz vermieden werden, wenn man das Austrocknen in den Trockenzentrifugen vornimmt.

Es lassen sich, wie leicht erklärlich ist, nicht für alle Gegenstände hier die einzuschlagenden Methoden erörtern, aber auf die Behandlung hohler Massenartikel, wie z. B. kleiner Kapseln für Glastuben u. a., wollen wir näher eingehen, weil diese in den meisten Betrieben Schwierigkeiten bieten.

Die kleinen Metallkapseln werden zumeist schon aus blank gezogenem Bandeisen oder Messing hergestellt und müssen, sofern sie aus Eisen gezogen wurden, zunächst von anhaftendem Öl befreit werden. Hierzu werden die Kapseln in Holztrommeln oder in Scheuerglocken mit trockenen Sägespänen ca. 1 Stunde lang getrommelt und dann meist naß in einem wasserdichten Scheuerfaß aus Eisenblech (autogen geschweißt) 2 bis 3 Stunden nachgetrommelt, damit die Oberfläche metallisch rein und vollkommen blank wird. Dieses Naßtrommeln erfolgt unter Zusatz von Polierkugeln und Stiften, für gröbere Kapseln genügt auch schon der Zusatz von Nagelputz, das sind die Abfälle aus der Nägelfabrikation. Das Polieren mit Kugeln und Stiften oder mit diesem Nagelputz erfolgt nach der früher bereits erläuterten Methode unter Zusatz von Saponal und Poliersalz bzw. Polierseife. Die Oberfläche wird dadurch innen und außen nicht nur oxydfrei, sondern glänzend, auch Verzierungen, wie sie auf solchen Kapseln häufig vorkommen, werden durch die Stifte gut geglänzt.

Das Vernickeln solcher hohler Kapseln geschieht ausnahmslos in Trommelapparaten mit ganz ins Nickelbad eintauchenden Trommeln, da anderenfalls einzelne Kapseln auf der Badoberfläche schwimmen würden und, außer Kontakt bleibend, überhaupt nicht oder erst dann vernickelt werden, wenn sie sich mit Lösung gefüllt haben und zu den anderen in der Trommel unten befindlichen Teilen untersinken. Die Tourenzahl solcher Trommeln darf 6 bis 8 pro Minute sein, keinesfalls mehr, weil bei rascherer Bewegung sich die harten Teilchen gegeneinander scheuern und zerkratzen würden. Die Konzentration der Nickelbäder ist auf ca. 15 bis 16° Bé zu halten; als Nickelbad sind nur Zusammensetzungen mit zitronensaurem Natron zu wählen, welche genügende Gewähr dafür bieten, daß auch die Innenräume der Kapseln weiß vernickelt erscheinen. Bäder mit ungenügendem Streuungsvermögen würden wohl die Außenseite dieser Kapseln gut und weiß vernickeln (richtige Badreaktion vorausgesetzt), aber im Innern würde die Vernicklung dunkel ausfallen. Diese Bäder sollen stets vollkommen neutrale Reaktion zeigen, keinesfalls saure, sonst dringt der Nickelniederschlag nicht in die Hohlräume.

In Trommelapparaten, wie sie vorne abgebildet sind, bei einer Trommellänge von ca. 50 cm und einem Trommeldurchmesser von 30 bis 35 cm wird bei 8 bis 10 V und mit 75 A Stromkonsum gearbeitet, eine Vernicklungsdauer von 3/4 Stunden genügt, um eine glänzend weiße solide Vernicklung zu erhalten. Ein Nachtrommeln ist dann meist überflüssig, die Kapseln werden vielmehr lediglich mit viel reinem kaltem Wasser gespült, hierauf in heißes Wasser getaucht und mit einer der bekannten Trocknungsmethoden getrocknet.

Behandlung der Gegenstände nach der Vernicklung. Aus den vorhergegangenen Erklärungen ist uns schon bekannt, daß die elektroplattierten Objekte nach dem sorgfältigen Abspülen in reinem Wasser am besten noch einige Augenblicke in kochendes, reines Wasser gehalten werden, damit sie nachher in Sägespänen rascher trocknen. Auch die Zweckmäßigkeit des Nachtrocknens der Metallgegenstände im Trockenofen behufs vollständiger Austreibung aller Innenfeuchtigkeit wurde bereits besprochen, und gilt dies selbstverständlich auch für die vernickelte Ware.

Glanzvernickelte Gegenstände wird man zum Schluß nochmals nachglänzen, wenn sie genügend solid vernickelt sind, um dies zu vertragen; jedenfalls erhöht es die Brillanz der Vernicklung.

Roh vernickelte Waren ohne Glanz kann man zur Erhöhung der Brillanz vor dem Trocknen mit einer Stahldrahtzirkularbürste (nicht allzu scharf, Drahtstärke etwa 0,15 oder 0,2 mm) mit Seifenwasser überkratzen, nach dem Trocknen mit einer Zirkularborstenbürste mit Schlämmkreide oder Wienerkalkpulver putzen. Die Verwendung von Messingbürsten ist zu vermeiden, weil Messing auf dem harten Nickel abfärbt und einen gelben Schein verursacht.

Viele Praktiker, besonders Vernickler von Eisen- und Stahlwaren, pflegen die fertig vernickelten Waren noch mit Terpentingeist zu überstreichen und behaupten, daß dieser Spuren von Harz zurückläßt als Schutz gegen die Einflüsse der atmosphärischen Luft, so daß sie dann gegen Rost noch widerstandsfähiger werden. Im allgemeinen genügt aber ein Anpinseln mit Vaseline, um die Vernicklung am Lager blank zu erhalten.

Niederschläge von Nickellegierungen.

Grundsätze zur Erzielung von Nickellegierungen. Will man die gebräuchlichen Nickellegierungen, wie Neusilber, Packfong, Nickelin und wie sie alle heißen, auch sogenannte Nickelbronzen, das sind Legierungen von Nickel mit Kupfer und Zinn, niederschlagen, so muß man sich solcher Lösungen bedienen, in denen Nickel ebenso wie Kupfer in komplexen Verbindungen enthalten ist. Während nun für Zink sich ebenfalls komplexe Salze dem Galvanotechniker darbieten, ist dies beim Zinn weit weniger der Fall, und da es sich bei der Herstellung von Legierungen mehrerer chemisch sehr verschiedener Metalle immer darum handelt, die Abscheidungspotentiale tunlichst gleichzugestalten, so findet der Galvanotechniker, der wissenschaftlich arbeitet, hier ein besonderes Betätigungsfeld, das sich lohnt. Raspe brachte in seinen Bädern aus phosphorsauren Metalloxyden, die er in pyrophosphorsaurem Natron löste, eine allgemein brauchbare Vorschrift, Bäder für alle Arten von Metallegierungen herzustellen. Verfasser hatte schon früher in seinem Bronze-Übertragungsbad, bestehend aus

Wasser	1 l
Pyrophosphorsaures Natron . .	20 g
Zitronensaures Natron	20 g
Zyankalium	6 g

eine Badvorschrift angeführt, die sich ziemlich mit den nach Raspe erhältlichen Bädern deckt. Bei dem vorgenannten Übertragungsbad werden einfach die betreffenden Legierungen als Anoden in der gewünschten Zusammensetzung so lange der Stromwirkung ausgesetzt, bis sich genügend Metall in der Lösung befindet, die eine glatte Fällung der entsprechenden Legierung an der Kathode ermöglicht. Solange das Auflösen der Anodenplatten zwecks Anreicherung des Bades mit Metall vor sich geht, werden an der Kathode möglichst kleine Bleche oder sogar nur Drähte eingehängt, der Strom sehr stark genommen, so daß sich einerseits genügend Metall anodisch löst, während kathodisch nur sehr wenig Metall abgeschieden wird, wodurch eben die gewünschte Anreicherung mit Metall ermöglicht wird. Man kann aber auch die Kathodenbleche in Diaphragmen stellen und als Katholyt verdünnte Zyankaliumlösung wählen und vermeidet dadurch, daß etwas von dem durch anodisches Lösen gebildeten metallreichen Elektrolyten (Anolyt) an der Kathode wieder zersetzt wird. Die Metallanreicherung geht dann auf diese Weise rascher vonstatten. Je nach der Natur der Legierung variiert man den Inhalt an freiem Zyankalium und läßt sich hierbei von den Werten der Abscheidungspotentiale leiten, deren Größe gerade von dem Gehalt an freiem Zyankalium außerordentlich stark beeinflußt wird.

Legierung von Nickel und Eisen. Diese Legierung kennt jeder Galvanotechniker von der unangenehmen Seite her, denn alle Nickelbäder, in denen Eisen oder Stahl vernickelt wird, zeigen nach längerer Gebrauchszeit einen, wenn auch geringen Eisengehalt, und da sich Eisen leichter abscheidet als Nickel in schwefelsaurer Lösung, werden die Nickelniederschläge aus eisenhaltigen Nickelbädern sehr leicht eisenhaltig und zeigen dann die unliebsamen Eigenschaften des Abrollens. Auffallend ist stets die glänzende Abscheidungsform derartiger Niederschläge, so daß sogar von verschiedenen Seiten der allen Ernstes gemachte Vorschlag auftauchte, Nickelbädern, um ein glänzendes Arbeiten herbeizuführen, geringe Mengen von Eisenvitriol zuzusetzen. Da aber durch solche Zusätze unstreitbar die guten Eigenschaften der Nickelniederschläge, hauptsächlich in bezug auf Rostschutz, alteriert werden, die Niederschläge zudem außerordentlich hart und spröde werden, sollte man diese Legierung absichtlich keinesfalls erzeugen. Mit der Abscheidung eines geringen Eisengehaltes läuft die Abscheidung größerer Mengen von Wasserstoff parallel, und diese Legierung von Nickel mit Eisen und Wasserstoff ist sehr spröde, solcherart vernickelte Gegenstände lassen sich nicht biegen, geschweige denn gar falzen, ohne daß der Niederschlag abplatzt. Dickere Niederschläge aus Nickel-Eisenlegierungen herzustellen, ist natürlich ohne weiteres möglich, doch macht die Einhaltung einer bestimmten Legierung insofern Schwierigkeiten, als sich zuerst stets eisenreichere Legierungen abscheiden, wogegen die weiteren Schichten an Eisen ärmer werden, auch wenn die Stromdichte konstant gehalten und der Elektrolyt gerührt wird.

Eingehende Untersuchungen über die Bildung einer Eisen-Nickellegierung durch Elektrolyse wässeriger Salzgemische liegen seitens Toepfer vor, auch Foerster und seine Schüler haben in dieser Richtung gearbeitet, schließlich verdienen die Arbeiten Kremanns in Verbindung mit C. Th. Suchy und R. Maas erwähnt zu werden. Alle diese Forscher stellten fest, daß aus Lösungen, in denen beide Salze als Sulfate enthalten sind, die gemeinsame Abscheidung der beiden Metalle sich durchführen läßt. Immer aber ist der Eisengehalt der abgeschiedenen Legierungen größer, als dem prozentuellen Gehalt derselben in der Lösung entspricht, obschon in schwefelsaurer Lösung das Nickel edler als Eisen ist. Durch die Annahme der Überspannung des Nickels läßt sich diese Erscheinung erklären, gleichzeitig auch die Tatsache, daß bei erhöhter Badtemperatur der Nickelgehalt des Niederschlages zunimmt. Durch die Erhöhung der Temperatur werden eben die Reaktionswiderstände, die sich der Nickelabscheidung gegenüber der Abscheidung des Eisens gegenüberstellen, verringert.

Von bedeutendem Einfluß auf die Legierungszusammensetzung ist ferner die Azidität gefunden worden. So fand Kremann, daß aus einer Lösung, die vom Gesamtgehalt 60 % Eisen enthielt, zunächst 87,5 % Eisen in den Niederschlag gehen, wenn die Lösung neutral gehalten wird, daß aber durch schwaches Ansäuern bis zu einer Azidität von 0,014 die abgeschiedene Legierung nur mehr 83,0 % Eisen enthält, bei Steigerung der Azidität auf 0,020 dagegen auf 90 % ansteigt. Kremann gelang es, bei Verwendung von Kathoden aus Kohle unter Einhaltung einer Stromdichte von 1,0 A/qdm Niederschläge einer Eisen-Nickellegierung von 4 bis 5 mm Dicke zu erhalten, wogegen bei Verwendung von metallischen Kathoden die Niederschläge stets abblättern.

Verfasser gelang es, aus Elektrolyten, welche pro Liter 250 g Nickelvitriol neben 45 g Eisenvitriol enthielten, bei Gegenwart von Magnesiumsulfat (ca. 80 g pro Liter Bad) Niederschläge zu erhalten, welche ca. 10 % Eisen enthielten. Der Elektrolyt wird dabei am besten auf 70° C erwärmt. Stromdichte beträgt ca. 1 bis 1,5 A/qdm. Durch Steigerung der Temperatur auf 90° und darüber kann man Niederschläge bedeutender Stärke erhalten, doch sind sie so hart, daß man größere Flächen damit nicht überziehen kann, ohne daß der Niederschlag bei größerer Dicke abplatzt. Nur auf vollkommen runden Gegenständen hält der Überzug, selbst in Stärken über 1 mm Dicke.

Praktischen Wert haben solche Legierungen von Eisen und Nickel bisher nicht gezeigt, denn sie lassen sich mit dem bekannten Nickelstahl in keiner Weise vergleichen, da, zumal durch intensive Erhitzung, die anfängliche Härte verlorengeht und nach dem Glühen die Niederschläge nur noch etwa ⅓ der Härte besitzen, die sie, direkt aus dem Bade kommend, zeigen.

Legierung von Nickel und Kupfer. Ähnlich wie sich aus einem Gemisch von Kupfer und Zinksalzen aus zyankalischer Lösung Messing abscheiden läßt, gelingt dies auch, wenn man Kupferkaliumzyanid und Nickelkaliumzyanid gemeinsam elektrolysiert. Verfasser konnte aus einem solchen Gemisch bei Zimmertemperatur unter Anwendung kleiner Stromdichten von max 0,4 A gelblich gefärbte Legierungen der beiden Metalle abscheiden, erhöht man die Badtemperatur auf 50° C und darüber, so werden die Niederschläge nickelreicher, die anwendbare Stromdichte kann dann auf 1 A/qdm gesteigert werden. Praktische Bedeutung haben diese Legierungen bisher noch nicht erlangt, jedenfalls sind sie wesentlich härter als die Niederschläge reinen Nickels aus Sulfatlösungen und haften schlechter auf Eisen. Für gewisse Zwecke, wo es auf eine besondere Streuung ankommt, dürften aber derartige Niederschläge, besonders wenn man den Anteil des Nickels in der Legierung steigert, Bedeutung erlangen.

Mehr Interesse hat die

Legierung von Nickel mit Kupfer und Zink (Neusilberniederschläge), mit denen sich bereits Langbein befaßte. Er verwendete als Bad eine Lösung von Kupfervitriol, die durch Zusatz einer Lösung von phosphorsaurem Natron gefällt wurde, wobei sich phosphorsaures Kupferoxyd abscheidet, welches abfiltriert und ausgewaschen wird. Gleicherweise wird phosphorsaures Nickeloxydul aus der schwefelsauren Lösung hergestellt. Die beiden gefällten Produkte werden jedes für sich in einer konzentrierten Lösung von phosphorsaurem Natron gelöst, während man Chlorzink direkt in phosphorsaurem Natron löst, bis die anfänglich rasch verschwindende Trübung nur noch langsam verschwindet. Durch Mischung der drei Lösungen lassen sich alle möglichen Legierungen von Neusilber kathodisch abscheiden, doch muß man mit dem Zusatz von Zinksalz sehr vorsichtig sein, um einen Überschuß von Zink in der abgeschiedenen Legierung zu vermeiden. Will man den Niederschlag nickelreich haben, so empfiehlt sich der Zusatz von einigen Gramm Zyankalium pro Liter. Durch sachgemäße Prüfung der Stromdichtepotentiale der drei Metalle lassen sich unschwer die Bedingungen festlegen, die zu einer regelmäßigen Abscheidung bestimmter Legierungen der drei Metalle führen.

Man kann aus einem Gemisch von Natriumstannat mit Zyankupferkalium und Zyannickelkalium ebenfalls alle möglichen Legierungen der drei elektrochemisch so grundverschiedenen Metalle abscheiden, ja sogar ganz weiße Legierungen erhalten, die einerseits den Rostschutz des Zinnes aufweisen, anderseits die Polierfähigkeit des Nickelniederschlages besitzen, so daß derartige Bäder vermutlich bald größeres Interesse erwecken dürften, zumal man derartige Niederschläge bis zu beträchtlicher Dicke auftragen kann, ohne daß das Gefüge dadurch leidet, auch die Haltbarkeit dieser Niederschläge auf Eisen recht gut genannt werden kann.

Diverse Nickellegierungen. Da Nickel verhältnismäßig dauerhafte Komplexsalze zu bilden vermag, einerseits mit pyrophosphorsaurem Natron, anderseits mit Zyankalium, ist die Möglichkeit gegeben, alle möglichen Metalle mit Nickel elektrolytisch gemeinsam abzuscheiden. So z. B. wird auch Nickel mit Silber gemeinsam gefällt, auch etwas Nickel mit Gold, und man erreicht dadurch ganz bedeutende Härtung der Silber- und Goldniederschläge, gleichzeitig auch eine gewisse Verbilligung der Silber- und Goldauflage bei genügender Widerstandsfähigkeit gegen äußere Einflüsse. Solche Nickel-Silberlegierungen und Nickel-Goldlegierungen, die nur wenige Bruchteile von Prozenten Nickel zu enthalten brauchen, weisen solche Härte auf, daß man sie ohne weiteres auf der Schwabbel, ähnlich wie andere galvanische Niederschläge, polieren kann, aber auch nach dem Kugel-Polierverfahren sind solche Niederschläge schön auf Glanz bearbeitbar.

Die Legierungen von Nickel mit Kobalt haben heute vielleicht noch einiges Interesse, weil es heute noch Betriebe gibt, die, vom Kriege herstammend, noch Bäder besitzen, die früher aus Kobaltsalzen angesetzt wurden und durch späteren Zusatz von Nickelsalzen und unter Anwendung reiner Nickelanoden zu Bädern umgestellt wurden, die zuerst eine Legierung von Nickel mit Kobalt abschieden, nach und nach aber, da Kobalt sehr leicht aus solchen Gemischen abgeschieden wird, in gewöhnliche Nickelbäder übergehen, in dem Maße, als das Kobaltsalz aus der Lösung verschwindet. Es bleibt sich hierbei ganz gleich, bei welcher Temperatur elektrolysiert wird, stets zeigen sich die Niederschläge an Kobalt reicher, als dem prozentuellen Gehalt an Kobaltsalz in der Lösung entspricht, und sehr bald wird also das Kobalt aus solchen Bädern herauselektrolysiert sein müssen.

Schließlich sei noch die Möglichkeit einer Legierungsbildung von Nickel mit Zink erwähnt. Obschon die Gleichgewichtspotentiale der beiden Metalle in Sulfatlösungen verhältnismäßig weit auseinanderliegen, gelingt es trotzdem, ähnlich wie bei der Elektrolyse von Nickel- und Eisensalzmischungen, Zink neben Nickel abzuscheiden. Wählt man das Verhältnis Ni:Zn = 4:1 oder kleiner, so lassen sich glatte und glänzende Niederschläge erhalten, speziell bei Anwesenheit von Magnesium- oder Aluminiumleitsalzen im Bade. Unter genannten Verhältnissen beträgt der Nickelgehalt der abgeschiedenen Legierung ca. 70 %, während er auf rund 40 % sinkt, wenn das Verhältnis Ni:Zn = 26:1 gewählt wird. Überwiegt endlich der Nickelgehalt in der Lösung sehr, so daß etwa das Verhältnis der Salze in der Lösung auf 50:1 steigt, so werden nur noch pulverige Niederschläge erhalten.

Schwarznickelbäder.

Welchen Einfluß der Zinkgehalt einer Nickelbadlösung auf die Zusammensetzung des Niederschlages ausübt, haben wir im letzten Kapitel gesehen, und besonders die bei der Nickelabscheidung aus schwach zinkhaltigen Bädern, welche schwarze Streifen, ja sogar ganz schwarze Vernicklungen liefern, brachte die Galvanotechnik darauf, diese Beobachtung auszudehnen auf die beabsichtigte Bildung schwarzer Nickelniederschläge. Auch von anderen Metallen, wie Kupfer und Silber, ist bekannt, daß sich unter bestimmten Modalitäten, hauptsächlich in neutraler oder alkalischer Lösung bei gewissen Stromdichten, schwarze Metalle an der Kathode abscheiden, und besonders durch Zusätze von Rhodanammonium oder glyzyrrhizinsaurem Ammon werden in Nickelbädern tiefschwarze, dabei gut haftende Niederschläge erzielt. In diesen Bädern sei p_H = 5,8 bis 6,2.

Rezepte für Schwarznickelbäder. Der Hauptbestandteil der Schwarznickelbäder ist das Nickelammonsulfat. Daß der Nickelniederschlag schwarz werden kann, beobachtete man zuerst, als man dem normalen Bade eine kleine Menge von glyzyrrhizinsaurem Ammon zusetzte, und zwar besonders bei einem Gemisch von gleichen Teilen, etwa je 100 g Nickelammonsulfat und ebensoviel Nickelsulfat pro Liter. Als notwendige Menge ergab sich ein Zusatz von 4 bis 5 g glyzyrrhizinsaurem Ammon. Ein bekanntes Rezept gibt an:

Wasser	1 l
Nickelammonsulfat	100 g
Nickelsulfat	100 g
Glyzyrrhizinsaures Ammon . . .	5 g

Dichte des Bades ca. 12° Bé, erforderliche Badspannung ca. 2 V. Das Bad muß vollkommen neutral sein, schon ganz schwach saure Reaktion verursacht einen helleren Ton, sogar Streifenbildung, letztere entsteht auch durch Anwendung stärkeren Stromes, es ist deshalb genaue Einhaltung der Stromregulierung und ein feinstufiger Badstromregulator unerläßlich.

Eine andere vielfach angewendete Badzusammensetzung lautet:

Wasser	1 l
Nickelammonsulfat	80 g
Rhodanammonium . . . . ·. .	20 g
Arsenige Säure	15 g
Zinksulfat	10 g

Die Badtemperatur beträgt am besten 20° C, kann aber auch vorteilhaft bis auf 35° gesteigert werden. Wird das Bad bei der notwendigen Benutzung unlöslicher Kohlenanoden sauer, so muß es durch Zugabe von Soda oder einem Gemisch von Soda und Kupferkarbonat neutralisiert werden. Am besten gibt man solche Neutralisationsgemische in feuchter Pastenform dem Bade zu, damit die Reaktion rascher und verläßlicher eintritt.

Jeder Schwarznickelniederschlag durchläuft bei seiner Bildung eine ganze Farbenskala, es bilden sich zunächst rötliche, dann bläuliche Schichten, diese gehen in eine Irisfärbung über, und erst nach längerem Verweilen der Gegenstände im Bade wird der Niederschlag schwarz.

Ein anderes, einfaches Rezept, das für gewöhnliche dunkle Vernicklung vielfach angewendet wird, lautet:

Wasser	1 l
Nickelammonsulfat	50 g
Rhodanammonium	10 g
Zinkvitriol	6 g

Als Anoden verwendet man hierbei Kohlenplatten von ca. 1 cm Dicke, die Anodenfläche etwa halb so groß wie die Warenfläche. Die bestgeeignete Stromdichte ist ca. 0,3 A/qdm, Badspannung ca. 1½ V bei 15 cm Elektrodenentfernung.

Welch kolossalen Einfluß der Gehalt solcher Schwarznickelbäder an Rhodanammonium auf den Ton der Vernicklung ausübt, wenn auch das Verhältnis Ni:Zn in den Lösungen annähernd den Wert 4:1 beibehält, erhellt aus der nachstehenden Badvorschrift, die, obschon einen bedeutenden Gehalt an Zinksulfat aufweisend, dennoch schwarze, sogar recht lange glänzend bleibende schwarze Nickelniederschläge liefert:

Wasser	1 l
Nickelsulfat	80 g
Natriumsulfat kalz.	20 g
Zinksulfat	20 g
Rhodanammonium	15 g
Zitronensäure.	2 g

Roseleur empfiehlt für dunklere Vernicklung ein Bad, das wohl nicht schwarze Niederschläge liefert, sondern nur dunkle, glänzende Vernicklung, und sei, weil dies für manche Zwecke gewünscht wird, ebenfalls angeführt:

Wasser	1 l
Nickelsulfat	20 g
Ammoniakalaun	20 g
Pyrophosphorsaures Natron . .	150 g
Zyankalium 100%	7 g

Dieses Roseleursche Bad arbeitet mit gegossenen Reinnickelanoden und muß stets alkalisch reagieren, es läßt sich damit eine glänzende, dunkle Vernicklung erzielen, auch wenn man die Vernicklungsdauer 2 Stunden lang ausdehnt. Gearbeitet wird in diesem Bade mit einer Stromdichte von 0,4 A/qdm bei 3,5 V Badspannung.

Classen ließ sich durch die D. R. P. Nr. 183972 und 201663 ein Bad für schwarze Nickelniederschläge gemäß nachstehender Zusammensetzung patentieren:

Wasser . . . . 1 l
Nickelsulfat . . . . 200 g
Glaubersalz. . . . . 40 g
Nickelchlorür. . . . . 10 g
Borsäure. . . . . 5 g
Süßholzwurzelextrakt . . . . 50 g

Classen schreibt vor, die Elektrolyse bei 3,5 V zu beginnen und den Strom bis auf 0,25 V abzuschwächen und ½ Stunde lang zu vernickeln. Bei Anwendung von Nickelanoden konnte Verfasser aus diesem Bade gute dunkle Niederschläge erhalten.

Die Langbein-Pfanhauser-Werke A.-G. haben für besonders dekorative Wirkung ein Nickelbad für Glanzschwarz-Niederschläge in den Handel gebracht, dem sie den Namen „Nigrosin-Bad" beilegten und das sich dank seiner Verläßlichkeit und leichten Bedienung rasch in der Praxis einbürgerte. Auch dieses Bad enthält eine Anzahl Fremdmetalle und arbeitet mit Kohlenanoden bei 1½ V. Da sowohl das Nickel als die zugesetzten Fremdmetalle, die zusammen den schwarzen Niederschlag bilden, mangels löslicher Anoden aus dem Bade nach und nach herauselektrolysiert werden, muß der fehlende Metallgehalt der Bäder durch Zusatz eines Regenerierungsbreies, aus Karbonaten dieser Metalle in der Hauptsache bestehend, in feuchtem Zustande zugesetzt werden. Durch diese Zusätze werden die Nigrosinbäder gleichzeitig auch in der Reaktion korrigiert, welche nur ganz schwach sauer gehalten sein darf. Das Nigrosinbad liefert bei 10 Minuten langer Vernicklung glänzende Niederschläge, bei längerer Vernicklung werden die Niederschläge matt und können wie matt gewordene starke Nickelniederschläge auf der Schwabbel poliert werden, ohne daß man Gefahr läuft, den Niederschlag durchzupolieren. Besonders geeignet sind diese Nigrosinniederschläge auf Zink oder verzinkten Metallen, da auf Zinkuntergrund ein besonders tiefes Schwarz sich einstellt.

Die Schwarznickelniederschläge werden nach dem Polieren am besten noch in einer Beize von

Wasser . . . . 1 l
Eisenchlorid . . . . 80 g
Salzsäure . . . . 5 g

kurze Zeit eingetaucht, dadurch wird der Ton noch intensiver und dunkler, und nach gutem Spülen und Trocknen wird zaponiert.

Kontaktvernicklung ohne Strom.

Prinzip der Kontaktverfahren. Wie durch den von außen von einer Stromquelle zugeführten elektrischen Strom die Metalle aus ihren Lösungen ausgefällt werden, so lassen sich auch durch sogenannte Kontaktwirkung zweier in der Spannungsreihe tunlichst weit voneinander liegenden Metalle die edleren Metalle auf anderen Metallen abscheiden, und dieses Verfahren wird Kontakt-Galvanisierverfahren genannt, weil meist durch Zufügung von kleinen Metallstücken unedleren Charakters, meist Zink, Aluminium, Magnesium u. dgl., durch Kontakt mit dem zu überziehenden Metall ein Kurzschlußelement gebildet wird, wobei das zugefügte Kontaktmetall sich als Lösungselektrode auflöst und das im Elektrolyten enthaltene Metall auf den Metallgegenständen ablagert. Um nun

Metalle durch dieses Verfahren überhaupt zur Abscheidung zu bringen, muß zunächst der verwendete Elektrolyt ein möglichst hohes Leitvermögen haben, jeden Anodeneffekt ausschließen und polarisationsfrei sein, da die Kurzschluß-kette

$$\text{Kontaktmetall/Gegenstand}$$

meist nur einige Zehntel Volt stark ist. Ist einmal ein Gegenstand nach dem Kontaktverfahren allseitig mit dem Überzugsmetall gedeckt, so hört sehr bald die weitere Metallabscheidung auf, und es ist begreiflich, daß man nach den Kontaktmethoden nur ganz dünne Niederschläge erhalten kann, die aber immer-hin den Vorzug haben, daß sie, wenn sie auf glänzender Unterlage abgeschieden werden, den Glanz der Oberfläche des Gegenstandes beibehalten. Ähnlich wie bei der Elektroplattierung mit äußerer Stromquelle macht sich auch eine un-gleichmäßige Galvanisierung größerer Flächen dadurch bemerkbar, daß das Kontaktmetall in unmittelbarer Nähe der Berührungsstelle energischer wirkt, wie an weiter davon entfernt liegender Stellen. Deshalb verwendet man fast allgemein bewegte Bäder oder gar Trommeln, in denen man die meist kleinen zu überziehenden Gegenstände mit einem voraus bestimmten Quantum Bad-flüssigkeit vermengt und das Kontaktmetall in Form von kleinen Blechschnitzeln zusetzt. Diese Trommeln läßt man dann langsam rotieren und erreicht dadurch, daß nach und nach alle Partien der Gegenstände mit dem Kontaktmetall in Berührung kommen.

Da durch Erhöhung der Temperatur der Flüssigkeit der innere Badwider-stand einerseits verringert wird, anderseits aber auch die Widerstände gegen das Lösen des Kontaktmetalles und allenfallsige Polarisationserscheinungen ver-ringert werden, benutzt man diese Bäder gewöhnlich heiß, ja sogar bis zur Siede-temperatur erhitzt, weshalb man auch oft von Ansieden spricht.

Vernicklung durch Kontakt oder Ansieden. Franz Stolba veröffentlichte bereits im Jahre 1876 in den Sitzungsberichten der K. böhm. Gesellschaft der Wissenschaften eine Methode der Kontaktvernicklung wie folgt:

In einen blanken kupfernen Kessel bringt man eine konzentrierte Chlorzink-lösung nebst dem gleichen bis doppelten Volumen Flußwasser, erhitzt zum Kochen und setzt tropfenweise so viel reine Salzsäure zu, bis der durch Ver-dünnen der Chlorzinklösung mit Wasser entstandene Niederschlag verschwunden ist, worauf man eine Messerspitze Zinkpulver hinzubringt; dieser Zusatz bewirkt im Verlauf weniger Minuten, daß das Kupfer des Kessels, soweit es mit der Lösung in Berührung ist, sich verzinkt. Man bringe nun so viel Nickelsalz, am besten schwefelsaures Nickeloxydul, in den Kessel, daß die Flüssigkeit deutlich grün gefärbt erscheint, legt die zu vernickelnden Gegenstände und mit diesen kleine Zinkblechschnitzel oder Zinkdrahtstücke derart ein, daß recht viele Berührungs-punkte geboten werden und setzt das Kochen weiter fort. Bei richtigem Verlauf des Prozesses sollen die Gegenstände sich nach 15 Minuten überall vernickelt zeigen; ist dies nicht der Fall, so muß man das Kochen fortsetzen, eventuell neue Zinkstückchen oder, wenn die Lösung nicht grün genug erscheint, neues Nickel-salz zusetzen.

Damit der Prozeß gelinge, sind verschiedene Bedingungen zu erfüllen. Die Metallgegenstände müssen ganz sauber entfettet sein, andernfalls setzt sich an den fettigen Stellen kein Nickel an. Die Lösung darf beim Kochen weder durch Ausscheidung von basischem Zinksalz trübe noch durch freie Salzsäure sauer werden, sonst wird die Vernicklung matt und schwärzlich; es muß daher eine eintretende Trübung sofort durch tropfenweisen Zusatz von Salzsäure, eine zu große Azidität durch vorsichtigen Zusatz einer Lösung von kohlensaurem Natron beseitigt werden. Die auf diese Weise vernickelten Gegenstände müssen gut mit Wasser gewaschen, getrocknet und mit Schlämmkreide geputzt werden.

A. Darley ließ sich eine Kontaktvernicklung unter Zuhilfenahme von

Aluminium oder Magnesium als Kontaktmetall patentieren (das Patent ist längst erloschen) und verwendete dazu folgende Nickelbadzusammensetzung:

Wasser	1 l
Nickelchlorür	13,5 g
Natriumphosphat	235 g
Chlorammonium	20 g
Natriumkarbonat	8,5 g
Ammoniumkarbonat	8,5 g

Hierbei bedingt das Natriumphosphat die Bildung glänzender Nickelniederschläge, während die Karbonate des Natriums und Ammoniums den Angriff auf das Kontaktmetall bewirken und das Chlorammon die früher erwähnte Leitfähigkeit des Bades veranlaßt.

Die Praxis hat dieses Rezept vereinfacht und sich ein Bad zur Kontaktvernicklung, vorwiegend für Gegenstände aus Messing oder Kupfer, nach folgender Zusammensetzung konstruiert:

Wasser	1 l
Nickelammonsulfat	20 g
Chlorzink	10 g

In dieser Mischung werden die Gegenstände kleinsten Umfanges 15 Minuten lang unter Zusatz von Zinkgranalien gekocht.

Alle nach dem Kontakt- oder Ansiedeverfahren vernickelten Gegenstände können naturgemäß keinen Anspruch auf Haltbarkeit erheben, und es ist jede Nachpolierung ausgeschlossen, da selbst ein leichtes Trommeln mit Kalkpulver und Tuchabfällen die Vernicklung zum Verschwinden bringt. Wenn also die vernickelten Messing- oder Kupfergegenstände einmal mißlungen sind, so kann man sie nur nach vorheriger Blanktrommelung wieder neu vernickeln und muß ängstlich darauf Bedacht nehmen, daß sie sofort einwandfrei das Bad verlassen; eine nachträgliche Verschönerung ist, wie schon gesagt, vollkommen ausgeschlossen.

Verkobalten.

Anwendung der Kobaltniederschläge. Das Kobaltmetall hat ganz ähnliche Eigenschaften wie das Nickel und wird auch die Verkobaltung in ganz gleicher Weise wie die Vernicklung ausgeführt. Wenn man Vernicklung und Verkobaltung nebeneinanderliegend vergleicht, wird man den Unterschied wahrnehmen, daß letztere einen etwas wärmeren Ton (Rosastich) zeigt, eine Nuance, die für manche Luxusgegenstände erwünscht sein dürfte. In der Buchdruckindustrie findet die Verkobaltung teilweise Anwendung dadurch, daß man Stereotypiesätze in Blei entweder mit Kobalt allein oder mit einer Mischung von Kobalt und Nickel elektrolytisch überzieht, was einen besonders harten Niederschlag gibt, wodurch die Druckplatten aus Blei oder aus Bleilegierungen eine namhafte größere Anzahl von Abdrücken aushalten.

Während des Weltkrieges erlangte die Verkobaltung durch die Beschlagnahme des Nickels in Deutschland für Legierungszwecke (Panzerplatten, Geschoßmäntel, Nickelstahlteile aller Art) besondere Bedeutung, da die Vernicklungsindustrie plötzlich dieses wichtige Metall, auf das die Betriebe seit Jahrzehnten eingearbeitet waren, entbehren mußte.

Man ging daher dazu über, als Ersatz für Nickel Kobalt zu verwenden und benutzte die Kobaltbäder überall dort, wo man früher Nickelbäder anwendete. Die Galvanotechnik hat sich sehr rasch mit den Kobaltniederschlägen befreundet, selbst heute noch gibt es eine ganze Anzahl von Betrieben, die das Kobalt nur schmerzlich meiden. Da aber heute der Preis für Kobalt ein Mehrfaches des Nickels beträgt, so sind die ehemaligen Kobaltbäder durch Verwendung von Reinnickelanoden einerseits und durch fortlaufende Zusätze von Nickelsalzen anderseits langsam in Nickelbäder umgeformt worden. Heute greift man zur Verkobaltung nur noch in ganz seltenen Fällen, z. B. wenn es gilt, wertvolle Kupferstichplatten beim Druck zu schützen. Man kann diese Platten natürlich ebensogut verstählen, aber das eventuell mögliche spätere Rosten der verstählten Fläche würde erfahrungsgemäß auf die Feinheiten der Platte einwirken. Gegenüber einer Vernicklung, die ja schließlich denselben Zweck erfüllen würde, bietet der Kobaltüberzug den Vorteil, daß er in Schwefelsäure, wenn auch nur langsam, löslich ist.

Langbein hat, um sich von dieser Möglichkeit zu überzeugen, eine Kupferplatte in einem Bad, bestehend aus:

> Wasser . . . . 1 l
> Schwefelsaurem Kobaltoxydul-Ammon . 60 g
> Borsäure, krist. . . . . 30 g

mit einer Stromdichte von 0,4 A bei einer Badspannung von 2,5 bis 2,75 V mit Kobalt einseitig überzogen. Die Platte hatte eine Größe von 50 qcm und erhielt eine Kobaltauflage von 3,5 g. Er legte diese Platte in verdünnte Schwefelsäure 1:12,5, und nach 14stündigem Liegen war der Kobaltüberzug teils gelöst, teils in Form von Metallflittern am Boden des hierzu verwendeten Gefäßes angesammelt. Die Kupferplatte, die vollkommen vom Niederschlag befreit war, hatte dabei 3 mg Kupfer abgenommen, was einem Gewichtsverlust der Platte von 0,0063% entsprach. Da aber die Bildseite keinerlei Korrosion zeigte, so ist mit Langbein wohl anzunehmen, daß das fehlende kleine Quantum Kupfer von der nicht verkobalteten Rückseite bzw. den Kanten der Platte stammen mußte. Der Versuch zeigt jedenfalls zur Genüge, daß sich solche Kobaltniederschläge für diesen Zweck eignen und daß sich das Ablösen derselben von Kupferstichplatten, ohne diese zu gefährden, bewirken läßt.

Kobaltbäder-Vorschriften. Das vorerwähnte Kobaltbad kann für jeden beliebigen Zweck ohne weiteres angewendet werden, doch sind außerdem höher konzentrierte Bäder in Anwendung gekommen, um höhere Stromdichten anwenden zu können, veranlaßt durch die immerhin während des Krieges schwierige Beschaffung von Kobaltpräparaten und Anoden.

Kobalt ist edler als Nickel in schwefelsaurer Lösung, und man kann Kobalt schon aus neutralen Lösungen ohne jede Ansäuerung und bei gewöhnlicher Temperatur oxydfrei abscheiden. Dabei ist Kobalt freier Säure im Bade gegenüber weniger empfindlich als Nickel, ebenso wird Kobalt als Anodenmaterial weniger leicht passiv als Nickel. Unstreitbar aber neigt der Kobaltniederschlag leichter zum Abblättern als der Nickelniederschlag, zumal die Kobaltniederschläge durchweg härter sind als die Nickelniederschläge.

Bereits Pierre Roger Jourdan & Alexander René Bernard in Paris wurde ein Verfahren, Kobalt aus einer Lösung von Kobaltammonsulfat, die möglichst mit Kohlensäure gesättigt wird, durch Einleiten von gasförmiger Kohlensäure patentiert, und dürfte dieser Kohlensäuregehalt des Bades lediglich die Wirkung gezeitigt haben, die Wasserstoffokklusion im Niederschlag zu vermeiden und das Abrollen der Kobaltniederschläge zu verhüten.

Die in Deutschland üblichen Badzusammensetzungen waren die folgenden:

> Wasser . . . . 1 l
> Kobaltammonsulfat krist. . . . 200 g

Spez. Gew. des Bades 1,053 bei 15° C und

> Wasser . . . . 1 l
> Kobaltsulfat . . . . 312 g
> Chlornatrium . . . . 20 g
> Borsäure . . . . 30 g

Spez. Gew. des Bades 1,25 bei 15° C.

In beiden Bädern konnte mit Stromdichten bis zu 1 A/qdm gearbeitet werden, die Badspannung betrug durchschnittlich 3 V, so daß mit den vorhandenen Hilfsmitteln aus der Vernicklungsindustrie, d. h. mit den vorhandenen Niederspannungsdynamos und den Meß- und Regulierapparaten, gearbeitet werden konnte. Als Anoden dienten für diese Zwecke fast durchweg gegossene Kobaltanoden, die Anodenfläche etwa halb so groß wie die Warenfläche.

Die Manipulation beim Verkobalten unterscheidet sich in keiner Weise von der beim Vernickeln, auch ist der Endeffekt kaum von der Vernicklung zu unterscheiden, nur der Ton des an sich hervorragenden Glanzes nach der Polierung ist etwas dunkler, ins Rötliche spielend.

Legierungen von Kobalt mit Nickel lassen sich aus dem Gemisch der beiden Salze elektrolytisch ohne weiteres abscheiden, nur überwiegt sehr leicht der Kobaltgehalt. Erwärmt man aber das Bad auf 50 bis 60° C, so steigt der Nickelgehalt gegenüber der Arbeitsweise im kalten Bade bei gleicher Zusammensetzung. Zur Abscheidung solcher Legierungen hat sich auch der Zusatz reichlicher Mengen von Chlorammon im Bade als vorteilhaft erwiesen, wodurch gleichzeitig der Anodeneffekt vermieden wird, d. h. die Anoden, aus einer Legierung von Nickel und Kobalt bestehend, werden dann nicht mehr passiv, es tritt keine Oxydation des Elektrolyten an der Anode ein, und es sinkt die Badspannung um Bedeutendes. Anstatt eine Legierung von Kobalt mit Nickel als Anoden zu benutzen, kann man auch Kobaltanoden neben Nickelanoden im angemessenen Verhältnis benutzen.

Solche Niederschläge aus Kobalt und Nickel haben aber nur für ganz bestimmte Zwecke Interesse, z. B. wenn man auf galvanoplastischem Wege zu Gravierzwecken und ähnlichen Zwecken harte Originale bzw. Matrizen herzustellen hat.

Kontaktverkobaltung ohne Strom. Die Kontaktverkobaltung ähnelt in jeder Beziehung der Kontaktvernicklung, wird aber fast gar nicht angewendet. Der Vollständigkeit halber sei ein Bad angeführt, welches hierfür verschiedentlich vorgeschlagen wurde:

Wasser . . . . 1 l
Kobaltsulfat . . . . 12 g
Salmiak krist. . . . . 24 g

Das Bad wird möglichst heiß verwendet, die Gegenstände werden mit Zinkstreifen oder Granalien gemischt in die heiße Lösung eingetaucht, wo sie sich alsbald mit einem schwachen Überzug von Kobalt bedecken. Da der Kobaltniederschlag härter ist als Nickel, genügt schon ein etwa 5 Minuten währendes Eintauchen, um einen Niederschlag zu erhalten, der sich sogar bei etwas Vorsicht polieren läßt.

Warren hat eine Verkobaltung beschrieben, welche ähnlich wie die Kontaktverkobaltung arbeitet, wenigstens ist das Prinzip annähernd dasselbe, nur mit dem Unterschied, daß durch diese Methode etwas stärkere Niederschläge zu erhalten sind. Warren arbeitet mit einem Zellenapparat, in dessen Badtrog er eine Lösung von Kobaltchlorid, die mit einer konzentrierten Seignettesalz-Lösung versetzt wurde, bis sich der erstlich bildende Niederschlag wieder gelöst hat, verwendet. In diese Lösung stellt man Diaphragmen, ähnlich wie sie im Kapitel Galvanoplastik gelegentlich der Besprechung des Zellenapparates beschrieben sind. In diese Tonzellen füllt man gesättigte Chlorammonlösung und taucht Zinkplatten oder Zinkzylinder hinein. Über die Wanne legt man Leitungsstangen, an denen man die zu verkobaltenden Waren mittels Kupferdrähten hängt und verbindet die Zinkplatten oder Zinkzylinder mit dieser Warenstange.

Mit diesem Verfahren kann man innerhalb 1 bis 2 Stunden polierfähige Kobaltniederschläge auf kleineren Gegenständen erhalten, aber nur wenn es sich um kupferne Gegenstände handelt; solche aus Messing oder gar aus Zink kann man auf diese Weise nicht verkobalten. Erwähnt sei noch, daß dieses Verfahren mit Lösungen von normaler Zimmertemperatur arbeitet, würde man die ganze Apparatur erwärmen, so würde dadurch der Effekt gesteigert, und dann lassen sich auch Messinggegenstände verkobalten.

Verkupfern.

Allgemeines über Verkupfern. Kupferniederschläge lassen sich sowohl in neutralen oder sauren als auch in alkalischen (zyankalischen) Bädern ausführen. Neutrale Bäder werden wohl nur sehr selten praktisch verwendet, bieten keinerlei Vorteile. Saure Kupferbäder finden nur Verwendung in jenen Fällen, wenn es sich um Darstellung starker Kupferniederschläge in kurzer Zeit handelt, wie in der Kupfergalvanoplastik und zum Überkupfern von Holz, Glas, Ton und Metallen, die sich dazu eignen oder entsprechend vorbereitet wurden.

In der Metallveredlungsindustrie werden fast ausnahmslos nur zyankalische Kupferbäder verwendet, denn die meisten Metalle eignen sich nicht zum direkten Überkupfern in saurer Lösung, dagegen können alle Metalle in nachfolgend angegebenen zyankalischen Lösungen mit Kupfer überzogen werden.

Viele Artikel, insbesondere die der Kunstmetallindustrie, die oft der Billigkeit wegen aus einem billigen Metall erzeugt werden, pflegt man verkupfert oder in Altkupferimitation in den Handel zu bringen, um ihren Handelswert zu erhöhen, so Objekte aus Eisen, Zink, Zinn, Blei u. ä. Eisen wird mitunter mit der Absicht verkupfert, um es gegen Rost zu schützen; hierbei kommt nur das bekannte dichte Gefüge in Betracht, welches Kupferüberzüge zeigen.

Meist wird das Verkupfern in unserer Industrie als Unterlage auf solche Metalle ausgeführt, welche mit einem Niederschlag versehen werden sollen, der direkt auf dem Grundmetall nicht haften würde oder nur mit Schwierigkeit ausführbar wäre.

Auf Eisen z. B. läßt sich Silber direkt nicht ohne weiteres niederschlagen, es haftet nicht, deshalb wird es vorher verkupfert; Zink läßt sich schwierig direkt vernickeln, auch hier dient die Verkupferung als vermittelnde Zwischenlage.

Eigenschaften der Kupferniederschläge aus verschiedenen Lösungen. Kupferbäder zur Verkupferung sind im Laufe der Zeit fast ebenso viele wie Bäder für die Vernicklung versucht und veröffentlicht worden. Es würde viel zu weit führen, alle diese Bäder kritisch zu besprechen, immerhin ist es interessant, zu erwähnen, daß gerade bei der Verkupferung die Eigenschaften des erhaltenen Niederschlages außerordentlich stark von den zur Bereitung des Bades anwendeten Präparaten abhängen. Vor allem finden wir aus verschiedenen Bädern immer auch eine verschiedenartige Struktur des abgeschiedenen Kupfers und verschiedene physikalische Eigenschaften wie Härte, Duktilität und Legierungsbildung mit der Unterlage. Gerade die letzteren Eigenschaften aber kennzeichnen die Güte eines galvanischen Niederschlages, und deshalb muß man bei der Wahl des Rezeptes für das Kupferbad entsprechende Auswahl treffen. Es genügt keineswegs, wenn ein Kupferbad gut „streut" und einen hellen, glänzenden Kupferniederschlag liefert, wenn der Niederschlag so wasserstoffhaltig und spröde ist, daß er beim Biegen schon abplatzt und besonders nach der späteren Vernicklung mit dieser sich von dem Grundmetall löst, eine Erscheinung, die vielfach bei unsachgemäß zusammengesetzten Bädern oder unrichtig angewendeten Kupferbädern auftritt.

Die weichsten Kupferniederschläge liefert unstreitig das saure Kupferbad, bestehend aus Kupfervitriol und Schwefelsäure, wie es zur Galvanoplastik oder zur starken Überkupferung nach entsprechend präparierter Unterlage angewendet wird. Die Gegenwart freier Schwefelsäure im Bade läßt aber aus uns nunmehr bekannten Gründen eine Verwendung zur direkten Verkupferung von Eisen,

Zinn und Zink nicht zu, wenn nicht solche Metallgegenstände vorher etwa stark vernickelt oder verbleit wurden. Über die Struktur der Kupferniederschläge aus sauren Bädern finden wir weiter hinten noch ausführliche Untersuchungsergebnisse.

Zumeist benutzt die Galvanotechnik Bäder, in denen das Kupfer in Form komplexer Salze enthalten ist, so daß eine primäre Entladung von Kupferionen praktisch gar nicht vorkommt. Solche Bäder sehen wir in den zyankalischen Kupferbädern, die mit Kupferkaliumzyanid angesetzt sind, oder in denen durch Wechselwirkung verschiedener Kupfersalze oder Kupferpräparate mit Zyankalium oder Zyannatrium dieses komplexe Kupfersalz gebildet wurde.

In allen solchen zyankalischen Kupferbädern finden wir aber neben der Kupferabscheidung parallelgehend auch eine mehr oder weniger intensive Wasserstoffabscheidung, welche je nach dem Kathodenmetall gemäß der Überspannung des Wasserstoffs reichlicher oder weniger reichlich auftritt, natürlich in erster Linie von der Höhe der Kathodenstromdichte abhängig ist. So finden wir schon in schwefelsaurer Lösung, in welcher der Wasserstoff an Platinkathoden nur ein minimales Potential erfordert, bei einer Kathodenstromdichte von 1 A/qdm bei Anwendung von

Nickel . . als Kathodenmetall ein Ansteigen des Potentiales auf — 0,554 V
Kupfer . ,,　　　,,　　　,,　　,,　　,,　　,,　　,,　— 0,569 ,,
Gold . . ,,　　　,,　　　,,　　,,　　,,　　,,　　,,　— 0,739 ,,
Zinn . . ,,　　　,,　　　,,　　,,　　,,　　,,　　,,　— 0,974 ,,
Quecksilber ,,　　　,,　　　,,　　,,　　,,　　,,　　,,　— 1,179 ,,

Ähnlich liegen die Verhältnisse in alkalischen Lösungen, und je näher die Stromdichtepotentialkurven des Wasserstoffs an den einzelnen Schwermetall- (als Kathodenmetalle-) Potentialkurven liegen, desto wasserstoffreicher wird das abgeschiedene Gemisch an der Kathode sein.

Steigert man die Temperatur der zyankalischen Kupferelektrolyte über 60° C, so wird das Potential des Wasserstoffs immer unedler, die Polarisation an der Kathode sinkt, die Stromdichtepotentialkurve verläuft steiler und die Kupferniederschläge werden ärmer an Wasserstoff und duktiler. Daß durch Vermehrung des Zyankaliumgehaltes des Bades die Stromausbeute sinkt und auch bei höherer Badtemperatur weit hinter der zurückbleibt, die man bei kaltem Bade, aber geringem Zyankaliumgehalt bekommt, sind Tatsachen, die jedem Galvanotechniker geläufig und aus dem bisher Gesagten auch verständlich sind.

Kupferbäder und Rezepte. Von den vielen existierenden Kupferbadzusammensetzungen sollen nachfolgend einige vorzugsweise empfohlen werden, die sich in der Praxis erprobt und am besten bewährt haben und die allen normalen Anforderungen entsprechen.

Für alle Metalle, große und kleine Objekte, empfiehlt Roseleur folgendes Universalbad, das speziell zur Verkupferung von Zink, Blei u. dgl. geeignet ist:

I. Wasser . . . . 1 l
Kohlensaures Natron, krist. . . 20 g
Saures schwefligsaures Natron . 20 g
Essigsaures Kupfer, rein pulver. 20 g
Zyankalium 100 % . . . . . 20 g

Badspannung bei 15 cm Elektrodenentfernung:
für Eisen. . . . . 2,9 Volt
für Zink . . . . 3,4 ,,
Änderung der Badspannung für je 5 cm Änderung der Elektrodenentfernung . . . . 0,29 ,,
Stromdichte . . . . 0,3 Ampere

Badtemperatur: 15—20° C
Konzentration: 7° Bé
Spez. Badwiderstand: 1,94 Ω
Temperaturkoeffizient: 0,019
Stromausbeute: 71%
Niederschlagstärke in 1 Stunde: 0,00565 mm.

Bereitung des Bades:

1. Man ermittelt zunächst, wieviel Liter Bad die dafür bestimmte Wanne enthält und berechnet nach obiger Zusammensetzung die erforderlichen Mengen Chemikalien.

2. Die Hälfte der für das Bad bestimmten Wassermenge wird kalt in die Wanne gegossen.

3. Das kohlensaure Natron wird im 7fachen Wasserquantum 50° C warm umrührend gelöst, kommt in die Wanne.

4. Das saure schwefligsaure Natron im 8fachen Wasserquantum 50° C warm umrührend gelöst, wird der Lösung in der Wanne nach und nach zugesetzt und so lange umgerührt, bis das durch das Zusammengießen dieser beiden Lösungen entstandene Aufbrausen aufgehört hat.

5. Das essigsaure Kupfer wird im 10fachen Wasserquantum kochendheiß und fleißig umrührend gelöst, mit der Lösung in der Wanne gut vermischt.

6. Das Zyankalium wird direkt in die in der Wanne befindliche Lösung eingetragen und so lange umgerührt, bis alles gelöst und die bisher blaue oder grünlich trübe Flüssigkeit wasserhell oder gelblich und klar geworden ist — das ist das fertige Kupferbad.

Sollte das Bad trotz energischen Umrührens nach vollständiger Auflösung des Zyankaliums noch eine grüne oder blaue Färbung zeigen, so müßte noch etwas Zyankalium zugegeben werden. Es wird jedoch, wenn das verwendete Zyankalium gut war und nicht etwa durch mangelhafte Aufbewahrung in schlecht oder gar nicht verschlossenen Gefäßen an Gehalt verloren hat, das vorgeschriebene Quantum vollkommen ausreichen.

· Zur Bereitung sowohl als auch zur Korrektur der Kupferbäder ist nur das hochgradige 98- bis 100%ige reine Zyankalium zu verwenden, alle minderen Sorten sind auszuschließen.

Pfanhauser sen. hat die Verwendung der Metall-Doppelzyanide in der Galvanotechnik eingeführt, und diese Produkte sind unstreitbar ein großer Vorteil in der Bereitung der zyankalischen Bäder der Galvanotechnik geworden. Das Kupferbad hat folgende Zusammensetzung, geeignet für alle Metalle, große und kleine Objekte, es ist sehr verläßlich, ausgiebig und funktioniert dauernd gut. Das Bad gibt einen brillanten Niederschlag und die denkbar günstigste Stromausbeute.

II. Wasser	1 l
Kohlensaures Natron, kalz. . .	10 g
Schwefelsaures Natron, kalz. . .	20 g
Saures schwefligsaures Natron .	20 g
Zyankupferkalium	30 g
Zyankalium 100%	1 g

Badspannung bei 15 cm Elektrodenentfernung:
für Eisen . . . . 2,7 Volt
für Zink . . . . 3,2 ,,
Änderung der Badspannung für je 5 cm Änderung der Elektrodenentfernung . . . . 0,26 ,,
Stromdichte . . . . 0,3 Ampere

Badtemperatur: 15—20° C
Konzentration: 7¾° Bé
Spez. Badwiderstand: 1,75 Ω
Temperaturkoeffizient: 0,0184
Stromausbeute: 81%
Niederschlagstärke in 1 Stunde: 0,00644 mm.

Bereitung des Bades:

1. Man ermittelt zunächst, wieviel Liter Bad die dafür bestimmte Wanne enthält und berechnet nach obiger Zusammensetzung die erforderlichen Mengen der Chemikalien.
2. Die Hälfte der für das Bad bestimmten Wassermenge wird kalt in die Wanne gegossen, die das Kupferbad aufnehmen soll.
3. Das kohlensaure und das schwefelsaure Natron löse man fleißig umrührend im 8fachen Quantum warmen Wassers (50° C) und gieße die Lösung in die Wanne.
4. Das saure schwefligsaure Natron wird im 5fachen Quantum warmen Wassers (50° C) umrührend gelöst, langsam in die Wanne gegossen und so lange umgerührt, bis das beim Zusammengießen dieser beiden Lösungen entstehende Aufbrausen aufgehört hat.
5. Zyankupferkalium und Zyankalium werden zusammen im 5fachen Quantum warmen Wassers (50° C) umrührend gelöst, der Lösung in der Wanne zugesetzt.

Schließlich wird die ganze Lösung in der Wanne tüchtig umgerührt und vermischt. Wenn alle Salze gelöst sind, ist das Kupferbad gebrauchsfertig.

Das Auflösen der Chemikalien muß mit warmem Wasser und fleißig umrührend ausgeführt werden. Der Gehalt an Zyankupferkalium kann selbstredend nach Belieben erhöht werden, und es steigt mit Erhöhung des Gehaltes an Zyankupferkalium (auch durch Erhöhung der Temperatur) die obere Grenze der zulässigen Kathoden- und Anodenstromdichte.

Der Vollständigkeit wegen seien nachfolgend noch einige Kupferbadzusammensetzungen angegeben; es dem Praktiker überlassend, auch diese zu versuchen, obwohl Verfasser aus Erfahrung überzeugt ist, daß sie gegen die beiden erstangeführten Formeln keinerlei Vorteil bieten.

Nach R o s e l e u r wird für Eisen und Stahl folgendes kalte Kupferbad verwendet:

III. Wasser . . . . 1 l
Kohlensaures Natron, krist. . . 40 g
Saures schwefligsaures Natron . 20 g
Essigsaures Kupfer, rein pulver. 20 g
Salmiakgeist . . . . 15 g
Zyankalium 100% . . . . . 20 g

Schneller arbeitet nach R o s e l e u r folgende, auf etwa 30 bis 50° C angewärmte Lösung, die den Vorteil hat, daß man schon bei 2 V rasch arbeiten kann, weil bei der erhöhten Temperatur die Anode leichter in Lösung geht, d. h. die Polarisation verringert wird:

IV. Wasser . . . . 1 l
Kohlensaures Natron, krist. . . 20 g
Saures schwefligsaures Natron . 8 g
Essigsaures Kupfer, rein pulver. 20 g
Salmiakgeist . . . . 12 g
Zyankalium 100% . . . . . 28 g

Für Zinn, Eisen- und Zinkguß (warm oder kalt zu verwenden) hat R o s e l e u r seine Vorschrift wie folgt abgeändert:

> V. Wasser . . . . 1 l
> Neutrales schwefligsaures Natron 12 g
> Essigsaures Kupfer, rein pulver. 14 g
> Salmiakgeist . . . . 8 g
> Zyankalium 100 % . . . . . . 10 g

Für kleine Zinkgegenstände (Massenartikel), welche im Elektroplattierkorb verkupfert werden, ist ferner folgendes Bad in Anwendung:

> VI. Wasser . . . . 1 l
> Neutrales schwefligsaures Natron 4 g
> Essigsaures Kupfer, rein pulver. 18 g
> Salmiakgeist . . . . 6 g
> Zyankalium 100 % . . . . . . 28 g

Manche Praktiker schwärmen für die Verwendung des leicht in Zyankalium löslichen Kupferoxyduls (Kupron) und sei eine brauchbare Vorschrift nachstehend angegeben:

> VII. Wasser . . . . 1 l
> Kupron (Kupferoxydul) 80 % ig. 7 g
> Zyankalium 100 % . . . . . . 20 g
> Saures schwefligsaures Natron . 20 g

Bei längerer Benützung dieses Bades bildet sich infolge der bei Metallverarmung nötig werdenden Zusätze von Kupron und Zyankalium ein wesentlicher Überschuß von Ätzkali, der sich für die Dauer als störend erweisen muß, wenn man nicht dauernd auch saures schwefligsaures Natron zusetzt.

Kupferbad mit Kupferdoppelsalz LPW. Man stellt sich aus dem Kupferdoppelsalz LPW durch einfaches Auflösen in reinem Wasser (man kann selbst kaltes Wasser hierbei verwenden) ein außerordentlich metallreiches Kupferbad her, das zur schweren Verkupferung aller Metalle dienen kann. Das Bad besteht aus:

> VIII. Wasser . . . . 1 l
> Kupferdoppelsalz LPW ca. 20 % ig 75 g

Badspannung bei 15 cm Elektrodenentfernung:
für Eisen . . . . 2,8 Volt
für Zink u. dgl. . . . . 3,3 ,,
Änderung der Badspannung für je 5 cm Änderung der Elektrodenentfernung . . . . 0,32 ,,
Stromdichte . . . . 0,4 Ampere
Badtemperatur: 15—20° C
Konzentration: 7½° Bé
Spez. Badwiderstand: 1,6 Ω.

Als Anoden eignen sich gleichgut Elektrolytkupferanoden als auch gegossenes Kupfer. Die Anoden lösen sich in diesem Bad außerordentlich leicht und fast quantitativ auf. Man hat für dieses Bad außerordentlich wenig Regenerierungszusätze nötig, und wenn sich ein Auffrischen erforderlich macht, so sind meist nur Kupfersalze erforderlich. Die Bedienung des Bades ist sehr einfach, die Funktion sicher. Die Niederschläge sind weich und nehmen nur sehr wenig Wasserstoff auf und haften deshalb auch gut auf der Unterlage.

Für leichtere Verkupferung, z. B. vor dem Vernickeln, wird das Bad oft auch weniger konzentriert angewendet. Wenn aber mit solch schwachem Bade vorverkupfert wird, dann kann man auch nur schwache, und zwar sogenannte „direkte Glanzvernicklung", darauf folgen lassen, weil sonst der Nickelniederschlag beim Polieren abplatzt. Der Grund hierzu liegt darin, daß aus dünneren Kupferbädern speziell dann, wenn viel Leitsalze darin enthalten sind, der Kupferniederschlag viel Wasserstoff aufnimmt, der an den darauffolgenden Nickelniederschlag abgegeben wird, diesen also besonders spröde macht und ihm die Tendenz zum Abrollen verleiht. Dieses dünne Bad besteht dann aus:

$$\text{IX. Wasser} \dots\dots\dots\dots \quad 1\ l$$
$$\text{Kupferdoppelsalz LPW.} \dots \quad 50\ g$$

Badspannung bei 15 cm Elektrodenentfernung:

für Eisen . . . . 2,8 **Volt**

für Zink . . . . 3,3 ,,

Änderung der Badspannung für je 5 cm Änderung der Elektrodenentfernung . . . . 0,33 ,,

Stromdichte . . . . 0,3 **Ampere**

Badtemperatur: 15—20° C

Konzentration: ca. 6° Bé

Spez. Badwiderstand: 2,2 Ω.

Die LPW-Doppelsalze haben sich in der Galvanotechnik sehr rasch Eingang verschafft durch die Vorteile, die sie bieten. Es ist nicht jedermanns Geschmack, seine Bäder durch mühsames Auflösen verschiedener Salze, unter ängstlicher Einhaltung einer bestimmten Reihenfolge, zu bereiten und die Einfachheit, mit der man unter Anwendung dieser „Doppelsalze" die Bäder bereiten kann, neben ihrer vorzüglichen Funktion im praktischen Gebrauch haben ihnen rasch die erste Stelle in der Technik vor vielen anderen Produkten ähnlicher Zusammensetzung verschafft. Der Vollständigkeit halber seien hier auch die ähnlichen „Trisalythsalze" und die Trysolsalze usw. erwähnt.

Von unberufener Seite wird vielfach unter dem gleichen Namen „Kupferdoppelsalz" ein nur ganz wenig Kupfer und ebenso wenig Zyankalium enthaltendes, stark mit Soda oder Glaubersalz verschnittenes Produkt in den Handel gebracht, das sich durch besonders billigen Kilopreis auszeichnet. Man braucht nicht gerade Chemiker zu sein, um derartige unlautere Anpreisungen zu erkennen. Es liegt klar auf der Hand, daß Bäder, die aus solchen Produkten bereitet werden, sofort regenerierbedürftig sind, wogegen derartige Unberufene meist damit rechnen, daß diese Salze zu schon bestehenden Bädern einfach zugesetzt werden, wobei der Besitzer solcher Bäder erst dadurch auf die Minderwertigkeit dieser Produkte aufmerksam wird, daß er ein Mehrfaches davon zusetzen muß, um das Bad arbeitsfähig zu erhalten. So begegneten dem Verfasser derartige Produkte, die nur ein Drittel des Gehaltes an Zyankupferkalium enthielten, das z. B. die LPW-Doppelsalze enthalten, dafür allerdings nur 60% des Preises der LPW-Doppelsalze kosteten. Das Endergebnis ist allerdings ein Überpreis von + 80%, um den dieses mindere Produkt zu teuer bezahlt wurde.

Von Langbein stammt die Verwendung des Kuprokuprisulfites für Kupferbäder. Dieses Präparat löst sich ohne Zyangasbildung leicht in Zyankalium, denn es enthält genügend schweflige Säure, die zur Reduktion des Gehaltes an Kupriverbindungen erforderlich ist. Langbein nennt folgende Formeln für Kupferbäder bei Verwendung dieses Produktes:

$$\text{X. Wasser} \dots\dots\dots\dots \quad 1\ l$$
$$\text{Zyankalium } 99\% \dots\dots \quad 24\ g$$
$$\text{Ammoniaksoda} \dots\dots \quad 4\ g$$
$$\text{Kuprokuprisulfit} \dots\dots \quad 12\ g$$

oder

$$\text{XI. Wasser} \dots\dots\dots\dots \quad 1\ l$$
$$\text{Zyankalium } 60\% \dots\dots \quad 40\ g$$
$$\text{Kuprokuprisulfit} \dots\dots \quad 12\ g$$

Kupferbäder ohne Zyankalium. Das Zyankalium ist naturgemäß vielen Gewerbetreibenden ein höchst unliebsames Produkt, und die Suche nach Badvorschriften zum Galvanisieren ohne Zyankalium reicht schon weit zurück. Von den vielen Badvorschriften, die ohne Zyankalium arbeiten, konnte sich aber bisher keines Eingang in die Technik verschaffen. Die Vorschriften, die mit sauren Bädern arbeiten, müssen wir ausschalten, denn aus solchen Bädern ist es nach dem im theoretischen Teil Gesagten unmöglich, auf die elektropositiven Metalle direkt einen festhaftenden Niederschlag zu erhalten.

W. E. Newton (1853) benutzte eine Lösung von Kupferazetat, Chlorammon und Salzsäure oder eine Lösung von Kupferzitrat in Zitronensäure. Dies Bad soll zur Verkupferung von Eisen dienlich sein.

J. St. Woolrich (1842) verwendete zur Bereitung seines Bades eine Lösung von Kupferkarbonat in überschüssigem Kaliumsulfit.

M. Poole (1843) löste Kupferkarbonat in Alkalihyposulfit und setzte Soda zu. Zur leichteren Löslichkeit der Anoden erwärmte er sein Bad.

A. Gutensohn (1883) verwendete als erster die Phosphate und bereitete ein Bad aus Kupferphosphat und Natronlauge und setzte etwas Ammoniak zu. Im warmen Zustande arbeitet das Bad nicht schlecht.

O. Gauduin, J. R. J. Mignon und St. H. Rouart (1872) empfahlen ein Bad, das saure Doppelsalze mehrbasischer organischer Säuren mit Kupferoxyd und Alkali enthält. Auch diese Lösung soll warm angewendet werden.

F. Weil (1864) stellte folgendes Bad zusammen:

XII. Wasser	1 l
Weinsteinsaures Kalinatron . .	150 g
Kupfervitriol	30 g
Ätznatron 60%	80 g

Auch Glyzerin kann zur Verhinderung der Fällung des Metallhydroxydes dienen.

A. Classen (1881) benutzt oxalsaure Doppelsalze. Solche Salze sind von Classen für die verschiedensten Metalle probiert worden. Zur Erlangung kompakter und glänzender Niederschläge ist es nicht einerlei, ob man die Kalium- oder Ammonium-Doppelsalze verwendet. Bei Verwendung der letzteren erscheinen die Niederschläge nicht kompakt und sind von unschöner Farbe und besonders Kupfer wird leicht schwammig. Setzt man aber Kaliumoxalat in genügender Menge zu, so resultiert sofort ein schönes Kupfer mit reinem Metallglanz. Zusatz von Soda begünstigt noch die Wirkung.

E. Jordis (1895) verwendet milchsaure Salze, die entweder direkt in Wasser aufgelöst den gewünschten Elektrolyten liefern oder die erst durch Umsetzung zwischen einem mineralsauren Metallsalz mit einem milchsauren Alkali-, Erdalkali- oder Metallsalz entstehen. Zusätze von Leitsalzen empfiehlt Jordis dazu, um die Metalle in schöner Farbe zu erhalten.

Bei der Kupferfällung arbeitet er mit Stromdichten von 0,3 A bei einer Badspannung von 0,8 V, ein Zeichen, daß das Bad fast ohne Polarisation arbeitet.

Er erhält z. B. durch Umsetzen von Kupfernitrat oder Sulfat mit Ammonlaktat ein Kupferlaktat, das mit 2 Molekülen Ammoniak ein komplexes Salz bildet. In dünner Schicht haftet der Niederschlag äußerst fest, dagegen reißt er in dickerer Schicht wie Nickel — ein Zeichen, daß sehr leicht Wasserstoff mit abgeschieden wird.

Allgemeines über Anoden für Kupferbäder. Man verwende nur elektrolytisch dargestelltes Kupfer, mindestens 5 mm stark, oder aus Elektrolytkupfer gegossene Platten als Anoden. Eingehende Untersuchungen des Verfassers haben erwiesen, daß elektrolytisch erzeugte Kupferanoden für die Funktionsdauer der Kupferbäder am günstigsten sind; vorsichtigerweise empfiehlt es sich, diese vor dem Gebrauch mit Wasser, frischgelöschtem Kalk und grobem Sand tüchtig zu scheuern, um Unreinheiten und anhaftendes Fett zu beseitigen und die wirksame

Fläche nicht zu verringern. Die glatte Lösung der Kupferanoden in den zyankalischen Bädern hängt in hohem Maße davon ab, daß die Anodenstromdichte (normale Temperatur vorausgesetzt) nicht zu hoch wird. Andernfalls gehen die Anoden leicht in den passiven Zustand über. Gegossene Kupferanoden (aus reinstem Hüttenkupfer) dienen auch recht gut; aber reines Kupfer ist ohne Zusätze schwer schmelzbar, und insbesondere ist es sehr schwierig, im Handel ein wirklich reines Gußkupfer zu beschaffen.

Die im Handel vorkommenden Kupferbleche können, wenn der Lieferant deren Reinheit garantiert, in Ermanglung besser geeigneten Materials zur Not als Anoden verwendet werden, sind aber vorher gut auszuglühen und in Salpetersäure blankzuputzen, um die Walzhaut zu beseitigen. Es ist aber Tatsache, daß gewalzte Kupferanoden weniger Kupfer abgeben und eine raschere Metallverarmung der Bäder verursachen, daher entschieden ungünstiger sind als die Originalelektrolyt- und Gußanoden.

Die Anodenfläche in Kupferbädern sei möglichst groß, keinesfalls kleiner als die im Bad hängende Warenfläche, wie dies früher bereits erwähnt wurde.

Das Einhängen der Anoden mittels Draht, wie es ältere Praktiker gewohnt sind, ist zu vermeiden, weil dies einen sehr schlechten Leitungskontakt bietet und viel Stromverlust verursacht; nur breite, blankgebeizte oder geschmirgelte Kupferstreifen mit Kupfernieten an die Anoden genietet, an den Enden hakenförmig den Anodenstangen anpassend rund gebogen (zum Aufhängen) bieten einen innigen Leitungskontakt und möglichst ungeschwächte Stromzirkulation.

Die Anoden können immer im Bad bleiben, auch wenn nicht gearbeitet wird.

Sehr wichtig ist es, das Verhalten (Aussehen) der Anoden im Bad während des Arbeitens zu beobachten; der verständige Praktiker kann dadurch viel profitieren, sowohl für die Dauer der Funktionsfähigkeit des Bades als auch für die Sicherung guter Verkupferungsresultate.

Wenn sich die Anoden mit einem dichten grünen Schlamme belegen, so ist das ein Anzeichen, daß die Anodenfläche für die angewandte Stromstärke zu klein ist, mit anderen Worten, die Stromdichte an der Anode war zu hoch. Man vergrößere die Anodenfläche und beseitige den Schlamm von den Anoden, indem man ihn mit einer Metallbürste in das Bad hineinbürstet (geringe Mengen solchen Schlammes sind nie zu vermeiden).

Gleichzeitig entsteht oft unter diesem grünen Schlamm (basisches Kupferzyanid) ein kakaobrauner Anodenbelag in Form eines Häutchens, welcher nach dem eben angeführten Abbürsten des Schlammes zutage tritt; es ist dies durch Polymerisation der mit dem basischen Kupferzyanid gleichzeitig entstandenen Blausäure gebildetes Parazyan; dieses muß durch energisches Kratzen mit der Metallbürste, eventuell durch Abbeizen, gründlich entfernt werden, weil es die Stromzirkulation hemmt, es ist das ein Zeichen dafür, daß Passivität des Anodenmetalls eingetreten ist.

Ist der an der Anode entstehende Belag fast weiß und wächst er in unliebsamer Weise an, so ist das ein Zeichen, daß die Badschichte an der Anode arm an Zyankalium geworden ist, oder auch, daß dem Bad der erforderliche Gehalt an solchen Leitsalzen fehlt, deren Anionen die glatte Lösung des Anodenkupfers besorgen. Man rühre fleißig um, um das durch Stromwirkung entstandene Kupferzyanür (es kann auch Kupfersulfit mit dabei sein!) mit dem an der Ware in gleichem Maß freiwerdenden Zyankalium zusammenzubringen. Sehr vorteilhaft wird dem Bad ein kleiner Überschuß an Zyankalium beigegeben, welcher gerade ausreicht, in dem Maß dem Kupferzyanür das zur Lösung zu Zyankupferkalium nötige Zyankalium zuzuführen, als die Diffusionsgeschwindigkeit des an der Ware freiwerdenden Zyankaliums zu gering ist. Es darf jedoch der Zyankaliumüberschuß nicht zu groß sein, da sonst die Kupferausscheidung leidet und die kathodische Stromausbeute sinkt.

Der zu große Überschuß an Zyankalium zeigt sich dadurch, daß die Anoden während des Betriebes metallblank bleiben, während sich normal diese stets mit einem ganz blaßgrünen, mäßig starken Schlamm teilweise bedecken, der die Stromzirkulation nicht schwächt. Dieser Schlamm löst sich bei ruhigem Stehen des Bades wieder auf, übrigens kann man dadurch etwas beschleunigend nachhelfen, daß man nach Unterbrechung des Betriebes die Anoden von dem Belag durch Abbürsten befreit, letzteren in das Bad zurückbringt und tüchtig umrührt. Der abgebürstete Schlamm wird sich größtenteils wieder lösen und so dem Bad wieder Kupfer zuführen. Durch Zusatz genügender Mengen von Sulfiten läßt sich außerdem ebenfalls eine glatte Lösung des Anodenkupfers bewirken.

Korrekturen der Kupferbäder. Bekanntlich verändern die Bäder nach einiger Zeit des Betriebes ihre chemische Beschaffenheit, funktionieren dann mehr oder weniger unregelmäßig und erfordern je nach der Art der Veränderung, die der Praktiker an gewissen Anzeichen erkennt, eine entsprechende Korrektur.

Wenn sich bei richtiger Badtemperatur, tadelloser Stromleitung und richtigen Stromverhältnissen die Verkupferung auffällig langsam oder unregelmäßig vollzieht, so ist dies ein Anzeichen, daß das Bad kupferarm geworden ist; es ist Zyankupferkalium zuzusetzen, und zwar je nach der Metallverarmung weniger oder mehr davon, 5 bis 10 g pro Liter, mit 5 g beginnend, bis die Funktion des Bades wieder befriedigt. Den Zusatz von Zyankupferkalium bewerkstelligt man in der Weise, daß man einen Teil des Kupferbades in einem emaillierten Eisentopf auf etwa 50° C erwärmt, das Zyankupferkalium darin umrührend vollkommen auflöst und dem Bad umrührend wieder zusetzt.

Wird bei nicht zu starkem Strom der Niederschlag unschön, pulverig matt, oder findet gar kein Niederschlag statt (tadellose Dekapierung der Ware und richtige Stromverhältnisse vorausgesetzt), so dürfte das Bad meist zu viel Zyankalium enthalten; es zeigt sich dies auch an dem Aussehen der Anoden, die während der Stromtätigkeit ganz blank bleiben. In diesem Falle stets man der Lösung (energisch umrührend) Zyankupfer zu, welches aber vorher mit Wasser oder mit dem Bad zu einem dünnen Brei angerieben werden muß, weil es sich sonst sehr schwer lösen würde. Man trägt diesen Zyankupferbrei in kleinen Mengen nach und nach in das Bad ein (immer umrührend!), und zwar so viel, als sich leicht auflöst. Zyankupfer löst sich nur in einer Zyankalium im Überschuß enthaltenden Lösung; in Wasser ist es unlöslich.

Wenn nach einiger Zeit des Gebrauches das Kupferbad bläulich oder grünlich wird, so ist das ein Zeichen, daß es an Zyankalium fehlt; gleichzeitig zeigen sich die Anoden während der Untätigkeit dick belegt mit blaßgrünem Schlamm, das ist größtenteils Kupferzyanür. Es ist unter Umrühren so viel Zyankalium im Bad aufzulösen, bis die Lösung wieder wasserhell oder gelblich geworden ist. Die Anoden sind rein zu bürsten, der abgebürstete Schlamm kommt wieder in das Bad und wird umrührend darin aufgelöst.

Es möge aber nicht zuviel Zyankalium zugesetzt werden; ein zu großer Überschuß davon ist nachteilig, insbesondere beim Verkupfern von Eisen und Stahl, es kann sogar das Bad die Funktion versagen.

Werden in zyankalischen Kupferbädern die Niederschläge sehr stark gemacht, so kommt es vor, daß der Niederschlag Blasen zieht, die selbst unter Knall aufplatzen. Dieses ist stets ein Zeichen für zu große Wasserstoffaufnahme der Niederschläge, bedingt durch zu großen Zyankaliumgehalt, zu kleinen Kupfergehalt und zu niedrige Temperatur des Bades bei zu hoher Kathodenstromdichte. Will man dicke Kupferniederschläge aus zyankalischen Lösungen erzielen, so muß man weich arbeitende Bäder, z. B. das Bad nach Rezept I oder II verwenden, die Temperatur wenn irgend möglich auf 40° C steigern.

Gußeisen oder Zinkguß zeigen nach der Verkupferung, die an sich sehr schön aus dem Bade kommt, eine Fleckenbildung, die der Praktiker „Ausblühen" der Niederschläge nennt, was auch bei der Vermessingung in gleicher Weise beobachtet wird. Dieses Ausblühen ist stets auf porösen Guß zurückzuführen. In den Poren des Gusses bleiben leicht von den Beizen (bei Gußeisen Schwefelsäurebeize) zurück, und diese Beizreste wirken auf die in die Poren ebenfalls eindringende Badflüssigkeit unter Bildung von Blausäure und Ausscheidung von Kupferzyanür und -zyanid, wodurch der Niederschlag, der sich anfänglich bildete, abgelöst wird, worauf diese Umsetzungsprodukte heraustreten und die nächste Umgebung dieser Poren in ihrer Farbe und Aussehen alterieren, den Kupferniederschlag sogar stellenweise zerstören können.

Bei Zinkguß, der nicht mit sauren Beizen in Berührung kam, liegt der Grund in diesem Ausblühen der Kupferniederschläge lediglich darin, daß sich Kupferbadteilchen in den Poren·vor der Verkupferung eingeschlossen haben, die dann als alkalische Flüssigkeit auf Zink reagieren und gleicherweise wie beim Gußeisen solche Flecken im Kupferniederschlag veranlassen.

Als beste Abhilfe gilt für Gußeisen die Behandlung des gebeizten Gußeisens vor der Verkupferung mit alkalischen Waschwässern, Eintauchen in verdünnte Natronlauge oder Sodalösung, mehrfaches Kratzen vor und während der Verkupferung und schließlich das Nachbehandeln nach der fertiggestellten Verkupferung mit Weinsteinwasser (5 g auf 1 Liter Wasser) und scharfes Trocknen nachher.

Nach Chr. Weber soll das Ausblühen der Niederschläge vermieden werden können, wenn man die überzogenen Gegenstände anodisch in eine Lösung bringt von

Wasser	1 l
Weinstein	40 g
Doppeltkohlensaures Natron . .	20 g
Seifenrinde	20 g
Süßholzwurzel	20 g

Zur Bereitung dieses Bades sollen die beiden Salze zuerst für sich in Wasser gelöst werden, hierauf in einem anderen Teil des für das Bad bestimmten Lösungswassers die Seifenrinde und die Süßholzwurzel aufgekocht und diese Aufkochung dem Bade zugesetzt werden.

Für Zink- und Bleigegenstände empfiehlt Weber noch 20 g Essigsäure zuzusetzen, doch dürfte dies besser in Form von essigsaurem Natron geschehen, weil durch Zusatz von Essigsäure diese an sich sehr zähe Badlösung stark überschäumen muß.

Niederschläge, welche ganz kleine Bläschen zeigen, werden meist dadurch verursacht, daß das Grundmetall im Kupferbade stark angegriffen wird. Es kommt dies fast nur bei Weichmetallen vor, aber auch beim Eisen- und Stahlverkupfern begegnet man dieser Erscheinung. Man tut am besten, für solche Metalle besondere Bäder zu benutzen, wenn man nicht durch geeignete Vorbehandlung die zu verkupfernden Metalle passivieren kann.

Die Funktionsdauer der Kupferbäder kann sich auf mehrere Jahre erstrecken, wenn die Lösungen gut gehalten und nicht durch Verwendung ungeeigneter oder unrichtiger Chemikalien oder sonstwie gewaltsam verdorben werden.

Daß mit der Zeit alle Zyankaliumlösungen durch die Umsetzung des Zyankaliums in Ätzkali und Pottasche an Konzentration zunehmen und diese endlich so hoch wird, daß die Lösung nicht mehr gebrauchsfähig ist, durch eine neue ersetzt werden muß, das ist eine Tatsache, an der sich nichts ändern läßt.

Manipulation beim Verkupfern. Die bei den Badzusammensetzungen angegebenen Stromverhältnisse wurden von Verfasser genau bestimmt, bei deren

Einhaltung wird man praktisch ganz sicher arbeiten, wenn alle sonstigen Bedingungen zur Sicherung guter Resultate (Dekapierung usw.) erfüllt sind. Der Niederschlag wird auch bei längerer Elektroplattierdauer schön kupferrot glänzend bleiben ohne viel Kratzerei.

Man kann auch mit höheren Stromverhältnissen arbeiten, d. h. mit höherer Badspannung und Stromdichte, und wird tatsächlich rascher einen stärkeren Niederschlag erzielen, aber einen Vorteil wird dies nicht bieten, denn der Niederschlag wird alsbald pulverig, dunkel und mißfarbig ausfallen (überschlagen), er erfordert ein mehrmaliges Kratzen und Brillantieren, um brauchbar zu sein. Eine Beschleunigung in der Verkupferung kann man nur durch Erhöhen der Badtemperatur bzw. durch Erhöhung des Metallgehaltes oder durch beide Maßnahmen zu gleicher Zeit erreichen. Nach der Beschickung der Bäder mit den Waren wird man diese etwa 5 bis 10 Minuten verkupfern und sich nun überzeugen, ob sie allseitig und gleichförmig mit Kupfer überdeckt sind; wenn man nicht ganz sicher ist, daß die vorausgegangene Dekapierung eine tadellos vollkommene war (bei regem Fabrikbetrieb können ja sehr leicht Mängel vorkommen), überzeugt man sich, indem man die Objekte mit einer nicht allzu scharfen Eisendrahtbürste (etwa 0,1 bis 0,15 mm Drahtstärke) allseitig und gründlich kratzt; bei mangelhafter Dekapierung wird der Niederschlag sich hierbei stellenweise ablösen.

Die auf diese Art nachgereinigten Objekte werden nach Abspülung mit Weinsteinwasser tüchtig abgebürstet, in reinem Wasser gründlich gewaschen und ausverkupfert. Bei tadelloser Dekapierung und richtigen Stromverhältnissen wird ein weiteres Kratzen überflüssig sein.

Je nachdem die Gegenstände mehr oder weniger stark verkupfert werden sollen, regelt man die Elektroplattierdauer; dient der Kupferniederschlag nur als vermittelnde Zwischenlage für einen nachfolgenden Niederschlag, so wird in den meisten Fällen eine Einhängedauer von 15 bis 30 Minuten ausreichen. In manchen Fällen genügt aber mitunter schon die Zeit von 2 bis 5 Minuten. Sollte der Niederschlag durch irgendein Versehen bzw. durch zu langes Hängen des Gegenstandes im Bade matt ausgefallen sein, so ist das Kratzen, wie oben erklärt, zu wiederholen und die Gegenstände noch naß der weiteren Elektroplattierung zuzuführen; jedenfalls ist die Vorsicht zu beachten, daß keine Spuren der Kupferbadlösung auf dem Gegenstand, in dessen Poren oder Hohlräumen zurückbleiben, wodurch das Bad, in welches das vorverkupferte Stück eingebracht wird, verdorben werden könnte.

Sollen die Objekte verkupfert in den Handel gebracht werden, so wird man im Interesse der Haltbarkeit und Solidität die Verkupferungsdauer entsprechend verlängern, die· fertig verkupferten Waren, wenn nötig, nochmals kratzen, schließlich rein waschen und in bekannter Weise vollkommen trocknen.

Recht empfehlenswert ist es, die verkupfert bleibenden Gegenstände noch mit Schlämmkreide trocken abzubürsten oder abzureiben, wodurch der Kupferniederschlag brillantiert wird.

Weil Kupfer den Einflüssen der Luft unterworfen ist, bald oxydiert oder patiniert, ist es zweckmäßig, um dies zu verhindern, die Gegenstände mit einem farblosen Lack zu überziehen.

Selbstredend kann man in zyankalischen Bädern ebenso stark verkupfern, wie dies in sauren Bädern möglich ist, doch geht die Niederschlagsarbeit etwas langsamer vor sich. Helfend greift hier das elektrochemische Aquivalent des Kupfers in zyankalischer Lösung ein; es ist bekanntlich doppelt so groß als das in saurer Lösung.

Wird die Verkupferung mit Elementen ausgeführt (mit Bunsen-Elementen oder Tauchbatterie), so sind dazu drei Elemente evtl. drei Gruppen parallelgeschalteter Elemente, auf Spannung zu verbinden.

Bis zu einer Warenfläche von	verwende man 3 auf Spannung verbundene Elemente mit einer wirksamen Zinkfläche von ungefähr
20 qdm	5,8 qdm
35 ,,	7,9 ,,
40 ,,	12,4 ,,
usf.	usf.

Für Verkupferung von Zinkobjekten ist noch ein Element bzw. eine Gruppe parallelgeschalteter Elemente auf Spannung zuzuschalten.

Verkupfern durch Kontakt. Für gewisse minderwertige Eisen- und Stahlartikel ist es oft wünschenswert, sie auf besonders billige Weise mit einem, wenn auch nur hauchdünnen Kupferüberzug zu versehen, der auf Solidität und Haltbarkeit keinen Anspruch hat, nur den Zweck erfüllen soll, den Artikeln das Aussehen des Kupfers zu verleihen. Für solche Artikel kommt die Verkupferung mit Strom in der Ausführung zu teuer, diese müssen in Massen rasch und billig verkupfert werden. Dies erreicht man durch die Eintauchverkupferung auf folgende Art:

Eintauchverkupferung für Eisen und Stahl. Die wohlgereinigten (dekapierten) Eisen- oder Stahlwaren taucht man in folgende kalte Lösung:

Wasser . . . . 1 l
Kupfervitriol . . . . 10 g
Schwefelsäure . . . . 10 g

Man darf jedoch die Objekte nur einen Moment eintauchen, darin etwas schütteln und muß sofort in mehreren reinen Wassern abwaschen und trocknen. Würde man dieses Eintauchen übertreiben, nämlich zu lange oder zu oft eintauchen, in der Sucht, eine stärkere Kupferschicht zu erzielen, so würde die Verkupferung nicht haften und sich leicht wieder wegwischen lassen.

Auf diese Art wird z. B. Eisen- und Stahldraht in großen Mengen verkupfert.

Ganz kleine Massenartikel, wie Stahlschreibfedern, Nadeln, Nägel usw. werden verkupfert, indem man sie längere Zeit mit Sand, Sägespänen oder Kleie, welche mit obiger Kupferlösung (jedoch mit 3 oder 4 Teilen Wasser noch verdünnt) befeuchtet sind, in einer hölzernen Drehtrommel oder sonstigen praktischen Vorrichtung kollert.

Eintauchverkupferung für Zink. Kleine Zinkobjekte, wie Zinkknöpfe und ähnliche Massenartikel, für die sich eine Verkupferung mit Strom nicht verlohnt, kann man durch Eintauchen in folgende kalte Lösung verkupfern:

Wasser . . . . 2 bis 3 l
Kupfervitriol . . . . 500 g
Salmiakgeist . . . . 1 kg

Die vorher wohlgereinigten Zinkobjekte werden in nicht zu großer Menge in ein Steinzeugsieb gebracht und durch kurzes und schüttelndes Eintauchen in obiger Lösung verkupfert, sofort abgewaschen.

Die gleiche Lösung dient auch zur

Anstrichverkupferung großer Zinkflächen, wie Zinkbedachungen, Bauornamente aus Zink u. dgl. Die Zinkfläche muß vorher mit Sand und Wasser abgespült oder abgewaschen werden; sofort wird auf die noch nasse Zinkfläche die Kupferlösung mit einem großen Pinsel (Maurerpinsel) oder Schwamm rasch aufgetragen, sofort mit reinem Wasser mittels Gießkanne abgespült, gleichzeitig mit einem zweiten Schwamm abgewaschen und getrocknet.

Langbein verwendete eine modifizierte Vorschrift von Lüdersdorff wie folgt: Man erwärmt 10 l Wasser auf 60° C, fügt 1 kg kalkfreien pulverisierten

Weinstein und 300 g Kupferkarbonat zu, erhält die Lösung auf der angegebenen Temperatur, bis die von der Zersetzung des kohlensauren Kupfersalzes herrührende Gasentwicklung aufhört und fügt solange in kleinen Portionen und unter beständigem Umrühren reine Schlämmkreide hinzu, bis sich auf weiterer Zusatz derselben kein Aufbrausen mehr zeigt. Von dem ausgeschiedenen weinsauren Kalium filtriert man die Flüssigkeit ab, wäscht den Niederschlag aus, so daß das Filtrat inkl. Waschwasser 10 bis 12 l mißt, löst 50 g Ätznatron und 30 g Zyankalium darin auf. Am besten arbeitet das Bad mit Aluminiumkontakt. Zink läßt sich durch Eintauchen darin schön verkupfern.

Übrigens ist eigentlich jedes zyankalische Kupferbad, welchem genügend freies Zyankalium und etwas Ätznatron zugesetzt wurde, als Kontaktverkupferungsbad anwendbar. Als Kontaktmetall eignet sich Aluminium besser als Zink, weil letzteres aus einem solchen Kontaktverkupferungsbad durch Inlösunggehen des Zinks bald ein Messingbad macht, was durch Aluminium nicht geschieht, obschon es natürlich ebenfalls in Lösung gehen muß, wenn die Kontaktstromwirkung einsetzen soll. Diese Kontaktkupferbäder müssen aber stets auf ca. 90° C erwärmt werden, weil erst bei dieser hohen Temperatur die Polarisationserscheinungen aufhören und bei der geringen elektromotorischen Kraft, die durch das Aluminium als Kontaktmetall verursacht wird, eine Kupferfällung vor sich gehen kann.

Weil erzielt einen Kupferniederschlag in einem Bade, welches aus einer Lösung von Kupfervitriol in einer alkalischen Lösung von weinsaurem Kalinatron besteht. Ein solches Bad ist zusammengesetzt aus

Wasser	10 l
Weinsaurem Kalinatron	1500 g
Kupfervitriol	300 g
Ätznatron 60%	800 g

Der große Gehalt an Ätznatron bezweckt hauptsächlich, das weinsaure Kupfer, welches in Wasser fast unlöslich ist, in Auflösung zu erhalten. Eine Eigentümlichkeit des Bades ist die, daß es gleichzeitig auf Eisen dekapierend wirkt, denn alkalisch-organische Lösungen bewirken eine Auflösung des Eisenoxydes, ohne das metallische Eisen selbst anzugreifen. Nach Weil läßt sich die Verkupferung in seinem Bade auf dreierlei Weise ausführen:

Entweder bringt man die Eisenwaren an Zinkdrähte gebunden oder in Berührung mit Zinkstreifen ins Bad; die Verkupferung erfolgt also durch Kontakt. Oder man bringt poröse Tonzellen in das die Ware enthaltende Bad, füllt diese mit Natronlauge, in welche man Zinkplatten, die mit den Warenstangen verbunden sind, eintauchen läßt; in diesem Falle bildet das Arrangement ein Element, bei dem sich durch Auflösung des Zinks in der Natronlauge Strom erzeugt, welcher die Zersetzung der Kupferlösung und den Niederschlag bewirkt. Die Natronlauge wird, sobald sie mit Zink gesättigt ist, unwirksam und kann nach Weils Vorschlag durch Zugabe von Schwefelnatrium, welches das gelöste Zink als Schwefelzink abscheidet, regeneriert werden. Die dritte Methode der Verkupferung mit diesem Bade besteht in der Anwendung des Stromes der Batterie oder der Dynamomaschine, in welchem Falle natürlich auch Kupferanoden zur Anwendung kommen müssen. Je nach der in Anwendung kommenden Weise vollzieht sich die Verkupferung in kürzerer oder längerer Zeit.

Mit solchen Kontaktverfahren werden kleine Artikel, wie Schreibfedern aus Stahl, Federn, Nadeln, Ösen u. dgl. aus Eisen und Stahl, in der Weise verkupfert, daß man die Kupferlösungen durch Sägespäne aufsaugen läßt und die Artikel mit den durchfeuchteten heißen Spänen, evtl. unter Zugabe von Aluminiumspänen oder Drähten, in hölzernen Rollfässern oder Glocken rotieren läßt. Meist wird für diese vereinfachte Methode die schwefelsaure Kupferbeize, wie sie ganz oben beschrieben wurde, in Anwendung gebracht, weil diese sehr gut auch in kaltem Zustande wirkt.

Tombakniederschläge.

Tombakfarbene Niederschläge erhält man aus Bädern, welche in ihrer Zusammensetzung in der Mitte zwischen Kupfer- und Messingbädern liegen, die Farbe ist aber immerhin dem Kupfer ähnlicher, und sollen diese Bäder daher gleich an dieser Stelle im Nachtrag zu den Kupferbädern behandelt werden. Tombak ist eine Legierung von Kupfer und Zink in einem über den Prozentsatz beim Messing hinausgehenden Gehalt an Kupfer und hat Verfasser für diese Zwecke folgende Badzusammensetzung ausprobiert:

I. Wasser . . . . 1 l
    Kohlensaures Natron, kalz. . . 10 g
    Saures schwefligsaures Natron . 20 g
    Zyankupferkalium . . . . . 65 g
    Zyanzinkkalium . . . . 15 g
    Zyankalium 100 % . . . . . . 5 g
    Chlorammon . . . . 2 g

Badspannung bei 15 cm Elektrodenentfernung:
für Eisen . . . . 2,85 Volt
für Zink . . . . 2,56 „
Änderung der Badspannung für je 5 cm Änderung der Elektroden-
entfernung . . . . 0,08 „
Stromdichte . . . . 0,13 Ampere
Badtemperatur: 15—20° C
Konzentration: 10° Bé
Spez. Badwiderstand: 1,21 Ω
Temperaturkoeffizient: 0,0202
Stromausbeute: 70,5 %
Niederschlagstärke in 1 Stunde: 0,0025 mm.

Als Anoden sind Tombakanoden zu verwenden, und zwar deren Fläche 1½mal so groß als die Wasserfläche.

Durch einfaches elektrolytisches Auflösen von Tombak, das man in Anodenform in eine zyankalische Lösung einhängt, kann man nach Heß, ähnlich wie dieser für Messing dies vorschlägt, auch Tombakbäder herstellen, und zwar unter Anwendung folgender Lösung:

II. Wasser . . . . 1 l
    Doppelkohlensaures Natron . 42 g
    Chlorammon . . . . 27½ g
    Zyankalium 98 % . . . . . 7½ g

Die geeignetste Badspannung ist 3,5 V. Das Bad ist selbstredend erst nach mehrstündigem kräftigem Durcharbeiten mit Strom verwendbar, da ja erst durch elektrolytisches Auflösen der Tombakanoden dem Bade die erforderliche Menge Metall zugeführt werden muß. Als Kathoden bei diesem Durcharbeiten verwendet man größere reine Eisenbleche.

Der in diesem vorbeschriebenen Bade erzielte Niederschlag zeichnet sich besonders dadurch aus, daß er, zumal bei genügendem Gehalt des Bades an freiem Zyankalium, stets gleichmäßig ausfällt. Ein Übelstand, der diesem Bade anhaftet, sei jedoch erwähnt, und das ist die bedeutende Härte und Sprödigkeit des Niederschlages, zumal wenn er in dickeren Schichten dargestellt wird. Der Niederschlag läßt sich zwar tadellos polieren, doch ist er überall dort nicht anwendbar, wo man eine nachträgliche Bearbeitung des so galvanisierten Stückes beansprucht. Beim Falzen, Stanzen oder kräftigen Biegen solcherart galvanisierter Objekte (bei mehr als einstündiger Expositionszeit im Bade) blättert der

Niederschlag leicht ab, und kann dieses Bad aus diesem Grunde nur zur oberflächlichen Herstellung eines Bronzetones auf fertigen Objekten empfohlen werden. Das Bad streut außerordentlich gut in die Tiefen — ein nicht zu unterschätzender Vorteil.

Auch Langbein erzielte den gleichen Effekt der Tombakfarbe durch Erhöhung des Kupfergehaltes in Messingbädern, nur verwendete er höhere Badtemperatur, indem er die betreffenden Tombakbäder auf 30 bis 35° C erwärmte und dadurch auch die zulässige Stromdichte bis auf 0,3 A/qdm steigern konnte und dabei bezweckte, gleichmäßige Niederschläge zu erhalten.

Die Tombakbäder sind im Gebrauch nicht einfach zu behandeln und hauptsächlich ist die Einhaltung eines bestimmten Farbtones auf längere Zeit hinaus nur mit Mühe zu erreichen; es stellt ein derartiges Bad große Anforderungen an die Übung und Erfahrung des Galvanotechnikers. Wird der Ton zu dunkel, so hilft man sich durch Zusatz von Zyankalium oder erhöht den Gehalt des Bades an freiem Ammoniak. Wird der Ton zu gelb, so ist Zusatz von Zyankupferkalium erforderlich, mitunter aber genügt auch schon ein geringfügiger Zusatz von saurem schwefligsaurem Natron. Selbstverständlich sind die normalen Stromverhältnisse einzuhalten, desgleichen ist der vorgeschriebenen Temperatur des Bades Beachtung zu schenken. Arbeiten Tombakbäder zu rot, so genügt meist ein Zusatz von ½ ccm Ammoniak, oder man läßt einige Zeit unter ausschließlicher Benutzung von Zinkanoden das Bad „durcharbeiten".

Bronzeniederschläge.

Obschon Bronzeniederschläge in der Praxis wenig Verwendung finden, wurden dennoch vielfach Versuche angestellt, eine wirkliche Bronze, nicht etwa nur bronzefarbige Messingniederschläge, elektrolytisch abzuscheiden. Die ersten Angaben über die mögliche gleichzeitige Abscheidung von Kupfer und Zinn stammen von Ruolz her, später folgte Salzède. Beide verwendeten Gemische von Kupfer- und Zinnsalzen in Zyankalium. Es ist elektrochemisch leicht verständlich, daß aus alkalischen Zinnsalzlösungen, wenn man ein komplexes Kupfersalz zusetzt, ohne weiteres Bronze kathodisch fällbar sein muß, da in solchen Lösungen die Abscheidungspotentiale der beiden Metalle nahezu zusammenfallen, anderseits auch eine depolarisierende Wirkung des Kupfers zu erwarten steht, die die Zinnabscheidung neben dem Kupfer auch bei höheren Kathodenstromdichten zuläßt, zumal eine chemische Verbindung Cu_3Sn existiert, welche Kupfer und Zinn in festem Zustand zu lösen vermag.

Daß man nicht unbedingt zu solch radikalem Komplexbildern wie Zyankalium greifen muß, um die notwendigen Bedingungen für die gleichzeitige Abscheidung von Kupfer neben Zinn zu schaffen, geht aus der Tatsache hervor, daß es Weil und Newton gelang, aus weinsauren Lösungen solche Legierungen abzuscheiden, wie dies auch Kremann nachgewiesen hat. Kremann stellte fest, daß man, um schöne, oxydulfreie Bronzeniederschläge aus weinsaurer Lösung zu erhalten (etwa 10 % Zinn enthaltend), den Alkaligehalt im Bade ziemlich hochhalten muß, wobei allerdings die Bronzeanoden passiv werden, d. h. die Niederschläge werden dadurch nach und nach kupferärmer und zinnreicher.

Bronzebäder. Currey verwendet ein oxalsaures Bad und geht von zwei Lösungen aus und zwar:

1.	Wasser	1 l
	Oxalsaures Ammon	55 g
	Kupfervitriol, krist.	15 g
2.	Wasser	1 l
	Oxalsäure	5 g
	Oxalsaures Ammon	55 g
	Zinnoxalat	18 g

Beide Lösungen werden miteinander vermischt, und es läßt sich die Farbe des Bronzeniederschlages verändern, je nachdem man von Lösung 1 oder 2 mehr nimmt. Die Kathode oder das Bad muß hierbei bewegt werden, andernfalls würde der Niederschlag unansehnlich bis schwarz. Verfasser hat seit vielen Jahren für Bronzeniederschläge das sogenannte Übertragungsbad mit Vorteil benutzt und geht von der nachstehenden Lösung aus:

> Wasser . . . . 1 l
> Pyrophosphorsaures Natron . . 20 g
> Zitronensaures Natron . . . . 20 g
> Zyankalium 100 % . . . . . . 6 g

Badspannung bei 15 cm Elektrodenentfernung . . . . 2,5 Volt
Änderung der Badspannung für je 5 cm Änderung der Elektroden-
    entfernung . . . . 0,6 ,,
Stromdichte . . . . 0,25 Ampere
Badtemperatur: 15 — 20° C
Konzentration: 3½° Bé
Spez. Badwiderstand: 4,8 Ω
Temperaturkoeffizient: 0,028
Stromausbeute: 47½ %
Niederschlagstärke in 1 Stunde bei 78 % Kupfer, 22 % Zinn: 0,00196 mm.

Vor der Verwendung dieser Lösung soll sie etwa zehn Stunden unter Strom funktionieren, bis sie den richtigen Bronzeton ergibt.

Als Anoden werden gegossene Bronzeplatten verwendet, und zwar mit einer dem gewünschten Bronzeton entsprechenden Legierung; die Fläche der Anoden 1½mal so groß als die Warenfläche.

Will man einen gelblicheren Ton des Niederschlages erzielen, dann ist die Stromdichte zu erhöhen, was durch Erhöhung der Badspannung bei gleichbleibender Elektrodenentfernung bewirkt wird. Der Zusatz von etwa 10 g kalz. Soda vermindert den spez. Badwiderstand ganz bedeutend, so daß hiernach mit kleinerer Badspannung ohne Beeinflussung der Funktion des Bades gearbeitet werden kann.

Man achte stets darauf, daß die Lösung schwach gelblich bleibt. Wird die Lösung blau, dann ist etwas Zyankalium zuzusetzen, bis die normale Färbung erreicht ist.

Dr. William D. Treadwell & Dr. Edwin Beckh wurde unter Nr. 290090 im Jahre 1913 ein D. R. P. auf die Herstellung von Bronzeniederschlägen nach folgendem Verfahren erteilt:

Zu einer wässerigen Lösung von 50 g Kupfervitriol werden 104 g Zyankalium und 70 g Ätzkali zugefügt, anderseits werden 480 g Schwefelnatrium in Wasser gelöst und 82 g Kaliumzinnchlorid zugefügt. Beide Lösungen werden vermischt und auf 2 Liter verdünnt.

Als Anoden sollen Bronze- oder Kupferanoden dienen, und es wird bei 40° C und einer Kathodenstromdichte von 1 bis 5 A/qdm gearbeitet. Zur Erzeugung von dicken Überzügen wird der Zinngehalt von Zeit zu Zeit durch Hinzugabe von etwas Zinnsalz ergänzt, der Zyankaliumgehalt muß in größeren Zeitabständen kontrolliert und erforderlichenfalls ergänzt werden.

Ersetzt man das Schwefelnatrium durch 37 g Kaliumoxalat und verfährt im übrigen wie beschrieben, so erhält man eine trübe Lösung, die durch Zusatz von etwas Ätzkali geklärt und bei 40° C und unter Anwendung einer Stromdichte von 1 bis 2 A/qdm elektrolysiert werden kann.

Verfasser hat sich viel Mühe gegeben, aus diesem Bade brauchbare Bronzeniederschläge zu erhalten, es ist ihm aber nicht gelungen; möglicherweise enthält aber die Patentschrift Ungenauigkeiten, die das Bild unsicher machen.

In neuerer Zeit gelang es dagegen Verfasser, aus einer Lösung von Natriumstannat unter Zusatz von Zyankupferkalium bei Gegenwart von freiem Zyankalium und freiem Ätzkali oder Ätznatron bei Temperaturen von 50 bis 70° C ganz tadellose Bronzeniederschläge von bestimmter Farbe dauernd und in dicken Schichten zu erhalten, leider sind die Ergebnisse nur in heißer Lösung verläßlich, wogegen dieses Bad bei gewöhnlicher Temperatur nicht arbeitet.

Vermessingen.

Die gleichzeitige Abscheidung von Kupfer und Zink und die Farbe der Messingniederschläge. Die elektrolytische Abscheidung von Messing hat die Galvanotechnik schon sehr früh beschäftigt, und sie gelangte rein empirisch zu den heute noch angewendeten Badvorschriften, für welche später die wissenschaftliche Erklärung gegeben wurde. Durch Bestimmung der Abscheidungspotentiale bei den verschiedenen Kathodenstromdichten wurde festgestellt, daß durch Erhöhung der Kathodenstromdichte eine Art kathodischer Polarisation eintritt. Die Potentiale steigen mit wachsender Stromdichte, was sich dadurch erklären läßt, daß sich aus den komplexen Anionen die zur Metallabscheidung notwendigen Metallkationen nicht plötzlich nachbilden, sondern daß sich diesem Nachbildungsvorgang Hindernisse in den Weg stellen, sogenannte Reaktionswiderstände. Während z. B. das Gleichgewichtspotential des Kupfers in einer 1—n-Lösung von Zyankupferkalium bei Zimmertemperatur — 0,610 ist, beträgt das Abscheidungspotential bei einer Kathodenstromdichte von 0,1 A/qdm — 0,77, bei einer Stromdichte von 0,3 A/qdm bereits — 1,12 V und bei 2,0 A/qdm — 1,26 V. Zink zeigt in seinen analogen Lösungen ein Gleichgewichtspotential von — 1,072 V, bei einer Stromdichte von 0,1 A/qdm — 1,120 V, bei 0,3 A/qdm — 1,25 V und bei 2,0 A/qdm — 1,61 V.

Eine Vermehrung des Gehaltes an freiem Zyankalium in der Lösung bewirkt ein Unedlerwerden des Kupfers, weniger stark macht sich dies dagegen beim Zink bemerkbar, d. h. also, bei wachsendem Zyankaliumgehalt kann man auch aus kupferarmen Lösungen Messingniederschläge erhalten, ebenso kann aus kupferarmen zyankalischen Lösungen durch Erhöhung der Stromdichte noch gelbes Messing erhalten werden.

Das Studium der Abscheidungspotentiale des Kupfers und Zinks für sich in ihren zugehörigen Lösungen oder in Gemischen ihrer Zyandoppelsalze gibt keineswegs vollkommene Klarheit über die Vorgänge, da sich durch die Elektrolyse solcher gemischter Salzlösungen eine tatsächliche Legierung der beiden Metalle in Form von Messing abscheidet, wie wir es durch den Schmelzprozeß zu gewinnen gewöhnt sind. In dieser Legierung aber zeigen die beiden Metalle Kupfer und Zink ganz veränderte Potentiale, und es ist daher erklärlich, daß sich Messing, also Zink neben Kupfer, schon bei Potentialen abscheidet, bei denen z. B. das Eigenpotential des Zinks noch gar nicht erreicht ist.

A. L. Ferguson und E. G. Sturdevant von der Universität Michigan haben sich ebenfalls mit diesen Untersuchungen befaßt und folgendes gefunden: Erhöhung der Kupfermenge in der Lösung bewirkt ein Röterwerden des Niederschlages, also eine Vermehrung des Kupfergehaltes des abgeschiedenen Messings. Eine Lösung von 4,2 Tl. Kupfer zu 1 Tl. Zink liefert einen Niederschlag von 65 % Kupfergehalt. Lösungen mit großem Metallgehalt geben bessere Resultate als verdünnte Lösungen; so liefert z. B. eine Lösung mit 35 g Metall im Liter sehr befriedigende Resultate. Zunahme der Temperatur verringert die Kathodenpolarisation und erhöht demgemäß den Kupfergehalt des Niederschlages, zunehmende Stromdichte verringert ihn. Bei Stromdichten über 0,3 A/qdm wird der Niederschlag körnig matt und haftet schlecht. (Verfasser bemerkt hierzu, daß dies durch Temperaturerhöhung vermieden werden kann.) Zunahme des Gehalts an freiem Zyankalium steigert die Ausbeute an der Anode durchaus nicht, verringert dagegen die kathodische Stromausbeute; die Wirkung auf den Kupfergehalt (Farbe) des Niederschlages wechselt, wie dies jeder Galvanotechniker weiß, der Zusätze von Zyankalium zu seinen Messingbädern gemacht hat, um dadurch den Messington zu ändern, und hierbei meist Schiffbruch erleidet, weil sich die Wirkung erst nach einiger Zeit einstellt, speziell dann, wenn das Bad vorübergehend etwas erwärmt wurde.

Zusatz schwach saurer Stoffe erhöht den Kupfergehalt des Niederschlages, schwach alkalische Stoffe verringern ihn, verbessern aber das Aussehen des Niederschlages. Es tritt eine entschiedene Depolarisation des Zinks durch Kupfer ein, wodurch die Fällung von Messing aus Lösungen, in denen die Potentiale der beiden Metalle keineswegs gleich sind, möglich wird. Elektrolytisch gefälltes Messing mit 37,6 bis 82 % Kupfer liefert fast die gleichen Potentiale in der Elektroplattierlösung; diese liegen näher zum Kupferpotential als zum Zinkpotential.

Erfahrungsgemäß werden die schönsten Messingtöne erhalten, wenn die Lösung ungefähr ebensoviel Kupfer als Zink in Form seiner Doppelzyanide enthält, notwendig ist aber hierbei die Gegenwart von schwefligsaurem Natron und Chlorammon. Daß bei Mangel an Kupfer bis zu gewissen Grenzen dennoch rötliches Messing resultiert, ist aus dem Vorhergesagten plausibel; erst wenn das Verhältnis des Kupfers zum Zink in der Lösung sich bei auf 1 : 7 verschoben hat, wird der Ton des Messings weißlich, dem Zink ähnlich (sonst normale Badzusammensetzung vorausgesetzt!). Ist das Verhältnis Kupfer zu Zink in der Lösung 5 : 2, erhält man einen hellgelben, ins Grünliche spielenden Ton.

Diese Farbtöne stellen sich aber nicht immer gleichartig ein, sondern erleiden eine Verschiebung nach Gelbgrün oder Tombakrot, je nachdem der Gegenstand mehr oder weniger stark bewegt wird. Ruhende Bäder, in denen die zu vermessingenden Gegenstände längere Zeit exponiert werden, liefern noch die gleichmäßigsten Niederschläge. Schwieriger ist es dagegen, eine bestimmte Tönung des Messingniederschlages auf Massenartikeln zu erhalten, wenn diese in rotierenden Trommelapparaten in Massen galvanisiert werden sollen. Bei größerer Umfangsgeschwindigkeit der Trommel wird dann zumeist ein helleres Messing erhalten, bei verringerter Geschwindigkeit ein röteres. Dies hängt mit dem Austausch der die Waren umgebenden Lösungsschichten zusammen, der selbstredend bei größerer Umdrehungsgeschwindigkeit intensiver ist als bei kleinerer, so daß immer wieder genügend Kupfersalze im richtigen Mischungsverhältnis zu Zinksalzen an die Waren gebracht werden.

Ähnliche Verhältnisse stellen sich auch durch intensivere Strömung der Lösungsschichten an ruhig im Bade hängenden Objekten dann ein, wenn die Stromdichte vergrößert wird. Doch tritt ein komplizierterer Faktor in der spezifischen Zähigkeit der Lösung hinzu. Dickere, also konzentriertere Lösungen werden erst bei wesentlich gesteigerter Stromdichte eine intensivere Durchmischung durch Strömung erfahren, und so sehen wir, daß Messingbäder nach jedem einigermaßen bedeutenden Zusatz an Chemikalien andere Arbeitsverhältnisse erfordern, damit sie die gewünschten Farbtöne wieder ergeben, und man kann gar nicht genug davor warnen, zu Messingbädern Zusätze größeren Stiles zu machen, ohne sich vorher durch eine genaue Untersuchung über die eingetretenen Veränderungen in der Zusammensetzung ein Bild gemacht zu haben.

Rezepte für Messingbäder. Die Herstellung von Metallegierungen durch Elektrolyse wässeriger Lösungen ist für Messing wohl am besten durchgebildet, und die Vermessingung unterliegt heute gar keinen Schwierigkeiten mehr. Leider haben sich viele Unberufene darangemacht, Rezepte für galvanische Messingbäder zu publizieren oder solche Bäder gar in den Handel zu bringen, ohne daß sie die nötige Erfahrung, geschweige denn die Fähigkeit hierzu besitzen. Manche dieser Leute glauben, schon ein Messingbad auf den Markt bringen zu dürfen, wenn eine kleine Probe von wenigen Litern zufriedenstellende Resultate ergibt.

Im großen oder unter anderen Verhältnissen arbeitend, versagen diese Bäder meist direkt oder schon nach kürzester Zeit, ohne daß der unglückliche Besitzer eines solchen Bades dann in die Lage kommen kann, das Bad zur richtigen Funktion zu bringen. In seiner geschäftlichen Praxis sind dem Verfasser solche Fälle ungezähltemal vorgekommen, und wenn es geglückt ist, solche Bäder zum Arbeiten zu bringen. so sind meist viele und oft kostspielige Zusätze oder Manipulationen notwendig, so daß ein solches Bad schließlich doppelt so teuer kommt, als wenn es selbst zu höherem Preise von fachkundiger Seite geliefert worden wäre.

Es sei an dieser Stelle nochmals auf die Metalldoppelsalze der Langbein-Pfanhauser-Werke A.-G. hingewiesen, die die sichersten Resultate liefern.

Von den bestehenden Vorschriften zur Bereitung der Messingbäder seien folgende als gut erprobt angeführt.

Roseleur empfiehlt für alle Metalle, große und kleine Objekte, folgendes, allerdings etwas umständlich zu bereitendes Messingbad:

```
     I. Wasser . . . . . . . . . . . .   1 l
        Kohlensaures Natron, kalz. . . 10 g
        Saures schwefligsaures Natron . 14 g
        Essigsaures Kupfer, rein pulver. 14 g
        Chlorzink, geschmolzen, säurefrei 14 g
        Zyankalium 100 % . . . . . . 40 g
        Chlorammon, krist.. . . . . .  2 g
```

Badspannung bei 15 cm Elektrodenentfernung:

für Eisen . . . . 2,7 Volt
für Zink . . . . 3,2 „

Änderung der Badspannung für je 5 cm Änderung der Elektrodenentfernung. . . . . 0,2 „

Stromdichte . . . . 0,3 Ampere

Badtemperatur: 15 — 20° C

Konzentration: 7½° Bé

Spez. Badwiderstand: 1,36 Ω

Temperaturkoeffizient: 0,0205

Stromausbeute: 65%

Niederschlagstärke in 1 Stunde: 0,00409 mm.

Das Bad gibt recht weiche Niederschläge, die speziell für Vermessingung von Zink sehr geeignet sind, und werden besonders dort angewendet, wo eine solide polierfähige Vernicklung hinterher stattfinden soll.

Bereitung des Bades:

1. Man ermittelt zunächst, wieviel Liter Bad die dafür bestimmte Wanne enthält, und berechnet nach obiger Zusammensetzung die erforderlichen Chemikalien.
2. Die Hälfte der für das Bad bestimmten Wassermenge wird kalt in die Wanne gegossen.
3. Das kohlensaure Natron wird im 20 fachen Wasserquantum 50° C warm umrührend gelöst, kommt in die Wanne.
4. Das saure schwefligsaure Natron wird der Lösung in der Wanne nach und nach zugesetzt und so lange umgerührt, bis das dabei entstandene Aufbrausen aufgehört hat.
5. Das essigsaure Kupfer und das Chlorzink werden zusammen im 10 fachen Wasserquantum kochend heiß und fleißig umrührend gelöst, mit der Lösung in der Wanne gut vermischt.
6. Das Zyankalium wird direkt in die in der Wanne befindliche Lösung eingetragen und so lange umgerührt, bis alles gelöst und die bisher blaue oder grünlich trübe Flüssigkeit wasserhell oder gelblich und klar geworden ist.

7. Schließlich wird das Chlorammon im 10fachen Wasserquantum gelöst, in die Wanne gegossen, gründlich vermischt — das ist das fertige Messingbad.

Sollte das Bad trotz energischen Umrührens nach vollständiger Auflösung des Zyankaliums noch eine grüne oder blaue Färbung zeigen, so müßte noch etwas Zyankalium zugegeben werden. Es wird jedoch, wenn das verwendete Zyankalium gut war und nicht etwa durch mangelhafte Aufbewahrung in schlecht oder gar nicht verschlossenen Gefäßen an Gehalt verloren hat, das vorgeschriebene Quantum vollkommen ausreichen.

Zur Bereitung sowohl als auch zur Korrektur der Messingbäder ist nur das hochgradige 98- bis 100prozentige reine Zyankalium zu verwenden, alle minderen Sorten sind auszuschließen.

Aus dem Laboratorium der Langbein-Pfanhauser-Werke stammt das LPW-Messingbad.

Dieses Bad ist äußerst bequem herzustellen, da man nur das fertig präparierte Salz, das alle für den Vermessingungsprozeß nötigen Komponenten in nach wissenschaftlich genau ermitteltem richtigen Verhältnis besitzt. Das Bad zeichnet sich vor allen anderen Bädern besonders durch

> stets gleichmäßige Farbe des Niederschlages,
> geringsten spez. Badwiderstand,
> leichte und fast theoretische Auflösung des Anoden-materiales,
> sparsames Arbeiten und
> einfache Regenerierung

aus. Das Bad wird für solide Vermessingung wie folgt angesetzt:

II. Wasser	1 l	
Messingdoppelsalz LPW	75 g	

Badspannung bei 15 cm Elektrodenentfernung:

für Eisen	3,2	Volt
für Zink u. dgl.	3,7	,,
Änderung der Badspannung für je 5 cm Änderung der Elektroden-entfernung	0,42	,,
Stromdichte	0,5	Ampere

Badtemperatur: 18—20° C
Konzentration: 6½° Bé
Spez. Badwiderstand: 1,55 Ω
Stromausbeute: 70%.

Die allgemeinen Erscheinungen, Störungen in Messingbädern sowie deren Abhilfe, gelten auch hierfür, und sei deshalb darauf verwiesen.

Für leichtere Vermessingung genügt es auch, bei dem bedeutenden Metall-gehalt der LPW-Doppelsalze das Messingbad wie folgt anzusetzen:

III. Wasser	1 l	
Messingdoppelsalz LPW	50 g	

Badspannung bei 15 cm Elektrodenentfernung:

für Eisen	3,25	Volt
für Zink u. dgl.	3,75	,,
Änderung der Badspannung für je 5 cm Änderung der Elektroden-entfernung	0,43	,,
Stromdichte	0,3	Ampere

Badtemperatur: 18—20° C
Konzentration: 5½° Bé
Spez. Badwiderstand: 2,65 Ω
Stromausbeute: 69—70%.

Die LPW-Messingbäder zeichnen sich vor allen anderen Messingbädern besonders durch konstantes, gleichmäßig gutes Arbeiten aus, was vorzugsweise durch die leichtere Löslichkeit des Anodenmaterials in diesem Bade bedingt wird. Als Anoden verwendet man am besten die „Spezial-Guß-Messinganoden", die sich im Bade nur mit einem ganz schwachen Schlamm belegen und dem Bade fast ebensoviel Messing zuführen, wie an der Kathode abgeschieden wird.

Die LPW-Doppelsalze für Vermessingung ermöglichen auch die Herstellung ganz besonders dicker Niederschläge, wie solche beispielsweise für die schwere Vermessingung eiserner Türbeschläge und von Automobilteilen verlangt wird. Solche Artikel, die dem täglichen Gebrauch ausgesetzt sind und oft sehr rücksichtslosen Putzarbeiten unterworfen werden, müssen eine besonders haltbare Messingschicht erhalten, und dafür ist das LPW-Messingdoppelsalz tatsächlich unübertroffen. Diese Artikel erfordern allerdings spezielle Kunstkniffe, doch ist die Arbeit bei Einhaltung der gegebenen Spezialvorschriften ohne nennenswerte Schwierigkeit auszuführen.

Pfanhauser sen. hat die von ihm in die Galvanotechnik eingeführten Zyankaliumdoppelsalze zu seinem Messingbad mit großem Erfolg verwendet. Es ist geeignet für alle Metalle, große und kleine Objekte, sehr verläßlich, ausgiebig und funktioniert dauernd gut. Es gibt einen brillanten Niederschlag und günstigste Stromausbeute:

IV. Wasser	1 l
Kohlensaures Natron, kalz.	14 g
Schwefelsaures Natron, kalz.	20 g
Saures schwefligsaures Natron	20 g
Zyankupferkalium	20 g
Zyanzinkkalium	20 g
Zyankalium 100%	1 g
Chlorammon	2 g

Badspannung bei 15 cm Elektrodenentfernung:

für Eisen . . . . 2,7 Volt
für Zink u. dgl. . . . . 3,2 „
Änderung der Badspannung für je 5 cm Änderung der Elektrodenentfernung . . . . 0,23 „
Stromdichte . . . . 0,3 Ampere
Badtemperatur: 15—20° C
Konzentration: 9° Bé
Spez. Badwiderstand: 1,5 Ω
Temperaturkoeffizient: 0,019
Stromausbeute: 73%
Niederschlagstärke in 1 Stunde: 0,00467 mm.

Bereitung des Bades:

1. Die Hälfte der für das Bad bestimmten Wassermenge wird kalt in die Wanne gegossen, die das Messingbad aufnehmen soll.
2. Das kohlensaure und das schwefelsaure Natron löse man fleißig umrührend im 5fachen Quantum warmen Wassers (50° C) und gieße die Lösung in die Wanne.
3. Das saure schwefligsaure Natron wird mit dem 5fachen Quantum warmen Wassers (50° C) umrührend gelöst, langsam in die Wanne gegossen und so lange umgerührt, bis das beim Zusammengießen dieser beiden Lösungen entstehende Aufbrausen aufgehört hat.
4. Zyankupferkalium, Zyanzinkkalium und Zyankalium werden zusammen im 5fachen Quantum warmen Wassers (50° C) umrührend gelöst, der Lösung in der Wanne zugesetzt.

5. Schließlich wird das Chlorammon im 12½ fachen Quantum kalten Wassers gelöst, auch in die Wanne gebracht und die ganze Lösung tüchtig umgerührt und vermischt.

Wenn alle Salze gelöst sind, ist das Bad gebrauchsfertig.

Der Vollständigkeit wegen seien nachfolgend noch einige Messingbäderzusammensetzungen angegeben, es dem Praktiker überlassend, auch diese zu versuchen.

Für glänzende Vermessingung schlug Roseleur folgendes Bad vor, und zwar für alle Metalle, kalt oder warm, zu verwenden:

V. Wasser . . . . 1 l
Kupfervitriol ⎱ Separat zu lösen! 15 g
Zinkvitriol   ⎱ Nur der Nieder- 15 g
Soda, krist. ⎰ schlag wird ver- 40 g
              wendet!
Saures schwefligsaures Natron . 20 g
Soda, krist. . . . . 20 g
Zyankalium 100% . . . . . . 20 g
Arsenige Säure, pulver. . . . 0,2 g

Für Eisen, Stahl und Gußeisen, die möglichst in kalten Messingbädern bearbeitet werden sollen, hat Roseleur folgendes Bad zusammengestellt:

VI. Wasser . . . . 1 l
Soda, krist. . . . . .100 g
Saures schwefligsaures Natron . 20 g
Essigsaures Kupfer, rein pulver. 12 g
Chlorzink, neutral, geschmolzen 10 g
Zyankalium 100% . . . . . . 40 g
Arsenige Säure . . . . 0,2 g

Roseleurs kaltes Messingbad für Zink:

VII. Wasser . . . . 1 l
Neutral schwefligsaures Natron . 28 g
Essigsaures Kupfer, rein pulver. 14 g
Chlorzink, neutral, geschmolzen 14 g
Salmiakgeist . . . . 16 g
Cyankalium 100% . . . . . . 30 g

Langbeins Messingbad. Wie für Kupferbäder läßt sich auch für die Darstellung von Messingbädern Kuprokuprisulfit vorteilhaft verwenden. Nach Langbein verwendet man folgende Vorschrift hierzu:

VIII. Zinkvitriol, krist., rein . . . . 16 g
Kohlensaures Natron, krist. . . 20 g
Doppeltschwefligsaures Natron,
    pulver. . . . . 12 g
Ammoniaksoda . . . . 15 g
Zyankalium 99% . . . . . . 30 g
Kuprokuprisulfit . . . . 9 g
Wasser . . . . 1 l
Badspannung bei 10 cm Elektrodenentfernung . . . . 2,8 Volt
Stromdichte . . . . 0,3 Ampere

Die Bereitung des Bades geschieht folgendermaßen: Man löst den Zinkvitriol in ½ Liter Wasser, das kristallisierte kohlensaure Natron in 0,4 Liter warmen Wassers und vermischt beide Lösungen. Nach vollständigem Absetzen des gebildeten Niederschlages von kohlensaurem Zink hebert man die überstehende klare Lauge bis auf einen möglichst geringen Rest ab und gießt die Lauge weg. In je ½ Liter Wasser pro Liter fertigen Bades löst man das doppeltschwefligsaure

Natron, die Ammoniaksoda und das Zyankalium auf, trägt das Kuprokuprisulfit unter Umrühren ein und gießt, wenn sich dieses gelöst hat, den Niederschlag von kohlensaurem Zinkoxyd hinzu.

Man kann natürlich auch aus anderen Kupfer- und Zinkpräparaten Messingbäder herstellen, so z. B. aus Kupron (Kupferoxydul), aus den einfachen Metallzyaniden usw., doch sei hierauf an dieser Stelle nur kurz verwiesen; dem Praktiker werden natürlich diejenigen Vorschriften zum Ansetzen seiner Messingbäder am liebsten sein, die sich durch einfache Handhabung auszeichnen, und will Verfasser daher von der Anführung weiterer Rezepte Abstand nehmen, da diese durchweg komplizierter sind und keinesfalls nennenswerte Vorteile bieten, dem Praktiker aber nur die Wahl erschweren und ihn verwirren.

Starke Messingplattierung für Automobilteile u. dgl. Es gelingt, auf Eisen und Stahl Messingniederschläge so stark aufzutragen, daß man sie sogar nachschleifen und polieren kann, als ob man die betreffenden Gegenstände tatsächlich mit Messingfolien plattiert hätte. Hierzu wird aber nicht nur ein besonderes Bad angewendet, sondern es sind eine Reihe von Vorsichtsmaßregeln anzuwenden, ohne die eine solche Plattierung nicht gelingen würde. Zunächst müssen die Gegenstände entweder stark vernickelt und hierauf im sauren Kupferbade mit Kupfer galvanoplastisch überzogen werden, weil auf Eisen und Stahl direkt derartige Niederschläge leicht zur Blasenbildung neigen, was auf Kupfer aus dem sauren Kupferbade nicht der Fall ist. Ein anderer Weg ist das Vorbeizen der Gegenstände aus Eisen in einer Beize, bestehend aus

1 Teil Wasser
1 Teil Salpetersäure, konz.

Die Gegenstände werden hierauf mit reinem kaltem Wasser gespült und gelangen in folgendes Spezial-Messingplattierbad:

Wasser	1	1
Zyankupferkalium	25	g
Zyanzinkkalium	45	g
Kaliummetasulfit	7,5	g
Kohlensaures Natron, kalz.	16,5	g
Zyankupfer, weiß, höchstprozentig	10	g
Chlorammon	1	g
Zyankalium	9,5	g
Salmiakgeist, konz.	4	g

Man arbeitet mit 2,5 bis 3,5 V, bei einer Stromdichte von ca. 0,6 A/qdm und bei einer Temperatur von ca. 30 bis 40° C.

Durch die Temperaturerhöhung wird der Niederschlag ziemlich duktil und weich, läßt sich dann leicht polieren, ohne abzuplatzen und ohne blasig zu werden. In 6 bis 8 Stunden sind in diesem Bade Messingniederschläge zu erzielen, welche auch die schärfste Schleifarbeit aushalten und mit jeder Messingplattierung auf mechanischem Wege in Konkurrenz treten können.

Glänzende Messingniederschläge. Sollen Gegenstände vermessingt in den Handel gebracht werden, so wird oftmals der Wunsch ausgedrückt, die Niederschläge bereits so glänzend aus dem Bade zu bekommen, daß eine Nachpolierung, die meist einen guten Teil der dünnen Messinghaut angreift oder gar fortnimmt, sich ganz erübrigt. Hierzu sind bereits mancherlei Vorschriften gegeben worden. So z. B. wird nach einem amerikanischen Vorschlag der gallertartige Niederschlag, der sich beim heißen (nicht kochend heißen!) Ausfällen einer Nickelvitriollösung mit Soda ergibt, den Messingbädern zugesetzt, und zwar pro 100 Liter Messingbad 125 ccm dieser Gallerte.

Zur Glanzbildung wird nach französischem Muster auch Ammoniak (Salmiakgeist) den Messingbädern zugesetzt, und zwar pro 100 Liter Bad 50 g. Dieser Zusatz ist allerdings nicht sehr vorhaltend, da die Messingbäder stark alkalisch sind und besonders in der Wärme das freie Alkali das Ammoniak wieder aus dem Bade austreibt.

Weitaus die besten Resultate liefert der Zusatz von Arsenik zu Messingbädern, doch muß man damit sehr vorsichtig umgehen, um nicht zuviel davon in die Bäder gelangen zu lassen, was dann einen fahlen, unansehnlichen Messingniederschlag bewirken würde. Man hält sich für diese Zwecke eine Lösung von 60 g Arsenik in Zyankalium, auf 2½ Liter Flüssigkeit verdünnt, vorrätig. Man setzt nur so viel Zyankalium zu, bis sich das weiße Arsenik eben gelöst hat. Pro 100 Liter Messingbad verwendet man dann 50 bis 60 ccm dieser Lösung und setzt fallweise von dieser Lösung zu, wenn das Messingbad anfängt matt zu arbeiten.

Fehlerhafte Messingniederschläge und Korrektur derselben. Ein Überschuß an Zyankalium, der wohl nur durch zweckloses Zusetzen dieses Produktes auftreten wird, macht sich dadurch bemerkbar, daß die Anoden während des Betriebes gar keinen Belag zeigen, metallblank aussehen und bei lebhafter Gasentwicklung an der Ware ein Niederschlag entweder gar nicht stattfindet oder unschön, matt pulverig ausfällt und schlecht haftet. Die Korrektur erfolgt durch Zugabe von Zyanzink und Zyankupfer, die man vorher in einer Reibschale mit etwas Messingbad zu einem gleichförmigen, dünnen Brei anreibt und in kleinen Partien so viel davon umrührend in das Bad bringt, als sich leicht auflöst. Durch Lösung dieser Zyanmetalle wird das überschüssige Zyankalium gebunden; ein kleiner Überschuß an Zyankalium muß vorhanden bleiben, man hat daher die Zugabe der Zyanmetalle einzustellen, sobald deren Lösung, die bei großem Zyankaliüberschuß sehr rasch erfolgt, nur mehr langsam vor sich geht.

Die Metallverarmung der Messingbäder, die insbesondere bei forcierten Betrieben bald fühlbar wird, auch bei normalem Betrieb unvermeidlich ist, erkennt man an dem langsamen und regelmäßigen Gang der Elektroplattierung; der Niederschlag erfolgt um so langsamer, je weniger Metall die Lösung enthält. Meist wird ein Zyankaliumüberschuß durch den Prozeß nicht entstanden sein, und man wird daher zur Wiederzuführung von Metall solche Zyansalze verwenden, die direkt ohne größeren Zyankaliumüberschuß im Bad löslich sind. Dazu eignen sich ganz vorzüglich die von Pfanhauser sen. eingeführten Metalldoppelzyanide: Zyankupferkalium und Zyanzinkkalium. Behufs Versetzung der zu regenerierenden Bäder mit diesen Metallsalzen erwärmt man in einem emaillierten Eisentopf einen Teil des Messingbades auf etwa 50° C, löst darin obengenannte Salze umrührend auf und gießt diese Lösung in das Bad.

Die Menge der zuzugebenden Metallsalze richtet sich nach der mehr oder minderen Metallverarmung des Bades; dies genau zu bestimmen, wäre nur durch Analyse möglich, die nur ein Chemiker ausführen kann. Da dies innerhalb gewisser Grenzen nicht gar so genau ist, wird der Praktiker so vorgehen, daß er vor allem den bei richtigen Stromverhältnissen erzielten Farbton des Messingniederschlages in Betracht zieht; ist dieser zu rötlich ausgefallen, so wird es dem Messingbad sicherlich an Zink fehlen, bei lichtem oder vielleicht auch zu grünlichem Ton der Vermessingung an Kupfer.

Man wird demnach von dem einen oder anderen fehlenden Metallsalz vorsichtig in ganz kleinen Quantitäten so lange zugeben, bis das Bad den gewünschten Messington gibt. Ist nun wegen zu geringen Metallgehaltes noch eine weitere Zuführung beider Metalle erforderlich, was der Praktiker am Gang des Prozesses nach den bereits bekannten Anzeichen erkennt, so wird er von jedem der beiden Metallsalze gleiche Mengen nach und nach so lange zugeben, bis der Gang des Prozesses befriedigt.

Arbeiten die Messingbäder trotz richtiger Stromverhältnisse unregelmäßig, wird der Niederschlag stellenweise kupferrot, so fehlt es dem Bad an Zyankalium;

gleichzeitig findet man am Boden der Wanne eine weiße, kristallinische Ablagerung (zumeist Zyanzink). Durch Zusatz von Zyankalium bis zur Lösung des weißen Bodensatzes hilft man diesem Übelstand rasch ab. Es können aber noch mancherlei Gründe für ein ungleichmäßiges Arbeiten eines Messingbades vorliegen, diese muß aber der wissenschaftlich gebildete Galvanotechniker suchen, und es empfiehlt sich in solchen Fällen, die Korrektur durch Fachleute vornehmen zu lassen.

Eine Erscheinung, die mitunter auftritt, ist die, daß sich durch längeres ruhiges Stehen der Messingbäder in stromlosem Zustand an der Badoberfläche eine Kristallhaut bildet. Es ist dies dadurch erklärlich, daß in dieser mit der atmosphärischen Luft in Berührung stehenden obersten Flüssigkeitsschichte das Zyankalium zersetzt wird und schwerlösliches Zyanmetall sich ausscheidet. Diese Ausscheidungen sind durch Zusatz von etwas Zyankalium leicht wieder in Lösung zu bringen; man sei aber mit der Anwendung des Zyankaliums sparsam, bringe nicht zu viel davon in das Bad, da dadurch die Stromausbeute verringert wird.

Mehr als bei irgendeinem anderen Bade macht sich beim Messingbad die unangenehme Erscheinung bemerkbar, daß der Niederschlag Blasen zieht. Diese Eigentümlichkeit ist in der Natur des Elektrolyten begründet und beruht auf der Wasserstoffentwicklung bzw. Blausäureentwicklung am Grundmetall. Man beobachtet diese Blasenbildung fast ausschließlich beim Vermessingen von Eisen, gleichviel ob in erwärmten oder kalten Messingbädern gearbeitet wird. Speziell Eisen und Stahl reagieren nur zu leicht mit den Komponentsalzen, die ein Messingbad bilden, und es kommen noch die verschiedenen Legierungssubstanzen störend hinzu, die beim Gießen des Eisens in diesem enthalten sind. Es werden stets Spuren von Elektrolyt durch den Niederschlag eingeschlossen, und zwar um so mehr, mit je höherer Stromdichte gearbeitet wird und je poröser an und für sich das zu vermessingende Stück ist. Die sich entwickelnden Gase erreichen aber einen nicht geahnten Druck von vielen Atmosphären und können selbst starke Niederschläge in Form von Blasen vom Grundmetall (Eisen) abtrennen. Auch die Wasserstoffentwicklung, die sich im zyankalischen Messingbad an Eisenobjekten speziell bei Überschuß von Zyankalium oder anderen Leitsalzen bemerkbar macht, trägt zu dieser Erscheinung vermutlich bei. Es ist leicht erklärlich, daß das Eisen bei der fortlaufenden Wasserstoffentladung solches Gas (es ist dies eine nachgewiesene Eigenschaft des Eisens!) aufnimmt und erst dann langsam abgibt, bis es mit Messing überzogen ist, die Eisenwasserstofflegierung also keine neue Nahrung erhält und langsam unter Abgabe gasförmigen Wasserstoffes zerfällt.

Es kann aber sogar vorkommen, daß durch übermäßig gesteigerte Stromdichte und andere Begleitumstände Wasserstoff gasförmig innerhalb des Messingniederschlages selbst in Blasenform zur Ablagerung kommt, und man kann dann sogar ein Spratzen und lautes Knistern im Bade hören.

Als wirksamstes Mittel hat sich hier in allen Fällen eine vorübergehende solide Verzinkung des Eisens erwiesen, auch eine starke Vernicklung hilft meist, doch sind die Resultate bei vorhergehender Verzinkung sicherer. Je nach der Natur des Grundmetalles kann man sich auch durch geeignete chemische Vorbehandlung der zu vermessingenden Gegenstände gegen dieses Abplatzen des Niederschlages schützen, wie z. B. durch Abbeizen der Objekte, Gelbbrennen, Behandlung mit Salpetersäure u. dgl.

Das Abplatzen oder „Blasigwerden" der Messingniederschläge kommt aber auch bei anderen Metallen wie Eisen, als Grundmetall vor und hat dann meist seine Ursache in einem Überwiegen der Leitsalze gegen die eigentlichen Metallsalze. Man muß dann solche Bäder verdünnen und Metallsalze zusetzen, jedenfalls dafür sorgen, daß nicht zuviel freies oder aus Alkalikarbonaten oder Zyaniden abgespaltenes Ätzalkali im Bade ist.

Schwarz können Messingniederschläge (auch schwarzstreifig) werden, wenn das Bad zuviel Zyankalium enthält. Man regeneriert dann mit Zyankupfer und Zyanzink, das man in Pastenform einträgt. Meist arbeitet dann das Bad noch ungleichmäßig, stellenweise rot, stellenweise gelb, es fehlt in diesem Falle dem Bade noch an etwas Chlorammon, ein Zusatz von 2 g pro Liter ist dann meist genügend, um einen schönen Messington zu erhalten.

Die meisten Messingbäder kann man durch Zusatz von saurem schwefligsaurem Natron, sofern der Metallgehalt in der Lösung richtig ist, zu gleichmäßigem schön gelben Arbeiten bringen. Unbedingt notwendig ist in jedem Messingbade ein namhafter Gehalt an neutral schwefligsaurem Natron und ein minimaler Gehalt an Chlorammon (2 bis 3 g pro Liter von letzterem).

Verfasser untersuchte ein Messingbad, bestehend aus:

Wasser	1 l
Zyankupferkalium	20 g
Zyanzinkkalium	20 g
Soda, kalz.	4 g
Glaubersalz, kalz.	20 g
Natriumsulfit, krist.	48 g
Zyankalium	1 g
Chlorammon	3 g

und fand bei dieser Zusammensetzung, daß das Bad jedem Zusatz von Kupfer oder Zinksalz sofort in der Farbe gleichmäßig folgte. So wurden alle amderen Leitsalze beibehalten und nur das Verhältnis des Kupfersalzes zum Zinksalz geändert, und es ergaben sich dabei nachstehende Resultate:

20 g Zyankupferkalium auf		20 g Zyanzinkkalium		Niederschlag		gelb
20 g	,,	,,	40 g	,,	,,	grüngelb
40 g	,,	,,	20 g	,,	,,	rötlich
60 g	,,	,,	20 g	,,	,,	tombakartig
80 g	,,	,,	20 g	,,	,,	goldrot

Alle diese Verhältnisse ändern sich sofort, wenn man mit der Stromdichte über 0,3 A/qdm hinausgeht oder die Temperatur über 25° C erhöht.

Als Anoden für Messingbäder verwende man nur gegossen aus 7 Tl. reinstem Hüttenkupfer und 3 Tl. reinstem Hüttenzink, mindestens 5 mm dick, mit angenieteten breiten Messingstreifen aus Hartmessing und mit gutem Leitungskontakt eingehängt. Vor der ersten Verwendung der Anoden sind diese mit grobem Sand und Wasser tüchtig zu scheuern oder in Salpetersäure blank zu beizen und mit Wasser gründlich abzuspülen, dann längere Zeit in verdünnter Schwefelsäure zu beizen, schließlich in die Gelbbrenne oder in 40 grädige Salpetersäure einzutauchen, um die harte Gußhaut zu beseitigen, die den elektrolytischen Prozeß stören würde. Diese harte Gußhaut widersteht nämlich hartnäckig der Einwirkung der Säuren; billiger wird deren Entfernung mittels Sandstrahlgebläse bewerkstelligt, wenn diese Einrichtung vorhanden ist.

Eingehende Untersuchungen des Verfassers haben erwiesen, daß gegossene Messinganoden für die Funktionsdauer der Messingbäder am günstigsten sind. Die im Handel vorkommenden Messingbleche sind zur Not auch verwendbar, müssen aber vor dem Gebrauch gut ausgeglüht und die Walzhaut durch Beizen in Salpetersäure beseitigt werden.

Es ist aber Tatsache, daß gewalzte Bleche infolge ihrer glatten Oberfläche und größeren Dichte weniger leicht Metall abgeben als Gußanoden, folglich eine raschere Metallverarmung der Bäder verursachen als diese.

Die Anodenfläche in Messingbädern sei möglichst groß, keinesfalls kleiner als die im Bad hängende Warenfläche, bei Verwendung von Blechanoden noch größer.

Die Anoden bleiben immer im Bad, auch wenn nicht gearbeitet wird. Sehr wichtig ist es, das Verhalten (Aussehen) der Anoden im Bad während der Arbeit zu beobachten; der verständige Praktiker kann dadurch viel profitieren sowohl für die Dauer der Funktionsfähigkeit des Bades als auch für die Sicherung guter Vermessingsresultate. Die beim Verkupfern angeführten Erscheinungen treten auch hier ein; auch im Messingbad entstehen an den Anoden häufig schlammartige Ablagerungen von grüner und weißer Farbe, je nach der Bildung von Zyanüren und Zyaniden der beiden Metalle.

Geringe Anodenbelage sind natürlich auch bei ganz richtigen Stromverhältnisse und tadellosem Badzustand unvermeidlich, auch nicht schädlich; wenn aber die Anoden sich mit einem dichten Schlamm in größerer Menge belegen, so ist das ein Zeichen, daß das Bad zu wenig Zyankalium oder nicht geeignete Leitsalze enthält; auch die Farbe der Lösung wird dies bestätigen, sie wird bald blau oder grünlich aussehen, und gleichzeitig wird der Niederschlag auffallend langsam erfolgen. Die Anoden sind mit einer langstieligen Metallbürste von dem Belag zu reinigen, ohne sie aus dem Bad zu nehmen; gleichzeitig ist unter Umrühren etwas Zyankalium zuzusetzen, aber nur so viel, als erforderlich ist, um die ursprüngliche wasserhelle oder gelbliche Färbung wieder herzustellen, wobei sich auch der von den Anoden abgebürstete Schlamm lösen wird.

Manipulation beim Vermessingen. Die nach den gemachten Angaben zusammengesetzten Messingbäder sind sofort nach dem Abkühlen bis zur vorgeschriebenen Temperatur gebrauchsfähig; das oft gebräuchliche Abkochen oder vom Strom Durcharbeitenlassen ist überflüssig und zwecklos.

Die bei den Badzusammensetzungen angegebenen Stromverhältnisse wurden vom Verfasser genau bestimmt; bei deren Einhaltung wird man praktisch ganz sicher arbeiten, wenn alle sonstigen Bedingungen zur Sicherung guter Resultate (Dekapierung usw.) erfüllt sind.

Die Einhaltung der richtigen Stromverhältnisse ist beim Vermessingen von besonderer Wichtigkeit, nicht nur zur Erzielung einer guten Niederschlagsqualität, sondern auch zur Erzielung einer schönen brillanten Messingfarbe.

Bei den vorgeschriebenen Stromverhältnissen wird man einen schönen goldgelben Messington erreichen; es ist aber oft wünschenswert, eine rötliche oder eine blassere (grünliche) Vermessingung zu erzielen. Es läßt sich dies durch kleine Abweichungen von den vorgeschriebenen Stromverhältnissen und durch gewisse Zusätze erreichen, ohne die Güte des Niederschlages zu gefährden; oft genügt ein tropfenweiser Zusatz von Salmiakgeist, oft auch gelindes Erwärmen der Lösung.

Mit Verringerung der Stromdichte durch Anwendung geringerer Badspannung wird gewöhnlich der Niederschlag röter (dunkler), durch Erhöhung dieser beiden wird er blasser (grünlich) ausfallen. Ein schwächerer Strom scheidet mehr Kupfer aus, ein stärkerer mehr Zink.

Man beobachtet öfters bei Messingbädern, wenn die Gegenstände behufs starker Vermessingung längere Zeit im Bad ruhig hängen, daß der Farbton, welcher anfänglich sattgelb war, in ein tombakartiges Rot überschlägt. Dies erklärt sich folgendermaßen: Bei Beginn der Vermessingung enthält die die Ware umgebende Badschicht infolge der Badzusammensetzung beide Metallsalze noch im richtigen Verhältnisse, die Vermessingung wird bei normalen Stromverhältnissen schön gelb ausfallen, weil neben dem leicht reduzierbaren Kupfer auch entsprechend viel Zink ausgeschieden wird. Diese Badschichte wird aber, wenn sie nicht durch neue Schichten ersetzt wird, naturgemäß an Metall verarmen, und zwar bei stärkerem Strom rascher, bei schwächerem Strom langsamer; sobald aber diese Badschichte metallarm geworden ist, wird mehr Kupfer als Zink ausgeschieden, dadurch ist der Umschlag des Farbtons erklärt.

Es sei bemerkt, daß eine wesentliche Temperaturveränderung der Messingbäder die Farbe des Niederschlages beeinflußt. Innerhalb der vorgeschriebenen

Temperaturgrenzen wird dies kaum bemerkbar werden, aber bedeutend wärmere Messingbäder werden zunehmend röteres Messing, bedeutend kältere werden zunehmend blasseren Niederschlag hervorbringen. Trotz solcher Temperaturdifferenzen kann man aber durch geeignete Abänderung der Badzusammensetzung normale Messingtöne erzeugen. Hauptsache bleibt dabei, die Lösung so zu gestalten, daß die Potentiale des Zinks und des Kupfers an der Kathode trotz veränderter Temperatur usw. möglichst nahe zusammenfallen.

Wichtiger als bei irgendeinem Bad ist beim Messingbad die Verwendung eines richtig konstruierten Badstromregulators; man hat dadurch das Mittel an der Hand, die besprochene erforderliche richtige Stromdichte, wovon ja zum guten Teil die Nuancierung des niedergeschlagenen Messings mit abhängt, durch entsprechende Regulierung der Badspannung zu beherrschen.

Bei Vermessingung großer, voluminöser Körper oder solcher mit erheblichen Erhöhungen und Vertiefungen oder Hohlräumen wird man die Wahrnehmung machen, daß die den Anoden näheren Flächenpartien eine hellere Messingfarbe zeigen, die entfernteren eine dunklere. Dies erklärt sich dadurch, daß mit Verringerung der Elektrodenentfernung die Stromdichte wächst, mit deren Vergrößerung abnimmt; dementsprechend sind die den Anoden näheren Flächenpartien einer höheren Stromdichte ausgesetzt als die entfernteren, so daß auf jene ein zinkreicherer, auf diese ein kupferreicherer Niederschlag erfolgen muß. Bei solchen Objekten muß man stets mit möglichst kleiner Stromdichte arbeiten und das Bad speziell dafür einstellen.

Nach der Beschickung der Bäder mit den zu vermessingenden Waren beläßt man diese etwa 5 bis 10 Minuten im Bad und überzeugt sich dann, ob sie allseitig und gleichförmig mit Messing überdeckt sind; wenn man nicht ganz sicher ist, daß die vorausgegangene Dekapierung eine tadellos vollkommene war (bei regem Fabrikbetrieb können ja sehr leicht Mängel vorkommen), überzeugt man sich, indem man die Objekte mit einer nicht allzu scharfen Eisen- oder Messingdrahtbürste (etwa 0,1 bis 0,15 mm Drahtstärke) allseitig und gründlich kratzt; bei mangelhafter Dekapierung wird sich der Niederschlag stellenweise ablösen.

Die auf diese Weise nachgereinigten Objekte werden nach Abspülung mit Weinsteinwasser tüchtig abgebürstet, in reinem Wasser gründlich gewaschen und abermals in das Bad eingehängt.

Je nachdem die Gegenstände mehr oder weniger stark vermessingt werden sollen, regelt man die Elektroplattierdauer; dient der Messingniederschlag nur als vermittelnde Zwischenlage für eine nachfolgende Elektroplattierung, so wird in den meisten Fällen eine Einhängedauer von 15 bis 30 Minuten ausreichen. Der Messingniederschlag bleibt bei Einhaltung der gegebenen Vorschriften auch bei längerer Einhängedauer glänzend, ein Kratzen wäre also nicht nötig; aber um ja sicher zu sein, daß der Niederschlag allseitig festhaftet, wird man aus Vorsicht das Kratzen, wie oben erklärt, wiederholen und, wenn sich hierbei keine Mängel zeigen, nach sorgfältigem Abspülen die Gegenstände noch naß der weiteren Elektroplattierung zuführen. Jedenfalls ist die Vorsicht zu beachten, daß keine Spuren der Messingbadlösung auf dem Gegenstand, in dessen Poren oder Hohlräumen zurückbleiben, wodurch das meist nachfolgende Nickelbad verdorben werden könnte. Erst bei ganz starken Niederschlägen wird die Oberfläche matt, und man muß dann solche Niederschläge mit Poliermasse aus Tripel aufglänzen, ebenso wie man z. B. mattes Messing auf der Poliermaschine behandelt.

Sollen die Objekte vermessingt in den Handel gebracht werden, wird man im Interesse der Haltbarkeit und Solidität die Vermessingungsdauer entsprechend verlängern, die fertig vermessingten Waren, wenn nötig, nochmals kratzen, schließlich rein waschen und in bekannter Weise vollkommen trocknen.

Recht empfehlenswert ist es, die vermessingt bleibenden Gegenstände noch mit Schlämmkreide trocken abzubürsten oder abzureiben, wodurch der Messingniederschlag brillant wird. Weil Messing den Einflüssen der Luft unterworfen ist, bald oxydiert oder grünspant, ist es zweckmäßig, um dies zu verhindern, die Gegenstände mit einem farblosen Lack zu überziehen.

Das Vermessingen des rohen Eisengusses macht infolge seiner Porosität und seines Kohlengehaltes oft Schwierigkeiten; es ist zu empfehlen, diesen vorher zu verzinnen oder zu vernickeln; noch besser als Unterlage aber ist eine solide elektrolytische Verzinkung.

Es wurde schon erwähnt, daß bei den Messingbädern ein zu großer Überschuß an Zyankalium nachteilig ist und den Prozeß beeinträchtigt; beim Vermessingen des Eisens wird dies am fühlbarsten, es kann sogar den Niederschlag ganz verhindern.

Eine große Rolle spielt das Vermessingen als Unterlage auf solche Metalle, welche mit einem Niederschlag versehen werden sollen, der direkt auf dem Grundmetall nicht haften würde oder nur mit Schwierigkeit ausführbar wäre.

Messing läßt sich auf alle Metalle niederschlagen, dient daher meistens ebenso wie die Verkupferung als vermittelnde Zwischenlage; Verfasser gibt aber der Vermessingung entschieden den Vorzug, und zwar aus folgenden Gründen:

Als Unterlagsmetall deckt sich mit dem darauffolgenden Niederschlag das gelbe Messing rascher als das rote Kupfer, und bei Abnutzung elektroplattierter Gegenstände wird, wenn der Metallniederschlag stellenweise abgenützt ist, die Messingfarbe nie so unschön durchschlagen als Kupfer.

Von ganz besonderem Wert ist das Vermessingen bei Eisen- und Stahlgegenständen, die gegen das Rosten geschützt werden sollen; bisher war es wohl ziemlich allgemein üblich, dies durch Verkupfern zu erreichen, aber ein Kupferniederschlag schützt nicht so gut gegen Rost wie Messing.

Die rostschützende Wirkung eines Messingniederschlages kann nur durch dessen Gehalt an Zink erklärt werden; bekanntlich wirkt rostschützend nur ein gegen Eisen elektropositives Metall, und solches ist Zink, und zwar auch in seiner Legierung mit Kupfer und Messing. Auf den ersten Blick scheint diese Behauptung dem Elektrochemiker unhaltbar, da Messing nicht entfernt das Potential des Zinkes zeigt, sondern sich weit mehr dem des Kupfers nähert. Die Wirkung des elektrolytisch ausgeschiedenen Messings als Rostschutz speziell unter einem darauffolgenden Nickelniederschlag findet aber sofort eine Erklärung, wenn man die leichte Legierungsbildung zwischen Kupfer und Nickel betrachtet. Verfasser konnte beobachten, daß elektrolytisch abgeschiedenes Messing seinen Kupfergehalt zum größten Teil an das darübergelagerte Nickel abgibt, während das Zink als Zwischenlage mit ganz wenig Kupfer übrigbleibt und solcherart seine rostschützende Wirkung ausüben kann. Löst man starke Reinickelniederschläge, die auf Eisen nach vorhergegangener Vermessingung aufgetragen wurden, nach längerer Zeit oder nach kräftigem Erwärmen des betreffenden Gegenstandes ab, so kann man im Nickelniederschlag bedeutende Mengen von Kupfer nachweisen, während man auf dem Objekt aus Eisen keinerlei Färbung mehr erkennen kann, die auf Messing schließen ließe.

Vermessingen von Massenartikeln. Die Vermessingung kleiner Massenartikel erfordert besonders gut eingearbeitete Bäder, einerlei ob man die Gegenstände auf Elektroplattiersieben oder Körben ruhend in die Messingbäder bringt oder ob man mit rotierenden oder schaukelnden Massengalvanisierapparaten arbeitet. Jedenfalls müssen derartige Bäder besonders metallreich gehalten werden, da sonst die Gegenstände ungleich vermessingt ausfallen, partienweise rot, partienweise gelb ausfallen würden. Auch darf man die Bäder keinesfalls zu warm werden lassen, weil warme Bäder an und für sich schon ungleichmäßiger arbeiten. Zu beachten ist, daß Messingbäder zur Vermessingung eiserner oder verzinnter oder verzinkter eiserner Massenartikel keinen nennenswerten Überschuß an Zyankalium enthalten dürfen, dagegen einen reichlichen Zusatz von Soda verlangen, Massenartikel aus Zink dagegen verlangen wieder Messingbäder mit höherem Gehalt an freiem Zyankalium.

So werden z. B. eiserne, vorverzinnte Haften und Ösen auf Sieben wie folgt sehr schön vermessingt: In einem metallreichen Messingbade werden diese Teile in Sieben von etwa 40 cm Länge, 8 cm Breite und 4 bis 5 cm Höhe bei 5,5 V und einer Stromstärke pro Sieb von 40 A in 1 Stunde schön gelb vermessingt, wenn man ein solches Sieb mit etwa ½ kg solcher Haften beschickt. Alle Viertelstunden werden die kleinen Teilchen mit einem Holz- oder Glasstab gewendet. Das Bad enthält neben seinen normalen Bestandteilen praktischerweise pro Liter extra 40 g Soda kalz., wodurch die kleinen Teilchen glänzender bleiben. Nach erfolgter Vermessingung werden die Haften und Ösen mit ⅓ des Volumens trockener Sägespäne in einem Scheuerfaß getrommelt, wodurch der Messington noch brillanter wird, wie überhaupt eine Nachtrommelung nach der Vermessingung kleiner Massenartikel den Ton der Vermessingung hebt, der gerade durch den Trocknungsprozeß stets etwas in Mitleidenschaft gezogen wird, da das frischgefällte Messing sehr reaktionsfähig ist und leicht anläuft. Will man einen satteren Ton der vermessingten kleinen Teile erzielen, so läßt man nach einstündiger Vermessingung die Gegenstände noch einige Minuten bei 3 V Badspannung und ca. 20 A Strom pro Sieb „färben".

Das Vermessingen in rotierenden Trommeln, Schaukeln oder Glockenapparaten wird heute sehr viel angewendet, man muß auch hierfür sehr metallreiche Bäder verwenden und tut gut, wenn ein solches Bad längere Zeit gestanden hat, dasselbe vor Wiederingebrauchnahme durcharbeiten zu lassen, indem man den Apparat zunächst mit gewöhnlichen Nägeln od. dgl. füllt und eine Stunde lang darauf arbeiten läßt. Man beobachtet dann genau die Wirkungsweise des Bades, sieht nach, ob die Messingfarbe stimmt und beschickt den Apparat erst dann mit der zu vermessingenden Ware. In Trommel- oder Schaukelapparaten arbeitet man auch beim Vermessingen mit 8 bis 10 V Spannung und achte darauf, daß die Anoden möglichst blank bleiben, scheure den sich eventuell bildenden Anodenschlamm öfters ab, da sonst der Stromdurchgang gehindert wird; die Stromstärke im Galvanisierapparat sinkt, und jede derartige Stromänderung bedingt eine andere Farbe der neuen Charge, wenn nicht stets für gleiche Arbeitsbedingungen vorgesorgt wird.

Die Temperatur und der Gehalt an freiem Zyankalium spielen bei dieser Galvanisierungsart eine große Rolle, und zwar wird der Messingniederschlag bei sonst richtiger Badzusammensetzung um so heller, je kälter das Bad und je kleiner die Stromstärke ist. Der Mangel an freiem Zyankalium macht sich durch eine rötere Färbung des Niederschlages bemerkbar.

Der Praktiker wird auch beobachten, daß der Niederschlag, der schön gelb aussieht, solange die Objekte in der Trommel liegen, nach dem erfolgten Trocknen dunkel oder gar mißfarbig wird. Man vermeidet dies dadurch, daß man für eine rasche Entfernung der Lösung von den Objekten sorgt, sobald der Niederschlagsprozeß beendigt ist. Man muß die Gegenstände sofort in viel reinem Wasser spülen und mit einer verdünnten Weinsteinlösung behandeln, ehe man sie trocknet, dann bleibt der im Trommelapparat erzielte reine Messington den Objekten erhalten. Ein Anlaufen der aus der Trommel kommenden vermessingten Gegenstände kommt auch dann vor, wenn die Vermessingung zu schwach erfolgt ist, sei es, daß das Beschickungsquantum zu groß, die Galvanisierungsdauer zu kurz oder der Betriebsstrom zu schwach war.

Gewöhnliche Messingbleche eignen sich für solche Vermessingungsarbeiten grundsätzlich nicht, weil sie zu schwer löslich sind. Man verwende also nur gegossene Messinganoden, jedoch keinesfalls aus Messingabfällen hergestellte, sondern aus Elektrolytkupfer und Feinzink im Verhältnis 70 : 30. Messingabfälle enthalten zu oft Fremdmetalle, wie Zinn, Blei, Eisen und dergleichen Metalle, welche in den zyankalischen Bädern beim anodischen Lösen große Störungen verursachen. Die Anoden belegen sich bei Gegenwart solcher Fremdmetalle beim Arbeiten mit einem fast unlöslichen Belag, der Strom geht sofort stark zurück, eine Folge davon ist dann das schlechte Arbeiten des Bades auf die in den Massen-Galvanisierapparaten befindlichen Gegenstände.

Das oft beobachtete Verfärben der Messingauflage gleich nach dem Verlassen der Gegenstände aus der Trommel ist auf eine, meist solcherart verursachte zu schwache Messingauflage zurückzuführen. Es muß deshalb das Bad durchaus nicht regenerierbedürftig sein, sondern es genügt gewöhnlich schon, wenn man an Stelle der unbrauchbaren, schwerlöslichen Anoden reine Gußmessing-anoden einsetzt.

Ein weiterer Übelstand beim Vermessingen liegt darin, daß in alten Bädern, besonders solche, welche ununterbrochen stark beansprucht sind und infolge der verwendeten hohen Stromstärken schnell in der Temperatur steigen, zuviel freies Alkali oder Soda bzw. Pottasche vorhanden ist. In solchen Bädern, die mit dem Aräometer gemessen mitunter sogar hohe Dichte spindeln, ist dann gewöhnlich trotzdem ein zu geringer Metallgehalt vorhanden, mindestens aber stört der Überschuß an Alkali oder kohlensaurem Alkali in der Weise, daß die Niederschläge Blasen bekommen, indem sich zuviel Wasserstoff mit dem Messing abscheidet. Dadurch wird also die Stromausbeute an Messing herabgedrückt, gleichzeitig mit dem Messing zuviel Wasserstoff mit abgeschieden. Die Niederschläge werden dann äußerst spröde, neigen zur Blasenbildung, die mitunter sofort beim Entnehmen der Gegenstände aus den Trommelapparaten zu sehen ist, gewöhnlich aber erst kurz nach dem Trocknen deutlich wird. Auch die bekannte Bildung von Flecken der fertigen Ware ist hierauf zurückzuführen, wenn nicht etwa grobe Fahrlässigkeit beim Waschen eingetreten ist. Sind solche Bäder mit freiem Alkali übersättigt, so verdünnt man sie bis zur halben Konzentration, setzt etwas doppeltkohlensaures Natron zu und erhöht dann den Metallgehalt durch hochprozentige Kupfer- und Zinksalze. Wird die **Vermessingung mit Elementen** ausgeführt (mit Bunsen-Elementen oder Tauchbatterie), so sind drei Elemente, evtl. drei Gruppen parallelgeschalteter Elemente auf Spannung zu verbinden.

Bis zu einer Warenfläche von	verwende man 3 auf Spannung verbundene Elemente mit einer wirksamen Zinkfläche von ungefähr
20 qdm	5,8 qdm
35 ,,	7,9 ,,
40 ,,	12,4 ,,
usf.	usf.

Für Vermessingung von Zinkobjekten ist ein Element bzw. eine Gruppe parallelgeschalteter Elemente auf Spannung zuzuschalten.

Vermessingen von Bronzedrähten. Bronzedrähte werden häufig aus dem Grunde vermessingt, um durch eine solche geringfügige Messingauflage ein Schmiermittel für das spätere Ziehen durch die Ziehdiamanten zu schaffen. Zu diesem Zweck werden die Bronzedrähte keineswegs in kontinuierlichem Tempo, wie dies bei anderen Draht-Galvanisierungsmethoden der Fall ist, durch die Messingbäder gezogen, sondern einfach in gelockerten Bunden auf Kupferstangen, ganz eintauchend in die Messingbäder gebracht und werden dort bei ca. 3,5 V Badspannung ¼ bis ½ Stunde lang vermessingt. Nach dem Ziehen ist dieser als Ziehmittel aufgetragene Messingniederschlag wieder verschwunden.

Diese Art Vermessingung hat mit der sogenannten unechten Vergoldung von Kupferdrähten in der Leonischen Drahtindustrie nichts gemein. Für diese unechte Vergoldung werden die Kupferstäbe meist mechanisch mit Messing plattiert und dann mit dieser Messingblechauflage, die aufgelötet wurde, weiter gezogen, um einen gelben, goldähnlichen Ton zu zeigen. Derartige Dräthe werden dann bis zu den feinsten Gespinstdrähten gezogen und behalten ihre Messingauflage, die sich natürlich ebensogut auch auf elektrolytischem Wege auftragen läßt, wenn man erwärmte Messingbäder dazu werwendet und die Vermessingung auf bereits bis auf 0,8 bis 1,0 mm stark herabgezogene Kupferdrähte aufbringt. Natürlich kann diese Vermessingung nur im kontinuierlichen Durchzugsbetriebe in entsprechend langen Badbehältern erzielt werden mit Bädern, welche duktile Messingniederschläge liefern, die das weitere Ziehen bis auf die ganz feinen Gespinststärken aushalten, ohne abzuplatzen, wobei das rote Kupfer durchschimmern würde und den Gespinsten nicht den gewünschten Charakter verleihen könnte.

Vermessingung von Hartbleigegenständen. Bei solchen Gegenständen beobachtet man, besonders in konzentrierten Bädern, wie sie zur schweren Vermessingung dienen, eine unliebsame Blasenbildung im Niederschlag. Um dies zu vermeiden, wird folgendermaßen vermessingt. Die mit Benzin vorentfetteten Hartbleigegenstände werden mit Zirkularkratzbürsten aus Messing- oder Stahldraht gekratzt, bis sie blank sind, und hierauf mit Entfettungskomposition unter Benutzung von Abkalkbürsten gebürstet, dann abgespült und durch eine Beize gezogen, bestehend aus 1 Tl. konz. Salpetersäure und 1 Tl. Wasser. Hierauf wird rasch nochmals gespült, und erhalten die Gegenstände dadurch einen lichten, grauen Überzug, über den man mit einer Fiberbürste leicht hinwegbürstet. Man spült darauf in fließendem Wasser und hängt die Gegenstände mit Strom in die Messingbäder zur schweren Vermessingung und arbeitet mit einer Badspannung von 2,5 bis 3 V bei einer normalen Elektrodenentfernung von 15 cm. Der Messingniederschlag bleibt, wenn dieser Arbeitsgang eingehalten wird, frei von den unangenehmen kleinen Bläschen.

Vermessingung durch Kontakt ohne Strom. Die Vermessingung durch Kontakt gelingt in heißen Lösungen unter Verwendung von Aluminium als Kontaktmetall verhältnismäßig leicht, doch macht die so erhaltene „Färbung", die ja ganz hübsch aussieht, keinerlei Anspruch auf Haltbarkeit, kann aber für verschiedene Zwecke Anwendung finden, wo es nur auf die erstmalige Oberflächenbeschaffenheit für kurze Gebrauchsdauer ankommt. Meist verlieren solcherart vermessingte Teile schon nach längerem Lagern den Messingüberzug, besonders wenn der Messingüberzug auf Zink aufgetragen wurde, welches bekanntlich Kupfer und Messing förmlich in sich aufsaugt, was durch die leichte Legierungsbildung des Zinks mit Kupfer und Messing erklärlich ist.

Nach D a r l e y kann man aus einer Lösung von

Wasser	1 l
Kupfervitriol	4 g
Zinkvitriol	10 g
Zyankalium 100%	8 g
Pottasche	4 g
Ätznatron	15 g

bei fast Siedehitze der Lösung in Aluminiumsieben recht schöne gelbe Messingniederschläge geringster Stärke erhalten. Das Aluminium überzieht sich aber sehr rasch und stark mit Messing, das durch ein Gemisch aus Salzsäure und Schwefelsäure leicht wieder abzuziehen ist. Vor jedesmaligem Gebrauch der Aluminiumsiebe sind diese durch die genannte Brenne zu ziehen, da die Kontaktvermessingung nur gelingt, wenn die Aluminiumsiebe, in die die Waren eingelegt werden, vollkommen metallisch rein sind und frei von Messing.

Versilbern.

Anwendung der Versilberung. Das Versilbern wurde praktisch als erste Arbeit der Galvanotechnik im großen ausgeführt, kein Wunder, daß gerade die Versilberungsindustrie heute auf einen hohen Grad der Vollkommenheit zurückblicken kann. Das Silber hat als das weißeste Metall schon immer die Kunstindustrie veranlaßt, ihre Gegenstände teils ganz aus Silber anzufertigen oder sie auf galvanischem Wege mit einem mehr oder minder kräftigen Silberüberzug zu versehen. So finden wir die Versilberung in der Chinasilberwarenindustrie schon seit 1840 in Verwendung, und heute werden im größten Maßstabe Tischgeräte aus Metall, die mit Speisen aller Art in Berührung kommen, versilbert.

Messing, Kupfer, Bronze, Neusilber und alle anderen kupfer- und nickelhaltigen Legierungen lassen sich, speziell nach vorhergehender Verquickung (Überziehen mit Quecksilber), direkt versilbern, Eisen, Stahl, Nickel werden zumeist vorvermessingt oder vorverkupfert, doch gibt es heute auch auf diese Metalle Verfahren, ohne Zwischenschicht direkt die Silberhaut elektrolytisch aufzutragen. Zink, Zinn, Blei und Britanniawaren werden heute fast durchweg direkt versilbert unter Benutzung spezieller Bäder und unter Beobachtung geeigneter Kniffe, doch erfordert dies immerhin eine gewisse Übung des Ausführenden, weshalb vielfach, um sichere Resultate zu bekommen, solche Metalle heute auch noch vorvermessingt werden. Die Vermessingung wird allgemein der Verkupferung vorgezogen, weil Messing weniger unangenehm auffällt, wenn einmal die Silberschicht durch den Gebrauch stellenweise durchgescheuert wurde, als das rötere Kupfer.

Silber ist ein außerordentlich dehnbares Metall und wird in dieser Beziehung nur noch vom Gold übertroffen. Es läßt sich zu den dünnsten Blättchen (Blattsilber) ausschlagen und zu den dünnsten Drähten ausziehen. Die Versilberung wird daher vielfach auch zur Veredlung kupferner Gespinstdrähte verwendet, indem man auf stärkere Kupferdrähte von 0,1 bis 1,0 mm Durchmesser Silber elektrolytisch aufträgt und dann bis zu den allerfeinsten Gespinstdrähten auszieht, wobei sich der Silberüberzug, ohne zu reißen, mitziehen läßt und durch das mehrfache Ziehen den höchsten Glanz annimmt.

Silberbäderrezepte und Ansetzen der Bäder. Unstreitbar die besten und sichersten Resultate erhält man aus den zyankalischen Elektrolyten, denn diese Elektrolyte liefern nicht nur die duktilsten Silberniederschläge, sondern sie weisen auch die denkbar größte Streuung der Stromlinien auf, was in der Versilberungsindustrie, wo man meist mit nicht so großen Anodenflächen zu arbeiten genötigt ist, von außerordentlicher Wichtigkeit ist, da selbst bei kleinen Anodenflächen, solange diese noch den Anodeneffekt vermeiden, auch größere und tiefere Gegenstände verhältnismäßig gleichstark an allen Partien mit Silber elektrolytisch überzogen werden können.

In der zyankalischen Lösung des Silbers liegen die Potentiale des Silbers und des Wasserstoffes weit auseinander, Silber ist wesentlich edler als Wasserstoff, und zwar beträgt die Potentialdifferenz ca. 0,5 V, so daß es erklärlich ist, daß Silber so gut wie keinen Wasserstoff bei seiner Abscheidung unter den üblichen Stromdichten aufnimmt und daher ein dichtes Gefüge aufweist und duktil ausfällt. Der Zusatz von freiem Zyankalium übt einen weit weniger starken Einfluß auf das Ruhe- und Abscheidungspotential des Silbers aus, als wir dies beim Kupfer beobachteten, ja, es hat sich sogar gezeigt, daß Silberbäder ohne einen bestimmten Zyankaliumüberschuß nicht richtig arbeiten, daß der Zyankaliumüberschuß die Stromausbeute erhöht, während ein solcher beispielsweise beim zyankalischen Kupferbad die Stromausbeute wesentlich verringert. Diesbezügliche genaue Untersuchungen stammen von Brunner, welche dieser zusammen mit seinem Lehrer Förster ausführte.

Nach Haber bildet das komplexe Zyansilberkalium aus seinem komplexen Anion (AgCN + CN) fortgesetzt und mit großer Geschwindigkeit freie Silberionen, so daß bei Stromdichten von 0,3 A/qdm stets genügend Silberionen in unmittelbarer Nähe der Kathode vorhanden sind. Diese Reaktionsgeschwindig-

keit wird durch Erhöhung der Badtemperatur noch wesentlich gesteigert, so
daß bei einer Temperatur von 40 bis 50° C, besonders bei bewegten Lösungen
oder bewegten Kathoden, sogar Stromdichten bis zu 8,0 A/qdm zur Anwendung
kommen können, ohne daß gleichzeitig Wasserstoff mit entladen würde.

Tritt, was bei normaler Temperatur und bei Anwendung höherer Stromdichten, z. B. bei 2,0 A/qdm, der Fall ist, Wasserstoffentladung neben der Entladung der Silberionen ein, so merkt man dies sofort an der Gasentwicklung an
der Kathode, womit eine pulverige dunkle (gelbe) Silberausscheidung parallel läuft.

Die Abscheidung des Silbers gelingt aber auch aus nichtzyankalischen Elektrolyten, so z. B. liefert nach Jordis ein Bad aus

Wasser . . . . 1 l
Silbernitrat . . . . 15—30 g
Ammoniumlaktat . . . . 30—50 g

ebenfalls zusammenhängende, kleinkristalline Silberniederschläge, und man kann
mit solchen milchsauren Bädern selbst mit Stromdichten bis zu 1,0 A/qdm
arbeiten, obschon die normale Stromdichte von ca. 0,3 A/qdm unbedingt feinere
Niederschläge liefert.

Kern empfiehlt als nichtzyankalischen Elektrolyten eine Lösung, welche
60 g Silber pro Liter neben 150 g Methylsulfosäure enthält, und will sogar mit
Stromdichten von 2,2 A/qdm bei ca. 0,35 bis 0,45 V arbeiten können. Niederschläge aus einer Lösung, welche Silber in Form seiner borflußsauren Salze
neben geringem Zusatz von Gelatine oder Agar-Agar enthält, sind unschwer
erhältlich, doch neigen diese Niederschläge leicht zur Bildung großer Kristallite, die sich schwer polieren lassen; nebstbei bemerkt, spielt für diese Bäder
die Gefäßfrage eine nicht untergeordnete Rolle, weil die Borflußsäure die gebräuchlichen Steingutgefäße angreift, dieselben dann durchlässig werden und
das teure Silbersalz verlorengeht.

Die Technik ist bislang nur bei den zyankalischen Elektrolyten geblieben,
die wir im nachstehenden näher behandeln wollen.

Unter den Versilberern gibt es zwei Parteien: die eine Partei bevorzugt das
mit „Zyansilber", die andere das mit „Chlorsilber" bereitete Bad. Erstere behauptet, das mit Zyansilber bereitete Silberbad sei eine von allen fremden Salzen
freie reine Zyansilberlösung, daher der Veränderung weniger unterworfen und
haltbarer als eine mit Chlorsilber bereitete Lösung, in welcher als Nebenprodukt
Chlorkali enthalten ist, welches auch jedesmal entsteht, wenn bei Silberverarmung immer wieder Chlorsilber zugesetzt wird, infolgedessen muß sie mit der
Zeit mit Chlorkali übersättigt werden. Die Verehrer des mit Chlorsilber bereiteten
Bades führen dagegen an, die Versilberung falle in diesem weißer aus, und ihre
Bäder funktionieren auch viele Jahre ohne fühlbare Störung.

Vom chemischen Standpunkt müßte man ersteren beistimmen, und ist nicht
erklärlich, warum ein mit Chlorsilber bereitetes Bad eine weißere Versilberung
geben soll.

Bei Vergleich der vom Verfasser für beide Bäder bestimmten elektrolytischen
Daten ergibt sich bei gleicher Stromdichte die gleiche Stromausbeute, somit
auch gleiche Leistungsfähigkeit; dagegen ist der spezifische Badwiderstand des
mit Zyansilber bereiteten Bades (= 2,88 Ω) größer als jener des Chlorsilber-
bades (= 1,65 Ω) infolge des als Leitsalz fungierenden Chlorkaligehaltes; jenes
erfordert daher eine dem größeren Widerstand entsprechend höhere Badspannung (=1,3 V), dieses nur 0,9 V (bei 15 cm Elektrodenentfernung).

In Anbetracht des geringen Wattverbrauches für ein neu anzuschaffendes
Silberbad zieht Verfasser das mit Chlorsilber bereitete vor, aber in Erwägung
der nicht zu leugnenden Tatsache, daß eine Lösung, wenn sie bei der in der
Praxis unvermeidlich eintretenden Silberverarmung durch Jahre immer wieder
mit Chlorsilber versetzt wird, endlich mit Chlorkali übersättigt werden und dies

die Funktion des Bades beeinträchtigen muß, wird von ihm vorgeschlagen, zum Nachsetzen nur Zyansilber bzw. Zyansilberkalium zu verwenden.

Das einfachste Bad zur Herstellung starker Silberniederschläge ist das LPW-Silberbad, das durch Auflösen geeigneter Mengen des fertig präparierten Silberdoppelsalzes in reinem Wasser zu bereiten ist. Das Herstellen von Chlorsilber oder Zyansilber fällt hierbei ganz fort, und außerdem ergeben diese Doppelsalze stets wasserklare Lösungen, was beim Bereiten der Silberbäder aus Chlorsilber oder Zyansilber, auch wenn man diese Produkte fertig bezieht, niemals vollständig gelingt. Das käufliche Zyankalium enthält stets geringe Beimengungen von Schwefelverbindungen, die beim Bereiten der Silberbäder die Ursache von schwarzgefärbten Lösungen sind, die sich erst beim längeren Stehenlassen klären.

Das Silberdoppelsalz hat einen garantierten Feinsilbergehalt von 30%, und man hat es jederzeit in der Hand, seinen Bädern den erwünschten Silbergehalt dadurch zu erteilen, daß man ein entsprechendes Quantum dieses Doppelsalzes löst.

Um z. B. ein Silberbad zur schweren Versilberung herzustellen, das pro Liter 25 g Feinsilber gelöst enthält, braucht man nur ca. 85 g Silberdoppelsalz auf 1 Liter Wasser zu lösen und erhält sofort das gebrauchsfertige Bad. Gleichzeitig hat dieses Bad den kleinsten Widerstand und arbeitet demzufolge ungemein rationell. Das bestleitende

Silberbad für Starkversilberung LPW setzt man folgendermaßen an:

$$\text{Wasser} \dots\dots\dots\dots 1 \text{ l}$$
$$\text{Silberdoppelsalz LPW.} \dots 85 \text{ g}$$

Badspannung bei 15 cm Elektrodenentfernung . . . . 0,8 Volt
Änderung der Badspannung für je 5 cm Änderung der Elektrodenentfernung. . . . . 0,21 „
Stromdichte . . . . 0,3 Ampere
Badtemperatur: 15—20° C
Konzentration: ca. 6° Bé
Spez. Badwiderstand: 1,38 Ω
Stromausbeute: 99%.

Ein nennenswerter Unterschied in der Arbeitsweise gegenüber den beiden nachfolgenden Silberbädern aus Chlorsilber oder Zyansilber ist nicht zu verzeichnen, sofern man sich zur Herstellung der beiden letzteren Bäder der im Handel befindlichen reinen Silberpräparate bedient. Leider wird zu oft in den Versilberungsanstalten das Chlorsilber und Zyansilber selbst hergestellt, und nur zu oft geschieht es, daß die beiden Produkte in nicht genügend ausgewaschenem Zustande zum Ansetzen der Bäder verwendet werden. Dadurch kommt es aber, daß fast immer salpetersaure Salze (aus dem zur Fällung von Chlorsilber oder Zyansilber verwendeten salpetersauren Silber stammend) ins Bad gelangen, wodurch die Silberniederschläge streifig oder körnig werden.

Das Silberbad für „Starkversilberung" (Chlorsilberbad) besteht aus:

$$\text{Wasser} \dots\dots\dots\dots 1 \text{ l}$$
$$\text{Feinsilber als Chlorsilber[1]} \dots 25 \text{ g}$$
$$\text{Zyankalium 100\%} \dots\dots 42 \text{ g}$$

Badspannung bei 15 cm Elektrodenentfernung . . . . 0,9 Volt[2])

---

[1]) Bez. 33 g Chlorsilber in trockener Form.
[2]) Obige Badspannung: 0,9 V gilt für gleiche Elektrodenflächen; wenn aber, wie es aus Sparsamkeit vorkommt, eine kleinere Anodenfläche (als die Warenfläche) eingehängt wird, so ist die Badspannung zu erhöhen, um die normale Stromdichte einzuhalten. Ist etwa die Anodenfläche nur ¼ so groß als jene der Ware, so ist die Badspannung auf 1,2 V zu erhöhen. Bei Verwendung kleiner Anodenflächen fällt die Versilberung leicht ungleich aus, es muß deshalb, um die Streuung im Bad zu begünstigen, die Elektrodenentfernung vergrößert und auch die Badspannung für je 5 cm Vergrößerung der Elektrodenentfernung um 0,25 V erhöht werden.

Änderung der Badspannung für je 5 cm Änderung der Elektroden-
entfernung . . . . 0,25 Volt
Stromdichte . . . . 0,3 Ampere
Badtemperatur: 15—20° C
Konzentration: 6° Bé
Spez. Badwiderstand: 1,65 Ω
Temperaturkoeffizient: 0,019
Stromausbeute: 99%
Niederschlagstärke in 1 Stunde: 0,0114 mm.

Bereitung des Bades.

In einer entsprechend großen Porzellanabdampfschale übergießt man das
Feinsilber mit der doppelten Gewichtsmenge chemisch reiner Salpetersäure,
erwärmt langsam und vorsichtig, mit einem Glasstabe fleißig umrührend; das
Silber löst sich alsbald unter Entwicklung reichlich brauner giftiger Dämpfe
(vor deren Einatmung man sich hüten muß), und man erhält eine, je nach der
Reinheit des Silbers mehr oder weniger grünlich gefärbte Lösung. Man läßt diese
erkalten, bringt sie in ein geräumiges Glas- oder Porzellangefäß, verdünnt sie
mit der 5fachen Menge destillierten Wassers und gießt unter fortwährendem
Umrühren so lange Salzsäure zu, bis sich ein weißer Niederschlag bildet. Man
läßt diesen klar absetzen, versetzt die darüber stehende Flüssigkeit nochmals
mit etwas Salzsäure; entsteht kein Niederschlag, auch keine milchige Trübung,
so ist kein Silber mehr in der Lösung enthalten. Der so erhaltene weiße, käsige
Niederschlag ist Chlorsilber. Man gießt die darüber befindliche wertlose klare
Flüssigkeit fort, bringt das Chlorsilber in einem dunklen Raum auf einen an den
vier Ecken aufgehängten reinen Leinwandlappen, läßt die Flüssigkeit vollends
durchlaufen, gießt noch einigemal reines Wasser darauf, bis das ablaufende
Wasser blaues Lackmuspapier nicht mehr rötet, bis also alle Säure entfernt ist.

Das so erhaltene reine, säurefreie Chlorsilber kommt in die vorher bereitete
Zyankaliumlösung, worin es sich beim Umrühren bald vollständig auflösen wird.

Es sei bemerkt, daß das Chlorsilber nicht trocknen darf, sonst löst es sich
in der Zyankaliumlösung sehr schwer auf. Will man Chlorsilber vorrätig halten,
so ist es unter Wasser an einem dunkeln Ort aufzubewahren.

Das Roseleursche Bad für Starkversilberung hat folgende Zusammensetzung:

> Wasser . . . . 1 l
> Feinsilber als Zyansilber[1]) . . 25 g
> Zyankalium 100% . . . . . . 27 g

Badspannung bei 15 cm Elektrodenentfernung . . . . 1,3 Volt[2])
Änderung der Badspannung für je 5 cm Änderung der Elektroden-
entfernung . . . . 0,43 „
Stromdichte . . . . 0,3 Ampere
Badtemperatur: 15—20° C
Konzentration: 4¾° Bé
Spez. Badwiderstand: 2,88 Ω
Temperaturkoeffizient: 0,0267
Stromausbeute: 99%
Niederschlagstärke in 1 Stunde: 0,0114 mm.

---

[1]) Bez. 31 g Zyansilber.
[2]) Obige Badspannung: 1,3 V gilt für gleiche Elektrodenflächen; wenn aber, wie es
aus Sparsamkeit vorkommt, eine kleinere Anodenfläche als die Warenfläche eingehängt wird,
so ist die Badspannung zu erhöhen, um die normale Stromdichte einzuhalten. Ist etwa die
Anodenfläche nur ⅓ so groß als jene der Ware, so ist die Badspannung auf 1,8 V zu erhöhen.
Bei Verwendung kleiner Anodenflächen fällt die Versilberung leicht ungleich aus, es muß deshalb, um die Streuung im Bad zu begünstigen, die Elektrodenentfernung vergrößert und auch
die Badspannung für je 5 cm Vergrößerung der Elektrodenentfernung um 0,43 V erhöht werden.

Verwendet man das LPW-Silberdoppelsalz mit 30% Feinsilber, so genügen zum Ansetzen von 1 Liter Bad ca. 35 g dieses Doppelsalzes gemäß nachstehender Vorschrift:

LPW-Silberbad zur leichten Versilberung.

Wasser . . . . 1 l
Silberdoppelsalz LPW . . . . 35 g

Badspannung bei 15 cm Elektrodenentfernung . . . . 1,4 **Volt**
Änderung der Badspannung für je 5 cm Änderung der Elektroden-
entfernung . . . . 0,46 „
Stromdichte . . . . 0,3 Ampere
Badtemperatur: 15—20° C
Konzentration: 2½° Bé
Spez. Badwiderstand: 3,15 Ω
Stromausbeute: 99%

Man kann aber auch für diese leichte Versilberung die Bäder aus Zyansilber oder Chlorsilber anwenden, und sei nachstehend das Bad aus Chlorsilber angeführt.

Das Silberbad für gewöhnliche, solide Versilberung hat die Zusammensetzung:

Wasser . . . . 1 l
Feinsilber als Chlorsilber . . . 10 g
Zyankalium 100% . . . . . . 20 g

Badspannung bei 15 cm Elektrodenentfernung . . . . 1,5 **Volt**[1]
Änderung der Badspannung für je 5 cm Änderung der Elektroden-
entfernung . . . . 0,5 „
Stromdichte . . . . 0,3 Ampere
Badtemperatur: 15—20° C
Konzentration: 2½° Bé
Spez. Badwiderstand: 3,5 Ω
Temperaturkoeffizient: 0,035
Stromausbeute: 99%
Niederschlagstärke in 1 Stunde: 0,0115 mm.

Die Bereitung dieses Silberbades ist anolog jener bei der Starkversilberung (Chlorsilberbad), nur sind die hier vorgeschriebenen Gewichtsverhältnisse einzuhalten.

Als Anoden werden ausschließlich nur Feinsilberplatten nicht unter 1 mm stark verwendet und diese ebenso wie bei der Starkversilberung mittels Streifen aus Feinsilberblech, mit Silbernieten angenietet, eingehängt.

Die von manchen Praktikern verwendeten Platinanoden sind in mehrfacher Beziehung unzweckmäßig; es leuchtet ein, daß bei Verwendung solch unlöslicher Anoden die Lösung an Metallsalz verarmen und solches in kurzen Zwischenräumen immer wieder zugeführt werden muß. Ferner können Platinanoden wegen des hohen Preises dieses Metalles nur in ganz kleinen Flächen zur Verwendung kommen, wodurch die Stromverhältnisse vollständig verändert werden, insbesondere die Badspannung ganz bedeutend erhöht werden müßte.

---

[1] Obige Badspannung: 1,5 V gilt für gleiche Elektrodenflächen; wenn aber, wie es aus Sparsamkeit vorkommt, eine kleinere Anodenfläche als die Warenfläche eingehängt wird, so ist die Badspannung zu erhöhen, um die normale Stromdichte einzuhalten. Ist etwa die Anodenfläche nur ein Drittel so groß als jene der Ware, so ist die Badspannung auf 2 V zu erhöhen. Bei Verwendung kleiner Anodenflächen fällt die Versilberung leicht ungleich aus, es muß deshalb, um die Streuung im Bad zu begünstigen, die Elektrodenentfernung vergrößert und auch die Badspannung für je 5 cm der Elektrodenentfernung um 0,5 V erhöht werden.

Der Silberniederschlag fällt immer matt aus, auch wenn die Versilberungsdauer nur ganz kurze Zeit währt, es ist daher unvermeidlich, die versilberten
Waren blank zu kratzen. Wie schon bekannt, verwendet man dazu Kratzbürsten
aus Messingdraht, und zwar wird man bei ganz leichter Versilberung einen sehr
feinen Draht, etwa 0,05 bis 0,1 mm, wählen, um die schwache Versilberung nicht
durchzukratzen, bei stärkerer Versilberung, die mit einer Versilberungsdauer
von etwa 15 bis 30 Minuten hergestellt wurde, können Drahtstärken von 0,1 bis
0,15 mm verwendet werden.

Schnell-Versilberungsbäder. Angesichts der silberreichen Bäder, welche insbesondere bei der üblichen Versilberung nach Gewicht angewendet werden,
lag schon längst das Bedürfnis vor, den Versilberungsvorgang zu beschleunigen,
um solcherart aus einem gegebenen Badquantum in kürzerer Zeit eine erhöhte
Produktion herauszuschaffen. Verfasser beschäftigte sich mit diesem Problem
eingehend und fand als günstigste Bedingung hier:

> Erhöhung des Silbergehaltes um Weniges,
> Steigerung der Badtemperatur,
> Intensive Badbewegung.

Würde man den Silbergehalt verdoppeln, so würde man an und für sich
schon fast mit der doppelten Geschwindigkeit, d. h. mit doppelter Stromdichte,
arbeiten können. Damit wäre wohl Zeit und Raum gespart, nicht aber das
tot in den Bädern liegende Anlagekapital in Form gelösten Silbers. Allerdings
würde durch das raschere Arbeiten ein rascherer Umsatz an Anodensilber erzielt.
Das ist aber noch nicht umfassend genug, Erhöht man aber den Silbergehalt
von normal 25 g Feinsilber pro Liter auf etwa 30 g pro Liter und erhöht die Badtemperatur gleichzeitig auf ca. 30° C, was für derartige zyankalische Lösungen noch nicht schädlich ist, bewegt außerdem den Elektrolyten oder die im
Bade befindliche Ware außerdem, so kann man Stromdichten von 1 A/qdm und
darüber anwenden, ohne Gefahr zu laufen, pulverige, nichthaftende oder rauhe
Niederschläge zu erhalten. Um nun die Anodenlöslichkeit gleichzeitig zu gewährleisten, muß der Zyankaliumgehalt solcher Schnellbäder gleichzeitig auch
gesteigert werden und setzt man solchen Bädern dann praktisch 10 bis 15 g
Zyankalium über den normalen Zyankaliumgehalt hinaus zu.

Eine wesentliche Temperatursteigerung der Silberbäder wäre aber gefährlich, weil diese zyankalischen Lösungen in Berührung mit Luft an der Oberfläche
rasch Soda in Überschuß bilden würden bzw. Pottasche, wenn nur reines Zyankalium (nicht etwa Zyannatrium) verwendet wird. Diese Bäder entwickeln
dann gleichzeitig die gefährliche Blausäure und sind in kurzer Zeit unbrauchbar. Ganz und gar zu verwerfen aber ist das Einblasen von Luft, wie man dies
von Nickelbädern her kennt. In solchem Falle würde die Anreicherung an Soda
oder Pottasche in noch rascherem Tempo platzgreifen.

Arbeitet man mit Schnell-Versilberungsbädern, so ist die unbedingte Reinhaltung der Badflüssigkeit von Fremdkörpern, wie Staub, Anodenschlamm usw.,
besonders nötig, sonst wachsen diese Fremdkörper, wenn sie im Bad aufgewirbelt
werden, sei es durch die Bad- oder durch die Kathodenbewegung, in den sich
rasch bildenden Silberniederschlag ein, verursachen dann Rauheiten und
Knoten, die mitunter das Polieren nach der Versilberung unmöglich machen.

Zum Betriebe eines Schnell-Versilberungsbades kann man sich der Bewegungsvorrichtung, wie in Fig. 141, S. 239 beschrieben, bedienen, das Anwärmen des betreffenden Bades erfolgt am besten durch die bekannten elektrischen Badwärmer mit alkalibeständig emailliertem Rohr.

Den Langbein-Pfanhauser-Werken A.-G. ist eine Vorrichtung patentiert
worden, welche nach dem Prinzip der Wanderbadeinrichtung arbeitet. In
diesen wird die zu versilbernde Ware auf geeigneten Gestängen, welche nur

an der Kontaktstelle blank, im übrigen aber mit Hartgummi umkleidet sind, damit sich das Silber ausschließlich auf die zu versilbernde Ware niederschlägt, an rotierenden und innerhalb kurzer Zeit in ihrer Drehrichtung sich umkehrende Kathodenringe gesteckt, und diese Ringe, ein oder zwei oder mehrere pro Bad, in verhältnismäßig rasche Rotation versetzt, das Bad auf ca. 30°C angewärmt und durch eine kleine Pumpe dauernd filtriert. Die Anoden, welche zu beiden Seiten der Ware angeordnet sind, werden in ausgekochte Leinen- oder Flanell-

Fig. 236.

beutel eingenäht, um das Verschmutzen der Lösung mit abfallenden Silberkristallen aus dem Anodenmaterial zu verhindern.

Da sich beim Rotieren hinter dem laufenden Gegenstand immer Lösungsschichten mit kleinerem Silbergehalt ausbilden, wird durch eine automatische Umsteuerungsvorrichtung die Drehrichtung etwa jede Minute geändert, wodurch man eine gleichmäßige Struktur des Silberniederschlages erhält.

In diesen Silber-Wanderbädern (Fig. 236) wird nun durch das Vorbeiführen der Gegenstände, wie Löffel u. dgl., an den ringsum hängenden Anoden erreicht, daß jeder Gegenstand gleich viel Silber erhält, was sonst in keinem Falle eintrifft, wenn man etwa auch durch Schaukelbewegung oder Exzenter die Ware im

Bade oder das Bad selbst bewegen würde. Besonders für die Schnellversilberung von Eßbestecken ist diese Vorrichtung unentbehrlich geworden. Man arbeitet normal mit 1 bis 1,2 A Stromdichte, also ca. viermal so schnell, als man dies sonst zu tun pflegt, kürzt also die normale Versilberungsdauer auf ¼ ab und spart an Silber in Form von Anoden und Salz, welche in den Bädern investiert sind. Es lassen sich ohne weiteres auch Einhängevorrichtungen bauen, bei welchen zwei Löffel untereinander eingehängt werden, normal kann dann ein solches Bad mit zwei Wander-Kathodenscheiben oder Ringen 8 Dutzend Löffel auf einmal aufnehmen und konsumiert dann rund 100 A.

Das in dieser Vorrichtung, welche allgemein als reversierbares Silber-Wanderbad im Handel bekannt ist, verwendete Silberbad ist das gebräuchliche Bad mit 25 bis 30 g Feinsilber pro Liter. Der Gehalt an freiem Zyankalium beträgt 30 bis 35 g pro Liter. Da infolge der Baderwärmung Zyankalium zersetzt wird, setzt man zeitweise solches dem Bade zu. Wann dies zu geschehen hat, erkennt man an den Meßinstrumenten der Bäderschalttafel. Steigt die Spannung, welche bei normaler Badzusammensetzung und ca. 1 A/qdm über 1,2 V, wobei die Stromstärke unter das Normalmaß sinkt, dann ist Zyankaliummangel eingetreten. Die Anodenfläche soll mindestens ⅔ der Warenfläche betragen. Hat man Alpakkalegierungen von 14 bis 18% Nickelgehalt zu versilbern, so erhöht man zweckmäßig den Silbergehalt des Bades und dementsprechend den Zyankaliumgehalt. Der Gehalt an freiem Zyankalium ist praktischerweise wöchentlich einmal durch Titration zu ermitteln und der Zusatz an Zyankalium danach vorzunehmen.

Die Anoden lösen sich bei diesen höheren Stromdichten vollkommen glänzend blank im Gegensatz zu den langsam arbeitenden Bädern, wo sie das bekannte „Steinmatt" zeigen.

Die Bedienungsvorschrift lautet für diese Wanderbäder wie folgt:

Bei der Aufstellung des Wanderbades ist zu berücksichtigen, daß das Eisengerüst, auf welchem die Tragbügel befestigt sind, genau in Wage gestellt wird. Sodann ist die Steinzeugwanne auf die mitgelieferten Hölzer wagerecht aufzustellen, und zwar so, daß die Wannenmitte genau in die Eisengerüstmitte fällt. Außerdem soll die Antriebsriemenscheibe des Gestells sich parallel zu der Antriebsscheibe der antreibenden Transmission befinden. Bei Verwendung einer vorhandenen Wanne sind die Unterlaghölzer so zu bemessen, daß der Abstand von Oberkante Eisengerüst bis Oberkante Steinzeugwanne etwa 50 mm beträgt. — Durch Einfüllen von Wasser in die Wanne ist diese auf Dichtheit zu prüfen, denn es kann ja vorkommen, daß die Wanne auf dem Transport usw. beschädigt wird. Die Befestigung des Gerüstes am Boden erfolgt durch 4 bis 8 im Boden an entsprechenden Stellen eingelassene Schrauben. — Die Tourenzahl der Welle des Reversierapparates beträgt 25 Umdrehungen pro Minute, und die Riemenscheiben auf der Antriebsvorrichtung haben einen Durchmesser von 200 mm bei 40 mm Breite. Die Tourenzahl des zu verwendenden Vorgeleges soll tunlichst 150 Umdrehungen pro Minute nicht überschreiten. Die Tourenzahl der Pumpe beträgt 150 Umdrehungen pro Minute.

Die zu versilbernden Besteckteile werden in der bekannten Weise durch Entfetten, Abbrennen, Bimsen und Verquicken in zyankalischer Quickbeize für die Versilberung vorbereitet und mittels der Spezialaufhängegestelle an der Kontaktscheibe gut befestigt und so in das Bad eingehängt. Die an den Aufhängegestellen befindliche Flügelmutter ist hierbei fest anzuziehen, um einen dauernden guten Kontakt mit der Kontaktscheibe zu erreichen. Vor dem Einhängen der zu versilbernden Besteckteile ist die niederzuschlagende Silbermenge an dem Silbergewichtszähler D. R. P. (unter Berücksichtigung eines kleinen Mehrbetrages für das auf den Kontakten niedergeschlagene Silber, bei guter Abdeckung der Aufhängegestelle etwa 2% des Niederschlagsgewichtes) einzustellen, Relais und Glocke einzuschalten (vgl. auch separate Anleitung zum Silbergewichtszähler D. R. P.). Nach dem Einhängen sämtlicher mit Besteckteilen beschickten Aufhängegestelle, welche gut zu verschrauben sind, wird die Bewegungsvorrichtung des LPW-Silber-Wanderbades mit dem Riemeneinrücker eingeschaltet, worauf die eingehängten Besteckteile in periodisch wechselnder Richtung durch die Badflüssigkeit geführt werden. Schon beim Einhängen der Besteckteile schaltet man am Stromregulator in Verbindung mit dem Gleitdrahtwiderstand einen schwachen Strom ein, ca. 0,3 A/qdm, so daß die Besteckteile nicht ohne Strom im Bade hängen. Das Einhängen der Besteckteile und Einschalten der Bewegungsvorrichtung muß so schnell als möglich erfolgen. Nach dem Einhängen der Besteckteile und Einschaltung der Bewegungsvorrichtung kann man dann die Stromdichte auf ca. 1 bis 1,2 A/qdm erhöhen, sofern das Silberbad auf ca. 35 bis 40° C erwärmt ist.

Für die Berechnung der notwendigen Stromstärke legt man folgende Zahlen zugrunde:

Oberfläche eines Eßlöffels ca.	1,15—1,3	qdm
,, einer Eßgabel ca.	0,80	,,
,, eines Dessertlöffels ca.	0,65	,,
,, einer Dessertgabel ca.	0,41	,,
,, eines Kaffeelöffels ca.	0,35	,,

Werden z. B. im LPW-Silber-Wanderbade entweder 4 Dutzend Eßlöffel oder 4 Dutzend Eßgabeln zum Versilbern eingehängt, die mit 90er Silberauflage versilbert werden sollen, so wäre der auf der Schalttafel befindliche Silbergewichtszähler D. R. P. auf $2 \times 90 + 2\% = 184$ g Silber einzustellen. Da die Oberfläche der eingehängten Waren entweder $48 \times 1,15 = 55,2$ qdm oder $48 \times 0,8 = 38,4$ qdm beträgt und mit einer Stromdichte von 1,2 A versilbert werden soll, so wäre mit dem Regulator die Stromstärke für die Löffel auf ca. $55,2 \times 1,2 = 66,24$, d. h. rund 67 A, und für die Gabeln auf ca. $38,4 \times 1,2 = 46,08$, d. h. rund 46 A, einzustellen. Da pro Amperestunde rund 4 g Silber niedergeschlagen werden, so werden bei dieser Stromstärke entweder $67 \times 4 = 268$ g oder ca. $46 \times 4 = 184$ g Silber in der Stunde niedergeschlagen. Nach obiger Rechnung sollen nur ca. 184 g Silber niedergeschlagen werden, so daß dieses Silbergewicht entweder in ca. 42 oder in ca. 60 Minuten erreicht wird. Man läßt die Besteckteile so lange im Bade, bis die Erreichung des gewünschten Niederschlagsgewichts durch Glockensignal und Aufleuchten der roten Lampe angezeigt und das Bad automatisch stromlos wird. Nach dem Ausschalten des Regulators läßt man die Besteckteile noch ½ bis 1 Minute stromlos im Bade laufen, wodurch eine möglichst weiße Farbe des Silberniederschlags erreicht wird, setzt dann die Antriebsvorrichtung still, entleert das Bad und spült und trocknet die Besteckteile in üblicher Weise.

Bereitung des Silbernitrats und des Zyansilbers. Das Feinsilber (aber wirkliches Feinsilber, nicht etwa Silbermünzen!) übergießt man in einer Porzellanschale mit der doppelten Gewichtsmenge chemisch reiner Salpetersäure, erwärmt langsam und vorsichtig, mit einem Glasstab fleißig umrührend; das Silber löst sich alsbald unter Entwicklung reichlich brauner giftiger Dämpfe (vor deren Einatmung man sich hüten muß!), und man erhält eine, je nach der Reinheit des Silbers mehr oder weniger grünlich gefärbte Lösung, welche man durch fortgesetztes Erwärmen bis zur vollständigen Trockenheit eindampft. Unter beständigem Umrühren bringt man die trockene Masse durch Erhöhung der Temperatur zum Schmelzen, nimmt die Schale vom Feuer weg und breitet das so erhaltene geschmolzene, salpetersaure Silber durch geschicktes Herumschwenken der Schale an den Wänden derselben aus, damit es erstarren und auskühlen kann. War das Feinsilber rein, so muß dieses so erhaltene salpetersaure Silber weiß aussehen, ist dessen Farbe schwarz, so war das Silber kupferhaltig, sieht es braun oder rot aus, so ist es eisenhaltig; in beiden Fällen muß man das salpetersaure Silber mit etwa 10 Tl. destilliertem Wasser wieder auflösen, filtrieren und unter Zusatz einer kleinen Menge chemisch reiner Salpetersäure nochmals zur Trockene eindampfen und schmelzen, dies so oft wiederholend, bis man ein ganz reinweißes salpetersaures Silber erhält, wie es zur Bereitung eines guten Silberbades sein muß.

Darstellung des Zyansilberbades. Früher pflegte man das Zyansilber aus der salpetersauren Silberlösung mit Blausäure zu fällen; dieses Produkt ist aber sehr schwierig in einer praktisch brauchbaren Konzentration darzustellen, hält sich nicht lange und ist sehr teuer; dies und die eminente Gefährlichkeit dieses sehr heftigen Giftstoffes schließen die Blausäure von der Verwendung in unserer Industrie aus, und es wird den Praktikern erwünscht sein, in der nachfolgend angegebenen Vorschrift eine Methode zu erfahren, das Zyansilber auf eine weniger gefährliche und viel billigere Weise darzustellen.

Das aus 25 g Feinsilber bereitete salpetersaure Silber wird in $^1/_{10}$ Liter destilliertem Wasser gelöst und unter Umrühren eine Lösung von 15 g reinem Zyankalium 100% in ¼ Liter destilliertem Wasser zugesetzt; es bildet sich ein weißer, käsiger Niederschlag, das ist das Zyansilber.

Die darüberstehende klare Flüssigkeit muß schwach alkalisch reagieren (rotes Lackmuspapier muß schwach blau werden); sollte dies nicht der Fall sein, so ist das ein Zeichen, daß das verwendete Zyankalium im Gehalt schon zurückgegangen war, man müßte noch weiter eine Lösung von Zyankalium unter beständigem Umrühren so lange zusetzen, bis die alkalische Reaktion eintritt. Nun fügt man chemisch reine Salpetersäure hinzu, bis die Flüssigkeit sauer reagiert (blaues Lackmuspapier rötet); hierbei entwickelt sich etwas Blausäure, es ist daher diese Manipulation unter einem gut abziehenden Kamin oder im Freien vorzunehmen. Nach dem Zusetzen der Salpetersäure rührt man so lange um, bis die über dem Zyansilber stehende Flüssigkeit ganz wasserhell erscheint; diese ist wertlos, enthält bei richtiger Manipulation keine Spur von Silber, kann also ohne Bedenken weggegossen werden. Um ganz sicher zu sein, prüfe man diese Flüssigkeit in einem Reagenzglas mit Salzsäure; wenn noch Silber in Lösung wäre, so würde sich eine milchige Trübung zeigen.

Auf das Zyansilber gießt man reines Wasser, rührt um, um ersteres auszuwaschen, läßt absetzen, gießt das Waschwasser wieder fort und wiederholt dies so oft, bis das über dem Zyansilber stehende Wasser keine Spur einer sauren Reaktion mehr zeigt. Dann ist das Zyansilber vollständig „säurefrei" ausgewaschen und kann zur Bereitung des Silberbades verwendet werden. Es ist ratsam, das Zyansilber nicht trocknen zu lassen, sonst löst es sich nachher in der Zyankaliumlösung schwer auf, sondern man bringt es noch naß in das mit Wasser vollgefüllte Gefäß, welches das Silberbad enthalten soll, gibt pro 25 g Feinsilber als Zyansilber 27 g Zyankalium zu, rührt so lange um, bis sich alles gelöst hat, und erhält auf diese Weise das fertige Silberbad.

Das salpetersaure Silber ist käuflich erhältlich, und wird sich die für den Praktiker immerhin umständliche Darstellung kaum verlohnen. Es sei bei dieser Gelegenheit darauf aufmerksam gemacht, daß das salpetersaure Silber (Höllenstein, Lapis infernalis), wie es im gewöhnlichen Drogenhandel vorkommt, sehr verschieden ist, es enthält oft mehr oder weniger Salpeter beigemischt (für medizinischen Gebrauch); es kommt ferner in Kristallen vor, z. B. für Photographie, dieses enthält oft freie Säure und Kristallwasser; ferner wird es in grauen Stängelchen verkauft, reduziertes Silber enthaltend.

Für galvanische Zwecke muß es ganz rein und neutral sein, am besten geschmolzen, weiß im Bruch, 63,5% Feinsilber enthaltend; man kann sich leicht selbst überzeugen, ob das salpetersaure Silber rein ist, wenn man etwa 5 g davon mit 50 g destilliertem Wasser kalt auflöst, unter Umrühren so lange chemisch reine Salzsäure zugießt, bis sich ein Niederschlag bildet, filtriert und die abfiltrierte klare Flüssigkeit vollständig verdampft; war das salpetersaure Silber rein, so darf gar kein Rückstand bleiben.

Glänzende Silberniederschläge. Eine wirklich glänzende Versilberung ist durch keinen Zusatz zum Silberbad erreichbar, sofern man Silberniederschläge von einigermaßen größerer Dicke herstellen will. Wirklich glänzend fällt die Versilberung nur aus, wenn man die Schicht dünn wählt, wie man sie beispielsweise bei der Eintauchversilberung auf Messing oder vermessingten Gegenständen ausübt, oder wenn man mit schwachem Strome, d. h. geringer Kathodenstromdichte nur eine ganz dünne Schicht Silber auflegt. Durch die von Elkington eingeführten Zusätze von Schwefelkohlenstoff zu Silberbädern sind wohl glänzendere Niederschläge erhältlich, d. h. der Silberniederschlag behält auch bei beträchtlicher Dicke noch einigen Glanz, der wohl geeignet ist, das spätere Polieren mit der Schwabbel einfach zu gestalten, zumal durch den Schwefelkohlenstoffzusatz zu den Silberbädern auch die Härte des Niederschlages um etwas erhöht wird, so daß die Polierung mit der Schwabbel ausführbar wird.

Über die Menge des Zusatzes von Schwefelkohlenstoff gehen die in der Literatur zu findenden Angaben weit auseinander. Stets sind bei Verwendung dieses Zusatzes die Bäder nur in Ruhe verwendbar, Bäder mit Bewegungsvorrichtungen können hierbei nicht angewendet werden, weil der Zusatz des Schwefelkohlenstoffs nur wirkt, wenn sowohl Bad wie Waren vollkommen ruhig bleiben. Die beste Wirkung erzielte Verfasser, wenn er sich eine Glanzessenz herstellte, die wie folgt zu präparieren ist: Man entnimmt dem Silberbade ein Liter Flüssigkeit und versetzt diese mit 120 ccm Schwefelkohlenstoff, schüttelt sie gut durch und läßt sie in einer dunklen Flasche wohlverkorkt zunächst eine Nacht ruhig stehen und gießt die klare Lösung am nächsten Morgen vorsichtig ab. Von dieser abgegossenen klaren Lösung setzt man nun dem Silberbade pro Liter ½ ccm zu und erneuert diesen Zusatz, sobald die Wirkung aufgehört hat, was nach einigen Tagen bereits der Fall ist.

Die Vorschrift, dieser „Glanzessenz" auch noch Äther und Ammoniak zuzusetzen, hat Verfasser deshalb verworfen, weil gerade durch den Äther schwarze Ausscheidungen aus dem Silberbade nach kurzem Stehen der Essenz veranlaßt werden, welche das Silberbad trüben.

Silberlegierungen. In weiterer Verfolgung dieser Idee, glänzende und dabei härtere Silberniederschläge zu erhalten, brachte die Galvanotechnik auf den Gedanken, Silberlegierungen herzustellen, welche durch geringen Gehalt an weißen Metallen, wie Nickel, Zink, Kadmium u. dgl., einerseits den Silberverbrauch verringern, anderseits Niederschläge liefern, welche glänzender ausfallen, als die normale reine Versilberung sie liefert, und leicht polierbar sind. Gerade aber das Polieren macht bei der Versilberung ungemein viel Arbeit und erhöht die Kosten der Versilberung durch die notwendige Handarbeit ganz bedeutend.

Marshall setzte daher den Silberbädern, aus Zyansilberkalium und freiem Zyankalium bestehend, Zyannickelkalium zu, und zwar genügt im allgemeinen schon ein Zusatz von wenigen Gramm dieses Salzes pro Liter, um den gewünschten Erfolg zu zeitigen. Verfasser hat gefunden, daß einem solchen Salzgemisch ein weiterer Zusatz von Schwefelkohlenstoff außerordentlich zustatten kommt, und kann man dann wirklich harte, leicht polierfähige Silberniederschläge erhalten, die wie die Vernicklung auf der Schwabbel unter Verwendung von Kalkmassen (Hochglanzmasse) einfach poliert werden können.

Verfasser konnte feststellen, daß aus solchen Gemischen tatsächlich nur wenig Nickel neben Silber abgeschieden wird, und diese Niederschläge haben den Vorteil, an der Luft weniger empfindlich gegen das Anlaufen zu sein.

Der Zusatz von Kadmium, der ebenfalls mehrfach benutzt wird, zeigt ebenso wie der Zusatz von Zink gemäß der Möglichkeit der Bildung fester Lösungen zwischen dem reinen Silber und den Verbindungen AgM_4, AgM_3 und Ag_2M_3 mehr Aussicht als der Zusatz von Nickel, das nur in ganz geringer Menge mit dem Silber zusammen abgeschieden wird und deshalb nur als Härtungszusatz gelten kann, wogegen die Zusätze von Kadmium und Zink tatsächliche Legierungen mit Silber liefern. Natürlich dürfen solcherart versilberte Gegenstände nicht mehr als rein versilbert angesprochen werden, man kann hierbei nicht die weiter hinten beschriebenen Apparate zur Gewichtsbestimmung des niedergeschlagenen Silbers verwenden, weil der Silberniederschlag dann eine nicht unbeträchtliche Menge Kadmium oder Zink enthält. Als Anoden verwendet man am besten Feinsilberanoden und hängt Streifen aus Kadmium oder Zink oder beide zusammen neben den Silberanoden, ins Bad.

Silberanoden. Als Anoden werden in Silberbädern zumeist Feinsilberanoden von 1 mm Dicke verwendet, die Warenfläche wird gewöhnlich 3 mal so groß gehalten wie die Anodenfläche, doch kann dieses Verhältnis auch etwas geändert werden, und zwar nach beiden Seiten, nur muß man dann die Stromverhältnisse (die Badspannung) demgemäß regeln. Je größer man die Anodenfläche im Verhältnis zur Warenfläche, die im Silberbade exponiert ist, wählt, um so geringer kann die Badspannung gehalten werden, um dennoch die vorgeschriebene Stromdichte an den Waren zu erhalten.

Zur leichten Versilberung, speziell in der Uhrenindustrie, werden häufig anstatt der Silberanoden in den Silberbädern ganz kleine Platinanoden verwendet, die oft nur millimeterweise in die Lösung eintauchen. Dafür muß auch die Badspannung 6 bis 8 V und mehr betragen, doch sind diese Arbeitsweisen in dieser Industrie eingeführt, weil man meist über Arbeitskräfte verfügt, die mit dieser Art zu arbeiten vertraut sind und ihre Silberauflage auf die kleinen Uhrenteile nach jahrelanger Übung in dieser Weise ausführen. Das gleiche könnte man natürlich auch mit kleinen Silberanoden machen, wenn man die Badspannung verringern wollte, und man hätte den Vorteil, daß man nicht dauernd Silbersalze dem Bade zuführen muß, weil bei der Anwendung der unlöslichen Platinanoden das Silberbad sehr rasch an Silber verarmt.

Die Silberanoden lösen sich, wenn der Gehalt der Silberbäder an freiem Zyankalium pro Liter nicht 12 g unterschreitet, und wenn die Anodenstromdichte nicht zu hoch gewählt wird (also keine zu kleinen Silberanoden in die Bäder gehängt werden), in ungefähr demselben Verhältnis als Silber an den Waren abgeschieden wird. Nur wenn die Anodenstromdichte im Verhältnis zum freien Zyankalium im Bade zu groß wird, belegen sich die Silberanoden mit einem Anflug von Zyansilber, das sich bei längerem Betrieb polymerisieren kann und Parazyansilber liefert. Solche Belage machen die Silberanoden passiv, es zeigt sich sofort am geschlossenen Voltmesser ein Ansteigen der Badspannung und am Amperemeter ein Sinken der Badstromstärke, weil der Anodeneffekt durch Polarisation der Anode eintritt.

Dickere Anoden sind zwecklos, und der oft geäußerte Einwand: „Ich habe doch 2 kg Silber in meinem Silberbade hängen" möge an dieser Stelle entkräftet werden, wenn diese 2 kg Silberanoden aus 3 bis 5 mm starken Silberplatten bestehen, die nur eine kleine Oberfläche bieten, nur die Oberfläche macht es aus, nicht das Totalgewicht; man tut weit besser, große und dünne Anoden zu verwenden, als dicke und kleine, die nicht genügend im Bade verteilt werden können und im Verein mit der Badstromstärke eine zu hohe Anodenstromdichte abgeben.

Stromausbeute in Silberbädern und Versilberungsdauer. Im großen und ganzen kann man bei Einhaltung der gegebenen Arbeitsvorschriften die kathodische Stromausbeute in Silberbädern praktisch mit rund 100% des Theoretischen annehmen, sofern man mäßige Bewegung, nicht zu hohe Stromdichten und genügenden Überschuß an freiem Zyankalium im Bade einhält. Bei Einhaltung dieser Bedingungen wird die Stromausbeute nur Bruchteile eines Pro-

zentes, niemals mehr als höchstens 2%, unter der Theorie bleiben, und die Angaben der Meßinstrumente oder Kontrolleinrichtungen werden dem Versilberer
keine unangenehmen Überraschungen bringen. Sobald aber Wasserstoffbildung
bemerkbar wird, sinkt sofort die kathodische Stromausbeute bedeutend und
kann leicht unter 90% kommen. Dies findet man bei forciertem Betrieb in der
Versilberung von Drähten, die im Durchzugsverfahren durch Silberbäder gezogen werden, und wobei die Stromdichte oftmals weit über 2 A/qdm gesteigert
wird. Durch Steigerung der Alkalität eines Silberbades wird die Stromausbeute gesteigert, weil die OH-Konzentration die H-Konzentration beeinflußt, d. h.
mit wachsendem Gehalt an freiem Alkali wird die Abscheidung des H erschwert.

Natürlich hängt die Stromausbeute unter sonst gleichen Bedingungen in
hohem Maße von der Metallkonzentration des Bades und seiner Temperatur ab,
und muß die Stromdichte um so niedriger gehalten werden, je metallärmer das
Silberbad ist. Ein weiterer Umstand, der die Stromausbeute in den Silberbädern
schädlich beeinflußt, ist der im Bade gelöste Luftsauerstoff. Stark durchgerührte
Silberbäder zeigen eine geringere Stromausbeute als ruhende Bäder, das Einblasen von Luft ist daher, ganz abgesehen von der baldigen Zersetzung des Zyankaliums durch die Luft, unbedingt schädlich für die Funktion und Haltbarkeit
des Bades.

Das elektrochemische Äquivalent des Silbers mit rund 4 g pro Amperestunde
ist eines der bedeutendsten, dem wir in der Galvanotechnik begegnen, daher
vollzieht sich die Versilberung, trotz der üblichen geringen Stromdichten, in
Silberbädern verhältnismäßig schnell, und für gewöhnliche Handelsversilberung
werden selten mehr als 30 Minuten angewendet. Nur für die Versilberung nach
Gewicht kommen längere Expositionszeiten in Frage, und sollen nachstehend
einige Zahlen angeführt werden, welche Silberauflagen die Praxis anwendet.

Die Versilberungsdauer richtet sich nach der gewünschten Stärke des Nieder-
schlages; Eßlöffel und Gabeln z. B. werden je nach der Qualität mit 30 bis 100 g
Silber pro Dutzend Paar belegt, deren Versilberungsdauer wird bei normaler
Stromdichte 1½ bis 5 Stunden beanspruchen.

In Anbetracht dieser langen Elektroplattierdauer sind zwei Umstände zu
beachten, nämlich der Einhängekontakt an der Ware und der Austauch der die
Ware umgebenden Badschicht; hängt die Ware während der langen Elektroplattierdauer unbeweglich im Bad, so wird die Stelle, wo der Einhängdraht an
dem Gegenstand anliegt, unversilbert oder schwächer versilbert bleiben; man
hat daher dafür zu sorgen, daß dieser Einhängkontakt häufig geändert werde.
Ferner wird bei gänzlicher Bewegungslosigkeit des Bades der die Ware umgebenden
Lösungsschicht bald ihr Metallgehalt entzogen, die Folgen hiervon haben wir
bereits im Kapitel „Theoretische Winke für den Elektroplattierer" kennengelernt.

Es leuchtet ein, daß bei längerer Elektroplattierdauer eine womöglich kontinuierliche Bewegung des Bades oder der Waren von größter Wichtigkeit ist:
das bei der Galvanoplastik vorgeschlagene Einblasen von Luft ist bei zyankalischen Lösungen nicht anwendbar, weil die in der Luft enthaltene Kohlensäure die Zersetzung des Zyankaliums in kohlensaures Kali und Blausäure beschleunigen würde. Wir sind in diesem Fall entweder auf eine mechanische
Bewegung des Bades durch eine Rührvorrichtung (siehe Galvanoplastik) oder
auf Bewegung der Ware in horizontaler oder vertikaler oder in beiden Richtungen
angewiesen, welche leicht durchführbar ist, entweder durch oftmaliges Schütteln
der Warenstangen mit der Hand oder kontinuierlich durch eine von der Transmission betriebene Exzenterscheibe. Letzterer Vorschlag verdient wohl schon
deswegen den Vorzug, weil dadurch gleichzeitig auch der Einhängkontakt an
der Ware fortwährend verändert wird.

Daß das Anbringen der Einhängdrähte an der Ware in geschickter, zweck-
entsprechender Weise ausgeführt werde, ist selbstverständlich, und ist dabei

zu beachten, daß sowohl die erforderliche Leitungskontaktfläche für die durchgehende Stromstärke gewahrt werde; auch ist dem Umstand Rechnung zu tragen, daß die Kontaktstellen, wo der Einhängdraht an dem Objekt anliegt, nicht schwächer versilbert bleiben.

Bei der Starkversilberung ist jedenfalls darauf zu sehen, daß die Ware in allen Partien eine gleichstarke Silberschicht erhalte, was zunächst dadurch erreicht wird, daß flache Objekte mit den Flächen parallel zu den Anoden im Bad hängen, bei voluminösen Gegenständen den bereits abgegebenen Erklärungen entsprechend die Elektrodenentfernung vergrößert werde.

Fehlerhafte Erscheinungen beim Versilbern. In den angegebenen Silberbäderzusammensetzungen ist stets ein Überschuß von Zyankalium enthalten; dieser ist notwendig, um die Bildung des schwerlöslichen Parazyansilbers an den Anoden (dunkler Belag) und die dadurch auftretende Polarisation zu verhindern.

Dieser Zyankaliumüberschuß sowohl als auch der Silbergehalt der Bäder müssen annähernd konstant eingehalten werden, wenn die vorgeschriebene Badspannung, welche die Stromdichte und diese die Qualität des Niederschlages bedingt, Geltung haben soll.

Es ist daher für den Praktiker sehr wichtig, Merkmale zu wissen, an welchen er die mit der Zeit eintretenden Veränderungen der Badzusammensetzung erkennt.

Diese ändert sich sowohl durch den elektrolytischen Prozeß selbst als auch (und weit mehr) durch unrichtige Behandlung. Vor allem ist es der Zyankaliumgehalt, dessen Änderung sich am empfindlichsten bemerkbar macht; wird mit zu kleinen Anodenflächen gearbeitet, so vermehrt sich der Zyankaliumgehalt bei gleichzeitiger Silberverarmung des Bades und macht sich durch das veränderte Aussehen der Anoden während der Stromtätigkeit bemerkbar; die Silberanoden, welche bei richtigem Zyankaliumgehalt eine ,,matt lichtgraue Färbung'' zeigen, sehen bei überhandnehmender Vermehrung des Zyankaliumgehaltes ,,weiß bis metallglänzend'' aus. Da durch die Vermehrung des Zyankaliumgehaltes der spezifische Badwiderstand vermindert wurde, so erhöht sich bei gleicher Badspannung die Stromdichte; der Silberniederschlag wird daher ein rauh kristallinisches Aussehen und etwas dunkleren Ton zeigen; die Versilberung wird schlecht haften, beim Kratzen oder Polieren sich ganz oder teilweise ablösen, ,,aufsteigen'', wie es der Praktiker nennt.

Sehr häufig kommt es auch vor, daß den Bädern, wenn sich keine Unregelmäßigkeiten im Betriebe zeigen, ganz zwecklos Zyankalium zugesetzt wird; in einem solchen Bad kommt es dann, wenn nicht der Strom abgeschwächt wird, bis zur Gasentwicklung und zu einer dadurch bedingten sandigen und pulverförmigen Abscheidung von Silber.

Ist der Zyankaliumgehalt nur durch die Stromarbeit vergrößert worden, so kann man mit Sicherheit annehmen, daß das Bad auch silberarm geworden ist.

Hat man an den erklärten Anzeichen das Überhandnehmen des Zyankaliums oder die Silberverarmung erkannt, so muß durch Zugabe von Silber das normale richtige Verhältnis wieder hergestellt werden, indem man dem Bad in kleinen Mengen nach und nach, bei anhaltend energischem Umrühren so lange und so viel von der Silberverbindung (für Starkversilberung natürlich nur Zyansilber) zusetzt, als sich noch leicht und rasch löst; sobald deren Lösung anfängt langsam und träge sich zu vollziehen, hält man inne, ein weiterer Silberzusatz wäre überflüssig.

Wurde ein zu großer Zyankaliumgehalt durch zweckloses Zugeben dieses Produktes verursacht, so ist in gleicher Weise zu korrigieren; in diesem Fall kann aber der Silbergehalt des Bades weit über den normalen Gehalt erhöht werden, die Lösung wäre daher mit Wasser zu verdünnen.

Nach Steinach und Buchner lassen sich kohlensaures Kalium bzw. Natrium durch Versetzen der Lösung mit Zyanbaryum beseitigen, indem sich durch Wechselwirkung kohlensaures Baryum bildet, das durch Filtration zu entfernen ist, und Zyankalium bzw. Zyannatrium, das in Lösung bleibt.

Es drängt sich bei diesen Korrekturarbeiten dem Praktiker wohl der Wunsch auf, eine Methode kennenzulernen, nach welcher er genau bestimmen kann, welche Gewichtsmengen an Silber, Zyankalium oder Zyanbaryum im erforderlichen Fall zuzusetzen seien. — Für den Chemiker ist dies ein leichtes: er bestimmt z. B. pro Liter Bad den Silbergehalt und das freie Zyankalium und berechnet daraus die Menge des einen oder anderen Produktes, welches zuzusetzen ist, um das ursprüngliche Verhältnis wieder herzustellen.

Aber dem Nichtchemiker dies zu erklären, würde wohl zu weit führen und kaum viel nützen, weil ihm die erforderlichen Apparate sowohl als auch die nötigen Vorkenntnisse für derartige chemische Arbeiten fehlen.

Es empfiehlt sich, jedes Jahr einmal die Silberbäder von einem Chemiker untersuchen zu lassen, und zwar sowohl Silber- und Zyankaliumgehalt als auch Verunreinigungen der Bäder zu bestimmen und sie bei dieser Gelegenheit wieder in den normalen Zustand zu versetzen. Anläßlich der Jahresinventur ist ja Gelegenheit dazu geboten, da der Wert der Edelmetallbäder deren Gehaltsbestimmung ohnedies erfordert.

Innerhalb eines Jahres verändern die Bäder bei richtiger Behandlung ihre chemische Beschaffenheit nicht so bedeutend, daß eine chemische Untersuchung erforderlich wäre, und reicht der Praktiker mit den angegebenen Vorschriften vollkommen aus, bei deren Befolgung eine Störung nicht so bald zu befürchten ist, namentlich wenn die angegebenen Stromverhältnisse eingehalten werden.

Bei Erzeugung starker Niederschläge machen sich Vernachlässigungen weit fühlbarer als bei leichten Elektroplattierungen.

Sehr wichtig ist es, bei der starken Versilberung, auch die Reinlichkeit in den Bädern zu überwachen; Staub fällt hinein, in den Hohlräumen der sogenannten Hohlwaren (Leuchter, Kannen), für die man allerdings praktischerweise separate Bäder verwendet, bleibt unvermeidlich Schmutz, der dann in das Bad gebracht wird usf. Diese sind daher öfters zu reinigen (filtrieren).

Das Verquicken findet nur beim Versilbern und Vergolden Anwendung, und zwar bei beiden nur dann, wenn es sich um starke Niederschläge handelt. Es hat den Zweck, eine innige Vereinigung des Niederschlages mit dem Grundmetall zu vermitteln; es erklärt sich dies damit, daß das Quecksilber sowohl mit dem Grundmetall als auch mit dem Silber- bzw. Goldniederschlag sich amalgamiert, eine innige verbindende Zwischenlage bildet.

Nicht alle Metalle lassen sich verquicken, wohl nur diejenigen, welche mit Quecksilber sich amalgamieren, wie Kupfer, Silber, Gold, Messing, Tombak, Neusilber, Zink; die Metalle Eisen, Stahl, Nickel amalgamieren sich teils nur schwierig, teils gar nicht, sie lassen sich aber auch nicht in zyankalischen Beizen verquicken.

Nur starkwandige Metallgegenstände sind zum Verquicken geeignet, solche aus dünnem Blech nicht, weil die Amalgamation, wenn auch nur eine ganz geringe Tiefe, aber denn doch in das Metall eindringt, dünnwandige Objekte brüchig machen würde.

Bei gezogenen Messinggegenständen, welche vor dem Versilbern verquickt werden, beobachtet man zuweilen, daß, z. B. bei Bechern, der obere Rand nach dem Versilbern Risse zeigt. Dies rührt daher, daß durch das Quecksilber der Quickbeize feine Risse, die durch zu energisches Ziehen des Messings entstanden sind, weiterreißen, so daß sich diese Fehler erst nach der Versilberung zeigen. Dagegen läßt sich nur in der Weise Abhilfe schaffen, daß während des Ziehens die Gegenstände öfters geglüht werden, damit das Material überhaupt nicht rissig wird, oder aber man läßt das Verquicken ganz fort, was bei Messing nicht unbedingt nötig ist.

Da das Verquicken nach dem Dekapieren vorgenommen wird, ist es zugleich die Probe einer tadellosen Reinigung; war diese mangelhaft, so wird die Verquickung unrein, fleckig ausfallen oder die Ware unverquickte Stellen zeigen, während ein tadellos dekapiertes Objekt sich gleichmäßig mit einer brillant glänzenden Quecksilberschicht überziehen wird. Im ersten Fall muß das Quecksilber durch Erwärmen über Holzkohlenfeuer oder über einer Spiritusflamme entfernt (abgeraucht), das Objekt neuerlich dekapiert werden; nach tadelloser Verquickung bürstet und spült man das Objekt mit reinem Wasser gründlich ab und bringt es sofort in das Silberbad.

Die Manipulation des Verquickens ist folgende: Die Metallgegenstände aus Kupfer oder aus Legierungen mit solchem werden nach dem Dekapieren als Fortsetzung desselben und unmittelbar vor dem Einhängen in das Silberbad einige Sekunden in folgende Lösung getaucht:

> Wasser . . . . 1 l
> Zyanquecksilberkalium . 5—10 g
> Zyankalium 100 % . . . 10—20 g

Sehr gefährlich sind die sog. „Quickflecke", die durch Unachtsamkeit auf Metallgegenstände geraten; diese verursachen viel Verdruß, können nur durch Abrauchen (wie oben erklärt) entfernt werden. Verquickte Gegenstände dürfen daher nicht auf Tische gelegt werden, wo andere Ware hingelegt wird, und dürfen mit anderen Metallobjekten in keine Berührung kommen.

Die Quicklösung ist von allen anderen Lösungen, auch von den Beizen und Gelbbrennen, entfernt zu halten, denn diese sind verdorben und nicht mehr brauchbar, wenn auch nur eine kleine Menge Quecksilberlösung hineingerät.

Es wurde bereits bemerkt, daß auf nickelhaltigen Metallegierungen (Neusilber) der Silberniederschlag um so schwieriger haftet, je mehr Nickel die Legierung enthält. Jedenfalls begünstigt das vorherige Verquicken die Haltbarkeit des Niederschlages und macht die Versilberung bis zu einem mittelmäßigen Nickelgehalt keinerlei Schwierigkeit; wenn aber dieser allzusehr dominiert, so wird die Versilberung entweder schon beim Kratzen abgehen oder beim Polieren sich wegschieben. In solchem Fall muß vor dem Versilbern verkupfert oder vermessingt werden.

Hochnickelhaltige Legierungen, ja sogar Nickeleisenlegierungen lassen sich aber auch direkt versilbern, wenn man aus einer Lösung, welche neben Silberkaliumzyanid auch Quecksilber enthält, ein Silberamalgam elektrolytisch ausscheidet. Mit der Begründung, auf Eisen und Eisennickellegierungen zwecks späterer Versilberung zunächst ein Natrium- oder Kaliumamalgam aufzutragen, wurde tatsächlich der Société Anonyme Le Ferro-Nickel unter Nr. 107248 ein D. R. P. erteilt. Nach der Patentschrift werden die vorher gereinigten Gegenstände als Kathoden in ein Bad gebracht, bestehend aus:

> Wasser . . . . 1 l
> Chlorsilber . . . . 1 g
> Quecksilberoxyd . . . . 1 g
> Zyankalium . . . . 3,5 g
> Kalisalpeter . . . . 4 g
> Ätzkali . . . . 3 g

Daß sich unter der Stromwirkung aus solcher Lösung ein Gemisch von Quecksilber und Silber abscheidet, ist nicht zu verwundern, doch würde man dasselbe erreichen, wenn man einfach die gewöhnliche zyankalische Quickbeize mit Strom verwenden würde. Ist einmal das Eisen oder die Nickeleisenlegierung solcherart gedeckt, so kann sie in jedem beliebigen Silberbade ausversilbert werden. Die Erfinderin ist sehr bald dazu übergegangen, denselben Zweck des Amalgamierens durch eine saure Quickbeize zu erreichen und benutzte dann eine Lösung von

Wasser . . . . 1 l
Salzsäure, konz. . . . . 550 g
Kochsalz . . . . 155 g
Soda, kalz. . . . . 80 g
Quecksilberchlorid . . . . . . 100 g

Diese saure Quickbeize greift das Eisen oder Nickeleisen an und überzieht die daraus bestehenden Gegenstände mit Quecksilber, durchaus nicht, wie die Patentschrift behauptet, mit Natriumamalgam.

Die bekannte salzsaure Quickbeize, bestehend aus ·

Wasser . . . . 1 l
Salzsäure . . . . 120 g
Quecksilberchlorid . . . . . . 100 g

erfüllt denselben Zweck und kann für derartige Legierungen ebensogut angewendet werden, ohne dieses Patent überhaupt zu tangieren. Eine andere saure Quickbeize für nickelhaltige Legierungen, die sich in der gewöhnlichen zyankalischen Quickbeize infolge des hohen Nickelgehaltes nicht mehr verquicken lassen, wird mit Salpetersäure angesetzt, welche den Angriff auf das Nickel einleitet und dann die Wechselwirkung mit dem gelösten Quecksilber auslöst. Diese salpetersaure Quickbeize besteht aus

Wasser . . . . 1 l
Quecksilbersulfat . . . . . . 100 g
Salpetersäure, konz. . . . . . 160 ccm

anstatt des Quecksilbersulfats kann natürlich auch das gleiche Quantum salpetersaures Quecksilber benutzt werden. Nur wird dann die Beize bloß mit so viel Salpetersäure versetzt, bis die Lösung wieder klar geworden ist, die durch Auflösen des Quecksilbernitrats milchig erschien. Diese salpetersaure Quickbeize wird auch für Britanniawaren viel verwendet, ebenso wird Alpaka damit vor der Versilberung verquickt. Nach dem Verquicken werden die Gegenstände nochmals auf der Kratzmaschine durchgekratzt, neuerdings entfettet und dann ins Silberbad gebracht, nachdem sie gut gespült wurden.

Die Ausführung des Versilberns. Messing und Kupfer, Tombak, Bronze u. dgl. können nach einfachem Verquicken in der zyankalischen Quickbeize nach vorhergehender Reinigung ohne weiteres versilbert werden. Gewöhnlich versilbert man ohne Unterbrechung die halbe Zeit, nimmt dann die Gegenstände aus dem Bade, spült sie in einem bereitstehenden Waschgefäß ab, um die teure Silberbadflüssigkeit, die den Gegenständen anhaftet, nicht beim Spülen unter der Brause zu verlieren, und kratzt sie auf der Kratzmaschine mit Neusilber- oder Stahldraht-Zirkularkratzbürsten, Drahtstärke 0,06 bis 0,08 mm gewellt, durch, sieht nach, ob der Silberniederschlag nirgends aufgestiegen ist und versilbert fertig. Die Benutzung des vorerwähnten Gefäßes mit Waschwasser, das immer wieder benutzt wird, liegt sehr im Interesse der Sparsamkeit. Jährlich etwa zweimal wird dieses Waschwasser auf Silber verarbeitet, wie wir dies weiter hinten, gelegentlich der Besprechung der Wiedergewinnung des Silbers aus zyankalischen alten Lösungen noch besprechen werden. Das Waschwasser kann zwischenzeitlich zum Nachsetzen des verdampften Lösungswassers der Silberbäder ohne weiteres benutzt werden, die Silberbäder kann man in ihrem Niveau dadurch mit silberhaltigem Wasser aufrechterhalten.

Nach der Fertigversilberung werden die Gegenstände abermals gespült und gekratzt und schließlich nach einem der Polierverfahren, entweder von Hand mit dem Stahl oder Blutstein oder mit der Schwabbel oder schließlich mit dem Kugel-Polierverfahren auf Hochglanz poliert, schließlich mit farblosem Lack überzogen (zaponiert).

Nicht so einfach vollzieht sich das

Versilbern nickelhaltiger Legierungen. In der Chinasilberwarenindustrie werden Messing (Kupfer-Zinklegierung) und Neusilber (Kupfer-Zink-Nickellegierung) als Grundmetall verarbeitet, letztes mit einem Nickelgehalt von 15 bis 35%.

Auf Neusilber haftet der Silberniederschlag um so schwieriger, je nickelreicher es legiert ist, und es wird insbesondere für Eßbestecke gern ein nickelreiches Neusilber verwendet, weil der Nickelgehalt es ist, welcher der Legierung Härte, Klang und weiße Farbe verleiht, das sind wünschenswerte Eigenschaften für das Grundmetall der Chinasilberwaren.

Obwohl die Dekapierung der Kupferlegierungen schon eingehend beschrieben wurde, soll diese hier nochmals kurz wiederholt werden, weil die nachfolgende Versilberung speziell des nickelreichen Neusilbermetalls durch unrichtige Behandlung beim Gelbbrennen leicht Schwierigkeiten bereiten kann.

Die Objekte (nehmen wir an: Löffel, Gabeln, Tassen usw.) werden aus Blech gestanzt und gedrückt oder gehämmert (getrieben), um ihnen die Form zu geben, behufs dessen geglüht; dadurch verzundern sie an der Oberfläche und müssen „gebeizt" werden (in verdünnter Schwefelsäure 1 : 10), bis der schwarze Zunder eine braune Färbung zeigt. Nach dem Beizen werden sie, wie schon bekannt, gebrannt, und zwar erst in der Vorbrenne, dann in der Glanzbrenne, in mehreren reinen Wassern sorgfältigst abgespült, vor dem Versilbern noch mit Rohweinsteinpulver und Wasser abgebürstet, um den von den Säuredämpfen auf der Metalloberfläche verursachten Anlauf zu beseitigen, schließlich abermals in reinem Wasser abgespült.

Beim Gelbbrennen des Neusilbermetalls empfiehlt es sich, dieses nur kurze Zeit der Einwirkung der Gelbbrenne auszusetzen, weil sich aus der Legierung Kupfer und Zink leichter lösen als Nickel und somit leicht eine „Anreicherung" des Nickels an der Oberfläche entsteht, womit die Schwierigkeit des nachfolgenden Versilberns erhöht wird.

Solche Legierungen, wie z. B. Alpaka, werden, nachdem sie gebeizt wurden, mit Bimssteinpulver mattgekratzt, hierauf mit Entfettungskompositionen behandelt, abgespült und in die salpetersaure Quickbeize getaucht, wo sie wenige Sekunden verbleiben. Nach dem Verquicken werden sie gut auf der Kratzmaschine durchgekratzt, nochmals entfettet und nach dem Abspülen in ein Schwerversilberungsbad von 25 g Feinsilber pro Liter gebracht und bei 0,6 bis 0,8 V Spannung versilbert. Nach 20 Minuten Versilberungsdauer wird die Versilberung unterbrochen, die Gegenstände nochmals gekratzt und dann, je nach der gewünschten Silberauflage, weitere 3 bis 5 Stunden im Silberbade ausversilbert. Das Polieren, sofern es mit dem Polierstahl ausgeführt wird, erfolgt dann unter Benutzung von Seifenwurzellösung.

Versilbern von Britannia-Waren. Speziell das Versilbern von Britannia-Waren und von Waren aus ähnlichen Legierungen begegnet manchmal großen Schwierigkeiten. Entweder es steigt der Silberniederschlag schon im Bade auf, oder wenn er dort hält, dann verträgt er das nachträgliche Kratzen und Polieren nicht. Die direkte Versilberung solcher Legierungen gelingt aber anstandslos, wenn man folgende Methode einschlägt, die Pfanhauser sen. schon im Jahre 1880 praktisch empfohlen hat.

Die zu versilbernden Gegenstände werden zuerst in Ätznatronlauge entfettet, und zwar durch längeres Kochen in einer Mischung von

Wasser . . . . 1 l
Ätznatron . . . . 200 g

Die Objekte bleiben so lange darin, bis sie schwarz aussehen, dann kratzt man auf der Kratzmaschine mit Messingbürsten unter Zuhilfenahme von Bimsstein, spült in Wasser ab und bringt sie nochmals in eine kochendheiße Lösung von

Wasser . . . .   1 l
Ätznatron . . . .   10—20 g

Man beläßt die bereits auf Kupfereinhängedrähten befestigten Waren etwa eine
halbe Minute in dieser Lauge, bis sie gut warm sind, und hängt sie mit dieser
Lösung, aber ohne nochmaliges Spülen direkt in das

Versilberungsbad. Dieses Bad muß tunlichst reich an Silber sein, um die
der angewandten Stromdichte entsprechende Silbermenge stets in der Nähe der
Kathoden zu haben. Entsprechend der angewendeten hohen Anodenstromdichte
muß natürlich auch der Zyankaliumgehalt höher gewählt werden, um den bekannten Anodenbelag bei lokalem Zyankaliumgehalt hintanzuhalten.

Das Bad erhält demzufolge am besten die Zusammensetzung:

Wasser . . . .   1 l
Feinsilber als Zyansilber . . . .   50 g
Zyankalium 100% . . . . . . 100 g

Man deckt mit Spannungen von 6 bis 8 V etwa eine Minute lang unter Bewegen
der Ware während des Deckens. Die weitere Verstärkung des Silberniederschlages kann dann in einem gewöhnlichen Bade unter Anwendung normaler
Stromverhältnisse stattfinden.

Der erste Anflug von Silber muß, wenn ein gutes Resultat erwartet werden
soll, sofort schön weiß sein. Zeigt er einen bläulichen Schimmer, dann ist etwas
nicht richtig gewesen, und man kann sicher sein, daß der weitere Niederschlag
unbrauchbar wird. Man sorge bei solchen Bädern stets dafür, daß die richtigen
Stromverhältnisse obwalten, und versehe solche Bäder außer dem unumgänglich
notwendigen Spezial-Badstromregulator mit einem präzise anzeigenden Amperemesser und eigenem Voltmesser. Aus den Angaben der beiden letzteren wird
der Praktiker sofort bemerken können, wenn an seinem Silberbade etwas nicht
in Ordnung ist, er wird sehen können, ob eine der hohen Badspannung entsprechende Stromstärke in sein Britannia-Versilberungsbad fließt, was er aus
den Angaben eines Voltmessers allein nicht beurteilen könnte.

Direkte Versilberung von Zinngegenständen. Zinngegenstände sind zumeist
gegossen und können daher robust gereinigt werden. Man hängt sie kurze Zeit in
eine aus Ätzkali und Zyankalium zusammengesetzte warme Lauge und entfettet am besten nachher elektrolytisch mit 10 V Badspannung. Hierauf
kratzt man mit Zirkularkratzbürsten aus Neusilber und bürstet mit gemahlenem
Bimsstein leicht nach.

Nun gelangen sie in ein Vorversilberungsbad von 15 g Feinsilber pro
Liter, aus Silberdoppelsalz 30%ig unter Zugabe von 23 g Zyankalium
pro Liter bereitet. Dieses Bad hat eine Schwere von 13 bis 14° Bé. In diesem
Bade verbleiben die Gegenstände nur wenige Minuten und werden zwecks Fertigversilberung in ein Bad gehängt mit 21 g Feinsilber pro Liter (auch aus
Silberdoppelsalz 30%ig bereitet) unter Zugabe von 20 g Zyankalium pro
Liter. Schwere dieses Bades 20° Bé. Keinesfalls wird vorverkupfert. Wenn
man beim direkten Versilbern von solchen Zinngegenständen nicht die Vorsichtsmaßregel gebraucht und ein vorbeschriebenes Vorversilberungsbad anwendet,
so steigt die Versilberung leicht auf, d. h. es bilden sich Blasen unter dem Silberniederschlag, welche Blasenbildung sich nicht immer sofort zeigt, sondern meist
erst nach längerem Lagern sich bemerkbar macht oder beim Erwärmen der
Gegenstände vor dem Zaponieren. Die gebräuchlichste Legierung für solche
Zinngußgegenstände wird mit Rücksicht auf feine Ausführung der Ornamente
und zwecks bequemer sicherer Versilberung wie folgt zusammengesetzt: $^5/_6$ Bankazinn und $^1/_6$ Blei. Auch Legierungen mit je 50% Zinn und Blei lassen sich noch
gut versilbern.

Die direkte Versilberung von Eisen und Stahl. Obwohl Eisen- und Stahl-gegenstände der sicheren Haltbarkeit der späteren Versilberung wegen meist vorvermessingt oder vorverkupfert werden, sind dennoch Verfahren aus-gebildet worden, um solche Gegenstände auch ohne solche vermittelnde Zwischen-lagen direkt zu versilbern. Man kann nun sowohl eine Vorverquickung ausführen, wie sie früher gelegentlich der direkten Versilberung von Nickel-Eisenlegierungen beschrieben wurde und die in der Hauptsache darin besteht, eine Quecksilber-schicht entweder mit Strom aufzutragen oder aber eine salzsaure Quickbeize anzuwenden. Man kann aber auch direkt auf Eisen versilbern, wenn man ein Silberbad mit großem Zyankaliumüberschuß wählt, und hat sich hierzu fol-gendes Bad bewährt:

Wasser . . . . 1 l
Silbernitrat, krist. . . . . . . 1 g
Zyankalium 66% . . . . . . 100 g

In dieses Bad werden die eisernen Gegenstände unter Strom eingehängt, und es wird sofort mit starkem Strom bei 3 bis 4 V Badspannung unter Anwendung einer Stromdichte von 1,5 bis 2,0 A/qdm gedeckt. Die Tem-peratur des Bades beträgt dabei 15 bis 18° C. Die Dauer dieses Deckens beträgt etwa 1 Minute. Als Anoden werden Stahlanoden verwendet von mög-lichst großer Oberfläche, und muß natürlich das wenige Silber, das in diesem Bade vorhanden ist, stets wieder durch Zugabe von Zyansilberkalium oder auch sal-petersaurem Silber ergänzt werden. In diesem Bade werden auch eiserne Löffel z. B. direkt versilbert, nur wird besonders für Löffel aus Eisen das Bad etwas modifiziert und bekommt am besten die Zusammensetzung:

Wasser . . . . 1 l
Salpetersaures Silber . . . . . 20 g
Zyankalium 100% . . . . . . 1000 g

Die Praxis arbeitet auf eiserne Löffel mit einer Badspannung von 5 V und be-läßt die Löffel bis zu 10 Minuten in diesem Bade. Die erst gebildete Silberschicht haftet äußerst fest auf dem Eisen, die Gegenstände werden durch bewegliche Kathodenrahmen hin und her bewegt und nach dieser Zeit des Deckens in einem gewöhnlichen Stark-Versilberungsbad mit 25 g Feinsilber pro Liter fertig versilbert.

Einrichtung zum Versilbern. In Fabriken, die sich ausschließlich nur mit Versilberung befassen, werden rationell Dynamomaschinen mit 3 V Klemmen-spannung verwendet; obschon für Versilberung flacher Objekte bei 15 cm Elek-trodenentfernung eine Badspannung bis 1,3 V genügt, empfiehlt es sich trotzdem, Maschinen mit 3 V zu nehmen, mit Rücksicht darauf, daß es die Versilberung voluminöser Objekte erfordert, die Elektrodenentfernung bis zu 30 cm zu ver-größern und dementsprechend auch die Badspannung zu erhöhen. Für den Fall, daß gleichzeitig vergoldet werden soll, gibt es auch Bäderzusammensetzungen, welche bei normalen Elektrodenentfernungen mit Spannungen bis zu 3 V arbeiten,

Es ist unerläßlich, jedes Bad mit einem Badstromregulator zu versehen (der die zu hohe Netzspannung zu verringern hat) und zur Kontrolle der Badspan-nung an jedes Bad einen Voltmesser anzuschließen. Man gleicht durch Regu-latoren, die im Nebenschluß zu den Bädern liegen, wenn etwa Bäder in Serien-schaltung angeschlossen werden, eventuelle Ungleichheiten in der Bäderbeschik-kung aus, die durch die Angaben der mit jedem Bad verbundenen Voltmesser angezeigt werden. So zeigt die höhere Badspannung eine zu kleine Fläche an, d. h. in dem betreffenden Bad herrscht eine zu hohe Stromdichte; mit Hilfe des Bad-stromregulators (der hier parallel mit dem Bad verbunden ist) wird nun so lange reguliert, bis die vorgeschriebene Badspannung erzielt ist.

Viele Metalle, deren direkte Versilberung Schwierigkeiten macht, werden bekanntlich vorher vermessingt oder verkupfert. Hierzu braucht man, wenn die Objekte nur einigermaßen dimensioniert sind, Badspannungen über 3 V, es sind daher in solchen Betrieben Maschinen mit 4 V und eventuell noch höherer Spannung zu verwenden. Man kann nun die erforderliche Badspannung für die Silberbäder durch Badstromregulatoren, die jedem Bad vorzuschalten sind, auf die vorgeschriebene Höhe bringen, oder aber, wenn angängig, durch „Hintereinanderschaltung", wie bereits des öfteren erwähnt, in rationellerer Weise die Maschinenleistung ausnutzen.

In Anlagen, in denen die Versilberung eine nur untergeordnete Rolle spielt, wo aber neben vielen anderen Bädern ein einziges Silberbad arbeitet, wird man letzteres am Ende der gemeinsamen Hauptleitung anschalten und den erforderlichen Badstromregulator vor das Silberbad legen, so daß die Badspannung von 1 V konstant gehalten werden kann.

Fig. 237.

Versilbern mit Elementen. Wird mit Batterie gearbeitet, so verwendet man je nach Strombedarf ein Bunsen-Element oder mehrere auf Stromquantum verbundene Elemente entsprechender Größe (siehe Fig. 237).

Die Anwendung einer Tauchbatterie gestattet in vielen Fällen, die auch bei Einrichtungen mit einzelnen Bunsen-Elementen erforderlichen Badstromregulatoren zu vermeiden, da die Regulierung der Stromstärke im Bad auch dadurch geschehen kann, daß man den inneren Widerstand der Elemente durch mehr oder minder tiefes Eintauchen der Elementelektroden nach Belieben verändert.

Für den Elementbetrieb bei der Versilberung genügt im allgemeinen ein Bunsen-Element, für besonders große Warenflächen eine Gruppe parallelgeschalteter Elemente entsprechender Größe.

Für die Warenfläche von	genügt 1 Bunsen-Element mit einer wirksamen Zinkfläche von ungefähr
12 qdm	5,8 qdm
20 ,,	7,9 ,,
30 ,,	12,4 ,,
usf.	usf.

Wenn mit höherer Badspannung (2 V) gearbeitet wird, etwa behufs Deckung schwierig zu versilbernder Metalle, schaltet man zwei Elemente bzw. zwei Gruppen parallelgeschalteter Elemente hintereinander.

Bezüglich der Einrichtung und des Betriebes mit Elementen wird auf das Kapitel „Betrieb mit Elementen" verwiesen.

Soll neben der Versilberung auch vergoldet, vermessingt oder verkupfert werden, so tut man am besten, für diese Fälle separate Batterien entsprechender Dimensionen (siehe die einzelnen Elektroplattiermethoden) anzuschaffen.

Nach dem Dekapieren und eventuellen Verquicken werden die Waren in das Silberbad gehängt, etwa ¼ Stunde übersilbert; bei nickelreichem Grundmetall oder Britannia wird man den ersten Anschlag mit etwas höherer Badspannung vollziehen, regelt diese aber, nachdem die Gegenstände mit Silber gedeckt sind, mit dem Regulator sofort auf die normale. Daß das Bad, also dessen Waren- und Anodenleitung, schon vor dem Beschicken mit der Stromquelle verbunden sein muß, so daß die Stromtätigkeit beim Einhängen der Ware sofort beginnt, wurde schon wiederholt bemerkt.

Nach etwa ¼ Stunde nimmt man die Ware, ein Stück nach dem anderen, aus dem Bad, spült in Wasser ab und überkratzt mit Kratzbürsten aus Messingdraht 0,15 mm; wo der Niederschlag nicht fest haftet, wird er mit der Kratzbürste entfernt, auch noch mit Rohweinsteinpulver und Wasser mit Borstenbürsten nachgebürstet, in reinem Wasser gründlich abgespült und wieder versilbert. Hat sich die Versilberung als festhaftend erwiesen, so wird bis zur Vollendung ausversilbert.

Versilbern der Eßbestecke. Über die Vorbereitung der gestanzten und vorgeschliffenen Eßbestecke brauchen wir uns weiter nicht mehr zu unterhalten, diesbezüglich sind genügend Angaben in den entsprechenden Kapiteln über die vorbereitenden Arbeiten enthalten.

Die Versilberung der Eßbestecke bringt aber doch gewisse spezielle Methoden zur Anwendung, und zwar hauptsächlich hinsichtlich der Art der Einhängung der Bestecke ins Silberbad. Die Bestecke werden mit einer bestimmten Silberauflage pro Dutzend Löffel oder Gabeln oder pro Dutzend Paar versehen, und soll diese Auflage natürlich möglichst gleichmäßig auf die einzelnen Partien der Bestecke verteilt sein, mit der Bedingung, die Auflageflächen, die bekanntlich während des Gebrauchs am meisten der Abnutzung unterliegen, etwas stärker zu versilbern als z. B. die Hohlungen, die auch beim Reinigen mehr geschont werden als die Kanten. Dies kann man erreichen, indem man nach einer gewissen Versilberungszeit die Bestecke aus dem Bade nimmt, trocknet und dann die weniger stark zu versilbernden Teile mit Decklack überzieht und das Ausversilbern mit dem Rest der noch aufzubringenden Silbermenge auf den freigebliebenen Partien vornimmt. Nach Entfernung der Decklackschicht werden dann die Bestecke gekratzt und poliert.

In Spezialfabriken, welche sich nur mit der Herstellung der versilberten Eßbestecke befassen, werden besondere Vorrichtungen und Einhängemethoden angewendet, um diesen gleichen Zweck zu erreichen. So z. B. verwenden manche Fabriken Kappen aus Weichgummi, in die die Löffel oder Gabeln eingesteckt werden, wobei diejenigen Stellen freibleiben, welche eine stärkere Silberauflage erhalten sollen, oder es werden z. B. nach dem D. R. P. 76975 zwischen den Bestecken und den Silberanoden Schirme aus nichtleitendem Material, wie Zelluloid, Hartgummi u. dgl., gehängt, welche Aussparungen an denjenigen Stellen zeigen, wo mehr Stromlinien die Bestecke im Silberbad treffen sollen und demgemäß sich also an den diesen Aussparungen gegenüberliegenden Teilen eine stärkere Silberschicht bildet als an den mehr oder weniger abgeblendeten. Auch durch ein Zusammenhängen je zweier Löffel oder Gabeln mit den hohlen Teilen gegeneinander zwischen 2 Anodenreihen erreicht man beispielsweise schon, daß die Auflageflächen, mit denen die Bestecke aufliegen, eine stärkere Silberauflage erhalten. Hängt man beispielsweise zwei Reihen Löffel mit den Innenflächen gegeneinander zwischen zwei Anodenreihen von insgesamt 20 cm Abstand derart ein, daß die unteren Enden der Silberanoden etwas über den tiefsthängenden Teil der Löffel hinausragen, so erhalten die den Anoden zugekehrten Löffel-Auflageflächen schon eine wesentlich stärkere Versilberung als die übrigen, besonders die Innenseiten. Die Spitzen und Kanten der Besteckteile erhalten durch Stromlinienstreuung in Silberbädern ohnehin eine um 10 bis 20% größere Schichtdicke an Silber als die übrigen Teile.

Nach dem D. R. G. M. 956624 von P. Bruckmann & Söhne A.-G. wird die Verstärkung der Silberauflage in einem Arbeitsgange dadurch erreicht, daß zwischen Kathode und Anode ein mit der negativen Stromleitung verbundener

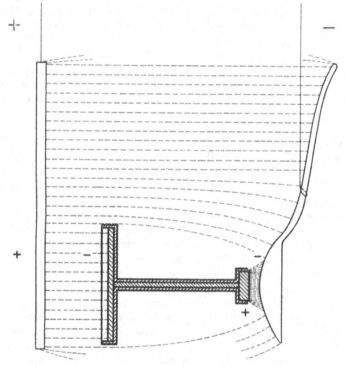

Fig. 238.

Leiter eingeschaltet wird, der dort, wo die Silberauflageverstärkung stattfinden soll, durchbrochen ist, so daß dort die Stromlinien in erhöhtem Maße auf den zu versilbernden Gegenstand auftreffen sollen. Verfasser hat diese Vorrichtung nicht nachgeprüft, es soll aber nach diesem Gebrauchsmuster gearbeitet werden; doch will es scheinen, als ob es praktischer wäre, anstatt eines metallischen Leiters, der auch noch über einen besonderen Badstromregler seinen negativen Strom erhält, besser einen Nichtleiter mit solchen Durchbrechungen zu schalten, der natürlich überhaupt keine Stromzuführung erhält und womit er sich der bekannten Blendmethode nähert.

Verfasser wurde ein Patent erteilt auf eine Vorrichtung, um die von der Anode ausgehenden Stromlinien in einem metallischen Zwischenstück zu sammeln, die Weiterführung der Stromlinien im metallischen Leiter zu einer kleinen Hilfsanode zu bewirken, ohne daß dieses zwischen Anoden und Kathode liegende Zwischenstück mit der äußeren Stromleitung verbunden ist. Fig. 238 zeigt schematisch diese Anordnung, welche nach dem Prinzip des metallischen Mittelleiters konstruiert ist. Es schlägt sich an diesem Mittelleiter, der in einfacher Weise sowohl bei ruhenden wie bei bewegten Bädern zwischen Anoden und Kathoden angebracht werden kann, an dem der Anode zugekehrten Teil Silber nieder, während an seinem mit einer löslichen Silberanode kleinsten Formates versehenen anderen Ende, welches der Kathode zugekehrt ist, Silber aufgelöst wird, so daß sich an diesen Stellen bevorzugt Silber abscheidet. Diese Einrichtung ist auch überall dort verwendbar, wo man keine besonderen Hilfsanoden anordnen kann, wie z. B. bei Gegenständen, bei denen man in tiefe Hohlräume nicht Hilfsanoden, welche von der äußeren Stromquelle Strom erhalten, anbringen kann.

Eine alte und vielgebrauchte Methode, eine Verstärkung der Silberauflage an den beim Gebrauch der Eßbestecke am meisten der Abnutzung unterworfenen Stellen zu erhalten, ist die sogenannte „Scheitelversilberung". Hierbei werden die Besteckteile in einer flachen Wanne horizontal so in das Silberbad getaucht, daß eben nur diejenigen Stellen in den Elektrolyt tauchen, an denen man nach normaler Versilberung ein Plus an Silber auflegen will. Die Silberanoden liegen dabei am Boden dieser flachen Schale, und die Besteckteile werden durch eine Schaukelvorrichtung etwas bewegt, damit diese Extra-Auflage von Silber schön verläuft und sich beim Polieren keine Linien abzeichnen. Auf diese Weise kann man jede beliebige Verstärkung solcher Stellen herbeiführen.

Es fehlt nicht an Vorschlägen dieser Art, welche den gleichen Zweck verfolgen und ist durch meine späteren Ausführungen (vgl. auch die VI. Auflage dieses Werkes 1922, S. 650ff.) auch die Anwendung von Diaphragmen verschiedenartiger Wandstärke hierzu geeignet. Natürlich ist dies gleichbedeutend mit der Verwendung perforierter nichtleitender Körper zwischen Anoden und Besteckteilen, wobei, wie z. B. in dem später erteilten D. R. P. 450108, solche Nichtleiter verschiedenartige Perforierung kastenartiger Umhüllungen um die Besteckteile aufweisen, indem dort diese Umhüllungen an solchen Stellen intensivere Perforation zeigen, wo mehr Stromlinien zu den Kathoden gelangen und dort eine dickere Metallabscheidung bewirken sollen. Es besteht natürlich kein technischer Unterschied für den Galvanotechniker zwischen einem Diaphragma mit verschiedener Durchlässigkeit, wie etwa durch Veränderung der Wandstärke bei gleicher Porosität, und einem Nichtleiter mit größeren oder kleineren Durchbrechungen, durch welche die Stromlinien gemäß verändertem Widerstandes leichter oder schwieriger zur Kathode gelangen können, denn die von mir angegebene Berechnungsweise schließt diese Methode nach D. R. P. 450108 vollkommen ein.

Alle diese Hilfsmittel, um speziell bei Eßbestecken die Auflagestellen zu verstärken, können natürlich wegfallen, wenn man eine an sich schon sehr harte und genügend starke Silberschicht unter den hierzu am besten geeigneten Bedingungen abscheidet. Im allgemeinen sind diese Silberschichten ungefähr ebenso dick wie gute Nickelniederschläge. Die Dicke der Silberschicht bei einer gebräuchlichen Silberauflage von 90 g pro Dutzend Paar Eßbestecke, d. h. auf 12 Löffel und 12 Gabeln zusammen, ist ca. 0,03 mm. Am wichtigsten bleibt immerhin die möglichste Härte des Silberbelages, die man auf leichte Weise durch Schabeversuche prüfen kann. Vgl. H. Karstens: „Über Hartversilberung"[1].

Die Bestecke müssen eine ganz feinkörnige Silberschicht erhalten, damit man sie später um so leichter auf Hochglanz polieren kann. Da nun aber eine Silberbadanlage ein kostbares Ding ist, muß man mit möglichst großer Arbeitsgeschwindigkeit bei der Bildung des Silberniederschlages rechnen, und man wendet daher die Bedingungen an, unter denen aus dem Silberbade möglichst

---

[1] „Das Metall" 1914, S. 155.

schnell eine Warenpartie wieder herauszunehmen ist und dennoch seine bestimmte Silberauflage zeigt. Zu diesem Zwecke werden die Bestecke mit den
Kathodenrahmen bewegt, und dienen dazu die im Kapitel „Bewegen der zu
plattierenden Gegenstände während der Arbeit" angeführte und abgebildete
Vorrichtung an den üblichen, beim Versilbern gebräuchlichen Steinzeugwannen
oder die modernen Silber-Wanderbäder.

Das Einhängen der Eßbestecke erfolgt am zweckmäßigsten mittels Drahthaken
in der in Fig. 239 dargestellten Form derart, daß die der Abnutzung am meisten
unterworfenen Auflageflächen der Eßbestecke den Anoden zugekehrt sind, damit
diese keinesfalls schwächer versilbert werden als die tiefer liegenden Innenflächen.

Die Drahthaken, mit denen diese Bestecke aufgehängt werden, nehmen
natürlich ebenfalls Silber auf, und um dies nach Tunlichkeit einzuschränken,
überzieht man diejenigen Partien der Drähte, welche keinen Silberniederschlag

aufnehmen sollen, mit Lack oder mit geschmolzener
Guttapercha, wohl auch mit anvulkanisiertem Hartgummi, so daß nur die eigentlichen Auflagekontakte für
die Bestecke hiervon frei bleiben.

Die gebräuchlichen Wannen für Eßbesteckversilbe-
rung haben das Format 130 × 60 × 50 cm. Da diese Bäder
zumeist mit Bewegungsschlitten für die Warenstangen-
armatur eingerichtet sind, nimmt man als nutzbare
Länge, die man an den Warenstangen besetzen kann,
100 cm an, so daß für die hin und her gehende Bewegung
etwa 10 bis 12 cm disponibel sind. Ein derartiges Bad
faßt pro Charge etwa 6 Dutzend Löffel oder ebenso viele
Messergriffe oder Gabeln und konsumiert ca. 15 A, Versilberungsdauer je nach Metallauflage 4 bis 6 Stunden.
Die Bäder werden zumeist mit 2 Warenstangen und
3 Anodenstangen ausgerüstet, der Bewegungsmechanismus für die Warenstangen wird mit einem flexiblen Kabel
an die negative Leitung angeschlossen, man kann aber

Fig. 239.

auch Gleitkontakte am Rahmen der Wanne anbringen oder sich eine Rinne aus
Kupferblech anfertigen, die am Wannenrahmen anmontiert und mit Quecksilber
gefüllt wird. In dieser Rinne läßt man einen Stift, der mit dem Warengestänge
durch Klemmverbindungen in Verbindung steht, laufen, so daß ein sicherer
Kontakt dauernd geschaffen wird.

Das Vorschleifen pro Dutzend Löffel kann man heute von einem Mann in
einer Stunde verlangen. Feinschleifen, Bürsten und Polieren erfordert mehr
Zeit: 1 Mann kann pro Tag ca. 10 Dutzend fertigbringen, d. h. 10 Dutzend
Löffel, nicht etwa fertige Besteckgarnituren.

Das Handpolieren ist eine sehr zeitraubende Arbeit, wird meist von Arbeite-
rinnen ausgeführt. Eine Arbeiterin kann pro Tag kaum mehr als 20 Löffel von
Hand hochglanzpolieren, sofern die Löffel oder Gabeln mit Verzierungen zu
polieren sind. Glatte Griffe lassen sich entsprechend rascher bearbeiten, in
diesem Falle schafft eine Arbeiterin pro Tag bis zu 30 Stück.

Um das zeitraubende Polieren von Hand mit dem Polierstahl oder Blutstein
zu umgehen, sind verschiedene maschinell arbeitende Vorrichtungen, die weiter
vorne bereits beschrieben wurden, in die Praxis eingeführt worden, heutzutage
wird aber meist der Weg eingeschlagen, wenigstens für billigere Versilberungen,
den Niederschlag durch eines der bekannten Zusatzmittel schön glänzend aus
dem Bade zu bringen und dann die Polierung auf der Kattunschwabbel mit
Hochglanzmasse auszuführen und mit feinen Swansdown-Scheiben (feinster
wolliger Flanell) unter Benutzung von Alkohol und Polierrot, dem man etwas
Stearinöl zusetzt, nachzupolieren.

Besondere maschinelle Vorrichtungen, die das Polieren der galvanischen Silber-niederschläge besorgen, sind bereits im Kapitel Schleifen und Polieren beschrieben worden.

Gewichtsbestimmung des Silberniederschlages. Um zu ermitteln, wieviel Silber auf ein Objekt nieder-geschlagen wurde, gibt es ver-schiedene Methoden.

1. Gewichtsbestimmung des Silberniederschlages durch Abwägen. Diese älteste und primitivste Me-thode besteht darin, daß die Gegenstände nach dem Deka-pieren unmittelbar vor dem Einhängen in das Silberbad genau abgewogen werden, dann versilbert; die Gewichtszunah-me ergibt das Gewicht des Silberniederschlages. Man be-dient sich dabei einer sehr empfindlichen Balkenwage von einer den zu wägenden Artikeln entsprechenden Größe, welche bei 1 kg Belastung mindestens $^1/_{10}$ g genau ausschlägt. Eine der beiden Wagschalen entfernt

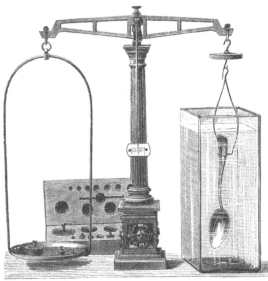

Fig. 240.

man, ersetzt sie durch einen Haken, auf welchen die zu wägenden Gegenstände aufgehängt werden und welcher der Wagschale das Gleichgewicht hält. Darunter stellt man ein Gefäß, mit Wasser gefüllt, genügend groß, so daß selbst die größten Objekte bequem eingehängt werden können (siehe Fig. 240).

Nachdem man den zu ver-silbernden Gegenstand gelbge-brannt, verquickt und recht gut abgespült hat, hängt man ihn auf den Haken des Wagebalkens, senkt ihn in das Wasser, in dem er ganz frei hängen muß, ohne herauszuragen, legt auf die Wag-schale so viel Gewicht, Bleischrot oder Glasperlen, bis das genaue Gleichgewicht der Wage herge-stellt ist, und bringt sodann den Gegenstand sofort in das Silber-bad, um ihn zu versilbern.

Das Gewicht auf der Wagschale muß selbstverständlich für diesen Gegenstand aufbewahrt bleiben.

Fig. 241.

Es leuchtet ein, daß, wenn man nach einiger Zeit den Gegenstand wieder aus dem Silberbad nimmt, erst gut abspült und auf dem Haken der Wage, wie anfänglich, in das Wasser einhängt, das Mehrgewicht genau das Gewicht des Silberniederschlages sein muß.

Hat man ganz gleiche Objekte zu versilbern, z. B. Löffel, Gabeln u. ä., so wird jedes Objekt annähernd ebensoviel Silber aufgenommen haben, als man an einem abgewogenen Probestück konstatiert hat. Diese Methode der Gewichtsbestimmung eines elektrolytischen Niederschlages gilt selbstverständlich nicht nur für Versilberung, sondern ist in derselben Weise auch bei allen anderen Metallniederschlägen durchführbar.

2. Gewichtsbestimmung des Silberniederschlages mittels Roseleurs argyrometrischer Wage. Roseleur hat schon im Jahre 1856 eine sogenannte argyrometrische oder metallometrische Wage (Fig. 241) konstruiert und patentiert erhalten, welche äußerst genial erdacht und durchgeführt, aber leider in der Praxis den gern erhofften Erwartungen nicht immer entsprochen hat.

Auf den oberen Rändern des Badbehälters ruht ein Messinggestänge, worauf die Anodenstangen aufliegen, welche die eingehängten Silberplatten (Anoden) tragen.

An diesem Messingviereck ist eine aus der Figur ersichtliche Klemme angebracht; in diese Klemme wird der Leitungsdraht vom Anodenpol der Batterie oder Dynamomaschine eingeklemmt, und steht dieser somit mit den Anoden in Verbindung.

Auf der gußeisernen Säule der Wage ruht mit feinen Stahlprismen in Stahlschneiden der Wagebalken, welcher einerseits die Vorrichtung zum Einhängen der zu versilbernden Waren, anderseits die Wagschale zur Aufnahme der Gewichte trägt, beide gleichfalls auf Stahlprismen empfindlich spielend.

Auf der Seite der Wagschale befindet sich an der Säule befestigt ein eiserner Ring, in welchen ein Näpfchen aus poliertem Eisen eingesetzt ist, und zwar mit einer Zwischenlage aus Gummi, um es von der Wage zu isolieren.

Dieses kleine Näpfchen (Fig. 242) ist innen mit einem kleinen Säckchen aus Rehleder oder Kautschuk ausgelegt, welches mit Quecksilber gefüllt ist; mittels der unten angebrachten kleinen Schraube kann man das Quecksilber im Säckchen beliebig heben oder senken. Seitlich an diesem Näpfchen befindet sich die Klemmschraube, wo der Leitungsdraht von dem Warenpol der

Fig. 242.

Batterie oder Dynamomaschine eingeklemmt wird. Über diesem Näpfchen ist an dem Querbalken der Wage ein Platinstift befestigt, welcher, je nachdem die Wage auf die eine oder andere Seite sich neigt, in das Quecksilber im Näpfchen eintaucht oder heraussteigt.

Stellt man die Oberfläche des in dem Näpfchen befindlichen Quecksilbers genau so, daß bei vollkommenem Gleichgewicht der Wage der Platinstift diese Oberfläche berührt, so leuchtet ein, daß, wenn man den Träger voll Ware gehängt, in der Gewichtsschale das Gleichgewicht hergestellt und das für den Niederschlag bestimmte Gewicht noch in die Schale gelegt hat, die Wage sich auf die Gewichtsseite neigt, der Platinstift in das Quecksilber taucht, der Strom zu wirken und die Ware sich zu versilbern beginnt. Hat die Ware das gewünschte Gewicht Silberniederschlag erreicht, so neigt sich der Wagebalken auf ihre Seite, der Platinstift hebt sich aus dem Quecksilber, und der Strom ist unterbrochen; die Ware kann nun kein Silber mehr aufnehmen. Auf diese Weise kontrolliert der Apparat mit der größten Genauigkeit den ihm anvertrauten Niederschlag. In der Praxis hat sich aber gezeigt, daß das ansehnliche Gewicht des Apparates dessen Anwendung sehr erschwert, daß die Genauigkeit des Ausschlages durch das in unseren meist feuchten Werkstätten unvermeidliche Rosten der sehr fein gearbeiteten Stahlprismen und deren Lagerschalen sehr bald alteriert und damit die Präzision der Wage in Frage gestellt wird.

Auch die große Belastung des Warenträgers macht es fast unmöglich, eine empfindliche Wägung auszuführen; bei einer beiderseitigen Belastung von

5—10 kg der Wage ist es bei der präzisesten Ausführung derselben nicht gut zu verlangen, eine Empfindlichkeit zu erzielen, wie sie bei so genauen Wägungen erwünscht wäre.

3. Gewichtsbestimmung des Silberniederschlages mittels des Amperemessers. Eine annähernd genaue Methode, das niedergeschlagene Silber zu bestimmen, ist die Berechnung der Amperestunden mit Hilfe des Amperemessers, den man in den Badstromkreis einschaltet. Man muß, um doch annähernd genau arbeiten zu können, dafür sorgen, daß der Badstrom konstant gehalten werde, und kann dann die im Kapitel „Quantitative Verhältnisse bei der Elektrolyse" bereits besprochene Methode anwenden, die hier nochmals kurz wiederholt werden soll.

Ist die im Amperemesser angezeigte Stromstärke i Ampere und wird t Stunden lang Silber niedergeschlagen, so haben wir i × t Amperestunden zur Silberausscheidung verwendet.

Da nun eine Amperestunde 4,026 g Silber zur Ausscheidung bringt, so werden durch i × t Amperestunden

$$G = 4{,}026 \times i \times t \text{ g Silber}$$

niedergeschlagen werden.

Ist die Stromstärke i oder die Zeit t oder das Gewicht G gegeben, so sind die anderen Werte daraus berechenbar.

Beispiel: Wielange müssen drei Dutzend Paar Eßbestecke (Löffel und Gabeln) im Bad hängen, damit auf das Dutzend Paar 50 g Silber niedergeschlagen werden, wenn die am Amperemesser abgelesene Stromstärke 15 A betrug?

Wir rechnen:
$$G = 4{,}026 \times 15 \times t.$$

G, das Silbergewicht, soll aber 150 g betragen, daher ist die zu bestimmende Zeitdauer t:

$$t = \frac{150}{4{,}026 \times 15} = \frac{150}{60{,}39} = 2{,}48 \text{ Stunden},$$

das sind rund 2½ Stunden.

Diese Methode wäre wohl diejenige, welche am wenigsten Apparate verlangt, wird aber in den seltensten Fällen verwendbar sein, weil es in der Praxis wohl nie möglich ist, den Strom im Bad auch tatsächlich während der ganzen Niederschlagsdauer konstant zu erhalten. Infolge von Belastungsänderungen des Netzes im Bäderraum wird der Strom, selbst wenn er von einem Aggregat geliefert wird, wodurch Tourenzahlschwankungen ausgeschlossen sind, größeren oder geringeren Schwankungen unterworfen sein, und man müßte eine sehr komplizierte Registrierung der verschiedenen Stromstärken und der Zeitdauer deren konstanten Wirkung vornehmen, um die genaue Amperestundenzahl zu ermitteln. Man kann diese Methode schon deswegen nicht empfehlen, weil sie eine nicht unbedeutende Arbeit fordert, sofern man genau arbeiten will, was ja namentlich dort, wo es sich um die Abscheidung größerer Silbermengen handelt, sicherlich gefordert wird.

4. Gewichtsbestimmung des Silberniederschlages mittels Pfanhausers voltametrischer Wage. Diese beruht auf der in der Elektrochemie gebräuchlichen Methode der genauen Ermittlung des Gewichtes elektrolytischer Metallausscheidungen mittels des „Voltameters", das ist ein Registrierapparat für die in ein elektrolytisches Bad oder in einen anderen elektrischen Stromkreis geschickten Amperestunden.

Dieser Apparat wird nach der nachstehenden Skizze eingeschaltet:

In Fig. 243 ist A B die Hauptleitung, an welche die einzelnen Bäder angeschlossen sind, B R der Badstromregulator, A S ein Ausschalter, dessen Zweck später beschrieben wird; a und b sind die beiden Elektroden des Voltameters V. Ein Teil des Gesamtstromes I (falls mehrere Bäder an die Hauptleitung an-

geschlossen sind) geht, nachdem der Hebel des Ausschalters AS eingelegt wurde
durch den Badstromkreis. Wir wissen aber, daß in einem Stromkreis die Stromstärke an allen Stellen desselben gleich ist, d. h. es fließt durch das Voltameter V

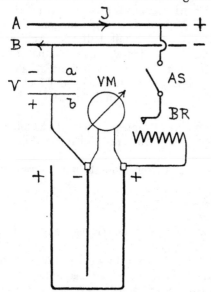

derselbe Strom, in Ampere gemessen,
wie durch Bad und Stromregulator.

Die Konstruktion eines solchen Voltameters (man verwendete bisher das Kupfervoltameter, in neuerer Zeit dagegen
das Bleivoltameter nach F. Fischer) soll
vorerst kurz erklärt werden.

In einem Glasgefäß G (siehe Fig. 244),
das z. B. mit einer Lösung von

Wasser	1 l
Kupfersulfat	100 g
Schwefelsäure, konz.	50 g
Alkohol, absol.	20 g

gefüllt ist, sind die beiden positiven
Kupferelektroden b, die durch eine
Kupferleitung d miteinander verbunden
sind, eingehängt. An einem Stativ S,
durch einen Arm A getragen, ist die
negative Platte a zwischen den beiden
Anodenplatten b beweglich angebracht.

Fig. 243.

Wie Fig. 243 zeigt, ist dieser Apparat in
den Badstromkreis so eingeschaltet, daß die positiven Platten mit der Kathodenstange des Silberbades verbunden werden, die Anodenplatten jedoch mit der negativen Hauptleitung in Verbindung stehen.

Der Vorgang bei der Gewichtsbestimmung des niedergeschlagenen Silbers ist
nun folgender:

Das Voltameter wird nach angegebener
Art gefüllt und verbunden, nachdem die
negative Platte vorher genau abgewogen
wurde.

Der Ausschalter AS wird geschlossen,
gleichzeitig werden die zu versilbernden
Gegenstände rasch in das Bad eingehängt;
der Strom beginnt seine Tätigkeit, fließt
durch Bad und Voltameter, auf die Ware
wird Silber, auf die negative Platte des
Voltameters wird Kupfer niedergeschlagen.

Nach dem im Kapitel „Quantitative
Verhältnisse in der Elektrolyse" Gesagten
verhalten sich die Niederschlagsmengen
von Kupfer und Silber wie ihre elektro-

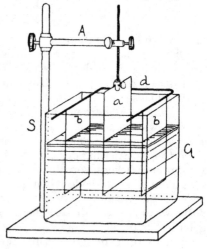

Fig. 244.

chemischen Äquivalente; es verhält sich also die Menge ausgeschiedenen Kupfers,
die man durch die Gewichtszunahme der negativen Platte bestimmt, zur Menge
niedergeschlagenen Silbers wie 1,186 : 4,026.

War etwa die Gewichtszunahme der Platte a des Kupfervoltameters[1]) G g,
ist die fragliche Silbermenge X g, so besteht die Proportion:

$$G : X = 1,186 : 4,026.$$

---

[1]) Die Vergleichszahl 1,186 gilt nur bei Verwendung des Kupfervoltameters, für das
Bleivoltameter ist diese Zahl: 3,859.

Daraus berechnet sich die Silbermenge X, welche gleichzeitig im Bad abgeschieden wurde, zu:

$$X = \frac{G \times 4{,}026}{1{,}186} = 3{,}4 \times G \text{ g}$$

Selbstredend verteilt sich diese Silbermenge auf alle im Bad hängenden Waren, daher ist es zweckmäßig, in ein Bad nur eine Sorte gleichartiger oder sämtliche zu einer vollständigen Garnitur gehörigen Waren einzuhängen und danach die auf eine gewisse Arbeitspartie entfallende Silbermenge zu bestimmen.

Will man, von einer bestimmten niederzuschlagenden Silbermenge ausgehend, die Dauer der Versilberung berechnen, so hat man die obige Proportion in der Weise abzuändern, daß man für die Silbermenge X, die aus der Anzahl der Objekte und der auf jedes einzelne Objekt abzuscheidenden Silbermenge als die totale Silbermenge G_1 zu berechnen ist, den Wert G_1 einsetzt.

Es ist dann die Kupfermenge y, die im Voltameter ausgeschieden werden muß, zu berechnen:

$$y : G_1 = 1{,}186 : 4{,}026.$$

Daher muß das Kupfer, das im Voltameter ausgeschieden werden muß:

$$y = \frac{G_1 \times 1{,}186}{4{,}026} = 0{,}295 \times G_1 \text{ g}$$

betragen.

Beispiel: Es sollen in einem Silberbad eine große Tasse und ein Dutzend Eßlöffel versilbert werden. Auf die Tasse wünscht man 50 g Silber niederzuschlagen, auf das Dutzend Eßlöffel sollen 70 g Silber niedergeschlagen werden.

Die totale Silbermenge beträgt daher

$$G_1 = 50 + 70 = 120 \text{ g}.$$

Die Versilberung muß so lange fortgesetzt werden, bis sich eine Gewichtszunahme der negativen Platte des Voltameters um

$$y = 120 \times 0{,}295 = 35{,}3 \text{ g}$$

konstatieren läßt.

Man muß also bei dieser Methode die negative Platte mehrmals aus dem Voltameter nehmen, trocknen und wiegen, bis die gewünschte Gewichtszunahme erreicht ist.

Diese in elektrochemischen Laboratorien gebräuchliche Methode wird der Umständlichkeit wegen dem Praktiker wenig zusagen.

Um jedoch den unleugbaren Vorteil dieser sehr genauen Bestimmungsmethode für unsere Industrie praktisch zu verwerten, hat Verfasser die voltametrische Wage konstruiert (Fig. 245), mit welcher jede, auch die kleinste

Fig. 245.

Niederschlagsmenge genau bestimmt werden kann, und zwar, wie aus der nachfolgenden Erklärung ersichtlich ist, in ganz einfacher, leicht ausführbarer Weise.

Natürlich kann man das voltametrische Prinzip überall da anwenden, wo man mit einer genau bekannten Stromausbeute operieren kann. Dies trifft z. B. in den gebräuchlichen Silberbädern, die mit einer durchschnittlichen Stromausbeute von 99% arbeiten, zu. Ferner sind unter Beobachtung bestimmter Stromdichten auch bei Goldbädern, schließlich bei Nickelbädern und Zinnbädern besonders verläßlicher Zusammensetzung die Möglichkeiten für eine derartige Kontrolle der Stromarbeit, also der Niederschlagsmengen in den Bädern, gegeben. Von F. Fischer wurde das Bleivoltameter in Vorschlag gebracht und wegen des hohen elektrochemischen Äquivalents des Bleies, das sehr nahe an dem des Silbers liegt, sind die damit erzielten Genauigkeiten weit größer als bei der Verwendung des Kupfervoltameters. Da außerdem die Fischersche Zusammensetzung der Bleivoltameterlösung die Anwendung hoher Stromdichten zuläßt, so gestattet sie gleichzeitig, das Gefäß für die Voltametereinrichtung sehr zu reduzieren.

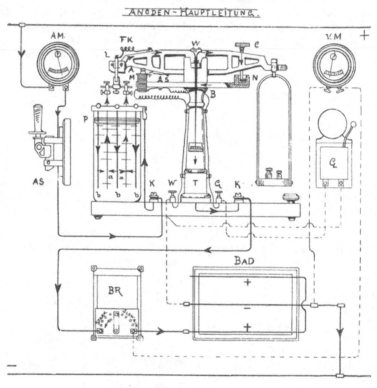

Fig. 246.

Die voltametrische Wage nimmt keinen großen Raum ein, läßt sich also leicht in der nächsten Nähe des Bades aufstellen; die dauernde Empfindlichkeit der Wage ist dadurch gesichert, daß einerseits deren Belastung nicht sehr bedeutend ist und andererseits deren Prisma in Achat ruht.

Konstruktion und Anwendung der voltametrischen Wage. Bei der voltametrischen Wage wurde die negative Platte oder Platten des Voltameters auf die eine Seite eines Wagebalkens aufgehängt und die Gewichtsbestimmung, ohne die Platte des Voltameters herauszunehmen und trocknen zu müssen, direkt durch aufzulegende Gewichte auf die auf der anderen Seite des Wagebalkens angebrachte Wagschale ausgeführt.

Durch eine in geeigneter Weise verbundene elektrische Klingel ist es möglich, dem Elektroplattierer durch das ertönende Signal anzuzeigen, daß die verlangte Menge Silber auf die Objekte im Bad abgeschieden worden ist; der Apparat ist so konstruiert, daß gleichzeitig die Stromzuleitung zum Bad unterbrochen wird, unterstützt durch einen Elektromagnet, der den Wagebalken sofort energisch zum Kippen bringt, wenn der Wagebalken die Nullstellung erreicht.

Die voltametrische Wage wird derart in die Badleitung eingeschaltet, daß der Badstrom den Apparat in der aus Fig. 246 ersichtlichen Weise in der Pfeilrichtung durchfließt. An der Klemmschraube K wird die von der positiven Hauptleitung kommende Badleitung festgeklemmt, die mit dem an der Säule T angebrachten Arm B und dem Quecksilbernapf N Kontakt hat. Der Wagebalken W trägt einen Stift C und eine Wagschale auf der einen Seite, auf der anderen Seite die Kathoden a des Voltameters und den Anker A zum Hilfsmagnet M.

Nachdem die Wage aufgestellt ist, wird der Wagebalken durch kleine Tariergewichte, welche den Kathoden a das Gleichgewicht halten, eingestellt; es steht dann der Zeiger auf dem Nullpunkt der Gradskala. Man reguliert nun mittels des Schraubenstiftes C so lange, bis dieser bei der Nullstellung des Zeigers gerade

Fig. 247.

die Quecksilberoberfläche im Napf N berührt, wobei zu beachten ist, daß man bei dieser Einstellung unbedingt den Stromkreis mittels des Ausschalters A S unterbrochen halten muß. Man erfaßt praktischerweise bei dieser Einstellung den Zeiger mit der linken Hand und hält ihn in der Nullstellung fest. Mit der rechten Hand wird hierauf der Anschlagstift S so weit verstellt, daß er, eben den Platinkontakt der Feder F berührend, sanft anliegt. Man kontrolliert jetzt die Richtigkeit der Einstellung, indem man den Stromkreis schließt und durch Einlegen des Ausschalterhebels bei A S muß bei der Nullstellung des Zeigers gerade die Klingel ertönen und der Wagebalken vom Elektromagnet M angezogen werden. Durch leises Abdrücken der Feder F vom Kontaktstift S läßt der Magnet den Anker A sofort wieder los. Man hüte sich davor, den Elektromagnet durch Herabdrücken der rechten Balkenseite gewaltsam außer Wirkung bringen zu wollen, weil dadurch die Wage verrissen wird und auch leiden muß.

Es ist ferner darauf zu achten, daß die Berührung der Feder F und des Stiftes S in dem Augenblicke erfolgt, als der Zeiger die Nullstellung erreicht, stimmt eine vorgenommene Probe bei Beobachtung des Läutewerkes noch nicht, dann ist die Stellung der Stellschraube S dementsprechend zu korrigieren.

Nachdem man die Wage so eingestellt hat, legt man auf die Wagschale das aus den nachstehenden Tabellen entnehmbare Gewicht, worauf der Stift C in das Quecksilber eintaucht und nun Strom durch das Bad fließt. Sobald das Äquivalent an Metall auf den Platten ausgeschieden ist, hebt sich der Wagebalken W auf der Wagschalenseite, und sobald er die horizontale Lage erreicht hat, also der Zeiger durch den Nullpunkt der Gradskala geht, wird der Kontakt bei C unterbrochen, gleichzeitig jener zwischen dem Stift S und der Feder F hergestellt, der Elektromagnet tritt in Wirksamkeit, so daß die linke Seite des Wagebalkens mit einem Ruck gesenkt wird, während gleichzeitig das Signal zum Tönen kommt.

Die elektrische Klingel G wird mit der Hauptleitung verbunden, wie dies in der Fig. 246 gezeichnet ist.

Wenn man nicht die Serienschaltung der Silberbäder anwendet (sofern also nicht jedes Bad mit der gleichen Warenfläche und gleichartiger Ware beschickt

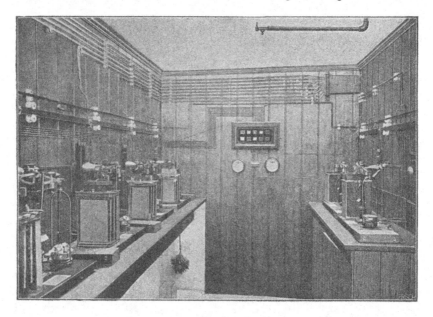

Fig. 248.

wird), muß natürlich jedes Silberbad seine eigene Wage erhalten, doch ist es nach dem Vorhergesagten durchaus nicht erforderlich, daß diese Wagen direkt an den zugehörigen Bädern oder in ihrer unmittelbaren Nähe aufgestellt werden, vielmehr wird es vorteilhaft sein, um die Kontrolle der Niederschlagsmengen durch einen speziellen Mann zu bewirken, die sämtlichen Wagen in einem vom Bäderraum abgesonderten Raume aufzustellen. Man bedient sich dann praktischerweise eines Springtableaus, das die Nummer desjenigen Bades anzeigt, welches seine Niederschlagsarbeit wunschgemäß beendigt hat. Eine derartige Einrichtung ist in den zwei Abbildungen, Fig. 247 u. 248, ersichtlich gemacht. Fig. 248 stellt den separaten Wagenraum dar und Fig. 247 den zugehörigen Bäderraum.

Die Idee des Verfassers, der Technik ein brauchbares Hilfswerkzeug zu schaffen, hat verschiedene Erfinder veranlaßt, etwas Ähnliches für den gleichen Zweck zu schaffen, und sei an dieser Stelle die voltametrische Wageeinrichtung von Dr. Heinrich Paweck und Dr. Walter Burstyn[1]) genannt.

---

[1]) Pfanhauser, Die Galvanoplastik, Monographie über angewandte Elektrochemie, Seite 84.

Tabelle für Gewichtsbestimmung des Silberniederschlages mittels der voltametrischen Wage unter Anwendung des Kupfervoltameters[1]).

Wenn ausgeschieden werden sollen g Silber	müssen nach Tarierung auf die Wagschale aufgelegt werden g Gewichte
1	0,259
2	0,518
3	0,777
4	1,036
5	1,295
10	2,590
20	5,180
30	7,770
40	10,360
50	12,950
100	25,900

Durch Addition der einzelnen Zahlen lassen sich selbstredend alle anderen in der Tabelle nicht angegebenen Werte finden; so kann man das Gewicht berechnen, welches auf die Wagschale aufzulegen ist, um 45 g Silber niederzuschlagen. Man addiert hierzu die Werte für 40 und 5 und erhält

$$10,360 + 1,295 = \mathbf{11,655} \text{ g.}$$

Beispiel: Wieviel Gramm sind nach Tarierung auf die Wagschale aufzulegen, wenn in dem betreffenden Bad, in dessen Stromkreis die voltametrische Wage eingeschaltet ist, drei Dutzend Eßlöffel, das Dutzend mit 42 g, versilbert werden sollen?

$$\begin{array}{lll} \text{1 Dutzend Eßlöffel brauchen} & 42 \text{ g Silber} \\ 3 \quad ,, \qquad\qquad ,, \qquad\qquad ,, & 126 \text{ g} \quad ,, \end{array}$$

Aus der Tabelle ist zu entnehmen, daß für

$$\begin{array}{lll} 100 \text{ g Silber} & 25,900 \text{ g Gewicht} \\ 20 \text{ g} \quad ,, & 5,180 \text{ g} \quad ,, \\ 5 \text{ g} \quad ,, & 1,295 \text{ g} \quad ,, \\ 1 \text{ g} \quad ,, & 0,259 \text{ g} \quad ,, \end{array}$$

mithin für **126 g Silber 32,634 g** Gewicht auf die Wagschale nach Tarierung aufzulegen sind.

Tabelle für Gewichtsbestimmung des Silberniederschlages mittels der voltametrischen Wage unter Anwendung des Bleivoltameters[2]).

Wenn ausgeschieden werden sollen g Silber	müssen nach Tarierung auf die Wagschale aufgelegt werden g Gewichte
1	0,874
2	1,748
3	2,622
4	3,496
5	4,370
10	8,740
20	17,480
30	26,220
40	34,960
50	43,700
100	87,400

[1]) Angenommen ist dabei ein spezifisches Gewicht der angewendeten Kupfervoltameterlösung bei 18° C = 1,137.

[2]) Angenommen ist dabei ein spezifisches Gewicht der angewandten Bleivoltameterlösung bei 18° C = 1,1.

Man ersieht mit Leichtigkeit beim Vergleich dieser Tabellen, daß man z. B., um ebenfalls 126 g Silber zu kontrollieren, folgendes Gewicht auf die Wagschale legen muß, wenn man mit dem Bleivoltameter arbeitet:

$$
\begin{array}{rlllll}
100\,\text{g} & \text{Silber} & \text{entsprechen} & 87{,}400\,\text{g} & \text{Gewicht} \\
20\,\text{g} & ,, & ,, & 17{,}480\,\text{g} & ,, \\
5\,\text{g} & ,, & ,, & 4{,}370\,\text{g} & ,, \\
1\,\text{g} & ,, & ,, & 0{,}874\,\text{g} & ,, & \text{Mithin sind} \\
\end{array}
$$

für **126 g Silber**   110,124 g Gewicht

nach erfolgter Tarierung auf die Wagschale aufzulegen. Es sind dies fast 3½ mal soviel Vergleichsgewicht wie beim Kupfervoltameter, und naturgemäß ist die dabei erreichbare Genauigkeit noch viel größer.

Gewichtsbestimmung durch den Stia-Zähler. Der Stia-Zähler ist ein Elektrizitätszähler, der auf dem coulometrischen Prinzip beruht, ähnlich wie die voltametrische Wage, nur ist bei diesen Apparaten Quecksilber als Vergleichssubstanz gewählt, welches durch den Strom aus einer in dem Apparat befindlichen Quecksilbersalzlösung ausgeschieden wird. Die abgeschiedene Quecksilbermenge ist ebenfalls äquivalent der Silbermenge, die durch den gleichen Strom im Silberbade, das mit dem Zähler in Serienschaltung verbunden ist, abgeschieden wird. Um dieses Instrument nicht zu groß werden zu lassen, schaltet man für größere Stromstärken das Instrument in den Nebenschluß zu

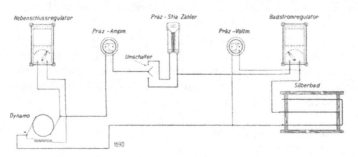

Fig. 249.

einem Shunt, um nur einen Zweigstrom des Badstromes durch die Apparatur zu senden, der oft nur bis zu $^1/_{100}$ des Badstromes beträgt.

Der Präzisions-Stia-Zähler wird mit dem Silberbad hintereinandergeschaltet, in genau der gleichen Weise, wie man ein Amperemeter benutzt und wie aus dem folgenden Schaltungsschema (Fig. 249) hervorgeht. Das im Silberbade auf den eingehängten Waren niedergeschlagene Silber liest man an einem in einer Glasröhre befindlichen Quecksilberfaden gegen eine Skala ab. Ist das Meßrohr nahezu voll, oder soll aus einem anderen Grunde der Zähler wieder auf Null eingestellt werden, so wird die Verschlußschraube, die die Lage des Rohrgehäuses sichert, gelöst und das Rohrgehäuse einen Augenblick umgekehrt, d. h. gekippt. Hierdurch fließt das in der Skala befindliche Quecksilber zurück, und die Messung kann von neuem bei der Nullage beginnen.

Dem verschiedenen Stromverbrauch entsprechend, der bedingt ist durch die Verwendung verschieden großer Silberbäder, werden die Präzisions-Stia-Zähler z. B. für die nachfolgenden maximalen Strombelastungen gebaut:

Stromdurchlaß in A	Spannungsabfall im Zähler bei maximaler Belastung in V	Meßbereich der Skala in g Silber	Ablesewerte für einen Teilstrich der Skala in g Silber
5	0,75	250	1
15	0,9	1000	5
30	0,9	2000	10
50	0,5	5000	20

Für Goldbäder sind diese Zähler wegen der wechselnden Stromausbeute nur bedingt verwendbar.

Für die gewöhnliche Gewichtsversilberung in ruhenden Bädern werden die Stia-Zähler für 5 bzw. 15 A maximalen Stromdurchlaß genügen, während man für bewegte, d. h. mit Rühr- oder Schlittenapparaten versehene Bäder die Zähler für 30 bzw. 50 A maximalen Stromdurchlaß zu wählen hat. Der unter Spalte 3 obenstehender Tabelle genannte Meßbereich ist so zu verstehen, daß der

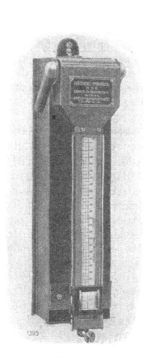 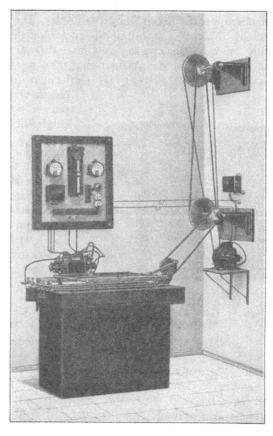

Fig. 250.   Fig. 251.

ganze Quecksilberfaden des Zählers die angegebene Silbermenge anzeigt, worauf naturgemäß nach dem oben beschriebenen Kippen des Apparates mit einer neuen Messung begonnen werden kann.

Zwecks genauerer Ablesung ist es empfehlenswert, die Präzisions-Stia-Zähler mit dazu gehöriger **Ableselupe** auszurüsten, die der Skala entlang verschoben werden kann und eine scharfe Ablesung der Quecksilberkuppe gestattet.

Obenstehende Fig. 250 zeigt einen Stia-Zähler in seiner normalen Aufmachung mit der vorerwähnten Ableselupe, die in der Figur nach unten geschoben ist und die bei jedesmaliger Ablesung auf den Quecksilbermeniskus eingestellt wird, um die genaue Ablesung der Teilstriche, die bei diesem Zähler ebensogut nach Gramm Silber als nach irgendeinem beliebigen anderen Metall, das in einem elektrolytischen Bad abgeschieden werden soll, geeicht sein können.

Die Stia-Zähler werden zweckmäßig auf einer separaten Schalttafel an der Wand in unmittelbarer Nähe des betreffenden Bades aufgehängt, doch ist für eine erschütterungsfreie Montage zu sorgen, um dem Instrument eine möglichst lange Lebensdauer zu sichern.

Die Fig. 251 zeigt im Prinzip ein Silberbad für Besteckversilberung, bei dem die eingehängten Waren vermittels eines sogenannten Schlittenapparates im Bade langsam hin und her bewegt werden, um die Anwendung höherer Stromdichten zu ermöglichen und für den notwendigen intensiveren Schichtenaustausch in unmittelbarer Nähe der Waren zu sorgen. Die Fig. 251 zeigt als Stromquelle für das Silberbad einen rotierenden Einankerumformer. Die Schalttafel hinter der Wanne mit dem Silberbad trägt die notwendigen Präzisions-Meß- und Regulierapparate neben dem Stia-Zähler. Die Schaltung ist derartig gewählt, daß das Silberbad sowohl mit wie auch ohne den Präzisions-Stia-Zähler arbeiten kann, zu welchem Zwecke ein Umschalter auf der Schalttafel vorgesehen ist. Die außerdem auf der Marmorschalttafel montierten Apparate dienen zur Einschaltung und Regulierung des Umformers und bestehen aus einem Anlasser mit Tourenregulierung und einem doppelpoligen Ausschalter mit Sicherungen. Den eingehängten Waren entsprechend muß natürlich auch die Stromstärke im Silberbad reguliert werden können, und es dient dazu ein **Gleitdrahtwiderstand** oder ein **feinstufiger Badstromregulator**, der eine sehr weitgehende Stromregulierung zuläßt.

Mechanische Elektrizitätszähler. Natürlich kann auch jeder Amperestundenzähler zur Gewichtsbestimmung der Niederschläge in elektrolytischen Bädern verwendet werden, wenn man entsprechende Vergleichs- oder Umrechnungstabellen für die betreffende Metallsalzlösung aufstellt, oder wenn der betreffende Zähler schon nach Gramm Metall, das in dem betreffenden Bad niedergeschlagen wird, im vorliegenden Falle also nach Gramm Silber, geeicht

1626

Fig. 252.

wurde. Fig. 252 zeigt einen sehr praktischen Zähler dieser Art, wie er vielfach in Versilberungsanstalten Verwendung findet. Das Zählwerk ist so eingerichtet, daß jeder Teilstrich ein Gramm Silber anzeigt, und ist das Zählwerk durch eine einfache Vorrichtung immer wieder auf Null einzustellen, wenn die Messung erledigt ist. Man kann solche Zähler aber auch ebenso wie die Stia-Zähler in die Hauptleitung einschalten, um solcherart die gesamte in einer Silberbadserie abgeschiedene Menge Silber in einem bestimmten Zeitraum, etwa innerhalb eines Tages, einer Woche, eines Monates usw., zu kontrollieren. Dadurch kann man den effektiven Verbrauch an niedergeschlagenem bzw. verbrauchtem Anodensilber kontrollieren und Diebstähle zumindest aufdecken.

Der Wert solcher Apparate ist also nicht nur in der Beschaffung der Kalkulationsunterlagen zu suchen, sondern diese sind auch als unentbehrliche Sicherheits-Kontrolleinrichtungen aufzufassen.

Nach nachstehendem Schaltungsschema (Fig. 253) wird der Silbergewichtszähler mit dem Silberbad und den notwendigen Meßinstrumenten, dem Amperemeter A und dem Voltmeter V sowie dem Badstromregulator BR, verbunden. In dem Schaltungsschema bedeutet Z den eigentlichen Zähler, R ein Relais, L das Läutewerk, welches nach vollendeter Niederschlagsarbeit durch ein Signal den Bedienenden ruft. VA und LA sind zwei Ausschalter für den Voltmesser einerseits und für das Läutewerk andererseits. Fig. 254 zeigt eine Schalttafel mit diesen Apparaten ausgestattet.

Ähnlich wie wir dies bei den voltametrischen Wagen kennenlernten, kann man auch für diesen Fall der Anwendung solcher Gewichtszähler ein Springtableau bei gleichzeitiger Verwendung mehrerer Bäder anwenden in Verbindung mit nur einem Läutewerk und kann auf dem Springtableau durch das Herausspringen der mit dem Bade korrespondierenden Nummer angezeigt werden, welches Bad seine Arbeit beendigt hat.

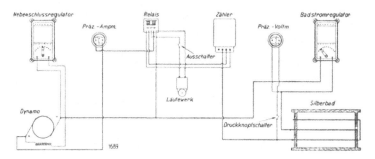

Fig. 253.

Es ist anzunehmen, daß die fortschreitende elektrotechnische Industrie immer wieder neue praktische und immer verbesserte Apparate dieser Art auf den Markt bringen wird, die auch im Preise der Anschaffung dauernd günstiger und den breitesten Schichten der Industrie und des Gewerbes zugänglich gemacht werden können.

Die Silberwarenfabriken haben für die Versilberung von Eßbestecken be-

Fig. 254.

stimmte Silberauflagen eingeführt. Man versilbert heute solche Eßbestecke mit 90 g Silber pro Dutzend Paar, d. h. man legt auf 12 Löffel und Gabeln 90 g Silber auf. Messergriffe versilbert man für dieselben Zwecke mit 30 g Silber pro Dutzend.

Außer diesen Verhältnissen sind auch leichtere Versilberungen eingeführt, und spricht man von einer 60er Versilberung oder 50er Versilberung, wenn man pro Dutzend Paar 60 oder 50 g oder noch weniger Silber aufträgt. Die schwächste

Versilberung auf Bestecken sieht immer noch eine Auflage von 20 g Silber pro Dutzend Paar vor. Für leichte Versilberung von Messergriffen ist neben der 90er Versilberung, wie sie für die Löffel und Gabeln verwendet wird, eine solche von 20 g für die 2. Qualität eingeführt, die 3. Qualität erhält immer noch 15 g pro Dutzend.

Versilbern der Messingscheinwerfer für Automobile u. dgl. Scheinwerfer für Automobile werden, um die Lichtwirkung der parabolisch geformten Innenfläche zu erhöhen, stets gut versilbert und poliert, und es hängt von der Art der Ausführung der Versilberung die spätere Lichtwirkung außerordentlich viel ab. Es ist dies eine große Industrie für sich geworden, und soll der Vorgang der Versilberung mit der späteren Polierung hier des näheren erörtert werden, um oftmals an den Verfasser gerichtete diesbezügliche Anfragen aus der Praxis allgemein zu beantworten.

Die aus Messingblech gedrückten Scheinwerfer werden zunächst auf der Außenfläche und Innenfläche gut vorgeschliffen. Die Bearbeitung der Außenflächen unterliegt keinerlei Schwierigkeiten. Die Bearbeitung der Innenflächen dagegen ist etwas kompliziert. Zu dieser Arbeit werden die Scheinwerfer auf Holzfutter gespannt, nachdem man die Innenfläche mit einem Bimssteinstück, welches man halbrund bearbeitet hat, damit es sich möglichst an die Parabolfläche anschmiegt, ausgeschliffen hat. Dies wird von Hand besorgt, indem man den Bimsstein langsam im Innern der Rundung entsprechend bewegt unter entsprechender Druckäußerung.

Hierauf folgt das Vorpolieren auf einer Spezialmaschine. Der Scheinwerfer bleibt hierzu auf dem vorerwähnten Holzfutter und wird mit 600 bis 800 Umdrehungen pro Minute laufen gelassen, während eine Filzscheibe von 5—6 cm Durchmesser gleichzeitig automatisch, vermittels einer besonderen, von außen in das Scheinwerferinnere greifenden Vorrichtung 2000 Touren machend, gegen die Innenwand angedrückt wird, wobei die Filzscheibe ebenfalls eine leichte hin und her gehende Bewegung pendelnd ausführt. Dieses Vorpolieren erfolgt unter Zuhilfenahme von Polierschmirgel und Stearinöl, worauf das Feinpolieren mit Tripelmasse aus amerikanischem Tripel und das endliche Hochglanzpolieren mit weißer Hochglanzmasse erfolgt.

Der so bearbeitete polierte Spiegel wird nunmehr in einem Trockenofen auf 200° C erhitzt, damit der Rest von Fett aus den unvermeidlichen Poren, die auch im gezogenen Messing vorkommen, ausgetrieben wird, hierauf wird nochmals mit Kalk auf Hochglanz poliert, zumal das Messing bei der Erwärmung auf 200° C stets wieder etwas anläuft.

Nun erst kann man zum Entfetten für die weitere Plattierung schreiten, was mit einem kalkhaltigen Dekapier- und Entfettungsmittel geschieht vermittels einer Fiberbürste; natürlich kann dies nur von Hand geschehen.

Noch naß nach gutem Spülen mit viel fließendem Wasser erfolgt jetzt das Verquicken in einer zyankalischen Quickbeize.

Das Verquicken erfolgt, nachdem man den Scheinwerfer vom Futter abgenommen und gut dekapiert hat, und zwar in der zyankalischen Quickbeize. Es muß nun ein gründliches Spülen folgen, und die Scheinwerfer, die meist außen mit Lack abgedeckt wurden, kommen nun ins Starkversilberungsbad, wo sie eine halbe Stunde verbleiben. Nach dieser Zeit werden sie herausgenommen und mit 0,06 mm starkem gewelltem Neusilberdraht durchgekratzt, abermals gespült und eine weitere halbe Stunde fertig versilbert und abermals in gleicher Weise gekratzt.

Die Scheinwerfer zeigen jetzt bereits einen ziemlichen Glanz auf der Innenfläche. Es wird hierauf getrocknet, mit feinen Sägespänen aus Hartholz (gut gesiebt), und nun wird zuerst in bekannter Weise auf der Poliermaschine mit Schwabbelscheiben aus Kattun und unter Benutzung von weißer Hochglanzmasse vorpoliert. Der so erhaltene Glanz reicht aber noch nicht hin, und es muß nun der Scheinwerfer wieder auf das Holzfutter kommen und wird dort, wie früher beim Vorschleifen, auf einer Spezialmaschine unter Benutzung von Swansdown-Scheiben mit Pariserrot und Alkohol feinpoliert.

Schließlich werden die Innenflächen mit Benzin abgerieben und zaponiert.

Es lassen sich aber auch andere Methoden finden, um diese heute moderne Fabrikation von Scheinwerfern einwandfrei, spiegelnd zu versilbern. Meist bestehen diese Scheinwerfer aus Messing oder Kupfer, Metalle, die an und für sich leicht auf Hochglanz vorzuarbeiten sind. Die richtige Wahl des Poliermittels, aber auch der Polierscheiben spielt dabei die Hauptrolle. Nach dem Hochglänzen werden solche Scheinwerfer gut entfettet, verquickt und in ein Silberbad mit 15 bis 18 g Silber pro Liter gebracht und mit 0,6—0,8 V 20 bis 30 Minuten lang versilbert. Nach dieser kurzen Versilberung wird mit Seidentaftscheiben unter Benutzung von feinstem Polierrot poliert. Das Polieren mit dem Blutstein gibt meist Rillen, wodurch das Reflexionsvermögen leidet. Die Versilberung der Scheinwerfer wird aber immer mehr und mehr durch die moderne Verchromung verdrängt, seit man erkannt hat, daß das Reflexionsvermögen versilberter Scheinwerfer sehr bald abnimmt, wenn der Silberspiegel altert, d. h. gelblich wird, während Chrom, wenn es poliert ist, seine Reflexionskraft, die an sich zunächst gegen reinweißes Silber um etwa 20% geringer ist, dauernd beibehält, also nach wenigen Wochen Betriebszeit dem Silber bereits überlegen ist.

Neuversilberung von Tressen, Litzen, Stickereien u. dgl. Derartige, für das Militär verwendete Abzeichen, die anfänglich aus versilberten Gespinsten hergestellt worden waren und die sich im Gebrauch nach und nach abnutzten und unansehnlich wurden, müssen wegen des Anschaffungswertes oftmals auf neu hergerichtet werden, und wird dazu folgender Weg eingeschlagen:

Die Gegenstände werden zwecks Reinigung erst durch Zyankalilösung 1:10 gezogen, hierauf mit Hilfe von Entfettungskomposition durch Abbürsten mit einer Bürste entfettet. Man spült dann mit starkem Wasserstrahl den Kalk wieder ab und umwickelt nun mit dünnem Kupferdraht das Gewebe bzw. die Achselstücke, so daß möglichst überall das Gespinst mit einem Draht berührt wird. Hierauf hängt man die Gegenstände in das zyankalische Kupferbad sofort mit Strom ein, und zwar bei einer Spannung von 3—4 V, wobei die Gewebe einen dünnen Kupferhauch erhalten. Zeigen sich hier und da noch einige nichtverkupferte Stellen, so ist der Draht etwas zu verschieben und vor allem möglichst unter Schütteln des Gegenstandes die Verkupferung vorzunehmen. Sollten sich trotz des Verschiebens des Drahtes und bei gutem Kontakt einige Teile nicht mit Kupfer decken, so ist dies ein Beweis, daß nicht genügend entfettet wurde. Nach 3—4 Minuten ist genügend Kupfer auf den Waren, und hängt man dieselben nun in das Silberbad.

Man spült, nachdem man die Gegenstände aus dem Kupferbad entnommen hat, dieselben mit Wasser ab und hängt die Teile bei einer Spannung von 3 V bei 3—4 A Stromzufuhr pro qdm in das Silberbad. Hierbei empfiehlt es sich, die Tressen usw. möglichst hin und her zu bewegen und den Draht 1—2 mal zu verschieben, damit das Gewebe überall genügend Strom erhält und sich überall gleichmäßig das Silber niederschlagen kann. Nach ca. 1—2 Minuten ist das Gewebe mit Silber genügend gedeckt, und kann man je nach Belieben unter Zurückstellung des Stromes auf 1 V den Silberniederschlag verstärken.

Nach genügender Versilberung sind die dünnen Kupferdrähte zu entfernen, und ist dann das Gewebe an einer Zirkularkratzbürste aus Neusilber vorsichtig unter Zuhilfenahme von Seifenwurzelwasser gleichmäßig zu kratzen. Eine Messingbürste ist zum Kratzen von Silber nicht zu empfehlen, da sich dasselbe hierbei gelblich färben würde.

Soll der Versilberung eine Vergoldung folgen, so sind die versilberten gekratzten Tressen usw. nach nochmaligem leichtem Entfetten mit Entfettungs-

komposition und starkem Abspülen in Wasser in das Blutlaugensalzgoldbad zu
hängen, wobei vorher das Gewebe ebenfalls erst mit einem dünnen Kupferdraht
dicht umwickelt werden muß, damit dasselbe überall die notwendige Stromzufuhr erhält. Auch hier empfiehlt es sich, die Gegenstände möglichst im Bad zu
bewegen, eventuell die sich nicht deckenden Stellen mit dem Draht zu berühren.
Die Spannung beim Goldbad beträgt anfangs 3 V und stellt man dann den
Strom auf 2 V zurück, wenn sich genügend Gold auf den Gegenständen befindet. Nach Beendigung der Vergoldung sind die Gegenstände ebenfalls in Wasser
gut abzuspülen und an einer Neusilberkratzbürste zu kratzen.

Die versilberten bzw. vergoldeten Gegenstände sind nun erst in reinem
Wasser einige Zeit zu wässern, damit die geringen Mengen Silber- bzw. Goldbadflüssigkeit, welche sich im Samt oder Stoff festgesetzt haben, entfernt
werden. Hierauf legt man die Gegenstände in eine Weinsteinsäurelösung, und
zwar löst man ca. 50 g Weinsteinsäure in 1 Liter Wasser in der Kälte auf, und
wird in dieser Lösung noch die geringe Menge zyankalisches Silber- bzw. Kupferbad neutralisiert. Man spült nun nochmals in reinem Wasser zur Entfernung
der Weinsteinsäurelösung ab und trocknet schließlich unter starkem Pressen,
um möglichst die Form der Tressen usw. beizubehalten, zwischen reinem Löschpapier, welches von Zeit zu Zeit erneuert werden muß, um die letzten Spuren von
Feuchtigkeit aus dem Samt zu entfernen.

Das Polieren der Versilberung. Der aus dem Bad ganz matt kommende
Niederschlag wird mit Kratzbürsten mit Drahtstärke 0,15 oder 0,10 mm mit
Seifenwurzelwasser überkratzt, in reinen staub- und harzfreien Sägespänen getrocknet und warm nachgetrocknet. Die Versilberung ist ebenso wie Silber sehr
empfindlich gegen Einwirkung von Leucht-, Sumpf-, Kloaken- und allen Schwefel-
wasserstoff- oder Schwefelkohlenstoffgasen, welche sie gelb, braun oder dunkel
färben. Ein farbloser Lacküberzug (Alkohollack) schützt wohl dagegen, aber Ge-
brauchsartikel gestatten solchen nicht, sie sind daher vor der Einwirkung solcher
Gase möglichst zu bewahren.

Meist werden die versilberten Waren von Hand poliert, und zwar mit Polierstahl oder Polierstein (Blutstein). Das Polieren mit Maschinen mittels Polierscheiben wird bei dem weichen Silberniederschlag selten angewendet, da diese
Arbeit einerseits außerordentlich schwierig ist, anderseits der durch Maschinen
erzielbare Glanz bei weitem nicht an den Effekt heranreicht, der durch das Polieren von Hand mit dem Stahl bzw. Blutstein erreicht wird. Für gewisse billigere
Artikel ist aber das Polieren mit der Poliermaschine immerhin anwendbar, und
wird dazu eine der bekannten Maschinentypen, wie sie im Kapitel über das Schleifen und Polieren beschrieben · wurden, benutzt. Die Schleifwelle macht hierzu
2000 Touren pro Minute, und man arbeitet mit Kattunflatterscheiben unter Zuhilfenahme von Pariserrot, das mit Alkohol zu einem Brei angerührt wurde.
Schließlich wird der Polierhochglanz durch Nachreiben mit trockenem Polierrotpulver oder durch maschinelles Nachpolieren mit Wollfaserscheiben und
trockener Polierrotmasse erzeugt.

Diese maschinelle Art des Polierens eignet sich vorwiegend für Tabletts und
größere Gegenstände, wie Kannen und Tassen.

Ein anderes, viel angewendetes maschinelles Verfahren des Polierens von
Silberniederschlägen ist das bereits beschriebene Verfahren mit besonderen
kleinen Polierstählen, die die Handpolierung ersetzen, auf das hier nochmals verwiesen sei. Die nach diesem Verfahren erhaltene Politur ist der alten Handpolierung gleichwertig und drückt den Niederschlag hart, so daß bei der darauffolgenden Polierung auf der Schwabbel ein erstklassiger Hochglanz erhalten wird,
ohne jedweden Angriff auf den Silberniederschlag selbst, wie dies bei direkter
Schwabbelpolierung ohne vorherige Benutzung dieser maschinell betriebenen
Polierstähle unvermeidlich ist.

Eine rationelle, fabrikmäßige Einrichtung hierfür erfordert 4 Maschinen dieser Art, die nebeneinander benutzt werden, soweit es sich um die Polierung von Löffeln u. dgl. handelt, und es werden diese 4 Maschinen an einem gemeinsamen Arbeitstisch montiert.

Die erste Maschine übernimmt die Polierung der Innenseite der Löffel, die zweite die Außenseite, die 3. und 4. gilt für den Löffelstiel bzw. für die Gabelstiele. Es bearbeitet dann immer eine Person an einer Maschine denselben Teil des Objektes und gibt das Stück zur weiteren Bearbeitung der an der nächsten Maschine arbeitenden Person weiter.

Eine ebenfalls maschinell arbeitende Vorrichtung zum Polieren ist die Silberteilpolierbank, die ebenfalls bereits beschrieben wurde und welche für runde Gegenstände, wie Schüsseln, Weinkühler u. ä., ebenfalls mit dem drückenden Polierstahl dient. Beim Arbeiten werden die Henkel, Monogramme und dergleichen Partien von der Polierung ausgenommen, da die Maschine eine reversierende Bewegung einhält, die für jedes einzelne Stück einstellbar ist. Natürlich empfiehlt sich diese Maschine nur dann, wenn eine größere Anzahl gleicher Stücke zur Polierung kommt, weil das Einstellen der Reversiervorrichtung ganz genau erfolgen muß, um die nichtpolierte Stelle nicht erst von Hand nachpolieren zu müssen, und weil naturgemäß die Kosten für die richtige Einstellung einer gewissen Arbeitszeit entsprechen, die aus der Kalkulation um so mehr herausfallen, je mehr gleichartige Teile man poliert.

Die Poliermethoden mit solchen maschinell arbeitenden Polierstählen finden immer dann vorzugsweise Anwendung, wenn es gilt, weiche Reinsilberniederschläge, die nur durch Druckwirkung auf Hochglanz zu bringen sind, zu polieren. Die Schwabbelmethoden dagegen sind bevorzugt, wo man durch geeignete Maßnahmen harte Silberniederschläge oder Silber-Nickellegierungen usw. abgeschieden hat, welche infolge ihrer Härte nach den bei der Vernicklung üblichen Poliermethoden mit Schwabbeln oder Wollbürsten und Poliermassen poliert werden können.

Für eine billige Glanzversilberung nach vorherigem Kratzen kann sowohl für Reinsilberniederschläge wie für Hartsilberniederschläge auch das Kugelpolierverfahren in Anwendung kommen, das aber direkt noch nicht den handelsüblichen strichfreien tiefen Hochglanz liefert, vielmehr nur als eine Vorarbeit gelten kann, wenn man sich nicht, wie etwa bei der Wiederversilberung oder im Hotelbetriebe, mit diesem Halbeffekt begnügt. Als Vorpoliermethode, besonders bei Massenherstellung, ist aber das Kugel-Polierverfahren in der Versilberungstechnik zu bedeutendem Ansehen gelangt und sehr verbreitet, es wird, wenn Qualitätsware hergestellt werden soll, aber nur als eine solche Vorpolierung angewendet, während das Hochglanzpolieren doch noch auf eine der früher beschriebenen Methoden durch Druck oder durch Schwabbeln ausgeführt wird.

Oxydierung auf Silber. Es kommt häufig vor, daß sowohl Echtsilberwaren als auch elektrolytisch versilberte Artikel teilweise oder vollständig oxydiert werden; das ist das bekannte grauschwarze oder bläulichschwarze „Oxyd", welches man durch Schwefelung des Silbers auf folgende Art erhält:

Die vorher durch Abbürsten mit Spiritus und Weinstein mit Wasser wohlgereinigten Echtsilberobjekte oder elektrolytisch versilberten Artikel taucht man in folgende kochende Lösung:

Wasser . . . . 1 l
Schwefelleber . . . . 25 g
Kohlensaures Ammoniak . . . 10 g

und zwar so lange, bis die Versilberung schön blauschwarz angelaufen ist.

Die Schwefelleber wird vorher zerstoßen, damit sie sich leichter auflöst. Überdies beschleunigt man die Auflösung durch fleißiges Umrühren.

Obige Zusammensetzung des Oxydbades erzeugt eine recht schöne, tief-schwarze Oxydierung, erfordert jedoch eine sehr solide, vorherige Versilberung. Ist die Versilberung zu schwach, so würde anstatt einer Oxydierung die Versilberung wieder abgehen. In diesem Falle müßte man das Oxydbad mit Wasser bedeutend verdünnen; die Farbe der Oxydierung fällt aber dann weniger schwarz aus, mehr grau, und wird um so heller bis stahlgrau, je schwächer die Versilberung und je mehr das Oxydbad mit Wasser verdünnt war.

Eine andere ältere Zusammensetzung des Oxydbades ist folgende: Gestoßene Schwefelleber und Salmiakgeist zu gleichen Teilen werden in einer geschlossenen Flasche an einem warmen Orte aufbewahrt und öfters geschüttelt.

Bei Bedarf gießt man davon eine entsprechende Menge in kochendheißes Wasser, diese Lösung dient als Oxydlösung.

Am bequemsten oxydiert man mit dem flüssigen Schwefelammonium, welches wohlverschlossen in Vorrat gehalten werden kann; im Moment des Bedarfes gießt man in

Wasser . . . . 1 l
Schwefelammonium . . . 25—50 g

und taucht die versilberten Gegenstände in diese kochendheiß gemachte Flüssigkeit.

Eine solide Oxydierung hält das Kratzen mit feinen Kratzbürsten und Seifen-wurzelwasser sowie auch das Polieren mit Stahl oder Stein recht gut aus; es ist dies sogar von Vorteil, wenn glänzende Oxydierung gewünscht wird.

Die Oxydierungslösung muß öfters erneuert werden; sie zersetzt sich bald und erzeugt dann ein unschönes, wenig haltbares Oxyd.

Eine mißlungene Oxydierung ist in erwärmter Zyankaliumlösung leicht wieder abzunehmen.

Altsilber. Für gewisse versilberte oder wirkliche Silberartikel ist es oft wünschenswert, ihnen das Aussehen von altem Silber zu geben. Es ist dies namentlich bei Figuren, Vasen, Leuchtern und Luxusartikeln, bei wirklichen oder nach-geahmten Kunstgegenständen, Antiken-Imitationen usw. der Fall, seltener bei Bijouterieartikeln.

Um ein versilbertes oder wirkliches Silberobjekt alt zu machen, ist folgender Vorgang der einfachste: Man reibt guten Graphit und Terpentingeist zu einem dünnen Brei an, bestreicht das Objekt damit und läßt trocknen. Man kann auch etwas gemahlenen Blutstein oder roten Ocker beimischen, wenn man den charakteristischen kupferigen Stich alter Silberobjekte nachahmen will. Nach der Trocknung bürstet man ab, um diejenigen Partien des Anstriches zu ent-fernen, welche nicht gut haften. Mit einem in Spiritus oder Alkohol getauchten Lappen werden namentlich alle hervorspringenden Stellen bloßgelegt und über-haupt nach Geschmack und Belieben des Manipulierenden nuanciert.

Noch einfacher erzielt man diesen Effekt, wenn man die Silber- oder stark versilberten Objekte durch Schwefelalkalien oxydiert, und zwar nicht ganz aus-oxydiert, sondern nur bläulich anlaufen läßt, das Oxyd dann mit einer scharfen Bürste mit feinem Bimsteinpulver oder Rohweinstein mit Wasser teilweise wieder abnimmt. Auf diese Weise werden namentlich die Bijouterieartikel, Metallknöpfe, Gürtel- und Taschenschließen, Albumbeschläge usw. in großen Mengen erzeugt; ganz kleine Artikel werden anstatt des Abbürstens nach dem Oxydieren in Leinen-säcken mit Sägespänen so lange gescheuert, bis der gewünschte Altsilberton erreicht ist.

Auch das später angegebene Arsenbad dient oft dazu, solche Altsilber-färbungen herzustellen. Das Arsenbad hat den ganz nennenswerten Vorteil, daß man nicht eine chemische Reaktion auf das Silber einwirken lassen muß, wodurch, wie z. B. bei der Behandlung mit Schwefelleber oder Schwefelammonium, die reine Silberschicht, wie sie auf elektrolytischem Wege hergestellt wurde, stark angegriffen wird. Schwache Silberniederschläge halten derartigen che·

mischen Einwirkungen nicht stand, und es geschieht nur zu leicht, daß dünne Silberniederschläge bei der Oxydation mit derartigen Präparaten ganz aufgezehrt werden, bis schließlich das Grundmetall zum Vorschein kommt.

Besonders unangenehm fühlbar wird dies bei billigen Waren, die nur hauchdünn versilbert werden, und für solche sind die „Oxydierungen" mit auf elektrolytischem Wege aufgetragenen, dunkel gefärbten Niederschlägen, wie die des Arsens oder die durch „Schwarzvernicklung", außerordentlich beliebt. Das Arsenbad eignet sich besonders für hellere Altsilberfärbungen, während das „Schwarznickelmatt" und das Nigrosinbad (siehe daselbst!) kräftigere Töne hervorbringen.

Die dunkelsten Töne werden mit einer alkoholischen Platinchloridlösung erzeugt, mit welcher meist nur ganz stark versilberte oder echte Silbergegenstände behandelt werden. Um ein feinkörniges tiefes Schwarz zu erhalten (Platinmoor), setzt man mitunter Jodide zu — auch kann man elektrolytisch einen solchen Platinschwarzüberzug erhalten.

Versilbern durch Kontakt. Gürtler und Bijouteriearbeiter pflegen vielfach noch kleine Artikel mit Zinkkontakt zu versilbern. Sie umwickeln die Objekte mit einem blanken Zinkdraht oder Zinkblechstreifen und legen so die Artikel in das kalte oder besser in das erwärmte Silberbad. Die Versilberung vollzieht sich in dieser Weise, namentlich im warmen Silberbad, ebenso wie mit einer recht schwachen Batterie, allerdings entsprechend langsam. Bei billigen Artikeln, die nicht sehr solid versilbert zu sein brauchen, genügt diese Methode ganz gut. Die erzielte Versilberung läßt sich sogar mit Stahl oder Blutstein polieren. Man muß nur darauf sehen, daß die Berührungsstellen, wo die Zinkstreifen anliegen, öfters gewechselt werden, da sonst diese Stellen unversilbert bleiben würden. Ebenso ist der Silberniederschlag, der sich auf die Zinkstreifen ansetzt, mit dem Messer fleißig abzuschaben, um das Zink an den Kontaktstellen bloßzulegen, da sonst eine Versilberung nicht stattfinden könnte. Diese Kontaktstellen, wo das Zink das Objekt berührt hat, bleiben oft schwärzlich, werden aber wieder weiß, wenn man die versilberten Waren nochmals einige Augenblicke in das Silberbad eintaucht, nachdem man vorher die Zinkstückchen abgenommen hat.

Diese Versilberung mit Zinkkontakt ist veraltet und schon aus dem Grund unvorteilhaft, weil sich auf das Zink viel Silber niederschlägt und die Lösung durch gelöstes Zink immer mehr verunreinigt wird. Eine solide Versilberung läßt sich ebenfalls nicht erzielen, man kommt daher von dieser Methode immer mehr und mehr ab und zieht allgemein die solidere, billigere und gleichzeitig einfachere Versilberung mit Strom vor.

Eintauch- und Sudversilberung. Ganz kleine Massenartikel aus Messing und Kupfer, welche nur des besseren Aussehens wegen leicht, rasch und billig versilbert werden sollen, ohne daß dadurch der Preis wesentlich erhöht werde, versilbert man durch Eintauchen ohne Hilfe einer Stromquelle und ohne Zinkkontakt. Solche Artikel, z. B. messingene Schuhösen, Fingerhüte, Nadeln, Stifte, Ringe usw., werden auf diese Art in Millionen versilbert und zu staunend billigen Preisen auf den Markt gebracht.

Diese Eintauchversilberung beruht darauf, daß durch Wechselwirkung die vorher wohlgereinigte Kupfer- oder Messingoberfläche sich mit einer hauchdünnen Silberschicht überzieht; sobald das eingetauchte Metall mit Silber gedeckt ist, hört die Wechselwirkung auf und damit auch jede weitere Silberausscheidung. Dies vollzieht sich im Moment des Eintauchens, und man wird begreifen, daß die auf diese Weise erzielte Versilberung nur hauchdünn sein und selbst durch eine noch so lange Eintauchdauer nicht solider gemacht werden kann. Würde man in der Sucht, eine stärkere Versilberung zu erzielen, die Eintauchdauer verlängern oder wiederholen, so würde nicht allein nichts erreicht, sondern die schon fertig gewesene Versilberung mißfarbig unschön werden, bei der geringsten Reibung wieder abgehen.

Der Eintauchversilberer darf daher die nach einiger Erfahrung bekannte Eintauchdauer nicht überschreiten und muß sich mit der erzielten weißen, glänzenden, hauchdünnen Versilberung begnügen.

Die Lösung zu dieser Eintauchversilberung hat folgende Zusammensetzung:

> Wasser . . . . 1 l
> Feinsilber als Chlorsilber. . . . 5 g
> Zyankalium 100% . . . . . . 20 g

Die Bereitung des Bades ist analog jener bei der Starkversilberung (Chlorsilberbad), nur sind die hier vorgeschriebenen Gewichtsverhältnisse einzuhalten.

Man kann auch schon in der kalten Silberlösung durch Eintauchen versilbern, namentlich wenn man noch etwas mehr Zyankalium (etwa 30 g pro 5 g Silber) anwendet. Aber die Versilberung vollzieht sich in der kalten Lösung etwas langsam und wird infolge der dadurch nötigen längeren Eintauchdauer leicht mißfarbig, weniger brillant und glanzlos; einen schönen Silberniederschlag durch Eintauchen erhält man immer nur dann, wenn das Silber rasch abgeschieden wird.

Man macht daher diese Eintauchversilberung gewöhnlich in der warmen Lösung, und deswegen nennen wir diese Art der Versilberung auch „Sudversilberung". Je heißer die Lösung gehalten wird, desto rascher vollzieht sich die Versilberung; in kochendheißer Lösung geht dies sogar so schnell, daß man leicht die Eintauchdauer überschreitet und dadurch die Versilberung verdirbt. Man hält die Lösung nur mäßig warm, etwa 30 bis 40°, das ist die geeignetste Temperatur. „Schüttelnd eintauchen — und schüttelnd heraus" — die Zeit, welche man braucht, um diese fünf Wörter mäßig schnell auszusprechen, ist ungefähr das Zeitmaß für diese Eintauchversilberung. Kleine Objekte versilbert man meist in Steingutkörben.

Daß die Ware nach dem Gelbbrennen recht gut und in viel reinem oder noch besser fließendem Wasser abzuspülen und alle Säure sorgfältig zu entfernen sei, daß ferner die gewaschenen Objekte am besten sofort, solange sie noch naß sind, versilbert werden sollen, keinesfalls aber längere Zeit trocken an der Luft liegen bleiben dürfen, braucht wohl nicht mehr erwähnt zu werden.

Dieser Versilberungsprozeß bringt es mit sich, daß nebst Silber auch das in der Lösung befindliche Zyankalium verbraucht wird; mit der Abnahme dieses Produktes wird das Bad auch seine Eignung zum Versilbern nach und nach verlieren. Man wird also nach und nach etwas Zyankalium zugeben müssen, um das Silber so vollständig als möglich herauszuziehen.

Man kann diese Eintauchsilberbäder einige Male auch noch durch Zugeben von Chlorsilber und dem entsprechenden Quantum Zyankalium auffrischen; aber in einer frischbereiteten Lösung fällt die Versilberung stets am brillantesten aus, und man wird daher am besten tun, sobald die Versilberung nicht mehr ordnungsgemäß vonstatten gehen will, mit Zyankalium allein nachzuhelfen und auf diese Weise so lange versilbern, als noch Silber darin enthalten ist. Dann stellt man die so ausgenutzte Lösung beiseite, gießt sie allenfalls unter alte Rückstände. Bei richtiger Behandlung in der eben angedeuteten Weise wird nicht viel Silber darin bleiben.

Die fertig versilberten Objekte werden natürlich erst gewaschen, behufs schnellerer Trocknung einige Sekunden in kochendheißes Wasser gehalten und in erwärmten Sägespänen oder bei Massenartikeln in einer Trockenzentrifuge rasch getrocknet, wobei das Silber in der Farbe besser erhalten bleibt. Für solche Versilberung auf Messinggegenstände oder vermessingte Zinkartikel rechnet man für 50 kg kleinster Gegenstände einen Verbrauch von etwa 35 Liter Eintauchversilberung nach vorher angeführtem Rezept.

Zur Versilberung von Eisen und Stahl wird nachstehendes Kontaktbad nach Darley mit Vorteil verwendet:

Wasser   1   1
Silbernitrat . . . .   1,25 g
Zyankalium . . . .   12,5 g
Phosphorsaures Natron   25   g

Besser aber erfolgt unstreitbar die Kontaktversilberung, wenn man die Objekte aus
Eisen und Stahl erst verkupfert oder vermessingt und dann mit dem früher beschriebenen Bad, welches für Kupfer oder Messing extra zusammengesetzt ist, arbeitet.

Weißsieden[1]). Das unter dem Namen Weißsieden bekannte Verfahren,
kleine Artikel, wie Haken, Ösen, Nadeln, im Silberweißsude hauchdünn mit
Silber zu überziehen oder besser zu färben, unterscheidet sich von den vorgenannten Eintauchverfahren, die die Versilberung in wenigen Sekunden bewirken,
dadurch, daß es ein längeres Sieden erfordert. Das Verfahren ist folgendes:
Man bereitet einen Teig aus

Salpetersaurem Silberoxyd, als Chlorsilber gefällt . . .   25 g
Cremor Tartari (Weinsteinpulver) . . . .   1250 g
Kochsalz . . . .   1250 g

indem man die Silbersalzlösung mit Salzsäure fällt, das Chlorsilber auswäscht
und mit den angegebenen Mengen Weinsteinpulver, Kochsalz und Wasser zu
einem Brei mischt, den man in einem dunklen Glase zur Vermeidung der Zersetzung des Chlorsilbers durch das Licht aufbewahren muß. Sollen kleine Artikel
aus Kupfer oder Messing, die vorher zu entfetten und durch Gelbbrennen zu dekapieren sind, weißgesotten werden, so erhitzt man in einem emaillierten Kessel-
chen von 3—5 l Inhalt Regenwasser zum Sieden, gibt 2—3 gehäufte Eßlöffel
voll des obigen Teiges hinzu, der sich ziemlich auflöst, und bringt nun das die
Metallobjekte enthaltende Steinzeugsieb in den Weißsud, wobei man die Objekte mit einem Glas- oder Holzstabe fleißig umrührt. Ehe man eine neue Menge
Waren in den Sud bringt, muß der Silberteigzusatz erneuert werden; nimmt das
Weißsudbad schließlich eine grünliche (vom aufgelösten Kupfer herrührende)
Farbe an, so ist es unbrauchbar geworden, es wird abgedampft und zu den Silber-
rückständen gegeben. Bei der **Anreibe-** (oder **Pasten-**) **Versilberung** wird ein silber-
haltiger Teig von einer der folgenden Zusammensetzungen mittels des Fingers,
eines weichen Leders oder Läppchens auf die entfettete Metallfläche (Kupfer,
Messing oder andere Kupferlegierungen) so lange angerieben, bis sie sich überall
versilbert zeigt. Man kann auch den Teig in einem Mörser mit etwas Wasser zu
einem dünnflüssigen gleichförmigen Brei verreiben, der sich mittels Pinsels auf
das Metall, welches versilbert werden soll, auftragen läßt, und erwärmt dann das
Metall, worauf es sich nach dem Abwaschen versilbert zeigen wird. Dieses Verfahren, mit dem Pinsel den Brei aufzutragen, verwendet man meistens nur,
um auf hauchdünn durch den Goldsud vergoldeten Artikeln gewisse Stellen mit
Silber zu dekorieren, bei nicht vergoldeten Metallen empfiehlt sich das vorher
erwähnte Anreiben des steifen Teiges. Solche Mischungen zu Silberpasten sind
folgende:

Silber als Chlorsilber, frisch gefällt[2]) .   10 g
Kochsalz . . . .   10 g
Pottasche . . . .   20 g
Schlämmkreide . . . .   15 g
Wasser bis zur Konsistenz eines Teiges

oder

Silber als Chlorsilber, frisch gefällt[2]) .   10 g
Zyankalium . . . .   30 g
Wasser bis zur erfolgten klaren Lösung,
Schlämmkreide bis zur Konsistenz eines Teiges.

---

[1]) Langbein, Handbuch der galvanischen Metallniederschläge.
[2]) Aus 16 g salpetersaurem Silberoxyd (Höllenstein oder Silbersalz).

Dieser Teig eignet sich auch vorzüglich zum Putzen des angelaufenen Silbers, nur lasse man dessen Giftigkeit nicht außer acht.

Folgende nichtgiftige Mischungen wurden als recht gut wirkend befunden:

Silber als Chlorsilber[1]) . . . . 10 g
Weinsteinpulver . . . . 20 g
Kochsalz . . . . 20 g
Wasser bis zur Teigkonsistenz

Das chemische Grainieren ist ebenfalls ein Versilbern durch Anreiben und wird in der Uhrküvettenfabrikation zur Herstellung der mattvergoldeten Küvetten der Taschenuhren vielfach angewendet. Die Messingküvetten werden gelbgebrannt, schwach verkupfert, verquickt, und dann wird durch ein Silberpulver aus

Feinsilberpulver . . . . 10 g
Kochsalz . . . . 10 g
Weinstein . . . . 10 g

in das man eine mit etwas Wasser befeuchtete, recht steife Pinselbürste mit kurzen Borsten taucht, unter Anwendung von Kraft durch Aufschlagen der Bürste versilbert. Die Operation erfordert viel manuelle Geschicklichkeit und läßt sich nicht gut beschreiben; richtig ausgeführt, erhält man dadurch eine Versilberung, die das schöne gekörnte Matt der darauffolgenden Vergoldung ermöglicht. Das Silberpulver stellt man dar durch Auflösen von 16 g salpetersaurem Silberoxyd in 2½ Liter Wasser und Einbringen von blanken Kupferstreifen in die Flüssigkeit; unter Auflösen von Kupfer scheidet sich das Silber der Lösung als feines Pulver ab, welches abfiltriert, gewaschen und getrocknet wird, wobei jeder Druck, der ein Zusammenballen des Silberpulvers bewirken würde, zu vermeiden ist. Die zu grainierenden Uhrenteile werden mit Stiften auf einer Holz- oder Guttaperchaunterlage befestigt, um eine gleichmäßige Bearbeitung mit der Bürste zu ermöglichen. Nach Herstellung der körnigen Versilberung werden die Uhrenteile im geeigneten Goldbad halbmatt vergoldet.

Vergolden.

Allgemeines über Gold und Erkennung echter Vergoldung. Die Feuervergoldung ist schon seit langem bekannt, wird heute aber nur noch selten und nur für spezielle Zwecke angewendet. Sie ist eines der ältesten Verfahren der Veredlung und wird in der Weise ausgeführt, daß man Gold in feinstverteiltem Zustande mit Quecksilber schüttelt, wodurch man Goldamalgam erhält, das man dann über Kohlenfeuer mäßig erwärmt, um das Quecksilber abzurauchen; das zurückbleibende Gold haftet auf der Metallfläche fest und wird durch Kratzen und Polieren mit Stahl oder Blutstein brillantiert.

Die Feuervergoldung ist zwar sehr solid, aber kostspielig, weil dabei nebst Quecksilber auch viel Gold verbraucht wird, ist daher nur für einzelne, besonders kostbare Objekte verwendbar, bei denen der Preis keine Rolle spielt.

Wegen der eminenten Schädlichkeit der Quecksilberdämpfe wird die Feuervergoldung nur noch vereinzelt ausgeübt und sei hier bemerkt, daß sie gegen die heutige elektrolytische Vergoldung gar keinen Vorteil bietet, da mit dieser ebenso solid und dauerhaft vergoldet werden kann (ja sogar noch viel solider, ganz nach Belieben und entsprechend dem dafür bestimmten Preise), es hängt ja nur von der „Vergoldungsdauer" ab, wie stark man den Goldüberzug haben will. Der vielfach gehörte Vorwurf, daß die alte Feuervergoldung solider und haltbarer sei als die moderne elektrolytische Vergoldung, ist daher ein Vorurteil.

---

[1]) Aus 16 g salpetersaurem Silberoxyd (Höllenstein oder Silbersalz).

Je nach der Art der Ausführung unterscheiden wir drei moderne Vergoldungsmethoden:

1. die elektrolytische Vergoldung,
2. die Kontaktvergoldung und
3. die Eintauch- oder Sudvergoldung.

Messing, Bronze, Kupfer, Neusilber und alle anderen kupferhaltigen Metalllegierungen lassen sich direkt vergolden; auch Eisen, Stahl und Nickel können mit einiger Übung direkt vergoldet werden, man pflegt sie aber meist des sicheren Gelingens wegen vorher zu verkupfern oder zu vermessingen, letzteres ist als goldähnliche Unterlage vorzuziehen. Zink, Zinn, Blei, Britannia und ähnliche Weichmetalle werden zumeist vorher verkupfert oder vermessingt.

Die Farbe des Goldes ist ein sattes Gelb; aus seinen Lösungen durch Eisenvitriol oder Oxalsäure metallisch niedergeschlagen, tritt es als braunes, glanzloses Pulver auf, welches durch Drücken mit dem Polierstahle Farbe und Glanz des geschmolzenen Goldes annimmt. Von allen Goldmünzen zeigen die holländischen Dukaten am besten die Farbe des Goldes, da sie fast aus reinem Golde bestehen, und aus diesem Grunde von den Galvaniseuren, die sich das Gold für ihre Bäder selbst auflösen, gesucht sind. Das Gold ist noch weicher als Silber, besitzt aber auch bedeutende Festigkeit; durch Zusatz von Kupfer oder Silber wird die Weichheit vermindert, die Festigkeit aber erhöht. Es ist das dehnbarste aller Metalle, läßt sich zu den feinsten Blättchen (Blattgold) ausschlagen und zu dem dünnsten Drahte ziehen. Das spezifische Gewicht des geschmolzenen Goldes ist 19,35, das des gefällten Goldpulvers 19,8 bis 20,2, es schmilzt bei ungefähr 1100° C und zeigt beim Schmelzen eine meergrüne Farbe. Weder bei gewöhnlicher Temperatur noch beim Glühen an der Luft, noch in feuchter Luft wird es oxydiert, sondern bleibt blank; Salpetersäure, Salzsäure, Schwefelsäure, jede für sich, bewirken keine Auflösung des Goldes, dagegen löst es sich in Säuregemischen, welche Chlor entwickeln, also in Salz-Salpetersäure (Königswasser), Chromsäure- und Salzsäuremischung usw. Mit Schwefel verbindet es sich nicht direkt, und reines Gold läuft in einer schwefelwasserstoffhaltigen Atmosphäre nicht an.

Das als Muschelgold oder Malergold im Handel vorkommende Gold, welches zum Malen und zum Ausbessern kleiner Fehler der galvanischen Vergoldung dient, ist durch Zerreiben der Abfälle von der Fabrikation des Blattgoldes mit Wasser, verdünntem Honig oder Gummiwasser hergestellt; man kann auch eine Goldlösung durch Antimonchlorid fällen, den Niederschlag mit Barythydrat verreiben, dieses mit Salzsäure extrahieren und das Goldpulver nach dem Auswaschen mit einer Lösung von arabischem Gummi verreiben.

Anscheinend vergoldete Waren reibt man auf dem Probierstein ab und behandelt den erhaltenen Strich mit reiner Salpetersäure von 1,30—1,35 spezifischem Gewicht. Das im Strich befindliche Metall löst sich hierbei auf, soweit es nicht Gold ist und verschwindet, während Gold zurückbleibt. Es ist bei diesem Verfahren zu beachten, daß der Stein vor jedesmaligem Versuche gut gereinigt wird, ferner daß der Strich auf dem Probiersteine nicht mit einer Ecke oder Kante, sondern mit einer breiteren Fläche des zu untersuchenden Gegenstandes bewirkt werde. Blieb auf dem Steine kein Gold zurück, und hat man doch Vermutung, daß der Gegenstand leicht vergoldet sei, so verfährt man bei kleinen Artikeln folgendermaßen: Man faßt den Gegenstand mit einer Pinzette, spritzt ihn mit Alkohol, dann mit Äther ab, läßt ihn auf Löschpapier trocknen und übergießt ihn in einem mit Ätheralkohol gereinigten Reagenzglase mit chlorfreier Salpetersäure von 1,30 spezifischem Gewichte, und zwar je nach der Schwere des Gegenstandes von 0,1—0,5 g mit 1,5—10 g Säure. Der Gegenstand löst sich auf, und war er vergoldet, so bleiben selbst bei einer Vergoldung von $1/_{100}$ mg pro qcm Fläche erkennbare Goldflitter auf dem Boden des Glases zurück.

Eine ganz moderne Art der Vergoldung, speziell auf Nichtleitern, wie Stoffen, Wachs u. dgl., beruht auf der kathodischen Zerstäubung von Gold im Vakuum unter Anwendung hochgespannter Wechselströme. Bringt man im Vakuum einen beliebigen Gegenstand zwischen 2 Goldelektroden, so schlägt sich äußerst fein verteiltes metallisches Gold vollkommen gleichmäßig, glänzend und festhaftend darauf nieder in unendlich dünner Schicht, und wird deshalb dieses Verfahren, wozu eine ziemlich kostbare Einrichtung erforderlich ist, nur für ganz spezielle Zwecke in Anwendung gebracht, die mit der galvanotechnischen Vergoldung eben nicht ausführbar wären.

Bezüglich dieses Verfahrens sei auf das besondere Kapitel, welches Verfasser dieser Sache widmete, verwiesen.

An dieser Stelle muß erwähnt werden, daß durch Elektrodenzerstäubung unter Anwendung hochgespannten Wechselstroms (auch hochgespannter Gleichstrom gibt ähnliche Ergebnisse) die Metallatome mit ca. $1/3$ Lichtgeschwindigkeit, also mit ca. 100000 Kilometern pro Sekunde von den in den Vakuumapparaten befindlichen Elektroden abgeschleudert werden und sich daher mit großer Energie überall dort ansetzen, wo sich ein Gegenstand auf ihrem Weg befindet. Hängt man z. B. ein Tombakblech zwischen zwei solche Elektroden, so wird es beidseitig außerordentlich festhaftend mit Gold überzogen, wobei das Gold auch in stärkeren Schichten vollkommen glänzend abgeschieden wird, wenn die Unterlage, also das Tombakblech, vorher glanzpoliert war. Fettfreie Oberfläche ist hierbei ebenso wichtig wie beim galvanischen Vergolden. Solcherart vergoldetes Blech ist von einem Dublé-Blech nicht zu unterscheiden, und dürfte diesem Verfahren besonders in der Dublé-Material verarbeitenden Industrie eine große Zukunft beschieden sein. Bei längerer Expositionsdauer erwärmt sich das im Stromlinienfeld eines solchen Apparates hängende Blech sehr stark, wenn man nicht etwa absichtlich eine Kühleinrichtung verwendet, und konnte Verfasser auch die Bildung von Mischkristallen von Gold mit dem Grundmetall feststellen. Die Abscheidungsverhältnisse sind allerdings zahlenmäßig noch nicht genau erforscht, aber Versuche haben ergeben, daß man bei einstündiger Bestrahlungszeit pro qm bestäubter Blechfläche und bei Spannungen von etwa 2000 V und einer Strombelastung von 0,8 bis 1,0 A pro qm 1,5 bis 2 g Gold abscheiden kann. Die abgeschiedene Menge Gold ist proportional der Zeit und steigt quadratisch mit der Spannungszunahme.

Über die elektrolytische Goldabscheidung. Zur elektrolytischen Vergoldung wird wegen der unstreitbar besten Streuungsverhältnisse der Stromlinien einerseits und der glänzenden festhaftenden Abscheidung des Goldes anderseits nur die komplexe Zyangoldkalium-Verbindung verwendet, in seltenen Fällen wird Goldchlorid in Verbindung mit nichtalkalischen Leitsalzen benutzt, doch ist die heutige Technik fast gänzlich zu den zyankalischen Goldbädern wegen ihrer größeren Verläßlichkeit übergegangen.

Die Abscheidungsverhältnisse für Gold liegen ganz ähnlich wie beim Silber, nur begrenzt man wegen des Preises den Goldgehalt in den Bädern auf ca. 0,75 bis 1,0 g Gold pro Liter in den heißen Goldbädern und geht bei kalten Goldbädern auch kaum über 3,5 g Gold pro Liter hinaus. Demgemäß sind auch die Kathodenstromdichten niedriger zu halten wie bei der Versilberung, und man wählt meist Stromdichten von 0,05 bis 0,1 A/qdm, sofern man dickere Niederschläge erzeugen will, um die Wasserstoffentladung und die damit Hand in Hand gehende pulverige matte Abscheidung des Goldes hintanzuhalten, was ja mit einem nicht unbedeutenden Goldverlust bei der weiteren Verarbeitung verbunden wäre. In warmen Bädern und speziell dann, wenn man nur einige Sekunden lang vergoldet, kann man auch wesentlich höhere Stromdichten zur Anwendung bringen, und schadet dann die naturnotwendig eintretende Wasserstoffentwicklung nicht, weil man in dieser kurzen Zeit gar keine pulverigen Niederschläge bekommt.

Besondere Verdienste um die Erforschung der Kathodenvorgänge bei der Goldabscheidung haben sich A. Coen und C. L. Jakobsen (1907) erworben. Das Gold befindet sich in den zyankalischen Goldbädern hauptsächlich in dem komplexen Anion des Kaliumaurozyanids. Dieser Aurokomplex muß nun bei der Vergoldung die Goldionen liefern, was mit ziemlicher Geschwindigkeit vor sich geht, so daß trotz der geringen Konzentration an Kaliumaurozyanid bei den üblichen Stromdichten stets genug freie, zur Abscheidung dienende Goldionen nachgebildet werden. Das Gold wird aus diesen Lösungen in einwertiger Form abgeschieden, daher das große Äquivalent in solchen Bädern, wogegen aus den sogenannten Blutlaugensalzbädern das Gold aus der Auristufe 3wertig abgeschieden wird, was das kleinere Äquivalent aus solchen Bädern bedingt.

Die Abscheidungsverhältnisse in zyankalischen Goldbädern liegen außerordentlich unsicher, doch steht fest, daß aus Lösungen, welche Gold in seiner einwertigen Stufe als Aurogoldzyanid enthalten, pro ASt theoretisch 7,3 g Gold kathodisch gefällt werden. Praktisch wird diese Ausbeute niemals erreicht. Je kleiner die angewandten kathodischen Stromdichten sind, desto mehr nähert sich die kathodische Stromausbeute an 100%. Bei Kathodenstromdichten von unter 0,05 A/qdm konnte Verfasser bis zu einer Ausbeute von 96% der theoretischen gelangen. Beträgt die Kathodenstromdichte 0,1 A, so ist die Ausbeute durchschnittlich nur noch rund 75%, steigert man sie auf 0,2 A/qdm, so sinkt sie auf 65 bis 70%. Will man also aus einem Goldbade, welches Aurogoldzyanid enthält, die Abscheidungsmengen durch Gewichtszähler, wie man sie beim Versilbern benutzt, kontrollieren, so darf man nur mit ganz kleinen Stromdichten bei entsprechend niedrigen Badspannungen arbeiten. Außerdem dürfen Goldbäder dann auch niemals einen geringeren Goldgehalt als 5 g pro Liter enthalten. Je größer der Goldgehalt pro Liter im Bade ist, um so eher darf man die Stromdichte um etwas steigern, um noch nahe an 100% Stromausbeute zu bleiben.

Messing, Kupfer, Bronze, Neusilber und alle anderen Legierungen des Kupfers kann man direkt vergolden, ebenso gelingt bei einiger Übung auch die direkte Vergoldung von Eisen, Stahl und Nickel; letztere Metalle pflegt man aber meist zu vermessingen oder zu verkupfern, je nachdem man einen gelberen oder rötlicheren Ton der Vergoldung wünscht, weil bei der dünnen Goldschicht, die für gewöhnlich aufgetragen wird, der Untergrund durchschimmert bzw. der Vergoldung die Farbe dieses Untergrundes aufprägt. Alle Weichmetalle pflegt man vorher zu vermessingen oder zu verkupfern, obschon man im zyankalischen Bade auch diese Metalle direkt vergolden könnte, doch hat man die Erfahrung gemacht, daß sich Gold allzuleicht mit diesen Weichmetallen derart verbindet, daß nach kurzer Zeit das wenige aufgetragene Gold förmlich aufgesaugt wird, wogegen bei einer Vorvermessingung oder Vorverkupferung, welche Niederschläge stets härter sind durch ihren Wasserstoffgehalt und demgemäß nicht so leicht mit den Weichmetallen legieren, dieser Übelstand wegfällt.

Rezepte für Goldbäder und deren Bereitung. Die Vergoldung mit äußerer Stromquelle wird teils in kalten, teils in warmen Bädern ausgeführt; in der großen Massenfabrikation kleiner Artikel wird man das Vergolden wohl ausschließlich nur in warmen Bädern ausführen, weil der Niederschlag brillanter, feuriger und rascher ausfällt. Kalte Bäder wird man meist nur für sehr große Objekte verwenden, welche große geräumige Bäder erfordern, deren Erwärmung Schwierigkeit macht. Das Vergolden in warmen Bädern hat den großen Vorteil, daß mit geringeren Badspannungen gearbeitet werden kann, was insbesondere in der Versilberungsindustrie erwünscht sein wird, in der meist Stromquellen mit niederer Spannung zur Verwendung kommen. Warme Goldbäder schlagen übrigens weit rascher nieder und erfordern einen kleineren Gehalt an Gold in der Lösung als die kalten Bäder. Mitunter aber ist die langsame Niederschlagsarbeit sogar erwünscht, und so lassen sich begreiflicherweise keine Normen geben, wo man das eine und wo man das andere Verfahren in Anwendung bringen soll.

Die Temperatur der Lösungen beträgt in heißen Goldbädern normal 50° C, und sei von vornherein darauf aufmerksam gemacht, daß diese einzuhalten ist, wenn die bei den Rezepten angegebenen elektrolytischen Daten Geltung haben sollen; einige Grade, etwa bis 5°, Unterschied werden keine fühlbaren Änderungen herbeiführen, aber bei wesentlicher Erhöhung der Temperatur wird die Badspannung geringer sein müssen, bei niederer Temperatur höher.

Als Badbehälter empfehlen sich länglich viereckige, emaillierte Eisenwannen (mit alkalibeständiger Emaille versehen), in denen die Lösung mittels einer regulierbaren Heizvorrichtung auf der erforderlichen Temperatur erhalten wird. Kleine Bäder wird man mittels Gasfeuerung, größere mittels Herdfeuerung erwärmen (siehe Fig. 255).

Weil bei dieser erhöhten Temperatur das Wasser rascher verdampft, so ist selbstredend von Zeit zu Zeit das verdunstete Wasser zu ersetzen und so das

Fig. 255.

Badniveau auf gleicher Höhe zu erhalten. Die Ware wird vorteilhaft während des Vergoldens bewegt, damit die Lösung in der Umgebung der Ware nicht ungleichmäßig verarmt, weil sonst der Ton des Goldniederschlages leicht verschieden ausfällt. Goldbäder sollen außerdem gut leitend erhalten werden, damit auch in den Tiefen profilierter Objekte der Goldton gleichmäßig wird. Viele Vergolder setzen daher ihren Bädern gutleitende Salze, wie etwa Zyankalium oder Ätznatron, Soda, phosphorsaures Natron usw., zu. Es genügt im allgemeinen ein Zusatz von 10 g solcher Salze pro Liter, um diese Wirkung zu erreichen.

Ein altbewährtes Goldbad für solide Warmvergoldung aller Metalle zur Erzielung eines feurigen, brillant hohen Goldtones ist folgendes:

$$
\begin{aligned}
&\text{I. Wasser} \dots \dots \dots \dots \dots \quad 1 \quad 1\\
&\text{Zyankalium 100\%} \dots \dots \dots \quad 1 \quad g\\
&\text{Chlorgold} \dots \dots \dots \dots \quad 1{,}5 \, g
\end{aligned}
$$

Badspannung bei 15 cm Elektrodenentfernung . . . . 1,2 Volt
Änderung der Badspannung für je 5 cm Änderung der Elektroden-
    entfernung . . . . 0,08 „

Stromdichte . . . . 0,05 Ampere
Badtemperatur: 50° C
Konzentration: 4° Bé
Spez. Badwiderstand: 2,35 Ω
Temperaturkoeffizient: 0,0136
Stromausbeute: ca. 85%
Theoretische Niederschlagsmenge pro Amperestunde: 7,3 g
Niederschlagstärke in 1 Stunde: 0,00164 mm.

Als Anoden sind Goldanoden zu verwenden, die Anodenfläche ⅓ so groß wie die Warenfläche.

Bei Verwendung von Kohlenanoden gelten ungefähr die gleichen Stromdaten, aber nur wenn deren Fläche ebenso groß ist als jene der Ware, der Goldton fällt aber in diesem Fall etwas dunkel aus; wird ein hellgoldgelber Ton gewünscht, so ist die Fläche der Kohlenanoden auf ⅓ zu verkleinern, doch ist dann die Badspannung auf 2 V zu erhöhen.

Handelt es sich um die direkte Vergoldung von Eisen und Stahl, so deckt man bei Beginn mit einer Badspannung von 2 V (15 cm Elektrodenentfernung) bei einer Stromdichte von 0,15 A und ändert die Badspannung für je 5 cm Änderung der Elektrodenentfernung um 0,19 V; nach 5 Minuten schwächt man den Strom bis auf die normalen Stromverhältnisse ab. Das Bad ist demnach zur direkten Vergoldung von Eisen und Stahl gut verwendbar.

Für ganz leichte Vergoldung billiger Ware dient folgende Zusammensetzung:

II. Wasser . . . . 1 l
Phosphorsaures Natron . . . . 30 g
Zyankalium 100% . . . . . . 0,6 g
Chlorgold . . . . 0,9 g

Badspannung bei 15 cm Elektrodenentfernung . . . . 2,6 Volt
Änderung der Badspannung für je 5 cm Änderung der Elektrodenentfernung . . . . 0,12 ,,
Stromdichte . . . . 0,1 Ampere
Badtemperatur: 50° C
Konzentration: 2½° Bé
Spez. Badwiderstand: 3,35 Ω
Temperaturkoeffizient: 0,0156
Stromausbeute: 70%
Theoretische Niederschlagsmenge pro Amperestunde: 7,3 g
Niederschlagstärke in 1 Stunde: 0,00134 mm.

Als Anoden sind Goldanoden zu verwenden, die Anodenfläche ⅓ so groß wie die Warenfläche.

Bei Verwendung von Kohlen- oder Platinanoden mit einer Fläche gleich ⅓ jener der Ware ist die Badspannung auf 3,5 V zu erhöhen.

Eine bei älteren Praktikern sehr beliebte Zusammensetzung „ohne Zyankalium" ist:

III. Wasser . . . . 1 l
Gelbes Blutlaugensalz . . . . . 15 g
Kohlensaures Natron, kalz. . . 15 g
Chlorgold . . . . 2,65 g

Badspannung bei 15 cm Elektrodenentfernung . . . . 2,1 Volt
Änderung der Badspannung für je 5 cm Änderung der Elektrodenentfernung . . . . · . . . . 0,1 ,,
Stromdichte . . . . 0,1 Ampere
Badtemperatur: 50° C

Konzentration: 3½° Bé
Spez. Badwiderstand: 1,83 Ω
Temperaturkoeffizient: 0,017
Stromausbeute: 95 %
Theoretische Niederschlagsmenge pro Amperestunde: 2,453 g
Niederschlagstärke in 1 Stunde: 0,00123 mm.

Diese Lösung wird gern zur Vergoldung emaillierter Metallwaren verwendet, weil bekanntlich Emaille in zyankalischen Bädern leicht abspringt; auch mit Lack gedeckte (ausgesparte) Objekte vergoldet man lieber in diesem Bad, weil der Lack darin nicht so bald angegriffen (gehoben) wird. Der Goldton fällt sehr schön brillant aus, insbesondere auf matten Flächen. Die Verwendung von Goldanoden ist ganz zwecklos, weil sie sich in diesem Bad nicht lösen; man bedient sich daher nur der Platin- oder billiger der Kohlenanoden, die Anodenfläche ⅓ so groß wie die Warenfläche.

Dieses Bad liefert einen dunkelgelben Goldniederschlag und wird daher häufig zu einem besonderen Effekt verwendet, indem silberne oder versilberte Gegenstände darin vergoldet werden, um mittels Kratzbürsten nachher das Gold von den erhabenen Stellen wieder zu entfernen. Das Gelbgold bleibt dann in den Tiefen sitzen, was den Gegenständen einen eigenartigen antiken Charakter gibt.

Die Vergoldung in kalten Bädern wird, wie schon erwähnt, nur in Fällen angewendet, wo es sich um die Vergoldung sehr großer Objekte handelt, oder auch dann, wenn die Gegenstände eine Erwärmung nicht vertragen. Metallgegenstände, welche behufs Überziehung mit mehreren Niederschlägen mit Lack oder sonst einem Deckmittel gedeckt (ausgespart) werden, wird man besser in kalten Bädern vergolden, weil kalte zyankalische Lösungen den Lack nicht so rasch angreifen und heben als warme. Ebenso wird man die Vergoldung emaillierter Metallobjekte lieber im kalten Bad vornehmen, weil sich in warmen Bädern das Metall ausdehnt und die Emaillierung leicht abspringt.

Als Badbehälter empfehlen sich die Steinzeugwannen oder für besonders große Bäder solche aus emailliertem Eisen.

Eine alte, von Roseleur angegebene Lösung für kalte Vergoldung ist:

$$\text{IV. Wasser} \ldots \ldots \ldots \ldots \quad 1 \text{ l}$$
$$\text{Zyankalium } 100\% \ldots \ldots \quad 15 \text{ g}$$
$$\text{Feingold als Ammoniakgold} \ldots \quad 3,5 \text{ g}$$

Badspannung bei 15 cm Elektrodenentfernung . . . . 1,3 **Volt**
Änderung der Badspannung für je 5 cm Änderung der Elektroden-
entfernung . . . . 0,1 „
Stromdichte . . . . 0,07 **Ampere**
Badtemperatur: 15—20° C
Konzentration: 1° Bé
Spez. Badwiderstand: 3,75 Ω
Temperaturkoeffizient: 0,0212
Stromausbeute: 90 %
Theoretische Niederschlagsmenge pro Amperestunde: 7,3 g
Niederschlagstärke in 1 Stunde: 0,0012 mm.

Als Anoden sind ausschließlich nur Goldanoden zu verwenden, die Anodenfläche ⅓ so groß wie die Warenfläche.

Obige Badspannung 1,3 V gilt für direkte Vergoldung auf Kupfer, Messing u. ä., verkupfertem oder vermessingtem Zink oder Eisen; wenn Eisen direkt vergoldet werden soll, ist anfänglich mit einer erhöhten Spannung von 2 V zu decken, nach dem Decken auf die normale Spannung zu regulieren.

Bei längerer Vergoldungsdauer wird der Niederschlag matt, muß durch Kratzen brillantiert werden.

Nach alter Erfahrung hat sich nachfolgende Zusammensetzung recht gut bewährt zur feurig sattgelben Vergoldung aller Metalle; der Niederschlag bleibt auch bei längerer Vergoldungsdauer noch brillant glänzend, speziell, wenn langsam gearbeitet wird.

V. Wasser . . . . 1 l
Kohlensaures Natron, kalz. . . . 10 g
Zyankalium 100% . . . . . . 7 g
Feingold als Ammoniakgold . . 2 g

Badspannung bei 15 cm Elektrodenentfernung . . . . 2,85 Volt
Änderung der Badspannung für je 5 cm Änderung der Elektroden-
entfernung . . . . 0,18 „
Stromdichte . . . . 0,05 Ampere
Badtemperatur: 15—20° C
Konzentration: 2½° Bé
Spez. Badwiderstand: 4,4 Ω
Temperaturkoeffizient: 0,0225
Stromausbeute: 90%
Theoretische Niederschlagsmenge pro Amperestunde: 7,3 g
Niederschlagstärke in 1 Stunde: 0,0012 mm.

Als Anoden sind ausschließlich nur Goldanoden zu verwenden, die Anodenfläche ⅓ so groß wie die Warenfläche.

Auch Eisen und Stahl vergolden sich in diesem Bad direkt unter normalen Stromverhältnissen. Ein größerer Zusatz von kohlensaurem Natron oder Kalium erhöht die Brillanz des Niederschlages.

Auch für kalte Vergoldung wird von manchen Praktikern nachfolgende Lösung „ohne Zyankalium" verwendet:

VI. Wasser . . . . 1 l
Gelbes Blutlaugensalz . . . . . . 15 g
Kohlensaures Natron, kalz. . . . 15 g
Chlorgold . . . . 2,65 g

Badspannung bei 15 cm Elektrodenentfernung . . . . 2,1 Volt
Änderung der Badspannung für je 5 cm Änderung der Elektroden-
entfernung . . . . 0,16 „
Stromdichte . . . . 0,1 Ampere
Badtemperatur: 15—20° C
Konzentration: 3½° Bé
Spez. Badwiderstand: 3,2 Ω
Temperaturkoeffizient: 0,0206
Stromausbeute: 99%
Theoretische Niederschlagsmenge pro Amperestunde: 2,453 g
Niederschlagstärke in 1 Stunde: 0,00127 mm.

Als Anoden wird man für dieses Bad Kohlenanoden verwenden, die Anodenfläche ebenso groß wie die Warenfläche. Weil Goldanoden in diesem Bad nicht gelöst werden, haben sie keinen Zweck. Selbstverständlich wird Gold nur aus der Lösung entnommen, es ist daher entsprechend dem Verbrauch Chlorgold nachzusetzen.

Der Niederschlag fällt in diesem Bad rein und brillant aus, namentlich schön auf Mattgrund, und können darin alle Metalle, auch Eisen und Stahl, direkt vergoldet werden.

Besonders gut eignet sich diese Zusammensetzung für sogenannte „Ziervergoldung", das ist die Vergoldung von Metallgegenständen, welche teils versilbert, vergoldet, oxydiert, überhaupt mit mehreren Metallniederschlägen und Farben versehen werden, behufs dessen sie teilweise mit Lack (Decklack) gedeckt werden müssen. Weil die Lösung zyankaliumfrei ist, wird der Lack nicht angegriffen.

Ferner eignet sich dieses Bad auch zur Vergoldung von Objekten, welche durch Eintauchen in eine Zyankaliumlösung Schaden leiden würden, wie Bronze- und Silbergespinste, Borten, Epaulettes, Portepees und ähnliche Verbindungen von Metallen mit organischen Stoffen.

Ein außerordentlich gleichmäßig arbeitendes Goldbad, das am besten warm verwendet wird, erhält man aus dem LPW-Gold-Doppelsalz, und es empfiehlt sich die Anwendung dieses Bades überall dort, wo besonderer Wert auf einen klaren satten Ton der Vergoldung gelegt wird.

In den meisten Betrieben wird mit Vorliebe folgendes Bad verwendet:

Wasser . . . . 1 l
Gold-Doppelsalz LPW . . . . . 2 g
Leitungssalz LPW . . . . . . 70 g

Der spezifische Badwiderstand dieses Bades, in der Kälte (20° C) gemessen, ist 2,76 Ω, und er sinkt bei Erhöhung der Temperatur wie folgt:

bei 70° C 1,17 Ω
,, 75° C 1,14 Ω
,, 80° C 1,13 Ω

Diese geringfügige Änderung zeigt die Unempfindlichkeit des Bades auf die stets unvermeidlichen Temperaturschwankungen. Daraus erklärt sich auch die beobachtete Gleichmäßigkeit der Resultate, wenn nur die Badspannung annähernd konstant gehalten wird. Die brauchbarste Badspannung bei Anwendung von Goldanoden ist 1—1½ V, bei Verwendung von Platinanoden und bei normaler Elektrodenentfernung ca. 3—4 V. Die Stromdichte soll 0,1 A/qdm nicht wesentlich überschreiten. Pro Amperestunde wird aus dem LPW-Goldbad, solange genügend Gold (wenigstens 1 g Metall pro Liter Bad) enthalten ist, theoretisch 7,3 g Gold gefällt. Bei Anwendung normaler Stromdichten sind Ausbeuten von 60—65 % des Theoretischen zu erreichen, doch sinkt bei geringerem Goldgehalt die Stromausbeute bis auf 50% und darunter und steigt bei zunehmendem Goldgehalt bis 90%.

Zusatz von größeren Mengen Alkalikarbonat gibt glänzende Niederschläge, und es gelingt, aus dem LPW-Goldbad Niederschläge von beliebiger Dicke herzustellen, die selbst bei größerer Stärke der Goldschicht noch ziemlich glänzend bleiben. Bei ganz starker Vergoldung wird der Niederschlag natürlich auch matt und muß zwischendurch gekratzt werden. Das Bad liefert aber derartig homogene und porenfreie Niederschläge, daß sie säurefest sind, d. h. der Säureprobe standhalten, auch wenn sie noch glänzend aus dem Bade genommen werden. Es hängt dies zum größten Teil von der guten Stromausbeute in diesen Bädern ab neben der Möglichkeit, mit kleinen Stromdichten zu arbeiten, so daß der Niederschlag mit einem außerordentlich dichten Gefüge entsteht. Man arbeitet dann am besten mit Platinanoden und ersetzt das abgeschiedene Gold durch Zusatz von LPW-Gold-Doppelsalz, welches 40 % metallisches Gold enthält. Man kann mit solchen Bädern Goldniederschläge z. B. auf Tombakringen herstellen, die so stark sind, daß der Niederschlag nach dem Ausschmelzen des Tombakmetalles für sich als hohler Körper übrigbleibt. Das Bad wird zur sogenannten „Pforzheimer Vergoldung" viel verwendet.

Eine oft gebrauchte Methode, die aber heute längst veraltet ist, bestand darin, Gold anodisch in Zyankalium aufzulösen und diese Lösung als Bad zu verwenden. Die Methode hat höchstenfalls dort Vorteile, wo man eine bestimmte Farbe des Goldniederschlages erhalten will, man braucht dann nur diejenige Legierung als Anodenmaterial aufzulösen, die man als Niederschlag erhalten will.

Die Schweizer Uhrenindustrie verwendet für ihre Schalen und Uhrwerksteile besondere Goldbäder, mit denen wunderbare Goldeffekte erzielt werden, und seien solche Badvorschriften für derartige Zwecke noch besonders angeführt. So z. B. wird sehr viel folgende Badzusammensetzung verwendet:

Wasser	1	l
Feingold (als Chlorgold)	1	g
Phosphorsaures Natron	25	g
Ätzkali, rein, in Stangen . . .	3,5	g
Kaliumbikarbonat	3,5	g
Zyankalium, natriumfrei	1,25	g
Doppeltschwefligsaures Natron .	6	g

Dieses Bad wird in der Weise hergestellt, daß man zunächst alle Präparate, mit Ausnahme des Chlorgoldes und des doppeltschwefligsauren Natrons, in Wasser kochend auflöst, hierauf das Chlorgold löst und dem Bade zusetzt und schließlich auch noch das doppeltschwefligsaure Natron zusetzt. Man arbeitet in diesem Bade mit ganz kleinen Platinanoden, die nur einige Millimeter ins Bad eintauchen, bei 10 V Spannung und verbraucht beispielsweise für 6 Uhrenschalen aus Messing ca. 2 A Stromstärke, indem man die Aufhängeeinrichtung rotieren läßt (sehr langsam, etwa eine Umdrehung in 1½ Sekunden), und beläßt die Ware ca. 3—4 Sekunden im Bade.

Eine ebenfalls in der Uhrenindustrie verwendete Lösung mit höherem Goldgehalt besteht aus:

Wasser	1 l
Feingold als Chlorgold	2 g
Phosphorsaures Natron	40 g
Schwefligsaures Natron, neutr., krist.	20 g
Zyankalium, natriumfrei	2 g

Dieses Bad dient nur zur soliden Vergoldung teurer Uhrenteile für goldene Uhren, bei denen es auf lange Lebensdauer der Innenteile der Uhrwerke ankommt.

Die in der Uhrenindustrie vielfach vorkommenden Uhrwerksteile aus versilbertem Stahl oder Messing mit vergoldet erscheinenden Ziffern oder Inschriften kleinster Art werden in der Weise hergestellt, daß man die mattierten Teile zunächst mit der Prägung versieht, eventuell, wenn sie nicht aus Messing bestehen, erst vermessingt und dann das Ganze mit einem mittels Goldessenz gefärbten Zaponlack lackiert und trocknet.

Ist der Lack gut trocken geworden, so wird auf der Platinenschleifmaschine mit horizontal rotierender Schleifplatte, indem man die kleinen Teile von Hand und von unten gegen die Schleifscheibe hält, die mit feinstem Schmirgelleinen beklebt ist, die glatte Fläche abgeschliffen, wodurch der Lack bis auf die in den vertieft liegenden geprägten Partien befindlichen kleinen Reste weggeschliffen wird. Es wird dann meist direkt versilbert, und man erhält auf diese Weise silberne Teile mit vertieft liegenden, vergoldet erscheinenden Inschriften usw.

Das Polieren nach der Vergoldung. Leichte Glanzvergoldung erfordert so gut wie keine Nacharbeit, sobald die vergoldeten Waren, welche man bereits vorher auf Hochglanz vorpoliert hatte, getrocknet wurden. Man reibt sie höchstens mit einem Lappen aus Sämischleder mit etwas trockenem Pariserrot ab. Stärkere Vergoldungen müssen dagegen zunächst auf der Kratzmaschine brillantiert werden unter Benutzung ganz feiner Messingdraht-Zirkularkratzbürsten von gewelltem Messingdraht 0,06 mm Drahtstärke. Hierbei muß stets ein Gleitmittel, wie Seifenwasser, Seifenwurzellösung, Bier o. ä., angewendet werden; das Kratzwasser wird außerdem gesammelt, und da es stets etwas Gold führt, von Zeit zu Zeit auf Gold verarbeitet.

Nach dem Kratzen wird, wie wir dies bei der Versilberung kennenlernten, mittels Polierstählen oder Polierblutsteinen von Hand poliert. Auch die vergoldeten Waren lassen sich ganz vorzüglich nach dem Kugel-Polierverfahren polieren, speziell kleine Artikel der Bijouteriebranche werden mit Kugeln und Stiften in großen Mengen in kleinen Trommeln von ca. 24 cm Durchmesser und 50 cm Trommellänge in kurzer Zeit auf Hochglanz poliert.

Hartgoldniederschläge. Der Wunsch, das Mattwerden der Goldniederschläge zu umgehen, um leichtere Arbeit beim Polieren zu haben, kommt eigentlich kaum vor, weil man fast niemals derartig starke Goldniederschläge erzeugt und weil das Polieren doch meist mit dem Polierstahl oder Polierblutstein ausgeführt wird, also lediglich durch Druckwirkung, keinesfalls durch die Schwabbel, weil durch die Schwabbel zuviel Gold verlorengehen würde. Dennoch wünscht man aber auch beim Gold harte Niederschläge wegen der geringeren Abnutzung im Gebrauch zu erzielen und erreicht dies z. B. schon durch den Zusatz von etwas Zyankupferkalium zum Goldbad, wobei das Kupfer die Mitabscheidung von Wasserstoff begünstigt und dadurch eine gewisse Härtung des Niederschlages herbeiführt. Der dadurch erhaltene Rotgoldton ist aber nicht immer erwünscht, und deshalb hat man zu Goldbädern ebenfalls Nickel zugesetzt, das zwar nur wenig mit dem Gold mit abgeschieden wird, jedoch die Farbe des reinen Goldes so gut wie gar nicht verändert, ihm hingegen eine bedeutend größere Härte verleiht.

Man setzt für diese Zwecke den Goldbädern Zyannickelkalium vorsichtig dosiert zu, und zwar je nach dem Goldgehalt 0,1 bis 3 g pro Liter.

Theodor L. Tesdorpf stellt Hartgoldniederschläge in der Weise gemäß D. R. P. Nr. 298687 her, daß er zuerst im zyankalischen Goldbade schwache Goldhäutchen bilden läßt, die er dann in einem sauren Goldbade aus Chlorgold und Salzsäure verstärkt. Diese Niederschläge fallen aber ziemlich matt aus und können nur schwer mit dem Stahl poliert werden; durch Zusatz von Chlornickel wurde versucht, aus sauren Goldsalzlösungen eine weitere Härtung herbeizuführen, die Versuche des Verfassers haben aber diese Wirkung nicht feststellen können.

Die Bereitung der Goldpräparate geschieht am besten mit erwärmtem Wasser, weil viele der verwendeten Chemikalien etwas schwer löslich sind. Die Reihenfolge der Chemikalienzusätze ist nach Vorschrift einzuhalten. Wird das LPW-Doppelsalz verwendet, so braucht man dieses nur in destilliertem Wasser zu lösen, das Leitungssalz zuzusetzen, und man erhält dann sofort das fertige Bad.

Bereitung des Chlorgoldes. Feingold, dünn ausgewalzt oder mit einer Schere in kleine Stückchen zerschnitten, bringt man in eine nicht zu kleine Porzellanschale, gießt pro Gramm Gold 10 g chemisch reine Salzsäure und 3 g chemisch reine Salpetersäure darauf und erwärmt vorsichtig mit Gas- oder Spiritusflamme, wozu sich folgende Vorrichtung (siehe Fig. 256) empfiehlt. Auf einen eisernen Dreifuß legt man eine dünne Eisenblechplatte, in deren

Fig. 256.

Mitte man etwa 1 cm hoch feinen gesiebten Sand ausbreitet; auf diesen Sand stellt man die Porzellanschale.

Sobald sich die Säuremischung (Königswasser) in der Schale etwas erwärmt, werden sich braune Dämpfe entwickeln, und das Gold wird sich alsbald auflösen. Man erhitzt fort, um die Säure zu verdampfen, und rührt dabei mit einem Glasstab fleißig um. Wenn die Lösung aufhört Dämpfe zu entwickeln, macht man die Flamme etwas kleiner und erhitzt noch eine Weile unter recht fleißigem Umrühren so lange, bis die Lösung ganz dickflüssig, ölig, dunkel-, beinahe schwarzbraun aussieht, in der Nähe des zum Umrühren benützten Glasstabes kleine Sternchen (das Zeichen der beginnenden Kristallisation) sich zeigen. In diesem Moment nimmt man die Schale vom Feuer weg und läßt das nun fertige Chlorgold erkalten; würde man noch fort erhitzen, so würde das Chlorgold verbrennen und sich wieder zu Metallgold reduzieren; man müßte in diesem Fall neuerdings Königswasser zugießen und die ganze Manipulation wieder von neuem anfangen. Würde man zu früh mit dem Eindampfen aufhören, so würde das Chlorgold zuviel Säure behalten, welche im Goldbad leicht Nachteile bringt. Es erfordert also die Bereitung des Chlorgoldes einige Aufmerksamkeit und Übung.

Ist das fertige Chlorgold vollständig erkaltet, so löst man es mit etwas destilliertem Wasser auf, filtriert klar ab, darf es aber nicht mehr lange am Licht stehen lassen, weil es sich zersetzen würde.

Das Auflösen und Abdampfen bei dieser Manipulation verursacht Säuredämpfe, welche für die Gesundheit schädlich sind; die Manipulation ist daher unter einem gut ziehenden Kamin vorzunehmen.

Es wird sich in den seltensten Fällen verlohnen, das Chlorgold selbst zu bereiten, weil es in chemischen Fabriken preiswert und rein erhältlich ist; es sei darauf aufmerksam gemacht, daß dieses Produkt für Photographie mit Chlornatrium oder Chlorkalium versetzt oder auch absichtlich etwas sauer erzeugt wird. Für unseren Bedarf ist nur reines neutrales Chlorgold brauchbar.

Bereitung des Ammoniakgoldes. Das fertige Chlorgold wird in einer genügend großen Porzellanschale mit 10 bis 15 Teilen heißen Wassers gelöst, die zehnfache Menge Salmiakgeist zugesetzt und unter Umrühren zum Kochen erhitzt; der Überschuß von Salmiakgeist entweicht, das Ammoniakgold setzt sich leicht zu Boden, wenn man es vom Feuer entfernt. Nach einigem Stehen muß die überstehende Flüssigkeit schwach bläulich (nicht grün oder gelb) sein; in letzterem Falle müßte man noch Salmiakgeist zusetzen und neuerdings kochen.

Man bringt das Ganze auf einen Filter, läßt die klare, wertlose Flüssigkeit ablaufen, übergießt das im Filter zurückgebliebene Ammoniakgold vier- bis fünfmal mit kochendem Wasser, um es gründlich auszuwaschen.

Man hat darauf acht zu geben, daß das Ammoniakgold (Knallgold) im Filter nicht trocken werde, denn dieses Präparat ist im trockenen Zustand explosibel und entzündet sich leicht durch Reibung oder Schlag, ähnlich dem Knallquecksilber, welches zur Füllung der Zündhütchen für Feuergewehre verwendet wird.

Anoden für Goldbäder. Es wurden bereits bei jeder Badzusammensetzung die dafür geeigneten Anoden angegeben. Bei Verwendung von Kohlenanoden ist es zweckmäßig, diese in weiße Rohseide einzunähen, um die Verunreinigung der Bäder durch Kohlenstaub zu vermeiden. Die Verwendung blau angelassener Stahlanoden speziell bei großen Bädern, wie seinerzeit von Pfanhauser sen. vorgeschlagen, ist sehr zu empfehlen, und sei hier der Originalität halber nochmals erwähnt.

Zum Einhängen der Goldanoden verwendet man am besten Platindraht, den man des guten Kontaktes wegen anschweißt, indem man das Goldblech auf eine Asbestplatte legt, den Platindraht darauf, mittels einer Lötrohrflamme die Schweißstelle zur Weißglut erhitzt und durch einen energischen Schlag mit dem Hammer zusammenfügt. Die Verbindung mit der Anodenstange erfolgt durch geeignete Klemmen.

Kommen in einem Goldbad unlösliche Anoden in Anwendung (Platin, Stahl oder Kohle), so ist es selbstverständlich, daß der Goldgehalt der Lösung durch Zusatz des geeigneten Goldpräparates konstant zu erhalten ist, während bei Benutzung von Goldanoden diese das ausgeschiedene Gold fast vollständig ersetzen, wenn die richtige Stromdichte und Konzentration der Lösung gewählt und natriumfreies Zyankalium verwendet wird, die Natronsalze als Leitsalze sind dann zu vermeiden. Nur in zyankaliumlosen Bädern sind Goldanoden so gut wie ganz unlöslich.

Die Angreifbarkeit der Goldanoden in zyankalischen Goldbädern hat Carl Ludwig Jacobsen, Göttingen, eingehend studiert und seien die Hauptergebnisse aus dieser hübschen Arbeit in folgenden Punkten zusammengefaßt: In zyankalischer Lösung geht das Gold als einwertiges Metall in Lösung. Bei Anwendung der käuflichen Handelssorte von Zyankalium tritt aber schon bei geringer Konzentration eine Passivität der Goldanoden ein, während eine solche bei Anwendung von vollkommen reinem Zyankalium ausbleibt, d. h. das Gold geht dann in solchen Bädern selbst bei höherer Konzentration und auch unter Anwendung höherer Stromdichten glatt in Lösung.

Als Ursache hierzu wurde die Anwesenheit von Natriumionen in den Bädern erkannt. Es konnte bewiesen werden, daß die Passivität von einer dünnen Schicht des gegenüber dem Kaliumgoldzyanid viel schwerer löslichen Natriumgoldzyanids verursacht wird. Es ist also die Passivität der Goldanoden als Verhinderung der Auflösung durch eine schwerlösliche feste Deckschicht zu erklären, die sich an den Anoden bildet, nachdem durch anfängliches Inlösunggehen des Anodenmetalls das Löslichkeitsprodukt des komplexen Aurozyanions überschritten wurde.

In zyankaliumhaltigen Elektrolyten geht Gold anodisch bei Stromdichten von 0,2 A/qdm und einem Minimal-Zyankaliumgehalt von 10 g pro Liter und darüber glatt in Lösung. Bei Anwendung von Zyannatrium an Stelle von Zyankalium (natriumfrei) dagegen vermag sich Gold anodisch bei einer maximalen Stromdichte von 0,2 A/qdm nur bei Gegenwart von 10 g im Minimum und 20 g im Maximum pro Liter zu lösen, bei höherem Zyannatriumgehalt hört dieses Inlösunggehen der Goldanode nach und nach ganz auf, und zwar um so rascher, je höher die Anodenstromdichte geht. Da die Praxis höchst selten derartig große Anoden aus Gold verwendet, sind demnach Goldanoden in zyannatriumhaltigen Bädern als praktisch unlöslich zu bezeichnen.

Vergoldung nach Gewicht. Die Unverläßlichkeit in der Stromausbeute bei der elektrolytischen Goldabscheidung ist ein Haupthinderungsgrund, das voltametrische Prinzip der Kontrolle des Gewichts an niedergeschlagenem Metall mit gutem Gewissen auch für kleinere Goldbäder zu empfehlen, und wird für Vergoldung nach Gewicht in solchen kleineren Bädern besser die Konstruktion der Wage nach Roseleur benutzt. Diese Wage ermittelt, wie bei der Versilberung beschrieben, den Niederschlag während des Niederschlagsprozesses durch direkte Verfolgung der Gewichtszunahme der in dem betreffenden Bade exponierten Gegenstände, und begreiflicherweise ist diese Methode angesichts des teuren in Betracht kommenden Metalles jeder anderen Methode vorzuziehen. Die Konstruktionsdetails schließen sich eng an die im Kapitel „Versilberung" genau beschriebene Konstruktion der Roseleurschen Wage an, und es erübrigt sich daher füglich hier jede weitere Erörterung. Bemerkt sei lediglich, daß für diese Bestimmung des Gewichts an abgeschiedenem Gold die Roseleursche Wage in spezieller Ausführung gebaut werden muß. Die einzelnen Abmessungen müssen entsprechend kleiner und leichter gehalten werden, damit die Genauigkeit bzw. Empfindlichkeit der Wage erhöht wird.

Wie im theoretischen Teil und gelegentlich der Bestimmung des Gewichtes der Silberniederschläge dargetan wurde, kann man an Hand der Angaben eines Präzisions-Amperemeters, auch unter Berücksichtigung der Zeit, während welcher man den gemessenen Strom im Goldbad auf die eingehängten Waren wirken läßt, das Gewicht an ausgeschiedenem Golde ermitteln, doch darf man dann nicht außer acht lassen, das meist mit angeschlossene Voltmeter vorher auszuschalten, damit das Amperemeter nicht auch den Stromverbrauch des Voltmeters mit registriert, was das Resultat um so mehr beeinflussen würde, je mehr Stromverbrauch das verwendete Voltmeter hat.

Ebenso wie bei der Bestimmung des abgeschiedenen Gewichtes an metallischem Silber beim galvanischen Versilbern kann man auch bei der Vergoldung zur Kontrolle der abgeschiedenen Mengen Goldes die Stia-Zähler oder die Gewichtszähler verwenden, nur müssen diese dann in Gramm Gold geeicht sein. Mechanische Zähler soll man aber nur dann anwenden, wenn man einigermaßen größere Bäder benutzt, bei denen einer genügend großen Kathodenfläche entsprechend eine genügend große Stromstärke im Bade zur Anwendung kommt. Andernfalls entstehen Ungenauigkeiten infolge der Fehlerquellen in den Gewichtszählern, welche ja nur dann mit einer zulässigen Toleranz arbeiten, wenn man diejenige Stromstärke durch Bad und Zähler schickt, die derjenigen möglichst nahe kommt, für welche er geeicht wurde. Bei Stia-Zählern ist dies wohl ähnlich, aber nicht von so großer Bedeutung wie bei den Gewichtszählern. Natürlich muß genau bekannt sein, welches Abscheidungsäquivalent beim Eichen zu berücksichtigen ist, deshalb ist die Badzusammensetzung dabei zu berücksichtigen und die Stromdichte, unter der abgeschieden wird.

Ausführung des Vergoldens. Beim Vergolden ist die Einhaltung der gegebenen Vorschriften (Badspannung, Stromdichte, Badtemperatur usw.) von besonderer Wichtigkeit deswegen, weil bei zu hoher Stromdichte der Niederschlag leicht überschlägt, pulverig rauh ausfällt, gekratzt werden muß, wobei viel Gold verlorengeht. Auch der Ton des Goldniederschlages wird durch die Stromdichte beeinflußt; ist diese zu hoch, so wird die Vergoldung zu dunkel, ist sie zu niedrig, so wird sie zu blaß.

Bei keiner anderen Elektroplattierung sind die anzuwendenden Stromverhältnisse so sehr der Veränderung unterworfen wie beim Vergolden; jede Veränderung der Badzusammensetzung macht sich fühlbar, und es ist insbesondere der Gehalt an Leitsalzen und Zyankalium usw., welcher die anzuwendenden Stromverhältnisse beeinflußt. Es ist daher beim Vergolden die Einschaltung eines richtig konstruierten feinen Regulators unerläßlich, um die Stromverhältnisse am Bade den jeweiligen Veränderungen entsprechend regulieren zu können.

Wird mit der Dynamomaschine gearbeitet, so ist eine solche mit einer Klemmenspannung von 4 V zu wählen, wenn nicht besondere Verhältnisse die Anwendung einer höheren Klemmenspannung bedingen; der Stromkonsum ist bei der zum Vergolden erforderlichen Stromdichte von max 0,1 A pro qdm Warenfläche so gering, daß beispielsweise mit einer ganz kleinen Maschine mit einer Stromleistung von etwa 30 A eine Warenfläche von mindestens 3 qm vergoldet werden kann. Man übertreibe keinesfalls die Anwendung höherer Stromdichten, denn die Vergoldung fällt um so schöner aus, je langsamer gearbeitet wird.

Bei Betrieb mit Elementen sind je nach der erforderlichen Badspannung zwei oder drei auf Spannung verbundene Bunsen-Elemente als Stromquelle zu benutzen, und wird sich die Verwendung eines Regulators sehr gut bewähren.

Bis zu einer Badspannung von	verwende man bis zu Warenflächen von	Elemente	
		Anzahl	wirksame Zinkfläche
2 V	20 qdm	2	1,5 qdm
	60 ,,	2	5,8 ,,
3 V	20 qdm	2	7,9 qdm
	60 ,,	3	5,8 ,,
	100 ,,	3	7,9 ,,
4 V	30 qdm	3	5,8 qdm
	50 ,,	3	7,9 ,,
	75 ,,	3	12,4 ,,

Bei gewöhnlicher Handelswarenvergoldung, die mit kurzer Vergoldungsdauer erzielt wird, bleibt bei richtiger Manipulation der Niederschlag glänzend; aber

bei stärkerer Vergoldung ist es in gewöhnlichen Goldbädern unvermeidlich, daß
der Niederschlag nach längererVergoldungsdauer matt wird und gekratzt werden
muß. Dieses Kratzen der Vergoldung muß aus ökonomischen Rücksichten mit
möglichster Schonung ausgeführt werden, weil, wie schon oben angedeutet, dadurch viel Goldniederschlag verlorengeht. Man bediene sich daher feindrahtiger,
sanftwirkender Kratzbürsten aus Messingdraht (0,05 bis 0,1 mm Drahtstärke)
und wende dabei ein gleitendes Kratzwasser an (Seifenwurzelwasser, saures
Bier u. ä.), welches die reißende Wirkung der Drahtbürsten abschwächt.

Die Art der Vorbereitung der Waren vor dem Vergolden schließt sich ganz
an die üblichen Methoden, wie sie bei anderen Galvanisierungsmethoden, z. B.
bei der Verkupferung, Vermessingung oder Versilberung, gebräuchlich sind, an.
Nur hinsichtlich des Polierens oder Vorpolierens vor der Vergoldung wird ein
Unterschied gegenüber anderen Elektroplattierungen gemacht, da man den
Goldniederschlag meist nur hauchdünn aufträgt, so daß weder ein Abplatzen
der Goldschicht oder ein Aufsteigen derselben zu befürchten ist. Anderseits zeigt
diese dünne Goldschicht genau die Struktur der Unterlage, und da man meist
glänzend vergoldete Gegenstände verlangt, muß, wenn man nicht bei stärkerer
Vergoldung den Niederschlag durch Polierstähle oder Poliersteine glätten will,
die glänzende Oberfläche schon vorher durch feines Auspolieren geschaffen werden.

Dieser feine Untergrund ist aber sehr empfindlich, und man schützt die gut
entfetteten Teile, wozu man Benzin oder andere nichtscheuernde Entfettungsmittel wählt, vor jedem Anlauf durch Einlegen in verdünnte Zyankaliumlösungen,
wenn die zu vergoldenden Gegenstände aus Kupfer oder Messing und ähnlichen
Metallen bestehen, dagegen in verdünnte Säuren, wenn sie aus Eisen, Stahl und
dergleichen Metallen hergestellt wurden. In der Uhrenindustrie beispielsweise
werden die Uhrenschalen aus Messing, die man vergolden will, nach der Entfettung auf flache Teller gelegt, deren Boden mit Filtrierpapier oder gut aus-
gebrühter Leinwand belegt ist, und welche bis zum Rand mit verdünnter
Zyankaliumlösung gefüllt sind. Von diesen Tellern oder Gefäßen kommen die
Gegenstände mit der anhaftenden dünnen Zyankaliumlösung, die dem Goldbade nichts schadet, direkt ins Goldbad, das meist warm angewendet wird.

Kleine Massenartikel können in lockeren Bündeln vergoldet werden, selbstverständlich sind sie so einzuhängen, daß sie nicht aneinanderliegen oder sich
gegenseitig decken.

Bei der warmen Vergoldung ist damit zu rechnen, daß durch die angewandte
höhere Temperatur der Lösung und die dabei stattfindende Verdunstung des
Wassers die Oxydation der Leitungsmontierung der Wanne ungemein stark um
sich greift, dadurch kann leicht eine Störung des Leitungskontaktes zwischen
Ware und der äußeren Stromzuleitung entstehen, was durch fleißiges Reiben
des Aufhängedrahtes auf der Warenstange zu verhindern ist. Eine solcherart
erzielte Bewegung der Waren im Goldbade ist durchaus nötig, um eine gleichmäßige Färbung des Goldniederschlages zu gewährleisten. Die leichte Vergoldung
sieht ja nur ein einige Sekunden währendes Hängenlassen im Goldbade vor, und
in diesen Fällen läßt der Vergolder die Ware überhaupt nicht aus der Hand,
zählt tunlichst an einer Uhr die Sekundenzahl ab bei richtig eingestellter Stromstärke, um nicht zuviel Gold zu vergeuden.

Gleichartige Artikel läßt man am besten im Bade rotieren, indem man sich
kleine mechanische, einfache Drehvorrichtungen mit Schnurtrieb anfertigt,
welche gestatten, eine Einhängevorrichtung von oben in das Bad einzuführen, an
die die zu vergoldenden Gegenstände angehängt werden und in gleichmäßigem
Tempo an den rundherum angebrachten, meist kleinen Platinanoden vorbeigeführt werden. Läßt man etwa diese Drehvorrichtung sich zweimal um ihre
eigene Achse drehen, nimmt dann die Ware heraus, stellt dabei den Strom immer
auf dieselbe Stärke ein, so ist man gewiß, stets die gleiche Metallmenge nieder-

geschlagen zu haben und dafür auch eine auf allen Gegenständen gleichmäßige Goldfarbe zu erhalten.

Speziell bei der Erzielung besonderer Färbungen des Goldniederschlages durch vorheriges Verkupfern oder Versilbern, um rötliche oder grünliche Töne zu bekommen, ist die Menge des aufgetragenen Goldes ganz genau einzuhalten, weil bei stärkerer Goldauflage und vorhergegangener Verkupferung beispielsweise eine gelbere Vergoldung zuwege gebracht würde als bei einer nur 2 Sekunden kürzeren Vergoldungsdauer unter gleichen Bedingungen.

Bei ganz kleinen Gegenständen, wie z. B. in der Uhrenindustrie, wo es sich darum handelt, etwa auf vorher mattierter Unterlage die Uhrwerksteile gleichmäßig zu vergolden, pflegt man diese auf dünne Kupferdrähte aufzuhängen, so daß sich die einzelnen Teile nicht berühren; besitzen sie, wie dies bei solchen Uhrwerksteilen der Fall ist, kleine Löcher, so fädelt man sie auf und legt eine Glasperle zwischen je 2 aufeinanderfolgende Teilchen, um den Abstand herbeizuführen. Auch in diesen Fällen läßt man die aufgebundenen oder aufgereihten Waren mit dem Draht nicht ruhig im Bade hängen, sondern reibt sie an der Warenstange hin und her.

Sollte infolge Veränderung der Stromverhältnisse die Lösung an Goldgehalt verarmen, was sich durch den trägen Gang des Vergoldungsprozesses und heftige Gasentwicklung an der Ware bemerkbar macht, so ist von dem betreffenden Goldpräparat, welches bei der Bereitung des Bades Verwendung fand, demselben zuzuführen, am besten eignet sich zur Erhöhung des Goldgehaltes das LPW-Golddoppelsalz von 40% Goldgehalt.

Sollte es einem Goldbade an Zyankalium fehlen, so zeigt sich dies zunächst an den Goldanoden, sofern solche verwendet wurden, welche dann dunkel gestreift aussehen, die Vergoldung vollzieht sich langsam oder gar nicht, an der Ware tritt keine Gasentwicklung auf; es ist Zyankalium zuzusetzen, aber vorsichtig, allmählich und nicht zuviel, und zwar wird man mit 1 g pro Liter Bad beginnen, nach dessen Lösung und Vermischung erst die Vergoldung versuchen, dies wiederholend, bis die Funktion befriedigt.

Ein übermäßiger Zyankaliumüberschuß macht sich in den Goldbädern besonders empfindlich fühlbar, ist daher zu vermeiden; ein zu hoher Zyankaliumgehalt zeigt sich bei sonst richtigen Stromverhältnissen durch eine heftige Gasentwicklung an der Ware, der Niederschlag wird zum Überschlagen neigen, die vorgeschriebene Badspannung verursacht eben dann infolge der erhöhten Leitfähigkeit des Bades eine zu hohe Stromdichte, und es ist dann bis zum Verschwinden der Gasentwicklung zu regulieren.

Anläßlich der Jahresinventur wird der gewissenhafte Besitzer größerer Goldbäder deren genauen Goldgehalt von einem Chemiker analytisch bestimmen lassen und bei dieser Gelegenheit sowohl den Gold- als auch den Zyankaliumgehalt der ursprünglichen Badzusammensetzung entsprechend richtigstellen.

Auf vielen Gegenständen der Kunstindustrie wird die Ziervergoldung ausgeführt, z. B. werden auf silbernen oder versilberten Gegenständen mitunter bloß vertieft liegende Teile vergoldet gewünscht. Um dies zu erreichen, müssen die nicht vergoldet gewünschten Partien mit Decklack abgedeckt werden, hierauf wird vergoldet und nachher wird die Decklackschicht wieder in Benzol abgelöst. Die Ziervergoldung kann aber auch mit der Pinselanode oder der Wanderanode, wie sie früher beschrieben wurde, ohne Anwendung der Deckschicht durch Lackierung aufgetragen werden, zumal wenn es sich um größere zu vergoldende Flächen handelt, wo die Einhaltung scharfer Konturen nicht so ins Gewicht fällt.

Die inneren Flächen von Hohlgefäßen, wie z. B. Trinkbechern, Milchkannen usw., vergoldet man am besten derart, daß man sie nach der Entfettung und Dekapierung mit dem Goldbade füllt und eine stromführende Goldanode in die Mitte des Gefäßes hängt, während die äußere Fläche der Gefäße mit dem negativen Leitungsdrahte in Berührung gebracht wird (vgl. Fig. 257).

Die Ausgüsse (Schnauzen) der Kannen vergoldet man durch Auflegen eines mit Goldbad getränkten Tuchlappens, den man mit der Goldanode bedeckt.

Vergolden der Nadelöhre. Das Vergolden geschieht unter Zuhilfenahme langer Einhängeklemmen aus Messing, die etwa 27 cm lang sind und am besten innen eine Rippung tragen, damit in jede Einkerbung eine Nadel sich einlegen kann. Es genügt, wenn die eine Seite der Klemme diese Einkerbungen von etwa 0,3 mm aufweist. In je eine solche Klammer kann man 3 Dutzend Nadeln derart einklemmen, daß die Öhre nach unten gleichmäßig zu stehen kommen, während die Spitzen zwischen den Klammern zu liegen kommen. Nun werden die Nadelöhre vermittels der Klemme so weit in das kalte Goldbad getaucht, daß eben nur die Öhre in die Badflüssigkeit eintauchen. Man arbeitet mit ca. 5 V und mit Platinanoden. Über die länglichen, ca. 30 cm langen schmalen Glaswannen, in denen sich das Goldbad befindet, baut man eine kleine verstellbare Waren-Einhängevorrichtung, die den negativen Strom an einer Seite zuführt, während zwischen je 2 solchen kleinen Wannen eine flache Kupferschiene mit Flügelklemmen angeordnet wird, in welche die einzelnen Platinanoden geklemmt werden.

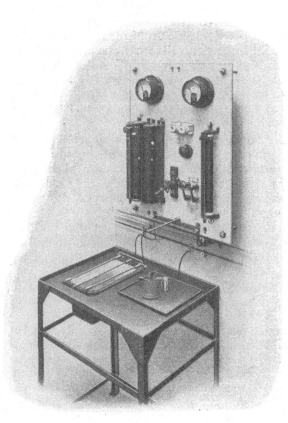

Fig. 257.

Als Goldbad verwendet man ein mit Blutlaugensalz und Chlorgold bereitetes kaltes Goldbad und vergoldet direkt auf Eisen, kann aber auch eine Vorverkupferung anwenden und darauf erst vergolden, wenn man den Ton der Vergoldung röter haben will. Doch muß man in letzterem Falle darauf achten, daß bei der späteren Vergoldung die Öhre eine Kleinigkeit tiefer eintauchen als bei der Vorverkupferung, weil sonst die Verkupferung vorstehen würde. Die Nadeln kommen entfettet, aber vollkommen trocken ins Goldbad, damit sich nicht etwa die Goldbadflüssigkeit an den nassen Nadeln hochzieht und dann die Vergoldung auch an Stellen sich ansetzen würde, die man in Eisen blank erhalten will. Die Zeitdauer der Vergoldung beträgt etwa 5—10 Sekunden, je nach gewünschter Stärke der Vergoldung und dem Ton, den man zu erhalten wünscht. Je länger man die Nadeln im Bade beläßt, um so dunkler wird auch der Goldton.

Das Vergolden der Spritzkorke und Zerstäuber aus Blei wird zwar vielfach nach dem Kontaktverfahren ausgeführt, welches aber meist unschön rotgefärbte Vergoldungen liefert, wogegen die Vergoldung dieser Objekte mit äußerer Stromquelle weitaus schönere Resultate liefert. Man vernickelt diese Gegenstände vorher, poliert aber vorher mit dem Polierstahl an den später poliert erscheinenden Partien, putzt sie hierauf mit Wienerkalk und Alkohol blank, vermessingt leicht und vernickelt im LPW-Glanz-Nickelbade. Läßt man diese Vernicklung fort, so erhält man leicht Ausschuß. Vergoldet wird bei 3 bis 5 V Badspannung (je nach Anodengröße), man spült mit reinem Wasser nach und trocknet gut im Trockenschrank nach.

Ein Mann kann pro Stunde 300—400 Stück solcher Spritzkorke fertigstellen, bei sachgemäßer Arbeitsweise und entsprechender Vorsicht braucht man für 120 Dutzend solcher Gegenstände nur ca. 6—7 g Gold.

Vergolden von kleinen Massenartikeln mit Strom. Für gewöhnlich werden kleine Gegenstände, die in vergoldeter Ausführung gehandelt werden, nur durch die billige Eintauch- oder Sudvergoldungsmethode vergoldet. Dies ergibt aber nur einen Hauch von Gold, der eventuell unter Benutzung von Zinkkontakten etwas verstärkt werden, niemals aber Anspruch auf Solidität erheben kann. Eine stärkere Vergoldung solch kleiner Teile ist nur durch Vergoldung mit Strom möglich, und bedient man sich hierzu kleiner Trommel- oder besser Glockenapparate, zumal letztere Apparate auch heizbar geliefert werden, das Vergolden also in erwärmten Goldbädern durchführen kann. Solche Glockenapparate[1]) sind dann mit emaillierten Glocken zur Aufnahme der zu vergoldenden Gegenstände auszurüsten und werden mittels eines Gasbrenners, der unterhalb dieser emaillierten Glocke angebracht wird, erwärmt. Auf solche Weise kann man kleine Gegenstände, deren Aufreihung auf Einhängedrähten zu zeitraubend wäre, in Massen solide, beliebig lange und beliebig stark vergolden. Wird bei stärkerer Auflage die Vergoldung matt, was oft trotz Zusatzes von Glanzgoldpräparaten, wie Nickel, Kadmiumsalze u. dgl., nicht zu vermeiden ist, zumal meist mit höheren Stromdichten gearbeitet wird, so lassen sich solche Teile sehr schön nach dem Kugel-Polierverfahren glänzend polieren.

Mattvergolden. Der mattzuvergoldende Gegenstand muß vor dem Vergolden matt grundiert werden, und zwar auf eine der früher beschriebenen Arten. Wer zum Mattieren auf mechanischem Wege (Mattschlagen mit Bürsten oder Sandgebläse) nicht eingerichtet ist, wem der durch Mattbrennen auf Messing, Kupfer und Kupferlegierungen erzielte Mattgrund nicht genügt, der muß einen Mattgrund durch galvanoplastischen Kupferniederschlag darstellen oder seine Waren mit besonders zusammengesetzten Beizen behandeln. Die Methode des galvanoplastischen Mattierens wurde bereits eingehend erklärt, und sei an dieser Stelle nochmals darauf verwiesen.

In längstens einer Stunde sind die Gegenstände z. B. mit einem galvanoplastischen Kupferniederschlag bedeckt von einem so schönen und weichen Samtmatt, wie man es sich nur wünschen kann. Selbstredend darf dieser Niederschlag nicht gekratzt werden, um den schönen Matteffekt nicht zu zerstören, sondern die solcherart mattierten Gegenstände werden, wie sie aus dem galvanoplastischen Kupferbad kommen, gründlich abgespült, damit von der sauren Kupferbadlösung nichts haften bleibt, und werden dann sofort vergoldet. Sehr schöne Resultate erzielt man, wenn man die zu vergoldenden Objekte zuerst in der Französisch-Mattbrenne bearbeitet und dann sofort, ohne nach dem darauffolgenden Spülen zu trocknen, ins Goldbad bringt.

Wo der rote Untergrund der galvanoplastischen Mattierung durch Auftragung eines Kupferniederschlages wegen der nach der Vergoldung auftretenden rötlichen Färbung stört, kann man eine schwache Versilberung oder Vermessingung, aber auch eine 10 Minuten lange Vernicklung in einem Glanznickelbade

---

[1]) D.R.G.M. der Langbein-Pfanhauser-Werke A.-G.

zwischenlegen, um erst darauf zu vergolden. Man erhält dadurch einerseits das schöne Stockmatt der galvanoplastischen Mattierung und kann sich durch geeignete Wahl dieser Zwischenschicht auch die Färbung der Vergoldung einstellen.

Rotvergolden und Rosavergolden. Diese sind nur mit Strom ausführbar, und zwar in der Weise, daß aus einer kupferhaltigen Goldlösung nebst Gold auch Kupfer, also ein mit Kupfer legiertes Gold, ausgeschieden wird. Als Lösung kann jedes Goldbad dienen, warm oder kalt; man setzt demselben nur etwas Zyankupferkalium zu in größerer oder geringerer Menge, je nachdem man röter oder weniger rot vergolden will (pro Liter etwa 0,1—0,15 g metallisches Kupfer).

Selbstredend sind die mit Blutlaugensalz angesetzten zyankaliumlosen Bäder ausgeschlossen, weil durch den Zusatz von Zyankupferkalium das Bad zyankaliumhaltig würde.

Vielfach wird die Rotvergoldung übertrieben, die Goldbehälter mit gar zuviel Kupfer versetzt; es geht dies sogar so weit, daß manche Rotvergolder gar kein Gold mehr in ihrer Lösung haben, lediglich nur „mit Kupfer vergolden". Eine solche Rotvergoldung, wenn sie überhaupt diesen Namen noch verdient, wird in kurzer Zeit an der Luft anlaufen, oxydieren und kann niemals die sogenannte „Säureprobe" aushalten.

Wer solider rotvergolden will, dem möchte Verfasser empfehlen, die Ware vorerst überhaupt nur zu verkupfern und darauf leicht zu vergolden, und zwar in einem reinen Goldbad ohne Kupferzusatz; der Kupfergrund wird durchschlagen, der Vergoldung einen schönen Rotgoldton verleihen, und weil die Oberfläche echtes Gold ist, wird ein Anlaufen nicht stattfinden. Wird übrigens der Kupferzusatz nicht übertrieben, so ist die direkte Rotvergoldung, wie oben angegeben, fast ebenso solid, ein Anlauf wird nicht zu befürchten sein.

Zur Rosavergoldung ist dem kupferhaltigen Goldbad ein wenig Silberlösung zuzusetzen, entweder Silberbad oder eine Lösung von salpetersaurem Silber, um den Rosaton zu erzielen. Man muß aber mit dem Zusetzen der Silberlösung sehr sparsam und vorsichtig sein: dem noch Ungeübten ist zu empfehlen, diese nur tropfenweise zuzugießen, umzurühren und jedesmal erst den Ton auszuprobieren; denn wenn man zuviel von der Silberlösung zusetzt, wird die Vergoldung grünlich oder gar weiß, weil das Silber zu leicht vorschlägt.

Ringe, Uhrketten usw. aus unedlem Metall werden häufig rot vergoldet verlangt, und es wird gefordert, daß beim mehrstündigen Einlegen derselben in Scheidewasser kein Angriff der Säure wahrnehmbar sei. Dies läßt sich erzielen, wenn man die Ringe erst in einem stark goldhaltigen Bade (2—3 Dukaten = 7—10,5 g Gold pro Liter) stark gelb vergoldet und dann im Rotgoldbade färbt. Dieses Verfahren ist als eine Imitation der mechanischen Goldplattierung zu bezeichnen und findet in der Bijouteriebranche vielfache Anwendung.

Grünvergolden. In der Gold- und Bronzebijouterie ist oft eine grünliche Vergoldung erwünscht, z. B. für Blumen, Blätter, Schmetterlinge, Gravierungen von Landschaften in Messing, Silber oder Gold. Solch grünliche Vergoldung erzielt man mit Strom in einem Goldbad, dem etwas Silber zugesetzt wurde, und zwar entweder Silberbad oder eine sehr verdünnte Lösung von salpetersaurem Silber; das Zusetzen der Silberlösung muß jedoch vorsichtig geschehen, denn wenn man zuviel davon beimengt, so wird das Silber vorschlagen, die Vergoldung wird fast ganz weiß ausfallen.

Eine recht schöne grünliche Vergoldung erzielt man auch auf Silbergrund, wenn man den betreffenden Gegenstand zuerst versilbert, darauf leicht vergoldet; der durchscheinende Silbergrund gibt der leichten Übergoldung einen grünlichen Ton.

Selbstredend ist eine intensive Grünvergoldung nicht erreichbar, sondern es handelt sich immer nur um einen grünlichen Stich des gelben Goldtones, mit dem man sich begnügen muß.

Imitation der Mattvergoldung durch Aufspritzen einer Goldbronze, die in Zapon suspendiert ist, wird erzielt, indem man mittels komprimierter Gase (Kohlensäure oder Luft von 1½—2 Atm.) diesen Lack durch verstellbare Düsen auf die zu überziehenden Teile leitet. Anspruch auf Solidität kann natürlich diese Vergoldung nicht machen, da sie mit dem Grundmetall keine metallische Verbindung hat und leicht wieder weggewischt werden kann.

Imitation einer Vergoldung durch gefärbte Zaponlacke. Die betreffenden Gegenstände aus Messing, denn nur solche kommen hierzu in Frage, höchstens solche aus Bronze oder Tombak, müssen zuerst normal zaponiert werden entweder durch Tauchen, Streichen oder Aufspritzen und werden zunächst normal getrocknet. In kaltem Zustande befestigt man sie dann auf Drähten aus Eisen und taucht sie unter fortwährendem Bewegen mehrere Sekunden in die Gold-Lackessenz, spült dann sofort mit reinem fließendem Wasser und trocknet im Trockenschrank bei 50° C.

Das Färben der Goldniederschläge. Anstatt, wie dies vorher beschrieben wurde, die verschiedenen Nuancen der Vergoldung durch Regulierung des Stromes oder der Temperatur bzw. durch spezielle Zusätze zum Elektrolyten zu erzeugen, kann man auch durch nachträgliche chemische Reaktionen dem normalen Goldniederschlag die mannigfachsten Färbungen verleihen. Die alte Methode des Glühwachsens soll der Originalität wegen hier kurz erwähnt werden, weil es noch viele Praktiker gibt, die von der Feuervergoldung nicht abzubringen sind.

Die Ausführung des Glühwachsens geschieht in der Weise, daß man die vergoldeten Gegenstände langsam anwärmt und dann gleichmäßig mit dem Glühwachs überzieht. Man erhitzt dann die Gegenstände über Holzkohlenfeuer oder über einer Bunsenflamme so lange, bis das Wachs brennt, und setzt unter stetem Drehen der Gegenstände diese Prozedur fort, bis die Flammen des brennenden Wachses verlöschen. Man taucht die Gegenstände dann in Wasser, kratzt die Objekte mit verdünnter Essigsäure und poliert sie nach dem Trocknen.

Je nachdem man den Goldton röter oder grüner haben will, präpariert man das Glühwachs mit einem höheren Gehalt an Kupfersalzen bzw. Zinksalzen. Die erste Vorschrift von den nachstehenden dient für rote Töne, die zweite für grüne.

Wachs	32 g
Grünspan in Pulver	22 g
Zinkvitriol, pulv.	11 g
Kupferasche	10 g
Blutstein, pulv.	16 g
Eisenvitriol	6 g
Borax	3 g

Die Vorschrift für grünliche Töne lautet:

Wachs	35 g
Grünspan in Pulver	12 g
Zinkvitriol, pulv.	24 g
Kupferasche	6 g
Blutstein, pulv.	15 g
Eisenvitriol	6 g
Borax	2 g

Das Glühwachs wird wie folgt bereitet: Zuerst wird in einem eisernen Kessel das Wachs geschmolzen, und dann werden die in einer Porzellanreibschale pulverisierten und miteinander gemischten Produkte in das geschmolzene Wachs eingetragen. Man rührt mit einem Porzellanspachtel die Masse so lange, bis das Wachs anfängt zu erstarren. Das noch knetbare Gemisch wird dann von Hand in dünne Stängelchen geformt.

Es gibt auch noch andere Methoden, auf chemischem Wege spezielle Töne herzustellen, und zwar bedient man sich diverser Breie aus den verschiedensten Substanzen, die mit einem Pinsel auf die Waren aufgetragen werden. Die so bepinselten Gegenstände werden dann bis zur Schwarzfärbung erhitzt und dieselben dann wie beim Glühwachsen mit Essigsäure gekratzt, getrocknet und poliert. Eine satte Goldfarbe erreicht man z. B. mit folgender Mischung:

> **Pulv. Alaun** . . . . 3 Teile
> „   **Kalisalpeter** 6   „
> „   **Zinkvitriol** 3   „
> „   **Chlornatrium** 3   „

Erwähnt sei schließlich noch die Methode der Tönung der Goldniederschläge durch Auftragen von rötlichen oder grünlichen Lacken oder von Gemischen derselben. Solche Lacke werden meist mit dem Pinsel aufgetragen, und es werden solcherart die verschiedensten Effekte auf vergoldeten Waren erzielt.

Über einen Ersatz des Handpolierens der Goldwaren. Die Goldschmiede waren stets gezwungen, ihre Goldgegenstände, zumal wenn diese aus legiertem Gold, d. h. Gold mit Silber und Kupfer gemischt, hergestellt wurden, nach der notwendigen Lötarbeit von dem hierbei entstehenden Anlauf auf höchst umständliche Weise zu reinigen und von Hand mit allen möglichen Instrumenten zu polieren, um den von der Kundschaft gewünschten Glanz auf diese Gegenstände aufzubringen. Diese höchst umständliche Methode wurde durch die Galvanotechnik durch ein elektrolytisches Glänz- und Reinigungsverfahren ersetzt, ‘ welches sowohl die Lötstellen derartig entfernt, daß man keine Spur der angewendeten Lötmittel und des Lotes selbst mehr wahrnehmen kann, als auch gleichzeitig auf rein elektrolytischem Wege ein Glänzen dieser Gegenstände stattfindet.

Zu diesem Zwecke verwendet man ein Polierbad, in welchem man die Goldgegenstände anodisch behandelt, indem man sie gleichzeitig ständig bewegt, da sich bei ruhigem Hängen die Goldgegenstände mit einem tief dunkelroten Belag beschlagen. Das verwendete Polierbad hat folgende Zusammensetzung:

> **Wasser** . . . . 1 l
> **Ferrozyankalium** . . . . 30 g
> **Zyankalium natriumfrei** . . . . 20 g

Temperatur des Bades 90° C, anzuwendende Stromspannung ca. 10 V, Stromdichte ca. 25 bis 35 A/qdm zu reinigender Oberfläche an den Waren, die am +-Pol angeschlossen werden müssen. Als Gegenkathode verwendet man Stahlbleche genügender Größe. Da man stets nur kleine Gegenstände, wie Ohrgehänge, Broschen, dünne Kettchen usw., einhängt, soll die Kathodenfläche ein Zehnfaches der zu entgoldenden, d. h. zu glänzenden Ware betragen.

Je stärker der Strom ist, desto rascher vollzieht sich Polier- und Reinigungswirkung. Im allgemeinen genügt eine Stromquelle von 10 V und 30 A mit den notwendigen Meß- und Regulierapparaten. Der Grad des erzielten Glanzes hängt ab von der Struktur des zur Anfertigung der Gegenstände verwendeten Goldes; ist der Gegenstand schon an und für sich glatt gewesen, so vollzieht sich der Glänzprozeß weit rascher als wenn die Gegenstände rauh, mit Feilstrichen und dergleichen Unebenheiten versehen sind. Hartgewalztes Gold, gestanzte oder geprägte Objekte, die eventuell auch nur mit einer harten, dichten Goldschicht plattiert sind, werden am schönsten.

Das durch den Auflösungsprozeß von den Gegenständen abgezogene Gold geht natürlich nicht verloren, sondern bleibt im Bade bzw. scheidet sich an den eingehängten Eisenkathoden ab. Aus dem Polierbad kann das Gold nach geraumer Zeit auf eine der später beschriebenen Art und Weise wiedergewonnen werden.

Kontaktvergoldung. Diese Art der Vergoldung wird noch vielfach, namentlich von Gold- und Silberarbeitern und Gürtlern, ausgeübt, welche kleine Gegenstände

zu vergolden haben. Sie bedienen sich eines Streifens Zinkblech, den sie mit
einem Messer blankschaben, den zu vergoldenden Gegenstand darauflegen oder
damit lose umwickeln und so mit dem Zink in Berührung (im Kontakt) in das
mäßig erwärmte Goldbad bringen; auf diese Weise vergoldet sich der Gegenstand.
Das Zink in Berührung mit dem zu vergoldenden Gegenstand wirkt im Goldbad
wie ein schwaches Element. Es hat diese Art der Vergoldung nur die Nachteile,
daß 1. dort, wo das Zink das Objekt berührt, gewöhnlich ein unvergoldeter Fleck
bleibt, weshalb diese Berührungsstellen gewechselt werden müssen, und daß 2. sich
auch auf das Zink ziemlich viel Gold niederschlägt, welches wieder abgeschabt
werden muß.

Zu dieser Art der Vergoldung mit Zinkkontakt ist folgende Lösung empfehlenswert:

Wasser	1	l
Phosphorsaures Natron	50	g
Neutral schwefligsaures Natron .	15	g
Zyankalium 100 %	6	g
Chlorgold	1,5	g

Auch alle anderen zyankalischen Goldbäder eignen sich für die Kontaktvergoldung, wenn deren Zyankaliumgehalt auf das Fünf- bis Zehnfache erhöht wird.

Nach Langbein liefert ein Bad für Kontaktvergoldung, mit Blutlaugensalz
bereitet, ebenfalls vorzügliche Resultate, er empfiehlt folgende Zusammensetzung
der Lösung:

Wasser	1	l
Feingold (als Chlorgold)	3	g
Gelbes Blutlaugensalz	30	g
Pottasche	30	g
Kochsalz	30	g

Man wechsle die Berührungsstellen bei der Kontaktvergoldung möglichst oft,
weil sonst leicht unangenehme Flecken auf der Ware entstehen.

Eintauch- oder Sudvergoldung. Diese Art der Vergoldung wird fast ausschließlich nur für kleine Bijouterieartikel aus Kupfer, Tombak, Messing und ähnlichen Kupferlegierungen angewendet, vollzieht sich in der Weise, daß sich durch
Wechselwirkung auf das eingetauchte Metall eine hauchdünne Goldschicht niederschlägt, und zwar nur so lange, bis die ganze Oberfläche mit Gold gedeckt ist, dann
hört natürlich die Wechselwirkung und auch jede weitere Goldausscheidung auf.

Als Bad dient folgende Lösung:

Wasser	1	l
Phosphorsaures Natron	6	g
Ätznatron	1	g
Neutral schwefligsaures Natron .	3	g
Zyankalium, natriumfrei. . . .	10	g
Chlorgold	0,6	g

Das Bad wird kochendheiß verwendet. Die aufgereihten oder in einem Steinzeugkorb untergebrachten kleinen Gegenstände werden rasch in die Lösung getaucht,
einen Moment darin geschüttelt und sofort in kaltes Wasser gebracht, hierauf
in kochendes Wasser und getrocknet. Längeres Verweilen im Sudgoldbad ist
zwecklos, die Vergoldung wird dadurch nur unansehnlich und büßt an ihrer
Brillanz ein.

Greift die Vergoldung nicht mehr, so kann man versuchen, durch Zugabe
von Zyankalium dies zu bessern. Wenn das auch nichts nützt, dann ist das
ein Zeichen, daß der Lösung das Gold schon entzogen ist, man kann wieder mit
Chlorgold auffrischen und dieses Auffrischen einigemal wiederholen, abwechselnd

mit Zyankalium nachhelfend; solange die Lösung funktioniert, ist sie brauchbar. Fällt endlich die Vergoldung unschön aus, so ist die Lösung unbrauchbar, wird zu den alten Rückständen gegossen, durch ein neu angesetztes Bad ersetzt.

Eine verläßliche Rotvergoldung durch Eintauchen ohne Strom gibt es nicht, das ist nur mit Strom möglich; aber man erreicht die vielfach gewünschte billige Rosavergoldung mittels Sudvergoldung auf kleine Massenartikel, wie z. B. Handschuhknöpfe, Schuhösen u. ä., indem man die Artikel aus Tombakmetall anfertigt, nachher gelbbrennt und mittels Sudvergoldung vergoldet. Der rötliche Ton des Tombakmetalles schlägt durch und läßt die Vergoldung rosa erscheinen.

Mit dieser Aufklärung sollen die seit Jahren dem Verfasser zukommenden zahlreichen Anfragen von Fabrikanten kleiner, billiger Massenartikel beantwortet sein, welche sich darüber den Kopf zerbrechen, wie die französische Konkurrenz solche billige Massenware mit einer brillanten Rosavergoldung in den Handel bringt. Die deutschen Fabrikanten pflegen diese Artikel nur aus Messing zu erzeugen, und darauf ist durch Eintauchvergoldung nur ein gelber Goldton zu erzielen.

Es sei ferner erwähnt, daß ganz billige Massenartikel, deren Preis auch die Kosten der Eintauchvergoldung nicht mehr verträgt, mit einem goldähnlichen Ton durch Eintauchen in folgende kochende Lösung versehen werden:

Wasser . . . . 1 l
Ätznatron . . . . 150 g
Kohlensaures Kupfer . . . . . 50 g

Anreibevergoldung. Diese dient ausschließlich nur zum Ausbessern ganz kleiner schadhafter Stellen auf vergoldeter Silberware, um das durchscheinende Silber mit Gold zu decken; für größere Flächen ist sie nicht zu gebrauchen.

Zuweilen benutzt man diese Methode auch auf Messing und Kupfer, und man stellt die Anreibevergoldung folgendermaßen her:

2—3 g Goldchlorid werden in möglichst wenig Wasser gelöst, dem man 1 g Salpeter zugesetzt hat. In diese Lösung taucht man Leinwandläppchen, läßt sie abtropfen und an einem dunklen Orte trocknen. Die mit Goldlösung getränkten Läppchen werden dann bei nicht zu großer Hitze zu Zunder verkohlt, wobei das Goldchlorid teils zu Goldchlorür, teils zu metallischem, fein zerteiltem Gold reduziert wird, und der Zunder wird in einem Porzellanmörser zu einem feinen, gleichmäßigen Pulver zerrieben.

Will man mit diesem Pulver vergolden, so taucht man einen mit Essig oder Salzwasser benetzten, angekohlten Kork in dasselbe und reibt damit die gut entfetteten Flächen des zu vergoldenden Gegenstandes unter Anwendung eines nicht zu schwachen Druckes. Statt des Korkes kann man auch den Daumen der Hand nehmen, vermeide aber in dem einen wie in dem anderen Falle zu starke Befeuchtung, weil sonst das Pulver schlecht greift; nachdem das Vergolden stattgefunden hat, kann mit dem Stahle vorsichtig poliert werden.

Eine rötliche Vergoldung durch Anreiben wird erhalten, wenn man der Goldlösung ½ g salpetersaures Kupfer zusetzt.

Zum Vergolden durch Anreiben kann man auch eine Lösung von Goldchlorid in überschüssigem Zyankalium nehmen, nachdem diese Lösung durch Verreiben mit Schlämmkreide zu einem Brei verdickt worden ist. Dieser wird auf die aus Zink bestehenden oder vorher verzinkten Gegenstände mittels eines Korkes, Lederlappens oder Pinsels aufgetragen. Dieses von Martin und Peyraud herrührende Verfahren wird von denselben folgendermaßen beschrieben: Gegenstände aus anderen Metallen als Zink werden in ein Bad gebracht, das aus einer konzentrierten Lösung von Chlorammonium (Salmiaksalz) besteht, in die man eine Quantität Zinkgranalien gebracht hat, man läßt einige Minuten sieden, wodurch die Gegenstände einen Überzug von Zink erhalten. Zur Anfertigung

des Vergoldepräparates löst man 20 g Goldchlorid in 20 g Wasser und fügt eine
Auflösung von 60 g Zyankalium in möglichst wenig Wasser (ca. 80 g) zu. Von
dieser Lösung setzt man so viel zu einem Gemisch aus 100 g feiner Schlämmkreide
und 5 g Weinsteinpulver, daß ein Brei entsteht, welcher sich mittels Pinsels
leicht auf den zu vergoldenden Gegenstand auftragen läßt, und wenn der Überzug
bewirkt ist, erwärmt man auf ca. 60—70° C. Nach dem Abwaschen des trockenen
Breies mit Wasser erscheint die Vergoldung, die man mit dem Steine glänzen kann.

Abziehen der Versilberung und Vergoldung.

Mißlungene Versilberung oder Vergoldung muß, wenn man neue Niederschläge auf diese Gegenstände aufbringen will, wieder entfernt werden, und da
darf man nicht durch Abschleifen die Edelmetallniederschläge entfernen, weil
hierbei das Edelmetall verlorengehen würde, ebenso kommt dies bei alten,
früher versilberten oder vergoldeten Gegenständen vor, die wieder neu elektroplattiert werden sollen. Um das Edelmetall bei diesem Abziehen wiedergewinnen
zu können, müssen Methoden eingeschlagen werden, welche das Edelmetall
sammeln, und führt man dies entweder auf elektrolytischem Wege aus oder auf
rein chemischem Wege.

Auch die Messing- oder Kupferdrähte, die zum Einhängen der zu versilbernden
oder zu vergoldenden Waren dienen, sind, da sie wiederholt benutzt werden,
mit einer ziemlich starken Schicht Silber- beziehungsweise Goldniederschlag
belegt; man pflegt eine Partie dieser Drähte zu sammeln, um von Zeit zu Zeit
das Silber oder Gold durch Abziehen zu gewinnen.

Damit sich die Einhängedrähte nicht allzu stark mit Edelmetall überziehen
können, wird in vielen Betrieben der Weg eingeschlagen, täglich einmal die Einhängedrähte oder sonstigen, ins Bad tauchenden Einhängevorrichtungen von
Edelmetall durch eine der gangbaren Methoden zu befreien, um niemals zuviel
totes Kapital fortzuschleppen. Wird die Entsilberung oder Entgoldung täglich
gemacht, so bleiben derartige Einhängedrähte auch immer in der gleichen Stärke
erhalten, andernfalls, wenn sie dicker werden, bieten sie dem Strom auch immer
größere Oberfläche und nehmen immer mehr Edelmetall auf und beeinflussen
dadurch den auf die Waren entfallenden Niederschlag.

Werden alte, gebrauchte Gegenstände von ihrem Edelmetallbelag befreit,
so ist zu beachten, daß diese sehr oft mit Lacken, wie Zapon- oder Färbelacken,
überzogen sind. Diese Überzüge von Lacken müssen zuerst entfernt werden,
entweder mit Spiritus, Zaponverdünnung, Äther, Terpentingeist, je nach der
Natur des Lackes, eventuell auch durch Eintauchen in konzentrierte Schwefelsäure, welche diese organischen Stoffe verbrennt, andernfalls könnten die Ent-
silberungs- und Entgoldungsflüssigkeiten bzw. der Strom, wenn elektrolytisch
gearbeitet wird, nicht angreifen.

Das Abziehen der Silber- und Goldniederschläge mit Strom wird in der Weise
ausgeführt, daß man die vorher gereinigten, alten Objekte in einer Zyankaliumlösung, bestehend aus:

$$\text{Wasser} \dots \dots \dots \dots 1 \text{ l}$$
$$\text{Zyankalium} \dots \dots \dots \dots 50 \text{ g}$$

mit verkehrtem Strom behandelt, das heißt die Objekte dienen als Anoden,
von denen der Niederschlag abgezogen wird; als Kathoden hängt man Eisenplatten ein, auf welche sich das abgezogene Metall teilweise niederschlägt, während
es teilweise in der Zyankaliumlösung gelöst bleibt.

Diese Methode ist schon der einfacheren Ausführbarkeit wegen unbedingt
vorzuziehen, aber auch deswegen, weil das abgezogene Edelmetall zum größten
Teil als Metall gewonnen wird. Gegen die Methode des Abziehens in lösenden
Säuren hat die elektrolytische Entsilberung und Entgoldung auch noch den nicht

zu unterschätzenden Vorteil der Reinlichkeit und Unschädlichkeit, weil die Manipulation mit den Säuren erspart bleibt.

Sehr gute Erfolge erzielt man beim Abziehen von Gold oder Silber auf elektrolytischem Wege, wenn man als Elektrolyten warme konzentrierte Schwefelsäure benutzt und den Gegenstand ebenfalls als Anode einhängt. Als Kathoden dienen praktischerweise Bleibleche. Badspannung hierbei 2—3 V.

Speziell zum Entsilbern dient folgende Methode:

Entsilbern durch Eintauchen in eine den Niederschlag lösende Säuremischung. Man bedient sich hierzu folgender Zusammensetzung der Säure:

> **Wasserfreies Vitriolöl (Oleum)** . 1000 g
> **Salpetersäure, 40⁰** . . . . 75 g

Die kalte Mischung, welche kein Wasser enthalten darf und stets möglichst gut verschlossen zu halten ist, löst das Silber auf, ohne das Grundmetall namhaft anzugreifen.

Die Gegenstände werden so lange in diese Säuremischung gehalten, bis eine Reaktion wahrnehmbar ist, dann in Wasser abgespült, abermals in die Säure eingetaucht, dies abwechselnd so lange wiederholt, bis aller Silberniederschlag entfernt ist.

Wenn die Säuremischung in der entsilbernden Wirkung nachläßt (wenn die darin enthaltene Salpetersäure mit Silber gesättigt ist), wird durch neuen Zusatz von Salpetersäure nachgeholfen. Zum Entgolden wird das Säuregemisch anders bereitet, und zwar:

Entgolden durch Eintauchen in eine den Niederschlag lösende Säuremischung. Die hierzu geeignete Zusammensetzung ist folgende:

> **Wasserfreies Vitriolöl (Oleum)** . ˙1000 g
> **Salzsäure** . . . . 250 g

Diese Mischung kann vorrätig gehalten werden, im Bedarfsfalle erwärmt man sie auf 60—70° C in einer Porzellan-Abdampfschale, taucht die zu entgoldenden Objekte ein und gießt gleichzeitig unter Umrühren eine kleine Menge Salpetersäure zu; es entsteht hierbei Königswasser, und das ist eigentlich die goldlösende Säuremischung.

Man gießt jeweilig nur so viel Salpetersäure zu, als zum Lösen des Goldniederschlages erforderlich ist, denn das in der Mischung enthaltene Königswasser ist bald unwirksam. Die Gegenstände müssen fettfrei und trocken in die Säure gebracht werden.

Ebenso wie beim Entsilbern wird man auch die zu entgoldenden Objekte öfters in Wasser abspülen, um den Fortschritt der Entgoldung zu beobachten.

Wiedergewinnung des Silbers und Goldes aus Lösungen.

Wir haben soeben gesehen, auf welche Art Silber- und Goldniederschläge mittels Säuremischungen abgezogen werden; für den Praktiker ist es von weiterem Interesse zu wissen, wie er diese beiden Edelmetalle aus den Säuren, worin sie gelöst sind, gewinnen kann.

Aus der zum Entsilbern verwendeten Säuremischung gewinnt man das Silber, wenn man dieselbe mit dem 5- bis 10 fachen Quantum Wasser verdünnt und unter Umrühren so lange Salzsäure zusetzt, als sich ein weißer Niederschlag oder eine Trübung zeigt.

Dieser Niederschlag ist Chlorsilber; man läßt vollständig absetzen, gießt die klare Flüssigkeit fort, filtriert durch Glaswolle, gießt noch einige Male frisches, reines Wasser nach, um alle Säure auszuwaschen, bis das abtropfende Wasser blaues Lackmuspapier nicht mehr rötet, und kann nun das reine Chlorsilber entweder zur Anfertigung neuer Versilberungsbäder verwenden oder trocknen und einem Chemiker zur Reduktion in chemisch reines Silbermetall übergeben.

Aus der zum Entgolden verwendeten Säuremischung gewinnt man das Gold, wenn man diese in einer Porzellan-Abdampfschale bis zur Sirupkonsistenz eindampft, den Rückstand mit dem 5 fachen Quantum warmen Wassers verdünnt und durch Umrühren so lange eine mit Salzsäure angesäuerte Eisenvitriollösung zugießt, als sich ein Niederschlag bildet. Das Gold scheidet sich als dunkles Pulver aus, setzt sich zu Boden. Man läßt es absetzen, gießt dann die darüber befindliche klare Flüssigkeit fort, filtriert den Rest mit dem Bodensatz, um alles Goldpulver im Filter zu sammeln, wäscht noch einigemal mit Wasser, welches man mit etwas Salzsäure angesäuert hat, trocknet schließlich das Goldpulver und löst es mit Königswasser auf, um Chlorgold daraus zu machen.

Um das in zyankalischen Lösungen enthaltene Silber und Gold wiederzugewinnen, gibt es verschiedene Methoden:

Die einfachste Methode ist die, die zyankalische Lösung bis zur Trockene einzudampfen, den Rückstand mit kalzinierter Soda und Holzkohlenpulver (manche setzen auch noch kalzinierten Borax zu) bei fleißigem Umrühren zu rösten, dann in einem Schmelztiegel zu schmelzen, wobei das Gold (beziehungsweise Silber) zu einem Klumpen zusammensintert.

Bei dem Umstand, daß eine Einrichtung zum Schmelzen, die einen gut konstruierten Schmelzofen bedingt, nur selten vorhanden sein dürfte, wird es bequemer sein, diese beiden Edelmetalle direkt aus den zyankalischen Lösungen auszufällen, und zwar auf folgende Art: Die filtrierte Lösung wird bei fleißigem Umrühren so lange mit Schwefelsäure versetzt, bis eine ausgesprochen saure Reaktion der Lösung zu konstatieren ist (mit blauem Lackmuspapier prüfen); es wird sich Silber als Zyansilber beziehungsweise Gold als Zyangold ausscheiden, welche durch Filtration und, wie schon wiederholt erklärt, durch Auswaschen mit reinem Wasser von aller Säure befreit, zur Regenerierung der Silber- beziehungsweise Goldbäder verwendet werden können.

Da beim Zusetzen der Schwefelsäure in die Zyankaliumlösung Blausäure entweicht, bekanntlich eines der stärksten Gifte, ist daher die größte Vorsicht zu beachten. Diese Manipulation kann nur unter einem sehr gut ziehenden Kamin (keinesfalls in oder zwischen Wohnräumen) vorgenommen werden, denn die Blausäure wirkt auch noch in luftverdünntem Zustande tödlich.

Von Dr. H. Stockmeier wird ein Verfahren empfohlen, um Silber beziehungsweise Gold aus zyankalischen Lösungen auf einfache und gefahrlose Weise mit Hilfe von Zink beziehungsweise Zinkstaub metallisch auszufällen.

Das Verfahren kann dem Praktiker nur empfohlen werden, weil es auch von Nichtchemikern leicht ausführbar ist und mit geringen Kosten eine quantitativ genaue Wiedergewinnung der Edelmetalle ermöglicht.

Um aus zyankalischen Silberlösungen das Silber zu fällen genügt es, während zwei Tagen ein blankes Zinkblech in die Lösung zu stellen; noch besser eignet sich die gleichzeitige Anwendung eines Zink- und Eisenbleches. Während im ersten Falle das Silber manchmal am Zink fest anhaftet, scheidet es sich bei der gleichzeitigen Anwendung von Zink und Eisen stets pulverig ab. Man hat nur nötig, das ausgeschiedene, meist kupferhaltige Silberpulver (da ausgebrauchte Silberbäder stets kupferhaltig sind) zu waschen, nach dem Trocknen am besten in warmer konzentrierter Schwefelsäure zu lösen und nach dem Verdünnen mit Wasser das gelöste Silber durch Kupferstreifen auszufällen. Das so gewonnene Zementsilber ist völlig rein. Ist der Kupfergehalt nur gering, so gelingt meist die Entfernung desselben aus dem direkt durch Zink gefällten Silber durch Umschmelzen mit etwas Silber und Borax.

Nach diesem Verfahren gelang es, in einem ausgebrauchten Silberbad einen Silbergehalt pro Liter von:

          1. Versuch . . . . 1,5706 g
          2. Versuch . . . . 1,5694 g
          Im Mittel . . . . 1,5700 g

zu konstatieren. Im rückständigen, von Silber befreiten Bad ließ sich Silber qualitativ nicht mehr nachweisen.

So vorzüglich sich Zinkblech oder das kombinierte Zinkeisenblech zur Ausfällung des Silbers aus silberhaltigen zyankalischen Flüssigkeiten eignet, so wenig können diese zur Ausfällung des Goldes aus ausgebrauchten Goldbädern angewendet werden. Das Gold scheidet sich in diesem Fall nur sehr unvollständig und dabei als festhaftender, glänzender Überzug auf dem Zink ab. Dagegen ist das feinverteilte Zink, der sogenannte Zinkstaub, ein vorzügliches Mittel, das Gold quantitativ und in pulverförmigem Zustand aus seinen zyankalischen Lösungen zu fällen. Wenn man ein ausgebrauchtes zyankalisches Goldbad mit Zinkstaub versetzt und von Zeit zu Zeit kräftig schüttelt oder umrührt, so ist in zwei bis drei Tagen alles Gold ausgefällt.

Die zur Ausfällung nötige Zinkmenge richtet sich selbstredend nach der Menge des vorhandenen Goldes. Neue Goldbäder für die kalte Vergoldung enthalten durchschnittlich 3,5 g Gold pro Liter, solche für warme Vergoldung 0,75 bis 1 g. Zur Ausfällung des Goldes im ursprünglichen Bad wären deshalb der Theorie zufolge 1,74 bzw. 0,37 bis 0,5 g Zinkstaub nötig, im ausgebrauchten Goldbad natürlich weit weniger. Da die Ausscheidung bei einem Überschuß von Zinkstaub rascher vor sich geht, wird man wohl im allgemeinen auf 100 Liter ausgebrauchtes Goldbad ¼, höchstens ½ kg Zinkstaub anwenden.

Das durch Zinkstaub und meist auch durch mitausgefälltes Silber und Kupfer verunreinigte Goldpulver wird gewaschen, dann durch Behandeln mit Salzsäure vom Zink und mit Salpetersäure von Silber und Kupfer befreit und rein erhalten.

Ein ausgebrauchtes Goldbad ergab auf diese Weise einen Goldgehalt pro Liter von:

          1. Probe . . . . 0,2626 g
          2. Probe . . . . 0,2634 g
          Im Mittel . . . . 0,2630 g

Im zyankalischen Rückstand ließ sich durch quantitative Prüfung Gold nicht mehr nachweisen. Das Zyankalium, wenn größere Mengen von Flüssigkeiten verarbeitet wurden, läßt sich zweckmäßig durch Erwärmen mit Kalkmilch und Eisenvitriol unschädlich machen, weil sich dabei Blutlaugensalz aus dem Zyankalium bildet, welches ungiftig ist, so daß die Abwässer dadurch ungefährlich geworden sind.

Ein sehr elegantes Verfahren, aus zyankalischen Gold- und Silberbädern, ebenso aus Waschwässern, welche solche Rückstände enthalten, das Gold und Silber quantitativ und schnell ohne besondere Mühe abzuscheiden, stammt von Wogrinz. Das Verfahren benutzt ein feinverteiltes Leichtmetall, welches die Edelmetalle aus ihren Lösungen ausfällt, wobei jede Blausäure-Entwicklung entfällt. Die Edelmetalle werden dabei in feinpulveriger, leicht auswaschbarer Form gewonnen, so daß sich das wiedergewonnene Edelmetall äußerst leicht in Säuren wieder lösen läßt. Das Verfahren ist aber gleichzeitig auch zur Bestimmung des Edelmetallgehaltes solcher galvanischer Bäder anwendbar. Die Handhabung bei der Silberbestimmung aus einem Silberbade gestaltet sich etwa so:

Man läßt aus einer Bürette je nach seinem Metallgehalte 10—50 ccm des zu untersuchenden Bades in einen 200 ccm fassenden weithalsigen sogenannten Titrierkolben fließen, so zwar, daß die abgemessene Menge voraussichtlich 0,2—0,25 g Silber enthält. Bei einem Bade mit 25 g Silber pro Liter mißt man also 10 ccm und bei einem solchen mit 5 g Silber pro Liter dagegen 40—50 ccm aus der Bürette in den Kolben. Ist dann die abgemessene Probe weniger als 50 ccm, so füllt man sie aus einem Meßglase mit destilliertem Wasser auf diese Menge auf. Nunmehr läßt man ein etwa ½ cm langes Stück eines Stängelchen reinen Ätznatrons (nicht Ätzkali!) sich lösen und fügt schließlich eine Messerspitze des Fällmittels zu. Sofort beginnt die Ausscheidung des Silbers, und nach 15—20 Minuten, während welcher Zeit man öfters umschwenkt, hat bereits eine lebhafte Wasserstoffentwicklung eingesetzt; es ist dann sicherlich alles Silber gefällt. Man füllt den Kolben mit destilliertem Wasser an und gießt seinen Inhalt durch ein 12 cm Weißbandfilter das in einem Trichter von 7 cm Durchmesser sitzt, ab — der Trichter mag seinerseits in einer sogenannten Medizinflasche von 600 ccm Inhalt stecken. Sodann füllt man den Kolben noch einmal mit destilliertem Wasser an, filtriert wiederum ab und wiederholt den Vorgang noch einmal, wobei man jedoch den Kolben nur mehr halb anzufüllen braucht. Sowohl die Rückstände in ihm als auch das Filter sind genügend gewaschen! Man entnimmt also das Filter recht vorsichtig aus dem Trichter, wirft es zu den Rückständen im Kolben, läßt längs seiner Wand 20 ccm Salpetersäure vom spez. Gew. 1,4 zulaufen und stellt für 10 Minuten beiseite. Nach dieser Zeit ist alles gefällte Silber wiederum gelöst — man fügt 120 ccm destillierten Wassers zu, ferner 1 ccm einer konzentrierten Lösung von Ammoniumeisenalaun und titriert in der bekannten Art mit n/10-Rhodanammoniumlösung aus. 1 ccm von ihr zeigt 0,010788 g Silber an.

Arbeitet man nur einigermaßen sorgfältig, so gibt das Verfahren, in der geschilderten Art gehandhabt, stets genügend genaue Ergebnisse — will man vollständige Genauigkeit erreichen, so bedient man sich zum Abfiltrieren der entsilberten Flüssigkeit und der Spülwässer eines Gooch-Tiegels, auf dessen Boden man ein doppeltes Scheibchen, aus Weißbandfilterpapier geschnitten, angesaugt hat. Zweckmäßig ist es, den Titrierkolben während des Fällungsvorganges mit einem kleinen Uhrgläschen zu bedecken, das man dann, ebenso wie den Kolbenhals, ab und zu mit der Spritzflasche abspült, so daß auch durch das Versprühen kleiner Tropfen durch den aufperlenden Wasserstoff nichts verlorengehen kann. In dem untersuchten Bade vorhandene Verunreinigungen durch Fremdmetall, wie Kupfer, Zink, Nickel, stören in keiner Weise!

Soll ein altes Silberbad zwecks Wiedergewinnung des darin enthaltenen Silbers nach diesem Verfahren aufgearbeitet werden, so genügt rund der sechste Teil des im Bade enthaltenen Gewichts an Silber in Form von Fällsubstanz. Dem auszufällenden Silberbade wird etwa das doppelte Quantum Ätznatron zugesetzt, als Silber gewichtsmäßig im Bade ist, also etwa doppelt so viel, als man Ausfällsubstanz verwenden will. Die Fällsubstanz wird dann in kleinen Portionen in das Silberbad eingetragen, speziell gegen Ende der Reaktion, wenn schon das meiste Silber abgeschieden ist, muß man sehr vorsichtig und langsam verfahren, weil dann die Badflüssigkeit ins Schäumen kommt. Das in Form feiner Flocken sich ausscheidende Silber fällt rasch zu Boden, während sich die Badflüssigkeit trübt. Diese trübe Flüssigkeit hebert man von dem am Boden sitzenden Silberpulver ab, gießt das Badgefäß 3—4 mal mit frischem Wasser voll, das man immer wieder abzieht, und wäscht solcherart den Silberschlamm aus. Die übrigbleibenden Silberrückstände schöpft man auf ein Tuch aus Filterstoff (ausgewaschenes Nesseltuch), läßt alles Wasser ablaufen und trocknet sie, worauf man sie einschmilzt oder in bekannter Weise auf Silbersalze verarbeitet.

Um z. B. ein Silberbad von 300 Liter mit einem vorher analysierten Silbergehalt von etwa 24 g pro Liter auszufällen, werden insgesamt 300 × 24 = 7200 g Silber ausgefällt. Hierzu sind 7200:6 = 1200 g Fällsubstanz erforderlich. Dem Silberbad sind 1200 × 9 = 10800 g Ätznatron zuzusetzen und nach obiger Behandlungsvorschrift die Fällung auszuführen. Die Kosten dieser Ausfällung betragen etwa 25 Mark für das ganze 300-Liter-Bad.

Ganz ähnlich arbeitet man beim Aufarbeiten alter Goldbäder oder von Goldwaschwässern. Man löst in einer 12-Liter-Flasche, die bis auf 10 Liter gefüllt wird, pro Liter 10 g Ätznatron und trägt pro Liter etwa 1 g Fällsubstanz ein. Man schwenkt die Flasche, wobei sich das Gold sofort ausscheidet, indem sich braune Flocken bilden. Anfänglich werden diese Flocken von dem sich entwickelnden Wasserstoff getragen und hochgerissen, dies hört aber bald auf, und die Goldflocken sinken zu Boden. Die entgoldete Flüssigkeit zieht man ab und gießt neue 10 Liter Bad zwecks Entgoldung in die Flasche. Hat man genug solch ausgeschiedenen Goldes in Flockenform gesammelt, so reinigt man durch zweimaliges Aufgießen reinen Wassers das Gold von anhängender Lauge, filtriert auf einem Filter, trocknet und verarbeitet das reine Gold zu Goldsalzen.

Versilbern und Vergolden leonischer Drähte.

Zur Herstellung von Gold- und Silbergespinsten für Tressen, Litzen, mit Goldfäden verzierter Spitzen u. dgl. werden ganz feine Drähte benutzt, welche

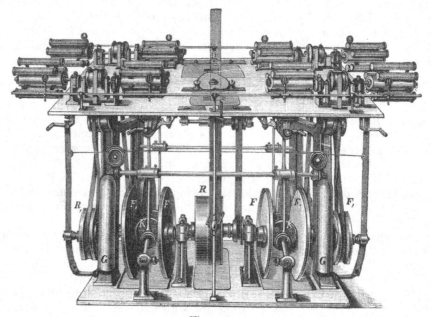

Fig. 258.

vergoldet oder versilbert sind, entweder als rundgezogene Drähte oder nach dem Fertigziehen noch durch Stahlwalzen flach gedrückt. Jedenfalls verlangt die Industrie, daß diese Drähte brillant glänzend und stets in ganz gleichmäßiger Farbe geliefert werden, weshalb speziell die Vergoldung, wenn sie auf elektrolytischem Wege hergestellt wird, eine ganz genaue Einhaltung geregelter Stromverhältnisse, gleichmäßiges Durchzugstempo durch das Bad und Konstanthaltung der Badzusammensetzung beansprucht, andernfalls würde die Farbe ungleich und der Draht bei Verarbeitung Ausschuß geben. Zumeist werden Kupferdrähte zur Versilberung, vermessingter Kupferdraht oder Silberdraht oder versilberter Kupferdraht als Rohmaterial angewendet. Heute beginnt man bereits bei Drähten von 1 mm Durchmesser mit der Versilberung oder Vergoldung und zieht diese Drähte durch Diamanten bis zu den feinsten, haardünnen Drähten aus, wobei man verlangt, daß der Edelmetallbelag beim Ziehen nicht abgeschabt wird. Der Niederschlag muß also die denkbar besten Eigenschaften hinsichtlich Dehnbarkeit zeigen, weil sonst der rote Kupferdraht bei der Versilberung und Vergoldung durchschimmern würde.

Die frühere Methode des Plattierens auf dem Wege des Belegens starker Kupferstäbe mit Silber- oder Goldfolien ist heute immer mehr verlassen worden, und es wird in den modernen Fabriken fast ausschließlich elektrolytisch plattiert, weil man die Metallauflage mehr als beim mechanischen Plattieren ganz in der Hand hat. Bei der mechanischen Plattierung müssen die mit Blattmetall versehenen Silber- oder Kupferstäbe während des Ziehens durch die mit Schmiere versehenen Zieheisen, wobei viel Metall an sich verlorengeht, mehrmals geglüht werden, wogegen man, wenn man erst von dünnen Drähten von 1 mm und darunter ausgeht, die Drähte durch mehrere Diamanten oder Zieheisen bis zu den feinsten Drähten herab gezogen werden können, wobei die Edelmetallüberzüge einen tadellosen Hochglanz annehmen.

Speziell die Vergoldung, wenn man bestimmte Farben von etwa 14 Karat erhalten will, wird auch nach dem Fertigziehen der Kupfer- oder Silberdrähte auf den in Fig. 258 dargestellten Vergoldemaschinen mit kolossalem Durchzugstempo der Drähte durch die Bäder ausgeführt. Der Draht wird durch die Bäder förmlich durchgepeitscht, wogegen bei der anderen Methode, wenn man von stärkeren Drähten ausgeht, das Tempo wesentlich langsamer ist und sich aus Stromstärke, gewünschter Metallauflage und dem elektrochemischen Äquivalent berechnen läßt. Nachfolgende Erklärung kann daher nur als allgemeine Norm dienen.

Die Elektroplattierung leonischer Drähte soll man sofort nach dem Ziehen derselben ausführen, um dem Metall nicht erst Zeit zu lassen, an der Luft wieder anzulaufen; es werden fast nur Drähte aus Silber oder Kupfer plattiert, also Metalle, die an der Luft rasch anlaufen.

Begreiflicherweise besitzt das Metall unmittelbar nach dem Ziehen die erforderliche Reinheit, um eine schöne, brillante Vergoldung oder Versilberung zu gewährleisten; lagert jedoch der gezogene Draht längere Zeit an der Luft, so läuft er an (oxydiert); die Elektroplattierung wird dann nicht so gleichmäßig und brillant ausfallen, da man den feinen Draht nicht dekapieren kann.

Für sogenannten echten oder feinen leonischen Golddraht wird stets Feinsilberdraht verwendet, während „unechter leonischer Golddraht" nichts anderes als vergoldeter Kupferdraht ist. Nach Stockmeier wird vor der Vergoldung der Draht erst vermessingt, weil man auf diese Weise an Gold sparen kann.

Leonische Drähte werden ausschließlich nur vergoldet oder versilbert; die Vorrichtung hierzu ist im Grundprinzip in Fig. 259 schematisch dargestellt.

S ist die Drahtspule, welche sich um eine Welle leicht dreht; auf der entgegengesetzten Seite befindet sich die Drahtspule S_1, welche auf einer viereckigen Welle festsitzend befestigt ist, mittels Zahnradübersetzung mehr

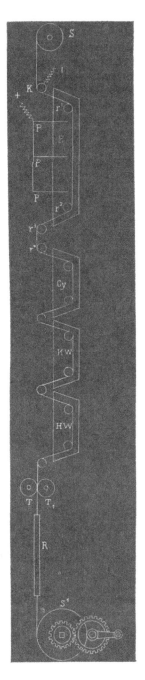

Fig. 259

oder weniger rasch gedreht werden kann. Von der Spule S wird der Draht
abgewickelt, durch das Bad und die verschiedenen nachfolgend erklärten Vorrichtungen gezogen, auf die Spule S_1 (fertig vergoldet oder versilbert) aufgewickelt. B ist das Bad, welches mittels einer Anzahl kleiner Gasflämmchen
oder mittels Herdfeuer erwärmt und konstant auf gleicher Temperatur erhalten
wird; als Behälter für das Bad dient stets eine emaillierte Eisenwanne entsprechender Länge, Tiefe und Breite. Meist sind die Wannen 0,5 m lang und besitzen eine
Breite von 3,5—7 cm bei einer Tiefe von 5—6 cm. Der von der Spule S abge-
wickelte Draht läuft zunächst über eine blankpolierte Kupferstange K, welche
mit dem negativen Pol der Stromquelle in Verbindung den Kontakt mit den zu
elektroplattierenden Drähten herstellt. Zwischen dieser Kontaktstange und dem
Veredlungsbad wird häufig noch ein Dekapierbad mit Zyankaliumlösung 1 : 10
gefüllt eingeschaltet, um eventuellen Anlauf auf den Kupfer- oder Silber-
drähten abzulösen, damit die Drähte wirklich vollkommen metallisch rein
in das Veredlungsbad laufen. Werden stärkere Drähte z. B. versilbert, so
wird von manchen Firmen eine energische Beize oder Dekapiereinrichtung vorgeschaltet, auch Scheuereinrichtungen werden vorher noch angewendet, wenn man
zu befürchten hat, daß Drähte mit Glühresten behaftet sind, was ein unsicheres
Haften der Edelmetallniederschläge bewirken würde. Die Badtröge, in denen
sich die Edelmetallbäder befinden, können natürlich auch länger gehalten werden,
das hängt ganz von der vorhandenen Einrichtung, von der Drahtstärke und der
gewünschten Metallauflage pro Kilogramm Draht ab, welche bei Silber pro Kilogramm von 5 bis 35 g und bei Gold von 1 bis 5 g schwankt.

In etwa zwei Drittel der Tiefe des Bades befinden sich kleine Rollen $r_1 r_2$
aus Glas, Porzellan oder Elfenbein, welche sich auf einer Welle aus gleichem
Material sehr leicht drehen und durch spezielle Vorrichtungen in die Badflüssigkeit eingetaucht werden, unter den Rollen wird der Draht durchgezogen, läuft
außerhalb des Bades über die folgenden zwei gleichfalls leicht drehbaren Rollen
$r_3 r_4$, passiert dann eine schwache Zyankaliumlösung in dem Gefäß Cy,
nach diesem das mit kaltem Wasser gefüllte Gefäß KW, ferner das mit kochendem Wasser gefüllte Waschgefäß HW, läuft nachher zwischen den zwei fest
aufeinander pressenden Rollen TT_1 durch. Diese zwei Rollen sind mit mehreren
Lagen Leinwand oder sonst einem zum Abtrocknen geeigneten Stoff belegt und
haben den Zweck, den Draht zu trocknen; sie müssen durch eine mechanische
Vorrichtung gedreht werden, um die vom Draht befeuchteten Stellen jeweilig
durch trockene zu ersetzen.

Sehr zweckmäßig wäre es, diesen zwei Rollen die Form von hohlen Zylindern
zu geben, welche innen kontinuierlich erwärmt werden, so daß die Feuchtigkeit
verdampft und rasch wieder entfernt wird.

Nach diesen Quetschrollen passieren die Drähte, denn es laufen meist mehrere
nebeneinander durch die ganze Anordnung durch, eine Trockeneinrichtung R,
entweder in Form eines mit Dampf erhitzten Trockenschrankes von wenigen
Millimetern Höhe, oder aber man stellt sich auf ganz einfache Weise eine Trockeneinrichtung dadurch her, daß man auf einem Eisenblech Sägespäne aufschüttet,
durch welche die vorgetrockneten Drähte durchlaufen, während eine unter dem
Eisenblech angeordnete Heizvorrichtung aus Dampfrohren oder kleinen Gasflämmchen eine ständige Trocknung und Erwärmung eines solchen Sägespäne-
haufens bewirkt.

Soll Kupferdraht versilbert werden, so bedient man sich folgender Lösung:

> **Wasser** . . . . 1 l
> **Feinsilber als Chlorsilber.** . . . 50 g
> **Zyankalium 100 %** . . . . . . 25 g

Man wählt gewöhnlich eine Auflage von 6 bis 25 g Silber per 1 kg Draht. Die
Temperatur der Silberbäder wird entgegen der sonstigen Gepflogenheit beim Ver-

silbern höher gewählt, man hält die Badtemperatur meist auf 40 bis 50° C. Die Stromdichte kann man, ohne Gefahr zu laufen, daß sich Wasserstoff mit abscheidet und der Niederschlag zu hart würde, bei schwächeren Drähten bis zu 12 A/qdm steigern, bei stärkeren Drähten geht man bis auf 5—6 A/qdm herab. Die erforderliche Badspannung beträgt 3,5 V, die Durchlaufgeschwindigkeit der Drähte durch die Bäder kann bis zu 20—25 m pro Minute getrieben werden.

Zum Vergolden dient eine Lösung:

Wasser . . . . 1 l
Phosphorsaures Natron . . . . 60 g
Neutral schwefligsaures Natron . 10 g
Zyankalium 100% . . . . . . 2 g
Gold als Chlorgold . . . . . . 2 g

Diese Goldbäder werden stets ca. 75° C heiß verwendet, das verdampfende Wasser wird ständig ersetzt. Gewöhnlich laufen 4—6 dünne Drähtchen durch das Goldbad, und besonders bei der Vergoldung pflegt man 2 Bäder hintereinander zu benutzen, zumal wenn man bestimmte Farbeffekte erzielen will. Das erste Bad enthält gewöhnlich das Feingoldbad, das zweite ist ein Rotgoldbad, hergestellt durch Zugabe von etwas Zyankupferkalium zum Feingoldbad. Will man Gelbgoldniederschläge erhalten, so wird, auch um mit dem Gold sparsamer umzugehen, im ersten Bad ein warmes Messingbad oder Kupferbad mit Messinganoden bzw. Kupferanoden benutzt und im zweiten Bad ein Feingoldniederschlag herbeigeführt. Pro Draht von etwa 0,1 bis 0,15 mm Dicke benutzt man im Goldbad eine Stromstärke bis 0,2 A. Das Tempo beim Vergolden schwankt zwischen 1 und 2 m pro Sekunde. Zwischen dem Goldbad und dem Kupfer- bzw. Messingbad wird ein Ziehstein angeordnet.

Auch beim Vergolden wird selten mehr als eine Metallauflage von 10 g Gold pro Kilogramm Draht in Anwendung gebracht.

Als Anoden in dem Bad B dienen eine Anzahl Edelmetallplättchen P P P, welche mit dem positiven Pol der Stromquelle in Verbindung sind. Man verwendet oftmals bei der Vergoldung der Drähte auch Platinanoden, die sich sehr lange halten, obschon sie nicht ganz unlöslich sind. In 2—3 Jahren kann in solchen Anlagen mit Leichtigkeit 10—20 g Platin gelöst werden, speziell dann, wenn mit einem großen Zyankaliumüberschuß gearbeitet wird. Je nach der gewünschten leichteren oder stärkeren Elektroplattierung wird der Draht mit einer größeren oder geringeren Geschwindigkeit durch die Apparatur durchgezogen.

In Anbetracht des raschen Durchganges und des hohen Leitungswiderstandes dieser dünnen Drähte selbst muß mit einer ziemlich hohen Badspannung von 5—10 V (je nach der Elektrodenentfernung) gearbeitet werden, damit die Stromdichte hoch genug ist, um bei der großen Durchzugsgeschwindigkeit der Drähte durch das Bad auf jenen einen genügend starken Goldniederschlag zu erzielen.

Die aufgetragene Goldschicht beträgt bei schwacher Vergoldung z. B. $^1/_{25000}$ eines Millimeters, bei ganz starker Vergoldung dagegen übersteigt sie nicht $^1/_{600}$ eines Millimeters. Durch das Goldbad laufen oft bis 20 Drähte gleichzeitig durch bei einem Stromkonsum von zusammen 2—3 A.

Verplatinierung.

Die hervorragenden Eigenschaften des Platins in chemischer Hinsicht, speziell seine Unabgreifbarkeit veranlaßten den Galvanotechniker schon seit vielen Jahren, auch brauchbare Bäder zur Vorplatinierung zu konstruieren. Heute gibt es auch verschiedene Vorschriften, doch ist es noch nicht geglückt, ein Bad zu finden, das mit guter Stromausbeute und gutem Wirkungsgrad arbeiten würde.

Platinbäder. Eine der besten Vorschriften stammt von Böttger, der eine Lösung von Platinsalmiak in zitronensaurem Natron verwendet. Langbein

hat das Bad genauer untersucht und nennt folgendes Rezept: 500 g Zitronensäure werden in 2 l Wasser gelöst und mit Ätznatron neutralisiert. In die siedende
Lösung trägt man unter Umrühren den aus 75 g trockenem Platinchlorid frisch
gefällten Platinsalmiak ein, erhitzt bis zum vollständigen Lösen, läßt erkalten
und verdünnt mit Wasser bis auf 5 l Bad. Dem Bade kann als Leitsalz pro Liter
4—5 g Chlorammon zugesetzt werden.

Pfanhauser empfiehlt folgende Vorschrift, die sich als besonders gut
erwiesen hat, zumal man bei richtiger Behandlung des Bades, wie Verfasser
untersuchte, sogar Platinniederschläge in solcher Stärke damit herstellen kann,
daß man nach Auflösen der Unterlage in Säuren ganze Gebilde aus Platin,
wie dünne Folien, Hohlgefäße, Rohre u. dgl., herstellen kann, die man, wenn
man sie auf mechanischem Wege herzustellen hat, nur mit Aufwendung enormer
Fassonkosten erzeugen kann. Das Bad nach Pfanhauser besteht aus:

Wasser . . . . 1 l
Phosphorsaures Ammoniak. . . 20 g
Phosphorsaures Natron . . . . 100 g
Platinchlorid . . . . 4 g

Verfasser empfiehlt hierzu noch einen Zusatz von 25 g Chlorammon pro
Liter und einige Tropfen Ammoniak, welche für die Funktion des Bades von ausschlaggebender Bedeutung sind.

In dem Bade arbeitet man bei 3—4 V und bei einer Stromdichte von ca.
1 A/qdm. Temperatur des Bades 70—90° C. Als Anoden dienen Platinbleche.
Bei entsprechender Verstärkung des Bades durch Zusatz von Platinchlorid
und Chlorammon kann man selbst Stromdichten von 3—5 A/qdm zur Anwendung bringen.

Die Bereitung des Platinsalmiaks geschieht derart, daß man zu einer
konzentrierten Platinchloridlösung so lange von einer konzentrierten Salmiaklösung zusetzt, bis in einer abfiltrierten Probe Flüssigkeit bei Zusatz eines weiteren
Tropfens Salmiaksalzlösung kein gelber Niederschlag mehr entsteht. Der Niederschlag wird abfiltriert und in die siedende Lösung des zitronensauren Natrons
eingetragen. Dieses Bad arbeitet sehr schön gleichmäßig, wenn der Platingehalt
von Zeit zu Zeit ergänzt wird.

Auch das oxalsaure Platinbad hat sich als brauchbar erwiesen, und kann
man sich ein solches Bad auf folgende Weise herstellen:

25 g Platinhydroxyd werden in einer konzentrierten Lösung von Oxalsäure
gelöst und das Ganze auf 4 Liter Bad verdünnt. Während des Betriebes ist nach
und nach Oxalsäure zuzusetzen, der Metallgehalt der Lösung ist durch eine gesättigte Lösung von Platinoxalat aufrechtzuerhalten. Elektrolysiert wird bei
65° C, keinesfalls braucht die Temperatur höher gehalten zu werden. Verfasser
hat mit diesem Bade dünne Platinniederschläge erhalten können, für stärkere
Niederschläge ist das Bad mit Phosphaten vorzuziehen.

Vor einigen Jahren hat sich „The Bright Platinum Plating Company"
in London folgende Zusammensetzung eines Platinbades zur Glanzplatinierung
patentieren lassen: 28 g Platinchlorid, 560 g phosphorsaures Natron, 112 g phosphorsaures Ammon, 28 g Chlornatrium und 10 g Borax werden in 6—8 l Wasser
durch Erwärmen gelöst; die Lösung wird 10 Stunden lang unter Ersatz des
verdampfenden Wassers abgekocht. Erheblich bessere Resultate als mit der
Böttgerschen Vorschrift sind mit diesem Bade nicht zu erhalten.

Jordis erhielt brauchbare Resultate aus einem Platinlaktatbade, welches durch
Umsetzung aus Platinsulfat mit milchsaurem Ammon bereitet war; es bestehen
aber Schwierigkeiten, ein Platinsulfat gleichmäßiger Zusammensetzung zu erhalten.

Imitation von Platinüberzügen usw. Die Bijouteriewarenindustrie ging, als
der Preis des Platins immer höher stieg, dazu über, an Stelle von Platinüberzügen

auf elektrolytischem Wege, Niederschläge aus Lösungen verschiedener Salzgemische herzustellen, welche in ihrem Aussehen an Platin erinnerten. So z. B. wurde vielfach das zitronensaure Nickelbad Marke „Glanz-Nickelbad LPW" dazu benutzt oder eine Lösung, bestehend aus

Wasser . . . . 1 l
Silberdoppelsalz LPW, 30 % Metall enth. 33,5 g
Zyannickelkalium, krist. . . . . . . 11 g

Aus diesem Bade wird eine Silber-Nickellegierung mit geringem Nickelgehalt zur Abscheidung gebracht, welche in der Farbe von reinem Platin nicht zu unterscheiden ist und den Vorzug hat nicht anzulaufen, so daß also auch für die gewöhnlichen Zwecke, die solche Niederschläge auf Schmuckgegenständen, die nur vergoldet sind, zu erfüllen haben, vollkommen genügen.

Die Schmuckwarenindustrie, welche früher reines Platin in Form von Draht, Blech usw. verwendete, hat auch hierfür ein Ersatzprodukt eingeführt, indem sie Drähte und Bänder aus verschiedenen Metallen herstellt, wie z. B.:

Zusammensetzung 1: Zinn 9 %, Platin 0,9 %, Nickel 90 % oder
Zusammensetzung 2: Zinn 16,26 %, Platin 0,81 %, Nickel 81,3 %, Silber 1,63 %.
Diese Legierungen lassen sich sehr hübsch auf Drähte und Bänder verarbeiten und die daraus gefertigten Waren ähneln, speziell nach schließlicher Polierung, sehr dem Aussehen echter Platingegenstände.

Mit der elektrolytischen Verchromung fand sich auch für die Schmuckindustrie und speziell für die Uhrenindustrie in dem elektrolytischen Glanzchromniederschlag ein äußerst wertvoller Platinersatz. Das reine Chrom, wenn es in glänzender Form elektrolytisch abgeschieden wird, ähnelt in seiner Farbe dem Platin ganz außerordentlich und besitzt gleichzeitig die dem Platin so ähnelnde Eigenschaft, an der Luft und im Gebrauch, also beim Tragen der Schmuckstücke auf der menschlichen Haut, nicht zu oxydieren. Es werden daher heute vielfach Schmuckgegenstände, Uhren u. dgl., sogar aus Feinsilber angefertigt und nachträglich glanzverchromt. Über die Ausführung des Verchromens muß auf das diesbezügliche Kapitel dieses Werkes verwiesen werden.

Bereitung des Platinbades und Behandlung im Betrieb. 4 g Platinchlorid werden in 100 ccm Wasser gelöst, außerdem stellt man separat die Lösung von 20 g phosphorsaurem Natron in 200 ccm Wasser her und gießt beide Lösungen unter Umrühren zusammen, wobei sich ein gelber Niederschlag bildet. Diesen löst man in einer Lösung von 100 g phosphorsaurem Natron in 700 ccm Wasser auf und erhält so das fertige Bad. Der oben empfohlene Zusatz von Chlorammon empfiehlt sich speziell dann, wenn zur Verstärkung des Bades, die sich nach geraumer Zeit erforderlich macht, weil die Anoden kein Metall abgeben, Platinchlorid zugesetzt wird. Wird nämlich Platinchlorid fortgesetzt nachgesetzt, so fällt beim Arbeiten an der Kathode Platinschwarz in pulveriger Form aus, sofern der erwähnte Chlorammonzusatz nicht gleichzeitig erfolgt. Zur Erhöhung der Leitfähigkeit kann man Borax dem Bade zufügen, keinesfalls soll der Gehalt an phosphorsaurem Ammoniak überhandnehmen.

Nach jedesmaligem Zusetzen durch Platinchlorid und Chlorammon muß das Bad einige Zeit gekocht werden, bis die anfangs orangerote Lösung weingelb geworden ist. Die Badreaktion muß stets schwach alkalisch sein, ist dies nach längerer Stromwirkung nicht mehr der Fall, so ist so lange verdünnte Ammoniaklösung zuzugeben, bis sich deutlicher Ammoniakgeruch bemerkbar macht und eingetauchtes rotes Lackmuspapier blau gefärbt wird. Nimmt das Bad eine saure Reaktion an, so fällt sehr bald Platin in Schwammform aus.

Die Anoden in Platinbädern. Man verwendet in Platinbädern ausschließlich dünne Platinanoden, die so gut wie gar nicht angegriffen werden. Der hohe Preis des Platins erfordert dünne Folien, die von den Spezialplatinschmelzen für größere Bäder in der Form ausgeführt werden, daß in Glasröhren dünne Platin-drähte eingeschmolzen werden, an deren äußeren Enden die dünnen Folien in Streifen von 2 cm Länge in 1 bis 2 cm Breite angeschweißt werden. Die ins Innere dieser Glasrohre ragenden Platindrahtenden sind an stärkere Kupfer-drähte, die ja vollkommen der anodischen Wirkung der Badflüssigkeit entzogen sind, angeschlossen und können mit ihrem oberen Ende an den positiven Pol der Stromquelle angeschlossen werden. Durch solche Spezialanoden, welche die Firma Heräus in Hanau herstellt, kann man die Anodenfläche der Waren-fläche anpassen und dadurch eine gleichmäßige Stromverteilung im Platinbad durchführen, die zur Erreichung gleichmäßig starker Niederschläge unerläßlich ist, besonders dann, wenn man dickere Platinniederschläge herstellen muß. Für gewöhnliche Verplatinierungen in dünner Schichte genügen schmale Platin-blechstreifen von 0,1 mm Dicke und einigen Zentimetern Länge.

Ausführung des Verplatinierens. Die Vorbereitung der zu platinierenden Gegenstände geschieht genau so, wie dies für alle übrigen Elektroplattiermethoden beschrieben wurde. Da es sich bei der Ausführung von Platinniederschlägen zu-meist nur um kleinere Gegenstände, wie Blitzableiterspitzen, Teile von physi-kalischen Instrumenten u. dgl., handelt, so werden die Platinbäder meist nur wenige Liter Inhalt aufweisen, und man benutzt als Badgefäß entweder Bechergläser oder Porzellanabdampfschalen bzw. Eisenwannen, welche innen mit säure- und alkalibeständiger Spezialemaille überzogen sind, welche Gefäße durch Gas-rechauds erwärmt werden können. Werden die Niederschläge zwischendurch zu matt, so kann man sie wie vergoldete Waren durchkratzen und bringt sie dann erneut ins Platinbad zurück, um weiter Platin abzuscheiden, bis die verlangte Niederschlagstärke erreicht ist.

Platinbäder arbeiten leider mit einer sehr geringen Stromausbeute, sie beträgt etwa 30—40% der theoretischen, da sich reichlich Wasserstoff nebenbei abscheidet, der auch diese Niederschläge sehr härtet (ähnlich wie beim Nickel), doch kann man diese Platinniederschläge durch Erhitzen in einer Bunsen-Flamme vollkommen weich bekommen, weil dieser miteingeschlossene Wasserstoff bei der Glühtem-peratur entweicht, worauf die Platinniederschläge weich und biegsam und durch-aus weiterverarbeitungsfähig werden.

Wiedergewinnung des Platins aus Platinlösungen. Wenn es sich nicht um zu große Bäder handelt, so ist das Ausfällen des Platins mit Schwefelwasserstoff der geeignetste Weg und dem Abdampfen und Reduzieren des Metalls aus dem Rückstande vorzuziehen. Man entwickelt in einem Kippschen oder ähnlichen Apparate Schwefelwasserstoffgas und leitet dieses in die erwärmte, mit Salzsäure angesäuerte Platinlösung. Das Metall schlägt sich (mit etwa vorhandenem Kupfer) als Schwefelplatin nieder; den Niederschlag filtriert man ab, trocknet und glüht an der Luft, wobei Platin in metallischem Zustande zurückbleibt.

Aus großen Bädern kann man nach dem Ansäuern derselben das Platin durch eingehängte blanke Eisenbleche zur Ausfällung bringen. Das ausgefällte Platin wird in beiden Fällen mit verdünnter Salpetersäure behandelt, um mitausgefälltes Kupfer und Eisen in Lösung zu bringen; nach dem Abfiltrieren und Auswaschen des reinen Platins wird dieses in Königswasser gelöst, die Lösung im Wasserbade zur Trockne verdampft und das gewonnene Platinchlorid zum Ansetzen eines neuen Bades verwendet. Auch die Ausfällung durch Zinkbleche oder Zinkstaub ist empfehlenswert.

Verplatinieren durch Kontakt. Diese Art von Platinniederschlägen wird bloß für Bijouterieartikel verwendet und wird allgemein nach der Vorschrift Fehlings gearbeitet. Diese lautet:

Wasser . . . . 1 l
Platinchlorid . . . . 10 g
Kochsalz . . . . 200 g

Durch Zusatz von etwas Ätznatron macht man die Lösung alkalisch. Die Temperatur soll möglichst hoch gehalten werden. Die Manipulation ist sonst die gleiche, wie beim Vergolden beschrieben.

Palladium-, Iridium-, Rhodiumbäder.

Große Verbreitung haben diese Bäder bisher nicht gefunden, sie seien nur der Vollständigkeit halber erwähnt.

Bertrand scheidet Palladium z. B. aus einer neutralen Lösung des Doppelsalzes Palladiumchlorid—Ammonchlorid aus. Er verwendet 5—6 V Spannung hierzu.

Folgendes Bad liefert gute Niederschläge von Palladium:

Wasser . . . . 1 l
Palladiumchlorid . . . . 5 g
Ammonphosphat . . . . 50 g
Natriumphosphat . . . . 250 g
Benzoesäure . . . . 2½—3 g

Als Anoden dienen Palladiumbleche. Die Bäder werden siedendheiß verwendet. Analog obigen Vorschriften für Palladiumbäder lassen sich auch Bäder zur Herstellung von Iridum- und Rhodiumniederschlägen konstruieren.

Pilet und Carry empfehlen zum Überziehen von feinen Uhrwerksbestandteilen sowie für Skalen wissenschaftlicher Instrumente ein Palladiumbad, das sie wie folgt bereiten:

7 g metallisches Palladium wird in einer Mischung von 35 g konzentrierter Salzsäure und 28 g konzentrierter Salpetersäure heiß gelöst und auf dem Sandbade verdampft, doch nicht bis zur Trockne. Die dicke eingedampfte Lösung wird mit 15 ccm Wasser aufgenommen, und diese Lösung gießt man in eine vorher bereitete Lösung von 19 g phosphorsaurem Ammon in 266 ccm Wasser.

Man bereitet sich außerdem eine Lösung von:

Wasser . . . . 1 l
Phosphorsaures Natron . . . . 228 g

mischt diese letztere Lösung mit der Lösung des phosphorsauren Ammons zusammen und kocht diese Lösung, bis der Ammoniakgeruch verschwindet. Schließlich setzt man noch eine Lösung von

Wasser . . . . 1 l
Benzoesäure . . . . 8 g

zu und bringt das Ganze auf 4½ Liter Badflüssigkeit. Man arbeitet mit einer Badspannung von 1—2 V bei 50° C.

Unstreitig sind die Palladiumniederschläge durch okkludierten Wasserstoff verhältnismäßig hart, zumal an und für sich Palladium weit härter als andere Edelmetalle, wie Silber oder auch Platin, ist. Ein Palladiumbad, welches zur Bildung gut deckender Niederschläge anwendbar ist, läßt sich ohne weiteres ähnlich wie Goldbäder mit Zyankalium herstellen, dem aber auch der Übelstand anhaftet, Niederschläge mit starker Wasserstoffokklusion zu bilden. Nachdem man aber heute Mittel und Wege kennt, diese Wasserstoffokklusion nach erfolgter Niederschlagsbildung zu entfernen, steht der Anwendung solcher zyankalischer Palladiumelektrolyte nichts mehr im Wege. Palladiumniederschläge werden nur selten angewendet, meist für das Überziehen wissenschaftlicher Apparate. In neuerer Zeit scheint sich aber das Palladium auch in der Industrie leonischer Drähte einen Platz erobert zu haben. Ein Patent[1] von Siebert und Kohlweiler

---

[1] D. R. P. 430378, Kl. 48a.

bringt wenigstens ein neues Anwendungsgebiet für Palladium als Überzug auf leonischen Drähten. Die beiden Erfinder fanden, daß sich Palladium, wenn aus einer Lösung von Palladiumammoniumchlorid bei kleiner Stromdichte und bei Spannungen von 2—4 V niedergeschlagen, sehr gut mit dem darunter befindlichen Kupferdrahte fein ausziehen läßt. Sie geben an, daß der Niederschlag mit einer Kathodenstromdichte von 0,01 A/qdm zu erfolgen hat. Es sollen bereits ganz dünne Palladiumüberzüge im Vergleich zu Silberüberzügen genügen, um auch beim Ausziehen auf die feinsten Gespinste noch genügend Deckkraft zu behalten. Während beim Versilbern leonischer Drähte auf 1 kg Kupferdraht, wenn er bis auf 0,05 bis 0,08 mm ausgezogen werden soll, etwa 20 bis 40 g Silber aufgetragen werden müssen, um das Durchschimmern roter Kupferstellen nach dem Ziehen auszuschließen, so genüge bei einem Überzug von Palladium schon eine kleine Menge von nur 0,02—0,04 g Palladium. Daß man bei diesem teuren Metall mit der Metallauflage äußerst sparsam umgehen muß, liegt auf der Hand. Wenn nun eine solche geringe Auflage von Palladium gemäß den Angaben von Siebert und Kohlweiler tatsächlich genügt, so hat das Palladium für diese Zwecke große Aussicht, weil dieses Metall ja nicht oxydiert, wie Silber. Man kann aber auch Chromüberzüge so duktil machen, daß sie sich weiter ziehen lassen, wenn man den eingeschlossenen Wasserstoff entfernt, und dürfte auch dem Palladium im Chrom ein Rivale entstanden sein.

Verzinnen.

Die weiße Farbe des reinen Zinns einerseits, die chemischen Eigenschaften anderseits empfehlen das Zinn für viele Veredlungen, zumal reines Zinn auf Eisen einen bekannten Rostschutz bietet, der besonders für Gefäße des Haushaltes und der Landwirtschaft u. a. sehr erwünscht ist. Zinn wird von feuchter Luft und verschiedenen Gasen, die in der Luft enthalten sind, nicht angegriffen, und deshalb behält das Zinn seine weiße Farbe, wo z. B. Silber geschwärzt wird. Zinn schmilzt bei 230° C, also sehr niedrig, und deshalb sind auch bereits Vorschläge gemacht werden, Zinn entweder in geschmolzenem Zustande aus hocherhitzten Salzlösungen des Zinns abzuscheiden oder aber Zinniederschläge aus wässerigen Elektrolyten durch thermische Nachbehandlung in weichem Zustande zu glätten, um solcherart den matt ausfallenden elektrolytischen Zinniederschlägen das Aussehen und den Glanz der Verzinnung, wie man sie im geschmolzenen Zinnbade erhält, zu verleihen. Darüber später mehr.

Die Zinniederschläge und ihre Eigenschaften. Zinn wird, sofern man sich der heute allgemein üblichen wässerigen Elektrolyte bedient, entweder aus alkalischer oder aus saurer Lösung abgeschieden. Aus alkalischer Lösung wird das Zinn aus seiner Stanniverbindung gefällt, aus saurer Lösung dagegen aus seiner Stannoverbindung, demgemäß beträgt das Abscheidungsäquivalent pro A/St aus alkalischen Bädern nur die Hälfte derjenigen aus sauren Bädern, weshalb man natürlich, um die Arbeit zu beschleunigen, immer mehr und mehr zu den sauren Elektrolyten übergeht. Die alkalischen Elektrolyte haben ferner den einen Übelstand, daß die Stromausbeute durch die namhafte Mitabscheidung von Wasserstoff wesentlich geringer ist als aus sauren Bädern, aus denen die Zinnabscheidung mit Stromausbeuten über 90% gelingt, wogegen aus alkalischen Bädern, auch wenn die Stromdichten weit unter 1 A/qdm gehalten werden, die Stromausbeute selten über 60% gesteigert werden kann.

Aus alkalischen Bädern fällt, wenn nicht besondere Vorsichtsmaßregeln gebraucht werden, die Verzinnung sehr leicht schwammig aus, während heute die Zusammensetzungen der sauren Bäder, denen man zur Verhütung der Kristallbildung im Niederschlag verschiedene Zusätze erteilt, bereits so vervollkommnet sind, daß man Niederschläge beliebiger Dicke ausführen kann, ohne daß das feine Gefüge leiden würde oder gar Schwammbildung oder Knospen im Niederschlag entstehen.

Die elektrolytische Verzinnung hat gegenüber der Heißverzinnung in geschmolzenem Zinn den großen Vorteil, daß man durch Stromregulierung jede Metallauflage in beliebiger Stärke, ganz nach Wunsch, auftragen kann, wogegen bei der alten Heißverzinnung trotz Anwendung von Abstreifeinrichtungen, Abtropfenlassen oder Abzentrifugieren des Zinns, solange das Zinn auf der verzinnten Ware sich noch in geschmolzenem Zustande befindet, immer ein nicht unterschreitbares Quantum Metall auf den verzinnten Gegenständen verbleibt. So z. B. beträgt der Prozentsatz an Zinn bei den bekannten Tafelweißblechen 1¼ bis 2½%, je nach Blechstärke und Qualität, und es war schon seit jeher der Wunsch der Weißblechindustrie, Mittel und Wege zu finden, um an Zinn sparen zu können, weshalb die Aufmerksamkeit der Galvanotechnik auf dieses enorme Industriegebiet der Weißblechdarstellung nicht oft genug und nicht eindringlich genug gelenkt werden kann. Die Galvanotechnik ist berufen, das veraltete Heißverzinnungsverfahren durch ein gutes elektrolytisches Verfahren zu ersetzen, und hat sich auch Verfasser diesem wichtigen Kapitel bereits intensiv gewidmet und diesbezügliche Proben und Vorschläge gemacht, auf die wir noch zurückkommen.

Die gewöhnlichen elektrolytischen Niederschläge haften zwar außerordentlich fest auf der Unterlage, einerlei ob man Eisen oder Kupfer bzw. Messing verzinnt hat, doch fallen die Niederschläge in der wässerigen Lösung matt aus und müssen erst brillantiert werden. Die durch das Verzinnen auf heißem Wege gleichzeitig herbeigeführte Dichtung von Fugstellen wird begreiflicherweise durch die elektrolytische Verzinnung nicht erreicht, deshalb benutzt man die elektrolytische Methode nicht für solche Arbeiten, wo eine solche Dichtung durch Verlötung verlangt wird, wie bei der Verzinnung von Milchgefäßen, Lampenkörpern, Blechdosen u. dgl. Für die Ausführung von Reparaturarbeiten auf solchen Gegenständen, wenn sich durch den Gebrauch die Verzinnung abgenützt hat, wird aber das elektrolytische Verfahren gern angewendet, weil man auch elektrolytisch verzinnte Bleche und Gegenstände leicht löten kann und deshalb heute schon vielfach Konservendosen und dergleichen Aufbewahrungsgefäße aus elektrolytisch verzinntem Eisenblech herstellt.

Zinnbäder. Die Versuche der Galvanotechniker, brauchbare Zinnbäder zu erhalten, zielten meist dahin, ein Bad zu erhalten, das schwammfreie Niederschläge liefert, die, wie dies allgemein bei elektrolytischen Niederschlägen verlangt wird, festhaftend sein sollen. Als weitere Bedingung gilt die gute Stromausbeute an Kathode und Anode, also der Wirkungsgrad des Bades. Letzteres erreicht man dadurch, daß man einerseits die Temperatur des Elektrolyten erhöht, anderseits durch geeignete Wahl der den Elektrolyten bildenden Salze.

Man arbeitet mit geringen Ausnahmen mit alkalisch reagierenden Bädern, da in diesen die Stromlinienstreuung am größten ist und dadurch eine gleichmäßige Verzinnung erzielt wird. Gerade aber die Alkalität des Bades erschwert die quantitative Löslichkeit der Anode, und man muß deshalb dafür sorgen, daß nur solche Anionen an die Metallanode gelangen, die eine glatte Lösung des Anodenmateriales zulassen. Hierzu gehört auch die Auswahl der Leitsalzanionen, was für die Verringerung der Passivität des Anodenmateriales von eminenter Bedeutung ist.

Hydroxylionen sind besonders günstig für den Lösungsvorgang; auch Chlorionen neben Hydroxylionen beseitigen die Passivität längere Zeit. Bedauerlicherweise stört aber ein zu großer Überschuß von Ätznatron an der Kathode, indem bei zu großem Überschuß von Ätznatron das Zinn an der Kathode schwammig wird. Wie überall, gibt es auch hier einen Mittelweg, der zum richtigen Ziele führt.

Man darf aber von einem derartigen Zinnbade nicht verlangen, daß es ebensolange arbeitsfähig bleibt wie z. B. ein Nickelbad, sondern man muß sich mit
der Tatsache abfinden, daß diese Bäder immerhin nur beschränkt haltbar sind.
Grund hierzu gibt das Verhalten der Zinnanoden in diesen Bädern. Hat man
nämlich ein Bad angesetzt, das, wie z. B. durch Zusatz von Zyankalium (wohl
durch Abspaltung freien Ätznatrons), das Anodenmaterial eine Zeitlang glatt löst,
so beobachtet man nach einer gewissen Zeit der Benutzung, daß es immer schlechter arbeitet, so daß man es schließlich überhaupt nicht mehr instandsetzen kann.
Alle diese alkalischen Zinnbäder kranken noch daran, daß das Zinn anodisch
passiv wird, die Lösung verarmt dadurch einerseits an Metall, anderseits tritt
eine Oxydation des Metallsalzes ein, so daß schließlich überhaupt kein Zinn mehr
aus dem Bade herausgeholt werden kann.

Die sauren Zinnbäder, unter denen das schwefelsaure Bad die erste Rolle spielt,
arbeiten im Gegensatz zu den alkalischen Bädern mit fast 100% Stromausbeute
und mit einem Wirkungsgrad von nahezu 1,0, sind daher berufen, überall dort in
Anwendung zu kommen, wo der Großbetrieb eine lange Lebensdauer der Elektrolyte verlangt. Die Abscheidung aus diesen Bädern erfolgt aus der zweiwertigen
Stufe, es wird theoretisch pro A/St 2,2 g Zinn abgeschieden. Ein Bad von der
Zusammensetzung:

Wasser	1 l
Zinn als Zinnsulfat	30 g
Schwefelsäure, konz. . . .	70 g
Leim	15—20 g

wird sich sehr gut zur Erzeugung beliebig dicker Niederschläge reinen Zinns verwenden lassen. Die günstigste Badspannung ist dabei ca. 0,5 V und die Stromdichte 1—2 A/qdm, die Wasserstoffzahl muß stets unter 2,0 liegen. Das Bad
wird in Bewegung erhalten, andernfalls liefert es leicht dunkle Niederschläge,
auch eine Erwärmung auf ca. 40°C ist fördernd auf die Güte bzw. Farbe und Aussehen des Niederschlages. Der Zusatz von Kolloiden ist unbedingt notwendig,
wenn man einen mikrostillaninen Niederschlag erhalten will. Ohne Kolloid-
zusatz entstehen einzelne Kristalle, welche zu größeren Individuen auswachsen
und untereinander keinen Zusammenhalt zeigen. Der Niederschlag bildet sich
also grobnetzig und wäre für den Oberflächenschutz ungeeignet. Setzt man aber
dem Bade Kolloide zu, so sitzen die Kristallindividuen dicht nebeneinander, und
zwar um so dichter, mit je höherer Spannung, also mit je höherer Stromdichte,
gearbeitet wird. Trotz Zusatzes von Kolloiden wird der Niederschlag bei Stromdichten unter 0,5 A netzartig.

Ein solches Bad von diesem Typus wird von den Langbein-Pfanhauser-Werken
mit Erfolg angewendet und ist diesen patentiert, indem durch Zusätze von Fremdmetallen gleichzeitig eine wesentliche Härtung des abgeschiedenen Zinns bewirkt
wird.

Der Zusatz von Kadmiumsalzen zu Zinnbädern, welcher kürzlich als besonderer Vorteil gepriesen wurde, hat nach Ansicht des Verfassers gar keinen Zweck,
denn eine gute Streuung der Stromlinien ist bei der Verzinnung ein längst über-
wundener Standpunkt, zudem hat die Abscheidung einer solchen teuren Legierung
mit Kadmium keinerlei wirtschaftliche Vorteile.

Das häufigst verwendete Bad nach alter Vorschrift ist:

I. Wasser	1 l
Pyrophosphorsaures Natron . .	40 g
Zinnchlorür, geschmolzen . .	16 g
Zinnchlorür, krist. . . .	4 g

Badspannung bei 15 cm Elektrodenentfernung . . . . **2 Volt**
Änderung der Badspannung für je 5 cm Änderung der Elektrodenentfernung . . . . 0,4 „

Stromdichte . . . . 0,2 Ampere
Badtemperatur: 15—20° C
Konzentration: 5° Bé
Spez. Badwiderstand: 4,02 Ω
Temperaturkoeffizient: 0,0233
Stromausbeute: 99%
Niederschlagstärke in 1 Stunde: 0,00591 mm

Als Anoden sind gegossene Zinnanoden zu verwenden, die Anodenfläche ebenso groß wie die Warenfläche.

Die Chemikalien sind in vorgeschriebener Reihenfolge zu lösen, das Bad wird wohl stets etwas trüb bleiben, das ist unvermeidlich und schadet auch gar nicht.

Der Niederschlag erscheint bald matt, ist daher öfters zu kratzen. Eisen und Kupfer verzinnen sich sehr leicht und schön; Zink neigt beim direkten Verzinnen leicht zum Mattwerden, weil es selbst Zinn aus seinen Lösungen ausscheidet, ist daher besser vorher zu verkupfern oder zu vermessingen.

Gußeisen wird seiner Porosität wegen am besten vorher in der Eintauchverzinnung gedeckt, dann elektrolytisch weiter verzinnt.

Für Betrieb mit Elementen ist der geringen Badspannung wegen folgende Lösung empfehlenswert:

II. Wasser	1 l
Ätznatron	25 g
Cyankalium 100%	10 g
Zinnchlorür, krist.	25 g

Badspannung bei 15 cm Elektrodenentfernung . . . . 0,4 Volt
Änderung der Badspannung für je 5 cm Änderung der Elektroden-
    entfernung . . . . 0,13 „
Stromdichte . . . . 0,2 Ampere
Badtemperatur: 15—20° C
Konzentration: 6° Bé
Spez. Badwiderstand: 1,27 Ω
Temperaturkoeffizient: 0,0248
Stromausbeute: 98,5%
Niederschlagstärke in 1 Stunde: 0,00589 mm

Als Anoden dienen gegossene Zinnanoden, die Anodenfläche ebenso groß wie die Warenfläche.

Dieses Bad arbeitet gleichgut auf Eisen, Messing, Kupfer und dessen Legierungen; Zink ist besser vorher zu verkupfern oder zu vermessingen, weil sich bei dessen direkter Verzinnung das Zinn sehr leicht schwammig ausscheidet.

Bei Ätznatronmangel überziehen sich die Anoden mit einer gelblichweißen Haut, die die Stromzirkulation erschwert; es ist Ätznatron zuzusetzen, um die normale Funktion wieder herzustellen.

Die beiden vorhin beschriebenen Zinnbäder haben die Eigentümlichkeit, daß der anfänglich glatte, wenn auch matt aussehende Metallniederschlag bei längerer Expositionsdauer schwammig wird, und man muß deshalb die Gegenstände während der Verzinnung des öfteren aus dem Bade nehmen und sie auf der Kratzmaschine mit feinen Stahldraht- oder Messingdraht-Zirkularkratzbürsten kratzen.

Ein ganz vorzügliches Bad, welches schwammfreie Niederschläge von Zinn liefert, die sich nebenbei durch weiße Farbe auszeichnen, wurde von den Langbein-Pfanhauser-Werken unter dem Namen Heißes LPW-Zinnbad eingeführt. Dieses Bad enthält vorzugsweise Zinn in Form seiner Stannatverbindungen nebst geeigneten Leitsalzen, und muß das Bad dauernd auf seinem hohen Zinngehalt erhalten bleiben, damit das gute Arbeiten gewährleistet wird. Ein

Kratzen während des Arbeitens fällt bei diesem Bade fort, und es lassen sich bei
mehrstündiger Verzinnungsdauer sehr dicke Niederschläge von Zinn erzielen.
Die Temperatur des Bades wird auf mindestens 70° C gehalten, bei niedrigerer
Temperatur würde die Stromausbeute sinken, die Anodenlöslichkeit ebenfalls
sehr zurückgehen. Versuche des Verfassers mit diesem Bade haben ergeben,
daß bei einem Verhältnis der Anodenfläche zur Warenfläche von 1 : 2½ der
Wirkungsgrad des Bades am höchsten ist und fast eine Konstanz der Badzusammensetzung hinsichtlich des Metallgehaltes verbürgt. Man arbeitet mit
ca. 3,5 V Badspannung und Stromdichten von 0,5 bis 0,8 A/qdm an den
Kathoden. Als Badgefäß dient am besten eine Eisenwanne mit eingelegter
eiserner Dampfschlange. Bei 70° C ist der spez. Badwiderstand dieses Bades
0,27 Ω und sinkt bei 99° C auf 0,239 Ω.

Aus phenolsulfosauren Zinnsalzlösungen scheidet Schlötter Zinn in dichter
Form ab und brachte damit das erste saure Zinnbad. Die Konzentration dieser
Lösungen braucht nicht hoch zu sein, sofern man sich mit kleinen Stromdichten
bis 0,5 A/qdm zufrieden gibt. Durch Steigerung der Konzentration bis auf 10° Bé
lassen sich aber in solchen Bädern Stromdichten von 2 A und bei Bewegung
und Erhöhung der Badtemperatur auch weit mehr anwenden, ohne daß sich
Schwammbildung bemerkbar macht.

Mäkelt gelang es, aus schwefelsaurer Lösung Zinn durch Zusatz von adsorbierbaren Substanzen, wie Eugenol, Phenol u. ä., in ebenfalls dichter Form abzuscheiden, zumal wenn er im Bad das Maximum an solchen Stoffen, d. h. bis
zur maximalen Löslichkeit derselben zusetzte.

B. Neumann verwendet, allerdings vorzugsweise zum Zwecke der Zinn-
raffination, als Elektrolyten eine 10%ige Schwefelnatriumlösung, die mit etwas
Schwefel versetzt ist und welche nur 2% Zinn enthält. Von früher war zwar
bekannt, daß Zinn aus den Lösungen der sulfozinnsauren Alkalien in dichter
Form abgeschieden werden kann, doch zeigte es sich, daß bei Benutzung solcher
Lösungen nach Neumann, wenn zwischen 80 und 90° C elektrolysiert wird,
mit Stromdichten von 0,5 A/qdm und bei nur 0,25 V Badspannung Zinn in
beliebig dicker Schicht abgeschieden werden kann, und zwar mit besonderer
Reinheit, jedoch wirkt der Geruch, den solche Lösungen verbreiten, störend.

Zusätze aller Art wurden ferner sowohl bei alkalischen wie bei sauren Zinnbädern versucht, um glatte Niederschläge zu erhalten. So berichten V. C. Mathers
und W. H. Bell von der Universität Indiana, daß sie glatte Zinniederschläge
aus alkalischen Bädern durch Anwendung von Copaivabalsam und Harz erhielten.
Derartige Bäder funktionieren aber leider nicht lange, und die Wirkung dieser
Zusätze auf den Niederschlag hört bald auf. Andere Kolloide verwendet Edw.
F. Kern, und zwar in sauren Zinnbädern. Danach soll Pepton und Gelatine in
sauren Bädern enthalten sein, und es wurden hierzu die borflußsauren und
schwefelsauren Bäder herangezogen. Daß sich aus borflußsaurer Lösung bei Gegenwart von Gelatine, ähnlich wie dies vom Blei her bekannt ist, dichte Niederschläge erzeugen lassen, war übrigens naheliegend. Kern setzte diesen Bädern
von den genannten Stoffen 0,1% zu und fand z. B. in schwefelsaurer Lösung,
daß die besten Resultate erzielt werden, wenn man Lösungen benutzt, welche
2,5% freie Schwefelsäure enthalten. Durch diesen Säuregehalt wird die Abscheidung basischer Salze und die Hydrolyse verhindert und der gebildete Niederschlag soll äußerst fest haften.

Geschmolzene Elektrolyte. Die matte Oberfläche der elektrolytischen Zinn-
niederschläge und die weniger intensive Legierungsbildung derselben gegenüber
den Zinnüberzügen, die durch Eintauchen in geschmolzenes Zinn hergestellt
werden, veranlaßten den Verfasser gemeinsam mit F. Fischer, sich ein Verfahren
patentieren zu lassen (vgl. D. R. P. Nr. 171034 vom 14. Februar 1905), Zinn aus
seinen geschmolzenen Salzen elektrolytisch abzuscheiden, und dürfte dies wohl

das erste Verfahren sein, welches in der Galvanotechnik die Schmelzflußelektro-
lyse verwendet. Es ist klar, daß dadurch, daß Zinn selbst angesichts der Temperatur der Salzschmelze in geschmolzenem Zustande ausfällt, auf der wohlgereinigten Kathodenoberfläche die gleiche Legierungsbildung eintritt, die beim
Eintauchen der Gegenstände in geschmolzenes Zinn stattfindet. Gleichzeitig
fällt das Zinn glänzend aus, wie dies beim geschmolzenen Zinn nicht anders zu
erwarten steht. Der Vorteil, den dieses Verfahren gegenüber dem alten Eintauchverfahren besitzt, besteht nun darin, daß man die Zinnauflage ganz nach Wunsch,
entsprechend der Stromregulierung, einstellen kann.

Als geeigneter Elektrolyt dient eine Mischung aus Chlorzinn geschmolzen und
Chlorkalium und Chlornatrium, eine Schmelze, welche bereits bei 220° C schmilzt.
Als Anoden wurden Kohlenanoden verwendet mit rinnenförmigen Höhlungen,
in denen sich geschmolzenes Zinn befand. Die Gefäßfrage bot anfänglich einige
Schwierigkeiten, doch wurde sie bald überwunden. Sehr geeignet erwiesen
sich Schamottegefäße, die Erwärmung erfolgt durch Gasgebläse von oben her.
In diesem Bade gelang es, bei 3 V Badspannung Stromdichten von 10 A/qdm
zu erreichen, weshalb nur ein kurzes Eintauchen von Löffeln und Gabeln
und dergleichen Gegenständen nötig war, die man mit einem Kupferdraht
verbunden an den negativen Pol der Stromquelle anschloß, um eine glänzende,
solide, genügend starke Verzinnung zu erhalten, welche alle Unebenheiten der
vorgebeizten, gestanzten Gegenstände, ebenso wie bei der Heißverzinnung, ver-
deckte.

Veränderung der Zinnbäder und fehlerhafte Erscheinungen beim Verzinnen.
Alle wässerigen Zinnbäder sind gegen ungeeignete Zusätze und Fremdsubstanzen
außerordentlich empfindlich; man soll deshalb nur bewährte Präparate zum
Ansetzen, Verstärken und Korrigieren der Zinnbäder anwenden. Die meist gebräuchlichen Zinnbäder mit alkalischer Reaktion enthalten freies Ätznatron oder
Zyankalium. Hiervon darf aber keinesfalls zuviel zugesetzt werden, es soll, um
den besten Wirkungsgrad des Bades zu erhalten, der Gehalt an freiem Alkali
nur so groß sein, daß die Anoden bei 3 V Badspannung noch in Lösung gehen;
doch sollen sie sich nicht polarisationsfrei lösen, sondern es soll sich ein gelblicher
Belag bilden, ein Zeichen dafür, daß sich vierwertiges Zinn anodisch löste, was
die Konstanz des Metallgehaltes bedingt. An den Kathoden tritt in alkalischen
Bädern stets eine Gasentwicklung ein, welche den Zinngehalt des Bades vermehren würde, wenn anodisch 100 % Zinn gelöst würden. Nach und nach verbraucht sich aber das freie Alkali, und man setzt dann zeitweise solches den
Bädern zu, ein Zuviel ist schädlich und verursacht Schwammbildung.

Dunkle Flecken bei der Verzinnung beobachtet man des öfteren beim Verzinnen von Innenräumen von Hohlgefäßen, sofern man mit dem Bade nach
Roseleur mit Phosphaten arbeitet. Dies hat meist seinen Grund in abgefallenen
Anodenpartikelchen, da die Anoden in alkalischen Lösungen etwas Metallkristalle absondern, die sich am Boden der zu verzinnenden Gefäße sammeln, dort
bevorzugte Stellen für den Strom bilden, die dann Schwammbildung verursachen, was sich, solange der Schwamm nicht bedeutend ist, als dunkle
Stellen kennzeichnet. Mitunter sind aber auch eisenhaltige Zinnsalze schuld an
solchen Störungen, oder es hat sich Eisen im Zinnbade gelöst; solche Bäder kann
man dann nicht mehr zum Innenverzinnen benutzen und erneuert sie am besten.

In sauren Bädern hat man im allgemeinen wenig Korrekturen anzubringen.
Beim Verstärken saurer Zinnbäder verwende man nur die beim Ansetzen dieser
Bäder verwendeten Präparate. Saure Zinnbäder vertragen meist keine Chloride,
da dadurch die Niederschläge große Kristalle bilden und das feine Gefüge da-
durch· verlorengeht.

Glänzen der Zinniederschläge. Reines Zinn läßt sich schwierig polieren,
es ist zu weich, und mit reinem Zinn überzogene Gegenstände werden gewöhnlich

nur mit der Kratzbürste brillantiert, ohne daß man einen wirklichen Hochglanz erzeugt. Bei einiger Geschicklichkeit, wenn man die zu verzinnenden Gegenstände vorher fein vorpoliert hat, kann man aber auch mit normalen Mitteln nach dem Kratzen der Zinniederschläge diese auf Hochglanz polieren. Um diese Arbeit zu erleichtern, hat man die Hartzinnbäder eingeführt, welche unter der Bezeichnung „Durostanbad" in den Handel gebracht werden. Die aus diesen Bädern erhaltenen Niederschläge sind fast so hart wie Nickel und lassen sich genau wie Nickelniederschläge mit Kalk und Fett polieren.

Eine viel gebrauchte Poliermethode aller Art elektrolytischer Zinniederschläge ist die des Polierens mit Polierkugeln im Rollfaß, wie wir es bereits verschiedentlich besprochen haben. Tatsächlich kann man mit diesem Verfahren billige Löffel mit recht hübschem Glanz versehen, auch andere verzinnte Gegenstände mit größeren Abmessungen wurden bereits in größerem Maßstabe solcherart poliert.

Daß man durch Druckmethoden ganz allgemein verzinnte Gegenstände mit Glanz versehen kann, wird durch die Weichheit des elektrolytisch niedergeschlagenen reinen Zinns verständlich, und sind diesbezüglich auch bereits Patente erteilt worden.

So wurde Verfasser ein Patent erteilt auf das Glänzen erhitzter Zinniederschläge durch polierte Walzen[1]). Kirschner verwendete ferner, um ein Anschmelzen der Zinniederschläge, die er auf elektrolytischem Wege auftrug, zu erreichen, ein Anstrichmittel, welches beim Erhitzen einen zusammenhängenden und sich infolge der Schmelztemperatur gleichzeitig glänzenden Zinnbelag ermöglichte. Taucht man beispielsweise galvanische Zinniederschläge, welche mehr oder weniger matt aus den Bädern kommen, zuerst in Lötwasser, wischt dieses wieder ab und setzt die verzinnten Gegenstände einer Temperatur von ca. 230° C aus, so schmelzen die Zinniederschläge am Unterlagsmetall an und bilden einen der Heißverzinnung ähnlichen Belag. Verfasser benutzte hierzu mit Erfolg eine Lösung von

1 Teil konz. Chlorzinklösung (neutral),
1 „   Wasser,
1 „   Alkohol,

benetzte damit die frisch hergestellten Zinniederschläge, wischte bis fast zur Trockne diese Lösung wieder ab und erhitzte dann die so behandelten, verzinnten Gegenstände und konnte ein Anschmelzen bei gleichzeitigem Glänzen erreichen. Vermeidet man solche Hilfsmittel und wollte man die Zinniederschläge durch bloßes Erwärmen anschmelzen, so würde das Zinn in Form kleiner Tropfen, ohne gleichmäßig anzuschmelzen, ablaufen.

Derart angeschmolzene galvanische Zinniederschläge lassen sich, wenn es sich um Bleche oder Drähte handelt, durch Walzen oder Ziehen schön·auf Glanz bringen, und sind dann von Verzinnungen durch das Heißverfahren nicht zu unterscheiden. Auch Massenartikel können solcherart behandelt werden.

Anoden für Zinnbäder. Man verwende gegossene Feinzinnanoden aus Bankazinn, frei von allen Beimengungen; Zinnanoden dürfen keinesfalls Blei enthalten, weil dadurch die Bäder verdorben würden und besonders in sauren Bädern Polarisation eintritt und sehr bald der Metallgehalt der Bäder zurückgehen würde. In alkalischen Bädern hängt man die Zinnanoden mit angenieteten Kupferblechstreifen in die Bäder, läßt aber die Nieten außerhalb des Bades, zumal wenn Zyankalium im Bade verwendet wurde.

Anwendung der elektrolytischen Verzinnung. Außer zur vorstehend beschriebenen und sehr verbreiteten Verzinnung von Massenartikeln wird die elektrolytische Verzinnung mit Vorteil in der Drahtfabrikation, speziell zum

---

[1]) D. R. P. 243228.

Verzinnen von Kupferdrähten für elektrische Leitungen, verwendet. Man verwendet für solche Zwecke am besten schwachsaure Zinnbäder, die ohne Schwamm- oder Kristallbildung zu arbeiten gestatten.

Die Verzinnung von Gußeisen und Temperguß ist ferner auf elektrolytischem Wege unbedingt besser ausführbar wie auf heißem Wege, und leistet dann das heiße Zinnbad die vorzüglichsten Dienste. Das Gußeisen wird bei etwa 3 V im ruhenden, also unbewegten Bade verzinnt, und der Niederschlag, wenn man ihn glänzend haben will, auf der Kratzmaschine mit rotierenden Messing-Zirkular- kratzbürsten brillantiert. Oftmals begegnet man in Laienkreisen der irrigen Ansicht, daß die elektrolytische Verzinnung ohne weiteres den im geschmolzenen Bade erzielbaren Glanz erreichen könnte. Dem ist nicht so, und zwar liegt dies in der Natur der elektrolytischen Metallausscheidung. Beim Eintauchen der zu verzinnenden Gegenstände in geschmolzenes Zinn wird ein Verschmieren der Poren und Unebenheiten der Grundfläche durch die Zinnauflage bewirkt, was bei der elektrolytischen Verzinnung natürlich ein Ding der Unmöglichkeit ist; diese schmiegt sich vielmehr an jede Unebenheit des Grundmetalls haar- scharf an und wird als Niederschlag wie jeder galvanische Niederschlag bei be- trächtlicher Dicke matt. Will man auf elektrolytischem Wege eine glänzende Verzinnung erhalten, so muß man den zu verzinnenden Gegenstand vorher vor- schleifen, wie man dies bei der Vernicklung ja auch macht.

Der außerordentlichen Duktilität, besonders des aus schwachsauren Lö- sungen ausgeschiedenen elektrolytischen Zinniederschlages zufolge läßt sich aber die elektrolytische Methode überall dort mit Erfolg verwenden, wo es sich darum handelt, Gegenstände aus einer Platte zu ziehen. Diesem Zieh- oder Druckprozeß widersteht die elektrolytische Verzinnung ohne weiteres, und so konnte man bei- spielsweise aus einem runden Bleiklotz, der mit 3 bis 4 % Zinn elektrolytisch über- zogen wurde, Tuben ziehen, welche wie poliert von der Ziehbank kamen. Das Blei und das Zinn waren an ihrer Berührungsfläche aus bekannten Gründen förmlich legiert. Die Möglichkeiten der Anwendung der elektrolytischen Verzinnung sind jedenfalls genügend vorhanden, und es steht außer Zweifel, daß jetzt, wo man über brauchbare Elektrolyte verfügt, die Einführung der elektrolytischen Verzinnung in die Großtechnik rascher vorwärts kommen wird, als dies bislang der Fall war.

Kupferdrähte werden ebenfalls elektrolytisch verzinnt, um sie für die spätere Vulkanisierung unempfindlich zu machen. Zu diesem Verzinnen werden die sauren Bäder verwendet und die Drähte in gleichmäßigem Tempo durch Haspel- vorrichtungen durch die Badanlage gezogen, vor der Verzinnung durch Scheuer- und Beizbottiche resp. Dekapiergefäße geführt. Die Zinnauflage schwankt je nach Drahtstärke zwischen 30 und 100 g pro Kilogramm Draht.

Verzinnen von Gußeisen. Gußeisen ist bekanntlich im geschmolzenen Zinn- bade schwierig zu verzinnen, und deshalb wird vielfach zur elektrolytischen Verzinnung gegriffen. Die gußeisernen Gegenstände werden gut gebeizt, mit Sand gescheuert und dann in heißer Natronlauge entfettet und von den letzten Spuren der Säurebeize befreit und gelangen so vorbereitet ins kalte schwefel- saure Zinnbad, das sich zum Verzinnen von gußeisernen Gegenständen am besten bewährt hat.

Kleine Kußeisengegenstände, welche verzinkt werden sollen und bekanntlich der elektrolytischen Verzinkung zuweilen wegen ihrer chemischen Zusammensetzung (Gehalt an Phosphor) Schwierigkeiten bieten, werden vorher schwach elektro- lytisch verzinnt; aber auch eine Sudverzinnung, die wir noch kennenlernen werden, ist oft hierzu schon ausreichend. Jedenfalls soll durch diese Verzinnung nur die Oberfläche des Gußeisens gedeckt werden, weil die Überspannung für Zink an Zinkkathoden geringer ist als an Eisen.

Verzinnen von Kupfer, Messing u. dgl. Kupferrohre werden innen verzinnt, ebenso Kupfergefäße aller Art, was in der Weise ausgeführt wird, daß geeignet geformte, der Innenfläche dieser Gegenstände angepaßte Innenanoden eingeführt werden, Hohlgefäße werden mit dem Zinnbad gefüllt und die Innenanode von oben auf geeigneten Haltevorrichtungen eingesenkt. Kupfer und Messing können sowohl mit den alkalischen wie mit den sauren Zinnbädern bearbeitet werden, Zink dagegen wird stets im alkalischen Zinnbade verzinnt. Blei und Bleilegierungen können in jedem Bade verzinnt werden.

Verzinnen von Löffeln. Der Stanzgrat wird a geschliffen oder im Rollfaß weggescheuert, hierauf kommen die Löffel in ein gut arbeitendes Zinnbad mit hohem Zinngehalt und verbleiben darin etwa 1 Stunde lang. Pro Löffel werden 0,9 A verwendet. Ohne zu kratzen, bringt man die verzinnten und gut gespülten Löffel in eine Trommel mit Kugeln und Poliersalzlösung und läßt sie ½ Stunde lang trommeln, wie dies früher beschrieben wurde. Die so verzinnten Löffel sind von heiß verzinnten Löffeln kaum zu unterscheiden und zeigen brillanten Glanz.

Die Verzinnung von Massenartikeln hat sich durch Einführung des in diesem Handbuche mehrfach beschriebenen Trommelapparates rasch Eingang in die Technik verschafft. Man verwendet dazu sowohl kalte wie warme Zinnbäder und erhält eine tadellose gleichmäßige Verzinnung auf kleinere Artikel aus Eisen, Stahl, Messing oder Kupfer. Viel verwendet wird diese Art der Verzinnung bei Schrauben, Stiften, kleinen Kabelschuhen und allen elektrotechnischen Bedarfsartikeln, bei denen fast ausnahmslos eine Verzinnung vorgeschrieben oder gewünscht wird. Die Kosten der elektrolytischen Verzinnung solcher Artikel sind weit geringer und das Aussehen schöner als bei der Heißverzinnung; als besonderer Vorteil der elektrolytischen Verzinnung kommt die Erhaltung aller feinen Details hinzu, wie z. B. die der Gewinde bei Schrauben usw. Werden die Massenartikel nach der Verzinnung noch in geeigneter Weise (am besten in Weizenkleie) getrommelt, dann kann man eine tadellos glänzende Verzinnung erhalten.

Ganz kleine Gegenstände, welche aber solide verzinnt werden sollen, können mit Vorteil in den Glockenapparaten verzinnt werden, da perforierte Trommelwandungen aus dem für heiße Zinnbäder speziell erforderlichen Material schwierig herzustellen sind. Das normal für derartige Trommeln verwendete Zelluloid würde in den heißen Bädern erweichen, man ist deshalb auf Schiefer, Steinasbest und ähnliche Materialien übergegangen, welche sich zum Perforieren mit kleinen Löchern jedoch nicht eignen.

Daß gerade für solche kleine Massenartikel nach der Verzinnung das Kugel-Polierverfahren fast unentbehrlich wurde, wenn man glänzende Zinniederschläge beabsichtigt, liegt auf der Hand.

Die Kontaktverzinnung wird in den nachfolgenden, von Roseleur empfohlenen Bädern ausgeführt, und zwar bei einer Temperatur der Bäder von 100° C:

Wasser	1 l
Pyrophosphorsaures Natron . .	20 g
Zinnchlorür, geschmolzen . .	8 g
Zinnchlorür, krist.	2 g

oder:

Wasser	1 l
Cremor tartari (Weinstein) . .	10 g
Zinnchlorür, krist.	3 g

Die Kontaktverzinnung wird in ähnlicher Weise wie die anderen Kontaktgalvanisierungen ausgeführt, nämlich die Gegenstände werden in Berührung mit Zink in das Bad gebracht. Diese Art der Verzinnung ist nur für kleine Massenartikel verwendbar, in der Tat wird sie meist nur für ganz kleine, rein gescheuerte Eisenobjekte angewendet, die, mit dünnen Zinkspiralen gemischt, in einem nichtmetallenen, durchlöcherten Behälter in die Lösung eingetaucht und fleißig geschüttelt werden, um die Berührungsstellen mit dem Zink zu verändern. Recht zweckmäßig dient auch eine Zinktasse mit durchlöchertem Boden, welcher aber nach jedesmaliger Beschickung blank zu kratzen ist, um den Zinniederschlag wieder zu entfernen und den erforderlichen Zinkkontakt aufrechtzuerhalten.

Der durch Kontaktverzinnung erhaltene Niederschlag fällt matt aus, die Gegenstände sind nach dem Trocknen noch durch Kollern oder sonstwie auf eine für solch billige Massenartikel geeignete Art zu brillantieren.

Die Kontaktverzinnung von Eisen- und Stahlwaren wird im westlichen Deutschland vielfach in rotierenden Fässern ausgeführt und dient meist als erste Schichte für eine darauf folgende elektrolytische Verzinkung. Tatsächlich vollzieht sich die elektrolytische Verzinkung, speziell auf Massenartikel, weit glatter, wenn eine solche, obschon nur hauchdünne Verzinnung erst aufgetragen wurde. Das Verfahren wird in der Weise ausgeführt, daß die Massenartikel mit Zinkgranalien und einem bestimmten Quantum Kontaktverzinnungsbad, das mit Sägespänen zu einem Brei angerührt wurde, zusammen in das Innere der hölzernen Trommel gefüllt werden. Die Sägespäne besorgen das Blankscheuern und dienen gleichzeitig als Träger des Bades. Die Zinkgranalien scheuern sich untereinander blank, so daß man nicht nötig hat, sie jedesmal erst wieder blank zu machen.

In einer Holztrommel von etwa 75 cm Länge und 40 cm Durchmesser werden zu diesem Zwecke beispielsweise 200 g Zinnsalz (geschmolzen) mit 100 g Weinstein zusammen gelöst, und zwar in so viel Wasser, daß nach Einfüllen der zu verzinnenden Gegenstände in die Trommel, wobei die Gegenstände etwa ¼ des Trommelinhaltes ausmachen, die Lösung etwas über die eingefüllte Ware reicht. Dann wird eine Handvoll feiner Zinkspäne hinzugetan und die Trommel mit 10 bis 12 Touren pro Minute laufen gelassen. In 2 Stunden ist die Verzinnung vollzogen und die Gegenstände zeigen einen schönen Glanz. Das Trocknen geschieht in bekannter Weise; man läßt gewöhnlich noch ein Trommeln mit trockenen Sägespänen folgen.

Eintauch- oder Sudverzinnung. Roseleur empfiehlt für diese Art der Verzinnung eine Lösung von:

Wasser . . . . 1 l
Ammoniakalaun . . . . 15 g
Zinnchlorür, geschmolzen . . 2,5 g

Die rein gebeizten und mit nassem Sand oder Bimssteinpulver rein gescheuerten Eisengegenstände in diese kochende Lösung eingetaucht, überziehen sich momentan mit einer hauchdünnen Zinnschicht, welche schön weiß, aber etwas matt aussieht.

Die Sudverzinnung findet meist nur Anwendung für ganz kleine Eisenartikel, welche in Massen in einem Steinzeugkorb verzinnt und nachträglich im Kollerfaß geglänzt werden.

Die Lösung wird von Zeit zu Zeit durch Zugabe von geschmolzenem neutralen Chlorzinn im selben Verhältnis aufgefrischt, als derselben Zinn entzogen wurde.

Die Eintauchverzinnung kann auch auf Zinkobjekte angewendet werden. Der durch Eintauchverzinnung erzielbare hauchdünne Zinnüberzug hat keinerlei Anspruch auf Solidität, sondern dient nur dazu, um dem Gegenstand eine schöneres weißes Aussehen zu verleihen.

Zinnsud (Weißsud) auf Messing und Kupfer. Viele kleine Massenartikel aus Messing oder Kupfer oder solche, welche vorher verkupfert oder besser vermessingt werden, werden, um ihnen ein gefälligeres Aussehen zu verleihen, durch Eintauchen in folgendes Bad verzinnt:

Wasser . . . . 1 l
Weinstein, pulv. . . . . 10 g
Zinnchlorür . . . . 1 g

Das Bad wird heiß verwendet. Die Gegenstände werden zusammen mit
Zinnstückchen in einem Steinzeugsieb in die Lösung getaucht und überziehen
sich sehr rasch mit einem glänzenden Zinnüberzug. Besonders der auf diese
Weise erzielbare Glanz (sofern die Messing- und Kupfergegenstände vorher
glanzgebrannt oder poliert bzw. gescheuert waren) veranlaßt den Galvanotechniker, Gegenstände aus anderen Metallen erst auf elektrolytischem Wege
mit einem Messingniederschlag zu versehen und dann im Zinnsud auf Glanz
zu verzinnen. Als Gefäße für den Zinnsud nimmt man am besten solche aus
Porzellan oder, für größere Betriebe, aus verzinntem Kupferblech.

Der Zinnsud wird in einem Eisengefäß oder in einer Porzellanschale oder am
besten in einem feuerflüssig verzinnten Kupfer- oder Messingkessel zum Sieden
erhitzt unter Zugabe einer genügenden Menge von feinkörnigem Zinn (Zinngranalien), das als Kontaktmetall bei der Verzinnung unerläßlich ist. Nachdem
die zu verzinnenden Massenartikel in den Sud getaucht sind, setzt man das
Kochen so lange fort, bis auf den Gegenständen ein gleichmäßiger Zinnüberzug
gebildet ist, wobei man während des Ansiedens dafür Sorge tragen muß,
daß sämtliche Teile gut durcheinandergemischt sind und dauernd mit den
Zinngranalien in Berührung kommen. Aus diesem Grunde ist es auch
erforderlich, daß die Zinngranalien in genügender Menge während des Ansiedens
im Sude enthalten sind. Die Zinngranalien wähle man zweckmäßig in ihrer
Größe derart, daß man nachträglich durch Absieben leicht eine Trennung derselben von den verzinnten Massenartikeln vornehmen kann. Für die Herstellung
der Zinngranalien kann man entweder reines Zinn oder besser noch eine Legierung von 95 bis 98% Zinn und 2 bis 5% Kupfer verwenden.

Das während des Kochens verdampfende Wasser braucht erst dann ersetzt
zu werden, wenn sich aus dem Sude feste Salze auszuscheiden beginnen. Sind
alle Gegenstände mit einer gleichmäßigen Zinnschicht überzogen, so werden
dieselben gespült, mehrmals in heißes Wasser getaucht und mit warmen Hartholzspänen ausgetrocknet. Zur Beseitigung der letzten Spuren von Feuchtigkeit kann man die verzinnten Artikel auch kurze Zeit in einen Trockenschrank
legen oder auch ein nachträgliches Trommeln mit Hartholzspänen in einer
Holztrommel folgen lassen.

Arbeitet der Sud mit der Zeit träger, so setzt man ihm kleine Mengen Zinnsalz zu, mit etwa 10 g pro Liter beginnend, worauf der Niederschlag sich wieder
rascher auf den Waren bildet. Die

Anstrichverzinnung rührt von Stolba her. Man arbeitet folgendermaßen:
Zuerst stellt man sich eine Lösung zusammen aus:

Wasser . . . . 1 l
Zinnchlorür . . . . 50 g
Weinstein . . . . 10 g

Hierauf taucht man einen Schwamm in diese Lösung und taucht den so
mit Lösung befeuchteten Schwamm in ein Vorratsgefäß mit Zinnstaub. Mit
diesem derart imprägnierten Schwamm (man kann auch Tuchlappen nehmen)
reibt man die in bekannter Weise dekapierten Gegenstände ab, und es überziehen sich auf diese Weise die Gegenstände augenblicklich mit Zinn. Natürlich
muß das Benetzen des Schwammes mit Lösung möglichst oft wiederholt werden.
Man kann mit dieser Methode große Objekte nach dem Kontaktverfahren verzinnen.

Die vorbeschriebenen Methoden zur Verzinnung ohne äußere Stromquelle
werden in der Eisenindustrie sehr viel als Behelf für die Schaffung einer geeigneten Unterlage zur späteren elektrolytischen Verzinkung angewendet. Mitunter wird das Verzinnen nach diesen Methoden in Rollfässern ausgeführt, in
denen die Massenartikel mit der Verzinnungslösung, evtl. unter Beimischung

von Zinkschnitzeln und feinem Sand, getrommelt werden. Die so geschaffene, wenn auch nur hauchdünne Verzinnung überzieht das Eisen mit einer Zinnschicht, auf der sich die spätere elektrolytische Verzinkung gleichmäßig und ohne Ausschuß vollzieht.

Verbleien.

Elektrolytische Bleiniederschläge und ihre Anwendung. Blei konnte lange Zeit nicht in zusammenhängender Form als fester dickerer Belag elektrolytisch abgeschieden werden, es ist deshalb die elektrolytische Verbleiung bis heute noch immer stiefmütterlich behandelt worden, obschon heute sehr gut arbeitende Bleibäder existieren. Hinzu kommt der Nachteil der reinen Bleiniederschläge, daß sie außerordentlich weich sind, während die Bleiüberzüge, die durch Eintauchen in geschmolzenes Blei erhalten werden können, etwas härter sind und im Gebrauch nicht so leicht der Abnutzung unterworfen sind. Die elektrolytische Verbleiung wieder hat den Vorteil für sich, daß man alle Metalle, selbst Aluminium, mit Blei überziehen kann, auch Gußeisen, während das Schmelzverbleiungsverfahren selbst auf manchen Eisenblechsorten, erst recht nicht aber auf Gußeisen, ausführbar ist, weil diese Metalle so gut wie gar kein Blei im geschmolzenen Bleibad annehmen.

Blei scheidet sich elektrolytisch am besten aus den Salzen der Oxydulstufe ab, und sie gelingt am einwandfreiesten aus Lösungen, welche frei sind von Plumbiionen, wie dies Elbs schon nachgewiesen hat. Aus Lösungen, welche Plumbiionen enthalten, in denen also durch die anodische Oxydation Plumbiionen entstehen können, geben spießige oder schwammige Niederschläge. Das elektrochemische Äquivalent des Bleies ist 3,859 g pro A/St, und da in den modernen Bleibädern mit einer Stromausbeute von fast 100% gerechnet werden kann, vollzieht sich die Verbleiung selbst in dicken Schichten sehr rasch. Dieser Arbeitsschnelligkeit kommt nun auch noch die Möglichkeit der Anwendung hoher Kathodenstromdichten zu Hilfe, da wir heute über Bleibäder verfügen, die selbst ohne Badbewegung oder Bewegung der Kathoden Stromdichten von über 1 A/qdm, ja selbst bis zu 8 bis 10 A/qdm zulassen.

Als Ersatz für die sogenannte Homogenverbleiung in dickeren Schichten, die tatsächlich in ihrer ganzen Ausdehnung ohne jede Bildung von Hohlräumen zwischen Grundmetall und Bleischicht verwachsen sein muß, konnte die elektrolytische Verbleiung natürlich erst dann auftreten, wenn es gelang, Blei in dickeren Schichten festhaftend, ohne die bekannte lästige Bleischwammbildung, elektrolytisch abzuscheiden.

Eine ausgedehnte Anwendung hat die elektrolytische Verbleiung überall dort gefunden, wo man Metalle, wie Kupfer, Aluminium, Eisen usw., mit einem schützenden Überzug versehen muß, der von Schwefelsäure nicht angegriffen wird, ferner zum Überziehen kleiner Massenartikel der elektrotechnischen Installationsbranche. Kleine Rohrschellen, Kontaktstücke, Kontakte, Schrauben und dergleichen Massenartikel können in Glockenapparaten oder in Trommel- oder Schaukelapparaten sehr schön und gleichmäßig mit dichtem Blei elektrolytisch überzogen werden, ohne daß man, wie dies bei der Heißverbleiung oft der Fall ist, befürchten müßte, daß das Blei die einzelnen Teile zusammenbackt.

Bleibäder, Rezepte. Die älteren Bleibäder, die wir französischen Galvanotechnikern verdanken, hatten wohl die Eigenschaften, daß sich auch an komplizierten profilierten Objekten Blei abschied, doch gelang es nicht, auch nur einigermaßen dickere Schichten von Blei daraus abzuscheiden, ohne daß die Bildung von Bleischwamm eintrat. Ein solches älteres Rezept ist z. B. folgendes:

Wasser . . . . 1 l
Ätzkali . . . . 50 g
Bleiglätte, pulv. . . . . 5 g

Man löst die Bleiglätte in der Lösung des Ätzkalis auf und elektrolysiert bei 2,5 V mit Bleianoden. Das Bad arbeitet sehr gut auf Eisen und Stahl, selbst auch auf Kupfer, Messing u. dgl. Watt bediente sich einer Lösung von essigsaurem Blei unter Zusatz von bedeutenden Mengen freier Essigsäure, doch liefert auch dieses Bad schon nach kurzer Zeit bedeutende Mengen von Bleischwamm.

Ein Bad, das gestattete, schon stärkere Bleischichten herzustellen, ohne jedoch den Wünschen der Galvanotechnik nach einem Universalbad Rechnung zu tragen, stammt von Glaser[1]).

Er hat aus sauren und neutralen Lösungen von Bleinitrat und Bleiazetat Blei in dickeren Schichten abgeschieden, doch sind die Niederschläge für die Galvanotechnik nicht feinkörnig genug und stellen gewissermaßen nur ein Netz von Bleikristallen her, das erst bei größerer Schichtdicke die Unterlage vollkommen überdeckt. Er ging von dem Bleibad nach Watt aus, bestehend aus:

Wasser . . . . 1 l
Bleiazetat . . . . 5 g
Essigsäure . . . . 5 g

mit welchem sich Blei in dünner Schicht abscheiden läßt. Durch Erhöhung der Konzentration an Blei wird die Qualität der erzielten Bleiniederschläge immer besser, so daß als Kriterium für die Herstellung von Bleiniederschlägen in dicker Schichte eine hohe Konzentration an Bleiionen gilt.

Wirklich gute Bleiniederschläge kann man nach dem Verfahren von Betts herstellen, welches später von Senn genauer studiert wurde und darin besteht, daß man kieselfluorwasserstoffsaure Bleilösungen mit hohem Gehalt an freier Kieselfluorwasserstoffsäure unter Zusatz von Gelatine elektrolysiert. Senn gibt folgendes Bad als Resultat seiner Untersuchungen an:

Die im Handel erhältliche ca. 33%ige Kieselfluorwasserstoffsäure verdünne man bis auf 20°Bé und setzt vorsichtig Bleikarbonat zu, damit die Lösung nicht überschäumt. Man setzt dieses Eintragen von Bleikarbonaten fort, bis eine Lösung entstanden ist, welche pro Liter etwa 100 g Bleimetall enthält, was einem Quantum von ca. 130 g Bleikarbonat entspricht. Bei dem Eintragen des Bleikarbonates wird die in der Kieselfluorwasserstoffsäure etwa enthaltene Menge von freier Schwefelsäure gleichfalls abgestumpft, es bildet sich unlösliches Bleisulfat, das sich absetzt, womit die Reinigung des Bades von der ungeeigneten Beimengung von Schwefelsäure vollzogen ist. Schließlich wird pro Liter Bad 0,1 g Gelatine in gelöster Form zugesetzt, wodurch erst das Bad die gewünschte Wirkung zeigt, d. h. es gelingt erst nach dem Gelatinezusatz, dichte, knospen- und auswuchsfreie Bleiniederschläge von beliebiger Dicke zu erhalten.

Das Bad hat einen außerordentlich kleinen spez. Widerstand, man kann schon mit ca. 0,15 bis 0,2 V Badspannung bei 10 cm Elektrodenentfernung Kathodenstromdichten von ca. 1 A/qdm erhalten.

Ein Beispiel für ein gutes derartiges Bad bietet folgende Zusammensetzung:

Wasser . . . . 1 l
Kieselflußsaures Blei . . . . . 85 g
Kieselflußsäure . . . . 70 g
Gelatine . . . . 0,15 g

Siemens & Halske wollen aus folgendem Bade gute Bleiniederschläge erhalten haben:

Wasser . . . . 4,5 l
Überchlorsaures Blei . . . . 370 g
Überchlorsäure . . . . . . 113 g

und versetzen das Bad schließlich mit Nelkenöl, ein Zusatz, der seinerzeit von Mäkelt speziell auch für Zinnbäder studiert wurde und sich als geeignet erwies, die

---

[1]) Z. f. E. 1900/01, S. 365, 381 ff.

Bildung von Verästelungen im Niederschlag einzudämmen, da Nelkenöl zu den kapillaraktiven Stoffen zählt, welche beim Niederschlagen der Metalle adsorbiert werden und das Wachstum der Metallkristalle senkrecht zur Anode verhindern.

Ebenso wie aus der kieselfluorwasserstoffsauren Lösung kann man auch aus der borflußsauren Bleilösung tadellose Niederschläge erhalten, wenn man Gelatine in dem oben angegebenen Verhältnis zusetzt. Die borflußsauren Bäder können außerdem außerordentlich hoch konzentriert angesetzt werden, und man kann in diesen Bädern bei Zimmertemperatur Stromdichten bis zu 10 A/qdm anwenden, wenn man die Lösung an Blei genügend hoch konzentriert hält. Verfasser führte dieses Bad nach gemeinsamer Arbeit mit F. Fischer in die Galvanotechnik ein und stellt dieses Bad heute das gebräuchlichste und verläßlichste Bleibad dar. Es gelingt mit diesem Bade, Schichten von 10 mm Dicke und darüber bei ganz kleiner Badspannung herzustellen; daß bei solch dicken Niederschlägen die Ränder der Gegenstände knollig werden, rührt von der Randstromlinienstreuung her, die man durch bekannte Mittel unschädlich machen kann, wenn es gilt, Gegenstände ganz gleichmäßig zu verbleien.

Die Wirkung des Gelatinezusatzes ist eine reine Kolloidwirkung, und wir wissen heute, daß Gelatine als positives Kolloid in saurer Lösung zur Kathode wandert und dort angelagert und teilweise mit abgeschieden wird.

An Stelle von Gelatine wird vielfach auch Agar Agar oder Leim u. ä. verwendet. Es ist hierbei nicht einerlei, welches Kolloid man verwendet, denn je nach der Natur des Kolloides sind die Farben des abgeschiedenen Bleies verschieden. Man kann dunkelgefärbtes und ganz helles Blei erhalten.

Verwendet man z. B.

Wasser . . . . 1 l
Bleikarbonat . . . . 100 g
Borflußsäure, konz. . . . . 100 g

so erhält man eine Lösung, welche bei 18° C 22° Bé spindelt und aus welcher man mit Stromdichten von 2 A/qdm bei unbewegtem Elektrolyten bei ca. 1 V tadellose Bleiniederschläge erhalten kann. Durch Bewegung der Kathoden oder durch Badzirkulation kann man die Stromdichte steigern, ebenso durch Erhöhung der Badtemperatur. Das elektrolytisch abgeschiedene Blei ist außerordentlich weich, weshalb galvanische Bleiniederschläge die Heißverbleiung nicht verdrängen konnten; so werden die bekannten Isolierrohre für elektrische Leitungen heute fast ausschließlich noch auf heißem Wege durch Eintauchen der Stahlbänder in geschmolzenes Blei verbleit.

Ein nach diesem Typus hergestelltes Bleibad für hohe Stromdichten der Langbein-Pfanhauser-Werke A.-G. zeigt sogar noch wesentlich höhere Konzentration, und zwar

44° Bé, hat einen spezifischen Badwiderstand von
$W = 0{,}295\ \Omega$ und arbeitet bei einer Temperatur von
$t = 20°$ C

Badspannung bei 15 cm Elektrodenentfernung . . . . **6,9 Volt**
Stromdichte hierbei . . . . **15 A/qdm**
Änderung der Badspannung für je 5 cm Änderung der Elektrodenentfernung . . . . **2,3 Volt**
Stromausbeute: ca. 100 %

In vielen Fällen wird diese Konzentration zu einer unnötigen Verteuerung des Bades führen und genügt dort, wo man nicht mit hohen Stromdichten zu arbeiten hat, schon eine Badkonzentration von 30° Bé. Während man im obigen Bade von 44° Bé Stromdichten (bei Bewegung der Lösung oder der Kathoden!) bis zu 20 A/qdm anwenden kann, kann man bei einer Konzentration von 30° Bé höchstens 5 bis 8 A/qdm anwenden.

Dieses Bad hat dann folgende Charakteristik:

$$W_s = 0{,}34 \; \Omega$$
$$t = 20° \text{ C}$$

Badspannung bei 15 cm Elektrodenentfernung . . . . 2,55 **Volt**
Änderung des Badspannung für je 5 cm Änderung der Elektroden-
entfernung . . . . 0,85 „
Stromdichte . . . . 5 **Ampere**
Stromausbeute: ca. 100 %

Eine mäßige Erwärmung dieser beiden Bäder ist nur förderlich und schadet in keiner Weise.

Als Gefäße für solche moderne Bleibäder kommen ausgebleite Holzwannen mit dauerhaften isolierenden Anstrichen in ihrem Inneren in Betracht. Kleinere Quantitäten des Bades können in Glas- oder Steingutwannen untergebracht werden.

Frank C. Mathers berichtet über ein in Amerika angewendetes Bleibad alkalischer Natur folgender Zusammensetzung:

Wasser	1 l
Bleiazetat	73 g
Ätznatron	200 g
Sandarac, Harz o. ä.	3—10 g

In diesem Bade soll bei einer Temperatur von 80 bis 90° C gearbeitet werden. Stromdichte max 1,0 A/qdm. An Stelle von Sandarac, Harz usw. soll man auch Gummisorten, Fett- und Oleinsäuren verwenden können, die die gleiche Wirkung herbeiführen sollen. Verfasser konnte aber aus diesem alkalischen Bade keine dicken Niederschläge in der Qualität wie aus den sauren Bädern erhalten, wenngleich das Bad gute Tiefenstreuung besitzt und rasch auf allen Metallen anschlägt.

Ähnlich wie beim Zinn liegt auch beim Blei, besonders durch den verhältnismäßig niedrigen Schmelzpunkt der Bleisalze und des Bleies selbst, die Möglichkeit vor, geschmolzene Elektrolyte anzuwenden, aus denen Blei in glatter Form bis zu beliebiger Dicke abgeschieden werden kann, wobei eine intensive Verbindung des Niederschlages mit dem Grundmetall stattfindet, weshalb dieses Verfahren berufen ist, die Homogenverbleiung zu ersetzen oder die Verbleiung von Bändern, von denen man gutes, festhaftendes Blei verlangt, durchzuführen. Man kann in solchen geschmolzenen Elektrolyten ungemein hohe Stromdichten anwenden, deshalb kommt man mit kleinen Elektrolysiergefäßen aus, die nur wenig Heizmaterial erfordern.

Die Glättung der Bleiniederschläge gelingt infolge der Weichheit des Bleies schon durch gewöhnliches Scheuern kleiner Artikel im Rollfaß, eventuell unter Zuhilfenahme von Polierkugeln oder auch Sand; glatte Flächen, etwa Bleche oder Bänder, kann man durch polierte Walzen glänzen oder Drähte durch weiteres Ziehen durch Zieheisen auf Glanz bringen, auch das Anschmelzverfahren, wie beim Zinn, ist bei elektrolytischen Bleiniederschlägen anwendbar.

Genügt bei größeren Gegenständen das Aussehen der Verbleiung noch nicht, so kann man durch rotierende Kratzbürsten aus dünnem Stahldraht mit Leichtigkeit eine Brillanz der Oberfläche erhalten.

Das Bleizink-Verfahren nach Pfanhauser. Die elektrochemischen Messungen haben ergeben, daß reines Blei in diesen Lösungen moderner Zusammensetzung elektropositiv zu Eisen ist, und es kann nach dem bei der elektrolytischen Verzinkung Gesagten reines Blei als Rostschutzmittel für Eisen und Stahl erklärt werden. Das Blei hat nun gegenüber dem rostschützenden Zink in seiner Anwendung manche Vorteile, und speziell die Unangreiflichkeit des Bleies in Seewasser und gegen Atmosphärilien brachten Verfasser auf den Gedanken, einen erhöhten verallgemeinerten Rostschutz dadurch zu erreichen, daß er die zu schützenden Teile vorher verbleite und darauf verzinkte. Um 100 g Blei auf eine bestimmte Fläche abzuscheiden, ist meist eine kleinere elektrische Energiemenge erforderlich, als z. B. 100 g Zink auszufällen, und man kann daher nicht allein am Preise für das verwendete Material, sondern auch an den Überzugskosten sparen, wenn man den größten Anteil an dem rostschützenden Überzug dem Blei überträgt.

Das elektrolytisch ausgeschiedene Blei ist nun außerordentlich weich, und um den Überzug oberflächlich zu härten, wurde eine kleine Auflage von Zink angebracht. Nach dem, was im Kapitel über die Legierungsbildungen gesagt wurde, ist es begreiflich, daß die beiden Niederschläge Blei und Zink sich schon bei gewöhnlicher Temperatur legieren — es dringt das über dem zuerst abgeschiedenen Blei befindliche Zink in ersteres ein, und besonders bei mäßiger Erwärmung der so galvanisierten Teile ist durch eine nennenswerte Schichtdicke hindurch eine solche Legierung der beiden Metalle zu beobachten. Messungen über das elektromotorische Verhalten der einzelnen Schichten haben ergeben, daß schon die kleinsten Mengen von Zink in dieser legierten Schicht letzterer den Rostschutz des Zinkes verliehen.

Das Verfahren ist durch Patent geschützt und wurde in der Galvanisierung von Drähten durch einen groß ausgeführten Versuch erprobt. Es dürfte speziell dort eine Rolle spielen, wo der Angriff des Seewassers auf zu schützende Eisenteile in Betracht kommt.

Bleianoden. Als Anoden in allen elektrolytischen Bleibädern eignen sich reine Weichbleianoden; Legierungen mit Antimon sind zu vermeiden, obschon in den sauren Bädern solche Verunreinigungen nicht weiter schaden, da sie ungelöst bleiben, nur leicht einen unangenehmen Belag an den Anoden verursachen. Weichbleianoden gehen auch bei hoher Anodenstromdichte ohne jede Komplikation in Lösung und erhalten in normalen Bädern den Metallgehalt des Bades so gut wie konstant. Die Bleianoden werden meist mittels angenieteter Kupfer- oder Nickelstreifen in die Bäder gehängt, doch achte man darauf, daß diese Bänder nicht in die Lösung eintauchen. Da speziell die heute zumeist gebrauchten sauren Bleibäder keine nennenswerte Tiefenstreuung besitzen, muß man bei profilierten Gegenständen die Anoden der Form des Gegenstandes anpassen, in hohle Gegenstände Innenanoden einführen, die am besten eine separate Stromzuführung und Regulierung erhalten, damit bei gleichzeitiger Außenverbleiung die Bleischicht innen und außen gleichartig wird, wenn nicht absichtlich eine Ungleichheit der Niederschlagdicke wünschenswert erscheint.

Ausführung des Verbleiens. Gegenstände aus Eisen und Stahl werden vorgebeizt, Gußeisen wird am besten mit Sandstrahl bearbeitet, um eine metallreiche Grundlage zu schaffen. Auf Eisen und Stahl bietet die Verbleiung überhaupt gar keine Schwierigkeiten, dagegen ist Kupfer, Messing und Tombak schwieriger zu verbleien, besonders wenn Hohlräume oder nennenswerte Vertiefungen in den Gegenständen vorkommen. Die Überspannung des Bleies an Kupfer ist in saurer Lösung bedeutend, und man tut daher gut, solche Gegenstände vorher schwach zu verzinnen und erst darauf zu verbleien, oder eine schwache Vernicklung zu unterlegen. Bei der direkten Verbleiung von Kupfer und seinen Legierungen muß stets mit höherer Badspannung, gleichbedeutend mit höherer Stromdichte, gedeckt werden, anderenfalls würde der Niederschlag leicht netzartig, er deckt die Unterlage nicht gleichmäßig, die einzelnen Bleikriställchen haben sonst keinen Zusammenhang, was man an dem Durchschimmern des roten Kupfers bei nur kurzer Verbleiung beobachten kann.

Für gewöhnliche Verbleiung genügt schon eine Einhängezeit von 10 bis 15 Minuten. Will man dagegen starke Niederschläge bestimmter Dicke auftragen, so berechnet man diese nach den im theoretischen Teil angegebenen Formeln aus Stromdichte und Zeitdauer.

Verstählen (Eisenniederschläge).

Eisen läßt sich elektrolytisch ähnlich wie Nickel aus wässerigen Lösungen einwandfrei abscheiden. Für gewöhnlich sind diese Niederschläge stark wasserstoffhaltig und demzufolge von bedeutender Härte, weshalb man den Eisenniederschlägen die Bezeichnung „Stahlniederschläge" beilegte, obschon das elektrolytisch gefällte Eisen so gut wie kohlenstofffrei ist und mit Stahl also keine entfernte Ähnlichkeit hat. Diese Verstählung wurde bis vor einigen Jahren lediglich in der graphischen Branche zum Überziehen von Klischees, von Druckplatten für den Banknoten-, Briefmarkendruck usw. und vereinzelt auch zum Überziehen von Gußeisen angewendet, in letzterem Falle zu dem Zwecke, Gußeisen darauf bequem verzinnen oder verzinken zu können, welche Arbeit ohne einen solchen reinen Eisenbelag sehr unsichere Resultate liefert.

Heute verfügen wir über eine ganze Reihe gut durchgeprobter Badvorschriften, nach denen man nicht nur wie früher dünne Niederschläge erhalten kann, sondern mit denen jede beliebig dicke Schicht von Eisen hergestellt werden kann, so daß sich heute die Industrie in vielen Fällen der Eisenniederschläge bedient, wo sie früher mit dem weichen und teuren Kupfer auskommen mußte.

Die Eisenbäder. Die ersten Eisenniederschläge reinster Art stellte im Jahre 1846 Bockbushman in Form von 2 mm starken Platten im Format 150 × 150 mm her. Später konstruierte Klein das lange Zeit als bestes Bad bekannte Spezialbad zur Herstellung dicker Eisenniederschläge, das er zuerst in der St.-Petersburger Druckerei zur Anfertigung russischer Staatspapiere benutzte, und erhielt darin tatsächlich duktile Eisenniederschläge. Dieses Bad besteht aus

Wasser	1 l
Ferrosulfat, krist.	200 g
Magnesiumsulfat	50 g

Man kann aber in diesem Bade, das bei Zimmertemperatur benutzt wird, nur mit kleinen Stromdichten arbeiten, und wird als günstigste Stromdichte eine solche von 0,1 bis 0,3 A/qdm angewendet. Daß bei dieser Stromdichte, die schon bei 0,25 bis 0,5 V Badspannung erzielbar ist, die Niederschläge nur sehr langsam an Dicke zunehmen, ist begreiflich, dennoch wurden in St. Petersburg und auch in anderen Wertpapierdruckereien in diesem Bade Eisenniederschläge von 0,5 bis 1 mm Dicke hergestellt. Die Druckplatten mußten natürlich dann viele Tage lang im Bade bleiben, doch war der gewonnene Niederschlag von ungemein zarter Farbe und außerordentlich dichtem gleichmäßigen Gefüge und duktil. Bei jeder Erhöhung der Stromdichte, welche mit einer Steigerung der Badspannung verknüpft ist, wächst aber der Gehalt an Wasserstoff im Eisen, weil die Abscheidungspotentiale von Wasserstoff und Eisen sehr nahe beisammen liegen und jede Potentialsteigerung die größere Wasserstoffabscheidung begünstigt. So kann man bei Stromdichten von 0,5 A/qdm bei Badspannungen von 0,8 bis 1,0 V nur noch hartes Eisen herstellen, welches bereits die Ränder der Druckplatten nach den Anoden zu biegt. Erhöhung der Badtemperatur hat in diesem Bade keinen Einfluß, wie sich Verfasser überzeugte, im Gegenteil, die Resultate werden dadurch nur schlechter, und das Bad kann, wenn es längere Zeit erwärmt wurde, auch bei kleinen Stromdichten nicht mehr zur Herstellung duktiler Niederschläge dienen.

Nach Angaben von Maximowitsch[1] wird bei einer Temperatur von 18 bis 20° C gearbeitet bei einer Stromdichte von ca. 0,3 A/qdm, entsprechend einer Badspannung bei 20 cm Elektrodenentfernung von ca. 1 V. Maximowitsch stellte die Behauptung auf, daß der Gehalt des Bades an Ferrobikarbonat die Biegsamkeit des daraus gewonnenen Eisenniederschlags bedinge, und gab an, die Verhältnisse in der Weise studiert und seine Ansicht dadurch bestätigt gefunden zu haben, daß er durch allmähliches Eintragen von Natriumbikarbonat

---

[1] Z. f. E. 1905, S. 53.

aus dem anfänglich sprödes Eisen liefernden Bade nach wenigen Wochen duktiles Eisen erhalten habe.

Verfasser hat diese Angaben geprüft, kam aber nicht zu dem von Maximowitsch angegebenen Resultat. Auch aus einem Bad, das aus frisch präpariertem Ferrobikarbonat in der Hauptsache bestand, konnte das duktile Eisen nicht erhalten werden, man mochte die Stromdichten auch noch so klein wählen. Die Verhältnisse, unter denen man duktiles Elektrolyteisen erhält, liegen ganz anders als in der Natur der verwendeten Substanzen allein. Es ist dem Verfasser gelungen, solches Eisen aus kalter Lösung einfach dadurch zu gewinnen, daß er die Wasserstoffblasenbildung begünstigte, und es gelang dadurch, bei Stromdichten von 0,15 A/qdm einen Eisenniederschlag zu erhalten, der vollkommen biegsam war. In diesem Niederschlag war nur wenig Wasserstoff enthalten. Der Wasserstoffgehalt ließ sich noch erniedrigen, wenn man mit der Stromdichte herabging, und stieg sofort, wenn man sie erhöhte.

Die Begünstigung der Blasenbildung des Wasserstoffs, wodurch größere Blasen entstehen, die sich rasch von der Kathode loslösen, erreichte man am besten durch gelöste Kohlensäure im Bade, und es ist daher die Vorschrift für Stahlbäder erklärlich, die Bäder fortgesetzt mit kohlensaurer Magnesia zu versetzen und schwach anzusäuern. Dabei bildet sich aus der kohlensauren Magnesia freie Kohlensäure, welche bei der angewendeten Badtemperatur im Bade gelöst bleibt. Ohne solche Kohlensäure ist es unmöglich, aus solchen Bädern duktile Niederschläge zu erhalten, und weil bei erhöhter Temperatur immer weniger Kohlensäure in Wasser löslich ist, ist auch die Erwärmung der Bäder ein Unding.

Im Jahre 1909 brachte Merck ein Bad heraus, welches in kurzer Zeit reines Eisen in dicken Schichten abschied, und benutzte dazu eine Lösung von Eisenchlorür in Wasser, wobei die Konzentration bis fast zum Maximum der Löslichkeit des Eisenchlorürs getrieben wird. Das Bad wurde bis auf 70° C erwärmt, und es wurde mit Stromdichten von 3 bis 4 A/qdm gearbeitet. Verfasser fand jedoch, daß man größere Kathodenflächen nicht verwenden kann, weil sich bei einiger Dicke des gebildeten Niederschlages die Niederschläge loslösen, die Kathode deformieren, so daß es nicht gelingt, in diesem Bade größere galvanoplastische Reproduktionen vorzunehmen. Der Gedankengang bei Schaffung des Bades war ja auch ein ganz anderer, Merck wollte eben nur reines Eisen in beliebiger Form für analytische und andere chemische Zwecke gewinnen, wobei es auf die Form und Größe der Niederschläge gar nicht ankam.

Cowper Coles benutzte 1898 und später eine Lösung von etwa 20% Sulfokresylsäure, die mit Eisen abgesättigt wurde und welche ein spez. Gewicht von 1,32 aufwies. Cowper Coles stellte damals bereits nahtlose Eisenrohre in diesen Bädern her und ließ die Badflüssigkeit durch Pumpen zirkulieren und suspendierte in der Lösung Eisenoxyd. Die Mutterkathode rotierte dabei, und es sollen bei Stromdichten von max 10 A/qdm im erwärmten Bade noch gute Niederschläge erhalten worden sein. Die Elektrodenentfernung betrug nur ca. 2,5 cm, und er stellte die gefundenen Betriebsresultate für verschiedene versuchte Elektrolyte bei den einzelnen Stromdichten in nachstehender Tabelle zusammen. Er verglich dabei immer die gefundenen Badspannungen bei Temperaturen von 20 bis 25 und bei 90° C.

Bei Anwendung von	Badspannung bei einer Stromdichte von					
	2,5 A		5 A		10 A	
	20°	90°	20°	90°	20°	90°
Eisenchlorür	0,85	0,4	1,3	0,55	2,05	0,85
Ferroammonsulfat . .	0,95	0,35	1,4	0,55	2,2	0,9
Natriumferrosulfat . . .	1,0	0,4	1,6	0,7	2,75	1,15
Magnesiumferrosulfat . .	1,2	0,55	2,05	0,95	3,65	1,65
Ferrosulfat	1,4	0,6	2,4	1,05	4,0	1,85
Sulfokresylsaures Eisen .	2,0	0,85	3,5	1,7	5,0	2,4

Die Temperatur von 90° C scheint Cowper Coles wieder verlassen zu haben, denn er behauptet, die besten Resultate bei 70° C erhalten zu haben.

F. Fischer geht mit der Temperatur über 90° C und benutzt ein Bad aus 390 g Eisenchlorür unter Zusatz hygroskopischer Substanzen, hauptsächlich deshalb, um die Temperatur selbst bis auf 110° C steigern zu können, ohne daß der Elektrolyt übermäßig verdampfen oder gar kochen würde. Hierauf basiert das Patent der Langbein-Pfanhauser-Werke, welche nach diesem Verfahren die größten Erfolge auf dem Gebiete der Eisenniederschläge erzielten; es sei auf das Kapitel Galvanoplastik verwiesen, wo dieses Bad näher behandelt wird.

Das Ausland bemüht sich, die Erfolge der deutschen Forschung durch Umgehungen der Patente zu schmälern. Es möge als solche Nachahmungen das Verfahren der Soc. Le Fer genannt werden, welche im Jahre 1910 an die Öffentlichkeit trat und ebenfalls mit konzentrierten Ferrochloridlösungen unter Zusatz von Chlornatrium bei erhöhter Temperatur arbeitete. Ferner sei das E. P. 114305 vom 26. Februar 1918 genannt, wonach ein Bad angewendet wird von Ferrosulfat und Aluminiumchlorid bei einer Badkonzentration von 30° Bé. Gearbeitet wird bei 100 bis 105° C, also genau das, was F. Fischer fand, denn in einer Lösung aus Ferrosulfat und Aluminiumchlorid wird durch Umsetzung Ferrochlorid hergestellt, und ebenso bildet sich ein hygroskopisches Eisendoppelsalz, was auch der Umstand beweist, daß bei solch hoher Temperatur gearbeitet werden kann.

Die zum Verstählen von Druckplatten benutzten Eisenbäder werden in diesem Kapitel gelegentlich der Behandlung dieser Anwendung der Eisenniederschläge besonders angeführt.

Eigenschaften der Eisenniederschläge. Besondere Verdienste bei der Erforschung der Verhältnisse bei der Eisenabscheidung hat sich Lenz erworben. Später wurde der Wasserstoffgehalt des Eisens, die Hauptursache der Mißerfolge bei der Eisenabscheidung, genauest untersucht.

Namen wie Winteler, Haber, Th. Richards und Behr sind mit diesem Gegenstand eng verknüpft. Eine der eingehendsten Arbeiten, gleichzeitig die umfassendste, verdanken wir F. Foerster, der nicht nur die theoretische Seite dieser interessanten Materie behandelte, sondern auch die praktische Seite dabei nicht aus dem Auge verlor. Foerster hat die verschiedenen bis 1908 bekannten Elektrolyte nachgeprüft und sein Augenmerk speziell auf den Einfluß der Temperatur bei der elektrolytischen Eisenfällung gerichtet und hat in seinen „Beiträgen zur Kenntnis des elektrochemischen Verhaltens des Eisens" eine Zusammenfassung seiner Untersuchungsergebnisse veröffentlicht, die für jeden Galvanotechniker von größtem Interesse sind. Foerster hat gefunden, daß vor allem der Wasserstoffgehalt des Elektrolyteisens mit steigender Temperatur abnimmt und mit wachsender Stromdichte zunimmt. Überraschend ist die von Foerster wissenschaftlich begründete Tatsache, daß bei bestimmten Verhältnissen ein Gehalt an freier Säure sogar den Wasserstoffgehalt im Elektrolyteisen herabdrückt, und es steht heute fest, daß die günstigsten Resultate bei erwärmter Lösung und bei Gegenwart freier Säure erzielt werden.

Der Wasserstoffgehalt des elektrolytisch gefällten Eisens beträgt bis zu 0,45 Gewichts-Prozente und dementsprechend bis 2000 Volum-Prozente, d. h. das Volumen an gasförmigem Wasserstoff im Eisen beträgt das 20fache des Volumens an Eisen selbst. Dabei ist zu beachten, daß die Wasserstoffentladung nicht gleichmäßig vor sich geht, sie ändert sich im Laufe der Elektrolyse, und die Verschiedenartigkeit des Wasserstoffgehaltes der einzelnen Schichten bedingt die bekannte Deformation der Eisenniederschläge in dickeren Schichten, die auch die Unterlage mit zu biegen imstande sind oder bei gesteigerten Mißverhältnissen und starrer Kathode zum Abrollen und Aufplatzen der Niederschläge führt.

Durch Glühen der Eisenniederschläge auf 1000° C geht fast aller Wasserstoff aus den Niederschlägen fort; diese werden dann vollkommen weich, so daß man solch geglühte Eisenniederschläge wie Blei schneiden kann, auch das Ziehen und Auswalzen nach dem Glühen geht klaglos vonstatten. Durch jede mechanische Beanspruchung wird aber der Eisenniederschlag gehärtet, und man kann beispielsweise durch Walzen das ganz weiche, geglühte Eisen wieder fast bis zur Härte des Stahles treiben.

Ebenso wie bei konstanter Stromdichte Änderungen des Wasserstoffgehaltes der Niederschläge stattfinden, geschieht dies auch durch Änderungen der Stromdichte und Änderung der Temperatur und sonstiger Betriebsverhältnisse. Deshalb können einwandfreie gleichmäßige Eisenabscheidungen in größerer Dicke nur unter genauer Kontrolle und in technisch vollkommenen Betrieben erhalten werden.

Mit steigender Temperatur der Bäder nimmt die Stromausbeute in den Eisenbädern zu, während sie bei 18° C beispielsweise etwa 40% beträgt, steigt sie im selben Bade bei 75° C auf 85%. Höhere Temperatur bedingt auch, wie wir mehrfach besprochen haben, eine Verringerung des Wasserstoffgehaltes, über 90° C bleibt der Wassergehalt konstant, deshalb sind die hocherhitzten Bäder für größere Kathodenflächen einzig und allein anwendbar.

Die Azidität, die zur Vermeidung der Ausscheidung basischer Eisensalze unerläßlich ist, kann um so höher gehalten werden, je höher die Badtemperatur und je höher die Stromdichte ist.

Die Zugfestigkeit geglühten Elektrolyteisens ist ca. 30 bis 33 kg/qmm, Dehnung ca. 40%. Eine besondere Eigenschaft des geglühten Elektrolyteisens ist die große magnetische Permeabilität und geringe Hysteresis, weshalb sich das Elektrolyteisen ernstesten Interesses der Elektrotechnik erfreut.

Ferner zeigen die elektrolytischen Eisenniederschläge eine große Alkalibeständigkeit, sowohl gegen wässerige wie gegen geschmolzene Alkalien. Ein Vergleich nach 100 Betriebsstunden mit geschmolzenem Ätzkali unter Benutzung von Gefäßen von Nickel, Siemens-Martin-Eisen und Elektrolyteisen ergab einen Gewichtsverlust der verwendeten Gefäße von 0,5% bei Nickel, 26,5% bei Siemens-Martin-Eisen und nur 2,75% bei Elektrolyteisen, ein Beweis, wie weit letzteres dem Siemens-Martin-Eisen überlegen ist.

Anoden in Eisenbädern. Jedes reine Eisen- und Stahlmaterial läßt sich als Anodenmaterial in den Verstählungsbädern verwenden. Will man aber starke Niederschläge erzeugen, so sollte man stets nur kohlenstoffarmes Weicheisen als Anoden verwenden, damit nicht zu viel Anodenschlamm (Kohlenstoff) in die Bäder gelangt. Gerade der feine Kohlenstoffschlamm ist bei der Herstellung stärkerer Niederschläge die Ursache der unangenehmen Knospenbildung, nicht nur an den Rändern, sondern auch in den Flächen der Kathoden, und diese Wirkung unreiner Bäder, durch Anodenschlamm bedingt, macht sich um so fühlbarer, mit je höherer Stromdichte gearbeitet wird und je stärker die Niederschläge getrieben werden. Deshalb verwendet man nunmehr fast durchweg Diaphragmen aller Art, wie Asbest, Ton, poröse Filtersteine, oder man läßt den Elektrolyten so rasch durch die Badgefäße zirkulieren und filtert außerhalb der Bäder, so daß die Badlösung stets frei von Anodenschlamm ist.

In heißen Eisenbädern entsteht außerdem sehr viel Eisenmetallschlamm an den Anoden, der bei höheren Anodenstromdichten bis zu 3% des verbrauchten Anodengewichtes ausmacht und mit dem in größeren Betrieben gerechnet werden muß. Die Lösung an den Anoden verarmt sehr rasch an freier Säure, und eine Trennung des Kathodenraumes vom Anodenraum ist schon wegen der leichteren Konstanthaltung der Azidität erforderlich, deren Bedeutung für die Güte der Niederschläge wir bereits besprochen haben.

Die Anwendung besonderer Anodenräume, durch geeignete Diaphragmen von den Kathodenräumen der Bäder getrennt, gestattet auch die Benutzung von

Eisenabfällen aller Art, indem man diese Anodenräume mit solchen Abfällen anfüllt und nur einige Zuleitungsstücke aus Weicheisen in diese Abfälle einsetzt, von wo aus dann die Kontakte zu den positiven Stromleitungen geführt werden.

Die Eisenanoden ergänzen die Bäder theoretisch vollkommen mit Eisen, ja man beobachtet sogar in heißen Bädern ein Anwachsen des Eisengehaltes, bedingt durch die Neutralisierung der freien Säure an den Anoden, wodurch der Wirkungsgrad des Bades, angesichts der niemals 100% betragenden kathodischen Stromausbeute zugunsten der Zunahme des Metallgehaltes der Eisenbäder verschoben wird.

Anwendungen der Eisenniederschläge in der Galvanotechnik. Die Verstählung ist für die Metallwarenindustrie sehr empfehlenswert, denn der Eisenniederschlag ist von zarter taubengrauer Farbe, zeigt bei einiger Solidität ein elegantes, sanftes, taubengraues Matt, ein sehr schöner Effekt, der in vielen Fällen sehr erwünscht sein dürfte. Als Basis für Oxydierungen, die sich auf Eisen ausführen lassen, hat der galvanische Eisenniederschlag ebenfalls Bedeutung, und diesbezüglich Versuche haben das beste Resultat gezeitigt.

Messing, Tombak, Kupfer und dessen Legierungen, ebenso auch Eisen können direkt verstählt werden; die Weichmetalle sind vorher besser zu verkupfern oder zu vermessingen.

Im allgemeinen ist die Manipulation die gleiche wie beim Vernickeln.

Metallwaren werden mitunter auch zu dem Zwecke mit Eisen überzogen, um die Färbemethoden auf solchen Gegenständen anwenden zu können, die wir weiter hinten für Eisen kennenlernen werden. Vor allem ist es die einfache Methode des Schwarzfärbens des Eisens oder das Blaufärben, welche der Galvanotechnik die Verwendung der Eisenbäder empfiehlt.

Eine eigenartige Verwendung der Eisenniederschläge bezieht sich auf die Reparatur von Stahlwellen u. dgl., ein Verfahren, welches angeblich in England heute große Anwendung finden soll. Hierzu werden abgenutzte Wellen, um sie wieder auf ihren normalen Durchmesser zu bringen, wie folgt behandelt. Die Stahlwelle wird zuerst mit Benzin gewaschen und dann 12 Stunden lang in heißer Ätznatronlauge entfettet und mit Drahtbürsten sorgsam gereinigt. Hierauf kommen sie in ein Bad aus Soda, wo sie 3 Minuten lang der Kathodenwirkung des Stromes ausgesetzt werden, während als Anoden Eisenplatten dienen, hierauf wird in fließendem Wasser gewaschen und in einer 23%igen Schwefelsäurelösung kurze Zeit bei ganz schwachem Strom (der Referent gibt eine Stromdichte von 0,033 A/qdm [?] an) anodisch behandelt.

Vor der Behandlung im Schwefelsäurebad sollen die Gegenstände, damit der spätere Eisenniederschlag recht gut hafte, in eine 50%ige Salpetersäurebeize getaucht werden. Der Überzug mit Eisen, der die Welle wieder auf ihren ursprünglichen Durchmesser bringen soll, wird dann in einem gewöhnlichen kalten Eisenbad bei schwachem Strome von nur 1 V Spannung bei Zimmertemperatur ausgeführt, die Zunahme des Dickenwachstums pro Stunde beträgt 0,005 mm. Als Anode im Eisenbad dient eine Eisenspirale aus weichem schwedischen Eisen, welche das Arbeitsstück dauernd umgibt und während des Überziehens auf und ab bewegt wird, um einige Bewegung des Elektrolyten und den Austausch der Lösungsschichten um die Kathode herbeizuführen. Angeblich kann man dann die so verstärkten Gegenstände wie üblich härten und schleifen und soll sich unter dem Mikroskop an vorgenommenen Schliffen keine Trennungsschicht zwischen der ursprünglichen Welle und der Verstärkungsschicht gezeigt haben.

Verstählen von Druckplatten. Für typographische Zwecke werden die galvanoplastisch erzeugten Kupferklischees und Druckplatten mit einem elektrolytischen Eisenniederschlag gedeckt, um sie sowohl gegen Druckfarben, die auf Kupfer reagieren (wie z. B. Zinnober u. ä.), indifferent als auch gegen Abnutzung im Druck widerstandsfähiger zu machen.

Der stahlharte Eisenniederschlag gestattet in der Tat eine weitaus größere Anzahl von Abdrücken, wie nachfolgende Angaben beweisen, die von kompetenter Seite freundlichst zur Verfügung gestellt wurden: Während unverstählte Schriftsätze und Druckplatten bei Verwendung schwarzer Druckfarbe 40000, bei Zinnoberfarben nur 10000 Abdrücke gestatten, halten sie mit Verstählung im ersten Fall 150000 bis 200000, im zweiten Fall 80000 Abdrücke aus.

Allerdings bietet auch Vernicklung die gleichen Vorteile, aber man zieht die Verstählung vor, weil der Eisenniederschlag durch Eintauchen in verdünnte Schwefelsäure leicht wieder entfernt werden kann, was bei der Vernicklung nicht möglich ist. Das ist in der graphischen Praxis sehr wichtig, um unvermeidliche Korrekturen auf den Druckplatten ausführen zu können, ohne die Platten zu alterieren. Ein Nickelniederschlag würde nur sehr schwierig vom Original zu entfernen sein.

Im allgemeinen ist die Manipulation die gleiche wie beim Vernickeln.

Die Vorbereitung der zu verstählenden Druckplatten geschieht in folgender Weise: Man wäscht dieselben, falls sie vorher schon zum Drucken verwendet wurden, mit Terpentingeist, um die Farbe zu entfernen, hierauf mit Benzin, schließlich einige Zeit mit einer 10%igen Zyankaliumlösung durch Eintauchen in eine damit gefüllte flache Schale. Darin verschwinden die letzten Spuren von Schwärze. Nun putzt man die Platten mit Watte und Schlämmkreide unter Zuhilfenahme von etwas Wasser blank, wäscht die Kreide durch einen tüchtigen Wasserstrahl aus den Vertiefungen und bringt die Platten noch naß in das Bad, z. B.

I. Wasser	. . . .	1 l
Eisenvitriol	. . . .	130 g
Chlorammon	. . . . . .	100 g
Natriumzitrat	. . . .	3 g

Badspannung bei 15 cm Elektrodenentfernung . . . . 0,5 Volt
Änderung der Badspannung für je 5 cm Änderung der Elektroden-
    entfernung . . . . 0,03 „
Stromdichte . . . . 0,1 Ampere
Badtemperatur: 15—20° C
Konzentration: 11° Bé
Wasserstoffzahl: 5,8—6,2
Spez. Badwiderstand: 0,6 Ω
Temperaturkoeffizient: 0,0154
Stromausbeute: 69%
Niederschlagstärke in 1 Stunde: 0,00093 mm

Bei der Verstählung von Kupferplatten und Klischees ist mit einer höheren Stromdichte von 0,4 A zu decken, dementsprechend die Badspannung bei 15 cm Elektrodenentfernung auf 0,7 V zu erhöhen; die Änderung der Badspannung für je 5 cm Änderung der Elektrodenentfernung beträgt dann 0,12 V. Nach 2 Minuten Verstählungsdauer, wobei die Ware vollständig gedeckt sein wird, sind die Stromverhältnisse den beim Bad angegebenen normalen Daten entsprechend zu regulieren.

Etwas rascher, ebenfalls viel bei der Verstählung der Druckplatten verwendet, arbeitet folgende Lösung:

II. Wasser	. . . .	1 l
Eisenammonsulfat	. . . . .	150 g
Chlorammon	. . . .	75 g
Natriumzitrat	. . . .	3 g

Badspannung bei 15 cm Elektrodenentfernung . . . . 0,45 Volt

Änderung der Badspannung für je 5 cm Änderung der Elektroden-
entfernung . . . . 0,02 **Volt**
Stromdichte . . . . 0,1 Ampere
Badtemperatur: 15—20° C
Konzentration: 12½° Bé
Wasserstoffzahl: 5,8—6,2
Spez. Badwiderstand: 0,39 Ω
Temperaturkoeffizient: 0,02404
Stromausbeute: 76,5 %
Niederschlagstärke in 1 Stunde: 0,00103 mm

Außer Vorerwähntem kann natürlich das im Kapitel „Die Eisengalvano-
plastik" mehrfach erwähnte Kleinsche Bad für die Verstählung benutzt werden.

Beim Verstählen von Kupferplatten und Klischees ist stets mit einer höheren
Stromdichte von 0,3 bis 0,5 A zu decken, dementsprechend die Badspannung
bei 15 cm Elektrodenentfernung auf 1 bis 1,5 V zu erhöhen; die Änderung
der Badspannung für je 5 cm Änderung der Elektrodenentfernung beträgt dann
etwa 0,1 V. Nach 2 Minuten Verstählungsdauer, wobei die Ware vollständig
gedeckt sein wird, sind die Stromverhältnisse den beim Bad angegebenen normalen Daten entsprechend zu regulieren.

Bei tief geätzten Kupferdruckplatten hat man zuweilen Schwierigkeiten,
in den vertieften Partien einen gut deckenden Eisenniederschlag zu erhalten,
wenn man die vorgeschriebenen Stromverhältnisse einhält. Es sei deshalb hier
kurz das in dem Militärgeographischen Institut in Wien seit Jahren bewährte
Verfahren für die Verstählung derartiger Kupferdruckplatten kurz beschrieben.
Man arbeitet dort in einem Bade bestehend aus:

> **Chlorammon, chemisch rein 250—300 g**
> **Eisenvitriol, krist.** . . . . . **150 g**
> **Wasser** . . . . **1 l**

An der Kathodenstange hängt eine sogenannte Blindplatte, eine Eisenplatte
von 50×45 cm, stromleitend verbunden. Die Platte bleibt immer im Bade,
da die zu verstählenden Kupferplatten darüber gehängt werden. Der Strom ist
derartig reguliert, daß die Blindplatte bei ungefähr 5 V Spannung 60 A aufnimmt, bei einer Elektrodenentfernung von 15 cm. Ob nun große oder kleine
Platten zur Verstählung über die Blindplatte eingehängt werden, es bleibt
die Stromstärke die gleiche, so daß eine besondere Regulierung des Stromes bei
Platten verschiedener Größe in Wegfall kommt.

Als Anoden sind für beide Bäder Platten aus weichem Eisen zu verwenden, die Anodenfläche ebenso groß wie jene der Kathoden.

Diese Lösungen neigen eher dazu, alkalisch zu werden als sauer; bei schwach
saurer Reaktion arbeiten sie am schönsten, geben einen schön blaugrauen,
brillanten Eisenniederschlag; bei alkalischer Reaktion zeigt derselbe einen un-
schönen Ton. Die Gegenwart von zitronensaurem Natron verhindert zwar die
Abscheidung basischer Salze, hält daher die Lösung klar, doch wird der Eisenniederschlag durch diesen Zusatz stets härter, spröder und dunkler.

Verchromen.

Nachdem seit vielen Jahrzehnten verschiedene Forscher im In- und Ausland
sich mit dem Problem der elektrolytischen Chromabscheidung befaßt hatten,
war es erst den letzten Jahren vorbehalten, das Verchromungsverfahren in die
Galvanotechnik als wirtschaftlichen Arbeitsvorgang einzuführen. Ausschlaggebend war dabei in erster Linie die praktische Einstellung der Nachkriegszeit,
indem man die unbestrittenen Vorteile, welche ein Chromüberzug vor Nickel-
oder Silberüberzügen aufweist, sich nutzbar machte und das frühere Vorurteil

gegen die eigentümlich bläuliche Färbung der Chromniederschläge aufgab. Verfasser entsinnt sich noch der Bemerkungen, welche er hören mußte, als er kurz nach Erscheinen der Salzerschen Patente die Industrie für elektrolytische Chromniederschläge zu interessieren suchte. Man sagte damals allgemein: „Nickel bzw. Silber ist weißer in der Farbe, das wird von den Verbrauchern gewünscht, der Ton der Chromniederschläge ist zu blau, es sieht dem polierten Stahl zu ähnlich." Alle Vorteile, wie Widerstandsfähigkeit gegen Abnutzung, Oxydation, ferner die Hitzebeständigkeit, die man schon damals kannte, wurden beiseite geschoben; heute ist die Verchromung förmlich Mode geworden, und wohl kaum ein anderer galvanischer Prozeß hat auf der ganzen Welt derartigen Staub aufgewirbelt wie die Verchromung. Heute sind schon eine Unzahl von Verchromungsbetrieben im Gange, welche die verschiedensten Gegenstände des täglichen Gebrauchs und der Industrie bearbeiten, und täglich finden sich neue Interessenten, welche in der Verchromung den Erlöser sehen.

Geschichtliches. Die Entdeckung des Chrommetalls gebührt Vauquelin, der das Chrom im Jahre 1797 entdeckte und ihm auch den Namen gab. 1854 stellte Bunsen erstmalig reines Chrom in Form spröder, blanker Blättchen durch Elektrolyse einer kochenden chloridhaltigen Chromchlorürlösung her. Auf thermischem Wege gelang die Herstellung des Chrom Moissan im Jahre 1895 und Goldschmidt folgte ihm mit seinem Thermitverfahren im Jahre 1898. Dieses Chrom konnte aber nur als technisch rein bezeichnet werden und diente, in Form von Blöcken hergestellt, als Zusatz zu Legierungen. Die elektrolytischen Herstellungsprozesse mußten wegen der Billigkeit des Goldschmidtschen Verfahrens zurücktreten. Heute dürfte der elektrolytische Herstellungsprozeß, wenn man die bekannten günstigsten Bedingungen dabei berücksichtigt, unbedingt konkurrenzfähig sein, um so mehr als das elektrolytisch hergestellte Chrom in guter zusammenhängender Form und vor allem in unerreichter Reinheit zu erhalten ist.

Kurz nach Bunsen gelang Geuther[1]) erstmalig die Abscheidung reinen Chroms aus Chromsäure. Bemerkenswert sind die Arbeiten von Placet und Bonnet[2]), welche bereits ein amerikanisches, allerdings nicht präzise definiertes und allzu umfassend gehaltenes Patent auf einen Verchromungsvorgang erhielten, der aber niemals zur praktischen Auswertung kam. Dennoch enthalten die Patente dieser beiden Erfinder den Hinweis, daß technische Chromsäure für die Chromabscheidung von Bedeutung sei. Eingehender befaßten sich bereits Carveth und Curry[3]) mit dem gleichen Problem im Jahre 1905. Erstmalig lesen wir in deren Arbeiten, daß bei der Elektrolyse der Chromsäure Zusätze nötig seien, und zwar kleine Mengen von Sulfaten, insbesondere von Schwefelsäure, und zwar in Konzentrationen von höchstens 1%. Da diese aber nur Lösungen von 142,8 g Chromsäure pro Liter verwendeten, geht aus dieser Angabe nicht hervor, ob sie der Lösung einen Gehalt von bis 1% Schwefelsäure gaben oder aber dieser Prozentsatz sich auf die verwendete Chromsäuremenge bezog. An Stelle von Schwefelsäure oder Sulfaten versuchten diese Forscher auch die Zusätze von Salpetersäure, Salzsäure, Natriumchlorid und Natriumsulfat usw. Die Resultate waren durchaus zufriedenstellend, denn sie konstatierten bereits das glänzende Aussehen der Chromniederschläge, welche sie mit Silber verglichen, und betonten, daß dieser Prozeß für die Zwecke der Galvanisierung große Zukunft habe. Weiteres seien die Arbeiten von Glaser, Mott, Ferée und Le Blanc genannt, nicht zuletzt aber vor allem Salzer, welcher seine Arbeiten 1906 vollendete und seine wichtigen Patente D.R.P. 221472 und D.R.P. 225769

---

[1]) Liebigs Ann. 99, S. 314. 1856.
[2]) Amerik. Patent 526114 v. 18. Sept. 1894.
[3]) J. Phys. chem. 9, S. 353, 1905; ferner Trans. Am. Electrochem. Soc. 7, S. 115. 1905.

erhielt. Diese Patente wurden für die Zwecke der Glühlampenfabrikation zwecks Verchromung von Drähten für die Kohlenfaden in großem Maßstabe ausgewertet.

1902—1920 arbeitete George J. Sargent mit großem Erfolg an der elektro- lytischen Chromabscheidung und verdanken wir ihm viel Interessantes über diesen Gegenstand, dessen Bearbeitung er unter der Leitung von W. D. Bancroft vornahm und worüber er in einem Vortrag, gehalten auf der 37. General- versammlung der American Electrochemical Society am 8. April 1920 in Boston berichtete[1]). Sargent ermittelte als geeignetste Lösung eine solche von 20 bis 30 % Chromsäure neben 0,3—0,5 % Chromsulfat. Letzteres hatte zwar Salzer auch bereits empfohlen, ohne sich jedoch zahlenmäßig auf diesen Zusatz fest- zulegen.

In Deutschland arbeitete Liebreich besonders an der wissenschaftlichen Ergründung des Abscheidungsvorganges des Chroms und erhielt eine große Reihe von Patenten hierauf, ebenso Grube, welcher die Salzerschen Angaben über das Verhältnis von Chromsäure zu Chromoxyd zahlenmäßig festlegte, um eine technische Methode der Abscheidung von reinem Chrom in dicken Schich- ten zu erhalten. Würker und kurz darauf E. Müller entdeckten, daß es sich bei der Abscheidung des Chroms durch Elektrolyse lediglich um den Zusatz fremder Anionen handle, was kurz darauf auch von Fink zum Gegenstand eines amerikanischen Patentes gemacht wurde. Die Priorität gebührt aber un- streitig Würker, wie aus den Patentakten hervorgeht.

Gelegentlich der Jahresversammlung der American Plater's Society am 30. Juni 1925 wurde über die eingehenden Versuche des United States Bureau of Engraving and Printing die Anwendung der Verchromung für die Zwecke der Verhärtung von Stahldruckplatten berichtet und enthält auch dieser Bericht äußerst interessante Details, aus der die großen Vorteile der elektrolytischen Chromniederschläge hervorgehen. Besonderes Verdienst in bezug auf Zusammen- fassung aller bisher bekannt gewordenen Bedingungen für die Chromabscheidung hat sich H. E. Haring[2]) erworben, welcher zusammenfassend mit W. P. Barrows in einer äußerst präzisen Form seine Mitteilungen in Heft 346 des Bureau of Standards (Band 21) veröffentlichte.

E. Liebreich fixierte als erster die Wichtigkeit des Gehaltes an Fremd- säure in einem genau definierten Verhältnis solcher zum Chromsäuregehalt der Chrombäder und wies auf die Wichtigkeit dieses bestimmten Verhältnisses in den Chromelektrolyten hin. Während Carveth und Curry sich darauf be- schränkten, den Prozentsatz von Schwefelsäure im Chrombade mit 1 % anzu- geben, fand E. Liebreich, daß der Gehalt an Fremdsäuren neben Chromsäure in einem bestimmten Verhältnis zur gelösten Chromsäure stehen müsse und nennt das Maximalverhältnis Fremdsäure zu Chromsäure mit 100 : 1,2. Auch war Liebreich eifrig bemüht, der elektrolytischen Verchromung Eingang in die Technik zu verschaffen, was ihm durch seine Veröffentlichungen in der Zeit- schrift für Metallkunde 1922 und 1924 auch gelang.

Die Zukunft der Verchromung liegt nun vorwiegend im Ausbau der techni- schen Anwendungsmöglichkeiten, nachdem der physikalische Vorgang genauest festliegt, alle wirtschaftlichen und sanitären Hilfsmittel in kürzester Zeit bereits zur Vervollkommnung und Ausgestaltung des Verchromungsverfahrens beige- stellt wurden. Verfasser selbst hat in dieser Hinsicht so manches dazu beigetragen und hofft, daß die Verchromung bald den Platz in der Galvanotechnik ein- nehmen wird, der ihr dank der Bedeutung, die sie unstreitbar hat, gebührt.

---

[1]) Trans. Am. Electrochem. Soc. 37, S. 479. 1920.
[2]) H. E. Haring, Chem. and Met. Eng. 32, S. 692 u. 756. 1925; ebenso Bureau of Stan- dards Letter Circular 177, v. 8. Sept. 1925.

Der Abscheidungsvorgang. Die Abscheidung des Chroms aus wässeriger Lösung unterscheidet sich ganz wesentlich von den anderen Galvanisierungsmethoden, wie wir sie bei den verschiedenen anderen Metallen kennen. Wir verwenden zum Verchromen heute ausschließlich Chromsäureelektrolyte, und in diesen finden wir das Chrom nicht als Metallion in Dissoziation, sondern im Anion enthalten, während Wasserstoff Kation ist. Die Abscheidung des metallischen Chroms aus Chromsäureelektrolyten geht nur über die Wasserstoffentladung vor sich, indem aus der Chromsäure Chrom elektrochemisch reduziert wird. Wird die Elektrolyse so geleitet, daß das Kathodenpotential so klein gehalten wird, daß sich Wasserstoff nicht entlädt, so tritt nur Reduktion der Chromsäure zu Chromoxyd ein. Erst bei einem bestimmten Kathodenpotential tritt molekularer Wasserstoff auf und damit findet auch die Reduktion der Chromsäure zu metallischem Chrom statt. Das Kriterium für eine mögliche Chrommetallabscheidung liegt also bei der gleichzeitigen Entwicklung gasförmigen Wasserstoffs. Dies bemerkt man bei Steigerung der Kathodenstromdichten, so zwar, daß erst bei ca. 2 oder 3 A/qdm kathodischer Stromdichte, sofern die sonstigen Bedingungen, wie Badtemperatur und Badzusammensetzung, gegeben sind, dieser Punkt erreicht wird. Liebreich einerseits und Müller anderseits haben diese Verhältnisse genauestens studiert und sei hier auf deren Arbeiten verwiesen. Bereits bei Potentialen, bei denen Wasserstoffentwicklung stattfindet, geht die Reduktion zu Oxyden auf ein Minimum zurück und hört gänzlich auf, wenn das Potential zum Chromabscheidungswert angestiegen ist. Müller schreibt hierzu wörtlich:

„Für die Abscheidung des Chroms ist es also nicht nötig, daß ein Anteil der Chromsäure zuvor in niedere Oxyde verwandelt wird, wenn man gleich genügend hohe Stromdichten anwendet, sondern die Chromsäure wird direkt zu Chrommetall reduziert.

Dieses Verhalten der Chromsäure, daß sie direkt zu Metall reduzierbar ist, ist außerordentlich merkwürdig. Bei ihrer so außerordentlich hohen Oxydations- und daher Depolarisationskraft sollte man erwarten, daß sie das Kathodenpotential gar nicht zu den Werten ansteigen läßt, die zur Metallabscheidung nötig sind.

Der Grund ist folgender. Vor vielen Jahren wurde bereits (durch Professor E. Müller) gezeigt (siehe z. B. Zeitschrift für Elektrochemie 7, S. 398), daß bei der Elektrolyse der Alkalichloride das gebildete Hypochlorit dadurch völlig vor Reduktion an der Kathode geschützt werden kann, daß man bei Gegenwart von etwas Kaliumchromat elektrolysiert. Es ließ sich weiter zeigen, daß dessen eigentümliche Wirkung darauf beruht, daß er in ganz geringem Maße reduziert wird und daß ein dabei gebildetes Oxyd, vermutlich chromsaures Chromoxyd, als nichtleitendes Diaphragma die Kathode überzieht, so daß die ClO-Ionen nicht mehr auf die polarisierte Kathode treffen können, ebensowenig können das die CrO_4-Ionen des Kaliumchromates tun, so daß das Kaliumchromat kathodisch (wenigstens nicht in neutraler Lösung und an festen Elektroden) überhaupt nicht reduzierbar ist, weil der Vorgang seiner elektrolytischen Reduktion in sich eine Bremsvorrichtung besitzt; denn der Stoff, der dabei entsteht, unterbindet die weitere Reduktion.

Dieselben Erscheinungen treten hier bei der Chromsäure während der Elektrolyse ein, nur mit dem Unterschied, daß die freie Chromsäure Chromoxyd oder chromsaures Chromoxyd zu lösen vermag.

Wenn man eine Kathode in Chromsäure mehr und mehr polarisiert, so findet bei dem Reduktionspotential Cr (6) = Cr (3) Stromdurchgang statt — erster Stromanstieg —, indem das evtl. gebildete Chromoxyd oder -hydroxyd oder Chromi-Ion mit der überschüssigen Chromsäure eine lösliche Verbindung bildet — Chromi-Chromat genannt. Mit steigender Polarisation und Stromstärke wächst nun das Verhältnis Cr (3) : Cr (6) an der Kathode bis zu einem Betrage, bei dem unlösliches Chromi-Chromat gefällt wird und dieses als nichtleitendes Diaphragma die Kathode überzieht, von dessen Haftfestigkeit offenbar der nicht genau reproduzierbare Verlauf der Stromspannungskurve herrührt. Dieses Diaphragma bedingt den sprunghaften Rückgang der Stromstärke und das Emporschnellen des Kathodenpotentials bei einer bestimmten polarisierenden Spannung, und es findet erneut Stromdurchgang statt, wenn das Potential erreicht ist, bei dem ein neuer Vorgang, nämlich die Entladung der H-Ionen, einsetzen kann und ihm sich bei noch höheren Potentialen die Abscheidung des Chroms hinzugesellt.

Es ist klar, daß, wenn die Chromsäure-Ionen nicht mehr — gehindert durch das Diaphragma — an die Kathode gelangen können, dann auch die Reduktion zu Metall nicht erfolgen kann, es sei denn, daß zuvor das Diaphragma zerstört wird. Das Diaphragmenoxyd hat eine bestimmte, wenn auch jedenfalls minime Löslichkeit und bedingt eine bestimmte Chrom-Ionenkonzentration. Steigt das Kathodenpotential auf einen Wert, der hinreicht, um Chrom-Ionen solch geringer Konzentration zu Metall zu entladen, dann muß das Diaphragma verschwinden: der nichtleitende Kathodenüberzug wird in einen leitenden übergeführt, an dem sich, weil mit dem Grundmetall der Kathode metallisch verbunden, nunmehr die Entladungsvorgänge abspielen. Von diesem Moment ab treffen also die Chromsäure-Ionen wieder auf die metallische Kathode. Da das Potential, bei dem sie zu Oxyd reduziert werden, längst, und das Potential, bei dem letzteres zu Metall reduziert wird, eben überschritten ist, findet nun ihre direkte Reduktion zu Metall statt. Von diesem Moment ab kommt es mithin gar nicht mehr, auch nicht intermediär, zu einer Oxydbildung auf der Kathode, die ja sofort zur Diaphragmenbildung führen würde. Denn sofern nur das Potential überschritten ist, bei dem Chrom-Ionen von einer Konzentration, wie sie eine mit dem Diaphragmenoxyd gesättigte Lösung zeigt, entladen werden, können diese Chrom-Ionen auch nicht in solcher Konzentration auftreten, daß das Löslichkeitsprodukt dieses Oxydes überschritten wird.

Diese Betrachtungen waren nötig, um zu zeigen, daß auch, unabhängig von der Diaphragmenhypothese, folgendes feststeht:

1. Die Versuche zeigen, daß während der Elektrolyse der Chromsäure, wenn Chrom abgeschieden wird, keine niederen Oxyde im Elektrolyten gebildet werden.

2. Die theoretischen Überlegungen lehren, daß auch die Annahme der intermediären Bildung niederer Oxyde auf der Kathode als Vorbedingung für die Chromabscheidung nicht zulässig ist.

Denn, um es noch einmal hervorzuheben:

Wer annimmt, daß das Chrom immer erst dadurch entsteht, daß sich zunächst Chromoxyd auf der Kathode abscheidet und erst dieses zu Metall reduziert wird, der muß auch annehmen, daß

a) die Chrom-Ionenkonzentration an der Kathode größer ist, als dem Löslichkeitsprodukt des Oxydes entspricht, denn sonst könnte sich kein Oxyd bilden;

b) die Chrom-Ionenkonzentration an der Kathode kleiner ist, als dem Löslichkeitsprodukt des Oxydes entspricht. Denn nur ein solcher Polarisationszustand gestattet die Abscheidung des Metalls aus dem Oxyd.

Beides kann nicht gleichzeitig zutreffen. Und da die Tatsache der Metallabscheidung besteht, die b) beweist, so muß die Annahme zu a), d. h. die primäre Bildung von Oxyd auf der Kathode, falsch sein.

Mithin wird während der elektrolytischen Abscheidung des Chroms aus der Chromsäure kein Oxyd, auch nicht intermediär, auf der Kathode gebildet. Die Abscheidung des Metalls erfolgt direkt aus der Chromsäure."

Die endgültige Entscheidung über den Vorgang der Chromabscheidung ist nach Ansicht des Verfassers nun noch nicht zu treffen, es widersprechen sich die Ansichten Müllers einerseits und Liebreichs und Sargents anderseits, doch wird in Bälde gewiß auch über die Theorie des Chromabscheidungsvorganges in wissenschaftlichen Kreisen Klarheit geschaffen werden.

Erwähnt sei schließlich, daß sich Eisen und Stahl, Kupfer, Messing, Bronze, Blpaka, Blei, Zinn und Zink teils direkt, teils über eine Metallzwischenlage von Nickel verchromen lassen, Aluminium dagegen auf die Dauer nur eine bedingt haltbare direkte Verchromung gestattet.

Die Chromelektrolyte. Die geeigneten Lösungen, aus denen technisch brauchbare Chromabscheidungen möglich und durchführbar sind, unterscheiden sich in ihrer Zusammensetzung zunächst nur durch die Zusätze, die zur Chromsäure, als dem Hauptbestandteil solcher Bäder, gemacht werden. Ausgangsmaterial bleibt stets technisch reine Chromsäure in einer Konzentration, welche zwischen 250 und 500 g/Liter schwankt. Man unterscheidet zwischen

a) sauren Elektrolyten,
b) neutralen Elektrolyten,
c) basischen Elektrolyten.

Die Bezeichnung ist eigentlich willkürlich gewählt, denn im Grunde sind alle diese Elektrolyte sauer gemäß dem stark sauren Charakter der Chromsäure CrO_3. Je nachdem man nun aber der Chromsäure fremde Säure als Katalysator zusetzt, wie z. B. Schwefelsäure nach Liebreich, oder einen Neutralsalzzusatz in Form eines schwefelsauren Salzes gibt, nennt man den ersteren Badtypus „sauer", den zweiten „neutral". Wir haben also in den Liebreichschen Bädern saure Elektrolyte gemäß obiger Unterscheidung, in den Sargentschen Bädern, welche mit Chromsulfatzusatz arbeiten, neutrale Bäder vor uns. Grube, welcher die Chromsäure bis zu einem gewissen Grade mit Chromoxyd abstumpft und dadurch Chromchromat bildet, gibt uns in seinem Bade den Typus der basischen Elektrolyte.

Verfasser beobachtete nun an Hand vieler an technischen Chrombädern ausgeführten Beobachtungen und Analysen, daß letzterer Badtypus etwa den Typus darstellt, auf welchen eigentlich jedes Chromsäurechrombad automatisch im Laufe des Betriebes zukommt, denn es geht bei der Chromsäureelektrolyse leider immer ein Teil der Stromarbeit zur Bildung von Chromchromat verloren und alle Chromsäure-Chrombäder streben einem Gleichgewichtszustand zu, bei welchem ein gewisses Verhältnis Chromsäure zu Chromchromat vorhanden ist. Da man nicht mit getrennten Kathoden- und Anodenräumen arbeitet, so mischt sich stets Anolyt und Katholyt, Reduktionsprodukte, die an der Kathode entstehen, wie z. B. das Chromchromat, werden anodisch wieder zu Chromsäure oxydiert, sofern die richtigen Anodenstromdichten herrschen. Bei kleiner Anodenstromdichte geht diese Oxydation besser vor sich als bei hohen Anodenstromdichten, natürlich unlösliche Anoden vorausgesetzt. Der Gehalt an Chromchromat in Chrombädern soll nicht über 5 bis 6 % des Gehaltes an Chromsäure steigen, sonst ist die Funktion der Bäder beeinträchtigt, vor allem die Tiefenwirkung, über welche wir später zu sprechen haben. Der Katalysator soll ebenfalls einen bestimmten Prozentsatz nicht überschreiten und liegt bei etwa 0,5 % (fremde Anionen) in bezug auf den Chromsäuregehalt des Bades. Nur unter bestimmten Verhältnissen scheint eine Erhöhung des Gehaltes an fremden Anionen wünschenswert, und zwar in solchen Fällen, wo man das Stromdichtenintervall vergrößern will.

Das älteste Bad, welches sich praktisch bewährte, ist das Bad nach Salzer von der Zusammensetzung:

Wasser	1 l
Chromsäure, frei	110 g
Chromoxyd, an Chromsäure gebunden	13—130 g
Chromsulfat bis	120 g

An Stelle des Chromsulfats verwendete Salzer auch bereits freie Borsäure, wie dies Verfasser 1910 in seinem Werk: „Die galvanischen Metallniederschläge" bereits erwähnte. Salzer arbeitet bei Stromdichten von 10 bis 20 A/qdm, wenn mit höherer Badtemperatur gearbeitet wird, und mit 2 bis 5 A/qdm, sofern die Badtemperatur auf 18 bis 20° C gehalten wird. Im ersteren Falle beträgt die Badspannung 6 bis 8 V, im letzteren nur 3 bis 5 V.

Sargent schlägt als bestgeeignetes Bad folgendes vor:

Wasser . . . .   1 l
Chromsäure, technisch rein . .   250 g
Chromsulfat . . . .   3 g

Er arbeitet mit Stromdichten bis zu 20 A/qdm bei Spannungen bis zu 10 V bei Temperaturen zwischen 20 und 50° C und erhält schöne, festhaftende Chromüberzüge, welche am brillantesten auf Messing und Kupfer ausfallen, wogegen auf Eisen und Stahl milchige Niederschläge entstehen. Der Elektrolyt nach Würker besteht aus technisch reiner Chromsäure, und zwar bis zu 500 g pro Liter, dem kleine Mengen von Schwermetallsulfaten, Chloriden, Boraten usw. zugesetzt werden, bis eben genügend von diesem Katalysator zugegen ist. Es wird hierbei die in technischer Chromsäure stets enthaltene Menge saurer Sulfate, wie Natriumbisulfat, berücksichtigt und mit ins Kalkül gezogen, wenn die Menge des Zusatzes bestimmt wird. Würker geht ähnlich wie H. E. Haring mit dem Gesamtfremdanion so weit, daß der Elektrolyt ein bestimmtes Verhältnis von fremden Anionen, welche an Schwermetalle gebunden sind, enthält. So wird z. B. einer Lösung von

Wasser . . . .   1 l
Chromsäure, technisch rein .   400   g
Kupfersulfat, krist. . . . .   0,5—1,5 g

unter Umständen noch freie Borsäure oder ein Borat oder schließlich eine kleine Menge Kupferborfluorit zugesetzt. Die Badtemperatur wird allgemein auf 35 bis 40° C gehalten, wenn Glanzverchromung verlangt wird, und das Arbeitsintervall reicht dann bis zu Stromdichten von 10 A/qdm und herab bis ca. 2,5 A/qdm. Die erforderliche Badspannung beträgt normal 3,5 V für den ersten Stromstoß, wo dies erforderlich ist, dagegen bis zu 8 V. Liebreich schmilzt Chromsäure bis zur Entwicklung brauner Dämpfe, so daß nach Auflösen und Absitzen des beim Erhitzen der Chromsäure gebildeten Oxydes eine Lösung entsteht, welche frei von Chromsäure ist. Dieser Lösung setzt er dann Schwefelsäure zu, begrenzt aber den Zusatz auf eine Menge, die im Maximum 1,2% der ursprünglichen Chromsäuremenge ist. Ein jüngeres Patent Liebreichs umgeht diese Art der Herstellung des Elektrolyten und verwendet eine wässerige Lösung reiner Chromsäure, welche mit Schwefelsäure bis zu 1,2% (bezogen auf Chromsäure) enthält. Die Lösung wird dann unter Strom gesetzt, wobei der in den erwähnten Grenzen gehaltene Zusatz an Fremdsäuren, sei es während des Betriebes, sei es durch eine elektrolytische Vorbehandlung, für eine ausreichende Reduktion sorgt. Die zum Verchromen dienende Chromsäure muß von ganz bestimmter Qualität sein. Abgesehen von der selbstverständlichen Reinhaltung in bezug auf fremde Bestandteile, wie freie Schwefelsäure, oder überhaupt Fremdanionen, wie Sulfate, Chloride u. dgl., muß sie ganz frei von unlöslichen Bestandteilen sein, wie Chromoxyd, weil letzteres, wenn es in feiner Suspension in der Chromsäure vorhanden ist, bei den immerhin doch recht konzentrierten Lösungen, zu rauhen Niederschlägen Anlaß gibt, weil die suspendierten Chromoxydteilchen an den Kathoden einwachsen, sich mit Metall überziehen und Rauheiten verursachen, welche nicht zu polieren sind. Oftmals wird Chromsäure in den Handel gebracht, welche große Mengen freier Schwefelsäure enthält. Solche ist für die Zwecke der elektrolytischen Verchromung ganz und gar ungeeignet, weil aus solcher Chromsäure mit keiner wirtschaftlichen Stromausbeute verchromt werden kann. Verfasser hat derartige Produkte versucht, welche bis zu 2% Schwefelsäure enthielten, und man konnte aus den damit bereiteten Bädern trotz Anwendung von Stromdichten über 30 A/qdm, welche also praktisch gar nicht mehr in Frage kommen, nur noch mit einer Stromausbeute von 2 bis 3% arbeiten. Es sei also auf das eindringlichste vor der Verwendung ungeeigneter Rohmaterialien sowohl für das Bereiten neuer Bäder, wie insbesondere zum Verstärken verarmter Chrombäder gewarnt.

Form der Chromabscheidung, glänzend und matt. Die Chromniederschläge erscheinen im allgemeinen matt, wenn bei niedriger Badtemperatur von etwa 20° C gearbeitet wird, dagegen glänzend, wenn mit höherer Badtemperatur elektrolysiert wird. Die matten Niederschläge zeichnen sich durch größere Härte aus, sind aber ungemein schwer polierfähig, ein wirklicher Hochglanz ist bei dieser Abscheidungsform nur mit besonderen Hilfsmitteln zu erreichen, selbst wenn man alle modernen Hilfsmittel der Poliertechnik zu Hilfe nimmt.

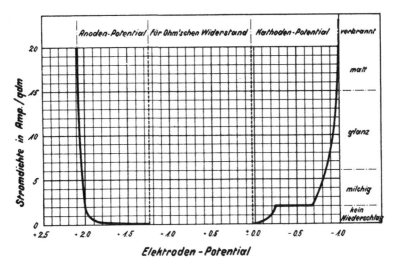

Fig. 260.

Dagegen gelingt es, aus erwärmten Bädern eine hochglänzende Verchromung zu erhalten, selbst wenn man die Verchromungsdauer auf einige Stunden ausdehnt. Werden die Niederschläge dann bei beträchtlicher Stärke doch etwas milchig, so sind diese Niederschläge dennoch leicht polierbar, sofern man sich des Chromoxydes als Poliermittel bedient. Für jede Badtemperatur (etwas beeinflußt von der Badkonzentration) gibt es ein Arbeitsintervall, für welches die Bildung glänzender Chromniederschläge gilt. Je höher die Badtemperatur ist, desto größer ist dieses Arbeitsintervall. Ebenso vergrößert sich das Arbeitsintervall durch Vermehrung des Prozentsatzes an fremden Anionen bis zur bekannten Grenze.

Aus einem bei ca. 40° C arbeitenden Chrombade, welches ca. 175 g met. Cr/Liter enthält, lassen sich z. B. glänzende Chromniederschläge bei einer unteren Grenze von 6 A/qdm und einer oberen Grenze von 15 A/qdm erzielen. Das Arbeitsintervall ist daher für diesen Fall 6 : 15 = 1 : 2,5. Das Arbeitsintervall wird hier mit der Zahl 2,5 definiert. 2,5 will also sagen, daß zur Glanzverchromung eines Gegenstandes an allen Stellen die unterste Stromdichte von etwa 6 A/qdm sein darf, die oberste Grenze dagegen 15 A/qdm. Gegenstände, welche stark vorspringende Kanten haben oder so geformt sind, daß einzelne Teile von den Stromlinien bevorzugt getroffen werden, dürfen an diesen bevorzugten Stellen im Maximum eine Stromdichte von 15 A/qdm erhalten und müssen an den weniger bevorzugten mit 15 : 2,5 = minimal 6 A/qdm belastet werden.

    H. E. Haring gibt eine äußerst übersichtliche Darstellung der maßgebenden Bedingungen, wann sich milchige, wann glänzende matte und wann schließlich sogenannte „verbrannte" Niederschläge bilden. Fig. 260 gibt ein solches Kurvenbild für ein Bad mit 250 g Chromsäure pro Liter bei einem Gehalt an SO_4-Ionen in Höhe von 0,5% des Chromsäuregehaltes. Auf der Ordinate sind die Stromdichten in A/qdm angegeben, auf der Abszisse die Potentiale an Anode und Kathode, in der Mitte zwischen den beiden punktierten Ordinaten und begrenzt von den beiden Kurven rechts und links liegt der Wert zur Überwindung des Ohmschen Widerstandes. Man ersieht aus dieser Darstellung, daß Glanz-

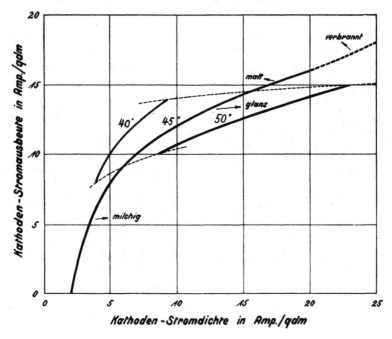

Fig. 261.

bildung bei 6 und 15 A/qdm stattfindet, oberhalb dagegen nur noch matte Niederschläge entstehen, während unterhalb 5 A/qdm milchige Abscheidung erfolgt. Sehr übersichtlich gestaltet sich die Darstellung der Arbeitsintervalle, welche bei verschiedenen Temperaturen sehr verschieden sind, wenn man, wie in Fig. 261 gezeigt ist, die Stromausbeute an der Kathode als Ordinate und die Kathodenstromdichte (Abszisse), bei welcher gearbeitet wurde, vergleicht. Man ersieht aus diesem Bilde, daß unterhalb 2 A/qdm überhaupt keine Chromabscheidung mehr erfolgt, die Stromausbeute ist dann Null, wenn mit einer Temperatur von 45% C gearbeitet wird. Bei einer Temperatur von 40° C kann man schon mit einer Stromdichte von ca. 1,5 A/qdm die Chromabscheidung einleiten, während für die Temperatur von 50° C etwa 3 A/qdm die untere Grenze darstellt. Die Grenzen für Glanzbildung hat Verfasser durch die zwei übereinanderliegenden punktierten Bereiche festgestellt. Erhöht man den Gehalt an fremden Anionen, so verlaufen diese Kurven flacher, es steigt also der Wert für das Arbeitsintervall, der untere Ast dieser Kurven beginnt aber dann bereits bei etwa 5 A/qdm fast parallel mit

der Ordinate zu verlaufen, mit anderen Worten, bei höherem Gehalt an Fremdanionen liegt die untere Arbeitsgrenze höher, und zwar etwa bei 5 A/qdm, wenn
in einem Bade von 250 g Chromsäure pro Liter z. B. 0,7 % SO_4 verwendet wird,
und bei etwa 6 A, wenn pro Liter 0,9 % SO_4 angewendet wird. Die Schlüsse, wie
man also bei den verschieden geformten Gegenständen arbeiten muß, um eine
allseitig glänzende Verchromung zu erhalten, können aus solchen Kurvenbildern
leicht gezogen werden.

Die matten, bei niedriger Temperatur erhältlichen Chromniederschläge ok-
kludieren weit mehr Wasserstoff, als die bei höherer Temperatur erhaltenen.
Der Wasserstoffgehalt kann also in weiten Grenzen variiert werden. Glänzende
Chromniederschläge enthalten etwa das 200fache Volumen Wasserstoff in bezug
auf den Rauminhalt des metallischen Chromes, dagegen zeigen matte Niederschläge ein okkludiertes Wasserstoffvolumen bis zum 1500fachen Rauminhalt
des Chromniederschlages. Damit erklärt sich auch die unterschiedliche Härte
dieser beiden Abscheidungsformen. Ein Wasserstoffgehalt vom 10- bis 200-
fachen Volumen des Chroms unterscheidet sich in der Härte des Niederschlages
nicht in fühlbarer Weise, dagegen ändert sich die Härte ganz wesentlich, wenn das
Wasserstoffvolumen, welches im Niederschlag enthalten ist, über das 200fache
steigt. Niederschläge mit mehr als dem 200fachen Volumen an Wasserstoff
sind spröde und neigen zum Zerreißen und zum Abplatzen, sie zerbrechen auch
bei der leisesten Biegung. Eigentümlich ist die Tatsache, daß Chromniederschläge, welche größeren Wasserstoffgehalt als etwa das 250fache Volumen des
Metalls aufweisen, von diesem Wasserstoff sofort an das Unterlagsmetall abgeben, einerlei ob dies Eisen, Stahl, Kupfer oder Aluminium ist. Tritt solcher
Wasserstoff in das Grundmetall ein, so wird dieses in seinen physikalischen Eigenschaften verändert, es büßt von seiner Elastizität ein und wird ebenfalls brüchig.
Da diese Erscheinung vielfach die Anwendung der Verchromung gestört hat,
sind Arbeiten unternommen worden, um den Wasserstoff zu entfernen, und zwar
bis zu einer gewissen unteren Grenze, ohne den Chrombelag vollkommen wasserstofffrei zu machen und ihm eben dadurch noch seine typische Härte zu erhalten.

Dieses Verfahren heißt „Entgasung" und wird noch speziell behandelt
werden.

Stromverhältnisse bei der Chromabscheidung und Tiefenwirkung. So einfach,
wie im allgemeinen die Stromverhältnisse bei den anderen galvanischen Verfahren liegen, ist es dem Galvanotechniker leider bei der Verchromung nicht
gemacht. Wir wissen, daß erstens die anzuwendenden Stromdichten weit höher
liegen als bei den gebräuchlichen Galvanisierungsmethoden, demgemäß müssen
auch, trotz der bedeutenden Leitfähigkeit der Chromelektrolyte, auch höhere
Badspannungen angewendet werden. Es läßt sich also so gut wie nie vermeiden,
wo Chrombäder in Betrieb sind, für diese Bäder eine besondere Niederspannungs-
Stromquelle aufzustellen, welche erstens höhere Spannung von mindestens 6 V
besitzt und zweitens eine Ampereleistung abzugeben imstande ist, um die zu
verchromenden Gegenstände, je nach deren Form und Abmessungen, mit Stromdichten von mindestens 5 bis 6 A, ja meist mit 10 bis 15A/qdm zu versorgen. In
erster Linie müssen die Arbeitsintervalle, wie wir sie kennenlernten, Berücksichtigung finden, wenn man auf Glanzverchromung Wert legt, und dies ist ja immerhin das wichtigste Moment. Ferner muß das Grundmetall berücksichtigt werden,
denn man muß auf Messing und Kupfer andere Stromverhältnisse anwenden
wie auf Eisen, Stahl und Nickel. Auf Messing und Kupfer, ebenso auf Alpaka
ist das Arbeitsintervall etwa doppelt so groß wie auf Eisen, Stahl und Nickel,
d. h. man kann bei der Verchromung von Kupferlegierungen weit rascher
arbeiten wie auf Eisen, Stahl und Nickel; profilierte Gegenstände auf Eisen, Stahl
oder Nickel (auch vernickelte Gegenstände sind gleichartig zu behandeln) sind
weit schwieriger allseitig mit einem Glanzchrombelag zu versehen. Das Grund-

metall spielt also schon in dieser Hinsicht eine große Rolle. Man arbeitet daher auf Kupferlegierungen mit höheren Badspannungen und Stromdichten als auf den Metallen der Eisengruppe. Bemerkenswert ist, daß die Überspannung des Wasserstoffs in Chromsäureelektrolyten an den verschiedenen Metallen verschieden ist, und zwar liegt sie für Messing und Kupfer ungefähr gleich hoch, während sie für Nickel und Eisen bzw. Stahl sehr niedrig ist, der Wasserstoff stört also hier weit mehr als bei der Verchromung der Kupferlegierungen. Je höher also die Überspannung des Wasserstoffs an einem kathodisch behandelten Metall ist, desto einfacher ist die Verchromung des betreffenden Gegenstandes auszuführen. Bestehen Gegenstände, die zu verchromen sind aus mehreren Metallen, sind sie beispielsweise aus Stahl und Messing durch Verlötung zusammengefügt, so müssen solche Gegenstände unbedingt zuerst einen einheitlichen Überzug, am besten durch galvanische Vermessingung oder Verkupferung, erhalten, um sie gut und erfolgreich glanzverchromen zu können. Sind sie vernickelt, so ist damit natürlich ebenfalls eine geeignete Grundlage geschaffen, wenn auch die Verchromung auf Nickel, wie erwähnt, etwas heikler ist.

Aus der nachfolgenden Tabelle ist nach Haring ersichtlich, wie für die verschiedenen Badtemperaturen die Arbeitsintervalle (untere und obere zulässige Stromdichte) zu wählen sind, wenn es sich um Kupfer oder Messing bzw. Eisen und Stahl und schließlich Nickel oder vernickelte Gegenstände handelt. In der letzten Spalte sind die Arbeitszeiten vermerkt, welche nötig sind, um bei der oberen Grenze des Arbeitsintervalles die für Chromniederschläge als normal bezeichnete Stärke von 0,005 mm zu bekommen, wenn die in der vorletzten Spalte angeführten Stromausbeuten bei der Verchromung erreicht werden. Wie später dargetan werden wird, ist aber die Stromausbeute außer von der Badtemperatur und der angewendeten Stromdichte auch noch abhängig von der Badkonzentration, es sind also mancherlei Faktoren vorhanden, von denen die Erreichung einer bestimmten Schichtdicke auf den verschiedenen Metallen abhängig ist.

Kathoden-metall	Bad-temperatur ^{0}C	Strom-ausbeute für die mittlere Stromdichte %	Arbeitsintervall		Zeit zur Erreichung eines Niederschlages von 0,005 mm Min.
			unten	oben	
			Stromdichtengrenze in A/qdm		
Messing und Kupfer	35	11	2,6	7,5	76
	40	13	3,1	11,0	44
	45	15	4,7	20,0	21
	50	17	5,0	25,0	15
Eisen und Stahl	35	7	2,5	3,5	255
	40	10	2,5	6,5	96
	45	12	2,6	10,5	50
	50	13	2,7	16,0	30
	55	14	2,6	21,5	21
Nickel (elektrolytisch)	35	9	3,2	6,0	116
	40	12	3,2	10,5	50
	45	17	2,7	15,5	29
	50	15	2,4	22,0	19

Auf Grund der eigenen Bestimmungen der Stromausbeute in den Chromelektrolyten bei einer Konzentration von 350 g CrO_3, welche Verfasser unternommen hat, erscheinen die Angaben Harings als zu niedrig für die Herstellungszeiten. So wurde beispielsweise für die genannte Konzentration und bei einer Badtemperatur von 35° C folgende Tabelle ermittelt:

Angewandte Stromdichte	Stromausbeute	Herstellungszeit für eine Dicke des Chrombelages von	
		0,001 mm	0,005 mm
A/qdm	%	Min.	Min.
4,0	8,7	36,0	180,0
5,0	9,3	27,0	135,0
6,0	10,0	21,0	105,0
7,0	10,5	17,0	85,0
8,0	11,2	14,0	70,0
9,0	11,8	11,8	59,0
10,0	12,5	10,2	51,0
12,0	14,0	7,6	38,0
14,0	15,9	5,7	27,5
15,0	17,0	4,9	24,5
17,0	19,0	3,9	19,5
20,0	23,0	2,8	14,0

Der Unterschied in der Stromausbeute in dem von Haring verwendeten Elektrolyten von 250 g CrO_3/Liter gegenüber dem vorstehender Tabelle zugrunde gelegten von 350 g CrO_3/Liter ist aber nur ca. 12 %.

Wir wollen uns nun dem bei der Verchromung ganz besonders kompliziert liegenden Fall der Tiefenwirkung zuwenden. Es ist aus dem Vorhergesagten bekannt, daß sich Chrom unter den diversen Arbeitsbedingungen stets nur bei Einhaltung einer gewissen Minimalstromdichte abscheidet. Liegt ein besonders kompliziert geformter Gegenstand mit teilweise besonders bevorzugt liegenden Oberflächenpartien vor, so werden diese von den Stromlinien bevorzugt getroffen und absorbieren von der dem Bade zugeführten Stromstärke den Hauptanteil, welcher so groß sein kann, daß die weniger bevorzugten Teile der Kathode nur eine Stromstärke erhalten, welche in Verbindung mit der restlichen Kathodenfläche die untere Stromdichtengrenze unterschreitet. Das heißt, an diesen Stellen würde sich überhaupt kein Chrom abscheiden; während also die vorstehenden Kathodenpartien sich gut verchromen, würden die weiter von den Anoden entfernten Teile gar keinen Chrombelag zeigen. Man muß also den Verchromungsvorgang, wenn man nicht zu Hilfsanoden greifen will, was in schwierigeren Fällen unvermeidlich wird, so verfahren, daß man eine ganz große Stromstärke, wenigstens auf kurze Zeit, als ersten Stromstoß anwendet, bei der auch an den von Stromlinien schwieriger getroffenen Kathodenpartien noch die durch das Arbeitsintervall gekennzeichnete untere Stromdichtengrenze noch erreicht wird. Dies heißt man „Decken mit starkem Strom".

Gewöhnlich genügt hierzu schon eine Zeit von ½ bis 1 Minute, in welcher Zeit sich keine matte Verchromung oder gar ein „Anbrennen" der bevorzugt liegenden Teile der Kathode bemerkbar machen kann. Nach dieser kurzen Zeit des Deckens geht man dann mit der Stromstärke herunter, so daß die durch das Arbeitsintervall gegebene obere Stromdichtengrenze nirgends überschritten erscheint.

Ganz ähnlich, wie profilierte Gegenstände Schwierigkeiten für ein allseitiges glänzendes Verchromen zeigen, ist dies auch bei großflächigen, aber ganz glatten Gegenständen der Fall. Große Bleche von etwa 1 bis 2 m Länge müssen ebenfalls mit Rücksicht auf den Spannungsabfall innerhalb der Bleche mit Deckstrom stark gedeckt werden, andernfalls würden große Teile der Fläche in der Mitte des Bleches unverchromt bleiben. Am schwierigsten gestalten sich die Verhältnisse beim Verchromen kleiner Massenartikel, die man in Massen-Galvanisierapparaten zu behandeln gewohnt ist. Dies ist nur dann möglich, wenn für dauernd guten Kontakt innerhalb der Galvanisiervorrichtung gesorgt ist, einerlei ob man dies durch Andrücken der Gegenstände auf die Kontaktvorrichtung innerhalb der Apparate durch Beschwerungseinrichtungen macht oder durch An-

wendung weicher metallischer Unterlagen, in welche sich die kleinen Gegenstände
eindrücken und solcherart besseren Kontakt erhalten. Da aber bei dem massenweisen Übereinanderliegen solcher kleiner Teile der ganze Arbeitsstrom auf die
der Anode zunächst liegenden Gegenstände verteilt wird, muß für ein dauerndes
Verändern der Lage dieser kleinen Teile derart gesorgt werden, daß jeder einzelne
Teil baldigst auch zur bevorzugten Stelle den Anoden gegenüber kommt. Man
wird deshalb nur solche Apparate verwenden können, bei denen erstens keine
Zwischenwand zwischen Kathode und Anode vorkommt und zweitens eine möglichst große Anodenoberfläche und große Kontaktfläche vorhanden ist.

Zum Verchromen kleiner Massenartikel kann man sich auch Rutschflächen
bauen, über welche die zu verchromenden kleinen Gegenstände hinwegtrans-
portiert werden. Die aussichtsreichste Methode der Verchromung von Massenartikeln beruht aber gewiß in der Anwendung chromsäurefreier Chromelektrolyte, welche besondere Tiefenwirkung aufweisen. Diesbezügliche Arbeiten sind
bereits eingeleitet.

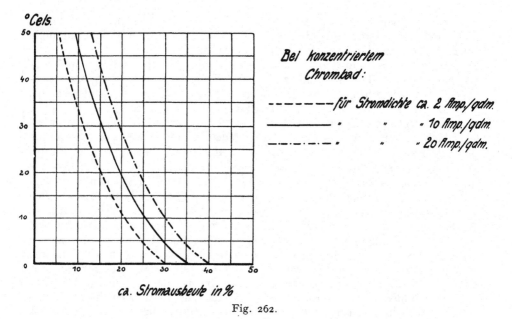

Fig. 262.

Stromausbeute bei der Chromabscheidung. Entgegen den meisten galvanotechnischen Prozessen, bei denen die kathodische Stromausbeute zwischen 70
und 100 % liegt, haben wir bei der Verchromung, sofern wir aus wässeriger Lösung
arbeiten, nur verhältnismäßig geringe Ausbeuten, während der Hauptanteil des
Arbeitsstromes zur Entwicklung von Wasserstoffgas verwendet wird. Die Ausbeute ist außerordentlich verschieden und wechselt mit den Arbeitsbedingungen.
Zunächst ist die Stromausbeute eine Funktion der Stromdichte, ferner eine
Funktion der Konzentration und der Temperatur. Es wird dabei immer
vorausgesetzt, daß ein normal zusammengesetztes Chrombad in Betracht kommt,
bei welchem der Gehalt an Fremdanionen ein für allemal festliegt. Die Ausbeute
kann naturgemäß bei Veränderung der Badzusammensetzung ganz bedeutend
gemindert werden. Vor allem ist ein Gehalt der Chrombäder über das als äußerste
Grenze von Liebreich mit 1,2 % des Chromsäuregehaltes bestimmte Maß hinaus äußerst bedenklich und kann der Fall eintreten, daß sich überhaupt kein
Chrom mehr abscheidet. Dies trifft z. B. für alle Arten technischer Chromsäuren
zu, deren Gehalt an SO_4 über 1,2 % hinausgeht. Man kann daher gar nicht vor-

sichtig genug sein beim Verstärken der Chrombäder, wenn eine Konzentrations-
verminderung sich im Laufe der Zeit eingestellt hat, und darf dann wirklich nur
ganz reine, möglichst SO$_4$-freie Chromsäure verwenden, da ja beim Ausarbeiten
der Chrombäder theoretisch nur Chrom verschwindet, nicht aber der stets in
technischer Chromsäure enthaltene Bestandteil an Verunreinigungen mit Schwefelsäure. Es würde also durch weiteres Versetzen der Chrombäder um so eher die
Stromausbeute auf Null gebracht werden, je öfter man und je schlechtere Chromsäure man zu diesem Zusatz verwendet.

Wie sich für eine bestimmte Badkonzentration, z. B. für ein Chrombad mit
einem Gehalt von etwa 375 g Chromsäure pro Liter, die Stromausbeuten mit
der Temperatur und bei verschiedenen Stromdichten gestalten, zeigt das Kurvenbild Fig. 262. Nun sind aber die Stromausbeuten auch ganz und gar abhängig
von der Badkonzentration.

Verfasser hat diese Verhältnisse genau studiert, zumal ja die Ausbeute an
niedergeschlagenem Chrommetall für die erzielte Schichtdicke einerseits und für
die Kalkulation der Kosten der Verchromung anderseits eminent wichtig ist. Wir
wissen heute, daß das Chrom aus seiner 6 wertigen Stufe abgeschieden wird, daß sich
also theoretisch pro A/St 0,32 g Chrom abscheiden müssen, wenn der Vorgang
mit 100 % Stromausbeute vor sich gehen würde. Dies trifft nun niemals zu,
selbst wenn man, wie schon versucht wurde, die Eigenschaften des Niederschlages in physikalischer Beziehung ganz außer acht lassend, bei Temperaturen
unter 0° C, z. B. in auf —10° unterkühlten Lösungen arbeiten würde. Tatsächlich erreicht dabei die Stromausbeute ihr Maximum, jedoch kommt man auch
unter den günstigsten Verhältnissen niemals wesentlich über 50 %. Zur Bereitung größerer Mengen Elektrolytchrom für technische Zwecke wäre aber
dieses Verfahren unstreitig anwendbar.

Je nach der erzielten Stromausbeute stellen sich nun die effektiven Metallmengen bei der Chromabscheidung wie folgt:

Bei einer Stromausbeute von %	scheidet 1 A/St. an metall. Chrom in g aus
7	0,0225
9	0,0290
12	0,0385
13	0,0417
15	0,0481
18	0,0580
20	0,0644
25	0,0805
30	0,0965
40	0,1290

Weiß man nun, wieviel Gramm Chrom die angewendete A/St abgeschieden hat,
kennt man die Stromdichte, mit der man gearbeitet hat, so läßt sich die in einer
bestimmten Zeit erzielte Niederschlagsstärke unschwer ermitteln oder umgekehrt die Zeit vorausberechnen, welche zur Erzielung einer bestimmten Niederschlagsstärke von z. B. 0,005 mm nötig ist.

Die Abhängigkeit der Stromausbeute von der Badkonzentration bei verschiedenen Stromdichten zeigt das Kurvenbild Fig. 263. Hierbei ist ein Bad
mit Betriebstemperaturen von 20 und 35° C untersucht worden. Fig. 264 zeigt
die Verhältnisse bei den gleichen Badtemperaturen und diversen CrO$_3$-Konzen-
trationen, und man sieht auch hier, wie durch Senkung der Badtemperatur bei
steigender Verdünnung unter sonst gleichen Verhältnissen die Stromausbeuten
steigen und daß die Stromausbeute mit der angewandten Stromdichte steigt.
Die einzelnen Kurven von oben nach unten entsprechen den Konzentrationen

von 300, 200, 400 und 500 g CrO$_3$/Liter, und zwar gleichartig für die Arbeits-
temperaturen von 20 und 35° C. Daß dünnere Bäder bessere Stromausbeuten
ergeben unter sonst gleichen Verhältnissen als konzentrierte ist eine besondere
Eigentümlichkeit der Chromelektrolyte, der wir sonst bei keinem galvanotechnischen Verfahren begegnen. Die Erklärung dafür, daß bei höheren Strom-

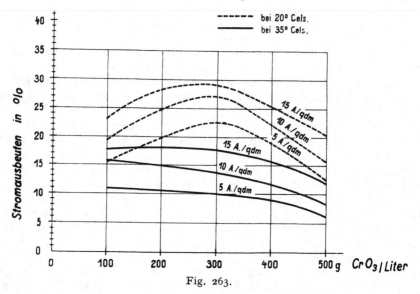

Fig. 263.

dichten bessere Stromausbeuten entstehen, ist nunmehr leicht zu finden, wenn
man an sich darüber klar wurde, daß aus dünnerem Elektrolyten bessere Ausbeuten entstehen. Erhöhung der Stromdichte verursacht an der Kathode eine
Verdünnung der Lösung um so mehr, je höhere Stromdichte herrscht. Kältere
Bäder zeigen größere Zähigkeit der Lösung, der Austausch der Badflüssigkeit

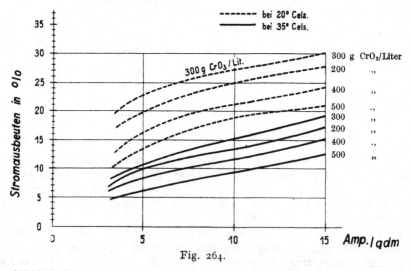

Fig. 264.

beim Arbeiten ist also beim kälteren Bade erschwert, es bleibt dort längere Zeit
trotz Rührung des Elektrolyten infolge Gasentwicklung eine verdünntere Schicht
in unmittelbarer Nähe der Kathode und daher die erhöhte Stromausbeute. Man
kann aus diesen sehr eigenartigen Tatsachen mancherlei Schlüsse für die praktische Durchführung der Verchromungsarbeiten ziehen, wenn man erst einmal

alle diese Verhältnisse erblickt und verstanden hat, deshalb sei das Studium dieser Details des Verchromungsverfahrens allen denjenigen besonders ans Herz gelegt, welche sich mit der praktischen Ausführung solcher Arbeiten zu befassen haben. Rauhe Kathoden lassen sich bekanntlich viel schwieriger verchromen als glatte, es bleibt bei porösem Guß oder mit Sandstrahl behandelten oder sonst gerauhten Gegenständen sehr oft ein Niederschlag an schwieriger gelegenen Kathodenpartien ganz aus, während der gleichartige Gegenstand, wenn er glanzpoliert oder glatt zur Verchromung kommt, ohne weiteres zu verchromen ist. Um solche Fälle beherrschen zu können, solche Gegenstände mit rauher Oberfläche also auch verchromen zu können, nehme man Bäder mit niedrigerer Temperatur, verwende hohe Stromdichten für die ausmeßbare Kathodenfläche, dann wird man die Stromdichte als untere zulässige Grenze bestimmt erreichen können, bei welcher noch eine praktisch zulässige Minimalstromausbeute sich einstellt.

Schichtdicke der Chromniederschläge. Die nachstehenden Tabellen zeigen für die einzelnen Stromdichten die in der Zeit von $\frac{1}{2}$, 1, $1\frac{1}{2}$, 2, 4 und 8 Stunden erzielbaren Niederschlagsstärken an metallischem Chrom, je nach angewandter Badtemperatur. Das spezifische Gewicht des Chroms ist mit 6,5 angenommen. Als normale Badkonzentration ist hierbei ein Bad mit 350 g CrO_3/Liter angenommen.

I. Angewendete Badtemperatur 20° C.

Strom-dichte A/qdm	Strom-ausbeute in %	Niederschlagsdicke in mm nach					
		½ Std.	1 Std.	1½ Std.	2 Std.	4 Std.	8 Std.
5	18	0,00223	0,00446	0,00669	0,00892	0,01784	0,0356
10	20	0,0049	0,0098	0,0147	0,0196	0,0392	0,0784
15	25	0,0092	0,0184	0,0276	0,0368	0,0736	0,1472

II. Angewendete Badtemperatur 35° C.

Strom-dichte A/qdm	Strom-ausbeute in %	Niederschlagsdicke in mm nach					
		½ Std.	1 Std.	1½ Std.	2 Std.	4 Std.	8 Std.
5	9,4	0,00116	0,00232	0,00348	0,00464	0,00928	0,0184
10	12,6	0,00314	0,00628	0,00942	0,01256	0,02512	0,05024
15	16,5	0,0062	0,0124	0,0186	0,0248	0,0596	0,1788

III. Angewendete Badtemperatur 45° C.

Strom-dichte A/qdm	Strom-ausbeute in %	Niederschlagsdicke in mm nach					
		½ Std.	1 Std.	1½ Std.	2 Std.	4 Std.	8 Std.
5	9	0,00111	0,00222	0,00333	0,00444	0,00888	0,01776
10	12	0,00296	0,00592	0,00888	0,01184	0,02368	0,04736
15	15	0,00455	0,00910	0,01365	0,01820	0,03640	0,07280

Die vorstehende Tabelle geht von der heute allgemein üblichen Konzentration zum Zwecke der Glanzverchromung geltenden Normalzusammensetzung der Chrombäder aus, wonach also der Elektrolyt als Hauptbestandteil 350 g CrO_3 pro Liter enthalten soll. Für spezielle Zwecke, wo man das Arbeitsintervall verbreitern will, wird aber auch heute noch eine Konzentration von 500 g CrO_3 pro Liter Bad angewendet. Hierbei stellen sich nun gemäß Kurvenbild Fig. 264 die Stromausbeuten schlechter, daher ist auch das Dickenwachstum der Chromniederschläge entsprechend verlangsamt und sei nachstehend eine Tabelle für diese Verhältnisse ergänzend angeführt, damit man über die unter diesen speziellen

Bedingungen zu erhaltenden Schichtdicken orientiert ist. Vielfach wird ja gewünscht, daß eine bestimmte Schichtdicke an Chrom erhalten werden muß, aus der angeführten Tabelle können also für solche Zwecke die Niederschlagszeiten abgelesen werden. Verfasser beschränkt sich in dieser Tabelle aber lediglich auf die Arbeitsweise mit dem Bad von 35° C, andere Verhältnisse sind aus dem Vorhergehenden aus den Kurvenbildern leicht abzuleiten.

Das Dickenwachstum für ein Bad mit einem Gehalt von 500 g CrO_3/Liter bei einer Badtemperatur von 35° C stellt sich also wie folgt:

Angewendete Badtemperatur 35° C.

Strom-dichte A/qdm	Strom-ausbeute in %	Niederschlagsdicke in mm nach					
		½ Std.	1 Std.	1½ Std.	2 Std.	4 Std.	8 Std.
5	6,6	0,0008	0,0016	0,0024	0,0032	0,0064	0,0128
10	9,2	0,0023	0,0046	0,0069	0,0092	0,0184	0,0368
15	13,4	0,0051	0,0102	0,0153	0,0306	0,0612	0,1224

Im allgemeinen genügt auf Handelsartikeln eine ½ stündige Verchromung bei einer Stromdichte von etwa 5 A. Wird diese Stromdichte z. B. bei flachen und kleineren Gegenständen niedriger gehalten, dann muß selbstverständlich dementsprechend die Verchromungsdauer in gleichem Maßstabe vergrößert werden. Wie weit man hierbei zu gehen hat, hängt ganz von dem beabsichtigten Zweck ab, doch sei bemerkt, daß die besondere Härte der Chromniederschläge erfahrungsgemäß erst eintritt, wenn man mit einer Stromdichte von etwa 5 A ³/₄ Stunde bis 1 Stunde verchromt. Niederschläge von kleinerer Dicke zeigen diese große Härte noch nicht, und deshalb empfiehlt es sich auch, mit der Chromabscheidung nicht zu sparsam zu sein, wenn man sämtliche Vorteile der Verchromung erzielen will.

Aus allem Vorhergesagten geht hervor, wie ungemein wichtig es ist, alle bei der Verchromung maßgebenden Momente gleichzeitig zu berücksichtigen, um das gewünschte Resultat zu erhalten. Man beachte in erster Linie also die Badkonzentration und prüfe bei bestimmter Temperatur die Dichte mittels Aräometers. Ferner prüfe man fortgesetzt die Badtemperatur, weil auch diese in hohem Maße die Ergebnisse beeinflußt, und schließlich prüfe man die angewendeten Stromdichten! Gerade letzteres ist aber bislang, mangels eines geeigneten Meßgerätes, der schwierigste Punkt bei der Reihe der zu beachtenden Arbeitsbedingungen gewesen, da die Angabe der Badspannung bekanntlich nur bis zu gewissem Grade ein Kriterium für die herrschende Stromdichte ist. Der vom Verfasser konstruierte Stromdichtemesser füllt daher diese Lücke aus. Dieses neue Meßinstrument bestimmt durch Eintauchen in die Badflüssigkeit zwischen Anoden und Kathoden die an dieser Stelle herrschende Stromdichte. Zeigt das Instrument gleich bei Beginn der Verchromungsarbeit eine stellenweise zu hohe Stromdichte an, so muß mittels des Badstromregulators der Strom so weit abgeschwächt werden, daß an keiner Stelle der Kathode die obere zulässige Grenze des Arbeitsintervalles überschritten ist.

Korrosionsschutz und Prüfmethoden. Es ist, wie bei jedem galvanischen Prozeß, bekannt, daß die Chromabscheidung in Form eines netzartigen Gefüges vor sich geht und daß dieses Netz von einzelnen Metallkristallen sich immer mehr und mehr schließt zu einer kompakten zusammenhängenden Schicht, je dicker diese Schicht aufgetragen wird. Wird diese Schichtdicke nicht erreicht, dann bleiben mikroskopische Poren vorhanden, durch welche einerseits korrodierende Flüssigkeiten oder Gase, die das Grundmetall angreifen können, eindringen, oder aber es bleiben mikroskopische Teilchen der Chrombadflüssigkeit in diesen Poren sitzen, welche zu einer Korrosion des Grundmetalles nach geraumer Zeit Anlaß geben und von diesen Stellen aus das an sich außerordentlich fest auf der Unterlage haftende Chrom abheben und den solcherart verchromten Gegenstand unansehnlich machen. Diese Korrosionswirkung tritt naturgemäß hauptsächlich bei porösen Materialien auf, vorzugsweise bei gegossenem Material. Korrosionswirkung zeigt sich besonders bei solchen Gegenständen, welche den Witterungseinflüssen ausgesetzt sind oder ganz allgemein der Nässe, ferner Dämpfen und raschen Temperaturschwankungen, wogegen Gegenstände, welche in geschlossenen Räumen Verwendung finden, davon weniger betroffen werden. Chrom ist an sich infolge seiner elektrochemischen Eigenschaften nicht unbedingt als Rostschutzmittel anzusprechen, sondern wirkt erst dann rostschützend auf Eisen und Stahl, wenn es in genügender Schichtdicke aufgetragen wurde. Als solche kritische Stärke der elektrolytischen Chromniederschläge kommt eine Niederschlagsdicke von nicht unter 0,01 mm in Frage, solange derselbe vollkommen porenfrei und rißfrei ist. Chromniederschläge, welche in zu kalten Bädern bei hohen Stromdichten erzeugt wurden, zeigen häufig Sprünge, besonders, wenn sie dick sind, und solche Niederschläge können niemals korrosionsschützend sein. Man hat daher versucht, den Rostschutz verchromter Gegenstände durch Zwischenlagen starker Schichten von Nickel oder Kupfer herbeizuführen, oder durch Anbringung einer dünnen Kadmiumschicht. Nickel und Kupfer sind dazu ohne weiteres geeignet, wenn sie nicht zu dünn aufgetragen werden, Kupfer wird außerdem besser aus saurer Lösung abgeschieden, damit man Niederschläge frei von Wasserstoff erhält, da auf wasserstoffhaltigen Niederschlägen stärkere Chromschichten nicht haften, sondern mit diesen Unterlagsschichten zusammen oft schon im Chrombade abspringen. Wendet man Nickel als Zwischenschicht an, so muß man für einen möglichst wasserstoffreien Nickelniederschlag sorgen, wie man ihn aus erwärmten Schnell-Nickelbädern besonderer Art erhält. Beabsichtigt man auf solchen auf galvanischem Wege hergestellten Nickelzwischenlagen stärkere Chromniederschläge noch aufzutragen, so muß unbedingt eine Entgasung der Nickelniederschläge vor der Verchromung stattfinden. Dann verhält sich eine solche galvanische Vernicklung genau so wie eine Plattierung mit Nickel nach dem bekannten Schweißverfahren. Die Nickel- oder Kupferschicht beträgt am besten etwa 0,02—0,03 mm, je stärker die Schicht ist, um so größer der Korrosionsschutz. Ebenso wie man Eisen und Stahl durch solche Zwischenlagen vor Rost schützt, schützt man gegossenes Messing, Kupfer und ähnliche Legierungen vor Korrosion und vor einem Abspringen der Chromschicht im Gebrauch. Durch solche starke Schichten von Kupfer oder Nickel werden vorhandene Gußporen tatsächlich geschlossen, man kann auf solcherart vorbearbeiteten Gegenständen eine Hochglanzpolierung ausüben, wobei eine einwandfreie Glättung aller vorher vorhandener Unebenheiten stattfindet und nun die Verchromung vornehmen. Die so behandelten Gegenstände sind dann bei gutem Spülen nach der Verchromung in Alkalien korrosionssicher. Absolute Sicherheit gegen das oftmals bei der Verchromung von Gußstücken beobachtete nachträgliche Ausschwitzen von in den Poren zurückgehaltenen Chromsäurepartikeln gewährt aber nur die Nachbehandlung im Vakuum, wie wir sie mit dem Entgasungsverfahren nach Dr. von Bosse später kennenlernen. Auf die Verwendung von Zwischenschichten gibt es verschiedene Patente, es muß daher auf das Vorhandensein solcher Schutzrechte hier besonders aufmerksam gemacht werden, um die Leser vor Verfolgungen wegen Patentverletzungen zu bewahren, wenn sie in Unkenntnis des Vorhandenseins dieser Schutzrechte, unbekümmert um diese, solche Schutzzwischenschichten anwenden wollten.

Siemens & Halske, Berlin, hat die Anwendung dieser Zwischenschichten in besonderen, sogenannten Tropenräumen studiert und gefunden, daß das Abspringen von Chromniederschlägen schon durch starke Temperaturschwankungen eintritt infolge des äußerst verschiedenen Ausdehnungskoeffizienten des Chroms

und der gewöhnlichen verchromten Metalle. Zum Vergleich dieser Werte sei
folgende Tabelle angeführt. Es ist für

$$\text{Chrom} \ldots \ldots \ldots \ldots \beta \cdot 10^8 = 900$$
$$\text{Nickel} \ldots \ldots \ldots \ldots \beta \cdot 10^8 = 1278$$
$$\text{Messing} \ldots \ldots \ldots \ldots \beta \cdot 10^8 = 1812$$
$$\text{Kupfer} \ldots \ldots \ldots \ldots \beta \cdot 10^8 = 1669$$
$$\text{Reines Eisen} \ldots \ldots \beta \cdot 10^8 = 1110$$
$$\text{Gußeisen} \ldots \ldots \ldots \beta \cdot 10^8 = 1020$$
$$\text{Schmiedeeisen} \ldots \ldots \beta \cdot 10^8 = 1191$$
$$\text{Bronze} \ldots \ldots \ldots \ldots \beta \cdot 10^8 = 1792$$
$$\text{Aluminium} \ldots \ldots \ldots \beta \cdot 10^8 = 2313$$
$$\text{Kadmium} \ldots \ldots \ldots \beta \cdot 10^8 = 3159$$
$$\text{Zink} \ldots \ldots \ldots \ldots \beta \cdot 10^8 = 2918$$

Siemens & Halske A.-G. legen jeweilig solche Zwischenschichten zwischen
Grundmetall und Chrombelag, deren Ausdehnungskoeffizient zwischen dem des
Chroms und des Grundmetalles ist. Analog haben dies auch die Langbein-
Pfanhauser-Werke durchgeführt und damit, speziell für Gegenstände, welche
tropischer Witterung ausgesetzt werden, die besten Resultate erzielt.

Wer sich mit Verchromung befaßt, muß unbedingt seine verchromten Gegenstände auf Korrosionssicherheit bzw. auf Rostschutz prüfen, und es seien deshalb
Methoden hier angeführt, wie man sich von der Brauchbarkeit der erzielten Chromüberzüge in kurzer Zeit schon überzeugen kann. Eisen und Stahl ist auf Rostsicherheit in einfachster Weise zu untersuchen, wenn man die verchromten Gegenstände (sei es mit oder ohne Zwischenschicht) etwa 24 bis 48 Stunden in destilliertes Wasser legt. Die betreffenden Probierstücke müssen natürlich vorher
durch peinlich genaues Entfetten von Fett befreit sein, weil sonst Trugschlüsse
vorkommen können, wenn der Angriff des destillierten Wassers durch eine
schützende Fettschicht auf das Probestück verhindert oder verlangsamt würde.
Dort wo sich eine Pore im Belag findet oder wo die Schicht zu dünn ist, entsteht
bei dem Liegen in destilliertem Wasser innerhalb 24 bis 48 Stunden deutliche
Rostbildung.

Bei anderen Metallen als Eisen und Stahl, welche nicht die Eigenschaft des
Rostens zeigen können, kommt aber die Korrosion ebenfalls vor und äußert sich
dort in einem Abplatzen der Chromüberzüge (meist eingeleitet durch bedeutende
Temperaturschwankungen) in Form von Splittern, so daß dann das Grundmetall
zum Vorschein kommt. Diese Erscheinung rührt aber auch oft von Sprüngen oder
Poren im Niederschlag her und kann man auch hierfür eine Schnell-Prüfmethode
anwenden, die sich natürlich auch für Eisen- und Stahlgegenstände anwenden
läßt. Diese Methode, welche das Bureau of Standards in Washington ausgearbeitet
hat und welche bei amerikanischen Autofirmen, wie der General Motor Co., zur
Prüfung verchromter Autoteile, seit langem in Verwendung ist, besteht darin,
daß in einer geschlossenen Kammer, in welcher die zu prüfenden Teile untergebracht sind, eine konzentrierte Kochsalzlösung äußerst fein zerstäubt wird,
so daß ein dichter, feiner Salzlösungsnebel entsteht, der die Gegenstände angreift.
Gewöhnliche Nickelniederschläge von zu geringer Dicke (unter 0,025 mm) beginnen unter diesen Verhältnissen schon nach 3 Stunden abzublättern und
selbst die beste Vernicklung zeigt nach 18 bis 20 Stunden Rostflecken, wenn sich
unter dem Nickelbelag Eisen befindet. Verchromte Eisengegenstände verhalten
sich ganz ähnlich bei zu geringer Schutzschicht, wendet man aber Zwischenschichten von Nickel und Kupfer oder die Doppel- bzw. Dreifach-Schicht Nickel-
Kupfer-Nickel vor der Verchromung an, zo zeigen solcherart verchromte
Gegenstände nach 40stündigem Verweilen im Salznebel des Prüfraumes noch
keine Rostbildung oder Abblätterungserscheinungen. Wenn mit der Dreifach-

Zwischenschicht gearbeitet wurde und dann nur kurz verchromt, so konnte man bei solchen Gegenständen sogar nach 100 Stunden Bestäubung mit Salznebel keinerlei Veränderung sehen. Man kann rechnen, daß ein 80 Stunden langes Widerstehen solcher Teile im Salznebel-Prüfraum einer 10jährigen Widerstandsfähigkeit korrodierender Witterungseinflüsse in der Praxis gleichkommt. Man hat also in dieser beschleunigten Korrosions-Prüfmethode ein wunderbares Mittel, zu untersuchen, welche Lebensdauer man für seine verchromten Gegenstände vorhersagen kann.

Entgasung der Chromniederschläge. Wir haben in den früheren Kapiteln gelesen, daß das Chrom bei seiner elektrolytischen Abscheidung nur mit einem verhältnismäßig kleinen Wirkungsgrad zur Abscheidung kommt und ist die Stromausbeute an metallischem Chrom nur etwa rund gerechnet 20 % der theoretischen Ausbeute. Gleichzeitig finden wir eine enorme Gasentwicklung an der Ware, und diese entspricht rund 80 % des aufgewendeten Stromes. Der Chromniederschlag selbst nimmt aber nun eine bedeutende Menge dieses sich mit dem Chrom zusammen abscheidenden Wasserstoffes auf; er okkludiert Wasserstoff in bedeutendem Maßstabe, und zwar um so mehr, mit je höherer Stromdichte gearbeitet wird. Versuche des Verfassers haben ergeben, daß bei Stromdichten von 5 A pro qdm das 200 bis 250fache Volumen des abgeschiedenen Chroms in diesem Chromniederschlag an Wasserstoff bei Atmosphärendruck enthalten ist. Bei Stromdichten von 10 A steigert sich dieser Gehalt an Wasserstoff im Chromniederschlag auf das 800fache Volumen usw. Dieser Wasserstoff gibt dem Chromniederschlag eine besondere Sprödigkeit, aber nicht nur dieser, sondern auch das Unterlagsmetall, wie Eisen, Stahl, Kupfer usw., nimmt solchen Wasserstoff, der in derartig bedeutender Menge kathodisch abgeschieden wird, auf und macht nicht nur den Niederschlag selbst spröde, sondern verändert auch die Festigkeitseigenschaften des Grundmaterials. So ist es bekannt, daß Scheren, Messer aus Stahl durch das Verchromen in stärkerer Schicht glashart und spröde werden, so daß feine Spitzen im Gebrauch außerordentlich leicht abbrechen, aber auch schon beim Verchromen selbst entstehen in feinen Schneiden Spannungen, die bis zu Rissen führen können. Jeder, der mit Verchromen zu tun gehabt hat, weiß, daß zum Beispiel kupferne Einhängedrähte durch das Verchromen brüchig werden. Man hat nun schon verschiedentlich versucht, durch thermische Behandlung der Chromniederschläge den Wasserstoff auszutreiben, doch sind durch solche Nachbehandlungen der Verchromung immer nur Mißerfolge entstanden, weil bei dem Entweichen des Wasserstoffes durch thermische Behandlung der Chromniederschlag feine Haarrisse erhält, die mikroskopisch oft schon vorhanden waren, wenn ihm auch als solchen durch eine solche Behandlung die Sprödigkeit nach Entweichen des Wasserstoffes genommen wurde. Durch ein neues Verfahren Dr. von Bosses wird der Wasserstoff sowohl aus dem Chromüberzug als auch aus dem Grundmetall nach erfolgter Verchromung restlos und auf eine ganz unschädliche Art und Weise entfernt, indem nach dem Prinzip der Elektrodenzerstäubung der leicht zerstäubbare Wasserstoff aus dem weit schwieriger zerstäubbaren Chrom herausgeholt wird. Fig. 274 zeigt eine solche Apparatur, bestehend aus einem Hochvakuumgefäß aus Eisen mit einem entsprechend großen Verschlußdeckel, der auf einfache Weise abzudichten ist, in Verbindung mit Hochvakuumpumpen, welche in 5 bis 10 Minuten auch ganz große Vakuumgefäße bis zu mehreren Metern Länge auf Hochvakuum auspumpen können. Geeignete Meßinstrumente für das Vakuum, ebenso eine Vergleichs-Entladungsröhre, die außerhalb des Vakuumgefäßes angebracht ist, zeigen an, wann das Vakuum erreicht ist und wird durch hochgespannten Wechselstrom mit Hilfe von Transformatoren den im Innern des Apparates aufgehängten verchromten Gegenständen hochgespannter Wechselstrom zugeführt. Sofort nach Stromschluß kann man durch die Schaulöcher des

Apparates eine eigentümliche Lichtemission, die von den zu entgasenden Gegenständen ausgeht, beobachten, und es tritt hierbei der Wasserstoff aus dem Gegenstande aus, was man durch ein eigentümliches Licht im Innern des Apparates verfolgen kann. Gleichzeitig sinkt vorübergehend das Vakuum um Bruchteile von $1/_{100}$ mm Quecksilbersäule, und nach 5 bis 10 Minuten stellt sich dann ein konstantes Vakuum ein, was ein Zeichen dafür ist, daß die Entgasung vollzogen ist.

Der Prozeß des Entgasens auf diese Weise ist außerordentlich billig und verteuert den Gegenstand kaum, gibt aber die vollkommene Gewähr dafür, daß später keine Korrosionen durch Rißbildung im Chromniederschlag eintreten, und die verchromten Gegenstände erhalten dann ihre natürliche Härte, ohne daß die Härte des Chromniederschlages selbst eine wesentliche Einbuße erleidet. Außerordentlich wichtig ist diese Entgasungsmethode bei verchromten Gegenständen, welche aus gegossenem Metall bestehen. Besonders in diesem Falle setzen sich leicht Spuren von Chrombadflüssigkeit in den Gußporen fest und machen sich nach einiger Zeit durch Losblättern des Chromüberzuges von innen heraus unliebsam bemerkbar. Durch die Entgasung nach dem angegebenen Verfahren werden nun auch solche Spuren von in den Poren eingeschlossener Chrombadflüssigkeit restlos entfernt. Sie bilden dann allerdings einen schwachen, gelblichen Überzug über der Chromschicht der verchromten Gegenstände, die sich aber ohne weiteres beim Polieren ohne Mehraufwand an Arbeit entfernen läßt. — Dieses Entgasungsverfahren ist auch besonders vorteilhaft für Gegenstände, die nach dem Chrom-Nickelverfahren behandelt werden sollen, indem sie zuerst eine starke Nickelschicht erhalten, auf der man bekanntlich dann nur schwache Chromniederschläge bisher aufzubringen vermochte. Wenn solcherart vernickelte Gegenstände vor der Verchromung entgast werden, wird auch aus dem Nickelüberzug der beim Vernickeln sich mit abscheidende Wasserstoff entfernt, und man erhält solcherart einen wasserstofffreien Nickelüberzug, auf den man dann Chromschichten von beliebiger Dicke ohne Gefahr des Abrollens der Niederschläge auftragen kann. Der Wasserstoff verhält sich bei diesem Entgasungsverfahren wie die Edelmetalle Gold und Silber; er unterliegt also schon bei einigen hundert Volt Spannung Wechselstrom der Elektrodenzerstäubung, und da er gasförmig von den eingehängten Gegenständen abgestoßen wird, wird er also aus dem Vakuumgefäß durch die Pumpen sofort wieder entfernt. Chrom, Nickel, Eisen u. dgl. werden erst bei einigen tausend Volt zerstäubt, können also bei den angewendeten, verhältnismäßig niedrigen Wechselstromspannungen nicht angegriffen werden, so daß es nach diesem Verfahren einwandfrei gelingt, den Wasserstoff von den galvanischen Chrom- und Nickelniederschlägen zu trennen, ohne daß Temperaturerhöhungen stattfinden, welche das Gefüge des Metallbelages gefährden.

Wie man nun Chromniederschläge nach diesem Verfahren entgasen kann, ebenso kann man dies auch mit allen anderen Wasserstoff aufnehmenden galvanischen Niederschlägen, wie Nickel, Messing, Kupfer, Kadmium usw., tun. Das Verfahren findet daher auch dort Anwendung, wo man stärkere Verchromungen auf vernickelten oder mit Kadmiumniederschlägen versehenen Gegenständen niederschlagen will, insbesondere aber dort, wo man solche mit Doppelschichten versehene Gegenstände nach der endlichen Verchromung noch mechanisch beansprucht, wie z. B. wenn man solcherart galvanisierte Bleche durch Biegen, Drücken, Stanzen, Ziehen u. dgl. weiterbearbeiten will, ohne Gefahr zu laufen, daß dann diese aufgalvanisierten Schichten sich vom Unterlagsmetall lösen. Verfasser hat der Elektrodenzerstäubung ein früheres Kapitel in diesem Werke gewidmet und sei auf dieses verwiesen, um die Eigenart dieses physikalischen Vorganges besser zu verstehen.

Die Entgasung wird sich in der Verchromungsindustrie mit Sicherheit einbürgern müssen, wenn man auf die Doppelschicht Nickel-Chrom bei einer endlichen Chromauflage von mehr als 0,005 mm zukommt, um die Oberflächeneigenschaften des Chroms (Härte und Unangreifbarkeit des Glanzes) zusammen mit einem Korrosionsschutz (auch insbesondere auf Messing und anderen Kupferlegierungen) auszuwerten.

Fehlerhafte Chromniederschläge und Abhilfe. Nicht jedermann, der z. B. vernickeln oder versilbern kann, wird auch sofort Verchromungen ausführen können, und wenn Verfasser auch das neu aufgenommene Kapitel über Verchromung detailliert behandelt hat, wird derjenige, der sich erst in dieses Spezialgebiet der Galvanotechnik einarbeitet, am Anfang manchen Mißerfolg haben. Es empfiehlt sich, daß man erst das Verchromen in eigens dafür von maßgebenden Firmen, wie den Langbein-Pfanhauser-Werken A.-G., eingerichteten Versuchs- und Muster-Verchromungsanlagen erlernt, ehe man fabrikationsmäßig dieses Verfahren anwendet. Man muß unterscheiden zwischen der Ausführung der Glanzverchromung, der wohl am meisten verlangten Ausführungsform, und der Matt- oder Hartverchromung. Das Glanzverchromen kommt hauptsächlich dort in Frage, wo man den Überzugseffekt erhalten will, wie bei den verschiedenen Gebrauchsartikeln der Metallindustrie, während die Hartverchromung, meist in Mattausführung, zu besonderen technischen Zwecken in Anwendung ist. Die häufigst vorkommenden Fehler beim Verchromen sind:

Die Niederschläge decken nicht vollständig, es bleiben unverchromte Stellen. Der Grund dazu liegt darin, daß solche Gegenstände, es sind dies meist solche mit Vertiefungen oder Hohlräumen, nicht mit genügend starkem Strom „gedeckt" wurden. Oder es ist überhaupt mit zu geringer Stromstärke gearbeitet worden, so daß an den tiefer liegenden Kathodenpartien die nötige Minimalstromdichte nicht erreicht wurde. Sind diese Momente aber berücksichtigt gewesen, so kann dieses fehlerhafte Arbeiten auch seinen Grund darin haben, daß das Bad zu heiß war, was oft dann vorkommt, wenn Chrombäder tagsüber sehr intensiv beansprucht wurden und durch Joulesche Wärme der Badinhalt über das zulässige Maß hinaus sich erwärmte. Für solche Fälle benutze man Kühlschlangen, am besten aus Aluminium, welche mit kaltem Wasser durchflossen sind, um solche schädliche Übertemperaturen wieder zu vermindern.

Gegenstände, welche z. B. große Durchbrechungen oder sonstige Öffnungen besitzen, verchromen sich zuweilen sehr schön, doch bleibt in der Umgebung solcher Durchbrechungen der Chromniederschlag einige Zentimeter breit aus, trotzdem man genügend Strom auf den Gegenstand verwendet hatte. Das Ausbleiben des Niederschlags ist auf die eigentümliche Rührwirkung der Gasentwicklung zurückzuführen, man hilft sich in solchen Fällen in der Weise, daß man die Löcher verstopft oder die Bleche hinter diese Durchbrechungen montiert oder mit Spezialkitten die Öffnungen verschließt.

Mißfarbige Chromüberzüge entstehen dann, wenn sich Chromoxyde mit dem Chrom zusammen abgeschieden haben. Das geschieht bei zu geringer Stromdichte oder dann, wenn das Bad nicht genug fremde Anionen als Katalysatoren besitzt. Geringer Zusatz hiervon, den man vorsichtig, mit kleinen Mengen beginnend, macht, hilft sofort diesem Übelstand ab.

Die Niederschläge werden teils glänzend, teils matt. Die matten Stellen haben zu hohe Stromdichten für zu lange Zeit erhalten, und man hat dort eben den kritischen oberen Punkt des für die obwaltenden Verhältnisse zulässigen Arbeitsintervalles überschritten. Entweder war die Badtemperatur zu niedrig oder überhaupt die Stromdichte an solchen Punkten zu hoch. Man achte auf ein möglichst homogenes Stromlinienfeld, verwende Stromblenden in der passenden Anordnung oder hänge die Anoden weiter weg. Bei zu engen Bädern ist nämlich oft nur die allzu große Anodennähe bei profilierten Gegenständen daran schuld.

Die Niederschläge bleiben an einzelnen Gegenständen ganz aus. Daran trägt immer nur schlechter Kontakt an diesem Gegenstand Schuld oder ein zu enges Nebeneinanderhängen verschiedener Gegenstände, so daß ein vor einem solchen Gegenstand hängender den Strom abblendet, indem keine Stromlinien zu dem abgeblendeten Gegenstand gelangen.

Die Niederschläge platzen in Form von Splittern im Bade ab. Für jede Badkonzentration und Temperatur gibt es ein Maximum der anwendbaren Stromdichte. Wird dieses überschritten und gleichzeitig die Verchromungsdauer zu lange ausgedehnt, so werden die Niederschläge derartig wasserstoffhaltig, daß sie schon im Bade abplatzen. Man verringere die Stromdichte durch Verminderung der Badspannung. Man messe des öfteren die Badtemperatur während des Tages, zumal man bei forciertem Betriebe gewohnt ist, die äußere Wärmezufuhr abzudrosseln, um ein übermäßiges Ansteigen der Badtemperatur hintanzuhalten, wobei mitunter aber doch die Badtemperatur allzusehr zurückgeht. Scharfe Kontrolle aller vorgeschriebenen Arbeitsbedingungen ist unumgänglich notwendig. Da mit sinkender Badtemperatur außerdem die kathodischen Stromausbeuten schnell steigen, wird das Dickenwachstum bei niedrigerer Badtemperatur bei gleichbleibenden Stromdichten wesentlich gefördert, und da Niederschläge um so spröder werden, je höhere Stromdichten man anwendet, und das Abplatzen mit zunehmender Niederschlagsdicke erleichtert wird, darf man bei niedriger Badtemperatur ohne Gefahr für die Niederschläge die Dicke nicht zu weit treiben.

Die Niederschläge werden körnig und unpolierbar, wenn die Chrombäder mit Festsubstanzen verunreinigt sind, welche im Bade suspendiert bleiben und mit einwachsen können, sofern sie an die Kathoden gelangen. Man muß solche Bäder erst einige Stunden ruhig absitzen lassen, bis sich diese Teilchen abgesetzt haben, dann ziehe man am besten die ganze Lösung durch einen Heber ab, filtriert den Bodensatz durch Glaswolle und füllt die Wanne, nachdem man sie gut ausgewaschen hat, wieder mit Lösung voll. Suspendierte Teilchen werden, wenn solche von der starken Gasentwicklung hochgerissen und an die Kathode gelangen, unrettbar von dem sich rasch bildenden Chromniederschlag eingeschlossen, es wächst eine dünne Chromschicht darüber und geben solcherart punktartige Rauheiten, die durch keine Polierarbeit zu entfernen sind. Der sehr schwere Niederschlag von Bleichromat, der stets in Chrombädern vorhanden ist, welche mit Bleianoden arbeiten, wird von der kathodischen Gasentwicklung nicht hochgerissen und kann niemals gefährlich werden. Dagegen verkohlt Holz oder Gewebe aller Art, und diese feinen Kohleteilchen sind es dann, welche stören.

Die Niederschläge rollen ganz ab. Diese Erscheinung trifft man nur dort, wo man auf Zwischenlagen, welche auf galvanischem Wege vor der Verchromung aufgetragen wurden, anwendet, und zwar handelt es sich um solche Niederschläge, welche selbst bedeutende Mengen von Wasserstoff enthalten, wie Messing und Kupfer, wenn diese Metalle wie üblich aus zyankalischen Lösungen abgeschieden wurden, ferner Nickelniederschläge aus allen kalten Nickelbädern, aber auch aus erwärmten Schnell-Nickelbädern stammende Nickelniederschläge enthalten Wasserstoff. Kadmiumniederschläge, die aus alkalischer oder saurer Lösung hergestellt sind, sind direkt als Unterlage für Chrom nicht verwendbar, wenn ihnen der Wasserstoffgehalt nicht vor der Verchromung genommen wurde (vgl. Entgasung der Niederschläge). Alle diese Niederschläge stören durch ihren eigenen Wasserstoffgehalt, und entgast man solche Niederschläge nicht vor der Verchromung, so rollen die darauf aufgetragenen Chromschichten, wenn sie einige Dicke erreicht haben, mit dem darunter liegenden Zwischenniederschlag zusammen ab. Auf solche Zwischenlagen darf man nur ganz dünne Chromniederschläge abscheiden, und zwar höchstens in einer Schichtdicke von 0,0001 mm. Diese Schichtdicke wird bei normaler Verchromung in 10 bis 15 Minuten erreicht. Beläßt man aber solche vorgalvanisierte und nicht entgaste Gegenstände länger im Chrombade, überschreitet also diese zulässige Chrombelagsdicke, so rollen die Niederschläge vollständig ab.

Bei der Wiederverchromung vorher mißlungener Gegenstände beobachtet man zuweilen, daß sich diese fast gar nicht mehr verchromen lassen, was insbesondere bei Eisen, und zwar Gußeisen ganz besonders, vorkommt. Der Grund ist in einem Wasserstoffgehalt des Gußeisens zu suchen, denn Gußeisen, welches gewöhnlich unter Anwendung sehr hoher Stromdichten verchromt wird, belädt sich sehr stark selbst mit Wasserstoff, und auf solchem Gußeisen gelingt eine Neuverchromung nicht, wenn man vorher die mißlungene Chromschicht durch Entchromung entfernt hatte. Man muß durch starkes Erhitzen diesen aufgeladenen Wasserstoff austreiben, meist genügt ein Abflammen mit einem Bunsen-Brenner oder einer Lötlampe, doch muß man Vorsicht hierbei walten lassen, zumal bei hohlen, innen verchromt gewesenen Gegenständen; denn der Wasserstoff entweicht dann sehr plötzlich, und es kann sich sogar eine Stichflamme bilden, die außerordentlich heiß ist. Ist aus solchem Gegenstand dieser Wasserstoff ausgetrieben, so kann man die Wiederverchromung mit Erfolg durchführen.

Bei der Mattverchromung kann man mitunter beobachten, daß der Niederschlag rissig wird. Matte Chromniederschläge sind, wie bereits mehrfach betont wurde, an und für sich sehr spröde, und man darf daher die Schichtdicke nicht übertreiben. Aber auch bei geringer Schichtdicke zeigen sich rissige Niederschläge dann, wenn auf unreiner Unterlage verchromt wurde, z. B. wenn die Unterlage stark oxydiert war. Wenn auch in der stark chromsäurehaltigen Badflüssigkeit Oxyde schnell gelöst werden, so ist doch auf reine metallische Fläche vor der Verchromung zu achten, ebenso müssen Fette entfernt werden, ähnlich wie wir dies bei anderen Galvanisierungen kennen, wenn diese Vorbereitung auch nicht den Grad von Genauigkeit erfordert wie bei anderen Galvanisierungsarten. Risse entstehen ferner, wenn der Chromniederschlag zu hart und spröde ist, so daß bei Temperaturschwankungen der Chrombelag der Ausdehnung des Unterlagsmetalles nicht folgen kann.

Die Niederschläge vollziehen sich nur langsam, das Bad läßt trotz richtiger Badspannung zu wenig Strom durch. Diese Erscheinung tritt dann ein, wenn die Anoden stark mit Bleichromat belegt sind. Dadurch wird der Stromdurchgang behindert. Man nehme die Anoden aus dem Bade, säubere zunächst die Kontaktstellen für die Anoden, scheuere die Anoden selbst unter Zuhilfenahme von Stahldraht-Kratzbürsten, nachdem man die Anoden erst gründlich mit Wasser gespült hat und hänge die Anoden wieder ein. Es wird dann sofort wieder der Normalstrom durch die Bäder fließen.

Analyse und Korrektur der Chrombäder. Wenn einmal ein Chrombad den Dienst versagt, kann nur eine chemische Analyse des Bades Aufschluß geben über evtl. vorgekommene Veränderungen der Badzusammensetzung. Es sei angenommen, daß das Bad aus technischer Chromsäure bereitet wurde und als Erregerzusatz bzw. Katalysator schwefelsaure Salze oder direkt Schwefelsäure zugesetzt wurden. Es ist dann das Bad zu untersuchen auf seinen Gehalt an SO_4, ferner auf seinen Gehalt an CrO_3 und auf Cr_2O_3. Letzteres als Chromchromat. Ein zu hoher Gehalt an fremden Säureanionen über das Normalmaß von 0,5 %, bezogen auf den Chromsäuregehalt, ist schädlich, aber ebenso schädlich ist ein zu hoher Gehalt an Chromchromat. In beiden Fällen, also wenn zuviel SO_4 oder zuviel Cr_2O_3 im Bade vorhanden ist, kann man sich nur helfen, wenn man das Bad zunächst verdünnt, um diese beiden schädlichen Überschüsse zu vermindern und dann wieder reine Säure, frei von Fremdsubstanzen, bis zur normalen Zusammensetzung zusetzt. Bei richtig geleiteten Verchromungsvorgang wird eine solche Korrektur kaum nötig sein, d. h. wenn man stets mit richtigen Anodenstromdichten arbeitete und zum Verstärken der Chrombäder immer nur reinste Verstärkungschromsäure zugesetzt hatte.

Der Gang der Untersuchungen, die natürlich nur ein geschulter Chemiker ausführen kann, gestaltet sich dann am besten folgendermaßen:

Bestimmung der Schwefelsäure. 25 ccm Chrombad, auf ca. 400 ccm verdünnt, reduziert man in stark salzsaurer Lösung mit Alkohol. Man erhält längere Zeit bei leichtem Sieden, bis eine völlig dunkelgrüne Lösung vorliegt. Etwa 20 ccm $BaCl_2$ 1 : 10 verdünnt man auf 100, erhitzt zum Sieden und fällt damit in der ebenfalls kochenden Lösung die Schwefelsäure unter kräftigem Umrühren als $BaSO_4$ aus. Nach 12 stündigem Stehen filtriert man, wäscht sehr gut nach, trocknet, glüht und wägt als $BaSO_4$, berechnet auf H_2SO_4.

Obgleich das Baryumchromat durch HCl zersetzt wird, vermeidet man die Fällung des Barymsulfates neben Chromsäure, da der $BaSO_4$-Niederschlag leicht zur Einschließung von Barymchromat neigt und dadurch zu hohe Resultate erzielt werden.

Bestimmung der Chromsäure. Diese erfolgt am einfachsten durch Titration mit einer Ferrosulfatlösung in schwefelsaurer Lösung.

Die Ferrosulfatlösung stellt man bei jedem Analysengang von neuem gegen eine $n/_{10}$-Kaliumbichromatlösung ein und berechnet den Faktor, d. h. man muß die verbrauchte Anzahl Kubikzentimeter der Ferrosulfatlösung mit diesem Faktor multiplizieren, um den Verbrauch an $n/_{10}$-Ferrosulfatlösung zu bekommen (Treadwell II, S. 525).

Bei der Titration der Chromsäure läßt man zu der mit H_2SO_4 angesäuerten Probe die Ferrosulfatlösung hinzulaufen, wobei die anfangs rotgelbe Farbe in Braun, Braungrün und zuletzt in Blaugrün übergeht. Das Ende der Titration bestimmt man durch Tüpfeln mit einer frisch bereiteten Ferrizyankalilösung (2 %): Sowie der erste überschüssige Tropfen Ferrosulfat vorhanden ist, bildet sich Berlinerblau. Es wurden zum Beispiel 20 ccm Chrombad auf 1000 verdünnt und 10 ccm davon zur Analyse verwendet. Der Faktor für $FeSO_4$ sei 0,73.

$$1000 \text{ ccm } n/_{10} FeSO_4 = 3,337 \text{ g } CrO_3.$$

Es wurden verbraucht: 25,55 ccm $FeSO_4$

$$\frac{25,55 \times 0,73 \times 50 \times 100 \times 3,337}{1000}$$

oder

$$25,55 \times 0,73 \times 16,6850 = 311,1 \text{ g } CrO_3/\text{Liter Badflüssigkeit}.$$

Bestimmung des Chromchromatgehaltes. Die Lösung enthält CrO_3 und Cr_2O_3. Das 3wertige Cr_2O_3 wird durch Kaliumpersulfat zu dem 6wertigen CrO_3 oxydiert (in schwefelsaurer Lösung). Darauf titriert man das CrO_3 wie oben; die Differenz von b — a ist gleich g CrO_3, im Bad als $Cr^{\cdots}$ vorhanden gewesen. Es ist umzurechnen nach der Formel:

$$2 CrO_3 : Cr_2O_3 = 1 : x,$$
$$200,4 : 152,4 \quad = 1 : x, \qquad x = 0,76$$

also

$$\text{gef. } CrO_3 \times 0,76 = Cr_2O_3,$$

umzurechnen in Chromchromat:

$$4 CrO_3 : 2 Cr_2O_3 \cdot 3 CrO_3 = 1 : x,$$
$$400,8 : 604,0 \quad = 1 : x, \qquad x = 1,52.$$

also

$$\text{gef. } CrO_3 \times 1,52 = \text{Chromchromat}.$$

Ausführung der Analyse. Nachdem man eine abgemessene Probe, z. B. 10 ccm, auf Chromsäure titriert hat und dazu D ccm Ferrosulfatlösung verbrauchte, oxydiert man eine neue Probe von 10 ccm in schwefelsaurer Lösung mit Kaliumpersulfat: In einem Erlenmeyer-Kolben versetzt man 10 ccm der zu untersuchenden Lösung mit 30 ccm verdünnter H_2SO_4 und erhitzt nach dem Hinzufügen von 5 g Kaliumpersulfat zum Sieden. Nachdem die Sauerstoffentwicklung aufgehört hat, setzt man nochmals 5 g Persulfat (vorsichtig) hinzu und hält nun 15 bis 20 Minuten bei Siedetemperatur, um jegliches überschüssige Persulfat zu zerstören. Es sind auch die Ränder des Erlenmeyer-Kolbens sorgfältig abzuspülen, denn die geringste Menge Persulfat gibt natürlich ein vollständig falsches Bild. Zwei Analysen müssen unbedingt übereinstimmen. Nach dem Abkühlen titriert man wie oben mit Ferrosulfatlösung. Der Verbrauch sei E ccm. $E - D$ ccm $FeSO_4$ entsprechen dem Gehalt an 3wertigem Cr.

Es wurden zum Beispiel nach dem Oxydieren titriert: 26,6 ccm

$$b : 26,60$$
$$- a : \underline{25,55}$$
$$1,05 \times 0,73 \times 16,6850 = 12,7 \text{ g } CrO_3/\text{Liter.}$$

Da im Bad als Cr_2O_3 vorhanden x 0,76 $= 9,6$ g Cr_2O_3/Liter. x 1,52 $= 19,2$ g Chromchromat pro Liter.

Anoden für Chrombäder. Als Anoden eignen sich am besten Spezial-Bleianoden, und zwar sollen sie, je nach der Länge, mit der sie ins Bad eintauchen, 2 bis 5 mm stark sein, um auch entlang der Anoden einen möglichst kleinen Spannungsabfall innerhalb der Lösung zu erhalten, was ja allein eine gleichmäßige Stromverteilung im Bad zwischen Anoden und den zu verchromenden Gegenständen verbürgt. Die Anoden müssen einwandfrei mit der Anodenleitungsarmatur verschraubt sein und gleich nach Einfüllen der Badlösung positiv polarisiert werden. Dies macht man in der Weise, daß man auf die Kathodenstange des Bades Metallbleche hängt und dann etwa $\frac{1}{2}$ Stunde lang starken Strom wirken läßt. Die Bleianoden überziehen sich dann mit einem unlöslichen oxydischen Überzug, der das Blei vor weiterem Angriff durch die Chromsäure schützt. In gleicher Weise werden andere Bleiarmaturen, wie mit Blei überzogene Badwärmer u. dgl., polarisiert, indem man sie am besten dauernd mit dem Anodenpol des Bades durch entsprechende Verbindungsleitungen verbindet. Andernfalls würde die Chromsäure das Blei nach und nach in Bleichromat verwandeln und solche Bleiteile zerstören. Es werden aus diesem Grunde jetzt auch vielfach zum Zwecke der Erwärmung der Bäder oder zum Abkühlen besondere Legierungen verwendet, um die Zerstörung solcher im Bade liegender Teile, auch wenn sie anodisch verbunden sind, zu verhüten. Die Fläche der Bleianoden soll ungefähr doppelt so groß sein wie die der zu verchromenden Gegenstände, keinesfalls kleiner als diesem Verhältnis entspricht, lieber etwas größer.

Man muß jedoch stets darauf achten, daß die Anodenfläche nicht zu groß ist, weil sonst, speziell wenn kleinere Gegenstände einer großen Anodenfläche gegenüberhängen, die Stromlinienstreuung sich sehr unliebsam bemerkbar macht, indem bei längerer Einhängedauer die Gegenstände an besonders exponierten Stellen überschlagen, matt werden, oder, wie der technische Ausdruck in der Galvanotechnik heißt, ,,anbrennen".

Es ist beim Verchromen, mehr wie bei jeder anderen Galvanisierungsmethode, nötig, auf einen möglichst gleichmäßigen Abstand zwischen Waren und Anoden zu achten, und zwar deshalb, weil, wie später dargetan wird, die Eigenart der elektrolytischen Chromabscheidung die Einhaltung einer gewissen Minimalstromdichte an der Kathode verlangt, so daß überhaupt kein Chrom an solchen Punkten der Ware abgeschieden wird, wo die Stromdichte unter dieses Minimum sinkt. Bei der kleinen Stromlinienstreuung, die trotz aller Maßnahmen in Chrombädern im Vergleich zu Nickelbädern immerhin besteht, muß man also für eine Gleichmäßigkeit des Anodenabstandes Vorsorge treffen. Bei Hohlkörpern oder anderen Gegenständen, bei denen die Stromlinienstreuung im Bade nicht mehr ausreicht, um eine einwandfreie Verchromung herbeizuführen, greift man deshalb zu Hilfsanoden oder zu Hand- oder Wanderanoden. Diese Hilfsanoden können auf der Wareneinhängevorrichtung (isoliert) angebracht werden, um

mit dem Gegenstand zusammen ins Chrombad eingetaucht zu werden, nachdem
schon vorher, außerhalb des Bades, die richtige, geeignete Lage der Hilfsanode
festgestellt wurde. Man verbindet dann die Hilfsanode aus Blei mittels Kabel mit
der Anodenleitung des Bades und schließt nach Einsetzen der Warenträger und
der daran befestigten Ware und Hilfsanode den Badstromkreis. Für schwächere
Verchromungen genügt es auch, wenn man von Hand solche Hilfsanoden im
Bade in richtiger Lage zum beispielsweise hohlen Gegenstand hält und das
obere, aus dem Bade herausragende Ende der Anoden mit der Anodenleitung des
Bades verbindet. Solche Hilfsanoden wurden zu Wanderanoden, wenn man sie
von Hand oder maschinell im Bade der Ware entlang wandern läßt, wenn z. B.
ein längerer rinnenartiger Körper im Innern mit einer solchen Hilfswanderanode
verchromt werden soll.

An Stelle reinen Bleies kann man sehr gut auch Hartblei verwenden, wobei
man am besten von gewalztem Material ausgeht. Legierungen von Blei mit
anderen Metallen, wie z. B. Zink oder Aluminium, haben sich nicht bewährt.
Bedingungsweise lassen sich auch Eisenanoden verwenden, wenn man kohlenstoffarmes oder siliziertes Eisen benutzt, gewöhnliches Eisen verhindert bald den
Stromdurchgang und verursacht dunkel gefärbte Chromniederschläge. Alumi-
niumanoden sind vollkommen unbrauchbar, sind direkt gefährlich für Chrombäder, weil gelöstes Aluminiumchromat in Chrombädern stört. Lösliche Anoden
sollen in Chrombädern überhaupt nicht Verwendung finden, weil die zur Aufrechterhaltung der Badzusammensetzung nötige Oxydierung der kathodisch
sich bildenden Chromate dadurch unmöglich würde. Eine ausführliche Abhandlung betr. verschiedener Anodenmaterialien für Chrombäder stammt von
Oliver P. Watts (vgl. Paper 5—52, General-Meeting of the American Electrochemical Society. Sept. 1927). Nur wenn die Reduktionsprodukte der Chromsäure, welche kathodisch stets entstehen, ungefähr im selben Maßstabe anodisch
an unlöslichen Anoden wieder zu Chromsäure oxydiert werden, behält das Bad
seine Urzusammensetzung und längere Lebensdauer. Alle diesbezüglichen Vorschläge, Chrom als Anoden zu verwenden, sind deshalb zu verwerfen.

Bei der allgemein üblichen Verwendung von Bleianoden ist darauf zu achten,
daß die Anoden wöchentlich einmal aus dem Bade zu nehmen sind, um sie nach
gutem Abspülen energisch mit Stahldraht-Kratzbürsten zu reinigen, denn es
bildet sich stets Bleichromat an den Anoden, welches den Stromdurchgang erschwert, und man muß deshalb für blanke Anoden sorgen, damit ungehinderter
Stromdurchgang gewährleistet wird.

Hängen die Bleianoden längere Zeit stromlos im Bade, so werden sie nach
und nach in Bleichromat verwandelt und können sogar vollkommen zerfallen.
Man sorge daher stets dafür, daß die Anoden positiv aufgeladen werden, d. h.
man läßt Strom auf sie einwirken, dann werden sie auch bei längerem stromlosem
Hängen in den Bädern nicht angegriffen. Besser aber ist, wenn man längere
Betriebspausen hat, die Anoden aus den Chrombädern herauszunehmen, abzuspülen und sie aufzubewahren.

Eigenschaften und Vorzüge der Chromniederschläge. Die besonderen Eigenschaften der elektrolytischen Chromüberzüge haben in unserer heutigen praktisch
eingestellten Zeit der Verchromung die Wege geebnet, und man wendet die Verchromung deshalb überall dort mit Erfolg an, wo diese besonderen Eigenschaften
der Verchromung von Bedeutung sind. Man kann die Vorzüge in folgendem
zusammenfassen:

Hitzebeständigkeit,
Unempfindlichkeit gegen chemische Einflüsse,
Härte der Überzüge.
Eine gewisse abstoßende Wirkung gegen Kleben verschiedener Stoffe.

Es wird leider, nachdem die Elektrolyse der Chromsäure gelungen ist, nachdem maßgebende Firmen der Galvanotechnik erneut auf die namhaften Vorzüge der galvanischen Verchromung hingewiesen haben, ein gewisser Unfug getrieben mit Schutzrechten, welche die Anwendung der Verchromung für spezielle Zwecke einzelnen schützen sollen. Es kann dagegen gar nicht genug Stellung genommen werden. Wenn man weiß, daß sich auf Chromniederschlägen Gummi oder Kunststoffe nicht festsetzen, daß man daher verchromte Formen für die Gummiindustrie verwenden kann, zu dem Zwecke, das Herstellen schöner Preßstücke und längere Verwendungsmöglichkeit solcher verchromter Formen zu ermöglichen, so kann man daraus nicht noch Schutzrechte ableiten. Oder nachdem man weiß, daß sich verchromte Gegenstände größerer Hitze aussetzen lassen, so kann man nicht etwa die Anwendung der Verchromung in der Beleuchtungstechnik, etwa zur Verchromung von Lampenbrennerteilen und ähnlichen Zwecken, schützen lassen. Ferner ist es nicht mehr angängig, etwa Schmelztiegel, in dem man Metalle schmilzt, welche einen niedrigeren Schmelzpunkt als Chrom haben, mit Chrom zu überziehen, weil sich solche Metalle nicht an die verchromte Wandung ansetzen usw. Nachdem man die Eigenschaften der Chromüberzüge kennt, ist es jedem freigestellt, das Verfahren für seine Zwecke anzuwenden, ohne daraus ein ausschließliches Recht zu konstruieren.

Es seien einige der bevorzugtesten Eigenschaften der elektrolytischen Chromüberzüge im nachstehenden angeführt:

Chromniederschläge lassen sich in jeder gewünschten Stärke herstellen, von hauchdünnen Auflagen bis zu einigen Millimetern Dicke.

Chromniederschläge besitzen eine keinem anderen elektrolytischen Metallniederschlag innewohnende enorme Härte. Die Härte bei einigermaßen starker Schicht entspricht der des Korund. Verchromte Gegenstände sind daher außerordentlich widerstandsfähig gegen mechanische Beanspruchungen, im praktischen Gebrauch daher so gut wie unabnutzbar.

Chromniederschläge haften außerordentlich fest auf der metallischen Unterlage, doch muß, um dieses Festhaften auf die Dauer zu gewährleisten, Vorsorge getroffen werden, daß die Unterlage frei von Poren ist, da sonst Korrosion durch in solchen Materialporen zurückgehaltene Flüssigkeitsteilchen eintreten kann. Besonders bei gegossenen Materialien sind daher Zwischenlagen von geeigneten korrosionsschützenden Metallniederschlägen vor der Verchromung aufzutragen, um vorher solche Poren zu schließen.

Chromniederschläge sind sehr hitzebeständig, in stärkeren Schichten aufgetragen, hält die Chromschicht Temperaturen von 600 bis 800° C aus, ohne nennenswerte Veränderung der blanken Oberfläche zu zeigen. Anlauffarben treten erst bei höheren Temperaturen ein. Der Schmelzpunkt des elektrolytisch abgeschiedenen reinen Chroms liegt bei fast 2000° C.

Chromniederschläge sind wetterbeständig, laufen weder an der Luft noch durch Gase oder Dämpfe an, werden nie blind und brauchen daher nie geputzt zu werden.

Chromniederschläge sind alkali- und säurebeständig, sie widerstehen dem Angriff aller Substanzen, ausgenommen heißer starker Schwefelsäure und Halogensäuren. Salzlösungen aller Art, Seewasser usw. wirken in keiner Weise ein.

Chromniederschläge wirken rostschützend, wenn in ausreichender Stärke aufgetragen. Speziell in Verbindung mit einem Verfahren der Langbein-Pfanhauser-Werke A.-G. nach D. R. P. zur Herstellung rostsicherer elektrolytischer Metallüberzüge kann man einen einwandfreien Rostschutz bei dem anerkannt schönen Aussehen verchromter Flächen erhalten.

Chromniederschläge zeigen eine silberähnlich bläulichweiße Farbe, ähnlich poliertem Platin, ein Effekt, der dem verchromten Gegenstande dauernd erhalten bleibt.

Chromniederschläge können vielfach so dünn gehalten werden, daß sie nicht teurer zu stehen kommen als eine gleichwertige Vernicklung, ohne daß ihre Haltbarkeit gefährdet wird.

Chromniederschläge lassen sich mit der Unterlage zusammen stanzen und drücken — ein Löten ist jedoch nicht möglich, wie auch ein anderer galvanischer Metallniederschlag auf einer verchromten Unterlage nicht haftet.

Wahl der Badgröße. Die Badgröße bestimmt sich natürlich durch die größten zur Verchromung gelangenden Gegenstände. Man muß damit rechnen, daß oberhalb des Badniveaus mindestens 10 cm freier Raum bis zur Kante des Badgefäßes verbleiben muß, und ebenso sollen die zu verchromenden Gegenstände nicht bis auf den Boden der Wanne reichen, sondern von der untersten Kante der im Bade hängenden Gegenstände bis zur Bodenfläche des Bades sollen 10 bis 15 cm Raum verbleiben. Kleinere Gegenstände werden am besten auf einem gemeinsamen Gestänge auf einmal in das Bad gebracht. Es empfiehlt sich, Gegenstände komplizierterer Art, die man mit höherer Badspannung, also mit höherer Stromdichte, „decken" soll, einzeln im Bade zu behandeln oder eine Anzahl gleichartiger Gegenstände gleichzeitig in das Bad einzusetzen, um auf diese Weise allen Gegenständen die gleichartige Behandlungsweise beim Verchromen durch das Decken mit stärkerem Strom zuteil werden zu lassen. Solche Gegenstände komplizierterer Form, wie Kannen, Scheinwerfer mit großer Höhlung, kastenartige Gefäße mit Ecken im Innern, die man nur noch mit Hilfsanoden behandeln kann, bedingen die Verwendung verhältnismäßig kleiner Bäder, da man in einem größeren, bereits teilweise beschickten Bad diese besondere Deckungsmethode mit stärkerem Strom mit nachfolgendem Abschwächen auf das normale Maß mit Hilfe des Regulators nicht beim sukzessiven Einhängen eines jeden Gegenstandes wiederholen kann. Sonst würden die schon einmal mit der hohen Stromdichte gedeckten, zuerst eingehängten Gegenstände einen außerordentlich starken Stromstoß erhalten und Gefahr laufen, anzubrennen.

Es ist daher in jedem einzelnen Falle, je nach dem zu verchromenden Gegenstand oder nach der Auswahl der vorkommenden Gegenstände des betreffenden Betriebes zu entscheiden, wie man die Größe der Bäder am praktischsten wählt, um das Maximum an Leistung bei bequemer Handhabung der Bäder herausarbeiten zu können. Im allgemeinen empfiehlt es sich, lieber eine größere Anzahl kleinerer Bäder aufzustellen als eine kleine Anzahl großer Bäder, wenn nicht, wie schon erwähnt, das Vorhandensein besonders groß dimensionierter Gegenstände zur Wahl entsprechend großer Badgefäße drängt.

Badgefäße und Ansetzen der Elektrolyte. Als Badgefäße dienen am besten bei kleinen Wannen solche aus Steinzeug, die man zum Schutze gegen das Zerspringen in ein autogen geschweißtes Eisengefäß einstellt. Größere Badgefäße werden aus autogen geschweißtem Eisenblech mit innerer, säurebeständiger Auslegung ausgeführt. Diese letztere Arbeitsweise des Auslegens solcher Wannen kann nur durch einen Spezialfachmann erfolgen, und auch nur an Ort und Stelle, weil solche Wannen nicht transportabel sind, da die säurefeste Auslegung im Innern dieser Gefäße durch die unvermeidlichen Stöße auf dem Transport schadhaft würde. — Durch unrichtige Wahl von Badgefäßen seitens nicht genügend orientierter Installationsfirmen ist schon mancher Schaden an Leib und Gut in solchen Betrieben entstanden, da die Chromsäure ein äußerst stark oxydierendes, ätzendes Material darstellt, das ähnlich wie Schwefelsäure alles Organische zerstört und zerfrißt.

Beim Ansetzen der Bäder, welche in trockener Form geliefert werden, ist besonders darauf zu achten, daß die Bäder beim Ansetzen dauernd und häufig durchmischt und durchgerührt werden müssen. Die schwere Lösung des an sich leicht löslichen Chrombadsalzes bleibt allzugern unvermischt am Boden der Gefäße liegen. Wird nun die obere Badschicht mit dem Aräometer gemessen, nachdem das Salz aufgelöst wurde, so wird meistens irrtümlich angenommen, daß das Chrombad nicht die notwendige und in der Anleitungsvorschrift angegebene Konzentration zeige.

Dies rührt immer daher, daß die Lösung nicht genügend durchmischt ist, das Bad ist oben dünner als am Boden, weil die schwere Chrombadlösung unvermischt noch am Boden des Badgefäßes liegt. Ist Druckluft in einem Betrieb vorhanden, so empfiehlt es sich, mit einem Eisenrohr, an einem Gummischlauch befestigt, Druckluft am Boden der Wanne einzuführen und einige Zeit die Luft durchzuleiten, das Rohr von einer Seite der Wanne zur anderen führend, so daß eine innige Vermischung der ganzen Badlösung in kurzer Zeit ermöglicht wird. Das Auflösen der zum Bereiten der Chrombäder gelieferten Salze erfolgt in etwas angewärmtem Wasser bei etwa 40 bis 50° C, wobei sich die Salze restlos und schnell lösen.

Zum Anschluß der Heizschlangen verwende man die LPW-Isoliermuffen D. R. G. M., um zu verhindern, daß bei Anwesenheit mehrerer Bäder Strom von einem zum anderen Bad durch die gemeinsame Rohrleitung gelangt, wodurch Störungen in der Arbeit des Verchromens eintreten könnten. Chrombäder läßt man stets räumlich getrennt von anderen, speziell von Nickelbädern, weil schon Spuren von Chrombadlösung die Nickelbäder verderben.

Kontaktgebung und Stromblenden. Mehr wie bei jedem anderen galvanischen Prozeß ist guter Kontakt Grundbedingung für das Gelingen der Verchromung. Gegenstände, welche mit größereren Stromstärken verchromt werden müssen, in erster Linie also große Flächen, müssen mit der Einhängevorrichtung besonders innigen Kontakt erhalten. Wo irgend möglich, verbindet man die Kontakte mit dem Gegenstand an Stellen, wo durch diese Verbindung nicht etwa eine Abblendung des Stromes stattfindet. Ist dies aber nicht zu umgehen, wie etwa bei planen Flächen, größeren Blechen und ähnlichen Gegenständen, dann muß während des Verchromens die zum Befestigen der Stromzuleitung verwendete Klemmschraube gelöst werden, möglichst ohne den Gegenstand aus dem Bade herauszuheben, und der Kontakt an einer anderen bereits verchromten Stelle angebracht werden. Vielfach empfiehlt es sich auch, stärkere Stromzuleitungen an einer geeigneten Stelle am Gegenstande anzulöten. Bei kleineren Gegenständen, die man in größerer Menge zusammen ins Bad bringt, genügt wohl auch ein sicheres Umwickeln mit einem entsprechend starken Kupferdraht als Zuleitung, doch muß dieser Zuleitungsdraht ebenfalls nach einer gewissen Zeit verschoben werden, damit die unter dem Drahte befindliche Partie des Gegenstandes nach der Verchromung nicht etwa unverchromt erscheint. Kleine Massenartikel machen natürlich hierbei etwas Schwierigkeiten. Für Eßbestecke, Löffel, Gabeln und ähnliche Gegenstände, wie Scheren, Pinzetten, chirurgische Instrumente, bauen die Langbein-Pfanhauser-Werke A.-G. durch D. R. G. M. geschützte spezielle Vorrichtungen, wie sie Fig. 265 zeigt. Diese Einhängegestelle[1] lassen sich natürlich auch für größere Gegenstände anwenden und bezwecken gleichzeitig, den Randstrom derart aufzufangen, daß innerhalb des metallischen Rahmens, der durch Schrauben oder sonstwie verstellbar ist, ein homogenes Stromlinienfeld entsteht, d. h. es herrscht innerhalb dieses Rahmens eine annähernd gleichmäßige Stromdichte. Hängt man die einzelnen am Rahmen durch dünne Drähte befestigten Gegenstände vernunftsgemäß so zueinander auf, daß sie sich gegenseitig vor dem „Anbrennen" schützen, so ist man sicher, Ausschuß durch Anbrennen ganz zu vermeiden. Man kann in diesen Rahmen die verschiedenartigsten Gegenstände nebeneinander anreihen. Dünne Drähte, mit denen die Gegenstände befestigt werden, blenden auch gar nicht den Strom ab, hinterlassen keine ungedeckten Stellen nach der Verchromung, und da man diese Drähte

---

[1] D. R. G. M. 1003075.

beispielsweise nach 2 oder 3 Seiten befestigt, ist auch der Zuleitungsquerschnitt genügend, selbst wenn größere Flächen zu verchromen sind.

Wenn man einzelne Gegenstände zu verchromen hat, das Bad also nicht voll beschicken kann, muß man, um die Ränder der eingehängten Gegenstände vor dem Anbrennen infolge zu starken Stromes zu schützen, sogenannte Stromblenden anwenden, um den Randstrom infolge Streuung der Stromlinien von den Anoden her aufzufangen. Hierzu genügen gewöhnlich schmale Blechstreifen, auch schon stärkere Drähte, mit denen man die gefährdeten Partien der zu verchromenden Gegenstände, speziell mit Spitzen oder weit vorstehenden Partien, die den Anoden sehr nahekommen, umgibt. Im übrigen ergibt die Praxis des Verchromens sehr schnell für jeden einzelnen Gegenstand die Methode, wo und wie man diese Stromblenden anbringt bzw. auszuführen hat, um das Anbrennen infolge zu starken Stromes an solch gefährdeten Partien der zu verchromenden Gegenstände zu verhüten.

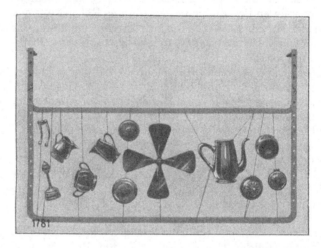

Fig. 265.

Absaugevorrichtung für die Badnebel und Chromrückgewinnungsanlage. Der Vorgang der Chromabscheidung geht bekanntlich parallel mit einer bedeutenden Gasentwicklung an den Kathoden und Anoden, weil ja bei den üblichen Stromausbeuten von 15 bis 30 % 70 bis 85 % des Badstromes für die Gasentwicklung verlorengehen. Da nun mit bedeutenden Stromdichten gearbeitet wird, so ist diese Gasentwicklung, gerade bei größeren Kathodenflächen, eine ganz bedeutende. Nun handelt es sich bei den modernen Chrombädern um hohe Konzentrationen an Chromsäure, und die an den Elektroden entwickelten Gase reißen bei der intensiven Entwicklung stets Chrombadflüssigkeit in Form eines schweren Sprühregens weit über die Badoberfläche. Dieser Sprühregen fällt einerseits auf die Elektrodenstangen und auf die umliegenden Flächen der Bäder, der feinere Teil dieses Sprühregens aber verteilt sich im ganzen Raum und belästigt die Arbeitskräfte in nichtgeahnter Art und Weise, indem er böse Erkrankungen aller Schleimhäute, vorzugsweise der Atmungsorgane und der Nase, verursacht. Solange man nicht imstande war, restlos und sicher diese gefährlichen Chrombadnebel zu entfernen, waren solche Erkrankungsfälle an der Tagesordnung, ja es kamen sogar Fälle vor, wo, von der Nasenschleimhaut ausgehend, die ganze Zwischenwand der Nase der an den Chrombädern arbeitenden Leute durchgefressen wurde. Verfasser hat sich eine Einrichtung schützen lassen, welche diese Badnebel vollständig entfernt, so daß ein Arbeiten an den Chrombädern heute bei Verwendung dieser Vorrichtung ebenso sicher und unschädlich ist wie das Arbeiten an anderen galvanischen Bädern.

Wie die nachstehende Fig. 266 zeigt, liegt über dem Wannenrand ein Rahmen zum Tragen der Leitungsarmatur aus Flachkupfer mit entsprechender Schrauben-armierung, um einerseits die Anoden, anderseits die im Bade hängenden zu verchromenden Gegenstände daran mit sicherem Kontakt zu befestigen. Unter-halb dieser Leitungsarmatur, direkt über denjenigen Stellen, wo sich durch die Elektrolyse der Chrombadflüssigkeit, und zwar an der Anode Sauerstoff, an der Kathode Wasserstoff entwickeln (diese Gase verursachen das Mitnehmen der Badflüssigkeit in Form von Badnebeln), ist eine sicher wirkende Absauge-einrichtung angeordnet, dergestalt, daß durch diese Saugrohrleitungen das Arbeiten im Chrombade selbst nicht behindert wird. Dies ist ein wesentlicher Vorteil dieser Absaugeeinrichtung, die außerdem geeignet ist, auch bei den längsten und breitesten Bädern den sicheren Erfolg zu verbürgen, weil das Ab-saugen der gefährlichen Gase und Badnebel direkt oberhalb derjenigen Stellen vor sich geht, wo dieselben entstehen. Dunstauffangdächer mit Ventilatoren an der oberen Seite kann man natürlich nur bei kleineren Versuchsbädern ver-

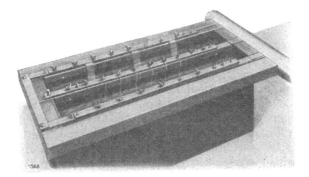

Fig. 266.

wenden, bei Bädern im praktischen Betriebe jedoch, wo man oft schwere Gegen-stände von oben her einhängen muß, und außerdem nötig hat, die Arbeits-weise im Bade von allen Seiten zu beobachten, sind solche Dunstauffangdächer mit Abzug nicht zu gebrauchen. Ein besonderer Vorteil kommt dieser geschützten Absaugevorrichtung auch deshalb zu, weil es nur damit möglich ist, die beiden Gase, die an den Elektroden des Chrombades entstehen, erforderlichenfalls auch getrennt absaugen zu können, d. h. man kann durch einen Exhaustor an den Ka-thodenstangen den Wasserstoff, an den Anodenstangen dagegen den Sauerstoff absaugen und so verhindern, daß sich die beiden Gase zu Knallgas mischen. Dieses ist bekanntlich eines der explosivsten Gase, das sich andernfalls an der Badoberfläche ansammeln würde und beispielsweise beim Herausheben eines Gegenstandes infolge des Öffnungsfunkens an der Einhängestelle explodieren könnte. Die Gewerbeinspektionen schreiben deshalb beim Arbeiten an Chrom-bädern diese unbedingt erforderlichen Absaugevorrichtungen vor. Das Ab-saugen geschieht entlang der ganzen Badlänge, und da jede einzelne Elektroden-stange, einerlei ob es eine positive oder eine negative Stange ist, ein solches Absaugerohr erhält, kann man auch jedes beliebig große Chrombad nunmehr gefahrlos betreiben. Bei längeren Bädern sind die Öffnungen der Absaugerohre einstellbar, um eine gleichmäßige Absaugung auf der ganzen Länge des Bades durchzuführen. Kürzere Bäder bis zu etwa 2 m erhalten die Absaugeleitung der-artig, daß an einem Ende des Bades durch Sammelrohre die Gase zu einem Ex-haustor geleitet und unschädlich gemacht werden. Bei besonders langen Bädern empfiehlt es sich, die Absaugeleitung in der Mitte des Bades zu trennen und an jeder Stirnseite eines solch langen Bades einen besonderen Exhaustor anzubringen.

Die Exhaustoren, die man zum Absaugen dieser Chrombadnebel und Gase verwendet, müssen von genügender Leistungsfähigkeit sein, um das Absaugen mit Sicherheit durchzuführen. Die mitgerissene Luft erhält dadurch eine ganz bedeutende Geschwindigkeit, und es werden natürlich sehr viele Chrombadpartikelchen mit in die Absaugeleitung gerissen. Deshalb bringen die Langbein-Pfanhauser-Werke an ihren Chrombädern sogenannte Abscheider an, in welchen sich, nachdem sich die durch die Absaugeleitung hindurchgesaugte Luft hinter dem Exhaustor beruhigt hat, die einzelnen Chrombadteilchen, die ja sehr schwer sind, sammeln und an einer tiefer liegenden Stelle abgezogen werden können, um sie dem Chrombade wiederum zuzuführen. Dadurch wird ein Verlust an Chrombadflüssigkeit vermieden.

Es lassen sich natürlich auch andere Vorrichtungen, welche den gleichen Zweck erfüllen, konstruieren, aber die vorbeschriebene ist durch ihre besondere Ausführung die allgemein verwendete, weil sie das Bedienen der Chrombäder in der in der Galvanotechnik üblichen Art und Weise gestattet. Man kann auch mehrere Bäder mit einem gemeinsamen Exhaustor genügender Wirkung verbinden, sorgt aber dann praktischerweise dafür, daß jedes Bad mit Schiebern in der Absaugeleitung versehen wird, um die Saugwirkung in den arbeitenden Bädern zu vergrößern, wenn man in einem Bade etwa nicht arbeitet. In diesem Falle werden die zu den gemeinsamen Absaugerohr führenden Saugleitungen durch Schieber geschlossen. Ebenso kann man die Chromrückgewinnungsanlage verschiedenartig bauen, meist wird das Auspuffrohr hinter dem Exhaustor ins Freie geführt bis über die Dächer und ein oder mehrere Beruhigungsräume durch Erweiterung der Rohrleitung eingebaut, oder man stellt die Rückgewinnungsanlage in der Nähe des Chrombades auf, dann muß dieser Apparat mit einer aus mehreren ineinandergehenden Kammern versehenen Batterie aus Eisenblechgefäßen bestehen und allseitig verschlossen sein. Die Absaugeleitungen werden aus Stahlblech oder aus Aluminiumblech verfertigt, sind sie aus Stahlblech hergestellt, so sind die Verbindungsrohre am besten zu verschweißen.

Entchromen. Wenn durch irgendein Versehen fehlerhafte Verchromungen vorgekommen sind, so ist die Entfernung dieser Chromüberzüge in sehr einfacher Weise ausführbar, indem man dieselben fettfrei, also dekapiert, sofern vorher etwa poliert wurde, in verdünnte Salzsäurelösung eintaucht, und zwar 1 Tl. konzentrierte Salzsäure auf 1 Tl. Wasser. Bei Eisen- und Stahlgegenständen, die man solcherart von ihrer Chromschicht befreit hat, wird der zuerst aufgebrachte Hochglanz durch diese Säuremischung kaum beeinträchtigt. Bei Messing, Kupfer u. dgl. erscheint jedoch die darunterliegende Polierung stets etwas angegriffen, und es müßten daher die Gegenstände vor der neuerlichen Verchromung zunächst wiederum nachpoliert werden. Hat man ganz starke Chromniederschläge abzuziehen, die etwa in 3- bis 4 stündiger Verchromungsdauer hergestellt worden waren, so kann man das Abziehen des Chroms auch durch Einhängen dieser Gegenstände am positiven Pol des Chrombades vornehmen. Es empfiehlt sich aber, diesen Prozeß nur dort anzuwenden, wo als Untergrundmetall Eisen und Stahl vorliegt. Hat man solch übermäßig starke Chromüberzüge auf Messing, Kupfer und dessen Legierungen abzuziehen, so ist es ratsamer, die gewöhnliche Abbeizmethode mit verdünnter Salzsäure anzuwenden.

Verwendet man das ganz allgemein anwendbare elektrolytische Entchromungsbad, so werden die zu entchromenden Gegenstände anodisch eingehängt und mit starkem Strom bei etwa 5 V Spannung in einer alkalischen Lösung behandelt, wobei das metallische Chrom leicht und ungemein rasch als Chromat in Lösung geht, ohne daß das Grundmetall wesentlich angegriffen wird. Da aber hierbei mit hohen Stromdichten gearbeitet wird und an den Kathoden, die am besten aus Nickel bestehen, reichlich Wasserstoff abgeschieden wird, der leicht zu Knallgasbildung Anlaß geben kann, außerdem bedeutende Mengen Elektrolyt, der stark ätzend wirkt, mitgerissen werden, müssen auch solche Bäder mit Absaugevorrichtungen versehen werden, doch dürfen die Absaugeleitungen der Entchromungsbäder keinesfalls mit den Absaugeleitungen der Verchromungsbäder vereint werden, sondern es müssen getrennte Exhaustoren und getrennte Rohrleitungen zur Anwendung kommen, weil sich das Chrombad mit dem Entchromungselektrolyten nicht verträgt.

Vorbereitung der zu verchromenden Gegenstände. Die Gegenstände, die man verchromen will, müssen natürlich oxyd- und zunderfrei sein. Es sind daher Eisen- und Stahlgegenstände vorher zu beizen, wenn sie nicht etwa auf ihrer ganzen Oberfläche durch Bürsten und Schleifen bereits auf einen entsprechenden Glanz gebracht wurden, wobei anhaftendes Oxyd, Zunder usw. (ebenso auch Rost) entfernt wurden. Messing und Kupfergegenstände sowie alle Legierungen des Kupfers werden in gleicher Weise, wie dies bei anderen Galvanisierungsarten üblich ist, vorentfettet, um evtl. anhaftenden Polierschmutz, der vielfach in den Ecken festsitzt, zunächst zu entfernen. Es ist aber nicht nötig, das Dekapieren so peinlich genau durchzuführen wie beispielsweise beim Vernickeln, weil kleine Spuren von Fett, wie sie durch das Anfassen mit den Händen auf die Gegenstände kommen, von der stark oxydierenden Chrombadflüssigkeit regelrecht verbrannt werden, so daß Fehler durch ungenügende Entfettung beim Verchromen gar nicht vorkommen. Gegenstände, welche man glänzend verchromen will, müssen vor der Verchromung bereits auf den Grad von Glanz gebracht werden, den später die Verchromung aufweisen soll. Es genügt vollkommen, wenn man die oxydfreien Gegenstände unter Zuhilfenahme der Benzin-Spül- und Waschtische am besten mit dem nicht brennbaren und nicht explodierbaren Benzinol von anhaftendem Schleif- und Polierschmutz reinigt, und dann, sobald das Fettlösungsmittel Benzinol verdampft ist, in die Chrombäder bringt.

Das Einhängen der Gegenstände in Chrombäder erfolgt unter Beobachtung guter Kontakte, und zwar am besten im trockenen Zustande. Man braucht also nicht etwa, wie dies beim Vernickeln üblich ist, die Gegenstände nochmals mit Kalk oder einem anderen Dekapiermittel vorzuscheuern und sie naß ins Bad zu hängen. Das Einhängen im nassen Zustande ist sogar schädlich und würde leicht Anlaß dazu geben, daß trotz guter Vorpolierung die Gegenstände matt aus dem Chrombade kommen. Durch anhaftendes Wasser beim Einhängen der Gegenstände wird in unmittelbarer Nähe derselben der Elektrolyt anfänglich sofort wesentlich dünner sein, denn der verhältnismäßig konzentrierte Elektrolyt mischt sich nur ganz langsam mit reinem Wasser. Je länger nun eine solche verdünnte Elektrolytschicht in der Kathodennähe sich erhält, desto leichter kann der Fall eintreten, daß die für Glanzbildung nötige Konzentration angesichts der verwendeten Stromdichte unterschritten bleibt, eine Folge davon ist die Ausbildung der matten Form des Chromniederschlags, welche dann Schwierigkeiten bei der späteren Nachpolitur macht. Daß man die Gegenstände mit sicherem Kontakt, und zwar am besten mittels der Einhängegestelle, an die Kathodenleitung verschraubt, einhängt, ist bereits erwähnt worden.

Verchromen von Messing, Kupfer, Alpaka u. ä. Es ist uns nunmehr bekannt, daß Kupfer und Messing, Alpaka und ähnliche Legierungen des Kupfers sich in einfacher Weise verchromen lassen, speziell wenn es sich um gewalztes oder gezogenes Material handelt, welches an und für sich möglichst frei von Poren ist. Nicht nur die Abscheidungsintervalle liegen hierbei möglichst günstig, so daß selbst kompliziert geformte Gegenstände die Anwendung hoher Deckstromdichte zulassen, ohne daß ein Übergang der Glanzchromschicht in die matte

Schicht zu befürchten ist. Macht man in solchen Fällen den Elektrolyt besonders konzentriert, gibt man sich also mit einem kleineren Abscheidungsäquivalent zufrieden, so kann man, indem man die Verchromungsdauer dementsprechend ausdehnt, starke Chromschichtén auf solchen Gegenständen in Glanzverchromung erzielen. Flache Gegenstände verchromt man dann am besten bei 35 bis 40° C, bei Stromdichtenintervallen von 5 bis 20 A. Die Verchromungsdauer dehnt man je nach dem Verwendungszweck von 15 Minuten bis $1\frac{1}{2}$ Stunden aus. Eßbesteckteile aus Alpaka z. B. verchromt man bei einer Stromdichte von rund 6 bis 8 A ohne Deckstrom ca. 1 Stunde lang und braucht dazu ca. 3 bis $3\frac{1}{2}$ V. Messinggußteile, wenn solche in poliertem Zustande Verwendung finden sollen, verchromt man entweder direkt bei Stromdichten von 5 bis 10 A, sind sie stark profiliert, so geht man mit der oberen Stromdichte des Arbeitsintervalles bis 20 A/qdm und dehnt die Verchromungsdauer bis zu 2 Stunden aus. Unbedingt empfiehlt sich aber dann bei solcher direkter Verchromung eine Entgasung, um die in den Poren des Messings bzw. der Kupferlegierung eingeschlossenen Chrombadteilchen im Vakuum herauszubringen. Oder, sofern keine Entgasung möglich ist, verkupfert man die roh vorpolierten Teile im Kupfer-Galvanoplastikbade etwa $\frac{1}{2}$ Stunde bei ca. 1,5 A Stromdichte, poliert dann auf Hochglanz, wodurch alle Poren ziemlich geschlossen sind, um hierauf, wie vorerwähnt, zu verchromen. Unbedingt nötig ist aber dann eine Nachbehandlung der verchromten Gegenstände, nach dem Spülen in mehreren Spülwässern, mit einer 10%igen Sodalösung. Man läßt die verchromten Gegenstände etwa 1 Stunde in dieser Sodalösung, damit Chromsäurereste tunlichst neutralisiert werden, um solcherart einigen Schutz gegen Korrosion zu erhalten.

Ein besonderes Anwendungsgebiet der Verchromung ist das Behandeln von Scheinwerfern aus Messingblech mit einer starken Chromschicht. Solche Scheinwerfer zeichnen sich durch hohen Glanz, der sich dauernd erhält, aus. Verchromte Scheinwerfer verdrängen nach und nach die versilberten Scheinwerfer, wenn auch das Reflexionsvermögen frisch versilberter Scheinwerfer höher liegt als das der verchromten. Das reine galvanisch niedergeschlagene Silber ist aber erwiesenermaßen sehr schwierig und nur durch besondere Geschicklichkeit hochglänzend zu polieren, wogegen die Verchromung auf vorher polierten Messingscheinwerfern außerordentlich leicht vonstatten geht. Die Versuche betreffs Verwendungsmöglichkeit der Verchromung für diesen Spezialzweck gegenüber der Versilberung sind im In- und Auslande verschiedentlich durchgeführt worden und haben ergeben, daß zwar zunächst ein Unterschied zwischen Silber und Chrom besteht, indem verchromte Scheinwerfer nur etwa 70 bis 75 % des Reflexionsvermögens versilberter Scheinwerfer aufweisen. Aber schon nach kurzer Zeit, wenn das Silber durch Anlauf (Schwefelsilber u. ä.) dunkler wird, wogegen die Verchromung ihren ursprünglichen weißen Glanz behält, dreht sich die Situation zugunsten der Verchromung, indem Silberniederschläge weit hinter der Wirkung der Chromniederschläge zurückbleiben. Eingehende Versuche hierüber wurden z. B. im Laboratorium der Westinghouse Electric & Manufacturing Co.[1]) gemacht und wurde im Chrombelag, der elektrolytisch aufgetragen wurde, der beste Ersatz für Silber gefunden. Solche verchromte Scheinwerfer wurden einer Dauerprüfung bei 300° C unterworfen, ohne daß irgendein Anlauf zu konstatieren war. Das Reflexionsvermögen des reinen Chroms erwies sich als ebenso selektiv wie das des Silbers, deshalb ist auch die Farbe zufriedenstellend. Beim Verchromen flacher Scheinwerfer kann man schon mit flachen Anoden auskommen, wogegen man tiefere Scheinwerfer mit Hilfsanoden verchromt.

Verchromen von Eisen und Stahl. Das Verchromen von Eisen und Stahl wird heute vielfach als Schutz gegen Korrosion verwendet, und für viele Anwendungs-

---

[1]) R. J. Piersol Automotive Industries Nr. 12, 17. Sept. 1925.

gebiete wird eine direkte Verchromung durchgeführt, denn Chrom haftet auf
gut gereinigtem, fett- und oxydfreiem Eisen und Stahl ganz vorzüglich. Eine
gute rostschützende Verchromung, wenn keine Unterlage eines Zwischenmetalls
angewendet wird, welche einen Teil des Rostschutzes zu übernehmen hat, muß
aber doch mindestens 0,01 mm betragen. Auf Eisen und Stahl ist das Arbeitsintervall bedeutend kleiner als auf Kupfer und dessen Legierungen, daher gelingt eine Glanzverchromung nur dann, wenn die Stromverhältnisse nicht übertrieben und peinlich genau ergründet und dann strikte eingehalten werden.
Man darf bei der direkten Verchromung von Eisen und Stahl nicht über 10 A/qdm
hinausgehen, wenn man Glanzchrom erhalten will, und arbeitet dann in Bädern
nicht unter 350 g Chromsäure pro Liter. Bei einer Badtemperatur von 35° C
wird man nicht unter 3 Stunden verchromen, wenn etwas profilierte Gegenstände
vorliegen, wogegen man bei flachen Gegenständen kleineren Umfanges, wie
Messer, Löffel, chirurgische Instrumente, 2 Stunden anzuwenden hat. Der Chrombelag ist unter diesen Verhältnissen immerhin schon so stark und enthält doch
schon so viel Wasserstoff, daß eine Entgasung am Platze ist, zumal Eisen und Stahl
ganz besonders leicht den durch die Elektrolyse in den Chrombelag kommenden
Wasserstoff selbst aufnehmen und dadurch spröde werden. Dies kann so weit gehen,
daß scharfe Schneiden bei Messern zur Bildung von Rissen im Metall führen,
ähnlich wie dies als Wirkung des Überbeizens bekannt ist. Steigert man die
Stromdichte über 10 A/qdm und dehnt die Verchromungsdauer über 2 Stunden
aus, dann muß eine Entgasung stattfinden, um den Eisen- und Stahlgegenständen
ihre Naturhärte wiederzugeben und zu vermeiden, daß Schneiden und Spitzen
springen oder brechen. Wo es angängig ist und wo speziell die Kosten des
Schutzüberzuges eine gewisse Höhe nicht überschreiten dürfen, wird man einen
Kupfer- oder Nickelüberzug oder auch einen Kadmiumüberzug vor der Verchromung in genügender Stärke auftragen, um nach dem Polieren dieser Zwischenschicht und einer evtl. Entgasung eine Chromschicht entsprechender Stärke
auf Grund eingehender Kalkulationen auftragen. Wird die Zwischenschicht
durch Kupfer gebildet, welche aus einer zyankalischen Lösung allein aufgetragen
wurde, so kann man ohne Entgasung nur 10 bis 15 Minuten lange Verchromung
auflegen, andernfalls würde die Chromschicht zum Abplatzen neigen. Kann
man keine Entgasung anwenden, so muß man so verfahren, daß man nur eine
schwache Kupferschicht aus einer zyankalischen Lösung abscheidet und die Verstärkung dieser Schicht im Galvanoplastik-Kupferbade (aus saurer Lösung)
bewerkstelligt. Diese Kupferschicht ist dann wasserstoffrei und kann nach dem
Polieren beliebig stark verchromt werden. Wird eine Zwischenschicht von Kadmium verwendet, so muß diese zunächst vernickelt werden, hierauf unbedingt
entgast werden, poliert, worauf man beliebige und festhaftende Chromschicht
auftragen kann. Auf Kadmium direkt würde die Chromschicht ebenso leicht
abblättern wie auf der aus zyankalischer Kupferbadlösung erhaltenen Kupferzwischenschicht. Ebenso verhält es sich mit der Zwischenlage einer galvanischen
Nickelschicht. Auch diese muß entweder vor der Verchromung entgast werden,
wenn man sich nicht mit einer ganz dünnen, nur dekorativ wirkenden Oberfläche
durch Verchromung begnügt, in welch letzterem Falle die Verchromung nur 10,
max. 15 Minuten ausgedehnt werden darf, wenn man Stromdichten bis 10 A/qdm
verwendet. Verchromt man mit niedrigeren Stromdichten, so kann immer dann,
wenn eine wasserstoffhaltige Zwischenlage angewendet wurde, auch bis zu 45 Minuten lang verchromt werden.

Wer neben Gegenständen aus Messing und anderen Kupferlegierungen solche
aus Eisen und Stahl bzw. vorvernickelte Gegenstände zu verchromen hat, merke
sich die Regel, daß Eisen und Stahl, ebenso vernickelte Gegenstände mit etwa
⅔ derjenigen Stromdichte zu verchromen sind, welche für das Verchromen der
Messinggegenstände zulässig ist, um Glanzchrom zu erhalten.

Das Chrom-Nickelverfahren. Dieses Verfahren, durch D. R. P. und Auslands-
patente geschützt, verdankt seine Bezeichnung der Kombination von Nickel
und Chrom als Überzug auf allen Arten von Gegenständen, welchen man einen
möglichst billigen Korrosionsschutz verleihen will, der gleichzeitig den betreffenden Gegenständen die Vorzüge der Chromoberfläche geben soll. Automobil-
bestandteile, Fahrradteile u. a. werden daher heute vielfach nach diesem Verfahren behandelt. Die Nickelschicht wird in bekannter Weise auf die betreffenden Teile aufgetragen, wobei man darauf achten muß, die Stärke des Nickelbelages nicht unter 0,025 mm zu erhalten. Hierauf wird nickelpoliert, entfettet
und trocken in ein 35° C warmes Bad eines mittelschweren Chromelektrolyten
gebracht, wobei pro Liter praktischerweise 17% metallisches Chrom enthalten
ist. Da solche Gegenstände durch die starke Nickelunterlage bereits genügenden
Schutz gegen Korrosion erhalten haben, begnügt man sich mit einer 15 Minuten
langen Verchromung, ohne vorher zu entgasen. Bei dieser Verchromungsdauer
kommen die Gegenstände so glänzend aus dem Chrombade, daß ein Nachpolieren
nach der Verchromung zumeist ganz überflüssig ist.

Verchromen von Gußeisen. Infolge ihrer Porosität sind Gußstücke stets unter
Strom einzuhängen und außerdem mit hohen Stromdichten zu decken. Je
rauher und poröser der Guß ist, desto schwieriger gestaltet sich die Verchromung.
Wesentlich einfacher stellt sich der Verchromungsprozeß, wenn die Unebenheiten solcher Gußstücke durch feines Schleifen und darauffolgendes Polieren
geglättet werden. Am besten ist es, Gußstücke zuerst zu vernickeln, Gußeisen,
Temperguß, Zinkguß u. ä. zuerst im warmen zyankalischen Kupferbad „R"
vorzuverkupfern und hierauf stark zu vernickeln. Dieser Nickelniederschlag
muß aber möglichst wasserstofffrei sein. Erst wenn durch solche Vorarbeit alle
Poren dicht geschlossen sind, kann mit Erfolg verchromt werden.

Gußeisen, Temperguß und Stahlguß, letzterer allerdings erheblich weniger,
machten bislang manchem beim Verchromen Schwierigkeiten. Dies rührt in der
Hauptsache wohl daher, daß man vielfach, wenn man direkt verchromte, den Fehler
beging, beim Verchromen genau so zu verfahren, wie man dies beim Verchromen
von weichem Eisen und Stahl gewohnt war. Das Arbeiten in erwärmten Bädern
ist beim Verchromen von Gußeisen untunlich, weil Gußeisen infolge seiner durch
seine Porosität wesentlich größeren Oberfläche, die sich de facto beim Verchromen bietet, ganz bedeutend höhere Stromdichten auf die ausmeßbare Fläche
erfordert. Man verchromt diese Eisensorten besser in kalten Bädern, d. h. in Bädern,
welche nicht wärmer als Zimmertemperatur, also 15 bis 20° C, warm sind. In
diesem Falle kommt man schon mit weit niedrigeren Stromdichten aus, und
zwar auf die ausmeßbare Fläche beim Decken etwa 10 A/qdm, wenn nicht kompliziertere, stark profilierte Flächen vorliegen. In letzterem Falle empfiehlt es
sich, Anoden zu verwenden, die man der Form dieser Profile angepaßt hat, hängt
die Gegenstände derart in die Chrombäder, daß die profilierte Fläche nach oben
zu liegen kommt, und hängt die Profilanode in nicht zu großem Abstand darüber.

Vergrößert man aber die Elektrodenentfernung, das ist die Entfernung
zwischen Gegenstand und Anoden, so erreicht man dadurch ebenfalls eine Verbesserung der Tiefenwirkung und kann durch eine solche Vergrößerung der
Elektrodenentfernung in vielen Fällen auf die Verwendung von Profilanoden
verzichten, kommt also mit planen Anoden aus. So z. B. kann man bei 30 bis 40 cm
Elektrodenentfernung tiefere Gußeisenformen bei Stromstärken verchromen,
die einer angewandten Stromdichte von 10 A/qdm entsprechen, muß allerdings
entsprechend dem größeren Ohmschen Widerstand, der sich durch die große
Elektrodenentfernung ergibt, mit der Badspannung höher gehen und bis zu
15 V und mehr als Badspannung anwenden.

Ist eine Verchromung auf komplizierter geformten Gußeisenstücken mißlungen und die Verchromung etwa nach dem elektrolytischen Entchromungs-

verfahren beseitigt worden, so findet man öfters, daß die Wiederverchromung erhebliche Schwierigkeiten macht, indem der Chromniederschlag vorzugsweise in tieferen Partien des gußeisernen Gegenstandes ausbleibt und diese trotz Anwendung höherer Deckströme nicht überchromt werden. Der Grund ist der, daß bei Anwendung höherer Stromdichten das Gußeisen selbst viel Wasserstoff aufnimmt, auf einer mit Wasserstoff aufgeladenen Gußeisenoberfläche aber die Verchromung erheblich schwieriger als auf einer wasserstofffreien Unterlage vor sich geht. Man hilft sich dann so, daß man den betreffenden Gegenstand nach der Entchromung zuerst erhitzt, meist genügt eine 1 stündige Erhitzung bei 120 bis 150°C in einem Trockenofen, oder wenn ein solcher nicht zur Hand ist, so genügt ein Abflammen mit einem großen Bunsen-Brenner, wobei man die Beobachtung machen kann, daß der im Gußeisen gebundene Wasserstoff in Form einer Stichflamme herausbrennt. Der Gegenstand wird dann in gewohnter Weise wieder für die Neuverchromung vorbereitet und trocken in die Chrombäder gebracht, wo die Neuverchromung nach solcher Behandlung anstandslos gelingt.

Bei Anwendung hoher Stromdichten, wie sie beim Verchromen von Gußeisen üblich sind, tritt eine nicht unwesentliche Erwärmung der Chrombadflüssigkeit ein, und zwar um so schneller, je größer die Totalstromstärke war, die man benötigte, und je kleiner der Literinhalt des betreffenden Bades war. Man muß daher in solchen Bädern künstlich kühlen, wozu Kühlschlangen aus unlöslichem Spezialeisen oder aus Aluminium angewendet werden. Oft ist aber die lokale Erwärmung während des Verchromens schon derartig hoch, daß, obschon die umgebende Badtemperatur noch nicht über 20° C warm geworden ist, sich zwischen Gegenstand und den Anoden doch eine unzulässig hohe Badtemperatur herausbildet. Diese durch Joulesche Wärme hervorgerufene lokale Erhöhung der Badtemperatur vermeidet man durch intensive Zirkulation des Elektrolyten, und zwar in der Weise, daß man aus einem Hochgefäß während der Verchromungsarbeit kalte Badflüssigkeit, die man durch eine kleine Pumpe in das Hochgefäß pumpt, zwischen Gegenstand und Anoden durchströmen läßt, möglichst in einem starken Strahl, der die warme Badflüssigkeit wegschafft und dafür sorgt, daß in unmittelbarer Nähe des zu verchromenden Gegenstandes keine unzulässige Temperatursteigerung stattfindet.

Natürlich kann man beim Verchromen von Gußeisen u. dgl., wenn im kalten Bade gearbeitet wird, nur die graue Modifikation des Chromniederschlages erhalten, nicht die glänzende Form, doch wird im allgemeinen beim Verchromen von Gußeisen nur Wert auf die mechanischen Vorzüge des Chrombelages und nicht auf dessen Aussehen gelegt. Will man dagegen auf Gußeisengegenstände, etwa auf Ofentüren und ähnliche Ofenbestandteile, eine glänzende Verchromung auftragen bzw. eine polierbare Chromschicht erhalten, so muß man den Weg über das Chrom-Nickelverfahren wählen oder eine Kupferzwischenschicht anwenden und dann so verfahren, wie man beim Glanzverchromen kupferner oder vorvernickelter Gegenstände zu tun pflegt.

Nachbehandlung der Gegenstände nach der Verchromung. Die Gegenstände werden, wenn sie das Chrombad verlassen haben, zunächst in einem Sammelspülgefäß abgespült, um die anhaftende, immerhin wertvolle Chrombadlösung nicht zu verlieren. In diesem Sammelgefäß, das zunächst mit reinem Wasser gefüllt wird, steigt im Verlaufe einiger Zeit die Konzentration immer mehr und mehr, und man verwendet praktischerweise diese Flüssigkeit, die sich nach geraumer Zeit mit Chrombadflüssigkeit anreichert, dazu, um verlorengegangenes Bad zu ergänzen oder, wenn gleichzeitig auch Verstärkungen des Bades vorzunehmen sind, das erforderliche Quantum Chrombad-Verstärkungssalz in dem entsprechenden Quantum dieses ersten Spülwassers aufzulösen, um solcherart die Verstärkung unter Benutzung des gesammelten, mit den Waren herausgeschöpften Chrombades zu verwerten. Handelt es sich beispielsweise darum, den

Badspiegel eines Chrombades wieder auf die normale Höhe zu bringen, und braucht man dazu etwa 50 l Flüssigkeit, so nimmt man von diesem Vorratsspülgefäß, in dem man die Gegenstände abgespült hat, 50 l heraus, und wenn gleichzeitig dem Bade 20 kg Chrom-Verstärkungssalz zugesetzt werden müssen, dann löst man diese 20 kg Verstärkungssalz in diesen aus dem Vorratsgefäß entnommenen 50 l verdünnter Badflüssigkeit auf und setzt sie dann unter gutem Umrühren dem Chrombade zu. Dem herausgenommenen Quantum von 50 l entsprechend, gibt man in dieses erste Spülgefäß wieder 50 l reines Wasser und benutzt diese Lösung dann wiederum als erstes Spülgefäß zum Abspülen der aus dem Chrombad entnommenen Gegenstände. Es ist aber dann selbstverständlich eine weitere Spülung mit fließendem Wasser erforderlich, um die letzten Reste anhaftender Chrombadflüssigkeit zu entfernen, was man ja leicht an der Farbe des abfließenden Wassers ersehen kann. Die Chrombadflüssigkeit färbt außerordentlich stark, aber erst bis das Wasser rein abläuft, hat man die Gewißheit, daß sämtliche aus dem Chrombade anhaftende Flüssigkeit entfernt ist. Speziell bei hohlen Gegenständen, in denen sich leicht bedeutendere Mengen von Chrombadflüssigkeit ansammeln, ist das Spülen und Wässern besonders aufmerksam zu verfolgen. Bei Gegenständen, welche Überbördelungen zeigen, ebenso bei Gegenständen aus gegossenen Metallen, empfiehlt es sich außerdem, nach dem Abspülen mit Wasser dieselben noch in eine Lösung zu tauchen, die die letzten Spuren von Chromsäure unschädlich macht, um auch in solchen kleinen Hohlräumen, wie sie die Überbördelungen zeigen, oder in Gelenken usw. zurückgehaltene Badflüssigkeit möglichst unschädlich zu machen. Man verwendet hierzu entweder eine Lösung von 1 Tl. Soda kalz. auf 10 Tl. Wasser oder noch besser eine auf etwa 60 bis 70° C angewärmte Lösung von

1 Tl. Betazinol auf

10 Tl. Wasser

Man muß dann scharf trocknen, um zu vermeiden, daß sich Flecken in der Nähe der Umbördelungen oder Gelenke usw. zeigen. Hat man Gußstücke verchromt, so wird ein späteres Ausschwitzen der in den Poren beim Verchromen eingeschlossenen Chromsäure nur durch das Entgasungsverfahren im Vakuum bedingungslos vermieden. Ein gutes Konservierungsmittel ist das Einreiben verchromter Gegenstände mit geschmolzener Vaseline, insbesondere in denjenigen Fällen, wo man durch Anwendung hoher Stromdichten fürchtet, daß man rissige Niederschläge erhalten hat, die man zwar als solche nicht erkennt, welche aber erfahrungsgemäß nach einiger Zeit allen Korrosion bewirkenden Stoffen Zugang zum Grundmetall frei lassen. Ein gutes Mikroskop tut zur Beurteilung der Niederschläge gewiß sehr gute Dienste.

Hat man nach der Verchromung mit Chromgrün-Poliermassen poliert, so setzen sich sehr leicht kleine Reste des grünen Poliermittels an Vertiefungen oder dafür geeigneten Stellen fest, dem Gegenstand ein grünliches Aussehen verleihend. Man putzt daher meist nach dem Polieren mit diesen grünen Poliermassen mit Wienerkalk auf einer trockenen Scheibe aus Nessel- oder Köperstoff nach oder taucht die polierten Gegenstände in Benzin, Petroleum oder Benzinol, um alle diese Polierreste herauszulösen, und putzt von Hand mit einem Lappen unter Benutzung von Wienerkalkpulver nach.

Anwendungsgebiete der Verchromung. Die Anwendungsmöglichkeiten der Verchromung sind natürlich ganz allgemein. Man kann selbst eine billige Vernicklung durch Verchromen ersetzen, wenn es sich nicht etwa um Massenartikel handelt, die man beispielsweise in sicher funktionierenden Massen-Galvanisierapparaten vernickelt und die gleichzeitig beim Vernickeln einen gewissen Glanz erhalten. In solchen Fällen kann die Verchromung gegen die Vernicklung natürlich nicht aufkommen, weil jeder kleine Gegenstand separaten Kontakt erhalten muß und vorher entsprechend glänzend vorbereitet werden muß, wenn man eine

Glanzverchromung erhalten will. Wie schon früher erwähnt, lassen sich in den Glockenapparaten der Langbein-Pfanhauser-Werke allerdings auch Eisen- und Stahlgegenstände verchromen, kommen dann allerdings mit einem matten Chrombelag aus dem Bade, der sich, wie die Erfahrung zeigte, mit Hilfe des Kugel-Polierverfahrens unter Benutzung von Seifenlösung und Poliersalzlösungen einigermaßen auf Glanz trommeln läßt. Einen ausgesprochenen Hochglanz kann man aber damit nicht erzielen. Im übrigen wird man eine gewisse Auswahl treffen unter denjenigen Gegenständen, die man der Verchromung unterziehen will und wo man speziell die besonderen Eigenheiten der Verchromung zur Anwendung bringen will. Es wird sich naturgemäß dabei in erster Linie nur um solche Gegenstände handeln, bei denen der zu erzielende Verkaufspreis dann etwas höher liegen kann, als wenn sie vernickelt worden wären. Mit Rücksicht auf die besonderen Vorteile durch Wetterbeständigkeit, Hitzebeständigkeit, Aussehen und Härte sollen unter vielen anderen möglichen Anwendungsgebieten folgende herausgegriffen sein:

Die Wetterbeständigkeit und das schöne Aussehen bei der bekannten Eigenschaft verchromter Gegenstände, nicht anzulaufen und sie nicht putzen zu müssen, trotz intensiver Beanspruchung, weil sie an der Luft oder in Verbindung mit anderen Gasen, Flüssigkeiten, den meisten Säuren, Alkalien, Salzlösungen usw. nicht blind bzw. nicht angegriffen werden, machen sich folgende Industrien die Verchromung zunutze:

Die **Autoindustrie** für ihre sämtlichen Teile, die als Armaturen an Autos Verwendung finden, einschließlich der Scheinwerfer, ferner die Straßenbahnen und Autoomnibusse für die blanken Teile, ebenso

die Fahrradindustrie und die Metallwarenfabriken, welche Badeöfen und Badezimmereinrichtungen herstellen, ferner für Wasserleitungs- und Dampfleitungsarmaturen usw.,

Werften und Schiffbauunternehmungen für sämtliche Schiffbauarmaturen,

Fabriken für Eßbestecke und Tafelgeräte, Schlittschuhe, zahnärztliche und chirurgische Instrumente, Blitzableiter usw.

Die Hitzebeständigkeit gibt Anlaß zur Verwendung der Verchromung für Brennerteile aller Art, Bügeleisen, die Ventile von Explosionsmotoren, wie für sämtliche anderen Teile dieser Motoren, Gießformen für Glas oder Metalle, Brennscheren usw.

Die besondere Härte der Verchromung hat sich außerordentlich gut bewährt, um Werkzeuge aller Art zu härten, so werden Feilen durch eine entsprechende Verchromung in ihrer Haltbarkeit um ein Mehrfaches verbessert gegenüber unverchromten Feilen, ebenso Sägen und Fräser, speziell wenn man nur den eigentlichen schneidenden Kranz oder die Zähne selbst verchromt. Auch die Turbinenschaufeln für Wasser- und Dampfturbinen werden zur Erhöhung ihrer Haltbarkeit verchromt. Prägeformen für Knöpfe, Schnitte, Stanzen usw.

Die Klischeefabrikation, die Herstellung von Druckplatten und die Verhärtung von Stereotypieplatten finden ebenfalls in der Verchromung ein wertvolles Hilfsmittel, um die Haltbarkeit solcher Druckplatten in der graphischen Branche wesentlich zu erhöhen. Die Schallplattenindustrie verchromt die aufgelöteten Shells zum Prägen der Platten usw.

Auch kleine Kammräder in der Uhrenindustrie, die Typenhebel für Schreibmaschinen, stark beanspruchte Laufflächen und Lagerzapfen erhalten durch die Verchromung eine ganz besondere Härte, ohne daß irgendwelche Veränderung im Gefüge oder in der Festigkeit solcher Teile eintritt. Nicht außer acht gelassen darf werden, daß bei dünneren Schneiden eine Gefahr durch die Verchromung in der Weise entsteht, daß bei stärkerer Verchromung, z. B. von einstündiger Dauer, das darunter liegende Eisen oder der

Stahl durch den Wasserstoff, der sich mit dem Chrom zusammen abscheidet, eine besondere Sprödigkeit erhält, ja daß sogar, wenn irgendwelche kleine Risse im Material vorhanden sind, ein Zerspringen durch die Verchromung eintreten kann.

Über die verschiedenen Anwendungsmöglichkeiten hat Verfasser bereits in der Chemiker-Zeitung Nr. 81 vom 7. Juli 1923 berichtet. In der Zwischenzeit wurden die Anwendungsmöglichkeiten um ein Bedeutendes verbreitert, und es wurden bereits viele Anlagen für die verschiedensten Zwecke errichtet. Auch von anderer Seite ist das Verfahren der Verchromung hinsichtlich der verschiedenartigen Anwendungen kritisch beurteilt worden. Nachstehende Ausführungen über die Anwendung der Verchromung in der graphischen Industrie sollen dartun, mit welchem Interesse auch im Auslande die Verchromung verfolgt wird.

In der Chemical and Metallurgical Engineering Bd. 32, Nr. 14 vom August 1925 berichtet H. E. Haring, Sozius-Chemiker im Bureau of Standards, Washington U.S.A. über seine Erfahrungen bei Verchromungen von Druckplatten zwecks Erhöhung der Widerstandsfähigkeit im Gebrauch wie folgt:

„Beim Platten- oder Rollendruck, wie im Bureau of Engraving and Printing, wird die nur auf der Oberfläche der Druckplatte befindliche Farbe vor jedem Abzug entfernt, so daß sich Druckfarbe nur in den Linien befindet. Die Entfernung der Farbe wird durch Abwischen der Platte mit Musseline oder anderen Stoffen bewirkt, dann folgt ein scharfes Polieren mit der Handfläche. Infolgedessen werden die Druckplatten einer ziemlichen Abnutzung unterworfen, so daß sie nicht soviel Abzüge hergeben, wie beim gewöhnlichen Oberflächendruck zu verlangen sind. Bei der letzteren Methode ist nur ein leichter Druck erforderlich, der wenig Abnutzung nach sich zieht.

Bis vor wenigen Jahren wurden alle Druckplatten im Bureau of Engraving and Printing aus Stahl mit Hilfe eines mechanischen Übertragungsprozesses hergestellt und nachträglich im Einsatz gehärtet. Um den größeren Anforderungen entsprechen zu können, wurde eine elektrolytische Methode zur Reproduktion der Platten im Jahre 1919 eingeführt. Die Details hierüber sind von W. Blum und T. F. Slattery beschrieben worden (Chem. a. Met., 1921, Bd. 25, S. 320). Die nickelplattierten elektrolytischen Platten verhalten sich gegen Abnutzung nicht so vorteilhaft wie die im Einsatz gehärteten Stahlplatten. Um die Lebensdauer zu verlängern, wurde die Verchromung erfolgreich eingeführt. Kratzproben, die kürzlich im Bureau of Standards auf Chromniederschlägen ausgeführt wurden, ergaben, daß Chrom bedeutend härter als der härteste Stahl ist.

Es ist möglich, eine verchromte Druckplatte durch zwei Methoden herzustellen:

1. Durch Niederschlagen einer Chromschicht an Stelle von Nickel auf der Form oder dem Negativ, oder

2. durch Niederschlagen einer dünnen Chromschicht auf der Nickeloberfläche der fertigen Druckplatte.

Infolge der Schwierigkeiten bei der ersten Methode wurde die zweite Methode angewendet. Unsere Erfahrungen zeigen, daß die Stärke der Verchromung 0,005 mm nicht zu überschreiten braucht, wenn man eine bedeutend längere Lebensdauer erzielen will. Da normal keine ausgeprägten Linien in den Gravierungen enthalten sind mit weniger als 0,05 mm Breite, also zehnmal die Stärke des Niederschlages, so wird auch keine wesentliche Veränderung durch die Verchromung, die sich beim Drucken bemerkbar machen könnte, hervorgerufen. Infolge der schlechten Streufähigkeit der Chrombäder wurde sogar gefunden, daß sich die Linien verteilten und die Abzüge infolgedessen besser als von den Originalplatten wurden. Der Chromüberzug muß mindestens so glatt und glänzend sein wie die Oberfläche, auf die er niedergeschlagen wird, sonst hält er die Druckerschwärze resp. Tinte und ist für Druckzwecke unverwendbar. Es ist erforderlich, daß derartige glatte und glänzende Niederschläge gleich beim Verchromen erzielt werden, weil die außerordentliche Härte des metallischen Chroms ein nachträgliches Polieren außerordentlich erschwert.

Obgleich über 1000 Druckplatten bis jetzt verchromt worden sind, so ist es noch nicht möglich, die ungefähre Lebensdauer vorauszusagen, da sie viele Monate benutzt werden können. Nur wenige sind bis jetzt ausrangiert worden. Die Resultate ergeben jedoch, daß Reproduktionen, bei denen die Originale maschinell graviert wurden, die mehrfache Lebensdauer von elektrolytisch vernickelten Platten besitzen und mindestens die doppelte Lebensdauer als im Einsatz gehärtete Stahlplatten. Bei „face"-Platten, deren Original meistens mit der Hand graviert und deren Linien infolgedessen viel feiner sind, ist bis jetzt die Lebensdauer sowohl von Stahl- als auch von elektrolytisch hergestellten Platten sehr kurz gewesen. Chrom hat sich für diese Platten als außerordentlich wertvoll erwiesen. Es hat nicht nur die Verwendung der weniger kostspieligen elektrolytischen Platten für Faces möglich gemacht, sondern auch wesentlich zur Verlängerung der Lebensdauer der Stahlplatten, die für diesen Zweck verwendet werden, beigetragen. Chrom wurde auf ungehärtete Stahldruckplatten niedergeschlagen, und dadurch wird ein sehr schwieriger und kostspieliger Arbeitsprozeß vermieden. Der Wert der verchromten Druckplattenoberfläche ergibt sich nicht nur aus der längeren Lebensdauer resp. den niedrigeren Kosten für Platten pro 1000 Abzüge, sondern auch aus der größeren Sicherheit, weil die verchromten Platten absolut genaue Abzüge ergeben, während bei den Stahlplatten oder vernickelten Platten ein langsamer, aber stetiger Verlust an Genauigkeit eintritt. Ein weiterer großer Vorteil der verchromten Oberfläche ist, daß die Verchromung erneuert werden kann. Nachdem der Chromniederschlag fast abgearbeitet ist, kann er abgezogen werden, und ein neuer Niederschlag läßt sich ohne Verlust an Genauigkeit anbringen. Es ist vorläufig noch nicht möglich, die genauen jährlichen Ersparnisse anzugeben, die im Bureau of Engraving and Printing durch die Verwendung des Verchromungsverfahrens erzielt werden, aber sie belaufen sich bestimmt auf Hunderttausende von Dollars."

Beim Verchromen von chirurgischen und zahnärztlichen Instrumenten hat sich ebenfalls die außerordentliche Widerstandsfähigkeit und Haltbarkeit der Instrumentarien erwiesen, so daß sämtliche Instrumente von Kliniken verchromt wurden, um ein stets einwandfreies, nicht oxydiertes Instrumentarium zu erhalten. Es hat sich gezeigt, daß die verchromten chirurgischen und zahnärztlichen Instrumente auch den bekannten Angriffen der zur Desinfektion verwendeten Lösungen standhalten und daß ein mehrstündiges Kochen in den verschiedenen Lösungen keinerlei Veränderung der Instrumente oder gar ein Rosten ergeben hätte. In England hat sich außerdem die Praxis eingebürgert, die scharfen Schneiden chirurgischer Instrumente nicht mit zu verchromen, und zwar mit Rücksicht darauf, daß die Schneide ja schließlich doch des öfteren nachgeschliffen werden muß, wodurch der Chromüberzug selbstverständlich entfernt wird. Außerdem hat man auch in England die Beobachtung gemacht, daß solche feine Schneiden leicht durch das Verchromen rissig werden und hat daher diese Schneiden von der Verchromung ausgeschlossen und lediglich die Griffe und die übrigen Teile verchromt.

Besondere Bedeutung hat das Verchromen auch in den Fällen, wo man durch das Verchromen beabsichtigt, Stahlteile vor der Abnutzung durch gleitende Reibung zu schützen (vgl. Autotechnik 1927, Heft Nr. 5). Kaliberdorne erhalten z. B. praktischerweise einen Chrombelag von 0,02 mm Dicke und erhalten dadurch eine 5fache Haltbarkeit gegenüber unverchromten Dornen. Selbst bei Gegenwart von Schmirgel als Schleifmittel zeigte sich noch eine vermehrte

Widerstandsfähigkeit gegen Abnutzung, und es hielten in diesem Falle solche Dorne 30 bis 50 % mehr aus als unverchromte. Für diese Spezialfälle wird derart gearbeitet, daß man die Kaliber um 0,005 mm unterdimensioniert und man schlägt Chrom in dieser Stärke auf ohne weitere Nachbehandlung. Ist ein solcher kalibrierter Gegenstand einmal abgenutzt, so entchromt man ihn und trägt eine neue Chromschichte auf. Auch auf andere stark beanspruchte Gegenstände, die man jetzt in oft umständlicher Weise durch besondere Härteprozesse härtet, verwendet man jetzt den Verchromungsprozeß, so z. B. für Nocken. Matrizen, Stempel, aber auch für Formen aller Art, z. B. für gegossenes Material, Glas, Porzellan usw.

In welchen Fällen man im praktischen Gebrauch eine direkte Verchromung anwendet und wo man die früher erwähnten Korrosionsschutz-Zwischenlagen verwendet, entscheidet am besten, sofern aus den vorstehenden Ausführungen nicht schon genügend Klarheit herrscht, der Fachmann und steht Verfasser mit diesbezüglichen Auskünften jederzeit gern zur Verfügung.

Das Polieren nach der Verchromung. Das Chrom scheidet sich, wie aus den verschiedenen früheren Ausführungen hervorgeht, auf einer blank polierten Fläche eines Metallgegenstandes in glänzender Form ab, wenn die Bedingungen zur Erzielung glänzender Niederschläge gegeben sind. Auf einer matten Fläche wird bei Einhaltung der Arbeitsbedingungen zur Erzielung glänzender Chromniederschläge ein Halbmatt entstehen, das man natürlich nachträglich nicht polieren kann, weil das Chrom so außerordentlich hart ist, daß kein Poliermittel ein Ausgleichen der Rauheiten bei dem Abschleifen vorstehender Spitzen bis zur Erzielung des Hochglanzes ermöglicht. Man muß also, wenn man Gegenstände herstellen will, welche glänzend sein sollen, der vorhergehenden Hochglanzpolierung der betreffenden Gegenstände besondere Sorgfalt widmen. Das Polieren nach der Verchromung wird in gleicher Weise durchgeführt wie beim Vernickeln, doch kann es sich immer nur um solche Chromniederschläge handeln, die, entsprechend ihrer größeren Dicke, nur einen leichten Schleier zeigen, der lediglich eine ganz geringfügige Mattierung der zu polierenden Oberfläche darstellt. Die Polierung solcher Gegenstände gelingt dann unschwer bei Verwendung gewöhnlicher Poliermaschinen, wie sie auch beim Polieren vernickelter Gegenstände Anwendung finden, und zwar am besten unter Verwendung fliegender Schwabbelscheiben und der Chromgrün-Poliermasse. Die Kosten der Polierung, die in solchem Falle erforderlich sind, sind keinesfalls höher wie die, die beim Polieren vernickelter Gegenstände auflaufen. Eine Verteuerung der Herstellungskosten glanzverchromter Gegenstände gegenüber Vernicklung tritt dadurch keinesfalls ein.

Am geeignetsten sind zum Polieren sogenannte Poliermotore, bei denen der Antriebsmotor direkt auf der die Polierscheiben tragenden Schleifwelle sitzt. Bei diesen Maschinen bleibt die Tourenzahl der Schleifwelle konstant, auch wenn die Bremswirkung beim Polieren übernormal wird. Da also die Anfangsgeschwindigkeit der Polierscheiben konstant ist, erreicht man in kürzester Zeit den Hochglanzeffekt. Man achte darauf, daß beim Chrompolieren die Scheibe die Umfangsgeschwindigkeit von ca. 25 m/sek machen soll, was bei 2000 Touren einer Scheibengröße von ca. 250 mm Durchmesser, bei 1450 Touren einer solchen von ca. 350 mm Durchmesser entspricht.

Kalkulation der Verchromungskosten. Über die Höhe der Herstellungskosten von Chromniederschlägen wurde schon an verschiedenen Stellen berichtet, es liegt jedoch in diesen Angaben keine Einheitlichkeit, so daß bisher über die wirklichen Kosten Dunkel herrschte.

Bei gleicher Schichtdicke kommt die Verchromung unbedingt teurer als die Vernicklung. Da aber die Chromschicht ca. 10 mal härter ist als die Vernicklung, genügt bereits eine Chromschicht von $^1/_{10}$ Stärke der Vernicklung, um ungefähr die gleiche Widerstandsfähigkeit gegen mechanische Abnutzung im Gebrauch zu erhalten. Mit der Frage des Schutzes gegen Rost oder Korrosion hat diese Angabe der Niederschlagsdicke selbstverständlich nichts zu tun.

Es kommt natürlich auch darauf an, ob man bei einem vernickelten bzw. verchromten Gegenstand lediglich die reinen Metallabscheidungskosten kalkuliert, oder ob man auch die Kosten einer vorhergehenden Schleif-, Polier-, Entfettungsarbeit und ebenso die Kosten der nach der Metallauflage vorzunehmenden Arbeit des Trocknens und Polierens bei der Berechnung berücksichtigt.

Bei der sogenannten marktfähigen Vernicklung wird mit einer Nickelauflage von ca. 80 bis 100 g Nickel pro qm Niederschlagsfläche gerechnet, was einer Nickelschicht von ca. 0,01 mm entspricht. Eine ebenso starke Chromschicht besitzt bei einem spez. Gewicht des Chroms von 6,5 ein Gewicht von ca. 61 g pro qm Niederschlag. Während man die Nickelschicht von 0,01 mm in den modernen Auto-Rapid-Schnell-Nickelbädern (Wanderbad-Betrieb!) bei einer angewendeten Stromdichte von 2 A/qdm in ca. 30 Minuten erreicht, braucht man, um eine gleich starke Chromschicht bei z. B. 10 A Stromdichte niederzuschlagen, ca. 1 Std. 30 Min.

Eine solche Chromschicht von 0,01 mm Dicke wäre aber immer nötig, wenn ein Gegenstand vor Korrosion durch direkte Verchromung geschützt werden soll.

Handelt es sich dagegen darum, Gebrauchsgegenstände, die nicht dem Wetter ausgesetzt werden, nur so zu verchromen, daß sie ebensolange der mechanischen Abnutzung standhalten wie vernickelte Gegenstände, welche eine Nickelschicht von 0,01 mm Dicke zu erhalten pflegen, dann genügt eine direkte Verchromung von 0,001 mm Dicke, die man bei einer Stromdichte von 10 A/qdm in ca. 10 Minuten erzielt, bei einer Stromdichte von 5 A/qdm in 25 bis 30 Minuten. Hierbei sind die Ergebnisse in einem Normal-Chrombad bei einer Badtemperatur von 35° C berücksichtigt.

Will man aber nur die Oberflächeneigenschaft des Chroms, also die Immunität gegen Matt- oder Blindwerden, erhalten, gleichzeitig aber den Korrosionsschutz durch einen den Gegenstand dicht abschließenden Nickelüberzug bewirken, so wird man eine $^1/_2$ stündige Vernicklung bei 2 A Stromdichte zuerst durchführen, hierauf auf Hochglanz polieren und dann die Chromschicht von 0,001 mm auftragen, wozu man, je nach angewendeter Stromdichte, ca. 10 bzw. 20 Minuten Verchromungszeit benötigt. Solcherart verchromte Gegenstände sind nur ca. 10 % teurer in der Veredlung, als wenn sie nur vernickelt wären.

Die am häufigsten auftauchende Frage ist wohl die, in welchem Verhältnis sich die Verchromungskosten zu den Vernicklungskosten stellen bzw. was die Verchromung auf vorheriger Nickelunterlage kostet.

Es soll zunächst rechnerisch ermittelt werden, wie hoch sich die reinen Niederschlagskosten für eine solide Vernicklung einer ebenso starken Verchromung gegenüber (Chromschicht = Dicke der Nickelschicht) belaufen, und zwar die Niederschlagsdicke mit 0,01 mm angenommen.

Die **Berechnung pro qm stellt** sich für eine solche Nickelschicht wie folgt:

Metallverbrauch an der Ware = ca. 100 g pro qm.

Verbrauch an Anodennickel bei 10 % Abfall = 110 g.

Metallkosten bei einem Preis für Nickelanoden von M. 4,50 pro kg
M. 4,50 × 0,11 . . . . M. 0,49

Kraftkosten bei einer Badspannung von 4 V, demnach Klemmenspannung der Dynamo = 5 V und Stromstärke von 200 A/qm, Expositionszeit = $^1/_2$ Std., ergibt 5 × 200 × 0,5 = 500 Wattstunden = ca. 1 PS/St à M. 0,10 . . . . „ 0,10

Übertrag M. 0,59

Übertrag   M. 0,59

Verzinsung und Amortisation der Anlagekosten bei einer Anlage, um in 8 Stunden etwa 200 qm zu vernickeln, mit moderner LPW-Wanderbad-Anlage einschließlich Stromquelle Preis ca. M. 40,000.—. Bei 300 Arbeitstagen à 8 Std. kostet bei 20 % für Zinsen und Amortisation 1 qm . . . . ,, 0,14

Arbeitslohn für Entfettung und Vernicklung bei 8 Mann pro 8 Stunden M. 38,40, demnach pro qm . . . . ca. ,, 0,20

200 % Regie auf die Löhne . . . . ,, 0,40

1 qm Vernickeln exkl. Polieren kostet   M. 1,33

Für das Verchromen kei einer Chromschicht von 0,01 mm stellen sich die Verhältnisse dagegen wie folgt:

Metallverbrauch an der Ware = ca. 61 g pro qm.

Verbrauch an Chrombadsalz einschließlich Verlust von 5 % = 128 g.

Metallkosten bei einem Preis des Verstärkungssalzes von M. 5,50 per kg ergibt 0,128 × 5,50 . . . . M. 0,71

Kraftkosten bei einer Badspannung von 4 V, demnach Klemmenspannung der Dynamo = 5 V und Stromstärke von 1000 A/qm, Expositionszeit 1 Std. 20 Min., ergibt

5 × 1000 × 1,33 = 6600 Watt = ca. 13,2 PS/St à M. 0,10 . . . ,, 1,32

Kraftkosten für Absaugung für 1 Bad, welches 4 qm Oberfläche verchromt, ca. 0,75 PS für 1 Std. 20 Min. pro qm = 1 PS/St ,, 0,10

Verzinsung und Amortisation der Anlagekosten für eine Tagesleistung von 200 qm in 8 Stunden einschließlich Stromquelle Preis ca. M. 120,000.—, daher pro qm . . . . ,, 0,52

Arbeitslohn für Entfettung und Verchromung bei 8 Mann pro 8 Stunden = M. 38,40 . . . . ,, 0,20

200 % Regie auf die Löhne . . . . ,, 0,40

1 qm Verchromen exkl. Polieren kostet   M. 3,25

Wird die Chromschicht aber nur 0,001 mm stark gemacht, dann sinken die Verchromungskosten pro qm auf M. 0,32. Wird also etwa so gearbeitet, daß man eine Nickelschicht von 0,01 mm zuerst aufträgt und dann eine Chromschicht von nur 0,001 mm, so stellt sich (exkl. des Polierlohnes vor der Verchromung!)

1 qm Ware fertig vernickelt und verchromt auf

M. 1,33 + M. 0,32 = M. 1,65.

Berücksichtigt man aber, daß sowohl vor dem Vernickeln als auch vor dem Verchromen, sofern man eine glänzende Nickel- oder Chromauflage erhalten will, ein Vorschleifen bzw. Vorpolieren und nach erfolgter Metallauflage ein Hochglanzpolieren stattfinden muß, so wird die Differenz für den betreffenden fertigen Gegenstand in der Kalkulation wesentlich verringert, wie nachstehendes Beispiel zeigt:

Es sollen z. B. Fahrradlenker gewählt werden mit einer zu veredelnden Oberfläche von je ca. 7 qdm.

An Schleiflohn gilt hierbei als Akkord

für das Vorpolieren 32 Akkordminuten   à 1 Pf. = M. 0,32 pro Stück
für das Nickelpolieren 5 Akkordminuten   à 1 Pf. = M. 0,05 ,,   ,,

Da bei einer Chromschicht von nur 0,001 mm nach vorheriger Vernicklung mit darauffolgender Nickelpolierung so gut wie keine Polierarbeit mehr nach der Verchromung in Frage kommt, ist es einerlei, ob man vorvernickelt und hierauf verchromt oder nur vernickelt. Für 1 qm sind also 100 : 7 = 14 Lenkstangen zu rechnen, und die Kosten einschließlich aller Vor- und Nacharbeiten inkl. Metallauflage errechnen sich dann pro qm:

A. Beim Vernickeln:

Kraftkosten für Schleif- und Polierarbeit = $14 \times 32 = 448$ Min. $= 7$ Std.
28 Min. bei 2,5 PS Kraftverbrauch, d. s. zusammen 18,6 PS/St ·à M. 0,10
pro PS/St . . . . „ 1,86
Löhne für das Schleifen und Nachpolieren 14×37 . . „ 5,18
200% Regie auf die Löhne . . . . „ 10,36
Vernicklungskosten . . . . „ 1,33
1 qm = M.18,73

B. Beim Verchromen:

Kraftkosten für Schleifen- und Polierarbeit, wie vor . . . . . . M. 1,86
Löhne für das Schleifen und Polieren . . . . „ 5,18
200% Regie auf die Löhne . . . . „ 10,36
Verchromungskosten . . . . „ 3,25
1 qm = M.20,65

Für diesen Fall ist also die Verchromung um ca. 10 % teurer als die Vernicklung.

C. Beim Vernickeln und darauffolgender Verchromung.

Wenn die Nickelschicht 0,01 mm stark, die Verchromung 0,001 mm stark aufgetragen wird, sind:

Kosten für die Nickelunterlage von 0,01 mm Stärke einschließlich Vor- und Nacharbeit M.17,73
Kosten für die darauffolgende Verchromung von 0,001 mm Stärke, ohne Nachpolierarbeit . . . . „ 0,32
Zusammen also 1 qm = M.18,05

Die Mehrkosten gegenüber der normalen Vernicklung betragen also in diesem Falle ca. 2% usw.

Die vorstehenden Kalkulationen geben ein anschauliches Bild über die viel umstrittene Kostenfrage beim Verchromen und zeigen zur Genüge, daß an der Kostenfrage die Anwendung der Verchromung nicht scheitern kann. Alle anderen Angaben, die mitunter von unberufener Seite gemacht werden, sind mangels Fachkenntnisse entstanden und dementsprechend einzuschätzen. Verchromte Gegenstände sind dank der besonderen Eigenschaften des Chroms als Deckschicht vernickelten Gegenständen unbedingt überlegen und ist ein entsprechender Mehrpreis für verchromte Gegenstände ohne weiteres gerechtfertigt und, wie die Erfahrung lehrt, ohne weiteres zu erzielen.

!!! Technisch Besseres rechtfertigt einen höheren Verkaufspreis !!!

Sanitäre Vorschriften für Verchromungsbetriebe. Das Arbeiten mit den Chromelektrolyten, welche in der Hauptsache aus einer bestimmten Chromsäure bestehen, erfordert besondere Schutzmaßnahmen für die Bedienungsmannschaft. In erster Linie müssen die betreffenden Arbeitsräume gut ventiliert sein, man sorge für viel frische Luft, lasse möglichst über Nacht die Fenster, welche reichlich vorhanden sein sollen, um auch genügend Licht dem Raume zuzuführen, offen, denn selbst bei guter Absaugevorrichtung, wie sie beschrieben wurde, verbreitet sich in den mit Chrombädern besetzten Räumen, auch wenn gar nicht gearbeitet wird, ein Dunst von Chromsäure, welcher zum Husten reizt und doch etwas die Atmungsorgane angreift. Es darf keinesfalls ohne Absaugung an den Chrombädern gearbeitet werden. Vor den Mahlzeiten sind die Hände zu waschen, wozu eine Lösung von

2 Tl. Wasser,
1 Tl. Salzsäure,
1 Tl. Alkohol

sehr geeignet ist. Mit dieser Flüssigkeit wäscht man auch diejenigen Stellen der

Kleider, auf welche Chrombadflüssigkeit durch Verspritzen gelangt ist, um ein
Durchfressen zu verhüten. Man reiche den an Chrombädern Arbeitenden öfters
Milch, andernfalls stellen sich leicht Magenerkrankungen (Erbrechen) ein. Will
man ganz vorsichtig sein, so läßt man mit Respiratoren arbeiten. Empfehlenswert ist ferner, etwa alle 2 bis 3 Monate einen Wechsel im Bedienungspersonal
auf alle Fälle eintreten zu lassen, besonders in denjenigen Betrieben, wo Lüftung
nicht ganz nach Wunsch durchführbar ist.

Verzinken.

Allgemeines über Korrosionsschutz. Seit jeher war das Bedürfnis nach einem
auf galvanischem Wege aufgetragenen Metallüberzug als Schutz gegen Korrosion,
insbesondere als Rostschutz auf eiserner Gegenständen, groß und wurde das er-
strebte Ziel durch die elektrolytische Verzinkung erreicht, so daß heute der Rostschutz eiserner Gegenstände vorzugsweise durch die elektrolytische Verzinkung
befriedigt wird. Andere Metalle, wie Kadmium, Chrom, Nickel, Kupfer, gelangen
wegen des noch immer höheren Preises, teils auch wegen des ihnen zukommenden
geringeren Schutzwertes lange nicht in dem Maßstabe zur Anwendung wie gerade
das Zink. Der Rostschutz ist nur eine besondere Form des Korrosionsschutzes,
und zwar für Eisen und Stahl, während eigentlich der Korrosionsvorgang selbst
für alle Metalle auf den gleichen Prinzipien aufgebaut ist. Hauptsächlich ist es die
Atmosphäre, welche diese Angriffe auf die Metalle einleitet, indem sich aus der Luft
bei Temperaturschwankungen Feuchtigkeit auf den Metallen niederschlägt, mit
der das Metall wie eine Elektrode in einem Elektrolyten reagiert. Nehmen wir
z. B. Eisen an, so treibt dieses infolge des Lösungsdruckes Ionen in die mit ihm
in Berührung befindlichen Flüssigkeitsschichten, wobei der Luftsauerstoff die
2 wertigen Eisenionen zu 3 wertigen oxydiert, welche eine Ausscheidung unlöslicher Verbindungen bewirken, so daß Eisenionen immer wieder aus diesen
Lösungsschichten verschwinden, d. h. der osmotische Druck wird durch Ausscheidung von Eisen kleiner, der Lösungsdruck kann wieder neue Eisenionen
aus dem Metall in Lösung bringen, der Auflöseprozeß des Eisens geht unter
Abscheidung des bekannten braunen Rostes, immer weiter. Je leitfähiger die
das Eisen umgebende Flüssigkeitsschicht ist, um so schneller wird der Lösungsvorgang sein; so finden wir bei Gegenwart von Kohlensäure, schwefliger Säure
und von Salzen eine Beschleunigung der Rostbildung, also der Korrosion.

Um Metalle gegen diese Korrosion verursachenden Einflüsse zu schützen,
überzieht man sie nach verschiedenen Methoden mit Lacken, oder man emailliert
sie durch Einbrennen einer vollkommen dichten, leider meist zu spröden Glasur-
schichte, oder man brennt Metalle durch Reduktionsvorgänge in besonderen Vorrichtungen ein oder versieht sie auf irgendeine Art und Weise mit einem Metallüberzug, sei es durch Zerstäuben nach dem Schoopschen Verfahren oder durch
elektrolytische Metallüberzüge. Es sind auch Verfahren in Gebrauch, insbesondere auf Eisen und Stahl, bei welchen auf elektrolytischem Wege Metallverbindungen, (meist anodische Prozesse,) abgeschieden werden, wie z. B. die
Verfahren zur Abscheidung von Bleioxyden aus alkalischen Bleisalzlösungen,
welche gleichzeitig einen schönen schwarzen Effekt geben. Leider haftet allen diesen
Verfahren der Nachteil an, daß diese elektrolytischen Abscheidungen äußerst
spröde sind, wenn es auch gelingt, sie in dicker Schichte zu gewinnen.
Dort wo man z. B. eiserne Gegenstände auf Biegung beansprucht, können
derlei Überzüge nicht benutzt werden. Es bleiben also praktisch nur noch
Metallüberzüge, und da muß man unterscheiden, ob es sich um edle oder unedle
Metalle handelt, welche man aufträgt. Ist der Überzug in seinem Potential edler
als das Grundmetall, so kann ein solcher Überzug nur dann korrosionsschützend
wirken, wenn er so dick ausgeführt wird, daß die Luft dauernd vollkommen vom

Grundmetall ferngehalten wird. Bei Nickel wurde festgestellt, daß dies, wenn Nickel elektrolytisch aufgetragen wird, erst bei einer Niederschlagsdicke von mindestens 0,025 mm der Fall ist. Auch Chrom und Kupfer bieten keinen größeren Korrosionsschutz als Nickel, weil diese Metalle edler als Eisen sind, in einer galvanischen Kette mit Eisen zusammengestellt, das Eisen also normal die Lösungselektrode werden muß.

Als geeignet erweisen sich dagegen Zink und Kadmium, in besonderen Fällen auch als Korrosionsschutz für Eisen das Chrom in seiner unedlen Form. Für letzteres bestehen zwei Werte, und zwar einmal — 1,6 und das andere Mal — 0,6 gegenüber folgender Zusammenstellung[1]):

Cu = + 0,35	Ni = — 0,20	Zn = — 0,77
H = + 0,0	Co = — 0,23	Cr = — 1,2
Pb = — 0,13	Cd = — 0,42 (?)	bzw. — 0,6
Sn = — 0,15	Fe = — 0,46	

Während also Zinn, Blei, Kupfer, Nickel u. dgl. nur durch die Dichte ihres Überzuges zu wirken vermögen, wirken Kadmium, Zink und Chrom elektrolytisch korrosionsschützend, indem sie auch bei freiliegenden Partien des Eisens als Lösungselektrode wirken.

H. Sutton[2]) untersuchte insbesondere die auf verschiedene Weise hergestellten Zinküberzüge auf ihren Korrosionsschutz und fand analog H. Bablik[3]), daß unter der Voraussetzung gleicher Zinkschichten in Höhe von 1 g/qcm Oberfläche zum Auflösen auf eisernen Unterlagen nötig waren, wenn:

Zink, aus geschmolzenem Metall aufgetragen 1209 Min.
Zink nach dem Sherardisier-Verfahren . . 1230 ,,
Zink nach dem Schoopschen Verfahren . . 2641 ,,
Zink, elektrolytisch niedergeschlagen . . . 2686 ,,

Bei diesen Proben wurde festgestellt, daß die Schutzwirkung bis zu einer Schichtdicke von 0,012 mm proportional ansteigt, wobei die angewendete Stromdichte bei der Elektrolyse keinen Einfluß hatte, dagegen stieg die Schutzwirkung, wenn die Niederschläge nach ihrer Fertigstellung auf 200 bis 300° C erhitzt wurden. Dies trifft ebenso für Kadmium zu und auch für Chrom und rührt jedenfalls daher, daß bei diesen Temperaturen der in den galvanischen Niederschlägen enthaltene Wasserstoff entweicht.

Ein Zinkniederschlag von 0,012 mm Dicke schützte für eine Untersuchungsperiode, welche auf 16 Monate ausgedehnt wurde, vollkommen. Zusammenfassend kann also gesagt werden, daß sich starke Nickelniederschläge als Korrosionsschutz vorwiegend für Gegenstände auf Kupfer und dessen Legierungen eignen, wogegen Zink und Kadmium für Eisen und Stahl bevorzugt werden müssen. Je nachdem, ob es nun gleichzeitig auch auf das Aussehen der mit einer Schutzschicht versehenen Gegenstände ankommt, wird man dann Kadmium oder Chrom oder beide Metalle übereinander angewendet, bevorzugen.

Verzinken durch Elektrolyse. Die elektrolytische Verzinkung nimmt heute, dank ihrer Vervollkommnung und dank ihrer Vorteile gegenüber dem alten Eintauchverfahren in geschmolzenes Zink neben der Vernicklung in der Technik einen großen Raum ein, und die elektrolytischen Verzinkungsanlagen sind heute Großbetriebe geworden, ein Fortschritt, den man sich vor 20 Jahren nicht entfernt träumen ließ. Es gelingt heute unschwer, alle Handelsartikel, denen man einen Rostschutz erteilen will, elektrolytisch derart zu verzinken, daß auf Jahre hinaus die Rostsicherheit gewährleistet ist; dabei haftet der elektrolytische Zink-

---

[1]) The Metal Industry 30, Nr. 20 v. 20. Mai 1927.
[2]) Electroplater's and Depositer's Technical Society v. 19. Jan. 1927.
[3]) ,,Galvanising'' (E. u. F. N. Spon, Ltd.).

niederschlag derart fest auf dem Eisen, daß man z. B. Bleche biegen und falzen,
Drähte um ihren eigenen Durchmesser wickeln kann, ohne daß der starke Zinküberzug abblättern würde.

Der Hauptvorteil der elektrolytischen Verzinkung besteht nun aber in der
ungeheuren Zinkersparnis, gegenüber dem alten Verfahren, da man es ja nicht
nur durch geeignete Stromregulierung in der Hand hat, gerade nur so viel Zink
auf die Handelsartikel aufzutragen, als gewünscht wird, sondern es entsteht
so gut wie kein Metallabfall, wie er bei der Heißverzinkung auftritt, wo sich
sehr rasch das geschmolzene Zink mit dem Eisen zu einer schwer schmelzbaren, zähen und für den weiteren Gebrauch ungeeigneten Zinkeisenlegierung,
sogenanntes Hartzink, legiert, das einen nur minimalen Altmetallwert hat und
sich bei der Kalkulation der Verzinkung als verteuernder Faktor auswirkt. Das
Defektwerden der Zinkpfannen, die mit teurem Brennstoff erhitzt werden
müssen, ist ein weiterer Umstand, der Verluste ungeahnter Größe nach sich
zieht, welche zusammengenommen die alte Heißverzinkung gegen die moderne
elektrolytische Verzinkung ausgeschaltet haben. Lediglich dort, wo durch das
Verzinken ein Verlöten und Dichten von Fugstellen beabsichtigt wird, wie bei der
Verzinkung von Hohlgefäßen mit aufgebördeltem Boden u. dgl., ist die Heißverzinkung heute noch bevorzugt

Die erwähnte rostschützende Wirkung der elektrolytischen Verzinkung ist in
erster Linie auf die Reinheit des abgeschiedenen Zinks zurückzuführen, wogegen
bei der Heißverzinkung immer etwas Blei mit aufgetragen wird, welches als
Bodenschutz in der Pfanne sich bald mit dem Zink legiert und dann eine Bleizink-
legierung auf den Gegenständen veranlaßt, die fast gar keine Legierungsbildung
mit der eisernen Unterlage ermöglicht, weshalb solche Zinküberzüge sehr leicht
abplatzen. Die rostschützende Wirkung des reinen elektrolytischen Zinkniederschlages wirkt wie jeder galvanische Niederschlag besonders dadurch, daß sich
der Zinkniederschlag haarscharf an alle Unebenheiten der Unterlage anschmiegt
und jede Flächenpartie der Unterlage gleich gut mit Zink in Berührung kommt.

Technisch hat die elektrolytische Verzinkung den Kampf mit der Heißverzinkung ebenfalls gewonnen, nachdem es durch geeignete Apparate und Hilfsmittel, richtige Wahl der Elektrolyte gelungen ist, die Niederschlagszeiten für die
galvanischen Zinkniederschläge außerordentlich abzukürzen, so daß die elektrolytischen Verzinkereien heute kaum mehr Platz erfordern als die Heißver-
zinkereien, wenn die gleiche Produktion verlangt wird, wie dies H. Paweck
und J. Seihser (vgl. nächstes Kapitel) in so exakter Weise gezeigt haben.
Ausschuß fällt bei der elektrolytischen Verzinkung bei richtig geführtem Betrieb
ganz fort, wogegen bei der Heißverzinkung der Ausschuß einen nicht zu unterschätzenden Prozentsatz ausmacht.

Hervorgehoben muß werden, daß elektrolytisch verzinkte Gegenstände verarbeitet werden können, ohne daß das Zink abblättert, was auf die bessere Adhäsion der elektrolytischen Zinkniederschläge auf Eisen zurückzuführen ist.
Während die Adhäsion der Zinküberzüge auf dem geschmolzenen Bade
16,8 kg/qcm beträgt, erreicht sie bei der elektrolytischen Verzinkung 33,6 kg/qcm,
also genau das Doppelte.

Die elektrolytischen Zinkbäder. Jedes halbwegs brauchbare Zinkbad läßt
sich heute verwenden, und es ist nur eine Auswahl insofern geboten, als man (aus
ökonomischen Gründen) dasjenige wählen wird, welches den geringsten Widerstand und dabei den kleinsten Wattverbrauch besitzt; besondere Wünsche
betreffs Farbe und Glanz des Niederschlages sind durch spezielle Zusätze leicht
zu erreichen, natürlich muß der aus dem betreffenden Bade erhältliche Niederschlag die wünschenswerten mechanischen Eigenschaften besitzen.

Nur für profilierte Gegenstände und für solche mit nicht zu tiefen Höhlungen
werden heute noch alkalische oder zyankalische Zinkbäder benutzt, weil diese

ein ausgeprägtes Streuungsvermögen besitzen, besonders wenn man noch, wie dies Verfasser zeigte, Zyanquecksilberkalium zusetzt. Ein diesbezügliches Patent des Verfassers wird auch heute noch viel angewendet. Heute verwendet man zur Verzinkung flacher oder nicht allzu profilierter Gegenstände vorwiegend schwach saure Elektrolyte. Brauchbare Niederschläge auf flache Gegenstände erhält man z. B. aus folgendem einfachen Bade:

Wasser . . . . 1 l
Zinksulfat . . . . 150 g
Ammonsulfat . . . . 50 g
Borsäure . . . . 10 g

Stromdichte	Badspannung bei 15 cm Elektrodenentfernung	Änderung der Badspannung für je 5 cm Änderung der Elektrodenentfernung
0,3 Ampere	1,0 Volt	0,25 Volt
0,5 ,,	1,4 ,,	0,41 ,,
0,75 ,,	1,9 ,,	0,61 ,,
1,00 ,,	2,5 ,,	0,83

Badtemperatur: 15—20° C
Konzentration: $14\frac{1}{2}°$ Bé
Wasserstoffzahl: 4,0—4,2
Spez. Badwiderstand: 1,62 Ω
Temperaturkoeffizient: 0,0198
Stromausbeute: 100 %
Niederschlagstärke in 1 Stunde (bei 1 A Stromdichte): 0,0173 mm.

Bereitung des Bades:

Nachdem man sich darüber klar geworden, wieviel Liter Bad man zu bereiten hat, löst man in dem vierten Teile der für das Bad nötigen Wassermenge das Zinksulfat (am besten warm) in dem doppelten Quantum (also $^2/_4$ der Gesamtmenge) das Ammonsulfat, das sich auch in der Kälte leicht löst; die Lösung des Ammonsulfates kann man in dem für das Bad bestimmten Behälter besorgen, die des Zinksulfates in geeigneten Gefäßen, die gegen Temperaturänderungen unempfindlich sind. Ist alles Ammonsulfat gelöst, so gießt man die Zinksulfatlösung unter Umrühren dazu und setzt das letzte Viertel der zur Badbereitung erforderlichen Wassermenge zu. Das Bad arbeitet sofort gut ohne Abkochen oder Durcharbeiten.

Für die Abscheidung starker Niederschläge in kurzer Zeit empfiehlt es sich, Bäder zu verwenden, welche einen hohen Metallgehalt aufweisen. So empfiehlt H. Paweck, der sich bereits früher erfolgreich mit der Vervollkommnung der Verzinkungselektrolyten beschäftigte, in seiner außerordentlich präzisen Arbeit über die Ausführung der Schnellverzinkung ein Bad, welches im Liter

100 g metallisches Zink,
1 g Schwefelsäure,
20 g Borsäure

enthält. Er arbeitet mit einer Stromdichte von 10 bis 50 A/qdm und bei Arbeitsbedingungen, die sich als die besten herausstellten, um pro qm Kathodenfläche ca. 114,5 g Zinkmetall mit einem Wirkungsgrad des Bades von ca. 92 % niederzuschlagen. Dabei gelingt es, bei 30—40° C, die Verzinkung dieser Art in 1 Minute 20 Sekunden durchzuführen. Badzusammensetzung und sonstige Bedingungen sind dabei so getroffen, daß die Konstanz der Badzusammensetzung gewahrt bleibt und die Verzinkung möglichst wirtschaftlich ausgeführt werden kann (vgl. die Arbeit von H. Paweck und J. Seihser, Mitteilung aus dem Institut für technische Elektrochemie an der Technischen Hochschule in Wien[1]).

Langbein empfiehlt für diese Zwecke ein sehr verläßlich arbeitendes Zinkbad folgender Zusammensetzung, das sich durch einen sehr geringen spezifischen Badwiderstand auszeichnet:

Schwefelsaures Zinkoxyd, krist., chem. rein   20   kg
Schwefelsaures Natron, krist., rein   4   kg
Chlorzink, chem. rein   1   kg
Borsäure, krist. . . . .   0,5 kg

in Wasser zu 100 l Bad gelöst.

Mit Hilfe dieses Zinkbades sind gute Resultate bei der Blechverzinkung zu erreichen, und haben nachstehende Stromverhältnisse Gültigkeit.

Badspannung bei 10 cm Elektroden-entfernung und 45° C	1,1	1,5	1,8	2,2	2,4	2,7	3,7 Volt
Stromdichte dabei	0,55	0,75	0,95	1,15	1,25	1,45	1,9 Ampere

Badspannung bei 10 cm Elektroden-entfernung und 45° C	0,9	1,05	1,25	1,40	1,8	2,0	2,3	3,5 Volt
Stromdichte dabei	0,7	0,8	1,0	1,1	1,4	1,55	1,8	2,75 Ampere

Nach den Versuchen des Verfassers eignet sich zur Verzinkung stark profilierter Gegenstände bzw. zum Vorverzinken solcher Gegenstände, um sie nach erfolgtem Decken mit Zink in neutralen bzw. angesäuerten Bädern fertig zu verzinken, folgendes Bad:

Wasser . . . .   1 l
Zyanzinkkalium . . . .   45 g
Zyankalium . . . .   15 g
Kochsalz . . . .   20 g
Ätznatron . . . .   20 g
Zyanquecksilberkalium   . . . .   2 g

Handelt es sich darum, einzeln auf Drähten aufgehängte, frei im Bad befindliche Eisengegenstände zu verzinken, so arbeitet man bei Zimmertemperatur in diesem Bade mit 2 bis 3 V Badspannung. Wird in Körben oder Sieben verzinkt, z. B. Massenartikel, einerlei ob die perforierten Körbe oder Trommeln ruhig hängen oder bewegt werden, so arbeitet man mit 5 bis 7 V Badspannung.

Fällt die Verzinkung in diesem Bade nach einiger Zeit fleckig aus und vollzieht sie sich langsam, so daß nur starke Gasentwicklung bemerkbar wird, ohne daß sich die Gegenstände mit Zink überziehen, so muß man pro Liter 5 g Zyankalium und 1 g Zyanquecksilberkalium zusetzen. Die im Bade arbeitenden Anoden werden jedesmal nach Arbeitsunterbrechung herausgenommen und in reines Wasser gestellt, damit sich nicht das Quecksilber an den Anoden ausscheidet; außerdem würde der starke Alkaligehalt die Anoden unnötig auflösen, auch wenn kein Strom durchs Bad geht.

Auch die Badvorschrift nach Langbein

Wasser   . . . .   1 l
Chlorzink . . . .   10 g
Ätzkali . . . .   50 g
Chlorammon . . . .   20 g

---

[1]) Siehe auch: Zentralblatt der Hütten- und Walzwerke, 31. Jahrg., Nr. 23, S. 305 ff. v. 8. Juni 1927.

gibt gutstreuende Niederschläge, jedoch muß nach Beobachtungen des Verfassers das Bad besser heiß verwendet werden, außerdem sind die aus diesem Bade kommenden Niederschläge von dunkler Farbe, wogegen das früher erwähnte alkalische Zinkbad weiße Niederschläge liefert.

Will man besonders starke Zinkniederschläge erzeugen, so muß man bei Ansetzen des Bades bestimmte Normen einhalten. Vor allem müssen die Umstände vermieden werden, welche eine Zinkschwammabscheidung herbeiführen. Elektrolysiert man Zinksalzlösungen, wenn sie neutral gehalten werden, längere Zeit, so setzt sehr bald eine schwammige Zinkabscheidung ein. Mit den Ursachen dieser ungeeigneten Abscheidungsform des Zinks haben sich viele Forscher befaßt. Nahnsen, ferner Mylius und Fromm und F. Förster stellten fest, daß die Ursache dieser Zinkschwammbildung keineswegs, wie früher angenommen wurde, eine Zink-Wasserstofflegierung sei, sondern in der Abscheidung basischer Zinksalze neben der Zinkabscheidung begründet liegt.

Die Bedingungen, um schwammfreie Zinkniederschläge zu erzielen, lauten nach Förster:

1. Im Elektrolyten ist eine sehr weitgehende Abwesenheit und natürlich auch dauernde Fernhaltung aller Metalle erforderlich, welche edler als Zink sind.

2. Die die Kathode bespülende Lösung muß einen gewissen schwachen Säuregehalt besitzen; daher muß, da durch an der Kathode stets stattfindende Wasserstoffentwicklung fortwährend Säure verbraucht wird, für dauernde Nachlieferung von Säure gesorgt und durch Bewegung des Elektrolyten vermieden werden, daß Anteile von ihm an der Kathode neutral oder basisch werden. Ist einmal Zinkschwamm an einer Stelle der Kathode aufgetreten, so wächst dieser graulockere Zinkbelag rapid über die ganze Fläche hinweg, kleine Stellen infizieren förmlich die ganze Fläche. Als Säuregehalt in Bädern von Zimmertemperatur hat sich ein Gehalt von 0,1 bis 0,5 % des Zinkgehaltes erwiesen. Bei Erhöhung der Badtemperatur kann man mit dem Säuregehalt sogar weit höher gehen, doch muß man die Stromdichte gleichzeitig steigern. Dann erreicht man auch den Effekt der Glanzbildung nebenher. Für bewegte Bäder hat sich eine Azidität von 0,01 bis 0,02 n als genügend gezeigt, wenn die Konzentration an Zink wenigstens 40 bis 60 g metallisches Zink pro Liter Lösung betrug.

3. Die Stromdichte an der Kathode darf nicht allzu klein sein, man elektrolysiert zweckmäßig mit einer Stromdichte von 1 bis 3 A/qdm.

Daß bei profilierten Gegenständen in den Vertiefungen leicht Zinkschwamm einsetzt, wogegen die übrigen, vom Strom stärker betroffenen Partien davon verschont bleiben, ist nach dem Gesagten verständlich, weil durch die geringe Stromlinienstreuung dort eine zu geringe Stromdichte herrscht und die Lösung leicht neutral wird, weil der nötige Schichtenaustausch nicht glatt vor sich geht und daher nicht mehr die zur Vermeidung der Schwammbildung nötigen Bedingungen gegeben sind.

Zinkbäder, welche neben Zinkvitriol namhafte Mengen von Leitsalzen haben, so daß das Zink fast ausschließlich sekundär gefällt wird, geben auch bei geringerem Metallgehalt noch zusammenhängende Niederschläge, doch zeigen diese Niederschläge leicht ein netzartiges Gefüge, das Zink scheidet sich gewissermaßen nur punktartig aus, freie Stellen dazwischen lassend. Aus einem Bade von

Wasser	1 l
Zinkvitriol	150 g
Kalialaun	50 g
Borsäure	15 g

konnte Verfasser bei einer Stromdichte von 3 A/qdm weiße Zinkniederschläge erhalten, die aber grobkristallin waren und nur auf tadellos gebeizten Flächen vollkommen deckten.

Zur Verzinkung größerer Flächen, wie Bleche, Bänder u. dgl., hat sich ein
Bad folgender Zusammensetzung bestens bewährt:

Wasser	1 l
Zinkvitriol	300 g
Tonerde	70 g
Glaubersalz	28 g
Borsäure	35 g

Das Bad erfordert zeitweise ein Ansäuern mit chemisch reiner Schwefelsäure
und läßt bei Zimmertemperatur Stromdichten bis zu 3 A/qdm zu, bei erhöhter
Temperatur und Bewegung des Bades kann die Stromdichte auf das Doppelte und
darüber gesteigert werden. Oftmals werden auch die Zinkbäder zur Erhöhung der
Leitfähigkeit mit Magnesiumsulfat versetzt, auch wird an Stelle von Borsäure zur
Erzielung gut deckender Niederschläge Benzoesäure verwendet.

Zusätze zu Zinkbädern zwecks Glanzbildung. Bessere Erfolge beim Verzinken
sollen nach Schaag, Alexander u. a. durch Zusätze von Magnesium- oder
Aluminiumsalzen erzielt werden. Wenn nun auch behauptet wird, es scheiden
sich bei Anwendung solcher Salze mit dem Zink auch Magnesium und Aluminium
ab, so sprechen doch die Analysen dagegen, denn Verfasser konnte nur Spuren
solcher Metalle in den Zinkniederschlägen entdecken, und es liegt nahe, diese
Spuren den stets vorkommenden Einschlüssen von kleinen Mengen des angewandten Elektrolyten zuzuschreiben. Nicht zu verkennen ist aber der Wert
eines Gehalts an Aluminiumsalzen in Zinkbädern, denn dieser bedingt stets,
speziell bei Anwendung des richtigen Verhältnisses zwischen Badtemperatur,
Metallgehalt der Lösung, Stromdichte und Art des Lösungsaustausches, eine
nicht zu verkennende Erhöhung des Glanzes der Zinkniederschläge.

Mehrfach angewendet wurde s. Z. das Verfahren nach Dr. Szirmay und von
Kollerich in Budapest, das sich durch die Anwendung von Magnaliumsulfat
bei Gegenwart von Zuckerarten in der Lösung charakterisiert. Die mit diesem
Bade erzielten Resultate müssen als gut bezeichnet werden, jedenfalls gelingt
es schon, mit einem verhältnismäßig niedrig liegenden Stromdichtenminimum
bei kleiner Badspannung zu arbeiten und trotzdem ein sehr hübsch aussehendes
Zink zu erhalten.

Nach diesem Verfahren soll das Zinkbad folgende Zusammensetzung erhalten:

Wasser	1 l
Zinksulfat	130 g
Schwefelsaures Magnalium . . .	5—10 g
Dextrose (Traubenzucker) . . .	3 g

Das verwendete Magnalium soll 15% Magnesium enthalten, natürlich kann der
gleiche Effekt erzielt werden, wenn man Aluminiumsulfat und Bittersalz (Magnesiumsulfat) im angemessenen Verhältnis verwendet. Als geeignete Stromdichte
wird 1 A/qdm empfohlen, die Badspannung soll ca. 4 V betragen.

Nach englischen Versuchen soll der Zusatz von Schwefelkohlenstoff, ähnlich
wie wir dies bei Silberbädern gesehen haben, eine intensive Glanzbildung bewirken.

Viel von sich reden machte z. Z. ein Verfahren von Cowper-Coles, der
Zinksulfatlösungen mit Bleianoden elektrolysierte und dadurch vermeiden wollte,
daß die Bäder neutral werden und sich Zinkschwamm bilde. Die freie Schwefelsäure, die sich bei Verwendung unlöslicher Anoden bildete, wurde benutzt, um
fein verteiltes Zink während der Zirkulation der Lösung in dem Maße aufzunehmen, wie es durch die Elektrolyse dem Elektrolyten entzogen wurde. Ein
großer Nachteil dieses Verfahrens ist aber der höhere Wattverbrauch, der durch
Anwendung unlöslicher Anoden für die Fällung des Zinkes erforderlich ist, nebst

dem Mehraufwand an mechanischer Kraft für den Betrieb des notwendigen Zirkulationspumpwerkes. Wenn nun auch das Anodenmaterial billiger ist als bei Anwendung der zumeist üblichen plattenförmigen Anoden aus gewalztem oder gegossenem Zink, da man hierbei Abfälle in beliebiger Form verwenden kann, so zeigt eine genau angestellte Kalkulation, daß selbst bei der Annahme eines geringen Betrages für die effektive Pferdekraftstunde das Cowper-Colessche Verfahren bei gleicher Zinkauflage auf die Flächeneinheit teurer arbeitet als alle Verfahren mit löslichen Anoden.

Nach Goldberg D.R.P. 151 336 wird ein Pyridinzusatz zu Zinkbädern empfohlen, und es hat sich gezeigt, daß solchen Bädern tatsächlich die Eigenschaft innewohnt, gut zu streuen, d. h. verhältnismäßig gut in die Tiefen zu arbeiten und die zu verzinkenden Eisenobjekte schnell und gleichmäßig zu decken. Das Pyridinbad hat sich insbesondere speziell zur Verzinkung von Gußeisen geeignet erwiesen.

Goldberg empfiehlt, das Bad wie folgt zu bereiten:

Man löst 10 g Chlorzink und 10 g Pyridin in ungefähr 1 l Wasser auf und fügt der so gewonnenen Lösung so viel Salzsäure zu, bis das aus dem Zinksalz und dem Pyridin entstandene Doppelsalz sich gelöst hat. Die Stromdichte muß niedrig gehalten werden, sie soll pro Quadratdezimeter nur 0,2 A betragen. Interessant ist dieses Bad insofern, als es wohl das zinkärmste Bad ist, welches tatsächlich gute Niederschläge liefert.

Cowper-Coles erhielt Glanz auf elektrolytischen Zinkniederschlägen durch Zusatz von Eisenvitriol und ist dieser Zusatz wohl aus der Praxis empirisch entstanden, weil zu beobachten ist, daß Zinkbäder, wenn sie alt sind, nach und nach glänzendere Niederschläge liefern, wenn sich also Eisen im Bade angereichert hat. So gibt ein Bad aus

Wasser . . . . 1 l
Zinksulfat . . . . 250 g
Eisenvitriol . . . . 30 g

einigermaßen glänzende Niederschläge, vermutlich bedingt durch die wahrscheinliche Bildung einer Eisen-Zinklegierung. Bei höherem Eisengehalt wachsen aber die Niederschläge spießig aus, wogegen schon geringer Eisengehalt dunkel gefärbte Niederschläge verursacht. Solche Zusätze sind also gefährlich und durchaus nicht empfehlenswert.

Zusätze von Kolloiden, wie Stärke, Gummi arabicum, Panamaextrakt usw. sind von den verschiedensten Seiten versucht worden. Classen hat sich den Zusatz von Glukosiden zu Zinkbädern patentieren lassen; das D.R.P. Nr. 183 972 basiert darauf. Als Beispiel führt Classen die Badvorschrift an:

Wasser . . . . 1 l
Zinkvitriol . . . . 200 g
Glaubersalz, kalz. . . . . 40 g
Chlorzink . . . . 10 g
Borsäure . . . .   5 g

und setzt dem Bade Süßholzextrakt zu, der durch dreimaliges Kochen von 50 g geraspeltem Süßholz mit je 400 g Wasser erhalten wurde. Dieser Extrakt wird mit dem Bade vermischt und aufgekocht. Ein solches Bad liefert anfänglich wirklich glänzende Zinkniederschläge, doch hört die Wirkung nach längerem Gebrauch auf.

Auch nichtkolloide Stoffe, wie Tannin und Pyragollol, wurden empfohlen, doch haftet allen diesen Vorschriften der Übelstand des Classenschen Bades an, daß der Effekt nicht anhält.

Abscheidung von Zink mit anderen Metallen zusammen. Alle die Metalle, die in der Spannungsreihe dem Zink nahestehen, lassen sich mit diesem zusammen abscheiden. Die Legierung mit Kupfer und Zink wurde bei der Vermessingung bzw. bei der Vertombakung (siehe auch Bronzebad) besprochen. Hier soll auch die Möglichkeit, die Abscheidung einer rostsicheren Legierung zu bewerkstelligen, besprochen werden.

Eine Legierung von Zink mit Zinn ist z. B. aus folgender Lösung abzuscheiden:

Wasser	1 l
Chlorzink, geschmolzen	12 g
Zinnchlorür, krist.	6 g
Weinstein, pulv.	16 g
Pyrophosphorsaures Natron . . .	5 g

Die Lösung arbeitet bei Zimmertemperatur, und als Anoden nimmt man am besten Zink- und Zinnanoden nebeneinander in gleichem Verhältnis. Das Bad arbeitet am besten in der Wärme.

Ein oft gebrauchter Zusatz ist das Quecksilber in allen möglichen Salzen zwecks Erzielung von besser streuenden Bädern. Tatsache ist, daß Bäder mit Quecksilberzusatz, ebenso wie solche mit Zusatz von Zinn, besser in die Tiefe arbeiten, doch ist unleugbar der Niederschlag dann weit brüchiger. Sehr geeignet zu allen Legierungen sind die alkalischen bzw. zyankalischen Elektrolyte. Besondere Bedeutung haben diese Zinklegierungen jedoch nicht erlangt.

Gleichmäßigkeit der Zinkniederschläge. Mehr als bei irgendeiner elektrolytischen Metallabscheidung macht sich gerade bei der Verzinkung die geringe Streuung der Stromlinien (siehe theoretischen Teil) bemerkbar.

Der Stromübergang im Elektrolyten vollzieht sich im Zinkbad nach dem kürzesten Weg, so daß Teile der Ware, welche von einer geraden plattenförmigen Elektrode, wie sie bei allen anderen Elektroplattiermethoden gebräuchlich sind, weiter entfernt sind, stets viel schwächer, häufig sogar überhaupt nicht verzinkt erscheinen. Bei mäßig dimensionierten Objekten, wie Tassen, Tellern u. ä., läßt sich ein gleichmäßiger Zinkniederschlag dadurch erreichen, daß man die Objekte etwas weiter von den Anoden weghängt. Wie groß diese Entfernung sein muß, läßt sich im vorhinein für alle Fälle nicht festlegen, sie wird lediglich von der Art und Weise der Profilierung des Gegenstandes abhängig sein.

Es wird jedermann einleuchten, daß dieses Auskunftsmittel nur für kleine Gegenstände maßgebend sein kann. In größeren Fabrikbetrieben, wo täglich soundsoviel Kilogramm Zink elektrolytisch auf die zu verzinkenden Waren niedergeschlagen werden sollen, ist eine große Elektrodenentfernung ausgeschlossen, weil dadurch bei gleicher Stromdichte auf den Quadratdezimeter eine bedeutend höhere Badspannung erforderlich wird. Dieser so entstehende größere Wattverbrauch für die gleiche Arbeit bedingt größere Betriebskosten, da die erforderliche Maschinenanlage entsprechend größer eingerichtet werden muß, und man läuft dann Gefahr, mit der Konkurrenzfähigkeit der elektrolytischen Verzinkungsmethode hinter der gewöhnlichen Verzinkung auf trockenem Weg zurückzubleiben.

Gegenstände, die aus Eisenblech hergestellt werden und verzinkt sein sollen, wird man praktisch so behandeln, daß man zuerst das Eisenblech verzinkt und dieses dann weiter zu beliebigen Gegenständen verarbeitet.

Es stehen aber auch andere Mittel zu Gebote, einen gleichmäßig auch in die Tiefe gehenden Zinkniederschlag zu erhalten, dies ist die Anwendung von Profilanoden, die den zu elektroplattierenden Objekten entsprechend geformt sind, und die Beimengung solcher Leitsalze bzw. Substanzen zum Elektrolyten, die eine gleichmäßige, auch in die Tiefe wirkende Zinkausscheidung bewirken. Wann man die eine oder die andere Methode anwendet, wird später bei den einzelnen Anwendungen der elektrolytischen Verzinkung besonders erwähnt werden.

Die elektrolytische Verzinkung erfordert eine peinlichst genau durchgeführte Reinigung der zu verzinkenden Flächen, ehe man solche dem Strome aus-

setzt; andernfalls haftet die Verzinkung schlecht, oder es bleiben selbst unverzinkte Stellen übrig. Als Beizen dienen die allgemein üblichen, meist warmen
Schwefelsäure- oder Salzsäurebeizen, die man sich durch Verdünnen der konzentrierten Säuren mit Wasser meist im Verhältnis 1 : 10 bis 1 : 5 herstellt. Die
gebeizten Teile müssen, ehe sie ins Zinkbad kommen, möglichst von den anhaftenden Säureteilchen durch intensives Spülen mit reinem, fließendem Wasser und
praktischerweise gleichzeitig mit einem Scheuermittel oder durch Bürsten von
eventuell fester sitzenden Zunderpartikelchen befreit werden. Diese Bearbeitung
muß so rasch erfolgen, daß die reinen Eisenflächen nicht wieder einen oxydischen
Anlauf zeigen, bis sie in den Elektrolyten gelangen.

Manche Eisensorten sind sehr schwierig zu beizen; die Verzinkung vollzieht sich dann unregelmäßig, es bleiben leicht unverzinkte Stellen, besonders in
vertieften Partien will die Verzinkung nicht ansetzen oder der Zinkniederschlag
wird netzartig und deckt nicht gleichmäßig. Um diesem Übelstand abzuhelfen,
taucht man die in Schwefelsäure vorgebeizten und mit Wasser gespülten Eisengegenstände in konz. Salpetersäure, beläßt sie kurze Zeit darin, spült mit viel
Wasser nach, und der Zinkniederschlag vollzieht sich dann klaglos und setzt auch
an tiefer liegenden Partien gut an, wo er ohne dieses Mittel nicht erfolgte.

Anoden in Zinkbädern. Man verwendet ausschließlich reine Zinkanoden,
und zwar fast durchweg gewalztes Material, frei von Blei und Eisen und sonstigen
Verunreinigungen und hängt sie, wenn man nicht besondere Halteklemmen besitzt, auf angenieteten Zinkstreifen in die Bäder ein. Werden die Zinkbäder

längere Zeit nicht benutzt, so ist es zu
empfehlen, die Zinkanoden aus dem Bade
zu nehmen, denn der, wenn auch nur geringe Säuregehalt der Bäder greift die Zinkanoden an, wenn sie stromlos im Bade
bleiben, neutralisiert dadurch das Bad, und
gleichzeitig wächst der Zinkgehalt des
Bades, so daß, wenn dies öfters vorkommt,
leicht eine Überkonzentration stattfindet,
was ein Auskristallisieren des Zinkvitriols
zur Folge hat. Solche Kristallabscheidungen
können aber in Bädern, welche, wie dies
oft vorkommt, durch eingelegte Bleischlangen mit Perforierung zur Laugen-
bewegung durch eingepreßte Luft armiert

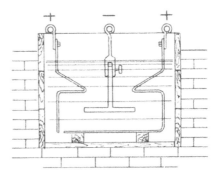

Fig. 267.

sind, Störungen verursachen, indem sich diese kleinen Löcher in den Bleischlangen
mit Kristallen belegen und den Durchtritt der Bewegungsluft verhindern. Auch
andere in Zinkbädern eingebaute Vorrichtungen, wie Abstandsregler, Heizschlangen aus Blei, Führungsvorrichtungen u. dgl., würden dadurch unbrauchbar und die Entfernung der Kristalle wäre mit namhaftem Zeitverlust und
Betriebsstörungen verknüpft.

Beim Verzinken stark profilierter Gegenstände, z. B. von Trägern, Profil-
eisen und allen Teilen, die zu Eisenkonstruktionen u. dgl. Verwendung finden,
ist eine gute Verzinkung bestimmend für die Haltbarkeit; für Bauten,
in denen der Anstrich überhaupt nicht ausgebessert werden kann, ist sie un-
ersetzlich. Solche größere Objekte werden in gut streuenden Zinkbädern solid
verzinkt, und zwar dehnt man die Verzinkungsdauer bis zu 1½ Stunde aus, um
eine möglichst starke Zinkschicht zu erlangen. Eventuell bedient man sich auch
besonderer Hilfsanoden, um auch in die Ecken genügend Zink zu bringen. Die
Reinigung geschieht am besten durch Sandstrahl oder durch Beizen.

Da die Gegenstände, die in Frage kommen, meistens nach allen drei Raumrichtungen ausgedehnt sind, so ist die Form der Anoden dementsprechend zu

regeln, und man wird hier zu Profilanoden greifen, letztere so formend und
der Ware gegenüber so anordnend, daß alle Teile der Ware annähernd den gleichen
Abstand von den Anoden besitzen. Fig. 267 zeigt z. B. die Anordnung der Anoden
bei der Verzinkung eines einfachen größeren T-Trägers. Man arbeitet dann
normalerweise mit Stromdichten von 2 A/qdm bei Badspannungen von 2 bis 3 V.

Über die Stärke der elektrolytischen Zinkniederschläge. Wie stark man die
Zinkniederschläge herstellen soll, ist abhängig von der Lebensdauer der Gegenstände, die man zwecks Rostschutzes verzinkt, aber auch die Art des Angriffs der
Rost verursachenden Einflüsse muß in Betracht gezogen werden. So werden
beispielsweise die Eisenstifte, welche in Laufdecken der Automobile eingebettet
werden, nur ganz leicht verzinkt, erhalten vom Gewicht kaum 0,5 % Zink, weil
die Gummischicht, in welche diese Stifte eingelagert sind, die Luft fast hermetisch
abschließt. Dennoch sollen diese Stifte verzinkt sein, damit sie nicht an der Berührungsstelle mit dem Kautschuk rosten oder gar durch Rostbildung die innere
Auslegung der Laufdecke mit Leinwand durchfressen, wodurch eine solche Laufdecke schon beim Lagern der Zerstörung und Vernichtung anheimfiele.

Bleche, Bänder u. dgl. verzinkt man mit einer Metallauflage von ca. 250 g
pro Quadratmeter, doppelseitig gerechnet, so daß auf den Quadratdezimeter
Niederschlagsfläche ca. 1,25 g Zink entfallen. Stärker beanspruchte Artikel,
wie z. B. die Bleche für Wasserfahrzeuge, speziell solcher, welche für die See
bestimmt sind, müssen mit stärkerer Zinkauflage versehen werden, weil das
Salzwasser die Verzinkung angreift. Man geht in diesen Fällen bis zu 2,5 g Zink
pro Quadratdezimeter Oberfläche.

Die Stärke der so erhaltenen Zinkhaut liegt zwischen 0,08 und 0,09 mm.
Die Art des Schutzes der Verzinkung infolge seiner Wirkung als Lösungselektrode
in einem Kurzschlußelement bedingt einen Verbrauch des Zinkes mit der Zeit.
Je mehr Feuchtigkeit mit der Verzinkung in Berührung kommt, desto mehr wird
die Zinkschicht dem Verbrauch unterliegen, und ist sie einmal verbraucht,
dann muß die Rostbildung am darunterliegenden Eisen eintreten. Pettenkofer
hat durch Versuche festgestellt, daß in normalen mitteleuropäischen Gegenden
z. B. verzinkte Eisenbleche, welche zur Dachbedeckung verwendet wurden,
innerhalb 27 Jahren 42 g Zink pro Quadratmeter eingebüßt hatten. Bei einer
Zinkauflage von einseitig 125 g hat also ein derartig verzinktes Dachblech eine
ganz ansehnliche Lebensdauer. In Tropen und in Gegenden, wo viel Regen fällt,
oder wo, wie in der Nähe chemischer Fabriken, die Luft stark verunreinigt ist,
ist natürlich der Angriff größer und die Haltbarkeit gemäß größerer Abnutzung
geringer. Für diese Verhältnisse muß also mit einer stärkeren Zinkauflage gerechnet werden.

Wirkungsgrad der elektrolytischen Verzinkung. Unter dieser Bezeichnung
wird das Gewichtsverhältnis bezeichnet, welches sich ergibt, wenn man das Gewicht an abgeschiedenem Zink durch die Gewichtsabnahme der in den betreffenden Bädern hängenden Anoden dividiert. Einen praktischen Wert hat diese
Berechnung nun keinesfalls, wenn man bedenkt, daß die Stromausbeute bei der
elektrolytischen Zinkabscheidung in modernen Zinkbädern kaum von 100 %
differiert. Eine Beeinflussung der Zahl für den angeblichen Wirkungsgrad des
elektrolytischen Prozesses kann nur durch ein intensiveres Lösen der Anoden
über das theoretische Maß, das der eigentlichen Stromarbeit entspricht, zuun-
gunsten dieser Zahl eintreten. Löst sich weniger Zink, als dem theoretischen Wert
entspricht, so muß dies naturnotwendig auf Kosten des Metallgehaltes der Lösung
geschehen. Solche Zinkbäder verarmen an Zink und werden an Säure reicher.
Man erhält dann wohl sogar einen Wirkungsgrad, der über 1,00 liegt, aber man
muß dem Elektrolyten das fehlende Metall in Form von Zinksalz zuführen, und
es leuchtet ein, daß man dabei teurer wegkommt, als wenn man gewissermaßen
automatisch durch Stromarbeit das sich ausscheidende Zink von der Metall-

anoden wieder ergänzt. 100 kg Zink in Form von Zinksalz sind immer teurer als 100 kg Zink in metallischer Anodenform. Durch Amalgamation der Zinkanoden kann man außerdem mit Leichtigkeit einer übermäßigen Auflösung des Anodenzinks vorbeugen, wenn man nicht vorzieht, die Anoden bei Betriebspausen aus den Bädern zu heben, um einen unnötigen Angriff des Elektrolyten auf die Anoden zu vermeiden. Am konstantesten hält man die Badzusammensetzung unstreitbar dadurch, daß man die Bäder dauernd in Betrieb erhält. Durch Herausschöpfen von Lösung beim Ausnehmen der verzinkten Waren und durch Einlegen der mit Spülwasser behafteten Waren zu Beginn der Verzinkung ist eine zunehmende Verdünnung des Elektrolyten ohnehin unvermeidlich, und braucht man nur für geeignetes Anodenmaterial bestimmter Härte zu sorgen, um einer solchen Verdünnung des Elektrolyten, unbekümmert um den „Wirkungsgrad", zu begegnen.

Untersuchungsmethoden für die Güte der Verzinkung. Eine Zusammenstellung gut durchdachter Methoden zur Bestimmung der Eigenschaften der Verzinkung, und zwar die elektrolytische Verzinkung verglichen mit der Verzinkung auf heißem Wege, verdanken wir Prof. Charles F. Burgess. Er unterscheidet verschiedene Eigenschaften, von denen der Wert einer Verzinkung abhängt, und zwar:

1. Die Dauerhaftigkeit des Zinkes und Schutz des darunterliegenden Metalles gegen zerfressende Einflüsse durch den Zinküberzug.
2. Anhaften des Zinküberzuges am Grundmetall.
3. Zähigkeit und Biegsamkeit des Überzuges.
4. Zusammenhang, Dichtigkeit und Gleichmäßigkeit in der Stärke des Überzuges.
5. Widerstand des Zinkes gegen mechanische Beanspruchung durch Abschabung.

Burgess wendet sich bei Besprechung dieser Meßmethoden bereits gegen die leider noch immer gültige Tauchprobe in neutraler 20 prozentiger Kupfersulfatlösung als Maßstab für die Rostsicherheit einer Verzinkung. Verschiedene amtliche, althergebrachte Bestimmungen schreiben speziell für verzinkte Drähte eine gewisse Anzahl von Tauchungen von 1 Minute vor, die ein verzinkter Draht bestimmten Durchmessers aushalten muß, ehe sich der Gegenstand der Prüfung mit einer zusammenhängenden roten Kupferhaut bedeckt zeigt. Es wird wohl durch diese Kupfervitriolprobe annähernd gelingen, relativ zu bestimmen, welche Menge von Zink auf einer bestimmten Fläche verzinkten Materials aufgetragen ist; aber es treten schon Unregelmäßigkeiten bei diesen Proben ein, wenn z. B. die elektrolytische Verzinkung, die mit chemisch reinem Zink arbeitet, mit der Heißverzinkung verglichen wird, die ein durch Fremdmetalle, wie Eisen, Antimon, Blei u. a., in Form von Legierungen verunreinigtes Zink gibt. Die Reinheit des Zinkes, das auf den zu schützenden Eisengegenstand aufgetragen wird, ist aber in allererster Linie für die Haltbarkeit des Überzuges maßgebend, denn es hat sich gezeigt, daß reines Zink, wenn es dicht und in sich vollkommen geschlossen auf Eisen aufgetragen ist, gar nicht so leicht zerstört wird, während Legierungen des Zinkes mit anderen elektronegativeren Metallen durch Bildung von Kurzschlußelementen (bei Gegenwart von Feuchtigkeit) außerordentlich rasch angegriffen werden. Darauf basiert nun gerade der Vorteil der elektrolytischen Verzinkung der Heißverzinkung gegenüber, daß man mit einer weit kleineren Metallauflage ausreicht. Es ist hohe Zeit, daß sich die Behörden dazu entscheiden, diese nach Einführung der elektrolytischen Verzinkung veraltete Probe auf die Rostsicherheit durch eine geeignetere Methode zu ersetzen, die lediglich auf Konstatierung der Reinheit und der Bestimmung einer den Verhältnissen anzupassenden Minimal-Zinkauflage hinauszulaufen hätte.

Als Maßstab für die erforderliche Schicht reinen, elektrolytisch gefällten Zinkes, welche einer Tauchung wie vorgeschrieben standhält, gilt, daß eine Auflage von je 25 g/qm einer Tauchung entspricht. Soll beispielsweise Draht verzinkt werden und sind 5 Tauchungen vorgeschrieben, so muß der Draht mit einer Zinkauflage von 5 mal 25 g/qm versehen werden.

Das Festhaften der Verzinkung auf dem Grundmetall kann durch Abreißversuche leicht ermittelt werden, indem man auf die aufgetragene Zinkschichte einen Metallzylinder festlötet und durch Anwendung von Zugkräften die Überzüge zum Lostrennen bringt. Es hat sich dabei gezeigt, daß in keinem Falle, ob nun das Eisen heiß oder in wässeriger Lösung verzinkt wurde, eine wirkliche innige Legierung stattfindet, sondern nur ein mehr oder weniger inniges Ineinanderwachsen von Metallkristallen. Während nun z. B. heißverzinkte Objekte eine Haftfestigkeit der Zinkhaut (z. B. verzinktes Handelsblech) von 117 kg pro Quadratzoll ergaben, konnte eine Festigkeit der elektrolytischen Verzinkung aus den üblichen schwach sauren Elektrolyten im Mittel mit 217 kg konstatiert werden. Geringer war die Haftfestigkeit der aus zyankalischen bzw. alkalischen Lösungen gewonnenen Verzinkung, und zwar 104 kg pro Quadratzoll. Untersucht man derartig elektrolytische Zinkniederschläge aus alkalischen Lösungen, so findet man auch sofort, daß sich mikroskopische Bläschen, die oft größere Dimensionen annehmen, zwischen Grundmetall und Zinkhaut befinden, was aber bei den jetzt allgemein in Anwendung befindlichen schwach sauren Bädern nur selten eintritt.

Die Zähigkeit und Biegsamkeit der elektrolytischen Zinkniederschläge braucht heute wohl nicht mehr besonders erwähnt zu werden. Die Vorschriften in dieser Beziehung lassen an Präzision nichts zu wünschen übrig, und wenn z. B. für verzinkte Drähte die Bedingung gestellt wird, daß sie sich auf einen Dorn vom zehnfachen Drahtdurchmesser aufwinden lassen müssen, ohne daß der Zinkniederschlag reißt, so muß es sich schon um eine schlechte Verzinkung durch Elektrolyse handeln, wenn sie dieser Probe nicht standhalten würde. Die von Burgess angestellten schärferen Proben, die darin bestanden, die verzinkten Stücke durch Auswalzen zu dehnen, um die Zähigkeit des Überzuges zu prüfen, ergaben für die elektrolytische Zinkhaut die denkbar günstigsten Resultate.

Zusammenhang, Dichtigkeit und Gleichförmigkeit des Überzuges. Die Porosität bestimmt in hohem Maße die Korrosion. Aus mikroskopischen Untersuchungen fand man eine außerordentliche Porosität der Feuerverzinkung, ja man konnte sogar solche Poren mit bloßem Auge sehen, wenn man den Überzug gegen das Licht hielt. Es wurde gefunden, daß die Kontaktlinien zwischen den die Oberfläche feuerverzinkter Objekte kennzeichnenden eisblumenartigen Kristallen durch eine große Anzahl von Durchbrechungen der Zinkschicht markiert sind. Auch elektrolytische Zinkniederschläge erwiesen sich porös, solange die Metallhaut nicht eine bestimmte Stärke erreicht hatte. Auflagen von etwa 100 g bei gut entzunderten und gebeizten Blechen zeigte schon keinerlei Perforation mehr.

Der Widerstand des Zinküberzuges durch mechanische Beanspruchung zeigte sich gleichwertig bei der Feuerverzinkung mit der bei der elektrolytischen Verzinkung. Es wurden hierzu eine Anzahl gleich großer Proben in eine mit Quarzsand gefüllte Scheuertrommel gebracht und die Abnutzung durch Wägung bestimmt. Dieser Abnutzung widersteht die Zinkschicht begreiflicherweise um so länger, je stärker sie ist.

Verzinken von Kleineisenzeug. Es ist bekannt, daß mit Hilfe des Vollbades, d. h. im geschmolzenen Zink, kleine Teile, wie Nägel, Schrauben und ähnliche Massenartikel, nur sehr schwierig gut zu verzinken sind, weil die kleineren Teile nur zu leicht zusammenbacken. Ein großer Mißstand bei der Heißverzinkung ist ferner der, daß Gewinde und ähnliche Feinheiten ganz mit Metall verschmiert werden, und ferner der, daß schließlich der Zinkverbrauch in solchen Fällen ganz unverhältnismäßig steigt.

Die elektrolytische Verzinkung hat hier ein sehr fruchtbares Gebiet gefunden, und es werden heute schon weit mehr solcher Teile auf elektrolytischem Wege als auf heißem Wege verzinkt.

Man kann natürlich solch kleine Teile nicht einzeln auf Drähte binden, um sie im elektrolytischen Zinkbade dem Strome auszusetzen, sondern man bedient sich der bereits früher beschriebenen Massen-Galvanisierapparate, wie der rotierenden Trommelapparate oder des Schaukelapparates.

Die kleinen Teile werden vorher in Lauge entfettet, hierauf in einer Beize von Zunder oder evtl. oxydischem Anlauf befreit, erforderlichenfalls noch mit Sand oder Schmirgel in Rollfässern gescheuert, und dann kommen sie in nassem Zustande in den Galvanisierapparat.

Manche Eisensorten, speziell Temperguß oder kleine Artikel, welche vorher bearbeitet wurden und bei denen die vorherige vollständige Entfettung Schwierigkeiten macht, indem man schwer eine gleichmäßig fettfreie Oberfläche erhält, wie bei Schrauben, Muttern u. ä., beizt man, damit der Zinkniederschlag schön gleichmäßig erfolgt, in Salpetersäure. Ein kurzes Eintauchen genügt, man spült dann mit reinem Wasser nach, und die so vorbereiteten Massenartikel können dann tadellos verzinkt werden. Manche Praktiker helfen sich bei solchen Artikeln in der Weise, daß sie dieselben vorher im Rollfaß mit dem Kontaktverfahren schwach verzinnen, doch kann auch eine schwache Vorverzinkung in alkalischen Bädern, hauptsächlich wenn solche mit Quecksilberzusatz arbeiten, ausgeführt werden, was eine der besten Unterlagen für die darauffolgende Verzinkung im sauren Bade bietet.

Je nach der Größe eines solchen Apparates werden 5 bis 50 kg auf einmal bearbeitet, und zwar wird ein möglichst starker Strom verwendet, um die Expositionszeit nach Tunlichkeit abzukürzen. Es genügt in den meisten Fällen eine Zeit von $\frac{1}{2}$ bis 1 Stunde, um genügend Zink auf die Gegenstände niederzuschlagen.

In den Massen-Galvanisierapparaten wird stets bei hoher Badspannung verzinkt, man wendet 8 bis 10 V an, in Trommelapparaten sogar bis zu 15 V, und braucht, volle Beschickung vorausgesetzt, ca. 250 bis 300 A pro Schaukelapparat, der sich als beste Vorrichtung erwiesen hat. Trommelapparate arbeiten langsamer und brauchen bei 15 V nur ca. 100 bis 120 A, die Zeitdauer für eine gute Verzinkung erhöht sich aber beim Arbeiten mit Trommelapparaten auf 3 bis 4 Stunden pro Charge. In einer Trommel von 500 mm $\emptyset$ konnte Verfasser 20 000 Nieten oder 25 000 Beilagscheibchen aus Eisen von 15 mm $\emptyset$ pro Charge im sauren Bade einwandfrei verzinken.

Die verzinkten Teile kommen durch das innige Scheuern während des Prozesses und schließlich auch durch die Anwendung höherer Stromdichten schön hell und glänzend aus dem Bade. Die Objekte werden mit reinem Wasser gespült und getrocknet.

Kleinere Teile, wie kleine Fittings u. ä., die auch im Innern verzinkt werden müssen, behandelt man am besten in einem Vorverzinkungsbad, um der darauffolgenden eigentlichen Verzinkung keine blanken Eisenstellen zu bieten. Eventuell bedient man sich bei solchen Gegenständen kleiner Hilfsanoden, wenn man ein solches Vorbad umgehen will, und hängt die Objekte, wie dies auch bei anderen Galvanisierungsmethoden üblich ist, auf Drähten in gewöhnliche Zinkbäder unter Anwendung plattenförmiger Anoden ein.

Verzinken von Rohren und großen Fittings. Eine große und ausgedehnte Anwendung findet die elektrolytische Verzinkung in der Röhrenindustrie. Die Rohre werden teils innen und außen, teils auch nur außen verzinkt. Dadurch, daß die galvanische Verzinkung sich wirklich haarscharf an alle Unebenheiten des

Grundmetalles ansetzt, kann man sofort schadhafte Stellen an gezogenen Rohren erkennen, und es wird damit die elektrolytische Verzinkung ein wertvolles Hilfsmittel für die Probe solcher Rohre auf deren einwandfreie Herstellung.

Das Verzinken der Rohre an ihren äußeren Flächen unterliegt keinerlei Schwierigkeit, wenn vorher eine gut durchdachte und erprobte Reinigungsmethode eine metallisch reine Oberfläche geschaffen hat. Das Verzinken von Röhren speziell im Inneren langer und dünner Rohre ist dagegen nicht ganz einfach, denn schon das Reinigen der Rohre im Inneren ist, wenn auch nicht technisch undurchführbar, so doch weit schwieriger zu bewerkstelligen als außen. Man reinigt nun die Rohre entweder durch Beizen oder durch geeignete Kratzeinrichtungen, schließlich auch durch Behandlung mit dem Sandstrahl unter Zuhilfenahme von Druckluft, Dampf oder gepreßtem Wasser. Manche Rohre müssen einen speziellen Reinigungsprozeß infolge der Eigenart der Zunderschicht unterworfen werden; dies gilt speziell bei heiß gezogenen Rohren und variiert diese besondere Behandlung mit dem Material.

Von großer Wichtigkeit zur Erzielung eines gut festhaftenden Zinkniederschlages auf elektrolytischem Wege ist die Vorbereitung der Rohre, die durch Laugen, Beizen und Scheuern erfolgt. Rohre von schlechter Beschaffenheit lassen sich nicht einwandfrei verzinken, müssen deshalb von Verzinkereien, die nach dem elektrolytischen Verzinkungsverfahren arbeiten, zurückgewiesen werden. Die Marineverwaltungen verwenden das elektrolytische Verzinkungsverfahren direkt als Prüfungsverfahren für Kesselrohre, weil sich nach der elektrolytischen Verzinkung die schlechten, undichten Stellen, Haarrisse usw. zeigen. Der Konsument hat also, wenn er elektrolytisch verzinkte Rohre kauft, die Gewißheit, daß er Rohre von guter Qualität und gleichmäßig starker Verzinkung bekommt, die den praktischen Anforderungen in jeder Weise entsprechen.

Die Vorbereitung der Rohre und Fittings erfolgt im allgemeinen durch Beizen mit verdünnter Schwefelsäure oder Salzsäure. Ist Schmiere auf den Rohren oder Fittings vorhanden, so wird dieselbe durch Abkochen in Lauge oder durch Abbrennen beseitigt. Nach erfolgtem Abspülen in Wasser setzt dann die mechanische Reinigung ein. Die innere Reinigung der Rohre wird ebenfalls mechanisch bewirkt. Fittings werden auf Kratzmaschinen oder mit Sandstrahlgebläse bearbeitet. Für die Rohre fügt man dieser Manipulation noch eine Nachkontrolle an, wobei schlecht gereinigte oder überhaupt schlechte Rohre zurückgegeben werden. Ehe nun die Rohre in den Rohrverzinkungsapparat gebracht werden, müssen für die Innenverzinkung die Anoden, welche aus Zinkstäben entsprechenden Durchmessers bestehen, und die von den Rohren isoliert sind, in diese eingeführt werden.

Der Rohrverzinkungsapparat nach A. Herrmann D.R.P. 231 591 (vgl. Abbildungen, Fig. 268) besteht aus einem ausgebleiten Holzbottich, in welchen der Elektrolyt eingefüllt wird. Angebracht sind in dem Behälter zwei oder mehrere muldenförmig ausgebildete Kontaktbahnen aus Kupfer, auf welchen die zu verzinkenden Rohre mittels Fördersternen, die auf einer Transportwelle befestigt sind, die durch eine Vorgelegewelle mit Umschaltbetrieb betätigt wird, senkrecht zur Längsachse hin und her bewegt werden. Unter den Kontaktbahnen befinden sich die Zinkplatten für die Außenverzinkung der Rohre, denen der elektrische Strom durch Kontaktstücke, die an Kupferschienen befestigt sind, übermittelt wird. Die Innenanoden erhalten den elektrischen Strom durch bewegliche Anschlußkabel mit Klemmkontakten zugeführt, die von der Anodenleitung durch biegsame Kabel gespeist werden, oder aber die Innenanoden werden mit Gleitstücken ausgestattet, die den elektrischen Strom von besonderen Kontaktschienen beziehen. — Die Kontaktbahnen, deren Anzahl sich nach der Gesamtlänge der zu verzinkenden Rohre richtet, sind verschieden hoch montiert, um eine sichere Entfernung des im Innern der Rohre entwickelten Wasserstoffes sowie noch im Innern enthaltener Luftblasen zu erreichen und eine gute Zirkulation des Elektrolyten zu erzielen. Auch sind sie schräg angeordnet, damit sich der Niederschlag auf der ganzen Länge ungehindert und gleichmäßig bilden kann.

Die senkrecht zur Längsachse hin und her gehende Bewegung der Rohre auf den Kontaktbahnen wird, wie schon erwähnt, durch Umschaltbetrieb der Vorlegewelle mit Schneckenantrieb und Fest- und Losscheiben bewirkt, oder aber man treibt die Transportwelle direkt durch einen reservierbaren Elektromotor an und läßt die Umsteuerung durch eine Schützensteuerung ausführen. Die Bewegung der zu verzinkenden Rohre um sich selbst ergibt sich durch Fortschieben bzw. Fortrollen auf den Kontaktbahnen und Nachrollen bei erfolgter Umsteuerung, Da mittels der Vorrichtung eine sehr schnelle Bewegung und vor allen Dingen eine plötzliche Umsteuerung ermöglicht wird, stoßen sich die Wasserstoffbläschen, Unreinheiten usw. mit unbedingter Sicherheit ab, und es ist

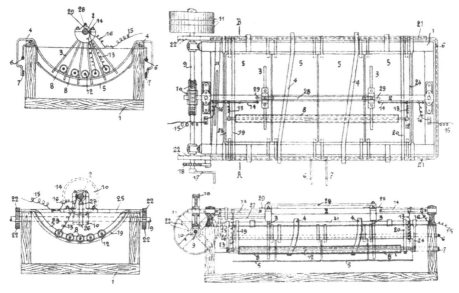

Fig. 268.

infolgedessen möglich, mit sehr hohen Stromdichten und geringer Elektrodenentfernung, somit auch geringer Badspannung zu arbeiten und dabei einen weichen, glatten, gleichmäßigen und glänzenden Zinkniederschlag zu erzielen, der ҫadellos fest anhaftet. Die Innenanoden vollführten dabei eine Relativbewegung zu den Rohren. Durch die Ausbildung und Anordnung der Fördersterne ist ferner erreicht, daß zu gleicher Zeit und in derselben Vorrichtung Rohre der verschiedensten Länge und Durchmesser verzinkt werden können. Eine besondere Bewegung des Elektrolyten ist nicht notwendig, weil durch den Transport der Rohre eine gute Durchmischung erfolgt. Das Ein- und Ausbringen der zu verzinkenden Rohre erfolgt durch Ausdrehen der Bewegungsvorrichtung nach links und rechts. Man reguliert die Geschwindigkeit so ein, daß die Arbeiter bequem Zeit haben, die erforderlichen Handgriffe vorzunehmen. Außerdem ist bei der genannten Apparatur noch eine von Hand zu betätigende Auskurbelvorrichtung mit Sperrradgetriebe vorgesehen. Besondere Bewegungsvorrichtungen ermöglichen es, die Rohre auf den Kontaktbahnen in Richtung der Längsachse der Rohre zu verschieben, wie auch die Innenanoden während des Verzinkungsprozesses in den Rohren hin und her bewegt werden können. Schließlich ist man auch in der Lage, die Fördersterne und die Kontaktbahnen verschiebbar

auszuführen. Wie der Apparat jeweils ausgebildet wird, richtet sich nach den
gestellten Ansprüchen. Das System eignet sich gleich gut für kleine und ganz
große Leistungen.

Sind die Rohre die zur Erzielung des erforderlichen Zinkniederschlages
notwendige Zeit im Verzinkungsapparat geblieben, so läßt man die Fördersterne maschinell oder von Hand aus drehen und die Rohre in einen Auffang-
bottich fallen. Die Apparatur wird zurückgedreht und von neuem beschickt,
während aus den verzinkten Rohren die Badflüssigkeit herausläuft und die Innenanoden entfernt werden. Die Badflüssigkeit gibt man wieder in den Badbehälter,
und die Innenanoden werden weiter verwendet, bis sie aufgebraucht sind. Ist
alle Badflüssigkeit aus den Rohren gelaufen, so bringt man dieselben von Hand
oder automatisch durch eine Transportvorrichtung mit Förstersternen in einen
Bottich mit kaltem Spülwasser, um die Badflüssigkeit abzuspülen, und hierauf
in einen Bottich mit heißem Spülwasser, damit sie darin so viel Wärme aufnehmen,
um das nach dem Entfernen aus dem Heißwasser-Spülbottich noch anhaftende
Wasser zu verdampfen. Evtl. können die Rohre noch in einem Trockenkasten
gesammelt werden, von wo dann der Abtransport erfolgt.

Wird nur eine Außenverzinkung der Rohre verlangt, so läßt sich der gleiche
Apparat in einfacherer Ausführung (weil die Innenanoden und deren Stromzuführung fortfällt) sehr gut verwenden.

Zur Innen- und Außenverzinkung der Fittings dienen normale Zinkbäder,
in welche die Fittings mittels Universalhalter eingehängt werden. Die Universalhalter sind sehr praktisch ausgebildet, da mit denselben ein bequemes Ein- und
Umspannen der Fittings ganz verschiedener Formen möglich ist. DieInnenanoden,
bei kleinen Fittings in gleicher Weise wie bei der Rohrverzinkung isoliert, bei
größeren Fittings ohne jede Isolation, werden ebenfalls durch die Universalhalter getragen. Für Fittings aller Art von $1/8''$ bis $4''$ sind nur drei verschiedene
Größen der Universalhalter erforderlich. Die Stromzuführung für die auswechselbaren Innenanoden wird durch schwache, bewegliche Anschlußkabel mit Klemmkontakten von einer gemeinschaftlichen Stromschiene aus bewirkt. Die Einregulierung der notwendigen Stromstärken geschieht durch Regulatoren und Meßinstrumente. Um eine gute Durchmischung des Elektrolyten zu erreichen, wird
Luft von geringem Druck durch perforierte Bleischlangen eingeblasen.

Sind die Fittings die erforderliche Zeit im Zinkbad gewesen, während welcher
sie ein oder mehrere Male umgeklemmt werden, um überall einen gleich guten
Niederschlag zu erhalten, so entfernt man sie aus dem Bade, spült sie erst in
kaltem, darauf in heißem Wasser ab und läßt sie gut in einem Trockenofen austrocknen, worauf sie verwendungsbereit sind.

Die Metallauflage ist ganz verschieden, je nach dem Zweck, der bei der Verzinkung erreicht werden soll, und schwankt zwischen 50 und 250 g pro Quadratmeter Oberfläche.

Die Langbein-Pfanhauser-Werke haben solche Anlagen bei großen Rohr-
walzwerken eingerichtet, und es wurde an vielen Stichproben beim Zerschneiden
selbst ganz enger Rohre konstatiert, daß sie an allen Stellen innen und außen
einwandfrei verzinkt waren.

Verzinken größerer Hohlkörper, Fässer. Die Rostsicherheit, die verzinktes
Eisen bietet, haben vielfach den Wunsch nach der Anwendbarkeit der elektro-
lytischen Verzinkung auch auf größere Hohlgefäße wach werden lassen, deren
Verzinkung auf heißem Wege großen Schwierigkeiten begegnet. Besonders
Fässer aller Art für die verschiedensten Zwecke wurden elektrolytisch in der
Weise verzinkt, daß man diese ohne Boden wie ein Rohr mit Innenanoden
verzinkte und den für sich verzinkten Boden nachträglich durch Einfalzen und
Verlöten, das sich auf der elektrolytischen Verzinkung sehr gut ausführen läßt,
befestigte. Das gleichzeitige Verzinken der Innen- und Außenfläche solcher

Fässer erfordert die Verwendung getrennter Stromkreise, da die Innenanode, wenn man gleich starke Verzinkung im Innern solcher Hohlkörper erhalten will wie auf der Außenseite, eine separate Regulierung erfordert, da es niemals der Fall ist, daß die Abstände der Anoden innen und außen gleich sind, so daß, wenn man diese Trennung der Stromzuführung nicht vornehmen würde, niemals gelingen würde, auf allen Flächen die gleiche Stromdichte und daher die gleiche Zinkauflage zu erreichen.

Verzinken von Einzelteilen. Solche Gegenstände, wie Haken und Klammern, welche man bei Bauten einmauert, Isolatorenstützen u. ä., müssen, wenn man nicht Massen-Galvanisiervorrichtungen in Anwendung bringen kann, durch Aufreihen auf Drähten einzeln verzinkt werden. Dies schließt sich eng an die Methoden an, die wir bei der Vernicklung von Schmiedeeisen anwenden, nur fällt allgemein beim Verzinken ein Vorpolieren und Nachpolieren fort, sondern man beizt die Gegenstände in verdünnter Schwefelsäure und verzinkt im ruhenden Bade bei 3 V Badspannung und bei ca. 2 bis 3 A Stromdichte. Eine ½ stündige Verzinkung unter den genannten Verhältnissen ist für die meisten derartigen Gebrauchsgegenstände ausreichend.

Verzinken von Drähten. Eisendrähte verzinkt man auf elektrolytischem Wege in der Weise, daß man die auf einer beweglichen Trommel aufgewickelten Drähte durch Beiz- und Spülkasten, durch das Zinkbad und schließlich durch Waschwasser leitet. Die Stromzufuhr zu dem Draht, der auf beweglichen Rollen läuft, geschieht am besten von einer oder mehreren außerhalb der Badflüssigkeit mit der negativen Badleitung in Kontakt stehenden Metallrolle, während die Rollen, die die Führung des Drahtes im Bad selbst besorgen, auf einem Nichtleiter, zumeist aus Glas, Porzellan oder Holz, hergestellt sind. Die Bäder allgemeiner Art sind auch hierfür verwendbar. Man hat die Durchzugsgeschwindigkeit stets so zu regeln, daß der Zinkniederschlag in genügender Stärke ausfallen kann, denn das Durchzugstempo in Verein mit der angewendeten Stromstärke ist ausschlaggebend für die Menge an niedergeschlagenem Zink.

Man wird praktischerweise mehrere Drähte nebeneinander parallel durch das Zinkbad führen, die Zinkplattenanoden zwischen je zwei Drähten anordnen.

Das Verzinken ganzer Drahtrollen ist ganz unzweckmäßig, weil immer einzelne übereinanderliegende Teile unverzinkt bleiben. Das Durchziehen bietet ja auch keine Schwierigkeit, da sich leicht Vorrichtungen konstruieren lassen, die von kleinen Elektromotoren oder (falls eine elektrische Kraft fehlt) von einer Transmission aus angetrieben, das Abwickeln, Durchziehen und Wiederaufwickeln in einfacher, billiger und maschinell vollkommener Weise besorgen.

Maschinell wollte schon T. L. Hemming Drähte verzinken, indem er den Draht innerhalb eines verhältnismäßig kleinen Badbehälters von einer Trommel zur anderen überführte. Auch Rovello Syndicate und J. C. Howell benutzten rotierende Walzen in den Bädern, um die erforderliche Gleichmäßigkeit des Zinkniederschlages, die ja bei der Drahtverzinkung wichtiger als bei irgendeinem anderen galvanotechnischen Verfahren ist, zu erreichen.

Es gehört mit zu den verwickeltsten Berechnungen für den Galvanotechniker, zu ermitteln, wie die Arbeitsverhältnisse zu wählen sind, um die Resultate beim Verzinken von Drähten für die verschiedensten Bedürfnisse und der verschiedenen Stärken sicher zu gestalten. Nicht nur hat man zu unterscheiden, ob man Telephon- oder Stacheldraht zu verzinken hat oder ob aus den verzinkten Drähten Drahtseile geschlagen werden sollen, sondern es muß auch das verwendete Rohmaterial und der Zustand, in welchem es zur Verzinkung gelangt, ob geglüht oder ungeglüht usw. usw., berücksichtigt werden. Bei dünneren Drähten einerseits ist die Reißfestigkeit des Materials und der Spannungsabfall des im Bade exponierten Drahtes (in bezug auf den verwendeten Strom) zu berücksichtigen — bei starken Drähten wieder der Druck der Drähte auf die

Rollensysteme u. dgl. m. Alles in allem gehört eben eine umfassende praktische Erfahrung dazu, solche Anlagen für eine bestimmte Jahresproduktion zu projektieren und zu bauen. Die in einer Anlage bestimmter Größe zu erreichende Produktion hängt vor allem von der Geschwindigkeit ab, mit der die Drähte die Anlage passieren, und diese wieder von den Stromdichten bzw. Stromstärken pro Meter exponierten Drahtes. Letztere können erfahrungsgemäß nur durch viele eingehende Versuche auf Grund langjähriger Erfahrungen zur Berechnung herangezogen werden, denn es genügt nicht bloß, z. B. ein bestimmtes Gewicht des rostschützenden, elektrolytisch abgeschiedenen Zinkes auf die Drähte unter Einhaltung einer voraus ermittelten Durchzugsgeschwindigkeit aufzutragen, sondern man verlangt von dem abgeschiedenen Zink ein besonders inniges Haften am Draht, ein dichtes Gefüge und schließlich eine weitestgehende Biegsamkeit.

Man darf nun nicht denken, daß mit der Wahl des Elektrolyten allein, auch wenn diese noch so glücklich sein mag, alles getan sei. — Es gehören noch viele Erfahrungen technischer Art dazu, wie das Beizen, Entzundern usw. der gezogenen bzw. aus den Glühofen kommenden Eisen- und Stahldrähte, ehe diese so vorbereitet sind, daß sie mit Aussicht auf guten Erfolg dem elektrolytischen Prozeß unterworfen werden dürfen. Zu diesen Reinigungsprozessen gehört nun auch die Behandlung der Drähte, je nach der Art des Mittels, welches beim Ziehen verwendet wurde. Am schwierigsten gestalten sich diese vorbereitenden Arbeiten, wenn mit Kupfervitriol gezogen wurde, während Drähte, die mit sogenannter „Ziehschmiere" behaftet sind, nur wenig Schwierigkeiten bei der Verzinkung bereiten.

Es hat sich gezeigt, daß manche Drahtarten ein längeres Beizen in Säuren oder eine elektrolytische Entzunderung nicht vertragen, da sie durch Wasserstoffaufnahme hart und brüchig werden. In solchen Fällen ersetzt eine Klopf- oder Bürsteinrichtung mit Vorteil den Beizprozeß, doch sind dies spezielle Erfahrungen und Methoden, die von Fall zu Fall geändert werden, je nachdem das verwendete Drahtmaterial beschaffen ist.

Die allgemein gültigen Hilfsmittel und die Anordnung der einzelnen Hilfsvorrichtungen beim Galvanisieren von Drähten haben wir in dem diesbezüglichen allgemeinen Kapitel bereits kennen gelernt und sei an dieser Stelle hierauf verwiesen. Das D. R. P. Nr. 279043 v. 24. Dez. 1913 und das Zusatz-Patent hierzu Nr. 283042, betr. Stromabnehmerrollen, ist zum Galvanisieren von durchlaufenden Drähten usw. von ausschlaggebender Bedeutung geworden sowie eine Reihe anderer Patente, die sich auf die technische Durchführung des Verfahrens zum Galvanisieren von Drähten usw. beziehen, die alle aus der langjährigen Erfahrung entsprungen sind und heute die elektrolytische Verzinkung als unentbehrliches Hilfsmittel der Großindustrie kennzeichnen.

Die Erfahrung hat gelehrt, daß man in ein und derselben Anlage nur Drähte innerhalb bestimmter Stärken verarbeiten kann, so daß z. B. für Drähte von 0,5 bis 1,2 mm ganz andere Apparaturen in Anwendung kommen als für Drähte zwischen 1,3 und 3,5 mm ⌀. Noch stärkere Drähte als 3,5 mm brauchen wieder eine Verstärkung in der Konstruktion der Apparate, ganz schwache Drähte unter 0,5 mm müssen wieder besonders leicht bewegliche Rollensysteme und spezielle Kontaktzuführungen erhalten, um ein Zerreißen oder Ausglühen der Drähte zu vermeiden.

Die Einrichtungen an den Bädern müssen verschiedenartig ausgeführt werden, je nachdem ob es sich um das Verzinken geglühter Eisendrähte oder um harte Stahldrähte handelt.

Hartblankgezogene Drähte werden durch Abkochen in Ätznatron oder Ätzkali von der Ziehschmiere befreit, nach dem Abspülen in heißem Wasser gebeizt, abermals gespült und getrocknet. Das Beizen von in Töpfen oder Retorten geglühten Drähten (meist sind es schwache Drähte unter 1,5 mm ∅), geschieht in gelockerten Bunden mit darauffolgendem Spülen und Trocknen.

Die so vorbereiteten Bunde werden auf die Abwickelkronen gelegt und laufen, bevor sie in das eigentliche elektrolytische Zinkbad gelangen, durch Beizbottiche, Scheuer- und Spülgefäße.

Gezogene Drähte über 1,5 mm ∅ werden, wie dies bei der Feuerverzinkung üblich ist, durch 15 bis 20 m lange Glühöfen geführt, hierauf durch ca. 5 bis 6 m lange Scheuer- und Spülräume.

Rechnet man alle diese Einrichtungen in ihrer Länge mit der notwendigen Badlänge für das Zinkbad zusammen, so kommt man auf Baulängen solcher Anlagen inkl. Trockenvorrichtungen und Aufhaspelvorrichtungen nach dem Verzinken von ca. 30 m.

Die üblichen Anlagen umfassen pro Bad gleichzeitig 18 bis max. 50 Drähte, welche gleichzeitig durch die Anlage durchgezogen werden, und zwar werden stets Drähte gleichen Durchmessers durch die Anlage geführt. Die Durchzugsgeschwindigkeiten variieren zwischen 5 und 15 m pro Minute, je nach Drahtstärke und Zinkauflage, und zwar gilt das für die Verzinkung der Drähte mit eingeschaltetem Glühofen, während bei Fortfall eines Glühofens auch noch größere Geschwindigkeiten zulässig sind.

Die Monatsproduktion einer Anlage für z. B. 52 Drähte von 1,6 bis 5 mm ∅ beträgt bei einer Zinkauflage von 50 bis 80 g pro qm Drahtoberfläche 650 bis 700 Tonnen. Als Zinkverbrauch wurden für 1 Tonne Draht rund 15 kg ermittelt, der Verbrauch an Salzsäure betrug ca. 25 kg pro Tonne Draht, Schwefelsäure wurde ca. 1 kg pro Tonne verbraucht. Zur Bedienung sind nur ganz wenige Leute notwendig; pro 1½ Tonnen Draht rechnet man einen Arbeiter. Die Auflage von 50 bis 80 g Zink pro qm Drahtoberfläche variiert nach der Drahtstärke, natürlich kann man auch schwächere, ebenso stärkere Auflagen erzeugen. Zur Erzielung eines unbedingt genügenden Rostschutzes muß man für Drähte von

0,25 bis 1,5 mm ∅ ca. 30 bis 35 g Zink pro qm Drahtoberfläche
1,6 ,, 3,5 mm ∅ ,, 50 ,, 75 g ,, ,, ,,   ,,
3,6 ,, 5 mm ∅ ,, 75 ,, 120 g ,, ,, ,,   ,,

rechnen. Will man gleichzeitig auch besonders glänzende Zinkniederschläge auf den Drähten erhalten, so muß man den Bädern entsprechende Zusätze machen, die wir früher bei den Vorschriften kennenlernten oder Kratzeinrichtungen einbauen.

Die Herstellungskosten der elektrolytischen Verzinkung betragen nur ca. 40% derjenigen, welche bei der Heißverzinkung auflaufen, gleichartige Rostsicherheit vorausgesetzt. Heute arbeiten lediglich für das Verzinken von Drähten mehr als 300 000 A, wovon ca. 250 000 A auf Anlagen der Langbein-Pfanhauser-Werke A.-G. entfallen. Die Tagesproduktionen an elektrolytisch verzinkten Drähten in diesen Anlagen genannter Firma beträgt über 500 Tonnen.

Verzinken von Bändern. Diese Arbeit erfolgt ganz analog der des Verzinkens von Drähten, nur werden in diesem Falle die Anoden, wenn es sich um breitere Bänder handelt, nicht, wie dies bei der Drahtverzinkung üblich ist, senkrecht hängend, sondern über und unter den horizontal durch die Anlage laufenden Bändern horizontal eingehängt. Hierzu bedient man sich der Hartzinktragbänder, die bis zur eigentlichen Anode mit isolierenden Substanzen, wie Hartgummi, Zelluloid, Lack usw., überzogen sind, außerdem müssen Sicherheitsvorrichtungen, meist aus Holz, unter den Anoden so angeordnet werden, daß beim Durchfressen der Anoden diese nicht auf die Bänder oder auf den Boden der Badgefäße fallen können.

Die Stromdichten bei Eisen- und Stahlbändern sind beim Verzinken etwa halb so groß wie beim Verzinken von Drähten, man geht selten über 5 A/qdm hinaus und läßt selten mehr als 4 Bänder gleichzeitig durch die Bäder laufen. Die Bänder müssen ebenfalls einem intensiven Scheuer- und Beizprozeß unterworfen werden, damit die Zinkschicht gleichmäßig deckt und kein Ausschuß entsteht. Elektrolytisch verzinkte Bänder lassen sich falzen und stanzen, löten und biegen, ohne daß Gefahr vorhanden wäre, daß selbst bei der kompliziertesten Verarbeitungsweise der Niederschlag abspringt.

Verzinken von Blechen. Das Verzinken der Bleche geschieht in einfacher Weise dadurch, daß die Bleche mit Hilfe spezieller Klemmen oder rahmenförmiger Einhängevorrichtungen zwischen 2 Anodenreihen in der Lösung exponiert werden. Werden Klemmen verwendet, so muß man während der meist ¾- bis 1stündigen Verzinkungsdauer die Kontakte wechseln, sonst würden die Bleche dort, wo die Klemmen saßen, nach erfolgter Verzinkung unverzinkte Stellen zeigen. Bei längeren Blechen, z. B. bei Dachblechen im Format 1 × 2 m, verwendet man mindest 3, meist 4 solcher Klemmen, um dieselben verschieben zu können, ohne das Blech aus der Lösung zu heben, wodurch Zeitverlust entstehen würde.

Um das Befestigen der Bleche mit Klemmen zu vermeiden, werden auch Rahmen aus nichtleitendem Material verwendet, die keilförmig genutet sind (entweder nur am Boden oder auch an den Seitenwänden) und die in diesen Nuten die Kathodenzuleitung tragen. Der Rahmen enthält dann z. B. auf der der Badoberfläche zugekehrten Seite einen Schlitz, durch den die Bleche eingeführt werden. Die Stromzuführung erfolgt durch Fortsätze dieser vertieft liegenden, der direkten Wirkung der Stromlinien entzogenen metallischen Teile, die in geeigneter Weise an die Kathodenarmatur des Bades durch Klemmen, Kabel oder leicht zu lösende Kontaktvorrichtungen bequem anzuschließen sind.

Werden Klemmen verwendet, die in den Elektrolyten eintauchen, so werden sie sich ebenfalls mit Zink belegen und bald so stark mit Zink überzogen sein, daß ihre weitere Verwendbarkeit ausgeschlossen ist; man beizt die Klemmen dann von Zeit zu Zeit in einer Beize von

Salzsäure	**1 Teil**
Wasser	**10 Teile**

ab, bis die heftige Gasentwicklung aufgehört hat, was ein Zeichen ist, daß sich alles Zink abgelöst hat. Man wäscht die Klemmen gut ab, um keine Säure in das Zinkbad zu bringen, da dadurch die Zinkausscheidung leicht beeinträchtigt würde.

Nachdem die Bleche den gewünschten Zinkniederschlag erhalten haben, hebt man sie aus dem Bade, läßt die Lösung in die Wanne ablaufen, spült mit reinem Wasser ab und trocknet sie. Der Zinkniederschlag hat gewöhnlich ein halbglänzendes bzw. samtartiges graues Aussehen; wünscht man solche Bleche glänzend, so kratzt man mit Metalldrahtbürsten oder mit Hilfe maschineller Kratzvorrichtungen.

Als Anoden wähle man 5 bis 10 mm starke Zinkplatten, die an Zinkstreifen angenietet sind. Will man nicht Zinkplatten von der gleichen Größe wie die zu verzinkenden Bleche verwenden, so hänge man mehrere Platten nebeneinander ein, ohne Zwischenraum oder nur 1 bis 2 cm voneinander, und in solcher Anzahl und Größe, daß sie eine einheitliche Anode ersetzen können. Als Bedingung aber gilt, daß die Anoden die gleiche Ausdehnung in Länge und Breite besitzen müssen wie die Bleche. Die Zinkanoden werden vorteilhafterweise amalgamiert.

Bei der fabrikmäßigen Verzinkung von Blechen kommen verschiedene Hilfseinrichtungen und spezielle Einbauten in den Bädern zur Anwendung, die wir allgemein schon früher beim Kapitel über das Elektroplattieren von Blechen kennenlernten. Die Mehrzahl der dort beschriebenen Hilfsmittel entsprang gerade dem Bedürfnis der Galvanotechnik, gleichmäßige Blechverzinkungen auf billigste Weise in Konkurrenz zur Heißverzinkung ausführen zu können. Leider ist es bis heute noch nicht gelungen, den Glanz der Heißverzinkung auf elektrolytischem Wege zu imitieren, doch sind die bisher gezeitigten Resultate durchaus so, daß große Mengen elektrolytisch verzinkter Bleche auf den Markt gebracht wurden, welche dank der hervorragenden Eigenschaften der elektrolytischen Verzinkung erfolgreich mit den heiß verzinkten Blechen konkurrieren.

Die Stromverhältnisse beim Verzinken von Blechen sind: Stromdichte durchweg 2 bis 4 A/qdm, selten darunter, Badspannung je nach Elektrodenentfernung 2,5 bis 4,5 V. Der Elektrolyt wird auf Temperaturen von 18 bis 40 ° C gehalten, je wärmer er ist, desto geringer sind die Kosten für die aufzuwendende Kraft, weil die Badspannung sinkt. Die Zinkauflage wird meist auf 240 bis 360 g pro qm Blech (beide Seiten zusammengenommen) gehalten.

Verzinkung durch Kontakt. Um Eisen durch Kontakt zu verzinken, eignet sich eine konzentrierte Lösung von Chlorzink-Chlorammonium in Wasser, in welche man die Waren in Berührung mit einer großen Zinkfläche einlegt.

Darlay (D.R.P. 128319) gibt folgendes Bad an, welches mit Aluminium-kontakt eine brauchbare Verzinkung liefern soll:

Wasser	1 l
Zinksulfat	10 g
Zyankalium	3 g
Ätznatron	15 g.

Vermutlich ist das Bad auf 80 bis 90° C zu erhitzen, worüber sich die Patentschrift ausschweigt. Es gelang Verfasser nicht, nach dieser Vorschrift eine brauchbare Verzinkung auf Eisen zu erzielen.

Um **Messing** und **Kupfer** mit einer blanken Zinkschicht durch **Ansieden** zu überziehen, verfährt man folgendermaßen: Man kocht **Zinkgrau** des Handels mit einer konzentrierten Lösung von Ätznatron mehrere Stunden lang und taucht die zu verzinkenden Gegenstände in die Flüssigkeit ein; in kurzer Zeit überziehen sie sich bei fortgesetztem Kochen mit einer spiegelglänzenden Zinkschicht. Erhitzt man einen auf diese Weise mit Zink überzogenen Gegenstand aus Kupfer im Ölbade auf 140 bis 150° C, so legiert sich das Zink mit dem Kupfer zu einer Art **Bronze**, die in der Farbe dem **Tombak** ähnlich ist.

Kadmiumniederschläge.

Die schöne, dem Silber ähnelnde Farbe des reinen Kadmiums war es bis vor wenigen Jahren, welche die Galvanotechnik veranlaßte, der Abscheidung des Kadmiums Aufmerksamkeit zu schenken. Man benutzte Kadmiumniederschläge als Ersatz für Silberniederschläge, zumal sie sich viel einfacher polieren lassen als die weichen Silberniederschläge. Infolge der einfach liegenden Abscheidungsbedingungen aus zyankalischer Lösung bediente man sich allgemein dieser Elektrolyte, aus denen Kadmium aus seiner zweiwertigen Stufe mit ungefähr dem doppelten Abscheidungsäquivalent gegenüber Zink gefällt wird. Theoretisch wird pro A/St rund 2,1 g Kadmium abgeschieden, und bei nicht übermäßig hohen Stromdichten geht die Kadmiumabscheidung aus zyankalischer Lösung mit einer Stromausbeute von 90 bis 95% vor sich. Aber auch aus saurer Lösung, vorzugsweise aus schwefelsaurer Lösung, läßt sich Kadmium in schöner Form abscheiden, doch ist es dann nötig, den Bädern Kolloide oder kapillaraktive Stoffe, wie Phenol, Eugenol u. ä., in geringen Mengen zuzusetzen, um eine kleinkristalline Struktur der Niederschläge herbeizuführen.

In Amerika fand aber bald das Kadmium Anwendung als Schutzüberzug und auf Eisen als Rostschutz, da man an Hand vieler Untersuchungen festgestellt

hatte, daß dem Kadmium die gleiche Rolle zufällt, als elektrochemischer Schutzüberzug gegen Rostbildung zu wirken, wie dem Zink. So hat Henry S. Rawdon,
Physiker im Bureau of Standards in Washington, in der 49. Hauptversammlung
der American Electrochemical Society über seine angestellte diesbezüglichen und
erfolgreichen Proben berichtet, denen zufolge, entgegen der vielfach aufgestellten
Behauptung, daß Kadmium elektrochemisch edler als Eisen sei, Kadmium
analog Zink als unedler zu gelten hat.

Auf Grund der Eigenschaften, sich aus zyankalischer Lösung abscheiden zu
lassen, war der Gedanke naheliegend, Legierungen von Kadmium mit Silber,
Zink, Kupfer u. dgl. elektrolytisch herzustellen, und da bekannt war, daß eine
Legierung aus 65 bis 75 % Silber und 25 bis 35 % Kadmium bzw. Zink das Anlaufen
des Silbers an der Luft vollkommen beseitigt, kam man auf den Gedanken, in
der Industrie der Tafelgeräte und der Eßbestecke galvanisch eine solche
Legierung anstatt reiner Silberüberzüge anzuwenden. Die London Metallurgical
Company erzeugt nach dem alten D. R. P. solche Überzüge und benutzt nur Kadmium als Zusatz. Diese Art Versilberung ist als Arkasversilberung bekannt.
Die Bäder müssen einen gewissen Überschuß von Zyankalium aufweisen und
enthalten neben Zyansilberkalium eine entsprechende Menge Kadmiumzyanid
in Zyankalium gelöst. Die Bäder werden kalt oder angewärmt verwendet und
muß, wie Langbein schon feststellte, mit einer Badspannung von mindestens
0,75 V gearbeitet werden. Je höher man die Badspannung ansteigen läßt, um so
größer wird der Gehalt der Legierung an Kadmium, gleichzeitig steigt auch die
Härte des Niederschlages durch vermehrte Wasserstoffaufnahme. In diesem
Wasserstoffgehalt der Niederschläge liegt auch die größere Härte und damit
die leichtere Polierbarkeit solcher Niederschläge begründet. Im allgemeinen
geht man aber in der Praxis nur bis zu einem Gehalt von 7 bis 8 % im Silberüberzug, weil diese Legierung in der Farbe vom Silber nicht zu unterscheiden ist.

Auf die gleichzeitige Abscheidung von Kadmium mit Kupfer bzw. Zink erhielt Schmidt das D. R. P. 80740. Tatsächlich lassen sich Legierungen, ähnlich
wie wir dies bei Messing kennenlernten, auch aus Kadmium mit Kupfer erzielen, doch tritt stets Kadmium in den Vordergrund. Bereits kleine Mengen
von Kadmiumsalzen, zu einem zyankalischen Kupferbad zugefügt, gibt eine an
Kadmium hochprozentige Legierung, und vor allem sind diese Niederschläge
in der Farbe weit empfindlicher als Messingniederschläge. Verfasser untersuchte
solche legierte Abscheidungen, welche über 50 % Kadmium enthielten und noch
immer fast weiß aussahen, jedoch bereits rostschützend wirkten. Auch Legierungen aus Kadmium, Kupfer und Nickel gelingen ohne weiteres, ohne daß
man besondere Anwendungsmöglichkeiten dafür gefunden hätte.

Wo es darauf ankommt, nur einen länger dauernden Korrosionsschutz zu
erhalten bei gleichzeitiger stärkerer mechanischer Beanspruchung, werden
Kadmiumüberzüge den Zinküberzügen vorzuziehen sein, schon deshalb, weil
man bei Kadmium mit einer kleineren Schichtdicke gegenüber Zink auskommt.
Für viele Fälle genügt schon ein Überzug von 20 bis 25 g/qm.

Kadmiumbäder. Vorwiegend bedient man sich der zyankalischen Bäder wegen
der besseren Tiefenwirkung, die man mit diesen Bädern erreicht.

Miller und Page[1]), später Brunner[2]) bedienten sich des zyankalischen
Elektrolyten. Die von Brunner gefundene Badzusammensetzung lautet:

Wasser	1 l
Kadmiumzyanid	8,2 g
Zyankalium	29,8 g

---

[1]) Zeitschr. f. anorg. Chem. 28, 232.
[2]) Beiträge z. elektrolyt. Abscheidung d. Metalle aus den Zyanidlösungen. Diss. Dresden
1907.

Gearbeitet wird in diesem verhältnismäßig metallarmen Bade mit einer Stromdichte von 0,3—0,5 A/qdm bei Zimmertemperatur etwa bei 1 V. Steigert man die Stromdichte, so tritt bald Wasserstoffentwicklung ein; diese ist aber hintanzuhalten, wenn man gleichzeitig die Badtemperatur auf 40 bis 50° C erhöht.

Fischer[1]) erkannte, daß die Arbeitsweise dieser Bäder mit Erhöhung des Kadmiumgehalts besser wird und kam zur Formel:

Wasser . . . . 1 l
Kadmiumzyanid . . . . 28,7 g
Zyankalium . . . . 37 g

Gearbeitet wird mit löslichen Kadmiumanoden bei 40° C bei ca. 4 V, wobei Stromdichten über 2 A/qdm sich ergeben.

Verfasser fand bei seinen Arbeiten, daß die Kadmiumbäder glattere Abscheidungen ergeben, wenn man freies Ätzkali oder Ätznatron der zyankalischen Lösung zusetzt und den Metallgehalt nicht allzu hoch treibt. Ebenso gelingt es durch Zusätze verschiedener Substanzen, fast glänzende Überzüge von Kadmium oder dessen Legierungen aus zyankalischer Lösung zu erhalten.

Auf Kupfer, Messing, Zink, Blei und andere Metalle kann man direkt aus zyankalischer Lösung Kadmium abscheiden, kann auch mit Erfolg Zyanquecksilberkalium zufügen, um eine bessere Deckkraft herbeizuführen, ähnlich wie dies bei alkalischen Zinkbädern ausgeführt wird. Allerdings werden die Niederschläge hierdurch matter.

Nach dem D.R.P. 379365 der Udylite Process Company in Kokomo, Ind., U.S.A. wird eine sehr konzentrierte Kadmiumlösung verwendet, und zwar soll sie gemäß der Patentschrift 10,5% metallisches Kadmium enthalten. Der Elektrolyt wird aus Kadmiumzyanid oder Kadmiumoxyd und Zyannatrium bereitet, und es sollen Stromdichten von 3 bis 35 A/qdm verwendbar sein, die mittlere Stromdichte soll gemäß Patentschrift 20 A betragen. Das Typische dieser Erfindung soll darin bestehen, daß mit unlöslichen Anoden aus Kohle oder Graphit anstatt mit Kadmiumanoden gearbeitet wird und daß die Niederschläge zur Erhöhung der Haftfestigkeit und zwecks Vermehrung des Korrosionsschutzes auf 150 bis 250° C erwärmt werden. Daß eine solche Erwärmung zwecks Austreibung des okkludierten Wasserstoffs zu empfehlen ist, liegt auf der Hand, dies ist für Kadmium also selbstredend zu übernehmen. Worin aber der Vorteil unlöslicher Anoden liegen soll, ist nicht recht erfindlich. Ein Festhaften der Niederschläge, wenn solche noch z. B. nachträglich mit Nickel überzogen werden, dürfte aber mit geeigneteren Mitteln zu erreichen sein, denn bekanntlich wird durch ein derartiges Erhitzen, und die Erfinder sprechen von 2 bis 24 Stunden, die Bildung von Blasen in den Niederschlägen veranlaßt.

Beim Arbeiten in Kadmiumbädern mit höheren Stromdichten bildet sich bei Mangel an Zyankalium bzw. bei Überhandnehmen des Gehaltes an freiem Ätzkali oder Ätznatron ein Anodenfilm, der den glatten Stromdurchgang behindert. Durch Temperatursteigerung, gegebenenfalls durch Zusatz von doppeltkohlensaurem Natron, läßt sich diesem Überstand abhelfen.

Kadmiumniederschläge aus saurer Lösung wurden von Freudenberg[2]), ferner von Heidenreich[3]) versucht, und zwar wurden essigsaure und schwefelsaure Lösungen verwendet. Senn[4]) benutzte als Elektrolyt eine 20%ige Kieselfluorwasserstoffsäure mit 3,3% Kadmiumsulfat und benutzt analog der Bettsschen Vorschrift bei Bleibädern Gelatinezusatz etwa in Höhe von 0,3 g/Liter.

In sauren Bädern, gleichviel welcher Zusammensetzung, ist der Zusatz von Kolloiden, praktischerweise in Verbindung mit kapillaraktiven Stoffen, uner-

[1]) Chemikerzeitung 1904, 1209.
[2]) Z. f. phys. Chem. 12, 122.
[3]) Z. f. Elektrochem. 3, 181.
[4]) Z. f. Elektrochem. 11, 236.

läßlich und wirken die verschiedenen Zusätze auch sehr verschieden. Verwendbar sind Gelatine, Agar Agar, Leim aller Art, Phenol usw.

Saure Kadmiumbäder können große Mengen freier Säure enthalten, ohne daß man Gefahr läuft, daß Wasserstoff zusammen mit dem Kadmium zur Entladung kommt. Aus schwefelsaurer Lösung konnte Verfasser durch Zusatz von Aluminiumsulfat, Bittersalz nebst kleiner Mengen Phenol (ca. 10 g/Liter bei einem Gehalt von 120 g Kadmiumsulfat pro Liter) einwandfreie feinkristalline Kadmiumniederschläge beliebiger Dicke, guter Tiefenwirkung des Bades bei gewöhnlicher Temperatur erhalten. Die Badspannung betrug bei einer Stromdichte von 2,5 A/qdm ca. 5 V.

Als Anoden in Kadmiumbädern verwende man gegossene Platten aus reinem Kadmium. Die Löslichkeit der Anoden steigt mit der Temperatur, bei genügendem Zyankaliumgehalt hält aber die Anodenlöslichkeit Schritt mit der kathodischen Stromausbeute, so daß in weiten Grenzen für die angewendete Stromdichte praktisch der Wirkungsgrad der Kadmiumbäder = 1 ist.

Antimonniederschläge.

Das elektrolytisch niedergeschlagene Antimon zeigt je nach der Lösung eine stahlgraue, helle bis dunkle, bleiähnliche Farbe, selbst einen violetten, ins Rötliche spielenden Ton. Besondere Vorteile bietet die Abscheidung von Antimon nicht, sie sei nur deshalb angeführt, weil sie möglicherweise für gewisse Effekte eines Versuches von Wert sein dürfte.

Als selbständiger Niederschlag hat die Verantimonierung noch keine praktische Verwendung gefunden, wohl aber zur Tönung der Metalle, insbesondere in der Silberwarenindustrie findet sie Anwendung, um dem Silber einen Hauch eines grauen Tones zu verleihen, wie man solchen oft für silberne oder versilberte Tafelaufsätze und Kunstobjekte wünscht.

Mehr Verwendung finden die Antimonlösungen zur Erzeugung sogenannter „Oxyde" auf Metallwaren, das sind eigentlich Metallfärbungen, welche ohne Strom in kochenden Antimonlösungen durch Tauchen erzeugt werden.

Für elektrolytische Verantimonierung hat Verfasser folgende Badzusammensetzung recht geeignet gefunden:

Ein Antimonbad für dunkle Verantimonierung wird nach folgender Vorschrift hergestellt:

I. Wasser . . . . 1 l
Schlippsches Salz . . . . 50 g
Kohlensaures Natron, kalz. . . 10 g

Badspannung bei 15 cm Elektrodenentfernung:
für Kupfer, Messing . . . . 2,4 Volt
für Zink . . . . 3,7 „
für Eisen . . . . 3,2 „

Änderung der Badspannung für je 5 cm Änderung der Elektrodenentfernung . . . . 0,55 Volt
Stromdichte . . . . 0,35 Ampere
Badtemperatur: 15—20° C
Konzentration: 4½° Bé
Spez. Badwiderstand: 3,1 Ω
Temperaturkoeffizient: 0,023
Stromausbeute: 0,5 %.

Eine **lichte Verantimonierung** liefert folgendes Bad:

II. Wasser . . . . 1 l
Antimonchlorür, flüssig . . . 1000 g
Salzsäure . . . . 600 g
Weinsteinsäure . . . . 60 g

Zur Erzeugung des eingangs erwähnten sanft grauen Anfluges auf Silber oder auf versilberten Waren ist diese Lösung geeignet, ebenso für stahlgrauen Niederschlag auf Messing und Kupfer.

Als Anoden dienen bei Verantimonierung Kohlenanoden, in farblose Rohseide eingenäht, die Anodenfläche doppelt so groß als die Warenfläche.

Bei längerer Verantimonierungsdauer verliert der Niederschlag das Ansehen, muß öfters gekratzt werden.

Obige weinsäurehaltige Lösung kann auch zur Färbung von Messingwaren dienen, welche, nach dem Dekapieren in dieser Lösung längere Zeit gekocht, einen rötlichvioletten Ton annehmen. Zu bemerken ist, daß das erst angegebene, mit kohlensaurem Natron bereitete Antimonbad haltbarer ist und keinen Schwefelwasserstoff entwickelt, während das andere Bad ebenso wie die meisten Antimonlösungen leicht Kermes ausscheiden und Schwefelwasserstoff entwickeln, daher Gegenständen, bei denen ein Anlaufen zu befürchten ist, fernzuhalten sind.

Eine Badvorschrift, die aber allgemein nur für die analytische Bestimmung des Antimons auf elektrolytischem Wege benutzt wird, lautet:

Schwefelantimon wird mit etwas Salpetersäure unter Zusatz von 1 bis 2 g Weinsäure gelöst und die Lösung nach dem Verdünnen und nach Neutralisierung mit Natronlauge mit einer bei 30° C gesättigten Lösung von Schwefelnatrium versetzt. Damit die Lösung farblos bleibt, wird noch bei einer Temperatur von 70° C eine 30%ige Zyankaliumlösung zugesetzt und bei 60 bis 70° C mit einer Stromdichte von 1 bis 1⅓ A/qdm elektrolysiert.

Aus einer Lösung von Grauspießglanz in Kalziumsulfhydrat bei Anwendung unlöslicher Anoden und bei Anwendung von Stromdichten von 0,6 A/qdm lassen sich bei einer Badspannung von 3½ V ganz dicke (bis mehrere Millimeter Dicke) Antimonniederschläge mit einer Stromausbeute von 80% gewinnen.

Arsenniederschläge.

Der Arsenniederschlag wird lediglich nur als Dekoration auf Metallwaren ausgeführt, und zwar zumeist auf figuralen und Beleuchtungsobjekten aus Messing, Bronze oder vermessingtem Zink. Der dunkelgrauen Farbe wegen wird der Arsenniederschlag, weil er einem oxydischen Anlauf des Silbers ähnelt, in der Metallwarenindustrie als „Oxyd" (Altdeutschoxyd) bezeichnet. Oft dient der Arsenniederschlag nur dazu, nach Abreiben des allseits auf Metallobjekten hergestellten Niederschlages, in den Vertiefungen zurückbleibend, den Objekten einen antiken Charakter zu verleihen (vgl. auch Versilberung). In der Galvanoplastik wird der Arsenniederschlag auch zur Herstellung von Trennungsschichten zwischen zwei Metallen verwendet. Als Lösung dient:

Wasser . . . . 1 l
Arsenige Säure . . . . 100 g
Kohlensaures Natron, kalz. . . 30 g
Zyankalium 100% . . . . . . 10 g

Badspannung bei 15 cm Elektrodenentfernung . . . . 3,2 Volt

Änderung der Badspannung für je 5 cm Änderung der Elektrodenentfernung . . . . 0,72 Volt

Stromdichte . . . . 0,4 Ampere

Badtemperatur: 15—20° C

Konzentration: 12° Bé

Spez. Badwiderstand: 3,38 Ω

Temperaturkoeffizient: 0,0285

Stromausbeute: 99%.

Die Auflösung der arsenigen Säure macht Schwierigkeit, weil sie schwer löslich ist, man hat daher so lange zu kochen und dabei zu rühren, bis die vollständige Lösung erfolgt ist.

Als Anoden sind Kohlenanoden, in farblose Rohseide eingenäht, zu verwenden, die Anodenfläche doppelt so groß als die Warenfläche. Auf Zink läßt sich Arsen auch direkt niederschlagen, jedoch mit einer höheren Badspannung von 3,6 V.

Der Verbrauch des Arsens wird durch Wiederzugabe von arseniger Säure ersetzt, deren Lösung mit etwa 10 Teilen des Bades kochend und umrührend, eventuell unter Zusatz von Ätznatron, zu erfolgen hat.

Wenn der Niederschlag unansehnlich matt ausfällt oder nicht vollkommen deckt, so ist, vorausgesetzt daß genügend Arsen im Bad enthalten und die Ware vollkommen dekapiert ist, Zyankalium nachzusetzen.

Verfasser macht besonders darauf aufmerksam, daß die mit dem Niederschlag versehenen Gegenstände, wenn sie aus dem Bade kommen, besonders sorgfältig und gründlich mit Wasser abzubürsten sind, um jede Spur der stark alkalischen Lösung zu entfernen, was durch Abspülen allein nicht erreicht wird; bei Außerachtlassung dieser Maßregel wird der Niederschlag nach kurzer Zeit irisierend. Gegenstände, welche mit Arsenniederschlägen versehen werden, sollten niemals mit Zapon lackiert werden, sondern man bedient sich zur Konservierung solcherart galvanisierter Gegenstände weit besser des alkohollöslichen Brillantlackes. Mit Zapon lackierte, vorher im Arsenbade galvanisierte Metallobjekte werden oft bei längerem Lagern unansehnlich und fleckig.

Die Farbe der Arsenniederschläge hängt in hohem Maße von der Vorbereitung der zu überziehenden Gegenstände ab. Vorwiegend auf vorherige Verkupferung wird der Arsenniederschlag an und für sich dunkler, man kann aber auch dunklere Töne, wie sie oft verlangt werden, dadurch herbeiführen, daß man die Messing- oder Kupfergegenstände oder mit starkem Messing- oder Kupferüberzug versehenen Gegenstände vor der Erzeugung des Arsenniederschlages in der Glanzbrenne behandelt. Auf polierten Gegenständen sieht außerdem die Tönung dieser Niederschläge dunkler aus als auf matten.

Das Galvanisieren von nichtrostendem Stahl.

Nichtrostender Stahl kennzeichnet sich hauptsächlich durch seinen Gehalt an Nickel und Chrom in verschiedenen Legierungsverhältnissen. Es ist nun bekannt, daß man eine haltbare Galvanisierung auf Chrom überhaupt nicht erreichen kann, speziell nicht, wenn man in zyankalischer Lösung arbeitet. Um auf nichtrostendem Stahl eine haltbare Galvanisierung zu ermöglichen, muß man oberflächlich das Chrom herausbeizen, was entweder durch Eintauchen in 30 %ige warme Salzsäure geschieht oder unter Zuhilfenahme des Stromes, indem man die zu beizenden Gegenstände anodisch in Lösungen von 25 % Schwefelsäure oder 30 % Salzsäure behandelt. Als Kathoden werden Bleche aus nichtrostendem Stahl benutzt, und man arbeitet an diesen Beizbädern mit 4 bis 6 V Spannung.

Beizt man ohne Strom, so muß der betr. Gegenstand so lange in der Salzsäurebeize bleiben, bis sich eine deutliche Gasentwicklung bemerkbar macht, dann wird gespült, und nun kann man in sauren Bädern (keinesfalls alkalische oder zyankalische) vernickeln, verkupfern, verzinken usw. Auf der so erhaltenen Nickelschicht z. B. kann man dann nach bekannter Verquickung auch versilbern und vergolden.

Das Aluminium in der Galvanotechnik.

Aluminiumniederschläge. Es ist bis heute nicht gelungen, Aluminium aus wässeriger Lösung abzuscheiden, es ist dies durch die unedle Natur dieses Metalles dem Lösungswasser gegenüber genügend begründet. Wenn trotzdem verschiedentlich Gerüchte auftauchen, daß es gelungen sei, elektrolytisch aus

---

[1]) Vgl. auch: The Metal Industry 27, Nr. 23, v. 4. Dez. 1925, Joseph Haas u. Elmer R. Unruh.

wässeriger Lösung Aluminium zu fällen, so kann Verfasser nur mitteilen, daß es sich in allen solchen Fällen um „Irreführungen", gelinde gesprochen, handelte, denn immer war es irgendein anderes Metall, das der betreffende Erfinder den stets getäuschten Interessenten als Aluminium vorstellen wollte.

Bisher ist es nur möglich, aus geschmolzenen Salzen bzw. Salzgemischen Aluminium durch Elektrolyse in metallischer Form zu erhalten, doch dürfte dies Verfahren für die Zwecke der Galvanotechnik wegen der dabei anzuwendenden Temperatur einstweilen von keiner praktischen Bedeutung sein. Die bekannte Eigenschaft mancher organischen, in Alkohol löslichen Aluminiumverbindungen, in denen das Aluminium in einem komplexen Anion auftritt, könnte einmal Aussicht haben, dereinst zu einem brauchbaren Verfahren zu führen.

Elektroplattierung des Aluminiums. Dafür gibt es heute bereits eine Anzahl mehr oder weniger geeigneter Arbeitsweisen, doch setzen auch diese immer reines Aluminium voraus, wohingegen in der Technik fast immer alle möglichen Legierungen von Aluminium und Magnesium (Magnalium) oder mit Zink oder Zinn als Aluminium bezeichnet werden. Solche Legierungen sind zumeist für eine darauffolgende Elektroplattierung gänzlich ungeeignet, denn infolge der Stellung des Aluminiums in der elektrochemischen Spannungsreihe gegenüber den damit legierten Metallen treten in allen Elektrolyten, die man zu solchen Elektroplattierungen verwenden will, lokale Wirkungen zwischen den nebeneinanderliegenden Metallkristallen dieser Legierungen ein, die ein Ansetzen des Überzugsmetalles entweder ganz verhindern oder, wenn ein solcher Überzug gelingt, dessen Haftfestigkeit nach kurzer Zeit vereiteln.

Die später folgenden Verfahren sind also nur für reines Aluminium maßgebend. Grundbedingung für ein einigermaßen gutes Haften galvanischer Niederschläge auf Aluminium ist die geeignete

Vorbehandlung des Aluminiums, ehe dieses in die elektrolytischen Bäder gebracht wird. Das Aluminium hat bekanntlich eine außerordentlich große Affinität zum Sauerstoff, und deshalb ist es außerordentlich schwer, eine wirklich oxydfreie, metallisch reine Oberfläche für die darauffolgende Galvanisierung herzustellen. Speziell in Form von Amalgam, wo also Aluminium gewissermaßen in flüssiger Form sich der Einwirkung des Luftsauerstoffs darbietet, ist die Oxydation ganz enorm, und betupft man z. B. reines Aluminium mit etwas Quecksilberchloridlösung, so kann man innerhalb kürzester Zeit beobachten, wie ganze Bäumchen von Aluminiumoxyd aus der Metalloberfläche emporwachsen, und bald würden ganz große Stücke auf diese Weise oxydiert sein. Es schalten daher alle die mit Quecksilber arbeitenden Methoden als ungeeignet von selbst aus, da stets unter einem eventuell auf der verquickten Fläche aufgebrachten galvanischen Niederschlag die zerstörende Wirkung des Quecksilbers in Verbindung mit dem durch die feinsten Poren des Niederschlages hindurchdringenden Sauerstoff Kräfte zu wirken beginnen, die den Niederschlag lostrennen. Gerade diese Porosität aller in dünnen Schichten aufgetragenen galvanischen Niederschläge schließt auch alle diejenigen Lösungen für die Galvanisierung aus, die Salze oder Substanzen enthalten, in denen Aluminium eine hohe Lösungstension zeigt. Solche Bäder sind zyankaliumhaltige oder ätznatronhaltige Elektrolyte, ferner salzsaure oder flußsaure Elektrolyte usw.

Der von einer Seite gemachte Vorschlag, durch Ansieden in einem mit Zyanquecksilberkalium versetzten Silberbade das Aluminium mit einem Silberamalgam zu überziehen, kann nicht als verläßlich empfohlen werden.

Villon schlug vor, Gegenstände aus Aluminium eine Stunde lang in ein Bad zu tauchen, das aus

Glyzerin	150 g
Zinkzyanid	25 g
Zinkjodid	25 g

besteht, und dann die Objekte bis zur Rotglut zu erhitzen. Nach dem Erkalten sei mit einer Bürste in Wasser abzubürsten und die Waren dann in die üblichen Silber- oder Goldbäder zu bringen. Ein gutes Resultat war aber beim Nachprüfen nicht zu erzielen.

Neesen gelang es, recht gut aussehende Niederschläge auf Aluminium zu erhalten, ohne daß diese Anspruch auf längere Haltbarkeit machen konnten. Seine Methode bestand darin, daß er die entfetteten Gegenstände in konzentrierte Ätznatronlauge tauchte, bis sich eine intensive Gasentwicklung einstellte. Ohne zu spülen, tauchte er nun die so vorbereiteten Objekte in eine Lösung von 5 g Quecksilberchlorid in 1 l Wasser, spülte mit Wasser ab, tauchte nochmals in Ätznatronlösung, um eventuell oberflächlich gebildetes Aluminiumoxyd zu lösen, und brachte die Objekte mit den anhaftenden Resten von Ätznatronlauge in das Silberbad.

Längere Zeit hielten die so hergestellten Niederschläge stand, sie ließen sich sogar kratzen und mit dem Stahl polieren, jedoch nach wenigen Wochen bildeten sich Blasen auf solcherart galvanisierten Aluminiumteilen; Verfasser schreibt dies hauptsächlich der Anwendung von Quecksilberchlorid zu.

Burgess und Hambuechen überziehen Aluminium zuerst mit einer dünnen Zinkhaut durch elektrolytische Behandlung in einem sauren Zinkbade, welches 1% Flußsäure (oder auch Fluorkalium oder Fluornatrium) enthält. Als Bad schlagen sie eine 15° Bé schwere Lösung von Zinksulfat nebst Aluminiumsulfat vor, das die obengenannten Mengen von Flußsäure enthält. Das Reinigen vor dieser Verzinkung soll nach diesen Autoren in verdünnter Flußsäure erfolgen, dem eine Nachbehandlung in einem Gemische aus 100 Tl. Schwefelsäure und 75 Tl. Salpetersäure folgen soll.

Die Anwendung der Flußsäure scheint dem Verfasser doch bei den Haaren herbeigezogen zu sein — man kann ebensogut in Natronlauge oder Salzsäure blankbeizen und in konzentrierter Salpetersäure, ohne die Laugenreste zu entfernen, den entstehenden dunklen Anflug beseitigen, um nach Abspülen mit Wasser eine Verzinkung in einem gewöhnlichen schwefelsauren Zinkbade zu bewirken.

Ähnlich wollen die Mannesmann-Röhrenwerke, von einem erstmaligen Zinküberzug ausgehend, Galvanisierungen auf Aluminium erzeugen, allerdings unterschiedlich von den vorhergenannten Autoren, dadurch, daß sie das Aluminium mit einer Lösung von Schwefelsilber in Schwefelbalsam und ätherischen Ölen bepinseln und das Silber in einer Muffel bei 500° C unter Luftabschluß einbrennen.

Außer diesen wenigen Behandlungsvorschriften gibt es noch eine Unzahl von Vorschriften, wovon die meisten durch Patente geschützt werden sollten, doch hat sich in der Praxis herausgestellt, daß haltbare Galvanisierungen durch all diese Methoden immer nur bedingsweise erzielt werden. Die Hauptschwierigkeit beim Galvanisieren von Aluminium ist und bleibt der Umstand, daß Aluminium in allen Flüssigkeiten mehr oder weniger angegriffen wird, und sobald ein solcher Aluminiumgegenstand nach noch so gut vollzogener Galvanisierung, mit Feuchtigkeit oder gar Flüssigkeiten in Berührung kommt, oxydiert das Alumimium unter dem Metallbelag, und die Folge davon ist die bekannte Blasenbildung der Niederschläge und das spätere vollständige Abrollen derselben.

Gegenstände, die solcher Naßbehandlung nicht unterworfen werden, wie die modernen leichten Theatergläser, Türgriffe, Beschläge aller Art und sonstiges, kann man natürlich ebensogut wie andere Metallgegenstände galvanisieren, man muß nur darauf Bedacht nehmen, daß mit Rücksicht auf die später anzuwendenden Bäder zunächst die Aluminiumgegenstände mit einem starken Niederschlag eines Metalles gedeckt werden, der von den letzten Galvanisierbad-Flüssigkeiten nicht mehr angegriffen wird. So wird Aluminium, wenn man es versilbern oder vergolden will, sofern die üblichen zyankalischen Bäder Verwendung finden, zuerst solide vernickelt oder verkupfert, und es halten die späteren Edelmetallüberzüge auf solcher Unterlage sehr gut.

Das Polieren des Aluminiums erfolgt auf Schwabbel- oder Flatterscheiben auf den bekannten Poliermotoren oder gewöhnlichen Poliermaschinen unter Anwendung der Spezial-Schleif- und Poliermasse für Aluminium der Langbein-Pfanhauser-Werke A.-G.

Man verwendet eine Schleifgeschwindigkeit unter Anwendung obiger Spezialkomposition von ca. 30 m pro Sekunde, was z. B. bei Poliermaschinen, deren Wellen 2000 Umdrehungen pro Minute machen, durch Anwendung von Scheiben mit ca. 30 cm ⌀ erreicht wird. Machen die Poliermaschinenwellen weniger Touren, so muß der Scheibendurchmesser dementsprechend vergrößert, umgekehrt verkleinert werden.

Mattieren des Aluminiums. Die aus Aluminiumblech hergestellten Objekte des Handels zeigen meist eine feine Mattierung, und diese kann am besten durch Behandlung mit dem Sandstrahl bewirkt werden. Sandstrahlmattiertes Aluminium präsentiert sich aber direkt nach der Behandlung wenig schön, es sieht lehmig grau aus und muß in der ,,Elpewe-Mattbeize" für Aluminium brillantiert werden. Es genügt, wenn die vorher mattierten Teile einige Sekunden in diese Beize getaucht werden, damit sie ein schönes Aussehen erhalten. Gut ist eine darauffolgende kurze Behandlung mit konzentrierter Salpetersäure.

Ein schönes Matt auf Aluminium erhält man auch durch Behandlung der vorgeschliffenen Gegenstände in 25 bis 25 %iger Ätznatronlauge. Man beläßt die zu mattierenden Gegenstände darin, bis sich deutliche Gasentwicklung bemerkbar macht, hierauf spült man sie und taucht sie in konz. Salpetersäure. Der Ätznatronlösung kann man auch etwas Kochsalz zusetzen, wodurch der Angriff der Lauge auf das Aluminium etwas gemäßigt wird.

Direkte Verkupferung des Aluminiums. Die Aluminium-Gesellschaft in Neuhausen empfahl eine Verkupferung des Aluminiums in einem Bade von etwa folgender Zusammensetzung:

I. Wasser	1 l
Salpetersäure 36° Bé	80 g
Kupfervitriol, krist.	100 g

Die anzuwendende Stromdichte sei 1 A/qdm, bei 5 cm Elektrodenentfernung betrage die Badspannung ca. 4 V.

Delval verwendet ein Kupferbad, bestehend aus:

II. Wasser	1 l
Kupfervitriol	20 g
Pyrophosphorsaures Natron . .	85 g
Doppeltschwefligsaures Natron .	20 g

Einen haltbaren Niederschlag von Kupfer konnte Verfasser aber mit diesem Bade nicht erzielen.

Da die vorgenannten Bäder verhältnismäßig wenig Tiefenstreuung besitzen, versuchten verschiedene Erfinder, Methoden ausfindig zu machen, um auch die zyankalischen Kupferbäder zum Vorverkupfern des Aluminiums anzuwenden. Solche Vorschläge stammen von Setlick, ferner von Lanseigne und Le Blanc, welche neben stark konzentrierten Lösungen von etwa 100 bis 200 g Kaliumkupferzyanid noch Natriumphosphat verwendeten, oder sie setzten, wie A. E. Gireux, milchsaures Kupfer der zyankalischen Lösung zu. Alle diese Bäder bringen aber keine dauerhafte Verkupferung zuwege und blieb die Verkupferung im salpetersauren Bade immer noch die verläßlichste. Auch vom rein chemischen Standpunkte aus ist diese Lösung die gegebenste.

Direkte Vernicklung des Aluminiums. Unter Verwendung hochglyzerinhaltiger Bäder gelingt eine direkte Vernicklung des Aluminiums, wie Wogrinz gezeigt hat. Das Verfahren wurde von den Langbein-Pfanhauser-Werken übernommen und weiter durchgebildet. Der Vorteil dieses Verfahrens besteht darin, daß das Aluminium, wie jedes andere Metall, mit der gebräuchlichen Entfettungskomposition entfettet wird und dann nach gutem Abspülen mit Wasser in das Nickelbad gebracht wird, wo es so lange verbleibt, bis ein tadelloser, festhaftender und polierfähiger Niederschlag entsprechender Dicke erzielt ist. Das Bad arbeitet bei 18 bis 20° C mit Stromdichten von ca. 0,5 A/qdm und bei Badspannungen von ca. 2 bis 3 V. Der aus diesem Bade resultierende Nickelniederschlag ist wunderbar weiß, nimmt leicht Glanz an, und es genügt im allgemeinen eine Vernicklungsdauer von ½ bis 1 Stunde, um einen genügend starken Niederschlag zu erhalten.

Die so erzielte Vernicklung kann sehr gut als Ausgangsstadium für jede andere Galvanisierung gewählt werden. Soll aus irgendeinem Grunde eine Verkupferung oder Vermessingung dieses Nickelniederschlages stattfinden, wozu zyankalische oder Tartratbäder in Verwendung kommen können, so ist die Vernicklung ganz besonders stark zu wählen, um Gewißheit zu haben, daß der Niederschlag in sich geschlossen und porenfrei ist. Man kann sich dann eines jeden beliebigen Bades bedienen, wie solche für die verschiedensten Galvanisierungen in Anwendung sind, und behandelt die vernickelten Gegenstände genau so, wie man Gegenstände aus Reinnickel oder aus hoch nickelhaltigen Legierungen vor und während des Galvanisierens bearbeitet.

Nauhardt (D. R. P. 101628) geht von Nickelnitrat aus, das er mit Zyankalium versetzt oder von Nickelsulfat unter Zusatz von Ammoniumphosphat, in letzterem Falle ist nach Lösung des Nickelsulfates in dem Ammoniumphosphat schwach anzusäuern, um eine klare Badlösung zu erhalten. Verfasser konnte aber aus diesem Bade keine haltbare Vernicklung erhalten.

Andere Erfinder versuchten durch Anwendung heißer Nickelbäder zum Ziele zu kommen. Hier ist allerdings der Umstand günstig, daß aus erwärmten Nickelsalzlösungen bei Anwendung hoher Stromdichten auf gut vorbereitetem Aluminium wirklich in kurzer Zeit ein gut deckender und starker Nickelniederschlag entsteht, der vermöge seiner Festigkeit eine gewisse Haltbarkeit verspricht. Da aber in diesen Fällen auch die Nickelschicht matt wird, muß das spätere Polieren mit entsprechender Kraftaufwendung vor sich gehen, wobei die Gegenstände leicht heiß werden, dabei löst sich infolge der ungleichen Ausdehnungskoeffizienten von Aluminium und Nickel die starke Nickelhaut los, und man kann diese vernickelten Gegenstände förmlich wieder abschälen.

Die geheimnisvollen Zusätze, wie sie z. B. Weil, Quintaine und Lepsch in ihrem E. P. 12691 durch Laktose vornehmen, bringen ebenfalls keine Vorteile.

Nach dem D. R. P. 276257 Marie Canac vom 21. April 1912 wird Aluminium zwecks direkter Vernicklung zuerst in lauwarmem Wasser gespült und dann in eine 0,2%ige Zyankaliumlösung getaucht, bis die Oberfläche der Gegenstände ein mattsilberweißes Aussehen erlangt hat. Die Gegenstände werden darauf mit reinem Wasser gespült und kommen in ein Bad, bestehend aus:

> Destilliertes Wasser . . . . 500 ccm
> Rohe Salzsäure . . . . . . 500 ccm
> Eisenfeilspäne . . . . 1 g

In diesem Bad sollen die Aluminiumgegenstände so lange verweilen, bis sie gleichmäßig silberweiß erscheinen und sich an der Oberfläche kleine Ätzkristalle zeigen. Man spült die Reste der Beize ab und kann dann direkt vernickeln. Einen Fortschritt in bezug auf Haltbarkeit der Nickelschicht konnte vom Verfasser gegenüber anderen Aluminiumvernicklungsverfahren nicht festgestellt werden.

Nach den Erfahrungen des Verfassers ist dagegen mit einem guten Vorbeizbad alkalischer Art und Auftragung einer entsprechenden Mittelschicht die direkte Vernicklung in haltbarer Form unter Berücksichtigung der früher genannten Bedingungen ohne weiteres möglich. Es muß aber ein zitronensaures Nickelbad mit höchster Nickelkonzentration verwendet werden und beim Vernickeln die Vorsicht gebraucht werden, zunächst mit hoher Stromdichte zu decken und nach etwa $^1/_2$ Minute mit der Stromstärke auf etwa 0,5 A/qdm herabzugehen. Die so entstandenen Nickelniederschläge sind ohne weiteres polierfähig, halten die stärkste mechanische Beanspruchung bei der weiteren Benützung aus; man kann solcherart vernickelte Bleche oder Drähte bis zum Brechen biegen oder sonstwie verarbeiten, ohne daß sich dadurch die Nickelschicht loslösen würde. Für die Durchführung dieser Methode werden Bäder mit Elektrolyt-Bewegung nach einem D. R. P. der Langbein-Pfanhauser-Werke A.-G. unter Anwendung kalter Nickelbäder angewendet.

Vergolden, Versilbern und Vermessingen des Aluminiums. Eine direkte Vergoldung oder Versilberung hat sich bei all den vorgeschlagenen Verfahren als undurchführbar herausgestellt, weil die Niederschläge sich wegwischen lassen oder bald nach ihrem Auftragen abblättern. Deshalb wird heute Aluminium nur nach vorheriger Verkupferung oder Vernicklung in geeigneten und auch für andere Metalle angewendeten Bädern versilbert oder vergoldet, ebenso wird vermessingt, ohne daß man hierbei, wenn diese Unterlage vorher geschaffen wurde, irgendwelche besonderen Maßnahmen beim Galvanisieren zu treffen hätte. Auch Arsenniederschläge und alle anderen Methoden der weiteren Verarbeitung solcher Niederschläge lassen sich auf derartigen Gold-, Silber- und Messingniederschlägen anwenden. Man vermeide nur solche Verfahren, wo kochend heiße Lösungen alkalischer Art anzuwenden sind, hierbei würde das Aluminium in Mitleidenschaft gezogen werden und die aufgetragenen Niederschläge in Gefahr gebracht werden.

Färben des Aluminiums. Hierzu gibt es, um z. B. schöne mattschwarze Effekte zu erzielen, einen „Einbrennlack", den die Langbein-Pfanhauser-Werke speziell für Aluminium herstellen.

Aber auch alle anderen Färbungen, die man sonst auf anderen Metallen erzielen kann, sind durch die Möglichkeit, jedes beliebige Metall auf Aluminium aufzutragen, möglich geworden. Man braucht z. B. vorher solid vernickeltes Aluminium nur im sauren Kupferbade zu verkupfern, um darauf alle die auf reinem Kupfer möglichen Metallfärbungen auf chemischem oder elektrochemischem Wege auszuführen.

Natürlich lassen sich auch die meisten anderen Färbungen, die z. B. mit Messing, Zink, Silber, Blei usw. als Grundmetall arbeiten, bei Plattierung des Aluminiums mit diesen Metallen anwenden.

Schwarzoxydierungen auf Aluminium. Sehr schöne Schwarzfärbungen lassen sich mit dem Nigrosinbad direkt auf Aluminium erzielen, selbstredend kann man auch auf Kupfer, sofern das Aluminium damit überzogen wurde, schwarze Färbungen erhalten, genau so, als ob man einen kupfernen Gegenstand vor sich hätte. Wird das Nigrosinbad verwendet, so tut man gut, die Reaktion des Bades mit Schwefelsäure schwach sauer zu stellen, wie man dies bei der Vernicklung gewohnt ist. Man arbeitet mit Kohlenanoden, deren Fläche $^1/_3$ so groß wie die Warenfläche bei ca. 2 V und Stromdichten von ca. 0,25 A.

Alle Methoden, welche mit wässeriger Lösung arbeiten und die zum Schwarzfärben von Eisen und Stahl dienen, sind auch für Aluminium anwendbar, wenn dieses zuerst nach vorheriger Verkupferung oder Vernicklung in einem Eisenbad mit Eisen überzogen wurde. Besonders die elektrolytischen Eisenniederschläge sind für solche Schwarzfärbemethoden sehr geeignet, weil das reine Eisen weitaus gleichmäßiger geschwärzt werden kann als mit Kohlenstoff verunreinigtes Eisenmaterial des Handels.

Aluminium kann man auch mit Platinchloridlösung schwarz färben, doch ist dies eine sehr kostspielige Methode, deshalb ersetzt man Platinchlorid gern durch Chlorantimon, welches ebenfalls gute Resultate liefert. Diese beiden letztgenannten Lösungen werden einfach nach dem Tauchverfahren angewendet.

Das Lackieren des Aluminiums kann mit allen für andere Metalle gebräuchlichen Zapon- oder Überzugslacken vorgenommen werden, doch gibt es auch gefärbte Lacke für Aluminium, welche von den Spezialfirmen zu beziehen sind.

Elektronmetall und seine Eigenschaften. Dieses Metall, eine Legierung von Aluminium mit Magnesium, wurde von der Chemischen Fabrik Griesheim-Elektron in den Handel gebracht und zeichnet sich dem Aluminium gegenüber durch mechanische Vorzüge aus. Es ist fast unempfindlich gegen Alkalien, dagegen sehr empfindlich gegen Säuren zum Unterschiede vom Aluminium. Es besitzt ein spez. Gewicht von 1,8, ist also noch wesentlich leichter als Aluminium und hat eine Festigkeit von ca. 36 kg pro Quadratmillimeter bei einer Dehnung von 15 %. Es läßt sich warm schmieden und dehnen, ist aber, speziell in fein verteiltem Zustande, sehr feuergefährlich, was besonders beim Schmelzen zu berücksichtigen ist.

Die Galvanisierung des Elektronmetalls ist jedoch undurchführbar, wie dies auch beim Magnalium bereits beobachtet wurde. Dagegen läßt es sich färben, und gibt die Chemische Fabrik Griesheim-Elektron folgende Vorschriften für ausführbare Färbungen auf Elektronmetall an:

Eine Braunfärbung erzielt man mit einem Bade aus

Natriumbichromat . . . . 1000 g
Kupfernitrat, krist. . . . . 94 g
Salpetersäure (spez. Gew. = 1,36) . 100 ccm
Wasser . . . . 9500 ccm

werden auf etwa 85 bis 90° C erwärmt.

Die zu färbenden Gegenstände müssen völlig rein und fettfrei sein. Sie müssen also, falls sie mit Wachs auf der Schwabbelscheibe poliert wurden, zuerst gründlich entfettet werden; bei nicht polierten Stücken, die eine matte Oberfläche haben dürfen, genügt zumeist ein Abbeizen in verdünnter Salpetersäure (7 bis 13° Bé) mit nachfolgendem Abspülen in fließendem Wasser.

Die Gegenstände müssen, am besten an Aluminiumdraht, frei in das Bad eingehängt und öfters bewegt werden, damit sich keine Gasbläschen ansetzen und durch Verarmung des Bades an „toten“ Stellen keine Flecken entstehen. Um den Farbton festzustellen, darf man Stücke aus Elektronmetall Z 1 während des Beizens kurz aus dem Bade herausnehmen. Dies darf aber nicht so lange dauern, daß die Flüssigkeit durch Verdampfung antrocknet, weil sonst Flecken entstehen würden. Bei Elektronmetall CM ist jedes Herausnehmen unzulässig.

Ist der gewünschte Farbton erreicht, was bei der Legierung Z 1 nach etwa 30 bis 40 Sekunden bei der Legierung CM nach etwa der doppelten Zeit der Fall ist, so werden die Gegenstände sofort in viel kaltem Wasser, am besten in fließendem Wasser (Brause) abgespült und bei 100 bis 120° C im Ofen getrocknet. Durch Reiben mit einem weichen Tuch erhalten die Gegenstände wieder Glanz. Es empfiehlt sich sehr, die Gegenstände nachher mit einem farblosen Lack, am besten mit Bakelitlack zu überziehen und bei 120 bis 130° C einzubrennen.

Für eine gleichmäßige Färbung ist es wesentlich, das Bad immer auf annähernd gleicher Zusammensetzung zu halten, weshalb man es von Zeit zu Zeit wieder aufbessern muß. Bei großen Bädern von 50 bis 100 l Inhalt genügt es, nach je 1 qm gebeizter Oberfläche 100 ccm einer Flüssigkeit zuzusetzen, die im Liter enthält:

Konz. Salpetersäure (spez. Gew. = 1,36) 137　　ccm

Natriumbichromat . . . . 795　g

Kupfernitrat, krist. . . . . 18,8 g

Bei kleinen Bädern empfiehlt es sich jedoch, jeweils nach etwa 1000 qcm = $^1/_{10}$ qm gebeizter Oberfläche 10 ccm dieser Regenerationsflüssigkeit hinzuzufügen. Außerdem ist darauf zu achten, daß das Bad immer bis zu einer gewissen Marke gefüllt bleibt. Verdunstetes Wasser ist nachzufüllen.

Erwärmt man die gebeizten Gegenstände auf 300 bis 400° C, so wird der Ton bedeutend dunkler, und bei ursprünglich dunkelbraun gefärbten Stücken erzielt man auf diese Weise ein schönes, braunstichiges Schwarz.

Das Beizbad wird in einem Aluminiumtopf erhitzt.

Zu einer haltbaren Schwarzfärbung wird folgende Lösung empfohlen:

Natriumbichromat . . . . 37,5 g

Salzsäure (spez. Gew. = 1,16) . . . 123　　ccm

Wasser bis zu 1 l

Das Bad wird kalt verwendet. Die Gegenstände werden in das Bad eingetaucht und einige Sekunden in ständiger Bewegung gehalten, dann herausgenommen, und erst wenn die anhaltende Badflüssigkeit mit dem Metall nicht mehr reagiert, mit Wasser abgespült. Es ist nicht empfehlenswert, eine größere Zahl von Stücken zusammen (evtl. in einem entsprechenden Rahmen aus Aluminium an Aluminiumdrähten aufgehängt), zu beizen, da die Temperatur beim Beizen erheblich steigt und die Gegenstände so heiß werden, daß die anhaftende Badflüssigkeit alsbald antrocknet und Flecken erzeugt. Bei Massenfärbungen müßte das Bad entsprechend groß sein, damit die in größerem Abstand voneinander an einem Rahmen befestigten Gegenstände bequem hin und her bewegt werden können. Als Badbehälter ist kein Aluminium zu nehmen; am besten dient dazu eine Tonwanne.

Das Abspülen muß gründlich vorgenommen werden, etwa 5 Minuten lang in fließendem Wasser (Brause), damit aus etwaigen Höhlungen, bei Gußstücken z. B., auch die letzten Reste der Beizflüssigkeit sicher entfernt werden. Nach dem Abtrocknen, das nach kurzem Eintauchen in siedendes Wasser sehr rasch erfolgt und durch Reiben mit einem weichen Tuche befördert wird, werden die Gegenstände mit schwarzem Bakelitlack für Elektronmetall überzogen und in Trockenöfen auf 130° erhitzt. Von Zeit zu Zeit gibt man zum Bade 10 bis 20 ccm Salzsäure zu, falls die Schwarzfärbung nicht mehr dunkel genug ausfällt.

Messingfarbe erhält man durch nachstehende Behandlung:

Natriumbichromat . . . . 36 g

Ferrinitrat, krist. (Ferrum nitricum oxydatum, krist.) . . 7 g

Salpetersäure (spez. Gew. = 1,36) . . . . $^1/_2$ ccm

Wasser bis zu 1 l

Das Bad wird kalt verwendet und gibt bei polierten Stücken einen prachtvollen Messington. Die Gegenstände müssen gut entfettet werden und sind nach der Färbung, die etwa $^1/_2$ bis 1 Minute Zeit erfordert, gut abzuspülen und zu trocknen. Es werden sowohl Gegenstände aus der Legierung Z 1 als auch CM und AZ dunkelmessingfarbig (Goldmessing) gebeizt. Ein nachträgliches Lackieren und Einbrennen mit Bakelitlack (farblos) zu ist empfehlen, da dann der Überzug auch gegen mechanische Einflüsse widerstandsfähig ist. Durch Zugabe von einigen Tropfen Salpetersäure wird das Bad wieder aufgebessert. Da durch das dem Lackieren folgende Einbrennen der Farbton nachdunkelt, empfiehlt es sich, ihn bei der Beizung heller zu lassen, als er tatsächlich ausfallen soll.

Olivgrün färbt man Elektronmetall in folgender Flüssigkeit:

Natriumbichromat . . . . 50 g
Kupfersulfat . . . . 20 g
Kalziumkarbonat (Schlämmkreide) . . . 5 g
Salpetersäure (spez. Gew. = 1,36) . . . . 10 ccm
Wasser bis zu 1 l

Das Bad wird auf 85 bis 90° C erwärmt und gibt auf Elektron Zl und CM bei 40 Sekunden bis 1 Minute Beizdauer eine olivgrüne Färbung. Gußmetall (AZ) wird messingfarbig getönt. Die Gegenstände werden nach dem Polieren mit einem Tuche gut abgerieben und in das Bad gebracht. Nichtpolierte Stücke, die ein mattes Aussehen haben dürfen, können mit verdünnter Salpetersäure 7 bis 13° Bé vorgebeizt werden, sie müssen dann aber mit Wasser (Brause) gut nachgespült werden. Danach werden sie, frei an Aluminiumdraht hängend, im heißen Bade hin und her bewegt. Nach der Färbung wird wieder mit Wasser gut gespült und mit einem Tuche oder im Ofen getrocknet. Zuletzt überzieht man die Stücke mit farblosem Bakelitlack, den man bei 130° C einbrennt. Sollte die Färbung nicht grünlich, sondern mehr gelbbraun ausfallen, so gibt man dem Bade pro Liter etwa 8 Tropfen Schwefelsäure (konz.) zu.

Zur Erzeugung einer Färbung, die an Horn erinnert, wird eine Lösung nachstehender Zusammensetzung empfohlen:

Natriumbichromat . . . . 36　g
Mangansulfat, krist. . . . . 26,6 g
Salpetersäure (spez. Gew. = 1,36) . 4　ccm
Wasser bis zu 1 l

Das Bad wird kalt verwendet und ist für Elektron CM und Zl zu benutzen. Die Entfettung des Gegenstandes nach dem Polieren kann mit einem Tuche erfolgen. Beizdauer etwa 1 Minute. Die Gegenstände werden in kaltem Wasser gespült und mit einem weichen Tuche oder sofort im Ofen bei 100 bis 120° C getrocknet. Täuschend können hellere Streifen und Schlieren, ähnlich wie bei Horn, durch Berührung mit Aluminiumdraht erzeugt werden. Auch hierbei muß das zu beizende Stück an Aluminiumdraht frei im Bade hängen. Von Zeit zu Zeit gibt man 2 bis 4 Tropfen Salpetersäure zu. Gußstücke (AZ) werden hellmessingfarbig. Nachträglich wird mit farblosem Bakelitlack überzogen und bei 130° C eingebrannt.

Metallfärbungen.

Die moderne Metalltechnik, vor allem aber die Kunstindustrie, soweit sie die Verarbeitung der Metalle umfaßt, erfordert die verschiedenartigste Oberflächenbehandlung der Metalle oder der elektrolytisch hergestellten Metallüberzüge, um bestimmte Effekte, die den Kunst- und Verkaufswert der hergestellten Gegenstände erhöhen, zu erzielen. Die später besprochenen Lackierverfahren sollen hier nicht inbegriffen sein, denn dieses sind nur mehr oder weniger haltbare Oberflächenveränderungen, wogegen die eigentlichen Metallfärbungen auf chemischem Wege in oft ungemein dauerhafter Form ausgeführt werden.

Die Mittel hierzu sind äußerst verschieden und wechseln mit dem Metall, dessen Oberfläche man verändern will. Man bedient sich der verschiedensten Tauch-, Siede- und Kochverfahren, für besondere Effekte kommen aber auch Anpinselungsverfahren in Frage, auch die Behandlung mit Salzschmelzen gehören hierzu; die Auswahl der hierbei verwendeten Präparate ist ungemein groß.

Bei den Pinselverfahren werden die Patinierungsflüssigkeiten mit Pinsel oder Bürsten, aber auch mittels Schwamm oder Lappen aufgetragen. Die Tauchverfahren arbeiten mit kalten oder erwärmten Lösungen, in welche die zu färbenden Metallgegenstände eingetaucht werden, wogegen die Koch- und Siedeverfahren die Benutzung von fast bis zur Siedehitze erwärmten Patinierflüssigkeiten zur Voraussetzung haben. Gerade die letzten Verfahren erzeugen nun aber die haltbarsten und solidesten Farbtöne, die auch robusteren mechanischen Beanspruchungen während der praktischen Benützung standhalten; sie sind deshalb die bevorzugtesten.

Jede Metallfärbung erfordert eine unbedingt fettfreie, blanke Metalloberfläche, es sind daher auch für diese Arbeiten die bei der Galvanotechnik gebräuchlichen Entfettungsmethoden unerläßlich. Die sichersten Effekte erzielt man unstreitbar in der Weise, daß man die Metalle, welche sich zur Färbung an sich eignen, elektrolytisch aufträgt und diese, ohne sie mit den Fingern zu berühren, in geeigneter Oberflächenbeschaffenheit sofort den Färbeprozessen zuführt.

Die reichste Farbenskala beim Patinieren oder Färben liefert das Kupfer, weshalb auch hierfür die meisten Rezepte veröffentlicht wurden, denn man kann alle Abstufungen von Gelb bis Braun, bis zum Rot und Violett erhalten, je nachdem ob man die Oxydulstufe oder Oxydstufe des Kupfers für die Metallfärbung benutzt, aber auch schwarze Töne und braunschwarze Farbeffekte sind anstandslos zu erhalten, ebenso sind Mischungen der aus der Oxydulstufe und der Oxydstufe resultierenden Töne nebeneinander, auf ein und demselben Gegenstand erhältlich.

Die Zusammensetzungen der Metallbeizen ist außerordentlich verschieden, ein und dieselbe Beize oder Färbeflüssigkeit arbeitet auf gegossenem Material anders wie auf gewalztem oder elektrolytisch hergestelltem, und demgemäß müssen die Rezepte, je nach der mechanischen Beschaffenheit des zu färbenden Metalles, abgeändert werden.

Die Erzeugung solcher Farbenveränderungen der Metalloberflächen beruht auf der Bildung von Metalloxyden in allen Stufen, die für das betreffende Metall durchführbar sind, weshalb auch oft von Oxydierungen gesprochen wird, oder man führt das Metall in Schwefelmetall über, in Karbonate (wie beim Kupfer), und man hat, um dies zu erreichen, chemisch die verschiedensten Hilfsmittel angewandt und alle möglichen mechanischen Hilfsmittel zur Unterstützung der Wirkung herangezogen. Wir wollen im nachstehenden die häufigst vorkommenden Metallfärbungen, nach den Grundmetallen eingeteilt, besprechen, ohne daß Verfasser beabsichtigt hätte, alle im Gebrauch befindlichen Metallfärbungen umfassend zu behandeln, denn hierüber gibt es eine Spezialliteratur, und sei nur auf das ganz vorzügliche Werk: G. Buchner, ,,Die Metallfärbungen" verwiesen, wo eine überreiche Auswahl von Vorschriften zu finden ist, wie man alle erdenklichen Effekte erzielen kann.

Färbungen des Eisens und des Stahles. Aus alter Zeit her ist bekannt, daß Eisen und Stahl durch Erhitzen Anlauffarben erhält, die von Gelb beginnen, über Blau bis zum Schwarz gehen, doch ist es nicht einfach, dieses ,,Anlaufenlassen" bei einer größeren Menge gleicher Artikel gleichmäßig auszuführen, weil geringe Temperaturänderungen beim Prozeß die Entstehung dieser Farben beschleunigen oder verlangsamen, und daher kommt es, daß die so erzielten Farben niemals gleichmäßig ausfallen, wenn der Ausführende nicht über eine ungeheure Übung verfügt. Deshalb wendet man heute chemische Färbemethoden an und erzeugt die Farben durch Oxydierung mit Sauerstoff abgebenden Mitteln oder in neuerer Zeit auch auf elektrolytischem Wege.

Blau färbt man Eisen und Stahl außer durch obenerwähntes Erhitzen, wozu man kleinere Gegenstände oftmals einfach in einer Eisenblechbüchse über Feuer unter sorgsamer Kontrolle so lange erhitzt und dreht, bis das Blau entstanden ist, auch durch nasse Behandlung in Blaubeizen, wie z. B.

Wasser . . . . 2 l
Rotes Blutlaugensalz . . . . . . 10 g

werden mit einer Lösung vermischt von der Zusammensetzung

Wasser . . . . 2 l
Eisenchlorid (gelb) . . . . 10 g

In diese Blaubeize werden die Gegenstände eingetaucht, und man erhält mit Leichtigkeit eine gleichmäßige Blaufärbung.

Ein ganz gleichförmiges Blau, besonders auf Massenartikel aus Stahl, wie Schreibfedern, Kettenglieder, Stahl-Zugfedern u. ä., kann man mit der Blauoxydmasse der Langbein-Pfanhauser-Werke A.-G. erhalten. Diese Masse besteht aus Sauerstoff abgebenden Salzen, welche bei mäßiger Temperatur in einem geschweißten Topf aus Stahlblech über Feuer geschmolzen werden. In die geschmolzene Masse taucht man die kleinen Gegenstände in eisernen Sieben ein und bringt sie nach kurzer Zeit in kaltes Wasser, wo sich das anhaftende Salz sofort löst, das schöne Blau bleibt dabei erhalten. Die Temperatur ist nicht hoch, so daß keine Gefahr besteht, daß die Härte oder Federkraft dadurch wesentlich beeinträchtigt wird. Wird die Masse zu heiß verwendet, so wird das Blau mehr graublau, deshalb sind die von der genannten Firma gegebenen Vorschriften hinsichtlich Einhaltung der Temperatur genauest einzuhalten.

Braunfärbungen auf Eisen werden erhalten durch Auftragen einer Mischung gleicher Teile Antimon-Butter und Olivenöl. Diese Paste beläßt man 24 Stunden auf den Gegenständen (meist Gewehrläufe), wischt mit einem Wollappen ab und wiederholt das Anstreichen mit der Paste. Nach der zweiten Auftragung, die man wieder 24 Stunden einwirken läßt, zeigt das Eisen oder der Stahl eine bronzefarbene Schicht, aus Eisenoxyd und Antimon bestehend, die durch Bürsten mit einer auf Wachs abgezogenen Bürste geglänzt wird. Dieser Überzug widersteht den Einflüssen der Luft sehr gut.

Durch Erhitzung der Eisen- und Stahlgegenstände mit dieser Mischung, in der man mitunter das Olivenöl durch Leinöl ersetzt, auf 200 bis 220° C, wird die Brünierung sehr beschleunigt, es genügt ein mehrminutliches Erhitzen und höchstens zweifaches Anstreichen, um den gleichen Effekt zu erhalten; doch ist diese heiße Methode nur für kleinere Gegenstände anwendbar, welche sich leicht gleichmäßig erwärmen lassen, andernfalls würde das Braun fleckig.

Schwarz auf Eisen. Hierüber existieren Hunderte von Rezepten anzuwendender Lösungen oder Verfahren, welche alle davon ausgehen, oberflächlich schwarzes Oxyduloxyd zu erhalten. Man erzeugt solche Schichten entweder durch die sogenannte Rostmethode und nachheriges Kochen der braun angerosteten Gegenstände oder erzeugt diese erste Oxydschicht elektrolytisch. Aber auch durch Eintauchen in geschmolzene Salzmischungen lassen sich direkt auf Eisengegenständen solche schwarze Oxydschichten äußerst schnell herstellen.

Von den Tauchverfahren auf rein chemischem Wege ist ein ausgeprobtes Verfahren folgendes:

Man taucht die Gegenstände 20 Minuten lang in eine kochend heiße Lösung von

Wasser . . . . 10 l
Arsenik . . . . 1,1 kg
Schlippsches Salz . . . . . . 0,3 kg
Zyankalium . . . . 0,2 kg
Pottasche . . . . 1,3 kg

und verbindet sie unter Strom mit dem negativen Pol einer Stromquelle bei einer Spannung von 2 bis 3 V.

Die Anrosteverfahren, welche vorwiegend in der Uhrenindustrie Anwendung finden, bringen ein Mattschwarz zustande, weil die Rostmittel, sofern man chemische Mittel anwendet, stets das Eisen etwas angreifen. Auf Gußeisen sind diese Anrostemethoden nicht anwendbar. Eine alte Vorschrift, das sogenannte Schweizer-Matt, lautet:

Man bestreicht oder taucht die Gegenstände in eine Flüssigkeit von

Wasser . . . . 1 l
Eisenvitriol . . . . 30 g
Eisenchlorid . . . . 15 g
Kupfervitriol . . . . 12 g
Alkohol, absolut . . . . 50 g

Am besten befeuchtet man größere Gegenstände, wie Uhrenschalen, mit einem Wattebausch, den man früher in diese Flüssigkeit getaucht hat, und läßt, bei nicht zu hoher Temperatur an der Luft liegend, die Gegenstände anrosten. Eine andere Anrosteflüssigkeit wird nach Wogrinz („Das Metall" 1914, S. 9) wie folgt zusammengestellt:

Wasser . . . . 1 l
Eisenchlorür, krist. . . . . . . 70 g
Eisenchlorid, gelb . . . . 10 g
Quecksilberchlorid . . . . . . 2 g

Der Lösung werden einige Tropfen konz. Salzsäure zugesetzt und, wie üblich, die Gegenstände mit der Lösung bestrichen. Zwecks Rostbildung kommen die mit solchen Anrosteflüssigkeiten versehenen Gegenstände auf 20 bis 30 Minuten in einen auf 60 bis 100° C angewärmten Trockenofen. Anfänglich belegen sich die mit der Flüssigkeit befeuchteten Gegenstände mit einem schwarzgrünen Belag, der später in rotgelben Rost übergeht. Nun folgt das sogenannte Dämpfen. Dies macht man durch Hängenlassen der trockenen angerosteten Gegenstände im Dampf kochenden Wassers, wobei der Rost in schwarzes Eisenoxyduloxyd übergeht. Nunmehr bringt man die gedämpften Gegenstände in kochendes Wasser, beläßt sie darin 5 bis 10 Minuten, kratzt naß nach und bürstet auf der Kratzmaschine mit feinen Zirkularkratzbürsten aus gewelltem Stahldraht von 0,06 bis 0,07 mm Drahtstärke mit reichlicher Kratzwasserzufuhr. Der ganze Prozeß wird meist wiederholt, weil das Mattschwarz dadurch intensiver wird. Zur Erhöhung der Brillanz werden die trockenen Gegenstände in heißem Leinöl behandelt, nachher mit Seifenwurzelwasser gewaschen und getrocknet.

Die Methode nach Méritens, durch anodische Behandlung des Eisens in gewöhnlichem Wasser von 70° C unter Anwendung von Strömen bis zu 10 V schwarzes Eisenoxyduloxyd herzustellen, wurde von Rondelli ausgebaut und soll nach seiner Methode in folgender Weise schwarzoxydiert werden: In ein eisernes Gefäß, am besten in eine autogen geschweißte Stahlblechwanne, die von außen erhitzt wird, bringt man eine Lösung von hochkonzentriertem Ätznatron von 60° Bé. Man hängt an den einen Pol Eisenplatten ein oder verbindet den einen Pol der Stromquelle direkt mit dem Eisenbehälter. Auf einer über die Wanne gelegten Kupferstange hängt man die schwarz zu färbenden Teile, wie Säbelscheiden, Pistolenteile usw., an Eisendrähten ein und läßt zunächst die Ware als Kathode arbeiten, wobei sich aus der durch längeres Arbeiten gebildeten Natriumferritlösung Eisen an den Waren abscheidet. Hierauf wird der Strom durch einen Stromwender umgeschaltet, so daß die mit Eisen überzogene Ware Anode wird. Bei Anwendung eines Stromes von ca. 2 V geht der empfindliche, frisch erzeugte dünne Eisenniederschlag in schwarzes Eisenoxyduloxyd über. Die Gegenstände werden gespült und getrocknet und in einem Ölbehälter auf 180° C erhitzt und schließlich gebürstet. Durch Änderung der Badtemperatur, der Badkonzentration und Verminderung der Stromstärke im Bade werden Färbungen von Veilchenblau bis Gelb und Rotbraun erhalten.

Die heute verbreitetste Schwarzfärbemethode auf Eisen- und Stahlgegenständen ist die des Eintauchens der eisernen Gegenstände in die sogenannte „Diamantschwarzoxydmasse" nach Dittrich[1]). Das Verfahren besteht darin,

---

[1]) Verfahren der Langbein-Pfanhauser-Werke A.-G.

daß die zu färbenden Gegenstände in die erhitzte Salzschmelze, die Sauerstoff abgibt, einige Sekunden lang eingetaucht werden, wobei sie sich mit einem außerordentlich festhaftenden und widerstandsfähigen Oxyd überziehen. Die Objekte werden an Drähten befestigt und dann in kaltes Wasser geworfen, getrocknet und zaponiert. Der Zaponüberzug verleiht den oxydierten Gegenständen eine schätzenswerte Gleichmäßigkeit, doch kann man an Stelle von Zapon auch Wachs oder Fette verwenden, die man durch Anbürsten auf die oxydierten Objekte aufträgt. Je nachdem die Objekte vorher mattiert oder poliert werden, fällt das Oxyd matt oder glänzend aus, und man unterscheidet mattschwarze oder glanzschwarze (evtl. halbmattschwarze) Oxydation. Auf anderen Metallen kann man dieses Oxyd ebenfalls angewendet werden, wenn man diese vorher in einem elektrolytischen Eisenbade mit einem Eisenüberzug versieht, vorausgesetzt, daß der Schmelzpunkt der betreffenden Metalle oder Legierungen die Anwendung der Metallsalzschmelze zuläßt.

Dnrch Abänderung der Zusammensetzung der verwendeten Salzschmelze ist es Dittrich gelungen, auch glänzendschwarze Färbungen auf Eisen und Stahl herzustellen.

Einen glänzendschwarzen Überzug auf Eisen erhält man auch durch Behandlung der gut gereinigten Gegenstände mit einer Lösung von

Wasser	1 l
Kupfervitriol	100 g
Selenige Säure	45 g
Salpetersäure	50 g

Alle Färbungen, wie vorbeschrieben, lassen sich auch auf anderen Metallen wie Kupfer, Messing, anwenden, wenn man diese vorher in einem Eisenbade elektrolytisch mit Eisen überzieht, doch können diejenigen Methoden, welche mit geschmolzenen Salzmischungen arbeiten, sinngemäß nur auf Metallen mit entsprechend hohem Schmelzpunkt angewendet werden. Blei, Zinn und andere leicht schmelzbare Metalle sind für solche Verfahren nicht geeignet.

Färbungen des Kupfers. Kupfer, besonders wenn man reines, elektrolytisch abgeschiedenes Kupfer als Grundlage für spätere Färbemethoden verwendet, gibt die prächtigste Farbenreihe von Gelb, Grün, Braun, Violett bis Purpurrot, je nachdem welche Oxydstufe man durch die verwendeten Mittel erreicht. Marmorierungen kann man auf solcher Kupferunterlage dadurch herstellen, daß man die Bedingungen für die einzelnen Farben durch Schutzanstriche oder durch Anspritzen oder Aufmalen von Schutzmitteln auf größeren Flächen modifiziert, und so stellen beispielsweise die Japaner wunderbare Effekte auf Schalen her, indem sie die verkupferten Gegenstände ungemein geschmackvoll und künstlerisch vorher mit Bleipasten versehen. Verfasser hatte Gelegenheit, diese Arbeitsweise genauer zu erfahren, und es nimmt nicht wunder, daß bei der Vielseitigkeit der in Japan benutzten Mittel einerseits und bei den für solche Zwecke gezahlten Löhnen anderseits derartige künstlerische Effekte zustande kommen.

Wir müssen bei den Färbungen, die für Kupfer in Anwendung sind, folgende sieben hauptsächliche Arbeitsmethoden unterscheiden (vgl. Beutel, „Das Metall" 1914, S. 83 ff.):

1. das Schwefeln,
2. das Schlippen,
3. das Oxydieren durch Erhitzen und Anreiben,
4. das Nitriten durch Tauchen in Salzschmelzen,
4. das Braunsieden,
6. das Beizen in Chloratbeizen,
7. das Patinieren.

Diese Arbeitsmethoden setzen immer voraus, daß man es mit einer vollkommen metallisch blanken und reinen Kupferoberfläche zu tun hat.

Kupferlegierungen verhalten sich wieder ganz anders als reines Kupfer; Beizen, die auf reines Kupfer tadellos wirken, müssen auf Kupferlegierungen durchaus nicht den gleichen Effekt ergeben. Die mit Kupfer legierten Metalle sind begreiflicherweise hierbei in erster Linie von Einfluß, und soweit nicht in den bekannten Werken über Metallfärbungen für die betreffende Legierung bereits bestimmte Vorschriften und Rezepte angeführt sind, muß der die Metallfärbung Ausführende jeweils die betreffenden Legierungen auf ihre Eigenschaft beim Färben ausprobieren. Hierzu müssen unbedingt die Metalle in der physikalischen Beschaffenheit herangezogen werden, wie sie im Betrieb zur Anwendung kommen, und sind die Rezepte dann so lange zu verändern, bis der gewünschte Erfolg sich einstellt.

Die nach den verschiedenen Methoden erzielbaren Effekte richten sich nach der Kupferverbindung, die dadurch hergestellt wird. Die Kupferoxydulverbindungen können gelb, orange, rot bis violett ausfallen, je nach der Temperatur der angewandten Chemikalien oder Beizen, je nach dem Rezept und der Arbeitsweise; die Kupferoxydverbindungen sind braun bis schwarz, sogar schwarzblau; Schwefelkupfer gibt hellbraune bis kastanienbraune Farben, aber auch aschgraue bis blauschwarze. Die kohlensauren Verbindungen zeichnen sich durch grüne Farbeneffekte aus, und man bekommt Farbenabstufungen von Blaugrün, Graugrün bis zum sattesten Giftgrün.

1. Färbungen durch Schwefeln. Durch Anwendung von Schwefelleber oder Schwefelammon lassen sich braune bis schwarze Tönungen herstellen.

Als Grundlage des Braunoxydes dient am besten Kupfer oder eine solide Verkupferung. Taucht man Kupfer in eine erwärmte Lösung von

Wasser	1 l
Schwefelleber	25 g
Kohlensaures Ammoniak	10 g

oder:

| Wasser | 1 l |
| Schwefelammonium | 25—50 g |

so oxydiert es sich schwarz; es bildet sich an der Oberfläche schwarzes Schwefelkupfer. Trocknet man nachher in Sägespänen und überbürstet mit einer steifen, mit Wachs imprägnierten Borstenbürste mit mehlfein pulverisiertem Blutstein, so erzielt man ein sehr solides dunkles Braun.

Sogen. Altkupfer wird erzeugt durch Schwefelung des Kupfers oder eines soliden Kupferniederschlages in einer kochenden Lösung, bestehend aus:

Wasser	1 l
Schwefelleber	25 g
Salmiakgeist	10 g

wodurch sich an der Oberfläche schwarzes Schwefelkupfer bildet, das man an jenen Stellen, wo man Kupfer wieder metallisch blank wünscht, mit Bimssteinmehl abreibt oder mit Kratzbürsten oder Fiberbürsten bloßlegt.

2. Das Schlippen. Durch Eintauchen des Kupfers in eine Lösung von

| Wasser | 1 l |
| Schlippsches Salz | 45 g |

erhält man, besonders wenn die Lösung angewärmt wird, graue bis braune Farben, diese Färbungen werden aber heute nur noch wenig verlangt und sind fast nicht mehr in Gebrauch.

3. Das Oxydieren durch Erhitzen und Anreiben. Wenn man blankgebeiztes Kupfer oder solid überkupfertes Metall mittels einer gewachsten

Bürste mit einer trockenen Mischung von Blutsteinpulver und Graphit überbürstet, erzielt man ein helleres Braun, welches man durch größeren oder kleineren
Zusatz von Graphit dunkler oder heller tönen kann.

Das ist das sog. Medaillenbraun, wie es auf galvanoplastisch dargestellten
oder gegossenen Medaillen und figuralen Gegenständen viel Anwendung findet.

Wenn man kupferne oder solid überkupferte Objekte über Steinkohlenfeuer
hält, so läuft die Verkupferung gleichfalls braun an; durch Anreiben mit einem
geölten Lappen wird das so erhaltene Braunoxyd brillantiert. Das ist ein sehr
solides dunkles Braun für Gebrauchsgegenstände, z. B. Teekannen, verkupferte
Eisensäulen, Stiegengeländer, Gitter usw.

Mattschwarz wird Kupfer, wenn man es mit einer Lösung von 1 Tl. Platinchlorid in 5 Tl. Wasser überpinselt oder in diese Lösung eintaucht, trocknen
läßt und mit einem Flanelläppchen und einem Tropfen Öl abreibt. Ein ähnliches
Resultat erzielt man durch Eintauchen des Kupfers in eine Lösung von salpetersaurem Kupferoxyd oder salpetersaurem Manganoxyd und Abrauchen über Kohlenfeuer; die Manipulationen sind zu wiederholen bis zur Bildung eines gleichmäßigen Mattschwarz.

Am sichersten und verläßlichsten gelingt das Braunfärben von Kupfer und
Messing durch Anbürsten von gepulvertem amorphen fünffach Schwefelantimon
(Goldschwefel); je weniger feucht man aufbürstet, desto dunkler werden die
Töne, welche übrigens auch durch Zusatz der gleichen Menge Grünspanpulver
bis zu einem dunklen Sepiabraun gebracht werden können, die aber leider am
Licht nachdunkeln.

Eine Methode, Kupfer und kupferreiche Legierungen schwarz zu beizen,
beruht auf der oxydierenden Wirkung des Sauerstoffs im Kaliumpersulfat,
welches in der Wärme zerfällt und den Sauerstoff in hochaktiver Form abgibt.
Die Physikalisch-Technische Reichsanstalt, Berlin, hat dieses Beizverfahren ausprobiert, welches sichere Resultate liefert. Die schwarze Farbe, die sich bildet,
ist Kupferoxyd. Der Beizvorgang vollzieht sich am besten in alkalischer Lösung.
Die zu verwendende Beize hat die Zusammensetzung:

> Wasser . . . . 1 l
> Ätznatron . . . . 50 g

Diese verdünnte Natronlauge erhitzt man in einem Glas-, Porzellan-, Steingut-
oder emailliertem Eisengefäß auf 100° C, gibt 10 g Kaliumpersulfat in gepulvertem Zustande zu und taucht in die kochende Lösung die an einem Draht aufgehängten Metallteile ein. Es bildet sich sofort eine deutlich sichtbare Gasentwicklung (der frei werdende Sauerstoff). Die zu beizenden Gegenstände werden im Bade bewegt, bleiben so lange darin, bis die gewünschte Farbe erreicht
ist. Bei kleineren Stücken genügt gewöhnlich eine Beizdauer bis zu 5 Minuten.
Wenn die Sauerstoff-Gasentwicklung aufhört, dann ist das Kaliumpersulfat
zersetzt, die Schwärzung würde keine Fortschritte mehr machen. Deshalb fügt
man, wenn das Resultat noch nicht genügt, nochmals 10 g Kaliumpersulfat pro
1 l Beize zu.

Die Gegenstände kommen samtartig aussehend aus der Beize, werden zunächst in kaltem Wasser gespült, hierauf mit einem weichen Tuch getrocknet
und abgerieben. Hierbei stellt sich ein tiefschwarzer matter Glanz ein.

Eine früher viel gebrauchte, heute aber durch modernere Methoden immer
mehr und mehr in Vergessenheit geratene Oxydiermethode des Kupfers besteht
darin, das Kupfer mit einem dünnen Bleiniederschlag aus alkalischen Bleisalzlösungen zu überziehen und dann in einer Muffel zu erhitzen. Das Blei geht hierbei, je nach dem Grade der Erhitzung, in die verschiedensten Oxydstufen über
und gibt dem Kupfer, dieses oxydierend, von seinem Sauerstoff ab. Durch nachträgliches Polieren werden die wunderbarsten Farbeneffekte erzielt. Man kann,

wie dies die Japaner tun, nach der Verbleiung auch partienweise mit Soda, Borax oder anderen leicht schmelzenden Mitteln bespritzen oder bepinseln und beim nachträglichen Erhitzen zeigt sich eine stellenweise anders gefärbte Oxydierung, die etwa violettrote Partien neben gelbbraunen oder gar schwarzen Stellen entstehen läßt.

4. Das Nitriten durch Tauchen in Salzschmelzen. Dieses Verfahren wird heute zur Erzeugung der roten bis violetten Färbungen auf Kupfergegenständen oder verkupferten Gegenständen, wie Uhrgehäusen, Rahmen, Schalen usw., viel angewendet. Natronnitrit mit verschiedenen anderen Salzen wird hierzu geschmolzen, und die trockenen, überkupferten oder kupfernen Gegenstände werden wenige Sekunden in die Schmelze getaucht und in kaltem Wasser ausgewaschen.

Die Langbein-Pfanhauser-Werke haben diese Methode zur höchsten Vollkommenheit durchgebildet, und beruht das ,,Königsrot-Verfahren" dieser Firma grundsätzlich darauf.

5. Das Braunsieden. Kupfer und verkupferte Gegenstände sowie auch Messing lassen sich in einer Lösung von

Wasser	500 g
Chlorsaures Kali	20 g
Nickelsulfat	10 g
Kupfersulfat	90 g

gut färben, und man erhält, je nach der Dauer des Kochens, Töne von Neapelgelb bis Braun. Der Metallgegenstand aus Guß oder Blech muß vorher in reinem kochenden Wasser gleichmäßig erwärmt, in obiger Lösung unter fortwährendem Bewegen so lange gekocht werden, bis der gewünschte Ton erreicht ist; öfteres Abspülen und Entfernen des sich bildenden Kupferoxyduls mit einer feinen Bürste haben auf die Gleichmäßigkeit der Färbung großen Einfluß. Greift die Lösung nicht mehr egal, so setzt man wieder 10 g chlorsaures Kali zu, macht aber von der Lösung nicht mehr, als man gerade braucht. Durch Zusatz von 1 g übermangansaurem Kali zu obiger Lösung kann man Töne bis Kaffeebraun erhalten, doch sind dieselben schon empfindlich zu behandeln und erfordern ein häufiges Abbürsten mit Weinstein.

6. Das Beizen in Chloratbeizen. Natriumchlorat oder Kaliumchlorat geben leicht ihren Sauerstoff ab und sind diese Präparate daher sehr geeignet, Kupfer zu oxydieren. Eine vielverwendete Beize dieser Art besteht aus:

Wasser	1 l
Kupfernitrat	14 g
Natriumchlorat	110 g
Ammoniumnitrat	100 g

In dieser Beize färben sich Kupfergegenstände schon bei gewöhnlicher Temperatur, durch Erhöhung der Temperatur kann man intensivere Farben erhalten.

7. Das Patinieren. Um Kupfergegenständen, wie Statuen oder Vasen usw., das Aussehen antiker Gegenstände zu verleihen, werden sie mit einer grünlichen Patina versehen. Solche Überzüge erhält man durch mehrmaliges Bepinseln der kupfernen Gegenstände in kurzer Zeit mit einer Lösung von Chlorammon in Essig unter Zusatz von etwas essigsaurem Kupfer (Grünspan).

Imitation der echten grünen Patina bzw. schnelle Bildung derselben auf Gegenständen aus Kupfer (wie auch Bronze und Messing) erhält man schon durch öfteres Überspinseln mit einer Lösung von Salmiaksalz in Essig, deren Wirkung durch Zusatz von etwas Grünspan beschleunigt wird. Noch besser wirkt eine Lösung von 16 g Salmiaksalz, 4 g doppeltkleesaurem Kali in 1 l Essig. Nach dem jedesmaligen Trocknen und Abwaschen ist ein neuer Anstrich zu wiederholen, bis die Bildung einer grünen Patina erfolgt ist.

Am besten stellt man die eingepinselten Gegenstände in einen dicht geschlossenen Kasten, auf dessen Boden sich einige flache Schalen mit ganz verdünnter Säure (Schwefel- oder Essigsäure) befinden, in die man einige Stückchen
Marmor legt. Es entwickelt sich hierbei Kohlensäure, durch Verdunsten von
Wasser wird die Atmosphäre im Kasten genügend feucht gehalten, und es werden
somit die Bedingungen erfüllt, welche die Bildung der echten Patina erfordert.

Soll der Ton der Patina mehr ins Bläuliche fallen, so empfiehlt sich zum
Bepinseln der Waren eine Lösung von 120 g kohlensaurem Ammoniak,
40 g Salmiaksalz in 1 l Wasser, dem man behufs Erreichung stärkerer An-
sätze etwas Tragant zusetzen kann.

Rascher gelangt man zum Ziele, wenn man die unter dem Namen „Antik-
grüne Patina" im Handel befindliche Flüssigkeit verwendet. Nach tüchtigem
Umschütteln derselben gießt man einige Tropfen auf eine matte Glastafel und
verreibt sie mittels Pistills oder gläsernen Läufers recht gleichmäßig; dann pinselt
man davon auf die fettfreien und dekapierten trockenen Gegenstände nicht zu
dick auf, läßt trocknen und wiederholt das Aufpinseln noch einmal. Man läßt
nun bei ca. 60° C gut trocknen und überkratzt mit einer zarten Stahl- oder
Messingdrahtbürste, wonach die Patina mit einem geringen Glanze erscheint.

In ähnlicher Weise wird die Neugrüne Patina des Handels verwendet.

Nach Mauduit können Kupfer und verkupferte Waren bronziert werden
durch Aufpinseln einer Mischung von 20 Tl. Rizinusöl, 80 Tl. Alkohol, 40 Tl.
weicher Seife und 40 Tl. Wasser. Diese Flüssigkeit erzeugt Töne von der
Bronze Barbédienne bis zur antiken grünen Patina, je nach der Dauer
der Einwirkung; nach 24 Stunden erscheint der behandelte Gegenstand schön
bronziert, bei längerer Einwirkung ändert sich der Ton, und man erzielt verschiedene Nuancen von großer Schönheit. Nach dem Abspülen trocknet man in
warmen Sägespänen und lackiert mit farblosem alkoholischen Lack.

Ein rotbrauner Kupferton von sehr schöner Wirkung wird in China durch
Auftragen eines Breies aus 2 Tl. Grünspan, 2 Tl. Zinnober, 5 Tl. Salmiak-
salz, 5 Tl. Alaun mit Essig, Erhitzen über Kohlenfeuer, Abwaschen und
Wiederholen des Prozesses hergestellt.

Der Vollständigkeit halber soll an dieser Stelle auch noch eines von A. Bieder
stammenden Verfahrens Erwähnung getan werden, mittels dessen auf rein
elektrolytischem Wege eine Oberflächenfärbung erzielt wird.

Die zu überziehenden Gegenstände werden nach vorhergegangenem Reinigen
als Kathode in ein Bad gebracht, das aus

Wasser . . . . 1 l
Kupfervitriol . . . . 23 g
Kaliumbichromat . . . . . . 89 g

besteht. Die Patinierung erfolgt bei gewöhnlicher Temperatur. Als Anoden
dienen Kupfer- oder Messingplatten. Der Überzug, der den Gegenständen ein
antikes Aussehen verleiht, erfolgt sehr rasch unter Anwendung einer Badspannung von 6 V.

Färben des Messings und der Bronzen. Messing wird in allen möglichen
Mischungsverhältnissen aus Kupfer und Zink legiert, deshalb sind Vorschriften
allgemeiner Natur für Messing kaum zu geben. Gußmessing verhält sich anders
als gewalztes Messing bei den Färbungen, ebenso spielt die Härte des Materials
eine Rolle, und man sollte deshalb besser von einer galvanischen Messingschicht
ausgehen, um sicher zu sein, eine reine Legierung zu erhalten, auf der die normalen
Vorschriften am sichersten zum Ziele führen.

Eine stahlgraue Färbung erhält man auf Messing, wenn man in einer
Lösung beizt, bestehend aus 500 g konz. Salzsäure und 500 g Wasser, der man
150 g Eisenhammerschlag und 150 g pulverisiertes Schwefelantimon zusetzt.

Eine Chlorantimonlösung erzeugt ebenfalls eine graue Färbung, die etwas ins Bläuliche spielt.

Eine helle Goldfarbe auf Messing wird in folgendem Bade erhalten: In 90 Gew.-Tl. Wasser werden 3,6 Gew.-Tl. Ätznatron und 3,6 Gew.-Tl. Milchzucker gelöst und die Lösung ¼ Stunde gekocht. Hierauf setzt man eine Auflösung von 3,6 Gew.-Tl. Kupfervitriol in 10 Tl. heißem Wasser zu und verwendet das Bad bei einer Temperatur von 80° C.

Farben von Strohgelb bis Braun, durch Goldgelb und Tombakfarbe hindurchgehend, lassen sich in einer Lösung von kohlensaurem Kupferoxyd in Ätznatronlauge erhalten. Man löst 150 g Natronhydrat in 1 l Wasser und setzt 50 g kohlensaures Kupferoxyd zu. Wird die Lösung kalt angewendet, so bildet sich zunächst ein dunkles Goldgelb, welches durch Hellbraun schließlich in ein dunkles Braun mit einem grünen Schimmer übergeht; in der warmen Lösung erfolgt die Färbung schneller.

Eine goldähnliche Färbung des Messings erhält man nach Dr. Kaiser auf folgende Weise: Es werden 15 g unterschwefligsaures Natron in 30 g Wasser gelöst und 10 g Chlorantimonlösung (Liquor Stibii chlorati) zugesetzt; man erhitzt einige Zeit zum Kochen, filtriert den gebildeten rotgefärbten Niederschlag ab, wäscht ihn auf dem Filter einigemale mit Essig aus und suspendiert ihn in 2 bis 3 l heißem Wasser, worauf man erwärmt und so viel konzentrierte Natronlauge zusetzt, bis die Auflösung erfolgt ist. In die heiße Lösung taucht man die gutentfetteten und dekapierten Messingwaren ein und überzeugt sich durch öfteres Herausheben, ob die gewünschte Färbung eingetreten ist. Bleiben die Messinggegenstände zu lange im Bade, so werden sie grau.

Die schöne braune, Bronze-Barbédienne genannte Färbung läßt sich nach Langbein durch folgendes Verfahren herstellen: Frisch gefälltes Arsensulfur wird durch tüchtiges Schütteln in einer Flasche in Salmiakgeist gelöst und die Lösung so lange mit Schwefelammonium versetzt, bis sich eine leichte bleibende Trübung zeigt und die Flüssigkeit hochgelb geworden ist. In diese auf ca. 35° C erwärmte Lösung hängt man die Messingwaren ein, sie färben sich erst goldgelb, dann braun, und man muß einigemal durchkratzen, um die Farbe herauszuarbeiten, da die Waren mit dunkelschmutzigem Tone aus dem Bade kommen. Greift nach einigem Gebrauche die Beize nicht mehr, so setzt man etwas Schwefelammonium zu. Die Lösung zersetzt sich überhaupt rasch und muß vor jedesmaliger Verwendung frisch bereitet werden.

Man kann auch eine geeignete Lösung herstellen durch Kochen von 25 g arseniger Säure und 30 g Pottasche in ½ l Wasser bis zur Lösung der arsenigen Säure, und nach dem Erkalten gibt man noch 250 ccm Schwefelammonium hinzu. Je nach der größeren Verdünnung erhält man Töne von Braun bis Gelb.

Bronze-Barbédienne erzeugt man auf Massivmessing wie auf vermessingten Zink- und Eisenwaren nach folgender Methode: 3 Tl. Goldschwefel werden mit 1 Tl. pulv. Blutstein gemischt und mit Schwefelammonium oder Salmiakgeist zu einer streichbaren, nicht zu konsistenten Paste verrieben. Diese Paste trägt man mittels eines Pinsels auf die Waren auf, trocknet im Trockenschrank und entfernt den trockenen Rückstand durch eine weiche Bürste.

Bronzewaren werden mattgelb bis lehmgelb gefärbt, wenn man die gebeizten und gut gespülten Gegenstände mit einer verdünnten Lösung von Mehrfach-Schwefelammonium überpinselt, trocknen läßt und den Überzug von ausgeschiedenem Schwefel abbürstet. Hierauf trägt man eine Lösung von Schwefelarsen in Ammoniak auf, wobei eine massivgoldähnliche Färbung entsteht. Je öfter das Auftragen der Arsenlösung wiederholt wird, desto brauner wird die Farbe. Ersetzt man die Arsenlösung durch eine Lösung von Schwefelantimon in Ammoniak oder in Schwefelammonium, so entstehen rötliche Färbungen.

Eine dunkelrotbraune Farbe auf Messing entsteht, wenn man die Messinggegenstände in eine aus gleichen Teilen bestehende Lösung von Bleioxydkali und rotem Blutlaugensalz bei 50° C einhängt.

Braune Farbe auf Messing wird erzielt mit einer Lösung von 1 l Wasser, 40 g chlorsaurem Kali, 40 g Nickelvitriol und 5 g Kaliumpermanganat. Nach dem Kochen dürfen die Gegenstände nicht gekratzt werden, sondern sind nach dem Trocknen mit Vaseline abzureiben. Violette und kornblumenblaue Färbung des Messings wird wie folgt hergestellt: Man löst in 1 l Wasser 130 g unterschwefligsaures Natron, in einem weiteren Liter Wasser 35 g krist. Bleizucker und mischt beide Lösungen zusammen. Die gelbgebrannten Messinggegenstände werden unter beständigem Bewegen in das auf 80° C erhitzte Gemisch eingetaucht, wobei sich zunächst eine goldgelbe Färbung zeigt, die bald in Violett und Blau, nach längerer Einwirkung des Bades in ein dunkles Grün übergeht. Die Wirkung beruht darauf, daß sich eine Lösung von unterschwefligsaurem Bleioxyd im überschüssigen unterschwefligsauren Natron bildet, die sich langsam zersetzt und Schwefelblei abscheidet, welches sich auf die Messingobjekte niederschlägt und je nach der Stärke des abgesetzten Schwefelbleies die verschiedenen Lüstrefarben hervorruft.

Auf der gleichen Wirkung basiert das unechte Vergolden kleiner versilberter Messing- und Tombakwaren. Dittrich hat auf dieses seit Jahrzehnten bekannte Verfahren ein D. R. P. erhalten und verwendet auf 3 kg Wasser 300 g unterschwefligsaures Natron und 100 g Bleizucker.

Ähnliche Lüstrefarben werden erhalten, wenn man 60 g Weinsteinpulver in 1 l Wasser und 30 g Chlorzinn in ¼ l Wasser löst, beide Lösungen vermischt, erhitzt und die klare Lösung zu einer solchen von 180 g unterschwefligsaurem Natron in ½ l Wasser gießt. Das Gemisch wird auf 80° C erhitzt und die gelbgebrannten Messinggegenstände werden in dasselbe eingetaucht.

Über das Färben des Messings hat Ebermeyer Versuche angestellt, deren Resultate folgende sind:

1.   8 g Kupfervitriol
             2 g krist. Salmiak
           100 g Wasser

geben durch Ansieden eine grünliche Farbe.

(Die Farbe ist olivgrün und für manche Zwecke brauchbar. Die Färbung gelingt aber nur auf massivem Messing, nicht auf vermessingtem Zink.)

2.   10 g Chlorsaures Kali
            10 g Kupfervitriol
          1000 g Wasser

geben durch Kochen Braunorange und Zimtbraun.

(Es konnte nur Gelborange erzielt werden.)

3.   8 g Kupfervitriol
          1000 g Wasser und
           100 g Ätznatron

zugesetzt, bis ein angehender Niederschlag entsteht, geben beim Kochen eine graubraune Farbe, die man durch Hinzufügen von Caput mortuum dunkler machen kann.

(Es entstehen leicht Flecken; auf vermessingtem Zink entstand ein hübsches Hellbraun.)

4. Mit   50 g Ätznatron
            50 g Schwefelantimon und
           500 g Wasser

erhält man beim Kochen ein helles Feigenbraun.

(Feigenbraun konnte nicht erhalten werden, der Ton ist mehr **dunkel-olivgrün**.)

    5. Wenn man 400 g **Wasser**,

                25 g **Schwefelantimon** und

                60 g **kalzinierte Soda**

kocht und heiß filtriert, so fällt aus dieser Lösung Kermes aus. Nimmt man von diesem 5 g und erwärmt mit

                5 g **Weinstein**,

             400 g **Wasser** und

             10 g **unterschwefligsaurem Natron**,

so erhält man ein schönes **Stahlgrau**.

(Resultat leidlich sicher und gut.)

    6.   400 g **Wasser**

             20 g **chlorsaures Kali**

             10 g **schwefelsaures Nickeloxydul-Ammon**

geben nach längerem Kochen eine **braune** Farbe, die aber nicht entsteht, wenn man vorher das Blech gelb brennt.

(Wenig prononciertes Braun.)

    7.   250 g **Wasser**

             5 g **chlorsaures Kali**

             2 g **kohlensaures Nickeloxydul**

             5 g **schwefelsaures Nickeloxydul-Ammon**

geben nach längerem Kochen eine **braungelbe** Färbung mit prächtigem **rotem** Schiller.

(Konnte nicht bestätigt werden.)

    8.   250 g **Wasser**

             5 g **chlorsaures Kali**

             10 g **schwefelsaures Nickeloxydul-Ammon**

geben ein schönes **Dunkelbraun**.

(Auf massivem Messing wurde gutes **Dunkelbraun** erhalten, nicht anwendbar aber für vermessingtes Zink.)

Schwarzbeize auf Messing. Die Beize besteht in der Hauptsache aus einer Lösung von Kupferkarbonat in Ammoniak und erzeugt auf Messing einen blauschwarzen Überzug von Kupferoxyd. Wird die Beize auf glanzpoliertem Messing angewendet, so erscheint die Färbung blauschwarz, wird der Grund zuerst mit Eisenchlorid oder Chromsäure oder auf andere Weise mattgebeizt oder mechanisch mattiert, so ist die Färbung mehr schwarz als blauschwarz. Wurde mit Säuren oder mit Eisenchlorid geätzt oder gebeizt, so empfiehlt es sich, vor dem Schwarzfärben die vorbereiteten Gegenstände nach gründlichem Waschen in eine 10 %ige Schwefelsäurelösung zu tauchen, hierauf nochmals zu spülen und dann erst die Schwarzfärbung vorzunehmen.

Bei Ausführung des Schwarzbeizens bewege man die eingetauchten Messinggegenstände anfänglich mehrmals in der Beize hin und her und lasse sie dann etwa 15 Minuten lang in der Schwarzbeize verweilen. Die Schwarzbeize wird durch das eingetauchte Messing nach und nach verbraucht, sie läßt an Wirkung nach. Man soll aber nicht etwa fortgesetzt neue Beize ansetzen, wenn die erstmalige angesetzte Beize an Wirkung nachläßt, sondern man behält stets einen Teil der alten Beize weiter und ergänzt den anderen Teil durch frisch bereitete. Durch die fortgesetzte Verwendung der Beize gelangt Zink in dieselbe, und es hat sich gerade ein gewisser Zinkgehalt als für die Schwarzfärbung sehr vorteilhaft erwiesen, deshalb beläßt man diesen alten Teil der Beize immer wieder bestehen und ergänzt ihn durch frische. Vor Verwendung der Schwarzbeize muß sie ruhig absitzen, damit keine ungelösten Teile des Kupferkarbonates in der Lösung verbleiben, auch eine Filtration nach mehrstündigem Absitzenlassen ist empfehlenswert.

Die häufigst verwendete Lösung besteht aus:

Wasser . . . . 50 g
Ammoniak, konz. . . . . . . 500 g
Reinstes Bergblau . . . . . . 100 g

Das Bergblau wird in einer Reibschale mit einem sogenannten Pistill durch allmähliches Zugießen des Ammoniaks angerieben und diese Lösung mit dem vorgeschriebenen Wasserquantum verdünnt. Jedesmal vor Verwendung ist diese „Schwarzbeize" gründlich aufzurühren oder in einer Flasche zu schütteln, weil sich das schwer lösliche Bergblau leicht zu Boden setzt.

Manche Praktiker verwenden anstatt Bergblau das durch Fällen von Kupfervitriollösung mit Soda erhaltene kohlensaure Kupfer oder auch dieses mit Bergblau in verschiedenen Verhältnissen gemischt. Verfasser hat aber stets mit der ammoniakalischen Lösung des Bergblaus die besten Resultate erzielt. Die gelbgebrannten oder glanzgeschliffenen Messingobjekte müssen besonders gewissenhaft entfettet und dekapiert werden, wenn das Schwarzoxydieren tadellos gelingen soll; ein nochmaliges Abbürsten der vollkommen rein dekapierten Objekte mit Weinsteinlösung unmittelbar vor dem Oxydieren und selbstverständlich darauffolgendes mehrmaliges Abspülen in reinem Wasser hat sich als sehr zweckmäßig erwiesen, um ein tadelloses Schwarz zu erhalten.

Ohne die nun ganz reinen Gegenstände trocknen zu lassen, bringt man sie sofort in die Schwarzbeize, taucht sie einigemal schüttelnd ein, bis sie die genügend schwarze Färbung angenommen haben, darauf werden sie in sehr reinem Wasser abgewaschen und schließlich in reinen Sägespänen getrocknet.

Erwärmt man die Schwarzbeize auf etwa 40 bis 50°, so vollzieht sich das Oxydieren bedeutend rascher, es muß aber auch öfters mit Bergblau und Ammoniak nachgeholfen werden, da beides fortgesetzt konsumiert wird. Wird in der erwärmten Schwarzbeize oxydiert, so empfiehlt es sich, die Objekte vor dem Oxydieren durch Eintauchen in heißes Wasser vorzuwärmen.

Es ist zu empfehlen, die Schwarzbeize in wohlverschlossenen Flaschen in Vorrat zu halten, denn älter angesetzte Schwarzbeizen funktionieren besser als frisch bereitete.

Wird der Zinkgehalt größer, so hat dies einen nachteiligen Einfluß auf die Haltbarkeit der Schwarzfärbung, der schwarze Belag springt dann leicht beim Biegen und Stanzen und anderer Verarbeitungsart ab, oder er läßt sich an den Kanten schon beim gewöhnlichen Trocknen wegwischen, mindestens aber zeigen dann die Kanten kupferrote Streifen.

Nach Versicherung einiger Praktiker soll das fertige Schwarzoxyd an Intensität durch Eintauchen in eine 10%ige Chromnatron- oder Chromkaliumlösung noch gewinnen und der Ton dadurch haltbarer werden.

Das auf diese Weise erzielte „Oxyd" ist intensiv ebenholzschwarz, aber sehr empfindlich, es ist bei der Oxydierung die größte Reinlichkeit zu beachten, damit sie gut gelinge. Auch ist es sehr wichtig, die richtige Qualität Messing zu wählen; sehr kupferreiches Messing oxydiert sich schlecht, wird oft nur braunschwarz, Tombak, Alpaka und Kupfer oxydieren dagegen fast gar nicht. Gewöhnliches weiches Messingblech, wie es für die Bijouterie verarbeitet wird, sowie auch nicht allzu kupferreicher Messingguß lassen sich auf diese Art intensiv tiefschwarz oxydieren.

Diese Oxydierungsmethode wird für große figurale Kunstobjekte in Messingguß sehr viel angewendet und wird bei denselben, um den künstlerischen Effekt noch zu erhöhen, an den vorspringenden Teilen das Oxyd durch Abreiben mit einem mit schwacher Zyankaliumlösung getränkten Lappen teilweise wieder entfernt, um das Messing bloßzulegen.

Erwärmt man einen auf diese Art oxydierten Gegenstand ganz schwach etwa in einem Lackiertrockenofen, so geht das Schwarzoxyd in Braunoxyd über.

Um das Oxyd dauernd zu erhalten, ist es gut, dasselbe mit dünnem, farblosem Metallack (Konservierlack) zu überziehen.

Färben des Zinks. Die direkte Färbung des Zinks ist schwierig auszuführen, man tut besser, Zink zuerst zu verkupfern oder zu vermessingen und dann die hierfür ausgearbeiteten verläßlichen Vorschriften in Anwendung zu bringen. Die direkten Zinkfärbungen leiden alle mehr oder weniger an einer gewissen Unverläßlichkeit.

Ein Schwarz auf Zink direkt erhält man nach Puscher, wenn man die Zinkgegenstände in eine kochende Lösung von 160 g reinem Eisenvitriol, 90 g Chlorammon in 2½ l Wasser taucht. Es bildet sich dabei ein schwarzer lockerer Niederschlag, der durch Abbürsten entfernt wird. Der Gegenstand wird hierauf nochmals in die heiße Lösung getaucht und über Kohlenfeuer abgeraucht. Der Prozeß ist mehrmals zu wiederholen, worauf sich ein schwarzer Eisenüberzug eingebrannt hat, der recht haltbar ist.

Mit Grauglanzoxyd überzieht man Zink durch einen Arsenniederschlag in einem erwärmten Bade aus 80 g arseniger Säure, 15 g pyrophosphorsaurem Natron und 50 g Zyankalium 98 % pro Liter Wasser unter Anwendung eines kräftigen Stromes, so daß eine lebhafte Wasserstoffentwicklung bemerkbar ist; als Anoden benutzt man Stahlbleche oder Kohlenplatten (siehe Arsenniederschläge).

Eine Art Bronzierung erzielt man auf Zink durch Anreiben mit einem Brei aus Pfeifenton, dem man ein Lösung von 1 Gew.-Tl. krist. Grünspan, 1 Gew.-Tl. Weinstein und 2 Gew.-Tl. krist. Soda zugesetzt hat.

Eine rotbräunliche Färbung liefert das Abreiben mit einer Lösung von Kupferchlorid in Ammoniakflüssigkeit; Kupferchlorid mit Essig liefert gelbbraune Töne.

Färben des Zinns. Eine bronzeähnliche Patina läßt sich auf Zinn durch Überstreichen mit einer Lösung von 50 g Kupfervitriol und 50 g Eisenvitriol in 1 l Wasser und Benetzen der getrockneten Stücke mit einer Lösung von 100 g Grünspan in 300 g Essig erzielen. Die wieder getrockneten Waren werden dann mit einer auf Wachs abgeriebenen weichen Bürste und etwas Eisenoxyd poliert; der Überzug ist nicht besonders haltbar und muß durch einen Lackanstrich widerstandsfähiger gemacht werden.

Einen haltbaren und sehr warmen sepiabraunen Ton erzeugt man auf Zinn und dessen Legierungen, wie sie zu den Deckeln der Biergläser verwendet werden, durch einmaliges Überpinseln mit einer Lösung von 1 g Platinchlorid in 10 Tl. Wasser und Trocknenlassen des Überzuges. Hierauf wird in Wasser gespült, wieder getrocknet und mit einer weichen Bürste gebürstet, bis sich der erforderliche braune Glanz eingestellt hat.

Eine dunkle Färbung erzielt man auch durch eine Lösung von Eisenchlorid.

Färben des Bleies. Bleigegenstände oder solche aus Bleilegierungen werden fast stets vorher vermessingt oder verkupfert. Die direkte Färbung des Bleies bietet, soweit die anodische Oxydierung in verdünnter Schwefelsäure in Frage kommt, wenig technisches Interesse, da der braune Bleisuperoxydbelag, der hierbei entsteht, wenig anspricht.

Nach F. Fischer werden auf bleiernen oder elektrolytisch verbleiten Gegenständen aus phosphorsaurer Lösung sehr verläßliche Färbungen von Gelbbraun bis Dunkelbraun erzeugt, wenn man die Gegenstände als Anoden in das erwärmte Bad hängt und bei 2 V arbeitet. Die so hergestellten Färbungen sind sogar sehr haltbar und polierfähig.

Irisierung. In einer Lösung von Bleioxydkali oder Natron kann man mit verkehrtem Strom auf allen Metallen verschiedene Farben erzielen, bei einiger Übung sogar verschiedene Farben gleichzeitig (Farbenspiele).

Die hierzu geeigneten Lösungen sind folgende:

I. Wasser . . . .   1 l
Unterschwefligsaures Natron . . 100 g
Bleizucker . . . .   50 g

oder

II. Wasser . . . .   1 l
Ätzkali oder Ätznatron . . . .   50 g
Bleioxyd (Massikot) . . . . .   5 g

Letztere Lösung muß etwa eine Stunde unter fleißigem Umrühren tüchtig gekocht werden, das verdampfende Wasser ersetzend, schließlich filtriert.

Manipulation: Das Bad kann kalt und warm verwendet werden; im warmen Bad vollzieht sich die Irisierung rascher. Man arbeitet mit verkehrtem Strom, d. h. der zu irisierende Gegenstand wird mit dem Anodenpol verbunden, während als Kathode Platindraht oder bei größeren Objekten Neusilberdraht dient.

Gewöhnlich wird der Gegenstand auf den Boden des Gefäßes gelegt, wozu man am vorteilhaftesten Porzellanabdampfschalen verwendet, um die nacheinander entstehenden Farbeneffekte beobachten und nach Belieben behufs Fixierung des erzielten Effektes unterbrechen zu können. Als Kathode verwendet man einen roßhaardünnen Platindraht, mit dem Warenpol der Stromquelle verbunden, welchen man über dem zu irisierenden Gegenstand in das Bad nur ganz wenig eintaucht, so daß er nur die Oberfläche des Bades berührt.

Es ist sehr zweckmäßig, einen Stromregulator einzuschalten, um den Strom regulieren zu können, weil von dessen Stärke der Farbeneffekt abhängig ist. Die verschiedenen Töne zeigen sich in allen Regeln nacheinander; gewöhnlich gelb zuerst, dann violett, blau, purpurrot, zum Schluß grau bis schwarzbraun, oft auch mehrere Farbentöne gleichzeitig.

Die entstehende Farbe wird lichter oder dunkler, verändert sich mehr oder weniger rasch, je nach der Intensität des Stromes, oder je nachdem man die Platinkathode mehr oder weniger tief eintaucht, das Bad mehr oder weniger warm ist.

Diese Irisierung findet praktische Verwendung namentlich für kleine Bijouteriegegenstände aus Messing- oder Eisenblech, wie Käfer, Blumen, Schmetterlinge u. ä., deren natürliches Farbenspiel in allen Regenbogenfarben sich täuschend ähnlich nachahmen läßt; auch die Sensenindustrie hat dieses Verfahren aufgegriffen und erzeugt damit auf vorher gut vernickelten Sensen die bekannten Regenbogenfarben, die parallel zur Schneide der Sense laufen, wenn man einen Draht als Kathode parallel über die Sense spannt.

Hat man den gewünschten Effekt nicht erzielt oder versäumt, so kann man bei Messing oder Kupferlegierungen die mißlungene Irisierung durch Gelbbrennen leicht wieder entfernen und von neuem beginnen.

Um die fertige Irisierung für die Dauer zu erhalten und gegen Veränderung zu schützen, überzieht man sie mit farblosem Metallack (Konservierlack).

Elektrolytische Gravierung.

Die elektrolytische Gravierung ist nichts Neues; es wurde ihr schon in älteren Fachwerken das Wort geredet, namentlich Roseleur hat hierüber schon vor vielen Jahren ganz ausführlich geschrieben.

Daß dieselbe nicht in ausgedehnter Weise praktisch verwertet wird, ist nicht gut begreiflich, da sie doch gegenüber der allgemein üblichen Ätzmethode mit Säuren so manchen Vorteil bietet; jedenfalls ist dieselbe viel einfacher und bequemer auszuführen als das chemische Ätzen, wozu meist Salpetersäure oder Salzsäure verwendet wird, und wobei unvermeidlich Säuredämpfe entwickelt werden, deren Einatmung den Atmungsorganen gewiß nicht zuträglich ist. Berücksichtigt man noch, daß es ganz im Belieben des Manipulanten liegt, die elektrolytische Gravierung mehr oder weniger tief zu machen, selbst auf ein und derselben Platte verschieden tief, so sollte man doch wohl meinen, daß dieses Verfahren wert sei, einer Beachtung und eingehender Versuche von seiten der betreffenden Fachleute gewürdigt zu werden.

Die Ausführung der elektrolytischen Gravierung geschieht in der Weise, daß man den zu gravierenden Gegenstand mit Lack, geschmolzenem Stearin oder sonst einem isolierenden Deckmittel überzieht, die zu gravierenden Stellen des Metalles bloßlegt, mit Spiritus, Benzin, Salmiakgeist oder irgendeinem geeigneten Reinigungsmittel abbürstet, jedoch so, daß die isolierende Deckschicht nicht leidet. Den so vorbereiteten Gegenstand hängt man in das Bad, und zwar „als Anode", also mit dem Anodenpol der Stromquelle verbunden; als Kathode kann man irgendeinen beliebigen Stromleiter einhängen, welcher von der Lösung nicht zerstört wird, entweder eine geeignete Metallplatte oder auch Kohlenplatten. Sobald der Strom seine elektrolytische Tätigkeit beginnt, wird der als Anode eingehängte Gegenstand an den bloßgelegten Metallflächen aufgelöst, während die mit der isolierenden Schicht gedeckten Flächen unberührt bleiben.

Als Bad kann man jedes Elektroplattierbad verwenden, welches dem zu gravierenden Metall entspricht. Also für Kupfer ein Kupferbad, für Silber ein Silberbad usw. oder auch nur eine Zyankalilösung ohne jeden Metallsalzzusatz, da für diesen Zweck der Metallgehalt der Lösung gar keine Rolle spielt.

Bei dem Umstand jedoch, daß die zu gravierenden Objekte meist mit isolierenden fetten oder harzigen Substanzen gedeckt werden, welche die Zyankaliumlösung bei längerer Einwirkung zerstört, dürfte als Bad eine mit Wasser verdünnte Säure bessere Dienste leisten, z. B. verdünnte Salpetersäure, Salzsäure, Schwefelsäure; selbst Essigsäure und Zitronensäure eignen sich ganz gut dazu.

Handelt es sich darum, auf einem Gegenstand, z. B. auf einer Platte, eine Gravierung in verschiedenen Tiefen zu erzielen, so braucht man nur die als Kathode dienende Platte gegen die zu gravierende Fläche schief zu stellen; da wo die Entfernung kleiner ist, wird die Gravierung tiefer ausfallen als an den weiter entfernten Elektrodenflächen.

Eine sehr unangenehme Begleiterscheinung beim elektrolytischen Ätzen oder Gravieren ist der Umstand, daß durch den Strom bzw. durch die niemals zu vermeidende Stromlinienstreuung die Ränder der mit Lack oder sonstwie abgedeckten Ätzflächen, wenn einige Tiefe gewünscht wird, unterfressen, auch werden die Ränder, wenn man nicht ganz scharfe Konturen des schützenden Lackbelages oder gut sitzende Deckschablonen aus nichtleitenden Material zuwege bringt oder anwendet, leicht sägeartig ausgefressene Konturen der Ätzungen entstehen.

Für dünne Bleche, die man ganz durchätzen will, wie z. B. die bekannten Schablonen aus Zinkblech oder Kupferblech zum Schablonieren mit Pinseln, ist das Verfahren bereits in Benutzung, schwierig dagegen gestaltet sich das elektrolytische Ätzverfahren, wenn man in dickeren Platten millimetertiefe Ätzungen anbringen will. In diesem Falle empfiehlt es sich, die Konturen zunächst enger zu halten, als man sie später haben will, und die Ränder schließlich, wenn die Ätzung tief genug vorgeschritten ist, von Hand oder maschinell mit feinen Fräsern nachzuarbeiten.

Wegen dieser unliebsamen Unterfressung der Ränder hat sich auch die Riedersche Methode der Elektrogravüre, so verlockend das Verfahren auch war, nicht in der Praxis bewährt. Rieder wollte Profilgravierungen elektrolytisch durchführen und benutzte dazu eine ganz sinnreich konstruierte maschinelle Vorrichtung. Die zu ätzende Stahlplatte wurde auf die Platte der Maschine gespannt und anodisch verbunden. Ferner stellte er sich aus besonders haltbar präpariertem und dabei porösem Gips eine Form her, welche auf der oberen Fläche plan geschliffen war und legte auf diese plane Fläche eine Kathodenplatte aus Eisen. Das Gipsstück wurde nun mit Elektrolyt getränkt und auf die Stahlplatte, die zu gravieren war, aufgelegt. Es fraß sich gewissermaßen nach und nach der Gipsblock in den Stahlblock ein, bis das ganze das Profil des Gipsblockes mit der Stahlplatte, die man zu gravieren hatte, in Kontakt trat. Zwischendurch wurde automatisch zeitweise der Gipsblock abgehoben, das zu gravierende Stahlstück von dem darin enthaltenen und bei dem Prozeß störend auftretenden Kohlenstoffgehalt durch Abbürsten befreit und wieder aufgesetzt. Verfasser sah derart erzeugte Gravierungen von Prägestempeln, die ein beredtes Zeugnis von der technisch vollendeten Lösung dieses Problems ablegten, doch war die Gravierung niemals so scharf, daß nicht eine Nacharbeit von Hand noch außerdem notwendig gewesen wäre.

Das Riegalverfahren. Eine ganz eigenartige Lösung, galvanische Prozesse für feine Ätzarbeiten nutzbar zu machen, stammt von Josef Rieder (siehe D. R. P. 448554), wonach mit fetter Druckfarbe mittels eines Gummistempels oder nach dem Umdruckverfahren Zeichnungen auf die zu ätzenden Platten aufgedruckt werden. Dort wo keine Ätzung stattfinden soll, bleibt das Metallblech frei von Druckfarbe und wird dort mit galvanischen Niederschlägen von Bleisuperoxyd oder Mangansuperoxyd, wie solche anodisch aus Azetatlösungen oder aus alkalischen Blei- bzw. Mangansalzlösungen entstehen, versehen. Diese Oxyde werden von der Ätzsäure nicht angegriffen. Entfernt man, nachdem man diese Oxyde elektrolytisch hergestellt hat, die dazwischen befindliche Druckfarbe und läßt auf das so bloßgelegte Metall die Ätze einwirken, so werden nur diese Teile angegriffen; die mit Blei- oder Manganoxyden versehenen Partien dagegen bleiben unversehrt. Auf diese Weise gelingt es, weit schärfere und vor allem auf einfachste Weise und billig hergestellte Figuren, Schriften usw. in alle Metalle einzuätzen.

Die elektrolytische Gravierung könnte wohl in vielen Fällen Anwendung finden; z. B. ist eine

Guillochierungsimitation auf diese Weise praktisch, billig und rationell ausführbar, daß man mittels Lithographie mit einer fetten Farbe auf die Metallfläche ein Muster druckt, das als Deckgrund dient, die zu gravierende, die Guillochierung darstellende Zeichnung freiläßt; bestreut man die bedruckte Fläche mit pulverisiertem Asphalt, Kolophonium oder Siegellack, so wird das Pulver auf der Druckfarbe haften, von den unbedruckten Stellen dagegen sich wegblasen lassen. Erwärmt man geschickt den Gegenstand, um die obengenannten pulverisierten Substanzen zum Schmelzen zu bringen, so werden diese nach dem Erkalten und Erstarren einen Deckgrund geben, neben welchem die ungedeckten Metallflächen von dem elektrolytischen Prozeß angegriffen werden, so daß auf diese Art das gewünschte Muster vertieft erhalten wird.

Ferner ist auch die Anfertigung von Platten und Walzen für Zeugdruck, Buntpapierfabrikation für Pressungen in Papier, Stoffen (Appretur), Leder usw., welche von den Graveuren mit großen Kosten gemacht werden, mittels der elektrolytischen Gravierung nicht so schwierig; das wäre für diese Industrien ohne Zweifel eine billigere Anfertigung ihrer Dessinplatten oder Walzen.

Imitation der Tauschierung oder Metallinkrustationen.

Die bereits aus dem Altertum stammenden Tauschierungsarbeiten finden heute noch Anwendung zur Inkrustation von Metallen, wie Gold oder Silber in Bronze- oder Eisen- und Stahlgegenständen, wie wir sie in den japanischen und chinesischen Vasen und Kunstgegenständen aller Art sowie in Messern und Schwertern, Säbeln usw. auch in der europäischen Metallindustrie vorfinden. Auf die Art der Ausführung dieser Arbeiten wollen wir hier nicht eingehen, sondern uns nur mit der Imitation dieser Arbeiten, soweit die Galvanotechnik dabei Anwendung gefunden hat, befassen.

Auf rein elektrolytischem Wege läßt sich die Metallinkrustation mit bestem Erfolg in der Weise ausführen, daß man die auf photographischem Wege hergestellte Originalzeichnung in schwarzer Tusche auf Karton, auf die Metallgegenstände überträgt. Zu dieser Übertragung besitzt die heutige Reproduktionstechnik Verfahren durch Steindruck oder durch Bedrucken mit Zinkplatten, die mit fettiger Druckfarbe versehen werden, so daß sich beim Druckprozeß diejenigen Stellen des Gegenstandes, welche vom elektrischen Strom nicht angegriffen werden sollen, mit Fett belegen. Ist dieses Bedrucken einwandfrei erfolgt, so wird mittels eines Gazebeutels fein gepulverter syrischer Asphalt aufgestäubt und von denjenigen Stellen, welche nicht bedruckt wurden, durch einen Blasebalg weggeschafft. Dann wird der Gegenstand über mäßigem Feuer bis zum Schmelzen des Asphaltbelages erhitzt, so daß eine schön gedeckte, mit Asphalt überzogene Zeichnung auf dem Metallgegenstand entsteht. Hierauf kommt dieser Gegenstand in ein Ätzbad, entweder in ein elektrolytisches oder rein chemisch wirkendes. Zu ersterem Zwecke bedient man sich einer Säure- oder Salzlösung, welche anodisch das Metall anzugreifen vermag, wie Salzsäure, Schwefelsäure oder ein Gemisch von Sulfaten und Chloriden, je nach der Natur des zu ätzenden Gegenstandes. Zum chemischen Ätzen, das zumeist verwendet wird, bedient man sich fast allgemein einer Lösung von

Wasser	1 l
Salpetersäure, konz.	120 g
Chlorsaures Kali	15 g

Diese Mischung eignet sich besonders für Eisen und Stahl, wogegen man für Kupfer, Messing, Tombak und andere Kupferlegierungen eine Lösung von

Wasser	1 l
Braunes Eisenchlorid	400 g

anwendet. Das elektrolytische Ätzen muß besonders vorsichtig geschehen, weil bei zu langem Verweilen der mit dem Deckgrund versehenen Gegenstände leicht die Konturen der Zeichnungen leiden und die Kanten unterfressen werden, so daß die Resultate dadurch leiden. Nach erfolgter Ätzung werden die Gegenstände mit kaltem Wasser gespült und in das Elektroplattierbad oder Galvanoplastikbad gebracht, aus welchem man das in die geschaffenen Vertiefungen bestimmte Metall abscheiden will. Dieses Ausfüllen der Vertiefungen mit dem Einlagemetall muß unter Anwendung ganz kleiner Stromdichten erfolgen, damit die Metalleinlage nicht am Rande knospig auswächst, was später beim Abschleifen der ganzen Fläche leicht zum Ausreißen einzelner Partien führen kann. Man kann dann jedes beliebige Metall, wie Gold, Silber, Nickel, aber auch Kupfer, Zinn usw., einlagern und auf dieses Weise die wunderbarsten Effekte erzielen, die sich von den mühsamen Tauschierungsarbeiten kaum unterscheiden.

Es ist klar, daß man auch solche Vertiefungen nur gewissermaßen andeutungsweise durch anodisches Anätzen bewirkt, so daß gerade nur eine kleine Oberflächenveränderung der Tiefe nach bemerkbar ist. In diese Vertiefung legt man, solange noch die Deckschicht vorhanden ist, das Einlagemetall in dem betreffenden Bade ein und entfernt dann die Deckschicht. Nach dieser Methode werden heute vielfach sogenannte dessinierte Bleche und andere Gebrauchsgegenstände in vollendeter Weise hergestellt.

Stahlbleche kann man solcherart mit den kompliziertesten Mustern bedrucken, vorher die ganze Fläche vernickeln und dann ätzen. Wo der Decklack sitzt, wird die Vernickelung nicht angegriffen. Das Nickel löst sich im Ätzbade zuerst, dann folgt eine kurze Anätzung des Stahles selbst, und nun kann der Lack entfernt und das ganze Blech oder ganze Gegenstände in eine beliebige Beize eingetaucht werden, welche z. B. Eisen schwärzt oder bläut, und man erhält auf weißem Grund die geätzten Stellen in Schwarz oder Blau.

Natürlich sind alle anderen Kombinationen möglich, sofern man etwa vorher verkupfert und dann ätzt. Eventuell wird nach dem Ätzen, solange noch der Decklack auf dem Gegenstand sitzt, vernickelt und dann der Lack entfernt und eine Beize verwendet, welche das Kupfer färbt, und man erhält dann die Farben, die durch Metallfärbungen auf Kupfer möglich sind neben dem weißen Nickel. Oder man läßt die Ätzung bis auf das blanke Eisen reichend bestehen und färbt in einer Beize, welche Kupfer nicht angreift, wohl aber das Eisen, und erhält auf dem roten Kupferuntergrund die Eisenfärbungen usw. usw.

Niello und Nielloimitation.

Das zum echten Niellieren verwendete Material „Niello" ist eine zusammengeschmolzene Mischung von Schwefelblei, Schwefelsilber und Schwefelkupfer in verschiedenen Verhältnissen gemischt, die man in einem Achatmörser zu feinstem Mehl pulverisiert, mit etwas Salmiaklösung zu einem ölfarbenähnlichen Brei anreibt. Der Brei wird in die gravierten Vertiefungen der zu niellierenden echten Silbergegenstände eingetragen und im Muffelofen in der Rotglut eingeschmolzen. Schließlich werden die Gegenstände geschliffen, um die mit Niello ausgefüllten scharfen Konturen wieder zu erhalten.

Das Niellopulver wird z. B. folgendermaßen hergestellt: Man schmilzt 20 g Silber, 90 g Kupfer und 150 g Blei zusammen und trägt in die geschmolzene Masse 750 g Schwefel und 20 g Chlorammon ein. Der Tiegel wird zugedeckt und die Masse so lange erhitzt, bis keine Schwefelflamme mehr zu beobachten ist. Man bereitet sich indessen einen zweiten Tiegel vor, füllt denselben bis 1 cm über dem Boden mit Schwefel, gießt die im ersten Tiegel befindliche geschmolzene Masse hinein, bedeckt den Tiegel gut und läßt den Inhalt in der Schwefelatmosphäre langsam erkalten. Der Inhalt wird dann nochmals geschmolzen, in Wasser granuliert und schließlich gepulvert.

Nielloimitation erzielt man auf Luxusgegenständen aus Messing, wenn man dieselben zuerst versilbert, dann die nielliert sein sollenden Stellen graviert, wodurch der Messinggrund bloßgelegt wird, diesen mit Weinsteinsäure abbürstet und in der Schwarzbeize oxydiert.

Die Nielloimitation wird vorwiegend auf Gegenständen aus Messing hergestellt, doch kann man diese Effekte auch auf Weißblech oder Stahl erzielen. Messing, das häufigst gebrauchte Ausgangsmaterial, wird zuerst versilbert, dann werden nach vorheriger Abdeckung mit Decklacken diejenigen Stellen durch elektrolytische Gravierung oder Ätzung bloßgelegt, welche schwarz erscheinen sollen. Der Messinggrund wird nun in einer geeigneten Weise schwarz gefärbt, entweder durch die Schwarzbeize auf Messing oder durch Aufbringung eines Schwarznickelniederschlages mit dem Nigrosinbad. Auf diese Weise werden Metallknöpfe und andere Gegenstände in großen Mengen fabriziert, die äußerlich ganz das Ansehen der niellierten echten Silberwaren zeigen. Das Versilbern wird meist auf ganz billige Weise nach dem Eintauchverfahren aufgetragen. Werden solche Gegenstände zur besseren Imitation der Nielloarbeit auch noch vertieft geätzt, so wird vorsichtig die erhabene Partie der Gegenstände nach der Versilberung abgeschliffen und solcherart das Messing bloßgelegt. Nach dem Abschleifen werden die Gegenstände, wenn es sich um Massenartikel handelt, in Steinzeugkörben in Weinsteinlösung getaucht zwecks Dekapierung und gelangen dann unverzüglich nach erfolgtem Spülen mit Wasser in die Schwarzbeize oder in das Schwarznickelbad. Das Silber wird von der Schwarzbeize nicht angegriffen, man kann also die Deckschicht im Falle der Verwendung von Messingschwarz-beize vorher entfernen. Wird mit Strom schwarzgefärbt, muß die Deckschicht so lange erhalten bleiben, bis diese Schwarzfärbung geschehen ist, da sich sonst der schwarze Belag auf der ganzen Fläche bilden würde.

Lackieren (Vernieren)[1].

Durch Lackieren kann man speziell kunstgewerbliche Erzeugnisse in ihrem Aussehen in bedeutendem Maße heben, und die deutsche Kunstindustrie kann sich heute dank der Fortschritte, welche die deutsche Lackindustrie in den letzten Jahrzehnten machte, an erste Stelle setzen, ihre Erzeugnisse stehen den früher als besonders geschmackvoll in Ausführung und Farbe hingestellten ausländischen Erzeugnissen in keiner Weise nach.

Man erzielt durch die Lackierung mit gefärbten Überzugslacken nicht bloß intensivere Farbtöne des Grundmetalles wie beim Messing, das man durch Lackierung fast bis zur Goldtönung veredeln kann, sondern man kann auch Antikwirkungen, alle Arten von Imitationen durch geeignete Lackierungen erzielen.

Der Zweck der Lackierung von Metallwaren kann verschieden sein, und man lackiert Metallwaren

1. mit farblosen Lacken, um den natürlichen Metallton zu belassen und das Metall vor Oxydation (Anlauf) zu schützen, wie bei der billigen Metall-druckfarbe (Möbel- und Pfeifenbeschläge), oder bei den schweren Bronze-waren (Cuivre poli), oder bei der Silber- oder versilberten (Christoffle-Chinasilber-) Ware usw.;

2. mit den sogenannten Goldlacken, um den Metallen, ohne sie wirklich zu vergolden, ein goldähnliches Aussehen zu verleihen; für billige Druckware aus Messing, z. B. für Möbel- und Albumbeschläge, viel angewendet;

3. mit farbigen Lacken in allen Farben, namentlich in der französischen Knopfindustrie, sehr gebräuchlich.

Zaponieren. Zum Überziehen feiner Metallwaren, um sie vor den Einflüssen der Luft und verschiedener Gase, die einen Anlauf auf das Metall erzeugen würden, zu schützen, zaponiert man dieselben, d. h. man überzieht sie mit einem hauch-dünnen Überzug von sogenanntem Zaponlack. Zaponlack ist eine Auflösung von Nitrozellulose und Kampfer oder von Zelluloid in Azeton, Amylazetat, Äther usw. Der Lack kann entweder durch Eintauchen der Metallgegenstände oder durch Streichen oder schließlich auch durch Aufspritzen aufgetragen werden und stellt nach dem Trocknen eine äußerst dünne Schicht von Zelluloid her, da das Lösungsmittel leicht und rasch verdunstet. Das Zaponieren will aber geübt sein und erfordert peinliche Reinlichkeit beim Arbeiten; vor allem muß auf staubfreie Räume und trockene Luft Bedacht genommen werden. Ist Staub in den Arbeitsräumen vorhanden, wo man die Zaponierung vornimmt, so setzt sich der Staub an den nassen, mit Zaponlack überzogenen Gegenständen fest, wächst mit ein, und der Gegenstand bekommt ein unansehnliches Aussehen. Ebenso gefährlich ist Feuchtigkeit in der Luft, besonders im Winter, weil dadurch die Zaponierung milchig wird, hauptsächlich an den Rändern und Ecken der da-mit überzogenen Waren, man muß dann solche schlecht zaponierten Gegenstände mit Zaponverdünnung wieder abwischen, um sie neu zu behandeln. Während des Zaponierens muß man ununterbrochen beobachten, den Lack weder zu dick noch zu dünn auftragen, deshalb stets für richtige Verdünnung des Lackes sorgen. Dies erfordert an sich schon ein Aufbewahren der Lackvorräte in gut verschlossenen Gefäßen, denn die Lösungsmittel, aus denen der Zaponlack be-

---

[1] Ein ausführliches, sehr gutes Spezialwerk- über Lackier- und Dekoriertechnik ist das Handbuch von Dr. Fritz Zimmer.

steht, sind ungemein flüchtig (aber auch in Dampfform äußerst explosibel und feuergefährlich). Das Lokal, in welchem zaponiert wird, muß stets gut gelüftet sein, besonders vor und nach der Arbeit muß gelüftet werden. Die Dämpfe greifen die Augen an, deshalb sorge man auch während der Arbeit durch Anbringung von Ventilatoren für ausreichende Lufterneuerung im Arbeitsraum.

Vielfach begehen Anfänger den Fehler, daß sie die zaponierten Gegenstände noch naß in Seidenpapier einwickeln oder in Watte einpacken. Feuchter Zaponlack hat eine enorme Klebkraft, es sitzt daher in solchen Fällen leicht das Einpackpapier oder die Watte auf dem zaponierten Gegenstand fest, die Zaponierung kann dann nur wieder abgewischt und vollkommen erneuert werden, ein Ausbessern durch Betupfen mit Zaponlack an der beschädigten Stelle führt nicht zum Ziele. Jede Temperaturänderung im Raume während des Zaponierens stört, die zaponierten Gegenstände „laufen an", d. h. sie werden stellenweise matt. Man wärme die zu zaponierenden Gegenstände vor der Arbeit am besten in einem richtig temperierten Trockenofen gelinde an, die Eigenwärme der Waren bringt dann auch ein rascheres Trocknen der lackierten Gegenstände mit sich, und die Lackschicht bleibt frei von Trübungen oder Irisfarben. Letztere entstehen hauptsächlich infolge zu großer Verdünnung des Lackes oder bei Lackierung mit schlechten Lacken überhaupt. Die Kosten für das Zaponieren sind an sich ja sehr gering, wenn ohne Ausschuß gearbeitet wird. Man spare daher gerade bei Ankauf des Zaponlackes nicht in unrichtiger Weise, verwende nur gut ausgeprobte Lacke; meist wird man am billigsten wegkommen, wenn man den teuersten Lack reeller Firmen verwendet.

Die Hilfsmittel beim Lackieren. Über die Reinhaltung des Lackierraumes von Staub haben wir bereits gesprochen, man muß alle Mittel und Wege suchen, diese Reinhaltung herbeizuführen. Dazu gehört auch die Anbringung von Drahtgittern an den Fenstern, um Insekten den Zutritt zu den Lackierräumen zu verwehren, die sich auf die lackierten Waren setzen könnten und die Arbeit beschädigen würden. Sofern mit Pinseln gearbeitet wird, muß darauf geachtet werden, daß diese keine Haare lassen, sie müssen solide gebunden sein und keinesfalls zu klein sein und nicht zu kurzes Haar besitzen. Von dem Lack ist stets nur so viel aus den Vorratsflaschen zu entnehmen, als zur Ausführung einer bestimmten Arbeit oder eines Arbeitsquantums erforderlich ist, den Rest, der hierbei entsteht, gieße man nicht mehr zurück, weil zu leicht Schmutz mit in die Vorratsflasche kommt, der den ganzen Vorrat in Gefahr bringt.

Fig. 269.

Alle Lacke erfordern eine trockene Unterlage, und wenn mehrere Lackschichten nacheinander aufgetragen werden müssen, lasse man immer erst die erste Schicht gut trocknen, ehe man die nächste aufträgt.

Zum Auftragen der Lacke verwendet man feine, flache Iltispinsel, mehr oder weniger breit, je nach der Größe der zu lackierenden Metallfläche. Das Auftragen der Lacke erfordert einige Übung; die Lackierer von Fach besitzen eine große Fertigkeit hierin. Um eine egale, glatte Lackfläche zu erzielen ohne Strich und ohne Anstoß, wird der Lack auf den leicht vorgewärmten Gegenstand in großen Strichen rasch aufgetragen, dann in einem Trockenofen (Lackierofen; siehe Fig. 269) bei 60 bis 70° C getrocknet. Dieses warme Trocknen hat nicht allein den Zweck des Trocknens, sondern auch den, die Harze, aus welchen die Metallacke erzeugt werden, zu schmelzen, durchsichtig und den Lacküberzug brillanter zu machen. Mißlingt ein Lacküberzug, so ist er mittels Spiritus oder

Azeton leicht wieder abgenommen. Es ist selbstverständlich, daß die Metall-fläche vor dem Lackieren ganz rein, blank und trocken sein muß, deshalb darf man auch die zu lackierenden Waren keinesfalls mit der bloßen Hand anfassen, und es muß die Oberfläche des zu lackierenden Gegenstandes vorher mit einem Wattebausch, der mit Benzin getränkt wurde, entfettet werden.

Die Metallacke (z. B. Brillantlack) sind fast alle mit Alkohol hergestellt, worin das entsprechende Harz gelöst und mit irgendeinem Farbstoff gefärbt wurde. Sind solche Lacke zu dickflüssig, so verdünnt man sie mit absolutem Alkohol, sind sie zu dünnflüssig, so läßt man die Lack-flasche unverstöpselt offen stehen, bis der Lack die ge-wünschte Konsistenz zeigt. Jeder geübte Lackierer richtet sich den käuflichen Lack erst selbst zu, wie er ihn für seine Arbeit braucht.

Das Überziehen mit farblosem Lack ist am empfindlich-sten, wenn es sich um das Lackieren matter Silberflächen handelt, um den schönen, weißen, samtartig matten Silber-effekt dauernd zu erhalten, dem Vergilben, Anlaufen vor-zubeugen, ohne das delikate zarte Silberweiß durch den Lacküberzug zu alterieren. Dazu gehört ein ganz klarer, möglichst wasserheller (farbloser) Metallack, der erforder-lichenfalls noch mit absolutem Alkohol zu verdünnen ist.

Fig. 270.

Am besten verwendet man den sogenannten Zaponlack, eine Lösung ganz reinen Zelluloids in einem Gemisch von Amylazetat und Azeton. Dieser Lack muß aber eine bestimmte Konzentration aufweisen; ist er zu dünn, so entstehen leicht irisierende Flächen, ist er zu dick, dann leidet der Glanz, und er ist dann mit „Zaponverdünnung" zu verdünnen.

Das Lackieren von Massenartikeln, wie Haften und Ösen, Reißstifte, kleine Hülsen u. ä., die man nicht einzeln anfassen kann, wird in Trommeln vorgenom-men. Hierzu schüttet man ein Quantum dieser Artikel in die Trommel zusammen mit dem eigens dazu bestimmten Quantum Lack und trommelt sie so lange, bis der Lack trocken ist. Derartige Trommeln können auch heizbar eingerichtet sein. Ist dies nicht der Fall, so kann man sich in der Weise helfen, daß man die Gegen-stände vorwärmt und den Lack dann dazugießt und durch die Eigenwärme der Gegenstände das Antrocknen durchführt. Durch die Trommelung vermeidet man das Zusammenkleben der Teile. Den gleichen Zweck kann man auch durch Schütteln der kleinen Artikel auf Handsieben erreichen, nachdem man sie vorher mit dem für sie vorausbestimmten Lack-quantum vermischt. Das Schüt-

Fig. 271.

teln der ebenfalls vorgewärmten Gegenstände muß ohne Unterbrechung so lange fortgesetzt werden, bis der Lack trocken ist.

Lackieren durch Anspritzen. Die strichfreie Lackierung erfordert viel Übung, besonders wenn man auf größeren Flächen mit dem Pinsel arbeitet, andernfalls gibt es leicht alle möglichen Fehlschläge. Die Spritzmethode kommt daher immer mehr und mehr in Anwendung, zumal alle erdenklichen Hilfsmittel be-reits gefunden wurden, um bei diesem Verfahren tunlichste Sparsamkeit im Lackverbrauch zu erhalten, dabei wird die lackierte Ware durchaus gleichmäßiger als sonst.

Die Arbeitsweise mit den Spritzapparaten ist äußerst einfach und kann von jedem Ungeübten sofort erlernt werden. Der Überzugslack wird in den Behälter des Apparates, der sogenannten Spritzpistole, eingefüllt und die Pistole mittels eines Gummischlauches an die Rohrleitung des Windkessels einer Druckluftpumpe angeschlossen. Fig. 270 zeigt eine solche Spritzpistole normaler Ausführung, Fig. 271 den Luftkompressor mit Manometer, wie solche für derartige Spritzlackierungen in Anwendung sind. Durch den Luftkompressor wird Druckluft von 1½ bis 2 Atm. Druck erzeugt und in dem angebauten Windkessel gesammelt. Am oberen Ende des Windkessels befindet sich ein Rohransatz, an welchem der Schlauch zur Spritzpistole angeschlossen werden kann. Natürlich kann man auch dort eine Rohrleitung anschließen, um am Arbeitsplatz, der nicht allzuweit von diesem Kompressor entfernt sein darf, um Druckverluste hintanzuhalten, mehrere Anschlüsse für solche Schläuche zu mehreren Pistolen anzubringen. Der abgebildete Kompressor leistet bei ca. 600 Touren pro Minute ca. 5000 Stundenliter geförderte Luft, der Windkessel besitzt praktischerweise einen Durchmesser von ca. 250 mm bei 500 mm Länge. Die erforderliche Antriebskraft für einen Betriebsdruck von ca. 3 Atm. beträgt etwa 0,6 PS. Je dicker der verwendete Lack ist, den man aus solchen Spritzpistolen durch die Düse auf die zu überziehenden Gegenstände bringen will, desto größer muß der Druck der Luft sein, mit der sie den Kompressorwindkessel verläßt. Für Zapon und andere dünnflüssige Überzugslacke beträgt der Druck ca. 1½ Atm., für dickere Lacke oder Lacke mit

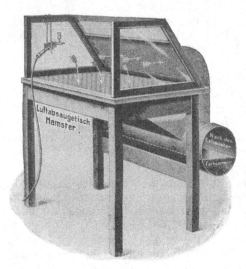

Fig. 272.

Bronzepulver gemischt muß der Druck auf 2 bis 3 Atm. gesteigert werden. In Fig. 272 und Fig. 273 (schematisch) sehen wir noch spezielle Arbeitstische mit Glasrückwänden, wie sie für sparsame Arbeit praktisch sind. Unter dem Tisch läuft eine Rohrleitung, welche zur Hälfte an den Exhaustor mündet, um die feinverteilten Lacke, die sich nicht mehr sammeln lassen, und die verdampften Lösungsmittel aus dem Arbeitsraum zu entfernen, zumal die Dämpfe der Lösungsmittel der Zaponlacke in erster Linie explosibel sind. Die andere Hälfte dieser Ableitungsrohre nimmt die ablaufenden Lacke auf, und diese werden in geeigneten Sammelgefäßen gesammelt, nötigenfalls wieder verdünnt und wieder verwendet. Diese so gesammelten Lacke können, da sie frei von Verunreinigungen gehalten werden, immer wieder verwendet werden. Die schematische Abbildung zeigt, wie eine Tischreihe, paarweise gegeneinander aufgestellt, mit der gemeinsamen Absauge- und Lacksammelleitung verbunden wird. In letzterer Abbildung ist das Lacksammelrohr vom Absaugerohr getrennt gehalten, was nur dann gemacht wird, wenn eine größere Anzahl von solchen Arbeitstischen gleichzeitig verwendet wird, da die Absaugung durch Verringerung des Rohrquerschnittes leicht unsicher und ungenügend würde.

Größere Gegenstände, welche man allseitig bequem, ohne sie mit der Hand anfassen zu müssen, nach dem Spritzverfahren lackieren will, setzt man auf besondere Drehvorrichtungen, die man auf solche vorbeschriebene Arbeitstische auflegt und spritzt, während man den Drehtisch fortgesetzt bewegt, in gleichmäßigem Tempo die großen Flächen mit Lack an.

Solche Spritzapparate werden auch in besonderer Kombination mit Trommeln, sogenannten Spritzautomaten, kombiniert. Beispielsweise genügt ein solcher Automat zum Spritzen von kleinen Hohlkörpern von 80 mm Durchmesser und etwa gleicher Höhe, um stündlich 2000 bis 3000 derselben zu lackieren. Kommt beispielsweise Zapon in Anwendung, so beträgt erfahrungsgemäß der Verbrauch an Zapon für die genannte Leistung ca. 400 g.

Anstatt der echten elektrolytischen Vergoldung wird sehr oft durch eine sehr sinnreich konstruierte Apparatur eine in einem speziellen Lösungsmittel suspendierte feine Goldbronze (auch andere Metallpulver lassen sich so auftragen!) durch Aufspritzen eine wundervolle matte Goldimitation erhalten. Das aufzutragende Gut wird in einen am Spritzapparat angebrachten Behälter gefüllt und der Lack mittels stark komprimierter Luft oder Kohlensäure bei ca. 2 bis 3 Atm. Druck in einem feinen Strahl auf den zu behandelnden Gegenstand aufgetragen. Die Düse, aus der der Lack ausströmt, ist hierbei stellbar eingerichtet, so daß man den Strahl nach Belieben breit oder spitz stellen kann, je nachdem schmale oder breite Flächen zu behandeln sind. Dadurch, daß man eine feine pulverförmige Bronze aufträgt, erhält der Gegenstand das Aussehen, als ob er mattiert sei. Selbstredend ist auf diese Art und

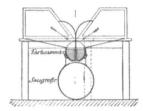

Fig. 273.

Weise nur Surrogat für echte Vergoldung zu erhalten, und solcherart hergestellte Artikel können keinen Anspruch auf Dauerhaftigkeit des Aussehens erheben. Nach Benutzung muß der im Vorratsbehälter des Apparates befindliche Lack entleert werden; die Düse und die anderen leicht zerlegbaren Teile der Apparatur sind mit Zaponverdünnung auszuwaschen, andernfalls würden sich die feinen Kanäle verstopfen und der Apparat bei neuerlicher Benutzung versagen.

Metallabscheidung durch Elektrodenzerstäubung.

Es wurde in diesem Werke gelegentlich der Verchromung auf die Wirkung der Elektrodenzerstäubung im Vakuum hingewiesen und auch im Kapitel „Vergoldung" auf dieses Verfahren Bezug genommen. Verfasser widmet daher diesem Verfahren, wiewohl es nicht zur Galvanotechnik gehört, dennoch ein besonderes Kapitel, weil verschiedentlich die Elektrodenzerstäubung in Verbindung mit galvanotechnischen Arbeiten angewendet wird.

Es ist schon lange bekannt, daß im Hochvakuum Elektroden, an welche höhere Gleichstrom- oder Wechselstromspannungen angelegt werden, zerstäuben, und zwar werden die metallischen Elektroden gewissermaßen zerrissen oder „zerstäubt", wie der fachtechnische Ausdruck lautet. Aber nicht allein Metalle zerstäuben unter diesen Verhältnissen, auch Graphit und verschiedene leitende Metallverbindungen zerstäuben, insbesondere Metalloxyde, Sulfide u. dgl. Bislang konnten leider noch keine Gesetzmäßigkeiten dieses Zerstäubungsvorganges festgestellt werden, man weiß nur, daß immerhin beträchtliche Mengen, vorwiegend der Edelmetalle Gold und Silber sowie deren Legierungen untereinander und mit anderen Metallen, in verhältnismäßig kurzer Zeit von den Elektroden durch das von diesen im Hochvakuum bei hoher Betriebsspannung ausgehende Licht wegtransportiert und auf Schirmen, welche nicht zu weit von den Elektroden entfernt sein dürfen, abgeschieden werden.

Bei der Zerstäubung im Vakuum entwickelt sich Wärme einerseits an den Elektroden und andererseits Wärme durch kinetische Energie infolge des Aufpralls der abgeschleuderten Atome auf entgegengehaltene Schirme. Ferner ist bekannt, daß für die Menge an zerstäubtem Metall die Art des verdünnten Gases von Bedeutung ist. Je höher das Atomgewicht des Gases ist, welches in starker Verdünnung im Vakuumgefäß vorhanden ist, um so größer ist die zerstäubte Menge des Metalls. Wasserstoff wirkt dabei am wenigsten, Argon am meisten. Außerdem sind verschiedene Grundsätze bekannt, unter denen die Zerstäubung vor sich geht, und zwar weiß man:

1. In gleichen Gasen zerstäuben die verschiedenen Metalle immer in der gleichen Reihenfolge, wie Cd, Ag, Pb, Au, Sb, Sn, Bi, Cu, Pt, Ni, Fe, W, Zn Si, Al, Mg; H verhält sich wie ein Edelmetall und steht in dieser Reihe noch vor dem Ag.
2. Die Beschlagsintensität sinkt mit der Entfernung der Elektroden von der Auffangfläche. Sie ist proportional der Zerstäubungszeit.
3. Die Zerstäubung geht annähernd in geradliniger Richtung von den Elektroden aus, doch treten auch Streuungen ein, ähnlich wie wir sie bei der Elektrolyse kennengelernt haben. Für eine größere Fläche, welche man durch Elektrodenzerstäubung mit einem Metall z. B. überziehen will, muß man gitterförmige bzw. solche Elektrodenanordnung wählen, daß ein gleichmäßiges Stromlinienfeld herrscht. Je größer die der Zerstäubung ausgesetzte Fläche ist, um so größer ist die Menge an aufgefangenem Metall. Es ist hierbei vorausgesetzt, daß die Bedingungen, wie Spannung, Stromstärke und Vakuum, konstant gehalten werden.
4. Mit zunehmendem Kathodendunkelraum wächst die Zerstäubungsgeschwindigkeit.
5. Die Zerstäubungsgeschwindigkeit steigt ungefähr linear mit der Spannung und Stromstärke an, ebenso nimmt sie mit steigendem Vakuum bei sonst gleichen Bedingungen, wie Spannung, Stromstärke bzw. Wattzahl, zu.
6. Die Beschlagsintensität ist unabhängig von der Kathodentemperatur, solange sich der Entladungsraum nicht wesentlich erwärmt, dagegen beeinträchtigt Oxydbildung die Zerstäubung sehr wesentlich.

Im allgemeinen werden für 1 g zerstäubtes Metall wesentlich höhere Energien benötigt als etwa bei der elektrolytischen Abscheidung. Während man z. B. 1 g Gold in einem galvanischen Bade mit ca. 0,2 Wattstunden zur Abscheidung bringen kann, braucht man im Falle der Elektrodenzerstäubung für 1 g Gold ca. 500 Wattstunden, für Silber etwa 300, für Nickel dagegen bereits ca. 2000 usw.

Durch die Wirkung der Elektrodenzerstäubung lassen sich alle Nichtleiter, wie Glas, Pflanzenfasern, Papier, Wachse usw., aber auch alle Metalle mit anderen Metallen belegen, und es ist für diese Art der Metallüberzüge typisch, daß sie vollkommen glänzend werden, wenn die Unterlage glänzend war. Die Überzüge sind dabei außerordentlich festhaftend und dicht sowie gleichmäßig.

Schwierigkeiten bereitete bislang noch die Apparatur, wenn es galt, größer dimensionierte Gegenstände nach diesem Verfahren zu metallisieren, weil die Einhaltung des Hochvakuums von einer absoluten Dichtheit der Apparatedichtungen abhängt. Diese Frage ist heute durch die Arbeiten von Dr. v. Bosse als überwunden zu bezeichnen und sind in der Technik Apparate von mehreren Kubikmetern Inhalt dauernd im Betrieb.

Fig. 274 zeigt die Form eines solchen Apparates. Man erkennt den großen, aus Eisen bestehenden Vakuumkessel mit großen Verschlußtüren, welche durch Schrauben an die Gefäßwand gedrückt werden; ein besonderes Dichtungsmaterial sorgt für dauernde Dichtheit. Das Evakuieren erfolgt durch Hochvakuumpumpen, welche motorisch angetrieben werden. Bei genügender Leistungsfähigkeit und verhältnismäßig geringem Kraftverbrauch (pro Pumpe im Maximum 1,5 PS) können Vakuumgefäße von 1 bis 2 cbm Rauminhalt in 6 bis 10 Minuten auf

Hochvakuum von 0,02 mm Quecksilbersäule evakuiert werden. An Hand von besonderen Meßgeräten kann man das herrschende Vakuum im Innern der Apparatur messen.

Diese Methode fand Eingang in der Textilindustrie zum Vergolden und Versilbern von Geweben und Gespinsten aller Art, ferner in der Schallplatten-

Fig. 274.

industrie zum Leitendmachen der Aufnahmewachsplatten, um darauf die bekannten galvanoplastischen Metallniederschläge, Kupfer oder Nickel, niederzuschlagen, ebenso in der graphischen Industrie zur Herstellung der leitenden Schicht auf Glasplatten für die Herstellung besonderer Klischees aus Kupfer oder einem anderen Metall, welches auf so vorbereiteter Schicht elektrolytisch niedergeschlagen wird und schließlich zum Entfernen des in den galva-

nischen Niederschlägen enthaltenen Wasserstoffs, da man z. B. den in Chrom-
oder Nickel-, Gold-, Kupferniederschlägen usw. enthaltenen Wasserstoff durch
dieses Verfahren zerstäuben kann, d. h. der Wasserstoff wird durch die Wirkung
der Elektrodenzerstäubung von den als Elektrode in den Apparat eingehängten
Gegenständen zerstäubt, ohne daß das Niederschlagsmetall, wie Chrom, Nickel,
Gold usw., bei der für die Zerstäubung des Wasserstoffs anzuwendenden Betriebsspannung selbst schon zerstäuben würde. Da 1 g Wasserstoff eine an
sich bedeutende Gasmenge (bei Atmosphärendruck) darstellt, so können
schon große Mengen galvanischer Niederschläge in Frage kommen, ehe man
1 g Wasserstoff zu entfernen hat. Im allgemeinen genügt zur Wasserstoff-
zerstäubung in galvanisierten Gegenständen ein 4 bis 5 Minuten langes Exponieren der zu entgasenden Gegenstände in den Vakuumgefäßen.

Am besten betreibt man diese Apparate mit Wechselstrom, den man mittels
Hochspannungstransformatoren auf 1000 bis 2000 V oder höher transformiert.
Auf der Abbildung sehen wir im Hintergrunde eine entsprechende Hochspannungs-
Schalttafel mit den zur Durchführung solcher Arbeiten erforderlichen Meß- und
Reguliereinrichtungen.

III.
Galvanoplastik.

Historischer Überblick.

Wenn man die Uranfänge der Galvanoplastik suchen will, so muß man die Gräberfunde der alten Ägypter studieren, denn man findet bekanntlich an Tongefäßen, Statuen, hölzernen Waffenspitzen, Feilen usw., die in den ägyptischen Gräbern entdeckt werden, häufig dünne Kupferschichten, welche darauf schließen lassen, daß bereits damals die Galvanoplastik in irgendeiner primitiven Form ausgeführt wurde.

Die Wirkung des Daniell-Elementes scheint De la Rue Veranlassung geboten zu haben, weitere Untersuchungen über die im Element stattfindende Kupferfällung anzustellen, und wir finden neben vielen anderen Resultaten in einer Mitteilung des „Philosophical Magazine" aus dem Jahre 1836 eine interessante Stelle: „Die Kupferplatte wird auch mit einem Überzug von metallischem Kupfer bedeckt, und dieses fährt fort, sich abzuscheiden; es bildet sich eine Kupferplatte, welche der Unterlage so vollkommen entspricht, daß, wenn man sie abnimmt, der Abdruck jedes selbst noch so feinen Ritzes darauf zu bemerken ist."

Diese Resultate, wie überhaupt die ganzen, für die Galvanoplastik gewiß interessanten Untersuchungen, wurden aber nicht weiterverfolgt, und erst Jakobi war es im Jahre 1838 vorbehalten, der Galvanoplastik den Rang in der Kunst einzuräumen, der ihr als nunmehr bereits unentbehrliches Hilfsmittel, als Kunstbehelf ersten Ranges zukommt. Jakobi nannte diese Erfindung Galvanoplastik, und bald beschäftigte sich ein großer Kreis von Forschern mit diesen Erscheinungen. Man kam bald auf den Gedanken, auch andere Metalle, wie Nickel, Eisen, selbst Gold und Silber, zu solchen Reproduktionen zu verwenden, und bis heute wird noch mit unermüdlichem Eifer daran gearbeitet, ohne daß die Verfahren zu einem Schlußresultate gebracht worden wären, die Tätigkeit des in die Erscheinungen der verschiedenen Vorgänge sich vertiefenden Forschern gehemmt worden wäre.

Der Gedanke, galvanoplastisch erzeugte Kupferplatten für Druckzwecke zu verwenden, die Galvanoplastik selbst zum Vervielfältigen von gravierten Kupferplatten usw. auszunutzen, wurde in dem Momente lebendig, als der Engländer Jordan durch Zufall die Beobachtung machte, daß das im Daniellschen Elemente an einer gravierten Kupferplatte abgeschiedene Metall die genaue Kopie der gravierten Platte en relief ergab. Wenn damit auch Jordan die Wege zur Anwendung des galvanoplastischen Prozesses für technische Zwecke gewiesen hatte, so gebührt doch Jakobi nachgewiesenermaßen die Priorität der Erfindung, der für seine dem Kaiser von Rußland vorgelegten Medaillonkopien 25000 Rubel in Silber erhielt. Bald wurden von gestochenen, radierten usw. Druckplatten solche Negative — „Hochdruckplatten" genannt — dargestellt, von denen man in unbeschränkter Anzahl wieder Tiefdruckplatten erzeugen oder reproduzieren konnte. Im weiteren Verlaufe der Entwicklung dieser Technik kam man dazu, direkt die Druckplatten in Kupfer herzustellen, wie z. B. bei der Heliogravüre, der Galvanokaustik, dem Naturselbstdruck und wie die einzelnen Verfahren eben heißen mögen. Dabei wurde auch in der Reproduktion von Reliefs, Medaillen, in der Metallisierung von Pflanzen und Tieren, keramischen Objekten usw. weitergearbeitet, nachdem später Murray entdeckte, daß nichtleitende, also nichtmetallische Gegenstände durch Überziehen mit Graphit mit einem festhaftenden Metallüberzug versehen werden konnten. Die größte Ausdehnung konnte diese neue Industrie jedoch erst annehmen, als sich die Elektrotechnik in ihren Dienst stellte und die zur Stromerzeugung notwendigen Dynamomaschinen usw. lieferte. Auf diese Weise wurde die Galvanoplastik zu einem nicht unbedeutenden Abnehmer der elektrotechnischen Industrie, zumal es heute eine Unzahl von Fabriken und einzelnen Gewerbetreibenden gibt, welche sich ausschließlich der Galvanoplastik widmen und Großartiges darin leisten. Als Beweis dafür seien angeführt das durch v. Kress ausgeführte Gutenberg-Denkmal in Frankfurt a. M. und die Kolossalfiguren auf der Neuen Oper zu Paris — Gruppen von 5 bis 6 m Höhe —, die sicherlich ein beredtes Zeugnis der Leistungsfähigkeit der Galvanoplastik geben.

Am häufigsten angewendet ist die Galvanoplastik in Kupfer, doch werden jetzt für bestimmte Zwecke auch eine Reihe anderer Metalle für galvanoplastische Zwecke, wie Gold, Silber, selbst Nickel und Eisen, in größerem Maßstabe abgeschieden, erstere beiden in der Goldschmiedeindustrie zur Vervielfältigung von Kunstgegenständen in Gold und Silber, letztere allerdings nur in vereinzelten Fällen für Druckplatten u. ä., um diesen eine größere Dauerhaftigkeit zu verleihen, oder zur Herstellung widerstandsfähiger Druck- oder Gießformen, Prägestempeln u. dgl.

Wir unterscheiden, je nach dem Metall, welches zur Herstellung der galvanoplastischen Erzeugnisse dienen soll:

> Kupferplastik,
> Eisenplastik,
> Nickelplastik,
> Silberplastik,
> Goldplastik,
> Platinplastik.

Viel verwendet wird die plastische Überkupferung von Holz in der Fabrikation chirurgischer Instrumente, um die Holzgriffe an ihrer Oberfläche metallisch (antiseptisch) zu machen, um dieselben nicht schwerfällig und massiv aus Metall darstellen zu müssen.

Beachtenswert ist ferner die plastische Überkupferung von Metallen für gewisse Zwecke, wenn das Elektroplattieren mit Kupfer in dem zyankalischen Bad zu langsam geht, z. B. behufs Erzielung eines schönen Mattgrundes, für Mattversilberung, Mattvergoldung, Mattvernickelung usw., oder um Objekte mit Kupfer plastisch zu umhüllen, damit sie wie aus Kupfer gemacht erscheinen (Objekte aus Eisen- oder Zinnguß usw.).

Außerdem hat die Galvanoplastik noch zahlreiche andere Anwendungen gefunden, auf deren eingehende Behandlung bereits hier verwiesen sei.

Wie wir uns bei der Elektroplattierung der galvanischen Elemente, Dynamomaschinen und Akkumulatoren als Stromquellen bedienen, geradeso ist dies bei der Galvanoplastik der Fall, für die auch die Grundsätze der Stromleitung und Regulierung maßgebend sind, die in dem ersten Teil dieses Buches beschrieben wurden.

Vorbereitende Arbeiten.

Bevor die eigentliche Metallfällung auf den dazu bestimmten Kathoden erfolgen kann, muß eine Reihe vorbereitender Arbeiten erledigt werden, um die als Form, Matrizen usw. dienenden, das Niederschlagsmaterial aufzunehmenden Objekte für den elektrolytischen Prozeß brauchbar, geeignet zu machen.

Es handelt sich in der Galvanoplastik stets um stärkere Metallschichten, die aber, zum Unterschied von den elektrolytischen Metallfällungen der Galvanostegie, zumeist nicht auf der Unterlage festhaften sollen. Es muß daher die Niederschlagsform derart stromleitend vorbereitet werden, daß ein Abheben des darauf erfolgenden Niederschlages in dem Falle leicht ermöglicht werden kann, wenn das Niederschlagsmetall ein für sich existenzfähiges Stück darstellen soll. Anders verhält es sich natürlich, wo, wie beim Überziehen von Gips, Glas, Holz u. dgl., der Niederschlag die Masse fest umschließen und dauernd mit ihr vereinigt bleiben soll.

Die vorbereitenden Arbeiten zerfallen in das Abformen, das hierauf folgende Leitendmachen oder Metallisieren und die Versorgung der leitenden Stellen mit Zuleitungskontakten. Obschon diese Abformmethoden für alle Arten der Galvanoplastik Geltung haben, sollen sie gleich hier besprochen werden, weil sie doch der Hauptsache nach in der Kupfergalvanoplastik Anwendung finden. Spezielle Abänderungen der Formmethoden für besondere Niederschläge werden bei den einzelnen Kapiteln der Galvanoplastik erwähnt.

Das Abformen. Die am häufigsten vorkommende Arbeit der Galvanoplastik besteht in dem Reproduzieren vorhandener Originale in Kupfer, sei es nun die Reproduktion einer Büste, Münze, Druckplatte oder eines Bijouterieartikels oder ähnliches. Es ist klar, daß man das Original in diesen Fällen nicht als Kathode für den galvanoplastischen Prozeß verwenden kann, weil durch die Metallfällung, wobei sich das Metall genau an die Kathodenteile anlegt, ein Negativ der Kathodenoberfläche geschaffen würde, d. h. jeder Erhöhung der Kathode entspräche eine gleich große und analog geformte Vertiefung im Niederschlag und umgekehrt. Deshalb ist man gezwungen, vorerst auf irgendeinem Wege ein Negativ des Originals zu schaffen, von welchem erst der galvanoplastische Niederschlag, dem Original getreu, als Positiv gewonnen werden kann. Die verschiedenen Methoden seien nachstehend beschrieben. Selbstredend sind die Methoden nicht für jedes Original gleich gut anwendbar, und es muß dem Praktiker überlassen werden, selbst herauszufinden, welche Methode für den jeweiligen Zweck am geeignetsten ist. Vor allem aber ist das Material und die Natur des Originals für die Wahl der Formmethode und des Formmaterials ausschlaggebend.

Die Formmaterialien. Als Formmaterial kann jedes in der zur Verwendung kommenden Lösung unlösliche Material gelten, welches als leicht schmelzbare Metall- oder Wachskomposition auf das Original aufgegossen werden kann und nach der Abkühlung wieder erhärtet, ohne daß die Feinheit der Oberfläche eine Einbuße erleiden würde. Es sind daher Wachsarten oder Metallkompositionen, welche beim Erkalten ein kristallinisches Gefüge zeigen, ausgeschlossen. Andere Arten von Formmaterialien sind solche, welche bei einer bestimmten Temperatur plastisch werden und welche durch Druck die Form des Originals annehmen. Schließlich kann auch der Gipsbrei speziell in solchen Fällen geeignet erscheinen, wo die mathematische Genauigkeit der reproduzierten Stücke nicht in Betracht kommt. In besonders heiklen Fällen, wie z. B. beim Banknotendruck, werden sogar die Formen galvanoplastisch vom Original vervielfältigt und wird die Reproduktion selbstredend haarscharf die Feinheiten des Originals wiedergeben müssen.

Abformen flacher Objekte. Je nach der Form des nachzubildenden Gegenstandes ist die Abformmethode verschieden. Flache ornamentale Verzierungen, flache Reliefs aus Metall, Medaillen und schließlich Präge- und Druckplatten werden gewöhnlich mittels der Presse abgeformt. Das geeignet vorbereitete Modell, wie wir das abzuformende Arbeitsstück nennen wollen, wird auf das halbweiche Massestück gelegt und auf der Presse — gewöhnlich einer Schlagradpresse (siehe Fig. 275) — in die Formmasse eingedrückt.

Damit die Formmasse auf dem Tische der Presse nicht adhäriert, wird die Platte zumeist mit Graphit eingestäubt. Bei Verwendung von Guttapercha wird der Tisch der Presse sowie die Unterseite des Guttaperchastückes mit Glyzerin befeuchtet, um das oft vorkommende Ankleben der Guttapercha nach dem Pressen zu verhindern. Derselben Behandlung wird das Modell unterzogen.

Das Abformen mit der Spindelpresse wird nur für kleinere Modelle oder in galvanoplastischen Anstalten für den Buchdruck nur für kleinere Holzstöcke u. dgl. ausgeführt. Größere Flächen kann man mit der Spindelpresse nicht mehr abformen, hierzu bedient man sich der hydraulischen Pressen. Infolge des mit diesen Pressen zu erzielenden hohen Druckes, der sich auch bei den größten Matrizen auf die ganze Fläche gleichmäßig verteilt, ist es möglich, die feinsten Details vollkommen scharf abzuformen. Die Manipulation beim Prägen variiert nach dem verwendeten Formmaterial. Gewöhnlich aber wird die Formmasse in

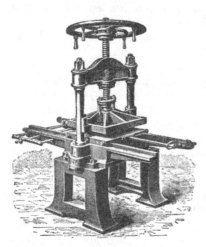

einen eisernen, ca. 2 bis 5 cm hohen Eisenring eingebettet, mit Graphit bestreut, das ebenso behandelte Modell daraufgelegt, von Hand etwas eingedrückt und in die Mitte des Preßtisches gelegt, worauf durch Einpumpen von Wasser in den Rezipienten der Presse der Tisch gegen das Kopfstück gehoben wird. Die Stärke des Druckes ist ebenfalls verschieden. So werden für Abformungen in Blei mitunter bis zu 50000 kg Druck auf kleine Flächen angewendet. Es ist angezeigt, die Modelle so lange in der Presse zu lassen, bis Modell und Formmasse die normale Zimmertemperatur angenommen haben. Dadurch verhütet man eine nachträgliche Formveränderung der Matrize, was bei Benutzung vorgewärmter Modelle häufig eintritt.

Fig. 275.

Eine hydraulische Presse, wie solche in galvanoplastischen Anstalten gebräuchlich sind, veranschaulicht Fig. 276.

Die Konstruktion dieser hydraulischen Pressen zeigt keine besonderen Abweichungen von gewöhnlichen Maschinen dieser Art. Die Presse ist niedrig gebaut, der Hub nur gering, weil ja auch die einzuprägenden Zeichnungen u. ä. nur ganz geringe Erhöhungen aufweisen. Das Kopfstück ist massiv gebaut und wird von vier Säulen entsprechender Stärke gehalten. Der Wasserkasten und das Pumpwerk sind seitlich angeordnet und an der Presse direkt montiert. Zur Verhütung von gefahrbringenden allzu hohen Drucken ist ein Sicherheitsventil, bestehend aus Hebel und Gewicht, welch letzteres sich nach dem maximal zulässigen Gesamtdruck richtet, angebracht. Der Pumpenkörper aus Rotguß enthält den Druckkolben, Saug- und Druckventil. Der Preßtisch ist zumeist in der Weise ausgebildet, daß eine ausziehbare Platte in Nuten des Preßtisches auf Röllchen läuft, und gestattet, diese Platte, welche die Matrizen trägt, vor und nach der Pressung leicht bedienen zu können. Als Druckflüssigkeit dient Wasser oder Glyzerin. Nach erfolgter Pressung wird durch ein Ablaßventil die Druckflüssigkeit in den Wasserkasten zurücklaufen gelassen, wobei sich der Tisch senkt. Die normalen Größen der in der Galvanoplastik gebräuchlichen hydraulischen Pressen sind in der folgenden Tabelle zusammengestellt.

Die in diesen Pressen abzuformenden Modelle, Holzschnitte, Schriftsätze usw. können maximal die Dimension der angegebenen Tischgrößen erreichen. Zur Bedienung einer solchen Presse genügt durchweg ein Mann; die Pressen werden zumeist für Handbetrieb gebaut, können aber auch für Kraftbetrieb eingerichtet werden.

Tischgröße in cm		Maximaldruck in Atmosphären	Druckeffekt in kg	Gewicht ca. kg
Breite	Tiefe			
60	42	120	88200	1700
57	46	300	377000	2600
80	70	120	150700	3000
80	70	300	377000	4060

Metallformen (Metallschmelzformen). Naturgemäß ist die Metallmatrize die vorteilhafteste und speziell für Massenabformung die rationellste, wenn es sich um flache und größer dimensionierte Objekte handelt. Als Leiter erster Klasse, der nicht erst, wie wir dies bei den Wachs- und Guttaperchamatrizen sehen werden, oberflächlich elektrisch leitend gemacht werden muß, kommt der Metallmatrize die erste Stelle in allen jenen Fällen zu, wo höhere Temperaturen während der Elektrolyse zur Anwendung kommen, bei denen Matrizen aus Wachs, Guttapercha, Zelluloid erweichen würden, wodurch aber auch gleichzeitig die Feinheit des Abdruckes leiden müßte. Als Material für solche Metallmatrizen können solche Metalle in Betracht kommen, welche entweder leicht schmelzbar sind und infolge der niederen Verflüssigungstemperatur dem Original beim Übergießen nicht schaden können,

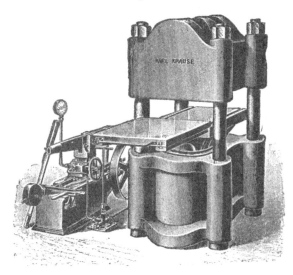

Fig. 276.

oder solche, welche sehr weich sind, so daß man die Modelle ohne Gefährdung der Feinheiten unter der Presse in das schmiegsame Material, zumeist Blei, einpressen kann.

Für fabrikmäßige Reproduktionen reliefierter oder glatter größerer Objekte kann man mit Vorteil die ausschmelzbaren bezw. abschmelzbaren Metallformen aus Blei, Zinn und anderen leicht schmelzbaren Metallen oder Metallegierungen anwenden, die man leicht von einem von Künstlerhand stammenden Original gießt. Es kommen hierbei sowohl Innen- wie Außenformen in Betracht, je nachdem ob man mit dem galvanoplastischen Niederschlag die Form außen überziehen will oder ob man den Niederschlag auf der Hohlform mittels Innenanoden nach innen wachsen lassen will. Die schematischen Bilder Fig. 277 und Fig. 278 veranschaulichen den Unterschied.

Die beiden Bilder sind von selbst klar. In Fig. 277 stellt F die durch Gießen in eine Eisenform oder Gipsform usw. hergestellte Innenform dar, die, an einem Träger T hängend, durch die Kegelräder K K zwischen den Anoden A A in Drehung versetzt wird. Der galvanoplastische Niederschlag setzt sich hier nach außen an, je stärker seine Schicht wird, desto rauher wird seine Außenfläche, wenn nicht durch besondere Hilfsmittel, auf die wir später zu sprechen kommen werden, eine mechanische Glättung bewerkstelligt wird. Natürlich kommen für solche Glättungsmittel nur glatte, nicht etwa mit figuralen Reliefs versehene Rotationskörper in Betracht. Werden jedoch mit solchen Innenformen trotzdem auch Körper mit Reliefs galvanoplastisch niedergeschlagen, so müssen die bei größeren Niederschlagsdicken unvermeidlichen Rauheiten in Kauf genommen werden. Es bleibt dann nur der Weg der nachträglichen Schleifarbeit mit rotierenden Schleifscheiben; daß dadurch viele Feinheiten der Reliefs verlorengehen, braucht nicht erst erwähnt zu werden.

Nach diesen Worten wird der Vorzug der Außenformen bei reliefierten Hohlkörpern nach Fig. 278 klar. Die Schmelzform F ruht mittels der eingelassenen Stange L auf der Spitze des in den Gefäßboden eingesetzten Dornes H und wird durch Schneckenrad R und Schnecke S in Rotation versetzt. Am oberen Rande der Form ist ein Ring B B mittels Schrauben Z angeschraubt, welcher auf den ringsum angebrachten verstellbaren Gleitrollen G aufruht, so daß die schwere Form (wohl meist aus Blei) sicher geführt und leicht beweglich ist. Der Elektrolyt befindet sich nur im Hohlraum der Außenform, und die Anode von entsprechendem Profil ragt ins Innere der Form hinein. Der Nieder-

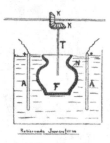

Fig. 277.

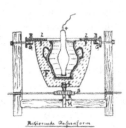

Fig. 278.

schlag setzt sich dann auf der Innenseite der Form ab und kann beliebig stark gemacht werden. Wenn dann die Innenseite des galvanoplastisch hergestellten Körpers rauh ausfällt, so kann dem durch Auslöten, Abschleifen und andere Prozesse abgeholfen werden, die Feinheiten des Reliefs leiden aber dadurch nicht.

Das Gießen solcher Formen kann jeder mit Gießereiarbeiten Vertraute ausführen; als Einrichtungsobjekt genügen ein eiserner Schmelzkessel mit Herdfeuerung und die nötigen Materialien zum Abgießen mittels Gips. Wenn der Niederschlag von der metallischen Form befreit werden soll, wird die Form mit dem daraufsitzenden Niederschlag in den Schmelzkessel geworfen; das Blei oder das sonstige zur Bereitung der Form benutzte Metall schmilzt, und der Hohlkörper (stets spez. leichter als Blei) schwimmt auf der Oberfläche des Bleibades. Die letzten Reste des evtl. noch am Niederschlag haftenbleibenden Bleies entfernt man durch eine Bürste, solange der Körper noch heiß ist, eine vollkommene Reinigung kann durch Elektrolyse bewirkt werden in einem Bade aus Ätznatron, in dem der zu reinigende Körper anodisch behandelt wird.

Bei den Außenformen kann man, wie dies die Fig. 278 zeigt, fertige, durch irgendein Verfahren gewonnene Nebenteile, wie Henkel usw., mit einschmelzen, die mit dem Niederschlag verwachsen, so daß deren nachträgliche umständliche Anmontierung vermieden wird.

Die Wahl der Wandstärke solcher Formen muß dem Gießer überlassen werden.

Zerreißbare Formen wurden Kugel bzw. der Firma Gerhardi & Co., Lüdenscheid, patentiert (D. R. P. Nr. 123 056).

Dieses Patent sagt folgendes:

Die bekannten Verfahren, Matrizen von galvanoplastischen Niederschlägen abzutrennen, erweisen sich für die Nickelgalvanoplastik in sehr vielen Fällen als wenig geeignet oder als ganz unausführbar, zumal wenn der Niederschlag nicht auf einer ebenen Unterlage, sondern als Hohlkörper auf einem gewölbten oder profilierten Formkern gebildet werden soll.

Für die Nickelgalvanoplastik scheiden die sonst gebräuchlichen leitend gemachten Matrizen aus Wachs, Guttapercha, Leim und ähnlichen Stoffen von vornherein aus, da starke Nickelniederschläge nur in heißen Lösungen erhalten werden, die genannten Stoffe aber in der Wärme erweichen und ihre Form ändern.

Das ferner zu nennende bekannte Verfahren, die Formen aus leichtflüssigen Metallen herzustellen und nach Bildung des Niederschlages durch Schmelzen zu entfernen, bringt den großen Nachteil mit sich, daß stets eine Legierung des Formmetalls mit der naturgemäß metallisch reinen Niederschlagsoberfläche stattfindet.

Nur das dritte bekannte Verfahren, die Verwendung von Matrizen aus hartem Metall, wie Messing, Kupfer, Eisen usw., ist bei Nickel ebenso ausführbar wie in der Kupfergalvanoplastik, d. h. in demselben sehr beschränkten Umfange. Mit solchen Formen können nur ziemlich einfach gestaltete flache Gegenstände oder glatte Hohlkörper, wie zylindrische und konische Röhren usw., hergestellt werden, bei welchen dann die Entfernung des Kerns entweder durch Verengung desselben oder durch Erweiterung des Niederschlages mittels Walzen, Rollen, Wasserdruck usw. ermöglicht wird. Das Verfahren ist dagegen nicht anwendbar für alle anderen Gegenstände, namentlich nicht für die Herstellung von Hohlgefäßen mit verengten Öffnungen, Profilierungen oder Verzierungen.

Das nachstehend beschriebene Verfahren gestattet dagegen die Herstellung beliebig gestalteter Gegenstände, insbesondere auch von Hohlgefäßen in fast beliebigen Formen mit Erhabenheiten und Vertiefungen. Die Arbeitsweise ist gekennzeichnet durch die Anwendung dünnwandiger und hohler Matrizen aus weichem, leicht zerreißbarem Metall, deren niederschlagsfreie Rückseite mit Nuten oder linienförmig verlaufenden Vertiefungen versehen ist. Diese Nuten, welche bis nahe zur vorderen Oberfläche reichen, teilen die Formwände in einzelne Streifen oder Abteilungen. Nach Bildung des Niederschlages werden mittels geeigneter Werkzeuge die einzelnen Streifen angehoben und abgerissen. Durch passende Unterteilung der Formwände ist auf diese Weise fast jeder beliebig gestaltete Kern sehr leicht zu entfernen, ohne daß eine Formänderung des Niederschlages erfolgt.

Die Ausführung des Verfahrens gestaltet sich in den einzelnen Fällen verschieden. Als Material für die Matrize wird zweckmäßig Blei, Zinn oder Legierungen derselben, wie z. B. Britanniametall, benutzt.

Wird die Form aus Blech hergestellt, so läßt man zweckmäßig das Blech vorher zwischen einem Walzenpaar durchlaufen, dessen eine Walze glatt, die andere mit den den Nuten oder Furchen entsprechenden Erhöhungen versehen ist, oder man legt eine mit entsprechenden Erhöhungen versehene Stahlplatte auf das Blech und schickt beide gleichzeitig durch zwei glatte Walzen. Bei gegossenen Matrizen lassen sich die Furchen ebenfalls leicht herstellen, indem man den einen Teil der Gußform, welcher die Rückseite der Matrize begrenzt, mit entsprechenden Rippen versieht. Schließlich lassen sich die Furchen durch Einschneiden mit einem entsprechenden Werkzeuge auf der Drehbank, Hobel- oder Fräsmaschine oder auch von Hand erzeugen. In diesen Fällen ist dafür zu sorgen, daß durch passende Gestaltung des Werkzeuges ein zu tiefes Einfurchen vermieden wird, um einer Verletzung der vorderen Formfläche vorzubeugen.

Die Furchen oder Riefen lassen sich sowohl vor als auch nach Erzeugung des Niederschlages herstellen.

Die Linienführung der Furchen wird zweckmäßig so angeordnet, daß die Formwände in einzelne parallele Streifen geteilt werden, welche sich leicht abreißen lassen. Bei Rotationskörpern ist es oft praktisch, die Vertiefungen schraubenförmig zu ziehen, so daß die Formwand als einziger schraubenartiger Streifen abgerollt werden kann. Bei schwierigen Formen muß manchmal eine weitere Unterteilung der Wände eintreten.

Patent-Anspruch:

Verfahren zur Herstellung leicht abhebbarer metallischer Formen für galvanoplastische Niederschläge, dadurch gekennzeichnet, daß die Formen aus einem dünnen Blech oder in dünnwandigem Guß hergestellt werden, welches bzw. welcher auf der nicht für den Niederschlag bestimmten Seite gerieft ist, zu dem Zweck, durch leichtes Ein- oder Zerreißen das Entfernen der Form zu ermöglichen.

Eine weitere Ergänzung dieses Patentes ist in dem D. R. P. Nr. 126 999 der gleichen Firma niedergelegt, dessen Anspruch lautet:

Verfahren zur Herstellung leicht zerstörbarer, nach Herstellung des Niederschlages stückweise zu entfernenden Formen für galvanoplastische Arbeiten, dadurch gekennzeichnet, daß die Formen aus leicht brüchigen Metallen oder Legierungen oder aus solchen Metallen oder Legierungen, die durch Zusatz von Arsen, Phosphor, Schwefel u. dgl. brüchig gemacht sind, hergestellt werden.

In dritter Linie kommt endlich galvanoplastisch niedergeschlagenes Kupfer, Nickel oder Stahl in Betracht, wenn ein Negativ geschaffen werden soll, was, wie z. B. im Banknotendruck, als Depotplatte dienen soll, von welcher mehrere gleichartige Abzüge in Kupfer, Nickel oder Stahl angefertigt werden sollen.

Von den zum Abformen durch Übergießen geeigneten leicht schmelzbaren Metallegierungen seien folgende angeführt:

1. Das Woodsche Metall. Dieses schmilzt bei 76° C und besteht aus:

Kadmium . . . . 2 Tl.
Wismut . . . . 8 ,,
Blei . . . . 4 ,,
Zinn . . . . 2 ,,

2. Das Rosesche Metall; schmilzt bei 94° C und besteht aus:

Wismut . . . . 2 Tl.
Blei . . . . 1 ,,
Zinn . . . . 1 ,,

Letztere Komposition wurde mehrfach abgeändert, teils um den Schmelzpunkt herabzudrücken, teils um das Material zu verbilligen. So kam man zu der Mischung:

Blei . . . . 5 Tl.
Zinn . . . . 3 ,,
Wismut . . . . 8 ,,

welche bei 80° C schmilzt, und zu der Mischung:

Blei . . . . 2 Tl.
Zinn . . . . 3 ,,
Wismut . . . . 5 ,,

welche genau bei 100° schmilzt.

Als Material, welches sich infolge der damit erzielten scharfen Abdrücke und der feinkörnigen Struktur ganz besonders für galvanoplastische Gießmatrizen eignet, wird von Böttcher folgende Komposition empfohlen:

Blei . . . . 8 Tl.
Wismut . . . . 8 ,,
Zinn . . . . 3 ,,

Diese Legierung schmilzt bei 108° C.

Das Mischen solcher Metalle geschieht in folgender Weise. Es werden die Metalle in der angeführten Reihenfolge in einem eisernen Tiegel oder Gießlöffel geschmolzen und mittels eines Eisenstabes durchgerührt. Ein übermäßig langes Erhitzen oder zu hohe Temperatur ist schädlich, weil das Metall leicht grobkristallinisch wird, was speziell bei dem Roseschen und Woodschen Metall zu beachten ist. Die geschmolzene Metallmasse läßt man dann tropfenweise auf eine reine Eisen- oder Steinplatte ausfließen, reinigt das Schmelzgefäß und schmilzt die Masse abermals. So wird 3- bis 4mal verfahren, und die Legierung ist hierauf einheitlich und genügend gut gemischt. Endlich läßt man das geschmolzene Metall, welches nicht viel über 120 bis 130°C warm sein soll, durch ein Papierfilter fließen, dessen Spitze mit einer Nadel durchstochen ist, und erreicht man dadurch, daß die Oxydschichten, die sich beim Schmelzen gebildet haben, zurückgehalten werden.

Sollen nunmehr Matrizen aus solchen Kompositionen angefertigt werden, z. B. der Abdruck einer Medaille, so wird das Metall geschmolzen und in eine Gußform aus Stein oder Gips (auch Pappe eignet sich hierzu) gegossen und die kalte Medaille aus geringer Höhe, etwa 5 bis 10 cm hoch, auf die warme Mischung fallen gelassen. Nachdem das Metall erstarrt ist, was in wenigen Sekunden der Fall ist, wird die Medaille durch leichtes Klopfen abgetrennt. Vorschrift ist dabei, nach dem Ausgießen des Metalls, solange es noch heiß ist, die Oberfläche durch ein Kartenblatt zu reinigen. Anstatt die Medaille oder sonst ein flaches Objekt auf die weiche Metallmasse fallen zu lassen, kann man auch das Abformen durch Eindrücken von der Hand oder unter der Presse ausführen.

Brandely empfiehlt, das Abformen in solchen Kompositionen stets unter der Presse auszuführen, und schlägt folgenden Weg vor. Das flüssige Metall wird in eine angewärmte Metallschale gegossen, der Tisch der Presse ist, wo dies tunlich ist, ebenfalls anzuwärmen, um ein vorzeitiges Erstarren des Metalls zu verhindern. Das Modell, z. B. ein Gipsstück, legt er auf das Metall, sobald dieses zu erstarren beginnt. Nun wird ein Blatt Papier oder eine Metallplatte darübergelegt und, bevor das Metall erstarrt, durch einen energischen, aber nicht zu starken Druck der Presse einwirken gelassen.

Für Objekte annähernd gleicher Größe kann man so verfahren, daß man einen teilbaren Metallkasten unter die Presse bringt. Das Gipsstück wird eingebettet und das Metall darübergegossen. Der Kasten besitzt am oberen Ende eine zylindrische Öffnung, in welche ein Kolben genau eingepaßt ist. Die Presse drückt auf den Kolben, das Metall wird auf diese Art in jede Unebenheit eingepreßt, und nach Erkalten der Metallmasse wird der Kasten zerlegt, das Gipsmodell zerstört, und der Abguß, der selbstredend auch geteilt sein kann, ist auf diese Weise gewonnen.

Es lassen sich unter Anwendung geeigneter Vorsichtsmaßregeln auch profilierte Modelle, sogar Büsten in Metall, durch Umgießen herstellen. Winkelmann verfährt hierbei wie folgt: Das Gipsmodell der betreffenden Büste wird mit ca. 2 cm dicken Platten von Ton umkittet und über das Ganze ein Gipsmantel gebildet. Sobald der Mantel hart geworden, löst man den Ton heraus, was durch warmes Wasser leicht ermöglicht wird. Wenn man jetzt den Gipsmantel um das Modell legt, bleibt ein 2 cm breiter Zwischenraum, der mit dem leichtflüssigen Metall ausgegossen wird. Nach Zerstören des Modells resultiert die Matrize in der Stärke der aufgelegten Tonschicht.

Um ein Ansetzen des Niederschlagmetalls auf der Rückseite der Matrize zu vermeiden, wird diese mit einem isolierenden Anstrich von Zelluloid in Azeton versehen oder mit Wachs, Asphaltlack oder Guttapercha abgedeckt.

Bleiprägeverfahren. Flache Druckplatten aus Metall werden in der hydraulischen Presse in Blei abgeformt. Zu diesem Zwecke werden Bleiplatten von ca. 6 bis 10 mm Dicke plangehobelt und auf den Tisch der hydraulischen Presse

gelegt, die zu prägende Platte daraufgelegt und unter entsprechendem Drucke
unter Berücksichtigung der Angaben des Manometers eingepreßt. Ein Abformen dieser Art unter der Spindelpresse ist nicht durchführbar, weil das Blei
durch den plötzlichen Schlag leicht zu einem dünnen Blatt gepreßt werden kann
und die Mutterplatte Gefahr liefe, zerstört zu werden.

Diese Art der Bleiprägung kann aber nur für verhältnismäßig kleine Stücke
Verwendung finden, wie z. B. beim Abformen von Briefmarken. Will man
größere Flächen in Blei abformen, so greift man zum Verfahren von Dr. Albert,
das mit sogenanntem Partialdruck arbeitet, oder zum Abformen mit einer ge-
riffelten Stahlunterlage.

Das Albertsche Verfahren hat sich als das zuerst veröffentlichte rasch
Eingang verschafft, und es liefert auch tatsächlich die besten Resultate. Vor
allem wird es überall dort einzig und allein in Anwendung kommen, wo ganz
genaue (bei Mehrfarbendruck aufeinanderpassende) Galvanos gewünscht werden,
da nach dem Albertschen Verfahren keinerlei Dehnung des Bildes vorkommen kann.

Schon vor vielen Jahren waren Versuche gemacht worden, Originale in Blei
abzuformen, da eine Bleimatrize gegenüber den Guttapercha- und Wachsmatrizen die großen Vorteile besitzen müßte, daß sie nicht erst durch Graphitieren leitend gemacht zu werden braucht und daß bei ihr keine Dimensions-
änderungen infolge des Übergangs aus dem erwärmten in den kalten Zustand
eintreten. Aber leicht verletzbare Originale, wie z. B. Holzschnitte, Schriftsätze, konnten dem hohen, für die Prägung in Bleiplatten erforderlichen Drucke
nicht widerstehen, sondern wurden zerstört, höchstens Stahlstiche hätten diesen
hohen Druck ohne Verletzung ertragen können.

Selbst bei Verwendung ganz dünner Bleifolien, die mit feuchter Pappe
oder mit erwärmter Guttapercha beim Prägen hinterlegt wurden, ließen sich
keine brauchbaren Resultate erzielen, weil die Bleifolie an denjenigen Stellen
riß, an denen sie besonders stark beansprucht wurde.

Es ist das Verdienst von Dr. E. Albert in München, die Ursachen, welche
die Mißerfolge verursachten, erkannt zu haben und durch seine Beobachtungen
und Überlegungen zu einem brauchbaren Verfahren der Prägung in Blei zu
gelangen.

Dr. E. Albert sagt hierüber: „Jeder Galvanoplastiker weiß, daß beim
Prägen von gemischten Satz- und Bildformen der Satz schon lange bis auf die
Punzen ausgeprägt ist, bevor die Schatten z. B. eines Holzschnittes oder einer
Autotypie fertig sind. Die vollständig durchfeuchtete Pappe verhielt sich
beim Prägen nun genau so, wie das durch Erwärmen weich gemachte Wachs
oder die Guttapercha, d. h. es mußte durch die feuchte Pappe das vorgelegte
Bleiplättchen sich zuerst in die großen und zuletzt in die kleinsten Vertiefungen
der Druckform einprägen. Trotz der enormen Duktilität des Bleies konnte
natürlich das Bleiblättchen diesen Anforderungen an Ausdehnung nicht genügen,
sondern es zerriß infolge dieser Überbeanspruchung an vielen Stellen.
Damit war dieses Verfahren für die Praxis erledigt, es hätte höchstens für Formen
mit sehr seichten Niveauunterschieden Verwendung finden können, aber auch
hierfür nicht in der Technik von heute mit durchgängig größeren Formaten.

Man muß hierbei bedenken, daß z. B. auf dem Quadratzentimeter einer Autotypie 36 Vertiefungen vorhanden sind, in welche das Bleiplättchen hineingeprägt
werden mußte und an dessen 144 Seitenwänden pro Quadratzentimeter es sich
anlegte. Es ist namentlich bei unterätzten Druckformen eine ziemliche Gewalt
nötig, um die Matrize von dem Prägematerial zu trennen, und daher ist es
unmöglich, mit dem Bleiblättchen, das im Interesse der Druckverminderung
sehr dünn sein muß, bei größeren Formaten unter gleichzeitiger Erhaltung der ebenen Oberfläche zu manipulieren.

Diese Methode der Prägung, bei welcher die den Dunkelheiten des Originals entsprechenden Partien erst ausgeprägt werden können, wenn das Prägematerial in die letzten Winkel der größten Vertiefungen einer Druckform hineingetrieben ist, ist keine absichtliche oder freiwillige, sondern ist bedingt durch die physikalischen Eigenschaften des Materials selbst. Der Druck, der nötig ist, um das Prägematerial in die kleinsten Vertiefungen hineinzuprägen, kann nicht aufgebracht werden, solange das Prägematerial noch Gelegenheit hat, nach einem freien Raum auszuweichen.

Infolge dieser Eigenschaft müssen die Matrizen einer umfangreichen Bearbeitung unterzogen werden, da die großen eckigen Erhöhungen der Matrize, die den Vertiefungen der Druckform entsprechen, die Weiterentwicklung des Galvanos, namentlich auch die Bildung des Kupferniederschlages auf der Matrize, behindern würden. Es geschieht dies in bekannter Weise durch Abschaben und Abflammen der hochstehenden Stellen.

Diese so notwendige Nachbearbeitung würde natürlich an den aus dünnen Bleiblättchen bestehenden Matrizen unausführbar sein, und auch aus diesem Grunde ist die Anwendung des Verfahrens für Strichätzung, Holzschnitt und Schriftsatz ausgeschlossen.

Im vorhergehenden wurde es als das Merkmal der bisher zur Herstellung von Matrizen benutzten Körper bezeichnet, daß die Ausprägung der größten Vertiefungen vor der der kleinsten erfolgt; bei Weichmetallen, insbesondere Blei, ist das gerade Gegenteil der Fall. Hier ist die Festigkeit des inneren Zusammenhanges der Körpermolekeln im Gegensatz zu der erwärmten Wachs- und Guttaperchamasse oder der durchfeuchteten Pappe eine so viel größere, daß bei Beginn des Druckes das seitliche Ausweichen vermieden wird, wodurch das Prägematerial zuerst in der Richtung des Druckes ausweicht und die kleinsten Vertiefungen ausfüllt. Erst bei steigendem Druck, der nötig ist, um das Blei auch in die großen Vertiefungen der Druckform einzuprägen, beginnt dann auch das Blei in der Gegend der zuerst gedruckten Partien seitlich auszuweichen.

Dieses Schieben des Bleies hat, abgesehen davon, daß die bereits geprägten kleinen Punkte, die den kleinsten Vertiefungen der Druckform entsprechen, wiederum abgeschert werden, den weiteren Nachteil, daß das Blei sich in diesen kleinsten Vertiefungen festsetzt und daß durch dieses Verbleien das Original direkt unbrauchbar gemacht wird.

Außerdem gibt es keinen Letternsatz, keinen Holzschnitt usw., dessen Druckelemente, namentlich wenn solche isoliert stehen, dem enormen Druck widerstehen könnten, der gebraucht wird, um eine mindestens 5 mm dicke Bleiplatte in die großen Vertiefungen hineinzuprägen.

Eine solche Stärke der Bleiplatte wäre aber gerade so wie bei Wachs- und Guttaperchaprägung notwendig, da der Höhenunterschied zwischen Druck- und Ausschlußfläche ca. 1 Cicero = 4,5 mm beträgt.

Mit den vorhandenen Mitteln konnte man also weder mit dünnen noch mit dicken Metallplatten Matrizen herstellen, und man war bis in die jüngste Zeit gezwungen, sich mit der alten und qualitativ minderwertigen Wachs- und Guttaperchamatrize zu behelfen, bis es Dr. Albert im Jahre 1903 gelang, eine Methode für die rationelle Herstellung von Metallmatrizen festzustellen.

Diese Methode basiert auf einer Anzahl in allen Kulturstaaten patentrechtlich geschützter Erfindungen, und soll in folgendem kurz das Charakteristische dieser Verfahren besprochen werden.

Die Grundlage für die Lösung des Problems lag vor allem in der Wahl einer solchen Stärke der Metallplatte, daß die nötigen Manipulationen zur Herstellung der Matrize und deren Weiterbearbeitung ohne Deformation durch die Hand eines jeden Arbeiters betätigt werden konnten, sowie in einer neuen Prägemethode, welche ermöglichte, daß die Stärke der Prägeplatten wesentlich geringer sein konnte als die Reliefunterschiede der Druckform.

Die Erkenntnis, daß bei dem Galvano für graphische Zwecke das Einprägen der Matrize in die großen Vertiefungen nur durch die drucktechnische Notwendigkeit geboten ist, damit bei nachträglicher Drucklegung des Galvanos die Weißen nicht schmieren, und daß also nicht, wie bei galvanoplastischen Nachbildungen von Medaillen und Münzen, vollkommen detaillierte Wiedergabe aller Niveauunterschiede des Originals die Aufgabe bildet, führte zu dem Wege, durch eine Hinterlage eines weichen Körpers diese ca. 2 mm dicke Bleiplatte nur so weit in besagte Vertiefungen hineinzudrücken oder zu biegen, als dies aus drucktechnischen Gründen verlangt wurde.

Demnach beruht diese Prägemethode auf einer Kombination von Prägen und Biegen. Die Durchbiegung des Bleies wird hier eine um so größere, je größer und weiter die vertiefte Fläche ist, und das Galvano erhält dadurch automatisch alle Weißen von einer solchen Tiefe, daß diese beim Druck nicht schmieren.

Der Vorgang soll durch Fig. 279 und 280 erläutert werden:

Fig. 279 stellt die Anordnung von Drucktiegel, Bleiplatte und weicher elastischer Zwischenlage vor dem Moment der Prägung dar. Das hierzu verwendete Material muß von Haus aus oder infolge seiner Anordnung bestimmte Eigen-

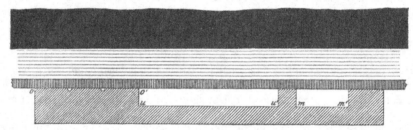

Fig. 279.

schaften haben, und zwar muß es weicher als das Prägematerial sein. Es muß zusammendrückbar sein, ohne unter Druck wesentlich seitlich auszuweichen, es muß aber auch der Kompression infolge von Elastizität oder innerer Reibung einen gewissen Widerstand entgegensetzen, um mit dieser Widerstandskraft die Bleiplatte da, wo sie hohl liegt, durchbiegen zu können. Ein solcher Körper soll aber nicht so sehr weich sein im Sinne seiner Verwandtschaft zum tropfbar flüssigen Aggregatzustand, wie z. B. erwärmtes Wachs, sondern es soll mehr porös weich sein, entweder gemäß seiner Natur oder gemäß seiner Anordnung; letztere wird meist im Prinzip basieren auf der Erzeugung vieler leerer Zwischenräume im Material (Holzwolle und Schnee sind weicher wie Holz und Eis) oder auf der vielfachen Übereinanderlagerung dünner Schichten des Materials. Solche Körper lassen sich komprimieren, ohne zu sehr seitlich auszuweichen. Nähert sich der Charakter des Körpers aber mehr dem tropfbar flüssigen Zustand, so müssen um so mehr elastische Eigenschaften hinzukommen, welche durch ihre Tendenz, die erlittene Gestaltsänderung wieder auszugleichen, dem seitlichen Ausweichen entgegenwirken, oder es müssen anderweitige Hemmungen angeordnet werden. Ein gewisser Grad von Elastizität ist außerdem nützlich im Interesse der Durchbiegung der Prägeplatte an den freiliegenden Stellen.

Eine solche Zwischenlage kann zweckentsprechend aus einer Anzahl Papierlagen bestehen, und eine solche ist sowohl durch die Eigenschaft der Papierfaser selbst wie auch durch die dazwischen lagernde Luft weich und elastisch in bezug auf die zur Prägefläche vertikale Richtung, während andererseits durch die Textur des Papierstoffes die nötigen Hemmungen in der zur Prägefläche parallelen Richtung gegeben sind, um nach Beginn des Druckes ein Wandern des weichen Zwischenkörpers seitwärts zu verhindern. — Letztere wichtige Eigenschaft wurde bei den früheren Versuchen durch das Durchfeuchten des Papiers aufgehoben.

In Fig. 280 hat sich der Drucktiegel so gesenkt, daß infolgedessen die Zwischenlage gegenüber den Stellen o o′, von denen der erste Gegendruck ausgeht, auf die Hälfte ihres Anfangsvolumens komprimiert ist. In dem Moment, wo die Zwischenlage durch Kompression den Härtegrad des Prägematerials erreicht hat, wird dasselbe bei der nächsten Steigerung des Druckes in die kleinen Vertiefungen der Fläche o o′ eingeprägt. Gleichzeitig wird an den Stellen, welche gegenüber u u′ liegen, das hier vollkommen frei liegende und daher keinen Gegendruck ausübende Blei durch die Widerstandskraft der Zwischenlage in den hohlen Raum u u′ hineingedrückt.

Das gleiche ist der Fall gegenüber den Stellen m m′, jedoch erfolgt hier das Durchbiegen in geringerem Maße, gerade so, wie dasselbe Gewicht ein Brett, das in 2 m Entfernung unterstützt ist, mehr durchdrückt als ein solches, dessen Stützpunkte nur 1 m voneinander entfernt sind.

Dies entspricht auch der drucktechnischen Notwendigkeit, da die Weißen in der Presse um so leichter schmieren, je größer ihre Ausdehnung ist.

Es war also immer der große Fehler gemacht worden, nach denselben Prin-

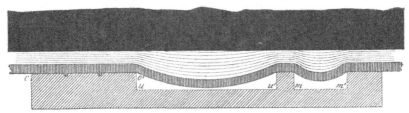

Fig. 280.

zipien, die sich bisher für Wachs und Guttapercha bewährt hatten, auch einen Körper von so ganz anderem physikalischen Charakter, wie Blei, behandeln zu wollen. Der Prägevorgang mußte in der Hauptsache ausgeschaltet und durch einen Biegevorgang ersetzt werden; dies wurde ermöglicht durch passende Stärke des Prägemetalls und Hinterlagerung desselben mit einem weichen und nachgiebigen Körper, der in seiner Ausdehnbarkeit parallel zur Prägefläche durch seine Textur oder sonstwie gehemmt war.

Durch diesen Biegevorgang wurde der erforderliche Prägedruck unter Umständen auf den zehnten Teil seiner sonstigen Größe vermindert, so daß auch von Holzschnitten und Schriftsatz Metallmatrizen hergestellt werden konnten.

Am wenigsten zum Ausdruck kommt diese Druckverminderung bei Druckformen mit sehr vielen feinen und engstehenden Druckelementen, wie z. B. Autotypien, bei denen je nach Charakter des Bildes ein Druck von 500 bis 1000 kg pro Quadratzentimeter beansprucht wird; dies ist mehr, als bisher bei Wachs und Guttapercha gebraucht wurde.

Die Frage der Herstellung der Metallmatrize war also nur für bescheidene Formate gelöst, denn wenn auch der Druck durch die richtige Wahl der Dicke der Bleiplatte und durch die Hinterlage des weichen elastischen Körpers um ein Vielfaches vermindert wurde, so war natürlich immer noch ein wesentlich größerer Druck erforderlich als bisher bei Wachs und Guttapercha. Die üblichen hydraulischen Pressen mit einigen hundert Atmosphären waren mithin nicht zur Prägung großer Formate verwendbar.

Durch Anwendung eines sukzessiven Teildruckes unter gleichzeitiger Einführung eines Nebendruckes, welcher die Entstehung von einzelnen Druck-

ansätzen verhindert, ist es aber Dr. Albert gelungen, jede vorhandene
Presse mit ganz geringen Unkosten auf eine ca. 20 fach höhere Leistung zu
bringen.

Dieses allmähliche Fortschreiten eines begrenzten Druckes über die ganze
Druckform verhindert außerdem noch eine äußerst lästige Nebenerscheinung,
die bei anderen Prägemethoden auftritt: es ist nämlich nicht möglich, daß
eingeschlossene Luft den Prägevorgang alteriert, da sie jederzeit Gelegenheit hat zu entweichen.

Da die Verschiebungen automatisch erfolgen, sind auch keine nennens-
werten Zeitverluste bei dieser Prägemethode vorhanden. Z. B. werden zur
Prägung einer Form der „Woche" nur 55 Sekunden und zu einer der „Berliner
Illustrierten Zeitung" noch nicht 2 Minuten benötigt. Zum Prägen von Bild-
formen gleichen Formats ohne Schrift wird nur die Hälfte der angegebenen
Zeit gebraucht.

Prägungen in irgendwelchem Formate auszuführen, ist demnach mit keinerlei
Schwierigkeiten verbunden.

Fischer sucht den gleichen Zweck wie Dr. Albert dadurch zu erreichen,
daß er zum Prägen Bleiplatten verwendet, deren Rückseite geriffelt ist. Durch
das Riffeln des Bleies entstehen kleine spitze Pyramiden von ca. 2 bis 3 mm Höhe,
und diese wirken wie die Albert'sche elastische Zwischenlage, insofern als auch
hierbei die Bleiplatten nicht in die Tiefen der Druckform geprägt, sondern gebogen werden, womit eine Verringerung des andernfalls erforderlichen hohen
Drucks Hand in Hand geht. Denken wir uns in Fig. 280 statt der elastischen
Zwischenlage eine auf der Rückseite geriffelte Bleiplatte auf die Form gelegt, so
werden diejenigen Riffelpyramiden, welche der Partie o o' der Druckform sich
gegenüber befinden, zuerst zusammengedrückt, während der der Partie u u'
entsprechende Teil der Bleiplatte durch den vom Preßtiegel auf die Spitzen der
Pyramiden ausgeübten Druck zum Durchbiegen gebracht wird; hierbei werden
die Spitzen der Riffeln nicht stark breitgedrückt. Wird nun der Druck verstärkt, so wird die Bleiplatte bei o o' zunächst eben gedrückt, und es beginnt
nun das eigentliche Prägen, d. h. das Hineindrücken des Bleis in die Zeichnung
des Originals oder in den Schriftsatz.

Albert macht diesem Verfahren den Vorwurf, daß die Anwendung gerif-
felter Bleiplatten unzulänglich sei, weil der Weite und Höhe der Riffeln gewisse
Grenzen gesetzt sind; bei zu großer Weite der Riffeln sollen die Formationen
nach der Prägung auf der Bildseite der Bleiplatte sichtbar sein und bei zu großer
Höhe der Pyramiden sollen die steilen Kegel zu früh zusammengedrückt werden,
ehe das Blei in die großen Vertiefungen der Druckform hineingebogen sei. Er
ist aus diesem Grunde der Ansicht, daß zur Erzielung eines guten Effektes
einmal mehrere Riffelpartien übereinander gelegt werden müssen und daß das
Prägen nach seinem System mit sukzessivem Teildruck erfolgen müsse, da große
Druckformen keinesfalls im ganzen auf einmal geprägt werden können.

Das Abformen mit Blei-Wachsmatrizen. Dieses Verfahren, das von Beensch
stammt und ein mit einfachsten Mitteln arbeitendes Prägeverfahren darstellt,
kennzeichnet sich durch die Anwendung dünner Bleifolien, die auf eine ganz
eigenartige Methode mit einer dünnen Wachsschicht einseitig überzogen sind,
während die Rückseite mit einer isolierenden Schicht bedeckt ist. Die Vorderseite dieser Matrizen ist bereits graphitiert, und es sind solche fertig präparierten
„Blei-Wachsmatrizen" zu niedrigem Preis und in allen Formaten erhältlich.
Je nachdem, was abgeformt werden soll, d. h. ob Schriftsatz, Holzstöcke, Autotypien, Zinkätzungen usw., wird die Bleifolie stärker oder schwächer gewählt.

Das Prägen selbst geschieht mittels besonderer Kalander, welche entweder
von Hand oder auch maschinell angetrieben werden. Fig. 281 zeigt einen solchen
Kalander, und ist eine weitere Erklärung wohl überflüssig. Der Arbeitsgang

ist der denkbar einfachste. Die Originale werden mit der Bildseite nach oben auf den Tisch des Kalanders gelegt, mit Benzin unter Zuhilfenahme einer Fiberbürste gut gereinigt und hierauf kurz mit Graphit eingebürstet. Die Blei-Wachsmatrize wird ebenfalls, nachdem sie mit einer Schere auf das richtige Maß geschnitten wurde, mittels einer breiten Graphitierbürste graphitiert und mit der präparierten Seite nach unten auf das abzuformende Original gelegt. Hierauf kommen ein oder mehrere Blatt Zeitungspapier und schließlich eine etwa 3 mm dicke Filzplatte. Man läßt nun durch Drehen der Kalanderwalze, die seitlich eine Zähnung besitzt, welche letztere in eine am beweglichen Tisch des Kalanders angebrachte Zahnstange paßt, den Tisch mit dem Original nebst der daraufliegenden Blei-Wachsmatrize unter der Walze durchgehen, wobei genügend Druck ausgeübt werden kann, um die größten Stücke in höchst einfacher Weise abzuformen. Nach dem Abheben der geprägten Matrize wird dieselbe nochmals

Fig. 281.

graphitiert, mit Alkohol überspült und sofort in ein Kupferbad eingehängt, das für diese Zwecke einen bestimmten Säuregehalt besitzen muß.

Zu bemerken ist jedoch, daß das Exponieren solcher Matrizen in den Bädern nach bestimmten Prinzipien zu erfolgen hat. So ist es beispielsweise begreiflich, daß, falls die Matrizen mit Kupferdrähten in die Bäder eingehängt werden, diese von der Bildseite her durch geeignete Löcher in der Matrize eingeführt werden, damit der Zuleitungsdraht einen sicheren Kontakt mit der Bleifolie erhält. In bewegten Bädern empfiehlt es sich, die Matrizen auf Schieferplatten zu befestigen, um ein Hinundherschaukeln derselben innerhalb der Lösung zu vermeiden und denselben dauernd guten Kontakt zu geben.

Eine richtig vorbereitete Matrize ist in wenigen Minuten gedeckt, ganz einerlei, wie groß die Matrizenfläche ist, ein Vorteil gegenüber der Prägung in Wachs, die jedem Fachmann einleuchten wird. Natürlich sind ornamentale Objekte auf diese Weise nicht abzuformen, sondern es beschränkt sich die Anwendbarkeit dieses Verfahrens auf die graphische Industrie, wie Buchdruck usw. Für Mehrfarbendruck ist diese Abformmethode deshalb unverwendbar, weil beim Abformen stets geringe Verzerrungen des Bildes vorkommen.

Mit solchen Kalandern lassen sich übrigens auch gewöhnliche (unpräparierte) Bleifolien zum Abprägen benutzen, nur muß man dann eine besondere Oxydation oder Präparierung der Bleifolie nach der Prägung vornehmen, ehe man sie in das betreffende Kupfer- oder Nickelbad usw. bringt, damit das Galvano ohne Verzerrung nach erfolgtem Niederschlagsprozeß abgenommen werden kann. Vor dem Exponieren im Bad sind die Prägungen mit Alkohol abzuspritzen (vgl. „Herstellung von Nickelklischees").

Andere Metallformen. Die Herstellung von Metallmatrizen auf galvanoplastischem Wege schließt sich eng an die eigentliche Herstellung von Kupferdruckplatten an. Die Originalplatte, die entweder graviert oder geätzt ist, wird mit einer Zwischenschicht versehen, um ein Verwachsen der beiden Metallschichten zu verhindern. Als solche Zwischenlagen verwendet man eine der in meiner Monographie[1]): „Die Herstellung von Metallgegenständen auf elektrolytischem Wege und die Elektrogravüre" angeführten Verfahren. Gewöhnlich kommt eine Jodsilberschicht in Anwendung oder ein Überzug von Wachs oder Kakaobutter. Letztere Methode ist die in den Banknotendruckereien gebräuchlichste und wird folgendermaßen ausgeführt: „Man stellt sich eine konzentrierte Lösung von Kakaobutter in absolutem Alkohol her, indem man die beiden Substanzen auf dem Wasserbade unter Anwendung eines Rückflußkühlers erhitzt. Diese Lösung wird mit absolutem Alkohol im Verhältnis von 1:10 verdünnt und über die gereinigte Originalplatte gegossen. Der Alkohol verdunstet und läßt eine hauchdünne Fettschicht auf der Platte zurück. Die so behandelte Platte wird jetzt mit geschlämmtem Graphit bestreut und mit einem Wattebäuschchen glänzend gerieben. Die Platte wird hierauf auf eine mit Wachs überzogene Bleiplatte gelegt, mit mehreren Kupfer- oder Messingstiften darauf befestigt und an den vier Seiten mit ca. 3 cm hohen Glas- oder Zelluloidstreifen eingefaßt, die Einfassungsstreifen mit Wachs ebenfalls befestigt, so daß die Platte ringsum einen Stromlinienschirm (siehe die obenangeführte Monographie des Verfassers S. 35) erhält. Nun erfolgt der galvanische Niederschlag bis zu einer Stärke, welche ausreicht, um eine selbständige Metallmatrize abzugeben. Sollen von profilierten Originalen, wie z. B. Reliefs, Metallmatrizen angefertigt werden, so wird das Verfahren sinngemäß abgeändert. Bei Anwendung heißer Lösungen, wie solche in der Nickelgalvanoplastik oder Stahlgalvanoplastik vorkommen, muß anstatt Wachs eine die Temperaturen des Elektrolyten aushaltende Isoliermasse Anwendung finden. Als solche können Zelluloid oder Holz, auch Gips u. ä., in Betracht kommen. Für Nickelgalvanoplastik sind Nickelmatrizen zu empfehlen, weil das Nickel bekanntlich die Eigenschaft besitzt, auf einer Nickelunterlage, besonders dann, wenn sie mit einer Sulfidschicht bedeckt ist, nicht festzuhaften. Verfasser hat diese Methode mehrfach durchprobiert und ist dabei zu sehr schönen Resultaten gekommen.

Abformen mit Wachs und ähnlichen Substanzen. Sehr nahe ag die Verwendung von plastischen fettigen, in den kalten elektrolytischen Bädern unangreifbaren Substanzen, wie Wachs, Stearin, Paraffin oder Mischungen ähnlicher Substanzen miteinander. Reines Wachs und Stearin für sich allein kann man nur für ganz wenig erhabene Originale verwenden und kommen für größere Betriebe nicht in Betracht.

Es sei nur erwähnt, daß auch bei Stearin- oder Wachsformen, so wie dies bei Wachskompositionen gebräuchlich ist, die Modellstücke oder Originale mit Seife oder Fett einzureiben sind, um ein Anhaften des Modells an der Formmasse zu vermeiden.

Abformen mit Stearin. Stearin kommt hier und da in galvanoplastischen Anstalten in Verwendung und wird damit in der Weise verfahren, daß das geschmolzene Stearin über das in einem Rahmen aus Holz, Kitt o. ä. eingebettete Modell gegossen wird. Die Temperatur des Stearins soll tunlichst niedrig gehalten sein, am besten dem Erstarrungspunkte nahe; bei zu hoher Temperatur wird das Stearin leicht kristallinisch, wodurch Schönheit der Form sowohl wie dessen Festigkeit leiden. Infolge der Durchsichtigkeit des Stearins ist man beim

---

[1]) Verlag von Wilhelm Knapp, Halle a. d. S.

Abformen mit diesem Material in der Lage, etwa sich ansetzende Luftblasen zu bemerken, und man entfernt diese mit einem Pinsel, solange das Stearin noch geschmolzen ist. Die Tendenz des sogenannten mageren Stearins des Handels, zu kristallisieren, kann man übrigens dadurch vermeiden, daß man Fettsubstanzen, wie Talg, Öl oder Terpentin, zusetzt.

Die Stearinformen müssen vom Modell abgenommen werden, solange das Stearin noch warm ist: man kann darauf das Leitendmachen wesentlich rascher ausführen, weil der Graphit, wo solcher verwendet wird, auf dem warmen, klebrigen Stearin besser haftet, oder weil beim chemischen Metallisieren die Metallfällung, um die es sich hierbei gewöhnlich handelt, bedeutend erleichtert und beschleunigt wird. Weiter ist für diese Vorschrift der Umstand maßgebend, daß sich das Stearin beim Erkalten zusammenzieht und dabei reißt. Brandely soll von der Zusammenziehung der Stearinformen Gebrauch gemacht und eine Goldschüssel in der Staatsbibliothek zu Paris auf fast die Hälfte reduziert haben, indem er von Stearinformen wiederholt galvanoplastische Abdrücke und davon wieder Abformungen ausführte, wobei jede weitere Stearinform etwas kleiner als das Modell ausfiel, ohne daß der Abdruck an Feinheit eingebüßt hätte oder sich die relativen Verhältnisse geändert hätten.

Abformen von Gipsmodellen in Stearin. Beim Abformen von Gipsoriginalen oder Gegenständen in Stearin werden diese entweder mit Stearin selbst oder mit einer Lösung getränkt, welche beim Verdunsten des Lösungsmittels eine die Poren ausfüllende Masse hinterläßt, wie z. B. die Lösung von Zelluloid in Azeton (Zapon) oder auch eine Leimlösung. Auf jeden Fall ist es angezeigt, um ein Zusammenwachsen des Modells mit dem Stearin zu verhüten, die Modelloberfläche mit Graphit einzupinseln.

Man kann denselben Zweck auch dadurch erreichen, daß man den Gips mit Wasser tränkt und dann erst das Stearin darübergießt.

Wachsmischungen. Für gewöhnlich werden zum Abformen dem gewöhnlichen Wachs andere Substanzen beigefügt, um die Masse geschmeidig und elastischer zu machen. Als solche Kompositionen seien folgende angeführt:

Masse von G. L. von Kress:

Weißes Wachs	120 Tl.
Stearin	50 ,,
Talg	30 ,,
Syrischer Asphalt	40 ,,
Geschlämmter Graphit . . .	5 ,,

Masse von Karl Kempe:

Gelbes Bienenwachs	700 Tl.
Paraffin	100 ,,
Venetianischer Terpentin . .	55 ,,
Graphit	175 ,,

oder:

Scheibenwachs	50 Tl.
Gelbes Wachs	30 ,,
Zeresin	15 ,,
Venetianischer Terpentin . .	5 ,,

Masse von Hackewitz:

Wachs	20 Tl.
Dicker Terpentin	20 ,,
Kolophonium.	10 ,,
Graphit	50 ,,

Infolge des hohen Graphitgehaltes ist diese Masse an und für sich schon sehr gut leitend und kann diese beim Abformen auf schwieriger zu graphitierenden Formen, wie z. B. Schriftsätze u. dgl., empfohlen werden.

Masse von Urquharrt:

> Gelbes Wachs . . . . 900 Tl.
> Venetianischer Terpentin . . 135 ,,
> Graphit . . . . 22 ,,

Masse von Furlong:

> Reines Bienenwachs . . . . 850 Tl.
> Rohterpentin . . . . 100 ,,
> Geschlämmter Graphit . . . 50 ,,

Furlong empfiehlt, die gemischte Masse in einem Dampftroge 2 bis 3 Stunden zu erhitzen, um jede Feuchtigkeit zu entfernen. Weiter schlägt er vor, je nach der Jahreszeit die Gewichtsmengen von Wachs und Terpentin zu variieren. Besonders in den heißen Sommermonaten, wo die Masse leicht zu weich wird, ist der Zusatz von Terpentin zu verringern, um scharfe Formen zu erhalten, die beim darauffolgenden Graphitieren nicht an Feinheit verlieren. Um die Formen im Sommer noch widerstandsfähiger zu machen, empfiehlt er einen Zusatz von noch 50 Tl. Burgunderpech, welches dem Wachs eine größere Härte verleiht.

Nach Untersuchungen des Verfassers hat sich folgende Masse sehr gut bewährt, speziell auch beim Abformen unterschnittener Modelle. Die Masse ist äußerst elastisch, und man kann mit einiger Vorsicht Objekte mit ziemlich weit vorspringenden Partien damit abformen. Die Masse besteht aus:

> Bienenwachs (gelb) . . . . . 400 Tl.
> Erdwachs (Ozokerit) . . . . 300 ,,
> Paraffin . . . . 100 ,,
> Venetianischer Terpentin . . 60 ,,
> Graphit (geschlämmt) . . . . 150 ,,

In den Sommermonaten ändere man die Komposition in folgender Weise ab:

> Bienenwachs (gelb) . . . . . 250 Tl.
> Erdwachs (Ozokerit) . . . . 450 ,,
> Paraffin . . . . 50 ,,
> Venetianischer Terpentin . . 35 ,,
> Graphit (geschlämmt) . . . . 180 ,,

Je nach dem Profil der abzuformenden Modelle oder Originale gießt man sich Platten von 1 bis 5 cm Dicke, wozu man sich der sogenannten Wachsschmelzkessel (siehe Fig. 282) bedient.

Der Einsatz, in welchem das Wachs geschmolzen wird, besteht zumeist aus getriebenem Kupfer. Der Schmelzkessel hat doppelte Wandung und wird mittels Dampf geheizt. Eine direkte Anwärmung des Wachses mittels Gas- oder Herdfeuerung ist zu vermeiden, weil das Wachs leicht anbrennt. Ist das Wachs geschmolzen, so werden die anderen Substanzen in der angegebenen Reihenfolge eingetragen und mit einem Holzstabe umgerührt. Es sei bemerkt, daß selbstredend bereits einmal gebrauchtes Wachs immer wieder eingeschmolzen werden und wieder verwendet werden kann.

Das Ausgießen der Tafeln geschieht auf planen Eisenplatten, an deren Ränder Stege aus Metall oder Holz angelegt wurden. Man gießt sich auf diese Weise Tafeln von gewünschter Stärke. Für die Klischee-Erzeugung wird das Wachs ca. 1 cm dick ausgegossen. Als Gießkästen dienen eiserne Rahmen, welche auf den unten zur Abbildung gebrachten Wachsschmelztisch (s. Fig. 283) aufgelegt werden. Der Tisch ist mit Dampf geheizt und wärmt die Gießplatte vor. Bevor das Wachs erkaltet, werden mit einem scharfen, langschneidigen Instrumente solche Partien des Wachses abgeschabt, unter denen Luftblasen sichtbar sind, die noch warme Masse wird oberflächlich noch mit Graphit eingestaubt und gebürstet.

Nach amerikanischem Muster werden die gegossenen Wachsplatten auf eigens hierzu konstruierten Maschinen plan gehobelt. Die graphitierte Wachsfläche ist damit gewöhnlich zum Prägen fertig. Nun wird das Original für die Prägung vorbereitet. Das Original wird mit einem Rahmen umgeben, der dieses beim Prägen vor allzu starkem Drucke schützen muß. Zum Prägen ornamentaler Modelle, wie Reliefs, Bücherecken usw., wird die Wachsplatte auf den Tisch der Presse gelegt, das Modell ganz wenig mit Seifenwasser eingerieben oder mit einem geölten Tuche behandelt, auf die Wachsplatte gelegt und die Presse wirken gelassen. Größere Flächen werden ebenfalls mit der hydraulischen Presse behandelt, und zwar kommen Drucke von 40 bis 60 Atm. zur Anwendung, um alle Details scharf zu erhalten. Das Wachs muß noch lauwarm zur Prägung gelangen und ist so lange unter der Presse zu belassen, bis es auf normale Temperatur gekommen ist.

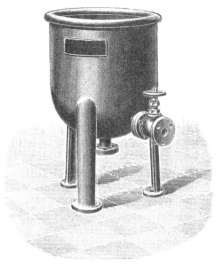

Fig. 282.

Abformen mit Guttapercha. Zum Abformen von Gegenständen aus Metall verwendet man sehr häufig noch Guttapercha. Früher war dieses Material fast allein dafür in Verwendung; seit man jedoch versteht, das Wachs entsprechend zu präparieren, wurde die Guttapercha immer mehr in den Hintergrund gedrängt. Bloß für die Silbergalvanoplastik ist es noch nicht ersetzt worden, weil sich die Guttapercha in den zyankalischen Silberlösungen als fast unangreifbar

Fig. 283.

erwiesen hat und man die sonst für zyankalische Lösungen gebräuchlichen Kupfer- oder Metallmatrizen dadurch ersetzen kann.

Guttapercha besitzt die Fähigkeit, in heißem Wasser, auch in trockener Wärme, zu erweichen, ohne klebrig zu werden, und nach dem Erkalten wieder zu erstarren, jedoch einen gewissen Grad von Elastizität beizubehalten, so daß

man, ohne eine Alteration der Genauigkeit des Abdrucks befürchten zu müssen,
das Original davon herauszulösen imstande ist. Man kann in Guttapercha
Objekte in einem Stück formen, zu denen man bei Anwendung jeder anderen
Formmasse unbedingt mehrere zusammenzusetzende Formstücke nehmen
müßte. Bedingung ist bloß, daß das Modell einen gewissen Druck verträgt,
der beim Abformen unter der Presse zur Erzielung eines mathematisch genauen
Abdrucks unvermeidlich ist.

Die Guttapercha wird weder von sauren noch zyankalischen kalten Lösungen angegriffen, verändert nicht seine Form, hat einen kleinen thermischen
Ausdehnungskoeffizienten und kann wiederholt als Matrizenmaterial dienen.

Es ist sehr schwierig, im Handel eine Guttapercha von wirklich guter Qualität zu finden; manchmal ist sie zu alt, spröde (mager) oder mit Gummi vermengt,
klebrig (läßt nicht aus) oder mit Faserstoffen verunreinigt, welche die Genauigkeit des Abformens erschweren. Erstere beiden Sorten sind überhaupt nicht zu
verwenden, letztere Sorte kann man von den Faserstoffen befreien, wenn man
sie in 70 bis 80° C warmem Wasser erweicht und durchknetet, mit der feuchten
Hand die Unreinigkeiten entfernt.

Man achte darauf, das Wasser niemals kochend zu verwenden, weil darin
die Guttapercha klebrig wird. Beim Durchkneten verfährt man am besten so,
daß man sukzessive mit zunehmendem Erweichen des ganzen Laibes die weichen
Stücke abreißt und aus jedem einzelnen Stück die Faserstoffe entfernt. Ist dann
der ganze Laib zerstückt, dann knetet man die einzelnen Teile zusammen, wobei
man die Hand mit Glyzerin befeuchtet, weil das Glyzerin das lästige Ankleben
der Guttapercha an der Hand verhindert. Das Durchkneten selbst ist Übungs-
sache und muß so lange fortgesetzt werden, bis alle Luftblasen aus der Masse
entfernt wurden.

Die Manipulation des Abformens mit Guttapercha geschieht in der Weise,
daß man die weiche Guttapercha sowohl wie das Modell mit Glyzerin und Graphit
einschmiert. Der flachgedrückte Laib wird in einen Eisenrahmen gelegt, die
Tischplatte der Presse ebenfalls mit Glyzerin befeuchtet und nun die Prägung
vollzogen. Man läßt Form und Modell wieder bis zum vollständigen Erkalten
in der Presse.

Hat man eine Vorrichtung, etwa einen Kasten aus Gußeisen, auf dessen
Boden (mit der abzuformenden Modellfläche nach oben) das Modell liegt, und
drückt die Guttapercha mittels eines eingepaßten Stempels unter der Presse
ein, so erhält man naturgemäß eine der genauesten und vollkommensten Formen.

Die Guttapercha ist für galvanoplastische Zwecke zuerst von Gueyton
im Jahre 1851 in Paris angewendet worden, und damals wurde diesem diese An-
wendungsart auch patentiert. Das Verdienst macht ihm allerdings Mezger
in Braunschweig streitig, welcher galvanoplastische Formen aus Guttapercha
schon im Jahre 1846 hergestellt haben will.

Der Franzose Lenoir verwendet, um Objekte, welche weniger Druck aushalten, auch mit Guttapercha abformen zu können, eine Mischung von

> **Guttapercha** . . . . 10 Tl.
> **Schweinefett** . . . . 4 „
> **Harz** . . . . 3 „

Diese Masse ist so weich, daß sie in erwärmtem Zustande von Hand in die Tiefen
des Modells eingedrückt werden kann.

Dr. F. Binder beschreibt das Lenoir'sche Verfahren in seinem ausführ-
lichen „Handbuch der Galvanoplastik" in folgender Weise: Zuerst wird die
eine Seite oder, wenn sich mehr als zwei Formteile nötig erweisen, ein Stück
des Gegenstandes mit Gips umgossen und der Rand des Gipsgusses mit kleinen
Löchern versehen. Hierauf wird die Guttaperchamischung, welche bereits in

einem Metallkasten in einem Wasserbade bis fast 100° C erwärmt worden ist, über die freigebliebene Seite des Modells gelegt und mit den Fingern in alle Vertiefungen des Modells und in die Löcher des Gipsgusses eingetrieben. Der Guttaperchaabdruck wird nun abgenommen, nachdem er erhärtet ist, und an seine Stelle ebenfalls ein Gipsabguß gebracht. Endlich bringt man an die Stelle des ersten Gipsabgusses auch Guttapercha und erhält auf diese Weise eine vollständige Matrize des Modells in zwei Stücken, welche sich um so leichter miteinander vereinigen lassen, als die infolge der im Gipsgusse angebrachten Löcher entstandenen Zapfen der einen Hälfte in die Löcher der anderen passen.

Auf diese Weise kann man ganz zarte Objekte, wie Insekten, Blätter u. dgl., abformen.

Ernst Murlot fils in Paris stellt ein Surrogat für Guttapercha aus Birkenrinde dar, welches sich ähnlich wie reine Guttapercha verhalten soll, und empfiehlt es als Zusatz zu Guttapercha.

Abformen mit Leim. Als Formmaterial kommt z. B. auch Gelatine oder Leim in Anwendung. Diese Materialien haben jedoch den Übelstand, daß sie sich in den Bädern teilweise lösen und die Lösungen verderben, während die Formen unscharf werden. Man kann sich hierbei helfen, indem man die nicht mit Kupfer zu überziehenden Stellen mit einem den Badeinflüssen widerstehenden Anstrich überzieht, wie Lacke, Fette u. ä. Die zu überziehende Stelle wird mit einer Tanninlösung unlöslich gemacht, indem diese auf die Form gegossen wird. Man kann sich auch die bekannte Tatsache zunutze machen, daß belichtete Chromgelatine unlöslich wird. Zu diesem Zwecke läßt man Kaliumbichromat auf die Gelatine einwirken und exponiert die Masse bei Sonnenlicht.

Nach einem Vorschlag von Brandely[1]) wird in einem auf dem Sandbade erwärmten Gefäß 400 g Regenwasser erhitzt und 50 g Kandiszucker darin gelöst. Nach vollständigem Lösen wird weißer Leim in kleinen Stücken zugesetzt, und wenn sich dieser gelöst hat, werden noch 5 g pulverisierte Gerbsäure mit einem Glasstabe eingerührt.

Die Auflösung hat dann eine zarte Fleischfarbe angenommen, ist vollkommen flüssig und kann in die feinste Vertiefung des Modells eindringen, daher den Abdruck mit der größten Genauigkeit aufnehmen. Die Masse ist nach einigen Stunden so weit erstarrt, daß man sie abnehmen kann.

Mit Vorteil wendet man den Leim bloß zum Vervielfältigen eines Modelles an, um danach Formen aus anderem Material, wie Wachs, Gips usw., anzufertigen. Die bestgeeignete Komposition ist:

Leim . . . . 4 Tl.
Sirup . . . . 1 „

Um die Umformung mit Leim hat sich Brandely vor allem verdient gemacht, und besonders für schwieriger abzuformende Modelle ist der von Brandely vorgezeichnete Weg beim Abformen bedeutungsvoll. Um nach seiner Vorschrift z. B. einen Becher abzuformen, verfährt man folgendermaßen[2]):

Auf einer Glasplatte oder eingeölten Marmorplatte wird ein Gipsblock geformt und dieser mit einem Hohlraum versehen, der tunlichst die Form des abzunehmenden Modells hat. Auf das Modell wird nun mit Bleistift eine Halbierungslinie gezeichnet und das Modell so weit in den Gipsblock eingelassen, bis die Gipsblockoberfläche mit der gezeichneten Linie übereinstimmt. Die übrigbleibenden Hohlräume zwischen Gips und Modell werden mit rotem Modellierwachs möglichst genau ausgefüllt. Ferner fertigt man einen doppelten Formkasten von Gips, wie solche in der Metallgießerei gebräuchlich sind; dieser besteht aus zwei rechtwinkeligen Rahmen, von welchen der obere gegen den

---

[1]) S. auch Dr. F. Binder, Handbuch der Galvanoplastik. 5. Aufl., S. 84.
[2]) Dr. F. Binder, Handbuch der Galvanoplastik.

unteren dadurch in seiner Lage erhalten wird, daß an dem ersteren angebrachte Stifte in die Löcher des zweiten eingreifen. Die Gipsplatte wird ganz eben auf zwei Unterlagen gelegt, das Gefäß durch irgendeine unterhalb der Platte angebrachte Vorrichtung unterstützt und darauf der mit Löchern versehene Teil des Gießkastens so, daß die Löcher nach unten zu liegen kommen, darübergedeckt.

Außerhalb verstreicht man alle Fugen mit Formmasse, ölt Modell und das Innere des Kastens und gießt denselben bis an den Rand mit Leim voll, wobei man alle Vorsichtsmaßregeln zur Vertreibung von Luftblasen anwendet.

Sobald der Leim erstarrt ist, dreht man das Ganze um, so daß das Oberste zu unterst zu liegen kommt, und nimmt die Gipsplatte ab, ohne das Modell aus seiner Lage zu bringen. Es ist demnach die eine Hälfte des Modells abgeformt und muß nun die gleiche Operation mit der anderen Hälfte vorgenommen werden.

Zu diesem Zwecke legt man die zweite Hälfte des Gießkastens auf die erste, so daß die Stifte der ersten Hälfte in die Löcher des zweiten greifen. Um zu verhindern, daß der Leim, den man in die zweite Hälfte des Formkastens gießt, in dem der ersten Hälfte hängen bleibt oder sich mit ihm verbindet, bedeckt man diese mit einem Streifen feinen Papieres, welches in Öl getränkt ist. Man ölt hierauf auch die zweite Hälfte des Modells und des Kastens und gießt die Leimlösung hinein. Wenn das Ganze erkaltet ist, nimmt man die eine Hälfte des Formkastens von der oberen ab, welche, da sie verjüngt gearbeitet ist, sich leicht von der Leimform abhebt; man nimmt dann die Hälfte der letzteren selbst ab, legt sie in den Kasten zurück und hebt nun das Modell heraus. Man hat jetzt zwei Formhälften, in die man Gips, Wachs oder Stearin gießt. Ist die Formmasse beider Hälften erstarrt, so nimmt man sie heraus und fügt sie zusammen, die Gipshälften, indem man sie durch flüssigen Gips verbindet, die Stearin- (oder ähnliche) Hälften durch vorsichtige vorhergegangene Erwärmung der zu verbindenden Flächen.

Man kann aber auch Gegenstände dieser Art auf eine andere Weise formen. Man läßt einen etwas konischen Mantel von Kupfer oder Weißblech herstellen, stellt das zu formende Gefäß aufrecht auf eine Marmorplatte und befestigt der Richtung der Höhe nach mit arabischem Gummi einen dünnen Seidenfaden, dessen Enden oben und unten vorstehen. Nun setzt man den Mantel so darüber, daß das Stück genau in der Mitte steht, verkittet den Mantel und gießt nun den Leim ein. Sobald er erstarrt ist, nimmt man den inwendig geölten Mantel weg, vereinigt die beiden Fadenenden und schneidet damit die Leimform der Länge nach auseinander. Darauf nimmt man das Modell aus der elastischen Leimform heraus, bringt letztere in den Mantel zurück und gießt die Formmasse hinein.

Solche Arbeiten müssen in bezug auf die Wärmeverhältnisse mit Überlegung ausgeführt werden, um zu verhüten, daß der Leim schmilzt.

Der Gips darf nicht mit zuviel Wasser angerührt werden, weil sonst das noch freie Wasser, welches beim Erstarrungsprozeß warm wird, den Leim lösen würde. Um zu verhüten, daß die Gipsmasse eine höhere Temperatur annimmt, muß der Gips mit dem ihm zugedachten Wasser sofort zusammengerührt werden. Die Leimform ist vor Verwendung erst abzukühlen.

Das von Rauscher[1]) vorgeschlagene Verfahren zur Herstellung von galvanoplastischen Formen beruht darauf, daß die Chromleimform mit einer sie stützenden Hinterlage versehen wird, wobei die Leimform mit einer Metallisierungsschicht bedeckt wird. Das neue Verfahren zeichnet sich vor den bisher bekannten dadurch aus, daß die Formen leichter hergestellt werden können, daß ferner zu komplizierten Modellen mit unterschnittenen Teilen ohne Schwierigkeiten gute, zuverlässige Formen angefertigt werden können.

---

[1]) D.R.P. Nr. 91900 vom 1. Okt. 1896; Z. f. E. IV, S. 301 ff.

Um dies zu erreichen, wird von dem zu vervielfältigenden Gegenstand ein Abguß oder Abdruck in Gips, Metall oder sonst einem Material hergestellt, wodurch man ein Negativ erhält. Diese Form 1, aus welcher beliebig viele Formen für galvanoplastische Vervielfältigungen gewonnen werden können, besitzt außen einen Rand von ungefähr 2 cm Höhe. Zu der Form 1 wird eine Prägeform gemacht, welche, als Deckel auf die Form 1 gelegt, so weit in diese hineinreicht, daß sie mit Ausnahme des Randes mit allen ihren Teilen etwa 3 mm von allen Teilen der Form 1 entfernt bleibt. Die Form 1 wird mit chromsäuregesättigtem Rosmarin- oder anderem chromsäurelösenden Öle bepinselt. Sodann wird guter Leim mit Glyzerin im Wasserbade zu einem dünnflüssigen Brei gekocht und in die Hohlform 1 gegossen. Jetzt wird vermittels der Prägeform 2, die nur in den ungefähren Umrissen die Form des zu vervielfältigenden Gegenstandes zeigt, der in der Form 1 befindliche, mit Chromsäure übergossene Leim fest zusammengepreßt. Durch dieses Zusammenpressen gewinnt nicht nur der Leimguß an Schärfe, sondern er wird auch, was die Hauptsache ist, vollständig von der Chromsäure durchdrungen. Ist der Leimguß erkaltet, so hebt man ihn mit dem fest an ihm haftenden Prägestempel 2 aus der Hohlform 1, bestreicht den Leimguß noch einmal mit dem chromsäurehaltigen flüchtigen Öl und setzt ihn dem Lichte aus. Das chromsäurehaltige flüchtige Öl dringt dadurch in die obere Schicht des Leimgusses ein, und die Chromsäure bildet mit dem Leim, vom Lichte beeinflußt, eine lederartige Masse, die vollständig elastisch bleibt, nicht erhärtet und gegen Wärme und Nässe fast unempfindlich ist.

Alle Versuche, die Leimabgüsse mit Chromsäure zu bepinseln und dadurch zu fixieren, haben die Mißstände ergeben, daß die Abgüsse quellen, stumpf und verschwommen werden. Dieser so gewonnene Leimguß 3 ist für die eigentliche, für den Niederschlag brauchbare Form eine Modellform. Der Leimguß 3, der nun durch die Einwirkung des Lichtes dunkler geworden ist, wird mit einem weichen Pinsel eingefettet und in derselben Weise wie eine galvanoplastische Form behandelt, mit Graphit bestreut und vermittels eines weichen Pinsels graphitiert. Auf diese Graphitschicht wird Bronzepulver gestreut und in derselben Weise verrieben wie Graphit. Dann wird diese doppelte Schicht mit einer Guttaperchalösung, d. h. Guttapercha in Schwefelkohlenstoff gelöst, bestrichen, hierauf mit einer Schellacklösung, der Damarlack zugesetzt ist, nochmals überzogen. Der Zusatz von Damarlack geschieht, damit die Haut leichter an der aufzugießenden Masse haftet und sich dadurch leichter vom Leimguß loslößt.

Wenn diese so gewonnene Haut trocken ist, was sehr bald geschieht, wird die also behandelte Leimform mit einer Wachsmasse begossen, welche folgende Bestandteile enthält:

Weißes Wachs mit Stearin gemischt
Asphalt
Etwas venetianischen Terpentin, Schweinefett
Schneeweiß
Kienruß.

Diese Wachsmasse nimmt die auf der Leimform 3 durch die Behandlung mit Graphit, Bronzepulver, Guttapercha und Schellacklösung entstandene feste Haut vollständig von der Leimform 3 mit und ergibt einen haarscharf mit einer elektrisch leitenden Haut überzogenen Abguß der Leimform, welcher nun, um als Niederschlagsform fertig zu sein, nur blank graphitiert zu werden braucht.

Es ist klar, daß dieser mit der in oben beschriebener Weise erzeugten metallischen Haut überzogene Wachsabguß bedeutend besser galvanisch leitend sein muß als nur mit Graphit überzogene Kautschuk- und andere Formen.

Weiter gestattet dieses Verfahren, bedeutend größere Gegenstände mit größeren Erhöhungen und Vertiefungen durch Kupferniederschlag herzustellen,

als dies bei den bisher üblichen Verfahren, bei welchen der niederzuschlagende
Gegenstand vermittels Guttapercha aufgebracht wurde, möglich war.

Das bisher beschriebene Verfahren läßt sich in etwas anderer Form auch
für ganze Figuren verwenden, indem man nämlich das zu vervielfältigende
Modell, z. B. eine ganze Figur, nachdem sie in entsprechender Weise abgehälftet
ist, in Gips, Metall oder anderem stabilen Material abformt, und zwar so, daß
die beiden Formenteile, die hierdurch entstanden sind, je eine Hälfte der zu
vervielfältigenden Figur erhaben zeigen, also nicht wie bei dem vorhin beschriebenen Verfahren für die Reliefs, vertieft.

Gerade bei diesen Modellen und überhaupt bei Leimformen, welche große
Höhe und Tiefe haben, ist ein Abguß mit flüssiger Wachsmasse ohne die Schutzhaut gar nicht möglich, weil die heiße Wachsmasse die Höhe der Leimform,
wenn diese nicht in der angegebenen Weise geschützt ist, einfach wegschmilzt
und in sich aufnimmt, wodurch der Abguß für Galvanoplastik vollständig unbrauchbar würde. Diese Schutzhaut schützt sämtliche zarten Stellen der Leimform vor der Berührung mit der heißen Wachsmasse. Es ist daher ein Zerstören
bzw. Stumpfwerden der Form ausgeschlossen.

Abformen mit Zelluloid. Zum Abformen unterschnittener Formen eignet
sich neben Guttapercha und Leim auch sehr gut das namentlich in der Wärme
plastische Zelluloid, von welcher Eigenschaft das nachstehend angeführte D. R. P.
Nr. 218360 von Carl Bensinger, Mannheim, Gebrauch macht:

„Bronzen und sonstige kunstgewerbliche Metallgegenstände nach dem
galvanischen Reproduktionsverfahren werden seither entweder unter Benutzung eines Gips- oder Leimkernes u. dgl. dargestellt, der im galvanischen Bade von außen mit Metall umgeben wird, oder aber es werden
vom positiven Modelle vielteilige Formschalen aus Gips oder Leim usw.
abgegossen, die dann zur negativen Matrize zusammengesetzt werden;
sodann wird im Innern der negativen Matrize der galvanische Hohlkörper
erzeugt und die Matrize später zerschlagen.

Dies sind die hauptsächlich in Betracht kommenden galvanischen Reproduktionsverfahren, die sehr erhebliche Fabrikationsschwierigkeiten mit
sich bringen und die eben darum die erzeugten Gegenstände sehr verteuern.

Die Hauptschwierigkeiten bestehen z. B. darin, daß man aus Gips oder
Leim überhaupt keine Abgüsse erhalten kann, die die feinsten und kleinsten
Linien wiedergeben, selbst wenn das Originalmodell aufs peinlichste vor-
gearbeitet war; das liegt einmal in der ganzen Art der Gips- oder Leimformung,
weil wegen deren Weichheit und sukzessiven Eintrocknung darauf kein Druck
ausgeübt werden kann und eben darum jedes Stück, das aus diesen nicht
tadellosen negativen Formen herauskommt, von Künstlerhand nachgearbeitet
und nachziseliert werden muß. Daß dies umständlich und teuer ist, erhellt
auf den ersten Blick; außerdem aber geht gerade die richtige künstlerische
Linie durch die Nacharbeiten meistens verloren. Ein anderer, sehr erheblicher Übelstand besteht darin, daß die Gips- oder Leimkerne bzw. die Matrizen vor dem Galvanisieren sorgfältigst getrocknet und imprägniert werden
müssen, eine Prozedur von oft wochenlanger Dauer; und dennoch ist es schwer
zu vermeiden, daß die galvanische Säure in den Gips- oder Leimkern oder
Matrize eindringt, später wieder zutage tritt und die galvanisch dargestellte
Figur bzw. das Metallbild im Laufe der Zeit zerstört.

Alle diese Schwierigkeiten und noch viele andere werden vermieden
durch Verwendung eines Kernes oder einer Matrize aus Zelluloid.

Die Technik, Zelluloidhohlkörper zu pressen bzw. zu blasen, ist in den
letzten Jahren so erheblich vorgeschritten, daß selbst die schwierigsten
und kompliziertesten Modelle von Hohlkörpern mit allen möglichen Unter-
arbeiten und Verzierungen nach der Erfindung heute erreicht werden können

dank der Plastik, die das Zelluloid an und für sich besitzt, dank seiner Fähigkeit, sich zusammenkitten und schweißen zu lassen, dank seiner großen Widerstandsfähigkeit gegen Säuren und gegen Wasser und vor allem dank seiner Eigenschaft, durch das scharfe Einpressen in die Matrizenwandungen (solche bestehen aus Metall) durchaus scharfe Abdrücke zu geben, die haarscharf dieselben Linienführungen wiedergeben, die den von Künstlerhand erzeugten Originalmodellen eigentümlich und so überaus schätzbar sind.

Man hat das Zelluloid zwar bisher schon zur Herstellung einfacher Gegenstände, die sich aus einem Stück fertigen lassen, wie Stock- oder Schirmgriffe, benutzt, nicht aber zur fabrikmäßigen Erzeugung von Nachbildungen von Werken der Kunst oder des Kunstgewerbes, welche, mit Unterschneidungen versehen, aus einzelnen Teilen zusammengesetzt werden müssen. Gerade bei solchen Gegenständen aber bietet das Zelluloid den bisher gebrauchten Materialien gegenüber die bereits erwähnten Vorteile.

Zu diesem Zwecke wird folgendermaßen vorgegangen: Das Originalmodell wird in Gips oder sonst einer Modelliermasse dargestellt. Das Modell wird in so viele Teile geteilt, als nötig sind, um jeden Teil der Zelluloidpreß- bzw. -blasetechnik anzupassen, weil auf diese Weise durch späteres Zusammenfügen der geeigneten Linien bzw. Hohlkörperteile alle Unterschneidungen an der Figur leicht erreicht werden können.

Dank der Klebefähigkeit des Zelluloids ist es sodann ein leichtes, die einzelnen Teile zusammenzufügen.

Das so erhaltene Zelluloidbild (Hohlkörper) wird in seinen Nähten fein verschabt und verputzt. Hierbei sind selbstverständlich, trotz feinster Nacharbeit, die einzelnen Stoßnähte der Teile immer noch mit dem Auge sichtbar.

Das stört aber nicht, weil diese Teile durch den galvanischen Überzug verdeckt werden, mit dem der Zelloidkörper in einem galvanischen Bade auf bekannte Weise versehen wird, nachdem er mit einer im galvanischen Bade gut leitenden Masse, wie z. B. Graphit, Metallpulver, sorgfältig bestrichen ist.

Daß dieses Galvanisieren des Körpers außen oder innen oder innen und außen geschehen kann, bedarf keiner weiteren Erwähnung. Auf diese Weise erhält man Gußbronzeimitationen von außerordentlicher Haltbarkeit und Billigkeit in der Darstellung, weil von den einmal vorhandenen Formen Tausende und Abertausende von Zelluloidabdrücken mit absoluter Identität untereinander und mit dem Orgiinalmodell erzeugt werden können.

Es ist auch möglich, nachdem der galvanische Außen- oder Innenüberzug erzielt ist, den eigentlichen Zelluloidhohlkörper, der ja nur die Dienste eines Kernes oder einer Form versieht, wie seither Gipskern oder Leimkern usw., aus der Galvanoumhüllung heraus- oder abzubrennen oder durch geeignete Lösungsmittel heraus- oder abzulösen."

Patent-Anspruch:

Verfahren zur Herstellung von mit Unterschneidungen versehenen Nachbildungen der Gußtechnik unter Verwendung von Zelluloid, dadurch gekennzeichnet, daß zunächst ein Zelluloidkörper durch Verkitten einzelner nach den bekannten Preß- und Blaseverfahren für Zelluloidgegenstände hergestellter Stücke erzeugt und dann der so geschaffene Zelluloidkörper zur Verdeckung der bis dahin noch sichtbaren Stoßnähte in bekannter Weise mit einem Metallüberzug auf galvanoplastischem Wege versehen wird.

Abformen mit Gips. Beim Abformen mit Gips verwende man nur die beste Gipssorte und bereite sich einen dünnen Brei, indem man Gips mit entsprechend viel Wasser anrührt. Hat man Gegenstände aus Metall oder aus Marmor abzuformen, so ölt man die Modellflächen etwas ein, um das Abheben zu erleichtern;

hat man von Gips abzuformen, so wird das Modell mit Seife eingerieben und
mit Graphit bepinselt. Man bürstet nun vorerst mit einem Pinsel eine dünne
Schicht Gips auf das so vorbereitete Modell, damit jede Luftblase entfernt
werde, und gießt hierauf den Gipsbrei in gewünschter Dicke darauf. In einer
halben Stunde ist der Gips fest geworden. Das Abformen flacher Modelle ist
sehr einfach auszuführen. Man umrandet das Modell, dessen abzuformende
Fläche nach oben liegt, mit Glaserkitt oder mit einem Blechstreifen und füllt
die Zwischenräume mit Kitt aus. Der Gips wird in oben bereits beschriebener
Weise aufgetragen und erstarren gelassen, worauf das Abheben erfolgen kann.

Der Gips selbst ist zur Aufnahme von Graphit zwecks Leitendmachung
nicht geeignet, sondern muß erst mit Stearin oder einer Mischung von gleichen
Teilen Stearin mit Paraffin getränkt werden. Dies nennt man das Auskochen
des Gipses. Die Mischung wird in einem Blechgefäß geschmolzen und auf ca. 120°C
gebracht, das Gipsstück hineingelegt und etwa eine Viertelstunde darin belassen, bis man sicher ist, daß sich alle Zwischenräume im Gips mit Stearin
verlegt haben. Das Auskochen mit Stearin hat übrigens noch den Zweck, zu
verhindern, daß beim späteren Einhängen der Gipsform in das Bad Lösung
in die Poren des Gipsgusses eintritt, wodurch die Form zerreißen würde. Eine
eingehende Beschreibung der Imprägnierung von Gipsmodellen findet sich
später bei der Schilderung der Herstellung von Galvanobronzen, worauf an dieser
Stelle bereits verwiesen sei. Ein Dichten der Gipsformen kann außer durch
Wachs oder Paraffin auch auf kaltem Wege durch mehrfaches Überstreichen
mit Zaponlack bewirkt werden.

Beim Abformen von Büsten, Figuren usw., wo viele unterschnittene Stellen
vorkommen und daher die Notwendigkeit eintritt, die Form zu teilen und den
Niederschlag aus mehreren Stücken zusammenzusetzen, muß man mit großer
Übung vorgehen, um diejenigen Schnittlinien zu finden, welche die Anzahl der
Formstücke auf ein Minimum reduzieren. Die einzelnen Gipsformstücke werden
dann vereinigt und mit Gipsbrei zusammengehalten, oder man zerbricht das
Modell nach dem Abformen, wo dies angängig ist, um die Form ganz zu erhalten.

Im allgemeinen verfährt man bei der Abformung eines komplizierten Modells
wie folgt: Nachdem man sich über die Schnittlinien klar geworden ist, nach denen
man das Modell partienweise mit Gips überziehen will, geht man zunächst an
das größte abzuformende Flächenstück, präpariert es entweder mit Öl oder
Seife, wie oben besprochen, und trägt in bekannter Weise eine 2 bis 3 cm dicke
Gipsschicht auf.

Ist das Gipsstück erhärtet, dann nimmt man es ab, kantet die Ränder sauber
ab, seift es ringsum tüchtig ein, legt es dann wieder auf das Modell und trägt auf
der benachbarten Stelle des Modells eine neue Gipsschicht auf usf., bis das letzte
Schlußstück an die Reihe kommt.

Die einzelnen Stücke werden nun zu einem Ganzen zusammengefügt und mit
einem gemeinsamen Gipsmantel überzogen oder, wenn aus Gründen der Stromversorgung im galvanoplastischen Bade eine solche Manipulation nicht durchführbar ist, wird von jedem Gipsstück ein galvanoplastischer Niederschlag genommen und werden die einzelnen Stücke später durch Zusammenlöten montiert.

Nähere Verhaltungsvorschriften beim Abformen mit Gips siehe bei M. Weber,
„Die Kunst des Bildformers und Gipsgießers" im Verlage von Bernhard Friedrich
Vogt in Weimar.

Das Leitendmachen der Formen. Ist das Original in einer der angegebenen
Massen abgeformt, so muß die Form, bevor sie mit einer leitenden Schicht überzogen wird, für die Stromzuleitung hergerichtet werden. Handelt es sich um
flache Reliefs, so legt man um die Ränder der Zeichnung einen etwa ½ mm
starken Kupferdraht, der oben an starken Einhängebügeln befestigt ist. Die
Wachsplatte wird zwecks Aufhängung mit 1 bis 2 Löchern versehen, in welche

Kupferbügel eingreifen. Man kann auch in die Wachsplatte beim Schmelzen die Aufhängestreifen mit einschließen und zur Verhütung des Schwimmens des spezifisch leichteren Wachses werden ein oder mehrere Schnüre eingeschmolzen, an die zur Beschwerung Glas- oder Bleimassen angehängt werden. Die am Rande eingelegten feinen Kupferdrähte werden mit einem erwärmten Kupferstück in Form eines Lötkolbens in das darunter weich werdende Wachs oder in die Guttapercha eingedrückt, und mit einem Messer wird der Kupferdraht freigelegt, falls sich geschmolzenes Wachs darübergelegt haben sollte. Bei Metallmatrizen aus Blei oder einer der früher angegebenen Kompositionen werden beim Gießen bereits ein oder mehrere Zuleitungsdrähte eingelegt. Bei Gipsformen wird ein dickerer Kupferdraht eingesetzt und eventuell auch ein feinerer Draht, wie bei Wachsformen, der nach dem Guß wieder freigelegt wird. Die Zuleitung bei Gipsformen, die gegenüber Wachs sehr widerstandsfähig sind, wird nach dem Leitendmachen oft noch dadurch verbessert, daß man einen dünnen Draht, z. B. bei Figuren aus Gips oder ähnlichen Stücken, in Spiralform derart um die Form legt, daß der Draht an mehreren Stellen die leitend gemachte Form berührt. Das Kupfer wächst dann von mehreren Stellen aus gleichzeitig und deckt den Gips rascher, wodurch die Möglichkeit des Eindringens von Lösung in die Poren und das damit verbundene Zerreißen der Form verhindert wird.

Ist die Form hohl, hat man z. B. eine tiefe Vase in einem Stück abgeformt, so ist es gut, die Stromzuleitung am Boden anzubringen, so daß das Kupfer von der tiefsten Stelle aus wächst, wodurch später Randknospen vermieden werden; gleichzeitig erreicht man dadurch auch, daß die Stärke des Kupferniederschlages überall annähernd gleich wird. Nun folgt das Leitendmachen selbst. Es bestehen hierfür eine Unzahl Verfahren, teils patentiert, teils geheimgehalten, und seien nur diejenigen herausgegriffen, die in der Praxis gebraucht werden oder denen ein origineller Gedanke zugrunde liegt.

Leitendmachen durch Graphit. Die gebräuchlichste Methode ist die des Graphitierens. Diese Methode wurde im Jahre 1873 von St. W. Wood (E. P. vom 30. Okt. 1873) vorgeschlagen. Als Material kommt nur reinster geschlämmter, sandfreier Graphit in Betracht, der reinen Kohlenstoff darstellt. Dr. Hermann Langbein wurde ein Verfahren patentiert zum Reinigen von Graphit durch stufenweise Behandlung von rohem Graphit mit Schwefelsäure und Alkalien[1].

Es wird feingemahlener roher Graphit mit Wasser zu einem Brei angerührt und konzentrierte rohe Schwefelsäure zugesetzt. Letztere zersetzt bei der eintretenden Reaktionswärme die Silikate, z. B. des Aluminiums, unter Bildung von schwefelsaurer Tonerde. Bei Verwendung von konzentrierter Säure allein erfolgt die Zersetzung nur unvollständig, weil das entstehende Sulfat in der Säure unlöslich ist. Der Graphit wird darauf durch Dekantieren von der Flüssigkeit getrennt und mit Wasser ausgelaugt, bis die Flüssigkeit nicht mehr sauer reagiert. Das Filtrat enthält schwefelsaure Tonerde und wird auch diese weiterbearbeitet. Der zurückbleibende Graphit wird darauf mit konzentrierter Natronlauge, am besten in Autoklaven, unter Druck erhitzt. Die durch die Zersetzung mit Schwefelsäure in leicht lösliche Form gebrachte Kieselsäure sowie die freie Kieselsäure und andere Verunreinigungen, die noch nicht gelöst sind, werden dabei gelöst. Es resultiert reiner Graphit, der nach dem Ablassen der Wasserglaslösung nur noch mit Wasser ausgewaschen und getrocknet zu werden braucht, um verbrauchsfähig zu sein.

Der Patentanspruch lautet: Verfahren zur Gewinnung von reinem Graphit durch stufenweise Behandlung von rohem Graphit mit Schwefelsäure und Alkalilauge, am besten unter Druck.

---

[1] D. R. P. Nr. 109 533 v. 10. Dez. 1898; Zus. z. P. 109 533 Nr. 125 304 v. 20. Juni 1900.

Das bekannte Verfahren von Schössel (Mußpratt, Enzyklopädisches Handbuch der technischen Chemie, IV. Aufl., Bd. 4, Sp. 1569, 2. Abs.) beruht auf der
abwechselnden Behandlung von Graphit mit Salzsäure und Alkali und ist mit
vorstehendem Verfahren nicht zu verwechseln, weil Salzsäure den vorhandenen
Ton nicht zersetzt. In der Kritik dieses Verfahrens ist daher mit Recht gesagt,
daß die Einwirkung der Salzsäure zweckmäßiger an das Ende der Operation
verlegt werde.

Die Behandlung von Graphit mit verdünnter Schwefelsäure allein, welche
zur Reinigung von Beimengungen gelegentlich vorgeschlagen wurde, weil sie
Graphit nicht angreift, ergibt natürlich keinen reinen Graphit, weil derselbe
stets Silikate oder feine Kieselsäure enthält.

Das Graphitieren ist mit besonderer Sorgfalt auszuführen. Der Graphit
wird auf die Wachsformen, Guttapercha oder die mit Wachs getränkten, noch
lauwarmen Gipsformen aufgestreut und mittels eines feinen Haarpinsels in

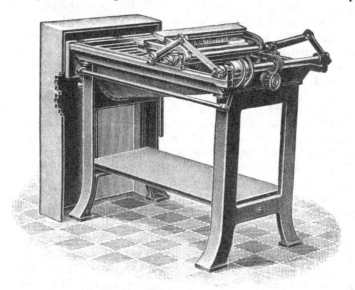

Fig. 284.

drehender, schneller Bewegung aufgepinselt. Bei richtigem Graphitieren muß
die Fläche glänzend metallisch schwarz aussehen. Es leuchtet ein, daß der
Kupferniederschlag löcherig ausfallen wird, wenn die Graphitierung unvollkommen war, wenn kleine Pünktchen oder Fleckchen der Matrizenoberfläche
ungraphitiert geblieben sind. Es ist ein Irrtum, wenn man meint, mit einer
allzu weichen Bürste bessere Resultate zu erzielen, um die Feinheit der Form
nicht zu zerstören, es kann im Gegenteil eine ziemlich starke Borstenbürste sein.
Nur Formen aus Wachs oder Gelatine werden mit feineren, weichen Bürsten
oder Pinseln graphitiert. Formen aus Guttapercha oder Mischungen mit Guttapercha pflegt man vor dem Graphitieren etwas anzuhauchen, damit der Graphit
besser hafte, und bürstet den trockenen Graphit erst dann auf. Man glaube
nicht, daß es genügt, die Behandlung mit der Graphitierbürste nur so lange
fortzusetzen, bis der Gegenstand ein völlig grauschwarzes Aussehen angenommen
hat. Das rasche Zugehen der Formen ist außerordentlich von der Sorgfalt des
Graphitierens abhängig, und man kann sich leicht durch Versuche überzeugen,
daß ein graphitierter Gegenstand sich ungleich rascher mit Kupfer überzieht,
wenn man beispielsweise das Bürsten mit Graphit 2 bis 3 Minuten lang fortsetzt,
als wenn man den Gegenstand nur halbsolange graphitiert hat. Das unbewaff-

nete Auge ist deshalb kein sicherer Maßstab dafür, ob die Graphitierung eine genügende ist, der Praktiker wird jedoch sehr bald erkennen, wann der Graphitüberzug ein genügender ist. Mehr noch wie bei der Kupfergalvanoplastik macht sich ein Mangel in der Sorgfalt des Graphitierens bemerkbar, wenn graphitierte Wachsmatrizen mit anderen Metallen, z. B. Nickel, überzogen werden sollen (siehe auch „Nickelplastik direkt auf Wachs").

Sollen Gips oder Holz, die mit Stearin getränkt wurden, graphitiert werden, so pinselt man mit Vorteil einen Graphitbrei auf, den man durch Anrühren mit Wasser erhält. Man läßt trocknen und bürstet mit einer reinen Bürste den überschüssigen Graphit weg.

Wird das Graphitieren von Hand besorgt, so führe man diese Arbeit niemals im Bäderraume aus, sondern in einem besonderen, vom Bäderraum abgeschlossenen Raum.

Am besten ist es, wo dieses angeht, sich der Graphitiermaschine (Fig. 284) zu bedienen, namentlich wenn es sich um größere ebene Flächen, wie in den galvanoplastischen Anstalten für Druckereien, handelt.

Die Graphitiermaschine arbeitet schneller, gleichmäßiger und auch billiger, als dies von Hand möglich ist.

Boudreaux[1]) schlägt vor, den zum Leitendmachen bestimmten Graphit vor dem Abformen auf das Wachs usw. zu streuen. Etwa aufzubringendes Bronzepulver soll dann durch ein vorher aufzustreichendes Klebemittel oder durch Anwärmen der Form festgehalten werden.

Unterstützung des Zugehens durch Zusatz von Eisenfeilspänen. Langbein bringt in seinem „Handbuch der galvanischen Metallniederschläge", IV. Aufl., 1898, S. 380 ein Verfahren, welches den Übergang zu den chemischen Methoden der Leitendmachung bildet. Danach soll ein gleichmäßiger, schnell zuwachsender Kupferüberzug über die graphitierte Fläche dadurch erhalten werden, daß man dieselbe vorerst mit Spiritus übergießt, diesen ablaufen läßt und nun mit einer 20%igen Kupfervitriollösung übergießt (ohne Schwefelsäure). Nun werden fein pulverisierte (gesiebte!) Eisenfeilspäne mittels eines sehr feinmaschigen Siebes aufgesiebt und diese mit einem Pinsel aus feinen langen Haaren mit der Kupferlösung verrührt und mit dem Graphit in Kontakt gebracht. Dabei scheidet sich am Graphit metallisches Kupfer aus, und nach dem Abspülen der so behandelten Fläche und mehrmaliger Wiederholung der Prozedur soll eine ziemlich zusammenhängende Kupferhaut erhalten werden, auf welcher das Kupfer, namentlich in den vertieften Partien der Formen, rasch zugehen soll. Jedenfalls aber muß die Behandlung mit Eisenfeile sehr vorsichtig gemacht werden, um die Feinheiten der Matrize nicht zu alterieren, und das Bestreuen mit Eisenfeile muß langsam ausgeführt werden, weil die dabei auftretende Erwärmung den Wachsformen gefährlich werden könnte.

Ein nicht genügend begründeter Vorschlag stammt von Stouls[2]), welcher anstatt Wasser Milch verwendet, um damit Graphit zu einem Brei anzurühren und auf die Matrizen aufzutragen.

Ash, Gill und Green[3]) empfehlen, nichtleitende Gegenstände zunächst in Lösungen von Schellack, Kopal- oder anderen Lacken zu tauchen, in denen fein verteiltes Kupferpulver usw. suspendiert ist. Die derart behandelten Gegenstände werden hierauf mit Wasser abgespült und eventuell nochmals abgebürstet, um den überflüssigen Lack zu entfernen. Hierauf folgt ein 5 Minuten langes Eintauchen in eine Silbernitratlösung, wobei sich auf der Oberfläche des Gegenstandes eine dünne Silberschicht bildet, die sich zur Aufnahme eines weiteren Metallbelages vorzüglich eignen soll.

---

[1]) D. R. P. Nr. 84235 von 1893; Jahrb. f. Elektrochemie II, 195.
[2]) D. R. P. Nr. 74447 v. 26. Sept. 1893; Jahrb. f. Elektrochemie I, 187.
[3]) E. P. Nr. 5372 von 1893; Jahrb. f. Elektrochemie I, 187.

Ein Verfahren zur Herstellung leitender Überzüge auf Nichtleitern für galvanoplastische Zwecke wurde Krack[1]) patentiert. Er verwendet eine Mischung von

Butter . . . . 1,5 Tl.
Terpentin . . . . 1 „
Mineralöl . . . . 0,5 „

und rührt Bronzepulver in die Masse ein. Diese an und für sich schon leitende Masse wird auf die zu präparierenden Gegenstände aufgestrichen (er führt Leder, Zelluloid, tierische und pflanzliche Gewebe an), getrocknet, und werden diese extra noch, ähnlich wie bei der Graphitierung mit Bronzepulver, glänzend gebürstet und vor dem Einhängen in das Bad in bekannter Weise mit Spiritus übergossen.

Metallpulver zum Leitendmachen. Neben Graphit wurde auch die Anwendung von fein verteiltem Blei als Material zum Leitendmachen vorgeschlagen. Praktischer wäre aber wohl, direkt fein verteiltes Kupfer hierzu zu verwenden, wie solches Verfasser elektrolytisch aus verdünnten Kupfervitriollösungen in vorzüglicher Qualität erhalten hat, oder solches Kupfer in Verbindung mit Graphit.

Neuerdings verwendet man auch vielfach ein feines Kupferpulver, das unter der Bezeichnung „Kupferschliff" käuflich zu erhalten ist. Das Kupferpulver wird mit Zaponlack oder ähnlichem Lack zu einem dünnen Brei gleichmäßig verrieben und mittels Pinsels auf den betreffenden Gegenstand in dünner Schicht aufgetragen. Läßt man nach dem völligen Trocknen noch ein Überbürsten mit Graphit folgen, so erzielt man beim Einhängen in das Kupferbad ein sehr rasches und gleichmäßiges Decken.

Als ganz brauchbares Material hat sich auch die feine Goldbronze erwiesen, besonders da deren Leitvermögen im Vergleich zum Graphit ganz bedeutend ist und daher ein „Zugehen" der leitend gemachten Stellen viel rascher vor sich geht als bei Anwendung von Graphit. Immerhin aber haftet der Graphit infolge seines schmierigen Charakters viel fester an den Formen als die verschiedenen Metallpulver; bloß die warm behandelten Stearin- oder Wachsformen bilden eine Ausnahme, da auf diesen das Metallpulver besser haftet. Immer aber fallen die galvanoplastischen Niederschläge auf mit Metallpulvern leitend gemachten Formen rauher aus als auf graphitierten.

Die chemischen Metallisierungsverfahren. Die chemischen Metallisierungsverfahren bezwecken im Gegensatz zum Graphitierungsprozeß, direkt eine leitende Metallhaut auf den Nichtleitern niederzuschlagen, und heute werden bereits alle erdenklichen Gegenstände galvanoplastisch mit Metall überzogen, welche vorher auf chemischem Wege leitend gemacht wurden.

Selbst Holz kann man auf diese Weise verkupfern und vernickeln. Parkes[2]) verfährt hierzu in folgender Weise:

Zur Erzielung eines leitenden Untergrundes werden die zu überziehenden Gegenstände zunächst in ein 50° C nicht übersteigendes Bad getaucht, welches aus einer Lösung von 1,5 g Kautschuk und 4 g Wachs in 10 g Schwefelkohlenstoff besteht, welche mit einer Lösung von 5 g Phosphor in 60 g Schwefelkohlenstoff mit 5 g Terpentin und 4 g gepulvertem Asphalt vermischt ist. Dann kommen sie nach dem Trocknen in eine Lösung von 2 g Silbernitrat in 600 g Wasser, bis ihre Oberfläche eine dunkle Metallfarbe annimmt, sie werden nun mit Wasser gewaschen und schließlich in eine Lösung von 10 g Goldchlorid in 600 g Wasser gebracht, worin sie sich bräunlich färben; sie sind dann für jeden galvanoplastischen Überzug vorbereitet. Langbein empfiehlt, die Gegenstände zunächst in eine jodkaliumhaltige Lösung von Kollodium in Äther und dann bei Licht-

---

[1]) D.R.P. Nr. 122664 v. 26. April 1900; Z. f. E. VIII, 107.
[2]) Z. f. E. III, 174.

abschluß in eine Silbernitratlösung einzutauchen, bis sie sich gelblich färben. Nun werden sie gewaschen, eine Zeitlang dem Lichte ausgesetzt, dann auf elektrolytischem Wege mit einer als Untergrund dienenden Kupferschicht versehen und schließlich ins Nickelbad gebracht. Chirurgische Gerätschaften kann man auch durch Eintauchen in eine ätherische Paraffin- oder Wachslösung und darauffolgende Bestäubung mit Graphit- oder Bronzepulver leitend machen[1]).

Am häufigsten wird die Metallisierung durch Silber bzw. durch Jodsilber ausgeführt.

Heeren bildet eine Schwefelsilberschicht dadurch, daß er die Matrize mit einer Lösung von

Silbernitrat	100 g
Wasser	200 g
Ammoniak	250 g
Alkohol	300 g

befeuchtet und in einem geschlossenen Kasten Schwefelwasserstoffdämpfe auf die solcherart befeuchteten Objekte einwirken läßt. Die Objekte werden dann sauber abgespült und sind zum Einhängen fertig.

Brandely gibt speziell für Gipsformen folgende Vorschriften: Zuvörderst taucht man die aus Gips gefertigten Formen in ein Bad von weißem oder gelbem Wachs, um den Gips weniger porös zu machen.

Man läßt die Formen in dem Wachsbade liegen, bis sie die Temperatur desselben angenommen haben, nimmt sie mit Pinzetten, die ganz trocken sein müssen, heraus, läßt das überflüssige Wachs abtröpfeln und dann die Form erkalten.

Nun bereitet man eine Lösung von

250 g möglichst weißem Phosphor in
1 kg Schwefelkohlenstoff

Man braucht nur den Phosphor in die Flüssigkeit einzumengen und zu schütteln, dann löst sich derselbe sehr bald vollständig auf. Man löst dann 200 g Silbernitrat in 1 Liter Wasser auf. Diese beiden Flüssigkeiten, die Phosphor- und die Silberlösung, gießt man je in ein passendes Gefäß, etwa eine Porzellanschale. Nun taucht man die an einem Kupferdrahte oder besser an einem Silber-, Gold- oder Platindrahte befestigten, zu metallisierenden Stücke in die Phosphorlösung, läßt abtropfen und legt sie mit der verzierten Seite nach oben auf ein Stück Schwarz- oder Zinkblech. Sobald der Schwefelkohlenstoff verdampft ist und Phosphordämpfe sich zu entwickeln anfangen, muß man die Stücke in das salpetersaure Silber tauchen, jedoch nicht eher, bis die erhabenen Stellen sowohl als die vertieften völlig trocken geworden sind. Mit einem feinen Dachshaarpinsel verreibt man die silberhaltige Flüssigkeit auf der Form in alle vertieften Stellen, so daß kein einziger Punkt unbedeckt bleibt; andernfalls zeigen sich an den entsprechenden Stellen des Abdrucks kleine Löcher.

Ist die Form überall mit Silberlösung benetzt, so nimmt man sie heraus, läßt sie abtropfen und hängt sie an einer passenden, vor Staub geschützten Stelle an dem kupfernen Leitungsdrahte auf. Das Silber wird sehr bald reduziert; sobald eine reine Farbe erscheint, ist der richtige Zeitpunkt gekommen, das Stück in das Niederschlagbassin zu bringen und der Einwirkung des Stromes zu unterwerfen.

Nach vollendeter Arbeit gießt man die phosphorhaltige Flüssigkeit vorsichtig in eine Flasche mit eingeriebenem Glasstöpsel. Zum Arbeiten mit dieser Lösung nehme man wegen der leichten Entzündbarkeit stets nur Tische, die mit Zinkblech belegt sind, und hüte sich, daß ein Tropfen auf die Kleider falle.

---

[1]) L'Electricien XII, 1896. 208.

Eine direkte Versilberung der Formen erzielt man nach folgender Vorschrift.
Man bereite sich zwei Lösungen, und zwar:

I. $\begin{cases} \text{1 Gew.-Tl. Silbernitrat} \\ \text{8 Gew.-Tl. Wasser} \end{cases}$

II. $\begin{cases} \text{0,8 Gew.-Tl. Seignettesalz} \\ \text{385 Gew.-Tl. siedendes Wasser} \end{cases}$

Lösung I wird in Lösung II gegossen, ca. 10 Minuten gekocht, erkalten
gelassen und filtriert. Dies ergibt die Lösung A.

Man stellt sich nun eine Lösung B her, indem man

4 Gew.-Tl. Silbernitrat in
32 Gew.-Tl. Wasser

öst und mit Salmiakgeist tropfenweise versetzt, bis der braune Niederschlag
von Silberhyperoxyd eben verschwindet; dann wird mit 360 Tl. Wasser verdünnt, und man erhält so Lösung B.

Durch Zusammengießen gleicher Teile (gleicher Volumina) von A und B
erhält man die Versilberungslösung. Die Lösung wird auf die zu versilbernden
Stücke ausgebreitet, eventuell umrahmt man flache Stücke mit Glaserkitt und
schüttet ca. 1 cm hoch von der Lösung darauf. Die Lösung soll so warm verwendet werden, als es das zu versilbernde Material nur verträgt. So kann man
Glas oder Marmor mit einem glänzenden Silberspiegel überziehen, der bei größerer
Dicke schwarz wird. Die Silberausscheidung wird 3- bis 4mal wiederholt,
und man kann so eine sehr gut leitende Schicht herstellen.

Speziell für Metallüberzüge auf Gegenständen aus Holz wird nach Burges[1])
in folgender Weise operiert. Der Gegenstand wird kurze Zeit in heißes Paraffin
getaucht, welches rasch in die Poren eindringt. Durch Einlegen in Ligroin wird
das Paraffin dicht an der Oberfläche des Holzes wieder aufgelöst und die Poren
daselbst werden wieder zur Wasseraufnahme befähigt. Der Gegenstand wird
dann mit Kupfersulfatlösung oberflächlich getränkt und scharf getrocknet.
Das in den Fasern des Holzes sitzende Kupfersulfat wird nun durch Behandlung
mit Schwefelwasserstoff, letzterer entweder in Gasform oder in wässeriger Lösung,
in Schwefelkupfer übergeführt, wodurch man die Oberfläche vollständig mit
Schwefelkupfer überzogen hat. Das Schwefelkupfer reduziert Burges hierauf
zu metallischem Kupfer, indem er in einer Chlornatriumlösung durch naszierenden Wasserstoff die Schwefelkupferelektrode kathodisch behandelt und mit
einer anliegenden Drahtspirale in Windungen von 1 cm Steighöhe umwickelt.
Die Stromdichte wird tunlichst hoch genommen, und dauert der Prozeß ca. 10 Minuten. Der Gegenstand ist dann sofort zur Metallfällung in den galvanoplastischen Bädern geeignet, und haften die Niederschläge sehr fest an den Gegenständen. Begreiflicherweise kommt dieses Verfahren billiger als diejenigen, welche
mit Gold- oder Silberhäutchen arbeiten.

Metallisieren durch Einbrennen leitender Substanzen. Glas, Porzellan und dergleichen Stoffe, auf denen eine bestimmte Zeichnung in leitender Substanz erzeugt
werden soll, um später gemäß dieser Zeichnung einen Niederschlag von Kupfer,
Silber oder Gold in größerer Dicke zu erhalten, welcher sich auch bei intensiverem
Gebrauch nicht von der Unterlage loslösen darf, werden im Muffelofen behandelt,
d. h. es wird Metall in den betreffenden Gegenstand eingebrannt.

Man bereitet sich vorerst eine im Muffelofen zu reduzierende Masse aus
Platinchlorid und Lavendelöl (auch Kupferchlorür kann verwendet werden),
indem man beide zu einem dicken Brei in der Konsistenz von Ölfarbe auf einer
mattierten Glastafel anreibt. Die Glas- oder Porzellanteile werden vorher mit
Spiritus gereinigt und der Brei mit einem Pinsel in der gewünschten Zeichnung

---

[1]) Elect. World 1898, Bd. 32, S. 113; Jahrb. d. Elektrochemie Bd. V, S. 398.

aufgetragen, trocknen gelassen und in einem Muffelofen in der Rotglut eingebrannt. Das Lavendelöl reduziert beim Verbrennen das Metallsalz, und es bildet sich auf der Glasfläche eine dünne, aber ganz festsitzende Metallschicht, auf der man dann mit Leichtigkeit jeden beliebigen Metallniederschlag mittels Strom erzeugen kann. Es lassen sich auf diese Art sehr schöne Metallverzierungen auf Glasgefäßen usw. herstellen und findet man mitunter ganz feinlinige Zeichnungen auf diesem Wege in Kupfer, Nickel, Silber oder Gold galvanoplastisch aufgetragen.

Der Vollständigkeit halber sei auch des Verfahrens von Ash und Weldon (A. P. Nr. 2327 von 1896) Erwähnung getan, womit nichtmetallische Substanzen elektrisch leitend gemacht werden können.

Stromleitende Metallüberzüge lassen sich ferner erhalten, wenn man feinverteilte Metalloxyde mit Zucker bzw. Lavendelöl und Borax mischt und auf den nichtleitenden Stoffen, wie Glas, Porzellan, einbrennt. Derartige Mischungen sind auch käuflich unter der Bezeichnung ,,Glanzgold, Glanzsilber u. dgl.'' zu erhalten und finden in der Keramik weitgehende Anwendung, ebenso wie sie hier als leitende Unterlage für nachfolgende galvanoplastische Überzüge dienen können.

Cook und Parz brennen in keramische Objekte eine Metallemaille ein, indem sie folgende Substanzen in der verlangten Musterzeichnung nacheinander auftragen.

1. Eine Paste, bestehend aus Leim, Rapsöl, Schwefel, Mennige oder Arsenik und Trocknen dieser in der Wärme auf dem betreffenden Gegenstand.

2. Eine Paste aus kalziniertem Borax, Flintglaspulver, Zinn oder Kupferoxyd.

3. Eine Mischung, bestehend aus Goldpurpur, einem Flußmittel, Quecksilber- und Silbernitrat und Mennige. Es wird dann das Ganze eingebrannt, und das in der so entstandenen Emaille fein verteilte Gold bildet, wie erwähnt, den kathodischen Träger. Für Niederschläge von Eisen, Nickel und Zinn muß die Emaille Kupfer enthalten. Für Zink muß sie eisenhaltig sein.

Das Metallisieren durch Einbrennen leitender Substanzen hat besondere Bedeutung bei der Herstellung des sog. Elektroporzellans gewonnen, d. h. Porzellan, das teilweise oder vollständig mit einem galvanischen Niederschlag versehen ist. Man benutzt hierbei als leitende Substanz vornehmlich Graphit, der in besonderen Mischungen, teilweise nach patentierten Verfahren, aufgetragen und eingebrannt wird, um auf möglichst billigem Wege eine leitende Oberfläche zu ergeben. Es sei hierzu auf das spätere Kapitel betr. ,,Überzüge auf Porzellan'' verwiesen. In noch einfacherer Weise erfolgt das Leitendmachen von Tonwaren nach dem D. R. P. Nr. 184722 der Firma G. Kunze, Süssen, die bereits beim Brennen der Tonwaren eine Ablagerung von Kohlenstoff auf der Oberfläche derselben bewirkt. Um dies zu erreichen, werden die mit einem galvanischen Überzug zu versehenden Tonwaren einem Dämpfprozeß bekannter Art unterworfen, welcher darin besteht, daß gegen Schluß des Brandes der Tonwaren eine rauchende Atmosphäre in dem Ofen erzeugt wird und die Abkühlung der Tonwaren möglichst unter Luftabschluß erfolgt, damit der durch den ganzen Scherben abgelagerte Kohlenstoff (Graphit) an der Oberfläche nicht wegbrennt.

Exponieren der Matrizen in den Bädern. Eine große Hauptsache ist es, die leitende Verbindung zwischen der graphitierten Matrizenfläche aus nichtleitendem Material, wie Wachs u. dgl., und der äußeren Stromleitung richtig herzustellen; gewöhnlich pflegt man die Matrizen mit breiten, blanken Kupferstreifen einzuhängen, und zwar aus nicht zu dünnem Kupferblech, etwa ½ mm dick, welches man am Rand in die Formmasse eindrückt, solange dieselbe noch weich ist. Der Kupferniederschlag pflegt zuerst an diesem Einhängestreifen sich

anzusetzen, von da, allmählich vorrückend, über die ganze Fläche sich auszu-
breiten. War die Fläche gut graphitiert, so erfolgt diese Ausbreitung rascher,
der Kupferniederschlag schließt sich auf der ganzen Fläche alsbald, während
dies nur langsam Fortschritte macht, oder der Niederschlag sich gar nicht schließt,
wenn die Graphitierung eine mangelhafte war. Viele Galvanoplastiker pflegen
den Rand der Matrize mit feinster Bleifolie zu belegen, welche sie schon beim
Abformen mit aufpressen, dies aus dem Grund, um den Übergang der Stromleitung zur graphitierten Fläche zu begünstigen oder aber aus demselben Grunde
einen Kupferdraht einzudrücken.

Gestattet es die Form, daß man mehrere sogenannte Kontaktdrähte, welche
mit der äußeren Stromleitung in Verbindung stehen, auch in der Mitte der
graphitierten Fläche ohne Schädigung des in Kupfer zu reproduzierenden Gegenstandes anbringen kann, so ist dies im Interesse des rascheren Überwachsens
der Niederschläge sehr vorteilhaft.

Besonders wichtig ist es, die Stromzufuhr zu der graphitierten Fläche dem
auf die graphitierte Fläche entfallenden Strom entsprechend zu dimensionieren,
wenn z. B. mit dem Schnell-Galvanoplastikbad gearbeitet wird. Sind die Zuleitungen zu schwach, so geschieht es leicht, daß kleinere Formen, die im Bad
hängen, mehr Strom bekommen und verbrennen, während die Arbeit an den mit
schlechteren Kontakten versehenen größeren Formen zurückbleibt.

Nehmen wir an, wir haben graphitierte Formen (Matrizen) in das Galvanoplastikbad einzuhängen, wie solche in der galvanoplastischen Praxis zumeist
vorkommen. Daß dieselben an ihrer für den Niederschlag bestimmten Oberfläche sehr sorgfältig übergraphitiert sein müssen, wurde bereits eingehend erklärt, davon hängt die Gleichmäßigkeit des Kupferniederschlages ab. Daß die
Formen mit einer gut leitenden Einhängevorrichtung versehen sein müssen, am
besten mit einem nicht zu dünnen blanken Kupferblechstreifen, der geschickt
mit der Form verbunden und ebenso wie die ganze graphitierte Fläche im Interesse
der guten Leitung und des möglichst gleichmäßig anwachsenden Kupferniederschlages an der Einmündungsstelle der Form mit übergraphitiert sein muß,
wurde gleichfalls schon besprochen.

Unmittelbar vor dem Einhängen pflegt man die graphitierten Formen
nochmals mit reinem Weingeist oder absolutem Alkohol zu übergießen, damit
sie sich beim Einhängen gleichmäßig befeuchten und keine Luftblasen sich ansetzen können, der Niederschlag über die ganze Fläche ungehindert sich aus-
breite, was besonders bei Matrizen mit größeren Vertiefungen oft schwer erreichbar ist. Der Weingeist hat vorwiegend den Zweck, geringe Spuren von Fett
aufzunehmen, die auf den Formen stets vorhanden sind. Diese werden vom
Alkohol gelöst, und dadurch erreicht man, daß sich die graphitierte Fläche gleichmäßig benetze, ein Irrtum aber ist es, zu behaupten, daß eine schlechte Graphitierung durch Übergießen der Form mit Alkohol ausgeglichen wird; ungraphi-
tierte Stellen bleiben stets offen, ebenso fette Stellen, geradeso wie Fettspuren
auf zu elektroplattierenden Metallflächen das Ansetzen und Festhaften eines
Metallniederschlages verhindern.

Es versteht sich von selbst, daß das Einhängen der Objekte in einer Weise
bewerkstelligt werde, daß ein inniger Kontakt, eine gute elektrische Leitung mit
der äußeren Stromzuleitung gesichert sei, daß also die Kupfereinhängbänder mit
den meist kupfernen runden Leitungsstangen (der Leitungsmontage des Bades)
innig verbunden, die Kontaktflächen rein und blank seien; darauf ist um so
mehr zu achten, weil wir es nicht mit gut leitenden Metallobjekten wie beim Elektroplattieren, sondern mit künstlich leitend gemachten Kathoden zu tun haben.

Unsere Wachsformen bestehen zumeist aus einem Material mit einem geringeren spezifischen Gewicht als die ziemlich schwere, konzentrierte und mit
Schwefelsäure angesäuerte Galvanoplastiklösung, sie werden in derselben dafür

auch nicht untersinken, sondern schwimmend an der Oberfläche bleiben; solche Formen müssen wir auf irgendeine Art beschweren.

Deshalb hängt man Bleistücke oder Glas an die Formstücke, und zwar von entsprechender Größe und Gewicht. Selbstverständlich muß man das Bleigewicht und den Draht, womit dasselbe angehängt ist, mit isolierendem Lack überziehen, damit sich kein Niederschlag daran ansetzen kann. Überdies wird man bei solch spezifisch leichten Objekten den Leitungskontakt auf der Aufhängestelle, wo der Einhängestreifen die äußere Leitungsstange berührt, noch dadurch sichern, daß man den Aufhängestreifen mittels einer Klemme an die Stange festschraubt.

Ältere Praktiker pflegen heute noch ihre Matrizen mit Vorliebe horizontal in das Bad einzuhängen; es ist dies zwar durchaus nicht bequem, hat aber einen nicht zu leugnenden Vorteil, nämlich den, daß die Kathode in einer gleichmäßig konzentrierten Lösungsschicht liegt und dadurch ein gleichmäßig starker Niederschlag erzielt wird. Weil aber diese Art des horizontalen Einhängens, oder richtiger gesagt, Einlegens der Kathoden wirklich sehr unbequem ist, auch andere sehr unangenehme Nachteile im Gefolge hat, so ist man ganz davon abgekommen; man hängt jetzt die Kathoden nur mehr vertikal ein, in derselben Weise wie dies beim Elektroplattieren üblich ist. Man hat nur dafür zu sorgen, daß die Lösung auf irgendeine Weise in kontinuierlicher Bewegung erhalten werde, so daß die untere konzentrierte Schicht mit der darüber befindlichen weniger konzentrierten gut ausgetauscht werde. Es ist dies in der Galvanoplastik in weit höherem Maße zu beachten als beim Elektroplattieren, weil eben die Galvanoplastiklösung eine mit Kupfervitriol bis fast zur vollständigen Sättigung konzentrierte Salzlösung ist, bei welcher sich die Konzentrationsunterschiede zwischen den oberen und unteren Schichten viel fühlbarer machen als bei den weitaus nicht so konzentrierten Elektroplattierlösungen, bei denen man überdies nur mit kleinen Stromdichten, selten über 0,5 A, arbeitet.

Niederschlagsblenden, Zweck und Anbringung. Zu den vorbereitenden Arbeiten gehören auch die Vorrichtungen, die notwendig sind, um die Bildung eines möglichst gleichmäßigen Niederschlages zu erreichen.

Solange sich die Methoden der Metallfällung darauf beschränken, nur Niederschlagsdicken von Bruchteilen eines Millimeters herzustellen, geht das Dickenwachstum der Niederschläge auf der ganzen Kathode (annähernd glatte Flächen vorausgesetzt) ziemlich gleichmäßig vonstatten. Werden aber die Niederschläge zu größerer Stärke getrieben, so tritt die Wirkung der vom Verfasser als Stromlinienstreuung bezeichneten ungleichen Stromteilung ein, und die Metallfällung erleidet eine mit zunehmender Stärke des Niederschlages sichtbarer werdende Störung der Gleichmäßigkeit.

Der Übergang des Stromes, den wir uns durch „Stromlinien", ähnlich den magnetischen Kraftlinien, vorstellen müssen, geht nur dann in einem homogenen Felde vor sich, wenn die Stromlinien durch die Elektroden (deren Größe und Anordnung) sowie durch die Begrenzung des in allen Schichten gleich gut leitenden Elektrolyten seitens der Gefäßwände in solcher Weise geschieht, daß die Elektrodenränder mit den Gefäßwänden zusammenfallen.

Es wurde bereits im Jahre 1893 der Direktion der Württembergischen Metallwarenfabrik[1] ein Blendeverfahren patentiert, welches darauf beruht, daß im Bade (es handelt sich hierbei um starke Silberauflagen auf Eßbestecken!) zwischen Kathoden und Anoden Platten aus isolierenden Stoffen, wie Glas u. ä., angebracht werden, die geeignete Ausschnitte besitzen, welche den Stromlinien den Zutritt zu den von den Platten gedeckten Partien der Kathoden erschweren und dadurch eine höhere Stromliniendichte (analog der magnetischen Induktion

---

[1] D. R. P. 76975 vom 30. Juli 1893.

im Eisen = Kraftliniendichte) auf den freibleibenden, den Ausschnitten gegenüberliegenden Kathodenpartien verursachen.

Solche Platten möchte Verfasser als „Blenden" oder Stromlinienschirme bezeichnen. Wird z. B. die Öffnung einer derartigen Blende kreisrund gemacht, dann bilden die Stromlinien annähernd ein Rotationsparaboloid[1]) in der Lösung zwischen den Elektroden.

Mehr als die Verschiedenheit der Stromlinienverteilung bei profilierten Objekten, wenn diese allseitig überzogen werden sollen, macht sich die Stromlinienstreuung dann geltend, wenn es sich darum handelt, größere Dicken von Niederschlägen auf Wachs- oder Guttaperchamatrizen oder sonst einen Nichtleiter, welcher nur teilweise leitend gemacht wurde, herzustellen. Dann finden wir die sogenannten Randknospen, die mitunter so stark werden können, daß sie fast den ganzen Badstrom für sich beanspruchen und für die eigentliche Niederschlagsfläche fast nichts mehr übrig bleibt. Die Folge davon ist, daß dann das Dickenwachstum der Fläche hinter der Berechnung zurückbleibt.

Diese Stromlinienstreuung tritt in jedem Bade auf, in dem einen mehr, in dem anderen weniger. Vor allem ist die angewandte Stromdichte für die Bildung der Randknospen maßgebend. Wird die Bildung der Randknospen oder der Knospen überhaupt von vornherein durch Anwendung von normalen Stromdichten hintangehalten, so geht gewöhnlich die Elektrolyse glatt vonstatten, und es wird möglich, vorausgesetzt daß der Elektrolyt frei von festen Verunreinigungen, wie Metallstaub u. dgl., gehalten wird, Platten bis zu mehreren Millimetern Dicke herzustellen, ohne daß sich unliebsame Knospenbildungen zeigen würden. Werden tiefere Formen, wie dies z. B. bei der Herstellung von Schriftgußmatern der Fall ist, mit höheren Stromdichten bearbeitet, dann muß die Elektrodenentfernung um so größer gewählt werden, je größer die angewandte Stromdichte ist.

Bei zu kleinen Elektrodenentfernungen bzw. zu hoher Stromdichte setzen die Flächenpartien, namentlich Ecken (auch innerhalb der größeren Flächen), welche näher zur Anode liegen, sofort stärker an, es bilden sich dann dort zuerst knollige Verstärkungen und schließlich wachsen sie zu tendritischen Metallknospen aus. Durch energische Bewegung des Elektrolyten kann man diesen Tendritenbildungen allerdings etwas entgegenarbeiten, aber ganz zu umgehen sind sie bei höheren Stromdichten niemals.

Die Ursache dieser eigenartigen Gebilde liegt wohl in folgendem: Infolge der Verarmung an Metall in der Nähe solcher Kathodenstellen, welche zufolge ihrer exponierten Lage eine größere Stromlinienzahl erhalten, bilden sich Flüssigkeitskanäle mit anderer Leitfähigkeit. Durch die Hüblschen Versuche erhellt nun (und dies ist nicht nur für Kupfer, sondern allgemein anwendbar), daß die Metallfällung an solchen Stellen, welche metallärmer sind, eine andere Struktur des Niederschlages erhalten. Die sich zuerst bildende kleine Knospe findet in axialer Richtung ihres Wachstumes wenig Metallsalz, daher bekommt sie nur von den Seiten her Strom und wächst daher zentrisch an, bis sich die Lösungsschicht vorn wieder mit Metall ergänzt hat. Nun tritt wieder die exponierte Lage in den Vordergrund, die kleine Elektrodenentfernung kommt abermals zur Geltung, die Knospe bekommt wieder einen Zuwachs in axialer Richtung. So wechseln die Verdünnungen in zentrischer und axialer Richtung ab und umgekehrt das Wachstum des Knospengebildes. Bei bewegtem Elektrolyten muß dieses Balancieren begreiflicherweise weniger fühlbar werden, und wir finden dann die Knospen mehr gerundet, während sie bei ruhigem Bade spießig ausfallen.

Es ist nicht zu leugnen, daß die elektrolytischen Metallfällungen eine gewisse Ähnlichkeit mit der Kristallisation von Salzen haben. Der Übergang

---

[1]) Siehe Monographie über angew. Elektrochemie Bd. V, S. 35.

vom flüssigen Zustand in den festen erfolgt gewiß stets unter Bildung von Kristallen, und da die Kristalle, bevor sie sich aus einer Salzlösung abscheiden, um so schöner und größer ausgebildet sind, je langsamer sie vonstatten geht, so ist der Vergleich der Kristallbildung mit der Natur der elektrolytischen Metallfällung in diesem Punkte sehr berechtigt, denn man kann deutlich kristallinisches Gefüge der Niederschläge beobachten, wenn mit kleiner Kathodenstromdichte gearbeitet wird. Unter dem Mikroskop sind die Bruchstellen um so feinkörniger zu sehen, je höher die angewandte Stromdichte war, also je plötzlicher der Übergang vom Ionen- in den Metallzustand war.

Nach einem Bericht von Dr. C. F. Burgess und C. Hambueden in der „Elektrotechnischen Industrie" ist nun eine genauere Untersuchung der hierbei wirksamen Verhältnisse nicht nur von Interesse, sondern auch von größter praktischer Bedeutung, da es ja in der industriellen Praxis stets darauf ankommt, derartige verzweigte Bildungen zu vermeiden und vielmehr einen gleichmäßigen dichten Niederschlag zu erzielen. Die Faktoren, die man zu diesem Zwecke in geeigneter Weise regulieren muß, sind: Chemische Zusammensetzung, Konzentration und Temperatur der Lösung, Stromdichte und Zirkulation.

Was zunächst die chemische Zusammensetzung, den wichtigsten dieser Faktoren, anbelangt, so ist es ja bekannt, daß der Niederschlag eines Metalles verschiedenartig ausfällt, je nachdem es sich um die Lösung eines Nitrats, Sulfats, Chlorids oder anderen Salzes des betreffenden Metalles handelt. Auch kann man durch geeignete Zusätze häufig den Charakter des Niederschlages beeinflussen. So kann man z. B. durch Hinzufügung von Aluminiumsulfat zu Zinksulfat die Qualität des Zinkniederschlages ganz bedeutend verbessern. Eine ähnliche Wirkung läßt sich durch Hinzufügung einer ganz kleinen Menge Gelatine zu einer Nickelplattierungslösung erreichen. Allerdings gibt es bisher nur wenige Leitmotive, nach denen man sich bei der Wahl dieses Zusatzes richten könnte. Man möchte annehmen, daß die Lösung selbst, entsprechend dem sich ausscheidenden Niederschlage, eine bestimmte physikalische Struktur besitzt, am ehesten wohl einen zellenartigen Bau. Auch scheint alles darauf hinzudeuten, daß die Viskosität und Oberflächenspannung der Lösung zu der Güte des Niederschlages in irgendwelcher Beziehung steht. Eine interessante Beobachtung hat in dieser Richtung auch kürzlich C. J. Zimmermann gemacht. Derselbe hat festgestellt, daß, je nachdem eine Zinksulfatlösung durch Auflösen von Kristallen von Zinksulfat in Wasser oder aber durch Auflösen von reinem Zink in verdünnter Schwefelsäure bei sonst gleichen Bedingungen hergestellt war, der Zinkniederschlag ganz erheblich verschieden war. Ähnliche Beobachtungen sind auch an Eisensulfatlösungen angestellt worden. Auch Kochen und darauffolgendes Abkühlen der Lösung auf Zimmertemperatur kann den Charakter des Niederschlages ganz bedeutend beeinflussen.

Die Wirkung der Konzentration, der Temperatur und der Stromdichte ist sorgfältiger untersucht worden als die der chemischen und physikalischen Natur der Lösung. Bei dem Niederschlagen von Metallen ist es nicht nur von Wichtigkeit, daß der Überzug fest und gleichförmig ist und daß die Metallteilchen untereinander gut zusammenhängen, auch zwischen diesen Teilchen und den zu überziehenden Metallflächen muß gute Adhäsion stattfinden. Zu diesem Zwecke ist natürlich größte Sauberkeit der Oberflächen erforderlich; auch von der Natur der beiden Metalle hängt das gute Gelingen in gewissem Grade ab.

Der Umstand, daß gewisse Metallkombinationen für einander größere Affinität besitzen als andere, wie sich dies bei der Darstellung von Metallegierungen zeigt, scheint sich auch in der größeren oder geringeren Adhäsion des Metallniederschlages an dem damit überzogenen Metall zu äußern. Vielfach begegnet man sogar der Ansicht, daß das feste Haften durch die Bildung einer wirklichen Metallegierung an der Grenzfläche der beiden Metalle bedingt wird, eine Ansicht,

die durch mikroskopische Untersuchung gewisser Niederschläge bekräftigt wird.
Jedoch glauben C. F. Burgess und C. Hambueden nicht, daß man diese Legierungen als eine allgemeine Erscheinung ansehen dürfe; einmal nämlich sind
viele Fälle guten Adhärierens bekannt, wo eine solche sich nicht nachweisen
läßt, und ferner werden manche Niederschläge mit der Zeit loser, während das
Haften im Gegenteil immer fester werden müßte, wenn wirklich eine Legierung
vorläge, die ja immer weiter fortschreiten müßte. Die Molekularattraktion zwischen Metall und Lösung kann auch durch Zufügung ge-
wisser löslicher Substanzen erhöht werden. Wenn man
z. B. Aluminium in eine Kupferchloridlösung taucht, so
ist der so erhaltene Niederschlag von Kupfer sehr wenig
adhärierend; nimmt man aber eine alkoholische Lösung
derselben Kupferverbindung, so bekommt man einen sehr
festen Überzug. Weitere Untersuchungen in dieser Richtung würden wohl zur Aufstellung von leitenden Prinzipien für die Wahl von Plattierungslösungen führen.

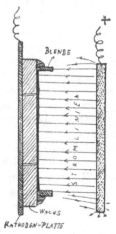

Fig. 285.

Ein homogenes Stromlinienfeld kann man sich nun
dadurch schaffen, daß man, wie dies in Fig. 285 gezeichnet ist, die Ränder durch aufgestellte Streifen aus
Isoliermaterial abblendet und die Rand- und Streuungs-
stromlinien zwingt, sich in paralleler Richtung innerhalb
der Umrahmung zusammenzudrängen.

Zu den angeführten Erscheinungen gesellt sich nun
noch der Umstand, daß die Stromversorgung in der Richtung der Stromlinien für das Arbeiten in die Tiefe maßgebend ist. Diese Stromverteilung hängt ab von der Elektrodenentfernung,
der Stromdichte, dem spez. Badwiderstand und der Differenz des Kathodenpotentials des Metallsalzkations und des Kations des Leitsalzes.

Die galvanoplastischen Methoden.

Betrieb der Galvanoplastik mit dem Zellenapparat. Wir begegnen hier einer
Vorrichtung zur Erzielung eines elektrolytischen Niederschlages, der nur in der
Kupfergalvanoplastik Anwendung findet, das ist der Zellenapparat.

Das Arbeiten mit diesem Apparat wurde uns von seinem Erfinder Jakobi
im Jahre 1839 gelehrt, und es gibt noch heute einzelne Galvanoplastiker, die
mit diesem Apparat arbeiten. Es ist ja wahr, daß dieser Apparat für kleine
Betriebe ganz ausreichend und am einfachsten ist, jedoch ist nicht zu leugnen,
daß solche Einrichtungen im Vergleich mit zeitgemäßen Anlagen mit Dynamomaschinen, selbst auch im Vergleich mit dem Betrieb mit galvanischen Elementen, veraltet und primitiv genannt werden müssen, besonders gegenüber
den modernen, schnell arbeitenden Verfahren mit äußerer separater Stromquelle.

Wenn der Betrieb mit diesem Apparat dennoch angeführt wird, so geschieht
dies nur der Vollständigkeit halber, da er noch vereinzelt in der Praxis zu finden
ist, nicht aber, um ihn der Praxis zu empfehlen.

Der Zellenapparat ist eigentlich an und für sich nichts anderes als ein großes
Daniell-Element, welches während des Betriebes kurzgeschlossen ist (siehe
„Daniell-Elemente"). An Stelle der Kupferplatte des Daniell-Elementes haben
wir, solange auf den Matrizen kein Kupfer abgeschieden ist, den stromleitenden
Graphit, wir haben also ungefähr die gleiche elektromotorische Kraft, wie wir
sie bei dem Daniell-Element kennengelernt haben, nämlich rund 1 V. Geradeso
wie sich beim Daniell-Element durch dessen Betätigung an der Kupfer-
elektrode, aus der sie umgebenden Kupfersulfatlösung metallisches Kupfer
ausscheidet, schlägt sich im Zellenapparat auf die leitend gemachte Matrizenfläche
das Kupfer nieder, wodurch der galvanoplastische Niederschlag erzeugt wird.

Der Zellenapparat, wie er in Fig. 286 abgebildet ist, wird folgendermaßen zusammengestellt: In die dazu bestimmte Wanne, entweder Steinzeug- oder mit Blei ausgekleidete Holzwanne, stellt man die porösen Zellen, welche die Zinke aufzunehmen haben, in einer oder mehreren Reihen auf, je nachdem man das Bad mit Waren zu beschicken gedenkt. Die Zinke, folglich auch die porösen Zellen, sollen so hoch sein, als die größte Matrize in die Lösung eintaucht. Kleinere solcher poröser Zellen, die nicht auf den Boden reichen, stellt man auf reine Backsteine oder einen Holzrost und senkt die vorher gut amalgamierten Zinke ein, die, mit geeigneten Klemmen versehen, an eine der Länge nach über die Wanne gelegte Kupferstange angeschlossen werden. Hierauf gießt man die betreffende Erregerlösung für die Zinke in die porösen Zellen, zumeist verdünnte Schwefelsäure (1 : 15 bis 1 : 30). Nun füllt man die Wanne mit der Kupfersulfatlösung von der Zusammensetzung:

Wasser . . . . 1 l
Kupfersulfat . . . . 200 g
Schwefelsäure . . . . 15 g

und zwar die Wanne so weit voll, daß die porösen Zellen etwa 5 cm aus dem Bade herausragen.

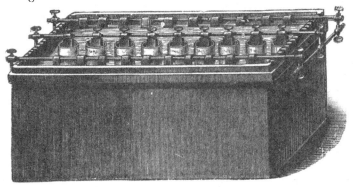

Fig. 286.

Man verbindet dann sämtliche Warenstangen, ebenso, falls mehrere Reihen Zinke vorhanden sind, sämtliche Stangen, an die die Zinke angeschlossen sind, miteinander und durch entsprechend starke Kupferstangen auf beiden Seiten des Bades die Zink- mit der Warenleitung. So haben wir einen einfachen Zellenapparat zusammengestellt, wie ihn Figur 286 veranschaulicht.

Runde Zellen, möglichst dünnwandig, mit entsprechender Porosität sind am besten geeignet; Verfasser selbst hat sich seit Jahren mit der Anfertigung viereckiger Zellen befaßt, welche vermöge der flachen Form dem Zweck besser entsprechen würden, da man große Zinkbleche mit breiten Metallstreifen verwenden könnte; man kommt aber immer mehr und mehr davon ab, weil sie stets dickwandiger gemacht werden müssen (damit sie nicht allzu zerbrechlich seien), wodurch aber der Widerstand im Bad vergrößert wird.

Manche Praktiker verwenden als Erregerlösung für die Zinke Lösungen von Salmiak oder Kochsalz; diese bieten aber keinen Vorteil, Verfasser empfiehlt, nur verdünnte Schwefelsäure zu verwenden.

Sind die zu reproduzierenden Objekte rund und von größerer Dimension, so wird man die Zinke in den Zellen in einer Entfernung von 10 bis 15 cm rund um die Matrize anordnen, um allseitig einen gleich starken Kupferniederschlag zu erhalten.

Sobald die Matrizen eingehängt sind und die äußere Verbindung des Apparates hergestellt ist, beginnt die Stromwirkung. Wir wissen bereits aus der

Abhandlung über das Daniell-Element, daß aus dem Kupfersulfat Kupfer ausgeschieden wird, daß die mit dem Kupfer im Kupfersulfat verbundene Schwefelsäure durch die Stromwirkung in äquivalenter Menge an den Zinken abgeschieden wird und Zink in Zinksulfat übergeht.

Aus der Art der Wirkungsweise des Daniell-Elementes ergibt sich, daß für je 1 kg abgeschiedenes Kupfer 1,03 kg Zink in den Zellen in Zinksulfat übergeführt wird. Es ist klar, daß die Lösung im gleichen Maße an Kupfer verarmen muß, als solches an den Matrizen ausgeschieden wird. Um den Kupfergehalt des Bades auf dem normalen Betrag zu erhalten, hängt man kleine, siebartig durchlöcherte Kästchen aus Steinzeug an der Oberfläche des Bades ein, wo die Konzentration infolge der Zersetzung der Lösung ohnedies geringer ist, füllt sie mit Kupfervitriolkristallen und läßt so die Lösung sich fortwährend nachsättigen. Man achte darauf, daß man so viele solcher Nachsättigungskästchen in dem Bade anbringt, daß in der gleichen Menge Kupfer zugeführt wird, als durch den elektrolytischen Prozeß ausgeschieden wurde. Ist einmal die Lösung sehr verdünnt und gleichzeitig durch Diffusion der Schwefelsäure aus den porösen Zellen das Bad stark sauer geworden, so bringe man entsprechend viel Kupferoxydul in das Bad, wodurch die freie Säure wieder gebunden und gleichzeitig die Lösung mit Kupfer nachgesättigt wird.

Obschon früher empfohlen wurde, diese Regenerationen mit kohlensaurem Kupfer zu bewerkstelligen, so muß doch davon abgeraten werden, weil die entweichende Kohlensäure lange Zeit in der Lösung suspendiert bleibt, und die Kathoden durch ansetzende Gasblasen leicht löcherig werden oder zum mindesten knospig auswachsen.

Der alte Praktiker hat diese Übersäuerung auf die Weise ausgeglichen, daß er Kalk in das Bad einrührte; die freie Säure bildet mit dem Kalk unlöslichen schwefelsauren Kalk (Gips), der sich zu Boden setzt. Abgesehen davon, daß diese Manipulation aufs Geradewohl vorgenommen wurde, ohne Rücksichtnahme auf die freie Schwefelsäure, hatte diese Methode den Nachteil, daß der Verarmung an Kupfer nicht Rechnung getragen wurde, außerdem auf der Badoberfläche eine sog. Kalkhaut entstand, welche auch nach Entfernung immer wieder zum Vorschein kam, die sich ferner auf die Matrizen beim Einhängen anlegte und so manche Übelstände und schlechte Resultate zur Folge hatte.

Außer der raschen Veränderung der Badzusammensetzung, die eine häufige Korrektur und ziemliche Arbeit erfordert, hat der Zellenapparat noch den Nachteil, daß ein Regulieren des Stromes schwer möglich ist, infolgedessen die Qualität des erzielten Kupferniederschlages nicht so in dem Maß im Belieben des Galvanoplastikers steht, wie dies beim Betrieb der Plastikbäder mit getrennter Stromquelle der Fall ist.

Die Badspannung beträgt, da das Element in sich kurzgeschlossen ist, immer nahezu 1 V; kleine Abweichungen, nämlich Abzüge davon, sind nicht zu vermeiden, da man die Verbindungen der Waren mit den Zellenstangen nie widerstandslos ausführen kann; die zirkulierende Stromstärke erfährt in der äußeren Leitung (Leitungsmontierung) einen Spannungsabfall, der nach Messungen des Verfassers bis 0,2 V betragen und mit einem angeschlossenen Voltmesser konstatiert werden kann. Eine Stromregulierung, das ist Regulierung, Veränderung der Stromdichte, die eine Funktion der Badspannung und des Badwiderstandes ist (siehe „Badspannung, Stromdichte und Polarisation"), läßt sich dadurch erzielen, daß man die Matrizen von den Zinkelektroden weiter weg hängt, wodurch man den Badwiderstand vergrößert, die Stromstärke und damit die Stromdichte verkleinert; auch das Einschalten eines Regulators in die äußere Verbindung ist zweckentsprechend, wird aber nur in den seltensten Fällen angewendet, da eine weitere Verlangsamung des sich in diesen Apparaten an und für sich schon recht langsam vollziehenden Niederschlagsprozesses sehr selten erwünscht ist.

Betrieb der Galvanoplastik mit äußerer Stromquelle. Es ist selbstverständlich, daß man den elektrolytischen Kupferniederschlag im Galvanoplastikbad geradeso, wie wir dies in der Elektroplattierung kennengelernt haben, durch äußere Stromquellen, wie galvanische Elemente, Dynamomaschinen und Akkumulatoren, erhalten kann.

Es bietet dies mehrfache Vorteile, die aus dem Prinzip des Betriebes erklärlich sind. Da die Stromlieferung von einer äußeren Stromquelle erfolgt, so muß an Stelle der im Zellenapparat verwendeten Zinkelektroden eine Stromzuleitungselektrode verwendet werden, die man Anode nennt, und in unserem Falle aus Kupfer bestehen muß. Von dieser Anode wird durch die Elektrolyse ebensoviel Kupfer gelöst, als durch den Prozeß an den Matrizen ausgeschieden wird, mit anderen Worten, das Bad bleibt in seiner Zusammensetzung konstant, da sowohl der Gehalt an Kupfer regelmäßig ergänzt wird und auch ein Anwachsen des Säuregehalts, wie wir es beim Zellenapparat durch Diffusion aus den Zellen fanden, hier nicht vorkommen kann. Außerdem, daß durch die Manipulation mit den Zinkelektroden die damit immer fortschreitende Verunreinigung der Bäder vermieden bleibt, haben wir bei Betrieb mit äußerer Stromquelle den großen Vorteil der bequemen Stromregulierung, wodurch wir, wie dies weiter unten besprochen wird, Abstufungen in der Qualität des abgeschiedenen Kupfers mit Sicherheit erlangen können.

In größeren galvanoplastischen Anstalten, wo mehrere Bäder zu gleicher Zeit zu arbeiten haben, wie in Druckereien, Anstalten zur Herstellung von Klischees, Reproduktionen usw. usw., wird der Betrieb mit galvanischen Elementen nicht nur zu kleinlich und umständlich, sondern auch viel zu teuer zu stehen kommen. Man verwendet, selbst in kleineren Betrieben, allgemein Dynamomaschinen mit geeigneter Klemmenspannung, nicht bloß des rationelleren und bedeutend leistungsfähigeren Betriebes wegen, sondern auch wegen der erforderlichen Reinlichkeit solcher Einrichtungen.

Vor allem aber ist es der rationelle Betrieb, der dadurch gesichert ist, welcher seit langer Zeit den Dynamomaschinen das Gebiet der Galvanoplastik eröffnet hat.

Während man für die Elektroplattierung fast allgemein die Dynamomaschinen mit 4 V Klemmenspannung baut, werden in der Kupfergalvanoplastik häufig Maschinen mit 2 bis 3 V verwendet, und zwar 3-V-Maschinen meist nur dann, wenn die Einrichtung mit einer Akkumulatorenzelle entsprechender Größe kombiniert ist. Wir haben im theoretischen Teil den Zweck und die Arbeitsweise der Akkumulatoren eingehend erklärt gefunden, und es sei auf die betreffenden Kapitel verwiesen, hier nur noch bemerkend, daß man Akkumulatoren für gewöhnlich nur verwendet, um entweder den ganzen oder einen Teil des Tagesbetriebes auch nachts aufrechtzuerhalten, wenn die Installation der Anlage mittels Aggregates mangels einer elektrischen Licht- und Kraftzentrale nicht durchführbar ist. Für Schnell-Galvanoplastik wählt man Maschinen bis zu 12 V Klemmenspannung (auch noch höher).

Durch den Betrieb einer Galvanoplastikanstalt mit Dynamomaschine haben wir in bezug auf Stromregulierung zur Erzielung geeigneter Qualitäten des Kupferniederschlages die vollkommenste Einrichtung gewonnen, die überhaupt für diese Zwecke möglich ist. Wir können die Stromregulierung durch Badstromregulatoren oder Nebenschlußregulatoren oder durch die Schaltung der Bäder ausführen, wodurch man sich oft eine sehr bequeme Arbeitsweise und große Leistungsfähigkeit sichert.

Schaltung der Bäder in der Galvanoplastik usw. Ist eine Dynamomaschine bereits vorhanden, z. B. für Elektroplattierung, welche in der Regel mit 4 V Klemmenspannung konstruiert ist, und will man mit dieser Maschine nebstbei auch noch Galvanoplastik in Kupfer betreiben, so ist zunächst in Betracht zu ziehen, daß wir für Galvanoplastik normal 1½ bis 2 V benötigen; man wird also in die Stromabzweigung für das Galvanoplastikbad einen Regulator einschalten, dessen Widerstände geeignet sind, die vorhandenen 4 V der Maschine auf 2, evtl. bis auf 1½ V herabzudrücken.

Dadurch geht allerdings für die Galvanoplastik die Mehrleistung der Maschine verloren, die man jedoch gegebenenfalls dadurch ausnützen kann, daß man zwei

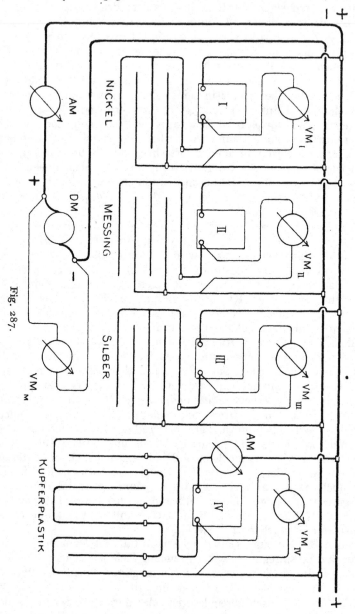

Fig. 287.

oder mehrere Plastikbäder mit gleicher Kathodenfläche hintereinanderschaltet oder ein Bad für Schnell-Galvanoplastik anschließt, welches mit der Spannung von 3 bis 4 V arbeitet. Unter Hintereinanderschaltung der Bäder versteht man bekanntlich die Verbindung derselben in der Weise, daß man ganz so wie bei Elementen die Kathoden des ersten Bades mit den Anoden des zweiten, die Kathoden des zweiten mit den Anoden des dritten usw. verbindet. Die freigebliebene Anodenleitung des ersten Bades wird mit dem Anodenpol, die freigebliebene Kathodenleitung des letzten Bades mit dem Warenpol der Hauptleitung verbunden.

Nehmen wir an, die vorhandene Dynamomaschine hat eine Stromspannung von 4 V; wir beanspruchen für die Galvanoplastik normal eine Spannung von 1 V, so könnten wir in diesem Falle vier Galvanoplastikbäder „hintereinanderschalten", auf jedes Bad entfiele 1 V, wenn von Leitungs- und Kontaktverlusten einstweilen abgesehen wird. Das wäre die rationellste Ausnützung der Leistungsfähigkeit der Maschine ohne jeden Stromverlust, und sie ist praktisch leicht durchführbar in der Weise, daß man anstatt eines großen Bades vier kleine Bäder aufstellt und die Kathoden in diese vier Bäder gleichmäßig verteilt. Es ist nämlich Bedingung bei dieser „Hintereinanderschaltung" der Bäder, daß die Kathodenflächen der einzelnen Bäder gleich groß sind, wenigstens annähernd gleich groß, soweit dies in der Praxis eben durchführbar ist. Hat man nur drei Bäder hintereinandergeschaltet, so entfällt von den 4 V der Maschine

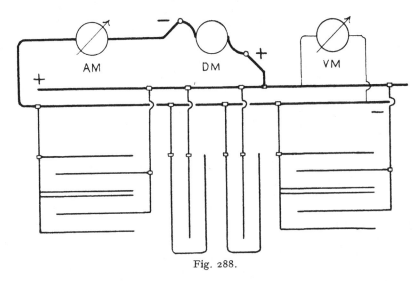

Fig. 288.

auf jedes Bad $4 : 3 = 1\frac{1}{3}$ V; hat man nur zwei Bäder hintereinandergeschaltet, so entfällt eine Stromspannung von $4 : 2 = 2$ V auf jedes Bad, die durch den in die Badleitung eingeschalteten Regulator ausgeglichen werden muß, weil bei 2 V der galvanoplastische Kupferniederschlag schon etwas dunkelrot ausfällt, weniger dicht und kompakt ist.

In Fig. 287 ist eine solche Einrichtung veranschaulicht: mit einer Dynamomaschine wird gleichzeitig vernickelt, vermessingt, versilbert und Kupfergalvanoplastik betrieben, letztere in drei hintereinandergeschalteten Bädern.

Soll ausschließlich nur Galvanoplastik betrieben werden, und zwar mit verschieden großen Bädern mit ungleichen oder häufig wechselnden Kathodenflächen, welche sich für eine Hintereinanderschaltung nicht eignen, so muß die Anlage für Parallelschaltung eingerichtet werden. In diesem Fall wählt man eine Dynamomaschine mit höchstens 2 V Klemmenspannung. Der Nebenschlußregulator der Maschine genügt zur Stromregulierung für sämtliche Bäder, weil für diese nur einerlei Stromspannung beansprucht wird. Es sind daher Regulatoren für die einzelnen Bäder nicht erforderlich. Eine solche Einrichtung veranschaulicht Fig. 288.

Wird Galvanoplastik mit einer besonders großen Anzahl von Bädern betrieben, wie z. B. bei der hüttenmännischen Reinkupfer- oder einer anderen Metallgewinnung oder auch bei größeren Anlagen für Galvanoplastik zur Darstellung großer Stücke mit ziemlich regelmäßigem Betrieb, und ist die Einteilung so zu treffen, daß entweder alle Bäder oder eine Anzahl derselben mit gleich großen Kathodenflächen beschickt werden können, so teilt man sehr zweckmäßig die Bäder in Gruppen ein, und zwar so, daß die Kathodenflächen der einzelnen Gruppen gleich groß sind. Die Bäder jeder Gruppe werden „parallel" verbunden, die Gruppen „hintereinander". Die Dynamomaschine wird mit einer der Anzahl der Gruppen

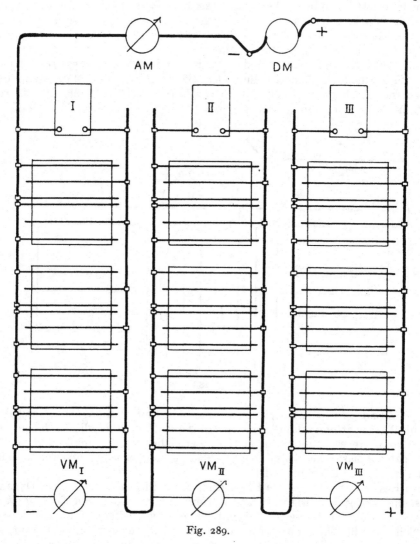

Fig. 289.

entsprechenden Klemmenspannung konstruiert und mit einer Stromstärke, wie sie die Kathodenfläche einer einzelnen Gruppe erfordert.

In Fig. 289 ist eine solche Einrichtung schematisch dargestellt, wie sie in der Staatsdruckerei in Wien und in ähnlicher Weise in der Deutschen Reichsdruckerei in Berlin zur Erzeugung großer Platten für Banknotendruck mit Erfolg eingerichtet wurde.

Die neun Bäder sind in drei hintereinandergeschaltete Gruppen eingeteilt. Jede Gruppe ist mit einem Regulator bedacht, um vorkommendenfalls etwaige Differenzen der Badspannung jeder einzelnen Gruppe ausgleichen zu können, wie solche durch Veränderungen der Kathodenflächen oder der Bäderwiderstände bei praktischem Betrieb oft unvermeidlich vorkommen. Jede Gruppe ist mit einem Voltmesser versehen behufs Kontrolle der Badspannung, im Interesse eines regelmäßigen Betriebes zur Erzielung eines in allen Gruppen gleich guten Niederschlages. Ein gemeinschaftlicher Strommesser zeigt die gesamte Stromstärke an. Die Klemmenspannung der Dynamomaschine beträgt 3 V, ist somit voll ausgenützt, da in jeder der drei Gruppen mit einer Maximalbadspannung von ungefähr 1 V gearbeitet wird.

Das Schnell-Galvanoplastikbad für rasche Niederschläge erfordert, wie dies die Tabelle der Stromverhältnisse zeigt, höhere Badspannungen als das normale Bad. Man wird sich also oftmals damit helfen können, indem man etwa an eine bestehende Anlage für Elektroplattierung ein Plastikbad mit den erforderlichen höheren Spannungen anschaltet, in welchem dann auch gleichzeitig rascher gearbeitet werden kann als in einem normalen Bad. Bemerkt sei aber, daß man selbstredend für größere Einrichtungen, in denen das Schnell-Niederschlagsprinzip vorherrscht, Maschinen mit entsprechender Klemmenspannung wählt, die Leistung zweckmäßigerweise etwas höher annimmt, um nicht mit der Leistung der Maschine an ein bestimmtes Produktionsmaximum gebunden zu sein, das sich nicht steigern ließe, wenn die Leistungsfähigkeit der disponiblen Dynamo in Ampere einmal erreicht ist.

Wichtig ist, wie schon des öfteren erwähnt, daß bei Hintereinanderschaltung von Bädern oder zu Gruppen geschalteter Bäder in jedem Bad bzw. jeder Gruppe die Gesamtkathodenfläche annähernd gleich sei. Würde man z. B. zwei Bäder hintereinander an eine Leitung von 2 V Netzspannung anschalten und im ersten Bad etwa die 3fache Kathodenfläche wie im zweiten Bade haben, so wird natürlich dem ganzen Widerstand der beiden hintereinandergeschalteten Bäder entsprechend eine Stromstärke durch die Bäder fließen, die im ganzen Stromkreis, also auch in jedem Bad, die gleiche ist. Aber es wird sich im ersten Bad diese Stromstärke auf eine 3fache Fläche verteilen, wie im zweiten Bad, in letzterem daher die 3fache Stromdichte, auf die Flächeneinheit bezogen, vorherrschen.

Durch die Parallelschaltung der in Fig. 289 gezeichneten Regulatoren zu den hintereinandergeschalteten Bädergruppen kann man den Überschuß an Strom, der einen pulverigen Niederschlag erzeugen könnte, ableiten und hat bei Anwendung dieser Regulatoren so lange zu regulieren, bis die von den angeschlossenen Voltmetern angegebene Badspannung gleich ist; dann wird in jedem Bad bzw. jeder Badgruppe die gleiche Stromdichte herrschen, deren Einhaltung für die Beschaffenheit des Niederschlages von so eminenter Wichtigkeit ist.

Ebenso wie in andern galvanischen Bädern machen sich auch bei der Galvanoplastik, und zwar meist in weit höherem Umfange, Einrichtungen notwendig, die die Bildung gleichmäßiger, knospenfreier Niederschläge ermöglichen. Die hier zur Anwendung kommenden großen Stromdichten bedingen, wie bereits früher auseinandergesetzt, ein rasches Abnehmen der Konzentration in der den Kathoden zunächst befindlichen Lösungsschicht.

Da es sich bei der Galvanoplastik meistenteils darum handelt, starke Metallniederschläge zu erzeugen, so müssen die Matrizen oder die zu überziehenden Gegenstände oft lange Zeit im Bade hängen.

Ist der Elektrolyt in Ruhe, so wird sich bald die verschiedene Konzentration an einzelnen Stellen bemerkbar machen, die tiefer hängenden Teile der Kathoden werden stärker, die höher hängenden hingegen schwächer werden.

Nach dem in früheren Kapiteln Gesagten erklärt es sich auch, warum bei länger andauernden Metallabscheidungen die Struktur, das Korn des niedergeschlagenen Metalles an denjenigen Stellen, welche tiefer hängen, anders als an den im oberen Teil des Bades befindlichen ausfällt. Infolge der ungleichen Leitfähigkeit der so verschiedenen Schichten des Elektrolyten ist auch die Strom-

leitung verschieden. Die Stromleitung ist in den konzentrierten unteren Schichten
eine bessere als in den verdünnten oberen Schichten, weil die Leitfähigkeit im
allgemeinen mit steigender Konzentration zunimmt.

Daher sind auch auf ein und derselben Fläche die Stromdichten in den verschiedenen Konzentrationsschichten verschieden, wodurch auch das Korn des
Niederschlages verschieden ausfällt.

Unterschiede in dem Leitvermögen treten aber (speziell bei höheren Stromdichten) in den einzelnen Schichten auch infolge der Temperaturerhöhung des
Elektrolyten ein. Die wärmeren gut leitenden Schichten steigen nach oben, und
es erklärt sich daraus, daß Galvanos auf den der Badoberfläche näher gelegenen
Partien mitunter stärker werden wie unten. Ob nun ein Galvano oben oder
unten stärker wird, hängt nur von der angewandten Stromdichte ab.

Gute und gleichmäßige Niederschläge, selbst in größerer Dicke, erhält man
durch Bewegung des Elektrolyten, wodurch die Konzentrationsdifferenzen,
ebenso die Temperaturdifferenzen, ausgeglichen werden, entweder durch Rührvorrichtungen, wie etwa durch pendelartig zwischen den Elektroden schwingende
Stäbe aus Glas, Hartgummi oder Holz, oder durch Zirkulation des Elektrolyten,
indem man die einzelnen Bäder stufenförmig übereinander anordnet, die einzelnen Bäderkasten durch Abflußrohre miteinander verbindet und den abfließenden
Elektrolyten aus dem untersten Bad in einem Reservoir sammelt und ihn durch
eine Druckpumpe (am besten eine Membranpumpe) in ein höher befindliches
Reservoir pumpt. Der Elektrolyt macht auf diese Art einen beständigen Kreislauf und wird dadurch eine Verschiedenartigkeit der Lösungsschichten in den
einzelnen Bädern verhindert.

Man bringt am besten die Ausflußöffnung der Bäder unten, die Zuflußöffnung
oben an und läßt den Elektrolyten, je nach der angewandten Stromdichte, mehr
oder minder schnell zirkulieren (etwa zwischen 10 und 100 l Abfluß pro Minute).
Behälter, Rohrleitung und Pumpe sind aus Blei zu verfertigen.

Die genannten Vorrichtungen zum Bewegen der Badflüssigkeit werden
namentlich dort von Vorteil sein, wo es sich um große, tief in die Badflüssigkeit
tauchende Niederschlagsflächen handelt.

Ist das Bad nicht sehr tief, sind die Matrizen oder sonstigen eingehängten
Objekte nicht sehr groß und bleiben sie nicht länger als etwa einen Tag im Bad,
so genügt der Schichtenaustausch, wie er durch die Bewegung des Bades entsteht, wenn die Objekte behufs Beobachtung des Niederschlages von Zeit zu Zeit
herausgenommen oder auch ohne herauszunehmen öfter bewegt werden; selbstredend sind hierbei keine hohen Stromdichten angenommen.

So nützlich sich aus dem Gesagten eine kräftige Bewegung des Elektrolyten
erweist, so gefährlich kann diese werden, wenn der Elektrolyt nicht konstant
rein erhalten wird, d. h. frei von festen Bestandteilen, welche bei der Bewegung
oder Wallung der Flüssigkeit aufgewühlt werden, an den zumeist etwas rauhen
Kathoden haften bleiben und nun sofort Anlaß geben, daß entweder durch Einschließen (Inkrustation) der anhaftenden metallischen Bestandteile Knospen
entstehen, welche oft die ganze Niederschlagsfläche ausfüllen und die Ursache
zu verästelten Niederschlägen sind. Weiter tritt die Möglichkeit ein, daß, falls
nichtleitende Bestandteile Gelegenheit finden, sich an die Kathode anzusetzen,
um diese Teile herum kraterförmige Vertiefungen entstehen, die auch dann
fortwachsen und die Niederschlagsfläche unegal erscheinen lassen, wenn das
Anlaß gebende Objekt durch die Bewegung des Elektrolyten wieder abgestoßen
wurde, um sich an anderer Stelle wieder festzusetzen und eventuell die gleiche
Erscheinung erneut zu veranlassen.

Man kann auch, wie bereits erwähnt, rein mechanische Konstruktionen
am Badbehälter, wie z. B. durch mittels Exzenter angetriebene Glasstäbe,
mit Erfolg anwenden und erforderlichenfalls mehrere Bäder durch ein und

dieselbe Transmissionswelle betreiben. Solche Rührvorrichtungen sind z. B. in der Druckerei für Wertpapiere der Österreichisch-Ungarischen Bank in Wien in Betrieb.

Eine mechanische Rührvorrichtung, wie diese z. B. im Militärgeographischen Institut in Wien in Betrieb ist, zeigt Fig. 290[1]).

Die Bewegung des Bades geschieht durch die pendelnden Stäbe s s. Die Stäbe sind auf der den Bädern entlang laufenden Welle w befestigt, welche durch das Hebelwerk h h in oszillierende Bewegung versetzt wird. Der Antrieb der Bewegungsvorrichtung erfolgt durch eine mit dem Hebelwerke in Verbindung

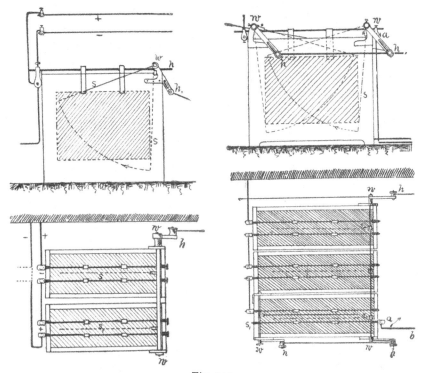

Fig. 290.

stehende Seilscheibe. Der Antriebsmotor macht 160 Touren, und weil die Rührstäbe bloß 10 Oszillationen pro Minute ausführen sollen, wurde eine 16 fache Übersetzung vom Schwungrad zur Antriebsscheibe eingeschaltet. Die Stäbe sind aus 15 mm starkem Glas hergestellt und sind mittels T-förmiger Rohrstücke auf der Welle verschiebbar befestigt.

Die pendelnden Glasstäbe sind zwischen Anoden und Behälterwand angebracht, damit die von den Anoden abfallenden Unreinheiten nicht in der Lösungsschicht zwischen den Elektroden aufgewirbelt werden.

Kräftiger als die eben beschriebene Rührvorrichtung arbeitet der von Hübl konstruierte Doppelrührer.

Der zweite Stab befindet sich auf der entgegengesetzten Behälterseite, und die beiden Stäbe arbeiten derart, daß der eine Stab dann am höchsten steht, wenn der andere seine tiefste Lage erreicht hat. Die Stäbe rühren zwischen den Elektrolyten und gehen knapp aneinander vorbei.

---

[1]) Vgl. Volkmer, Betrieb der Galvanoplastik, S. 90, Fig. 35.

Die Firma Gebr. Borchers[1]) hat eine sehr sinnreiche Einrichtung vorgeschlagen, um durch Einblasen von Luft eine Lösungsbewegung hervorzurufen, welche sanft und dennoch energisch wirkt, ohne daß abgefallener Anodenschlamm aufgewühlt würde. Die gewiß äußerst sinnreiche Einrichtung ist in der Galvanoplastik noch nicht verwendet worden, dürfte aber sehr vorteilhaft auch hierbei Verwendung finden.

Borchers beschreibt diese Vorrichtung wie folgt:

Es ist im Elektrolysierbottich ein weites Bleirohr angebracht, das genau vom Flüssigkeitsspiegel aus bis mitten unter den Schlammteller führt. In dieses Bleirohr ist ein unten in eine feine Spitze endigendes Glasrohr eingeführt. Letzteres wird durch einen Stöpsel in einer die Mündung des Rohres überdachenden Bleihaube gehalten und kann leicht gehoben und gesenkt werden. Durch dieses Glasrohr wird die Preßluft in die im Rohre befindliche Flüssigkeit eingeführt. Da das Glasrohr in eine feine Spitze ausgezogen ist, zerstäubt der Luftstrom in feine Luftbläschen, wodurch der Elektrolyt spezifisch leichter wird und im Bleirohre steigt, über den Rand fließt und sich oben im Bottich verteilt. Gleichzeitig dringt unten an der Mündung des Rohres Flüssigkeit nach, und so entsteht eine konstante, sanfte Bewegung in der ganzen Flüssigkeit.

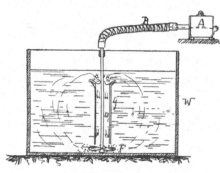

Fig. 291.

Das direkte Einleiten von Luft hat sich in der Schnell-Kupfergalvanoplastik sehr gut bewährt, weil die Lösung dadurch weit mehr als durch irgendeine andere Methode in Wallung kommt. Allerdings bewirkt der Luftsauerstoff in Verbindung mit der Schwefelsäure eine rein chemische Lösung des Anodenmaterials, sowohl beim Kupfer wie beim Nickel, und bringt es mit sich, daß der Säuregehalt von Zeit zu Zeit ergänzt werden muß, wodurch sich der Metallgehalt in der Lösung erhöht. Bei der Nickelgalvanoplastik hat man den Luftstrom von den Kathoden fernzuhalten, weil dort das abgeschiedene Nickel glänzend und brüchig werden würde. Am besten leitet man in solchen Fällen den Luftstrom an der Wand des Bottichs entlang durch mit feinen Löchern versehene Bleischlangen ein und verwendet zur Erzeugung der Preßluft einen gewöhnlichen Luftkompressor mit zwischengeschaltetem Windkessel und Ölfänger, um ein Einbringen von Schmieröl in den Elektrolyten zu vermeiden.

Eine sehr hübsche Bewegungsvorrichtung, welche gleichzeitig den Elektrolyten innerhalb des Bades filtert, wurde von Kirschner konstruiert. Diese Vorrichtung ist in dem bekannten Etablissement der Firma J. Gasterstädt, Wien, für elektrochemische Metallplattierung seit längerer Zeit mit sehr gutem Erfolge in Betrieb und folgendermaßen (Fig. 291) aufgebaut:

Im Elektrolysierbottich W ist ein weites Glasrohr oder Bleirohr G eingesetzt und mit Haltern an der Gefäßwand derart festgehalten, daß die an der Welle w befestigten Schraubenflügel F zwischen der unteren Rohrmündung und dem Gefäßboden frei laufen können. Die Antriebswelle w_1 ist durch die biegsame Welle B mit einem Elektromotor A verbunden und wird durch letzteren in rasche Rotation versetzt. Die Tourenzahl beträgt ca. 800 bis 1000 pro Minute. Je rascher die Flügel laufen, desto energischer ist begreiflicherweise die Wirkung. Am oberen Rande des Rohres G ist aus feinem Gazestoff ein Filter S angebracht:

---

[1]) Vgl. Dr. W. Borchers, Elektro-Metallurgie, 3. Aufl. 1902, S. 220 ff.

sobald die Flügel rotieren, saugen sie Lösung oben in das Rohr ein, indem unten die Lösung kräftig gegen den Gefäßboden geschleudert und in kreisförmige Bewegung versetzt wird. Die festen Verunreinigungen des Bades werden beim Durchsaugen durch das Filter S in diesem zurückgehalten und der Elektrolyt unausgesetzt filtriert. Diese Vorrichtung wird daher überall dort vorteilhaft anzuwenden sein, wo man besonderes Gewicht auf reine Niederschlagsflächen (Rückseite) legt. Tatsächlich findet man die Lösung schon nach kurzer Tätigkeit der Vorrichtung vollkommen filtriert und klar.

Nach amerikanischen Vorschlägen wird zwischen Anoden und Kathoden ein aus Kupferstangen (besser ist wohl ein Gestänge aus nichtleitendem Material) gebildeter Rahmen vermittels eines Exzenters in der Lösung auf und ab bewegt. Die Kupferstangen werden mit Isolierband umwickelt und überdies mit Asphaltlack gestrichen, damit sie keinen Mittelleiter zwischen den Elektroden abgeben und evtl. durch anodisches Lösen frühzeitig zerstört werden.

Werden zwei oder mehr Kathodenreihen in einem Bade angeordnet, so pflegt man nach amerikanischem Muster die Auf- und Abwärtsbewegung der zwei bzw. drei usw. Kupferstangenrahmen derart durchzuführen, daß der Exzenter nicht alle Rahmen gleichzeitig hebt oder senkt, sondern zyklisch fortschreitend, indem die betreffenden Antriebstangen auf zwei oder mehreren Exzenterscheiben in gleichen Abständen voneinander angeordnet werden. Die Vorrichtung macht pro Minute ca. 30 bis 35 Touren, das heißt, jeder Rahmen wird in der Minute 30- bis 35 mal gehoben.

Die Kupfergalvanoplastik.

Die Kupferanoden für die galvanoplastischen Prozesse. Es braucht wohl nicht erst erörtert zu werden, daß man, um sich eine möglichst lange Konstanz der Badzusammensetzung zu sichern, nur reines Anodenmaterial verwenden soll. Da in der Galvanotechnik fast niemals unlösliche Anoden in Anwendung sind, so kommen nur Anoden aus ganz reinem Niederschlagmetall in Betracht. Allgemein gilt, daß man Anoden aus solchem Material zu verwenden hat, welche nach Möglichkeit (bei normalen Anodenstromdichten) den Metallgehalt des Elektrolyten genau in dem Maße zu ergänzen imstande sind, in welchem solches kathodisch zur Abscheidung gelangte. Gewalztes Metall ist durchweg homogener und verträgt nur kleinere Stromdichten, während z. B. gegossenes Metall oder elektrolytisch dargestelltes infolge seiner größeren Oberfläche und der lockeren Struktur anodisch leichter gelöst wird und daher auch höhere Stromdichten an der Anode zuläßt. Dagegen bieten gewalzte Anoden den Vorteil, daß sie weniger Metallschlamm beim Auflösen geben als die kristallinischen Gußanoden. Die elektrolytisch hergestellten Anodenplatten, speziell das Elektrolytkupfer, stehen zwischen den gewalzten und den gegossenen Anoden.

Was im allgemeinen über die Montierung der Anoden bei größeren Anodenstromdichten, über die Wahl des Gefüges, ferner hinsichtlich der Reinheit des Anodenmaterials in der Galvanostegie gesagt wurde, gilt auch, soweit es sich um lösliche Anoden handelt, für die zu galvanoplastischen Prozessen verwendeten Anoden. Vor allem sollen die Anoden keine im betreffenden Elektrolyten löslichen Fremdmetalle enthalten, denn dadurch würde der Wirkungsgrad des Bades sinken, d. h. der Quotient

$$\frac{\text{Gelöstes Anodenmaterial}}{\text{Abgeschiedenes Metall}} = \frac{i \cdot Ae \cdot \eta}{i \cdot Ae \cdot \eta_1}$$

i = Stromstärke pro Bad
Ae = Äquivalentgewicht
$\left.\begin{array}{c}\eta\\\eta_1\end{array}\right\}$ = Stromausbeute

sinkt, wenn man unter gelöstem Anodenmaterial lediglich das Metall versteht, aus welchem der kathodische Niederschlag bestehen soll, natürlich gilt nur der

Teil als gelöst, welcher durch die Anionen des Elektrolyten gelöst wird und sich demzufolge in der Lösung befindet, nicht aber auch die während des Lösungsvorganges durch Unterfressen abfallenden Metallpartikelchen, welche in den Anodenschlamm gelangen.

So z. B. würden in einem galvanoplastischen Kupferbad anstatt reiner Kupferanoden auch Anoden mit etwa 5 % Zink verwendet werden können, denn wenn sich auch durch die anodische Stromwirkung neben Kupfer auch Zink löst, so würde man noch längere Zeit in einem solchen Bade weiterarbeiten können, ehe der Zinkgehalt des Elektrolyten der guten Abscheidbarkeit reinen, gebrauchsfähigen Kupfers ein Ziel setzen würde. Aber schließlich muß dann der Zinkgehalt so weit anwachsen und vor allem der Kupfergehalt des galvanoplastischen Kupferbades so weit sinken, daß man einen geregelten Betrieb mit einem solchen Bade nicht mehr aufrechterhalten kann. Nehmen wir das oben berührte Beispiel einer Kupfer-Zinklegierung als Anodenmaterial in einem sauren Kupferbade an, welches pro Liter 250 g Kupfersulfat neben 30 g Schwefelsäure enthält. Das betreffende Bad habe einen Badinhalt von 360 Litern, und die für das betreffende Bad geltende Betriebsstromstärke belaufe sich auf 60 A. Es soll ununterbrochener Tag- und Nachtbetrieb angenommen werden. Bei reinen Kupferanoden ist der Wirkungsgrad des Bades

$$\frac{60 \cdot 1,186 \cdot 0,999}{70 \cdot 1,186 \cdot 0,985} = 1,014,$$

mit anderen Worten, unter solchen Umständen reichert sich der Elektrolyt an Kupfer an.

Wenn aber der Badstrom (in unserem Falle 60 A) neben Kupfer auch Zink löst, so würden nur $\frac{95}{100}$ der anodischen Stromwirkung zur Deckung des an der Kathode (aus dem 360-Liter-Bad entzogenen) niedergeschlagenen Kupfers zur Verfügung stehen, wogegen ca. $\frac{5}{100}$ zur Lösung des Zinks aus der Anode dienen, welche dem Bade dauernd Zink als Zinksulfat zuführen, das aber aus der schwefelsauren Lösung, solange der Zinkgehalt nicht bedeutend ist, nicht ausfällt, sich somit im Elektrolyten anreichert.

Der Wirkungsgrad des Bades sinkt dann und beträgt, die gleiche kathodische Stromausbeute = 98·5% angenommen:

$$\frac{60 \cdot 1,186 \cdot 0,945}{60 \cdot 1,186 \cdot 0,985} = 0,989,$$

d. h. also, die Lösung verarmt an Kupfer, und zwar um 100 — 98,9 = 1,1 % des durch Stromwirkung theoretisch transportierten Kupfers, ebenso wie sie im ersteren Falle um 101,4 — 100 = 1,4 % zugenommen hätte. Wenn wir in unserem Beispiel 60 A durch 24 Stunden wirken lassen, so würde im ersten Falle die Lösung in 24 Stunden um

$$60 \cdot 1,186 \cdot 24 \cdot 1,014 \, g = \mathbf{24 \, g} \text{ Kupfer}$$

reicher geworden sein, im zweiten Falle um

$$60 \cdot 1,186 \cdot 24 \cdot 1,1 \, g = \mathbf{18,8 \, g} \text{ ärmer,}$$

sinngemäß aber an Zink reicher. Man kann daraus ersehen, wie ungemein wichtig, gerade bei den in der Galvanoplastik üblichen bedeutenden Stromdichten, die Reinheit des Anodenmaterials für die Konstanthaltung der Badzusammensetzung ist.

Nun enthalten aber die Anoden oft auch solche Verunreinigungen, die im Elektrolyten nicht gelöst werden und mit den abfallenden Metallkriställchen während der lösenden Stromarbeit ins Bad fallen. Dies bildet zusammen den

Anodenschlamm, der um so fühlbarer wird, je konzentrierter die Lösung ist und je leichter diese Schlammpartikelchen in der Lösung suspendiert bleiben, bzw. je leichter bei bewegter Lösung diese abfallenden Schlammpartikel aufgerührt werden können. Solche Verunreinigungen sind z. B. Blei und Mangan, die bei Kupfer- oder Zinkanoden als Superoxyd in den Anodenschlamm gehen, ferner Kohlenstoff bei Eisenanoden usw.

Um die Zusammensetzung des Bades möglichst konstant zu erhalten, muß man ferner große Flächen in das Bad bringen, so daß der Stromlinienfluß von den Anodenflächen zu den Matrizen ein überall gleichmäßiger ist und allseitig gleich starke Niederschläge erzeugt werden.

Die Art und Weise, wie dies der Praktiker durch passende Verteilung der Anoden und Kathodenflächen erreicht, muß ihm überlassen bleiben. Verfasser will nur erwähnen, daß die Anoden auch bei höherer Stromdichte als die üblichen Kathodenstromdichten noch die theoretische Menge Kupfer abgeben, daß also eine Verarmung an Kupfer in der Lösung nicht so leicht eintreten kann, besonders wenn man die Lösung etwas anwärmt und bewegt. Im Interesse eines ununterbrochenen Betriebes ist es empfehlenswert, möglichst starke Anoden (5 bis 10 mm) zu verwenden und nur reines Kupfer dazu zu benützen. Das gewöhnlich im Handel vorkommende Kupfer enthält als Verunreinigungen mehr oder weniger Blei, Zink, Arsen usw., und diese Verunreinigungen zeigen sich beim Gebrauch der Anoden dadurch, daß sich deren Oberfläche mit einem schwarzen Überzug bedeckt, daß durch Herabfallen dieses Überzuges die Lösung verunreinigt wird, Teile davon in den Niederschlag eingeschlossen werden, besonders dann, wenn Vorrichtungen betätigt sind, die eine Bewegung des Elektrolyten bezwecken, wodurch dann leicht die Homogenität des Niederschlages alteriert wird. Ist man gezwungen, mit solchen nicht ganz reinen Anoden zu arbeiten, so bleibt nichts anderes übrig, als sie fleißig aus dem Bad zu nehmen und mit einer Kratzbürste rein und blank zu bürsten. Am besten eignen sich Elektrolytkupferanoden, auch aus Abfällen von Elektrolytkupfer hergestellte Gußanoden und gut ausgeglühte reine Kupferbleche aus Elektrolytkupfer. Solche Anoden bleiben kupferrot, zeigen höchstens einen braungelben Anflug von Kupferoxydul, der aber nicht zu Boden fällt und sich durch den Strom wieder auflöst. Die Entfernung der Anoden von den Kathoden beträgt gewöhnlich 5 bis 15 cm, für voluminösere und größere Kathoden geht man bis zu 30 cm, um einen überall gleichmäßigen Niederschlag von derselben Struktur und Stärke zu erhalten. Werden große hohle Gegenstände innen überkupfert oder auf großen hohlen Matrizen Kupfer niedergeschlagen (Teile von großen Statuen usw.), so hängt man recht zweckmäßig kugelförmige Kupferanoden in die Höhlung und sorge für einen steten Austausch des Elektrolyten (Luft einblasen).

Vielfach werden die in Galvanoplastikanstalten vorkommenden Kupferabfälle (wie schlechte, unbrauchbare Galvanos, Anodenreste u. ä.) in der Weise als Anoden verwendet, daß man sie in ein aus Hartgummi oder Blei angefertigtes Kästchen legt, welches mit möglichst vielen und großen Löchern versehen ist, als Stromzuleitung ein Bleiblech, das, an die Anodenstange gehängt, den Kontakt mit den im Kästchen befindlichen Kupferstücken vermittelt. Auch ein durch Holz oder Bleirahmen versteiftes Gitter dient sehr gut als Behälter für solche Kupferreste zum Einhängen als Anode.

Hierbei ist ebenso unvermeidlich, daß ein Teil des Anodenkupfers als Pulver ungelöst zu Boden sinkt, was besonders bei bewegten Bädern mit Nachteilen verknüpft ist. Wird dieser Bodenschlamm aufgewirbelt, so setzt er sich teilweise auf den eingehängten Gegenständen fest und ist die Ursache für rauhe, körnige bzw. spießige Überzüge.

Speziell über Kupferanoden sowie deren Verhalten während der Elektrolyse hat bereits Hübl scharfe Beobachtungen gemacht, und auch von F. Foerster liegen eingehende Mitteilungen über den Anodenschlamm in den Bädern vor. Weiter schrieb Max Herzog von Leuchtenburg über die schlammigen Rückstände, die sich beim elektrolytischen Auflösen des Anodenkupfers ergaben. Das Handelskupfer, welches nicht elektrolytisch dargestellt ist, enthält Beimengungen der verschiedensten Elemente, von denen ich Au, Ag, As, Sn, Pb, Fe, Ni, S usw. anführe, die aus der Kupferraffination bekannt sind.

Aber auch das elektrolytisch dargestellte Kupfer, wenn es nicht vor dem Gebrauche abermals gewalzt wird, liefert einen rötlichen Schlamm, der bereits im Jahre 1875 von Kick[1]) untersucht wurde, wobei festgestellt wurde, daß dieser aus 60 % metallischem Kupfer und etwa 40 % Cu_2O bestand.

Hübl teilt die Ansicht F. Kicks nicht, indem er schreibt: Wäre die Anschauung von F. Kick richtig, so müßte ein Teil der abgeschiedenen SO_4-Gruppe in Schwefelsäure und Sauerstoff zerfallen. Der Gehalt an freier Schwefelsäure müßte also nach längerem Gebrauche eines Bades zunehmen. Da die Menge des sich bildenden Schlammes bei Anwendung elektrolytisch dargestellter Anoden durchaus keine geringe ist, so war es von Interesse, diese Erscheinung nochmals zu untersuchen.

Bezüglich käuflicher Kupferplatten bestätigen die gefundenen Resultate vollständig die Angaben Leuchtenbergs. Die Menge des sich bildenden schwarzen Schlammes hängt fast nur von der Reinheit des Metalles ab und ist bei den gegenwärtig im Handel vorkommenden besseren Kupferarten gering. Bei galvanischen Anoden jedoch scheidet sich eine weitaus größere Menge eines lichtbraunen Schlammes ab, welcher vollkommen frei von fremden Metallen gefunden wurde. Nach dem Auswaschen und Trocknen entsteht eine schwere, dichte, zerreibliche Masse, die unter dem Polierstahl leicht Kupferglanz annimmt. Unter dem Mikroskop bemerkt man fast durchaus mehr oder minder gut erhaltene Kupferkristalle.

Wiederholt angestellte chemische Analysen ergaben, daß dieser Anodenrückstand fast nur aus reinem Kupfer besteht. Zur Bestimmung des etwa vorhandenen Sauerstoffs wurde nach der von Hampe[2]) angegebenen Methode „Bestimmungen des Gewichtsverlustes bei dem Glühen im Wasserstoffstrom" verfahren. Bei zwei Proben konnte kein Sauerstoff konstatiert werden, Kupferoxydul könnte daher höchstens spurenweise zugegen gewesen sein. Wird aber das Auswaschen und Trocknen des Kupferschlammes nicht mit der nötigen Vorsicht vorgenommen, so beginnt er sich gelblich zu färben, und dann lassen sich allerdings größere Mengen Oxydul nachweisen. So zeigte eine Probe eines zum Teil oxydierten Schlammes einen Gehalt von 4,7 % Kupferoxydul.

Der Rückstand galvanischer Anoden besteht somit lediglich aus mikroskopisch kleinen Kupferkristallen, welchen die Eigenschaft zukommt, als negative Elektrode bei der Elektrolyse unverändert zu bleiben. Höchstwahrscheinlich befinden sich diese in einem Zustande der Passivität, welche durch eine unendlich dünne Oxydulschicht — die analytisch nicht mehr nachweisbar ist — bedingt wird. Daß gerade nur das galvanische Kupfer diese Erscheinung zeigt, läßt sich nur aus der ganz eigentümlichen kristallinischen Struktur dieses Metalles erklären.

Dieser sich bildende Kupferschlamm ist für den Galvanoplastiker eine höchst unangenehme Erscheinung, da er namentlich in bewegten Bädern eine Trübung derselben veranlaßt, sich in den Niederschlag einlagert, zu rauhen Schichten Veranlassung gibt und die Kohäsion des Metalles verringert.

Aus diesem Grunde wird man auch für die Anoden jedenfalls dem käuflichen gewalzten Plattenkupfer den Vorzug geben müssen.

---

[1]) Dingler pol. J. 218, S. 219.
[2]) Zeitschr. f. anorgan. Chemie 13, S. 202.

Alle bisher gemachten Bemerkungen über den Anodenschlamm beziehen sich auf saure Bäder. Bei Anwendung von sog. neutralen Bädern kann man dagegen, besonders bei hohen Stromdichten, die Oxydulbildung tatsächlich beobachten. Die Anode nimmt in diesem Falle an einzelnen Stellen eine deutlich rotgelbe Farbe an, und zeigt unter diesen Umständen das Bad nach der Elektrolyse eine Änderung seiner Azidität.

Auch F. Foerster findet nur geringe Mengen von Kupferoxydul. Dagegen beobachtete er bei erhöhter Temperatur eine bedeutende Vermehrung des Anodenschlammes, besonders dann, wenn die Kupferanode (es wurde gewalztes Kupfer verwendet) in Pergamentpapier eingehüllt wurde. Der Anodenschlamm bestand ebenfalls aus kleinen Kriställchen reinen Kupfers.

F. Foerster erklärt die Bildung dieser Kriställchen in der Weise, daß durch die Anodenumhüllung mit Pergamentpapier naturnotwendig die Konzentration innerhalb der Umhüllung steigen muß und damit die Tendenz des Anodenkupfers, einwertige $\overset{+}{Cu}$-Ionen in die Lösung zu senden, wodurch in der unmittelbaren Nähe der Anode Kupfersulfat entsteht.

$$2\,\overset{+}{Cu} = \overset{++}{Cu}\,,$$
$$\overset{++}{Cu} + \overset{+}{Cu} = Cu_2SO_4\,,$$
$$\overset{+}{Cu_2SO_4} = \overset{+}{CuSO_4} + Cu\,.$$

Mit den bisher angewendeten Anoden ist es nach Dr. M. Kugel und Karl Steinweg[1]) nicht möglich, galvanoplastische Niederschläge gleichmäßiger Stärke oder an bestimmten Stellen verstärkt auf unregelmäßig geformten Gegenständen zu erzeugen, sofern als Anodenmaterial das im Handel als Blechschnitzel, Granalien, Würfel oder irgendwelcher Form vorkommende Rohmaterial benutzt werden soll. Für unregelmäßig geformte Gegenstände sind flache Anoden oder in flache Anodenkasten eingepackte Rohmaterialanoden ungeeignet, wenn man einen gleichmäßig starken Niederschlag oder an bestimmten Stellen nach Wunsch eine Verstärkung des Niederschlages erzeugen will, besonders wenn diese von der Anode weiter entfernt sind als die benachbarten, welche den normalen Niederschlag erhalten sollen. Um dies jedoch zu bewirken, d. h. um einen gleichmäßig oder an bestimmten Stellen verstärkten Niederschlag auf unregelmäßig geformten Gegenständen zu erzielen, wurde für gewöhnlich die Anode entsprechend der Form der Kathodenoberfläche gegossen oder sonstwie mechanisch hergestellt. Solche Anoden haben aber den Nachteil, daß ihre Herstellung wesentlich teurer kommt und ihre Benutzung nur für kurze oder zumindest begrenzte Zeit stattfinden kann. Soll z. B. der Niederschlag an einer bestimmten Stelle stärker hergestellt werden, so muß dieser Stelle gegenüber die Anode vorspringen. Ein solcher Anodenvorsprung wird naturgemäß durch den Strom mehr als die benachbarten entfernteren Stellen angegriffen. Der Vorsprung verflacht, und mit dieser Verflachung verringert sich auch die zu erzielende Wirkung.

Durch die Anodenform, welche Kugel und Steinweg patentiert wurde, werden begreiflicherweise diese angegebenen Nachteile vermieden.

Diese Anode besteht aus einem dünnen Hohlkörper aus widerstandsfähigem Material, welches entsprechend der Oberfläche des galvanoplastisch darzustellenden Gegenstandes gestaltet ist und dessen nach der Kathode zu liegende Flächen durchlocht bzw. gitter- oder rostartig durchbrochen sind. Der so gebildete Hohlkörper wird mit dem Rohmaterial gefüllt, welches vermöge seiner losen Verteilung seinem Verbrauch entsprechend nachzurücken imstande ist.

---

[1]) D.R.P. Nr. 113871 vom 22. Nov. 1899.

Auf diese Weise wird stets ein gleichbleibender Abstand zwischen der Kathode und dem wirksamen Anodenmaterial während der ganzen Operation gesichert und folglich auch die Stärke des Niederschlages an den einzelnen Stellen genau nach Erfordernis geregelt.

Dabei wird gleichzeitig die Verwendung des billigsten, weil beliebig geformten Rohmateriales ermöglicht. Z. B. ist in der Fig. 292 ein vertikaler Durchschnitt in der besonderen Form gezeigt, welche die Ausführung solcher Anoden veranschaulichen soll. W ist die mit dem Elektrolyten gefüllte Wanne, f zeigt die Kathode bzw. den auf der der Anode zugekehrten Fläche zu überziehenden Gegenstand, bei welchem die zu überziehende Seite mit stärkeren Linien kenntlich gemacht ist. a zeigt den Hohlkörper für das aufzunehmende Anodenmaterial, dessen Wandung auf der stromabgebenden Seite durchlöchert ist und der entsprechend der Kathodenoberfläche so geformt ist, daß der Abstand e von letzterer überall annähernd gleich ist. gg bezeichnen die Metallschnitzel, welche sich in dem Anodenkörper befinden, bb sind Blechstreifen, welche zur Ableitung des Stromes dienen und die innerhalb der Metallschnitzel liegen. Diese Streifen

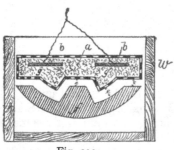

Fig. 292.

bestehen zweckmäßig aus dem gleichen Metall wie die Füllung des Anodenkörpers, da sie, inmitten der Granalien befindlich, vom Strome nicht wesentlich angegriffen werden. Es kann immer wieder derselbe Mantel benutzt werden, wenn der gleiche Gegenstand erzeugt werden soll. Die Anwendung einer solchen Anode ermöglicht ferner, den Elektrodenabstand sehr klein zu wählen und damit an Strom und Kraft zu sparen. In manchen Fällen empfiehlt es sich, an Stelle eines einzigen zusammenhängenden Anodenkörpers mehrere kleinere anzuwenden, um sie der Form des zu überziehenden Gegenstandes in einfacher Weise anzupassen.

Der Anodenkasten kann entweder aus einem gegen den Elektrolyten indifferenten Isolierstoff, z. B. Hartgummi, Glas u. dgl., bestehen oder aber aus einem beliebigen Metall, sofern dasselbe vom Strom nicht angegriffen wird.

Der Patentanspruch lautet: Anodenträger mit durchbrochenen Wandungen für galvanische Bäder, in welchem Metallstückchen irgendwelcher Form und in beliebiger Lage lose eingebettet liegen, so daß gemäß des Verbrauches ein stetes Nachrutschen des Metalls stattfinden kann, dadurch gekennzeichnet, daß der Träger aus einem der Form der Kathodenoberfläche entsprechenden Hohlkörper gebildet wird, wodurch der Abstand von der zu überziehenden Kathodenfläche an allen Stellen nahezu gleich und hinreichend klein gemacht werden kann, um einen gleichmäßig starken Niederschlag auf der Kathodenfläche zu erzielen.

Umhüllung der Anoden, Diaphragmen. Wichtig für uns in der Galvanoplastik ist die Vorsichtsmaßregel, den von den Anoden jeder Art stammenden Anodenschlamm durch geeignete Umhüllungen aus der Lösung fernzuhalten. In sauren Kupferplastikbädern sind hierzu bloß solche Stoffe zuzulassen, welche genügend durchlässig sind, damit nicht innerhalb der Umhüllung die Lösung zu hoch konzentriert werde und durch Auskristallisieren von Salzen den Stromübergang behindert.

Je höher die angewandte Stromdichte bei galvanoplastischen Vorgängen ist, um so mehr Metallschlamm bildet sich an den Anoden, und es muß für jedes Anodenmaterial bei der angewendeten Stromdichte und Temperatur dasjenige Material ausfindig gemacht werden, welches bei genügender Durchlässigkeit noch die erforderliche Dichte besitzt, um die Unreinheiten zurückzuhalten.

Der Anodenschlamm kann sowohl durch dauernde Filtration während der Zirkulation des Elektrolyten oder aber dadurch unschädlich gemacht werden, daß man die Anoden mit genügend durchlässigem Filtermaterial umgibt. Als solches eignen sich gut ausgekochte Seide, Leinwand, Flanell, Pergamentpapier, Asbestgewebe u. dgl., sind doch alle diese Umhüllungen nur beschränkt haltbar, besonders aber empfindlich gegen abfallende Stücke des Anodenmetalles, sie zerreißen leicht, und man muß in solchen Fällen den Elektrolyten in seiner Gänze filtrieren.

Wenn man nicht unlösliche Anoden wählt und den normalen Metallgehalt durch lösliche Metalloxyde oder Karbonate usw. wiederherstellt, so bleibt für größere Betriebe nur die Anwendung der Diaphragmen zwischen Anoden und Kathoden noch möglich. Wir haben heute glücklicherweise bereits ausgezeichnete Diaphragmenmaterialien, wie Ton, Asbest, Zement, Kieselgur u. dgl., zur Verfügung, aus denen die Industrie nicht nur Diagphragmenplatten, sondern auch viereckige Kästen und Zylinder verfertigt. Der Zweck solcher Diaphragmen ist in unserem Falle lediglich das Zurückhalten des Anodenschlammes in der Nähe der Anoden, so daß der die Kathoden umgebende Elektrolyt frei von solchen in der Lösung suspendierten Substanzen bleibt. Die Diaphragmenwände müssen jedoch für den Elektrolyten selbst möglichst durchlässig sein, also viele kleine Kanälchen besitzen, die die Porosität einer solchen Wand bedingen. Ist die Wand des Diaphragmas zu dicht, so kann leicht der Fall eintreten, speziell bei größeren Stromdichten oder kleinen Anodenräumen (der Raum, der durch die Diaphragmenwände um die Anoden herum geschaffen wird), daß der Elektrolyt im Anodenraum sich so überkonzentriert, daß an der Diaphragmenwand und an den Anoden Kristalle ausfallen, wodurch der Stromdurchgang erschwert wird. Je leichter der Elektrolyt und je hygroskopischer die im Elektrolyt enthaltenen Salze sind, desto weniger leicht kommt eine solche Kristallausscheidung vor.

Von außerordentlicher Bedeutung ist aber die Porosität der Diaphragmenwände für den elektrischen Widerstand, der sich durch die Verengung des Weges für die Stromlinien zwischen Anoden und Kathoden ergibt, wenn man zwischen die Elektroden solche Diaphragmenwände einschaltet. Der Widerstand der Diaphragmen unterliegt der gleichen Gesetzmäßigkeit wie jeder andere Widerstand, er wächst mit der Dicke 1 des Diaphragmas und ist der Fläche q umgekehrt proportional, natürlich ist der spez. Widerstand w_s für das betreffende Material typisch und hängt von der Herstellung ab. Es besteht also auch hier das Widerstandsgesetz:

$$w = w_s \cdot \frac{1}{q}.$$

Der Diaphragmenwiderstand ändert sich im Betrieb in Form eines Spannungsabfalles e_D, welcher zur Badspannung, die sich normalerweise am Bade ohne Diaphragma ergibt, hinzugefügt werden muß. Wir berechneten die Badspannung früher gemäß der Gleichung:

$$E = N D_{100} \cdot w_s \cdot 1 + \xi,$$

und bei Anwendung eines Diaphragmas würde sich diese Spannungsgleichung ändern in:

$$E = N D_{100} \cdot w_s \cdot 1 + \xi + N D_{100} \cdot w_s' \cdot 1'$$

oder:

$$E = N D_{100} (w_s \cdot 1 + w_s' \cdot 1') + \xi.$$

Der spez. Widerstand w_s' der Diaphragmen muß aber hierbei ebenfalls, wie wir dies bei den Elektrolyten getan, für einen Würfel von 1 dm Seitenlänge ermittelt sein, und es muß 1' die Länge des Stromlinienweges durch das Diaphragma hindurch in Dezimetern angegeben sein.

Beispiel: Wir arbeiten in einem Eisenbade vom spez. Widerstand 0,50 mit einer Stromdichte von $ND_{100} = 5\,A$, die Entfernung der Elektroden (exkl. Wandstärke des Diaphragmas) sei 1 dm, die Dicke des Diaphragmas $l' = 0,06$ dm (= 6 mm) und der spez. Widerstand des Diaphragmas = 20 Ω.

Die aufzubringende Badspannung wird dann:

$$E = 5\,(0,5 \cdot 1 + 20 \cdot 0,06) + 0,000 = 8,5 \text{ V},$$

weil ξ, die Polarisation im Eisenbade, fast 0 ist. Wir sehen also, wie sich durch das nur 6 mm dicke Diaphragma sofort die Badspannung erhöht, denn ohne Diaphragma war die Badspannung unter sonst gleichen Verhältnissen nur 2,5 V.

Diaphragmen von verschiedener Stärke. Anderseits ist aber in diesem Diaphragmenwiderstand ein recht brauchbares Mittel gegeben, um in manchen Fällen eine sonst kaum ausführbare Regulierung der Niederschlagstärke auszuführen, indem man die Dicke des Diaphragmas nicht einheitlich gestaltet, sondern je nach dem zu erreichenden Zweck variiert. So kann man nicht nur trotz konischer Gestaltung der Kathodenform F (vgl. Fig. 293) einen gleichmäßig

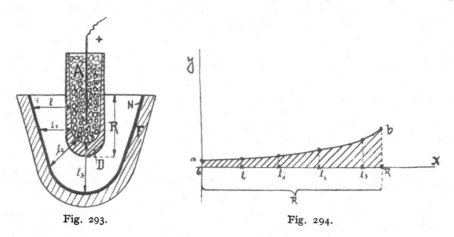

Fig. 293.   Fig. 294.

dicken Kathodenniederschlag N auch bei Anwendung einer äußerlich fast zylindrischen Anode A erhalten, wenn man das Diaphragma D in der angedeuteten Weise aufbaut.

Diese Dickenverhältnisse der Diaphragmenwand lassen sich am besten auf graphischem Wege ermitteln, indem man für die einzelnen Abstände l, l_1, l_2, l_3 die zugehörigen Wandstärken des Diaphragmas berechnet. Trägt man in einem Koordinatensystem (Fig. 294) auf der Abszisse 6 mal die Gesamtlänge R des zu konstruierenden Diaphragmenzylinders auf und trägt die berechnete Wandstärke des Diaphragmas an den einzelnen Punkten l, l_1, l_2, l_3 als Ordinaten auf, so gibt die Fläche O a b R das Profil des zu verwendeten Diaphragmas an. Soll der gebildete Kathodenniederschlag konstante Dicke haben, so muß in logischer Auslegung der oben angeführten Spannungsformel (ξ sei vernachlässigt)

$$ND_{100} \cdot w_s \cdot l + ND_{100} \cdot w_s' \cdot l' = \text{konstant}$$

sein. Wir brauchen also bei gleich starken Niederschlagstärken an allen Stellen der Kathode die Werte $w_s \cdot l$ und $w_s' \cdot l'$, d. s. die beiden Spannungsgefälle zwischen den Elektroden für die einzelnen Punkte l, l_1, l_2, l_3 zu ermitteln und sie so einzurichten, daß ihre Summe eine konstante Größe ergibt. w_s ist bekannt, l, l_1, l_2, l_3 ist aus der Zeichnung in Dezimeter abzunehmen, daher kann man sich in die 2. und 3. Rubrik der Berechnungstabelle die Werte für l und $w_s \cdot l$ einsetzen. Wir hätten z. B. für l, l_1, l_2, l_3 die Werte von 1, 0,8, 0,6, 0,4 dm abgemessen, so würden sich bei einem spez. Badwiderstand w_s von z. B. 0,5 $\varOmega$ die Werte $w_s \cdot l$ ergeben. Als Mindestmaß der Wandstärke des Diaphragmas nehmen wir aus Festigkeitsgründen 4 mm = 0,04 dm an. Den spez. Diaphragmenwiderstand hätten wir beispielsweise wieder mit 20 $\varOmega$ ermittelt, so wird für die schwächste Stelle bei l der Wert $w_s' \cdot l' = 0,8$ dm:

$$20 \cdot 0,04 = 0,8.$$

Die für die übrigen Stellen l_1, l_2, l_3 geltenden Werte von $w_s' \cdot l'$ werden einfach dadurch erhalten, daß man von der konstanten Größe $w_s l + w_s' l' = 1,3$ die Werte $w_s \cdot l$ abzieht und sie in die 4. Spalte unter $w_s' \cdot l'$ einsetzt. Da w_s' konstant, und zwar 20 $\varOmega$ ist, so findet man schließlich in der letzten Spalte durch Division von $w_s' \cdot l' : w_s'$ die gesuchten Werte von l', l_1' l_2' l_3', das sind die den Stellen l, l_1, l_2, l_3 zugehörigen Werte für die Diaphragmendicke.

Für	ist Länge l	es wird $w_s \cdot l$	$w_s' \cdot l'$	$w_s l + w_s' \cdot l'$	daraus l' (dm)
l (l')	1,0	0,5	0,8	1,3	0,04
l_1 (l_1')	0,8	0,4	0,9	1,3	0,045
l_2 (l_2')	0,6	0,3	1,0	1,3	0,05
l_3 (l_3')	0,4	0,2	1,1	1,3	0,055

Der Weg der Rechnung, um die Wandstärken der einzelnen Diaphragmenstellen für den Fall zu ermitteln, daß man die einzelnen Partien des Niederschlages verschieden stark erhalten will, läßt sich aus dem Vorhergesagten leicht finden. Der große Vorteil, den solche Diaphragmen zu bieten vermögen, liegt ferner darin, daß man nicht erst teure Formanoden gießen muß, sondern daß man Altmetall in jeder Form verwenden kann, wenn es nur in die Diaphragmen gleichmäßig einzulegen ist. Ein Stück Anodenmetall, das in die Stücke der Abfälle als Stromzuleitungskontakt eingebettet wird, erhält am freien, aus der Lösung herausragenden Ende den Anschluß des positiven Stromes. Bei allen Prozessen, wo der Niederschlag auf der Innenseite der Form gebildet wird, werden solche Anodendiaphragmen mit variabler Wandstärke erfolgreich anzuwenden sein, weil man auf andere Weise die dauernde Reinhaltung des Elektrolyten von Anodenschlamm nicht erreichen kann und weil in diesen Fällen die durch Anwendung solcher Diaphragmen bedingte Erhöhung der Badspannung in kalkulatorischer Hinsicht nicht ausschlaggebend ist.

Wir wollen schließlich noch auf den Umstand hinweisen, daß durch Profilanoden in Gußform oder durch die vorbeschriebenen Diaphragmen gerade bei Rotationskörpern die Gleichmäßigkeit der Niederschläge entweder dadurch gesichert wird, daß die Anoden fest stehen und die Formen rotieren, oder umgekehrt dadurch, daß die Formen fix angeordnet sind und die Anoden mit oder ohne Diaphragma rotieren. Letzterer Weg ist für solche Fälle empfehlenswert, wo die Formen sehr schwer sind oder wo hohe Temperaturen des Elektrolyten dazu veranlassen, die Form hohl zu gestalten zwecks Erhitzung mittels Dampf.

Grundsätze für die Elektrolyte der Kupferplastik. Die heute in Gebrauch stehenden Galvanoplastikbäder sind nach den Prinzipien der früher angegebenen Arbeiten zusammengesetzt, und bildeten Hübls und Foersters Arbeiten die Grundlage für den heutigen Standpunkt der Galvanotechnik des Kupfers. Die neueren Arbeiten betreffen zumeist die Beschleunigung der Herstellungsweise des Kupferniederschlages, und wurde unter Zugrundelegung der früheren Arbeiten von Carl Polenz und dem Verfasser das galvanoplastische Kupferbad des praktischen Betriebes in der Weise modifiziert, daß eine wesentliche Beschleunigung der Niederschlagsarbeit ohne Gefährdung der Qualität des Kathodenproduktes ermöglicht wurde.

Während wir in der Elektroplattierung in einem zyankalischen Kupferbad unsere Ware mit einem elektrolytischen Kupferniederschlag überziehen, verwenden wir in der Galvanoplastik eine Lösung, welche Kupfersulfat und mehr oder weniger viel freie Schwefelsäure enthält.

Während wir in der Elektroplattierung zur Verwendung eines komplexen Kupfersalzes (Zyankupferkalium) gezwungen waren, können wir in der Galvanoplastik das gewöhnliche Kupfervitriol (Kupfersulfat) benutzen, da die als Matrizen eingehängten Objekte, die zumeist graphitierte Wachsabdrücke, mitunter versilberte und jodierte oder geschwefelte Kupferplatten oder andere Metallplatten darstellen, infolge ihrer geringeren Lösungstension als elektronegativere Substanzen nicht auf die Kupfersulfatlösung reagieren können.

Der Zusatz von Schwefelsäure hat außer der besseren elektrolytischen Leitung, die das Bad dadurch erfährt, den Hauptzweck, die Kupferabscheidung durch einen sekundären Prozeß herbeizuführen, wodurch das Kupfer homogener und zäher und zum Weiterwachsen auf graphitierten Flächen veranlaßt wird. Die Schwefelsäure ist in wässeriger Lösung sehr stark dissoziiert, das heißt in Ionen gespalten, was einem außerordentlich hohen Leitvermögen gleichkommt. Durch die leichte Ionisierbarkeit der Schwefelsäure ist es möglich, die Spaltung des Kupfersulfates in seine Ionen in der mit Schwefelsäure versetzten Lösung zurückzudrängen, das Kupfersulfat wird in einer solchen Lösung keinen oder nur sehr geringen Anteil an der Stromleitung im Bad übernehmen, die dann lediglich von der Schwefelsäure bewirkt wird. Die an der Kathode, das ist die eingehängte Ware, sich entladenden Kationen sind dann die Wasserstoffionen der Schwefelsäure, welche Kupfer aus dem Bad glatt abscheiden[1]), was einen sekundären Prozeß vorstellt. So ist es möglich, ein kohärentes festes Kupfer abzuscheiden, während man aus einer neutralen Kupfersulfatlösung dies nicht erreichen kann. Eine brauchbare alte Zusammensetzung für ein Kupferplastikbad ist das folgende:

Wasser . . . . I l
Kupfersulfat, krist. . . . . . . 200 g
Schwefelsäure (arsenfrei) 66° Bé   30 g

Stromdichte	Badspannung bei 15 cm Elektrodenentfernung	Änderung der Badspannung für je 5 cm Änderung der Elektrodenentfernung
0,05 Ampere	0,70 Volt	0,23 Volt
0,75 ,,	1,05 ,,	0,34 ,,
1,00 ,,	1,40 ,,	0,46 ,,
1,25 ,,	1,75 ,,	0,57 ,,
1,50 ,,	2,10 ,,	0,69 ,,
1,75 ,,	2,45 ,,	0,80 ,,
2,00 ,,	2,80 ,,	0,92 ,,
2,25 ,,	3,15 ,,	1,03 ,,
2,50 ,,	3,50 ,,	1,15 ,,
2,75 ,,	3,85 ,,	1,26 ,,
3,00 ,,	4,20 ,,	1,38 ,,

Badtemperatur: 15—20° C
Konzentration: 17° Bé
Spez. Badwiderstand: 0,93 Ω
Temperaturkoeffizient: 0,0112
Stromausbeute: 100%

---

[1]) Ohne daß Wasserstoff durch das abgeschiedene Kupfer okkludiert würde, wie dies beim zyankalischen Kupferbad der Fall ist. Aus diesem Grunde sind auch die aus schwefelsaurer Lösung erzielbaren Niederschläge duktiler und weicher.

Bei der Badbereitung achte man auf die Qualität des verwendeten Kupfervitriols, welche im Handel sehr verschieden ist, meist mit Zink, Arsen, namentlich aber mit Eisen mehr oder weniger verunreinigt ist. So existiert z. B. ein Kupfervitriol für Agrikulturzwecke mit ganz bedeutenden Beimengungen von Eisenvitriol zu sehr billigen Preisen; dem Aussehen nach ist dies allerdings für den Laien kaum erkenntlich, der Chemiker wird dies aber leicht konstatieren können. Zink und Arsen kann man in dem durch Einleiten von Schwefelwasserstoff erhaltenen Niederschlag nachweisen; den Eisengehalt kann sogar der Laie auf die Weise feststellen, daß er etwa 25 g Kupfervitriol mit 50 g Wasser löst, 100 g Salmiakgeist zusetzt, die dadurch tiefblau gewordene Lösung filtriert; bleibt im Filter ein rostbrauner Niederschlag zurück, so ist das Kupfervitriol eisenhaltig. Eine Spur von Eisen ist auch bei dem technisch ganz reinen Kupfervitriol unvermeidlich; es darf jedoch nur eine Spur sein, man wird bei der soeben erklärten Probe einen kaum bemerkenswerten Rückstand wahrnehmen, der keinen Nachteil bringt.

Wenn aber die Verunreinigung so bedeutend ist, daß sie mehrere Prozente beträgt, dann ist es für die Praxis doch bedenklich; solche Qualitäten sollte man nicht verwenden. Ähnlich verhält es sich mit der Schwefelsäure; auch diese ist meist mit Blei, Antimon, Arsen verunreinigt, es ist sogar eine große Seltenheit, eine von diesen Verunreinigungen freie Schwefelsäure zu finden; da der Kostenpunkt dieses Produktes ein minimaler ist, wird man am besten tun, chemisch reine Schwefelsäure zu verwenden.

Die Bereitung des Kupferplastikbades geschieht in der Weise, daß man das Badgefäß erst mit Wasser vollfüllt, dann die bestimmte Menge Schwefelsäure zusetzt, dies jedoch sehr langsam und vorsichtig, weil sich hierbei das Wasser ganz bedeutend erwärmt und das Badgefäß, wenn es aus Steinzeug besteht, leicht springen könnte. Man macht dies so, daß man die Schwefelsäure in einem ganz dünnen Strahl hineingießt, gleichzeitig von einer zweiten Person das Wasser tüchtig umrühren läßt; erwärmt sich die Mischung allzusehr, so setzt man aus und läßt erst abkühlen, bevor man das restliche Quantum der Schwefelsäure zugießt.

Weil sich das Kupfervitriol überhaupt schwer löst, um so schwieriger, wenn man es einfach in das Badgefäß werfen und das Wasser darübergießen würde, so tut man am besten, dasselbe in Steinzeugsiebe zu geben und diese an einer Stange, welche man über den oberen Rand der Wanne legt, an der Oberfläche des Wassers einzuhängen; rührt man fleißig um, so wird sich die Lösung alsbald vollziehen.

Die Konzentration der Bäder, wie sie in der Praxis vorkommen, beträgt gewöhnlich 20 bis 25° Bé.

Für Kupfergalvanoplastik wird im allgemeinen dieses Bad genügen, weil damit durch geeignete Stromregulierung fast alles das erzielt werden kann, was manche Autoren durch besondere Badzusammensetzungen zu erreichen suchen. Man wünscht ja manchmal einen harten, feinkörnigen, manchmal einen kristallinischen, schnell wachsenden Niederschlag usw. und erreicht dies fast stets in der Weise, daß man die entsprechende Stromdichte herbeiführt, bei welcher das ausfallende Kupfer die gewünschten Eigenschaften besitzt. Allgemein gilt, daß das Korn des Kupferniederschlages um so feiner ist, je größer die angewandte Stromdichte bei sonst gleichen Verhältnissen war; daß bei größerer Stromdichte die Kupferabscheidung rascher erfolgt, ist einleuchtend; da aber die Stromdichte von der Badspannung und dem spezifischen Badwiderstand abhängt, der Badwiderstand aber nicht geändert werden soll, so reguliert man die Stromdichte, indem man die Badspannung variiert. Daß ein größerer Schwefelsäuregehalt des Bades unter sonst gleichen Umständen ein härteres, spröderes Kupfer erzeugt, ist bekannt, aus diesem Grund ist es auch erklärlich, daß manche Galvanoplastiker Bäder verschieden stark ansäuern, was aber dem Praktiker überlassen werden soll.

Die Kupfergalvanoplastik wird vorwiegend in kalten oder mäßig ange-wärmten Bädern betrieben, für besondere Zwecke jedoch, wo es z. B. darauf ankommt, rasch ein bestimmtes Quantum Kupfer abzuscheiden, greift man zu warmen Bädern, doch müssen die Kathoden solche erhöhte Temperatur ver-tragen, und es scheiden dann naturgemäß gewachste Formen oder solche, die ganz aus niedrig schmelzendem Wachs bestehen, aus.

Schnell-Galvanoplastik. Wiewohl aus den v. Hübl schen Publikationen her bekannt war, daß bei Anwendung eines kleineren Säuregehaltes und bei Ver-größerung der Metallkonzentration im Bade höhere Stromdichten zulässig sind, wurde das Schnell-Niederschlagsprinzip eigentümlicherweise erst spät in die Praxis eingeführt. Bahnbrechend waren in dieser Beziehung die Arbeiten von Carl Polenz, Leiter der galvanoplastischen Abteilung der Firma J. J. Weber in Leipzig. Ihm gelang es zuerst, mit Stromdichten von 5 A und darüber pro 1 qdm kohärentes Kupfer technisch abzuscheiden. Das Polenzsche Bad hat 25° Bé und arbeitet bei Temperaturen von 26 bis 28° C unter Bewegung der Lösung durch ein Rührwerk.

Kurz darauf fand Verfasser vollkommen unabhängig davon die unter dem Namen Schnell-Galvanoplastikbad bekannt gewordene Badvorschrift:

Wasser	1 l
Kupfervitriol, krist.	250 g
Schwefelsäure	7,5 g

Im Interesse des besseren Zugehens der Schriftformen und tieferen Formen ist ein Zusatz von Alkohol (10 g pro Liter Bad) empfehlenswert.

Stromdichte	Badspannung bei 5 cm Elektrodenentfernung	Änderung der Badspannung für je 5 cm Änderung der Elektrodenentfernung
3,0 Ampere	2,4 Volt	2,4 Volt
3,5 ,,	2,8 ,,	2,8 ,,
4,0 ,,	3,2 ,,	3,2 ,,
4,5 ,,	3,6 ,,	3,6 ,,
5,0 ,,	4,0 ,,	4,0 ,,
5,5 Ampere	4,4 Volt	4,4 Volt
6,0 ,,	4,8 ,,	4,8 ,,
6,5 ,,	5,2 ,,	5,2 ,,
7,0 ,,	5,6 ,,	5,6 ,,
7,5 ,,	6,0 ,,	6,0 ,,
8,0 Ampere	6,4 Volt	6,4 Volt
8,5 ,,	6,8 ,,	6,8 ,,
9,0 ,,	7,2 ,,	7,2 ,,
9,5 ,,	7,6 ,,	7,6 ,,
10,0	8,0 ,,	8,0 ,,

Badtemperatur: 15—20° C
Konzentration: 19,5° Bé
Wasserstoffzahl: 2,8
Spez. Badwiderstand: 1,6 Ω
Temperaturkoeffizient: 0,0096
Stromausbeute: 100%

Die Elektrodenentfernung wird meist geringer als 15 cm genommen, und zwar bei Buchdruckklischees und flachen Matrizen 6 bis 8 cm, selbstredend verringert sich dann die Badspannung dementsprechend, was bei den üblichen großen Stromdichten von ganz bedeutendem Einfluß ist.

Die Erwärmung des Elektrolyten infolge entstehender Joule-Wärme ist in Betracht zu ziehen, und macht sich eine entsprechende Kühlvorrichtung notwendig, welche durch ein in die Wannen eingelegtes System bleierner Kühlschlangen ausgeführt wird, die, mit einem Regulierhahn versehen, von kaltem Wasser durchflossen werden; praktischer ist es aber, die Wanne entsprechend groß zu dimensionieren, um die Erwärmung der Lösung zu beschränken, wodurch die Kühlanlage überflüssig wird.

Die Wärme, die durch Stromleitung in einem Elektrolyten auftritt, ist ein Gegenwert für die darin aufgebrauchte elektrische Energie. Es ist diese Wärmeenergie proportional dem totalen Widerstand W des Bades, proportional dem Quadrat der angewandten Badstromstärke J und der Zeitdauer der Elektrolyse. In Kalorien ausgedrückt, ist die Joule-Wärmemenge

$$C = 0,236 \cdot J^2 \cdot W \cdot t \text{ Kalorien,}$$

t in Minuten, J in Ampere, W in Ohm ausgedrückt.

Da 1 Kalorie diejenige Wärmemenge ist, welche 1 g Wasser um 1° C erwärmt, so ergibt sich die Erwärmung eines Badquantums von B Litern durch Division der Anzahl Kalorien durch die Literzahl des Bades:

$$\text{Erwärmung über die normale Temperatur} = \frac{\text{Kalorienzahl}}{\text{Literzahl} \cdot 1000}$$

Beispiel: Ein Bad von 1000 Liter, in welchem eine Fläche von 60 qdm bei einer Stromdichte von 10 A und 10 cm = 1 dm Elektrodenentfernung überkupfert wird, wird sich um wieviel Grad über die Temperatur von 18° C erwärmen, wenn die Elektrolyse 2 Stunden dauerte?

Man ermittelt zunächst den totalen Badwiderstand; dieser ist bekanntlich:

$$W_B = \frac{W_s \cdot l}{q} = \frac{1,6 \cdot 1}{60} = 0,0266 \, \Omega.$$

Der totale Badstrom bei der Stromdichte von 10 A:

$$J = 10 \cdot 60 = 600 \, A.$$

Die entstandene Joule-Wärme beträgt daher:

C = 0,236 · 360 000 · 0,0266 · 7200 Kalorien = 16 272 417 Kalorien.

Die Erwärmung des Bades beträgt daher:

$$\frac{16\,272\,417}{1000 \cdot 1000} = 16,27° \, C,$$

das heißt, die Badtemperatur würde unter sonst gleichen Umständen, wenn keine Wärmeabgabe an die Wände und von der Oberfläche an die Luft stattfinden würde, auf 34,27° C steigen.

Diese Erwärmung hat zur Folge, daß die erwärmten Schichten in die Höhe steigen; die wärmeren Lösungen leiten aber besser als die kalten, und es würde daher, wenn die einzelnen Schichten nicht durch eine Mischvorrichtung ausgetauscht würden, der Niederschlag in den oberen Partien stärker werden, weil ein größerer Stromanteil hierauf entfiele, und er könnte sogar bei zu hohen Stromdichten „verbrennen".

Eine ausgiebige, automatisch ununterbrochen wirkende Mischvorrichtung ist daher hierbei besonders wichtig.

Das Schnell-Niederschlagsprinzip eignet sich besonders für flachere Formen, wie sie im Buch- und Illustrationsdruck vorkommen, auch für flache Formen in der Plastographie und Vervielfältigungskunst.

Für normale Klischees von 0,1 bis 0,15 mm Stärke genügt eine Elektrolysendauer von 1½ bis 2 Stunden, sie kann sogar unter Umständen noch abgekürzt werden.

Die hierzu nötige maschinelle Anlage wird zwar bedeutend größer, der Kraftverbrauch für die Dynamomaschine zur Bewältigung der gleichen Tagesleistung bleibt sich aber annähernd gleich wie bei Anwendung kleiner Stromdichten, da das Produkt

$$\text{Badspannung} \cdot \text{Badstrom} \cdot \text{Zeitdauer}$$

fast dasselbe bleibt.

Steigerung der Niederschlagschnelligkeit. Durch Erhöhung der Temperatur kann man nun eine ganz bedeutende Steigerung des zulässigen Stromdichtenmaximums erzielen, da an und für sich in heißer Lösung (über 40° C) sich die Kupferfällung auch bei erhöhter Stromdichte noch anstandslos vollzieht und weil in solch erwärmter Lösung ganz bedeutend mehr Kupfervitriol löslich bleibt als bei kalter Lösung. Jede Steigerung des Kupfergehaltes der Lösung schiebt aber wieder das zulässige Stromdichtenmaximum nach aufwärts, und so darf es nicht wundernehmen, daß man in solchen Badzusammensetzungen selbst Stromdichten von 15 A/qdm anwendet.

Je höher man mit der Stromdichte in den Kupfer-Galvanoplastikbädern geht, desto mehr neigen die Niederschläge zur Bildung von Randknospen. Es kann dies so weit gehen, daß sich ganz feinästelige Gebilde an den Rändern bilden, die sich bei der geringsten Bewegung der Lösung oder der Kathoden ablösen und auf den Boden der Bottiche fallen. Wird z. B. durch Einblasen von Preßluft solch fein verteiltes Kupfer an die Kathode geschleudert, so nehmen diese Partikelchen bei der gesteigerten Stromdichte als besonders exponierte Kathodenteile einen großen Teil des Stromes weg und schädigen so, indem sie sich durch das sich ausscheidende Kupfer rasch vergrößern, das Dickenwachstum der normal auf die Kathodenflächen sich abscheidenden Kupferhaut. Verfasser hat Fälle beobachten können, wo auf solche Weise mehr als 40% der Stromarbeit an der Kathode durch abfallendes Kupfer verlorengingen.

Rapid-Kupfer-Plastikbad. Im elektrochemischen Laboratorium der Langbein-Pfanhauser-Werke A.-G. wurde eine Badzusammensetzung gefunden, welche gestattet, Stromdichten von 30 bis 40 A/qdm Kathodenfläche anzuwenden. Es wurde hierzu ein ganz besonders leicht lösliches hygroskopisches Kupfersalz verwendet, das gestattet, Lösungen herzustellen, die ca. 45% metallisches Kupfer enthielten. Solche Lösungen ähneln in ihrer Zusammensetzung gewissermaßen dem metallischen Zustand, und es ist erklärlich, daß bei solch hohem Metallgehalt auch ganz ungeahnte Erscheinungen bei der Elektrolyse zutage gefördert werden. Es hat sich gezeigt, daß ein biegsames Kupfer aus solchen Lösungen nur bei Überschreitung einer bestimmten Minimal-Kathodenstromdichte erhalten wird, während z. B. bei zu kleinen Stromdichten die Niederschläge brüchig wurden. Solche Lösungen sind begreiflicherweise kostspielig, und man wird dieselben nur in ganz speziellen Fällen verwenden, wo man eine außergewöhnlich große Niederschlagsgeschwindigkeit beansprucht. Das Bad selbst und seine Zusammensetzung wird von der genannten Gesellschaft geheimgehalten. Als

Wannen für das Kupferplastikbad sind Steinzeugwannen sehr vorteilhaft, weil sie das Bad sehr rein erhalten. In den seltensten Fällen kommen besonders große Bäder zur Verwendung, sondern man zieht es zumeist vor, lieber eine größere Anzahl, aber kleinere Bäder zu verwenden. Ist man gezwungen, größere Bäder zu verwenden, so benutzt man Holzwannen mit Bleiauskleidung. Wannen für ganz große Bäder, wie sie zur Herstellung von Monumentalfiguren verwendet werden, stellt man sich in der Weise her, daß man eine entsprechend große Grube ausmauert, diese mit Holz auskleidet und die so eingesenkte Holzwanne innen mit 3 bis 5 mm starkem Bleiblech auslegt.

Für die Einrichtung einer galvanoplastischen Anstalt mit Zirkulation des Elektrolyten sind die mit Blei ausgekleideten Holzwannen unentbehrlich. Man durchbohrt die Holzwannen und die Bleiauskleidung nahe dem Boden (etwa

5 cm vom Boden), steckt das bleierne Ausflußrohr in diese Öffnung und lötet es mittels Knallgasgebläse und Bleilot an die Bleiauskleidung fest.

Die Struktur der Kupferniederschläge. Die Galvanoplastik muß bestrebt sein, einen dem jeweiligen Zwecke entsprechenden Kupferniederschlag, also ein Metall von jeweilig bestimmten physikalischen Eigenschaften, herzustellen. Damit dies aber wenigstens innerhalb gewisser Grenzen möglich sei, muß man zunächst jene Einflüsse kennen, welche für die Eigenschaften des zu erzeugenden Niederschlages maßgebend sind.

Die über diesen Gegenstand bestehenden Anhaltspunkte sind zum großen Teile einander widersprechend, was wohl erklärlich ist, wenn man berücksichtigt, welche bedeutenden Schwierigkeiten sich der Durchführung derartiger Untersuchungen entgegenstellen. Die Eigenschaften des Niederschlages werden nämlich ohne Zweifel sehr oft durch gewisse sekundäre Prozesse, die mit Veränderungen oder geringen Verunreinigungen des Bades im Zusammenhang stehen, in hohem Grade beeinflußt, ohne daß es möglich wäre, die sich oft in minimaler Ausdehnung abspielenden Erscheinungen zu erkennen und zu verfolgen. Betrachtet man die bedeutenden Veränderungen, welche das Kupfer, so wie jedes andere Metall, durch die Gegenwart von Spuren eines fremden Körpers, z. B. auch das eigene Oxyd oder Oxydul, erleidet, so unterliegt es keinem Zweifel, daß auch ähnliche Umstände die Eigenschaften des galvanischen Niederschlages sehr bedeutend beeinflussen können. Zweifellos ist diese Tatsache bei Niederschlägen, welche aus Lösungen des Azetats und des Chlorids sowie aus basischen Kupferlösungen erhalten werden.

Abstrahiert man jedoch von den etwa stattfindenden sekundären Prozessen und Verunreinigungen des Bades, so können die physikalischen Eigenschaften des Kupfers lediglich von der Struktur desselben abhängig sein. Diese ist eine kristallinische, aber die einzelnen Kristalle sind mehr oder weniger ausgebildet, und dieser Umstand sowie die gegenseitige Lagerung müssen für Festigkeit, Elastizität, Härte usw. in erster Linie maßgebend sein.

Nachdem das Metall aus einer Kupferlösung durch den elektrischen Strom abgeschieden wird, so müssen für die Struktur des Kristallaggregates die beiden Faktoren: Badzusammensetzung und Stromstärke bestimmend sein.

Über den Einfluß dieser beiden Größen sind zwei Ansichten aufgestellt worden. Die eine rührt von Smee her und gipfelt in dem Grundsatz: Stromdichte und Badkonzentration bedingen durch ihr gegenseitiges Verhältnis die Qualität des Metalles; die zweite Anschauung wurde von F. Kick ausgesprochen: Die Beschaffenheit des galvanischen Niederschlages ist abhängig von der Zusammensetzung der Flüssigkeit und unabhängig von der Stromdichte.

Smee gelangt auf Grundlage seiner zahlreichen Versuche zu folgenden Schlußfolgerungen:

1. Das Metall wird in nicht homogener Form ausgeschieden (in Pulver, Schwamm oder Sandform), wenn die Stromstärke so groß ist, daß mit dem Metall gleichzeitig Wasserstoffentwicklung auftritt.

2. Das Metall wird in grob kristallinischer Form abgeschieden, wenn die Stromstärke noch lange nicht hinreicht, eine Wasserstoffentwicklung zu veranlassen.

3. Das Metall wird als zäher, gediegener, feinkörniger Niederschlag erscheinen, wenn die Stromstärke möglichst groß ist, jedoch noch keine Wasserstoffentwicklung auftritt.

Smee schließt daher, daß es möglich ist, aus einem Bad von beliebiger Konzentration durch Anwendung der entsprechenden Stromstärke Niederschläge von bestimmten Eigenschaften zu erzielen.

H. Meidinger (Dingler p. J. 218, S. 219) präzisiert die Angaben Smees, indem er den Satz aufstellt: Das Verhältnis von Stromdichte zur Konzentration der Lösung ist für eine bestimmte Beschaffenheit des Niederschlages eine konstante Größe, nur daß die Grenzen nicht ganz scharf sind. Erhält man aus einem konzentrierten Bad einen Niederschlag von bestimmten Eigenschaften, so wird man aus einem Bade von der halben Konzentration mit der halben Stromdichte, aus einem Bade von ein Drittel Konzentration mit ein Drittel der Stromdichte usw. den gleichen Niederschlag erhalten.

Hübl stellte eingehende Versuche an, um die geeignetsten Verhältnisse zu finden, unter denen der Niederschlag zu erfolgen hat. Seine Vorversuche im kleinen, zwecks Beurteilung des Aussehens und der Brüchigkeit der Niederschläge, wurden in nachstehender Weise durchgeführt:

Als Elektroden dienten 50 mm breite, etwa 100 mm lange Kupferbleche, welche in einem Abstande von etwa 20 mm an geeigneten Stativen befestigt waren; die Kathode war, um das Ablösen des Niederschlages zu ermöglichen, versilbert und schwach jodiert. Eine mit der Versuchslösung gefüllte Glasküvette wurde unter die Elektroden gebracht und so weit gehoben, daß diese 50 mm in die Flüssigkeit tauchten. Als Stromquelle dienten Daniell- oder Bunsen-Elemente, und zur Regulierung der Stromstärke war in den Stromkreis ein Kurbelrheostat geschaltet. Sollten Versuche in bewegten Bädern gemacht werden, so wurde die entsprechende Bewegung durch Einblasen von Luft hervorgebracht.

Es wurden stets zwei Elektrodenpaare in den Stromkreis geschaltet, eines tauchte in eine 5%ige, das zweite in eine 20%ige Kupfervitriollösung.

Es wurden zunächst sog. neutrale (mit Karbonat gekochte) Lösungen mit verschiedenen Stromstärken elektrolysiert, dabei aber nach jedem Versuch die Lösungen erneuert, um durch eventuelle Veränderungen des Bades nicht irregeführt zu werden.

Strom-dichte	Kupferlösung	Aussehen des Niederschlages aus dem		Brüchigkeit des Niederschlages aus dem	
		5%igen Bade	20%igen Bade	5%igen Bade	20%igen Bade
0,20		Sehr grob kristallinisch		Sehr brüchig und spröde	Noch schlechter als im 5%igen Bade
0,40		Grob kristallinisch	Wie im 5%igen Bade	Ziemlich brüchig und spröde	Sehr brüchig und spröde
0,80	Mit Kupferkarbonat gekocht	Ziemlich grob kristallinisch		Ziemlich gut	Sehr brüchig und spröde
3,00		Wasserstoffentwicklung	Äußerst feinkörnig; kristallinische Struktur nicht erkennbar	—	Tadellos
0,20		Fein kristallinisch		Ziemlich brüchig und spröde	
0,40	Mit 2%iger Schwefelsäure versetzt	Desgl.	Wie im 5%igen Bade	Gut	Wie im 5%igen Bade
0,80		Sehr fein kristallinisch		Gut	
1,20		Wasserstoffentwicklung	Äußerst feinkörnig	—	Tadellos
4,00		Desgl.	—	—	Tadellos

Aus diesen Resultaten folgt, daß bei Anwendung einer sog. neutralen Lösung und kleiner Stromdichte in einem 5%igen Bade entschieden bessere Niederschläge erhalten werden als in einer konzentrierten Lösung, während das Aussehen des Metalls in beiden Fällen dasselbe ist. Die Ursache dieser Erscheinung wurde schon früher ausführlich erörtert. Ein Zusatz von Schwefelsäure verhindert die Bildung großer Kristalle, man erhält daher schon bei geringer Stromdichte sehr feinkörnige, zähe Niederschläge, deren Textur und Verhalten gegen das Biegen unabhängig von der Konzentration der Lösung ist.

Die mehr oder minder kristallinische Struktur scheint somit sowohl bei sog. neutralen als auch bei sauren Bädern lediglich von der angewendeten Stromstärke abzuhängen. Die Kohäsion des Metalles, über welche wenigstens teilweise das Verhalten beim Biegen Aufschluß gibt, steht mit der Ausbildung der Kristalle bei sauren Bädern vollkommen im Einklang, bei Anwendung neutraler Bäder aber wird sie fast nur durch die Basizität der Lösung bedingt.

Um demnach einen brauchbaren Niederschlag zu erhalten, darf die angewendete Stromdichte das schon präzisierte, von der Badkonzentration abhängige Maximum nicht überschreiten; für die Textur und für die mit dieser zusammenhängenden Eigenschaften ist aber innerhalb dieser Grenzen nur die Stromdichte maßgebend.

Die Ursache, warum bei Säurezusatz nur fein kristallinische Niederschläge fallen, ist bisher durchaus nicht aufgeklärt. Es ist zwar eine Erklärung von Meidinger versucht worden, nach welcher die indirekte Ausscheidung des Metalls die Ursache sein soll, doch müßten dann bei anderen Substanzen ähnliche Wirkungen vorkommen. Versetzt man ein 10%iges sog. neutrales Bad mit 10 % Natriumsulfat, so muß entsprechend der Leitungsfähigkeit des letzteren ein großer Teil Kupfer indirekt durch Natrium ausgeschieden werden. Es wurde aber bei 0,8 A Stromdichte ein ebenso grob kristallinischer und brüchiger Niederschlag erhalten als ohne diesen Zusatz.

Was schließlich die Menge der zugesetzten Schwefelsäure anbelangt, so zeigten diesbezügliche Versuche zwischen 2 und 8 % Zusatz keinen Unterschied in der Textur des Niederschlages.

Bestimmung der Festigkeitsdaten von galvanoplastischen Kupferniederschlägen. Die Feststellung von zahlenmäßigen Festigkeitswerten für galvanoplastische Niederschläge ist mit außerordentlichen Schwierigkeiten verbunden, und es war trotz bedeutenden Aufwands an Mühe nicht möglich, den vollständigen Zusammenhang zwischen den gefundenen Zahlen und den jeweiligen Erzeugungsmodalitäten herzustellen.

Eine große Schwierigkeit liegt zunächst in der Herstellung vollkommen tadelloser Platten von solchen Dimensionen, daß mit denselben die Proben angestellt werden können. Unregelmäßigkeiten im Wachsen des Niederschlages, die Bildung von Kupferkörnern, welche, wenn auch nachträglich abgeschliffen, doch in ihrem an der Platte verbleibenden Reste andere Strukturverhältnisse zeigen müssen als die sie umgebenden, langsam wachsenden Teile, beeinflussen selbstverständlich die bei der Zerreißprobe gefundenen Zahlenwerte.

Die Erfahrung hat auch gezeigt, daß aus alten Bädern Kupfer von geringerer Festigkeit niedergeschlagen wird als aus neu angesetzten Lösungen. Die Ursache dieser Erscheinung konnte bisher nicht aufgeklärt werden, da die chemische Analyse der alten Bäder, mit Ausnahme einer Spur Kupferoxydulsalz, welches nachweisbar war, keinen Unterschied gegen ein noch nicht gebrauchtes Bad erkennen ließ. Höchst wahrscheinlich ist, daß die in schon gebrauchten Bädern stets vorhandene Trübung, welche von dem Anodenschlamm herrührt, einen nachhaltigen Einfluß auf den Niederschlag ausübt. Es ist aber auch sehr wahrscheinlich, daß die Bäder durch Körper, welche dem Ausfütterungsmateriale der Zersetzungszellen, dem die Rückseite der Kathoden deckenden Lack usw. entstammen, verunreinigt werden.

Für die Praxis ergeben sich aus obigen Tatsachen folgende Regeln:

1. Soll Kupfer von großer absoluter Festigkeit und Härte niedergeschlagen werden, und wird auf große Zähigkeit weniger Gewicht gelegt, so sind hohe

Stromdichten (2 bis 3 A) anzuwenden. Die Badflüssigkeit muß in diesem Falle selbstverständlich tunlichst konzentriert sein (20%).

2. Verlangt man Kupfer von möglichst großer Zähigkeit, und sind Härte und Festigkeit weniger wichtig, so werden Stromdichten von 0,6 bis 1 A zweckentsprechend sein. Als Badflüssigkeit wird man eine 15 bis 18%ige Lösung wählen.

Die absolute Festigkeit eines guten galvanischen Niederschlages kommt der kalt gehämmerten Platte sehr nahe, und die Elastizitätsgrenze liegt bei einzelnen Proben des ersteren sogar bedeutend höher.

Bezüglich der Zähigkeit übertreffen alle galvanischen Niederschläge die gewalzte Masse um ein Bedeutendes, was zweifellos sehr beachtenswert erscheint.

Foerster und Seidel[1]) beschäftigten sich später ebenfalls mit diesen Vorgängen und zeigen ihre Resultate volle Übereinstimmungen mit denen Hübls. Einen wesentlich neuen Faktor deckten jedoch diese beiden Forscher in dem Einfluß der Temperatur der Elektrolyte auf die physikalischen Eigenschaften des Kathodenkupfers auf.

Es wurden folgende Werte gefunden:

Temperatur des Elektrolyten ° C	Mittlere Badspannung V	Festigkeit[2]) (Reißlänge) km	Zähigkeit[2]) (Bruchdehnung) %
20	0,32	2,15	9,12
40	0,25	2,67	26,00
60	0,20	2,69	13,50
Aus Mansfelder Elektrolytkupfer gezogener Draht (Messung von H. Fischer[3])		2,83	31,00

Somit erweist sich die Temperatur von 35 bis 40° C als die geeignetste, während eine Temperatursteigerung eine Abnahme der Zugfestigkeit des Kupfers verursacht. Worin die günstige Wirkung der höheren Temperatur auf das Gefüge des elektrolytisch ausgeschiedenen Kupfers begründet ist, wurde bisher noch nicht ermittelt. Foerster ist der Ansicht, daß die Temperatur der Lösung auf die Größe und Gleichmäßigkeit des Kristallkornes des elektrolytisch abgeschiedenen Kupfers und somit auf dessen Gefüge bestimmend einwirkt, und führt zwei Versuche an einem Bade an, welches die dem Kupfervitriol äquivalente Menge von Glaubersalz neben dem sonst verwendeten Schwefelsäurezusatz enthält.

Temperatur des Elektrolyten ° C	Festigkeit (Reißlänge) km	Zähigkeit (Bruchdehnung) %
20	2,46	15,20
40	1,96	10,82

Hieraus ist zu entnehmen, daß bei Alkalisulfatzusatz die erhöhte Temperatur die physikalischen Eigenschaften des Kupfers ungünstig beeinflußt, daß hingegen bei 20° C aus Lösungen ohne Alkalisulfatzusatz die Resultate günstiger waren.

Eine sehr eingehende Bearbeitung hat neuerdings das Gebiet über die Struktur galvanoplastischer Kupferniederschläge durch Sieverts und Wippelmann[4]) erfahren, wobei die nach den verschiedenen, teilweise in vorerwähnten Bädern

---

[1]) Zeitschr. f. Elektrochemie 5, S. 508 ff.
[2]) Die Messungen wurden im Institut für mechanische Technologie in Dresden von Geh. Regierungsrat Prof. Dr. Hartig ausgeführt.
[3]) Zivilingenieur 1884, S. 398.
[4]) Zeitschr. f. anorgan. Chemie 91 (1915).

erhaltenen Niederschläge auf metallographischem Wege eingehend untersucht wurden. Da es im Rahmen dieses Buches zu weit führen würde, auf den Inhalt dieser schönen und interessanten Arbeit näher einzugehen, so sei an dieser Stelle darauf verwiesen und nur die dort gezogenen Schlußfolgerungen angeführt:

1. Das Gefüge. Alle untersuchten Kupferniederschläge haben kristallinisches Gefüge. Die Kristallite wachsen stets annähernd senkrecht zur Kathodenfläche. Für ebene Kathodenflächen folgt daraus parallele Lagerung der Kristallite im Querschnitt des Niederschlags. An winkligen oder gebogenen Flächen aber wachsen sie geneigt zueinander, bis sie sich (falls sie konvergent gerichtet sind) in deutlich sichtbaren Linien (Nähten) schneiden.

In der mit kleinen kathodischen Stromdichten (1 bis 2 A/qdm) arbeitenden Kupfer-Galvanoplastik entsteht grobkristallinisches Gefüge. Die im Wachstum sich verbreiternden Kristallite erreichen oft erhebliche Länge und Breite. Die Anordnung der Kristallite ist nicht immer regelmäßig; Störungen treten besonders in später niedergeschlagenen Schichten dickerer Niederschläge auf; doch sind die Muster der Württembergischen Metallwaren-Fabrik ein Beispiel dafür, daß auch dicke Niederschläge von hoher Gleichmäßigkeit des Gefüges erzeugt werden können. Während die Oberfläche der Formseite von den Spitzen zahlreicher großer und kleiner Kristallite gebildet wird, ist die Oberfläche der Badseite unter sonst gleichen Bedingungen um so grobkristallinischer, je dicker der Niederschlag ist.

Auch die Schnell-Galvanoplastik (Stromdichten 3 bis 10 A/qdm) gibt grobkristallinisches Metall; die Anordnung der Kristallite ist minder regelmäßig als bei dem langsamen Verfahren. An dem untersuchten Muster (gefällt mit einer Stromdichte von 3 bis 5 A/qdm) waren die Kristallite auffallend breit, zum Teil quaderartig; der flächenförmige Aufbau der Auswüchse auf der Badseite fehlte ganz.

Der aus dem Rapid-Galvanoplastikbad der Langbein-Pfanhauser-Werke hergestellte Niederschlag zeigte alle Merkmale einer hohen Stromdichte (15 bis 20 A/qdm); höchst unregelmäßiges Gefüge, zahlreiche fächerförmige Kristallitgruppen, Fugen und Spalten.

Die mit Achatglättung auf rotierender Kathode hergestellten Kupferrohre (Elmoreverfahren) sind feinkristallinisch. Bei geeigneter Ätzung zeigt der Querschnitt der Rohrwand eine Reihe zur Kathodenfläche paralleler Schichten. Die Grenzlinien der Schichten verhalten sich gegen das Ätzmittel (ammoniakalische Kupferammoniumchloridlösung) nicht gleichartig. Ein Teil von ihnen ist wahrscheinlich auf das Hervortauchen des Kupfers aus dem Bade und das „Glätten" durch den Achat zurückzuführen. Da aber auch an dem nicht geglätteten Ende eines Elmorerohres Schichten beobachtet werden, so müssen noch andere Umstände mitwirken, etwa Unterbrechungen der Elektrolyse oder Schwankungen in den Fällungsbedingungen und der Badbeschaffenheit. — Auch an einer mit Glättung auf rotierender Kathode gewonnenen Kupferscheibe war die Wirkung des Achats im Querschnitt an einer Schichtung des Metalls nahe der Badseite zu erkennen.

2. Die Ritzhärte. Während die früher aus stark bewegten Bädern hergestellten Bleche auf den nichtgeschliffenen Formseiten alle die gleiche, und zwar die größte gemessene Härte zeigten, weichen die auf gleiche Weise an verschiedenen technischen Mustern gemessenen Werte sehr erheblich untereinander ab. Hohe Stromdichte und lebhafte Bewegung des Elektrolyten scheinen die Ritzhärte der Formseite zu vergrößern. — An den auf den Badseiten hergestellten Schliffen wurden die größten Härten bei feinkristallinischem Gefüge beobachtet. Am härtesten war die Oberfläche einer Kupferwalze für den Rotationstiefdruck.

Störungen in Kupferplastikbädern, fehlerhafte Niederschläge und Abhilfe; Bildung glänzender Kupferniederschläge. Der Niederschlag im Kupferplastikbad ist in seiner Struktur und seinem physikalischen Verhalten naturgemäß auch von Verunreinigungen abhängig, wie sie sich in der Praxis zuweilen nicht vermeiden lassen. Geringe Mengen von Eisen, Zink, Mangan usw. sind im allgemeinen nicht nachteilig; bei der vielfach vorliegenden Verunreinigung des Kupfervitriols durch Eisenvitriol erhält man bei zu hohem Eisengehalt zuweilen spießige Niederschläge, die man jedoch beseitigen kann, wenn man den Gehalt der Bäder an freier Schwefelsäure wesentlich erhöht. Ein kleiner Gehalt an Chlornatrium ist mitunter sogar sehr erwünscht, um die Bildung von Randknospen zu verringern. Selbst größere Mengen schwefelsaurer Salze (Eisen- und Zinkvitriol, ferner Glaubersalz usw.) sind noch ganz ohne Einfluß, wie dies am besten im Zellenapparat zu sehen ist, in welchem das Bad durch diffundierendes Zinksulfat oft ganz bedeutend mit diesem Salz verunreinigt ist; störend hingegen können größere Mengen von Metall- oder Alkalichloriden wirken, weil sich bei deren Gegenwart Kupferchlorür bilden kann, das durch Polarisationserscheinungen andere, bisher noch nicht bestimmte Stromverhältnisse erfordert. Verunreinigungen durch organische Substanzen, wie Benzin, Terpentingeist, Gelatine, Lacke, Firnisse, Kitte, Fette oder Harze, sind peinlichst zu verhüten, weil diese die Matrizen verunreinigen und die Qualität des Kupferniederschlages beeinträchtigen; das Vorhandensein solcher Verunreinigungen in größerem Maßstab ist die Ursache der sog. filzigen Niederschläge.

Trotzdem macht man in der Praxis von derartigen „verunreinigten" Bädern manchmal Gebrauch, wenn man Niederschläge von besonderen Eigenschaften herstellen will. So macht sich zuweilen in der graphischen Branche das Bedürfnis geltend, Kupferniederschläge von besonders großer Härte anzufertigen, wie sie durch die gewöhnlichen Hilfsmittel nicht zu erzielen sind. Es ergeben nun adsorbierbare, insbesondere kolloidale Substanzen in geringer Menge eine außerordentliche Veränderung der physikalischen Eigenschaften des Kupferniederschlages, wie Sieverts und Wippelmann[1]) überzeugend an Hand zahlreicher metallographischer Aufnahmen nachgewiesen haben. Die von ihnen erzielten Resultate seien deshalb in ihrer Zusammenfassung nachstehend angeführt:

1. Das aus sauren kolloidfreien Kupfervitriollösungen elektrolytisch abgeschiedene Kupfer hat kristallinisches Gefüge. Bei Beginn der Elektrolyse scheidet sich stets eine dünne Schicht sehr fein kristallinischen Metalles ab, die auf Eisenkathoden nicht haftet. Dann wachsen annähernd senkrecht zur Kathodenfläche V-förmige Kristallite in den Elektrolyten hinein. Die Größe dieser Kristallite nimmt mit wachsender Stromdichte zunächst ab; wenn aber die Stromdichte einen von den jeweiligen Versuchsbedingungen abhängigen Betrag überschreitet, so werden die Kristallite wieder größer; gleichzeitig wird das Gefüge unregelmäßiger. Bei hohen Stromdichten hört jede Regelmäßigkeit auf, die Struktur wird undeutlich, und im Niederschlag entstehen Risse und Löcher. Alle Faktoren, die einen raschen Ausgleich von örtlichen Konzentrationsunterschieden nahe der Kathode befördern, verschieben das Auftreten von Unregelmäßigkeiten und meist auch das Kristallminimum zu höheren Stromdichten. Solche Faktoren sind: lebhafte Rührung, Erwärmung des Elektrolyten und Erhöhung der Kupfersulfatkonzentration. In ähnlicher Weise wirken, ohne daß die Ursache sicher erkennbar wäre, eine Steigerung des Schwefelsäuregehaltes und in schwächerem Maße Zusätze, durch die eine Viskositätserhöhung des Elektrolyten herbeigeführt wird (größere Mengen von Glyzerin oder anorganischen Salzen).

In den aus neutralen Kupfersulfatlösungen erhaltenen, oxydulhaltigen, brüchigen Niederschlägen ist das Kupferoxydul zwischen verhältnismäßig kleinen Kupferkristalliten eingeschlossen.

---

[1]) Zeitschr. f. anorg. Chemie 91 (1915).

2. Schon sehr geringe Zusätze von Kolloiden zum Elektrolyten machen die Niederschläge brüchig und spröde, ohne die Kristallstruktur sichtbar zu verändern. Größere Zusätze bewirken je nach Art des Kolloids und der Abscheidungsbedingungen eine Verkleinerung der Kupferkristallite oder außerdem einen schichtenförmigen Aufbau des Niederschlages. Die beim Ätzen mit Salpetersäure dunkler erscheinenden, in dem sehr feinkristallinischen Kupfer netzförmig angeordneten Schichten bestehen wahrscheinlich aus kolloidhaltigem Kupfer. Das Vorhandensein von Kolloid in den Niederschlägen wurde qualitativ und quantitativ nachgewiesen.

Die Messung der Abscheidungspotentiale des Kupfers aus kolloidhaltigen Lösungen gab weitere Beweise für den Übergang des Kolloids in das zur Abscheidung kommende Metall und ließ erkennen, daß der Einfluß der Kolloide auf das Abscheidungspotential sich etwa in derselben Weise abstuft wie ihre Wirkung auf die Metallstruktur.

Die tombak- bis bronzeartige Farbe und der Glanz sind häufige, aber nicht regelmäßige Eigenschaften des kolloidhaltigen Kupfers.

Während die kristallverkleinernde Wirkung wohl auf einer Adsorption des Kolloids an den Metallflächen beruht, wird das Auftreten von Schichten durch einen kataphoretischen Vorgang verursacht, dessen Eintreten für jedes Kolloid an einen gewissen Mindestbetrag von Kolloidkonzentration und Stromdichte gebunden ist.

3. Kupferniederschläge aus alkalischen Lösungen komplexer Kupfersalze haften fest auf der Kathode. Sie haben keine erkennbare Struktur. Vermutlich bewirken adsorbierte kolloide Kupferverbindungen die überaus feinkörnige und gleichmäßige Abscheidung. An der Grenzfläche zwischen Kathodenmetall und Kupfer war auch bei starken Vergrößerungen kein Anzeichen von ,,Legierungsbildung'' sichtbar.

4. Härtebestimmungen ergaben, daß die der Kathode zugewandten Kupferflächen unabhängig von den Abscheidungsbedingungen immer die gleiche, und zwar die größte gemessene Härte haben. Das ist eine Folge ihrer feinkörnigen Struktur. Kupfer, das durchweg feinkristallinisch ist, hat die gleiche Härte auch auf der dem Elektrolyten zugekehrten Fläche. Besteht das Kupfer aus größeren Kristalliten, so ist die ,,Oberseite'' weicher.

Eine Ergänzung fanden die Arbeiten von Sieverts und Wippelmann durch G. Grube und V. Reuß, die eingehende metallographische Untersuchungen des aus kolloidhaltigen Bädern abgeschiedenen Glanzkupfers vornahmen. Sie kamen hierbei zu folgenden Ergebnissen:

1. Aus der metallographischen Untersuchung des elektrolytisch gewonnenen Glanzkupfers wird der Schluß gezogen, daß die Abscheidung desselben in zwei zeitlich getrennte Vorgänge zerfällt.

2. Während des ersten Stadiums wird eine dehnbare Haut gebildet, bestehend aus dem dispersen System Kupfer-Gelatine, in dem die Gelatine als Dispersionsmittel das entladene Kupfer längere Zeit in dispersem Zustand erhält.

3. Der zweite Vorgang besteht in der Verfestigung des Niederschlages, wobei das Kupfer sich zu gröberen Teilchen zusammenschließt und Kupfer und Gelatine sich in Schichten übereinander ablagern.

4. Der mikroskopische Befund erlaubte, die Zeitdauer, in der die beiden Vorgänge aufeinanderfolgen, angenähert zu berechnen. Das Ergebnis der Berechnung konnte durch Potentialmessungen bestätigt werden.

Wenn auch G. Grube[1]) bei der theoretischen Deutung seiner Versuchsergebnisse zu anderer Ansicht wie Sieverts und Wippelmann, denen eine

---

[1]) Vgl. Nachtrag zu der Arbeit G. Grube, Die metallographische Untersuchung des elektrolytisch abgeschiedenen Glanzkupfers (Zeitschr. f. Elektrochemie 1921, Heft 3—4).

periodische Entladung der mit Gelatine verbundenen und freien Ionen nicht recht wahrscheinlich dünkt, gelangt, so ergeben doch diese Arbeiten über die elektrolytische Erzeugung von Glanzkupfer interessante Ausblicke für die technische Verwertung dieser theoretisch verwickelten Verhältnisse. Jedenfalls ist die Möglichkeit, die Härte und Struktur galvanoplastischer Kupferniederschläge durch verschiedene Zusätze zu ändern, für die Praxis noch nicht in vollem Maße ausgenutzt worden. Ebenso wie man bei der Elektroanalyse zur Erzeugung brauchbarer Kupferniederschläge Hydroxylaminsulfat, Harnstoff u. dgl. zusetzt, können solche Zusätze in gewissen Fällen auch für die technische Kupferabscheidung in der Galvanoplastik herangezogen werden.

Die Dicke der galvanoplastischen Kupferniederschläge. Bei der Berechnung der in nachstehender Tabelle enthaltenen Werte ist als elektrochemisches Äquivalentgewicht für Kupfer 1,186, das spez. Gewicht mit 8,9 angenommen.

Es wurde ferner die Annahme gemacht, daß die Stromdichte, die sich aus der ausmeßbaren Kathodenoberfläche O und der abgelesenen Badstromstärke J nach der Formel

$$ND_{100} = \frac{J}{O}$$

berechnet, auf allen Kathodenpartien als gleichmäßig gelten kann.

Angewandte Stromdichte A/qdm	Niederschlag in 10 Stunden mm	1 mm starker Niederschlag braucht rund Std.	Gewicht eines Quadratdezimeters Kupferniederschlag in 10 Stunden g
0,5	0,0664	151	5,92
0,75	0,0995	101	8,87
1,00	0,133	75	11,84
1,25	0,166	60	14,80
1,50	0,199	50	17,76
1,75	0,233	43	20,74
2,00	0,267	37½	23,70
2,25	0,299	33½	26,65
2,50	0,332	30	29,60
2,75	0,366	27½	32,55
3,00	0,399	25	35,50
3,5	0,466	21½	41,5
4,0	0,534	18¾	47,4
4,5	0,598	16½	53,2
5,0	0,664	15	59,0
5,5	0,732	13½	65,0
6,0	0,798	12½	71,0
6,5	0,865	11½	77,0
7,0	0,930	10¾	83,0
7,5	1.000	10	89,0
8,0	1,065	9 Std. 20 Min.	94,5
8,5	1,128	8 Std. 50 Min.	100,5
9,0	1,200	8 Std. 20 Min.	107,0
9,5	1,260	7 Std. 55 Min.	112,5
10,0	1,330	7 Std. 30 Min.	118,0

Die zulässige Stromdichte ist später bei den einzelnen Anwendungen der Kupfergalvanoplastik jedesmal angegeben.

Die Stromdichte, die bei Verwendung des langsam arbeitenden Bades bei ruhigem Elektrolyten bei 2,5 A bereits anfängt, einen lockeren, brüchigen, dunkel gefärbten Niederschlag zu erzeugen, gibt bei Anwendung von Zirkulation des Elektrolyten noch bei 3, selbst 4 A feste Niederschläge, und es ist daraus der Vorteil der Zirkulation der Lösung wohl am besten zu ersehen.

Den ersten Niederschlag, speziell auf graphitierten Formen, muß man stets langsam vor sich gehen lassen, besonders dann, wenn es sich um Schriftsatz-Formen handelt. Würde man in solchem Falle mit zu starkem Strome decken, dann könnte es nur zu leicht vorkommen, daß in den kleinen Vertiefungen der Kupferniederschlag nicht weiter wächst, so daß schließlich der Niederschlag löcherig erscheint. Es liegt dies in der Natur des sauren Kupferbades, und es wäre einem dringenden Bedürfnis abgeholfen, wenn es gelänge, das Kupfer-Galvano-plastikbad so abzuändern, daß trotz Anwendung hoher Stromdichten eine erhöhte Stromlinienstreuung bzw. ein besseres Arbeiten in die Tiefe erreicht würde.

Für Karten-, Illustrationsdruck u. ä. arbeitete man bisher mit Stromdichten von 1,25 bis 1,5 A, hingegen für Banknotendruck und ähnliche Zweige, wo man ein zähes Kupfer von feinem Korn wünscht, mit Stromdichten von 0,75 A.

Ganz anders gestalten sich die Verhältnisse, wenn man das Schnell-Plastikbad verwendet. Man arbeitet dann so, daß man mit kleinerer Stromdichte deckt, um die äußere Schicht möglichst scharf auszubilden, und vermehrt dann die Stromdichte im Einklang mit der Zirkulation des Elektrolyten (siehe die vorherige Tabelle).

Ähnlich wie wir dies bei der Elektroplattierung im Kapitel „Theoretische Winke für den Elektroplattierer" erfahren haben, ist auch hier die Elektroden-entfernung von Einfluß gerade dann, wenn tiefere Formen verwendet werden; je größere Unterschiede in den Profilverhältnissen der Form obwalten, um so weiter muß die Form von den Anoden weggehängt werden, wenn der Kupfer-niederschlag überall gleich stark ausfallen soll.

Es ist unbedingt notwendig, der Bemessung der Aufhängedrähte besondere Aufmerksamkeit zu widmen, besonders bei Betrieb mit höheren Stromdichten. Die Stromstärke verteilt sich ja in einem Bad umgekehrt proportional den ein-zelnen Widerständen, der Stromlinienübergang wird daher dort am dichtesten stattfinden, wo der Leitungswiderstand am kleinsten ist, das heißt, auf die Flächen-einheit der Kathode bezogen; die Stromdichte ist dort am größten, wo der beste Kontakt der Form mit der Kathoden- (Waren-) Leitung vorhanden ist. Aus diesem Grund überkupfern auch Metallmatrizen, welche mit Guttaperchamatrizen zusammen in einem Bad eingehängt sind, schneller als letztere, die Guttapercha-matrizen haben oft nur einen ganz schwachen Belag, während die Metallmatrizen sehr stark, mitunter sogar verbrannt sind. Man kann dem leicht dadurch ab-helfen, daß man die Metallmatrizen auf eine separate, von der Anodenleitung weiter entfernte Warenleitung einhängt, die Guttaperchamatrizen näher hängt.

Am sichersten arbeitet man aber, wenn man die Stromzuleitungen ent-sprechend stark dimensioniert und für einen tadellosen Aufhängekontakt sorgt.

Die Eisen-Galvanoplastik.

Die bisher üblichen galvanoplastischen Verfahren waren im großen und ganzen auf die Benutzung der Kupferniederschläge aus sauren Bädern beschränkt. Kupfer als weiches Metall, das nur durch Druckäußerungen zu einiger Härte und Widerstandsfähigkeit gegen mechanische Beanspruchungen gebracht werden kann, hat sich für viele Zwecke zufolge seiner chemischen Eigenschaften als nicht geeignet gezeigt, und schließlich kam noch der Materialpreis selbst hinzu, welcher eine weitergehende Anwendung der an und für sich schönen galvano-plastischen Verfahren unmöglich machte.

Eisen-Plastikbäder. Das Streben der Galvanotechnik, das Eisen zu galvano-plastischen Verfahren heranzuziehen, ist schon früh entstanden, doch war bis zur Erfindung der Abscheidbarkeit duktilen Eisens auf elektrolytischem Wege durch F. Fischer, die zum D. R. P. Nr. 212994 der Langbein-Pfanhauser-Werke führte, nur das alte Bad nach Klein bekannt. Klein setzte sein Bad wie folgt zusammen:

$$\begin{array}{ll}\text{Wasser} \ldots \ldots \ldots \ldots & \text{1 l} \\ \text{Eisenvitriol} \ldots \ldots \ldots \ldots & \text{280 g} \\ \text{Magnesiumsulfat} \ldots \ldots \ldots & \text{250 g}\end{array}$$

Stromdichte: 0,1 A
Badspannung bei 15 cm Elektrodenentfernung: 0,25 V
Spez. Badwiderstand: 2,01 Ω
Wasserstoffzahl: 5,8—6,2
Badtemperatur: 18° C
Stromausbeute: 98%.

Wir sehen also eine zulässige Stromdichte von nur 0,1 A/qdm, so daß man für 1 mm Niederschlagstärke mit Hilfe dieses Bades die lange Zeit von fast 33 Tagen zu 24 Stunden braucht. Das aus diesem Bade resultierende Eisen ist zwar biegsam, doch kann es wegen der Langsamkeit seiner Niederschlagsarbeit nur für besondere Zwecke, wie zum „Verstählen" von Galvanos oder Druckplatten, verwendet werden.

Jedenfalls ist aber interessant, daß aus diesem Elektrolyten ein verhältnismäßig wasserstoffarmes Elektrolyteisen abgeschieden werden kann. Die Abscheidungspotentiale für Fe und H liegen sehr nahe beisammen, und deshalb zeichnen sich im allgemeinen die aus schwach angesäuerten Elektrolyten abgeschiedenen Eisenniederschläge durch einen Gehalt an Wasserstoff aus, der dem Eisen eine bedeutende Härte und Sprödigkeit verleiht. Das Volumen des in diesen Eisenniederschlägen enthaltenen Wasserstoffes übersteigt nicht selten das 10- bis 20 fache des Volumens abgeschiedenen Eisens. Durch diesen Wasserstoff treten im Niederschlag ganz bedeutende Spannungen auf, die ihn zum Zerreißen und Abblättern in Form von Schuppen bringen. Durch Erhitzen auf Rotgluttemperatur entweicht der Wasserstoff größtenteils, eine vollständige Austreibung ist aber erst bei ca. 1000° C möglich.

Mit dem Kleinschen Bad wurden mehrfach Untersuchungen angestellt, da die elektrolytische Abscheidung wirklich reinen Eisens bisher sehr stiefmütterlich bedacht wurde, trotzdem zu erwarten stand, daß wirklich reines Eisen ganz hervorragende Eigenschaften besitzen müsse. Wir finden in der Z. f. E., Bd. 11, S. 52 ff. eine ausführliche Beschreibung über das in der St.-Petersburger Druckerei für Anfertigung russischer Wertpapiere verwendete Kleinsche „Stahlbad", und schreibt der Autor dieses Artikels, Maximowitsch, dem durch die Betriebsführung mit diesem Bade sich stets aufs neue bildenden Ferrobikarbonat die Wirkung zu, duktiles Eisen bei der Elektrolyse zu geben. Stellt man sich aber Ferrobikarbonat in größeren Mengen her und verwendet solches als Elektrolyt neben den anderen im Kleinschen Bade enthaltenen Salzen, so kann man niemals duktiles Elektrolyteisen erhalten. Der Grund, warum aus dem nach bestimmten Gesichtspunkten angesetzten und später behandelten Eisenbad nach Kleins Vorschrift duktiles Eisen erhalten werden kann, liegt nach Ansicht des Verfassers vielmehr darin, daß in diesem Bade der Überspannung Rechnung getragen wird, so daß sich die Wasserstoffblasen mit Leichtigkeit entwickeln können, während der Wasserstoff bei anderen gebräuchlichen kalten Bädern, die sonst in der Galvanoplastik angewendet werden, gar nicht bis zur molekularen Abscheidung in Gasform gelangen konnte, sondern mit dem sich abscheidenden Eisen zusammen ausfiel, sich damit legierte oder, wie man zu sagen pflegt, „das ausfallende Eisen nahm Wasserstoff auf".

Einfluß der Temperatur bei Eisenbädern. Erwärmt man Eisensalzlösungen auf ca. 60 bis 70°, so wird dadurch insofern eine Besserung der Verhältnisse erzielt, als es gelingt, die zulässigen Stromdichten bedeutend zu steigern, so daß sich damit bereits praktisch arbeiten läßt, da unter den erhöhten Stromdichten die Niederschläge in kurzer Zeit eine namhafte Dicke erreichen. Verfasser empfiehlt beispielsweise folgenden recht brauchbaren Elektrolyten:

Wasser . . . . 1 l

Eisenvitriol . . . . 300 g

Glaubersalz, krist.. . . . . . . 140 g

$ND_{100} = 0,5\,A$; $e_{15} = 1\,V$; $p_H = 3,2-3,5$; $t = 18^{\circ}C$; $\mu = 95\%$.

Man säuert den Elektrolyten vorteilhafterweise mit Schwefelsäure an, und zwar bis zu einem Gehalt von 0,2%. Rotes Kongopapier färbt sich in solcher Lösung deutlich blauviolett. Durch diesen Gehalt an freier Säure wird die Hydrolyse des Ferrosulfates zu Eisenhydroxyd vermieden, d. h. die Lösung bleibt unter diesen Verhältnissen klar. Auch das Einleiten gasförmiger Kohlensäure ist zu empfehlen, weil dadurch das Entweichen des Wasserstoffes in Form von Gasblasen erleichtert und dadurch der Wasserstoffgehalt des Niederschlages verringert wird.

Auf planen Flächen einseitig niedergeschlagen, neigen die Niederschläge aus diesem Elektrolyten noch immer zum Abplatzen, zumindest werden die metallischen Kathoden durch die Tendenz der Niederschläge, sich zu krümmen, an den Rändern verzogen, sie biegen die Ränder in der Richtung zu den Anoden und behalten diese Deformation nach dem Ablösen von den Kathoden bei. Ein Ausrichten ist nur nach erfolgtem Ausglühen möglich, da sie durch den im Innern aufgenommenen Wasserstoffgehalt so spröde sind, daß sie beim Geradebiegen zerbrechen würden. Dieser Elektrolyt würde also nur für in sich rund geschlossene Niederschläge in Frage kommen.

Durch das Mercksche D.R.P. Nr. 126839 wurde ein wesentlicher Fortschritt in der Galvanotechnik des Eisens erzielt. Nach diesem Patent werden reine Eisenchlorürlösungen bei Temperaturen von 70° C verwendet. Merck arbeitet mit 1 A/qdm und treibt die Niederschläge bis zu mehreren Millimetern Dicke.

Will man aber nach diesem Verfahren großflächige Niederschläge herstellen, so bemerkt man, daß diese, nachdem sie etwa 1 mm Dicke erreicht haben, an den Rändern reißen und von der Kathode abrollen. Erst F. Fischer ist es gelungen, den Eisenelektrolyten zu finden, der alle diese Mängel überwindet, und dieser Elektrolyt wurde im Jahre 1908 durch das D.R.P. Nr. 212994 geschützt. Dieser Elektrolyt besteht in der Hauptsache aus Eisenchlorür, mit einem Zusatz hygroskopischer Substanzen, wie Ammoniumchlorid, Kaliumchlorid, Natriumchlorid, Kalziumchlorid, Magnesiumchlorid, Aluminiumchlorid usw. (siehe Zusatz-Patent Nr. 228893). Die Patentschrift führt beispielsweise folgende Zusammensetzung an:

Eisenchlorür . . . . 450 g

Kalziumchlorid . . . . 500 g

Wasser . . . . 750 ccm

Angewandte Stromdichte A/qdm	Erforderliche Badspannung (Volt) bei einer Elektrodenentfernung von			Erforderliche Zeit für 1 mm Niederschlagsstärke
	5 cm	10 cm	15 cm	Std.
3	0,45	0,90	1,35	26 Std.
4	0,60	1,20	1,80	19 ,, 30 Min.
5	0,75	1,50	2,25	15 ,, 35 ,,
6	0,90	1,80	2,70	13 ,,
7	1,05	2,10	3,15	11 ,, 20 ,,
8	1,20	2,40	3,60	9 ,, 40 ,,
9	1,35	2,70	4,05	9 ,,
10	1,50	3,00	4,50	7 ,, 45 ,,

Die Stromverhältnisse sind dank dem geringen spez. Widerstand der Lösung ungemein günstig, wie vorstehende Tabelle zeigt, in welcher die zueinandergehörigen Badspannungen und Stromdichten bei den verschiedenen Elektrodenentfernungen angeführt sind. In der letzten Kolonne befinden sich die Zeiten, die nötig sind, um bei den bezüglichen Stromdichten eine Niederschlagsdicke von 1 mm zu erzielen.

Die vorgenannten Stromverhältnisse gelten nur für die Fälle, wo ohne Anodenschutzhülle oder Diaphragma gearbeitet wird. Verwendet man ein Diaphragma, so kommt zur obigen Badspannung noch der Spannungsabfall dazu, welchen der Strom beim Durchgang durch das Diaphragma erfährt.

Das Bad muß stets schwach sauer gehalten werden, und zwar wird verdünnte Salzsäure 1:10 in dem Maße zugesetzt, als diese infolge der Erwärmung der Lösung und durch Neutralisation der freien Säure durch das Anodeneisen aus dem Elektrolyt verschwindet. Man kann auch mit neutralen Elektrolyten arbeiten, doch ist dann das Maximum der zulässigen Stromdichte sehr herabgedrückt und überschreitet kaum 3 A/qdm. Ein weiterer Umstand, der das stets schwach Sauerhalten des Elektrolyten befürwortet, ist einerseits die Bildung basischer Eisensalze in der Lösung, wenn der Elektrolyt nicht angesäuert wird, und gleichzeitig die Begünstigung zur Bildung von Ferrichlorid, d. i. das Oxydationsprodukt des Eisenchlorürs. Bildet sich Ferrichlorid in beträchtlicher Menge, was bei der konzentrierten Lösung leicht geschieht, so wird dadurch die Stromausbeute an der Kathode verringert, indem ein Teil des kathodisch abgeschiedenen Eisens zur Reduktion des Ferrichlorids zu Ferrochlorid verwendet wird. Dies kann unter ungünstigen Umständen so weit gehen, daß der Kathodenniederschlag löcherig wird, ja sogar die metallischen Kathoden angegriffen werden. Die Lösung wird am besten auf einer Wasserstoffzahl von 2,9 bis 3,3 gehalten.

Das Vorhandensein basischer Salze im Elektrolyten zeigt sich durch gelbbraune Flocken in der Lösung an, welche selbst anstatt der normal hellgrünen Farbe einen schmutziggelben Ton annimmt. Sobald solche trübende Flockenausscheidung überhand nimmt, wachsen die Kathodenniederschläge auf der ganzen Fläche der Kathode zu spießigen Knospen aus, wodurch ein gleichmäßiges Dickenwachstum der Niederschläge gestört wird. Fremdmetalle in der Lösung wirken nur dann schädlich, wenn sie im Vergleich zum Eisen edler sind. Ist die Lösung genügend sauer, so fällt z. B. Zink kaum aus, jedoch elektronegative Metalle, wie Cu, selbst Ag, stören die glatte Abscheidung des Eisens, da die Chlorüre und Chloride dieser Metalle mit dem Eisenchlorür Doppelsalze bilden, die bei der hohen Konzentration des Bades nach dem Typus der komplexen Salze dissoziiert sind, und aus solchen Komplexen wird das edlere Metall, z. B. Cu oder Ag, durch das Anodeneisen nicht gefällt, gelangt also in die Lösung und wird kathodisch niedergeschlagen. Solche Niederschläge reißen aber stets auf, und das abgeschiedene Eisen ist für technische Zwecke unbrauchbar.

Das Erwärmen der Lösung. Das Erwärmen der Lösung geschieht bei größeren Bädern, speziell dort, wo der Elektrolyt mehrere Bäder hintereinander durchfließt, in einer säurebeständig emaillierten Eisenwanne durch direkte Feuerung. Eine regulierbare Gas- oder Ölfeuerung verdient den Vorzug vor der weniger leicht regulierbaren Kohlenfeuerung.

Kleinere Bäder lassen sich durch Gasbrenner erwärmen oder aber durch Dampfschlangen aus Eisen oder säurewiderstandsfähigen Eisenlegierungen, letztere müssen aber kathodisch polarisiert werden, damit sie nicht zerstört werden. Man schließt zu diesem Zwecke die Heizschlange über einen besonderen Widerstand an die negative Stromleitung an und wählt den Stromzufluß zur Heizschlange derart, daß sich diese etwas·mit Eisen überzieht. Sollte sie sich nach einiger Zeit der Benutzung zu stark überzogen haben, so wechselt man sie gegen eine billig herzustellende neue aus.

Wir haben gelegentlich der Besprechung des Jouleschen Gesetzes gesehen, wie die durch einen Elektrolyten gehende Stromstärke denselben erwärmt. Bei den hohen Stromdichten, die beim Eisenbad Verwendung finden, läßt sich nun der Betrieb leicht so einrichten, daß der größte Teil des durch Ausstrahlung entstehenden Wärmeverlustes durch Joulesche Wärme ersetzt wird, so daß die Wärmezufuhr von außen auf ein Mindestmaß beschränkt wird. Der die betreffende Anlage Projektierende muß eben auf die Abmessungen der Badgefäße, auf ihren Inhalt an Elektrolyt und auf alle Details, wie Elektrodenentfernung, Stromdichte, Elektrodengröße usw., achten, welche die Erwärmung der Lösung durch Joulesche Wärme beeinflussen.

H. Plauson und Tischenko machen den Vorschlag, diese Erwärmung des Elektrolyten durch heizbare Kathoden selbst zu besorgen. An sich ist dies ohne weiteres denkbar, doch bringt diese Methode beim Auswechseln der Kathoden recht störende Aufenthalte und Unzukömmlichkeiten mit sich.

Wenn man die Außenwände der Badgefäße gut wärmeisolierend schützt, so bleibt nur die Badoberfläche noch als Wärmestrahlungsfläche übrig, und um auch diese Fläche noch tunlichst zu schützen, könnte man bei Objekten, die lange Zeit im Bade bleiben, eine Deckschicht von Paraffin, Zeresin od. dgl. anwenden, die auf den Elektrolyten keinerlei chemische Wirkung hat, aber gleichzeitig den Luftzutritt abschließt und die Oxydation der Lösung durch Luftsauerstoff verhindert und das Verdampfen gasförmiger Salzsäure und ihr nutzloses Entweichen hemmt. Jedenfalls aber müssen die Räume, in denen mit diesen Eisenbädern gearbeitet wird, gut ventiliert sein, von allen maschinellen Einrichtungen abgesondert, außerdem über den Erwärmungswannen Dunstauffangdächer angebracht sein, die in gut ziehende Kamine münden, da sonst das Bedienungspersonal in Mitleidenschaft gezogen wird. Leute, welche viel in solchen Räumen zu arbeiten haben, sollen, auch wenn alle vorgenannten Bedingungen für Ventilation usw. erfüllt sind, beim Verweilen im Bäderraum stets einen Respirator mit Sodalösung tragen.

Eigenschaften des Elektrolyteisens. Nachdem Verfasser die wesentlichen Umstände bei der Abscheidung elektrolytischer Eisenniederschläge erörtert hat, dürfte die Bekanntmachung mit den speziellen Eigenschaften des Elektrolyteisens erwünscht sein, zumal die Galvanotechnik des Eisens berufen erscheint, der allgemeinen Galvanotechnik viele neue Gebiete für ihre Anwendung zu eröffnen.

Wir sprachen bereits davon, daß in jedem elektrolytisch niedergeschlagenen Eisen etwas Wasserstoff in Form eines Eisenhydrürs (FeH_2) enthalten ist, und daß sich durch Ausglühen dieser Wasserstoffgehalt vollkommen und ohne Veränderung der Form des Eisenniederschlags entfernen läßt.

Die absolute Härte des aus dem Fischerschen Elektrolyten abgeschiedenen Eisens (ungeglüht) schwankt je nach seinem Wasserstoffgehalt zwischen 130 und 180, erreicht also ca. die Höhe der Stahlhärte. Nach dem Ausglühen ist diese Härte auf 55 herabgesunken, kommt also in diesem Falle der Härte des Aluminiums und geglühten Kupfers gleich. Durch Walzen, Hämmern, Strecken usw. steigt die Härte und kann leicht wieder bis zur Stahlhärte gesteigert werden, sinkt aber durch Glühen stets wieder auf 55 herab.

Der chemische Reinheitsgrad ist außerordentlich hoch, es sind nur Spuren von Verunreinigungen im Elektrolyteisen vorhanden. Aus den vielen vorgenommenen Analysen sei eine herausgegriffen, welche diese chemische Reinheit des Elektrolyteisens kennzeichnet.

100 Teile Eisen enthalten:

99,9950% Eisen
0,0001% Kohlenstoff
0,0001% Schwefel
0,0002% Phosphor
0,0001% Silizium
—————
99,9955 (Rest Diverses)

Das spez. Gewicht des Elektrolyteisens ist 7,71, sein Schmelzpunkt liegt bei 1650° C. Es legiert sich leicht mit anderen Metallen, läßt sich daher leicht löten und schweißen. Dank seiner Legierbarkeit und angesichts der hohen Temperatur bei seiner Abscheidung wächst es, wenn keine spezielle Trennungsschicht angewendet wurde, auf der metallischen Kathodenfläche fest, besonders auf solchen Metallen, welche einen niedrigen Schmelzpunkt besitzen.

Das Elektrolyteisen läßt sich leicht bearbeiten, emaillieren, mit dem Messer schneiden, man kann es in der Kälte auswalzen, auch läßt es sich schmieden. Es läßt sich anderseits außer durch den Walzprozeß auch durch Anwendung der bekannten Härtemittel, durch Aufnahme von Kohlenstoff im ganzen, wenn gewünscht, auch nur an bestimmten Stellen, beliebig härten.

Die nachstehende Tabelle zeigt die Härte (nach Brinell) einiger anderer Stoffe im Vergleich zu dem Elektrolyteisen:

Diamant (ganz roh geschätzt) . .	2500
Stahl, hart.	500
Stahl, mittel	360
Stahl, weich	280
Messing, geglüht	107
Kupfer, geglüht	95
Gold	97
Silber	91
Aluminium	52
Schwedisches Eisen, geglüht . .	105
Elektrolyteisen, ungeglüht. . .	92
Elektrolyteisen, geglüht	55

Es geht hieraus hervor, daß sich das Elektrolyteisen nicht nur zu den feinsten Drähten ziehen läßt, sondern daß auch alle Arbeiten, wo eine große Dehnbarkeit neben Elastizität verlangt werden, im Elektrolyteisen ein ungemein wertvolles neues Material vorfinden.

Das elektrolytische Leitvermögen liegt ziemlich hoch im Vergleich zum gewöhnlichen Eisen oder Stahl und beträgt 10,5 (Kupfer = 60). Höchst interessant und wertvoll sind die magnetischen Eigenschaften. Die max. Permeabilität liegt bei 23000, wobei B = ca. 10000 ist. Die Hysteresisschleife wird äußerst schmal, da die Koerzitivkraft nur H = 0,15 — 0,2 ist. Speziell bei dünnen Blechen treten die wertvollen magnetischen Eigenschaften ganz besonders deutlich zutage, indem die sog. Wattverlustziffer im Vergleich zu den handelsüblichen Dynamo- und Transformatorenblechen gering ist.

Im Anschluß hieran dürfte ein neuerlich von der Physikalisch-Technischen Reichsanstalt ausgegebener Bericht vom Jahre 1919[1]) von Interesse sein:

Da das Elektrolyteisen infolge seiner unerreichten chemischen Reinheit und der hierdurch bedingten guten magnetischen Eigenschaften für die Elektrotechnik eine erhebliche Bedeutung zu gewinnen scheint, wurde eine eingehendere Untersuchung über die Abhängigkeit der magnetischen Eigenschaften von der thermischen Behandlung mit einer Anzahl von Proben begonnen, welche teils von Griesheim-Elektron (nach dem Verfahren der Langbein-Pfanhauser-Werke), teils von Heraeus (Hanau) zur Verfügung gestellt waren; auch ein kleiner Streifen einer vor etwa 12 Jahren durch Fr. Fischer hergestellten Probe wurde mit in den Kreis der Untersuchung einbezogen und hat sich immer noch als unübertroffen erwiesen. Die von den beiden anderen Firmen gelieferten Proben befanden sich teils noch in dem ursprünglichen, infolge des H-Gehaltes außerordentlich spröden und magnetisch harten Zustand, teils waren sie schon von den Firmen vorgeglüht, mechanisch bearbeitet oder zu Blech ausgewalzt worden. Besonderes

---

[1]) Zeitschr. f. Elektrochemie 1921, Bd. 27.

Interesse beanspruchten die von der Firma Heraeus gelieferten Proben, welche durch einen Schmelzprozeß im Vakuum bereits weitestgehend entgast und dann teilweise sogar im Vakuum in die Form zylindrischer Stäbe gegossen worden waren, während ein anderer Teil diese Form erst nachträglich durch Auswalzen erhalten hatte. Auch der Einfluß der chemischen Beschaffenheit der verschiedenen Schmelztiegel wurde dabei in Rücksicht gezogen; ebenso wurde der eventuelle Einfluß der Korngrößen an der Hand der Schliffbilder ständig, aber bis jetzt ohne wesentlichen Erfolg kontrolliert.

Die Versuche sind noch nicht beendigt, lassen aber erkennen, daß man es mit einem durchaus erstklassigen Material zu tun hat, welches indessen immerhin nach Herkunft und Behandlung noch ziemlich erhebliche Verschiedenheiten aufweist. Die früher bei einigen Proben gefundene Abhängigkeit der Magnetisierungskurve von der Abkühlungsgeschwindigkeit ließ sich hier in keinem Falle mit voller Sicherheit feststellen, dagegen gelang es mehrfach, wieder eine außerordentliche niedrige Remanenz und Koerzitivkraft zu erzeugen, deren letztere im allgemeinen zwischen 0,1 und 0,35 Gauß schwankte.

Betriebsvorschrift für heiße Eisen-Plastikbäder. Obwohl die beim Arbeiten mit heißen Eisen-Galvanoplastikbädern zu beachtenden Punkte bereits vorher kurz angedeutet wurden, sei nachstehend nochmals das Wichtigste für die Erzielung einwandfreier Niederschläge zusammengefaßt:

Die Lösung muß stets schwach sauer gehalten werden, was durch zeitweiliges Zusetzen von verdünnter Salzsäure 1:10 erreicht wird. Durch die Erwärmung der Lösung tritt eine äußerst lebhafte Wirkung an den Anoden auf, und dadurch stumpft sich der stets zu erhaltende geringe Überschuß an freier Säure leicht ab. Die Lösung muß immer klar grasgrün sein. Ein zu kleiner Gehalt an freier Salzsäure macht sich dadurch bemerkbar, daß die Lösung ein schmutzig rostgelbes Aussehen annimmt — die Lösung ist dann durch und durch trübe. Solche trübe Lösungen verursachen löcherige Niederschläge, die leicht zu knospigen Auswüchsen neigen. Man muß stets verhüten, daß sich unlösliche Bestandteile im Bade suspendieren, denn diese gelangen auch an die Waren und wachsen dort mit ein, Auswucherungen des Niederschlages hervorbringend. Also man achte stets auf eine

> klare grasgrüne Lösung,
> schwach saure Lösung,
> reine Lösung, frei von Schmutz.

Die Reaktion des Bades muß, wie schon erwähnt, stets schwach sauer gehalten werden. Blaues Lackmuspapier muß sich in der Lösung deutlich rot färben, doch darf rotes Kongopapier sich nicht dunkelblau, sondern nur braun färben, entsprechend $p_H = 2,9—3,3$.

Die Temperatur soll, wenn man Anspruch auf duktile, biegsame Eisenniederschläge macht, auf ca. 95° C erhalten werden; das Sieden der Lösung ist zu vermeiden. Bei der genannten Temperatur ist die Verdampfung des Lösungswassers noch mäßig. Man lasse aber nicht zuviel Wasser verdampfen, sondern setze etwa stündlich das fehlende Quantum reinen destillierten Wassers zu. Ganz reines, kalkfreies Trinkwasser kann ebenfalls verwendet werden. Will man die Lösung, was sich wegen der unvermeidlichen Verunreinigungen durch feste Partikelchen sehr empfiehlt, von Zeit zu Zeit filtrieren, so tue man dies dann, wenn die Lösung warm ist. Man filtriere durch Glastrichter unter Zuhilfenahme von Filtrierpapier. Man filtriere niemals durch Filtriertücher. Die hauptsächlichen Verunreinigungen der Lösung durch feste Substanzen rühren von den Anoden her. Man verwende lediglich Schmiedeeisen als Anoden — keinesfalls Stahl- oder Gußanoden. Um die Verunreinigungen durch Anodenschlamm, der sich stets beim Auflösen der Anoden bildet, möglichst zu beschränken, empfiehlt

es sich, diese in Asbestsäcke einzunähen. Als Material für diese Asbestsäcke ist
eine Spezialmarke anzuwenden, die sich auf Grund von Dauerversuchen als am
besten geeignet erwiesen hat. Die Asbestsäcke sind natürlich von Zeit zu Zeit
zu erneuern. In manchen Fällen macht es sich auch notwendig, die Asbestsäcke
durch Abbrennen mit einer alkoholischen Kopallösung oder durch Tauchen
in eine Wasserglaslösung zu härten.

Erwärmung des Bades: Dieselbe hat durch eine eingelegte Dampfschlange
aus Eisen zu erfolgen, die man zweckmäßig vor dem Einhängen einige Stunden
in dem Plastikbad mit Eisen überzieht. Damit die Schlange nicht durch das
saure Bad angegriffen wird und die Auflösung auch nicht durch Mittelleitung
erfolgen kann, muß dieselbe im Nebenschluß mit der Kathodenleitung, unter
Vorschaltung eines kleinen Widerstandes, liegen. Außerdem ist sie durch eine
vorgestellte Platte aus Glas, Asbestschiefer od. dgl. abzublenden und die Entfernung der äußeren Ränder von den Anodenplatten muß stets größer sein wie die
Entfernung zwischen Kathoden und Anodenplatten selbst, da sich im anderen
Falle der Strom den bequemeren Weg zur Schlange sucht, die dann an der den
Kathoden am nächsten liegenden Stelle anodisch aufgelöst würde.

Stromverhältnisse: Man arbeite nicht mit zu kleinen Stromdichten.
Das Eisen-Plastikbad nach F. Fischer gestattet, mit Stromdichten bis zu
20 A/qdm Fläche zu arbeiten. Im allgemeinen, wenn man über entsprechend
große Stromquellen nicht verfügt, kann man mit einer Stromdichte von ca.
3 bis 4 A/qdm sehr schöne Niederschläge erzielen.

Fehlerhafte Niederschläge:

1. Niederschlag wird brüchig. Ursache: Lösung war zu kalt oder ist durch
   falsche Zutaten unbrauchbar geworden.
2. Niederschlag ist löcherig. Ursache: Lösung war nicht klar.
3. Niederschlag bekommt knospige Auswüchse auf der Fläche. Ursache:
   Lösung war unklar, mit festen Partikelchen verschmutzt bzw. die Anodenumhüllung war schadhaft.
4. Niederschlag bekommt starke Wucherungen an den Rändern. Ursache:
   Man hat mit zu großen Stromdichten gearbeitet bzw. eine zu große Anodenfläche einer zu kleinen Warenfläche gegenübergestellt.

Auf die galvanotechnischen Anwendungen der Eisenniederschläge werden
wir in den späteren Kapiteln noch näher zurückkommen.

Es sei hier nur darauf hingewiesen, daß der zarte, sanfte Metalleffekt des Eisenniederschlages und das taubengraue Aussehen in der Kunstmetallindustrie
für manche Artikel sehr erwünscht ist, aber nur selten in Anwendung gebracht
wird. Eine weit größere Verwendung findet die Galvanoplastik in Eisen, auch
„Stahlplastik" genannt, zur Herstellung von Druckplatten, welche widerstandsfähiger und dauerhafter als die Kupferdruckplatten sein sollen; aber auch andere
Objekte zum Stanzen und Ziehen usw., die bislang mühsam aus Stahl gearbeitet
wurden, kann man heute, da man über gute Verfahren verfügt, auf galvanoplastischem Wege in Eisen herstellen und die Niederschläge eventuell noch auf
bekannte Art und Weise härten, d. h. ihre Oberfläche durch Kohlenstoffaufnahme
in Stahl überführen.

Ebenso wie bei der Nickel-Galvanoplastik fand Verfasser, daß sich bei Unterbrechungen der Elektrolyse, besonders in warmer Lösung, jedesmal eine neue
Schicht bildet, welche auf der darunter befindlichen nicht haftet. Beim Abheben
solcher Eisenniederschläge, die mehrmals unterbrochen wurden, spaltet sich der
Niederschlag in ebenso viele Schichten, als Unterbrechungen stattgefunden
hatten. Der Vorschlag Langbeins[1]), die Elektrolyse im erwärmten Elektro-

---

[1]) Dr. Georg Langbein, Handbuch der elektrolytischen (galvanischen) Niederschläge,
5. Aufl., 1903, S. 582.

lyten zeitweilig zu unterbrechen, kann daher vom Verfasser nicht gutgeheißen werden. Wenn Klein die Stahlniederschläge (die er im kalten Elektrolyten erzeugte) zeitweilig aus dem Bade nahm und mit einem kräftigen Wasserstrahl behandelte, um die anhaftenden Gasblasen zu entfernen, so geschah dies wohl mit der Absicht, den Niederschlag tunlichst glatt, d. h. ohne Warzen zu erhalten, weil durch die anhaftenden Gasblasen Unebenheiten und die bekannten Warzen mit nach oben gekehrter Spitze entstehen. Der Wasserstoffokklusion kann man hingegen nur dadurch entgegenarbeiten, daß man solche Bedingungen schafft, bei denen eine Entladung von Wasserstoffionen ausgeschlossen ist.

Trennungsschichten in der Eisen-Galvanoplastik. Werden galvanoplastische Niederschläge aus kalten Eisenbädern hergestellt, so nimmt man im allgemeinen als Formmaterial Kupfer, Messing oder Bronze, welche Metalle man zwecks leichter Loslösung der Eisenniederschläge mit einer dünnen Silberschicht versieht, die man jodiert oder schwefelt, so daß sich der Eisenniederschlag mit dem Grundmetall nicht verbinden kann und leicht abzuheben ist.

In den heißen Eisenbädern würde diese Trennschicht für gewöhnlich nicht ein sicheres Abheben der Niederschläge verbürgen, deshalb wendet man für solche Fälle Zwischenlagen von Arsen oder Antimon an, von welchen sich die aus den heißen Eisenbädern hergestellten Eisenniederschläge auch dann abheben lassen, wenn tiefere Profile der Formen vorhanden sind. Auch Blei ist für diese Bäder ein vielfach gebrauchtes Formmaterial, doch muß man auch dieses mit Antimon oder Arsen überziehen, ehe man die Eisenniederschläge aufbringt, und wenn diese stark genug getrieben sind, erwärmt man das Blei bis nahe zur Schmelztemperatur und kann dann die Niederschläge durch einen leichten, unterstützenden Schlag beim Abheben lostrennen, ohne daß sich diese verziehen oder ohne daß Bleiteilchen an den Eisenniederschlägen festkleben würden.

Eine des öfteren angewendete Methode, speziell in der graphischen Branche, wenn es sich darum handelt, Eisenniederschläge sicher von der Form, auf der sie niedergeschlagen wurden, abzulösen, ist ein Überzug von Paragummi in Benzin, den man durch Aufpinseln oder dadurch herstellt, daß man eine solche Lösung über die Form laufen läßt. Das Benzin verdampft sehr rasch, und die aufgetragene hauchdünne Gummischicht graphitiert man dann noch, um die so vorbereitete Form in die heißen Eisenbäder zu bringen. Das Loslösen, selbst dünner Eisenniederschläge gelingt dann sicher und einwandfrei.

Verhalten der Eisenanoden. Als Anoden für Eisen-Plastikbäder soll ein möglichst reines, kohlenstoff- und schwefelarmes Schmiedeeisen verwendet werden, Gußeisen ist durchaus ungeeignet, führt zu einer raschen Verschlammung des Elektrolyten und liefert ein unreines, kohlenstoffreiches Elektrolyteisen. Wenn auch nach F. Foerster[1]) durch elektrolytische Übertragung aus technisch reinem Eisen kein absolut kohlenstofffreies Eisen erhalten wird, so ist der Gehalt an Kohlenstoff, der nach Foerster vermutlich in Gestalt einer aus dem Kohlenstoff des Anodeneisens entstehenden kolloidalen Verbindung in das Elektrolyteisen übergeht, außerordentlich gering und beträgt, wie aus früher angegebenen Analysen hervorgeht, nur einige Zehntausendstel Prozent. Eingehende Untersuchungen über die aus Anodeneisen auf das Kathodenmaterial übergehende Verunreinigung finden sich in der Arbeit von A. Müller[2]), in der u. a. die Reinheit des Elektrolyteisens nach ein- und mehrmaliger elektrolytischer Raffination bestimmt wurde.

Von wesentlicher Bedeutung sind die aus den Anoden in das Elektrolyteisen übergehenden Fremdstoffe auf die magnetischen Eigenschaften des Elektrolyt-

---

[1]) F. Foerster, Beiträge zur Kenntnis des elektrochemischen Verhaltens des Eisens. Verlag W. Knapp, Halle a. d. S.
[2]) Alb. Müller, Über die Darstellung des Elektrolyteisens, dessen Zusammensetzung und thermische Eigenschaften. Dissert. Aachen 1909.

eisens, auf deren Bedeutung für die Praxis bereits hingewiesen wurde. Eine ausführliche Arbeit darüber hat A. Holtz[1] in dem Laboratorium von F. Fischer ausgeführt, auf die an dieser Stelle verwiesen sei.

Die Nickel-Galvanoplastik.

Seit langem hat man getrachtet, das weiche Kupfer speziell in der Druckereitechnik durch das widerstandsfähigere harte Nickel zu ersetzen und Galvanos, Druckplatten usw. aus entsprechend dicken Nickelniederschlägen herzustellen. Die bis in die letzte Zeit für diesen Zweck versuchsweise vorgeschlagenen Elektrolyte haben sich aber als unbrauchbar erwiesen, weil sich in allen diesen die bekannte Eigenschaft des Nickels zeigte, bei der Erzeugung von Stärken über einige hundertstel Millimeter aufzurollen. Verfassers Ansicht darüber ist folgende: Man hat bisher durchweg Nickelbäder mit Ammonsalzen als Leitsalze oder das komplexe Salz Nickelammonsulfat[2]) neben geringen Mengen von Borsäure verwendet. Die primäre Entladung des $\overset{+}{NH_4}$ und die damit zusammenhängende H-Entladung scheint aber die Ursache des Abrollens des Nickels zu sein. Es treten dabei ganz unglaubliche Kräfte auf, und Verfasser konnte gelegentlich eines derartigen mißglückten Experimentes beobachten, wie ein Niederschlag, der in erwärmter Lösung in der Stärke von ca. 0,3 mm bereits erzeugt war, unter lautem Knall in zwei Stücke riß und von der Unterlage abrollte.

Eigentümlich ist der Umstand, daß bei Verwendung von Natronsalzen als Leitsalze diese Tendenz des Aufrollens und Zerreißens nicht eintritt. So eignet sich die alte, aus dem Jahre 1880 stammende, von Wilh. Pfanhauser sen. vorgeschlagene Zusammensetzung:

I. Wasser . . . . 1 . 1
     Nickelsulfat . . . . 40 g
     Natriumzitrat . . . . 35 g

vorzüglich dazu, Niederschläge in jeder beliebigen Stärke herzustellen. Der Niederschlag ist weich und duktil und auf der Rückseite ganz glatt, ohne kristallinische Struktur zu zeigen. Das Bad arbeitet bei:

               Badtemperatur: 15—20° C
               Konzentration: 5½° Bé
               Wasserstoffzahl: 5,6
               Spez. Badwiderstand: 5,17 Ω
               Temperaturkoeffizient: 0,0348
               Stromausbeute: 93%.

Die anzuwendende Stromdichte ist $ND_{100} = 0,2$ A. Die Badspannung für 15 cm Elektrodenentfernung: 3 V. Die Änderung der Badspannung für je 5 cm Änderung der Elektrodenentfernung: 0,5 Volt.

Bei der Stromdichte von 0,2 A erreicht der Niederschlag in 10 Stunden eine Stärke von 0,023 mm, braucht daher, um zu einer Dicke von 1 mm getrieben zu werden, ca. 430 Stunden. Wie bei jedem Nickelniederschlag ist auch hier jede Unterbrechung der Elektrolyse zu vermeiden, weil sich nach jeder Unterbrechung eine neue Niederschlagsschicht bildet, die mit der darunterliegenden sich nicht vereinigt.

Ein zweites Bad, welches Verfasser für Erzeugung galvanoplastischer Nickelniederschläge bis zu jeder beliebigen Stärke als geeignet befunden hat und welches auf Grund der Annahme des Verfassers zusammengesetzt wurde, daß das Abrollen der Niederschläge bei der Verwendung von Natronsalzen als Leitsalze auch

---

[1]) Adolf Holtz, Über den Einfluß von Fremdstoffen auf Elektrolyteisen und seine magnetischen Eigenschaften. Dissert. Berlin 1911.
[2]) Z. f. E. VII, S. 698 (Pfanhauser).

bei nicht erhöhter Temperatur vermieden werden kann, hat folgende Zusammensetzung:

II. Wasser . . . . 1 l
Nickelsulfat . . . . 50 g
Natriumsulfat . . . . 15 g
Borsäure . . . . 5 g

Das Bad arbeitet mit einer Stromdichte von 0,3 A bei einer Badspannung von 2,5 V:

Badtemperatur: 15—20° C
Konzentration: 5° Bé
Wasserstoffzahl: 5,4—5,8
Spez. Badwiderstand: 4,92 Ω
Temperaturkoeffizient: 0,028
Stromausbeute: 90%

Der Niederschlag erreicht in 10 Stunden eine Stärke von 0,032 mm, und kann die Stärke von 1 mm in 310 Stunden erreicht werden. Das Bad hat den Übelstand, daß sich bei höherer Stromdichte (z. B. an den Rändern, wo die Stromdichte infolge der gestreuten Stromlinien höher ist) ein grüner Schlamm von $Ni(OH)_2$ ausscheidet. Man hat dafür zu sorgen, daß die Lösung stets schwach schwefelsauer ist, wodurch die Tendenz zu dieser Hydratbildung verringert wird.

Claßen hat bereits die Elektrolyse warmer Lösungen des Nickels empfohlen, und F. Foerster[1]) bringt als erster die technische Verwendbarkeit dieses Vorschlages.

F. Foerster neigt zu der Ansicht, daß das Aufrollen der Nickelniederschläge auf einen Oxydgehalt des Nickels zurückzuführen ist, zumal die Erscheinung des Aufrollens in ammoniakalischer Nickellösung noch leichter eintritt als in saurer oder neutraler.

O. Winkler hat aber gezeigt, daß das von ihm zu Atomgewichtsbestimmungen aus ammoniakalischer Nickellösung hergestellte abgeblätterte Nickel keine Gewichtsabnahme erlitt, wenn es im Wasserstoffstrom geglüht wurde, also frei von Oxyden ist. Beim elektrolytisch abgeschiedenen Eisen ist aber doch der Wasserstoffgehalt nachgewiesen worden und verdankt das elektrolytisch ausgeschiedene Eisen seine Härte seinem Wasserstoffgehalt. Nun ist aber gerade das aufrollende Nickel ebenfalls ungemein hart und spröde und könnte naszierender Wasserstoff, entweder solcher, der primär bei der Elektrolyse schwachsaurer Nickellösungen gebildet wird, die Ursache des Sprödewerdens und Aufrollens sein, sowie der Wasserstoff, der aus der Umsetzung des Ammoniums stammt, wenn dieses aus seiner Legierung mit dem kathodisch abgeschiedenen Nickel auf das Lösungswasser nach der Gleichung

$$2 NH_4 + 2 HOH = 2 NH_4OH + H_2$$

reagiert.

F. Foerster sagt nun in seiner oben angeführten Abhandlung wörtlich: Die Entstehung des abblätternden, spröden Nickels läßt sich nun aber leicht vermeiden, und es gelingt, ein zähes, glänzendes Nickel in beliebig starken Schichten durch Elektrolyse zu gewinnen, wenn man die Elektrolyte auf 50 bis 90° C erwärmt. Hierbei kann man sich mit gleichem Erfolge der Lösungen von Nickelsulfat wie Nickelchlorür bedienen. F. Foerster bespricht weiter seine diesbezüglichen Versuche:

Am leichtesten ausführbar ist die elektrolytische Übertragung des Nickels aus seiner Sulfatlösung. Man geht hierbei von der neutralen Lösung des käuflichen Nickelsulfates aus: enthält eine solche 145 g des Salzes in 1 l, was etwa 30 g Nickel entspricht, so ist sie für die Versuche geeignet; ebenso sind es natürlich auch konzentriertere Lösungen. Als Anoden dienten starke Nickelbleche, wie sie in

---

1) Z. f. E. S. 160 ff.

der Galvanotechnik zu dem gleichen Zwecke gebräuchlich sind; sie wurden zur Zurückhaltung des Anodenschlammes, dessen Mengen nicht mehr als 1,5 bis 2% des gelösten Metalles betrugen, mit Pergamentpapier umgeben, welches sich bei allen angewandten Temperaturen in der neutralen Sulfatlösung sehr gut bewährt hat. Die Anoden wurden senkrecht in das Bad gehängt und die Kathoden zwischen ihnen angebracht; die letzteren bestanden aus dünnem Nickelblech, von welchem die Metallniederschläge sich sehr leicht abtrennen lassen. Das Umrühren des Elektrolyten geschah entweder durch einen Strom von Kohlensäure oder von Luft oder mit Hilfe des von Mylius und Fromm[1]) beschriebenen Rührwerkes.

Die Versuche wurden mit Elektroden von 80 bis 100 qcm wirksamer Oberfläche angestellt und jedesmal so lange fortgesetzt, bis 25 bis 40 g Nickel niedergeschlagen waren. Sie ergaben, daß bei Stromdichten von 0,5 bis 2,5 A/qdm und bei Temperaturen von 50 bis 90° C stets gut zusammenhängende, schön glänzende, hellgraue bis zinnweiße Nickelbleche erhalten wurden. Sie sind um so heller und glatter, je höher die Stromdichte ist: bei 3,5 A/qdm zeigten die bei 80° aus einer 100 g Nickel im Liter enthaltenden Lösung erzielten Niederschläge ein mattgraues stumpfes Aussehen, bei 2 bis 2,5 A/qdm wurden aber bei sonst gleichen Bedingungen glänzend silberweiße, fast völlig glatte Nickelbleche von etwa 0,5 bis 1 mm Dicke gewonnen; ebensolche entstehen bei 75 bis 80° und Stromdichten von 1 A/qdm und Lösungen mit 30 g Nickel im Liter. Öfters bemerkt man auf den Kathodenniederschlägen eine Anzahl stärker hervortretende Unebenheiten, welche durch lange, an derselben Stelle haftende Wasserstoffbläschen und die durch sie bedingte ungleichmäßige Verteilung der Stromdichte an dieser Stelle hervorgerufen werden, und im weiteren Verlaufe der Elektrolyse zu knolligen Auswüchsen aus der Kathodenplatte und zur Entstehung ästeliger und traubiger Gebilde an den Rändern Veranlassung geben. Diese Erscheinungen lassen sich jedoch unschwer vermeiden, zumal wenn man dafür sorgt, daß Wasserstoffbläschen nicht lange an der Kathode haften bleiben.

So stellte F. Foerster eine Nickelplatte von 0,5 kg aus einer Lösung dar, welche 100 g Nickel im Liter enthielt. Die Bedingungen waren:

> **Oberfläche der Kathode:** 2 qdm
> **Temperatur des Elektrolyten:** 60° C
> **Stromdichte:** 1,5—2 A/qdm
> **Elektrodenentfernung:** 4 cm
> **Badspannung:** 1 V

Auch Römmler[2]) bestätigt in seinen eingehenden Versuchen, daß über 50° C erwärmte Bäder einen nicht zum Abblättern neigenden Nickelniederschlag ergeben. Nach seinen Versuchen vermag Elektrolytnickel bis zu dem 13,57fachen seines Volumens Wasserstoff aufzunehmen. Der geringste beobachtete Gehalt betrug das 4,32fache.

Ähnliche Resultate ergab die Elektrolyse der Chloridlösungen. Hierbei wurde ein Zusatz von Salzsäure gemacht, um das Nickel in hellgrauem Zustande zu erhalten. Die Stromdichten und Temperaturverhältnisse waren analog den bei der Sulfatelektrolyse angewendeten.

Duktiles Elektrolytnickel. In weiterer Verfolgung der Foersterschen Beobachtung, biegsames, nicht aufrollendes Nickel an der Kathode aus warmen Elektrolyten zu erhalten, hat Verfasser folgende Beobachtungen gemacht:

> 1. Das Kathodennickel zerreißt auch bei der Elektrolyse warmer Elektrolyte, wenn nicht nach einer bestimmten Zeit besondere Maßnahmen getroffen werden, wenn größere Flächen als Kathoden eingehängt werden und die Stromdichte unter 4 A/qdm sinkt.

---

[1]) Zeitschr. f. anorg. Chemie 9, S. 160.
[2]) Römmler, Dissert. Dresden 1908.

2. Das Kathodennickel zerreißt trotz Einhaltung aller richtigen Verhältnisse, wenn zur Bewegung des Elektrolyten Luft eingeblasen wird und
der Luftstrom die Kathode berührt.
3. Bei Durchrührung des erwähnten Elektrolyten mit Luft fällt das Nickel
glänzend aus an allen denjenigen Stellen, welche vom Luftstrom getroffen
werden; es ist dort glashart und brüchig. An diesen glänzenden Stellen
erfolgt auch das Zerreißen des Niederschlages. Die Lösung war neutral.
4. Jede lösliche organische Substanz ist von dem Elektrolyten fernzuhalten,
weil dadurch dunkle Streifen entstehen, an denen der Niederschlag zerreißt.
5. Das Kathodennickel fällt mattgrau aus und ist brüchig und kristallinisch,
wenn der Elektrolyt neutral ist.
6. Das Kathodennickel fällt weiß und seideglänzend aus und ist weich
und biegsam, wenn der Sulfatelektrolyt analog dem Chlorürelektrolyten
schwach angesäuert ist. Dieser letzte Punkt stimmt allerdings nicht mit
der Foersterschen Beobachtung, daß die neutrale Lösung biegsames
Nickel liefere. Das Nickel rollt allerdings nicht ab, wenn die Lösung
neutral gehalten wird, aber es ist so brüchig, daß es beim Umbiegen bricht.
Wenn Foerster bei der Verwendung käuflichen Nickelsulfates dennoch
biegsames Nickel erhalten hat, so ist anzunehmen, daß das von ihm verwendete Nickelsulfat sauer war, wie dies im Handel mitunter der Fall ist.
Verfasser untersuchte zuerst eine Lösung, bestehend aus:

$$\text{Wasser} \dots\dots\dots\dots \quad \text{I l}$$
$$\text{Nickelsulfat, krist.} \dots\dots \quad \text{100 g}$$

und erhielt die in nachstehender tabellarischer Übersicht angeführten Resultate:

Temperatur des Elektrolyten °C	Angewandte Stromdichte A/qdm	Eigenschaften des Kathodennickels, wenn	
		Bad in Ruhe	Bad bewegt
60	0,5	Gelblicher Ton, Niederschlag spröde	
60	0,1	Ränder dunkel, Nickel brüchig	Niederschlag grau, aber brüchig
60	1,5	Nickel pulverig, schwarz	Ränder pulverig, Niederschlag brüchig
75	1,0	Glänzender Niederschlag, aber brüchig	
75	1,5	Desgl.	
75	2,0	Ränder pulverig, Niederschlag brüchig	Glänzend, aber brüchig
75	2,5	Pulverig	Desgl.
75	4,0	Desgl.	Desgl.
75	5,0	Desgl.	Ränder pulverig, Niederschlag brüchig
85	4,0	Gut und ziemlich duktil	
85	4,5	Desgl.	
85	5,5	Desgl.	
85	6,0	Desgl.	
85	8,0	Ränder pulverig	Wieder gut

Die Verhältnisse liegen also derart, daß das zulässige Stromdichtenmaximum
mit der Temperatur steigt und auch die Niederschläge um so biegsamer werden,
je höher die Temperatur und je saurer die Lösung ist.

Es wurde nun versucht, den Elektrolyten schwach anzusäuern, und setzte Verfasser der Lösung 0,85 g Schwefelsäure pro Liter zu. Während im neutralen Bade fast gar keine Gasentwicklung an der Kathode zu beobachten war, trat jetzt deutlich Wasserstoff auf, aber in nur ganz geringem Maße, der die Stromausbeute nicht wesentlich herabdrückte.

Die Verhältnisse lagen jetzt folgendermaßen:

Temperatur des Elektrolyten °C	Stromdichte A/qdm	Eigenschaften des Kathodennickels, wenn	
		Bad in Ruhe	Bad bewegt
75	5,0	Neigt zur Streifenbildung, spröde	Glänzend und weiß
75	6,0	Schwarze Streifen	Desgl.
75	7,0	Desgl.	Desgl.
90	3,5	Schön weiß, aber hart und spröde	
90	5,0	Weiß und duktil	
90	6,2	Desgl.	
90	7,0	Desgl.	
90	9,0	Ränder pulverig, sonst gut	Glänzend weiß und duktil

Bei Zusatz von 2,5 g Schwefelsäure pro Liter war das Nickel weich und seideglänzend, und die zulässige Stromdichte bei bewegtem Bad konnte bis 12 A/qdm gesteigert werden, entsprechend einer Wasserstoffzahl von 2,0—2,2.

Als Punkt 7 dieser Untersuchungen sei noch hinzugefügt, daß das zulässige Stromdichtenmaximum mit der Konzentration an Nickelsulfat steigt, wenn das Bad möglichst hoch erwärmt und gleichzeitig bewegt wird.

Die Niederschlagstärken, die mit diesem Elektrolyten zu erzielen sind, sind aus der nachfolgenden Tabelle ersichtlich. Die Stromausbeuten sind dabei jeweilig angegeben und bei der Niederschlagstärke berücksichtigt worden.

	Stromdichte A/qdm	Niederschlag in 10 Stunden mm	1 mm Niederschlag braucht Stunden ca.	Annähernde Stromausbeute %
Aus kalten Elektrolyten	0,2	0,023	430	93
	0,3	0,032	310	88
	0,5	0,055	182	88
Aus warmen Elektrolyten bei 80 bis 90° C	1,0	0,124	80	100
	1,5	0,186	53	100
	2,0	0,248	40	100
	2,5	0,310	32	100
	3,0	0,368	27	99
	4,0	0,487	20,5	98
	5,0	0,590	17	95
	6,0	0,698	14,3	95
	7,0	0,760	13,2	93
	8,0	0,905	11	93
	9,0	1,002	10	93
	10,0	1,145	8,75	92

Die Nickellösungen sind frei von Eisen zu halten und ist deshalb aus Nickel-Plastikbädern von Zeit zu Zeit das Eisen zu entfernen[1]).

---

[1]) Das Nickelbad erhält durch Spuren von Eisen, die in jeder Nickelanode enthalten sind, stets nach einiger Zeit einen störenden Eisengehalt, weil sich das Eisen weniger leicht in der angesäuerten Lösung abscheidet.

Kugel[1]) wurde, trotzdem daß Foerster seine Arbeiten bereits im Jahre 1897 publizierte, auf den gleichen Gegenstand ein Patent erteilt, das in seinen Patentansprüchen nichts Neues bringt.

Kugels Verfahren bezweckt, Elektrolytnickel in beliebig dicken Schichten so herzustellen, daß das gewonnene Produkt bezüglich seiner mechanischen Eigenschaften, Zähigkeit, Festigkeit und Dehnbarkeit dem Walznickel durchaus gleichwertig ist, daß demnach der sonst notwendige Prozeß des Umschmelzens, Walzens usw. in Fortfall kommen kann. Kugel wendet den durch Foerster bereits publizierten Zusatz freier Säure an und gibt an, daß jede starke Mineralsäure brauchbar sei, welche durch den Strom in ihrer chemischen Zusammensetzung nicht verändert wird. Kugel scheint allerdings von den Arbeiten Foersters doch unterrichtet gewesen zu sein, denn er sagt:

„Ein solcher Säurezusatz ist bereits bekannt, er macht aber im allgemeinen das Nickelbad unbrauchbar, da er ein sofortiges Abblättern des abgeschiedenen Metalles bewirkt. Wenn man aber vorher den Elektrolyten erhitzt und ihn auf einer Temperatur über 30° C hält, so gelingt es, das Ablösen des Nickelniederschlages zu verhindern und ein absolut zähes, biegsames und dehnbares Nickel von homogener, nicht kristallinischer Struktur in jeder beliebigen Dicke abzuscheiden."

Das Kugelsche Verfahren bestände also darin, daß das Bad gleichzeitig erwärmt und sauer erhalten wird. Das wurde aber von Foerster bereits publiziert und ist die Patentfähigkeit dieses Verfahrens daher ungerechtfertigt.

Als solche Mineralsäuren gibt Kugel an: Überchlorsäure, Überchromsäure und Schwefelsäure. Die relative Menge des zweckmäßig anzuwendenden Zusatzes richte sich nach der Temperatur und der Konzentration des Bades, ferner auch nach der gewünschten Härte des Niederschlages; dieselbe schwanke zwischen 2 und 20% derjenigen Säuremenge, welche in dem gleichen Volumen der Einfachnormallösung enthalten ist. Nicht geeignet sind nach Kugel alle diejenigen Säuren, welche durch den Strom chemisch verändert werden und deren Zersetzungsprodukte den Niederschlag sekundär durch chemische Wirkung unbrauchbar machen, also besonders Salpetersäure, die Halogensäuren (?) und alle organischen Säuren.

Die Ausführung des Prozesses begegnet insofern einer Schwierigkeit, als bei der hohen Temperatur des Bades die Azidität der Lösung sich bald vermindert, wenn man nicht zu sehr kleinen Anoden oder unlöslichen Hilfsanoden seine Zuflucht nimmt.

Beide Mittel haben vor allem den Nachteil, daß sie einen Energieverlust infolge der erforderlich werdenden höheren Badspannungen verursachen. Die Schwierigkeit läßt sich nach Kugel ganz oder zum größten Teil vermeiden, sofern man der Elektrolytflüssigkeit eine hochkonzentrierte Lösung eines Leitsalzes beimischt, welches aus den obengenannten Säuren und einem Leichtmetall gebildet ist. Bei Auswahl dieses Leitsalzes ist ebenfalls Bedingung, daß es bei regelrechtem Verlauf des elektrolytischen Prozesses keine chemische Veränderung erleidet. Wenig zweckmäßig hält Kugel z. B. Verbindungen von Schwefelsäure mit Kalium oder Natrium, da während der Elektrolyse sich im Bade die verschiedenen möglichen Verbindungsstufen dieser Salze bilden und rückbilden, so daß einerseits eine laufende Kontrolle über die jeweilige chemische Zusammensetzung des Bades unmöglich sei, anderseits auch ein ständiger Energieverlust durch diesen Kreisprozeß auftreten soll. Für besonders geeignet habe sich dagegen nach Kugel die Anwendung von Magnesiumsalzen erwiesen, welche auch bei Anwendung relativ großer Anodenflächen die Aufrechterhaltung einer gleichmäßigen Azidität des Bades ohne Zuführung neuer Säure od. dgl. ermöglichen.

---

[1]) D. R. P. Nr. 117054 vom 15. Nov. 1899.

Die Temperatur der Lösung wird wegen der mit der Erwärmung steigenden Leitfähigkeit möglichst hoch, 90 bis 100° C, gewählt, sofern die Form, auf welcher das Metall niedergeschlagen wird, hierdurch nicht gefährdet wird. Bei Formen aus leicht schmelzbaren Stoffen verbietet sich naturgemäß diese Erwärmung und genügt dann zur Erreichung der gleichen Wirkung eine Temperatur von 30 bis 40° C.

Die Konzentration der Lösung soll auf die Beschaffenheit des Niederschlages nicht von wesentlichem Einfluß sein. Man kann sich also auch hier durch die Rücksicht auf möglichste Verminderung des Badwiderstandes (?) leiten lassen und z. B. bei 90° C auf 1 l Wasser 800 g Nickelsulfat und 800 g Magnesiumsulfat lösen.

Die zweckmäßige Azidität der Lösung ist in erster Linie abhängig von der Stromdichte. Die Wirkung der freien Säure zeigt sich nämlich, wie die Kugelsche Patentschrift sagt, zunächst in dem Auftreten einer lebhaften Wasserstoffentwicklung an der Kathode. Wird die Stromdichte bei hoher Azidität zu hoch genommen, so kann die Gasentwicklung so stürmisch werden, daß die rein mechanische Wirkung derselben dem Niederschlag nachteilig wird. Man wähle daher zweckmäßig bei großer Azidität die Stromdichte etwas kleiner (?). Im übrigen läßt sich der Strom ohne Schaden für den Niederschlag wesentlich stärker als sonst bei der Vernicklung anwenden, nämlich bis 10 bis 20 A/qdm, wobei natürlich eine lebhafte Bewegung des Elektrolyten behufs guter Durchmischung erforderlich ist.

Kugel gibt sich ferner der Hoffnung hin, auf diese Weise auch Neusilber (Kupfer-Nickel-Zink) aus einem Lösungsgemisch der Metallsalze auszuscheiden, was aber wohl auf einem Irrtum beruhen dürfte, da Kupfer und Zink aus saurer Lösung gleichzeitig niemals in kohärenter Form als bestimmte Legierung auszuscheiden sind, vielmehr der Zusatz von Zinksalzen und Kupfersalzen in einem erwärmten Nickelelektrolyten sofort eine Schwarzfärbung des Niederschlages im Gefolge hat.

Unter Benutzung des nach D. R. P. Nr. 134736 gekennzeichneten Elektrolyten, bestehend aus äthylschwefelsaurem Nickeloxydul und äthylschwefelsauren Alkalien oder alkalischen Erden, will Langbein alle Schwierigkeiten, Nickelniederschläge z. B. auf graphitierten Wachsmatrizen herzustellen, behoben haben. Als Beispiel führt Langbein eine Lösung von 15° Bé an, die das Nickelsalz im Verhältnis zum Magnesiumäthylsulfat wie 3 : 1 enthält. Als Stromdichte führt er 0,2 bis 0,3 A/qdm an. Die Stärke eines Nickelniederschlages von 6 mm auf einer Guttaperchamatrize sei in sechs Wochen fertiggestellt worden.

Die Lösung muß mechanisch bewegt oder aber durch Einblasen von Kohlensäure in Wallung gebracht werden. Das Einblasen von Luft ist nicht zulässig, weil sich die äthylschwefelsauren Verbindungen dabei oxydieren würden. Die Badspannung beträgt 2,2 V, die Stromausbeute nicht mehr als 70%. Als Bad wird in dieser Patentbeschreibung folgendes vorgeschlagen:

a) Wasser . . . . 1 l
   Äthylschwefelsaures Natron . . 50 g
   Chlornickel . . . . 100 g

b) Wasser . . . . 1 l
   Chlorammonium . . . . 5 g
   Schwefelsaures Natron . . . . 10 g
   Äthylschwefelsaures Nickel . . 100 g

Verfasser hält die Zusammensetzung b) infolge des Gehaltes an Ammonionen für nicht geeignet, hingegen den mit Natronsalzen (siehe meine früheren Ansichten über Natronsalze) bereiteten Elektrolyt ebensogut wie z. B. die mit zitronensaurem Natron hergestellten Bäder nach Pfanhausers Vorschrift.

Letzteres hat noch den Vorteil voraus, daß es eine Bildung basischer Salze verhindert.

Nickelplastik direkt auf Wachs. Während für die in kalten Bädern betriebene Kupfer-Galvanoplastik alle Arten von Matrizen Verwendung finden, sind bei warmen Lösungen, und speziell in der Nickel-Galvanoplastik in warmer Lösung, nur Metallmatrizen anwendbar.

Für die kalten Nickel-Plastikbäder sind oftmals Versuche gemacht worden, die gewöhnlichen graphitierten Wachs- oder Guttaperchamatrizen zu verwenden, aber der Niederschlag neigte auf diesen Matrizen leicht zum Aufrollen.

Durch geeignete Wahl der Lösung einerseits und der Wachsmischung anderseits ist man aber imstande, Nickel auf graphitierten Wachsmatrizen genau so

Fig. 295.

wachsen zu lassen, wie wir dies beim Kupfer gewöhnt sind; es lassen sich sogar ganz dicke Schichten von Nickel auf diese Weise direkt auf Wachs auftragen, ohne abzurollen.

Als Matrizen für die Nickel-Galvanoplastik werden entweder Kupfer- oder Bleimatrizen, in neuerer Zeit auch Wachsmatrizen, verwendet. Handelt es sich um die Galvanoplastik in kalten Nickel-Plastikbädern, so ist Wachs oder Guttapercha ohne weiteres zulässig. Letztere Formen werden genau so mit Graphit leitend gemacht, wie dies bei der Kupfer-Galvanoplastik der Fall ist. Sehr geeignet ist die Methode, die Matrizen mit einer alkoholischen Silbernitratlösung zu bestreichen und diese Schicht so lange, wie sie noch feucht ist, mit einem Gasstrom von Schwefelwasserstoff zu schwefeln. Bei graphitierten Matrizen arbeitet man anfänglich mit höherer Badspannung von 4 bis 5 V, um das Nickel rasch über die graphitierte Fläche zu bringen, und schwächt dann, sobald der

Nickelniederschlag über die ganze Fläche gewachsen ist, derart ab, daß die Stromdichte nur ca. 0,8 bis 1,2 A beträgt.

Damit das Nickel, ähnlich wie bei der Kupfer-Galvanoplastik, an der graphitierten Fläche weiterwächst, muß die Lösung so präpariert werden, daß die Differenz zwischen dem Entladepotential des Wasserstoffs bzw. der anderen nicht abzuscheidenden Kationen (Leitsalzkationen) des Elektrolyten und dem des abzuscheidenden Nickels möglichst groß wird. In solcherart angesetzten Bädern gelingt es, den Nickelniederschlag selbst über ganz große Flächen wachsen zu lassen, und es gelang dem Verfasser, eine normalerweise graphitierte Fläche von Wachs im Format 30 × 40 cm in 25 Minuten mit Nickel zu decken.

Zu beachten ist allerdings, daß man bei Verwendung solcher Bäder besonders die Reaktion des Bades berücksichtigen muß, denn ist das Bad zu neutral, dann wird der Nickelniederschlag zu weich, ist es zu sauer, dann rollt die Nickelhaut leicht ab. Es genügt schon eine Nickelhaut, die bei obengenannten Stromverhältnissen in ¾ bis 1 Stunde hergestellt wurde, um durch nachträgliche Verstärkung im sauren Kupferbade ein Klischee usw. herzustellen, mit welchem man Auflagen von über 1 Million drucken kann.

Das Verfahren ist in den letzten Jahren derart vervollkommnet worden, daß es bei Einhaltung der vorgeschriebenen Bedingungen heute keine Schwierigkeiten bietet, Nickelklischees direkt auf Wachs zu erzeugen. Es gehört hierzu die Verwendung einer geeigneten Wachsmischung für die Prägung, sorgfältigste Graphitierung und Verwendung eines leicht angewärmten, durch Einblasen von Luft oder Kohlensäure oder auf mechanischem Weg bewegten Nickelbades. Vorstehende Abbildung (Fig. 295) zeigt eine kleine galvanische Anlage, wie sie seitens der Langbein-Pfanhauser-Werke für die Herstellung von Nickelgalvanos direkt von Wachsprägungen geliefert wurde.

Schneller arbeitet man in der Nickel-Galvanoplastik natürlich auch mit Metallmatrizen. Dort wo das Prägen des Originales in Blei mittels der hydraulischen Presse nicht durchführbar ist, wird man auf gewöhnliche Weise zuerst in Wachs usw. abformen und eine dünne Kupferhaut nach dem Schnell-Kupfer-Galvanoplastikverfahren herstellen. Von diesem Positiv muß man ein Negativ herstellen, indem man entweder eine Reproduktion in Kupfer oder ebenfalls schon in Nickel macht. Stellt man sich auf diese Weise ein Nickelnegativ her, so bietet dies den großen Vorteil, daß man sich keine Trennungsschicht schaffen muß, um die beiden Niederschläge voneinander zu trennen, während man bei Anfertigung eines Kupfernegatives den ersten positiven Niederschlag präparieren muß, um zu verhindern, daß die beiden Niederschläge zusammenwachsen. Solche Trennungsschichten erzeugt man sich auf folgende Weise:

1. Man reinigt den von der Wachsmatrize abgelösten kupfernen Niederschlag und versilbert ihn durch Eintauchen in eine Lösung von

> Wasser . . . . 1 l
> Feinsilber als Chlorsilber . . . 5 g
> Zyankalium 100% . . . . . . 20 g

Es schlägt sich Silber in ganz dünner Schicht auf dem Kupfer nieder und wird nach erfolgtem Abspülen die Silberschicht oberflächlich in Jodsilber übergeführt, indem man eine alkoholische Jodlösung daraufgießt. Diese Jodschicht verhindert das Verwachsen der beiden Kupferschichten. Um die beiden Niederschläge voneinander zu trennen, werden die Ränder beschnitten oder evtl. abgefeilt, worauf man leicht die zwei Schichten voneinander abheben kann.

2. Eine andere Methode, welche in der Galvanoplastik gebräuchlich ist, ist folgende: Die Kupferhaut, welche als Negativ dienen soll, wird dekapiert und 5 Minuten lang in einem gewöhnlichen Nickelbad vernickelt.

Nun wird eine Schwefelnickelschicht erzeugt durch Übergießen mit einer Lösung von

     Wasser . . . . 1 l

     Schwefelammonium . . . 50—100 g

Man übergießt die vernickelte Schicht 2- bis 3mal, spült dann ab und kann sofort die Positivschicht darauf erzeugen.

Die Idee, die Metallmatrize vor Verwendung zu vernickeln, rührt von A. K. Reinfeld[1]) her. Er hatte sich von der Tatsache überzeugt, daß sich bei Anwendung des sauren Kupfer-Galvanoplastikbades Spuren von Nickel auflösen, wogegen eine minimale Menge von Kupfer ausgeschieden wird, welche schwach pulverig ist und auf der Nickelfläche nicht haftet. So wird die Möglichkeit geschaffen, den leicht erfolgenden weiteren Kupferniederschlag, da er nicht kohäriert, leicht abheben zu können.

Noch leichter erfolgt die Ablösung, wenn die vernickelte Fläche mit oxydierenden Substanzen oder seifenartigen Mischungen behandelt wird. In letzterem Falle wird die Formoberfläche außerordentlich glatt, weil diese Mischungen die vorhandenen kleinen Unebenheiten ausgleichen. Die Oxydierung der Formflächen kann mit Kaliumchromat oder Permanganat (konzentrierte Lösungen) erfolgen. In diesen Lösungen verbleiben die Formen etwa 15 Minuten, werden darauf gespült und abgerieben.

C. Holl[2]) benutzt Reinnickel als Formmetall für abhebbare Niederschläge. Besonders der Verbilligung wegen schlägt er vor, folgende Materialien zu verwenden: Kobalt, Kupfer, Stahl, Blei, Kadmium, Antimon, Aluminium, Zinn, ferner Ferrosilizium, Ferrochrom usf. Die angeführten Metalle kann man auch als Unterlage auf Glas in der Weise verwenden, daß man ganz dünne Folien oder Überzüge auf die Kathoden aufbringt. Chlorkalk sowie Sauerstoff, und zwar entweder atmosphärischer oder elektrolytisch dargestellter Sauerstoff, sowie andere oxydierende Substanzen vermögen die Formoberflächen in der gewünschten Weise zu präparieren. Hauptsache bleibt immer, daß die Zwischenschicht im Elektrolyten unlöslich ist.

So kann man CuCl für Kupferkathoden und Kupferbäder, Zyansilber für Silberniederschläge in Silberbädern verwenden, oder man kann auch z. B. Kupferformen mit einem dünnen Silberniederschlag versehen und zur Erleichterung des Abhebens des darauf erzeugten Kupferniederschlages die Silberschicht in eine Metalloidschicht überführen.

Der Zugehörigkeit wegen, um das Kapitel über Nickel-Galvanoplastik als Ganzes zu bringen, sei hier noch das Verfahren von Steinweg und Gerhardi & Co. erwähnt, wonach letztere Firma die Galvanoplastik des Nickels ausführt. Das Verfahren ist durch mehrere Patente geschützt und unter dem Kapitel „Zerreißbare Schmelzformen" angeführt.

Verhalten der Nickelanoden. Da bei der hohen Temperatur der Nickel-Galvanoplastikbäder die eingetauchten Anoden sehr gut gelöst werden, empfiehlt es sich, dafür ausschließlich gewalzte Anoden zu verwenden und gegossene Anoden gänzlich auszuschließen, um die Reaktion des Bades nicht zu rasch alkalisch werden zu lassen. Bei neu eingehängten Anoden ist es ratsam, zur Entfernung der vielfach auf der Oberfläche der Anoden befindlichen sehr harten Walzhaut ein zeitweises Abbürsten mit einer kräftigen Drahtbürste vorzunehmen. Allgemein üblich ist es in der Nickel-Galvanoplastik, die Anoden in Säckchen von Leinwand, Asbestgewebe oder auch in Pergamentpapier einzuhüllen, damit der abfallende Anodenschlamm nicht rauhe und spießige Niederschläge verursacht. Benutzt man Leinwand zum Einhüllen der Anoden, so gebrauche man die Vorsicht, altes,

---

[1]) D. R. P. Nr. 50890 vom 22. Nov. 1888.

[2]) D. R. P. Nr. 79904 vom 7. Okt. 1892; Zus. zum D. R. P. Nr. 50890 vom 22. Nov. 1888.

gut ausgewaschenes Material zu verwenden, das man nach dem Zusammen-
nähen in Wasser gut auskocht, um jegliche Spuren von Appretur, die in der Leinwand oder im Nähfaden enthalten sein könnte, zu entfernen, da sonst leicht
harte und spröde Niederschläge später gebildet werden könnten.

Die Silber-Galvanoplastik.

Ebenso wie Kupfer läßt sich auch Silber in stärkeren Schichten abscheiden,
und wir haben bereits in der Gewichtsversilberung davon gesprochen.

Die immer mehr fortschreitende Verbreitung und Anwendung der Silber-
Galvanoplastik zeugt dafür, daß die bestehenden Verfahren brauchbar sind,
und es sei, ebenso wie bei der Kupferplastik, nur ein, jedoch allen Anforderungen
genügendes Silber-Plastikbad angeführt:

Wasser . . . . 1 l
Feinsilber als Zyansilber. . . . 50 g
Zyankalium 100% . . . . . . 150 g
Badtemperatur: 15—20° C
Konzentration: 11,5° Bé
Spez. Badwiderstand: 0,595 Ω
Temperaturkoeffizient: 0,0128
Stromausbeute: 100%.

Stromdichte	Badspannung bei 15 cm Elektrodenentfernung	Änderung der Badspannung für je 5 cm Änderung der Elektrodenentfernung
0,2 Ampere	0,168 Volt	0,055 Volt
0,3　,,	0,268　,,	0,088　,,
0,4　,,	0,358　,,	0,119　,,
0,5　,,	0,446　,,	0,149　,,

Als Anoden verwende man ausschließlich Feinsilberplatten von genügender
Stärke, die mit Silberstreifen versehen sind, mittels deren sie an den Anodenstangen befestigt werden. Die Anoden zeigen während des Prozesses ein mattweißes Aussehen, was durch den Zyankaliumgehalt des Bades erklärlich ist.
Sollte durch unnötiges Nachsetzen von Zyankalium der Zyangehalt des Bades
zu groß geworden sein, so sättigt man entsprechend mit Zyansilber nach.

Formen für die Silber-Galvanoplastik. Die Herstellung der Formen erfolgt
ganz nach den im Kapitel „Kupfer-Galvanoplastik" besprochenen Grundsätzen.
Verfasser bemerkt bloß, daß Formen aus Wachs nicht gut verwendbar sind, da
diese von der zyankaliumhaltigen Lösung angegriffen, das Bad dadurch verunreinigen würden. Reine Guttapercha kann man unbeschadet verwenden;
die Formen werden sorgfältig graphitiert, Formen mit tieferen Stellen vor dem
Einhängen noch mit reinem absoluten Alkohol übergossen, damit die Löcher,
die durch zurückbleibende Luftblasen entstehen, vermieden werden.

Eine sehr gute Methode zur Herstellung von Formen für die Galvanoplastik
in Silber besteht darin, sich eine Mischung aus Guttapercha mit Schuppengraphit
herzustellen. Diese Formen erfordern keine besondere Aufmerksamkeit beim
Leitendmachen, und gehen solche Formen rasch zu, was für die Herstellung
scharfer Abzüge in Silber nötig ist, da sich mit der Zeit, wenn auch nicht viel, doch
immer etwas von der Guttapercha im zyankalischen Bade löst. Formen aus
Metall wären am geeignetsten, weil das Bad jedenfalls am längsten rein und
funktionsfähig erhalten wird, doch ist dies begreiflicherweise nicht immer möglich.

Wenn das in Silber zu reproduzierende Original geeignet ist, den Druck
auszuhalten, welchen das Abformen unter der Presse verursacht, so ist folgende
Methode der Leitendmachung der Form sehr zweckmäßig: Das Original wird
mit feinster Folie aus Blei, Silber oder Gold belegt, so vorgerichtet mit der Form-

masse unter die Presse gebracht und abgeformt. Beim Abnehmen des Originals wird die Folie auf der Matrize haften bleiben, einen gutleitenden Grund bilden, worauf sich das Silber ohne Schwierigkeit niederschlagen läßt.

Flache Objekte mit geringen Unebenheiten formt man am besten in Blei, Zinn oder Darzetmetall ab; auf diese Formen schlägt sich das Silber direkt nieder, ohne zu haften, der Niederschlag ist also wieder leicht abnehmbar. Vielfach wird folgende Abformmethode ausführbar sein: Man stellt sich von dem in Silber abzuformenden Gegenstand im sauren Kupferbade ein kupfernes Negativ her, versilbert die Formfläche schwach, jodiert mit einer alkoholischen Jodlösung, versieht die Rückseite mit einem nichtleitenden Überzug (Kollodium) und schlägt auf der jodierten Fläche das Silber galvanoplastisch nieder. Der Niederschlag läßt sich leicht davon ablösen. Die Herstellung solcher Metallnegative kann selbstredend nur für solche Objekte rationell Anwendung finden, von denen eine größere Anzahl Abdrücke zu machen sind.

Man achte darauf, daß das Bad in der ursprünglichen Konzentration, namentlich aber der ursprüngliche Metallgehalt, erhalten bleibe. Wie bei jedem Bad, in welchem Gegenstände behufs starker Niederschläge lange Zeit eingehängt werden, ist auch beim Silber-Plastikbad dafür zu sorgen, daß in der Nähe der Kathoden stets Schichten mit genügendem Metallgehalt sich vorfinden. Wir haben zu diesem Zweck für die Silber-Galvanoplastik bereits ein Bad gewählt, das einen großen Metallgehalt hat, man kann aber selbstredend mit Vorteil eine Rührvorrichtung anbringen, um einen ununterbrochenen steten Schichtenaustausch zu bewerkstelligen.

Stromverhältnisse bei Ausführung der Silber-Galvanoplastik. Im allgemeinen arbeitet man mit einer Stromdichte von 0,3 A bei den entsprechenden Badspannungen. Der Niederschlag bildet sich ziemlich rasch, wie aus nachfolgender Tabelle ersichtlich ist:

Angewandte Stromdichte A	Niederschlagstärke in 10 Stunden mm	1 mm starker Niederschlag braucht rund Std.	Gewicht eines Quadratdezimeter Silberniederschlag in 10 Std. g
0,2	0,077	130	8,05
0,3	0,115	87	12,10
0,4	0,153	65,5	16,10
0,5	0,192	52	20,10

Mit Hilfe der bei dem Silber-Plastikbad angegebenen Stromdaten sowie der hier gegebenen Gewichts- und Niederschlagsverhältnisse wird der Praktiker sich leicht die Kosten und Zeitdauer für einen Silberniederschlag entsprechender Stärke und dessen Gewicht kalkulieren können.

Verwendet er schließlich die für derartige Anlagen zum Bedürfnis gewordene voltametrische Wage oder einen anderen Kontrollapparat, so ist er mit allen Hilfsmitteln ausgerüstet, um rationell arbeiten zu können.

Die fertigen Niederschläge pflegt man auszuglühen, um dem bekannten Übelstand des Vergilbens des Silbers vorzubeugen, schließlich blank zu kratzen und je nach Wunsch zu vergolden, selbst auch nochmals zu versilbern, um einen brillanten Silbereffekt des fertigen Objektes zu erzielen.

Es wurde beobachtet, daß der Silberniederschlag, wenn er aus einem mit Chlorsilber angesetzten Bade hergestellt wurde, beim Glühen leicht Blasen bildet und außerdem von graphitierten Formen leicht aufsteigt. Es läßt dies vermuten, daß auf graphitierten Kathoden das Silber aus Chlorsilberbädern mit einem nennenswerten Gehalt an Wasserstoff abgeschieden wird, der einerseits dem Silber die Tendenz zum Rollen erteilt, anderseits beim Glühen der Niederschläge entweicht und das dann weich gewordene Silber blasig macht.

Oft ist es wünschenswert, daß der in Silber dargestellte oder auch nur versilberte Gegenstand, namentlich figurale Objekte, nicht den reinweißen Silber-
charakter, sondern eine ganz leichte Tönung zeigen soll, wie ein Anflug von
Oxyd, der Ton aber so sanft, daß man ihn nur wahrnimmt, wenn man reines
Silber dagegen hält. Das ist ein sehr hübscher Effekt, den man dadurch erreicht,
daß man den vorher wohlgereinigten Plastikniederschlag nachträglich ver-
antimoniert.

Die Dekoration von Reproduktionen antiker Schmuckgegenstände u. ä. mit
einem Anflug von Oxyd, um denselben gänzlich das Aussehen antiker Objekte
zu verleihen, geschieht in der beim „Versilbern" angegebenen Weise nach dem
Verfahren: „Altsilber" oder „Oxydierung auf Silber". Hierbei ist natürlich der
künstlerischen Auffassung jedes Einzelnen der erforderliche Spielraum gelassen.

Die Gold-Galvanoplastik.

Diese Art der Plastik findet als solche nur in ganz vereinzelten Fällen Verwendung, und gewöhnlich handelt es sich auch da nur um kleinere Objekte. Was
die Herstellung der Formen anbelangt, so gilt das bei der Silber-Galvanoplastik
Gesagte auch hier.

Als Bad empfiehlt Verfasser folgende, ebenfalls sehr metallreiche Lösung:

$$
\begin{array}{lr}
\textbf{Wasser} & \text{1 l} \\
\textbf{Feingold als Chlorgold} & \text{30 g} \\
\textbf{Zyankalium 100\%, natriumfrei} & \text{100 g}
\end{array}
$$

Badspannung bei 15 cm Elektrodenentfernung . . . . 0,5 **Volt**
Änderung der Badspannung für je 5 cm Änderung der Elektroden-
entfernung . . . . 0,05 **Volt**
Stromdichte . . . . 0,1 **Ampere**
Badtemperatur: 15—20° C
Konzentration: 11° Bé
Spez. Badwiderstand: 0,71 Ω
Temperaturkoeffizient: 0,0132
Stromausbeute: ca. 75—85%
Theoretische Niederschlagsmenge pro A/Std 7,3 g

Als Anoden sind Bleche aus Feingold auf entsprechend starken Platindrähten
einzuhängen, die Bleche möglichst in der Größe der eingehängten Kathode.

Der Niederschlag wächst ziemlich rasch an; auf 1 qdm berechnet, ergeben
sich folgende Zahlen:

Bei der angegebenen Stromdichte von 0,1 A/qdm ist der Niederschlag in
10 Stunden 0,0192 mm stark, braucht daher, um eine Stärke von 1 mm zu
erreichen, rund 521 Stunden. Man wird selten bis zu solcher Stärke gehen,
vielmehr folgende billigere Methode einschlagen:

Man läßt die Form ungefähr 10 Stunden im Gold-Plastikbad, registriert
mit Hilfe der Roseleurschen Wage oder sonstwie die abgeschiedene Menge
Goldes, nimmt die Form aus dem Bad, spült in reinem Wasser ab (das Waschwasser ist aufzubewahren, da das Gold daraus wiederzugewinnen ist) und
bringt sie in das Silber-, evtl. Kupfer-Plastikbad, worin bis zur gewünschten
Dicke verstärkt wird.

Selbstredend wird man die Form nur so weit leitend machen, als der Goldniederschlag reichen soll, um möglichst an Gold zu sparen. Zu diesem Zweck
überpinselt man mit Hilfe eines feinen Marderhaarpinsels sorgfältig diejenigen
Partien der Form mit Kollodium, welche ohne Goldniederschlag bleiben sollen.
Der plastische Goldniederschlag läßt sich von der Form leicht loslösen, wird
gereinigt, von anhaftenden Partikeln des Formmaterials befreit, in Benzin entfettet und durch leichte Vergoldung in einem gewöhnlichen Goldbade brillantiert.

Die Platin-Galvanoplastik.

Platin gehört bekanntlich zu denjenigen Metallen, die sich an der Luft nicht oxydieren, und seine schöne weiße Farbe, Polierfähigkeit und Bearbeitungsmöglichkeit gaben schon in frühester Zeit Veranlassung, es im Edelmetallgewerbe in weitestgehender Weise zu benutzen. Insbesondere wurde Platin zur Fassung von Brillanten und anderen Edelsteinen mit Vorliebe benutzt, und auch heute dürfte ein Hauptteil des in der Edelmetallindustrie verwendeten Platins diesen Zwecken dienen. Wegen seiner wertvollen Eigenschaften werden jedoch auch Schmucksachen, Ketten, Ringe usw. aus Platin hergestellt, wenn auch der hohe Preis dieses Metalles einer allgemeinen Anwendung hindernd im Wege steht. Wenn man aber bedenkt, daß man heute in der Lage ist, auf galvanischem Wege Platin in bequemster Weise und beliebiger Stärke auf Gold, Silber und anderen Metallen niederzuschlagen, so muß man sich wundern, daß die galvanische Verplatinierung noch nicht die Beachtung gefunden hat, die sie eigentlich verdient. Der Grund dürfte wohl darin gesucht werden, daß die Goldarbeiter bisher selbst bereitete Bäder benutzten, die meistens sehr unvollkommen waren und vor allem den Nachteil hatten, sehr dünne, wenig haltbare Niederschläge zu ergeben.

Für die Herstellung starker Platinüberzüge werden nur heiße Bäder benutzt, die man in Porzellan- oder emaillierten Eisengefäßen auf eine Temperatur von ca. 70 bis 90° C erwärmt. Als Anoden dienen Platinbleche, und die zu galvanisierenden Gegenstände werden nach der üblichen Reinigung und Entfettung in das Bad eingehängt, in dem sie in kürzester Zeit bei Anwendung einer Spannung von ca. 3 bis 4 V und einer Stromdichte von ca. 1 A/qdm eingehängter Warenoberfläche einen schönen weißen Platinüberzug erhalten. Die erhaltenen Niederschläge werden nach dem Abspülen an einer Zirkular-Neusilberkratzbürste gekratzt, und man kann das vorbeschriebene Verfahren natürlich entsprechend wiederholen, wenn besondere starke Niederschläge hergestellt werden sollen.

Da das der Lösung entzogene Platin durch die Platinanoden nicht ersetzt wird, weil dieselben unlöslich sind, so müssen natürlich dem Bade von Zeit zu Zeit wieder Platinsalze zugegeben werden, um die ursprüngliche Zusammensetzung aufrechtzuerhalten.

Bei der Herstellung starker Platinüberzüge arbeitet man also in genau der gleichen Weise, wie früher unter dem Kapitel „Galvanische Platinierung" beschrieben; es macht sich nur eine häufigere Ergänzung des dem Bade entzogenen Platins notwendig und, wie die in dem Laboratorium der Langbein-Pfanhauser-Werke ausgeführten Versuche ergeben haben; es ist erforderlich, nach jedem Zusatz von Platinsalmiaklösung (vgl. „Herstellung von Platinsalmiak") das Bad so lange durchzukochen, bis der Ammoniakgeruch völlig verschwunden ist. Die nach dem Zusatz neuer Platinlösung ursprünglich orangerote Färbung des Bades geht nach einigem Kochen in die ursprüngliche weingelbe Farbe des Platinbades über, worauf das Bad wieder gebrauchsfähig ist. Man achtet dabei darauf, daß die Lösung stets schwach alkalische Reaktion besitzt und gibt erforderlichenfalls etwas verdünnte Ammoniaklösung hinzu. Bei dieser Arbeitsweise lassen sich Platinniederschläge beliebiger Dicke anfertigen, wie die in dem Laboratorium der Langbein-Pfanhauser-Werke hergestellten Platinfolien von mehreren Zehntelmillimeter Stärke beweisen.

Zum Schluß sei noch erwähnt, daß bei der Herstellung billiger Schmucksachen das Aussehen des Platins vielfach durch galvanische Nickelüberzüge vorgetäuscht wird, und es erübrigt sich wohl, darauf hinzuweisen, daß solche Überzüge natürlich nicht in dem Maße auf Haltbarkeit Anspruch erheben können wie echte galvanische Platinüberzüge.

Fertigstellungsarbeiten.

Abheben der gewonnenen Niederschläge. Das Ablösen der galvanoplastischen Niederschläge wird je nach der Art des Niederschlages in besonderer Weise vorgenommen. Die geringsten Schwierigkeiten bieten in dieser Beziehung die Wachsformen, bei denen, besonders bei kleinen Oberflächen, eine leichte Trennung der Metallschichten durch Zwischenschieben eines keilförmigen Horn- oder Holzspatels erreicht wird.

Bei größeren Niederschlägen ist dies nicht angängig, weil man hierbei leicht Gefahr laufen würde, den an und für sich z. B. weichen Kupferniederschlag einzureißen oder bei tieferen Stellen, wie z. B. bei Schriftsätzen, wo das Kupfer fester hält, zu knicken. In diesen Fällen gießt man entweder heißes Wasser auf die Rückseite des Kupferniederschlages oder bläst Dampf darauf, wodurch das darunterliegende Wachs schmilzt und man die Kupferhaut ohne weiteres wegheben kann. Für ganz große Flächen bedient man sich der abgebildeten Wachsschmelztische. Die Platten dieser Tische werden mit Dampf geheizt und die Wachsmatrize samt Kupferhaut daraufgelegt. Das Wachs schmilzt weg und die von Wachs befreite Kupferhaut bleibt plan auf dem Tische liegen; das durch die seitlichen Vertiefungen des Tisches abfließende Wachs wird in dem Wachsschmelzkessel gesammelt. Die gebräuchlichsten Dimensionen solcher Tische sind:

Nutzfläche cm	Gewicht kg
66 × 100	340
75 × 140	450

Handelt es sich jedoch darum, galvanoplastisch hergestellte Schichten von einem Metallnegativ zu trennen, so muß man zunächst die Ränder der vorliegenden Platte so weit abfeilen, bis beide Metallschichten deutlich sichtbar werden. Alsdann sucht man vorsichtig durch Zwischenschieben kleiner Holzkeile eine allmähliche Trennung beider Metallschichten zu erreichen. Die Trennung geht um so leichter vor sich, je besser die Trennungsschicht vor der galvanoplastischen Abformung vorgenommen wurde. Man muß bei heißen Galvanoplastikbädern auf die Legierungsbildung Rücksicht nehmen, die zuweilen zu einem außerordentlich innigen Verwachsen der beiden Metalle führt, so daß eine Trennung derselben ohne Deformation manchmal unmöglich ist.

Albert fand, daß sich eine leichte und gefahrlose Trennung des Kupferniederschlages von Bleimatrizen erreichen läßt, wenn man die Metallmatrize samt Kupferniederschlag auf einem Bade aus einer leicht schmelzbaren Legierung schwimmen läßt. Es gelang ihm auf diese Weise, infolge der ungleichen Ausdehnung der Metalle, die vom Niederschlag befreite Bleimatrize noch 4 mal zur Herstellung neuer Galvanos zu verwenden, ohne daß die letzten Galvanos gegenüber den zuerst erhaltenen eine Qualitätsverminderung irgendwelcher Art gezeigt hätten (vgl. ,,Zur Theorie und Praxis der Metallmatrize" von Dr. E. Albert).

Herstellung der Trennungsschichten. Die gebräuchlichste Trennungsschicht bei der Herstellung von Kupferplatten für graphische und andere Zwecke ist folgende:

Die Originalplatte wird mit Sodalösung oder Benzin und Kalk entfettet, hierauf mit einer Zyansilberkaliumlösung eingerieben und auf diese Weise schwach versilbert. Nun jodiert man das Silber durch Behandlung mit einer dünnen Jodlösung, welche man dadurch bereitet, daß man ein entsprechendes Quantum Wasser mit so viel alkoholischer Jodtinktur versetzt, bis die Lösung weingelb erscheint. Man läßt diese Lösung ca. 2 Minuten auf die versilberte Mutterplatte einwirken, setzt sie kurze Zeit dem Lichte aus, spült ab und kann sie nun dem galvanoplastischen Prozeß zuführen.

Diese Jodschicht verhindert das Verwachsen der beiden Kupferschichten. Um die beiden Niederschläge voneinander zu trennen, werden die Ränder beschnitten oder eventuell abgefeilt, worauf man leicht die zwei Schichten voneinander lösen kann.

Vielfach benutzt wird auch der elektrolytische Weg, um geeignete Trennungsschichten herzustellen und eignet sich das im Teil II dieses Werkes angeführte Arsen- oder auch Antimonbad hierzu.

T. A. Edison (A. P. 1359972) erzeugt eine geeignete Trennungsschicht durch Eintauchen in selenige Säure.

Eine andere Methode, welche in der Galvanoplastik gebräuchlich ist, ist folgende: Die Kupferhaut, welche als Negativ dienen soll, wird dekapiert und 5 Minuten lang in einem gewöhnlichen Nickelbad vernickelt. Nun wird eine Schwefelnickelschicht erzeugt durch Übergießen mit einer Lösung von

Wasser . . . . 1 l

Schwefelammonium . . . . . . 50 g

Man übergießt die vernickelte Schicht 2- bis 3mal, spült dann ab und kann sofort die Positivschicht darauf erzeugen.

Ein weiterer Weg, um leicht abhebbare galvanoplastische Niederschläge, vornehmlich für Druckplatten geeignet, zu erzielen, der auch für erwärmte Bäder anwendbar ist, ist im D. R. P. 315711 gezeigt worden. Dieses Verfahren kennzeichnet sich dadurch, daß die Metallmatrizen mit wässerigen Lösungen von Gelatine, Leim oder ähnlichen Stoffen, die durch Behandlung mit chemischen Reagenzien oder Licht unlöslich für Wasser gemacht werden (Kaliumbichromat), überzogen werden oder einfach in solche hineingetaucht werden. Der Überzug darf aber nur dünn sein, damit er dem Stromdurchgang keinen merklichen Widerstand entgegensetzt. Die so geschaffenen Trennungsschichten widerstehen auch Temperaturen, die höher sind als 50° C.

Besondere Trennungsverfahren für die Nickel-Galvanoplastik sind in den nachfolgenden Patenten beschrieben:

Steinweg: E. P. Nr. 13365 von 1901.
    Verfahren zum Abtrennen von Matrizen und galvanisch niedergeschlagenen Metallen.

Gerhardi & Co.: D. R. P. Nr. 126999 vom 17. März 1901.
    Identisch mit E. P. Nr. 13365 von 1901.

Gerhardi & Co.: D. R. P. Nr. 123056 vom 13. Dezember 1900.
    Verfahren zur Herstellung leicht abhebbarer metallischer Formen für galvanoplastische Niederschläge.

Für spezielle Anwendungen der Nickel-Galvanoplastik erweisen sich die bekannten Verfahren, die Matrizen von den galvanoplastischen Niederschlägen abzutrennen, in vielen Fällen als wenig geeignet oder als ganz unausführbar, besonders aber in allen solchen Fällen, wo profilierte Objekte aus Nickel hergestellt werden sollen, wozu die Form naturgemäß Wölbungen, mitunter sogar Unterschneidungen haben muß.

Das bekannte und bereits erwähnte Verfahren, die Formen aus leichtflüssigem Metall herzustellen und nach Bildung des Niederschlages durch Schmelzen zu entfernen, bringt den großen Nachteil mit sich, daß stets eine Legierung des Formmetalles mit der metallisch reinen Niederschlagsfläche stattfindet. Mit der Anwendung von Kupfer oder geprägten Bleimatrizen ist hingegen nur die Möglichkeit geboten, flache Objekte galvanoplastisch darzustellen, solche Matrizen sind aber beispielsweise zur Herstellung von Hohlgefäßen mit Verzierungen, engen Öffnungen usw. nicht brauchbar.

Eine Methode, mehrere konzentrische Überzüge nacheinander auf einem Dorn zu erzeugen, wurde Elmores German and Austro-Hungarian Metal Com-

pany[1]) im Jahre 1891 patentiert. Nach diesem Verfahren wird der Mantel an
Ort und Stelle mit einem die Adhärenz verhinderten Stoffe, wie Fette, Sulfide
u. dgl., überzogen. Wenn sich der Niederschlag gebildet hat, wird der Iso-
lierungsvorgang wiederholt. So kann man mehrere Schichten gleichen Profils
übereinander herstellen und werden durch Zerschneiden oder Auftrennen Bleche,
Bänder usw. erzeugt (vgl. auch Burgess, Zeitschr. f. Elektrochemie 5, S. 334).

Der diesbezügliche Patentanspruch lautet:

Das Verfahren, mehrere konzentrische, zylindrische Metallüberzüge nacheinander auf einem Dorn auf elektrolytischem Wege herzustellen, darin bestehend,
daß man die Oberfläche eines fertig gebildeten Überzuges im galvanischen
Bade mit einem Sulfid, Fett oder anderem, das Anhaften eines neuen Überzuges
hindernden Stoff überzieht und dann erst den nächstfolgenden Überzug durch
galvanischen Niederschlag auf dem ersteren bildet.

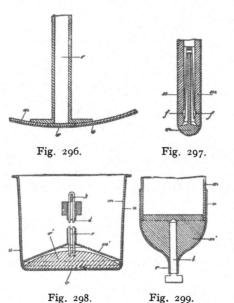

Fig. 296.   Fig. 297.

Fig. 298.   Fig. 299.

Eine ganz besondere Methode, die
Niederschläge von den Formen zu
trennen, wurde im Jahre 1896 von
A. Nußbaum[2]) vorgeschlagen und
diesem patentiert.

Dasselbe beruht darauf, daß das
leichte und sichere Abheben der Niederschläge von den besonders hergerich-
teten Modellen dadurch erreicht wird,
daß eine Druckflüssigkeit einen ventilartig beweglich angebrachten Teil der
Oberfläche samt dem darüber befindlichen Niederschlag emporhebt und so
zwischen Niederschlag und Modell gelangt.

Der elektrolytische Niederschlag
wird an einer offenen Stelle des Modelles mittels eines Bolzens stutzenartig verlängert, um nach Herausnahme
des Bolzens das Druckrohr in den gebildeten Stutzen einführen zu können.

Die zur praktischen Ausführung
des Verfahrens erforderlichen Apparate sind in vorstehenden Figuren abgebildet.

Das mit Ventil v (Fig. 296 bis 299) versehene und gegen das Anhaften des
Niederschlages präparierte Modell m wird in bekannter Weise elektrolytisch mit
dem Überzuge u versehen. Alsdann pumpt man durch das hohl ausgebildete
Modell durch ein besonderes Druckrohr r die Druckflüssigkeit ein, welche das
Ventil v von der Modelloberfläche abhebt. Das Einpumpen der Druckflüssigkeit
muß anfangs langsam geschehen, um dieser Zeit zu lassen, zwischen Niederschlag
und Modelloberfläche einzudringen und dadurch die Druckfläche zu vergrößern;
andernfalls platzt der Niederschlag beim Ventil. Ein leichtes Krachen kündigt
die vollendete Ablösung des Niederschlages an; bei größeren Gegenständen hört
man mehrere solche Töne, welche die Ablösung der einzelnen Teile kennzeichnen.
Nach einigen weiteren Pumpenstößen erfolgt dann das Abschieben des Niederschlages vom Modell.

[1]) D.R.P. 64420 vom 7. Juli 1891; E. P. Nr. 5167 vom 23. März 1891, Nr. 14624
(1890), Nr. 11778 (1888); A. P. Nr. 484704; F. P. Nr. 124641.
[2]) D.R.P. Nr. 91146 vom 28. Mai 1896; vgl. auch Engelhardt: III. Internationaler
Kongr. f. angew. Chemie; Chem.-Zeitg. 22, 649 (1898).

Die Ventile v müssen gut schließen, um das Eindringen der Druckflüssigkeit in das Modell zu verhindern. Die Ventile sind zweckmäßig schwach konisch auszuführen.

Kleinere Ventile werden durch Einfetten gedichtet; größere müssen durch Schleiffedern f oder durch an einer Verstärkung v_1 des Ventiles befestigte Drahtbügel d nebst Vorsteckkeil k festgehalten werden. Die Schleiffeder f gleitet unter der Einwirkung der Druckflüssigkeit leicht aus ihrer Nut heraus und gibt dadurch das Ventil v frei. Der Bügel d muß vor dem Einpumpen der Druckflüssigkeit durch Lösen des Keiles k freigemacht werden, um das Herauspressen des Ventils v zu ermöglichen.

Bei Gefäßmodellen mit gewölbtem Boden genügen kleine Ventile, obwohl allzu kleine einen zu hohen Pumpendruck erfordern würden. Bei Gefäßen mit flachem Boden müssen jedoch die Ventile nahezu die Größe des Bodens erreichen und demnach auch die dem Druck entsprechende Stärke besitzen; andernfalls würde der flache Boden sich ausbauchen, eventuell sogar bersten, bevor sich der Niederschlag von den Metallwänden ablösen kann. Bei der Herstellung offener Rohre empfiehlt es sich daher, dieselben mit einem halbkugelförmigen Hilfsboden bzw. Ventil zu versehen, weil eine gewölbte Niederschlagsfläche besser dem zum Abschieben der Rohre erforderlichen hohen Druck zu widerstehen vermag.

Die Ventile lösen sich leicht wieder vom Niederschlag ab, nötigenfalls gibt man einige Schläge mit dem Holzhammer. Soll ein offenes Rohrende hergestellt werden, so wird der Niederschlag an diesem Ende abgeschnitten und das darin liegende Ventil herausgeschlagen. Bei der Erzeugung kleinerer Röhren kann die das Modell bildende Röhre zugleich als Druckrohr dienen, muß aber in diesem Falle eine viel größere Wandstärke besitzen als der Niederschlag. Bei größeren Gegenständen ist ein besonderes Druckrohr anzuwenden. Die als Modell dienende Röhre kann alsdann verhältnismäßig schwächer gehalten werden, weil kein innerer Druck vorhanden ist. Dadurch wird zugleich die Trennung und Ablösung des Niederschlages erleichtert, weil das Modell sich etwas zusammendrückt und die Druckflüssigkeit daher leicht unter den sich ausdehnenden Niederschlag gelangen kann.

Die Druckrohre werden an ihrem Ende mittels Flansches oder mittels eines flachen Gefäßbodens bleibend am Modell befestigt und am anderen Ende zum Anschließen an die Druckpumpe eingerichtet. Dieselben stehen zweckmäßig in der Achse der Gefäßmodelle und münden am Boden derselben. Bei längeren Gegenständen, bei welchen der Niederschlag nicht axial vom Modell abhebbar ist, werden mehrere Druckrohre und Ventile in entsprechenden Abständen angebracht. Durch Einpressen der Druckflüssigkeiten in die einzelnen Rohre wird der Niederschlag sodann sukzessive abgehoben.

Die Ablösung des Niederschlages ist schließlich bei offenen Gefäßen, auch ohne Anwendung eines Ventiles, möglich. Die Metallröhre ist an ihrem offenen Ende mittels eines Hilfsstückes geschlossen, in welchem ein Bolzen steckt. Nachdem sich ein genügend dicker Niederschlag auf Modellröhre, Hilfsstück und Bolzen gebildet, wird der letztere, dessen Kopf zweckmäßig durch einen Überzug gegen den elektrolytischen Niederschlag geschützt ist, herausgezogen und der durch den Niederschlag gebildete Rohrstutzen nunmehr (z. B. durch Einschneiden von Gewinde) an die Druckpumpe angeschlossen. Die Abschiebung des Niederschlages erfolgt wie bei der Ventileinrichtung.

Patentansprüche: 1. Verfahren zum Ablösen elektrolytischer Niederschläge durch Einpressen von Druckflüssigkeiten zwischen Niederschlag und Metalloberfläche. 2. Eine Ausführungsform des unter 1 beanspruchten Verfahrens, dadurch gekennzeichnet, daß die Druckflüssigkeit einen ventilartig, beweglich angeordneten Teil der Oberfläche samt dem daran befindlichen Niederschlag emporhebt und dadurch zwischen Niederschlag und Modell gelangt, wobei zur Zuführung der Druckflüssigkeit entweder das hohl ausgebildete Modell selbst m oder ein besonders, gegen den Modellkörper abgedichtetes Druckrohr r dienen kann. 3. Eine zweite Ausführungsform des unter 1 beanspruchten Verfahrens, dadurch gekennzeichnet, daß der elektrolytische Niederschlag an einer offenen Stelle des Modelles mittels eines Bolzens b stutzenartig verlängert wird zum Zweck, nach Herausnahme des Bolzens das Druckrohr in den gebildeten Stutzen einführen zu können.

Das Abheben kann aber auch in der Weise bewirkt werden, daß der elektrolytische Niederschlag an einer offenen Stelle des Modelles mittels eines Bolzens stutzenartig verlängert wird, um nach Herausnahme des Bolzens das Druckrohr in den gebildeten Stutzen einführen zu können.

Ähnlich wie Nußbaum durch Pressung den Niederschlag abhebt, verfährt The Electro-Metallurgical Company Ltd.[1]), doch läßt diese die Formen zusammenziehen, wobei sich der Überzug loslöst. Die Formen bestehen aus dünnen Metallstreifen, welche in mehreren Windungen übereinandergerollt sind. Das Ablösen geschieht dann in der Weise, daß man das Rollenband, eventuell unter

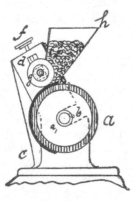

Fig. 300.

Zuhilfenahme einer im Innern angebrachten Rippe, die mit einem geeigneten Werkzeuge erfaßt wird, zusammenzieht, d. h. den Durchmesser durch sukzessives Einrollen verkleinert, wobei sich der Niederschlag von selbst loslöst, selbst wenn lange Rohre herzustellen sind.

Infolge der Elastizität nimmt die Form nach Entfernung des Niederschlages ihre ursprüngliche Gestalt und Größe wieder an. Der Patentanspruch lautet:

Kathode zur Aufnahme fester Niederschläge, dadurch gekennzeichnet, daß sie spiralförmig und elastisch angeordnet ist, so daß sie zur Ablösung des Niederschlages enger zusammengerollt werden kann, worauf sie, vermöge ihrer Elastizität, ihre ursprüngliche Gestalt wieder annimmt.

Bei der Herstellung der Rohre auf elektrolytischem Wege handelt es sich nach Elmores German and Austro-Hungarian Metal Company[2]) darum, diese in bequemer Weise von den Dornrohren abzulösen, und wurde hierzu nachstehendes Verfahren zur Anwendung gebracht.

Das dünne Metallrohr, welches als Dorn für den zu erzeugenden Niederschlag dient, wird mit einem bei niederer Temperatur schmelzbaren Material überzogen und dadurch glatt gemacht.

Der Dorn a in Fig. 300 wird mit seinem Zapfen a_1 in die oben offenen Lager b eines Gestelles c gelegt. In Ansätzen des Gestelles befinden sich Schlitze d, welche zwei durch Spindeln f verstellbare Lager e führen. In letzteren ruhen die Zapfen einer zum Dorne parallel gelagerten Walze g. Diese Walze g kann durch die Spindel f derart verstellt werden, daß sie mit dem zu präparierenden Dorne a eine keilförmige Rinne bildet, in welche durch ein trichterförmiges Gefäß h die Masse gelegt wird, die den Überzug bilden soll. Die Zapfen a_1 des Dornes a sind hohl und dienen zum Ein- bzw. Durchleiten von kaltem Wasser, durch die Walze g hingegen wird entweder heiße Luft oder Dampf durchgeleitet, wodurch man bezweckt, den Dorn a zu kühlen und die Walze g zu erwärmen. Die Belegmasse, die aus dem Fülltrichter kommt, schmilzt daher durch die Wärme

---

[1]) D. R. P. Nr. 89780 vom 24. Mai 1896; A. P. Nr. 592802; E. P. Nr. 11338 vom 23. Mai 1896.

[2]) D. R. P. Nr. 63838 vom 12. April 1891; E. P. Nr. 7932 vom 22. Mai 1890; A. P. Nr. 485919; F. P. Nr. 212385.

der Walze g und erstarrt auf dem kalten Dorne a. Die Dicke der aufzutragenden Schicht wird durch den Achsenabstand des Dornes von der Walze geregelt. Als Überzug dienen entweder leicht schmelzbare Metallegierungen oder Wachsarten. In letzterem Falle, wenn nichtleitende Substanzen auf den Dorn aufgebracht werden, ist es nötig, den Überzug an zahlreichen Stellen bis zum Metall des Dornes zu durchstechen oder aber, um das Durchstechen zu ersparen, das Überzugsmaterial vorher mit in Wasser leicht löslichen Salzen zu versehen, die sich beim Auslaugen des überzogenen Rohres vor dem Einbringen in das elektrolytische Bad lösen und dadurch die gewünschten Kanäle herstellen. Das Überzugsmaterial kann auch mit Graphit vermischt werden.

Ist das elektrolytisch herzustellende Rohr am Dorn niedergeschlagen, dann erfolgt die Erwärmung des Rohres, wodurch beispielsweise warmes Wasser an die Dornwandung kommt und das Überzugsmaterial zum Schmelzen bringt. Die Metallhülle kann dann leicht vom Dorn abgehoben werden.

Patentansprüche: 1. Verfahren, das Abziehen elektrolytisch erzeugter Röhren von dem rohrförmigen Dorne dadurch zu erleichtern, daß letzterer, z. B. mit Hilfe einer umlaufenden Glättwalze, einen leicht schmelzbaren oder durch die Flüssigkeit auflösbaren glatten Überzug erhält, der, falls er die Elektrizität nicht zu leiten vermag, mit zahlreichen Löchern versehen oder mit einem leitenden oder im galvanischen Bade sich auflösenden Pulver durchsetzt wird, um eine leitende Verbindung zwischen dem Dorne und einer den nichtleitenden Überzug umgebenden leitenden Schicht, wie Graphit, herzustellen.

2. Bei dem unter 1 gekennzeichneten Verfahren, für den Fall der Benutzung eines durch eine Flüssigkeit aufzulösenden Überzuges, die Verwendung eines mit zahlreichen Durchlochungen versehenen, bis zur Fertigstellung des Rohres verschlossen zu haltenden rohrförmigen Dornes, zum Zwecke, das Auflösen dieses Überzuges in kurzer Zeit zu bewirken.

Als besonders vorteilhaft ließen sich Elmores German and Austro-Hungarian Metal Company und P. E. Preschlin[1]) ein Verfahren patentieren, welches darin besteht, daß zunächst das Dornrohr mit kaltem Wasser gefüllt wird, um die aufgetragene Masse sofort zum Erstarren zu bringen. Das Rohr erhält zunächst einen Anstrich mit Asphaltlack, wodurch ein gutes Anhaften der Masse erreicht wird. Diese besteht aus:

Paraffinwachs . . . . . . 75 Tl.
Pech . . . . 25 „

Die Masse schmilzt bei 63° C. Dieselbe wird entweder auf den Dorn aufgegossen, oder man läßt den gekühlten Dorn rotierend in die geschmolzene Masse eintauchen. Nachdem die Masse erstarrt ist, wird der Überzug unter Zuhilfenahme eines starken Wasserstrahles abgedreht. Es lassen sich auf diese Weise nicht bloß zylindrische Rohre, sondern alle Rotationskörper, auch Schraubenflächen, herstellen.

Das Verfahren ist durch folgenden Anspruch geschützt: Bei dem durch das Patent Nr. 63838 geschützten Verfahren, die Aufbringung eines leicht schmelzbaren Mantels auf den Dorn in der Weise, daß letzterer mit Asphaltlack bestrichen wird und dann unter gleichzeitiger Kühlung seines Innern einen Überzug, bestehend aus einer Mischung von Wachs und Pech, erhält.

Reinigen der Niederschläge. Werden starke Niederschläge aus Kupfer von einem Metallnegativ erzeugt, so genügt, abgesehen von einem Abfeilen der Ränder, für die Reinigung der Bildseite meist eine Bearbeitung mit einer weichen Drahtbürste, evtl. unter Zuhilfenahme einer Zyankaliumlösung. Das gleiche gilt auch für die Bearbeitung von Nickelgalvanos, bei denen man meistens ein Polieren an der Schwabbelscheibe mittels Wienerkalk oder einer geeigneten Polier-

---

[1]) D. R. P. Nr. 72195 vom 6. April 1893.

komposition vornimmt, sofern eine glänzend polierte Bildseite erforderlich ist. Liegen jedoch Galvanos vor, die nachträglich hintergossen werden müssen, so muß die Oberfläche von anhaftendem Wachs und Graphit gereinigt werden. Es werden zu diesem Zwecke die Kupferhäute mit warmem Wasser behandelt, um das Wachs vollends wegzuschaffen, dann wird mit einer Borstenbürste, feinem Bimssteinpulver und schwacher Sodalösung oder Salzsäure geputzt und getrocknet. Das Galvano muß hierauf auf der Druckseite kupferrein aussehen.

Das Hintergießen der Galvanos. Dies hat den Zweck, sämtliche Unebenheiten des Kupferniederschlages mit Metall auszufüllen und dem Klischee eine gewisse Metallstärke zu geben. Die Manipulation ist verschieden, fast jede Fabrik hat ihre eigene Methode, im großen und ganzen aber bleibt das Verfahren typisch.

Fig. 301.

Das Galvano wird zuerst beschnitten, um die knospigen Ränder zu beseitigen. Nun wird das Kupfer verzinnt, weil das Hintergießmetall (zumeist Blei) auf dem Kupfer nicht haften würde. Man bestreicht zu diesem Zwecke die Kupferhaut mit Lötwasser, evtl. börtelt man die Ränder schachtelartig nach aufwärts und legt das Galvano auf die Hintergießpfanne, die Bildfläche nach unten gekehrt.

Das Galvano wird vorgewärmt, und zwar am besten gleich auf dem in einem geeigneten Schmelzherd (Fig. 301) befindlichen heißen Hintergießmetall. Man bringt den Eisenrahmen mit der Kupferhaut auf das geschmolzene Metall und läßt die Pfanne so lange auf dem Metall schwimmen, bis das Galvano die Temperatur des Hintergießmetalles angenommen hat. Nun verzinnt man die Kupferhaut durch Aufsetzen von Lötzinn in Form feiner Körner oder dadurch, daß man 0,1 mm dicke Stanniolblätter darauflegt. Außer gewöhnlichem Zinn hat sich eine Legierung von

15 Tl. Zinn,
6 Tl. Wismut und
15 Tl. Blei

sehr gut bewährt. Auf der heißen Kupferhaut schmilzt das Zinn sofort, und nun ist die verbindende Schicht zwischen Kupfer und Blei hergestellt. Man achte darauf, daß das Zinn tatsächlich auf der ganzen Fläche gleichmäßig verteilt ist, damit keine unverzinnten Stellen bleiben, welche sich beim fertigen Klischee störend bemerkbar machen würden. Solche unverzinnte Stellen verursachen nämlich beim Hintergießen die Bildung von Hohlräumen, Blasen, und die Kupferhaut fällt dann dort ein, wenn das Klischee dem Druck ausgesetzt wird.

Das Hintergießen selbst wird ebenfalls verschiedenartig ausgeführt. In dem Schmelzherd wird das Hintergießmetall, zumeist Weichblei, mit etwas Antimon oder Zinn legiert, um das Metall härter zu machen. Eine viel angewendete Komposition ist folgende:

90% **Blei,**

5% **Zinn,**

5% **Antimon**

Kempe empfiehlt bloß den Antimonzusatz und gibt dem Metall die Zusammensetzung:

94% **Blei**

6% **Antimon**

Um das Galvano mit der entsprechend dicken Metallschicht zu hintergießen, wird die umgeränderte Kupferhaut, mit der Bildseite auf dem Schwimmrahmen liegend, aus dem Schmelzherde genommen und auf einen Eisenrost plan aufgelegt. Mit einem gewöhnlichen Schmelzlöffel wird jetzt das Hintergießmetall aus dem Herde geschöpft und von einer Ecke des Galvanos aus das Metall gleichmäßig aufgegossen. Man vermeidet auf diese Weise die Blasenbildung, die sonst leicht eintreten könnte.

Es ist auch aus diesem selben Grunde und ferner, um das Metall nach dem Erstarren nicht brüchig zu erhalten, die Vorschrift einzuhalten, das Hintergießmetall nicht zu stark zu erwärmen. Dem Galvanoplastiker ist die Probe geläufig, die Temperatur des Metalles so zu halten, daß ein in das geschmolzene Metall eingetauchter Papierstreifen nicht verbrennt, sondern nur gebräunt wird.

Um das Metall abzukühlen, wird von beiden Seiten Luft mittels eines Ventilators darauf geleitet und zuletzt die

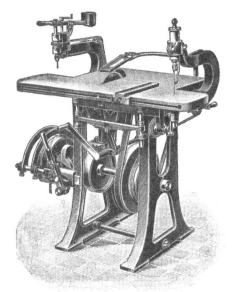

Fig. 302.

Abkühlung durch Wasser vervollständigt. Eine andere Hintergießmethode, bei welcher das spätere Ausrichten, d. i. planrichten, vereinfacht wird, ist folgende: Das Hintergießen wird auf der durch Gas erwärmten Tischplatte einer Spindelpresse ausgeführt ohne Gießrahmen. In dem Augenblick, als das Metall an der Oberfläche grießartig erstarrt, wird ein Stück Papier daraufgelegt und der Druck der Spindelpresse wirken gelassen. Das Galvano wird dadurch gleichzeitig ausplaniert und die Möglichkeit zur Blasenbildung zwischen Kupferhaut und Hintergießmetall herabgemindert.

Das Beschneiden der Niederschläge. Die Klischees werden nun auf der Kreissäge (Fig. 302) rechtwinklig auf das gewünschte Maß beschnitten und mit dem sogenannten Bestoßzeug an den Rändern fassoniert. In kleineren Betrieben sind Handsägen für diese Zwecke im Gebrauch. Bevor nun das so bearbeitete Galvano abgedreht wird, d. h. die hintergossene Seite plan gedreht wird, muß es untersucht werden, ob es für den Druck geeignet ist. Man untersucht es auf vollkommen plane Druckfläche, indem man ein Metallineal in verschiedenen Richtungen auf die Bildseite auflegt und gegen das Licht haltend prüft, ob irgendwo ein Spalt sichtbar ist als Zeichen, daß dort eine Unebenheit vorhanden ist. Solche unebene Stellen werden auf einem Lithographiesteine oder einer Richtplatte ausgerichtet, indem mittels eines Holzstückes und eines Holzhammers die eingefallenen Stellen emporgetrieben werden. Zum Anzeichnen derjenigen Stellen, welche auszurichten sind, bedient sich der Galvanoplastiker eines Instrumentes, das er Taster nennt. Es ist dies ein gebogener Blechstreifen, welcher zwei Stifte besitzt, von denen der eine, mit scharfer Spitze, auf der hinter-

Fig. 303.

gossenen Seite die Fläche einritzt, welche mit der oberen stumpferen Spitze auf der eingefallenen Fläche umschrieben wird.

Nun werden noch kleinere Ausbesserungen in der Druckfläche vorgenommen, erforderlichenfalls mehrere Teilgalvanos durch Löten zu einem Ganzen vereinigt, wobei wieder eine genaue Einstellung in eine Fläche nötig ist. Dann erfolgt das Abdrehen bzw. Abhobeln der hintergossenen Seite. Kleinere Galvanos werden auf der in Fig. 303 abgebildeten Drehbank abgedreht, größere Galvanos, welche sich beim Einspannen ausbauchen würden, müssen auf der Hobelmaschine (Fig. 304) bearbeitet werden. Mittels Lochstanzmaschinen oder Bohrmaschinen werden die zum Aufnageln bestimmten Löcher gebohrt, die Galvanos auf die Holzstöcke aufgenagelt und druckfertig gemacht.

Häufig werden die Kupfergalvanos verstählt oder ver-

Fig. 304.

nickelt verlangt, damit zufolge der größeren Härte des Eisen- oder Nickelniederschlages die Galvanos eine höhere Druckauflage aushalten. Hierzu sei auf das entsprechende Kapitel betr. „Verstählung von Druckplatten" verwiesen.

Für die Vernicklung empfiehlt Verfasser folgende Zusammensetzung:

Wasser . . . . 1 l
Nickelsulfat . . . . 50 g
Chlorammon . . . . 25 g

Badspannung bei 15 cm Elektrodenentfernung . . . . 2,3 V
Änderung der Badspannung für je 5 cm Änderung der Elektroden-
entfernung . . . . 0,43 V
Stromdichte . . . . 0,5 Ampere
Badtemperatur: 15—20° C
Konzentration: 5° Bé
Wasserstoffzahl: 5,8—6,2
Spez. Badwiderstand: 1,76 Ω
Temperaturkoeffizient: 0,025
Stromausbeute: 95,5%.

Die wohlgereinigten, entfetteten Galvanos werden ca. 5 Minuten lang in dem angegebenen Bade vernickelt, hierauf gespült und getrocknet.

Glänzen der Niederschläge. Ist der galvanoplastische Niederschlag von der Form abgenommen, so haftet ihm entweder Graphit oder Bronzestaub an, wenn das Leitendmachen der Form mit solchen Mitteln bewerkstelligt wurde, oder aber es befinden sich Reste der Abtrennzwischenschicht darauf, oder schließlich, wenn die Formen aus leicht schmelzbarem Metall bestanden, sind die Spuren trotz der vorangegangenen Reinigung noch zu sehen, mit einem Wort, die Niederschläge sind noch nicht für das Auge fertig. Hierzu werden sie entweder auf der rotierenden Kratzbürste gekratzt, oder mattgeschlagen, oder in der Matt- oder Glanzbrenne gebrannt, oder aber auf der Polierscheibe gemäß den im Kapitel „Polieren" angeführten Grundsätzen auf Glanz gebracht. Wo besondere Feinheiten des Niederschlages erhalten werden müssen, wie z. B bei Galvanos aus Kupfer, darf man nur mit ganz feinpulverigen Mitteln, wie Schlämmkreide u. dgl., evtl. unter Benutzung von Benzin, Zyankalium, verdünnter Schwefelsäure usw., das Glänzen herbeiführen.

Glätten der Niederschläge während des Prozesses. Wir wissen bereits, daß die elektrolytischen Niederschläge, wenn sie einige Dicke erreichen, besonders bei Anwendung höherer Stromdichten, sehr leicht knospige oder dendritenförmige Gebilde ansetzen, aber auch bei aller Vorsicht, trotz Diaphragmen, Filtration u. dgl., werden die Niederschläge rauh. Das Streben der Galvanotechniker war seit langem darauf gerichtet, diese körnigen Unebenheiten der dickeren Niederschläge zu vermeiden, denn die spätere Entfernung dieser Rauheiten durch Schleifen, Feilen, Hobeln und ähnliche Bearbeitungsmethoden bedeutet einerseits einen namhaften Materialverlust, andererseits einen Mehraufwand an Energie für die Abscheidung der endlich herzustellenden Schicht und eine Mehrarbeit für die Nachbehandlung. Gelingt es aber, die Rückseite der galvanoplastischen Niederschläge glatt zu erhalten, selbst wenn z. B. die Schicht mehrere Millimeter dick gemacht wird, so entfällt solche Nacharbeit, und es ist tatsächlich nur die elektrische Energie zur Abscheidung aufzubringen, die sich im voraus zur Erzielung der verlangten Schichtdicke theoretisch ermitteln läßt, ein Umstand, der bei der Kalkulation der Gestehungskosten sehr ins Gewicht fällt.

Wir haben bei den einzelnen galvanischen Bädern im Kapitel „Galvanostegie" gesehen, durch welche Maßnahmen man glänzende Niederschläge erreichen kann. So fanden wir beim Silberbad einen Zusatz von Schwefelkohlenstoff, beim Messingbad die arsenige Säure, bei Nickel- und Zinkbädern Zusätze von Kolloiden und anderen Stoffen, welche adsorptionsfähig sind. Bei galvanoplastischen Kupferbädern und bei den warmen Bädern zur Erzielung dicker Niederschläge in kurzer Zeit, wie solche für galvanoplastische Prozesse verlangt werden, sind solche Zusätze noch nicht erprobt, wenigstens noch wenig zur praktischen Anwendung gelangt. Dem experimentell arbeitenden Galvano-techniker steht demnach hier noch ein weites, aber äußerst dankbares Gebiet offen.

Meist beschränkt man sich darauf, die Auswüchse, die bei starken Nieder-schlagsschichten entstehen, durch mechanische Mittel zu verhindern. Bahn-brechend in dieser Hinsicht sind die Patente Elmores, der das Glätten der Niederschlagsflächen durch mechanisch geführte Achatrollen bewerkstelligt. Hier soll nur das Prinzip dieses Verfahrens erläutert werden.

Bekanntlich ist der galvanische Niederschlag ein im Sinne der Stromlinien-bahnen gebildeter Belag, aus unendlich vielen mikroskopisch kleinen Metall-kristallen bestehend. Die der Anodenfläche zugekehrten Spitzen der Metall-kristalle geben besonders bei Anwendung größerer Stromdichten eine bevorzugte

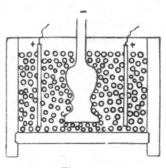

Fig. 305.

Stelle für die kathodische Metallabscheidung ab, d. h. diese Spitzen wachsen stärker als die tiefer liegenden Stellen, wodurch die Rau-heit der Niederschläge erklärbar ist. Je weiter eine solche Kristallspitze hervorragt, desto rascher entwickelt sie sich, und wenn gar irgendein im Elektrolyten suspendiertes Fest-teilchen metallischer oder überhaupt elektrisch leitender Substanz daran hängen bleibt, so ist die Gleichmäßigkeit der Niederschlagsdicke-entwicklung auf das empfindlichste gestört, und wir können dann an solchen Stellen oft kompliziert verästelte Gebilde entstehen sehen. Wenn man aber durch genügenden Druck eines harten Steines, wie Achat (auch Glas usw. ist anwendbar), die Spitzen der einzelnen Kristalle breit drückt, so können solche Auswüchse nie entstehen. Gleichzeitig wird dadurch das niedergeschlagene Metall gedichtet, so daß seine Härte um ein Beträchtliches steigt. Während z. B. Kupfer aus saurer Kupfer-sulfatlösung, normalerweise abgeschieden, eine Härte von 65 zeigt, besitzt das unter Zuhilfenahme solcher Achate geglättete und gehärtete Niederschlagskupfer eine Härte bis zu 140. Es ist klar, daß die Glättwirkung und die Härtung um so intensiver ist, je rascher die Momente der Druckäußerung an derselben Stelle aufeinander-folgen bzw. je kleiner die Dickenzunahme ist, die zwischen zwei aufeinanderfolgenden Druckmomenten erfolgt. Es folgt daraus der Schluß, daß die Glät-tung und Härtung um so intensiver ist, je größer der Auflagedruck des Achates, je größer die Um-

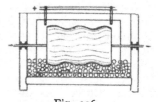

Fig. 306.

drehungsgeschwindigkeit des zu glättenden Körpers und je kleiner die Strom-dichte an der Kathode ist. Je höher man also die Stromdichte wählt, um so rascher muß man die Formen mit dem galvanoplastischen Niederschlag rotieren lassen, wenn man nicht den Auflagedruck im entsprechenden Verhältnis er-höhen kann.

Darmstädter will die Achate des Elmore-Verfahrens dadurch ausschalten, daß er eine Aufschwemmung von Infusorienerde oder einem ähnlichen im Bade unlöslichen Festkörper durch intensive Badbewegung auf den Niederschlag wirken läßt. Unstreitbar ist eine gewisse Wirkung zu konstatieren, wenn auch die Güte der Niederschläge an die nach dem Elmore-Verfahren hergestellten nicht heranreicht. Während aber das Elmore-Verfahren nur für Rotations-körper, wie Rohre, Walzen usw., in Betracht kommt, kann das Verfahren Darmstädters auf alle Formen, ob sie rotieren oder ruhig im Bade hängen, angewendet werden. Bei profilierten Rotationskörpern ist die Steuerung der Glättvorrichtung sehr erschwert, und um auch hierfür die Vorteile der Glättung durch Druckäußerungen benutzen zu können, hat Verfasser den Vorschlag gemacht, die rotierenden Kathoden ganz mit Kugeln aus Achat, Quarz, Glas u. dgl. zu umgeben, und was an Druck diesen Glättkugeln fehlt, durch Steigerung der Rotation zu ersetzen. Fig. 305 erläutert diese Methode in einfacher Weise. Es kommt hierbei also nur eine relative Bewegung zwischen Kathode und den sie berührenden Glättkugeln in Betracht. Unter Umständen kann man die Form auch nur in ihrer unteren Hälfte in die Glättkugeln tauchen, wie Fig. 306 zeigt, wo eine horizontal gelagerte Walze auf ihrer welligen Oberfläche einen glatten Niederschlag erhalten soll.

Für nicht rotierende Formen oder flache Formen, die keine Rotation zulassen, ist das Kugel-Glättverfahren in modifizierter Form anzuwenden, zwar so, daß mittels einer Baggereinrichtung die Kugeln vom Boden der Wanne aufgeschöpft und durch einen Falltrichter oder über eine Gleitebene auf die Niederschlagsfläche aus entsprechender Höhe geführt werden und durch die Fallbewegung den glättenden Druck auf den Niederschlag ausüben.

Das Abschleifen und Polieren der Niederschläge nach ihrer Fertigstellung durch Schleifscheiben geschieht wie bereits früher beschrieben.

Praktische Anwendungen der Galvanoplastik.

Ehe wir zur Besprechung der hauptsächlichsten Anwendungsgebiete der Galvanoplastik übergehen, sei darauf hingewiesen, daß ein sehr großer Teil der in den vorherigen und noch folgenden Kapiteln erwähnten Patente abgelaufen ist, so daß deren freier Benutzung nichts im Wege steht. Man ist somit vielfach in der Lage, manches dieser Verfahren mit neuen Arbeitsmethoden zu verknüpfen und diese zu vervollkommnen. So datiert das bereits erwähnte Patent Nr. 59933 von Elmore vom 19. November 1890, ist also längst erloschen, so daß das gleiche Prinzip der Achatglättung nicht nur zur Herstellung von Rohren, sondern auch für Bleche, Grammophonplattenmatrizen u. a. m. benutzt werden kann.

Ornamentale und figurale Galvanoplastik. Hierüber ist nach dem unter „Abformen usw." Gesagten nur noch wenig hinzuzufügen. Soll z. B. von einer Gipsfigur eine galvanoplastische Kopie hergestellt werden, so tränkt man die Oberfläche der Gipsfigur mit Wachs oder ähnlichen Mischungen (vgl. „Imprägnieren nichtleitender Gegenstände"), überbürstet sorgfältig mit Graphit und hängt nach Anbringung geeigneter Stromzuleitung und Übergießen mit Alkohol die Figur in das Kupfer-Galvanoplastikbad. Ist der Niederschlag genügend stark, so schneidet oder sägt man die Figur der Länge nach mitten durch, nimmt den Gipskern ganz oder in Stücken heraus und verlötet die beiden Kupferhälften miteinander. Die auf diese Weise erhaltene Matrize, das Negativ der Originalfigur, wird nun außen mit geeignetem Decklack, Wachs od. dgl. völlig abgedeckt, von neuem in das Bad gebracht, nachdem man auf der inneren Kupferfläche nach einer der bereits beschriebenen Methoden eine Trennungsschicht angebracht hat. Unter Zuhilfenahme einer geeigneten Innenanode und guter Zirkulation des Elektrolyten trägt man auf der Innenseite der Kupfermatrize einen zweiten Kupferniederschlag auf, der nach dem Ablösen der Außenform durch Erhitzen der Lötnähte das getreue Abbild der ursprünglichen Gipsform ergibt.

Monumentale oder figurale Objekte, die in Teilformen zum galvanoplastischen Prozesse gelangen, werden nach erfolgtem Niederschlag montiert, d. h. zusammengesetzt. Die Teilstücke werden je nach Größe 0,5 bis 3 mm stark hergestellt, an den Rändern beschnitten und entweder vor oder nach der Randbearbeitung ausgeschwemmt.

Hierzu bedient man sich einer Bunsen-Flamme, mit welcher das vorher mittels Lötwasser gereinigte Kupferstück erwärmt wird. Um ein Verziehen der Teile zu vermeiden, werden sie auf einer Holzkohlenunterlage auch von der Bildseite her erwärmt. Je nachdem man hart oder weich ausschwemmt, bedient man sich der Zinnfolie resp. des Zinnlotes oder des Hartlotes normaler Zusammensetzung. Zweck dieses Ausschwemmens ist, die galvanoplastische Reproduktion gegen mechanische Beanspruchungen widerstandsfähiger zu machen und ist aus diesem Grunde das Ausschwemmen mit Hartlot vorzuziehen. Die Auflage von diesem Lotmetall wird nur so weit getrieben, daß die Rauheiten auf der Niederschlagsseite ausgeglichen werden, und die einzelnen Teile können sofort montiert werden. Für gewöhnlich werden die Teilstücke zusammengelötet, bei welcher Arbeit bei figuralen Stücken unbedingt ein Bildhauer mitwirken muß, um die Formen des Originales genau wieder zu erreichen.

Je größer die galvanoplastisch zu reproduzierenden Figuren, um so größer werden naturgemäß die Schwierigkeiten, wenn dieselben sich auch bei geeigneter Arbeitsweise überwinden lassen. Sollen z. B. monumentale Bildwerke galvanoplastisch erzeugt werden, so schneidet man von dem Gipsmodell mittels einer sog. Drahtsäge alle hervorstehenden Teile, wie Arme, Füße usw., ab, wie man, falls erforderlich, auch den Rumpf noch in Teilstücke zerlegt. Von sämtlichen Stücken werden nun in der vorbeschriebenen Weise galvanoplastische Positive erzeugt, die wieder zusammenmontiert werden, nachdem man mit der Laubsäge allen überflüssigen Niederschlag, der sich z. B. über die Ränder hinaus gebildet hat, entfernt hat. Die Ränder werden hierauf sorgsam abgefeilt, bis ein genaues Passen der Stücke erzielt ist, sämtliche Stücke mit weichem, gut ausgeglühtem Draht zusammengebunden und alsdann verlötet. Bei sehr großen Figuren lötet man zweckmäßig im Innern noch Versteifungen ein, um der fertigen Figur eine bessere Haltbarkeit zu verleihen. Bei der modernen figuralen Galvanoplastik wird die galvanoplastische Abformung großer Figuren allgemein in Teilstücken vorgenommen, da dies das einfachste und sicherste Verfahren ist. Es sei jedoch der Vollständigkeit halber auch das früher benutzte Verfahren erwähnt, wie es z. B. in England bei der Erzeugung von Statuen großer Dimensionen üblich gewesen ist. Man bediente sich hierbei geeigneter Tonmodelle, die nach dem Imprägnieren mit Stearin u. dgl. und Graphitieren in einem Kupfer-Galvanoplastikbad mit verhältnismäßig schwachem Strom einen allseitig dünnen Kupferniederschlag erhielten. Nach vollkommener Verkupferung wurde die Form aus dem Bade genommen und alsdann so lange erhitzt, bis der Ton sich in Staubform aus der galvanoplastischen Form entfernen ließ. Es blieb alsdann nur eine dünne Kupferhaut zurück, die auf der Außenseite nunmehr aufs sorgfältigste mit geeigneten Lacken abgedeckt und alsdann wieder in das Bad eingehängt wurde. Das Kupfer schlägt sich nunmehr unter Verwendung geeigneter Innenanoden auf der Innenseite der dünnen Kupferform nieder, und sobald der Niederschlag stark genug ist, kann man unter Entfernung der äußeren dünnen Kupferhaut die fertige galvanoplastische Form in einem Stück erhalten.

Ein anderes früher in der Christoffleschen Fabrik benutztes Verfahren bei der Herstellung monumentaler Gegenstände bestand darin, die abzuformende Figur nach dem Imprägnieren mit unlöslichen Bleianoden zu umgeben, wobei besonderes Augenmerk darauf gerichtet wurde, daß die einzelnen Bleianoden möglichst in genau gleichem Abstande von der zu verkupfernden Form sich befanden. Wurde eine derartige, entsprechend imprägnierte und leitend gemachte Form in das Kupferbad eingehängt, so bildete sich beim Stromschluß an der Anode eine lebhafte Sauerstoffentwicklung, die eine sehr gute Zirkulation der Flüssigkeit zwischen Bleiskelett und abzuformender Figur bewirkte. Später ging man dazu über, an Stelle eines Skeletts aus einzelnen Bleianoden einen die Form der darzustellenden Figur u. dgl. in groben Umrissen nachahmenden

Bleikern zu verwenden, der, um eine Zirkulation innerhalb der Lösung zu ermöglichen, an vielen Stellen durchbohrt und durch isolierende Stützen außerhalb oder innerhalb der zu reproduzierenden Form befestigt wurde. Wenn dieses Verfahren auch den Vorteil bietet, das Vorrichten, Aufeinanderpassen und Zusammenlöten der einzelnen Teile großer Gegenstände zu ersparen, so besteht doch der große Nachteil hierbei, daß nur fehlerfrei verkupferte Gegenstände weiterverarbeitet werden können, da sich evtl. Fehler erst nach Beendigung des Prozesses erkennen lassen, deren Beseitigung später sehr schwer, wenn nicht unmöglich ist.

Die beim Zusammenlöten der Einzelteile entstandenen Lötstellen werden befeilt und das ganze Stück in einem zyankalischen Kupferbade nach vorheriger Entfettung mit Kalkbrei oder Benzin überkupfert. Die Überkupferung im sauren Kupfer-Plastikbade ist nicht ratsam, weil dadurch die Feinheiten infolge der größeren Kupferauflage verlorengehen, der Niederschlag überdies matt ausfällt. Der Kupferniederschlag aus dem zyankalischen Kupferbade hingegen fällt glänzend aus, das Bad streut recht gut in Hohlräume, Unterschneidungen usw., wo die Lötstellen mit Vorliebe angebracht werden, und die Auflage, die nur den Zweck hat, alle Lötstellen zu überkupfern, fällt fast überall gleich stark aus. Verfasser empfiehlt für diese Überkupferung folgendes Bad:

$$\begin{array}{ll}
\text{Wasser} & 1 \text{ l} \\
\text{Kohlensaures Natron, kalz.} & 10 \text{ g} \\
\text{schwefelsaures Natron, kalz.} & 20 \text{ g} \\
\text{Saures schwefligsaures Natron} & 20 \text{ g} \\
\text{Zyankupferkalium} & 30 \text{ g} \\
\text{Zyankalium} & 1 \text{ g}
\end{array}$$

Badspannung bei 15 cm Elektrodenentfernung . . . . 2,7 **Volt**
Änderung der Badspannung für je 5 cm Änderung der Elektrodenentfernung . . . . 0,26 **Volt**
Stromdichte . . . . 0,3 **Ampere**
Badtemperatur: 15—20° C
Konzentration: 7¾° Bé
Spez. Badwiderstand: 1,75 Ω
Temperaturkoeffizient: 0,0184
Stromausbeute: 81%
Theoretische Niederschlagsmenge pro A/Std: 2,362 g

Die Stärke des Niederschlages bei der angegebenen Stromdichte ist 0,00644 mm pro Stunde.

Bei der Bereitung des Elektrolyten ist folgender Weg einzuschlagen.

Das kohlensaure und schwefelsaure Natron ist zuerst zu lösen, und zwar in heißem Wasser. Nun löst man das saure schwefligsaure Natron und gießt es in die in der Wanne befindliche Lösung der beiden ersten Salze langsam ein, rührt fleißig um, bis das Aufbrausen aufgehört hat. Zum Schlusse bringt man die Lösung des Zyankupferkaliums und des Zyankaliums in die Wanne und läßt den Elektrolyten abkühlen.

Als Anoden eignen sich die elektrolytisch hergestellten am besten, weil sie infolge ihrer großen Oberfläche am leichtesten Metall abgeben können, und man wählt die Anodenfläche annähernd ebenso groß wie die Warenfläche.

Flache Reliefs. Der galvanoplastische Prozeß eignet sich u. a. vornehmlich zur Herstellung von Kunstindustriegegenständen, z. B. von geschlossenen und durchbrochenen Verzierungen, Rahmen, Bordüren, Rosetten, Girlanden, Füllungen für Möbelstücke, Album- und Buchbeschlägen u. a. m. Auch für die künstliche Reproduktion altertümlicher Gegenstände, wie Schilder, Teller, Platten usw., bedient man sich der gleichen Methode, indem man von den Abformungen in Wachs, Guttapercha od. dgl. ein dünnes Kupfernegativ herstellt, dessen Hohl-

räume mit Zinn-, Kupfer- oder Messinglot ausfüllt und die Oberfläche nachträglich entsprechend dem Original oder dem Verwendungszweck patiniert,
versilbert, vergoldet usw. Man ist damit in der Lage, sowohl wertvolle Originale
des Altertums ohne Beschädigung derselben naturgetreu zu kopieren, wie auch
für die Kunstindustrie plastische Ornamente zu schaffen, wie sie in dieser
Vollkommenheit früher nur von den geschicktesten Gold- und Silberschmieden
erhalten werden konnten.

Um das mühsame Zurechtsägen der Ränder, was viel Zeit und Aufmerksamkeit erfordert, zu vermeiden, wird von Wilh. Köke folgendes Verfahren empfohlen:

Die in Wachs geformten Teilstücke werden auf der Wachsform abgeblendet,
um die Randknospen zu vermeiden, und das betreffende Stück kann sofort aus
dem Bade mit einer glatten Montierstelle erhalten werden.

Bei komplizierten Konturen führt Köke diese Abblendung dadurch aus,
daß er auf die Wachsform ein Guttaperchahäutchen aufklebt und mit einem
warmen Messer diese Häutchen der Kontur entsprechend so ausschneidet, daß
ein ca. 1 bis 2 mm breiter, schirmartiger Rand übrigbleibt, welcher die Stromlinien veranlaßt, in der in Fig. 307 gezeichneten Richtung zu verlaufen.

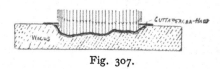

Fig. 307.

Verfasser hat selbst solcherart hergestellte Stücke gesehen, bei welchen die
Ränder vollkommen knospenfrei und glatt
waren, als ob sie befeilt worden wären.

Galvanoschablonen. Zur Herstellung
der sogenannten Dekore in der kera-
mischen und Emaillewarenindustrie usw. finden zum Aufspritzen der Farben
mittels Spritzapparate Schablonen Anwendung, die entweder aus Zinn oder
sog. Kompositionsmetall, einer Legierung aus Zinn und Blei, bestehen. Derartige Schablonen müssen in mühsamer Handarbeit gewonnen werden und haben
den Nachteil, sich entweder leicht zu deformieren oder von der benutzten Farbe
angegriffen zu werden. Besonders bei der Dekorierung von Gefäßen muß die
Schablone den betreffenden Gegenständen genau angepaßt werden, so daß die
dünnen Metallblätter zwecks Herstellung der Schablonen sorgfältigst geformt
werden müssen. Da jedoch die einzelnen zu dekorierenden Gegenstände in der
Keramik in ihrer Form nicht absolut genau übereinstimmen, so sind die von
einer bestimmten Form hergestellten Schablonen auch nicht immer vollständig
genau passend und auch zu wenig elastisch, um kleine Unterschiede ausgleichen
zu können. Die Haltbarkeit derartiger Schablonen ist also nicht allein infolge
der Einwirkung saurer Farbstoffe u. dgl., sondern auch wegen ihrer geringen
mechanischen Widerstandsfähigkeit verhältnismäßig gering, wenn man auch,
wie dies vielfach geschieht, die Zinnschablonen durch einen galvanischen Nickelüberzug od. dgl. vor dem Angriff der Farbstoffe schützt. Man ist deshalb neuerdings dazu übergegangen, derartige Schablonen auf galvanischem Wege herzustellen, was man in einfachster Weise vornimmt, wenn man z. B. auf den
Schüsseln, Vasen od. dgl., von denen Schablonen gewonnen werden sollen, einen
leitenden Überzug aufträgt, auf dem dann später im Kupfer-Galvanoplastikbad ein
dünner Kupferniederschlag erzeugt wird. Der leitende Überzug kann entweder
in der in der Keramik üblichen Weise durch Einbrennen einer Gold-, Silber-
oder Platinlösung erfolgen oder auch, indem man sich einen Brei von Kupferbronze mit Zapon oder ähnlichem Lack anrührt und einen entsprechenden Überzug
auf die betreffenden Gegenstände aufträgt. Der große Vorzug solcher galvanischer
Schablonen besteht darin, daß sie sich dem betreffenden Gegenstand in ihrer Form
vollständig scharf anpassen und ihre Herstellung, nachdem die Vorarbeiten für das
Leitendmachen usw. ausgeführt sind, selbsttätig durch den elektrischen Strom
bewirkt wird. Das Verfahren kann man natürlich auch dahingehend modifi-

zieren, daß man vorhandene Zinnschablonen auf galvanoplastischem Wege verstärkt, um damit die mit den Zinnschablonen verbundenen Nachteile der geringen Haltbarkeit zu vermeiden, wenn auch der direkten Herstellung der Galvanoschablonen auf galvanischem Wege unbedingt der Vorzug zu geben ist. Sollen die Kupferschablonen zum Spritzlackieren von sauren Farbstoffen dienen, wird man die mit dem Kupferniederschlag versehenen Porzellankörper od. dgl. nach dem Abspülen zwecks nachträglicher Vernicklung noch in ein Nickelbad einhängen. Für das Einhängen der Porzellan- bzw. Emaillegeschirre in das Kupfer-Galvanoplastikbad muß man sich geeigneter Vorrichtungen bedienen, die der Form des Gegenstandes angepaßt sind und eine möglichst allseitige Zuleitung des Stromes zu den mit Kupferbronze od. dgl. versehenen Stellen ermöglichen (vgl. D. R. P. Nr. 283 081 betr. „Hänger zur Erzeugung von Galvanoschablonen für die keramische und Emailleindustrie").

Galvanoplastische Herstellung von Gießformen für Metall usw. Als Formen für die verschiedensten Zwecke eignen sich die auf galvanoplastischem Wege hergestellten ganz vorzüglich, besonders da die Feinheit solcher Formen, die nach modellierten oder sonstwie hergestellten Originalmustern erhalten werden, durch kein anderes Verfahren so präzise und dabei verhältnismäßig billig zu erhalten sind.

Heute, da wir genügend dicke Schichten auf elektrolytischem Wege nicht nur aus Kupfer, sondern auch aus Eisen und Nickel niederschlagen können, betritt man den galvanoplastischen Weg lieber als den teueren des Gravierens oder Ziselierens.

Leichter schmelzbare Metalle, selbst Messing und ˙Bronze, kann man in elektrolytisch hergestellten Formen aus Eisen gießen, ohne Gefahr zu laufen, daß sich die Form mit dem Gießmetall legiert. Dabei sind die Abgüsse aus solchen Formen sehr fein, ja selbst Glanz ist teilweise zu erzielen, wenn die Gießform an der betreffenden Stelle poliert wird. Allerdings erfordert diese Arbeit in Fällen, wo kompliziertere Stücke zu gießen sind, einige Überlegung, um die einzelnen Teile solcher Gießformen so zusammenzustellen, daß ihre galvanoplastische Reproduktion möglich wird; ähnlich wie wir dies bei der galvanoplastischen Herstellung figuraler Objekte kennenlernten, muß auch hier eine wohlüberlegte Legung der Schnitte platzgreifen, nach welchen man das Original zerlegt, um die einzelnen Formteile zu bilden.

Zu diesem Zwecke wird das Original teilweise abgedeckt oder in leitende oder nichtleitende Materialien, wie Gips, Zelluloid, Blei usw., eingegossen. Ist dann ein Stück der Form reproduziert, so legt man, wenn z. B. die Gießform aus zwei Teilen bestehen soll, in die galvanoplastisch hergestellte erste Hälfte das leitende Original ein, versieht das Ganze mit einer Trennungsschicht, die ein Zusammenwachsen verhindert (Schwefelnickel, Jodsilber, Schwefelsilber, Arsen u. dgl.) und schlägt darauf den zweiten Teil der Form nieder. Hierbei müssen dort, wo größere Profilunterschiede in Betracht kommen, die angewandten Kathodenstromdichten klein (nicht über 2 A) gehalten werden, da sonst bei einiger Dicke der Niederschläge an den vom Strom bevorzugten Spitzen, Ecken und Rändern leicht dendritenartige oder knospige Auswüchse entstehen, die, wenn sie sich erst einmal gebildet haben, auf Kosten des Wachstums der Umgebung wuchern. Für gute Gießformen verlangt man aber eine tunlichst gleichmäßige Wandstärke an allen Teilen. Wir haben im Kapitel „Niederschlagsblenden, Zweck und Anbringung", die Stromblenden kennengelernt, die man in dem vorliegenden Falle nicht nur als Trennungswände benutzt, sondern auch als Formränder, um ein späteres, sehr mühsames Abschneiden oder Abfeilen der Ränder zu vermeiden, was leicht auch die Genauigkeit der Form beeinträchtigen würde. Fig. 308 zeigt ein Beispiel, wie man eine solche Form durch Blenden abgrenzt und den galvanoplastischen Niederschlag zerteilt. Man sieht das

Original O bei S mit einem kupfernen Zuleitungsstreifen K verlötet, der bei H an die Kathodenstange angehängt wird, während die zweite Schleife H_1 dieses Blechstreifens zum Anfassen dient. Auf der Rückseite ist das Original mit einem Nichtleiter J isoliert, wozu, je nach der Natur des Bades, Gips, Wachs, Zelluloid, Zement u. ä. verwendet wird. B_1, B_2 und B_3 sind Stromblenden, und zwar verhindern B_1 und B_2 das Anwachsen der Ränder, B_3 bewirkt die Teilung des Niederschlages in zwei genau aufeinanderpassende Formhälften F_1 und F_2. Diese Blenden brauchen natürlich nicht gerade zu sein, sie können auch nach jeder beliebigen Linie gebogen sein. Als Material für die Blenden eignen sich Glas, Zelluloid, Marienglas (Glimmer) usw. Auch hierbei muß man die Natur des galvanoplastischen Bades und dessen Betriebstemperatur berücksichtigen.

Solcherart stellt man Formen aus Eisen her für feinen Messingguß, aus Nickel für Letternmetall (sog. Matern), aus Eisen für Gummitypen, aus Kupfer für Porzellan (z. B. die Formen für Porzellanpuppenköpfe) usf.

Auch für künstliche Zähne werden Gießformen aus Eisen oder Nickel angefertigt, und es werden sich noch verschiedene Anwendungen ähnlicher Art finden lassen.

Herstellung von Prägeformen. Um dünne Metallfolien, Bleche bis etwa 1 mm, zu prägen, benutzt man gewöhnlich zwei genau zusammengepaßte Prägeformen,

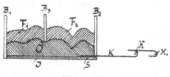

Fig. 308.

eine sogenannte Matrize und eine Patrize. Damit bei feineren Details in den meist durch Graveure hergestellten Prägeformen beim Prägen die nötige Genauigkeit herrscht, ist es äußerst mühsam, den Blechstärken, welche geprägt werden sollen, entsprechend, Matrize und Patrize in Übereinstimmung zu bringen. Nach einem Verfahren der **Langbein-Pfanhauser-Werke A.-G.** (D. R. P. Nr. 446832) werden solche Prägeformen auf galvanoplastischem Wege hergestellt, indem man ein Musterstück aus Blech auf beiden Seiten gleichzeitig nach üblicher Vorbereitung mit einer Trennschicht in das Galvanoplastikbad bringt, und man läßt dort die Niederschläge aus Eisen, Nickel, Kupfer usf. gleichzeitig aufwachsen, indem man dafür sorgt, daß die Niederschläge nicht über die Ränder wachsen, damit die spätere Ablösung der gewonnenen Negative vom Original ohne Deformation möglich wird. Man hilft sich durch die bekannten Stromblenden, welche bei viereckigen Stücken aus Glas oder Zelluloid sein können, bei gerundeten Stücken aus Zelluloid oder Weichgummi u. dgl. Haben die beidseitig aufgetragenen Niederschläge die gewünschte Dicke erreicht, so entfernt man die Stromblenden, befeilt oder schmirgelt die Ränder, wobei sich gewöhnlich schon, ohne besondere Hilfsmittel, die Niederschläge von der Form abheben. Beide Stücke werden dann hintergossen und dienen zum Ausprägen von Messingblechen, auch dünnen Stahlblechen. Solche Prägeformen werden bereits zum Prägen von selbst stärkeren Möbelbeschlägen aus Eisen, Messing, Kupfer usf. verwendet.

Herstellung von Schriftgußmatern. Die von Hand geschnittenen Originalbuchstaben, sogenannte Kegel, werden in der Weise vervielfältigt, daß man durch Galvanoplastik in Kupfer, oder in neuerer Zeit auch in Nickel oder Eisen, die Gußformen erzeugt und in diese Formen ein geeignetes Metall, zumeist Zink oder Schriftgußmetall, eingießt. Früher wurden solche Formen aus Kupfer galvanoplastisch dargestellt und folgender Weg dabei eingeschlagen:

Die Kegel werden mit Streifen aus Schriftmetall eingerahmt und zu einem größeren Stücke vereinigt. Nun werden Glasstreifen seitlich aufgestellt und, sofern es die Lösungstemperatur zuläßt, mit Wachs oder Stearin die letzteren an den zusammengesetzten Metallmatrizen befestigt. Auf der Rückseite der Kegel wird dann ein Kupferdraht oder -streifen angelötet und auch die Rückseite sorgfältig isoliert. Nun kann die Matrize ins Bad kommen. Man arbeitet mit dem 3% Schwefelsäure enthaltenden Kupferbad, wenn man Kupfermatern herstellen will.

Die Stromdichte soll auf keinen Fall größer als 1 A sein, andernfalls würden die Knospen in solcher Weise störend auftreten, daß die vorstehenden Augen stark auswachsen und die unteren, tiefer geschnittenen Partien im Wachstum unvergleichlich zurückbleiben. Dabei muß eine Elektrodenentfernung von mindestens 20 cm eingehalten werden und gilt als Regel, daß die Elektrodenentfernung immer größer sein muß, je höher die Kegel geschnitten sind. Andernfalls treten störende Wucherungen des Kupfers auf. Die Matern werden auf 2 bis 5 mm Dicke getrieben, je nach Größe der Schriftzeichen. Die Zeitdauer, die dazu erforderlich ist, beträgt 150 bis 500 Stunden. Nachdem der Niederschlag dick genug geworden ist, wird er von den Originalen durch leichtes Aufschlagen auf einen Stein abgelöst, jeder Buchstabe herausgeschnitten und mit Zink umgossen.

Der Aktiengesellschaft für Schriftgießerei und Maschinenbau in Offenbach a. M. wurde ein Verfahren zur Herstellung von Nickelmatern[1]) für Schriftguß auf galvanischem Wege patentiert. Während man bisher die Matern entweder nach dem eben beschriebenen Verfahren in Kupfer herstellte oder aber dadurch, daß man die Originalstempel in ein Metallstück, und zwar zumeist Kupfer, einpreßte, erzeugt die Aktiengesellschaft für Schriftgießerei sehr widerstandsfähige Matern dadurch, daß sie diese galvanoplastisch ganz aus Nickel herstellt.

Die Kupfermatrizen sind verhältnismäßig vergänglich, was angesichts der fortwährenden Steigerung der Leistungsfähigkeit der Gießmaschine und der dadurch bedingten rascheren Abnutzung der Matrizen schwer ins Gewicht fällt, da man gezwungen ist, eine allzu häufige Erneuerung der Matrizen vorzunehmen, was bei der langsamen Arbeitsweise im Kupferbade selbstredend viel Zeit kostet und auch mit ganz nennenswerten Unkosten verbunden ist.

Die obige Firma stellt solche Matrizen aus Nickel her, und zwar in solcher Stärke, daß der Nickelniederschlag einer galvanischen Verstärkung mit anderem Metall nicht bedarf, sondern ähnlich wie die kupfernen Matern in bekannter Weise mit Zink oder Schriftmetall umgegossen wird und so direkt zum Gießen der Lettern in der Gießmaschine verwendet werden kann. Die Nickelmatern besitzen begreiflicherweise eine ganz bedeutende Haltbarkeit infolge der geringen Oxydierbarkeit des Nickels und läßt sich nach einer Anzahl von Abgüssen, bei welcher die Kupfermatern schon unbrauchbar sind, bei solchen aus Nickel noch gar keine Abnutzung konstatieren.

Zum Betriebe in der Nickel-Galvanoplastik dürfte sich folgende Methode eignen, obschon über das Verfahren selbst, speziell wie es die angeführte Firma ausüben will, nichts bekannt ist. Die Kegel werden mit Zelluloid- oder Glasstreifen abgeblendet. Das Befestigen dieser Blendestreifen wird man mit einer Auflösung von Zelluloid in Azeton bewerkstelligen.

An Stelle dieses Zelluloidlackes dient auch vielfach ein aus Zelluloid und Mastix erhaltener Lack, der sich als Aussparlack in heißen Nickelbädern empfiehlt und dessen Bereitung aus nachstehenden drei Lösungen erfolgt:

Lösung I: In 1000 g Azeton werden 20 g feingehobelte (gelbe) Zelluloidspäne vollständig aufgelöst.

Lösung II: In 1000 g Azeton werden 100 g Mastixkörner aufgelöst.

Lösung III: 8 g schwarze spirituslösliche Anilinfarbe wird in 25 g Spiritus gelöst.

Nach erfolgter Lösung wird Lösung III filtriert und in II geschüttet, das Ganze schließlich in Lösung I, welche nach tüchtigem Umrühren fertiggestellt ist.

---

[1]) D.R.P. Nr. 137552 vom 10. Februar 1900.

Durch Verminderung des Zelluloids und Vermehrung des Mastix läßt sich eine
größere Streichfähigkeit des Lackes erzielen. Der fertige Lack ist feuergefährlich
und wird möglichst kühl und gut verkorkt aufbewahrt.

Als Elektrolyt kann einer der angegebenen verwendet werden, die Temperatur ist auf etwa 70° C zu erhalten. Die Stromdichte darf nicht über 1,5 A/qdm
gehen, um eine möglichst gleich starke Nickelschicht zu erhalten und die Rand-
wucherungen hintanzuhalten; die Badspannung wird, gemäß einer Elektrodenentfernung von 15 cm, ca. 1,5 bis 2 V betragen müssen. Die Expositionszeit
wird ca. 150 Stunden betragen, um die Stärke von durchschnittlich 3 bis 4 mm zu
erhalten. Der Elektrolyt soll möglichst neutral gehalten sein, damit das Nickel
entsprechend hart ausfällt.

Das Verfahren ist durch folgenden Patentanspruch charakterisiert:

Auf galvanischem Wege hergestellte Nickelmatern für Schriftguß, dadurch
gekennzeichnet, daß das Nickelmetall auf bekanntem Wege über dem Original
in solcher Stärke niedergeschlagen wird, daß der Niederschlag unmittelbar,
d. h. ohne galvanische Verstärkung durch andere Metalle, in üblicher Weise
durch Umgießen mit Zink oder anderem geeigneten Metall zu einer Schriftguß-
mater von wesentlich erhöhter Leistungsfähigkeit verwendet werden kann.

Langbein schlägt vor, die Stärke des Nickelniederschlages nur auf etwa
0,1 bis 0,25 mm zu treiben (wie dies übrigens in Amerika schon lange gehandhabt wird und vom Verfasser vor mehreren Jahren in verschiedenen Betrieben eingeführt wurde), welche Stärke nicht ausreichend ist, um den Niederschlag ohne
Gefahr des Verbiegens oder Brechens vom Original abzulösen. Solche Nickelschichten müssen vielmehr verstärkt werden, und zwar mit Kupfer auf galvanoplastischem Wege. Begreiflicherweise ist damit auch der Zweck erreicht, denn
die sich beim Gießen verändernde Gießfläche ist hierbei ebenfalls aus Nickel
und kollidiert diese jedermann zugängliche Methode nicht mit dem vorher erwähnten Verfahren.

Langbein empfiehlt ferner, um ein gutes Zusammenwachsen des Nickels
mit dem daraufgelagerten Verstärkungskupfer zu bewerkstelligen, den kleinen
Kunstgriff zu gebrauchen, den Nickelniederschlag nach dem Herausnehmen
aus dem Nickel-Galvanoplastikbade mit Salpetersäure zu bepinseln und sofort
ins saure Kupferbad zu bringen, andernfalls würde sich die Kupferverstärkung
vom Nickelniederschlage loslösen. Als Bad empfiehlt Langbein eine Lösung,
die der Kugelschen Zusammensetzung analog ist, und zwar:

Wasser . . . .   1 l
Nickelsulfat . . . . 350 g
Magnesiumsulfat . . . . 180 g

Zur Ansäuerung soll Essigsäure verwendet werden und das Bad auf 90° C
erwärmt werden.

Zum Isolieren sei das Umgießen des Originals mit Gips oder einem Brei
aus Asbestmehl und Wasserglas oder mit Glas, Schiefer oder Holz geeignet.

Die Niederschläge, die zu diesem Zwecke hergestellt werden, variieren in
der Stärke von 1 bis 3 mm. Sie werden um so dicker hergestellt, je größer die
Stücke, d. h. die abzuformenden Buchstaben, sind.

Der in der Praxis heute meist übliche Gang der Herstellung solcher Nickelmatern ist folgender: Die aus Letternmetall oder Blei bestehenden Originale
werden an zwei Seiten (an der Längsseite in bezug auf die Exposition im Bade)
mit Glasstreifen armiert; diese Streifen ragen 5 bis 6 mm über die Fläche, auf der
das Nickel niedergeschlagen werden soll, hervor und dienen dazu, die Stromlinien abzublenden. Die Glasstreifen werden mit kräftigem Bindfaden an den
Seitenflächen der Lettern festgebunden und die Stoßfugen und alle abzudeckenden
Stellen zweckmäßig mit einem kräftigen Überzug von Zelluloidlack versehen.

Am oberen Ende werden die „Augen" mit einem breiten Kupferstreifen versehen, an dem die Objekte an die Kathodenstangen des Nickelbades gehängt werden.

Damit man die Nickelniederschläge später gut abtrennen kann, werden die Originale entweder mit Graphit eingepinselt oder mit einer Jodsilberschicht versehen, die in bekannter Weise durch Jodieren einer dünnen Silberschicht hergestellt wird. Die Objekte kommen dann in das Nickel-Plastikbad, das möglichst tief sein soll, damit sich der Anodenschlamm absetzen kann. Das Bad muß warm erhalten werden, und dient am besten hierzu das Spezialsalz „Nickel-Plastik WP" der Langbein-Pfanhauser-Werke. Man löst 350 bis 500 g dieses Salzes pro 1 l Wasser, filtriert zur Vorsicht durch ein Faltenfilter und erhält so das gebrauchsfertige Bad. Man arbeitet mit Stromdichten von 2 bis 3 A und bei einer Spannung von 1½ V. Die Badtemperatur sei 70° C. Das Bad wird durch Essigsäure schwach sauer gehalten. Das Ansäuern mit Schwefelsäure ist in diesem Falle unpraktisch, weil man nicht mit der beim Vorhandensein freier Schwefelsäure notwendigen Minimalstromdichte von 5 A arbeiten kann, sondern man muß langsamer arbeiten, einerseits um Löcher im Niederschlag zu vermeiden, anderseits um zu verhindern, daß die vorstehenden Kanten der Originale knospig auswachsen.

Die Anoden aus gewalztem Reinnickel werden zur Zurückhaltung des Anodenschlammes zweckmäßig in Pergamentpapier oder Säckchen aus Asbestgewebe oder gut ausgekochter Leinwand (das Auskochen ist zur Entfernung der in dem Gewebe befindlichen, für das Nickelbad meist sehr schädlichen Appretur erforderlich) eingehüllt. Für die Niveauhaltung des heißen Bades dienen sog. Mariottesche Flaschen, die mit schwach essigsaurem Wasser angefüllt, den Badspiegel automatisch konstant halten.

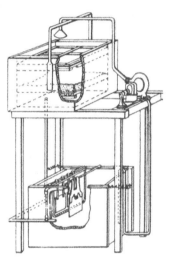

Fig. 309.

Der Niederschlag darf nicht unterbrochen werden, und deshalb ist entweder ein rotierender Gleichstromumformer oder ein Aggregat erforderlich oder die Anwendung von Akkumulatoren geboten, die man, wenn der Betrieb mit Dynamo aufhört, ohne Stromunterbrechung an das Nickelbad anschließt. Die Niederschläge erfordern eine Expositionszeit von 3 bis 6 Tagen bei ununterbrochenem Betrieb.

Ein gutes Beispiel für die konstruktive Ausbildung einer Apparatur bei der galvanoplastischen Herstellung von Matern ist in dem E. P. Nr. 17617 des bekannten englischen Erfinders Cowper-Coles enthalten. Wie die vorstehende Abbildung (Fig. 309) zeigt, enthält die untenstehende Wanne das Galvanoplastikbad mit den eingehängten Anoden und die zu reproduzierende Mater, während darüber auf einem Gestell eine Wanne mit geeignetem Filter zur dauernden Filtration des Elektrolyten angeordnet ist. Der Elektrolyt wird ununterbrochen nach der oberen Wanne gepumpt, dort filtriert und dem galvanoplastischen Prozeß wieder zugeführt. Dadurch wird nicht nur die Anwendung höherer Stromdichten, sondern auch die Bildung knospenfreier Niederschläge ermöglicht. Der Apparat ist für die Erzeugung von Kupfermatern bestimmt, läßt sich aber mit geringen Abänderungen auch zur Herstellung von Nickelmatern im heißen Bade benutzen.

Eine Apparatur, welche sich für die Ausführung starker galvanoplastischer Nickelniederschläge bewährt hat (auch für Eisenniederschläge aus heißen Eisenbädern ist sie sehr geeignet), ist die Vorrichtung nach Fig. 310 mit Klopfvorrichtung,

um die sich während der Niederschlagsarbeit aus den verhältnismäßig sauren
Bädern abscheidenden Wasserstoffblasen abzuschütteln. Man erreicht auf solche
Weise einen Niederschlag, der frei ist von Löchern, die sich in diesen Bädern bilden
würden, wenn nicht für ein kräftiges Abstoßen der Gasblasen von der Niederschlagsfläche gesorgt würde. Wenn man bedenkt, daß z. B. der für eine Nickel-
mater bestimmte Nickelniederschlag eine Dicke von etwa 3 mm erreichen soll,
so braucht man hierzu bei ununterbrochenem Tag- und Nachtbetrieb ca. 3 Tage.
Man muß also schon für einen Mechanismus sorgen, der die Arbeit des Klopfens
ununterbrochen leistet. Die Abbildung zeigt ferner die Art des Antriebes über
mehrere Schnurscheiben, um den Antrieb von einer rasch laufenden Transmission
oder einem eigenen kleinen Motor aus vornehmen zu können. Die eigentliche
Wanne aus Quarz oder säurebeständig emailliertem Gußeisen befindet sich in

Fig. 310.

einem Wasserbade, so daß die Heizung der Nickelbadflüssigkeit indirekt durch
den unterhalb des Wasserbades angebrachten Gasbrenner erfolgt.

Hartnickelniederschläge. Für besondere Zwecke, z. B. für Gravier- und Re-
duziermaschinen, ferner für Prägestempel u. dgl. werden häufig auch Legierungen
von Nickel und Kobalt aus ihrer Sulfatlösung niedergeschlagen. Eine brauchbare
Lösung ist z. B. folgende:

Wasser	1 l
Nickelsulfat	200 g
Kobaltsulfat	100 g
Natriumsulfat	50 g
Essigsäure	5 g

Als Anoden dienen gemischte Anoden, und zwar auf je 2 Nickelanoden
1 Kobaltanode. Die Temperatur der Lösung soll tunlichst hoch gehalten werden,
keinesfalls unter 70° C sinken. Die sonstige Arbeitsweise schließt sich an das
bei Nickel-Galvanoplastik Gesagte an, und sei daher darauf Bezug genommen.
Wegen hoher Temperatur der Lösung schalten alle anderen, nichtmetallischen
Formen von selbst aus.

Sowohl für die Herstellung von Niederschlägen im Nickel- wie im Hartnickel-Galvanoplastikbad ist es zweckmäßig, für einen guten Austausch der Schichten und insbesondere für ein Abstoßen der an den eingehängten Matern sich leicht festsetzenden Wasserstoffblasen Sorge zu tragen. Man braucht zu diesem Zweck entweder kleine rotierende Schaufelrührer oder besser noch eine maschinelle Vorrichtung, durch die mittels einer sog. Daumenscheibe die Warenstange und damit die darauf hängenden, zweckmäßig festgeklemmten Objekte stoßweise 3- bis 4 mal pro Minute gehoben und gesenkt werden.

Schriftgußmatern und Formen für Kautschukstempel in Eisen-Galvanoplastik. Bei der Herstellung der Schriftgußmatern ist man nicht allein auf die Ausführung in Nickel- bzw. Nickel-Kupfer-Galvanoplastik angewiesen, sondern kann sich auch der Eisen-Galvanoplastik bedienen, die in naher Zukunft sicherlich noch große Bedeutung gewinnen wird. Das gleiche gilt auch für die Fabrikation von Kautschuklettern für die Herstellung von Gummistempeln, deren Formen bisher in kostspieliger, mühsamer Arbeit in Stahl graviert oder wie der Fachausdruck lautet „gebohrt" wurden. Wegen des im Kautschuk enthaltenen Schwefels kommen im vorliegenden Falle Formen aus Kupfer nicht in Frage, während sich das galvanoplastisch niedergeschlagene Eisen, speziell wenn noch eine Chromschicht aufgetragen wird, als vorzüglich geeignet erwiesen hat, so daß sich dieses Verfahren sicherlich in der Graviertechnik noch an vielen Stellen einführen wird.

Galvanoplastische Herstellung von Stock- und Schirmgriffen usw. Von jeder Hälfte der fein ziselierten und gravierten Modelle nimmt man Guttaperchaabdrücke, schlägt nach dem Graphitieren eine dünne Kupferschicht darauf nieder, deren Vertiefungen man auf der Rückseite mit Hartlot od. dgl. ausfüllt. Nach entsprechender Bearbeitung der Ränder werden alsdann beide Hälften mit Hartlot zu einem Ganzen vereinigt, wonach der so erhaltene Griff galvanisch versilbert, vergoldet oder oxydiert wird. Der galvanoplastische Prozeß ermöglicht auf diese Weise die fabrikmäßige Herstellung dieser oder ähnlicher Gegenstände in absoluter Naturtreue bei wesentlich geringerem Aufwand an Kosten gegenüber dem früheren Herstellungsverfahren. Während solche Kunstgegenstände früher mühsam mittels teurer stählerner Matrizen gewonnen wurden, erzielt der galvanoplastische Prozeß ohne nachträgliche Ziselierung und Gravierung die genaueste Kopie des Originales.

Verkupferung von Stahlgußeinsätzen bei Dampfstopfbüchsen. Wenn es sich hierbei auch um kein eigentlich galvanoplastisches Anwendungsgebiet handelt, so sei dasselbe hier erwähnt, weil das Verfahren sich in der Praxis gut bewährt und bei vielen Schiffswerften Eingang gefunden hat. Erforderlich ist hier die Erzielung eines auf der Unterlage durchaus haftenden Niederschlages von etwa $1/_{10}$ mm Stärke, dessen Haltbarkeit bei vorausgegangenen Versuchen in der Weise geprüft wurde, daß das verkupferte Rohr an einer Stelle gebrochen und an der Bruchstelle versucht wurde, mit einem Meißel zwischen Grundmetall und Niederschlag einzudringen. Um einen dieser Prüfung standhaltenden Kupferniederschlag zu erhalten, werden die Arbeitsstücke, die wegen ihres Umfanges und Gewichtes an Krähnen aufgehängt werden, ungefähr eine Stunde im zyankalischen Kupferbade bei etwa 2¾ V verkupfert, der Niederschlag durchgekratzt und eine nochmalige ½ stündige Verkupferung im gleichen Bade vorgenommen. Hierauf folgt die notwendige Verstärkung des erzielten dünnen Kupferüberzuges im sauren Kupfer-Galvanoplastikbad bei etwa 2 stündiger Expositionsdauer und einer Spannung von 0,75 bis 0,8 V. Um bei dem Überführen aus dem Zyankupferbad in das saure Galvanoplastikbad die erforderliche oxydfreie Oberfläche zu erhalten und da die Bewegung der vorliegenden großen Arbeitsstücke von Bad zu Bad eine gewisse Zeit in Anspruch nimmt, so wird der erste Kupferniederschlag nach dem Abspülen mit einer Weinsteinlösung benetzt, die erst kurz vor dem Einbringen in das saure Bad durch eine Wasserbrause abgespült wird.

Kupferniederschläge als partieller Schutz bei der Einsatzhärtung. Maschinenteile, welche nur an bestimmten Stellen durch Einsatzhärtung eine Kohlenstoffaufnahme bekommen sollen, behandelt man neuerdings mit einem Kupferüberzug, und zwar trägt man einen solchen Kupferüberzug dort auf, wo man die Kohlung des Eisens oder des Stahles verhindern will. Um z. B. Wellen nur an den Lagerzapfen durch Einsatzhärtung zu härten, überzieht man denjenigen Teil, welcher von der Härtung befreit werden soll, zuerst mit einem Kupferüberzug aus zyankalischer Lösung, indem man am besten eine auf etwa 30 bis 35 ° C erwärmte Lösung verwendet. Die Verkupferung dehnt man in diesem Bade nicht zu lange aus, sondern deckt in diesem Bade nur das Eisen, damit man, ohne Gefahr zu laufen, daß das später folgende schwefelsaure galvanoplastische Kupferbad das Eisen angreift, nachher eine stärkere Kupferschicht aus dem sauren Kupferbade auftragen kann. Die Verkupferung im zyankalischen Bade dauert etwa 15 Minuten, im sauren Bade dagegen etwa 1 bis 1½ Stunden bei 1,5 V und ca. 1,3 A/qdm.

Bei Zahnrädern, welche man nur an den Zähnen härten will, überzieht man das ganze Rad zuerst auf diese Weise und fräst die Zähne erst später, wobei die Kupferhaut gerade dort entfernt wird, wo man die Härtung platzgreifen lassen will. Nach der Härtung wird dann der Kupferüberzug abgelöst. Hat man an sich schon hartes Material solcherart zu behandeln, welches meist eine Eisenlegierung darstellt, so bemerkt man, daß die Verkupferung bei der Einsatzhärtung in Blasen aufsteht. Um dies zu vermeiden, werden solche Teile in Salpetersäure 1 : 30 bis 1 : 50 eingetaucht, und zwar etwa 5 bis 10 Minuten lang, bis sie grau erscheinen. Dann werden solche Teile gespült und mit Bimsstein und Borstenbürsten bearbeitet, bis der dunkle Anflug verschwunden ist, und hierauf nach abermaligem Spülen in das zyankalische Vorbad gebracht und der Verkupferung unterworfen.

Anwendung der Galvanoplastik in der Zahntechnik; Herstellung von Gaumenplatten u. dgl. Die Methoden der Metalltechnik für zahntechnische Zwecke sind außerordentlich kompliziert, und das Prägen von brauchbaren künstlichen Gaumen für die Zähne ist daher nur wenigen Zahntechnikern gelungen. Es konnte ferner ausschließlich nur Gold für die Metallpiecen verwendet werden, was es begreiflich erscheinen läßt, daß solch teure Stücke den ärmeren Volksklassen gar nicht zugänglich waren. Ein weiterer Umstand, der die Zahntechnik zur Galvanoplastik drängte, war der, daß es trotz aller Mühe, die darauf verwendet wurde, nicht gelungen ist, die Metallplatten so fein auszuarbeiten, daß diese sich genau an die Feinheiten der Schleimhaut anlegen und dort adhärieren. Durch den galvanoplastischen Prozeß ist dies nun ohne weiteres ausführbar. Mit diesem Problem haben sich viele Zahnärzte bzw. Zahntechniker beschäftigt und reichen diese Versuche in die Jahre 1840 bis 1850 zurück, wo Dr. Vajna in Budapest die ersten Kupfermodelle galvanoplastisch herstellte. Neuere Arbeiten stammen von Dr. St. Schulhof in Pardubitz (Böhmen), von Dr. Hillischer und Dr. Wilhelm Wallisch in Wien.

Es leuchtet ein, daß aus sanitären Gründen das Kupfer für diese Zwecke sofort ausscheidet, Silber wird mitunter in stark vergoldetem Zustande angewendet, denn ohne Goldauflage wäre es unverwendbar, weil es in der Mundhöhle schwarz wird. Es kommen noch Reingold- oder härtere Silber-Goldlegierungen vor, wie man solche galvanoplastisch herstellen kann, und nach gemeinsamen Arbeiten des Verfassers mit Dr. Hillischer auch das Reinnickel. Dieses Metall eignet sich infolge seiner Härte und Widerstandsfähigkeit gegen chemische Einflüsse und gegen die Vorgänge in der Mundhöhle außerordentlich für zahntechnische Zwecke.

Von dem Patienten wird entweder durch eine besondere Masse oder aber durch Gips ein Abdruck der Mundhöhle gemacht und die einzusetzenden Zähne auf einer Schablone (zumeist Wachs) festgemacht. Die Zähne werden dann durch Gips fixiert und letzterer mit warmem Wasser behandelt, wobei das Wachs abschmilzt. Der Gipsmantel wird dann vom Modell abgehoben. Nun wird alle Feuchtigkeit durch scharfe Trocknung entfernt und, je nach der Art der Niederschlagsarbeit, einer der folgenden Wege zum Leitendmachen des Gipses eingeschlagen. Für Kupfer- und Silber-Galvanoplastik wird der Gips in bekannter Weise in einer Stearin-Paraffinmischung ausgekocht und durch Graphitierung oder mittels eines Bronze- oder Silberpulvers leitend gemacht. Bei Gold- oder Nickel-Galvanoplastik wird das Gipsmodell am besten mit einer Silberlösung bestrichen und das Silber durch Einhängen in einen von Schwefelwasserstoffdämpfen erfüllten Raum zu Schwefelsilber umgewandelt. Soll Gold oder Nickel darauf niedergeschlagen werden, so überzieht man das sehr gut leitende Gipsmodell mit einem hauchdünnen Kupferniederschlag und bringt es nach dem Abspülen mit reinem Wasser in das betreffende Bad. Das Nickel-Plastikbad wird nach Vorschlag des Verfassers am besten 70° C warm verwendet, das Goldbad kalt.

Ebenso wie das Modell leitend gemacht wird, ebenso geschieht dies auch mit der Cramponfläche der Zähne. Dr. Stanislaus Schulhof[1] schreibt hierüber: Zum Zwecke der Metallisierung werden alle Zähne in einer kleinen gegenseitigen Entfernung in Gips eingebettet, und zwar derart, daß nur die Cramponfläche frei herausschaut. Wird der Gips hart, so können wir mit dem Metallisieren anfangen. Zu diesem Zwecke dient eine besondere Metallisierungsflüssigkeit, mit welcher die ganze Cramponfläche bepinselt wird. Dann wird das ganze über einer kleinen Spirituslampe erwärmt (dasselbe wie beim Löten). Ist es ziemlich heiß, dann legt man es auf ein Stück Kohle, bläst mit dem Lötrohr darauf, und die Reduktion des Metallsalzes erfolgt rasch. Die Zähne sind somit metallisiert und werden langsam abgekühlt. Nun werden die Zähne herausgenommen, vermittels des Gipsmantels am Gipsmodell befestigt, beides mit einem Bindfaden zusammengehalten und das Ganze mit einem Kupferdraht armiert. Der Draht muß mit seinem blankgeschabten Ende die metallisierte Gipsfläche berühren, mit dem anderen Ende wird er an der Kathodenstange des Bades befestigt.

Dr. St. Schulhof stellt die Metallgaumen mittels Silber-Galvanoplastik her und verwendet als Elektrolyt:

Wasser . . . . 1 l
Feinsilber als Zyansilber . . . . 50 g
Zyankalium . . . . 100—200 g

Er arbeitet mit einer Badspannung von 1 V und einer Stromdichte von 0,5 A (wohl etwas hoch!). In diesem Bade verweilen die metallisierten Modelle 6 bis 8 Stunden und können die Silberniederschläge nach dieser Zeit von den Modellen abgelöst werden. Die Ränder sowie alles Überflüssige an Metall wird mit der Säge entfernt und die Vertiefungen zwischen und hinter den Crampons mit einer leicht schmelzbaren Metallegierung ausgefüllt. Dr. St. Schulhof gibt folgende chronologische Reihenfolge der einzelnen Arbeiten an:

1. Es wird Abdruck genommen, modelliert, dann werden die Zähne angepaßt, im Munde ausprobiert und mit einem Gipsmantel am Modell befestigt.

2. Der Gipsmantel wird vom Modell abgehoben und beides im Ofen getrocknet.

3. Inzwischen werden die Zähne metallisiert.

4. Nach dem Austrocknen werden mit einem Bleistift die Grenzen der Platte vorgezeichnet und das Modell samt dem Mantel in einen Topf mit geschmolzenem Stearin getaucht.

---

[1] Deutsche Monatsschrift für Zahnheilkunde. XX. August-Heft.

5. Sobald das Stearin fest ist, wird das Modell innerhalb der vorgezeichneten Grenzen mit Asphaltlack bepinselt, sodann mit Metallisierpulver tüchtig bepudert. Darauf wird der Mantel samt den Zähnen angebunden.

6. Jetzt wird an das Modell ein etwa 15 cm langer Zuleitungsdraht befestigt und das Ganze

7. entfettet und gebadet.

8. Aus dem Wasserbade kommt es sofort in das galvanoplastische Silberbad, wo es an der Kathodenstange befestigt wird. Es ist sehr praktisch, zu der Befestigung besondere, dazu bestimmte Klemmen zu verwenden, um das Modell, besonders im Anfange, zu bewegen und dasselbe, wenn es uns einfällt, besichtigen zu können. Vermittels einer ähnlichen Klemme ist auch die Silberanode befestigt.

9. Dann wird die Anode beobachtet, ob sie schwarz wird (wenig Zyankalium) oder silberweiß verbleibt (zu viel Zyankalium).

10. Es wird auch die Umgebung des Modelles sowie der Anode beobachtet. Sprudeln in ihrer Umgebung heftig die Luftblasen empor, dann haben wir einen zu starken Strom, und es muß durch den Stromregulator ein größerer Widerstand eingeschaltet werden.

11. Es wird das Modell beobachtet. Ist der Niederschlag grobkörnig, so haben wir einen zu starken Strom. Falls sich die metallisierte Fläche innerhalb 10 Minuten mit einem Niederschlage nicht bedeckt, dann haben wir überhaupt keinen Strom, was an dem Amperemeter zu sehen ist, dessen Zeiger gar nicht abgelenkt wird.

12. Es wird der Zeiger des Amperemeters abgelenkt, und es bildet sich doch kein Niederschlag — dann haben wir schlecht gereinigt und entfettet.

13. Vor dem Einlegen des Modelles in das Silberbad müssen wir die Oberfläche der künftigen Platte abschätzen. Soll sie etwa 10 cm groß sein, so müssen auch

    a) von der Anodenplatte 10 cm in das Bad eintauchen,

    b) die Stromstärke auf 0,05 eingehalten werden.

14. Nach 6 bis 8 Stunden wird das Modell herausgenommen, die neue Platte von dem Modelle vorsichtig abgehoben, der Überfluß abgesägt, die Oberfläche etwas geschabt, geebnet.

15. Nun werden die Vertiefungen hinter den Zähnen mit einer leichtflüssigen Zinnlegierung (126°) ausgefüllt, eventuell auch Klammern (Klavierdraht) zurechtgebogen und mit dieser Legierung befestigt. Zu beiden Zwecken wird die Prothese eingegipst, und zwar so, daß die Lingualfläche der Platte vom Gips vollständig frei bleibt. Nach dem Erkalten des Gipses wird das Ganze über einer kleinen Spiritusflamme erwärmt. Die Stelle, wohin die Legierung kommt, wird mit Lötwasser benetzt, Stückchen von der Legierung werden darauf gegeben und mit einem Lötkolben oder mit einer schwachen Lötflamme geschmolzen. Durch dieses Erwärmen wird die Platte nicht weich.

16. Dann wird die Platte von dem anhaftenden Gips befreit, entfettet und die anhaftenden Oxyde entfernt.

17. Darauf wird sie eventuell am alten Modell befestigt, oder auch ohne Modell, wenn man nur dafür Sorge trägt, daß sich an der Gaumenseite kein Niederschlag ansetzt, in das Silberbad zum zweiten Male eingehängt und der oben besprochenen Stromwirkung ausgesetzt.

18. Nach 2 bis 3 Stunden wird alles aus dem Bade herausgenommen und die Deckschicht ist fertig.

19. Dann wird die Platte nochmals bearbeitet, geschabt, gefeilt, geglättet und poliert, sodann,

20. wenn der Patient bei der Hand ist (sehr vorteilhaft), im Munde befestigt und eventuelle Fehler ausgebessert.

21. Das Stück wird entfettet, im Wasser gebadet und in

22. das Kupferbad eingehängt. Alle Vorsichtsmaßregeln, die Stromstärke und Stromspannung betreffend, streng beobachtet.

23. Nach einigen Minuten wird das Stück herausgenommen und der Niederschlag mit der Pinselkratzbürste gekratzt, wodurch

a) eine metallisch glänzende Fläche erzielt wird,

b) oder der Niederschlag abgekratzt wird, was auf ein fehlerhaftes Vorgehen deutet (Unreinlichkeit, schwacher Niederschlag, schwacher Strom usw.).

24. Das Stück wird gebadet, verquickt (nicht unbedingt notwendig), nochmals gebadet und in das

25. Goldbad eingehängt. Da die nötige Stromspannung 4 V beträgt, werden drei Bunsen-Elemente auf Stromspannung verbunden (Zink mit Kohle, Zink mit Kohle, Zink mit Kohle) und alle sonstigen Vorsichtsmaßregeln der Stromstärke streng beobachtet.

Während des Vergoldens wird das Stück herausgenommen und durch das Kratzen die Solidität des Niederschlages geprüft.

27. Das Goldbad dauert volle 2 Stunden, dann wird das Stück herausgenommen.

28. nochmals gekratzt und zuletzt

29. mit einem Polierstahl poliert. Das Stück ist gebrauchsfähig.

30. Die ganze Manipulation dauert:

1., je nach dem Falle .	1—3	Std.
2., 3.	2	,,
4., 5., 6.	1	,,
7. bis 13.	6—8	,,
14.	1	,,
15.	1	,,
16., 17., 18.	3—4	,,
19., 20.	2	,,
21., 22., 23., 24. . . .	0,5	,.
25., 26., 27.	2	,,
28., 29.	0,5	,,

Zusammen ca.   24 Std.

Etwas einfacher gestaltet sich die Herstellung galvanoplastischer Gaumenplatten, wenn man sich der für diesen Zweck von den Langbein-Pfanhauser-Werken besonders hergestellten sog. metallisierten Gipsmasse bedient. Das Verfahren wird hierbei wie folgt ausgeführt:

Die metallisierte Gipsleitungsmasse wird mit Wasser zu einem nicht zu dünnen Brei angerührt und bei einer gewissen Konsistenz geformt bzw. in eine Form eingepreßt.

Soll ein Gegenstand abgeformt werden, z. B. eine Gaumenplatte oder ein kleines Relief, so wird das Original erst sorgfältig graphitiert oder mit einer Seifenlösung befeuchtet, der Rand desselben mit einem entsprechend höheren Blatt starken Papiers, welches durch Siegellack zusammengehalten wird, derart umwickelt, daß sich ein Kästchen bildet, dessen Bodenfläche aus den abzuformenden Gegenständen besteht.

Das Ganze wird in Sand gestellt, um ein Herausfließen des Gipsbreies zu verhindern, wenn zwischen Papier und Rand des Originales eine Fuge geblieben sein sollte. Auf dieses so vorbereitete, abzuformende Original streicht man den dünnen Gipsbrei mittels Pinsels gleichmäßig auf und gießt dann schließlich das Kästchen voll. Würde ohne vorheriges Aufpinseln des Gipsbreies derselbe direkt aufgegossen, so könnten sehr leicht Luftbläschen eingeschlossen bleiben, die fehlerhafte Stellen hervorrufen würden.

Nach dem Formen der Gipsmasse oder nach dem Aufgießen läßt man dieselbe erhärten, was meistens nach 8 bis 10 Minuten erfolgt ist, entfernt den Papierrand und schabt mit einem stumpfen Messer den etwa zwischen Papier und Objekt getretenen Gips ab, worauf sich der Abguß, vorausgesetzt daß die Form genügend graphitiert bzw. eingeseift ist, leicht abheben lassen muß. —Während des Erhärtens der Gipsmasse steckt man einen zur Leitung dienenden Streifen aus Messing oder Kupferblech in die noch weiche Masse, wobei man dafür Sorge trägt, daß nicht die abzuformenden Konturen verletzt werden.

Jetzt bestreicht man den Abguß auf den Stellen, auf welchen der Silber- oder Goldniederschlag erzeugt werden soll, in noch feuchtem Zustande gleichmäßig mit der Imprägnierungslösung. — Bei größeren Gegenständen kann man zur Ersparnis der metallisierten Gipsmasse und zur Verstärkung des Abgusses

Fig. 311.   Fig. 312.

auf eine dünne, auf das Original gegossene Schicht noch feuchter metallisierter Gipsmasse gewöhnlichen mit Wasser zu dickem Brei angerührten Gips gießen; dabei ist jedoch zu beachten, daß der zur Leitung dienende Metallstreifen in die metallisierte Gipsmasse gesteckt wird. Den Abguß erwärmt man dann in einem Trockenschranke auf 40 bis 50° C, wobei sehr bald die bestrichenen Flächen eine silbergraue Metallschicht zeigen. Ist dieselbe noch nicht zur Genüge erreicht, so kann man nochmals die Flächen mit der Imprägnierungslösung behandeln.

Nach gutem Trocknen im Trockenschranke werden die anderen, nicht zu versilbernden Teile des Abgusses mit Paraffin abgedeckt oder mit Silberzapon bestrichen und das Ganze dann in das Silber- oder Gold-Galvanoplastikbad gehängt, bis die gewünschte Stärke des Metallniederschlages erreicht ist.

Fig. 313.

Die Stromstärke bei dem Silber-Galvanoplastikbade sei ca. 0,3 A/qdm Oberfläche, eine geringere Stromstärke ist nur förderlich. Ebenfalls sei die Spannung möglichst niedrig und erzielt man bei 0,5 V die besten Niederschläge, wenn die Elektrodenentfernung 10 cm beträgt.

Bei dem Gold-Galvanoplastikbade erreicht man bei einer Stromdichte von 0,1 A/qdm Oberfläche und bei einer Badspannung von 0,4 V bei 10 cm Elektrodenentfernung gute Resultate.

Nach der Fertigstellung des Silber- oder Goldniederschlages wird schließlich die Gipsmasse zum größten Teile mechanisch entfernt, während der Rest durch Legen der Form in rohe Salzsäure vollständig abgelöst wird.

Herstellung galvanoplastischer Zahnformen. Der galvanoplastische Prozeß findet jedoch in der Zahntechnik nicht nur für die Herstellung von Gaumenplatten Anwendung, sondern auch zur Erzeugung von Formen, wie sie zur Herstellung künstlicher Zähne gebraucht werden. Man bedient sich hierbei meist

des Nickel-Galvanoplastikverfahrens, wenn auch zeitweise — insbesondere
während des Krieges — auch die Eisen-Galvanoplastik für diesen Zweck Verwendung fand. Die Abformung erfolgt in Gips, die fertigen Gipsmatrizen kocht
man in einer Schmelze von Zeresin, Kolophonium mit etwas Öl gemischt etwa
20 Minuten, läßt sie dann etwas abtropfen und handwarm erkalten. Hierauf
wird die Oberfläche mit einem Brei, bestehend aus alkoholischer Bleiazetatlösung und Galvanographit, überbürstet, bis der ganze Untergrund tiefschwarz
ist. Die so graphitierten Matrizen überläßt man nun etwa 1 Stunde der Einwirkung von Schwefelwasserstoffdämpfen, laugt in Wasser aus und legt sie
etwa ½ Stunde in ca. 40%igen Spiritus. Im Anschluß daran schlägt man im
sauren Kupfer-Galvanoplastikbad eine dünne Kupferschicht von etwa 0,1 mm
Kupfer auf der Oberfläche nieder. Hat man in dieser Weise zwei Modelle mit
dem dünnen Kupferüberzug versehen, so schneidet man die Ränder der Kupfergalvanos zurecht, legt auf die verkupferte Seite des einen Modells einen wellig
gebogenen Kupferdraht, gießt auf die beiden verkupferten Seiten der Modelle
einen steifen Gipsbrei und drückt die beiden Modelle aufeinander (vgl. die
Abbildungen Fig. 311 und 312).

Fig. 314.

Nach dem Erstarren trennt man durch Einsetzen einer Messerklinge die
ursprünglichen Modelle a und b und erhält auf diese Weise ein von zwei Seiten
zu reproduzierendes Kupfermodell mit einer Gipszwischenschicht, das nach dem
Entfetten und Herstellung einer Trennungsschicht zur galvanoplastischen
Reproduktion in das heiße Nickelbad eingehängt wird. Nachdem zum Schluß
die dünne Kupferschicht von den erhaltenen Nickelgalvanos abgezogen ist,
erhält man zwei gebrauchsfertige Gießformen in Nickel.

Galvanoplastische Arbeitsmodelle für Gold- und Porzellantechnik, um die für
zahntechnische Zwecke erforderlichen Einlagen aus Gold oder Porzellan auf möglichst genaue Art und Weise herzustellen, schaffen C. Breitner und E. Kellner,
Wien[1]) mit Hilfe eines besonderen Apparates, aus verschiedenen galvanoplastischen Bädern bestehend. Die Langbein-Pfanhauser-Werke A.-G., Leipzig
und Wien, haben für diesen Spezialzweck nach Angaben der beiden Erfinder einen
kompendiösen, für Zahntechniker sehr geeigneten Typ einer allgemein für solche
zahnärztliche Zwecke verwendbaren Apparatur (Fig. 313 und 314) geschaffen.

Überzüge auf nichtmetallischen Körpern.

Das Gebiet der Überzüge auf nichtmetallischen Körpern, die sog. „Metallisierung" solcher Gegenstände, bildet seit langer Zeit einen Teil der Kunstindustrie, doch dürften auch in der Folge neue Anwendungen hinzukommen, die
bisher nur vereinzelt oder versuchsweise ausgeführt wurden.

---

[1]) Z. f. Stomatologie Wien XXV, 6. Heft, 1927, S. 573 ff.

Der wesentlichste Punkt hierbei ist die billigste und sicherste Methode, nach welcher das Leitendmachen nichtleitender, nichtmetallischer Gegenstände erfolgt, wobei auch das Festhaften der aufgetragenen Metallschicht auf solchen Körpern manche Schwierigkeit bietet. Hierher gehören die Überzüge auf Glas, Porzellan und anderen keramischen Produkten, wie Terrakotta usw., für welche ein einfaches Bepinseln mit Graphit oder Bronze oder aber das Aufbringen solcher Mittel, gemischt mit Klebemitteln, wie Gummi, Wachslösung oder Schellack, nicht genügt. Auch die chemischen Metallisierungsverfahren, die mit der Reduktion von Metallsalzlösungen arbeiten, bieten keine genügende Gewähr für ein Festhaften, und man greift daher oftmals zum Verfahren des Einbrennens der leitenden Unterlage in die Oberfläche solcher Gegenstände im Muffeloffen.

Als leitende, nichtmetallische Körper kommen in Betracht Kohle, z. B. für Bogenlampen, ferner die Stromabnehmerkohlen für Elektromotoren und Dynamos, welche an den Fassungsenden galvanoplastisch mit Kupfer überzogen werden, ferner Elektroden aus Kohle oder geschmolzenem Eisenoxyd, welche zur besseren Stromzuführung an bestimmten Stellen mit einem Metallüberzug versehen werden.

Das Metallisieren von Spitzen, Geweben, ja selbst Pflanzen, Insekten, Holzgegenständen usw. vervollständigt die Anwendungsmöglichkeiten der Galvanoplastik, wovon die Metallisierung des Holzes berufen erscheint, wegen der dadurch erzielbaren Festigkeit, Schutz gegen Fäulnis, schließlich auch zur Veredlung von Gegenständen aus Holz, wie Möbelteile, Bilderrahmen usw., zu einer eigenen Industrie zu führen. Bei der Metallisierung keramischer Objekte wird nach erfolgter Leitendmachung der mit Metall zu überziehende Körper in das betreffende elektrolytische Bad gehängt und mit nicht zu starkem Strome das Metall abgeschieden. So z. B. wird für die Überkupferung die Badzusammensetzung für langsame Niederschlagsarbeit benutzt, bei Stromdichten von ca. 1 A/qdm. Da diese Niederschläge immerhin eine beträchtliche Dicke erreichen und deshalb für gewöhnlich das matte Korn solcher Niederschläge zeigen, müssen sie nachträglich geschliffen und poliert werden, was mit den in den Kapiteln „Schleifen" und „Polieren" angegebenen Hilfsmitteln geschieht. Nur bei der Übersilberung von z. B. Glas kann durch Kratzen und Handpolierung der Glanzeffekt erzielt werden.

Galvanobronzen. Gips, Terrakotta werden zur Schaffung der sog. „Galvanobronzen" vielfach überkupfert, und die oft sehr hübsch patinierten oder antik gefärbten figuralen Gegenstände sind seit vielen Jahren ein beliebter Handelsartikel geworden. Bei den porösen Gipsfiguren ist vor der Bearbeitung im Galvanoplastikbade eine besondere Behandlung mit Stearin oder Paraffin erforderlich. Sämtliche Poren müssen mit diesen Stoffen ausgefüllt werden, weil sich sonst die Kupferlösung hineinziehen würde und die Gefahr besteht, daß die Lösung nachträglich, wenn das Metall schon aufgetragen ist, durch den Überzug hindurchdringt.

Das Durchtränken solcher Gipsobjekte geschieht folgendermaßen (Fig. 315): In einem Kessel K mit Dampfmantel wird Wachs oder Paraffin geschmolzen. Die zu durchtränkenden Gegenstände werden eingesetzt und der Deckel D hermetisch geschlossen. Nun wird zuerst durch eine Saugleitung die Luft aus dem Kessel evakuiert, indem durch den Hahn H die Saugleitung angeschlossen wird. Infolge des luftverdünnten Raumes wird auch die Luft aus den Poren der Gips-, Ton- oder Terrakottaobjekte ausgezogen, hierauf wird der Hahn H umgestellt, so daß die Druckleitung angeschlossen ist. Durch den Druck auf das geschmolzene Wachs wird letzteres in die Poren der Gegenstände getrieben und nach Öffnen des Deckels, nachdem vorher die Druckluft durch das Überdruckrohr U abgelassen wurde, stellt man die getränkten Objekte zwecks Abkühlung an kühlem Ort auf.

Ist das Modell getränkt, so muß man die auf der Oberfläche vielfach noch zurückbleibenden Reste von Paraffin oder Wachs durch Abwischen entfernen, evtl. unter Zuhilfenahme eines mit Benzin getränkten Wattebausches, da sonst die vielfach auf der Oberfläche vorhandenen feinen Reliefs und Zeichnungen nicht deutlich genug zum Ausdruck kommen.

Da die Porenfüllung bei Paraffin selbst beim vorgenannten Arbeiten keine mathematisch genaue ist, weil sich Paraffin bekanntlich beim Erstarren zusammenzieht, so schlägt Dr. Stockmeier eine Mischung vor, die Retan enthält und die sich beim Erstarren ausdehnt. In den meisten Fällen genügt jedoch das Imprägnieren mit Paraffin, Wachs oder Mischungen beider.

Bevor man nun zu dem Leitendmachen übergeht, ist es sehr wesentlich, zu lackieren. Die gut imprägnierten Gegenstände werden zu diesem Zweck, nachdem man an geeigneten Stellen Kupferschrauben eingedreht hat (zur späteren Einhängung in das Bad) mit einem Lack überpinselt, den man durch Auflösen von 25 g Guttaperchapapiere in 75 g Chloroform und nachherigen Zusatz von 100 g Benzol erhält. Es wird nur der klar abgesetzte oder filtrierte Lack verwendet. Durch diese Lackierung wird die Oberfläche sehr gleichmäßig, der Graphit haftet besser wie auf der unlackierten Oberfläche, so daß damit ein sehr sicheres Arbeiten erzielt wird. Will man das Leitendmachen ohne vorheriges Lackieren vornehmen, so geschieht dies, nachdem die Stromzuleitungen angebracht wurden, solange das Wachs noch weich ist, da an solchem der Graphit oder das Bronzepulver besser haftet. Bei der Anbringung der Stromzuleitungsdrähte muß darauf Bedacht genommen werden, daß diese tunlichst an solchen Stellen angebracht werden, wo man die dadurch stets entstehenden Einkerbungen des Niederschlages nicht störend bemerkt, auch empfiehlt es sich, die Auflagestellen für diese Drähte während der Niederschlagsarbeit öfters zu wechseln.

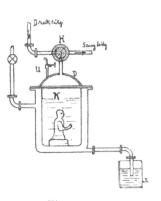

Fig. 315.

Bei den lackierten Objekten wird der Graphit mit verdünntem Spiritus angerührt und der Brei auf der ganzen Oberfläche gleichmäßig aufgetragen. Nach dem Trocknen wird der Gegenstand mit der Graphitierbürste aufs sorgfältigste blankgebürstet und ist zum Einhängen in das Bad fertig. Trotz sorgfältigster Arbeit beobachtet man jedoch zuweilen, daß vertiefte, der Graphitierbürste schwer zugängliche Stellen schlecht oder gar nicht decken. Solche Stellen werden zweckmäßig vorher mit einem Brei von feinstem Kupferpulver und Zapon- oder Guttaperchalack überzogen und nach dem Trocknen übergraphitiert. Man erreicht auf diese Weise, daß sich auch solche schwer zugängliche Stellen ohne besondere Zuleitung rasch mit einem Niederschlag überziehen. Auch die von den Langbein-Pfanhauser-Werken hergestellte Zinkleitungsmasse ist für diesen Zweck vorzüglich geeignet. Nach dem Ö. P. Nr. 59 311 sollen Gegenstände zweckmäßig dadurch metallisiert werden, daß man sie zuerst mit einem flüssigkeitsdichten Lacküberzug präpariert und auf diesen Blattmessing, -Kupfer oder -Silber aufträgt. Einen ähnlichen Weg schlägt Dr. O. Bornhäuser (Pat.-Anm. B 94 409, Kl. 48 a) ein, der die zu metallisierenden Gegenstände mit Hilfe von Klebstoffen mit Bleiblech überzieht, das den Vorzug größter Dehnbarkeit beim Aufpressen besitzt.

Der Kupferüberzug selbst bietet, wenn das Leitendmachen sorgsam ausgeführt wurde, keinerlei Schwierigkeiten. Im allgemeinen wird die Kupferschicht bei kleineren Gegenständen selten über 0,1 bis 0,2 mm stark gemacht, nur bei großen Gegenständen, wie bei Monumentalfiguren, wendet man Niederschlagsdicken von 1 mm und darüber an.

Größere Figuren, Büsten, Vasen u. dgl. werden auch nachträglich ziseliert, um die Feinheiten des Gipses usw. auch im Kupferüberzug wieder zu erhalten. Sehr häufig werden solche Figuren, nachdem sie gekratzt wurden, grün oder braun patiniert, wodurch sie das Aussehen alter Bronzen gewinnen, daher auch den Namen „Galvanobronzen" führen.

Das Schleifen der Überzüge bietet keine Schwierigkeit, nur bei großen Figuren u. dgl. wird man zu Schleifvorrichtungen mit biegsamer Welle greifen. Das endliche Patinieren oder Färben ist nach den Ausführungen des Kapitels über „Metallfärbung" durchzuführen.

In ähnlicher Weise werden Holzteile metallisiert und wollen wir die heute noch vielfach übliche Metallisierung der Holzgriffe chirurgischer Instrumente besprechen.

Metallisieren der Holzhefte chirurgischer Instrumente. Man verfährt hierbei auf folgende Art: Die Hefte werden in Wasser gelegt, damit sie sich darin vollsaugen, dann trocken abgerieben, mit Damarlack überzogen und nun gut graphitiert; man verhindert dadurch, daß die Hefte erst im sauren Kupfer-Plastikbad anschwellen, wodurch der erste dünne Niederschlag, wenn die Graphitierung auf dem Holz direkt ausgeführt worden wäre, platzen könnte. Recht praktisch erweist sich auch ein Auskochen der Holzhefte in heißem Paraffin und nachheriges Graphitieren.

Der Griff ist bis an die Klinge zu graphitieren, so daß der Graphit mit dem Stahl in leitender Verbindung steht. Man befestigt nun den Einhängedraht an der Klinge und hängt das Instrument mit dem Griff nach unten so tief in das zyankalische Kupferbad, daß auch der Stahl etwa 1 cm tief eintaucht.

Man läßt die Instrumente so lange im Bad, bis der eingetauchte Teil der Klinge leicht, aber doch durchaus verkupfert ist. Nun werden die Gegenstände herausgenommen, abgespült und in das saure Kupfer-Plastikbad gebracht. Man taucht die Objekte so tief ein, daß die Lösung nur mit dem Teil der Klinge in Berührung kommt, welcher bereits verkupfert ist. Man läßt also den verkupferten Teil der Klinge etwa 5 mm aus dem Bad herausragen, wodurch man verhindert, daß der Stahl angegriffen werde.

Auf diese Art erzielt man auch ein festes Haften, ein inniges Verwachsen des Kupferniederschlages mit dem Stahl, so daß beim nachherigen Abschleifen der Kupferschicht der Übergang vom Stahl zum Holzheft kaum wahrnehmbar ist, beim nachherigen Vernickeln dagegen ganz verschwindet.

Während man anfänglich mit 1 V Badspannung arbeitete, verwendet man zum Verstärken des Niederschlages 1,5 bis 2 V, alles bei einer Elektrodenentfernung von 15 cm gerechnet.

Nachdem die Hefte etwa 24 Stunden im Bad waren, werden sie herausgenommen, überfeilt, um den warzigen Niederschlag zu glätten, hierauf nochmals eingehängt und mit schwachem Strom etwa 10 Stunden im Bade belassen.

Vielversprechend erscheint die Anwendung von Metallüberzügen auf Holz u. dgl. für die Möbelindustrie. Auch als Schutz gegen Fäulnis, z. B. bei Telegraphenmasten, Eisenbahnschwellen u. dgl., läßt sich das Metallisieren anwenden. Bisher sind solche Schutzmaßnahmen nach dem galvanoplastischen Verfahren noch nicht praktisch zur Anwendung gekommen.

Verkupfern von Pflanzenteilen u. dgl. Die eingangs erwähnte Metallisierung von Geweben, Spitzen usw. kann nur als Kunstarbeit in vereinzelten Fällen dienen, desgleichen das Metallisieren von Pflanzen und Insekten, wodurch sich allerdings reizende Objekte herstellen lassen. Solche Gegenstände werden zuerst durch Tränken mit Schellacklösung gefestigt, was durch Eintauchen oder durch Aufspritzen erfolgt. Auf die noch nicht ganz trockene Schellackschicht wird eine Lösung von Wachs in Benzol aufgespritzt und darauf entweder Bronze aufgetragen oder eine alkoholische Silbernitratlösung, die man nach dem Auftrocknen in einem

Strome von Schwefelwasserstoff in leitendes Schwefelsilber überführt. Auch der durch die Liebigsche Lösung erzielbare Silberniederschlag wird für solche Fälle angewendet.

Für das Gelingen derartiger Überzugsgalvanoplastik ist sorgfältigste Vorbereitung der Pflanzenteile usw. notwendig. Vor allem müssen dieselben einem ganz langsamen Trocknungsprozeß unterworfen werden, da sonst unliebsame Formänderungen eintreten. Tannenzweige z. B. krümmen sich bei zu raschem Trocknen, verlieren ihre Nadeln usw., weshalb man das Trocknen zweckmäßig mit Hilfe von feinem Sand vornimmt. Will man z. B. eine Rosenknospe mit Kupfer überziehen, so wird man zunächst den Stiel durch einen dünnen Kupferdraht stützen, ein geeignetes Glasgefäß zu etwa ein Drittel mit ganz feinem Sand anfüllen und in diesen die Rose mit dem Stiel hineinstecken. Alsdann füllt man das ganze Gefäß vorsichtig mit feinem Sand an, bis die Rose völlig damit überdeckt ist und läßt den Behälter 3 bis 4 Tage an einem mäßig warmen Ort unberührt stehen. Der feine trockne Sand entzieht hierbei der Rose fast alle Feuchtigkeit ohne wesentliche Formänderung, so daß man nach vorsichtigem Entfernen an das Leitendmachen der Oberfläche herangehen kann. Vorteilhaft ist es auch, zur Entziehung der Feuchtigkeit die Pflanzenteile in einer Lösung von Kampfer in Benzol einige Zeit (etwa 10 Stunden) stehen zu lassen, da hierbei auf dem Wege der Osmose sämtliche Feuchtigkeit in den Zellen durch die Kampferlösung ersetzt wird, welche sich später beim Trocknen in Sand rasch wieder verflüchtigt.

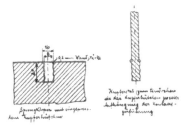

Fig. 316.   Fig. 317.

Zum Zweck des Leitendmachens wird mit einem Spritzapparat ein dünner Kopal-, Guttaperchalack oder Kollodiumlösung allseitig vorsichtig aufgetragen und die Pflanze nach gutem Trocknen in eine alkoholische Silbernitratlösung eingetaucht. Nach dem Abtropfen hängt man die Pflanze in ein verschließbares Gefäß, leitet längere Zeit Schwefelwasserstoff hinein, wodurch sich auf der Oberfläche eine stromleitende Schicht von Schwefelsilber bildet. Nach erneutem Trocknen erfolgt alsdann das Einhängen in das Kupfer-Galvanoplastikbad, in dem sich bei niederer Stromdichte von ¼ bis ½ A/qdm rasch ein allseitig deckender Kupferniederschlag bildet. Liegen gröbere Pflanzenteile vor, so kann man die leitende Schicht — nach dem Trocknen und Überziehen mit Kopal- oder Guttaperchalack — auch durch Überziehen mit Bronzepulver erzielen. Zweckmäßig ist hierbei, den käuflichen Kupferschliff, der stets mehr oder weniger fett und meist kupferoxydhaltig ist, durch Waschen mit Äther, Tetrachlorkohlenstoff od. dgl. zu entfetten und durch Schütteln mit verdünnter Schwefelsäure das Kupferoxyd zu entfernen.

Verkupfern von Sprengstoffkörpern. Eine sehr interessante Anwendung der Überzugsgalvanoplastik bildet das Verkupfern von Sprengstoffkörpern. Diese Verkupferung erfolgt, um die gepreßten Sprengkörper unter Wegfall von Papphülsen od. dgl. versandfähig zu machen und das Zusammensetzen zu größeren Komplexen zu ermöglichen.

Die Vorbearbeitung der zu verkupfernden, meist aus Nitrotoluol hergestellten Sprengstoffe bzw. Sprengmassen für das Verkupfern erfolgt in der Weise, daß zunächst ein mit grobem Gewinde versehenes Kupferhütchen bei der Fabrikation mit in die Sprengmassen eingepreßt wird, wie es die Zeichnungen Fig. 316 und 317 veranschaulichen.

Das einzupressende Kupferhütchen wird man zweckmäßig mit einer Wandstärke von ca. 0,2 mm wählen, und es dient später zum Einlassen der Knallquecksilberzündung, durch welche Anordnung, wie Versuche ergeben haben,

die Sprengwirkung in keiner Weise nachteilig beeinflußt wird. Für die Kupferhütchen nimmt man am besten eine Höhe von 15 bis 20 mm und einen Durchmesser von 8 bis 10 mm bei ca. 3 bis 4 Gewindegängen. In dieses unten geschlossene Kupferhütchen wird ein mit grobem Gewinde versehener Kupferstab eingedreht, der zur Stromleitung dient und zugleich auch zum Einhängen der zu
verkupfernden Sprengstoffkörper Verwendung findet.

Die in dieser Weise vorbereiteten Sprengstoffkörper werden nach Einschrauben des Kupferdrahtes mit Schraubengewinde mittels eines Spritzapparates
mit angeschlossenem Kompressor mit einem Gemisch von fein verteilter Kupferbronze und Zaponverdünnung metallisiert, was sehr schnell vor sich geht. Man
verwendet hierzu ein Gemisch von ca. 1 kg Kupferbronze mit ca. ½ Liter Zaponverdünnung, welche Zusammensetzung sich als die geeignetste erwiesen hat.
An Stelle von Zaponlackverdünnung kann auch zum Anrühren der Spezial-
kupferbronze dünnflüssiger Schellack benutzt werden, welches Gemisch sich dann
ebenfalls mittels eines durch Kompressor betriebenen Zerstäubers auf die zu
verkupfernden Sprengstoffkörper auftragen läßt (die Verwendung von Graphit
ist nach den gemachten Versuchen umständlicher und nicht zu empfehlen).
Alkoholische Schellacklösung hat den Nachteil, zu rasch aufzutrocknen und
ebenfalls kostspieliger wie Zapon zu sein. Das Anspritzen geschieht am besten
in einem viereckigen, mit Glas abgedeckten Glaskasten, der nach dem Freien hin
einen guten Dunstabzug mittels eines Ventilators besitzt. Selbstverständlich
muß der verdünnte Zaponlack besonders dünnflüssig sein, um zugleich beim
Spritzen gut zu zerstäuben und dabei doch noch die notwendige Adhäsion zu
besitzen, um die Kupferbronze an den zu metallisierenden Gegenständen festzuhalten. Nach dem Metallisieren werden die Sprengkörper einige Zeit zum
Trocknen aufgehängt und erst nach völligem Trocknen in die Bäder eingehängt.
Eine Beschädigung des Zapon- und Kupferbronzehäutchens beim Trocknen
muß natürlich unbedingt vermieden werden.

Für die Verkupferung genügt im allgemeinen bei nicht allzu großen Körpern
eine Dauer von ca. 3 bis 4 Stunden, worauf die Sprengkörper in reinem kaltem
Wasser gewässert, in mäßig angewärmtem Sägemehl getrocknet werden und
dann versandfertig sind.

Verkupfern von Erstlingsschuhen. Der Vollständigkeit halber sei auch die
Präparierung von Erstlingsschuhen erwähnt. Diese versieht man zuerst im
Innern mit einer Kupfer- oder Bleiblechsohle, die nicht nur den Zweck der Ver-
steifung, sondern auch einer Stromzuführung von innen heraus erfüllt. Diese
Blecheinlage steht durch einen angenieteten Kupferdraht mit einem außen um
den Sohlenrand laufenden dünnen Kupferdraht in Verbindung, dessen freies
Ende zum Aufhängen im Bade verwendet wird.

Nach dieser Vorbereitung werden die Schuhe in geschmolzenes Zeresin getaucht, doch darf die Temperatur des Wachses nicht zu hoch sein, am besten
50° C, da sonst das dünne Leder sich zusammenzieht und der Schuh deformiert wird. Nach 1 bis 2 Minuten langem Liegenlassen im geschmolzenen
Wachs ist das Tränken beendigt. Man läßt die gewachsten Schuhe abkühlen,
bürstet sie dann mit einer Graphitierbürste blank, legt die kupfernen Zuleitungsdrähte und das Sohlenblech frei (durch Abschaben des Wachses mit einem
Messer) und bürstet hierauf Bronzepulver oder Graphit auf, bläst den Überschuß davon ab und hängt in das Kupfer-Galvanoplastikbad ein. Man muß
mit schwachem Strom arbeiten, anfänglich 0,5 V; wenn der ganze Schuh überzogen ist, steigert man den Strom bis 1 V und läßt den Strom in dieser Stärke
etwa 12 Stunden wirken. Der Kupferüberzug ist dann genügend dick, so daß
er blankgebürstet und poliert werden kann. Danach kann man die Schuhe
noch galvanisch vergolden oder versilbern oder mit einer gewünschten Metallfärbung versehen.

Überziehen von Glas, Marmor u. dgl. Um Glas, Marmor und ähnlichem Material das Aussehen eines Metallgegenstandes zu verleihen und um gleichzeitig einen Schutz gegen Witterungseinflüsse zu erreichen, wird vielfach ein dünner Kupferüberzug aufgetragen, der nachträglich in beliebiger Weise durch einen anderen galvanischen Überzug oder durch entsprechende Färbung oder Patinierung einen anderen Metallcharakter erhalten kann. Man macht von diesem Verfahren z. B. Gebrauch bei der Herstellung von Inschrifttafeln, insbesondere Grabtafeln, worauf sich das D.R.G.M. Nr. 372 272 (bereits erloschen) erstreckt. Das Leitendmachen erfolgt in der bereits beschriebenen Weise, meist nach vorhergehendem Sandstrahlmattieren, um ein gutes Haften des Überzuges zu erreichen, durch Graphitieren, durch Aufspritzen eines dünnen Breies von Kupferbronze mit Zapon usw.

Eine große Anwendungsmöglichkeit galvanoplastischer Kupferniederschläge findet sich in der Spiegelglasüberkupferung. Nachdem die Gläser auf einer Seite mit einem Silberüberzug versehen wurden, werden sie zwecks Festigung dieses sehr dünnen Silberbelages mit einer Schicht von Kupfer galvanoplastisch überzogen. Man führt diesen Prozeß sowohl bei flachen Spiegeln wie auch bei gläsernen Reflektoren aus und verfährt in der Weise, daß man die Gläser zuerst mit Benzin fettfrei macht und am besten mit Kieselgur oder kieselsaurer Magnesia reinigt, dann mit Wasser spült, hierauf mit einer schwachen Zinnsalzlösung behandelt und auf diese noch nasse Fläche die chemische Versilberung aufträgt. Bei flachen Spiegeln geschieht dies durch Einlegen in eine Lösung von

> 1 l Wasser, in welchem man
> 10 g Silbernitrat gelöst hat,

hierauf setzt man pro Liter Lösung 100 ccm einer 10 %igen Formaldehydlösung zu, worauf die Silberfällung sofort einsetzt. Man braucht pro Quadratmeter Glasfläche etwa 10 l Silbersalzlösung und 1 l der Formaldehydlösung.

Gläserne Parabolspiegel werden oft mit einer solchen Mischung aus beiden Lösungen gespritzt, indem man die Spiegel zuerst anwärmt, die Lösungen aus zwei verschiedenen Düsen zusammenlaufen läßt und sie gemeinsam auf die Spiegel spritzt. Das Versilbern geht dann glatt vonstatten.

Die so versilberten Gläser werden hierauf gespült und kommen in das Kupfer-Galvanoplastikbad, welches aber für diese Zwecke nur ganz wenig mit Schwefelsäure versetzt werden darf. Das Einhängen der Spiegelgläser geschieht selbst bei großen Flächen senkrecht unter Benutzung von Gestellen, auf denen die Gläser ruhen und von denen aus durch Kontaktfedern aus Kupfer die negative Stromzuleitung erfolgt. Um ein besseres Haften der Kupferhaut an den Rändern zu erhalten, werden die Ränder des Glases auch angerauht, entweder durch Behandlung mit Sandstrahl oder mit Flußsäure. Parabolspiegel aus Glas setzt man entweder auf kupferne Einhängegestelle, von wo aus der Strom zugeführt wird, oder man besorgt die Stromzuleitung mittels der bekannten spiraligen, versilberten Gespinste, welche sehr weich sind und einfach von einer gemeinsamen Leitung aus lose an die versilberte Glasfläche angelegt werden. Von diesen Kontaktstellen aus wächst der Kupferniederschlag sehr schnell, der Silberbelag erscheint schon nach kurzer Zeit gedeckt.

Nach der Verkupferung werden die Spiegel entweder mit Lack überzogen, oder es wird mittels Spritzpistolen eine Mischung aus Zaponlack mit Bronzepulver aufgespritzt.

Überzüge auf Porzellan (Elektroporzellan). Die Verkupferung von Porzellan findet in der Praxis Anwendung, um Hochspannungsisolatoren innen und außen mit einem dünnen metallischen Niederschlag zu versehen. Man hat beobachtet, daß eine wesentliche Verbesserung in bezug auf die elektrischen Eigenschaften solcher Isolatoren für hohe Spannungen dadurch erreicht wird, wenn man bestimmte Flächen mit einem dünnen Metallüberzug versieht, zu dessen Herstellung der galvanoplastische Kupferniederschlag vorzüglich geeignet ist. Ein weitaus größeres Gebiet stellt jedoch die Erzeugung des sog. Elektroporzellans dar, und große Werke beschäftigen sich heute ausschließlich mit dessen Fabrikation. Hierbei wird Gebrauchsgeschirr, wie Kannen, Tassen usw., auf der Außenseite mit einem 0,1 bis 0,2 mm starken Kupferniederschlag versehen, der nachträglich durch Abschleifen, Bürsten und Polieren geglättet und schließlich vernickelt, versilbert, vergoldet usw. wird. Man erzielt hierbei ein sehr beliebtes Gebrauchsgeschirr, das den Vorteil des Metalles mit dem des Porzellans in sich vereinigt. Derartige Geschirrteile lassen sich auf der inneren Seite bequem reinigen, zeigen außen das schöne blanke Aussehen eines polierten Metallgegenstandes und haben noch den besonderen Vorteil, gegen Bruch weniger empfindlich wie ein Porzellangegenstand ohne äußere Metallschicht zu sein. Letzteres ist auch der Grund, weshalb sich derartiges Geschirr besonders für den Gebrauch auf Schiffen und anderen Fahrzeugen eingeführt hat. Das Leitendmachen kann in der bereits beschriebenen, in der Keramik üblichen Weise durch Einbrennen von metallhaltigen Lösungen in Verbindung mit Reduktionsmitteln erfolgen.

Nach dem E. P. 152835 erhält man eine zum Übergießen nichtleitender Gegenstände mit Kupfer geeignete Lösung, wenn man wie folgt vorgeht:

Eine konzentrierte Kupfersulfatlösung wird zu einer starken Hydrazinsulfatlösung zugesetzt, bis ein hellblaues Pulver ausfällt. Dieses wird in Wasser suspendiert und nacheinander behandelt mit Ammoniak, Ätznatronlauge und etwas Hydrazinsulfat, wodurch eine klare Flüssigkeit entsteht, die beim Erhitzen auf nichtleitenden Oberflächen, wie Glas, Porzellan usw., eine bleibende Kupferschicht hervorruft.

Nach einem D. R. P. von Dr. M. Enderli, Karlsruhe, erhält man leitende Kupferüberzüge auf Glas, Porzellan u. dgl. durch Erhitzen eines Überzuges von ameisensaurem Kupfer unter Ausschluß einer oxydierenden Atmosphäre, wonach sich Schichten von tausendstel bis zu mehreren Millimetern Stärke erhalten lassen sollen. Das Verfahren wird als geeignet bezeichnet z. B. zur Verkupferung von Glas und Porzellan, Kunstharz und Metallen, ferner zum Hervorbringen von Lüsterfarben, zum Einbrennen von Kupfer oder Kupferverbindungen auf keramischen Stoffen, zur Erzeugung von Glasuren, zum Überziehen von Asbestdichtungen usw. Dieser Weg zum Leitendmachen dürfte sich jedoch für die Technik im allgemeinen als zu teuer erweisen, so daß man sich z. B. für das Leitendmachen von Asbestdichtungen zwecks nachträglicher Überkupferung mit Vorteil des sog. Zinkleitungslackes der Langbein-Pfanhauser-Werke bedient. Eine genaue Beschreibung der Überkupferung von Asbestdichtungen findet sich später in dem Kapitel „Herstellung von Metallpapier".

In der Elektroporzellanindustrie ist es üblich, den für die nachfolgende Verkupferung notwendigen Überzug durch Einbrennen von fein pulverisiertem Graphit in Verbindung mit Lacken vorzunehmen. So bezeichnet das D. R. P. Nr. 189410 von S. Heller und Karl Baumgartl, Teplitz, eine Mischung von 5 Tl. Petroleum, 12 Tl. Goldgraphit als besonders geeignet, um bei einer Temperatur von etwa 200° in der Muffel als leitende Schicht eingebrannt zu werden. Neben Petroleum sollen auch Birkenäther oder Asphalt geeignet sein.

Ein anderes Patent von Leo Heller, Teplitz (D. R. P. Nr. 286537), benutzt ebenfalls Mischungen von Graphit mit geeigneten Ölen, die schon beim Antrocknen bei etwa 80° C einen gutleitenden Überzug auf Porzellan u. dgl. geben sollen. Der Patentanspruch lautet:

1. Mittel zum Festhalten von Metallüberzügen auf keramischen Oberflächen, dadurch gekennzeichnet, daß dasselbe aus einem feingemahlenen Gemisch aus etwa 5 Tl. Leinöl, 5 Tl. Terpentinöl, 250 Tl. Elfenbeinschwarz, 180 Tl. Harz und 420 Tl. geschlämmtem Graphit besteht.

2. Verfahren zur Erzielung haltbarer Metallüberzüge auf keramischen Ober-

flächen, dadurch gekennzeichnet, daß letztere mit einem Mittel nach Anspruch 1 überzogen, nach dem Lufttrockenwerden des Überzuges auf etwa 80° C erhitzt und nach dem Abkühlen die Oberfläche auf Hochglanz poliert wird.

Einen weiteren Weg zur Erzielung leitender Oberflächen auf keramischen Gegenständen zeigt das D. R. P. Nr. 207790, bei dem ein Brei von Galvanographit mit Wasserglas aufgetragen wird. Durch Eintrocknen und nachheriges Blankbürsten wird ein gut festhaftender, leitender Überzug erhalten, der in der Praxis bei der Erzeugung von Elektroporzellan weitgehende Anwendung findet. Auch Pascal Marino, London, (D. R. P. Nr. 271403) benutzt zur Metallisierung keramischer Gegenstände eine Alkalisilikatschicht zum Ausfüllen der Poren und erzeugt gleichzeitig eine Silberschicht durch Reduktion einer alkalischen Chlorsilberlösung, die durch einen Zusatz von Ammonfluorid besonders für den vorliegenden Zweck wirksam gemacht wird.

Der Vollständigkeit wegen seien noch die Patente Nr. 328553 der Elektro-Ceram G. m. b. H., Lahr i. B., betr. ,,Verfahren zur Herstellung von metallischen Überzügen auf gebrannten Waren'', und das D. R. P. Nr. 325293 von Henry Welte, Znaim, betr. ,,Verfahren zur Erzeugung metallischer Überzüge auf Natur- und Kunststein'', und das D. R. P. Nr. 328774 erwähnt, in dem besondere Fassungskörper zum Einhängen der zu überziehenden Porzellankörper u. dgl. beschrieben sind.

Galvanoplastische Herstellung von Reliefdekoren auf Glas u. dgl. Will man Gläser, Vasen, Bowlen u. dgl. mit galvanoplastischen Reliefdekors versehen, so trägt man als leitende Schicht ein Gemisch von Silberleitungsemaille mit Spicköl auf, brennt in einer Muffel bei schwacher Rotglut ein und schlägt dann Kupfer oder Silber elektrolytisch darauf nieder. Auf diese Weise lassen sich u. a. auch keramische Gegenstände, wie Tassen, Kannen usw., gewebeartig mit einem Netzwerk von Arabesken und feinen Linien überziehen, die nach Überarbeitung durch den Graveur und Ziseleur künstlerisch wirkende Objekte ergeben.

Überziehen von Spitzen, Geweben, feinen Geflechtsbildungen u. dgl. Meistens taucht man derartige Teile in geschmolzenes Wachs, entfernt den Überschuß durch Pressen zwischen Löschpapier und erzeugt die leitende Schicht durch Graphitieren, Aufspritzen eines Breies von Kupferschliff in Zapon oder nach einer der bereits beschriebenen Methoden. Der hierauf vorzunehmenden Überkupferung im sauren Kupferbad folgt meistens eine galvanische Versilberung oder Vergoldung.

Bei sehr zarten Objekten wird man zweckmäßig die leitende Schicht auf nassem Wege auftragen, wie dies in dem vorhergehenden Kapitel, betr. ,,Verkupfern von Pflanzenteilen u. dgl.'', ausführlich beschrieben wurde.

Die heute viel bewunderten vergoldeten oder versilberten Seidenstoffe, Samte, schließlich Felle und Federn, sind nach dem Verfahren der Metallisierung durch Elektrodenzerstäubung mit dünnen, äußerst biegsamen Edelmetallüberzügen versehen. Hierbei kommen galvanoplastische Methoden nicht zur Anwendung, weil die für solche Zwecke zulässigen Schichtdicken nur nach millionstel Millimeter gehen dürfen, andernfalls würden diese Stoffe ihre Geschmeidigkeit verlieren.

Dieses Verfahren ist natürlich auch anwendbar für Glas, Papier und andere Nichtleiter, welche man ganz oder teilweise aus besonderen Gründen mit Metall überziehen will. Neuerdings wurde das Verfahren auch zum Leitendmachen von Wachs (siehe ,,Grammophonplattenherstellung'') und zur Herstellung einer leitenden Schicht von Silber oder Gold minimalster Dicke auf Gelatineplatten in der graphischen Industrie angewendet. Näheres über dieses sehr interessante Metallisierungsverfahren siehe S. 677.

Herstellung flacher Reproduktionen.

Anwendung der Galvanoplastik im graphischen Gewerbe. Die wichtigste und umfangreichste Anwendung hat die Galvanoplastik im Buch-, Karten- und Banknotendruck gefunden. Die Klischee-Erzeugung hat durch die Schnell-Galvanoplastik eine neue Richtung erfahren, denn man ist imstande, von Holzschnitten oder anderen, direkt in Wachs zu prägenden Originalen in 5 Stunden ein druckfähiges Kupferklischee und in 3 bis 4 Stunden ein Klischee in Nickel oder Eisen herzustellen.

Zunächst sei die Herstellung der meist üblichen K u p f e r k l i s c h e e s beschrieben:

Das Abformen in Wachs, das Graphitieren usw. ist bereits eingehend behandelt worden und gebe ich in Nachstehendem bloß eine übersichtliche Zusammenstellung der übrigen Manipulationen.

Kleinere Klischees werden zumeist auf einer gemeinsamen Wachsplatte abgeprägt, sofern die Höhe der Originale tunlichst gleich ist. Das Wachs wird, damit die graphitierte Form keine weitere Beschwerung erfordert, auf eine 4 bis 5 mm dicke Bleiplatte aufgegossen, wie bereits besprochen, unter die hydraulische Presse gebracht und die Prägung in bekannter Weise durchgeführt. Noch etwas warm, gelangen diese Platten zur Graphitierung, weil der Graphit auf dem weichen Wachs besser haftet. Werden Schriftsätze in Wachs abgeformt, so werden mittels einer Gasstichflamme die scharfen Kanten weggenommen, d. h. abgeschmolzen. Diese Operation muß mit viel Sorgfalt geschehen, damit

Fig. 318.

die Wirkung der Flamme die unteren Druckflächen nicht beschädigt. An Stellen, welche nicht im Rahmen der Zeichnung oder des Schriftsatzes liegen, werden mehrere Messingstifte so weit eingeschlagen, daß sie durch das Wachs hindurch in die Bleiunterlage reichen, und man erhält auf diese Weise mehrere Stromzuleitungsstellen, welche weniger Arbeit verursachen als z. B. das Umlegen der Bildfläche mit Kupferfühlern oder das Einschmelzen von Zuleitungsdrähten und das darauf folgende Blankkratzen deren Oberseite. Über diese Messingzuleitungsstifte weg wird jetzt graphitiert. Damit die Wachsträgerplatte keinen Niederschlag annimmt, wird sie allseitig mit geschmolzenem Wachs bepinselt und ebenso auch die Ränder der ganzen Wachsmatrize. Die Bleiplatte hat eine Durchlochung, durch welche ein sog. Matrizenhaken (Fig. 318) gesteckt wird, und gelangt derart vorbereitet in das Bad.

An dem oberen Rande der Matrize schmilzt man vorher eine blank geschmirgelte Kupferplatte von ungefähr 30 × 30 mm und 1 mm Stärke ein, gleicht mit der Stichflamme die Ränder aus, so daß ein glatter Übergang des Kupferplättchens zur Wachsoberfläche hergestellt ist. Diese Stelle wird mit der Hand nochmals gut graphitiert, dann schneidet man das Wachs an allen Rändern der Matrize schräg ab und verschmilzt die Ränder mit der Flamme. Schließlich entfernt man mit dem Messer das Wachs über dem Loche der Bleitafel, durch welches der Haken des Matrizenhalters zum Aufhängen gesteckt wird. Die Matrizenhalter haben die aus der Abbildung erkennbare Form. Der Haken, an dem die Matrize aufgehängt wird, ist durch ein untergelegtes Hartgummiplättchen und durch Hartgummibuchsen in den Schraubengängen vom übrigen Halter isoliert, so daß die mit dem Haken in Kontakt kommende Bleiplatte keinen Strom erhält und sich auf ihr kein Kupfer abscheiden kann. Das am Halter befindliche angegossene viereckige Klötzchen legt sich auf die in die Matrize eingelassene Kupferplatte ganz eben auf und vermittelt auf diese Weise eine gute und ausgiebige Stromleitung, wie solche z. B. bei der Schnell-Galvanoplastik unbedingt erforderlich ist.

Wird mit Schnell-Galvanoplastik gearbeitet, so empfiehlt es sich, bei tiefen und kleinen Schriften, den ersten Kupferanflug entweder im gewöhnlichen

(3 % Schwefelsäure enthaltenden) Kupfer-Galvanoplastikbade auszuführen, und erst, wenn alle tiefen Stellen, namentlich Punkte, „zugegangen" sind, wie sich der Galvanoplastiker auszudrücken pflegt, hängt man die Matrize in das Schnell-Galvanoplastikbad über. Das Decken der graphitierten Flächen, sei es im gewöhnlichen oder im Schnell-Galvanoplastikbade, geschieht am besten bei kleiner Stromdichte, besonders wenn tiefere Schriftsätze vorhanden sind. Es ist auch angängig, Schriftsätze in einem Schnell-Galvanoplastikbade zu decken, wenn man das Bad mit Kupfervitriol konzentriert und ca. 2 % Schwefelsäure zusetzt. Die Lösung muß mittels Kompressors bewegt werden, d. h. durch komprimierte Luft in Wallung gebracht werden. Man arbeitet in diesem Falle am besten mit einer Stromdichte von 3 A, und gehen selbst die kleinsten Schriftsätze in kurzer Zeit zu. Bei normal arbeitenden Bädern muß das Kupfer wolkenartig, niemals mit scharf gezeichneten Spießen anfallen und so schnell wachsen, daß von der Zuleitungsstelle das Anwachsen der Kupferhaut von 10 cm Länge in etwa 30 Minuten beim gewöhnlichen Bade, in etwa 3 bis 4 Minuten bei Verwendung des Schnell-Galvanoplastikbades stattfindet.

Man läßt die Matrizen so lange im Bade, bis die Kupferhaut, je nach Größe des Klischees, eine Dicke von 0,1 bis 0,5 mm erreicht hat. Die normalen Stärken sind:

für Flächen von			2—50	qcm	0,1	mm
,,	,,	,,	50—200	,,	0,15	,,
,,	,,	,,	200—500	,,	0,20	,,
,,	,,	,.	500—2000	,,	0,30	,.
,,	,,	,.	2000 und mehr	,,	0,50	,,

Selbstverständlich ist es dem Belieben jeder Klischeefabrik anheimgestellt, selbständige Abänderungen dieser Zahlen zu treffen, denn die angegebene Dicke der Kupferhaut hängt von manchen Punkten ab, wie von der Druckauflage, die das betreffende Klischee aushalten soll, ferner von der Härte des niedergeschlagenen Kupfers (wenn noch verstählt oder vernickelt wird, kann die Kupferhaut dünner sein) usw.

Sobald die gewünschte Kupferstärke erlangt ist, werden die Matrizen den Bädern entnommen, mit Wasser abgespült und die Kupferniederschläge von den Matrizen in der bereits beschriebenen Weise abgelöst.

Je größer die Auflage und je rauher das Druckpapier ist, um so dicker muß der Kupferniederschlag sein. In der Haltbarkeit ist das Galvano der Stereotypieplatte unbedingt überlegen, da es bei genügender Stärke der Kupferschicht eine mindestens viermal so hohe Druckauflage aushält wie die beste Stereotypieplatte. Nur bei mangelhaft hergestellten, mit sehr dünner Kupferschicht versehenen Galvanos kann das Gegenteil eintreten, daß sich nach kurzer Zeit die Kupferschicht abdruckt, so daß das zum Hintergießen verwendete Weichblei od. dgl. hervortritt.

Bei sorgfältiger Herstellung der Galvanos unterscheidet sich der Abdruck in keiner Weise von demjenigen des Originals. Bei sehr feinen Prägungen ist allerdings nicht zu verkennen, daß etwas von der Schärfe des Originals durch die, wenn auch nur hauchdünne Graphitschicht verlorengeht, wobei besonders die feinen Punkte von Autotypien leiden. Aus diesem Grunde ist es vielfach üblich, das Original der ersten Prägung nochmals genau passend in die Wachsmatrize zu legen und ein zweites Prägen folgen zu lassen. Durch diese wiederholte Prägung wird ein vollkommen scharfes Bild erhalten. Die Wachsmatrize wird natürlich nicht wieder graphitiert, sondern nach dem Übergießen mit Spiritus direkt in das Galvanoplastikbad eingehängt.

Galvanos nach Dreifarbenätzungen. Handelt es sich darum, Galvanos nach Dreifarbenätzungen anzufertigen, so muß mit ganz besonderer Sorgfalt vorgegangen werden. Bekanntlich muß bei derartigen Galvanos Punkt auf Punkt genau passen, damit nicht ein verschwommenes Bild erhalten wird. Der Hauptgrund für nicht völliges Passen derartiger Galvanos ist bedingt durch das nachträgliche Hintergießen der dünnen Kupferhaut. Die an sich geringen Unterschiede sind variabel, je nach der Dicke der Kupferhaut und je nach der Temperatur und der Zusammensetzung des Hintergießmetalles. Bei einfarbigen Klischees sind die dadurch hervorgerufenen Unterschiede völlig bedeutungslos, während sie bei Dreifarbenätzungen sehr leicht zu einem mehr oder weniger verschwommenen Bild führen können. Es empfiehlt sich daher, um genau zusammenpassende Galvanos zu erhalten, die drei Teilplatten gleichzeitig in eine Wachsplatte zu prägen, so daß von allen drei Platten gleichzeitig ein Kupferniederschlag erhalten wird, der als Ganzes in üblicher Weise verzinnt, hintergossen und hierauf erst auseinandergesägt wird. Verbietet die Größe der Druckplatten ein derartiges Verfahren, so ist es ratsam, wenigstens die Platten für Rot- und Blaudruck zusammen zu prägen, deren unbedingtes Passen notwendig ist. Ein geringfügiges Abweichen der gelben Platten ist erfahrungsgemäß weniger störend. Sollte bei sehr großen Platten auch dieser Weg nicht gangbar sein, so ist wenigstens Wert darauf zu legen, die Kupferniederschläge der drei Galvanos gleich stark zu wählen und das Hintergießen mit dem gleichen Metall und bei der gleichen Gießtemperatur vorzunehmen.

Die Herstellung von Nickelklischees. Die Druckereitechnik suchte begreiflicherweise die Erfolge der Galvanotechnik auf dem Gebiete der Herstellung dicker Nickelniederschläge sich nutzbar zu machen, zumal bekannt war, daß dem reinen und gegen alle erdenklichen Farbstoffe unempfindlichen Nickel die Eigenschaft großer Härte zukam, die eine Gewähr für die Möglichkeit, hohe Druckauflagen zu erzielen, bot. Das bloße Vernickeln kupferner Klischees befriedigte manche nicht mehr, man wollte eine dickere Nickelschicht, und zwar direkt von der Matrize weg, erzeugen. Wenn es nun auch nach manchem Rezept gelang, Nickelniederschläge z. B. auf den vorzüglichen Bleiprägungen nach Dr. Albert, München, herzustellen, so scheiterten die Verfahren doch stets daran, die Nickelniederschläge, ob mit oder ohne Kupferverstärkung, von der Bleimatrize abzulösen. Man half sich wohl auch dadurch, daß man die Bleimatrize wegschmolz, doch brachte dieser Vorgang immer unliebsame Störungen mit sich. Entweder wurde das Nickel hierbei zu weich, oder es blieben, speziell in den feinen Linien (z. B. bei Autotypien), kleine Knötchen von Blei sitzen, die die Brauchbarkeit des Niederschlages in Frage stellten. Es ist nun den Langbein-Pfanhauser-Werken gelungen, ein Verfahren ausfindig zu machen, welches diese Übelstände vermeidet, so daß man heute in der Lage ist, Nickelgalvanos in jeder Größe, mit oder ohne Kupferverstärkung, herzustellen, die sich leicht und sicher von der Bleimatrize abheben lassen.

Das Verfahren besteht darin, daß eine ungemein dünne Schicht einer Mischung der verschiedensten Bleioxyde hergestellt wird, welche die Feinheiten der Prägung in keiner Weise alterieren. Auf dieser Schicht, die gleichzeitig ein gutes Leitvermögen hat, wächst der Nickelniederschlag, der in einem angewärmten Bade bei Stromdichten von 3,5 bis 4 A hergestellt wird, leicht zu. Die Matrizen bleiben, wenn man die Nickelschichten später noch mit Kupfer verstärken will, 20 bis 30 Minuten im Nickelbad. Will man Reinnickelgalvanos herstellen, die ohne jede Kupferverstärkung Verwendung finden sollen, so wird gewöhnlich in 2½ bis 3 Stunden ein genügend starker, duktiler Niederschlag hergestellt, der sich in der beim Kapitel „Kupfer-Galvanoplastik" beschriebenen Art und Weise weiterbearbeiten läßt. Anstatt mit Kupfer können die Nickelniederschläge auch mit Eisen (der Billigkeit und Dauerhaftigkeit halber) verstärkt werden. Solche Galvanos halten Druckauflagen von weit über 1 Million aus (vgl. auch das Kapitel „Stahl-Galvanoplastik").

Aber auch von Wachsmatrizen gelingt es jetzt bereits, Nickelgalvanos herzustellen, wie dies bereits in dem Kapitel „Nickelplastik direkt auf Wachs" erwähnt wurde. Die Wachsformen werden genau so mit Graphit leitend gemacht, wie dies bei der Kupfer-Galvanoplastik der Fall ist. Sehr geeignet ist die Methode, die Matrizen mit einer alkoholischen Silbernitratlösung zu bestreichen und diese Schicht, so lange sie noch feucht ist, mit einem Gasstrom von Schwefelwasserstoff zu schwefeln. Bei graphitierten Matrizen arbeitet man anfänglich mit höherer Badspannung von 4 bis 5 V, um das Nickel rasch über die graphitierte Fläche zu bringen, und schwächt dann, sobald der Nickelniederschlag über die ganze Fläche gewachsen ist, derart ab, daß die Stromdichte nur ca. 0,8 bis 1,2 A beträgt.

Damit ähnlich wie bei der Kupfer-Galvanoplastik das Nickel an der graphitierten Fläche weiterwächst, muß die Lösung so präpariert werden, daß die Differenz zwischen dem Entladepotential des Wasserstoffs bzw. der anderen, nicht abzuscheidenden Kationen (Leitsalzkationen) des Elektrolyten und dem des abzuscheidenden Nickels möglichst groß wird. In solcherart angesetzten Bädern gelingt es, den Nickelniederschlag selbst über ganz große Flächen wachsen zu lassen, und es gelang dem Verfasser, eine normal graphitierte Fläche von Wachs im Format 30 × 40 cm in 25 Minuten mit Nickel zu decken.

Zu beachten ist allerdings, daß man bei Verwendung solcher Bäder besonders die Reaktion des Bades berücksichtigen muß, denn ist das Bad neutral, dann wird der Nickelniederschlag zu weich, ist es zu sauer, dann rollt die Nickelhaut leicht ab. Die Stärke der Nickelschicht wird nicht zu weit getrieben.

Wenn man eine hohe Druckauflage von beispielsweise 1 Million verlangt, so genügt es, den Nickelniederschlag nur 0,005 mm dick zu machen und ihn dann im Kupfer-Plastikbad zu verstärken. Man benötigt zur Herstellung des Nickelniederschlages ca. 30 bis 45 Minuten, selbst bei Anwendung von Wachsmatrizen genügt diese Zeit, sofern mit einer Stromdichte von 1 A/qdm (bewegtes Bad ist dabei Bedingung) gearbeitet wird. Die Bearbeitung dieser „Hartnickelgalvanos", wie diese genannt werden, geschieht auf dieselbe Weise wie die der gewöhnlichen Kupfergalvanos.

Wird mit Wachsmatrizen gearbeitet, so muß man in Rücksicht ziehen, daß bei Schriftsätzen die untersten tiefen Stellen länger zum „Zugehen" im Nickelbad brauchen wie die oberen Partien der Matrizen. Man muß dabei etwas langsamer decken als bei flachen Formen, wie Autotypien, Strichätzungen u. dgl., damit der die graphitierte Fläche entlang sich bildende Nickelbelag auch in diese tieferen Partien wachsen kann. Ist einmal die ganze Fläche überzogen, was selbst bei großen Matrizen in ca. 30 bis 45 Minuten der Fall ist, dann kann man die Stromdichte erhöhen bis zur Normalstromdichte von 1 A/qdm. Natürlich dehnt man dann die Niederschlagszeit über ½ Stunde aus, damit die Stärke des Nickelbelages dick genug ist, so daß sich die Nickelauflage beim Druck nicht zu rasch abnutzen kann.

Nickelgalvanos sind unbedingt erforderlich, wenn man mit Schwefel- oder quecksilberhaltigen Farben — Zinnober, Ultramarin usw. — druckt, da diese bekanntlich das Kupfer rasch zerstörend angreifen.

Eisenklischees. Die Herstellung von Galvanos ganz aus Eisen anstatt solcher aus Kupfer ist durch die Auffindung des geeigneten Elektrolyten natürlich sofort aufgegriffen worden, denn man versprach sich selbstverständlich eine außerordentliche Haltbarkeit solcher Galvanos gegenüber den weichen Kupfergalvanos. Bei der praktischen Anwendung stellten sich allerdings sofort einige nicht ohne weiteres vorherzusehende Schwierigkeiten ein, und speziell die Matrizenfrage gehört mit zu den heikelsten Punkten bei dieser Methode. Da man mit erwärmten Bädern zu rechnen hat, so schalten die Wachsmatrizen, auch die Blei-Wachsmatrizen, aus und man ist auf Metallmatrizen angewiesen.

Das Nächstliegende war nun die Benutzung reinen Bleies. Es zeigte sich, daß es oft sehr schwierig ist, speziell bei Schriftsätzen u. dgl., die Eisenniederschläge vom Blei zu trennen, denn gerade infolge der Duktilität des aus diesen modernen Elektrolyten erhaltenen Eisenniederschlages und infolge der angewendeten Temperatur tritt eine Legierungsbildung zwischen Bleiform und Eisenniederschlag ein. Wenn auch z. B. bei größerer Dicke des Eisenniederschlages das Abheben der Niederschläge keine nennenswerten Schwierigkeiten bereitet, besonders wenn man die Bleiform nahe zum Schmelzpunkt erhitzt, so macht sich doch bei Niederschlagsstärken von 0,15 bis 0,2 mm, wie sie in der Klischeefabrikation gebräuchlich sind, die obengenannte Legierungsbildung unliebsam bemerkbar, indem die Galvanos stellenweise haften bleiben und, selbst wenn es gelingt, dieselben vollkommen abzulösen, wird sehr oft der Niederschlag deformiert.

Nickel-Stahlgalvanos. Man hilft sich aber in der Weise, daß man zuerst einen harten, nur dünnen Nickelniederschlag auf die Bleimatrizen niederschlägt, welcher zufolge seiner absoluten Härte sich nicht so leicht mit der Bleiunterlage legiert. Die eigentliche Schicht des Galvanos wird dann durch Verstärkung dieses Nickelhäutchens im warmen Eisenbad erreicht, und zwar arbeitet man im Eisenbad am besten mit Stromdichten von 10 A/qdm bei einer Badspannung von ca. 3 V. Man erhält dann in ca. 1¼ Stunden einen genügend starken Niederschlag, der sich mit dem Nickelniederschlag zusammen abheben und sich ebensogut wie Kupfer hintergießen läßt.

Die auf der Druckfläche befindliche harte Nickelschicht ist natürlich nur erwünscht, da sie ein Rosten der Eisengalvanos verhindert und begreiflicherweise die Feinheiten der Prägung nicht alteriert, da sie ja direkt auf der Form hergestellt wurde.

Neuerdings ist es jedoch auch gelungen, geeignete Trennungsschichten ausfindig zu machen, die ohne Anwendung einer Nickelschicht eine Lostrennung der Elektrolyteisenschicht von der Unterlage ermöglichen.

Will man von Kupferplatten Negative in Nickelstahl herstellen, so vernickelt man zunächst die Kupferplatten nach guter Entfettung und Reinigung mit Zyankaliumlösung in einem kalten Nickelbad ca. 20 bis 30 Minuten lang bei 2 bis 2,5 V Spannung. Alsdann hängt man die vernickelten Platten in das Grauglanzoxydbad, in dem die Platten so lange bleiben, bis sie allseitig mit einem gleichmäßigen grauen Niederschlag versehen sind. Nach tüchtigem Abspülen hängt man in das heiße Nickel-Plastikbad über, in dem bei ca. 2 V Spannung und einer Niederschlagsdauer von ca. 30 bis 40 Minuten die als Druckfläche gewünschte kräftige Nickelschicht erzeugt wird. Hierauf werden die Platten leicht sauer oder zyankalisch verkupfert, ca. 5 Minuten lang, und nach erneuter Abspülung zwecks entsprechender Verstärkung in das Stahl-Plastikbad übergehängt, in dem sie je nach der gewünschten Dicke in der aus der Tabelle ersichtlichen Zeit hängen bleiben. Man spült dann in reinem Wasser tüchtig ab, trocknet in üblicher Weise mit heißem Wasser und Sägespänen, feilt die Ränder der Platten durch, so daß durch Unterschieben eines stumpfen Holzkeiles od. dgl. die Trennung des Nickel-Stahlnegativs von dem Original bewirkt werden kann. — Gestatten die Betriebsverhältnisse, die gewünschte Niederschlagsstärke nicht in einem Arbeitsgange zu erhalten, so übergießt man die verstählte Platte mit konzentrierter Salzsäure, spült reichlich mit kaltem Wasser ab, überkupfert im zyankalischen Bade und hängt nach gutem Abspülen von neuem in das Patentstahlbad ein.

Den gleichen, wie oben beschriebenen Weg hat man einzuschlagen, wenn man von Bleiprägungen Negative in „Nickelstahl" gewinnen will. Zum Unterschied hiervon muß man aber bei den meist dünnen Platten die Rückseite durch einen kräftigen Überzug im sauren Kupferbad verstärken. Zu diesem Zwecke verkupfert man leicht zyankalisch, vernickelt im kalten Bad, deckt die Vorderseite durch einen Wachsüberzug ab und verstärkt die Rückseite je nach Erfordernis im sauren Kupferbade. Natürlich kann man auch die dünnen Bleiprägungen mit der Bildseite auf Glas mittels Wachs aufkleben, die Verstärkung der Rückseite im sauren Bade vornehmen und hierauf die weitere, oben beschriebene Galvanisierung vornehmen.

Herstellung von Hoch- und Tiefdruckplatten. Vor allem handelt es sich hierbei darum, von der Originalplatte, die entweder gestochen, radiert oder durch sonst eine Manipulation hergestellt wurde, eine Depotplatte zu erhalten, die man Hochdruckplatte nennt. Von dieser Platte werden durch Galvanoplastik je nach Wunsch Tiefdruckplatten hergestellt. Die Originalplatte ist ebenfalls eine Tiefdruckplatte und soll unbeschädigt bleiben. Um nun galvanoplastisch eine Hochdruckmutterplatte herzustellen, wird die Originalplatte mit einer der bekannten Zwischenschichten versehen, welche das Zusammenwachsen der beiden Platten verhindern. Die Rückseite der Platte wird durch Wachs abgedeckt, sofern im kalten Kupfer-Plastik- oder Schnell-Kupfer-Plastikbad gearbeitet wird.

Als gebräuchlichste Methode zur Herstellung der Zwischenschicht führe ich folgende an: Die Originalplatte wird mit Sodalösung oder Benzin und Kalk entfettet, hierauf mit einer Zyansilber-Kaliumlösung eingerieben und auf diese Weise schwach versilbert. Nun jodiert man das Silber durch Behandlung mit einer dünnen Jodlösung, welche man sich dadurch bereitet, daß man ein entsprechendes Quantum Wasser mit so viel alkoholischer Jodtinktur versetzt, bis die Lösung weingelb erscheint. Man läßt diese Lösung ca. 2 Minuten auf die versilberte Tiefdruckplatte einwirken, setzt sie kurze Zeit dem Lichte aus, spült ab und kann sie nun dem galvanoplastischen Prozeß zuführen. Anstatt die Originalplatte mit Wachs zu überziehen, kann man sie auch mit Asphaltlack oder sonst einem Isoliermittel auf denjenigen Stellen überziehen, welche keinen Niederschlag erhalten sollen.

Werden Stahlstichplatten als Original verwendet, so kann man im sauren Kupferbad nicht arbeiten, und man hilft sich dann dadurch, daß man mittels Silber-Galvanoplastik direkt eine Hochdruckplatte darstellt, welche man, wie besprochen, jodiert, und, sie als Depotplatte benutzend, die Tiefdruckplatten davon herstellt.

Weil es sich bei der Erzeugung von Hoch- und Tiefdruckplatten stets um Metallniederschläge, gleichgültig ob in Nickel, Kupfer, Stahl oder Silber, handelt, hat man geeignete Blendvorrichtungen für die Plattenränder anzubringen, um die Knospung des Elektrolytkupfers oder -nickels zu vermeiden. Man bedient sich hierzu aufgestellter Rahmen aus Holz, Zelluloid oder Glas, welche je nach der Temperatur der verwendeten Lösung mit Wachs-, Lack-, Zelluloid-, Azetonlösung oder rein mechanisch befestigt werden. Die Platten werden 3 bis 5 mm dick hergestellt. Die Zeitdauer schwankt daher bei:

Gewöhnlicher Kupfer-Galvanoplastik zwischen   6—14 Tagen
Schnell-Kupfer-Galvanoplastik . . . . 2—5   ,,
Silber-Galvanoplastik bei etwa 1 mm Dicke . . 4—6   ,,
Gewöhnlicher Nickel-Galvanoplastik . . . . . 10—30   ,,
Schnell-Nickel-Galvanoplastik . . . . 2—5   ,,
Stahl-Galvanoplastik (im kaltem Bade) . . . . 20—40   ,,

Die Platten werden bei den für die einzelnen Methoden jeweilig angegebenen Stromverhältnissen am besten ohne Unterbrechung fertiggestellt, besonders bei Nickel-Galvanoplastik ist eine Stromunterbrechung direkt schädlich und zu vermeiden.

Sind die Platten dick genug, so werden sie durch Befeilen oder Abhobeln von den Originalplatten getrennt, und auf die gleiche Weise werden von den so

erhaltenen Hochdruckdepotplatten die erforderlichen Tiefdruckplatten hergestellt. Für die Herstellung der hier erforderlichen starken Kupferplatten ist
meist ununterbrochener Tag- und Nachtbetrieb erforderlich, der am besten unter
Zuhilfenahme geeigneter Akkumulatoren für den Nachtbetrieb ausgeführt wird,
sofern Aggregate oder Umformer dafür nicht zur Verfügung stehen. Hierzu sei
auf die Abhandlung von Dr. Wogrinz, Wien, betr. ,,Einige Bemerkungen über
den unbeaufsichtigten Nachtbetrieb bei galvanoplastischen Anlagen" in der Zeitschrift ,,Das Metall" 1914, S. 105 bis 107 verwiesen. Will man Galvanos über
die übliche Arbeitszeit herstellen, bei denen nach Erreichung einer bestimmten
Niederschlagstärke der Strom selbsttätig ausgeschaltet wird, so lassen sich
dafür besondere Uhren verwenden, die nach einer bestimmten, jeweilig einstell-
baren Zeit den Strom des Antriebsmotors für das Aggregat automatisch ausschalten, so daß damit die davon gespeisten Galvanoplastikbäder ebenfalls stromlos werden.

Häufig wird der von der ,,Expedition zur Anfertigung russischer Staatspapiere" gebräuchliche Weg eingeschlagen, von den Hochdruckplatten in Stahl
galvanoplastisch zuerst eine Schicht von 0,1 bis 0,2 mm zu erzeugen, diesen
Niederschlag in einem zyankalischen Elektrolyten zu verkupfern und darauf in
einem galvanoplastischen Kupferbade auszuverkupfern. Man gewinnt auf diese
Weise eine äußerst widerstandsfähige, harte Druckschicht, und es wurden von
solchen Platten Auflagen bis zu 8 Millionen gedruckt. Selbstredend gilt dies
nur für Tiefdruckplatten.

Das früher gebräuchliche Verstählen oder Vernickeln der Kupferdruckplatten ist aus dem Grunde aufgegeben worden, weil durch diese Neuauflage
von Metall die Feinheit der Zeichnung unbedingt leiden muß, was bei dem oben
beschriebenen Verfahren begreiflicherweise ausgeschlossen ist. Ich unterlasse
es daher auch, auf diese Prozesse näher einzugehen.

Durch die Schnell-Nickel-Galvanoplastik wird in absehbarer Zeit jedenfalls
die Kupferdruckplatte durch eine solche aus Nickel ersetzt werden, denn die
Vorzüge in bezug auf Widerstandsfähigkeit sind in der Nickelplatte wiederzu-
finden, besonders dann, wenn das Nickel durch Beobachtung besonderer Vorschriften, deren Einhaltung leicht möglich ist, als hartes Metall niedergeschlagen
wird. Dabei ist der Nickelniederschlag in derselben Zeit zu erzielen wie der
Kupferniederschlag im Schnell-Kupfer-Galvanoplastikbade.

Grammophonplattenherstellung. Die moderne Musikinstrumentenindustrie
hat im Grammophon, dem Nachfolger des ursprünglichen Phonographen, einen

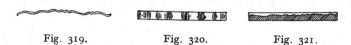

Fig. 319.   Fig. 320.   Fig. 321.

Apparat geschaffen, der heute nach langjähriger Vervollkommnung auf dem
Weltmarkte ein Absatzgebiet eroberte, welches derartigen Umfang angenommen
hat, daß eine ganz gewaltige Industrie dadurch entstehen konnte.

Wir wollen dieser Industrie, die sich in ihrem wichtigsten Teile der Galvanoplastik bedient, ein eigenes Kapitel widmen, und weil die einzelnen Arbeitsgänge
selbst, soweit sie auf die Galvanoplastik Bezug haben, ganz speziell für diesen
Zweck modifiziert wurden, soll der ganze Werdegang der Grammophonplatte
chronologisch dargestellt werden.

Als bekannt sei vorausgeschickt, daß die ,,Grammophonschrift", welche
auf der Schallplatte zu sehen ist, aus seitlichen Wellen besteht zum Unterschied
von der ,,Phonographenschrift", welche auch bei der Pathephonplatte (einer
phonographischen Platte) in Anwendung kommt und welche die Wellen senkrecht zur Plattenebene in Form von wellenförmigen Vertiefungen zeigt. Die

Fig. 319 (Grammophonschrift, Ansicht von oben) und 320 (Phonographenschrift, Ansicht von oben) und Fig. 321 (Phonographenschrift, Schnitt durch die Platte) zeigen diesen Unterschied.

Dieser Unterschied in der Registrierung der Schallwellen rührt daher, daß bei der Aufnahme verschiedenartige Apparate verwendet werden, welche den Eindruck der Schallwellen auf dem Aufnahmewachs hervorrufen und welche Aufnahmeschalldosen heißen. Die aufzunehmenden Schalleindrücke in Form von Schallwellen werden durch den Aufnahmeschalltrichter zur Membrane der Aufnahmeschalldose geleitet, welche dadurch in Schwingung kommt und einen geschliffenen Stift aus hartem Edelstein (gewöhnlich werden Saphire verwendet) gegen die Aufnahmewachsplatte, welche sich in Rotation befindet, drückt. Beim Grammophon steht nun die Membrane zirka im rechten Winkel zur Aufnahmewachsplatte (siehe Fig. 322), dagegen beim Phonographen annähernd parallel (siehe Fig. 323) dazu.

Beim Grammophon wird ein dreikantig geschliffener Saphirstift benutzt, welcher die in Fig. 319 gezeichneten, gleichmäßig breiten, seitlich schwingenden Wellenlinien in gleichmäßiger Tiefe in die Aufnahmewachsplatte schneidet; beim Phonographen dagegen wird ein Stift benutzt, dessen untere Schreib-

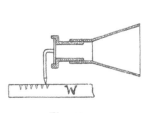

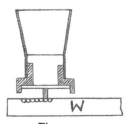

Fig. 322.   Fig. 323.

fläche kugelförmigen Schliff zeigt, mit welcher die Vertiefungen nach Fig. 321 in das Wachsmaterial gewissermaßen eingedrückt werden.

In der Folge wollen wir aber nur die weitaus verbreitetere Methode der Grammophonschrift unseren Ausführungen zugrunde legen.

Um die Schalleindrücke in vollendeter Form aufnehmen zu können, muß der Aufnahmeapparat von solcher Konstruktion sein, daß folgende Bedingungen erfüllt werden:

1. Gleichmäßige Rotation der Aufnahmewachsplatte.
2. Genauer horizontaler Lauf der Wachsplatte.
3. Geräuschloser Gang der einzelnen Teile.
4. Antrieb des Aufnahmeapparates durch Uhrwerk mit Fallgewicht und Luftregulator.
5. Feststehende Aufnahmeschalldose, welche aber in der Ebene der Membrane leicht drehbar sein muß, so daß u. a. auch jederzeit der Winkel, den der Saphirstift mit der Aufnahmewachsplatte einschließt, eingestellt und reguliert werden kann.
6. Die Aufnahmeschalltrichter müssen aus Zinkblech sein, und der Apparat muß mehrere auswechselbare Trichter mit verschiedenem Durchmesser und verschiedener Länge besitzen, je nachdem ob Gesänge, Gespräche, Orchester usw. aufgenommen werden sollen.

Eine bewährte Konstruktion zeigt Fig. 324, wie sie von den Langbein-Pfanhauser-Werken gebaut wird. Die Abbildung zeigt diesen Apparat in gebrauchsfertigem Zustande, auf Holzbock montiert, mit dem freihängenden Aufnahmeschalltrichter. Von der tadellosen Funktion des Aufnahmeapparates hängt in erster Linie das Gelingen der Aufnahme ab, genau so, wie eine gute Photo-

graphie von einem schlechten photographischen Apparat nicht erwartet werden
kann. Man spare also an dieser Stelle nie in den Anschaffungskosten, man
bleibt sonst mit seinem Erzeugnis so lange zurück, bis man sich zur Anschaffung
des geeigneteren, wenn auch teureren Apparates entschlossen hat.

Der Vergleich der Grammophonaufnahmen mit photographischen Aufnahmen
ist in mancher Hinsicht zutreffend, denn beide Verfahren bedingen das innige
Zusammenwirken des geeigneten Apparates zur Aufnahme selbst und der Hilfs-
materialien bei der Ausarbeitung und einer peniblen Einhaltung der gegebenen
Vorschriften bzw. Zugrundelegung einer umfassenden Fachkenntnis. Was die
Kamera für den Photographen bedeutet, ist für den Grammophontechniker die
Aufnahmemaschine, die Aufnahmeschalldosen entsprechen dem Objektiv des
photographischen Apparates. Spinnen wir den Vergleich weiter, so ist die
geeignete Zusammensetzung der Aufnahmewachsplatte mit der Trockenplatte
zu vergleichen, und die Ausarbeitung der Aufnahme erfordert die gleiche Aufmerksamkeit wie das Entwickeln der photographischen Platte.

Ähnlich wie der Photograph verschiedene Objektive verwendet, je nachdem,
ob er Porträt oder Landschaften aufnimmt, hat auch der Grammophontechniker

Fig. 324.

besondere Schalldosen für Gesang, Orchester, Streichinstrumente, gesprochene
Worte usw. Diese Schalldosen unterscheiden sich außer in der Dicke der Membranen auch in ihrem Durchmesser und anderen Details.

Die Wachsplatte. Die Aufnahmewachsplatte ist eine ca. 2 cm dicke
runde Scheibe mit zentralem Loch, deren eine Seite, auf welcher die Aufnahme
erfolgen soll, glänzend geschliffen ist. Das Material ist ein Gemisch, dessen
Zusammensetzung von den Fabriken, die sich mit ihrer Herstellung befassen,
geheimgehalten wird. Im allgemeinen ist es ein Gemisch aus Wachs, Ozokerit,
Stearin und einem bestimmten Prozentsatz an Seifen, die meist durch Verseifung eines Teiles der einzelnen Komponenten mit Ätznatron im geschmolzenen Zustande entstehen. Besonders auf diesen dadurch bedingten alkalischen
Charakter sei hier aufmerksam gemacht, weil wir weiter unten, wenn wir die
verwendeten Bäder besprechen, uns dieses Seifengehaltes des Aufnahmewachses
erinnern müssen.

Ehe die Wachsplatte zur Aufnahme geeignet ist, muß sie in einem, am besten
elektrisch geheizten Wärmeschrank auf ca. 30° C angewärmt werden, was aber
nur langsam erfolgen darf, damit die Platte wirklich ganz gleichmäßig angewärmt
wird und nicht etwa Sprünge bekommt. Normal genügt ein 10stündiges Anwärmen vor der Aufnahme.

Die Aufnahme. Hierauf wird die Platte sorgfältig auf den Teller der
Maschine gelegt, jedes Berühren der polierten Oberfläche mit den Fingern vermeidend. Man überbürstet dann, ehe man die Platte in Rotation versetzt, die

Oberfläche langsam mit einem breiten, feinen Marderhaarpinsel. Jetzt ist die Platte zur Aufnahme fertig. Inzwischen wurde die für die Aufnahme geeignete Aufnahmeschalldose und der richtige Trichter anmontiert, das Uhrwerk aufgezogen und das Fallgewicht eingelegt. Man läßt nun die Maschine anlaufen, reguliert mit dem Luftregulator die Umdrehungszahl ein, setzt den Stift der Schalldose nahe dem Rand der Wachsplatte auf, und nun erteilt man durch ein Lichtsignal das Zeichen, daß der vor dem Trichter stehende Künstler usw. mit dem Besprechen der Platte beginnen kann. Während der Aufnahme schneidet der Saphirstift die Rillen in die verhältnismäßig weiche Wachsplatte, wodurch ein wollartiger Knäuel von abgeschabtem Wachs in Form langer Fäden entsteht, die man aber bis zur Beendigung der Aufnahme auf der rotierenden Wachsscheibe liegen läßt. Nach erfolgter Aufnahme wird die Platte nach Hochheben der Aufnahmeschalldose abgenommen, die feine Wachswolle fortgeblasen und die Platte langsam abkühlen gelassen. Nahe dem Zentrumsloch schreibt man mit einem spitzen Instrument eine Nummer ein, welche auf den Inhalt der Aufnahme Bezug hat.

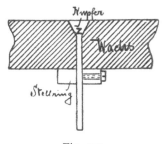

Fig. 325.

Graphitieren. Damit der Kupferniederschlag auf der „Wachsmatrize", wie die besprochene Wachsplatte genannt wird, im galvanoplastischen Bade anwachsen kann, muß diese elektrisch leitend gemacht werden, was heute fast ausschließlich durch Graphitieren gemacht wird. Es sind aber auch chemische Metallisierungsverfahren angewendet worden, wie z. B. die Versilberung mit Liebigscher Lösung oder auch das Metallisieren durch Elektrodenzerstäubung, wie wir dies im Kapitel über dieses spezielle, mit der Galvanotechnik nicht in Zusammenhang stehende Verfahren kennenlernten. Gerade für diese Zwecke ist das Verfahren der Elektrodenzerstäubung äußerst wertvoll, einmal deshalb, weil wirklich eine kaum meßbare Schicht als stromleitende Verbindung für die spätere Kupfer-Galvanoplastik nur entsteht, frei von Körnern, welche sich in die heute so fein eingeschnittenen Aufnahmeschallwellen einlagern könnten und Nebengeräusche der reproduzierten Platte verursachen würden, und weiter auch deshalb, weil jede Gefahr der Beschädigung der oft sehr kostbaren Aufnahmen bei Anwendung dieses Verfahrens vermieden wird. Es genügt normal eine Vergoldungsdauer in dem Hochvakuumapparat von 10 bis

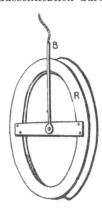

Fig. 326.

15 Minuten, denn man verwendet am besten Gold, welches in der schwefelsauren Kupferbadflüssigkeit nicht angegriffen wird, versieht die betreffende Wachsplatte gleich mit einem Zuleitungsdraht (siehe Fig. 325) oder einer ringsherumliegenden Zuleitungsschelle aus dünnem Kupferblech und bringt die so metallisierten Wachsplatten sofort ins Galvanoplastikbad.

Bei gewissen Wachssorten kann die Metallisierung mit Liebigscher Lösung vorgenommen werden, indem man die Wachsmatrize mit einem Weichgummiring umspannt, der etwa 2 cm breiter ist als die Wachsmatrize. Die Versilberungslösung wird einfach auf die mit dem kupfernen Zuleitungsstift Z versehene Wachsplatte übergossen, und nach etwa 3 bis 4 Stunden hat sich eine gleichmäßige Silberschicht gebildet. Wenn auch heute fast allgemein die Graphitierung der Wachsmatrizen auch in der Schallplattenindustrie in Anwendung kommt, so liegt dies wohl nur daran, daß diese Methode am einfachsten auszuführen ist, aber wenn man nebengeräuschfreie Schallplatten von höchster Vollkommenheit schaffen will, sollte man die Graphitierung, welche immerhin einer mechanischen Bearbeitung mit einem, wenn auch weichen Pulver gleichkommt, wobei die weiche Wachsfläche mit ihren ungemein zarten Linien zerkratzt wird, vermeiden und wenn angängig, die chemischen Metallisierungsverfahren bevorzugen. Auch die spätere Entfernung der letzten Graphitreste, die auf dem Kupferniederschlag nach der Ablösung von der Wachsmatrize haften bleiben, birgt eine Gefahr des Zerkratzens in sich, ein Grund mehr, um zum Metallisierungsverfahren zu greifen.

Das Graphitieren erfordert unter Würdigung der obigen Gründe das feinste Material, welches von der Industrie überhaupt hergestellt wird. Am besten eignet sich der Goldgraphit, d. i. feinst geschlämmter Ia-Graphit von höchster Leitfähigkeit mit ganz feinen, durch Reduktion von Goldsalzen mit Kohle (beim Verkohlen von mit Goldchlorid getränkten Leinwandstreifen entstehender Kohle) entstandener, pulverförmiger Goldstaub. Der Graphit wird mit einem Marderhaarpinsel zuerst auf die mit dem Zuleitungsstift versehene Wachsmatrize aufgetragen und dann wird die Wachsplatte auf einen speziellen Apparat, welcher aus einer rotierenden Scheibe mit Riemen- oder Schnurscheibe besteht, aufgelegt und dort unter rascher Rotation mit einem breiten Marderhaarpinsel poliert. Dabei werden alle übrigen Graphitpartikelchen aus den äußerst schmalen Rillen der Wachsmatrize entfernt, und für normale Platten ist diese Methode des Leitendmachens durchaus ausreichend.

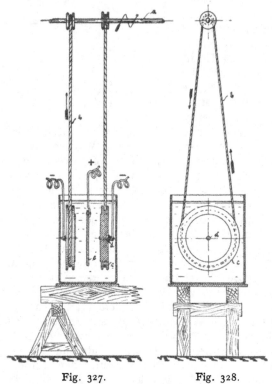

Fig. 327.   Fig. 328.

Aus Vorsicht bläst man wohl auch nachträglich noch mit einem Blasebalg die Platte ab, versieht sie mit einem Zuleitungsbügel B (Fig. 326), umgibt die Matrize mit dem Blend- und Antriebsring R aus Hartgummi und kann nun mit der eigentlichen Galvanoplastik beginnen.

Der galvanoplastische Kupferniederschlag („Vater"). Die fertige Armierung der Wachsmatrize mit dem Hartgummiring R, welcher hinten zum Festziehen der Wachsmatrize eine Hartgummilamelle trägt, ist in Fig. 326 perspektivisch dargestellt. Man sieht dort auch den Zuleitungsbügel B, bestehend aus einem Kupferdraht von ca. 3 mm Durchmesser, mit einem Gummischlauch überzogen und am unteren Ende, mit welchem er den Zuleitungsstift umschließt, ist er zu einem Ring gebogen, breitgeschlagen und dieser Ring genau auf den Durchmesser des Zuleitungsstiftes ausgebohrt.

Die Bäder. Die galvanoplastischen Bäder, in denen die einzelnen Kupferniederschläge gemacht werden, sind jetzt stets Glaströge im Format 45 cm hoch, 35 cm breit und 20 cm lang. In jedem Glasgefäß werden je 2 Wachsmatrizen mit der Bildseite gegeneinander eingehängt, zwischen beiden Platten befindet sich 1 Kupferanode, die aber nach beiden Seiten hin arbeitet. Wie die Abbildungen Fig. 327 und 328 zeigen, wird die rotierende Bewegung der Welle a durch die zugleich als Isolator dienende Gummischnur b auf den die Wachsscheibe tragenden Gummiring übertragen. Im allgemeinen genügt eine Umdrehung der Welle pro Minute, um gute „Shells" zu erhalten. Eine raschere Rotation würde den Nachteil haben, kleine, auf den Boden der Glaswanne sich absetzende Verunreinigungen, Staubteilchen u. dgl. aufzuwirbeln, die rauhe Niederschläge verursachen könnten, abgesehen davon, daß auch die Gummischnur zu viel Badflüssigkeit aus der Wanne herausführen würde.

Wie die nachfolgende Abbildung Fig. 329 zeigt, werden stets mehrere solcher Doppelbäder auf einem gemeinsamen Gestell mit gemeinsamen Antrieb vereinigt. Jedes Bad erhält seinen eigenen Badstromregulator und Amperemesser, meist aber wird nur ein gemeinsamer Voltmesser benutzt, der mittels Voltumschalters auf Wunsch an jedes Bad angeschlossen werden kann zwecks Kontrolle der richtigen Badspannung. Neuerdings verwendet man auch während des Niederschlagsprozesses hin- und her-
gehende Glättwerkzeuge, die nicht nur einen knospenfreien, sondern vor allem auch wesentlich härteren Niederschlag erzeugen. Naturgemäß kann eine derartige, während der Rotation der Kathoden vor sich gehende Glättung erst einsetzen, wenn der Niederschlag auf der Wachsplatte eine gewisse Dicke erreicht hat. Zum Glätten dienen Achatsteine oder -rollen, durch deren Anwendung gleichzeitig die Anwendung höherer Stromdichten ermöglicht wird, so daß man sogar in der Lage ist, fertige Preß-platten mit glatter Rückseite ohne nachträgliche Hinterlötung zu erzeugen (vgl. „Elektrochemische Zeitschrift" 1914, Heft 12).

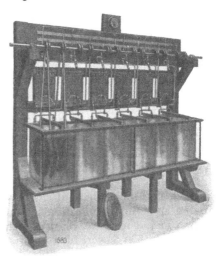

Fig. 229.

Als gebräuchlichstes Bad wird das 3% Schwefelsäure enthaltende Kupfer-
Plastikbad benutzt, neuerdings aber auch säureärmere Bäder mit Rücksicht auf die Natur des Aufnahmewachses. Da dieses, wie früher erwähnt, verseifte Fette und Wachse enthält, kann die Schwefelsäure leicht auf das Wachs einwirken, besonders wenn das „Zugehen" der Matrize nicht rasch genug vor sich geht. Geht das gänzliche Überwachsen der Wachsplatten wesentlich langsamer vor sich, so wirkt die Schwefelsäure des Kupferbades zersetzend auf die Seife, welche im Aufnahmewachs enthalten ist, ein, es wird die Seife zersetzt, lösliches schwefelsaures Natron gebildet, und dadurch wird die Oberfläche des Wachses porös, d. h. die Konturen der eingezeichneten Schallwellen unscharf, und das macht sich letzten Endes durch unangenehme Nebengeräusche der fertigen Schallplatten bemerkbar. Es folgert daraus, daß man auf jeden Fall dafür Sorge tragen muß, daß der Kupferniederschlag möglichst schnell die ganze leitend gemachte Wachsfläche überwachsen soll, weshalb die chemischen Metallisierungsverfahren der Graphitierung so lange vorzuziehen sind, solange der Seifengehalt der Aufnahmewachsplatten nicht durch andere Mittel ersetzbar ist. Auf der z. B. versilberten Wachsfläche wächst der Kupferniederschlag momentan über die ganze Fläche und schützt dadurch das Wachs vor weiterem Angriff der Säure.

Verfasser möchte an dieser Stelle den Vorschlag machen, die Wachsmatrizen vor der Graphitierung mit einer Lösung von Bienenwachs in Benzin mittels eines Zerstäubers zu präparieren. Es würde dadurch eine dünne, unlösliche Wachsschicht, die frei von Seife ist, aufgetragen, welche das darunterliegende Wachs vor der Säure des Bades schützt und sehr gut den Graphit aufnimmt.

Beim „Zugehenlassen" der Wachsmatrizen wird der Strom so reguliert, daß er pro Bad zu 2 Matrizen anfänglich (5 bis 10 Minuten) ½ V nicht übersteigt, dabei werden pro Bad ca. 5 bis 6 A konsumiert; ist aber die Platte wenigstens zur Hälfte gedeckt, so kann man mit der Badspannung allmählich in die Höhe gehen, aber nur mit Vorsicht, solange die Verbindung zwischen dem kupfernen Zuleitungsstift und der Kupferhaut nicht dick genug ist. Wird der Strom zu früh verstärkt, so tritt leicht der Fall ein, daß die Kupferhaut in der Umgebung des Zuleitungsstiftes den Zusammenhang verliert, die Kupferhaut wächst dann entweder überhaupt nicht weiter, oder der Niederschlag wird dort pulverig, wächst dann aber wieder weiter, bekommt jedoch dort unliebsame rauhe Auswüchse.

Bei richtig geleitetem Prozeß kann man nach 30 Minuten die Stromstärke pro Bad (also für 2 Matrizen) auf ca. 20 A steigern, welche Stromstärke bis zum Ende der Niederschlagsarbeit bestehen bleibt. Es entspricht dies einer Stromdichte von ca. 2 A/qdm, und es genügt eine Expositionszeit von ca. 16 bis 18 Stunden, um das erste „Shell", den „Vater", wie es auch in der Schallplattentechnik genannt wird, in einer Stärke von fast ½ mm abnehmen zu können.

Das Abnehmen dieser an sich schon sehr stabilen Kupferhaut erfolgt durch Übergießen der Niederschlagseite mit heißem Wasser, wodurch die Kupferhaut sich leicht vom Wachs loslöst. Nun wird auf einer Rundradschere der Rand dieses Kupferniederschlages abgeschnitten, doch achte man darauf, daß der Durchmesser der so erzielten Scheibe um etwa 1 cm größer ist als die fertige gepreßte schwarze Schallplatte.

Dieser Kupferniederschlag wird nun sorgsam mit Benzin und Watte gewaschen und schließlich auf einer Drehbank oder Poliermaschine bei etwa 600 Touren pro Minute mit Alkohol und Wienerkalk poliert. Zu diesem Zweck nimmt man einen mit Spiritus befeuchteten und in Wienerkalk getauchten Tuchlappen oder Lederbausch und poliert den Spiegel, d. i. das Innere der Platten und den glatten Rand, mit der Hand. Den letzten Hochglanz erzielt man durch Verwendung von Spiritus und Polierrot. Beim Polieren hat man nur den angefeuchteten Tuchlappen oder Lederbausch auf die Platte fest aufzudrücken. Man kann einen tadellosen Hochglanz auf den Preßmatrizen nur dann erzielen, wenn man bereits das erste Negativ auf Hochglanz poliert hat. Diese Hochglanzpolitur bewerkstelligt man ebenfalls auf der Poliermaschine wie vorstehend beschrieben. Man muß aber vorher die letzten Spuren von Wachs und Graphit sehr sorgfältig durch Behandlung mit Benzin entfernen.

Diese Kupferplatte stellt also ein Negativ der Wachsplatte, also der eigentlichen Aufnahme, dar und könnte bereits zum Pressen der schwarzen Schallplatten verwendet werden. Dies wird aber niemals geübt, sondern man hebt dieses erste Negativ im Archiv auf und verwendet es lediglich zur weiteren Reproduktion von Arbeitsmatrizen. Man verwendet es hierzu in der Weise, daß man zuerst eine Kopie in Kupfer herstellt, die sog. „Mutter", welche mit der Originalaufnahme identisch ist, d. h. wieder ein Positiv darstellt, welches demnach als Preßmatrize ungeeignet wäre. Deshalb wird von der „Mutter" wieder ein galvanoplastischer Abklatsch genommen, wodurch man abermals ein Negativ erhält, und dies nennt der Galvanotechniker den „Sohn".

Der Zweck dieser mehrmaligen Prozedur der Reproduktion ist naheliegend. Man will den Originalwert der oft sehr kostspieligen Aufnahme während der Fabrikation nicht gefährden und bewahrt das erste Negativ („Vater") und das von diesem hergestellte Positiv („Mutter") im Archiv auf, stellt von letzterem die Arbeitsnegative („Söhne") her. So oft ein solches Arbeitsnegativ irgendwie beschädigt wurde, wird von der „Mutter" wieder auf galvanoplastischem Wege ein „Sohn" abgenommen, so daß man immer wieder, so oft es not tut, eine tadellose Arbeitspreßmatrize zur Verfügung hat.

Diese kupferne „Mutter" oder die letzte Preßmatrize wird so erzeugt, daß man den „Vater", oder wenn man von der „Mutter" einen „Sohn" reproduzieren will, den ursprünglichen Kupferniederschlag nach sorgfältiger Reinigung mit Benzin mit einer Eintauchversilberungslösung versilbert und mit einer alkoholischen Jodlösung jodiert. Diese bildet die Trennungsschicht, um zu verhindern, daß das Original mit dem Kupferniederschlag zusammenwächst. Die versilberte Platte wird analog wie die Wachsmatrize im Hartgummirahmen befestigt, die Rückseite mit Wachs bepinselt und der Kupferniederschlag in ca. ½ mm Stärke hergestellt.

Auflöten der Shells (Preßmatrize). Hat man solcherart die eigentliche Preßmatrize niedergeschlagen, die man das „Shell" nennt, so wird nach dem

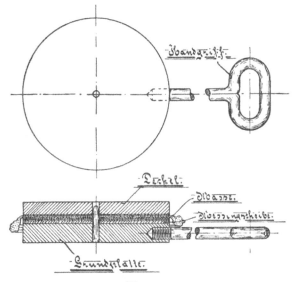

Fig. 330.

Abheben des Shells der Rand sorgfältig beschnitten und evtl. Unebenheiten auf der Rückseite mit einer feinen aber scharfen Feile entfernt, da jedes Knötchen sich beim späteren Pressen durchdrücken würde. Je feiner die Rückseite der Shells bearbeitet wurde, desto glatter erscheint nach der Fertigstellung der Preßmatrize deren Oberfläche und desto schöner und vollkommener werden beim späteren Pressen unter der hydraulischen Presse die fertigen Schallplatten. Ist die Ebnung der Shell-Rückseite erledigt, so folgt, nachdem man die Vorderseite mit einem Brei aus Kreide und Wasser bestrichen hat, das Auflöten des Shells auf die plane und rund gedrehte, ca. 2½ mm dicke Kupfer- oder Messingplatte. Hierzu dient eine einfache Spindelpresse unter Zwischenlage von Asbestplatten und unter Zuhilfenahme eines Gasbrenners. Auf letzterem wird eine runde Stahlplatte von ca. 10 mm Stärke bis zur Schmelztemperatur des Zinns erwärmt, darauf legt man die zum Hinterlöten dienende Kupfer- oder Messingplatte (letztere zuerst im galvanoplastischen Bade überkupfert). Auf einer gleichartigen Vorrichtung wird das Shell mit der befeilten Seite nach oben erwärmt, und wenn beide die erforderliche Temperatur angenommen haben, werden sie mit säurefreiem Lötwasser bestrichen. Die dicke Kupferplatte wird nun mit Lötzinn bestrichen, und zwar soviel davon aufgetragen, daß die geschmolzene

Schicht eben noch nicht überfließt. Das Shell dagegen wird mit einer Zinnfolie belegt, die sofort darauf schmilzt, dann wird auch auf diese genügend Lötzinn aufgetragen. Da von der Sorgfalt des Hinterlötens außerordentlich viel abhängt, so sei an dieser Stelle die genaue Beschreibung dieses Prozesses, wie sie H. Kaiser in der „Gummizeitung" S. 927 gegeben hat, angeführt:

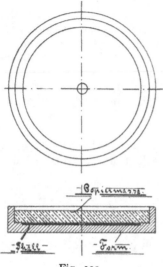

Fig. 331.

„Beide Teile, Shell sowohl als auch Messingplatte, werden zunächst sauber verzinnt. Letztere bringt man einfach auf einen Gasbrenner, läßt sie genügend erwärmen, um dann nacheinander Lötwasser und Zinn aufzutragen. Zum Verreiben benutzt man am besten einen sauberen Nessellappen. Das Verzinnen des Shells vollzieht sich genau in derselben Weise, nur daß es keinesfalls direkt mit der Gasflamme in Berührung gebracht werden darf. Auch muß die Tonbildseite vorher gut mit Öl eingerieben werden, damit nicht etwa kleine Zinnteilchen, die immerhin infolge Unvorsichtigkeit des Arbeiters dahin wandern können, haften bleiben. Als Auflage für das Shell ist eine Asbestplatte, unter der das Gas brennt, am besten geeignet. Für den Lötprozeß selbst benutzt man Formen, wie eine solche in Fig. 330 dargestellt ist.

Die zu verlötende Verstärkungsplatte wird mit dem Unterteil der Form auf einem Gasherd auf Lötwärme gebracht und abermals in spiralförmigen Zügen reichlich mit dem Zinn bestrichen. Unter Benutzung eines sehr feinen und weichen Marderhaarpinsels wird das Zinn gleichmäßig über die ganze Fläche der Platte verteilt. Irgendwelche Fremdkörper, wenn auch nur Staubpartikelchen u. dgl., oder gar etwa Oxyd des Lötzinnes, dürfen auf der Platte auf keinen Fall verbleiben, ein Gelingen der Arbeit wäre hierdurch sofort von vornherein in Frage gestellt. Das allerkleinste Staubkörnchen, das mit eingelötet wird, repräsentiert sich auf der Tonbildseite als Pickel."

Nun reinigt man die angeschmolzenen Flächen mit einem Pinsel von etwaigen Verunreinigungen, legt das durchlochte Shell auf die durchlochte Platte, so daß beide Löcher auf den Dorn des Hinterlötapparates (eines tellerförmigen, angewärmten Stahlstückes) zu liegen kommen, breitet über das Shell 2 bis 3 Blatt dünnes Packpapier, darauf etwas gepulverte Schallplattenmasse, wie sie

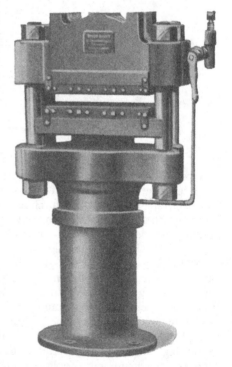

Fig. 332.

zur Herstellung der schwarzen Schallplatten gebräuchlich ist, schichtet darüber einen Karton und legt darauf den eisernen Deckel des Hinterlötapparates. Das Ganze wird dann unter eine Spindelpresse gebracht oder aber auch unter eine hydraulische Presse und so lange dem Druck der Presse ausgesetzt, bis die Matrize kalt geworden ist, was man daran erkennt, daß die schwarze Schallplattenmasse, welche seitlich herausquillt, erstarrt ist.

Nach dem Herausnehmen aus der Presse wird die Matrize abgedreht, evtl. die Randrille eingedreht, die Katalognummer eingeschlagen und, wie oben erwähnt, glänzend poliert. Die hinterlötete Preßmatrize wird schließlich noch glänzend vernickelt, wozu sich am besten das „Para"-Nickelbad eignet, da der darin gebildete Nickelniederschlag nicht nachpoliert werden muß.

Im allgemeinen wird das Original-Shell nicht direkt zum Abpressen benutzt, sondern eine galvanoplastisch

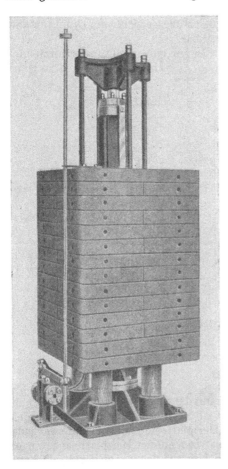

Fig. 333.

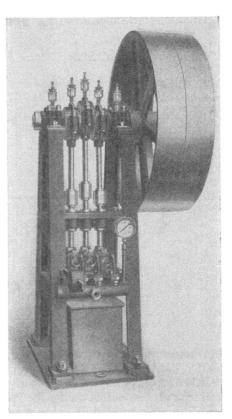

Fig. 334.

hergestellte Kopie, die man erhält, wenn man von dem Original-Shell einen Abguß und hiervon ein Galvano erzeugt. Zu diesem Zweck wird das zu reproduzierende Shell auf einer Heizplatte mit Kampferöl gut abgerieben, in eine erwärmte Messing- oder Bronzeform gebracht, in die das Shell genau hineinpaßt. Auf diese Form wird die sog. Kopiermasse gegossen, die man durch Zusammenschmelzen eines Gemisches von Paraffin, Wachs, Magnesit oder Modelliergips und schwarzer Farbe erhält. Zum schnelleren Erstarren der Kopiermasse wird meist nachträglich mit Wasser gekühlt. Man erhält auf diese Weise einen genauen Abguß des Original-Shells, dessen galvano-plastische Reproduktion in der bereits beschriebenen Weise erfolgt. Die Fig. 331 zeigt eine mit Abgußmasse gefüllte Form, deren Boden das Original-Shell bildet.

Das Pressen der schwarzen Platten. Die so entstandene, hinterlötete Preßmatrize gelangt in die Presserei. Diese besteht, je nach dem Umfang
der Schallplattenfabrik, aus einer entsprechenden Anzahl hydraulischer Pressen,
wie eine solche Fig. 332 zeigt. Es sind dies kleine hydraulische Pressen auf je
einem gußeisernen Fuß montiert, Kopf und Tisch mit Wasserkühlung und mit
einem Hahn zum Einlassen des Druckwassers und einem anderen zum Ablassen
desselben.

Ein gemeinsamer Druckakkumulator (Fig. 333), der von einer doppelt wirkenden Druckpumpe Fig. 334 betrieben wird, liefert das Wasser mit einem Druck
von 150 bis 180 A. Dieser Druck ist durch Belastungsgewichte am Druckakkumulator, der auch ein Manometer trägt, einstellbar.

Für je zwei hydraulische Pressen ist außerdem eine mit Dampf erhitzte gußeiserne Heizplatte angeordnet vom Format 60 × 80 cm und ca. 5 bis 10 cm Höhe.

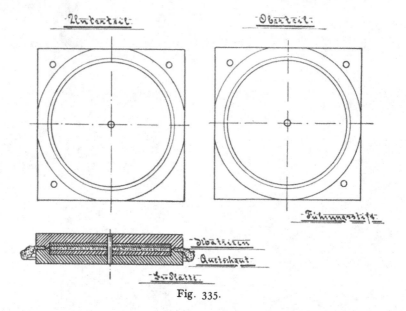

Fig. 335.

Ein Presser bedient stets zwei Pressen und kann damit täglich ca. 200 bis 300 Schallplatten herstellen. Das Pressen geschieht in Stahlformen, die aus zwei Teilen
bestehen (Fig. 335). Diese werden auf der Heizplatte angewärmt, und zwar jeder
Teil separat, desgleichen werden die Preßmatrizen auf der Heizplatte angewärmt,
wo aber noch genügend Platz bleibt zum Schmelzen der in Tafelform gelieferten
Schallplattenmasse. Sobald diese die erforderliche Plastizität erreicht hat, wird
sie mittels eines Spachtels aus Stahlblech abgeschabt, zu einem Kloß geballt, die
Matrizen wurden bereits vorher in die Form gelegt, die Etiketts darauf, dann wird
die Kloßmasse auf die untere Matrize gedrückt und mit der Hand etwas zerteilt
und der Formdeckel mit der oberen zweiten Preßmatrize daraufgelegt und in die
hydraulische Presse gelegt. Durch Öffnen des Druckwasserhahnes wird der Tisch
der Presse mit der Form gegen den Pressenkopf gedrückt und das plastische
Schallplattenmaterial ausgeprägt. — Natürlich muß die Preßform solchen Raum
besitzen, daß die plastische Masse genau die gewünschte Dicke erhält, so daß
die fertigen Schallplatten von gleichmäßiger Dicke und genau von dem Gewicht
sind, das der Kalkulation zugrunde gelegt ist. Die Matrizen sollen eher mehr
Platz als zu wenig für die plastische Masse frei lassen, denn durch Unterlegen
dünner Bleche kann man sich in diesem Falle leicht helfen. Das überschüssige
Material quillt in die Rillen der Preßform oder selbst noch durch die seitlichen

Überlauföffnungen, und sobald die schwarze Masse erstarrt ist (auch wenn noch etwas warm) werden die Formhälften durch Aufschlagen der Form auf einem kleinen Amboß oder oft auch direkt am Kopf der hydraulischen Presse auseinandergenommen und die gepreßte Platte herausgenommen.

Die Ränder der Schallplatten werden noch auf der Ränderschleifmaschine unter Zuhilfenahme von Bimsstein rund geschliffen und mit einem geölten Lappen geglänzt.

Die Schallplatten sind damit fertig und werden in Kuverts mit rundem Ausschnitt verpackt. Die Preßmatrizen aus Kupfer halten bei guter Qualität der verwendeten Schallplattenmasse viele hundert Prägungen aus, doch wird neuerdings eine größere Haltbarkeit verlangt, und Verfasser hat aus diesem Grunde mit Erfolg Preßmatrizen aus Eisen hergestellt.

Für besondere Zwecke sind auch Schallplatten aus Eisen oder Nickel in Anwendung. Deren Herstellung von der „Mutter" ist nach dem früher Gesagten leicht verständlich. Sie zeichnen sich besonders durch außerordentlich starken Klang aus, besonders bei Orchesterstücken, so daß sich solche Platten aus Metall nicht nur für phonographische Archive zur Sprachforschung, zu Lautstudien usw., sondern auch für Automaten u. dgl. empfehlen.

Herstellung von Phonographenwalzen. Man überzieht die besprochenen Aufnahmewalzen mit einer Lösung von Kakaobutter in Alkohol, und zwar ist die Lösung so verdünnt anzuwenden, daß mit dem Mikroskop nach Verdunsten des Alkohols keine Fettkügelchen wahrzunehmen sind. Die Ränder der Negativplatten oder -walzen werden mit einem Gummiband überzogen, und es läßt sich nach Fertigstellung des Metallpositivs dieses mit einem Hornspatel abheben.

Bei der Herstellung von Phonographenpositivwalzen wird in der Weise verfahren, daß das Kupfernegativ nur ganz dünn gemacht wird, eventuell nach ¼ mm Stärke der Niederschlagsprozeß unterbrochen, und dann mit einem spiralförmig gewundenen Bande aus Gummi oder durch spiralförmiges Aufpinseln eines antrocknenden und festwerdenden, widerstandsfähigen Isoliermittels versehen wird. Der Niederschlagsprozeß kann dann so lange fortgesetzt werden, bis der Metallzylinder eine genügende Festigkeit erreicht hat, um das Wachsoriginal ohne Gefahr des Deformierens des Negativs ausschmelzen zu können. In diesen Zylinder wird dann im Kupfer-, Nickel- oder Stahl-Galvanoplastikbad das betreffende Material niedergeschlagen, und nachdem das so erhaltene Positiv genügend dick geworden ist, wird durch Einschneiden und Abreißen des Mantels das Positiv erhalten.

Anstatt durch Galvanoplastik das Metallpositiv herzustellen, kann man auch eine harte Metallkomposition einschmelzen, welche beim Erkalten genügend stark schrumpft, um herausgenommen werden zu können. Es ist eine besondere Auswahl für die Abnahmestifte zu treffen, je nachdem Kupfer-, Nickel- oder Hartkompositionspositive zum Sprechen gebracht werden sollen. Hierauf näher einzugehen, ginge wohl über den Rahmen dieses Werkes hinaus.

Für das Leitendmachen der Phonographenwalzen hat sich jedoch die übliche Graphitierung nicht bewährt. Es ist zwar verhältnismäßig leicht, eine Phonographenwalze mit einem Graphitüberzug zu versehen, diese Walze dann in ein kaltes Galvanoplastikbad zu hängen, bis der Kupferniederschlag eine Stärke von einigen Millimetern erreicht hat, alsdann die Originalwalze auszuschmelzen und in diese Metallmatrize eine neue Phonographenwalze einzugießen, deren Herausnahme trotz der Erhöhungen in der Matrize, welche den Eindrücken der Phonographenschrift entsprechen, dadurch möglich ist, daß ein beim Erkalten stark schwindendes Wachsmaterial verwendet wird.

Die auf diese Weise hergestellten Phonographenwalzen zeigten jedoch bei Erprobung sehr viel Nebengeräusch, welches darauf zurückgeführt wurde, daß das Graphitmaterial für die außerordentliche Feinheit der Phonographenschrift zu grobkörnig sei. Ein jedes Graphitkörnchen, obgleich es nur durch die stärksten Vergrößerungsgläser wahrnehmbar ist, soll groß genug sein, um eine Schwingung der Phonographenmembrane hervorzurufen, die in ihrer Gesamtheit ein summendes Geräusch abgeben.

Das bereits beschriebene Verfahren des Leitendmachens durch Kathodenzerstäubung erwies sich nun tatsächlich als so fein, als es für den beabsichtigten Zweck erforderlich ist. Edison verwendet als Material nicht Graphit, sondern Gold. Der Überzug ist natürlich außerordentlich fein, so daß die Kosten an Gold nicht erheblich sind. Der Apparat, in welchem der Überzug der Originalwalze mit Gold geschieht, trägt im Innern eine Aufnahmevorrichtung für die Originalwalze, welche um ihre Achse drehbar ist, und zwar ohne mechanische Verbindung mit außen, um die Verdünnung der Luft nicht zu beeinträchtigen, indem die Umdrehung der Walze durch magnetische Beeinflussung von außen geschieht. Indem nun die Kathodenstrahlen von einer Goldkathode auf die Walze gerichtet werden, wird diese in Umdrehung versetzt und überzieht sich allmählich mit Gold, welcher Überzug genügendes Leitungsvermögen für die Kupferabscheidung im Galvanoplastikbade besitzen soll.

Herstellung von Prägeplatten für Leder u. dgl. Prägeplatten für Lederpressungen, die auf galvanoplastischem Wege hergestellt werden, finden in der Praxis weitgehende Anwendung und dienen dazu, die Narbungen edler Ledersorten auf andere Leder, wie Schafleder, Kalbleder u. dgl., zu übertragen. Zu diesem Zwecke wird das Leder, von dem eine galvanoplastische Prägeplatte hergestellt werden soll, zuerst in geschmolzenes Wachs getaucht, das aber nicht über 50° C heiß sein darf, weil sich sonst das Leder zusammenzieht. Nach dem Tränken wird das Leder auf einer ebenfalls mit Wachs getränkten Holzplatte, die mit Bleiblech überzogen ist, oder auf einer Schieferplatte durch Messingnägel festgespannt und hierauf möglichst noch in handwarmem Zustande mit einer Borstenbürste blankgebürstet. Die Nägel werden gleichzeitig mit einem Kupferdraht untereinander verbunden, derart, daß der Kupferdraht genau auf dem Leder liegt, wobei man darauf achtet, daß nachträglich diejenigen Stellen des Leders, die der Kupferdraht berührt, nochmals mit geschmolzenem Wachs überpinselt werden, damit der Kupferdraht nicht hohl liegt. Mittels eines Messers wird dann der Kupferdraht blankgeschabt, so daß ein glatter Übergang zwischen dieser Kupferleitung und dem aufgespannten Lederstreifen ermöglicht wird. In manchen Fällen ist es auch üblich, statt das Leder mit Wachs völlig zu tränken, nur die Rückseite durch Aufpinseln eines Asphaltlackes zu imprägnieren, in der vorgeschriebenen Weise auf einer Holz- oder Metallplatte zu befestigen und durch Aufspritzen einer Benzin-Wachslösung, Kopallacklösung od. dgl. das nachträgliche Festhalten des Graphits zu erreichen. Es wird also auch in diesen Fällen das Leitendmachen durch Graphitieren vorgenommen, zuweilen unter Beifügung von etwas Kupferschliff, um die Leitfähigkeit der graphitierten Lederfläche zu erhöhen. Die so vorbereitete Platte, die natürlich so schwer sein muß, daß sie in der Badflüssigkeit nicht schwimmt, wird nun unter Zuhilfenahme geeigneter Einhängehaken in das Bad gebracht und hierauf in dem gewöhnlichen Kupfer-Galvanoplastikbad bei einer Spannung von etwa 1½ V verkupfert. Das Leder bleibt so lange im Bade, bis die Schicht etwa 2 mm stark geworden ist, wozu meistens eine Zeit von etwa 1 Woche bei ununterbrochenem Tag- und Nachtbetrieb oder entsprechend längere Zeit, wenn nur 8 Stunden gearbeitet wird, erforderlich ist. Sobald die Schicht in gewünschter Dicke hergestellt ist, wird die Platte aus dem Bade genommen, mit heißem Wasser übergossen, wobei sich die Kupferplatte von dem gewachsten graphitierten Leder leicht abhebt. Hierauf folgt eine Reinigung der Platte in Benzin od. dgl., ein Abbürsten mit Bimssteinmehl unter Zuhilfenahme von Wasser, dem man etwas Zyankalium zufügt, wodurch eine vollkommen blanke Oberfläche erhalten wird. Die Lederpressung selbst erfolgt gewöhnlich in der Weise, daß zwischen zwei Platten, also einer oberen und einer unteren Kupferplatte, das Leder eingespannt wird und unter einer geeigneten Presse, am besten hydraulisch, gepreßt wird. Es ist also hier noch eine Gegenplatte von der wie vorerwähnt hergestellten Kupferplatte notwendig, die man in folgender Weise erzeugt:

Die gut gereinigte, blanke, etwa 2 mm starke Kupferplatte wird am Rande von den Knospen befreit, am besten unter Zuhilfenahme einer scharfen Schere oder in Ermangelung einer solchen mittels der Feile. Die Rückseite wird am besten mit Hintergießmetall nach vorheriger Verzinnung unter Benutzung einer Lötlampe hintergossen, und wenn die Oberfläche nicht genügend glatt ist, wird der hintergossene Teil nachträglich noch abgefeilt oder abgehobelt. Ist dies geschehen, putzt man die Oberfläche nochmals blank, entfettet, übergießt mit einer zyankalischen Silberlösung, spült mit Wasser ab und übergießt mit einer weingelben Lösung von Jod in Alkohol, wodurch eine oberflächliche Jod-Silberschicht erzeugt wird. Letztere dient als Trennungsschicht und bewirkt, daß sich das Kupfer auf der nunmehr erneut in das Bad eingehängten Platte, die man vorher rückseitig mit Wachs, Asphaltlack od. dgl. abdeckt, nicht festhaftend auf der Unterlage niederschlägt. Auch hier wird das Negativ der ersten Kupferplatte etwa 2 mm stark getrieben, worauf nach dem Abfeilen der Ränder durch Zwischenschieben eines Messers oder eines Hartholzspanes in einfacher Weise eine Trennung beider Platten vorgenommen wird, von denen die letzterhaltene nachträglich ebenfalls hintergossen wird. In ähnlicher Weise werden auch Prägeplatten zur Erzielung künstlicher Narbungen, Maserungen, Textilbildungen u. dgl. für Tapetendruck und ähnliche Zwecke erhalten, und man ist natürlich nicht allein auf die Anwendung der Kupfer-Galvanoplastik angewiesen. In sehr vielen Fällen ist es sogar außerordentlich erwünscht, Prägeplatten von größter Härte zu erhalten, wie sie auf dem Wege der Nickel- oder Eisen-Galvanoplastik sich erhalten lassen. Die hohe Temperatur der hierfür verwendeten Bäder bedingt allerdings die Verwendung von Metallnegativen für die Reproduktion, die man meistens durch Abformen der vorliegenden Objekte in Wachs oder Guttapercha und Reproduktion auf dem Wege der Kupfer-Galvanoplastik erhält.

Wasserzeichendruckverfahren. Die auf Banknoten, Wertpapieren usw. beim durchfallenden Licht ersichtlichen Bilder werden auf dem Wege des Wasserdruckverfahrens gewonnen, das ein sehr schönes Anwendungsgebiet der Galvanoplastik darstellt. Die dabei erzeugten Bilder dienen vornehmlich dazu, die Nachahmung solcher Wertpapiere usw. zu erschweren, weshalb dieses Verfahren bei dem heutigen ungeheuren Banknotenumlauf besonderes Interesse beanspruchen dürfte. Ich will deshalb dieses Verfahren hier kurz erläutern (vgl. Zeitschr. f. Elektrochemie, Bd. 20, 1914):

Die Wasserzeichen sind das Resultat eines besonders geleiteten Papierschöpfprozesses. Der Papierbrei wird auf entsprechend profilierte Siebe aus Bronzedraht aufgetragen, und wenn das Papier die nötige Konsistenz angenommen hat, wird es von dem Siebe abgenommen, getrocknet und gepreßt.

Zur Herstellung dieser Siebe wird ein galvanoplastisches Verfahren benutzt. Man stellt sich eine Preßmatrize und eine Preßpatrize her, zwischen denen man das Bronzesieb profiliert.

Um die geeignete Form für die Galvanoplastik zu bekommen, schneidet der Künstler in durchscheinendes Wachs von etwa 20 bis 40 mm Dicke Vertiefungen, er modelliert gewissermaßen in dieser von unten beleuchteten Wachsplatte ein Bild, das aber nur wirkt, wenn es im durchfallenden Lichte betrachtet wird.

Diejenigen Stellen, welche später im Papier einen lichten Effekt geben sollen, werden im Wachs tiefer geschnitten, später als Schatten erscheinende Partien weniger tief. Ist diese sehr komplizierte Künstlerarbeit getan, dann wird die

Wachsplatte graphitiert und im Kupferbade die Matrize und von dieser unter
Anwendung der früher genannten Zwischenschicht die Patrize verfertigt.

Zwischen diesen scharf aufeinanderpassenden Kupferstücken wird die Form-
gebung des Bronzesiebes vorgenommen, das Sieb auf einen Rahmen gespannt
und der Papierbrei aufgetragen. Der Papierbrei erhält an den Stellen, wo Vertiefungen in dem Siebe sind, eine dickere Schicht, an den hochliegenden Partien
des Siebes kann sich dagegen nur eine dünnere Breischicht ablagern, und diese
Höhenunterschiede zeitigen in dem späteren Papierstück die wundervollsten
Lichteffekte und stellen die genaue Kopie des dem Wachs seinerzeit beigebrachten
Lichteffektes dar.

Naturselbstdruck. Man bezeichnet damit ein Verfahren zur galvanoplastischen Reproduktion von Blättern, Moosen, Algen und sonstigen Naturprodukten,
das von dem Direktor der Staatsdruckerei Wien, von Auer, stammt. Dieses
Verfahren besteht darin, den zu reproduzierenden flachen Gegenstand, z. B.
ein Blatt, zwischen einer Bleiplatte und einer Stahlplatte einem kräftigen Druck
auszusetzen, wobei sich der erhaltene naturgetreue Abdruck ohne weiteres
galvanoplastisch reproduzieren läßt. Bei zarten Objekten empfiehlt es sich,
die Abformung nicht in Blei, sondern in Guttapercha oder Wachs nach vorheriger guter Graphitierung oder Einölung des Originals vorzunehmen, in welcher
Weise sich auch von Spitzen, feinen Geflechten u. dgl. galvanoplastische Kopien
erhalten lassen. Sollen von Pflanzenteilen oder auch von Insekten Abdrucke
dieser Art hergestellt werden, so wird zunächst eine Trocknung und Pressung
zwischen Fließpapier vorgenommen; hierauf folgt ein erneutes, ungefähr
¼ stündiges Einlegen in Wasser und Trocknen zwischen Fließpapier, das man
4- bis 5mal wiederholt, um den abzuformenden Teilen möglichst alle löslichen Bestandteile zu entziehen und die Fasern zähe zu machen. Nach dieser
Vorbereitung legt man die Pflanzenteile u. dgl. auf eine glatte Bleiplatte,
überdeckt mit einer glatten Stahlplatte und läßt beide durch zwei entsprechend
einstellbare Walzen hindurchlaufen, in ähnlicher Weise, wie die Prägung mittels
Kalanders erfolgt. Man erhält auf diese Weise die genaueste Kopie des behandelten
Pflanzenteiles mit aller Feinheit seiner Struktur, deren galvanoplastische Vervielfältigung nach dem bereits Gesagten leicht durchzuführen ist.

Korrektur von Land- und Seekarten auf galvanoplastischem Wege. Früher
war es üblich, Berichtigungen auf Druckplatten zur Herstellung von Land-
oder Seekarten in der Weise vorzunehmen, daß man die betreffenden Stellen von
der Rückseite aus flachklopfte und die notwendigen Änderungen durch neues
Ausstechen auf der Vorderseite vornahm. Werden jedoch solche Korrekturen
häufiger vorgenommen, so wird das Kupfer bald derartig mürbe, daß sich weitere
Änderungen in gleicher Weise nicht mehr durchführen lassen. Aus diesem Grunde
hat für diesen Zweck, insbesondere bei Generalstabskarten, Seekarten, Meß-
tischblättern usw., das galvanoplastische Einlagerungsverfahren sehr vorteilhaft
Eingang gefunden. Man geht hierbei in ähnlicher Weise vor wie bei der Korrektur von Holzschnitten, bei denen man Holzpflöcke einsetzt, dieselben eben
absticht, mit der Umgebung ausgleicht und mit der neuen Zeichnung versieht.
Die auf den Kupferplatten auszubessernden Stellen werden mit schmalen Glas-
oder Zelluloidleisten umgeben, die mit Wachs, Paraffin od. dgl. auf der Platte
festgeklebt werden. Auf diese Weise wird an jeder auszubessernden Stelle ein
kleiner Badbehälter geschaffen, den man mit angesäuerter Kupfervitriollösung
füllt. Es folgt nun zunächst ein Aufreißen der auszubessernden Stellen, wobei
die Kupferplatte mit dem positiven Pol eines Akkumulators, Umformers usw.
verbunden wird, unter Anwendung einer Spannung von etwa 2 V. Während
des Aufreißens werden die betreffenden Stellen öfters mit einem weichen Pinsel
überstrichen. Ist auf diese Weise eine genügende Menge Kupfer von der Unterlage elektrolytisch abgelöst, so folgt durch Umkehrung des Stromes die Einlage-

rung eines neuen Kupferniederschlages. Damit der Niederschlag jedoch die erforderliche feinkörnige Struktur erhält, muß diese Einlagerung bei ganz niederer Stromdichte von etwa 0,25 A/qdm bei ungefähr 30 bis 50 Millivolt vorgenommen werden. Es sind deshalb genaue Meßinstrumente und feinstufige Regulatoren erforderlich, um den Strom entsprechend der Größe der einzulagernden Stellen abstufen zu können. Meist ist die Einlegearbeit in 4 bis 6 Stunden beendet, worauf die niedergeschlagenen Stellen mit dem Stichel bearbeitet und erneut graviert werden können. In einzelnen Betrieben ist es auch üblich, die ganze Kupferdruckplatte bis auf die auszubessernden Stellen mit Asphaltlack, Wachs od. dgl. abzudecken, anodisch in das Bad zu hängen und nachher nach dem Umschalten des Stromes, in gleicher Weise wie vorerwähnt, die Einlagerung neuen Kupfers vorzunehmen. Das erstere Verfahren verdient jedoch den Vorzug, da es bessere Beobachtung der einzelnen auszubessernden Stellen gestattet. In das gleiche Gebiet gehört das D. R. P. Nr. 342489 von W. Ostwald, Großbothen i. Sa., in dem ein Verfahren zur galvanoplastischen Reparatur abgenutzter Metallteile beschrieben ist. An und für sich bietet dieses Verfahren nichts Neues, da ein derartiger Weg längst bekannt ist, wie aus dem vorherbeschriebenen Einlagerungsverfahren und Verfahren zum Aufkupfern abgenutzter Tiefdruckwalzen (vgl. späteres Kapitel „Herstellung von Rotationstiefdruckzylindern") u. a. hervorgeht. Im übrigen dürfte die Übertragung dieses Patentes zur Reparatur von Maschinenteilen od. dgl. in die Praxis in der vorgesehenen allgemeinen Form sehr schwierig sein. Die Patentansprüche lauten:

1. Verfahren zur galvanoplastischen Reparatur abgenutzter Maschinenteile und sonstiger Metallteile, dadurch gekennzeichnet, daß folgeweise Metallschichten verschiedener Beschaffenheit niedergeschlagen werden.
2. Ausführungsform des Verfahrens nach Anspruch 1 für Eisenteile, dadurch gekennzeichnet, daß eine Kupferhaftschicht, eine Messingfüllschicht und erforderlichenfalls noch eine Nickel- oder Kobalt-Oberflächenschicht folgen.
3. Ausführungsform des Verfahrens nach Anspruch 1 und 2, gekennzeichnet durch Erzielung der wechselnden Beschaffenheit der Niederschlagsschicht durch Abänderung der Badspannung während der Elektrolyse.
4. Ausführungsform des Verfahrens zur Erzielung besonders fester Schichten, dadurch gekennzeichnet, daß zwischenzeitlich die Schichten in an sich bekannter Weise mechanisch verdichtet werden.
5. Ausführungsform des Verfahrens nach Anspruch 1 bis 4, dadurch gekennzeichnet, daß man durch entsprechende Anordnung und Variierung der Badspannung in bezug auf die einzelnen Anoden formrichtigen Ersatz des durch Abnutzung verschwundenen Materials bewirkt.
6. Ausführungsform des Verfahrens nach Anspruch 1 bis 5 für Lagerstellen, gekennzeichnet durch Eingalvanisierung zwischenzeitlich aufgestäubten Graphits.

Herstellung von Rotationskörpern auf galvanoplastischem Wege.

Hohlgefäße, Flaschen, Fässer, Vasen, Samowareinsätze u. a. m. lassen sich auf galvanoplastischem Wege auf verhältnismäßig einfache Weise herstellen. Ich verweise hierzu besonders auf das unter dem Kapitel „Diaphragmen mit verschiedener Wandstärke" hierüber Gesagte, ebenso wie auf das bereits erwähnte Verfahren von Nußbaum (D. R. P. Nr. 91146), bei dem bei der Herstellung von Kupfergeschirr durch eine Druckflüssigkeit eine Trennung zwischen Niederschlag und Modell erreicht wird.

Von geringer Bedeutung sind die Patente, welche nachstehende Verfahren charakterisieren.

W. S. Sutherland[1]) z. B. schlägt zur Herstellung von Dampferzeugern und Oberflächen-Kondensatoren Metall auf leicht ausschmelzbaren Kernen nieder.

Im Jahre 1885 ließ sich F. E. Elmore[2]) ein Verfahren patentieren zwecks Herstellung von Hohlgefäßen und Siedepfannen, wobei in der Weise verfahren wurde, daß die Formen zunächst mit einer Schicht eines anhaftenden und dann mit einer Schicht nichthaftenden Kupfers versehen wurden. Die so behandelten Formen werden dann auf einer wagerechten Welle in das Bad gebracht und kathodisch verbunden, während als Anoden entweder Kupferstreifen oder Streifen aus nichtleitendem Material in gleichen Abständen von den Kathoden angeordnet werden. Die Welle mit der Kathode wird gedreht und der Niederschlag durch Glättwerkzeuge behandelt.

J. W. Davis und J. O. Evans[3]) verwenden bei ihrer Methode zur Erzeugung von metallenen Hohlwaren geteilte Kerne, auf denen sie Metall niederschlagen, während sie den Elektrolyten in bereits bekannter Weise zirkulieren lassen.

Lediglich als Ergänzung der bisher angeführten Patente, die auf Herstellung von voluminösen Objekten Bezug haben, erwähne ich das Verfahren von C. G. Haubold, welcher gelochte Metallhohlzylinder erzeugen will, indem er in den Formen, auf denen das Metall niedergeschlagen werden soll, Stifte aus nichtleitendem Material befestigt, denen der sich ansetzende Niederschlag selbstredend ausweichen muß und so entsprechende Löcher im Zylinder erzeugt werden.

A. Krüger[4]) erhielt ein Patent auf die Herstellung biegsamer Körper durch elektrolytisches Niederschlagen von Metall, deren einzelne Metallschichten durch Zwischenlagen entweder ganz oder teilweise voneinander getrennt werden, um trotz der Festigkeit auch genügend biegsam zu sein. Die Patentansprüche lauten:

1. Verfahren zur Herstellung biegsamer, elastischer Körper auf elektrolytischem Wege, dadurch gekennzeichnet, daß in mehrfach wiederholter Wechsellage elektrolytisch niedergeschlagene Metallschichten und Zwischenschichten derart aufeinander gebracht werden, daß die Zwischenschichten die Metallschichten vollständig oder nur stellenweise voneinander trennen.

2. Eine Ausführungsart des Verfahrens nach Anspruch 1, bei welcher die Metallschichten auf eine federnde Unterlage niedergeschlagen werden, zu dem Zwecke, eine größere Elastizität zu erzielen.

3. Eine Ausführungsart des Verfahrens nach Anspruch 1 und 2, bei der die Metallschichten aus verschiedenen Metallen oder Legierungen in beliebiger Reihenfolge bestehen.

4. Eine Ausführungsart des Verfahrens nach Anspruch 1 bis 3, bei welcher die Metallniederschläge auf mechanischem Wege geglättet und verdichtet werden.

Das Verfahren besteht also im wesentlichen darin, verschiedene Elektrolyte beliebiger Wahl und Reihenfolge zur Erreichung bestimmter Materialzusammensetzungen und Legierungen zu erhalten, die sich durch Erhitzen miteinander verbinden, wobei die Glättung der Oberfläche durch einen besonderen Glättapparat erfolgt.

Als Beispiel wird angeführt: Um einen Körper mit schraubengangförmiger Mantelfläche herzustellen, benutzt man eine konische Hohlspindel aus Metall, die mit einem Überzuge aus Graphit, gemischt mit Terpentingeist, verbunden ist, welcher nach scharfer Trocknung geglättet wird. Durch Rotation der Spindel

---

[1]) E. P. Nr. 8054 vom 22. Mai 1884.
[2]) E. P. Nr. 10451 vom 3. Sept. 1885.
[3]) E. P. Nr. 8108 vom 29. April 1892.
[4]) D. R. P. Nr. 95761 vom 20. Sept. 1896; E. P. Nr. 26102 vom 9. Nov. 1897; vgl. auch Zeitschr. f. Elektrochemie 6, 356.

in einem elektrolytischen Bade wird ein dünner Überzug niedergeschlagen, der geglättet und mit einer Trennungsschicht versehen wird. Dann wird ein weiterer Metallmantel im Bade niedergeschlagen und diese Manipulation so lange fortgesetzt, bis man die gewünschte Festigkeit der Wandstärke erreicht hat. Wo aber zu noch höherer Verstärkung der Manteldecke eine direkte Berührung der einzelnen Mantelschichten untereinander wünschenswert erscheint, werden an vorteilhaft gewählten Stellen (Linien) die Trennungsschichten mechanisch entfernt, so daß an diesen die folgende Niederschlagsschicht in Berührung und feste Verbindung mit der jeweiligen Unterschicht tritt, ohne dadurch die Biegsamkeit merklich zu beeinträchtigen.

Herstellung von Parabolspiegeln. Die kostspieligen Manipulationen bei der Erzeugung genau parabolisch ausgeschliffener Spiegel veranlaßte schon vor vielen Jahren eine ganze Reihe von Forschern, eine Methode auszuarbeiten, auf elektrolytischem Wege solche Spiegel auf Metall in billigerer Weise herzustellen.

Als bedeutendere Vorschläge, von denen einzelne praktisch verwertet werden, erwähne ich:

Das Verfahren nach Elmores German and Austro-Hungarian Metal Company Ltd. und P. E. Preschlin[1]), welches durch nachstehende Ansprüche geschützt wurde:

1. Eine Vorrichtung zur Herstellung schalenförmiger Gefäße auf elektrolytischem Wege, gekennzeichnet durch die Anordnung der, der Gestalt des Gefäßes entsprechend gestalteten, sich drehenden Kathode auf einer schräg gelagerten Achse, um dadurch die Antriebsmittel und die Lagerung der Welle außerhalb des Bades zu verlegen, während die in der Drehungsachse liegenden Teile der Kathode in das Bad tauchen.

2. Bei der unter 1 gekennzeichneten Vorrichtung die Anordnung eines durch Federdruck angepreßten Glättwerkzeuges, das durch Räder- und Hebelwerk in einer, durch die Drehungsachse der Kathode gelegten Ebene langsam schwingt, um alle Stellen der Schale zu bearbeiten.

Sherard Osborn Cowper-Coles und The Reflector Syndicate Ltd.[2]) haben in ausgezeichneter Weise das Problem gelöst, tadellose Spiegel für Reflektoren darzustellen.

Ihre Methode haben sie sich durch die Patentansprüche schützen lassen:

1. Verfahren zur Herstellung von Hohlspiegeln, dadurch gekennzeichnet, daß eine Form mit einer Wachshaut überzogen wird, daß alsdann auf dieser Haut auf chemischem Wege Silber niedergeschlagen wird, daß darauf eine Palladiumschicht über der Silberschicht auf galvanischem Wege gebildet wird, und daß schließlich ebenfalls auf galvanischem Wege eine Hinterlage aus Kupfer oder einem anderen geeigneten Metall auf der Palladiumschicht unter Drehung der Form erzeugt und der von der Form abgenommene Spiegel zur Legierung des Palladiums mit Silber erhitzt oder zur Entfernung des Silbers mit einer Zyankaliumlösung od. dgl. behandelt wird.

2. Bei dem in Anspruch 1 gekennzeichneten Verfahren, die Herstellung der Wachshaut durch Auftragen einer Lösung von Wachs in Benzin oder einem anderen flüchtigen Lösungsmittel.

3. Bei dem in Anspruch 1 gekennzeichneten Verfahren das Reiben oder Polieren der Silberschicht vor der Erzeugung des galvanischen Palladium-Niederschlages.

---

[1]) D. R. P. Nr. 71831 vom 6. April 1893.
[2]) D. R. P. Nr. 89249 vom 26. Febr. 1896; E. P. Nr. 5600 vom 16. März 1895.

4. Bei dem in Anspruch 1 gekennzeichneten Verfahren die Verwendung einer Form, bestehend aus einer Mischung von Schwefel und Graphit, in welcher sich der letztere Stoff etwas im Überschuß befindet.

Als Formen für die Spiegel wird Glas, Wachs, Metall oder ein anderer geeigneter Stoff verwendet, welcher mit einem dünnen Silberüberzuge versehen wird. Hierbei beachte man, daß der Silberüberzug nur auf Wachs direkt aufzubringen ist, während alle anderen Formen erst mit einer Wachsschicht überzogen werden müssen, bevor man sie versilbert. Als Wachslösung dient am besten eine Lösung von Bienenwachs in Benzin, weil das Benzin sehr rasch verdampft und das gelöste Wachs in ungemein gleichmäßiger Schicht auf der Form zurückläßt. Ist diese Haut genügend fest geworden, so wird sie mit einem Stück Sämischleder od. dgl. gerieben, bis sie eine fein polierte Oberfläche zeigt. Ganz besonders ist diese Behandlung bei Anwendung von gläsernen Formen erforderlich, da die auf der Oberfläche derselben vorhandenen kleinen Schrammen, wenn sie nicht sorgfältig bedeckt werden, sich bei wiederholter Benutzung leicht vergrößern und dann zur Bildung von gröberen Unebenheiten Veranlassung geben.

Der auf rein chemischem Wege erzeugte Silberniederschlag wird ebenfalls mit Leder gerieben oder poliert, wobei man gleichzeitig eine Lockerung des Silbers von der Unterlage bezweckt. Die versilberte Form wird hierauf in einem galvanischen Bade mit Palladium überzogen, welches

Palladium-Ammoniumchlorid . 0,62%
Ammoniumchlorid 1   %

enthält.

Das Bad arbeitet bei einer Temperatur von 24° C, als Anoden dienen Kohlenplatten. Die gebräuchliche Stromdichte pro Quadratdezimeter beträgt 0,027 A, die Badspannung beträgt, gemäß der schwachen Konzentration, 4 bis 5 V.

Das Silberbad zur Versilberung der Wachsschicht besteht aus:

Silbernitrat . . . . 0,5 %
Ätzkali . . . . 0,5 %
Glykose 0,25%

Ist die Form derart vorbereitet, so kommt sie in das Kupferbad von:

Wasser . . . . 83 Tl.
Kupfersulfat . . . . 13 ,,
Schwefelsäure . . . . 3 ,,

Anfangs deckt man mit hoher Stromdichte und verwendet Ströme bis zu 9 V Spannung. Die Palladiumschicht deckt sich dabei sehr rasch mit Kupfer, und nun kann die Stromdichte verringert werden. Während der Kupferfällung wird die Form kontinuierlich gedreht, man kann auch den Niederschlag, während er sich bildet, durch Glättwerkzeuge glätten.

Hat die kupferne Hinterlage die gewünschte Stärke erreicht, so wird die Form mit dem Silber-, Palladium- und Kupferniederschlag aus dem Bade entfernt und auf ungefähr 65 bis 95° angewärmt, wodurch die Wachsschicht schmilzt und sich die Form vom Niederschlag abtrennt. Der Niederschlag wird nun entweder erhitzt, damit sich das Silber mit dem Palladium legiere, oder man behandelt die Silberschicht mit einer Zyankaliumlösung oder einem anderen Lösungsmittel für Silber, welches die Palladiumschicht nicht angreift.

Im ersteren Falle erhält der Spiegel eine Fläche einer Palladium-Silberlegierung, welche den Vorteil hat, daß das Palladium nicht so leicht anläuft wie Silber, während das Silber dem Niederschlage hohen Glanz verleiht.

Wurde hingegen das Silber vollständig weggelöst, dann erhält man eine reine Palladiumfläche, welche ebenfalls hohen Glanz zeigt, weil sie auf der polierten Silberunterlage hergestellt wurde. Anstatt das Palladium auf dem Silber und das Kupfer auf dem Palladium niederzuschlagen, kann man auch das Kupfer

unmittelbar auf dem Silberüberzuge, das Palladium aber oder ein anderes nicht
anlaufendes Metall nach Abnahme des Spiegels von der Form auf der Silber-
oberfläche niederschlagen.

Macht man die Form aus Metall, z. B. aus Eisen mit einem Überzuge von
außen versilbertem Kupfer, so kann man das Palladium unmittelbar auf dieser
Form niederschlagen, ohne diese erst mit Silber zu überziehen; man kann aber
auch das Kupfer unmittelbar auf der mit Silberüberzug versehenen Form niederschlagen.

Als Ersatz für das Palladium oder Silber bei der Herstellung der Kugelfläche
kann Chrom dienen.

Die Verbilligung der Herstellungskosten der Reflektoren bei Anwendung des

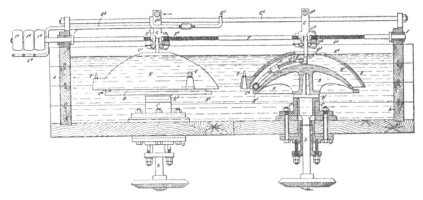

Fig. 336.

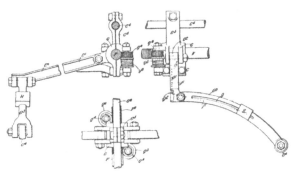

Fig. 337

beschriebenen Verfahrens besteht hauptsächlich darin, daß die Reflektoren nicht
mehr der langwierigen Polierarbeit bedürfen, sondern höchstens einer Behandlung unterworfen werden müssen, welche man in der praktischen Galvanotechnik
Handpolieren nennt. Gleichzeitig wird auch eine größere Annäherung der Spiegel-
fläche an die mathematische Form erreicht, als bei den bisherigen Verfahren.
Schließlich sind die neuen Spiegel bei ungleichmäßiger Erwärmung auch noch
weniger der Deformation unterworfen und leiden auch durch eine gröbere Behandlung nicht so leicht Schaden.

Unter Umständen mag man die Reflektoren wohl auch hohl herstellen, so
daß Wasser oder eine andere Flüssigkeit zur Vermeidung zu starker Erhitzung
hindurchgeleitet werden kann, oder man kann den Gestaltsänderungen, welche
bei der Erhitzung eintreten, durch eine absichtliche ungleichmäßige Wandstärke
des Reflektors entgegenwirken.

Die Formen stellt man zweckmäßig aus einer Mischung von Schwefel und Graphit her, welch letzterer Bestandteil etwas im Überfluß ist, und zwar durch Gießen in Glasformen.

Das Palladium oder eine Palladiumlegierung kann auch in Form eines Amalgams auf den Spiegel gebracht werden, z. B. nach dem bei der Quecksilbervergoldung gebräuchlichen Verfahren.

Die Patentschrift gibt dann eine Reihe von Apparaten, besonders zur Ausführung der elektrochemischen Arbeiten an. Fig. 336 zeigt einen Längsschnitt durch ein elektrolytisches Bad, in welchem die Bildung der kupfernen Hinterlage des Spiegels stattfindet.

Fig. 337 sind zugehörige Einzelheiten.

Innerhalb des Bottichs A ist die als Kathode dienende, mit einem Rand B^1 versehene Form B abhebbar auf dem vierkantigen oberen Ende einer senkrechten, durch konische Räder von unten angetriebenen Welle b angeordnet, welche in dem Lager C ruht und durch eine Stopfbüchse D abgedichtet wird. Die Anode E hat eine gewölbte, der Form B angepaßte Gestalt und mag in den Ösen e in beliebiger Weise aufgehängt sein. Sie ist innen zweckmäßig mit einem Gewebeüberzug, z. B. aus ungebleichter Baumwolle, ausgekleidet, damit nicht etwa kleine Teilchen von der Anode auf die Form fallen können. Während der Rotation der Form B wird die Druckwirkung auf den Kupferniederschlag durch eine Rolle G^4 hervorgebracht, welche mittels eines Armes G^3 an einen Arm G^1 angelenkt ist. Letzterer sitzt abhebbar mit den Augen G^2 an einer zweiteiligen Mutter G, welche mittels des auf der Welle F angeordneten Schraubengewindes F^1 hin- und hergeschoben wird. Die Welle F ist in Lagern f auf dem Bottich A gelagert und trägt an dem einen Ende drei Scheiben f^1, f^2, f^3, von denen die mittlere lose ist und welche durch einen gekreuzten und einen offenen Riemen getrieben werden. Die Riemengabel G^9, welche die Umstellung der beiden Riemen bewirkt, ist an einem Bügel G^7 mittels der Stange G^8 befestigt und ebenso wie der aufwärts gerichtete Arm G^5 der Mutter G auf einer über der Welle F angeordneten festen Stange G^6 geführt.

Durch die beschriebene Anordnung wird die Drehrichtung der Welle F periodisch selbsttätig umgekehrt, indem die durch eine Schraube F^1 in der einen Richtung angetriebene Mutter G mit ihrem Arm G^5 gegen das eine Ende des Bügels G^7 stößt und denselben mitnimmt, bis das Riemenwendegetriebe zur Wirkung gelangt ist, worauf die Mutter sich in entgegengesetzter Richtung verschiebt, bis ihr Arm G^5 gegen das andere Ende des Bügels stößt und die Riemen wieder umstellt. Der Arm G^1 nimmt an der Verschiebung der Mutter G teil, indem er in einen Schlitz E^2 der Anode E eintritt, während sich die Rolle G^4 bis zum Scheitel der Form bewegt.

Damit die Rolle G^4 ihren Druck gegen den Kupferniederschlag, entsprechend dem Umfange des ringförmigen Teiles des Spiegels, auf welchen sie wirkt, selbsttätig regeln kann, ist der Arm G^3 mit einem Gewichte H belastet, welches in einen Schlitz g geführt wird und durch die in Fig. 337 dargestellten Einrichtungen eine selbsttätige Verschiebung erfährt. Der Gewindeteil F^1 der Welle F greift nämlich in ein Schraubenrad g^4 ein, welches an der Mutter G gelagert ist und auf dessen Welle eine Trommel g^3 eine Kette oder eine Schnur g^1, welche über Leitrollen g^2 nach einem Stift des Gewichtes H hingeführt ist, abwechselnd auf- und abwickelt, je nachdem sich die Welle F in einem oder dem anderen Sinne dreht.

Das Verfahren ist nicht kostspielig. So z. B. wiegen die Silberniederschläge nicht mehr als 0,059 mg pro Quadratzoll und sind 0,0000034 Zoll dick. Die Kosten hierfür sollen nur 4 bis 6 Mark pro Quadratzoll betragen.

Von neueren Patenten sei noch dasjenige von Jos. A. Schneider in Kreuznach (D. R. P. Nr. 306081) erwähnt, bei dem nach einem besonderen Verfahren die Matrizen für die Erzeugung von Parabolspiegeln erhalten werden. Während es früher üblich war, die zur Herstellung von Parabolspiegeln erforderliche Form derart zu erhalten, daß man ein Gefäß mit Quecksilberinhalt um eine lotrechte Achse in Rotation versetzte, wobei über dem Quecksilber eine in der Wärme flüssige, bei niedrigerer Temperatur erstarrende Masse, z. B. Wachs, sich befindet, soll nach dem neuen Verfahren an Stelle eines Gefäßes von zylindrischer Gestalt ein Gefäß mit einem Boden von Paraboloidform benutzt werden, um bei der Erstarrung der Wachsschicht die paraboloidische Unterlage für den galvanischen Niederschlag zu erhalten, ohne daß beim Erkalten der Quecksilber-Masse ungleiche Zusammenziehungen, Strömungen und Wirbel sich bilden, die vielfach zu Unregelmäßigkeiten in der gewünschten Form führen.

Der Patentanspruch lautet wie folgt:

,,Verfahren zur Herstellung von Formen oder Matrizen für die Erzeugung von Paraboloiden auf galvanoplastischem oder anderem Wege mit Hilfe einer rotierenden Flüssigkeit, welche von einer leichteren, in der Wärme flüssigen, in der Kälte erstarrenden Masse bedeckt ist, dadurch gekennzeichnet, daß schädliche Zusammenziehungen, Strömungen und Wirbel bei der Abkühlung in der flüssig bleibenden Schicht (Quecksilber, Wasser u. dgl.) durch Verwendung eines rotierenden Gefäßes von einer parapoloidalen Gestaltung, welche nur durch eine gleichmäßige dünne Flüssigkeitsschicht von der erstarrenden Schicht absteht, vermieden werden.''

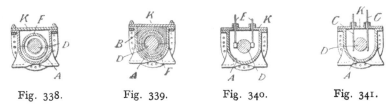

Fig. 338.			Fig. 339.			Fig. 340.			Fig. 341.

Herstellung von Röhren. Bei den hier in Frage kommenden Verfahren handelt es sich vor allem darum, geeignete Vorrichtungen zu schaffen, um das auf entsprechenden Dornen niedergeschlagene Metall von der Unterlage zu trennen und seine Oberfläche ohne besondere Dreharbeit glatt und knospenfrei zu erhalten.

In sehr schöner Weise ist dies Elmore gelungen, der auch im großen Rohre der verschiedensten Durchmesser und Längen herstellt.

Zur schnellen und ununterbrochenen Herstellung von Röhren mit kleinerem Durchmesser benutzt J. O. S. Elmore[1]) folgenden Apparat (Fig. 338 bis 341):

Der Badtrog A von U-förmigem Querschnitt wird durch Scheidewände B in eine Zahl von Kammern geteilt, durch die der Kern D hindurchgeführt ist. In einigen dieser Abteilungen wird durch Federn C der elektrische Kontakt der Kerne bewerkstelligt, und wird der Niederschlag durch Poliersteine B bearbeitet. Die Anoden F sind immer nur in solchen Kammern untergebracht, in denen weder Kontaktfedern noch Glätter wirksam sind, wodurch vermieden wird, daß sich diese Teile ebenfalls plattieren.

Der Badtrog ist länger als ein einzelner Rohrkern, welcher an beiden Enden zwischen zwei Stäbe G aus nichtleitendem Material, wie Holz u. dgl., eingespannt ist. Letzterer wird durch Stopfbüchsen H durch die Endwände des Bottichs geführt.

Der Elektrolyt durchfließt den Apparat kontinuierlich, und wird der Trog, damit das Durchpressen des Elektrolyten unter Druck ausführbar ist, mit einem gut schließenden Deckel R bedeckt. Die Kerne werden während des Betriebes gedreht und in den Kammern hin und her geschoben.

---

[1]) D.R.P. 95857 vom 2. Juli 1897; E. P. Nr. 7222 vom 2. April 1896.

Die Patentansprüche hierfür lauten:

1. Apparat zur Herstellung von Röhren durch elektrolytische Metallniederschläge, gekennzeichnet durch einen in Kammern geteilten Bottich A
mit einer als Kathode dienenden, drehbaren und in der Längsrichtung
hin- und herbewegbaren Kernspindel D mit Kontaktfedern C und Glättern e
in einigen Kammern und mit die Kernspindel umgebenden Anoden f aus
dem niederzuschlagenden Metall in den dazwischenliegenden Kammern,
so daß ein durch die Kontakte C und die Anoden durchgeleiteter elektrischer Strom die durch die Kammern fließende elektrolytische Flüssigkeit zersetzt und das Metall auf der Kernspindel niederschlägt.

2. Eine Ausführungsform des unter 1 gekennzeichneten Apparates, bei
welchem bei mehreren in einer Reihe hintereinander aufgestellten Bottichen A die Kernspindeln untereinander durch nichtleitende Zwischen-
stücke und die Anoden jedes Bottichs mit den Kontaktfedern der die
Kathode bildenden Kernspindel des nächstfolgenden Bottichs verbunden
sind, um durch zeitweises Herausnehmen der letzten Kernspindel, Weiter-
schieben der folgenden Kernspindeln in den letzten Bottich bzw. nach
demselben hin und Einlegen einer neuen Kernspindel in den ersten Bottich
ununterbrochen Röhren bilden zu können.

Das ältere Verfahren[1]) zur Herstellung der Rohre wird durch folgende Patentansprüche gekennzeichnet:

1. Das Verfahren, Kupferröhren auf elektrolytischem Wege herzustellen,
darin bestehend, daß zuerst ein Eisenkern in einem Zyankupferbade mit
einer Kupferhaut überzogen und diese dann oxydiert wird, alsdann dieser
Kern zum Zwecke des Niederschlagens und der Verdichtung der Kupferschichten auf demselben in ein aus einer angesäuerten Lösung von
Kupfervitriol bestehendes Bad gebracht wird, in welchem Kupferplatten
mit darauf gehäuften Kupferkörnern als Anode dienen, wobei der als
Kathode dienende Kern gedreht wird, während zugleich die darauf
niedergeschlagene Kupferschicht durch ein hin- und hergehendes Polier-
werkzeug verdichtet und endlich der mit der Kupferschicht versehene
Kern der Einwirkung von Druckrollen derart unterworfen wird, daß
die Kupferschicht in der Richtung des Umfanges gestreckt wird und
somit von dem Kern als loses Rohr abgezogen werden kann.

2. Bei dem in Anspruch 1 gekennzeichneten Verfahren die Abänderung
dahin, daß, nachdem eine gewisse Kupferschicht niedergeschlagen wird,
behufs Bildung getrennter, konzentrisch aufeinander liegender Kupferrohre.

3. Zur Ausführung des in Anspruch 1 gekennzeichneten Verfahrens die
Anwendung zweier paralleler Reihen elektrolytischer Bäder mit darin
befindlichen Kernen, deren Rotation mittels einer mittleren Welle bewirkt wird, während die Hinundherbewegung der Polierwerkzeuge sämtlicher Kerne dadurch gleichzeitig bewirkt wird, daß eine durch Reversier-
scheiben und Kuppelung getriebene Schraubenspindel eine Traverse trägt,
die durch die Rotation der Spindel das erste Räderpaar entlang hin- und
herbewegt wird, und somit diese Bewegung einer Stange mitteilt, an
deren Querarmen die auf die Kerne pressenden Polierwerkzeuge angebracht
sind, wobei die Umkehrung der Schraubenbewegung dadurch automatisch
bewirkt wird, daß die Traverse gegen Ende der Bewegung mittels einer
Stange einen Umschalthebel betätigt, der die Kuppelung der Reversier-
scheiben umstellt.

---

[1]) D.R.P. Nr. 59933 vom 19. Nov. 1890; E. P. Nr. 18896 vom 21. Nov. 1890; A. P.
Nr. 464351; F. P. Nr. 209602.

4 Zur Ausführung des in Anspruch 1 gekennzeichneten Verfahrens die Lockerung der gebildeten Kupferrohre von dem Eisenkern durch Einsetzen des Kernes zwischen Zentrierspindeln und langsames Drehen desselben, während zu gleicher Zeit von einem Schlitten S getragene, zur Längsachse des Kernes senkrecht gestellte Druckrollen T^1, T^2, T^3, welche die Pressung auf die Kupferschicht ausüben, in der Richtung der Länge des Kernes fortbewegt werden (Fig. 342).

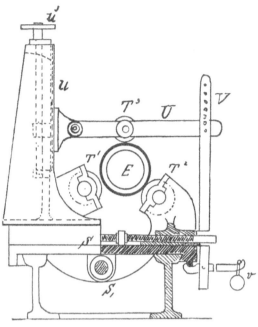

Fig. 342.

Besonderer Wert wurde bei dem Elmore-Verfahren auf die konstruktive Durchbildung der Glättwerkzeuge gelegt, und haben sich die verschiedenen Werke mehrerer Glätter patentieren lassen. So bildet z. B. die Elmores German and Austro-Hungarian Metal Company, Ltd. das Glättwerkzeug als Rad aus, das auf einer Achse drehbar gelagert ist, welch letztere zur Achse des sich drehenden Dornes annähernd senkrecht steht. Das Rad bewegt sich an der Metalloberfläche in der Längsrichtung hin und her, indem es gleichzeitig eine drehende Bewegung ausführt. Sobald die Oberfläche des niedergeschlagenen Metalles ungleichförmig ist, erhält das Glättrad einen Halbmesser, der kleiner ist als der kleinste Halbmesser einer der Vertiefungen. Das Rad kann dann in jede Vertiefung eintreten und deren Fläche bearbeiten. Fig. 343 zeigt einen Schnitt durch ein Bad, in welchem auf den sich drehenden Dorn M ein radförmiger Glätter einwirkt. A ist der Arm, der durch eine Schraubenspindel veranlaßt wird, sich parallel zu der Achse des Dornes hin und her zu bewegen. In starrer Verbindung mit diesem Arm wird auch das Glättwerkzeug auf der Oberfläche des Metallüberzuges hin- und herbewegt. An irgendeiner Stelle des in diesem Arm vorhandenen Schlitzes kann mittels Klemmschrauben ein zweiter Arm B und eine Stange R festgestellt werden, die in einer mit dem Arm B drehbar verbundenen Nabe S verschiebbar ist. Die Stange R ist an ihrem unteren Ende gabelförmig ausgebildet und befindet sich in dieser angeordnet ein Achatrad W,

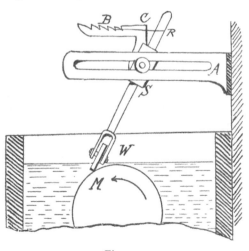

Fig. 343.

das mit einer Kante auf dem Umfange des Dornes läuft. Mittels eines Gummi-
bandes C, das um die Stange R herumgeschlungen ist und in die eine oder andere
einer Reihe von Zahnlücken des Armes B eingreift, wird ein Anpressen des Rades
W an den Umfang des Dornes bewirkt.

Da dieser Arm B sich längs des Kernes hin und her bewegt, so rollt das Rad W
an dem Dorn entlang und bietet dem Glättvorgang immer neue Stellen seiner
Kante. Ist einmal die eine der Kanten abgenutzt, so kann man das Rad um die
Achse der Stange R drehen, um die andere Kante in die Arbeitsstellung zu bringen. Um die Drehung des glättenden Rades W entweder genau gleich seiner rollen-
den Bewegung oder schneller oder langsamer als diese mit Sicherheit zu bewirken,
wird auf der Achse des glättenden Rades W eine Schnurscheibe angeordnet, um
die ein Draht oder eine Schnur läuft. Letztere erstreckt sich über die ganze
Länge des Bades und wird durch ein Gewicht gespannt. Die Schnurscheibe
verschiebt sich gegen den Draht oder die Schnur und wird dabei gezwungen, sich
zu drehen.

Patentanspruch: Eine Vorrichtung zum Glätten und Verdichten von Metallen, welche auf einem umlaufenden Dorn elektrolytisch niedergeschlagen
werden, dadurch gekennzeichnet, daß ein Rad aus Achat oder einem anderen
Stoff von annähernd gleicher Härte nur mit einer Kante gegen den Dorn gepreßt
wird, während dasselbe, sich um sich selbst drehend, hin- und hergeschoben wird.

Eine Abänderung im Glättvorgang[1]) wurde dadurch erreicht, daß man das
Glättwerkzeug während des Verschubes noch Längsschwingungen ausführen ließ.

Weitere Vervollkommnungen im Elmore-Prozeß kennzeichnen nachstehende
Patente:

E. P. Nr. 2618 vom 14. Februar 1889.
D. R. P. 65808 vom 12. April 1891.
D. R. P. 72195 vom 6. April 1893.
D. R. P. 71811 vom 14. April 1893.
D. R. P. 77745 vom 4. März 1894.

Über Literatur sei folgendes zur Ergänzung obiger Ausführungen erwähnt:

El. (1888) **22**, 47.
Lum. él. (1888) **30**, 435; **31**, 280; **32**, 579.
Engineering 1898, Nr. 1714. Wm. Brown.
El. Rev. (1891) **28**, 449 und 476. Watt.
Engineering (1890) **50**, 12 und 46. A. W. Kennedy.

Zur Herstellung von 1000 kg Kupferrohren genügen 1170 kg Kohlen bei einer
Badspannung von 0,5 V, was einem Kostenaufwand von etwa 280 Mark entspricht.

In der Fabrik der Elmore-Company in Hunsled bei Leeds werden vier
Dynamos zu je 37,5 Kilowatt verwendet, entsprechend 50 V und 750 A. Diese
Fabrik verwendet Chili-Kupfer, das durch Eingießen in Wasser granuliert wird.
Die Fabrik arbeitet mit 60 hintereinandergeschalteten Kästen in den Dimen-
sionen: 3 m lang, 0,8 m breit und 1 m tief. Die Badspannung beträgt 0,9 V.
Der Niederschlag erfolgt äußerst langsam, so daß bei Tag- und Nachtbetrieb
eine Kupferröhre von 0,3 mm Dicke in 6 Tagen fertiggestellt wird. In den
Werken der deutschen Elmore-Gesellschaft in Schladern a. d. Sieg sind von
1200 PS etwa 550 ausgenutzt. Die Dynamos liefern 1200 A bei 50 V. Das
Werk kann wöchentlich 35 Tonnen Röhren produzieren. Für die Rentabilität
dieses Verfahrens ist die Angabe von Atmer interessant, daß 94- bis 96%iges
Rohkupfer in den Betrieb eingeführt wird. Die Granalien werden in 20 cm dicker
Schicht als Anoden verwendet. Die hintereinandergeschalteten Bottiche sind

---

[1]) D. R. P. Nr. 67947 vom 29. Sept. 1892; E. Patent Nr. 17631 vom 15. Okt. 1891;
A. P. Nr. 503076.

in langen Doppelreihen aufgestellt. Je zwei Bottichreihen besitzen immer eine gemeinsame Welle, die zum Antrieb der Dorne dient. Zwischen den Bottichen einer jeden Reihe sind gußeiserne Gleitschienen angeordnet in der Länge der Bottiche, und besorgt ein selbsttätiger Mechanismus an geeigneten Schlitten auf diesen Gleitschienen die Umsteuerung der die Glättwerkzeuge bewegenden Apparate.

Während eines einmaligen Hin- und Herganges der Achatglätter wächst die Kupferschicht immer nur um 0,03 mm, wodurch eine kristallinische Abscheidung des Kupfers hintangehalten werden kann. Der Vorteil der Glättwerkzeuge liegt hauptsächlich in dem Umstande, daß bei deren Verwendung mit Stromdichten bis zu 1000 A/qm gearbeitet werden kann. Die Normalstromdichte hingegen beträgt bloß 200 A.

Die Normallänge der hergestellten Rohre beträgt 3 m, und darf der Prozeß während der Bildung eines Rohres nie unterbrochen werden.

Ist das Rohr fertig, so wird der betreffende Bottich ausgeschaltet und die Lösung wird in einen tiefer stehenden Behälter abgelassen, in welchem sich der Anodenschlamm absetzen kann.

Die Loslösung der Rohre, die bis zu 1,6 m Durchmesser herstellbar sind, wird entweder in der früher beschriebenen Weise durchgeführt, oder, falls kupferne

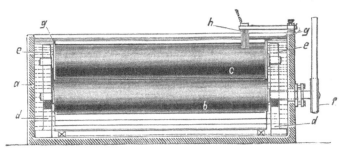

Fig. 344.

Dorne verwendet werden, dadurch, daß man den Polierachat, solange der Niederschlag noch ganz dünn ist, ½ Stunde lang durch eine Achatrolle ersetzt, die durch mäßigen Druck das Rohr vom Dorne lockert.

Durch Aufschneiden parallel zur Dornenachse können nach dem Elmore-Verfahren aus größeren Zylindern entsprechend große Kupferbleche erhalten werden. Über Gewichte der Rohre usw. vergleiche die Tabelle im Anhang.

Dichte Rohre erzeugt auf elektrolytischem Wege auch die Société des Cuivres de France[1]).

Die Glättung und Verdichtung erfolgt bei diesem Verfahren dadurch, daß anstatt des Achatglätters des Elmore-Prozesses der Druck zweier Walzen aufeinander ausgenutzt wird.

Der hierzu verwendete Apparat ist in den Fig. 344 bis 346 abgebildet. Der Behälter a für das elektrolytische Bad nimmt die walzenförmig ausgebildeten Kathoden b und c auf, welche in beliebiger Anzahl in einem Trog enthalten sein können. Die untere Walze b ist mit ihrem Zapfen in isolierenden Böcken d gelagert, welche mit Gleitführungen e für die Zapfen der oberen Walze c versehen sind.

Die untere Walze wird durch die Riemenscheibe f angetrieben und überträgt ihre Drehung auf die obere Walze c, welche aus dem Grunde verschiebbar angeordnet ist, damit sie entsprechend der Dickenzunahme des Niederschlages

[1]) D. R. P. Nr. 81648 vom 7. April 1894; E. P. Nr. 23680 vom 5. Dez. 1894; A. P. Nr. 538359 vom 30. April 1895.

ihre Lage ändern kann. Der Zusammenhang der beiden Walzen wird entweder durch ihr eigenes Gewicht oder durch Federn u. dgl. bewerkstelligt.

Anfänglich jedoch dürfen sich die Walzen nicht berühren, weil sonst der Graphitüberzug beschädigt werden könnte. Um dennoch gleich von Anfang an einen Kontakt zwischen den Walzen zu ermöglichen, sind an den Enden derselben Kupferscheiben angebracht, die einen etwas größeren Durchmesser als die Walzen haben, so daß die Berührung außerhalb des Walzendurchmessers stattfindet und die Walzen unbeschädigt bleiben.

Hat sich einmal eine gewisse Niederschlagschicht gebildet, dann zieht man die Kupferringe ab und läßt die Walzen miteinander in Berührung treten.

Die Stromzuführung erfolgt durch eine auf der Walze c schleifende Bürste h. Natürlich kann man die Walzen, anstatt wie in Fig. 344 gezeichnet, auch nebeneinander in beliebiger Anzahl anordnen (Fig. 346).

Die Profilierung der Anoden k l sowie deren Material wird nach der Kathodenform bzw. nach dem niederzuschlagenden Material gewählt.

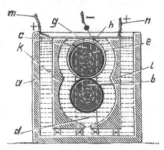
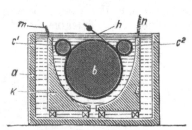

Fig. 345.   Fig. 346.

Der bei m und n eintretende Strom schlägt das Kupfer an den Walzen b und c gleichmäßig nieder und kann in geeigneter Weise abgehoben werden, sobald die verlangte Dicke erreicht ist.

Bei der Herstellung größerer Rohre nach diesem Verfahren kann man, um zu große Dimensionen des Gefäßes zu vermeiden, zwei oder mehrere kleinere Walzen c c anwenden und diese in der in Fig. 346 dargestellten Weise der großen Walzen, die sie zu reiben haben, gegenüberstellen. Der Strom wird der einen Walze b durch die Bürste h zugeführt und geht auf die Walzen $c^1 c^2$ über. So kann man gleichzeitig Rohre von großem und kleinem Durchmesser in einem Gefäß erzeugen.

So wie bei dem Elmore-Prozeß kann man die so erhaltenen Rohre entweder als solche benutzen oder aber aufschneiden und als Kupferbleche in den Handel bringen.

Das Verfahren ist durch folgende Patentansprüche geschützt:

1. Verfahren zur elektrolytischen Niederschlagung und gleichzeitigen Verdichtung von Kupfer und anderen Metallen, dadurch gekennzeichnet, daß zwei oder mehrere sich drehende Walzen derart als Kathoden angeordnet sind, daß sie zum Zwecke der Verdichtung des sich auf ihnen niederschlagenden Metalles gegenseitig einen Druck aufeinander ausüben.

2. Eine zur Ausübung des in Anspruch 1 gekennzeichneten Verfahrens geeignete Vorrichtung, bestehend aus einem Gefäß a, in welchem neben- oder übereinanderliegende, stets miteinander in leichter Berührung befindliche Walzen b, c bzw. b, c^1, c^2 als Kathoden derart drehbar angeordnet sind, daß ihr gegenseitiger Abstand entsprechend der Stärke des Metallniederschlages auf denselben sich selbsttätig vergrößern kann, wobei die Anoden jede beliebige Form erhalten können.

Von dem Gedanken geleitet, die sich bei jeder Metallablagerung auf elektrolytischem Wege bei größeren Dicken der Niederschläge bildenden Knospen durch einen geeigneten Vorgang zu verhindern, führten im Jahre 1895 zu dem bekannten Dumoulin-Prozeß[1]). Dumoulin beobachtete, wie so viele andere, daß sich die Moleküle bei der elektrolytischen Abscheidung vorzugsweise an den vorspringenden Teilen der Kathode ablagerten, und daß diese so rasch sich entwickelnden knospenartigen Gebilde die Ursache waren, das gewöhnliche Kathodenkupfer nicht weiter auswalzen zu können.

Isoliert man nun aber einen solchen entstandenen Vorsprung so lange, bis die Umgebung auf dieselbe Dicke gelangt ist, oder fügt man ein Diaphragma zwischen Knospe und Lösung, so muß durch diese Verzögerung im Niederschlagsprozeß endlich der Moment kommen, wo wieder die glatte Fläche sich dem Niederschlag darbieten kann.

Diese Verzögerung der Niederschlagsarbeit wird in dem Dumoulin-Prozeß in der Weise erreicht, daß mit dem Kathodenzylinder ein mit isolierenden oder zumindest anhaftenden Massen getränkter Körper in Berührung gehalten wird, der die Isolations- oder Zwischenlagsmasse leicht abgeben kann. Die Bedeckung mit dem Isolationsmaterial hört dann auf, sobald entweder infolge deren Wirkung oder durch die an dieser Stelle verzögerte Elektrolyse die benachbarten Stellen angewachsen sind, wobei die isolierenden Materiale durch die Abnehmer abgewischt und entfernt werden. Die Benetzung der Vorsprünge kann man durch die Abnehmer regeln, indem man deren Druck reguliert, oder man regelt die Menge des Materiales, das man auf den Zylinder bzw. dessen Vorsprünge aufträgt.

Daß trotz der vielen Unterbrechungen, die im Prozeß wohl auftreten müssen, dennoch ein zähes Kupfer resultiert, läßt sich nach Dumoulin dadurch erklären, daß die die Elektrolyse verzögernden Substanzen gewissermaßen die Moleküle filtrieren und diese in äußerst feiner Verteilung zur Ablagerung bringen.

Als Benetzungsmateriale eignen sich am besten fetthaltige Substanzen oder Körper, welche solche natürlich enthalten oder ihnen beigemengt erhielten. Es mögen hier die tierischen Membranen und ihre Extrakte (Albumin, Fibrin usw.), die Häute, Muskeln, Eingeweide u. dgl. erwähnt werden. Allgemein läßt sich jede Masse anwenden, die mit einem fettigen, öligen, kurzum isolierenden Körper getränkt ist. Hauptsache bleibt immer, daß der Körper geschmeidig ist und an dem Abnehmer nicht zerfällt.

Bei der durch Dumoulin vorgeschlagenen Oberflächenbehandlung während der Elektrolyse spielen folgende Punkte eine Rolle:

1. Die Berührungsfläche der Kathoden und der Abgeber für die isolierende Masse.
2. Der Druck auf diese Abgeber.
3. Die Schnelligkeit der Bewegung der Kathode oder der Abgeber.
4. Die Stromstärke.

Die Abgeber werden einer Längsbewegung unterworfen, damit alle Teile der Kathode gleichmäßig getränkt werden können. Die Bewegung der Abnehmer ist von der des Kathodenzylinders vollständig abhängig.

Was die Apparatur betrifft, so sei an der Fig. 347 das Prinzip im allgemeinen erklärt.

Sie zeigt im Längsschnitt einen Apparat zur Herstellung größerer Rohre bzw. Bleche. Der Kern m, der die Kathode aufnimmt, ist in diesem Falle kurz gehalten. An den Enden besitzt er Scheiben g aus Isolationsmaterial, und sind in Vertiefungen dieses Kernes vierkantige Tragstücke h eingelassen, die mit den

---

[1]) D. R. P. Nr. 84834 vom 9. April 1895; E. P. Nr. 16360 vom 31. August 1895; Zeitschr. f. Elektrochemie **2**, 509.

Zapfen b verbunden sind. Letztere führen durch hohe Wellen i, die durch Stopfbüchsen an den Behälter A angeschlossen sind. Der elektrische Strom wird durch
Kontaktbürsten bei j zugeführt.

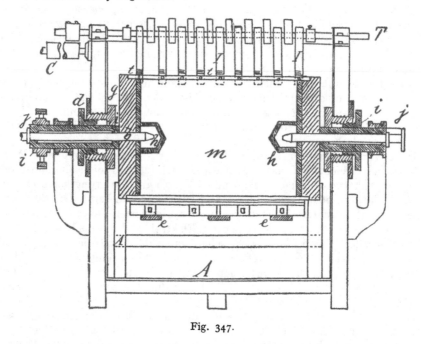

Fig. 347.

Bei größeren Rohren wird der Kern aus Messing oder Bronze hergestellt, für
kleinere Rohre aus Stahl.

Die Kerne müssen, bevor sie in die Bäder gebracht werden, poliert und eingefettet werden. Damit alle Punkte der Oberfläche
gleichmäßig von der Einfettungsmasse behandelt
werden, müssen die Abgeber mittels eines Schrauben-
vorschubes in der Länge des Kathodenzylinders bewegt werden. Die Bewegung muß im Verhältnis zur
Umfangsgeschwindigkeit des Zylinders stehen und
während der Oberflächentränkung gleichmäßig erfolgen.

Ein solcher Abgeber ist in Fig. 348 abgebildet.

Die Entfettungsmassen werden bei t eingelagert
und auf die Kathode aufgelegt. Von den Abgebern I
werden die einen neben den anderen auf einer
Schiene t angeordnet, auf der sie durch Schrauben-
kurvenschub C (Fig. 347) bewegt werden. Um die
Schiene sind sie verschiebbar, nicht aber in der
Längsrichtung.

Dumoulin ist der Ansicht, daß man die isolierenden Stoffe auch direkt in das Bad bringen kann,
während in diesem Falle den Abgebern nur die Aufgabe zukäme, im Vorbeipassieren die isolierenden
Stoffe auf die Vorsprünge des Kathodenzylinders

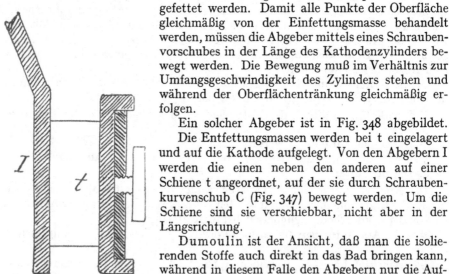

Fig. 348.

aufzubringen. In diesem Falle sollen bereits Fasern von Seide u. dgl. genügen.

Das Ablösen der Rohre geschieht durch geringes Erwärmen, wodurch die
Dorne sich von dem Niederschlag sondern, evtl. durch hydraulische Pressung.

Wichtig für den Prozeß ist die Einhaltung einer Temperatur von nicht über 16°, was aus dem Grunde geschieht, um die tierische Faser haftend zu erhalten. Die Temperatur kann durch Einblasen von Luft niedrig gehalten werden, neben Zirkulation des Elektrolyten, und werden dadurch gleichzeitig Eisen und organische Verbindungen oxydiert.

Das Verfahren wird durch folgenden Patentanspruch geschützt:

Verfahren zur Herstellung gleichmäßiger elektrolytischer Metallniederschläge, dadurch gekennzeichnet, daß isolierende Stoffe während der Fällung derart auf die Kathode aufgebracht werden, daß nur die hervortretenden Teile des Niederschlages einen Überzug von dem isolierenden Stoffe erhalten, was seitens dieser hervortretenden Teile ähnlich wie die Aufnahme der Druckfarbe durch die Drucklettern geschehen kann, wobei alsdann diese isolierende Masse in dem Bade oxydiert bzw. durch die Vorrichtungen zum Abgeben der isolierenden Stoffe selbst entfernt werden kann, sobald die hervortretenden Teile verschwunden und mit der Gesamtoberfläche der Kathode gleich geworden sind und demgemäß nicht mehr bei dem Vorbeiführen der isolierenden bzw. die Elektrolyse verzögernden Stoffe durch letztere isoliert werden können.

Der Dumoulin-Prozeß wird auf den Brunoy Works bei Paris und in Widnes von der Electrical Copper Company mit 10 Millionen Mark Stammkapital ausgeführt[1]).

Den Strom in letzterem Werke liefern 5 Dynamos, welche 1300 A bei 75 V abgeben.

Als Elektrolyt wird eine Lösung verwendet, die 40% Kupfervitriol enthält und mit 7% Schwefelsäure angesäuert ist. Als Behälter dienen Holzwannen mit Bleiblechauskleidung, und zirkuliert der Elektrolyt durch 30 solcher Wannen. Als Dorne dienen Kupferzylinder von 3,6 m Länge und 40 cm Durchmesser, welche zur Hälfte in den Elektrolyten eintauchen. Die Anoden werden aus Rohkupfer U-förmig gegossen. Die Stromdichte beträgt 3,5 bis 4 A/qdm, die Badspannung 1,6 V.

Eine vollständig neue Methode, Rotationskörper der verschiedensten Formen rationell herzustellen, wurde J. Klein[2]) patentiert. Klein verdichtet ebenfalls das Metall, während es sich abscheidet, und zwar in der Art, daß sich die drehende Kathode auf einer der ihr entsprechend geformten, geraden oder gekrümmten Unterlage walzt.

Patentansprüche:

1. Verfahren zum Verdichten und Formen elektrolytischer Niederschläge, dadurch gekennzeichnet, daß walzenartige Kathoden von beliebiger Anzahl und beliebigem Längsprofil auf entsprechend profilierten, geraden oder gekrümmten Unterlagen in dem elektrolytischen Bade bis zur Beendigung des Niederschlagsprozesses gewalzt werden.

2. Zur Ausübung des unter 1 gekennzeichneten Verfahrens eine Vorrichtung, dadurch gekennzeichnet, daß ein oder mehrere Rahmen, in denen (je nach Anzahl der gleichzeitig herzustellenden Körper) je ein, zwei oder mehr Kerne drehbar eingesetzt sind, auf einer wagerechten, geneigten, senkrechten oder gekrümmten Unterlage so lange hin und her gerollt werden, bis sich auf den Kernen ein Niederschlag von der erforderlichen Stärke gebildet hat.

3. Eine Vorrichtung der durch den Anspruch 2 gekennzeichneten Art, bei der die Kerne hohl und an einem oder beiden Enden offen sind und der an der Außenwand der Kerne sich ablagernde Niederschlag durch

---

[1]) Wm. Brown, El. Rev. (1898) **43**, 561, 663; Engineer., 21. Oktober 1898.
[2]) D.R.P. Nr. 79764 vom 31. März 1892; E. P. Nr. 563 vom 9. Januar 1895; vgl. auch Zeitschr. f. Elektrochemie **1**, 161; Dr. G. Langbein.

Platten, der an der Innenwand der Kerne abgelagerte Niederschlag durch einen oder mehrere Rahmen verbundene Walzen verdichtet wird.

4. Eine Vorrichtung der durch den Anspruch 2 gekennzeichneten Art, dahin abgeändert, daß der bzw. die Rahmen als Drehgestell ausgebildet sind, in dessen Umfang die Kerne drehbar und radial verschiebbar lagern, während die Unterlage die Gestalt eines festgelagerten Hohlzylinders besitzt, auf dessen innerem oder äußerem Umfang die Kerne bei der Bewegung des Drehgestelles sich abwälzen.

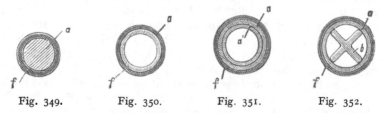

Fig. 349.   Fig. 350.   Fig. 351.   Fig. 352.

5. Eine Vorrichtung der durch den Anspruch 2 gekennzeichneten Art, dahin abgeändert, daß der Rahmen als Drehscheibe ausgebildet ist, welche bei ihrer Bewegung die zur Drehscheibe radial angeordneten Kerne auf einer wagerechten Platte abwälzt.

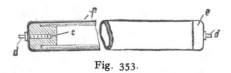

Fig. 353.

Was die Vorrichtungen anbelangt, die bei dem Kleinschen Verfahren in Anwendung kommen, so kann man an Hand derselben beurteilen, wie das Verfahren durchgearbeitet ist, denn es werden die verschiedensten Konstruktionen der Kerne sowie ganze Apparate eingehend beschrieben.

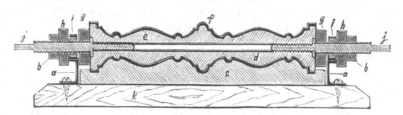

Fig. 354.

Die Kerne, auf denen der Metallniederschlag erfolgt, bestehen entweder aus Metall oder Holz und können hohl oder voll ausgebildet sein (siehe die Fig. 349 bis 352).

Fig. 349 zeigt einen vollen Kern, Fig. 350 einen hohlen, Fig. 351 einen solchen, welcher durch ein eingeschlossenes Rohr versteift ist, während in Fig. 352 ein Kern abgebildet ist, welcher innen durch ein oder mehrere Kreuzstücke versteift ist.

Die Adjustierung solcher hohler Kerne macht die Fig. 353 anschaulich. Der Kern wird durch einen Spund e geschlossen, der die Drehzapfen d und Zuleitungskontakte e besitzt, welch letztere als Kappen ausgebildet sind. Um den Auftrieb zu vermeiden, werden hohle Kerne zumeist mit Sand oder Bleischrot ausgefüllt. Die Kerngerippe werden dann entweder vorerst mit einem plastischen Stoff, wie Gips, Kitt, Ton u. dgl., umhüllt oder aber unmittelbar mit einem

leicht schmelzbaren und polierbaren Stoff, wie Blei, Wachs, Paraffin u. ä., über-
zogen. Es folgt dann die Manipulation des Formens durch Rollen auf der negativ
vorbereiteten Unterlage, wodurch der plastische Stoff die Rotationsform des
Unterlagsprofiles annimmt. Anstatt die Kerne mit ihrem plastischen Überzuge zu rollen, kann man sie auch abdrehen, und falls der Überzug aus einem
Nichtleiter bestand, wird der fertige Kern auf seiner Oberfläche leitend gemacht.
Zur besonders genauen Herstellung von Drehhohlkörpern eignet sich die in
Fig. 354 abgebildete Vorrichtung. Diese besteht aus zwei zueinander genau
parallel angebrachten Laufschienen a, welche auf einem Postament k angeschraubt
sind. Zwischen den Laufschienen liegt eine Walkform c, welche man sich als

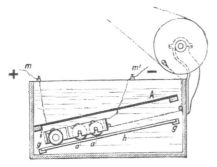

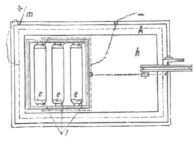

Fig. 355.   Fig. 356.

aufgeschnittene Mantelfläche des Rotationskörpers zu denken hat. Der Dreh-
hohlkörper wird durch ein Rohr d getragen, das die Seele des Kernes bildet.
Zur Befestigung der Drehspindel sind die Enden des Rohres mit Schrauben-
gewinden versehen. Auf beiden Seiten der Spindel sind Gleitrollen g angebracht,
außerdem je eine Muffe h, so daß die Gleitschienen a zwischen Muffen und Gleitrollen liegen. Diese für die Präparierung des Kernes günstigste Lage zwischen
den Gleitschienen wird durch Schraubenmuttern b fixiert.

Es wird nun das Rohr mit Ton umhüllt und auf der vorher mit Öl bestrichenen
Unterlage c so lange hin- und hergerollt, bis die gewünschte Form, der Unterlage gemäß, erreicht ist. Es können dann die Gleitmuffen h auf den Schienen a
frei rollen. Der Kern wird jetzt gebrannt und hierauf in ein Gemenge von ver-

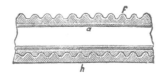

Fig. 357.

schiedenen Harzen oder Wachssorten getaucht, wobei immer wieder gewalzt
wird, und bilden hierbei die zwei nunmehr auf die Gleitmuffen aufgezogenen
Ringe i i das Maß für die Dicke der aufzutragenden Schicht. Beim Überziehen
der gebrannten, mit Wachs zu überziehenden Form wird die Unterlage mit Wasser
benetzt, um ein Adhärieren des Wachses zu verhüten. Der so überzogene Kern
wird dann noch leitend gemacht, was entweder mit Graphit geschieht oder durch
eine leicht schmelzbare Legierung, wenn vorher die Form nicht erst mit Wachs
überzogen wurde.

Zum Walken können verschiedene Vorrichtungen verwendet werden, und
zeigen beistehende Fig. 355 bis 362 mehrere Typen. Es ist dieses Walken streng
zu unterscheiden vom Walken der Tonmasse in der Walkform, denn die nun zu

beschreibenden Walkvorrichtungen dienen dazu, den Niederschlag während des elektrolytischen Prozesses zu verdichten und zu glätten. Ganz einfache Apparate zeigen die Fig. 355 und 356.

In dem Elektrolysiertrog A ist auf Unterlagen g die Walkplatte h angebracht, welche aus hartem Material, wie Glas oder Porzellan, besteht und vom Bade

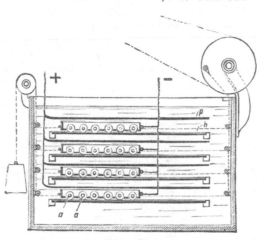

nicht angegriffen werden kann. Sind mehrere gleichartige Kerne zu bearbeiten, so können sie, da sie dasselbe Profil erhalten, zusammen auf derselben Walkplatte bewegt werden, wenn sie durch einen gemeinsamen Rahmen i miteinander verbunden sind. Die Kerne sind in dem Rahmen derart gelagert, daß man den Rahmen leicht abnehmen kann, so daß jederzeit einer der Kerne entnommen werden kann. Die Zuleitung des Stromes zu den Kernen geschieht durch den Draht m_1 mittels der am Rahmen befestigten Bürsten L und der bereits früher besprochenen Kon-

Fig. 358.

taktstücke an den Kernenden. Die Anode ist oberhalb der sich walkenden Kerne parallel zu deren Lauffläche angeordnet.

Sobald der Strom geschlossen ist, beginnt an den Kernen die Metallabschei-

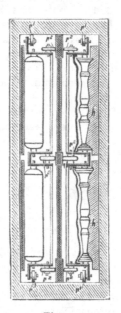

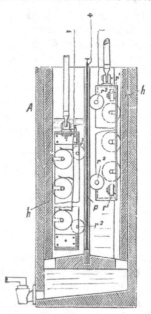

Fig. 359.   Fig. 360.

dung, wobei mittels einer Exzenterscheibe der Rahmen auf der Walkplatte hin- und hergezogen wird. Die Profilierung der Walkplatten ist durch die Fig. 357 veranschaulicht.

Fig. 358 zeigt eine Ausführungsform, welche als ein Mehrfaches der in Fig. 355 und 356 dargestellten betrachtet werden kann.

Der Längs- und Querschnitt eines Walkbassins ist in Fig. 359 und 360 abgebildet. Man sieht, daß mehrere Kerne gleichzeitig arbeiten können, und zwar in senkrechter Richtung, wobei die Führung des Rahmens durch Gleitrollen r^1 (Fig. 359) erfolgt und die Kerne elastisch an die Walkplatten durch Rollen r^2 angedrückt werden. Der Rahmen kann auch durch einstellbare Keile oder in ähnlicher Weise angepreßt werden. Die Anodenplatten werden den Profilen der Kerne entsprechend gebogen und können erforderlichenfalls auch am Rahmen befestigt werden und an der Bewegung teilnehmen.

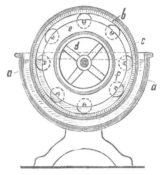

Fig. 361.

Eine andere Ausführungsform der Apparate beruht auf der muldenförmigen Anordnung der Walkplatten. Am besten aber ist eine hohlzylinderförmige Ausgestaltung der Platte, weil dann sowohl Walkplatte als auch Anode durch Dreharbeit in die gewünschte Profilierung gebracht werden können. Eine solche Ausführungsform zeigt die Fig. 361. b ist der Walkzylinder, der durch die Einfassung c an den Stirnwänden a befestigt ist. d ist das Drehgestell, das die zylindrische Anode f und zwei Scheiben e trägt, in denen in nach außen offenen Schlitzen die Zapfen der Kerne liegen. Wird das Drehgestell d abwechselnd in dem einen oder dem anderen Sinne bewegt, wobei die Kerne an den Walkzylinder entweder bloß infolge der Zentrifugalkraft oder durch sonst eine Methode angedrückt werden, so erfolgt die Glättung des Niederschlages in derselben Weise, wie bei Anwendung planer Walkplatten. Ähnlich ist der Apparat Fig. 362 konstruiert, nur mit dem Unterschiede, daß der Walkzylinder senkrecht gestellt ist und innerhalb der gleitenden Kerne angebracht ist.

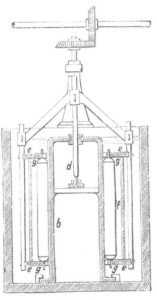

Fig. 362.

Eine radiale Anordnung der gleitenden Kerne auf einer zentrisch ausgebildeten Walkscheibe zeigt Fig. 363. In Fig. 364 ist das Walken des Niederschlages auf der Innen- und Außenfläche zweier Hohlkerne dargestellt, wobei innerlich Walzen w und äußerlich Walkplatten p verwendet sind. Man muß dann zwei Anoden verwenden, und zwar eine innere und eine äußere, welche mit a und b bezeichnet sind.

Die Vorteile des Kleinschen Prozesses sind ohne weiteres einleuchtend. Es ist das Minimum an Raum erforderlich, man spart an Elektrolyt und ist außerdem imstande, jede beliebige Rotationsform herzustellen, was nicht der Fall ist, wenn man die Zylinderkerne einfach rotieren läßt, ohne die Glätt- oder Walkplatten zu verwenden.

Das Verfahren dürfte für manche Zwecke sehr geeignet sein, z. B. um damit gewellte Dampfkessel-Siederohre herzustellen. Der Umstand, daß die verschiedensten Profile auf diese Weise erhalten werden können, mag sogar das Kleinsche Verfahren gegen die vielen Methoden zur Herstellung von Rohren als vorteilhafter erkennen lassen.

Kupferwalzen für Rotationstiefdruck. In der graphischen Branche bedient man ich seit einigen Jahren schon des galvanoplastischen Verfahrens, um Bronze-

und neuerdings auch Gußeisenwalzen mit einem dichten Kupferüberzug von
1 bis 2 mm Dicke durchaus gleichmäßiger und feinkörniger Beschaffenheit zu
überziehen. Letzteres ist notwendig, da auf dem Niederschlag nach dem Abschleifen und Polieren auf besonderen Maschinen das Bild auf photographischem
Wege übertragen und dann geätzt wird. Es lassen sich auf einer solchen Kupferschicht ca. 40 Ätzungen nacheinander auftragen. Das Verfahren ist das gleiche,
welches Elmore verwendete, nach welchem die bespindelten Zylinder oder Walzen
aus Gußeisen, Messing oder Kupfer in den galvanoplastischen Kupferbädern
während des Niederschlagsprozesses mit Druckachaten geglättet werden. Es
besteht in den verschiedenen, in die Praxis eingeführten Ausführungsformen
solcher Einrichtungen ein Hauptunterschied, nämlich der, daß die Bäder ent-

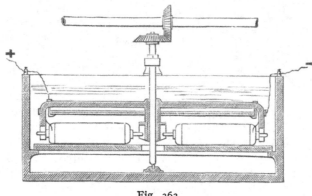

Fig. 363.

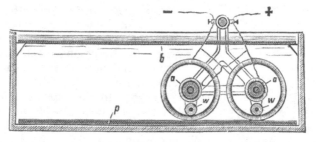

Fig. 364.

weder so eingerichtet sind, daß die Zylinder oder Walzen ganz in dem Elektrolyten
untertauchen, deshalb der Strom auf dem ganzen Zylinderumfang wirken kann,
oder man läßt die Zylinder nur kaum bis zur Hälfte eintauchen, indem man sie
außerhalb des Bades lagert. Letztere Vorrichtung ist natürlich technisch einfacher, hat aber den Nachteil, daß man nur schwächere Ströme anwenden darf,
die Aufkupferung daher langsamer vor sich geht, als wenn die Zylinder ganz eintauchen. Die Aufkupferungszeiten verhalten sich bei diesen zwei Typen etwa
wie 1:3. Läßt man die Zylinder nur teilweise eintauchen, lagert sie also außerhalb
des Bades, so bedient man sich gewöhnlicher Steinzeuggefäße, entlastet diese
jedoch, indem man ein Traggerüst um die Wanne baut. Läßt man die Zylinder
ganz eintauchen, so müssen Haltevorrichtungen mit Lagern am Boden der
Wanne angeordnet werden und dann wählt man ausgebleite Holzgefäße, welche
man außerdem zur Vermeidung vagabundierender Ströme mit einer isolierenden
weiteren Auskleidung aus Glas, Weichgummi, Hartgummi od. dgl. versieht.

    Besondere Wichtigkeit kommt nun den Glättachaten zu und gibt es
auch hierfür verschiedene Typen. Fig. 365 und 366 zeigen z. B. eine Ein-

richtung mit ganz eintauchendem Zylinder, über welchem auf einem horizontal verschiebbarem Träger schwingende Achate nach Ing. Herm. Pfanhauser sitzen, so zwar, daß eine bequeme Aushebung der Zylinder möglich ist, indem man das Gestänge mit den Druckachaten, die man außerdem durch Verstellung

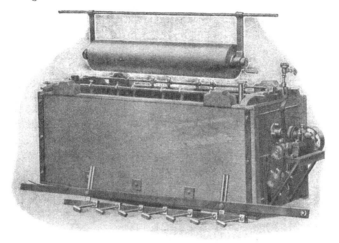

Fig. 365.

des Achathalters in der Höhe leicht auf stärkeren oder schwächeren Druck einstellen kann, abhebt. Fig. 367 zeigt eine solche komplette Aufkupferungsanlage mit drei Bädern, bei welchen die Achathalter aufklappbar angeordnet sind, was für die Beschickung und Entleerung der Bäder sehr praktisch ist. Zudem kann man

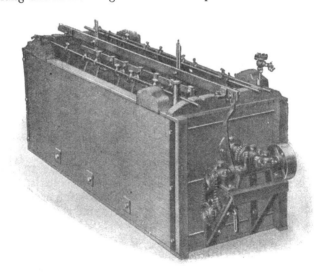

Fig. 366.

längere oder kürzere Walzen oder Zylinder in derart ausgerüsteten Bädern überkupfern und hat nur nötig, je nach Zylinderlänge, mehr oder weniger solcher Achathalter aufzulegen. Die Einstellung der Tourenzahl für den Zylinder und die Bewegungsschnelligkeit der Druckachate kann nur der mit entsprechender Erfahrung versehene Fachmann bestimmen, denn es kommt zur Erzielung einer glatten, leicht polierfähigen Kupferoberfläche ganz darauf an, wie oft jede Stelle des sich bildenden Niederschlages einen Achatdruck erhalten muß. Die Achate müssen ruhig arbeiten, man muß dafür sorgen, daß die Achate mit den Kanten (meist abgerundet) nicht etwa bei der Umkehrung der Bewegungsrichtung in den Kupferniederschlag Narben schlagen, denn dadurch könnten Unebenheiten der aufgetragenen Kupferschicht entstehen. Auch die Entfernung und Fern-haltung aller festen Verunreinigungen aus dem Elektrolyten ist äußerst wichtig, deshalb werden einerseits die Anoden aus vollkommen reinem Elektrolytmaterial verwendet und vielfach außerdem noch mit Filtern umgeben, welche aber nicht direkt an den Anoden aufliegen dürfen. Jede derartige Anlage muß eine be-sondere Filtrationsvorrichtung besitzen, um die Bäder fallweise, wenn sich Schlämme am Boden der Wanne gebildet haben, abziehen zu können. Fig. 367 zeigt im Hintergrunde rechts ein solches Filtrations- bzw. Klärgefäß, in welches

Fig. 367.

eine Hartblei-Zentrifugalpumpe den Elektrolyten hochpumpt, und nachdem sich alle Unreinheiten abgesetzt haben, wird der Elektrolyt in die vom Schlamm ge-reinigte Wanne wieder abgelassen.

Je reiner man den Elektrolyten hält, desto geringer ist die Gefahr, daß selbst bei Anwendung höherer Stromdichten knospige, schwer polierbare Niederschläge entstehen. Man arbeitet im allgemeinen bei angewärmtem Bade mit Strom-dichten bis zu 3 A/qdm und kann dann in 24 stündigem, ununterbrochenem Betrieb eine Kupferschicht von ca. 1 mm Wandstärke erhalten. Dies gilt für ganz eintauchende Zylinder. Bei der anderen Methode, wobei nur ein Teil (meist nur 1/3 des Zylinderumfanges) des Zylinders in das Bad taucht, braucht man, um eine Niederschlagstärke von 1 mm zu erreichen, ca. 72 Stunden, wenn auch lokal die Stromdichte von 3 A angewendet ist.

Durch besondere Hilfsmittel gelingt es auch, Zylinder oder Walzen aus Alu-minium haltbar mit starken Kupferzügen zu versehen. So z. B. erzeugt man auf dem besonders vorbehandelten Aluminiumzylinder zunächst eine nur schwache Kupferschicht, schraubt diese mit genügend Schrauben am Aluminium fest, schleift die Schraubenköpfe glatt und überkupfert weiter. Oder man legt in Rillen der Aluminiumzylinder Kupferringe ein, um dem späteren galvanoplastischen Kupferniederschlag, der sich solcherart verankert, einen Halt zu geben.

Beim Arbeiten mit solchen überkupferten Walzen oder Zylindern muß, ehe die Ätzung erfolgt, stets eine vollkommen glatte und spiegelnde Oberfläche geschaffen werden. Hierzu dienen besondere Schleif- und Poliermaschinen, welche unvermeidlich Metallstaub entwickeln. Solche Staubteilchen würden, wenn sie in die galvanoplastischen Kupferbäder gelangen, eine große Gefahr für die Niederschläge werden, weil sie während der Rotation der Zylinder an diesen mit einwachsen und dann Niederschläge verursachen, welche nur schwer und mit vieler Mühe zu entfernenden Knoten durchsetzt sind. Besonders bei von oben in die Bäder eintauchenden Zylindern muß das Bad peinlich rein erhalten bleiben, weil der rotierende Zylinder alle an der Badoberfläche schwimmenden Partikelchen aufnimmt, und an diesen Stellen sofort Unebenheiten im Niederschlag entstehen.

Nach jeder Ätzung, wenn die Druckauflage beendigt ist, wird das Bild durch Abschleifen entfernt. Dieses Abschleifen verringert die Stärke des Kupferbelages um fast 0,1 mm. Wiederholt man dieses Abschleifen oftmals, so tritt die Notwendigkeit ein, den Zylinder wieder auf seinen ursprünglichen Umfang zu bringen, indem man auf galvanoplastischem Wege so viel Kupfer in den vorbeschriebenen Aufkupferungsanlagen niederschlägt, als durch Abschleifen abgetragen wurde. Man kann natürlich sehr an Kupfer sparen, wenn man an Stelle des Abschleifens des geätzten Bildes eine neue Kupferschicht auf der vorher vollkommen von Farbe befreiten Zylinderoberfläche niederschlägt, doch muß man, wie dies in der Galvanotechnik bekannt ist, zuerst die Zylinderoberfläche anodisch bearbeiten, um alle Unreinheiten einerseits durch den anodischen Löseprozeß zu entfernen und gleichzeitig das Kupfer etwas aufzurauhen, weil die neue Kupferschicht nur unter solchen Bedingungen auf der unteren Schicht festhält. Bei der Stromumkehrung wird man außerdem in üblicher Weise durch Bürsten alle Metallkristalle, die durch den anodischen Lösungsvorgang entstanden sind, wegbürsten, um eine metallisch zusammenhängende, gleichmäßige Grundlage für die weitere Kupferschicht zu bekommen.

Löning machte den Vorschlag, an Stelle der Aufkupferung dicker Kupferschichten, wie sie nach mehrmaliger Ätzung nötig wird, nur immer eine dünne Kupferschicht von ca. 0,1 mm Dicke auf einer Unterlage niederzuschlagen, welche gegen das Kupferbad widerstandsfähig ist. So z. B. wird hierzu eine galvanoplastisch aufgetragene starke Nickelschicht gewählt. Der daraufsitzende Kupferbelag von 0,1 mm Dicke läßt sich, ohne daß Achatglättung unbedingt nötig ist, mit einfachen Mitteln auf Hochglanz polieren. Das geätzte Bild wird dann nicht durch Abschleifen entfernt, sondern das Kupfer von 0,1 mm Dicke wird entweder elektrolytisch oder rein chemisch entfernt, bis die reine Nickeloberfläche erscheint, und auf dieser wird dann wieder ein neuer, ätzbarer Kupferbelag von 0,1 mm Dicke hergestellt. Dieses Verfahren hat große Zukunft insofern, als es weit billiger in der Anschaffung der erforderlichen Einrichtung ist und daher jede Druckerei, welche Tiefdruckmaschinen besitzt, sich mit verhältnismäßig erschwinglichen Mitteln eine eigene Aufkupferungsanlage beschaffen kann und vermeidet, ihre Walzen oder Zylinder zwecks Aufkupferung an geeignete Anstalten einsenden zu müssen. Diese Methode Lönings hat den weiteren Vorteil, daß man nun auch andere Metalle als Kupfer für Ätzzwecke verwenden kann, so z. B. Zink oder Eisen usf., die man auf der geeigneten Unterlage in solch dünner Schicht auftragen kann.

Kupferwalzen finden nicht allein für graphische Zwecke, sondern auch für Stoff- und Zeugdruck ausgedehnte Verwendung (z. B. in der Kattundruckerei), aus der sich überhaupt erst der Papiertiefdruck später entwickelt hat. Dr. Nefgen gelang es Ende der 90er Jahre in Verbindung mit Rolffs, derartige Tiefdruck-

walzen für Zeugdruck auf photomechanischem Wege herzustellen, die einen
bedeutenden Fortschritt gegenüber der teuren gravierten Walze darstellten.
Durch diese Versuche war der Weg zur Übertragung dieses Verfahrens für die
Zwecke des Papierdruckes gewiesen, und es ist das Verdienst von Dr. Mertens
in Verbindung mit vorerwähnten Erfindern, das Tiefdruckverfahren für den
Schnellpressen-Zeitungsdruck eingeführt zu haben, in dem es immer größere
Aufnahme findet.

Herstellung von Blechen.

Obschon der elektrolytische Prozeß des Niederschlagens von Metallen in
beliebig dicken oder dünnen Schichten sich naturgemäß dazu eignet, den um-
ständlichen Walzprozeß bei der Herstellung speziell dünner Bleche zu ersetzen,
wurde bislang doch nur höchst selten Gebrauch davon gemacht.

Die bekannt gewordenen Anwendungen dieser Art beschränkten sich auf
die Fabrikation von Kupferfolien, hauptsächlich um fein lamellierte Dynamo-
bürsten daraus herzustellen, und auf die Fabrikation von sog. Metallpapier für
Plakate, kleine Büchsen u. dgl., einer Kombination von Kupferfolien, die evtl.

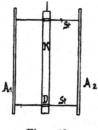

Fig. 368.

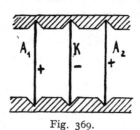

Fig. 369.

an einer Seite vernickelt oder versilbert sind, mit aufgeleimtem Papier. Wir
wollen uns weiter unten diesen Industriezweig näher besehen.

Natürlich kann man solche dünne Folien heute auch aus Nickel, Eisen,
Messing und anderen Metallen machen und besteht das hierzu verwendete Verfahren darin, daß man plane, glanzgeschliffene Mutterbleche von abgepaßter
Größe nach vorheriger Anbringung einer Zwischenschicht, die das Festwachsen
des Niederschlages an der Kathode verhindert, zwischen je zwei planen, gleich
großen Anoden in das galvanoplastische Bad hängt und dort unter Beobachtung
der geeigneten Stromdichte so lange hängen läßt, bis die gewünschte Dicke des
Niederschlages erreicht ist.

Es ist klar, daß diesem Verfahren mancherlei Mängel anhaften, die die weitere
Anwendung ungemein beschränken, und zwar tritt sehr leicht eine oft bedeutende
Ungleichmäßigkeit der Schichtdicke ein, weil durch die Randstreuung der
Stromlinien die Ränder mehr Strom erhalten als der mittlere Teil der Kathodenfläche; oder infolge nicht genau eingestellter gleicher Entfernung aller Kathodenteile von den Anoden werden die den Anoden näherliegenden Partien stärker
als die übrigen. Auch das Anwachsen der Rückseite solcher Niederschläge in
Form von kleinen Knötchen oder ganzen Knospen, die Rauheit der Rückseite, besonders wenn die Niederschläge einige Dicke erreicht haben, stehen
der Herstellung eines konkurrenzfähigen Marktproduktes, das mit der üblichen durch Auswalzen hergestellten Handelsware konkurrieren muß, hindernd
im Wege.

Die Ungleichmäßigkeit dieser Niederschläge zu beseitigen, beschäftigte schon
manchen, so wurde gemäß des D. R. P. Nr. 144548 der Vorschlag gemacht, durch
sogenannte Abstandsregler eine gleichmäßige Niederschlagsdicke zu erzielen.

So zeigt Fig. 368 Durchbrechungen D der Kathode, in welche Stifte St einge-setzt sind, die nach beiden Seiten gleich weit vorragen und die Anodenplatten $A_1 A_2$ in gleichmäßiger Entfernung halten. Nach einem andern Patent werden durch seitlich im Badgefäß angebrachte Führungsnuten die Kathoden K und die Anoden $A_1 A_2$ ebenfalls in gleichmäßigem Abstand gehalten (Fig. 369) und gleich-zeitig ein Dickerwachsen des Niederschlages an den Rändern dadurch verhütet, daß die Unterform und Unterdimension der Streuung der Stromlinien Einhalt ge-bietet. Aber nach beiden Verfahren werden die durch eine nicht zu vermeidende wellenartige Beschaffenheit der Mutterbleche, speziell dann, wenn eine bestimmte Dimension erreicht wird, bedingten Ungleichmäßigkeiten der Stromverteilung innerhalb der größeren Kathodenfläche nicht beseitigt, und diese Ungleichmäßig-keit wird um so fühlbarer, je dicker man die kathodische Metallabscheidung treibt.

Das knospige Anwachsen und die grobkörnige Beschaffenheit der eigent-lichen Niederschlagsfläche werden durch kleine Partikelchen in der Lösung verursacht, die sich, selbst wenn der Elektrolyt zirkuliert, an der Kathode an-setzen, sich mit Metall überziehen und um so rascher wachsen, je höher die angewandte Stromdichte ist. Diesem Übelstand kann etwas durch fortlaufende Zirkulation und Filtration des Elektrolyten gesteuert werden, ferner durch gleichzeitiges Einhüllen der Anoden mit stromdurchlässigen Materialien, wie Seide, Pergamentpapier, selbst Zementanstrich, wenn nicht direkt Diaphragmen aus porösem Material in Anwendung kommen, wodurch radikal alle Unreinheiten, die durch Abfallen von den Anoden ins Bad gelangen, ferngehalten werden.

Wenn man sich mit kleineren Flächen solcher Folien von geringer Dicke begnügt, so wird z. B. zur Fabrikation von Metallpapier folgender Weg ein-geschlagen, wie er in der Metallpapierfabrik von Landauer & Co. in Wien üblich war:

Herstellung von Metallpapier. In dieser Fabrik werden neben mit Papier hinterklebten Folien aus Kupfer oder vernickeltem Kupfer auch andere Fabrikate hergestellt, welche durch eine Anzahl von Patenten geschützt sind. So z. B. Dynamokupferbürsten, überkupferte Asbestdichtungsringe, Flanschendichtungs-ringe, bestehend aus Asbest mit loser Kupferumhüllung, u. a.

Landauer schlägt auf hochglänzend polierten Messing- oder Neusilber-platten, welche mit einer der früher beschriebenen Abhebungszwischenschicht versehen sind, Kupfer oder zuerst Nickel und darauf Kupfer nieder, trocknet die Metallniederschläge und zieht sie dann entweder ab oder erst nach dem Be-leimen mit Papier.

Die zur Kupferabscheidung dienenden Bäder haben die bekannte Zusammen-setzung:

Wasser	1 l
Krist. Kupfervitriol	200 g
Konz. Schwefelsäure	30 g

Als Anoden dienen Elektrolytkupferplatten in der Größe 500×500 mm bei einer Dicke von 8 bis 10 mm. Die Niederschläge müssen vollkommen glatt und warzenfrei sein. Zu diesem Zwecke zirkuliert der Elektrolyt ununterbrochen und wird dabei durch einen Filtrierapparat in Form einer kleinen Filterpresse geleitet, so daß er stets frei von festen Verunreinigungen erhalten wird. Die einzelnen Badtröge sind hintereinandergeschaltet, die Kathodenplatten jedes einzelnen Troges parallel. Es befinden sich in jedem Troge vier Anoden und drei Kathoden, und zwischen den Elektroden bewegen sich die Glasstäbe eines mechanischen Rührwerkes.

Die Badspannung beträgt 1 V bei einer Elektrodenentfernung von etwa 10 cm, die dabei erreichte Stromdichte etwa 10 A.

Die Dimensionen der mit Blei ausgelegten Holztröge sind: 700 mm lang, 500 mm breit und 700 mm tief.

Soll vernickeltes Metallpapier hergestellt werden, so wird auf der in bekannter Weise vorher präparierten Platte ein hauchdünner Nickelüberzug aus folgendem Bade hergestellt:

> Wasser . . . . 1 l
> Nickelsulfat . . . . 80 g
> Chlorammon . . . . 20 g
> Borsäure . . . . 10 g

Die Vernicklungsdauer beträgt etwa 1 Minute, die Stromdichte 0,5 A. Die Badspannung beträgt bei einer Elektrodenentfernung von 10 cm 2,3 V. Die Badtröge für die Nickelbäder sind aus Steingut, 1 m lang, 50 cm breit, 70 cm tief und besitzen eine Stangenmontierung mit Verbindungsklemmen für eine Kathode und zwei Anoden. Als Anoden werden gewalzte und gegossene Nickelanoden, zu gleichen Teilen gemischt, verwendet.

Die Neusilberplatten, welche 400 × 500 mm groß sind, werden stets hochglänzend geschliffen erhalten, damit die Metallblätter gleichen Glanz aufweisen und sich tunlichst leicht loslösen lassen. In der genannten Firma sind zu diesem Zwecke drei Poliermotoren von je 2,5 PS in Verwendung, die von einem Zentralgenerator angetrieben werden. Als Poliermittel dient eine Komposition aus Kalk und Fett. Nach dem Polieren werden die Platten mittels Kalkwassers entfettet und kommen in die Oxydierungs- resp. Schweflungsbäder. Die Dauer dieser Vorbehandlung ist etwa 5 Minuten. Nach sorgfältigem Abspülen mit Wasser werden sie in die Bäder eingesetzt. Sie bleiben etwa 30 Minuten in den Kupferbädern, von denen je 30 in Serie geschaltet sind. Im ganzen sind 60 Tröge vorhanden. Je eine Serie wird von einem eigenen Motorgenerator gespeist, welcher 125 A bei 35 V leistet. Der Betrieb ist ununterbrochen, denn es wird sofort für jede den Trögen entnommene Platte eine neue eingesetzt, um eine Verschiebung der Stromverhältnisse zu vermeiden. Die verkupferten Platten kommen nach einer abermaligen Spülung in einen Trockenraum, wo jede Feuchtigkeit entfernt wird, hierauf in eine Walzenpresse, wo von einem Behälter vorerst Klebemittel aufgetragen wird, die beleimte Schicht mit Papier bedeckt und dann die Platte mit dem Papier der Wirkung zweier Druckwalzen ausgesetzt wird. Nun werden die beklebten Platten abermals getrocknet, und dann die Metallpapiere abgelöst, was nach dem Lostrennen der Ränder durch ein messerartiges Instrument leicht bewirkt werden kann.

Sollen nur Kupferfolien hergestellt werden, die nicht mit Papier hinterklebt werden, so wird der Kupferniederschlag etwas stärker ausgeführt, und zwar beträgt dann die Expositionszeit bei gleichen Stromverhältnissen 45 Minuten. In ähnlicher Weise werden in Deutschland auch reine Nickelfolien nach dem Verfahren der Langbein-Pfanhauser-Werke hergestellt, wie sie für die Fabrikation von Eisen-Nickelakkumulatoren gebraucht werden.

Die Flanschendichtungsringe, das sind Kupfermetalldichtungsringe mit Asbesteinlage, bilden in genanntem Werke einen großen Fabrikationsartikel und haben folgende Zwecke zu erfüllen:

Sie sind außerordentlich weich und besitzen infolge des zähen, elastischen Kupfermantels eine außerordentliche Anpassungsfähigkeit, welche die Schmiegsamkeit des Asbests voll zur Geltung kommen läßt. Dabei wird die Asbesteinlage gegen die stark zerstörenden Einflüsse des Dampfes, Kondens- und Kühlwassers usw. durch die nahtlose, nach innen abschließende Kupferhülle geschützt (siehe Fig. 370).

a ist hierbei die Asbesteinlage, b der Kupfermantel. Infolge der durchweg metallischen Oberfläche der Ringe wird das Festbrennen an den Dichtungsflächen verhindert und sind solche Einlagen daher nach mehrmaligem Zerlegen der Dichtungsstellen dennoch wieder gebrauchsfähig. Die Dichtungsringe werden nach dem Schnell-Galvanoplastikverfahren des Verfassers hergestellt, und dient zum Speisen des 3000 l fassenden Bassins eine Dynamo, welche 1000 A bei 6 V leistet und ebenfalls durch einen separaten Elektromotor angetrieben wird. Der Elektrolyt wird durch einen Kompressor in Wallung gebracht. Die Wanne besitzt in Parallelschaltung 9 Kathoden- und 10 Anodenstangen. Zur Kontrolle des Dickenwachstums der Niederschläge ist in jede Kathodenzuleitung ein Amperemesser eingeschaltet, so daß man von den Größenverhältnissen der Elektroden unabhängig wird. Die Stärke der Kupferniederschläge wird hier auf 0,1 bis 0,2 mm gebracht, und beträgt die Expositionszeit gemäß der angewendeten Stromdichte von 6 A/qdm etwa 15 Stunden (siehe die entsprechende Tabelle).

Als Kathoden werden Messingringe verwendet, welche vernickelt und mit der gleichen Zwischenschicht versehen werden wie die Platten zur Herstellung von Metallpapier. Die Ringe sind ebenso stark wie die Asbesteinlage, für die die Kupfermäntel bestimmt sind, und zwar zumeist 5 mm. Die erzeugten Kupferniederschläge werden mit einem spatelartigen Instrument losgelöst, wobei die Geschicklichkeit des Arbeiters eine große Rolle spielt.

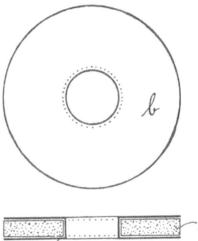

Als Kraftquelle dient eine 50 pferdige Dampfmaschine, von welcher jetzt 35 PS ausgenutzt sind. Ein der Dampfmaschine angepaßter Zentralgenerator liefert den Strom für die ganze elektrische Kraftübertragung, die, wie bereits angedeutet, in dieser Anlage vollkommen durchgebildet ist. Die Anlage umfaßt einen Gesamtflächenraum von etwa 600 qm und produziert täglich 3000 Bogen Metallpapier und etwa 2000 Stück Dichtungsringe und beschäftigt normal 60 Mann. Der Kupferverbrauch pro Jahr beträgt ungefähr 30 Tonnen.

Fig. 370.

Auch zur Herstellung von Blattsilber und Blattgold eignen sich die abziehbaren elektrolytischen Überzüge ganz vortrefflich. Von den vielen diesbezüglichen Patenten erwähne ich die Verfahren von St. W. Wood[1]), H. Perner[2]) sowie von J. Brandt & G. W. von Nawrocki[3]).

Nach letzterem Verfahren werden Kupferplatten als Kathoden benutzt. Um das feste Anhaften des Niederschlages zu verhüten, wird eine dünne Zwischenlage von Wachs (Lösung von Wachs in Alkohol) angewendet.

Für Gold, Silber, Nickel, Messing usw., wofür neutrale oder zyankalische Lösungen gebräuchlich sind, wird eine Lösung von Harz in Benzol in Vorschlag gebracht. Bloß für Kupfer, welches aus stark schwefelsaurer Lösung abgeschieden wird, dient eine Zwischenlage von Wachs, das in Alkohol gelöst ist. Das Lösungsverhältnis ist 1 : 50. Die verwendeten Bäder sind die in der Galvanotechnik gebräuchlichen.

Die Dauer der Niederschlagsarbeit ist aus nachstehender Tabelle ersichtlich:

[1]) E. P. Nr. 3537 vom 30. Okt. 1873.
[2]) E. P. Nr. 10126 vom 7. Aug. 1886.
[3]) D. R. P. Nr. 43351 vom 25. Sept. 1887.

Metall	Dicke des Metallblattes mm	Angewendete Stromdichte in A/qdm			
		0,05	0,1	0,2	0,3
		Zeitdauer in Stunden und Minuten			
Silber	0,0002	6½	3¾	1½	1
	0,0005	16	8	4	2½
	0,0010	32	16	8	5
	0,002	1ʰ 04	32	16	10
	0,005	2ʰ 36	1ʰ 18	39	26
	0,01	5ʰ 12	2ʰ 36	1ʰ 18	52
Gold	0,0002	13	6½	3¼	2
	0,0005	32	16	8	5¼
	0,0010	1ʰ 04	32	16	10½
	0,002	2ʰ 39	1ʰ 04	32	21
	0,005	5ʰ 18	2ʰ 39	1ʰ 20	53
	0,01	10ʰ 36	5ʰ 18	2ʰ 39	1ʰ 46

Bei der Herstellung von Metallpapier aus Gold oder Silber wird das Edel-
metallhäutchen gewöhnlich mit einem entsprechenden galvanischen Niederschlage verstärkt, um eine dauerhaftere und innigere Verbindung des Metallblattes mit dem Papier zu bewerkstelligen. Für Gold kommt zumeist nur Kupfer
oder Messing in Betracht, weil erwiesenermaßen die Unterlage durch die dünnen
Goldhäutchen durchwirkt, so daß z. B. Kupfer dem Goldblättchen einen rötlichen, Silber einen grünlichen Ton verleiht.

Der Prozeß wird durch folgende Patentansprüche gekennzeichnet und geschützt:

1. Das Verfahren zur Herstellung von Metallpapier (-pappe od. dgl.),
   darin bestehend, daß zuerst eine äußerst dünne Metallschicht chemisch
   oder galvanisch auf einer glatten, geeignet isolierten Metallplatte niedergeschlagen, hierauf das gebildete Metallhäutchen mit der Unterlagsplatte getrocknet, sodann die freie Fläche des Metallhäutchens mit Bindemittel versehen, und schließlich auf das noch auf der Unterlagsplatte
   befindliche Metallhäutchen angefeuchtetes Papier gelegt bzw. Papierbrei aufgetragen und durch Walzprozeß bzw. Druck so innig mit dem
   Metallhäutchen vereinigt wird, daß das gebildete Metallpapier von der
   Unterlage abgehoben werden kann, ohne zu zerreißen.
2. Bei dem Verfahren nach Anspruch 1 die Abänderung: a) daß an Stelle
   eines Metallhäutchens zwei oder mehr übereinander liegende, ein Ganzes
   bildende Metallhäutchen von verschiedenem Metall auf der Unterlagsplatte erzeugt werden, bevor die Vereinigung des Metallhäutchens bzw.
   der Metallhäutchen mit dem Papier, Papierbrei, Pappe od. dgl. stattfindet; b) daß, anstatt das Bindemittel erst auf die Metallhaut aufzutragen und dann das Papier darüber zu legen, mit Bindemittel versehenes
   Papier, Papierbrei, Pappe od. dgl. direkt auf das trockene Metallhäutchen gebracht wird.

Der Umstand, daß letzterem Verfahren mehrere Mängel anhaften sollen,
worunter die geringe Haltbarkeit des Metallblattes auf dem Papierbogen und
das jedesmalige Polieren der Kathodenplatten genannt wird, wodurch sich der
Preis eines Bogens Edelmetallpapieres auf etwa 40 Mark stellen soll, hat
C. Endruweit[1] veranlaßt, eine andere Methode ausfindig zu machen, wonach
es möglich sein soll, denselben Bogen zum Preis von 4 Mark herzustellen.

Endruweit formuliert folgende Patentansprüche:

1. Eine Ausführungsart des durch Patent Nr. 43 351, Anspruch 1, geschützten
   Verfahrens, bei welcher die Isolierung der die Metallschicht auf-

---

[1] D.R.P. Nr. 68 561 vom 16. Juni 1891; A. P. Nr. 510013.

nehmenden Kathodenplatte mittels einer Sulfidschicht erfolgt, welche durch Benetzen mit einer 1% Spiritus enthaltenden Lösung von Mehrfach-Schwefelalkali oder Schwefelwasserstoff-Schwefelalkali erhalten wird.

2. Zur Erleichterung der Verbindung des auf der Kathodenplatte nach Anspruch 1 erhaltenen Metallniederschlages mit dem Papierbogen das Verfahren, daß man die Kathodenplatte mit dem Kupfer- bzw. Nickelniederschlag unter Einwirkung des elektrischen Stromes kurze Zeit in eine Zinkvitriollösung bringt und den Niederschlag direkt mit einer Lösung von Ammoniumsulfhydrat, Mercaptan, Allylsulfid behandelt oder die genannten Mittel dem zu verwendenden Klebstoff beimengt.

Vergoldung oder Versilberung erfolgt durch Anreiben der Kupferniederschläge mit den geeigneten zyankalischen Lösungen, welche Gold oder Silber enthalten.

Im Jahre 1910 wurde E. Schröder[1]) im Deutschen Reich ein Patent auf ein Verfahren zur Vorbereitung von Kathoden zur unmittelbaren Herstellung polierter Metallblätter auf elektrolytischem Wege erteilt.

Schröder bedeckt die fein polierten und geschliffenen Metallplatten mit einer Grundierschicht, das ist eine emailleähnliche Masse, welche durch Aufschmelzen einer dünnflüssigen Glasur, bestehend aus Metalloxyden oder ähnlichen Gemischen, gebildet ist. Durch diese eine glatte Schicht vorstellenden Überzüge leuchtet der Polierglanz der Unterlage hindurch, und soll diese Glasur bewirken, daß der Niederschlag auf der dem Metall zugekehrten Seite ebenso dicht und glänzend ausfällt, als wenn er sich auf der polierten Metallplatte selbst erzeugt hätte. Ein einmaliger Emailleanstrich genügt für viele Operationen, denn es wird die Metallfolie einfach abgelöst, und die Platte ist für einen neuen Überzug sofort wieder gebrauchsfähig.

Es sollen sich auf diese Weise mit Leichtigkeit Folien aus Gold, Silber und Nickel herstellen lassen.

Schröder gibt an, daß die Grundierung weder in sauren noch alkalischen, weder in kalten noch in heißen Bädern leidet. Schröder nimmt aber wohl an, daß die grundierten Kathoden stets kathodisch polarisiert sind, und wäre für die Stromleitung die Ansicht Streintz[2]) maßgebend, wonach die Metalloxyde der Grundierschicht, selbst in der feinen Verteilung, wie sie eine solche Glasur darstellt, die Stromleitung bis zur Metallunterlage veranlassen.

Blattgold stellt J. W. Swan[3]) auf elektrolytischem Wege auf polierten, ganz dünnen Kupferplatten her. Als Bad benutzt er jedes brauchbare Goldbad. Die Schicht wird nach Belieben dick gemacht. Das Kupferplättchen wird dann in Eisenchloridlösung oder in Salpetersäure gelöst, wobei das Gold als dünnes, jedoch vollkommen zusammenhängendes Häutchen zurückbleibt. So stellte J. W. Swan Blätter von weniger als 0,0001 mm Dicke her, die selbst das Licht durchscheinen ließen.

Maschinell durchgearbeitet ist das Verfahren von Francis Edward Elmore[4]). Er erzeugt mit seiner Apparatur vorzugsweise solche Metallbleche elektrolytisch, welche weich sind und die durch die angebrachten Polierer noch glänzend gedrückt werden können, so z. B. Kupfer, Zinn, Silber u. dgl.

Der Apparat ist in Fig. 371 in zwei Ansichten abgebildet. Die Platte a wird durch Schieberpaare b_1 und in der Pfeilrichtung von links nach rechts geführt, während der Niederschlag durch Polierer geglättet wird. Der Antrieb des Apparates erfolgt durch Riemenscheiben q, der der Schieber durch Schneckengetriebe g. Die Polierer (aus Achat od. dgl.) sitzen auf den Kreuzstangen m,

---

[1]) D.R.P. Nr. 123658 vom 6. April 1900.
[2]) Zeitschr. f. Elektrochemie 7, 921.
[3]) L'Electricien XII, 1896, 173, nach Moniteur industriel.
[4]) E. P. Nr. 9214 vom 15. Juli 1886.

welche von der Hauptwelle i durch eine Exzenterscheibe in Bewegung gesetzt werden. Die Anoden u liegen ober- und unterhalb der zu bearbeitenden Platten. Von den beweglichen Tischen werden die fertigen Platten abgetrennt, und man erhält auf diese Weise doppelseitig polierte Bleche.

Sollen endlose Bleche oder Folien hergestellt werden, so wird der Apparat in der Weise modifiziert, daß ein endloses Metallband über Rollen geführt wird,

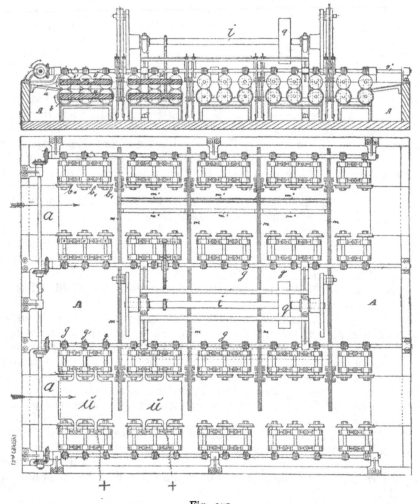

Fig. 371.

auf welchem Band vorerst in bekannter Weise eine Zwischenschicht hergestellt wird.

Rotierende Mutterkathoden. Wesentlich günstiger gestalten sich sofort die Betriebsverhältnisse, wenn man die plane Mutterkathode verläßt und zur rotierenden Kathodentrommel greift. Diesbezüglich sind bereits ältere Patente vorhanden, z. B. Cowper-Coles, E. P. Nr. 2998 u. a.

Tatsächlich lassen sich mit Zuhilfenahme einer im Bade rotierenden Trommel, wenn sie auf ihrer leitenden Oberfläche mit einer Trennungsschicht bedeckt ist, Bleche in der Breite des Trommelzylinders und in einer Länge herstellen, die dem Umfang der Trommel entsprechen. Man muß nur dafür Sorge tragen, daß die Stirnwand der Trommel isoliert ist, damit der Metallniederschlag über den Zylindermantel nicht hinauswächst. Betrachten wir die schematisch gehaltene Fig. 372, so sehen wir, daß die Achse A der Trommel durch eine Art Stopfbüchse B isolierend durch die Wannenwand geführt ist, indem über die Welle isolierende Büchsen H geschoben sind, welche verhüten, daß von den Anodenplatten P Strom an die metallische Welle abgegeben wird, wodurch letztere sehr rasch so stark mit Metall überwachsen würde, daß das Wachstum der Trommeloberfläche schädlich beeinflußt würde, aber auch die Stopfbüchsenlager, die durch eine Gummi- oder Zelluloidplatte od. dgl. isolierend abgedeckt sind, durch das Reiben einer solchen Metallüberwucherung in Gefahr kämen, ebenfalls der Stromleitung ausgesetzt zu werden. Dies hätte zur Folge, daß die Beweglichkeit der ganzen Anordnung verhindert werden kann. Auf der gegenüberliegenden Wannenwand ist einfach ein vertieftes Lager L angebracht, in welchem, wie auf der anderen Seite, die Welle isoliert gelagert ist. Die Stirnwand der Trommel wird mit Blenden E E_1 aus nichtleitendem Material versehen, deren Zweck oben erwähnt wurde. Stromzuleitung und die Antriebsvorrichtung, letztere im vorliegenden Falle aus Schneckenrad R und Schnecke S bestehend, liegen außerhalb der Wanne.

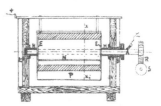

Fig. 372.

Um die in Zylinderform abgeschiedenen Bleche von dem Trommelmantel bequem ablösen zu können, werden Nuten N in den Trommelmantel eingefräst. Fig. 373 zeigt einen Schnitt durch die Trommel nach XX_1. Die Nute wird am besten mit einem Streifen K aus nichtleitendem Material ausgefüllt, der das Vereinigen der Enden des Bleches Bl verhindert. Ist das Blech in der gewünschten Dicke abgeschieden, so wird nach Heraushebung der Trommel der Streifen K

Fig. 373.

aus der Nute N entfernt und das Blech einfach abgerollt und gestreckt.

Solcherart lassen sich Bleche oder Folien in großen Breiten und Längen in jeder Stärke von Bruchteilen eines Millimeters bis zu 10 mm Dicke und darüber in Kupfer, Eisen, Messing und anderen Metallen herstellen. Als geeignete Elektrolyten dienen die im diesbezüglichen Kapitel angeführten Bäder, die nach dem jeweiligen Verwendungszweck auch noch in der einen oder anderen Richtung eine Abänderung erfahren können. Durch Versuche wird jeweilig festzustellen sein, wie man die Temperatur mit dem Metallgehalt, der angewandten Stromdichte, der evtl. Zirkulation der Lösung usw. in Einklang bringt.

Für das Dickenwachstum solcher Bleche ist die angewandte Durchschnitts-Stromdichte und die Dauer des Verbleibens der Trommel unter Strom maßgebend. Die Stromdichte bestimmt man nach der Formel

$$ND = \frac{J}{O},$$

wobei J die pro Trommel verwendete Stromstärke und O die Trommeloberfläche in Quadratdezimeter bedeutet. Aus der Formel für die Dicke der erzielten Niederschläge

$$D = \frac{Ae \cdot ND \cdot Gt}{100} mm$$

sind die Betriebsverhältnisse, betr. Expositionsdauer und Strombedarf, leicht zu ermitteln.

Je rascher die Trommel rotiert, desto glatter wird an und für sich schon die Niederschlagsoberfläche, doch lassen sich auch hier, wie wir dies bei der Herstellung von Rohren gesehen haben, Glättvorrichtungen der verschiedensten

Art anwenden, die nicht bloß eine glatte Oberfläche der Niederschläge herbeiführen, sondern gleichzeitig das Material verdichten, und dadurch die mechanischen Eigenschaften, wie Zug- und Druckfestigkeit, Elastizitäts- und Fließgrenze,
in hervorragender Weise beeinflussen.

Herstellung langer, dünner Bänder. Der nie müde Erfindungsgeist ist bei
den vorerwähnten Verfahren nicht stehengeblieben, und wenn schon nach den
vorbeschriebenen Methoden das Walzwerk in seinen wichtigsten Arbeiten dadurch für manche Metalle ausgeschaltet und manche Tonne Kohle für die
dabei notwendigen Glühöfen erspart werden können, so bleibt, wenn abgepaßte
Bleche, sei es von planen Mutterblechen oder von rotierenden Zylindern, abgezogen werden, welche auf elektrolytischem Wege darauf abgeschieden wurden,
dennoch eine Summe teurer menschlicher Handarbeit, die aufzuwenden ist, um
diese Bleche von den Mutterkathoden loszutrennen, die Kathoden immer wieder
einzeln vorzubereiten, in die Bäder zu hängen, auszuheben und zu transportieren.
Dadurch wird das fertige Produkt verteuert, und wenn schon die Qualität der
Bleche marktfähig genannt werden kann, verbietet die Kalkulation, dieselben
als konkurrenzfähig zu bezeichnen.

Durch das nachstehend beschriebene kontinuierlich arbeitende Verfahren wird
noch der letzte Hinderungsgrund beseitigt, der sich dem großindustriellen Ausbau des elektrolytischen Blechherstellungsverfahrens hindernd in den Weg stellte.

Schon Cowper-Coles macht nach seinem E. P. Nr. 2998 vom Jahre 1895
den Vorschlag, lange Blechbänder mittels Elektrolyse dadurch herzustellen,
daß er ein endloses Band als Mutterkathode durch ein elektrolytisches Bad
bewegt. In dem Tempo des Durchzugs dieses Bandes soll sich der Niederschlag
bilden und fortlaufend davon abgezogen werden. Das fertige Band wird auf
eine Trommel aufgerollt. Diesem bekannten und genialen Erfinder standen
aber damals noch nicht die geeigneten Verfahren und sonstigen zur praktischen
Durchführung des Erfindungsgedankens notwendigen Mittel technischer Art
zur Verfügung, und wohl deshalb ist es bei der Patenterteilung geblieben, ohne
daß eine technische Anwendung erfolgt wäre.

Er beschreibt in seiner Patentschrift das Verfahren folgendermaßen:

Der Zweck dieser Erfindung ist die Herstellung auf elektrolytischem Wege
von Blechen, Bändern oder Drähten aus Kupfer, Zink oder anderen Metallen
auf eine praktische Art und in jeder gewünschten fortlaufenden Länge. Gemäß
dieser Erfindung wird in einem Behälter, welcher den Elektrolyten enthält, die
Anode oder die Anoden so angebracht, daß die Kathode in unmittelbarer Nähe
der Anode oder der Anoden fortlaufend den Behälter durchläuft. Die Kathode
hat die Form eines endlosen Bleches oder eines endlosen Bandes, welches über
Rollen geleitet wird in einer Weise, welche das Passieren durch den Elektrolyten
und in unmittelbarer Nähe der Anoden zuläßt. Die Kathode kann aus irgendeinem passenden Material hergestellt sein, das den Niederschlag von der Anode
oder von den Anoden möglich macht, es kann beispielsweise ein flexibles Kupfer-
band sein oder ein Band aus anderem Metall oder auch aus nichtmetallischem
Material mit Graphit oder anderem Material überzogen, damit der Metallniederschlag haftet. Der metallische Niederschlag auf der sich bewegenden Kathode
wird, nachdem er sich geformt hat, abgezogen. Dies kann erreicht werden, indem
man ihn mit einer Rolle oder einem anderen Apparat verbindet, wodurch
das niedergeschlagene Metall von der sich bewegenden Kathode abgezogen wird,
und zwar entweder auf einer oder auch auf beiden Seiten der Kathode, falls
der Niederschlag doppelseitig erfolgt.

Fig. 374 (1) zeigt in Längsschnitt einen Apparat, mit dessen Hilfe diese
Erfindung ausgeführt werden kann.

A ist ein Behälter, den Elektrolyten enthaltend, und ausgestattet mit den
Anoden B, verbunden mit einem Pol des Generators. C ist die Kathode, aus einem

endlosen Band aus leitfähigem Metall bestehend, oder aus flexiblem, nicht leitfähigem Material mit einer leitenden Masse bedeckt, beispielsweise Graphit. Die genannte Kathode läuft über Rollen D, welche auf irgendeine Weise in Bewegung gesetzt werden können, so daß die Kathode in der Nähe der Anoden langsam das Bad durchläuft. Der andere Pol des Generators wird elektrisch verbunden mit der genannten Kathode auf irgendeine passende Art und Weise, beispielsweise mittels einer Bürste E, welche an der Kathode liegt. F sind Rollen, durch welche das niedergeschlagene Metall von beiden Seiten der Kathode abgezogen werden kann, nachdem letztere das Bad verläßt, und zwar indem man zuerst die Enden des niedergeschlagenen Metalles an den besagten Rollen befestigt.

Falls die in Bewegung befindliche Kathode aus einem Material hergestellt ist, welches möglicherweise das leichte Abziehen des niedergeschlagenen Metalles nicht zuläßt, so kann man die Kathode durch ein besonderes Bad laufen lassen, wodurch ein besonderes Festhaften des Niederschlages vermieden wird.

Falls Drähte oder Streifen gewünscht werden, so können dieselben von den Tafeln des niedergeschlagenen Metalles hergestellt werden, indem man dieselben durch Rollen leitet, welche die Tafeln der Länge nach teilen und ihnen gleichzeitig die gewünschte Form geben. Diese Form, z. B. wenn runde Drähte gewünscht werden, kann durch Anwendung von Druckplatten oder andere Formen, durch welche die abgeteilten Drähte od. dgl. laufen, vervollkommnet werden.

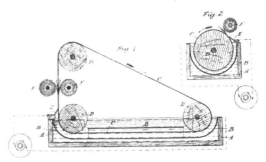

Fig. 374.

Das endlose Band kann jede gewünschte Länge besitzen und über jede gewünschte Anzahl von Rollen oder auch nur über eine Rolle oder Trommel laufen. In letzterem Falle würde es einfach durch die Peripherie der Trommel gebildet. Ein Beispiel einer solchen Anordnung zeigt im Schnitt Fig. 374 (2), wo die entsprechenden Teile mit den gleichen Buchstaben wie in (1) markiert worden sind.

Die Patentansprüche lauten:

1. Die Herstellung von Blechen oder Bändern aus Kupfer, Zink oder anderem Metall, indem man ein endloses Blech oder Band oder einen geeigneten Ersatz hierfür als Kathode durch den Elektrolyten in einem Behälter in der Nähe der Anoden laufen läßt und dann das niedergeschlagene Metall abzieht, ähnlich wie oben beschrieben.

2. Die Herstellung von Drähten aus Kupfer, Zink oder anderen Metallen, in der gleichen Weise wie unter 1 beschrieben, indem man das abgezogene niedergeschlagene Metall in der Längsrichtung teilt und die Teile durch geeignete Formen laufen läßt, wodurch dieselben die gewünschte Form, wie oben beschrieben, erhalten.

3. Ein Apparat für die Herstellung von Blechen oder Bändern aus Kupfer, Zink oder anderen Metallen, bestehend aus einem Badbehälter mit Elektrolyt und einer Kathode aus einem endlosen Blech oder Band oder dem geeigneten Ersatz hierfür und mit einer Auflage- und Bewegungsvorrichtung für die Kathode versehen, wodurch dieselbe durch den Behälter läuft, ferner mit Anoden in der Nähe der Laufbahn der oben erwähnten Kathode angebracht, und Vorrichtung zum Abziehen des niedergeschlagenen Metalles, wie oben näher beschrieben.

4. Ein Apparat für die Herstellung von Blechen oder Bändern aus Kupfer, Zink und anderen Metallen, bestehend aus einem Badbehälter mit Elektrolyt und einer Kathode aus einem endlosen Blech oder Band oder dem geeigneten Ersatz hierfür und mit einer Auflage- und Bewegungsvorrichtung für die Kathode versehen, wodurch dieselbe durch den Badbehälter läuft, ferner mit Anoden, in der Nähe der Laufbahn der oben erwähnten Kathode angebracht, und Vorrichtung zum Abziehen des sich niederschlagenden Metalles und zum Teilen desselben in der Längsrichtung und Vervollkommnung der benötigten Form, indem die abgetrennten Teile durch besondere Formen od. dgl. laufen.

Verfahren W. Pfanhauser. Der Verfasser hat ein Verfahren durchgebildet, welchem ebenfalls ein endloses Band als Kathode dient, das aber gleichzeitig fortlaufend mit einer Trennungsschicht versehen wird, so daß eine dauernd sichere Ablösung des hergestellten Blechbandes gewährleistet wird.

Die Fig. 375 zeigt im Querschnitt die diesbezügliche apparative Anordnung, wie sie zur Herstellung von Eisenblechbändern in beliebiger Stärke geeignet

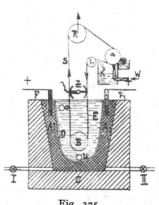

Fig. 375.

ist. In einem ca. 2 m tiefen Gefäß C aus Eisenbeton sind die beiden, durch Diaphragmen D gegen den Kathodenraum abgeschlossenen Anodenräume $A_1 A_2$, die mit Abfällen von Eisen gefüllt sind. Der Strom wird durch größere Eisenstücke $F F_1$ beiderseits den Anodenkästen zugeführt. In den mittleren Raum E, der mit Eisensalzlösung gefüllt ist, taucht bis auf etwa 1,5 m Tiefe ein ca. 1 m breites und etwa ½ mm starkes autogen verschweißtes Eisenblechband als Schleife, das oben durch die Rollen R, a und L gehalten bzw. geführt und durch die Betonrolle B von ca. 250 kg Eigengewicht gestreckt gehalten wird. Der Elektrolyt tritt unten bei der Öffnung U ein und oben bei o aus und wird durch eine Pumpe von einer zentralen Heizpfanne aus durch eine Serie solcher Bäder durchgepumpt. Das Band S läuft im Sinne der Pfeile langsam durch die Apparatur und erhält durch Friktion von der walzenförmigen Rolle a seinen Antrieb.

Die Stromzuleitung zum Mutterband geschieht durch den kupfernen Zuleitungsbügel Z knapp oberhalb der Badoberfläche. Die tiefliegende Rolle a steht in Verbindung mit einer Anbürst-Galvanisiervorrichtung, welche einen galvanischen Niederschlag fortlaufend am Blechband aufträgt, der das Zusammenwachsen des Niederschlages mit dem Mutterband verhindert. Durch das Rohr W wird Spülwasser zugeführt, das das Blech von anhaftendem Elektrolyten durch Abbrausen befreit, und K ist ein Weichgummistreifen, der das überschüssige Wasser vor Eintritt des präparierten Blechbandes in das elektrolytische Bad beseitigt. I und II sind zwei Ablaufrohre mit Hähnen, durch welche der Anodenschlamm, der vorwiegend aus Kohle besteht, abgelassen werden kann.

Das Band S läuft in einer Aussparung der Betonwanne, so daß der Rand nicht galvanisiert wird und der Strom nicht auf die abgekehrte Seite des Blechbandes wirken kann. Die Rückseite des Mutterblechbandes bleibt demzufolge stets blank, da es aber kathodisch polarisiert ist, kann es sich in dem erwärmten Elektrolyten nicht lösen.

Bei Arbeitspausen wird die untere Schleife des Mutterbleches durch Emporheben der Führungsrolle R aus dem Elektrolyten gehoben.

Dadurch, daß das Band in gleichmäßigem Tempo durch den Elektrolyten gezogen wird, werden Ungleichmäßigkeiten der niedergeschlagenen Eisenschicht vermieden. Das Tempo des Durchzugs richtet sich wie bei allen derartig kontinuierlich mittels Durchzugs arbeitenden galvanischen Verfahren nach dem gewünschten Gewicht von niedergeschlagenem Metall pro Quadratdezimeter der exponierten Kathodenlänge l in m nach O, d. i. die Oberfläche der durch den Elektrolyten wandernden Kathodenfläche in Quadratdezimeter und der Stromstärke J, die auf die ganze Kathode pro Bad angewendet wird.

Wir haben dieses Verhältnis der maßgebenden Momente in der Formel

$$v = \frac{l \cdot ND \cdot Ae}{Q \cdot 3600}$$

zusammengefaßt.

Will man die Dicke der Bleche in Zusammenhang bringen mit den oben genannten Betriebsverhältnissen, so setzt man für

$$Q = D \cdot S \cdot 10$$

ein, wobei Q wieder das Gewicht des niedergeschlagenen Bleches in g pro Quadratdezimeter ist, S das spez. Gewicht des niedergeschlagenen Metalles und D die Blechdicke in Millimeter bedeutet. Es wird daher

$$v = \frac{l \cdot ND \cdot Ae}{D \cdot S \cdot 10 \cdot 3600}.$$

oder wenn man berechnen will, wie groß bei gegebenen übrigen Verhältnissen die Blechdicke D wird, benutze man aus obiger Gleichung

$$D = \frac{l \cdot ND \cdot Ae}{v \cdot S \cdot 3600 \cdot 10}.$$

Wir wollen dies an Hand eines praktischen Beispieles erläutern:

Es sei

l   = 3 m
ND = 3 A/qdm
Ae = 1 (praktisch unter Berücksichtigung der Stromausbeute)
v   = 1 cm pro Minute = 0,000167 m/sec.
S   = 7,8

Es wird dann die erzielte Blechdicke D den Wert von

$$D = \frac{3 \cdot 3,1}{0,000167 \cdot 7,8 \cdot 36000} = \frac{9}{46 \cdot 999} \text{ mm} = \mathbf{0{,}19 \text{ mm}}$$

erreichen.

Solche Verhältnisse sind praktisch erprobt und haben die Rechnung vollauf bestätigt. Der vorbeschriebene Weg zur Herstellung langer Blechbänder, wobei durch Ausgestaltung der ganzen Einrichtung das Verfahren bis zum automatisch arbeitenden, fast gänzlich die Handarbeit vermeidend, ist aber in mancher Hinsicht modifizierbar. Wir sahen in Fig. 375, wie das endlose Mutterband in einfach durchzuführender Weise in vertikaler Richtung durch das elektrolytische Bad gezogen wird. Das bedingt aber, daß nur eine bestimmte Länge der Schleife im Bade unter Strom gehalten werden kann. Eine Beschleunigung des Durchzugstempos ist aber nur möglich, wenn die im Bade exponierte Länge der Mutterkathode vergrößert wird, wie aus der Diskussion der Gleichung über das Dickenwachstum der Bleche bei dem elektrolytischen Verfahren erhellt. Legt man nun aber das Mutterband so, daß es, senkrecht stehend, durch das Bad gezogen wird, so läßt sich, wie dies aus Fig. 376 hervorgeht, die exponierte Länge des Mutterblechbandes beträchtlich vergrößern. Das Band B kann also in mehreren Windungen (die Abbildung zeigt die Ansicht von oben) gelegt werden, so daß nicht nur leicht 10 m Bandlänge und darüber im Bade exponiert sind, sondern das Band wird gleichzeitig auf beiden Seiten mit dem Niederschlagsmetall belegt, so daß durch die Haspelrollen H und H_1 gleichzeitig 2 Bänder abgehaspelt werden. Das Blechband ragt in diesem Falle etwas mit der oberen Kante über das Niveau der Badflüssigkeit und erhält an diesem Ende an den Stellen S mehrfach die kathodische Stromzuführung, die ja mit Rücksicht auf die große Kathodenfläche unbedingt unterteilt werden muß, schon deshalb, weil die Gesamtstromstärke von dem Querschnitt des Blechbandes nicht mehr geleitet werden kann. Die Nebenapparate, die aus der Abbildung Fig. 376 er-

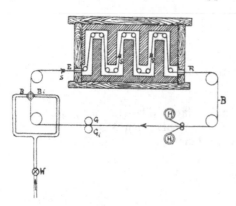

Fig. 376.

sichtlich sind, entsprechen genau der Anordnung nach dem vorher beschriebenen Verfahren. G G_1 sind die Galvanisiervorrichtungen, welche die Trennungsschicht auftragen; bei W tritt Spülwasser ein, das mittels der Brausen B und B_1 auf das Mutterblech gespritzt, die letzten Reste des Elektrolyten, aus G G_1 stammend, entfernt. Bei E und R sind Ein- bzw. Austritt des Bandes in oder aus dem Badgefäß, die am besten mit Weichgummiplatten abgedichtet sind. Durch den hydrostatischen Druck wird aber stets ein Teil des Elektrolyten dort ausfließen, und zwar in einen Sammelkanal, der in das Zentralgefäß führt, von wo aus eine genügend starke Pumpe die Lösung durch die Bäder treibt. Wenn auch diese Anordnung mehr Bodenfläche erfordert als das frühere Verfahren mit vertikal laufendem Mutterblech, so wird dadurch, daß zwei Bleche gleichzeitig und in rascherem Tempo entstehen, dieses mehr als kompensiert.

Nichtmetallische zylindrische Kathoden. Durch ein neues Verfahren des Verfassers wird der durch die Anbringung der erforderlichen Trennungsschicht bedingte Arbeitsgang und die damit verknüpfte Extraaufstellung einer besonderen, zu letzterem Zwecke nötigen Galvanisierungsvorrichtung ausgeschaltet, gleichzeitig damit auch das Ablösen des gebildeten Bleches auf gesicherte Basis gestellt.

Das betreffende Verfahren kennzeichnet sich dadurch, daß als Kathode eine rotierende, nicht ganz im Bade befindliche Trommel benutzt wird, die ganz oder oberflächlich aus leitendem, aber nichtmetallischem Material besteht. Als solche Materialien kommen in Betracht: Retortenkohle, Graphit, Bleisuperoxyd, Mangansuperoxyd, geschmolzenes Eisenoxyd u. dgl. Der z. B. aus verbleitem Eisen bestehende Zylinder T erhält gemäß Fig. 377 durch die Antriebsrolle R eine langsame

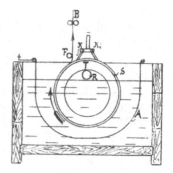

Fig. 377.

Drehung im Sinne des Pfeiles und ist im Bade von der Anode A halbkreisförmig umgeben. Auf seiner Manteloberfläche ist durch Plantéformation (siehe Kapitel „Akkumulatoren") die Bleischicht in eine festhaftende, gut leitende Bleisuperoxydschicht S übergeführt, die nachträglich glänzend poliert wurde. Der negative Strom wird durch die Bürsten K K_1 außerhalb der Lösung der Trommel zugeführt und das abgeschiedene Blech B hinter der Führungsrolle F nach oben abgezogen und einer Haspeltrommel zugeführt. Evtl. kann auch Aluminium, auf welchem die elektrolytischen Metallniederschläge nur schlecht haften, an Stelle der nichtleitenden Materialien verwendet werden.

Es lassen sich mit den genannten Apparaten nicht nur glatte und lange Bleche herstellen, auch sogenannte Bimetallbleche bieten keine Schwierigkeit indem z. B. auf der ganz eintauchenden Trommel zuerst eine Nickelschicht und darauf zur Verstärkung eine Kupfer-, Eisen- oder andere Schicht abgeschieden wird, die dann gemeinsam abgezogen werden.

Es gibt noch alle erdenklichen Abänderungen, welche dieses Verfahren für die verschiedensten Nutzanwendungen geeignet machen, wie z. B. die Herstellung von Blechbändern mit bestimmten Relief, wozu man lediglich das Negativ davon in der rotierenden Kathode anzubringen braucht, so daß das abgezogene lange Metallband in seiner ganzen Länge diese Reliefierung aufweist. Dem Verfasser schwebt die Fabrikation von Metallfolien mit Papierunterlage als Wandbekleidung vor, die an Stelle von gewöhnlichen Papiertapeten hübsche Effekte ergeben müssen, besonders wenn durch chemische Behandlung bestimmte Farbeneffekte (die aber auch durch Auftragen von Farben erreichbar sind) oberflächlich zu Hilfe genommen werden.

Ob solche Bleche nach Verlassen des elektrolytischen Bades noch einer Nachbehandlung, wie Glühen, Schleifen, Glätten, durch Walzen oder auf andere Weise, erfahren sollen, liegt in der Natur des Verwendungszweckes und können allgemein geltende Grundsätze dafür nicht angegeben werden.

Herstellung von netz- oder gewebeartigen Metallflächen. Nach dem oben angeführten, zum Patent angemeldeten Verfahren des Verfassers ist es auch angängig, drahtnetzartige oder gewebeartige Metallflächen herzustellen, was der Originalität halber noch erwähnt werden möge. Man hat nur nötig, die Kathodenoberfläche, wie dies Fig. 378 zeigt, stellenweise abzudecken, Die in dem Teile einer solchen Kathodenfläche erhöht liegenden, nicht-

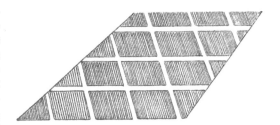

Fig. 378.

metallischen Partien, welche aber elektrisch leiten und welche im vorliegenden Beispiel einem Drahtnetze entsprechen, werden von den in der Abbildung schraffiert gezeichneten Flächen, welche tiefer liegen, unterbrochen. Diese tiefer liegenden Partien werden mit einem Isolationsmittel ausgefüllt, welches nach Tunlichkeit über die Ränder der leitenden Teile hinausreicht und auf diese Art und Weise eine kleine Stromblende abgibt, welche das knospige Anwachsen der Ränder der herzustellenden netzartigen Gebilde verhütet. Da man diese Gebilde niemals sehr dick machen wird, brauchen diese ausfüllenden Isolationsmaterialien nicht hoch über die Flächen der leitenden Partien hinauszuragen, um schon dem Zweck der Stromblende zu entsprechen. Dickflüssige Lackanstriche, Emaille, die im betreffenden Bade beständig ist, aufgelegte Zelluloidplättchen u. ä. werden hierzu gute Dienste leisten.

Weißblechersatz. Das vorher beschriebene Verfahren zur Herstellung von Blechen mit metallischen oder nichtmetallischen zylindrischen Kathoden kann naturgemäß auch noch dahingehend erweitert werden, daß man dem Herstellungsprozeß noch verschiedene galvanische Bäder angliedert, die zur beliebigen Oberflächenveredelung der erzeugten Bleche, Bänder u. dgl. dienen. Hierbei dürfte das Hauptverwendungsgebiet in der nachträglichen galvanischen Verzinnung liegen, wodurch sich direkt auf elektrolytischem Wege Weißbleche bzw. Weißblechbänder erhalten lassen. Bekanntlich werden derartige Weißbleche bisher durch Eintauchen der Bleche in geschmolzenes Zinn oder in eine Zinn-Bleilegierung erzeugt, welcher Weg jedoch der Einfachheit der Herstellung den

Nachteil eines unnötig hohen Zinnverbrauches hat. Derselbe beträgt z. B. 6 bis 8 %, während der Zinngehalt des fertigen Bleches nur 2 bis 3 % vom Gewicht des fertigen Bleches beträgt. Außerdem werden bei der normalen Weißblechfabrikation beide Seiten des Bleches verzinnt, da die einseitige Verzinnung das Zusammenschweißen der Ränder zweier mit dem Rücken aufeinanderliegender Bleche oder die einseitige Abdeckung der Bleche erfordert. Beide Verfahren, zum Teil patentiert, haben sich jedoch in der Praxis nicht einführen können, und da es auf dem eingangs erwähnten Wege möglich ist, auf rein elektrolytischem Wege derartige Bleche zu verzinnen, bei denen man sowohl die Zinnauflage in jeder gewünschten Stärke ohne unnötigen Verbrauch an Zinn halten, ebenso wie auch die Verzinnung einseitig oder doppelseitig ausführen kann, dürfte dem neuen Verfahren eine große Bedeutung für die Zukunft nicht abzustreiten sein. Hierbei sei noch erwähnt, daß bei der Zinnknappheit während des Krieges bereits Eisenbleche für die Konservenindustrie auf galvanischem Wege verzinnt wurden, wobei sich eine wesentliche Ersparnis an Zinn, selbst bei doppelseitiger Verzinnung, ergab. Während der Zinnverbrauch bei feuerflüssiger Verzinnung pro Tafel von 53 × 76 cm 18 bis 25 g betrug, verminderte sich derselbe bei der elektrolytischen Verzinnung auf 9 bis 12 g pro Tafel.

Bimetallbleche. Naturgemäß ist die nachträgliche Veredlung der elektrolytischen Bleche und Bänder nicht auf nur eine Verzinnung beschränkt, da man ebensogut einen Nickel-, Kupfer-, Messing-, Silber-, Gold- usw. Niederschlag auftragen kann. Wählt man denselben genügend stark oder gar in der Stärke des elektrolytisch hergestellten Bleches, so gelangt man zu den sog. Bimetallblechen, die einen willkommenen Ersatz für die auf dem Wege des sog. Doublierens erhältlichen Bleche ergeben.

Verschiedene neue Vorschläge.

Einschließmethoden. Unter diesem Titel wollen wir die Verfahren kurz besprechen, welche metallische oder nichtmetallische, auf rein mechanischem Wege hergestellte Gegenstände durch den Niederschlagsprozeß einschließen, sie ganz

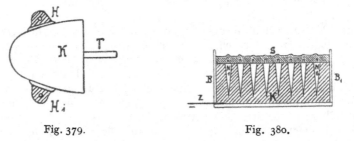

Fig. 379.   Fig. 380.

oder teilweise mit Metall elektrolytisch überziehen, so daß sie mit dem galvanoplastischen Gebilde ein untrennbares Ganzes bilden.

Ein Beispiel wird dies dem Leser sofort klarmachen: In Fig. 379 sehen wir die z. B. aus leicht schmelzbarem Metall hergestellte Form K für einen Scheinwerfer, in welche auch der Kathodenträger T mit eingeschmolzen ist, an welchem diese Form drehbar ins Bad gehängt wird. Seitlich sind zwei Halter H H_1 angelötet, die mit der Auflage genau dem Umfang des Rotationskörpers K angepaßt und auf dem schraffierten Teil isolierend abgedeckt sind, damit diese Teile kein Metall aufnehmen können.

Wird eine so vorgerichtete Form mit Metall elektrolytisch überzogen, so wächst auch auf den aufgesetzten Haltern H H_1, soweit sie nicht isolierend abgedeckt sind, das Niederschlagsmetall in gleicher Schicht und vereinigt diese Halter, wenn der Niederschlag z. B. bis auf 1 mm Dicke getrieben wurde, in sicherer Art und Weise mit dem Scheinwerferkörper, erspart also das spätere Anschrauben solcher Teile.

In gleicher Weise können z. B. rechenartige oder kammartige Körper hergestellt werden. Man denke sich beispielsweise in Fig. 380 in dem Bleiklotz K Stifte N_1—N_8 eingeschmolzen, welche mit ihrem flachen Ende oben durch Abhobeln oder Abschleifen bloßgelegt sind. Seitlich werden Stromblenden B B_1 angebracht, deren Zweck nach früher Gesagtem klar ist. Der Zuleitungsdraht Z sorgt für den kathodischen Stromanschluß. Ist dann im galvanoplastischen Bade die Metallschicht S in genügender Schicht niedergeschlagen, so braucht nur das Blei des Klotzes K abgeschmolzen zu werden, und es resultiert eine Art Kamm oder Rechen, der die Nägel N_1—N_8 mit der Platte S vereinigt.

Wie man metallische Teile mit einschließt oder anschließt, ebenso kann man auch nichtmetallische Stücke, die ganz oder teilweise leitend gemacht werden, mit dem Niederschlag verwachsen lassen. Solche Verfahren wurden z. B. dazu angewendet, um z. B. Diamanten mit Kupfer zu umgeben, um sie für die Fassung im Gesteinsbohrer mit einem bearbeitungsfähigen Material zu versehen. Ferner wurden bereits eiserne Motorenzylinder für Benzinmotoren auf solche Weise mit einem Kühlmantel aus Kupfer oder Eisen galvanoplastisch umgeben, indem der Zylinder zuerst mit einer leicht schmelzbaren Metallegierung in solcher Form und Dicke durch Umgießen versehen wurde, wie der Kühlhohlraum für Kühlwasser werden soll. Dann wird der galvanoplastische Niederschlag aufgetragen und schließlich das Metall wieder ausgeschmolzen.

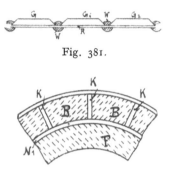

Fig. 381.

Fig. 382.

Man kann auf solche Art und Weise die verschiedensten doppelwandigen Gefäße herstellen, Stifte, Muttern usw. einwachsen lassen und außerdem manche Nacharbeit von Hand erübrigen.

Herstellung galvanoplastischer Verglasungen. Ein typisches Beispiel für solche Einschließverfahren ist die galvanoplastische Befestigung facettiert geschliffener Gläser in ganzen Rahmen, wie dies durch das „Deutsche Luxfer-Prismen-Syndikat" ausgeführt wird. Hierbei wird (siehe Fig. 381) auf den freien Stücken des die einzelnen Scheiben G G_1 G_2 haltenden Rahmens R Kupfer in mehreren Millimeter Dicke galvanoplastisch aufgetragen, bis sich Wulste W gebildet haben, die die Gläser vollkommen festhalten. Diese Wulste wurden nachträglich geglättet, poliert und auf Wunsch vernickelt oder patiniert; auf solche Weise werden hübsche Glaseinfassungen für Zimmermöbel, Verglasungen für Fahrstühle, Schaufenster, sog. Butzenscheiben u. dgl. geschaffen.

Bei der Herstellung solcher Verglasungen arbeitet man meistens in Bädern, die durch Einblasen von Druckluft bewegt werden, in der bei der Schnell-Galvanoplastik üblichen Weise. Die Stromdichte beträgt etwa 3 A/qdm bei einer Elektrodenentfernung von 15 cm. Bei dem Luxfer-Prismen-Syndikat wird in 6 hintereinandergeschalteten Bädern mit 6 bis 8 V und 800 bis 1000 A niedergeschlagen, wobei in etwa 24 bis 36 Stunden ein für derartige Verglasungen genügend starker Kupferüberzug erhalten wird.

Auch ganz komplizierte Gegenstände lassen sich durch eine, wenn auch komplizierte Methode herstellen, wenn man z. B. auf den zuerst gebildeten Niederschlag Fremdteile montiert und darüber wieder einen Niederschlag bildet. Fig. 382 veranschaulicht diesen Weg. Auf einer Form F wurde in der verlangten Wandstärke der Niederschlag N_1 gebildet, darauf die Körper K aufgesetzt und evtl. durch Löten mit N_1 verbunden, die Zwischenräume zwischen K durch einschmelzbare leitende Schicht B ausgefüllt und darüber wieder ein Niederschlag N geschaffen. Durch schließliches Ausschmelzen von F und B resultiert dann der fertige, durch rippenartige Versteifungen charakterisierte Hohlkörper.

Herstellung von Kühlern für Automobile und ähnlicher Hohlkörper. Ein spezielles Anwendungsgebiet der sog. Einschließmethoden bildet die Herstellung von Automobilkühlern, und eine Reihe von Patenten beschäftigt sich mit ihrer Herstellung. Derartige nahtlose Hohlkörper müssen zur Förderung des Wärmeaustausches eine große Oberfläche besitzen, einen ziemlich bedeutenden inneren Druck aushalten können und leicht auseinandernehmbar sein. Diesen Forderungen sollen die nach dem D. R. P. Nr. 199513 von St. Consigliere in Genua hergestellten nahtlosen Hohlkörper entsprechen. Der Patentanspruch lautet:

„Verfahren zur galvanoplastischen Herstellung von nahtlosen Hohlkörpern mit großer Oberfläche, dadurch gekennzeichnet, daß in das auf elektrolytischem Wege zu überziehende Modell druckfeste, zweckmäßig aus dem Niederschlagsmetall bestehende Rohransätze mit nach dem Innern des späteren Hohlkörpers gerichteten radialen Öffnungen derart eingelegt werden, daß bei zwei aufeinandergesetzten gleichen Elementen ihre Enden aufeinanderpassen, zum Zwecke, die einzelnen Hohlkörper durch einfaches Zusammenpressen und Verschrauben zu größeren Hohlsystemen zusammensetzen zu können."

Eine Verbesserung dieses Patentes behandelt das D. R. P. Nr. 246276 des gleichen Erfinders. Diese bezieht sich auf eine Erhöhung der Widerstandsfähigkeit des Hohlkörpers selbst, auf die Erreichung einer gleichmäßigen Verteilung der im Innern des Hohlkörpers kreisenden Flüssigkeit und auf eine Erweiterung in der Gestalt der zur Anwendung kommenden Einsatzstücke, je nach dem Zweck, welche diese in dem Hohlkörper erfüllen müssen. Diese Einsatzstücke, die schon in fertigem Zustand in den auf galvanoplastischem Wege nach dem Hauptpatent hergestellten Hohlkörper eingeschlossen werden, können nämlich nicht nur die Gestalt von kurzen Ansatzstücken, sondern sie können jede beliebige Form und Größe haben, je nach dem Zweck und der Anwendung, welche die nach dem Hauptpatent hergestellten Hohlkörper in der Wärmetechnik haben können, z. B. bei den Radiatorenanlagen, bei Kondensatoren- und Kesseleinrichtungen usw. Der Patentanspruch hat die folgende Fassung:

„Verfahren zur galvanoplastischen Herstellung von nahtlosen Hohlkörpern mit großer Oberfläche nach Patent 199513, dadurch gekennzeichnet, daß die in bekannter Weise aus einem leicht schmelzbaren Material hergestellte Modellplatte vor dem Einbringen in das galvanische Bad mit einem langen, an die Seiten der Modellplatte sich anschließenden Metallrohr verbunden wird, das mit mehreren, nach dem Innern der Platte gerichteten Öffnungen versehen ist."

Da die Herstellung von Kühlern für Motorfahrzeuge, besonders der sog. Bienenwabenform, durch Zusammenlöten der einzelnen Teile sehr schwierig ist und leicht Undichtheiten eintreten, so bedient man sich zur Beseitigung dieser Übelstände (D. R. P. Nr. 182272 der Firma E. Gremli-Haller in Zollikon· und der Firma E. Weber-Schmid in Zürich) des galvanoplastischen Verfahrens unter Anwendung leicht ausschmelzbarer Formen aus Woodschem Metall, graphitiertem Wachs od. dgl. Die folgenden Patentansprüche kennzeichnen dieses Verfahren:

1. Verfahren zur galvanischen Herstellung von Kühlern für Motorfahrzeuge in ausschmelzbaren Formen, dadurch gekennzeichnet, daß eine Hohlform verwendet wird, auf deren Formfläche, die genau der Außenfläche des Kühlers entspricht, ein metallischer Niederschlag von der der Kühlerwandung entsprechenden Stärke gebildet wird.

2. Verfahren zur Herstellung von Kühlern nach Anspruch 1, dadurch gekennzeichnet, daß schwache bzw. beschädigte Wandteile durch galvanische Niederschläge verstärkt bzw. ausgebessert werden."

Hch. Krug in Luzern und Heinrich Rasor in Ludwigshafen a. Rh. verwenden zur Herstellung von Großoberflächenkühlern einzelne von einem Rahmen umschlossene Röhrchen. Diese zweckmäßig an einem Ende erweiterten Röhrchen, die in geringem Abstand in den Rahmen eingebaut sind, werden alsdann als Ganzes nacheinander mit der einen und der anderen Stirnseite in ein Bad von leicht schmelzendem Metall eingetaucht, und nach dessen Erstarren wird der Kühler in bekannter Weise mit einem galvanoplastischen Überzug versehen, worauf schließlich das leicht schmelzende Metall wieder ausgeschmolzen wird. Dieses D. R. P. Nr. 218688 hat folgenden Patentanspruch:

„Verfahren zur Herstellung von Großoberflächenkühlern, die aus einzelnen von einem Rahmen umschlossenen Röhrchen bestehen, dadurch gekennzeichnet, daß man zunächst die zweckmäßig mit erweiterten Enden versehenen Röhrchen in geringem Abstand voneinander in den Rahmen einbaut, alsdann das Ganze nacheinander mit der einen und anderen Stirnseite in ein Bad von leicht schmelzendem Metall eintaucht und nach dessen Erstarren den Kühler in bekannter Weise mit einem galvanostegischen Überzug versieht, worauf schließlich das leicht schmelzende Metall wieder ausgeschmolzen werden kann."

Herstellung von Drähten auf galvanoplastischem Wege.

Auf diesem Gebiete hat besonders Cowper-Coles gearbeitet und ausgezeichnete Resultate erhalten. Zum Unterschied von Elmore erzeugt er ein glattes, dichtes Kupfer auf rotierenden Zylindern nicht durch Achatglättung, sondern erteilt den in ihrer ganzen Ausdehnung in der Badlösung stehenden (seltener liegenden) Elektroden eine äußerst schnelle Rotation. Dadurch wird gleichzeitig die Möglichkeit gegeben, Stromdichten von außerordentlicher Höhe anzuwenden, die sich bei Anwendung einer ca. 70° heißen, 11 bis 12 %igen Kupfersulfatlösung mit 11 bis 12 % freier Schwefelsäure auf 1000 bis 2000 A/qdm belaufen. Die Zylinder rotieren hierbei mit großer Geschwindigkeit (Peripheriegeschwindigkeit von 140 bis 200 m pro Minute), so daß naturgemäß besonders sorgfältig konstruierte Apparaturen für die Lagerung und Rotation der Zylinder vorgesehen werden müssen. Auf diesem Gebiete liegen ebenfalls zahlreiche Erfindungen von Elmore vor, die im einzelnen anzuführen zu weit gehen würde. Es sei nur kurz das hauptsächlichste englische Patent Nr. 150063 auszugsweise erwähnt, das sich mit der elektrolytischen Herstellung von Draht befaßt.

Diese Erfindung betrifft Verbesserungen des Herstellungsprozesses auf elektrolytischem Wege von Metallbändern oder Drähten. Die Herstellung des Materials erfolgt durch den fortwährenden Niederschlag des Metalles auf einer Kathode, welche eine endlose Metalloberfläche besitzt und die andauernd im oder durch den Elektrolyt bewegt wird, und zwar mit einer genügend geringen Geschwindigkeit, um die gewünschte Stärke des Niederschlages zu erzielen. Gleichzeitig läßt man den Elektrolyt mit ziemlicher Geschwindigkeit über die endlose Metalloberfläche zirkulieren, streift das niedergeschlagene Metall ab und teilt es dann in Längen, Streifen oder Bänder.

Der Zweck dieser Erfindung ist, die Herstellungsmethode für Bänder und Drähte zu verbessern, um das Teilen des niedergeschlagenen Metalles zu erleichtern. Aus diesem Grunde wird die Oberfläche der Kathode mit parallelen V-geformten Vertiefungen versehen, um auf diese Weise schwache Spaltlinien herzustellen, wie in der Spezifikation des früheren Patentes Nr. 21568 aus dem Jahre 1904 beschrieben. Dadurch kann das niedergeschlagene Metall beim Verlassen des Elektrolyten auf der schwachen Spaltlinie geteilt werden, indem man den niedergeschlagenen Streifen zwischen zwei Druckwalzen laufen läßt, welche den Grat wegwalzen und den Streifen gleichzeitig in schmale Bänder teilen, je nach dem Abstand der V-geformten Vertiefungen.

Das Verfahren wird hauptsächlich in England an mehreren Orten ausgeführt und soll Kupferdrähte von vorzüglichen Eigenschaften ergeben.

Das zu vorstehendem englischen Patent analoge deutsche Patent hat die Nr. 168 884 (1905) und umfaßt folgende Patentansprüche:

1. Verfahren zur elektrolytischen Herstellung von Streifen, Draht, Stäben od. dgl. aus Metall, dadurch gekennzeichnet, daß das Metall auf der ganzen Oberfläche einer Kathode niedergeschlagen wird, die an Stelle von Isolierstreifen mit einer scharfen Furche oder Riefe versehen ist, zum Zwecke, einen ununterbrochenen Niederschlag zu erzielen, der entsprechend der Furche oder Riefe geteilt werden kann.

2. Ausführungsform des Verfahrens nach Anspruch 1, gekennzeichnet durch die Verwendung einer zylindrischen Kathode mit einer schraubenförmig gewundenen Furche.

3. Ausführungsform des Verfahrens nach Anspruch 1, gekennzeichnet durch die Verwendung einer scheibenförmigen Kathode mit einer spiralförmigen Furche.

Ausgestaltung galvanischer Verfahren zu industriellen Betrieben.

Die Hauptmomente, die der Erfinder bei der Ausgestaltung seines Gedankens zu einem wirtschaftlichen Betriebe zu berücksichtigen hat, lassen sich in folgendem zusammenfassen:

I. Durchbildung der zur Ausführung des betreffenden Verfahrens anzuwendenden Apparatur nicht nur in mechanischer Beziehung, sondern auch hinsichtlich der Materialauswahl.

II. Beste Schaltung der Apparate zur tunlichsten Stromersparnis bei evtl. Zirkulation des Elektrolyten, auch die sichere und gleichmäßige Erneuerung desselben in allen Bädern der Anlage.

III. Größtmögliche Betriebssicherheit technischer Art.

IV. Ermittelung der wirtschaftlichen Betriebsverhältnisse, die zur endlichen Aufstellung der Herstellungskostenkalkulation führen.

Ad I. Die weitaus wichtigste Arbeit, die an den Erfindungsgeist die größten Anforderungen stellt, besteht in der Konstruktion der geeigneten Apparatur, welche an die elektrolytischen Bäder oder in diese an- bzw. eingebaut werden sollen. In den vorhergehenden Kapiteln wurde eine ganze Reihe von derartigen Apparaten beschrieben, und man wird die darin zu sehenden Gedanken in vielen Fällen verwenden können, man wird durch sinngemäße Abänderung einzelner Teile vielfach schon seinen Zweck erreichen, doch soll man sich nie allein an schon Vorhandenes halten, sondern trachten, neue Konstruktionsmomente zu finden, welche mit tunlichster Einfachheit die größte Sicherheit der Resultate herbeiführen.

So z. B. werden Rotationskörper wohl stets auf im Bade rotierenden Kathoden abgeschieden, die glatte Fläche solcher Gegenstände wird man, wenn irgend möglich, nicht durch nachträgliches Abschleifen, sondern durch Gleitprofile aus nichtleitendem Material oder durch Druckapparate herbeiführen, Vorrichtungen, wie wir sie beim Klein-Verfahren bzw. Elmore-Verfahren usw. kennenlernten.

Auch die Gestaltung der Anoden, dem Profil des herzustellenden Körpers angepaßt, gehört hierher. Wir besitzen hierzu die Diaphragmaanode, welche sich in vielen Fällen schon deshalb empfiehlt, weil billiges Altmetall dabei Verwendung finden kann, außerdem durch sinngemäße Gestaltung des Profils die Möglichkeit der Regulierung der Wandstärke des niedergeschlagenen Metalles an der Kathode besteht. Auch durch stellenweise Verdickung der Diaphragmaschicht oder sonstwie bewirkte stellenweise Erhöhung des Diaphragmenwiderstandes lassen sich oft wertvolle Unterschiede in der Niederschlagstärke erreichen.

Zur Durchbildung des Verfahrens wird in vielen Fällen die Gießeinrichtung der ausschmelzbaren Mutterkathodenform gehören und sei beispielsweise auf die leicht zerreißbaren Formen des Kugelschen Verfahrens hingewiesen. Die drehbaren Kathoden erfordern einen speziellen Mechanismus, der wohl meist durch Kammräder, Schnecken und Schneckenräder, durch Reversiergestänge, Kettenräderantriebe u. dgl. gebildet werden kann. Man achte stets darauf, daß diese Bewegungsvorrichtungen leicht ein- und ausschaltbar sind, und zwar nicht nur ganze Apparatgruppen, sondern auch jedes einzelne Bad für sich in und außer Betrieb gesetzt werden kann.

Eine Hauptfrage bildet die Auswahl des Materials für die einzelnen Teile der Apparatur. Das Wannenmaterial wird sich in erster Linie nach der Natur und der Temperatur des Elektrolyten richten. Innerhalb der möglichen Wannenmaterialien wird die engere Wahl dasjenige herausgreifen, welches leicht und billig den Anbau von einzelnen Apparateteilen gestattet und wenn möglich bei vorkommenden Schäden an Ort und Stelle die Reparaturarbeiten ermöglicht. Auch die Auswahl des geeigneten Materials für solche Apparateteile, die sich im Elektrolyten befinden oder mit ihm, wenn auch nur zeitweilig, in Berührung kommen, gehört hierher.

Keinesfalls darf das betreffende Material, falls durch Stromwirkung (Mittelleiter oder Anodenwirkung) etwas davon in Lösung geht, die Wirkung des Elektrolyten schädlich beeinflussen. Bei größeren Anlagen wird natürlich auch der Materialpreis eine Rolle spielen, doch wird die Beständigkeit und Dauerhaftigkeit in erster Linie ausschlaggebend sein, weil dadurch die Abschreibungsquote und damit die Herstellungskosten verringert werden.

Ad II. Zumeist wird man die Anlage in einzelne Bädergruppen unterteilen, welche Gruppen ihre eigene Stromquelle erhalten, was deshalb praktischer ist als eine gemeinsame große Stromquelle, weil in Fällen, wo Betriebsstörungen vorkommen, stets nur ein Teil des Betriebes dadurch betroffen wird, oder aber, wenn Mangel an Beschäftigung vorhanden ist, arbeiten die einzelnen tätigen Gruppen mit dem maximalen Wirkungsgrad der Stromquelle, die stets voll ausgenutzt ist. Aus Gründen der Ersparnis an Leitungsmaterial, nicht weniger auch wegen Stromersparnis (siehe Kapitel „Elektrische Leitungen") wird man zur gemischten Schaltung greifen, d. h. man wird innerhalb der einzelnen Gruppen die Serienschaltung anwenden und an eine gemeinsame Stromquelle eine bestimmte Anzahl von solchen Serien parallel anschließen. Selbstredend wird man die Leistung der stromliefernden Dynamos so wählen, daß dank der Kilowattleistung ein bestmöglicher Wirkungsgrad erzielt wird, der bekanntlich mit größerer Leistung steigt. Solche Maschinen mit z. B. 30 bis 50 V bei 50 bis 60 kW Leistung weisen einen Wirkungsgrad von 0,85 bis 0,87 auf, was als ausreichend günstig angesehen werden kann.

Äußerst wichtig ist bei derartigen größeren Anlagen die Konstanthaltung der wichtigsten Bedingungen für die regelrechte kathodische Metallfällung, wie die Badtemperatur, der Metallgehalt der Lösung, deren richtige Reaktion und die Konstanthaltung ihrer elektrischen Leitfähigkeit. Zu diesem Zwecke läßt man die Lösung in bestimmtem Tempo durch die Bäder zirkulieren und besorgt an zentraler Stelle die Einstellung der Normalverhältnisse und praktischerweise auch die der Temperatur. Eine mit der Überwachung dieser Verhältnisse betraute Person sorgt ständig hierfür, da ja davon das Funktionieren der Anlage in hohem Maße abhängt. Das Anwärmen der Lösung, sofern die Temperatur wesentlich über die Zimmertemperatur gehalten werden soll, geschieht durch Dampf oder direkte Feuerung. Letztere wird zwecks automatischer Regulierung, die ja auch bei Dampferhitzung möglich ist, vorteilhaft mit Gas- oder Ölfeuerung bewirkt.

Analog wie bei der Wahl des Materials für die Pumpe wird man auch bei den Zirkulationsrohren und Ablaufrohren verfahren und sich für eiserne, bleierne oder Tonrohre, oder aber Gummi, Hartgummi usw. entscheiden. Bei der Dimensionierung der Verbindungsrohre muß man nicht allein den Widerstand gegen den Druck berücksichtigen, sondern auch die zwischen zwei benachbarten Bädern herrschende elektrische Spannung und den Prozentsatz an vagabundierendem Strom aus dem Widerstand dieser Verbindungsleitung ermitteln. Dieser Verlust an nutzbarer Stromwirkung soll so klein wie möglich sein, keinesfalls über 3 % hinausgehen, weil sonst Störungen in der Niederschlagsarbeit auftreten.

Ad III. Dieser Punkt bringt uns bereits zur Frage der größten Betriebssicherheit. Darunter soll aber nicht etwa die Sicherung gegen irgendwelche Unfälle oder gegen Feuergefahr behandelt werden, dies ist selbstverständlich, sondern gemeint ist darunter die Art von Verbesserungen, Änderungen und Vervollkommnungen an der zuerst errichteten Probe- oder Studienanlage, welche das Verfahren und die Apparate zur größten Vollendung bringen und mit Sicherheit auf lange Zeit die Betriebsführung in ungestörter Folge ermöglichen soll. Dies erfordert scharfe Kritik der obwaltenden Verhältnisse, Berücksichtigung aller Kalkulationsmomente, rasches Erkennen aller Möglichkeiten, wo der Hebel anzusetzen ist, um Fortschritte zu erzielen. Mancher Apparateteil wird in diesem Stadium der Probebetriebsführung gegen geeignetere ausgewechselt werden, manche Abänderung in der Zusammensetzung des Elektrolyten wird vorzunehmen sein, ehe man mit Überzeugung sagen kann, man könnte die Vorstudien zur Errichtung der Anlage im großen abschließen.

Die Betriebsführung solcher Probebetriebe, deren Umfang am besten eine Einheitsgruppe von Bädern mit allem Zubehör umfaßt, gibt auch die Möglichkeit, bereits alle Kalkulationsdaten zu sammeln, wie der effektive Kraftaufwand, Kosten für Regenerierung oder Erneuerung des Elektrolyten, tatsächliche Ausbeute an Fertigware, Kosten der Bedienung, unumgänglich nötige Abschreibungskosten u. dgl. m.

Man sammle in genau geführten Aufzeichnungen solche Daten, variiere sinngemäß die Stromverhältnisse, Zirkulationsgeschwindigkeit, Badtemperatur usw., mache verschiedene Kalkulationszusammenstellungen, und man wird dann leicht unter Berücksichtigung der Anschaffungskosten der einzelnen Teile die Verhältnisse festlegen können, welche für den Betrieb im großen Geltung haben sollen.

Schließlich sei auch auf die Patentfähigkeit von Erfindungsgedanken hingewiesen. Diesbezüglich wende man sich an erfahrene Patentanwälte und versäume nicht, sich gelegentlich der Vorarbeiten, bei denen man an die Mitarbeit Dritter gebunden ist, sich die Versicherung der Geheimhaltung geben zu lassen, damit bei einer Patentanmeldung nicht die der Erteilung eines Patentes hindernde öffentliche Offenkundigkeit von irgendeiner Seite erhoben werden kann.

Wie mehrfach erwähnt, bietet sich gerade jetzt, wo in allen Industrien der Welt ein nie dagewesener Konkurrenzkampf eingesetzt hat, die Möglichkeit, durch die Galvanoplastik wesentlich billigere Herstellung der verschiedensten Gegenstände zu erzielen. Sie ermöglicht nicht nur Hohlkörper, die oft nur mühsam zu gewinnen sind, oder welche bei ihrer Fabrikation viele Arbeitsgänge passieren müssen oder viel Handarbeit erfordern, auf bequemere, billigere Weise zu schaffen, sondern auch ganz neuartige Kombinationen von Metallkörpern mit solchen aus Holz, Porzellan oder anderen Materialien zu schaffen. Das

Miteinwachsen verschiedenartiger Körper bei der Niederschlagsarbeit ersetzt die Arbeit des Verschraubens oder Lötens, partielle anodische Arbeit kann das Schleifen und Bohren ersetzen, kurzum, es besteht eine solche Fülle und Vielseitigkeit der praktischen Anwendung der Galvanoplastik im großen, daß mit Sicherheit zu erwarten steht, daß in der nächsten Zukunft durch sie auf vielen Gebieten, nicht nur der Metallindustrie, gewinnbringende neue Arbeitsmethoden entstehen werden.

Die Kalkulation in der Galvanotechnik.

Jeder gut geleitete Betrieb erfordert nicht nur eine gut eingerichtete Buchhaltung mit sinngemäß und praktisch eingerichteten, nicht zu vielen kleinen Konten, aus denen jederzeit ein ordnungsmäßiger Bücherabschluß sowie die Aufstellung einer Jahresbilanz, einer Gewinn- und Verlustrechnung ermöglicht wird, sondern nebenher eine moderne Fabrikorganisation zwecks Erzielung einer größtmöglichen Wirtschaftlichkeit der Betriebsführung und Durchführung einer genauen Kalkulation.

Der Geschäftsmann, ob nun kleiner Gewerbetreibender oder Großindustrieller, wird sich in erster Linie dafür interessieren, wie teuer sich die Produkte, die er auf den Markt bringt, oder wie teuer sich die Arbeiten, die in seinem Betriebe ausgeführt werden, stellen, und es wird daher der genauen Kalkulation, heute, wo der Konkurrenzkampf intensiver denn je eingesetzt hat, die größte Bedeutung beizumessen und ihr die erdenklichste Aufmerksamkeit zu widmen sein. Bei der Neueinrichtung eines Betriebes wird man sich unter Zuhilfenahme aller voraus berechenbaren Daten eine Vorkalkulation aufmachen, um entscheiden zu können, ob die innerhalb des Rahmens der geplanten Anlage herzustellenden Fabrikate den Konkurrenzkampf bestehen können, und ebenso wird man bei einem schon arbeitenden, bestehenden Betrieb durch eine genaue Nachkalkulation einerseits die Gewißheit erlangen, daß die Vorausberechnungen richtig waren, anderseits wird man Hinweise erhalten, wo und wie man Verbesserungen, Modernisierungen und Vereinfachungen usw. einsetzen lassen muß, um die Rentabilität zu steigern und seinen Betrieb auf immer sicherere und gewinnbringendere Basis zu bringen.

Soll ein galvanotechnischer Betrieb mit seinen Ergänzungsbetrieben, wie Beizerei, Schleiferei und Poliererei usw., als selbständiger Betrieb für sich oder als Ergänzungsbetrieb eines bestehenden Unternehmens eingerichtet werden, so muß sich der Unternehmer über den Nutzen, der seinem Unternehmen durch Angliederung eines solchen neuen Betriebes zufließt, im klaren sein. Wenn der Betrieb allzu klein ausfallen müßte und etwa nur vorübergehend beschäftigt wäre, wird die Kalkulation lehren, daß es besser ist, die galvanotechnischen Arbeiten einer größeren Lohn-Galvanisierungsanstalt zu übertragen. Jedenfalls ist ein größerer Betrieb stets rentabler als ein kleiner, wie dies in der Natur der Sache liegt, doch können modern eingerichtete kleine Galvanisierbetriebe rentabler sein als große Betriebe ähnlicher Art mit veralteten Einrichtungen und unter unsachgemäßer Leitung.

Es kann nicht Sache dieses Spezialwerkes sein, die kaufmännische Buchhaltung und die Fabrikorganisation klarzulegen; diese Kenntnisse mit all ihren Feinheiten müssen hier als bekannt vorausgesetzt werden. Übrigens gibt es diesbezüglich eine Unzahl sehr guter Bücher, die unten teilweise als zum Studium empfehlenswert angeführt sind[1]).

---

[1]) Friedr. Leitner, Die Selbstkostenberechnung industrieller Betriebe, 3. Aufl. — G. Rudolfi, Die kaufmännische Fabrik-Betriebsbuchführung. — Calmes, Fabrikkalkulationen. — A. Sperlich, Reform der Unkostenberechnung in Fabrikbetrieben. — C. M Lewin, Industrielle Organisationspraxis, usw.

Kalkulationsmomente. Der Herstellungspreis eines Fabrikates, einerlei ob es sich um die Vorkalkulation oder um die Nachkalkulation handelt, wird aus den drei Posten

Material

Löhne

Betriebsunkosten

ermittelt. Um den eigentlichen Verkaufspreis hieraus zu bilden, kommen noch die Handlungs- oder Vertriebsunkosten hinzu. Hieraus ergibt sich bereits die notwendige Kontierung, um zu den Kalkulationsmomenten zu gelangen. Handelt es sich um größere, also ausgedehntere Betriebe, so wird man wohl auch nach den einzelnen Arbeitsleistungen in der Fabrikation zu unterscheiden haben, und man wird die Kosten für

A. vorbereitende Arbeiten (Abformen in galvanoplastischen Anstalten, Schleifen und Vorpolieren, Dekapieren, Scheuern, Beizen und Brennen),
B. eigentliche Metallabscheidung,
C. Fertigstellungsarbeiten (Hintergießen, Auflöten, Hochglanzpolieren, Zaponieren, Lackieren, Färben und Patinieren)

getrennt halten. Es wird Sache der allgemeinen und der Lohnbuchhaltung sowie des Einkaufsbüros sein, in Verbindung mit einer wohldurchdachten Fabrikorganisation solche Scheidung der einzelnen Positionen im Betrieb nach A, B und C durchzuführen.

Zu den Betriebsunkosten wird man außer den entstehenden Kosten für Kraft und Licht auch die Raumspesen, die Abschreibungen auf die maschinelle und Bädereinrichtung werfen, ebenso die etwaigen Erneuerungen, Reparaturen sowie Patentlizenzen u. dgl.

Es empfiehlt sich, um genaue Unterlagen für die Gesamtkalkulation zu gewinnen, diese Unterteilung nach A, B und C sowohl bezüglich der auflaufenden Arbeitslöhne sowie des Materialverbrauches und der Betriebsunkosten innerhalb dieser drei Fabrikationsgänge vorzunehmen.

Basis für die Kalkulation. Hat man die entstehenden Herstellungskosten ermittelt, so kann man nun, je nachdem, was fabriziert wird, die Berechnung auf 1 kg Ware oder auf 1 qm Oberfläche (z. B. bei Blechen oder großen Oberflächen) oder auf eine gewisse Stückzahl (z. B. auf eine Fahrradgarnitur oder auf 100 Schlittschuhe, auf 1 Dutzend Bestecke usw.) aufbauen. Da sich beispielsweise in einer Lohn-Galvanisierungsanstalt, wo alle erdenklichen Arbeiten vorkommen, solche Arbeiten wiederholen und die jedesmalige Neuermittlung der Herstellungskosten zu sehr aufhalten würde, wird sich der Kalkulationsbeamte praktischerweise ein Buch anlegen, wo er die früher ermittelten Preise, durch Nachkalkulation bestätigt, geordnet vorfindet, und zwar wohlunterteilt nach Material, Lohn und Unkostensatz. Kommen dann später wieder ähnliche Dinge vor, oder kommen Änderungen in den Einzelpositionen durch Preis- oder Lohnänderungen, so ist es ihm ein leichtes, die neuen geänderten Verhältnisse zu berücksichtigen und zur neuen Preisbildung zu gelangen.

Ähnlich liegen die Verhältnisse in Metallwarenfabriken, welche bereits verschiedene Galvanisierungen nebeneinander ausführen, wohl auch auf einer und derselben Warenkategorie oder auf verschieden großen Modellen, wie z. B. die Vergoldung von Kasetten, Tafelaufsätzen, Bechern u. dgl. sowie die Versilberung dergleichen Teile oder die einfache Vernicklung in den verschiedensten Größen. Man wird dann wohl für eine bestimmte Größe die Kalkulation durchführen und die gewonnenen Resultate in einfacher Weise, durch sinngemäße Erhöhung oder Verminderung der einzelnen Positionen, je nachdem wie das Größenverhältnis der Objekte zueinander steht, die Kalkulation für die anderen Modellgrößen finden.

Es kommen nun auch solche Betriebe vor, welche nur einen einheitlichen Artikel in der galvanischen Anstalt bearbeiten, wie z. B. Röhrenwerke, welche ihre Rohre verzinken oder vermessingen oder verzinnen, oder Fahrradfabriken, welche nur die Einzelteile garniturenweise vernickeln, Klischeefabriken, die nur Kupferklischees herstellen, usf., und wäre es in solchen Fällen überflüssig, zu detailliert zu verfahren, etwa nach A, B und C, wie früher erwähnt, sondern es genügt dann die Ermittlung der Gesamtlöhne, der gesamte Materialverbrauch usw., um diese Gesamtkosten auf die Fabrikationseinheit, etwa 100 kg Rohr von bestimmtem Durchmesser (allerdings nach verschiedenem Durchmesser unterteilt) oder pro Quadratzentimeter Galvanofläche, zu verteilen und zu den gewünschten Unterlagen zu kommen.

Die Vorkalkulation und die Ermittlung der einzelnen Kalkulationsmomente im voraus. Obschon die nachstehenden Angaben ebensogut für bereits im Betrieb befindliche galvanische Betriebe Geltung haben, so soll diese Berechnung vor allem dort stattfinden, wo man sich über die Rentabilität zunächst versuchsweise durch eine Proberechnung orientieren will und muß. Dies gilt hauptsächlich für solche Fälle, wo ein neuer Betrieb auf Grund eines neuen Verfahrens ins Leben gerufen werden soll, um einen Artikel herzustellen, der etwa bisher auf ganz andere Weise fabriziert wurde, wo also z. B. ein umständliches Herstellungsverfahren, das teure Handarbeit oder komplizierte maschinelle Einrichtungen erforderte, durch ein galvanotechnisches Verfahren ersetzt werden soll, das besondere Vorteile in den Herstellungskosten verspricht.

Es wird immer Sache des Schöpfers solcher neuer Verfahren sein und bleiben, diese Verfahren oder Methoden so weit praktisch durchzubilden und vorher auszuprobieren, daß alle Angaben vorliegen, welche zur Kalkulation des betreffenden Artikels nötig sind. Das betreffende neue Verfahren muß, kurz gesagt, in einem nicht zu klein angelegten Versuchsbetrieb nach jeder Richtung hin ausprobiert werden, und es müssen an dieser Versuchsanlage alle Kalkulationsmomente so weit ermittelt werden, daß mit Aussicht auf Erfolg ein wirtschaftlich arbeitender Betrieb eröffnet werden kann.

Es sind dann folgende Zahlen genauest voraus festzustellen:

1. Der Kapitalbedarf, und zwar die Kosten für Gebäude und Grundstück, evtl. nur die in Frage kommende Jahresmiete für die Räumlichkeiten. Ferner die Kosten für die maschinelle Einrichtung und sonstige Anlageteile.

2. Der Kraftbedarf sowohl für die erforderlichen Niederspannungsmaschinen, wie für alle anderen erforderlichen Hilfsmaschinen, wie z. B. Schleif- und Poliermaschinen, Trommelapparate, Scheuerfässer usw.

3. Die Arbeitslöhne, welche zur Schaffung der angenommenen, mit Sicherheit absetzbaren Produktion notwendig werden.

4. Die Abschreibungen auf alle Anlagewerte mit gleichzeitiger Berücksichtigung der unvermeidlichen jährlichen Erneuerungen solcher Teile, die einem raschen Verbrauch bzw. Abnutzung unterliegen.

5. Der Materialverbrauch, wie die Metallanoden, die Regenerierungspräparate für die Bäder, die Lacke, alle anderen Chemikalien, die Dekapiermittel und in den Schleifereien die Scheiben und Poliermittel.

6. Die Betriebsunkosten, wie Patentlizenzen, die Beheizung, Beleuchtung, die unproduktiven Löhne und Gehälter für Meister und Betriebsbeamte, Kalkulationsbeamte, die Amortisationsquote für bezahlte Erwerbsrechte, Dampf und Wasser, Gas usw., auch die Versicherungen für die Belegschaft und andere den Betrieb betreffende Abgaben gehören hierher.

7. Die eigentlichen Handlungsunkosten, worin alle anderen, früher noch nicht erfaßten Ausgaben, wie die Gehälter für die Bürobeamten und der Verkaufsorgane, eventuelle Provisionen, Steuern, Büromittel usw. enthalten sind.

Der Kapitalbedarf. Die Zahlen sind durch Einfordern der Offerten der Lieferfirmen einerseits und durch die Kaufsumme, Baukosten oder Miete für das Grundstück ohne weiteres zu ermitteln, und unterliegt dies keiner besonderen Schwierigkeit. Man achte nur darauf, gerade beim Kauf der erforderlichen Einrichtungsteile nicht nur auf den Preis zu schauen, sondern sich dabei auch von der technischen Güte der angebotenen Gegenstände zu überzeugen und die Kosten für geringere Abschreibungen zu berücksichtigen, welche ein modernes gutes Fabrikat verbürgt gegenüber einem minderwertigen und jedenfalls nur dadurch billigerem Konkurrenzprodukt.

Der Kraftbedarf für die Schleifereien und Polierereien ist an Hand der früher gegebenen Tabellen leicht zu ermitteln, wenn man die Gesamtzahl der aufzustellenden Maschinen berechnet hat und deren Einzelkraftbedarf kennt.

Sind die Dimensionen der Objekte, die herzustellen sind, wie bei der galvanoplastischen Herstellung von Gegenständen, deren Dicke selbst nach bestimmten Gesichtspunkten, wie mechanische Festigkeit oder gemäß der praktischen Anwendung, festgelegt, so geht man nun daran, den Energiebedarf für die Niederschlagsarbeit und für andere mechanische Antriebe zu ermitteln. Aus dem Faradayschen Gesetz ist der Strombedarf, der zur Abscheidung einer bestimmten Menge eines Metalls nötig ist, gegeben, der zweite, der die aufzuwendende elektrische Energie bestimmende Faktor, die Badspannung, kann entweder aus dem Badwiderstand, der Stromdichte und Elektrodenentfernung berechnet oder aus den Vorversuchen direkt entnommen werden.

Haben wir das Gewicht des zu erzeugenden Metallniederschlags mit G ermittelt (in Gramm ausgedrückt) und ist Ae das Gewicht an Metallniederschlag, welches durch I A/St abgeschieden wird, so ist die anzuwendende Strommenge (in A/St)

$$\frac{G}{Ae} \text{ A/St.}$$

Ist ferner e die anzuwendende Badspannung, so sind

$$\frac{G \cdot e}{Ae} \text{ W/St}$$

an elektrischer Energie seitens der Niederspannungsdynamo abzugeben. Die Spannung e in Volt ist aber hierbei nur diejenige, welche direkt am Bade gemessen werden kann, in Wirklichkeit kommt noch ein unvermeidlicher Spannungsverlust in der Leitung und an Kontakten pro Bad hinzu, ferner bei Verwendung von Hauptstromregulatoren, die in Form von Badstromregulatoren vor jedes einzelne Bad geschaltet werden, wenn alle Bäder in Parallelschaltung an die gemeinsame Hauptleitung angeschlossen werden, auch der Spannungsabfall, der in diesen Badstromregulatoren veranlaßt wird. Diese, über die effektive, notwendige Badspannung hinausreichenden Beträge für die Spannung müssen aber bei der kalkulatorischen Ermittlung der nötigen elektrischen Energie unbedingt berücksichtigt werden.

Je nach der Art des zu schaffenden Betriebes wird man die einzelnen Bäder in Parallel-, Serien- oder Gruppenschaltung an das Leitungsnetz der Niederspannungsdynamo anschließen, und es errechnet sich dann der Wert für die in der Kalkulation einzusetzende Badspannung E in Volt bei einer Parallelschaltung der Bäder zu E_d, d. h. die in Rechnung zu stellende Stromspannung ist gleich der an der Dynamo einzustellenden Klemmenspannung der Maschine. Bei Serienschaltung oder Gruppenschaltung berechnet man E durch Division der Klemmenspannung der Dynamo durch die Anzahl der in Serie geschalteten Bäder der Anlage oder einer Gruppe mit

$$E = \frac{E_d}{n} \text{ V.}$$

Das Produkt $\dfrac{GE}{Ae}$ W /St ist also das Maß für die aufzuwendende elektrische Energie, um G g Metall abzuscheiden. Da theoretisch 736 W 1 PS und 736 W/St = 1 PS/St sind, so wird unter Berücksichtigung des Wirkungsgrades η der Dynamo der Kraftbedarf für G g Metallniederschlag

$$\frac{GE}{Ae \cdot 736 \cdot \eta} PS.$$

Beispiel: Es sollen in einem Betriebe zu einem galvanoplastischen Prozeß 1000 g Kupfer aus einer schwefelsauren Kupferbadlösung bei einer Stromdichte von 1,3 A/qdm und einer Badspannung von 1,1 V abgeschieden werden. Die elektrolytischen Bäder, etwa 8 Stück, seien alle in Serienschaltung an eine Niederspannungsdynamo angeschlossen, deren Klemmenspannung auf 10 V gehalten wird.

Der Kraftbedarf für diese 1000 g Kupferniederschlag ist zu berechnen, wenn der Wirkungsgrad der Maschine 0,82 ist.

In diesem Falle ist $E = \dfrac{10}{8} = 1,25$ V, d. i. die in Rechnung zu stellende Spannung in Volt für die Kupferabscheidung pro Bad. Die erforderliche Energie, die zur Abscheidung von 1000 g Kupfer dient, ist demnach, da Ae für die in Frage kommende Kupferfällung 1,186 ist,

$$\frac{1000 \cdot 1,25}{1,186 \cdot 736 \cdot 0,82} = \frac{1250}{715,8} = 1,74 \text{ PS/St.}$$

Nach dieser Berechnungsart sind in nachstehender Tabelle die Energiemengen für die Abscheidung der verschiedenen Metalle bei verschiedenen Badspannungen ausgerechnet, die dem Praktiker eine rasche Ermittlung dieser Kalkulationsdaten bieten. Man ersieht daraus, wie wichtig die richtige Wahl der Klemmenspannung der Dynamo ist und wie sich die Herstellungskosten hinsichtlich der Kraftkosten verteuern, wenn die Klemmenspannung der Dynamo wesentlich höher gehalten wird, als den Bedürfnissen der Elektrolyse entspricht:

Zur Abscheidung von 1000 g Metall	Bei einem Ae von g pro A/St bei 100% Stromausbeute	Anzuwendende Energie in PS/St (Wirkungsgrad der Dynamo = 0,82 angenommen)					
		Bei Anwendung einer zur Kalkulation heranzuziehenden Stromspannung von					
		1 V	2 V	3 V	4 V	6 V	10 V
Kupfer (Cupro)	1,186	1,4	2,8	4,2	5,6	8,4	14,0
Kupfer (Cupri)	2,372	0,7	1,4	2,1	2,8	4,2	7,0
Nickel	1,095	1,52	3,04	3,56	6,08	7,12	15,2
Eisen	1,045	1,58	3,16	4,74	6,32	9,48	15,8
Messing	2,015	0,83	1,66	2,49	3,32	4,98	8,3
Silber	4,026	0,41	0,82	1,23	1,64	2,46	—
Gold (Auro)	3,680	0,45	0,90	1,35	1,8	2,7	4,5
Gold (Auri)	2,453	0,68	1,36	2,04	2,72	4,08	6,8
Blei	3,859	0,43	0,86	1,29	1,72	2,58	4,3
Zink	1,219	1,37	2,74	4,11	5,48	8,22	13,7
Zinn (Stanno)	2,218	0,75	1,50	2,25	3,0	4,5	7,5
Zinn (Stanni)	1,109	1,5	3,0	4,5	6,0	9,0	15,0

Ist in einem galvanischen Bade die Stromausbeute bei höherer Stromdichte, veranlaßt durch beschleunigte Arbeitsweise in Verbindung mit einer höheren Badspannung, geringer als 100%, was wohl meist der Fall ist, so sind die aus der Tabelle entnehmbaren Energieverbrauche in PS/St im Verhältnis zu erhöhen,

und man erhält den Effektivverbrauch an mechanischer Energie durch das
Verhältnis

$$\frac{\text{Theoretischer Energieverbrauch} \times 100}{\text{Stromausbeute in \%}} = \text{Effektiver Energieverbrauch.}$$

Der Kraftverbrauch der Schleif- und Polierarbeit kann allerdings ganz verschieden sein, er hängt ab von der Tourenzahl der Schleifwelle und von der
Scheibengröße und von dem Druck, mit welchem das Arbeitsstück an die Scheiben
angedrückt wird. Immerhin lassen sich aproximative Allgemeinwerte auch
dafür aufstellen, damit wenigstens ein Anhaltspunkt gegeben wird. Diese Zahlen
müssen natürlich bei der Nachkalkulation rektifiziert werden, wenn die wirklichen Werte an Hand des Energieverbrauches festgestellt wurden, was bekanntlich bei elektrischem Betrieb durch die Elektrizitätszähler auf einfache
Weise geschehen kann. Verfasser verweist diesbezüglich auf die Tabelle im Kapitel Schleifen und Polieren der Metalle, und wird zunächst für größere Flächen
aus nachstehender Tabelle auch ein Anhaltspunkt gegeben sein, wie der Energieverbrauch für kleinere Stücke sich stellt, wenn berücksichtigt wird, daß kleinere
Stücke mehr Arbeit machen und daß die Tagesleistung eines Schleifers und
Polierers sinkt, wenn er kleinere Stücke oder kompliziertere Stücke bearbeiten
muß. Die Tabellenwerte hinsichtlich der Tagesleistung reduzieren sich dann
leicht bis auf $1/_3$ und der Energieverbrauch, auf die Fläche bezogen, würde annähernd um das 2- bis 3fache steigen.

Bearbeitetes Material	Art der geleisteten Arbeit	Tagesleistung eines Mannes in 8 Std. in qm	Energieverbrauch in PS/St, je nach Art der Arbeit und der verwandten Mittel, pro qm Oberfläche
Eisen oder Stahlbleche .	Schleifen	50	ca. 0,6
Dto.	Bürsten	32	ca. 0,8
Zinkbleche	Vorschleifen	100	ca. 0,40
Dto.	Polieren	150	ca. 0,27
Eisenrohre	Schleifen	15—20	ca. 1,15
Dto.	Polieren	35	ca. 0,57

Weichere Metalle erfordern weniger Energie, härtere, wie Gußeisen, dagegen mehr
Energieaufwand. Für neue Schleif- und Polierarbeiten, für Artikel also, die man
neu in Bearbeitung nimmt, wird man durch den Meister eine Probe ausführen
lassen, um die Zeitdauer für solche Arbeiten festzustellen und die Akkordlöhne
darnach zu regeln. Flache Stücke erfordern nur etwa die Hälfte der Arbeitszeit wie runde oder profilierte, und, wie schon die Tabelle zeigt, ist der Polier-
Energiebedarf nur ca. die Hälfte des Energiebedarfs für die Schleifarbeit.

Die Arbeitslöhne. Hierüber finden wir in dem Vorhergesagten schon etliche
Anhaltspunkte, wenigstens soweit die Schleif- und Polierlöhne und die Akkorde
für solche Arbeiten in Frage kommen. Die Arbeiten für die Dekapierung,
für das Beizen und Brennen sowie für die Bedienung der Bäder werden kaum
in Akkord gegeben, und man muß dies im Stundenlohn ausführen lassen, schon
um ein Schleudern bei diesen wichtigen Arbeiten zu verhindern. Man bedient sich
für solche Arbeiten nur wirklich verläßlicher Arbeitskräfte, deren Löhne außerdem
bei gut eingerichtetem Betrieb, wenn praktische Vorrichtungen und Hilfsmittel
Verwendung finden, niemals bedeutend werden. Man hat auch vielfach diese
Löhne als unproduktive Löhne einfach in die Betriebsunkosten eingesetzt und
kommt bei der Kalkulation dazu, pro Kilogramm Metallniederschlag den Material-
betrag um einen gewissen Prozentsatz für derartige Betriebsunkosten zu erhöhen,
womit diese Ausgaben im Betrieb gedeckt werden. Arbeitslöhne für Abformen

und Präparieren in der Galvanoplastik lassen sich weit eher im Akkord vergeben, besonders wenn eine gleichartige Produktion vorliegt und ein Mann immer nur eine bestimmte Arbeit auszuführen hat. Dies ist dann Sache der Betriebsleitung und der Organisation.

Die Abschreibungen. Die Abschreibungsquoten legt man nach Maßgabe der Lebensdauer der Anlageteile fest und verteilt die Summe der Abschreibungen auf die Gesamtheit der Produktion. Auf elektrische Maschinen, wie Dynamos und Motoren, sowie auf Schalttafeln und sonstige Apparate wird man 10 bis 20% jährlich vom Anschaffungswert abschreiben, auf Schleif- und Poliermaschinen 25%, da diese einem größeren Verschleiß unterliegen, Scheuereinrichtungen und Massen-Galvanisierapparate, wie Trommelapparate und Glocken oder Schaukelapparate, wird man mit 33⅓% abschreiben, Bäder mit 40 bis 50%, Anoden gehören in den Materialverbrauch. Elektrische Leitungen und Dampfleitungen sind mit einer Quote von 10% genügend abgeschrieben. Werkzeuge aller Art schreibt man am besten am Jahresschluß immer wieder auf 1 Mark ab.

Materialverbrauch. Die Kosten für verbrauchtes Material sind durch die Marktpreise der Bedarfsartikel in galvanischen Anstalten bestimmt, doch gibt es auch darin bedeutende Unterschiede. Nicht immer ist das Billigste das Günstigste, meist sind die teureren, ergiebigeren Materialien im Verbrauch auch die billigeren, und es müssen der beim Verbrauch sich ergebende unvermeidliche Abfall und die Lebensdauer der sich verbrauchenden Hilfsmittel, wie Schleif- und Poliermaterialien, Filz- und Schwabbelscheiben usw., berücksichtigt werden. Die technische Brauchbarkeit darf dabei keinesfalls außer acht gelassen werden; Metallanoden z. B. können leicht infolge ihres Gefüges, selbst bei genügender Reinheit derselben, bei gleichartiger Beanspruchung durch den anodischen Lösungsvorgang in den Bädern einen weiterhin nicht mehr zu verwendenden Abfall von 5 bis 10%, aber leicht auch einen solchen von über 30% ergeben. Schlecht gegossene Metallanoden bröckeln während der Arbeit oft so stark ab und setzen dauernd so viel Metallkristallschlamm ab, daß mehr als 50% des angewendeten Materials nutzlos auf den Boden der Wanne sinkt und nur noch als Altmetallwert dem Materialkonto wieder gutgebracht werden kann.

An Materialien, die sich in galvanischen Anstalten dauernd verbrauchen, gelten die Schleif- und Poliermittel, Hochglanzmassen, Schmirgel, Fette und Öle, Wienerkalk, Scheuersand und Beizen, Gelbbrennen, Laugen, Fettlösungsmittel aller Art, Dekapiermittel aller Art, ferner Formmaterialien, wie Wachs, Guttapercha, Leim, Gips, leicht schmelzbare Metalle, Graphit, Schleif- und Kratzbürsten usw. usw.

Die größte Rolle spielt wohl der Verbrauch an Metallanoden, sofern mit löslichen Anoden gearbeitet wird. Diese Anoden verbrauchen sich annähernd in dem Verhältnis, als Metall an den Kathoden abgeschieden wird, doch haben wir gesehen, daß der Wirkungsgrad eines Bades dieses Verhältnis nicht konstant und theoretisch genau einhält, sondern daß meistens weniger Metall dem Bade zugeführt wird, als an den Waren abgeschieden wird. Das dadurch entstehende Manko bedingt die Verarmung der Bäder an Metallsalzen, und die Bäder sind daher mit Regenerierungssalzen zu versetzen, welche ebenfalls in den Materialverbrauch einzusetzen sind. Arbeitet man mit unlöslichen Anoden, so muß der ganze Metallgehalt, der durch die Elektrolyse dem Bade entzogen wird, durch Metallsalzzusätze ergänzt werden. Am Schlusse dieses Werkes hat Verfasser eine Tabelle angeführt, in welcher die wesentlichsten, in der Galvanotechnik vorkommenden Metallsalze mit ihrem Prozentgehalt an Metall angeführt sind. Kennt man nun den Verbrauch an Metall durch die Elektrolyse an Hand der bereits beschriebenen Kontrollmethoden, so ist es ein leichtes, jeweils zu bestimmen, wieviel dieser Metallsalze oder Metallpräparate zuzusetzen

sind, um den Verlust an Metall im Bade wieder zu ersetzen und das betreffende
Bad arbeitsfähig zu erhalten. Daß solche Bäder natürlich teurer arbeiten als
solche, in denen das abgeschiedene Metall förmlich automatisch durch die
Anoden ergänzt wird, ist natürlich, denn 1 kg Metall in Anodenform wird stets
billiger sein als 1 kg Metall als präpariertes Metallsalz. Der Verbrauch eines
Bades an Metall kann durch das vor jedes Bad zu schaltende Amperemeter oder
durch Zähler der verschiedensten Art kontrolliert werden und ist für die Kalkulation die Einschaltung solcher Apparate in einem geordneten Betrieb unerläßlich.

Bei den Fertigstellungsarbeiten tritt ebenfalls Verbrauch von Materialien
ein, nicht nur die Poliermittel sind darunter zu verstehen, sondern auch Lack-
lösungsmittel, wie Benzol zum Entfernen von Deckschichten, das Hintergießmetall in der Galvanoplastik, Lötmaterialien usw. Ein nennenswerter Abzug
beim Abschluß des Materialkontos wird durch den Verkauf der Altmetalle entstehen, denn man wird die Anodenreste, wenn sie rein von Fremdmetallen erhalten werden, zu gutem Preise an die Anodenfabriken wieder veräußern können,
ebenso die Einhängevorrichtungen, die aber dann nur gute Preise bringen, wenn
z. B. beim Vernickeln Nickeldrähte zum Einhängen verwendet wurden, wogegen
Kupfer-, Eisen- oder Messingdrähte mit noch so starkem Nickelniederschlag
immer nur einen minimalen Wert repräsentieren, da damit in den Gießereien
nichts anzufangen ist. In Großbetrieben, wo sich nach und nach aus den Bädern
größere Mengen von Salzen ansammeln, werden auch diese dem Materialkonto
wieder beim Verkauf gutzubringen sein, ebenso Abfälle aus den Beizereien,
wo man z. B. Kupfersalze in größeren Mengen gewinnen kann, wenn man nicht
die Ausfällung des Kupfers durch Zementation oder durch Elektrolyse in eigener
Regie vornimmt. In Betrieben, wo Edelmetallbäder arbeiten und die Niederschläge gekratzt werden, wobei immer etwas Edelmetall abgeschabt wird, kann
man auch die Kratzwässer, eventuell auch den alten, in den Staubabsaugeanlagen
angesammelten Staub verbrennen und das Edelmetall gewinnen u. dgl. m.
Sparsamkeit ist jedenfalls am Platze und wird in größeren Betrieben eine nicht
unwesentliche Verbilligung der Gestehungskosten bringen und eine größere
Rentabilität schaffen helfen.

Die Betriebsunkosten. Eine genaue Bestimmung der Betriebsunkosten
läßt sich erst am Jahresschluß erreichen. Aber auch die Vorkalkulation wird
sich damit zu befassen haben, wenn etwa Patentlizenzen bekannt sind, welche
nach der Laufzeit der Patente so zu berücksichtigen sind, daß man bei etwa
noch 8jähriger Laufzeit jährlich $1/_8$ der bezahlten Lizenzsumme auf die Betriebskosten bucht; alle anderen hierher gehörenden Kosten für Dampf, Wasser,
Licht, Miete für den Raum oder die Amortisationsquote für das Grundstück und
eventuelle Zinsenlast gehören hierher. Betriebsbeamte und Meister sind dem
Betriebsunkostenkonto zuzuschreiben.

Die eigentlichen Handlungsunkosten. Auch diese kommen erst nach geraumer Zeit der Betriebsführung, am besten nach Jahresabschluß, genau hervor,
und sind diese erst bei der Verkaufspreisbildung für die hergestellten Arbeiten
oder Fabrikate zu berücksichtigen, und auf die Herstellungskosten inkl. Handlungsunkosten ist schließlich der wünschenswerte Aufschlag in Prozenten zu
machen, der dem Unternehmer den erhofften Gewinn verspricht.

Der denkende Kalkulator und vor allem der Unternehmer muß Mittel und
Wege finden, um sich Formulare zu schaffen, welche in Form eines Laufzettels
die Fabrikate oder auszuführenden Arbeiten im Betrieb verfolgen, die dafür
zwangsweise zu sorgen haben, daß alle zur Kalkulation notwendigen Momente,
vor allem die aufgewendete Arbeitszeit (Akkorde) und der Materialverbrauch,
klar und sofort verwertbar herbeigeschafft werden.

Allgemeine Grundsätze bezüglich Gefahren und Schutz dagegen in galvanischen Anstalten und Schleifereien.

Jeder Unternehmer muß, sofern er sich vor unliebsamen Interventionen der zuständigen öffentlichen Ämter und Behörden verschont sehen will, sich mit den für seinen Betrieb maßgebenden Vorschriften vertraut machen. Es wird diesbezüglich auf die Reichsgewerbeordnung in erster Linie verwiesen.

Speziell der Schutz der Belegschaft in bezug auf Leben, Gesundheit und Sittlichkeit und auch der wirtschaftlichen Verhältnisse der Arbeitnehmer findet darin erschöpfende Behandlung. Was die uns hier interessierenden galvanischen Anstalten und die damit zusammenhängenden Betriebe anbelangt, so sollen nur die hierfür maßgebenden Verfügungen besondere Erwähnung finden. Hat sich der Unternehmer vergewissert, daß seine Fabrik- und Arbeitsräume sich in baulicher Beziehung für den dauernden Aufenthalt seiner Arbeiter eignen, so richte er zunächst sein Augenmerk auf die

Lichtverhältnisse. Die Arbeitsräume müssen genügend Tageslicht und abends ausreichende künstliche Beleuchtung haben. Keinesfalls dürfen Räume benutzt werden, welche dauernd nur durch künstliches Licht erhellt werden. Für Tageslicht gilt als Norm, daß pro Kopf 0,25 bis 0,5 qm Fensterfläche vorhanden sei; zudem soll die Gesamtfensterfläche $1/5$ bis $1/6$ der Bodenfläche des Arbeitsraumes ausmachen. Sind die Fenster nur auf einer Seite des Arbeitsraumes angeordnet, so soll die Raumtiefe 7 m nicht übersteigen. Die Wände sollen mit einem matten, aber hellen, jedoch nicht weißen Anstrich versehen sein. Als künstliche Lichtquelle kann jede beliebige, ausreichend Licht spendende Beleuchtung angewendet werden.

Heizung. Gewöhnlich wird eine Raumtemperatur von 12 bis 15° dort angegeben, wo die Arbeit in Bewegung ausgeführt wird. Bei ruhiger Beschäftigungsart gilt 20° als Normaltemperatur. Man sorge also für ausreichende Beheizung unter Kontrolle aufgehängter Thermometer. Erfolgt die Beheizung durch strahlende Öfen, so sind Blechschirme zu verwenden, bei Gasheizung sorge man für guten Abzug der Heizgase. Die geeignetste Heizungsmethode ist unstreitbar die Zentralheizung mittels Dampf, doch soll jeder der verwendeten Heizkörper für sich regulierbar sein.

Luftquantum und Luftwechsel. Arbeitsräume sollen stets durch einfache Mittel Ventilation erhalten. Die Fenster müssen geöffnet werden können und wird allgemein pro Kopf 10 bis 20 cbm Luft im Arbeitsraum gefordert, zumal die galvanischen Bäder immerhin Ausdünstungen verursachen, gar nicht zu reden von den Säuren und Beizen, die z. B. beim Gelbbrennen entstehen. Praktisch bringt man die Luftzufuhr sowohl unten wie oben an den Wänden der Arbeitsräume an, um sie je nach Bedarf zu benutzen. Sind mit Säuredämpfen geschwängerte Räume zu entlüften, so zieht man die verbrauchte Luft unten ab. Gase aus den Bädern läßt man durch obere Öffnungen abziehen. Intensiver wirken die Entlüftungsschächte, wenn man sogenannte Lockflammen (Bunsen-Brenner) in ihnen anbringt, oder man erwärmt den Entlüftungsschacht mit einem Heizkörper, der beispielsweise an die Dampfheizung angeschlossen ist.

Die wirksamste Entlüftung erfolgt durch Ventilatoren oder Exhaustoren aus Blech für trockene Luft oder Staub, durch solche aus Blei oder Steinzeug für mit Säuredämpfen oder Gasen geschwängerte Luft.

Hierher gehört auch die Kühlung heißer Räume. Schon das direkte Sonnenlicht im Sommer wirkt störend, weshalb Vorhänge unter den Oberlichtfenstern schiebbar angeordnet werden. Besonders heiße Räume, die man durch Ventilatoren nicht mehr genügend lüften kann, werden modern durch unterkühlte Salzlösungen, die durch Rohrleitungen geführt werden, temperiert. Hierzu sind Kältemaschinen notwendig.

Für Metallschleifereien und Polierereien, wo bekanntlich viel Staub und Schmutz entsteht, sind Staubabsaugeanlagen zu errichten. Es gehört ja schon zur gewöhnlichen Reinlichkeit, möglichst oft Staub und Kehricht aus den Arbeitsräumen zu entfernen, auch müssen Maschinen und Wände möglichst oft abgestaubt werden. Man lasse nie trocken aufkehren, sondern besprenge täglich vor dem Kehren die Fußböden mit Wasser. Die wirksamste Staubabsaugung geschieht durch die Exhaustoren, und es soll jede Schleif- und Polierscheibe an einer Düsenöffnung der Entstaubungsanlage in einem Blechkasten sitzen, dessen Form und Konstruktion die Verwendbarkeit der Schleifscheiben nicht ausschließt. Arbeiter, welche mit Gasen oder gesundheitsschädlichen Dämpfen zu tun haben, müssen bei Ausübung ihrer Arbeit Respiratoren mit Mundschwämmen (auch Gasmasken werden verwendet) tragen.

Eine sehr genau formulierte Verordnung über die Ausführung der Entstaubungsanlagen in Metallschleifereien wurde durch die Polizeiverordnung für den Kreis Düsseldorf-Stadt und -Land vom 30. Juni 1898 geschaffen, welche tonangebend ist, und sei auf diese detaillierte Vorschrift verwiesen.

Beizerei- und Gelbbrennanlagen. Eine sehr ausführliche Polizeiverordnung hierfür wurde von der Berliner Polizei am 25. November 1890 erlassen. Sie enthält hauptsächlich folgende Verfügungen:

Der Fußboden des Raumes, in welchem das Brennen von Metallwaren vorgenommen wird, ist so abzudecken, daß keine Säure über denselben hinausfließen kann. Die verschütteten Säuren und Spülwässer sind vielmehr in einem im Fußboden angebrachten Behälter zu sammeln und, bevor sie abfließen, durch Kalk unschädlich zu machen.

Die Gefäße, in denen sich die Säuren zum Gebrauch befinden, müssen so hoch gestellt werden, daß ihre Oberkante 75 cm bis 1 m über den Fußboden hinaufreicht.

Über den Gefäßen müssen die Säuredämpfe aufgefangen und durch einen engen Schornstein mindestens 1 bis 2 m über die Nachbargebäude vollständig hinweggeführt werden. Die vollständige Abführung dieser Dämpfe ist durch maschinelle Absaugevorrichtungen, bzw. da, wo Dampfkraft nicht vorhanden ist, durch eine im Schornstein anzubringende Gasflamme sicherzustellen.

Leute, welche zu übermäßigem Alkoholgenuß neigen, sind in Beizereien nicht zu verwenden, auch keine jugendlichen Arbeiter, höchstens unter strengster Beaufsichtigung des Meisters. Der Fußboden der Beiz- und Brennräume ist stets rein zu halten, auslaufende Säuren sind sofort mit viel Wasser nachzuspülen, um sie solcherart zu verdünnen und möglichst unschädlich zu machen. Alle organischen Stoffe, wie Holz (ausgenommen höchstens das harzreiche Pitchpineholz), Stroh, Gewebe, selbst Kohlen, sind aus diesen Lokalen wegen Feuersgefahr fernzuhalten.

In Unglücksfällen durch Vergiftung infolge Einatmens der schädlichen Dämpfe ist die Sauerstoffatmung die beste Hilfe. In jeder Beizerei muß auf diese Vergiftungsgefahr besonders durch Anschlag hingewiesen werden; man muß Vorsicht walten lassen, niemand darf sich über die Beizen und Brennen beugen, in jedem Unglücksfalle, auch wenn sich der Betreffende anscheinend vorübergehend wieder wohlfühlt, ist ein Arzt zuzuziehen.

Ätzungen durch die Bäder. Leicht können Schädigungen der Arbeiter in galvanischen Anstalten dadurch entstehen, daß sie sich an der bloßen Hand in Unkenntnis der Eigenschaften der verwendeten Badzusammensetzungen Ätzwunden zuziehen. Man verbiete daher schon aus diesem Grunde in der Arbeitsordnung das Hineinlangen in die Bäder mit der Hand und leite die Arbeiter dazu an, hineingefallene Gegenstände mit geeigneten Zangen oder Stäben herauszuholen. Die Anwendung von Gummihandschuhen zum Anfassen der aus den Bädern kommenden Gegenstände ist ebenfalls empfehlenswert, schon um manche böse Hautausschläge, wie die Nickelkrätze, zu vermeiden.

Andere Gefahren und Schutz dagegen. Behälter, welche ätzende, heiße oder giftige Stoffe für den Betrieb enthalten, sind, soweit dies mit der Arbeitsweise vereinbar ist, sicher abzudecken oder mit ihrem Rande so hoch über den gewöhnlichen Standort des Arbeiters zu legen, daß bei normaler Vorsicht ein Hineinstürzen von Personen verhindert wird. Dies kommt hauptsächlich für große gemauerte oder versenkte Bäder in Frage, speziell wenn sie mit heißen oder alkalischen oder sauren Flüssigkeiten gefüllt sind. Aus gleichem Grunde sind giftige galvanische Bäder bei Arbeitsschluß mit einem verschließbaren Deckel zu versehen, und es ist auf die Giftigkeit des Inhaltes durch eine Aufschrift „Gift" oder durch die gleichzeitige Anbringung eines Totenkopfes hinzuweisen.

Für Räume, in welchen trotz Anwendung aller Vorsicht infolge Verwendung leicht flüchtiger Stoffe, welche explosible Gase erzeugen, eine gefährliche Ansammlung solcher gefährlicher Gase auftreten kann, ist die Verwendung jeder offenen Flamme, auch das Rauchen usw. strengstens zu verbieten. Das Betreten solcher Räume bei Dunkelheit ist nur mit Sicherheitslampen, am besten elektrischen Lampen, zu gestatten. Auch die Aufbewahrung größerer Mengen explosibler Stoffe, wie Benzin, Zapon u. dgl., innerhalb des Arbeitsraumes ist unzulässig. Wo Benzin oder Petroleum zum Entfetten verwendet wird, ist über dem Entfettungsbehälter ein separater Abzug anzubringen, der aber nicht in einen Kamin mit Lockflamme oder in einen gewöhnlichen Kamin münden darf, sondern die explosiblen Gase müssen durch einen ganz besonderen Schacht ins Freie geleitet werden. Benzingefäße müssen bei Nichtbenutzung mit einem gut schließenden Deckel, am besten mit Wasserverschluß, abgedeckt werden.

Gefahren bei elektrischen Anlagen. Die Sicherheitsvorschriften für elektrische Anlagen sind durch die Vorschriften des Verbandes Deutscher Elektrotechniker umfassend zusammengestellt und sei hierauf verwiesen. Die Gefahren durch Erd- und Kurzschlüsse für die Belegschaft kommen für die galvanischen Anlagen und Schleifereien nur insoweit in Frage, als heute vielfach der Antrieb der erforderlichen Maschinen durch Kupplung mit Elektromotoren vor sich geht. Man achte auf strikte Einhaltung der Leitungsquerschnitte wegen möglicher Feuersgefahr durch Überlastung der Leitungsdrähte, ferner auf sichere Isolation, sachgemäße Verlegung der Leitungen usw. usw. Funkenfreier Gang sämtlicher verwendeten Motoren ist äußerst wichtig, damit nicht Entzündung explosibler Gase stattfinden kann. In Betrieben, wo mit Säuren oder Alkalien gearbeitet wird und wo für die elektrischen Maschinen kein besonderer Raum vorgesehen ist, wo sie also auch unbedingt in feuchten Räumen stehen müssen, sind für die mit den Maschinen in Berührung kommenden Arbeiter besondere Vorschriften zu berücksichtigen, wie die „Erdung der Gehäuse der Motoren", sofern die Netzspannung an den elektrischen Einrichtungen bei Berührung gefährliche physiologische Wirkungen haben kann. In Akkumulatorenräumen, wo sich Knallgas beim Laden entwickelt, ist zunächst für beste Ventilation zu sorgen, das Betreten mit offenem Feuer, das Entzünden von Streichhölzern ist lebensgefährlich.

Gefahren in Schleifereien und Schutzmaßnahmen. Hölzerne Schleifscheiben müssen aus mindestens drei gegeneinander versetzten und gegen die Struktur des Holzes gegeneinandergerichteten gut verleimten Teilen bestehen, um ein Zerreißen durch die Rotation oder durch Andrücken der Gegenstände zu verhindern. Auf die Art der Belederung der Holzscheiben ist besonders zu achten, weil abreißende Lederriemen leicht bei der großen Umfangsgeschwindigkeit einen Mann erschlagen können, wenn er in der Nähe der Scheibe arbeitet. Über die Gefahren und deren Abhilfe bei Verwendung von Vollschmirgelscheiben wurde seitens des Ministeriums für Handel und Gewerbe eine genaue Vorschrift herausgegeben, auf die Verfasser ebenfalls Bezug nimmt.

Riemen dürfen, wenn Maschinen mit Riemenantrieb Verwendung finden, nur mittels Losscheiben ausgerückt werden, Abwerfen der Riemen von den

Riemenscheiben, ebenso das Wiederauflegen der stets rasch laufenden Riemen bei diesen Maschinen birgt große Gefahren in sich. Deshalb müssen Schleif- und Poliermaschinen, wenn sie nicht mit direkt auf der Welle aufgesetzten Elektro- motoren betrieben werden, stets mit Voll- und Losscheibe gebaut sein. Man vermeide nach Tunlichkeit bei den Befestigungsflanschen scharfkantige Muttern, wähle lieber runde Flanschenmuttern und instruiere stets das Personal, besonders jugendliche Arbeiter, nicht die Finger in die meist mit Innengewinde versehenen Bohrungen an den Enden der Wellen zu stecken. Durch solches Spielen sind schon viele Unglücksfälle entstanden, denn das Innengewinde erfaßt den hinein- gesteckten Finger und reißt ihn ab. Man baut daher heute schon vielfach solche Maschinen derart, daß das Innengewinde erst weit hinten in der Bohrung der Wellenenden beginnt, so daß vorn eine glatte Bohrung bleibt.

Bei den rasch laufenden Schleifscheiben kommt es leicht vor, daß Kleidungs- stücke von den Scheiben, oft auch vom Gewinde der Welle oder von den Flanschenmuttern, erfaßt werden, man achte daher auf anliegende Kleidung der Belegschaft, die in Schleifereien zu tun hat.

Gefahren durch Vergiftungen und Gegenmaßnahmen bei Vergiftungen. Ver- fasser hält es für geboten, auch auf die Gefährlichkeit der den Galvanotechniker umgebenden Gifte, mit denen er dauernd zu arbeiten hat, aufmerksam zu machen. Jede gut eingerichtete galvanische Anstalt soll mit einer entsprechend ausgerüsteten Apotheke versehen sein, um im Bedarfsfalle alles Nötige rasch zur Hand zu haben. Folgende Gegenmittel sollen für die möglichen Vergiftungs- fälle in solchen Apotheken (siehe Fig. 383) stets vorhanden sein:

> Essigsaures Eisenoxyd,
> Gebrannte Magnesia,
> Doppeltkohlensaures Natron,
> Ammoniak,
> Zinkvitriol,
> Bittersalz,
> Kochsalz,
> Chlorkalk,
> Schwefelsäure,
> Schwefelsäurelösung 1 : 100,
> Liniment,
> Eibisch- oder Süßholzwurzeln,
> Speiseöl,
> Kohlensäurehaltige Getränke (Selterswasser).

Vergiftungen kommen vorwiegend durch folgende Chemikalien vor, bzw. besteht hierzu die Möglichkeit, wenn nicht genügend Vorsicht der Belegschaft eingeimpft wird.

Vergiftungen durch

> Zyankalium, überhaupt durch alle Zyanpräparate,
> Blausäure,
> Arsenik,
> Quecksilberpräparate,
> die meisten Metallsalze (Grünspan, Bleisalze usw.),
> Alkalien und Säuren (Ätzkali, Salmiakgeist, Schwefelsäure,
>   Vitriol, Salpetersäure oder Dämpfe derselben).

In allen Vergiftungsfällen heißt es „rasch handeln". So rasch wie möglich sind die geeigneten Gegenmittel zu verabreichen, gleichzeitig heftiges Erbrechen mittels Kitzeln im Halse herbeizuführen, viel Wasser trinken, bis ein Arzt zur Stelle ist. In jedem Betrieb soll ein geeigneter Mann mit der Handhabung der Rettungsarbeiten vertraut gemacht werden; der Betreffende muß durch einen Arzt über die Dosierung der Gegengifte unterrichtet werden, und er muß ferner in der Apotheke genau Bescheid wissen, damit er im Bedarfsfalle nicht erst lange suchen oder überlegen muß.

Bei Vergiftung mit Zyankalium, Blausäure und allen anderen Zyanverbindungen, wenn dieselben in konzentrierten Mengen in den Magen gelangen, ist kaum Hoffnung vorhanden, das Leben zu retten. Die tötliche Wirkung dieser Giftstoffe ist so rasch, daß selten Zeit bleibt, Gegenmittel anzuwenden. Man soll übrigens nie verzweifeln und sein möglichstes versuchen, sehr rasch eine recht verdünnte Lösung von essigsaurem Eisenoxyd zu trinken geben, gleichzeitig recht kalte Waschungen und Begießungen auf Kopf und Rückgrat in reichlichem Maße anwenden, auch vorsichtiges Einatmen von Chlorgas tut gute Dienste. Chlorgas bereitet man sich, indem man Chlorkalk mit Wasser und einigen Tropfen Schwefelsäure befeuchtet.

Bei Arsenikvergiftungen ist zunächst durch heftiges Erbrechen der Magen tunlichst zu entleeren und gleichzeitig viel Milch zu geben. Das beste Gegenmittel ist gebrannte Magnesia, mit 20 Tl. Wasser angerührt.

Bei Vergiftungen mit Quecksilberpräparaten reiche man Eiweiß mit viel Wasser (etwa alle 2 Minuten ein Eiweiß) und während der Genesung Fleischbrühe, Milch und schleimige Getränke.

Bei Kupfersalzvergiftungen (durch Grünspan) hilft ebenfalls Entleerung des Magens durch Erbrechen, reichliches Trinken von warmem, abgequirltem Eiweißwasser nebst Einnehmen von gebrannter Magnesia.

Bleisalzvergiftungen werden nach Magenentleerung durch Erbrechen mit Milch, Eiweißwasser, Bittersalz- oder Kochsalzauflösung (trinken) behandelt.

Fig. 383.

Vergiftungen mit Ätzalkalien (Ätzkali, Ätznatron, Pottasche, Lauge, Ammoniak usw.) begegnet man durch reichliches Trinken sehr verdünnter Salzsäure (in Wasser nur so viel Säure gießen, daß es angenehm säuerlich schmeckt). Wenn die Schmerzen nachlassen, reicht man einige Löffel Speiseöl.

Säuren (Schwefelsäure, Salpetersäure, Salzsäure usw.) werden mit Magnesia unschädlich gemacht (Seifenwasser ist noch besser).

Bei starken Ätzverwundungen durch Schwefelsäure oder Salpetersäure wasche man rasch mit möglichst viel kaltem Wasser, in welches man ohne Sparsamkeit kohlensaure Magnesia geworfen hat. Die Wunden bestreicht man reichlich und möglichst oft mit einer Mischung von Leinöl mit Kalkwasser, welche in jeder Apotheke als „Liniment" gegen Verbrennungen zu bekommen ist. Auch legt man Watte auf die Wunden, welche mit Liniment getränkt wurde, wodurch bald Linderung und Heilung erfolgt. Dieses Liniment ist zudem auch gegen Brandwunden durch Feuer und kochende Flüssigkeiten anwendbar, für letzteren Fall kann auch Pikrinsäure verwendet werden.

Bei Unfällen durch Einatmen schädlicher Säuredämpfe (Chlor, schweflige Säure, braune nitrose Dämpfe der Gelbbrennen usw.) wirkt zunächst reine kühle Luft, gleichzeitig vorsichtiges Einatmen von Ammoniak, reichliches Milchtrinken, Frottierungen, laues Fußbad, Eibisch- oder Süßholzwurzeln im Munde kauen.

Vorsicht ist das beste Vorbeugungsmittel! Man wird Pfeife oder Zigarren, Frühstücksbrot, Trinkgläser usw. in ehrerbietiger Entfernung von den gefährlichen Stoffen halten, man wird nicht eine Trinkflasche zum Filtrieren, das Bierglas nicht zum Ausschöpfen von Flüssigkeiten verwenden. Man wird auch nicht, wenn ein Bad mittels Glasheber abzuziehen ist, mit dem Munde saugen u. dgl.

Wer viel mit den Händen in Zyankalium-, Ätzkali- und ähnlichen Lösungen oder mit Polierkalk (gebranntem Ätzkalk), auch mit Nickelbädern zu tun hat, bekommt meist zumindest aufgesprungene Hände, mitunter auch sogenannte Krätze. Man tut gut, die Hände fleißig mit Galvaniseurseife zu waschen und mit Zinksalbe oder Galvaniseursalbe einzureiben. Empfindliche Leute arbeiten daher in solchen Fällen am besten mit Gummihandschuhen (vgl. „Nickelkrätze").

Bei dem massenhaften Verbrauch, bei dem täglichen Umgang mit Giften in galvanischen Anstalten und bei der unvermeidlichen bekannten Sorglosigkeit der Arbeiter im Umgang mit solchen Stoffen ist es wahrlich ein Wunder zu nennen, daß man fast nie von Vergiftungsfällen in unseren Fachkreisen hört.

Maße und Gewichte.

Metrische Maße.

Längenmaße:

1 Meter (m) = 10 Dezimeter (dm) = 100 Zentimeter (cm) = 1000 Millimeter (mm)
10 Meter = 1 Dekameter (dkm)
100 Meter = 1 Hektometer (hm)
1000 Meter = 1 Kilometer (km)
10000 Meter = 1 Myriameter (Mm)

Flächenmaße:

1 Quadratmeter (qm) = 100 Quadratdezimeter (qdm) = 10000 Quadratzentimeter (qcm) = 1000000 Quadratmillimeter (qmm)
100 Quadratmeter = 1 Ar (a)
10000 Quadratmeter = 100 Ar = 1 Hektar (ha)

Gewichtsmaße:

1 Kilogramm (kg) = 10 Hektogramm (hg) = 100 Dekagramm (dkg)
= 1000 Gramm (g)
1 Gramm = 10 Dezigramm (dg) = 100 Zentigramm (cg)
= 1000 Milligramm (mg)
100 Kilogramm = 1 Meterzentner
1000 Kilogramm = 10 Meterzentner = 1 Tonne (t)

Kubikmaße:

1 Kubikmeter (cbm) = 1000 Kubikdezimeter (cdm) = 1000000 Kubikzentimeter
(ccm) = 1000000000 Kubikmillimeter (cmm)
$^1/_{10}$ Kubikmeter = 100 Liter (l) = 1 Hektoliter (hl)
$^1/_{1000}$ Kubikmeter = 1 Kubikdezimeter (cdm) = 1 Liter (l)

Maße und Gewichte in England und Nordamerika.

1 Fuß = 12 Zoll = $^1/_3$ Yard = 0,30479 m
1 Rute = 5$^1/_2$ Yards = 5,0291 m
1 Meile = 1760 Yards = 8 Furlongs = 1609,2 m
1 Acker = 160 Quadratruten = 40,467 a
1 Gallon = 4,5435 Liter
1 Quarter = 8 Bushels = 32 Peaks = 64 Gallons = 256 Quarts = 512 Pints
= 290,78 Liter
1 Bushel = 8 Gallons = 36,848 Liter
1 Pfund (avoir du poids) = 453,50 Gramm
1 Pfund Troy-Gewicht = 5760 Grains = 373,246 Gramm
1 Tonne = 20 Zentner = 160 Stein = 2240 Avoir-Pfund

Maße und Gewichte in Rußland.

Flüssigkeitsmaße:

1 Botschka = 40 Wedro	1 Botschka = 491,95 Liter
1 Wedro = 10 Kruschki	1 Wedro = 12,29 Liter
1 Kruschka = 10 Tscharki	1 Kruschka = 1,229 Liter
1 Botschka = 0,492 Hektoliter	1 Tscharki = 0,123 Liter
1 Hektoliter = 8,21 Wedro	1 Tschetwert = 209,84 Liter
	1 Tschetwirik = 26,23 Liter
	1 Garniz = 3,28 Liter

Flächenmaße:

1 Dessjatine = 2400 Quadrat-Saschen
1 Quadrat-Saschen = 9 Quadrat-Arschin
1 Dessjatine = 1,0925 ha (deutsch)
1 Hektar = 0,915 Dessjatin

Längenmaße:

1 Werst = 500 Saschen	1 Werst = 1,07 km
1 Saschen = 3 Arschin = 7 Fuß	1 Saschen = 2,13 m
1 Arschin = 16 Werschok	1 Arschin = 71 cm
1 Werschok = $1^3/_4$ Zoll	1 Werschock = 4,44 cm
1 Fuß = 12 Zoll	

Gewichte:

1 Berkowetz = 10 Pud	1 Berkowetz = 163,8 kg
1 Pud = 40 russische Pfund	1 Pud = 16,38 kg
1 Pfund = 32 Lot	1 Pfund = 410 g
1 Lot = 3 Solotnik	1 Solotnik = 4,26 g
1 Solotnik = 96 Doli	1 Doli = 4,44 cg
1 Pfund = 96 Solotnik	

Tabellen.

Gewichte von 1 qm Blech in Kilogramm.

Stärke in mm	Schweiß-eisen	Kupfer	Messing	Zink	Blei	Nickel	Zinn	Alu-minium
0,25	1,95	2,23	2,14	1,73	2,85	2,25	1,83	0,65
0,50	3,90	4,46	4,28	3,46	5,70	4,50	3,65	1,29
0,75	5,84	6,69	6,41	5,18	8,55	6,75	5,48	1,94
1	7,79	8,90	8,55	6,90	11,40	9,00	7,30	2,58
2	15,58	17,80	17,10	13,80	22,80	18,00	14,60	5,16
3	23,37	26,70	25,65	20,70	34,20	27,00	21,90	7,74
4	31,16	35,60	34,20	27,60	45,60	36,00	29,20	10,32
5	38,95	44,50	42,75	34,50	57,00	45,00	36,50	12,90
6	46,74	53,40	51,30	41,40	68,40	54,00	43,80	15,48
7	54,53	62,30	59,85	48,30	79,80	63,00	51,10	18,06
8	62,32	71,20	68,40	55,20	91,20	72,00	58,40	20,64
9	70,11	80,10	76,95	62,10	102,60	81,00	65,70	23,22
10	77,90	89,00	85,50	69,00	114,00	90,00	73,00	25,83

Tabelle der Aräometergrade nach Baumé bei 17,5° C und der Volumgewichte.

Baumé-Grade	Volum-gewicht	Baumé-Grade	Volum-gewicht	Baumé-Grade	Volum-gewicht	Baumé-Grade	Volum-gewicht
0	1,0000	19	1,1487	38	1,3494	57	1,6349
1	1,0068	20	1,1578	39	1,3619	58	1,6533
2	1,0138	21	1,1670	40	1,3746	59	1,6721
3	1,0208	22	1,1763	41	1,3876	60	1,6914
4	1,0280	23	1,1858	42	1,4009	61	1,7111
5	1,0353	24	1,1955	43	1,4143	62	1,7313
6	1,0426	25	1,2053	44	1,4281	63	1,7520
7	1,0501	26	1,2153	45	1,4421	64	1,7731
8	1,0576	27	1,2254	46	1,4564	65	1,7948
9	1,0653	28	1,2357	47	1,4710	66	1,8171
10	1,0731	29	1,2462	48	1,4860	67	1,8398
11	1,0810	30	1,2569	49	1,5012	68	1,8632
12	1,0890	31	1,2677	50	1,5167	69	1,8871
13	1,0972	32	1,2788	51	1,5325	70	1,9117
14	1,1054	33	1,2901	52	1,5487	71	1,9370
15	1,1138	34	1,3015	53	1,5652	72	1,9629
16	1,1224	35	1,3131	54	1,5820		
17	1,1310	36	1,3250	55	1,5993		
18	1,1398	37	1,3370	56	1,6169		

Löslichkeits-Tabelle der in der Galvanotechnik gebräuchlichen chemischen Verbindungen.

	Löslich in 100 Gew.-Tl. Wasser von	
	10° C Gew.-Tl.	100° C Gew.-Tl.
Aluminiumchlorid	400	Sehr löslich
Aluminiumsulfat (auf wasserfreies Salz berechnet)	35	1130
Ammoniakalaun	9	422
Ammoniumchlorid (Salmiak)	33	73
Ammonium-Platinchlorid (Platinsalmiak) .	0,65	1,25
Ammoniumsulfat	73,6	97,5
Arsenige Säure	4	9,5
Bleinitrat	48	139
Bleizucker	45,35	Sehr löslich
Borsäure	2,7	29
Chromsäure	Sehr löslich	Sehr löslich
Cremor tartari	0,4	6,9
Eisen-Ammonsulfat (auf wasserfreies Salz berechnet)	17	56,7 bei 75° C
Eisenoxydulsulfat (Eisenvitriol)	61	333
Ferrozyankalium (gelbes Blutlaugensalz, Kaliumeisenzyanür)	28	50
Goldchlorid (Chlorgold)	Löslich	Löslich
Goldzyanid	Unlöslich	Unlöslich
Kadmiumchlorid, krist.	140	149
Kadmiumsulfat	95	80
Kalium-Aluminiumsulfat (Kali-Alaun), krist.	9,8	357,5
Kalium-Antimontartrat (Brechweinstein) .	5,2	28 bei 75° C
Kaliumbichromat	8,0	98
Kaliumbikarbonat	23	45 bei 70° C
Kaliumkarbonat	109	156
Kaliumzyanid (Zyankalium)	Löslich	Zersetzlich
Kalium-Goldzyanid	Löslich	Löslich
Kalium-Kupferzyanid	94	154
Kalium-Natriumtartrat (Seignettesalz) . .	58	Sehr löslich
Kaliumnitrat	21,1	247
Kaliumpermanganat (übermangansaures Kali)	6,45	Sehr löslich
Kalium-Silberzyanid	12,5	100
Kalium-Zinkzyanid.	42	78,5
Kobalt-Ammonsulfat (auf wasserfreies Salz berechnet)	11,6	43,3 bei 75° C
Kobaltsulfat (auf wasserfreies Salz berechnet)	30,5	67,5 bei 70° C
Kupferazetat (Grünspan), neutral	7,4	20
Kupferchlorid	Löslich	Sehr löslich
Kupfersulfat (Kupfervitriol), krist. . . .	37	203
Magnesiumsulfat (Bittersalz)	31,5	71,5
Natriumbichromat	108,5	163
Natriumkarbonat, wasserfrei (kalz. Soda) .	12	45
Natriumkarbonat (krist. Soda)	40	540 bei 104° C

	Löslich in 100 Gew.-Tl. Wasser von	
	10° C Gew.-Tl.	100° C Gew.-Tl.
Natriumchlorid (Kochsalz)	36	40,7 bei 102° C
Natriumhydrat (Ätznatron)	96,1	213
Natriumhyposulfit, Natriumthiosulfat (wasserfreies Salz)	65	102 bei 60° C
Natriumphosphat	20	150
Natriumpyrophosphat	6,8	93
Natriumsulfat (Glaubersalz)	9	42,5
Natriumsulfit (neutral), krist.	25	100
Natriumbisulfit (doppeltschwefligsaures Natron)	Sehr löslich	Sehr löslich
Nickelchlorür, krist.	50—66	Sehr löslich
Nickel-Ammonsulfat (auf wasserfreies Salz berechnet)	3,2	28,6
Nickelnitrat (salpetersaures Nickel), krist.	50	Sehr löslich
Nickelsulfat (auf wasserfreies Salz berechnet)	37,4	62 bei 70° C
Platinchlorid	Löslich	Sehr löslich
Quecksilberchlorid (Sublimat)	6,57	54
Quecksilberoxydnitrat	Zersetzlich	Zersetzlich
Quecksilberoxydsulfat	Zersetzlich	Zersetzlich
Quecksilberoxydulnitrat	Wenig löslich	Wenig löslich
Quecksilberoxydulsulfat	Sehr wenig löslich	Zersetzlich
Silbernitrat	{ 122 bei 0° C { 227 bei 19,5° C	{ 714 bei 85° C { 1111 bei 110° C
Schwefelleber (Schwefelkalium)	Sehr löslich	Sehr löslich
Wein(stein)säure	125,7	343,3
Zinkchlorid	300	Sehr löslich
Zinksulfat (Zinkvitriol), krist.	138,2	653,6
Zinnchlorid	Löslich	löslich
Zinnchlorür	271	Zersetzlich
Zitronensäure	133	Sehr löslich

Metallgehalte der gebräuchlichsten Metallsalze.
Berechnet von Frießner.

Metallverbindung	Formel	Metallgehalt in %
Ammonium-Platinchlorid	$(NH_4)_2 PtCl_4$	43,91
Bleinitrat, krist.	$Pb(NO_3)_2$	62,51
Bleiazetat (Bleizucker), krist.	$Pb(C_2H_3O_2)_2 + 3\,H_2O$	54,57
Cuprocuprisulfit	$Cu_3(SO_3)_2 + 2\,H_2O$	49,10
Cupron (Kupferoxydul)	Cu_2O	88,79
Eisenvitriol (Eisenoxydulsulfat), krist.	$FeSO_4 + 7\,H_2O$	20,14
Eisenoxydul-Ammonsulfat, krist. . .	$(NH_4)_2 Fe(SO_4)_2 + 6\,H_2O$	14,62
Goldchlorid (braun), technisch . . .	$AuCl_3 + $ } aq.	50—52
Goldchlorid (orange), technisch . . .	$AuCl_3 + $ } aq.	48—49
Kobaltchlorür (Chlorkobalt)	$CoCl_2 + 6\,H_2O$	24,68
Kobaltsulfat, krist.	$CoSO_4 + 7\,H_2O$	20,98
Kobalt-Ammonsulfat, krist.	$(NH_4)_2 Co(SO_4)_2 + 6\,H_2O$	14,92
Kupferchlorid, krist.	$CuCl_2 + 2\,H_2O$	37,07

Metallverbindung	Formel	Metallge-halt in %
Kupferzyankalium, krist., technisch .	$K_4Cu_2(CN)_6$	28,83
Kupferazetat (Grünspan), krist. . .	$Cu(C_2H_3O_2)_2 + H_2O$	31,87
Kupferkarbonat (Bergblau)	$2\ CuCO_3Cu(OH)_2$	55,20
Kupfervitriol (Kupfersulfat), krist. .	$CuSO_4 + 5\ H_2O$	25,46
Kupferzyanürzyanid (Zyankupfer) . .	$Cu_3(CN)_4 + 5\ H_2O$	56,50
Kupferoxyd	CuO	79,83
Nickelkarbonat, basisch (bei 100° getr.)	$NiCO_3\ 4\ NiO,\ 5\ H_2O$	57,87
Nickel-Ammonsulfat, krist.	$(NH_4)_2\ Ni(SO_4)_2 + 6\ H_2O$	14,86
Nickelchlorid, krist.	$NiCl_2 + 6\ H_2O$	24,63
Nickelchlorid, wasserfrei	$NiCl_2$	45,30
Nickelnitrat, krist.	$Ni(NO_3)_2 + 6\ H_2O$	18,97
Nickeloxydulhydrat (bei 100° getr.) . .	$Ni(OH)_2 + H_2O$	63,34
Nickeloxyd	Ni_2O_3	71,00
Nickelsulfat, krist.	$NiSO_4 + 7\ H_2O$	20,90
Platinchlorid (Platinsalz)	$PtCl_4 + 5\ H_2O$	45,66
Quecksilberchlorid	$HgCl_2$	73,87
Quecksilber-Kaliumzyanid	$K_2Hg(CN)_4$	53,56
Quecksilberoxydulnitrat	$Hg_2(NO_3)_2$	79,36
Silberchlorid (Chlorsilber)	$AgCl$	75,25
Silberzyanid (Zyansilber)	$AgCN$	80,57
Silber-Kaliumzyanid, krist.	$KAg(CN)_2$	54,20
Silbernitrat, krist.	$AgNO_3$	63,50
Zinkchlorid	$ZnCl_2$	47,84
Zink-Ammoniumchlorid	$NH_4ZnCl_3 + 2\ H_2O$	28,98
Zinkzyanid (Zyanzink)	$Zn(CN)_2$	56,59
Zink-Kaliumzyanid, krist..	$K_2Zn(CN)_4$	26,35
Zinkkarbonat	$ZnCO_3Zn(OH)_2$	29,05
Zinksulfat (Zinkvitriol), krist. . . .	$ZnSO_4 + 7\ H_2O$	22,74
Zinnchlorür (Zinnsalz)	$SnCl_2 + 2\ H_2O$	52,68

Tabelle der Leitvermögen und der spez. Widerstände der wichtigsten Elektrolyte.

1. Säuren.

Substanz	Prozentgehalt der Lösung	Temperatur der Lösung °C	Leitvermögen eines cbdm	Widerstand eines cbdm Ω
	5	18	2,085	0,477
	10	18	3,915	0,255
	15	18	5,432	0,184
	20	18	6,527	0,153
	25	18	7,171	0,139
	30	18	7,388	0,135
Schwefelsäure	35	18	7,243	0,138
H_2SO_4	40	18	6,800	0,147
	45	18	6,164	0,162
	50	18	5,405	0,185
	55	18	4,576	0,218
	60	18	3,726	0,269
	65	18	2,905	0,343
	70	18	2,157	0,463
	75	18	1,522	0,657

Substanz	Prozentgehalt der Lösung	Temperatur der Lösung °C	Leitvermögen eines cbdm	Widerstand eines cbdm Ω
Schwefelsäure H_2SO_4	78	18	1,238	0,809
	80	18	1,105	0,905
Salzsäure HCl	5	18	3,948	0,253
	10	18	6,302	0,159
	15	18	7,453	0,134
	20	18	7,615	0,131
	25	18	7,225	0,138
	30	18	6,620	0,151
	35	18	5,910	0,169
	40	18	5,152	0,194
Essigsäure $C_2H_4O_2$	0,3	18	0,0032	312,0
	1	18	0,0058	173,0
	5	18	0,0123	81,5
	10	18	0,0153	65,4
	15	18	0,0162	61,8
	20	18	0,0161	62,0
	25	18	0,0152	65,8
	30	18	0,0140	71,3
	35	18	0,0125	80,0
	40	18	0,0108	92,6
	45	18	0,0091	110,0
	50	18	0,0074	125,0
Borsäure H_3BO_3	0,776	18	0,000022	45500,0
	1,92	18	0,00011	9100,0
	2,88	18	0,00021	4770,0
	3,612	18	0,00031	3230,0
Salpetersäure HNO_3	6,2	18	3,123	0,320
	12,4	18	5,418	0,184
	18,6	18	6,901	0,145
	24,8	18	7,676	0,130
	31,0	18	7,819	0,128
	37,2	18	7,545	0,132
	43,4	18	6,998	0,143
	49,6	18	6,341	0,158
	55,8	18	5,652	0,177
	62,0	18	4,969	0,202

2. Basen.

Substanz	Prozentgehalt der Lösung	Temperatur der Lösung °C	Leitvermögen eines cbdm	Widerstand eines cbdm Ω
Ätzkali KOH	4,2	18	1,464	0,685
	8,4	18	2,723	0,367
	12,6	18	3,763	0,266
	16,8	18	4,558	0,219
	21,0	18	5,106	0,195
	25,2	18	5,403	0,185
	29,4	18	5,434	0,184

Substanz	Prozentgehalt der Lösung	Temperatur der Lösung °C	Leitvermögen eines cbdm	Widerstand eines cbdm Ω
Ätzkali KOH	33,6	18	5,221	0,192
	37,8	18	4,790	0,208
	42,0	18	4,212	0,237
Ätznatron NaOH	2,5	18	1,087	0,919
	5	18	1,969	0,465
	10	18	3,124	0,320
	15	18	3,463	0,288
	20	18	3,270	0,305
	25	18	2,717	0,369
	30	18	2,022	0,495
	35	18	1,507	0,663
	40	18	1,164	0,860
	42	18	1,065	0,940
Ammoniak NH_3	0,1	18	0,00251	400,0
	0,4	18	0,00492	203,0
	0,8	18	0,00657	152,0
	1,6	18	0,00867	115,0
	4,01	18	0,01095	91,0
	8,03	18	0,01038	96,0
	16,15	18	0,00632	158,0
	30,5	18	0,00193	518,0
Ätzbaryt $Ba(OH)_2$	1,25	18	0,250	4,00
	2,5	18	0,479	2,08
Lithiumhydroxyd LiOH	1,25	18	0,781	1,280
	2,5	18	1,416	0,708
	5,0	18	2,396	0,417
	7,5	18	2,999	0,333

3. Salze.

Substanz	Prozentgehalt der Lösung	Temperatur der Lösung °C	Leitvermögen eines cbdm	Widerstand eines cbdm Ω
Kupfervitriol $CuSO_4$	2,5	18	0,109	9,16
	5	18	0,189	4,85
	10	18	0,320	3,13
	15	18	0,421	2,37
	17,5	18	0,458	2,18
Zinkvitriol $ZnSO_4$	5	18	0,191	5,23
	10	18	0,321	3,12
	15	18	0,415	2,41
	20	18	0,468	2,14
	25	18	0,480	2,08
	30	18	0,444	2,25
Nickelsulfat $NiSO_4$	5	20	0,131	7,62
	10	20	0,223	4,47
	15	20	0,292	3,41
	20	20	0,353	2,83
	25	20	0.400	2,50

Substanz	Prozentgehalt der Lösung	Temperatur der Lösung °C	Leitvermögen eines cbdm	Widerstand eines cbdm Ω
Nickelsulfat $NiSo_4$	30	20	0,438	2,29
	35	20	0,472	2,12
	40	20	0,487	2,05
	45	20	0,519	1,93
Nickeläthylsulfat $Ni(C_2H_5SO_4)_2$	5	20	0,136	7,37
	10	20	0,210	4,76
	15	20	0,281	3,57
	20	20	0,346	2,88
	25	20	0,393	2,54
	30	20	0,436	2,29
	35	20	0,468	2,13
	40	20	0,511	1,96
	45	20	0,511	1,96
	50	20	0,445	2,25
Nickel-Ammon- sulfat $(NH_4)_2Ni(SO_4)_2$	5	20	0,281	3,57
	10	20	0,472	2,12
	15	20	0,469	1,54
Magnesiumsulfat $MgSO_4$ aq.	5	20	0,158	6,32
	10	20	0,272	3,69
	15	20	0,395	2,53
	20	20	0,455	2,20
	25	20	0,475	2,11
Ammonsulfat $(NH_4)_2SO_4$	5	20	0,585	1,71
	10	20	1,06	0,95
	15	20	1,43	0,70
	20	20	1,73	0,58
	25	20	2,12	0,47
Natriumsulfat, kalz. Na_2SO_4	5	20	0,424	2,36
	10	20	0,694	1,44
	15	20	0,892	1,12
Kaliumsulfat K_2SO_4	5	18	0,458	2,18
	10	18	0,860	1,16
Zinkchlorid $ZnCl_2$	2,5	18	0,276	3,62
	5	18	0,483	2,07
	10	18	0,727	1,38
	20	18	0,912	1,09
	30	18	0,926	1,08
	40	18	0,845	1,18
	50	18	0,630	1,59
	60	18	0,369	2,71
Eisenchlorür $FeCl_2$	10	75	1,62	0,615
	20	75	2,40	0,416
	30	75	2,79	0,357
	40	75	2,74	0,364
	50	75	2,55	0,392

Substanz	Prozentgehalt der Lösung	Temperatur der Lösung °C	Leitvermögen eines cbdm	Widerstand eines cbdm Ω
Eisenchlorür FeCl$_2$	10	85	1,74	0,572
	20	85	2,61	0,383
	30	85	2,98	0,335
	40	85	2,99	0,334
	50	85	2,79	0,358
Dto.	10	95	1,90	0,525
	20	95	2,79	0,358
	30	95	3,14	0,319
	40	95	3,18	0,314
	50	95	3,01	0,332
Chlorkalzium CaCl$_2$	5	18	0,643	1,55
	10	18	1,141	0,875
	15	18	1,505	0,664
	20	18	1,728	0,578
	25	18	1,781	0,560
	30	18	1,658	0,603
	35	18	1,366	0,730
Dto.	10	75	2,13	0,470
	20	75	3,14	0,319
	25	75	3,24	0,309
	30	75	3,83	0,261
	40	75	3,50	0,285
	50	75	3,22	0,311
Dto.	10	85	2,33	0,428
	20	85	3,47	0,288
	25	85	3,64	0,275
	30	85	3,83	0,261
	40	85	4,02	0,248
	50	85	3,37	0,297
Dto.	10	95	2,44	0,409
	20	95	3,80	0,263
	25	95	4,06	0,246
	30	95	4,24	0,236
	40	95	4,38	0,228
	50	95	4,08	0,245
Essigsaures Natron NaC$_2$H$_3$O$_2$	5	18	0,295	3,38
	10	18	0,481	2,08
	20	18	0,651	1,54
	30	18	0,600	1,66
Magnesium-chlorid MgCl$_2$	5	18	0,683	1,47
	10	18	1,128	0,88
	20	18	1,402	0,71
	30	18	1,061	0,94

Sachregister.

Printed in the United States
By Bookmasters